磁気便覧

日本磁気学会 編

丸善出版

刊行にあたって

　磁石は紀元前から知られ，大航海時代には羅針盤として活用され人類の活動範囲を広げるのに大きな役割を果しました．今日，私たちの身の回りでは情報機器，家電品，自動車，発電装置など幅広い分野で磁気，磁性を応用した製品が活用されており，便利で快適な社会生活を支えています．磁気，磁性技術がなかったら生活が成り立たないと言っても過言ではありません．さらに将来に向けて，ナノテクノロジーを活用した高集積で動作特性に優れた新デバイスから大容量で高効率な電磁エネルギー変換装置に至る幅広い分野で，磁気関連技術が大きな役割を果たすことが期待されています．

　公益社団法人日本磁気学会は磁気の学理から応用までを所掌するユニークな学会です．このたび，磁気，磁性に関連する学理や技術を便覧の形にまとめました．本便覧は，学生から大学や企業で活躍されている研究者，技術者の方々を対象に磁気，磁性に関する疑問や問題を解決する糸口を見出して頂くことを意図して編集されております．一般に磁気技術は難しいと敬遠されがちですが，本便覧では，初学者の方にも理解頂きやすいように基礎から応用まで，歴史的な発展から最先端の技術まで含めてわかりやすく解説するように致しました．ぜひ，手に取って御覧になって頂きたいと思います．

　これまで4年を超える歳月を費やして編集作業を行い，『磁気便覧』という形で出版することとなりました．この便覧を一人でも多くの方に利用していただき，磁気，磁性が身近でしかも大変有用であることを実感して頂けることを願います．

公益社団法人日本磁気学会
第19代会長　　二　本　正　昭

編集委員会

【日本磁気学会会長】
- 逢坂 哲彌　第16代会長　早稲田大学
- (故)高橋 研　第17代会長　東北大学名誉教授
- 松木 英敏　第18代会長　東北大学
- 二本 正昭　第19代会長　中央大学
- 福永 博俊　第20代会長　長崎大学

【監　修：公益社団法人日本磁気学会】
- 押木 満雅　日本磁気学会
- 桐野 文良　東京藝術大学

【編集委員】

1章	喜多 英治	筑波大学
	白井 正文	東北大学
	鈴木 義茂	大阪大学
	高梨 弘毅	東北大学金属材料研究所
	土井 正晶	東北学院大学
	間宮 広明	物質・材料研究機構
2章	太田 元基	日立金属株式会社
	吉沢 克仁	日立金属株式会社
	(故)高橋 研	東北大学名誉教授
3章	稲葉 信幸	山形大学
	喜々津 哲	株式会社東芝
	(故)高橋 研	東北大学名誉教授
	星 陽一	東京工芸大学
4章	佐藤 敏郎	信州大学
	神保 睦子	大同大学
	武田 全康	日本原子力研究開発機構
	中川 茂樹	東京工業大学
	小林 宏一郎	岩手大学
	杉山 敦史	早稲田大学ナノ・ライフ創新研究機構
5章	田中 厚志	信州大学
	田中 陽一郎	株式会社東芝
	西岡 浩一	株式会社HGSTジャパン
	福永 博俊	長崎大学
	松山 公秀	九州大学
	宮下 英一	NHK放送技術研究所
	山内 清隆	元NEOMAXエンジニアリング株式会社
	山口 正洋	東北大学
付録	鈴木 良夫	日本大学
	山口 正洋	東北大学

(2015年12月現在・五十音順・敬称略)

執筆者一覧

赤城 文子	工学院大学先進工学部
朝日 透	早稲田大学理工学術院先進理工学研究科
阿部 正紀	東京工業大学名誉教授
有馬 孝尚	東京大学大学院新領域創成科学研究科
粟野 博之	豊田工業大学大学院工学研究科
五十嵐万壽和	元 株式会社日立製作所中央研究所
石井 清	宇都宮大学大学院工学研究科
石尾 俊二	秋田大学大学院工学資源学研究科
石綿 延行	日本電気株式会社
一ノ倉 理	東北大学大学院工学研究科
井藤 彰	九州大学大学院工学研究院
井上 光輝	豊橋技術科学大学大学院工学研究科
猪俣 浩一郎	物質・材料研究機構名誉フェロー
伊良皆 啓治	九州大学大学院システム情報科学研究院
入山 恭彦	大同特殊鋼株式会社
岩坂 正和	広島大学ナノデバイス・バイオ融合科学研究所
上野 照剛	東京大学名誉教授
上原 裕二	富士通株式会社
内田 裕久	東北工業大学工学部
内山 剛	名古屋大学大学院工学研究科
宇野 亨	東京農工大学大学院工学研究院
江尻 清美	富士フイルム株式会社
榎園 正人	ベクトル磁気特性技術研究所
巨海 玄道	九州大学名誉教授
大沢 寿	愛媛大学大学院理工学研究科客員教授
大隅 寛幸	理化学研究所放射光科学総合研究センター
大山 信也	TDK株式会社
岡崎 靖雄	岐阜大学名誉教授
岡本 聡	東北大学多元物質科学研究所
岡本 好弘	愛媛大学大学院理工学研究科
押木 満雅	日本磁気学会
開道 力	北九州工業高等専門学校生産デザイン工学科
加々美 健朗	TDK株式会社
金井 均	信州大学アクア・イノベーション拠点
川久保 洋一	芝浦工業大学機械機能工学科
神邊 哲也	昭和電工エレクトロニクス株式会社
北本 仁孝	東京工業大学大学院総合理工学研究科
木下 幸則	秋田大学大学院工学資源学研究科
桐野 文良	東京藝術大学大学院美術研究科
久保田 健	弘前大学北日本新エネルギー研究所
桑野 博喜	東北大学大学院工学研究科
小池 和幸	北海道大学大学院理学研究院
小西 克典	株式会社カネカ
小林 久理眞	静岡理工科大学理工学部
五味 學	名古屋工業大学大学院工学研究科
紺谷 貴之	株式会社リガク
齊藤 準	秋田大学大学院工学資源学研究科
佐久間 昭正	東北大学大学院工学研究科
佐藤 勝昭	東京農工大学名誉教授
佐藤 徹哉	慶應義塾大学理工学部
佐藤 敏郎	信州大学工学部
Sandhu, Adarsh	電気通信大学学術院・大学院情報理工学研究科
柴田 佳彦	旭化成エレクトロニクス株式会社
島田 寛	東北大学名誉教授
清水 治	富士フイルム株式会社

執筆者一覧

Jeyadevan, Balachandran	滋賀県立大学工学研究科
白土　優	大阪大学大学院工学研究科
進藤大輔	東北大学多元物質科学研究所
杉本　諭	東北大学大学院工学研究科
鈴木　寛	株式会社日立ハイテクノロジーズ
鈴木義茂	大阪大学大学院基礎工学研究科
高梨弘毅	東北大学金属材料研究所
高橋宏昌	株式会社日立製作所
(故)高橋則雄	岡山大学大学院自然科学研究科
(故)高橋　研	東北大学名誉教授
高村　司	豊橋技術科学大学エレクトロニクス先端融合研究所
竹澤昌晃	九州工業大学大学院工学研究院
武田　茂	有限会社 Magnontech
竹村泰司	横浜国立大学大学院工学研究院
武本　聡	大同特殊鋼株式会社
田島克文	秋田大学大学院理工学研究科
田中雅明	東京大学大学院工学系研究科
田中真人	産業技術総合研究所
田中陽一郎	株式会社東芝
田邉信二	三菱電機株式会社
千葉　明	東京工業大学大学院理工学研究科
塚田啓二	岡山大学大学院自然科学研究科
土屋芳弘	TDK 株式会社
角田匡清	東北大学大学院工学研究科
角田頼彦	早稲田大学名誉教授
中川　貴	大阪大学大学院工学研究科
中川活二	日本大学理工学部
中谷亮一	大阪大学大学院工学研究科
仲村泰明	愛媛大学大学院理工学研究科
中村雄一	豊橋技術科学大学大学院工学研究科
西嶋茂宏	大阪大学大学院工学研究科
野口　潔	TDK 株式会社
野田紘憙	理化学研究所
橋本　修	青山学院大学理工学部
馬場　茂	成蹊大学名誉教授
畠山　士	多摩川精機株式会社
半田　宏	東京医科大学ナノ粒子先端医学応用講座，東京工業大学名誉教授
平塚信之	埼玉大学名誉教授
平山義幸	株式会社 HGST ジャパン
広沢　哲	物質・材料研究機構
廣田憲之	物質・材料研究機構
深道和明	東北大学名誉教授
福永博俊	長崎大学
藤田麻哉	産業技術総合研究所中部センター
二本正昭	中央大学理工学部
星　陽一	東京工芸大学工学部
本多裕之	名古屋大学大学院工学研究科
牧野彰宏	東北大学金属材料研究所
松木英敏	東北大学大学院医工学研究科
松下伸広	東京工業大学大学院理工学研究科
松下未知雄	名古屋大学大学院理学研究科
間宮広明	物質・材料研究機構
水野　勉	信州大学工学部
三谷誠司	物質・材料研究機構
壬生　攻	名古屋工業大学大学院工学研究科
武笠幸一	北海道大学名誉教授
茂木　巖	東北大学金属材料研究所
薮上　信	東北学院大学工学部
山口正洋	東北大学大学院工学研究科
山登正文	首都大学東京大学院都市環境科学研究科
山元　洋	明治大学名誉教授
山本節夫	山口大学大学院理工学研究科
吉沢克仁	日立金属株式会社
吉田栄吉	NEC トーキン株式会社
吉村一良	京都大学大学院理学研究科
與田博明	株式会社東芝 セミコンダクター＆ストレージ社
李　鍾國	大阪大学大学院医学系研究科
脇若弘之	信州大学名誉教授
和田裕文	九州大学大学院理学研究院

(五十音順・敬称略)

目 次

1章 基　礎　　1

- 1.1 磁気諸量と単位系　1
  - 1.1.1 緒　言　1
  - 1.1.2 基本的物理量と単位系　1
  - 1.1.3 磁界，磁化，磁束密度　2
  - 1.1.4 磁極とクーロンの法則　3
  - 1.1.5 反磁界　4
  - 1.1.6 磁化率と透磁率　4
- 1.2 磁気モーメント　5
  - 1.2.1 磁気モーメントの定義　5
  - 1.2.2 磁気モーメントの起源　5
  - 1.2.3 原子磁気モーメント　5
- 1.3 局在電子系の磁性　9
  - 1.3.1 絶縁体の磁性　9
  - 1.3.2 局在磁気モーメントの発現　10
  - 1.3.3 局在磁気モーメント　11
  - 1.3.4 ワイスの分子場理論　13
  - 1.3.5 磁性イオン間の相互作用　14
- 1.4 遍歴電子系の磁性　17
  - 1.4.1 金属中の電子の磁性　17
  - 1.4.2 強磁性の発現　19
  - 1.4.3 金属における磁気秩序の起源　21
  - 1.4.4 結晶磁気異方性　23
  - 1.4.5 第一原理計算　23
- 1.5 磁性体の種類　26
  - 1.5.1 磁性材料の基礎　26
  - 1.5.2 常磁性（パラ磁性）体　28
  - 1.5.3 強磁性（フェロ磁性）体　28
  - 1.5.4 反強磁性（アンチフェロ磁性）体　30
  - 1.5.5 フェリ磁性体　31
  - 1.5.6 反磁性体　32
  - 1.5.7 その他の磁気構造　32
- 1.6 強磁性体の基本的性質　34
  - 1.6.1 磁　化　34
  - 1.6.2 磁気異方性　35
  - 1.6.3 磁　歪　38
  - 1.6.4 磁　区　39
  - 1.6.5 磁化過程　40
  - 1.6.6 ソフト磁性とハード磁性　45
  - 1.6.7 磁化のダイナミクス　46
- 1.7 磁気伝導現象の基礎　50
  - 1.7.1 電気伝導の理論　50
  - 1.7.2 磁性不純物による電気抵抗　53
  - 1.7.3 磁気抵抗効果　59
  - 1.7.4 ホール効果　70
- 1.8 磁気に付随するその他の現象　79
  - 1.8.1 磁気と光　79
  - 1.8.2 磁気と熱　85
  - 1.8.3 磁性と弾性　92
  - 1.8.4 磁気電気効果　96
- 1.9 物質の磁性　104
  - 1.9.1 遷移金属・合金　104
  - 1.9.2 希土類金属・合金　114
  - 1.9.3 希薄合金の磁性　130
  - 1.9.4 酸化物　135
  - 1.9.5 遷移金属化合物　150
  - 1.9.6 磁性半導体とその関連材料　161
  - 1.9.7 分子系・有機化合物　164
  - 1.9.8 アモルファス合金・金属ガラス　176
  - 1.9.9 薄膜・人工格子・界面　181
  - 1.9.10 微粒子・クラスター　186
  - 1.9.11 ナノ複合体　192

2章 材料・プロセス：バルク　　199

- 2.1 ソフト磁性材料　199
  - 2.1.1 ソフト磁性材料の概要　199
  - 2.1.2 電磁鋼板　204
  - 2.1.3 パーマロイ　213

2.1.4 Fe-Si-Al系合金（センダスト）の磁気的性質 ……… 217
2.1.5 アモルファスソフト磁性材料／バルク … 224
2.1.6 ナノ結晶磁性材料 ……………… 234
2.1.7 圧粉磁心材料 …………………… 243
2.1.8 フェライト材料 ………………… 249
2.2 ハード磁性（永久磁石）材料 ………… 261
    2.2.1 概　要 …………………………… 261
    2.2.2 合金系磁石 ……………………… 264
    2.2.3 フェライト磁石―焼結磁石 …… 267
    2.2.4 希土類磁石 ……………………… 274
    2.2.5 ボンド磁石 ……………………… 293
2.3 磁歪材料 ……………………………… 299
    2.3.1 従来の磁歪材料の概略 ………… 299
    2.3.2 Fe-Ga系合金の磁歪 …………… 299
    2.3.3 RFe_2型化合物の磁歪 ………… 300
    2.3.4 RCo_2系化合物 ………………… 301
    2.3.5 TbDyおよびRZn ……………… 302
    2.3.6 Fe基アモルファス合金 ………… 303
    2.3.7 磁場誘起マルテンサイト変態 … 303
    2.3.8 メタ磁性体 ……………………… 304
    2.3.9 材料比較 ………………………… 306

3章　材料・プロセス：薄膜・微粒子　　309

3.1 概　要 ………………………………… 309
    3.1.1 磁性薄膜の磁気特性の制御 …… 309
3.2 薄膜・微粒子の作製法 ……………… 319
    3.2.1 磁性薄膜の物理的作製法 ……… 319
    3.2.2 磁性薄膜の化学的作製法 ……… 326
    3.2.3 磁性微粒子の作製法 …………… 329
3.3 記録用磁性材料 ……………………… 334
    3.3.1 概　要 …………………………… 334
    3.3.2 磁気記録用媒体材料 …………… 335
    3.3.3 磁気記録用ヘッド材料 ………… 360
    3.3.4 磁気記録材料 …………………… 370
3.4 磁気伝導デバイス用材料 …………… 380
    3.4.1 概　要 …………………………… 380
    3.4.2 磁気抵抗効果材料 ……………… 387
    3.4.3 スピントロニクス用材料 ……… 402
    3.4.4 ホール素子用材料 ……………… 412
    3.4.5 磁気インピーダンス素子材料 … 415
3.5 高周波材料 …………………………… 420
    3.5.1 概　要 …………………………… 420
    3.5.2 高周波材料（金属系薄膜） …… 422
    3.5.3 フェライト系薄膜 ……………… 430
3.6 磁性微粒子 …………………………… 436
    3.6.1 磁性流体用磁性微粒子 ………… 436
    3.6.2 医用磁性ビーズ ………………… 444
3.7 薄膜・微粒子の材料特性の評価法 … 457
    3.7.1 概　要 …………………………… 457
    3.7.2 薄膜の構造および形状評価法 … 457
    3.7.3 薄膜の物理量評価法 …………… 467
    3.7.4 微粒子の評価法 ………………… 470

4章　磁界・磁化・磁気特性の評価　　475

4.1 磁界計測の基礎 ……………………… 475
    4.1.1 定常磁界と変動磁界の計測 …… 475
    4.1.2 強磁界計測法 …………………… 476
    4.1.3 中磁界計測法 …………………… 477
    4.1.4 微小磁界計測法 ………………… 478
4.2 磁性体の基礎的測定法 ……………… 480
    4.2.1 磁化の測定 ……………………… 480
    4.2.2 磁気異方性測定法 ……………… 495
    4.2.3 磁歪測定法 ……………………… 504
    4.2.4 内部磁場測定法 ………………… 508
    4.2.5 磁気構造解析法 ………………… 514
    4.2.6 磁気熱量効果測定法 …………… 519
4.3 磁気伝導現象の評価法 ……………… 522
    4.3.1 磁気抵抗効果測定法 …………… 522
    4.3.2 スピンダイナミクス評価 ……… 525
    4.3.3 ホール効果測定法 ……………… 530
    4.3.4 磁気インピーダンス効果測定法 … 533
    4.3.5 磁気電気効果測定法 …………… 535
4.4 磁気光学現象の測定法 ……………… 537
    4.4.1 ファラデー効果とカー効果の測定 … 537
    4.4.2 コットン-ムートン効果の測定 … 541
    4.4.3 磁気円二色性効果 ……………… 541
4.5 磁気イメージング …………………… 545
    4.5.1 総　論 …………………………… 545
    4.5.2 ビッター法 ……………………… 546
    4.5.3 磁気光学法 ……………………… 547
    4.5.4 電子線トモグラフィー（磁場SEM法） …… 550

4.5.5　ローレンツ電子顕微鏡法 …………… 553
　　4.5.6　スピンSEM法 ………………………… 555
　　4.5.7　電子線ホログラフィー ……………… 558
　　4.5.8　磁気力顕微鏡 ………………………… 561
　　4.5.9　スピン偏極プローブ顕微鏡 ………… 562

5章　応　　用　　　567

　5.1　磁気記録 ……………………………………… 567
　　5.1.1　記録装置・記録方式 ………………… 567
　　5.1.2　記録ヘッド …………………………… 576
　　5.1.3　再生ヘッド …………………………… 584
　　5.1.4　記録媒体 ……………………………… 589
　　5.1.5　ヘッド-ディスクインタフェースの
　　　　　　トライボロジー …………………… 593
　　5.1.6　信号処理 ……………………………… 604
　　5.1.7　磁気テープ …………………………… 614
　5.2　ハイブリッド記録 …………………………… 623
　　5.2.1　熱アシスト記録 ……………………… 623
　　5.2.2　マイクロ波アシスト磁気記録 ……… 626
　5.3　スピントロニクス素子 ……………………… 629
　　5.3.1　磁気抵抗メモリ（MRAM） ………… 629
　　5.3.2　磁壁移動素子 ………………………… 649
　　5.3.3　高周波素子 …………………………… 654
　5.4　センサ・アクチュエータ・制御技術 …… 660
　　5.4.1　磁界センサ …………………………… 660
　　5.4.2　物理量センサ ………………………… 664
　　5.4.3　化学量センサ ………………………… 670
　　5.4.4　MI効果応用素子 …………………… 675
　　5.4.5　機能素子 ……………………………… 678
　　5.4.6　マイクロ磁気アクチュエータ ……… 688
　　5.4.7　小型モータ …………………………… 693
　5.5　パワーマグネティックス …………………… 701
　　5.5.1　パワーマグネティックスの基礎 …… 701
　　5.5.2　変圧器とインダクタ ………………… 710
　　5.5.3　モータ・発電機 ……………………… 717
　　5.5.4　リニアモータ ………………………… 722
　　5.5.5　磁性流体の応用 ……………………… 730
　5.6　高周波磁気 …………………………………… 734
　　5.6.1　高周波電磁界 ………………………… 734
　　5.6.2　伝送線路デバイス …………………… 740
　　5.6.3　プレーナインダクタ・トランス …… 749
　　5.6.4　スイッチング電源 …………………… 755
　　5.6.5　シールド材 …………………………… 757
　　5.6.6　マイクロ波応用 ……………………… 768
　5.7　生体磁気 ……………………………………… 774
　　5.7.1　概　要 ………………………………… 774
　　5.7.2　MRI …………………………………… 775
　　5.7.3　生物・生体応用 ……………………… 785
　　5.7.4　医療磁気 ……………………………… 788
　　5.7.5　電磁場影響 …………………………… 794
　5.8　強磁場応用 …………………………………… 796
　　5.8.1　概　要 ………………………………… 796
　　5.8.2　磁気分離 ……………………………… 797
　　5.8.3　磁気配向 ……………………………… 803
　　5.8.4　磁気冷凍 ……………………………… 815
　　5.8.5　磁気めっき …………………………… 821

付録　電磁界解析法　　　827

　付録1　電磁界解析の基礎方程式と
　　　　境界条件 ……………………………… 827
　　1.1　マクスウェルの電磁方程式 …………… 827
　　1.2　直流場の方程式 ………………………… 829
　　　1.2.1　静電界の方程式 …………………… 829
　　　1.2.2　静磁界の方程式 …………………… 829
　　1.3　時間依存場の方程式 …………………… 831
　　1.4　電磁波の方程式 ………………………… 832
　　1.5　境界条件 ………………………………… 832
　　　1.5.1　電界と磁界の境界条件 …………… 833
　　　1.5.2　完全導体での境界条件 …………… 833
　　　1.5.3　固定境界条件 ……………………… 834
　　　1.5.4　自然境界条件 ……………………… 835
　　　1.5.5　吸収境界条件 ……………………… 835
　　　1.5.6　半無限境界条件 …………………… 835
　　　1.5.7　表面インピーダンス境界条件 …… 836
　　　1.5.8　周期境界条件 ……………………… 836
　　　1.5.9　端部の境界条件 …………………… 836
　　　1.5.10　無限遠の境界条件 ……………… 836
　付録2　境界要素法 ……………………………… 837
　　2.1　境界要素法の基本的考え方 …………… 837
　　2.2　磁場問題の境界要素積分方程式 ……… 838
　　　2.2.1　二次元静磁場問題 ………………… 838
　　　2.2.2　電流ならびに永久磁石を含む問題 …… 840

- 2.2.3 二次元動磁場（渦電流）問題 ………… 841
- 2.2.4 多媒質問題 ………………………… 841
- 2.2.5 三次元静磁場問題 ………………… 842
- 2.2.6 軸対称三次元静磁場問題 ………… 842
- 2.2.7 三次元動磁場（渦電流）問題 …… 843
- 2.3 境界要素方程式から代数方程式へ …… 844
  - 2.3.1 境界の要素分割による関数近似 …… 844
  - 2.3.2 境界要素への形状関数の導入 …… 845
  - 2.3.3 境界要素関数の導入 ……………… 846
- 2.4 積分離散化代数方程式 ………………… 847
- 2.5 係数マトリックスのつくり方 ………… 848

付録3 FDTD法 ……………………………… 849

- 3.1 基本概念とアルゴリズム ……………… 849
  - 3.1.1 Yee アルゴリズム ………………… 849
  - 3.1.2 物体のモデル化 …………………… 850
  - 3.1.3 外部波源 …………………………… 850
  - 3.1.4 セルサイズと時間ステップ ……… 850
  - 3.1.5 計算機資源 ………………………… 852
- 3.2 吸収境界条件 …………………………… 852
  - 3.2.1 Mur の吸収境界条件 ……………… 852
  - 3.2.2 PML 吸収境界条件 ……………… 852
- 3.3 周波数分散性媒質 ……………………… 853
- 3.4 異方性媒質 ……………………………… 853
- 3.5 非線形媒質 ……………………………… 853
- 3.6 セル形状 ………………………………… 853
- 3.7 周期構造 ………………………………… 854
- 3.8 FDTD 関連手法 ………………………… 855
  - 3.8.1 FDTD（n, m）法 ………………… 855
  - 3.8.2 NS-FDTD 法 ……………………… 855
  - 3.8.3 陰解法 ……………………………… 855
  - 3.8.4 CIP 法 ……………………………… 855
  - 3.8.5 FIT 法 ……………………………… 855

付録4 リラクタンスネットワーク法 ……… 856

- 4.1 磁気回路と電気回路の連成解析 ……… 856
- 4.2 RNA における解析モデル …………… 857
- 4.3 直交磁心型可変インダクタの特性算定例 ……………………………………………… 858
- 4.4 モータの動特性解析への応用 ………… 859
  - 4.4.1 スイッチトリラクタンスモータ … 859
  - 4.4.2 埋込磁石型モータ ………………… 861
  - 4.4.3 誘導モータ ………………………… 861
- 4.5 おわりに ………………………………… 863

索　引 ……………………………………………………………………………………………………… 865

執筆担当一覧

1章　基　礎

有馬　孝尚（1.9.4項）
五十嵐　万壽和（1.3節, 1.4節）
巨海　玄道（1.9.2項）
桐野　文良（1.5節）
久保田　健（1.9.8項）
五味　學（1.8.4項）
佐久間　昭正（1.7節）
佐藤　勝昭（1.8.1項）
佐藤　徹哉（1.9.3項）
高梨　弘毅（1.1節）
田中　雅明（1.9.6項）

角田　匡清（1.9.9項）
角田　頼彦（1.9.1項）
中谷　亮一（1.2節）
深道　和明（1.8.3項）
福永　博俊（1.6節）
藤田　麻哉（1.8.2項）
牧野　彰宏（1.9.8項）
松下　未知雄（1.9.7項）
間宮　広明（1.9.10項）
三谷　誠司（1.9.11項）
吉村　一良（1.9.5項）

2章　材料・プロセス：バルク

入山　恭彦（2.2.5項）
岡崎　靖雄（2.1.5項）
開道　力（2.1.2～2.1.3項）
桐野　文良（2.1.4項）
島田　寛（2.1.1項）
杉本　諭（2.2.1～2.2.2項）
（故）高橋　研（2.1.4項）

武本　聡（2.1.7項）
平塚　信之（2.1.8項）
広沢　哲（2.2.4項）
深道　和明（2.2.6項）
山元　洋（2.2.3項）
吉沢　克仁（2.1.6項）

3章　材料・プロセス：薄膜・微粒子

阿部　正紀（3.5.3項, 3.6.2 a.(ⅰ),
　　　　　　b.(ⅰ)(2), (ⅴ)項）
粟野　博之（3.3.4項）
石井　清（3.2.3項）
井藤　彰（3.6.2 b.(ⅳ)項）
猪俣　浩一郎（3.4.1項）

上原　裕二（3.3.3項）
内山　剛（3.4.5 a.項）
江尻　清美（3.3.2 b.項）
押木　満雅（3.3.1項, 3.6節概要,
　　　　　　3.7.1項）
金井　均（3.3.3項）

神邊 哲也　(3.3.2 a.項)
北本 仁孝　(3.2.3項, 3.7.4項)
木下 幸則　(3.7.2 a.項)
桐野 文良　(3.2.2項)
紺谷 貴之　(3.7.2 b.項)
齊藤　準　(3.7.2 a.項)
Sandhu, Adarsh　(3.6.2 b.(iii)項)
柴田 佳彦　(3.4.4項)
島田　寬　(3.5.1項〜3.5.2項)
Jeyadevan, Balachandran　(3.6.1項)
白土　優　(3.4.3項)
進藤 大輔　(3.7.2 c.項)
高橋 宏昌　(3.4.2項)
(故)高橋　研　(3.1節, 3.2.1項)
高村　司　(3.6.2 b.(iii)項)
竹澤 昌晃　(3.4.5 b.項)
竹村 泰司　(3.6.2 c.(i)項)

中川　貴　(3.6.2 a.(ii)(1), (2), (4), c.(ii)項)
野田 紘憙　(3.6.2 b.(i)(1)項)
畠山　士　(3.6.2 a.(ii)(3), (5), b.(i)(3)項)
馬場　茂　(3.7.3項)
半田　宏　(3.6.2 a.(ii)(3), (5), b.(i)(3)項)
二本 正昭　(3.7.2 d.項)
星　陽一　(3.1節, 3.2.1項)
本多 裕之　(3.6.2 b.(iv)項)
松下 伸広　(3.6.2 b.(ii)項)
間宮 広明　(3.6.1項)
山本 節夫　(3.5.3項)
松下 伸広　(3.6.2 a.(ii)(1), (2)項)
李　鍾國　(3.6.2 b.(iv)項)

4章　磁界・磁化・磁気特性の評価

朝日　透　(4.4.3項)
石尾 俊二　(4.5.8項)
猪俣 浩一郎　(4.2.4 a.項)
内山　剛　(4.3.4項)
榎園 正人　(4.2.1 c.項)
大隅 寬幸　(4.2.5 b.項)
岡本　聡　(4.2.1 d.〜e.項)
桐野 文良　(4.2.2 a.項)
小池 和幸　(4.5.6項)
小西 克典　(4.3.1〜4.3.2項)
小林 久理眞　(4.2.1 b.項)
五味　學　(4.3.5項)
佐藤 勝昭　(4.4.1〜4.4.2項)
島田　寬　(4.2.2 b.〜c.項, 4.2.3 c.項)
進藤 大輔　(4.5.5項, 4.5.7項)

鈴木　寬　(4.5.4項)
鈴木 義茂　(4.3.1〜4.3.2項)
田中 真人　(4.4.3項)
塚田 啓二　(4.1節, 4.2.1 a.項)
角田 匡清　(4.2.2 d.項)
中川　貴　(4.2.5 a.項)
二本 正昭　(4.5.1〜4.5.3項)
星　陽一　(4.2.3 b.項)
三谷 誠司　(4.3.3項)
壬生　攻　(4.2.4 b.項)
武笠 幸一　(4.5.9項)
山口 正洋　(4.2.1 f.項)
脇若 弘之　(4.2.3 a.項)
和田 裕文　(4.2.6項)

5章 応　用

五十嵐　万壽和　(5.2.2項)	田　邉　信　二　(5.6.1項)
石　綿　延　行　(5.3.2項)	千　葉　　　明　(5.5.3項)
一ノ倉　　　理　(5.5.1〜5.5.2項)	土　屋　芳　弘　(5.1.3項)
井　上　光　輝　(5.4.5項)	中　川　活　二　(5.2.1項)
伊良皆　啓　治　(5.7.2項)	仲　村　泰　明　(5.1.6項)
岩　坂　正　和　(5.7.3項, 5.7.5項)	中　村　雄　一　(5.4.5項)
上　野　照　剛　(5.7.1項)	西　嶋　茂　宏　(5.8.2項)
内　田　裕　久　(5.4.5項)	野　口　　　潔　(5.1.2〜5.1.3項)
大　沢　　　寿　(5.1.6項)	橋　本　　　修　(5.6.5 a.項)
大　山　信　也　(5.1.7 b.項)	平　山　義　幸　(5.1.4項)
岡　本　好　弘　(5.1.6項)	廣　田　憲　之　(5.8.1項)
加々美　健　朗　(5.1.3項)	松　木　英　敏　(5.5.5項, 5.7.4項)
川久保　洋　一　(5.1.5項)	水　野　　　勉　(5.5.4項)
桐　野　文　良　(5.4.3項, 5.4.7項, 5.6.4項)	茂　木　　　巖　(5.8.5項)
	薮　上　　　信　(5.4.1項, 5.4.4項)
桑　野　博　喜　(5.4.6項)	山　口　正　洋　(5.6.3項)
小　西　克　典　(5.3.3項)	山　登　正　文　(5.8.3項)
佐　藤　敏　郎　(5.6.2項)	吉　田　栄　吉　(5.6.5 b.項)
清　水　　　治　(5.1.7項a)	與　田　博　明　(5.3.1項)
鈴　木　義　茂　(5.3.3項)	脇　若　弘　之　(5.4.2項)
武　田　　　茂　(5.6.6項)	和　田　裕　文　(5.8.4項)
田　中　陽一郎　(5.1.1項)	

付録　電磁界解析法

赤　城　文　子　(付録1)	(故)高　橋　則　雄　(付録1)
宇　野　　　亨　(付録3)	田　島　克　文　(付録4)
榎　園　正　人　(付録2)	

(五十音順・敬称略)

1 基礎

1.1 磁気諸量と単位系・・・・・・・・・・・・・・・・・・・・1
1.2 磁気モーメント・・・・・・・・・・・・・・・・・・・・・・5
1.3 局在電子系の磁性・・・・・・・・・・・・・・・・・・・・9
1.4 遍歴電子系の磁性・・・・・・・・・・・・・・・・・・・17
1.5 磁性体の種類・・・・・・・・・・・・・・・・・・・・・・26
1.6 強磁性体の基本的性質・・・・・・・・・・・・・・・・34
1.7 磁気伝導現象の基礎・・・・・・・・・・・・・・・・・・50
1.8 磁気に付随するその他の現象・・・・・・・・・・・・79
1.9 物 質 の 磁 性・・・・・・・・・・・・・・・・・・・・104

1.1 磁気諸量と単位系

1.1.1 緒 言

現在は,すべての物理量の表記に,原則として SI 単位系(国際単位系)が用いられる.メートル(meter＝m),キログラム(kilogram＝k),秒(second＝s),アンペア(ampere＝A)の四つを基本単位とした MKSA 単位系は SI 単位系の一つである.しかし,磁気の分野の一部では,センチメートル(centimeter＝c),グラム(gram＝g),秒(s)の三つを基本とした CGS ガウス単位系がいまだに使われている.MKSA 単位系では磁気の根源を電流とし,アンペールの法則を基準としているが,CGS ガウス単位系では磁気の根源を磁極(磁荷ともいう)とし,クーロンの法則を基準としているということができる.磁気の分野でいまだに CGS ガウス単位系が使われている背景には,単位系が単に数値の換算だけではなく,磁気に対する根本的な考え方に関わっているという問題がある.

MKSA 単位系は有理化 4 元単位系であり,CGS ガウス単位系は非有理化 3 元単位系である.非有理化単位系では単位磁極を囲む閉曲面から 1 本の単位磁束が出ていると考えるが,有理化単位系では単位磁極を囲む閉曲面の単位立体角(1 Sr)から 1 本の単位磁束が出ていると考える.すなわち,単位磁極から 4π 本の単位磁束が出ている.したがって,MKSA 単位系と CGS 単位系の換算には,単に 10 のべき乗だけではなく,しばしば 4π が現れる.さらに,磁気を表す MKSA 単位系には,$E\text{-}B$ 対応と $E\text{-}H$ 対応の 2 種類があり,SI 単位系として認められているのは,$E\text{-}B$ 対応 MKSA 単位系である.しかし,実際には $E\text{-}H$ 対応 MKSA 単位系もかなり用いられている.

このような事情が,磁気を表す単位系をきわめて煩雑でわかりにくいものにしている.本節では,SI 単位系($E\text{-}B$ 対応 MKSA 単位系)を基本とするが,$E\text{-}H$ 対応 MKSA 単位系および CGS ガウス単位系をつねに併記し,実際に磁気に携わる諸氏への便宜に供することとする.

1.1.2 基本的物理量と単位系

磁気諸量の単位にとって重要なことは,アンペア(A)を基本単位に加えた 4 元単位系かどうかということであり,MKS を用いるか,CGS を用いるかは,大きな問題ではない.磁気諸量の説明の前に,本項では,力やエネルギーといった最も基本的な物理量に関して,MKS 単位系と CGS 単位系との換算をまとめておく.

まず,距離と質量に関しては,次のような関係がある.

$$1\,\text{m} = 10^2\,\text{cm} \tag{1.1.1}$$
$$1\,\text{kg} = 10^3\,\text{g} \tag{1.1.2}$$

次に,力の単位は,MKS 単位系では N(ニュートン),CGS 単位系では dyn(ダイン)であり,それぞれの次元は,次式のようになる.

$$[\text{N}] = [\text{m kg s}^{-2}] \tag{1.1.3}$$
$$[\text{dyn}] = [\text{cm g s}^{-2}] \tag{1.1.4}$$

したがって,N と dyn の間には,以下の関係がある.

$$1\,\text{N} = 10^5\,\text{dyne} \tag{1.1.5}$$

エネルギーの単位は,MKS 単位系では J(ジュール),CGS 単位系では erg(エルグ)であり,それぞれの次元は,次のようになる.

$$[\mathrm{J}] = [\mathrm{N\,m}] = [\mathrm{m^2\,kg\,s^{-2}}] \quad (1.1.6)$$
$$[\mathrm{erg}] = [\mathrm{dyn\,cm}] = [\mathrm{cm^2\,g\,s^{-2}}] \quad (1.1.7)$$

したがって，Jとergの間には，以下の関係がある．
$$1\,\mathrm{J} = 10^7\,\mathrm{erg} \quad (1.1.8)$$

1.1.3 磁界，磁化，磁束密度

磁界 $\boldsymbol{H}$，磁化 $\boldsymbol{M}$，および磁束密度 $\boldsymbol{B}$ は，磁気に関わる基本的な物理量であり，それぞれの関係は以下の式で表される．

$$\boldsymbol{B} = \mu_0(\boldsymbol{H} + \boldsymbol{M}) \quad (\text{SI 単位系}) \quad (1.1.9\,\mathrm{a})$$
$$= \mu_0 \boldsymbol{H} + \boldsymbol{M} \quad (E\text{-}H\text{ 対応 MKSA 単位系}) \quad (1.1.9\,\mathrm{b})$$
$$= \boldsymbol{H} + 4\pi \boldsymbol{M} \quad (\text{CGS ガウス単位系}) \quad (1.1.9\,\mathrm{c})$$

ここで，μ_0 は真空の透磁率とよばれる定数で，次の値と単位を有する．
$$\mu_0 = 4\pi \times 10^{-7}\,\mathrm{H\,m^{-1}} \quad (1.1.10)$$

H（ヘンリー）はインダクタンスに用いられる単位であり，$\mathrm{Wb\,A^{-1}}$ という次元を有する．Wb（ウェーバー）は磁束の単位である．

以下に，単位系ごとに，それぞれの物理量の単位と意味を述べる．

a. SI 単位系

SI 単位系では，磁気の実体としてまず磁束密度 $\boldsymbol{B}$ を考える．$\boldsymbol{B}$ は電流 $\boldsymbol{I}$ に作用する力 $\boldsymbol{F}$ として観測され，$\boldsymbol{B}, \boldsymbol{I}, \boldsymbol{F}$ の関係は，式 (1.1.11) のように表される．

$$\boldsymbol{F} = \boldsymbol{I} \times \boldsymbol{B} \quad (1.1.11)$$

$\boldsymbol{B}$ の単位は $\mathrm{Wb\,m^{-2}}$ であり，しばしば T（テスラ）とも表される．その次元は，式 (1.1.11) より，力の単位 [N] を電流 [A] で割ったものであり，次式となる．

$$[\mathrm{T}] = [\mathrm{Wb\,m^{-2}}] = [\mathrm{N\,A^{-1}}] = [\mathrm{m\,kg\,s^{-2}\,A^{-1}}] \quad (1.1.12)$$

一方，磁界 $\boldsymbol{H}$ は，電流 $\boldsymbol{I}$ がつくる場として定義される．アンペールの法則により，$\boldsymbol{H}$ と $\boldsymbol{I}$ の間には，以下の関係がある．

$$\oint \boldsymbol{H} \cdot \mathrm{d}\boldsymbol{s} = I \quad (1.1.13)$$

ここで，$\oint$ はある閉曲線上で行い，$\mathrm{d}\boldsymbol{s}$ はその線素ベクトル，I は閉曲線で囲まれた面を流れる電流の総和である．したがって，電流の単位 [A] を距離の単位 [m] で割った $\mathrm{A\,m^{-1}}$ が，$\boldsymbol{H}$ の単位となる．例として，図 1.1.1 に，直線電流がその周囲に同心円状につくる磁界を示す．

磁化 $\boldsymbol{M}$ は，物質の単位体積（$1\,\mathrm{m^3}$）あたりの磁気モーメントである．すなわち，磁気モーメントを $\boldsymbol{m}$，物質の体積を V とすれば，式 (1.1.14) のように表される．

$$\boldsymbol{M} = \boldsymbol{m}/V \quad (1.1.14)$$

$\boldsymbol{m}$ の単位は，電流の単位 [A] に面積の単位 [$\mathrm{m^2}$] を乗じた $\mathrm{A\,m^2}$ である．なぜならば，平面状の電流ループを考えると，それは磁気双極子と等価であり，磁気双極子が有する磁気モーメントの大きさ m は，電流を I，ループの

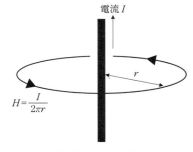

図 1.1.1 直線電流のつくる磁界
直線電流 I は，同心円状に磁界 $\boldsymbol{H}$ をつくる．

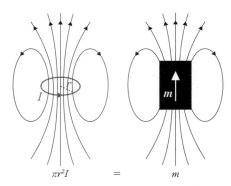

図 1.1.2 円電流のつくる磁界
電流 I，半径 r の小さな円電流は，$\pi r^2 I$ の磁気モーメントをもつ磁気双極子と等価である．

面積を S として，以下のように表されるからである．

$$m = IS \quad (1.1.15)$$

例として，図 1.1.2 に，円電流の場合を示す．したがって，式 (1.1.14) より，$\boldsymbol{M}$ の単位は $\mathrm{A\,m^{-1}}$ となり，$\boldsymbol{H}$ の単位と同じになる．

式 (1.1.9 a) に戻ると，$\mathrm{A\,m^{-1}}$ の単位を有する $\boldsymbol{H}$ および $\boldsymbol{M}$ と，$\mathrm{Wb\,m^{-2}}$ の単位を有する $\boldsymbol{B}$ を結びつける定数が μ_0 であり，その単位が $\mathrm{H\,m^{-1}}$（$\mathrm{H} = \mathrm{Wb\,A^{-1}}$）であることは自明である．

b. E-H 対応 MKSA 単位系

E-H 対応 MKSA 単位系では，式 (1.1.9 a) と式 (1.1.9 b) を比較すればわかるように，SI 単位における $\mu_0 \boldsymbol{M}$ が，たんに $\boldsymbol{M}$ に置き換えられている．すなわち，E-H 対応 MKSA 単位系における磁化 $\boldsymbol{M}$ は，SI 単位における $\boldsymbol{M}$ に μ_0 を乗じたものである．したがって，E-H 対応 MKSA 単位系では，磁束密度 $\boldsymbol{B}$ および磁界 $\boldsymbol{H}$ は SI 単位とまったく同一であるが，磁化 $\boldsymbol{M}$ だけが異なる．式 (1.1.9 b) からわかるように，$\boldsymbol{M}$ の単位は $\boldsymbol{B}$ の単位と同一で，$\mathrm{Wb\,m^{-2}}$ である．これに伴い，磁気モーメントも SI 単位のそれに μ_0 を乗じ，単位は Wb m となる．1.1.4 項で述べるように，Wb は磁束の単位であると同時に磁極の単位でもあり，Wb m は磁極に距離を乗じた単位になっている．

SI 単位において，$\mu_0 \boldsymbol{M}$ を磁気分極とよび，$\boldsymbol{I}$ あるいは $\boldsymbol{J}$ と書く場合がある．この場合の $\boldsymbol{I}(\boldsymbol{J})$ は，E-H 対応

MKSA 単位系における磁化 M そのものである．

c. CGS ガウス単位系

CGS ガウス単位では，磁束密度 B の単位にガウス [G]，磁界 H の単位にエルステッド [Oe]，磁化 M の単位に emu cm^{-3} を用いる．M は単位体積（1 cm^3）あたりの磁気モーメントであり，emu は磁気モーメントを表す単位である．式 (1.1.9 c) からわかるように，三つの単位の次元は同一である．SI 単位系では磁気の根源を電流とし，基本単位にアンペア [A] を導入した 4 元単位系であるのに対し，CGS ガウス単位系では磁気の根源を磁極とし，cm, g, s の三つだけの基本単位で構成される 3 元単位系であるので，両者の体系はまったく異なる．詳細は 1.1.4 項で述べるが，CGS ガウス単位における B, H, M の単位の次元は，下記のとおりである．

$$[G] = [Oe] = [\text{emu cm}^{-3}] = [\text{cm}^{-1/2} \text{g}^{1/2} \text{s}^{-1}] \quad (1.1.16)$$

d. 単位の換算

磁束密度 B，磁界 H，磁化 M，および磁気モーメント m に関して，異なる単位系の間の換算は以下のようになる．

磁束密度 B：$1 \text{ T} = 10^4 \text{ G}$ (1.1.17)

磁　界 H：$10^3/4\pi (\fallingdotseq 80) \text{ A m}^{-1} = 1 \text{ Oe}$ (1.1.18)

磁　化 M：$1 \text{ A m}^{-1} = 4\pi \times 10^{-7} \text{ Wb m}^{-2}$ (1.1.19 a)

　　　$1 \text{ Wb m}^{-2} = 10^4/4\pi (\fallingdotseq 800) \text{ emu cm}^{-3}$ (1.1.19 b)

　　　$1 \text{ emu cm}^{-3} = 10^3 \text{ A m}^{-1}$ (1.1.19 c)

磁気モーメント m：

　　　$1 \text{ A m}^2 = 4\pi \times 10^{-7} \text{ Wb m}$ (1.1.20 a)

　　　$1 \text{ Wb m} = 10^{10}/4\pi \text{ emu}$ (1.1.20 b)

　　　$1 \text{ emu} = 10^{-3} \text{ A m}^2$ (1.1.20 c)

1.1.4 磁極とクーロンの法則

CGS ガウス単位系は，磁気の根源は磁極であるという考え方に基づいて体系化されている．しかし，自然界において，磁極は単独では存在しない（言い換えれば，磁気モノポールは存在しない）．このことは，磁気の根源は基本的に電流であることに起因している．＋と－（N と S）の磁極の対である磁気双極子は存在するが，これはループ電流が磁気双極子に相当するということであり，磁極の存在を直接明示しているわけではない．SI 単位系は，磁気の根源は電流であるという考え方に基づいて体系化されており，あらわに磁極の存在を考えなくても，磁気の諸現象を記述することは可能である．しかし，実際には，どの単位系を用いる場合でも，磁極の存在を考えた方が便利な場合は多々ある．本項では，異なる単位系における磁極の単位や取り扱いについて述べる．

a. クーロンの法則と磁極の単位

磁極の存在は，磁極の間に働く力によって認識される．磁極の間に働く力は，電荷の間に働く力と同様に，クーロンの法則が成り立つ．すなわち，距離 r を隔てて存在する磁極 q および Q の間に働く力 $F_{q\text{-}Q}$ は，以下のように表される．

$$F_{q\text{-}Q} = \frac{\mu_0}{4\pi} \cdot \frac{qQ}{r^2} \quad \text{(SI 単位系)} \quad (1.1.21\text{ a})$$

$$= \frac{1}{4\pi\mu_0} \cdot \frac{qQ}{r^2} \quad (E\text{-}H \text{ 対応 MKSA 単位系})$$
$$(1.1.21\text{ b})$$

$$= \frac{qQ}{r^2} \quad \text{(CGS ガウス単位系)}$$
$$(1.1.21\text{ c})$$

ここで注意するべき点が二つある．まず，SI 単位系と E-H 対応 MKSA 単位系では係数に μ_0 が入っているが，SI 単位系では分子に，E-H 対応 MKSA 単位系では分母に入っていることである．1.1.3 項で述べたように，SI 単位系と E-H 対応 MKSA 単位系では，磁気モーメントに μ_0 のファクターだけ違いがあるので，結果的に磁極にも μ_0 のファクターだけ違いが生じ，それがクーロンの法則における係数の違いになって現れる．SI 単位系および E-H 対応 MKSA 単位系それぞれで，磁気モーメントの単位は A m^2 および Wb m であるので，磁極の単位は A m および Wb となる．

第 2 の注意点は，CGS ガウス単位では係数がない（厳密にいえば係数が 1 である）ということである．CGS ガウス単位系では，クーロンの法則の係数を無次元量（1）とおくことによって，磁気諸量の単位の次元が決定される．式 (1.1.21 c) から，磁極の単位は，力の単位 [dyn] と距離の 2 乗（cm^2）の積の平方根であることがわかる．磁気モーメントの単位は emu と書くので，磁極の単位は emu cm^{-1} と表されるが，その次元は，以下となる．

$$[\text{emu cm}^{-1}] = [\text{dyn}^{1/2} \text{cm}] = [\text{cm}^{3/2} \text{g}^{1/2} \text{s}^{-1}]$$
$$(1.1.22)$$

したがって，emu の次元は，次式のようになる．

$$[\text{emu}] = [\text{cm}^{5/2} \text{g}^{1/2} \text{s}^{-1}] \quad (1.1.23)$$

これより，磁化 M の単位 emu cm^{-3} の次元は，式 (1.1.16) で表されることがわかる．

磁極の異なる単位系の間の換算は，以下のようになる．

$1 \text{ A m} = 4\pi \times 10^{-7} \text{ Wb}$ (1.1.24 a)

$1 \text{ Wb} = 10^8/4\pi \text{ emu cm}^{-1}$ (1.1.24 b)

$1 \text{ emu cm}^{-1} = 10^{-1} \text{ A m}$ (1.1.24 c)

b. 磁極がつくる磁界と磁極が受ける力

クーロンの法則を表す式 (1.1.21 a～c) を，磁極 Q がつくる磁界 H_Q が磁極 q に作用する力という考え方で見直してみよう．このとき，H_Q はそれぞれの単位系で以下のように表される．

$$H_Q = \frac{1}{4\pi} \cdot \frac{Q}{r^2} \quad \text{(SI 単位系)} \quad (1.1.25\text{ a})$$

$$= \frac{1}{4\pi\mu_0} \cdot \frac{Q}{r^2} \quad (E\text{-}H \text{ 対応 MKSA 単位系})$$
$$(1.1.25\text{ b})$$

$$= \frac{Q}{r^2} \quad \text{(CGS ガウス単位系)} \quad (1.1.25\text{ c})$$

SI 単位系と E-H 対応 MKSA 単位系では，磁極に μ_0 の

ファクターだけ違いがあるので,磁極がつくる磁界の表現も μ_0 のファクターだけ違いが現れることは注意を要する.さらに,一般的に磁界 H が磁極 q に作用する力 F は,以下のように表される.

$$F = \mu_0 q H \quad \text{(SI 単位系)} \quad (1.1.26\,\text{a})$$
$$= qH \quad \text{(}E\text{-}H \text{ 対応 MKSA および CGS ガウス単位系)} \quad (1.1.26\,\text{b})$$

すなわち,E-H 対応 MKSA 単位系と CGS ガウス単位系が同一の表現となり,SI 単位系の表式にのみ μ_0 が現れる.磁化 M の存在を考えなければ,$\mu_0 H$ は磁束密度 B と同等なので,SI 単位系では,多くの場合,次の表式が用いられている.

$$F = qB \quad \text{(SI 単位系)} \quad (1.1.27)$$

同様に,一様な磁界 H の中に磁気モーメント m がおかれたときのトルク T およびエネルギー E は,以下のように表される.

$$T = -\mu_0 m \times H (= -m \times B)$$
$$\text{(SI 単位系)} \quad (1.1.28\,\text{a})$$
$$= -m \times H \quad \text{(}E\text{-}H \text{ 対応 MKSA および CGS ガウス単位系)} \quad (1.1.28\,\text{b})$$
$$E = -\mu_0 m \cdot H (= -m \cdot B)$$
$$\text{(SI 単位系)} \quad (1.1.29\,\text{a})$$
$$= -m \cdot H \quad \text{(}E\text{-}H \text{ 対応 MKSA および CGS ガウス単位系)} \quad (1.1.29\,\text{b})$$

1.1.5 反磁界

物質が磁化されて磁化 M が発生すると,物質の形状に依存して M とは逆向きの磁界が物質内部に生じる.これを反磁界とよぶ.図 1.1.3 に示すように,磁化の発生によって物質の表面に磁極が現れ,その磁極によって逆向きの磁界が発生すると考えれば,反磁界は理解しやすい.反磁界を H_d と書くと,H_d は M に比例して,以下のように表される.

$$H_d = -NM \quad \text{(SI および CGS ガウス単位系)} \quad (1.1.30\,\text{a})$$
$$= -\frac{N}{\mu_0} M \quad \text{(}E\text{-}H \text{ 対応 MKSA 単位系)} \quad (1.1.30\,\text{b})$$

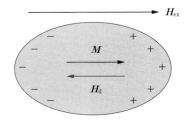

図 1.1.3 反磁界の発生
外部磁界 H_{ex} を物質に印加し物質を磁化すると,磁化 M とは逆向きの磁界 H_d が発生する.

ここで,N は物質の形状に依存した無次元の係数であり,反磁界係数とよばれている.マイナスは向きが逆向きの意味である.SI 単位系および CGS ガウス単位系では,磁界と磁化の単位の次元が等しいので,同じ表式で表されるが,E-H 対応 MKSA 単位系は磁界と磁化の単位が μ_0 のファクターだけ異なるので,係数に μ_0 が現れる.

N はテンソル (N_{ij}) $(i,j=x,y,z)$ であるが,回転楕円体の場合,適当な座標軸をとることによって対角化できる.そして,N_x, N_y, N_z の間には,次の関係が成り立つ.

$$N_x + N_y + N_z = 1 \quad \text{(SI および }E\text{-}H \text{ 対応 MKSA 単位系)} \quad (1.1.31\,\text{a})$$
$$N_x + N_y + N_z = 4\pi \quad \text{(CGS ガウス単位系)} \quad (1.1.31\,\text{b})$$

1.1.6 磁化率と透磁率

磁化率は磁化のされやすさの指標であり,磁界 H に対する磁化 M の変化率である.M/H で定義されるものを全磁化率,dM/dH を微分磁化率とよぶ.また,磁化曲線のどの部分をとるかによって,初磁化率,最大磁化率,強磁界磁化率などの種類がある.

磁化率は,SI 単位および CGS ガウス単位では,M も H も同じ単位なので無次元量となるが,CGS ガウス単位では 4π の因子だけ値が異なる.一方,E-H 対応 MKSA 単位系では,真空の透磁率 μ_0 と同じ単位(H m^{-1})となる.

磁化率の単位換算は,以下のようになる.

$$1 (\text{無次元}) \quad \text{(SI 単位系)}$$
$$= 4\pi \times 10^{-7} \text{ H m}^{-1} \quad \text{(}E\text{-}H \text{ 対応 MKSA 単位系)}$$
$$= 1/4\pi (\text{無次元}) \quad \text{(CGS ガウス単位系)} \quad (1.1.32)$$

また,E-H 対応 MKSA 単位系の場合,磁化率を μ_0 で規格化して無次元量として用いることも多い.この規格化した磁化率を比磁化率とよぶ.すなわち,磁化率を χ,比磁化率を χ_r と書けば,次式であり,これは SI 単位系での磁化率に等しい.

$$\chi_r = \chi/\mu_0 \quad \text{(}E\text{-}H \text{ 対応 MKSA 単位系)} \quad (1.1.33)$$

透磁率は磁化率と同様に磁化のされやすさの指標であるが,磁界 H に対する磁束密度 B の変化率(B/H あるいは dB/dH)である.磁化率が磁化曲線(M-H 曲線)の傾きであるのに対して,透磁率は B-H 曲線の傾きに相当する.磁化率 χ と透磁率 μ との関係は,式(1.1.9 a~c)より,以下のようになる.

$$\mu = \mu_0 (1+\chi) \quad \text{(SI 単位系)} \quad (1.1.34\,\text{a})$$
$$\mu = \mu_0 + \chi \quad \text{(}E\text{-}H \text{ 対応 MKSA 単位系)} \quad (1.1.34\,\text{b})$$
$$\mu = 1 + 4\pi\chi \quad \text{(CGS ガウス単位系)} \quad (1.1.34\,\text{c})$$

透磁率の単位は CGS ガウス単位系では無次元である.一方,SI 単位系と E-H 対応 MKSA 単位系では,真空の透磁率 μ_0 と同じ単位(H m^{-1})であり,値もまったく同一である.しかし,しばしば μ_0 で規格化して,無次元化した比透磁率 μ_r を用いる.μ_r は次のように表される.

$\mu_r = \mu/\mu_0 = 1 + \chi$ （SI 単位系） (1.1.35 a)
$\mu_r = \mu/\mu_0 = 1 + \chi/\mu_0 = 1 + \chi_r$
（E-H 対応 MKSA 単位系） (1.1.35 b)

比透磁率 μ_r は，CGS ガウス単位系における透磁率 μ と同一になる．

文　献

1) 高梨弘毅, "磁気工学入門"（現代講座・磁気工学 1, 日本磁気学会 編), 1～2 章, 共立出版 (2009).

1.2　磁気モーメント

1.2.1　磁気モーメントの定義

図 1.2.1 に示すような磁性体を考える[1~3]．磁性体が一方向に磁化していると，その両端には磁極が生じる．ここでは，それらの磁極を $+q$, $-q$ とする．$+q$ と $-q$ は，必ず対で存在する．図 1.2.1 を磁性体ではなく，たんなる磁極の対であると考えてもよい．磁極間の距離を d とすると，磁気双極子モーメント（磁気モーメント）の大きさ m は，次式となる．

$$m = qd \tag{1.2.1}$$

また，磁気モーメント $\boldsymbol{m}$ を磁界 $\boldsymbol{H}$ 中に置くと，そのポテンシャルエネルギー E は，次式で表される．このエネルギーは，静磁エネルギーとよばれることもある．

$$E = -\boldsymbol{m} \cdot \boldsymbol{H} \tag{1.2.2}$$

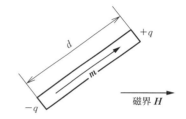

図 1.2.1　磁気モーメントの定義

1.2.2　磁気モーメントの起源

磁気モーメントの起源は，伝導電子による磁気モーメント[4,5]と原子磁気モーメントである．伝導電子による磁気モーメントは，その寄与が小さいため，本節では割愛する．

原子磁気モーメントは，原子核スピンに起因する磁気モーメント[6~8]と電子の運動に起因する磁気モーメント[9~13]を起源とする．原子核スピンに起因する磁気モーメントは，核磁気共鳴実験，中性子回折実験，メスバウアー効果実験，医療分野における磁気共鳴画像法（MRI：magnetic resonance imaging）などで重要な役割を演じるが，原子磁気モーメント全体に対する寄与は小さい．そのため，本節では，原子あるいはイオンに局在する電子を起源とする磁気モーメントに焦点を合わせて記述する．

1.2.3　原子磁気モーメント

a.　電子の運動に起因する磁気モーメント

原子磁気モーメントは，上述のように，おもに原子あるいはイオンに局在する電子を起源とする．電子は原子の周囲を運動しており，その軌道運動が電流を生じ，その電流が磁界を発生する．したがって，電子の角運動量が磁気モーメントを理解するうえで重要である．最も単純な原子モデルは，図 1.2.2 に示すボーアの原子模型である[10,11,14]．電子の角運動量ベクトルを $\boldsymbol{l}$ とすると，発生する磁気モー

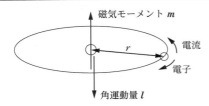

図 1.2.2 ボーア模型

メント m_l は角運動量ベクトル l と逆向きであり，次式で表される．ここで，e は電子の電荷，μ_0 は真空の透磁率，m_e は電子の静止質量である．

$$m_l = -\frac{\mu_0 e l}{2m_e} \quad (1.2.3)$$

ここで，電子の運動による磁気モーメントの基本単位であるボーア磁子（式（1.2.4））を導入すると，磁気モーメント m_l は，式（1.2.5）となる．

$$\mu_B = -\frac{\mu_0 e \hbar}{2m_e} \quad (1.2.4)$$

$$m_l = -\frac{\mu_B l}{\hbar} \quad (1.2.5)$$

電子が複数個ある場合を含めて，軌道角運動量の大きさ $|L|$ は，次式で表される．なお，電子が1個の場合には，角運動量，量子数などは小文字で，電子が複数個の場合には大文字で示されることが多い．

$$|L| = \hbar\sqrt{L(L+1)} \quad (1.2.6)$$

ここで，L は方位量子数である．L は，個々の電子における方位量子数 l の合計になる．また，電子の軌道運動により生じる磁気モーメントの大きさ $|m_L|$ は，次式のようになる．

$$|m_L| = \mu_B\sqrt{L(L+1)} \quad (1.2.7)$$

この式は，上述のように，磁気モーメントの基本単位がボーア磁子であることをよく表している．

また，軌道角運動量の z 成分の大きさ L_z は，m_l を電子1個の磁気量子数として，次式で表される．

$$L_z = m_l \hbar \quad (1.2.8)$$

この m_l は，原子に磁界を印加したときに，同じ方位量子数を有する電子のエネルギー状態が分裂して生じる量子数である．磁界によるエネルギー状態の分裂はゼーマン効果とよばれる．この磁気量子数 m_l と方位量子数 l との関係は，次式で示され，方位量子数 l の軌道は $2l+1$ 個の磁気量子数を有する．

$$m_l = 0, \pm 1, \pm 2, \cdots\cdots, \pm l \quad (1.2.9)$$

すなわち，$2l+1$ 個の空間的な方向性を有することになる．この様子を，d軌道（$l=2$）の場合について，図1.2.3に示す．この図では，z 軸まわり，すなわち磁界 H のまわりの方向性に関しては，磁気モーメントが磁界によりトルクを受けて歳差運動をしているため，磁界方向の成分は変化しないことを示す．また，この図は，式（1.2.8）の関係をよく表している．

電子の運動に起因する磁気モーメントは，電子の軌道運

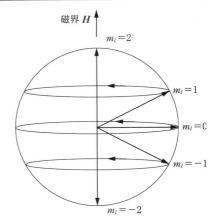

図 1.2.3 磁気量子数と空間方向性

動だけではなく，電子スピンによる角運動量によっても生じる．電子スピンによる角運動量の大きさ $|S|$ は，次式で表される．

$$|S| = \hbar\sqrt{S(S+1)} \quad (1.2.10)$$

ここで，S は電子スピン量子数であり，個々の電子スピン量子数 s の合計である．

また，電子スピンによる磁気モーメントは，次式のようになる．

$$m_s = -\frac{2\mu_B s}{\hbar} \quad (1.2.11)$$

この式は1個の電子に対する磁気モーメントとして表現しているので，量子数は小文字で示している．式（1.2.5）と比較して，分子に2がついているのは，方位量子数が整数であるのに対し，電子スピン量子数が1/2の半整数からなるためである．

また，式（1.2.10），式（1.2.11）より，電子スピンによる磁気モーメントの大きさは，次式のようになる．

$$|m_s| = 2\mu_B\sqrt{S(S+1)} \quad (1.2.12)$$

また，電子の軌道運動の場合と同様に，軌道角運動量の z 成分の大きさ S_z は，次式のようになる．

$$S_z = m_s \hbar \quad (1.2.13)$$

ここで，m_s は電子スピン磁気量子数であり，次式で表される．

$$m_s = \pm \frac{1}{2} \quad (1.2.14)$$

上述のように，電子の運動による原子磁気モーメントは，電子の軌道運動による角運動量および電子スピン角運動量より生じる．したがって，これらの角運動量を合計しないと全体の角運動量および磁気モーメントはわからない．

電子1個に対する全角運動量 j は，軌道角運動量 l とスピン角運動量 s のベクトル和であり，次式で示される．

$$j = l + s \quad (1.2.15)$$

このように，軌道角運動量ベクトルとスピン角運動量ベクトルが相互作用し，全角運動量を生じる場合，この相互

作用をラッセル-ソンダーズ相互作用[15,16]という．また，全角運動量の量子数をJとすると，全角運動量の大きさは，式 (1.2.16) となり，磁気モーメント$\bm{m}$および磁気モーメントの大きさmは，式 (1.2.17)，式 (1.2.18) のようになる．

$$|\bm{J}| = \hbar\sqrt{J(J+1)} \tag{1.2.16}$$

$$\bm{m} = -\frac{g\mu_\mathrm{B}\bm{J}}{\hbar} \tag{1.2.17}$$

$$m = \frac{g\mu_\mathrm{B}|\bm{J}|}{\hbar} \tag{1.2.18}$$

ここで，gはランデのg因子であり，次式で求められる．

$$g = 1 + \frac{J(J+1)+S(S+1)-L(L+1)}{2J(J+1)} \tag{1.2.19}$$

原子に複数個の電子がある場合，電子の配置はフントの規則にほぼ従う[16~18]．フントの規則は，以下の項目からなる．

(1) パウリの排他原理で許される範囲内で，電子スピン角運動量 $\bm{S}$ が最大になるように，電子が配置する．

(2) 規則(1)とパウリの排他原理で許される範囲内で，軌道角運動量 $\bm{L}$ が最大になるように，電子が配置する．

表 1.2.1 自由原子の電子配置

原子番号	元素名	1s	2s	2p	3s	3p	3d	4s	4p	4d	4f	5s	5p	5d	5f	6s	6p	6d	7s …
1	H	1																	
2	He	2																	
3	Li	2	1																
4	Be	2	2																
5	B	2	2	1															
6	C	2	2	2															
7	N	2	2	3															
8	O	2	2	4															
9	F	2	2	5															
10	Ne	2	2	6															
11	Na	2	2	6	1														
12	Mg	2	2	6	2														
13	Al	2	2	6	2	1													
14	Si	2	2	6	2	2													
15	P	2	2	6	2	3													
16	S	2	2	6	2	4													
17	Cl	2	2	6	2	5													
18	Ar	2	2	6	2	6													
19	K	2	2	6	2	6		1											
20	Ca	2	2	6	2	6		2											
21	Sc	2	2	6	2	6	1	2											
22	Ti	2	2	6	2	6	2	2											
23	V	2	2	6	2	6	3	2											
24	Cr	2	2	6	2	6	5	1											
25	Mn	2	2	6	2	6	5	2											
26	Fe	2	2	6	2	6	6	2											
27	Co	2	2	6	2	6	7	2											
28	Ni	2	2	6	2	6	8	2											
29	Cu	2	2	6	2	6	10	1											
30	Zn	2	2	6	2	6	10	2											
31	Ga	2	2	6	2	6	10	2	1										
32	Ge	2	2	6	2	6	10	2	2										
33	As	2	2	6	2	6	10	2	3										
34	Se	2	2	6	2	6	10	2	4										
35	Br	2	2	6	2	6	10	2	5										
36	Kr	2	2	6	2	6	10	2	6										
37	Rb	2	2	6	2	6	10	2	6			1							
38	Sr	2	2	6	2	6	10	2	6			2							
39	Y	2	2	6	2	6	10	2	6	1		2							
40	Zr	2	2	6	2	6	10	2	6	2		2							
41	Nb	2	2	6	2	6	10	2	6	4		1							
42	Mo	2	2	6	2	6	10	2	6	5		1							
43	Tc	2	2	6	2	6	10	2	6	5		2							
44	Ru	2	2	6	2	6	10	2	6	7		1							
45	Rh	2	2	6	2	6	10	2	6	8		1							
46	Pd	2	2	6	2	6	10	2	6	10		0							
47	Ag	2	2	6	2	6	10	2	6	10		1							
48	Cd	2	2	6	2	6	10	2	6	10		2							
49	In	2	2	6	2	6	10	2	6	10		2	1						
50	Sn	2	2	6	2	6	10	2	6	10		2	2						
51	Sb	2	2	6	2	6	10	2	6	10		2	3						
52	Te	2	2	6	2	6	10	2	6	10		2	4						
53	I	2	2	6	2	6	10	2	6	10		2	5						
54	Xe	2	2	6	2	6	10	2	6	10		2	6						
55	Cs	2	2	6	2	6	10	2	6	10		2	6			1			
56	Ba	2	2	6	2	6	10	2	6	10		2	6			2			
57	La	2	2	6	2	6	10	2	6	10		2	6	1		2			
58	Ce	2	2	6	2	6	10	2	6	10	1	2	6	1		2			
59	Pr	2	2	6	2	6	10	2	6	10	3	2	6			2			
60	Nd	2	2	6	2	6	10	2	6	10	4	2	6			2			
61	Pm	2	2	6	2	6	10	2	6	10	5	2	6			2			
62	Sm	2	2	6	2	6	10	2	6	10	6	2	6			2			
63	Eu	2	2	6	2	6	10	2	6	10	7	2	6			2			
64	Gd	2	2	6	2	6	10	2	6	10	7	2	6	1		2			
65	Tb	2	2	6	2	6	10	2	6	10	9	2	6			2			
66	Dy	2	2	6	2	6	10	2	6	10	10	2	6			2			
67	Ho	2	2	6	2	6	10	2	6	10	11	2	6			2			
68	Er	2	2	6	2	6	10	2	6	10	12	2	6			2			
69	Tm	2	2	6	2	6	10	2	6	10	13	2	6			2			
70	Yb	2	2	6	2	6	10	2	6	10	14	2	6			2			
71	Lu	2	2	6	2	6	10	2	6	10	14	2	6	1		2			
72	Hf	2	2	6	2	6	10	2	6	10	14	2	6	2		2			
73	Ta	2	2	6	2	6	10	2	6	10	14	2	6	3		2			
74	W	2	2	6	2	6	10	2	6	10	14	2	6	4		2			
75	Re	2	2	6	2	6	10	2	6	10	14	2	6	5		2			
76	Os	2	2	6	2	6	10	2	6	10	14	2	6	6		2			
77	Ir	2	2	6	2	6	10	2	6	10	14	2	6	7		2			
78	Pt	2	2	6	2	6	10	2	6	10	14	2	6	9		1			
79	Au	2	2	6	2	6	10	2	6	10	14	2	6	10		1			
80	Hg	2	2	6	2	6	10	2	6	10	14	2	6	10		2			
81	Tl	2	2	6	2	6	10	2	6	10	14	2	6	10		2	1		
82	Pb	2	2	6	2	6	10	2	6	10	14	2	6	10		2	2		
83	Bi	2	2	6	2	6	10	2	6	10	14	2	6	10		2	3		
84	Po	2	2	6	2	6	10	2	6	10	14	2	6	10		2	4		
85	At	2	2	6	2	6	10	2	6	10	14	2	6	10		2	5		
86	Rn	2	2	6	2	6	10	2	6	10	14	2	6	10		2	6		
87	Fr	2	2	6	2	6	10	2	6	10	14	2	6	10		2	6		1
88	Ra	2	2	6	2	6	10	2	6	10	14	2	6	10		2	6		2
89	Ac	2	2	6	2	6	10	2	6	10	14	2	6	10		2	6	1	2
90	Th	2	2	6	2	6	10	2	6	10	14	2	6	10		2	6	2	2
91	Pa	2	2	6	2	6	10	2	6	10	14	2	6	10	2	2	6	1	2
92	U	2	2	6	2	6	10	2	6	10	14	2	6	10	3	2	6	1	2

[太田恵造，"磁気工学の基礎 I"（共立全書），p.93，共立出版（1973）を一部改変]

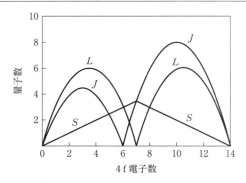

図1.2.4 希土類元素の三価イオンにおける4f電子数と量子数との関係

表1.2.2 希土類元素の三価イオンにおける磁気モーメント

イオン	基底状態	実験値/μ_B	理論値/μ_B
La^{3+}	$^1S_0$	~0	0.00
Ce^{3+}	$^2F_{5/2}$	2.5	2.54
Pr^{3+}	$^3H_4$	3.6	3.58
Nd^{3+}	$^4I_{9/2}$	3.8	3.62
Pm^{3+}	$^5I_4$	—	2.68
Sm^{3+}	$^6H_{5/2}$	1.5	0.84
Eu^{3+}	$^7F_0$	3.6	0.00
Gd^{3+}	$^8S_{7/2}$	7.9	7.94
Tb^{3+}	$^7F_6$	9.7	9.72
Dy^{3+}	$^6H_{15/2}$	10.5	10.63
Ho^{3+}	$^5I_8$	10.5	10.60
Er^{3+}	$^4I_{15/2}$	9.4	9.59
Tm^{3+}	$^3H_6$	7.2	7.57
Yb^{3+}	$^2F_{7/2}$	4.5	4.54
Lu^{3+}	$^1S_0$	~0	0.00

[金森順次郎, "磁性", p.29, 培風館 (1969) を一部改変]

表1.2.3 3d元素イオンにおける磁気モーメント

イオン	基底状態	実験値/μ_B	理論値1/μ_B	理論値2/μ_B
K^+	$^1S_0$	~0	0.00	0.00
V^{4+}	$^2D_{3/2}$	1.8	1.55	1.73
V^{3+}	$^3F_2$	2.8	1.63	2.83
V^{2+}	$^4F_{3/2}$	3.8	0.77	3.87
Cr^{3+}	$^4F_{3/2}$	3.7	0.77	3.87
Cr^{2+}	$^5D_0$	4.8	0.00	4.90
Mn^{3+}	$^5D_0$	5	0.00	4.90
Mn^{2+}	$^6S_{5/2}$	5.9	5.92	5.92
Fe^{3+}	$^6S_{5/2}$	5.9	5.92	5.92
Fe^{2+}	$^5D_4$	5.4	6.71	4.90
Co^{2+}	$^4F_{9/2}$	4.8	6.63	3.87
Ni^{2+}	$^3F_4$	3.2	5.59	2.83
Cu^{2+}	$^5D_{5/2}$	1.9	3.55	1.73
Cu^+	$^1S_0$	~0	0.00	0.00

理論値1：$g\sqrt{J(J+1)}$, 理論値2：$2\sqrt{S(S+1)}$
[金森順次郎, "磁性", p.31, 培風館 (1969) を一部改変]

(3) 電子数が当該軌道の閉殻の1/2以下のときには$J=|L-S|$, 閉殻の1/2以下のときには$J=L+S$となる.

フントの規則にほぼ従い, 1個の原子が独立して存在する場合, すなわち自由原子の電子配置は, 表1.2.1のようになる[19~21]. また, この電子配置により計算した4f電子による各量子数の関係を図1.2.4に示す.

希土類元素の場合, 磁性を担う4f電子が比較的, 原子の内部に存在し, すなわち$5s^2$, $5p^6$の電子殻により保護されているため, 結晶場の影響を受けにくい. その結果, 表1.2.2に示すように, 希土類元素三価イオンの磁気モーメントの大きさは, Sm^{3+}, Eu^{3+}の場合を除いて, フントの規則に従った電子配置を仮定して計算した磁気モーメントの値に近い[22~24]. Sm^{3+}, Eu^{3+}の場合は, 軌道角運動量とスピン角運動量が反平行であり, ほぼ打ち消し合うはずであるが, バンブレックの理論によれば, 磁界が印加されることにより, 反平行ではなくなり, 式 (1.2.16) から式 (1.2.19) により計算した磁気モーメントよりも高い磁気モーメントを示す[25,26].

これに対して, 3d遷移金属元素の場合, 磁性を担う3d電子が, 比較的, 原子の外部に存在する. このため, 表1.2.3に示すように, 3d遷移金属元素イオンの磁気モーメントの大きさは, 軌道角運動量にほぼ無関係となり, スピン角運動量に比例しているようにみえる. これを結晶場による軌道角運動量の凍結という[22,26~30]. その結果, 3d遷移金属元素の磁性はスレーター-ポーリング曲線[31,32]に示される傾向を示すようになる.

b. 核磁気モーメント

原子核は陽子, 中性子などからなり, それらはスピンを有するため, 原子核は角運動量および磁気モーメントをもっている[6~8]. しかし, 電子スピンの場合とは異なり, 原子核は, 陽子および中性子のスピンによる角運動量のみならず, 構成粒子の運動に起因する角運動量も有しており, それらの合成された結果として原子核スピンが観測される. 言い換えれば, 原子核スピンは, 構成粒子のスピンと運動の両方の寄与を含む. 核磁気モーメントm_Nは, 原子核のg因子をg_N, 電子の電荷の大きさをe, 真空の透磁率をμ_0, 原子核のスピン角運動量をI, 陽子の静止質量をm_pとすると次式で表される.

$$m_N = \frac{g_N \mu_0 e I}{2m_p} \tag{1.2.20}$$

ここで, hをプランクの定数としたとき, $\hbar = h/2\pi$である. 陽子の静止質量m_pは, 電子の静止質量m_eと比較して1836倍重いため, 核磁気モーメントは, 電子の運動およびスピンに起因する磁気モーメントと比較して桁違いに小さい.

また, 電子の運動およびスピンによる磁気モーメントの場合のボーア磁子と同様に核磁子 (式(1.2.21)) を導入すると, 核磁気モーメントm_Nは式(1.2.22)で表される.

$$M_N = \frac{\mu_0 e \hbar}{2m_p} \tag{1.2.21}$$

$$m_N = \frac{g_N M_N I}{\hbar} \tag{1.2.22}$$

この式は, 電子の運動およびスピンに起因する磁気モーメントを表す式と符号が異なるが, 同じ形の式である.

文　献

1) 太田恵造,"磁気工学の基礎 I　磁気の物理"(共立全書), p. 17, 共立出版 (1973).
2) 近角聰信,"強磁性体の物理 (上) 物質の磁性"(物理学選書), p. 1, 裳華房 (1978).
3) 高梨弘毅,"磁気工学入門"(現代講座・磁気工学 1, 日本磁気学会 編), p. 7, 共立出版 (2008).
4) 金森順次郎,"磁性"(新物理学シリーズ), p. 186, 培風館 (1969).
5) 水谷宇一郎,"金属電子論 (上)"(材料科学シリーズ), p. 45, 内田老鶴圃 (1995).
6) 文献 2), p. 89.
7) 文献 4), p. 169.
8) 近角聰信, 太田恵造, 安達健五, 津屋　昇, 石川義和 編, "磁性体ハンドブック (新装版)", p. 183, 朝倉書店 (2006).
9) 文献 1), p. 67.
10) 文献 2), p. 55.
11) 文献 3), p. 93.
12) 文献 4), p. 7.
13) 佐久間昭正,"磁性の電子論"(マグネティックス・ライブラリー), p. 21, 共立出版 (2010).
14) 文献 1), p. 86.
15) 文献 1), p. 107.
16) 文献 2), p. 66.
17) 文献 1), p. 104.
18) 川西健次, 近角聰信, 櫻井良文 編, "磁気工学ハンドブック", p. 9, 朝倉書店 (1998).
19) 文献 1), p. 93.
20) 文献 2), p. 62.
21) 文献 8), p. 23.
22) 文献 1), p. 108.
23) 文献 2), p. 193.
24) 文献 4), p. 29.
25) 文献 8), p. 423.
26) 文献 13), p. 35.
27) 文献 2), p. 71.
28) 文献 2), p. 79.
29) 文献 4), p. 31.
30) 文献 8), p. 39.
31) 文献 1), p. 170.
32) 文献 2), p. 184.

1.3　局在電子系の磁性[1~3]

物質の磁性は，おもにスピンの持つ磁気モーメントにその起源を持つと考えられる．とくに，電子スピンは核スピンに比べて磁気モーメントが 3 桁程度大きく，その挙動が物質の磁性を議論する上で重要となる．物質中における電子の状態で大別すると，絶縁体のように電子が局在する場合 (局在電子系：本節) と金属のように電子が結晶内をほぼ自由に動き回る場合 (遍歴電子系：1.4 節) がある．局在電子系の磁性は，電子軌道が閉殻となっていない場合，電子の磁気モーメントが規則的に配列した格子点上に局在する"局在モーメント模型"でよく記述される．局在モーメント模型の基，ワイスの分子場理論は，磁性イオン間の相互作用を仮定することにより，キュリー温度以上の常磁性帯磁率とキュリー温度以下の磁化 (強磁性) の温度変化の説明に成功した．

1.3.1　絶縁体の磁性

磁性は，古代ギリシャ時代から知られていた現象であるが，古典力学では説明できない (ボーア-ファンリューエンの定理)．量子力学的効果により発現する磁気双極子モーメント (磁気モーメント) により，初めて磁性が理解される．物質の磁気モーメントの担い手は，電子と原子核であるが，原子核の磁気モーメントは電子のそれより 10^{-3} 程度小さいので，物質の磁性を考えるとき，電子の影響が重要である．絶縁体の磁性 (強磁性，反強磁性，常磁性) は，電子の磁気モーメントが格子点上に規則的に配列した"局在モーメント模型"でよく記述される．また，電子軌道が閉殻となっている貴ガス原子やイオン芯では，磁気モーメントがすべて打ち消しあっており，ラーモア反磁性のみが観測される．

a.　ボーア-ファンリューエンの定理[4~6]

古典力学によれば，熱平衡にある電子の集団の自由エネルギーは磁場に依存せず，物質の磁化が 0 であることが導かれる．したがって，反磁性，常磁性，強磁性などの磁性は，量子力学的効果であり古典物理学では説明できないことになる．古典力学では，運動量 p とベクトルポテンシャル A とは可換 (交換法則を満たす) であるのに対し，量子力学ではこれらの変数が非可換であるため分散関数に 0 でない項が残り，実際に観測される現象を記述する．また，ハイゼンベルグ定数 $h \to 0$ と光速 $c \to \infty$ では，磁気的効果が打ち消しあうことから，磁性は相対論的量子力学とも考えられる．

Fredholm の自由エネルギー F をカノニカル分布の分配関数 Z で表現すると，次式となる．

$$F = E - TS = -Nk_B T \ln Z \tag{1.3.1}$$

ここで，分配関数は次式のように書かれる．

$$Z = \int, \cdots, \int \exp\left(-\frac{H}{k_B T}\right) d\boldsymbol{p}_1, \cdots, d\boldsymbol{p}_N d\boldsymbol{r}_1, \cdots, d\boldsymbol{r}_N$$
(1.3.2)

また，磁場がある場合の荷電粒子系のハミルトニアン H は，次のように書かれる．

$$H = \sum_{j=1}^{N} \frac{(\boldsymbol{p}_j - e\boldsymbol{A}_j)^2}{2m_j} + U(\boldsymbol{r}_1, \boldsymbol{r}_2, \cdots, \boldsymbol{r}_N) \quad (1.3.3)$$

分散関数を全運動量空間で積分することを考えると，分散関数の運動量部分 Z_p は，式(1.3.4)となり，磁場 $\boldsymbol{B}(\boldsymbol{A})$ によらないことがわかる．

$$Z_p(A \neq 0) = (2\pi m k_B T)^{N/2} = Z_p(A = 0) \quad (1.3.4)$$

磁化 $\boldsymbol{M}$ は，式(1.3.5)であるので，熱平衡状態では，磁化や磁気モーメントはつねにゼロとなり，量子力学的効果がなければ反磁性，常磁性，強磁性などを説明できない．

$$\boldsymbol{M} = -\frac{\partial F}{\partial \boldsymbol{B}} \quad (1.3.5)$$

b. ラーモア反磁性

物質に磁場を加えたとき，その電磁誘導によって物質中の電子に円運動（ラーモア運動とよばれるサイクロトロン運動）が誘発され，一種の永久電流が流れ続けることによって生じる反磁性で，ランジュバンの反磁性ともよばれる．この電流は，磁場が弱くなる方向へ磁場と磁場勾配に比例した力（ローレンツ力）を生じるとともに，レンツの法則に従い外部の磁場を打ち消す方向に磁場を生み出す．ラーモア反磁性の大きさは，温度に依存しない．また，原子番号 Z が大きい元素では反磁性が大きくなる．

1.3.2 局在磁気モーメントの発現

遷移元素や希土類元素では，3d や 4f の不完全内核があり，隣接原子との電子のやり取りが十分小さければ，軌道角運動量やスピン運動量は打ち消されないで残ることになる．不完全内核電子が複数ある場合には，電子間相互作用のため，パウリの排他原理に基づくフントの規則が成立し，多重項（基底状態）が決定される．原子の位置に局在した多電子系では，フントの規則に従うように軌道角運動量とスピン角運動量が決められる．

a. 軌道角運動量

位置とそれに共役な共役運動量の外積として表される角運動量で，電子の全角運動量のうち，電子がその内部自由度としてもつスピン角運動量を除く部分が軌道角運動量である．原子などの中心力場に束縛された電子にとって，軌道運動量は"良い量子数"（量子状態を指定する数）となる．L を整数値とするとき，量子論によると，電子軌道の角運動量は換算プランク定数 $\hbar$ を単位とするとびとびの値 $\hbar L$ をとり，軌道磁気モーメント μ_l はボーア磁子 μ_B ($= e\hbar/2m = 9.27 \times 10^{-24}$ J T^{-1}，e と m はそれぞれ電子の電荷と質量）を単位とするとびとびの値 $-\mu_B L$ をとる．

軌道角運動量に対応する固有関数には球面調和関数 $Y_{lm}(\theta, \phi)$ があり，$Y_{lm}(\theta, \phi)$ に L^2 と L_z をそれぞれ作用させると，次式となる．

$$L^2 Y_{lm}(\theta, \phi) = l(l+1)\hbar^2 Y_{lm}(\theta, \phi)$$
$$L_z Y_{lm}(\theta, \phi) = m\hbar Y_{lm}(\theta, \phi) \quad (1.3.6)$$

$l(l+1)\hbar^2$，$m\hbar$ がそれぞれの固有値である．l は軌道角運動量量子数（方位量子数），m は軌道磁気量子数とよばれ次式を満たす．

$$\begin{aligned} l &= 0, 1, 2, \cdots \\ m &= 0, \pm 1, \pm 2, \cdots, \pm l \end{aligned} \quad (1.3.7)$$

l の値が半整数でも交換関係を満たすが，軌道角運動量は座標とその共役運動量との積として定義されているため整数値に限られる．なお，球面調和関数は変数分離可能で，次式となり $P_l^m(\cos\theta)$ はルジャンドル陪関数である．

$$\begin{aligned} Y_{lm}(\theta, \phi) &= \Phi_m(\phi)\Theta_{lm}(\theta) \\ \Phi_m(\phi) &= (2\pi)^{-\frac{1}{2}} \exp(im\phi) \\ \Theta_{lm}(\theta) &= (-1)^m \left[\frac{(2l+1)(l-m)!}{2(l+m)!}\right]^{\frac{1}{2}} P_l^m(\cos\theta) \end{aligned} \quad (1.3.8)$$

b. スピン角運動量

素粒子が静止状態でももつ固有の角運動量で，古典物理的な描像では粒子の自転による角運動量と考えられる．運動する粒子の全角運動量は，軌道角運動量とこのスピン角運動量のベクトル和で表される．原子スペクトルの多重項構造，すなわち原子のエネルギー準位の微細構造の特徴を理解するため，原子の軌道を運動する電子に二価性の自由度が提案された．R. Kronig, S. A. Goudsmit, G. E. Uhlenbeck は，パウリの前記の考えを粒子の自転と解釈し，自転に基づく角運動量の大きさが，換算プランク定数 $\hbar$ を単位にして半整数値（1/2）をとると考えた．この半整数をスピン量子数または単にスピンという．スピンはまた，磁気モーメント μ_s をもち，μ_s をボーア磁子 μ_B を単位にして測った値と，$\hbar$ を単位として測った角運動量 S との比を g 因子とよぶ．

$$\mu_s = -g\mu_B S \quad (1.3.9)$$

電子スピンを制御すると電流の流れやすさを変えたり，磁化にトルクを与えたりすることができるため，最近は次世代回路開発の分野でも注目される（スピントロニクス）．一般に，スピンの値が半整数値をとる粒子はフェルミオンとよばれ，フェルミ-ディラック統計に従う．また，スピンの値が整数値をとる粒子はボソンとよばれ，ボース-アインシュタイン統計に従う．

c. パウリの排他原理[7]

W. Pauli が 1925 年に発見した"二つ以上のフェルミ粒子は同一の量子状態を占めることはできない"とする原理である．一つの原子内では 2 個以上の電子が，すべての量子数（主量子数 n，方位量子数 l，磁気量子数 m，スピン量子数 s）が等しい状態をとることはない．パウリの原理，パウリの排他律，パウリの禁制などともよばれる．

d. フントの規則

F. Hund により提案された原子の最安定な電子配置に関する経験則である．原子のエネルギー準位より，基底状態は，

1) スピンの総和 S が最大となる．

2) 1)のもとで，軌道角運動量の総和 L が最大となる．
3) 全角運動量 J は，less than half のとき（不完全内核電子が収容可能数の半分より少ない場合）には $|L-S|$，more than half（半分または半分より多い）の場合は $L+S$ となる．

となる．1)は，パウリの排他原理より，スピンの向きがそろっていないと同一軌道に電子が入る可能性が生じ，クーロンエネルギーが大きくなることから導かれる．2)は，L が大きいほど電子軌道が量子化軸から離れ赤道面近くに分布し，互いに比較的離れていてクーロンエネルギーが小さくなることから導かれる．3)は，less than half の場合，軌道角運動量 L を有する電子が，原子核と相対的に運動することによる見かけの磁界の方向にスピン S を向ける作用（スピン-軌道相互作用）により，L と S は反平行となり小さい全角運動量 J となる．more than half の場合，スピンは逆向きに入らざるを得ないので，L と S は平行となる．

e. 多重項

原子や分子において，同じ方位量子数 L およびスピン量子数 S をもつ縮退しているエネルギー準位の組を多重項といい，分光学の記号である．

$$^{2S+1}[L]_{Jz} \tag{1.3.10}$$

のように中心の文字，左肩の数字，右下の数字によって表現される．中心の文字は方位量子数 L の値 0, 1, 2, 3, 4, 5, 6 に対応して S, P, D, F, G, H, I とする．左肩の数字はスピン多重度で，$2S+1$ の値をとる．スピン多重度の値 1, 2, 3, 4, 5, 6 に対応して singlet, doublet, triplet, quartet, quintet, sextet と読む．右下の数字は，全角運動量 J である．遷移金属イオンと希土類イオンの多重項と電子配置は図 1.3.1，図 1.3.2 のようになる．

1.3.3 局在磁気モーメント

結晶中の金属イオンは，それを取り巻く陰イオン（配位子）による結晶場でエネルギー準位が分裂する．ただし，イオンのもつ電子が奇数の場合には，クラマース縮退が残る．遷移金属イオンの場合には，結晶場の影響が強くて 3d 電子が配位子の p 軌道と混成し，軌道角運動量の消失が起こっている．磁気モーメントはスピン角運動量からの寄与がほとんどとなっている．一方，希土類金属イオンでは，4f 電子の軌道が 5s, 5p 軌道の内側にあり（図 1.3.3），遮へいされて結晶場の影響がきわめて小さい．エネルギー準位は，摂動によってわずかに分裂するだけであり，全角運動量 J が良い量子数となっている．

基底状態	$^2D_{3/2}$	$^3F_2$	$^4F_{3/2}$	$^5D_0$	$^6S_{5/2}$	$^5D_4$	$^4F_{9/2}$	$^3F_4$	$^2D_{5/2}$
S	1/2	1	3/2	2	5/2	2	3/2	1	1/2
L	2	3	3	2	0	2	3	3	2
電子構造	[Ar]3d^1	[Ar]3d^2	[Ar]3d^3	[Ar]3d^4	[Ar]3d^5	[Ar]3d^6	[Ar]3d^7	[Ar]3d^8	[Ar]3d^9
電子配列 ($l=2$, $m=-2,-1,0,1,2$)									
イオン	Sc^{2+}, Ti^{3+}, V^{4+}	Ti^{2+}, V^{3+}, Cr^{4+}	V^{2+}, Cr^{3+}, Mn^{4+}	Cr^{2+}, Mn^{3+}	Mn^{2+}, Fe^{3+}	Fe^{2+}, Co^{3+}	Co^{2+}	Ni^{2+}	Cu^{2+}

図 1.3.1 遷移金属イオンの多重項と電子配置

基底状態	$^2F_{5/2}$	$^3H_4$	$^4I_{9/2}$	$^5I_4$	$^6H_{5/2}$	$^7F_0$	$^8S_{7/2}$
S	1/2	1	3/2	2	5/2	3	7/2
L	3	5	6	6	5	3	0
電子構造	[Xe]4f^1	[Xe]4f^2	[Xe]4f^3	[Xe]4f^4	[Xe]4f^5	[Xe]4f^6	[Xe]4f^7
イオン	Ce^{3+}	Pr^{3+}	Nd^{3+}	Pm^{3+}	Sm^{3+}	Eu^{3+}	Gd^{3+}

基底状態	$^7F_6$	$^6H_{15/2}$	$^5I_8$	$^4I_{15/2}$	$^3H_6$	$^2F_{7/2}$
S	3	5/2	2	3/2	1	1/2
L	3	5	6	6	5	3
電子構造	[Xe]4f^8	[Xe]4f^9	[Xe]4f^{10}	[Xe]4f^{11}	[Xe]4f^{12}	[Xe]4f^{13}
イオン	Tb^{3+}	Dy^{3+}	Ho^{3+}	Er^{3+}	Tm^{3+}	Yb^{3+}

図 1.3.2 希土類イオンの多重項と電子配置

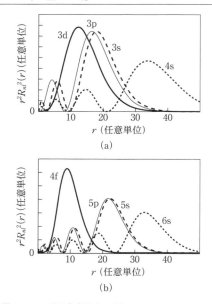

図1.3.3 電子密度分布の例
(a) 遷移金属イオン　(b) 希土類金属イオン

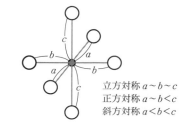

図1.3.4 結晶場の対称性

立方対称 $a \sim b \sim c$
正方対称 $a \sim b < c$
斜方対称 $a < b < c$

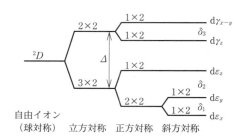

図1.3.5 対称性の低下と縮退の分裂
($n \times m$ は m 重縮退の準位が n 個)

a. 結　晶　場

結晶中の金属イオンにおいて，その不完全核電子とそれを取り囲む配位子との相互作用を配位子のもつ負の点電荷がつくる静電場とする考え方で，相互作用に含まれる共有結合性を考慮した修正をすることもある．金属イオンの電子のエネルギー準位が分裂する．配位子の電子軌道が金属イオンによって受ける影響は無視する．結晶は規則正しく並んだイオンの格子によって構成され，格子点の一つに置かれた金属イオンには，その周囲の格子点のイオンから電界が作用する（図1.3.4）．その電界の対称性は球対称ではなく，その格子点の対称性と同じ対称性をもっていると考えられる．球対称の場合には，任意の軸のまわりに任意角度，回転しても状態がまったく変わらなかったが，図の場合には状態を不変に保つ操作が限定され，対称性が低いほど操作の数が少なくなる．そして，対称性の低下とともに電子のエネルギー準位の分裂が進行する．たとえば，3d電子1個を結晶場中に置く場合（^2D），立方対称場中ではγ軌道とε軌道に分裂し，正方対称場中ではさらにそれぞれが二つの軌道に分裂，斜方対称場中では五つの軌道に分裂する（図1.3.5）．

b. クラマース縮退およびクラマースの定理

奇数個の電子をもつ磁性イオンを含む磁性体は，どのような結晶場のもとでも（電場の対称性がどんなに低くても），またスピン軌道相互作用を考慮しても，少なくとも二重に縮退している．このような縮退の残っている状態をクラマース二重項という．クラマース縮退は，磁場をかけない限り，取り除かれない．外磁場のないとき，電子のハミルトニアンは，時間反転に対して不変である．奇数個の電子をもつ原子（イオン）では，全スピン量子数Sも半奇数でありスピンハミルトニアンが時間反転に対して不変となるため，クラマースの二重項が残る．奇数個の電子をもつ磁性イオンを含む磁性体は，クラマース縮退により，磁化率が極低温までキュリー－ワイスの法則に従って大きくなるので，断熱消磁により低温を得るための断熱消磁作業物質となる．Fe^{3+}，Gd^{3+}，Mn^{2+}，Cr^{3+}などの不完全殻に奇数個の電子をもつイオンを含むミョウバン類やタットン塩などの常磁性塩は，1K程度までの断熱消磁作業物質として良好な特性を有している．

c. 軌道角運動量の消失

電子の軌道角運動量が"良い量子数"であり運動の定数であるのは，電子が中心力場，または球対称空間を運動している場合である．しかし，電子が置かれている空間の対称性が球対称でない場合，この記述は不適当になり，球面調和関数 $Y_{lm}(\theta,\phi)$（1.3.2 a. 項参照）に替わって新しい対称性に適合した波動関数系を選定しなければならなくなる．このとき，軌道角運動量が保存せず，消失する．これは，電子が隣接するイオンに移るさい，運動の中心が変わることを考慮すれば明らかである．遷移金属イオンでは，3d電子が配位子のp軌道と混成するため，軌道角運動量の消失が起こっている．磁気モーメントはスピン角運動量からの寄与がほとんどとなる．一方，希土類金属イオンでは，4f電子の軌道が5s，5p軌道の内側にあるため（図1.3.3），配位子の影響が遮へいされているため，エネルギー準位は摂動によってわずかに分裂するだけであり，軌道角運動量は消失しない．

1.3.4 ワイスの分子場理論

a. キュリーの法則と常磁性帯磁率

P. Curie は，物質（常磁性体）の磁化率が絶対温度に反比例することを実験的に発見した（キュリーの法則）．P. Langevin は，局在磁気モーメントの熱揺らぎ現象からランジュバン関数を理論的に導出し，キュリーの法則を説明した．量子論的には，磁化の磁界方向成分が角運動量量子数 J に対して $J, J-1, \cdots, 1-J, \cdots, -J$ の $2J+1$ 状態に分裂するため，ランジュバン関数は，ブリユアン関数に書き換えられる．ブリユアン関数において，角運動量 J がどの方向にも連続的に向くことができる（$J=\infty$）古典的ベクトルを考えると，ランジュバン関数に一致する．

（1）キュリーの法則： P. Curie は，多くの金属，無機物，気体の磁性を測定し，1895 年に"種々の温度における物体の磁気的性質"を発表した．常磁性物質の磁化率 χ が絶対温度に反比例するという法則である．

$$\chi = \frac{M}{H} = \frac{C}{T} \tag{1.3.11}$$

ここで，M は磁化の大きさ，H は磁界の強さ，T は絶対温度で，比例定数 C はキュリー定数とよばれる．

（2）ランジュバン関数： P. Langevin が常磁性の古典統計理論で導入した関数は式(1.3.12)で，単位体積中に N 個の磁気モーメント μ が存在する常磁性体の磁化 M は，式(1.3.13)のように表される．

$$L(x) = \coth(x) - \frac{1}{x} \tag{1.3.12}$$

$$M = N\mu \times L\left(\frac{\mu H}{kT}\right) \tag{1.3.13}$$

常温の実験室で得られる磁界 H では，ランジュバン関数の引数となる熱エネルギーに対する磁気エネルギーの比が 1 より十分小さく，$L(x) \simeq x/3$ と近似できるので，磁化率 χ は，式(1.3.14)となり，絶対温度 T に反比例する．

$$\chi = \frac{M}{H} = \frac{N\mu^2}{3k}\frac{1}{T} \tag{1.3.14}$$

また，キュリー定数 C は，ボーア磁子 μ_B，有効ボーア磁子数 n_{eff} を用いて，次式と表される．

$$C = \frac{N\mu_B^2}{3k} n_{\text{eff}}^2 \tag{1.3.15}$$

（3）ブリユアン関数[8, 9]： 互いに相互作用のない角運動量量子数 J の微小磁気モーメントからなる常磁性体の，外部磁界 H に対する磁化 M の応答を計算する関数である．磁化 M は，ブリユアン関数（式(1.3.16)）と，g 因子，飽和磁化 $M_0 = Ng\mu_B J$ を用いて式(1.3.17)で表される．

$$B_J(x) = \frac{2J+1}{2J}\coth\left(\frac{2J+1}{2J}x\right) - \frac{1}{2J}\coth\left(\frac{1}{2J}x\right) \tag{1.3.16}$$

$$M = M_0 \times B_J\left(\frac{g\mu_B J H}{kT}\right) \tag{1.3.17}$$

磁界が小さいときの磁化率 χ は，次式となる．

$$\chi = \frac{C}{T} \qquad C = \frac{Ng^2\mu_B^2}{3k}J(J+1) \tag{1.3.18}$$

古典論（式(1.3.15)）と比較して，有効ボーア磁子数 n_{eff} は，次式である．

$$n_{\text{eff}} = g\sqrt{J(J+1)} \tag{1.3.19}$$

図 1.3.6 にいくつかの J に対するブリユアン関数の変化を示した．ブリユアン関数は原点を通り，x が大きくなると 1 に収束する．また，J が小さいほど原点付近での傾きが大きくなっており，一見，磁化率の式と逆になっていることに注意されたい．これは，ブリユアン関数の引数に J が含まれているためである．図にはランジュバン関数を合わせて示している．J が大きくなるとブリユアン関数に漸近することがわかる．

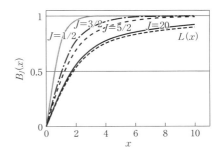

図 1.3.6 ブリユアン関数の J 依存性

b. 強磁性の発現

強磁性体では，磁界を印加しなくても 10^6 A m^{-1}（10^3 emu cc^{-1}）程度の大きな磁化をもっている．室温の常磁性体においてバラバラの磁気モーメントをそろえ，この磁化を再現するには，10^4 T を超える磁界が必要である．P. Weiss は，ある磁気モーメントに着目し，そのまわりにあるすべての磁気モーメントから生じた有効磁界によって，その磁気モーメントが合成された有効磁界方向にそろうならば，強磁性が説明可能となることを示した（分子場モデル）．自発磁化は，飽和磁化 M_0 から温度の上昇とともに減少し，キュリー温度 T_C で消失する．T_C 以上の温度での磁化率は，キュリー-ワイスの法則で記述され，絶対温度と T_C の差に反比例する．

（1）分子場モデル： P. Weiss が示した強磁性体の自発磁化を説明するモデルである．原子の磁気モーメントがまわりの磁気モーメントからの実効的な磁界（分子場，分子磁界）を受け，ブリユアン関数に従って整列しているものとする．分子場係数 A を用いると，ある原子の磁気モーメントに印加される実効磁界 H_{eff} は，次式となる．

$$H_{\text{eff}} = H + AM \qquad A \equiv \frac{2zJ_{\text{ex}}}{Ng^2\mu_B^2} \tag{1.3.20}$$

ここで，z は配位数，J_{ex} は交換相互作用係数である．ここで，式(1.3.21)を導入し，式(1.3.17)を変形すると，式(1.3.22)が得られる．

$$T_C = \frac{2zJ_{\text{ex}}}{3k}J(J+1) \tag{1.3.21}$$

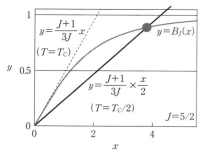

図 1.3.7　分子場モデルによる自発磁化の発現

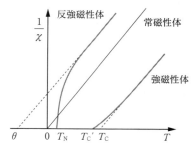

図 1.3.8　磁化率 χ の逆数の温度依存性

$$\frac{M}{M_0} = B_J\left(\frac{g\mu_B J}{kT}H + \frac{3J}{J+1}\frac{T_C}{T}\frac{M}{M_0}\right) \quad (1.3.22)$$

したがって，自発磁化（$H=0$ のとき）は，ブリユアン曲線 $y = \frac{M}{M_0} = B_J(x)$ と直線 $y = \frac{J+1}{3J}\frac{T}{T_C}x$ の原点以外の交点として得られる（図1.3.7）．

（2）キュリー温度 T_C と自発磁化の温度変化： 式(1.3.21)で導入した T_C はキュリー温度とよばれている．図1.3.7において，温度 T が低い場合，直線の傾斜はゆるくなるので，ブリユアン曲線と直線との交点は原点から離れ，$y=M/M_0=1$ 付近で交わり，磁化 M は飽和磁化 M_0 に近づく．T が大きくなると交点が原点に近づき，M も小さくなる．$T=T_C$ では，ブリユアン曲線と直線は原点で接する．自発磁化は，T_C 以下で発生し，T の低下とともに大きくなり，絶対零度では M_0 になる．$T \geq T_C$ ではブリユアン曲線と直線は原点以外では交わらないので自発磁化が発現せず，常磁性となる．

（3）キュリー－ワイスの法則： x が小さいとき，$B_J(x) \simeq (J+1)x/3J$ を考慮して，式(1.3.22)は式(1.3.23)のように変形される．

$$\frac{M}{M_0}(T-T_C) = \frac{g\mu_B(J+1)}{3k}H \quad (1.3.23)$$

したがって，$T \geq T_C$ での磁化率は，キュリー－ワイスの法則（式(1.3.24)）のように，絶対温度と T_C の差に反比例する．C' をワイス定数という．

$$\chi = \frac{M}{H} = \frac{C'}{T-T_C}$$
$$C' = \frac{Ng^2\mu_B^2 J(J+1)}{3k} = \frac{N(n_{eff}\mu_B)^2}{3k} \quad (1.3.24)$$

なお，キュリー－ワイスの法則に現れる T_C は，厳密には常磁性キュリー温度とよばれ，自発磁化の消失する（強磁性）キュリー温度 T_C' より少し高い温度となる．これは，キュリー－ワイスの法則が平均場に基づくものであるためである．常磁性キュリー温度付近の磁化率は，臨界指数 γ を用いて，式(1.3.25)のように表される．

$$\chi \propto \frac{1}{(T-T_{C'})^\gamma} \quad (1.3.25)$$

強磁性体の磁化率の逆数（$1/\chi$）の温度依存性は，高温領域で，常磁性磁化率（式(1.3.18)）の逆数を T_C だけ平行移動させたものとなる（図1.3.8）．また，式(1.3.20)の J_{ex} が負の値（反強磁性体）の場合，反強磁性秩序が形成されるネール温度 T_N は正値であるが，高温領域での磁化率の逆数の低温への延長が $1/\chi=0$ と交わるのは負の温度 θ となる．強磁性体や反強磁性体において，高温領域での磁化率の逆数の低温への延長が直線から離れるのは，短距離秩序が形成されているためと考えられる．

1.3.5　磁性イオン間の相互作用

前項では，磁性イオン（磁気モーメント）間の強い相互作用を仮定することにより，強磁性体に関わるいくつかの特性を議論した．強磁性体では，外部磁界がなくても互いに規則正しい配列をしているが，高温になると熱運動が相互作用に打ち勝って常磁性を示すようになる．逆にいえば，温度を十分下げれば，磁性イオン間の相互作用により，大抵の常磁性体は強磁性（または反強磁性）を示すようになる．本項では，この磁性イオン間の相互作用の要因として，静磁気相互作用と交換相互作用について議論する．

a．静磁気（双極子）相互作用

磁性体が，自ら発生する静磁界を介してほかの磁性体（磁気モーメント）と直接影響を及ぼし合うことを静磁気相互作用という．磁化が空間的に変化するところに現れる磁荷から創成される磁界をベクトル合成することによって静磁界が得られる．

作用する磁性体間の距離に比べて，磁性体が十分小さければ，磁気双極子相互作用として，相互作用のポテンシャルエネルギー U は，次式で与えられる．

$$U = -\frac{\mu_0}{4\pi r_{jk}^3}\left(3\left(\boldsymbol{m}_j \cdot \frac{\boldsymbol{r}_{jk}}{|\boldsymbol{r}_{jk}|}\right)\left(\boldsymbol{m}_k \cdot \frac{\boldsymbol{r}_{jk}}{|\boldsymbol{r}_{jk}|}\right) - \boldsymbol{m}_j \cdot \boldsymbol{m}_k\right) \quad (1.3.26)$$

ここで，$\boldsymbol{r}_{jk}$ は磁気双極子 $\boldsymbol{m}_j$ から $\boldsymbol{m}_k$ への距離ベクトルである．ここで，真空の透磁率 $\mu_0 \simeq 4\pi \times 10^{-7}$ H m^{-1}，原子間距離 $r \simeq 10^{-10}$ m，$|\boldsymbol{m}_j| \simeq \mu_B \simeq 10^{-23}$ J T^{-1} であるので，エネルギーの大きさは，おおよそ 10^{-23} J（約 1 K）となる．このことから，静磁気相互作用は，常温での強磁性を説明することはできない．

b．交換相互作用

交換相互作用は，電子のような同種フェルミ粒子の間

で，量子力学的効果として現われる相互作用である．1928年，W. K. Heisenberg は，P. Weiss の分子場の起源を与える直接交換相互作用による強磁性の発現について議論した．交換相互作用の"交換"は，多電子系におけるクーロンエネルギーの算出において，電子の可換性を仮定する波動関数を用いることによって導かれる交換積分に由来する．P. Dirac より，隣り合う原子のスピン S_1, S_2 には，交換相互作用に基づくエネルギーは，交換積分 J を用いて，次式の形で表される．

$$-\frac{1}{2}J(1+4S_1\cdot S_2) \quad (1.3.27)$$

J は平行スピンをもつ二つの電子が互いに避け合うことによるクーロン相互作用エネルギーの減少分，あるいは，平行スピンの区別がつかないことによる数えすぎのエネルギーの補正と考えられる．局在電子系では，磁性イオンが酸素原子などを介して電子を交換する超交換相互作用も重要となる．

（1）直接交換相互作用： ハイトラー--ロンドンの方法に従い，それぞれ一つの電子をもつ同種の 2 原子が接近した原子対を考える（図 1.3.9）．ハートリー--フォック近似（多電子系を表すハミルトニアンの固有関数（波動関数）を 1 個のスレーター行列式で近似）を用いてこの系のエネルギーを計算する．二電子系におけるスピン関数を含む電子の状態 Ψ は，電子が半整数のスピンをもつフェルミ粒子なのでスレーター行列式で表され，次式となる．

$$\phi = \phi_a(1)\phi_b(2) - \phi_a(2)\phi_b(3) \quad (1.3.28)$$

ϕ_a, ϕ_b は二電子系のそれぞれの電子に対応する波動関数で，これは座標 r に関する部分（軌道関数）とスピン σ に関する部分（スピン関数）とに変数分離できる（座標 x は，$x=(r, \sigma)$ である）．スピン関数が，$S_1+S_2=0$ となるスピン一重項（singlet）では軌道関数が座標の置換に対して対称，$S_1+S_2=1$ となるスピン三重項（triplet）は軌道関数が座標の置換に対して反対称となる．交換相互作用は，このスピン一重項状態とスピン三重項状態とのエネルギーに差を引き起こす要因となる．それぞれの場合の波動関数は，次のように表される．

$$\phi_{\text{sing}}(1,2) = \frac{1}{\sqrt{2(1+L^2)}}\{\phi_a(1)\phi_b(2)+\phi_a(2)\phi_b(1)\}$$

$$\phi_{\text{trip}}(1,2) = \frac{1}{\sqrt{2(1-L^2)}}\{\phi_a(1)\phi_b(2)-\phi_a(2)\phi_b(1)\}$$

$$(1.3.29)$$

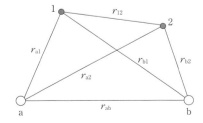

図 1.3.9 ハイトラー--ロンドンの方法

ここで，L は重なり積分で，次式で与えられる．

$$L = \int \sigma(r)\,dr = \int \phi_a(r)^*\phi_b(r)\,dr \quad (1.3.30)$$

この系のハミルトニアンは，式(1.3.31)であるので，スピン一重項と三重項のエネルギー固有値（$\langle \phi_X|H|\phi_X \rangle$，$X=\text{sing or trip}$）とその差は，式(1.3.32)となる．

$$H = -\frac{\hbar^2}{2m}(\nabla_1^2+\nabla_2^2) - e^2\left(\frac{1}{r_{a1}}+\frac{1}{r_{a2}}+\frac{1}{r_{b1}}+\frac{1}{r_{b2}}\right)$$
$$+\frac{e^2}{r_{ab}}+\frac{e^2}{r_{12}} \quad (1.3.31)$$

$$E_{\text{sing}} = 2\varepsilon_0 + \frac{K_1+J_1}{1+L^2}$$

$$E_{\text{trip}} = 2\varepsilon_0 + \frac{K_1-J_1}{1-L^2} \quad (1.3.32)$$

$$E_{\text{sing}} - E_{\text{trip}} = 2\frac{J_1-L^2K_1}{1-L^4}$$

ここで，K_1 と J_1 とはそれぞれクーロン積分と交換積分とで，各原子の電荷分布 $\rho_a(r)=\phi_a(r)^*\phi_a(r)$，$\rho_b(r)=\phi_b(r)^*\phi_b(r)$ と仮想的な電荷分布 $\sigma(r)=\phi_a(r)^*\phi_b(r)$ を用いて，式(1.3.33)と表される．

$$K_1 = e^2 \iint \rho_a(r_1)\rho_b(r_2)\left(\frac{1}{r_{ab}}-\frac{1}{r_{a2}}-\frac{1}{r_{b1}}+\frac{1}{r_{12}}\right)dr_1 dr_2$$
$$= \frac{e^2}{r_{ab}}-2e^2\int\frac{\rho_a(r_1)}{r_{b1}}dr_1+e^2\iint\frac{\rho_a(r_1)\rho_b(r_2)}{r_{12}}dr_1 dr_2$$

$$J_1 = e^2 \iint \sigma(r_1)\sigma(r_2)\left(\frac{1}{r_{ab}}-\frac{1}{r_{a2}}-\frac{1}{r_{b1}}+\frac{1}{r_{12}}\right)dr_1 dr_2$$
$$= \frac{e^2 L^2}{r_{ab}}-2e^2 L\int\frac{\sigma(r_1)}{r_{b1}}dr_1+e^2 L\iint\frac{\sigma(r_1)\sigma(r_2)}{r_{12}}dr_1 dr_2$$

$$(1.3.33)$$

式(1.3.32)から，二つの波動関数の重なり（L）が大きい場合，スピン一重項のエネルギーが低くなり，水素分子で実現されているように，二つのスピンが反平行の状態がより安定となる．L が小さい場合には，交換積分が正のとき，エネルギーとして E_{trip} のほうが低くなり，スピン三重項（二つのスピンが平行）のほうがよりエネルギー的に安定となる．逆に，交換積分が負の場合，E_{sing} の方が低くなり，スピン一重項（二つのスピンが反平行）の方がより安定となる．スピンが平行，反平行どちらがより安定であるかが，系の磁気構造（強磁性か反強磁性か）がどうなるかに深く関係する．とくに，波動関数が直交するとき（$L=0$）には次式となり，交換積分は正値となる．

$$E_{\text{sing}} - E_{\text{trip}} = 2e^2\iint\frac{\sigma(r_1)\sigma(r_2)}{r_{12}}dr_1 dr_2 \equiv 2J > 0$$

$$(1.3.34)$$

同一原子内においては，逆向きのスピンをもった電子が同じ軌道に入ってもパウリの排他原理に反しない．一方，スピンが平行な場合には同じ軌道に入れないため，電子間のクーロン相互作用により互いに避け合うので，交換積分 J のエネルギーが減少する．このため，同じ原子に属する電子は互いに平行になろうとする．ただし，この場合の交換相互作用による強磁性の実際の例は非常に少ないと思わ

れている.

（2） 超交換相互作用[1~3]： 超交換相互作用とは，陰イオンを挟んだ二つの磁性イオンとの間に作用する交換相互作用である．この考えを初めて提唱したのは H. A. Kramers であり，P. W. Anderson により詳細が与えられた．二つの磁性イオン 1,2 のスピンに関する演算子をそれぞれ S_1, S_2 とすると，二つの磁性イオンのスピン間には式 (1.3.27) と同様に，次式の形の交換相互作用が働く．

$$-2JS_1 \cdot S_2 \tag{1.3.35}$$

J の符号は，金森-Goodenough 則という経験則があり，次が成り立つ（図 1.3.10）．

〈2 個の磁性イオンとその間の陰イオンが一直線上に並んでいるとき〉

　同種磁性イオンの場合　　　　　$J<0$（反強磁性的）
　一方の d 電子の数が 5 以上（more than half）で他は 5 以下（less than half）の場合
　　　　　　　　　　　　　　　　$J>0$（強磁性的）

〈磁性イオン，陰イオン，磁性イオンが 90° の角度をなすとき〉

　同種磁性イオンの場合（d^5 の場合を除き）
　　　　　　　　　　　　　　　　$J>0$（強磁性的）
　異種イオンの場合　　　　　　　$J<0$（反強磁性的）

これらは理論的には結晶場での電子状態と，p 軌道，d 軌道の対称性で説明できる．

c． ワニエ関数による交換相互エネルギーの評価

前述の直接交換相互作用と超交換相互作用とは，いずれも 2 原子分子の電子状態を出発点に電子交換による影響を議論したものであり，固体の電子状態にその源をおいたものではない．P. W. Anderson は，固体の電子状態を記述するブロッホ関数のフーリエ変換から得られるワニエ関数を用い，より正確で詳細な交換相互作用の大きさを求める方法を提案した．ワニエ関数は各格子点に局在するとともに，互いに直交する性質をブロッホ関数から引き継いでい

る．直接交換相互作用，超交換相互作用とは，ワニエ関数を基底として表現し直され，それぞれポテンシャル交換，運動交換と命名された．これによって実際に MnO や KMnF$_2$ などの種々の J の値も求められ，良好な結果も得られている．

（1） ワニエ関数： ワニエ関数は，固体内を走りまわる電子を記述するのに適した関数であるブロッホ関数 (1.4 節参照) を，波数 k の変域を第一ブリュアン帯域内としてフーリエ変換した関数で，格子点の位置ベクトル R_n について定義され，式 (1.3.36) のように表される．

$$\omega_\nu(r-R_n) = \frac{1}{\sqrt{N}} \sum_k e^{-ik \cdot R_n} \phi_{\nu,k}(r) \tag{1.3.36}$$

ここで，N は格子点の数であり，ブロッホ関数 $\phi_{\nu,k}(r)$ は，式 (1.3.37) のように，その状態がバンドの種類 ν と波数ベクトル k によって指定されるものとした．

$$\phi_{\nu,k}(r) = e^{ikr} u_{\nu,k}(r) \tag{1.3.37}$$

ワニエ関数は，ブロッホ関数に含まれる近接原子間の移行積分も引き継ぐので，まわりの電子の影響も取り込まれている．また，R_n 原子に局在した ν バンドの波動関数として表現され，ν と n に関して完全直交系をつくることが重要である．

（2） ポテンシャル交換： ポテンシャル交換は，ワニエ関数を基底として，直接交換相互作用を表現し直したものである．ρ だけ離れた原子に属する二つの電子が m と m' の軌道を使って作用するとき，クーロン相互作用によるエネルギーは次式で与えられる．

$$E_{pot} = -\sum_{mm'} J_{mm'}(\rho)(1+4S_{n,m} \cdot S_{n+\rho,m'})$$

$$J_{mm'}(\rho) = e^2 \iint \omega_m^*(r_2-R_n)\omega_{m'}^*(r_1-R_n-\rho)$$

$$\frac{1}{r_{12}}\omega_m(r_1-R_n)\omega_{m'}(r_2-R_n-\rho) dr_1 r_2$$

$$\tag{1.3.38}$$

ここで，ワニエ関数 ω は直交しているので，交換積分 $J_{mm'}(\rho)$ はつねに正となり，ポテンシャル交換は強磁性相互作用を与えることになる．

（3） 運動交換： 運動交換は，電子のとび移りによる効果による運動エネルギーの減少を評価したもので，前出の超交換相互作用をワニエ関数で表現し直したものである．ρ だけ離れた原子間を移動する電子の交換相互作用は，二次摂動で次式で与えられる．

$$E_{kin}(\rho) = \frac{b(\rho)^2}{2U}(-1+4S_n \cdot S_{n+\rho})$$

$$\tag{1.3.39}$$

$$b(\rho) = \int \omega^*(r-R_n) V_{n,\rho} \omega(r-R_n-\rho) dr$$

ここで，U はあるイオンから電子 1 個をつけ加えるときに要するクーロンエネルギーである．$b(\rho)$ は，移行積分で，$V_{n,\rho}$ は電子のとび移りによる効果を考慮するポテンシャルである．前述の超交換相互作用は三次の摂動を求める必要があったのに対して，ワニエ関数を用いると二次の摂動を求めればよいため，近似の精度が増す．電子のとび

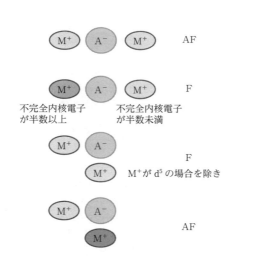

図 1.3.10 超交換相互作用の金森-Goodenough 則

移りには電子が互いに反平行のほうが都合がよいので，運動交換は反強磁性的なスピン構造となると考えられる．

文　献

1) H. A. Kramers, *Physica*, **1**, 182 (1934).
2) P. W. Anderson, *Phys. Rev.*, **79**, 350 (1950).
3) 金森順次郎，"磁性"（新物理学シリーズ 7，山内恭彦 監修），培風館 (1969).
4) A. Aharoni, "Introduction to the Theory of Ferromagnetism", Oxford Science Press (1995).
5) N. Bohr, "Studier over Metallernes Elektrontheori", Københavns Universitet (1911).
6) H.-J. van Leeuwen, "Problèmes de la théorie électronique du magnétisme", Leiden University (1919); *id., J. Phys. Radium*, **2**, 361 (1921).
7) W. Pauli, *Z. Physik*, **31**, 765 (1925).
8) C. Kittel, "Introduction to Solid State Physics, 8th Ed.", pp. 303-304 (2005).
9) M. I. Darby, *Brit. J. Appl. Phys.*, **18**, 1415 (1967).

以下，参考文献

10) 伴野雄三，"磁性（科学シリーズ・物性 3）"，三省堂 (1976).
11) 安達健五，"化合物磁性 局在スピン系"（物性科学選書），裳華房 (1996).
12) アンドレ・エルパン 著，宮原将平，野呂純子 訳 "磁性の理論 1 磁気学の基礎"，講談社 (1982).
13) 永宮健夫ら，"物質の磁性（物性物理学講座 6，武藤俊之助ら 編）"，共立出版 (1958).

1.4　遍歴電子系の磁性

1.3 節では，電子が格子点（原子核）に捕捉された局在電子の磁性について述べた．本節では，電子が結晶中を動き回る遍歴電子の磁性について述べる．遍歴電子磁性体は，電子が電気伝導を担うとともに，磁性に大きく関わっている物質である．金属や半導体の中で，ほぼ自由に動いている伝導電子の磁性は，本質的にバンドの立場から考えなければならない問題である．この意味で，磁気秩序の微視的起源をハイゼンベルグ模型で用いられるような局在スピンを出発点とした観点から理解することはできない．遍歴電子系におけるストーナー（バンド）理論は，局在電子系の分子場理論に相当し，強磁性の発現を説明した．また，金属における磁気秩序は，局在電子系と同様に電子間に働く実効的な交換相互作用と結晶磁気異方性に起因することが示された．遍歴電子描像に基づくストーナー理論，密度汎関数理論に代表される第一原理計算の急速な進展により，基底状態（絶対零度）における磁気特性が，ほぼ説明できると考えられている．

1.4.1　金属中の電子の磁性

a.　自由電子の磁性

金属中では電子が自由に動き回っており，まず，自由電子に期待される磁性を検討する．電子はスピンをもつためパウリ常磁性が観測されるとともに，磁界を加えることによって誘導される起電力による伝導電子の反磁性（ランダウ反磁性）がみられる．金属中の電子は波動関数で記述されるため，電子のサイクロトロン運動が量子化されエネルギーが飛び飛びの値となる．

（ i ）**パウリ常磁性**　自由電子に磁場をかけることで，磁場に平行なスピンをもつ電子の数が反平行なものより増加することで発生する常磁性がスピン常磁性である．金属中の自由電子はフェルミ縮退を起こしており，とくに，パウリ常磁性とよぶ．パウリ常磁性は，磁化するのがフェルミ面付近の電子だけで，磁化率は古典粒子として考えた場合よりもずっと小さく，$4\pi \times 10^{-6}$ 程度で，温度変化も少ない．磁場でスピン状態を変えようとしても，フェルミレベル近傍の電子を除き，変わる先の状態がすでに占有されているので，パウリの原理より，スピン状態が変わることができないためである（図 1.4.1）．電子間相互作用がないと考えた場合の絶対零度での磁化率は，次式で表される．

$$\chi_P = \mu_B^2 \rho(\varepsilon_{F0}) = \frac{3n\mu_B^2}{2\varepsilon_{F0}} \tag{1.4.1}$$

ここで，μ_B はボーア磁子，$\rho(\varepsilon_{F0})$ は 0 K でのフェルミレベルにおける（スピン多重度 2 を含めた）電子の状態密度，全電子密度 n は式(1.4.2)で表される．

$$n = \int_0^{\varepsilon_{F0}} \rho(\varepsilon) d\varepsilon \tag{1.4.2}$$

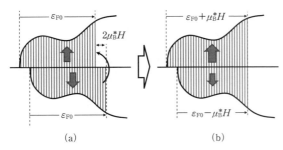

図1.4.1 パウリ常磁性
(a) 磁界印加直後　(b) 緩和後

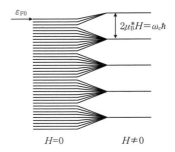

図1.4.2 サイクロトロン運動によるレベルの収束

一方，電子密度が低くて，各電子が自由に動き得る非縮退条件 $n \ll (2\pi m^* kT/h^2)^{3/2}$ (m^*：電子の有効質量) ならば，スピン（キュリー）常磁性磁化率 χ_P はキュリーの法則に従い，式(1.4.3)のように，低温で非常に大きくなる．

$$\chi_P = \frac{n\mu_B^2}{kT} \qquad (1.4.3)$$

（ⅱ）**ランダウ反磁性**[1,2]　軌道反磁性ともよばれ，金属中の自由電子による反磁性である．1930年にL. Landauによって量子論的な理論により求められた．理想的な自由電子の磁化率は，縮退している場合，有効ボーア磁子 μ_B^* ($= (m/m^*)\mu_B$) を使って，式(1.4.4)のように表される．

$$\chi_L = -\frac{n\mu_B^{*2}}{2\varepsilon_{F0}} \qquad (1.4.4)$$

また，非縮退条件では次式となる．

$$\chi_L = -\frac{n\mu_B^*}{3kT} \qquad (1.4.5)$$

したがって，縮退，非縮退にかかわらず，ランダウ反磁性磁化率はスピン（パウリ）常磁性磁化率の $-3m/m^*$ 倍の値となる．

（ⅲ）**サイクロトロン運動によるレベルの収束**　磁場中の荷電粒子は，粒子の運動方向と磁界のつくる面に垂直方向にローレンツ力を受けるため，磁界方向から見ると，振動数が一定の回転運動をする．この回転運動をサイクロトロン運動といい，一定の振動数がサイクロトロン振動数 ω_C で，次式となる．

$$\hbar\omega_C = \hbar\frac{eH}{m^*c} = 2\mu_B^* H \qquad (1.4.6)$$

金属中では，電子と格子の相互作用があるため有効質量 m^* を，有効ボーア磁子 μ_B^* を用いている．金属中の電子の波動関数は，この回転でもとの状態に重なる必要があるため量子化される．z 方向に磁界 H を印加したときのサイクロトロン運動をなす電子のエネルギーレベルは次式が得られる．

$$\varepsilon = \left(l + \frac{1}{2}\right)\hbar\omega_C + \frac{p_z}{2m^*} \quad (l = 0, 1, 2, \cdots) \quad (1.4.7)$$

最後の項は磁場の方向の並進運動のエネルギーである．磁界がない場合には，分散していたエネルギーレベルが磁界によって飛び飛びの値に収束することになる（図1.4.2）．

b. 金属中の伝導電子の磁性

金属中の伝導電子の磁性として，前述の自由電子モデルで考慮されていない要素は，① 結晶としての周期的力場，② 電子間の相互作用（交換効果および相関効果），③ スピン軌道相互作用，④ 格子振動と電子の相互作用や不純物その他，格子欠陥がある．①は，自由電子モデルでも，原子核を避けて電子が伝わりにくくなる効果として有効質量を考慮したが，量子力学的効果を検討するにはブロッホ関数を用いる必要がある．これにより，バンド構造を調べることができるようになる．②の交換効果はパウリ常磁性を増す向きに働く．同じ向きのスピンは，パウリ原理のために互いに離れようとする（フェルミ孔）ため，電子間のクーロン反発力のエネルギーが下がる．すなわち，交換効果はスピンをそろえる傾向をもつ．③は，伝導電子の磁性そのものには大した影響はないが，スピン緩和の機構，強磁性金属の異常ホール効果などに重要な役割を演ずる．④は，伝導電子を散乱させる機構として働き，ドハース−ファンアルフェン効果の微細構造，緩和機構，不純物準位に影響を与える．

（ⅰ）**ブロッホ関数**　式(1.4.8)に示すブロッホの定理を満たす一電子状態を表す波動関数である．ここで，a_i は格子ベクトル，$C(k)$ は格子の周期性をもつ位相因子である．

$$\begin{aligned}\phi_k(r+a_i) &= C(k)\phi_k(r) \\ C(k) &= \exp(ika_i)\end{aligned} \qquad (1.4.8)$$

ブロッホの定理より，結晶の並進対称性が満たされる．結晶中の電子はすべてブロッホ関数で記述されるが，とくに金属中の伝導電子やd電子には適切な記述である．異なる波数ベクトルに属するブロッホ関数は直交する．ブロッホ関数の最も簡単な例は平面波で，次式で表され，波数 k が逆格子ベクトルと同程度になるとブラッグ反射が起こる．

$$\phi_k(r) = \frac{1}{\sqrt{V}}\exp(ikr) \qquad (1.4.9)$$

ブラッグ反射の条件を満たす平面で囲まれた k 空間の領域をブリユアン帯域といい，その境界面をブリユアン帯境界という．また，ウィグナー−ザイツ法では，$u(r)$ を格子と同じ周期をもつ周期関数として，次式がバンド計算に用いられる．

$$\phi'(k,r) = \exp(ikr)u(r) \tag{1.4.10}$$

ブロッホ関数は，$\exp(ikr)$ で表される自由電子的性格と，各原子の付近で局所的な波動関数 $u(r)$ に近い周期関数で表される局在電子的性格の二重性をもつ．このような性格をもつ伝導電子の磁性として，① 各原子に局在する電子としてのラーモア反磁性，② 同じく局在電子としてもち得る軌道角運動量の消失，③ スピン常磁性，④ ランダウ反磁性がある．②は，電子の非局在性が結晶場の代わりに働き，軌道角運動量は運動の定数でなくなるためである．③は温度が有限だと，電子のフェルミ分布は kT の程度の帯をもつ．式(1.4.1)のパウリ常磁性は，式(1.4.11)のように変形できる．

$$\chi_P = \mu_B^2 \rho(\varepsilon_{F0}) = \frac{\mu_B^2}{kT} \times kT\rho(\varepsilon_{F0}) \tag{1.4.11}$$

電子の自由度がパウリ原理のために制限され，$kT\rho(\varepsilon_{F0})$ だけが"自由な"電子となり，そのおのおのからくるキュリー常磁性が結局，全体としてのパウリ常磁性を与えると解釈できる．同じ考えを電子比熱にも適用すれば，比熱 C は $k \times kT\rho(\varepsilon_{F0})$ に比例し，正確な計算によれば，次式となる．

$$C = \frac{\pi^2}{3} k^2 T \rho(\varepsilon_{F0}) \tag{1.4.12}$$

（ii）**バンド構造** ポテンシャルや誘電率などの周期的構造によって生じる，波動（電子や電磁波など）に対する分散関係のことである．波数を変化させたとき，ある波数をもつ電子がどのようなエネルギー準位をもっているかを示す．

（iii）**フェルミ孔** 同じスピンをもつ電子どうしはパウリの排他原理による交換相互作用による反発が働くため，着目する電子のまわりに，同じスピンをもつ電子を排除している領域が存在し，これをフェルミ孔または交換ホールという．また，異なるスピンをもつ電子に関しても，電子間のクーロン反発があるため，ほかの電子を遠ざけている（相関相互作用）領域が存在し，これをクーロン孔または相関ホールという．したがって，各電子のまわりには電子密度がやや低く実効的に正電荷をもつ球が存在しているために，その電子は安定化している．

（iv）**ドハース-ファンアルフェン効果**

伝導電子の反磁性磁化の磁界に対する異常な振動性で，de Haas と van Alphen が Bi について最初に見出した．サイクロトロン運動によるエネルギーレベルの収束が原因と考えられる．二次元自由電子では，図1.4.2に示したように，そのエネルギーレベルが磁場によって集束する．0 K での電子の分布を考えると，フェルミレベルが式(1.4.13)であるような磁場 H では，電子系全体のエネルギー U は磁場のない場合のエネルギー U に等しく，その間の H については $U > U(H=0)$ であるので，式(1.4.14)の周期ごとに $U - U(H=0) = 0$ が繰り返され，磁化 M がこの周期で激しく振動する．

$$\varepsilon_{F0} = 2\mu_B^* H \times 整数 \tag{1.4.13}$$

$$\Delta\left(\frac{1}{H}\right) = \frac{2\mu_B^*}{\varepsilon_{F0}} \tag{1.4.14}$$

有限温度の場合，電子のフェルミ分布が kT 程度の帯となるので，磁界による磁化 M の変化が小さくなる．ドハース-ファンアルフェン効果の観測には，次式程度の低温である必要がある．

$$2\mu_B^* H > kT \tag{1.4.15}$$

1.4.2 強磁性の発現

前項で金属中の伝導電子の磁性を調べたが，本項では，いよいよ強磁性を議論する．最初に，自由電子模型で強磁性が現れる条件を確認する．ストーナー理論は，金属の場合の分子場理論で，局在スピン模型では得られない金属強磁性体の特徴をとらえており，計算された絶対零度の強磁性の諸性質は，定性的にも，あるいは定量的にも実験結果とよく合っている．ただし，低温の自発磁気が T^2 で減少する点は実験に反する．スピン波理論では，強磁性体の基底状態から一つの電子を励起した状態について，すべての波数ベクトル k についての集団的な励起を考えることにより，金属強磁性体で観測される低温での自発磁気 $T^{3/2}$ 依存性が説明できる．さらに，守谷らは，ストーナー理論やスピン波理論を越えた立場からスピン揺らぎに関する研究を行い，電子相関の立場から局在系と遍歴系のスピン揺らぎを統一的に記述し，キュリー温度，キュリー-ワイス則を表現した．

（i）**自由電子模型** 金属強磁性体では，3d 電子や 4f 電子が各イオンからイオンに動きまわる可能性があるが，原子軌道関数は s 電子ほどには広がっておらず（図1.3.3参照），自由に結晶中を動きまわることはないと考えられる．一様な空間分布をしている自由電子の電子間のクーロン相互作用の影響は，平均的には正電荷をもつイオン殻とのクーロン相互作用で打ち消される．したがって，この平均値からのずれとなるクーロンエネルギーの非対角要素，および k_i, k_j なる波数ベクトルをもつ電子に対する交換相互作用の影響を考えればよい．交換相互作用の平均値のみを考慮に入れた（パウリの原理から平行スピン数は反平行対より低いクーロンエネルギーをもつだけで，電子の波動関数は変化させない）場合，交換エネルギーと運動エネルギーの和を考えると，↑と↓のスピンをもった電子数が等しい状態から，↑スピンをもった電子を一つ増したときにエネルギーが減少するという条件は式(1.4.16)となり，1電子あたりの体積が十分大きければ，強磁性が出現することになる．

$$6.035 \leq \frac{r_e}{a_0} \tag{1.4.16}$$

ここで，r_e は1電子あたりの体積に相当する球の半径，a_0 はボーア半径で，次式で表される．

$$a_0 = \frac{4\pi\varepsilon_0 \hbar^2}{me^2} \simeq 0.529 \times 10^{-10} m \tag{1.4.17}$$

しかし，相関エネルギー（クーロン反発力による波動関数

の変化によるエネルギー）まで考慮すると，平行スピン対の交換エネルギーの影響は相対的に弱まるので，自由電子模型では，強磁性の説明は困難である．

(ⅱ) ストーナー理論　E. C. Stoner は，分子場の近似にならって電子間の交換相互作用を内部磁場の形で導入した．局在系と異なり，金属の場合，電子は結晶中を動きまわっていて，動いている電子と電子との間に交換相互作用が働くことを想定し，その交換相互作用を全磁気モーメント M に比例する分子場 $k\theta'\zeta$ で近似する．ここで，k はボルツマン定数，θ' は温度の次元で表した分子場係数，ζ は相対磁気モーメントで次式とする．

$$\zeta = \frac{M}{N\mu_B} \quad (1.4.18)$$

ここで，N は全電子数，μ_B はボーア磁子である．ε を運動エネルギーとすると，電子のエネルギーは，次のように書かれる．

$$\varepsilon \mp (k\theta'\zeta + \mu_B H) \quad (1.4.19)$$

ここで，Stoner は電子の状態密度 $D(\varepsilon)$ を ε の1/2乗に比例する関数に仮定した．比例定数を a として，電子数 N は，フェルミ統計より，$T=0$ でのフェルミレベル ε_{F0} を使って式(1.4.20)であるので，電子の状態密度 $D(\varepsilon)$ は式(1.4.21)となる．

$$N = 2a\int_0^{E_{F0}} \varepsilon^{1/2} d\varepsilon = \frac{4}{3}a\varepsilon_{F0}^{3/2} \quad (1.4.20)$$

$$D(\varepsilon) = \frac{4}{3}\frac{N}{\varepsilon_{F0}^{3/2}}\varepsilon^{1/2} \quad (1.4.21)$$

$H=0$ における温度 T と自発磁化 ζ の関係は，次式で表される．

$$\frac{k\theta'}{\varepsilon_{F0}} = \frac{1}{2\zeta}\left\{(1+\zeta)^{2/3}-(1-\zeta)^{2/3}\right\}\left[1+\frac{\pi^2}{12}\left(\frac{kT}{\varepsilon_{F0}}\right)^2\frac{1}{(1-\zeta^2)^{2/3}}\right] \quad (1.4.22)$$

したがって，絶対零度において，自発磁化 ζ_0 が生じる条件（$\zeta_0 \geq 0$）および完全偏極する条件（$\zeta_0=1$）より，次の三つの場合が生じる（図1.4.3）．

a) $\dfrac{k\theta'}{\varepsilon_{F0}} < \dfrac{2}{3}$ ：強磁性にならない

b) $\dfrac{2}{3} \leq \dfrac{k\theta'}{\varepsilon_{F0}} < 2^{-1/3}$ ：部分偏極

c) $2^{-1/3} \leq \dfrac{k\theta'}{\varepsilon_{F0}}$ ：完全偏極

a) では，局在電子系と異なり，有限の分子場 θ' があっても強磁性とならないことを示している．電子の運動エネルギーがこれを妨げていると考えられる．一般の金属磁性体は，b) の場合に相当すると考えられる．b) では，↑スピンと↓スピンの数は等しくないが，↓スピンの数は0でないので，絶対零度における ζ は1より小さい．このような状況は局在スピン系では得られない．c) は強磁性で，励起エネルギーが有限となる．したがって，自発磁気の温度変化は指数関数で与えられる．

b) の場合について，絶対零度付近の磁化 ζ を考える．絶対零度における自発磁化を ζ_0 とし，式(1.4.21)の右辺を $\zeta_0 - \zeta$ についてテーラー展開すると，ζ_0 の関数 f を用いて式(1.4.23)となり，$\zeta_0 - \zeta$ が T^2 に比例して減少することになる．

$$\zeta_0 - \zeta = f(\zeta_0)\left(\frac{kT}{\varepsilon_{F0}}\right)^2 \quad (1.4.23)$$

金属磁性体の自発磁気は $T^{2/3}$ に比例して減少する項があることが知られており，これを説明するには，スピン波励起を考える必要がある．比熱 C は，内部エネルギーを温度で微分することで求められ，次式のように，T に比例する．

$$\frac{C}{N} = \frac{\pi^2}{2}\left(\frac{kT}{\varepsilon_{F0}}\right)\left(1-\frac{\zeta_0^2}{9}\right) \quad (1.4.24)$$

第1項は内部磁場のない場合のゾンマーフェルトの比熱であり，第2項は内部磁場の影響を表す．また，キュリー温度 T_C は，次式で与えられる．

$$\frac{\pi^2}{12}\left(\frac{kT_C}{\varepsilon_{F0}}\right)^2 = \frac{3}{2}\left(\frac{k\theta'}{\varepsilon_{F0}}\right) - 1 \quad (1.4.25)$$

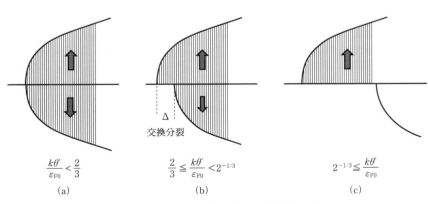

図1.4.3　ストーナー理論による金属強磁性の出現

ストーナー理論では，$\frac{2}{3} \leqq \frac{k\theta'}{\varepsilon_{F0}} < 2^{-1/3}$ の値によって，絶対零度の自発磁化 ζ_0 が 0 と 1 の間の値を連続的にとり得る点で，局在スピン模型では得られない金属強磁体の特徴をとらえている．また，計算された強磁性の諸性質は，定性的にも，あるいは定量的にも実験結果とよく合っている．平均場近似であるストーナー理論が金属強磁性の出現を遍歴電子モデルの立場から定性的にしろ，うまく説明できたのは，電子がおおむね平均場を感じているという事情のためである．しかし，有限温度ではこの事情が一変する．まず，キュリー温度 T_C 以上でのキュリー-ワイス則，低温領域での磁化の $T^{3/2}$ 則などは説明できない．また，バンド構造からストーナー理論に基づいて T_C を計算すると実験よりはるかに高い温度になってしまう．これら不具合の原因は，平均場近似では温度の影響はフェルミ分布関数を通してしか反映されないため，磁気双極子モーメントの縦揺らぎとなるストーナー励起しか考慮されないためである．とくに，T_C が大きい強磁性体の場合，磁気双極子モーメントを傾けるような横揺らぎ励起を含むスピン波やスピンの揺らぎを考慮する必要がある．

（iii）ストーナー励起 ストーナーモデルにおいて上向きスピンが多いとき，$k\uparrow$ の状態から $(k+q)\downarrow$ への一電子励起である．ストーナー励起は，磁気双極子モーメントの縦揺らぎ（一様な縮み）に対応する．個々の波数ベクトル k によって励起エネルギーが異なるので，その励起エネルギーのスペクトルは，$\hbar\omega_{k,q}$ のように k と励起波数ベクトル q の二つの指定によって決まり，一つの q に対して広いバンドを形成する．フェルミレベルでの波数が上向きスピンと下向きスピンとで異なるため，$q=0$ のときの励起エネルギーは交換分裂 Δ の程度となる（図 1.4.3（b））．励起されてスピンが逆転した電子は，もとの状態に残ったホールとまったく独立に動きまわることが仮定されている．

（iv）スピン波理論[3〜5] スピン波は多くの $k\uparrow$ についての集団励起で，励起されてスピンが逆転した電子が，もとの状態に残ったホールと相互作用する．基底状態から一つの電子を励起した状態についてのエネルギー固有値は，q の小さい範囲では励起エネルギーが 0 に近づく．

Herring および Kittel は，スピン波励起の重要性を指摘した．Slater は強磁性絶縁体[*1]において，一つの上向きスピン電子が，下向きスピンの帯に励起されたときの励起エネルギーを調べ，スピン波励起状態が存在することを示した．Herring と Kittel は，乱雑位相近似（RPA：random phase approximation）により，集合電子模型のスピン波励起状態を一般的に論じた．スピン波の励起エネルギーがストーナーの励起エネルギーより小さくなるのはストーナーの理論で無視したクーロンエネルギーの非対角要素が効いてくるからである．ストーナーモデルに，さらにスピン波の励起状態を考慮すると自発磁化の減少は，ストーナーの励起からくる T^2 の項とスピン波からくる $T^{3/2}$ の項の和で表される．低温では $T^{3/2}$ のほうが大きいから T^2 は無視される．一方，比熱はストーナーの励起では T に比例する項を与えるが，スピン波の励起は $T^{3/2}$ を与える．$T^{3/2}$ は T と比較して無視され，比熱にはストーナーの励起が効いてくる．このように，ストーナーの励起状態とスピン波の励起状態とを合わせて考慮すると実験との矛盾はなくなる．

（v）スピンの揺らぎ[6,7] 守谷らは，ストーナー理論や RPA を越えた立場から，電子相関を強調したハバード模型（後出）を用いてスピン揺らぎを議論した．提案された自己無撞着繰込み理論（SCR：self-consistent renormalization）理論とそれに続く内挿理論は，局在系と遍歴系のスピン揺らぎを電子相関の立場から統一的に記述することに成功した．

守谷と川端は，電子系に対する分子場（ストーナー）近似や RPA が，キュリー温度やキュリー-ワイス則に対する正しい記述を与えない理由がスピン波のモード-モード結合にあることを指摘した．これを自己撞着に取り込んだスピン揺らぎの SCR（self-consistently renormalized spin fluctuation theory）理論は，弱い強磁性および反強磁性金属におけるスピン揺らぎの新しい機構を示した．これらの系のスピン揺らぎは波数空間で局在し，その振幅が小さいという点が，一様に広がっている局在モデルとは対極にある．SCR 理論に続いて守谷と高橋は，モード-モード結合が平均的にはスピン密度の局所的な振幅の 2 乗平均 S_L^2 を通して取り込まれるという考えに基づき，汎関数積分法のもとで遍歴電子系の弱い強磁性から局在スピン系までをカバーするスピン帯磁率についての一般論を提案した．

1.4.3 金属における磁気秩序の起源

金属磁性体，とくに遷移金属の磁気双極子モーメント発生の起源は，電子-原子核間および電子間のクーロン相互作用とパウリ原理による．そして，固体を形成した場合，その構成はほとんどスピン分極によるものである．ただし，この段階では 3d 遷移金属の磁気秩序の起源となる交換相互作用のミクロな起源についてはよくわかっていない．金属における交換相互作用には，伝導電子を介した局在スピン間相互作用である RKKY（Rudermann, Kittel, Kasuya, Yoshida）相互作用が有名であるが，最近接原子間の直接交換相互作用でも 1/40 eV 程度で原子内クーロン相互作用と比べると圧倒的に小さく Fe, Co, Ni など 1000 K 程度のキュリー温度は説明できない．むしろ，Mott 絶縁体にみられる二重交換相互作用などのハバードモデルの基礎となるような，同一軌道内での反平行スピン間のクーロン斥力的による局所磁気モーメントの発生と電

[*1] 基底状態で上向きスピンの電子がエネルギー帯を完全に満たし，下向きスピンの帯は完全に空である状態．

子移動によるほかの局所モーメントへのスピン情報伝達による実効交換相互作用が，金属強磁性の出現条件に重要と考えられる．

（i） RKKY 相互作用[8~10] 　RKKY相互作用は，金属中の伝導電子を介した局在スピン間の磁気的相互作用である．間接交換相互作用ともいう．RKKY相互作用は，距離に対して3乗で減衰するとともに余弦関数的に振動し，その周期は伝導電子のフェルミ波数で決められる．この振動を RKKY 振動という．希土類金属の磁性は 4f 電子が担うが，この電子は原子に強く束縛されているので，伝導電子である 5d 電子が 4f 電子と原子内交換相互作用することによってスピン偏極を受け，これが隣接の希土類原子の f 電子と相互作用するという形の間接的な交換相互作用を行っていると考えられている．

M. A. Ruderman と C. Kittel は，金属中の伝導電子と核スピンの相互作用を研究した．粕谷は，これを希土類金属の磁性に適用し，吉田はこれを伝導電子と局在スピンに拡張した（s-d または s-f 交換相互作用）．s-d 相互作用により局在スピン間には，伝導電子のスピン分極が，距離の3乗で減衰し，振動しながら働く（RKKY 相互作用）．距離 R だけ離れた局在スピン S_1 と S_2 の間に働く，RKKY 相互作用は次のように書かれる．

$$H_{\text{RKKY}} = -9\pi \frac{J^2}{\varepsilon_F} \left(\frac{N_e}{N}\right) f(2k_F R) S_1 \cdot S_2$$
(1.4.26)
$$f(x) = \frac{-x\cos x + \sin x}{x^4}$$

ここで，ε_F はフェルミレベル，N_e は伝導電子の数，k_F はフェルミ波数である．

（ii） 二重交換相互作用　二重交換相互作用は，フントの規則により局在電子と強磁性的結合した伝導電子が隣のサイトへ飛び移るさい，運動エネルギーを得するように各局在電子間のスピンの向きを強磁性的にそろえる作用である．

ペロブスカイト型酸化物 $LaMnO_3$ は絶縁性の反強磁性体であるが，La の一部を Ca で置換した $La_{1-x}Ca_xMnO_3$ ($0.2<x<0.4$) をつくると，強磁性となるとともに金属的な高い伝導性が生じる．Mn の 3d 電子帯のうち，e_g 軌道は，局在性が強い t_{2g} 軌道とフントの規則により平行スピン関係になっている．また，酸素の 2s, 2p 軌道と混成し隣接 Mn 原子にまで広がって d バンドをつくっている．$LaMnO_3$ では，Mn 原子は三価で，e_g バンドには各1個の電子が存在するため，電子移動は起きず Mott 絶縁体となっている．La の一部を Ca で置換すると電子供給が不足し，四価の Mn が生じて e_g 軌道が空となるため，隣接する Mn^{3+} から電子が移ることができて金属的な導電性を生じる．このときの電子の飛び移り確率は，飛び移り先との磁気双極子モーメントのなす角を θ として，$\cos(\theta/2)$ に比例する．したがって，スピンが平行（$\theta=0$）のとき，最も飛び移りが起きやすく，運動エネルギーが下がるので強磁性となる．

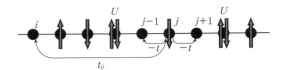

図1.4.4　ハバード模型

（iii） ハバード模型[11~20]　電子相関の効果の強い固体中（強相関電子系）の電子のふるまいを量子論的に記述する基本的な模型である．単純なハミルトニアンをもつにもかかわらず，多様な電子のふるまいを表現できる．ハバード模型は，モット絶縁体の強磁性金属化を微視的立場から説明しただけでなく，反強磁性，フェリ磁性，金属・絶縁体転移，朝永-ラッティンジャー液体（模型）などの固体の電気的，磁気的な性質を理解するうえで重要な役割を果たしてきた．

Hubbard は，金属中の電子の挙動として，① 固体中を量子力学的に運動する効果，② 電子間の強い相互作用（斥力）だけを取り入れた模型について，どのような描像が得られるかについて考察した．電子が格子点から格子点へ飛び移る格子点モデルにおいて，格子点には，電子が一つもないか，↑あるいは↓のスピンの電子が一つあるか，↑と↓の電子が一つずつあるかの四通りの状態のみが許される（図1.4.4）．格子点において電子間に斥力が働かない場合（$U=0$），電子が隣接格子点の間を跳び移る（トンネルする）遷移振幅を t とすると，格子点 j の固有状態は，N を全電子数として，次式のように平面波の波動関数となる．

$$\phi_j = \frac{\exp(ikj)}{\sqrt{N}} \qquad k = \frac{2\pi n}{N}$$
(1.4.27)

一方，二つの電子が同じ格子点の上にきたときにエネルギーが U (>0) だけ上がる場合，電子が二つ入っている格子点を"粒子"のように数えることになる．このように，電子の"波動性"を生み出す跳び移りと，電子の"粒子性"を強調した相互作用という二つの正反対の要素を組み合わせたのがハバード模型である．

（iv） 実効的交換相互作用　有限温度における金属中の磁気モーメント間の交換相互作用を厳密に求めることは，非常に複雑で困難をきわめる．そこで，基底状態で実績をもつ密度汎関数理論（後述）に基づくバンド理論を有限温度に拡張した定量的議論が行われている．バンド描像のもとで磁気モーメント間の交換積分（1.3.5b．項参照）を導き，それを用いたハイゼンベルグモデルの立場から有限温度の磁性を予測しようというもので，おもに次の2通りのアプローチがある．① 小口らによる交換積分の評価方法は，T_C 以上で二つの磁気モーメントを平行にした場合と反平行にした場合のエネルギーの差から求める方法，② 強磁性状態をつくっておき，この中の一つのサイトの磁気モーメントの方向をわずかにずらし，そのときのエネルギーの増分から交換積分を見積もる方法である．

（ⅴ） 金属強磁性の出現条件[21]　金属強磁性が出現する条件は，フェルミレベル近傍でのエネルギー間隔が，実効的な電子間相互作用より小さいときと考えられる．すなわち，電子のスピンをそろえようとすると電子を高いエネルギー準位に上げなければならないが，その増分 ΔE が，反平行スピン間に働く実効的な電子間相互作用 U_{eff} より小さければ，電子はスピンをそろえようとする．そこで，常磁性状態より，原子あたり $\delta n/2$ 個の電子を↓スピンを↑スピン状態へ移し，$\mu_{\mathrm{B}}\delta n$ の磁気モーメントをもった状況を考える．このときの運動エネルギーの増分 ΔE は，次式となる．

$$\Delta E = \frac{(\delta n)^2}{4\rho(\varepsilon_{\mathrm{F}})} \tag{1.4.28}$$

ここで，$\rho(\varepsilon_{\mathrm{F}})$ はフェルミレベルにおける原子あたりの電子状態密度である．また，実効的クーロンエネルギーの減少分は，式(1.4.29)で表されるので，強磁性が出現するためには，式(1.4.30)を満たす必要がある．

$$-\frac{U_{\mathrm{eff}}(\delta n)^2}{4} \tag{1.4.29}$$

$$\rho(\varepsilon_{\mathrm{F0}})U_{\mathrm{eff}} \geqq 1 \tag{1.4.30}$$

金森は，一般のハバード模型では，U_{eff} はバンド幅を超えることはなく，また一方で $\rho(\varepsilon_{\mathrm{F0}})$ は通常バンド幅の逆数を与えるため，式(1.4.30)は簡単には成立しないことを示した．このことから，多くの物質が非磁性であることがよく理解できる．バンド内にある電子のスピンがすべてそろって強磁性が基底状態となるのは，① 単位胞が複数のサイトからなるような系[*2]を考えたとき，格子の形，もしくは t_{ij} の適当な組合せによって，巨視的な数（単位胞数）の縮退をもつ（k 空間で平坦な）バンドが現れる，すなわち，バンド幅が0のエネルギー的に局在した状態をつくることができ，② フェルミレベル $\varepsilon_{\mathrm{F0}}$ がこの平坦バンド上にあり，③ このバンドを占める電子数が単位胞数 N と同じとなる，といった特殊な状況が実現された場合となる．

以上より，同一軌道内での反平行スピン間のクーロン斥力的 U が局所磁気モーメントを発生させ，電子の移動項 t が局所モーメントの情報をほかの局所モーメントに伝えることによって実効的な交換相互作用，すなわち磁気秩序が導き出される．そのさい，U と t 以外に電子密度 n が決定的な役割を果たしており，個々の遷移金属の磁性の違いは，n の違いでよく説明される．n がパウリ原理を侵さずに電子がいかに自由に結晶中を動き回れるかを支配し，その結果，実効的交換相互作用の符号や大きさ決まる．バンド理論的には，価電子帯における電子の占有準位と非占有準位の割合が交換相互作用の符号に大きく影響するためである．

1.4.4　結晶磁気異方性

結晶磁気異方性は，磁界を結晶のどの方位に加えるかで磁化曲線が変化する性質である．絶縁体における結晶磁気異方性の起源は，局所スピン間の静磁気相互作用が大きく働いていたが，金属中では遮へい効果があるため，替わってスピン軌道相互作用が重要となる．とくに希土類は，原子の比較的内側にある4f軌道電子は，隣接原子の影響を受けにくく，軌道磁気モーメントが残っているためスピン軌道相互作用が大きくなっている．電子軌道は結晶軸に結びついているので，スピン軌道相互作用を通じて磁性が結晶軸と結びつき，大きな結晶磁気異方性を示すようになる．磁気モーメントが回転するとそれにつれて電子軌道も回転し，電子軌道の重なりが変化，それにつれて交換相互作用エネルギーが変化する．最もエネルギーが下がる方向に磁化容易軸となる．遷移金属ではこの磁性の担い手は3d電子であり，配位子場の影響を受けやすく（図1.3.3参照），ほとんど軌道運動は失われてしまうため，スピン軌道相互作用が小さくなる．結晶磁気異方性エネルギーは，希土類金属に比べて3桁くらい小さくなる．

1.4.5　第一原理計算[22~29]

第一原理計算とよばれるものには，大別してハートリー-フォック法と密度汎関数理論の二つのアプローチがある．それぞれの方法での実際上の解くべき方程式は，ハートリー-フォック法では式(1.4.31)であり，密度汎関数理論では，コーン-シャム方程式とよばれる式(1.4.32)である．

$$\left[-\nabla^2 + V_{\mathrm{ion}}(r) + V_{\mathrm{H}}(r) - 3\alpha\left\{\frac{3}{4\pi}\rho_\sigma(r)\right\}^{1/3}\right]\phi_{i\sigma}(r)$$
$$= \varepsilon_{i\sigma}\phi_{i\sigma}(r) \tag{1.4.31}$$

$$[-\nabla^2 + V_{\mathrm{ion}}(r) + V_{\mathrm{H}}(r) + V_{\mathrm{xc}}^\sigma(r)]\phi_{i\sigma}(r) = \varepsilon_{i\sigma}\phi_{i\sigma}(r) \tag{1.4.32}$$

どちらも運動エネルギー項 ∇^2 とポテンシャル項 $V_{\mathrm{ion}}(r) + V_H(r)$ からなるハミルトニアンを有しており，一電子波動関数に作用して固有方程式，すなわちシュレーディンガー方程式の形をしている．しかし，この二つの間には，見かけ上の類似性とは裏腹に量子力学の根底をゆるがすほどのたいへんな違いがある．

a. ハートリー-フォック法

ハートリー-フォック方程式は，フェルミ統計に従う式(1.4.33)のスレーター行列式で表された N 電子波動関数を運動エネルギーとクーロンポテンシャルとを考慮したハミルトニアンに作用させ，変分原理により得られた一電子に関するシュレーディンガー方程式で，式(1.4.34)と書かれる．

$$\phi(r_1,\cdots,r_N) = \|\phi_1(r_1),\cdots,\phi_N(r_N)\| \tag{1.4.33}$$

$$[-\nabla^2 + V_{\mathrm{ion}}(r) + V_{\mathrm{H}}(r)]\phi_{i\sigma}(r) - \sum_j^{\sigma'=\sigma}\widehat{F}_{j\sigma',i\sigma}\phi_{j\sigma}(r)$$
$$= \varepsilon_{i\sigma}\phi_{i\sigma}(r) \tag{1.4.34}$$

[*2] 飛び移り積分 t_{ij} が最近接だけでなく遠方のサイト間でも有限に設定する．

ここで、$\hat{F}_{j\sigma, i\sigma}\phi_{j\sigma}(r)$ はフォック演算子とよばれ、いわゆる交換相互作用を与えるものである。

この演算子は非局所、すなわち空間のある点 r のポテンシャル値を知るのに空間のほかの点すべてのポテンシャル値を積分しなければならない演算子である。また、i 番目の軌道の波動関数を知るには、ほかのすべての軌道波動関数を知らなければならないといった計算上の問題がある。さらに、式(1.4.33)のスレーター行列式で表された波動関数は、N 個の電子がお互い独立にふるまうことを仮定しているため、真の N 電子波動関数は、任意の N 個の一電子軌道の線形結合で表す必要がある。電子配置が異なるものが含まれると、ハミルトニアンに関して異なる電子配置間での行列要素が出てきて、それが配置間相互作用(CI: configuration interaction、交換相互作用ともいう)を与える。CIを導入すれば正確な計算は原理上できるが、計算量が膨大となり、実行できる系は原子数にしてせいぜい10個以内に限られる。そこで、フォック演算子の項を、まず非局所の部分を全空間で塗りつぶし、かつ全軌道にわたり平均化したものに置き換える(局所密度近似)。これにより、ポテンシャルを局所的にし、かつその軌道依存性が取り除かれた。こうして得られた実際的な計算式が、式(1.4.31)である。式(1.4.31)の α の値は厳密には2/3であるが、Xα 法では、α の値を換えて交換相互作用を調整している。

b. 密度汎関数理論

密度汎関数理論(DFT: density functional theory)は、波動関数ではなく電子密度 $n(r)$ のみでほかの物理量を求めることができるとするもので、Hohenberg と Kohn によって定式化が可能であることが示された(Hohenberg-Kohn 定理)。次に、Hohenberg-Kohn の第2定理である変分原理の実施にあたり、v 表示可能性を保証するため、Levy の制限付き探索が考案された。運動エネルギー項を子密度 $n(r)$ で表すトーマス-フェルミ近似を適用したのがトーマス-フェルミ模型であるが計算精度に問題がある。波動関数の導入と局所密度近似によって実用的な計算精度が得られるコーン-シャム方程式により、バンド理論や密度汎関数理論の急速な進展を促すことになった。

(ⅰ) **Hohenberg-Kohn 定理** 1964年、Hohenberg と Kohn は、密度汎関数理論の根幹となる次の定理を示した。

Hohenberg-Kohn の第1定理(存在定理):
エネルギーのゼロ点の取り方を除いて、基底状態の電子密度 $n(r)$ から外部ポテンシャル $v(r)$ が決定される。

Hohenberg-Kohn の第2定理(変分原理):
どのような外部ポテンシャル $v(r)$ に対しても成り立つ電子密度の全エネルギー汎関数 $E_{HK}[n]$(Hohenberg-Kohn の普遍的なエネルギー汎関数)が存在し、基底状態の電子密度 n_0 で最小値をもつ。すなわち

$$E_{HK}[\rho] \geq E_{HK}[\rho_0] \qquad (1.4.35)$$

第1定理は、基底状態の電子密度 $n(r)$ と、外部ポテンシャル $v(r)$ が1:1対応する、ということを述べている。第2定理は、電子密度を変化させて、最小のエネルギーを与える電子密度を探索すれば、基底状態の電子密度 n_0 を求めることができることを示している。$E_{HK}[n]$ は、次式のように、外部ポテンシャルの項をエネルギーの表式から抜き出しておき、残りのものを Hohenberg-Kohn の汎関数 $F_{HK}[n]$ としておく。

$$E_{HK}[n] = F_{HK}[n] + \int n(r)v(r)\,dr \qquad (1.4.36)$$

$$F_{HK}[n] \equiv \langle \phi | \hat{T} + \hat{V}_{ee} | \phi \rangle$$

(ⅱ) **Levy の制限付き探索** 変分原理において、適当な密度 $n(r)$ に対しては対応する外部ポテンシャル $v(r)$ が存在しない可能性(v 表示可能性)があり、その都度確かめなければ、基底状態の電子密度 n_0 に達しない懸念がある。そこで、Levy は式(1.4.37)の密度汎関数を導入した。

$$Q[\rho] = \min_{\psi \to \rho} \langle \psi_\rho | \hat{T} + \hat{V}_{ee} | \psi_\rho \rangle \qquad (1.4.37)$$

これにより、Hohenberg-Kohn の定理を成り立たせつつ、多数ある密度 $n(r)$ の中から、$n_0(r)$ を探索することができることを示した。具体的には、まず密度 $n(r)$ を固定して、そのような特定の $n(r)$ を与える波動関数 ψ_ρ の組の中で、$\hat{T} + \hat{V}_{ee}$ を評価し、その値を最小化するような ψ_ρ を探す。そして、その最小値を $Q[n]$ と定義する。次に、$Q[n]$ と $\int n(r)v(r)\,dr$ の和で与えられる $E_{HK}[n]$ を最小化するような n を探索する。つまり、最小化を2段階に分けて行うことになる。

(ⅲ) **トーマス-フェルミ模型** Thomas と Fermi による運動エネルギー項に対する近似を用いて、一様電子に対する運動エネルギー汎関数 $T[n]$ を電子密度 $n(r)$ で表すものである。すべてのエネルギーが $n(r)$ で表式されるため、密度汎関数法の思想を最も反映するものと考えられるが、孤立原子の殻構造をとる電子状態を再現できないため、数値精度的に問題がある。実用に耐える改良版の検討が継続中である。

(ⅳ) **コーン-シャム方程式**

コーン-シャムは、実用的な計算精度を得るため、次の二つの方法を採用し、式(1.4.32)のコーン-シャム方程式とした。

(1) 本来の密度汎関数理論の中には入ってこなかった軌道(波動関数)を導入した。その結果、N 個の非線形連立偏微分方程式となり、自己無撞着場の方法(SCF法: self-consistent field method)により反復計算によって解く必要が生じた。

(2) 交換相関相互作用の項 $E_{xc}[n]$ に、局所密度近似(LDA: local density approximation)を適用した。この項の厳密な形を見つけることは困難なので、一様な電子ガスから求めた関数を使って $E_{xc}[n]$ を構築した。

厳密な交換相関汎関数を探す試みは、密度汎関数理論における最大の挑戦課題である。LDA は最も簡単な近似で、

これに電子のスピンを考慮したものが局所スピン密度近似 (LSDA：local spin density approximation) である．さらに，L(S)DA を密度の勾配 $\nabla n(r)$ を用いて補正したものを一般化勾配近似 (GGA：generalized gradient approximation) という．GGA には，PW91[27]，PBE[28]，B3LYP などいくつかの派生版が存在する．このほか，GGA を，二次密度勾配 $\nabla 2n(r)$ と運動エネルギー密度を使って補正した meta-GGA や hybrid-GGA などがある．さらに，L(S)DA，GGA などとひとくくりにされるグループの中にも，さまざまな表式が存在する．

実際にコーン-シャム方程式を解くには，たとえば基底の導入（平面波基底，ガウス関数基底，数値基底，有限要素基底など）や，擬ポテンシャルの導入などの工夫が必要である．さらに，FP-LAPW (full-potential linearized augmented plane wave) 法，FP-LMTO (full-potential linear muffin-tin orbital) 法，KKR (Korringa-Kohn-Rostoker) 法などさまざまな手法が提案されている．

磁場が存在する場合にはこれまで述べてきた理論をそのまま用いることはできず，状況に応じていくらかの破綻を生じることになる．そのような場合には，基底状態の電子密度と波動関数の対応は失われる．磁場の効果を取り入れるための一般化の方法として電流密度汎関数理論 (CDFT：curren-and-density functional theory) と磁場密度汎関数理論 (BDFT：magnetic-field density functional theory) の二つがあげられる．どちらの理論も交換-相関エネルギー汎関数を一般化して電荷密度以外の効果も取り入れる必要がある．Vignale と Rasolt によって確立された CDFT では，汎関数は電荷密度と常磁性電流密度の両方に依存し，Salsbury，Grayce，Harris らによって確立された BDFT では，汎関数は電荷密度と磁場に依存し，磁場の形状に依存することもあり得る．どちらの理論においても LDA に相当する近似を超えるような手法が容易に実装できないという問題を抱えている．

文　献

1) L. Landau, *Zeitschrift für Physik A*, **64**, 629 (1930).
2) R. E. Peierls, *Z. F. Phys.*, **80**, 763 (1933).
3) C. Herring, C. Kittel, *Phys. Rev.*, **81**, 869 (1951).
4) C. Herring, *Phys. Rev.*, **85**, 1008 (1952).
5) C. Slater, *Phys. Rev.*, **52**, 198 (1937).
6) T. Moriya, A. Kawabata, *J. Phys. Soc. Jpn.*, **34**, 639 (1973).
7) T. Moriya, Y. Takahashi, *J. Phys. Soc. Jpn.*, **745**, 397 (1978).
8) M. A. Ruderman, C. Kittel, *Phys. Rev.*, **96**, 99 (1954).
9) T. Kasuya, *Prog. Theor. Phys.*, **16**, 45 (1956).
10) K. Yosida, *Phys. Rev.*, **106**, 893 (1957).
11) 田崎晴明, 固体物理, **31**, 173 (1996).
12) 草部浩一, 青木秀夫, 固体物理, **30**, 769, 867 (1995)；*ibid*. **31**, 16, 100, 205 (1996).
13) J. Kanamori, *Prog. Theor. Phys.*, **30**, 275 (1963).
14) M. C. Gutzwiller, *Phys. Rev. Lett.*, **10**, 159 (1963).
15) J. Hubbard, *Proc. Roy. Soc. London A*, **276**, 238 (1963).
16) 川畑有郷, "電子相関", 丸善出版 (1992).
17) 斯波弘行, "固体の電子論", 丸善出版 (1996).
18) 川上則雄, 日本物理学会誌, **46**, 565 (1991).
19) 今田正俊, 日本物理学会誌, **48**, 437 (1993).
20) 小形正男, 日本物理学会誌, **49**, 893 (1994).
21) J. Kanamori, *Prog. Theor. Phys.*, **30**, 275 (1963).
22) 白井光雲, 大阪大学産業科学研究所 講義ノート・資料； http://www.cmp.sanken.osaka-u.ac.jp/~koun/Lecs/dft.pdf
23) http://www.slideshare.net/dc1394/ss-26378208
24) P. Hohenberg, W. Kohn, *Phys. Rev.*, **136**, B864 (1964).
25) W. Kohn, L. Sham, *Phys. Rev.*, **140**, A1133 (1965).
26) M. Levy, *Proc. Natl. Acad. Sci. USA*, **76**(12), 6062 (1979).
27) J. P. Perdew, J. A. Chevary, S. H. Vosko, K. A. Jackson, M. R. Pederson, D. J. Singh, C. Fiolhais., *Phys. Rev. B*, **46**, 6671 (1992).
28) J. P. Perdew, K. Burke, M. Emzerhof., *Phys. Rev. Lett.*, **77**, 3865 (1996).
29) 常田貴夫, "密度汎関数法の基礎", 講談社サイエンティフィク (2012).

以下，参考文献

30) 伴野雄三, "科学シリーズ・物性3 磁性", 三省堂 (1976).
31) 安達健五, "化合物磁性―遍歴電子系", 裳華房 (1996).
32) 佐久間昭正, "磁性の電子論" (日本磁気学界 編), 共立出版 (2010).
33) 武藤俊之助 "物性物理学講座6 物質の磁性", 共立出版 (1958).

1.5 磁性体の種類

1.5.1 磁性材料の基礎

物質において磁性が出現するのは電子の運動で説明できる．電子は原子核の周囲を軌道運動すると同時に自転運動も行っており，磁気モーメントを生じる．原子にある軌道電子はパウリの排他原理により軌道に存在できるのはスピンが異なる2種類のみである．そのため，大半の電子のスピンは互いに打ち消し合うので磁気モーメントには寄与しない．磁気モーメントに寄与するのは遷移金属の3d電子や希土類元素の4f電子が閉殻でない場合である．この運動に伴う角運動量が量子化されているため磁気双極子モーメント（磁気モーメント）も量子化されている．そのため，一定の単位で変化するものをボーア磁子とよぶ．

磁荷qが力を受ける場が磁界Hと定義される．磁極と反対側の磁極とは磁力線でつながっていると考えるとわかりやすい．磁力線の束を磁束ϕとよび，単位面積Sあたりの磁力線の本数は磁束密度Bとよばれ，式(1.5.1)で表される．

$$\boldsymbol{B} = \phi/S \tag{1.5.1}$$

また，磁束密度と磁界との間には式(1.5.2)で表される関係がある．

$$\boldsymbol{B} = \mu_0 \boldsymbol{H} \tag{1.5.2}$$

ここで，μ_0は真空の透磁率である．見方を変えれば磁界があることにより磁束が生じたともいえる．

磁性体の種類について述べる前に磁性の基本についてまとめる．磁性体とは磁界Hの印加により磁気モーメントMを生じる物質のことをさす．磁気モーメントは図1.5.1で示す帯磁する物質の両端に発現する磁極を$\pm m$とし，両極間の距離をlとすると式(1.5.3)で表される．詳細は前節で詳述した．

$$\boldsymbol{M} = ml \tag{1.5.3}$$

また，図1.5.2で示す面積Sを囲む閉電流iによっても磁気モーメントは形成され，式(1.5.4)で表される．

$$M = \mu_0 i S \tag{1.5.4}$$

磁化の強さを考える．図1.5.3(a)で示すように，単位体積あたりのn個の磁気モーメントの向きがそろっている単位体積あたりの磁気モーメントのことを磁化の強さIとよび，式(1.5.5)で表される．

$$I = nM \tag{1.5.5}$$

また，図1.5.3(b)で示すように，単位体積あたりのn個の磁気モーメントの向きがそろっていない場合はx, y, zの座標を決めて各座標成分（M_x, M_y, M_z）に分解する．この関係をベクトルで考えれば，各成分のベクトル和（x軸で考えるならx方向の合計）が磁化の強さとなる．ベクトル和がゼロの場合は磁化として表れない．

磁気モーメントの向きがそろっていない材料に磁界を印加すると，印加磁界の強度Hの増大とともに磁化の強さは増していく．これは印加磁界の増大に伴い磁化の向きがそろっていくためである．その様子は式(1.5.6)で表される．

$$I = \chi H \tag{1.5.6}$$

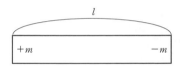

図1.5.1　磁気モーメントの説明図

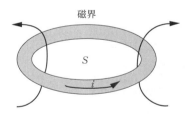

図1.5.2　磁気モーメントの説明図

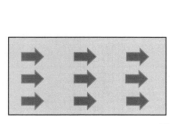

図1.5.3　磁化の強さの説明図
　　(a) 磁化の向きがそろっている場合　　(b) 磁化の向きが不ぞろいの場合

ここで，χ は磁化率である．これに磁界が印加されると磁束密度 B は式(1.5.7)で表される．

$$B = \mu_0 H + I \tag{1.5.7}$$

また，空気中の透磁率を μ とすると式(1.5.2)は式(1.5.8)のように書き換えられる．

$$B = \mu H \tag{1.5.8}$$

ここで，μ は空気中での透磁率である．式(1.5.6)と式(1.5.8)を式(1.5.7)に代入すると，式(1.5.9)が得られる．

$$\mu H = \mu_0 H + \chi H \tag{1.5.9}$$

式(1.5.9)を整理すると式(1.5.10)のようになる．

$$\mu = \mu_0 + \chi \tag{1.5.10}$$

式(1.5.10)を μ_0 で除すと，以下の二つの式が得られる．

$$\mu_r = \mu/\mu_0 \tag{1.5.11}$$
$$\chi_r = \chi/\mu_0 \tag{1.5.12}$$

ここで，μ_r は比透磁率，χ_r は比磁化率とよばれる．

磁気モーメントをもつ物体の端には磁極がある．この磁極は物体の外部ばかりではなく内部にも磁界が生成する．その様子を図1.5.4に示す．磁界は+から-に向かうので内部の磁界は磁化の強さ I とは逆方向を向き，それを反磁界（自己減磁界）とよび，H_d で表される．反磁界は磁極の強度に比例し，磁極の強度は I に比例するので，H_d と I とは比例関係にある．

$$H_d = (N/\mu_0)I \qquad \mu_0 H_d = -NI \tag{1.5.13}$$

ここで，N は反磁界係数とよばれ，磁性体の形だけで決まる次元をもたない比例定数である．

以上の基礎的な事項を踏まえて，物質を見てみる．磁石を物質に近づけると Fe や Co，Ni などは引き寄せられる．このような性質を強磁性とよび，この性質を有する材料が強磁性体，俗に磁性材料とよばれる．また，Al は非磁性と思われているが，強磁界中では弱いながらも磁石に引き寄せられるので弱磁性体とよばれる．Cu やガラスは磁石から離れていくので反磁性体とよばれる．この引力と斥力の関係を比磁化率 χ_r でみると，強磁性体は $\chi_r = +1 \sim 10^4$ 程度であり，弱磁性体は $+10^{-3} \sim 10^{-7}$ 程度，そして反磁性体は $-10^{-3} \sim 10^{-7}$ 程度である．強磁性体は Fe，Co，Ni，そして Gd のみであり，そのほかのほとんどの物質は弱磁性体か反磁性体である．

さらに，強磁性体の特徴として磁区とよばれる小磁石領域を形成していることをあげることができる．この小磁石領域をさらに詳細にみると，原子個々が磁石（原子磁石）であり，それが規則的に整列している．たとえ見かけ上，小磁石領域の磁化の向きが打ち消し合う向きであり磁気を帯びていないようにみえても，小磁石が規則的に整列しており磁化を打ち消しているためである．このように整列により磁気をもつことを"自発磁化"をもつという．マクロ的には外部磁界を取り除いても磁化を有している状態である．

そこで，先の強磁性，弱磁性，反磁性をさらに詳しく常温における原子磁石の配列により磁性体を分類したのが図1.5.5である．まず，図(a)で示すフェロ磁性体は，結晶中のすべての原子磁石（磁気モーメント）が同じ向きに並んでいる材料である．図(b)のフェリ磁性体は，結晶中のA，B2種類の格子の磁気モーメントが異なるのでその差が表に現れ，強磁性が出現する．光磁気記録用材料のTb-Fe-Co系がこれにあたる．もとはフェライトの磁性を表すのに用いられたのがはじまりである．図(c)は磁気モーメントの向きに規則的な配列は見られずランダムであるので，磁気モーメントのベクトル和はゼロ（自発磁化はもたない）になる．次に，図(d)は，結晶中のA，B2種類の格子の磁気モーメントが反平行に配列し，全体としては自発磁化は現れない．A，B各格子の磁気モーメントに着目するとフェロ磁性体の配列である．先のフェリ磁性体も原子磁石の配列的にはアンチフェロの配列であるといえる．最後に，図(e)は配列的にはアンチフェロであるが，原子磁石が傾いている場合で，弱フェロ磁性（あるいはキャント磁性）とよばれる．このほかに，らせん磁性は隣り合った原子磁石が角度をもって並んだ場合で，0°ならフェロ磁性，180°ではアンチフェロ磁性となる．メタ磁性はアンチフェロの配列であるが，外部からの磁界の印加により逆向きの原子磁石がひっくり返りフェロ磁性体の配列になる磁性体である．

次に，各磁性体について材料の視点からさらに詳しく述べる．

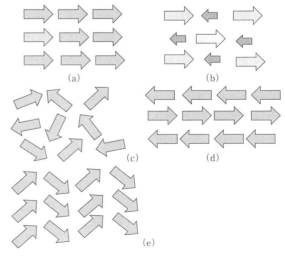

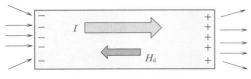

図1.5.4 反磁界の説明図

図1.5.5 磁性体の種類
(a) フェロ磁性 (b) フェリ磁性 (c) 常磁性（パラ磁性）
(d) アンチフェロ磁性 (e) 弱フェロ磁性

1.5.2 常磁性（パラ磁性）体

常磁性はパラ磁性ともよばれる．キュリーの法則によれば，式(1.5.14)で示すように磁化率 χ は温度 T に反比例するのがパラ常磁性体である．

$$\chi = C/T \qquad (1.5.14)$$

ここで，C は定数である．常磁性体の特徴である式(1.5.14)を導出していく．

常磁性体では磁気モーメントをもつ原子が多数集まっているが，モーメントの向きが図1.5.5(c)に示したようにランダムである．このとき磁気モーメントのベクトル和はゼロになる．しかし，ここで磁界が印加されると，図1.5.6に示すように磁界に対してモーメントが θ の角度をなしていると，ポテンシャルエネルギー U は式(1.5.15)で表される．

$$U = -MH = -MH\cos\theta \qquad (1.5.15)$$

ここで，個々の原子の有する磁気モーメント M は等しいと仮定する．原子はこの U を低下させる方向に動く．式(1.5.15)より，$\theta=0$ のときに U が極小になることがわかる．しかし，M は簡単に H に平行にならない．これは，原子と同様にスピンも熱振動しているからである．温度 T のときの1自由度あたりの熱振動 U_T は式(1.5.16)で表される．

$$U_T = kT/2 \qquad (1.5.16)$$

ここで，k はボルツマン定数である．先に述べたボーア磁子は量子化されており，式(1.5.17)で表される．

$$M_B = \mu_0 eh/4\pi M \qquad (1.5.17)$$

ここで，h はプランク定数，μ_0 は真空の透磁率である．式(1.5.17)より，印加磁界から得られるエネルギーと先の式(1.5.16)で示される熱振動のエネルギーとを比べると，磁界から得るエネルギーは桁違いに小さいことがわかる．

スピン群の磁化の状態をランジュバン理論により計算する．外部磁界が印加されていない場合，スピンはあらゆる方向を向いているので，磁気モーメントの分布は一様と考えられる．これに対して，外部磁界を印加するとスピンはわずかながら磁界の向きを向くようになる．磁界の向きと磁気モーメントとのなす角を θ とすると，ポテンシャルエネルギーは式(1.5.15)で表された．スピンがその方向をとる確率は，以下のボルツマン定数の式(1.5.18)に比例するものとして表される．

$$\exp(-U/kT) = \exp(MH\cos\theta/kT) \qquad (1.5.18)$$

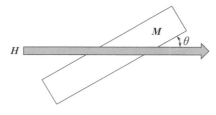

図1.5.6 物質と磁界の関係

ここで，この θ は量子化されている．また，角運動量の量子数を J とすると，磁気量子数 M_J は，以下の式で表される $(2J+1)$ 個の方向に限られる．

$$M_J = J, (J-1), (J-2), \cdots, 0, \cdots -J \qquad (1.5.19)$$

観測方向の磁気モーメント M_z は次式で表される．

$$M_z = -g\mu_B M_J \qquad (1.5.20)$$

また，外部印加磁界 H 中でのポテンシャルエネルギーは，式(1.5.15)を書き換えて式(1.5.21)のようになる．

$$U = g\mu_B M_J H \qquad (1.5.21)$$

観測方向の磁化の強さ I の合計は式(1.5.22a)のようになる．

$$I = \sum M_z n \qquad (1.5.22a)$$

$\sum$ は $+J$ から $-J$ の範囲である．これを計算すると以下の式(1.5.22b)になる．

$$I = Ng\mu_B J \cdot B_J(\alpha) \qquad (1.5.22b)$$

ここで，$\alpha = g\mu_B JH/kT$ であり，$B_J(\alpha)$ はブリュアン関数である．

磁化の強さ I は，原子のもつ磁気モーメントに関する（角運動の量子数）J と，磁界 H，温度 T に関する α とのパラメーターにより $B_J(\alpha)$ を通して与えられる．ここで，J，α の値による I の変化をみる．まず，$J=0$（磁気モーメントをもたない）では磁気モーメントも 0，$I=0$ である．また，$\alpha \to \infty$ では $H \to \infty$ にするか $T \to 0$ に相当する．最後に，$J=\infty$ では磁気モーメントは量子化により向き得る方向は $2J+1$ に限定される．最終的には磁化の強さは式(1.5.23)で表される．

$$I = NM(\coth\alpha - 1/\alpha) \qquad (1.5.23)$$

ここで，α は MH/kT であり，また式(1.5.23)の括弧内はランジュバン関数である．この関数は α の増加とともに 1 に漸近する関数である．すなわち，$H \to \infty$ で $I \to NM$ となることから強磁界中ではスピンの向きがそろうことを表している．これは極低温か超強磁界でないと実現できない．式の誘導については文献[1,4]を参照されたい．

磁化率 χ を考えると以下のようになる．

$$\chi = I/H = Ng^2\mu_B^2 J(J+1)/3kT \qquad (1.5.24)$$
$$= Nm^2/3kT \quad (ここで, m = \mu_B g J^{0.5}(J+1)^{0.5}) \qquad (1.5.25)$$
$$= C/T \quad (ここで, C = Nm^2/3k) \qquad (1.5.26)$$

上式において m は原子1個あたりの磁気モーメントであり，C はキュリー定数である．この式(1.5.26)は常磁性体の最初に示した式(1.5.14)が得られたことになる．

1.5.3 強磁性（フェロ磁性）体

強磁性体の特徴は，外部磁界なしで分子磁界による自発磁化を有していることである．この分子磁界は，スピン間に作用する交換相互作用により生じる．ここで，自発磁化を示す磁性を広義の強磁性，とくにスピンの平行配列によりつくる磁性をフェロ磁性あるいは狭義の強磁性とよばれている．この点を説明したのが Weiss である．常磁性体では，スピンをそろえるには超強磁界が必要であることを

述べた．これに対して，鉄のような強磁性体では磁性原子のスピン間に，それらを平行にそろえるような分子磁界が作用していると仮定したのはワイスである．分子磁界の強さ H_m は磁化 I に比例すると考えた．式で表すと式(1.5.27)のようになる．

$$H_m = wI \quad (1.5.27)$$

ここで，w は分子磁界係数である．磁性原子の M は外部磁界 H と分子磁界 H_m との作用のもとで熱振動する．

$$\alpha = -M(H+wI)/kT \quad (1.5.28)$$

ここで，α を式(1.5.28)とおくと，式(1.5.23)はそのまま成り立つ．ここで式(1.5.28)は I を含むので，式(1.5.23)と式(1.5.28)とを同時に満足する $I(\alpha)$ が解となる．式(1.5.28)を I について解くと式(1.5.29)のようになる．

$$I = kT\alpha/Mw - H/w \quad (1.5.29)$$

式(1.5.23)を表す曲線 a と式(1.5.29)で $H=0$ の場合を表す直線 b を図1.5.7に示す．曲線 a と直線 b の交点 P が解となる．この I は外部磁界なしに自然に生じる磁化であり，自発磁化 I_s とよばれる．ここで，$T \to 0$ とすると $\alpha \to \infty$ となるので，交点 P は右に移動し，完全なスピンの平行配列が実現する．このときの磁化の強さは式(1.5.30)で表され，絶対飽和磁化とよばれる．

$$I = NM \quad (1.5.30)$$

T を増大させると α は減少し，直線 b が曲線 a に接すると $I \to 0$ となり，自発磁化は消失する．この温度がキュリー温度 Θ_f である．式(1.5.29)に $H=0$，$T=\Theta_f$ を代入すると式(1.5.31)が得られる．また，式(1.5.23)より，式(1.5.32)が得られる．

$$I = k\Theta_f \alpha/Mw \quad (1.5.31)$$
$$I = NM\alpha/3 \quad (1.5.32)$$

式(1.5.31)と式(1.5.32)から，式(1.5.33)が得られる．

$$\Theta_f = NM^2w/3k \quad (1.5.33)$$

$T > \Theta_f$ では点 P は原点 O に一致しているので，I_s はゼロで常磁性となる．外部磁界を印加すると式(1.5.29)の2項の作用により，直線 b は H/w だけ y 軸を負側に移動し直線 b' となる．直線 b の勾配が曲線 a の接線より大きいと $H=0$ の解は $I=0$ であるが，H の印加により直線 b が直線 b' まで下がるので交点 P は曲線 a 上を上昇する．式(1.5.29)と式(1.5.32)，式(1.5.33)から，式(1.5.34)の関係が得られる．

$$\chi = NM^2/3k(T-\Theta_f) \quad (1.5.34)$$

次に，T-I_s の関係をみると，図1.5.8で示すように T が $0 \sim \Theta_f$ までは温度の低い領域では I_s は緩やかに減少し，キュリー温度付近では急激に減少する．$T > \Theta_f$ では，図の右に示すように式(1.5.34)より，T-$1/\chi$ の関係をみると Θ_f を通る直線となる．これが，キュリー–ワイスの法則である．強磁性を示すのは Fe, Co, Ni およびそれらの合金と Mn 合金の一部である．また，CrO_2 や EuO も強磁性を示す．このうち，遷移金属において，0 K での飽和磁化を単位体積あたりの原子数で割った飽和磁気モーメントを1原子数あたりの電子数の関数として表したものがスレーター–ポーリング曲線である．

外部磁界 H が原子磁気モーメントに働く大きさは，式(1.5.35)のように表される．

$$H_m = H + wI \quad (1.5.35)$$

また，常磁性の理論から式(1.5.36)が得られる．

$$I = Ng\mu_B JB_J(\alpha) \quad (1.5.36)$$

ここで，$\alpha = g\mu_B JH/kT$

式(1.5.36)の H を $H+wI$ で置き換え，α を x で置き換えると式(1.5.37)が得られる．

$$I = Ng\mu_B JB_J(x) \quad (1.5.37)$$

ここで，$x = g\mu_B J(H+wI)/kT$

この式から強磁性体の性質が導ける．自発磁化は外部磁界がなくても（$H=0$）生じるので，式(1.5.37)の x は式(1.5.38)のようになる．

$$kTx = g\mu_B JwI \quad (1.5.38)$$

温度変化を調べるために式(1.5.22)，式(1.5.38)より，式(1.5.39)および式(1.5.40)が得られる．

$$I/I_0 = B_J(x) \quad (1.5.39)$$
$$I/I_0 = kTx/(Ng^2\mu_B^2 J^2 w) = \text{const}\, x \quad (1.5.40)$$

ここで，式(1.5.39)および式(1.5.40)を満たす I/I_0 を求める．この式を図で示すと図1.5.9のようになる．曲線 $B_J(x)$ と直線 $\text{const}\, x$ の交点が x，その温度での I/I_0 を与える．直線が曲線の接線となる温度で自発磁化が消失し，これが先に述べたキュリー温度となる．

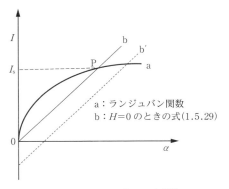

図1.5.7 自発磁化の発生機構

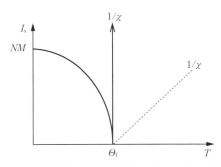

図1.5.8 自発磁化の温度変化とキュリー–ワイスの法則

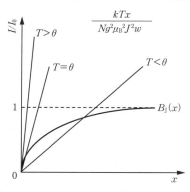

図 1.5.9　自発磁化の温度変化

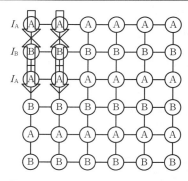

図 1.5.10　アンチフェロ磁性体の概念図

最後に，分子磁界と交換作用についてみる．分子磁界の原因としてスピン間に作用する交換作用が知られている．交換作用によるエネルギーは式(1.5.41)で表される．

$$E_e = -2J_e S_i \bar{S}_j \quad (1.5.41)$$

1個の原子のスピン S_i に対して，その周囲の z 個の原子のスピンとの交換エネルギーを加え合わせると式(1.5.42)になる．

$$E_e = -2J_e S_i z \bar{S}_j \quad (1.5.42)$$

ここで，$\bar{S}_j$ は z 個の平均である．一方，ワイスの分子磁界は式(1.5.43)で表される．

$$H_m = wI = wNg\mu_B \bar{S}_j \quad (1.5.43)$$

ここに，S_j のスピンが置かれたときの磁気エネルギーは式(1.5.44)になる．

$$E_m = -(g\mu_B S_i)H_m = -Ng^2\mu_B^2 S_i \bar{S}_j w \quad (1.5.44)$$

式(1.5.42)と式(1.5.44)が等しいとすると，式(1.5.45)で表される分子磁界係数と交換積分の関係が得られる．

$$w = 2zJ_e/(Ng^2\mu_B^2) \quad (1.5.45)$$

また，キュリー温度 Θ_f との関係をみると，式(1.5.33)を式(1.5.46)のように変形できる．

$$\Theta_f = Ng^2\mu_B^2 S(S+1)w/3k \quad (1.5.46)$$

この式に w の値を代入すると，式(1.5.47a)および式(1.5.47b)が得られる．

$$\Theta_f = 2zS(S+1)J_e/3k \quad (1.5.47a)$$
$$J_e/k\Theta_f = 3/2zS(S+1) \quad (1.5.47b)$$

式(1.5.33)における J はスピンのみを考えて S とした．ここで，式(1.5.47b)を変形した式(1.5.48)によると，キュリー温度 Θ_f から J が推定できることがわかる．

$$J_e = 3k\Theta_f/2zS(S+1) \quad (1.5.48)$$

1.5.4　反強磁性（アンチフェロ磁性）体

結晶学的には必ずしも区別できなくてもよいが，磁気的に区別できる二つの副格子（仮に A, B とする）に物質を分け，その間の互いに逆向きの相互作用を考える．その概念図を図 1.5.10 に示す．これが分子磁界理論であり，アンチフェロの分野は Weiss のフェロ磁性理論の拡張として Néel が研究している．各副格子はフェロの磁性を有し，磁化の強さを I_A および I_B とする．A および B の位置に働く分子磁界 H_A, H_B の大きさが，I_A および I_B により式(1.5.49a)および式(1.5.49b)で与えられると仮定する．

$$H_A = H - w_{AA}I_A - w_{AB}I_B \quad (1.5.49a)$$
$$H_B = H - w_{BA}I_A - w_{BB}I_B \quad (1.5.49b)$$

ここで，H は外部磁界，w_{AB} は B から A に及ぼす分子磁界係数であり，"−"をつけたのは各作用が逆方向の磁界を生じると仮定したためである．正方向の相互作用の場合は $w<0$ にとることになる．ここで，A と B の位置ならびに物質を形づくる原子が同種であれば，式(1.5.50a)および式(1.5.50b)のようになる．

$$w_{AA} = w_{BB} = w \quad (1.5.50a)$$
$$w_{AB} = w_{BA} = w' \quad (1.5.50b)$$

この関係を用いて式(1.5.49a)および式(1.5.49b)を書き換えると式(1.5.51a)および式(1.5.51b)のようになる．

$$H_A = H - wI_A - w'I_B \quad (1.5.51a)$$
$$H_B = H - w'I_A - wI_B \quad (1.5.51b)$$

この関係を用いて磁化を表すと，式(1.5.40)にならって式(1.5.52a)および式(1.5.52b)のようになる．

$$I_A = Ng\mu_B JB_J(x_A) \qquad x_A = g\mu_B JH_A/kT \quad (1.5.52a)$$
$$I_B = Ng\mu_B JB_J(x_B) \qquad x_B = g\mu_B JH_B/kT \quad (1.5.52b)$$

なお，アンチフェロ磁性体では I_A および I_B がゼロになる温度はキュリー温度とよばないでネール温度とよぶ．

ネール温度以上での常磁性を考える．T が高いと $x \ll 1$ となるので $B_J(x)$ の第1項は無視でき，式(1.5.53)となる．

$$B_J(x) = (J+1)x/3J \quad (1.5.53)$$

上式を用いると式(1.5.54a, b)および式(1.5.55)，式(1.5.56)が得られる．

$$I_A = Ng^2\mu_B^2 J(J+1)H_A/6kT = Nm^2H_A/6kT \quad (1.5.54a)$$
$$I_B = Ng^2\mu_B^2 J(J+1)H_B/6kT = Nm^2H_B/6kT \quad (1.5.54b)$$
$$m = g\mu_B J^{0.5}(J+1)^{0.5} \quad (1.5.55)$$

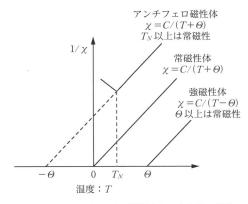

図1.5.11 $1/\chi$ と T との関係からみた各種の磁性

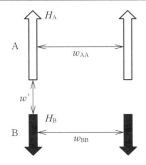

図1.5.12 フェリ磁性体の概念図

ここで，強磁性体と同様にキュリー定数 C を式(1.5.56)のようにおくと，式(1.5.54)および式(1.5.55)は，式(1.5.57a, b)のように表される．

$$C = Nm^2/3k \tag{1.5.56}$$
$$I_A = CH_A/2T \tag{1.5.57a}$$
$$I_B = CH_B/2T \tag{1.5.57b}$$

全体の磁化 I は式(1.5.58)のようになる．

$$I = (I_A + I_B) = C[2H - (w+w')]/2T \tag{1.5.58}$$

磁化率を表すように式(1.5.58)を式(1.5.59)および式(1.5.60)を経て変形して得られたのが式(1.5.61)である．

$$IT + C(w+w')I/2 = CH \tag{1.5.59}$$
$$\chi = I/H = C/[T + C(w+w')/2] = C/(T+\Theta) \tag{1.5.60}$$
$$1/\chi = T/C + \Theta/C \quad \text{もしくは} \quad 1/\chi = T/C + 1/\chi_0 \tag{1.5.61}$$

式(1.5.61)はキュリー-ワイスの式と同じ形である．ここで，w と w' が正であるので，Θ は正であり，$1/\chi$ がゼロとなる温度は図1.5.11で示すように負となる．T は高温で考えるので $T<0$ は物理的な意味はないが，数式上で負になるのがアンチフェロ磁性の特徴であり，副格子間の相互作用が逆向きに作用していることを示している．

1.5.5 フェリ磁性体

フェリ磁性はフェライトの磁性を意味し，Néel が命名した．Néel は 1.5.4 項で述べたアンチフェロ磁性の分子磁界理論を拡張して適用し，フェライトの磁性を理論的に予測した．その後，フェライトの磁性に関する実験結果が積み上げられ Néel のフェリ磁性理論が実証されるとともに，分子磁界近似の有効性も示され，それらの業績が 1970 年のノーベル賞受賞につながった．

フェリ磁性を分子磁界近似で考察のはじめとして，アンチフェロ磁性の場合と同様に，A，B 2 種類の副格子磁化を考える（図1.5.12）．そこで働く分子磁界は式(1.5.62a～d)となる．

$$H_A = H - w_{AA}I_A - w'I_B \tag{1.5.62a}$$
$$H_B = H - w'I_A - w_{BB}I_B \tag{1.5.62b}$$

ここで，$\quad w' = w_{AB} = w_{BA} > 0 \tag{1.5.62c}$
$$w_{AA} \neq w_{BB} \quad \text{かつ} \quad I_A \neq I_B \tag{1.5.62d}$$

A，B 間には磁化と逆方向の分子磁界がかかるものとする．w_{AA} および w_{BB} は w' に比べて小さく，多くの場合，符号は正である．また，$I_A \neq I_B$ であるのは図1.5.12で示す A および B の副格子に必ずしも同じ原子が存在するとは限らないこと，原子数も異なること，などのためである．この結果，$I = I_A - I_B \neq 0$ となり，磁気モーメントが生じる．各格子の磁化を加え合わせれば式(1.5.63a)および式(1.5.63b)となる．

$$I_A = \sum_i N_i g_i \mu_B J_i B_{Ji}(x_A) \quad x_A = g_i \mu_B J_i H_A/kT \tag{1.5.63a}$$
$$I_B = \sum_j N g_j \mu_B J_j B_{Jj}(x_B) \quad x_B = g_j \mu_B J_j H_B/kT \tag{1.5.63b}$$

キュリー温度以上での磁化率をみる．まず，キュリー定数は各格子の合計となり，式(1.5.63a)および式(1.5.63b)は近似的に変形すると式(1.5.64)のようになる．

$$I_A = C_A H_A/T \quad I_B = C_B H_B/T \tag{1.5.64}$$

磁化率 χ は式(1.5.65)のように表される．

$$\chi = (I_A + I_B)/H \quad C = C_A + C_B \tag{1.5.65}$$

式(1.5.65)に式(1.5.63a)および式(1.5.63b)を代入して整理すると式(1.5.66)のようになる．

$$1/\chi = T/C + 1/\chi_0 - \sigma/(T - \Theta) \tag{1.5.66}$$

ここで，
$$\sigma = C_A C_B \{C_A^2(w_{AA} - w')^2 + C_B^2(w_{BB} - w')^2$$
$$- 2C_A C_B[w'^2 - (w_{AA} + w_{BB})w' + w_{AA}w_{BB}]\}/C^3$$
$$1/\chi_0 = (C_A^2 w_{AA} + C_B^2 w_{BB} + 2C_A C_B w')/C^2$$
$$\Theta = -C_A C_B(w_{AA} + w_{BB} - 2w')$$

この式(1.5.66)を図で表したものが図1.5.13である．式(1.5.66)で $T \to \infty$ の場合は第3項が無視できるので，式(1.5.67)となり，アンチフェロ磁性体と同様である．

$$1/\chi = T/C + \Theta/C \tag{1.5.67}$$

温度を低下させていくと図に示した直線（双曲線の漸近線）から外れ，T_C で $1/\chi = 0$ となる．式(1.5.66)から T_C を求めると式(1.5.68)のように求められる．

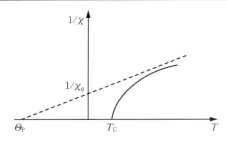

図1.5.13 フェリ磁性体の $1/\chi$ と T との関係

$$T_C = (\Theta\chi_0 - C)/2\chi_0 \pm [(\Theta\chi_0 - C)^2 + 4 C_A C_B w'^2]^{0.5}/2 \quad (1.5.68)$$

ここで，複号の"−"は双曲線のもう一方の交点であるので採用しない．図1.5.13で点線で示した双曲線の漸近線（式(1.5.69)）で $1/\chi = 0$ となる温度 $T = -C/\chi_0$ であり，これを Θ_P とするとアンチフェロ磁性体のネール温度に相当する．

$$1/\chi = T/C + 1/\chi_0 \quad (1.5.69)$$

高温での χ を測定すると Θ_P が負温度になることから強磁性体がフェリ磁性体であるかフェロ磁性体であるかの判別に用いることができる．

キュリー温度以下の磁性をみると，まず $I = I_A - I_B \neq 0$ であり自発磁化を有する．その大きさは式(1.5.70)で表される．

$$I = I_A - I_B = I_{A0}B_{JA}(x_A) - I_{B0}B_{JB}(x_B) \quad (1.5.70)$$

各格子の温度変化はブリュアン関数で表される．J が大きいほどブリュアン関数の値は小さく，x が大きいほど値が大きい．この値は文献[4]に表で与えられているので参考にされたい．

1.5.6 反磁性体

Cuやガラスなどが磁石に反発するのが反磁性で，その磁化率は負の値をとる．反磁性はこれまで述べてきた磁性とは異なり，電子の軌道運動に必ず付属している．軌道電子が閉殻構造の場合，磁気モーメントは互いに打ち消し合い，磁化率はゼロとなる．このようなときに，隠れていた反磁性が表出してくる．

はじめに，電子1個の軌道運動を古典理論で考える．電子が半径 r で円運動しているときの求心力 F は，ω_0 を角周波数，m_e を電子の質量とすると，式(1.5.71)で表される．

$$F = m_e \omega_0^2 r \quad (1.5.71)$$

一方，原子核と軌道電子との間に作用する静電気力 F' は e を電荷，ε_0 を真空中の誘電率とすると式(1.5.72)で表される．

$$F' = e^2/4\pi\varepsilon_0 r^2 \quad (1.5.72)$$

ここで，F と F' はつり合っているので等しい．この円運動している電子に磁界 H を印加すると，電子の速度を v として式(1.5.73a)で表されるローレンツ力 F_L が加わる．

$$F_L = \mu_0 ev \times H \quad (1.5.73a)$$
$$F = F' + F_C \quad (1.5.73b)$$

ここで，$v = r\omega$ である．磁界の印加により原子核と電子間のバランスは式(1.5.74)となる．ここで，ω は H の印加により角周波数は変化する．

$$m_e \omega^2 r = e^2/4\pi\varepsilon_0 r^2 + \mu_0 er\omega H \quad (1.5.74)$$

式(1.5.74)を変形して，式(1.5.75)を得る．

$$\omega^2 - \omega_0^2 = \mu_0 eH\omega/m_e \quad (1.5.75)$$

H の印加により角周波数に与えた変化が微小であるとすると，$\omega^2 - \omega_0^2$ は式(1.5.76)のように近似できる．

$$\omega^2 - \omega_0^2 = (\omega - \omega_0)(\omega + \omega_0) \fallingdotseq 2\omega(\omega - \omega_0) \quad (1.5.76)$$

式(1.5.76)を式(1.5.75)に代入すると式(1.5.77)が得られる．

$$\omega - \omega_0 = \mu_0 eH/2m_e = \omega_L \quad (1.5.77)$$

式(1.5.77)は磁界 H を与えたことにより角周波数が $\omega_L = \omega - \omega_0$ だけ変化することを示し，ω_L をラーモアの周波数とよぶ．

次に，磁気モーメント m は式(1.5.78)である．

$$m = \mu_0 iA \quad (1.5.78)$$

ここで，$A = \pi r^2$ で電子が運動している面積である．

$H = 0$ のときは式(1.5.79)で表される．

$$m = \mu_0(-e\omega_0/2\pi)\pi r^2 = -\mu_0 er^2\omega_0/2 \quad (1.5.79)$$

H が印加されたときの磁気モーメント m_H は次式になる．

$$m_H = -\mu_0 e\omega r^2/2 \quad (1.5.80)$$

磁界の印加の有無による差をとったのが式(1.5.81)である．

$$m - m_H = -\mu_0 e r^2(\omega - \omega_0)/2 = -(\mu_0 er)^2 H/4m_e \quad (1.5.81)$$

単位体積中に原子が N_L 個あるとし，1個の原子が Z 個の電子をもつとすると，磁化率 χ は式(1.5.82)になる．

$$\chi = (m - m_H)N_L Z/H = N_L Z(\mu_0 e\bar{r})^2/4m_e \quad (1.5.82)$$

ここで，$\bar{r}$ はすべての電子に対する平均値である．$\bar{r} = 10^{-10}$ m，$Z = 1$，$N_L = 2.7 \times 10^{25}$ を式(1.5.82)に代入して比透磁率 χ/μ_0 を求めると1モルあたり 10^{-6} 程度である．これが反磁性磁化率であり，磁界を印加すると印加磁界を打ち消す方向に磁気モーメントが生じる．物質は一般に反磁性磁化率を有するが，その値が先に示したように小さいので無視できることが多い．これを有効磁子数という視点でみると，プラスの値では常磁性磁化率よりきわめて小さいので表には現れない．さらに，磁化率の大きな強磁性体では無視できる．

1.5.7 その他の磁気構造

ここでは，その他の磁気構造としてらせん磁性とメタ磁性について述べる．

a. らせん磁性

らせん磁性の磁気構造は一部の希土類金属元素で見られる．磁気構造を分子磁界近似で考える（図1.5.14）．原子

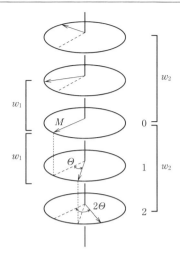

図 1.5.14 らせん磁性の概念図（分子磁界近似）

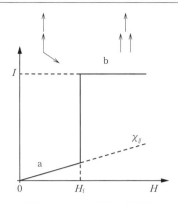

図 1.5.15 メタ磁性の概念図

の磁気モーメント M を一定とし，隣り合ったモーメントのなす角は θ とする．0 の位置にかかる分子磁界は 0 の面内にあるほかの原子による分子磁界（w_1），1 の面内にある原子による分子磁界（w_1）と 0 の上の面内にある原子による分子磁界（w_1）の二つがある．これらの磁界に対して平行の有効成分を考えると，有効磁界成分 H_m は以下の式(1.5.83)で表される．

$$H_m = M(w_0 + 2w_1\cos\theta + 2w_2\cos 2\theta + \cdots) = Mw(\theta) \tag{1.5.83}$$

式(1.5.83)で，$w_1 < 0$ で他の $w_i = 0$ ではアンチフェロ磁性となり，$w_1 > 0$ で他の $w_i = 0$ ではフェロ磁性となる．ここで，w_i を 2 までとったときの自己エネルギーは式(1.5.84)になる．

$$E = MH_m/2 = M^2 w(\theta)/2 \tag{1.5.84}$$

これを最小にする角度は $\partial E/\partial \theta = 0$ を求めると式(1.5.85)になる．

$$\theta = \cos^{-1}(-w_1/4w_2) \tag{1.5.85}$$

また，キュリー温度 Θ は，1.5.3 項で求めた式を用いると式(1.5.86)になる．

$$\Theta = Cw = Ng^2\mu_B^2 J(J+1)w(\theta)/3k \tag{1.5.86}$$

b. メタ磁性

外部磁界に対して磁化の向きが直角である場合の磁気エネルギー $E_\perp$ は，式(1.5.87)のとおりである．

$$E_\perp = \chi_\perp H^2 \tag{1.5.87}$$

また，磁化の向きが平行である場合の磁気エネルギー $E_\parallel$ は，式(1.5.88)で表される．

$$E_\parallel = \chi_\parallel H^2 \tag{1.5.88}$$

つねに，$\chi_\perp > \chi_\parallel$ であるメタ磁性となるので $E_\perp$ のほうがエネルギーが低い．このため，磁界を印加すると磁界に対して垂直方向を向きやすい．強磁性体は印加磁界方向に磁化は向きやすいのでこれとは異なる．もちろん，強磁界を印加すれば I_A と I_B の平行が破れて常磁性体的になる．

一般に，磁気異方性により I_A と I_B の方向は決まった軸方向に束縛されているから磁界が印加されてもただちに直角方向を向くとは限らない．磁気異方性の束縛エネルギーを K とすると，直角と平行のエネルギー差が K を超えるとモーメントは平行から垂直に変化する．その場合，式(1.5.89)の関係がある．

$$(\chi_\perp - \chi_\parallel)/2H^2 \fallingdotseq K \tag{1.5.89}$$

このときの磁界の強度を H_f とすると式(1.5.89)からその値は式(1.5.90)のようになる．

$$H_f = \{2K/(\chi_\perp - \chi_\parallel)\}^{0.5} \tag{1.5.90}$$

ここで，磁気異方性の束縛のエネルギー K が非常に大きい場合，H_f も大きくなり H を増大させても回転は起こらない．I_B は $\chi_\parallel$ の分だけ徐々に回転していく．さらに印加磁界を増して分子場 H_m より大きくなると，I_B は分子場の束縛を切って I_A の方向に近づく．この状態を模式的に示したのが図 1.5.15 である．図中 b は完全にフェロ磁性になった場合で，K が小さいと先にフロッピングが起こった後にフェロ磁性化する．分子磁界は非常に大きく，強磁界を印加するのは困難である．実験的にアンチフェロをフェロに変化できる場合がメタ磁性である．材料的には，$FeBr_2$，$CoBr_2$，$FeCl_2$，$CoCl_2$ などがメタ磁性であることが知られている．

文　献

1) 近角聰信，"物性科学入門"（物性科学選書），裳華房 (1999).
2) 近角聰信，"強磁性体の物理（上）"（物理学選書），裳華房 (1978).
3) 近角聰信，"強磁性体の物理（下）"（物理学選書），裳華房 (1984).
4) 太田恵造，"磁気工学の基礎，I，II"（共立全書），共立出版 (1973).
5) 高梨弘毅，"磁気工学入門"（現代講座・磁気工学 1，日本磁気学会 編），共立出版 (2008).
6) 佐藤勝昭，"磁気工学超入門"（マグネティクス・イントロダクション 1，日本磁気学会 編），共立出版 (2014).
7) 志賀正幸，"磁性入門"（材料学シリーズ），内田老鶴圃 (2007).
8) 岡本祥一，"磁気と材料"（化学 One Point），共立出版 (1988).

1.6 強磁性体の基本的性質

1.6.1 磁化

a. 自発磁化

強磁性体では，原子の磁気双極子モーメント（磁気モーメント）に磁気秩序が発生し，磁界なしでも磁化が発生する．磁界なしで発生する磁化との観点から，この磁化を自発磁化という．磁気モーメントに磁気特有の秩序を与えているのは 1.2 節で説明された交換相互作用である．強磁性体に十分大きな磁界を印加すると，図 1.6.1 に模式的に示すように，一定の磁化の値が得られる．これは強磁性体がキュリー温度より十分低い温度にあるとき，印加磁界によるエネルギーに比べて交換エネルギーが十分に大きいためである．したがって，このときの磁化の値は自発磁化と一致し，飽和磁化とよばれる．

SI 単位系では，飽和磁気分極も使われる．飽和磁気分極 J_{ms} と飽和磁化 M_s の間には，$J_{ms}=\mu_0 M_s$ の関係がある．表 1.6.1 に飽和磁気分極の例を示す[1~3]．強磁性体を用いた応用では，高い飽和磁気分極を有する材料が使用される場合が多い．高い飽和磁気分極を得るためには，フェロ磁性体が有利である．フェロ磁性体である Fe は室温で 2.16 T の高い飽和磁気分極を有する．古くから，Fe-Co 合金で 1 原子あたりの磁気モーメントが大きくなり，高飽和磁気分極が得られることが知られている．この材料はスレーター-ポーリング曲線のピークに相当する材料である．室温では，最高の飽和磁気分極は $Fe_{0.65}Co_{0.35}$ の組成比（パーメンジュール）で得られ，その値は 2.46 T に達成する[4]．この飽和磁気分極は，Fe（飽和磁気分極 2.16 T）と Co（飽和磁気分極 1.79 T）の両者よりも高く，その発生機構は 1.4 節で説明された遍歴電子モデルで説明されている．

薄膜材料では，$(Fe_{0.6}Co_{0.4})_{0.98}Mn_{0.02}$ 薄膜[5] や Ru 下地層上に成膜した $Fe_{0.6}Co_{0.4}$ 薄膜[6] などで高い飽和磁気分極が得られている．$\alpha''-Fe_{16}N_2$ 薄膜では，2.8 T を超える飽和磁気分極も報告されている[7]．一方で，それよりも低い値も報告されており[8]，研究が続いている．飽和磁気分極の報告値に違いがあるのは，単相膜の作製や薄膜の磁化の評価に困難が多いことに起因している．最近になって，$\alpha''-Fe_{16}N_2$ のナノ粒子が合成され，バルク $\alpha''-Fe_{16}N_2$ 作製への期待が増している．これが実現すれば，$\alpha''-Fe_{16}N_2$ の飽和磁気分極値もより正確に決定されるものと期待される．

b. 自発磁化の温度依存性

強磁性体では，交換相互作用により磁気モーメントが一方向にそろっている．有限の温度では，熱擾乱により磁気モーメントの向きに乱れが生じ，自発磁化が小さくなる．さらに高温になれば自発磁化が失われる．

Weiss は，自発磁化に比例した等価磁界 H_w（分子場とよばれる）が各原子に働いているとして，自発磁化の温度依存性を計算した．分子場による効果と熱擾乱のつり合いを考慮して自発磁化 M_s を計算すると，以下のように与えられる．

$$M_s = NgJ\mu_{Bohr}\left(\frac{2J+1}{2J}\coth\frac{2J+1}{2J}x - \frac{1}{2J}\coth\frac{x}{2J}\right) \quad (1.6.1)$$

$$x = \frac{gJ\mu_{Bohr}H_w}{k_B T} \quad (1.6.2)$$

$$H_w = \omega M_s \quad (1.6.3)$$

ここで，N は単位体積あたりの磁性原子数，g は g 因子，J は全角運動量量子数，μ_{Bohr} はボーア磁子，k_B はボルツマン定数，T は温度である．また，ω は H_m と M_s を関係づける分子場係数である．

式 (1.6.1)～(1.6.3) を連立させて解くことにより，自発磁化 M_s の温度依存性を求めることができる．図 1.6.2 に，$J=1$ として式 (1.6.1)～(1.6.3) を解いた結果を示す．自発磁化 $M_s(T)$ と温度 T は，それぞれ，絶対零度での値 $M_s(0)$ とキュリー温度で規格化されている．図に示した自発磁気分極の温度依存性は Fe, Co, Ni などの自発磁化の温度依存性と比較的よく一致する．

フェリ磁性体における自発磁化の温度依存性はフェロ磁性体に比べれば複雑である．これは，方向の異なる磁気モーメントの大きさが異なる温度依存性を示すためである．

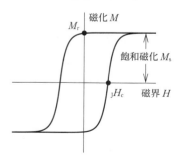

図 1.6.1 強磁性体におけるヒステリシス曲線

表 1.6.1 室温での飽和磁気分極 J_{ms}

物質	Fe	Co	$Fe_{0.65}Co_{0.35}$	$MnFe_2O_4$	$SmCo_5$	$Nd_2Fe_{14}B$
J_{ms}/T	2.16	1.79	2.46	0.50	1.14	1.60

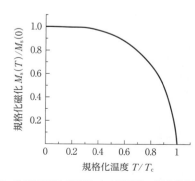

図 1.6.2 分子場近似で計算した自発磁化の温度依存性（$J=1$）

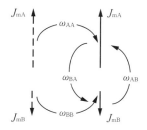

図 1.6.3 フェリ磁性体の分子場モデル

フェリ磁性体の研究は，最初にNéelにより理論的研究がなされた．図1.6.3に示すようなフェリ磁性体を考え，A格子の磁化 M_{sA} がA格子につくる分子場，B格子の磁化 M_{sB} がA格子につくる分子場を，それぞれ $w_{AA}M_{sA}$ および $w_{AB}M_{sB}$ とすれば，A格子の分子場 H_{WA} は両者の合計で与えられる．B格子の分子場 H_{WB} についても同様に考えれば，以下のようになる．

$$H_{WA} = \omega_{AA}M_{sA} + \omega_{AB}M_{sB} \quad (1.6.4\text{a})$$
$$H_{WB} = \omega_{BB}M_{sB} + \omega_{BA}M_{sA} \quad (1.6.4\text{b})$$

w_{AB} と w_{BA} は負の値である．

式(1.6.4a)と(1.6.4b)を用いて自発磁化の温度特性を計算した結果をおおまかに分類すると，図1.6.4に示す四つのタイプに分類される．Q型で示される温度依存性は，フェロ磁性体のそれと類似しているが，R, P, N型はかなり異なっている．P型では，温度とともに自発磁化が増加する温度領域が存在する．N型では，いったん自発磁化が0となり，それより高温で再度自発磁化が発生する．いったん自発磁化が0となる温度を補償温度という．この温度では，逆向きの磁気モーメントの大きさが等しくなっており，反強磁性の場合と同じ状態になっている．

表1.6.2に自発磁化の消失する温度であるキュリー温度の例を示す[1~3]．単元素の物質で，室温で強磁性体となるのは，Fe, Co, Niの3元素のみである．Gdのキュリー温度は20℃で強磁性を失うので，微妙なところである．

表 1.6.2 キュリー温度

物質	Fe	Co	Ni	Gd	BaFe$_{12}$O$_{19}$	SmCo$_5$	Sm$_2$Co$_{17}$	Nd$_2$Fe$_{14}$B
T_c/℃	769	1115	357	20	450	727	920	313

Coが高いキュリー温度を有しており，Coを含む合金にも高いキュリー温度を有するものが多い．

1.6.2 磁気異方性

a. 磁気異方性の現象論

図1.6.5に模式的に示すように，磁性体を磁化したときに磁化しやすい方向と磁化しにくい方向があることを磁気異方性があるといい，それぞれの方向を磁化容易方向（軸）および磁化困難方向（軸）という．もっとも代表的な磁気異方性は，結晶の原子配列の異方性を反映したものである．この異方性は，結晶磁気異方性とよばれ，結晶構造によりその表現法が異なる．

六方晶系の材料では，以下のように表現するのが便利である．

$$E_A = K_{u1}\sin^2\theta + K_{u2}\sin^4\theta + K_{u3}\sin^6\theta + K_{u4}\sin^6\theta\cos 6\phi + \cdots \quad (1.6.5)$$

ここで，θ と ϕ はそれぞれ六方晶の c 軸と a 軸からの角度である．E_A は磁気異方性エネルギーとよばれ，磁化の向きにより材料に蓄えられるエネルギーが変化することを表す．$K_{u1}, K_{u2}, \cdots$ は，物質固有の定数で，磁気異方性定数とよばれる．$K_{u1}>0$ の場合には，$\theta=0, \pi$ の場合に E_A が極小になり，c 軸方向が磁化容易方向となる．このような異方性を一軸異方性という．一方，$K_{u1}<0$ の場合には，$\theta=0, \pi$ の場合に E_A が極大となり，c 軸方向は磁化困難方向となる．E_A の極小は $\theta=\pi/2, 3\pi/2$ の方向にあり，磁化はc面内に存在する場合が安定である．このような異方性を面内異方性という．

立方晶系の材料では，以下のように表現する．

$$E_A = K_1(\alpha_1^2\alpha_2^2 + \alpha_2^2\alpha_3^2 + \alpha_3^2\alpha_1^2) + K_2\alpha_1^2\alpha_2^2\alpha_3^2 + \cdots \quad (1.6.6)$$

ここで，α_i は磁化ベクトルの方向余弦，K_1, K_2 は磁気異方性定数である．式(1.6.6)は，x, y, z 軸に対して対称な形となっているが，これは結晶の対称性を反映したもので

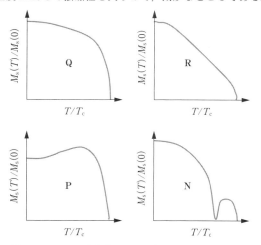

図 1.6.4 フェリ磁性体における自発磁化の温度依存性

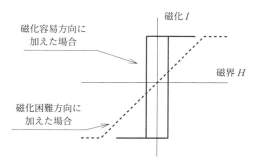

図 1.6.5 方向による磁化特性の差異の例

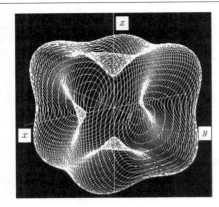

図1.6.6 立方晶における異方性エネルギー（$K_1>0$ の場合）

ある．式(1.6.6)中の，次式を計算して図1.6.6に示す．
$$(\alpha_1^2\alpha_2^2+\alpha_2^2\alpha_3^2+\alpha_3^2\alpha_1^2)+C \quad (C：定数) \quad (1.6.7)$$
図では原点からの距離が E_A の大きさを示している．図から理解されるように，立方晶の物質は4回対称の異方性を有する．$K_1>0$ のときには，x,y,z 軸方向（$\langle 100\rangle$ 方向）が磁化容易軸，$\langle 111\rangle$ 方向が磁化困難軸となる．$K_1<0$ の場合には，$\langle 111\rangle$ 方向が磁化容易軸となる．

b. 結晶磁気異方性

磁気異方性には種々の原因がある．ここでは，大きな磁気異方性を有する希土類元素の結晶磁気異方性について説明する．希土類元素の磁気異方性は，電子の軌道と原子配列が異方的であることにより発生する．希土類元素では，4f電子は外殻の電子のシールド効果により，結晶場にさらされることがなく，軌道角運動量を有している．このことは，電子雲の形が異方的であることを意味している．図1.6.7に模式的に示すように，磁界を加えて磁化の向きを変えると軌道もその向きを変える．図では，x 方向と y 方向の原子間距離が異なるため，図(b)の場合には電子密度すなわち電子雲が正の電荷をもつイオンに近づき，図(a)の場合に比べて静電エネルギーが変化する．言い換えれば，結晶場と異方的な形をした電子雲の相互作用により磁気異方性が発生する．このようなモデルでは，式(1.6.5)

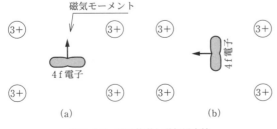

図1.6.7 電子軌道と磁気異方性

中の K_{u1} は下式で与えられることが知られている[9]．
$$K_{u1}=3J(J-1/2)\Theta_2 A_2^0 \langle r^2\rangle \quad (1.6.8)$$
Θ_2 と A_2^0 は，それぞれ，Stevens因子と結晶場係数とよばれる軌道の形と結晶場に関係した量である．J と $\langle r^2\rangle$ は，それぞれ合成角運動量量子数と4f電子の動径波動関数による期待値である．したがって，正方晶，六方晶などの対称性の低い結晶構造を有する希土類合金は高い磁気異方性を示す．希土類金属と3d遷移金属の合金（$Nd_2Fe_{14}B$，$SmCo_5$ など）が高い磁気異方性を有し，高性能磁石材料として広く利用されているのもこのためである．希土類元素のGdでは，原子を構成する4f電子の軌道角運動量が打ち消し合い，合成軌道角運動量が0となる（電子雲が球形となる）．そのため，ほかの希土類化合物に比べて，Gd化合物は大きな磁気異方性を有さない．

表1.6.3に，一軸磁気異方性を有する強磁性体の結晶磁気異方性定数の例を示す[2,3,10,11]．$SmCo_5$，Sm_2Co_{17}，$Nd_2Fe_{14}B$ は，いずれも希土類磁石材料である．希土類化合物が高い磁気異方性を有することが了解される．高い結晶磁気異方性を有する $SmCo_5$ に対する異方性定数の報告値にはばらつきがある．$BaFe_{12}O_{19}$ および $SrFe_{12}O_{19}$ は，それぞれBaフェライト，Srフェライトとよばれる磁石材料であり，その結晶構造は六方晶である．これらの化合物には希土類元素が含まれていない．3d遷移金属では，結晶場のために軌道角運動量が消失してしまい，電子雲が球形となる．このため，希土類金属合金に比べてその結晶磁気異方性は小さい．六方晶のCoの磁気異方性定数も同程度である．立方晶を有する3d遷移金属の結晶磁気異方性は，高次の異方性となるためさらに低い値となる．FeおよびNiの室温での K_1 の値は，それぞれ 4.5×10^4 および -5×10^3 J m^{-3} 程度[12,13]であり，Coの K_{u1} より1桁以上小さい．

c. 誘導磁気異方性

原子の異方的配列は，圧延，応力印加，磁界中熱処理などによっても生じる．したがって，これらの処理により磁気異方性を発生させることができる．これらの磁気異方性は，結晶磁気異方性に対して，誘導磁気異方性といわれる．圧延による2種類の原子の方向性規則配列（滑り誘導方向性規則配列，圧延誘導磁気異方性），磁界中冷却による2種類の原子の方向性規則配列（磁界誘導磁気異方性），結晶変態に伴う誘導磁気異方性などがある．磁歪と応力の相互作用によっても磁気異方性が誘導される（磁歪誘導磁気異方性）．

強磁性物質の中に反強磁性物質が含まれる場合[14]や反強磁性的交換相互作用が存在する物質[15]では，式(1.6.9)に表される周期 2π の磁気異方性が観察されることがある．

表1.6.3 室温での磁気異方性定数 K_{u1}

物 質	Co(hcp)	$BaFe_{12}O_{19}$	$SrFe_{12}O_{19}$	$SmCo_5$	Sm_2Co_{17}	$Nd_2Fe_{14}B$
K_{u1}/MJ m^{-3}	0.530	0.325	0.357	11～20	3.2	4.5

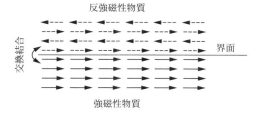

図 1.6.8 強磁性-反強磁性体界面の交換結合モデル

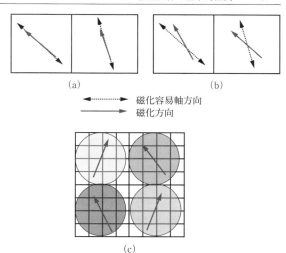

図 1.6.10 粒間の交換相互作用が磁化方向の分布に及ぼす影響
(a) 相互作用が小さい場合 (b) 相互作用が大きい場合
(c) クラスターが形成された場合

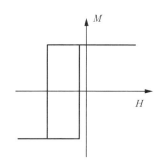

図 1.6.9 交換磁気異方性によるヒステリシス曲線のシフト（模式図）

$$E_A = -K_d\cos\theta \tag{1.6.9}$$

図1.6.8に，強磁性体と反強磁性体界面でのスピンの向きを模式的に示す．反強磁性物質と強磁性物質の磁化は交換相互作用により同方向に結合している．磁界を印加しても反強磁性物質の部分のスピンは影響を受けないので，強磁性物質表面のスピンは反強磁性物質表面のスピンの方向に固着され，周期2πの磁気異方性が発生する．このような機構で発生する磁気異方性を交換磁気異方性という．

交換磁気異方性は2πの周期性を有するので，この異方性を有する強磁性体は正方向と負方向の印加磁界に対して異なるふるまいを示す．その結果，図1.6.9に示すように，左右非対称のヒステリシス曲線を示す．この現象は，磁気メモリの分野で，交換バイアスとして利用されている．

d. 磁気異方性と結晶粒径

近年，ナノ結晶磁性材料はソフト磁性材料としても注目されている．この材料では，個々の結晶が無視できない程度の磁気異方性を有する場合でも，優れたソフト磁性が実現される．このメカニズムについては，以下のように説明することができる．

磁化容易軸がそろっていない無配向の材料では，各結晶の磁化間に相互作用がなければ，磁化は各結晶の磁化容易軸の方向に向く（図1.6.10(a)）．結晶粒界の両側の磁気モーメント間に正の交換相互作用がある場合には，隣り合う結晶粒内の磁化は同じ方向を向こうとするので，磁化の向きが磁化容易軸とは一致しなくなる（図(b)）．前述したように，隣り合う結晶粒の磁化方向をそろえようとする交換相互作用は結晶粒表面を介した相互作用であるので，これに起因して磁化に働くトルクの大きさは結晶粒の表面積に比例する．一方，磁化を磁化容易軸方向に向けようとするトルクは結晶粒の体積に比例する．したがって，両者の比はS/Vに依存し，結晶粒径の減少に伴い交換相互作用の影響が大きくなる．その結果，交換相互作用により結合した微細結晶組織を有する材料では，磁化が同じ方向を向いたクラスター（複数の結晶粒を含んでいる）ができる（図(c)）．このクラスター内では磁気異方性が平均化されるため，等価的な異方性定数が低下する．Hertzerによれば，結晶粒径Dの材料の等価異方性定数$\langle K_u\rangle$は，材料の結晶磁気異方性定数K_{u1}および交換スティフネス定数Aを用いて式(1.6.10)と与えられ[16]，等価異方性定数はD^6に比例する．

$$\langle K_u\rangle = \frac{K_{u1}^4}{A^3}D^6 \tag{1.6.10}$$

このことより，結晶粒径が微細化すると急激にソフト磁性が改善されることが了解される．

図1.6.11に，一軸異方性を有する無配向（磁化容易軸の方向がランダム）材料の保磁力と残留磁化の関係を，結晶粒径を変化させながら計算した結果を示す．残留磁化と保磁力とは，それぞれ飽和磁化M_sと異方性磁界$2K_u/\mu_oM_s$で規格化されている．λは静磁気相互作用の強さを表し，$\lambda=0.036, 0.044$は，それぞれBaフェライトと$Nd_2Fe_{14}B$の場合に相当している．結晶粒が十分大きいときには，規格化残留磁化と保磁力は，ともにほぼ0.5になる．これは，図1.6.29（後掲）に示す解析的な計算結果と一致している．結晶粒径を小さくすると交換相互作用の影響が顕著になり，等価異方性定数が減少して保磁力が小さくなる．交換相互作用は磁化の方向をそろえるので，残留磁化も増加する．この現象は，残留磁化促進効果（remanence enhancement）とよばれる．残留磁化促進効果は，等方性磁石で高い残留磁化を達成するための手法として，ナノコンポジット磁石などでも利用されている．

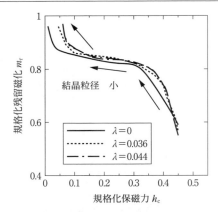

図1.6.11 無配向磁性体の結晶粒を変化させたときの規格化保磁力と規格化残留磁化の計算機解析結果
λ は静磁気相互作用の強さを表す.

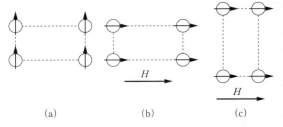

図1.6.12 磁歪の発生機構
(a) 磁界なし. 磁化は容易軸方向. 異方性エネルギー小
(b) 磁界印加. 磁化は困難軸方向. 異方性エネルギー大
(c) 結晶がひずむことにより異方性エネルギー減少

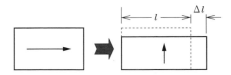

図1.6.13 磁歪現象

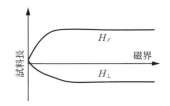

図1.6.14 磁歪の磁界依存性（概念図）

1.6.3 磁　　歪

図1.6.7において，異方的な電子の軌道と原子配列のために磁化の向きにより材料のエネルギーに差異が生じることを説明した．すなわち，磁化を磁化困難軸方向に向けたときに材料に蓄えられる磁気異方性エネルギーが増加する．このとき，原子間距離を変化させることができれば，材料の磁気異方性エネルギーを下げることが可能である（図1.6.12）．一方，結晶が"ひずむ"ので弾性エネルギーは増加する．磁気異方性エネルギーの減少と弾性エネルギーの増加がつり合ったところで結晶の変形が止まる．このように，磁化の向きによって強磁性体の大きさが変わる現象を磁歪という（図1.6.13）．

弾性エネルギーと磁気弾性エネルギーとの合計は，立方晶系では，以下のように与えられる[17]．

$$E_{el+magel} = \left\{\frac{1}{2}c_{11}(e'^2_{xx}+e'^2_{yy}+e'^2_{zz})\right.$$
$$+\frac{1}{2}c_{44}(\gamma'^2_{xy}+\gamma'^2_{yz}+\gamma'^2_{zx})$$
$$+c_{12}(e'_{yy}e'_{zz}+e'_{zz}e'_{xx}+e'_{xx}e'_{yy})\Big\}$$
$$+\left[B_1\left\{e'_{xx}\left(\alpha'^2_1-\frac{1}{3}\right)+e'_{yy}\left(\alpha'^2_2-\frac{1}{3}\right)\right.\right.$$
$$\left.+e'_{zz}\left(\alpha'^2_3-\frac{1}{3}\right)\right\}$$
$$\left.+B_2(\gamma'_{xy}\alpha'_1\alpha'_2+\gamma'_{yz}\alpha'_2\alpha'_3+\gamma'_{zx}\alpha'_3\alpha'_1)\right]$$

(1.6.11)

ここで，$e\,(e_{xx},e_{yy},e_{zz},\gamma_{xy},\gamma_{yz},\gamma_{zx})$ は工学ひずみ，c_{11},c_{12},c_{44} は弾性係数，α'_i は磁化ベクトルの方向余弦，B_1,B_2 は磁気弾性カップリング係数とよばれる値である．「$'$」は，結晶軸に投影した値であることを表している．磁界を加えて磁化の向きを変えると，$E_{el+magel}$ が極小となるように物質が変形する．図1.6.14には，強磁性体の長さの磁界依存性をモデル的に示す．図の例では，垂直な二つの方向に磁界が加えられている．$H_{//}$ は観測方向と平行に磁界を加えた場合，$H_\perp$ は観測方向と垂直に磁界を加えた場合である．磁歪の発生機構から了解されるように，その値には結晶の磁気異方性と弾性特性が影響する．磁気異方性の大きな希土類化合物には大きな磁歪を発生する材料が多い．

磁歪は磁化の向きと観測方向に依存するので，磁気異方性の場合よりその表現が複雑になる．立方晶系では，以下のように表される．

$$\frac{\Delta l}{l}=\lambda=\frac{3}{2}\lambda_{100}\left(\alpha^2_1\beta^2_1+\alpha^2_2\beta^2_2+\alpha^2_3\beta^2_3-\frac{1}{3}\right)$$
$$+3\lambda_{111}(\alpha_1\alpha_2\beta_1\beta_2+\alpha_2\alpha_3\beta_2\beta_3+\alpha_3\alpha_1\beta_3\beta_1)$$

(1.6.12)

ここで，λ_{100} および λ_{111} は $\langle 100 \rangle$ 方向および $\langle 111 \rangle$ 方向に磁化が向いたときのひずみ（磁歪定数という），β_i は観測方向の方向余弦である．結晶軸がランダムに分布した多結晶体での磁歪は式(1.6.12)を平均すれば求めることができる．観測方向と θ の角度をなす方向に磁化を飽和させたときのひずみは，以下となる．

$$\lambda=\frac{3}{2}\lambda_s\left(\cos^2\theta-\frac{1}{3}\right) \quad (1.6.13)$$

$$\lambda_s=\frac{2}{5}\lambda_{100}+\frac{3}{5}\lambda_{111} \quad (1.6.14)$$

λ_s は飽和磁歪とよばれる．なお，六方晶系では，c 軸を z

表1.6.4 室温での磁歪定数

材料	λ_{100} ($\times 10^{-6}$)	λ_{111} ($\times 10^{-6}$)
Fe	20.7	−21.2
Ni	−45.9	−24.3
TbFe$_2$		2460
DyFe$_2$		1260

軸にとり，磁化がc軸に平行な場合を基準にすれば，磁歪は以下のように表される．

$$\frac{\Delta l}{l} = \lambda = \lambda_\mathrm{A}\left[(\alpha_1\beta_1+\alpha_2\beta_2)^2-(\alpha_1\beta_1+\alpha_2\beta_2)\alpha_3\beta_3\right]$$
$$+\lambda_\mathrm{B}\left[(1-\alpha_3^2)(1-\beta_3^2)-(\alpha_1\beta_1+\alpha_2\beta_2)^2\right]$$
$$+\lambda_\mathrm{C}\left[(1-\alpha_3^2)\beta_3^2-(\alpha_1\beta_1+\alpha_2\beta_2)\alpha_3\beta_3\right]$$
$$+4\lambda_\mathrm{D}\left[(1-\alpha_3^2)\beta_3^2-(\alpha_1\beta_1+\alpha_2\beta_2)\alpha_3\beta_3\right] \quad (1.6.15)$$

表1.6.4に室温での磁歪定数の例を示す[18〜20]．磁気異方性の大きな希土類化合物には大きな磁歪を発生する材料が多い．なかでもTbFe$_2$，DyFe$_2$は，10^{-3}程度の磁歪を示す．磁歪はアクチュエータに利用され，圧電素子に比べればストロークを大きくとれる特徴がある．TbFe$_2$やDyFe$_2$は大きな磁歪を示すが，磁気異方性も大きいので，駆動するには強磁界が必要である．これに対して$K_1>0$のTbFe$_2$と$K_1<0$のDyFe$_2$の合金である(Tb,Dy)Fe$_2$合金は，磁気異方性が小さく，比較的低磁界で駆動可能である．

一方，磁歪の逆現象もある．すなわち，磁歪を有する材料がひずむと磁気異方性が発生する．飽和磁歪λ_sの等方性物質に，σの応力を加えたさいに発生する磁気異方性エネルギーE_σは次式となる．

$$E_\sigma = -\frac{3}{2}\lambda_s\sigma\left(\cos^2\theta-\frac{1}{3}\right) \quad (1.6.16)$$

1.6.4 磁区

a. 磁区と磁壁

強磁性体は自発磁化を有するので，微視的にみると各原子の磁気モーメントは一方向にそろっている．一方，巨視的には強磁性体の磁化は磁界とともに変化する．当然，巨視的な磁化がゼロとなることもある．一見矛盾しているようにも思えるが，強磁性体の内部は磁区とよばれる小領域に分割され（図1.6.15），それぞれの磁区内での自発磁化の方向がそろっていることにより，微視的および巨視的条件が満足されている．図に示すように，それぞれの磁区の磁化の方向はそろっておらず，全体を一つとしてみれば磁化の値がゼロとなる場合もある．

磁区と磁区を隔てる境界部分を磁壁という．図1.6.15に示す磁壁のうち，磁壁の両側で磁化の向きが180°変化する磁壁を180°磁壁，90°変化する磁壁を90°磁壁とよぶ．磁壁内では磁化の向きが徐々に回転し，両端では接する磁区内での磁化の方向と一致する．図1.6.16に，磁化の回転の様子を模式的に示す．磁壁はxy平面にあり，z

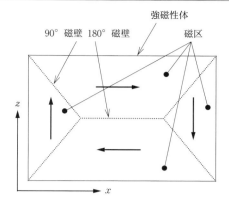

図1.6.15 磁区構造（模式図）

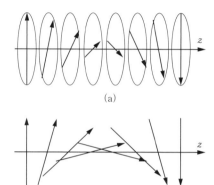

図1.6.16 ブロッホ磁壁(a)とネール磁壁(b)

方向は磁壁に垂直な方向である．図1.6.16(a)の例では磁化の回転面は，磁壁と同じ面内にある．このような磁壁をブロッホ磁壁という．これに対して，磁化の回転面が磁壁面に垂直であるような磁壁（図(b)）をネール磁壁といい，非常に薄い薄膜などで観察される．

磁壁内では磁化の向きが徐々に変化するので，交換エネルギーと磁気異方性エネルギーが蓄えられる．一軸異方性（式(1.6.5)で与えられる異方性）を仮定し，高次の項を省略すると，磁壁に蓄えられる磁気エネルギーWは，単位面積あたり式(1.6.17)となる．

$$W = \int_{-\infty}^{\infty}\left[K_{u1}\sin^2\theta(z)+A\left(\frac{\partial\theta}{\partial z}\right)^2\right]dz \quad (1.6.17)$$

ここで，θは磁化がz軸となす角度，Aは交換スティフネス定数とよばれる交換結合の強さを表す定数である．式(6.1.17)において，Wを最小化するように$\theta(z)$を決定すると，式(1.6.18)となる．

$$z = \sqrt{\frac{A}{K_{u1}}}\ln\tan\left(\frac{\theta}{2}\right) \quad (1.6.18)$$

ただし，$z=\pm\infty$において，$\theta=\pm\pi/2$とした．図1.6.17に式(1.6.18)を図示している．磁壁の中央に接線を引き，その接線が$\theta=\pm\pi/2$と交わる点の内側を磁壁とすれば，

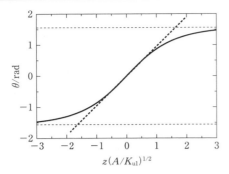

図 1.6.17 180°磁壁内での磁化の向きの変化

磁壁幅 δ は，以下のように与えられる．

$$\delta = \pi\sqrt{\frac{A}{K_{u1}}} \tag{1.6.19}$$

また，単位面積の磁壁に蓄えられる磁気エネルギー（磁壁エネルギー）σ は，式(1.6.17)の積分を実行することにより，次式となる．

$$\sigma = 4\sqrt{AK_{u1}} \tag{1.6.20}$$

式(1.6.19)および式(1.6.20)より，磁気異方性の小さい材料では磁壁幅が広くなり，磁壁エネルギーが小さくなることが了解される．鉄の場合，磁壁幅は 5×10^{-8} m 程度である．

b. 単磁区粒子

磁区が発生し，磁壁がつくられると磁壁の部分には余分なエネルギーが蓄えられる．したがって，このときほかに減少するエネルギーがあるはずである．結論からいうと，磁極がつくる磁気エネルギー（静磁気エネルギー）が減少する．たとえば，図 1.6.15 の場合には，磁性体のどこにも磁極が発生しない．それに対して，磁区がなければ磁性体の端部に磁極が発生し，静磁気エネルギーが増加する．磁区の発生による静磁気エネルギーの減少が，磁壁エネルギーの増加を打ち消すに十分であれば磁区がつくられることになる．

図 1.6.18 に示すような一軸異方性を有する半径 r の二つの球形粒子を考えてみよう．図(a)は磁壁がなく，図(b)の内部は磁壁により二つの磁区に分けられている．これらの粒子に蓄えられる磁気エネルギーを，それぞれ E_a および E_b とすると，球の反磁界係数が $1/(3\mu_0)$ である

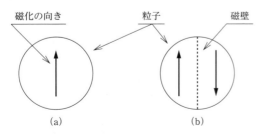

図 1.6.18 単磁区粒子と多磁区粒子
(a) 単磁区状態 (b) 二つの磁区に分割された状態

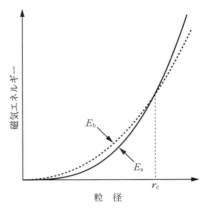

図 1.6.19 単磁区粒子の磁気エネルギー E_a と二つの磁区に分割された粒子の磁気エネルギー E_b

ことを考慮して以下が与えられる．

$$E_a = \frac{1}{2}\cdot\frac{1}{3\mu_0}J_{\mathrm{ms}}^2\left(\frac{4}{3}\pi r^3\right) = \frac{2\pi}{9\mu_0}r^3 J_{\mathrm{ms}}^2 \tag{1.6.21}$$

$$E_b = \pi r^2\sigma + f\frac{2\pi}{9\mu_0}r^3 J_{\mathrm{ms}}^3 \tag{1.6.22}$$

ここで，μ_0，J_{ms}，σ は，それぞれ真空の透磁率，飽和磁気分極，単位面積あたりの磁壁エネルギーである．反磁界係数については 1.6.5 項で説明する．図(a)の場合，蓄えられているエネルギーは静磁気エネルギーのみである．図(b)のエネルギーを表す式(1.6.22)の第1項は磁壁エネルギー，第2項は静磁気エネルギーである．f は粒子が磁区に分割されていることによる静磁気エネルギーの減少を表す．粒子が磁区に分割されることにより，静磁気エネルギーは小さくなるので，$f<1$ である．式(1.6.22)の第1項は r の2乗に，第2項は r の3乗に比例する．粒径を小さくしていくと，E_a は r の3乗に比例して小さくなり，E_b は r の2乗に比例して小さくなるので，ついには $E_a<E_b$ となる（図 1.6.19）．すなわち，磁壁がない状態が安定な状態となる．このように，磁壁がなく磁化の向きが一方向にそろっている粒子を単磁区粒子とよぶ．

$f\approx 1/2$[21] として，単磁区粒子になる臨界半径 r_c を計算すると，式(1.6.23)となる．

$$r_c = \frac{36\mu_0}{J_{\mathrm{ms}}^2}\sqrt{AK_{u1}} \tag{1.6.23}$$

A，K_{u1} は，それぞれ交換定数および磁気異方性定数である．実際には図 1.6.18 に示した以外の磁化の分布も存在するので，臨界径 r_c を厳密に計算することは容易でない．より厳密な計算の説明としては Brown の結果[22]をまとめた文献[23]などがある．

1.6.5 磁化過程

磁性体に磁界を印加すると磁化の値が変化する．磁化の変化には，原子レベルの磁気モーメントの変化と磁壁移動などによる巨視的な変化がある．前者を内部過程，後者を

技術磁化過程とよぶことにし，それぞれについて説明する．

a. 内部過程

（ⅰ）スピンフロップとメタ磁性 反強磁性体に磁界を印加すると，各格子の磁気モーメントの反平行配置が崩れて巨視的な磁化が発生する．この様子を図1.6.20に示す．反強磁性体が一軸異方性を有し，印加磁界がない場合には，各格子の磁気モーメントは磁化容易軸方向にある．印加磁界により反平行に向いた磁気モーメントが回転し，巨視的な磁化が発生する．印加磁界が磁化容易軸と垂直な場合（図(a)）と平行な場合の磁化率（図(b)）を，それぞれ $\chi_\perp$ と $\chi_\parallel$ とすると，磁化曲線は図1.6.21(a)のようになる．図中の H_w は反平行に向いた格子に働く分子場である．反強磁性体では $\chi_\perp > \chi_\parallel$ なので[24]，磁界下では図(a)の配置が低エネルギーである．したがって，磁化容易軸の方向に強磁界を印加すると，図(b)の状態から図(a)の状態に磁気モーメントが変化し（図中①の転移），図(b)のような磁化曲線が得られる．この現象はスピンフロップとよばれている．

スピンフロップが起こる磁界について考えてみよう．印加磁界 H_{app} 中でのゼーマンエネルギー E_H は，図1.6.20(a)と(b)の配置に対して，それぞれ，$E_{HA}=-\chi_\perp H_{app}^2/2$ および $E_{HB}=-\chi_\parallel H_{app}^2/2$ であるので，両者の差が異方性定数 K_u 程度となれば，図(b)の状態から図(a)の状態に転移する．臨界の磁界 H_{ca} は式(1.6.24)となる．

$$H_{ca}=\sqrt{\frac{2K_u}{\chi_\perp-\chi_\parallel}} \qquad (1.6.24)$$

さらに，$\chi_\perp \gg \chi_\parallel$ と仮定すれば，$\chi_\perp=J_{ms}/H_w$ と $H_A=2K_u/J_{ms}$ を使って式(1.6.25)が得られる．

$$H_{ca}=\sqrt{H_A H_W} \qquad (1.6.25)$$

H_A は1.6.5項b.(ⅳ)で説明される異方性磁界である．式(1.6.25)より分子場と異方性の低い物質でスピンフリップが生じることが了解される．スピンフリップが生じる代表的な物質として，MnF_2[25] などが知られている．

H_{ca} が H_w より大きければ，図1.6.20の①で示した転移は起こらず，②で示した転移が生じる．このとき，磁化曲線は図1.6.21(c)のようになる．このように，反強磁性スピン配列からフェロ磁性的スピン配列に転移する現象をメタ磁性転移という．

（ⅱ）強磁界磁化過程 以上の議論は，強磁界下でも原子磁気モーメントが一定であると仮定して行った．しかしながら，強磁界下では原子磁気モーメントが変化する．この現象は，原子が印加磁界によって磁気モーメントを小さい基底状態（低スピン状態）から磁気モーメントを大きい準位（高スピン状態）に励起されることにより起こる．

簡単のために，合成各運動量量子数 J が0の状態が基底状態である原子を考えよう．印加磁界を加えると，磁気モーメントを有する $J=1$ の準位（高スピン状態）に分裂が生じ，$J=0$ の基底状態と $J=1$，$J_z=-1$ 準位のエネルギー差が小さくなる（図1.6.22）．図中，g，μ_{Bohr} は g ファクターとボーア磁子である．このとき生じる磁気モーメントは，式(1.6.26)となる．

$$M_s=g\mu_{Bohr}(p_1-p_2) \qquad (1.6.26)$$

ここで，p_1 と p_2 は，それぞれ $J_z=-1$ と $J_z=1$ の準位を占める確率である．

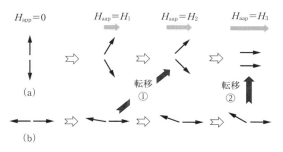

図1.6.20 反強磁性体で生じるスピンフロップ
($0<H_1<H_2<H_3$)
(a) 垂直磁界印加 (b) 平行磁界印加

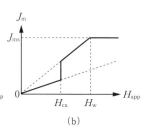

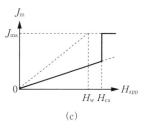

図1.6.21 反強磁性体の磁化曲線
(a) $\chi_\perp$ と $\chi_\parallel$ (b) $H_{ca}>H_w$ (c) $H_{ca}<H_w$

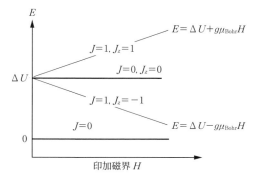

図1.6.22 強磁界の印加による準位の変化

b. 技術磁化過程

（ⅰ） 磁化曲線 図1.6.23(a)に磁性体に磁界を変化させたさいの磁気分極 J_m の変化のモデルを示す．$H=0$，$J_m=0$ の状態から磁気飽和に至る曲線を初磁化曲線という．図には初磁化率 χ_i，最大磁化率 χ_m，飽和磁気分極を示している．磁気飽和の状態から，$H=0$ を経て負方向の飽和に至り，再度正方向の飽和に至る曲線がヒステリシス曲線である．ヒステリシス曲線で囲まれた部分の面積は，曲線を一巡したさいに磁性体内で生じるエネルギー損失になる．磁気飽和の状態から $H=0$ の状態に戻したさいの磁気分極の値を残留磁気分極とよぶ．印加磁界を負にして，$J_m=0$ にするのに必要な磁界を保磁力という．$B=0$ とするのに必要な磁界 $_BH_c$ と区別するさいには，$J_m=0$ に必要な磁界を固有保磁力 $_JH_c$ とよぶ．

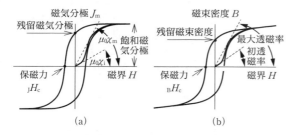

図1.6.23 初磁化曲線とヒステリシス曲線
(a) 磁気分極-磁界特性　(b) 磁束密度-磁界特性

磁性体の磁気特性の表現として，図1.6.23(b)に示す磁束密度-磁界曲線が用いられることもある．図には，初透磁率，最大透磁率，残留磁束密度，保磁力 $_BH_c$ を示している．残留磁束密度と残留磁気分極は等しくなる．また，$B=\mu_0H+J_m$ の関係から，$_JH_c > {_BH_c}$ となる．ソフト磁性材料では $_JH_c$ と $_BH_c$ はほぼ等しいが，ハード磁性材料（1.6.6項および2.2節）では両者に大きな差がある．なお，ソフト磁性材料では磁束密度に及ぼす印加磁界の影響が小さいことから，飽和磁束密度という表現が用いられることもある．

図1.6.15の磁性体の $+x$ 方向に磁界を印加すると，磁化の $+x$ 方向成分が増加する．このためには，"磁性体中央の磁壁が下方向に移動する" か "上下方向を向いた磁化が $+x$ 方向に回転する" かのどちらかが必要である．前者により磁化が変化する過程を磁壁移動，後者による過程を磁化回転とよぶ．磁化過程は，材料の種類，形状や磁界の印加方法などにも依存する．また，磁壁移動と磁化回転が同時に起こることもあり，どちらの過程により磁化が変化するかを一概にいうことは困難である．

（ⅱ） 反磁界と有効磁界 図1.6.23に示したヒステリシス曲線に示された磁界は，磁性体に有効に作用する磁界で，有効磁界とよばれる．有限の大きさの磁性体に外部から磁界を印加すると，印加された外部磁界と有効磁界は必ずしも一致しない．具体的な磁化過程の説明の前に，磁性体中の有効磁界について説明する．

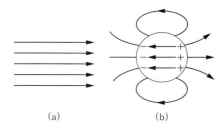

図1.6.24 磁化された磁性体がつくる磁界
(a) 印加磁界　(b) 磁性体がつくる磁界

磁界 H_{app}（磁束密度 B）が印加された空間に強磁性体を置くことを考える（図1.6.24(a)）．磁性体は印加磁界により磁化され，その端部に磁極が発生する．このとき，磁極がつくる磁界を図(b)に模式的に示す．この磁界は，いわば磁化した磁性体がつくる磁界である．磁性体がその内部につくる磁界は磁化と逆向きになる．このため，磁性体内部の有効磁界は印加磁界より小さくなる．

磁化した磁性体がその内部につくる磁界を反磁界とよび，H_d で表す．磁性体内の有効磁界 H_{eff} は，式(1.6.27)となる．

$$H_{eff} = H_{app} - H_d \tag{1.6.27}$$

反磁界は磁性体の磁化がつくる磁界であるので，その大きさは磁性体の磁化の大きさにより決まる．

$$H_d = NM \tag{1.6.28}$$

ここで，M は磁化である．N は反磁界係数とよばれ，磁性体の形で決まる定数である．

一様に磁化された回転楕円体では，磁性体内で反磁界が一定値となる．すなわち，回転楕円体の反磁界係数は場所によらず一定である．葉巻形回転楕円体（図1.6.25(a)）では，寸法比を $m(=a/c)$ とおくと，反磁界係数は次式で与えられる．

$$N_a = \frac{1}{m^2-1}\left[\frac{m}{\sqrt{m^2-1}}\ln(m+\sqrt{m^2-1})-1\right] \tag{1.6.29a}$$

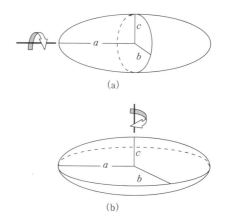

図1.6.25 2種類の回転楕円体
(a) 葉巻形回転楕円体　(b) 円盤形回転楕円体

$$N_b = N_c = \frac{1}{2}(1-N_a) \quad (1.6.29\,b)$$

$m \gg 1$ の場合には，式(1.6.29 a)は，式(1.6.30)と近似される．

$$N_a \approx \frac{1}{m^2}(\ln 2m - 1) \quad (1.6.30)$$

一方，円盤形回転楕円体（図(b)）の反磁界係数は，以下のようになる．

$$N_a = N_b = \frac{1}{2(m^2-1)}\left[\frac{m^2}{\sqrt{m^2-1}}\cos^{-1}\frac{1}{m} - 1\right] \quad (1.6.31\,a)$$

$$N_c = 1 - 2N_a \quad (1.6.31\,b)$$

これらの式から明らかなように，以下が成立する．

$$N_a + N_b + N_c = 1 \quad (1.6.32)$$

球形の磁性体については，3方向の反磁界係数は等しいので，式(1.6.33)となる．

$$N_a = N_b = N_c = 1/3 \quad (1.6.33)$$

また，無限に広い薄板状の磁性体については，面内方向に磁化されたときには反磁界が0となるので，次式となる．

$$N_a = N_b = 0, \quad N_c = 1 \quad (1.6.34)$$

無限に長い針状磁性体については，長手方向の反磁界が0となるので，式(1.6.35)が成立する．

$$N_b = N_c = 1/2, \quad N_a = 0 \quad (1.6.35)$$

表1.6.5に，回転楕円体と円柱の反磁界係数を示す[26]．回転楕円体以外の磁性体では，磁性体の磁化状態が場所により異なり，反磁界の大きさも場所により異なる．円柱に対して示された反磁界係数は，対象となる円柱状磁性体での平均値である．この場合，透磁率が変わると磁化分布が変わり，平均の反磁界係数も変わることに注意する必要がある．

上述したように，磁性体のヒステリシス曲線を描くさいには，磁界軸には磁性体内の有効磁界 $H_{\rm eff}$ をとる必要がある．しかしながら，測定装置によっては，磁性体外部から加えた印加磁界 $H_{\rm app}$ のみが測定される場合もある．このさいには，$H_{\rm app}$ を磁性体内の有効磁界 $H_{\rm eff}$ に補正する必要がある．この作業を反磁界補正という．図1.6.26に反磁界補正の例を示す．破線が印加磁界 $H_{\rm app}$ を横軸とし

表1.6.5 円柱，回転楕円体の反磁界係数

寸法比 $m=a/c$ （長径/短径）	円　柱	細長回転 楕円体 （葉巻形）	偏平回転 楕円体 （円盤形）
0	1.0	1.0	1.0
1	0.27	0.333	0.333
2	0.14	0.1735	0.2364
5	0.04	0.0558	0.1248
10	0.0172	0.0203	0.0696
20	0.00617	0.00675	0.0369
50	0.0129	0.00144	0.01532
100	0.00036	0.00043	0.00776

[R. M. Bozorth, "Ferromagnetism", p. 849, IEEE Press (1993)]

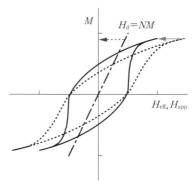

図1.6.26 反磁界補正の例
　　　破線は補正前，実線は補正後のヒステリシス曲線を示す．

た，反磁界を含むヒステリシス曲線である．このヒステリ曲線の $H_{\rm app}$ を式(1.6.27)を用いて $H_{\rm eff}$ に変換することにより，反磁界の影響を含まないヒステリシス曲線（実線）を得る．図中，一点鎖線で示した直線は，磁化と反磁界の関係（$H_d = NM$）を示しており，この反磁界を印加磁界から差し引くことにより，$H_{\rm eff}$ を求めることができる．また，破線の矢印の大きさは反磁界の大きさを，実線の矢印は反磁界補正をしたさいのヒステリシス曲線の移動幅を示している．移動幅（実線の矢印の長さ）は，破線の矢印の長さと等しくなっている．なお，反磁界補正により，残留磁化は変化するが，保磁力は変化しない．

(iii) 単磁区粒子の磁化過程　　磁壁が存在しない単磁区粒子の磁化は，磁化の回転により変化する．このときの磁化過程は，StonerとWohlfarthによって研究された[27]．図1.6.27に示すように，単磁区粒子に外部磁界 H を印加した場合を考える．粒子に蓄えられる磁気エネルギーは，式(1.6.36)となる．

$$W_S = V\{K_{u1}\sin^2(\phi-\theta) - \mu_0 H M_S \cos\theta\} \quad (1.6.36)$$

ただし，ϕ, θ は，それぞれ磁化容易軸および磁化が外部磁界となす角度，V は粒子の体積である．式(1.6.36)の第1項は磁気異方性エネルギー，第2項は印加磁界によるゼーマンエネルギーである．反磁界によるエネルギーは磁化の向きには依存しないので省略した．磁化は W_S が極小となる向きに向くので，$\partial W_S/\partial\theta = 0$, $\partial^2 W_S/\partial\theta^2 > 0$ から求めることができる．具体的に計算すると以下のようになる．

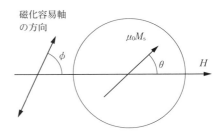

図1.6.27 磁界中の単磁区粒子

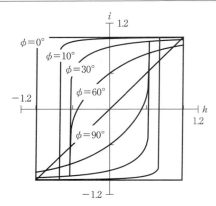

図 1.6.28　単磁区粒子の磁化曲線

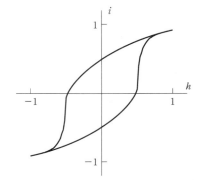

図 1.6.29　単磁区粒子の無配向集合体における磁化曲線

$$-\sin 2(\phi-\theta)+2h\sin\theta=0 \quad (1.6.37)$$
$$\cos 2(\phi-\theta)+h\cos\theta>0 \quad (1.6.38)$$

ここで，h は規格化磁界（$=H/H_A$，$H_A=2K_{u1}/(\mu_0 M_s)$），H_A は磁化容易軸方向に等価的に働いて磁界で，異方性磁界とよばれる．式(1.6.37) は $\phi=0$ および $\pi/2$ のときには容易に解ける．$\phi=0$ のときの解を求めると $\theta=0,\pi$ となる．さらに，式(1.6.38) を考慮して，$\theta=0$ を初期値として h を減じていくと $h=-1$ で $\theta=\pi$ となり，$\theta=\pi$ を初期値として h を増加させていくと $h=1$ で $\theta=0$ となることがわかる．すなわち，保磁力は異方性磁界と等しくなる．$\phi=\pi/2$ のときには，$h=\cos\theta$ が解となる．磁化の印加磁界方向成分 M は $M_s\cos\theta$ となる．

図 1.6.28 に，$\phi=0,\pi/2$ 以外の角度に対しても M/M_s（$=i$（規格化磁化））を計算して示している．$\phi=0$ の場合に保磁力，残留磁化とももっとも大きくなり，それぞれ H_A と M_s になる．$\phi=\pi/2$ の場合には，ヒステリシスは存在せず，H_A の磁界が印加されたときに磁化が飽和する．

ϕ の異なる単磁区粒子の集合体の場合には，それぞれの ϕ についての磁化曲線を粒子の量に従って加重平均すればよい．たとえば，ϕ が無秩序（無配向）である場合には，ある h のもとでの規格化磁化の値 $i(h)$ は次式となる．

$$i(h)=\int_0^{\pi/2}\sin\phi\cos\theta\,d\phi \quad (1.6.39)$$

ここで，$\cos\theta$ は規格化磁化の大きさを表し，θ は ϕ と h の関数となる．$\sin\phi$ は粒子の存在量に比例した重みである．図 1.6.29 に式(1.6.39) を用いて計算した無配向単磁区粒子集合体のヒステリシス曲線を示す．残留磁化は $1/2$，保磁力はおおよそ 0.48 になる．

（iv）磁壁移動による磁化過程　図 1.6.30(a)に示すような磁壁のエネルギーが，磁壁エネルギーの位置によって変化すると（図(b)），磁壁はそのエネルギーが低くなる部分に束縛される．このように磁壁を束縛している箇所をピニングサイトとよぶ．たとえば，ハード磁性相の中に析出したソフト磁性相や不純物は磁壁エネルギーの谷をつくり，磁壁を束縛する．また，ソフト磁性相（磁気異方性の低い相）の中に析出したハード磁性相（磁気異方性の高

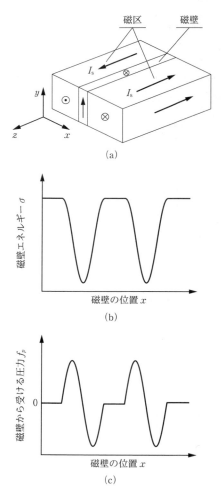

図 1.6.30　磁壁エネルギーの変化とピニング力

い相）は磁壁エネルギーの山をつくって磁壁の動きを妨げる．

ピニングサイトに束縛されている磁壁を，磁界により x の正の方向に移動させることを考えてみよう．磁壁がピニングサイトから受ける圧力 f_p は，仮想変位の原理より，

式(1.6.40)となる（図1.6.30(c)）．

$$f_\mathrm{p} = -\frac{\partial \sigma}{\partial x} \qquad (1.6.40)$$

一方，印加磁界が磁壁に与える圧力 f_w は，たとえば，図1.6.30(a)に示した180°磁壁（磁壁の両端で磁化の向きが180°変化している磁壁）の場合，仮想変位の原理より，式(1.6.41)となる．

$$f_\mathrm{w} = 2\mu_0 M_\mathrm{S} H \qquad (1.6.41)$$

したがって，磁壁は，式(1.6.42)が満足される位置に存在することになる．

$$f_\mathrm{p} + f_\mathrm{w} = 0 \qquad (1.6.42)$$

f_w を変化させる（印加磁界の大きさを変化させる）と式(1.6.42)が満足されるように f_p が変化する（満足される位置まで磁壁が移動する）．磁界を大きくしていき，f_w が $|f_\mathrm{p}|$ の最大値より大きくなると，ついに式(1.6.43)となり，磁壁はピニングサイトを離れて移動する．

$$f_\mathrm{p} + f_\mathrm{w} > 0 \qquad (1.6.43)$$

よって，磁壁がピニングサイトを離れる磁界 H_p は，式(1.6.44)と求まる．

$$H_\mathrm{p} = \frac{1}{2\mu_0 M_\mathrm{S}} \left(\frac{\partial \sigma}{\partial x}\right)_\mathrm{max} \qquad (1.6.44)$$

ここで，$(\partial \sigma / \partial x)_\mathrm{max}$ は $(\partial \sigma / \partial x)$ の最大値である．ピニングサイトを離れた磁壁は，より大きなピニング力を有する位置まで移動し，そのサイトに束縛される．以後，上記と同様な過程を繰り返しながら磁壁が移動していく．

上記の説明から明らかなように，材料中の異物を少なくして，ピニングサイトを減らすとともにピニング力を小さくすれば，磁壁が容易に移動するようになる．高い保磁力が得たい場合に，この逆のことをすればよい．

（ⅴ）**飽和漸近**　磁性体の磁化容易軸が磁界の印加方向と完全には一致しない場合には，上記の磁壁移動が終了した後も，磁化は磁化回転によりしだいに磁気飽和に近づいていく．ここでは，磁気飽和に近づく過程について説明する．

磁界印加方向と磁化の方向がなす角度を θ とすると，磁界による回転力と異方性による回転力がつり合うので，次式が成立する．

$$\mu_0 M_\mathrm{S} \sin\theta = -\frac{\partial E_A}{\partial \theta} \qquad (1.6.45)$$

ただし，E_A は異方性エネルギーである．θ が十分に小さいことを考慮すると，以下が得られる．

$$M = M_\mathrm{S} \cos\theta = M_\mathrm{S}\left(1 - \frac{\theta^2}{2} + \cdots\right) = M_\mathrm{S}\left(1 - \frac{b}{H^2} + \cdots\right) \qquad (1.6.46)$$

$$b = \frac{1}{2(\mu_0 M_\mathrm{S})^2}\left[\left(\frac{\partial E_A}{\partial \theta}\right)_{\theta=0}\right]^2 \qquad (1.6.47)$$

無配向の立方晶多結晶体に対して式(1.6.36)を計算すると，式(1.6.48)となる．

$$b = \frac{8}{105} \cdot \frac{K_1^2}{(\mu_0 M_\mathrm{S})^2} \qquad (1.6.48)$$

実際の実験では，強磁界下では，H に比例する項が現れることが知られている[28]．これは磁界により自発磁化の値が変化するためである．

1.6.6　ソフト磁性とハード磁性

強磁性体に必要とされる磁気特性をその応用の観点から大別すると，ソフト磁性とハード磁性に分けられる．前者は弱い磁界で大きな磁化変化が生じる特性を，後者は印加磁化に抗して磁化方向を変えない特性である．それぞれの磁性を有する材料をソフト磁性材料およびハード磁性材料とよぶ．

a. ハード磁性

ハード磁性の代表的な応用は永久磁石である．また，磁気メモリ媒体も磁化方向を変えないという観点からはハード磁性を必要とする．ハード磁性の永久磁石への応用を考慮すると，材料に要求される基本的な特性は，① 外部に大きな磁界がつくれること，② 外部磁界印加による磁化の変化が少ないことなどである．これらの特性を材料の磁気的諸量で表現すると，それぞれ，(a) 残留磁気分極が大きいこと，(b) 保磁力が大きいことに相当する．式(1.6.41)からもわかるように，磁化を反転させようとする力は磁化の大きさに比例する．したがって，上記の(a)と(b)は必ずしも両立しない場合がある．そこで，残留磁化や保磁力の大きさを総合した評価の指標が必要となる．このような指標として最大エネルギー積が用いられる．すなわち，③ 最大エネルギー積が大きいことも，磁石に欠かすことのできない重要な磁気特性である．

最大エネルギー積についてもう少し詳しく説明する．磁石に外部磁界を加えないさいには，その反磁界のため，有効磁界は磁化と逆向きをしている．したがって，磁石に働く有効磁界 H は，反磁界係数 N を用いると式(1.6.49)と与えられる．

$$H = -\frac{N}{\mu_0} J_\mathrm{m} \qquad (1.6.49)$$

磁束密度 B を用いて式(1.6.49)を変形すると式(1.6.49)となり，B-H 座標上で直線を表す．

$$B = -\frac{1-N}{N}\mu_0 H = -p\mu_0 H \qquad (1.6.50)$$

式(1.6.50)の p はパーミアンス係数とよばれる．一方，磁石の B と H の関係は B-H 曲線で与えられるので（第2象限の部分を減磁曲線とよぶ），減磁曲線と式(1.6.50)で表される直線の交点が磁石の動作点 W となる．動作点での磁束密度 B_W と有効磁界 H_W の積の絶対値 $|B_\mathrm{W} \cdot H_\mathrm{W}|$ をエネルギー積という．この値は図1.6.31の網掛け部分の面積となり，磁石が外部につくる静磁エネルギーの2倍を与える．W の位置を変化させるとエネルギー積も変化し，ある点で最大となる．このときの値を最大エネルギー積 $(BH)_\mathrm{max}$ とよぶ．前記 ①, ② の条件のどちらが欠けても大きな $(BH)_\mathrm{max}$ を得ることはできず，$(BH)_\mathrm{max}$ は磁石の能力を総合的に評価する重要な量である．

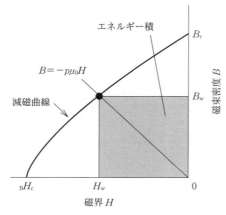

図1.6.31 減磁曲線とエネルギー積

前段では,磁石に必要な基本特性について述べたが,これらを実現するためにはどのような材料が必要であろうか.まず,大きな残留磁気分極 J_{mr} を得るためには,材料の飽和磁気分極 J_{ms} が大きいことが必要である.磁石の構成する結晶粒の磁化容易軸が一方向にそろっている場合には $J_{mr}=J_{ms}$ となるし,磁化容易軸の方向がランダムで各結晶粒の磁化間に相互作用がない場合には $J_{mr}=J_{ms}/2$ となる (1.6.5 b. 項 (iii) 参照).

次に,大きな保磁力を得るための条件を考えてみよう.磁石内の磁化反転を抑制するためには,磁化回転や磁壁移動を抑制する必要がある.磁化回転は,一軸性の高い磁気異方性を有することで抑制される.磁壁エネルギーが場所により変化すると磁壁に対するピニング力が発生して磁壁移動が抑制される.大きなピニング力が発生するためには,式(1.6.44)からわかるように,材料中に不均質があることに加えて磁壁エネルギーが大きいことは必要である.このためには,式(1.6.20)からわかるように,高い磁気異方性が必要である.したがって,ハード磁性は高い一軸異方性を有する材料で達成される.具体的な材料については,2.2節で説明されている.

b. ソフト磁性

ソフト磁性は,トランス,インダクタ,電動機鉄心,磁気ヘッドなどに使用される磁性材料に必要とされる特性である.これらの応用では,弱い磁界で高い磁束密度を得ることが求められる.したがって,① 高い飽和磁気分極,② 低い保磁力,③ 高い透磁率,を必要とする.

これらの特性が実現されるためにはどのような材料が必要であろうか.磁気異方性が存在する材料では,磁化の方向が変化するときにエネルギーバリアを超える必要がある.磁歪を有する材料では,磁化の向きが変化するとその部分の磁性体の大きさが変化し,周囲の磁性体との間に弾性エネルギーが蓄えられる.また,材料内に残留する応力との相互作用により磁気異方性が発生する.このため,磁気異方性と磁歪の存在は,磁化の変化を妨げる.逆に言えば,磁気異方性と磁歪の両者を同時になくすことができれ

ば,優れたソフト磁性材料を得ることができる.代表的なソフト質磁性材料として知られているスーパーマロイ (Fe-Ni 合金),センダスト (Fe-Al-Si 合金),Mn-Zn フェライト,Fe-Co 系非晶質合金,Fe 系ナノ結晶材料などがこの条件を満たしている.高周波で使用される材料では,渦電流損を抑制するために,高い電気抵抗率の実現や薄板化・微粉化なども必要とされる.具体的な材料については,2.1節で説明されている.

1.6.7 磁化のダイナミクス

a. 動的磁化過程

(i) **磁気余効** 強磁性体に図1.6.32(a)のような磁界を印加すると,磁化は少し遅れて図(b)のように変化する.この現象を磁気余効という.磁化変化の遅れの原因のうち,渦電流や物質の非可逆的変化(新しい相の析出など)によるものは,磁気余効に含めないのが一般的である.磁気余効の原因としては,Fe 中の炭素原子の移動[29]などが知られている.磁化の変化が単一の緩和時間 τ で記述される場合には,磁化の時間変化 $M_n(t)$ は式(1.6.51)となり,$\log(M_{n0}-M_n(t))$ は時間に対して直線的に変化する.

$$M_n(t) = M_{n0}(1-e^{-t/\tau}) \quad (1.6.51)$$

前述の Fe 中の炭素の移動では,このような変化が観測されている[29].

実際の材料では,磁化の変化が単一の緩和時間で起こることはむしろまれであり,ある程度の幅をもっていることが多い.緩和時間が $\ln\tau$ から $\ln\tau+d(\ln\tau)$ の範囲にある確率を $g(\tau)d(\ln\tau)$ とすると,$M_n(t)$ は以下のようになる.

$$M_n(t) = M_{n0}\left(1-\int_0^\infty \frac{g(t)}{\tau}e^{-t/\tau}d\tau\right) \quad (1.6.52)$$

$$\int_0^\infty \frac{g(t)}{\tau}d\tau = 1 \quad (1.6.53)$$

緩和時間が $\ln\tau_1$ から $\ln\tau_2$ まで均等に分布した場合には

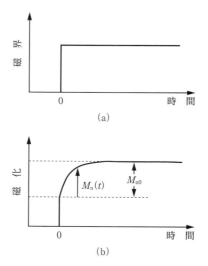

図1.6.32 磁界変化と磁化変化のモデル
(a) 磁界の変化 (b) 磁化の変化

$(g=1/\ln(\tau_1/\tau_2))$, $(M_{n0}-M_n(t))/M_{n0}$ は図 1.6.33 のように変化する．このような緩和特性を示す磁気余効は Richter によって詳細に研究されたので[30]，Richter 型磁気余効という．

緩和時間の分布がさらに広くなり，磁化の測定時間 t に対して，$\tau_1 \ll t \ll \tau_2$ となると，図 1.6.33 の直線の部分のみが観察され，式(1.6.54)となる．

$$\frac{M_{n0}-M_n(t)}{M_{n0}} = A - \beta \ln t \tag{1.6.54}$$

ここで，A，β は定数である．このような緩和特性を示す磁気余効を Jordan 型磁気余効という．

低炭素鋼で生じる磁気余効については，Snoeck[31] や Néel[32] によって研究され，結晶格子中に含まれている炭素または窒素原子がその位置を変えることによって生じると報告されている．このように，結晶格子内での拡散により生じる磁気余効を拡散磁気余効という．

拡散磁気余効とは異なるメカニズムの磁気余効もある．磁性体内の磁化の方向は自由エネルギーが極小になるように分布している．有限の温度では，熱活性により他の極小分布へとある確率で磁化分布が変化する．このような磁気余効を熱揺らぎ磁気余効という．図 1.6.34 に，体積 V の球形単磁区粒子の熱揺らぎ磁気余効のモデルを示す．粒子

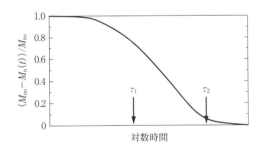

図 1.6.33 Richter 型の磁気余効

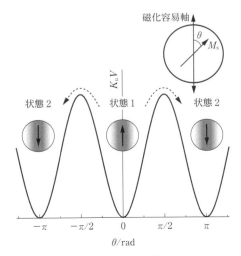

図 1.6.34 熱揺らぎ磁気余効による単磁区粒子の磁化反転モデル

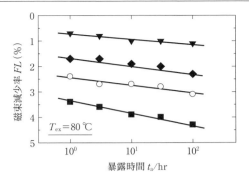

図 1.6.35 種々の Nd-Fe-B 系ボンド磁石を 80℃に暴露したさいに生じる熱減磁の例

は異方性定数 K_u の一軸異方性を有していると仮定している．外部から磁界を印加していないので，$\theta=0$（状態 1），π（状態 2）が磁化の安定方向である．状態 1 と状態 2 間での遷移には，$K_u V$ のエネルギー障壁を乗り越える必要がある．各粒子は $k_B T/2$（k_B：ボルツマン定数，T：絶対温度）程度のエネルギーの熱振動をしているので，$k_B T/2$ の値が $K_u V$ に近くなると，状態 1 と状態 2 の間での遷移が可能となる．すべての粒子が状態 1 となった状態を初期状態（$M_n(0)=M_s$）とすると，しだいに状態 2 にある粒子の数が増加し，磁化が減少する．状態 1 と 2 の粒子の数が等しくなれば（$M_n=0$）変化が終了する．図 1.6.35 は，着磁後の Nd-Fe-B 系のボンド磁石を 80℃の温度にさらしたさいに生じる磁化の減少率を示したものである．暴露前後の磁化の値を室温で測定して，対数時間に対してプロットしたものである．図中の記号の違いは磁石の形状の違いを表している．磁化は対数時間に対して直線的に減少しているが，これは緩和時間が広く分布しているためであると考えられている．

（ⅱ）交流磁気特性と渦電流損 磁性体に周期的に変化する交番磁界を印加した場合を考えてみよう．磁化の変化量が小さい範囲では，磁界 H と磁束密度 B の変化は複素表示を用いて式(1.6.55)のように記述することができる．

$$H = H_0 \mathrm{e}^{j\omega t}, \quad B = B_0 \mathrm{e}^{j(\omega t - \delta)} \tag{1.6.55}$$

δ は H の変化に対して B の変化が位相 δ ほど遅れていることを表している．前述の磁気余効や後述する渦電流損は B の位相遅れの原因となる．式(1.6.55)より複素透磁率 μ を式(1.6.56)と定義する．

$$\mu = \mu' - j\mu'' \tag{1.6.56}$$

B のうち，μ' は磁界と同位相で変化する成分の透磁率，μ'' は $\pi/2$ 遅れて変化する成分の透磁率で，次式となる．

$$\mu' = \frac{B_0}{H_0}\cos\delta, \quad \mu'' = \frac{B_0}{H_0}\sin\delta, \quad \frac{\mu''}{\mu'} = \tan\delta \tag{1.6.57}$$

δ は損失角，$\tan\delta$ は損失係数といわれる．1.6.5 項で述べたように，ヒステリシス曲線の面積が 1 周期あたりの磁気損失を表すので，単位時間あたりの損失 W は次式で与え

られる.

$$W = \frac{\omega}{2\pi}\oint H dB = \frac{1}{2}\omega\mu''H_0^2 = \frac{1}{2}\omega\frac{\mu'\tan\delta}{(\mu')^2+(\mu'')^2}B_0^2 \quad (1.6.58)$$

したがって，μ'' は磁界一定のときの損失に比例する．また，$\mu'\gg\mu''$ が成立する範囲では，$\tan\delta/\mu'$ が磁束密度一定のときの損失に比例する．

1周期あたりの磁性体の損失 W/f は，周波数に依存しないヒステリシス損 W_h/f，磁性体内を流れる渦電流による渦電流損 W_e/f，それ以外の残留損 W_r/f から構成される．十分高い周波数では W_h/f の影響は小さくなるので，電気抵抗率の高いフェライト材料では W_r/f が，電気抵抗率の低い金属材料では W_e/f が主要な高周波損となる．図 1.6.36 に，無限に広い薄板および無限に長い円柱磁性体を流れる渦電流を模式的に示す．渦電流は磁束密度の変化を妨げるように流れるので，磁性体内部では磁束密度の変化幅が小さくなる．磁性体表面に比べて磁束密度の変化幅が $1/e$ となる表面からの深さを表皮の深さ s といい，電気抵抗率の低い金属に対しては，式(1.6.59)と与えられる．

$$s = \sqrt{\frac{2\rho}{\omega\mu}} \quad (1.6.59)$$

ρ は電気抵抗率である．磁性体の大きさが s より十分小さく，磁性体内の磁束密度の変化が一様な範囲では，一周期あたりの渦電流損 W_e/f は式(1.6.60)となる．

$$\frac{W_e}{f} = \frac{\pi^2 f d^2 B^2}{C\rho} \quad (1.6.60)$$

ここで，C の値は，無限に広い薄板（d は厚さ），無限に長い円柱（d は直径）および球（d は直径）に対して，それぞれ 6，16 および 20 である．

図 1.6.37 に，Co 系非晶質薄帯で作製したトロイダルコアにおける μ' と $\tan\delta/\mu'$ の周波数依存性の例を示す．$\tan\delta/\mu'$ は周波数に比例して増加している．これは，式(1.6.60)からわかるように，コアの主要損失である渦電流損が周波数に比例して増加するためである．μ' は 1 MHz あたりから急激に減少している．$\mu'/\mu_0=1500$，$\rho=1.3\,\mu\Omega$ m として，1 MHz での表皮の深さを計算すると約 15 μm となる．表皮の深さが薄帯の厚さに近づき，等価的に薄帯の厚さが減少して透磁率が減少していることがわかる．

磁性体に磁壁が存在し，磁壁移動により磁化が変化する場合には，磁化の変化は磁壁近傍のみで起こる．したがっ

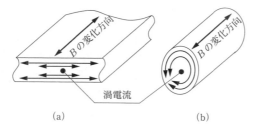

図 1.6.36 磁束密度の変化と渦電流
(a) 無限に広い薄板　(b) 無限に長い円柱

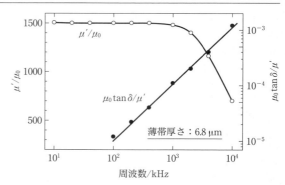

図 1.6.37 Co 系非晶質薄帯で作製したトロイダルコアにおける μ' と $\tan\delta/\mu'$ の周波数依存性

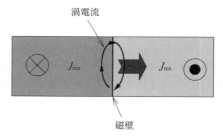

図 1.6.38 磁壁移動に伴う渦電流

て，渦電流損も磁壁近傍のみに流れる（図 1.6.38）．この場合には，渦電流損が式(1.6.60)で示される値より大きくなることが知られている[33]．磁壁移動で磁化が変化する金属磁性体では，渦電流損の低減のために磁区の微細化が必要とされる．

b. LLG 方程式と磁気共鳴

高周波領域での磁化の変化についてもう少し説明しよう．図 1.6.39 は上向きの磁化に下向き磁界を印加して磁化を反転させる過程を模式的に示したものである．強磁性体の磁化は電子の角運動量によって発生しているので，磁化は歳差運動を行いながら下向きへと向きを変えていく．この過程は，以下のように表される．

$$\dot{\boldsymbol{M}} = -\gamma[\boldsymbol{M}\times\boldsymbol{H}] - \frac{\alpha}{M}[\boldsymbol{M}\times\dot{\boldsymbol{M}}] \quad (1.6.61)$$

式(1.6.61)をランダウ–リフシッツ–ギルバートの運動方程式（LLG 方程式）[34]という．$\dot{\boldsymbol{M}}$ は磁化の時間微分，γ は

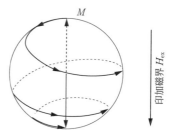

図 1.6.39 磁化反転過程

ジャイロ磁気定数，α はダンピングパラメーターとよばれる無次元の値である．$\mu_0 \boldsymbol{M} \times \boldsymbol{H}$ は磁界により発生するトルクである．$\alpha = 0$ の場合には，磁化は歳差運動を続けるのみで磁界方向への磁化反転は起こらない．$\alpha \neq 0$ の場合には，歳差運動をしながらしだいに印加磁界の方向に向きを変えていく．$\mu_0 \boldsymbol{M} \times \boldsymbol{H}$ で表現されるトルクは，外部印加磁界のみではなく，磁気異方性や交換相互作用などでも生じる．これらを考慮して式(1.6.61)を解くことにより，微細領域での磁化の運動を計算することができ，磁気メモリの動作解析や永久磁石の磁化過程の研究に利用されている．このような分野をマイクロマグネティックスとよんでいる．詳細は専門書に譲るとして，ここでは共振現象について説明する．

直流外部磁界 $\boldsymbol{H}_{\mathrm{ex}}$ と垂直に交番磁界 $\boldsymbol{h}$ を加えたとき，$\boldsymbol{h}$ の周波数が歳差運動の周波数 f_0 と等しければ，$\boldsymbol{M}$ は $\boldsymbol{h}$ からエネルギーを得て歳差運動を続ける．これを磁気共鳴という．磁気共鳴には，核磁気共鳴，反強磁性共鳴，常磁性共鳴，強磁性共鳴などがある．本項では，強磁性共鳴について簡単に説明する．

式(1.6.61)から明らかなように，共鳴周波数 f_0 は γH で与えられる．上述したように，H には外部磁界だけではなく，磁化に働いている種々の等価的磁界が含まれる．磁性体内で磁化が一様に歳差運動する一様モード（Kittleモードともいう）では，式(1.6.62)のようになる．

$$\boldsymbol{H} = \boldsymbol{H}_{\mathrm{ex}} + \boldsymbol{h}(t) + \boldsymbol{H}_{\mathrm{d}} + \boldsymbol{H}_{\mathrm{A}} \tag{1.6.62}$$

ここで，$\boldsymbol{H}_{\mathrm{d}}$ と $\boldsymbol{H}_{\mathrm{A}}$ は，それぞれ反磁界と異方性磁界である．外部印加磁界 $\boldsymbol{H}_{\mathrm{ex}}$ を z 方向に加えることにし，$\boldsymbol{h}(t)$ は $\boldsymbol{H}_{\mathrm{ex}}$ と垂直に加える．$\dot{\boldsymbol{M}} = -\gamma[\boldsymbol{M} \times \boldsymbol{H}]$ から共鳴角周波数 ω_{r} と共鳴外部印加磁界 H_{r} の関係を求めると以下のようになる．

$$\omega_{\mathrm{r}} = \gamma[\{H_{\mathrm{r}} + (N_y - N_z)M_{\mathrm{s}} + (H_{Az} - H_{Ay})\} \\ \{H_{\mathrm{r}} + (N_x - N_z)M_{\mathrm{s}} + (H_{Az} - H_{Ax})\}]^{1/2} \tag{1.6.63}$$

試料が xy 平面にある薄板で異方性磁界が無視できる場合には，$N_x = N_y = 0$ および $N_z = 1$ より，式(1.6.44)となる．

$$\omega_{\mathrm{r}} = \gamma(H_{\mathrm{r}} - M_{\mathrm{s}}) \tag{1.6.64}$$

同様に，yz 面にある薄板，z 方向に無限に長い円柱，球形試料に対して，それぞれ以下が得られる．

$$\omega_{\mathrm{r}} = \gamma\sqrt{H_{\mathrm{r}}(H_{\mathrm{r}} + M_{\mathrm{s}})} \tag{1.6.65}$$
$$\omega_{\mathrm{r}} = \gamma(H_{\mathrm{r}} - M_{\mathrm{s}}/2) \tag{1.6.66}$$
$$\omega_{\mathrm{r}} = \gamma H_{\mathrm{r}} \tag{1.6.67}$$

球形試料の場合には，反磁界が共鳴条件に影響しないので，異方性の影響のみを取り出すことができる．z 軸が磁化容易軸の一軸異方性の場合には式(1.6.68)となり，異方性がない場合に比べて小さい磁界で共鳴させることが可能となる．

$$\omega_{\mathrm{r}} = \gamma(H_{\mathrm{r}} + 2K_{\mathrm{u1}}/\mu_0 M_{\mathrm{s}}) \tag{1.6.68}$$

立方晶の場合には，⟨100⟩, ⟨110⟩, ⟨111⟩方向が磁化容易軸でその方向に印加磁界が加えられている場合について，それぞれ以下が与えられる．

$$\omega_{\mathrm{r}} = \gamma(H_{\mathrm{r}} + 2K_1/(\mu_0 M_{\mathrm{s}})) \tag{1.6.69}$$
$$\omega_{\mathrm{r}} = \gamma\sqrt{\left(H_{\mathrm{r}} - \frac{2K_1}{\mu_0 M_{\mathrm{s}}}\right)\left(H_{\mathrm{r}} + \frac{K_1}{\mu_0 M_{\mathrm{s}}} + \frac{K_2}{2\mu_0 M_{\mathrm{s}}}\right)} \tag{1.6.70}$$
$$\omega_{\mathrm{r}} = \gamma\left(H_{\mathrm{r}} - \frac{4K_1}{3\mu_0 M_{\mathrm{s}}} - \frac{4K_2}{9\mu_0 M_{\mathrm{s}}}\right) \tag{1.6.71}$$

外部印加磁界 $\boldsymbol{H}_{\mathrm{ex}}$ が存在しなくても共振が起こる．外部印加磁界の存在なしで生じる共振を自然共振という．⟨100⟩方向が磁化容易軸である立方晶の結晶が無配向に分布している強磁性体について考えてみよう．共鳴角周波数は式(1.6.69)に $H_{\mathrm{r}} = 0$ を代入することにより，$\omega_{\mathrm{r}} = 2\gamma K_1/(\mu_0 M_{\mathrm{s}})$ となる．一方，この材料の帯磁率 χ が磁化回転で決まると仮定すると式(1.6.72)から式(1.6.73)が成立する．

$$\chi = \frac{\mu_0 M_{\mathrm{s}}^2}{3K_1} \tag{1.6.72}$$
$$\omega_{\mathrm{r}}(\mu_{\mathrm{r}} - 1) = 2\gamma M_{\mathrm{s}}/3 \tag{1.6.73}$$

μ_{r} は比透磁率である．式(1.6.73)は，共振周波数と透磁率の積が材料の飽和磁化で決まる限界を超えられないことを示している．このような透磁率の限界はSnoekによって説明されたので[35]，スネークの限界とよばれている．図1.6.40にNi-Zn系フェライトにおける複素透磁率の周波数依存性を示す[36]．スネークの限界において μ'' が急増し，μ' が急減している．スネークの限界を超える材料としては，負の一軸異方性を有するフェロックス・プレーナーとよばれるフェライト材料が知られているが，詳細は後述する．

以上の説明では磁化が一様に歳差運動していると仮定したが，実際には一様でない場合も多い．そのさいには多様な共振が生じるが，詳細は専門書を参考にしていただきたい．

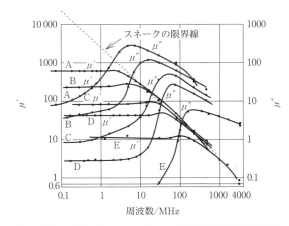

図1.6.40 Ni-Zn系フェライトにおける複素透磁率の周波数依存性
[近角聰信，"強磁性体の物理（下）磁気特性と応用"（物理学選書），p.323，裳華房（1984）]

文献

1) 太田恵造, "磁気工学の基礎 I 磁気の物理"（共立全書）, 4章, 共立出版 (1973).
2) K. H. J. Buschow, "Ferromagnetic Materials: A Handbook on the Properties of Magnetically Ordered Substances, Vol. 1" (E. P. Wohlfarth, ed.), Ch. 4, North-Holland (1980).
3) M. Sagawa, S. Hirosawa, H. Yamamoto, S. Fujimura, Y. Matsuura, *Jpn. J. Appl. Phys.*, **26**, 785 (1987).
4) R. M. Bozorth, "Ferromagnetism", Ch. 6, IEEE Press (1993).
5) 大沼繁弘, 岩佐忠義, 藤森啓安, 増本健, 電気学会マグネティックス研究会資料, MAG-04-235, 15 (2004).
6) 池田正二, 上原裕二, 三宅彰子, 金子大樹, 金井均, 田川育也, 日本応用磁気学会誌, **28**, 963 (2004).
7) Y. Sugita, K. Mitsuoka, M. Komuro, H. Hoshiya, Y. Kozono, M. Hanazono, *J. Appl. Phys.*, **70**, 5977 (1991).
8) M. Takahashi, H. Shoji, *J. Magn. Magn. Mater.*, **208**, 145 (2000).
9) 土浦宏紀, 栂裕太, 守谷浩志, 佐久間昭正, 固体物理, **44**, 677 (2009).
10) 太田恵造, "磁気工学の基礎 II 磁気の応用"（共立全書）, 5章, 共立出版 (1973).
11) B. T. Shirk, W. R. Buessem, *J. Appl. Phys.*, **40**, 1294 (1969).
12) 文献 4) Ch. 12.
13) 近角聰信, "強磁性体の物理（下） 磁気特性と応用"（物理学選書）, 5章, 裳華房 (1984).
14) W. H. Meiklejhon, C. P. Bean, *Phys. Rev.*, **102**, 1413 (1956); **105**, 904 (1957).
15) J. S. Kouvel, C. D. Graham, Jr., I. S. Jacobs, *J. Phys. Radium*, **20**, 198 (1959).
16) G. Herzer, *IEEE Trans. Magn.*, **25**, 3327 (1989).
17) W. P. Mason, *Phys. Rev.*, **96**, 302 (1954).
18) E. W. Lee, *Rep. Prog. Phys.*, **18**, 184 (1955).
19) A. E. Clark, J. Cullen, K. Sato, *AIP Conf. Proc.*, **24**, 670 (1975).
20) A. E. Clark, J. Cullen, O. McMasters, E. Callen, K. Sato, *AIP Conf. Proc.*, **29**, 192 (1975).
21) 文献 13), p. 214.
22) W. F. Brown Jr., *Ann. N. Y. Acad. Sci.*, **147**, 463 (1969).
23) H. Zijlstra, "Ferromagnetic Materials: A Handbook on the Properties of Magnetically Ordered Substances, Vol. 3", (E. P. Wohlfarth, ed.), Ch. 2, Sec. 4, North-Holand (1982).
24) 近角聰信, "強磁性体の物理（上） 物質の磁性"（物理学選書）, 7章, 裳華房 (1978).
25) I. S. Jacobs, *J. Appl. Phys.*, **32**, S61 (1961).
26) 文献 4), p. 849.
27) E. C. Stoner, E. P. Wohlfarth, *Philos. Trans. R. Soc. A*, **240**, 599 (1948).
28) E. Czerlinsky, *Ann. Phys.*, **V13**, 80 (1932).
29) Y. Tomono, *J. Phys. Soc. Jpn.*, **7**, 174, 180 (1952).
30) G. Richter, *Ann. Phys.*, **29**, 605 (1937).
31) J. L. Snoek, *Physica*, **5**, 663 (1938).
32) L. Néel, *J. Phys. Radium*, **13**, 249 (1952).
33) R. H. Pry, C. P. Bean, *J. Appl. Phys.*, **29**, 532 (1958).
34) T. L. Gilbert, *Phys. Rev.*, **100**, 1243 (1955).
35) J. L. Snoek, *Physica*, **14**, 207 (1948).
36) 文献 13), p. 323.

1.7 磁気伝導現象の基礎

1.7.1 電気伝導の理論

電気伝導現象には電子の粒子（古典的）描像で理解できる特性と，波動（量子）性を裏付ける特性などきわめて多様な側面がある．これらを統一的な立場から理解するには，伝導現象の微視的立場からの記述と理解が必要である．ここでは，電流そのものが量子論からどのように記述され，そこから伝導現象のどのような側面が見えてくるのかをみていく．

a. 電子系の模型

電流を微視的立場から議論するための電子系のハミルトニアンとして，ここでは最も単純な強結合ハミルトニアンとして次式を考える．

$$H = -\sum_{i,j,\sigma} t_{ij} c_{i\sigma}^{+} c_{j\sigma} \tag{1.7.1}$$

$c_{i\sigma}^{+}(c_{i\sigma})$ は伝導電子の生成（消滅）演算子（σ はスピン状態），t_{ij} は j サイトから i サイトへの電子の移動の確率振幅である．

式(1.7.1)の模型を理解するため図1.7.1(a)に示すような一次元格子系を考える．各サイト上に一つの原子軌道（同種原子とする）が定義されており，それぞれに番号を付けておく．電子の数 (n) と軌道（サイト）の数 (N) は一致している必要はなく，ここでは $n<N$ としておく．これら原子間の距離が十分に離れていれば，この系の全エネルギーは各サイトにいる電子の軌道エネルギー（ここでは0としている）をたんに足し合わせたものに過ぎない．しかし，原子が近づいてきて原子軌道の重なりが出てくると，軌道上にいる電子は別のサイトに移る確率が出てくる．式(1.7.1)はその遷移の強さを表していると考えれば

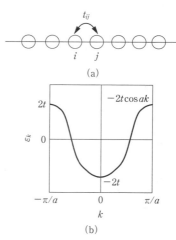

図1.7.1 (a) 強結合模型の模式図（○：原子軌道，t_{ij}：iサイトとjサイト間の飛び移り積分）
(b) 一次元模型におけるエネルギー分散（バンド）（$\varepsilon_k = -2t\cos(ka)$, a は格子間隔）

よい．すなわち，式(1.7.1)を右から読むと，jサイトにいるσスピンの電子を消して，iサイトに同じσスピンを発生させることになり，これは，σスピン電子がjからiサイトに移動したことを表している．そして係数t_{ij}は，その遷移が起こる確率振幅を与えている．t_{ij}は二つのサイトi, j間の距離R_{ji}に依存しており，一般には$1/R_{ji}$のべき乗に比例して減衰していく．

ハミルトニアンがこのように与えられるとき，電子の固有状態（時間が経っても変わらない状態）は各サイトの原子軌道の線形結合で表されることになる（サイト間を飛び移るので，最初からいろいろなサイトの原子軌道を足し合わせて新たな軌道をつくっておけばよい）．この原子系を無限系とみなし，周期境界条件下で対角化したものがエネルギーバンドとよばれ，一般の三次元系では，$\varepsilon_k = -\sum_j t_{ji} e^{i\boldsymbol{k}\cdot \boldsymbol{R}_{ij}}$（$\boldsymbol{k}$は波数ベクトル）で与えられる．ここで，$t_{ij}$を最隣接サイト間でのみ有限（$t$とする）とし，$a$を一次元格子におけるサイト間距離とすると，$\varepsilon_k = -2t\cos(ka)$が得られる（図1.7.1(b)）．これにエネルギーの低い順に電子を詰めていったときの全電子のエネルギーは，やはり原子がばらばらのとき（$E=0$）より低くなる．

さらに，強磁性体を考える場合には，ハミルトニアンに交換磁場によるゼーマン分裂を導入して，バンドのエネルギーを$\varepsilon_{k,\sigma} = \varepsilon_k - \sigma\Delta$と表しておけばよいであろう．ここで，$\Delta$は交換分裂であり，$\sigma$は，↑スピンに対して$\sigma=+1$，↓スピンに対して$\sigma=-1$ととることにする．

b. 電流の微視的記述

次に，式(1.7.1)のハミルトニアンのもとで，電流を記述する式を導く．まず，電子の位置演算子を$\boldsymbol{R} \equiv \sum_{i,\sigma} \boldsymbol{R}_i c_{i\sigma}^+ c_{i\sigma}$で定義する．ここで，$\boldsymbol{R}_i$は$i$サイトにおける原子内電子位置の平均値であり，具体的にはiサイトの原子核位置に対応する（iサイトの原子軌道関数を$\phi(\boldsymbol{r}-\boldsymbol{R}_i)$とすると，$\boldsymbol{R}_i = \int \phi^*(\boldsymbol{r}-\boldsymbol{R}_i)\boldsymbol{r}\phi(\boldsymbol{r}-\boldsymbol{R}_i)d\boldsymbol{r}$．$\boldsymbol{R}$の時間変化はハイゼンベルク運動方程式から$\dot{\boldsymbol{R}} = (i/\hbar)[H, \boldsymbol{R}]$で与えられるので，式(1.7.1)のハミルトニアンを用いることで次式を得る．

$$\frac{d}{dt}\boldsymbol{R} = \frac{i}{\hbar}\sum_{i,\sigma}\boldsymbol{R}_i[H, c_{i\sigma}^+ c_{i\sigma}] = \frac{i}{\hbar}\sum_{i,j}(\boldsymbol{R}_i - \boldsymbol{R}_j)t_{ij}\sum_\sigma c_{i\sigma}^+ c_{j\sigma} \quad (1.7.2)$$

いま，一様な系を考え，消滅（生成）演算子を，

$$c_i = \frac{1}{\sqrt{N}}\sum_k e^{i\boldsymbol{k}\cdot\boldsymbol{R}_i}c_k \left(c_i^+ = \frac{1}{\sqrt{N}}\sum_k e^{-i\boldsymbol{k}\cdot\boldsymbol{R}_i}c_k^+\right) \quad (1.7.3)$$

のようにフーリエ表示で表すと，式(1.7.2)は次式のように表される．

$$\frac{d}{dt}\boldsymbol{R} = \frac{i}{\hbar}\sum_{(i,j)}\sum_\sigma (\boldsymbol{R}_i-\boldsymbol{R}_j)\frac{1}{N}\sum_{k,k'}\{(-t_{ji})c_{k\sigma}^+ c_{k'\sigma}e^{-i\boldsymbol{k}\cdot\boldsymbol{R}_j+i\boldsymbol{k}'\cdot\boldsymbol{R}_i}$$
$$-(-t_{ij})c_{k\sigma}^+ c_{k'\sigma}e^{-i\boldsymbol{k}\cdot\boldsymbol{R}_i+i\boldsymbol{k}'\cdot\boldsymbol{R}_j}\} = \sum_\sigma\sum_k \boldsymbol{v}_k c_{k\sigma}^+ c_{k\sigma} \quad (1.7.4)$$

第1式の和(i,j)はi,jの組についての和を意味する．

ここで，t_{ji}は立方格子上の最近接サイト間でのみ有限と仮定し，$t_{ji}=t$，$(\boldsymbol{R}_i-\boldsymbol{R}_j)=\boldsymbol{a}$または$\boldsymbol{b}$または$\boldsymbol{c}$（$\boldsymbol{a},\boldsymbol{b},\boldsymbol{c}$は格子ベクトル）とする．このとき，第2式の速度ベクトル$\boldsymbol{v}_k$は，電子のエネルギー分散関係，

$$\varepsilon_{k,\sigma} = -2t\{\cos(k_x a)+\cos(k_y b)+\cos(k_z c)\} - \sigma\Delta \quad (1.7.5)$$

を用いて次式のように表される．

$$\boldsymbol{v}_k = \frac{1}{\hbar}\frac{\partial \varepsilon_{k,\sigma}}{\partial \boldsymbol{k}} = 2t\frac{1}{\hbar}\{\boldsymbol{a}\sin(k_x a)+\boldsymbol{b}\sin(k_y b)+\boldsymbol{c}\sin(k_z c)\} \quad (1.7.6)$$

式(1.7.4)を用いると電流密度の期待値は次式のように書かれる．

$$\langle \boldsymbol{j}\rangle = \frac{e}{\Omega}\sum_\sigma\sum_k \boldsymbol{v}_k f_{k,\sigma} \quad (e<0) \quad (1.7.7)$$

ここで，$f_{k,\sigma} = \langle c_{k\sigma}^+ c_{k\sigma}\rangle$は電子の分布関数，$e(<0)$は電子の電荷，$\Omega$は系の体積である．$\boldsymbol{v}_k$は式(1.7.6)からもわかるように$\boldsymbol{k}$に関して奇関数（$\boldsymbol{v}_{-k}=-\boldsymbol{v}_k$）であるため，平衡状態（このときの分布関数はフェルミ分布関数$f_{k,\sigma}^0$となる）で$\boldsymbol{k}$に関する和を実行すれば$\langle \boldsymbol{j}\rangle=0$となる（図1.7.2(a)）．したがって，電流が有限となるためには，外場（電場）が印加された非平衡状態で式(1.7.4)の期待値をとる必要がある．具体的には図1.7.2(b)に示すように分布関数が平衡状態からずれる必要があり，現象論的にはボルツマン方程式を用いて記述される．たとえば，x方向への電場E_xが印加されている場合，分布関数は近似的に次式で表される．

$$f_{k,\sigma} = \langle c_{k\sigma}^+ c_{k\sigma}\rangle_{E_x} = f_{k,\sigma}^0 - eE_x\tau_\sigma(\boldsymbol{k})\frac{1}{\hbar}\frac{\partial f_{k,\sigma}^0}{\partial k_x} \quad (1.7.8)$$

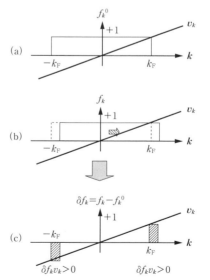

図1.7.2 平衡状態における電子のフェルミ分布関数f_k^0と速度$\boldsymbol{v}_k$の波数ベクトル$\boldsymbol{k}$依存性(a)と電場の印加により$\boldsymbol{k}$の正方向にシフトした分布関数f_kの様子(b). (c)の斜線部分が伝導に寄与する．

ここで，$\langle c^+_{k\sigma}c_{k\sigma}\rangle_E$ は外場（電場 E）のもとでの期待値 $\tau_\sigma(\boldsymbol{k})$ は（不純物やフォノンなどの）散乱体との衝突による電子の緩和時間である．この緩和の効果により分布関数は一定のずれを保った定常状態に落ち着くことになる．ここで，

$$\frac{\partial f^0_{k,\sigma}}{\partial k_x}=\frac{\partial \varepsilon_{k,\sigma}}{\partial k_x}\frac{\partial f^0_{k,\sigma}}{\partial \varepsilon_{k,\sigma}}=\hbar(v_x)_k\frac{\partial f^0_{k,\sigma}}{\partial \varepsilon_{k,\sigma}} \quad (1.7.9)$$
$$\approx -\hbar(v_x)_k\delta(\varepsilon_{k,\sigma}-\varepsilon_F)$$

と近似することにより電流密度の x 成分は，次式となる．

$$\langle j_x\rangle \approx \frac{e^2}{\Omega}E_x\sum_\sigma\sum_k\tau_\sigma(\boldsymbol{k})(v_x)^2_k\delta(\varepsilon_{k,\sigma}-\varepsilon_F)$$
$$\Rightarrow e^2E_x\sum_\sigma\rho_\sigma(\varepsilon_F)\tau_\sigma(\varepsilon_F)\bar{v}^2_{x,\sigma}(\varepsilon_F) \quad (1.7.10)$$

ここで，$\rho_\sigma(\varepsilon)=(1/\Omega)\sum_k\delta(\varepsilon-\varepsilon_k+\sigma\Delta)=\rho(\varepsilon+\sigma\Delta)$ は σ スピンの伝導電子の単位体積あたりの状態密度（DOS: density of state），ε_F はフェルミエネルギーである．また，$\tau(\boldsymbol{k})$ を $\tau(\varepsilon(\boldsymbol{k}))$ と仮定し，$\bar{v}^2_{x,\sigma}(\varepsilon)$ はエネルギー $\varepsilon=\varepsilon_{k,\sigma}=\varepsilon_k-\sigma\Delta$ をもつ σ スピン電子の x 方向の速度の自乗を $\boldsymbol{k}$ について平均した $\langle v_x\rangle^2_k \Rightarrow \langle v^2_x(\varepsilon_k)\rangle_k=\langle v^2_x(\varepsilon_{k,\sigma}+\sigma\Delta)\rangle_k=\langle v^2_x(\varepsilon+\sigma\Delta)\rangle_k \equiv \bar{v}^2_{x,\sigma}(\varepsilon)$ である．式(1.7.10)から電気伝導度 σ として次式を得る．

$$\sigma=e^2\sum_\sigma\rho_\sigma(\varepsilon_F)\tau_\sigma(\varepsilon_F)\bar{v}^2_{x,\sigma}(\varepsilon_F) \quad (1.7.11)$$

ここで，自由電子模型における関係式 $\rho_\sigma(\varepsilon_F)=\frac{3n_\sigma}{2\varepsilon_F}$, $\bar{v}^2_{x,\sigma}(\varepsilon_F)=\frac{1}{3}\bar{v}^2_\sigma(\varepsilon_F)=\frac{2\varepsilon_F}{3m^*_\sigma}$ （n_σ: σ スピンの電子濃度，m^*_σ: 有効質量）を用いると，電気伝導度は次式となる．

$$\sigma=\sum_\sigma\frac{n_\sigma e^2\tau_\sigma(\varepsilon_F)}{m^*_\sigma} \quad (1.7.12)$$

これはドルーデの式とよばれる．

c. 久保公式による電気伝導度

外場をゼロバイアス近傍に限れば，電気伝導度（テンソル）は，久保公式[1]から次式で表される．

$$\sigma_{\alpha\beta}(\omega)=\frac{i}{\hbar\Omega}\int_0^\infty dt e^{i\omega t}\langle[J_\alpha(t),P_\beta]\rangle \quad (\alpha,\beta=x,y,z)$$
$$=\frac{i}{\hbar\Omega}\frac{1}{Z}\sum_i\sum_j\frac{e^{-\beta E_i}-e^{-\beta E_j}}{E_j-E_i}\frac{\langle i|J_\alpha|j\rangle\langle j|J_\beta|i\rangle}{\omega+(E_i-E_j)/\hbar+i\delta} \quad (1.7.13)$$

ここで，ω は AC（交流）伝導の場合の振動数，δ は正の微小量，$J_\alpha(t)$ は式(1.7.3)から導かれる電流演算子 $J_\alpha=e\sum_\sigma\sum_k(v_\alpha)_k c^+_{k\sigma}c_{k\sigma}$ の相互作用表示 $e^{iHt/\hbar}J_\alpha e^{-iHt/\hbar}$（$H$ は物質系のハミルトニアン）である．また，式(1.7.13)の第1式において P は分極演算子であり，第2式では $\langle i|P_\alpha|j\rangle=-i\hbar\langle J_\alpha|i\rangle/(E_j-E_i)$ を用いた．$|i\rangle$ や $|j\rangle$ は H の固有状態，E_i,E_j はそれぞれの固有エネルギーである．また，Z は分配関数 $Z=\sum_i e^{-\beta E_i}$ である．式(1.7.13)の第2式は，

$$\frac{i}{\Omega}\frac{1}{Z}\sum_i\sum_j(e^{-\beta E_i}-e^{-\beta E_j})\langle i|J_\alpha|j\rangle\langle j|J_\beta|i\rangle$$
$$\left(\frac{1}{\hbar\omega+E_i-E_j+i\delta}-\frac{1}{E_i-E_j}\right)\frac{1}{\hbar\omega} \quad (1.7.14)$$

のように分解できるので，

$$K_{\alpha\beta}(\omega)\equiv \frac{i}{\hbar}\int_0^\infty dt e^{i\omega t}\langle[J_\alpha(t),J_\beta(0)]\rangle$$
$$=\frac{-1}{\hbar Z}\sum_i\sum_j(e^{-\beta E_i}-e^{-\beta E_j})\frac{\langle i|J_\alpha|j\rangle\langle j|J_\beta|i\rangle}{\omega+(E_i-E_j)/\hbar+i\delta} \quad (1.7.15)$$

という量を定義すると，電気伝導度は，

$$\sigma_{\alpha\beta}(\omega)=\frac{K_{\alpha\beta}(\omega)-K_{\alpha\beta}(0)}{i\omega\Omega} \quad (1.7.16)$$

と表すこともできる．

式(1.7.15)の積分内の $\langle\cdots\rangle$ は熱平衡状態での期待値を意味しており，式(1.7.8)の期待値とは異なることに注意したい．b項でもみたとおり，熱平衡状態では電流そのものの期待は（当然）0であるが，式(1.7.15)のような電流の時間に関する相関関数の期待値は熱平衡状態であっても0とは限らない．この相関関数の期待値は電子の運動（すなわち電流）の揺らぎを表していることから，式(1.7.15)は物質の外場に対する応答が熱平衡状態での揺らぎと関係していることを示唆している．式(1.7.15)の $K_{\alpha\beta}(\omega)$ は2体遅延グリーン関数とよばれ，これは散乱体を含む系の一電子固有状態を $|i,\sigma\rangle$，その固有エネルギーを $\varepsilon_{i\sigma}$ とすると，次式で表される．

$$K_{\alpha\beta}(\omega)=-\sum_{i,j,\sigma}\frac{J^\alpha_{ij\sigma}J^\beta_{ji\sigma}}{\hbar\omega+\varepsilon_{i\sigma}-\varepsilon_{j\sigma}+i\delta}(f(\varepsilon_{i\sigma})-f(\varepsilon_{j\sigma})) \quad (1.7.17)$$

ここに，一電子固有状態を非摂動固有状態 $|\boldsymbol{k},\sigma\rangle$ で $|i,\sigma\rangle=\sum_k a^i_{k\sigma}|\boldsymbol{k},\sigma\rangle$ と展開し，$J^\alpha_{ij\sigma}\equiv e\sum_k(v_\alpha)_k a^{i*}_{k\sigma}a^j_{k\sigma}$ とした．また，$f(\varepsilon)$ はフェルミ分布関数である．式(1.7.17)を式(1.7.16)に代入すれば実際に観測される電気伝導度が得られることになる．ただし，$\omega=0$ の DC 伝導度 $\sigma_{\alpha\alpha}(0)$ の場合には，もう少し簡潔に書くことができ，次式のように表すことができる．

$$\sigma_{\alpha\alpha}(0)=\frac{\hbar\pi}{\Omega}\sum_{i,j,\sigma}J^\alpha_{ij\sigma}J^\alpha_{ji\sigma}\int d\varepsilon\left(-\frac{\partial f(\varepsilon)}{\partial \varepsilon}\right)\delta(\varepsilon-\varepsilon_{i\sigma})\delta(\varepsilon-\varepsilon_{j\sigma})$$
$$=\frac{\hbar}{\pi\Omega}\int d\varepsilon\left(-\frac{\partial f(\varepsilon)}{\partial \varepsilon}\right)\mathrm{Tr}\{J_\alpha\mathrm{Im}G(\varepsilon)J_\alpha\mathrm{Im}G(\varepsilon)\} \quad (1.7.18)$$

これは久保-Greenwood の式[1,2]とよばれている．ここで，$G(\varepsilon)$ は，

$$G(\varepsilon)=(\varepsilon-H+i\delta)^{-1} \quad (1.7.19)$$

で定義される遅延グリーン関数の演算子形であり，式(1.7.18)の対角和（Tr）は（スピンを含む）一電子状態についてとるものとする．

式(1.7.18)は，接合系などの電気伝導を扱うのに便利である．簡単のため，図1.7.3に示すような x 軸上の一次元格子を考える．○は原子を表しており，原子の種類はすべて異なっていてもかまわない．式(1.7.18)の対角和を各サイトの原子軌道でとることにすると，電気伝導度は次式となる．

$$\sigma_{xx}=-2\frac{e^2a^2}{\pi\hbar\Omega}\int d\varepsilon\left(-\frac{\partial f(\varepsilon)}{\partial \varepsilon}\right)$$

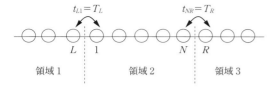

図1.7.3 一次元接合系の模型（○：原子）
領域2：N原子からなる試料，領域1，領域3：半無限のリード線と考える．$t_{L1}=T_L$ ($t_{NR}=T_R$) は領域1(3)と領域2の接合境界における電子の飛び移り積分を表す．

$$\sum_{n,m}\{t_{n,n+1}\mathrm{Im}\,G_{n+1,m}(\varepsilon)t_{m,m+1}\mathrm{Im}\,G_{m+1,n}(\varepsilon)$$
$$+t_{n+1,n}\mathrm{Im}\,G_{n,m+1}(\varepsilon)t_{m+1,m}\mathrm{Im}\,G_{m,n+1}(\varepsilon)$$
$$-t_{n+1,n}\mathrm{Im}\,G_{n,m}(\varepsilon)t_{m,m+1}\mathrm{Im}\,G_{m+1,n+1}(\varepsilon)$$
$$-t_{n,n+1}\mathrm{Im}\,G_{n+1,m+1}(\varepsilon)t_{m+1,m}\mathrm{Im}\,G_{m,n}(\varepsilon)\}$$
(1.7.20)

ここで，簡単のためスピン分裂は無視したので，右辺の先頭にスピン縮退の因子2をつけた．また，n, m などはサイトにつけた番号であり，a は格子間隔である．電流演算子としては式(1.7.2)を用い，移動積分 t_{nm} は最近接サイト間でのみ有限の値をとるものとした．また，$G_{n,m}(\varepsilon)$ などは $\langle n|(\varepsilon-H+i\delta)^{-1}|m\rangle$ を意味する．ここで，電流はどのサイトで見ても同じであるから n, m の和をはずして，代わりに系のサイト数 M の2乗をかけておくことにする．このとき，最初につく係数は $2(e^2a^2M^2)/(\pi\hbar\Omega)$ となるが，これは系の長さを d，細線の断面積を S とすると $2e^2d/(\pi\hbar S)$ と書ける．次に，系を三つの部分系に分け，図中の1から N までを領域2，その左側を領域1，そして右側を領域3とよぶことにする．そこで，式(1.7.20)において，$m=N, n=L$ (L は領域1の右端の原子)，$m+1=R$ (R は領域3の左端の原子) および，$t_{L,1}=t_{1,L}=T_L$, $t_{N,R}=t_{R,N}=T_R$ とおくと，式(1.7.20) は最終的に次式のように表すことができる．

$$\sigma_{xx}=\frac{4\pi^2 e^2 T_L^2 T_R^2}{\hbar}\frac{d}{S}\int d\varepsilon\left(-\frac{\partial f(\varepsilon)}{\partial \varepsilon}\right)$$
$$\rho_L(\varepsilon)|G_{1N}(\varepsilon)|^2\rho_R(\varepsilon) \quad (1.7.21)$$

ここで，G_{1N} は（全系がつながった状態での）1サイトと N サイトをつなぐグリーン関数で，$G_{1N}(\varepsilon)=\langle 1|(\varepsilon-H+i\delta)^{-1}|N\rangle$ である．また，$\rho_i(\varepsilon)(i=L,R)$ は，領域1および3の端における局所状態密度（DOS）である．ただし，これらのDOSは領域2がついていない状態でのそれぞれの領域の端（真空表面）のDOSである．式(1.7.21)からこの系のコンダクタンス $\Gamma=\sigma S/d$ を求めると次式のように表される．

$$\Gamma=\frac{2e^2}{h}T \quad (h=2\pi\hbar) \quad (1.7.22)$$
$$T\equiv 4\pi^2 T_L^2 T_R^2\int d\varepsilon\left(-\frac{\partial f(\varepsilon)}{\partial\varepsilon}\right)\rho_L(\varepsilon)|G_{1N}(\varepsilon)|^2\rho_R(\varepsilon)$$
(1.7.23)

式(1.7.22)はLandauerの公式に対応し，式(1.7.23)の T は透過率に対応している．実際，式(1.7.23)において，すべてのサイトが均質で同じ移動振幅 t をもつとすると，$T=1$ となることが示され，量子コンダクタンス $\Gamma=2e^2/h$ が得られる．

式(1.7.23)において $-\partial f(\varepsilon)/\partial\varepsilon \Rightarrow \delta(\varepsilon-\varepsilon_\mathrm{F})$（絶対零度の極限）と近似すると，透過率 T は両電極表面のフェルミ準位における DOS の積に比例（$T\propto \rho_L(\varepsilon_\mathrm{F})\rho_R(\varepsilon_\mathrm{F})$）することがわかる．この形は，トンネルコンダクタンスの表式に用いられることが多いが，領域2（試料）が金属であっても成り立つ式である．式(1.7.22)はゼロバイアス近傍でのコンダクタンスであるが，有限バイアス下における電流は，式(1.7.4)の期待値をケルディッシュの方法[3]で求める必要がある．このときの電流は次式で与えられる[4]．

$$\langle J\rangle=\frac{2e}{h}4\pi^2 T_L^2 T_R^2\int d\varepsilon (f_L(\varepsilon)-f_R(\varepsilon))$$
$$\rho_L(\varepsilon)|G_{1N}(\varepsilon)|^2\rho_R(\varepsilon) \quad (1.7.24)$$

ここで，$f_i(\varepsilon)$, $(i=L,R)$ は左右の電極で定義されたフェルミ分布関数であり，$f_i(\varepsilon)=\{1+\exp(\varepsilon-\mu_i)/k_\mathrm{B}T\}^{-1}$ で与えられる．μ_i はそれぞれの領域での化学ポテンシャルであり，電極間の電位差を V とすると，$\mu_L-\mu_R=eV$ である．式(1.7.24)は式(1.7.23)とほとんど同じ形をしているが，式(1.7.24)の場合は領域2が絶縁層（もしくはトンネル接合）であることを想定して導かれた結果である．

1.7.2 磁性不純物による電気抵抗

近年注目を集めているスピントロニクスの中枢をなす現象は伝導電子のスピン依存散乱にあるといってよく，この現象を制御することがスピントロニクスの最大のミッションである．一方，制御の対象となるスピン依存伝導現象そのものは1950年代からの物性物理学分野の重要な関心事であり，わが国の磁性物理研究の牽引役となってきたことは特筆に価する．大胆な言い方をすれば，今日のスピントロニクスの諸現象に関する理論的考察は1980年代までのバルクにおけるスピン依存伝導現象に対する研究成果（知見）のうえに成り立っているといっても過言ではない．とくに，非磁性金属中の磁性不純物によるスピン依存散乱の考え方は，巨大磁気抵抗（GMR）効果や磁性層間相互作用の理論的解釈の基礎をなしており，その後のスピントロニクス研究の根幹を支える重要な概念となっている．

ここでは，磁性不純物による散乱理論の基本的な考え方について紹介する．前半の残留抵抗に関する部分についてはアンダーソン模型に関する説明を中心に述べる．後半の近藤効果の理論は，まさにわが国で生まれ育った日本のお家芸ともいえる分野である．これは今日の磁性物理学では重い電子系として発展している分野であるが，スピントロニクスとも深い関わりをもつので少し詳しく紹介する．

a. 磁性不純物の局在モーメントと残留抵抗

非磁性金属中の磁性不純物による残留抵抗は，最初Friedel[5]により仮想束縛状態の概念とそれによる電子の

位相シフトを用いて議論され，後にこの仮想束縛状態のスピン分極発生に関する微視的理論が Anderson[6] により示された．本節ではこのアンダーソンの理論に基づき磁性不純物の電子状態と電気抵抗への影響について述べる．

Anderson は非磁性金属中にある遷移金属原子の仮想束縛状態を記述するモデルとして次のハミルトニアン（以下，アンダーソン模型）を提案した．

$$H = \sum_{k,\sigma} \varepsilon_k c_{k\sigma}^+ c_{k\sigma} + \sum_\sigma E_d d_\sigma^+ d_\sigma$$
$$+ \frac{1}{\sqrt{N}} \sum_{k,\sigma} (V_{kd} c_{k\sigma}^+ d_\sigma + V_{dk} d_\sigma^+ c_{k\sigma}) + U d_\uparrow^+ d_\uparrow d_\downarrow^+ d_\downarrow$$

$$(1.7.25)$$

ここで，$c_{k\sigma}^+ (c_{k\sigma})$ と $d_\sigma^+ (d_\sigma)$ はそれぞれ伝導電子と遷移金属原子の d 電子の生成（消滅）演算子である（$\sigma = \uparrow, \downarrow$ はスピン状態）．また，第 1 項と第 2 項は伝導電子と d 電子のエネルギー，第 3 項は伝導電子と d 電子の混成（軌道の混じり）を表す．なお，N は格子数である．最後の第 4 項は d 電子が遷移金属原子の 3d 軌道にあることの特徴を表しており，同一軌道内に d 電子が（↑と↓の）2 個入ると U だけのクーロン反発力が働くことを意味する．

最初に $U = 0$ の場合を考える．この場合，式 (1.7.25) のハミルトニアンは一体問題（バンド計算と同じ）となるため，d 電子の状態密度（DOS）$\rho_d(\varepsilon)$ は近似なしで次のように求められる．

$$\rho_d(\varepsilon) = -\frac{1}{\pi} \operatorname{Im} \frac{1}{\varepsilon - E_d - \Sigma(\varepsilon)} \quad (1.7.26)$$

$$\Sigma(\varepsilon) = \frac{1}{N} \sum_k \frac{|V_{kd}|^2}{\varepsilon - \varepsilon_k + i\delta} = P \frac{1}{N} \sum_k \frac{|V_{kd}|^2}{\varepsilon - \varepsilon_k}$$
$$- i\pi \frac{1}{N} \sum_k |V_{kd}|^2 \delta(\varepsilon - \varepsilon_k) \quad (1.7.27)$$

ここで，$\Sigma(\varepsilon)$ は d 電子の自己エネルギーであり，伝導電子と（混成）相互作用することによるエネルギーのシフト（実数部）と寿命の逆数（虚数部）を表している．この実数部によってシフトした d 電子のエネルギーをあらためて $\tilde{E}_d$ とし，虚数部を Δ と書くと，式 (1.7.26) の DOS は，次式となる．

$$\rho_d(\varepsilon) \approx \frac{\Delta/\pi}{(\varepsilon - \tilde{E}_d)^2 + \Delta^2} \quad (1.7.28)$$

ここで，Δ は近似的に $\Delta \approx \pi \langle V_{kd}^2 \rangle_k \rho_c(\varepsilon)$（$\rho_c(\varepsilon)$ は伝導電子系の単位格子あたりの状態密度，$\langle V_{kd}^2 \rangle_k$ は $|V_{kd}|^2$ の k についての平均値）と表され，$\rho_c(\varepsilon)$ のエネルギー（ε）依存性が無視できる場合には定数と考えてよい．このとき，式 (1.7.28) は模式的に図 1.7.4 に示すようなローレンツ型で表される．すなわち，自己エネルギーの虚数部 Δ はピークの幅，$\tilde{E}_d$ はピークの中心エネルギーとなる．ただし，伝導電子系の DOS（$\rho_c(\varepsilon)$）のエネルギー幅が Δ に比べて十分広い場合，$\tilde{E}_d$ はほとんど E_d と考えてよい．また，いまの場合（すなわち $U=0$），$\rho_d(\varepsilon)$ は（σ に依存せず）$\sigma = \uparrow, \downarrow$ いずれに対しても同じであるため，d 電子に局在モーメントの発生はない．このローレンツ型の DOS で表される準位がフリーデルの仮想束縛状態に対応

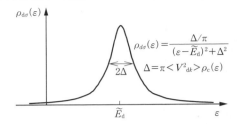

図 1.7.4 $U=0$ の場合のアンダーソン模型における不純物サイトの d 電子状態密度

し，伝導電子系との混成 V_{dk} によって有限の寿命（$\sim \hbar/\Delta$）をもった束縛状態とみなせる．このとき，フェルミエネルギー ε_F 近傍の伝導電子が受ける位相シフトは $\delta(\varepsilon_F) = -\tan^{-1}\{\Delta/(\varepsilon_F - \tilde{E}_d)\}$ で与えられる．Friedel の理論によれば，残留抵抗 R は $\sin^2 \delta(\varepsilon_F)$ に比例するので，

$$R \propto \sin^2 \delta(\varepsilon_F) = \frac{\Delta^2}{(\varepsilon_F - \tilde{E}_d)^2 + \Delta^2} \quad (1.7.29)$$

となり，d 準位 $\tilde{E}_d$ が非磁性金属の ε_F に位置するとき，すなわち d 電子の DOS のピーク位置（$\tilde{E}_d$）が ε_F に等しいときに残留抵抗が最大となることが理解される．

直感的には，伝導に寄与する（ε_F 近傍の）伝導電子にとって d 準位はポケットとなって抵抗として働くため，d 準位が ε_F 近傍にあるとポケットに入る確率が増すことで抵抗が大きくなると考えればよいであろう．

次に，U が有限の場合について考える．この場合は多体問題となるため厳密な議論は困難であるが，式 (1.7.25) 最後の項を $U(\langle d_\uparrow^+ d_\uparrow \rangle d_\downarrow^+ d_\downarrow + \langle d_\downarrow^+ d_\downarrow \rangle d_\uparrow^+ d_\uparrow)$ と近似すると次式となり，再び一体問題に帰着される．

$$H = \sum_{k,\sigma} \varepsilon_k c_{k\sigma}^+ c_{k\sigma} + \sum_\sigma (E_d + U \langle d_{-\sigma}^+ d_{-\sigma} \rangle) d_\sigma^+ d_\sigma$$
$$+ \frac{1}{\sqrt{N}} \sum_{k,\sigma} (V_{kd} c_{k\sigma}^+ d_\sigma + V_{dk} d_\sigma^+ c_{k\sigma}) \quad (1.7.30)$$

これは，d 電子間のクーロン相互作用（二体相互作用）において，相互作用する相手の d 電子の存在確率（すなわち電子数）を平均値 $\langle d_{-\sigma}^+ d_{-\sigma} \rangle$（$-\sigma$ は σ の逆スピン状態を意味する）で置き換え，これを d 準位のポテンシャルエネルギーとして E_d に加える形にしたものである．このように，電子間のクーロン相互作用を一電子のポテンシャルのように扱う近似をハートリー-フォック（HF）近似とよんでいる．もちろん $\langle n_{d-\sigma} \rangle = \langle d_{-\sigma}^+ d_{-\sigma} \rangle$ は式 (1.7.30) のハミルトニアンのもとで自己無撞着に求めるべき量である．HF 近似の範囲で d 電子の DOS を評価すると式 (1.7.26) は次のように変更される．

$$\rho_{d\sigma}(\varepsilon) = -\frac{1}{\pi} \operatorname{Im} \frac{1}{\varepsilon - E_d - U \langle n_{d-\sigma} \rangle - \Sigma(\varepsilon)}$$
$$\cong \rho_d(\varepsilon - U \langle n_{d-\sigma} \rangle) \quad (1.7.31)$$

ここで，最後の $\rho_d(\varepsilon)$ は式 (1.7.28) で与えられる σ に依存しない DOS の関数である．式 (1.7.28) との違いは，エネルギーのシフトとして $U \langle d_{-\sigma}^+ d_{-\sigma} \rangle = U \langle n_{d-\sigma} \rangle$ が加わったことである．ここで，$-\sigma$ スピンの電子数 $\langle n_{d-\sigma} \rangle$ は，（式 (1.7.31) の σ を $-\sigma$ とした）$\rho_{d-\sigma}(\varepsilon)$ を用いて，

$$\langle n_{\mathrm{d}-\sigma}\rangle = \int_{-\infty}^{\varepsilon_{\mathrm{F}}} \mathrm{d}\varepsilon \rho_{\mathrm{d}-\sigma}(\varepsilon) = \int_{-\infty}^{\varepsilon_{\mathrm{F}}} \mathrm{d}\varepsilon \rho_{\mathrm{d}}(\varepsilon - U\langle n_{\mathrm{d}\sigma}\rangle) \tag{1.7.32}$$

のように表されるので,結果として↑と↓スピンの電子数は次式の連立方程式から求められる.

$$\langle n_{\mathrm{d}\uparrow}\rangle = \int_{-\infty}^{\varepsilon_{\mathrm{F}}} \mathrm{d}\varepsilon \rho_{\mathrm{d}}(\varepsilon - U\langle n_{\mathrm{d}\downarrow}\rangle) \tag{1.7.33a}$$

$$\langle n_{\mathrm{d}\downarrow}\rangle = \int_{-\infty}^{\varepsilon_{\mathrm{F}}} \mathrm{d}\varepsilon \rho_{\mathrm{d}}(\varepsilon - U\langle n_{\mathrm{d}\uparrow}\rangle) \tag{1.7.33b}$$

式(1.7.33)は $\langle n_{\mathrm{d}\uparrow}\rangle = \langle n_{\mathrm{d}\downarrow}\rangle$ という自明な解をもつが,U がある程度大きくなると $\langle n_{\mathrm{d}\uparrow}\rangle \neq \langle n_{\mathrm{d}\downarrow}\rangle$ なる解が存在するようになる.その条件は次式で表される[6].

$$U\rho_{\mathrm{d}}(\varepsilon_{\mathrm{F}} - U\langle n_{\mathrm{d}}\rangle/2) > 1 \quad (\langle n_{\mathrm{d}}\rangle \equiv \langle n_{\mathrm{d}\uparrow}\rangle + \langle n_{\mathrm{d}\downarrow}\rangle) \tag{1.7.34}$$

このとき↑スピンと↓スピンでほぼ $U(\langle n_{\mathrm{d}\uparrow}\rangle - \langle n_{\mathrm{d}\downarrow}\rangle)$ だけ分裂した状態となり(図1.7.5),局在モーメント $m = \langle n_{\mathrm{d}\uparrow}\rangle - \langle n_{\mathrm{d}\downarrow}\rangle$ が発生した状態となる.これは直感的には,U がある程度大きいとd軌道は閉軌道にはならずにつねに↑スピンか↓スピンのいずれか一方の電子で占められる確率が高くなるため,d軌道にスピンの自由度が発生するためと解釈される.$\varepsilon_{\mathrm{F}} = -U/2$(対称アンダーソン模型)の場合を考えたとき,($\rho_{\mathrm{d}}(\varepsilon)$ は図1.7.4に示したような形をしているため)上記のスピン分極の条件を満たすためには,$m=0$($\langle n_{\mathrm{d}\uparrow}\rangle = \langle n_{\mathrm{d}\downarrow}\rangle$)としたときの $\rho_{\mathrm{d}\sigma}(\varepsilon)$ のピークが ε_{F} 近傍にあり,かつそのときのピークの値 $(1/(\pi\Delta))$ が $1/U$ より大きい(すなわち $U > \pi\Delta$)ことが必要である.したがって,U が有限であっても $U < \pi\Delta$ となった場合には局在モーメントは発生せず,d電子状態は依然として図1.7.4のような結果となる.

式(1.7.34)はハバード模型における(HF近似下での)強磁性出現条件(ストーナー条件)と類似している.ただし,単一バンドのハバード模型の場合DOSのエネルギーの原点に意味はないので,$\rho_{\mathrm{d}}(\varepsilon_{\mathrm{F}} - U\langle n_{\mathrm{d}}\rangle/2)$ の ( ) 内の $U\langle n_{\mathrm{d}}\rangle/2$ は必要ない.これに対して,アンダーソン模型の場合のd電子数 $\langle n_{\mathrm{d}}\rangle$ は,d準位と(伝導電子系がつく る)フェルミ準位の相対位置で決まるため,$U\langle n_{\mathrm{d}}\rangle/2$ は重要な意味をもつ.また,U の値は3d遷移金属原子の種類でほぼ決まり,Δ はd軌道と周りの非磁性金属の伝導電子系との混成で決まる.したがって,局在モーメントの発生は遷移金属原子の種類だけでなく,母体となる非磁性金属の種類にも依存することに注意する必要がある.

図1.7.6はAl中(a)とCu中(b)に添加した3d遷移金属不純物による残留抵抗を示した実験データ[7]である.Friedelによる簡単な見積もりによれば,Alの場合,遷移金属原子との混成が大きいため(上述の機構でいうと $U > \pi\Delta$ が満たされず)局在モーメントは発生しない.したがって,図(a)のAlに対しては先の $U=0$ の場合の議論が適用される.図の横軸の左から右に向かって各不純物原子のd準位 $(\tilde{E}_{\mathrm{d}\sigma})$ が低エネルギー側に移動するのであるが,ちょうどCrのところでd準位がAlの ε_{F} を横切るため,式(1.7.29)から,ここで残留抵抗が最大になったものと解釈される.一方,図(b)の非磁性金属がCuの場合,遷移金属原子との混成が弱く,$U > \pi\Delta$ が満たされるため局在モーメントが発生すると考えられる.このときは↑スピンと↓スピンでDOSのピークが異なるエネルギーに位置するため,非磁性金属の ε_{F} はd電子のDOSのピーク位置と2箇所で一致する可能性がある.したがって,図(b)のVとFeにおける残留抵抗のピークは,Cuの ε_{F} がそれぞれ,Vの $\rho_{\mathrm{d}\uparrow}(\varepsilon)$ のピーク位置とFeの $\rho_{\mathrm{d}\downarrow}(\varepsilon)$ のピークに等しくなっていることを反映したものとして解釈できる.また,CrとMnでのくぼみはCuの ε_{F} がここで $\rho_{\mathrm{d}\sigma}(\varepsilon)$ の二つのピークの谷間に位置していることを反映している.図1.7.7に,Al中の磁性不純物のDOSの第一原理計算の結果[8]を示す.上述したとおり,Al中では磁性不純物はスピン分極はせず,Crにおいてスピン縮退し

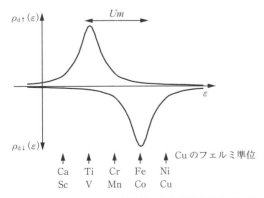

図1.7.5 ハートリー–フォック近似により計算された $U \neq 0$ のアンダーソン模型における不純物サイトのd電子状態密度
m:↑スピンと↓スピンの電子数の差 $\langle n_{\mathrm{d}\uparrow}\rangle - \langle n_{\mathrm{d}\downarrow}\rangle$
Um:スピンの交換分裂エネルギー.

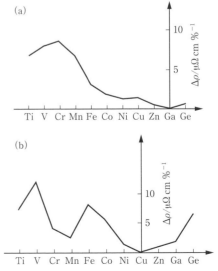

図1.7.6 Al中(a)とCu中(b)に添加した3d遷移金属不純物による残留抵抗
[J. Friedel, *Il Nuovo Cimento*, **7**, 287(1958)]

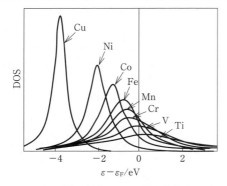

図1.7.7 Al 中の磁性不純物サイトの状態密度（DOS）の第一原理計算結果
[R. M. Nieminen, M. Puska, *J. Phys. F*, **10**, L123 (1980)]

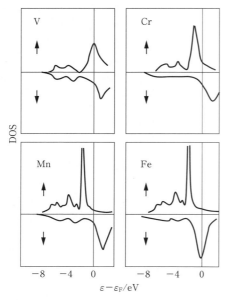

図1.7.8 Cu 中の磁性不純物サイトの状態密度（DOS）の第一原理計算結果
[P. J. Braspenning, P. H. Dedrich, *et al.*, *Phys. Rev. B*, **29**, 703 (1984)]

た DOS のピークが Al のフェルミ準位に一致している様子がわかる．このとき Cr の d 軌道はそれより重い遷移金属原子（Mn 以上）より空間的に広がっているため伝導電子系との混成が強く（ローレンツ型ピークの幅が広がり），結果として（やはり）$U > \pi\Delta$ が満たされなくなっていることが確認できる．図1.7.8 は Cu 中の磁性不純物の DOS の第一原理計算の結果[9]であるが，磁性不純物は大きくスピン分極し，確かに V と Fe のスピン分極したそれぞれのピークを Cu の ε_F が横切ることがわかる．

以上，アンダーソン模型を基に，磁性不純物の局在モーメントと残留抵抗について述べた．図1.7.8 で見たとおり，遷移金属原子は Cu などの非磁性金属中で確かにスピン分裂しているようにみえる．しかし，これらの系でさらに温度を下げていくと，電気抵抗が上昇し始めるという現象が観測されたのである．前述したように，式(1.7.25)のモデルをより詳細に調べると，U が十分大きくても低温では局在スピンは時間的（動的）に揺らぎ，あたかも最初から磁性不純物などなかったかのようにふるまう場合がある．上記の電気抵抗上昇はこのことを反映した現象であり，現在，近藤効果とよばれている現象である．

b. 近藤効果と量子ドット

式(1.7.25)のアンダーソン模型において，$E_d \ll \varepsilon_F$ でかつ $U + E_d \gg \varepsilon_F$ の場合を考える．このとき d 準位はフェルミ準位より下にありながら，軌道は完全には埋まらずつねに1個しか収容されない状況が生じる（2個目が入ろうとすると強いクーロン反発力でエネルギーがフェルミ準位より上がってしまう）．ここにさらに伝導電子との混成相互作用が働いたときの変化の様子を図1.7.9 に模式的に示す．(a)の初期状態で d 軌道には↑スピンがいたとする．この電子は伝導電子と混成しようとして ε_F より上の伝導帯の状態に遷移する (b)．空いた d 軌道に ε_F 以下の伝導電子が混成効果により入り込む (c)．いま，E_d は ε_F より十分低い（深い）エネルギー位置にいるので，図(b)の d 軌道が空っぽの状態の寿命はきわめて短いと考えてよい．そこでもし図(c)で，d 軌道に入ってくる電子が↓スピンとすると，d 電子は図(a)の↑スピンから図(c)の↓スピンに一気に変化（フリップ）し，同時にフェルミ準位の上下に電子-正孔の対を生成したように見える．これを繰り返すことによって，フェルミ準位近傍には無数の電子-正孔対が形成され，これらが d 電子のスピンと電荷を遮へいすることになる．また，遮へいに関与する電子と正孔がフェルミ準位近傍に集中することから，この効果は（フェルミ分布関数のシャープさと関連して）低温で急激に増大する．この過程を具体的に記述するには，もう少し見通しのよいハミルトニアンを用いるのが便利である．

ここでは，$E_d \ll \varepsilon_F$, $U + E_d \gg \varepsilon_F$ の場合を考えているので，d 準位が空の状態と電子が2個存在する状態はほとんど実現されない（確率振幅が0に近い）と考えてよい．そこで，d 準位に電子が1個存在する状態を非摂動状態とし，そこから伝導電子との混成相互作用によって0個もしくは2個の状態に移る遷移を二次摂動のかたちで取り込んでしまい，0個や2個の状態をヒルベルト空間から排除することを考える．そこで，レイリー-シュレディンガー摂動論のもとで適当な射影演算子を用いて，d 軌道に電子が0個と2個入る過程を排除する手続き（Schrieffer-Wolff 変換[10]とよばれる）を施すと，有効ハミルトニアンとして

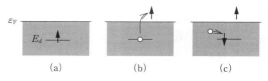

図1.7.9 アンダーソン模型において，$E_d \ll \varepsilon_F$, $U \gg \pi\Delta$ の場合に期待される s-d 混成のプロセス

次式が得られる.

$$H_{\text{eff}} = \sum_{k,\sigma} \varepsilon_k c_{k\sigma}^+ c_{k\sigma} + \frac{J}{N} \sum_{k,k'} \sum_{\sigma,\sigma'} \boldsymbol{S} \cdot c_{k\sigma}^+ \boldsymbol{\sigma}_{\sigma\sigma'} c_{k'\sigma'} \quad (1.7.35)$$

ここで, $\boldsymbol{\sigma}$ はパウリ行列であり,交換相互作用 J は以下の式で与えられる.

$$J = |V|^2 \left(\frac{1}{E_d + U} + \frac{1}{-E_d} \right) \quad (1.7.36)$$

ただし,ここでは $\varepsilon_F = 0$ とした.

式(1.7.35)はs-d模型あるいは近藤模型とよばれ,1個のd電子を $S=1/2$ の局在スピン $\boldsymbol{S}$ に置き換え,これと伝導電子の間に大きさが式(1.7.36)で与えられる反強磁性的交換相互作用が働いている様子を表している.式(1.7.25)のアンダーソン模型がd軌道をもつ不純物による伝導電子の散乱を記述する模型であったのに対し,式(1.7.35)の近藤模型はd電子のスピン自由度だけに着目したスピン依存散乱を記述する模型である.そこで,この近藤模型における伝導電子の散乱過程を T 行列を用いて調べてみよう. T 行列は与えられたハミルトニアンから散乱(状態間の遷移)に寄与する実効的な相互作用を記述する行列で,これを用いると電気抵抗などを容易に求めることができる.一般に, T 行列は,ハミルトニアンを対角項 H_0 と非対角項 V の和で表すと,次式のように表される.

$$T = V + V \frac{1}{E_0 - H_0} T = V + V \frac{1}{E_0 - H_0} V$$
$$+ V \frac{1}{E_0 - H_0} V \frac{1}{E_0 - H_0} V + \cdots \quad (1.7.37)$$

いまの場合, H_0 と V はそれぞれ式(1.7.35)の第1項と第2項である.ここで,式(1.7.37)右辺の V について二次までの過程(最初の2項)を考える.このときの一次と二次の過程を図1.7.10に示す.この過程は紙面の右側に向かって時間が進むと考えるとわかりやすい. M は局在スピンの状態(S_z の固有値), $\boldsymbol{k},\sigma$ は伝導電子の運動量とスピン(↑または↓)を表している. T_1 (一次)は V による一次, T_2 (二次)は二次の散乱過程であるが,重要なことは, T_2 (二次)にはさらに二つの過程($T_{2(a)}$ (二次)と $T_{2(b)}$ (二次))が含まれることである.すなわち, $T_{2(a)}$ (二次)は $\boldsymbol{k},\sigma$ の電子が局在スピンによって段階的に2回散乱される過程であるのに対し, $T_{2(b)}$ (二次)は,先に $\boldsymbol{k}'',\sigma''$ という状態の(フェルミ準位以下にあった)電子が $\boldsymbol{k}',\sigma'$ に遷移し,ついで開いた $\boldsymbol{k}'',\sigma''$ に $\boldsymbol{k},\sigma$ が入り込むという過程である.このように,散乱の順番が逆になるような過程はいまの問題に特有のことではなく,不純物散乱ではつねに考慮しなければならない.しかし,スピンに依存しない(スピンフリップを伴わない)通常の散乱過程ではこのようなことをとくに意識しなくても,周波数空間におけるグリーン関数の(一体の)摂動展開からすぐに計算できる.ここでそれができない理由は,散乱体自身が散乱のたびに(スピン)状態を変え,しかもその散乱の順序を変えると散乱強度が変わってしまうという事情があるためである.これはとりもなおさず,スピン演算子の交換関係 $[S_\alpha, S_\beta] = iS_\gamma \varepsilon_{\alpha\beta\gamma}$ ($\varepsilon_{\alpha\beta\gamma}$ は完全反対称テンソル)のせいである.

前述の三つの過程による T 行列の和は,最終的に次のようにまとめられる.

$$T(\equiv V_{\text{eff}}) = T_1 + T_{2(a)} + T_{2(b)} = \left(\frac{J}{N}\right)^2 S(S+1) \sum_{k''} \frac{1}{\varepsilon - \varepsilon_{k''}} \hat{1}$$
$$+ \frac{J}{N} \left\{ 1 + \frac{J}{N} \sum_{k''} \frac{2f(\varepsilon_{k''}) - 1}{\varepsilon - \varepsilon_{k''}} \right\} \boldsymbol{S} \cdot \boldsymbol{\sigma} \quad (1.7.38)$$

ただし,始状態と終状態でエネルギーは保存するとして $\varepsilon_k = \varepsilon_{k'} \equiv \varepsilon$ とした.また,式中最後のフェルミ分布関数 $f(\varepsilon_{k''})$ を含む項は,低エネルギー(あるいは低温)で次式で近似される.

$$\frac{1}{N} \sum_{k''} \frac{2f(\varepsilon_{k''}) - 1}{\varepsilon - \varepsilon_{k''}}$$
$$\cong \rho_c(0) \int_{-D}^{D} d\varepsilon' \frac{\tanh(\beta\varepsilon'/2)}{\varepsilon' - \varepsilon} \quad \left(\beta = \frac{1}{k_B T}\right)$$
$$\cong \begin{cases} -2\rho_c(0) \log \left|\frac{\varepsilon}{D}\right| & (|\varepsilon| > k_B T) \\ -2\rho_c(0) \log \left|\frac{k_B T}{D}\right| & (|\varepsilon| < k_B T) \end{cases} \quad (1.7.39)$$

ここで, $\rho_c(0)$ はフェルミ準位($\varepsilon_F = 0$ とした)における伝導電子の単位格子あたりの状態密度, $2D$ は伝導帯の有効バンド幅である.式(1.7.38),(1.7.39)からわかるように,(通常の不純物散乱に見られない)スピン依存散乱の最も重要な特徴は,有効相互作用に温度依存性があり,かつそれが低温で対数発散することである.まず,温度依存性であるが,これは, $T_{2(a)}$ (二次)と $T_{2(b)}$ (二次)の両過程で局在スピンの中間状態が異なるため,フェルミ分布関数がキャンセルされずに残ったことによる.次に,対数発散であるが,これは数学的には式(1.7.39)の積分を見ればわかるように, $T=0$ において $1/x$ の積分がある値(フェルミエネルギー)でカットオフされることによるもので,物理的には次のように解釈される.図1.7.10の $T_{2(b)}$ (二次)に見られるように,散乱の中間過程でフェルミ準位近傍に電子-正孔対が形成されるが,この生成確率はフェルミ準位を挟んで空孔と電子の占有確率が高いほど

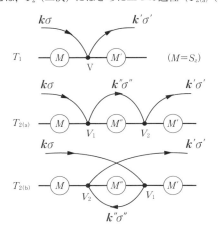

図1.7.10 近藤模型(式(1.7.35))のs-d交換相互作用に関する一次と二次の過程

大きくなる．したがって，低温になってフェルミ分布関数がシャープになればなるほどこの生成確率が高くなるのである．そして，$T=0$ ではフェルミ準位の直上で電子-正孔対ができるため，ゼロエネルギーで無数の対形成が可能になる．これが，散乱確率振幅の対数発散（赤外発散ともよばれる）となって現れることになる．以上の意味で，この特異な温度依存性は量子多体系の特徴を如実に反映した効果といえる．

さて，T 行列が与えられると，電気抵抗 R は緩和時間の逆数に比例することから $R \propto 1/\tau = \frac{2\pi}{\hbar}\sum_f |\langle f|T|i\rangle|^2 \delta(\varepsilon_i - \varepsilon_f) \propto |\langle V_{\text{eff}}\rangle|^2$ として評価される．ここで，V_{eff} に対して式(1.7.38)，(1.7.39)を用いると，電気抵抗の低温でのふるまいは，

$$R \propto J^2\left(1 - 4J\rho_c(0)\log\frac{k_B T}{D} + \cdots\right) \quad (1.7.40)$$

となり，$\log T$ の温度依存性が現れることがわかる．これが最初に Kondo[11] によって示された近藤効果である．実際の抵抗には電子間相互作用や電子-格子（フォノン）相互作用の効果が加算され，温度依存性は模式的に図1.7.11に示されるようなものとなる．すなわち，電気抵抗に極小が現れることになり，図1.7.12に示すような実

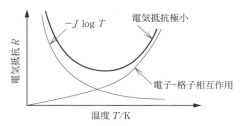

図1.7.11 磁性不純物と電子-格子相互作用による電気抵抗の温度依存性の模式図

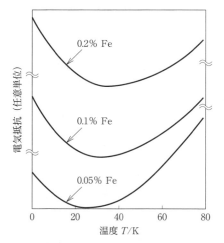

図1.7.12 Fe 不純物を含む Cu 金属の電気抵抗の温度変化 [J. P. Frank, D. L. Martin, *et al., Proc. Roy. Soc. A*, **263**, 494 (1961)]

験結果[12]がこの理論によって初めて説明された．

式(1.7.40)は $T=0$ で発散する結果となっているが，当然，現実には有限にとどまる．そこで，上記 T 行列の摂動計算を（最大発散項のみ拾って）無限次まで実行すると，R として $R \propto \left(\frac{1}{1+2J\rho_c(0)\log(k_B T/D)}\right)^2$ が得られる[13]．注目すべきことは，この式は温度が高温側から $T_K = D\exp(-1/\{2\rho_c(0)J\})$ になったところで発散し，それ以下の温度で摂動計算が破たんすることである．これは，局在スピンと伝導電子という描像を非摂動状態として出発すると，その間の（反強磁性的）交換相互作用をいくら繰り込んでも（$T=0$ での）基底状態にはたどりつかないことを示唆している．現在，この系の基底状態は系全体が T_K のエネルギーでスケールされた $S=0$（スピン一重項）のフェルミ液体状態としてふるまっている[14]と理解されており，T_K は近藤効果を特徴づけるエネルギー尺度として近藤温度とよばれている．また，$T=0$ における電気抵抗はフリーデルの理論において位相シフトを $\pi/2$ とおいた値（ユニタリー極限）で与えられ，そこから T^2 で減少することがわかっている．ここで基底状態が $S=0$ ということは，直感的には，もともと $S=1/2$ であった局在スピンが伝導電子との反強磁性的交換相互作用によってスピンフリップを繰り返すことで時間平均としてスピンが 0 に見えると解釈してもよい．

さて，近藤効果は図1.7.10に示されるように d 電子のスピンフリップ過程を伴うものであり，これは↑スピンと↓スピン状態が縮退していることの帰結である．そこで外部磁場を印加してスピンの縮退を解けば，近藤効果は抑えられ電気抵抗は減少することが期待される．これは一種の磁気抵抗効果であるが，動作温度は T_K（ほとんどが数K～数十K）以下である必要があり，かつエネルギーが T_K のオーダーとなる磁場は数十 T となることから，いまのところ現実的なデバイスとして期待はできない．一方，近年の微細加工技術の進展に伴って研究が進められている量子ドット系において，最近この近藤効果が注目を集めているので，その仕掛けについて以下に簡単に紹介する．

先に図1.7.9で見たように，d 電子は伝導電子との混成によって電荷の揺らぎ（電子の出入り）とスピンの揺らぎの両方を生じる．式(1.7.35)の s-d モデルはスピンの揺らぎのみを記述する有効ハミルトニアンであったが，電荷の揺らぎまで考慮するには元のアンダーソン模型に立ち返る必要がある．そのうえで図1.7.9の過程を考慮して d 電子の状態密度を計算すると，模式的に図1.7.13に示すような形が得られる．$\varepsilon = \tilde{E}_d$ におけるローレンツ型のピークはもともとフェルミ準位より下に位置する d 軌道の一電子準位であり，$\varepsilon = \tilde{E}_d + U$ におけるピークは d 軌道に2個目の電子が入った場合のエネルギー準位に対応する（それぞれハバード模型でいう lower-Hubbard および upper-Hubbard バンドに対応）．重要な結果は，フェルミ準位に現れる鋭いピークである．これが図1.7.9で見た

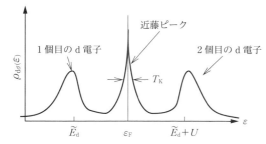

図1.7.13 アンダーソン模型から期待されるd電子状態密度
多体効果により，フェルミ準位に近藤ピークとよばれるピークが現れる．

フェルミ準位近傍に励起された電子-正孔対に起因する構造であり，伝導電子系での出来事が混成の効果によってd電子の状態密度に反映されたものである．もともとフェルミ準位よりずっと深いところにあったd準位（$E_d \ll \varepsilon_F$）が，混成と電子相関（U）の効果でε_F近傍に状態をもつのは興味深い結果であり，近藤効果の一つの側面を表している．実際，このピークの幅はほぼT_Kで与えられ，このピークを一般に近藤ピークあるいは近藤共鳴とよんでいる．

この近藤共鳴を人工的につくり出し制御しようという試みが量子ドット系で行われた．構造は図1.7.14(a)に示すように，二つのリード線の間に孤立ドット領域を設けたクーロン閉塞と同様の構造である．ドット領域にゲート電極を付け，ドット内のポテンシャルエネルギーを変化させることでリード線から電子を出入りさせることができる．このときドットの量子井戸構造による離散準位と電子間クーロン斥力Uのため，特定のゲート電圧のところでドット内電子数は1個ずつ（$U=0$なら2個ずつ）変化する．このためコンダクタンスが飛び飛びのゲート電圧においてピークをとるクーロン振動が得られることになる．こ

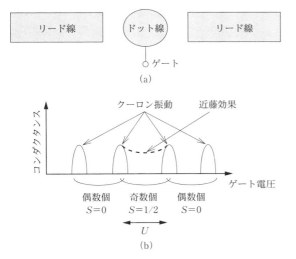

図1.7.14 量子ドットにおける近藤効果
(a) 量子ドットの模式図
(b) コンダクタンスのゲート電圧依存性の模式図

れがいわゆるクーロン閉塞現象である（図1.7.14(b)の実線）．ここで注目したいのは，電子が1個ずつ変化するということであり，このためドット内の電子数は奇数と偶数を繰り返すことになる．偶数個の場合は，特別な事情がない限りドット内の全スピンは0であるが，奇数個の場合は不対電子ができるので$S=1/2$の状態になることが期待される．すると，奇数個の場合は，ドット全体があたかも$E_d \ll \varepsilon_F$，$E_d+U \gg \varepsilon_F$の条件下でのアンダーソン模型におけるd軌道，リード線はこれと混成する伝導電子系（粒子源）とみなすことができる．ただし，このときの量子ドットの条件は$|E_d|$, $|E_d+U| \gg k_B T$である．図1.7.13から推察されるように，このときドット（d軌道）はリード線のフェルミ準位付近に新たな状態（近藤ピーク）をもつため，これを通してリード線（伝導電子系）から電子の流入（出）が可能になると考えられる．したがって，クーロン振動によるコンダクタンスの飛び飛びのピークの間で，ドット内の電子数が奇数個になっている（ゲート電圧の）領域では，低温（T_K以下）でコンダクタンスが有限の値になることが期待される（図1.7.14(b)の破線）．これが量子ドット系における近藤効果であり，いくつかの実験グループによって観測されている．詳細は文献[15]に譲るが，量子ドットにおける近藤効果としては以下の特徴があげられる．

① 電子数が奇数個の谷で近藤効果が現れ，低温でコンダクタンスGが増大する（通常の近藤効果と逆であることに注意）．

② Gの温度依存性は近藤温度T_K付近で対数的にふるまい，$T \ll T_K$でGは$2e^2/h$に近づく（ユニタリー極限）．

③ 電極間に電圧Vをかけると，微分伝導度dI/dVに$V=0$を中心として幅がT_K程度の近藤ピークが見られる．

④ 強磁場を印加すると近藤効果は弱められるが，電圧をかけると再びGが増大する．

最近では，スピン一重項（$S=0$）と三重項（$S=1$）が縮退する近傍で大きな近藤効果が観測され，このような領域では，近藤温度が上昇することが理論的にも示されている．また，Martinekら[16]は，リード線が強磁性体の場合の近藤効果についての理論的な研究を行っており，磁気抵抗（TMR）変化率のバイアス依存性などについて詳細な検討を行っていることを付記しておく．

1.7.3 磁気抵抗効果

磁気抵抗効果は，一般に電気抵抗値が磁場によって変化する現象であり，原因はさまざまである．1.7.2b.項で述べた近藤効果を示す系に磁場を印加すると，磁性不純物のスピン揺らぎが抑えられることで電気抵抗が低下する．この場合の磁気抵抗効果は磁場の方向とは無関係である．しかし，多くの場合，電気抵抗は電流方向と磁場あるいは磁化の方向に依存して変化する．この中で，磁場$\boldsymbol{B}$と電場$\boldsymbol{E}$がつくるローレンツ力に起因して起こる抵抗変化の現象を正常磁気抵抗効果（多くの場合，横磁気抵抗効果に対

応）とよび，自発磁化を有しない非磁性体において顕著に表れる．ただし，電子のフェルミ面が等方的な場合は単に電流 J と垂直方向 $B\times J$ に新たな電場が加わるのみなので，E 方向でみた電流に変化はなく電気抵抗は磁場の影響を受けることはない．しかし，フェルミ面が異方的な場合，フェルミ面上の電子の速度や寿命がフェルミ波数（$\vec{k}_F$）によって異なるため，各電子の運動の方向が異なり，結果として印加した電場方向の電流は減少するようにみえる．これが磁場による電気抵抗の増大となって現れ，磁場の2乗に比例した正の磁気抵抗を示す．これは，明らかに磁場そのものが電子の軌道運動に直接的な影響を与えている現象である．

一方，多くの強磁性体においては，磁場が直接的な原因ではなく，磁場によって向けられた磁化方向と電流方向の相対角度に依存して電気抵抗が変化する現象が見られ，これを異方性磁気抵抗（AMR：anisotropic magnetoresistance）効果とよんでいる．また，1980年代から盛んに研究されてきた巨大磁気抵抗（GMR：giant magnetoresistance）効果は，物質内の磁化（スピン）の相対角度によって電気抵抗が変化する現象であり，磁性多層膜などの人工格子によって実現されている．AMRはスピン軌道相互作用に起因すると考えられる現象であり，GMRは磁化と伝導電子スピンの（交換）相互作用によると考えられている．本項では，磁性体特有の磁気抵抗効果であるAMR効果と人工格子によるGMR効果を中心に概説する．

a. 2流体模型

一般に強磁性金属では↑スピン電子と↓スピン電子が感じるポテンシャルが異なるため，電子数やフェルミ速度などがそれぞれ異なると考えてよい．そこで，磁性体の磁気抵抗効果の理解には，電気伝導に関する（↑スピン電子と↓スピン電子の）2流体模型を用いるのが便利である．2流体模型では，次のことを押さえておくことが重要である．まず，二つの流体のそれぞれの電気抵抗を ρ_1, ρ_2 とすると，これらは次式で表すことができる．

$$\rho_1 = \rho_0 + \Delta \quad (1.7.41a)$$
$$\rho_2 = \rho_0 - \Delta \quad (1.7.41b)$$
$$\rho_0 = \frac{\rho_1 + \rho_2}{2} \quad (1.7.41c)$$
$$\Delta = \frac{\rho_1 - \rho_2}{2} \quad (1.7.41d)$$

このとき，全抵抗は次式となる．

$$\rho = \left(\frac{1}{\rho_1} + \frac{1}{\rho_2}\right)^{-1} = \frac{\rho_0^2 - \Delta^2}{2\rho_0} \quad (1.7.42)$$

この分子から明らかなように，2流体模型における電気抵抗は，それぞれの電気抵抗の差 Δ が大きいほど，小さくなることがわかる．このことから，強磁性体の場合，↑スピン電子と↓スピン電子の電気抵抗 $\rho_\uparrow$, $\rho_\downarrow$ の差が大きいほど全電気抵抗は低下することが理解される．この場合，$\rho_\uparrow$, $\rho_\downarrow$ の差 Δ を，二つの磁性層の磁化の相対角度で制御するのがGMR効果であり，電流と磁化の相対角度で制御するのがAMR効果ということになる．

b. 異方性磁気抵抗（AMR）効果

AMRは，電流と磁化の相対角度によって電気抵抗が変化する現象である．ここで，電流を磁化方向が平行な場合と垂直な場合の電気抵抗率をそれぞれ $\rho_{/\!/}$ と $\rho_\perp$，方向に関する平均値を $\bar{\rho} \equiv (\rho_{/\!/} + 2\rho_\perp)/3$ とすると，電気抵抗の変化率は次式で定義される．

$$\frac{\Delta\rho}{\bar{\rho}} = \frac{\rho_{/\!/} - \rho_\perp}{\bar{\rho}} \quad (1.7.43)$$

図1.7.15は，いくつかのNi合金の抵抗変化率を，各組成における原子あたりの磁気モーメントに対してプロットしたものである[17]．図が示すように，この系の抵抗変化率はすべて正であり，また多くの強磁性体の抵抗変化率も正となることが知られている．このように，電流値は磁化の方向や大きさと系統的な関係をもつことが理解される．これら3d遷移金属のスピン磁気モーメントの方向はスピン軌道相互作用を通して実空間の方向と関わりをもつことから，AMR効果にはスピン軌道相互作用が関与していることが予想される．この観点から，Campbellら[18]はスピン軌道相互作用を含む不純物散乱過程から異方的磁気抵抗効果の説明を行っている．以下で，Campbellらの理論を紹介する．

多くの3d遷移金属合金がそうであるように，ここでも伝導の担い手はs電子と考える．このs電子は原子の不規則配列や結晶粒界そして不純物などによって散乱され，それが電気抵抗に反映されると考えてよいであろう．このとき，s電子の散乱過程としては，1.7.2項a.で述べた機構と同様に，s-d混成ポテンシャルによって散乱体のd軌道に入り（トラップされ），再びs電子として出ていく過程が考えられる．ここで，s電子を平面波とし，散乱ポテンシャルを球対称と仮定すると，s-d混成の選択則からs電子の運動の方向（k の方向）によって遷移先のd軌道の磁

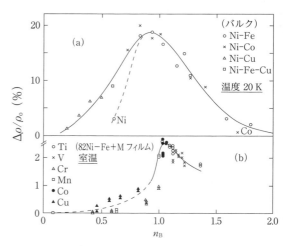

図1.7.15 Ni合金の異方的磁気抵抗変化率
横軸は各組成における原子あたりの磁気モーメント
[T. Miyazaki, M. Ajima, *J. Magn. Magn. Mater.*, **81**, 91 (1989)]

気量子数 m が異なる．たとえば，

$$\langle m|V|k_x\rangle = X/\sqrt{3}\,\delta_{m,0}$$
$$\langle m|V|k_z\rangle = \begin{cases} -X/(2\sqrt{3}) & (m=0) \\ X/(2\sqrt{2}) & (m=\pm 2) \end{cases} \quad (1.7.44)$$

ここで，$X \equiv \iiint R(r)(z^2-x^2)V(r)\cos k_z z\,dxdydz$ であり，$V(r)$ は散乱ポテンシャル，$R(r)$ は d 軌道の波動関数の動径部分である．この散乱過程だけなら，磁化方向と電流には何の関係もないので AMR 効果が生じることはない．ここで，d 軌道内のスピン軌道相互作用を考慮すると，この散乱体の d 軌道の方向（量子化軸の方向）とスピンの方向が関係するので，磁気双極子モーメントの向きと s 電子の流れの方向によって s 電子の散乱強度，すなわち電気抵抗が異なることが期待される．実際，スピン軌道相互作用に関して二次までの摂動計算から，磁気双極子モーメントと平行方向と垂直方向のスピン別の電気抵抗率はそれぞれ近似的に次式で与えられる[19]．

$$\rho_{/\!/\uparrow} = \rho_0 - \Delta_{/\!/} \quad (1.7.45\,\mathrm{a})$$
$$\rho_{/\!/\downarrow} = \rho_0 + \Delta_{/\!/} \quad (1.7.45\,\mathrm{b})$$
$$\rho_{\perp\uparrow} = \rho_0 - \Delta_\perp \quad (1.7.45\,\mathrm{c})$$
$$\rho_{\perp\downarrow} = \rho_0 + \Delta_\perp \quad (1.7.45\,\mathrm{d})$$
$$\rho_0 = \frac{\rho_\downarrow + \rho_\uparrow}{2}, \quad (1.7.46\,\mathrm{a})$$
$$\Delta_{/\!/} = (1-3\lambda^2)\frac{\rho_\downarrow - \rho_\uparrow}{2} \quad (1.7.46\,\mathrm{b})$$
$$\Delta_\perp = \left(1-\frac{3}{2}\lambda^2\right)\frac{\rho_\downarrow - \rho_\uparrow}{2} \quad (1.7.46\,\mathrm{c})$$

ここで，λ はスピン軌道相互作用定数 ξ と交換分裂エネルギー H_ex の比 $\lambda=\xi/H_\mathrm{ex}$ である．また，ρ_σ（$\sigma=\uparrow,\downarrow$）はスピン軌道相互作用がない場合の s-d 散乱強度から得られる σ スピン電子の電気抵抗率であり，d 軌道の磁気量子数ごとの部分状態密度はすべて同じとした．式 (1.7.46 b), (1.7.46 c) の $\Delta_{/\!/}$ と $\Delta_\perp$ はそれぞれ磁気双極子モーメントと電流が平行と垂直の場合の，↑スピンと↓スピンの電気抵抗率の差である．これらの式から明らかなように，スピン軌道相互作用がない（$\lambda=0$）場合は $\Delta_{/\!/}=\Delta_\perp$ となり，$\rho_{/\!/}$ と $\rho_\perp$ の差（AMR）は生じない．また，式 (1.7.46 b) と (1.7.46 c) から，スピン軌道相互作用 λ は↑スピンと↓スピンの電気抵抗率の差（$\Delta_{/\!/}$，$\Delta_\perp$ のいずれも）を減少させる方向に働くことがわかる．これは，スピン軌道相互作用が↑スピン状態と↓スピン状態の混成をもたらすことを考えれば当然の結果といえる．重要なことは，$\Delta_{/\!/}$ の方が $\Delta_\perp$ より λ^2 による減少の割合が 2 倍大きいことである．この起源は，式 (1.7.44) で示した s-d 混成の選択則にある．したがって，λ^2 が十分小さい範囲では $\Delta_{/\!/} < \Delta_\perp$ となり，a. 項で説明したように，2 流体の差が大きいほうが電気抵抗が小さくなることから，$\rho_{/\!/} > \rho_\perp$ が期待される．実際，$\rho_{/\!/}-\rho_\perp$ は

$$\rho_{/\!/}-\rho_\perp = \frac{\Delta_\perp^2 - \Delta_{/\!/}^2}{2\rho} = \frac{(\rho_\downarrow-\rho_\uparrow)^2}{(\rho_\downarrow+\rho_\uparrow)}\frac{3}{2}\lambda^2\left(1-\frac{9}{4}\lambda^2\right) \quad (1.7.47)$$

となり，$\lambda^2 < 4/9$ であれば $\rho_{/\!/}-\rho_\perp > 0$ が得られることになる．実際には，ここで扱った s-d 散乱以外に，s 電子自身による抵抗の寄与があるので，その寄与を加えると，$\rho_\uparrow$, $\rho_\downarrow$ の大小関係によって $\rho_{/\!/}-\rho_\perp$ の符号が変わってくる可能性がある．しかし，3d 遷移金属の不規則合金の場合は s-d 散乱の効果で $\rho_\uparrow < \rho_\downarrow$ となることが多く，この場合にはやはり $\rho_{/\!/}-\rho_\perp > 0$ となる可能性が高い．

c. 磁性/非磁性界面におけるスピン依存散乱（CIP-GMR）

1986 年，Grunberg ら[20] は Fe/Cr/Fe の積層膜で，両側の Fe の磁化を平行配列したときと反平行配列したときで電気抵抗が数％程度変化することを見出した．その後，Fert ら[21] が Fe/Cr の多層構造において 40％以上の抵抗変化率を観測し（図 1.7.16），それまでの AMR 効果による抵抗変化率をはるかに上回る現象であることから GMR 効果として注目されるようになった．GMR 効果は，AMR 効果とは質的に異なり，非磁性層を挟む強磁性層の磁化の相対角度で電気抵抗が変化する現象である．平行配列と反平行配列での電気抵抗をそれぞれ R_P, R_AP とすると，磁気抵抗変化率 MR は

$$MR = \frac{R_\mathrm{AP}-R_\mathrm{P}}{R_\mathrm{AP}} \quad (1.7.48\,\mathrm{a})$$

もしくは分母を R_P とした，

$$MR = \frac{R_\mathrm{AP}-R_\mathrm{P}}{R_\mathrm{P}} \quad (1.7.48\,\mathrm{b})$$

で定義される．このように定義された磁気抵抗変化率を MR 比とよぶ．GMR 効果は，当初膜面方向の電気抵抗の変化で観測されていたが，後に積層方向での電気抵抗の変化も測定されるようになった．これらを区別するため，前者を CIP-GMR（current-in-plane giant magnetoresistance）効果，後者を CPP（current-perpendicular to-plane）-GMR 効果とよんでいる．

ここで具体的に GMR の素子構造を想定し，CIP-GMR 効果の機構について考える．式 (1.7.11) でみたように，電気伝導度は物質の内在的な特性を反映するフェルミ準位

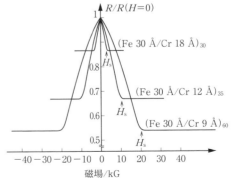

図 1.7.16 Fe/Cr 多層膜における磁気抵抗変化率（1Å=10^{-10} m） [M. N. Baibich, A. Friedrich, *et al.*, *Phys. Rev. Lett.*, **61**, 2472 (1988)]

における状態密度 $\rho_\sigma(\varepsilon_F)$ と速度 $\bar{v}_\sigma(\varepsilon_F)$，および不均一性に起因する電子の緩和時間 $\tau_\sigma(\varepsilon_F)$ の積によって記述される．CIP-GMR 効果の機構に関する理論研究は，前者の物質系の変化に起源を求める立場[22~24]と，後者のスピン依存散乱に軸足をおく立場[25]がある．ここでは，両者の考え方について簡単に紹介する．詳細については文献[26~28]を参照されたい．

後者の界面散乱の立場に立った考え方は，a.項で述べた2流体モデルで簡単な解釈が可能である．すなわち，↑スピン電子と↓スピン電子が感じる抵抗率をそれぞれ $\rho_\uparrow$，$\rho_\downarrow$ として，図1.7.17のような強磁性（FM）層と非磁性（NM）層が交互に複数層重なった積層構造を考える．ここで，電子スピンの向きと FM 層の磁化の向きが平行のときは界面での散乱が少なく，反平行のときは散乱が強いと仮定する．すると，図(a)のように FM 層の磁化がすべて↑スピンの向きと同方向の場合は $\rho_\downarrow > \rho_\uparrow$ となり，図(b)のように隣接する FM 層の磁化の向きが反平行に並んでいる場合には $\rho_\downarrow \sim \rho_\uparrow$ となる．式(1.7.42)は，2流体の電気抵抗の差 $\Delta = (\rho_\downarrow - \rho_\uparrow)/2$ が大きいほうが全電気抵抗が小さいことを意味しており，GMR 効果をうまく説明するモデルとなる．このことを，スピン依存する電子の緩和時間を用いてもう少し具体的に評価すると，抵抗変化率は以下のように求めることができる．いま，σ スピン電子の緩和時間を τ_σ として，図1.7.17のような積層構造における電子の実効的な緩和時間を考えてみる．ここで，σ スピンをもつ電子が，σ と平行な磁化を有する磁性層の界面（磁性原子）によって散乱される場合の緩和時間を τ^+，電子が σ と反平行の磁化をもつ磁性層によって散乱される場合の緩和時間を τ^- とする．すると，磁性層の磁化がすべて同じ方向（↑とする）を向いた場合（図(a)）の↑スピン電子の緩和時間（の逆数）は $1/\tau_\uparrow = 2N/\tau^+$，↓スピンの緩和時間は $1/\tau_\downarrow = 2N/\tau^-$ で与えられる（N は磁性層の総数）．したがって，この場合の実効緩和時間は，$\tau_P = (\tau^+ + \tau^-)/2N$ となる．一方，磁性層の磁化が図(b)のように反平行配列になっている場合，↑スピン電子は↑向き磁性層の界面で τ^+，↓向き磁性層の界面で τ^- の緩和時間をもつため，$1/\tau_\uparrow = N(1/\tau^+ + 1/\tau^-)$ となる．これは↓スピン電子に対しても同じであるため，両者を合わせた実効緩和時間は $\tau_{AP} = 2\tau^+\tau^-/N(\tau^+ + \tau^-)$ となる．そこで，図1.7.17の平行配列(a)と反平行配列(b)の電気抵抗の違いが緩和時間（の逆数）の違いのみで表されると仮定すると，式(1.7.48a)で定義された MR 比は次式で表される．

$$MR = \frac{1/\tau_{AP} - 1/\tau_P}{1/\tau_{AP}} = \left(\frac{\tau^+ - \tau^-}{\tau^+ + \tau^-}\right)^2 \quad (1.7.49)$$

式(1.7.49)は，$\tau^+ \neq \tau^-$ すなわち磁性層の磁化の方向によって電子の散乱確率が↑スピンと↓スピンで異なりさえすれば MR 比は有限の値となることを意味している．

そこで次に，界面においてスピンに依存する散乱機構とはどのようなものか考えてみよう．一つの考え方は，1.7.2a.項で述べた磁性不純物による散乱を磁性/非磁性界面に適用したものである．したがって，非磁性層中に飛び出した磁性原子は式(1.7.25)のアンダーソンモデルから図1.7.18のような電子状態となることが期待され，この磁性原子による伝導電子の散乱断面積（散乱確率）はスピンに依存すると考えられる．1.7.2a.項でも説明したように，不純物散乱による電気抵抗は式(1.7.29)に比例するので，磁性原子の d 準位（$\bar{E}_d$）が非磁性金属のフェルミ準位 ε_F に一致するとき，すなわち d 電子の状態密度（DOS：density of state）のピーク位置が ε_F に等しいときに残留抵抗が最大となることが理解される．直感的には，非磁性層の伝導に寄与する（ε_F 近傍の）伝導電子にとって磁性不純物原子の d 準位はポケットとなって抵抗として働くため，d 準位が ε_F 近傍にあるとポケットに入る確率が増すことで抵抗が大きくなると考えればよい．

いま，図1.7.18のモデルの妥当性をみるため，図1.7.19に第一原理計算により得られた Co/Cu 積層膜界面での局所 DOS を示す[29]．ここでは界面で Co と Cu が $Co_{0.1}Cu_{0.9}$ という組成比で不規則合金を形成していると仮定した．上記の推察どおり，界面に染み出した Co の↓ス

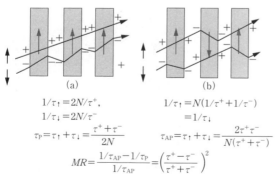

図1.7.17 CIP-GMR におけるスピン依存散乱機構の模式図
(a) 平行配列　(b) 反平行配列
電子は強磁性層と非磁性層の界面で散乱されると仮定する．
$\tau^+ (\tau^-)$：強磁性層の磁化と平行（反平行）方向のスピンをもつ電子の緩和時間．

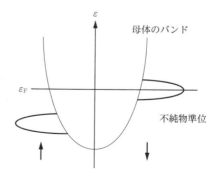

図1.7.18 アンダーソン模型（式(1.7.25)）から期待される非磁性金属中の磁性不純物の局所状態密度の模式図

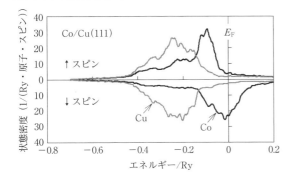

図 1.7.19 Co/Cu 多層膜の界面における局所状態密度の第一原理計算（1 Ry $= 2.179\,872 \times 10^{-18}$ J）
界面で Co と Cu が $Co_{0.1}Cu_{0.9}$ という組成比で不規則合金を形成していると仮定した．
[A. Sakuma, *J. Magn. Magn. Mater.*, **303**, e184(2006)]

ピンの DOS はローレンツ型に近く，そのピークがフェルミ準位近傍に位置していることが確認される．これが，遷移金属の中で Co が磁性層として有効となるゆえんと解釈される．

一方，GMR 多層膜として最初に報告された Fe/Cr 多層膜の場合は Cr も d 準位を有するので，Co/Cu の場合とは多少事情が異なると考えるべきである．Inoue ら[26]によれば，Fe と Cr のバルクでの DOS はおおむね図 1.7.20 のような相対関係にあるとされる．特徴は，↑スピンの d 準位は大きく異なるのに対し，↓スピンの d 準位はほとんど同じレベルにある点である．電子は界面でそれぞれのポテンシャルエネルギーの差分だけのポテンシャルを感じるとすると，↑スピンは界面で強い散乱を受けるのに対し，↓スピンはほとんど散乱を受けずスムーズに通過すると期待される．ここで，σ スピン状態におけるエネルギー差を ΔV_σ とすると，界面散乱による電子の緩和時間はスピンに依存して $1/\tau_\sigma(\boldsymbol{k}) = \frac{2\pi}{\hbar}\sum_{\boldsymbol{k}'}|\langle \boldsymbol{k}'|\Delta V_\sigma|\boldsymbol{k}\rangle|^2 \delta(\varepsilon_{\boldsymbol{k}'} - \varepsilon_{\boldsymbol{k}})$ で与えられる．したがって，Fe/Cr 多層膜の場合は，$|\Delta V_\uparrow| \gg |\Delta V_\downarrow| \approx 0$ なので，$1/\tau_\uparrow \gg 1/\tau_\downarrow$ となり，式(1.7.49)の MR 比は（$\tau^- \gg \tau^+$ なので）1 に近い値になることが期待される．図 1.7.21 に，強磁性状態の bcc-Fe と非磁性状態の bcc-Cr の DOS の第一原理計算結果を示す．ともに

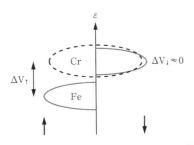

図 1.7.20 Fe（実線）と Cr（破線）のバルクでの状態密度の模式図

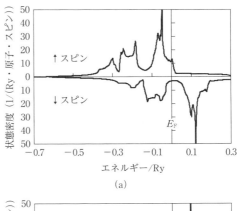

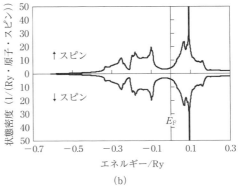

図 1.7.21 強磁性状態の bcc-Fe (a) と非磁性状態の bcc-Cr (b) の状態密度の第一原理計算結果

bcc 構造であることを反映して，DOS の形状は類似していることがわかる．↑スピン状態の DOS は大きく異なっているのに対し，両者の↓スピン状態の DOS はエネルギー的に重なっているのが理解される．これは，Inoue らによる図 1.7.20 の模式図を支持する結果といえる．

一方，電気抵抗の変化を $\rho_\sigma(\varepsilon_F)$ と $\bar{v}_\sigma(\varepsilon_F)$（フェルミエネルギーにおける σ スピン電子の平均速度）の変化としてとらえる研究は，おもに第一原理計算の立場からなされた．そのメカニズムの骨格は，磁化の相対角度に依存した分散関係 $\varepsilon_{\boldsymbol{k}}$ の変化にある．すなわち，磁性層の磁化が平行の場合，電子が感じるポテンシャルは空間的に一様になる．このとき，$\varepsilon_{\boldsymbol{k}}$ は $\boldsymbol{k}$ に対して激しく変化するため $\boldsymbol{v}_{\boldsymbol{k}_F} = \left.\frac{1}{\hbar}\frac{\partial \varepsilon_{\boldsymbol{k}}}{\partial \boldsymbol{k}}\right|_{\boldsymbol{k}=\boldsymbol{k}_F}$ （式(1.7.6)）で定義される電子のフェルミ速度は大きくなる．一方，磁性層の磁化が反平行の場合，$\varepsilon_{\boldsymbol{k}}$ は $\boldsymbol{k}$ の変化に対して比較的フラットとなるため，電子の速度は小さい．これは強磁性体と反強磁性体での $\varepsilon_{\boldsymbol{k}}$ の違い，あるいはバンド幅の違いと本質的に関連している．一般に $\varepsilon_{\boldsymbol{k}}$-$\boldsymbol{k}$ 曲線の平坦性はフェルミ準位における状態密度（$\rho_\sigma(\varepsilon_F)$）の強度にも影響してくるが，Co/Cu 系多層膜の CIP-GMR の場合，$\boldsymbol{v}_{\boldsymbol{k}_F}$ の変化のほうが支配的である．Zahn ら[22]は Co/Cu 系多層膜における $\rho_\sigma(\varepsilon_F)$ と $\bar{v}_\sigma(\varepsilon_F)$ の Cu 厚依存性の第一原理計算を行い，平行配列の場合の

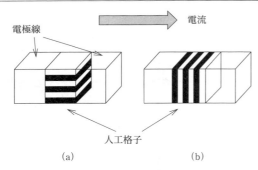

図 1.7.22 GMR 素子構造の模型
(a) CIP 配置　(b) CPP 配置

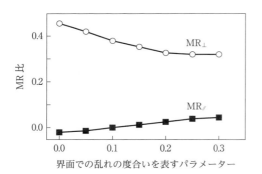

図 1.7.23 図 1.7.22 の素子構造における磁気抵抗比の計算結果
○：CPP-GMR, ■：CIP-GMR 構造に対応.
[Y. Asano, A. Oguri, S. Maekawa, *Phys. Rev. B*, **48**, 6192 (1993)]

$\bar{v}_\uparrow(\varepsilon_F)$ は，反平行配列の場合の $v_{AP} = \bar{v}_\uparrow(\varepsilon_F) + \bar{v}_\downarrow(\varepsilon_F)$ より十分に大きくなることを示している．

これらは，$\rho_\sigma(\varepsilon_F)$ や $\bar{v}_\sigma(\varepsilon_F)$ などの計算を介して間接的に MR 比を見積もったものであるが，Asano ら[30]は式(1.7.18) の久保-Greenwood の式を用いて図 1.7.22 に示すような CIP-および CPP-GMR 素子の電気抵抗の計算を行っている．図 1.7.23 は，界面での乱れが（式(1.7.48a) で定義される）MR 比に与える影響を示した計算結果である．これまでの考察のとおり，CIP 構造では界面での配列の乱れによる散乱がなければ磁気抵抗は生じないことが確認される．乱れとともに MR 比は増加するが，（電流はおもに面内を流れるため）電子がすべてスピン依存散乱を受けるわけではないので，CPP 構造に比べて MR 比は小さい．一方，CPP 構造では乱れがなくても磁気抵抗効果が存在し，乱れの発生に伴い MR 比が低下していくことがわかる．したがって，界面における磁性原子の乱れを導入すると，CPP-GMR と CIP-GMR の R の違いは縮まる方向に変化することが本計算から推察される．

d. 磁性/非磁性界面でのスピン蓄積による抵抗（CPP-GMR）

c. 項で，CIP-GMR の考え方を中心に述べた．そこでは，電気伝導度 σ の支配因子である緩和時間と速度が中心的な役割を演じるという立場からの解釈を紹介した．これに対し Valet-Fert[31] や Zhang-Levy[32] は，CPP-GMR 効果の場合，磁性/非磁性層界面におけるスピン蓄積が磁気抵抗に大きな影響をもたらすという立場でその機構の説明を試みている．ここでは，スピン蓄積を記述する理論から出発し，磁気抵抗への影響やスピン蓄積の非局所検出について概説する．

まず，磁性体内の磁化 $\boldsymbol{M}$ の運動方程式(1.7.50) から出発する．

$$\frac{d}{dt}\boldsymbol{M} = -\nabla \cdot \boldsymbol{j}^S \quad (1.7.50)$$

これは電荷の保存式 $e\dot{n} + \nabla \cdot \boldsymbol{j}^e = 0$ に対応する磁化の保存式と理解してよい．ここで，$\boldsymbol{j}^S$ はスピン流とよばれるテンソル量で，空間の電子の流れのほかにスピンの情報をもつ．式(1.7.50) は物理的には，あるサイトに出入りするスピン流の空間変化に応じてそのサイトの $\boldsymbol{M}$ が時間変化することを意味している．彼らはスピン蓄積を議論する目的で，式(1.7.50) の $\boldsymbol{M}$ の z 成分のみ考え，その符号と大きさの変化に着目して式(1.7.50) を次式で表している．

$$\frac{dM}{dt} = -\nabla \cdot \boldsymbol{j}_z^S - \frac{\delta M}{\tau} \quad (1.7.51)$$

ここで，右辺第 2 項はスピンの緩和を表すために現象論的に導入したもので，δM は M の平衡値からのずれ，τ はスピン緩和時間とよばれる．また，スピン流の z 成分 $\boldsymbol{j}_z^S$ は，電流密度の↑スピン成分と↓スピン成分をそれぞれ $\boldsymbol{j}_\uparrow^e, \boldsymbol{j}_\downarrow^e$ とすると，次式で与えられる量である（全電流密度は $\boldsymbol{j}^e = \boldsymbol{j}_\uparrow^e + \boldsymbol{j}_\downarrow^e$）．

$$\boldsymbol{j}_z^S = \frac{\mu_B}{e}(\boldsymbol{j}_\uparrow^e - \boldsymbol{j}_\downarrow^e) \quad (e<0) \quad (1.7.52)$$

ここで，$\mu_B = e\hbar/(2m)$（<0）はボーア磁子である．さらに $\boldsymbol{j}_\sigma^e$ は，電場を $\boldsymbol{E}$，σ スピン電子の電気伝導度を σ_σ，拡散係数を D_σ，そして σ スピン電子の濃度の平均値からのずれを δn_σ とすると，次式によって表される．

$$\boldsymbol{j}_\sigma^e = \sigma_\sigma \boldsymbol{E} - eD_\sigma \nabla(\delta n_\sigma) \quad (1.7.53)$$

そこで，式(1.7.53) を用いると，$\boldsymbol{j}^e$ と $\boldsymbol{j}_z^S$ はそれぞれ次式となる．

$$\boldsymbol{j}_\sigma^e = (\sigma_\uparrow + \sigma_\downarrow)\boldsymbol{E} - \frac{e}{\mu_B}\left\{\frac{D_\uparrow - D_\downarrow}{2}\nabla\delta M + \mu_B \frac{D_\uparrow + D_\downarrow}{2}\nabla\delta n\right\} \quad (1.7.54)$$

$$\boldsymbol{j}_z^S = \frac{\mu_B}{e}(\sigma_\uparrow - \sigma_\downarrow)\boldsymbol{E} - \left\{\frac{D_\uparrow + D_\downarrow}{2}\nabla\delta M + \mu_B\frac{D_\uparrow - D_\downarrow}{2}\nabla\delta n\right\} \quad (1.7.55)$$

ここで，$\delta n = \delta n_\uparrow + \delta n_\downarrow$，$\delta M = \mu_B(\delta n_\uparrow - \delta n_\downarrow)$ である．δn は小さいと仮定し，式(1.7.54) から $\boldsymbol{E}$ を求め，これを式(1.7.55) に代入すると次式を得る．

$$\boldsymbol{j}_z^S = \frac{\mu_B}{e}P\boldsymbol{j}^e - \xi\nabla(\delta M) \quad (1.7.56)$$

ここで，ξ は $(\sigma_\uparrow D_\downarrow + \sigma_\downarrow D_\uparrow)/(\sigma_\uparrow + \sigma_\downarrow)$ で定義される平均化された拡散係数，P は $(\sigma_\uparrow - \sigma_\downarrow)/(\sigma_\uparrow + \sigma_\downarrow)$ であり，スピン分極を特徴づける量である．式(1.7.56) を式(1.7.51) に代入することによりスピン蓄積に対する方程式として次式

が得られる．

$$\frac{d}{dt}M - \xi\nabla^2\delta M + \frac{\delta M}{\tau} = -\frac{\mu_B}{e}\bm{j}^e\cdot\nabla P \quad (1.7.57)$$

式(1.7.57)はδMに対する拡散方程式になっており，定常状態（$dM/dt=0$）における特殊解として$\delta M(z) \propto \exp(-z/\lambda)$（$\lambda=\sqrt{\xi\tau}$）の形をもつことがわかる．式(1.7.57)の右辺はδMの供給源（ソース項）としての意味をもち，スピン蓄積δMは↑スピンと↓スピンの電気伝導度の差Pが空間的に大きく変化するところで発生することが理解される．容易にわかるように，それは強磁性/非磁性など磁気的性質の異なる物質の接合の界面であり，界面で発生したδMはξとτによって決まる幅λの広がりをもって分布する．この広がりはスピン拡散長とよばれ，Cuで100 nm程度と見積もられている．また，式(1.7.57)が示すように，δMのソース項はj^eに比例しており，スピン蓄積はあくまで電流によってもたらされるものである点が重要である．

ここでスピン蓄積の具体例として，図1.7.24に示すような強磁性/非磁性/強磁性（いずれも金属とする）の3層構造を考える．ここでは電子の流れと電流方向および磁化とスピンの向きは同じとし，電流j^eは左から右（z方向）に流れるとする．まず，二つの強磁性体の磁化が反平行配列している場合（図(a)）から考える．左側の強磁性体内で↑スピン電子と↓スピン電子の電気伝導度は異なる（$\sigma_\uparrow > \sigma_\downarrow$とする）が，非磁性層内では$\sigma_\uparrow = \sigma_\downarrow$となるため，$z=z_1$において$dP/dz=-P_0\delta(z-z_1)$となる（$P_0$は強磁性体内で定義された$P$の値で，$P_0=(\sigma_\uparrow-\sigma_\downarrow)/(\sigma_\uparrow+\sigma_\downarrow)>0$である）．したがって，$-j^e dP/dz=j^e P_0 \delta(z-z_1)>0$となり，$z=z_1$の界面で正の$\delta M$が発生することになる．実際，$z=z_1$近傍における式(1.7.57)の定常解は次式で与えられる．

$$\delta M(z) = \frac{\mu_B}{e}\frac{j^e P_0 \lambda}{2\xi}\{e^{(z-z_1)/\lambda_F}\theta(z_1-z)$$
$$+ e^{-(z-z_1)/\lambda_N}\theta(z-z_1)\} \quad (1.7.58)$$

ここで，$\lambda_F=\sqrt{\xi\tau_F}$，$\lambda_N=\sqrt{D_N\tau_N}$はそれぞれ強磁性層および非磁性層におけるスピン拡散長であり，τ_F, τ_Nは各層におけるスピン緩和時間である．式(1.7.58)から，δMは$z=z_1$の界面でピークをもち，その両側にλの幅で広がることが理解される．これは物理的には，↑スピン電子は非磁性層との界面で減速（あるいは↓スピン電子が加速）されるため，界面（$z=z_1$）で↓スピン電子はスムーズに逃げ，逆に↑スピン電子が淀むことにより結果として正のδM（$=\delta n_\uparrow - \delta n_\downarrow > 0$）が蓄積されたと解釈することができる．次に，右側の界面（$z=z_2$）では電気伝導度は$\sigma_\uparrow < \sigma_\downarrow$となるため，↑スピン電子は界面で再び減速（あるいは↓スピン電子が加速）される．このため，右側の界面（$z=z_2$）では↑スピン電子は再び淀み，結果的にここでも正のδM（$=\delta n_\uparrow - \delta n_\downarrow > 0$）が蓄積される．したがって，$\delta M$は図1.7.24(a)に模式的に示したように，両界面の近傍にλ程度の幅で発生し，非磁性金属層の幅（膜厚$\equiv d$）がλ程度もしくはそれ以下の場合，非磁性層内全域に↑スピンが蓄積されることがわかる．また，式(1.7.58)からわかるように，電流が右から流れる場合（$j^e<0$）には，$\delta M<0$となり，非磁性層内に蓄積されるのは↓スピンとなる．

一方，両強磁性層の磁化が平行の場合，一方の界面でのdP/dzの符号は他方の界面では逆符号になるため，界面にたまるδMは両界面で逆向きスピンとなる．このため，平行配列の場合のδMの分布は図1.7.24(b)のようになり，膜厚によらず非磁性層では平均としてのスピン蓄積は起こらないことが結論される．

これらのことは，両磁性層の磁化状態によって非磁性層内に非平衡スピンをとどめたり放出したりできる可能性を示唆しており，まだ現実的なレベルには至っていないが，スピントランジスタ[33]はこのような原理を利用しようというものである．

以上がスピン蓄積の発生機構であるが，これが電気抵抗へどのような影響を与えるであろうか．式(1.7.54)を見ればわかるとおり，電流（密度）j^eは印加したEに比例した形にはなっていない．それは一般には，右辺第3項の

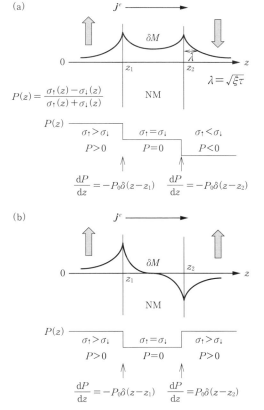

図1.7.24 強磁性/非磁性/強磁性のスピンバルブ構造におけるスピン蓄積δMとスピン分極率Pの空間分布の模式図
(a) 強磁性層の磁化が平行配列の場合
(b) 反平行配列の場合

電荷の空間変化に応じて生じる拡散電流が付加されるためである．しかしながら，いまの場合はそれがなくても右辺第2項の磁化の空間変化（スピン蓄積）によって生じる拡散があることが重要な点である．これは磁化配列の影響をもろに受けるため，MR比に直接かかわってくる．式(1.7.54)から磁化状態に依存する余分な抵抗は，次式で与えられる．

$$\Delta R = \frac{1}{j^e S}\int_{-\infty}^{\infty} dz \left(E(z) - \frac{j^e}{\sigma_\uparrow + \sigma_\downarrow}\right)$$

$$= \frac{1}{2j^e S}\frac{e}{\mu_B}\int_{-\infty}^{\infty} dz \frac{D_\uparrow - D_\downarrow}{(\sigma_\uparrow + \sigma_\downarrow)} \frac{\partial(\delta M)}{\partial z} \quad (1.7.59)$$

式中の S は断面積である．ここで，反平行配列の場合を考え，$z < z_1$ で $D_\uparrow - D_\downarrow = \delta D$，$z > z_2$ で $D_\uparrow - D_\downarrow = -\delta D$，そして $z_1 < z < z_2$ で $D_\uparrow - D_\downarrow = 0$（非磁性）として（$\sigma_\uparrow + \sigma_\downarrow$ は一定とする）式(1.7.58)を式(1.7.59)に代入すると，次式が得られる．

$$\Delta R = \frac{P_0}{2S}\frac{\delta D}{(\sigma_\uparrow + \sigma_\downarrow)}\sqrt{\frac{\tau_F}{\xi}} \quad (1.7.60)$$

一方，平行配列では，$z < z_1$ と $z > z_2$ で $\frac{\partial(\delta M)}{\partial z}$ が逆符号（$(D_\uparrow - D_\downarrow)/(\sigma_\uparrow + \sigma_\downarrow)$ は同符号）になるため，強磁性電極の材質が同じであれば式(1.7.59)の z での積分は 0 を与える．したがって，MR比は式(1.7.60)そのものに比例することになり，強磁性層の↑スピンと↓スピンの拡散係数の差および電気伝導度の差（$P_0 = (\sigma_\uparrow - \sigma_\downarrow)/(\sigma_\uparrow + \sigma_\downarrow)$）がMR比に大きく関与することがわかる．ただし，アインシュタインの関係式 $D_\sigma = \sigma_\sigma/(e^2 \rho_\sigma(\varepsilon_F))$ を考慮すると，式(1.7.60)は近似的に $\Delta R \approx \frac{P_0^2 \lambda_F}{S(\sigma_\uparrow + \sigma_\downarrow)}$ と表され，スピン分極率に対応する量 P_0 の2乗に比例していることが理解される．これは，後述するTMRと類似した傾向と読み取ることができるが，いまの場合MR比がスピン拡散長（λ_F）にも比例するところが重要な点である．すなわち，CPP-GMRにはスピン蓄積現象が重要な役割を果たしているというのが，Valet-Fert や Zhang-Levy の基本的な考え方である．

ここでは，磁化そのものに対する方程式（式(1.7.57)）からスピン蓄積の記述を行ったが，一般的には電気化学ポテンシャル μ_σ に対する方程式を用いて議論することが多い．基本的には，電流密度に対する連続の式 $\nabla \cdot (j_\uparrow^e + j_\downarrow^e) = 0$ と，電流密度の各スピン成分に対する連続の式，

$$\nabla \cdot j_\sigma^e = -e\left(\frac{\delta n_\sigma}{2\tau_{\sigma,-\sigma}} - \frac{\delta n_{-\sigma}}{2\tau_{-\sigma,\sigma}}\right) \quad (1.7.61)$$

が出発点となる．ここで，$1/\tau_{\sigma,\sigma'}$ は電子スピン状態の σ から σ' への遷移確率である．これらの式は，

$$j_\sigma^e = \sigma_\sigma E - eD_\sigma \nabla(\delta n_\sigma), \quad \delta n_\sigma = \delta\mu_\sigma \rho_\sigma(\varepsilon_F) \quad (1.7.62)$$

（$\delta\mu_\sigma$ は σ スピン電子の蓄積に伴う電気化学ポテンシャルのずれ）と定常状態における詳細つり合いの関係 $\frac{\rho_\sigma(\varepsilon_F)}{\tau_{\sigma,-\sigma}} = \frac{\rho_{-\sigma}(\varepsilon_F)}{\tau_{-\sigma,\sigma}}$ およびアインシュタインの関係式 $D_\sigma = \sigma_\sigma/(e^2\rho_\sigma(\varepsilon_F))$ を用いることで，次のようにまとめられる．

$$\nabla^2(\sigma_\uparrow \mu_\uparrow + \sigma_\downarrow \mu_\downarrow) = 0 \quad (1.7.63\,a)$$

$$\nabla^2(\mu_\uparrow - \mu_\downarrow) = \frac{1}{\lambda^2}(\mu_\uparrow - \mu_\downarrow) \quad (1.7.63\,b)$$

ただし，μ_σ は $\mu_\sigma = e\phi + \delta\mu_\sigma$（$\phi$ は電位）で定義される σ スピン電子の電気化学ポテンシャルである．また，スピン拡散長は $\lambda = \sqrt{D\tau_{sf}}$ であり，このときの有効拡散係数と有効緩和時間はそれぞれ次式で定義される．

$$D^{-1} = \frac{\rho_\uparrow(\varepsilon_F)D_\uparrow^{-1} + \rho_\downarrow(\varepsilon_F)D_\downarrow^{-1}}{\rho_\uparrow(\varepsilon_F) + \rho_\downarrow(\varepsilon_F)}, \quad \tau_{sf}^{-1} = (\tau_\uparrow^{-1} + \tau_\downarrow^{-1})/2 \quad (1.7.64)$$

ここで，一次元を考えたときの式(1.7.63)の一般解は，

$$\mu_\uparrow(z) = A + Bz + \frac{C}{\sigma_\uparrow}e^{-z/\lambda} + \frac{D}{\sigma_\uparrow}e^{z/\lambda} \quad (1.7.65\,a)$$

$$\mu_\downarrow(z) = A + Bz - \frac{C}{\sigma_\downarrow}e^{-z/\lambda} - \frac{D}{\sigma_\downarrow}e^{z/\lambda} \quad (1.7.65\,b)$$

で表され，係数 A, B, C, D は境界条件から決定される．式(1.7.65)から，スピンに依存しない部分 $\bar{\mu}$ は $(\sigma_\uparrow \mu_\uparrow + \sigma_\downarrow \mu_\downarrow)/(\sigma_\uparrow + \sigma_\downarrow)$ から求めることができ，$\bar{\mu} = A + Bz$ となることがわかる．したがって，スピン蓄積により生じる界面での電位差は，電気化学ポテンシャル $\bar{\mu}$ の界面でのずれ $\bar{\mu}(z=0_+) - \bar{\mu}(z=0_-)$ によって与えられる．

本節の最後に，Jedema ら[34]により行われたスピン蓄積の検出実験を紹介する．図1.7.25に示すように，試料はAlの細線（厚さ50 nm，幅250 nm）の上にCo電極（Co_1 と Co_2 とする）が二つ距離 L だけ離れてトンネル接合されている．Co_1 と Co_2 の幅はそれぞれ 0.4 μm と 0.2 μm であり，保磁力の違いを利用して磁場による磁化の相対角を制御できるようにしてある．Co_1 の端子から Al の左側の端子へ電流 I を流すことで Al へスピン注入を行い，Al 内に生じるスピン蓄積を Al 電極と Co_2 電極の電位差によって検出するという仕組みである．Takahashi-Maekawa[35]は式(1.7.63)を用いて Al-Co_2 間の電位差 $\bar{\mu}_{Co_2}(z=0_+) - \bar{\mu}_{Al}(z=0_-)$ が次式で与えられることを示した．

$$V/I = \pm 2R_{Al}e^{-L/\lambda_{Al}} \prod_{i=1}^{2}\left(\frac{P_J R_i/R_{Al}}{1-P_J^2} + \frac{P_{Co}R_{Co}/R_{Al}}{1-P_{Co}^2}\right)$$
$$\times \left\{\prod_{i=1}^{2}\left(1 + \frac{2R_i/R_{Al}}{1-P_J^2} + \frac{2R_{Co}/R_{Al}}{1-P_{Co}^2}\right) - e^{-2L/\lambda_{Al}}\right\}^{-1}$$
$$(1.7.66)$$

ここで，最初の符号の＋，－はそれぞれ Co 磁化の平行（P）配列および反平行（AP）配列に対応している．$R_{Co}(=\lambda_{Co}/S\sigma_{Co})$ と $R_{Al}(=\lambda_{Al}/S\sigma_{Al})$ はそれぞれ Co 側および Al 側でのスピン蓄積による抵抗，R_1 と R_2 はそれぞれ Co_1，Co_2 と Al の界面抵抗（トンネル接合を反映）である．また，P_{Co} および P_J はそれぞれ $P_{Co} \equiv (\sigma_{Co,\uparrow} - \sigma_{Co,\downarrow})/(\sigma_{Co,\uparrow} + \sigma_{Co,\downarrow})$ および $P_J \equiv |G_{i,\uparrow} - G_{i,\downarrow}|/(G_{i,\uparrow} + G_{i,\downarrow})$ であり，$G_{i,\sigma}$ は σ スピン電子の界面コンダクタンスである．式(1.7.66)に適当な物性値を用いて求められるP配列とAP配列での抵抗の差（$R_S = 2|V|/I$）は数 mΩ であり，Jedema らの実測値とよい一致を示している．また，式

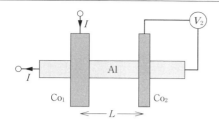

図1.7.25 Jedemaらによるスピン蓄積の検出実験に用いられた試料の模式図
Co$_1$膜からAl膜に矢印の方向に電流を流し，Co$_2$膜とAl膜間の電圧を測定する．
[F. J. Jedema, A. T. Filip, B. J. van Wees, *Nature*, **410**, 345 (2001)]

(1.7.66)でCoとAlのトンネル接合の極限 ($R_1, R_2 \gg R_{Al}$) を仮定すると，$V/I = P_J^2 \frac{\lambda_{Al}}{S\sigma_{Al}} e^{-L/\lambda_{Al}}$ となり，Jedemaらが求めた式に一致する．Jedemaらは，この式からAlのスピン拡散長 λ_{Al} を見積もり，室温で 350 nm という値を得ている．しかし，Takahashiらが指摘した重要なポイントは，このように Co と Al の界面抵抗 (R_1, R_2) が大きいほうが R_S が大きくなることであり，トンネル障壁の存在によってスピン注入の効率が上がるという Rashba[36] による結果と軌を一にする結果を示している点である．

e. 磁化の空間揺らぎによる磁気抵抗 (CMR)

これまで見てきたように，GMR効果などスピントロニクス分野における関心事は，人工的に制御された磁気双極子モーメント（磁気モーメント）の空間的な変化が電流やスピン流に与える影響である．このような効果をより一般的に扱うには，式(1.7.1)のハミルトニアンに局在スピン S_i と伝導電子スピン間の交換結合項を導入し，S_i を外部変数とみなして任意の空間分布を設定できるようにするのが便利である．ただし，局在スピン S_i はここでは古典スピンとして扱う．このような場を導入することで，磁化の熱揺らぎや磁壁などによる電気抵抗を理論的に調べることが可能となる．そこで，ここではハミルトニアンを次のように表して，局在スピン S_i の複雑な空間変化による電気伝導を考えることにする．

$$H = -\sum_{i,j,\sigma} t_{ij} c_{i\sigma}^+ c_{j\sigma} - J_H \sum_i S_i \cdot \sigma_i \quad (1.7.67)$$

ここで，$\sigma_i \equiv \sum_{\sigma,\sigma'} c_{i\sigma}^+ (\sigma)_{\sigma\sigma'} c_{i\sigma'}$ (σ はパウリ行列)であり，J_H は S_i と伝導電子スピン間の交換（フント）結合の強度を表す．遍歴電子系の標準的なモデルであるハバードモデルも，$J_H S_i \to U \langle m_i \rangle /2$ (U は電子相関，$\langle m_i \rangle$ は伝導電子自身がつくる磁気モーメントの期待値)と置き換えれば式(1.7.67)は分子場近似下でのハバードモデルとなり，この意味で式(1.7.67)は（磁気秩序がある）磁性体のモデルとして一般性がある．

ここでは，式(1.7.67)のモデルを用いて，スピンの熱揺らぎによる電気抵抗を考える．一般に，低温におけるスピン揺らぎはスピン波という空間的な相関をもった励起モー

ドで記述することができる．しかし，キュリー温度(T_C)近傍あるいは T_C 以上（常磁性状態）ではスピンがサイトごとに独立に運動しているとみなして扱うことが可能である．これは今日，動的平均場理論[37]あるいは無限次元系における動力学理論として知られる扱いに対応する．ここで，さらにスピンの時間的な変化を無視して局所的な方向の揺らぎのみによる電子の散乱を考えると，これはランダムポテンシャル中を走る電子系の有効媒質近似となり，コヒーレントポテンシャル近似(CPA)[38]の適用が可能となる．ここで，フント結合 J_H が弱い場合 ($J_H < |t_{ij}|$)，σ スピン電子が感じる有効ポテンシャルは，

$$\Sigma_\sigma(\varepsilon) = -J_H \langle S \rangle \sigma + (J_H^2 S^2 - \Sigma_\sigma^2(\varepsilon)) G_\sigma(\varepsilon)$$
$$\approx -J_H \langle S \rangle \sigma + J_H^2 (S^2 - \langle S \rangle^2) G_\sigma(\varepsilon) \quad (1.7.68)$$

($\sigma = +1$ for ↑，-1 for ↓) と近似（ボルン近似）される．ここに，$\langle S \rangle$ は局在スピン S_i の z 成分のサイト平均である．また，$G_\sigma(\varepsilon)$ は局所グリーン関数であり，次式で表される．

$$G_\sigma(\varepsilon) = \sum_k (\varepsilon - \varepsilon_k - \Sigma_\sigma(\varepsilon))^{-1} \quad (1.7.69)$$

このとき，σ スピン電子の緩和時間の逆数は次式となる．
$$1/\tau_\sigma \propto -\mathrm{Im}\Sigma_\sigma(\varepsilon_F) = \pi \rho_\sigma(\varepsilon_F) J_H^2 (S^2 - \langle S \rangle^2)/2 \quad (1.7.70)$$

したがって，電気抵抗率 ρ は式(1.7.11)より，
$$\rho \propto (\sum_\sigma \rho_\sigma(\varepsilon_F) \tau_\sigma)^{-1} \propto \pi J_H^2 (S^2 - \langle S \rangle^2)/2 \quad (1.7.71)$$

となり，規格化された磁化 $m(T) = \langle S \rangle /S$ の関数として次式を得る[39]．
$$\rho \propto (1 - m^2(T)) \quad (1.7.72)$$

ここで，$m(T)$ が温度 T に対してブリュアン関数的あるいは $(1-(T/T_C)^\alpha)^{1/2}$（ストーナー理論では $\alpha = 2$，SCR理論[40]では $\alpha = 4/3$）のようにふるまうとすると，ρ は T の関数として模式的に図1.7.26のような変化を示すことになる．

一方，$J_H \gg |t_{ij}|$（二重交換系）とされる La$_{1-x}$Sr$_x$MnO$_3$ の場合，式(1.7.68)第1式から $\Sigma_\sigma(\varepsilon)$ を数値的に求めると，$m = 0$（すなわち $T = T_C$）付近での ρ は $m(T)$ の立ち上がりに強く依存することがわかる．このときの ρ のふるまいは近似的に式(1.7.72)を次式のように修正することで表すことができる[41]．

$$\rho \propto (1 - Cm^2(T)) \quad (C > 1) \quad (1.7.73)$$

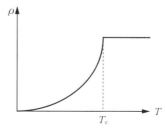

図1.7.26 スピンの熱揺らぎによる電気抵抗の温度依存性の模式図

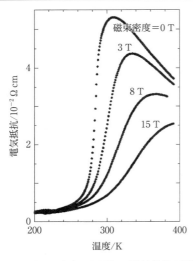

図1.7.27 La$_{1-x}$Sr$_x$MnO$_3$(x=0.175)の電気抵抗の温度および磁場依存性
[Tokura, et al., J. Phys. Soc. Jpn., **63**, 3931(1994)]

ここで，$m(T)$の上昇は（T_Cからの）温度の低下だけでなく，外部磁場の印加によっても実現される．ペロブスカイト型酸化物であるLaMnO$_3$は反強磁性絶縁体であるが，Laの一部をSrやCaで置換したLa$_{1-x}$Sr$_x$MnO$_3$はホールの注入によって強磁性金属となる．この系はホール濃度によってキュリー温度T_Cを室温付近に合わせることができ，T_C近傍で磁場を印加すると，抵抗率の低下（磁気抵抗効果）が通常の強磁性金属より著しく大きく現れる（図1.7.27）[42]．この現象はGMR効果と区別して超巨大磁気抵抗（CMR：colossal magnetoresistance）効果とよばれている．ただし，抵抗変化に必要な磁場は数テスラであり，実用レベルには至っていない．

f. 絶縁障壁を介した電気伝導（TMR）

d.項で述べたCPP-GMR構造は磁性層が磁気的に絶縁された状態にあるが，この絶縁を電気的絶縁性を有するトンネル障壁によって実現したものがトンネル磁気抵抗（TMR：tunnel magnetoresistance）素子である．実験的にはTMR効果はGMR効果の発見以前から検討が行われていたが，今日のように注目されるようになったのはMiyazakiら[43]やMooderaら[44]が室温で20％近いMR比（式(1.7.48b)の定義による）を見出してからである．図1.7.28にMiyazakiらによるTMRの測定結果を示す．膜構造はFe/Al-O（アルミナ）/Feであり，FeとAl-Oの膜厚はそれぞれ100 nmおよび5.5 nmである．また，二つのFe層の保磁力差は成膜時の基盤温度を変えることにより付与している．無磁場下（$H=0$）でFeの磁化は平行配列となっている．$H=\pm 20$ OeでFeの磁化が反平行になると同時に電気抵抗がシャープに立ち上がり，± 50 Oeの磁場で再び磁化が平行配列となることで電気抵抗が戻る様子が示されている．図の測定は室温であり，4.2 Kでは30％のMR比が得られている．TMR効果のその後の発展

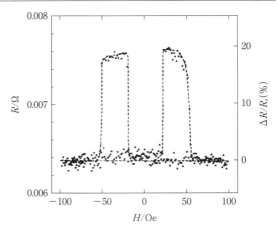

図1.7.28 Fe/Al-O/FeにおけるTMRの測定（室温）結果
[T. Miyazaki, N. Tezuka, J. Magn. Magn. Mater., **139**, L231 (1995)]

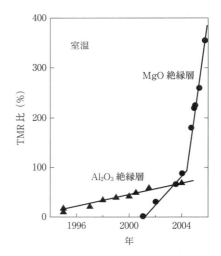

図1.7.29 TMR効果の発展

については図1.7.29に示すように近年著しい伸びを示し，磁気抵抗メモリ（MRAM：magnetoresistive random access memory）[45]などのデバイス化への期待が一気に高まっている．また，TMRの理論全般については，文献25, 45, 46)を参照されたい．ここでは，式(1.7.67)のハミルトニアンのもとで久保公式から記述されるTMR現象の微視的側面について述べる．

1.7.1 c.項で示したように，TMRのコンダクタンスは，久保公式に電流演算子の具体形を代入して求めることができる．簡単のため図1.7.30に示すような無限の一次元原子鎖を考え，Lで示した原子より左側とRより右側の原子鎖は強磁性電極，1からNの間の有限原子鎖を絶縁層とする．Lと1およびRとN間の移動振幅はそれぞれT_L，T_Rとし，両強磁性電極の磁化の方向は平行と反平行（相対角度が0とπ）の場合のみを考える．このときのコンダクタンスは式(1.7.22)～(1.7.24)で示したように次

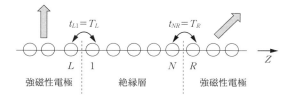

図 1.7.30 TMR素子の一次元模型
$t_{L1}=T_L$ ($t_{NR}=T_R$) は左 (右) の強磁性電極と絶縁層の接合境界における電子の飛び移り積分を表す.

式で与えられる.

$$\Gamma = \frac{2\pi e^2 T_L^2 T_R^2}{\hbar} \sum_\sigma \rho_{L,\sigma}(\varepsilon_F)|G_{1N}^\sigma(\varepsilon_F)|^2 \rho_{R,\sigma}(\varepsilon_F) \quad (1.7.74)$$

ここで, $G_{1N}^\sigma(\varepsilon)$ は電極と接触した絶縁層の両端 (第1層と第 N 層) を結ぶグリーン関数である. また, $\rho_{l,\sigma}(\varepsilon)$, ($l=L,R$) は絶縁層と接続していない状態での強磁性電極の端 (真空と接する最表面) の σ スピン電子の状態密度 (DOS) であり, 電極のバルク状態での DOS とは異なることに注意したい. 具体的に書くと,

$$\rho_{l,\sigma}(\varepsilon) = -(1/\pi)\, \mathrm{Im}\, g_{ll}^\sigma(\varepsilon+i\delta) \quad (l=L,R) \quad (1.7.75)$$

であり, $g_{lm}^\sigma(\varepsilon)$ は $T_L=T_R=0$ としたときの l,m サイト間を結ぶグリーン関数である.

$$g_{lm}^\sigma(\varepsilon) = [(\varepsilon \hat{1}-(-\hat{t}-\sigma J_H S \hat{1}))^{-1}]_{lm} \quad (1.7.76)$$

ここで, $\hat{t}$, $\hat{1}$ はそれぞれ, 行列 $[t_{ij}]$ および単位行列を意味する. 式 (1.7.76) 中, σ はスピンを表し, ↑スピン電子に対して +1, ↓スピンに対して −1 とする. また, S (局在スピン) は, ここでは電極の磁化とみなし, 式 (1.7.76) において磁化が上向きの場合は正符号, 下向きのときは負符号をとるものとする. したがって, 両電極の磁化が平行の場合と反平行の場合で電子スピンの DOS の分裂の方向は逆になることが理解されよう. ここで, DOS のスピンに関する平均とスピン分極率をそれぞれ,

$$\bar{\rho}_l(\varepsilon) = \frac{1}{2}(\rho_{l,\uparrow}(\varepsilon)+\rho_{l,\downarrow}(\varepsilon)) \quad (1.7.77)$$

$$P_l(\varepsilon) = \frac{\rho_{l,\uparrow}(\varepsilon)-\rho_{l,\downarrow}(\varepsilon)}{\rho_{l,\uparrow}(\varepsilon)+\rho_{l,\downarrow}(\varepsilon)} \quad (l=L,R) \quad (1.7.78)$$

で定義すると, 平行配列 (P) と反平行配列 (AP) でのコンダクタンス Γ は,

$$\Gamma(r) \propto \bar{\rho}_L(\varepsilon_F)\bar{\rho}_R(\varepsilon_F)\{1+(-1)^r P_L(\varepsilon_F) P_R(\varepsilon_F)\},$$
$$\begin{cases} r=1 & \text{for P} \\ r=2 & \text{for AP} \end{cases} \quad (1.7.79)$$

で近似される. ただし, $|G_{1N}^\sigma(\varepsilon_F)|^2$ は一定値 (r によらない) とした. このとき, 式 (1.7.48b) で定義される MR 比として,

$$\mathrm{MR} = \frac{1/\Gamma(\mathrm{AP})-1/\Gamma(\mathrm{P})}{1/\Gamma(\mathrm{P})} = \frac{2P_L(\varepsilon_F)P_R(\varepsilon_F)}{1-P_L(\varepsilon_F)P_R(\varepsilon_F)} \quad (1.7.80)$$

が得られる. これは抵抗変化率が両電極のスピン分極率のみで表されるという Julliere[47] の式にほかならない. 式 (1.7.80) は TMR の性能を記述する式として広く受け入れられ, 今日でも実験の解析などに多く用いられている. しかしながら, 実際の抵抗変化率には絶縁層の電子状態も影響するはずであり, 理論的には式 (1.7.74) 中の $G_{1N}^\sigma(\varepsilon_F)$ に絶縁層の情報が反映されることになる. たとえば, 絶縁層内での最近接原子間の電子の移動積分を t とし, 絶縁層と電極間での電子の移動積分が小さいとき, コンダクタンスは近似的に, 式 (1.7.81) となり, 自由電子模型におけるトンネル透過率と同じ絶縁層厚 (d) 依存性 ($\propto e^{-2\kappa d}$) が確認される.

$$\Gamma = \frac{2\pi e^2 T_L^2 T_R^2}{\hbar t^2} e^{-2\kappa d} \sum_\sigma \rho_{L,\sigma}(\varepsilon_F)\rho_{R,\sigma}(\varepsilon_F) \quad (1.7.81)$$

ただし, 自由電子模型における κ は $\kappa=\sqrt{2m\Phi}/\hbar$ (Φ: 障壁ポテンシャル) であるのに対し, 強結合近似のもとでは次式で与えられる.

$$\kappa = \frac{1}{a}\ln\left\{\frac{\Phi+2t-\varepsilon_F}{2t}+\left[\left(\frac{\Phi+2t-\varepsilon_F}{2t}\right)^2-1\right]^{1/2}\right\} \quad (1.7.82)$$

図 1.7.31 は絶縁層内での電子のエネルギー構造を模式的に示したものである.

次に, 図 1.7.30 における各格子点を格子面に拡張し, 電子の運動量の面内 (x-y 面とする) 成分 ($\mathbf{k}_\parallel$) が保存されるいわゆる鏡面トンネル伝導 (specular tunneling) を考えてみる. この場合, 式 (1.7.81) の各因子は $\mathbf{k}_\parallel$ に依存することになり, とくに κ は

$$\kappa(\mathbf{k}_\parallel) = \frac{1}{a}\ln\left\{\frac{\Phi+2t+\varepsilon_{\mathbf{k}_\parallel}-\varepsilon_F}{2t}\right.$$
$$\left.+\left[\left(\frac{\Phi+2t+\varepsilon_{\mathbf{k}_\parallel}-\varepsilon_F}{2t}\right)^2-1\right]^{1/2}\right\} \quad (1.7.83)$$

となり, $\varepsilon_{\mathbf{k}_\parallel} = \sum_{j(\neq i)} t_{i(l)j(l)} e^{i\mathbf{k}_\parallel\cdot(\mathbf{R}_{i(l)}-\mathbf{R}_{j(l)})}$ に依存することに注意したい. 式 (1.7.83) は $\varepsilon_{\mathbf{k}_\parallel}$ の増加とともに κ が増大することを示しており, これよりコンダクタンスは $\varepsilon_{\mathbf{k}_\parallel}$ を小さくする $\mathbf{k}_\parallel$ においてより大きな値をもつことが期待される. これは, 電子のエネルギーがフェルミエネルギーに固定されているので, 面方向の運動エネルギー $\varepsilon_{\mathbf{k}_\parallel}$ が小さければ絶縁層へ垂直に入射するエネルギーが大きくなるため, と理解される. 面内 (x-y 面とする) の格子が正方格子のとき, $\varepsilon_{\mathbf{k}_\parallel} = -2t(\cos k_x a + \cos k_y a)$ となるので, $\varepsilon_{\mathbf{k}_\parallel}$

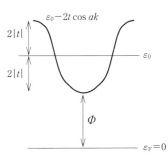

図 1.7.31 一次元絶縁層内での電子のエネルギー構造
Φ: 強磁性電極におけるフェルミ準位からのエネルギー差.

は $k_{\parallel} = (k_x, k_y) = (0,0)$ で最小値をとる．したがって，$k_{\parallel} = (0,0)$ の電子が最もコンダクタンスに寄与することになる．

2001 年，Butler ら[48] は第一原理計算から Fe/MgO/Fe の電子状態とコンダクタンスを求め，Fe(001) 配向の接合において 1000% もの MR 比（式(1.7.48 b) の定義）が得られることを予測した．この大きな MR 比は上述した二つの効果に起因して生じたものとして理解することができる．まず，Fe(001) 配向の場合，Γ 点から H 点（(001) 方向，すなわち $k_{\parallel} = (0,0)$）に向かう Δ_1 バンドとよばれる状態の波動関数が MgO の軌道とよく混成して接合方向での一次元的なパスができやすい状況があることが重要な点である．次に，この Δ_1 バンドは，多数派（↑とする）スピン状態においてはフェルミ準位を横切る（図1.7.32 (a)）一方で，少数派（↓とする）スピン状態においてはフェルミ準位に強度をもたない（図(b)）．したがって，Δ_1 バンドが関与するスピン分極率は 100% ($P=1$) となるため，Julliere の式に従えば MR 比は発散的な増大を示すことが期待される．また，↓スピン状態では $k_{\parallel} = (0,0)$ において MgO と強く混成する（よい）伝導バンドがない（Δ_2 バンドは MgO と混成しない）ため，有限の $k_{\parallel}$ 点の電子がトンネル伝導に寄与せざるを得なくなる．このため，$\varepsilon_{k_{\parallel}}$ が有限の（斜めに走る）電子がトンネル伝導に寄与することになるが，これは上でみたとおり，(障壁ポテンシャルが実効的に大きくなったように見えるため) 絶縁層内での大きな減衰を招くことになる．すなわち，MgO 層による透過率の減衰（κ に対応）は↓スピン電子にとって著しく，したがって電極の磁化の反平行配列においても大きく低下することになる．換言すると，強磁性電極の（Δ_1 バンドの）大きなスピン分極率と絶縁層内での減衰率のスピン依存性が，Fe(001)/MgO/Fe(001) 接合の大きな磁気抵抗変化率をもたらしているととらえることができる．この Butler らの結果とその機構については Mathon ら[49] の強結合近似に基づく計算によっても明らかにされている．この系はその後（2004 年），Yuasa ら[50] によって実験的に 200%（室温）近い MR 比を有することが示され，MgO の絶縁層としての有効性が注目されることとなった．

MgO を用いた TMR 素子の性能は短期間に著しい向上をみせ，最新のデータとしては CoFeB/MgO/CoFeB において（式(1.7.48 b) の定義で）200%（室温）を超える MR 比が得られている[51]．この CoFeB も bcc 構造（B の位置に関しては依然不明であるが）であり，その大きな MR 比の起源についても上記の機構で理解してよさそうである．また，CoFeB 系は従来から用いられてきたアモルファス構造のアルミナ（Al_2O_3）を絶縁層とした接合系においても室温で 50〜70% の MR 比を示している[52,53]．ただし，この場合の CoFeB はアモルファスに近いと考えられており，これを上記のシナリオで理解することはできない．この場合のコンダクタンスは，久保-Greenwood の式 $(\hbar/\pi\Omega) \mathrm{Tr}\{J^{\alpha}\mathrm{Im}\, G(\varepsilon_F) J^{\beta}\mathrm{Im}\, G(\varepsilon_F)\}$（前出）に立ち戻って考えるべきであるが，近似として式(1.7.74) のように両電極の状態密度の積で表すことは可能であろう．ただし，このときの状態密度はバルクの状態密度に近いものを考えればよい．一般に，$P_l(\varepsilon_F) = (\rho_{l,\uparrow}(\varepsilon_F) - \rho_{l,\downarrow}(\varepsilon_F))/(\rho_{l,\uparrow}(\varepsilon_F) + \rho_{l,\downarrow}(\varepsilon_F))$，$(l = L, R)$ で表されるスピン分極率を考えるとき，状態密度 $\rho_{l,\sigma}(\varepsilon_F)$ としてはバルクのそれを参考にすることが多い．実際，このやり方で見積もったスピン分極率が，実験から得られる値とよく対応しているようにみえる．これは，現実の系は多結晶でしかも散乱体を多く含むためさまざまな $k_{\parallel}$ 成分がほぼ等確率でコンダクタンスに寄与しているためと解釈される．理論的にも，電極層と絶縁層の界面に乱れがあったほうがコンダクタンスが大きくなることが Itoh ら[54] により示されており，散乱による移動度の減少より全方位の k ベクトルの伝導への寄与が勝ることがおもな理由として理解される．ただし，CoFeB/Al_2O_3 系の大きな MR 比をこのような立場で理解してよいかどうかは，未解決の課題である．

1.7.4 ホール効果

a. 異常ホール効果

強磁性体におけるホール抵抗は一般に次式で表される．
$$\rho_H = R_0 H + 4\pi R_S M \qquad (1.7.84)$$
右辺第 1 項は磁場 H に比例して生じる通常のホール効果であり，電流が磁場 H によるローレンツ力によって曲げられる現象として理解することができる．第 2 項は磁化 M に比例する異常ホール効果を表す部分であり，歴史的には，この効果はスピン軌道相互作用が関係して引き起こされるという立場からの研究が盛んに行われてきた．ただし，その機構としては，結晶の構成原子に内在するスピン軌道相互作用に起源を求める内因性機構[55〜57]と，不純物まわりのスピン軌道相互作用によるとする外因性機構に分けられ，さらにこの外因性機構にはスキュー散乱[58]とサイドジャンプ[59,60]とよばれる異なる二つのシナリオが存在する．一方で，前者の内因性機構は時間反転対称性と鏡面対象性の破れに関係していることから，最近ではスピン軌道相互作用に限らずスピンカイラリティも異常ホール効

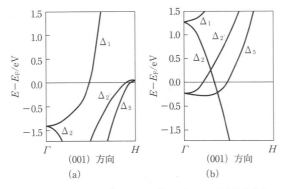

図 1.7.32 bcc-Fe のブリユアンゾーン内での Γ-$H(k_z)$ 方向の ↑スピン状態 (a) と↓スピン状態 (b) のエネルギー分散曲線

b. 久保公式によるホール伝導度

ホール伝導度は、久保公式[1]による電気伝導度（式(1.7.13)）において、$\alpha=x$, $\beta=y$ とおくことで次式のように表される.

$$\sigma_{xy} = \frac{i}{\Omega}\frac{\hbar}{Z}\lim_{\omega \to 0}\sum_{i}\sum_{j}\frac{e^{-\beta E_i}-e^{-\beta E_j}}{E_j-E_i}\frac{\langle i|J_x|j\rangle\langle j|J_y|i\rangle}{(\hbar\omega+E_i-E_j+i\delta)} \quad (1.7.85)$$

一般に不純物などによる電子の散乱を考慮する場合、電気伝導度は一電子グリーン関数を用いて記述するのが便利であり、式(1.7.85)はグリーン関数を用いると低温で次のように表すことができる[63].

$$\begin{aligned}\sigma_{xy} &= \frac{\hbar}{4\pi\Omega}\text{Tr}\{J_x(G_F^+-G_F^-)J_y G_F^- - J_x G_F^+ J_y(G_F^+-G_F^-)\} \\ &+ \frac{\hbar}{4\pi\Omega}\int_{-\infty}^{\varepsilon_F}d\varepsilon\,\text{Tr}\Big\{J_x\frac{dG^-}{d\varepsilon}J_y G^- - J_x G^- J_y\frac{dG^-}{d\varepsilon} \\ &\quad - J_x\frac{dG^+}{d\varepsilon}J_y G^+ + J_x G^+ J_y\frac{dG^+}{d\varepsilon}\Big\}\end{aligned} \quad (1.7.86)$$

ここに、$G^{\pm}=G^{\pm}(\varepsilon)=(\varepsilon-H\pm i\delta)^{-1}$ で定義される遅延(+)および先進(-)グリーン関数であり、$G_F^{\pm}$ は $G^{\pm}(\varepsilon_F)$ を意味する. Kontani ら[64]によると、強磁性金属の場合、式(1.7.86)の第2項 (σ_{xy}^{II}) はほとんど寄与せず、また、第1項 (σ_{xy}^{I}) の中の $\text{Tr}\{-J_x G_F^- J_y G_F^- - J_x G_F^+ J_y G_F^+\}_c$ は無視できるので、σ_{xy} は次のように近似できる.

$$\sigma_{xy} \cong \sigma_{xy}^{\text{I}} \cong \frac{\hbar}{2\pi\Omega}\text{Tr}\{J_x G_F^+ J_y G_F^-\} \quad (1.7.87)$$

不純物が存在する場合、異常ホール効果は各サイトに内在するスピン軌道相互作用（内因性機構）のほかに、不純物ポテンシャル V_{imp} によるスピン軌道相互作用（外因性機構）によっても生じる. 内因性機構による σ_{xy} は不純物濃度によって大きく変化することはないが、外因性機構による σ_{xy} は不純物濃度 n_{imp} に強く依存する. すなわち、電子の軌道を曲げる V_{imp} の大きさが一定ならば、n_{imp} が低い方が電子の寿命が長くなるため、外因性の異常ホール伝導は促進される. このときの $\langle i|J_x|j\rangle$ は、縦伝導度 σ_{xx} と同様、同一バンド ($i=j$) 内での行列要素（すなわち群速度）からなり、σ_{xy} は $n_{\text{imp}} \propto 1/\tau$ (τ は電子の寿命) の低下とともに発散的に増大する[65]. これは、d.項で述べる σ_{xy}^{I} のバーテックス補正項によるスキュー散乱機構に対応する（式(1.7.112)参照）.

一方、高不純物濃度領域では寿命 τ の低下とともに上記の外因性機構は強く抑制されるため、各サイトに内在するスピン軌道相互作用による異常ホール効果（内因性機構）が支配的となる[65]. このときの $\langle i|J_x|j\rangle$ は異なるバンド ($i\neq j$) の行列要素で構成され、異常速度とよばれる. 一般に内因性機構の場合、σ_{xy}^{II} も考慮する必要があるが、この項は高不純物濃度領域では急激に低下する[65]. このため、この領域においても $\sigma_{xy}\cong\sigma_{xy}^{\text{I}}$ と考えてよい. ただし、この場合は σ_{xy}^{I} の中のバーテックス補正項を除いた部分（コヒーレント項）が寄与する.

また逆に、電子の散乱がまったくない場合 ($V_{\text{imp}}=0$) には、異常ホール効果は完全に内因性機構のみとなり、σ_{xy} は発散せずに有限値をとる. このときは、σ_{xy}^{II} も考慮する必要があり、σ_{xy}^{I} と合わせて評価しなければならない. σ_{xy}^{II} は、一電子固有状態 ($|i\rangle, |j\rangle$) とその固有エネルギー ($\varepsilon_i, \varepsilon_j$) を用いると、次式で表される.

$$\begin{aligned}\sigma_{xy}^{\text{II}} &= \frac{-\hbar}{2\pi\Omega}\sum_{i,j}{}'\text{Im}\langle i|J_x|j\rangle\langle j|J_y|i\rangle\frac{1}{(\varepsilon_j-\varepsilon_i)} \\ &\quad \text{Im}\left(\frac{1}{\varepsilon_F-\varepsilon_i+i\delta}+\frac{1}{\varepsilon_F-\varepsilon_j+i\delta}\right) \\ &\quad + \frac{-\hbar}{\pi\Omega}\sum_{i,j}{}'\text{Im}\langle i|J_x|j\rangle\langle j|J_y|i\rangle \\ &\quad \frac{1}{(\varepsilon_j-\varepsilon_i)^2}\text{Im}\ln\frac{\varepsilon_i-\varepsilon_F-i\delta}{\varepsilon_j-\varepsilon_F-i\delta}\end{aligned} \quad (1.7.88)$$

ここで、$\sum_{i,j}{}'$ は $\varepsilon_i\neq\varepsilon_j$ の条件下での和を表す. 不純物散乱がない場合は式(1.7.88)第1項と σ_{xy}^{I} はキャンセルするため、内因性ホール伝導度は式(1.7.88)第2項で与えられることになる. このときの σ_{xy} は次式となる.

$$\sigma_{xy} = \frac{\hbar}{\Omega}\sum_{i,j}{}'\text{Im}\langle i|J_x|j\rangle\langle j|J_y|i\rangle\frac{\theta(\varepsilon_F-\varepsilon_i)-\theta(\varepsilon_F-\varepsilon_j)}{(\varepsilon_j-\varepsilon_i)^2} \quad (1.7.89)$$

ただし、文献[64]によると、一般の強磁性金属における内因性ホール伝導の場合、式(1.7.89)は σ_{xy}^{I} とほぼ同じ結果を与えることから、この場合においても σ_{xy} を式(1.7.87)で近似することは妥当と考えられる. とくに、二次元ディラック模型において、ε_F がスピン軌道相互作用によって生じたバンドギャップより高エネルギー側にある場合は、σ_{xy}^{I} と式(1.7.89)は完全に同じ結果を与えるので、$\sigma_{xy}^{\text{II}}=0$ すなわち $\sigma_{xy}=\sigma_{xy}^{\text{I}}$ となる[65,66]. しかし、ε_F がスピン軌道相互作用によって生じたバンドギャップ内にある場合には、$\sigma_{xy}^{\text{I}}=0$ となるので、このときは σ_{xy} を式(1.7.89)で評価する必要がある. 式(1.7.89)は、後述するように、k-空間におけるベリー曲率を占有準位まで積分したもので表される.

以下では、先に内因性の異常ホール効果の機構としてのスピン軌道相互作用とスピンカイラリティの役割について述べ、次に不純物による外因性機構としてのスピン軌道相互作用の効果について概説する. 詳細は文献[67]を参照いただきたい.

c. 内因性機構

一般に、スピン軌道相互作用は、電子の運動量演算子、パウリ行列 $\boldsymbol{\sigma}$ を用いて次式で表される.

$$H_{\text{SO}} = \zeta(\nabla V(\boldsymbol{r})\times\boldsymbol{p})\cdot\boldsymbol{\sigma} \quad (\zeta\equiv\hbar/(4m^2c^2)) \quad (1.7.90)$$

ここで、$V(\boldsymbol{r})$ は電子が感じるポテンシャルであり、これには結晶の構成原子がつくる部分 $V_{\text{cry}}(\boldsymbol{r})$ と不純物原子がつくる部分 $V_{\text{imp}}(\boldsymbol{r})$ が含まれる. いずれの場合も $V(\boldsymbol{r})$ は原子核近傍では（球対称に近い形をしていることから）$\nabla V(\boldsymbol{r})=(\boldsymbol{r}/r)(\partial V(r)/\partial r)$ と近似され、次式で表され

る．
$$H_{\text{SO}} = \xi(r)(\mathbf{r}\times\mathbf{p})\cdot\boldsymbol{\sigma} = \xi(r)\mathbf{l}\cdot\boldsymbol{\sigma}$$
$$(\xi(r) = (\zeta/r)(\partial V(r)/\partial r)) \quad (1.7.91)$$

式中，$\mathbf{l}=\mathbf{r}\times\mathbf{p}$ が軌道角運動量演算子である．内因性機構は $V_{\text{cry}}(\mathbf{r})$ によるスピン軌道相互作用が異常ホール効果の主要因であるとする立場であり，1954 年に Karplus-Luttinger（KL）[55] により提案された考え方である．

スピン軌道相互作用による内因性異常ホール効果の機構は，式(1.7.89)を次のように書き換えるとより理解しやすい．まず，式(1.7.89)は $\langle j|J_\alpha|i\rangle = i\langle j|P_\alpha|i\rangle(\varepsilon_j-\varepsilon_i)/\hbar$ を用いて，

$$i\frac{1}{\hbar\Omega}\sum_{i,j}{}'f(\varepsilon_i)\{\langle i|P_x|j\rangle\langle j|P_y|i\rangle - \langle i|P_y|j\rangle\langle j|P_x|i\rangle\} \quad (1.7.92)$$

と書くことができる．式(1.7.92)から $\sigma_{xy}=-\sigma_{yx}$ が理解され，これを利用すると式(1.7.92)は $(\sigma_{xy}=(\sigma_{xy}-\sigma_{yx})/2$ より)，

$$\frac{1}{4\hbar\Omega}\sum_{i,j}{}'(f(\varepsilon_i)-f(\varepsilon_j))\{|\langle j|P_+|i\rangle|^2 - |\langle j|P_-|i\rangle|^2\} \quad (1.7.93)$$

のように変形することができる．式中の $P_\pm$ は

$$P_\pm = e(x\pm iy) = \mp 2e\sqrt{\frac{2\pi}{3}}rY_1^{\pm 1}(\theta,\phi) \quad (Y_l^m \text{ は球面調和関数})$$

であり，原子軌道に作用させた場合，方位量子数（角運動量 l）と磁気量子数を 1 だけ上げ下げする演算子である．ここで，スピン軌道相互作用がない場合，結晶中の波動関数は一般に実数関数で表されるので，式(1.7.93)の{ }内は 0 になる．一方，スピン軌道相互作用がある場合，軌道関数は一般に（さまざまな磁気量子数の状態が混じることにより）複素数となるので，事情が異なってくる．簡単のため，$\mathbf{l}\cdot\boldsymbol{\sigma}$ のなかの $l_z\sigma_z$ 項のみを考えると，原子の磁気量子数が $+m$ と $-m$ に対応する状態が $2\xi m$ $(\xi=\langle\xi(r)\rangle)$ だけ分裂することになる．ただし，この $+m$ と $-m$ 状態は↑スピン状態と↓スピン状態で逆に分裂する（↑スピン状態では $+m$ が高エネルギー側，↓スピン状態では $-m$ が高エネルギー側）ため，式(1.7.93)をスピンについて和をとると状態間の遷移強度がキャンセルされて結局 0 になることがわかる．ここで，さらにスピン分極があると，↑スピン側と↓スピン側で $+m$ と $-m$ 状態の占有数に差が生じるため（図1.7.33(b)），上記のキャンセルは抑制され，結果として式(1.7.93)は有限値をとることが期待される．すなわち，σ_{xy} が有限となるためには，スピン角運動量 σ_z だけでなく軌道角運動量 l_z の期待値も有限となる必要がある，ことがわかる．

このように，異常ホール効果の発現には時間反転対称性と鏡面対称性の破れ（スピン分極とスピン軌道相互作用の両者が関係）が強く関与していることが理解される．これは磁気光学効果が生じる機構と基本的に同じであり，式(1.7.85)において ω を有限にすれば磁気光学スペクトルが得られることになる．実際，2004 年に Yao ら[57]によっ

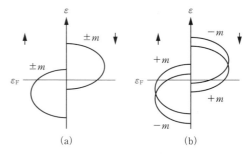

図1.7.33 強磁性状態の状態密度の模式図（$\pm m$：磁気量子数）
(a) スピン軌道相互作用を考慮しない場合
(b) スピン軌道相互作用を考慮した場合

て，相対論的バンド計算（スピン軌道相互作用が陰に含まれている）と式(1.7.85)から bcc-Fe の内因性機構による異常ホール伝導度 $\text{Re}\,\sigma_{xy}(0)$ と磁気光学スペクトル $\text{Im}[\omega\sigma_{xy}(\omega)]$ の計算が行われ，$\text{Re}\,\sigma_{xy}(0)$，$\text{Im}[\omega\sigma_{xy}(\omega)]$ ともに実験結果をよく再現する結果が得られている．

時間反転対称性と鏡面対称性の破れが異常ホール効果の起源であるとすると，スピンカイラリティも異常ホール効果をもたらすというシナリオが自然に受け入れられよう．ここでいうスピンカイラリティとは，磁性体中にある任意のサイトの三つのスピン $\mathbf{S}_i, \mathbf{S}_j, \mathbf{S}_k$ の単位ベクトル $\mathbf{n}_i, \mathbf{n}_j, \mathbf{n}_k$ から次式で定義される（スカラー）量である．

$$\chi_{ijk} = \mathbf{n}_i\cdot(\mathbf{n}_j\times\mathbf{n}_k) \quad (1.7.94)$$

この量はベクトル $\mathbf{n}_i, \mathbf{n}_j, \mathbf{n}_k$ がつくる立体角に対応し，$\mathbf{S}_i, \mathbf{S}_j, \mathbf{S}_k$ が同一平面内にないことが χ_{ijk} が有限になる条件である．式(1.7.94)は空間の反転（$(i,j,k)\to(k,j,i)$）に関して反対称（符号を変える）ため，伝導電子がこれら局在スピンと相互作用しながら一周したとき，（後述する理由から）波動関数に余分な位相が残る可能性がある．前述のスピン軌道相互作用がある場合との類似性としては，電子の波動関数が複素数になる（特定の位相をもつ）こととスピン分極がある（特定の磁気構造がある）ことであり，これにより式(1.7.93)が有限になる可能性がある．χ_{ijk} が有限の場合，電子の波動関数が複素数になるのは次のことから理解される．系のハミルトニアンとして再び 1.7.3 e. 項で導入した式(1.7.67)の模型を考える．

$$H = -\sum_{i,j,\sigma}t_{ij}c_{i\sigma}^+c_{j\sigma} - J_{\text{H}}\sum_i \mathbf{S}_i\cdot\boldsymbol{\sigma}_i \quad (1.7.95)$$

ここで，局在スピン $\mathbf{S}_i$ が互いにある角度をもって配列している場合，局所ゲージ変換によって電子のスピン量子化軸（z 軸）を $\mathbf{S}_i$ の方向 (θ_i,ϕ_i) に合わせるように変換するのが便利である．これは，スピン 1/2 の回転行列 $U(\theta_i,\phi_i)$ を用いた $c_i=U(\theta_i,\phi_i)d_i$（$c_i, d_i$ はスピノル表示）による基底の変換，すなわち波動関数を $(|\varphi_{i\uparrow}\rangle, |\varphi_{i\downarrow}\rangle)$ から次式へ変換することに対応している．

$$\begin{cases}|\Psi_{i\uparrow}\rangle = \cos(\theta_i/2)|\varphi_{i\uparrow}\rangle + e^{-i\phi_i}\sin(\theta_i/2)|\varphi_{i\downarrow}\rangle \\ |\Psi_{i\downarrow}\rangle = e^{i\phi_i}\sin(\theta_i/2)|\varphi_{i\uparrow}\rangle - \cos(\theta_i/2)|\varphi_{i\downarrow}\rangle\end{cases}$$
$$(1.7.96)$$

波動関数が位相因子 $e^{\pm i\phi_i}$ により複素数となり，これがサイトに依存した因子であることが重要な点である．この変換により式(1.7.95)の第2項は $-J_{\rm H}\sum_i S_{zi}\sigma_{zi}$ のように対角化されるが，そのしわ寄せは第1項にかぶせられ，t_{ij} は次のように変換される．

$$U(\theta_i, \phi_i) t_{ij} U(\theta_j, \phi_j) \quad (1.7.97)$$

ここで，簡単のためフント結合 $J_{\rm H}$ が十分大きい（$J_{\rm H} \gg t_{ij}$）場合を考えると，式(1.7.97)は，$t_{ij} e^{i\alpha_{ij}} \cos(\theta_{ij}/2)$ のように表すことができる．ここに，θ_{ij} は $\mathbf{S}_i$ と $\mathbf{S}_j$ の相対角，$e^{i\alpha_{ij}}$ は $\mathbf{S}_i$ と $\mathbf{S}_j$ の方向の ϕ 成分が異なることに関連して生じる幾何学的位相因子である．ここで現れる位相 α_{ij} がスピンカイラリティと関係していることは次のようにして理解することができる．電子が三つのサイト i, j, k を $i \to j \to k \to i$ の順番で1周する状況を考えたとき，電子には $\alpha_{ij} + \alpha_{jk} + \alpha_{ki}$ の位相がつき，$\chi_{ijk} \ne 0$ のとき，これが有限の値をもつこと，逆回りで符号が異なることが示される．また，$\alpha_{ij} + \alpha_{jk} + \alpha_{ki}$ の値は $\mathbf{S}_i, \mathbf{S}_j, \mathbf{S}_k$ がなす立体角 Ω の半分になり，したがって式(1.7.94)のスピンカイラリティの半分に対応していることがわかる．電子があるループを一周して位相が残るという事情は，電子が磁束のまわりを一周した状況と類似しており，この意味でこの位相の線積分 $\alpha_{ij} + \alpha_{jk} + \alpha_{ki} = \chi_{ijk}/2$ は仮想的な磁束に対応していると考えることができる．そこで，$\alpha_{ij} = \frac{e}{\hbar}(\mathbf{R}_i - \mathbf{R}_j) \cdot \mathbf{a}(\mathbf{r})$（$\mathbf{R}_i$ は i サイトの位置ベクトルであり，$\mathbf{r} \equiv (\mathbf{R}_i + \mathbf{R}_j)/2$）によってベクトル $\mathbf{a}(\mathbf{r})$ を定義したとき，$\mathbf{a}(\mathbf{r})$ が仮想ベクトルポテンシャル，その線積分 $\oint_C \mathbf{a} \cdot d\mathbf{r} = \int_S {\rm rot}\,\mathbf{a} \cdot d\mathbf{S} = \Phi$ が仮想磁束，そして ${\rm rot}\,\mathbf{a} = \mathbf{b}$ が仮想磁束密度というアナロジーができあがる．このような見方は，とりも直さず，スピン空間での局所ゲージ変換によってもたらされたものであることから，$\mathbf{a}(\mathbf{r})$ をゲージ場，Φ（χ に対応）をゲージフラックスとよんでいる．実際，ベクトルポテンシャル $\mathbf{a}$ の存在下で電子は（運動量に関するハイゼンベルグの運動方程式から），

$$\dot{p}_\mu = \dot{\pi}_\mu = -\frac{i}{\hbar}[\pi_\mu, H] = \frac{e}{m}\sum_{\nu, \lambda} \varepsilon_{\mu\nu\lambda} \pi_\nu b_\lambda - \partial_\mu V(\mathbf{r})$$
$$(\mu, \nu, \lambda = x, y, z) \quad (1.7.98)$$

という力を受けることがわかる．ここで，$H = \frac{\pi^2}{2m} + V(\mathbf{r})$，$\pi = \mathbf{p} - e\mathbf{a}$，$\mathbf{p} = -i\hbar\nabla$ であり，$[\partial_\mu, F] = \partial_\mu F$ および $[\pi_\mu, \pi_\nu] = -e\{[p_\mu, a_\nu] + [a_\mu, p_\nu]\} = i\hbar e \varepsilon_{\mu\nu\lambda}(\partial_\mu a_\nu - \partial_\nu a_\mu) = i\hbar e \varepsilon_{\mu\nu\lambda} b_\nu$（$\varepsilon_{\mu\nu\lambda}$: 完全反対称テンソル）を用いた．$\pi_\nu/m$ を形式的に速度 v_ν と書いて，式(1.7.98)をベクトル表示すると次式となる．

$$\dot{\mathbf{p}} = e\mathbf{v} \times \mathbf{b} - \nabla V(\mathbf{r}) \quad (1.7.99)$$

右辺第1項は $\mathbf{b} = {\rm rot}\,\mathbf{a}$ という（仮想）磁場から受けるローレンツ力，第2項は（電場などの）ポテンシャル力であり，ホール効果を表す式とみなせる．具体的には連続空間でゲージ場 $\mathbf{a}(\mathbf{r})$ は，

$$\mathbf{a}(\mathbf{r}) = \frac{\hbar}{e}\frac{(1-\cos\theta)\nabla\phi}{2} = \frac{\hbar}{2e}\frac{(n_x\nabla n_y - n_y\nabla n_x)}{1+n_z} \quad (1.7.100)$$

と与えられることから，磁束密度は次式で与えられる．

$$\mathbf{b} = {\rm rot}\,\mathbf{a} = \frac{\hbar}{2e}\{\mathbf{n}\cdot(\partial_y\mathbf{n}\times\partial_z\mathbf{n}), \mathbf{n}\cdot(\partial_z\mathbf{n}\times\partial_x\mathbf{n}),$$
$$\mathbf{n}\cdot(\partial_x\mathbf{n}\times\partial_y\mathbf{n})\} \quad (1.7.101)$$

ここで，$\mathbf{n} = (\cos\phi\sin\theta, \sin\phi\sin\theta, \cos\theta)$ は $\mathbf{S}$ 方向の単位ベクトルである．

ここで述べた，スピンカイラリティによる異常ホール効果が生じるには，ゲージ場 $\mathbf{a}(\mathbf{r})$ による実効磁束密度 ${\rm rot}\,\mathbf{a}$ が有限でなければならず，磁性ドットのように中心の磁化が膜面から立ち上がるような構造が必要である．すなわち，式(1.7.101)をみればわかるとおり，磁化方向の空間微分 $\partial_\mu\theta$ と $\partial_\mu\phi$ がともに有限であることが必要である．実際，Shibata ら[68]は磁性ドットにおけるボルテックスに電流を流した場合，式(1.7.99)の力でボルテックス自体が電流と直角方向に移動することを示し，Ishida ら[69]の実験結果を説明している．

以上の議論は実空間で広域のスピンカイラリティがある場合に適用できるシナリオであるが，現実には，たとえば上述の磁性ドットのような場合は，磁化の空間変化が小さいためスピンカイラリティによって生じる実効磁束密度は 10^{-3} T と決して大きくない．一方，このスピンカイラリティが結晶の単位胞レベルで存在するときは，周期性のために仮想磁束がキャンセルされて0になり，式(1.7.99)で表されるようなローレンツ力は発生しないことがわかる．このような場合は，（前述したスピン軌道相互作用がある場合もそうであるが）$\mathbf{k}$ 空間におけるバンド描像からホール伝導度を考える必要があり，式(1.7.99)とは異なる形で異常ホール効果が現れることがわかる．ポイントは，スピンカイラリティやスピン軌道相互作用によるバンドの混成と分裂，そしてフェルミ準位の位置である．式(1.7.89)をブロッホ基底で書き表すと，

$$i\frac{1}{\hbar\Omega}\int_0^\infty dt \langle [J_x(t), P_y(0)] \rangle = i\frac{\hbar}{\Omega}\sum_n\sum_m\sum_\mathbf{k} f(\varepsilon_{n,\mathbf{k}})$$
$$\times \frac{\langle n, \mathbf{k}|J_x|m, \mathbf{k}\rangle\langle m, \mathbf{k}|J_y|n, \mathbf{k}\rangle - {\rm h.c.}}{(\varepsilon_{m,\mathbf{k}} - \varepsilon_{n,\mathbf{k}})^2}$$
$$(1.7.102)$$

となり（n, m：バンド指数），さらに $\langle n, \mathbf{k}|J_x|m, \mathbf{k}\rangle = (\varepsilon_{m,\mathbf{k}} - \varepsilon_{n,\mathbf{k}})\langle n, \mathbf{k}|\partial/\partial k_x|m, \mathbf{k}\rangle$ を用いることで次式を得る．

$$\sigma_{x,y} = \sum_n\sum_\mathbf{k} f(\varepsilon_{n,\mathbf{k}}) (\nabla_\mathbf{k} \times \mathbf{a}(n, \mathbf{k}))_z \quad (1.7.103)$$

ここで，$\mathbf{a}(n, \mathbf{k})$ は $\mathbf{a}(n, \mathbf{k}) \equiv -i\langle n, \mathbf{k}|\nabla_\mathbf{k}|n, \mathbf{k}\rangle$ であり，$\mathbf{k}$ 空間におけるベクトルポテンシャル（ベリー接続）という意味合いをもつ．したがって，$\mathbf{b}(n, \mathbf{k}) = \nabla_\mathbf{k} \times \mathbf{a}(n, \mathbf{k})$（ベリー曲率とよばれる）は $\mathbf{k}$ 空間における磁束密度とみなせ，次式で定義される電流が期待できる．

$$\mathbf{j} = e\sum_{n,\mathbf{k}} f(\varepsilon_{n,\mathbf{k}}) (\dot{\mathbf{k}} \times \mathbf{b}(n, \mathbf{k})) \quad (1.7.104)$$

ここで，電場が y 方向に印加されている場合，$\mathbf{k} =$

$(0, eE_y, 0)$ であるため，ホール電流は $j_x = \sigma_{xy} E_y$ となり，次式が導かれる．

$$\sigma_{xy} = e^2 \sum_{n,k} f(\varepsilon_{n,k}) b_z(n, \boldsymbol{k}) \quad (1.7.105)$$

$b_z(n, \boldsymbol{k})$ は，前述したとおり $\boldsymbol{k}$ 空間における仮想磁場の z 成分という意味合いをもち，二つのバンドが接近している $\boldsymbol{k}$ 点の近くから発生しているような磁場の強度分布を示す．具体的には，スピン軌道相互作用の場合は磁気量子数 m と $-m$ の状態間の分裂，スピンカイラリティの場合は ↑スピンと↓スピン間の混成によるバンド分裂近傍にフェルミ準位が位置するときに σ_{xy} が強く現れることになる．

実験的には，パイロクロア型結晶構造をもつ酸化物 $Nd_2Mo_2O_7$ が示す異常ホール効果がスピンカイラリティに起因すると考えられている現象の一つである[70]． $Nd_2Mo_2O_7$ は強磁性金属であるが，そのスピン構造は単純な共面的（collinear）配列（スピンの相対角度が 0 か π の構造）ではなく，非面的（non-coplanar）配列であると考えられている．実際，低温に向けて異常ホール効果が増大する傾向を示し，また磁場を印加することで異常ホール効果が減少するという現象はスピンカイラリティ起因を支持するものといえる．一方，スピン軌道相互作用の内因性機構による異常ホール効果を示す系としては，$SrRuO_3$ があげられる[56]．この系はスピン軌道相互作用が大きい上に，磁化依存性が式(1.7.84)第 2 項で与えられるように単調ではない．この系に対して上記の内因性シナリオに基づく第一原理計算を実行すると，良い一致が得られることが確認されている[55]．

d. 外因性機構（不純物効果）

前述したように，異常ホール効果の外因性機構とは，不純物まわりのスピン軌道相互作用による↑スピン電子と↓スピン電子の軌道の違いとして解釈する立場である．しかし，図 1.7.34 に模式的に示すように，外因性機構にもさらにサイドジャンプ機構とスキュー散乱機構とよばれる 2 通りの解釈が存在する．これら二つの機構の違いを理解するために，ここでは Crépieux-Bruno[71] によるモデルを用いて説明する．まず，前項の式(1.7.90)で示したスピン軌道相互作用を次式のように 2 通りの表記で表しておく．

$$H_{SO} = \zeta (\nabla V_{\text{imp}}(\boldsymbol{r}) \times \boldsymbol{p}) \cdot \boldsymbol{\sigma} \quad (1.7.106\,a)$$

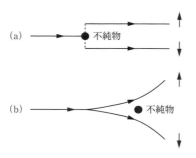

図 1.7.34 外因性異常ホール効果を表すサイドジャンプ機構 (a) とスキュー散乱機構 (b) の模式図

$$= \zeta (\boldsymbol{\sigma} \times \nabla V_{\text{imp}}(\boldsymbol{r})) \cdot \boldsymbol{p} \quad (1.7.106\,b)$$

式(1.7.106 b)はベクトルポテンシャルが $(\boldsymbol{\sigma} \times \nabla V_{\text{imp}}(\boldsymbol{r}))$ で表される電磁場と電子の間の相互作用エネルギーとみることができ，式(1.7.106 b)を用いると電子の速度ベクトルは次式で記述される．

$$\boldsymbol{v} = \frac{\partial H}{\partial \boldsymbol{p}} = \frac{\boldsymbol{p}}{m} + \zeta (\boldsymbol{\sigma} \times \nabla V_{\text{imp}}(\boldsymbol{r})) \quad (1.7.107)$$

右辺第 2 項は（スピン軌道相互作用に起因する）異常速度とよばれ，この式の形から電子はスピンの向きによって受ける力の方向が異なることが理解される（実際の多軌道系においては，内因性機構と同様，速度演算子のバンド間行列要素が異常速度に対応）．この第 2 項による寄与がサイドジャンプ機構として理解される異常ホール電流である．

一方，式(1.7.107)第 1 項は一般には電気伝導度の対角項 σ_{xx} をもたらすが，不純物ポテンシャルがスピン軌道相互作用を含んでいる場合は，ここにも異常ホール効果が現れる．この場合は，第 1 項の期待値をとるさいに現れる電子の分布関数の非平衡部を通してスピン軌道相互作用の効果が反映されることになる．これは明らかに散乱の効果であり，スピンの方向によって散乱される方向が異なることで異常ホール効果が現れるという立場である．このときのスピン軌道相互作用の形としては式(1.7.106 a)を用いるのが有用であり，これがスキュー散乱とよばれる機構である．

これら外因性機構による異常ホール伝導度を再び久保公式を用いて評価してみる[71]．準備として先に不純物ポテンシャルの（平面波基底による）行列要素を求めておく．式(1.7.107)の $V_{\text{imp}}(\boldsymbol{r})$ は c. 項の式(1.7.90)のところで説明した不純物によるポテンシャル部分であるが，$V_{\text{imp}}(\boldsymbol{r})$ には当然スピンに依存しない（磁場効果をもたない）正常なポテンシャルとしての働きも含まれている．そこで，式(1.7.106)にこの正常項を加えた不純物ハミルトニアンを H_{imp} として，H_{imp} の平面波基底による行列表示を次式のように表しておく．

$$\begin{aligned}
\langle \boldsymbol{k}, \sigma | H_{\text{imp}} | \boldsymbol{k}', \sigma' \rangle &= V_{k-k'} \{\delta_{\sigma, \sigma'} + i\hbar \zeta (\boldsymbol{k} \times \boldsymbol{k}') \cdot \boldsymbol{\sigma}_{\sigma, \sigma'}\} \\
&\equiv \langle \boldsymbol{k}, \sigma | V^{(1)} | \boldsymbol{k}', \sigma' \rangle \\
&\quad + \langle \boldsymbol{k}, \sigma | V^{(2)} | \boldsymbol{k}', \sigma' \rangle
\end{aligned}$$
$$(1.7.108)$$

ここで，最初の式の $V_{k-k'}$ は $\langle \vec{k} | V_{\text{imp}} | \vec{k}' \rangle$ である．

さて，式(1.7.87)で示したように，低温で不純物散乱がある場合，σ_{xy} は次のように近似できる．

$$\sigma_{xy} \cong \frac{\hbar e^2}{2\pi \Omega} \text{Tr} \langle v_x G^+ v_y G^- \rangle_c \quad (1.7.109)$$

ここで，$\langle v_x G^+ v_y G^- \rangle_c$ は不純物配置に関する平均を意味する．また，フェルミ準位を意味するグリーン関数の添え字 F は省略した．式(1.7.109)中の速度演算子の行列要素は，式(1.7.107)から次式で与えられる．

$$\begin{aligned}
\langle \boldsymbol{k}, \sigma | \boldsymbol{v} | \boldsymbol{k}', \sigma' \rangle &= \langle \boldsymbol{k}, \sigma | (\boldsymbol{p}/m) | \boldsymbol{k}', \sigma' \rangle \\
&\quad + \zeta \langle \boldsymbol{k}, \sigma | (\boldsymbol{\sigma} \times \nabla V_{\text{imp}}) | \boldsymbol{k}', \sigma' \rangle \\
&\equiv \langle \boldsymbol{k}, \sigma | \boldsymbol{v}^{(1)} | \boldsymbol{k}', \sigma' \rangle \\
&\quad + \langle \boldsymbol{k}, \sigma | \boldsymbol{v}^{(2)} | \boldsymbol{k}', \sigma' \rangle
\end{aligned}$$

$$= \frac{\hbar \boldsymbol{k}}{m} \delta_{\boldsymbol{k},\boldsymbol{k}} \delta_{\sigma,\sigma} + i\zeta V_{\boldsymbol{k}-\boldsymbol{k}'} \boldsymbol{\sigma}_{\sigma,\sigma}$$
$$\times (\boldsymbol{k}-\boldsymbol{k}') \qquad (1.7.110)$$

ホール伝導度 σ_{xy} は式(1.7.109)において v_x, v_y を含むので，対角和 Tr が有限になるためには，電子は最低1回スピン軌道相互作用を経る必要がある．式(1.7.108)と式(1.7.110)にあるように，スピン軌道相互作用は散乱ポテンシャルとしてだけでなく速度項にも現れる．前者による機構がスキュー散乱，後者によるものがサイドジャンプ機構に対応する．v_x, v_y のいずれかを異常速度としたサイドジャンプ機構のホール伝導度のファインマン図形を図1.7.35 に示す．図中の大きい●が（式(1.7.110)第2項で与えられる）スピン軌道相互作用に起因する異常速度を表している．また，〇は式(1.7.108)第1項のスピンに依存しない不純物ポテンシャルとの相互作用を表している．図1.7.35(a)〜(d)の和による伝導度は近似的に次式のように表される[71]．

$$\sigma_{xy}^{SJ} = 2\frac{\hbar e^2}{2\pi\Omega} i\zeta \frac{\hbar}{m} n_{\mathrm{imp}} \frac{u_{\mathrm{imp}}^2}{\Omega} \sum_{\sigma=\pm 1} \sigma$$
$$\times \sum_{\boldsymbol{k},\boldsymbol{k}'} k_y^2 G_{\boldsymbol{k},\sigma}^+ G_{\boldsymbol{k},\sigma}^- (G_{\boldsymbol{k}',\sigma}^+ - G_{\boldsymbol{k}',\sigma}^-) \fallingdotseq -2e^2\zeta \sum_{\sigma=\pm 1} \sigma n_\sigma$$
$$(1.7.111)$$

ここで，n_{imp} は不純物濃度，u_{imp} は1個の不純物ポテンシャルのフーリエ変換の波数依存性を無視したものである．$G_{\boldsymbol{k},\sigma}^\pm$ は $(\varepsilon_F - \varepsilon_{\boldsymbol{k},\sigma} \pm i\hbar/2\tau_\sigma)^{-1}$ で与えられる σ($=+1$ for ↑，-1 for ↓) スピン電子のグリーン関数である．ただし，τ_σ は $\hbar/2\tau_\sigma = \pi n_{\mathrm{imp}} u_{\mathrm{imp}}^2 \rho_\sigma(\varepsilon_F)$ で定義される σ スピン電子の緩和時間であり，$\rho_\sigma(\varepsilon_F)$ は σ スピン電子のフェルミ準位における単位体積あたりの状態密度である．また，第2式の n_σ は式(1.7.12)のところで定義した σ スピン電子の濃度である．

一方，スキュー散乱は，スピン軌道相互作用がポテンシャル散乱として働くことにより異常ホール効果をもたらす仕掛けである．このときのスピン軌道相互作用は式(1.7.106a)の形でとらえるのが便利であり，その行列要素（式(1.7.108)第2項 $V^{(2)}$）が式(1.7.109)における

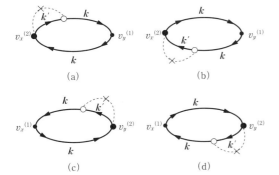

図1.7.35 サイドジャンプ機構によるホール伝導度を表すファインマン図形
×：不純物，〇：不純物（× 印）による散乱過程，大きい●：スピン軌道相互作用に起因する異常速度（式(1.7.110)第2項）

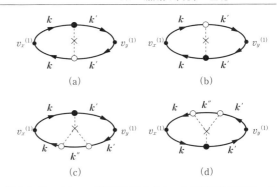

図1.7.36 スキュー散乱機構によるホール伝導度を表すファインマン図形
スピン軌道相互作用を含む不純物散乱（大きい●）について一次まで考慮した．〇はスピンに依存しない不純物散乱過程を表す．(a) と (b) は互いにキャンセルするため，(c) と (d) がホール伝導に寄与する．

グリーン関数に散乱ポテンシャルとして寄与することになる．図1.7.36 は $V^{(2)}$ に関して最低次（一次）の散乱過程をファインマン図形で表したものである．図中の〇と大きい●が，それぞれ式(1.7.108)の第1項（スピンに依存しないポテンシャル $V^{(1)}$）と第2項（スピン軌道相互作用 $V^{(2)}$）による電子の散乱を意味する．ここで，$V^{(1)}$ に関して一次の過程を含む図(a)，(b)は，単独では有限の値をもつが，対称性から互いにキャンセルするため，結果的に伝導度への寄与は0となる．したがって，ホール伝導へ寄与する最低次の過程は $V^{(2)}$ に関して一次，$V^{(1)}$ に関して二次の過程からなる図(c)，(d)となる．すなわち，電子は図中の3箇所で（同一の）不純物から散乱を受け，そのうちの1箇所がスピン軌道相互作用による散乱（大きい●）である．具体的に，σ_{xy} に対する図(c)，(d)からの寄与は次のようになる[71]．

$$\sigma_{xy}^{SS} = \frac{\hbar^2 e^2}{2\pi\Omega} i\zeta \left(\frac{\hbar}{m}\right) n_{\mathrm{imp}} \frac{u_{\mathrm{imp}}^3}{\Omega^2} \sum_{\sigma=\pm 1} \sigma$$
$$\times \sum_{\boldsymbol{k},\boldsymbol{k}',\boldsymbol{k}''} k_x^2 k_y'^2 G_{\boldsymbol{k},\sigma}^+ G_{\boldsymbol{k}',\sigma}^+ G_{\boldsymbol{k},\sigma}^- G_{\boldsymbol{k}'',\sigma}^- (G_{\boldsymbol{k}'',\sigma}^- - G_{\boldsymbol{k}'',\sigma}^+)$$
$$\fallingdotseq -2\pi \frac{e^2 \zeta}{\hbar} u_{\mathrm{imp}} \sum_{\sigma=\pm 1} \sigma n_\sigma^2 \tau_\sigma \qquad (1.7.112)$$

式(1.7.111)からわかるようにサイドジャンプ機構による異常ホール伝導度は緩和時間 τ_σ を含まないのに対し，式(1.7.112)で与えられるスキュー散乱機構による伝導度は τ_σ に比例することがわかる．一方，実験で直接観測される異常ホール抵抗は，

$$R_S = \rho_{xy} = (\sigma^{-1})_{xy} = \frac{-\sigma_{xy}}{\sigma_{xx}^2 + \sigma_{xy}^2} \cong \frac{-\sigma_{xy}}{\sigma_{xx}^2} \quad (1.7.113)$$

で与えられることから，スキュー散乱機構による異常ホール抵抗は $\rho_{xy} \cong \frac{-\sigma_{xy}}{\sigma_{xx}^2} \propto \frac{1}{\tau_\sigma} \propto \rho_{xx}$ と ρ_{xx} に比例するのに対し，サイドジャンプ機構による異常ホール抵抗は $\rho_{xy} \cong \frac{-\sigma_{xy}}{\sigma_{xx}^2} \propto \frac{1}{\tau_\sigma^2} \propto \rho_{xx}^2$ となる．このことから，スキュー散乱機

構は低温，あるいは低不純物濃度において有効とされ，サイドジャンプ機構は高温あるいは高不純物濃度において有効と考えられている．しかし，Jellinghaus ら[72]の測定によると，R_S は ρ_{xx} のほぼ2乗に比例しており，これにより Berger[59] は異常ホール効果の起源をサイドジャンプ機構として提案している．ただし，式(1.7.111)のサイドジャンプ機構から期待されるホール抵抗は依然実測値より小さく，前述の内因性機構はこの不一致を埋める機構とみなすことができる．実際，内因性機構による σ_{xy} は（当然）τ_σ を含まないことから $\rho_{xy} \propto \rho_{xx}^2$ を支持する機構となっている．

e. スピンホール効果

図 1.7.34 をもう一度みていただきたい．異常ホール効果とは，いずれの機構にしろ，↑スピンと↓スピン電子の軌道がスピン軌道相互作用の効果で反対向きに変化することに起因していることに注意しよう．異常ホール効果は強磁性体を舞台としているため，↑スピンと↓スピンの電子数が異なる結果（多いほうのスピンの電子が試料端に余計にとどまるため）ホール電圧が発生するわけである．では，非磁性体ではどうなるであろうか．↑スピンと↓スピン電子は同数であるため，ホール電圧は生じない．しかし，スピン軌道相互作用があれば↑スピンと↓スピン電子の軌道が反対向きに変化するという現象は起きるはずであり，結果として試料の両端にそれぞれ異なるスピンが同じ量だけとどまることが期待される．これがスピンホール効果であり，1999年に Hirsh[73] によって提案された概念である．スピンホール効果ではホール電流が流れる代わりに，印加電場と直角方向にスピン流が流れることになる．たとえば，d. 項の外因性機構による異常ホール伝導度の式(1.7.111)，(1.7.112)をみてみると，これらはいずれも $\sigma_{xy} = \sigma_{xy}^\uparrow - \sigma_{xy}^\downarrow$ という形をしており，横方向に流れる電流密度は $j_x = j_x^\uparrow + j_x^\downarrow = \sigma_{xy} E_y = (\sigma_{xy}^\uparrow - \sigma_{xy}^\downarrow) E_y$ と書くことができる．ここで，非磁性体の場合は $\sigma_{xy}^\uparrow = \sigma_{xy}^\downarrow$ ($\equiv \sigma_{xy}^N/2$ とする）であるためホール電流 j_x は 0 となるが，スピン流密度は $j_x^S = j_x^\uparrow - j_x^\downarrow = (\sigma_{xy}^\uparrow + \sigma_{xy}^\downarrow) E_y = \sigma_{xy}^N E_y$ のように有限となる．ちなみに，このときのホールスピン流は前節の式(1.7.107)の速度演算子を用いて $\boldsymbol{J}_S = \sum_{\sigma = \pm 1} \sum_k \sigma f_{k\sigma} \langle k, \sigma | \boldsymbol{v} | k, \sigma \rangle$ から求めることもできる．ここで，$f_{k\sigma}$ は電子の非平衡分布関数であり，スピン軌道相互作用による散乱確率を含むボルツマン方程式を評価することで，前述したスキュー散乱機構を取り込むことができる．また，サイドジャンプ機構は速度演算子 $\boldsymbol{v}$ の中の異常速度項（式(1.7.107)第2項）に取り込まれている．上記の方法から，図 1.7.37(a) に示すような非磁性金属薄膜に電流 $\boldsymbol{j}$ を流した場合，発生するスピン流は次式で与えられる[74]．

$$j_x^S = -(\sigma_N/e)\frac{\partial}{\partial x}(\delta\mu_N) + \sigma_{xy}^N E_y \quad (1.7.114)$$

ここで，σ_N は非磁性金属の電気伝導度，$\delta\mu_N$ は↑スピンと↓スピンの化学ポテンシャルの差 $\delta\mu_N \equiv (\mu_N^\uparrow - \mu_N^\downarrow)/2$ であ

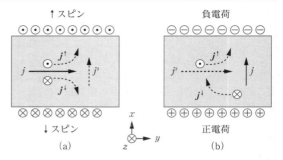

図 1.7.37 スピンホール効果 (a) と逆スピンホール効果 (b) を表す模式図

スピンホール効果では，↑スピン電流と↓スピン電流がスピン軌道相互作用により逆方向に（電流と垂直方向に）移動するので，試料の両サイドに互いに逆向きのスピンが蓄積される．逆スピンホール効果では，注入されたスピン流がスピン軌道相互作用によってスピン流と垂直方向の電流に変換されるので，試料の両サイドに互いに逆向きの電荷が蓄積される．

る．式(1.7.114)の第2項が，流した電流 $j_y = \sigma_N E_y$ と直角方向（x 方向）に発生するスピン流であり，σ_{xy}^N にはサイドジャンプ機構とスキュー散乱機構の両方からの寄与が含まれている．ここで，試料の x 軸方向は開放端であるため，試料の両端では↑スピンと↓スピンの化学ポテンシャルに差 $\delta\mu_N$ が生じることになる．式(1.7.114)第1項は，この $\delta\mu_N$ の空間勾配によって生じる（$\sigma_{xy}^N E_y$ と逆向きの）スピン流を表している．この項により，しかるべきスピン蓄積が起こった後つり合いの条件からスピン流＝0という定常状態が実現される．

さて，電流がそれと直交方向のスピン流を生むとすると，逆にスピン流がそれと直交方向の電流を生むというシナリオが考えられる．上述したとおり，スピン流とは↑スピンの電流 $\boldsymbol{j}^\uparrow$ と↓スピンの電流 $\boldsymbol{j}^\downarrow$ の差 $\boldsymbol{j}^\uparrow - \boldsymbol{j}^\downarrow$ であり，電流 $\boldsymbol{j}^\uparrow + \boldsymbol{j}^\downarrow$ が 0 の場合は $\boldsymbol{j}^\uparrow = -\boldsymbol{j}^\downarrow$，すなわち $\boldsymbol{j}^\uparrow$ と $\boldsymbol{j}^\downarrow$ が逆向きに流れていると考えればよい．ここで，それぞれのスピンの電流がスピン軌道相互作用の効果で逆方向に軌道が曲げられるとすると，結果として $\boldsymbol{j}^\uparrow$ と $\boldsymbol{j}^\downarrow$ は同じ方向に向かって流れることがわかる（図 1.7.37(b)）．そこで，いずれかの方法で非磁性金属にスピン流が注入された場合，それと直角方向に電流が生じることが期待される．これを逆スピンホール効果とよび，このときの電流は，次式で与えられる[74]．

$$j_x = \sigma_N E_x + (\sigma_{xy}^N/\sigma_N) j_y^S \quad (1.7.115)$$

ここで，j_y^S は注入したスピン流，E_x は蓄積された電荷によって生じる電場である．スピンホール効果ではスピンが蓄積されたのに対し，逆スピンホール効果では電荷が蓄積されるので，実験的にはこちらのほうが観測が容易である．実際，Saitoh ら[75] は強磁性共鳴を利用して強磁性体から非磁性金属である Pt にスピン流を注入し，横方向に発生する電圧からスピンホール効果を観測している．

スピンホール効果が異常ホール効果と同じ機構によって生じることを考えると，スピンホール効果にも内因性機構

があることが推察される．異常ホール効果との違いは，非磁性体であるためスピンカイラリティによる機構がなく，もっぱらスピン軌道相互作用の効果によるもののみということである．また，スピン流は（電流とスピンの積であることから）時間反転に対して符号を変えないため，時間反転対称性が保たれているシステムでもスピンホール効果は起き得る．2004年，Sinovaら[76]はヘテロ構造をもつ二次元n型半導体におけるRashba型のスピン軌道相互作用[77]，

$$H_{SO} = \lambda \boldsymbol{\sigma} \cdot (\boldsymbol{k} \times \hat{\boldsymbol{z}}) \tag{1.7.116}$$

によりスピンホール伝導度が次式で与えられることを示した．

$$\sigma_{xy} = \frac{e}{8\pi} \tag{1.7.117}$$

式(1.7.116)における $\hat{\boldsymbol{z}}$ は，二次元面（xy 面）に垂直方向に働く（ヘテロ構造によって生じる）一様電場の方向を表しており，これにより鏡面対称性が破られている．この場合のスピンホール効果の機構は，直感的には次のように考えるとわかりやすいであろう．式(1.7.116)から，スピンには $\lambda(\hat{\boldsymbol{z}} \times \boldsymbol{k})$ で与えられる実効的な磁場が働いているとみなすことができる．したがって，古典的には平衡状態において電子のスピンは xy 面内にありかつその電子の運動の方向 $\boldsymbol{k} = (k_x, k_y)$ と直交した方向 $(-k_y, k_x)$ を向いていると解釈できる．ここに，x 方向の外部電場を印加して電子の運動量が $\boldsymbol{k} - \Delta k_x \hat{\boldsymbol{x}}$ ($\Delta k_x > 0$) となった場合，スピンはあらたに $\lambda \boldsymbol{\sigma} \times (\hat{\boldsymbol{x}} \times \hat{\boldsymbol{z}})\Delta k_x = -\lambda \boldsymbol{\sigma} \times \hat{\boldsymbol{y}} \Delta k_x = -\lambda \sigma_x \Delta k_x \hat{\boldsymbol{z}}$ だけのトルクを受けることになる．このとき $\sigma_x > 0$ のスピンは $-\hat{\boldsymbol{z}}$ 方向へ回転し，$\sigma_x < 0$ のスピンは $\hat{\boldsymbol{z}}$ 方向へ回転しだすことになる．$\sigma_x > 0$ のスピンとは $k_y < 0$ の電子，$\sigma_x < 0$ のスピンとは $k_y > 0$ の電子であることから，x 方向の電場を印加することで $+y$ 方向に $\hat{\boldsymbol{z}}$ 方向を向いたスピンが，$-y$ 方向に $-\hat{\boldsymbol{z}}$ 方向を向いたスピンが発生することになる．これがRashba型スピン軌道相互作用によるスピンホール効果の機構である．

このSinovaらにより示された内因性スピンホール効果はバリスティックな伝導を仮定したものであるが，ここに（スピンに依存しない）不純物散乱による拡散効果（バーテックス補正）を取り入れると，スピンホール伝導度と異常ホール伝導度がともに0になることがInoueら[78, 79]により示された．ただし，不純物ポテンシャルがスピンに依存する場合には一般に $\sigma_{xy} \neq 0$ が期待される．

Rashba型スピン軌道相互作用を利用したデバイスとしてDattaとDas[80]によって提案されたスピントランジスタ（スピンFET）がある．これは，ゲート電極からの印加電場を式(1.7.116)における $\hat{\boldsymbol{z}}$ 方向の電場として用いたトランジスタである．図1.7.38に構造の模式図を示す．ソースとドレイン電極に強磁性体を用い，間に半導体の二次元電子ガス（2DEG）を配する．ソースから2DEGに注入されたスピンは，ゲート電圧で誘起されたスピン軌道相互作用により $\lambda(\hat{\boldsymbol{z}} \times \boldsymbol{k})$ で与えられる実効磁場 $\boldsymbol{B}_{\text{eff}}$ のまわ

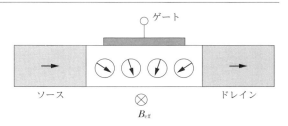

図 1.7.38 スピン FET トランジスタの模式図
ソースから二次元電子ガスに注入されたスピンは，ゲート電圧で誘起されたスピン軌道相互作用により，実効磁場 $\boldsymbol{B}_{\text{eff}}$ のまわりに歳差運動しながら進行する．

りに歳差運動しながら進行する．そしてドレイン電極に到達したときのスピンの方向がドレイン電極の磁化の向きと一致したとき電流が流れるという仕掛けである．すなわち，ゲート電圧でスピン軌道相互作用の強さを制御することで，オンオフを制御するデバイスである．Nittaら[81]は2DEGとしてInGaAs/InAlAs系を用いてRashba型スピン軌道相互作用がゲート電圧で制御可能であることを実験的に明らかにしている．

一方，Sinovaらとほぼ同時期にMurakamiら[82]は，三次元p型半導体におけるLuttinger型のスピン軌道相互作用から内因性スピンホール効果が生じることを示している．具体的には，GaAsの価電子帯（p軌道で構成）が強いスピン軌道相互作用の効果で重い正孔バンドと軽い正孔バンドに分裂していることに起因して，スピンホール伝導度が次式で表されることを示した．

$$\sigma_{xy} = \frac{e}{12\pi^2}(3k_F^H - k_F^L) \tag{1.7.118}$$

ここに，k_F^H と k_F^L はそれぞれ重い正孔と軽い正孔のフェルミ波数である．これに関しては，c.項の式(1.7.104)のシナリオをそのまま適用して理解することができ，いまの場合，$\boldsymbol{k}$ 空間における実効磁束は $\boldsymbol{b}(n, \boldsymbol{k}) = n(2n^2 - 7/2)\boldsymbol{k}/k^3$ で与えられる．ここに，$n = \pm 3/2$ が重い正孔バンド，$n = \pm 1/2$ が軽い正孔バンドに対応する．この磁束による（異常）速度 $\dot{\boldsymbol{k}} \times \boldsymbol{b}(n, \boldsymbol{k})$ は↑スピンと↓スピンに対して逆符号となるためスピン流が発生することになる．これに対応する実験としては発光ダイオード構造を用いたWunderlichら[83]の実験があげられ，内因性機構によるスピンホール効果が確認された一例とされている．

e. スピンホール効果

ここまでみてきたように，スピンホール効果には一般にキャリアが必要であるが，フェルミ準位をはさんでギャップが開いている場合には，量子ホール効果と同様，スピンホール伝導度が量子化される可能性がある．これを量子スピンホール効果とよび，このような効果を示す系をトポロジカル絶縁体とよんでいる．この系はバルク内部では絶縁体であるが，二次元のエッジ状態や三次元の表面状態ではギャップが閉じ，そこで純粋スピン流が流れている平衡相である．これは，量子ホール効果における電流が純粋スピ

ン流に置き換わったものとみなすことができるが，量子ホール効果には外部磁場による時間反転対称性の破れが必要であるのに対し，量子スピンホール効果は外場を必要としない．量子スピンホール効果の理論的側面についての詳細は文献84）を参照されたい．

文　献

1) R. Kubo, *J. Phys. Soc. Jpn.*, **12**, 570 (1957).
2) D. A. Greenwood, *Proc. Phys. Soc.*, **71**, 585 (1958).
3) L. V. Keldysh, *Soviet Phys. JETP*, **20**, 1018 (1965).
4) C. Caroli, R. Combescot, P. Nozieres, D. Saint-James, *J. Phys. C: Solid State Phys.*, **4**, 916 (1971).
5) J. Friedel, *Adv. Phys.*, **3**, 446 (1956).
6) P. W. Anderson, *Phys. Rev.*, **124**, 41 (1961).
7) J. Friedel, *Il Nuovo Cimento*, **7**, 287 (1958).
8) R. M. Nieminen, M. Puska, *J. Phys. F*, **10**, L123 (1980).
9) P. J. Braspenning, R. Zeller, A. Lodder, P. H. Hedrich, *Phys. Rev. B*, **29**, 703 (1984).
10) J. R. Schrieffer, P. A. Wolff, *Phys. Rev.*, **149**, 491 (1966).
11) J. Kondo, *Prog. Theor. Phys.*, **32**, 37 (1964).
12) J. P. Frank, F. D. Manchester, D. L. Martin, *Proc. Roy. Soc. A*, **263**, 494 (1961).
13) A. A. Abrikosov, *Physics*, **2**, 5 (1965).
14) P. Nozieres, *J. Low Temp. Phys.*, **17**, 31 (1975).
15) W. G. van der Wiel, S. De Franceschi, T. Fujisawa, J. M. Elzerman, S. Tarcha, L. P. Kouwenhoven, *Science*, **289**, 2105 (2000).
16) J. Martinek, J. Martinek, M. Sindel, L. Borda, J. Barnaś, J. König, G. Schön, J. von Delft, *Phys. Rev. Lett.*, **91**, 247202 (2003).
17) T. Miyazaki, M. Ajima, *J. Magn. Magn. Mater.*, **81**, 91 (1989).
18) I. A. Campbell, A. Fert, O. Jaoul, *J. Phys. C: Solid State Phys.*, **3**, S95 (1970).
19) S. Kokado, M. Tsunoda, K. Harigaya, A. Sakuma, *J. Phys. Soc. Jpn.*, **81**, 024705 (2012).
20) P. Grunberg, R. Schreiber, Y. Pang, M. B. Brodsky, H. Sowers, *Phys. Rev. Lett.*, **57**, 2442 (1986).
21) M. N. Baibich, J. M. Broto, A. Fert, F. Nguyen Van Dau, F. Petroff, P. Etienna, G. Creuzet, A. Friederich, J. Chazelas, *Phys. Rev. Lett.*, **61**, 2472 (1988).
22) P. Zahn, I. Mertig, M. Richter, H. Eschrig, *Phys. Rev. Lett.*, **75**, 2996 (1995)；P. Zahn, J. Binder, I. Mertig, R. Zeller, P. H. Dederichs, *Phys. Rev. Lett.*, **80**, 4309 (1998)；I. Mertig, P. Zahn, M. Richter, H. Eschrig, R. Zeller, P. H. Dederichs, *J. Magn. Magn. Mater.*, **151**, 363 (1995).
23) T. Oguchi, *J. Magn. Magn. Mater.*, **126**, 519 (1993).
24) W. H. Butler, J. M. MacLaren, X.-G. Zhang, *Mat. Res. Soc. Proc.*, **313**, 59 (1993)；W. H. Butler, X.-G. Zhang, D. M. C. Nicholson, T. C. Schulthess, J. M. MacLaren, *Phys. Rev. Lett.*, **76**, 3216 (1996).
25) J. Inoue, H. Itoh, S. Maekawa, *J. Phys. Soc. Jpn.*, **63**, 1149 (1992)；H. Itoh, J. Inoue, S. Maekawa, *Phys. Rev. B*, **47**, 5809 (1993).
26) J. Inoue, *J. Magn. Soc. Jpn.*, **25**, 1384, 1448, 1484 (2001).
27) S. Maekawa, T. Shinjo, "Spin Dependent Transport in Magnetic Nanostructures" (Advances in Condensed Matter Science, D. D. Sarma, G. Kotliar, Y. Tokura, eds.), Vol. 3, CRC Press (2002).
28) 井上順一郎，伊藤博介，"スピントロニクス―基礎編―"（現代講座・磁気工学 3，日本磁気学会 編），共立出版 (2009).
29) A. Sakuma, *J. Magn. Magn. Mater.*, **303**, e184 (2006).
30) Y. Asano, A. Oguri, S. Maekawa, *Phys. Rev. B*, **48**, 6192 (1993).
31) T. Valet, A. Fert, *Phys. Rev. B*, **48**, 7099 (1993).
32) S. Zhang, P. M. Levy, *Phys. Rev. B*, **65**, 052409 (2002).
33) M. Johnson, *Phys. Rev. Lett.*, **70**, 2142 (1993).
34) F. J. Jedema, A. T. Filip, B. J. van Wees, *Nature*, **410**, 345 (2001).
35) S. Takahashi, S. Maekawa, *Phys. Rev. B*, **67**, 052409 (2003).
36) E. I. Rashba, *Phys. Rev. B*, **62**, R4790 (2000).
37) W. Metzner, D. Vollhard, *Phys. Rev. Lett.*, **62**, 324 (1989).
38) P. Soven, *Phys. Rev.*, **156**, 809 (1967).
39) T. Kasuya, *Prog. Theor. Phys.*, **16**, 58 (1956).
40) T. Moriya, "Spin Fluctuations in Itinerant Electron Magnetism", Springer (1985).
41) N. Furukawa, *J. Phys. Soc. Jpn.*, **63**, 3214 (1994).
42) Y. Tokura, A. Urushibara, Y. Moritomo, T. Arima, A. Asamitsu, G. Kido, N. Furukawa, *J. Phys. Soc. Jpn.*, **63**, 3931 (1994).
43) T. Miyazaki, N. Tezuka, *J. Magn. Magn. Mater.*, **139**, L231 (1995).
44) J. S. Moodera, L. R. Kinder, T. M. Wong, R. Meservey, *Phys. Rev. Lett.*, **74**, 3273 (1995).
45) 宮崎照宣，"スピントロニクス――次世代メモリ MRAM の基礎"，日刊工業新聞社 (2004).
46) H. Itoh, J. Inoue, *J. Magn. Soc. Jpn.*, **30**, 1 (2006).
47) M. Julliere, *Phys. Lett.*, **54A**, 225 (1975).
48) W. H. Butler, X.-G. Zhang, T. C. Schulthess, J. M. MacLaren, *Phys. Rev. B*, **63**, 054416 (2001).
49) J. Mathon, A. Umerski, *Phys. Rev. B*, **63**, 220403 (2001).
50) S. Yuasa, T. Nagahama, A. Fukushima, Y. Suzuki, K. Ando, *Nat. Mater.*, **3**, 868 (2004).
51) J. Hayakawa, S. Ikeda, F. Matsukura, H. Takahashi, H. Ohno, *Jpn. J. Appl. Phys.*, **44**, L587 (2005).
52) H. Kano, K. Bessho, Y. Higo, K. Ohba, M. Hashimoto, T. Mizuguchi, M. Hosomi, *InterMag*, Digest BB04 (2002).
53) D. Wang, C. Nordham, J. M. Daughton, Z. Qian, J. Fink, *IEEE, Trans. Magn.*, **40**, 2269 (2004).
54) H. Itoh, T. Kumazaki, J. Inoue, S. Maekawa, *Jpn. J. Appl. Phys.*, **37**, 5554 (1998).
55) R. Karplus, J. M. Luttinger, *Phys. Rev.*, **95**, 1154 (1954).
56) Z. Fang, N. Nagaosa, K. S. Takahashi, A. Asamitsu, R. Mathien, T. Ogasawara, H. Yamada, M. Kawasaki, Y. Tokura, K. Terakura, *Science*, **302**, 92 (2003).
57) Y. Yao, L. Kleinman, A. H. MacDonald, J. Sinova, T. Jungwirth, D.-S. Wang, E. Wang, Q. Niu, *Phys. Rev. Lett.*, **92**, 037204 (2004).
58) J. Smit, *Physica*, **21**, 877 (1955).
59) L. Berger, *Phys. Rev. B*, **2**, 4559 (1970).
60) S. K. Lyo, T. Holstein, *Phys. Rev. Lett.*, **14**, 423 (1972).
61) M. Onoda, N. Nagaosa, *J. Phys. Soc. Jpn.*, **71**, 19 (2002).
62) K. Ohgushi, S. Murakami, N. Nagaosa, *Phys. Rev. B*, **62**, R6065 (2000).
63) P. Středa, *J. Phys. C*, **15**, L717 (1982).

64) H. Kontani, T. Tanaka, K. Yamada, *Phys. Rev. B*, **75**, 184416 (2007).
65) S. Onoda, N. Sugimoto, N. Nagaosa, *Phys. Rev. Lett.*, **97**, 126602 (2006); *Phys. Rev. B*, **77**, 165103 (2008).
66) N. A. Sinitsyn, A. H. MacDonald, T. Jungwirth, V. K. Dugaev, J. Sinova, *Phys. Rev. B*, **75**, 45315 (2007).
67) N. Nagaosa, J. Sinova, S. Onoda, A. H. MacDonald, N. P. Ong, *Rev. Mod. Phys.*, **82**, 1539 (2010).
68) J. Shibata, Y. Nakatani, G. Tatara, H. Kohno, Y. Otani, *Phys. Rev. B*, **73**, 020403 (2006).
69) T. Ishida, T. Kimura, Y. Otani, cod-mat/0511040.
70) T. Katsufuji, H. Y. Hwang, S.-W. Cheong, *Phys. Rev. Lett.*, **84**, 1998 (2000).
71) A. Crepieux, P. Bruno, *Phys. Rev. B*, **64**, 014416-1 (2001).
72) W. Jellinghaus, M. P. DeAndres, *Ann. Physik.*, **7**, 187 (1961).
73) J. E. Hirsh, *Phys. Rev. Lett.*, **30**, 1834 (1999).
74) S. Takahashi, H. Imamura, S. Maekawa, "Concepts in Spin Electronics" (S. Maekawa ed.), pp. 343-367, Oxford University Press (2006).
75) E. Saitoh, M. Ueda, H. Miyajima, G. Tatara, *Appl. Phys. Lett.*, **88**, 182509 (2006).
76) J. Sinova, D. Culcer, Q. Niu, N. A. Sinitsyn, T. Jungwirth, A. H. MacDonald, *Phys. Rev. Lett.*, **92**, 126603 (2004).
77) Y. A. Bychkov, E. I. Rashba, *J. Phys. C.* **17**, 6039 (1984).
78) J. Inoue, G. E. W. Bauer, L. W. Molenkamp, *Phys. Rev. B*, **70**, R041303 (2004).
79) J. Inoue, T. Kato, Y. Ishikawa, H. Itoh, G. E. W. Bauer, L. W. Molenkamp, *Phys. Rev. Lett.*, **28**, 046604 (2006).
80) S. Datta, B. Das, *Appl. Phys. Lett.*, **56**, 665 (1990).
81) J. Nitta, T. Akazaki, H. Takayanagi, T. Enoki, *Phys. Rev. Lett.*, **78**, 1335 (1997).
82) S. Murakami, N. Nagaosa, S. C. Zhang, *Science*, **301**, 1348 (2003).
83) J. Wunderlich, B. Kastner, J. Sinova, T. Jungwirth, *Phys. Rev. Lett.*, **94**, 047204 (2005).
84) X.-L. Qi, T. L. Hughes, S.-C. Zhang, *Phys. Rev. B*, **78**, 195424 (2008).

1.8 磁気に付随するその他の現象

1.8.1 磁気と光

一般に物質の光学的性質は物質の磁気的性質によって影響をうける．この効果を広義の磁気光学効果という．逆に，光を受けて物質の磁気的性質が変化する効果を光磁気効果という．このように，光と磁気は物質を介して結びついている．

磁気光学効果のうち，物質の磁気的性質が偏光に及ぼす作用を狭義の磁気光学効果とよぶ．これにはファラデー効果，磁気円二色性，コットン-ムートン効果，磁気カー効果などがある．磁気光学効果は，① 偏光の磁気的制御（光アイソレータ，空間光変調器），② 物質の磁化の光学的検出（電流センサ，光磁気ディスクの再生，高速磁化歳差運動観察），③ 物質の磁化状態の画像化（磁区観察，紙幣識別）などに広く応用されている．

光磁気効果には，光照射による加熱が磁化に及ぼす影響（熱磁気効果）と，純粋に光学的な現象である逆ファラデー効果や光誘起磁化反転がある．光磁気ディスクの記録，光アシスト磁気記録（HAMR：heat-assisted magnetic recording）は前者であるが，最近報告されたサブピコ秒の光誘起高速磁化反転は後者によるとされている．

以下では，磁気光学効果について，その概要と物理的起源を解説するほか，非線形磁気光学効果，近接場磁気光学効果について紹介するとともに，光磁気効果について簡単に触れる．

a. 磁気光学効果概説[1)]

物質に外部磁界を印加したり，物質に磁化が生じたりすることによって現れる光学活性を磁気光学効果という．磁気光学効果における光と磁界の配置には，図 1.8.1 に示すように二つの場合がある．光の波動ベクトルと磁界（または磁化）とが平行の場合をファラデー配置，垂直の場合をフォークト配置とよぶ．

図 1.8.2 に示すように，ファラデー配置で物質に磁界を印加して，磁界と平行に直線偏光を入射したとき，透過光の電界のベクトルの向きが入射光の電界の向きから傾く効果をファラデー効果といい，直線偏光の旋光角をファラデー回転角という．正確には，透過光の電界ベクトルの軌

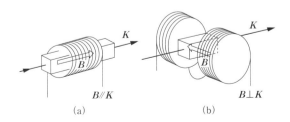

図 1.8.1 磁気光学配置
(a) ファラデー配置 (b) フォークト配置

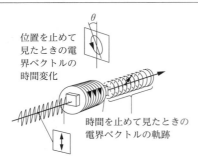

図 1.8.2 ファラデー効果の説明図

跡は直線ではなく楕円を描くが，このような楕円偏光をつくる効果を磁気円二色性（MCD：magnetic circular dichroism）といい，楕円の程度を楕円率（楕円の短軸と長軸の比）または，その逆正接である楕円率角で表す．このとき回転角は楕円の主軸の入射光の電界の向きからの傾きとして定義される．ファラデー回転角およびファラデー楕円率は磁界または磁化の一次の関数である．

自然旋光性と磁気光学効果の違いは相反性にある．自然旋光性物質，たとえばブドウ糖溶液を光が往復した場合，旋光はもとに戻ってしまう性質（相反性）をもつのに対し，ファラデー効果の場合，旋光の向きが磁界の方向に対して定義されているため，磁界中のガラスを往復すると，片道の場合の2倍の旋光を受ける（これを非相反性という）．

自発磁化をもたない材料（たとえば，ガラス）のファラデー回転角 ϕ_F は，外部磁界 H に比例し，試料の長さ l に比例する．すなわち式 (1.8.1) で表される．

$$\phi_F = VHl \quad (1.8.1)$$

ここで，V は単位長さあたり，単位磁界あたりのファラデー回転を与える係数で，ベルデ定数とよばれる．これに対して，自発磁化をもつ物質（たとえば，強磁性体）の磁気光学効果は，式 (1.8.1) に従わず，外部磁界に比例しないで磁化に依存する．

図 1.8.3 は，反射の磁気光学効果，すなわち磁気光学カー効果（磁気カー効果）を三つの場合について示したものである．(a)のように，反射面の法線方向と磁化の方向が平行な場合を極カー効果という．(b)のように，反射面内に磁化があって，かつ入射面に含まれる場合を縦カー効果という．(a), (b) 二つの効果は磁界の向きを反転する

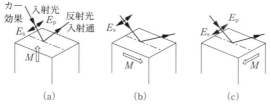

図 1.8.3 磁気カー効果
(a) 極カー効果 (b) 縦カー効果（子午線カー効果）
(c) 横カー効果（赤道カー効果）

と，旋光角や楕円率の符号が反転する．(c)は，磁化が反射面内にあって，かつ入射面に垂直な場合で，横カー効果とよばれる．この効果においては，磁化に応じて反射光の強度が変調されるが磁化方向に依存した偏光面の回転は起きない．

(i) 磁気カー効果 反射の磁気光学効果は，磁気カー効果とよばれる．磁気カー効果には，図 1.8.3 に示すように，極カー効果，縦カー効果，横カー効果の3種類がある．

(1) 極カー効果: 磁化の向きが反射面に垂直で，光が面に垂直に入射する場合を極カー効果とよぶ．マクスウェルの方程式を境界条件のもとに解くという手続きをすることによって，複素カー回転角 $\Phi_K(=\theta_K+i\eta_K)$ と ε_{xy} の関係式を次式に示すように導くことができる．

$$\Phi_K = \theta_K + i\eta_K = \frac{\varepsilon_{xy}}{(1-\varepsilon_{xx})\sqrt{\varepsilon_{xx}}} \quad (1.8.2)$$

この式から，極カー効果が誘電率の非対角成分 ε_{xy} に依存するばかりでなく，分母にくる対角成分 ε_{xx} にも依存することがわかる．

(2) 縦カー効果: 磁化の向きが反射面内にあって，かつ光の入射面に平行な場合を縦カー効果という．いま，入射光が p 偏光で，入射面と反射面との交わる線を z 軸，法線の方向を x とする．磁化は z 軸に平行であるとする．φ_0 を入射角とし，φ_2 を界面を透過した光の屈折角とすると，複素カー回転角 Φ_K は r_{sp}/r_{pp} によって表される．ここに，r_{sp} は入射 p 偏光成分に対し，反射 s 偏光成分が現れる比率を表し，r_{pp} は，入射 p 偏光に対し p 偏光が反射される比率を表す．誘電テンソルを用いて，次式で与えられる．

$$r_{pp} = \frac{\sqrt{\varepsilon_{xx}}\cos\varphi_0 - \cos\varphi_2}{\sqrt{\varepsilon_{xx}}\cos\varphi_0 + \cos\varphi_2}$$

$$r_{sp} = \frac{\varepsilon_{xy}\cos\varphi_0\sin\varphi_2}{\varepsilon_{xx}\cos\varphi_2(\sqrt{\varepsilon_{xx}}\cos\varphi_2+\cos\varphi_0)(\sqrt{\varepsilon_{xx}}\cos\varphi_0+\cos\varphi_2)}$$

$$(1.8.3)$$

(3) 横カー効果: 磁化の方向が入射面に垂直な場合，入射 s 偏光に対しては何らの効果も及ぼさない．p 偏光を入射した場合にのみ，その反射強度が磁化に依存して変化する効果として現れる．この効果を横カー効果とよぶ．r_{sp} の成分は生じないので偏光の回転は起きない．r_{pp} を誘電テンソルの成分を使って表すと，式 (1.8.4) となる．

$$r_{pp} = \frac{\varepsilon_{xx}\cos\varphi_0 - \left(\cos\varphi_2 + \dfrac{\varepsilon_{xy}}{\varepsilon_{xx}}\sin\varphi_2\right)}{\varepsilon_{xx}\cos\varphi_0 + \left(\cos\varphi_2 + \dfrac{\varepsilon_{xy}}{\varepsilon_{xx}}\sin\varphi_2\right)} \quad (1.8.4)$$

反射光の強度は $|r_{pp}|^2$ に比例する．磁化の効果は ε_{xy} を通じて現れる．

(ii) コットン-ムートン効果 コットン-ムートン効果は光の進行方向と磁界とが垂直な場合（フォークト配置（図 1.8.1(b)））の磁気光学効果である．この効果は磁化 M

の偶数次の効果であって磁界の向きに依存しない．

いま，磁化のないとき等方性であるような物質を考える．磁化のない場合，この物質は複屈折をもたないが，磁化 M が存在すると M の方向に一軸異方性が誘起され，M 方向に振動する直線偏光（常光線）と M に垂直の方向に振動する光（異常光線）とに対して屈折率の差が生じて，複屈折を起こす．これは磁化のある場合の誘電テンソルの対角成分 $\varepsilon_{xx}(M)$ と $\varepsilon_{zz}(M)$ が一般的には等しくないことから生じる．ε テンソルの対角成分はその対称性から M について偶数次でなければならないので，複屈折によって生じる光学的遅延（リターデーション）も M の偶数次となる．

いま，簡単のため $\varepsilon_{xy}=0$ として光学的遅延 δ を計算すると式 (1.8.5) となる．

$$\delta = \frac{\omega(N_1-N_2)l}{c} = \frac{\omega(\varepsilon_{xx}^{1/2}-\varepsilon_{zz}^{1/2})l}{c}$$
$$\simeq \frac{(\omega l/2c)(\varepsilon_{xx}^{(2)}-\varepsilon_{zz}^{(2)})M^2}{(\varepsilon_{xx}^{(0)1/2})} \quad (1.8.5)$$

ここで，$\varepsilon_{xx}^{(i)}$, $\varepsilon_{zz}^{(i)}$ は ε を M で展開したときの i 次の係数である．δ は M の偶数次の係数のみで表すことができる．

b. 光の伝搬と磁気光学効果[2]

（i）ファラデー効果 ファラデー効果は物質の磁化に基づく旋光性と円二色性の総称である．この効果は，物質の左右円偏光に対する応答の違いがあるときに起きる．

旋光性は，物質中での左右円偏光の速度が異なることによって起きる．直線偏光は，図 1.8.4(a) に示すように右円偏光と左円偏光に分解できる．この光が長さ l の物質を透過した後，(b) のように左右円偏光の位相が異なっていれば両者を合成した軌跡は，入射光の偏光方向から傾いた

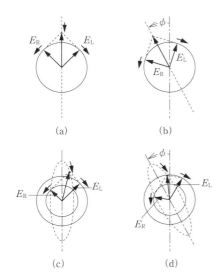

図 1.8.4 旋光性と円二色性の説明図
(a) 直線偏光　(b) ϕ だけ回転した直線偏光
(c) 楕円偏光　(d) (b) と (c) によって生じた主軸の傾いた楕円偏光

直線偏光となり，その傾き θ_F は，式 (1.8.6) となる．

$$\theta_F = \frac{-(\theta_R-\theta_L)}{2} = \frac{-\Delta\theta}{2} \quad (1.8.6)$$

ここで，θ_R は右円偏光の位相，θ_L は左円偏光の位相である．

一方，円二色性は，(c) に示すように左右円偏光に対する振幅の差から生じる．その結果，合成ベクトルの軌跡は楕円偏光となる．楕円率 η_F は，式 (1.8.7) で与えられる．

$$\eta_F = \tan^{-1}\left\{\frac{(E_R-E_L)}{(E_R+E_L)}\right\} \quad (1.8.7)$$

E_R は右円偏光の振幅，E_L は左円偏光の振幅である．

旋光性をもたらす位相の差は，右円偏光に対する屈折率 n_+ と左円偏光に対する屈折率 n_- に差があれば生じる．したがって，ファラデー回転角 θ_F は式 (1.8.8) で与えられる．

$$\theta_F = \frac{-\Delta\theta}{2} = \frac{-\omega(n_+-n_-)l}{2c} = \frac{-\pi\Delta n l}{\lambda} \quad (1.8.8)$$

これに対し，円二色性は左右円偏光に対する吸光度の違いがあれば生じる．ファラデー楕円率 η_F は，右円偏光の消光係数を κ_+，左円偏光の消光係数を κ_- とすると，式 (1.8.9) となる．

$$\eta_F = \frac{\exp(-\omega\kappa_+l/c)-\exp(-\omega\kappa_-l/c)}{\exp(-\omega\kappa_+l/c)+\exp(-\omega\kappa_-l/c)} \approx \frac{-\pi\Delta\kappa l}{\lambda}$$
$$(1.8.9)$$

次式のように，複素旋光角 Φ_F を定義すると式の取り扱いが簡便になることがある．

$$\Phi_F = \theta_F + i\eta_F = \frac{-\pi(\Delta n+i\Delta\kappa)l}{\lambda} = \frac{-\pi\Delta N l}{\lambda}$$
$$(1.8.10)$$

ここで，$\Delta N = N_+ - N_- = (n_++i\kappa_+)-(n_-+i\kappa_-) = \Delta n + i\Delta\kappa$ である．

次に，旋光性と円二色性を誘電率テンソルを用いて記述する．光の電界 E が印加されたときに物質に生じる電束密度を D とすると，D と E の関係は式 (1.8.11) で表される．

$$D = \varepsilon_0 \tilde{\varepsilon} E \quad (1.8.11)$$

ここで，ε_0 は真空の誘電率で，$\tilde{\varepsilon}$ は比誘電率とよばれる．一般に E も D もベクトル量であるから係数 $\tilde{\varepsilon}$ は，2 階のテンソルで表される．

等方性媒質が z 方向の磁化をもつとき，その比誘電率 $\tilde{\varepsilon}$ は次式のテンソルで表される．

$$\tilde{\varepsilon} = \begin{pmatrix} \varepsilon_{xx} & \varepsilon_{xy} & 0 \\ -\varepsilon_{xy} & \varepsilon_{xx} & 0 \\ 0 & 0 & \varepsilon_{zz} \end{pmatrix} \quad (1.8.12)$$

ここで，対角成分 ε_{xx}, ε_{zz} は磁化 M の偶数次，非対角成分 ε_{xy} は M の奇数次のべきである．対角成分はコットン-ムートン効果に，非対角成分はファラデー効果に寄与する．

いま，光の電界，磁界ベクトルとして $\exp\{-i\omega(t-Nz/c)\}$ の形の時間・空間依存性を仮定すると，複素屈折率 N（=

$n+i\kappa$) の固有値として，次の二つのものを得る．

$$N_\pm^2 = \varepsilon_{xx} \pm i\varepsilon_{xy} \tag{1.8.13}$$

これらの二つの固有値 N_+, N_- に対応する電磁波の固有解は，それぞれ右円偏光，左円偏光であることが導かれる．もし，$\varepsilon_{xy}=0$ であれば，$N_+ = N_-$ となり，左右円偏光に対する媒質の応答の仕方が等しくなり光学活性は生じない．したがって，非対角成分 ε_{xy} が光学活性をもたらすもとであることが理解されよう．式 (1.8.10) より，複素旋光角 Φ_F は右円偏光と左円偏光に対する複素屈折率の差 ΔN によって記述できるので，これらの量を物質固有の量である ε_{xy} によって表すことができ，式 (1.8.13) を用いて ΔN として次式を得る．

$$\Delta N = N_+ - N_- = (\varepsilon_{xx}+i\varepsilon_{xy})^{1/2} - (\varepsilon_{xx}-i\varepsilon_{xy})^{1/2}$$
$$\cong i\varepsilon_{xy}/\varepsilon_{xx}^{1/2} \tag{1.8.14}$$

これを式 (1.8.10) に代入して式 (1.8.15) が得られる．

$$\Phi_F = \frac{-\pi \Delta N l}{\lambda} = \frac{-(i\pi l/\lambda)\varepsilon_{xy}}{\varepsilon_{xx}^{1/2}} \tag{1.8.15}$$

これを実数部，虚数部に分解して，θ_F, η_F は式 (1.8.16) のように，ε_{xy} の実数部と虚数部の一次結合で表される．

$$\theta_F = \frac{-(\pi l/\lambda)(\kappa\varepsilon'_{xy} - n\varepsilon''_{xy})}{(n^2+\kappa^2)}$$
$$\eta_F = \frac{-(\pi l/\lambda)(n\varepsilon'_{xy} + \kappa\varepsilon''_{xy})}{(n^2+\kappa^2)} \tag{1.8.16}$$

ここに，ε_{xy} の実数部を ε'_{xy}，虚数部を ε''_{xy} で表した．また，$\varepsilon_{xx}=(n+i\kappa)^2$ を用いた．

c. 磁気光学効果の物理[3]

（i） 磁気光学効果の起源の古典電子論的起源 磁気光学効果は，誘電率テンソルの非対角成分 ε_{xy} から生じる．誘電率テンソルの各要素は，電子の古典的運動方程式より次式を得る．

$$\varepsilon_{xx}(\omega) = 1 - \frac{nq^2}{m\varepsilon_0} \frac{\omega^2 + i\omega\gamma - \omega_0^2}{(\omega^2+i\omega\gamma-\omega_0^2)^2 - \omega^2\omega_c^2}$$
$$\varepsilon_{xy}(\omega) = \frac{nq^2}{m\varepsilon_0} \frac{-i\omega\omega_c}{(\omega^2+i\omega\gamma-\omega_0^2)^2 - \omega^2\omega_c^2} \tag{1.8.17}$$
$$\varepsilon_{zz}(\omega) = 1 - \frac{nq^2}{m\varepsilon_0} \frac{1}{\omega^2+i\omega\gamma-\omega_0^2}$$

ここで，$\omega_c(=eB/m^*)$ はサイクロトロン角周波数である．自由電子の場合は，束縛のエネルギー ω_0 を 0 とおいて，次式が得られる．

$$\varepsilon_{xx}(\omega) = 1 - \frac{\omega_p^2(\omega+i\gamma)}{\omega\{(\omega+i\gamma)^2 - \omega_c^2\}}$$
$$\varepsilon_{xy}(\omega) = \frac{-i\omega_p^2\omega_c}{\omega\{(\omega+i\gamma)^2 - \omega_c^2\}} \tag{1.8.18}$$

ここで，$\omega_p(=\sqrt{ne^2/m^*\varepsilon_0})$ は自由電子のプラズマ角周波数である．

半導体のマグネトプラズマ共鳴（magneto-plasma resonance）などについては，このような考え方で実験を説明できることがわかっているが，強磁性体の磁気光学効果はこのような古典電子論では 3000T もの大きな内部磁界を仮定しなければ説明できない．古典的な電子の運動方程式によって強磁性体の磁気光学効果を説明することはできないのである．この問題を解決に導いたのは次に述べる量子論であった．

（ii） 磁気光学効果の量子論的起源 動的誘電率は外部電界の印加に対する分極の時間応答を求めるものであるから，時間を含む摂動計算によって求めることができる．詳細は参考書に譲り，エネルギーが飛び飛びの準位で与えられるような局在電子系について結果だけを示しておくと，誘電率の対角成分および非対角成分は，式 (1.8.19) のように，ローレンツ型の分散曲線で表される．

$$\varepsilon_{xx}(\omega) = 1 - \left(\frac{N_0 q^2}{m\varepsilon_0}\right) \sum_{n<m} \frac{\rho_n(f_x)_{mn}}{(\omega+i/\tau)^2 - \omega_{mn}^2}$$
$$\varepsilon_{xy}(\omega) = \left(\frac{iN_0 q^2}{2m\varepsilon_0}\right) \sum_{n<m} \frac{\rho_n\omega_{mn}\{(f_+)_{mn} - (f_-)_{mn}\}}{\omega\{(\omega+i/\tau)^2 - \omega_{mn}^2\}}$$
$$\tag{1.8.19}$$

ここで，$(f_x)_{mn}$, $(f_+)_{mn}$, $(f_-)_{mn}$ は，基底状態 $|n\rangle$ と励起状態 $|m\rangle$ との間のそれぞれ直線偏光，右円偏光および左円偏光に対する電気双極子遷移の振動子強度であって，次式で与えられる．

$$(f_x)_{mn} = 2\left(\frac{m\omega_{mn}}{\hbar e^2}\right)|(P_x)_{mn}|^2$$
$$(f_\pm)_{mn} = \left(\frac{m\omega_{mn}}{\hbar e^2}\right)|(P_\pm)_{mn}|^2 \tag{1.8.20}$$

ここで，P_{mn} は電気双極子遷移行列である．また，式 (1.8.19) の ρ_n は基底状態 $|n\rangle$ の分布を表し，式 (1.8.21) で与えられる．

$$\rho_n = \frac{\exp(-P_n/kT)}{\sum \exp(-P_n/kT)} \tag{1.8.21}$$

式 (1.8.19) は，形の上では古典論から導かれた式 (1.8.17) とよく似た式になっているが，ω_c のような明確な形では磁界の効果は現れていない．磁化は基底状態内の交換分裂を通じて式 (1.8.21) の分布関数に影響を与えるとともに，選択則を通じて振動子強度の差 $(f_+)_{mn} - (f_-)_{mn}$ に影響を与え，磁気光学効果をもたらす．式 (1.8.19) の第 1 式から，誘電率の対角成分の実数部は分散型，虚数部は吸収型のスペクトルを示すことがわかる．一方，非対角成分について，式 (1.8.19) の第 2 式をみると，対角成分とは逆に実数部が吸収型，虚数部が分散型になっている．

一例として，図 1.8.5(a) に示すような電子構造を考える．基底状態の軌道角運動量 $L=0$，励起状態の軌道角運動量 $L=1$ とする．磁化のないとき，右円偏光と左円偏光に対する遷移の差がないので磁気光学効果は生じない．強磁性状態において↑スピンの準位と↓スピンの準位のエネルギー差が熱エネルギー kT に比べて大きいとする．スピン軌道相互作用によって，励起状態の軌道縮退が解け，右円偏光による遷移の中心の振動数 ω_+ と左円偏光による遷移の中心の振動数 ω_- が異なる．これによって，誘電率テンソルの非対角成分の実数部は分散型，虚数部は左右に翼のあるベル型のスペクトルとなる．

1.8 磁気に付随するその他の現象

をとるというテンソル演算の約束に従う．よく知られているように Fe, Co など中心対称性をもつ物質においては，3 階のテンソルは 0 となるため，第二高調波発生（SHG：second harmonic generation）が起きない．しかし，表面・界面においては，中心対称が破れているので SHG を観測することができる[5]．

物質が磁化をもつと対称性が変化し選択則が変化するので，磁化に依存する磁気誘起 SHG（MSHG）が生じる．また，p(s) 偏光の一次光を入射したとき，出射 SH 光の偏光方向は，入射光の偏光方向 p(s) から傾いた方向を向いており，磁化の向きを変えると，偏光方向は p(s) 面について対称に向きを変える．この効果のことを非線形磁気カー効果（NOMOKE）という．

この効果は中心対称をもつバルクでは弱く，対称性の破れる表面界面で強く現れるので，磁性/非磁性人工格子の表面・界面の磁性の評価にも用いることができる．この効果は，線形磁気光学効果にはない新しい観測手段としての多くの情報を提供するので，磁性人工格子の研究に欠くことのできない技術になりつつある[6]．

一例として，Fe の非線形カー回転角の入射角依存性を図 1.8.6 に示す．Fe の線形の縦磁気カー回転はせいぜい 0.1° 程度であるのに対し，非線形カー回転は入射角を小さくしたとき，80° にも達することが報告されている[7]．また，反強磁性の Cr_2O_3 において SH 光のスペクトルが左右円偏光に対して異なる選択則をもち，隣接する反強磁性磁区においては，この選択則が逆転するという報告が行われている[8]．

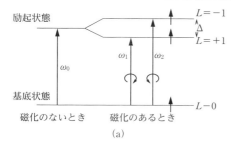

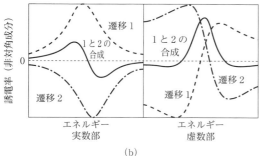

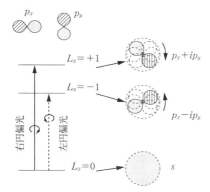

図 1.8.5 スピン軌道分裂と磁気光学効果
(a) 反磁性型磁気光学スペクトルをもたらす電子構造モデル（基底状態に軌道縮退がなく，交換相互作用が十分大きく↑スピンのみが占有されているとする．また励起状態がスピン軌道相互作用によって分裂しているとする．）
(b) 反磁性型磁気光学スペクトル ε_{xy} の形状

d. 非線形磁気光学効果[4]

これまで述べた磁気光学効果はすべて線形の効果，つまり入射光と同じ波長の出射光についての磁気光学的応答を扱ってきた．これに対し，磁性体に誘起された非線形分極によって発生した波長が半分の第二高調波（SH：second harmonic）の出射光についての磁気光学応答が，非線形磁気光学効果である．電気双極子近似の範囲では，二次の非線形分極の i 成分 $P_i^{(2)}$ は，式 (1.8.22) で表される．

$$P_i^{(2)}(2\omega) = \chi_{ijk}^{(2)}(2\omega;\omega,\omega) E_j^{(1)}(\omega) \cdot E_k^{(1)}(\omega)$$
(1.8.22)

$E_j^{(1)}$, $E_k^{(1)}$ は一次光の電界の j, k 成分，$\chi_{ijk}^{(2)}(2\omega;\omega,\omega)$ は二次の非線形感受率を与える 3 階のテンソルである．また，この式においては，繰り返される添え字については和

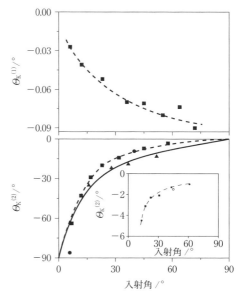

図 1.8.6 Fe 薄膜における線形（上）および非線形（下）カー回転角の入射角依存性
[Th. Rasing, H. v.d. Berg, et al., J. Appl. Phys., **79**, 6181 (1996)]

e. 近接場磁気光学[9]

通常のレンズ光学系を用いて識別できる 2 点間の距離 d は、回折限界で決まる値 $d=0.6\lambda/\mathrm{NA}$ より小さくすることができない。したがって、通常の光学系で解像度を上げるには、波長 λ を短くするか、レンズの開口数 NA を上げるしか方法がないが、近接場を使うと波長に依存せず超解像を得ることができる。

近接場とは何であろうか。はじめに図 1.8.7 のような全反射光学系を考えよう。媒質 1 の屈折率が媒質 2 の屈折率より小さいとき、媒質 2 から入射した光のうち臨界角より大きな入射角をもつものは、媒質 1 へ伝搬することができず、全反射する。このとき、媒質 1 側には、境界面から垂直方向に指数関数的に減衰する電磁界が存在する。このような光の場を近接場またはエバネッセント場とよぶ。

近接場が観測されるのは、全反射系に限ったことではない。図 1.8.8 に示すように、伝搬する光の場の中に波長より小さな微小物体（直径 d の球とする）を置くと、この物体中には電気双極子が誘起されるが、この双極子がつくる振動電界のうち、小球の直径程度のごく近傍にある電磁界は伝搬せず、距離とともに単調に減衰する。この光の場は、近接場である。

近接場の中に微小な散乱体を置くと、ふたたび伝搬光となるので微小な散乱体を観測することが可能になる。このような近接場を用いて、微小な物体を観測しようというアイデアはかなり以前から提案されていたが、技術的困難さのため長い間実現しなかった。実用的な走査近接場顕微鏡 (SNOM: scanning near-field optical microscope) の原型となったのは、1984 年の Pohl らの論文[10] であった。SNOM による最初のイメージングは 1985 年になされ、20 nm という高分解能が得られた[11]。その後、細く引き伸ばされたマイクロピペットを用いた SNOM が開発され[12]、ピペットのテーパを改良し液体を満たすことによって空間分解能が向上し、実用レベルの SNOM が実現した[13]。最近では、マイクロピペットの代わりに細く絞った光ファイバを用いるのが主流となった。

細く絞ったファイバ光学系の先端に設けられた波長より小さな開口を第 1 の散乱体と考え、ここから漏れ出している近接場中に置かれた微小な構造を第 2 の散乱体とみてこの散乱光を検出する。このファイバプローブの開口部を物質の表面上で走査することにより、光の回折限界以下の画像化を行うのが、市販の SNOM である。この場合は、ファイバプローブが光源側なので照射モードの SNOM とよばれる。逆に、第 1 の散乱体として物質の微細構造を考え、第 2 の散乱体としてファイバプローブ先端の開口を考える場合を検出モードの SNOM という。

SNOM を利用して微小な磁気構造を観察する研究は 1992 年の Betzig らによる報告[14] 以来、盛んに行われるようになり、その後、プローブの改良[15]、制御方法[16,17]、解析法[18]、アーティファクト[19] などに関する研究が多く報告されるようになった。照射モードを考えた場合、プローブから出た近接場光は伝搬しない光であるが、光の偏光性は保存されているので散乱体によって伝搬光に変換されると散乱体の磁気光学効果を受ける。

f. 光磁気効果[20]

光照射による磁性の変化を一般に光磁気効果（広義）というが、これには、狭義の光磁気効果（光誘起磁化、光誘起初透磁率変化など）と光の吸収による発熱に基づく磁化の温度変化（正確には熱磁気効果）が含まれる。

(i) 光誘起磁化 光誘起磁化の例としては、逆ファラデー効果がある。円偏光ルビーレーザー光を、まわりにピックアップコイルを巻いたルビーの c 面に照射すると、ピックアップコイルに電圧を誘起する現象がみられる。熱効果でないことは、円偏光の回転方向を右から左に変えたとき、コイルに誘起される電圧が反転することから確かめられる[21]。この効果は、ほかの 3d 遷移金属イオンや希土類を含む酸化物、磁性半導体、希薄磁性半導体、3d 遷移金属錯体などでも観測されている[22]。遷移金属を含まない有機分子においても 1 重項から 3 重項への遷移に伴うスピン準位の分布差による光誘起磁化が観測されている[23]。このほか、磁性体超微粒子を分散したグラニュラー構造をもつ物質に光を照射することにより、磁化を誘起する例が報告されている。光励起によって電子・正孔が母体物質に生成され、それらが微粒子の磁気モーメントをそろえ合う交換相互作用の媒体となっていると考えられる[24]。

(ii) 光誘起初透磁率変化 初透磁率が光照射によって減少し、照射を止めると回復する現象が YIG (yttrium

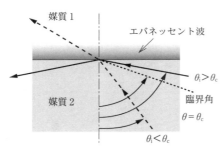

図 1.8.7 全反射光学系におけるエバネッセント場

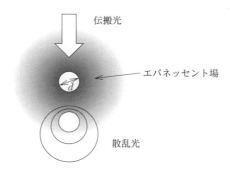

図 1.8.8 散乱体のつくるエバネッセント場に置かれた第 2 の散乱体

iron garnet) などにおいて観測されている[25]. この効果は, 光による電荷移動型遷移が起きたことによる3d遷移金属イオンの価数変化, 光によって生成されたキャリヤのトラップ準位による捕捉と再解放, 電子正孔対の再結合などが関係するとされる.

(iii) 光誘起スピン再配列 反強磁性体RCrO$_3$は不等価な四つのCrサイトを有し, 4副格子からなる複雑なスピン構造を有する. この系の物質では, 磁気, 温度などに誘起されるスピン構造の再配列相転移がみられる. ErCrO$_3$は, 9.7 K以下で反強磁性体であるが, この温度以上ではキャント型の弱強磁性となる. 反強磁性相において, Crの配位子場遷移を共鳴的に励起すると, 再配列相転移が起きる. これを光誘起スピン再配列とよぶ[26].

(iv) 熱磁気効果 光磁気記録, 光アシスト磁気記録には, レーザー光による熱磁気効果が用いられる. レーザー光が磁性体表面に集光されると, 一部は反射され, 残りは磁性体中に吸収されるが, 金属の場合, 光は表面で直ちに熱に変換されると考えられる. キュリー温度記録では, 希土類遷移金属合金磁性体にレーザー光を照射し, キュリー温度以上に加熱したとき磁化が消滅するが, 冷却のさい周囲からの反磁界によって周囲とは逆向きに磁化を受けることによって磁化反転する現象を利用する. 補償温度記録の場合, 補償温度以上でレーザー照射すると保磁力が減少し, 周囲からの反磁界で反転が起き, 冷却のさい保磁力が増大することを利用する. 実際の光磁気記録では, キュリー温度記録と補償温度記録の要素をともに利用している[27]. 1 Tb in^{-2}を超える超高記録密度には, 高保磁力の媒体が使われるが, 弱いヘッド磁界では記録できないため, 光照射による保磁力の低下を使って磁化反転をアシストする光アシスト磁気記録が検討されている[28].

最近, 希土類遷移金属合金膜において, サブピコ秒の超短パルス円偏光の照射によって, ヘリシティに依存して磁化反転が起きることが報告され, その起源について議論が進められている[29].

(v) 熱誘起スピン再配列 熱誘起スピン再配列を利用したものに光モータが知られている. これは, 磁界中に置いた希土類オルソフェライト (RFeO$_3$, Rは希土類元素) などに光照射すると, 熱誘起スピン再配列により磁化の方向が変化し, 磁界中でトルクが発生して回転するというものである[30].

文　献

1) 佐藤勝昭, "光と磁気 改訂版", pp.5-19, 朝倉書店 (2001).
2) 文献1), p.24.
3) 文献1), p.61.
4) 佐藤勝昭, "新しい磁気と光の科学"（菅野 暁, 小島憲道, 佐藤勝昭, 対馬国郎 編), pp.141-174, 講談社サイエンティフィク (2001).
5) Y. R. Shen, "The Principles of Nonlinear Optics", John Wiley (1984).
6) Th. Rasing, "Non-linear Optics at Metallic Interfaces", (K. H. Bennemann ed.), pp.132-218 Oxford University Press (1998).
7) Th. Rasing, M. Groot Koerkamp, B. Koopmans, H. v.d. Berg, *J. Appl. Phys.*, **79**, 6181 (1996).
8) M. Fiebig, D. Fröhrich, G. Sluyterman, R. V. Pisarev, *Appl. Phys. Lett.*, **66**, 2906 (1995).
9) 文献4), p.205.
10) D. W. Pohl, W. Denk, M. Lanz, *Appl. Phys. Lett.*, **44**, 651 (1984).
11) D. W. Pohl, W. Denk, U. Dürig, *Proc. SPIE*, **565**, 56 (1985).
12) A. Harootunian, E. Betzig, M. Isaacson, A. Lewis, *Appl. Phys. Lett.*, **49**, 674 (1988).
13) E. Bezig, J. K. Trautman, T. D. Harris, J. S. Weiner, R. L. Kostelak, *Science*, **251**, 1468 (1991).
14) E. Betzig, J. K. Trautman, R. Wolfe, E. M. Gyorgy, P. L. Finn, M. H. Kryder, C.-H. Chang, *Appl. Phys. Lett.*, **61**, 142 (1992).
15) T. Yatsui, M. Kourogi, M. Ohtsu, *Appl. Phys. Lett.*, **73**, 2090 (1998).
16) J. W. P. Hsu, Mark Lee, B. S. Deaver, *Rev. Sci. Instrum.*, **66**, 3177 (1995).
17) B. L. Petersen, A. Bauer, G. Mayer, T. Crecelius, G. Kaindl, *Appl. Phys. Lett.*, **73**, 538 (1998).
18) E. B. McDaniel, S. C. McClain, J. W. P. Hsu, *Appl. Opt.*, **37**, 84 (1998).
19) H. Hatano, Y. Inoue, S. Kawata, *Jpn. Appl. Phys.*, **37**, L1008 (1998).
20) 文献1), p.20.
21) T. Tamaki, K. Tsushima, *J. Phys. Soc. Jpn.*, **45**, 122 (1978).
22) 高木芳弘, 嶽山正二郎, 足立 智, 応用物理, **64**, 241 (1995).
23) Y. Takagi, *Chem. Phys. Lett.*, **119**, 5 (1985).
24) S. Haneda, M. Yamaura, Y. Takatani, K. Hara, S. Harigae, H. Munekata, *Jpn. J. Appl. Phys.*, **39**, L9 (2000).
25) U. Enz, R. Metselaar, P. J. Rijnierse, *J. Phys. (France)*, **C1**, 703 (1970).
26) T. Tamaki, K. Tsushima, *J. Magn. Magn. Mater.*, **31-34**, 571 (1983).
27) 文献1), p.168.
28) W. A. Challener, C. Peng, A. V. Itagi, D. Karns, W. Peng, Y. Peng, X. Yang, X. Zhu, N. J. Gokemeijer, Y.-T. Hsia, G. Ju, R. E. Rottmayer, M. A. Seigler, E. C. Gage, *Nat. Photonics*, **3**, 220 (2009).
29) C. D. Stanciu, A. V. Kimel, F. Hansteen, A. Tsukamoto, A. Itoh, A. Kirilyuk, Th. Rasing, *Phys. Rev. B*, **73**, 220402(R) (2006).
30) 玉城孝彦, 信学論C, **J60-C**, 251 (1977).

1.8.2　磁　気　と　熱

磁気に付随する熱現象として, 従来最も研究されてきたのは磁性体の熱力学に関与した磁気熱量効果である. 最初に磁気熱量効果を中心に紹介し, 次に磁気冷凍への応用に関係する代表的な磁性体の特徴を概説する. 後半では, 電荷キャリヤ輸送に関係する熱電効果におけるスピン自由度に由来した増大現象, さらにスピントロニクス研究においてスピンと熱輸送が関連した新しい現象として発見されたスピンゼーベック効果についても簡単に紹介し, 最後に関連する磁気現象について述べる.

a. 磁気熱量効果

(ⅰ) 磁性体の熱力学　熱力学における諸量の関係は普遍性を有し，磁性体についても理想気体における場合と同様に扱うことができる[1~3]．磁性体のヘルムホルツ自由エネルギー F およびギブス自由エネルギー G は，エントロピー S，温度 T，磁化 M および外部磁場 H を用いて以下のとおり記述される[1~3]．

$$F = U - TS \quad (1.8.23)$$
$$G = U - TS - MH \quad (1.8.24)$$

ここで，U は磁気系の内部エネルギーであり，微視的には強磁性発生の原因となる交換相互作用などのエネルギーを含む．両者の全微分 dF および dG は次式となるので，F では独立変数は M および T となり，G においては H と T が独立である．

$$dF = -HdM - SdT \quad (1.8.25)$$
$$dG = -MdH - SdT \quad (1.8.26)$$

これらより得られる重要な結果はマクスウェルの関係とよばれる以下の式である．

$$\left(\frac{\partial S}{\partial H}\right)_T = \left(\frac{\partial M}{\partial T}\right)_H \quad (1.8.27)$$

この関係は実験よりエントロピー変化を求める場合に有益であり，磁場変化 $0 \sim H_{max}$ における等温磁気エントロピー変化 ΔS_m が以下のように得られる[1,2]．

$$\Delta S_m = \mu_0 \int_0^{H_{max}} \left(\frac{\partial M}{\partial T}\right) dH \quad (1.8.28)$$

また，断熱過程における磁場変化は温度変化を伴うが，この断熱温度変化 ΔT_{ad} は式 (1.8.29) と求められる．

$$\Delta T_{ad} = \mu_0 \int_0^{H_{max}} \frac{T}{C} \left(\frac{\partial M}{\partial T}\right) dH \quad (1.8.29)$$

以上は熱力学の関係であり，統計力学からはボルツマンの関係として次式となり，ボルツマン定数 k_B を媒介として系の状態数 W がエントロピーの大きさを与える．

$$S = k_B \log W \quad (1.8.30)$$

したがって，磁性体では磁気モーメント配列の自由度および熱揺らぎで決められる W から S が求められる[2]．

(ⅱ) 常磁性体の磁気熱量効果

(1) 局在磁気モーメント系：　電子スピンが原子上に局在している場合，孤立原子上の磁気モーメントの方向自由度は，スピンおよび軌道角運動量の合成値 J により指定される磁気量子数 m_J のとり得る値の数と同じで $2J+1$ とおりある[4]．結晶状態において，相互作用が無視できて孤立原子状態の集合とみなせる場合には，全原子上で $(2J+1)$ 重に方向自由度が縮退し，N 個の原子系では式 (1.8.29) の W は $(2J+1)^N$ になるので，1 mol 相当の S は次式で表される[2,4]．

$$S = Nk_B \log(2J+1) = R \log(2J+1) \quad (1.8.31)$$

磁気モーメントが同一方向に向くと W は 1 通りになるので $S=0$ となり，式 (1.8.28) に相当する分がエントロピー変化 ΔS として出現する．しかし，$1\mu_B$ 程度の磁化に 1 T 程度の磁束密度を印加しても，磁気的な仕事量に相当する $-MH$ の項は温度エネルギー $k_B T$ に換算して 1 K 未満にとどまるので大きな熱量変化は期待できない．

(2) 遍歴電子系：　金属磁性体のように固体中を電子が移動する場合，スピン密度の変化は結晶全体に広がるために局在系のような記述はできない．このような遍歴電子系固有の素励起はスピン揺らぎとよばれ，熱力学量にも多大な影響を及ぼすことが知られている[5,6]．スピン揺らぎの性質は複雑であるが，強磁性発生寸前の常磁性状態については熱力学的にも精密な理論が構築されている[6]．その結果，スピン揺らぎによるエントロピー S は次式となる[6]．

$$S = \frac{\pi}{3} \sum_q \int_0^\infty d\omega \left[\log(1-e^{-\omega/T}) - \frac{\omega}{T}n(\omega)\right] \frac{\Gamma_q}{\omega^2+\Gamma_q^2} \quad (1.8.32)$$

ここで，ω および q はそれぞれスピン揺らぎの振動数および波数，$n(\omega)$ はボーズ因子である．また，Γ_q はスピン揺らぎの減衰係数であり，スピン揺らぎスペクトルに相当する動的磁化率の虚部 $\text{Im}\chi(q,\omega)$ は静的磁化率 χ_0 と相関長の逆数 κ を用いて式 (1.8.33) となることより，エントロピーがスピン揺らぎのスペクトルと密接に関係することは明らかである[6]．

$$\text{Im}\chi(q,\omega) = \frac{\chi_0}{1+(q/\kappa)^2} \frac{\Gamma_q}{\omega^2+\Gamma_q^2} \quad (1.8.33)$$

しかし，このスペクトルは高エネルギー領域まで広がるために外部磁場による影響は小さいので，大きな磁気熱量効果は期待できない．一方，次項に述べるように，相転移により強磁性状態に変化する場合にはスピン揺らぎが大幅に抑えられ，常磁性とのスピン揺らぎの差が熱的変化として観測される．

(ⅲ) 磁気相転移による磁気熱量効果

(1) 強磁性-常磁性二次相転移：　強磁性相の基底状態では交換相互作用により磁気モーメントが同一方向にそろうが，温度が上昇すると磁気励起により状態数 W が増加し磁気的なエントロピーが増加する．多くの強磁性体において，強磁性-常磁性の変化は二次相転移であるためにエントロピーの温度変化も緩やかである．式 (1.8.28) より外部磁場変化による等温磁気エントロピー変化は磁化の温度依存性と関係づけられるので，磁場変化が一定の場合には磁化の温度微分 dM/dT が大きいと等温磁気エントロピー変化 ΔS_m の値も大きい．二次相転移の場合には，相転移温度 T_C 近傍において dM/dT が増大して ΔS_m も最大値を示す．

(2) 強磁性-常磁性一次相転移：　二つの相の自由エネルギーの大小関係が特定の温度を境に逆転する場合，その温度において一次の相転移が生じる．

一次転移が現れるのは，両相がエネルギー障壁により隔てられた不連続な状態として存在する場合であるが，強磁性から常磁性への変化では状態が連続的に変化できるので，強磁性-常磁性一次相転移を示すのはエネルギー障壁を生じる特異な原因が存在する場合に限られる．

たとえば，結晶構造一次相転移が原因となって磁気相も

1.8 磁気に付随するその他の現象　87

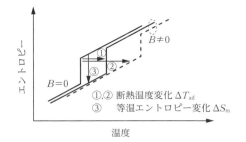

図1.8.9 強磁性-常磁性一次相転移の相転移温度 T_C 近傍における全エントロピーの温度変化の模式図
　点線は印加磁場あるいは磁場に対する T_C の変化が相対的に大きい場合に相当する．

変化する場合は，磁気-構造相転移（magnetostructural transition）とよばれる[7,8]．また，遍歴電子系においては，電子バンド構造に由来して強磁性-常磁性状態間にエネルギー障壁が生じる場合があり，磁場誘起により強磁性-常磁性一次相転移が生じる現象は遍歴電子メタ磁性転移とよばれる[9,10]．

図1.8.9に一次相転移の T_C 近傍における全エントロピーの温度変化と，その外部磁場依存性を模式的に示す．なお点線は，印加磁場あるいは磁場に対する T_C の変化が相対的に大きい場合に相当する．自由エネルギーの温度微分は$-S$になり，一次相転移温度では出現相が変わるために自由エネルギーの温度微分は不連続になる．その結果S-T曲線にも T_C において不連続性が生じて自発的熱変化が観測される．この熱変化，すなわち潜熱が磁気一次相転移において磁気熱量効果を増大する原因である．熱力学におけるクラウジウス-クラペイロンの関係より潜熱 Q_L は，相転移臨界磁場 $\mu_0 H_C$ の温度依存性と転移における磁化変化 ΔM を用いて次式で表される[1〜3]．

$$Q_L = T_C \cdot \Delta M \mu_0 (dH_C/dT) \quad (1.8.34)$$

この式より，一次相転移により出現する巨大磁気熱量効果には相転移による ΔM が重要になる．したがって，希土類元素に比べて基底状態での磁気モーメントが小さい3d遷移金属化合物でも，転移に伴い磁化 M に急峻な変化が生じると大きな ΔS_m が得られる．また，断熱温度変化 ΔT_{ad} は，外部磁場が小さい場合，あるいは T_C の磁場依存性が相対的に小さい場合，T_C の磁場によるシフトにほぼ相当する．しかし，系のエントロピーには格子振動などの寄与も影響するため，図1.8.9の②で示した過程では格子項による S-T 曲線の変化の影響を受ける．このため，ΔT_{ad} の正確な評価には熱測定と合わせた解析が不可欠である．

（3）反強磁性-強磁性一次相転移：反強磁性と強磁性では磁化配置の対称性が不連続になるため，両相が競合する系では反強磁性-強磁性温度誘起一次相転移が観測される．この場合，相転移温度近傍の反強磁性相において磁場を印加すると反強磁性-強磁性磁場誘起一次相転移が出現してエントロピー変化への潜熱の寄与が存在する．反強磁性状態では自発磁化がないので，このような転移でも式(1.8.34)の ΔM の値は大きくなる．しかし，潜熱の大きさは両状態のエントロピーの差分で決まるので，秩序状態の間で変化する反強磁性-強磁性転移の場合は，無秩序状態で式(1.8.30)の W が大きい常磁性からの転移に比べて潜熱の値は小さく，磁気熱量効果も常磁性-強磁性転移の場合ほどには増大されない．

（iv）磁気熱量効果の応用と具体的な材料の例　磁気熱量効果を利用した冷却の実証は，当初，液体ヘリウム温度以下を実現するための断熱消磁冷却であった[1]．その後，冷凍サイクルやさまざまな磁性体の開発により対象とする温度域が拡充して，現在では水素液化[11]などの低温域から室温までの広い温度での実用に向けた開発が盛んである．とくに，従来方式に用いられるフロン類ガスの環境破壊の懸念に対し，室温磁気冷凍はクリーンかつ高効率な方式として注目を集めている．

このような状況において，きわめて多数の磁性体の磁気熱量効果が研究されているが，磁化測定データから式(1.8.28)を用いた等温磁気エントロピー変化 ΔS_m の評価にとどまることが多い[12]．しかし，磁気冷凍の実現には断熱温度変化 ΔT_{ad} の評価も重要であり，ΔS_m が大きくとも ΔT_{ad} も大きな値になるとは限らない[12]．また，工業的には永久磁石を用いることが可能であれば利便性が格段に増大する．そこで，永久磁石回路で発生し得る上限程度の磁場変化 $\Delta B = 2$ T において，ΔS_m と ΔT_{ad} の両方が詳しく評価されている化合物を例として示し，まず室温以下におけるさまざまな適用温度で磁気熱量効果の挙動について説明する．

図1.8.10は，RAl$_2$（R＝Er[13]，Dy[14]およびGd[15]）とDyNi$_2$[14]の ΔS_m と ΔT_{ad} の温度依存性である．これらの化合物は相転移温度 T_C において二次相転移を示し，希土類元素の局在磁気モーメントに由来した磁気的性質を示す例である．したがって，ΔS_m の最大値はほぼ T_C 付近に出現

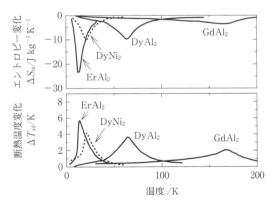

図1.8.10 RAl$_2$（R＝Er[1]，Dy[2]，Gd[3]）とDyNi$_2$[2]の磁気エントロピー変化 ΔS_m と断熱温度変化 ΔT_{ad} の温度依存性

1) T. Hashimoto, *et al.*, *Adv. Cryog. Eng.*, **32**, 279 (1986).
2) P. J. von Ranke, *et al.*, *Phys. Rev. B*, **58**, 12110 (1998).
3) S. Y. Dan'kov, *et al.*, *Adv. Cryog. Eng.*, **46**, 397 (2000).

する．Er と Dy については，どちらも角運動量 $J=15/2$ であり，Gd では $J=7/2$ になるので，式（1.8.30）から算出される磁気系の最大エントロピー量は元素 1 モルあたりで 23.1 J K^{-1} と 17.3 J K^{-1} となる．磁場変化 2 T 程度ではこれらの理論値には到達できず，ErAl$_2$ における ΔS_m の最大値でも理論値の約 1/4 相当である．また，J が等しい Er と Dy を含む系でも ΔS_m に差があり，全体的な傾向として T_C が上昇すると ΔS_m の最大値が減少する．局在磁気モーメント系の場合，磁化の温度変化は分子場近似で比較的よく再現できて，理想的な強磁性であればブリユアン関数で表される変化を示す[4]．この場合，熱磁気曲線の温度軸は T_C でスケールできるので，T_C が高いほど実効的な dM/dT の値は減少し ΔS_m は低下する．希土類化合物では交換相互作用が複雑な場合が多く，さらに結晶場の影響なども存在するために実際の変化は化合物ごとに異なるが，いずれにしても，室温近傍まで大きな ΔS_m を保持することは困難である．

一方，ΔT_{ad} についてみると ΔS_m の大小関係とほぼ同じ傾向を示す．式（1.8.28）において全比熱 C の磁場依存性を無視すると，式（1.8.35）となり ΔS_m との関係が近似できるので，ΔS_m の差が顕著であれば ΔS_m と ΔT_{ad} の変化の傾向は類似する．

$$\Delta T_{ad} = (T/C) \Delta S_m \qquad (1.8.35)$$

しかし，全比熱 C の温度変化の大部分は格子比熱が支配するため，極低温では C は T^3 に比例し，温度上昇とともに変化が緩やかになり，高温では温度に対し一定になる．デバイ温度が 300～400 K 程度の金属間化合物では，数十 K 以上では T/C は温度とともに増加する．ErAl$_2$ と GdAl$_2$ の ΔT_{ad} の差が ΔS_m の差ほどには大きくならないのは格子比熱の温度依存性から理解できる．

次に，相転移挙動が異なる場合の例として，RCo$_2$ ラーベス相化合物（R=Er[16]，Ho[17] および Dy[2]）における ΔS_m および ΔT_{ad} の温度依存性を図 1.8.11 に示す．本化合物において，R が非磁性の Y あるいは Lu の場合は強磁場印加により遍歴電子メタ磁性転移が生じる[18,19]．R が磁性希土類の場合は 4f-3d 交換相互作用が内部磁場として Co 原子に作用し，外部磁場によるメタ磁性と同様に磁気秩序を生じる[20]．なお，重希土類の 4f 磁気モーメントは 3d 磁気モーメントと反平行になるので，秩序相はフェリ磁性状態である．遍歴電子メタ磁性転移臨界磁場 $\mu_0 H_C$ は，（ⅱ）項の（2）で述べたスピン揺らぎの影響により温度が上昇すると増加するが[21]，希土類による内部磁場は逆に減少するので，両者が一致する温度 T_C 以上では常磁性状態が安定になる．フェリ磁性から常磁性への T_C における変化は一次相転移であり，さらに，T_C 直上では外部磁場印加により磁場誘起一次相転移が生じる．したがって，（ⅲ）項の（2）で述べたように，式（1.8.32）で示される潜熱の寄与により等温磁気エントロピー変化 ΔS_m は T_C 近傍において顕著に増大する．なお，遍歴電子メタ磁性の場合，臨界温度 T_0 以上では強磁性-常磁性相間のエネルギー障壁が消失し一次相転移を示さなくなる[21,22]．また，T_0 以下でも温度上昇に伴い一次相転移がブロードになり潜熱の寄与も小さくなる[22]．このため，T_C が上昇すると ΔS_m の温度プロファイルが広がるが最大値は減少する．一方，断熱温度変化 ΔT_{ad} を比較すると，ΔS_m の変化とは逆に，T_C が上昇するほど最大値が増加する．これは，式（1.8.35）の格子比熱の温度変化の影響に加え，図 1.8.9 において説明した外部磁場による相転移温度の変化と格子エントロピーの温度変化の影響も関係する．

（ⅲ）項の（3）で述べたように，反強磁性-強磁性一次相転移のような磁気秩序-秩序転移に関しても，さまざまな化合物において磁気熱量効果が評価されている．Mn$_3$GaC 化合物は低温で反強磁性であるが，$T_C=165$ K において強磁性への一次相転移を示す[23]．T_C の直下では磁場誘起の反強磁性-強磁性転移が生じて，転移に伴う磁気熱量効果として $\Delta B=2$ T における ΔS_m および ΔT_{ad} の値は 15 J kg^{-1} K^{-1} および -5.5 K と報告されている[23]．また，Ce(Fe$_{0.93}$Rh$_{0.07}$)$_2$ ラーベス相化合物では，$T_C=110$ K において反強磁性-強磁性転移を生じ，T_C 以下において $\Delta B=2$ T に対し，$\Delta S_m=7.8$ J kg^{-1} K^{-1} の変化が確認されている[24]．なお，これらの例では反強磁性の磁気揺らぎに由来して，T_C でのエントロピーは低温相のほうが大きいため，磁気熱量効果の符号は図 1.8.10 および図 1.8.11 に示した例とは逆に正の変化を示す．このほかに希土類 R を含む RMn$_2$Ge$_2$ のように複雑な磁気相図を示す系の中で，磁場による磁気構造変化に伴い反強磁性から自発磁化を有する状態に転移する場合などが調べられているが，角運動量 J が大きい Dy を含む DyMn$_2$Ge$_2$ の場合でも 40 K 近傍での転移における変化が $\Delta S_m = -10$ J kg^{-1} K^{-1} 程度であり，二次転移系の RAl$_2$ のデータに比べても大きな値にはならない[25]．反強磁性-強磁性転移を示す系の中で，特筆すべ

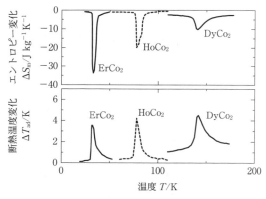

図 1.8.11 RCo$_2$ ラーベス相化合物（R=Er[1]，Ho[2]，Dy[3]）の磁気エントロピー変化 ΔS_m および断熱温度変化 ΔT_{ad} の温度依存性

1) H. Wada, *et al.*, *Cryogenics*, **39**, 915 (1999).
2) T. Tohei, *et al.*, *J. Magn. Magn. Mater.*, **280**, 101 (2004).
3) A. M. Tishin, *et al.*, "The Magnetocaloric Effect and its Applications", Insitute of Physics (2003).

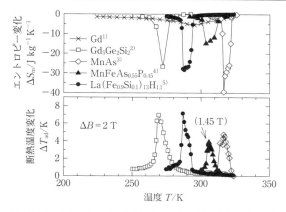

図1.8.12 $\Delta B=2\,\mathrm{T}$ における磁気エントロピー変化 ΔS_m および断熱温度変化 ΔT_ad の温度依存性
MnFeAs$_{0.55}$P$_{0.45}$ の ΔT_ad は $\Delta B=1.45\,\mathrm{T}$ における参考データである．また，比較のために Gd の ΔS_m も併せて示す．
1) A. Fujita, *et al.*, *Phys. Rev. B*, **67**, 104416 (2003).
2) V. K. Pecharsky, *et al.*, *Rev. Lett.*, **78**, 4494 (1997).
3) E. Brück, *et al.*, *J. Magn. Magn. Mater.*, **290-291**, 8 (2005).
4) H. Wada, *et al.*, *Appl. Phys. Lett.*, **79**, 3302 (2001).
5) S. Fujieda, *et al.*, *Appl. Phys. Lett.*, **81**, 1276 (2002).

き磁気熱量効果を示す例として Fe$_{0.49}$Rh$_{0.51}$ 合金があげられる．本合金を 1300 K において保持した後に急冷して得られる試料では，室温近傍の 313 K において $\Delta B=2\,\mathrm{T}$ に対して $\Delta S_\mathrm{m}=22\,\mathrm{J\,kg^{-1}\,K^{-1}}$ および $\Delta T_\mathrm{ad}=-13\,\mathrm{K}$ の値が得られる[26]．しかし，このように顕著な磁気熱量特性は数回の相転移の繰り返しを経ると，磁気転移と同時に生じる構造変化によるひずみの蓄積により転移自体が消失してしまい[27]，実用に供することはできない．

これらの例から明らかなように，室温域において大きな磁気熱量効果を安定して得るには従来型の材料では困難である．さらに，格子比熱は室温で大きな値になるため格子負荷とよばれ，磁場で制御できない熱負荷となる．室温域においてほかの物体を冷却するためには磁性体内部の格子負荷に打ち消されないだけの大きな磁気熱量効果が必要であり，室温近傍で明瞭な磁場誘起一次相転移を示す材料が求められる．室温磁気冷凍のための冷凍作業物質の候補として注目されているのは，Gd$_5$Ge$_2$Si$_2$[28,29]，MnFeAs$_x$P$_{1-x}$[30,31]，MnAs[32,33] および La(Fe$_x$Si$_{1-x}$)$_{13}$H$_y$[34,35] である．図1.8.12 に示すのは，これらの化合物の代表的な組成例における磁場変化 $\Delta B=2\,\mathrm{T}$ での ΔS_m および ΔT_ad の温度依存性である．なお，参考として MnFeAs$_{0.55}$P$_{0.45}$ の $\Delta B=1.45\,\mathrm{T}$ における ΔT_ad のデータも示す．また，比較のために，従来の室温磁気冷凍デモンストレーションに利用されてきた Gd の ΔS_m も併せて示した[36]．さらに，ここまでに例示した全材料について磁気熱量特性をまとめて表1.8.1 に示す．

La(Fe$_x$Si$_{1-x}$)$_{13}$H$_y$ の磁気熱量効果の原因は，La(Fe$_x$Si$_{1-x}$)$_{13}$ において Fe 濃度 x が 0.86～0.90 の範囲で現れる遍歴電子メタ磁性転移である[34,35]．すなわち，Fe 3d 遍歴電子バンドの特異性に起因した磁気系だけの相転移であり結晶構造変化は生じない．本化合物は T_C の圧力係数が大きいため，水素吸収により格子の等方的な体積膨張を生じて T_C の上昇制御が可能になる[34,35]．一方，Gd$_5$Ge$_2$Si$_2$ および MnFeAs$_x$P$_{1-x}$ の場合は，結晶構造変化を伴う磁気一次相転移である[28~30]．MnAs の場合も磁気転移に構造変化が伴うが[32]，As を Sb で部分置換した MnAs$_{1-x}$Sb$_x$ では構造変化が抑制される[33]．これらの一次相転移化合物が示す ΔS_m は Gd の ΔS_m の最大値の 4～5 倍程度に達している．また，ΔT_ad については 1 T あたり 2 K 程度の変化が

表 1.8.1 各種材料の磁気熱量特性

化合物	転移磁気相 (次数)	転移温度 K	ΔS_m J kg^{-1} K^{-1}	ΔT_ad K	κ W m^{-1} K^{-1}	文献
ErAl$_2$	F-P (2nd)	13	-23	5.7	—	*Adv. Cryog. Eng.*, **32**, 279 (1986).
DyAl$_2$	F-P (2nd)	63	-11	3.6	—	*Phys. Rev. B*, **58**, 12110 (1998)
GdAl$_2$	F-P (2nd)	167	-4	2.1	—	*Adv. Cryog. Eng.*, **46**, 397 (2000).
DyNi$_2$	F-P (2nd)	20	-11	4	—	*Adv. Cryog. Eng.*, **32**, 279 (1986).
Gd	F-P (2nd)	294	-5	5.7	9.9	*Phys. Rev. B*, **67**, 104416 (2003).
ErCo$_2$	FI-P (1st)	35	-28	3.2	—	*Cryogenics*, **39**, 915 (1999).
HoCo$_2$	FI-P (1st)	83	-11	4	—	*J. Magn. Magn. Mater.*, **280**, 101 (2004).
DyCo$_2$	FI-P (1st)	138	-10	4.4	—	"The Magnetocaloric Effect and its Applications", Insitute of Physics (2003).
Mn$_3$GaC	AF-F (1st)	165	15	-5.5	—	*J. Appl. Phys.*, **94**, 1800 (2003).
Ce(Fe$_{0.93}$Rh$_{0.07}$)$_2$	AF-F (1st)	110	8	—	—	*J. Magn. Magn. Mater.*, **320**, 2144 (2008).
DyMn$_2$Ge$_2$	AF-FI	40	-10	5.2	—	*J. Magn. Magn. Mater.*, **218**, 203 (2000).
Fe$_{0.49}$Rh$_{0.51}$ (急冷)	AF-F (1st)	313	22	-13	—	*Cryogenics*, **32**, 867 (1992).
La(Fe$_{0.90}$Si$_{0.10}$)$_{13}$H$_{1.1}$	F-P (1st)	287	-28	7.1	8.7	*Appl. Phys. Lett.*, **81**, 1276 (2002).
Gd$_5$Ge$_2$Si$_2$	F-P (1st)	272	-27	6.9	5.3	*Phys. Rev. Lett.*, **78**, 4494 (1997).
MnAs	F-P (1st)	318	-31	4.7	2	*Appl. Phys. Lett.*, **79**, 3302 (2001).
MnFeAs$_{0.55}$P$_{0.45}$	F-P (1st)	302	-15	-4	—	*J. Magn. Magn. Mater.*, **290-291**, 8 (2005).

F：強磁性，P：常磁性，FI：フェリ磁性，AF：反強磁性，1st：一次相転移，2nd：二次相転移．
磁気および構造相転移温度，転移磁気相と次数，磁場変化 0～2 T における磁気エントロピー変化 ΔS_m および断熱温度変化 ΔT_ad．なお，MnFeAs$_x$P$_{1-x}$ の ΔT_ad は 0～1.45 T での測定値である．

実用に必要な目安であり，これらの化合物の値はいずれも十分な大きさである．

磁気冷凍に応用する場合の注意点として，冷凍動作には多大なサイクル数が必要とされるため，転移を繰り返した後の磁気熱量特性の安定性があげられる．構造相転移の場合，格子欠陥などによるひずみの蓄積が懸念され，先に述べた$Fe_{0.51}Rh_{0.49}$の例と同様に，$Gd_5Ge_2Si_2$においても転移の繰り返しによる転移温度のシフトが確認されている[37]．また，工業的には構成元素の価格や人体・環境への安全性も重要である．さらに，磁気冷凍作業物質は，熱交換媒体とすみやかに熱交換を行う必要があるため熱伝導特性も良好でなければならない．表1.8.1に示したように，室温における金属元素単体Gdの熱伝導率に比べて，$La(Fe_{0.90}Si_{0.10})_{13}H_{1.1}$は同程度の高い熱伝導率を有するが，$Gd_5Ge_2Si_2$の場合は半分程度であり，さらに，MnAsでは約1/4程度である[38]．このように，実用的な冷凍作業物質の開発には種々の条件が満足される材料の選択が不可欠である．

b. 熱電効果の磁気的寄与による増大

金属に温度差を与えたときに生じる熱起電力の発生，すなわちゼーベック効果やその逆効果として電流により温度差が発生するペルチエ効果は，エネルギー利用技術として注目を集めている．電流jおよび熱流θについてゼーベックおよびペルチエ係数をζおよびΠとすると$\theta=\Pi j$となり，$\Pi=\zeta T$の関係[39]があるので$\theta/T=\zeta j$の関係が導かれる．熱を温度で割った量はエントロピーにほかならないのでθ/Tはエントロピー流密度である．つまり，ゼーベック係数は電流によるエントロピー輸送の関係を示す．したがって，原子またはイオン間の伝導電子の移動により磁気的なエントロピー変化を生じると熱電効果が増強される場合がある．なお，この場合には式 (1.8.27) で定義したエントロピー変化と異なり，結晶場とフント則による軌道縮退とスピン配置の自由度に関係する．

このような現象を示す例としてNa_xCoO_2があげられる[40,41]．この酸化物中では電気的中性を保つために価数の異なるCo^{3+}とCo^{4+}が分布している．結晶場とフント則の関係より，Co^{3+}は低スピン状態にあり三重縮退したt_{2g}軌道を6個のd電子が埋め尽くしている．したがって，スピン配置の組み合わせは1通りである．しかし，Co^{4+}では電子が一つ減るのでスピン配置の自由度は6通りに増す[41,42]．ここで，本化合物の電気伝導はCo^{3+}とCo^{4+}が空間的に入れ替わり，電荷$+|e|$の移動により担われるので，式 (1.8.30) から計算されるスピン配置のエントロピー$k_B \log 6$を輸送することになり，ゼーベック係数の計算値は約$150\ \mu V\ K^{-1}$程度になる[41,42]．実際，本酸化物は300 K近傍で$100\ \mu V\ K^{-1}$と大きな値を示す．このようなスピン配置のエントロピーを伝導キャリアが輸送する現象はほかの酸化物においても実現され得るので[41~43]，スピン自由度に関係するエントロピーによる熱電効果の増大はエネルギー変換技術の観点からも今後の展開が興味深い．

c. スピンゼーベック効果

電子の有する電荷に加えてスピン自由度を利用する技術としてスピントロニクスが展開しており，中でも，正味の電荷移動を伴わずにスピン角運動量だけが流れる状態，すなわちスピン流の利用は注目を集めている．スピントロニクスおよびスピン流の詳細については，1.7節や4.3節にゆずるが，熱と磁気の関連において重要な現象としてスピンゼーベック効果がある．これは電荷移動に対するゼーベック効果と同様の効果がスピン流に対して生じる現象である．実験的には，強磁性金属に常磁性金属を接合した系において，強磁性金属に温度勾配を与え，この温度勾配によるスピン流の生成が確認されている[44,45]．電流に対するスピン軌道相互作用の影響により，電子は運動方向に垂直の力を受けて，アップスピンとダウンスピンでは逆向きに軌道が曲がるため，電荷分布が一様でもスピン蓄積が生じるスピンホール効果が知られている[46]．逆に，スピン流が生じた場合はスピン軌道相互作用により電荷の蓄積が生じて起電力が観測され，逆スピンホール効果とよばれる．$Ni_{81}Fe_{19}$薄膜にスピン軌道相互作用の大きいPtを部分的に接合し，逆スピンホール効果による起電力を測定した結果，Pt層を高温側あるいは低温側のどちらに接合した場合でも，起電力の大きさは$Ni_{81}Fe_{19}$側の温度勾配の大きさに比例し，また符号は低温端と高温端で反対になることが確認された[44]．この結果はスピンゼーベック効果に由来する逆スピンホール効果の対称性と完全に一致しており，温度勾配によりスピン流が生成したことを示す．なお，起電力の発生は強磁性体と非磁性体間でのスピン注入に起因していることが指摘されている[47]．今後，理論的な展開も含め，スピンゼーベック効果の一層の解明が待たれる．

d. その他の関連現象

（i）圧力熱量効果および電気熱量効果 本節a.項の(i)に述べたように，磁気相転移の潜熱を利用するうえで最も自然な発想は，外部磁場による磁気状態制御であるが，磁気相転移の様子は，ほかの外場印加でも変化する場合がある．外場として圧力を利用した磁気相転移制御の場合には圧力熱量効果が得られる[48~50]．とくに圧力熱量効果の場合，磁場印加の影響が小さい反強磁性状態についても相転移を誘起することが可能であり，たとえば室温近傍で反強磁性-常磁性一次相転移を示すMn_3GaNにおいて大きな熱量効果が確認されている．この系の場合，体積変化と相安定性の関係が大きなエントロピー変化に結びつくことが熱力学の関係から示せるが，より微視的には反強磁性状態にのみ特徴的に生じる磁気的なフラストレーションとMn遍歴電子磁性との関係が重要である．

また，外場として電場を選んだ場合には電気熱量効果が得られる．通常，磁気と電場は相関がないため，この効果は磁性体では積極的に調べられることはないが，最近，マルチフェロイクスとよばれる物質群で電場誘起の磁気状態変化が確認されており[51]，新たな電気熱量効果の候補物質ともなり得る．また，VO_2では，電場誘起の金属-絶縁体

転移に伴い構造変化が生じ，さらにスピン・シングレットが形成されるため，電荷と軌道自由度の変化に加え，スピンエントロピーも加わった大きな熱量効果が現れることが確認されている[52]．

（ii）異常ネルンスト効果の発電応用　異常ネルンスト効果は，磁性体中に熱流が発生した場合，熱流と磁化のそれぞれの向きと直交する方向に電圧が生じる現象として知られてきた．最近，本効果の大きさと符号が材料ごとに異なることを利用し，たとえば，発生電圧が同程度で熱流に対する電圧符号が反対のFePtとMnGaを交互に並列配置して直列接続することで，熱流を電圧変換する新たなデバイスが構築されることが示された[53]．従来のゼーベック素子では，起電力の取出し方向が温度勾配と平行方向に制限されるのに対し，この素子の場合，面内の熱流を直行方向の電圧に変換できる特徴がある．

（iii）スピン波スピン流による熱輸送　本節c項で示したように，スピンの流れであるスピン流は電流と異なり発熱を伴わず，また熱流をスピン流に変換できる．この逆効果として，スピン流から熱流を発生させることも実証されている．この実証においては，磁性体に照射したマイクロ波がスピン波スピン流を誘起し，マイクロ波エネルギーがスピン流によって運ばれることにより試料端で熱変換される[54]．この現象は，スピン流による熱輸送方向が外部磁場の印加方向などにより容易に切替え可能であり，また，ペルチェ素子など電流利用のさいに生じるジュール発熱とは無縁である．

文献

1) 橋本巍洲，"磁気冷凍と磁性材料の応用"，工業調査会 (1987).
2) A. M. Tishin, Y. I. Spichkin, "The Magnetocaloric Effect and its Applications", Insitute of Physics (2003).
3) H. E. スタンリー 著，松野孝一郎 訳，"相転移と臨界現象" p. 21, 東京図書 (1987).
4) 太田恵造，"磁気工学の基礎 I 磁気の物理"，共立出版 (1973).
5) 守谷 亨，"磁性理論の進歩"（守谷 亨，金森順次郎 編），p. 32, 裳華房 (1983).
6) Y. Takahashi, *J. Phys.: Condens. Matter*, **11**, 6439 (1999).
7) K. A. Gschneidner, Jr., V. K. Pecharsky, *Int. J. Refrig.*, **31**, 945 (2008).
8) A. Planes, L. Mañosa, M. Acet, *J. Phys.: Condens. Matter*, **21**, 233201 (2009).
9) E. P. Wohlfarth, P. Rhodes, *Philos. Mag.*, **7**, 1817 (1962).
10) M. Shimizu, *J. Phys.*, **43**, 155 (1982).
11) 沼澤健則，まぐね，**1**, 316 (2006).
12) V. K. Pecharsky, K. A. Gschneidner, Jr., *J. Appl. Phys.*, **90**, 4614 (2001).
13) T. Hashimoto, K. Matsumoto, T. Kurihara, T. Numazawa, A. Tomokiyo, H. Yayama, T. Goto, S. Toda, M. Sahashi, *Adv. Cryog. Eng.*, **32**, 279 (1986).
14) P. J. Von Ranke, V. K. Pecharsky, K. A. Gschneidner, Jr., *Phys. Rev. B*, **58**, 12110 (1998).
15) S. Yu. Dan'kov, V. V. Ivtchenko, A. M. Tishin, K. A. Gschneidner, Jr., V. K. Pecharsky, *Adv. Cryog. Eng.*, **46**, 397 (2000).
16) H. Wada, S. Tomekawa, M. Shiga, *Cryogenics*, **39**, 915 (1999).
17) T. Tohei, H. Wada, *J. Magn. Magn. Mater.*, **280**, 101 (2004).
18) T. Goto, K. Fukamichi, T. Sakakibara, H. Komatsu, *Solid State Commun.*, **72**, 945 (1989).
19) T. Goto, T. Sakakibara, K. Murata, H. Komatsu, K. Fukamichi, *J. Magn. Magn. Mater.*, **90-91**, 700 (1990).
20) N. H. Duc, P. E. Brommer, K. H. J. Buschow eds., "Handbook of Magnetic Materials, Vol. 12", p. 259, Elsevier Science (1999).
21) H. Yamada, *Phys. Rev. B*, **47**, 11211 (1993).
22) H. Yamada, T. Goto, *Phys. Rev. B*, **68**, 184417 (2003).
23) T. Tohei, H. Wada, T. Kanomata, *J. Appl. Phys.*, **94**, 1800 (2003).
24) W. Jiang, X. Zhou, H. Kunkel, G. Williams, *J. Magn. Magn. Mater.*, **320**, 2144 (2008).
25) H. Wada, Y. Tanabe, K. Hagiwara, M. Shiga, *J. Magn. Magn. Mater.*, **218**, 203 (2000).
26) M. P. Annaorazov, K. A. Asatryan, G. Myalikgulyev, S. A. Nikitin, A. M. Tishin, A. L. Tyurin, *Cryogenics*, **32**, 867 (1992).
27) M. P. Annaorazov, S. A. Nikitin, A. L. Tyurin, K. A. Asatryan, A. K. Dovletov, *J. Appl. Phys.*, **79**, 1689 (1996).
28) V. K. Pecharsky, K. A. Gschneidner, Jr., *Phys. Rev. Lett.*, **78**, 4494 (1997).
29) V. K. Pecharsky, K. A. Gschneidner, Jr., *Appl. Phys. Lett.*, **70**, 3299 (1997).
30) O. Tegus, E. Brück, K. H. J. Buschow, F. R. de Boer, *Nature*, **415**, 150 (2002).
31) E. Brück, M. Ilynb, A. M. Tishinb, O. Tegus, *J. Magn. Magn. Mater.*, **290-291**, 8 (2005).
32) H. Wada, Y. Tanabe, *Appl. Phys. Lett.*, **79**, 3302 (2001).
33) H. Wada, K. Taniguchi, Y. Tanabe, *Mater. Trans. JIM*, **43**, 73 (2002).
34) S. Fujieda, A. Fujita, K. Fukamichi, *Appl. Phys. Lett.*, **81**, 1276 (2002).
35) A. Fujita, S. Fujieda, Y. Hasegawa, K. Fukamichi, *Phys. Rev. B*, **67**, 104416 (2003).
36) S. Y. Dan'kov, A. M. Tishin, V. K. Pecharsky, K. A. Gschneidner Jr., *Phys. Rev. B*, **57**, 3478 (1998).
37) E. M. Levin, A. O. Pecharsky, V. K. Pecharsy, K. A. Gschneidner, Jr., *Phys. Rev. B*, **63**, 064426 (2001).
38) S. Fujieda, Y. Hasegawa, A. Fujita, K. Fukamichi, *J. Appl. Phys.*, **95**, 2429 (2004).
39) 田沼静一，"物質の電気的性質"（近角聰信，橋口隆吉 編），p. 29, 朝倉書店 (1969).
40) I. Terasaki, Y. Sasago, K. Uchinokura, *Phys. Rev. B*, **56**, R12685 (1997).
41) 寺崎一郎，まぐね，**5**, 270 (2010).
42) W. Koshibae, K. Tsutsui, S. Maekawa, *Phys. Rev. B*, **62**, 6869 (2000).
43) W. Kobayashi, I. Terasaki, M. Mikami, R. Funahashi, *J. Phys. Soc. Jpn.*, **73**, 523 (2004).
44) K. Ushida, K. Takahashi, K. Harii, J. Ieda, W. Koshibae, K. Ando, E. Saitoh, *Nature*, **455**, 778 (2008).
45) 内田健一，齋藤英治，固体物理，**44**, 281 (2009).

46) M. I. Dyakonov, V. I. Perel, *Phys. Lett. A*, **35**, 459 (1971).
47) 安立裕人, 前川禎通, まぐね, **5**, 256 (2010).
48) L. Mañosa, D. D. Gonzalez Alonso, A. Planes, E. Bonnot, M. Barrio, J.-L. Tamarit, S. Aksoy, M. Acet, *Nat. Mater.*, **9**, 478 (2010).
49) L. Mañosa, D. D. Gonzalez Alonso, A. Planes, M. Barrio, J.-L. Tamarit, I. S. Titov, M. Acet, A. Bhattacharyya, S. Majumdar, *Nature Commun.*, **2**, 595 (2011).
50) D. Matsunami, A. Fujita, K. Takenaka, M. Kano, *Nat. Mater.*, **14**, 73 (2014).
51) Y. Tokunaga, Y. Taguchi, T. Arima, Y. Tokura, *Nature Phys.*, **8**, 838-844 (2012).
52) D. Matsunami, A. Fujita, *Appl. Phys. Lett.*, **106**, 024901 (2015).
53) Y. Sakuraba, K. Hasegawa, M. Mizuguchi, T. Kubota, S. Mizukami, K. Yakanashi, *Appl. Phys. Exp.*, **6**, 033003 (2013).
54) T. An, V. I. Vasyuchka, K. Uchida, A. V. Chumak, K. Yamaguchi, K. Harii, J. Ohe, M. B. Jungfleisch, Y. Kajiwara, H. Adachi, B. Hillebrands, S. Maekawa, E. Saitoh, *Nat. Mater.*, **12**, 549 (2013).

1.8.3 磁性と弾性

スピンとフォノンの相互作用は，多くの磁性と弾性の相関を明確に示す．ここでは，体積弾性率への磁性の寄与，磁気弾性結合係数の特徴，磁性体のデバイ温度への影響，弾性特性に及ぼす線磁歪および体積磁歪との関連を議論する．

a. 凝集エネルギーと体積弾性率

磁性体の安定状態の平衡エネルギーは，次に示すヘルムホルツの全エネルギーの最低状態で表される．

$$F = F_m + F_l + F_e \tag{1.8.36}$$

ここで，F_m は磁気モーメント，磁化率，磁気転移温度などに関連する磁性項，F_l は調和および非調和のフォノン励起を含む格子項，F_e は化学ポテンシャルや縮退温度などと関係する電子系の項である．これらのエネルギーの安定性に関して，凝集エネルギーや体積弾性率が議論されている[1]．dバンド幅 w_d は近隣原子間の軌道間跳び移りの大きさに比例する．詳しくは次式の関係になる．

$$w_d \propto R^{-5} \tag{1.8.37}$$

上式からd電子の場合，その値は近接原子間距離の5乗に逆比例する[2]．一方，s電子に関しては運動エネルギー，交換相互作用によって見積もられる．全エネルギーはs電子とd電子の寄与の和 $E_{tot} = E_s + E_d$ で表される．したがって，s電子数が一定であれば原子半径だけが全エネルギーの変化として反映される．これらの計算では常磁性状態が仮定され，平衡状態は内部圧力 P がゼロになるように決まり[1,3]，簡単のためにdバンドは方形とすると，全エネルギーから，内部圧力 P と単位胞の体積 Ω の積は次式で与えられる．

$$3P\Omega = -\left[r\frac{dE_{tot}}{dr}\right]_{r_s}$$
$$\cong \left[\frac{2.21}{r_s^2} - \frac{0.458}{r_s}\right]n_s - \frac{w_d}{4}n_d(10-n_d) \tag{1.8.38}$$

ここで，n_s は1原子あたりのs電子数である．通常の金属におけるs電子濃度では，s電子の寄与は運動エネルギーの部分，すなわち式(1.8.38)の初項が主である．したがって，s電子は正の内部圧力，d電子は負の内部圧力に寄与する．dバンドはちょうど真ん中ぐらいまで電子が詰まっている，すなわち，$n_d \approx 5$ のときには，式(1.8.38)の第3項も負で絶対値が最大となり，それを打ち消すようにs電子の寄与を効かすために r_s が小さくなる．

図1.8.13は局所密度近似で求められた凝集エネルギーおよび体積弾性率 B を示す．計算結果（実線）と実験値（点線）を示す[1]．図1.8.13(a)に示すように，凝集エネルギーはd電子の寄与によって，$n_d \approx 5$ で負の最大値をとる．また，そこでは内部圧力に対するd電子の寄与は極小近傍にあるので，次式で与えられる体積弾性率にはs電子の部分しか寄与しなくて最大値をとる．

$$B = -\frac{dP}{d\ln\Omega} \tag{1.8.39}$$

このことが $n_d \approx 5$ で図1.8.13(b)に示すように体積剛性率 B が最大値になる理由である[1,3]．これはs電子の運動エネルギーおよび正の内部圧力，d電子の負の内部圧力の寄与を考慮することで説明される．これらの計算では磁気エネルギーが含まれていない．そのために，理論値との不一致は中央付近で磁性元素のCr，Mn，Fe，Coなどで現れてMnの場合が最も著しい．すなわち，中央部分において両者の一致が悪いのは，Fe，Co，Niは強磁性，Mnは反強磁性，Crはスピン密度波状態が基底状態にあるからである．この問題に関して種々工夫して計算された．局所密度近似では電子密度が場所の関数として激しく振動しているにもかかわらず電子密度の効果を一様としているために実験値との対応はよくない．そこで，この効果を組み入れたGGA（generalized gradient approximation）[4] を用いると，実験値との差異はかなり小さくなる．この近似を用いたbcc δ-Mnの体積弾性率 B の計算値は77GPaであ

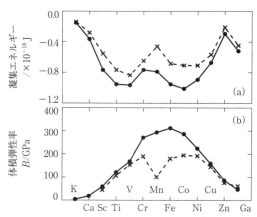

図1.8.13 凝集エネルギーと体積弾性率の理論値（実線）と実験値（点線）の比較
[V. L. Moruzzi *et al.*, *Phys. Rev. B*, **15**, 2854(1977)]

り，実験値の 93 GPa に近い値になる[5]．これらの計算より求められた圧縮率（$\kappa = B^{-1}$）は結晶構造および磁気状態にきわめて敏感に依存する．ちなみに，実用材料と関連する γ-Mn の B も小さく 107 GPa と計算され，この値は Co の約 1/2 である．したがって，圧縮率は逆に約 2 倍になる．

磁気的性質はウィグナー–ザイツ半径 r_{WS} と密接に関連する．したがって，全体として，距離に強く依存し，磁性および弾性が変わる．ちなみに，bcc 純 Fe（α-Fe）で r_{WS} は計算手法にはほとんど依存しないが，B は著しく依存する．実験値は $r_{WS} = 2.66\,a_B$（ボーア半径）で $B = 160 \sim 170$ GPa であるが，理論では $2.63 \sim 2.65\,a_B$ で $144 \sim 215$ GPa の値が得られる[6]．

b. 磁気–弾性相互作用

（ⅰ）自発体積磁歪 物質の熱膨張は磁気，フォノンおよび電子の三つの寄与がある．いま，磁気的寄与がない常磁性体の場合，格子振動の非調和項を考えて熱膨張係数 α は極低温では T^3 に，デバイ温度 θ_D 以上では T に比例して変化する[7]．すなわち，次式となる．

$$\alpha = \Lambda T + \Pi T^3 \tag{1.8.40}$$

自発体積磁歪の発生は，常磁性状態から強磁性状態になるとクーロン，運動，および弾性エネルギーの兼ね合いにより自発的に体積変化が生じることによる．図 1.8.14 に模式的にその様子を示す．原子間距離が広がれば，バンド幅が狭くなりフェルミ面での状態密度 $N(E_F)$ が増加するため，強磁性状態での運動エネルギーの増加を抑えることができる．自発体積磁歪 $\omega_s(T)$ は次式で表される[8]．すなわち，バンド分極項とスピン相関関数項の和で表される．

$$\omega_s(T) = N^2 \kappa [C_{\text{band}}\{|m_0(T)|^2 - |m_0(T \gg T_C)|^2\} \\ + C^{\text{int}} \langle m_i \cdot m_j \rangle_T] \tag{1.8.41}$$

ここで，N は単位体積あたりの原子数，$|m_0(T)|$ は $T = T_C$ での局所磁気モーメントの大きさ，$\langle m_i \cdot m_j \rangle_T$ は i および j 格子サイトのスピン相関関数である．また，κ は圧縮率，C は結合係数である．局在系の場合は第 1 項がゼロである．スピンの揺らぎ効果のためにモーメントの温度依存性が大きい場合は第 1 項が主体となり，$C_{\text{band}} \gg C_{\text{int}}$ となる．図 1.8.14 に自発体積磁歪の大きな場合の熱膨張曲線

を示す．灰色の部分が自発体積量であり，点線およびキュリー温度 T_C 以上の実線は式 (1.8.40) に対応する．したがって，自発体積磁歪が格子振動に伴う膨張を室温付近でちょうど打ち消すほど大きい（$\sim 10^{-2}$）場合がインバー合金である．

（ⅱ）磁気弾性結合係数の特徴 常磁性の場合，C にはフェルミレベルでの状態密度，電子間の有効相互作用係数および縮退温度に関する項など数個の係数が含まれる．強磁性体の場合は，常磁性体の縮退温度に関する項をキュリー温度とストーナー因子で置き換えるので異なる値になる[9]．さらに，弱い強磁性体や強磁性に近い常磁性体ではスピンの揺らぎの影響が著しい[10]．κC は磁気体積結合係数，あるいは磁気弾性結合係数とよび議論される場合が多い．上述のインバー合金を言い直せば，磁気–弾性の相互作用が大きいのがインバー合金である．実用磁性材料ではキュリー温度が比較的に高く，大きな自発磁気体積効果を示す物質は多くないために，式 (1.8.41) あるいは強制磁歪に関する次式から正確な κC を求めることはあまり行われていない．

$$\frac{\partial \omega}{\partial H} = 2\kappa C \chi_{hf} M \tag{1.8.42}$$

一方，この κC に関してはキュリー温度が低い弱い強磁性，あるいはスピン揺らぎ効果の大きい強磁性に近い，いわゆる増強された常磁性での研究が盛んである．弱い強磁性体の場合は，次式でも求められる．

$$\kappa C = -\frac{1}{2\kappa_v T_v} \frac{\partial T_C}{\partial P} \tag{1.8.43}$$

ここで，χ_0 は初磁化率，$\frac{1}{T_C} \frac{\partial T_C}{\partial P}$ はキュリー温度の圧力係数である．κC の特徴的な様子を把握するために，図 1.8.15 に $Y(Co_{1-x}Al_x)_2$ および $Lu(Co_{1-x}Ga_x)_2$ ラーベス相化合物の組成依存性を示す．データは組成にほとんど依存

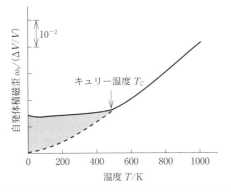

図 1.8.14 磁気体積効果による熱膨張の異常と格子振動の寄与の模式図

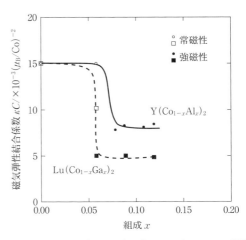

図 1.8.15 $Y(Co_{1-x}Al_x)_2$ および $Lu(Co_{1-x}Ga_x)_2$ ラーベス相化合物の磁気弾性結合係数 κC の組成依存性

[T. Goto, M. I. Bartashevich, *J. Phys.: Condens. Matter*, **10**, 3625 (1998)]

せず，スピンの揺らぎの効果が著しく常磁性状態のほうが強磁性状態よりも κC は大きい[11]．

表1.8.2に種々の金属・合金および化合物の κC を示す．自由エネルギーの二次の展開係数と関連して，結合係数 C はフェルミ面における状態密度や電子相互作用パラメーターに依存する．したがって，普遍性や系統性は見られない．Niの値は，Feの値よりも約5割大きい．Fe_3Pt は典型的なインバー特性を有するが κC は小さい．$La(Fe_{0.88}Si_{0.12})_{13}$ は遍歴電子メタ磁性転移を示し，かつスピンの揺らぎも大きく，Fe_3Pt よりも大きな κC を示す．CoSi，FeSi は磁性をもたないが，$(Fe_xCo_{1-x})Si$ は $x=0.4$ 付近で弱い強磁性になる．κC はわずかに組成依存性を示す．磁性希土類元素を含むCo系ラーベス相化合物は，希土類磁性元素の大きな交換相互作用により，Coに遍歴電子メタ磁性転移が誘起される．さらに，Yにより磁気転移温度を低下させた $Er_xY_{1-x}Co_2$ や $Gd_xY_{1-x}Co_2$ では κC は比較的大きな値となる．ラーベス相 $ErFe_2$ および CoS_2，$Co(S_{0.9}Se_{0.1})_2$ のパイライト化合物の自発体積磁歪は小さく，κC の値も小さい．

c．デバイ温度の変化と磁性

デバイ温度 θ_D は体積弾性率 B と次式で結びつけられる[12]．

$$\theta_D = (6\pi^2)^{1/3}\frac{h}{2\pi k_B}\left(\frac{4\pi}{3}\right)^{1/6}\left(\frac{rB}{M_a}\right)^{1/2} = 67.48\left(\frac{rB}{M_a}\right)^{1/2}$$
(1.8.44)

上式において，M_a は原子量，r は原子間距離である．なお，磁性の出現によるデバイ温度 θ_D' の変化は次式で与えられ，磁気モーメントに関する補正項を含むが，メスバウアー効果の無反跳分率および二次のドップラーシフトの変化から知ることができる．

$$\theta_D' = \theta_D(1+\eta\mu^2)^{1/2}$$
(1.8.45)

ここで，μ は規格化された副格子磁化，η は交換相互作用

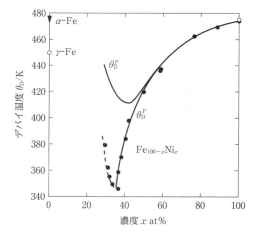

図1.8.16 弾性定数から計算された $Fe_{100-x}Ni_x$ 合金の常磁性状態 θ_D^P および強磁性状態 θ_D^F のデバイ温度と実験値（●）

[G. Hausch, *Phys. Status. Solidi. A*, **30**, K57(1975)]

表1.8.2 各種磁性体の磁気状態と磁気弾性結合係数 κC

金属・合金・化合物	磁気状態	$\kappa C/\times 10^{-3}$ $(\mu_B/atom)^{-2}$	文献
Fe	強磁性	6.8	1)
Ni	強磁性	10.8	1)
Fe_3Pt	強磁性（インバー効果）	2.4	2)
$La(Fe_{0.88}Si_{0.12})_{13}$	強磁性（メタ磁性転移）	8	3)
$(Fe_xCo_{1-x})Si$	強磁性	3.8～5.5	4)
$ErFe_2$	フェリ磁性	～0	5)
$Ce(Fe_{0.9}Al_{0.1})_2$	反強磁性-強磁性	0.55	6)
$Er_xY_{1-x}Co_2$	フェリ磁性	4.8	7)
$Gd_xY_{1-x}Co_2$	フェリ磁性	8	8)
CoS_2	強磁性	1～2	9)
$Co(S_{0.9}Se_{0.1})_2$	強磁性	1.1	10)

1) M. Shiga, *J. Phys. Soc. Jpn.*, **50**, 2573 (1981).
2) K. Sumiyama et al., *J. Phys. Soc. Jpn.*, **50**, 3296 (1981).
3) A. Fujita et al., *Phys. Rev. B*, **68**, 104431 (2003).
4) K. Shimizu et al., *J. Phys. Soc. Jpn.*, **59**, 305 (1990).
5) M. Shiga et al., *J. Magn. Magn. Mater.*, **10**, 280 (1979).
6) G. Kido et al., F. Iga, *J. Magn. Magn. Mater.*, **90-91**, 75 (1990).
7) N. H. Duc et al., J. J. M. Franse, *J. Phys. F: Met. Phys.*, **18**, 275 (1988).
8) Y. Muraoka, et al., *J. Magn. Magn. Mater.*, **31-34**, 121 (1983).
9) N. V. Mushnikov et al., *Phil. Mag. B*, **80**, 81 (2000).
10) H. Yamada, T. Goto, *J. Magn. Magn. Mater.*, **272-276**, 460 (2004).

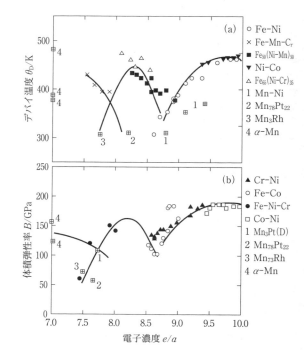

図1.8.17 デバイ温度 θ_D および体積弾性率 B の電子濃度 e/a 依存性

[K. Fukamichi et al., "Handbook of Magnetic Materials, Vol. 16" (K. H. J. Buschow, ed.), p. 209 Elsevier Science (2006)]

に関するオペレーターを含む係数である[13].

図 1.8.16 には Fe-Ni 合金系の常磁性状態 θ_D^P および強磁性状態 θ_D^F のデバイ温度の Ni 組成依存性を示す. 常磁性状態でも単調な変化でなく 40 at% Ni 付近で最小になる. これは電子と格子の結合の大きな c_{44} の著しい低下と関連する. 強磁性と常磁性状態の差, すなわち磁気的寄与はインバー合金組成付近の 35 at% 付近で最大になる[14]. なお, α-Fe (bcc) の実測値[15]と常磁性 γ-Fe (fcc) の計算値[14]も比較のために同図に示す. 前者の方が大きい. 図 1.8.13 および図 1.8.16 より, 磁気的寄与が大きければ, デバイ温度 θ_D と体積弾性率 B の両者も小さくなることが予想され, 系統的な関連が期待される. 図 1.8.17 に fcc 合金を主体に[16]多くの合金の θ_D と B の電子濃度 e/a 依存性を示す[17]. 類似の曲線を示し, いずれの曲線も $e/a \approx 8.2$ 付近で極大値を示して強い相関がある. ちなみに, インバー組成に近い $Fe_{70}Ni_{30}$ の室温での B は 108.6 GPa で Ni の 183.6 GPa の約半分である.

d. 弾性特性と磁性

実用上, 最もなじみ深いのは ΔE 効果であるが, ここでは弾性特性の立場から飽和磁場中の弾性異常と磁性の相関を議論する.

(i) 常磁性体の弾性の温度依存性 弾性定数の温度依存性も熱膨張と同様に非調和項に起因する[18]. 図 1.8.18 の内挿図において, 常磁性体の場合, 変形ポテンシャル (音響フォノンによって発生する電子散乱ポテンシャル) を用いた議論において, 弾性 E は次式で与えられる.

$$E \sim E_0 \left[1 - K\left(\frac{\pi^4}{5}\right)\left(\frac{T}{\theta_D}\right)^4\right] \quad \text{(低温)} \quad (1.8.46)$$

$$E \sim E_0 \left[1 - K\left(\frac{T}{\theta_D}\right)\right] \quad \text{(高温)} \quad (1.8.47)$$

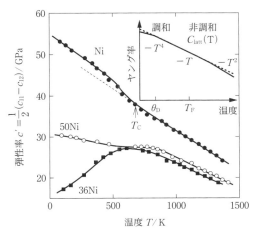

図 1.8.18 Ni および Fe-Ni 合金の弾性率 c' の飽和磁場中の温度依存性 (内挿図は常磁性物質のヤング率の組成依存性の概念図)
[Ph. Renaud, S. G. Steinemann, *Phys. B*, **161**, 75 (1989); C. Lakkad, *J. Appl. Phys.*, **42**, 4277 (1989)]

すなわち, 低温では $-T^4$ に, デバイ温度付近を含む高温では $-T$ に比例する依存性を示す. さらに, 図に示したように縮退温度 T_F よりも高い高温では $-T^2$ に依存して変化する.

(ii) ΔE 効果および ΔG 効果 立方晶系で, 弾性特性はフォークト表記において $c_L = \rho V_1^2$ は縦波, $c_L = \rho V_1^2$ は横波で $<001>$ の早い波, $c' = \rho V_2^2$ は $<1\bar{1}0>$ 方向の遅い横波を表す.

図 1.8.18 に飽和磁場のもとでの $c' = (c_{11} - c_{12})/2$ の温度依存性を示す[19]. 従来, 磁歪と ΔE 効果の関係は, 次式 (1.8.48) に従って議論される場合がほとんどである[20].

$$\frac{E_s - E_0}{E_0} = \frac{\Delta E}{E_0} = \frac{2|\lambda_s|E_s}{5\sigma_i} \quad (1.8.48)$$

ここで, E_0 は印加磁場がゼロの場合で, E_s は飽和磁場での値である. しかしながら, E_0 は磁区分布に強く依存するために, 基準とすることは不確定さを伴う. 図における飽和磁場中の弾性の低下を考慮すると, むしろ内挿図の点線で示す直線外挿を基準としたほうが, 物理的に合理的である. その場合, Ni においては, わずかであるが, 飽和状態では正の値をとる. これは自発体積磁歪が負であることと対応する. $Fe_{50}Ni_{50}$ ($T_C = 770$ K) の場合, 高温からの直線外挿を考えると, 飽和値は Ni の場合とは逆に低下している. さらに, 正の自発体積磁歪の大きな $Fe_{64}Ni_{36}$ ($T_C = 630$ K) では, その低下はさらに顕著になる.

立方晶系の場合は, ヤング率 E とずれ弾性率 G は体積弾性率 B と次の関係がある.

$$E = \frac{9BG}{3B+G} \quad (1.8.49)$$

これまでの議論から G の温度特性においても図 1.8.18 で示したような異常が存在して ΔG 効果とよばれる. このような理由から, 弾性の異常は少なくとも三つの寄与があることが考えられる[21].

$$\Delta E \sim \Delta E_\lambda + \Delta E_\omega + \Delta E_\gamma \quad (1.8.50)$$

すなわち, 式 (1.8.50) で表される線磁歪による ΔE_λ 効果, 自発体積磁歪の寄与 ΔE_ω およびずれ弾性率 G からの寄与 ΔE_γ である. 図において, 曲線は飽和磁場下での結果なので, 直線外挿値からの低下量は $\Delta E_\omega + \Delta E_\gamma$ に対応する[22].

e. 磁性と弾性の相関を示す現象

実用上, 磁性と弾性に関わる数種類の現象を列記すると以下のようになる.

伸縮変化
1) ΔE 効果:磁場印加によりヤング率が変化する.
2) 磁歪効果 (ジュール効果):磁場印加方向とそれと直角方向に伸縮する.
3) ビラリ効果:材料を変形すると磁化量が変化する.

ねじれ変化
1) ΔG 効果:磁化によりずれ弾性率が変化する.
2) ウィーデマン効果:円周方向と縦方向に同時に磁化すると円筒が変形する.

3) 逆ウィーデマン効果：円周方向に磁化し捩じると縦方向に磁化が発生する．

文献

1) V. L. Moruzzi, A. R. Williams, J. F. Janak, *Phys. Rev. B*, **15**, 2854 (1977).
2) V. Heine, *Phys. Rev.*, **153**, 673 (1967).
3) 藤原毅夫, "固体電子構造", p. 131, 朝倉書店 (1999).
4) J. P. Perdew, Y. Wang, *Phys. Rev. B*, **33**, 8800 (1986).
5) T. Asada, K. Terakura, *Phys. Rev. B*, **47**, 15992 (1993).
6) H. L. Zhang, S. Lu, M. P. J. Punkkinen, Q.-M. Hu, B. Johansson, L. Vitos, *Phys. Rev. B*, **82**, 132409 (2010).
7) M. Matsunaga, Y. Ishikawa, T. Nakajima, *J. Phys. Soc. Jpn.*, **51**, 1153 (1982).
8) M. Shiga, *J. Phys. Soc. Jpn.*, **50**, 2573 (1981).
9) T. F. M. Kortekaas, J. J. M. Franse, *J. Phys. F: Met. Phys.*, **6**, 1161 (1976).
10) Y. Takahashi, H. Nakano, *J. Phys.: Condens. Matter*, **18**, 521 (2006).
11) T. Goto, M. I. Bartashevich, *J. Phys.: Condens. Matter*, **10**, 3625 (1998).
12) V. L. Moruzzi, J. F. Janak, K. Schwarz, *Phys. Rev. B*, **37**, 790 (1988).
13) G. K. Wertheim, D. N. E. Buchanan, H. J. Guggenheim, *Phys. Rev. B*, **2**, 1392 (1970).
14) G. Hausch, *Phys. Status Solidi A*, **30**, K57 (1975).
15) J. A. Rayne, B. S. Chandrasekhar, *Phys. Rev.*, **122**, 1714 (1961).
16) T. J. Lenkkeri, *J. Phys. F: Met. Phys.*, **11**, 1997 (1981).
17) K. Fukamichi, A. Sakuma, R. Y. Umetsu, C. Mitsumata, "Handbook of Magnetic Materials, Vol. 16" (K. H. J. Buschow, ed)., p. 209, Elsevier Science (2006).
18) C. Lakkad, *J. Appl. Phys.*, **42**, 4277 (1971).
19) Ph. Renaud, S. G. Steinemann, *Phys. B*, **161**, 75 (1989).
20) R. M. Bozorth, "Ferromagnetism", p. 694, Van Nostrand Inc. (1951).
21) E. P. Wohlfarth, *J. Phys. F: Met. Phys.*, **6**, L59 (1976).
22) G. Hausch, E. Török, T. Mohri, Y. Nakamura, *J. Magn. Magn. Mater.*, **10**, 157 (1979).

1.8.4 磁気電気効果

a. 磁気と電気の結合

磁気電気効果は，多くの物質でみられる一般的な現象である．巨視的には，物質の自由エネルギーが磁化や電気分極の制御パラメーターである磁界 H と電界 E の両方に依存することから生ずる現象であると解釈される．磁界 H と電界 E のもとでの物質の自由エネルギーは，ランダウの教科書に記されたように，均質で応力のない無限媒質と仮定して，式 (1.8.51) と記述される[1~5]．

$$F(E, H) = \frac{1}{2}\varepsilon_0\varepsilon_{ij}E_iE_j + \frac{1}{2}\mu_0\mu_{ij}H_iH_j + \alpha_{ij}E_iH_j$$
$$+ \frac{\beta_{ijk}}{2}E_iH_jH_k + \frac{\gamma_{ijk}}{2}H_iE_jE_k + \cdots$$
(1.8.51)

ここで，ε_0 は真空の誘電率，μ_0 は真空の透磁率，ε_{ij} と μ_{ij} はそれぞれ物質の比誘電率および比透磁率のテンソル成分である．磁気電気効果は第3項以上の E と H の積を含む高次項があるために生じ，α_{ij} は線形磁気電気結合係数，β_{ijk}, γ_{ijk} は非線形磁気電気結合を与える．このとき物質の電気分極 P および磁化 M の成分は次式と表される．

$$P_i = \frac{\partial F}{\partial E_i} = \frac{1}{2}\varepsilon_0\varepsilon_{ij}E_j + \alpha_{ij}H_j + \frac{\beta_{ijk}}{2}H_jH_k + \cdots$$
(1.8.52)

$$\mu_0 M_i = \frac{\partial F}{\partial H_i} = \frac{1}{2}\mu_0\mu_{ij}H_j + \alpha_{ij}E_j + \frac{\gamma_{ijk}}{2}E_jE_k + \cdots$$
(1.8.53)

それぞれ第1項は，通常の電界による電気分極および磁界により生成した磁化である．第2項目以降が磁界により誘起された電気分極，電界により誘起された磁化成分を表しており，H_j, E_j に比例する項が一次線形磁気電気効果を，H_jH_k および E_jE_k に比例する項が二次磁気電気効果を与える．このうち，一次磁気電気効果の発現は，物質の結晶構造的および磁気的な対称性に依存する．磁化や磁界は空間反転操作 I に対しては不変であるが時間反転操作 R に対してはその向きを変える．一方，電気分極や電界は R に対し不変であり，I に対して向きを変える．これらの操作に対して，上記の式からも理解されるように，α_{ij} はその符号が反転する．したがって，R や I が単独で対称操作になっている結晶（常磁性体，反磁性体，常誘電体など）では，一次の効果は存在しないことになる．表 1.8.3 に一次の効果が存在する磁気結晶族とテンソル成分 α_{ij} を例[6~12]とともに示す．

結晶の対称性に関する制限から，磁気的な秩序をもつ強磁性体や反強磁性体が一次磁気電気効果を示すためには，その構造に対称中心をもたないことが必要となる．このため，磁気的秩序と強誘電性または焦電・圧電性を併せもつ物質が注目された．このうち，磁気的秩序と強誘電性を同時に示す物質が，いわゆるマルチフェロイック材料である[3]．一般に，線形磁気電気結合係数に対しては式 (1.8.54) の制限があるが，これらの物質では ε_{ii} や μ_{jj} が大きいため，大きな結合係数が期待できる．

$$\alpha_{ij}^2 \leq \varepsilon_0\mu_0\varepsilon_{ii}\mu_{jj}$$
(1.8.54)

さらに式 (1.8.51) に弾性エネルギーを考慮すると，物質の電気分極や磁化が応力の（ひずみが電界または磁界の）一次に比例する項が導出される．これをピエゾ電気およびピエゾ磁気とよぶ．同様に高次項として電界および磁界の二次に比例するひずみが導出されるが，これは，電歪 (electrostriction) および磁歪 (magnetostriction) として知られている．このため，ひずみ（応力）を介して，磁界による電気分極の誘起や電界による磁化の誘起が期待できる．ひずみを介した結合は式 (1.8.54) の制限を受けないうえに，電界または磁界とひずみとの間に強い結合があるならば，きわめて大きな磁気電気結合係数が実現できる．以上のように，磁気電気効果はその大きさにこだわらなければ，常磁性体や常誘電体でも起こる一般的な現象であ

る.

b. 単相材料

以下に，磁気電気効果を示す代表的な物質について紹介する.

(i) Cr_2O_3 単相材料による磁気電気効果の実例として，最初に Dzyaloshinskii により予言され，その後 Rado らにより Cr_2O_3 結晶について実験的にその効果が確認され磁気電気結合係数の値が求められた[13~15]. Cr_2O_3 はネール温度 307 K をもつ反強磁性体であるが，コランダム構造をとり，磁気結晶族が反転対称性をもたない $\bar{3}'m'$ に属するため一次の磁気電気効果を示す.反強磁性をなす Cr のスピン方向は結晶場の主軸である c 軸に平行であり，c 軸に平行に電界を印加すると c 軸方向に磁化が発生する.その対称性から磁気電気効果の係数 α は式 (1.8.55) の形の 2 階テンソルで表される.

$$\tilde{\alpha} = \begin{pmatrix} \alpha_{11} & 0 & 0 \\ 0 & \alpha_{11} & 0 \\ 0 & 0 & \alpha_{33} \end{pmatrix} \quad (1.8.55)$$

c 面内への電界印加による結晶場の主軸の c 軸からのずれは小さいため，$\alpha_{11} < \alpha_{33}$ である.図 1.8.19 は α の温度変化を示す[11]. $\alpha_{//}(=\alpha_{33})$ はネール温度直下で極大値 $6.3 \times 10^{-11}\,\mathrm{s\,m^{-1}}(=23 \times 10^{-6}\,\mathrm{cgs\,g^{-1}}$，密度 $5.21\,\mathrm{g\,cm^{-3}}$) を示し，90 K 付近で符号が負に反転する.一方，$\alpha_{\perp}(=\alpha_{11})$ は小さいがネール温度以下で一貫して負の値を示す.このような特性は Folen らにより最初に報告されたが，c. 項で述べるように，単一磁区での測定でないため最大値は $7.7 \times 10^{-12}\,\mathrm{s\,m^{-1}}$ と小さいものであった[15~17]. いままでに報告された最大値はこれらの値の間に収まっている.上記の最大値 $\alpha_{33} = 6.3 \times 10^{-11}\,\mathrm{s\,m^{-1}}$ は，c 軸への磁界印加により c 軸方向に誘起される電界として cgs 単位に換算する

表 1.8.3 一次の磁気電気効果を示す結晶族

磁気結晶族	一次磁気電気結合係数			例 (文献は右端列参照)	対称性	$\dfrac{\alpha \text{の値}}{\mathrm{cgs\,cm^{-3}}*}$	文献
$1, \bar{1}'$	α_{11} α_{21} α_{31}	α_{12} α_{22} α_{32}	α_{13} α_{23} α_{33}	Fe_3O_4	1	$\alpha_{33} = 15$ $\times 10^{-3}$	K. Shiratori, et al., J. Phys. Soc. Jpn., **47**, 1779 (1979).
$2, m', 2/m'$	α_{11} α_{21} 0	α_{12} α_{22} 0	0 0 α_{33}	DyOOH	$2/m'$	$\alpha_p^* = 9.8$ $\times 10^{-5}$	A. N. Christensen, et al., Solid State Comm., **9**, 925 (1971).
$2', m, 2'/m$	0 0 α_{31}	0 0 α_{32}	α_{13} α_{23} 0	ErOOH	$2'/m$	$\alpha_p^* = 4.5$ $\times 10^{-4}$	A. N. Christensen, et al., Solid State Comm., **10**, 765 (1972).
$222, m'm'2, m'm'm'$	α_{11} 0 0	0 α_{22} 0	0 0 α_{33}	$TbAlO_3$	$m'm'm'$	$\alpha_{11} = 2.2$ $\times 10^{-3}$	M. Mercier, et al., Solid State Comm., **6**, 207 (1968).
$22'2', mm2, m'm'2, m'mm$	0 0 0	0 0 α_{32}	0 α_{23} 0	$LiFePO_4$	$m'mm$	$\alpha_{32} = 1.0$ $\times 10^{-4}$	M. Mercier, et al., CR Acad. Sci., B, **267**, 207 (1968).
$4, \bar{4}', 4/m', 3, \bar{3}', 6, \bar{6}', 6/m'$	α_{11} $-\alpha_{21}$ 0	α_{12} α_{11} 0	0 0 α_{33}				
$4', \bar{4}, 4'/m'$	α_{11} α_{21} 0	α_{12} $-\alpha_{11}$ 0	0 0 0				
$422, 4m'm', \bar{4}'2m', 4m'm'm', 32, 3m', \bar{3}'m', 622, 6m'm', \bar{6}'m'2, 6/m'm'm'$	α_{11} 0 0	0 α_{11} 0	0 0 α_{33}	Cr_2O_3	$\bar{3}'m'$	$\alpha_{33} = 1.2$ $\times 10^{-4}$	E. Kita, et al., Jpn. J. Appl. Phys., **18**, 1361 (1979).
$4'22, 4mm', \bar{4}2m, \bar{4}2'm', 4'/m'mm'$	α_{11} 0 0	0 $-\alpha_{11}$ 0	0 0 0	$DyPO_4$	$4'/m'mm'$	$\alpha_{11} = 1.2$ $\times 10^{-3}$	G. T. Rado, Phys. Rev. Lett., **23**, 644 (1969).
$42'2', 4mm, \bar{4}2'm, 4'/m'mm, 32', 3m, \bar{3}'m, 62'2', 6mm, \bar{6}'m2', 6/m'mm$	0 $-\alpha_{12}$ 0	α_{12} 0 0	0 0 0				
$2m, m'3, 432, \bar{4}'3m', m'3m$	α_{11} 0 0	0 α_{11} 0	0 0 α_{11}				

* α の値は最大値または目安. α_p は多結晶の値.

[白鳥紀一, 喜多英治, 固体物理, **14**, 601 (1979) を一部改変]

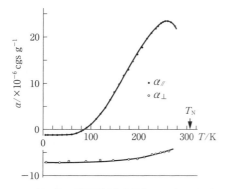

図 1.8.19 c 軸に沿い磁界電界中冷却後の $\alpha_{\parallel}(=\alpha_{33})$ と $\alpha_{\perp}(=\alpha_{11})$ の温度依存性
[E. Kita, K. Shiratori, et al., *Jpn. J. Appl. Phys.*, **18**, 1364 (1979)]

と,$\Delta E_3/\Delta H_3 = 3.8 \times 10^{-2}$ V cm^{-1} Oe^{-1} となる.

ネール温度近くで観測される大きな $\alpha_{\parallel}(=\alpha_{33})$ を生じる機構については, Rado らにより当初スピン軌道相互作用による説明が試みられたが, 大きさを十分に説明できないなどから, 伊達らは副格子間の交換相互作用の電界による変化をその原因とした[16,18].

Cr_2O_3 と同じ結晶構造をもつ α-Fe_2O_3 は, Morin 転移温度 260 K 以下でスピン軸が c 軸を向いた反強磁性を示すが, 強い交換相互作用をもつ副格子が違うため磁気構造が異なり, 結晶全体として空間反転対称性をもち, 磁気電気効果は示さない.

(ii) $Ni_3B_7O_{13}I$ この物質は化学式 $M_3B_7O_{13}X$ (M = Cr, Mn, Fe, Co, Ni, X = Cl, Br, I) で表されるボラサイト型の代表的な化合物の一つである. 120 K 以上では常磁性圧電体であるが, 120~64 K で反強磁性圧電体, 64 K 以下では寄生強磁性を示す強誘電体に転移する. 64 K 以下での磁気点群は $m'm2'$ であり, 自発分極 $P \parallel [001]$ のとき, 自発磁化 M は [110] または $[1\bar{1}0]$ の方向を向く. したがって, P の方向を z 軸, M の方向を y 軸にとると, 式 (1.8.56) と表される.

$$\tilde{\alpha} = \begin{pmatrix} 0 & 0 & 0 \\ 0 & 0 & \alpha_{yz} \\ 0 & \alpha_{zy} & 0 \end{pmatrix} \quad (1.8.56)$$

65 K 以上からの磁界電界中冷却により単一分域, 単一磁区にした単結晶では, 15 K で $\alpha_{zy} = 1.4 \times 10^{-11}$ s m^{-1} が得られている[19]. このような結晶では, 磁区の $180°$ 反転に

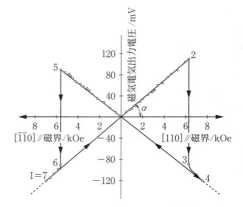

図 1.8.20 分極 $P \parallel [001]$ をもつ $Ni_3B_7O_{13}I$ の磁界 $H \parallel \pm [110]$ 印加に対する磁気電気信号の履歴曲線
[E. Ascher, H. Stössel, et al., *J. Appl. Phys.*, **37**, 1405 (1966)]

対し分極方向は変わらないため, 磁気電気効果の出力は磁区の反転の起こる磁界で符号の反転するヒステリシスを描く. 図 1.8.20 は, 46 K において分極 $P \parallel [001]$, 磁化 $M \parallel [110]$ にそろえた状態で磁界を [110] に印加したときのヒステリシス曲線である.

(iii) $Ga_{2-x}Fe_xO_3$ Ga と Fe の固溶した酸化物において, $0.5 \leq x \leq 1.6$ の範囲で $Ga_{2-x}Fe_xO_3$ は斜方晶 ($x=1$ に対して格子定数 $a = 0.873$ nm, $b = 0.937$ nm, $c = 0.507$ nm, 空間群 $Pc2_1n$) 結晶となり, 圧電性とフェリ磁性 ($x=1.3$ に対しキュリー温度約 300 K) を示す[20~22]. 圧電性は b 軸方向に生じ, フェリ磁性による自発磁化は 2 種類のサイトに不均一に分布した Fe^{3+} の磁気モーメントが c 軸方向で互いに反対向きになることから, その差分として c 軸を磁化容易軸として生じる. この物質は上記のボラサイト化合物と同じ $m'm2'$ の磁気点群をもつことから $a \parallel x$, $b \parallel y$, $c \parallel z$ として式 (1.8.56) と同じ線形磁気電気係数をもつ[23]. 表 1.8.4 に磁界印加により誘起された電気分極 (b 軸方向) を測定し求めた α の値を示す. b 軸は強い磁化困難軸であることから, α_{cb} はきわめて小さい値しか示さない. また, a 軸方向に磁界を印加したとき誘起される磁界の二次に比例する電気分極 $\frac{\beta_{baa}}{2}H_a^2$, および十分な磁界を印加して a 軸に磁化を向けることにより, 磁気対称性から α_{ba} も測定されている[22].

(iv) $RMnO_3$ この系は R (希土類元素) イオンの

表 1.8.4 フローティングゾーン法により作製された $Ga_{2-x}Fe_xO_3$ 単結晶に対し, 静磁界印加 (DC_H) 法により測定された 4.2 K での線形磁気電気結合係数 α_{ij} および二次磁気電気結合係数 β_{bii}

x	$\alpha_{cb}/10^{-11}$ s m^{-1}	$\alpha_{cb}/10^{-11}$ s m^{-1}	$\beta_{baa}/10^{-15}$ s A^{-1}	$\alpha_{ba}/10^{-11}$ s m^{-1}	$\beta_{bbb}/10^{-15}$ s A^{-1}
0.8	1.26(20)	<0.1	9.34	1.05(20)	3.81
0.9	1.80(20)	<0.1	12.23	1.26(20)	1.99
1.0	2.10(20)	<0.1	7.69	1.01(20)	2.85
1.1	1.05(20)	<0.1	8.03	1.05(20)	5.98

磁化を a 軸にそろえるに十分な磁界中での値.
[T. Arima, Y. Tokura, et al., *Phys. Rev. B*, **70**, 064426 (2004)]

イオン半径に依存して異なる結晶対称性をとる．HoとDyを境に，イオン半径の小さいRからなるRMnO$_3$では六方晶系，大きなイオン半径をもつRからなるRMnO$_3$では斜方晶系となる[24]．境にあるHoMnO$_3$とYMnO$_3$では両晶系とも安定に存在することが知られている．

斜方晶系においては，空間反転対称性をもつため基本的に強誘電性は許容されないが，磁気秩序形成に伴う交換ひずみによる結晶変形が起こり，自発的な電気分極が誘起される．このような磁気秩序の変化に絡んだ電気分極の発生がTbMnO$_3$で見出された[25]．TbMnO$_3$は室温で斜方晶対称性（$Pbnm$）をもち，41 K（=T_N：ネール温度）以下でb軸方向にMnの磁気モーメントをもつ反強磁性を示し，各磁気モーメントの大きさはb軸に沿って非整合な周期（波数k）で変調されている．それに伴いMnイオン自体もc軸方向に周期的に変位する．この結晶は，30 K付近で磁気的な変調周期の非整合-整合転移を起こし，c軸方向に自発分極が発現する（図1.8.21）．b軸方向への数Tの磁界印加により，図1.8.22に示すように，自発分極がc軸からa軸方向にフロップする巨大な磁界誘起強誘電相転移が観測されている[25]．また，斜方晶を準安定相にもつYMnO$_3$やHoMnO$_3$においては非整合な磁気秩序を示す42 K以下で，それぞれ60%，42%に及ぶ大きな誘電定数の変化が観測された（図1.8.23）[24]．同様に，DyFeO$_3$においては，20 K付近において4 Tの磁界印加に対して

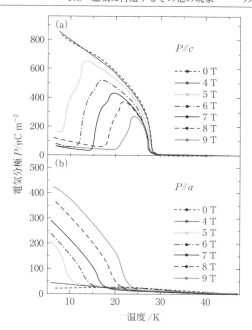

図1.8.22 b軸方向に印加された磁界に対し誘起されたc軸（a）およびa軸方向（b）の電気分極の温度依存性
[T. Kimura, Y. Tokura, *et al.*, *Nature*, **426**, 56（2003）]

500%もの巨大な磁界誘起の誘電率変化が報告されている[26]．

一方，六方晶相は590〜1000 Kにキュリー温度をもつ強誘電性と100 K以下にネール温度をもつ反強磁性を示す．その対称性から直接の磁気電気効果は禁止されるが，二次的相互作用により磁気転移温度付近で小さな誘電異常を示すものがある．代表的なHoMnO$_3$では，Mn^{3+}の三角配置によるフラストレートな反強磁性秩序が76 K付近に，Mn^{3+}スピン回転とHo^{3+}のスピン秩序に伴う磁気転移がそれぞれ33 K，5 Kで見られる．これに伴い，小さな誘電定数の異常が観測された[27,28]．このような磁界の誘電性への影響が小さい理由は，強誘電的秩序が室温より十分高いため，磁気転移の起こる低温では電気分極が起こりにくいためとされている．YMnO$_3$（六方晶）では，第二高調波発生（SHG：second harmonic generation）の観察を通して，強誘電分域と反強磁性磁区が結合していることが確認された[29,30]．この結合は，対称性から分域と磁区同士の直接の結合は禁止されているため，分域壁での応力変化を介して反強磁性磁区がピン止めまたは発生したことによる．

（ⅴ）**BiFeO$_3$**　BiFeO$_3$はSmolenskiiらにより，早くより反強磁性（T_N=643 K）と強誘電性（T_C=1103 K）を示すペロブスカイト構造をもつ酸化物として報告され，室温で磁気電気効果が期待される数少ない物質の一つとして注目された[31]．電界印加時に漏れ電流が大きいため，しばらく磁気電気効果の研究は進展していなかったが，最近，エピタキシャル単結晶膜で良質な薄膜が作製され，c軸方向のdE/dH=3 V cm^{-1} Oe^{-1}の値が得られた[32]．こ

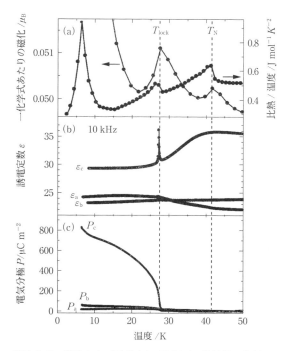

図1.8.21 磁化および比熱（a），TbMnO$_3$単結晶の主軸に沿った誘電定数（10 kHz）（b），電気分極の温度依存性（c）
T_{lock}は非整合-整合転移温度，T_Nはネール温度を表す．
[T. Kimura, Y. Tokura, *et al.*, *Nature*, **426**, 55（2003）を一部改変]

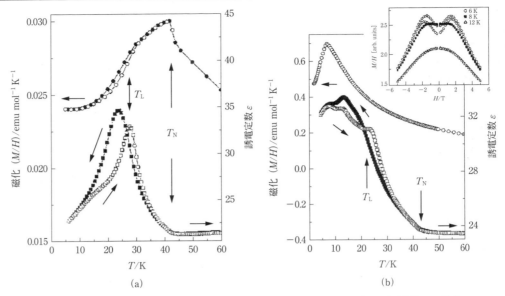

図1.8.23 斜方晶 $YMnO_3$ (a) および斜方晶 $HoMnO_3$ の磁化 (M/H) (b) と誘電定数 ε の温度依存性 (黒は降温, 白は昇温). 挿入図は帯磁率の磁界依存性を示す.
[B. Lorenz, C. W. Chu, et al., Phys. Rev. B, **70**, 212412 (2004)]

れと関連して, この物質の磁気特性や結晶構造については きわめて多くの研究がある[33～35]. また, 電界による反強磁性磁区の制御について興味深い研究が行われている[36,37].

(vi) 六方晶フェライト 上記の $RMnO_3$ 系と同様に, 磁気相転移に伴い電気分極を誘起する現象が六方晶フェライトで見出されている[38,39]. Y型六方晶フェライト $Ba_{2-x}Sr_xZn_2Fe_{12}O_{22}$ は $R\bar{3}m$ 空間群をもち, その対称性から自発分極は許容されない結晶である. $1.0 < x < 1.6$ の範囲では, c 軸に沿ってノンコリニアならせんスピン構造をもち, $x=1.5$ では, c 軸に垂直な磁界印加に対し, 図1.8.24のような磁気相図を示す. これらの磁気転移により現れた中間相Ⅲでは, c 軸と磁界双方に垂直な方向に自発電気分極を生じることが明らかとなった. この自発分極の出現は, 磁気弾性的に誘起された格子ひずみに起因する. 磁気転移誘起による分極は線形磁気電気係数 α では表せないが, 報告された測定値 $\Delta P/H = 150\ \mu C\ m^{-2}\ T^{-1}$ よりME効果として α を換算すると $1.9 \times 10^{-10}\ s\ m^{-1}$ となり, 非常に大きな結合である. この物質の T_N は326Kと高く, 室温でも1T以下の低い磁界印加で中間相Ⅲに転移することから, $RMnO_3$ 系にはない室温域での磁気電気物質として期待されている.

c. 磁区と磁気電気効果

磁気電気効果を示す強磁性体や反強磁性体は一般に磁区構造をもつが, 磁化の反転 (時間反転操作) に対し α の符号も反転するため, 磁化の向きが逆な磁区は逆符号の α を示すことになる. このため, 結晶全体としての α は, 逆向きの磁区による α が打ち消しあい, 見かけ上小さく観測される. したがって, 真の α の観測には, 強磁性体や反強磁性体を単一磁区状態にする必要がある. 強磁性体ではバイアス磁界の印加により容易に単一磁区を実現できるが, 反強磁性体では, 磁化の向きの異なる磁区の自由エネルギー (それぞれ F_+ と F_-) の差が式(1.8.51)より式(1.8.57)であることを利用して, 電界と磁界を同時に

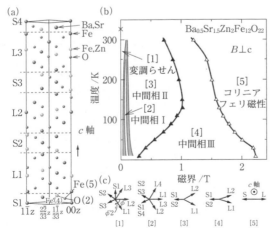

図1.8.24 Y型六方晶フェライト $Ba_{2-x}Sr_xZn_2Fe_{12}O_{22}$ の結晶構造 (a) と磁界を c 軸に垂直に印加することにより求められた磁気相図 (b) および提案されたスピン構造 (c)
(b) における灰色域は相境界に対応し, (c) の長短矢印は, それぞれ (a) における L ブロック, S ブロックの有効磁気モーメントを表す.
[T. Kimura, A.P. Ramirez, et al., Phys. Rev. Lett., **94**, 137201 (2005)]

1.8 磁気に付随するその他の現象

印加することにより単一磁区にする[40,41].

$$F_- - F_+ = 2\alpha_{ij}E_iH_j + 高次項 \quad (1.8.57)$$

通常は，常磁性状態から電界および磁界を印加しながらネール温度以下に試料を冷却して単一磁区を得ることが多い．

d. 電界による磁区反転

式 (1.8.57) を利用すると磁化状態を電界によりスイッチングすることが可能となる．磁界印加により電気分極の向きが変わることは b. 項 (iv) で述べた $TbMnO_3$ の例があるが，電界による磁化のスイッチングは磁化制御に電流による磁界を必要としないため，磁気応用上さらに大きな意義をもつ．

最初に電界による磁区の反転がデモンストレートされたのが，先に述べた室温以上にネール温度をもつ反強磁性体 Cr_2O_3 においてである[40,41]．反強磁性体では外に磁化が現れないため，界面における交換結合を利用し強磁性膜の磁化をスイッチングできることが示された[42]．図 1.8.25 は $Cr_2O_3(111)/Pt\,0.5\,nm/[Co\,0.3\,nm/Pt\,1.5\,nm]_3/Pt\,1.5\,nm$ 構造において，(1) 350 K から 298 K まで通常の磁界中冷却（印加磁界 $\mu_0H_{fr} = 0.6$ T）後，および 250 K まで電界磁界中冷却（$\mu_0H_{fr} = 0.6$ T, (2) 印加電界 $E_{fr} = -500$ kV m^{-1}, (3) $E_{fr} = +500$ kV m^{-1}) した後の磁化曲線を示す．電界により磁化曲線はシフトし，符号が異なる交換バイアス磁界が Co 膜に加わっていることがわかる．

最近では，$HoMnO_3$ において電界による磁気状態の明確な制御が報告された．六方対称性をもつ $HoMnO_3$ は c 軸方向に 5.6 μC cm^{-2} の分極をもつ強誘電性（キュリー温度 875 K）と a-b 面内に三角配置の Mn^{3+} スピンをもつ反強磁性（ネール温度 75 K）を合わせもつ結晶であるが，磁気電気効果を介した電界による強磁性秩序の可逆的なオン，オフが見出されている[30]．また，室温で強誘電・反強磁性体である $BiFeO_3$ 薄膜における電気磁気的結合と，それに関連して強誘電分極のスイッチングにより誘起された反強磁性磁区のスイッチング制御が明らかとなった[36,37]．

e. 複合材料

上述のように，多くの単相材料は強磁性・強誘電性の共存や大きな磁気電気的結合を低温で示し，現状では応用上有利な室温以上に興味深い強磁性・強誘電性の共存を示す材料の選択肢はきわめて少ない[3,4]．このような単相材料選択における制限を回避し，大きな磁気電気結合を達成する方法として，複合材料が考えられてきた．複合材料は強磁性相と強誘電相の 2 相以上からなり，種々の物質の幅広い組み合わせが可能である．また，各相は独立に室温での特性を最適化できるため，強磁性・強誘電性の優れた共存性能（高い強磁性および強誘電性キュリー温度や大きな磁化，電気分極など）を発現できる．これらの特徴を生かして，大きなピエゾ磁気または磁歪を示す材料と大きな圧電性または電歪を示す材料の組み合わせにより，2 相間の接合強度や構造制御により単相材料をはるかにしのぐ大きな磁気電気効果が見出されてきた．このひずみを介した大きな磁気電気効果の実現には，① ひずみの伝達に不可欠な相間の密接な接合，② 大きな圧電効果に必要な分極処理ができる高い電気抵抗をもつなど，2 相の熱的，電気的性質や複合構造に課せられた要件がある．このため，図 1.8.26 に示すようにさまざまな複合材料が開発された[3,4]．

図 1.8.26(a) の分散型複合材料は，材料中に強磁性相と強誘電相が二つ以上独立して分散した材料であり，焼成や溶融により自然形成された相分離を利用して作製される．二つの相が機械的損失なく強く結合している場合，磁界による磁歪物質の変形は応力として圧電相に働き電圧を発生させる．ピエゾ磁気を示す相が共存する場合は，その逆として電界による磁化の変化を引き起こせる．

このような複合体が磁歪と圧電性の積の効果として大きな磁気電気効果を示すことは，Philips 研究所のグループにより初めて明らかにされた[43,44]．彼らは，融液から一方向性凝固による共析を利用して，代表的なペロブスカイト型強誘電体 $BaTiO_3$ とスピネル型フェリ磁性体 $CoFe_2O_4$ の複合体を作製した．この共析は小さなイオン半径をもつ

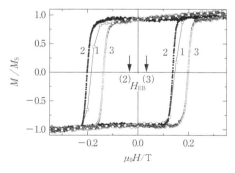

図 1.8.25 $Cr_2O_3(111)/Pt\,0.5\,nm/[Co\,0.3\,nm/Pt\,1.5\,nm]_3/Pt\,1.5\,nm$ 構造において，350 K から 298 K まで (1) 通常の $\mu_0H_{fr} = 0.6$ T 磁界中冷却後，および 250 K まで磁界 $\mu_0H_{fr} = 0.6$ T のもとで (2) 電界 $E_{fr} = -500$ kV m^{-1}, (3) $E_{fr} = +500$ kV m^{-1} を印加冷却後の飽和磁化 M_S で規格化した磁化曲線．矢印は曲線 (2), (3) に関連する交換バイアス磁界 μ_0H_{EB} を示す．

[P. Borisov, C. Binek, et al., Phys. Rev. Lett., **94**, 117203 (2005)]

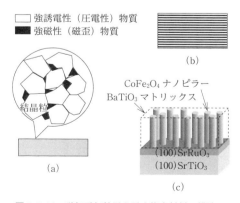

図 1.8.26 磁気電気効果を示す複合材料の構造
(a) 分散型構造　(b) 多層構造　(c) エピタキシャル柱状ナノ構造

Fe^{3+}, Co^{2+} がペロブスカイト構造に，またイオン半径の大きな Ba^{2+} がスピネル構造に，それぞれほとんど入らないため，同じ温度範囲で2相が同時に分離生成する現象であり，2相間の界面反応が少ない特徴をもつ[45,46]．このような密接な界面をもつ共析複合体では，室温で $10^9\ \Omega\ cm$ 台と高い抵抗率をもつうえに，ひずみを介した有効な磁気電気結合が可能なため，60 kHz の共振状態ではあるが直流バイアス磁界 700 Oe において最大 $dE/dH=5.0\times10^{-2}$ V $cm^{-1}\ Oe^{-1}$ と単相物質 Cr_2O_3 をしのぐ大きな磁気電気効果を示すことが見出された[44]．その後の多くの研究では $BaTiO_3$ と $CoFe_2O_4$ の混合体の焼成により2相の分離または偏析した複合材料を作製する試みや，Ba, Fe, Co, Ti の混合溶液から出発してゾル-ゲル法により $BaTiO_3$ 母相中に $CoFe_2O_4$ 微粒子が均一分散した複合体を作製する試みがなされ，後者では共振周波数 160 kHz，直流バイアス磁界 0.27 kOe で 2.54 V $cm^{-1}\ Oe^{-1}$ の大きな dE/dH が得られている[47]．また，$BaTiO_3$ 中に強磁性の $(La,Ba)MnO_3$ を析出させた複合体や $Pb(Zr,Ti)O_3$ (PZT) 中に強磁性相 $(La,Pb)MnO_3$ が偏析した複合体が作製され，電界誘起磁化変化 dM/dE を示すことが報告されている[48,49]．表 1.8.5 にいくつかの分散型複合体と得られている磁気電気結合係数を比較のため記載した．

積層型複合材料は，図 1.8.26(b) のように強磁性層と強誘電層を交互に多層膜化した構造をもつ．この複合体は，通常，強磁性体粉末および強誘電体粉末のスラリーからテープキャスティング法により得られた $10\sim200\ \mu m$ 厚のテープを強磁性層と強誘電層交互に積層したものを高温で焼成して作製される．構造が異方的であるため，磁界の印加方向によって磁気電気結合は異なり，磁界を多層面に平行に印加（横効果）した場合，垂直印加（縦効果）に比べ伝達ひずみが大きいため，磁気電気結合係数は縦効果より約一桁大きい．また，層に平行に電極が設けられるため，強磁性層の抵抗率の大小にかかわらず強誘電層の分極処理が容易に行える特徴をもつ．実際に，強誘電層と強磁性層が直接接合した $NiFe_2O_4$-PZT 複合膜では，磁気電気効果の横効果（磁界 // 層，測定電界⊥層）は図 1.8.27(a) に示すように $NiFe_2O_4$-PZT（チタン酸ジルコン酸鉛）層の体積比 $v_m/v_p=1/1$ では積層数 14 に対し 400 mV cm^{-1} Oe^{-1}，$v_m/v_p=2/1$ では最大 1500 mV $cm^{-1}\ Oe^{-1}$ ときわめて大きいことが示された[50]．dE/dH の最大を示す磁界は，磁界に対する磁歪の変化の傾き（図 1.8.27(b)）と対応しており，磁歪が磁気電気結合に関与していることを示す．

積層型複合材料の磁気電気効果は，スピネルフェライト以外に磁歪の大きなペロブスカイト Mn 酸化物 $(La,Sr)MnO_3$，巨大磁歪合金 $Tb_{1-x}Dy_xFe_{2-y}$ (TERFENOL-D) を磁性相として用い PZT と組み合わせた複合材料でも多く研究された[51,52]．これらの材料では，表 1.8.5 に示したように，最大 $dE/dH=4800$ mV $cm^{-1}\ Oe^{-1}$ と従来知られた単相材料に比べきわめて大きな値が得られた．

以上に加え，図 1.8.26(c) に示したように，最近，薄膜成長過程における自己組織的なエピタキシャル成長を利用した柱状ナノ構造の複合膜が開発された[53~55]．$SrRuO_3/SrTiO_3$ 基板上に $BaTiO_3$ や $BiFeO_3$ と非固溶性の $CoFe_2O_4$ が相分離して自己組織的にエピタキシャル成長し，$BaTiO_3$ や $BiFeO_3$ のマトリックス中に $CoFe_2O_4$ のナノ柱状構造の配列をつくった例が報告され，電界印加による $CoFe_2O_4$ の磁化のスイッチングが起こることや，磁気電

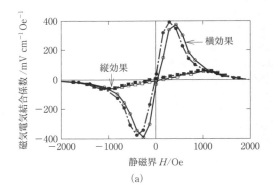

表 1.8.5 複合材料における磁気電気結合係数

形 態	材 料	結合係数 mV $cm^{-1}\ Oe^{-1}$	文献
分散型	$BaTiO_3$-$CoFe_2O_4$	50	1)
分散型	$BaTiO_3$-$CoFe_2O_4$	2540	2)
分散型	PZT-$LaMnO_3$	1.4×10^{-4}*	3)
積層型	Terfenol-D-PZT	4680	4)
積層型	$NiFe_2O_4$-PZT	1500	5)
積層型	$La_{0.7}Sr_{0.3}MnO_3$-PZT	60	6)
ナノ柱状構造	$CoFe_2O_4$-$BiFeO_3$	1.0×10^{-2}*	7)

* G cm V^{-1}

1) A. M. J. G. van Run, et al., J. Mater. Sci., **9**, 1710 (1974).
2) S. Q. Ren, et al., J. Mater. Sci., **40**, 4375 (2005).
3) M. Gomi, et al., J. Appl. Phys., **101**, 09M109 (2007).
4) J. Ryu, et al., Jpn. J. Appl. Phys., **40**, 4948 (2001).
5) G. Srinivasan, et al., Phys. Rev. B, **64**, 214408 (2001).
6) G. Srinivasan, et al., Phys. Rev. B, **65**, 134402 (2002).
7) F. Zavaliche, et al., Nano Lett., **5**, 1793 (2005).

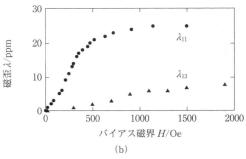

図 1.8.27 $NiFe_2O_4$-PZT 多層膜（層体積比 $v_m/v_p=1/1$）の磁気電気結合係数（白ぬき，黒ぬきは，それぞれ磁界の増加，減少に対するデータ）(a) と，磁歪の静磁界依存性 (b) λ_{11}，λ_{13} はそれぞれ磁界に平行および垂直方向の磁歪を表す．
[G. Srinivasan, R. Srinivasan, et al., Phys. Rev. B, **64**, 214408, (2001)]

気結合係数 $dM/dE \sim 1.0 \times 10^{-2}$ G cm V^{-1} をもつことが示された[53~55]．積層型複合体と比べ，このような構造では，発生したひずみは基板にクランプされることなく隣接した他相に有効に伝達されるため，巨大な磁気電気効果が期待される．

文　献

1) L. D. Landau, E. M. Lifshitz 著, 井上健男, 安河内昻, 佐々木健 訳, "電磁気学 1", 4.28節, 東京図書 (1965).
2) 白鳥紀一, 喜多英治, 固体物理, **14**, 599 (1979).
3) W. Eerenstein, N. D. Mathur, J. F. Scott, *Nature*, **442**, 759 (2006).
4) 五味 学, まぐね, **4**, 172 (2009).
5) 白鳥紀一, 喜多英治, 固体物理, **14**, 601 (1979).
6) K. Shiratori, E. Kita, G. Kaji, A. Tasaki, S. Kimura, I. Shindo, K. Kohn, *J. Phys. Soc. Jpn.*, **47**, 1779 (1979).
7) A. N. Christensen, S. Quèzel, M. Belakhovsky, *Solid State Commun.*, **9**, 925 (1971).
8) A. N. Christensen, S. Quèzel, *Solid State Commun.*, **10**, 765 (1972).
9) M. Mercier, B. Cursoux, *Solid State Commun.*, **6**, 207 (1968).
10) M. Mercier, P. Bauer, B. Fouilleux, *C. R. Acad. Sci. Fre.*, **B267**, 207 (1968).
11) E. Kita, A. Tasaki, K. Shiratori, *Jpn. J. Appl. Phys.*, **18**, 1361 (1979).
12) G. T. Rado, *Phys. Rev. Lett.*, **23**, 644 (1969).
13) I. E. Dzyaloshinskii, *Zh. Eksp. Teor. Fiz*, **37**, 881 [*Sov. Phys. JETP*, **10**, 628] (1959).
14) D. N. Astrov, *Zh. Eksp. Teor. Fiz*, **38**, 984 [*Sov. Phys. JETP*, **11**, 708] (1960).
15) V. J. Folen, G. T. Rado, E. W. Stalder, *Phys. Rev. Lett.*, **6**, 607 (1961).
16) G. T. Rado, *Phys. Rev. Lett.*, **6**, 609 (1961).
17) G. T. Rado, V. J. Folen, *Phys. Rev. Lett.*, **7**, 310 (1961).
18) M. Date, J. Kanamori, M. Tachiki, *J. Phys. Soc. Jpn.*, **16**, 2589 (1961).
19) E. Ascher, H. Rieder, H. Schmid, H. Stössel, *J. Appl. Phys.*, **37**, 1404 (1966).
20) J. P. Remeika, *J. Appl. Phys.*, **31**, 263S (1960).
21) C. H. Nowlin, R. V. Jones, *J. Appl. Phys.*, **34**, 1262 (1963).
22) T. Arima, D. Higashiyama, Y. Kaneko, J. P. He, T. Goto, S. Miyasaka, T. Kimura, K. Oikawa, T. Kamiyama, R. Kumai, Y. Tokura, *Phys. Rev. B*, **70**, 064426 (2004).
23) G. T. Rado, *Phys. Rev. Lett.*, **13**, 335 (1964).
24) B. Lorenz, Y. Q. Wang, Y. Y. Sun, C. W. Chu, *Phys. Rev. B*, **70**, 212412 (2004).
25) T. Kimura, T. Goto, H. Shintani, K. Ishizaka, T. Arima, Y. Tokura, *Nature*, **426**, 55 (2003).
26) T. Goto, T. Kimura, G. Lawes, A. P. Ramirez, Y. Tokura, *Phys. Rev. Lett.*, **92**, 257201 (2004).
27) B. Lorenz, A. P. Litvinchuk, M. M. Gospodinov, C. W. Chu, *Phys. Rev. Lett.*, **92**, 087204 (2004).
28) H. Sugie, N. Iwata, K. Kohn, *J. Phys. Soc. Jpn.*, **71**, 1558 (2002).
29) M. Fiebig, T. Lottermoser, D. Fröhlich, A. V. Goltsev, R. V. Pisarev, *Nature*, **419**, 818 (2002).
30) T. Lottermoser, T. Lonkai, U. Amann, D. Hohlwein, J. Ihringer, M. Fiebig, *Nature*, **430**, 541 (2004).
31) G. A. Smolenskii, I. Chupis, *Sov. Phys. Usp.*, **25**, 475 (1982).
32) J. Wang, J. B. Neaton, H. Zheng, V. Nagarajan, S. B. Ogale, B. Liu, D. Viehland, V. Vaithyanathan, D. G. Schlom, U. V. Waghmare, N. A. Spaldin, K. M. Rabe, M. Wuttig, R. Ramesh, *Science*, **299**, 1719 (2003).
33) A. M. Kadomtseva, A. K. Zvezdin, Yu. F. Popov, A. P. Pyatakov, G. P. Vorob'ev, *JETP Lett.*, **79**, 571 (2004).
34) C. Ederer, N. A. Spaldin, *Phys. Rev. B*, **71**, 060401(R) (2005).
35) R. J. Zeches, M. D. Rossell, J. X. Zhang, Q. He, C.-H. Yang, A. Kumar, C. H. Wang, A. Melville, C. Adamo, G. Sheng, Y.-H. Chu, J. F. Ihlefeld, C. Erni, C. Ederer, V. Gopalan, L. Q. Schlom, N. A. Spaldin, L. W. Martin, R. Ramesh, *Science*, **326**, 977 (2009).
36) T. Zhao, A. Scholl, F. Zavaliche, K. Lee, M. Barry, A. Doran, M. P. Cruz, Y. H. Chu, C. Ederer, N. A. Spaldin, R. R. Das, D. M. Kim, S. H. Baek, C. B. Eom, R. Ramesh, *Nat. Mater.*, **5**, 823 (2006).
37) Y.-H. Chu, L. W. Martin, M. B. Holcomb, M. Gajek, S.-J. Han, Q. He, N. Balke, C.-H. Yang, D. Lee, W. Hu, Q. Zhang, P.-L. Yang, A. F. Rodriguez, A. Scholl, S. X. Wang, R. Ramesh, *Nat. Mater.*, **7**, 478 (2008).
38) T. Kimura, G. Lawes, A. P. Ramirez, *Phys. Rev. Lett.*, **94**, 137201 (2005).
39) 木村 剛, まぐね, **1**, 245 (2006).
40) T. J. Martin, *Phys. Lett.*, **17**, 83 (1965).
41) T. J. Martin, J. C. Anderson, *IEEE Trans. Magn.*, **MAG-2**, 446 (1966).
42) P. Borisov, A. Hochstrat, X. Chen, W. Kleemann, C. Binek, *Phys. Rev. Lett.*, **94**, 117203 (2005).
43) J. van Suchtelen, *Philips Res. Rep.*, **27**, 28 (1972).
44) A. M. J. G. van Run, D. R. Terrell, J. H. Scholing, *J. Mater. Sci.*, **9**, 1710 (1974).
45) J. van den Boomgaard, D. R. Terrell, R. A. j. Born, H. F. J. I. Giller, *J. Mater. Sci.*, **9**, 1705 (1974).
46) J. Echigoya, S. Hayashi, Y. Obi, *J. Mater. Sci.*, **35**, 5587 (2000).
47) S. Q. Ren, L. Q. Weng, S.-H. Song, F. Li, L. G. Wan, M. Zeng, *J. Mater. Sci.*, **40**, 4375 (2005).
48) K. Ban, M. Gomi, T. Shundo, N. Nishimura, *IEEE Trans. Magn.*, **41**, 2793 (2005).
49) M. Gomi, N. Nishimura, T. Yokota, *J. Appl. Phys.*, **101**, 09M109 (2007).
50) G. Srinivasan, E. T. Rasmussen, J. Gallegos, R. Srinivasan, *Phys. Rev. B*, **64**, 214408 (2001).
51) G. Srinivasan, E. T. Rasmussen, B. J. Levin, R. Hayes, *Phys. Rev. B*, **65**, 134402 (2002).
52) J. Ryu, A. Vásquez Carazo, K. Uchino, H.-E. Kim, *Jpn. J. Appl. Phys.*, **40**, 4948 (2001).
53) R. Ramesh, N. A. Spaldin, *Nat. Mater.*, **6**, 21 (2007).
54) H. Zheng, J. Wang, S. E. Lofland, Z. Ma, L. Mohaddes-Ardabili, T. Zhao, L. Salamanca-Riba, S. R. Shinde, S. B. Ogale, F. Bai, D. Viehland, Y. Jia, D. G. Schlom, M. Wuttig, A. Roytburd, R. Ramesh, *Science*, **303**, 661 (2004).
55) F. Zavaliche, H. Zheng, L. Mohaddes-Ardabili, S. Y. Yang, Q. Zhan, P. Shafer, E. Reilly, R. Chopdekar, Y. Jia, P. Wright, D. G. Schlom, Y. Suzuki, R. Ramesh, *Nano Lett.*, **5**, 1793 (2005).

1.9 物質の磁性

本節は磁性物質に関してその磁性発現について解説をする．まずはじめに，磁性体の典型的な物質である遷移金属（Fe, Co など），その利用用途の多い希土類金属（Tb, Gd など）から解説し，さらに非磁性に固溶した系や薄膜，微粒子などの磁性発現について，最近の研究成果も紹介しながら解説する．

1.9.1 項「遷移金属・合金」では，結晶などの構造により磁性を担う 3d 電子状態が磁性を変化させることなどについて具体例を示しながら解説し，1.9.2 項「希土類金属・合金」では，4f 電子の挙動などからそれらの電子物性の発現を解説する．1.9.3 項「希薄合金の磁性」では，1.9.1 項で述べた遷移金属を Cu や Al などの金属に微量固溶させた場合の特異な電気的，磁気的性質について解説する．1.9.4 項「酸化物」では，遷移金属酸化物の磁性についてその構造との関係を，1.9.5 項「遷移金属化合物」では，パイロクロア（pyrochlore）格子をもつ化合物などについて，1.9.6 項「磁性半導体とその関連材料」では，スピントロニクス・デバイスへの応用を念頭において半導体材料を重点に解説する．また，1.9.7 項「分子系・有機化合物」では，有機物質の磁性について不対電子の役割など近年の研究結果なども含めて解説を行い，1.9.8 項「アモルファス合金・金属ガラス」では，アモルファス合金や金属ガラスのソフト磁性発現機構などの解説，1.9.9 項「薄膜・人工格子・界面」では，昨今の応用著しい磁性薄膜などにおける，その特徴や特異な現象などについて解説を加え，1.9.10 項「微粒子・クラスター」では，表面効果や熱揺らぎ効果が重要な働きをする微粒子などの磁性について，1.9.11 項「ナノ複合体」では，微粒子が非磁性培地の中に分散しているナノ複合体で観測される磁気的・電気的効果について解説する．

1.9.1 遷移金属・合金

a. はじめに

同種の『磁性体ハンドブック』が出版された 1975 年頃は，遷移金属磁性体の研究が非常に盛んであったので，『ハンドブック』ではこの分野の研究成果にかなりのページが割かれていた．しかし，1980 年代後半に酸化物の高温超伝導現象が発見され，物性研究者の大半がこのテーマの研究に集中したため，この間の遷移金属の磁性の基礎的な研究はかなり限られた研究者によって続けられてきた．高温超伝導ブームが終わった後も類似の結晶構造をもつ酸化物系での幾何学的スピンフラストレーション，Mn 酸化物などが研究者の興味を引き，この傾向は今日もなお続いている．また，研究者の興味もバルクの物性の基礎的な問題よりも，むしろ役に立つ薄膜やナノ粒子などの応用分野に向いている．それでも研究手段の進歩もあって遷移金属の磁性にもそれなりの新しい事実が報告されている．紙数も限

られているので，ここではおもに『磁性体ハンドブック』の出版後に大きな変更があったり，ほとんど取り上げられなかった系について述べる．

(i) 遷移金属の磁性の特徴

遷移金属で磁性を担っているのは d 電子である．しかし，イオン結晶や希土類金属と異なるところは，その d 電子が金属結合に強く関与していて金属中を遍歴しておりエネルギーバンドを形成していることである．したがって，金属結合と磁性は直接つながっており，結晶構造の変化は磁性の変化そのものである．たとえば，Fe で bcc 構造が安定なのは強磁性だからで，非磁性や反強磁性の Fe は bcc よりも fcc 構造が安定である．このことから結晶構造と磁性の間には，原子の個性を超えて d 電子数だけで議論できる共通の一般的な性質がある．図 1.9.1 は，3d 遷移金属の結晶構造と低温での磁性を d 電子数（元素の種類）で整理したものである．d 電子数 $N_d=5$ 付近で融点が高いのは d 電子が金属結合に関与している証拠である．（$N_d>5$ ではホールが結合に関与する）Mn が異常なふるまいを示す理由は，動き回る多数の d 電子の強い電子相関によるものである[1]．キャリヤー（電子またはホール）数が少ない周期表の両側ではできるだけ原子の結合を強くするために最近接原子数が最大の fcc や hcp 構造が安定である．この領域ではスピンが↑と↓の電子間にはパウリの原理が効かないために起こる電子間の衝突によるクーロンエネルギーの高まりを避けるために，運動エネルギーの損失を犠牲にしてもスピンを平行にしてバンドをスプリットさせて強磁性になろうとする．Ni と Co がこれに属する．他方，キャリヤー数の多い周期表の中央付近では電子間の衝突を少なくするために，飛び移る最近接原子数の少ない bcc 構造が安定で，磁気的には反強磁性になる．Cr と Mn がこれに属する．Fe はこれらの中間にあり，bcc 構造で強磁性，fcc で反強磁性である．Fe の磁性が難しい理由がここにある．一般

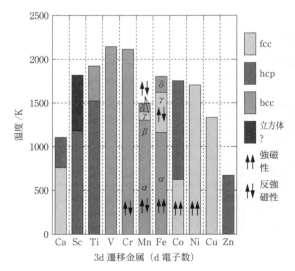

図 1.9.1 3d 遷移金属の結晶構造と低温における磁性

的にはこのような説明はできても，個々の系を考えると話はもっと複雑である．たとえば，反強磁性といってもいろいろなタイプのものが存在する．詳しい議論は個々の系について考えるしかない．

遷移金属の場合，結晶構造まで変化しなくても，格子がひずんだり体積が変化してもエネルギーバンドの変化を通して磁性は変化し得る．どちらが原因かは議論できなくても磁性と結晶格子とは切っても切れない縁があるので，磁性を考えるとき格子のひずみにも注意を払う必要がある．

もうひとつ絶縁体の磁性と異なる点は，d 電子がバンドを形成しているためにフェルミ面が存在することである．フェルミ面が特殊な形状をしているとそれが磁性や結晶構造に大きな影響を与える場合がある．Cr のスピン密度波はその代表的な例である．

これらの遷移金属特有の性質が複雑に絡み合い遷移金属の磁性は純粋物質でさえ多くの変化に富んでいる．金属磁性の初歩的な理解にはいくつかの教科書が出版されているのでそれらを参照してほしい[2]．

b. 3d 遷移金属元素

（i） Cr　金属 Cr の磁性は遍歴電子による磁性の典型的な例と考えられ，古くから多くの研究者を魅了し，実験家のみならず理論家によっても盛んに研究されてきた．1987 年頃までの実験・理論の総説が Fawcett[3] によって報告されているので，ここではそれ以降の進展について述べる．また，Cr の磁性は不純物の導入に非常に敏感である．少量の不純物を導入したときの磁性の変化についても Fawcett ら[4] によってまとめられているのでここでは述べない．

（1） Cr の磁気励起：　Cr の磁性はフェルミ面の特殊な形状が原因で起こる，スピンの大きさが空間的にサイン状に変化するスピン密度波（SDW：spin density wave）であると考えられている[5,6]．その波長は室温で格子定数の約 27 倍，100 K 以下では約 21 倍で，温度とともに連続的に変化する．SDW の興味ある物性は Fawcett[3] がまとめている．酸化物には見られない SDW の特徴は磁気励起に顕著に現れていて，その分散関係は通常の磁性体のスピン波とはまったく異なったものになっている．とくに不思議な点は Cr だけでなく，Cr に V をわずかに混入させた Cr-V 合金の磁気励起である．Cr に V を混入させると SDW の波長が短くなりながらネール温度が急激に低下し，$Cr_{96}V_4$ 合金では最低温でも磁気秩序は現れない[4]．しかし，非磁性であるはずの $Cr_{95}V_5$ 合金でも強い磁気揺らぎが SDW の衛星反射が期待される位置に中性子の非弾性散乱で室温でも観測され[7]，その磁気揺らぎが 400 meV という通常では考えられない高いエネルギーでも (100)，(210) 逆格子点を中心に観測されている[8,9]．図 1.9.2 に中性子非弾性散乱による磁気励起のデータを示す．このような現象はフェルミ面のネスティングモデルでも説明されておらず，最近はネスティングモデルそのものを疑う理論も現れており[10]，Cr の磁性については現在も未解決の問

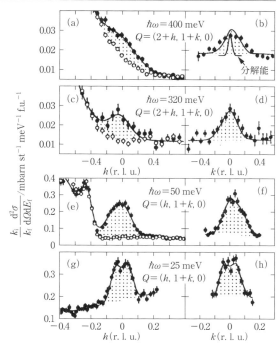

図 1.9.2　$Cr_{0.95}V_{0.05}$ 非磁性合金における中性子磁気非弾性散乱
[S. M. Hayden, *et al.*, *Phys. Rev. Lett.*, **84**, 1000 (2000)]

題がある．

（2） Cr の電荷密度波：　Cr は磁気秩序の発生と同時に，SDW の半分の波長の電荷密度波（CDW：charge density wave）が生成される．CDW が形成されると電気的中性を保つために原子が移動し，格子がひずむ（格子ひずみ波）[11]．X 線では格子ひずみ波が観測しやすいので格子ひずみ波のほうを CDW とよんでいる場合が多い．格子ひずみ波は X 線ではブラッグピークの両側に，波長の逆数の位置に衛星反射として観測されるが，本来の電荷密度の波はその両側の衛星反射の散乱強度比を変化させる[12]．

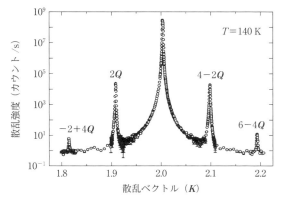

図 1.9.3　放射光で測定された格子ひずみ波（電荷密度波）による衛星反射
[J. P. Hill, *et al.*, *Phys. Rev. B*, **51**, 10339 (1995)]

図 1.9.3 は強力な X 線源・放射光で測定された (200) 逆格子点近傍での衛星反射である[13]. ここで Q は SDW の波数ベクトルで格子ひずみ波の衛星反射は $2Q$ に観測される. この実験データでは $4Q$ の衛星反射も観測されており, 著者らは格子ひずみ波が完全なサイン波でないことを指摘している.

(ii) Mn　Mn は低温から順に α-, β-, γ-, δ- の四つの異なる結晶構造をもつ相が存在する.

(1) α-Mn：α-相は単位胞に 58 個の Mn 原子を含むが, 29 個の原子集団が入り組んだ体心立方構造を形成している. ネール温度が 95 K の反強磁性体で, 4 種類の Mn サイトが存在し, 磁気構造は四つのサイトで大きさの異なるスピンがノンコリニア*1 に配列した複雑な構造を示す[14]. 最近, α-Mn が幾何学的スピンフラストレーション系であることが指摘されている[15]. α-Mn に非磁性不純物を導入したり, 微粉末にするとネール温度が上昇することとも矛盾しない[16,17]. 不純物が α- および β-Mn の磁性に与える影響については, 文献[18]に詳しい.

(2) β-Mn：β-相は 1000 K から 1368 K の間で安定に存在し, 単位胞に 20 個の原子を含む単純立方構造であるが, 長い間非磁性であると考えられてきた. しかし, Al や Ge, Sn のような非磁性不純物を導入すると内部磁場が現れたり[19,20], 帯磁率にピークが観測される. β-Mn でスピン揺らぎによる中性子の非弾性散乱が観測され, β-Mn も幾何学的スピンフラストレーション系であると考えられている[21,22].

(3) γ-Mn：γ-相は単純な fcc 構造であるが, 室温以下の低温では微粒子にして急冷するか, Cu, Ni, Fe などの第 2 元素を 5〜10% 以上含む合金にするかで安定に得られる. 磁気構造は, 縦波第一種の反強磁性構造で磁気転移とともに結晶は c 軸方向に約 5% 程度縮み正方晶になる. 図 1.9.4 に縦波第一種反強磁性構造を示す. スピン軸は c 軸から少し傾いているが実際には傾いた成分は短距離秩序で揺らいでいる. fcc の反強磁性体はもともとフラストレーション系なので, この場合も部分的フラストレーションによるものと考えられる. 合金系は第 2 元素の種類と濃度によってそれぞれ異なったふるまいを示す.

(iii) Fe　Fe は bcc 構造 (α-相) で強磁性体であるが, 高温では fcc 構造 (γ-相) が安定である. γ-Fe の磁性に関しては過去 20 年で大きな変化があった.

(1) γ-Fe：γ-Fe のバルクの試料は存在しない. Cu の中に析出させると γ-Fe の微粒子として室温以下でも安

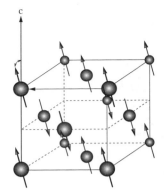

図 1.9.4　スピン軸が c 軸から傾いた縦波第一種反強磁性構造

定に存在し得るので, Cu 中に析出した γ-Fe を用いて磁性の研究が行われてきた. γ-Fe の格子定数は Cu よりわずかに (0.7%) 小さく, 高温から徐冷された試料は直径 150 nm ぐらいまで Cu の格子と整合である. 過去に報告されていた γ-Fe 析出粒子の磁気構造は, c 軸から傾いた成分をもつ γ-Mn と同じ縦波第一種の反強磁性スピン構造であった. しかし, この試料は構造相転移を起こして立方晶ではないことが判明した[23,24]. 新しく解明された γ-Fe 析出粒子の結晶格子と磁性の状態には析出粒子サイズに応じて三つの状態 (State I, State II, State III) が存在する. 図 1.9.5 はメスバウアー効果で測定されたネール温度と内部磁場の析出粒子サイズ依存性を示す[25,26].

① State I：粒子サイズが小さく (直径 $R \lesssim 30$ nm) 母体の Cu と整合な析出粒子で最低温まで立方晶を保っている. 磁気構造は中性子散乱で逆格子の $(1, \pm \delta, 0)$ ($\delta \cong 0.13$) の位置に磁気衛星反射が観測され, スパイラル構造と考えられている. 図 1.9.6 は中性子散乱で観測された磁気衛星反射と磁気構造である. 遍歴電子系でノンコリニアなスパイラル構造であるため, 酸化物や希土類元素のそれと区別するためにスピンスパイラル*2 とよばれる. ネール温度は約 50 K, 界面からの影響が強い小さな粒子 ($R \lesssim 15$ nm) では波長は長く, ネール温度は測定手段に依存し (スーパーパラ), 中性子でみると 50 K よりも高い[27,28].

② State II：母体と整合を保ちながら粒子サイズが大きく成長したもの. (20 nm $< R \lesssim 150$ nm) 低温で磁気転移とともに構造相転移を起こし, 低温格子構造は, c 軸方

---

*1 ノンコリニアとは, 磁性体を形成するすべての磁性原子の磁気モーメントが一つの方向 (向きはどちらでもよい) を向いているときはコリニア (collinear) な構造である (たとえば, 図 1.9.4, 1.9.14 など). これに対して個々の原子の磁気モーメントの方向が異なっている場合がノンコリニア (noncollinear) な構造である (たとえば, 図 1.9.6, 1.9.22 など).

*2 酸化物や希土類元素のような原子に局在した磁気モーメントをもつ系では, 最近接と第 2, 第 3 近接原子の磁気モーメント間の相互作用に矛盾がある場合に中間的な解としてスパイラル構造が現れるが, 遍歴スピン系では原子を一つの磁気モーメントと考えることができないのでこの考えは通用しない. 電子系に対する密度汎関数法を用いて第一原理計算で求められたスパイラル構造をスピンスパイラルとよんでいる. 通常のスパイラルとスピンスパイラルの違いは, 後者は個々の電子に着目しているので一つの原子の中でスピンの密度や向きが変化していてもよい点である.

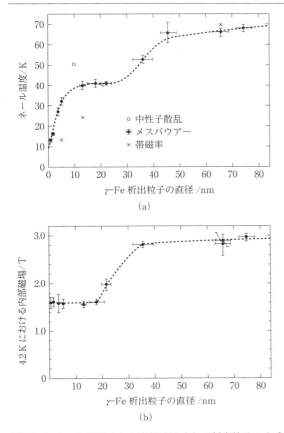

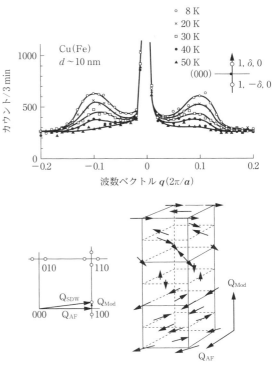

図 1.9.5 ネール温度 (a) と内部磁場 (b) の析出粒子サイズ依存性
[T. Ezawa, et al., Phys. B, **161**, 281 (1989)]

図 1.9.6 State Ⅰ における磁気衛星反射と磁気構造モデル

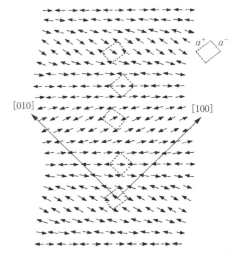

図 1.9.7 State Ⅱ における c 面内の周期的せん断波と磁気構造

向に一様にわずかに収縮し，c 面内での原子位置は⟨110⟩方向に伝搬し⟨1-10⟩方向に原子が変位する周期的せん断波で記述できる[29]．構造相転移温度とせん断波の波長は粒子サイズに依存し，大きな粒子ほど転移温度は高く波長は長い．この構造相転移は母体の Cu と整合性を保ったまま起こるので可逆で一次相転移である．Fe の fcc-bcc マルテンサイト変態の初期過程と考えられる（Fe-Ni インバー合金の項を参照）．磁気構造は局所的な格子構造を反映したもので，スピンはおもに c 面内にあり，c 面内の成分は図 1.9.7 に示すダブル-**Q** の構造である[30]．しかし，c 面に垂直な成分も存在する．ネール温度は構造相転移温度と一致しているので粒子サイズに依存して大きな粒子ほど高い（50〜75 K）[25,26]．この磁気転移は State Ⅰ よりもネール温度が高いので，fcc の反強磁性結合でフラストレートしていたものが構造相転移によって対称性が低下したために秩序化したものと考えられる．

③ State Ⅲ：析出粒子サイズが大きくなると Cu と Fe の格子定数のずれから界面に転位が入り格子間の整合性が崩れるが，原子面はほぼ平行を保っている．格子定数は整合な場合に比べて約 0.2% 小さい．State Ⅱ と同様に，低温で磁気秩序と同時に周期的せん断波への構造相転位を起こし，磁気構造も State Ⅱ と同じ構造である[31]．

④ γ-Fe-Co 析出粒子：Co も Cu に溶解しないため Cu 中に析出する．したがって，Fe と Co を Cu 中に混入させると fcc の Fe-Co 合金として析出する．Co の混入は State Ⅱ の構造相転移に強い影響を与え，$Fe_{98}Co_2$ 析出粒子では粒子サイズに関係なく構造相転移は阻止され最低温

まで立方晶を保っている．このときの磁気構造は State I と同様のスピンスパイラル構造である．ネール温度は Co 濃度とともにリニアに減少し，$Fe_{90}Co_{10}$ 合金析出粒子は最低温でも非磁性である[32]．$Fe_{1-x}Co_x$ 析出粒子が強磁性を示すのは $x \geq 0.4$ の領域である．しかし，$x > 0.3$ では熱処理によって bcc 相（強磁性）が混入してくるので測定には注意が必要である[33]．

c. 3d-3d 遷移金属合金

（ⅰ）**スレーター-ポーリング曲線** 3d 遷移金属の強磁性合金の間で成り立つよく知られた性質がある．横軸に合金の平均全電子数，縦軸に 1 原子あたりの低温での自発磁化モーメントをとってプロットすると図 1.9.8 のように $Fe_{65}Co_{35}$ 付近にピークをもつ 45°の線に乗る．スレーター-ポーリング曲線とよばれる．右半分はおもに fcc 構造で，上に述べた Ni や Co が強磁性になろうとするメカニズムでキャリヤー（今の場合ホール）数が変化したと考えればよい．また，左半分は bcc 構造で Cr や Mn が反強磁性的に結合して平均の磁気モーメントが減少してみえるためである．しかし，この曲線はあくまでマクロな飽和磁化から得られる値であって，合金中ですべての原子が同じ磁気モーメントをもつことを主張するものではない．実際，中性子散漫散乱の実験からこれらの合金でも構成原子が異なったサイズの磁気モーメントをもつことが確かめられている．この曲線の中で，fcc の Fe-Ni 合金が異常なふるまいをしている．この領域の Fe-Ni 合金は室温付近での熱膨張率が 0 になるインバー効果を示す．

（ⅱ）**FeCo 規則合金** CsCl 型の強磁性規則合金である．スレーター-ポーリング曲線では 35% Co 合金で最大の飽和磁化を示すが，50：50 の規則合金はこれに負けない飽和磁化を示す．垂直磁気記録メディアの軟磁性膜としての応用があるが，FeCo 合金はあまりにももろいため第 3 元素（おもに V, Nb）を入れて加工性を上げている．Sourmail による詳しい総説[34]がある．

（ⅲ）**Fe-Cr** 全濃度領域にわたって bcc 構造の合金をつくるが，Fe は強磁性で Cr は反強磁性（SDW）なの

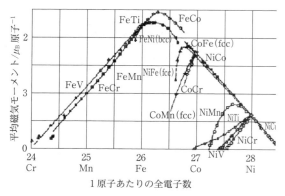

図 1.9.8 スレーター-ポーリング曲線
[P. H. Dederichs, et al., J. Magn. Magn. Mater., **100**, 254 (1991)]

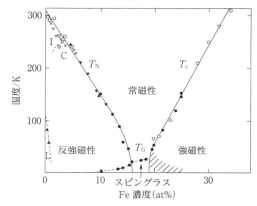

図 1.9.9 $Cr_{100-x}Fe_x$ 合金の磁気相図
I：非整合 SDW，C：整合 SDN，L：縦波 SDW．
[S. K. Burke, et al., J. Phys. F : Met. Phys., **13**, 457 (1983)]

で磁性は両者が競合し，やや複雑である．$Cr_{1-x}Fe_x$ で $x \leq 0.16$ では x の小さな領域を除いては格子と整合な SDW，$x \geq 0.19$ では強磁性を示し，$0.16 \leq x \leq 0.19$ の領域はスピングラス（1.9.3d 項参照）である．しかし，スピングラス的な性質は強磁性や反強磁性の領域でも残っており，広い範囲にわたってリエントラントスピングラスである．相境界付近の磁気相図を図 1.9.9 に示す[35, 36]．

（ⅳ）**Fe-Ni（インバー合金）** $Fe_{65}Ni_{35}$ 付近の fcc 構造の無秩序合金は，室温付近における熱膨張係数がほとんど 0 の有用なインバー合金として知られているが，その物理的起源は今日なお解決していない．特異なふるまいを示すインバー合金の磁性について，1990 年頃までの実験データは Wasserman によってまとめられている[37]．多くの支持を得ているモデルは 2γ モデルで，fcc 構造の Fe の磁性と関連している．fcc 構造の Fe は大きな原子体積で磁気モーメントも大きいハイスピンと小さな体積で小さなモーメントのロースピンとよばれる二つの状態がほとんど縮退しており，温度上昇によりロースピン状態が励起され，格子振動からくる熱膨張をキャンセルするというもので，とくに理論家に支持されている．しかし，実験では間接的な証拠は報告[37～39]されているものの，最も直接的な証明になる中性子散乱ではむしろ 2γ モデルは否定的である[40, 41]．また，最近進歩した第 1 原理計算で，ロースピン状態は強磁性成分に対して直交した横成分が強くなるという理論[42]もあるが，これも実験的には否定されている[43]．最近，インバー効果が観測される濃度領域で，bcc 相への前駆現象として局所的な格子ひずみによる中性子の散漫散乱が観測され，fcc-bcc 相境界とインバー効果の関連が指摘されている[44]．図 1.9.10 に，局所格子ひずみによる中性子散漫散乱のデータを示す．遷移金属の磁性に残された大きな問題の一つである．

（ⅴ）**Co-Mn, Ni-Mn** どちらも Mn 高濃度（Mn 43% 以上（Co-Mn），32% 以上（Ni-Mn））の合金は反強磁性，低濃度（Mn 25% 以下（Co-Mn），24% 以下（Ni-

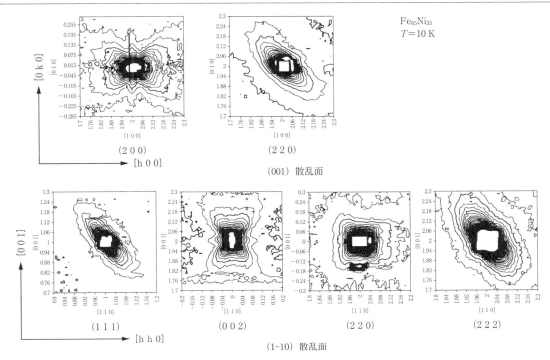

図 1.9.10 Fe$_{65}$Ni$_{35}$ の格子ひずみによる中性子散漫散乱
[Y. Tsunoda, et al., Phys. Rev. B, **78**, 094105 (2008)]

Mn))の合金は強磁性を示すが，中間濃度では強磁性と反強磁性が共存した磁気構造になっている[45]．

(vi) Cu-Mn Cu-Mn 合金は典型的なスピングラスとして長い間，磁性研究者の注目を集めてきた．また，この系の磁性の研究から金属磁性の根本的な概念である RKKY 相互作用（1.9.3 c. 項参照）や近藤効果が導かれた．しかし，現在考えられている磁気状態は，最初考えられていた Mn の局在スピンが低温でランダムな方向に凍結するという理想的なスピングラスのモデルとはかなり異なっている．Cable らによって中性子の磁気散漫散乱が逆格子の（1 1/2±δ 0）（δ は Mn 濃度に依存）の位置に観測されて以来[46]，Cu-Mn 合金ではスピン密度波（SDW）のクラスターがスピンのダイナミクスを支配しているクラスターグラスであると考えられている．すなわち，空間的に振動する RKKY 相互作用で結合した Mn のスピンがスピン密度波を形成しようとするが，Mn 原子のランダムな配置のために短距離秩序になり，スピン密度波のクラスターが生成され，さまざまな緩和時間をもったスピン密度波のクラスターの凍結によってスピングラス的なふるまいが説明される[47,48]．多くの論文でスピングラス的なふるまいは，スピン密度波の反強磁性結合と原子短距離秩序（ASRO）を示す領域の強磁性結合の競合と説明されているが[47]これは正しくない．後に示す Pd-Mn などのスピングラスと同じで，強磁性クラスターがなくても SDW のクラスターの存在だけでスピングラス的なふるまいが実現する．

Cu-Mn の ASRO はむしろスピン密度波のクラスターを安定化している．驚くべきことに Mn 濃度が 0.55% の Cu-Mn スピングラス合金でもスピン密度波のクラスターが観測されている[49]．図 1.9.11 に Cu-Mn 合金の磁気相図を示す．Mn 75% 付近までスピングラスのままで反強磁性長距離秩序は現れない．反強磁性相は，$c/a<1$ の正方晶で γ-Mn の項で述べた縦波第1種反強磁性構造である．

d. 4d-3d, 5d-3d 合金

4d，5d 金属はそれ自体は磁性を示さない．Pd と Pt は

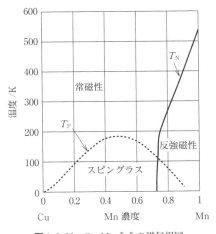

図 1.9.11 Cu-Mn 合金の磁気相図

d電子間の相関が強く,いまにも磁性体になろうとしている境界付近にある.これに,磁気モーメントをもった3d遷移金属を導入すると付近のPdやPtに容易に磁気モーメントが誘起され,系全体が磁性体になる.磁気転移温度が高く,大きな異方性エネルギーをもつものが多く,化学的にも安定(さびにくい)なので,これらの合金の薄膜はメモリ素子や巨大磁気抵抗(GMR)素子など応用上重要なものが多い.薄膜の磁性については専門の章が用意されているので,ここではバルクの性質に限ることにする.これらの規則合金に現れる代表的な結晶構造を図1.9.12に示す.

(i) **Mn_3Pt, Mn_3Rh, Mn_3Ir(規則合金)** Mn_3TM(TM=Pt, Rh, Ir)は$L1_2$-type(Cu_3Au型)規則合金の反強磁性体で,いずれも高いネール温度をもつために(Mn_3Ir(960 K), Mn_3Rh(841 K), Mn_3Pt(475 K))多くの応用が考えられている.磁気構造は図1.9.13のD相に示すように(111)面内でキャンセルする構造になっている.このうち,Mn_3Ptだけはほかに比べてネール温度も低く,異った性質をもつ.

(1) **Mn_3Pt:** ネール温度以下の400 Kで反強磁性-反強磁性の相転移があり,低温相(D相)ではほかの二つと同じ図1.9.13の左のような磁気構造であるが,高温相は図の右のような磁気構造でF相とよばれる.D相-F相の相転移は体積の膨張を伴った一次相転移で,F相では1/3のMnのモーメントは消滅していると考えられていたが,最近の中性子散乱の実験でF相で強い磁気散漫散乱が観測され,磁気モーメントは消滅しているのではなく,強い空間相関を保ちながらフラストレーションで揺らいでいることが判明した[50].Mn_3PtだけがなぜF相をもつのかは,3.2 kbar以上の高圧下ではF相は消滅し,D相だけになることが報告[51]されていることから,Mn_3Ptの格子定数がほかの二つに比べて大きいことが関係していると考えられる.

(ii) **Fe_3Pt(規則合金)** $L1_2$構造(Cu_3Au型)の規則合金で,$Fe_{65}Ni_{35}$合金と並んで典型的なインバー合金で多くの研究がある.$T_c=470$ Kの強磁性体であるが3:1の合金はfcc-bct相境界に近く,室温以下でbctに相転移を起こす.実験はそれを避けるためにおもに$Fe_{72}Pt_{28}$付近の合金で調べられている.磁性は通常の強磁性体とは異なった,Fe-Niインバー合金と共通の異常なふるまいを示す[37].また,熱処理で不規則合金も作製可能で不規則合金もインバー効果を示す.

(iii) **FePt, CoPt(規則合金)** FePtは$L1_0$構造(AuCu I型)の規則合金で$T_c\cong750$ Kの強磁性体である.格子は正方晶で$c/a=0.965$(室温)であるが温度上昇とともにこの値は小さくなりキュリー温度付近では$c/a\cong0.954$である.Fe($3.01\mu_B$), Pt($0.38\mu_B$)ともに磁気モーメントをもち,方向はc軸に平行である.高いキュリー温度と強い磁気異方性から,薄膜はCoPtとともに磁気メモリの材料として注目され多くの研究がある.しかし,FeとPtのモーメントが平行か反平行かについては,矛盾した結果が報告されておりまだ解決していない.

CoPtも1098 K以下で格子は$L1_0$構造(AuCu I型)に秩序化し,$c/a=0.97$($a=3.803$, $c=3.701$室温)である.キュリー温度は$T_c\cong870$ Kで大きな磁気異方性(5×10^7 erg cc^{-1})を示す.

(iv) **MnPt, MnPd, MnIr, MnRh(規則合金)** これらの1:1の合金は$L1_0$構造(CuAu I型)の$c/a<1$の規則合金で,高温ではCsCl型のbccまたはbctに相転移する.いずれも反強磁性体で高いネール温度(MnPt 970 K, MnPd 810 K, MnIr 1145 K, MnRh 300 K)と大きな磁気異方性のために薄膜はGMR素子のピン止め層として用いられる.磁気構造はMnPt以外はMnの磁気モーメントがc面内にあり(図1.9.14(a))PdやIrは磁気モーメントはないと考えられている[52].

MnPtは格子はc軸方向に縮んだ正方晶で$c/a=0.915$(室温)である.高温ほどひずみは大きくなりネール温度付近では$c/a\cong0.88$になる.磁気構造は室温では図1.9.14(b)のようにMnのモーメントはc軸に平行であるが高温ではc面内にスピンフリップし図1.9.15(a)のようになる[53〜55].この磁気転移は広い温度範囲(500〜750 K)で徐々に起こるので,帯磁率や電気抵抗では異常は観測されない[54,56].50 nmの粉末では室温でも磁気モーメントはc面内にあるという報告[57]があるが,室温付近での磁気構造はピン止め層の開発に重要な問題なので,最近追試が行われた.その結果,この程度のサイズではスピンフ

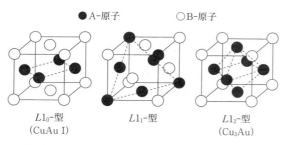

$L1_0$-型 (CuAu I)　　$L1_1$-型　　$L1_2$-型 (Cu_3Au)

図1.9.12 4d-3d, 5d-3d規則合金の代表的な結晶構造

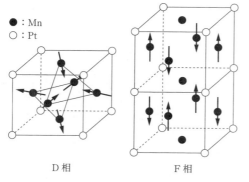

D相　　　F相

図1.9.13 Mn_3TM(TM=Pt, Rh, Ir)の磁気構造

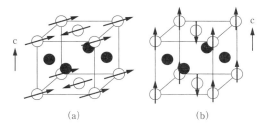

図1.9.14 MnTM (TM=Pt, Pd, Rh, Ir) 規則合金の磁気構造

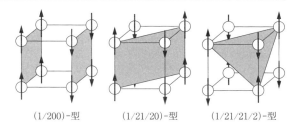

図1.9.16 単純立方格子の反強磁性構造

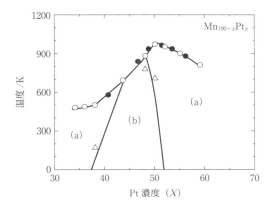

図1.9.15 MnPt (1:1) 付近の磁気相図
(a) および (b) は図1.9.14を参照.
[梅津理恵ら, まてりあ, **43**, 833(2004)]

リップは起こらず，バルクの試料と同じであることがわかった．図1.9.15にMnPt合金の1:1付近の磁気相図を示す[52]．相境界が近いので，わずかな濃度のずれで磁気構造が変化する．

(v) Pt₃Fe (規則合金) $L1_2$ 構造 (Cu_3Au型) の規則合金で，Feがコーナーを，Ptが面心の位置を占拠している．この濃度比の不規則合金は強磁性体であるが[55]，規則合金は反強磁性体である．反強磁性結合で囲まれたPtは磁気モーメントをもたないので磁気的にはFeだけを考えて，単純立方構造の反強磁性体と考えることができる．ネール温度は170 Kであるが，低温で (~90 K) 一次の反強磁性-反強磁性[*3]の磁気転移がある．単純立方構造の反強磁性構造には図1.9.16の3種の基本構造が考えられるが，高温相は (1/2 1/2 0)-型，低温相は (1/2 0 0)-型の成分と (1/2 1/2 0)-型の成分をもつノンコリニアな磁気構造である．最近接スピンがすべて反強磁性結合をした (1/2 1/2 1/2)-型の構造は現れない．以前にBaconらは低温相の磁気構造を (1/2 1/2 0)-型の領域と (1/2 0 0)-型の領域が混じった不均一系と考えたが[58]，最近の実験で両者の成分をもった均一な系であることが判明している[59]．

(vi) Pd₃Mn (規則合金) 秩序化しにくいが秩序状態も存在する．正方晶型と立方晶型が報告されている．正方晶型は Al_3Zr 型構造[60]で，ネール温度は秩序度に依存し，195 K付近である．磁気構造はコリニアな反強磁性でほぼ c 軸に垂直であるが，スピン軸の方向はMn濃度と秩序度に敏感である[61]．水素の吸蔵力が高いので吸蔵合金の候補として多くの研究がある．高圧下で熱処理することで立方晶型が得られる[62]．立方晶型は $L1_2$ 型 (Cu_3Au) 構造で，スピン軸が [111] 方向の強磁性であるが垂直成分がヘリックスを形成している．キュリー温度は190 Kである．

(vii) $Pd_{1-x}TM_x$, $Pt_{1-x}TM_x$ ($0.01 < x < 0.2$) (不規則合金) (TM = Ti, V, Cr, Mn, Fe, Co, Ni) PdとPtはすべての3d遷移金属とかなりの濃度 ($x \leq 0.2$) まで不規則合金をつくることが可能である．これらの合金は，導入する不純物元素によって性質は異なるが，PdとPtのフェルミ面の特殊な形状を反映した，共通の周期構造をもった短距離秩序を形成する．不純物が非磁性の Ti, V では原子濃度密度波，反強磁性的な Cr, Mn ではスピン密度波，誘起された巨大磁気モーメント系の強磁性体 Fe, Co では強磁性スピンに垂直な成分による横波変調波で，母体と同属の Ni では何も顕著な変化はない．この現象の基本にあるのは，不純物ポテンシャルの遮へい効果である．不純物を遮へいするために集まった伝導電子と不純物との s-d 相互作用や電荷のフリーデル振動が，PdやPtの平行なフェルミ面によって強調され，不純物原子間の相互作用にもこれが反映されて周期構造が形成される．ただ，不規則合金であるため長距離秩序には成長しない[63]．図1.9.17にPt (Pdもほとんど同じ形状である) のフェルミ面を示す[64]．この周期構造に寄与している平行なフェルミ面は波の伝搬方向と波長からこの図の矢印の平行な面と考えられる．

(1) Pd-Ti, Pd-V, Pt-Ti, Pt-V: 図1.9.18にPtV合金の中性子散乱実験データを示す．逆格子の (100) の両側に衛星反射が観測され，そのピーク位置がV濃度によって変化しており，フェルミ面が変化していることがわかる．このピーク強度は温度変化しないので磁気散乱ではなく原子濃度の波である．両側のピークの強度が非対称であることから，原子間距離も周期的に変化している[65]．

[*3] 反強磁性-反強磁性転移とは，温度変化によってある反強磁性構造から別の反強磁性構造に転移するスピン構造の転移である．

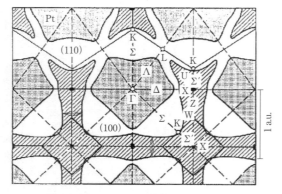

図 1.9.17 Pt のフェルミ面
矢印の方向に平行な面が多数存在する．
[O. K. Andersen, *Phys. Rev. B*, **2**, 891 (1970)]

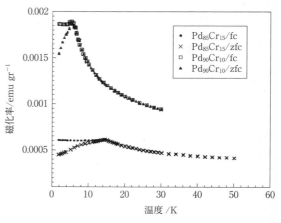

図 1.9.19 $Pd_{100-x}Cr_x$ の帯磁率

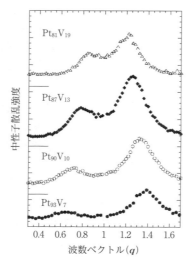

図 1.9.18 $Pt_{100-x}V_x$ 合金の濃度密度波による散漫散乱

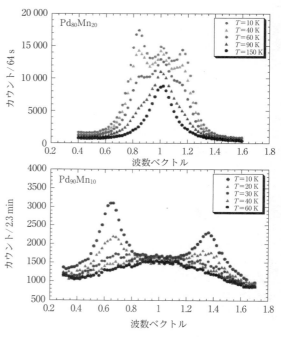

図 1.9.20 $Pd_{100-x}Mn_x$ の中性子磁気散漫散乱
中央の幅の広いピークは原子短距離秩序によるもの．

（2）**Pd-Mn，Pd-Cr，Pt-Mn，Pt-Cr**：これらの系の帯磁率は，Cu-Mn と同じようなスピングラス的なふるまいを示す．図 1.9.19 は Pd-Cr 合金の帯磁率の例である．中性子散乱でみると（100）の両側に幅の広い衛星反射が観測され，強度は温度に強く依存し磁気散乱である．図 1.9.20 は Pd-Mn の中性子散乱の例で，ピークの位置は Mn 濃度で変化する．帯磁率でカスプが観測される温度と中性子散乱でピークが消滅する温度が異なって見える点など典型的なスピングラスである Cu-Mn 合金とまったく同じふるまいを示す．ただ，ピークが観測される位置が Cu-Mn の（1 1/2±δ 0）とは異なり（1±δ 0 0）である．これらの系では［100］方向に伝搬するスピン密度波（SDW）のクラスターが形成される．これらのクラスターはさまざまな緩和時間をもって揺らいでおり，これらのクラスターの凍結がスピングラス的なふるまいの原因である．このうち，Pt-Cr だけはほかの系と少し異なっていて，Cr 濃度の薄い領域は高い近藤温度のために局在磁気モーメントが消滅し，非磁性になっている．また，Pd-Mn の Mn 濃度の低い領域は強磁性を示す[66]．

（3）**Pd-Fe，Pd-Co，Pt-Fe，Pt-Co**：Fe や Co の磁気モーメントによって，周囲の Pd や Pt にも磁気モーメントが誘起され，Fe や Co 原子あたりにすると $10\mu_B$ 以上の大きな磁気モーメントになり，巨大磁気モーメント系として有名な強磁性体である．1% の Fe の導入でも系全体が強磁性になる．しかし，このような系でも中性子散乱でみると図 1.9.21 にみられるように（100）逆格子点の両側に幅の広いピークが観測され，Fe の濃度とともに位置が変化する．ピーク強度の温度変化はキュリー温度と一致

1.9 物質の磁性

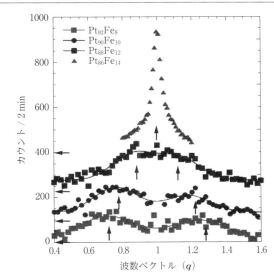

図1.9.21 $Pt_{100-x}Fe_x$ 巨大磁気モーメント系で観測される磁気散漫散乱

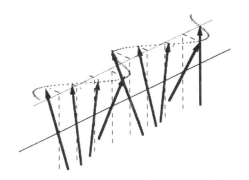

図1.9.22 Pd-Fe, Pt-Fe 巨大磁気モーメント系の磁気構造

するので，図1.9.22 に示すように強磁性成分に直交した横波成分があり，これが空間的に波をうっている構造である．とくに，Pt-Fe 系は Fe 濃度によるピーク位置の変化が激しく，フェルミ面が強く影響を受けている．Pd-Co, Pt-Co は強磁性のモーメントは [111] 方向で，変調成分は [100] 方向に伝搬する複雑な磁気構造になっている[67,68]．

(ⅷ) Au-Cr, Au-Mn, Au-Fe, Ag-Mn（不規則合金）
Cr, Mn, Fe はいずれも Au にかなりの濃度まで固溶する．10%程度までの合金はすべてスピングラスとしてふるまい，典型的なスピングラスとして基礎的な研究に用いられている[69,70]．Au-Fe と Au-Cr は溶質の濃度が 15%を超えるとそれぞれ強磁性および反強磁性の長距離秩序を示す[71]．Ag-Mn もスピングラスであるが，Cu-Mn と同様に Ag の特殊なフェルミ面の形状を反映した SDW のクラスターの凍結によるものである[72]．

文　献

1) J. Friedel, C. M. Sayers, *J. de Phys.*, **38**, 697 (1977).
2) 入門書として：志賀正幸，"磁性入門"（材料学シリーズ，堂山昌男，小川恵一，北田正弘 監修，内田老鶴圃 (2007)；安達健五，"化合物磁性（遍歴電子系）"（物性科学選書，鈴木 平，近角聰信，中嶋貞雄 編）裳華房 (1996)；白鳥紀一，近桂一郎，"磁性学入門"，裳華房 (2012)．
大学院・研究者向けとして：守谷 亨，"磁性物理学"（物理の考え方1），朝倉書店 (2006)．
第一原理計算に詳しい：佐久間昭正，"磁性の電子論"（日本磁気学会 編），共立出版 (2010) などがある．
3) E. Fawcett, *Rev. Mod. Phys.*, **60**, 209 (1988)，そのほか Cr に関する総説として，N. I. Kulikov, V. V. Tugushev *Sov. Phys. Usp.*, **27**, 954 (1984).
4) E. Fawcett, H. L. Alberts, V. Yu. Galkin, D. R. Noakes, J. V. Yakhmi, *Rev. Mod. Phys.*, **66**, 1 (1994).
5) A. Overhauser, *Phys. Rev.*, **128**, 1437 (1962).
6) W. M. Lomer, *Proc. Phys. Soc. London*, **80**, 489 (1962).
7) E. Fawcett, S. A. Werner, A. Goldman, G. Shirane, *Phys. Rev. Lett.*, **61**, 558 (1988).
8) S. M. Hayden, R. Doubble, G. Aeppli, T. G. Perring, E. Fawcett, *Phys. Rev. Lett.*, **84**, 999 (2000).
9) O. Stockert, S. M. Hayden, T. G. Perring, G. Aeppli, *Phys. B*, **281-282**, 701 (2000).
10) V. Vanhoof, M. Rots, S. Cottenier, *Phys. Rev. B*, **80**, 184420 (2009).
11) Y. Tsunoda, M. Mori, N. Kunitomi, Y. Teraoka, J. Kanamori, *Solid State Commun.*, **14**, 287 (1974).
12) M. Mori, Y. Tsunoda, *J. Phys. C*, **5**, L77 (1993).
13) J. P. Hill, G. Helgesen, Doon Gibbs, *Phys. Rev. B*, **51** 10336 (1996).
14) T. Yamada, *J. Phys. Soc. Jpn.*, **28**, 596 (1970).
15) D. Hobbs, J. Hafner, *J. Phys. : Condens. Matter*, **13**, L681 (2001).
16) Y. Nakai, *J. Phys. Soc. Jpn.*, **64**, 1748 (1995).
17) Y. Tsunoda, T. Ishikawa, H. Nakano, S. Matsuo, *J. Phys. Soc. Jpn.*, **67**, 1791 (1998).
18) 中井 裕，日本応用磁気学会誌，**28**，477 (2004).
19) T. Kohara, K. Asayama, *J. Phys. Soc. Jpn.*, **37**, 401 (1974).
20) Y. Nakai, *J. Phys. Soc. Jpn.*, **65**, 1787 (1996).
21) M. Shiga, H. Nakamura, M. Nishi, K. Kakurai, *J. Phys. Soc. Jpn.*, **63** 1656 (1994).
22) B. Canals, C. Lacroix, *Phys. Rev. B*, **61**, 11251 (2000).
23) P. Ehrhart, B. Sconfeld, H. H. Ettwig, W. Pepperhoff, *J. Magn. Magn. Mater.*, **22**, 79 (1980).
24) Y. Tsunoda, N. Kunitomi, *J. Phys. F : Met. Phys.*, **18**, 1405 (1988).
25) W. Keune, T. Ezawa, W. A. A. Macedo, U. Glos, K. P. Schletz, U. Kirschbaum, *Physica B*, **161**, 269 (1989).
26) T. Ezawa, W. A. A. Macedo, U. Glos, W. Keune, K. P. Schletz, U. Kirschbaum, *Physica B*, **161** 281 (1989).
27) Y. Tsunoda, *J. Phys. : Condens. Matter.*, **1**, 10427 (1989).
28) T. Naono, Y. Tsunoda, *J. Phys. : Condens. Matter.*, **16**, 7723 (2004).
29) Y. Tsunoda, N. Kunitomi, *J. Phys. F : Met. Phys.*, **18**, 1405 (1988).

30) Y. Tsunoda, N. Kunitomi, R. M. Nicklow, *J. Phys. F: Met. Phys.*, **17**, 2447 (1987).
31) Y. Tsunoda, S. Imada, N. Kunitomi, *J. Phys. F: Met. Phy.*, **18**, 1421 (1988).
32) Y. Tsunoda, *J. Phys.: Condens. Matter.*, **1**, 10427 (1989).
33) M. Shiga, M. Yamamoto, *J. Phys.: Condens. Matter*, **13**, 6359 (2001).
34) T. Sourmail, *Prog. Mater. Sci.*, **50**, 816 (2005).
35) S. K. Burke, B. D. Rainford, *J. Phys. F: Met. Phys.*, **13**, 451 (1983).
36) N. Kimura, Y. Kakehashi, *Found. Phys.*, **30**, 2079 (2000).
37) E. F. Wasserman, "Ferromagnetic Materials, Vol. 5" (K. H. J. Buschow, E. P. Wohlfarth, eds.), p. 237, North-Holland (1990).
38) K. Lagarec, D. G. Rancourt, S. K. Bose, B. Sanyal, R. A. Dunlap, *J. Magn. Magn. Mater.*, **236**, 107 (2001).
39) L. Nataf, F. Decremps, J. C. Chervin, O. Mathon, S. Pascarelli, J. Kamarad, F. Baudelet, A. Congeduti, J. P. Itie, *Phys. Rev. B*, **80**, 134404 (2009).
40) P. J. Brown, K-U. Neumann, K. R. A. Ziebeck, *J. Phys.: Condens. Matter*, **13**, 1563 (2001).
41) P. J. Brown, T. Kanomata, M. Matsumoto, K-U. Neumann, K. R. A. Ziebeck, *J. Magn. Magn. Mater.*, **242-245**, 781 (2002).
42) M. van Schlfgcaarde, I. A. Abrikosov, B. Johansson, *Nature (London)*, **400**, 46 (1999).
43) N. Cowlam, A. R. Wildes, *J. Phys.: Condens. Matter*, **15**, 521 (2003).
44) Y. Tsunoda, L. Hao, S. Shimomura, F. Ye, J. L. Robertson, J. F.-Baca, *Phys. Rev. B*, **78**, 094105 (2008).
45) J. W. Cable, Y. Tsunoda, *J. Magn. Magn. Mater.*, **140-144**, 93 (1995).
46) J. W. Cable, S. A. Werner, G. P. Felcher, N. Wakabayashi, *Phys. Rev. B*, **29**, 1268 (1984).
47) S. A. Werner, *Comments Cond. Matter Phys.*, **15**, 55 (1990).
48) Y. Tsunoda, N. Kunitomi, J. W. Cable, *J. Appl. Phys.*, **57**, 3753 (1985).
49) F. J. Lamelas, S. A. Werner, S. M. Shapiro, J. A. Mydosh, *Phys. Rev. B*, **51**, 621 (1995).
50) T. Ikeda, Y. Tsunoda, *J. Phys. Soc. Jpn.*, **72**, 2614 (2003).
51) H. Yasui, T. Kaneko, H. Yoshida, S. Abe, K. Kamigaki, N. Mori, *J. Phys. Soc. Jpn.*, **56**, 4532 (1987).
52) 梅津理恵, 深道和明, 佐久間昭正, まてりあ, **43**, 831 (2004).
53) L. Pal, E. Kren, G. Kadar, P. Szabo, T. Tarnoczi, *J. Appl. Phys.*, **39**, 538 (1968).
54) E. Kren, G. Kadar, L. Pal, J. Solvom, P. Szabo, T. Tarnoczi, *Phys. Rev.*, **171**, 574 (1968).
55) H. Hama, R. Motomura, T. Shinozaki, Y. Tsunoda, *J. Phys.: Condens. Matter*, **19**, (2007).
56) R. Y. Umetsu, K. Fukamichi, A. Sakuma, *J. Appl. Phys.*, **91**, 8873 (2002).
57) C. S. Severin, C. W. Chen, C. Stassis, *J. Appl. Phys.*, **50**, 4262 (1979).
58) G. E. Bacon, J. Crangle, *Proc. R. Soc. A*, **272**, 387 (1963).
59) R. Matsui, Y. Tsunoda, *J. Phys.: Condens. Matter*, **21**, 124209 (2008).
60) B. Brauer, *Z. Anorg. Allg. Chem*, **241**, 1 (1939).
61) E. Kren, G. Kaddar, L. Pal, *J. Appl. Phys.*, **41**, 941 (1970).
62) P. Onnerud, Y. Andersson, R. Tellgren, P. Nordblad, *J. Solid State Chem.*, **128**, 109 (1997).
63) 角田頼彦, 日本結晶学会誌, **42**, 413 (2000).
64) O. K. Andersen, *Phys. Rev. B*, **2**, 883 (1970).
65) A. Murakami, Y. Tsunoda, *Phys. Rev. B*, **61**, 5998 (2000).
66) Y. Tsunoda, N. Hiruma, J. L. Robertson, J. W. Cable, *Phys. Rev. B*, **56**, 11051 (1997).
67) Y. Tsunoda, R. Abe, *Phys. Rev. B*, **55** 11507 (1997).
68) R. Abe, Y. Tsunoda, M. Nishi, K. Kakurai, *J. Phys.: Condens. Matter*, **10**, L79 (1998).
69) P. Pureur, F. W.-Fabris, J. Schaf, I. A. Campbell, *Europhys. Lett.*, **67**, 123 (2004).
70) T. Taniguchi, T. Yamazaki, K. Yamanaka, Y. Tabata, S. Kawarazaki, *J. Magn. Magn. Mater.*, **310**, 1526 (2007).
71) Y. Nakai, M. Sakuma, N. Kunitomi, *J. Phys. Soc. Jpn.*, **56**, 301 (1987).
72) K. Ishibashi, Y. Tsunoda, N. Kunitomi, J. W. Cable, *Solid State Commun.*, **56**, 585 (1985).

1.9.2　希土類金属・合金

希土類元素とは，Sc，Y および原子番号57のLa から始まり原子番号71のLu までの17個の元素の総称である．狭義には La から始まる15個のいわゆるランタノイドを指すこともある．これらの元素は個々の分離作業が困難であったことからほかの元素に比べて発見は遅れ，またその存在量も少ないとみられたことから"rare"という名前がつけられたが，実際はたとえば Ce など地球上に豊富に存在することがわかり，現在はこの名前は適当でない[1]．その中では 4f 電子がそれらの物性を支配している．f電子は局在性が強いため，これらの金属・合金や金属間化合物では，その磁性は局在モデルによって理解されてきたが近年その範ちゅうに属さないものも多く，この物質群の物性の多様さを物語っている．また，合金はこれまで実に多くのものが研究されてきた．本項では，これらの電子物性を理解するうえで基礎的なことについて，磁気的な側面を中心に述べる．

a. 希土類金属の一般的性質

（i）結晶構造　希土類元素の電子構造は，一般に不活性元素のキセノン（Xe）電子殻[*4]に式 (1.9.1) で表される電子が加わっていくという特徴をもっている．

$$(4f)^{n_f}(5d)^1(6s)^2 \quad (n_f = 0 \sim 14) \quad (1.9.1)$$

ここで，n_f は f 電子の数である．$n_f = 0$ は La，$n_f = 1$ は Ce に対応する．

金属結晶状態では外側にある3個の $(5d)^1(6s)^2$ 電子が伝導電子となりバンドを形成し，結晶中を動き回り，結合に寄与することになる．f 電子は $(5s)^2(5p)^6$ の閉殻の内側にあるため，一般に結合には寄与しないとされていたが，最近は小さいが寄与はあると考えられるようになった[2,3]．

[*4] Xe の電子殻：$(1s)^2(2s)^2(2p)^6(3s)^2(3p)^6(3d)^{10}(4s)^2(4p)^6(4d)^{10}(5s)^2(5p)^6$.

表 1.9.1　希土類単体金属の結晶構造，格子定数と原子半径

原子番号	元素名	結晶構造	温度範囲/℃	格子定数/Å		原子半径/Å
21	Sc	hcp	室温	$a=3.3090$,	$c=5.2733$	1.51
39	Y	hcp	室温	$a=3.7464$,	$c=5.7306$	1.801
57	La	dhcp	室温	$a=3.770$,	$c=12.159$	1.877
58	Ce	fcc(α)	-196	$a=4.85$		1.825
		dhcp(β)	0	$a=3.68$,	$c=11.92$	
		fcc(γ)	室温	$a=5.1612$		
59	Pr	dhcp	室温	$a=3.6725$,	$c=11.835$	1.828
60	Nd	dhcp	室温	$a=3.656$,	$c=11.798$	1.821
61	Pm	dhcp	室温			1.83
62	Sm	rhomb	室温	$a=8.996$,	$\alpha=23°13'$	1.802
63	Eu	bcc	室温	$a=4.5820$		2.042
64	Gd	hcp	室温	$a=3.6360$,	$c=5.7826$	1.802
65	Tb	hcp	室温	$a=3.5900$,	$c=5.696$	1.782
66	Dy	hcp	室温	$a=3.5923$,	$c=5.6545$	1.773
67	Ho	hcp	室温	$a=3.5773$,	$c=5.6158$	1.766
68	Er	hcp	室温	$a=3.5588$,	$c=5.5874$	1.757
69	Tm	hcp	室温	$a=3.5375$,	$c=5.5546$	1.746
70	Yb	fcc	室温	$a=5.4862$		1.94
71	Lu	hcp	室温	$a=3.5031$,	$c=5.5509$	1.734

これらの元素を含む合金，金属間化合物においては4f 殻が不対電子をもつ不完全殻であるために磁気モーメントをもち，さらに4f 殻が金属状態でも原子の奥深く埋もれているために，局在的性格が強く，まわりの環境にあまり強く反応しないため，3d 遷移金属・合金とはまた異なった磁性をはじめとする多様な電子物性や力学物性が観測される[4]．

希土類単体金属の結晶構造は六方最密格子（hcp）でイオンは3価の場合が多いが面心立方構造（fcc）や体心立方構造（bcc）をもち，二価のイオン状態にあるものもある．さらに，六方最密構造にも通常の ABAB の2層構造から ABAC の4層構造（dhcp）や ABABCBCAC の複雑な9層構造をとるものもありバラエティに富んでいる．表 1.9.1 に，これら室温を中心として代表的なものをまとめて示す[1,5~7]．また，表 1.9.1 には原子半径も掲載した[6,8]．温度を変えると希土類金属は Ce のように構造相転移を示すものが多い．これは温度ばかりでなく，一般的に圧力や磁場などを変化させても多様な相が現れる．すなわち，希土類元素の物性はこのような制御変数（コントロールパラメーター）の変化に敏感に反応するため，固体物理学的側面ばかりでなく材料学的見地からも大変興味がもたれている[9]．

また，La から Lu に至る15元素の系列では，表 1.9.1 に示すように原子半径が La の 1.877 Å（1 Å = 10^{-10} m）から Lu の 1.734 Å まで原子番号とともにほぼ一様に減少するという結果が得られている．これを図 1.9.23 に示した[8]．Eu と Yb は直線的ふるまいから外れるが，これらの値は二価イオンに対応することによるものである．イオン半径もまったく同様なふるまいをする．この系列では電子数の増加は原子（イオン）半径に比例せず，d 電子系物質の原子番号に対する二次曲線的なふるまい（d 電子が約半

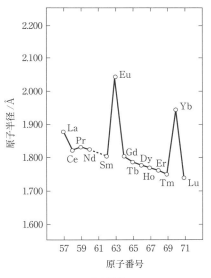

図 1.9.23　ランタノイドの原子半径
[T. メラー 著，柴田村治 訳"ランタニドの化学", p.23, 共立出版(1964)]

分占拠されたところで体積は最小値をとる）と対称的である[4]．このことは"ランタノイド収縮"とよばれており，この系列元素の特徴の一つである．この現象は f 軌道に入る電子が核電荷に引き寄せられる効果が大きいためであると解釈されている．ここにも d 電子系と f 電子系の違いが鮮明に出ている．

(ⅱ) 磁気的性質　球対称なポテンシャルの中の波動関数 ψ は，球面極座標を用いて $\psi = R(r)Y(\theta,\phi)$ のように動径部分と角度部分の積の形を仮定し，シュレディンガー方程式を解くことにより求められる．$Y(\theta,\varphi)$ は方位

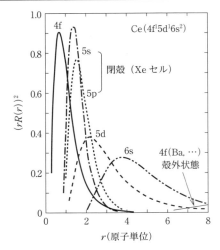

図 1.9.24 Ce の原子波動関数
[糟谷忠雄, 日本物理学会誌, **42**, 725 (1987)]

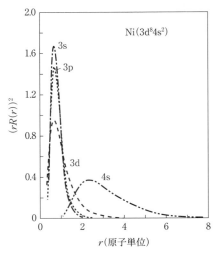

図 1.9.25 Ni の原子波動関数
[糟谷忠雄, 日本物理学会誌, **42**, 725 (1987)]

量子数 l と磁気量子数 m に依存し，通常 $Y_{lm}(\theta,\phi)$ などと表され，ルジャンドル陪関数で表現される[1]．一方，動径方向の波動関数 $R(r)$ は主量子数 n と方位量子数 l に依存し $R_{nl}(r)$ と表される．ここでは，f 電子（$l=3$）の $R_{nl}(r)$ の空間分布を d 電子（$l=2$）のそれと比較してみる．f 電子の波動関数の空間的広がりは，d 電子に比べて小さく強い局在性を示し，n_f が増加するとさらに強くなる[10]．

Ce の波動関数はこれまでいくつかの計算例がある[11,12]．図 1.9.24 に Ce の動径方向の波動関数の概略図を示した．図からわかるように，4f 波動関数は閉殻をつくる 5s, 5p 軌道の内側にあり，このことが化合物中などで f 電子が外界の影響をほとんど受けず，原子的性格を保持していることの理由となっている．これらの閉殻の外側に 6s, 5d 軌道があり結晶中ではバンド電子となり，自由電子として近似される．しかし，図からわかるように，f 電子の波動関数の裾の部分がかなり閉殻の外へ押し出されているため，その効果がエネルギー的な不安定性をもたらすことになる．これが後に述べる価数揺動などの原因となる．比較のため図 1.9.25 に Ni の波動関数を示す[12]．3s, 3p の閉殻を形成する波動関数のピークの位置に d 電子の波動関数のピークはあるが，その裾は閉殻のずっと外側まで伸びており，d 電子がバンド電子となっていることを示している．以上，f 電子の特徴の一端を述べてきた．上で述べたように，f 電子は基本的にはよく局在しているもののエネルギー的な不安定性からくる非局在性も兼ね備えているため，後で述べるように多くの特徴的な電子物性を醸し出すことになる．

希土類元素の磁気的性質やその他の物性は 4f 電子数 n_f によって決まっている．基本的考え方は，それが式 (1.9.1) で示されるような電子配置をもっており，上で述べたように 4f 電子が閉殻 $(5s)^2(5p)^6$ の内側にあり化合物をつくっても，伝導電子や隣接核の影響をあまり受けない三価のイオンとして取り扱っていいという事実にある．これは 3d 遷移金属の d 電子のように，外部の影響を受けやすく遍歴的な性格をもつ場合とまったく対称的である．ただし，Eu や Yb などは例外で 4f 殻に 1 個余計に電子が入り，＋二価イオンのようにふるまう．

（1）希土類元素の常磁性： 常磁性希土類イオンの帯磁率 χ は，絶対温度を T とすれば次のキュリーの法則で与えられる．

$$\chi = \frac{C}{T} \tag{1.9.2}$$

ここで，C はキュリー定数とよばれ，以下の式で表される．

$$C = \frac{Np^2\mu_B^2}{3k_B} \tag{1.9.3}$$

ただし，N は単位体積中の原子数，k_B はボルツマン定数，μ_B はボーア磁子である．p は有効ボーア磁子数とよばれるもので J を全角運動量量子数として以下の式で定義される．

$$p = g[J(J+1)]^{1/2} \tag{1.9.4}$$

g はスピン角運動量量子数を S，軌道角運動量量子数を L として，次のランデの式で求められる[13]．

$$g = 1 + \frac{[J(J+1)+S(S+1)-L(L+1)]}{2J(J+1)} \tag{1.9.5}$$

イオンの電子配置はフントの規則（1.2 節参照）によって決定される．この規則に従って m と l によって各三価イオンのスピン配置，S，L および J の値が求められ，その結果と式 (1.9.3)～(1.9.5) の関係式を使って計算された有効ボーア磁子の値 p を希土類元素についてまとめたものが表 1.9.2 である[13]．表 1.9.2 の最後の列は p の実験値を示したものである．観測された値はだいたい理論値とよく一致しているが，Sm や Eu は異なっている．これら

表 1.9.2 三価ランタノイドイオンの有効ボーア磁子

イオン	f電子数 (n_f)	基準状態	有効ボーア磁子	
			p(計算) = $g[J(J+1)]^{1/2}$	p(実験) 近似値
Ce^{3+}	1	$^2F_{5/2}$	2.54	2.4
Pr^{3+}	2	$^3H_4$	3.58	3.5
Nd^{3+}	3	$^4I_{9/2}$	3.62	3.5
Pm^{3+}	4	$^5I_4$	2.68	—
Sm^{3+}	5	$^6H_{5/2}$	0.84	1.5
Eu^{3+}	6	$^7F_0$	0	3.4
Gd^{3+}	7	$^8S_{7/2}$	7.94	8.0
Tb^{3+}	8	$^7F_6$	9.72	9.5
Dy^{3+}	9	$^6H_{15/2}$	10.63	10.6
Ho^{3+}	10	$^5I_8$	10.60	10.4
Er^{3+}	11	$^4I_{15/2}$	9.59	9.5
Tm^{3+}	12	$^3H_6$	7.57	7.3
Yb^{3+}	13	$^2F_{7/2}$	4.54	4.5

[C. Kittel 著, 宇野良清, 津屋 昇, 森田 章, 山下次郎 共訳, "第8版 固体物理学入門 下", p. 327, 丸善出版 (2005)]

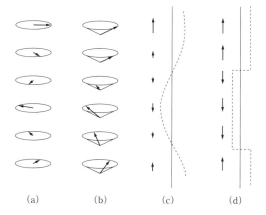

図 1.9.26 重希土類金属のらせん型スピン構造
(a) らせん (b) コーン (c) サイン波 (d) 方形波
[志賀正幸, "磁性入門", p. 114, 内田老鶴圃 (2007)]

のイオンでは基底状態の近い場所に励起状態があり, 室温付近では電子の存在確率はほかのイオンと違って0ではなくなり, この寄与が無視できなくなるためである. この寄与を取り入れた計算では, それぞれ Eu が 3.40, Sm が 1.53 となっておりだいたい実験値を再現している[13〜15]. この点は遍歴的な性格をもち, 軌道角運動量が消失している 3d 遷移金属とは際だった違いである. 後述するように温度や圧力, 磁場などによって希土類金属や金属間化合物の物性は多様な変化をみせる. このような変化は以下で述べる電気抵抗や熱物性などにも顕著に現れる.

(2) **秩序磁性**: 希土類金属や化合物の磁性を論じるときに最も重要なものの一つに RKKY (Ruderman-Kittel-Kasuya-Yosida) 相互作用がある. これは局在スピンと伝導電子である s 電子との間に s-d (または s-f) 相互作用が働き, 分極を受けた s 電子がさらにもう1個のスピンと相互作用することにより, 二つのスピン間に間接的な相互作用が及ぶことになる. 二つの局在スピンをそれぞれ S_1, S_2 とすれば, この相互作用は次式で書ける.

$$-J_{RKKY} S_1 \cdot S_2 \quad (1.9.6)$$

ここで, J_{RKKY} は A を定数として, 次式で表される.

$$J_{RKKY} = A J_{ex}^2 G(2k_F r) \quad (1.9.7)$$

$$G(x) = \frac{(-x\cos x + \sin x)}{x^4} \quad (1.9.8)$$

ここで, J_{ex} は s-d (または s-f) 交換相互作用の大きさ, k_F はフェルミ波数である. これらの式からわかるように J_{RKKY} は距離 r の大きさによって振動し, その振幅は r^{-3} で減少していくような長距離相互作用である. すなわち, 式 (1.9.7) は距離の関数として正にもなったり負にもなったりする振動的な相互作用のため, 強磁性的または反強磁性的あるいはその中間的なスピン配列も出現することになる. さらに, 結晶場による異方性エネルギーの働きも大きい[14]. このような二つの効果が磁気的性質に複合的に作用

するため, 希土類金属のスピン構造は多様性に富んでおり, 図 1.9.26 に示すようならせん構造や円錐 (コーン) 構造などを引き起こしている[14,15]. Gd 以降の重希土類金属は温度変化により多彩なスピン構造を示し, その変調周期は温度とともに変わることが報告[16,17]されている. さらに, Gd 以前の軽希土類金属の磁気転移温度は重希土類金属に比べて低く, スピン構造も複雑である. これまで報告されているスピン構造を表 1.9.3 にまとめた. 表中, 金属 Ce の反強磁性転移温度に関しては, 低温で安定化される dhcp の β 相に対するものである. αCe は常磁性である. RKKY 相互作用は, 希土類元素を含む金属間化合物の磁気秩序に関しては重要な役割を演じる. この相互作用

表 1.9.3 希土類金属のスピン構造と転移温度

原子番号	元素名	磁性	転移温度/K
58	Ce	AFM	12.5
59	Pr	[AFM]	[25]
60	Nd	複雑な AFM	7.5, 19
61	Pm	—	—
62	Sm	複雑な AFM	14.8, 105
63	Eu	らせん	90
64	Gd	FM	293
65	Tb	らせん FM	230.2 220
66	Dy	らせん FM	176 88.3
67	Ho	らせん コーン	130 19
68	Er	サイン波 コーン	85 19.5
69	Tm	サイン波 方形波	57.2 32

FM は強磁性, AFM は反強磁性を表す. [ ] ははっきりしないことを意味する.

と対極にあるのが後述する近藤効果である．前者が磁気秩序を促すのに対して後者は磁性を消滅させる役割をするため，希土類金属間化合物ではこの二つの効果が競合し，そのことによって多くの興味ある現象が出てくる．これについては，以下に続く項で論じることにしたい．

（iii）電気的性質 希土類金属の電気抵抗は，その温度変化に前項で示したような結晶学的，また磁気秩序の影響を受けるが，室温ではすべての金属は常磁性となっている．$T=295$ K での電気抵抗率 ρ（$\mu\Omega$ cm）の値は文献によって多少違うが[18]，f 電子の数 n_f に対して近似的に上に凸の二次曲線となっている．たとえば，$n_f=1$ の Ce で 80，$n_f=7$ の Gd で最高値，140 をとり，さらに n_f が増加すれば再び下がり $n_f=14$ の Lu で 50 程度となる．ここでも Eu と Yb はこの曲線から外れている．この上に凸のふるまいは d 電子系金属の場合とまったく対称的である．この場合，ρ を d 電子数に対してプロットすると下に凸の曲線となる．すなわち，d 電子数が小さい方が ρ は大きく，真ん中付近（3d 系ならば Co や Ni あたり，また 4d ならば Rh 近辺，ただし Mn は例外である）でブロードな最小値をとる．d 電子系とのこのような際だった違いは多くの物理量でみられる．いずれも結合様式や電子構造などを複合的に反映しているものと思われる．

次に ρ の温度変化について述べる．電気抵抗の温度変化は，通常金属では格子振動の寄与が支配的であるが遷移金属や希土類金属の場合，磁気秩序や構造相転移の影響を大きく受ける．たとえば，金属 Cr は反強磁性秩序によって hump 型の異常を示すことはよく知られている[19]．似たようなふるまいは Dy や Ho などでも観察されている[18]．磁性体の電気抵抗率は，一般に以下の式で近似される．

$$\rho(T)=\rho_0+\rho_{ph}(T)+\rho_{mag}(T) \quad (1.9.9)$$

ここで，ρ_0 は残留抵抗，ρ_{ph} は格子振動による抵抗，ρ_{mag} は磁気的な寄与である．図 1.9.27 に強磁性体に対してこの模式図を示した．$\rho_{mag}(T)$ は物質の磁気的性質を起源とした伝導電子の散乱を含んでおり，物質固有の温度依存を示す．磁気秩序を示す温度 T_0 近傍で図に示すように大きな変化が観測される．この項は $T>T_0$ で一定となり，その値をスピン不規則抵抗といい，$\rho_{spd}=\rho_{mag}$ $(T>T_0)$ と表す．この値はいわゆるドジェンヌ因子を用いて近似的に次式のように表される[19]．

$$\rho_{spd}=B(g-1)^2 J(J+1) \quad (1.9.10)$$

ここで，B は定数である．

希土類金属のうち磁気秩序を示す金属の電気抵抗率の温度変化の例を図 1.9.28 に示す[18]．Sm は 14.8 K と 105 K で磁気秩序がある．いずれも図 1.9.28 の矢印で示すように電気抵抗はその温度で異常を示す．また，Eu は 90 K で鋭いカスプ状のピークを示す．これは前項で述べたらせん磁性が消失する温度である．

いずれも磁気秩序を示す点で抵抗には異常が観測された．式（1.9.10）を用いて重希土類金属の ρ_{spd} の実験値との比較は McEwen らによってなされた[20]．その結果を図

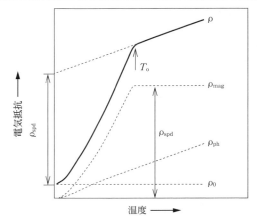

図 1.9.27 磁性体の電気抵抗の模式図
T_0 は磁気秩序温度を表す．ρ_{ph} は格子振動の寄与，ρ_0 は残留抵抗，ρ_{mag} は抵抗への磁気的な寄与を表す．ρ_{spd} はスピン不規則抵抗を示す．
[J. M. Fournier, et al., "HPCRE" Vol. 17, p. 422, Elsevier (1993)]

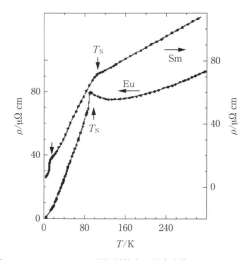

図 1.9.28 Sm と Eu の電気抵抗率の温度変化
[G. T. Meaden, "Electrical Resistance of Metals", p. 17, Plenum Press (1965)]

1.9.29 に示す．どの磁気秩序を示す物質もその常磁性状態（$T>T_0$）のスピン配列による抵抗値はドジェンヌ因子でよく整理されることがわかる．また，磁気秩序をもつ希土類金属の電気抵抗の温度変化は理論的に計算されている．反強磁性秩序はネール温度 T_N 以下で伝導バンドにエネルギーギャップが形成されるので $\rho(T)$ にもそれに対応する温度で異常が現れる．Dy 単結晶に対して $\rho(T)$ の実験値とその計算結果の例を図 1.9.30 に示す[20]．2 つの磁気転移点における $\rho(T)$ の異常に対する実験値をよく再現していることがわかる．

（iv）熱物性 金属の熱物性は熱膨張と比熱などに代

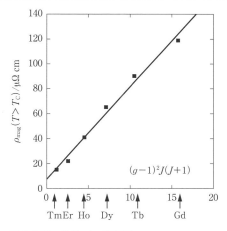

図 1.9.29 ドジャンヌ因子と ρ_{spd}
[J. M. Fournier, et al., "HPCRE", Vol. 17, p. 438, Elsevier (1993)]

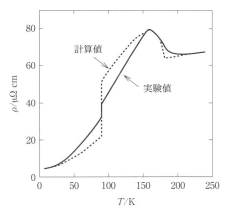

図 1.9.30 Dy 単結晶 (c 軸方向) の電気抵抗率と理論計算
[J. M. Fournier, et al., "HPCRE", Vol. 17, p. 439, Elsevier (1993)]

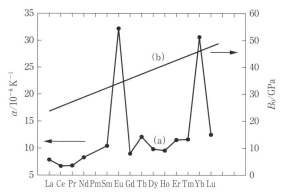

図 1.9.31 希土類金属の線熱膨張係数 α (a) と体積弾性率 B_0 (b)
[F. H. Spedding, et al., J. Less-Common Met., 3, 110 (1961); U. Benedict, et al., "HPCRE", vol. 17, p. 254, Elsevier (1993) をもとに作成]

表される．これらの物理量もこれまでの項で述べたように，希土類金属の結晶構造や磁気構造の相転移が温度変化に顕著に反映する．しかし，熱膨張係数と比熱は，いずれもエントロピーの体積 (圧力) と温度に対する変化として定義されるもので，お互いに密接な関係がある．物質の線熱膨張係数 α は長さの変化 $\Delta l/l$ の温度に対する微分であり，以下のように定義される．

$$\alpha = \frac{1}{l}\frac{dl}{dT} = \frac{d}{dT}\frac{\Delta l}{l} \qquad (1.9.11)$$

一方，体膨張係数 α_V はまったく同様にして式 (1.9.12) となる．

$$\alpha_V = \frac{1}{V}\frac{dV}{dT} \qquad (1.9.12)$$

この間には通常，立方晶系においては $\alpha_V = 3\alpha$ という関係がある．図 1.9.31 に希土類単体金属の 400℃における α の値を示した[21]．Eu と Yb を除いて α の値はだいたい n_f に比例して大きくなる．図中には α と密接な関係がある体積弾性率 B_0 のおおまかな n_f 依存も示した[22]．B_0 は n_f に対してほぼ直線的に増加する．ただし，Ce，Eu，Yb は除いている．これらの B_0 はいずれも図の直線の下方にずれる．B_0 は近似的に $(1/V)$ に比例するので[23]，V は n_f が増えると小さくなる (ランタノイド収縮) ことを考えれば B_0 は n_f とともに増加することとなる．3d，4d，5d 金属とも α は d 電子数に対して真ん中がへこんだ下に凸の放物線的な依存を示す[24,25]．このような占拠電子数に対する依存性の違いは，これまで述べたように f 電子系と d 電子系では大きな違いがある．

(v) 極限状態での希土類金属のふるまい　希土類金属・合金や金属間化合物の電子物性は，コントロールパラメーターに強く依存する．これまでこの方面からのアプローチは多く，多彩な電子物性が発見されてきたが[26]，この項では単体金属の代表的な例として金属 Ce の高圧・低温下の電子物性について述べる．

(1) Ce の圧力-温度相図: 金属 Ce は室温で 0.7 GPa で fcc 構造をもつ γCe からやはり同じ fcc 構造をもつ αCe に約 15% の体積の減少を伴って 1 次相転移をする．図 1.9.32 に金属 Ce の圧力-温度相図を示す[27]．室温 (300 K 近傍) では dhcp 相の βCe が安定のようにみえるが実際は γ 相が主である．β 相は 12.5 K で反強磁性秩序を示し，スピン構造や低温での相図も報告されている[28,29]．通常純粋な αCe を得るには高圧下での冷却が必要とされている[30,31]．また α' 相は 1.7 K で超伝導となることが Wittig らによって明らかとされた[32]．すなわち，αCe は磁気モーメントをもつ γ 相と超伝導になる α' 相との間に存在し，混合原子価でありなおかつ磁気モーメント発生の鍵を握る物質として注目されている[33]．また，電子比熱係数の値 (12.8 mJ mol^{-1} K^{-2}) も大きく，電気抵抗は T^2 依存を示しその係数も大きい[31,34,35]．さらに，1 GPa 以上で 170% 近い巨大磁気抵抗効果を示すことも最近明らかにされている[29]．γ-α 相転移についてはこれまで多くの理論が提出さ

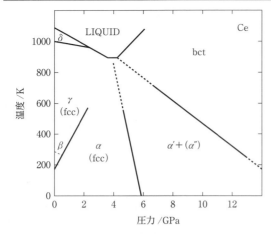

図 1.9.32 金属 Ce の圧力温度相図
[箕村 茂 編 "超高圧", p. 657, 共立出版 (1988); 金子武次郎 編, "高圧現象", p. 61, アグネ技術センター (1996) をもとに作成]

れているが, 決定的なものはないようである[3,36,37]. α' 相に隣接して α'' 相の存在も示唆されている. 結晶学的にも α' と α'' 相は不明な点が多い[38]. 室温で 12 GPa 以上に別の相があるが, 遠藤らにより体心正方構造 (bct) と決定されている. この相はかなり高圧まで安定である[39]. このようなことから αCe は, 特性温度の高い高濃度近藤系物質 (b. 項 (i) 参照) の一つと考えることもできる[40]. 希土類金属は圧力下で多彩な相転移を示し, その起源を探ることは固体内の電子間相互作用の解明につながるものと考えられる. そのような多彩な圧力-温度相図の現段階でのまとめは Benedict らによって提出されている[41,42]. これらは圧力領域が広がればさらに多彩になると考えられる.

b. 希土類金属間化合物の一般的性質

希土類金属は材料として豊かな応用例があるが, これまで述べてきたように基礎的な側面からも多くの未解決な問題が多い. 1970 年代の後半頃からこれまで 3d 遷移金属を含む希薄合金で観測されてきた近藤効果が希土類合金で観測されるようになり, さらにその中には伝導電子の有効質量が通常金属の数百から千倍にも強調されるいわゆる重い電子系物質 (後述) が発見された. そしてこのような系では期待できないとされていた超伝導が発見されるに及び, この物質系の研究は物性物理学的側面から一躍脚光を浴びることとなった.

(i) 高濃度近藤効果 金属の電気抵抗は, 図 1.9.27 で表されるように通常温度降下とともに格子振動が抑えられて減少し, $T=0$ K 近傍ではある一定値, いわゆる残留抵抗値になる. ところが 1930 年頃から磁性不純物をわずかに含む非磁性希薄合金において 10 K 近傍の低温で電気抵抗の温度変化に極小が観測されることがわかった. 1964 年近藤は, これらの抵抗極小は 1 個の不純物サイトで起こっていると考えた[43]. すなわち, 磁性不純物のもつ局在モーメントと伝導電子の間に s-d 交換相互作用が働き, 伝導電子はこの作用により散乱されると考え, 摂動計算により電気抵抗の温度変化に $-\log T$ に比例する項を見出し, 抵抗極小の現象を見事に説明した. 比熱や帯磁率などにも同様な温度変化が現れ, 現在ではそれを総称して近藤効果とよんでいる. しかし, $\log T$ 依存は低温で発散するため実際はこうはならない. 実験と一致させるにはより高次の摂動計算が必要であった. 低温では $\log T$ 依存から外れて 0 K 近傍では有限の抵抗になる. このことは局在スピンが伝導電子のスピン分極によって遮へいされ, 一重項束縛状態をつくっていると説明されている[44]. つまり近藤効果は, 局所的な多体効果で引き起こされていることになる. この一重項の束縛エネルギーは, 近藤温度とよばれ通常 T_K で表される. T_K はフェルミ面の状態密度 $N(\varepsilon_F)$, s-d(f) 交換相互作用の大きさ J_{ex}, バンド幅 W を使って, 以下のように表される.

$$K_B T_K = W \exp\left(-\frac{1}{J_{ex} N(\varepsilon_F)}\right) \quad (1.9.13)$$

d 電子系希薄合金では前の項で述べたように, d 電子の波動関数はかなり閉殻の外にあり, 単一不純物として取り扱うためには磁性不純物間の距離は大きくしなければならず, 不純物濃度は ppm のオーダーになることもある. 磁性不純物の濃度が増えると局在モーメント間の距離が近づくことになるので RKKY 相互作用により, 近藤効果はみられなくなりスピングラスや磁気秩序が生じる.

ところが f 電子を含む希土類合金や金属間化合物ではこの構図が破れてくる. たとえば, $Ce_{1-x}La_xCu_6$ ($x=0$ で磁性不純物としての Ce は約 14%) においては, 図 1.9.33 に示すように電気抵抗率の温度変化が観測された[45]. 非磁性の $LaCu_6$ に Ce を入れると x が小さいところで希薄合金と同じように抵抗に $\log T$ に比例する項が出てくる. ところがそれは高濃度の極限である $x=1$ まで存在する. この化合物では図 1.9.24 で示したように f 電子の局在性が強く, かなりの高濃度の磁性不純物でも局在モーメントは独立に存在できるため, 局所多体効果は存続し, 近藤効果が観測される. このような化合物の近藤効果は, 3d 遷移金

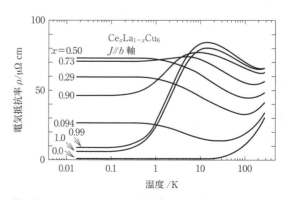

図 1.9.33 $Ce_{1-x}La_xCu_6$ の電気抵抗率の温度依存
[A. Sumiyama, T. Komatsubara, *et al., J. Phys. Soc. Jpn.*, **55**, 1294 (1986)]

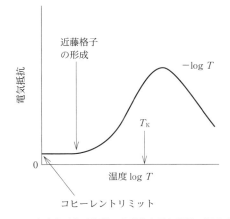

図1.9.34 高濃度近藤系物質の典型的な電気抵抗の温度変化の模式図
[安達健五, "化合物磁性―遍歴電子系", p. 395, 裳華房 (1996)]

属希薄合金の近藤効果と区別して"高濃度近藤効果"とよばれている.

希薄系近藤合金と高濃度近藤系物質において最も顕著に違いが出るのは低温である. 電気抵抗が近藤効果によって $\log T$ に比例して増大し, より低温で一重項束縛状態を形成するとき, 希薄系の場合は T_K 付近で $\log T$ から外れて一定値に落ち着くが, 高濃度系ではそのような電子状態が各格子点で実現していると考えなければならない. このような系を近藤格子とよぶ. そこでは電子雲は互いに干渉しあい伝導電子と 4f 電子は一緒に結晶中を動き回ることになる. つまり, 伝導電子は 4f 電子を引きずって動いているため有効質量がたいへん大きい状態になっている. このような理由のため散乱はコヒーレントとなり, 電気抵抗は低温で減少し始め, 磁気散乱のない通常のフェルミ液体となり電気抵抗に T^2 に比例する項が出てくることになる. このことを模式的に表したのが図1.9.34である[46]. このような例はほかの多くの希土類化合物において観測されている[47〜49].

(ii) 重い電子系化合物 フェルミ液体の特徴は以下のように要約される. フェルミ温度よりも十分低温, すなわちほとんどの物理量が電子のみの寄与で表されるとき, 比熱 C, 磁化率 χ および電気抵抗率 ρ は以下の式で表される.

$$C = \gamma T \tag{1.9.14}$$
$$\chi = \mu_B^2 N(\varepsilon_F) = 1 \text{定} \tag{1.9.15}$$
$$\rho = \rho_0 + AT^2 \tag{1.9.16}$$

ここで, 電子比熱係数 γ は電子の有効質量 m^* に比例し, 式(1.9.16)の A はフェルミレベルでの状態密度 $N(\varepsilon_F)$ の2乗または T_K の逆2乗に比例する. 通常金属の γ は 1 mJ mol^{-1} K^{-2} 程度で式(1.9.15)の χ は 10^{-5} emu mol^{-1} ぐらいである. また, 式(1.9.16)の A の値は 10^{-5} μΩ cm K^{-2} 程度である.

(i) で述べた高濃度近藤効果を示す物質の中には, 電

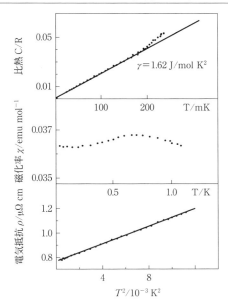

図1.9.35 CeAl$_3$ の比熱, 帯磁率および電気抵抗
[K. Andres, H. R. Ott, et al., *Phys. Rev. Lett.*, **35**, 1979 (1975)]

子比熱係数が通常金属の百倍から千倍も大きい物質がその後発見された. 1975年 Andres らは図1.9.35に示すように CeAl$_3$ に対して γ が 1620 mJ mol^{-1} K^{-2} にもなることを発見した[50]. また, 電気抵抗も低温で T^2 依存を示し, その係数も 35 μΩ cm K^{-2} と通常金属に比べて非常に大きい. χ も大きな値が観測された. その後, このような大きな γ, χ や A の値をもつ高濃度近藤系物質は Ce や U 系を中心として数多く発見された. このような物質群は, 有効質量 m^* が大きいという意味で"重い電子系物質"とよばれるようになった. 表1.9.4にUを含むこのような性質をもつ物質群をあげている. 超伝導については後の章で述べることにする[46,51,52].

図1.9.36に高濃度近藤系物質と重い電子系物質に対して近藤温度 T_K の値を対数目盛で表している[53]. 重い電子系の T_K は一般的に低温での f 電子の強い局在性を反映して数 K のオーダーであるが, それが弱まると f 電子もバンド的なふるまいをするにつれて T_K も高くなっていく.

表1.9.4 重い電子系物質と通常金属との γ, χ, A の値 (比較のため U 化合物もあげた)

分類	物質	γ	χ	A
		mJ mol^{-1} K^{-2}	memu mol^{-1}	μΩ cm K^{-2}
常磁性	CeCu$_6$	1500	8.5〜76	42〜143
	CeAl$_3$	1600	36	35
超伝導	CeCu$_2$Si$_2$	1000	12〜16	11
	UBe$_{13}$	1100	15	—
	UPt$_3$	450	4.2〜8.3	2.0
通常金属	Pd	9.4	0.8	10^{-5}
	Ag	0.6	0.03	10^{-7}

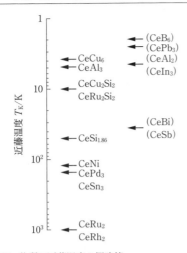

図1.9.36 物質の近藤温度の概略値
( )は磁気秩序を示すもの．
[大貫惇睦, 小松原武美, 日本物理学会誌, **42**, 732 (1987)]

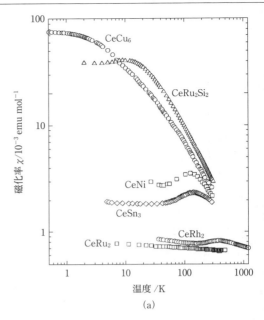

T_K が 100 K を越える大きな値をとる化合物は，高温側で近藤効果が起こることになるが低温ではフェルミ液体となり，式 (1.9.14)～(1.9.16) で表される状態が実現されるようになる．このような化合物は一般に"価数揺動物質"とよばれ特異な電子状態をもつ．これについては次項で述べる．

T_K の決定は Rajan による式を用いて電子比熱係数から決めるのが一般的であるが，電気抵抗や磁化率から決める方法もある．図 1.9.36 は，これらの種々の結果を総合して示したものである．

(iii) 価数揺動（混合原子価）現象 図 1.9.36 に示したように，高濃度近藤効果はその特性温度 T_K でだいたい整理できる．T_K は式 (1.9.13) でみたように J_{ex} の関数である．J_{ex} は混成の大きさ V_{cf} とフェルミレベルから 4f レベルまでのエネルギー差を ΔE として，$J_{ex} = V_{cf}^2/\Delta E$ と書くことができる．混成が大きくなり ΔE が小さくなると T_K の値は大きくなる．つまり価数揺動状態の物質では f 電子は強い混成のため，高い遍歴性を有する d バンド的な様相を呈するようになる．これに対する波動関数も整数の価数をもつ二つの状態，$|f^n>$ と $|f^{n-1}>$ を使って，$|\Psi> = a_n|f^n> + a_{n-1}|f^{n-1}>$ などと書ける．価数揺動物質の特徴の一つは式 (1.9.14)～(1.9.16) の性質が高い T_K を反映してかなり高温から現れることである．図 1.9.37 に高濃度近藤化合物の電気抵抗と磁化率の温度変化を示した[54]．特性温度 T_K の大きさによってそれぞれ特徴的なふるまいをする．図 1.9.37(b) で T_K の概略値はいちばん下の重い電子系物質 CeCu$_6$ が 4 K，真ん中の価数揺動物質 CeNi が 150 K，一番上の CeRh$_2$ が 500 K と見積もられている．

CeSn$_3$，CeNi，CeRu$_2$Si$_2$ および CeCu$_6$ は高温側で磁化率は式 (1.9.2) に示されるように温度を下げると増大し，

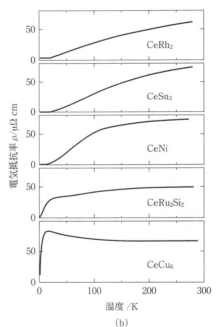

図1.9.37 高濃度近藤系物質の帯磁率と電気抵抗の温度変化
(a) 帯磁率 (b) 電気抵抗
[上田和夫ら，"重い電子系の物理", pp. 194-195, 裳華房 (1998)]

Ce は三価の状態にある．さらに温度を下げるとピークを示し減少し始める．これは一重項束縛状態の形成により，各サイトにある Ce 原子のモーメントは消失し，式 (1.9.15) で示すような大きなパウリ常磁性が生じ，磁化率は一定になると考えられる．磁化率のピークの温度が大略 T_K と考えてよい．また，T_K 以下の温度領域では，フェ

ルミ液体の特徴である電気抵抗率の T^2 依存もみられる．

混合原子価は格子定数などに顕著に現れることもよく知られている．格子定数は表1.9.1や図1.9.23からもわかるように，二価→三価→四価の順に小さくなる．また，αCe に関しては高圧下のX線回折実験から求められた格子定数の圧力下の値から混合原子価状態にあるという結果を得ている[55,56]．このほか価数の決定は，X線吸収スペクトル，コンプトン散乱や陽電子消滅などの多彩な手段がある[57]．これらの一連の結果をみると αCe の価数は 3.2～3.5 と推測される．

価数揺動物質においては，このほか熱膨張係数の温度変化などにおいても異常なふるまいをする．図1.9.38に価数揺動物質 CeNi 単結晶（$T_K \simeq 150$ K）の各軸に対する線熱膨張係数，α_i ($i=a,b,c$) を示した[58,59]．α の温度変化は結晶軸によって大きく異なる．とくに b 軸は 170 K 以下で負となる．ほかの軸は 100 K 近傍でピークをもつ．また，大きな特徴の一つは α そのものの大きさであろう．a 軸はピーク値で 200×10^{-6} K^{-1} と異常に大きな値を示す．この大きさは通常金属の 10 倍以上である[25]．

これまで価数揺動物質は Ce を含む物質ばかりでなく Yb，Sm などを含む金属間化合物において見出されてきた[12]．図1.9.39にそれらの例をあげた．Newns は価数揺動物質に対して相互作用のないフェルミ液体を仮定して，$\chi/\gamma = \mu_{\rm eff}^2/(\pi^2 k_B^2)$ となることを導いた（$\mu_{\rm eff}$ は有効磁気モーメント，$\mu_{\rm eff} = p\mu_B$）[60]．図1.9.39の直線はこの式を基に引かれたもので，傾きは Sm→Ce→Yb の順に大きくなる．この式がおおよそ成り立っていることを示している．混合原子価化合物は通常，金属状態であると期待されるがその後，CeNiSn，CeRhSb，Ce$_3$Bi$_4$Pt$_3$，SmS などといった絶縁体，すなわちギャップをもつ多くの価数揺動状態物質が発見されている[61,62]．表1.9.5に高濃度近藤系物質の $T=0$ K と 300 K における価数を示した[62]．

式 (1.9.14) と式 (1.9.16) から電子比熱係数 γ と多体効果による電気抵抗の T^2 の係数 A の間には A/γ^2 が一定となることが導かれる．門脇と Woods はこのことに着目

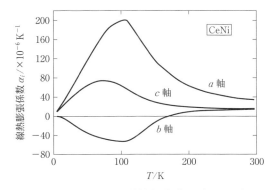

図1.9.38 CeNi 単結晶の線熱膨張係数 α_i ($i=a,b,c$)
[Y. Uwatoko, G. Oomi, J. Sakurai, *Phys. B*, **186-188**, 560 (1993)]

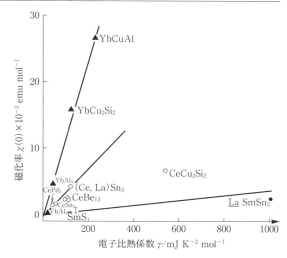

図1.9.39 価数揺動物質の $T=0$ K における磁化率 $\chi(0)$ と電子比熱係数の関係
[D. M. Newns, N. Read, *Adv. Phys.*, **36**, 804 (1987)]

表1.9.5 価数揺動の物質の $T=0$ K および 300 K における価数 z

化合物	$z(0)$	$z(300)$	化合物	$z(0)$	$z(300)$
αCe		3.67	CeIn$_3$	3	3
γCe		3.06	CeN	3.6	3.6
CeAl$_2$	3	3	CePd$_3$	3.5	3.4
CeAl$_3$	3	3	CeRu$_2$		3.6
CeBe$_{13}$	3.25	3.2	CeSn$_3$	3.3	3.15
CeCu$_2$Si$_2$		3			

[J. M. Lawrence *et al.*, *Rep. Prog. Phys.*, **44**, 28 (1981)]

して d 電子系物質を含む広範な強相関系物質に対して A を γ^2 の関数としてプロットし，図1.9.40に示すような結果を得た[63]．この図からもわかるように，多少のばらつきはあるものの A/γ^2 はほぼ二つの直線上にのることがわかる．この図は現在強相関系物質の電子状態の評価に使われている．このプロットは"Kadowaki-Woods プロット"とよばれている．いずれにせよ価数揺動状態はその電子状態が局在-非局在の境界に存在するため圧力などのコントロールパラメーターの変化に対しても大きな影響を受けることが報告されている[59]．

（iv）量子臨界点 これまで述べてきたように希土類金属の f 電子は強く局在しているがその不安定性から非局在性も同時にもっており，興味ある電子物性はそこから出てくる．本項ではこの点に着目して多彩な電子物性を総括する．希土類元素を含む化合物や合金では，磁気秩序を誘発する RKKY 相互作用と磁気モーメントを遮へいしてしまう近藤効果はつねに競合している．このことを基にして Doniach はこれらの物質系に対して磁気的な相図を作成した[64]．これは現在"ドニアックの相図"とよばれている．その基本は式 (1.9.13) で定義された近藤温度 T_K と以下

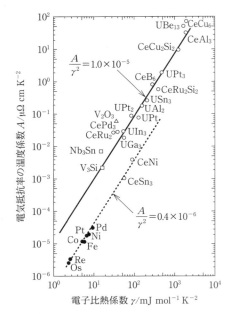

図 1.9.40 強相関電子系物質に対する Kadowaki-Woods プロット
[K. Kadowaki, S. B. Woods, *Solid State Commun.*, **58**, 508 (1986); K. Miyake, C. M. Varma, *et al.*, *Solid State Commun.*, **71**, 1149 (1989)]

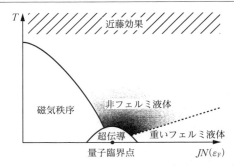

図 1.9.41 量子臨界点近傍の重い電子系の状態の模式図
[上田和夫, 日本物理学会誌, **65**, 319 (2010)]

の RKKY 相互作用に起因する特性温度 T_{RKKY} である.

$$K_B T_{RKKY} \approx J_{ex}^2 N(\varepsilon_F) \tag{1.9.17}$$

これらの二つの特性温度は, $J_{ex}N(\varepsilon_F)$ に対する関数形の違いから, それが小さいところでは T_{RKKY} がまさり, 磁気秩序が安定化するが大きくなると T_K がまさり, 非磁性の近藤状態が安定化する. J_{ex} は先に述べたように圧力をかけると増加するので, コントロールパラメーターとして圧力を用いてドニアックの相図に従って電子物性を制御できることになる. このような背景で書かれた模式的な相図を図 1.9.41 に示す[65]. この図で磁気秩序が消える領域(秩序温度が絶対零度となる点)は, これら二つのエネルギーが拮抗し, 多彩な電子物性が出現する領域である. この点(図中の●の近傍)を量子臨界点(QCP: quantum critical point)とよび, 揺らぎの効果が顕著な領域である. その影響は有限温度から現れ種々の物理量が特異なふるまい, たとえば非フェルミ液体的ふるまいなどをすることが知られている. この点については次項で述べることにする. 図 1.9.41 の高温側ではスピンは独立しているようにふるまい, 局所多体効果により近藤効果が実現される.

この図中で重い電子系物質は基本的には QCP の近傍に存在する. 磁気秩序のない $CeCu_6$ や $CeAl_3$ などは QCP の右側ないし境界にある. また, 価数揺動物質の CeNi や $CeSn_3$ などは QCP の右側のやや離れた所にあると考えてよい. また磁気秩序のある $CeIn_3$ ($T_N = 10$ K) や $CeAl_2$ ($T_N = 3.8$ K) などは, QCP の左側の磁気秩序の領域にある[54].

(1) 非フェルミ液体的なふるまい: 多くの金属の低温における性質は, 前に述べたように相互作用のないフェルミ液体として記述できる. この性質で代表的なものは式 (1.9.14)~(1.9.16) に示されている. しかし, 図 1.9.41 の相図に示されるように, QCP 近傍の物質系ではこれらが成立しない. このような電子状態を"非フェルミ液体" (NFL: non-fermi liquid) という. 以下, このことについて述べる. 図 1.9.41 からわかるように, QCP は磁気秩序を消失する側からと非磁性のフェルミ液体側からのアプローチがある. 代表的なコントロールパラメーターは化合物の濃度, 磁場, 圧力であろう. 本項では, この順序で典型的なものを取り上げていく[66].

初めにコントロールパラメーターとして濃度をとった場合を見てみる. 不純物の濃度に対して誘起される NFL は多く報告例がある. これまで述べた重い電子系物質がベースのものは $CeCu_6$ の Cu を Au, Pd, Ag などで置換したもの, $CeCu_2Si_2$ や $CeRu_2Si_2$ で Ce を La で置換したものなどが代表的な例であろう[66].

$CeCu_6$ に Au を混ぜていくと格子は膨らみ, 負の圧力効果を示す. $CeCu_{6-x}Au_x$ という化学式を使えば, 反強磁性が $x = 0.2$~0.8 で安定化される[67]. 図 1.9.42 に $CeCu_{6-x}Au_x$ の磁化率と比熱を温度で割った値 C/T の温度変化を示す. Au の添加により反強磁性磁気秩序が誘起される. 臨界濃度 x_C は 0.1 近傍であるとされている. 図 1.9.42(a) では磁化率が 0.1 近傍で $-\sqrt{T}$ 依存を示す. C/T は, 磁気秩序をもつものはその温度で飛びを示すが $x = 0.1$ と 0.05 は $-\log T$ 依存を示す. 次に, 電気抵抗を図 1.9.43 に示す. $x = 0$ と $x = 0.5$ はいずれも T^2 依存を示すが $x = 0.1$ は T に比例する抵抗を示す. これらの結果から, Löhneysen らは磁気的な臨界領域近傍では通常のフェルミ液体とは異なるふるまいを見出した. 図 1.9.42 と図 1.9.43 における NFL のふるまいは, 以下のように要約される.

$$C/T \propto -\log T \tag{1.9.18}$$
$$\chi = \chi_0(1 - aT^{1/2}) \tag{1.9.19}$$
$$\rho = \rho_0 + AT^\alpha \tag{1.9.20}$$

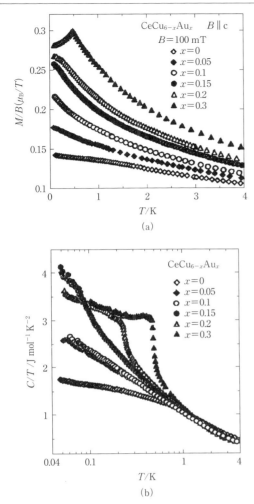
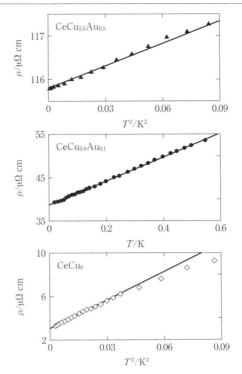

図1.9.42 CeCu$_{6-x}$Au$_x$ の磁化率と比熱の温度依存
(a) 磁化率 (b) 比熱
[H. v. Löhneysen, *J. Phys. Cond. Matter*, **8**, 9696, 9695 (1996)]

図1.9.43 CeCu$_{6-x}$Au$_x$ の電気抵抗の温度変化
下から $x=0$, 0.1 および 0.5
[H. v. Löhneysen, *J. Phys. Cond. Matter*, **8**, 9697 (1996)]

ここで,$x=0.1$ に対して a は 0.26 であり,$A>0$ で $20\sim50$,$\alpha=1$ である.すなわち,式 (1.9.14)～(1.9.16) で表されたフェルミ液体としての性質が失われていることがわかる[68]).

このほか,濃度をコントロールパラメーターとして NFL の安定性を議論しているものは多い.神戸らは Ce$_{1-x}$La$_x$Ru$_2$Si$_2$ で $x>0.08$ で反強磁性が誘起されることに着目し,$x=0.075$ の試料に対して比熱や電気抵抗の測定を行っている[69]).その結果を守谷の理論的モデル[70]) を用いて解析を行っており,理論とのよい一致をみている.ところがこの NFL としての特徴も磁場を印可していくと消失し,再びフェルミ液体としての性格が復活する[71]).たとえば,CeCu$_{6-x}$Au$_x$ の $x=0.1$ では $H=0$ で $\rho \propto T$ であるが,磁場を印可すると T^2 依存が復活している.$x=0.1$ の NFL 状態は磁場により消失することになる.

(iv) 項のはじめで述べたように,希土類金属の電子状態は局在と非局在の二つの性質を兼ね備えているため,コントロールパラメーターの変化で容易に物性が変化するという利点がある.圧力は磁場と同じで,物質中に不規則性を導入しない摂動の一つである.ここでは図 1.9.41 の相図に従って磁気秩序をもつ重い電子系(すなわち,図の QCP の左側から)に圧力をかけ,$J_{ex}N(\varepsilon_F)$ の値を大きくして,$T_N \to 0$ とした場合のふるまいについて述べる.図 1.9.44 に CeCu$_{5.7}$Au$_{0.3}$($T_N=0.5$ K)の高圧下における熱容量 C/T の測定結果を示す.内挿図は T_N の圧力変化である[72]).T_N は 0.7 GPa(=7 kbar)付近で 0 になる.C/T は 1 気圧では反強磁性温度で異常を示すが,高圧をかけるに従ってその異常はブロードになり,0.7 GPa 以上ではまったくみえなくなる.すなわち,NFL で期待される $-\log T$ 依存が生じてくる.これは 0.7 GPa が磁気的な不安定点であり,そのことに伴った現象であるといえる.

以上は磁気的な不安定性を起源とする NFL であったが,最近電気四重極モーメントによる近藤効果を基盤とした NFL の存在も LaPrPb$_3$ 系において指摘されている[73]).ここではやはり磁場によって NFL → FL のクロスオーバーが観測されている.希土類化合物における 4 極子の研究はこれまで活発になされてきた[74]) が,最近は 8 極子や 16 極子の存在も示唆されている[65,75]).

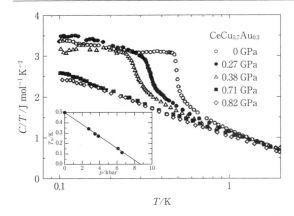

図 1.9.44 CeCu$_{5.7}$Au$_{0.3}$ に対する高圧下の C/T vs. $\log T$（内挿図は T_N の圧力変化を示す）
[B. Bogenbergerp, H. v. Löhneysen, *Phys. Rev. Lett.*, **74**, 1016 (1995)]

（2）圧力誘起超伝導物質の探索： 図 1.9.41 において，QCP 近傍では超伝導も含めて多彩な電子物性が期待されることを述べた．これまで紹介した物質はいずれも QCP で NFL が実現されている系であったが，本項では最近とくに精力的に研究されている希土類化合物における圧力誘起超伝導について考える．重い電子系物質においては，一般的に希土類元素の 4f 電子の強い局在性のため超伝導は抑制されると考えられていた．しかし，図 1.9.45 に示すように 1979 年 Steglich らにより，重い電子系物質である CeCu$_2$Si$_2$ の超伝導が発見された[76]．超伝導転移温度は約 0.5 K である．これを契機として重い電子系物質（あるいは強相関系物質）の超伝導探索が活発に行われるようになった．しかし，この超伝導は試料依存が大きく 1 気圧で超伝導を示さない試料もあった．Aliev らは 1 気圧で超伝導にならない試料も圧力をかけると超伝導になることを見出した[49]．その後，試料の純化も進み，Jaccard らにより圧力下の超伝導の詳細なふるまいが確立された[77]．

さらに高圧下の電気抵抗の測定では，図 1.9.46 に示すようなふるまいが明らかとなった[78]．1 気圧のもとでは $\rho(T)$ は近藤効果や結晶場の影響でブロードな二つのピークをもつが圧力をかけるとこれらは一つのピークになり，さらに圧力をかけることにより通常金属の温度変化と同じような滑らかな $\rho(T)$ になる．これは図 1.9.37(b) に示したような変化である．すなわち，T_K の低い重い電子状態から T_K の高い混合原子価状態へのクロスオーバーを示している．

他方，Jaccard らは 1 気圧で $T_N = 4$ K の CeCu$_2$Ge$_2$ の単位胞の体積 (170 Å^3) が CeCu$_2$Si$_2$ (167 Å^3) より大きいことに着目し，この物質に圧力をかけたところ T_N は約 8 GPa 近傍で消失し，超伝導が現れることを突き止めた．体積変化を考え，彼らはこれら二つの物質の圧力下の電子相図が図 1.9.47 に示すようにうまくつながることを見出した．さらに，この図で重要なことは電気抵抗の二つの

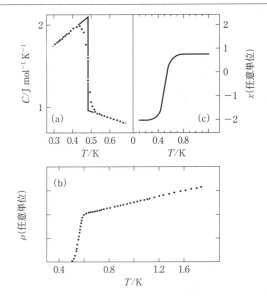

図 1.9.45 CeCu$_2$Si$_2$ の低温での比熱 (a) と電気抵抗 (b) および磁化率 (c)
[F. Steglich, J. Schafer, *et al.*, *Phys. Rev. Lett.*, **43**, 1892 (1979)]

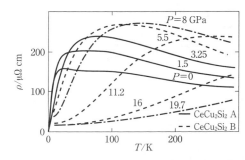

図 1.9.46 CeCu$_2$Si$_2$ の高圧下における電気抵抗の温度依存
[B. Bellarbi, H. F. Braun, *et al.*, *Phys. Rev. B*, **30**, 1182 (1984)]

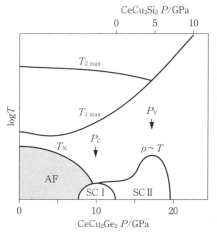

図 1.9.47 CeCu$_2$(Si/Ge)$_2$ に対する圧力・温度相図の模式図
SC は超伝導相を示す
[A. T. Holmes, K. Miyake, *et al.*, *Phys. Rev. B*, **69**, 024508 (2004)]

ピーク（$T_{1\max}$ と $T_{2\max}$）を示す温度が一つになる 18 GPa（図中の P_v）付近で価数転移があり，それに伴って超伝導が新たに生じていることである．P_v 近辺では残留抵抗が最大値を示したり，T^2 の係数が急激な変化をするなど量子臨界点特有の現象を示す．これは超伝導と価数転移が密接に関連していることを示しており，新しい超伝導発現の機構を示唆している．最近，三宅らは価数揺動誘起超伝導の理論的モデルを構築している[79]．

圧力下の超伝導の探索は，現在も活発に研究が続いている[65]．重い電子系物質の関連では超伝導の前駆現象は何かということが探索されている．この分野で最も大きな発見は，強磁性相で誘起される UGe_2 の超伝導であろう[80]．これを発見した Saxena らは強磁性体である UGe_2 の強磁性が高圧下で消失することに着目したといわれている[81]．磁気秩序温度が消失することや電子状態のクロスオーバー，（非）フェルミ液体的ふるまいの存在などは典型的な超伝導発現の前駆現象であるといえる．

重い電子系物質に対しては，これまでコントロールパラメーターを変化させることによって誘起される電子状態のクロスオーバーは多くの報告がある[47,59,78]．圧力で誘起される例は上で述べた $CeCu_2Si_2$ のみならず，多くの物質に対して見出されてきた．$CeAl_2$ や $CeIn_3$ などは磁気秩序を伴う例であり（図 1.9.41 の QCP の左側にある），後者については超伝導の存在が報告された[82]．磁気秩序を伴わない $CeCu_6$ や $CeAl_3$（すなわち，これらは図 1.9.41 の QCP の右側のまさにボーダー上にある）などについてもクロスオーバーはあるが超伝導の存在はまだ報告されていない[83,84]．

図 1.9.41 の相図で NFL 状態では電気抵抗の温度変化にはさまざまな異常が観測されてきた．これらの異常な性質と重い電子状態との関連で圧力誘起の問題を論じた例を示す．

$CePtSi_2$ は斜方晶構造をもち，$\gamma = 600$ mJ mol^{-1} K^{-2} で反強磁性秩序を 1.8 K にもつ重い電子系化合物である[85]．この物質は図 1.9.41 の QCP の左側にある．高圧下の $\rho(T)$ は図 1.9.48 のようになっている．1 気圧（0 GPa）の $\rho(T)$ には 5.4 K（= T_1）と 28.5 K（= T_2）で二つのピークがみえ，近藤効果特有のふるまいをする．圧力をかけることによって $\rho(T)$ は通常金属に近いふるまいに変わっていく様子をみることができる．すなわち，図 1.9.46 で示した $CeCu_2Si_2$ のように重い電子状態が混合原子価状態へクロスオーバーしていく．また，反強磁性秩序温度 T_N は 1 GPa を超えるところで消失する[86]．電気抵抗のふるまいをもう少し詳しく見てみると，1 気圧で見えていた $\rho(T)$ の二つのピークは，圧力をかけると 1〜2 GPa でそれが一つになる[87]．このようなふるまいは前に述べた $CeCu_2Si_2$ ばかりではなく，$CeAl_2$ などにもみられる[48,78]．図 1.9.49 に低温での $\rho(T)$ を示す[88]．1 気圧では T_1 と T_2 に二つのピーク，1.8 K（= T_N）で減少し折れ曲がりがみられる．図 1.9.49(b) の内挿図にあるように T_N は加圧とともに減

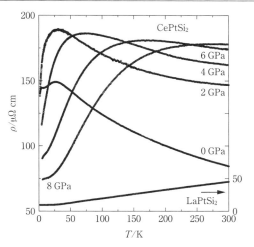

図 1.9.48 重い電子系物質 $CePtSi_2$ の高圧下の $\rho(T)$
[G. Oomi, T. Kagayama, Y. Uwatoko, *J. Alloys Compd.*, **207-208**, 278 (1994)]

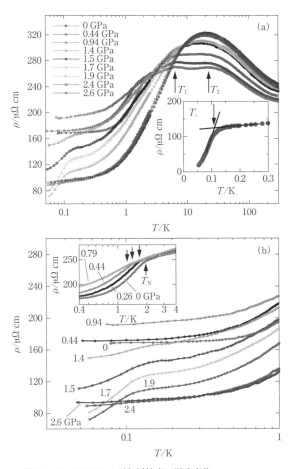

図 1.9.49 $CePtSi_2$ の電気抵抗率の温度変化
[T. Nakano, Y. Uwatoko, *et al.*, *Phys. Rev. B*, **79**, 172507-2 (2009)]

少し，約 1 GPa では消失する．ところが 1.4 GPa で $\rho(T)$ は 0.15 K 以下で再び減少する．この変化は 1 気圧の T_N における変化に比べてはるかに鋭く，印加する電流を下げることによってさらに鋭さを増す．しかし 2.4 GPa 以上では，この下がりはなくなっている．図 1.9.50 に 1.7 GPa における磁場を印可したときの $\rho(T)$ を示した．磁場の印加により抵抗の下がりはなくなる．挿入図（b）は高圧下の交流帯磁率 χ_{AC} の測定例であり，明らかなマイスナー効果が観測される．これらの結果より図 1.9.50 でみられた抵抗の下がりは超伝導に起因することがわかる．図 1.9.51 に T_N, T_1, T_2 などの圧力依存性を示した．T_1 と T_2 はちょうど超伝導出現圧力（1.2 GPa = P_V）で一致する．この圧力は図 1.9.47 の P_V に対応するものと考えられる．

図 1.9.50 の超伝導出現圧力近傍の電子状態を解析するため電気抵抗を $\rho_m = \rho_0 + AT^n$ とおき（ρ_0, A' は定数），測定値をあてはめてみると，図 1.9.51(c) のようになる．通常金属（フェルミ液体）であれば n は 2 をとるが，n は P_V で最小値（〜1）をとり，NFL 状態であることがうかがえる．さらに，ρ_0 は P_V で最大値をとる．このふるまいは，コントロールパラメーターを変化させたときに $T_N \to 0$ となる重い電子系物質にみられる共通の特徴である[84]．

以上のように，希土類系の重い電子系物質を中心としてその特徴を述べてきた．ここで取り上げた問題以外に低密度キャリヤー系，ホウ素炭化物超伝導，鉄系超伝導，スクッテルダイトなどにおいても希土類元素は重要な役目を

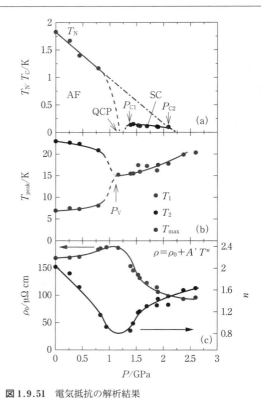

図 1.9.51 電気抵抗の解析結果
(a) 磁気相図 (b) 抵抗のピークに対応する温度の圧力依存 (c) ベキの圧力変化
[T. Nakano, Y. Uwatoko, *et al.*, *Phys. Rev. B*, **79**, 172507-3 (2009)]

する．ほかにも多くの重要なテーマがあるが，このような特性はいずれも 4f 電子の非局在性を内在した局在性に基づく強い電子相関効果と揺らぎの効果が，それらのおもな原因となっている．

文献

1) N. F. Topp 著，塩川二郎，足立吟也 共訳，"希土類元素の化学"，化学同人（1974）．
2) K. A. Gschneidner, Jr., *J. Alloys Compd.*, **192**, 1 (1993).
3) B. Johansson, *Philos. Mag.* **30**, 469 (1974).
4) K. A. Gschneidner, Jr., *Solid State Phys.*, **16**, 275 (1964).
5) 近角聰信，太田惠造，安達健五 編 "磁性体ハンドブック"，p. 417，朝倉書店（1975）．
6) R. J. Elliott, ed., "Magnetic Properties of Rare Earth Meatls", Plenum (1972).
7) 加納 剛，柳田博明 編，"レア・アース"，p. 2，技報堂出版（1980）．
8) T. メラー 著，柴田村治 訳，"ランタニドの化学"，p. 23，共立出版（1964）．
9) "機能材・セラミック・希土類総覧"，p. 424，産業情報（1987）．
10) A. J. Freeman, B. I. Min, M. R. Norman, "Handbook on the Physics and Chemistry of Rare Earths"（以後 "HPCRE"

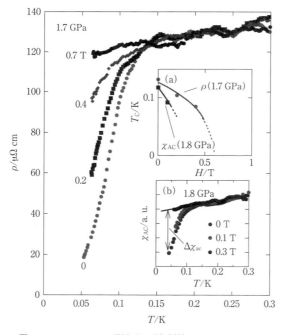

図 1.9.50 1.7 GPa の磁場下の電気抵抗
[T. Nakano, Y. Uwatoko, *et al.*, *Phys. Rev. B*, **79**, 172507-3 (2009)]

と略記, K. A. Gschneidner, Jr., L. Eyring, S. Hüfner, eds.), Vol. 10, p. 165, Elsevier (1987).
11) Y. Ōnuki, A. Hasegawa, "HPCRE", Vol. 20, p. 1, Elsevier (1995).
12) 糟谷忠雄, 日本物理学会誌, **42**, 722 (1987).
13) C. Kittel 著, 宇野良清, 津屋 昇, 森田 章, 山下次郎 共訳, "第8版 固体物理学入門 下", p. 327, 丸善出版 (2005).
14) 永宮健夫, "磁性の理論", p. 34, 吉岡書店 (1987).
15) 志賀正幸, "磁性入門"(堂山昌男, 小川恵一, 北田正弘 監修), p. 50, 内田老鶴圃 (2007).
16) W. H. Koehler, "Magnetic Properties of Rare Earth Meatls" (R. J. Elliott, ed.), p. 81, Plenum (1972).
17) 近角聡信, "強磁性体の物理 上"(物理学選書 4), p. 198, 裳華房 (1978).
18) G. T. Meaden, "Electrical Resistance of Metals", p. 17, Plenum Press (1965).
19) T. Mitsui, C. T. Tomizuka, *Phys. Rev. A*, **137**, 564 (1965).
20) J. M. Fournier, E. Gratz, "HPCRE", Vol. 17, p. 409, Elsevier (1993), およびこの中で引用している論文も参照.
21) F. H. Spedding, J. J. Hanak, A. H. Daane, *J. Less-Common Met.*, **3**, 110 (1961).
22) U. Benedict, W. B. Holzapfel, "HPCRE", vol. 17, p. 245, Elsevier (1993).
23) G. Neumann, J. Langen, H. Zahel, D. Plumacher, Z. Kletowski, W. Schlabitz, D. Wohlleben, *Z. Phys. B-Condensed Matter*, **59**, 133 (1985).
24) G. K. White, "Experimental Techniques in Low-temperature Physics", Clarendon Press (1979).
25) 毛利信男, 村田恵三, 上床美也, 高橋博樹 編, "高圧技術ハンドブック", p. 201, 丸善出版 (2007).
26) 箕村 茂 編, "超高圧", p. 657, 共立出版 (1988).
27) 金子武次郎 編, "高圧現象", p. 61, アグネ技術センター (1996).
28) M. K. Wilkinson, H. R. Child, C. J. Mchargue, W. C. Koehler, E. O. Wolan, *Phys. Rev.*, **122**, 1409 (1961).
29) Y. Sakigawa, M. Ohashi, G. Oomi, *J. Phys. Soc. Jpn.*, **76**, Suppl. A., 66 (2007).
30) G. Oomi, *J. Phys. Soc. Jpn.*, **48**, 857 (1980).
31) G. Oomi, *J. Phys. Soc. Jpn.*, **49**, 256 (1980).
32) J. Wittig, *Phys. Rev. Lett.*, **21**, 1250 (1968).
33) H. Katzman, J. A. Mydosh, *Phys. Rev. Lett.*, **29**, 998 (1972).
34) D. C. Koskimaki, K. A. Gschneidener, Jr., *Phys. Rev. B*, **11**, 4463 (1975).
35) N. E. Phllips, J. C. Ho, T. F. Smith, *Phys. Lett. A*, **27**, 49 (1968).
36) L. Lavagna, C. Lacriox, M. Cyrot, *J. Phys. F : Met. Phys.*, **13**, 1007 (1983).
37) Z. Szotek, W. M. Temmerman, H. Winter, *Phys. Rev. Lett.*, **72**, 1244 (1994).
38) W. H. Zachariasen, F. H. Ellinger, *Acta Cryst. A*, **33**, 155 (1977).
39) S. Endo, H. Sasaki, T. Mitsui, *J. Phys. Soc. Jpn.*, **42**, 882 (1977).
40) J. W. Allen, R. M. Martin, *Phys. Rev. Lett.*, **49**, 1106 (1982).
41) U. Benedict, *J. Alloys Compd.*, **193**, 88 (1993).
42) W. A. Grosshans, W. B. Holzapfel, *Phys. Rev. B*, **45**, 5171 (1992).
43) J. Kondo, *Prog. Ther. Phys.*, **32**, 37 (1964).
44) K. Yosida, *Phys. Rev.*, **147**, 223 (1966); 芳田 奎, "磁性", p.

291, 岩波書店 (1991).
45) A. Sumiyama, Y. Oda, H. Nagano, Y. Ōnuki, K. Shibutani, T. Komatsubara, *J. Phys. Soc. Jpn.*, **55**, 1294 (1986).
46) 安達健五, "化合物磁性—遍歴電子系", p. 395, 裳華房 (1996).
47) T. Kagayama, G. Oomi, *J. Phys. Soc. Jpn.*, **65**, Suppl. B, 42 (1996).
48) H. Miyagawa, G. Oomi, I. Sato, T. Komatsubara, M. Hedo, Y. Uwatoko, *Phys. Rev. B*, 064403 (2008).
49) F. G. Aliev, N. B. Brandt, V. V. Moshchalkov, S. M. Chudinov, *J. Low Temp. Phys.*, **57**, 61 (1984).
50) K. Andres, J. E. Graebner, H. R. Ott, *Phys. Rev. Lett.*, **35**, 1979 (1975).
51) J. D. Thompson, J. M. Lawrence, "HPCRE", Vol. 9, p. 383, Elsevier (1994).
52) G. R. Stewart, *Rev. Mod. Phys.*, **56**, 755 (1984).
53) 大貫惇睦, 小松原武美, 日本物理学会誌, **42**, 732 (1987).
54) 上田和夫, 大貫惇睦, "重い電子系の物理"(物理学選書 23), p. 194, 裳華房 (1998).
55) E. Franceschi, G. L. Olcese, *Phys. Rev. Lett.*, **22**, 1299 (1969).
56) I. K. Jeong, T. W. Darling, M. J. Graf, Th. Proffen, R. H. Heffner, Y. Lee, T. Vogt, J. D. Jorgensen, *Phys. Rev. Lett.*, **92**, 105702 (2004).
57) D. Wohlleben, *J. Appl. Phys.*, **55**, 1904 (1984).
58) Y. Uwatoko, G. Oomi, J. Sakurai, *Phys. B*, **186-188**, 560 (1993).
59) Y. Uwatoko, I. Umehara, M. Ohashi, T. Nakano, G. Oomi, "HPCRE", Vol. 42, Ch. 252, p. 76, Elsevier (2012), およびこの中で引用している論文も参照.
60) D. M. Newns, N. Read, *Adv. Phys.*, **36**, 799 (1987).
61) T. Takabatake, *Jpn. J. Appl. Phys.*, Series 11, 80 (1999).
62) J. M. Lawrence, P. S. Riseborough, R. D. Parks, *Rep. Prog. Phys.*, **44**, 28 (1981).
63) K. Kadowaki, S. B. Woods, *Solid State Commun.*, **58**, 507 (1986).
64) S. Doniach, "Valence Instabilities and Related Narrowband Phenomena", R. D. Parks, ed., p. 169, Plenum (1977).
65) 上田和夫, 日本物理学会誌, **65**, 316 (2010).
66) 強相関係物質の非フェルミ流体に関しては以下の総合報告がある. *J. Phys. Cond. Matter*, **8**, (1996).
67) H. v. Löhneysen, *J. Phys. Cond. Matter*, **8**, 9689 (1996).
68) G. R. Stewart, *Rev. Mod. Phys.*, **73**, 797 (2001), およびこの論文中の参考文献を参照.
69) S. Kambe, S. Raymond, H. Suderow, J. MaDnough, B. Fak, L. P. Regnault, R. Calemczuk, J. Flouquet, *Phys. B*, **223-224**, 135 (1996).
70) T. Moriya, T. Takimoto, *J. Phys. Soc. Jpn.*, **64**, 960 (1995).
71) H. v. Löhneysen, T. Pietrus, G. Portisch, H. G. Schlager, A. Schroder, M. Sieck, T. Trappmann, *Phys. Rev. Lett.*, **72**, 3262 (1994).
72) B. Bogenberger, H. v. Löhneysen, *Phys. Rev. Lett.*, **74**, 1016 (1995).
73) T. Kawae, K. Kinoshita, Y. Nakaie, N. Tateiwa, K. Takeda, H. S. Suzuki, T. Kitai, *Phys. Rev. Lett.*, **96**, 027210 (2006).
74) K. Segawa, A. Tomita, K. Iwashita, M. Kasaya, T. Suzuki, S. Kunii, *J. Magn. Magn. Mater.*, **104-107**, 1233 (1992).
75) O. Sakai, R. Shiina, H. Shiba, *J. Phys. Soc. Jpn.*, **66**, 3005

76) F. Steglich, J. Aarts, C. D. Bredl, W. Liebe, D. Meschede, W. Franz, J. Schafer, *Phys. Rev. Lett.*, **43**, 1892 (1979).
77) A. T. Holmes, D. Jaccard, K. Miyake, *Phys. Rev. B*, **69**, 024508 (2004).
78) B. Bellarbi, A. Benoit, D. Jaccard, J. M. Mignot, H. F. Braun, *Phys. Rev. B*, **30**, 1182 (1984).
79) Y. Onishi, K. Miyake, *J. Phys. Soc. Jpn.*, **69**, 3955 (2000).
80) S. Saxena, P. Agarwal, K. Ahilan, F. M. Grosche, W. Haselwimmer, M. J. Steiner, E. Pugh, I. R. Walker, S. R. Julian, P. Monthoux, G. G. Lonzarich, A. Huxley, I. Sheikin, D. Braithwaite, J. Flouquet, *Nature*, **406**, 587 (2000).
81) K. Nishimura, G. Oomi, S. W. Yun, Y. Onuki, *J. Alloys Compd.*, **213-214**, 383 (1994).
82) N. D. Mathur, F. M. Grosche, S. H. Julian, I. R. Walker, D. M. Freye, R. K. W. Haselwimmer, G. G. Lonzarich, *Nature*, **394**, 39 (1998).
83) G. Oomi, T. Kagayama, H. Takahashi, N. Mōri, Y. Ōnuki, T. Komatsubara. *J. Alloys, Compd. B*, **192**, 236 (1993).
84) 最近の強相関物質の圧力誘起電子転移については以下の国際会議の論文集を参照されたい. T. Kagayama, M. Ohashi, Y. Uwatoko, eds., Novel Pressure-induced Phenomena in Condensed Matter Systems, Physical Society of Japan (2006).; *J. Phys. Soc. Jpn.*, **76**, Suppl. A (2007).
85) C. Geibel, C. Kommer, B. Seidel, C. D. Bredl, A. Gruel, F. Steglich, *J. Magn. Magn. Mater.*, **108**, 207 (1992).
86) G. Oomi, T. Kagayama, S. K. Malik, Y. Aoki, H. Sato, Y. Uwatoko, N. Môri, *Rev. High Pressure Sci. Technol.*, **7**, 382 (1998).
87) G. Oomi, T. Kagayama, Y. Uwatoko, H. Takahashi, N. Mōri, *J. Alloys Compd.*, **207-208**, 278 (1994).
88) T. Nakano, M. Ohashi, G. Oomi, K. Matsubayashi, Y. Uwatoko, *Phys. Rev. B*, **79**, 172507 (2009).

1.9.3　希薄合金の磁性

s, p 電子が伝導電子としてバンドを形成する Cu や Al などの金属に遷移金属元素を不純物として微量固溶させた希薄合金において, 磁性原子は電子間のクーロン相互作用の大きさに依存して磁気モーメントをもつ場合ともたない場合とがある. 磁性原子に局在磁気モーメントが発生する場合には, 伝導電子 (以後, s 電子と表記する) がこの磁気モーメントと結合することで, 電気的性質, 磁気的性質に特異な挙動がみられる. ここでは, 一つの不純物原子に付随した磁気モーメントの発現とそれに関連する現象, および少し濃度が高くなった状況で磁気モーメント間に生じる磁気相互作用がもたらす磁性について述べる.

a. 磁性不純物原子の局在磁気モーメントの発現[1~3]

自由電子とみなせる金属母相中の孤立磁性不純物原子を考える. s 電子が不純物原子のポテンシャルによって散乱された場合, 波は球面波として広がる. この波動関数 $\phi_l(r)$ (l: 方位量子数) は, 不純物原子から十分に遠い場所では次の形をとる.

$$\phi_l(r) = \frac{1}{kr}\sin\left(kr - \frac{1}{2}l\pi + \delta_l\right) \quad (1.9.21)$$

ここで, δ_l は位相のずれで, 不純物ポテンシャルが 0 の極限では 0 になる. この結果, ε よりも小さなエネルギーをもつ電子状態の数は, 不純物ポテンシャルによって

$$n_l(\varepsilon) = \frac{2l+1}{\pi}\delta_l(\varepsilon) \quad (1.9.22)$$

だけ変化する. これは電子数の変化を引き起こし, その分の電子は不純物近傍に局在する. この局在した電子の総数 Z は次式で与えられ, 不純物ポテンシャルを完全に遮へいする電荷に等しくなる.

$$Z = \frac{2}{\pi}\sum_l(2l+1)\delta_l(\varepsilon_F) \quad (1.9.23)$$

この関係はフリーデルの総和則[4]として知られ, 希薄合金の電気抵抗などを理解するうえで重要である.

上記の位相のずれは, 不純物ポテンシャルがスピンに依存しないため s 電子のスピンの方向に無関係である. 一方, 局在電子 (以後, d 電子と表記する) 間に働くクーロン相互作用が大きい場合には, 不純物原子に局在した＋スピンと－スピンの電子の分布に差が生じ, 局在した磁気モーメントが生じるようになる. この問題を論ずるうえで, Anderson は次のハミルトニアンを導入した.

$$H = \sum_{k,\sigma}\varepsilon_k n_{k,\sigma} + \sum_\sigma E_0 n_{d,\sigma} + U n_{d,\sigma}n_{d,-\sigma} + \sum_{k,\sigma}(V_{k,d}c_{k,\sigma}^+ c_{d,\sigma} + V_{k,d}^* c_{d,\sigma}^+ c_{k,\sigma}) \quad (1.9.24)$$

ここで, ε_k は波数 k における s 電子のエネルギー, E_0 は不純物原子のエネルギー準位, U は同一原子の軌道準位に異なるスピンをもつ二つの d 電子が入った場合のクーロン反発エネルギーであり, $V_{k,d}$ はポテンシャル V_d に対する s 電子の波動関数についてのフーリエ係数である. また, $c_{k,\sigma}^+$ と $c_{d,\sigma}^+$ ($c_{k,\sigma}$ と $c_{d,\sigma}$) は, s 電子および d 電子の生成 (消滅) 演算子であり, $n_{k,\sigma} = c_{k,\sigma}^+ c_{k,\sigma}$ と $n_{d,\sigma} = c_{d,\sigma}^+ c_{d,\sigma}$ は s 電子および d 電子の個数を表す演算子である. このハミルトニアンの第 3 項は d 電子間のクーロン反発エネルギー, 第 4 項は s 電子と d 電子の状態間の移動を表す. まず, 第 3 項のために＋スピンの d 電子が局在軌道に存在して, 次に－スピンの d 電子が軌道に入るときエネルギーが U だけ上昇する. 一方, 第 4 項から d 電子の不連続なエネルギー準位は s-d 間の移動により有限の寿命をもつため Δ だけの広がりをもつ. この両者が

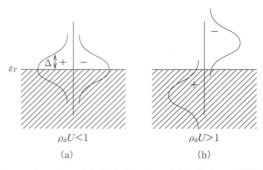

図 1.9.52　$\rho_d U < 1$ (a) および $\rho_d U > 1$ (b) における d 電子のエネルギー状態

存在する状況では，d 電子のフェルミ面における状態密度を ρ_d とすると，$\rho_d U < 1$ の場合には，図 1.9.52(a) のように ± スピンの d 電子数は等しくなり磁気モーメントをもたないが，$\rho_d U > 1$ の場合には，図 1.9.52(b) のように ± スピンの d 電子数が異なり，局在磁気モーメントが発生する．要するに，磁性不純物原子における磁気モーメントの発現はクーロン相互作用 U に起因し，U が非常に大きい場合には，完全な局在化が生じ，その磁化率はキュリー則に従うものになる．

b. 近藤効果[1～3]

局在磁気モーメントをもつ不純物原子が非常に希薄に固溶している場合，電気抵抗に極小が現れる現象がみられる．これは，不純物が局在磁気モーメントをもたない場合には格子振動が電気抵抗の温度依存性を支配して単調な変化を与えることと対照的である．この現象の理解の第一歩は，s 電子と不純物磁性原子の局在スピンとの間に働く s-d 相互作用を通した磁気散乱に基づいた 1964 年の近藤[5] の研究である．その後，この問題は多電子が関与する散乱の問題として注目され，Anderson, Yuval, Hamann[6] によるスケーリングによる方法，Wilson[7] による繰り込み群による方法などにより，ほぼ解決されている．ここでは，近藤の理論の骨子を簡単に紹介するにとどめる．

局在スピン S と s 電子のスピン s の間に働く s-d 相互作用を取り扱うために次のように摂動ポテンシャル V_{sd} を表す．ここで，局在スピン S が原点にあるとする．

$$V_{sd}(\bm{r}) = -2J_{sd}\delta(\bm{r})\bm{S}\cdot\bm{s}$$
$$= -2J_{sd}\delta(\bm{r})\left[S_z s_z + \frac{1}{2}(S_+ s_- + S_- s_+)\right]$$
(1.9.25)

ここで，$S_\pm = S_x \pm i S_y$, $s_\pm = s_x \pm i s_y$ はスピン演算子である．一般に，この相互作用は s 電子が不純物から遠ざかると急に減衰するので，$\delta(\bm{r})$ を用いている．次に，交換相互作用の符号を調べるために，d 準位 E_0 が ε_F より下にあり，$E_0 + U$ は ε_F より上にある状態を考え，d 電子と s 電子の間の混成 $V_{k,d}$ と $V_{k,d}^*$ を摂動として取り入れる．$|V|^2 = V_{k,d}^* V_{k,d}$ と $\bm{k}$ の依存性がないものと近似し，N を結晶中の格子点の数とすると，式 (1.9.26) のように相互作用ハミルトニアンを表すことができ，S と s は反平行に結合することになる．

$$H_{ex} = -J_{eff}\bm{S}\cdot\bm{s}$$
$$J_{eff} = N|V|^2\left(\frac{1}{U+E_0} - \frac{1}{E_0}\right) < 0 \quad (1.9.26)$$

このポテンシャル V_{sd} によって伝導電子が散乱される過程を第 1，第 2 ボルン近似までの範囲で求める．散乱による遷移確率を求めるさいに，s 電子が S に衝突するさいに S の z 成分を変化させる場合とさせない場合とがある．第 1 ボルン近似では，両者の場合をまとめると遷移確率は温度に依存しない一定値となり，不純物の残留抵抗としての寄与のみを与える．一方，第 2 ボルン近似まで考慮すると，スピンを反転する過程の遷移確率を基に計算した電気抵抗に $\ln T$ の依存性が含まれる．この項と通常の格子振動に起因して T^5 に依存する低温での電気抵抗とを組み合わせると，電気抵抗は極小を示す．

近藤の計算をさらに高次のボルン近似まで進めた結果，最も発散の程度の大きな項のみを集めると電気抵抗は，次式のように表すことができる．

$$R = R_B \frac{1}{\left(1 - 2\frac{\rho J}{N}\ln\frac{k_B T}{D}\right)^2} \quad (1.9.27)$$

ここで，R_B は第 1 ボルン近似での抵抗，ρ は伝導電子の状態密度，D は伝導電子のバンド幅を表す．また，磁化率 χ も同様の計算から求めると，次式が得られる．

$$\chi = \frac{C}{T}\left\{1 + 2\frac{\rho J}{N}\frac{1}{\left(1 - 2\frac{\rho J}{N}\ln\frac{k_B T}{D}\right)}\right\} \quad (1.9.28)$$

ここで，C はキュリー定数である．このように求めた電気抵抗と磁化率は式 (1.9.29) で表される近藤温度 T_K で発散することになる．

$$k_B T_K = D \exp\left(\frac{N}{2\rho J}\right) \quad (1.9.29)$$

このように s-d 相互作用の高次摂動の発散に伴って生じる異常現象を近藤効果とよぶ．

希薄合金で物理量が発散するような奇妙な異常は，$T < T_K$ ではボルン近似を用いた摂動計算を用いることができないことから生じる．この意味は基底状態での局在スピンを考えることで理解される．式 (1.9.28) より，キュリー定数に相当する量が温度とともに減少することから，絶対零度においては局在スピンが消失することになると考えられる．この状況は，局在スピン S と s 電子スピン s が負の J により反平行に結合して磁気モーメントをもたないシングレット状態が基底状態であることを示唆する．このシングレット基底状態のエネルギーは，局在スピンが上向きまたは下向きの状態から出発する通常の摂動計算によって得られるエネルギーの低下分と，シングレット状態の場合にのみ現れる異常項からなり，この異常項の絶対値が $k_B T_K$ に等しいと考えることができる．すなわち，この異常項は，不純物原子周辺の伝導電子の正負のスピンが配位を変化させてシングレット状態になるように局在スピンを打ち消しているときの，多体問題としての s-d 電子系の結合エネルギーを与えることになる．$T > T_K$ になると，この打ち消し効果が消失し，高温では不純物のスピンが有効となり，磁化率は通常のキュリー則に従うように変化することになる．$T < T_K$ と $T > T_K$ における物理量は T_K で連続的につながり，摂動計算に現れた発散的な異常は観測されることはない．ここまでは，不純物濃度が希薄で局在スピン間に相互作用がない場合である．次に，局在スピン間の相互作用が重要になる合金の磁性の説明に移る．

c. RKKY 相互作用[1～3]

局在スピン S と s 電子のスピン s が反平行に結合することから，局在スピンまわりの s 電子はだいたい S と逆

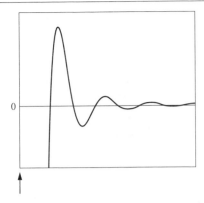

図 1.9.53 局在スピンにより偏極する伝導電子のスピン密度分布の概略図

方向のスピンをもつことになるだろう．系全体としてはスピンが偏極していないことから，局在スピンから少し離れると，S と同方向のスピンをもつ s 電子が存在する次の領域が現れることが予想される．不純物原子を原点においた場合の s 電子スピン密度 $\sigma(r)$ の空間変化は，式 (1.9.25) の s-d 相互作用ハミルトニアンを基に摂動計算によって次のように求めることができる．

$$\sigma(r) = A \frac{2k_\mathrm{F} r \cos(2k_\mathrm{F} r) - \sin(2k_\mathrm{F} r)}{r^4} \quad (1.9.30)$$

ここで，k_F はフェルミ波数，A は適当な定数である．この式より，スピン密度は $1/(2k_\mathrm{F})$ の周期で振動しながら $1/r^3$ 程度で減衰することになる（図 1.9.53）．このような振動はフリーデルの振動[4]，または RKKY（Ruderman-Kittel-Kasuya-Yosida）の振動[8~10] とよばれる．磁性不純物濃度がある程度高くなると，一つの局在スピンから生じるスピン密度の振動の中にほかの磁性不純物原子が入ってくる．このとき，ほかの不純物原子の局在スピンと s 電子のスピン分極は直接的に相互作用することになり，結果的に，i と j の位置にある二つの不純物原子の局在スピン S_i と S_j の間に交換相互作用が間接的に生じることになる．二つの局在スピン間の距離を R_{ij} とおくならば，その相互作用エネルギー $E_\mathrm{ex}(R_{ij})$ は次式で与えられる．

$$E_\mathrm{ex}(R_{ij}) = A \frac{2k_\mathrm{F} R_{ij} \cos(2k_\mathrm{F} R_{ij}) - \sin(2k_\mathrm{F} R_{ij})}{R_{ij}^4}$$
$$(1.9.31)$$

このような長距離に働く磁気相互作用は RKKY 相互作用とよばれる．この相互作用が原因となって，磁性不純物スピンに磁気秩序が発現し得る．たとえば，希土類元素では空間的に局在性の強い f 電子のスピンが伝導電子を媒介とした RKKY 相互作用により結合して，さまざまな磁気秩序が発現することはよく知られている．希薄合金においては，不純物スピン間の RKKY 相互作用は，スピングラスとよばれる特異な磁気秩序を発現させる．以下では，スピングラスの磁性について述べる．

d. スピングラス[11~15]

式 (1.9.31) からわかるように，磁性原子がランダムに分布している希薄合金においては，磁性原子間の距離に依存して正の相互作用と負の相互作用の両者が働くことになる．RKKY 相互作用以外の短距離に働く交換相互作用においても同様な状況がみられる．このような状況で正負両者の相互作用の割合が同程度になると，各局在スピンとそのほかのスピンとの間には複雑な相互作用が働き，通常の強磁性や反強磁性とは異なる磁気秩序の発現が期待される．この磁性の発見は 1972 年に Cannella と Mydosh[16] が AuFe 合金の磁化率の温度依存性に非常に鋭いカスプ（先点）を見出したことが発端であった（図 1.9.54）．このようなカスプの存在は，有限温度で何らかの磁気秩序が発現していることを示唆するものである．しかし，磁化率のカスプが生じる温度で比熱に特異性が認められないことなどから，スピングラスが相転移であるか否かの議論は長く続いてきた．現在まで，多くの実験がスピングラスが一つの秩序相であることを支持している．スピングラスを特徴づける最も基本的な要素は，フラストレーションとランダムネスである．フラストレーションを四つのスピンからなる系を用いて説明する（図 1.9.55）．図(a)のように，すべての局在スピン間の交換相互作用が正である場合，系のスピンはすべて同方向を向く強磁性状態が安定となるが，図(b)のように一つの相互作用が負に置き換えられた場合には，図(b) 右下のスピンはどちらの方向を向いても相互作用をすべて満足するような方向をとれない．このような状態をフラストレーションとよぶ．この結果，スピングラスでは，局在スピンがランダムな方向を向いて凍結するという描像が得られる（イジングスピンからなるスピングラスではスピンは二つの方向をランダムに向くことになる）．

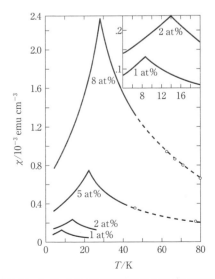

図 1.9.54 AuFe 合金の低磁場直流磁化率の温度依存性　カスプ温度が Fe 濃度とともに上昇する．
[V. Cannella, J. A. Mydosh, *Phys. Rev. B*, **6**, 4229 (1972)]

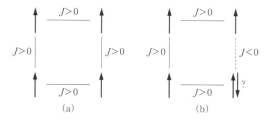

図 1.9.55 フラストレーションの説明図
(b) の右下のスピンの安定方向が決まらない.

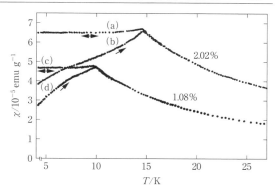

図 1.9.56 CuMn(1.08, 2.02%Mn) の磁化の温度依存性
(a) と (c) は磁場中冷却のデータ, (b) と (d) は零磁場冷却.
[S. Nagata, H. R. Harrison, et al., Phys. Rev. B, **19**, 1635 (1979)]

強磁性体や反強磁性体などの場合，並進対称性を基に理論を構築できるが，スピングラスのような不均一系では並進対称性はなく，ランダムネスの影響が巨視的サイズまで及ぶため，理論的扱いはきわめて難しくなる．二つの基本要素に起因して観測される非常に遅い緩和挙動のスローダイナミックスは，スピングラスを特徴づける非常に大きな特徴となっている．さらに，このスローダイナミックスは，スピングラス以外にもランダムネスとフラストレーションが重要な役割を演じるガラス的な系，たとえば配向ガラス，高分子，高温超伝導体などでも観測されており，統計物理上の興味深い問題として研究が進められている．以下では，スピングラスの実験的特徴を述べたのち，その理論的扱いを概説する．

(i) スピングラスの実験的特徴 スピングラスの直流磁化率は図 1.9.54 に示したように鋭いカスプを示し，そのカスプを示す温度 T_g は磁性原子濃度の増加とともに上昇する．さらに，このカスプの鋭さは印加する磁場の強さに敏感であり，強い磁場を印加するとカスプはなまってなだらかな山となる．この強い磁場依存性は，外部磁場に対する高次の非線形項の大きな寄与によるもので，この非線形磁化率はスピングラスの相転移を特徴づけるものである．磁化 m を磁場 h で次のように展開してみる．

$$m = \chi_0 h + \chi_2 h^3 + \cdots \tag{1.9.32}$$

このときの χ_2 など h の奇数次の係数（非線形磁化率）は発散的なふるまいを示し，スピングラスの相転移温度を特徴づける．

一方，スピングラスの交流磁化率では，実部は直流磁化率と同様にカスプを示すが，その温度は周波数に依存する．また，虚部も周波数に依存して，実部のカスプ直上の温度で消失する．この実部のカスプまたは虚部の消失が生じる温度の周波数依存性を解析することにより，温度の低下に伴い高温相からスピングラス相へ有限温度において平衡相転移が生じているのか，またはスピングラスはたんなる遅い挙動を示す非平衡相であるのかを検討することができる．これまでの実験結果は，有限温度での平衡相転移の発現を支持している．

スピングラスの低温相では，顕著な不可逆性と履歴現象が観測される．不可逆性を示す具体的な例としては，線形交流磁化率の虚部が T_g 以下で急激に増大する現象がある．また，冷却条件によって直流磁化率の挙動が変化する履歴現象が知られている．すなわち，磁場を印加せずに冷却した場合には直流磁化率に上述のカスプが生じるが，磁場を印加しながら冷却した場合の磁化率は，カスプ温度以下でほとんど温度に依存しない（図 1.9.56）[17]．また，T_g 以下では特徴的な遅い緩和挙動がみられる．たとえば，磁場中で冷却した試料は磁場を切った後には時間的に減衰する熱残留磁化をもつが，この時間依存性は単純な指数関数では表すことができない．同様に，零磁場で冷却後に磁場を印加したさいの磁化も類似の非常に遅い増加を示す．さらに，スピングラス CuMn において磁場中冷却後に磁化の磁場依存性を測定すると，負の磁場を中心としたヒステリシス曲線が得られる[18]．すなわち，磁場中冷却によって，通常の一軸磁気異方性に加えて一方向磁気異方性が誘起されるのである．これは，磁場中冷却時に強磁性的にそろった磁化がそれに沿って凍結する一つの方向を誘起することを意味する．このヒステリシスの磁化反転は非常に鋭く，凍結したスピンが一気に反転する集団的なふるまいを示す．この挙動は，系のスピン軌道相互作用と関連した磁気異方性の特徴を基に説明されている．以上のような低温相の挙動はスピングラスの特異性を示唆するものであり，その中でもとくに興味深い緩和挙動の特徴について次に述べる．

スピングラスでは，T_g 以下での緩和挙動にエイジングとよばれる特徴がみられる．これは，スピングラスが一つの環境に置かれた時間に伴って成長するようにふるまうことから付けられた名称である．たとえば，スピングラスを T_g 以上の温度から零磁場中で T_g 以下のある温度まで冷却し，その温度で時間 t_w だけ待ったのち磁場を印加して磁化の時間依存性を測定した場合，磁化を経過時間の対数で微分した量である磁化緩和率 $S(t)$ は $t \sim t_w$ においてピークを示す（図 1.9.57）[19]．これは，系が過ごした時間 t_w に応じて状態を変化させることを意味する．また，スピングラスをある温度である時間経過したのち温度を変化させた場合の挙動にも特徴がみられる．たとえば，交流磁化率の虚部の時間依存性の測定中に温度を変化させると，系は新

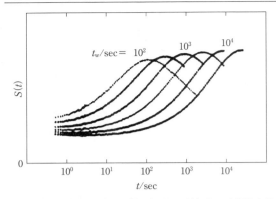

図1.9.57 Cu(10%Mn) スピングラスの緩和率の時間依存性（待ち時間 t_w でピークを示す）
[L. Sandlund, L. Lundgren, et al., J. Appl. Phys., **64**, 5616 (1988)]

しい温度で初期状態から緩和するような挙動を示す．これは若返り効果とよばれており，系は最初の温度での緩和挙動を忘れて，新しい温度における緩和過程を最初から始めるようにふるまう．これは，二つの異なる温度では最終的に系が到達する状態がまったく異なることに起因すると理解される．次に，この系を再び初期温度と等しい温度に戻すと，先に初期温度で到達した緩和状態から系の緩和が継続する．これはメモリー効果とよばれており，系は初期温度で経験した緩和過程を記憶しているようにふるまう．さらに，系を冷却する過程で T_g 以下の複数の異なる温度である時間冷却を停止したのち，低温から温度を上昇させて磁化率を測定すると，冷却時に停止した温度において磁化率の減少がみられる．これは複数の温度を系が記憶していることに対応することからマルチメモリー効果とよばれる．若返りとメモリー効果という一見矛盾する挙動，およびマルチメモリー効果は以下に述べるドロップレット描像[20]を基盤として解釈することができる．

(ⅱ) スピングラスの理論的解釈 スピングラスの理論的解釈の発端となるアイデアを提出したのは Edwards と Anderson（E-A）[21] である．E-A は，局在スピン間に働く交換相互作用を次式で表した．

$$H = -\sum_{n.n.} J_{ij} S_i S_j \qquad (1.9.33)$$

ここで，n.n. はスピン対に対して和をとることを表し，式 (1.9.33) の J_{ij} は正から負にわたって正規分布に従う．この場合，各スピンの方向はランダムに向き，十分に時間が経ったのちではスピンの熱平均値を用いて，式 (1.9.34) を秩序パラメーターとする描像を得た．

$$q = \frac{1}{N} \sum_{i=1}^{N} \langle S_i \rangle_T^2 \qquad (1.9.34)$$

E-A は，ここで考えたスピン系の物理量を計算するためにレプリカ法という統計手法を案出し，平均場近似を用いて秩序パラメーターで記述されるスピングラスの相転移を具体的に示すことに成功した．その後，Sherrington と Kirkpatrick（S-K）[22] は E-A モデルの無限レンジ版のモデルを提出し，平均場理論の立場から詳細な計算を行い，レプリカ対称性を仮定して低温でスピングラス相の出現を示す相図を得た．しかし，レプリカ対称性を仮定した場合，エントロピーが低温で負になるという問題点があることから，この仮定のもとでの S-K 解の安定性について研究が進められ，レプリカ対称性の破れを考慮した理論の必要性が生じてきた．Parisi[23] はこの条件を満足する S-K モデルの厳密解を求めることに成功し，これが現在のスピングラスの平均場描像を形成している．この描像からスピングラス相において状態の関数として求めた自由エネルギーは多谷構造をとり（図1.9.58），また，超計量性とよばれる解の特徴から状態のつくる空間が樹状構造をもつことが示されている．さらに，Thouless, Anderson と Palmer（TAP）[24] は，局所的なスピンのふるまいを調べたのち統計処理を行うことで TAP 方程式を導き，レプリカ法から得られたスピングラスの描像と矛盾しない結果を得ている．

平均場描像とは別に，実スピン空間からのアプローチとして，Fisher と Huse[20] により提案された半現象論的なスケーリング理論であるドロップレット描像がある．この描像では，スピングラス相の性質を決めている基本的なメカニズムはドロップレット励起（熱活性化過程によるスピンクラスターの全反転）であると考える（図1.9.59）．その励起自由エネルギーと反転時に乗り越えるべき自由エネルギー障壁の代表的な値は，ドロップレットのサイズ L でスケールされると考える．このとき，時間 t の間に反転できるドロップレットのサイズ $L(t)$ は，次式で見積もられる．

$$L(t) \sim L_0[(T/\Delta)\ln(t/t_0)]^{1/\Psi} \qquad (1.9.35)$$

ここで，Δ は自由エネルギー障壁，L_0 と t_0 は長さと時間の特徴的な大きさ，Ψ は障壁指数である．この式は，時間とともに成長するドロップレットのサイズとみることができ，この成長則を基にスピングラスのエイジングを議論することができる．また，この描像では，異なる温度の二つの平衡状態を比べると，オーバラップ長とよばれる長さスケール以上では二つの間に相関がないことが示され，これはカオス特性とよばれ，先に述べた若返り効果を説明する．

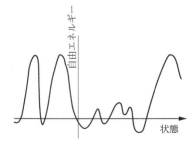

図1.9.58 多谷構造をもつ自由エネルギー空間

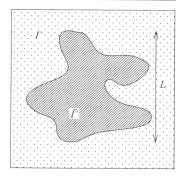

図 1.9.59 ドロップレットの模式図
Γ と $\bar{\Gamma}$ はスピンが全反転の関係にある．

以上のように，ドロップレット描像では，低温での特徴的な緩和挙動を定性的に説明することができる．一方，この描像では有限磁場中では常磁性相からスピングラス相への転移は生じないことが示されるが，これは，磁場中でスピングラス相が安定に存在することを示す平均場描像と矛盾する．磁場中での安定性の議論を基に，両者の描像の妥当性について長年にわたり議論が行われているが，いまだに結論は得られていない．

文　献

1) 芳田　奎，"磁性"，pp. 253-356, 岩波書店 (1991).
2) 近藤　淳，"金属電子論―磁性合金を中心として―"（物理学選書 16），pp. 62-193, 裳華房 (1983).
3) 安達健五，"化合物磁性 遍歴電子系"（物性科学選書），pp. 327-394, 裳華房 (1996).
4) J. Friedel, *Nuovo Climento Suppl.*, **7**, 287 (1958).
5) J. Kondo, *Prog. Theor. Phys.*, **32**, 37 (1964).
6) P. W. Anderson, G. Yuval, D. R. Hamann, *Phys. Rev. B*, **1**, 4464 (1970).
7) K. G. Wilson, *Mod. Phys.*, **47**, 773 (1975).
8) M. Rudermann, C. Kittel, *Phys. Rev.*, **96**, 99 (1954).
9) T. Kasuya, *Prog. Theor. Phys.*, **16**, 45 (1956).
10) K. Yosida, *Phys. Rev.*, **106**, 893 (1957).
11) K. A. Fisher, J. A. Hertz, "Spin glaases", Cambridge University Press (1991).
12) J. A. Mydosh, "Spin glasses : an experimental introduction", Taylor & Francis (1993).
13) "Spin glasses and random fields" (A. P. Young, ed.), World Scientific (1997).
14) 高山　一，"スピングラス"（パリティ物理学コース　クローズアップ），丸善出版 (1991).
15) 西森秀稔，"スピングラス理論と情報統計力学"（新物理学選書），岩波書店 (1999).
16) V. Cannella, J. A. Mydosh, *Phys. Rev. B*, **6**, 4229 (1972).
17) S. Nagata, P. H. Keesom, H. R. Harrison, *Phys. Rev. B*, **19**, 1635 (1979).
18) P. Monod, J. J. Préjean, B. Tissier, *J. Appl. Phys.*, **50**, 7324 (1979).
19) L. Sandlund, P. Svedlindh, P. Granberg, P. Nordblad, L. Lundgren, *J. Appl. Phys.*, **64**, 5616 (1988).
20) D. S. Fisher, D. A. Huse, *Phys. Rev. Lett.*, **56**, 1601 (1986).
21) S. F. Edwards, P. W. Anderson, *J. Phys. F*, **5**, 965 (1975).
22) D. Sherrington, S. Kirkpatrick, *Phys. Rev. Lett.*, **35**, 1792 (1975).
23) G. Parisi, *J. Phys. A*, **13**, L115, 1101, 1887 (1980).
24) D. J. Thouless, P. W. Anderson, R. G. Palmer, *Philos. Mag.*, **35**, 593 (1977).

1.9.4　酸　化　物

遷移金属酸化物の磁性体は多岐にわたり，すべてを紹介することは不可能である．ここでは，一部の 3d, 4d, および 5d 遷移元素の酸化物の磁性について結晶構造ごとに整理して俯瞰する．ランタノイドやアクチノイドの酸化物の多くも低温で磁気秩序を示すが，磁性体としての注目度は低く本項では触れない．なお，酸化物磁性体に関する 1990 年代前半以前の詳細なデータは，結晶構造や電子構造を含めて文献[1~3]などに掲載されているので，ぜひそちらもご覧いただきたい．

以下，小項目ごとに転移温度と磁気構造のデータを表にまとめ，それを補足する形で文章を記す．転移温度などについて複数の報告がある場合も多いが，ここではそのすべてを列挙していない点をご了解いただきたい．また，ほとんどの場合，多くの関連文献があるが，表ではその中で 1～2 点のみを記載している．

a. 岩塩型酸化物

二価の遷移金属の単酸化物の多くが岩塩 (rock salt) 型構造をとる．遷移金属イオンは酸素の形成する八面体で囲まれており，d 軌道のエネルギー準位は配位子場によってより安定な t_{2g} 軌道（三重縮退）と不安定な e_g 軌道（二重縮退）に分裂する．遷移金属 (M) サイトは面心立方格子を形成し，180° の M-O-M 結合で結ばれる第二近接の間に強い超交換相互作用が働く．そのため，図 1.9.60 に示す反強磁性が出現しやすい．MnO, FeO, CoO, NiO がその例である[4,5]．一方，CuO は Cu^{2+} の $3d^9$ 電子配置の影響でヤーン-テラーひずみが生じ，結晶構造は単斜晶にひずむ．この軌道整列のために交換相互作用も異方的となるとともに，最近接と第二近接の間に競合が生まれる．その結果，強誘電性を伴うらせん磁性相を経て 4 倍周期の反強磁性に移り変わる[6]．

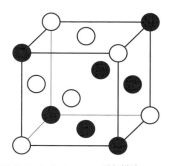

図 1.9.60 MnO, FeO, CoO, NiO の磁気構造
白丸と黒丸は逆向きの磁気モーメントを表す．酸素イオンは省いてある．

表 1.9.6 岩塩型遷移金属酸化物の磁気秩序

物質名	磁気転移温度/K	磁気構造	備考	文献
MnO	122	反強磁性		1)
FeO	198	反強磁性		1)
CoO	273	反強磁性		1)
NiO	650	反強磁性		1)
CuO	231	不整合らせん	強誘電	2)
	212	反強磁性	4倍周期	

1) C. G. Shull, E. O. Wollan, *et al., Phys. Rev.*, **83**, 333 (1951).
2) B. X. Yang, G. Shirane, *et al., Phys. Rev. B*, **39**, 4343 (1989).

表 1.9.6 に岩塩型遷移金属酸化物の磁気秩序を示す.

b. コランダム型酸化物

三価の遷移金属の酸化物の多くがコランダム (corundum) 型構造をとる. これは, 酸素 O の三角格子と遷移金属 M の三角格子の交互積層構造から, 遷移金属イオンの三つに一つを規則的に抜いた三方晶構造 (図 1.9.61) である. 遷移金属を囲む酸素八面体が面内方向には稜共有でつながり蜂の巣格子を形成する. 一方, c 軸方向には二つの八面体が面を共有する. Ti_2O_3 は温度低下に伴い金属から半導体へと転移するが, 絶縁体相でも長距離磁気秩序は見出されていない[7]. V_2O_3 は 160 K 近傍で金属から反強磁性絶縁体へと転移する[8]. $3d^3$ の Cr_2O_3 は絶縁体であり, 307 K 以下で反強磁性が出現している. 蜂の巣構造に並んだ Cr の磁気モーメントが反強磁性配列をとり, c 軸方向の八面体ペアも逆向きのスピンを有する (図 1.9.62)[9, 10]. 空間反転対称性と時間反転対称性は同時に破れ, 一次の電気磁気効果 (1.8.4 項参照) が出現する. コランダム型の Fe_2O_3 (ヘマタイト) は 950 K 以下で傾角反強磁性となるが, Fe スピンは蜂の巣層内で強磁性的にそ

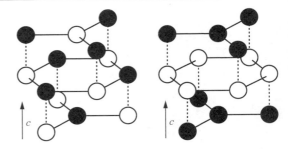

図 1.9.62 Cr_2O_3 (左) および $\alpha\text{-}Fe_2O_3$ (右) の磁気構造
c 軸方向に面共有でつながっているサイトを破線で示す. 白丸と黒丸は逆向きの磁気モーメントを表す. スピンは Cr_2O_3 では c 軸方向, Fe_2O_3 は高温では c 軸方向, 低温では c 面内にある. 酸素イオンは省いてある.

ろい, それが反強磁性的に積層している[4]. 260 K で Fe のスピンの方向が c 面内から c 軸方向に回転し, 弱い強磁性成分が消失する (Morin 転移)[11]. Dzyaloshinski はこの傾角強磁性の起源として反対称交換相互作用を提唱した[12]. これは, 現在 Dyaloshinski-Moriya 相互作用として知られているものである[13].

表 1.9.7 にコランダム型遷移金属酸化物の磁気秩序を示す.

c. ルチル型酸化物

四価の遷移金属の酸化物は, ルチル (rutile) 構造 (正方晶: 図 1.9.63) をとるものが多い. 遷移金属は八面体サイトを占め, 体心正方格子を形成している. 八面体は c 軸方向には稜を共有して鎖を形成し, 鎖間方向は頂点を共有してつながっている. VO_2 ではバナジウムあたり d 電子が一つ存在し, 鎖方向に伸びる軌道を占有する. このた

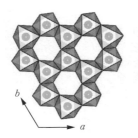
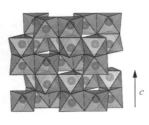

図 1.9.61 コランダム構造 (左は c 面投影図)
a, b, c の各軸は六方晶のときのものである. 球で表した金属イオンを囲む八面体の各頂点に酸素を配置する.

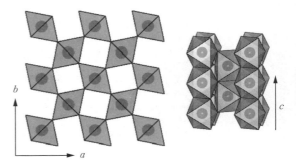

図 1.9.63 ルチル構造 (左は c 面投影図)
球で表した金属イオンを囲む八面体の各頂点に酸素を配置する.

表 1.9.7 コランダム型遷移金属酸化物の磁気秩序

物質名	磁気転移温度/K	磁気構造	備考	文献
Ti_2O_3	—	磁気秩序なし	約 450 K で金属絶縁体転移	R. M. Moon, *et al., J. Appl. Phys.*, **40**, 1445 (1969).
V_2O_3	160	反強磁性	金属絶縁体転移を伴う	W. B. Yelon, *et al., J. Appl. Phys.*, **52**, 2237 (1981).
Cr_2O_3	307	反強磁性	電気磁気効果を示す	B. N. Brockhouse, *J. Chem. Phys.*, **21**, 961 (1953); T. R. McGuire, *et al., Phys. Rev.*, **102**, 1000 (1956).
$\alpha\text{-}Fe_2O_3$	950	傾角反強磁性	スピンは c 面内	C. G. Shull, *et al., Phys. Rev.*, **83**, 333 (1951).
	250	反強磁性	スピンは c 軸に沿う	F. J. Morin, *Phys. Rev.*, **78**, 819 (1950).

表1.9.8 ルチル型遷移金属酸化物の磁気秩序

物質名	磁気転移温度 K	磁気構造	備考	文献
VO_2	340	非磁性	二量体化した非磁性絶縁体	G. Andersson, *Acta Chem. Scand.*, **10**, 623 (1956).
CrO_2	389	金属強磁性		A. Michel, *et al.*, *Compt. Rend.*, **200**, 1316 (1936).
β-MnO_2	93	らせん磁性	周期は3.5cに近い不整合	A. Yoshimori, *J. Phys. Soc. Jpn.*, **14**, 807 (1959).
NbO_2	1100	非磁性	二量体化した非磁性絶縁体	K. Sakata, *J. Phys. Soc. Jpn.*, **26**, 867 (1969).
MoO_2	—	常磁性金属	二量体化した金属	J. Ghose, *et al.*, *J. Solid State Chem.*, **19**, 365 (1976).
RhO_2	—	常磁性金属		R. D. Shannon, *Solid State Commun.*, **6**, 139 (1968).
RuO_2	—	常磁性金属		J. J. Lin, *et al.*, *J. Phys.: Condens. Matter*, **16**, 8035 (2004).
WO_2	—	常磁性金属	二量体化した金属	L. Ben-Dor, *et al.*, *Mater. Res. Bull.*, **9**, 837 (1974).
OsO_2	—	常磁性金属		P. C. Yena, *et al.*, *J. Cryst. Growth*, **262**, 271 (2004).
IrO_2	—	常磁性金属		J. J. Lin, *et al.*, *J. Phys.: Condens. Matter*, **16**, 8035 (2004).
PtO_2	—	常磁性金属		R. D. Shannon, *Solid State Commun.*, **6**, 139 (1968).

め，鎖内の隣接バナジウムサイト間で共有結合が生じるように二量体化を起こして非磁性絶縁体となる[14]．CrO_2では，もう一つのd電子が鎖間を移動できる軌道を中途半端に占め，強磁性金属状態が実現する[15]．MnO_2は，d^3配置であることからt_{2g}軌道が半分占有され，モット絶縁体となる．このとき，鎖内の反強磁性相互作用と鎖間の反強磁性相互作用の競合のため，らせん磁性が出現する[16]．4d, 5d遷移金属のルチル型酸化物はNbO_2を除いて常磁性金属である．

表1.9.8にルチル型遷移金属酸化物の磁気秩序を示す．

d. ペロブスカイト型酸化物

(i) 結晶構造 2種の陽イオンA, Bの複酸化物の構造は非常に多彩である．そのなかでも最も頻繁に出現する構造がペロブスカイト（perovskite）型あるいはその類縁構造である．ペロブスカイト型酸化物では，Bイオンに6個の酸素が配位して正八面体を形成し，それらが頂点を共有してつながり立方格子を形成する．さらに，八つの八面体で囲まれた大きな隙間をAイオンが占める（図1.9.64）．理想的なペロブスカイト構造ではB-O-B結合が直線であり，イオンを剛体球とみなすとイオン半径の間に式 (1.9.36) の関係が成り立つ．

$$\frac{r_A+r_O}{\sqrt{2}(r_B+r_O)}=1 \qquad (1.9.36)$$

ここで，r_A, r_B, r_OはそれぞれAイオン，Bイオン，酸化物イオンのイオン半径を表す．この左辺をトレランス因子とよぶ．遷移金属酸化物でトレランス因子が1に近くなるのはAイオンがSr^{2+}やBa^{2+}といった大きなアルカリ土類イオンでBイオンが四価の場合に限られ，通常は1より小さいことが多い．その結果，Aイオンが入る隙間を小さくするようにBO_6八面体が回転する．代表的な場合として空間群 *Pbnm*[*5] の斜方晶にひずんだ構造があり，これは$GdFeO_3$型構造とよばれる．このとき，B-O-Bの結合はかなり折れ曲がり，150°程度になることも珍しくない．$LaCoO_3$, $LaNiO_3$, $LaCuO_3$のように，トレランス

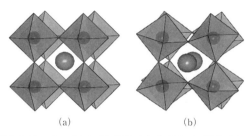

図1.9.64 ペロブスカイト構造 (a) と$GdFeO_3$構造 (b) 八面体の各頂点に酸素が配置する．大きな球はAサイトイオンを表す．

因子が比較的大きくなるとB-O-B結合角は少し直線に近づき，結晶構造は菱面体晶に変化する．

(ii) 結晶ひずみと磁性 $GeFeO_3$型のひずみは電気伝導と磁性に大きな影響を与える．まず，B-O-B結合角が小さくなると，d電子は局在しやすくなる．トレランス因子の微調整によって電子の遍歴性を制御した典型的な例として$RNiO_3$（以下，Rは希土類）を紹介する．希土類イオンは原子番号の増加につれて系統的にイオン半径が小さくなるランタニド収縮という性質をもっている．$RNiO_3$の電子状態を希土類イオン半径と温度で整理すると，図1.9.65のように希土類のイオン半径が小さい場合は低温で反強磁性絶縁体が現れる[17]．

また，隣接サイト間に Dzyaloshinskii-Moriya (DM) 相互作用（反対称交換相互作用）が働くため，傾角反強磁性がしばしば出現する．対称性の観点から，このDM相互作用に伴う強磁性成分の方向を決めることにより，反強磁性の成分を同定するという方法論も確立している．

(iii) Bertaut表記 ペロブスカイト型酸化物など，磁性イオンが擬立方格子を形成する場合，Bertautが提唱した方式で磁気構造を表示する場合が多い．立方体の頂点の磁気モーメントの配列と呼称の関係を図1.9.66に示す．この表記法は傾角反強磁性の場合にも用いられる．たとえ

[*5] 結晶学的には *Pnma* の表記のほうが推奨されているが，伝統的に *Pbnm* 表記が多い．

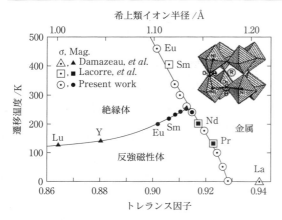

図 1.9.65 ペロブスカイト型希土類ニッケル酸化物の相図
[J. B. Torrance, et al., Phys. Rev. B, **45**, 8210 (1992)]

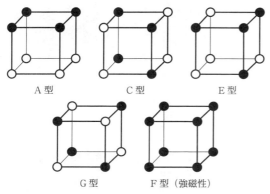

図 1.9.66 Bertaut が提案した擬立方格子磁性体の磁気構造の表現方法

ば，$G_aF_bA_c$（あるいは $G_xF_yA_z$）は，磁気双極子モーメントの a 軸，b 軸，c 軸成分がそれぞれ G 型，F 型，A 型に配列していることを表す．

（iv）三価の遷移金属を含むペロブスカイト型酸化物の磁性　RTiO$_3$ や RVO$_3$ はそれぞれ電子配置が d^1 あるいは d^2 の絶縁体であり，近似的に三重に縮退した t_{2g} 軌道の占有に関する自由度が存在する．RTiO$_3$ は R が大きい側では G 型反強磁性をとるが，R が小さい側では強磁性となる[18]．この原因として軌道整列と磁気構造の関係が示唆されているが，今のところ結論は得られていない．RVO$_3$ では V スピンモーメントが ab 面内で互い違いに並ぶが，c 軸方向の積層様式が R イオンに依存する．R が大きい側では同位相で積層する C 型反強磁性が低温まで安定であるのに対し，R が小さいと温度低下とともに G 型反強磁性に変化する[19]．これに加えて，Dzyaloshinski-Moriya 相互作用に伴う傾角強磁性成分が現れるが，その磁化が温度によって反転するという特異な現象が報告されている[20]．

RCrO$_3$ および RFeO$_3$ は電子配置が d^3，d^5 であり，軌道自由度が存在しない[21, 22]．そのため，基本的には G 型反強磁性配列が見られる．ただし，Dzyaloshinski-Moriya 相互作用に伴う傾角強磁性が寄生する場合が多い．

RMnO$_3$ の電子配置はヤーン-テラー活性な d^4 である．実際，長細く変形した八面体が ab 面内で交互に並んだ共同ヤーン-テラーひずみと軌道整列によって室温よりかなり高温で金属から絶縁体に転移する．この軌道整列と GdFeO$_3$ 型ひずみは低温での磁気秩序に大いに影響を与える[23]．R が Gd より大きいときは ab 面内では軌道交替の影響でスピンは強磁性的にそろい，それが c 軸方向には反強磁性的に積層した磁気秩序（正確には傾角強磁性）を示す．R のイオン半径が小さくなると，第二近接サイト間に強磁性相互作用が働き，最近接間の反強磁性相互作用と競合する．その結果，R が Ho や Y あるいはそれより小さな希土類の場合，ab 面内で 4 倍周期の磁気秩序が出現する．これらの中間にあたる TbMnO$_3$ や DyMnO$_3$ では低温でサイクロイド型らせん磁性が出現し，これが強誘電性や巨大電気磁気効果を引き起こす[24]．

RCoO$_3$ は 3d 電子が 6 個であり S＝0 の低スピン状態が基底状態となり LaCoO$_3$ 低温での磁化率は 0 に漸近する．しかし，室温程度でも電子が t_{2g} 軌道から e_g 軌道へと熱励起され，常磁性半導体としてふるまう．

RNiO$_3$ は，先に述べたように R のイオン半径に強く依存した相図を示す．なお，RNiO$_3$ の反強磁性は擬似立方晶のどの方向にも 4 倍周期で，強磁性の Ni-Ni 対と反強磁性の Ni-Ni 対が同数存在するという不思議な構造である．軌道整列起源説も唱えられたが，現在では Ni サイトの電荷密度の空間的変調が原因であるとされる[25]．

なお，RMO$_3$ は遷移金属の種類にかかわらず，低温では希土類のモーメントが寄与した複雑な相転移を示すことが多い．

A サイトが Bi^{3+} の場合は，6s^2 電子をもつ点が希土類イオンと異なる．このため，BiMO$_3$ は RMO$_3$ とは異なる性質を示す場合が多い．BiMnO$_3$ における Mn イオンは RMnO$_3$ とは異なる軌道整列パターンをとり，強磁性を示す．BiFeO$_3$ は擬立方晶の [111] 方向に分極をもつ強誘電体であり，かつ，傾角 G 型反強磁性がゆっくりと回転するらせん磁性をとる[26]．

（v）四価の遷移金属を含むペロブスカイト型酸化物の磁性　A サイトが Sr^{2+} の場合は式 (1.9.36) に示すトレランス因子が 1 に近く常磁性金属になりやすい．ただし，SrFeO$_3$ は格子不整合ならせん磁性を伴い，SrRuO$_3$ は強磁性金属である．SrMnO$_3$ と CaMnO$_3$ は d^3 配置のため絶縁体となり，単純な G 型反強磁性秩序を示す．A サイトが Pb の系は磁性と強誘電性の共存状態を狙った研究の対象となっているが，現在のところ，BiFeO$_3$ のように応用に関する潜在性をもつ物質は見出されていない．

（vi）電荷ドーピング効果　ペロブスカイト構造ではさまざまなイオン置換が可能なため，A サイトをアルカリ土類金属と希土類金属の固溶とすることで，遷移金属の

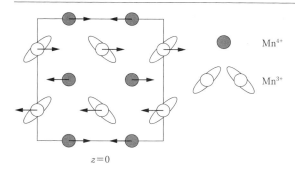

図1.9.67 平均価数が 3.5 価のペロブスカイト型マンガン酸化物でしばしば見られる電荷軌道整列相の CE 型反強磁性
白丸は Mn^{3+}, 灰色は Mn^{4+} を, 矢印は磁気モーメントをそれぞれ表す. Mn^{3+} サイトには, e_g 電子の伸びる向きが合わせて示されている. $z=1/2$ の層では電荷と軌道の配列は変化せずに, 磁気モーメントのみが反転する.

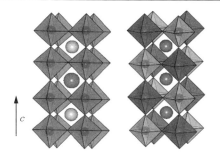

図1.9.68 A サイト秩序型二重ペロブスカイト構造（左）と B サイト秩序型二重ペロブスカイト構造（右）
大きな球は A サイトイオンを表す.

形式価数を非整数とする, いわゆる電荷ドーピングが広く行われている. これによって, 一般的には反強磁性絶縁体から常磁性金属への転移が起きる. それに加えて, Mn や Co では興味深い磁性が見られる. $RMnO_3$ にアルカリ土類金属の部分置換を行うと, 大きな希土類とアルカリ土類金属の組合せの場合は, 強磁性金属相が出現する. たとえば, $(La, Sr)MnO_3$ は広い組成領域で強磁性金属である. 一方, A サイトのイオン半径が十分小さいと, 電子の遍歴性は失われ Mn^{3+} と Mn^{4+} が空間的に規則配列した状態が出現する. この電荷整列状態は Mn^{3+} のヤーン-テラー効果のため, 結晶構造も磁気構造も大変複雑になる[27]. たとえば, 希土類とアルカリ土類の組成比が 1:1 の場合は, ヤーン-テラー変形を起こした Mn^{3+} の軌道状態も空間的に整列し（軌道整列）, その影響で CE 型とよばれる複雑な格子整合磁気秩序が出現する（図1.9.67）. この状態から組成比をずらしたり結合角を少し大きくしたりすることで, 電荷と軌道の空間配列パターンは容易に変化する. その結果, A 型, C 型, $C_{1-x}E_x$ 型といったさまざまな複雑な磁気秩序が発現する. $RCoO_3$ は, 低温で t_{2g} 軌道がすべて占有された低スピン状態の非磁性絶縁体であるが, 希土類サイトの一部をアルカリ土類で置換して Co の d 電子数を 6 から減らすと, 電気伝導度が上昇するとともに強磁性が出現する. そのほか, 非磁性の絶縁体 $LaCoO_3$ とパウリ常磁性金属の $LaNiO_3$ を固溶させると強磁性金属が出現するが, これも一種の電荷ドーピングとみなせる.

（vii）**A サイト秩序型ペロブスカイト構造**　A サイトで Ba と希土類が秩序配列した正方晶系の物質もいくつか知られている. この種の A サイト秩序型ペロブスカイトでは, R と Ba がペロブスカイト構造の c 軸方向に交互に並ぶ場合が多い（図1.9.68）. このとき, 希土類層の酸素が抜ける場合も多く, 結晶構造に影響を与えるとともに伝導性を擬二次元的にする. その典型例は, $YBa_2Cu_3O_7$ 高温超伝導体であろう. そのほかにも $RBaMn_2O_6$, $RBaFe_2O_6$, $RBaCo_2O_{6-\delta}$ などが知られている. 電気的には, 一般的には平均イオン価数やトレランス因子が同等の A サイト固溶型の系よりも絶縁体領域が広がる傾向にある. たとえば, A サイト秩序型ペロブスカイト Mn 酸化物では, A サイト固溶の場合より電荷軌道整列相が高温から出やすい[28]. また, A サイト秩序型ペロブスカイト Co 酸化物が酸素欠損を伴った場合, 室温以上で絶縁体転移が報告されており, それとともに弱強磁性を伴う反強磁性へと転移する.

表1.9.9（次ページ）にペロブスカイト型遷移金属酸化物の磁気秩序を示す.

e. K_2NiF_4 型酸化物

ペロブスカイト構造と岩塩構造を繰り返すと一般式 $A_{n+1}B_nO_{3n+1}$ で表される層状構造（Ruddlesden-Popper シリーズ[29]）ができる（図1.9.69）. なかでも $n=1$ に対応する K_2NiF_4 構造をとる磁性体は数多く知られている. 酸素の八面体に囲まれた遷移金属は二次元正方格子を形成し, 低温でチェッカーボード型の二次元反強磁性秩序をとりやすい. なお, La_2CuO_4 は銅酸化物高温超伝導体の母物質として有名である.

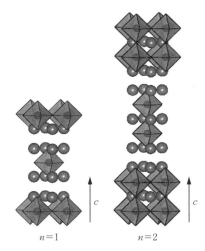

図1.9.69 層状ペロブスカイト構造 ($A_{n+1}B_nO_{3n+1}$)
大きな球は A サイトイオンを表す.

表 1.9.9 ペロブスカイト型遷移金属酸化物の磁気秩序

物質名	磁気転移温度/K	磁気構造	備考	文献	物質名	磁気転移温度/K	磁気構造	備考	文献
$YTiO_3$	30	強磁性(F_z)		1), 2)	$TbMnO_3$	42	スピン密度波		26)
$LaTiO_3$	110〜140	G_zF_x または G_xF_z		3), 4)		27	サイクロイド型らせん磁性	強誘電体	26)
$CeTiO_3$	116	G_zF_x?		2), 3)	$DyMnO_3$	39	スピン密度波		27)
$PrTiO_3$	120	G型反強磁性	傾角反強磁性	2), 5)		18	サイクロイド型らせん磁性	強誘電体	27)
$NdTiO_3$	90〜110	G型反強磁性	傾角反強磁性	6)	$HoMnO_3$	41	スピン密度波		28)
$SmTiO_3$	70	G型反強磁性	傾角反強磁性	6)		29	E_y	強誘電体	28)
$GdTiO_3$	32〜34	強磁性(F_z)	低温ではフェリ磁性	7)	$ErMnO_3$	42	スピン密度波		29)
$TbTiO_3$	49	強磁性(F_z)	低温ではフェリ磁性	7)	$TmMnO_3$	42	スピン密度波		30)
$DyTiO_3$	60	強磁性(F_y)	低温ではフェリ磁性	7)		32	E_y	強誘電体	30)
$HoTiO_3$	56	強磁性(F_y)	低温ではフェリ磁性	7)	$YbMnO_3$	43	E_y	強誘電体	31)
$ErTiO_3$	42	強磁性(F_z)	低温ではフェリ磁性	7)	$LuMnO_3$	40	E_y	強誘電体	32)
$TmTiO_3$	68	強磁性(F_z)	低温ではフェリ磁性	7)	$BiMnO_3$	105	強磁性	強誘電体という報告あり	33)
$YbTiO_3$	36	強磁性(F_z)	低温ではフェリ磁性	6)	$YFeO_3$	645	G型反強磁性		34)
$LuTiO_3$	40	強磁性		6)	$LaFeO_3$	738	G型反強磁性		21)
YVO_3	110〜114	C_yF_x		8)	$PrFeO_3$	707	G型反強磁性		35)
	78〜90	G_xF_z		8)	$NdFeO_3$	693	G型反強磁性		36)
$LaVO_3$	124〜156	C型反強磁性	傾角反強磁性	9)	$SmFeO_3$	673	G型反強磁性		35)
$CeVO_3$	136〜145	C型反強磁性	傾角反強磁性	10)	$EuFeO_3$	663	G型反強磁性		35)
$PrVO_3$	135〜150	C_xF_y		11)	$GdFeO_3$	661	G型反強磁性		35)
$NdVO_3$	132〜150	C_yF_x, C_xF_y		12)	$TbFeO_3$	652	G型反強磁性		34)
$SmVO_3$	118〜130	傾角反強磁性		11)	$DyFeO_3$	645	G型反強磁性		35)
$EuVO_3$	110〜130	傾角反強磁性		13)	$HoFeO_3$	643	G型反強磁性		36)
$GdVO_3$	118	傾角反強磁性		11)	$ErFeO_3$	641	G型反強磁性		36)
$TbVO_3$	110	C_xF_y		14)	$TmFeO_3$	631	G型反強磁性		34)
$DyVO_3$	112	C_xF_y		14)	$YbFeO_3$	632	G型反強磁性		34)
	64〜70	G型反強磁性		14)	$LuFeO_3$	622	G型反強磁性		35)
$HoVO_3$	108〜110	C型反強磁性	傾角反強磁性	11)	$BiFeO_3$	643	G型反強磁性のサイクロイド変調	強誘電体	37)
	63	G_xF_z		15)					
$ErVO_3$	110	C型反強磁性	傾角反強磁性	11)	$YNiO_3$	145	4倍周期反強磁性		38)
	63	G_xF_z		15)	$LaNiO_3$	—	パウリ常磁性	金属	21)
$TmVO_3$	88〜106	C型反強磁性	傾角反強磁性	11)	$PrNiO_3$	135	4倍周期反強磁性	金属絶縁体転移を伴う	39)
	70	G_xF_x		15)	$NdNiO_3$	200	4倍周期反強磁性	金属絶縁体転移を伴う	40)
$YbVO_3$	104	C型反強磁性	傾角反強磁性	16)	$SmNiO_3$	230	4倍周期反強磁性	400Kで金属絶縁体転移	41)
	64	G_xF_x		15)	$EuNiO_3$	220	4倍周期反強磁性	420Kで金属絶縁体転移	41)
$LuVO_3$	107	C型反強磁性	傾角反強磁性	17)	$GdNiO_3$	185	反強磁性		42)
	79	G_xF_x		15)	$DyNiO_3$	154	反強磁性		42)
$YCrO_3$	141	G型反強磁性		18)	$HoNiO_3$	148	4倍周期反強磁性		43)
$LaCrO_3$	282	G型反強磁性		18)	$LuNiO_3$	130	反強磁性		44)
$CeCrO_3$	257			18)	$CaVO_3$	—	パウリ常磁性	金属	45)
$PrCrO_3$	239	G型反強磁性		18)	$SrVO_3$	—	パウリ常磁性	金属	45)
$NdCrO_3$	224	G型反強磁性		18)	$CaCrO_3$	90	C型反強磁性	金属	46)
$SmCrO_3$	192			18)	$SrCrO_3$	—	パウリ常磁性	金属	47)
$EuCrO_3$	181			18)	$PbCrO_3$	240	G型反強磁性		48)
$GdCrO_3$	170			18)	$CaMnO_3$	110	G型反強磁性		49)
$TbCrO_3$	158	G型反強磁性		18)	$SrMnO_3$	278	G型反強磁性		50)
$DyCrO_3$	146	G型反強磁性		18)	$CaFeO_3$	115	ねじ型らせん磁性	290Kで電荷不均化とその秩序配列に伴う金属絶縁体転移	51)
$HoCrO_3$	141	G型反強磁性		18)					
$ErCrO_3$	133	G型反強磁性		18)					
$TmCrO_3$	124	G型反強磁性		18)					
$YbCrO_3$	118	G型反強磁性		18)	$SrFeO_3$	134	ねじ型らせん磁性		52)
$LuCrO_3$	112	G型反強磁性		18)		60	不明	伝導度と磁性に異常	52)
$BiCrO_3$	110	G型反強磁性		19)	$CaRhO_3$	—	磁気秩序なし	金属	53)
$YMnO_3$	42	スピン密度波		20)	$SrRhO_3$	—	磁気秩序なし	金属	53)
	28	?	強誘電体	20)	$CaRuO_3$	—	長距離秩序なし	金属	54)
$LaMnO_3$	100	A_yF_z		21)	$SrRuO_3$	160	強磁性	金属	55)
$PrMnO_3$	91	A_yF_z		22)	$PbRuO_3$	—	長距離秩序なし	90Kで金属絶縁体転移を伴う構造相転移	56)
$NdMnO_3$	78	A_yF_z		23)					
$SmMnO_3$	60	反強磁性	強磁性成分あり	24)					
$EuMnO_3$	50	スピン密度波		24)	$SrIrO_3$	—	パウリ常磁性	金属	57)
	43	反強磁性	c軸方向に強磁性成分	24)	$NaOsO_3$	410	反強磁性	金属絶縁体転移を伴う	58)
$GdMnO_3$	42	スピン密度波		25)					
	20	反強磁性	c軸方向に強磁性成分	25)					

1) J. D. Garrett, D. A. MacLean, *et al., Mater. Res. Bull.,* **16**, 145 (1981).
2) J. E. Greedan, *J. Less Common Met.,* **111**, 335 (1985).
3) J. P. Goral, J. E. Greedan, *J. Magn. Magn. Mater.,* **37**, 315 (1983).
4) Y. Maeno, T. Fujita, *et al., Physica,* **165-166**, 1185 (1990).
5) J.E. Greedan, *J. Magn. Magn. Mater.,* **44**, 299 (1984)
6) H. D. Zhou, J. B. Goodenough, *J. Phys. : Condens. Matter,* **17**, 7395 (2005).
7) C. W. Turner, J. E. Greedan, *J. Solid State Chem.,* **34**, 207 (1980).
8) H. Kawano, H. Yoshizawa, Y. Ueda, *J. Phys. Soc. Jpn.,* **63**, 2857 (1994).
9) V. G. Zubkov, G. P. Shveikin, *et al., Sov. Phys. Solid State,* **18**, 1165 (1976).
10) A. Muñoz, J. L. Martínez, *et al., Phys. Rev. B,* **68**, 144429 (2003).
11) G. V. Bazuev, G. P. Schveikin, *et al., Fiz. Tverd. Tela,* **16**, 240 (1973). [*Sov. Phys. Solid State,* **16**, 155 (1974)]
12) M. Reehuis, B. Keimer, *et al., Phys. Rev. B,* **73**, 094440 (2006).
13) G. V. Bazuev, G. P. Schveikin, *et al., Fiz. Tverd. Tela,* **5**, 2203 (1973).
14) S. Miyasaka, Y. Tokura, *et al., Phys. Rev. Lett.,* **99**, 217201 (2007).
15) T. Sakai, J. Shiokawa, *et al., J. Appl. Phys.,* **48**, 379 (1977).
16) A. Muñoz, J. L. Martínez, *et al., J. Mater. Chem.,* **13**, 1234 (2003).
17) A. Muñoz, J. L. Martínez, *et al., Chem. Mater.,* **16**, 1544 (2004).
18) E. F. Bertaut, J. P. Rebouillat, *et al., J. Appl. Phys.,* **37**, 1038 (1966).
19) C. Darie, E. Suard, *et al., Solid State Sci.,* **12**, 660 (2010).
20) A. Muñoz, M. T. Fernández-Díaz, *et al., J. Phys. : Condens. Matter,* **14**, 3285 (2002).
21) W. C. Koehler, E. O. Wollan, *J. Phys. Chem. Solids,* **2**, 100 (1957).
22) S. Quezel-Ambrunaz, *Bull. Soc. Franc. Minér. Crist.,* **91**, 339 (1968).
23) A. Muñoz, M. T. J. Fernández-Díaz, *et al., J. Phys. : Condens. Matter,* **12**, 1361 (2000).
24) A. A. Mukhin, A. Loidl, *et al., J. Magn. Magn. Mater.,* **272-276**, 96 (2004).
25) J. Hemberger, S. L. Lobina, H.-A. Krug von Nidda, *et al., Phys. Rev. B,* **70**, 024414 (2004).
26) M. Kenzelmann, J. W. Lynn, *et al., Phys. Rev. Lett.,* **95**, 087206 (2005).
27) O. Prokhnenko, D. N. Argyriou, *et al., Phys. Rev. Lett.,* **98** 057206 (2007).
28) A. Muñoz, M. T. Fernández-Díaz, *et al., Inorg. Chem.,* **40**, 1020 (2001).
29) F. Ye, H. A. Mook, *et al., Phys. Rev. B,* **76**, 060402 (2007).
30) V. Yu Pomjakushin, E. Takayama-Muromachi, *et al., New J. Phys.,* **11**, 043019 (2009).
31) Y. H. Huang, J. B. Goodenough, *et al., Chem. Mater.,* **19**, 2139 (2007).
32) H. Okamoto, H. Fjellvåg, *et al., Solid State Commun.,* **146**, 152 (2008).
33) A. Moreira dos Santos, H. Chiba, *et al., Phys. Rev. B,* **66**, 064425 (2002) ; A. A. Belik, E. Takayama-Muromachi, *et al., J. Am. Chem. Soc.,* **129**, 971 (2007).
34) P. Pataud, J. Sivardière, *J. Phys.,* **31**, 803 (1970).
35) W. P. Wolf, *J. Appl. Phys.,* **40**, 1061 (1969).
36) W. C. Koehler, M. K. Wilkinson, *et al., Phys. Rev.,* **118**, 58 (1960).
37) J. Herrero-Albillos, J. F. Scott, *et al., J. Phys. : Condens. Matter,* **22**, 256001 (2010).
38) J. A. Alonso, M. T. Casais, *et al., Phys. Rev. Lett.,* **82**, 3871 (1999).
39) J. L. García-Muñoz, P. Lacorre, *et al., Europhys. Lett.,* **20**, 241 (1992).
40) J. L. García-Muñoz, P. Lacorre, *et al., Phys. Rev. B,* **50**, 978 (1994).
41) J. Rodríguez-Carvajal, V. Trounov, *et al., Phys. Rev. B,* **57**, 456 (1998).
42) J. A. Alonso, M. T. Fernández-Díaz, *et al., Chem. Mater.,* **11**, 2463 (1999).
43) M. T. Fernández-Díaz, J. L. García-Muñoz, *et al., Phys. Rev. B,* **64**, 144417 (2001).
44) G. Demazeau, P. Hagenmuller, *et al., J. Solid State Chem.,* **3**, 582 (1971).
45) B. L. Chamberland, P. S. Danielson, *J. Solid State Chem.,* **3**, 243 (1971).
46) A. C. Komarek, M. Braden, *et al., Phys. Rev. Lett.,* **101**, 167204 (2008).
47) B. L. Chamberland, *Solid State Commun.,* **5**, 663 (1967).
48) W. L. Roth, R. C. Devries, *J. Appl. Phys.,* **38**, 951 (1967).
49) Z. Jirak, S. Vratislav, *et al., J. Magn. Magn. Mater.,* **53**, 153 (1985).
50) T. Takeda, S. Ohara, *J. Phys. Soc. Jpn.,* **37**, 275 (1974).
51) P. Woodward, S. Morimoto, *et al., Phys. Rev. B,* **62**, 844 (2000).
52) P. Adler, B. Keimer, *et al., Phys. Rev. B,* **73**, 094451 (2006).
53) K. Yamaura, E. Takayama-Muromachi, *Physica C,* **445**, 54 (2006).
54) G. L. Catchen, D. G. Schlom, *et al., Phys. Rev. B,* **49**, 318 (1994).
55) A. Callaghan, R. Ward, *et al., Inorg. Chem.,* **5**, 1572 (1966).
56) S. A. J. Kimber, J. P. Attfield, *et al., Phys. Rev. Lett.,* **102**, 046409 (2009).
57) G. Cao, P. Schlottmann, *et al., Phy. Rev. B,* **76**, 100402(R) (2007).
58) Y. G. Shi, S. Okamoto, *et al., Phys. Rev. B,* **80**, 161104(R) (2009).

表1.9.10にK_2NiF_4型遷移金属酸化物の磁気秩序を示す.

f. スピネル型酸化物

（i）結晶構造 2種類の遷移金属の複酸化物には，AB_2O_4という式で表される立方晶のスピネル（spinel）構造（図1.9.70）をとるものも多い．ここで，Aは酸素四つに囲まれた四面体サイト，Bは酸素六つに囲まれた八面体サイトである．Aサイトはスピネル構造の中でダイヤモンド格子[*6]を，Bサイトはパイロクロア格子[*6]（図1.9.71）を，それぞれ形成する．Aサイトに二価，Bサイトに三価のイオンが入れば陽イオンの平均価数が合う．実際，Zn^{2+}はAサイトを，Cr^{3+}はBサイトを，それぞれ選択的に占有する．しかし，場合によっては，Aサイトに三価のイオンが入り，Bサイトの平均価数が2.5価の場合もある．前者を正スピネル，後者を逆スピネルとよぶ．たとえば，Fe_3O_4は逆スピネルである．このとき，Fe^{2+}とFe^{3+}がBサイトをどのように占有するかという電荷の自由度がある．実際，Fe_3O_4は，おおよそ120 K以下でFe^{2+}とFe^{3+}が複雑な空間配列を示す[30]．

（ii）交換相互作用 A-O-Aという結合は存在しないため，隣接するA-A間に働く磁気的な相互作用は一般的に弱い．AO_4四面体は，BO_6八面体と角を共有してつながっており，A-O-Bの角度はおよそ125°である．したがって，AとBがともに磁性イオンの場合はAB間に比

[*6] 厳密には，ダイヤモンドもパイロクロアも格子ではないが，ここでは，副格子の存在も含めてダイヤモンド格子，パイロクロア格子などとよぶことにする．

表 1.9.10 　K₂NiF₄ 型遷移金属酸化物の磁気秩序

物質名	磁気転移温度/K	磁気構造	備考	文献	物質名	磁気転移温度/K	磁気構造	備考	文献
Sr_2VO_4	10			1)	Nd_2NiO_4		反強磁性		10)
Sr_2CrO_4		長距離秩序なし		2)	$LaSrNiO_4$		常磁性金属		11)
Sr_2MnO_4	170	反強磁性		3)	La_2CuO_4	325	反強磁性		12)
Ca_2MnO_4	114	反強磁性		4)	$(La, Sr)_2CuO_4$	39	超伝導		13)
$LaSrFeO_4$	350〜380	反強磁性		5)	Sr_2MoO_4	—	金属		14)
Sr_2CoO_4	250	強磁性金属	薄膜	6)	Sr_2RhO_4	—	常磁性金属		15)
La_2CoO_4	275	反強磁性		7)	Ca_2RuO_4	110	反強磁性		16)
La_2NiO_4		反強磁性		8)	Sr_2RuO_4	1	超伝導	p 波超伝導	17)
Pr_2NiO_4	117	反強磁性		9)	Sr_2IrO_4	240	反強磁性	0.2 T でメタ磁性転移	18)

1) M. Cyrot, et al., J. Solid State Chem., **85**, 321 (1990).
2) T. Baikie, et al., J. Solid State Chem., **180**, 1538 (2007).
3) J.-C. Bouloux, et al., J. Solid State Chem., **38**, 34 (1981).
4) D. E. Cox, et al., Phys. Rev., **188**, 930 (1969).
5) J. L. Soubeyroux, et al., J. Solid State Chem., **31**, 313 (1980).
6) J. Matsuno, et al., Phys. Rev. Lett., **93**, 167202 (2004).
7) K. Yamada, et al., Phys. Rev. B, **39**, 2336 (1989).
8) R. J. Birgeneau, et al., Phys. Rev. B, **1**, 2211 (1970).
9) M. T. Fernández-Díaz, et al., Phys. Rev. B, **47**, 5834 (1993).
10) J. Rodriguez-Carvajal, et al., Europhys. Lett., **11**, 261 (1990).
11) R. J. Cava, et al., Phys. Rev. B, **43**, 1229 (1991).
12) D. Petitgrand, et al., J. Magn. Magn. Mater., **104-107**, 585 (1992).
13) K. Kishio, et al., Chem. Lett., **16**, 429 (1987).
14) N. Shirakawa, Phys. C, **364**, 309 (2001).
15) R. S. Perry, et al., New J. Phys., **8**, 175 (2006).
16) K. T. Park, J. Phys. Condens. Matter, **13**, 9231 (2001).
17) Y. Maeno, et al., Nature, **372**, 532 (1994).
18) B. J. Kim, et al., Science, **323**, 1329 (2009).

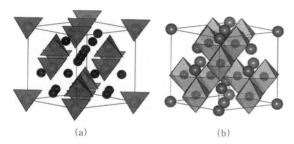

図 1.9.70 　スピネル構造
(a) A サイトを囲む四面体　(b) は B サイトを囲む八面体

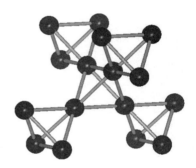

図 1.9.71 　パイロクロア格子

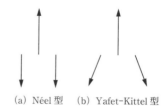

(a) Néel 型　(b) Yafet-Kittel 型

図 1.9.72 　共線的なフェリ磁性（Néel 型）(a) と Yafet-Kittel 型のフェリ磁性 (b)

較的強い超交換相互作用が働く．一方，BO_6 八面体は稜を共有してつながっているため，B-O-B の結合角は 90 度に近く，超交換相互作用は A-B 間に比べて小さい．また，B イオンは正四面体が三次元的につながったパイロクロア格子（図 1.9.71）をとるため，単純な反強磁性配列は困難である．A-B 間の超交換相互作用が十分強い場合は，フェリ磁性が出現しやすくなる．

一方，B イオンの間の反強磁性相互作用が比較的強くなると，A-B 間の反強磁性的超交換相互作用との競合が起きる．その効果を考慮すると，B サイトが 2 種類の磁気副格子に分裂し，その結果，ひずんだ三角配置型のフェリ磁性構造（図 1.9.72）をとり得ることが Yafet と Kittel によって提唱された[31]．さらに，場合によっては，B イオンのパイロクロア格子に起因する強いフラストレーションや，A サイトや B サイトの d 電子配置に起因するヤーン-テラーひずみが生じることもある．スピネル型酸化物の磁性はこれらのさまざまな要因のため，非常に多彩である．

(iii) **スピネル型 V 酸化物**　　LiV_2O_4 は $\gamma \sim 0.42$ J mol⁻¹ K⁻² という d 電子系では最大のゾンマーフェルト定数が観測され[32]，f 電子のない重い電子系として注目さ

れている．また，B サイトが V^{3+} の物質では V^{3+} の軌道が整列し，磁気構造にも影響を与える．

(iv) **スピネル型 Cr 酸化物**　　Cr^{3+} が B サイトを占有すると t_{2g} 軌道に三つの電子が入る．そのため，Cr-Cr 間の直接交換相互作用が比較的強く，また軌道自由度がないためフラストレーションの影響が強くなる．A サイトがヤーン-テラーひずみを示さない $CoCr_2O_4$, $MnCr_2O_4$ では，三重円錐らせん型磁気秩序が出現し[33]，強誘電分極を発現する．A サイトがヤーン-テラーイオンとなると，

$CuCr_2O_4$ の Yafet-Kittel 型三角配列[34]，$FeCr_2O_4$ の円錐らせん型磁気秩序[35]，三重ファン型磁気秩序（$NiCr_2O_4$）[36] など多彩な磁気構造を示す．

（v）スピネル型 Mn 酸化物　Mn^{3+} のスピネル型酸化物はヤーン-テラーひずみが大きく，らせん磁気構造は出ない．しかし，Mn_3O_4 は単純な三角配置フェリ磁性から格子不整合な三角配置フェリ磁性へと移行し，それがさらに長周期の格子整合三角配置フェリ磁性へと移る逐次相転移を示す[37]．

（vi）スピネル型 Fe 酸化物および Co 酸化物　Co や Fe が八面体サイトを占有すると，A-O-B の反強磁性相互作用が優勢になり，一般的にフェリ磁性を示すことが多い．Fe を含んだ多くのスピネルはフェリ磁性転移温度が室温よりかなり高い．さらに，立方晶で磁気異方性が小さいため，代表的なソフトマグネットとしてよく用いられる．フェリ磁性の特徴として，通常の強磁性（Q 型とよばれる）とは異なる磁化の温度変化を示すことがある．この温度変化は A サイトと B サイトの磁化の温度依存性の差として，分子場理論から説明される．

表 1.9.11 にスピネル型遷移金属酸化物の磁気秩序を示す．

g. パイロクロア型酸化物

（i）結晶構造　パイロクロア（pyrochlore）構造（図 1.9.73）は，ペロブスカイトと同様に典型元素と遷移元素が 1 対 1 の比をとるが，A サイトの配位数が 8 であり，典型元素のイオン半径がペロブスカイトと比較して少

表 1.9.11　スピネル型遷移金属酸化物の磁気秩序

物質名	磁気転移温度/K	磁気構造	備考	文献	物質名	磁気転移温度/K	磁気構造	備考	文献
$MgTi_2O_4$	260	非磁性	二量体化による一重項形成	1)	$ZnCr_2O_4$	12	反強磁性		16)
					$CdCr_2O_4$	8	反強磁性	正方晶転移を伴う	17)
LiV_2O_4	—	パウリ常磁性	重い電子系	2)	$HgCr_2O_4$	6	反強磁性	斜方晶転移を伴う	18)
MgV_2O_4		反強磁性？	65 K 以下正方晶	3)	Mn_3O_4	41	フェリ磁性？		19)
MnV_2O_4	56	フェリ磁性	立方晶	4)		39	不整合 Yafet-Kittel 型フェリ磁性		19)
	53	非共面型フェリ磁性	正方晶転移を伴う	5)					
FeV_2O_4	110	フェリ磁性	正方晶-斜方晶転移を伴う	6)		33	Yafet-Kittel 型フェリ磁性		19)
ZnV_2O_4	40	反強磁性	50 K 以下正方晶	7)	$CoFe_2O_4$	860	フェリ磁性		20)
CdV_2O_4	30	反強磁性	90 K 以下正方晶	8)	$CuFe_2O_4$	728	フェリ磁性		21)
AlV_2O_4	—	キュリー常磁性	700 K で七量体化構造相転移	9)	Fe_3O_4	861	フェリ磁性		22)
						120		Fe^{2+} と Fe^{3+} の整列	23)
$MgCr_2O_4$	13	反強磁性	正方晶転移を伴う	10)	$FeCo_2O_4$	450	フェリ磁性		24)
$MnCr_2O_4$	51	フェリ磁性		11)	$MgFe_2O_4$	703〜733	フェリ磁性		25)
	14	三重円錐らせん	強誘電体	11)	$MnCo_2O_4$	185	フェリ磁性		26)
$FeCr_2O_4$	80	フェリ磁性	135 K 以下正方晶	12)	$MnFe_2O_4$	573〜613	フェリ磁性		27)
	35	円錐らせん磁性		12)	$NiCo_2O_4$	350	フェリ磁性		28)
$CoCr_2O_4$	93	フェリ磁性		13)	$NiFe_2O_4$	853	フェリ磁性		29)
	13	三重円錐らせん	強誘電体	13)	$ZnFe_2O_4$	—	長距離秩序なし		30)
$NiCr_2O_4$	74	フェリ磁性		14)	Co_3O_4	40	反強磁性		31)
	31	三重ファン		14)					
$CuCr_2O_4$	135	Yafet-Kittel 型フェリ磁性		15)					

1) M. Schmidt, S. W. Cheong, *et al.*, *Phys. Rev. Lett.*, **92**, 056402 (2004).
2) S. Kondo, J. D. Jorgensen, *et al.*, *Phys. Rev. Lett.*, **78**, 3729 (1997).
3) H. Mamiya, I. Nakatani, *et al.*, *J. Appl. Phys.*, **81**, 5289 (1997).
4) R. Plumier, M. Sougi, *Solid State Commun.*, **64**, 53 (1987).
5) V. O. Garlea, S. E. Nagler, *et al.*, *Phys. Rev. Lett.*, **100**, 066404 (2008).
6) T. Katsufuji, T. Arima, *et al.*, *J. Phys. Soc. Jpn.*, **77**, 053708 (2008).
7) M. Reehuis, A. Prokofiev, *et al.*, *Eur. Phys. J. B*, **35**, 311 (2003).
8) Z. Zhang, Y. Ueda, *et al.*, *Phys. Rev. B*, **74**, 014108 (2006).
9) Y. Horibe, T. Katsufuji, *et al.*, *Phys. Rev. Lett.*, **96**, 086406 (2006).
10) M. T. Rovers, A. T. Savici, *et al.*, *Phys. Rev. B*, **66**, 174434 (2002).
11) K. Tomiyasu, H. Suzuki, *et al.*, *Phys. Rev. B*, **70**, 214434 (2004).
12) G. Shirane, S. J. Pickart, *et al.*, *J. Appl. Phys.*, **35**, 954 (1964).
13) K. Tomiyasu, H. Suzuki, *et al.*, *Phys. Rev. B*, **70**, 214434 (2004).
14) K. Tomiyasu, I. Kagomiya, *J. Phys. Soc. Jpn.*, **73**, 2539 (2004).
15) E. Prince, *Acta Crystallogr.*, **10**, 554 (1957).
16) S-H. Lee, S-W. Cheong, *et al.*, *Phys. Rev. Lett.*, **84**, 3718 (2000).
17) M. T. Rovers, A. T. Savici, *et al.*, *Phys. Rev. B*, **66**, 174434 (2002).
18) H. Ueda, Y. Ueda, *et al.*, *Phys. Rev. B*, **73**, 094415 (2006).
19) B. Chardon, F. Vigneron, *J. Magn. Magn. Mater.*, **58**, 128 (1986).
20) J. Teilet, R. Krishnan, *et al.*, *J. Magn. Magn. Mater.*, **123**, 93 (1993).
21) K. P. Belov, L. G. Antoshin, *et al.*, *Fizika Tverdogo Tela*, **15**, 2895 (1973).
22) A. W. McReynolds, T. Riste, *Phys. Rev.*, **95**, 1161 (1954).
23) E. J. W. Verwey, *Nature*, **144**, 327 (1939).
24) S. Kawano, S. Higashi, *et al.*, *Mat. Res. Bull.*, **11**, 911 (1976).
25) R. G. Kulkarni, H. H. Joshi, *J. Solid State Chem.*, **64**, 141 (1986).
26) F. K. Lotgering, *Philips Res. Rep.*, **11**, 337 (1956).
27) J. M. Hastings, L. M. Corliss, *Phys. Rev.*, **104**, 328 (1956).
28) J. F. Marco, F. J. Berry, *et al.*, *J. Mater. Chem.*, **11**, 3087 (2001).
29) J. Chappere, R. B. Frankel, *Phy. Rev. Lett.*, **19**, 570 (1967).
30) K. Kamazawa, Y. Tsunoda, *et al.*, *J. Magn. Magn. Mater.*, **272–276**, Suppl. 1, E987 (2004).
31) W. L. Roth, *J. Phys. Chem. Solids*, **25**, 1 (1964).

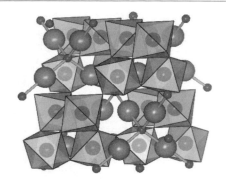

図 1.9.73 パイロクロア構造
大きな球は A サイトイオンを，小さな球は B サイトに配位していない陰イオンをそれぞれ表す．

し小さい領域で安定である．組成式は $A_2B_2O_7$ であり，A サイトが希土類や Tl など三価のイオンの場合ならば遷移金属は四価，アルカリ土類金属や Cd などの二価のイオンの場合ならば遷移金属は五価となる．これらの理由から，3d 遷移金属だけでなく，より高価数状態が安定でイオン半径も大きな 4d, 5d 遷移金属がパイロクロア構造の酸化物をつくりやすい．酸素八面体で囲まれた B イオンは，スピネル構造中の B イオンと同じく三次元のパイロクロアネットワーク（図 1.9.71）を形成する．ただし，スピネル構造とは異なり八面体は頂点共有でつながり，B–O–B の結合角はおよそ 130° である．

(ii) パイロクロア型 3d 遷移金属酸化物 B サイトが 3d 遷移金属であるパイロクロア磁性体はそれほど知られていない．その中で，$R_2V_2O_7$ (R = Tm, Yb, Lu) では絶縁体の強磁性が出現している[38]．これは，軌道整列のためとされている[39]．B サイトが Cr や Mn の物質は高圧合成などで作成することができる．パイロクロア型 Mn 酸化物のうち，$Tl_2Mn_2O_7$ は大きな磁気抵抗を示す強磁性金属である[40]．一方で A サイトが希土類になるとフラストレーションの効果が顕著になり，基底状態については確定していない．

(iii) パイロクロア型 4d, 5d 遷移金属酸化物 4d, 5d 遷移金属のパイロクロア型酸化物は，金属と絶縁体の境界付近に位置する物質が数多く見られる．たとえば，4d 電子が 2 個の Mo^{4+} の系では希土類のイオン半径によって強磁性金属とスピングラス絶縁体の間の移り変わりが見られる[41]．パイロクロア型 Ru 酸化物は $Bi_2Ru_2O_7$ を除いて半導体である．傾角反強磁性を示し，その転移温度は希土類のイオン半径と強い相関をもつ[42]．パイロクロア型 Rh 酸化物系では，常磁性金属相と反強磁性（あるいはスピングラス）の絶縁体の競合が起きやすい．Ir 酸化物や Os 酸化物では all-in/all-out と称される特殊な反強磁性秩序が見いだされている[43,44]．

(iv) A サイトの希土類の磁性 パイロクロア構造では B サイトだけでなく A サイトもパイロクロア格子を形成している．したがって，低温では A サイトの磁気モーメントにもフラストレーションの効果が現れる．とくに，B サイトを非磁性イオンとした場合の A サイトの磁気モーメントの低温でのふるまいが興味をもって調べられている．

Tb や Dy のモーメントは四面体の中心を指す方向を容易軸とするイジング性が強く，強磁性的な双極子・双極子相互作用のもとでは四面体を形成する四つの希土類モーメントのうち二つだけが内側を向くことになる．これは氷の中のプロトンの配置の満たす条件と同じであり，アイスルールとよばれる．このルールを満たす配置は無限に多くあることから，スピンアイスとよばれる状態が出現する．

表 1.9.12 にパイロクロア型遷移金属酸化物の磁気秩序を示す．

h. ガーネット型酸化物
スピネル型フェライトや六方晶フェライトと並んで実用上重要な酸化物磁性体の一つがガーネット（garnet）型磁性体である．ガーネットは Al と希土類を主成分とする宝石であり，その組成式は $R_3Al_5O_{12}$ と書ける．この Al を Fe で置換すると室温で自発磁化を有する磁性材料となる．五つの Fe のうち三つは四面体サイト，残る二つが八面体サイトである．FeO_4 と FeO_6 は頂点を共有しており（図 1.9.74），反強磁性的な相互作用が働く．その結果，フェリ磁性が出現する[45]．なお，自発磁化の温度変化は単調でないことが多い[46]．とくに，フェリ磁性転移温度よりかなり低温のある温度で自発磁化がゼロとなる．Néel のフェリ磁性の理論は，希土類イオンおよび 2 種の鉄イオンの磁化の温度変化をそれぞれ考慮することで，この磁化の温度依存性をうまく説明した．ガーネット型の鉄酸化物はバンドギャップが大きく，透明領域が可視光にまで広がっていることから，磁気光学材料として応用されている．

表 1.9.13 にガーネット型鉄酸化物の磁気秩序を示す．

i. α-NaFeO$_2$ 型酸化物およびデラフォサイト型酸化物
アルカリ金属と三価の遷移金属イオンを等量含む酸化物は，α-$NaFeO_2$ 構造をとりやすい．この構造は金属サイトを占める 2 種の金属が秩序配列した秩序岩塩構造とみなすことができる（図 1.9.75(a)）．一方，Cu^+ や Ag^+ と三価の遷移金属を等量含む酸化物では，Cu^+ や Ag^+ イオンが直線二配位を好むために積層様式が変化し

$$M^{III}(A)\text{-}O(B)\text{-}M^{I}(B)\text{-}O(B)\text{-}M^{III}(C)\text{-}O(A)\text{-}M^{I}(A)\text{-}O(A)\text{-}M^{III}(B)\text{-}O(C)\text{-}M^{I}(C)\text{-}O(C)\text{-}$$

と積層する．これがデラフォサイト（delafossite）構造である（図 1.9.75(b)）．いずれの結晶構造においても，磁性イオンは酸素八面体に囲まれている．それが稜共有で二次元の三角格子を形成する．隣の層との磁気的相互作用はかなり弱く，典型的な二次元フラストレート磁性体となる．$LiCrO_2$, $NaCrO_2$, $CuCrO_2$, $AgCrO_2$ では，120 度構造あるいはそれに近いねじ型らせん磁気秩序が出現し，$CuCrO_2$ と $AgCrO_2$ では強誘電性を同時に発現する．一方，$CuFeO_2$ では Fe の磁気モーメントが c 軸を容易軸と

1.9 物質の磁性

表 1.9.12 パイロクロア型遷移金属酸化物の磁気秩序

物質名	磁気転移温度/K	磁気構造	備考	文献	物質名	磁気転移温度/K	磁気構造	備考	文献
$Tm_2V_2O_7$		強磁性		1)	$Tb_2Ru_2O_7$	110	反強磁性		15)
$Yb_2V_2O_7$	70	強磁性		1)	$Ho_2Ru_2O_7$	—	長距離秩序なし		16)
$Lu_2V_2O_7$	73	強磁性		1)	$Er_2Ru_2O_7$	93	反強磁性		14)
$Sc_2Mn_2O_7$	20	スピングラス		2)	$Lu_2Ru_2O_7$	75	傾角反強磁性		17)
$Y_2Mn_2O_7$		スピングラス		2)	$Tl_2Ru_2O_7$	120	非磁性	金属絶縁体転移と斜方晶転移を伴う	18)
$In_2Mn_2O_7$	120	強磁性		3)	$Bi_2Ru_2O_7$		パウリ常磁性	金属	13)
$Tl_2Mn_2O_7$	123	強磁性金属	大きな負磁気抵抗	4)	$Ca_2Ru_2O_7$	23	スピングラス		19)
$Y_2Nb_2O_7$		非磁性		5)	$Cd_2Ru_2O_7$		スピン密度波?		20)
$Y_2Mo_2O_7$	22	スピングラス		6)	$Hg_2Ru_2O_7$		非磁性	金属絶縁体転移を伴う	21)
$Nd_2Mo_2O_7$	97	強磁性金属		7)	$Cd_2Re_2O_7$	1	超伝導		22)
$Sm_2Mo_2O_7$	93	強磁性金属		7)	$Cd_2Os_2O_7$	225	反強磁性	金属絶縁体転移を伴う	23)
$Eu_2Mo_2O_7$	50	強磁性金属		8)	$Y_2Ir_2O_7$	170	反強磁性?		24)
$Gd_2Mo_2O_7$	83	強磁性金属		7)	$Pr_2Ir_2O_7$		長距離秩序なし	金属, 磁化ゼロでの異常ホール効果が報告された	25)
$Tb_2Mo_2O_7$	25	スピングラス		9)					
$Ho_2Mo_2O_7$		スピングラス		10)					
$Yb_2Mo_2O_7$		スピングラス		11)	$Nd_2Ir_2O_7$	36	反強磁性	金属絶縁体転移を伴う	26)
$Y_2Ru_2O_7$	76	反強磁性	グラス的	12)	$Sm_2Ir_2O_7$	117	反強磁性?	金属絶縁体転移を伴う	27)
$Pr_2Ru_2O_7$	160	長距離秩序なし		13)	$Eu_2Ir_2O_7$	120	反強磁性	金属絶縁体転移を伴う	28)
$Nd_2Ru_2O_7$	145	反強磁性	グラス的	12)					
$Gd_2Ru_2O_7$	113	反強磁性		14)					

1) G. V. Bazuev, G. P. Shveĭkin, *et al.*, *Sov. Phys. Solid State*, **19**, 1913 (1977).
2) J. E. Greedan, M. A. Subramanian, *et al.*, *Solid State Commun.*, **99**, 399 (1996).
3) N. P. Raju, M. A. Subramanian, *et al.*, *Phys. Rev. B*, **49**, 1086 (1994).
4) Y. Shimakawa, T. Manako, *et al.*, *Nature*, **379**, 53 (1996).
5) H. Fukazawa, Y. Maeno, *Phys. Rev. B*, **67**, 054410 (2003).
6) M. J. P. Gingras, J. E. Greedan, *et al.*, *J. Appl. Phys.*, **79**, 6170 (1996).
7) J. E. Greedan, W. R. Datars, *et al.*, *J. Solid State Chem.*, **68**, 300 (1987).
8) I. Kézsmárki, Y. Tokura, *et al.*, *Phys. Rev. B*, **73**, 125122 (2006).
9) J. E. Greedan, C. V. Stager, *et al.*, *J. Appl. Phys.*, **67**, 5967 (1990).
10) K. Miyoshi, J. Takeuchi, *et al.*, *J. Phys. Soc. Jpn*, **69**, 3517 (2000).
11) J. A. Hodges, K. Królas, *et al.*, *Eur. Phys. J. B*, **33**, 173 (2003).
12) M. Ito, K. Kakurai, *et al.*, *J. Phys. Chem. Solids*, **62**, 337 (2001).
13) S. Zouari, P. Strobel, *et al.*, *J. Alloys Comp.*, **476**, 43 (2009).
14) N. Taira, K. Ohoyama, *et al.*, *J. Solid State Chem.*, **176**, 165 (2003).
15) L. J. Chang, J. S. Gardner, *et al.*, *J. Phys. Condens. Matter*, **22**, 076003 (2010).
16) C. Bansal, Y. Nishihara, *et al.*, *Phys. Rev. B*, **66**, 052406 (2002).
17) N. Taira, Y. Hinatsu, *et al.*, *J. Solid State Chem.*, **144**, 216 (1999).
18) S. Lee, J.-G. Park, R. I. Ibberson, *et al.*, *Nature Mater.*, **5**, 471 (2006).
19) T. Munenaka, H. Sato, *J. Phys. Soc. Jpn*, **75**, 103801 (2006).
20) R. Wang, A. W. Sleight, *Mater. Res. Bull.*, **33**, 1005 (1998).
21) A. Yamamoto, H. Takagi, *et al.*, *J. Phys. Soc. Jpn*, **76**, 043703 (2007)
22) H. Sakai, Y. Onuki, *et al.*, *J. Phys.: Condens. Matter*, **13**, L785 (2001)
23) A. W. Sleight, W. Bindloss, *et al.*, *Solid State Commun.*, **14**, 357 (1974).
24) H. Fukazawa, Y. Maeno, *J. Phys. Soc. Jpn*, **71**, 2578 (2002)
25) Y. Machida, T. Sakakibara, *et al.*, *Nature*, **463**, 210 (2010).
26) K. Tomiyasu, K. Yamada, *et al.*, *J. Phys. Soc. Jpn*, **81**, 034709 (2012).
27) K. Matsuhira, Y. Hinatsu, *et al.*, *J. Phys. Soc. Jpn*, **76**, 043706 (2007).
28) H. Sagayama, S. Nakatsuji, *et al.*, *Phys. Rev. B*, **87**, 100403(R) (2013).

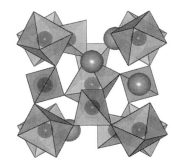

図 1.9.74 ガーネット構造
大きな球は A サイトイオンを表す.

表 1.9.13 ガーネット型鉄酸化物の磁気秩序

物質名	磁気転移温度/K	磁気構造
$Y_3Fe_5O_{12}$	560	フェリ磁性
$Sm_3Fe_5O_{12}$	578	フェリ磁性
$Eu_3Fe_5O_{12}$	566	フェリ磁性
$Gd_3Fe_5O_{12}$	564	フェリ磁性
$Tb_3Fe_5O_{12}$	568	フェリ磁性
$Dy_3Fe_5O_{12}$	563	フェリ磁性
$Ho_3Fe_5O_{12}$	567	フェリ磁性
$Er_3Fe_5O_{12}$	556	フェリ磁性
$Tm_3Fe_5O_{12}$	549	フェリ磁性
$Yb_3Fe_5O_{12}$	548	フェリ磁性
$Lu_3Fe_5O_{12}$	539	フェリ磁性

[R. Pauthenet, *Ann. Phys.*, **3**, 424 (1958)]

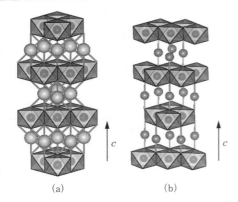

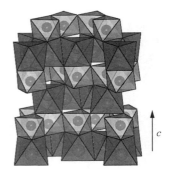

図1.9.75 NaFeO₂構造(a)とデラフォサイト構造(b) 八面体の外部にある球は一価の陽イオンを表す．

図1.9.76 イルメナイト構造

表1.9.14 デラフォサイト型遷移金属酸化物の磁気秩序

物質名	磁気転移温度/K	磁気構造	備考	文献
CuCrO₂	24	不整合らせん磁性	強誘電性を伴う	1)
AgCrO₂	21	120度構造	強誘電性を伴う	2)
CuFeO₂	14	スピン密度波		3)
	11	4倍周期反強磁性	磁場印加や不純物置換でらせん磁性強誘電体に転移	4)
AgFeO₂	16	反強磁性		5)

1) M. Poienar, G. Andre, *et al.*, *Phys. Rev. B*, **79**, 014412 (2009).
2) S. Seki, Y. Tokura, *et al.*, *Phys. Rev. Lett.*, **101**, 067024 (2008).
3) S. Mitsuda, M. Mase, *et al.*, *J. Phys. Soc. Jpn.*, **67**, 4026 (1998).
4) T. Kimura, A. P. Ramirez, *et al.*, *Phys. Rev. B*, **73**, 220401(R) (2006).
5) A Vasiliev, A. Zheludev, *et al.*, *J. Phys.*: *Condens. Matter*, **22**, 016007 (2010).

するイジング性が強いために，[110]方向に↑↑↓↓と変調する四副格子の磁気構造をとる．

表1.9.14にデラフォサイト型遷移金属酸化物の磁気秩序を示す．

j．イルメナイト型酸化物

FeTiO₃(ilmenite)は，Fe²⁺とTi⁴⁺がコランダム構造の金属サイトを層ごとに交互に占有した構造をとる(図1.9.76)．このような規則配列型のコランダム構造をイルメナイト(ilmenite)構造とよび，二価の遷移金属Aと四価の遷移金属Bの酸化物がこの構造をとりやすい．BがTiのときは，Aのみが磁性を担う．A²⁺面内の交換相互作用はA-O-Aの結合角が90度に近いためあまり強くなく，非磁性のTi⁴⁺を1枚隔てたA²⁺面との間に二つの酸素を介して働く超交換相互作用と競合する．MnTiO₃ではe_g電子がないため異なる面の間の超交換相互作用は弱く，蜂の巣格子が反強磁性構造をとる．e_g電子をもつFeTiO₃，CoTiO₃，NiTiO₃などでは面間の相互作用が優勢で，強磁性的にスピンが配列した面が反強磁性的に積層する．

表1.9.15 イルメナイト型酸化物の磁性

物質名	磁気転移温度/K	磁気構造	文献
FeTiO₃	68	A型反強磁性	1)
MnTiO₃	64	反強磁性	2)
CoTiO₃	37	A型反強磁性	3)
NiTiO₃	23	A型反強磁性	2)
NiMnO₃	200	フェリ磁性	4)
CoMnO₃	397	フェリ磁性	4)
MnVO₃	70		5)
MnGeO₃		反強磁性	6)

1) G. Shirane, *et al.*, *J. Phys. Chem. Solids*, **10**, 35 (1959).
2) G. Shirane, *et al.*, *J. Phys. Soc. Jpn.*, **14**, 1352 (1959).
3) Y. Ishikawa, *J. Phys. Soc. Jpn*, **13**, 1298 (1958).
4) I. O. Troyanchuk, *et al.*, *Phys. Status Solidi A*, **113**, K107 (1989).
5) Y. Shono, *et al.*, *J. Phys. Chem. Solids*, **32**, 243 (1971).
6) K. Tsuzuki, *et al.*, *J. Phys. Soc. Jpn.*, **37**, 1242 (1974).

一方，NiMnO₃やCoMnO₃など，A，Bともに磁性イオンの場合は，A-B間に強い反強磁性的交換相互作用が働き，フェリ磁性体となりやすい．

表1.9.15にイルメナイト型遷移金属酸化物の磁気秩序を示す．

k．Bサイト秩序型ペロブスカイト構造

2種類の遷移金属が1:1の組成比でペロブスカイト構造のBサイトに入った物質では，それらが固溶するとは限らず，Bサイト元素が岩塩型の秩序を示すことも多い(図1.9.68(右))．とくに，2種類の遷移金属イオンのイオン半径や電荷の差が大きいと秩序化しやすい．このようなBサイト秩序型ペロブスカイト酸化物でBサイトイオンがともに磁気モーメントを有する場合は，それらの間に強い反強磁性相互作用が働きフェリ磁性が発現しやすい．また，A₂FeMoO₆などでは少数スピンのバンドのみが金属的となるハーフメタルという状態が実現しており，スピントロニクスへの応用の観点からも注目されている．一方，秩序配列した一方の金属イオンがMo⁶⁺，W⁶⁺，Sb⁵⁺などの非磁性イオンの場合は反強磁性となりやすい．

表1.9.16にBサイト秩序ペロブスカイト型遷移金属酸化物の磁気秩序を示す．

表 1.9.16 Bサイト秩序ペロブスカイト型遷移金属酸化物の磁気秩序

物質名	磁気転移温度/K	磁気構造	備考	文献	物質名	磁気転移温度/K	磁気構造	備考	文献
Ba_2FeMoO_6	337	フェリ磁性	ハーフメタル	1)	Sr_2MnWO_6	13	反強磁性	半導体	9)
Sr_2FeMoO_6	410~450	フェリ磁性	ハーフメタル	1, 2)	Ca_2MnWO_6	16	反強磁性	半導体	10)
Ca_2FeMoO_6	377	フェリ磁性	ハーフメタル	1)	Ba_2FeWO_6		反強磁性		11)
Sr_2CrMoO_6	473	フェリ磁性	半導体	1)	Sr_2FeWO_6	16~37	反強磁性		12)
Ca_2CrMoO_6	148	フェリ磁性	半導体	1)	Sr_2CoWO_6	24	反強磁性		13)
Sr_2CrWO_6	453	フェリ磁性		1)	Sr_2NiWO_6	54	反強磁性		14)
Ca_2CrWO_6	143	フェリ磁性		1)	Ba_2CoWO_6	17	反強磁性		15)
Sr_2MnMoO_6	12	反強磁性	半導体	3)	Ba_2NiWO_6		反強磁性		15)
Sr_2CoMoO_6	34	反強磁性	半導体	3)	Ba_2CuWO_6	—	長距離秩序なし		16)
Ba_2FeReO_6	316~334	フェリ磁性	ハーフメタル	4, 5)	La_2MnNiO_6	280	強磁性		17)
Sr_2FeReO_6	>400	フェリ磁性	ハーフメタル	6)	Pb_2MnReO_6	100	フェリ磁性	半導体	18)
Ca_2FeReO_6	485~538	フェリ磁性	半導体	5)	Ba_2MnReO_6	105	フェリ磁性	半導体	4)
Sr_2CrReO_6	635	フェリ磁性	ハーフメタル	7)	Ba_2NiReO_6	18	フェリ磁性	半導体	4)
Ca_2CrReO_6	360	フェリ磁性	半導体	7)	Ba_2CoReO_6	40	反強磁性	半導体	4)
Pb_2FeNbO_6	160	反強磁性		8)					

1) F. K. Patterson, R. Ward, *et al.*, *Inorg. Chem.*, **2**, 196 (1963).
2) S. Nakayama, S. Nomura, *et al.*, *J. Phys. Soc. Jpn.*, **24**, 219 (1968).
3) M. Itoh, Y. Inaguma, *et al.*, *Mater. Sci. Eng. B*, **41**, 55 (1996).
4) A. W. Sleight, J. F. Weiher, *J. Phys. Chem. Solids*, **33**, 679 (1972).
5) W. Prellier, J. Gopalakrishnan, *et al.*, *J. Phys. Condens. Matter*, **12**, 965 (2000).
6) K.-I. Kobayashi, Y. Tokura, *et al.*, *Phys. Rev. B*, **59**, 11159 (1999).
7) H. Kato, Y. Tokura, *et al.*, *Appl. Phys. Lett.*, **81**, 328 (2002).
8) B. Howes, H. Schmid, *et al.*, *Ferroelectrics*, **54**, 317 (1984).
9) A. K. Azad, P. Svedlindh, *et al.*, *J. Magn. Magn. Mater.*, **237**, 124 (2001).
10) A. K. Azad, P. Svedlindh, *et al.*, *Mat. Res. Bull.*, **36**, 2485 (2001).
11) A. K. Azad, H. Rundlöf, *et al.*, *Appl. Phys. A*, **74**, S763 (2002).
12) H. Kawanaka, Y. Nishihara, *et al.*, *J. Phys. Soc. Jpn.*, **68**, 2890 (1999).
13) M. C. Viola, R. E. Carbonio, *et al.*, *Chem. Mater.*, **15**, 1655 (2003).
14) D. Iwanaga, M. Itoh, *et al.*, *Mat. Res. Bull.*, **35**, 449 (2000).
15) D. E. Cox, B. C. Frazer, *et al.*, *J. Appl. Phys.*, **38**, 1459 (1967).
16) Y. Todate, *J. Phys. Soc. Jpn.*, **70**, 337 (2001).
17) N. S. Rogado, M. A. Subramanian, *et al.*, *Adv. Mater.*, **17**, 2225 (2005).
18) K. Ramesha, J. Gopalakrishnan, *et al.*, *Chem. Mat.*, **15**, 668 (2003).

l. 六方晶フェライト

実用材料として重要なものに,各種の六方晶フェライトがある.いずれも酸素やアルカリ金属,アルカリ土類金属の三角格子を積み重ねた構造をとるが,積層の順序や様式の違いによっていくつかの構造に分類される[47].菱面体晶に属するものもあるが,そのような場合でも六方晶フェライトとよばれる.磁気構造は多くの場合がフェリ磁性である.磁化容易方向は結晶構造や元素置換で細かく制御することが可能で,c軸に平行な物質はハードマグネット,c面内にあるものはソフトマグネットとなる.以下,Aはおもに Ba など大きな二価のイオンが占めるサイトを,Bはおもに Mg や 3d 遷移金属など小さな二価のイオンが占めるサイトをそれぞれ指す.

(i) R 型 図1.9.77のRブロックを積み重ねた構造で,組成は $AB_2Fe_4O_{11}$ となる.

(ii) Y 型 $A_2B_2Fe_{12}O_{22}$ という組成式で表され,図1.9.77のSブロックとTブロックを交互に積み重ねた構造の菱面体晶である.磁化容易方向がc面となるフェリ磁性体が多く,各種高周波デバイスに利用される.組成によっては,らせん磁性や円錐磁性を示す.さらに,$(Ba, Sr)_2Zn_2Fe_{12}O_{22}$ や $Ba_2Mg_2Fe_{12}O_{22}$ では,らせん磁性に伴う大きな電気磁気効果が発見されている[48].

(iii) M 型 $AFe_{12}O_{19}$ という組成式で表され,SブロックとRブロックを交互に積み重ねた六方晶である.c

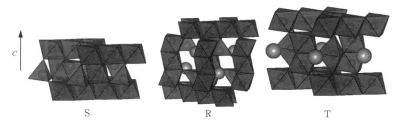

図1.9.77 各種の六方晶フェライトを構成する三つの基本ブロック
各ブロックの上下にある八面体のカゴメ格子を共有する形で積層する.大きな球は A サイトイオンを表す.B イオンと Fe イオンはともに酸素多面体に囲まれたサイトを占有する.

軸方向を容易軸とするフェリ磁性体が多い．$BaFe_{12}O_{19}$ および $SrFe_{12}O_{19}$ は代表的な永久磁石材料である．マグネトプランバイト（magnetoplumbite）という天然磁性鉱物と同じ構造である．

(iv) **Z 型** $A_3B_2Fe_{24}O_{41}$ という組成式で表される六方晶である．SRST を繰り返すブロック積層様式で，Y 型構造と M 型構造が交互に積層した構造ともみなせる．磁化容易方向が c 軸であるフェリ磁性体が多いが，B に Co が入ると c 面内に変化する．$Sr_3Co_2Fe_{24}O_{41}$ で円錐磁性による強誘電性が室温で報告された[49]．

(v) **W 型** $AB_2Fe_{16}O_{27}$ という組成式で表される．SRS を繰り返すブロック積層様式で，M 型構造 $AFe_{12}O_{19}$ とスピネル層が交互積層した構造ともみなせる．容易軸が c 軸である場合が多い．

(vi) **X 型** $A_2B_2Fe_{28}O_{46}$ という組成式で表される菱面体晶である．SRSRS を繰り返すブロック積層様式で，M 型構造の二層分 $A_2Fe_{24}O_{38}$ とスピネル層が交互積層した構造とみなせる．

(vii) **U 型** $A_4B_2Fe_{36}O_{60}$ という組成式で表される．SRSRST を繰り返すブロック積層様式で，M 型構造の二層分 $A_2Fe_{24}O_{38}$ と Y 型構造 $A_2B_2Fe_{12}O_{22}$ が交互積層した構造とみなせる．

表 1.9.17 各種六方晶フェライトの磁気秩序

物質名	結晶構造	磁気転移温度/K	磁気構造	備考	文献
$BaTi_2Fe_4O_{11}$	R 型		フェリ磁性		E. Kneller, et al., J. Magn. Magn. Mater., **7**, 49 (1978).
$Ba_2Mg_2Fe_{12}O_{22}$	Y 型	553 / 195	フェリ磁性 不整合ねじ型らせん磁性	磁化容易方向は c 面内	N. Momozawa, et al., J. Phys. Soc. Jpn., **55**, 1350 (1986).
$Ba_2Co_2Fe_{12}O_{22}$	Y 型	600	フェリ磁性	磁化容易方向は c 面内	L. A. Bashkirov, et al., Inorg. Mater., **37**, 737 (2001).
$Ba_2MnZnFe_{12}O_{22}$	Y 型	373	フェリ磁性	磁化容易方向は c 面内	S. G. Lee, et al., J. Magn. Magn. Mater., **153**, 279 (1996).
$Ba_2Zn_2Fe_{12}O_{22}$	Y 型	392	フェリ磁性	磁化容易方向は c 面内	A. Collomb, et al., J. Magn. Magn. Mater., **130**, 367 (1994).
$Sr_2Zn_2Fe_{12}O_{22}$	Y 型		反強磁性		N. Momozawa, et al., J. Phys. Soc. Jpn., **54**, 771 (1985).
$BaFe_{12}O_{19}$	M 型	741	フェリ磁性	磁化容易方向は c 軸	H. Gerth, et al., J. Magn. Magn. Mater., **130**, 73 (1994).
$SrFe_{12}O_{19}$	M 型	746	フェリ磁性	磁化容易方向は c 軸	H. Gerth, et al., J. Magn. Magn. Mater., **130**, 73 (1994).
$BaFe_2Fe_{16}O_{27}$	W 型		フェリ磁性	磁化容易方向は c 軸	J. Smit, et al., "Ferrites", John Wiley (1959).
$CaMg_2Fe_{16}O_{27}$	W 型		フェリ磁性	磁化容易方向は c 軸	P. S. Sawadh, et al., Bull. Mat. Sci., **24**, 47 (2001).
$CaCu_2Fe_{16}O_{27}$	W 型		フェリ磁性	磁化容易方向は c 軸	P. S. Sawadh, et al., Mat. Chem. Phys., **63**, 170 (2000).
$BaCo_2Fe_{16}O_{27}$	W 型	≈ 703	フェリ磁性	容易軸方向が温度に依存する	D. Samaras, et al., J. Magn. Magn. Mater., **79**, 193 (1989).
$BaCoZnFe_{16}O_{27}$	W 型	800	フェリ磁性	磁化容易方向は c 面内	M. A. Ahmed, et al., J. Magn. Magn. Mater., **314**, 128 (2007).
$Sr_2Zn_2Fe_{28}O_{46}$	X 型	703	フェリ磁性		F. Leccabue, et al., J. Magn. Magn. Mater., **68**, 365 (1987).
$Ba_2Mg_2Fe_{28}O_{46}$	X 型	748	フェリ磁性		B. X. Gu, J. Appl. Phys., **70**, 372 (1991).
$Ba_2Fe_{30}O_{46}$	X 型	786	フェリ磁性		B. X. Gu, J. Appl. Phys., **71**, 5103 (1992).
$Ba_2Mn_2Fe_{28}O_{46}$	X 型	726	フェリ磁性		B. X. Gu, J. Appl. Phys., **71**, 5103 (1992).
$Ba_2Co_2Fe_{28}O_{46}$	X 型	740〜774	フェリ磁性	磁化容易方向は c 面内	B. X. Gu, J. Appl. Phys., **71**, 5103 (1992); R. C. Pullar, et al., J. Mater. Sci., **36**, 4805 (2001).
$Ba_2Ni_2Fe_{28}O_{46}$	X 型	786	フェリ磁性		B. X. Gu, J. Appl. Phys., **70**, 372 (1991).
$Ba_2Cu_2Fe_{28}O_{46}$	X 型	767	フェリ磁性		B. X. Gu, J. Appl. Phys., **70**, 372 (1991).
$Ba_2Zn_2Fe_{28}O_{46}$	X 型	704	フェリ磁性		B. X. Gu, J. Appl. Phys., **70**, 372 (1991).
$Ba_3Co_2Fe_{24}O_{41}$	Z 型	673	フェリ磁性	磁化容易方向は c 面内	N. Bloembergen, Phys. Rev., **572**, 78 (1950).
$Sr_3Co_2Fe_{24}O_{41}$	Z 型		フェリ磁性	磁化容易方向は斜め，室温で巨大な電気磁気効果	Y. Kitagawa, et al., Nat. Mater., **9**, 797 (2010).
$Ba_4Zn_2Fe_{36}O_{60}$	U 型	673 ?	フェリ磁性		Ü. Özgür, et al., J. Mater. Sci.: Mater. Electron., **20**, 789 (2009).

表 1.9.17 に六方晶フェライトの磁気秩序と磁化容易軸を示す.

m. 低次元銅酸化物，低次元ニッケル酸化物

銅酸化物高温超伝導体の発見以降，低次元ネットワークをもつ銅の酸化物の磁性が盛んに研究された．また，低次元量子スピン系への興味から低次元ニッケル酸化物の磁性も盛んに研究された．ここでは，その中から数例のみを取り上げる．

（i）R_2CuO_4　R＝La では K_2NiF_4 構造をとるが，R が Pr, Nd, Sm, Eu, Gd の場合は Cu^{2+} が四つの酸素で正方形型に配位される別の構造をとる．電荷が注入されていない場合はチェッカーボード型の反強磁性秩序を有する．希土類サイトを Ce^{4+} で部分置換したり，酸素サイトに部分欠損あるいはフッ素による部分置換を施したりして電子を注入すると，10〜30 K 程度の高温超伝導を示すようになる[50]．

（ii）$RBa_2Cu_3O_{7-\delta}$　123 系と総称され，初めて転移温度が窒素温度を超えた超伝導体である[51]．Cu サイトには正方形に配位されるサイトとピラミッドに配位されるサイトの 2 種類がある．

（iii）$CuGeO_3$　無機物質でスピンパイエルス転移が初めて見つかった擬一次元物質である[52]．CuO_4 クラスターが稜共有により一次元鎖を形成している．

（iv）Y_2BaNiO_5　スピン量子数 S の値が整数のとき，ハイゼンベルグ反強磁性一次元鎖においてスピンギャップが生じることを Haldane が予言した[53]．Y_2BaNiO_5 は $S=1$ のモデル物質の一つとして，いろいろな物性が調べられた[54]．

文　献

1) H. P. J. Wijn ed., "Magnetic Properties of Non-metallic Inorganic Compounds based on Transition Elements, Group III, Vol. 27" (Landolt-Börnstein Numerical Data and Functional Relationships in Science and Technology-New Series/Condensed Matter), Springer-Verlag (1990).
2) 川西健次, 近角聰信, 櫻井良文 編 "磁気工学ハンドブック", 朝倉書店 (1998).
3) 近角聰信, 太田恵造, 安達健五, 津屋 昇, 石川義和 編, "磁性体ハンドブック", 朝倉書店 (2006).
4) C. G. Shull, W. A. Strauser, E. O. Wollan, Phys. Rev., **83**, 333 (1951).
5) W. L. Roth, Phys. Rev., **110**, 1333 (1958).
6) B. X. Yang, T. R. Thurston, J. M. Tranquada, G. Shirane, Phys. Rev. B, **39**, 4343 (1989).
7) R. M. Moon, T. Riste, W. C. Koehler, S. C. Abrahams, J. Appl. Phys., **40**, 1445 (1969).
8) W. B. Yelon, S. A. Werner, R. E. Word, J. M. Honig, S. Shivashankar, J. Appl. Phys., **52**, 2237 (1981).
9) B. N. Brockhouse, J. Chem. Phys., **21**, 961 (1953).
10) T. R. McGuire, E. J. Scott, F. H. Grannis, Phys. Rev., **102**, 1000 (1956).
11) F. J. Morin, Phys. Rev., **78**, 819 (1950).
12) I. Dzyaloshinski, J. Chem. Phys. Solids, **4**, 241 (1958).
13) T. Moriya, Phys. Rev., **120**, 91 (1960).
14) G. Andersson, Acta Chem. Scand., **10**, 623 (1956).
15) A. Michel, J. Benard, Compt. Rend., **200**, 1316 (1936).
16) A. Yoshimori, J. Phys. Soc. Jpn., **14**, 807 (1959).
17) J. B. Torrance, P. Lacorre, A. I. Nazzal, E. J. Ansaldo, Ch. Niedermayer, Phys. Rev. B, **45**, 8209 (1992).
18) H. D. Zhou, J. B. Goodenough, J. Phys.: Condens. Matter, **17**, 7395 (2005).
19) S. Miyasaka, Y. Okimoto, M. Iwama, Y. Tokura, Phys. Rev. B, **68**, 100406(R) (2003).
20) L. D. Tung, M. R. Lees, G. Balakrishnan, D. McK. Paul, Phys. Rev. B, **75**, 104404 (2007).
21) E. F. Bertaut, G. Bassi, G. Buisson, P. Burlet, J. Chappert, A. Delapalme, J. Mareschal, G. Roult, R. Aleonard, R. Pauthenet, J. P. Rebouillat, J. Appl. Phys., **37**, 1038 (1966).
22) D. Treves, J. Appl. Phys., **36**, 1033 (1965).
23) T. Kimura, S. Ishihara, H. Shintani, T. Arima, K. T. Takahashi, K. Ishizaka, Y. Tokura, Phys. Rev. B, **68**, 060403(R) (2003).
24) T. Kimura, Y. Tokura, J. Phys.: Condens. Matter, **20**, 434204 (2008).
25) J. A. Alonso, J. L. García-Muñoz, M. T. Fernández-Díaz, M. A. G. Aranda, M. J. Martínez-Lope, M. T. Casais, Phys. Rev. Lett., **82**, 3871 (1999); J. A. Alonso, M. J. Martínez-Lope, M. T. Casais, J. L. García-Muñoz, M. T. Fernández-Díaz, Phys. Rev. B, **61**, 1756 (2000).
26) J. Herrero-Albillos, G. Catalan, J. A. Rodriguez-Velamazan, M. Viret, D. Colson, J. F. Scott, J. Phys.: Condens. Matter, **22**, 256001 (2010).
27) Z. Jirák, S. Krupička, Z. Šimša, M. Dlouhá, S. Vratislav, J. Magn. Magn. Mater., **53**, 153 (1985).
28) T. Nakajima, H. Kageyama, H. Yoshizawa, K. Ohoyama, Y. Ueda, J. Phys. Soc. Jpn., **72**, 3237 (2003).
29) S. N. Ruddlesden, P. Popper, Acta Crystallogr., **10**, 538 (1957); S. N. Ruddledsen, P. Popper, Acta Crystallogr., **11**, 54 (1958).
30) E. J. W. Verwey, Nature, **144**, 327 (1939).
31) Y. Yafet, C. Kittel, Phys. Rev., **87**, 290 (1952).
32) S. Kondo, D. C. Johnston, C. A. Swenson, F. Borsa, A. V. Mahajan, L. L. Miller, T. Gu, A. I. Goldman, M. B. Maple, D. A. Gajewski, E. J. Freeman, N. R. Dilley, R. P. Dickey, J. Merrin, K. Kojima, G. M. Luke, Y. J. Uemura, O. Chmaissem, J. D. Jorgensen, Phys. Rev. Lett., **78**, 3729 (1997).
33) K. Tomiyasu, J. Fukunaga, H. Suzuki, Phys. Rev. B, **70**, 214434 (2004).
34) E. Prince, Acta Crystallogr., **10**, 554 (1957).
35) G. Shirane, D. E. Cox, S. J. Pickart, J. Appl. Phys., **35**, 954 (1964).
36) K. Tomiyasu, I. Kagomiya, J. Phys. Soc. Jpn., **73**, 2539 (2004).
37) B. Chardon, F. Vigneron, J. Magn. Magn. Mater., **58**, 128 (1986).
38) G. V. Bazuev, A. A. Samokhvalov, Y. N. Morozov, I. I. Matveenko, V. S. Babushkin, T. I. Arbuzova, G. V. Shveikin, Sov. Phys. Solid State, **19**, 1913 (1978).
39) H. Ichikawa, L. Kano, M. Saitoh, S. Miyahara, N. Furukawa, J. Akimitsu, T. Yokoo, T. Matsumura, M. Takeda, K. Hirota, J. Phys. Soc. Jpn., **74**, 1020 (2005).

40) Y. Shimakawa, Y. Kubo, T. Manako, *Nature*, **379**, 53 (1996).
41) N. Ali, M. P. Hill, S. Labroo, J. E. Greedan, *J. Solid State Chem.*, **83**, 178 (1989).
42) M. Ito, Y. Yasui, M. Kanada, H. Harashina, S. Yoshii, K. Murata, M. Sato, H. Okumura, K. Kakurai, *J. Phys. Chem. Solids*, **62**, 337 (2001).
43) H. Sagayama, D. Uematsu, T. Arima, K. Sugimoto, J. J. Ishikawa, E. O'Farell, S. Nakatsuji, *Phys. Rev. B*, **87**, 100403(R) (2013).
44) J. Yamaura, K. Ohgushi, H. Ohsumi, T. Hasegawa, I. Yamauchi, K. Sugimoto, S. Takeshita, A. Tokuda, M. Takata, M. Udagawa, M. Takigawa, H. Harima, T. Arima, Z. Hiroi, *Phys. Rev. Lett.*, **108**, 247205 (2012).
45) R. Pauthenet, *Ann. Phys.*, **3**, 424 (1958).
46) R. Pauthenet, *J. Appl. Phys.*, **29**, 253 (1958).
47) P. B. Braun, *Philips Res. Rep.*, **12**, 491 (1957).
48) T. Kimura, G. Lawes, A. P. Ramirez, *Phys. Rev. Lett.*, **94**, 137201 (2005).
49) Y. Kitagawa, Y. Hiraoka, T. Honda, T. Ishikura, H. Nakamura, T. Kimura, *Nat. Mater.*, **9**, 797 (2010).
50) Y. Tokura, H. Takagi, S. Uchida, *Nature*, **337**, 345 (1989).
51) M. K. Wu, J. R. Ashburn, C. J. Torng, P. H. Hor, R. L. Meng, L. Gao, Z. J. Huang, Y. Q. Wang, C. W. Chu, *Phys. Rev. Lett.*, **58**, 908 (1987).
52) M. Hase, I. Terasaki, K. Uchinokura, *Phys. Rev. Lett.*, **70**, 3651 (1993).
53) F. D. M. Haldane, *Phys. Lett. A*, **93**, 464 (1983).
54) J. Darriet, L. P. Regnault, *Solid State Commun.*, **86**, 409 (1993).

1.9.5 遷移金属化合物

化合物は磁性体・磁性研究の宝庫である．安達健五によるその著書『化合物磁性』[1]は局在系と遍歴系の2冊にわたって書かれ，かつまた近角聰信らによる『磁性体ハンドブック』[2]は1300ページにも及ぶ大著であるが，その大半は化合物に関する記述で占められている．また，化合物磁性や磁性の基礎に関する典型的な教科書や専門書として，望月和子らの『金属間化合物の電子構造と磁性』[3]，金森順次郎の『磁性』[4][5]，近角聰信の『強磁性体の物理（上・下）』[5]，守谷亨の『磁性物理学』[6]および英語で書かれた"Spin Fluctuations in Itinerant Electron Magnetism"[7]などの名著があるので参照されたい．とにかく化合物磁性に関して網羅して書くには，300～400ページの本が何冊も必要であろう．

ここでは紙面に当然限りがあるので，これまでとは少し違ったやり方で化合物磁性を紹介してみたい．すなわち，これまで数十年にわたってずっと注目を集めてきており，また現在，再注目され世界中で活発に研究されているパイロクロア（pyrochlore）格子を有する化合物や関連化合物などについて中心的に紹介していこう．最近接磁性サイト間に反強磁性が働く場合，三角格子がフラストレーションを有する二次元格子なら[8]，パイロクロア格子はフラストレーションを有する典型的な三次元格子である[9]．

現在，絶縁体化合物の磁性は理論的にほぼ完全に理解されたと考えられているが，スピン・フラストレーション効果が内在する系における局在磁性はまだまだわからないことが多い．また，スピン・フラストレーション以外にも電荷のフラストレーションやボンドのフラストレーションなどのさまざまなフラストレーション効果が軌道の自由度と結合し，電荷秩序・軌道秩序などを発現する系や，軌道秩序が起源となるようなパイエルス転移やハルデン転移を伴う金属絶縁体転移などもホットなトピックスとなっている[10~13]．また，電荷秩序が起こることによって，格子ひずみを伴わずとも強誘電性が現れ，強磁性（フェリ磁性）と共存するような典型的なマルチフェロイックとよばれる現象も見出されている[14]．

さらに，フラストレーション効果のある遍歴系となるとまさに未知の分野といえよう．もちろんパイロクロア格子系にも直接交換相互作用による強磁性化合物も数多く存在するし，フラストレーションを避けるために強磁性相互作用が優勢になる場合もある．また，新規磁性化合物の発見には，新規超伝導体探索研究も密接な関係がある．超伝導体の探索の結果として，典型的な弱い遍歴電子強磁性体といわれるSc_3Inなどが発見されたことは有名な話である[15]．1986年に銅酸化物高温超伝導体[16]が発見されるとそれに派生して見つかった化合物についてスピン・ギャップやスピン・ラダーなどの新たな概念が導入されると[17,18]，今では直交ダイマー系として有名になったが，それまでほとんど顧みられなかった$SrCu_2(BO_3)_2$のような基底状態がスピン一重項状態をとる化合物群が注目を浴びることになる[19]．さらに最近，鉄系超伝導体が発見され[20]，隠れた秩序相であるネマティック相の存在が，二次元系の$BaFe_2(As-P)_2$や一次元系の$LiCuVO_4$でも話題になり[21~23]，また層状構造の化合物における二次元磁性体研究をも精力的に推進させている[24~29]．逆に，弱い遍歴強磁性体$ZrZn_2$に高圧を加えることによって超伝導化させたり[30]，最近では，UCoCaのように強磁性と超伝導の両方の転移を示す物質も見つかり[31]，ますます磁性と超伝導は密接な関係となってきている．

フラストレーションを有する遍歴系に新たな超伝導を探索することも盛んに行われている[32~36]．ここでは，このように磁性と超伝導の両方が重要になり，最近注目を集めている層状化合物系についても注目し，その二次元強磁性についても取り上げたい．いずれにしてもその対象となる重要な物質群が遷移金属化合物であり，物質の磁性の概念の構築，磁性物理学の発展にとってなくてはならない物質群であるといえる．また，ここでは，酸化物やカルコゲナイドなどの化合物と，YCo_2，YMn_2や$MnSi$，Sc_3In，$ZrZn_2$，Ni_3Alなど，いわゆる金属間化合物や秩序合金などをあまり区別なく扱うこととする．

図1.9.78にパイロクロア格子を示す．正四面体の頂点を金属原子が占め，それが頂点共有の三次元ネットワークとして連なる構造である．この頂点位置をMnなどの磁性原子が占め，その磁性原子間に反強磁性相互作用が働く

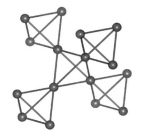

図 1.9.78 パイロクロア格子

場合, この格子には三角格子と並んで大きなスピンのフラストレーション効果が期待されるのである[9]. このパイロクロア格子を内包する化合物に, ラーベス (Laves) 相化合物, パイロクロア (pyrochlore) 化合物, スピネル (spinel) 化合物などの化合物群がある.

ラーベス相化合物は AB_2 の組成式で表され, C15 立方晶型 ($MgCu_2$ 型), C14 六方晶型 ($MgZn_2$ 型), C36 型 ($MgNi_2$ 型) などの結晶構造をもつものがある. このラーベス相化合物は, A-B 二元系で 1:2 の組成比に現れる AB_2 化合物で, 寸法因子化合物といわれ, A と B との原子半径 r_A と r_B が $r_A > r_B$ として, 存在比が 1:2 となるときの最密充塡構造となることが知られている (理想的には $r_A/r_B = (3/2)^{1/2} = 1.225$).

C15 型ラーベス相化合物は, A 原子がダイヤモンド格子を組み, その間隙に B 原子が正四面体を頂点共有したパイロクロア格子のネットワークを組んで入り込んでいる構造となっている. C15 型ラーベス相化合物 AB_2 の磁性は非常に多岐にわたっている. 先に紹介した典型的な弱い遍歴電子強磁性体の $ZrZn_2$ も C15 型ラーベス相化合物である. C15 型ラーベス相化合物の中で, とくに A として希土類金属元素 (R と略記), B として遷移金属元素 (T と略記) をとる場合には, 間接交換相互作用のため, 多くの場合, 希土類スピンと遷移金属スピンが反強磁性的に結合し, さまざまな強磁性, フェリ磁性, 反強磁性を示す. 典型例は RFe_2 などである. ここでは, 遷移金属の遍歴磁性に的を絞って RT_2 を中心に説明する. なお, C15 型ラーベス相化合物 RT_2 (T = Mn, Fe, Co) の磁性については, 膨大な数の論文があるので, 文献[1] の「遍歴電子系」の 4 章, および志賀らによるいくつかの解説記事[37〜40]などを引用しておくので, それらとその中の文献を参照されたい.

まず, T = Fe の RFe_2 では, Fe は比較的局在モーメントに近いしっかりとした磁気モーメントを有し, 上で述べたように R が軽希土類の場合には強磁性, R が重希土類の場合にはフェリ磁性を示す. 1:2 の組成比で現れるラーベス相化合物に加え, 1:3 化合物, 2:7 化合物, 1:5 化合物, 2:17 化合物など, 包晶反応で形成される一連の化合物が多数存在することが知られ, その中で $SmCo_5$, Nd_2Fe_7 などの強力な永久磁石材料として知られている物質群も存在している. いわば大きな磁気双極子モーメントや結晶磁気異方性を有する希土類金属と, 高いキュリー温度 T_C を有する, すなわち直接交換相互作用の大きな 3d 遷移金属との, 互いの良い性質をあわせもつような物質群といえる.

そのような物質群の中でも興味深くこれまで非常に注目を集めてきたものに RCo_2 と RMn_2 がある. RCo_2 は R が非磁性の Sc, Y, Lu の場合, 交換相互作用によって増強された強磁性出現条件をぎりぎり満たさないパウリ常磁性体として知られており[41], R が磁性を有した希土類元素の場合には, 希土類モーメントの整列に伴い (希土類のスピン間に RKKY 相互作用が働き, T_C はほぼドジェンヌ因子 $(g_J-1)^2 J(J+1)$ にスケールしている), 希土類スピンからの分子場によって, もともと交換増強されていた Co の 3d バンドが誘起型の磁気双極子モーメントを発生し, 強磁性 (R = 軽希土類) またはフェリ磁性 (R = 重希土類) を示す. このことは, 磁気転移温度以下で大きな自発体積磁歪を引き起こすことから理解できる[1,37].

このような磁気転移に伴って発生した遍歴電子に特有の誘起型の磁気モーメントの発生は, インバー効果または負の熱膨張の原因となる[37]. RMn_2 の磁性については, YMn_2 自身が 110 K のネール温度 T_N で $3\mu_B$ 近い大きな磁気モーメントが一次の反強磁性転移によって現れ (T_N 以上はパウリ常磁性)[42], 非常に大きな自発体積磁歪 (負の熱膨張) を示し[39], 磁気フラストレーションを内在した遍歴電子系に現れた典型的な例として注目される. これが RMn_2 系の本質であろう. このようなインバー効果 (負の熱膨張) は, 金属合金や金属間化合物のみならず, 図 1.9.79 に示すようにひずんだペロブスカイト型酸化物である遍歴電子強磁性体 $SrRuO_3$ においても観測されており[43], 大きなスピン揺らぎの効果が観測されている[44]. 前出の RFe_2 では R = Y のような R が非磁性の場合でも $T_C = 550$ K (YFe_2) をもつ強磁性体であり, Fe 自身が強い磁性を示していることがわかる. したがって, R として磁気モーメントを有する希土類でない場合でも, たとえば YCo_2 において, Co を磁性元素である Fe で置換していくと強磁性が出現するが, YFe_2 が強磁性であるので当然の結果である.

吉村と中村は YCo_2 の Co を非磁性の Al で置換することによって強磁性を出現させることに成功した[45]. 弱い遍歴電子強磁性体 $Y(Co_{1-x}Al_x)_2$ の誕生である. この系を用いて系統的に化学的組成を変化させ弱い強磁性を出現させる試みが $Y(Co_{1-x}Al_x)_2$ という系で成功し, ちょうどその頃, 完成期にあった遍歴電子磁性体に対するスピン揺らぎの理論[6,7,46,47]と系統的かつ定量的に比較する研究が行われ, スピン揺らぎ理論の正当性が定量的に示されていった[48〜50].

前述のように, YCo_2 は強磁性に近いが強磁性になりきれない, すなわちストーナー条件を満たさない (ストーナーモデルはスピン揺らぎの項の効かない絶対零度であれば正しいと考えられる) パウリ常磁性体 (いわゆる near-

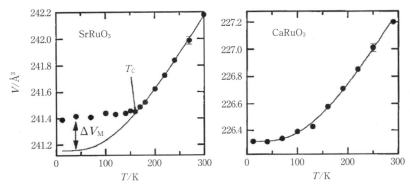

図1.9.79 SrRuO$_3$ (a) および CaRuO$_3$ (b) の自発体積磁歪
単位格子の体積 V は低温X線回折より求めている.

ly itinerant ferromagnet）であると考えられていた[41]．この Y(Co$_{1-x}$Al$_x$)$_2$ 系では，その磁性サイトである Co サイトを非磁性の Al で置き換え，磁気的にさらに希釈していったのに強磁性が出現したということを意味し，常識を覆しているわけである．この系では原子サイズの大きな Al でより小さな Co を置換することにより，相対的に Co の原子容を引き延ばす方向に向かわせ（負の化学圧力効果），Co の3dバンド幅を狭くすることによって強磁性発現を促そうというのがその研究動機であった[45]．

実際にはそのような磁気体積効果に加えて，Co の3dバンドと Al の3pバンドが混成を起こす効果も強磁性発現機構に寄与していることがわかってきている．この発見により図1.9.80に示すように，Al 組成が $0.10<x<0.2$ の領域で強磁性が系統的に発生し，T_C は自発磁気モーメント μ_s（最大で Co あたり $0.14\mu_B$）とほぼ同様の組成依存性を示し，$T_C=0$（$x<0.11$）から最高値 26 K（$x=0.15$，図1.9.81参照）を経て x の増加とともに再びゼロへと漸近する[45,48]．

一方，常磁性領域では磁化率はキュリー-ワイス則に従い（図1.9.81），その有効常磁性磁気モーメント μ_{eff} は Co あたり $2\sim 4\mu_B$ と強磁性発生にかかわらず大きな値をとる（図1.9.80）．有効モーメントが $\mu_{eff}=[p_C\times(p_C+2)]^{1/2}\mu_B$ として，仮想的に常磁性ボーア磁子数 p_C を求め，それと μ_s を μ_B で割った磁子数 p_s の比 p_C/p_s を求めると，10～50 程度の大きな値になる[45,48]．この比の値が局在系では1であるが，遍歴系では1より大きくなることがよく知られており，Y(Co$_{1-x}$Al$_x$)$_2$ 系は典型的な遍歴電子強磁性体であるといえる．

Rhodes と Wohlfarth は，この値をそれぞれの T_C に対してプロットして見せた[51]．このいわゆる Rhodes-Wohlfarth プロットでは，遍歴強磁性体の p_C/p_s の値は局在スピン系のリミット（$p_C/p_s=1$）の上で，しかもある曲線の下の部分に広く分布しているように見えるが，この曲線の意味などはまったくわかっていなかった．この Y(Co$_{1-x}$Al$_x$)$_2$ 系では，T_C が低く，p_C/p_s が大きい領域に系統的に分布しているのである[45,48]．

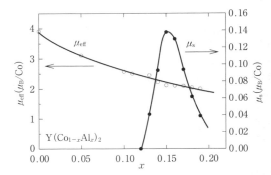

図1.9.80 Y(Co$_{1-x}$Al$_x$)$_2$ 系の有効常磁性モーメント μ_{eff} と自発磁気モーメント μ_s の組成 x 依存

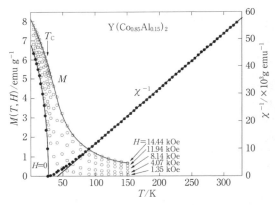

図1.9.81 典型的な弱い遍歴強磁性体 Y(Co$_{0.85}$Al$_{0.15}$)$_2$ の磁化 $M(T,H)$ および逆磁化率 χ^{-1} の温度依存性

1985～1988年当時，前述のように，スピン揺らぎの効果を繰り込むことによって Stoner-Wohlfarth 理論などの平均場近似を超えて遍歴電子を記述しようという新たな試み（スピン揺らぎの自己無撞着繰り込み理論（SCR 理論））が守谷らによって行われ[6,7,46,49]，その磁性理論研究の大きな流れが完成期へと向かっていく時期にあたり，この Y(Co$_{1-x}$Al$_x$)$_2$ 系の実験結果に対し，スピン揺らぎの SCR

理論で系統的にかつ定量的に解析し，理論と実験との整合性を確認する試みがなされ成功をおさめた[48〜50]．さらに，高橋はSCR理論では無視されていたスピン揺らぎのゼロ点揺らぎの項に注目し，ZieckのMnSiについての中性子散乱の実験[52]などを参考に，スピン揺らぎの熱揺らぎの項とゼロ点揺らぎの項の二乗の和が一定になるという仮定（全スピン揺らぎ（局所的スピン揺らぎの二乗平均の和）が保存されるという仮定（TAC：total amplitude conservation）を導入することによって，さらにスピンの揺らぎの理論を大きく展開することに成功した[47]．この仮定は局在モーメント系で成り立つことは自明であるが，遍歴系を記述するSCR理論では，ゼロ点揺らぎの項は小さくて温度変化もないだろうとして無視されており，熱揺らぎ成分が温度に比例して増大することがすべての本質と考えられていた．

新しく仮定したTACの結果として，スピン揺らぎのパラメーター間に新たな関係式が導かれ，有効磁気モーメント μ_{eff} を自発磁気モーメント μ_s で割った値 μ_{eff}/μ_s が，キュリー温度 T_C とスピンの揺らぎのエネルギー幅を表す温度スケール T_0 の比 T_C/T_0 の関数として表されることが示されることになり，これまで謎であったRhodes-Wohlfarthプロット上で $\mu_{eff}/\mu_s > 1$ の部分に広く分布している遍歴電子磁性体が1本の関数上に乗ることが明らかになったのである．これは，図1.9.82に示す高橋プロットや，それを両対数で表した出口-高橋プロット（図1.9.83）といわれる形にまとめて示すことができる．ハバード流にオンサイトクーロン反発エネルギー U とバンド幅 W で考えると，この図の左上の μ_{eff}/μ_s が大きく T_C/T_0 の小さい領域は U/W の小さい（W/U の大きな）遍歴の極限であり，右下の μ_{eff}/μ_s が1に近く T_C/T_0 が大きい領域は U/W が大きい局在系に近い領域ということになり，遍歴電子強磁性体はその間を連続的に分布していることがスピン揺らぎを通

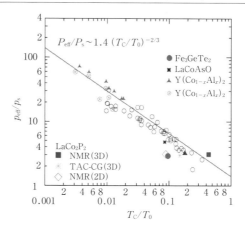

図1.9.83 出口-高橋プロット（高橋プロットの両対数プロット）項末文献[47,49]内のデータを補強したもの．

して理論的に解明できたことになる[47,49,50]．

さらに，高橋は臨界発散における臨界指数の関係から，磁場 H と磁化 M との間に $H \propto M^5$ の関係が臨界点近傍で成り立つべきである（T_C での磁化の連続の条件（GC：global consistency））という仮定を導入することにより，臨界点では磁化のアロットプロット（M^2 vs H/M プロット）ではなく，M^4 vs H/M のプロットが直線となるべきであることを導いた[47,49,50]．この関係は図1.9.84に示すように，典型的な弱い遍歴電子強磁性体と考えられていたMnSiで成立していることが示された．図(a)に示すアロットプロットは上に凸になっていて，図(b)の M^4 vs H/M プロットの方が直線性が格段に良くなっていることがわかる[47,49,53]．このような新たな概念の導入が，これまで謎であった磁性体のふるまいを解決することになる．

そのほかの例として，Fe系超伝導体と同じ層状構造を有する二次元遍歴電子系の化合物強磁性体LaCoAsOのアロットプロットと M^4 vs H/M プロットを図1.9.85に示す[26]．さらに，最近の例として重い電子系やFe系超伝導でおなじみのThCr$_2$Si$_2$型の構造を有するACo$_2$Se$_2$（A＝K, Rb）の例[27]を図1.9.86に示す．これらはすべて高橋によって導入された新しい概念（TAC-GC）が遍歴電子系化合物強磁性体の T_C 近傍のふるまいを説明していることを示している．さらに，高橋のスピン揺らぎの理論によって，この M^4 vs H/M プロットの傾きはスピン揺らぎを特徴づける特性温度によって，次式のように記述できることが明らかになった[47]．

$$M^4 = 2\{3\pi(2+\sqrt{5})\}^2 N_0^5 \mu_B^6 \frac{T_C^2}{T_A^3} \frac{H}{M} \quad (1.9.37)$$

ここで，N_0 は磁性原子の数である．したがって，M^4 vs H/M の傾きから新たにスピン揺らぎパラメーター T_A（スピン揺らぎの運動量 q に対する幅（またはダンピング）を表す温度スケール）が求められることになる．この T_A や先のスピン揺らぎのエネルギー幅の T_0 は，中性子散乱実験から直接求めることができるが，通常のマクロな実験

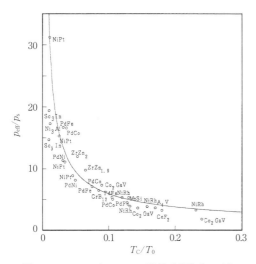

図1.9.82 p_{eff}/p_s と T_C/T_0 の関係（高橋プロット）
[Y. Takahashi, *J. Phys. Soc. Jpn.*, **55**, 3553 (1986)]

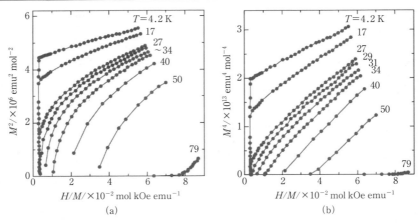

図 1.9.84　MnSi のアロットプロット (a) と M^4 vs H/M プロット (b)
項末文献[53] より読み取った.

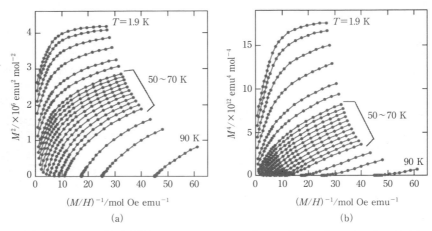

図 1.9.85　二次元遍歴強磁性体 LaCoAsO のアロットプロット (a) と M^4 vs H/M プロット (b)
[H. Ohta, K. Yoshimura, *Phys. Rev. B*, **79**, 184407 (2009); *Phys. Rev. B*, **80**, 184409 (2009)]

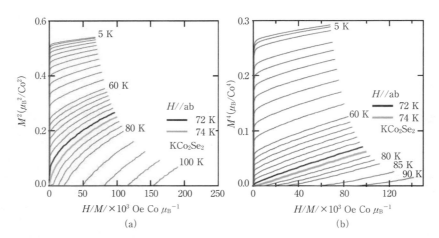

図 1.9.86　二次元遍歴強磁性体 KCo_2Se_2 の単結晶試料 ($H//ab$ 面) のアロットプロット (a) と M^4 vs H/M プロット (b)
[J. Yang, K. Yoshimura, *et al.*, *Phys. Rev. B*, **88**, 064406 (2013)]

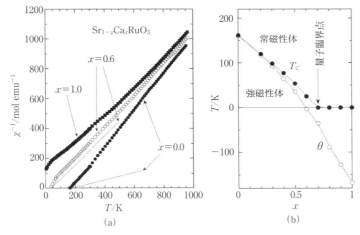

図1.9.87 遍歴電子強磁性体 $Sr_{1-x}Ca_xRuO_3$ の逆磁化率 χ^{-1} の実験値（●，○）と SCR 理論による計算値（実線）(a) および T_C とワイス温度 θ の x 依存 (b) $x=0$ では，T_C も 160 K と高く，中間領域の強磁性体であり SCR 理論による計算とは合わないが，$x=0.6$ は量子臨界点近傍であって，SCR 理論の計算値と実験が良く一致し，弱い遍歴強磁性となっていることがわかる．また，$x=1$ の $CaRuO_3$ はワイス温度 θ は負となるが，相互作用としては強磁性的であり，交換増強パウリ常磁性であることがわかる．

[K. Yoshimura, K. Kosuge, et al., *Phys. Rev. Lett.*, **83**, 4397 (1999)]

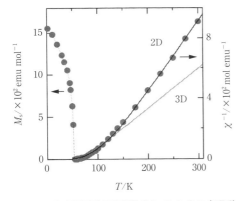

図1.9.88 二次元遍歴電子強磁性体 LaCoAsO の自発磁化 M_s と逆磁化率 χ^{-1} の温度依存（χ^{-1} は高温で二次元 SCR 理論[54]に従い，T_C 近傍では三次元 SCR 理論[46]に従い，次元クロスオーバーがみられる．）

[H. Ohta, K. Yoshimura, *Phys. Rev. B*, **79**, 184407 (2009); *Phys. Rev. B*, **80**, 184409 (2009)]

からは直接求めることはできない．対象となる磁性体について，この T_A に加え，T_0（NMR の緩和時間測定からも求められる[46,48]），自発磁気モーメント μ_s，自由エネルギーのランダウ展開の係数 F_1 の四つの磁気パラメーターが求められると，スピン揺らぎの理論によって，磁化率や比熱，電気抵抗といった物理量の温度依存性など，さまざまな磁気特性を理論的に計算することができる．スピン揺らぎのパラメーターから定量的に磁化率を計算し，実験と比較した $Y(Co_{1-x}Al_x)_2$ 系以外の例として，$Sr_{1-x}Ca_xRuO_3$ の例[44]

を図 1.9.87 に，LaCoAsO の例[26]を図 1.9.88 に示す．

このように，その結果は定量的に満足ゆくものであることが，これまでのさまざまな系についての多くの研究で明らかになってきており，基本的に遍歴電子系の磁性については，かなりの部分がスピン揺らぎ理論によって解明されたことになる[48~50]．ただし，M^4 vs H/M プロットについては，遍歴系だけで成立するものではなく，自由エネルギーの磁化によるランダウ展開の M^6 までの項を考慮することが重要であるということを示しているのであり，絶縁体の系でも成立する関係である．

図 1.9.89 に絶縁体のパイロクロア系強磁性体 $Lu_2V_2O_7$ の M^4 vs H/M プロットを示す[55]．この系では V-V 間の相互作用は酸素を媒介にした超交換作用であるが，フラストレーションを避けるためか，Goodenough-金森則[4]によるのか，$S=1/2$，$T_C=71$ K の強磁性が出現する．このように絶縁体系でも直線性が良いことがわかり，global consistency (GC) の考え方の正しさを示している．

遍歴電子系の強磁性出現条件にはストーナー条件がよく知られているが，強磁性出現ぎりぎりの領域での大きなトピックスは遍歴電子メタ磁性転移であろう．集団電子理論であるバンド理論や磁化のランダウ展開による Stoner-Wohlfarth 理論の後継理論[56]では長い間，予言はあったものの実験的には確認されていなかった現象であり，$Y(Co_{1-x}Al_x)_2$ 系の研究は交換増強された YCo_2 における遍歴電子メタ磁性転移の発現を実験的に証明するという副産物的成果も生み出している（図 1.9.90）[57]．

遍歴電子メタ磁性転移に関しては，$Co(Se_{1-x}S_x)_2$ では

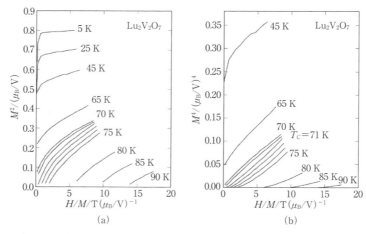

図1.9.89 パイロクロア強磁性体 $Lu_2V_2O_7$ のアロットプロット (a) と M^4 vs H/M プロット (b)

この系は絶縁体で、磁性元素は V^{4+} で $S=1/2$ であり、実験ともほぼ一致.
[津田和利, 京都大学大学院理学研究科化学専攻修士論文 (1997)]

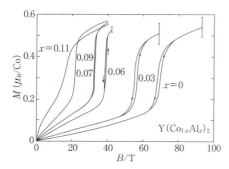

図1.9.90 $Y(Co_{1-x}Al_x)_2$ 系における4.2Kでの強磁場磁化過程
[T. Sakakibara, et al., Phys. Lett. A, **117**, 243 (1986); J. Magn. Magn. Mater., **70**, 126 (1987); J. Phys.: Condens. Matter, **2**, 3381 (1990)]

すでに観測されていた[58]. しかし, この系のメタ磁性転移は遍歴電子強磁性体である CoS_2 をパウリ常磁性体の $CoSe_2$ によって磁気的に希釈していき, 強磁性が消失するぎりぎりの領域でメタ磁性が出現することを見出したものであり, YCo_2 におけるメタ磁性転移の発見とは少し意味合いが異なるように思われる. $Y(Co_{1-x}Al_x)_2$ 系では, 強磁性出現に最適な組成 $x=0.15$ から x を減じていくと, まだ強磁性が存在している $x=0.13$ 辺りからメタ磁性転移が出現し始め, さらに x の減少に伴い, $x<0.11$ で強磁性が消えていくにつれ徐々にメタ磁性転移が明瞭になり, しかも転移磁場での磁化の飛びは大きくなっていき YCo_2 に向かっていくのである[57]. そもそも YCo_2 でのメタ磁性転移磁場は100T程度と理論的に予想されており[56], 実験では実現不可能と思われていた. $Y(Co_{1-x}Al_x)_2$ 系では強磁性が存在している $x=0.13$ で, 転移磁場は十数Tと通常の非破壊型のパルス磁場の実験で観測可能で, $x=0.06$ でも転移磁場は40T以下であり, 十分観測可能であった[57]. 100T以上まで磁場の出せる破壊型のワンターンコイル法による YCo_2 のメタ磁性転移（転移磁場が約70T）の発見に至るのである[57]（ここで図1.9.91において, $x=0, 0.03$ についての実験のみ破壊型で測定しているため, それ以外の組成とは少し実験誤差が大きい可能性がある）.

Al組成 x が0.11から0.13辺りではメタ磁性転移と強磁性の共存も見られることも興味深い. この実験を機にストーナーモデル的理論も再び発展し, メタ磁性転移出現条件などに関して活発に議論されることになるが, スピンの揺らぎによる補正はここでもやはり必要なことが明らかになってくる[59]. このことに関しては, ここでは本論と離れるのでこれ以上触れることは避けたい. 原著論文を参照してほしい.

$Y(Co_{1-x}Al_x)_2$ 系の発見後, 深道らのグループによって $Lu(Co_{1-x}Al_x)_2$ 系[60] や $Lu(Co_{1-x}Ga_x)_2$ 系[61] でも同様の遍歴電子強磁性と遍歴電子メタ磁性転移の発現が見出され, このラーベス相化合物における遍歴電子磁性研究は進展し, さらに発展した.

ここで説明した弱い遍歴電子強磁性を生じるラーベス相化合物系と同様の系がいくつか見つかっている. その一つは $Fe_{1-x}Co_xSi$ 系における弱い遍歴電子強磁性の出現である[62]. この擬二元系では, 両端の $FeSi$, $CoSi$ は有名な半導体であり, 常磁性や反磁性を示す. $FeSi$ は温度の上昇に伴いスピン揺らぎが誘起され急激に増大し, 温度誘起型局在モーメント系として知られ[63], 最近では近藤半導体ではないか[64] と研究が盛んに行われている. また, これに類似の系として $Fe(Ga_{1-x}Ge_x)_3$ における弱い遍歴電子強磁性が最近注目されている[65]. また, $MnSi$ やこれらの系では, らせん磁性状態が強磁性状態の低磁場状態で存在し

の正常な正方晶から $x>0.5$ のつぶれた正方晶へと構造変化する.

図 1.9.92 に, $x=0$ の $SrCo_2P_2$ で遍歴電子メタ磁性転移を示すが, 60 T の強磁場下で交換増強されたパウリ常磁性から一次転移的に大きく磁化が増大し典型的な遍歴電子メタ磁性転移を起こしていることが見てとれる. さらによく見ると, 20 T 付近の磁場で磁化が緩やかに増大してプラトー的になる, いわゆるクロスオーバー的な異常が見られる.

ここで, 自由エネルギーのランダウ展開を M^6 の項まで考える.

$$F = F_0 + \frac{1}{2}aM^2 + \frac{1}{4}bM^4 + \frac{1}{6}cM^6 - HM \quad (1.9.38)$$

その平衡条件 $\left(\frac{\partial}{\partial M}F=0\right)$ は,

$$H = aM + bM^3 + cM^5 \quad (1.9.39)$$

となるが, このランダウの現象論を用いたメタ磁性理論[56]によると遍歴電子メタ磁性転移 (IEMT) を起こす条件とクロスオーバーを起こす条件 (crossover) が, 展開係数 a, b, c によって以下のように表される.

(IEMT)

$$a>0, \quad b<0, \quad c>0, \quad および \quad \frac{3}{16} < \frac{ac}{b^2} < \frac{9}{20} \quad (1.9.40\,\mathrm{a})$$

(crossover)

$$a>0, \quad b<0, \quad c>0, \quad および \quad \frac{ac}{b^2} \geqq \frac{9}{20} \quad (1.9.40\,\mathrm{b})$$

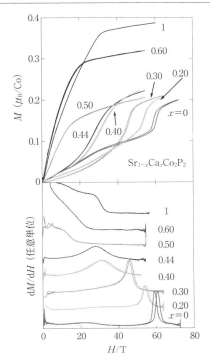

図 1.9.91 $Sr_{1-x}Ca_xCo_2P_2$ 系における 4.2 K での強磁場磁化過程(磁化曲線(上図)とその磁場微分(下図))
[M. Imai, *et al.*, *Phys. Rev. B*, **90**, 014407 (2014)]

ていると考えられ, そのさいの右巻き, 左巻きの磁気構造において発生するスカーミオン (skyrmion) 状態が新しい物理として最近注目を集めている[66]. 新しい概念が導入されると既知の化合物磁性が再注目される典型例といえよう. しかし, この系では, 遍歴電子メタ磁性転移は観測されていない.

遍歴電子強磁性と遍歴電子メタ磁性転移がともに現れる系としては, $La(Fe_xSi_{1-x})_{13}$ 系[67]や二次元磁性体 $Sr_{1-x}Ca_xCo_2P_2$ 系[29], および星形四面体格子化合物系の $Mo_3(Fe-Co)_3(N-C)$ 系[68]が見つかっている. ここでは図 1.9.91 に, $Sr_{1-x}Ca_xCo_2P_2$ 系についてパルス強磁場(非破壊型)を用いた磁化過程 (4.2 K) を示し, 新しいタイプの遍歴電子メタ磁性転移を紹介する[29].

この系は Fe 系超伝導と同様の Co-P$_4$ 四面体の稜共有した二次元面を基調にした構造を有し, その間に Sr(Ca, La) 面を挿入した構造で, Ca のような小さなイオンの場合には Co-P 面間に P-P 結合が生じ, Sr や La のような大きなイオンが来た場合には P-P 結合が生じず, Co-P 面間の相関が弱くなることが知られている. 本系の場合は, $SrCo_2P_2$ では, P-P 結合がなく, YCo_2 のような交換増強されたパウリ常磁性となっていて, 他方, $CaCo_2P_2$ では P-P 結合が生じ, Co-P 面内強磁性, 面間反強磁性のいわゆる A-タイプの反強磁性になっている. その量子臨界点は $x=0.5$ 付近であることが知られていて, 構造も $x<0.5$

図 1.9.92 は遍歴電子メタ磁性転移とクロスオーバーの両方を起こしていることになり, この理論ではあり得ないことになってしまう. この試料では NMR によって不純物がほとんどないことが明らかになっていて, しかもクロスオーバー現象自体, 組成依存している (図 1.9.91) ので, このクロスオーバー現象は本質である. そもそもこの理論では二段の異常を起こすことは説明できない. なぜなら, 自由エネルギーに $M=0$ も含め三つのミニマムもしくはプラトーをもつためには, 自由エネルギーに M^{10} の項まで考慮する必要が生じ, とても現実的とは思えないからである. したがって, 交換増強されたパウリ常磁性 ($a>0$, $b<0$, $c>0$) と遍歴電子強磁性 ($a<0$, $c>0$) の二つの状態の自由エネルギーを導入し, パウリ常磁性の状態が基底状態で, そこに磁場をかけるとまず式(1.9.40)に従いクロスオーバーが起き, その後, 遍歴強磁性状態へとメタ磁性転移すると考えるとこの実験結果をうまく説明することができる (図 1.9.92(b)参照).

この考え方はスピン揺らぎの遍歴電子メタ磁性理論[59]を M^6 まで拡張しただけであるが, $SrCo_2P_2$ の遍歴電子メタ磁性転移をうまく説明することができる. また, このことは, メタ磁性転移でも $H \propto M^5$ の関係が重要であり, これらの係数はスピン揺らぎのパラメーターで表されるべき

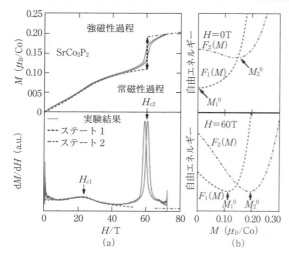

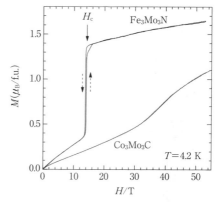

図1.9.93 星形四面体格子化合物 Fe_3Mo_3N, Co_3Mo_3C における4.2Kでの強磁場磁化過程
[T. Waki, H. Nakamura, et al., *J. Phys. Soc. Jpn.*, **79**, 043701 (2010); *ibid.*, **79**, 093703 (2010); *id.*, *EPL*, **94**, 37004 (2011)]

図1.9.92 $SrCo_2P_2$ における4.2Kでの遍歴電子メタ磁性転移強磁場磁化過程とその微分曲線(a)と, ゼロ磁場と60Tでの自由エネルギー曲線(b)も模式的に示している.
[M. Imai, K. Yoshimura, et al., *Phys. Rev. B*, **90**, 014407 (2014)]

であることを示している. Sr を Ca で置換して量子臨界点に向かうに従い, メタ磁性転移の臨界磁場 H_c は低下していき, 量子臨界点(組成)を挟んで A タイプの反強磁性相になるに従い, 弱い面間の反強磁性を破って強磁性に転移する, 通常のスピンフリップによるメタ磁性領域へと遷移していく(図1.9.91).

次に, 図1.9.93に星形四面体格子構造の化合物 Fe_3Mo_3N, Co_3Mo_3C における4.2Kでの強磁場磁化過程を示す[68]. どちらの試料も磁化率の温度依存性(χ-T 曲線)に極大をもち, 基底状態は交換増強されたパウリ常磁性体であって, 磁化の急激な増加は遍歴電子メタ磁性転移である. とくに Fe_3Mo_3N では, 遍歴電子メタ磁性転移が非常にシャープで, ほかの系と様相が異なる. この現象は, YMn_2 の熱膨張曲線が T_N で非常に大きくかつシャープに変化することと類似しているようにも見え, この系に磁気フラストレーションが内在しているのかもしれない. また, Fe を Co で置換することによって遍歴強磁性が現れ, 遍歴電子メタ磁性転移と遍歴強磁性相の関係も興味深い[68].

これらの遍歴電子化合物系では, $Y(Co_{1-x}Al_x)_2$ 系の実験データの解析と同様に, スピン揺らぎの SCR 理論とその後の TAC-GC によって発展したスピン揺らぎの高橋理論とによる定量的な解析が成立することが明らかになっており, ここで述べた説明はごく一般的なものであって, さまざまな遍歴電子強磁性体にそのまま適用できることが明らかになってきている[49,50].

これまでは遍歴電子系化合物について中心的に紹介してきたが, 絶縁体でもパイロクロア磁性体のようにスピン・フラストレーションが内在する場合, 非常に興味深いスピンアイスというふるまいを示す $Dy_2Ti_2O_7$ がおおいに注目されている[69]. これは, Dy の磁気モーメントがフラストレーションのために四面体を中心に2イン2アウトという構造になることが知られ, これが氷の構造によく似ていることからスピンアイスといわれている. パイロクロアのほかにもパイロクロア格子を有し, フラストレーション効果を示すものにスピネル化合物がある. その興味深い一例を図1.9.94に示す.

これは Cr スピネル化合物における強磁場磁化過程である[70]. スピンフラストレーションを有した磁気構造のために, 強磁場を [111] 方向に印加すると, 2 up-2 down の状態から 3 up-1 down 状態へメタ磁性転移を起こし, さらに強制強磁性状態へとメタ磁性転移を起こす[70]. このようなフラストレーションが内在している絶縁体, 最初に述べたフラストレーションによって基底状態がスピン・シングレットになる場合やフラストレーションが起源となる金属・絶縁体転移, 先に説明したフラストレーションを内在

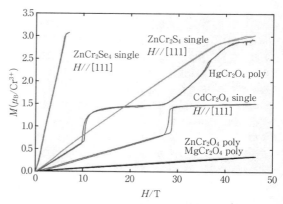

図1.9.94 Cr スピネル化合物の強磁場磁化曲線(4.2K)における異常
[H. Ueda, et al., *Phys. Rev. Lett.*, **94**, 047202 (2005); *Phys. Rev. B*, **73**, 094415 (2006); A. Miyata, et al., *Phys. Rev. Lett.*, **107**, 207203 (2011); *Phys. Rev. B*, **87**, 214424 (2013)]

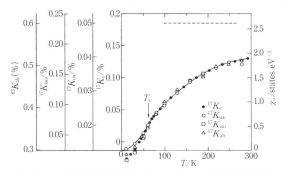

図 1.9.95 銅酸化物超伝導体 YBa$_2$Cu$_3$O$_{6.63}$（超伝導転移温度 $T_c=63$ K）のナイトシフト K と磁化率 χ
[M. Takigawa, et al., Phys. Rev. B, **43**, 247 (1991); H. Monien, D. Pines, M. Takigawa, Phys. Rev. B, **43**, 258 (1991)]

した遍歴電子系など，まだまだこれからの発展が期待される$^{10\sim13,68\sim70)}$.

最後に，遍歴電子反強磁性について少し述べてこの項を締めくくる．図 1.9.95 に銅酸化物超伝導体 YBa$_2$Cu$_3$O$_{6.63}$（超伝導転移温度 $T_c=63$ K）のナイトシフト K と磁化率 χ_0 の温度依存性を示す$^{71)}$．ナイトシフト K はミクロな静的磁化率 χ_0 を反映しており，事実，この図でさまざまなサイトの K は χ_0 とスケールしている．このことは，銅酸化物系でのスピン自由度は一つのみであるということも示している．また，反強磁性相互作用の遍歴電子系でのスピン揺らぎは，反強磁性の $q=Q$ 成分である χ_Q のみに反映され，強磁性的な $q=0$ の磁化率 χ_0 には，あまり反映されない．この図 1.9.95 のような磁化率のふるまいは，高温超伝導体のみならず，Cr, βMn, YMn$_2$ など多くの反強磁性相互作用の遍歴電子系で見られる$^{6,7,49,50)}$．このような反強磁性相互作用を有する遍歴電子化合物系でも χ_Q は強磁性体のようにキュリー-ワイス則を示すが，これは核磁気共鳴（NMR）のスピン・格子緩和率 $1/T_1T$ などに現れることが知られている$^{7,49,72)}$．

図 1.9.96 に，鉄系超伝導体の母体化合物で遍歴電子反強磁性体 FeTe$_{0.85}$ の単結晶の静的磁化率 χ_0 の温度依存性を示す$^{24)}$．FeTe$_{0.85}$ の反強磁性状態はスピン密度波（SDW）状態であることが知られているが，この図 1.9.96 に示すように T_N 以上でキュリー-ワイス則を示す．このことは，FeTe$_{0.85}$ が弱い反強磁性状態ではなく，ある程度 U/W の大きな，スピンの揺らぎに関して遍歴と局在の両極限の中間領域に位置する反強磁性体であることを示していて，鉄系超伝導体の超伝導機構を解き明かすうえでも重要であると考えられる．

ここで紹介したように，遷移金属化合物は磁性や超伝導研究の宝庫である．これからも多くの注目すべき磁性化合物が発見され，磁性物理学の進歩に大きく寄与していくであろう．

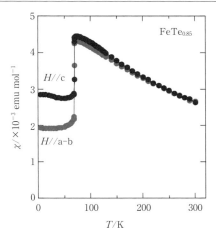

図 1.9.96 遍歴電子反強磁性体 FeTe$_{0.85}$ の単結晶試料の磁化率 χ
[J. Yang, K. Yoshimura, et al., J. Phys. Soc. Jpn., **79**, 074704 (2010)]

文　献

1) 安達憲五，"化合物磁性―局在電子系，遍歴電子系―"（物性科学選書），裳華房 (1996).
2) 近角聰信，太田恵三，安達健五，津尾 昇，石川義和 編 "磁性体ハンドブック"，朝倉書店 (2006).
3) 望月和子，井門秀秋，伊藤忠栄，森藤正人，"金属間化合物の電子構造と磁性"，大学教育出版 (2007).
4) 金森順次郎，"磁性"（新物理学シリーズ，山内恭彦 監修），培風館 (1969).
5) 近角聰信，"強磁性体の物理"（物理学選書），裳華房，上 (1978)・下 (1984).
6) 守谷 亨，"磁性物理学"，朝倉書店 (2006).
7) T. Moriya, "Spin Fluctuations in Itinerant Electron Magnetism", Springer-Verlag (1985).
8) 長谷田泰一郎，目片 守，"三角格子上の物理"（物理学最前線 26, 大槻義彦 編），共立出版 (1990).
9) P. Lacorre, J. Phys. C : Solid State Phys., **20**, L775 (1987).
10) Y. Horibe, M. Shingu, K. Kurushima, H. Ishibashi, N. Ikeda, K. Kato, Y. Motome, N. Furukawa, S. Mori, T. Katsufuji, Phys. Rev. Lett., **96**, 086406 (2006).
11) P. G. Radaelli, Y. Horibe, Matthias J. Gutmann, Hiroki Ishibashi, C. H. Chen, Richard M. Ibberson , Y. Koyama , Y.-S. Hor , Valery Kiryukhin, S.-W. Cheong, Nature, **416**, 155 (2002).
12) D. I. Khomskii, T. Mizokawa, Phys. Rev. Lett., **94**, 156402 (2005).
13) S. Lee, J.-G. Park, D. T. Adroja, D. Khomskii, S. Streltsov, K. A. McEwen, H. Sakai, K. Yoshimura, V. I. Anisimov, D. Mori, R. Kanno, R. Ibberson, Nat. Mater., **5**, 471 (2006).
14) N. Ikeda, H. Ohsumi, K. Ohwada, K. Ishii, T. Inami, K. Kakurai, Y. Murakami, K. Yoshii, S. Mori, Y. Horibe, H. Kitô, Nature, **436**, 1136 (2005).
15) B. T. Matthias, A. M. Clogston, H. J. Williams, E. Corenzwit, R. C. Sherwood, Phys. Rev. Lett., **7**, 7 (1961).
16) J. G. Bednorz, K. A. Müller, Z. Phys. B, **64**, 189 (1986).

17) M. Azuma, Z. Hiroi, M. Takano, K. Ishida, Y. Kitaoka, *Phys. Rev. Lett.*, **73**, 3463 (1994).
18) Z. Hiroi, S. Amelinckx, G. Van Tendeloo, N. Kobayashi, *Phys. Rev. B*, **54**, 15849 (1996).
19) H. Kageyama, K. Yoshimura, R. Stern, N. V. Mushnikov, K. Onizuka, M. Kato, K. Kosuge, C. P. Slichter, T. Goto, Y. Ueda, *Phys. Rev. Lett.*, **82**, 3168 (1999).
20) Y. Kamihara, T. Watanabe, M. Hirano, H. Hosono, *J. Am. Chem. Soc.*, **130**, 3296 (2008).
21) S. Kasahara, H. J. Shi, K. Hashimoto, S. Tonegawa, Y. Mizukami, T. Shibauchi, K. Sugimoto, T. Fukuda, T. Terashima, Andriy H. Nevidomskyy, Y. Matsuda, *Nature*, **486**, 382 (2012).
22) L. E. Svistov, T. Fujita, H. Yamaguchi, S. Kimura, K. Omura, A. Prokofiev, A. I. Smirnov, Z. Honda, M. Hagiwara, *JETP Lett.*, **93**, 21 (2011).
23) K. Nawa, M. Takigawa, M. Yoshida, K. Yoshimura, *J. Phys. Soc. Jpn.*, **82**, 094709 (2013).
24) J. Yang, M. Matsui, M. Kawa, H. Ohta, C. Michioka, C. Dong, H. Wang, H. Yuan, M. Fang., K. Yoshimura, *J. Phys. Soc. Jpn.*, **79**, 074704 (2010).
25) H. Yanagi, R. Kawamura, T. Kamiya, Y. Kamihara, M. Hirano, T. Nakamura, H. Osawa, H. Hosono, *Phys. Rev. B*, **77**, 224431 (2008).
26) H. Ohta, K. Yoshimura, *Phys. Rev. B*, **79**, 184407 (2009); *ibid.*, **80**, 184409 (2009).
27) J. Yang, B. Chen, H. Wang, Q. Mao, M. Imai, K. Yoshimura, M. Fang, *Phys. Rev. B*, **88**, 064406 (2013).
28) S. Jia, A. J. Williams, P. W. Stephens, R. J. Cava, *Phys. Rev. B*, **80**, 165107 (2009).
29) M. Imai, C. Michioka, H. Ohta, A. Matsuo, K. Kindo, H. Ueda, K. Yoshimura, *Phys. Rev. B*, **90**, 014407 (2014).
30) C. Pfleiderer, M. Uhlarz, S. M. Hayden, R. Vollmer, H. v. Löhneysen, N. R. Bernhoeft, G. G. Lonzarich, *Nature*, **412**, 58 (2001).
31) T. Hattori, Y. Ihara, Y. Nakai, K. Ishida, Y. Tada, S. Fujimoto, N. Kawakami, E. Osaki, K. Deguchi, N. K. Sato, I. Satoh, *Phys. Rev. Lett.*, **108**, 066403 (2012).
32) H. Sakai, K. Yoshimura, H. Ohno, H. Kato, S. Kambe, R. E. Walstedt, T. D. Matsuda, Y. Haga, Y. Onuki, *J. Phys.: Condens. Matter.*, **13**, L785 (2001).
33) M. Hanawa, Y. Muraoka, T. Tayama, T. Sakakibara, J. Yamaura, Z. Hiroi, *Phys. Rev. Lett.*, **87**, 187001 (2001).
34) Z. Hiroi, Jun-ichi Yamaura, K. Hattori, *J. Phys. Soc. Jpn.*, **81**, 011012 (2012).
35) K. Takada, H. Sakurai, E. Takayama-Muromachi, F. Izumi, R. A. Dilanian, Ta. Sasaki, *Nature*, **422**, 53 (2003).
36) H. Ohta, K. Yoshimura, Z. Hu, Y. Y. Chin, H.-J. Lin, H. H. Hsieh, C. T. Chen, L. H. Tjeng, *Phys. Rev. Lett.*, **107**, 066404 (2011).
37) 志賀正幸, 固体物理, **15**, 589 (1980); **21**, 589 (1986).
38) 浅野摂郎, 石田尚治, 固体物理, **21**, 711 (1986).
39) 和田裕文, 志賀正幸, 日本物理学会誌, **46**, 483 (1991).
40) 村田和広, 深道和明, 後藤恒昭, 固体物理, **30**, 361 (1995).
41) K. Yoshimura, T. Shimizu, M. Takigawa, H. Yasuoka, Y. Nakamura K. Yoshimura, K. Fukamichi, H. Yasuoka, M. Mekata, *J. Phys. Soc. Jpn.*, **53**, 503 (1984); **56**, 3652 (1987).
42) K. Yoshimura, Y. Nakamura, *J. Magn. Magn. Mater.*, **40**, 55 (1983).
43) T. Kiyama, K. Yoshimura, K. Kosuge, Y. Ikeda, Y. Bando, *Phys. Rev. B*, **54**, R 756(R) (1996).
44) K. Yoshimura, T. Imai, T. Kiyama, K. R. Thurber, A. W. Hunt, K. Kosuge, *Phys. Rev. Lett.*, **83**, 4397 (1999).
45) K. Yoshimura, Y. Nakamura, *Solid State Commun.*, **56**, 767 (1985).
46) Y. Takahashi, T. Moriya, *J. Phys. Soc. Jpn.*, **54**, 1592 (1985).
47) Y. Takahashi, *J. Phys. Soc. Jpn.*, **55**, 3553 (1986).
48) K. Yoshimura, M. Takigawa, Y. Takahashi, H. Yasuoka, Y. Nakamura M. Mekata, M. Takigawa, Y. Takahashi, H. Yasuoka, *J. Phys. Soc. Jpn.*, **56**, 1138 (1987); *Phys. Rev. B*, **37**, 3593 (1988).
49) 高橋慶紀, 吉村一良, "遍歴磁性とスピンゆらぎ", 内田老鶴圃 (2012).
50) Y. Takahashi, "Spin Fluctuation Theory of Itinerant Electron Magnetism" (G. Höhler, ed.), Springer-Verlag (2013).
51) P. R. Rhodes, E. P. Wohlfarth, *Proc. R. Soc. London*, **273**, 247 (1963).
52) K. R. A. Ziebeck, H. Cappellmann, P. J. Brown, J. G. Booth, *Z. Phys.*, **48**, 241 (1982).
53) D. Bloch, J. Voiron, V. Jaccarino, J. H. Wernick, *Phys. Lett. A*, **51**, 259 (1975).
54) M. Hatatani, T. Moriya, *J. Phys. Soc. Jpn.*, **64**, 3434 (1995).
55) 津田和利, 京都大学大学院理学研究科化学専攻修士論文 (1997).
56) 代表的な論文として, H. Yamada, *Phys. Rev. B*, **47**, 11211 (1993).
57) T. Sakakibara, T. Goto, K. Yoshimura, M. Shiga, Y. Nakamura, *Phys. Lett. A*, **117**, 243 (1986); T. Sakakibara, T. Goto, K. Yoshimura, M. Shiga, Y. Nakamura, K. Fukamichi *J. Magn. Magn. Mater.*, **70**, 126 (1987); T. Sakakibara, T. Goto, K. Yoshimura, K. Fukamichi *J. Phys.: Condens. Matter*, **2**, 3381 (1990).
58) K. Adachi, K. Sato, M. Takeda, *J. Phys. Soc. Jpn.*, **26**, 631 (1969); K. Adachi, K. Sato, M. Matsuura, M. Ohashi, *ibid.*, **29**, 323 (1970); K. Adachi, M. Matsui, M. Kawai, *ibid.*, **46**, 1474 (1979); K. Adachi, M. Matsui, Y. Omata, H. Mollymoto, M. Motokawa, M. Date, *ibid.*, **47**, 675 (1979).
59) Y. Takahashi, T. Sakai, *J. Phys.: Condens. Matter*, **7**, 6279 (1995).
60) T. Yokoyama, H. Nakajima, H. Saito, K. Fukamichi, H. Mitamura, T. Goto, *J. Alloys Compd.*, **266**, 13 (1998).
61) H. Saito, T. Yokoyama, K. Fukamichi, K. Kamishima, T. Goto, *Phys. Rev. B*, **59**, 8725 (1998).
62) たとえば, K. Shimizu, H. Maruyama, H. Yamazaki, H. Watanabe, *J. Phys. Soc. Jpn.*, **59**, 305 (1990).
63) Y. Takahashi, T. Moriya, *J. Phys. Soc. Jpn.*, **46**, 1451 (1979); Y. Takahashi, M. Tano, T. Moriya, *J. Magn. Magn. Mater.*, **31-34**, 329 (1983).
64) V. I. Anisimov, S. Yu Ezhov, I. S. Elfimov, I. V. Solovyev, T. M. Rice, *Phys. Rev. Lett.*, **76**, 1735 (1996); K. Friemelt, E. Bucher, G. Aeppli, A. P. Ramirez J. F. DiTusa, S. Yu Ezhov, I. S. Elfimov, I. V. Solovyev, T. M. Rice, *Phys. Rev. Lett.*, **78**, 2831 (1997).
65) K. Umeno, Y. Hadano, S. Narazu, T. Onimaru, M. A. Avila, T. Takabatake, *Phys. Rev. B*, **86**, 144421 (2012).

66) S. Mühlbauer, B. Binz, F. Jonietz, C. Pfleiderer, A. Rosch, A. Neubauer, R. Georgii, P. Böni, *Science*, **323**, 915 (2009); X. Z. Yu, Y. Onose, N. Kanazawa, J. H. Park, J. H. Han, Y. Matsui, N. Nagaosa, Y. Tokura, *Nature*, **465**, 901 (2010).

67) A. Fujita, Y. Akamatsu, K. Fukamichi, *J. Appl. Phys.*, **85**, 4756 (1999).

68) T. Waki, S. Terazawa, Y. Tabata, F. Oba, C. Michioka, K. Yoshimura, S. Ikeda, H. Kobayashi, K. Ohoyama, H. Nakamura, *J. Phys. Soc. Jpn.*, **79**, 043701 (2010); T. Waki, Y. Umemoto, S. Terazawa, Y. Tabata, A. Kondo, K. Sato, K. Kindo, S. Alconchel, F. Sapiña, Y. Takahashi, H. Nakamura **79**, 093703 (2010); T. Waki, S. Terazawa, T. Yamazaki, Y. Tabata, K. Sato, A. Kondo, K. Kindo, M. Yokoyama, Y. Takahashi, H. Nakamura *EPL*, **94**, 37004 (2011).

69) 松平和之, 廣井善二, 榊原俊郎, 日本物理学会誌, **59**, 460 (2004), およびその中の文献.

70) H. Ueda, H. Aruga Katori, H. Mitamura, T. Goto, H. Takagi, *Phys. Rev. Lett.*, **94**, 047202 (2005); H. Ueda, H. Mitamura, T. Goto, Y. Ueda, *Phys. Rev. B*, **73**, 094415 (2006); A. Miyata, H. Ueda, Y. Ueda, H. Sawabe, S. Takeyama, *Phys. Rev. Lett.*, **107**, 207203 (2011); A Miyata, S. Takeyama, H. Ueda, *Phys. Rev. B*, **87**, 214424 (2013).

71) M. Takigawa, A. P. Reyes, P. C. Hammel, J. D. Thompson, R. H. Heffner, Z. Fisk, K. C. Ott, *Phys. Rev. B*, **43**, 247 (1991); H. Monien, D. Pines, M. Takigawa, *Phys. Rev. B*, **43**, 258 (1991).

72) S. Ohsugi, Y. Kitaoka, K. Ishida, G.-q. Zheng, K. Asayama, *J. Phys. Soc. Jpn.*, **63**, 700 (1994).

1.9.6 磁性半導体とその関連材料

a. 背景：スピントロニクス研究の発展

電子は"電荷"とともに自転の角運動量に相当する"スピン"をもっている．"電荷"の蓄積や流れを制御することによって，トランジスタや集積回路をはじめとするさまざまなデバイスが生み出され，20世紀後半以降，エレクトロニクスや情報・通信技術の大発展をもたらした．一方，"スピン"は磁性の源であり，磁石は古くから使われてきたが，磁性と電子の伝導がかかわる巨大磁気抵抗効果など，新しい物理現象の発見を契機に応用技術も発展し，20世紀末頃から"スピントロニクス"といわれる新しい分野が形成された．ここでは固体中の"スピン"の生成，蓄積，流れ（スピン流）を理解し制御することが中心的課題の一つになっている．この"スピントロニクス"の研究は，固体物理，材料科学，電子工学，磁気工学およびそれらをまたぐ諸領域において，今では世界的に大きな潮流となっている[1〜3]．

スピントロニクスの中でも強磁性金属とその多層膜をベースとした分野は，最も応用が進んでいる．巨大磁気抵抗（GMR：giant magnetoresistance）効果[4]やトンネル磁気抵抗（TMR：tonnel magnetoresistance）効果[5]を用いた磁気センサは，ハードディスク装置の磁気ヘッドとして広く使われており，記録密度の大容量化に貢献してきた．また，TMR素子を用いた磁気抵抗ランダムアクセスメモリ（MRAM）の開発が進み，近い将来の不揮発性固体メモリとして期待されている．このように，金属をベースとしたスピントロニクスにおいては，厚さ数nmの強磁性金属薄膜や多層膜，トンネル接合におけるスピン依存伝導現象，とくに磁化が平行か反平行かで電気抵抗が大きく変わる磁気抵抗効果を用いたデバイスが開発され，すでに使われている．TMR素子では，MgOをトンネル障壁に用いることにより，室温で数百％という大きなTMR比が得られるようになった[6]．これらのGMRおよびTMR素子は，基本的には二端子の受動デバイスであるが，これをトランジスタと組み合わせるなど三端子デバイスとして論理回路に応用しようとする研究も始まっている[7,8]．

一方，半導体の分野においても，この十数年の間に，スピンの影響が顕著に現れるさまざまな新しい物質やヘテロ構造・ナノ構造が作製され，その物性が研究されるとともに，エレクトロニクスへの応用可能性も検討されつつある．半導体の特徴は，① キャリヤ制御により物性を大きく変えることができる，② 結晶成長やプロセス技術が高度に洗練されておりバンドエンジニアリングやデバイス設計ができる，③ 電子デバイス・集積回路技術や光デバイス技術が確立している，という点にある．とくに，トランジスタのように信号を増幅できる三端子の能動デバイスが作製でき，これをベースとした大規模で信頼性の高い情報処理システムを構築できるという点は，ほかの物質系にはない長所である．ここに"スピン"のもつ機能や自由度を融合させれば，新しいデバイスやエレクトロニクスを構築できるのではないか，という期待が生じる．情報技術を支えてきたシリコン集積回路が過去30年以上にわたってたどってきた微細化による高性能化のトレンドが，近く限界に到達することが予想され，新しい原理や機能を導入した次世代デバイスの研究開発が関心を集めている．スピントロニクスは"More than Moore"あるいは"Beyond CMOS"とよばれる将来技術の一つとしても期待されるようになってきた．また，対象とする物質も，半導体や金属のみならず，強相関系を含む酸化物，グラフェンやカーボンナノチューブを含む有機物や分子にも広がっており，それらの物質系においてもさまざまな興味深い現象が観察されている．

b. スピンの生成，注入，蓄積，輸送，操作，検出

前述のように，スピントロニクスの研究は，基礎から応用まで幅広く，両者が密接に関連しながら発展してきており，また金属，半導体，酸化物，有機物も含めて横断的かつ多面的な広がりを見せている．その研究課題の概略を図1.9.97に示す．さまざまな物質系において多くの物理現象を通してスピンの"生成", "注入", "蓄積", "輸送", "操作", "検出"を行うことで，スピン自由度の活用に向けた研究が進められている．物質中のスピンには，電子や正孔がもつキャリヤのスピン，磁性元素がもつ局在スピン，磁壁，原子核がもつ核スピン，円偏光状態の光がもつスピンなどがあり，それらの間に相互作用があることに注意しな

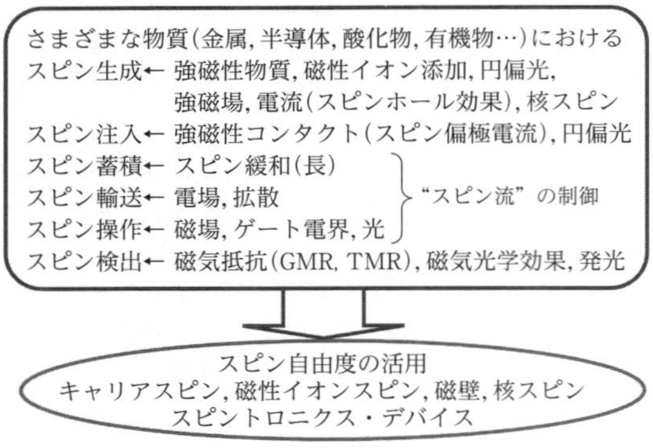

```
さまざまな物質(金属,半導体,酸化物,有機物…)における
スピン生成 ← 強磁性物質,磁性イオン添加,円偏光,
           強磁場,電流(スピンホール効果),核スピン
スピン注入 ← 強磁性コンタクト(スピン偏極電流),円偏光
スピン蓄積 ← スピン緩和(長)               ┐
スピン輸送 ← 電場,拡散                   │ "スピン流"の制御
スピン操作 ← 磁場,ゲート電界,光           │
スピン検出 ← 磁気抵抗(GMR, TMR),磁気光学効果,発光
                    ↓↓
         スピン自由度の活用
     キャリアスピン,磁性イオンスピン,磁壁,核スピン
           スピントロニクス・デバイス
```

図1.9.97 スピントロニクスにおける研究課題

けばならない.また,最近注目されているスピンの流れ(スピン流)[2]の制御も重要な課題である.

c. スピンに関連する機能をもつ半導体材料

図1.9.98に示すスピンに関連するさまざまな機能を実現するためには,適切な材料を選ぶ,または創ることが必要である.材料研究の中でもエレクトロニクスや情報処理デバイスの中核材料である半導体と整合性の良いスピン機能材料の開発がとくに重要であると考えられ,これまでに多くの研究がなされている.半導体でありながらスピンに関連する物性や機能をもつ材料研究の発展の概略をまとめたものが図1.9.98である.半導体で磁性をもつ材料は,EuS, EuSe, CdCr$_2$Se$_4$などの磁性半導体にはじまり,1960年代から長く研究されてきた.1980年代以降に,分子線エピタキシー(MBE)によって原子レベルで膜厚を制御された薄膜やヘテロ構造の成長が可能になり,多くの新しい薄膜,ヘテロ構造,ナノ構造が作製された.これらの材料系は,① 磁性半導体または希薄磁性半導体(強磁性を示す物質は強磁性半導体ともよばれる),② 強磁性金属と半導体からなるヘテロ構造,③ 強磁性金属微粒子を半導体結晶中に埋め込んだグラニュラー構造の3種に大別される.図1.9.98の右端にはこれらの材料に基づくさまざまなデバイスを記している.ここでは,①の磁性半導体を中心にその発展の概略を述べる.

磁性半導体として,1980年代以降に研究が盛んに行われたのは,II-VI族の化合物半導体にMn, Co, Feなどの遷移金属元素を添加させた混晶半導体であり,希薄磁性半導体(DMS)[9]ともよばれる.II-VI族DMSの代表的なものはCdMnTeである.II-VI族DMSは一部の物質を除き強磁性にはなりにくく常磁性またはスピングラスであるが,室温で大きなファラデー効果を示し,ヘテロ構造やナノ構造も作製されている.1990年代にはCdMnTeやCdHgMnTeのバルク結晶を用いた0.98μm帯用の光アイソレータが実用化された[10].一方,1990年代半ば以降,非常に活発に研究が行われるようになったのはIII-V族の磁性半導体である.代表的な物質として(In,Mn)As[11], (Ga,Mn)As[12], (In,Ga,Mn)As[13]があり,低温MBE成

年代	磁性半導体 希薄磁性半導体(DMS)	強磁性金属/半導体 ヘテロ構造	グラニュラー構造 強磁性微粒子/半導体	デバイス
1960 ～'70	Eu-X(X=S, Se) CdCr$_2$Se$_4$ 強磁性			
1980	II-VI族 DMS CdMnTe, ZnMnTe MBE成長, 量子井戸 巨大ファラデー効果	MBE成長 Co/GaAs, Fe/GaAs 異種物質ヘテロ構造		
1990	IV-VI族 PbSnMnTe III-V族 強磁性半導体 InMnAs, GaMnAs など キャリア誘起強磁性 ヘテロ接合 AHE, GMR, TMR スピン注入と検出	MnAl/AlAs, MnGa/GaAs MnAs/GaAs, MnAs/Si MnSb/GaAs 磁気異方性制御 異常ホール効果(AHE)	GaAs:MnAs GaAs:MnSb 巨大磁気光学効果 巨大磁気抵抗効果 磁気抵抗スイッチ効果	スピンFET 光アイソレータ スピンバルブTr スピンLED
2000	ZnXO(X=Mn, Ni, Co) CdMnGeP$_2$, TiCoO$_2$ (Ga, Mn)N, (ZnCr)Te (Ga, Cr)N スピノーダル分解 (Ga, Fe)N ワイドギャップ・酸化物 GeMn, GeFe IV族 強磁性半導体	GMR, TMR スピン注入と検出 ZB-CrAs, ZB-CrSb, ZB-MnAs ハーフメタル物質 スピンホール効果 逆スピンホール効果 Fe$_x$Si/GaAs, Fe$_x$Si/Si	スピン起電力 巨大磁気抵抗効果	磁気バイポーラTr スピンフィルタTr スピンMOSFET スピンHCT スピンPD 導波路型光アイソレータ 円偏光レーザー

図1.9.98 磁性半導体をはじめとする半導体スピン機能材料の発展の概略
□で囲んだものは関連する重要な現象を表す.右欄は提案・研究されているおもなデバイスである.
CBはクーロンブロッケード,FETは電界効果トランジスタ,Trはトランジスタ,HCTはホットキャリヤトランジスタ,PDはホトダイオードを表す.

長によって数～20%程度のMn濃度を含む混晶が作製され，強いp型の試料については低温で強磁性を示す．最初のIII-V族強磁性半導体(In, Mn)Asの強磁性転移温度T_Cは7K程度であったが，現時点（2010年12月）で(In, Mn)As，(Ga, Mn)As，(In, Ga, Mn)AsのT_Cの最高値はそれぞれ90K[14]，191K[15]，130K[16]まで上昇した．さらに，2000年以降，ワイドギャップ半導体および酸化物半導体などにおいて，室温を超える高いT_Cを示す物質が相次いで報告された．ただし，遷移金属を数%以上添加した物質においては，ナノスケールでの強磁性金属の析出物が存在する可能性があるため，多くの新物質について真に強磁性半導体であるのかどうかが議論されている．最近になって，一部の物質では強磁性半導体であることを示す信頼性ある実験結果が得られ始めており，今後の展開に期待したい．一方，シリコン技術と整合性が良いと期待されるIV族ベースの磁性半導体としては，2002年以降，GeMn[17]，GeCoMn[18]，GeFe[19]の作製と強磁性が報告されている．2000年以降に作製されたこれらの新物質における強磁性のメカニズムは，まだ十分に理解されていない．代表的な強磁性半導体(Ga, Mn)Asについては，添加されたMnがアクセプターとして働き価電子バンド中にフェルミ準位が存在する（価電子バンド中に多数の正孔が存在する）という描像[20,21]がこれまで受け入れられていたのに対して，最近GaMnAsを用いた共鳴トンネルダイオード構造の電気伝導の解析により，GaMnAsのフェルミ準位が母体半導体の価電子バンドより高エネルギー側（すなわち禁制帯中）に位置しており，価電子バンドには正孔は存在しないことが示された[22,23]．この結果は，従来提唱されている強磁性発現機構の理解に修正を迫る報告であり，今後もまだ議論の余地がある．

強磁性金属と半導体からなるヘテロ構造については，強磁性を示す代表的な元素金属であるFe, Coのエピタキシャル薄膜をGaAs半導体基板上に成長させる試みが1980年頃から始められた[24]．1990年代からはMBE法によってMnAl/AlAs[25]，MnGa/GaAs[26]，MnAs/GaAs[27]，MnAs/Si[28]など，T_Cが室温より高いMn化合物の強磁性金属を用いて，熱力学的に安定で急峻な界面をもつ強磁性金属と半導体からなるヘテロ構造が形成された．これらの構造は，エピタキシャル成長によって強磁性結晶の方位や磁気異方性が制御でき，異常ホール効果や磁気抵抗効果あるいはスピンバルブ効果を利用した不揮発性メモリへの応用可能性が示された．最近では，強磁性金属から半導体へのスピン注入の実験や，スピントランジスタ構造としての検討が行われている．

半導体を母体とするグラニュラー材料は，磁性半導体(Ga, Mn)Asを450℃以上の高温で熱処理して形成されるもので，ナノスケールの強磁性金属MnAs微粒子が半導体（GaAs）中に埋め込まれた構造（ここでは，GaAs:MnAsと記す）であり，超常磁性を示す[29]．この種の材料は，室温で大きな磁気光学効果[30,31]や磁気抵抗効果[32,33]が観測されている．最近では，GaAs:MnAsを含む強磁性トンネル接合で明瞭なTMRが観測され，NiAs型六方晶のMnAs微粒子がスピン注入源あるいはスピン検出器として機能すること[34]，スピン依存単電子伝導と非常に長いスピン緩和時間を示すこと[35]，また，閃亜鉛鉱型MnAs微粒子を含む磁気トンネル接合においては，スピン起電力と巨大な磁気抵抗効果を示す[36]など，さまざまな興味深いスピン関連現象が報告されている．

d．おわりに

以上，半導体関連の材料に重点をおいてスピントロニクスとその材料について述べた．スピンを用いることにより従来のエレクトロニクスデバイスに加えることができる新たな機能をあげるとすれば，① 不揮発性，② 低消費電力，③ 書き換え可能な柔軟性，④ 光の非相反性，⑤ スピンの量子性であろう．スピントロニクス分野では，これらの機能性につながると期待される新しい物質や現象が次々に開拓・発見され，今後も意外性に富む研究が出現する可能性が高く，数ある学術・技術領域の中でも最も活力に満ちた分野の一つである．関連する領域も広く，基礎研究と応用が密接に関係しているという特色がある．また，日本の研究機関に所属する研究者たちの活躍が目覚ましく，"日本発"の優れた仕事がこの分野の発展に大きく貢献している．この流れを生かしてさらなるブレイクスルーを生み出し，将来の社会に貢献する技術に大きく育てたいものである．

文　献

1) Special Issue on Spintronics, *IEEE Trans. Electron Devices*, **54** (2007); I. Zutic, J. Fabian, S. Das Sarma, *Rev. Mod. Phys.*, **76**, 323 (2004).
2) 高梨弘毅, 応用物理, **77**, 255 (2008).
3) 田中雅明, 応用物理, **78**, 205 (2009).
4) M. N. Baibich, J. M. Bruto, A. Fert, F. Nguyen, van Dau, F. Petroff, P. Eitenne, G. Creuzet, A. Friederich, J. Chazelas, *Phys. Rev. Lett.*, **61**, 2472 (1988); G. Binasch, P. Grünberg, F. Saurenbach, W. Zinn, *Phys. Rev. B*, **39**, 4828 (1989); GMRの発見は2007年ノーベル物理学賞の対象になった．
5) M. Julliere, *Phys. Lett. A*, **54**, 225 (1975); T. Miyazaki, N. Tezuka, *J. Magn. Magn. Mater.*, **139**, L231 (1995); J. S. Moodera, L. R. Kinder, T. M. Wong, R. Meservey, *Phys. Rev. Lett.*, **74**, 3273 (1995).
6) S. Yuasa, T. Nagahama, A. Fukushima, Y. Suzuki, K. Ando, *Nat. Mater.*, **3**, 868 (2004); S. S. P. Parkin, C. Kaiser, A. Panchula, P. M. Ricei, B. Hughes, M. Samant, S.-H. Yang, *Nat. Mater.*, **3**, 862 (2004).
7) S. Sugahara, M. Tanaka, *Appl. Phys. Lett.*, **84**, 2307 (2004); M. Tanaka, S. Sugahara, *IEEE Trans. Electron. Devices*, **54**, 961 (2007).
8) 羽生貴弘, 応用物理, **76**, 1388 (2007); S. Matsunaga, J. Hayakawa, S. Ikeda, K. Miura, H. Hasegawa, T. Endoh, H. Ohno, T. Hanyu, *Appl. Phys. Express*, **1**, 091301 (2008).
9) J. K. Furdyna, *J. Appl. Phys.*, **64**, R29 (1988).
10) K. Onodera, T. Matsumoto, M. Kimura, *Electron. Lett.*, **30**,

1954 (1994);小野寺晃一,大場裕行,木村昌行,川村卓也,長山幸雄,*OPTRONICS*, No. 195, 134 (1998).

11) H. Munekata, H. Ohno, S. von Molnar, A. Segmuller, L. L. Chang, L. Esaki, *Phys. Rev. Lett.*, **63**, 1849 (1989);H. Ohno, H. Munekata, S. von Molnar, L. L. Chang, *J. Appl. Phys.*, **69**, 6104 (1991);H. Munekata, H. Ohno, R. R. Ruf, R. J. Gambino, L. L. Chang, *J. Cryst. Growth*, **111**, 1011 (1991);H. Ohno, H. Munekata, T. Penny, S. von Molnar, L. L. Chang, *Phys. Rev. Lett.*, **68**, 2664 (1992).
12) H. Ohno, A. Shen, F. Matsukura, A. Oiwa, A. Endo, S. Katsumoto, H. Iye, *Appl. Phys. Lett.*, **69**, 363 (1996);T. Hayashi, M. Tanaka, T. Nishinaga, H. Shimada, H. Tsuchiya, Y. Ootuka, *J. Cryst. Growth*, **175-176**, 1063 (1997);A. Van Esch, L. Van Bockstal, J. De Boeck, G. Verbanck, A. S. van Steenbergen, P. J. Wellmann, B. Grietens, R. B. F. Herlach, G. Borghs, *Phys. Rev. B*, **56**, 13103 (1997).
13) S. Ohya, Y. Higo, H. Shimizu, J. M. Sun, M. Tanaka, *Jpn. J. Appl. Phys.*, **41**, L24 (2002);T. Slupinski, H. Munekata, A. Oiwa, *Appl. Phys. Lett.*, **80**, 1592 (2002).
14) T. Schallenberg, H. Munekata, *Appl. Phys. Lett.*, **89**, 042507 (2006).
15) L. Chen, S. Yan, P. F. Xu, J. Lu, W. Z. Wang, J. J. Deng, X. Qian, Y. Ji, J. H. Zhao, *Appl. Phys. Lett.*, **95**, 182505 (2009).
16) S. Ohya, H. Kobayashi, M. Tanaka, *Appl. Phys. Lett.*, **83**, 2175 (2003);*ibid*, **83**, 4450 (2003).
17) Y. D. Park, A. T. Hanbicki, S. C. Erwin, C. S. Hellberg, J. M. Sullivan, J. E. Mattson, T. F. Ambrose, A. Wilson, G. Spanos, B. T. Jonker, *Science*, **295**, 651 (2002).
18) F. Tsui, L. He, L. Ma, A. Tkachuk, Y. S. Chu, K. Nakajima, T. Chikyow, *Phys. Rev. Lett.*, **91**, 177203 (2003).
19) Y. Shuto, M. Tanaka, S. Sugahara, *J. Appl. Phys.*, **99**, 08D516 (2006).
20) T. Dietl, H. Ohno, F. Matsukura, J. Cibert, D. Ferrand, *Science*, **287**, 1019 (2000).
21) T. Dietl, H. Ohno, F. Matsukura, *Phys. Rev. B*, **63**, 195205 (2001).
22) S. Ohya, I. Muneta, P. N. Hai, M. Tanaka, *Phys. Rev. Lett.*, **104**, 167204 (2010).
23) S. Ohya, K. Takata, M. Tanaka, *Nat. Physics*, **7**, 342 (2011).
24) J. R. Waldrop, R. W. Grant, *Appl. Phys. Lett.*, **34**, 630 (1979);G. A. Prinz, J. J. Krebs, *Appl. Phys. Lett.*, **39**, 397 (1981).
25) T. Sands, J. P. Harbison, M. L. Leadbeater, S. J. Allen, G. W. Hull, R. Ramesh, V. G. Keramidas, *Appl. Phys. Lett.*, **57**, 2609 (1990).
26) M. Tanaka, J. P. Harbison, J. De Boeck, T. Sands, B. Philips, T. L. Cheeks, V. G. Keramidas, *Appl. Phys. Lett.*, **62**, 1565 (1993).
27) M. Tanaka, J. P. Harbison, T. Sands, T. L. Cheeks, V. G. Keramidas, G. M. Rothberg, *J. Vac. Sci. Technol.*, **B12**, 1091 (1994);M. Tanaka, J. P. Harbison, M. C. Park, Y. S. Park, T. Shin, G. M. Rothberg, *Appl. Phys. Lett.*, **65**, 1964 (1994).
28) K. Akeura, M. Tanaka, M. Ueki, T. Nishinaga, *Appl. Phys. Lett.*, **67**, 3349 (1995);K. Akeura, M. Tanaka, T. Nishinaga, J. De Boeck, *J. Appl. Phys.*, **79**, 4957 (1996).
29) J. De Boeck, R. Oesterholt, A. Van Esch, H. Bender, C. Bruynseraede, C. Van Hoof, G. Borghs, *Appl. Phys. Lett.*, **68**, 2744 (1996).
30) H. Akinaga, S. Miyanishi, K. Tanaka, W. Van Roy, K. Onodera, *Appl. Phys. Lett.*, **76**, 97 (2000).
31) H. Shimizu, M. Miyamura, M. Tanaka, *J. Vac. Sci. & Technol.*, **B18**, 2063 (2000);M. Tanaka, H. Shimizu, M. Miyamura, *J. Cryst. Growth*, **227-228**, 839 (2001).
32) H. Akinaga, M. Mizuguchi, K. Ono, M. Oshima, *Appl. Phys. Lett.*, **76**, 357 (2000).
33) M. Yokoyama, T. Ogawa, A. M. Nazmul, M. Tanaka, *J. Appl. Phys.*, **99**, 08D502 (2006).
34) P. N. Hai, M. Yokoyama, S. Ohya, M. Tanaka, *Physica E*, **32**, 416 (2006);P. N. Hai, M. Yokoyama, S. Ohya, M. Tanaka, *Appl. Phys. Lett.*, **89**, 242106 (2006).
35) P. N. Hai, S. Ohya, M. Tanaka, *Nat. Nanotechnol.*, **5**, 593 (2010).
36) P. N. Hai, S. Ohya, M. Tanaka, S. E. Barnes, S. Maekawa, *Nature*, **458**, 489 (2009).

1.9.7 分子系・有機化合物

有機物質の定義は時代とともに変化してきたが,炭素を含み,C-C共有結合とC-H共有結合を含んだ分子性物質であれば,有機物質として広く認められるであろう.本項では必ずしもこのような定義に合致していないものも含め,磁性の面からみて共通した特徴をもつ分子性物質一般を取り扱う.このような物質系はバラエティに富み,その磁性に関してもすでに多くの成書[1~14]があるため,ここでは特徴的な話題を紹介するにとどめる.

分子性物質においても,磁性の物理は無機物(金属,酸化物など)と基本的に変わることはない.しかしながら,磁性の源となるスピンの種類の違いと構造的な特徴から,無機物質とは異なる特色が生まれてくる.

スピンの種類の違いとは,すなわち,磁性を発現する電子が属する原子軌道の種類のことである.無機物質の磁性がおもにd軌道やf軌道に基づくのに対し,これらの軌道をもたない水素や炭素などの軽元素からなる有機物質の場合,s軌道やp軌道に属する電子の磁性を考えることになる.これらの軌道に属する電子は価電子であり,分子の中では通常は二つずつ対となって原子間で共有結合を形成するため,電子スピンの磁性があらわになることはない.また,分子は対称性が低いため,基本的には軌道角運動量に基づく磁性が観察されることはない.これらの理由から,ほとんどの有機物質・分子性物質は反磁性体である.しかしながら,後に述べるような方法で不対電子をもつ有機分子をつくることができ,そのスピンに基づくさまざまな磁性体が開発されている.また,磁性金属元素(遷移金属元素,希土類)を含む有機分子(有機金属化合物や有機金属錯体)についても,さまざまなものが合成されている.この場合は,磁性金属元素がもつd軌道に属する電子のスピンが示す磁性を議論することとなる.

構造的な特徴としては,無機物質の場合は点とみなせる原子が互いにつながった連続的な構造を議論するのに対し,分子の場合は"分子"という独立した単位があり,それ

がさらに集合化して固体を形成するという明確な階層性があるため，磁気的相互作用の議論においてもその構造の内側における相互作用（分子内相互作用）と，外側における相互作用（分子間相互作用）に分けて考える必要がある．その分子がどのようなスピンをどのようなつながり方（空間的配置や結合の様式）で何個もつかによって分子全体のスピンの性質が決まる．また，その分子が集合して固体（結晶）を形成する場合においては，分子の形状や局所的な電荷，分子の電子状態が最終的な集合体構造に影響し，その構造に応じたスピン間相互作用によって磁性が発現する．

分子を形成する相互作用としては，おもに共有結合や配位結合が，分子間に働く相互作用としては，静電相互作用，ファンデルワールス相互作用，水素結合，電荷移動相互作用などがある．概して共有結合によって結びつけられている分子内の相互作用のほうが分子間の相互作用に比べて強いが，高分子や結晶内での化学反応によって結晶全体にわたって共有結合が形成される場合，あるいは分子間の配位結合により形成される配位高分子錯体など，共有結合や配位結合によって連続的な構造が形成される場合もある．ただし，スピン間の磁気的相互作用に注目した場合，その相互作用は必ずしも両者の間に存在する化学結合の強さだけに依存するわけではなく，分子間相互作用のほうが分子内の相互作用よりも強い場合もあり得る．

これらの要素を総合したうえで，分子磁性体の特徴を一つあげると，スピンが一つの原子上に局在するのではなく，空間的に分布しているという点があげられる．このようなスピンの分布の広がり方やスピン間相互作用の方向性には異方性があるため，分子構造や結晶構造の複雑さともあいまって，低次元性の磁性体や特殊な磁気構造をもつ磁性体が報告されている．一方，分子という大きな単位に$S=1/2$のスピンが分布して存在するということは，基本となるスピンの空間的な密度が小さく，スピン間の相互作用が本質的に小さいことを予期させる．しかし，価電子であるs軌道やp軌道の電子を用いて後に述べるような高スピン分子や強磁性体を構築しうるのは，この"分子上にスピンが分布する"性質によるところが大きい．このほか，有機物質を構成する軽元素はスピン-軌道相互作用が小さいため，磁気的な異方性が小さく，ハイゼンベルグ模型による近似が有効であるという観点もある．そのため，強磁性体が得られる場合においても，ソフトな磁性体となる場合が多い．

a. 有機物質の反磁性

常磁性をもたない多くの有機物質・分子性物質は反磁性を示す．多くの物質においては，反磁性成分は構成元素の内殻電子による寄与と，価電子による化学結合の寄与の足し合わせから見積もることができる（パスカルの加成則）．二重結合や三重結合をもつ場合や，ベンゼン環のような環状の π 共役系をもつ場合などは，反磁性環電流の効果により大きな反磁性が観察される．これらの値を表 1.9.18 にまとめる[15~19]．

b. 有機ラジカル（不対電子の形成と安定化）

冒頭で述べたとおり，炭素，水素，酸素，窒素などの軽元素から構成される有機物質の場合，d 軌道や f 軌道をもつ遷移金属や希土類などの磁性金属元素のように，内殻電子の欠損に基づく不対電子スピンをもつことができない．これらの元素がもつs軌道やp軌道に属する電子は価電子であり，分子中では通常2個ずつ対となって化学結合を形成するため，電子スピンの磁性があらわになることはない．後述のように，有機物質のなかには磁性金属を含むものもあるが，それを除けばほとんどの有機物質は反磁性体である．このような有機物質においても，分子に属する電子数を奇数個にすれば，自ずと対をつくれない電子が不対電子となり，磁性を示すようになる．有機物質中の不対電子は価電子であることから，化学結合を形成して安定化しようとする傾向が強く，高い反応性を示す．このような不対電子をもつ分子は反応活性種"フリーラジカル"とよばれる．フリーラジカルをつくる方法としては，以下のような方法がある（図 1.9.99）．

表 1.9.18 非磁性原子・分子の反磁性磁化率と補正定数
(10^{-6} cm^3 g atom^{-1} または 10^{-6} cm^3 mol^{-1})

原子			
H	−2.9	As(III)	−20.9
C	−6.0	As(V)	43.0
N(環状構造)	−4.6	F	−6.3
N(開鎖状構造)	5.6	Cl	−20.1
N(イミド)	−2.1	Br	−30.6
O(エーテル，アルコール)	−4.6	I	−44.6
O(カルボニル)	−1.7	S	−15.0
P	−26.3	Se	−23.0
補正定数			
C=C	5.5	C=N	0.8
C≡C	0.8	N=N	1.8
C (芳香環の)	−0.25	N=O	1.7
C≡N	8.1	C−Cl	3.1
カチオン（陽イオン）			
Li$^+$	−1.0	Ca^{2+}	−10.4
Na$^+$	−6.8	Sr^{2+}	−19.0
K$^+$	−14.9	Ba^{2+}	26.5
Rb$^+$	−22.5	Zn^{2+}	−15.0
Cs$^+$	−35.0	Cd^{2+}	−24
NH$_4^+$	−13.3	Hg^{2+}	40
Mg^{2+}	−5.0		
アニオン（陰イオン）			
O^{2-}	−12.0	CN$^-$	−13.0
S^{2-}	−30	NO$_2^-$	−10.0
F$^-$	−9.1	NO$_3^-$	−18.9
Cl$^-$	−23.4	NCS$^-$	−31.0
Br$^-$	−34.6	CO$_3^{2-}$	−28
I$^-$	−50.6	ClO$_4^-$	−32.0
OH$^-$	−12.0	SO$_4^{2-}$	40.1

[P. Pascal, *Ann. Chim. Phys.*, **19**, 5 (1910); A. Pacault, *Rev. Sci.*, **86**, 38 (1948); W. Haberidtzl, *Angew. Chem. Int. Ed.*, **5**, 288 (1966); H. Akamatsu, *et al.*, *Bull. Chem. Soc. Jpn.*, **26**, 364 (1953); *ibid.*, **29**, 800 (1956)]

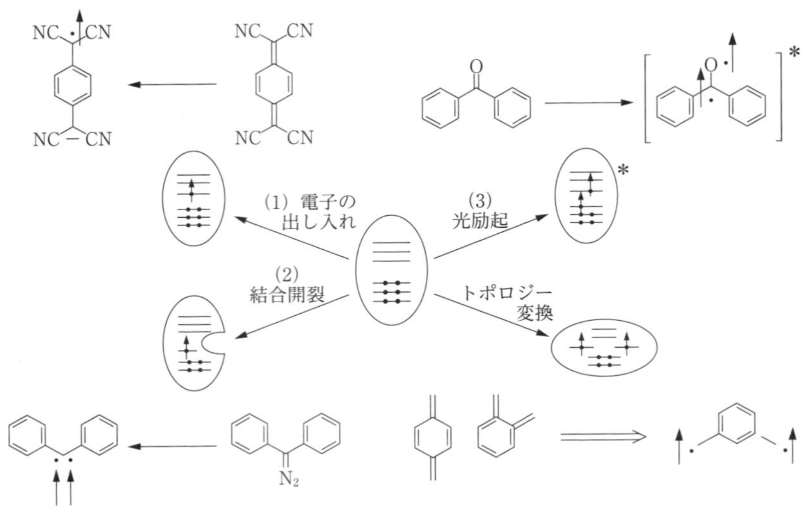

図 1.9.99 ラジカル種の発生

(1) 文字どおり，偶数個の電子をもった閉殻状態の分子に電子を1個加えたり（還元）逆に1個抜き取ったり（酸化）することで電子数を奇数個にすることができる．このようにして形成されたラジカルは，電荷を有しているためイオンラジカル（アニオンラジカル，カチオンラジカル）とよばれ，基本的にカウンターイオンとの塩の形で存在する．

(2) 共有結合を開裂させることで，ダングリングボンドを形成する方法がある．たとえば，ジアゾ基やアゾ基，アジド基など，N＝N二重結合をもつ分子の場合，分子から安定な窒素分子が脱離することで結合が切断され，ラジカル種が生成する．また，酸化剤により分子上の酸素原子や窒素原子に結合した水素原子をはぎ取ることでラジカル種を形成する方法はよく用いられるが，これはプロトンの脱離とアニオン種の1電子酸化の組み合せによるものとみなすことができる．

(3) 分子に光照射することで，励起三重項状態を生成する方法がある．閉殻状態の分子が光を吸収して光励起状態が生成した場合，そこから直接元の基底状態に戻るプロセスのほかに，励起状態としてより安定な励起三重項状態を経由する場合がある．励起三重項状態においては，分子全体の電子数としては偶数個であるが，$S=1$の磁性をもつ．励起三重項状態から基底状態への失活にはスピン反転を必要とするため，比較的寿命が長く，電子スピン共鳴（ESR）や光吸収スペクトルなどの分光学的手法により検出が可能である．

これらの方法で形成されたラジカル化学種は，電気的に中性でなかったり，高い反応性をもつ反応中間体であったり，過渡的に生成される励起状態であるので，基本的には安定ではない．このようなラジカル種を安定化する手法としては以下のような方法がある．

(1) 低温下や結晶環境下における安定化： 化学的に不安定なラジカル種であっても，低温にすることで反応性が低下し，長い寿命をもたせることができる．また，結晶中で化学的に不活性な環境下に置かれた場合も，同様に長い寿命をもつ場合がある．以下の(2)～(4)に示すような本質的な安定化とは異なるが，ラジカル化学種の性質を調べるうえで重要な手法である．

(2) 電子の非局在化による安定化： 不対電子がπ共役系に組み込まれている場合，非局在化の効果により，一つ一つの原子上における不対電子の電子密度が小さくなり，分子間での反応性が低下するため，安定化する．

(3) 立体保護による安定化： 不対電子密度が高い原子の周囲にかさ高い置換基（原子団）を配置することで，ほかの分子との接近が阻害されて反応性が低下するため，安定化する．

(4) ヘテロ原子による置換： 窒素，酸素，硫黄などのヘテロ原子は，炭素原子に比べて電気陰性度が高いため，不対電子の属する分子軌道のエネルギーが低く，ほかの分子との相互作用が小さいため，安定化する．

化学反応を理解するためのフロンティア軌道理論においては，分子間の反応性は，一方の分子のHOMO（最高被占有分子軌道）と他方の分子のLUMO（最低非占有分子軌道）の反応点における電子密度（振幅の2乗）の積に比例し，エネルギー差に逆比例することが示されており，上記の(2)～(4)のラジカルの安定化手法はこの指針に照らしても妥当といえる．

このような方法で安定化された代表的な安定ラジカル種の例を図1.9.100に示す．

c. 高スピン分子（分子内スピン間相互作用）[2]

無機磁性体を構成する磁性金属元素は，内殻であるd軌道やf軌道に電子の欠損をもつことで不対電子をもつことができ，さらにこれらの軌道は縮退し得ることから，電子の欠損が複数個ある場合には，フント則に基づき複数の

図 1.9.100 代表的な安定ラジカル種の例
(a) ニトロキシラジカル[20], (b) TEMPO[21], (c) ニトロニルニトロキシド[22], (d) フェルダジルラジカル[23], (e), (f) チアジルラジカル[24,25], (g) DPPH[26~28], (h) フェノキシラジカル[29], (i) ガルビノキシルラジカル[30]. 文献番号は項末文献に対応.

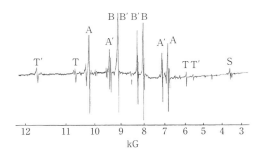

図 1.9.101 基底五重項カルベンの生成と ESR スペクトル
[K. Itoh, Chem. Phys. Lett., 1, 235 (1967)]

不対電子のスピンの向きがそろった多重項の状態をとることができる. これに対し, 有機ラジカル分子のスピンは不対電子 1 個の単位でしか生成することができないため, $S=1/2$ が基本となる. 分子内に複数のラジカル種をもつ場合でも, ほとんどの場合はたんに $S=1/2$ のスピンの数が増えるだけで, 基本的な磁性は変わらない. ただし, 例外として, 二価炭素であるカルベンや一価窒素であるナイトレンにおいては, 一つの原子上に二つの不対電子が存在し, 原子軌道間の直交性によって三重項 ($S=1$) が基底状態となっている. これらの化学種は高い反応性をもち, 室温溶液中では発生とともにただちに反応して磁性を失うが, 低温の貴ガス固体マトリックス中に単分散された状態や, 結晶環境下においては十分に観測可能な寿命をもつことが観察されている (図 1.9.101).

$S=1$ 以上のスピン多重度をもつ有機分子が初めて実現したのは 1967 年のことで, 伊藤らと, Wasserman らが独立に $S=2$ の高スピン分子を実現した[31,32]. この分子は $S=1$ のカルベンを分子内に 2 個有しており, それらが強磁性的に相互作用して $S=2$ の高スピン状態を形成している. このような分子内における複数スピンの整列においては, π 共役電子系のトポロジーが鍵となる. 高スピン状態の分子を実現するためには, 磁性金属元素と同じように, 複数の縮退軌道をもたせ, それぞれを半占有状態にすることが考えられるが, 有機分子は対称性が低いため, 磁性金属元素と同じような幾何学的な対称性に基づく縮退軌道を多数もつことはできない. これを解決するのがトポロジー的対称性である.

典型的な例として, キシリレンの例を示す. この分子の三つの異性体の構造とヒュッケル近似による π 分子軌道を示したのが図 1.9.102(a) であるが, メタ置換の場合のみ二重に縮退した SOMO をもつことがわかる. 以下, 文献 2) より記述を引用する.

この分子の幾何学的対称性は低く, この縮退は群論からは出てこない. そのため, "共役炭素原子のつながり方" による縮退という意味で, これをトポロジー的縮退とよぶ[33]. 芳香族炭化水素については Longuet-Higgins によって導かれた簡単な定理があり, N を π 系の共役炭素数, T を最大の二重結合の数とすると, 平行スピンの数 (SOMO の数) は $N-2T$ で与えられる[34]. 共役系にヘテロ原子がある場合もこれに準じて考えることができるが, 正確には電子状態の計算が必要である. ハイトラー-ロンドンの原子価結合 (VB) 法によっても同様な定理が導かれ, 同じ結論が得られる. 図 1.9.102(b) のように, 共役炭素上に交互に上向きと下向きのスピンを並べたグラフを描き, 上下を向いたスピンの総数をそれぞれ $N\uparrow$ および $N\downarrow$ とすると, 打ち消し合わないで残った平行スピンの数は $|N\uparrow-N\downarrow|$ で与えられる[35]. したがって, 基底状態のスピン S_{VB} は次式となる.

$$S_{VB} = \frac{|N\uparrow - N\downarrow|}{2} \quad (1.9.41)$$

上記の定理で重要な点は, 分子設計によって N や T

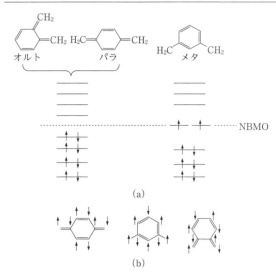

図1.9.102 キシリレンにおけるπトポロジーとスピン多重度 ヒュッケル分子軌道法(a)と原子価結合法(b)に基づくピン多重度

（あるいは$N\uparrow$や$N\downarrow$）を自由に選ぶことができることである．したがって，トポロジーによる縮退度には制限がなく，原理的には任意の数の平行スピンを分子内に整列させることが可能である．

（伊藤公一 編，"分子磁性―新しい磁性体と反応制御"，pp.6-7 学会出版センター（1996）を一部改変して引用）

1984年には磁性金属イオンのスピン多重度を超える$S=4$の分子（図1.9.103(a)）が実現され[36]，その後も漸次スピン多重度が向上し，2001年には二次元的なネットワーク構造をもった高分子構造体（図(b)）において$S>5000$の高スピン状態と10K以下におけるスピングラス的挙動が観察されている[37]．

d. 分子間スピン整列と有機強磁性体

ラジカル分子を結晶にすれば強磁性体が得られるのではないかという考えから，さまざまな有機安定ラジカル分子の結晶が調製され，その磁性が測定されてきた．有機ラジカル分子は，通常はスピン間に弱い反強磁性的相互作用が働く常磁性体であるが，例外的に強磁性的相互作用を示す例がいくつか見つかり，その中から1991年に初の有機強磁性体ニトロフェニルニトロニルニトロキシド（p-NPNN：p-nitrophenyl nitronyl nitroxide）が見出された[38]．

結晶中の分子に交換相互作用をもたせるためには，二つの分子の波動関数に重なりがあることがまず必要である．しかし，不対電子軌道間の直接の重なりは化学結合の形成と同義であり，スピンは互いに逆向きになる．これが結晶中のラジカル間の相互作用が反強磁性的となる原因である．これを強磁性的にするためには，まず重なり積分をゼロにして，二つの軌道が直交するようにしてやればよい．しかしながら，重なり積分をゼロにするとしても，分子間相互作用そのものがゼロになってしまっては意味がないため，空間的な重なりをもたせたり，不対電子軌道以外の軌道との相互作用をもたせたりすることで，強磁性的相互作用を発現させることが可能となる．

分子間の強磁性的相互作用を実現するための理論的指針として，McConnellは1960年代に以下の二つのモデルを提唱した．一つは，奇交互炭化水素（炭化水素系ラジカル分子）の分子上に分布するスピン密度の正負の交替に着目し，向き合った分子間で正のスピンと負のスピンをもった原子を互いに重ね合わせることで，これらの部位に局所的に働く反強磁性的相互作用を利用して分子全体として強磁性的相互作用を実現する方法である[39]．もう一方は，分子軌道間の配置間相互作用によって仮想的に生じる高スピン励起状態との配置間相互作用により基底状態での強磁性的スピン配列を実現する方法である[40]．それぞれMcConnellのType-IおよびType-II機構とよばれている．

Type-I機構に関しては，シクロファン型のモデル分子による実験的検証が行われたほか[41]，有機ラジカル結晶におけるスピン間相互作用のほとんどがこの機構によって説明されることからも，主要な設計指針となっている．ただし，分子上のスピン密度は，たいていの隣接する原子1個ずつに正負が交替して現れるため，この方法による分子間スピン整列には原子1個単位の分子配列制御が必須となる．現実的には，結晶全体の構造を完璧に予測・制御することは難しいが，水素結合や静電相互作用を利用した部分的な分子間接触や相対配置の制御が試みられている[42]．

一方，Type-II機構に関しては，実際の分子系に合わせたバリエーションが種々考案され，実験が行われたものの，この方法による強磁性体の実現は報告されていない．ただし，Type-I機構においても負のスピン密度と正のスピン密度をもつ部位を接近させるということは，不対電子軌道とは異なる被占有軌道から負のスピンを別の分子の不対電子の被占有軌道と共有させると考えることもでき，Type-II機構のバリエーションの一つととらえることもできる．

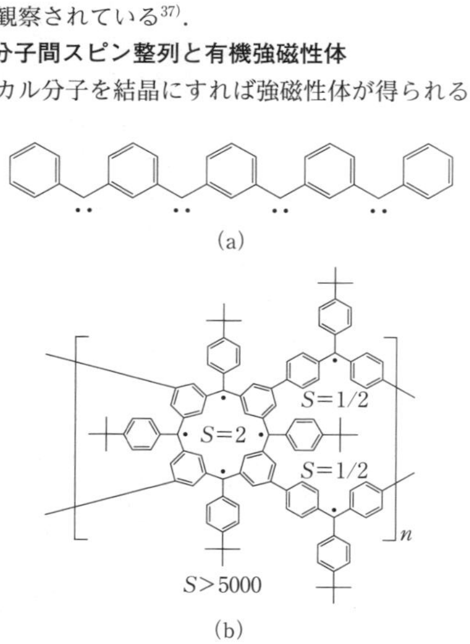

図1.9.103 多重項分子（a）と多重項ポリマー（b）

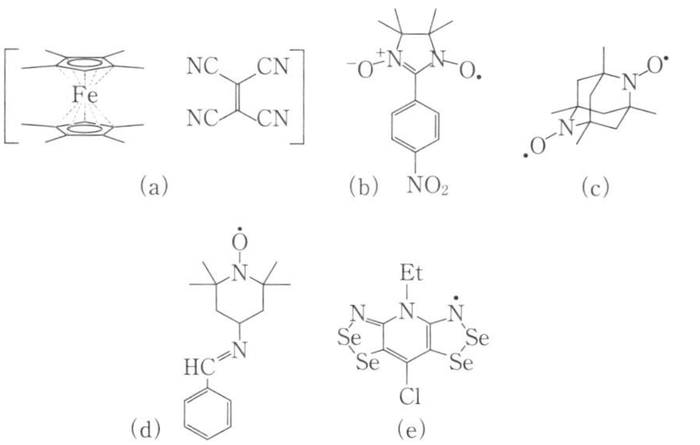

図 1.9.104 代表的な有機強磁性体
(a) DMFc-TCNO (T_C=5 K)[43], (b) p-NPNN (T_C=0.67 K)[38], (c) TMDAADO (T_C=1.48 K)[44], (d) TEMPO (T_C=0.4 K)[45], (e) selenazyl ラジカル (T_C=17 K)[46]. 文献番号は項末文献に対応.

これらの理論的指針と, これまで得られた有機強磁性体や強磁性的相互作用をもつ有機ラジカル結晶から得られた知見を組み合わせることで, 現時点では以下のような指針を示すことができる.

(1) 分子内においてはスピン分極が大きい.
(2) 分子間においてはラジカルの不対電子軌道である SOMO 同士の重なり積分が小さな配置となっている.
(3) 不対電子軌道と隣接分子の空軌道または占有軌道間の重なり積分が大きく, 電荷移動相互作用が起こりやすい.

現在でも, 100%の正確性をもって有機強磁性体を設計できるには至っていないものの, これらの分子設計指針を取り入れることで高い割合で強磁性的相互作用が得られ, その一部は実際に強磁性転移を示すと期待される. 1991年に発見された有機強磁性体 p-NPNN の転移温度は 0.67 K であったが, それを皮切りに多数の有機強磁性体が報告され, 2014 年現在では, 強磁性転移温度は最高で 17 K に達している[46]. 代表的な有機強磁性体の構造と転移温度を図 1.9.104 に示す.

e. 磁性-導電性共存系

磁性と導電性の相互作用はさまざまな興味深い物性の原因となっており, 本書でもその物理と物性は大きな割合を占めている. 前述のとおり, 無機磁性体においては d 軌道や f 軌道に属する電子がスピンを担うが, これらは内殻電子にあたり, 価電子にあたる s 軌道が原子間で相互作用して金属結合を形成することで, 磁性スピンと伝導電子が共存する物質が形成される. このように, 磁性と導電性の共存系も, 磁性金属元素の原子軌道がもつ自然な機能の一つとして得られるものである. これに対し, 有機物質においては磁性も導電性も価電子である s 軌道や p 軌道が担うため, その実現には無機物質にはない難しさがある.

磁性をもつ有機物質に関しては, ここまで述べてきたとおりである. 一方, 導電性を示す有機物質に関しては, 本項では深く掘り下げないものの, ポリアセチレンなどのπ共役ポリマーや, 種々のπ共役系ドナー分子・アクセプター分子の電荷移動錯体, およびイオンラジカル塩など多くの例が知られ, 金属的な導電性をもつ物質ばかりか超伝導体まで実現されている[47,48]. このように, 磁性をもつ有機物質と導電性をもつ有機物質がそれぞれ実現されているのであれば, 磁性と導電性が共存した物質を実現するのは難しくないように思えるかもしれない. 実際, 有機導電性物質にはほとんどの場合, 電荷キャリヤとして不対電子が導入されており, 磁化率や電子スピン共鳴などの実験により検出が可能である. 逆に, 有機ラジカルの結晶においても, 測定可能な程度の導電性を示すものは多数存在する. その意味では, "磁性と導電性の両方を示す有機物質" 自体は必ずしも珍しいものではない. 問題は, これらの系では電気伝導性と磁性は同じ電子が担っていることにある. 磁性を示す不対電子そのものが分子間を移動してしまうのでは, 分子上にスピンの情報が残らないため, 後からくる別の電子との相互作用を期待することはできない. つまり, 本来の意味の "磁性-導電性共存系" を実現するためには, 電気伝導を担う電子とは別に, 分子上にスピンの情報を保持するための不対電子を用意する必要がある.

磁性も導電性もどちらも電子が示す性質であるが, 電気伝導においては電子は分子間を自由に遍歴する (できなければならない) 一方, 磁性を示すためには電子は逆に分子上に局在しなければならない. 導電性の発現のための分子設計と磁性発現のための分子設計は, その意味では正反対である. "磁性-導電性共存系" を実現するためには, この相反する性質を同じ分子上で実現する必要がある. さらに, この性質は一つの分子上で完結するものではなく, 結晶中での分子間相互作用の結果として実現されなければならないため, それぞれ単独の性質を実現するのに比べてははるかに難易度が高い.

(1) **π-d 系の磁性-導電性共存系**: 前述のように, 磁性-導電性共存系を完全に有機物で実現することが難しいのであれば, その一方だけでも有機物で構成することが考えられる. このような例としては, 有機超伝導体を与える有機ドナー分子として知られる BEDT-TTF や BEDT-TSF (図 1.9.105) のイオンラジカル結晶に, カウンターイオンの形で磁性金属イオン (たとえば, $FeCl_4^-$ など) を導入する方法が大きな成功を収めている[49~52]. これらの系では, 部分的に酸化された (電子を抜かれた) πド

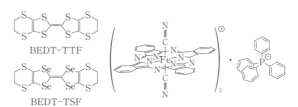

図 1.9.105 π-d 系を構成するドナー分子 (左) とフタロシアニン塩 (右)

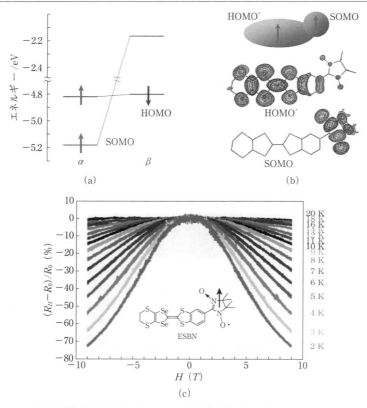

図 1.9.106 純有機磁性-導電性共存系における巨大磁気抵抗（GMR）
(a) ESBN の分子弾道のエネルギー準位，(b) フロンティア軌道の分布，(c) (ESBN)$_2$ClO$_4$ の GMR．
[M. M. Matsushita, H. Kawakami, T. Sugawara, M. Ogata, *Phys. Rev.* **B 77**, 195208, Fig. 3 (2008)]

ナー分子の積層構造が電気伝導を担い，金属錯イオンが磁性を担うことで，磁性と導電性の両方の性質を示す物質が実現し，磁場の印加によって超伝導が発現する"磁場誘起超伝導"などの珍しい物性が観察されている．このような現象は，有機ドナー分子の π 共役系に由来する伝導電子と，磁性金属元素がもつ d 軌道のスピンの相互作用により発現しているので，π-d 系とよばれている．π 系と d 軌道をより直接的に相互作用させる方法として，大環状の π 共役系をもつフタロシアニンの中心金属として磁性金属を導入することで，やはり巨大磁気抵抗の発現が報告されている[53]．

（2）純有機（π-π 系）磁性-導電性共存系： 有機分子の π 軌道を用いて磁性-導電性共存系を構築するうえでは，磁性を担う電子と導電性を担う分子を同じ分子上で両立させなければならない．この目的のうえで，高スピン分子種の項で説明したような π トポロジーを用いた交差共役型の分子設計により磁性と導電性を併せもつ分子設計が行われ，2007 年に初めて純有機磁性-導電性共存系といってよい物質 (ESBN)$_2$ClO$_4$ が実現された[54]．

この物質においては，局在スピンはフリーラジカルとして分子上に存在し，同じ分子上の π ドナー部位が分子間で形成した混合原子価の積層構造が伝導電子を担っている．このさい，分子上のフリーラジカルの軌道（SOMO）と伝導電子を担う π ドナー部の軌道（HOMO）は，同じ分子上の軌道のため直交しているが，同じ空間を共有しているため，SOMO の軌道によって HOMO の軌道がスピン分極を受けている．このような電子構造は磁性金属元素の電子構造と類似しており，π 共役系の二次元的なトポロジーを操作して，磁性金属元素を人工的につくったともいえる．磁性-導電性共存系の性質の表れとして，この物質は 30 K 以下の低温領域において負の磁気抵抗を示す．

磁気抵抗比は測定の最低温度である 2 K において 9 T の磁場の印加時に -70% に達し，巨大磁気抵抗の範疇にある．この物質の磁性は弱い反強磁性的相互作用を有する常磁性であり，そのため磁気抵抗の観測には大きな磁場を必要とするが，磁気抵抗は試料の磁化の 2 乗で再現され，有機ラジカルの磁性と伝導電子の相互作用が明確に示されている．その後，この物質の類縁体の合成が進められ，合計 9 種類の物質において負の磁気抵抗が観察されている[55~57]．これらの物質に共通した特徴としては，磁性を担う局在電子がすべての分子に存在する一方，電気伝導を担う電子は形式上 2 分子に 1 個であり，半導体的導電特性

を示すことから，実際には伝導キャリヤが局在スピンより数桁も少ない状況になっている．このような特徴は一般的な磁性-導電性共存系とは異なっており，新しいスピン系であることとあわせ，さらに詳しい物性の検討が待たれる．また，このような性質はまだ1系統のみでしか実現されておらず，新たな分子系の開拓にも期待がもたれる．

f. 金属錯体の磁性[58,59]

金属と非金属の原子が，共有結合や配位結合により結合した構造をもつ分子性物質を金属錯体とよぶ．このさい，金属と結合する非金属の部位を配位子とよぶ．酸化物などの無機物質に分類される物質群はこの項では扱わない．

金属錯体のおもな構造的特徴は有機分子と同様である．金属と配位子の配位結合は，種類によって分子間相互作用の程度から共有結合に匹敵する強さまでさまざまであり，金属イオンと配位子がそれぞれ複数の配位結合を形成可能な場合は，配位結合でつながれた連続的な立体構造も比較的容易に形成することができる．

磁性においては，(1) 金属イオンのみが磁性をもつ場合，(2) 配位子のみが磁性をもつ場合，(3) 金属イオンと配位子の両方が磁性をもつ場合の三つに大別される（図1.9.107）．

(1) 金属イオンが磁性をもつ場合： 配位子によって決まる金属イオン間の空間的配置と配位子を通じた相互作用によってそのスピン間相互作用が決定される．磁性金属イオンがもつd軌道やf軌道のスピンが配位子上にまで広く分布することはないため，配位子が非磁性である場合，磁性金属イオン間の相互作用は配位子上に誘起されるスピン分極によってのみ伝達され，交換相互作用の大きさは距離の増大とともに指数関数的に減少する．逆に，金属イオン間の距離が短い場合は相互作用が大きくなり，秩序磁性の発現がみられる場合がある．

(2) 配位子のみが磁性をもつ場合： 金属イオンが磁性をもたず配位子が不対電子をもつ場合，基本的に前節までの有機ラジカルの磁性と同様に考えることができる．

(3) 金属イオンと配位子の両方が磁性をもつ場合： 配位子がπ共役系をもち，その骨格上に不対電子をもつ場合，そのスピンは不対電子軌道の広がりの分だけ広範囲に広がることが可能であるため，不対電子軌道が金属イオンとの配位サイトまで分布をもつ場合は，金属イオンと直接的に相互作用することが可能となる．一つの配位子が複数の配位サイトを有する場合は，このπ共役系の不対電子との相互作用を通じ，非磁性の配位子を用いた場合と比べてはるかに大きな相互作用が発現し，強磁性体やフェリ磁性体のような秩序磁性の発現がみられる場合もある．

また，複数の配位結合を形成するさい，金属や配位子によって結合可能な数や角度が異なるため，それによって構造や次元性・トポロジーの異なるさまざまな錯体が得られ，たとえば一次元性錯体や，三角格子，カゴメ格子，スピンラダーなど，特徴的な磁性を示すさまざまな物質が合成されている．

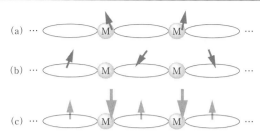

図 1.9.107 金属錯体の模式図
(a) 金属イオン M のみが磁性をもつ場合
(b) 有機配位子のみが磁性をもつ場合
(c) 金属イオンと有機配位子の両方が磁性をもつ場合

g. 刺激応答性（温度，光，圧力など，図 1.9.108）

分子系に限らず，励起状態と基底状態のエネルギーが近く，その間のエネルギー障壁が熱エネルギーより大きい場合は，二つ（あるいはそれ以上）の状態を安定に保持することができるが，それに伴い，磁性の変化が観察される場合がある．このような例は，単独の分子レベルでは構造異性体間の変換として，集合体においては結晶相の変化として，それぞれ観察される．そのメカニズムには分子構造の変化，分子間の結合形成・開裂，分子間・分子内電子移動，スピンクロスオーバーとよばれる金属錯体の配位構造の変化による中心金属イオンの電子状態変化などがある．このような変化には，不可逆な化学変化を伴う一方通行的なものと，何度も繰り返すことのできる双安定性をもつものがある．ほとんどの場合は，非磁性状態と常磁性状態の変化，常磁性状態のスピン多重度の変化，スピン間相互作用の大きさの変化など，必ずしも見た目に大きな変化があるものではないが，プルシアンブルー類縁体においては光照射による秩序磁性の発現が見出され，大きな注目を集めた[60,61]．

h. 単分子磁石

分子の異方的形状に対応して分子上のスピンが高い異方性をもち，反転のエネルギー障壁が十分に大きく容易に反転しない場合，ある程度の時間内では分子上のスピンが分子上に固定されたように観察される．あたかも自発磁化をもつように見えることから，このような物質は単分子磁石とよばれている．この系のエネルギーはゼロ磁場分裂定数 D を用いて以下の式で表される．

$$H = DSz^2 \tag{1.9.42}$$

$D < 0$ の場合には，z 軸方向に磁化が向いた状態が基底状態となり安定化される．ただし，その反転障壁は大きくないため，通常は低温領域のみで観察される．また，基底状態と一部のスピンが反転した励起状態とのエネルギー差はさほど大きくないため，磁化の磁場依存性の測定においては，磁化の段階的な変化が観察される．図 1.9.109 に，おもな単分子磁石の構造とブロッキング温度 T_b，活性化障壁 E_a，およびゼロ磁場分裂定数 D を示す[62~64]．発現温度の低さから，その応用は困難と考えられるが，単分子磁石

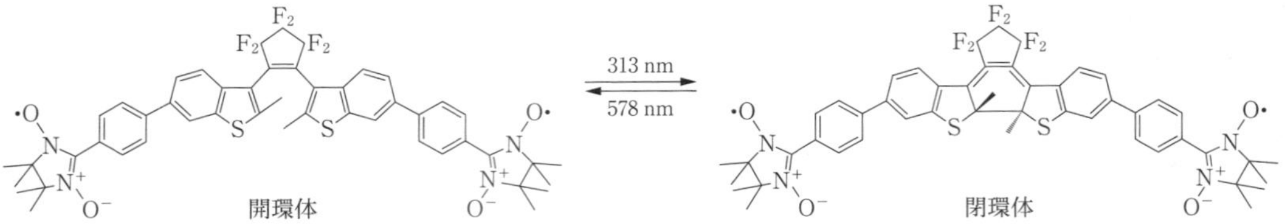

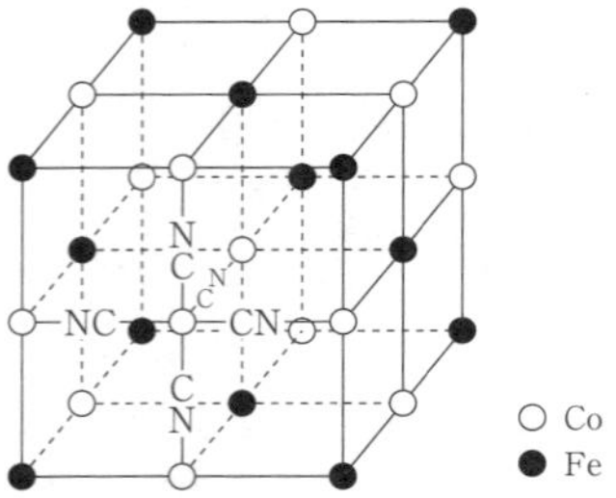

開環体 ⇌ (313 nm / 578 nm) 閉環体

プルシアンブルー ○ Co ● Fe

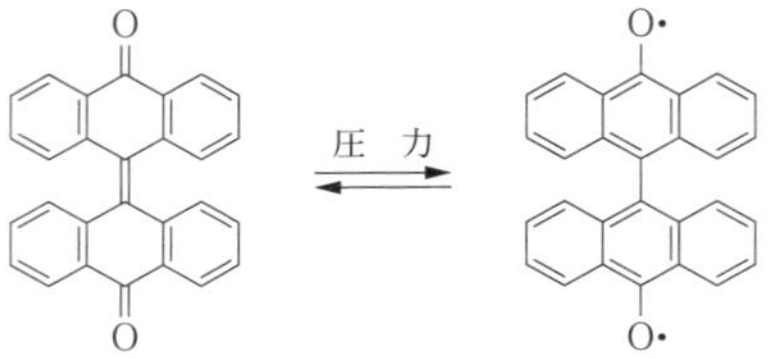

ビアントロン

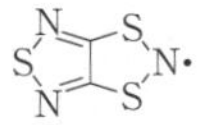

TTTA
(1,3,5-trithia-2,4,6-triazapentalenyl)

物質名	組成	刺激	変化の詳細	温度/K	文献
ジアリールエテンビラジカル	—	光	分子構造変化	室温	1)
Co-Fe プルシアンブルー		光	光誘起電子移動		2), 3)
鉄(II)スピンクロスオーバー錯体	$[Fe^{II}(ptz)_6](BF_4)_2$	温度, 光	スピンクロスオーバー, LIESST	120 K, <50 K(光)	4), 5)
ビアントロン	$C_{28}H_{16}O_2$	圧力・温度	分子構造変化	室温	6), 7)
TTTA	$C_2N_3S_3$	温度	結晶構造変化	230〜305	8)

ptz:1-プロピルテトラゾール, LIESST:光誘起スピン転移 (light-induced excited spin state trapping)

1) K. Matsuda, M. Irie, *J. Am. Chem. Soc.*, **122**, 8309 (2000).
2) O. Sato, K. Hashimoto, *et al.*, *Science*, **272**, 704 (1996).
3) O. Sato, *Acc. Chem. Res.*, **36**, 692 (2003).
4) S. Decurtins, A. Hauser, *et al.*, *Chem. Phys. Lett.*, **105**, 1 (1984).
5) J. -F. Létarda, *J. Mater. Chem.*, **16**, 2550 (2006).
6) E. Wasserman, *J. Am. Chem. Soc.*, **81**, 5006 (1959).
7) R. D. L. Johnstone, S. Parsonsa, *et al.*, *Acta Cryst.*, **B67**, 226 (2011).
8) W. Fujita, K. Awaga, *Science*, **286**, 261 (1999).

図 1.9.108 刺激応答磁性を示す分子系の例

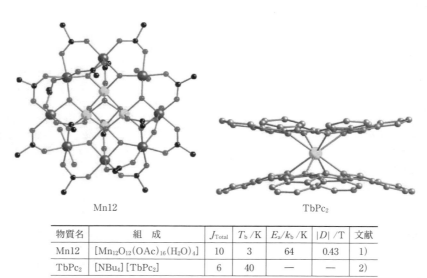

Mn12   TbPc$_2$

物質名	組成	J_{Total}	T_b/K	E_a/k_b/K	$\|D\|$/T	文献
Mn12	$[Mn_{12}O_{12}(OAc)_{16}(H_2O)_4]$	10	3	64	0.43	1)
TbPc$_2$	$[NBu_4][TbPc_2]$	6	40	—	—	2)

1) D. N. Woodruff, R. A. Layfield, *et al.*, *Chem. Rev.*, **113**, 5110 (2013).
2) R. A. Layfield, *Organometallics*, **33**, 1084 (2014).

図 1.9.109 代表的な単分子磁石の構造
[R. A. Layfield, *Organometallics*, **33**, 1084 (2014)]

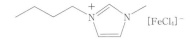

図 1.9.110 塩化鉄(Ⅲ)酸 1-ブチル-3-メチルイミダゾリウム (bmim$^+$[FeCl$_4$]$^-$)

を記録ビットとして利用することができれば，磁気記録媒体としての記録密度は究極的なものとなろう．実際にSPM を用いて，このような単分子磁石の単分子レベルの磁性が近藤共鳴により明らかにされている[65]．

i. 磁性イオン液体

近年，分子性の陽イオンと陰イオンから構成される常温で液体の塩が，"イオン液体"として注目されている[66]．イオン液体は蒸気圧がきわめて低く，真空中でも液体のまま扱うことが可能である場合があり，物質によっては水や有機溶媒にも溶けないことから，第三の液体といわれることもある．また，もともとイオンであるため，電解質溶液のイオン濃度を極限まで高めたものととらえることができ，不揮発性の電解質溶液として，二次電池や色素増感太陽電池などへの応用も研究されている．このような塩の構成要素として，磁性金属の錯イオンを含む物質が"磁性イオン液体"として報告[67,68]されている（図 1.9.110）．強磁性ナノ粒子を用いた"磁性流体"とは異なり基本的に常磁性であるため，摩擦のない状態で強力な磁石に引き寄せられる様子が観察される程度であるが，均一な組成をもつ安定な物質であることや，磁性が弱いといっても，非磁性体の液体の反磁性を利用したモーゼ効果のように，超伝導電磁石が必要なわけではなく，強力な永久磁石程度で制御が可能であるため，今後の発展が期待される．

j. スピン流媒体としての有機物質

有機物質はおもに軽元素から構成されるため，スピンの散乱が小さいと考えられることから，スピン偏極電流やスピン流の媒体として利点があると考えられる．このような興味から，カーボンナノチューブ[69]やグラフェン[70-72]，およびフラーレン[73]などのナノカーボン材料がおもに研究されているが，有機分子結晶や薄膜を用いたスピンバルブ[74,75]や TMR 素子[76]の動作も報告されている．表 1.9.19 に，このような報告の例を示す[77]．ただし，電荷移動度も重要な要素であり，この点では分子性物質の移動度は必ずしも高いとはいえない．

また，近年ナノギャップ電極や走査トンネル顕微鏡（STM：scanning tunneling microscopy）や原子間力顕微鏡（AFM：atomic force microscopy）などのプローブ顕微鏡を用いることによって，単分子の電気伝導性を調べる手法が確立されつつある．このような単分子系において，電極に大きなスピン偏極をもつ強磁性材料を用いることで，単分子レベルのスピン依存伝導が観察されている[78,79]．また，そもそも単分子計測では分子の離散化された電子状態が露わとなるため，分子が不対電子をもつ場合には近藤共鳴が観察されるなど[65]，強磁性電極を使わなくともスピンの存在を示す実験結果が得られている．

k. 有機磁気抵抗効果[80,81]

近年，不対電子をもたない有機分子と非磁性電極を組み合わせることにより負の磁気抵抗が見出され，盛んに研究が行われている．素子の構造としては有機半導体薄膜が正極と負極で挟まれた単純なものであるが，正極と負極には仕事関数の異なる材料が用いられ，一方の電極からホールが，もう一方の電極から電子がキャリヤとして注入され，その再結合の効率に対する外部磁場の効果が磁気抵抗として表れる．有機層としては，ホールも電子も輸送可能な両極性の材料が使われる場合と，ホール輸送層と電子輸送層に分かれている場合もある．このように，素子の構造・原理は有機 EL（OLED：organic light-emitting diode，有機エレクトロルミネッセンス）のそれに準じており，実際の EL 素子においても発光の量子収率の変化を含めて磁場効果が観察されている．物質として磁性をもつわけではないものの，室温において数百 mT 程度の比較的小さな磁場で十数％程度の明らかな磁気抵抗が現れることは興味深い．

文　献

1) 岩村 秀 編, "有機磁性材料の基礎", シーエムシー出版 (1991).
2) 伊藤公一 編, "分子磁性—新しい磁性体と反応制御", 学会出版センター (1996).
3) 日本化学会 編, "スピン化学が拓く分子磁性の新展開", 化学同人 (2014).
4) P. M. Lahti ed., "Magnetic Properties of Organic Materials", Marcel Dekker (1999).
5) T. Makarova, F. Palacio, eds., "Carbon-Based Magnetism, 1st Ed.", Elsevier (2006).
6) J. S. Miller, *Mater. Today*, **17**, 224 (2014).
7) D. Gatteschi, L. Bogani, A. Cornia, M. Mannini, L. Sorace, R. Sessoli, *Solid State Sci.*, **10**, 1701 (2006).
8) S. J. Blundell, F. L. Pratt, *J. Phys.: Cond. Matter.*, **16**, R771 (2004).
9) A. J. Epstein, *MRS Bull.*, **28**, 492 (2003).
10) J. S. Miller, A. J. Epstein, eds., *Mol. Cryst. Liq. Cryst.*, **1995**, 272.
11) C. Kollmar, O. Kahn, *Acc. Chem. Res.*, **26**, 259 (1993).
12) J. S. Miller, A. J. Epstein, *Angew. Chem., Int. Ed.*, **33**, 385 (1994).
13) A. Rajca, *Chem. Rev.*, **94**, 871 (1994).
14) A. Izuoka, R. Kumai, T. Sugawara, *Adv. Mater.*, **7**, 672 (1995).
15) P. Pascal, *Ann. Chim. Phys.*, **19**, 5 (1910).
16) A. Pacault, *Rev. Sci.*, **86**, 38 (1948).
17) W. Haberidtzl, *Angew. Chem. Int. Ed.*, **5**, 288 (1966).
18) H. Akamatsu, Y. Matsunaga, *Bull. Chem. Soc. Jpn.*, **26**, 364 (1953).
19) H. Akamatsu, Y. Matsunaga, *Bull. Chem. Soc. Jpn.*, **29**, 800 (1956).
20) A. Mackor, Th. A. J. W. Wajer, Th. J. de Boer, *Tetrahedron Lett.*, **19**, 2115 (1966).

表 1.9.19 有機スピントロニクスにおける代表的な有機半導体の特性

有機半導体	スピン偏極電極	スピン拡散長 l_s/nm 時間 τ_s/s	キャリヤ移動度	電子・光学特性
6T	LSMO/LSMO	$l_s \approx 70^{1),2)}$ $\tau_s \approx 10^{-6}$	10^{-1} cm^2 V^{-1} s^{-1} p型	HOMO = 4.9 eV LUMO = 2.3 eV
Alq$_3$	LSMO/Co$^{3),4\sim6)}$ Fe/Co$^{7),8)}$ Co/Ni$^{9)}$	$l_s \approx 100^{4)}$, $l_s \approx 45^{10)}$ $\tau_s \approx 26 \times 10^{-6}$ $\tau_s \approx 10^{-3}$	10^{-5} cm^2 V^{-1} s^{-1} n型	HOMO = 5.7 eV LUMO = 2.7 eV 発光材料
α-NPD (N, N'-ジフェニルベンジジン)	LSMO/Co$^{3)}$		10^{-5} cm^2 V^{-1} s^{-1} p型	HOMO = 5.4 eV LUMO = 2.3 eV
CVB	LSMO/Co$^{3)}$		10^{-3} cm^2 V^{-1} s^{-1}	HOMO = 5.5 eV LUMO = 2.5 eV 青色発光材料
RRP3HT	LSMO/Co$^{5)}$ Fe$_{50}$Co$_{50}$/Ni$_{81}$Fe$_{19}$$^{11)}$	$l_s \approx 80^{5)}$	10^{-1} cm^2 V^{-1} s^{-1} p型	HOMO = 5.1 eV LUMO = 3.5 eV
テトラフェニルプロフィリン (TPP)	LSMO/Co$^{6)}$		10^{-1} cm^2 V^{-1} s^{-1} n型	赤色発光材料
ペンタセン	Co：TiO$_2$/Fe$^{12)}$		10^{-1} cm^2 V^{-1} s^{-1} p型	HOMO = 4.9 eV LUMO = 2.7 eV
ルブレン (5, 6, 11, 12-テトラフェニルナフタセン)	Co/Fe$^{13)}$	$l_s \approx 13.3$	1 cm^2 V^{-1} s^{-1} p型	HOMO = 5.2 eV LUMO = 3.0 eV
CuPc	Co$^{14)}$		10^{-2} cm^2 V^{-1} s^{-1} p型	HOMO = 5.3 eV LUMO = 3.6 eV

1) V. Dediu, S. Barbanera, *et al.*, *Solid State Commun.*, **122**, 181 (2002).
2) C. Taliani, P. Nozar, *et al.*, *Phase Transit.*, **75**, 1049 (2002).
3) F. J. Wang, X. G. Li, *et al.*, *Phys. Rev. B*, **75**, 245324 (2007).
4) V. Dediu, Y. Zhan, *et al.*, *Phys. Rev. B*, **78**, 115203 (2008).
5) S. Majumdar, R. Osterbacka, *et al.*, *J. Alloys Compd.*, **423**, 169 (2006).
6) W. Xu, A. Gupta, *et al.*, *Appl. Phys. Lett.*, **90**, 072506 (2007).
7) F. J. Wang, Z. V. Vardeny, *Synth. Met.*, **155**, 172 (2005).
8) Y. Liu, D. H. Reich, *et al.*, *Phys. Rev. B*, **79**, 075312 (2009).
9) S. Pramanik, M. Cahay, *et al.*, *Nat. Nanotech.*, **2**, 216 (2007).
10) Z. H. Xiong, J. Shi, *et al.*, *Nature*, **427**, 821 (2004).
11) N. A. Morley, T. Richardson, *et al.*, *J. Appl. Phys.*, **103**, 07F306 (2008).
12) T. Shimada, *et al.*, *Jpn. J. Appl. Phys.*, **47**, 1184 (2008).
13) J. H. Shim, J. S. Moodera, *et al.*, *Phys. Rev. Lett.*, **100**, 226603 (2008).
14) M. Cinchetti, M. Aeschlimann, *et al.*, *Nat. Mater.*, **8**, 115 (2009).

[V. A. Dediu, L. E. hueso, I. Bergent, C. Taliani, *Nat. Mater.*, **8**, 707 (2009)]

21) O. L. Lebelev, S. N. Kazarnovskii, *Zhur. Obshch. Khim.*, **30**, 1631 (1960).
22) J. H. Osiecki, E. F. Ullman, *J. Am. Chem. Soc.*, **90**, 1078 (1968).
23) R. Kuhn, H. Trischmann, *Angew. Chem.*, **75**, 294 (1963).
24) G. Wolmershäuser, D. R. Johann, *Angew. Chem. Int. Ed. Engl.*, **28**, 920 (1989).
25) S. A. Fairhurst, L. H. Sutcliffe, K. F. Preston, A. J. Banister, A. S. Partington, J. M. Rawson, J. Passmore, M. J. Schriver, *Magn. Reson. Chem.*, **31**, 1027 (1993).
26) R. H. Poirier, E. J. Kahler, F. Benington, *J. Org. Chem.*, **17**, 1437 (1952).
27) D. E. Williams, *J. Am. Chem. Soc.*, **89**, 4280 (1967).
28) T. Fujito, T. Enoki, H. O. Nishiguchi, Y. Deguchi, *Chem. Lett.*, **1**, 557 (1972).
29) E. Muller, K. Ley, W. Kiedaisch, *Chem. Ber.*, **87**, 1605 (1954).
30) G. M. Coppinger, *J. Am. Chem. Soc.*, **79**, 501 (1957).
31) K. Itoh, *Chem. Phys. Lett.*, **1**, 235 (1967).
32) E. Wasserman, R. W. Murray, W. A. Yanger, A. M. Trozzolo, G. Smolinsky, *J. Am. Chem. Soc.*, **89**, 5076 (1967).
33) K. Itoh, *Pure Appl. Chem.*, **50**, 1251 (1978).
34) H. C. Longuet-Higgins, A. Pople, *J. Proc. Phys. Soc. (London)*, **A68**, 591 (1955).
35) A. A. Ovchinnicov, *Theor. Chim. Acta*, **47**, 297 (1980).
36) T. Sugawara, S. Bandow, K. Kimura, H. Iwamura, *J. Am. Chem. Soc.*, **106**, 6449 (1984).
37) A. Rajca, J. Wongsriratanakul, S. Rajca, *Science*, **294**, 1503 (2001).
38) a) M. Kinoshita, P. Turek, M. Tamura, K. Nozawa, D. Shiomi, Y. Nakazawa, M. Ishikawa, M. Takahashi, K. Awaga, T. Inabe, Y. Maruyama, *Chem. Lett.*, **1991**, 1225; b) Y. Nakazawa, M. Tamura, N. Shirakawa, D. Shiomi, M. Takahashi, M. Kinoshita, M. Ishikawa, *Phys. Rev. B*, **46**, 8906 (1992).
39) H. M. McConnell, *J. Chem. Phys.*, **39**, 1910 (1963).
40) H. M. McConnell, *Proc. R. A. Welch Found. Chem. Res.*, **11**, 144 (1967).
41) A. Izuoka, S. Murata, T. Sugawara, H. Iwamura, *J. Am. Chem. Soc.*, **109**, 2631 (1987).
42) M. M. Matsushita, A. Izuoka, T. Sugawara, T. Kobayashi, N. Wada, N. Takeda, M. Ishikawa, *J. Am. Chem. Soc.*, **119**, 4369 (1997).
43) J. S. Miller, J. C. Calabrese, H. Rommelmann, S. R. Chittipeddi, J. H. Zhang, W. M. Reiff, A. J. Epstein, *J. Am. Chem. Soc.*, **109**, 769 (1987).
44) R. Chiarelli, M. A. Novak, A. Rassat, J. L. Tholence, *Nature*, **363**, 147 (1993).
45) T. Nogami, T. Ishida, H. Tsuboi, H. Yoshikawa, H. Yamamoto, M. Yasui, F. Iwasaki, H. Iwamura, N. Takeda, M. Ishikawa, *Chem. Lett.* **1995**, 635.
46) C. M. Robertson, A. A. Leitch, K. Cvrkalj, R. W. Reed, D. J. T. Myles, P. A. Dube, R. T. Oakley, *J. Am. Chem. Soc.*, **130**, 8414 (2008).
47) 齋藤軍治, "有機物性化学の基礎", 化学同人 (2006).
48) 森健彦, "分子エレクトロニクスの基礎", 化学同人 (2013).
49) T. Mallah, C. Hollis, S. Bott, M. Kurmoo, P. Day, M. Allan, R. H. Friend, *J. Chem. Soc., Dalton Trans.*, **1990**, 859.
50) J.-I. Yamaura, K. Suzuki, Y. Kaizu, T. Enoki, K. Murata, G. Saito, *J. Phys. Soc. Jpn.*, **65**, 2645 (1996).
51) H. Kobayashi, H. Tomita, T. Naito, A. Kobayashi, F. Sakai, T. Watanabe, P. Cassoux., *J. Am. Chem. Soc.*, **118**, 368 (1996).
52) E. Coronado, J. R. Galán-Mascarós, C. J. Gómez-García, V. Laukhin, *Nature*, **408**, 447 (2000).
53) H. Hanasaki, M. Matsuda, H. Tajima, E. Ohmichi, T. Osada, T. Naito, T. Inabe, *J. Phys. Soc. Jpn.*, **75**, 033703 (2006).
54) M. M. Matsushita, H. Kawakami, T. Sugawara, M. Ogata, *Phys. Rev. B*, **77**, 195208, (2008).
55) T. Sugawara, M. M. Matsushita, *J. Mater. Chem.*, **19**, 1738 (2009).
56) H. Komatsu, M. M. Matsushita, S. Yamamura, Y. Sugawara, K. Suzuki, T. Sugawara *J. Am. Chem. Soc.*, **132**, 4528 (2010).
57) T. Sugawara, H. Komatsu, K. Suzuki, *Chem. Soc. Rev.*, **40**, 3105 (2011).
58) 北川 進, "集積型金属錯体—クリスタルエンジニアリングからフロンティアオービタルエンジニアリングへ", 講談社サイエンティフィク (2001).
59) 山下正廣, 小島憲道 編著, "金属錯体の現代物性化学", 三共出版 (2008).
60) O. Sato, T. Iyoda, A. Fujishima, K. Hashimoto, *Science*, **272**, 704 (1996).
61) O. Sato. *Acc. Chem. Res.*, **36**, 692 (2003).
62) A. Caneschi, D. Gatteschi, R. Sessoli, A. L. Barra, L. C. Brunel, M. Guillot, *J. Am. Chem. Soc.*, **113**, 5873 (1991).
63) R. Sessoli, D. Gatteschi, A. Caneschi, M. A. Novak, *Nature*, **365**, 141 (1993).
64) N. Ishikawa, M. Sugita, T. Ishikawa, S. Koshihara, Y. Kaizu, *J. Am. Chem. Soc.*, **125**, 8694 (2003).
65) T. Komeda, H. Isshiki, J. Liu, Y. Zhang, N. Lorente, K. Katoh, B. K. Breedlove, M. Yamashita, *Nat. Commun.*, **2**, 217 (2011).
66) イオン液体研究会 監修, "イオン液体の科学 新世代液体への挑戦", 丸善出版 (2014).
67) S. Hayashi, H. Hamaguchi, *Chem. Lett.*, **33**, 1590 (2004).
68) S. Hayashi, S. Saha, H. Hamaguchi, *IEEE Trans. Magn.*, **42**, 12 (2006).
69) K. Tsukagoshi, B. W. Alphenaar, H. Ago, *Nature*, **401**, 572 (1999).
70) M. Shiraishi, *Jpn. J. Appl. Phys.*, **51**, 08KA01 (2012).
71) N. Tombros, C. Jozsa, M. Popincuic, H. T. Jonkman, B. J. van Wees, *Nature*, **448**, 571 (2007).
72) E. Cobas, A. L. Friedman, O. M. J. Erve, J. T. Robinson, B. T. Jonker, *Nano Lett.*, **12**, 3000 (2012).
73) X. Zhang, S. Mizukami, T. Kubota, Q. Ma, M. Oogane, H. Naganuma, Y. Ando, T. Miyazaki, *Nat. Commun.*, **4**, 1392 (2013).
74) Z. H. Xiong, D. Wu, Z. V. Vardeny, J. Shi, *Nature*, **427**, 821 (2004).
75) J. H. Shim, K. V. Raman, Y. J. Park, T. S. Santos, G. X. Miao, B. Satpati, J. S. Moodera, *Phys. Rev. Lett.*, **100**, 226603 (2008).
76) W. Xu, G.J. Szulczewski, P. LeClair, I. Navarrete, R. Schad, G. Miao, H. Guo, A. Gupta, *Appl. Phys. Lett.*, **90**, 072506

77) V. A. Dediu, L. E. hueso, I. Bergent and C. Taliani, *Nat. Mater.*, **8**, 707 (2009).
78) S. Schmaus, A. Bagrets, Y. Nahas, T. K. Yamada, A. Bork, F. Evers, W. Wulfhekel, *Nat. Nanotechnol.*, **6**, 185 (2011).
79) H. B. Heersche, Z. de Groot, J. A. Folk, H. S. J. van der Zant, C. Romeike, M. R. Wegewijs, L. Zobbi, D. Barreca, E. Tondello, A. Cornia, *Phys. Rev. Lett.*, **96**, 206801 (2006).
80) T. L. Francis, O. Mermer, G. Veeraraghavan, M. Wohlgenannt, *New J. Phys.*, **6**, 185 (2004).
81) V. N. Prigodin, J. D. Bergeson, M. D. Lincoln, A. J. Epstein, *Synth. Metals*, **156**, 757 (2006).

1.9.8 アモルファス合金・金属ガラス

従来の結晶材料とは異なり，原子からナノスケールで幾何学的周期構造をもたない非平衡物質をアモルファス（非晶質）物質とよび，古くはスパッタリングのような気相急冷法によりその存在が示されてきた．液相急冷によるアモルファス金属は二元系共晶合金の低融点組成で見出された[1]が，強磁性的なふるまいを示すアモルファス金属は，共晶系の Fe-P と Fe-C を組み合わせた三元合金で初めて見出された[2]．強磁性アモルファス金属が見出されるまでは，強磁性は長周期的な結晶構造配列の形成とその相互作用によって発現するものとされてきたが，アモルファス固体における磁気相関の発現については，Harris をはじめとする複数の研究者によりランダム異方性エネルギーモデル（RAM：random anisotropy model）を用いて理論的な解釈がなされた[3〜6]．これらアモルファス合金は従来の結晶材料と比較してきわめて優れたソフト磁気特性（高透磁率，低保磁力）を有することが実験的に明らかとなり，また飽和磁束密度とアモルファス相の熱的安定の高い Fe-Si-B[7,8] や Fe-P-B-Al[9]，磁歪をほとんど生じない Co-Fe-Si-B[10] 合金が見出されたことで，変圧器コア材やセンサ要素材料として実用化され，現在も使用されている．

他方，金属ガラスはアモルファス合金と同様にランダムな原子配列を有する非平衡金属に分類されるが，従来のアモルファスと比較してその非晶質相の熱的安定性は格段に高く，加熱過程では結晶化する前に明瞭なガラス遷移現象を発現する[11]．従来のアモルファス合金では非晶質相を固体として室温まで凍結するために $10^6 ℃ s^{-1}$ にも達する超急冷を必要とするのに対し，金属ガラスでは鋳型鋳造程度の徐冷（冷却速度 $10^2〜10^3 ℃ s^{-1}$）によっても非晶質単相を得ることが可能である．これにより，従来のアモルファス合金では数十 μm 厚の薄帯，粉末や細線材しか作製できなかったのに対し，金属ガラスではミリメートル級のバルク材の作製が可能であり，さらには粉末冶金的手法によって三次元形状の大型バルク材が実現している[12]．ここでは，1960年代以後に見出されたソフト磁性アモルファス金属を踏まえ，最近開発の進む金属ガラスに焦点を絞り，そのソフト磁性の発現機構と現在報告されているソフト磁性金属ガラス合金群の特長について触れる．

a. アモルファス金属

アモルファス合金の生成可能な組成範囲は添加元素，とくに半金属濃度に強く依存する．しかしながら，その構造は添加元素濃度によらず均質であり，磁気特性は組成に対して連続的ふるまいを示す．図1.9.111 には結晶金属に対するスレーターポーリング曲線と合せて，磁性遷移金属-半金属系アモルファス合金の磁気モーメント $μ_s$ を d 電子濃度 n_{eff} に対してプロットした図を示す[13]．アモルファス合金中の遷移金属あたりの $μ_s$ は n_{eff} によって整理され，とくにこの曲線が結晶質の fcc 合金のスレーターポーリング曲線に似ている．ここからアモルファス合金と fcc 合金の構造は単範囲秩序の点で類似性を示すことがわかる．表1.9.20 には典型的なアモルファス合金の諸ソフト磁気特性を一覧にした[14〜16]．ここで，T_x はアモルファス相の結晶化温度，T_C はキュリー温度，B_s は飽和磁束密度，$λ_s$ は飽和磁歪定数，H_c は保磁力であり，B_s，$λ_s$ および H_c は室温における測定である．磁性遷移金属（Fe, Co, Ni）-半金属系アモルファス合金に着目すると，Fe 基アモルファス合金は高い B_s を有するが，その一方で大きな正の $λ_s$ を有することがわかる．この Fe を Co，または Ni で置換した合金では，B_s はその置換量に応じて基本的には低下傾向を示し，これと同時に $λ_s$ と H_c も減少しソフト磁性化する．とくに，Co を主成分とする系では $λ_s$ が限りなくゼロに近づくことが報告[16]されている．また，高 Ni 組成では

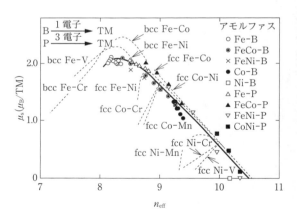

図1.9.111 種々のアモルファス合金の $μ_s$ の n_{eff} 依存性
[T. Ishio, M. Takahashi, Z. Xianyu, Y. Ishikawa, *J. Magn. Magn. Mater.*, 31-34, 1491 (1983)]

表1.9.20 典型的アモルファス合金の特性

合金組成 (at%)	T_x ℃	T_C ℃	B_s T	$λ_s$ (10^{-6})	H_c $A m^{-1}$
$Fe_{80}B_{20}$	380	378	1.58	31	3.2
$Fe_{78}Si_{10}B_{12}$	478	460	1.44	33	2.8
$Fe_{40}Ni_{40}B_{20}$	451	390	1	14	7.2
$Fe_{40}Ni_{40}P_{14}B_6$	414	247	0.78	11	1.6
$Fe_{81}Co_9Zr_{10}$	490	197	1.16	18	1.6
$Co_{70}Fe_5Si_{15}B_{10}$	490	430	0.65	−0.1	1
$Co_{77}Cr_{12}Zr_{11}$	549	360	0.54	〜0	0.56

T_C が室温付近まで低下する[17]. 他方, 磁性遷移金属 (Fe, Co, Ni)-非磁性遷移金属 (Zr, Cr, Mo, …) 系アモルファス合金では, Fe 基合金においても高い B_s は得られないが, これは T_C の顕著な低下により引き起こされるもので, さらにいえば T_C の低下はインバー効果によって生じるとされている[18]. なお, $Fe_{80}B_{20}$ 合金は高 Fe 濃度であるにも関わらず, その B_s は約 1.6 T で bcc-Fe 相の約 2.2 T と比較してかなり低く, B 元素 20% の添加による単純な Fe 濃度希釈だけでは説明できない. これについては, 前述のように, Fe 基アモルファス合金で凍結される非晶質構造が fcc に類似した局所構造を形成することによって, 強磁性結合に加えて反強磁性結合が共存するようになるためと考えられている[19]. また, アモルファス合金は総じて顕著に低い H_c を示すが, これはランダム構造により結晶磁気異方性が存在しないことと, 磁束のピンニング・サイトとなる結晶由来の粒界や巨視的な欠陥を含まないことによる[20].

b. 金属ガラス

ソフト磁性金属ガラスは, 1995 年に Fe-半金属-Al-Ga[21] が見出され, 以降, 表 1.9.21 に示すように数多くの合金が開発されてきた. これらの合金では主成分元素である Fe, Co や Ni, および半金属元素に対して負の混合熱を有し, かつ原子寸法差の大きな金属元素を加えることにより, アモルファス形成臨界冷却速度を著しく低下させ, バルク化が実現される[12].

表 1.9.21 ソフト磁性金属ガラスの開発史

典型的鉄族系バルク金属ガラス	開発年
Fe-(Al, Ga)-(P, C, B, Si, Ge)	1995
Fe-(Nb, Mo)-(Al, Ga)-(P, C, Si)	1995
Co-(Al, Ga)-(P, B, Si)	1996
Fe-(Zr, Hf, Nb)-B	1996
Co-(Zr, Hf, Nb)-B	1996
Ni-(Zr, Hf, Nb)-B	1996
Fe-Co-Ln-B	1998
Fe-Ga-(Cr, Mo)-(P, C, B)	1999
Fe-(Nb, Cr, Mo)-(C, B)	1999
Ni-(Mn, Cr, Mo)-(P, B)	1999
Co-Ta-B	1999
Fe-Ga-(P, B)	2000
Ni-Zr-Ti-Sn-Si	2001
Ni-(Nb, Ta)-Zr-Ti	2002
Fe-Si-B-Nb	2002
Co-Fe-Si-B-Nb	2002
Co-Fe-Ta-B-Si	2003
Fe-(Cr, Mo)-(C, B)-Ln	2004
Fe-Si-B-P(C)	2007

(i) ソフト磁性金属ガラスの分類 表 1.9.22 に示すように, ソフト磁性金属ガラスはその成分系と諸性質から, 以下の 7 グループに大別できる[21~42].

(1) Fe-(Al, Ga)-(Si, B, P, C, Ge)系: 本合金では, 銅鋳型鋳造法では $Fe_{75}Ga_5P_{12}C_4B_4$ 合金で直径 2.5 mm までの棒材[23] が, 単ロール液体急冷法では $Fe_{70}Al_5Ga_2P_{9.65}$-

表 1.9.22 ソフト磁性金属ガラスの分類と諸性質

分類	合金組成 (at%)	T_g / K	T_x / K	ΔT_x / K	B_s / T	H_c / A m^{-1}	λ_s (10^{-6})	μ (1 kHz)	μ (1 MHz)	ρ / $\mu\Omega$ m	D_{max} / mm
I	$Fe_{72}Al_5Ga_2P_{11}C_5B_4Si_1$	732	785	53	1.14	0.5	—	—	—	—	2.0
	$Fe_{75}Ga_5P_{12}C_4B_4$*1	749	805	56	1.27	1.6	—	—	—	—	2.5
	$(Fe_{0.8}Co_{0.2})_{73}Ga_4P_{11}C_5B_4Si_3$*1	743	800	57	1.3	3	—	—	—	—	5.0
	$Fe_{77}Al_{2.14}Ga_{0.86}P_{8.4}C_5B_4Si_{2.6}$	748	782	34	1.47	2.4	38	1200	—	—	—
	$Fe_{73}Al_5Ga_2P_{10}B_6Ge_4$	717	766	49	1.09	2.4	33	23 500	—	—	—
II	$Fe_{56}Co_7Ni_7Zr_{10}B_{20}$	814	887	73	0.96	2	10	19 100	—	—	2.0
	$Fe_{56}Co_7Ni_7Zr_8Nb_2B_{20}$	828	914	86	0.75	1.1	13	25 000	—	—	2.0
	$Fe_{61}Co_7Zr_{10}Mo_5W_2B_{15}$	898	962	64	—	—	14	—	—	—	6.0
	$Fe_{52}Co_{10}Nb_8B_{30}$	907	994	87	0.63	2.1	7.4	21 000	4400	2.32	—
	$Co_{40}Fe_{22}Nb_8B_{30}$	895	976	81	0.41	2	2.4	29 300	7500	2.37	—
	$Co_{43}Fe_{20}Ta_{5.5}B_{31.5}$	910	982	72	0.49	0.25	—	550 000*2	—	—	2.0
III	$Fe_{72}Si_{9.6}B_{14.4}Nb_4$	835	885	50	1.47	2.9	—	—	—	—	1.5
	$Fe_{36}Co_{36}B_{20}Si_4Nb_4$	815	859	44	1.47	2.9	20	—	—	—	4.0
IV	$Fe_{65.5}Cr_4Mo_4Ga_4P_{12}C_5B_{5.5}$*1	730	785	55	94.4*3	1.6	—	—	—	—	4.0
V	$Fe_{68.5}Co_{10}Sm_{1.5}B_{20}$	762	781	19	1.66	5	58	—	—	—	—
	$Fe_{67}Co_{9.5}Nb_3Dy_{0.5}B_{20}$	798	843	45	1.52	10.5	—	—	—	—	—
VI	$Fe_{60.3}Co_{9.2}Nb_2Nd_3Dy_{0.5}B_{25}$	850	937	87	1.15	4.8	—	—	—	—	1.2
	$(Fe_{0.72}B_{0.24}Nb_{0.04})_{96}Y_4$	871	982	111	0.8	0.8	—	—	—	—	7.0
VII	$Fe_{76}Si_9B_{10}P_5$	780	832	52	1.52	0.8	—	—	—	—	2.5
	$Fe_{75}Si_{5.7}B_{9.5}P_5C_{3.8}$	780	834	54	1.44	1.2	—	—	—	—	3.0

*1 フラックス処理材, *2 最適熱処理材, *3 emu g^{-1}.
T_g: ガラス遷移温度, T_x: 結晶化温度, $\Delta T_x = T_x - T_g$: 過冷却液体領域, B_s: 飽和磁束密度, H_c: 保磁力, λ_s: 飽和磁歪定数, μ: 透磁率, ρ: 電気抵抗, D_{max}: ガラス化最大直径.

$C_{5.75}B_{4.6}Si_3$ 合金で厚さ 280 μm までの板材[25]が作製されている.本系の B_s は従来の Fe 基非晶質合金よりもやや低いものの,優れたソフト磁気特性を示す.とくに,50 Hz における鉄損は,商用のケイ素鋼板や Fe-Si-B 非晶質合金よりも低い値を示すことが報告されている[25].

(2) (Fe, Co, Ni)-(Zr, Hf, Nb, Ta)-B 系: $Fe_{61}Co_7$-$Zr_{10}Mo_5W_2B_{15}$ 合金において銅鋳型鋳造法で直径 6 mm までの棒材が作製されている[26].本系は λ_s が比較的小さく,とくに Co 基では $\lambda_s \approx 0$ が得られている.また,高 B 濃度の合金では室温における電気抵抗 ρ が $2.2 \sim 2.4\ \mu\Omega\cdot m$ 程度と非常に高く(従来の Fe 基および Co 基非晶質合金では $1.2 \sim 1.4\ \mu\Omega\cdot m$ 程度),そのため透磁率 μ の周波数特性は著しく良好で,1 MHz においても 5000〜8000 の高い値を示す[28].

(3) (Fe, Co)-Si-B-Nb 系: 本系は比較的最近発見され,従来の Fe 基非質合金に匹敵する高い B_s を示すことが注目される[29].また,酸化しやすい Al や蒸気圧の高い P などを含まないため製造が容易で,かつ高価な Ga を含まないことも大きな特徴である.

(4) Fe-(Cr, Mo, Nb)-(P, C, B) 系: 本系は Fe-半金属系アモルファス合金に非磁性の前期遷移金属を複数添加することでガラス形成能を増大させた系であり,その B_s は高い部類に入らないが Cr 添加することで高い耐食性を有するソフト磁性ガラス合金として位置づけられている.

(5) (Fe, Co)-Ln-B 系: 本系では,Ln=Tb,Sm,Dy において $50 \sim 60 \times 10^{-6}$ の非常に大きな λ_s が得られている[34].この値は,従来の非晶質合金の最大値(43×10^{-6})を上回っている.また,一部の組成で B_s が 1.5 T 以上と高く,かつ磁歪が大きいにもかかわらず H_c が低いため,高磁歪材料として優れたポテンシャルを秘めている.

(6) Fe-(Nb, Zr, Hf)-B-Ln 系: 本系はグループ (2) と (5) を複合させた系であり,100 K を超える高い過冷却液体領域 ΔT_x を示し,最大 7 mm のガラス単相丸棒材を作製できる高いガラス形成能を有する[37].B_s は 0.8 T 程度であるが,H_c は 1 A m^{-1} 以下と低いことと上述の高いガラス形成能から,粉末焼結や圧粉磁心としての用途が期待される.

(7) Fe-Si-B-P-(C) 系: 最近開発された Fe 以外の金属元素を含まない合金である.従来の Fe-半金属系アモルファス合金に P や C を添加し,さらに半金属量を最適化することでガラス化とバルク化を実現している[38,41].従来の Fe 基アモルファス合金並みの高 B_s と高ガラス形成能を両立し,さらに安価な原料のみから構成され,大気中での製造可能とする低コスト性をも兼備している.

(ii) **金属ガラスのソフト磁性の起源** これらソフト磁性金属ガラスは,基本的には,前述の超急冷アモルファス合金と同様のランダム構造であり,結晶磁気異方性をもたず優れたソフト磁性を示すが,詳細に調べると,ガラス遷移を示す金属ガラスは急冷アモルファス合金と比較しその構造の均質性が高く,結果としてソフト磁性はより優れている.具体的には,磁壁のピンニング・サイトとして作用するガラス相中の擬双極子欠陥(QDD:quasi-dislocation dipole)型の欠陥(図 1.9.112)の数密度,もしくはサイズが小さいことが考えられる[43].

金属ガラスの H_c について,Fe-(Al, Ga)-(P, C, B, Si, Ge) 金属ガラスと従来の Fe 基アモルファス合金をモデルとして,密度変化と磁化過程の解析から QDD 型の欠陥の密度とサイズなど構造の均質性の観点から定量的な解析・比較を行った結果[44]について以下に記す.

図 1.9.113 に,アモルファス合金の磁化過程の模式図を示す.磁場 H が異方性磁界 $\mu_0 H_K$(= $2\mu_0 K/J_s \approx 10 \sim 20$ mT,ここで K は磁気異方性エネルギー密度,J_s は飽和磁化)より小さな領域では,磁化過程は磁壁移動が支配的であるが,$\mu_0 H_K$ より高磁場では回転磁化により進行する.この領域での磁化 J は,一般に式 (1.9.43) で表される[45〜47].

$$J = J_s - \Delta J(H) + \Delta J_{para}(H) \qquad (1.9.43)$$

ここで,$\Delta J_{para}(H)$ は強制磁化による自発磁化の増加分であり[48],また $\Delta J(H) = a_p/H_p$ であることから,この項は試料中の欠陥などの構造の不均一性に起因する.磁場中の

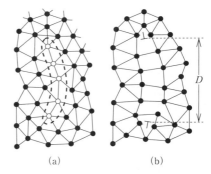

図 1.9.112 擬双極子欠陥 (QDD) の模式図
(a) の白丸は集積した自由体積.
[T. Bitoh, A. Makino, A. Inoue, *Mater. Trans.*, **44**, 2020 (2003)]

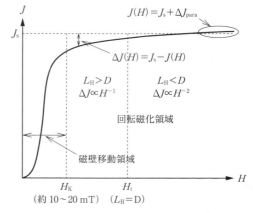

図 1.9.113 アモルファス/金属ガラス合金の磁化過程の模式図
[T. Bitoh, A. Makino, A. Inoue, *Mater. Trans.*, **45**, 2909 (2004)]

原子磁気モーメントの相関長は交換スティフネス定数 A を用いて $(L_H)^2 = 2A/HJ_s$ と表すことができ，QDD 型の欠陥のサイズ D が L_H より小さいと，$p=1$，すなわち $\Delta J \propto H^{-1}$ となる．磁場の増加とともに L_H が小さくなるため，ある磁場 H_t 以上では $L_H < D$ となり，$p=2$，すなわち $\Delta J \propto H^{-2}$ となる．したがって，ΔJ の磁場依存性が，H_t を境に H^{-1} から H^{-2} に変化する．これを利用すると，H_t の値から，QDD 型の欠陥のサイズ D を求めることができる．また，QDD 型の欠陥のバーガースベクトルの長さ b は，H^{-2} 項の係数 a_2 より，式(1.9.44)で求めることができる[45,46]．

$$b = \frac{4(1-\nu)\langle D\rangle}{3G\lambda_s}\sqrt{\frac{\pi a_2 J_s}{2.67 f}} \tag{1.9.44}$$

ここで，ν はポアソン比，G は剛性率である．QDD 型の欠陥に起因する保磁力は，式(1.9.45)で与えられる[47,49,50]．

$$H_c^\sigma = \frac{12G\Delta V}{\sqrt{30}F\delta}\sqrt{\pi\rho_d \ln\left(\frac{\pi L}{2\delta}\right)}\frac{\lambda_s}{J_s} \tag{1.9.45}$$

ここで，ΔV は QDD 型の欠陥の体積，F は磁壁の面積，δ は磁壁の厚さ，ρ_d は欠陥の数密度，L は磁区のサイズである．

ほかの H_c の起源としては，表面の凹凸が考えられる．薄帯表面による保磁力は，以下のように与えられる[50]．

$$H_c^{\text{surf.}} = \frac{\gamma}{2J_s\langle t\rangle}\left\langle\frac{dt}{dz}\right\rangle_{\max} \tag{1.9.46}$$

ここで，$\gamma = 4\sqrt{AK}$ は磁壁のエネルギー，$\langle t\rangle$ は平均板厚，$\langle dt/dz\rangle_{\max}$ はおのおのの凹凸の最大勾配の統計平均である．表 1.9.23 に，Fe-(Al, Ga)-(P, C, B, Si) 金属ガラスの磁化曲線の解析結果を示す．ここで，A は，$Fe_{80}B_{20}$ での値（$A = 5.0 \times 10^{-12}$ J m^{-1}）[51] を基準に，キュリー温度に比例すると考えて算出している．表から，QDD 型欠陥の平均サイズ $\langle D\rangle$，b および δ は合金の種類によらずほぼ一定であることがわかる．また，G の値も合金によらずほぼ一定であると考えられる．QDD 型の欠陥は自由体積が二次元平面状に集積して生じるので，自由体積が結晶相と

表 1.9.23 Fe-(Al, Ga)-(P, C, B, Si) 金属ガラスの磁化曲線の解析結果

合金組成/at%	熱処理条件	$\mu_0 H_t$ / mT	$\mu_0^2 a_2$ / 10^{-5} T^3	$\langle D\rangle$ / nm	b^{*1} / nm	d / nm
Fe$_{77}$Al$_{2.14}$Ga$_{0.86}$P$_{8.4}$C$_5$B$_4$Si$_{2.6}$	急冷材	38	6.9	15	0.06	69
($A = 4.8 \times 10^{-12}$ J m^{-1})^{*2}	603 K ($\approx 0.95\ T_C$), 7.2 ks	43	6.4	14	0.05	78
	713 K ($\approx 0.97\ T_g$), 600 s	41	5.1	14	0.05	83
Fe$_{73}$Al$_5$Ga$_2$P$_{11}$C$_5$B$_4$	急冷材	41	4.1	15	0.06	85
($A = 4.7 \times 10^{-12}$ J m^{-1})^{*2}	583 K ($\approx 0.95\ T_C$), 7.2 ks	42	4.2	15	0.05	82
	713 K ($\approx 0.97\ T_g$), 600 s	43	3.7	15	0.05	85
Fe$_{80}$B$_{20}$	急冷材	39	5.2	14	0.05	82
($A = 5.0 \times 10^{-12}$ J m^{-1})$^{1)}$	593 K ($\approx 0.95\ T_C$), 7.2 ks	41	5.4	13	0.05	84
Fe$_{78}$B$_{13}$Si$_9$	急冷材	42	6.7	14	0.07	78
($A = 5.2 \times 10^{-12}$ J m^{-1})^{*2}	653 K ($\approx 0.95\ T_C$), 7.2 ks	41	5.1	14	0.05	83

*1 $G = 64.9$ GPa，$\nu = 0.30$[2]，*2 $A = 5.0(T_C/T_C^{\text{Fe-B}})\times 10^{-12}$ J m^{-1}．
1) B. L. Shen, et al., *Mater. Trans.*, **42**, 660(2001).; 2) H. U. Künzi, "Glassy Matals II", (H. Beck, H. J. Guntherodt, eds.), p. 169, Springer (1983).

表 1.9.24 Fe-(Al, Ga)-(P, C, B, Si) 金属ガラスの密度の測定結果

合金組成/at%	熱処理条件	ρ/kg m^{-3} *1	$\Delta\rho_r^{*2}$/%	$\Delta\rho_c^{*3}$/%
Fe$_{77}$Al$_{2.14}$Ga$_{0.86}$P$_{8.4}$C$_5$B$_4$Si$_{2.6}$	急冷材	7139	—	1.11
	603 K ($\approx 0.95\ T_C$), 7.2 ks	7153	0.2	0.91
	713 K ($\approx 0.97\ T_g$), 600 s	7163	0.34	0.77
	結晶（母合金）	7218	—	—
Fe$_{73}$Al$_5$Ga$_2$P$_{11}$C$_5$B$_4$	急冷材	7023	—	0.46
	583 K ($\approx 0.95\ T_C$), 7.2 ks	7035	0.17	0.28
	713 K ($\approx 0.97\ T_g$), 600 s	7051	0.4	0.06
	結晶（母合金）	7055	—	—
Fe$_{80}$B$_{20}$	急冷材	7388	—	2.71
	593 K ($\approx 0.95\ T_C$), 7.2 ks	7393	0.07	2.64
	結晶（母合金）	7588	—	—
Fe$_{78}$B$_{13}$Si$_9$	急冷材	7179	—	2.94
	653 K ($\approx 0.95\ T_C$), 7.2 ks	7195	0.22	2.72
	結晶（母合金）	7390	—	—

*1 $\rho_{Ni} = 8902$ kg m^{-3} [1]，相対誤差約 0.02%，*2 $\Delta\rho_r = (\rho_{熱処理} - \rho_{急冷})/\rho_{急冷}$，
*3 $\Delta\rho_c = (\rho_{結晶} - \rho_{アモルファス})/\rho_{アモルファス}$
1) J. Emsley, "The Elements, 3rd. Ed.", p. 138, Oxford (1998).

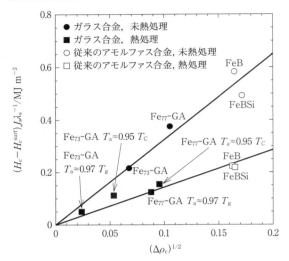

図1.9.114 Fe-(Al, Ga)-(P, C, B, Si) 金属ガラスと従来のアモルファス合金の $H_c^\sigma J_s/\lambda_s$ と $(\Delta\rho_c)^{1/2}$ の関係(Fe$_{73}$-GA：Fe$_{73}$Al$_5$Ga$_2$P$_{11}$C$_5$B$_4$, Fe$_{77}$-GA：Fe$_{77}$Al$_{2.14}$Ga$_{0.86}$P$_{8.4}$C$_5$B$_4$Si$_{2.6}$, FeB：Fe$_{80}$B$_{20}$, FeBSi：Fe$_{78}$B$_{13}$Si$_9$)

ガラス相の密度の差 $\Delta\rho_c$ に比例すると考えると, ρ_d は $\Delta\rho_c/\Delta V$ に比例することになる. したがって, QDD 型の欠陥による保磁力 H_c^σ は, 最終的に以下のように表せる.

$$H_c^\sigma = p_c(F, L)\sqrt{\Delta\rho_c}\frac{\lambda_s}{J_s} \quad (1.9.47)$$

ここで, p_c は F と L(すなわち磁区構造)に依存するパラメーターである.

表1.9.24に, Fe-(Al, Ga)-(P, C, B, Si) 金属ガラスの密度の測定結果を示す. 金属ガラスは, 従来の非晶質合金と比較すると $\Delta\rho_c$ が著しく小さいことがわかる. また, 図1.9.114に, $H_c^\sigma(=H_c-H_c^{\text{surf.}})\times J_s/\lambda_s$ と $(\Delta\rho_c)^{1/2}$ の関係を示す. 図から, $H_c^\sigma J_s/\lambda_s \propto (\Delta\rho_c)^{1/2}$ の関係が満たされていることがわかる. 未熱処理の試料と熱処理後の試料では直線の傾きが異なるが, これは熱処理により磁壁の面積 F が増大したためである[44]. これらの結果より, Fe-(Al, Ga)-(P, C, B, Si) 金属ガラスの低保磁力の原因は, 従来の非晶質合金よりも自由体積が小さく, QDD 型の欠陥の数密度が低いためであると結論できる. また, Fe-Si-B-Nb ガラス合金の示す低 **H_c** の発現機構についても調査が行われており[52], 同様の結論が得られている. したがって, 金属ガラスはソフト磁性材料としてはきわめて理想的であり, 磁歪が大きくとも優れたソフト磁気特性が得られるといえる.

文　献

1) K. Klement, R. H. Willens, P. Duwez, *Nature*, **187**, 869 (1960).
2) P. Duwez, C. H. Lin, *J. Appl. Phys.*, **38**, 4096 (1967).
3) R. Harris, M. Plischke, M. J. Zuckemann, *Phys. Lett.*, **31**, 160 (1973).
4) R. Harris, D. Zobin, *J. Phys. F*, **7**, 337 (1977).
5) M. C. Chi, R. Alben, *J. Appl. Phys.*, **48**, 2987 (1977).
6) J. D. Patterson, G. R. Gruzalski, D. J. Sellmyer, *Phys. Rev. B*, **18**, 1377 (1978).
7) M. Mitera, T. Masumoto, N. S. Kazama, *J. Appl. Phys.*, **50**, 7609 (1979).
8) F. E. Luborsky, J. J. Becker, J. L. Walter, H. H. Liebermann, *IEEE Trans. Magn.*, **3**, 1146 (1979).
9) T. Egami, P. J. Flanders, C. D. Graham Jr., *Appl. Phys. Lett.*, **26**, 128 (1975).
10) H. Fujimori, T. Masumoto, Y. Obi, M. Kikuchi, *Jpn. J. Appl. Phys.*, **13**, 1889 (1974).
11) A. Inoue, *Mater. Trans. JIM*, **36**, 866 (1995).
12) A. Inoue, *Acta Mater.*, **48**, 279 (2000).
13) T. Ishio, M. Takahashi, Z. Xianyu, Y. Ishikawa, *J. Magn. Magn. Mater.*, **31-34**, 1491 (1983).
14) M. Nose, T. Masumoto, *Sci. Rep. RITU*, **A28**, 232 (1980).
15) S. Ohnuma, K. Shirakawa, M. Nose, T. Masumoto, *IEEE Trans. Magn.*, **MAG 16**, 1129 (1980).
16) H. Fujimori, M. Kikuchi, Y. Obi, T. Masumoto, *Sci. Rep. RITU*, **A26**, 36 (1976).
17) S. Ohnuma, K. Watanabe, T. Masumoto, *Phys. Status Solidi A*, **44**, K151 (1977).
18) K. Shirakawa, S. Ohnuma, M. Nose, T. Masumoto, *IEEE Trans. Magn*, **MAG 16**, 910 (1980).
19) T. Jagielinski, T. Egami, *IEEE Trans. Magn.*, **21**, 2002 (1985).
20) T. Masumoto, "Materials Science of Amorphous Metals", p. 82, Ohm (1982).
21) A. Inoue, G. S. Gook, *Mater. Trans. JIM*, **36**, 1180 (1995).
22) A. Inoue, A. Makino, T. Mizushima, *J. Appl. Phys.*, **81**, 4027 (1997).
23) B. L. Shen, H. M. Kimura, A. Inoue, T. Mizushima, *Mater. Trans.*, **42**, 660 (2001).
24) K. Amiya, A. Urata, N. Nishiyama, A. Inoue, *Mater. Sci. Eng. A*, **449**, 356 (2007).
25) 水嶋隆夫, 吉田昌二, 牧野彰宏, 井上明久, 日本金属学会誌, **22**, 1085 (1998).
26) A. Inoue, T. Zhang, A. Takeuchi, *Appl. Phys. Lett.*, **71**, 464 (1997).
27) A. Inoue, B. L. Shen, H. Koshiba, H. Kato, A. R. Yavari, *Nat. Mater.*, **2**, 611 (2003).
28) T. Itoi, A. Inoue, *Appl. Phys. Lett.*, **74**, 2510 (1999).
29) A. Inoue, B. L. Shen, *Mater. Trans. JIM*, **43**, 766 (2002).
30) K. Amiya, A. Urata, N. Nishiyama, A. Inoue, *Mater. Trans.*, **45**, 1214 (2004).
31) T. D. Shen, R. B. Schwarz, *Appl. Phys. Lett.*, **75**, 49 (1999).
32) T. D. Shen, U. Harms, R. B. Schwarz, *Meta. Mech. Alloy. Nano. Mater.*, **386-3**, 441 (2002).
33) M. Stoica, J. Eckert, S. Roth, Z. F. Zhang, L. Schultz, W. H. Wang, *Intermetallics*, **13**, 764 (2005).
34) A. Inoue, W. Zhang, *J. Appl. Phys.*, **85**, 4491 (1999).
35) W. Zhang, A. Inoue, *Mater. Trans. JIM*, **41**, 1679 (2000).
36) Y. Long, W. Zhang, X. Wang, A. Inoue, *J. Appl. Phys.*, **91**, 5227 (2002).
37) S. M. Lee, H. Kato, T. Kubota, K. Yubuta, A. Makino, A. Inoue, *Mater. Trans.*, **49**, 506 (2008).

38) A. Makino, T. Kubota, C. T. Chang, M. Makabe, A. Inoue, *Mater. Trans.*, **48**, 3027 (2007).
39) A. Makino, T. Kubota, M. Makabe, C. T. Chang, A. Inoue, *J. Mater. Res.*, **23**, 1339 (2008).
40) A. Makino, T. Kubota, C. T. Chang, M. Makabe, A. Inoue, *J. Magn. Magn. Mater.*, **320**, 2499 (2008).
41) A. Makino, C. T. Chang, T. Kubota, A. Inoue, *J. Allo. Comp.*, **483**, 616 (2009).
42) C. T. Chang, T. Kubota, A. Makino, A. Inoue, *J. Allo. Comp.*, **473**, 368 (2009).
43) T. Bitoh, A. Makino, A. Inoue, *Mater. Trans.*, **44**, 2020 (2003).
44) T. Bitoh, A. Makino, A. Inoue, *Mater. Trans.*, **45**, 2909 (2004).
45) H. Kronmüller, *IEEE Trans. Magn.*, **MAG 15**, 1218 (1979).
46) H. Kronmüller, M. Fähnle, M. Domann, H. Grimm, R. Grimm, B. Gröger, *J. Magn. Magn. Mater.*, **13**, 53 (1979).
47) H. Kronmüller, *J. Appl. Phys.*, **52**, 1859 (1981).
48) T. Holstein, H. Primakoff, *Phys. Rev.*, **58**, 1098 (1940).
49) H. Kronmüller, *J. Magn. Magn. Mater.*, **24**, 159 (1981).
50) H. Kronmüller, B. Gröger, *J. Phys.*, **42**, 1285 (1981).
51) G. Schroeder, R. Schäfer, H. Kronmüller, *Phys. Status Solidi*, **A50**, 475 (1978).
52) T. Bitoh, A. Makino, A. Inoue, *J. Appl. Phys.*, **99**, 08F102 (2006).

1.9.9 薄膜・人工格子・界面

a. 薄膜と特性長

薄膜は三次元の方向のうちの一つの膜厚が他の2方向に比較して，そのディメンジョンが極端に小さな形態をとることが特徴である．$\sqrt{A/K}$（A：交換スティフネス定数，K：磁気異方性エネルギー）で表される磁性体の特性長（交換結合距離～磁壁幅）は，通常数 nm から数十 nm のオーダーであるため，薄膜の厚みがそれ以下のスケールになってくると，薄膜内の各原子のスピン間に働く交換相互作用は三次元のバルク材料とは異なることとなり，本質的なサイズ効果によって，自発磁化の大きさやキュリー温度などの磁性が，バルク材料と異なってくることが予想される．このような薄膜の強磁性的性質についての研究は，強磁性の発現機構など，磁性の本質的解明に役立つため，物理的興味から Fe, Ni, Co などの単金属に関して，古くから行われてきた．初期の研究では，試料の表面酸化や，極薄膜厚では連続膜構造にならずに島状構造になってしまうといった薄膜の微細構造上の問題が少なくなかった．超高真空技術や薄膜作製技術，さらには表面構造の解析技術の進歩とともに，実験結果の信頼度も上がり，数 nm 程度以下の薄膜において，確かにバルクと異なる自発磁化が生じることが明らかとなった[1]．このような数 nm 程度の厚みの薄膜はしばしば超薄膜とよばれ，また数 nm 程度の薄膜を積層した薄膜は人工格子とよばれることが多い．磁気伝導の観点からも数 nm の膜厚スケールは重要である．これは電子の平均自由工程やスピン拡散長がおおむねそのオーダーにあり，人工格子のような数 nm オーダーで変調する構造体中を伝導する電子が，その磁気構造の変化によって伝導特性を変化させることが予想されるからである．

磁性薄膜を工学的応用に結びつける転機は，1955 年に発表されたパーマロイ（Ni-Fe 合金）多結晶薄膜の磁化反転に関する論文[2]であり，その優れた特性により，当時のフェライトコアに代わる電子計算機の高速メモリ素子としての応用の可能性がクローズアップされた．これを契機に，応用を意図した磁性薄膜の基本的な磁気的性質に関する多くの研究が，高速記録素子としてのパーマロイ薄膜と，それに引き続いたオルソフェライトやガーネットの単結晶薄膜を用いた磁気バブル素子に関して行われてきた．これら，古典的なパーマロイ薄膜ならびに磁気バブル素子に関する詳しい解説は，すでにいくつかの優れた教科書[3~5]があるのでそちらに譲り，本項では，薄膜の磁気的性質を理解するためのいくつかの基本的な事項について説明した後，現在の高度情報化社会の中で重要な位置づけを占める最先端の磁気デバイスに用いられている薄膜について，その磁気特性と薄膜特有の nm スケールのサイズとの関係について述べる．

b. 薄膜の磁気異方性と磁区構造

磁性薄膜はその形状の特殊性から，薄膜を構成する材料に特別な理由がないかぎり，形状磁気異方性によって磁気モーメントを薄膜面内に向けようとする一軸磁気異方性が存在する．この形状磁気異方性とは別に，薄膜面内の特定の方向を磁化容易軸とする一軸磁気異方性が薄膜特有の異方性として知られており，誘導一軸磁気異方性とよばれる．誘導一軸磁気異方性の原因としては，薄膜を構成する原子の原子対の方向性配列，基板との熱膨張差ならびに格子不整合によって薄膜に生じるひずみや磁場中成膜時の磁歪拘束による逆磁歪効果，斜め蒸着などで顕著に見られる結晶粒の柱状構造などの微細組織に起因する形状効果などがあげられる．たとえば，磁場中で蒸着した多結晶 Ni-Fe 合金薄膜では，原子対の方向性配列と逆磁歪効果の両方の効果により，印加磁界方向に一軸磁気異方性が誘導されることが知られている．

薄膜ではバルクとは異なる特有の磁区構造を示すことが多く，磁性薄膜の磁化過程を理解するためには磁区構造の理解が不可欠である．たとえば，180°磁壁を成すブロッホ磁壁とネール磁壁のエネルギー密度をパーマロイ薄膜に対して計算してみると，パーマロイ薄膜の膜厚が数十 nm を境にして低膜厚側でネール磁壁が，また高膜厚側でブロッホ磁壁が安定となる．この遷移膜厚領域では，枕木磁壁（またはクロスタイ磁壁）とよばれる両者が混在した特殊な形の磁壁が現れ，磁区構造が変化することが知られている[3,5]．薄膜の磁壁の構造は，スピン注入によって磁壁を移動させる[6]タイプの応用素子で，磁壁移動に要する電流密度を制御するためにも重要であり，近年再び注目されている．また，磁壁のみならず磁区内部にも，磁化リップルとよばれる磁化のわずかな揺らぎ構造が，多結晶磁性薄膜において多く観察される．これは薄膜を形成する微結晶

の結晶磁気異方性，粒界の存在に基づく形状磁気異方性，ひずみの不均一性などのさまざまな原因による局所的な磁気異方性の分散によって出現するものであり，磁壁移動や磁化回転による薄膜の磁化過程に影響を与える[3,5]．

近年では，成膜技術の向上に加えて薄膜の微細加工技術も進歩してきており，従来の薄膜の二次元的な形態に基づく特有の性質に加え，さらに形状を微小化した場合の磁性についても研究が進んでいる．たとえば，膜厚数十 nm のパーマロイ薄膜を 1 μm 程度の径の円盤状に加工することで磁化が渦を巻いたような磁気構造（ボルテックス構造）が安定化し，円盤の中心付近では磁化が垂直になったスポットが存在することが示された[7]．このような新奇な磁気構造の外部磁場や電流に対する応答，さらにはその集合体の磁性などさまざまな研究が進められている．

c. 薄膜の微細組織と磁気特性

薄膜においては，結晶粒子のサイズはバルク材料と大きく異なり，成膜プロセスによっては数 nm から数十 nm 程度の結晶粒径を得ることも可能である．このため，磁性結晶粒子のサイズ効果によって，従来のバルク材料では実現し得なかった，薄膜固有の新たな磁性機能が導出される．磁性結晶粒子間に働く磁気的相互作用に着目すると，結晶粒界の微細構造ならびに材料組成の制御によって，結晶粒間の交換相互作用を断ち切った場合には，薄膜は単磁区微粒子の集合体となり，磁気記録用の媒体としての機能をもつ．一方で，結晶粒間の交換相互作用を積極的に利用した場合には，Fe などのバルク材料では不可能であった結晶磁気異方性の大きな材料においても，ソフト磁性を導出することができる．

（i）薄膜磁気記録媒体　ハードディスク装置の記録密度の向上には，当然，記録ビットサイズの短小化が要求される．ビットサイズが小さくなるとまわりの記録ビットからの漏れ磁界の影響を受けやすくなるため記録媒体の保磁力を高める必要が生じる．磁性材料の保磁力は，材料がもつ磁気異方性に加えて磁区構造によっても影響を受ける．一般に磁壁移動型の磁化過程では，磁気異方性から期待される異方性磁界よりも小さな保磁力となる．このため，薄膜の金属学的組織の特徴である，きわめて小さな結晶粒子サイズ（数 nm 程度）を利用して，周囲との磁気的な相互作用を断ち切ることで，内部に磁壁が存在しない単磁区微粒子としてふるまわせることが可能となり，材料がもっている磁気異方性が最大限引き出される．すなわち単磁区微粒子の保磁力は，磁界印加方向が結晶磁気異方性の磁化容易方向である場合，異方性磁界 H_k（$=2K_u/M_s$，K_u：結晶粒子の一軸結晶磁気異方性エネルギー，M_s：飽和磁化）に一致する．また，薄膜媒体の雑音の低減にも，磁気的に孤立した強磁性結晶粒子の粒径微細化が必要である．現状のハードディスク装置では，記録ビットは複数の結晶粒子で構成されているが，結晶粒子サイズが大きい場合には記録ビットの境界（磁化遷移領域）は鋸歯状の形状となり，記録再生に不必要な雑音となってしまうからである．したがって，高密度磁気ハードディスク用の記録媒体としては，結晶粒の真性的な結晶磁気異方性の適切な制御，粒界構造の制御による結晶粒間の交換相互作用の低減，結晶粒径・結晶粒配向の制御が非常に重要である．前者は磁性材料に固有の物性を利用するものであるから，合金組成を適切に選ぶなどのほかに手段はなく，高い結晶磁気異方性を有する Pt を含有した六方晶 Co 合金が現在おもに用いられている．これに対して後二者は，金属組織学的な知見や薄膜の作製プロセスなどの工夫によって達成されるものである．結晶粒間の交換相互作用の低減の手法としては，従来用いられてきた面内磁気記録方式では CoPt 合金に Cr を添加した材料をスパッタリング法により成膜し，結晶粒形成時に粒界に Cr を偏析させる手法が用いられてきた．一方で近年主流となっている垂直磁気記録方式では，SiO_2 などの酸化物を結晶粒界に偏析させる手法が用いられ，数 nm 程度のサイズの磁性結晶粒がアモルファス状の非磁性結晶粒界相で分離された理想的な構造が実現されている（3.3.2 項，5.1.4 項参照）．

（ii）微結晶ソフト磁性薄膜　磁気記録の高密度化への要求に対し，高い保磁力をもつ磁気記録媒体が開発されてきている．高保磁力の媒体に磁気記録を行うためには，磁気ヘッド材料として，大きな飽和磁束密度をもち，かつ起磁力が少なくてすむソフト磁性材料が必要である．バルクでソフト磁性を示す材料は，結晶磁気異方性ならびに磁歪がともに小さい物質に限られ，パーマロイやセンダスト（Fe-Al-Si 合金）などが知られている．従来，磁気ヘッドには，これらの材料を薄膜化したものが用いられてきたが，その飽和磁束密度は，センダストでもたかだか 1.2 T であり，記録媒体の高密度化に対応するのには十分ではない．一方，純 Fe はその飽和磁束密度として，約 2.2 T もの大きな値を示すことから，記録ヘッド材料としてのポテンシャルは高い．しかしながら，前述したように Fe の結晶磁気異方性および磁歪は比較的大きいため，従来の古典的な理論からでは Fe 薄膜に優れたソフト磁性を導出することは物理的に不可能とされてきた．しかしながら，純 Fe に代表される結晶磁気異方性が大きな材料でも，結晶粒のサイズ効果と粒間の相互作用を考慮することで，理想的な薄膜組織の基では，優れたソフト磁性を導出することが可能であることが実験的に明らかとなっている[8]．これは，薄膜の結晶粒子サイズがバルク材料に比較して，きわめて小さい（nm オーダー）ことを利用した効果であり，薄膜ならではの新しいソフト磁性の発現といえる．結晶粒間に静磁気的な磁化の結合のみが生じている場合，粒界における磁束の不連続性から生じる系全体の静磁エネルギーを低下させるため，個々の磁化は局所的に磁束を閉じるような磁化分布をとる．一方，一般に磁性薄膜を含めた通常の多結晶薄膜においては，結晶粒と結晶粒とが互いに接しているため，強磁性薄膜の場合は，交換相互作用による原子磁気モーメント同士の直接的な結合を受ける．この粒界における交換相互作用は，交換エネルギーの上昇を避ける

ため，隣り合う磁化の角度を極力小さくし，磁化を平行にさせようと作用する．したがって，交換相互作用による磁化結合が重畳すると，磁化が結合する領域は飛躍的に広がり，磁束の閉構造は急激に大きさを増すようになり，それとともに各粒の磁化の方向は，徐々に巨視的に薄膜全体に誘導されている一軸磁気異方性の方向を向くようになる．このような結晶粒間の磁化結合を保持した状態で結晶粒径が小さくなると，粒界の面積が急激に増加し，交換相互作用による磁化結合が非常に強く働くため，各磁性粒の真性的な結晶磁気異方性は見かけ上数桁程度低減し，磁化は非常に広い範囲で，平均的には，巨視的に誘導されている一軸磁気異方性の磁化容易軸方向に分布するようになる（2.1.6項参照）．

d．人工格子の磁性

もともと人工格子とは，異種の物質を原子層厚からnmオーダーの厚みで積層した人工的多層構造膜を指す．このような天然に存在しない人工物質を作製する目的には，人工周期構造の作製，不安定相の安定化，異種の物性の複合効果，低次元効果および界面効果，バンド構造の変化，格子の異常性などがあげられるが，人工格子で見つかった特異な磁性の例としては，本項で述べる巨大磁気抵抗効果と層間交換結合が顕著である．そのほかFe，Coなどの強磁性金属とAu，Ag，Ptなどの貴金属を組み合わせた人工格子では，人工格子各層の低次元性に基づくスピンに依存した量子状態が形成される結果，磁気カー効果の増大が生じるといった人工格子に特有の磁気光学特性も報告されている[9]．

（ⅰ）巨大磁気抵抗効果 巨大磁気抵抗（GMR：giant magnetoresistance）効果は，1988年にFertらのグループによって，3 nmのFe層と0.9 nmのCr層を60回積層したFe/Cr人工格子において初めて報告された[10]．この人工格子に外部磁場を加えると，無磁場のときと比較してその電気抵抗がおよそ半分程度まで減少する磁気抵抗効果であり，従来知られていた強磁性体の異方性磁気抵抗（AMR：anisotropic magnetoresistance）効果に比較して抵抗の変化率がおよそ1桁大きいために"巨大"磁気抵抗効果と名づけられた．AMRが電流と印加磁界の方向の相対変化によって電気抵抗が変化する現象であるのに対して，GMRは電流と印加磁界の方向に依存しないことからまったく別の現象であることが発見当時から知られていた．その後，GMRはFe/Cr人工格子のみならず，Co/Cu，Co-Fe/Cu，Ni-Fe/Cu，Co/Agなどさまざまな強磁性金属層と非磁性金属層（スペーサー層ともよばれる）を組み合わせた人工格子でも観測された．さらに，特徴的な現象としてGMRはその抵抗変化率（GMR比）がスペーサー層の膜厚に対しておよそ1 nm程度の周期で振動的に変化することも見出され[11]，大きなGMR比を示すスペーサー層厚の人工格子では，無磁場下で隣り合う強磁性層の磁化が互いに反平行に配列しているのに対して，GMRを示さないスペーサー層厚の人工格子では無磁場下で強磁性層の磁化は平行に配列していることがわかった．このことからGMRは，人工格子中の強磁性層の磁化が無磁場下で反平行に配列した状態と，外部磁場の印加によって平行にそろった状態とで電気抵抗が変化する現象であり，そのメカニズムは，各強磁性層/スペーサー層界面での伝導電子の散乱確率が電子のスピンに依存することに起因することが明らかにされた．スペーサー層厚によって人工格子中の隣り合う磁性層の磁化が平行もしくは反平行に配列することは，後述する層間交換結合によるものでありGMRとは独立した物理現象である．実際，スペーサー層厚を数nm程度まで厚くして層間交換結合を小さくし，保磁力の異なる2種類の強磁性金属層を用いた非結合型人工格子でも同様にGMRが観測されることから明らかとなり[12]，GMRと層間結合の独立性が示された．

人工格子は大きなGMR比を得るために，層間交換結合に打ち勝つ大きな外部磁場を必要としたためにそのままでは実用材料として用いられなかったが，弱磁場でGMRを得るための積層膜構造が考案され[13]，1998年にハードディスク装置の再生ヘッド素子として実用化された．同積層膜構造はスピンバルブとよばれ，基本的に4層からなり，スペーサー層を挟んで形成された2枚の強磁性層，そのうちの一方には反強磁性層が積層されている．反強磁性層が積層されていない側の強磁性層（フリー層）は記録信号の検出を担い，ハードディスクの記録媒体からの微弱な漏れ磁束によりフリー層内の磁化は磁化回転を起こす．また，反強磁性層を積層した側の強磁性層（ピン層）の磁化は，交換磁気異方性により常に一方向に固定され，フリー層の磁化回転にさいして，フリー層とピン層の磁化方向に相対的な角度差を生じさせる．両層の磁化ベクトルの相対角度の変化は，強磁性層とスペーサー層の界面での伝導電子のスピン依存散乱を生じ，スピンバルブの電気抵抗の変化として記録信号の再生が行われる．つまりスピンバルブはGMRを示す人工格子のうちの最小積層単位を取り出し，なおかつ強磁性層間の磁化ベクトルの相対角度変化を，小さな外部磁界で生じるように改良したものである．

スピン依存電子散乱についてもう少し詳しく見てみる．スピンバルブで膜面内方向に電場を印加すると，片側の強磁性層で偏極されたスピンをもつ伝導電子が加速されて散乱中心にぶつかる．これだけでは通常の電気抵抗であるが，伝導電子がスペーサー金属の層間を横切る場合を考えると，スペーサー層の厚さが電子の平均自由行程よりも十分に短ければ，伝導電子は散乱されずに，もとのスピンの向きをそのまま保存したまま，隣接するもう一方の強磁性層の界面に到達する．隣接する強磁性層が平行に磁化していると，やってきた伝導電子は，隣接強磁性層の多数スピンの向きと同じなので，ほとんど散乱されずに高い確率で隣接強磁性層に入っていく．一方，隣接強磁性層が反平行に磁化しているときは，多数スピンの方向が整合していないので，スピン分極した電子のほとんどは，界面で非弾性的に散乱される．つまり，二つの強磁性層の磁化が平行に

配列しているときは抵抗が低く，反平行に配列しているときは抵抗が高い．したがって，伝導電子のスピン依存散乱を起こさせるためには，スペーサー層の間を横切ってきた伝導電子が，元の磁性層のスピン分極を"覚えて"おかなければならず，そのためには非磁性のスペーサー層が，伝導電子の平均自由行程（正確にはスピン拡散長）よりも薄くなければならない．この意味で，Fe/Cr や Co/Cu 人工格子ならびにスピンバルブの GMR は，磁性材料を nm オーダーに薄膜化し，かつそれを人工的に積層した構造につくり上げることによって初めて出現した現象であり，バルク材料では実現し得ない，人工格子に固有の機能であるといえる．

近年では，磁気抵抗効果を示す人工格子として，スピンバルブの膜厚方向に電流を流す膜面垂直通電型（CPP）-GMR や，金属スペーサーに替えて極薄の絶縁体層としたトンネル磁気抵抗（TMR）効果が精力的に研究されている（3.3節参照）．

（ii）**層間交換結合と量子サイズ効果**　たんに層間交換結合というと，2種類の強磁性体薄膜を積層した場合に両層の磁気モーメントを平行にしようとする強磁性結合や，強磁性体薄膜と反強磁性体薄膜の間で働く交換磁気異方性のような直接結合も含まれるが，ここでは上記した GMR の発見のきっかけともなった反強磁性的層間交換結合について述べる．

非磁性金属中間層（一般にスペーサー層とよばれる）を介した2枚の強磁性層の磁気モーメントが互いに反平行にそろうような相互作用は，1986年に Fe/Cr/Fe の3層膜で Grünberg らのグループにより見出された[14]．それ以前にもスペーサーを介した強磁性層間の相互作用の研究はあり，2 nm 程度より薄いスペーサー層の場合に強磁性層の磁気モーメントを平行にそろえるような強磁性的な結合が存在することは知られていたが，ピンホールなどのスペーサー層の欠陥が原因とも考えられていた．その後，GMR の発見に伴い強磁性層/非磁性層を積層した人工格子の反強磁性的層間交換結合が加速的に進められた．とくに Parkin は，種々の強磁性層とスペーサー層を組み合わせた人工格子の研究を精力的に行い，スペーサー層厚に対して層間交換結合が強磁性的結合と反強磁性的結合の間を振動的に変化する現象が一般的に見られることを見出した[15]．

図 1.9.115(a) に Co/Ru/Co 積層膜の層間交換結合の Ru スペーサー層厚依存性[16]を例示する．このような振動型層間交換結合の起源は，積層界面の強磁性原子によってスピン偏極したスペーサー層の伝導電子が，もう一方の積層界面に存在する強磁性原子と相互作用する "RKKY 相互作用モデル"[17]，もしくはスペーサー層の伝導電子が，両側の強磁性層との界面におけるスピンに依存したポテンシャルによって多重反射を受けて量子井戸を形成する "スピン偏極量子井戸モデル"[18] によって理解されている．ここでは（極）薄膜であるがゆえの特異性をよく理解できる後者について簡単に紹介する．

極薄の非磁性のスペーサー層の両側に強磁性層を配した3層膜を考える．強磁性層と非磁性層では一般にポテンシャルが異なり，また強磁性層の交換相互作用のために，伝導電子が感じるポテンシャルはそのスピンに依存する．強磁性層のスピンと逆向きのスピンをもつ伝導電子は，同じ向きのスピンをもつ電子に比べてスペーサー層/強磁性層界面での反射率が高い．このためスペーサー層の両側の強磁性層の磁気モーメントが平行にそろった場合，強磁性層のスピンと逆向きのスピンをもつ伝導電子はスペーサー層内に閉じ込められ，多重反射の干渉による定在波を生じて量子井戸状態が生成する．一方で，強磁性層の磁気モーメントが反平行に配列した場合には，伝導電子はそのスピンに応じてどちらか一方の界面で反射されるものの他方の界面では反射率が低いため閉じ込めは生じない．

伝導電子を自由電子で近似した場合，平行磁化配列によって量子井戸を形成したときは二次元系の状態密度となり，図(b)に示すように，反平行磁化配列時の通常の三次元系の状態密度曲線（破線）と異なってステップ状の状態密度曲線（実線）となる．その結果，フェルミ準位 E_F は

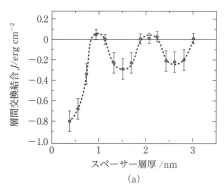
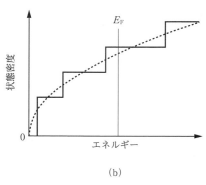

図 1.9.115　Co/Ru/Co 積層膜の層間交換結合の Ru スペーサー層厚依存性 (a)，および二次元（実線）と三次元（破線）の状態密度曲線 (b)
[J. Fassbender, S. S. P. Parkin, *et al.*, *Phys. Rev. B*, **46**, 5810 (1992)]

平行磁化配列と反平行磁化配列の場合でエネルギー差を生じ，どちらかの配列が安定状態となる．状態密度曲線の各ステップは膜厚方向の波動関数のノード数の変化に対応するため，スペーサー層の厚みが変化するとステップの周期が変わることになる．これによりスペーサー層の膜厚に対応して平行磁化配列と反平行磁化配列のいずれが安定になるかで，振動的な層間交換結合が生じる．

e. 界面磁気異方性

薄膜・人工格子においては，その膜厚のディメンジョンが最も大きな特徴であるが，その形態ゆえに存在する界面・表面も磁性に対して重要な役割をもっている．界面あるいは表面はバルクとは異なる状態になっており，それが原因となってしばしば膜面垂直方向を容易軸とするような磁気異方性を示す．これを界面（あるいは表面）磁気異方性とよぶ．たとえば，Co/Pt，Co/Pd，Fe/Pd などのような強磁性層/非磁性層を積層した人工格子で強磁性層の厚みをきわめて薄くした場合に垂直磁気異方性が観測される．界面磁気異方性の起源は，界面では原子配列が膜面内方向と膜面垂直方向で異方的になること，界面での格子整合に伴って生じるひずみ，界面での合金化などがあげられる．実験としては，強磁性層の膜厚を変化させて人工格子を作製し，その垂直磁気異方性を以下の現象論的な式を使って解析を行い，界面磁気異方性を導出することが一般に行われている．

$$K_{\text{eff}} \cdot t_{\text{FM}} = 2K_S + K_V \cdot t_{\text{FM}} \tag{1.9.47}$$

ここで，K_{eff} は人工格子の単位体積あたりの実効的垂直磁気異方性エネルギー，K_S は界面磁気異方性エネルギー，K_V は形状磁気異方性や結晶磁気異方性などの強磁性層の体積成分から生じる磁気異方性エネルギー，t_{FM} は強磁性層厚である．$K_{\text{eff}} > 0$ は垂直磁化，$K_{\text{eff}} < 0$ は面内磁化を意味する．K_S の係数は，人工格子で1枚の強磁性層あたり上下2枚の界面を有していることに対応しており，2層膜など界面が1枚しかない場合には係数は1となる．図1.9.116 に例示するように，実験結果[19]は良い直線関係を示し式 (1.9.47) が成立していることがわかる．直線を $t_{\text{FM}} \to 0$ に外挿して得られる切片が K_S を与えることになる．

近年の成膜技術の進歩により，Fe と Au などの非固溶元素を単原子層あるいは非整数原子層を交互に積層した人工格子（あるいは人工超格子）が作製可能となり，垂直磁気異方性が原子層厚に対して振動的に変化する興味深い現象も報告[20]されている．また，ごく最近では金属人工格子だけにとどまらず，CoFeB 薄膜と MgO 薄膜の界面でも垂直磁気異方性が生じ，垂直磁化スピン注入型 MRAM への応用などが期待されるとの報告[21]もされている．

文　献

1) J. A. C. Bland, "Ultrathin Magnetic Structures I" (J. A. C. Bland, B. Heinrich, eds), p. 340, Springer-Verlag (1994).
2) M. S. Blois, Jr., *J. Appl. Phys.*, **26**, 975 (1955).
3) 桜井良文 編, "磁性薄膜工学"（磁気工学講座5），丸善出版 (1977).
4) 飯田修一，小林 寛 編, "磁気バブル"（磁気工学講座4），丸善出版 (1977).
5) 金原粲，藤原英夫, "薄膜"（応用物理学選書3），第7章，pp. 263-335，裳華房 (1979).
6) A. Yamaguchi, T. Ono, S. Nasu, K. Miyake, K. Mibu, T. Shinjo, *Phys. Rev. Lett.*, **92**, 077205 (2004).
7) T. Shinjo, T. Okuno, R. Hassdorf, K. Shigeto, T. Ono, *Science*, **289**, 930 (2000).
8) M. Takahashi, T. Shimatsu, *IEEE Trans. Magn.*, **26**, 1485 (1990).
9) Y. Suzuki, T. Katayama, S. Yoshida, K. Tanaka, K. Sato, *Phys. Rev. Lett.*, **68**, 3355 (1992).
10) M. N. Baibich, J. M. Broto, A. Fert, F. Nguyen Van Dan, F. Petroff, P. Eitienne, G. Greutet, A. Friederich, J. Chazelas, *Phys. Rev. Lett.*, **61**, 2472 (1988).
11) D. H. Mosca, F. Petroff, A. Fert, P. A. Schroeder, W. P. Pratt, Jr., R. Laloee, *J. Magn. Magn. Mater.*, **94**, L1 (1991).
12) T. Shinjo, H. Yamamoto, *J. Phys. Soc. Jpn.*, **59**, 3061 (1990).
13) B. Dieny, V. S. Speriosu, S. S. P. Parkin, B. A. Gurney, D. R. Wilhoit, D. Mauri, *Phys. Rev. B*, **43**, 1297 (1991).
14) P. Grunberg, R. Schreiber, Y. Pang, M. B. Brodsky, H. Sowers, *Phys. Rev. Lett.*, **57**, 2442 (1986).
15) S. S. P. Parkin, *Phys. Rev. Lett.*, **67**, 3598 (1991).
16) J. Fassbender, F. Nortemann, R. L. Stamps, R. E. Camley, B. Hillebrands, G. Guntherodt, S. S. P. Parkin, *Phys. Rev. B*, **46**, 5810 (1992).
17) P. Bruno, C. Chappert, *Phys. Rev. Lett.*, **67**, 1602 (1991).
18) D. M. Edwards, J. Mathon, R. B. Muniz, M. S. Phan, *Phys. Rev. Lett.*, **67**, 493 (1991).
19) H. J. G. Draaisma, W. J. M. de Jonge, F. J. A. den Broeder, *J. Magn. Magn. Mater.*, **66**, 351 (1987).
20) K. Takanashi, S. Mitani, K. Himi, H. Fujimori, *Appl. Phys. Lett.*, **72**, 737 (1998).
21) S. Ikeda, K. Miura, H. Yamamoto, K. Mizunuma, H. D. Gan,

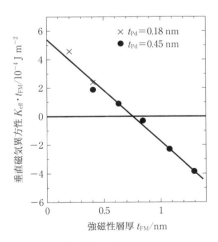

図1.9.116 Co/Pd 人工格子の垂直磁気異方性の強磁性層厚依存性
[H. J. G. Draaisma, W. J. M. de Jonge, F. J. A. den Broeder, *J. Magn. Magn. Mater.*, **66**, 351 (1987)]

M. Endo, S. Kanai, J. Hayakawa, F. Matsukura, H. Ohno, Nat. Mater. **9**, 721 (2010).

1.9.10 微粒子・クラスター

a. 無限系から微粒子へ：表面の電磁気学的影響

強磁性は，強磁性相互作用 J を及ぼし合う無数のスピンを統計力学的に扱うことで得られる"スピンがある方向に一斉に配向した状態"として理解されてきた．つまり，この状態の特徴は，無磁界中でも自発的に磁化 M_s をもつことになる．ところが，実際には典型的な強磁性体である鉄片でも自発的な磁化を示し磁石としてふるまうことはまれである．これは，大きさが有限の場合，アボガドロ定数に匹敵する数の原子を含んでいてもどこかに表面が存在するので，強磁性体ではそこに必ず磁極が現れることに起因する．すなわち，そうした磁極から生じる磁界（反磁界 $H_d = -N_D M$：N_D は反磁界係数）によってスピンの一斉平行性が乱され，鉄片の内部がいくつかの磁区に分裂してしまうことが，鉄片が磁石にならない理由である．このように，微粒子をはじめとした有限サイズの強磁性体では，その形状や大きさによって大きく変化する表面磁極による静磁エネルギー U_m が微視的な起源をもつ J とともに磁気的性質を決める主要な役割を果たしている．そして，通常，物質固有の結晶磁気異方性 K_c の影響がこれに加わるため，古典系とみなせる場合ですら強磁性微粒子の磁気特性を理解することは容易ではない．そこで，ここでは，これらのエネルギーの兼ね合いで磁区構造がどう変化するかを簡単な計算を用いて考えることから始める[1]．

まず，図 1.9.117(c)のような一様に磁化した回転楕円体微粒子（赤道半径 R，極半径 kR）を考えると，H_d による U_m は体積 V に比例し $U_m = (1/2)\mu_0 N_D M_s^2 V$ で与えられるのに対して，図(a)のように交互に逆向きの磁区ができると，H_d は正負の磁極で相殺され U_m は磁区の幅 w に比例して減少する．一方，磁壁生成のエネルギー U_W は，単位面積あたりの大きさ $\gamma_w \simeq 4\sqrt{AK_c}$ を用いて $U_W = n_w \gamma_w S$ となり，磁壁の枚数 $n_w = 2Rw^{-1}$ に比例して増大する．ただし，A は交換スティフネス定数とよばれる J に比例する量，S は微粒子の断面積である．このことから，この両者のエネルギー U_m と U_W のバランスで安定な磁区の幅 w が決まることがわかる．このことから，微粒子のサイズがきわめて大きい $V/S \gg (2\gamma_w)/(\mu_0 N_D M_s^2)$ の場合には，その内部がきわめて多くの磁区に分割されることになる（多磁区構造 $n_w \gg 1$）．なお，境界をなす磁壁の厚みは，およそ $\delta_0 = \sqrt{A/K_c}$ である．

さて，ここまで静磁エネルギー U_m と磁壁の生成エネルギー γ_w を使って零磁界中の多磁区構造を議論してきたが，後者はその位置によらないことに注意したい．このため，外部磁界 H を印加すると，それに平行な磁化をもつ安定な磁区の体積を増すために磁壁はその位置を自由に変えることができる．これに伴い微粒子の全磁化 M も増大する．ただし，これは表面磁極に偏りを生み U_m を高めてしまう．このため，反磁界 H_d が H と相殺するところでつり合うことになる．すなわち，こうした多磁区構造をもつ微粒子の磁化曲線は，図 1.9.118(a)実線に示すように $M = H/N_D$ で与えられ，本来，ヒステリシスを示さない．もちろん，現実の強磁性微粒子の磁化曲線は，これとは異なり図の破線のようにある程度の保磁力 H_c をもつ．これは，微粒子の内部に介在物や空隙あるいはひずみがあり，磁壁のエネルギー γ_w がほかより高くあるいは低くなる場所があるため，磁壁の速やかな移動が妨げられる（ピン止め）からである（図 1.9.119 も参照）．したがって，このサイズの微粒子を用いて低い H_c と高い透磁率を実現しようとする場合には，形状制御に加え，できるだけこうした不均一性やひずみを取り除くことが望ましく，一方，H_c を少しでも大きくしたいときには逆にそれらを積極的につくりだすことが求められる．

次に微粒子のサイズを小さくしていったときを考えよう．U_m が体積に，また U_W が断面積に比例するので，ある臨界赤道半径 R_{SD} で両者がつり合うさいの w が半径 R よりも大きくなり，それより小さな磁性体では単磁区構造となることがわかる．具体的には，一軸異方性 K_c がきわめて強い場合，図 1.9.117(b)のような 2 分割磁区[1]が現れると考えられるため，図 1.9.117(c)のような単磁区構造との U_m の差を $(1/4)\mu_0 N_D M_s^2 V$ 程度と仮定して，式 (1.9.48) が得られる．

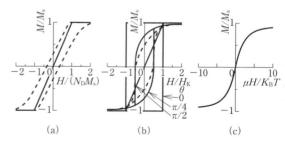

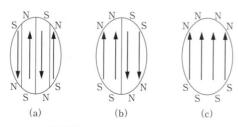

図 1.9.117 磁性微粒子/超微粒子の磁区構造の模式図
(a) 多磁区構造　(b) 2 分割磁区構造　(c) 単磁区構造

図 1.9.118 磁性微粒子/超微粒子の磁化曲線の模式図
均質な（実線）あるいはピン止めサイトがある不均質な多磁区構造微粒子（破線）の磁壁移動による磁化曲線(a)，磁化印加方向から θ 傾いた磁化容易軸をもつ単磁区構造超微粒子（実線）とそれらがランダムに配向した場合（破線）の磁化ベクトルの一斉回転による磁化曲線(b)，および磁気異方性エネルギーが無視できる微小な超常磁性超微粒子においてみられる，ゼーマンエネルギーと熱揺らぎの競合で決まる磁化過程(c)．

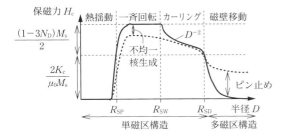

図1.9.119 磁性微粒子/超微粒子の保磁力のサイズ依存性
ここでは，形状（回転楕円体）の長軸と結晶の磁化容易軸がそろった均質な理想系（実線）と実際によくみられる不均質な系（破線）の場合について模式的に示している．図中の矢印は図1.9.118の各粒子のサイズを示している．臨界粒径 R_{SP}, R_{SW} および R_{SD} については本文を参照．
[H. Kronmüller, M. Fähnle, "Micromagnetism and the Microstructure of Ferromagnetic Solids", Cambridge University Press (2003)]

$$R_{SD} \simeq \frac{3\gamma_w}{\mu_0 N_D M_s^2} = \frac{12(AK_c)^{1/2}}{\mu_0 N_D M_s^2} = \frac{12 l_{ex}^2}{N_D \delta_0} \quad (1.9.48)$$

ここで，$l_{ex} = (A/\mu_0 M_s^2)^{1/2}$ は交換結合長である．一方，K_c が無視できるソフト磁性体の場合には，カーリング構造と単磁区構造との U_m の差から，この境界の下限として式(1.9.49)が得られている[2~4]．

$$R_{SD} \simeq q(N_D) \cdot \left(\frac{2A}{\mu_0 N_D M_s^2}\right)^{1/2} = q(N_D) \cdot \left(\frac{2}{N_D}\right)^{1/2} \cdot l_{ex} \quad (1.9.49)$$

ここで，$q(N_D)$ は真球で 2.0186 の大きさをとり，アスペクト比 k とともに変化する係数である．表1.9.25に，いくつかの典型的な強磁性体が真球粒子を形成したさいの単磁区臨界粒径 R_{SD} の推定値を示す．ただし，これらの式は回転楕円体に対して得られたもので，実際に微細加工された円盤や角柱，あるいは化学合成された立方体の磁性体微粒子に対しては反磁界が一様でなくなるため，マイクロマグネティックシミュレーションを用いて個別に計算する必要がある[5~7]．たとえば，立方体微粒子では，磁性全体で磁束が閉じたボルテックス（vortex）状態から残留磁化をもつフラワー（flower）状態への遷移が見出されている．これらのシミュレーション結果の実験的検証は始まったばかりであるが[8~10]，近年のナノテクノロジーの進歩を考えれば，近い将来の進展を期待してよいであろう．

ところで，ここまで，小さなサイズの微粒子について零磁界中における安定な磁区構造としての単磁区構造を議論してきた．しかしながら，そのスピンの一斉平行性が磁化反転のさいにも保たれる保証はない．言い換えれば，すべてのスピンが一斉に困難面方向を向くより，交換エネルギーが高まったとしてもある部分から反転していったほうがエネルギー障壁が低くなる可能性を考えなければならないのである．まず，解析が簡単な回転楕円体について，一斉回転の保磁力[11]（式(1.9.50)）をカーリングによる核生成磁界[1,12]（式(1.9.51)）と比較すると，スピンが一斉に回転（Stoner-Wohlfarth モデル[11]）する条件は，式(1.9.51)となる．

$$H_c = \frac{2K_c}{\mu_0 M_s} + \frac{1}{2}(1-3N_D)M_s \quad (1.9.50)$$

$$H_N = \frac{2K_c}{\mu_0 M_s} - N_D M_s + \frac{c(N_D)A}{\mu_0 M_s R^2} \quad (1.9.51)$$

$$R_{SW} < \left(\frac{2c(N_D)A}{\mu_0(1-N_D)M_s^2}\right)^{1/2} = \left(\frac{2c(N_D)}{1-N_D}\right)^{1/2} l_{ex} \quad (1.9.52)$$

ここで，$c(N_D)$ は真球で 8.666 の大きさをとり，アスペクト比 k とともに変化する係数である．表1.9.25に，いくつかの典型的な強磁性体が真球粒子を形成したさいの一斉反転臨界粒径 R_{SW} の値を示す．なお，円盤や角柱，あるいは立方体といった実際によくみられる磁性体微粒子に対しては，やはり，マイクロマグネティックシミュレーションを用いて R_{SW} を個別に計算し，実験結果と照らし合わせる必要がある[13,14]．

b. 微粒子から超微粒子へ：熱の影響

さて，表1.9.25に示した一斉反転臨界粒径 R_{SW} より小さな微粒子では，全スピンの一斉平行性がつねに保たれる．すなわち，通常，超微粒子またはナノ粒子とよばれるサイズ（おおむね100 nm 以下）の磁性粒子は，単純にその総和に比例した一つの大きな磁気モーメント $\mu = M_s V$ をもっているようにふるまうことになる．たとえば，簡単のため，一軸結晶磁気異方性を二次項のみ考慮した場合，μ の配向に関するポテンシャル $U(\theta)$ は，式(1.9.53)と

表1.9.25 代表的磁性体の特徴的長さ

磁性体	飽和磁化 $\mu_0 M_s$/T	交換スティフネス定数 A/pJ m^{-1}	磁気異方性定数 K_c/MJ m^{-3}	磁壁厚 $\pi\delta_0$/nm	交換結合長 l_{ex}/nm	単磁区臨界粒径 $2R_{SD}$/nm	一斉反転臨界粒径 $2R_{SW}$/nm	超常磁性臨界粒径 $2R_{SP}$/nm
Fe	2.15	8.3	0.05	40	1.5	15	15	25 (11)
Co	1.76	10.3	0.53	14	2.0	68	20	7.2
Fe$_3$O$_4$	0.60	12[1]	−0.011	104	6.5	91	66	60 (27)
BaFe$_{12}$O$_{19}$	0.47	6.1	0.33	14	5.9	580	60	8.4
Nd$_2$Fe$_{14}$B	1.61	7.7	4.9	3.9	1.9	210	19	3.4
SmCo$_5$	1.07	22.0	17	3.6	4.9	1500	50	2.3

1) C. C. Dantas, A. M. Gamaa, *J. Magn. Magn. Mater.*, **322**, 2824 (2010). 明記なき場合, H. Kronmüller, M. Fähnle, "Micromagnetism and the Microstructure of Ferromagnetic Solids", Cambridge University Press (2003).

記述できる.

$$U(\theta) = -\boldsymbol{\mu}\cdot\boldsymbol{H} + K_c V \sin^2\theta + U_m \quad (1.9.53)$$

このサイズでは，より大きな微粒子で大きな役割を果たした表面磁極による静磁エネルギー U_m は，$U(\theta)$ の異方性（形状磁気異方性）として働くことになる．ここでは，これを無視できる球状粒子に絶対零度において角度 ϕ で $\boldsymbol{H}$ を印加した場合から議論を始めよう．この場合，弱磁界領域では，図1.9.120(a)に示すように $U(\theta)$ は磁化容易軸に沿って $\boldsymbol{H}$ により平行な安定状態とより反平行に近い準安定状態をもつ．そして $\boldsymbol{H}$ の強度を増し，H がある大きさ H_{SW} に達すると準安定状態からの脱出を妨げるエネルギー障壁 E_a が消失し，$\boldsymbol{\mu}$ の反転が起きる．この H_{SW} は異方性磁界 $H_K = 2K_c/\mu_0 M_s$ を用いて $H_{SW}(\phi)/H_K = [(\sin\phi)^{2/3} + (\cos\phi)^{2/3}]^{-3/2}$ と与えられ，$\phi = \pi/4$ の場合に $H_{SW} = 0.5H_K$，また $\phi = 0, \pi/2$ で $H_{SW} = H_K$ となる[11,15]．図1.9.118(b)に，このさいの磁化曲線を典型的な ϕ について示す．なお，磁化容易軸がランダムに配向している場合には，磁化曲線は図の破線のようになる．いずれにしても，磁化反転がこの一斉回転によるとき，その物質は最大の H_c を示す（図1.9.119）．このことから，大きな保磁力 H_c が必要なハード磁性体では，この単磁区構造を示すこうした超微粒子を利用することが望ましいことがわかる．ただし，現実の磁性体では何らかの不均一性や表面の特異性から逆磁区が容易に出現し，実際に観測される H_c がこの $H_{SW}(\phi)$ まで届くことはまれである[1]（図1.9.119）．このため，そうした逆磁区の生成サイトを消去することに多くの努力がなされている．

ところで，H が H_c に近づくにつれてエネルギー障壁の高さ E_a は低下する（図1.9.120(a)）．たとえば，$\phi = 0$ の場合は $E_a(H) = K_c V[1-(H/H_K)^2]$，$\phi \neq 0$ の場合には近似的に $E_a(H) \approx K_c V[1-(H/H_{SW}(\phi))]^{3/2}$ と表される[15]．したがって，有限温度では，H が H_c に達する前に $E_a(H)$ が熱エネルギー $k_B T$ と同程度となり，ある確率（式(1.9.54)）で熱揺らぎによって $\boldsymbol{\mu}$ が反転してしまうと考えられる[15,16]．

$$\frac{1}{\tau} = f_0 \exp\left(-\frac{E_a(H)}{k_B T}\right) \quad (1.9.54)$$

ここで，f_0 は $10^9\,\mathrm{s}^{-1}$ 程度の大きさをもつ頻度因子である．この粒子体積 V に比例するから，ある特徴的時間 t_m で観測を行った場合，同一の磁性体でできた同一形状の超微粒子であっても，保磁力 H_c は，式(1.9.55)のように，V とともに減少する[12]．

$$\frac{H_c}{H_K} = 1 - \left[\left(\frac{k_B T}{K_c V}\right)\ln(f_0\cdot t_m)\right]^{1/m} \quad (1.9.55)$$

そして，ついには $V_{SP} = (k_B T/K_c)\ln(f_0\cdot t_m)$ で $H_c = 0$ となりヒステリシスが完全に消失する．この磁気双極子モーメント $\boldsymbol{\mu}$ が熱揺動する状態は，$\boldsymbol{\mu}$ の大きさが巨大であることを除いて，スピンが熱揺らぎによって揺動する常磁性状態と物理的によく似ているため，超常磁性とよばれる．表1.9.25に，いくつかの典型的な強磁性体の真球粒子の磁化曲線を VSM や SQUID ($t_m \sim 100\,\mathrm{s} : \ln(f_0\cdot t_m) \sim 25$) で測定した場合の超常磁性臨界粒径 R_{SP} の値を示した．ここで重要なことは，R_{SP} が温度 T や観測時間 t_m によって大きく変化することである．たとえば，t_m/f_0 がほぼ 1 となる強磁性共鳴では $R_{SP} \approx 0$，すなわちすべてのサイズの単磁区粒子において自発磁化に由来する強磁性共鳴が観測できる．一方，逆に測定に地質学的時間をかければ $R_{SP} > R_{SD}$, R_{SW} となり，すべての単磁区粒子の磁化曲線からヒステリシスが消え，超常磁性的にふるまう．

さて，形状が球でない場合には式(1.9.53)の第3項 U_m の寄与が現れるが，形式的には結晶磁気異方性と同様に扱うことができる．なお，立方晶の Fe や Fe_3O_4 では，異方性定数の大きさ K_c そのものが小さいことに加えて，上記の単純な一軸異方性の議論：$E_a(H=0) = K_c V$ とは異なり零磁界中のエネルギー障壁は $E_a(H=0) = (1/4)K_c V : K_c > 0$，$E_a(H=0) = (1/12)\cdot K_c V : K_c < 0$ となるため，粒子の形状のわずかな違いからくる U_m の変化に注意が必要である．たとえば，表1.9.25では，形状磁気異方性が寄与しない真球粒子の R_{SP} は比較的大きな値を示すが，アスペクト比 $k = 1.2$ の回転楕円体を仮定し形状磁気異方性の影響を取り込むだけで，同欄（ ）内に示すように R_{SP} の大きさは半減する．すなわち，鉄や磁鉄鉱では，超常磁性もサイズに加えて粒子形状に大きく左右される現象なのである．

この超常磁性状態ではどのような磁気特性が現れるのであろうか．まず，球形粒子（$U_m = const.$）の平衡状態（$t_m \to \infty$）の磁化曲線を考えると，それは式(1.9.53)から古典論的分配関数をつくることで容易に計算できることがわかる．とくに，$|\boldsymbol{\mu}\cdot\boldsymbol{H}| \gg K_c V$ の条件では第2項が無視できるので，磁化曲線は，式(1.9.56)と与えられる．

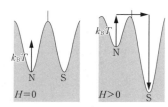

(a) 古典論的磁石

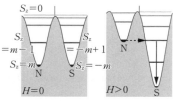

(b) 量子論的磁石

図1.9.120 零磁界中および磁界中（$H < H_K$）に置かれた一軸磁気異方性をもつ磁性超微粒子/クラスターの磁気モーメント $\boldsymbol{\mu}$ の配向に関するポテンシャル $U(\theta)$
(a) $\boldsymbol{\mu}$ が連続とみなせる場合 (b) $\boldsymbol{\mu}$ が離散性が問題となる場合

$$M = M_s L\left(\frac{\mu \cdot H}{k_B T}\right) \quad (1.9.56)$$

ここで，$L(x) = \coth x - 1/x$ はランジュバン関数である．このとき，磁化曲線 M/M_s は図 1.9.118(c) のように磁界と温度の比 H/T を用いてスケーリングできる．なお，このスケーリング曲線の曲率は μ の大きさにのみ依存しているため，この式が適用できる条件では個々の超微粒子の磁気モーメントを容易に推定できることになる．ただし，この条件は $H \gg H_K$ と書き直せることに注意が必要である．通常，$H \gg H_K$ では系は飽和（$M/M_s \fallingdotseq 1$）してしまうと考えがちであるが，この式は，きわめて小さな超微粒子では有限温度の熱揺らぎの影響を排して小さな μ を配向させるために H_K を大きく上回るような H が必要となることを示している．逆に言えば，よく知られた"ランジュバン関数を用いたフィッティング"が有効であるのは，そのような小さな超微粒子に限られるのである．この大きさは $V < 3k_B T/K_c \fallingdotseq 0.1 V_{SP}$ 程度と推定されるため，準静的な磁化測定で超常磁性的にふるまう超微粒子でもとくに小さいものにのみこのスケーリングが適用可能であることがわかる[17]．

それより大きな超微粒子（$3k_B T/K_c < V < 25k_B T/K_c$）の磁化曲線はどのようになるのであろうか．改めてこの条件を見直すと，$k_B T \ll K_c V$，つまりこの条件では，μ は，ほとんど磁化容易軸に平行な二つの（準）安定状態に束縛されていると考えてよいことがわかる．したがって，2状態モデルで近似できて式(1.9.57)となる．

$$M = M_s \cos\phi \cdot \tanh\left(\frac{\mu H \cos\phi}{k_B T}\right) \quad (1.9.57)$$

これは，等方的な常磁性体がハイゼンベルクモデルで，異方性の大きな常磁性体がイジングモデルで記述されることによく似ている．また，低磁界極限では，$N = M_s/\mu$ において初磁化率を $\chi_0 = M/H = N\mu^2 \cos^2\phi/k_B T$ と書ける．通常の磁化測定では，容易軸の方位が乱れた超微粒子の集団を対象とすることが多く，この場合 $\cos^2\phi$ の平均が $1/3$ となるため，この表式は，ランジュバン関数を用いた式(1.9.56)の低磁界極限 $\chi_0 = N\mu^2/3k_B T$ と見かけ上一致する．ただし，式(1.9.57)では，H の強度を $\mu H \fallingdotseq k_B T$ 程度まで増すといったん $M = M_s \cos\phi$ で飽和することがわかる．そして，さらに H を強め H_K に近づけていくと安定な向きが容易軸に沿った方向から磁場方向に回転していくため，M は $M_s \cos\phi$ から M_s まで徐々に増大する．この様子はランジュバン関数では記述できないため，無理に式(1.9.56) でこのサイズの超微粒子の磁化曲線を合わせようとすると真実とは大きく異なる μ の大きさを推定してしまうことになる[17]．

これら磁化容易軸に平行な二つの状態の間の μ の遷移確率を $1/\tau$ とおくと，超常磁性状態における磁化の緩和はデバイ型の緩和で記述でき，平衡状態の磁化との差異 ΔM は図 1.9.121(a) の実線のように指数関数 $\Delta M_0 e^{-t/\tau}$ で減少する．また，微小振動磁界 $H \cos\omega t$ に対する磁化の応答（交流磁化率）は，先の χ_0 を用いて式(1.9.58)と記述される．

$$\frac{M(t)}{H} = \chi' \cos\omega t + \chi'' \sin\omega t$$
$$= \frac{\chi_0}{(1+\omega^2\tau^2)} \cdot \cos\omega t + \frac{\chi_0 \omega\tau}{(1+\omega^2\tau^2)} \cdot \sin\omega t \quad (1.9.58)$$

図(b)にいくつかの均一な粒径の超微粒子（$K_c = 36$ kJ m^{-3}）の χ' および χ'' の計算例を実線で示す．τ が約 0.1 s となる粒径 8 nm の粒子の場合，$\omega = 1$ s^{-1} の振動磁界に μ はよく追従する（$\chi' \fallingdotseq \chi_0$）のに対して，$\omega = 10$ s^{-1} では応答に遅れ（$\chi'' \neq \chi_0$）が生じ，$\omega = 100$ s^{-1} ではほとんど追随できない（$\chi' \fallingdotseq 0$）ことがみてとれる．これは，$1/\tau$ より速い揺らぎがエネルギー障壁 $E_a(H)$ によりブロックされるためである．

さて，繰り返しになるが，式(1.9.54)のように，この τ は $E_a(H)/k_B T$ に指数関数的に依存する．このため，超微粒子のサイズや温度が変わると，磁気緩和や振動磁界に対する磁化の応答の様子は大きく変化することになる．たとえば，図 1.9.121(b) に示した粒径依存性の計算例（実線）では，$\omega = 10$ s^{-1} の振動磁界に対して粒径 7 nm の粒

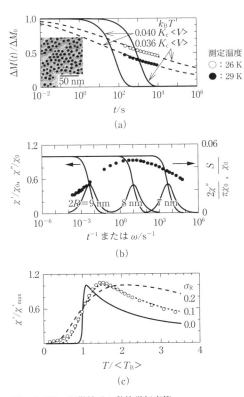

図 1.9.121 超微粒子の動的磁気応答
(a) 磁化の緩和曲線　(b) 交流磁化率の測定時間（周波数）　(c) 交流磁化率の温度依存性
[間宮広明，中谷功，古林孝夫，日本応用磁気学会誌，**27**, 59 (2003)]

子はよく応答するのに対して，$2R_{SP}$に相当する 8 nm の粒子では応答に遅れが生じ，粒径 9 nm の粒子では μ の応答は完全にブロックされてしまう．また，図 1.9.21(a) に示した温度依存性の計算例（実線）では，$T=0.04E_a(H)/k_B$ における磁界変化後 $t=10^2$ s の ΔM はおおむねゼロまで縮減しているのに対して，$T=0.036E_a(H)/k_B$ では同時刻の ΔM が ΔM_0 からほとんど変化しないことがわかる．すなわち，温度を 1 割低下させただけで，熱平衡が実現する超常磁性状態から初期状態が凍結した状態（ブロッキング状態）に変化するのである．このような変化は χ' の温度依存性にも顕著に現れる．すなわち，図 (c) では，実線で示した χ' が $\tau=\omega^{-1}$ となる温度 $T=(E_a(H)/k_B)\cdot\ln(f_0\cdot\omega^{-1})$ で超常磁性的ふるまい（$\chi'\propto 1/T$）からブロッキング状態（$\chi'\approx 0$）へと急峻に変化することが容易にみてとれる．一般に，この境界温度をブロッキング温度 T_B とよぶ．このように単分散系では，$\chi'(\omega)$，$\chi''(\omega)$ あるいは $\Delta M(t)$ の比較的急峻な変化から τ や T_B の情報を抽出し，超常磁性の動的性質を詳細に議論とすることができる．

ただし，現実の微粒子は理想的な単分散系ではない．たとえば，図 1.9.121 の黒丸・白丸は，図 (a) の挿入図に示すように，一見，粒径がそろって見える窒化鉄微粒子の測定結果[17]であるが，図 (a) において黒丸で示した $T=29$ K（$\sim K_c V/25k_B$）の緩和曲線の観測結果と白丸で示した $T=26$ K の結果の比較を試みると，両者の差異が横軸方向にあるのか縦軸方向にあるのかすらはっきりしないことがわかる．また，図 (b) に黒丸で示した $\chi''(\omega)$ の ω 依存性も単分散系の理論曲線と比べてきわめて緩慢にみえる．これは，この試料の電子顕微鏡写真をよく見ると 8 nm ± 1 nm 程度のばらつき（小角散乱では対数正規分布を仮定してその分散 σ_R が約 0.1）があることに起因し，確かにそうした分布を仮定すれば (a)，(c) の変化を破線で示すように再現できる．

このように，超微粒子の磁気緩和は $E_a(H)$ の変化にあまりにも敏感であるために，その不均一性によってその特徴的なふるまいがぼやけてしまう．そして，急峻な変化がぼやけた場合には，τ や T_B の推定値は K_c や M_s の温度依存性や粒径依存性，あるいは静的な $M(H,T)$ の変化といった別の要因からの影響に大きく左右される[17]．たとえば，χ' が極大をとる温度は χ_0 の温度依存性の影響を受けるために，粒径分布の増大によってブロッキングが徐々に進むようになると T_B の平均値 $\langle T_B\rangle$ に対して高温側へ大きくシフトしてしまい，χ' の極大温度が T_B の目安としての役割を失ってしまうのである．そこで，このように τ の分布 $n(\ln\tau)$ がきわめて広くなる場合には，$\omega\tau/(1+\omega^2\tau^2)$ をデルタ関数，$e^{-t/\tau}$ を階段関数で近似した次式を用いた解析が提案されている[17,18]．

$$\chi''(\ln\omega) = (1/2)\pi\chi_0\cdot n(\ln\omega^{-1}) \quad (1.9.59)$$
$$S(\ln t) = \Delta M_0\cdot n(\ln t) \quad (1.9.60)$$

そこでは，これらの式を用いて $n(\ln\tau)$ を求めたうえで，$n(\ln\tau)$ の温度依存性や磁場依存性，あるいは粒径依存性などが議論される．ただし，$S(\ln t) = \partial\Delta M/\partial\ln t$ である．

c. 超微粒子からクラスターへ：量子サイズ効果と統計力学的サイズ効果

金属超微粒子の量子サイズ効果の研究は電子のエネルギー状態の離散化（久保効果）の提唱に始まる[19]．この効果は，磁気特性には，パウリ常磁性が超微粒子内の電子数の偶奇によって大きく変わることとして現れる．通常，このように構成する原子や電子あるいはスピンの具体的個数が問題となるような場合，超微粒子はクラスターとよばれることが多い．さて，こうしたクラスターが強磁性の場合には，ここまで古典論的連続ベクトルとして扱ってきた単磁区粒子の磁気モーメント μ の準位の離散化がまず問題となる[20~22]．この場合，平衡状態の磁化曲線は式 (1.9.56) に代わってブリュアン関数を用いて記述される．また，ヒステリシス曲線などの非平衡緩和もこの準位の離散化の影響を受ける．すなわち，磁界中のクラスターについて図 1.9.117(b) のような離散準位を考えると，上下の向きの量子準位が一致するところでは，先に議論した熱揺らぎに加えて巨視的量子トンネル効果によっても μ の反転が起きる可能性があることがわかる．実際，スピン数が 10 程度の単分子磁石では，この条件を満たす磁界中で磁気緩和が速まり，ヒステリシス曲線がステップを示すことが報告されている[21,22]．ただし，この効果は巨視的な量子揺らぎが熱揺らぎに卓越しなければ観測できないので，報告は単分子磁石にほとんど限られ，μ が 100 μ_B を超えるような超微粒子では極低温の先駆的実験を除いて明確な観測例はない[20,23]．

本項の冒頭でも述べたように，強磁性現象は，強磁性相互作用 J を及ぼし合う無数のスピンの協力現象である．ならば，このスピン数を減らしていけば，やがてキュリー温度 T_C が絶対零度まで低下し，あるいは飽和磁化 M_s が 0 まで減少し，強磁性そのものが消失するのではないか．厳密に言えば，有限サイズではすでに熱力学的強磁性相は存在しないが，微細化とともに強磁性的ふるまいがどう変化していくかという，この素朴な問いは多くの研究者の興味をひく問題であった．まず，T_C について述べると，多くの理論的研究において，T_C は式 (1.9.61) のように，粒径のべき乗で低下すると予想されている[15]．

$$\frac{[T_C(\infty) - T_C(R)]}{T_C(\infty)} \simeq R^{-\Gamma} \quad (1.9.61)$$

強磁性薄膜の T_C の膜厚依存性に対しても同じ予想がなされているが，超微粒子では上記の超常磁性の影響の除去が容易でないこともあり，式 (1.9.61) の実験的検証はほとんど進んでいない[24]．実際，強磁性類縁の秩序相に関する数少ない実験結果をあげてみると，反強磁性体 Co_3O_4 などではこの式に従うネール温度の低下が報告されているが[25]，フェリ磁性体である $MnFe_2O_4$ では逆に粒径の減少に伴う T_C の上昇が速報される[26]など，まだまだ統一的な理解が構築されているとは言い難い状況にある．

飽和磁化 M_s は粒径とともに減少するのであろうか．じ

つは，こちらも素朴な予想とは異なり Fe や Co, Ni など の遷移金属の場合，クラスターのサイズが小さくなるにつ れて一原子あたりの磁気モーメントは増大することが実験 的に知られている[15,27,28]．これは，微小なクラスターでは， 結晶構造そのものが正二十面体のようなクラスター固有の 形態に変化し，原子間距離や対称性がバルクとは大きく変 わってしまうこと[28]に代表されるように，"系のサイズを 単純に小さくしていく"という前提が成り立たないことに 起因する．また，表面に存在する原子の割合がサイズの減 少とともに急速に高まることも，クラスターはバルクの縮 小版という見方が成り立たない理由である．一方，多くの 酸化物磁性体では粒径の減少とともに M_s が低下すること が報告されているが[15,29]，これもまた，M_s が平均的に減 少しているわけではなく，粒子表面の配位数の少ない原子 集団でスピンの向きの乱れが生じることに由来すると考え られている[30]．このように，微粒子では表面の特異な電子 状態の影響が大きいので，次にその影響をまとめることと する．

d．微粒子，超微粒子，クラスター：表面の電子論的影響

微粒子における表面の影響として，本項の冒頭では，表 面磁極による静磁気学的影響を述べた．一方，より粒径 R が小さくなると，表面にある原子の割合が増えるので， その特異な電子状態の影響も無視できなくなる．そして， すべてが表面ともいえるクラスターでは，それぞれ異なる 環境に置かれた個々の原子が固有の電子状態をとると考え られるので，R 依存性といった単純化された議論は難し い．そこで，ここでは，内部に均一な電子状態をもつ核と その周囲の表面という描像が有効な超微粒子について表面 電子状態の影響をまとめることとする．

まず，表面では結晶場を構成する周囲の原子の一部が欠 けるため電子軌道の安定性が変化し，各スピンの磁化容易 方向が表面面内あるいは面直に変わる．これが表面磁気異 方性である．また，周囲を吸着層や非磁性マトリックスで 囲まれている場合でも同様の効果が期待できるが，これも 表面磁気異方性とよばれることが多い．この異方性エネル ギーは表面積に比例するので，その比例定数を表面磁気異 方性定数 K_s とよぶ[15,30]．一般にこの K_s の大きさは周囲 の物質にも依存し，おおむね $0.001 \sim 0.1\,\mathrm{J\,m^{-2}}$ 程度の大 きさをもつことが知られている[31]．ここで，実際に球形の 超微粒子の一斉磁化反転を考えると，表面磁気異方性から の寄与は球面の対極にある 2 点で相殺し，エネルギー障壁 としては機能しないことがわかる．しかし，実験では，単 位体積あたりのエネルギー障壁には，式(1.9.62)のよう に表面積に比例する寄与があり，粒径 $2R$ が 10 nm を下回 ると顕在化し，2 nm 程度では第 2 項の寄与が第 1 項の寄 与の数倍に達することが報告されている[32,33]．

$$\frac{E_a}{V} = K_c + \frac{3K_{\mathrm{eff}}}{R} \tag{1.9.62}$$

この理由としては，① 詳細な計算では表面に垂直な一軸 異方性に加え結晶格子の対称性に由来する寄与があるこ と[34]，② 上述のように表面スピンは必ずしも内部のスピ ンと平行でないこと[30]，③ 実験で用いられた粒子の形状 は必ずしも球でないこと，などが考えられる．

また，配位数が少ないことは，原子間距離の増大を招き フェルミレベルでの局所状態密度を増加させるなどの影響 も生む．この場合，とくに興味深い問題として，この局所 状態密度がストナー条件をわずかに満たさず常磁性となっ ている 4d 遷移金属 Ru，Rh，Pd の超微粒子のふるまいが あげられる[35]．最近，Pd の超微粒子では(100)面の表面以 下数層の領域で $0.7\,\mu_B$ 程度の大きさのスピンが強磁性状 態を形成していると考えるとよく説明できる実験結果が報 告された[36]．続いて，Au のナノ粒子でも吸着状態によっ ては強磁性を示すとの報告があり[37]，さらには金属超微粒 子だけでなく Al_2O_3 などの酸化物や GaN などの窒化物で も強磁性的挙動の報告がなされた[38]．これらの研究はまだ 緒についたばかりであり，それが本質的であるかどうかも 含めて議論が行われている段階にある．ただし，このよう な超微粒子の表面に発現する強磁性は内部の強誘電性秩序 や超伝導状態と共存する可能性があるため，今後の研究の 動向には注目する必要がある．

文　献

1) H. Kronmüller, M. Fähnle, "Micromagnetism and the Microstructure of Ferromagnetic Solids", Cambridge University Press (2003).
2) W. F. Brown, *J. Appl. Phys.*, **39**, 993 (1968).
3) A. Aharoni, *J. Appl. Phys.*, **63**, 5879 (1988).
4) N. A. Usov, J. W. Tucker, *Mater. Sci. Forum*, **373-376**, 429 (2001).
5) W. Rave, K. Fabian, A. Hubert, *J. Magn. Magn. Mater.*, **190**, 332 (1998).
6) R. Hertel, H. Kronmuller, *J. Magn. Magn. Mater.*, **238**, 185 (2002).
7) N. A. Usov, L. G. Kurkina, J. W. Tucker, *J. Phys. D*, **35**, 2081 (2002).
8) A. Yamasaki, W. Wulfhekel, R. Hertel, S. Suga, J. Kirschner, *Phys. Rev. Lett.*, **91**, 127201 (2003).
9) E. Snoeck, C. Gatel, L. M. Lacroix, T. Blon, S. Lachaize, J. Carrey, M. Respaud, B. Chaudret, *Nano Lett.*, **8**, 4293 (2008).
10) A. F. Rodríguez, A. Kleibert, J. Bansmann, A. Voitkans, L. J. Heyderman, F. Nolting, *Phys. Rev. Lett.*, **104**, 127201 (2010).
11) E. C. Stoner, E. P. Wohlfarth, *Philos. Trans. R. Soc.*, **240A**, 599 (1948).
12) R. Skomski, *J. Phys.: Condens. Matter*, **15**, R841 (2003).
13) R. P. Cowburn, D. K. Koltsov, A. O. Adeyeye, M. E. Welland, D. M. Tricker, *Phys. Rev. Lett.*, **83**, 1042 (1999).
14) P. Krone, D. Makarov, M. Albrecht, T. Schrefl, D. Suess, *J. Magn. Magn. Mater.*, **322**, 3771 (2010).
15) X. Batlle, A. Labarta, *J. Phys. D: Appl. Phys.*, **35**, R15 (2002).
16) C. P. Bean, J. D. Livingston, *J. Appl. Phys. Suppl.*, **30**, 120S (1959).
17) 間宮広明，中谷功，古林孝夫，日本応用磁気学会誌，**27**，

18) L. Lundgren, P. Svedlindh, O. Beckman, *J. Magn. Magn. Mater.*, **25**, 33 (1981).
19) 久保亮五, 固体物理（別冊特集号超微粒子）, 4 (1984).
20) L. Thomas, F. Lionti, R. Ballou, D. Gatteschi, R. Sessoli, B. Barbara, *Nature*, **383**, 145 (1996).
21) D. D. Awschalom, J. F. Smyth, G. Grinstein, D. P. DiVincenzo, D. Loss, *Phys. Rev. Lett.*, **68**, 3092 (1992).
22) 阿波賀邦夫, 現代化学, **402**, 49 (2004).
23) H. Mamiya, I. Nakatani, T. Furubayashi, *Phys. Rev. Lett.*, **88**, 067202 (2002).
24) L. Sun, P. C. Searson, C. L. Chien, *Phys. Rev. B*, **61**, R6463 (2000).
25) L. He, C. Chen, N. Wang, W. Zhou, L. Guo, *J. Appl. Phys.*, **102**, 103911 (2007).
26) Z. X. Tang, C. M. Sorensen, K. J. Klabunde, G. C. Hadjipanayis, *Phys. Rev. Lett.*, **67**, 3602 (1991).
27) I. M. L. Billas, A. Châtelain, W. A. de Heer, *Science*, **265**, 1682 (1994).
28) R. Singh, P. Kroll, *Phys. Rev. B*, **78**, 245404 (2008).
29) A. E. Berkowitz, W. J. Schuele, P. J. Flanders, *J. Appl. Phys.*, **39**, 1261 (1968).
30) R. H. Kodama, *J. Magn. Magn. Mater.*, **200**, 359 (1999).
31) M. T. Johnson, P. J. H. Bloemen, F. J. A. den Broeder, J. J. de Vries, *Rep. Prog. Phys.*, **59**, 1409 (1996).
32) F. Bødker, S. Mørup, S. Linderoth, *Phys. Rev. Lett.*, **72**, 282 (1994).
33) P. Gambardella, et al., *Science*, **300**, 1130 (2003).
34) R. Yanes, O. C.-Fesenko, H. Kachkachi, D. A. Garanin, R. Evans, R. W. Chantrell, *Phys. Rev. B*, **76**, 064416 (2007).
35) 佐藤徹哉, 大場洋次郎, 篠原武尚, まぐね, **1**, 601 (2006).
36) T. Shinohara, T. Sato, T. Taniyama, *Phys. Rev. Lett.*, **91**, 197201 (2003).
37) 山本良之, 堀秀信, 表面科学, **26**, 617 (2005).
38) A. Sundaresan, C. N. R. Rao, *Nano Today*, **4**, 96 (2009).

1.9.11 ナノ複合体

個々の物質は固有の磁気および磁気伝導特性を示すが，異種物質のナノ複合化によって初めて得られる物性がある．これらは，異種物質間の界面や微小磁性体の複合化の効果として現れ，単一物質では実現できない機能性という意味で重要である．1.9節は種々の物質およびナノ構造について磁気特性を分類，説明しているが，ここでは前項までの分類に収まりきらないナノ複合体の磁性について概説する．電子情報分野では，グラニュラー構造を有する高密度磁気記録媒体[1〜3]が好例であり身近に感じられるが，将来的には固体メモリ・論理素子用のナノ細線[4,5]やナノ粒子[6,7]の重要性が高まる可能性がある．近年，ますます重要となっているエネルギー関連分野では，ナノコンポジット磁石[8〜10]などが注目される．

a. 構造的特徴

二つ以上の物質相からなるナノ複合体はナノコンポジットともよばれ，広い意味では多層膜・人工格子や細線集合体などを含む．互いに良く孤立した微粒子の規則配列体などもこれに属する．しかし，実際には多層膜・人工格子の層構造（二次元性）や微粒子の孤立性（0次元性）といった構造的特徴が必ずしも明確でないものをナノ複合体とよぶ場合が多い．逆に言うと特有のナノ構造が磁気的性質を決めており，その物理的理解や材料開発におけるナノ構造解析の役割が大きい．とくに，構造・組織の特徴的長さスケール（数ナノメートル〜サブミクロン程度）が磁気的特性長と同程度かそれ以下のときに，構成物質と異なる際立った磁気的性質が発現する．この意味ではナノ複合体は，単なる多相物質ではなく新たな磁性体とみなせるため，新規磁性体・磁性材料の人工合成的な創製手法であるともいえる．図1.9.122にナノ複合体の構造模式図を示す．図(a)はナノ粒子がマトリックス中に分散した典型的なグラニュラー構造を表しており，粒径が小さいとき（数nm）に多く見られる．図(b)，(c)は粒径がやや大きく，結晶粒界が観察される場合の異種ナノ結晶の複合体（ナノコンポジット構造）を表している．図(c)のような不定形ナノコンポジット構造もグラニュラー構造と称されることがある．

b. 磁気的性質

ナノ複合体の磁性は，構成相の各体積分率と構造の特徴的長さスケールによって大きく変化する．ここではまず簡単のために，二つの強磁性相からなるナノ複合体の磁性について考えよう．多結晶体の結晶粒一つ一つが各相に対応する場合には，構造（ナノ組織）の特徴的な長さスケールは結晶粒径と読み替えてよい．長さスケールが大きい場合には，2相界面での効果は相対的に無視することができ，たんに2種類の磁性体を並べて置いた場合と同じである（磁場印加に対してそれぞれの磁性体が独立に磁化する）．

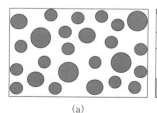
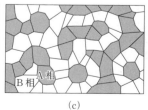

図1.9.122　ナノ複合構造の模式図
(a) 典型的なグラニュラー構造　(b) 異種ナノ結晶の複合体（A相：孤立）
(c) 異種ナノ結晶の複合体（A相：不定形に連結）

しかし，構造の長さスケールが交換結合長程度になってくると，一方の相の磁化過程が界面での交換結合を通じて他方の磁化過程に大きな影響を及ぼすようになる．2相の磁気異方性や保磁力が異なる場合に顕著な効果がみられ，ナノコンポジット磁石[8]では，高飽和磁化のソフト磁性相の磁化反転をハード磁性相が抑制することによって全体として大きな最大エネルギー積BH_{max}を有する高性能磁石としてふるまう．また，磁気センサ関連では，磁気センサ材料に，優れたソフト性を有する磁性体を複合化させることによって全体の磁場感度を向上させることができる[11~13]．さらに，構造の長さスケールを小さくし，交換結合長の方が十分大きい場合には，2相の磁化過程はほぼ完全に一体化する．無配向の多結晶体からなるナノ複合体（各結晶粒の容易磁化方向がランダム）では，結晶磁気異方性の平均化が生じるため，実効的磁気異方性の著しい減少とそれによるソフト磁性化が起きる．交換結合長よりも小さいナノ結晶からなるソフト磁性体はこれに相当している（詳細は2.1.6項を参照）．

次に，一方の相が強磁性，もう一方が非磁性の場合を考えよう．図1.9.123に構造の特徴的な長さスケールと強磁性体相の体積分率に対する磁性の変化を模式的にまとめた．構造の長さスケールが大きい場合には，たんに強磁性相の大きな固まりが存在しているだけのことである．ただし，2相とも強磁性の場合よりも界面での磁化の不連続性が顕著になるため，強磁性相の形態に依存した反磁場の効果が磁化曲線に現れる．構造の長さスケールが交換結合長と同程度かそれ以下になってくるとナノ複合体としての特徴が現れてくるが，ここでも磁性相の形態が重要であり，その議論にはパーコレーション（浸透）理論[14]の考え方を欠かすことができない．A，Bの2相からなる構造体において，A相の体積比が小さい場合には，A相は小さな体積をもつ孤立した小片となり，B相中に分散する．このとき，A相はパーコレートしていないという．A相の体積分率が増えてくると，A相の小片同士が接触しやすくなり，ある臨界体積以上では巨視的スケールで連結したA相が出現する．これをパーコレートした状態とよび，

系の性質と臨界体積（組成）の関係が調べられている．図1.9.122において，A相とB相は強磁性相と非磁性相であり，それぞれの体積をA，Bとすると強磁性相の体積分率はA/(A+B)と定義される．

基礎的な理論では，二次元や三次元の格子モデルやボンドモデルの臨界組成が明らかにされているが，それらは連続体モデルではないことに加え，格子点やボンドの配置はランダムに与えられているので，現実のナノ複合体における臨界組成より小さな値が得られている．図1.9.122では現実のナノ複合体を想定し，2相分離する傾向を加味して図を作成した．(a)，(b)が臨界体積未満，(c)が臨界体積以上の場合である．物質系によって臨界組成は異なり，おおむねA/(A+B)=0.2~0.5程度である[15~19]．ここで本題（図1.9.123）に戻ると，長さスケールが交換結合長より小さく，強磁性相体積分率がパーコレーションのしきい値（臨界組成値）を超えると，強磁性相は互いにつながり磁気的にもほぼ一様な挙動を示す．外見的には，非磁性体によって磁化が希釈された一様強磁性体となり，磁気異方性の平均化によるソフト磁性体となる場合が多い．ただし，多くの磁性相/非磁性界面を有するため，界面に起因する磁気特性が顕在化し，単純希釈とはかけ離れた磁性体となる可能性もある．一方，同程度の構造的長さスケールを有していても，強磁性相体積分率が小さい場合には，パーコレートしていない構造，すなわち交換結合長より小さな孤立磁性体粒子が非磁性体中に分散する構造となり，まったく異なる磁性を示す．このような孤立磁性体は単磁区粒子となるため，物質がもつ磁気異方性の大きさがそのまま保磁力に反映され，大きな保磁力が実現されやすい．加えてこの状態のもう一つの特徴は，パーコレートしていないためにナノ構造体内部のある粒子の磁化方向は，基本的に周辺に伝搬しない．このため高密度磁気記録用の媒体材料として都合がよい．

最後に構造的長さスケールと強磁性相体積分率の両方が十分小さい場合について言及する．微小なナノ粒子が非磁性体に分散することになり，ナノ粒子1個が有する磁気異方性エネルギーが熱エネルギーよりも小さくなる．そのとき，強磁性は消失し，ナノ粒子の磁気モーメントが熱的に揺らぐ超常磁性となる．ナノ粒子が超常磁性になるかどうかは，結晶磁気異方性，界面磁気異方性，形状磁気異方性を含めた全磁気異方性エネルギーと熱エネルギーとの比較によって大雑把に判定できるはずであるが，界面磁気異方性については不明なことが多く，また，ひずみ起因の磁気異方性の効果も考慮する必要があり，現実には容易でない．

c. 量子効果

前項最後に述べた超常磁性を示すナノ複合体（ナノグラニュラー構造）については，基礎的に興味深い効果が知られている．超常磁性ナノ粒子を取り囲む非磁性相が絶縁体であっても，その厚さは十分に薄いためにトンネル伝導によって電流が流れ，トンネル磁気抵抗（TMR：tunnel

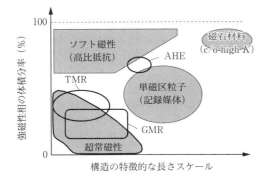

図1.9.123 強磁性相の体積分率と構造の特徴的な長さによって現れるさまざまな磁気および磁気伝導特性

magnetoresistance）効果が観測される[20,21]．強磁性トンネル接合の TMR との相違点は，ナノ粒子のクーロンブロッケイドによる TMR の増大である[22〜24]．さらに特筆すべきこととして，ナノ粒子中のスピン緩和時間の増大[6,7,24,25]も見出されており，ナノ粒子内の電子の離散準位などが起因していると考えられている．

d. 主要な特性とその物質・材料系

（i）**高電気抵抗ソフト磁性** 強磁性相と絶縁体相をナノ複合化することによって，高電気抵抗率（100〜1000 μΩ cm 程度の範囲）を有するソフト磁性体が得られる．前述のように，強磁性相の磁気異方性の平均化によって実効的な磁気異方性が小さくなることが，このソフト磁性の発現メカニズムであるので磁性相は磁気的に互いに良く結合している．ナノグラニューラーソフト磁性とよばれることもあるが，ナノ粒子がマトリックス中で互いに離れて分散したような構造ではない．高電気抵抗率は高周波動作における渦電流損の低下に寄与し，また，磁場中熱処理などによって一軸磁気異方性の付与も可能であり，このことは共鳴周波数を上げ，動作可能な周波数領域を広げる．

歴史的にはアモルファス合金の研究に端を発しており，ナノ結晶ソフト磁性材料[26,27]の開発と平行して，アモルファス合金のメリットでもある高電気抵抗化を押し進める中で実現されてきた．Karamon らは，二相複合構造を有する Fe-B-N 薄膜を創製し，それがソフト磁性と高電気抵抗率を有することを見出した[28]．この発見に続いて，種々のスパッタ法を用いて，多くの強磁性合金と絶縁体の組合せにおいてナノ複合体薄膜が作製され，高電気抵抗率を生かした優れた高周波特性を有するソフト磁性薄膜が得られた．

図 1.9.124 には，例として Co-Al-O 薄膜の磁化曲線と高周波透磁率を示す[29]．保磁力は数 Oe 程度でありソフト磁性薄膜としては大きいが，フェライトより大きな飽和磁化と金属系材料より大きな電気抵抗率がこの新材料の特長である．一軸異方性磁場も大きく，100 Oe に近い値となっている．Co-Al-O 系以外にも，Co-Al-N[29]，Co-Si-O[29]，CoFe-B-O[30,31]，CoFe-B-F[32]，Fe-B-N[33]，Fe-Hf-O[34]，Fe-Mg-O[35]，Fe-Al-O[36]，CoFeB-SiO$_2$[37]，Co-Pd-Si-O[38]などの多くの材料系で高電気抵抗ソフト磁性が得られている．Co 系と比較して，Fe 系は一軸磁気異方性の大きさが小さいが，適切な組成調整によって比較的大きな透磁率（≲1000）を得ることができる．

（ii）**ナノコンポジット磁石** 永久磁石材料はほとんどの場合，界面相なども含めて微細な多相組織を有しており，ナノ複合体もしくはミクロ複合体である．その中でも，ナノコンポジット化が永久磁石の性能指数 BH_{max} を向上させるための本質的な役割を果たす磁石がある．ハード磁性相に高飽和磁化のソフト磁性相を結合させたものであり，ナノコンポジット磁石とよばれる[8,9]（詳細は 2.2.4 項を参照）．ハード相/ソフト相のナノ複合体において，両者が強く磁気的に結合し，かつソフト相の厚みがその交換

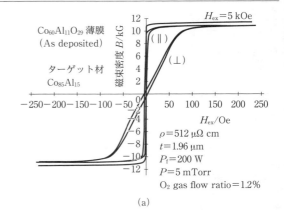

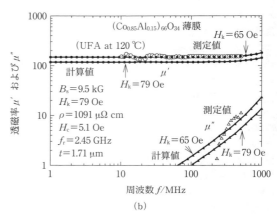

図 1.9.124 Co-Al-O グラニュラー薄膜の磁化曲線と高周波透磁率
（a）磁化曲線 （b）高周波透磁率
[S. Ohnuma, et al., J. Appl. Phys., **79**, 5130 (1996)]

結合長程度かそれ以下であれば，ソフト相の磁化は単独で反転することも，大きくねじれて全体の磁化を減少させることもないと期待される．このソフト相に大きな飽和磁化を有する物質を用いた場合には，既存のハード磁性体にはない高 BH_{max} が得られるというのがナノコンポジット磁石のアイデアである．

また，ナノコンポジット磁石では，磁化曲線に特徴的なふるまいが見られる．逆磁場を印加した状態から磁場を取り除くと，ソフト相の磁化のねじれが解消されるために磁化の大きさが回復する．これをスプリングバックといい，交換スプリング磁石とよばれることもある．いわゆるピニング型の磁石とまったく異なるふるまいである．FePt/Fe[39,40]，NdFeB/Fe[41,42]，SmCo/X[10,43]などの物質系において研究がなされており，スプリングバック現象の観測やハード相単体の BH_{max} を超える結果が報告されている．シミュレーションによる詳細な研究もあり[44]，原理の確認はなされているが，実用に向けた高特性のナノコンポジット磁石の創製はいまだ途上にある[45]．

(iii) グラニュラー合金の巨大磁気抵抗 (GMR) 効果

1988 年に Fe/Cr 多層膜の巨大磁気抵抗（GMR：giant magnetoresistance) 効果[46,47]が発見された後，スピントロニクスとよばれる分野が急速に発展してきた．GMR はその中心的な機能特性であり，磁気ヘッドへの応用によって広く価値が認められている．GMR の発見から 2 年後には，その発現に多層構造が必須でないことを示す研究結果として，Co-Cu 系グラニュラー構造薄膜の GMR が見出された[48,49]．図 1.9.123 の超常磁性と記した組成領域における現象であり，零磁場でランダムとなるナノ粒子の磁化が外部磁場によってそろえられることに伴って GMR が発現する．なお，Fe-Ag 系では，多層膜の GMR は必ずしも大きくないが，グラニュラー構造薄膜の GMR は大きいという結果が得られている[50]．このことは，高品位の Fe/Ag 多層膜の作製が難しいことによるものであり，Fe-Ag 系のスピン依存散乱は本質的には大きいと理解されている．グラニュラー系の研究が GMR の基礎的理解に寄与していることの一例である．Co-Cu[16,48,49]，Fe-Ag[50,51]，Co-Ag[52,53]，Fe-Cr[16,54]など多くの物質系において GMR が報告されており，物質依存性は井上・前川理論[55]でおおむね説明されている．

(iv) グラニュラー系のトンネル磁気抵抗 (TMR) 効果

GMR が積層構造のみならずグラニュラー系でも発現するように，TMR もグラニュラー系において得ることができる．TMR の歴史は GMR よりむしろ古く，低温での小さな TMR はグラニュラー系において 1972 年に見出されている[20]．これはトンネル接合での TMR の発見より古いが，当時の磁気抵抗効果のデータには異方性磁気抵抗効果の寄与も含まれており，また当時の理論的解釈には問題が指摘されており，修正された理論が井上・前川[56]らによって導かれている．室温での比較的大きな TMR が見出されたのは 1994 年であり，トンネル接合での室温 TMR と同時期ではあるが，独立した研究であった[21,57]．Co-Al-O 系グラニュラー薄膜の高電気抵抗ソフト磁性の関連研究として磁気伝導特性が調べられ，Co 濃度が 50% 以下の組成の試料において約 8% の TMR が得られている（図 1.9.125)．その後，Co-RE-O (RE：rare earth)[58]，Co-Zr-O[59]，Fe-Pb-O[60]，Fe-Si-O[61]，Fe-Hf-O[62]，Fe-Mg-F[63]などの物質系でも，異方性磁気抵抗効果を超える大きさの TMR が室温で観測されており，CoFe-Mg-F 系では 13% を越える TMR が得られ[64]，さらに Granular-In-Gap とよばれる構造の付与による磁気センサへの応用も進められている[13]．最近では，ナノカーボンや分子を絶縁体マトリクスに用いた研究も展開されており，低温ではあるが TMR の異常増大が観測されている[65,66]．

グラニュラー系の TMR は Granular-In-Gap などの構造を用いない限り磁場感度は低く，磁気センサへの応用よりも基礎研究での進展が大きい．ナノ粒子のクーロンブロッケイドに起因する低温での TMR の増大や[22]，ナノ粒子におけるスピン緩和時間の増大[6,7]が見出されている．

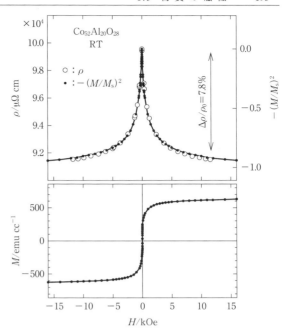

図 1.9.125 $Co_{52}Al_{20}O_{28}$ グラニュラー薄膜の TMR
[S. Mitani, H. Fujimori, S. Ohnuma, *J. Magn. Magn. Mater.*, **165**, 141(1997)]

図 1.9.126 はクーロンブロッケイドやスピン蓄積を説明する模式図である．左側の大きな粒子から中央の小さな粒子に電子が 1 個トンネルしてくると，中央の粒子では余分の静電エネルギーをもつことになる．巨視的な系では無視できる効果であるが，ナノ粒子ではキャパシタンスが小さく，静電エネルギーは室温以上にまで大きくなり得る．その結果，低バイアス電圧領域では電流が流れることができない（クーロンブロッケイド）．図 1.9.126 には，クーロンブロッケイド状態において観測可能なコトンネリング過程も示しており，これが TMR の増大をもたらす．ナノ粒子の体積が小さいことは，キャパシタンスが小さいことに加え，スピン蓄積効果が顕著に現れることも意味している．

(v) 異常ホール効果 (AHE) グラニュラー構造物質では，上述のようにスピン依存伝導，スピン依存トンネル効果による GMR，TMR が顕著な磁気伝導現象として知られているが，ホール効果も興味深い．金属系グラニュラー薄膜に関しては，Co-Ag 系において詳細な測定がなされている[67,68]．絶縁体を含むグラニュラー系に関しては，ソフト磁性の組成領域と TMR の組成領域の間において比較的大きな異常ホール効果 (AHE：anomalous Hall effect) が発見されている．Pakhomov らは Ni-SiO_2 グラニュラー薄膜において $200\,\mu\Omega$ cm という大きな異常ホール抵抗を観測した[69]．メカニズムの理解はあまり進んでいないが，Fe-MgO[70]などのほかの物質系においても大きな異常ホール効果が観測されており，磁性金属-絶縁体グラニュラー系に共通する性質である．

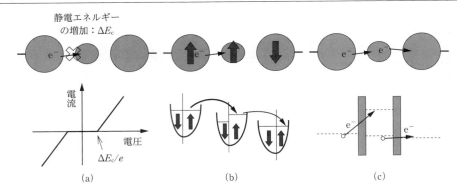

図 1.9.126　グラニュラー構造における顕著な伝導現象の模式図
(a) クーロンブロッケイド　(b) スピン蓄積　(c) コトンネリング

文献

1) D. Weller, M. F. Doerner, *Ann. Rev. Mater. Sci.*, **30**, 611 (2000).
2) T. Oikawa, M. Nakamura, H. Uwazumi, T. Shimatsu, H. Muraoka, Y. Nakamura, *IEEE Trans. Magn.*, **38**, 1976 (2002).
3) A. Perumal, Y. K. Takahashi, K. Hono, *Appl. Phys. Express*, **1**, 101301 (2008).
4) A. Yamaguchi, T. Ono, S. Nasu, K. Miyake, K. Mibu, T. Shinjo, *Phys. Rev. Lett.*, **92**, 077205 (2004).
5) M. Hayashi, L. Thomas, R. Moriya, C. Reyyner, S. S. P. Parkin, *Science*, **320**, 209 (2008).
6) K. Yakushiji, F. Ernult, H. Imamura, K. Yamane, S. Mitani, K. Takanashi, S. Takahashi, S. Maekawa, H. Fujimori, *Nat. Mater.*, **4**, 57 (2005).
7) P. N. Hai, S. Ohya, M. Tanaka, *Nature Nanotech.*, **5**, 593 (2010).
8) R. Skomski, J. M. D. Coey, *Phys. Rev. B*, **48**, 15812 (1993).
9) S. Hirosawa, *Trans. Magn. Soc. Jpn.*, **4**, 101 (2004).
10) J. Zhang, Y. K. Takahashi, R. Gopalan, K. Hono, *Appl. Phys. Lett.*, **86**, 122509 (2005).
11) 柳田康彦, 斉藤今朝美, 三谷誠司, 伊藤治雄, 藤森啓安, 日本応用磁気学会誌, **22**, 521 (1998).
12) H. Y. Hwang, S. W. Cheong, B. Batlogg, *Appl. Phys. Lett.*, **68**, 3494 (1996).
13) N. Kobayashi, S. Ohnuma, S. Murakami, T. Masumoto, S. Mitani, H. Fujimori, *J. Magn. Magn. Mater.*, **188**, 30 (1998).
14) 小田垣孝, "パーコレーションの科学", 裳華房 (1993).
15) G. Xiao, J. Q. Wang, P. Xiong, *Appl. Phys. Lett.*, **62**, 420 (1993).
16) K. Takanashi, J. Park, T. Sugawara, K. Hono, A. Goto, H. Yasuoka, H. Fujimori, *Thin Solid Films*, **275**, 106 (1996).
17) B. Abeles, P. Sheng, M. D. Coutts, Y. Arie, *Adv. Phys.*, **24**, 407 (1975).
18) M. Ohnuma, K. Hono, E. Abe, H. Onodera, S. Mitani, H. Fujimori, *J. Appl. Phys.*, **82**, 5646 (1997).
19) A. Milner, A. Gerber, B. Groisman, M. Karpovsky, A. Gladkikh, *Phys. Rev. Lett.*, **76**, 475 (1996).
20) J. I. Gittleman, Y. Goldstein, S. Bozowski, *Phys. Rev. B*, **5**, 3609 (1972).
21) H. Fujimori, S. Mitani, S. Ohnuma, *Mater. Sci. Eng. B*, **31**, 219 (1995).
22) S. Mitani, S. Takahashi, K. Takanashi, K. Yakushiji, S. Maekawa, H. Fujimori, *Phys. Rev. Lett.*, **81**, 2799 (1998).
23) H. Sukegawa, S. Nakamura, A. Hirohata, N. Tezuka, K. Inomata, *Phys. Rev. Lett.*, **94**, 068304 (2005).
24) A. B.-Mantel, P. Seneor, N. Lidgi, M. Munoz, V. Cros, S. Fusil, K. Bouzehouane, C. Deranlot, A. Vaures, F. Pertroff, A. Fert, *Appl. Phys. Lett.*, **89**, 062502 (2006).
25) S. Mitani, Y. Nogi, H. Wang, K. Yakushiji, F. Ernult, K. Takanashi, *Appl. Phys. Lett.*, **92**, 152509 (2008).
26) Y. Yoshizawa, S. Oguma, K. Yamauchi, *J. Appl. Phys.*, **64**, 6044 (1988).
27) N. Hasegawa, M. Saito, *J. Magn. Magn. Mater.*, **103**, 274 (1992).
28) H. Karamon, T. Masumoto, Y. Makino, *J. Appl. Phys.*, **57**, 3527 (1985).
29) S. Ohnuma, H. Fujimori, S. Mitani, T. Masumoto, *J. Appl. Phys.*, **79**, 5130 (1996).
30) H. Fujimori, S. Mitani, T. Ikeda, S. Ohnuma, *IEEE Trans. Magn.*, **30**, 4779 (1994).
31) H. Fujimori, *Scripta Metall. Mater.*, **33**, 1625 (1995).
32) E. Sugawara, F. Matsumoto, H. Fujimori, T. Masumoto, *J. Appl. Phys.*, **73**, 5586 (1993).
33) S. Furukawa, S. Ohnuma, F. Matsumoto, H. Fujimori, T. Masumoto, *Mater. Sci. Eng. A*, **182**, 1025 (1994).
34) Y. Hayakawa, A. Makino, *Nanostr. Mater.*, **6**, 989 (1995).
35) 李希宰, 三谷誠司, 嶋敏之, 藤森啓安, 日本応用磁気学会誌, **22**, 625 (1998).
36) W. D. Li, O. Kitakami, Y. Shimada, *J. Appl. Phys.*, **83**, 6661 (1998).
37) M. Munakata, M. Yagi, Y. Shimada, *IEEE Trans. Magn.*, **35**, 3430 (1999).
38) S. Ohnuma, N. Kobayashi, T. Masumoto, S. Mitani, H. Fujimori, *J. Magn. Soc. Jpn.*, **23**, 240 (1999).
39) N. H. Hai, N. M. Dempsey, D. Givord, *J. Magn. Magn. Mater.*, **262**, 353 (2003).
40) J. Lyubina, I. Opahle, K. H. Muller, O. Gutfleisch, M. Richter, M. Wolf, L. Schultz, *J. Phys.: Condens. Matter*, **17**, 4157 (2005).
41) Y. Kawashita, T. Tayu, T. Sugiyama, H. Ono, H. Takabayashi, T. Iriyama, *Trans. Magn. Soc. Jpn.*, **4**, 46 (2004).

42) S. Liu, D. Lee, M. Q. Huang, A. Higgins, Y. Shen, Y. He, C. Chen, *Proc. 19th Int. Workshop on Rare-Earth Permanent Magnets and Their Applications*, Special issue of *J. Iron Steel Res. Int.* **13**, 123 (2006).

43) H. Zeng, J. Li, J. P. Liu, Z. L. Wang, S. H. Sun, *Nature*, **420**, 395 (2002).

44) H. Fukunaga, M. Ikeda, A. Inuzuka, *J. Magn. Magn. Mater.*, **310**, 2581 (2007).

45) 広沢 哲, 日本金属学会誌, **76**, 81 (2012).

46) M. N. Baibich, J. M. Broto, A. Fert, F. Nguyen Van Dau, F. Petroff, P. Etienne, G. Creuzet, A. Friederich, J. Chazelas, *Phys. Rev. Lett.*, **61**, 2472 (1998).

47) G. Binasch, P. Grunberg, F. Saurenbach, W. Zinn, *Phys. Rev. B*, **39**, 4828 (1989).

48) A. Berkowitz, A. P. Young, J. R. Mitchell, S. Zhang, M. J. Carey, F. E. Spada, F. T. Parker, A. Hutten, G. Thomas, *Phys. Rev. Lett.*, **68**, 3745 (1992).

49) J. Q. Xiao, J. S. Jiang, C. L. Chien, *Phys. Rev. Lett.*, **68**, 3749 (1992).

50) G. Xiao, J. Q. Wang, P. Xiong, *Appl. Phys. Lett.*, **62**, 420 (1993).

51) S. A. Makhlouf, K. Sumiyama, K. Wakoh, K. Suzuki, K. Takanashi, H. Fujimori, *J. Magn. Magn. Mater.*, **126**, 485 (1993).

52) J. Q. Xiao, J. S. Jiang, C. L. Chien, *Phys. Rev. B*, **46**, 9266 (1992).

53) R. Ohigashi, E. Kita, M. B. Salamon, A. Tasaki, *Jpn. J. Appl. Phys.*, **36**, 684 (1997).

54) R. Okano, K. Hono, K. Takanashi, H. Fujimori, T. Sakurai, *J. Appl. Phys.*, **77**, 5843 (1995).

55) J. Inoue, A. Oguri, S. Maekawa, *J. Phys. Soc. Jpn.*, **60**, 376 (1991).

56) J. Inoue, S. Maekawa, *Phys. Rev. B*, R11927 (1996).

57) S. Mitani, H. Fujimori, S. Ohnuma, *J. Magn. Magn. Mater.*, **165**, 141 (1997).

58) 小林伸聖, 大沼繁弘, 増本 健, 三谷誠司, 藤森啓安, 日本応用磁気学会誌, **21**, 461 (1997).

59) B. J. Hattink, M. Garcia del Muro, Z. Konstantinovic, X. Batlle, A. Labarta, M. Varela, *Phys. Rev. B*, **73**, 045418 (2006).

60) Y. H. Huang, J. H. Hsu, J. W. Chen, C. R. Chang, *Appl. Phys. Lett.*, **72**, 2171 (1998).

61) S. Honda, T. Okada, M. Nawate, M. Tokumoto, *Phys. Rev. B*, **56**, 14566 (1997).

62) Y. Hayakawa, N. Hasegawa, A. Makino, S. Mitani, H. Fujimori, *J. Magn. Magn. Mater.*, **154**, 175 (1996).

63) T. Furubayashi, I. Nakatani, *J. Appl. Phys.*, **79**, 6258 (1996).

64) N. Kobayashi, S. Ohnuma, T. Masumoto, H. Fujimori, *J. Appl. Phys.*, **90**, 4159 (2001)

65) S. Sakai, K. Yakushiji, S. Mitani, K. Takanashi, H. Naramoto, P. V. Avramov, K. Narumi, V. Lavretiev, Y. Maeda, *Appl. Phys. Lett.*, **89**, 113118 (2006).

66) H. Kusai, S. Miwa, M. Mizuguchi, T. Shinjo, Y. Suzuki, M. Shiraishi, *Chem. Phys. Lett.*, **448**, 106 (2007).

67) P. Xiong, G. Xiao, J. Q. Wang, J. Q. Xiao, J. S. Jiang, C. L. Chien, *Phys. Rev. Lett.*, **69**, 3220 (1992).

68) S. Honda, M. Nawate, M. Tanaka, T. Okada, *J. Appl. Phys.*, **82**, 764 (1997).

69) A. B. Pakhomov, X. Yan, B. Zhao, *Appl. Phys. Lett.*, **67**, 3497 (1995).

70) 三谷誠司, 真谷康隆, 大沼繁弘, 藤森啓安, 日本応用磁気学会誌, **21**, 461 (1997).

2

材料・プロセス：バルク

2.1 ソフト磁性材料 ･････････････････････199
2.2 ハード磁性（永久磁石）材料 ････････････261
2.3 磁歪材料 ･････････････････････････299

2.1 ソフト磁性材料

2.1.1 ソフト磁性材料の概要

a. ソフト材料の磁化過程と動特性

ソフト磁性材料とは，飽和磁化が大きく，外部からの磁場に対して磁化がそろいやすい磁化機構をもつ材料の総称である．外部磁場に対して磁化がそろう機構としては，磁壁移動，磁化回転の二つがあり，どちらが主体となるかは，それぞれの材料の形状，磁化量，サイズ，材料を利用する周波数によって異なる．トランスなどの電力変換機器では，商用周波数付近の低周波で大振幅の磁化反転を起こす必要があり，低い励磁電流で磁壁が移動しやすい磁化過程が主体となる．一方，数十 MHz 以上の高周波で動作する薄膜素子などでは，磁壁移動が追随できなくなり，初透磁率に近い小振幅での磁化回転が主体となる．

図 2.1.1 は，ソフト磁性材料の磁化過程モデルである[1]．ソフト磁性材料は，ほとんどの場合に一軸磁気異方性をもつので，この図でも一軸磁気異方性を仮定している．ソフト磁性材料は，外部磁界がない状態では，なるべく外部への磁束漏れが少なくなるような磁区構造をつくるので，図のような磁化の方向が入り混じった磁区構造となるが，磁化の方向は，ほぼ容易軸方向を向いている．容易軸方向に外部磁界が印加されると，磁壁が移動を始める（図 2.1.1(a)）．また磁界の方向が磁化の方向と大きく異なっていると，磁化は磁界方向に回転する（図(b)）．材料中には，結晶粒界，格子欠陥，ひずみ，不純物，空隙，材料端部など多種類の磁気的に不均一なサイトが分布していて，磁壁がこれらのサイトに近づくと，磁壁内の磁化の分布が乱されて，サイトの構造を組み込んだ磁気エネルギー極小の状態に落ち込み，磁壁がピン止めされる．この磁壁のピン止めサイトのエネルギー極小の深さとその密度が，磁壁の移動のしやすさを決めていて，これを磁壁抗磁力 H_w としている．トランスなどの電力変換機器では，低励磁電流で大振幅磁化反転を行うために，高飽和磁化をもつ Fe-Si，アモルファス合金が使われ，熱処理や表面処理などさまざまな工夫によって不均一サイトを少なくして H_w を低下させている．

図 2.1.2 は，図 2.1.1(a)，(b)の方向の磁化曲線のモデルである．図の容易軸（easy axis）方向は磁壁移動によ

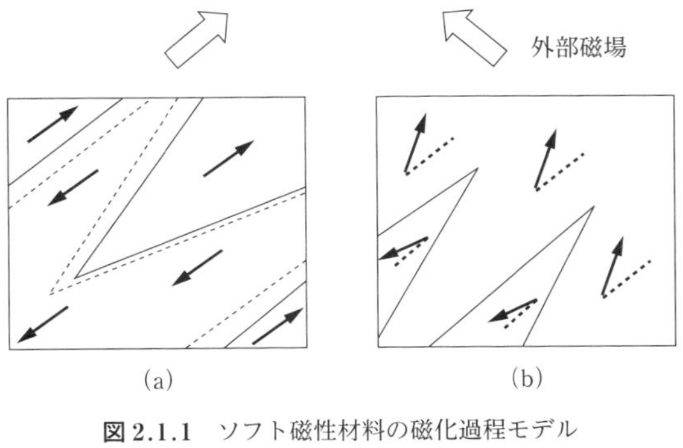

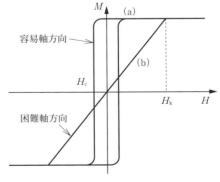

図 2.1.1 ソフト磁性材料の磁化過程モデル
［島田 寛, まぐね, 3, 384（2008）］

図 2.1.2 図 2.1.1 に基づく磁化曲線

る磁化過程で，困難軸（hard axis）方向では磁化回転が起こる．困難軸方向で磁気飽和状態にするためには異方性磁界 H_k 以上の強さの外部磁界が必要となり，励磁電流は大きくなる．

この二つの磁化過程の周波数依存性には大きな違いがある．図 2.1.2 の容易軸方向の磁壁移動では，動作周波数が上昇すると図 2.1.3(a) に示すように，磁壁の前後で高速の磁化反転が起きて渦電流損が集中的に生じる．磁壁移動を利用する材料の渦電流損については，Pry-Bean の計算式が使われている[2]．

$$W_e = \frac{8.4\sigma d f^2 B_m^2}{\pi n} \quad (W\,m^{-3}) \quad (2.1.1)$$

ここで，σ は電気伝導率，B_m は単位面積あたりの反転磁束密度，n は磁壁の総数，d は試料厚み，b は試料幅を示す．

この計算と，磁心の渦電流損の実験値は，磁壁の密度を推定する計測[3]を利用するとよく一致する[4]．つまり，図 2.1.2(a) のような磁化曲線をもつ各種材料の渦電流損を測定すると，移動する磁壁数 n が多いものは，渦電流損が低下している．一般的な金属磁性材料の磁壁移動による渦電流損は，厚さが数十 mm 以下，周波数がおよそ数十 kHz 以下であれば，致命的欠陥にはならないが，これ以上の周波数に対応するためには，電気抵抗を上げるか，材料を数 mm 以下に薄くしなければならない．実際に，アモルファス急冷薄帯を数 μm に薄くすると，渦電流損は顕著に低下する[5]．

磁壁移動が追随できなくなる高周波領域（およそ 10 MHz 以上）では，図 2.1.2(b) の磁化回転が利用される．高周波領域で使用されるソフト磁性材料は，実用的には振幅の大きい動作は必要でなく，初透磁率に近い範囲での低振幅動作となる．この磁化回転による初透磁率は，通常は非常に高い周波数（100 MHz～数 GHz）まで一定の値をもつが，金属材料では図 2.1.3(b) に示したような渦電流損が無視できなくなる．この損失を低減するには厚さ数 μm 以下の薄膜にすることが有効である．また，この磁化回転は磁気モーメントの歳差運動によるものであるので，歳差運動による磁気共鳴が起きる周波数が，高透磁率材料としての周波数限界になる．この磁気共鳴周波数は，その材料の磁気異方性による実効的な磁界 H_k の強さで決まり，一軸磁気異方性を仮定すると，バルク材料の磁気共鳴周波数 f_r は[6]，次式で表される．

$$f_r = \frac{\gamma H_k}{2\pi} \quad (2.1.2)$$

ここで，γ はジャイロ磁気係数を示す．

図 2.1.4 に代表的なソフト磁性材料が利用している周波数領域を，大振幅領域と初透磁率領域に分けて，その上限を決める要因を示す．これらの動的特性を決めるのは，磁気異方性，飽和磁化，電気抵抗および磁心の形状である．

電磁鋼板は，厚みが数百 μm 以上なので，周波数を上げると磁壁移動に伴う渦電流損が急増する．これに対して，アモルファス薄帯，ナノ結晶薄帯[7]は，厚みが数十 μm 以下であるので，使用可能な周波数帯が数十～100 kHz に上昇する．Ni-Zn 系フェライトは，電気抵抗が高く，結晶磁気異方性が比較的大きいので透磁率は低いが，高い共鳴周波数をもつ．Mn-Zn 系フェライトは透磁率は高いが，電気抵抗が十分でないため，高周波で使う場合には渦電流損が現れ，粒界の絶縁層形成技術が重要となる．また，磁壁の共鳴が観測される場合もあり[8]，さらに高い周波数では自然共鳴が起きる．圧粉コアは，一般に直径数十～数百 μm 程度のソフト磁性の金属粒子からなり，高い電気抵抗，高い飽和磁化の特長をもち，モータ磁極，パワーインダクタなどに有用である[9]．原料となる微粒子材料は，Fe 粉や Fe 系アモルファス合金で，微粒子間の電気的絶縁性とソフト性を保ちながら充填率を高くすることが課題である．しかし，約 100 kHz 以上では磁性粒子内の渦電流損失が顕著となる．図 2.1.4 の"微粒子材料"は，数 μm～数百 nm の直径をもつ小サイズ金属微粒子の集合体で，粒子間が絶縁状態であれば，渦電流損は抑えられ[10]，自然共鳴まで低損失が期待できるが，合成法，充填率向上などの技術については，ほかの材料に比べて成熟していない．金属薄膜は，サブミクロンの厚みであれば，渦電流損は少ない．グラニュラー薄膜は，金属薄膜に比べて 2 桁高い電気

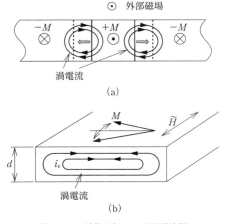

図 2.1.3 磁化反転による渦電流損

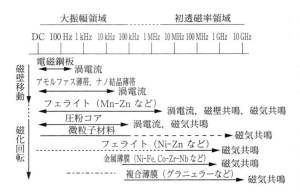

図 2.1.4 ソフト磁性材料が利用している周波数領域

抵抗をもち，一軸磁気異方性も 2 桁高いものがある．このため，透磁率は低下するが，数 μm 程度の厚みでも渦電流損は少なく，自然共鳴周波数は数 GHz になる．

b．ソフト磁性材料の磁気異方性

ソフト磁性材料では磁気異方性の大きさによって，抗磁力 H_c や透磁率，およびその周波数特性が敏感に変化する．磁気異方性には，結晶磁気異方性，磁気弾性効果，誘導磁気異方性および形状磁気異方性がある．結晶磁気異方性については，パーマロイ（Ni-Fe 系合金），センダスト，Mn-Zn フェライトなどでは組成の調節によりゼロに近づけることが可能である．また，アモルファス合金では，もともと結晶構造がなく，ナノ結晶材料ではナノメートルサイズの結晶が交換結合した集合体であり，結晶磁気異方性が消滅している[11]．磁気弾性効果は，材料の内部応力が磁歪を通して磁気異方性を発生させる効果であるが，一般に材料の内部応力の正確な制御は非常に困難であるので，ソフト材料では磁歪は除去すべきものとされ，パーマロイ，センダスト，Mn-Zn フェライト，アモルファス合金，ナノ結晶では，磁歪定数または飽和磁歪が非常に低い．また，Fe-Si（電磁鋼板）では，Si 濃度が 12 at% 付近で磁歪定数が大きく低下するが，高い飽和磁化を維持するために Si の含有量を少なくする必要がある．そのため内部応力を制御し磁区構造を整え，磁壁抗磁力 H_w を低くしてソフト性を実現している．誘導磁気異方性は，上記の結晶磁気異方性，磁気弾性効果の影響が少なく優れたソフト性を示す Ni-Fe（約 20%），アモルファス合金などの無秩序合金（結晶格子点に原子が無秩序に分布している合金）がもつ有用な性質で，磁界中熱処理[12]で強さと方向を制御することで，図 2.1.2 に示したような一軸磁気異方性を均一に形成することができ，初透磁率や磁気共鳴周波数の制御が可能である．代表的な無秩序合金である Ni-Fe では，外部磁界によって磁化を特定の方向に固定し熱処理すると，その方向に対して Ni-Fe，Fe-Fe，Ni-Ni の原子対の交換エネルギーの総量が低くなるように Ni，Fe 原子の再配列が起こり，これを室温に戻すと，熱処理時の磁化の方向に磁化容易軸をもつ誘導磁気異方性が形成される[13]．

誘導磁気異方性の理論的取り扱いについては，文献[13]に詳細な説明がある．磁界中熱処理によって誘導される磁気異方性の定数 K_{ind} は，次式で与えられる．

$$K_{ind} = \frac{AC^2(1-C)^2 N l_0(T_a) l_0(T_m)}{kT_a} \quad (2.1.3)$$

ここで，A は定数，N は単位体積中の原子数，C は磁性原子の濃度，T_a は熱処理温度，T_m は測定温度，l_0 は磁性原子間の交換結合の強さを表す擬双極子相互作用の定数である．

式 (2.1.3) の l_0 は磁化の強さ $M(T)$ の 2 乗にほぼ比例するので，次式のように表される．

$$K_{ind} = \frac{ANC^2(1-C)^2 M(T_a)^2 M(T_m)^2}{kT_a M(0)^4} \quad (2.1.4)$$

式 (2.1.4) は，上記の磁界中熱処理によって生じる誘導磁気異方性の強さが，$M(T)$ の大きさによって決まることを示している．熱処理の最適条件（温度，時間）は，$M(T)$ の大きさ（高温ほど小さい）とその温度での原子の移動速度（高温ほど早い）によって決まる．ただし，式 (2.1.4) の誘導磁気異方性の大きさは，磁界中熱処理が無限時間続いた場合の最終的な到達値であり，実際には熱処理の最適条件（時間と温度）は，可能な実験条件下で決めることになる．

薄膜材料では，誘導磁気異方性の制御によって図 2.1.2 のような容易軸方向，困難軸方向が明確に分離した磁化過程と周波数特性が実現できる．逆に，一部のアモルファス材料では，キュリー温度以上で熱処理した後に室温に急冷し誘導磁気異方性の発生も抑えて，微細な磁区構造をつくり，式 (2.1.1) の n を大きくして低損失を得ている．センダスト合金は，結晶磁気異方性と誘導磁気異方性がもともと小さく，その磁区構造は非常に細かくなり[14]，優れたソフト性が得られる[15]．

形状磁気異方性は，特定の形状の材料について，磁化方向に依存して外部に漏れる磁束の総量が異なると，磁気エネルギーの総量にも磁化方向依存性が生じて，形状に依存した磁気異方性が生じるものである．この磁気異方性に打ち勝つためには，外部磁界を余分に必要とし，材料内で反対方向の磁界が発生しているようにみえるので，一般に反磁界 H_d の効果とよばれる．従来，薄膜の面内方向では，形状磁気異方性は無視できるほど小さいとされてきたが，最近は微細加工技術が進歩し，ソフト磁性薄膜もサブミクロンサイズまで加工が可能になり，薄膜試料の厚さと面積の比率が無視できなくなっている．この場合，形状によっては形状磁気異方性が誘導磁気異方性を上回り，透磁率とその方向依存性，周波数特性を決定してしまう要因になる．形状磁気異方性は，形状の効果を表す反磁界係数で表される．ある形状の試料について，3 方向の直交軸 x, y, z を考えると，それぞれの方向の反磁界係数 N_{dx}, N_{dy}, N_{dz} は，以下の関係がある．

$$N_{dx} + N_{dy} + N_{dz} = 4\pi \quad (2.1.5)$$

この関係は，どのような試料形状でも，サイズが有限であれば磁束が漏れる方向があり，それに応じた H_d が生じることを示している．薄膜は膜面に垂直方向に形状磁気異方性が強く現れる．薄膜面積が十分大きければ，膜面内 (x-y) では N_{dx}, N_{dy} はほぼゼロになり，$N_{dz} = 4\pi$ であるので，膜面垂直方向に磁化ベクトル成分 M_p があると，その H_d は次式となる．

$$H_d = -4\pi M_p \quad (2.1.6)$$

すべての磁化が垂直方向を向いていれば，次式の H_d が生じる．

$$H_d = -4\pi M_s \quad (2.1.7)$$

ここで，M_s は薄膜の飽和磁化である．

一般に，磁気共鳴周波数は，式 (2.1.2) の H_k によって決まるが，薄膜の磁気共鳴周波数は，式 (2.1.7) の H_d が非常に大きいので次式となる．

$$f_r = \frac{\gamma}{\sqrt{\pi}}\sqrt{M_s H_k} \tag{2.1.8}$$

ここで, H_k は膜面内の一軸磁気異方性磁界を示す.

このため, 薄膜の自然共鳴周波数は, バルク材料の磁気共鳴周波数 f_r に比べて高い.

形状磁気異方性は, 任意の形状に対して理論的に数値化するには限界がある. これは, 任意の形状の材料が磁界中にある場合に, その磁束分布を電磁気学で簡便に表現することが難しいからである. そのため, バルク材料, 薄膜材料ともにその形状を楕円に近似することが多い. 球体または楕円体では, その内部が一様に磁化しているときには, 内部の反磁界は均一であることが理論的に知られていて, 反磁界係数を解析的に表すことができる[16]. また, 単純な円筒形, 方形の反磁界係数については近似計算が提案されている[17]. しかし, これらの反磁界係数を利用するには注意が必要である. たとえば, 反磁場の小さい形状の薄膜試料でも, その端部では内部と異なる磁化分布(逆磁区の発生)があり, 外部磁界に対する応答も異なっているので, 均一な磁化を想定した計算では, 無視できない差が生じる場合がある. 逆に, 微小サイズの形状磁気異方性を積極的に利用して, 透磁率を制御することもできる. 短冊状の薄膜を平行に配列した形に加工すると, 隣り合う短冊間の静磁気結合と個々の形状磁気異方性が逆に働くので, 本来得られない磁気異方性を設計することができる. この磁気異方性によって, 薄膜の透磁率と H_k が決まり, 周波数特性(透磁率と磁気共鳴周波数)を広範囲で制御することができる[18].

表 2.1.1 は, 代表的なソフト磁性材料の飽和磁化, 一軸磁気異方性磁界, 電気抵抗率である.

c. 薄膜の高周波特性

薄膜の初透磁率の周波数変化を表す式は, 上記の H_k, H_d, M_s などを使って, Landou-Lifshitz の式を線形化することで導出できる. さらに, 図 2.1.3(b)の渦電流を考慮して初透磁率の周波数特性を計算すると, 実際の薄膜の H_k の分散(一軸磁気異方性の強さ, 方向の場所による変

表 2.1.1 代表的なソフト磁性材料の飽和磁化 $4\pi M_s$, 一軸磁気異方性磁界 H_k, 電気抵抗率 ρ

	$4\pi M_s/\text{T}$	$H_k/\text{A m}^{-1}$	$\rho/\mu\Omega\,\text{cm}$
バルク材料			
Fe-Si	1.7〜1.9		
$Ni_{80}Fe_{20}$	1.05	〜240	15〜50
Fe-Cu-Nb-Si-B[1]	1.0〜1.6	160〜240	
Mn-Zn フェライト	〜0.5		$\geq 10^5$
薄膜材料			
$Fe_{74}Si_{16.5}Al_{9.5}$[2]	1.0		〜50
$Co_{85}Zr_5Nb_{10}$[3]	1.0	〜1270	〜150
$Co_{76}Ta_6C_{10}$[4]	1.4	〜1190	〜100
$Co_{56}Al_{10}O_{34}$[5]	0.9	6370	1100
Fe-Co-Ni[6]	2.1		
Fe-Co-Si-B[7]	2.0	55 700	120
Co-Sm[7]	1.3	159 200	100
$Zn_xFe_{3-x}O_4$ $(0 \leq x \leq 0.97)$[8]	$0.7_{\max}$		$10\sim 10^4(\Omega\,\text{cm})$

1) Y. Yoshizawa, K. Yamauchi, *et al., J. Appl. Phys.*, **64**, 6044 (1988); 吉沢克仁, 山内清隆, 日本金属学会誌, **53**, 241 (1989).
2) A. Hosono, S. Tanabe, *IEEE Trans. Magn.*, **8**, 7 (1993).
3) 島田 寛, まぐね, **3**, 384 (2008).
4) 島田 寛, 山田興二, "磁性材料", p.203, 講談社サイエンティフィク (1999).
5) 長谷川直也, 斎藤正路, 日本応用磁気学会誌, **14**, 313 (1990).
6) T. Tanaka, K. Yamada, *et al. J. Appl. Phys.*, **99**, 08N507 (2006); 山本節夫, 和田宏文, 栗巣普揮, 松浦 満, 下里義博, 日本応用磁気学会誌, **27**, 363 (2003).
7) 内山 晋, "磁性体材料", p.120, コロナ社 (1980).
8) 文献4), p.223.

化)が少ない場合には, 測定結果とよく一致し, 薄膜の動特性の予測に有効である[19]. 図2.1.5は, $Ni_{80}Fe_{20}$(多結晶薄膜), Co-Zr-Nb(アモルファス薄膜), Co-Ta-C(ナノ結晶(クリスタル)薄膜), Co-Al-O(グラニュラー薄膜)の初透磁率の周波数特性を計算した例である[1]. 図(a)の $Ni_{80}Fe_{20}$ (■: μ', ▲: μ'') は, $H_k = 240\,\text{A m}^{-1}$ で, 低周波では高い透磁率を示すが, 抵抗率が低いので, 渦電流による損失(図中の白矢印)が明瞭に現れ, また磁気共鳴周波数(図中の黒矢印)も低くなる. Co-Zr-Nb[20] (□: μ', △: μ'') では, $H_k = 1270\,\text{A m}^{-1}$ で共鳴周波数が高くなり,

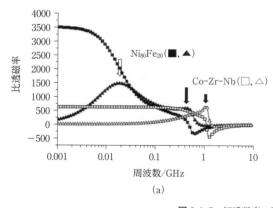
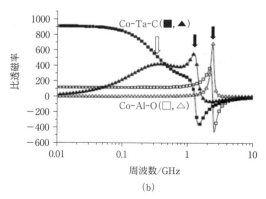

図 2.1.5 初透磁率の周波数特性計算例
[島田 寛, まぐね, **3**, 384 (2008)]

抵抗率も $Ni_{80}Fe_{20}$ に比べて高いので，渦電流による損失は明瞭には現れていない．図 2.1.5(b) の Co-Ta-C（ナノ結晶薄膜）[21]（■：μ'，▲：μ''）の特長は高飽和磁化にあるが，電気抵抗が低いので渦電流の損失は $Ni_{80}Fe_{20}$ と同様である．また，H_k が低いので透磁率は高く，共鳴周波数は低い．Co-Al-O（グラニュラー薄膜）[22]（□：μ'，△：μ''）では，電気抵抗と H_k がともに高く，その結果，透磁率は低いが渦電流損は無視できるほど小さく，また磁気共鳴周波数も高くなる．

以上のように，薄膜は膜面に垂直方向に強い反磁界（形状磁気異方性）があるので，適度な強度の面内異方性磁界 H_k，膜厚，電気抵抗を得ることができれば，透磁率の周波数特性を最適なものにできる．しかし，磁化回転による透磁率と共鳴周波数との間には，スネークの限界[23] とよばれる関係がある．バルク材料の場合は，式 (2.1.2) と $\mu_i = 4\pi M_s/H_k$ の関係から，次式となる．

$$\mu_i \times f_r = 2\gamma M_s \tag{2.1.9}$$

薄膜では，形状磁気異方性があるので，式 (2.1.10) となり，同じ透磁率であれば，薄膜形状では共鳴周波数が高くなるが，初透磁率と磁気共鳴周波数の相反する関係はバルク材料と同様に成り立っている．

$$\mu_i \times f_r^2 = 4\gamma^2 M_s^2 \tag{2.1.10}$$

また，高周波で低損失動作を実現するには，電気抵抗を高くして渦電流損を低減し，また H_k を高くして共鳴周波数を高くする必要がある．この目的で，グラニュラー構造膜[22]，高磁気異方性膜[24]，積層構造膜[25] などが研究されている．

フェライトは，飽和磁化は低いが，電気抵抗が非常に高く，高周波磁心材料として優位性がある．フェライトを薄膜化する試みは，これまで非常に多くあるが，ソフト性を示すスピネル構造を得るには高温の環境が必要とされ，薄膜化は困難とされてきた．しかし，最近になって，高い透磁率を示すフェライトめっき膜[26]や ECR（electron cycrotron resonance）スパッタ膜[27] が報告され，一部は電磁ノイズ吸収体に利用され，実用性が高まっている．しかし，フェライト薄膜の磁気異方性の成因や制御方法は今後の課題である．

また，高飽和磁化をもつ合金薄膜として Fe-Ni-Co 合金の電解めっき膜[28]，Co-Fe-Zr-O のスパッタ膜[29] の報告がある．とくに前者は，垂直磁気記録方式の書き込み用磁気ヘッド磁心として実用されている．

文　献

1) 島田　寛，まぐね，**3**，384 (2008)．
2) R. H. Pry, C. P. Bean, *J. Appl. Phys.*, **29**, 532 (1958).
3) Y. Sakaki, I. Imagi, *IEEE Trans. Magn.*, **MAG-18**, 1840 (1982).
4) 榊　陽，佐藤敏郎，信学論 C, **J68-C**, 462 (1985).
5) 八木正昭，日本金属学会会報，**31**，991 (1992).
6) 太田恵造，"磁気工学の基礎 II―磁気の応用（共立全書）"，p. 339，共立出版 (1979).
7) Y. Yoshizawa, S. Oguma, K. Yamauchi, *J. Appl. Phys.*, **64**, 6044 (1988); 吉沢克仁，山内清隆，日本金属学会誌，**53**, 241 (1989).
8) J. Gieraltowski, A. Globus, *IEEE Trans. Magn.*, **MAG-13**, 1357 (1977).
9) H. Matsumoto, A. Urata, Y. Yamada, A. Makino, *J. Appl. Phys.*, **105**, 07A317 (2009); 島田良幸，西岡隆夫，池ヶ谷明彦，粉体および粉末冶金，**53**, 686 (2006); 水嶋隆夫，小柴寿人，内藤　豊，井上明久，粉体および粉末冶金，**54**, 768 (2007).
10) R. Ramprasad, P. Zurcher, M. Petras, M. Miller, P. Renaud, *J. Appl. Phys.*, **96**, 519 (2004).
11) 島田　寛，山田興二，"磁性材料"，p. 191，講談社サイエンティフィク (1999).
12) 文献 11)，p. 137.
13) 文献 6)，p. 256.
14) A. Hosono, S. Tanabe, *IEEE Trans. Magn.*, **8**, 7 (1993).
15) 高橋　研，加藤暢昭，島津武仁，荘司弘樹，脇山徳雄，日本応用磁気学会誌，**12**, 305 (1988).
16) 太田恵造，"磁気工学の基礎 I―磁気の物理（共立全書）"，p. 35，共立出版 (1979); J. A. Osborn, *Phys. Rev.*, **67**, 351 (1945).
17) M. Sato, Y. Ishii, *J. Appl. Phys.*, **66**, 15 (1989); Du-Xing Chen, J. A. Brug, R. B. Goldfarb, *IEEE Trans. Magn.*, **21**, 3601 (1991).
18) 末沢健吉，山口正洋，荒井賢一，島田　寛，田邉信二，伊東健司，日本応用磁気学会誌，**24**, 731 (2000); 池田慎治，K. K. Hyeon，山口正洋，荒井賢一，名倉秀明，大沼繁弘，島田　寛，日本応用磁気学会誌，**27**, 594 (2003).
19) 前畠康宏，網島　滋，内山　晋，日本応用磁気学会誌，**13**, 307 (1989); 島田　寛，沼澤潤二，米田与四郎，細野彰彦，日本応用磁気学会誌，**15**, 327 (1991).
20) 文献 11)，p. 203.
21) 長谷川直也，斎藤正路，日本応用磁気学会誌，**14**, 313 (1990).
22) 大沼繁弘，三谷誠司，藤森啓安，増本　健，日本応用磁気学会誌，**20**, 489 (1996).
23) 内山　晋，"磁性体材料"，p. 120，コロナ社 (1980).
24) M. Munakata, S. Aoqui, M. Yagi, *IEEE Trans. Magn.*, **41**, 3262 (2005); K. Ikeda, T. Suzuki, T. Sato, *J. Magn. Soc. Jpn.*, **32**, 179 (2008).
25) 文献 11)，p. 223.
26) M. Abe, Y. Tamaura, *J. Appl. Phys.*, **55**, 2614 (1984); M. Abe, T. Itoh, Y. Tamura, *Thin Solid Films*, **216**, 155 (1992); A. Fujiwara, M. Tada, T. Nakagawa, M. Abe, *J. Magn. Magn. Mater.*, **320**, L67 (2008).
27) T. Tanaka, H. Kurisu, M. Matsuura, Y. Shimosato, S. Okada, K. Oshiro, H. Fujimori, S. Yamamoto, *J. Appl. Phys.*, **99**, 08N507 (2006); 山本節夫，和田宏文，栗巣普揮，松浦　満，下里義博，日本応用磁気学会誌，**27**, 363 (2003).
28) T. Osaka, M. Takai, K. Hayashi, K. Ohashi, M. Saito, K. Yamada, *Nature*, **392**, 798 (1998).
29) S. Ohnuma, H. Fujimori, T. Masumoto, X. Y. Xiong, D. H. Ping, K. Hono, *Appl. Phys. Lett.*, **82**, 946 (2003).

2.1.2 電磁鋼板

a. 電磁鋼板の基本性質

電磁鋼板は,一般に電磁機器などに鉄心素材として多く使用される.電磁鋼板の主成分が Fe であるが,特性向上のため,Si が添加される.Fe を主体に Fe-Si 系について諸特性をまとめてみる[1].

Fe-Si 系における結晶構造などを示した状態図を図 2.1.6 に示す.室温では体心立方(bcc)の α 相であるが,高温では面心立方(fcc)の γ 相が現れる.電磁鋼板の生産工程における熱処理で $\alpha\gamma$ 変態域を通ると,変態によるひずみが電磁鋼板内に生じるため,磁気特性が劣化する.とくに,電磁鋼板の純度が低く,C 含有量が高いものは熱処理で変態域を通るので,変態によるひずみの影響が大きい.現在では高純度が進み,その影響は軽減されているが,Si を添加することで非変態系にすることも行われる.

Fe-Si 系の物理的性質として密度を図 2.1.7 に示す.Fe 単体では 7870 kg m^{-3} であり,Si が添加されると密度はほぼ比例して低くなる.5 wt% 付近から結晶格子の規則化のため傾斜が変化している.

Fe-Si 系の磁気特性として,飽和磁化,磁気異方性定数と磁歪定数をそれぞれ,図 2.1.8～2.1.10 に示す.Fe-Si の飽和磁化も密度と同様に Fe 単体で最も高く 2.16 T である.Si 添加量 wt% に対して約 2 倍低下している.Fe などの結晶の磁化容易方向は $\langle 100 \rangle$ であり,結晶磁気異方性は立方異方性定数 K_1 で表せ,K_1 は Fe 単体では 4.72 kJ m^{-3} であり Si 添加で減少している.磁歪は磁化容易方向の λ_{100} は正であり 3 wt% で最大を示し,λ_{111} は負で

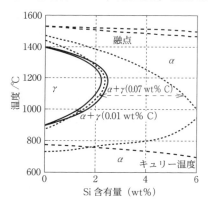

図 2.1.6 Fe-Si における相図と C の影響
[R. M. Bozorth, "Ferromagnetism", p. 72, Wiley-IEEE Press (1993)]

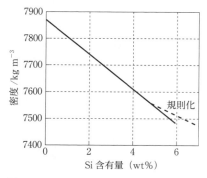

図 2.1.7 Fe-Si の密度
[R. M. Bozorth, "Ferromagnetism", p. 75, Wiley-IEEE Press (1993)]

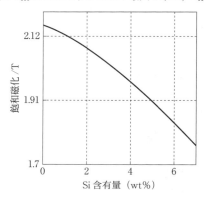

図 2.1.8 Fe-Si の飽和磁化
[R. M. Bozorth, "Ferromagnetism", p. 77, Wiley-IEEE Press (1993)]

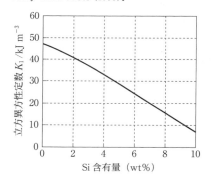

図 2.1.9 Fe-Si の磁気異方性定数
[R. M. Bozorth, "Ferromagnetism", p. 77, Wiley-IEEE Press (1993)]

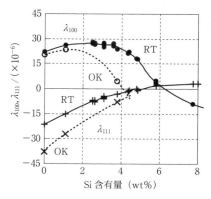

図 2.1.10 Fe-Si の磁歪定数
[近角聰信,"強磁性体の物理 下"(物理学選書), p. 117, 裳華房 (1984)]

あり，ともに6wt%近傍で0になる．このように，Fe-Siは結晶磁気異方性が大きく，6.5wt% Si-Fe以外は磁歪も大きいので，透磁率はパーマロイやセンダストより小さく，保磁力は大きい．パーマロイやセンダストでは磁気異方性定数と磁歪定数がともにほぼ0になっているため，高透磁率になっている．

Fe-Si系の電気特性としては電気抵抗率が重要である．電磁鋼板における鉄損には渦電流損として影響する．電気抵抗率のSi含有量依存性を図2.1.11に示す．Fe単体では0.10μΩ m^{-1}であり，Siを添加することにより電気抵抗率は高くなっている．

電磁鋼板を実際に使用する場合，加工，鉄心固定や回転機における遠心力が問題になるので，電磁鋼板も機械強度が必要となる．図2.1.12にFe-Si系の機械強度と伸びを示す．機械強度などは組成だけでなく，結晶粒界や加工などの影響も大きく，図の伸びは究極な値を示した．機械強度はSiを添加すると，固溶体硬化により高くなり，Si添加量にほぼ比例して増加している．伸びはFe単体で最も高いが，Si含有量2wt%以下ではほぼ同程度ある．しかし，Si含有量が3wt%以上になると，伸びは低下し加工が困難になる．添加量を3wt%以上で伸びを保持するためには，Siの代わりにAlが添加されている．Si含有量が5wt%以上になると伸びはほとんどなく，機械強度も急激に低下している．

b. 種類と用途

高透磁率材料は，トランス，モータや発電機などのエネルギー変換機器，リアクトル，チョークコイル，フィルタなど鉄心として使用され，磁気シールド材や加速器，MRIなどの磁界発生機器にも使用される[2]．おもな材料として，電磁鋼板，パーマロイ，ソフトフェライトやアモルファスなどがある．最も多く使用されている材料は，ケイ素鋼板などの電磁鋼板である[3]．

電磁鋼板はSiを含んだケイ素鋼板とSiを含まない鋼板に大別され，電磁鋼板のおもな種類を表2.1.2に示す．同表には，電磁鋼板以外に電磁用に使用される鋼材も併記している．ただし，磁気特性が保証されたものは，無方向性電磁鋼板（無方向性ケイ素鋼板，NO），方向性電磁鋼板（方向性電磁鋼板，GO）[4]や電磁軟鉄，磁極用鋼板だけである．NOは，おもにモータや小型トランスに使用され，高透磁率・低鉄損の高級品（たとえば，ハイライトコア®）と，高磁束密度の低級品（たとえば，ホームコア®）があ

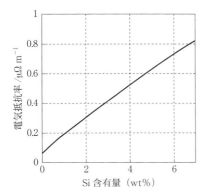

図2.1.11 Fe-Siの電気抵抗率
[R. M. Bozorth, "Ferromagnetism", p. 76, Wiley-IEEE Press (1993)]

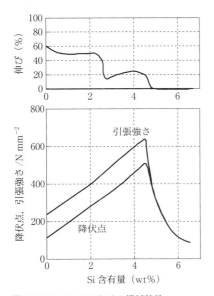

図2.1.12 Fe-Siにおける機械特性
[R. M. Bozorth, "Ferromagnetism", p. 77, Wiley-IEEE Press (1993)]

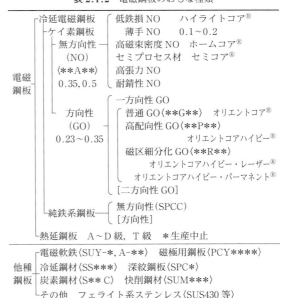

表2.1.2 電磁鋼板のおもな種類

®：商品例（新日鐵住金株式会社），数値：板厚，〈 〉：JIS記号，[ ]：試作品．

る．高周波用途の高効率機種には高電気抵抗率である高級品が使用され，低周波使用で小型機種には高磁束密度である低級品が使用される．鉄損があまり問題にならなく，小型軽量化が重要な場合は添加物が含まれていない普通鋼板が使用される．そのほか，高加工性 NO としてセミプロセス材（たとえば，セミコア®），高強度の高張力 NO や耐錆性 NO などもある．GO は鋼板の圧延方向 RD に優れた磁気特性を示すもので，トランス，リアクトルや大型回転機に使用される．この GO における圧延方向の鉄損は無方向性に比べきわめて低く高磁束密度であるが，さらなる高磁束密度かつ低鉄損化されたものに，オリエントコアハイビー®などがあり，オリエントコアハイビー・レーザー®4)やオリエントコアハイビー・パーマネント®4)はきわめて低鉄損である．

ケイ素鋼板以外のものも電磁鋼板や電磁軟鉄として使用される．電磁石用鉄心，永久磁石の継鉄や，励磁頻度が低く損失が問題とならない場合には，冷延鋼板などの普通鋼板（SPCC など）や炭素鋼などの厚板などが使用される．また，耐環境性などが求められる場合や，高い電気抵抗率が求められる場合には，電磁軟鉄としてフェライト系ステンレス鋼板なども使用される．

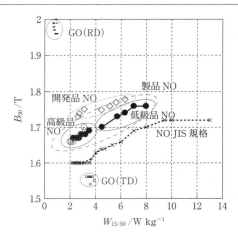

図 2.1.14 電磁鋼板の磁気特性比較

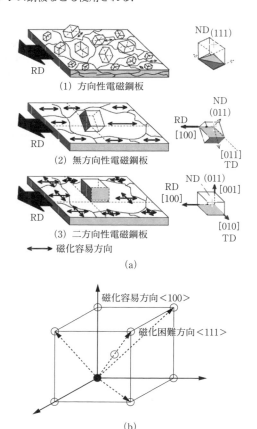

図 2.1.13 電磁鋼板の集合組織と Fe の磁化容易軸
(a) 集合組織　(b) Fe の磁化容易方向

電磁鋼板の代表的な集合組織（結晶方位分布）を図 2.1.13 に示す．NO は一般的に結晶方位が無秩序であり，GO は圧延方向（RD）が〈100〉，鋼板面は {011} のゴス方位であり，二方向性電磁鋼板（DO）の鋼板面は {100} である．したがって，この集合組織の違いにより磁化容易方向の分布が大きく異なるので，磁気特性に大きな差が出てくる．

電磁鋼板の代表的な磁気特性として，印加磁界 5000 A m^{-1} における磁束密度 B_{50} と，周波数 50 Hz，最大磁束密度 1.5 T における鉄損 $W_{15/50}$ を比較したものを図 2.1.14 に示す．

GO の RD は図 2.1.13(a) に示されるように，磁化容易方向が向いているので，磁束密度が最も高く，鉄損も非常に低い．しかし，同じ鋼板内でも RD に対し直角な方向（TD）は磁化容易方向が向いていないため，磁束密度が RD の約 70% 程度であり低い．また，TD の鉄損は NO と同程度であるが，GO は表 2.1.2 で示したように，一般に板厚が薄いことも影響している．

NO は図 2.1.13(a) に示されるように，磁化容易方向が一般にランダムに向いているため，NO の磁気特性は GO の RD より磁束密度が低く，鉄損は高い．しかし，磁化容易方向がランダムに向いているため，鋼板面内における磁気特性の方向依存性が小さく，あらゆる方向を使用する回転機などには適しており，多く使用される．

c. 無方向性電磁鋼板

（ⅰ）無方向性電磁鋼板の推移　無方向性電磁鋼板（NO）における磁気特性の推移を図 2.1.15 に示す．NO の製造は当初，熱間圧延で製造された熱延鋼板から開始した．しかし，現在の電磁鋼板などの冷延鋼板が製造されるようになると，製造性や磁気特性などで劣る熱延鋼板は製造が中止された．現在の冷延鋼板で製造される電磁鋼板は中級品位（旧日本工業規格（JIS）表示 S 23〜S 18，商品例では H 23〜H 18）から始まった．その後，一方では低鉄損化のための高 Si 化の方向と，他方では高磁束密度化，

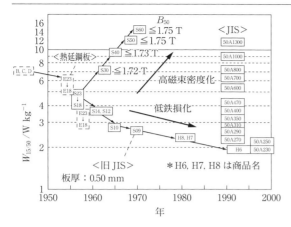

図2.1.15 無方向性電磁鋼板の磁気特性推移
[新日鐵住金株式会社カタログをもとに作成]

表2.1.4 無方向性電磁鋼板の日本工業規格(旧)

呼称厚さ mm	種類	密度 g cm^{-3}	$W_{15/50}$ W kg^{-1}	B_{50} T	占積率
0.35	S09	7.65	≦ 2.40	≧1.58	≧94
	S10	7.65	2.65	1.59	
	S12	7.65	3.10	1.60	
	S14	7.65	3.60	1.61	
	S18	7.65	4.40	1.64	≧95
	S20	7.75	5.00	1.65	
	S23	7.75	5.50	1.66	
0.50	S09	7.65	2.90	1.58	≧95
	S10	7.65	3.10	1.59	
	S12	7.65	3.60	1.60	
	S14	7.65	4.00	1.61	
	S18	7.65	4.70	1.64	≧96
	S20	7.75	5.40	1.65	
	S23	7.75	6.20	1.66	
	S30	7.85	8.0	1.69	
	S40	7.85	10.5	1.69	
	S50	7.85	13.0	1.69	
	S60	7.85	15.5	1.69	
0.65	S18	7.65	5.80	1.64	≧97
	S20	7.75	6.70	1.65	
	S23	7.75	7.70	1.66	
	S30	7.85	10.0	1.69	
	S40	7.85	13.0	1.69	
	S50	7.85	16.0	1.69	
	S60	7.85	19.0	1.69	

表2.1.5 無方向性電磁鋼板の磁気特性例

種類 0.5/0.35 mm材	B_{50} T	$W_{15/50}$ W kg^{-1}	抵抗率 μΩ m
50H230	1.67	2.26	0.63
50H250/35H210	1.67/1.66	2.39/2.00	0.59
50H270/35H230	1.67/1.66	2.50/2.10	0.59
50H290/35H250	1.67/1.66	2.60/2.25	0.56
50H310/35H270	1.67/1.67	2.70/2.30	0.54
50H350/35H300	1.68/1.67	2.90/2.55	0.52
50H400/35H360	1.68/1.68	3.20/2.80	0.45
50H470/35H440	1.69/1.70	3.50/3.10	0.39
50H600	1.70	4.5	0.32
50H700	1.73	5.7	0.27
50H800	1.74	6.4	0.23
50H1000	1.76	7.2	0.17
50H1300	1.76	8.1	0.14

[新日鐵住金株式会社カタログ]

低コスト化の方向の2極分化の開発が進行した．これらのNOの磁気特性は主としてSi含有量と焼なまし工程の組み合わせによりつくり分けられている．1974年，1979年の二度のエネルギーショック以降，電気機器の省エネ・高効率化指向が一段と進み，大型機種用にはいちだんと低鉄損のNOの要求が強まった．それに応じて，最高級品の低鉄損化が一段と進み，現在では50A230級まで開発され，市販されている．

　(ii) **無方向性電磁鋼板の種類と磁気特性**　NOの磁気特性はJIS[5]においてはB_{50}と$W_{15/50}$などで分類され，JISで定められたNOの種類を表2.1.3(次ページ)に示す．参考のため旧JISの種類も表2.1.4に示す．50A230はJISに基づいたNOの表示方法であり，最初の"50"が板厚0.5 mmを示し，"A"は鋼種のNOを，最後の"230"は$W_{15/50}$が2.3 W kg^{-1}以下であることを表している．NOでも鉄損の異方性がありRDの鉄損が低くTDの鉄損が大きいため，JISでは鉄損の異方性の最大値が参考値として示されている．

　代表的な特性値を表2.1.5に示す[4]．50H230は商品名でJIS表示50A230に相当する．50A230などの低鉄損の種類はSi含有量が高く高級品とよばれ，電気抵抗率が高く，実際の鉄損値$W_{15/50}$は規格値に近い値となっている．一方，50A1300などのように，高磁束密度材はSi含有量が少なく低級品ともよばれ，電気抵抗率が低く，実際の鉄損値は規格値より大きく低い値になっている．高級品は一般に，Si含有量が高いとともに，結晶粒径が大きい．この高級品を含めた50A230から50A470，35A210から35A440は一般に，最終熱処理を十分に施し，鋼板の結晶粒成長は完了しているため，フルプロセス材ともよばれる．低級品は逆に，Si含有量が少ないとともに，結晶粒が小さく，低級品などの50A600から50A1300は鋼板の結晶粒が成長途中の状態であるため，製品を熱処理すると結晶粒径は大きくなり，磁化特性は向上する．これに対して，高級品などのフルプロセス材は製品を熱処理しても結晶粒径の変化は少ない．

　NOの磁化曲線を図2.1.16に示す[6]．50A290などの低鉄損材は結晶粒径を大きく，磁化特性を劣化させる粒界の影響が小さいため磁化しやすい．他方，50A1300などのように，高磁束密度で廉価品である低級品はSi含有量の抑制で高磁束密度化を行い，焼なまし費も抑えて低コスト化をしているため，結晶粒径は小さく，低磁束密度においては高級品より磁化しにくい．

　NOの鉄損は，高級品ではSiを多く含有させることに

表 2.1.3　無方向性電磁鋼板の日本工業規格（JIS C 2552：2014）

呼称厚さ mm	種類	密度[*1] kg m^{-3}	$W_{15/50}$[*2] W kg^{-1}	$W_{15/60}$[*2] W kg^{-1}	B_{25}[*3] T	B_{50}[*3] T	B_{100}[*3] T	鉄損異方性 (％)[*4]	占積率
0.35	35A210	7.60	≦2.10	≦2.65	≧1.49	≧1.60	≧1.70	±17	≧0.95
	35A230	7.60	≦2.30	≦2.90	≧1.49	≧1.60	≧1.70	±17.2	
	35A250	7.65	≦2.50	≦3.14	≧1.49	≧1.60	≧1.70	±17.2	
	35A270	7.65	≦2.70	≦3.36	≧1.49	≧1.60	≧1.70	±17.2	
	35A300	7.65	≦3.00	≦3.74	≧1.49	≧1.60	≧1.70	±17.3	
	35A330	7.65	≦3.30	≦4.12	≧1.49	≧1.60	≧1.70	±17.3	
	35A360	7.65	≦3.60	≦4.55	≧1.49	≧1.61	≧1.70	±17.3	
	35A440	7.70	≦4.40	≦5.52	≧1.54	≧1.64	≧1.74	±17	
0.47	47A370/60	7.65	≦2.92	≦3.70	≧1.49	≧1.60	≧1.70	±18	≧0.96
	47A380/60	7.65	≦3.00	≦3.80	≧1.49	≧1.60	≧1.70	±14.3	
	47A408/60	7.65	≦3.22	≦4.08	≧1.49	≧1.60	≧1.70	±14.3	
	47A419/60	7.70	≦3.31	≦4.19	≧1.49	≧1.60	≧1.70	±14.3	
	47A452/60	7.70	≦3.57	≦4.52	≧1.50	≧1.60	≧1.70	±14.3	
	47A507/60	7.70	≦4.01	≦5.07	≧1.51	≧1.61	≧1.71	±14.3	
	47A638/60	7.75	≦5.04	≦6.38	≧1.54	≧1.64	≧1.74	±12.10	
	47A836/60	7.80	≦6.60	≦8.36	≧1.58	≧1.68	≧1.77	±12.10	
	47A990/60	7.80	≦7.82	≦9.90	≧1.58	≧1.68	≧1.77	±12.10	
0.50	50A230	7.60	≦2.30	≦2.95	≧1.49	≧1.60	≧1.70	±17	≧0.96
	50A250	7.60	≦2.50	≦3.21	≧1.49	≧1.60	≧1.70	±17.2	
	50A270	7.60	≦2.70	≦3.47	≧1.49	≧1.60	≧1.70	±17.2	
	50A290	7.60	≦2.90	≦3.71	≧1.49	≧1.60	≧1.70	±17.2	
	50A310	7.65	≦3.10	≦3.95	≧1.49	≧1.60	≧1.70	±14.3	
	50A330	7.65	≦3.30	≦4.20	≧1.49	≧1.60	≧1.70	±14.3	
	50A350	7.65	≦3.50	≦4.45	≧1.5	≧1.60	≧1.70	±12.5	
	50A400	7.65	≦4.00	≦5.10	≧1.53	≧1.63	≧1.73	±12.5	
	50A470	7.70	≦4.70	≦5.90	≧1.54	≧1.64	≧1.74	±10.10	
	50A530	7.70	≦5.30	≦6.66	≧1.56	≧1.65	≧1.75	±10.10	
	50A600	7.75	≦6.00	≦7.53	≧1.57	≧1.66	≧1.76	±10.10	
	50A700	7.80	≦7.00	≦8.79	≧1.60	≧1.69	≧1.77	±10.10	
	50A800	7.80	≦8.00	≦10.08	≧1.60	≧1.70	≧1.78	±10.10	
	50A940	7.85	≦9.40	≦11.84	≧1.62	≧1.72	≧1.81	±8	
	50A1000	7.85	≦10.00	≦12.60	≧1.62	≧1.72	≧1.81	±8	
	50A1300	7.85	≦13.00	≦16.28	≧1.62	≧1.72	≧1.81	±8	
0.65	65A310	7.60	≦3.10	≦4.08	≧1.49	≧1.60	≧1.70	±15	≧0.97
	65A330	7.60	≦3.30	≦4.30	≧1.49	≧1.60	≧1.70	±15.2	
	65A350	7.60	≦3.50	≦4.57	≧1.49	≧1.60	≧1.70	±14.2	
	65A400	7.65	≦4.00	≦5.20	≧1.52	≧1.62	≧1.72	±14.2	
	65A470	7.65	≦4.70	≦6.13	≧1.53	≧1.63	≧1.73	±12.5	
	65A530	7.70	≦5.30	≦6.84	≧1.54	≧1.64	≧1.74	±12.5	
	65A600	7.75	≦6.00	≦7.71	≧1.56	≧1.66	≧1.76	±10.10	
	65A700	7.75	≦7.00	≦8.98	≧1.57	≧1.67	≧1.78	±10.10	
	65A800	7.80	≦8.00	≦10.26	≧1.6	≧1.70	≧1.78	±10.10	
	65A1000	7.80	≦10.00	≦12.77	≧1.61	≧1.71	≧1.80	±10.10	
	65A1300	7.85	≦13.00	≦16.52	≧1.62	≧1.71	≧1.81	±8	
	65A1600	7.85	≦16.00	≦20.30	≧1.62	≧1.71	≧1.81	±8	
1.00	100A600	7.60	≦6.00	≦8.14	≧1.53	≧1.63	≧1.72	±10	≧0.98
	100A700	7.65	≦7.00	≦9.38	≧1.54	≧1.64	≧1.73	±8	
	100A800	7.70	≦8.00	≦10.70	≧1.56	≧1.66	≧1.75	±6	
	100A1000	7.80	≦10.00	≦13.39	≧1.58	≧1.68	≧1.76	±6	
	100A1300	7.80	≦13.00	≦17.34	≧1.60	≧1.70	≧1.76	±6	

[*1] 密度は試験片断面積の計算に用いる規定値を示す．
[*2] 周波数 50 Hz および 60 Hz，最大磁束密度 1.5 T における鉄損の最大値．
[*3] 各磁界の強さにおける磁束密度の最小値．
[*4] 鉄損異方性（最大値）＝（TD 鉄損－RD 鉄損）/（TD 鉄損＋RD 鉄損）×100　（参考値）．

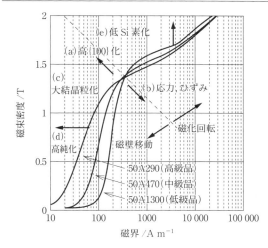

図 2.1.16 無方向性電磁鋼板の磁化曲線

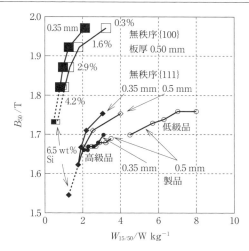

図 2.1.17 無方向性電磁鋼板における限界特性

より電気抵抗率を高め渦電流損を抑えており，また，結晶粒径も大きくしてヒステリシス損も抑制している．高級品のSi含有量は一般に加工が可能である限界の3wt%までの範囲で含まれて低鉄損化をしている．NOの結晶粒径は低鉄損化のために大きくする必要があり，0.01～0.2 mmの範囲である．現状のNOにおけるB_{50}と$W_{15/50}$の関係は図 2.1.14 に示したが，B_{50}と$W_{15/50}$は一定の関係をもっている．これは現状の経済的な材料条件（Si含有量や結晶粒径）と製造方法に基づいている．もし，NOにおける材料条件（Si含有量や結晶粒径など）の最適化と，製造方法による最適な集合組織であるRandom{100}にできれば，理論的には図 2.1.17 に示されるように，$B_{50} \geq 1.8$ Tかつ$W_{15/50} \leq 1.5$ W kg^{-1}であるNOも不可能でない．

高周波用電気機器などの鉄心に使用される高周波用NOには板厚が薄く，Si含有量の高い材料が使用される．商品例を表 2.1.6 に示す．通常の35A210（35H210）などより，400 Hz，1 Tの鉄損$W_{10/400}$や1 kHz，0.5 Tの鉄損$W_{5/1000}$などの高周波鉄損が低い[7]．

高周波励磁されると，NOの渦電流損が大きくなるため，高周波用NOの板厚を薄くする．しかし，あまり薄くすると，鋼板表面の影響を受け鉄損が増大し磁化特性も劣化する．したがって，高周波用NOには励磁周波数に対応した最適板厚が存在する．実際に，NOの板厚を変化させた場合の$W_{10/400}$を図 2.1.18 に示すが，最適な板厚があることがわかる[7]．

他方，高周波鉄損を高Si化による高電気抵抗率化により低減するために，高Siの6.5wt% Si材も使用されている．また，6.5wt% Si材は高Siのため低磁束密度になるが，図 2.1.10 より低磁歪定数であるため，6.5wt% Si材は優れた磁化特性と低ヒステリシス損をもっている．しかし，図 2.1.12 のように機械特性が劣化するために，加工に工夫を必要とする．

回転機の場合のように，高張力が加わる鉄心には表

表 2.1.6 代表的な高周波用無方向性電磁鋼板の磁気特性例

板厚 mm	Si量 (%)	B_8*1 T	$W_{5/1000}$*2 W kg^{-1}	$W_{10/400}$*2 W kg^{-1}	商品例
0.10	3	1.58	8.1	8.5	ST-100
0.15		1.38	9.5	9.4	15HTH1000
0.20		1.40	11.8	10.9	20HTH1200
0.20		1.44	13.6	12.5	20HTH1500
0.10	6.5	1.29	5.4	5.7	スーパーEコア
0.20		1.29	7.1	6.8	
0.30		1.30	9.7	9.0	
0.35	3	1.46	18	16	35H210
0.50		1.48	24	22	50H230

*1 B_8は磁界の強さ800 A m^{-1}における磁束密度を示す．
*2 鉄損Wの添字の分子（5または10）は最大磁束密度を，分母（1000または400）は周波数を示す．

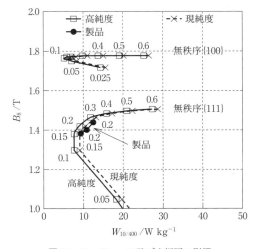

図 2.1.18 $W_{10/400}$に及ぼす板厚の影響

2.1.7 に示す高張力電磁鋼板が使用される。電磁鋼板の強度を増すために Si 以外に Ni などを添加し固溶体硬化させ、さらに、析出物による硬化、高強度方位の〈111〉の活用、結晶粒界やひずみによる硬化などが利用されている。しかし、Si などによる固溶体硬化以外は鋼板の磁気特性を劣化させるので、図 2.1.19 のように、機械強度を高くすると鉄損も増える。したがって、機械強度と磁気特性の両面からの材料選定が必要である。一方、疲労限界は図 2.1.20 の低炭素鋼の例のように、機械強度と関係があるので、高強度材は金属疲労でも優れている[8]。したがって、長期使用や機械的信頼性が要求される場合にも使用されることがある。

表 2.1.8 無方向性電磁鋼板の皮膜例

種類	成分と性状	厚さ μm	層間抵抗(焼鈍) Ω cm²/枚	打抜回数	溶接性	占積率
R	無機	1.5	3〜50 (2〜30)	10万	◎	◎
L	半有機	1.0	5〜40 (2〜30)	100万	△	◎
L₂	半有機[粗面に塗布]	1.5	2〜15 (1〜5)	200万	◎	△
L₃	半有機[皮膜面粗]	1.5	10〜50 (2〜30)	200万	○	○

(iii) 無方向性電磁鋼板の皮膜 NO には層間絶縁や耐錆性のため皮膜が施されている。皮膜の種類には表 2.1.8 に示すものがあり、種類により打抜性、溶接性、占積率が異なっている[4]。一般には鉄心加工に適した半有機の皮膜が NO に施されている。半有機皮膜は打ち抜きの場合に潤滑剤となる有機材料に、熱処理後の絶縁性確保のため無機材料を含ませたものである。したがって、半有機皮膜は打ち抜き性が優れている。しかし、溶接性には問題があり、鋼板表面を粗面にしたり、皮膜自身を粗面に仕上げたりして対応するものもある。無機皮膜は熱に強い長所を有しているが、打抜性がきわめて悪い。皮膜は電磁鋼板を積層した場合、占積率を低下させるので、できるだけ薄く塗布し性能を維持する必要がある。

d. 方向性電磁鋼板

(i) 方向性電磁鋼板の推移 Goss は 1933 年に電磁鋼板を二次再結晶させることにより、方向性電磁鋼板（GO）がつくれることを見出した[9]。

その後、Littmann による高温スラブ加熱、Carpenter による脱炭焼なまし、高温仕上焼なましや張力皮膜などの技術が開発された。これまで、従来の GO (CGO) は MnS をインヒビターとしてつくられていたが、田口らは一回強圧下冷延法で AlN をインヒビターとした CGO 以上に高配向性の GO を発見した[10]。これがオリエントコアハイビー® (Hi-B) であり、従来材より低鉄損、低磁歪の優れた特性が得られるようになった。CGO の結晶粒は約 5 mm 程度で、その配向が約 7° であるのに対して、HiB は結晶径が 20 mm 程度もあり、約 3° の配向でそろっている。このため、高磁束密度で低鉄損の磁気特性を示している。

さらに、磁区細分化技術によりさらなる低鉄損化が進み、現在に至っている。図 2.1.21 はトランス用電磁鋼板、とくに GO の特性推移である。GO ができる以前は熱延鋼板の T 級 (4〜4.5 wt% Si) が使用されていたが、現在は約 3 wt% Si の GO（冷延鋼板）が使用されている。

(ii) 方向性電磁鋼板の分類と磁気特性 現在の GO の磁気特性は JIS[11] においてはコイル圧延方向 (RD) の 800 A m⁻¹ の磁束密度 B_8 と 1.7 T、50 Hz の鉄損 $W_{17/50}$ な

表 2.1.7 高張力無方向性電磁鋼板の商品例とその磁気特性

種類		降伏点 N mm⁻²	引張強さ N mm⁻²	B_{50} T	$W_{15/50}$ W kg⁻¹
50HST570Y		650	750	1.64	6.6
50HST470Y		480	590	1.69	4.6
(50HST780Y)		(820)	(820)	(1.63)	(11.2)
比較	50H230	450	540	1.67	2.3
	50H800	280	400	1.73	6.4

[新日鐵住金株式会社カタログ]

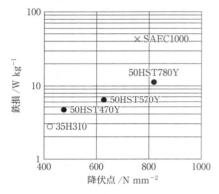

図 2.1.19 高張力無方向性電磁鋼板における機械強度と鉄損の関係
[新日鐵住金株式会社カタログ]

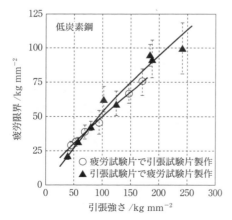

図 2.1.20 鉄鋼材料における引張強さと疲れ限界の関係（低炭素鋼）
[長江守康、稲垣裕輔ら、鉄と鋼、**68**, 304 (1982)]

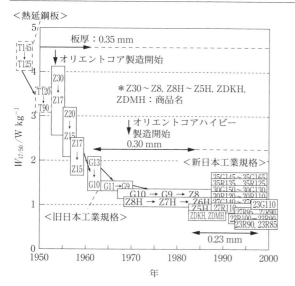

図 2.1.21 トランス用電磁鋼板の磁気特性推移
［新日鐵住金株式会社カタログをもとに作成］

どで分類され，JIS で定められた GO の種類を表 2.1.9 に示す．27G120 は JIS に基づいた GO の表示方法であり，最初の"27"が板厚 0.27 mm を示し，"G"は方向性電磁鋼板普通材（CGO）を表す．オリエントコアハイビー®（Hi-B）などの高配向材は"P"，磁区細分化材は"R"で表す．最後の"120"は $W_{17/50}$ が 1.2 W kg^{-1} 以下であることを表している．

GO の商品例と磁気特性を表 2.1.10 に示す．HiB は CGO に比べ磁束密度が高く，鉄損が低いことが明らかである．商品 ZDKH は工学的な方法で磁区細分化した GO であり，ZDMH は鋼板面を加工することにより磁区細分化した GO であるが，きわめて低い鉄損が得られている[4]．

高周波トランスなどには，NO と同様に，薄手材の高周波用 GO があり，商品例とその磁気特性[7]を表 2.1.11 に示す．板厚が薄いため，磁束密度 B_8 は低下するが，高周波鉄損 $W_{5/1000}$ と $W_{10/400}$ は低い．

このように，GO は配向性を高め磁区細分化し，渦電流損低減のため薄手化することにより高性能化してきた．これらを今後とも推進するとともに，鋼板表面性状の改善を

表 2.1.9 方向性電磁鋼板の日本工業規格（JIS S 2553：2012）

呼称厚さ mm	種類	密度[1] kg m^{-3}	$W_{15/50}$[2] W kg^{-1}	$W_{15/60}$[2] W kg^{-1}	$W_{17/50}$[2] W kg^{-1}	$W_{17/60}$[2] W kg^{-1}	B_8[3] T	占積率
0.23	23R080				≦0.80	≦1.06	≧1.85	≧0.945
	23R085				≦0.85	≦1.12		
	23R090				≦0.90	≦1.19		
	23P095				≦0.95	≦1.19		
	23P100				≦1.00	≦1.25		
	23P105				≦1.05	≦1.32		
	23G110		≦0.73	≦0.96	≦1.1	≦1.45	≧1.78	
	23G120		≦0.79	≦1.04	≦1.2	≦1.57		
0.27	27R090				≦0.9	≦1.19	≧1.88	≧0.95
	27R095				≦0.95	≦1.25		
	27P095				≦0.95	≦1.25		
	27P100				≦1	≦1.32		
	27P110				≦1.1	≦1.45		
	27G120	7650	≦0.83	≦1.1	≦1.2	≦1.58	≧1.78	
	27G130		≦0.89	≦1.18	≦1.3	≦1.72		
0.30	30P100				≦1	≦1.33	≧1.88	≧0.955
	30P105				≦1.05	≦1.39		
	30P110				≦1.1	≦1.46		
	30P120				≦1.2	≦1.58		
	30G120		≦0.85	≦1.12	≦1.2	≦1.58	≧1.78	
	30G130		≦0.91	≦1.2	≦1.3	≦1.72		
	30G140		≦0.97	≦1.28	≦1.4	≦1.85		
0.35	35P115				≦1.15	≦1.58	≧1.88	≧0.96
	35P125				≦1.25	≦1.72		
	35P135				≦1.35	≦1.85		
	35G135		≦0.98	≦1.29	≦1.35	≦1.78	1.78	
	35G145		≦1.04	≦1.37	≦1.45	≦1.91		
	35G155		≦1.11	≦1.47	≦1.55	≦2.04		

*1 密度は試験片断面積の計算に用いる規定値を示す．
*2 鉄損 W の添字の分子（15 または 17）は最大磁束密度を，分母（50 または 60）は周波数を示す．
*3 B_8 は磁界の強さ 800 A m^{-1} における材料固有の磁束密度を示す．

表 2.1.10　方向性電磁鋼板の磁気特性例

	B_8/T	$W_{17/50}$/W kg^{-1}	抵抗率/μΩ m			B_8/T	$W_{17/50}$/W kg^{-1}	抵抗率/μΩ m
23ZDKH75	1.92	0.72		27ZH110	[27P110]	1.90	1.03	
23ZDKH80 [23R080]	1.92	0.75		27Z120	[27G120]	1.88	1.15	0.48
23ZDKH85 [23R085]	1.91	0.78		27Z130	[27G130]	1.88	1.23	
23ZDKH90 [23R090]	1.91	0.83		30ZH95		1.91	0.97	
23ZDMH80 [23R080]	1.91	0.75		30ZH100	[30P100]	1.92	0.98	
23ZDMH85 [23R085]	1.91	0.78	0.50	30ZH105	[30P105]	1.91	1.01	
23ZDMH90 [23R090]	1.91	0.83		30ZH110	[30P110]	1.90	1.05	0.48
23ZH85	1.92	0.83		30ZH120	[30P120]	1.90	1.12	
23ZH90 [23P090]	1.92	0.87		30Z125	[30G120]	1.88	1.17	
23ZH95 [23P095]	1.91	0.90		30Z130	[30G130]	1.88	1.25	
23ZH100 [23P100]	1.90	0.93		30Z140	[30G140]	1.88	1.33	
23Z110 [23G110]	1.88	1.06		35ZH110		1.92	1.06	
27ZDKH85	1.92	0.81		35ZH115	[35P115]	1.92	1.12	
27ZDKH90 [27R090]	1.91	0.84		35ZH125	[35P125]	1.92	1.21	0.46
27ZDKH95 [27R095]	1.91	0.88	0.48	35ZH135	[35P135]	1.91	1.27	
27ZH90	1.92	0.89		35Z135	[35G135]	1.88	1.33	
27ZH95 [27P095]	1.92	0.93		35Z145	[35G145]	1.88	1.39	0.48
27ZH100 [27P100]	1.91	0.96		35Z155	[35G155]	1.88	1.46	

B_8, $W_{17/50}$ については表 2.1.9 の注を参照.
[新日鐵住金株式会社カタログ]

表 2.1.11　高周波用方向性電磁鋼板の磁気特性例

板厚 mm	Si (%)	B_8^*/T	$W_{5/1000}^*$/W kg^{-1}	$W_{10/400}^*$/W kg^{-1}	商品例
0.05	3	1.75	4.8	6.4	GT-050
0.10		1.80	6.5	6.0	GT-100
0.15		1.80	8.9	7.0	GT-150
0.23	3	1.92	10	8	23ZH95
0.30		1.92	13	10	30ZH100

＊　表 2.1.6 の注を参照.

行うことにより，板厚 0.15 mm の GO で，鉄損 $W_{17/50}$ が 0.35 W kg^{-1} 程度まで低減できることが報告されている[12].

　GO は図 2.1.22 に示す磁化曲線例と図 2.1.14 の鉄損例より，RD の磁気特性は無方向性電磁鋼板（NO）に比べ，高磁束密度で低鉄損である．しかし，同じ鋼板内でも RD から TD の磁気特性は低磁束密度で鉄損も大きく，NO と同等レベルである．このように，GO は一方向のみの特性が優れているので，トランスなどの励磁方向が定まっている用途に，多く使用される．市販されている GO 以外に，二方向性電磁鋼板（DO）が報告されている[13]．これは一方向性である一般の GO の鋼板面方位が {011} であるのに対して，鋼板面が {100} であり，鋼板面内に RD と TD の二つの方向で良い特性を示すものである．しかし，良い特性を示す二方向の間の 45° 方向ではその特性に比べ特性が良くない．また，良い特性方向でも磁区方向が二方向に分かれるため，図 2.1.22 に示されるように，同じ ⟨100⟩ でも一方向の GO に比べて，DO のほうが磁化し難い．

　(iii)　**方向性電磁鋼板の皮膜**　GO も絶縁皮膜が施されて，Hi-B の皮膜は無機系であり，鋼板と皮膜の熱膨張

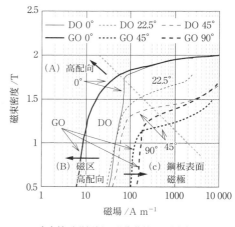

図 2.1.22　方向性電磁鋼板の磁化曲線の一例（RD:0°, TD:90°）

率の差により熱処理後に鋼板の圧延方向に張力を生じさせている．図 2.1.23 は皮膜なしの GO に張力を加えたときの鉄損変化[14]を示しているが，高配向の Hi-B は張力により特性改善がみられて，張力皮膜による特性改善が明らかである．非常に高配向である単結晶の場合はその効果が大きい．実際の電磁鋼板は高い温度で処理される最終熱処理工程（仕上げ焼なまし）で酸化皮膜が生成され，その上に無機系皮膜が施されるので，その両皮膜で張力効果が生じている．

　(iv)　**磁歪特性**　GO はトランスなどの静止器に使用されるので，騒音が問題となり，磁歪特性が求められる．図 2.1.24 に励磁状態の磁束密度に対する磁歪のバタフライ曲線[14]を示す．Hi-B の磁歪が CGO に比べ小さい．

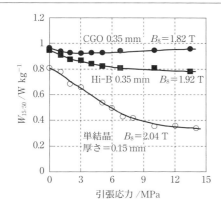

図 2.1.23 方向性電磁鋼板における鉄損の張力依存性
[新日本製鐵株式会社データカタログ]

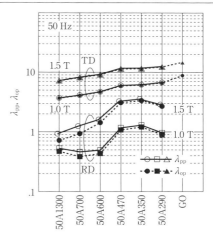

図 2.1.25 各種電磁鋼板の磁歪比較

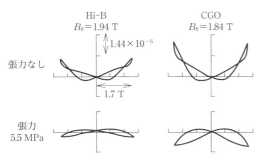

図 2.1.24 方向性電磁鋼板の磁歪（1.7 T, 60 Hz）
[新日本製鐵株式会社データカタログ]

Hi-B は配向性が良いため，鋼板表面に生じる還流磁区（Lancet 磁区）が生じにくいためである．皮膜の張力効果に対応させて，励磁方向の RD に 0.6 MPa 程度の張力を加えると，磁歪振幅が大きく低減している．皮膜張力により，鋼板表面の還流磁区が減少するためである．

NO を含めて，RD と TD の磁歪の大きさを比較すると，図 2.1.24 と図 2.1.25 のように，TD の方が大きい．これは磁区が RD に向いているため，TD 励磁では 90° 磁壁移動により磁歪が大きくなる．NO でも結晶方位は無秩序でも多くの初期磁区方向は RD を向いていることを示唆している[15]．

文　献

1) たとえば，R. M. Bozotrth, "Ferromagnetism", pp. 67-95, Wiley-IEEE Press (1993).
2) A. E. Fitzgerald, C. Kingsley, S. D. Umans, "Electric machinery, 5th Ed.", McGraw-Hill (1992).
3) 開道 力，まぐね，**1**, 416 (2006).
4) 新日鐵住金株式会社カタログ：新日鐵の電磁鋼板 (Cat. No. DE104)
5) JIS C 2552：2014（無方向性電磁鋼帯）．
6) 開道 力，まぐね，**4**, 300 (2009).
7) 開道 力，J. Magn. Soc. Jpn., **34**, 356 (2010).
8) 長江守康，加藤昭彦，香川裕之，栗原正好，岩崎紀夫，稲垣裕輔，鉄と鋼，**68**, 304 (1982).
9) N. P. Goss, U. S. Patent 1965559 (1933, 1934).
10) 田口 悟，坂倉 昭，高島弘教，特公昭 40-15644（特願昭 38-18337），高磁束密度一方向性珪素鋼板の製造法．
11) JIS C 2553：2012（方向性電磁鋼帯）．
12) Y. Ushigami, H. Masui, Y. Okazaki, N. Takahashi, J. Mate. Eng. Perform., **5**, 310 (1996).
13) 岡崎靖雄，電学論 A, **112**(6), 513 (1992).
14) 新日本製鐵株式会社データカタログ：Cat. No. EXE367 (1994).
15) 開道 力，溝上雅人，藤倉昌浩，永井光一，本田 崇，山崎二郎，日本応用磁気学会誌，**24**, 819 (2000).

2.1.3 パーマロイ

a. パーマロイの種類

パーマロイは初透磁率を大きくすることを目的としてつくられた Fe-Ni 合金で，透磁率の permeability と合金の alloy よりパーマロイ（permalloy）と名づけられたソフト磁性材料である．パーマロイは図 2.1.26 の Fe-Ni 系における状態図[1]に示すように，一般に γ 相（面心立方晶 fcc）であり，30 wt% Ni 近傍以下では α 相（体心立方晶 bcc）である．αγ 相転移成分ではインバー特性を示し，特徴ある性質を示す．

1923 年，Arnold と Elmen は，Fe-Ni 二元系において，図 2.1.27 に示すように，78.5 wt% Ni 付近で初透磁率が大きくなることを見出した[2]．これは図 2.1.28[3]，図 2.1.29[4]に示されるように，磁気異方性定数と磁歪定数が小さくなり，初透磁率が高くなるためであり[5]，とくに，"78 パーマロイ" とよばれ，当初，日本工業規格（JIS）では "パーマロイ A" と記された．しかし，このパーマロイは図 2.1.30[6]に示されるように，低飽和磁化のため透磁率が低くなるので，新たに，飽和磁化を高くした 45 wt% Ni の "パーマロイ PB（45 パーマロイ）" が開発された．一方，さらなる高透磁率化のため，79 wt% Ni に Mo などが添加され，"スーパーマロイ（パーマロイ PC）"

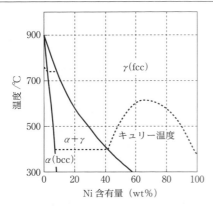

図 2.1.26 Fe-Ni 系合金における状態図
[R. M. Bozorth, "Ferromagnetism", p. 102, Wiley-IEEE Press (1993)]

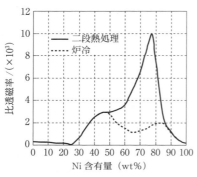

図 2.1.27 Fe-Ni 系合金の透磁率における熱処理の影響
[R. M. Bozorth, "Ferromagnetism", p. 114, Wiley-IEEE Press (1993)]

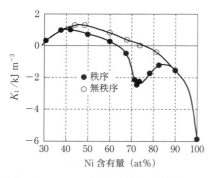

図 2.1.28 Fe-Ni 系合金の磁気異方性定数 K_1
[A. E. Clark, S. Kawakami, et al., J. Appl. Phys., **37**, 1324 (1966)]

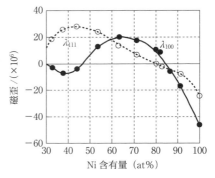

図 2.1.29 Fe-Ni 系合金の磁歪定数 λ_{100}, λ_{111}
[F. Lichtenberger, Ann. Physik, **10**, 45 (1932)]

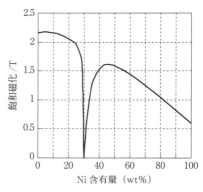

図 2.1.30 Fe-Ni 系合金における飽和磁化の Ni 依存性
[R. M. Bozorth, "Ferromagnetism", p. 109, Wiley-IEEE Press (1993)]

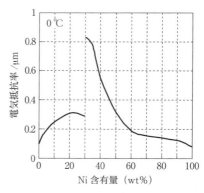

図 2.1.31 Fe-Ni 系合金における電気抵抗率の Ni 依存性
[R. M. Bozorth, "Ferromagnetism", p. 107, Wiley-IEEE Press (1993)]

が開発され，最も代表的な成分が 79 wt% Ni，5 wt% Mo である．これ以外に，36 wt% Ni 近傍の"パーマロイ PD（36 パーマロイ）"，50 wt% Ni 近傍の高角形ヒステリシスを示す"パーマロイ PE"や 60 wt% Ni 近傍の"パーマロイ PF"がある．PD は図 2.1.31[7)] のように，36 wt% Ni 近傍で電気抵抗率が高いことを活用し，PE は図 2.1.28 のように磁気異方性が強く，FeNi の結晶粒成長を活用している．

現在の JIS C 2531：1999[8)] の種類と用途を表 2.1.12 に示す．パーマロイ A は現在，使用されなくなり，規格からは除かれており，パーマロイ PF は国際電気標準会議（IEC）規格（IEC 60404-8-6：1986)[9)] との対応のため，規格に含められた．

パーマロイの用途は，表 2.1.12 に示されるように，高

表 2.1.12　パーマロイの種類と特色，用途（JIS C 2531：1999）

種類	Ni 含有量(%)	代表的化学成分(%)	特色	用途
PB	41～51	41～51 Ni	高磁束密度材	リレー，変成器など
PC	70～85	79～82 Ni, 3.5～6 Mo 75～80 Ni, 3～5 Mo, 1～6 Cu 75～78 Ni, 4～6 Cu, 2～3 Cr	高透磁率材	変成器，磁気遮へい，巻鉄心，磁気ヘッドなど
PD	35～40	36～40 Ni	高電気抵抗材	変成器など
PE	41～51	42～49 Ni	高角形ヒステリシス材	巻鉄心，変成器など
PF	54～68	54～65 Ni		巻鉄心，変成器など

透磁率や低保磁力であることを活用した，変成器，巻鉄心，磁気ヘッド，リレーや磁気遮へいなどである．

b. 磁気特性

パーマロイ PC はエネルギー変換機器に多用される電磁鋼板に比べ，透磁率がきわめて高いソフト磁性材料である．高い透磁率を得るために，ソフトフェライト，Co 系アモルファスやセンダストなどと同様に，磁気異方性定数 K と磁歪定数 λ を 0 に近づけることにより，実現している[5]．磁気異方性定数が 0 であると，容易に磁化回転でき，透磁率は $1/K$ に比例しきわめて大きくなる．また，磁歪がなければ，磁化回転しても磁歪による伸縮がなく，材料内に応力ひずみが生じることはないので，容易に磁化回転でき，高透磁率になる．

パーマロイが高透磁率を示すことは当初，ほかのソフト磁性材料ではみられない特異現象であり，"permalloy problem"として多くの研究者に研究された．パーマロイの高透磁率化は 1100℃付近（水素中）での溶体化処理と，600℃付近からの規則・不規則変態を制御するための熱処理の二段熱処理で得られることが明らかになった[10]．図 2.1.27 に，この二段熱処理（double treatment）を行ったものを炉冷（furnace cooled）したものと比較したものを示したが，二段熱処理の 78 wt% Ni で透磁率がピークを示している[5]．また，炉冷では 45 wt% Ni (78 パーマロイ) で透磁率がピークを示している．

当初，開発された 78 パーマロイはこの熱処理を実炉で行うことが難しかった．これを解決したのが Mo を添加したパーマロイ PC であり，実炉において，比較的容易に磁気異方性と磁歪定数を 0 に近づけることができ，しかも，非常に高い透磁率が得られるようになった．Fe-Ni-Mo における透磁率の Mo 依存性[11]を図 2.1.32 に示すが，Mo 添加で高透磁率化が実現し，炉冷でも透磁率が高くなっている．

パーマロイ PC の欠点は飽和磁化が低いことであり，これを解決するために開発されたのが，パーマロイ PB である．パーマロイの磁化曲線の一例を，同じ板状材料の無方向性電磁鋼板（NO）の高級品 50A250（2.1.2 項参照）と方向性電磁鋼板（GO）と比較して，図 2.1.33 に示す．パーマロイ PB は NO 高級品と比較して，磁化しやすいが，飽和磁化は低く，パーマロイ PC と NO の中間の磁気特性を示す．パーマロイ PB は GO の圧延方向（RD）よ

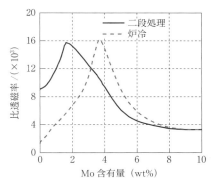

図 2.1.32　Fe-Ni-Mo 合金（78 パーマロイ+Mo）における透磁率の Mo 依存性
[R. M. Bozorth, "Ferromagnetism", p. 137, Wiley-IEEE Press (1993)]

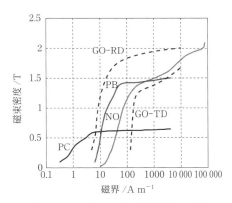

図 2.1.33　パーマロイの磁化曲線の一例

り磁化し難いが，GO の直角方向（TD）より磁化しやすく，全方向で磁化しやすく，高い透磁率を示している．パーマロイ PC は，低磁束密度領域で，GO の RD よりも高透磁率である（図 2.1.34）．

パーマロイ PE は角形性が高いものであり，実際に，ヒステリシス曲線は図 2.1.35 のようになる．ヒステリシス曲線が高い角形性を示すのは，大きく成長した結晶粒内の磁区構造に依存していると考えられる．

パーマロイの直流磁気特性と交流磁気特性は JIS C 2531 では表 2.1.13，表 2.1.14 のように規定されている．直流では初透磁率，保磁力と各磁界での磁束密度，交流で

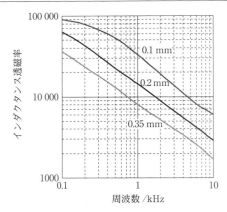

図 2.1.34 インダクタンス透磁率の周波数依存性（パーマロイ PC）

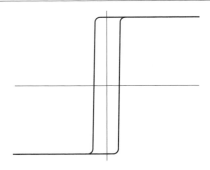

図 2.1.35 パーマロイのヒステリシス曲線
磁束密度 1.56 T，最大磁界 80 A m^{-1}，保磁力 10 A m^{-1}．

はインダクタンス透磁率やインピーダンス透磁率などが規定されている．インダクタンス透磁率は一次側のインダクタンスとして測定され，インピーダンス透磁率は二次側の電圧より求められる．各パーマロイは，さらに，厚さ 0.1 mm 材の巻鉄心型リング試験片によるインピーダンスで区別されている．

交流用途には，材料内に生じる渦電流により透磁率が低下するので，板厚が薄いパーマロイが必要となり，PC では 0.025 mm, 0.05 mm, 0.10 mm, 0.15 mm, 0.20 mm, 0.35 mm など，PB, PD では 0.10 mm, 0.20 mm, 0.35 mm などが標準板厚となっている．パーマロイの磁気特性の例として，PB と PC の透磁率や保磁力の値を表 2.1.15，PC におけるインダクタンス透磁率の周波数依存性を図 2.1.34 に示した．PC は表 2.1.14 より透磁率が非常に高く，薄手 PC ほど，インダクタンス透磁率が高く，高周波数まで，高透磁率を維持できていることがわかる．

表 2.1.13 パーマロイの直流磁気特性* （JIS C 2531：1999）

種類 (IEC 種類)	初透磁率	保磁力 A m^{-1}	磁束密度 (4000 A m^{-1}) T	密度(参考値) kg m^{-3}	抵抗率(参考値) μΩ m
PB (E31)	≧3000 (≧3000)	≦12 (≦12)	≧1.40 (≧1.45)	8.25×10^3	≧0.40
PC (E11)	≧15 000 (≧15 000)	≦4 (≦4)	≧0.65 (≧0.75)	8.75×10^3	≧0.55
PD (E41)	≧2500 (≧2500)	≦24 (≦24)	≧1.10(800 A m^{-1}) (≧1.18)	8.15×10^3	≧0.70
PE(E32)	受渡当事者の協定による．			8.25×10^3	≧0.40
PF(E2)					

* 磁気等級が低いもので代表させた．（ ）は IEC 規格 (IEC 60404-8-6)．

表 2.1.14 パーマロイの交流磁気特性の例 （JIS C 2531：1999）

種類	磁気等級			板厚 mm	インダクタンス透磁率（×1000）						
					0.3 kHz			1 kHz		10 kHz	
PB	−06	−10		0.10	—	≧5		≧3		—	—
	−06	−10		0.20	≧3.6	≧4		≧2.4		—	—
	−06	−10		0.30	≧3	≧3.6		≧2.2		—	—
PC		−100	−200	0.025	—	—		≧30	≧40	≧18	≧20
		−100	−200	0.05	—	—		≧25	≧40	≧9	≧9
	−10	−100	−200	0.10	≧13	≧30	≧40	≧7	≧20	≧25	≧1.5	—
		−100		0.15		≧27			≧12		
	−10	−100		0.20	≧10	≧24		≧5	≧10	≧1	
		−100		0.35		≧12			≧4.8		
PD	−02	−03		0.10	—	—		≧1.9	≧3.6	—	
	−02	−03		0.20	≧2	≧0.8		≧1.9	≧3.3		
	−02	−03		0.30	≧1	≧3.5		≧1.8	≧3		

周波数は，種類，磁気等級によってはこれ以外に 3 kHz や 30 kHz での規格もある．

表 2.1.15 パーマロイの磁気特性の一例 (JIS C 2531：1999)

種 類	初透磁率	最大比透磁率	保磁力 A m^{-1}	磁束密度 (4000 A m^{-1}) T	インダクタンス透磁率 1 kHz ［板厚/mm］	抵抗率 μΩ m
PB	4000～6000	40 000～50 000	8～12	1.4～1.5	3000～5000　［0.20］ 2500～4000　［0.35］	≥0.45
PC	30 000～60 000	100 000～250 000	1.2～2	0.65～0.7	25 000～35 000　［0.10］ 10 000～16 000　［0.20］ 6000～8000　［0.35］	≥0.55

c. 用　途

パーマロイは変成器，巻鉄心，磁気ヘッド，リレーや磁気シールドなどに使用される．

変成器，巻鉄心では，小電流においても波形ひずみが小さいことが求められる場合に，パーマロイが用いられ，小型回路素子として高精度機器に使用される．高周波では渦電流の抑制が必要であり，薄手パーマロイが一般に，100 kHz 程度まで使用される．角形性がよいパーマロイ PE はスイッチング電源などの磁気増幅器などに用いられる．

リレーでは保磁力や残留磁化が大きいと，閉じている場合に磁束が残存し，円滑に開くことができない問題が起きる．開閉を円滑に行うため，低保磁力，低残留磁化であることが求められるため，パーマロイも使用される．

磁気ヘッド材料として，ソフトフェライトコアなどとともに，パーマロイ PC が使用される．パーマロイはフェライトコアの低飽和磁化を補う材料である．しかし，VTR などの記録再生では数 MHz で使用されるので，表皮効果が問題となり，高い体積抵抗率のものや薄膜化が必須となる．また，耐摩耗性や耐食性が悪く対応が求められ，対摩耗性を高くするため，Nb や Ta などを添加して，磁気ヘッドに用いられる．ほかの磁気ヘッド材料に比べ価格的に有利であり，多く使用されている．

磁気シールドでは，高透磁率材料板材として使用される．Co 系アモルファスも高透磁率材料として使用されるが，広幅板材には必須である．磁気シールドでは高磁束密度から低磁束密度までの高透磁率が必要であり，パーマロイ PC はアモルファスとともに，低磁束密度領域での極低磁界までの磁気シールドに必須材料である．電波環境が求められるビル，MRI など医療機器，研究施設などで多用される．

パーマロイを加工すると磁気特性が劣化するので，磁性焼なましは加工後に行われている．磁性焼なましは 1100℃付近で行われる．ただし，この磁性焼なましは焼なまし技術を必要とするので，専門メーカーで行われること多い．

文　献

1) R. M. Bozorth, "Ferromagnetism", p. 102, Wiley-IEEE Press (1993).
2) H. D. Arnold, G. W. Elmen, *J. Franklin Inst.*, **195**, 621 (1923).
3) A. E. Clark, B. F. DeSavage, N. Tsuya, S. Kawakami, *J. Appl. Phys.*, **37**, 1324 (1966).
4) F. Lichtenberger, *Ann. Physik*, **10**, 45 (1932).
5) 文献 1), pp. 102-144.
6) 文献 1), p. 109.
7) 文献 1), p. 107.
8) JIS C 2531：1999 (鉄ニッケル軟質磁性材料).
9) IEC 60404-8-6：1986 (Magnetic materials Part 8：Specifications for individual materials Section six-Soft magnetic metallic materials).
10) 近角聰信，"強磁性体の物理 下"（物理学選書），p. 57, 裳華房 (1984).
11) 文献 1), p. 137.

2.1.4　Fe-Si-Al 系合金（センダスト）の磁気的性質

a. はじめに

強磁性を示す代表的な遷移金属である Fe は，Si-Fe または Al-Fe との二元系および Fe-Al-Si の三元系合金において，非常に変化に富んだ磁気的性質を示す[1～12]．これらの各合金はその優れたソフト磁性が注目され，VTR 技術が隆盛の頃，薄膜磁気ヘッドなどの機能材料として装いを新たにし，実用に供された[13～16]．

Fe-Si-Al 系合金で，増本・山本らにより決定されたソフト磁性を代表とする量としての最大透磁率 μ_m の Fe, Si および Al 濃度依存性[17]を図 2.1.36 に示す．図にみられるように，9.6 wt% Si-5.5 wt% Al-残 Fe 組成に鋭い μ_m の極大が観測され，その値は約 160 000 程度となっている．この優れたソフト磁性を示す合金はセンダストとよばれ，この磁気的性質のほかにも電気抵抗 ρ（約 120 μΩ cm），ビッカース硬さ H_V（約 500）が高いなどの付帯特性をもち，高周波用の磁心や磁気ヘッド材料として最適とされてきた．

図 2.1.36 にみる μ_m の組成に対する特異なふるまいは，技術磁化を支配するおもな因子としての結晶磁気異方性および磁歪の"センダスト"組成付近での異方性により生じている．Fe-Si, Fe-Al および Fe-Si-Al 系合金では，広範囲の組成域にかけて規則構造が存在している[18～26]．この規則構造は b. 項で詳述するが，大別して $B2$ および $D0_3$ 型の 2 種類の結晶構造が存在する．また，平衡状態図上，種々の温度での等温断面において，これら規則同士の 2 相共存，また高温相としての不規則相とこれら各規則相との 2 相共存などの複雑な相状態が存在している．そのため，相が熱処理の方法，またわずかの合金組成の違いによっ

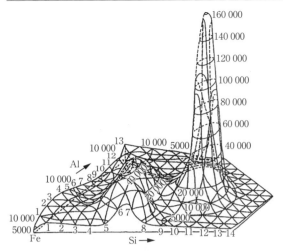

図 2.1.36 Fe-Si-Al 系合金における最大透磁率 μ_m の Fe, Al および Si 濃度依存性

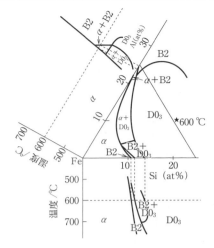

図 2.1.37 Fe-Si および Fe-Al 系合金と，Fe-Si-Al 系合金の状態図
★印はセンダストに対応．

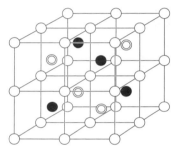

図 2.1.38 $B2$ および $D0_3$ 型規則構造のモデル図
○ FeⅠ　◎ FeⅡ　● Si または Al ($D0_3$ 型)
○ Fe　◎● Si または Al と Fe ($B2$ 型)

て，極端に変化してしまうという不安定さがある．この相の不安定性が，とりもなおさず，この系の磁気的性質の不安定性と関連している．

三元合金系では，強磁性を担う元素が，Fe のみである．また，Fe-Si, Fe-Al 系では，おのおの独立に $B2$ または $D0_3$ 型の規則構造をとらせることができる．この場合，Fe 原子の単位格子中に占める位置は唯一に定まるため，定まった対称性のもとで Al 原子または Si 原子の Fe 原子に対する環境の違いを意図的につくることができる．これらが，本合金系が磁性研究の立場から最大の魅力となる点でもある．

以上のように，Fe-Si-Al 系合金は，規則合金の相分離ならびに磁性研究の対象として，興味をもたれた合金系である．そこで本項では，Fe-Si-Al 系合金の結晶磁気異方性と磁歪を規則構造との関連で検討する．また，上に述べた物性定数は，規則格子合金の場合には規則度の大小に強く依存して変化する[27〜29]ため，規則度との関わりも検討する．

b. 構　造

センダスト合金（9.6 wt% Si-5.5 wt% Al-残 Fe）は，Fe_3Al と Fe_3Si の二つの金属間化合物の擬二元系として，$Fe_3(Al_{1-x}Si_x)$ という置換型合金を想定した場合，$x \fallingdotseq 0.6$ 近傍にあるため，各金属間化合物での規則構造をもつ[30]．したがって，ここではまず，Fe-Si 系および Fe-Al 系それぞれの規則構造の実体を知る必要がある．

図 2.1.37 に，状態図および Fe-Si-Al 系合金の 600℃での等温断面を示す．図にみるように，Fe_3Si の場合は融点直下より $D0_3$ 型の規則相が安定，一方 Fe_3Al の場合は，その状態がより複雑であり，高温より順に下記のように相分離を示している．

$$\alpha (\text{不規則相}) \xrightarrow{\sim 700℃} B2 \xrightarrow{\sim 580℃} \alpha + B2 \xrightarrow{550℃}$$
$$\alpha + D0_3 \xrightarrow{450℃} D0_3$$

ここで，α 相とは bcc 構造の不規則相であり，$B2$ および $D0_3$ 型構造とは 8 個の bcc のセルを一単位胞とした bcc 構造の規則構造をいう．これら各規則格子のモデルを図 2.1.38 に示す．図にみるように，両者の構造上の違いは，Fe 原子の占める格子位置にある．すなわち，$B2$ 型構造の場合は，bcc のユニットセルの各コーナーには Fe 原子のみが位置し，体心位置を Si あるいは Al または余剰の Fe 原子がランダムに占める．ところが $D0_3$ 型構造では，$B2$ 型同様，各コーナーには Fe 原子が位置し，各体心位置には，Fe 原子が 1 個おきに位置するという規則構造になっている．センダスト合金の構造を実験的に明らかにするには，この 2 種類の規則構造を分離する必要があり，111 面反射は $D0_3$ 型に，また 200 面反射は $B2$ および $D0_3$ 型の両者に共通の超格子反射となる点を考慮し，検討すればよい．

ここに構造解析の一例として，筆者らによる Fe_3Al 合金の $B2$ および $D0_3$ 型構造の場合の電子線回折図形とその暗視野像を図 2.1.39 に示す．1200℃ より徐冷された Fe_3Al 単結晶では，111 および 200 面の超格子反射がみられる一方，1200℃ より急冷された試料では，200 面の超格子反射

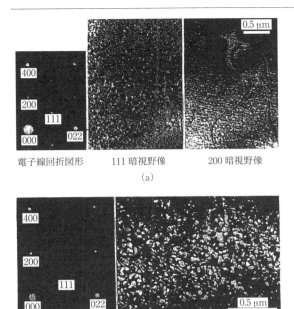

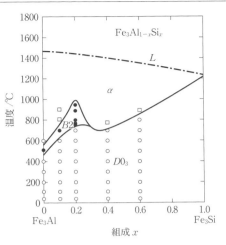

図2.1.39 電子線回折図形とその暗視野像
(a) 1200℃から徐冷された Fe_3Al 合金単結晶（100）面の電子回折図形と111および200面の暗視野像
(b) 1200℃から急冷された Fe_3Al 合金単結晶（100）面の電子回折図形と200面の暗視野像

図2.1.40 $Fe_3(Al_{1-x}Si_x)$ 擬二元合金の状態図
○: DO_3 型, ●: $B2$ 型, □: $α$ 相.

はみられるが，111面の反射は見られない．さらに，111および200面の暗視野像が組織上同一であることより，1200℃より徐冷された試料は DO_3 型単相となる．また，1200℃より急冷された試料は，$B2$ 型単相とみなされる．

以上，Fe_3Al 合金の場合は，逆位相境界の密度が高い点（各相の平衡温度領域で長時間の熱処理を行っていないことによる），また，その逆位相境界の明瞭な結晶方位依存性が存在していないということがあげられる．Fe_3Si 合金では，DO_3 型単相が得られ，また一方，Fe-Si（約6.5 wt％）二元合金では逆位相境界の明確な方位依存性が観測される[31]．この点が Fe-Al 系合金とおおいに異なる．

一方，高温に存在している不規則相の $α$ は，融体超急冷によっても室温に凍結できず[32]，Fe_3Al の場合は高温相の $B2$ 型が，Fe_3Si では DO_3 型規則相が凍結される．これらの事実は，Fe-Si-Al 系における $α$ より $B2$ および DO_3 構造への規則化過程は非常に速く，通常の冷却法では不規則相 $α$ は室温で実現できないことを意味している．

さて，センダストを含む $Fe_3(Al_{1-x}Si_x)$ 全系において，高温でのX線回折の結果得られた状態図を図2.1.40に示す．図中，○印は DO_3，●印は $B2$，□印は $α$ 相におのおの対応している．これらから，低温で安定な規則構造は DO_3 型，また，中間の高温相として，$B2$ 型規則構造をもつ組成域は，約 $x=0.3$ 程度までであり，x が0.3以上の組成域では，$B2$ 相はもはや高温相としては存在せず，た

だちに DO_3 相から $α$ 相への相変化を示す．また，DO_3 相より $B2$ 相へ，または $α$ 相への相変態温度は，Fe_3Al 側より Si の増加（X の増加）に伴って，ほぼ単調に増加している．一方，Fe_3Al の場合には，図2.1.37に示した状態図のように，$α+DO_3$ といった2相領域が存在するが，本実験の精度内ではこれらの詳細な点については言及できていない．

さて，注目するセンダスト合金は，$x≒6.5$ 近傍にあるため，合金の規則格子構造としては，DO_3 型のみを考慮すればよいということになる．この組成合金は，融体超急冷処理によっても，不規則である $α$ 相が凍結できない事実を考えると，センダスト合金の示す特異なソフト磁性の問題は，DO_3 型規則格子構造合金の磁気異方性と磁歪の問題ということになる．

c. センダスト組成付近の結晶磁気異方性と磁歪（DO_3 型平衡相での磁性）

センダスト合金の示す優れたソフト磁性は，DO_3 型規則構造の磁性より生じることが，前項での構造から明らかである．

一方，センダスト組成付近のソフト磁気的性質は，わずかの組成および温度変化に対して非常に敏感に感応し，極端に変化することが知られている[17,33]．この事実は，ソフト磁性を支配している物性定数としての結晶磁気異方性定数 K_1 と，磁歪定数 $λ_{100}$ および $λ_{111}$ の値が，この狭い組成および室温近傍での狭い温度域において急激に変化することを示唆している．

ここでは，まず，平衡相としてのバルクセンダスト組成域での K_1 と $λ_{100}$ および $λ_{111}$ の組成および温度に対する依存性を示す．

（i）結晶磁気異方性 図2.1.41に，1200℃で熱処理後徐冷した種々の合金組成の単結晶（電子線回折により DO_3 型規則構造と同定）での K_1 の温度変化の様子を示す．この図よりただちに，K_1 の温度依存性は，ごくわずかの

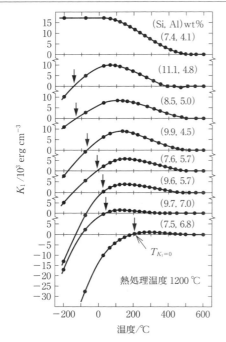

図 2.1.41 センダスト近傍の種々の組成よりなる合金単結晶における，結晶磁気異方性定数 K_1 の温度依存性
矢印は K_1 が 0 を横切る温度 $T_{K_1=0}$ に対応.

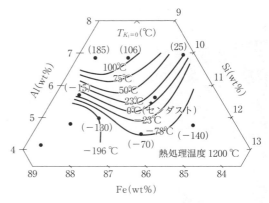

図 2.1.42 センダスト近傍の種々の組成よりなる合金単結晶において，結晶磁気異方性定数 K_1 が 0 を横切る温度 $T_{K_1=0}$ の Fe, Al および Si 濃度依存性
★印はセンダストに対応.

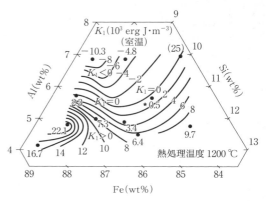

図 2.1.43 センダスト近傍の種々の組成よりなる合金単結晶での結晶磁気異方性定数 K_1 の室温における組織依存性
★印はセンダストに対応.

合金組成の違いにより大きく変化していることがわかる．ここで，K_1 が 0 になる温度（以後，$T_{K_1=0}$ と書く）は，組成の違いによって大きく変化している．すなわち，7.5 wt% Si，6.8 wt% Al，残余 Fe 合金では，$T_{K_1=0}$ は 200℃ であるのに対して，11.1 wt% Si，4.8 wt% Al，残余 Fe 合金では，$T_{K_1=0}$ は −140℃ となり，$T_{K_1=0}$ に著しく大きな差が生じている．また一方，7.4 wt% Si，4.1 wt% Al，残余 Fe 合金の場合は，この温度範囲において K_1 はその符号を変えない．

さて，バルクセンダスト組成，約 9.6 wt% Si，5.5 wt% Al，残余 Fe での K_1 に着目してみると，$T_{K_1=0}$ は，ほぼ 20℃ 近傍と室温に存在し，K_1 は室温以下での負符号から室温以上での正符号へと，ちょうど室温近傍で 0 を横切る．このように室温近傍で $K_1=0$ が偶然にも存在することが，センダストのソフト磁性出現の大きな原因の一つである．また，透磁率 μ の温度特性が不安定である[17,33]という原因も，この K_1 の温度変化により理解することができる．

$K_1=0$ が実現される組成を求めるため，$T_{K_1=0}$ を Fe, Al および Si の三元組成図上（図 2.1.42）に示す．K_1 が 0 になる組成は，温度の違いによって極端に異なり，高温になるにつれ，低 Si 濃度および高 Al 濃度側に移動している傾向がみられる．ここで，バルクセンダスト（図中★印）は，ちょうど室温近傍で $K_1=0$ が実現される組成域となる．

図 2.1.43 には，K_1 の室温での組成依存性を示す．図中 ★印はバルクセンダスト中心組成に対応している．また，同図には，各組成合金の K_1 の値より求めた K_1 の等値曲線を示してある．図より，K_1 の値は，ごくわずかの組成の違いによって大きく変化しているのがみられる．すなわち，センダスト付近の狭い組成域において，K_1 の符号は正と負に分かれており，その境界組成付近においては $K_1=0$ の状態が実現され，センダスト中心組成は，ほぼこの線上に位置している．このように，センダスト合金は，K_1 の立場より眺めると，室温で偶然に 0 の状態が実現する組成にあり，その値は温度ならびに微少の組成の違いによって非常に敏感に変化する．この点がセンダスト系合金で，ソフト磁性を出現させるために合金組成を厳密に調整しなければならないゆえんである．また，ここでは紙数の都合で記述できないが，これら合金系の K_1 の温度依存性は規則度依存性をも示し，規則度パラメーターの変化により，$T_{K_1=0}$ はわずかではあるが変化する[34,35]．このことは，この規則合金系の K_1 の発生起因が，DO_3 型規則構造での局所環境の変化に敏感に感応することを示唆している．

(ii) 磁歪　ここでは，K_1 と並んで技術磁化過程を強く支配する磁歪について，バルクセンダストの場合について記述する．

図 2.1.44 および図 2.1.45 に，それぞれ DO_3 型規則構造をもつ種々の組成合金の λ_{100} および λ_{111} の温度変化の模様を示す．図にみるように，温度の上昇に伴い λ_{100} は大きくその値を変え，かつ，7.6 wt% Si，5.7 wt% Al，残余 Fe 組成合金を除いては，符号も正から負へと変化していることがわかる．センダスト中心組成合金（9.6 wt% Si, 5.7 wt% Al, 残余 Fe）の場合，λ_{100} は -196°C では 1.3×10^{-5} の正の大きな値を示すが，温度上昇に伴いその値は減少し，室温で 0 を横切る．さらに温度を上昇させると，λ_{100} の符号は負になり，110°C では -2×10^{-6} 程度にもなる．このような温度変化の傾向は，どの組成合金においても，ほぼ同様である．

ここで注目すべきことは，K_1 の場合と同様，図中矢印で示した $\lambda_{100}=0$ が成り立つ温度 $T_{\lambda_{100}=0}$ が組成の変化に伴い大きく変化していることである．すなわち，約 2 wt% の Si および Al 組成の変化に対して，$T_{\lambda_{100}=0}$ には 180°C もの差が生じていることがわかる．また，同図より Si 組成が増加するに従って，$T_{\lambda_{100}=0}$ はより低温側に移動する．

一方，図 2.1.45 に示した λ_{111} の場合，λ_{111} は λ_{100} の場合と異なり，9.9 wt% Si, 4.5 wt% Al, 残余 Fe 組成合金の場合を除き，この温度範囲では符号変化を生じていない．Si 組成が，7.6～9.6 wt% の合金では，λ_{111} の符号は全温度範囲において正であり，温度上昇に伴い λ_{111} の値は単調にゆるやかに減少している．一方，11.1 wt% Si, 4.8 wt% Al, 残余 Fe 組成合金では，λ_{111} の符号は全測定温度において負であり，その値 -1.5×10^{-6} は，温度にはほとんど依存せず一定となっている．

図 2.1.44 の結果をもとに，温度をパラメーターとし，$\lambda_{100}=0$ が実現される組成を求め，$T_{\lambda_{100}=0}$ を図 2.1.46 に Fe, Al および Si の三元組成に対して示した．$\lambda_{100}=0$ の線は，どの温度においても比較的 Si 組成に強い相関を示し，-180°C では 10～11 wt% Si 組成に，また 100°C では 9～10 wt% Si 組成へと，温度が高くなるにつれて，$\lambda_{100}=0$ の線は低 Si 濃度側へ移動するのが読みとれる．さて，注目するセンダストは，ほぼ $T_{\lambda_{100}=0}$ が室温近傍の組成線上にあるのがわかる．

図 2.1.47 および図 2.1.48 には，室温における λ_{100} および λ_{111} の組成依存性を示す．図にみるように，K_1 の場合

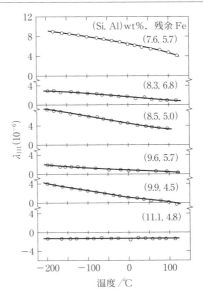

図 2.1.45 センダスト近傍の種々の組成よりなる合金単結晶における磁歪定数 λ_{111} の温度依存性

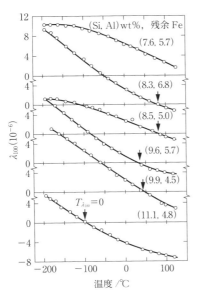

図 2.1.44 センダスト近傍の種々の組成よりなる合金単結晶における磁歪定数 λ_{100} の温度依存性
矢印は λ_{100} が 0 を横切る温度 $T_{\lambda_{100}=0}$ に対応．

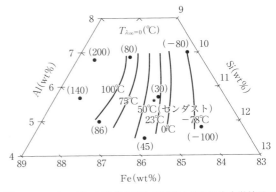

図 2.1.46 センダスト近傍の種々の組成よりなる合金単結晶において磁歪定数 λ_{100} が 0 を横切る温度 $T_{\lambda_{100}=0}$ の Fe, Al および Si 濃度依存性
★印はセンダストに対応．

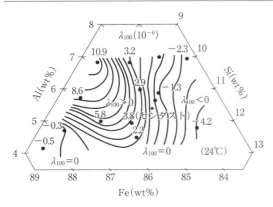

図2.1.47 センダスト近傍の種々の組成よりなる合金単結晶における，室温での磁歪定数 λ_{100} の組成依存性
★印はセンダストに対応．

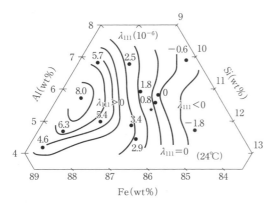

図2.1.48 センダスト近傍の種々の組成よりなる合金単結晶における，室温での磁歪定数 λ_{111} の組成依存性
★印はセンダストに対応．

と同様，λ_{100} および λ_{111} の符号ならびにその大きさは，わずかの合金組成の変化に対して著しい変化を示す．λ_{100} の場合，$\lambda_{100}=0$ の線はこの組成範囲において2本存在し，1本はセンダスト組成付近にあり，もう1本は，Al 含有量 4～5 wt%，Si 含有量 7～8 wt%，Fe 88～89 wt% 組成近傍にある．一方，λ_{111} の場合（図2.1.48），$\lambda_{111}=0$ の線は，ほぼ図2.1.47 にみる $\lambda_{100}=0$ の線と同一の組成領域にあり，図2.1.47 に示した λ_{100} の場合と同様センダスト組成域を横切っている．

このように，センダストでは λ_{100} および λ_{111} がともに 0 となるのが大きな特徴である．センダスト合金の場合，通常の熱処理によっても比較的高い原子の秩序状態が実現されるため，Fe_3Al の $B2$ 型構造の場合にみられるような熱処理法の差に伴う顕著な秩序変化の傾向は，一般的にはみられない．

しかしながら，現実の試料においては，原子配列が理想的な結晶のように完全ではなく，原子のサイト選択性に若干の誤りが生じている．この点に関する詳細は，筆者らによるほかの解説[36]などを参照されたい．

d. ソフト磁気特性と結晶磁気異方性および磁歪との関連

これまでの項で，バルク単結晶の Fe-Si-Al 系合金について，平衡相としての DO_3 型構造での K_1 と λ_{100}, λ_{111} について示した．ここでは前項までの結果をふまえ，これらの真性的な磁気定数とソフト磁気特性がどのように関連するかを，バルク単結晶状態について検討し，これら磁気定数とソフト磁性との相関を検討する．

（i）バルク状態での軟磁性 ここでは，バルクセンダスト合金の示すソフト磁気特性と，磁化過程を支配している K_1 および λ_{100}, λ_{111} との関係を，まず第一に室温における組成の関数として，第二に温度の関数として検討する．

図2.1.49 および図2.1.50 に，それぞれ増本・山本らにより決定された多結晶のバルク試料における初透磁率 μ_i と最大透磁率 μ_m の室温での組成依存性[17]を，c.項で述べた筆者らにより定められた $K_1=0$ および飽和磁歪 $\lambda_S=0$ の線とともに示した．

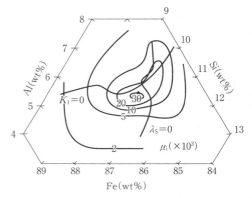

図2.1.49 センダスト中心組成域での初透磁率 μ_i の Fe, Si および Al 濃度依存性，ならびに結晶磁気異方性定数 $K_1=0$ と磁歪定数 $\lambda_S=0$ 線
★印はセンダスト中心組成．

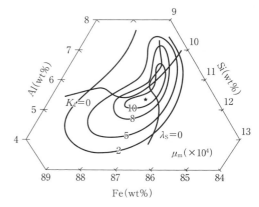

図2.1.50 センダスト中心組成域での最大透磁率 μ_m の Fe, Si および Al 濃度依存性，ならびに結晶磁気異方性定数 $K_1=0$ と磁歪定数 $\lambda_S=0$ 線
★印はセンダスト中心組成．

図2.1.49にみるように，μ_iの場合，極大を示すセンダストの組成は，本実験での$K_1=0$と$\lambda_S=0$とが交差する組成に限りなく近い．ここで注目すべきは，μ_iの等値曲線の組成に対する依存性は，$\lambda_S=0$の線よりはむしろ$K_1=0$線に沿っているとみられることである．

図2.1.50のμ_mの場合，極大を示す組成は，やはりμ_iの場合と同様$K_1=0$と$\lambda_S=0$両線が交差する組成に近い．しかしながら，μ_mの場合は，その等値曲線の組成に対する依存性はμ_iの場合のそれとは異なって，$\lambda_S=0$と$K_1=0$の両線の中間組成域に向かって等値曲線のはり出しがみられる．

以上のことより，バルクセンダスト系での磁化過程を考えると，μ_iは合金のもつK_1の大きさに強く依存し，初期磁化過程はK_1で強く支配されているものと考えることができる．一方，μ_mの場合は，磁化過程として非可逆磁壁移動を伴うが，この場合はその合金のK_1のほかに，残留応力などの材料の不均質状態と関連する磁歪を介した磁気弾性効果が影響を及ぼしてくる．したがって，センダスト合金の高いμ_iの出現は，ほぼ$K_1=0$という状態に由来し，また高いμ_mの出現は，$K_1=0$の状態のほかに，$\lambda_S=0$という付帯的な条件にも強く関連している．

図2.1.51に，9.6 wt% Si, 5.9 wt% Al，残余 Fe 合金単結晶の(100)，〈100〉の方位をもつ額縁試料での実験より決定されたμ_iおよびμ_mの温度変化を示す．μ_iは，120℃近傍より温度の低下に伴い徐々に増加し，約5℃前後にかなり緩やかなピークを示す．この緩慢なピークは，交流帯磁率の測定では非常に急峻なピークとして観測さ

れ，ピークをとる温度は約5℃と判断できる（図2.1.51の一点鎖線）．その後μ_iは，温度の低下に伴い徐々に低下している．一方，μ_mは，μ_iの場合と同様に120℃近傍からの温度の低下に伴い，その値が徐々に大きくなり，−20℃近傍にやはり緩やかな極大をつくっている．その後温度の低下に伴い，μ_mはやはりμ_iの場合と同様に徐々に減少していく傾向を示す．

また同図には，同一組成合金のK_1とλ_{100}およびλ_{111}の温度変化の模様を示してある．図より明らかなように，この合金の場合，K_1が0を横切る温度$T_{K_1=0}$は約10℃近傍にある．また，λ_{100}およびλ_{111}が0を横切る温度$T_{\lambda_{100}=0}$および$T_{\lambda_{111}=0}$は，それぞれλ_{100}の場合は−10℃，また，λ_{111}の場合にも約−10℃近傍にある．したがって，この組成合金の場合，λ_{100}とλ_{111}がともに0となる温度は約−10℃にある．

以上のことより，まず，実験的に明らかなのはμ_iが極大をとる温度は$T_{K_1=0}$とよく対応していることである．μ_iの温度依存性は，試料が(100), 〈100〉額縁形であることを考えると，$T>T_{K_1=0}$ ($K_1>0$) では可逆磁壁移動型でμ_iは$M_s/\sqrt{K_1}$に比例し，また$T<T_{K_1=0}$ ($K_1<0$) では可逆磁壁移動型と回転磁化型の両者の合成により，μ_iは$M_s/\sqrt{K_1}$およびM_s^2/K_1にそれぞれ比例すると考えて定性的には説明できる．また，μ_mの場合は，その極大をとる温度が約−10℃近傍と考えられ，この温度は$T_{\lambda_{100}=0}$と$T_{\lambda_{111}=0}$とが同時に満足される温度とよく一致している．

以上，二つのことより，バルクセンダスト合金では，直流でのμ_iはK_1の大小に，また，μ_mはK_1よりもむしろλの大小により強く依存しているものと結論づけられる．

次に，上述の結果をもとに，センダスト系合金でのμ_iおよびμ_mの温度変化の傾向と，K_1およびλ_{100}の温度変化とがいかに対応しているかを比較的広範囲の組成域でながめる．

図2.1.52にみるように，図2.1.42および図2.1.46に示した各温度における$K_1=0$の線と$\lambda_{100}=0$の線とは，同じ温度の場合には○印で示した組成で交差する．したがって，その組成ではK_1とλ_{100}がともにその温度では0となる状態が実現する．ここで特筆すべきは，K_1とλ_{100}がともに0となる組成は，−78℃では 10.6 wt% Si, 5.3 wt% Al，残余 Fe であるが，100℃では 8.5 wt% Si, 6.9 wt% Al，残余 Fe であり，一定温度でK_1とλ_{100}とがともに0を満足する組成は，ほぼ Fe 濃度一定という組成線上に存在する．また，温度が上昇するに伴い，$K_1=0$, $\lambda_{111}=0$をともに満足する組成は，低 Si, 高 Al 濃度側へ移動している．このようにセンダスト系合金で最良のソフト磁気特性が出現する温度が Fe 濃度に強く依存するという事実は，組成制御を行ううえでの重要な指針を与える．

さて，物性定数が図2.1.52にみるような組成依存性を示した場合，各組成合金でのμ_iおよびμ_mの温度変化の傾向はどのようになるであろうか．同図には，現在まで単結晶および多結晶の実験を通して得られているμ_iおよびμ_m

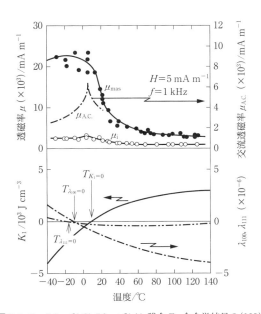

図2.1.51 9.6 wt% Si, 5.9 wt% Al, 残余 Fe 合金単結晶の(100)，〈100〉額縁試料での初透磁率μ_iおよび最大透磁率μ_mの温度依存性，ならびに同合金の結晶磁気異方性定数K_1および磁歪定数λ_{100}, λ_{111}の温度変化

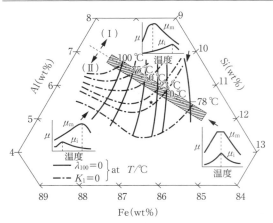

図2.1.52 センダスト近傍の種々の組成よりなる合金単結晶における,λ_{100} が 0 を横切る温度 $T_{\lambda_{100}=0}$ と,K_1 が 0 を横切る温度 $T_{K_1=0}$(—·—),Fe,Al および Si 濃度依存性,ならびに組成域(I)および(II)における透磁率 μ の温度変化を表す模式図

の各温度に対する変化の傾向を模式的に描いた図を挿入してある.

図にみるように,図上▨印を入れた組成域では,μ_i と μ_m の極大は同一の温度で得られ,μ_i および μ_m ともそれぞれの値は比較的大きいことがわかる(右下の挿入図).これらのことは,K_1 と λ_{100} がともに同一の温度で 0 になっていることとよく対応している.一方,この組成域を境として,領域(I)(Fe 濃度の低い領域)では,λ_{100} が 0 となる温度は $K_1=0$ が実現される温度に比して低い.したがって,この組成域では,μ_i の極大は μ_m の極大が観測される温度よりも比較的高い温度で実現される(右上の挿入図).また,μ_i および μ_m の各極大値は,λ および K_1 のいずれかが有限の値として残存するため,それらの値は▨印の組成域での値に比べてかなり小さな値になる.ところが,領域(II)(Fe 濃度の高い領域)では,領域(I)での場合とは逆の様相をとり,λ_{100} が 0 となる温度は,$K_1=0$ が実現される温度に比べて比較的高い.したがって,この組成域では,温度軸上で μ_m の極大が μ_i の極大より高い温度で観測されるのがわかる(左下の挿入図).

以上のように,DO_3 型規則構造を示すセンダスト合金の場合,バルク状態での μ_i はその材料の K_1 により強い相関を示し,また μ_m は λ により強く規定されるということが結論づけられる.

文　献

1) N. P. Goss, *Trans. Ameri. Soc. Metals*, **23**, 511 (1935).
2) 増本 量,斉藤英夫,日本金属学会誌,**8**,359 (1944).
3) 本多光太郎,増本 量,白川勇記,小林猛郎,日本金属学会誌,**12**,1 (1948).
4) H. Matsumoto, H. Saito, Rep. Tohoku Univ., A-3, 523 (1951).
5) H. Matsumoto, H. Saito, Rep. Tohoku Univ., A-4, 321 (1952).
6) N. Tsuya, K. Arai, K. Omori, *IEEE Trans. Magn.*, **15**, 1149 (1979).
7) K. Arai, N. Tsuya, *IEEE Trans. Magn.*, **16**, 126 (1980).
8) 宮崎照宣,高倉敬一,伊藤敏憲,高橋 実,日本応用磁気学会誌,**5**,85 (1981).
9) M. Takahashi, T. Miyazaki, T. Watanabe, S. Isio, *Jpn. J. Appl. Phys.*, **18**, 2325 (1979).
10) T. Miyazaki, M. Takahashi, K. Takakura, I. Ito, *J. Magn. Magn. Mater.*, **24**, 279 (1981).
11) T. Tanaka, K. Kaneda, M. Homma, *IEEE Trans. Magn.*, **18**, 1430 (1982).
12) M. Mino, T. Tanaka, M. Homma, *IEEE Trans. Magn.*, **21**, 1240 (1985).
13) H. Shibaya, I. Fukuda, *IEEE Trans. Magn.*, **13**, 1029 (1977).
14) N. Kumasaka, N. Saito, Y. Shiiki, H. Fujiwara, M. Kudo, *J. Appl. Phys.*, **55**, 2238 (1984).
15) 第 38 回 日本応用磁気学会研究資料 (1985).
16) 綾野 勝,名古久美男,村松哲郎,山本達志,土本修平,吉川光彦,第 8 回 日本応用磁気学会概要集,170 (1984).
17) 増本 量,山本達治,日本金属学会誌,**1**,127 (1937).
18) C. Sykes, H. Bvans, *Proc. R. Soc. A*, **145**, 529 (1934).
19) 大沢興美,村田 孝,日本金属学会誌,**5**,259 (1941).
20) G. Schlatte, W. Pitsch, *Z. Metallkde*. **66**, 660 (1975).
21) S. M. Alen, J. W. Cahn, *Acta Met.*, **24**, 425 (1976).
22) H. Sagane, K. Oki, T. Eguchi, *Trans. JIM*, **18**, 488 (1977).
23) 宮崎 亨,都築岳史,小坂井孝生,藤本靖孝,日本金属学会誌,**46**,1111 (1982).
24) P. R. Swann, W. R. Duff, R. M. Fisher, *Met. Trans.*, **3**, 409 (1972).
25) K. Oki, H. Sagane, T. Eguchi, *Jpn. J. Appl. Phys.*, **13**, 753 (1974).
27) P. R. Swann, L. Grans, B. Lehtinen, *Met. Sci.*, **9**, 90 (1975).
28) R. M. Bozorth, *Rev. Modern Phys. Stat. Sol.*, **25**, 42 (1953).
29) S. Takahashi, *Phys. Lett. A*, **78**, 485 (1980).
30) H. Hatafuku, S. Takahashi, T. Sasaki, H. Ichinohe, *J. Magn. Magn. Mater.*, **31-34**, 847 (1983).
31) S. Ogawa, *Sci. Rep. Tohoku Univ. First Ser.*, **3**, 5 (1951).
32) 田中寿郎,高橋 研,脇山徳雄,大和正幸,渡辺伝次郎,第 8 回 日本応用磁気学会概要集,185 (1984).
33) M. Takahashi, *et al.*, unpublished.
34) 山本達治,日本金属学会分科会報告(第 1 分科会)(1947).
35) 高橋 研,固体物理,**21** (1985).
36) M. Takahashi, H. Arai, T. Tanaka, T. Wakiyama, *IEEE Trans. Magn.*, **22**, 638 (1986).

2.1.5　アモルファスソフト磁性材料/バルク

a.　バルクアモルファスソフト磁性材料

本項で取り扱うアモルファス材料/バルクは,溶融合金を冷却基盤に急速に接触させ急冷凝固させる,液体急冷法(rapidly quenching)によって製造される数 μm 以上の厚さをもつソフト磁性アモルファス材料で,合金元素の原子を堆積させていく物理的または化学的方法によるアモルファス材料/薄膜ではない.溶融体の連続鋳造による急冷凝固で得られる,アモルファス薄帯あるいはアモルファス

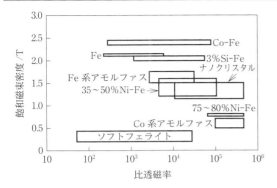

図 2.1.53 ソフト磁性材料の飽和磁束密度と透磁率
[電気学会マグネティックス技術委員会 編, "磁気工学の基礎と応用", p.83, コロナ社 (2013)]

リボンとよばれる材料である. 物理的なスパッタ法によっても数 μm 厚以上のバルクアモルファス材料の作製は可能であるが, 本項のアモルファスには含めず薄膜アモルファスに分類され 3 章で記述される. また, 1995 年以降に研究が進んできた, 3～4 元系以上の多元系合金化によりガラス生成能を向上させた 100 μm～数 mm 厚のバルクアモルファス材料は, 金属ガラスの名称で 50 μm 厚以下のアモルファス材料と区別されて扱われる場合もある.

図 2.1.53 にバルクアモルファスソフト磁性材料の飽和磁束密度 B_s と比透磁率 μ についてバルク結晶磁性材料と比較している. 電気-磁気エネルギー変換材料としての磁性材料は磁束密度, 透磁率をできるだけ高く, 保磁力をできるだけ小さくするのが目標である. Fe 系アモルファスは高磁束密度で低保磁力, Co 系アモルファスは高透磁率で低保磁力であることを特徴とし, 前者は 3% Si-Fe 電磁鋼板, 後者は 78% Ni パーマロイが競合関係にある.

b. アモルファスソフト磁性材料の歴史

液体急冷法によるアモルファス磁性研究の端緒は, 1966 年 C. C. Tsuei と P. Duwez[1] が, 液体急冷アモルファス合金 $Pd_{80}Si_{20}$ の Pd が 3d 元素の Fe, Co, Ni を完全固溶することから, 三元系合金, $Pd_{75}Fe_5Si_{20}$, $Pd_{68}Co_{12}Si_{20}$ の液体急冷アモルファス試料を作成し, それぞれ保磁力が 160 Oe, 466 Oe の磁性をもつことを示したことによる. 翌 1967 年に P. Duwez[2] が鉄三元系合金の共晶点を下げたアモルファス合金 $Fe_{75}P_{15}C_{10}$ を得, 飽和磁化 $J_s = 6.8$ kG, 保磁力 $H_c = 3$ Oe, キュリー温度 $T_c = 320$℃ の強磁性を示すことを発表し, これが最初のアモルファス磁性材料とされる. すでに, 1950 年 Co-P アモルファスめっき膜[3] で強磁性が示され, 1960 年 A. I. Gubanov[4] が "強磁性に結晶は必然でない" ことを理論的に明らかにしていた. 室温で安定な急冷凝固アモルファス合金 $Fe_{75}P_{15}C_{10}$ はありふれた成分元素でアモルファス強磁性を実現し, 次々と種々の組成のアモルファス磁性合金が発表された. これらのアモルファス物質はピストン・アンビル法による薄片試料で特性にばらつきが多く不安定であった. 1960 年後半から 1970 年代に連続的にアモルファスを得る鋳造法が考案され, アモルファス合金は物質研究から磁性材料の開発研究へ飛躍的に発展した.

c. 液体急冷アモルファス磁性材料の製造法

液体急冷法では, 溶融合金をアモルファス形成する臨界冷却速度で凝固させる必要がある. 1960 年代は溶融合金 (メルト, 液体) を金属冷却板に高速衝突させる, ガン法とピストン・アンビル法のバッチ式で数百 mg の薄片の磁性物質を得るに過ぎなかった. 磁性材料の実用化に不可欠な連続したアモルファス材料は, 1969 年 R. Pond と R. Maddin による回転ドラム法[5], 1970 年 H. Chen らの双ロール法[6], 1976 年 H. H. Liebermann らによる単ロール法[7] などによって, リボン状の連続試料形状が得られるようになった. さらに, 1980 年, M. C. Narasimhan による平坦流鋳造 (PFC: planar flow casting) 法[8] が開発され, 広幅の断面形状のよい連続したアモルファスリボンが大量に製造可能となり, ソフト磁性材料として広範囲の実用化が可能となった. PFC 法は溶融合金をスロットノズルから回転ロール表面に噴出させ, 薄帯の急冷凝固アモルファスリボンを得る, シンプルな製造法である. PFC 法により従来の単孔ノズル法による数 mm 以下の幅から 25 mm 以上の広幅リボン製造が可能となり, 2015 年現在, 最大 213 mm 幅のアモルファスリボンが工業的に製造されている[9]. 一方, 1978 年に大中は回転ドラムによる回転液中紡糸法[10] を開発し, 断面形状のよいアモルファス細線が得られソフト磁性細線として実用化された. また, ソフト磁性アモルファス粉末はアトマイズ法 (溶湯噴霧急冷凝固法) で実用化されている.

図 2.1.54 にアモルファス材料の連続鋳造法を示す. 大気中鋳造の単ロール法ではアモルファスリボンのロール接触面に空気巻込み (air pocket) を生じ表面粗さが大きくなり磁気特性にも影響を与えるが, 大量生産に向いている. 双ロール法は溶融液をロールで急冷するとともに圧延も行われ, 制御の複雑さやロール摩耗もあるが, 表面性状がよく板厚精度もよく, 少量生産の磁性材料に向いている.

(i) アモルファスの形成能 アモルファスが形成されるには, 溶融合金が結晶する前に凝固する, 臨界冷却速度 R_c が必要で, 溶融合金のガラス転移温度 T_g によって

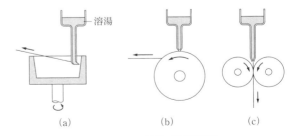

図 2.1.54 アモルファス材料の連続鋳造法
(a) 遠心法 (b) 単ロール法 (c) 双ロール法
[沢田良三, 化学工業, **7**, 34 (1982)]

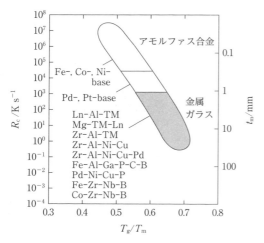

図 2.1.55 アモルファス形成能，臨界冷却速度 R_c と板厚 T_m
[A. Inoue, A. Makino, T. Mizushima, *J. MMM*, 215-216, 247 (2000)]

決まる．液体急冷法では冷却速度に限界があり，純金属のアモルファス化は難しく，原子半径比の大きな元素同士，また低い共晶点をもつ合金の組合せが適しており，遷移金属-半金属（B, C, Si, P, Ge, As など），金属-金属の組合せがある．3d 磁性元素の合金系では臨界冷却速度が 10^5～10^6 K s^{-1} になり，アモルファス製造条件が非常に厳しくなる．図 2.1.55 は，臨界冷却速度 R_c と融点 T_m とガラス転移温度 T_g の比 (T_g/T_m) の関係を，得られるアモルファスの最大厚み t_m とともに表したもので，Fe, Co あるいは Ni をベースとする合金のアモルファス磁性は R_c が大きく，t_m も 0.1 mm 以下になっている．一方，1990 年後半に発見された臨界冷却速度が $R_c < 10^3$ K s^{-1} と小さな金属ガラス (glassy metals) とよばれているグループがあり，$R_c = 10^5$～10^6 K s^{-1} のアモルファス合金と区別する場合もある．金属ガラスは従来のアモルファス合金と異なり，結晶化温度 T_x と T_g の差，$\Delta T_x = T_x - T_g$ が大きい材料で $t_m > 1$ mm のバルク材料が可能[11]であり，ソフト磁性を示す材料も見出されている．Fe-(Al, Ga)-(P, C, B, Si) 系，(FeCo)$_{75}$Ga$_5$(PCB)$_{20}$ や (Fe, Co, Ni)$_{70}$(Zr, Hf, Nb, Ta)$_{10}$B$_{20}$ 系では $\Delta T_x > 25$ K が得られ 100 μmφ 粒に，また Fe-Co-Zr(Nb, Ta)-B を銅鋳型に鋳造することにより 3～5 mm 径の円柱試料が得られている[12]．

(ii) アモルファスソフト磁性材料の合金成分 アモルファスソフト磁性材料の合金成分設計は，アモルファス形成能（曲げ加工性，脆性など含む），飽和磁化，キュリー温度，保磁力，鉄損，透磁率，磁歪などの基本特性の検討と，さらに熱安定性，耐時効性や耐食性などの実用化を見込んだ特性も含めて検討される．アモルファス材料の磁気特性は，すでにソフト磁性材料として使用されている結晶質の電磁鋼板（3%ケイ素鋼 $B_s = 2.03$ T）やパーマロイ（パーマロイ PC の高透磁率）などの磁気特性を目標とし，Fe 系アモルファスは高 B_s，Co 系アモルファスでは磁歪

ゼロを指標に，研究開発されてきた．

Fe$_{75}$P$_{15}$C$_{10}$ アモルファス合金の発表以降，Fe, Co, Ni の強磁性元素を核にしたアモルファス材料が数多く研究された．共晶点では合金溶融体が 2 相に分離する拡散エネルギーが必要でアモルファス形成能が大きいとされ，3d 遷移金属元素である Fe, Co, Ni に，15～25% 程度のアモルファス生成元素である半金属の Si, B, P, C 元素を主に融点や共晶点を下げる目的で合金化された．ちなみに，Fe-B, Fe-P, Co-B の 2 元合金の共晶点は，半金属の量はそれぞれ 17 at%，17.5 at%，24 at% で，融点はそれぞれ 1149°C，1050°C，1102°C である．さらに，Cr, Mo, Nb, Ta などの金属元素を磁気特性を向上させる目的として少量含有させた合金成分が研究された．Fe 系では Fe$_{80}$B$_{20}$ の飽和磁化 J_s が 1.6 T と高く，Fe が 80 at% 近傍で高飽和磁化，Co 系では Co が 76 at% 近傍で磁歪ゼロで，高透磁率のアモルファス磁性材料を中心に，それぞれ開発が行われた．メタロイド元素は P が磁気的，熱的安定性に欠け B が主流になった．

Fe, Co, Ni 元素と半金属合金のアモルファスは磁気特性に特徴があり，図 2.1.56 に (Fe, Co, Ni)$_{78}$(Si, B)$_{22}$ の例で示すように，Fe 系は高飽和磁束密度で高磁歪，一方，Co 系は低磁束密度，低磁歪に分かれる．

（1） Fe 系アモルファス磁性材料： 1967 年に Fe$_{75}$P$_{15}$C$_{10}$[2]，1971 年に Fe$_{80}$P$_{13}$B$_7$[13]，Fe$_{76}$B$_{17}$C$_6$[13]，1975 年に Fe$_{78}$Si$_{10}$B$_{12}$[14] が発表され，Fe-P-C 系は P が脆化を促進すること[15]から放棄されて Fe-B 系に絞られ，1976 年に Fe$_{80}$B$_{20}$[16]，1979 年に Fe$_{81}$Si$_5$B$_{13}$C$_1$[17] が発表された．

図 2.1.57 に，Fe$_{80}$B$_{20}$ の B を半金属 M＝C, P, Si, Ge で置換した，Fe$_{80}$B$_{20-x}$M$_x$ の Fe 原子 1 個あたりの平均磁気モーメントとキュリー温度の組成依存性を示している．Fe 単体の磁気モーメント 2.2 μ_B（μ_B：ボーア磁子）に対して Fe$_{80}$B$_{20}$ では 2.08 μ_B で，Si 置換では磁化，キュリー

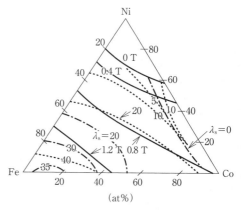

図 2.1.56 (Fe, Co, Ni)$_{78}$-Si$_8$B$_{14}$ の磁気特性組成依存性
実線：飽和磁束密度 B_s/T，破線：保磁力 H_c (0.08 A m^{-1})，
一点鎖線：飽和磁歪定数 λ_s (×10^{-6})．
[電気学会マグネティックス技術委員会 編，"磁気工学の基礎と応用"，p. 80，コロナ社（1999）]

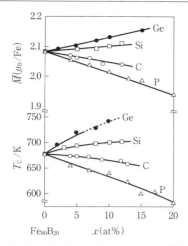

図 2.1.57 $Fe_{80}B_{20-x}M_x$ (M=C, P, Si, Ge) の Fe 原子 1 個あたりの平均磁気モーメントとキュリー温度
[N. S. Kazama, M. Mitera, T. Masumoto, "Rapidly Quenched Metals III" (B. Canter, ed.), Vol. 2, p. 164, Metal Society (1978)]

表 2.1.16 Fe 系アモルファスの組成と磁気特性

	B_s / T	H_c / ×80 A m^{-1}	T_C / ℃	R / μΩ cm	λ_s / ppm
$Fe_{80}B_{20}$	1.6	0.03	374	145	31
$Fe_{86}B_7C_7$	1.78	0.15			
$Fe_{78}Si_{10}B_{12}$	1.56	0.06	447	155	33
$Fe_{82}Si_8B_{10}$	1.6	0.03			
$Fe_{81}B_{13}Si_4C_2$	1.61	0.008	400	125	40
$Fe_{81}B_{13}Si_{3.5}C_{1.5}$	1.61	0.06	370	125	
$Fe_{80.5}B_{12}Si_7C_{0.5}$	1.62	0.1	410	128	30
$Fe_{66}Co_{18}B_{15}Si_{15}$	1.8	0.04	415	125	3.5

[増本 健, 深道和明 編, "アモルファス合金 その物性と応用" p. 144, アグネ (1981)]

温度ともに低下しないことがわかる. 磁性材料としては, 飽和磁化 (飽和磁束密度) B_s, 保磁力 H_c, キュリー温度 T_c が重要で, 室温以上のキュリー温度をもち, B_s が高く, H_c が低いことが材料として求められる. 表 2.1.16 に, 代表的な Fe 系アモルファスの組成と磁気特性を示す.

Fe 系アモルファス材料は実用化の観点から活発な研究開発が行われ, アモルファス形成能と高 B_s, 低 H_c, 高透磁率 μ_r のバランスがとれた Fe-Si-B 系に絞られた. 図 2.1.58 に室温での B_s と Fe, Si, B の原子濃度依存性を示す. 1982 年, $Fe_{78}B_{13}Si_9$ が 2605S2[18] として市販され, また高 Fe 側で磁気特性の安定性向上のために C を 1 at%以下の少量添加した Fe-Si-B-C 系[19] も検討され, 最終的に $Fe_{78-81}B_{12-13}Si_{6-9}C_{0-1}$ の成分になっている. $B_s=1.8$ T の $Fe_{77}Co_9B_8C_6$ のような Fe-Co 系も発表されたが, コストやアモルファス形成能に問題がある. Fe 系アモルファス磁性材料は, Fe-Si-B 系が電力配電用トランス鉄心などに実用化され, さらに高 B_s, 低鉄損を目標に開発が続けられている[20].

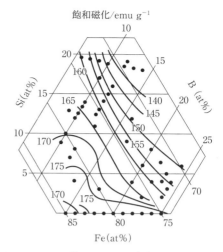

図 2.1.58 Fe-Si-B 系アモルファス合金における飽和磁化の組成依存性 (1 emu(Gau)=10^{-4} T)
[電気学会マグネティックス技術委員会 編, "改訂 磁気工学の基礎と応用", p. 74, コロナ社 (2013)]

Fe-B-Si 系アモルファス磁性材料の特性に及ぼす非磁性金属元素は, いずれも結晶化温度を上昇させ, キュリー温度を下げ, 磁束密度を低下させる[21]. 微量の Al はアモルファス表面に αFe 結晶を晶出させ著しく磁性を劣化させる[22]. 同様の傾向は, Zr, Ti でも認められ, Cu を除き Sn, Mn も磁束密度, 鉄損を劣化させる. Nb, Cr は結晶化温度を上げ磁歪を下げる. また, 微結晶を微少量晶出させて高周波鉄損を改善する効果もある[23]. Cr はアモルファス表面に αFe 結晶化を促し高周波鉄損を改善するとともに, メタロイドの表面酸化防止に寄与する.

Fe 系アモルファス材料の磁歪は, 図 2.1.59 に示すように, 飽和磁化 J_s の 2 乗に比例するため Fe 系では磁歪ゼロのアモルファス材料は得られない.

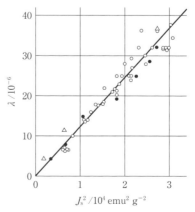

図 2.1.59 Fe 系アモルファス材料の磁歪 (ただし, ●△ は $(FeNi)_{80}B_{20}$, (FeNi)PB 合金)
[S. Ito, S. Uedaira, et al., Appl. Phys. Lett., **37**(7), 666 (1980)]

(2) Co系アモルファス磁性材料: 透磁率 $\mu \propto J_s^2/K_u$ で飽和磁化 J_s の2乗に比例し異方性 K_u に反比例する. K_u は磁歪 λ_s と $(3/2)\lambda_s\sigma$ (σ: 内部応力) に対応し, 高透磁率を得るには磁歪 $\lambda_s=0$ にすればよい. Co系アモルファス材料では磁歪定数ゼロの高透磁率の研究が進められ, 1975年に $Co_{70}Fe_5Si_{15}B_{10}$[24], $Co_{72}Fe_3P_{16}B_6Al_3$[25] が発表され, 78パーマロイを凌ぐ透磁率を示した. 図2.1.60はT(=Co, Fe, Ni)-M(=Si, B)系の磁歪の正負, 0領域を表しており, 図2.1.61は $(Co_xFe_{1-x})_{75}Si_{15}B_{10}$ の λ_s と保磁力

と飽和磁化の積を表したもので, $Co_{70.3}Fe_{4.7}Si_{15}B_{10}$ で $\lambda_s=0$ となり低保磁力で高透磁率を示す. 結局, 磁歪定数ゼロの高透磁率 Co系アモルファス材料は CoFeSiB 系に集約され, $(Co, Fe)_{70-78}M_{1-5}(Si, B)_{22-27}$ (M=Mo, Mn, Cr など) に絞り込まれた. 表2.1.17に, 代表的な Co系アモルファスの磁気特性を示す.

Co系アモルファス磁性材料の特性に及ぼす添加元素の効果が $(Co, Fe, M)_{78}Si_8B_{14}$ 系で調べられている[26]. Ni, Mn は J_s, T_C への影響はほとんどないが, 他元素は J_s, T_C を減少させ T_x を上昇させる. 図2.1.62に, 磁歪ゼロの $Co_{70}Fe_5Si_{15}B_{10}$ の透磁率の周波数特性を, パーマロイ, MnZnフェライトおよび磁歪ゼロの $Co_{87}Nb_5Zr_8$ スパッタ法アモルファス薄膜と比較して示す.

(3) Ni系アモルファス磁性材料: Ni系アモルファスの磁気特性について, Duwez らのアモルファス合金 $Pd_{65}Ni_{15}Si_{20}$ の磁気特性は記載がなく[1], $Ni_{75}P_{15}B_{10}$ アモルファス合金は室温でパラ磁性である[14]. すなわち, 図2.1.56からも明らかなように, Ni元素単独と半金属のアモルファス合金ではソフト磁性は得られない. $Fe_{40}Ni_{40}P_{14}B_6$[27] アモルファスは高透磁率を示し, さらに脆性と熱的磁気的安定性を高めた $Fe_{40}Ni_{38}Mo_4B_{18}$[28] が, 磁歪定数は9 ppm と小さく, 4-78 Mo パーマロイと同等程度の磁気特性を示す. 表2.1.18に代表的な Ni系アモルファスの磁気特性を示す. Fe-Ni 系アモルファスは Fe 系, Co 系アモルファスの中間的な磁気特性を示す.

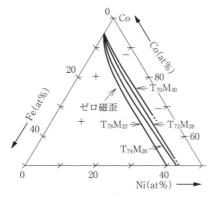

図2.1.60 T:(Co, Fe, Ni)-M:(Si, B)系アモルファス合金の磁歪の正負零領域
[S. Ohnuma, T. Masumoto, Proc. 3rd Int. Conf. Rapidly Quenched Metals, p. 197, Metals Society (1978)]

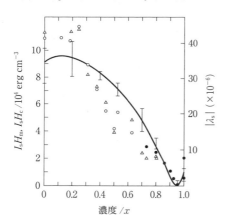

図2.1.61 $(Co_xFe_{1-x})_{75}Si_{15}B_{10}$ の λ_s(実線)と保磁力 H_c と飽和磁化 I_s の積
[H. Fujimori, H. Sato, et al., Mat. Sci. Eng., **23**, 282 (1976)]

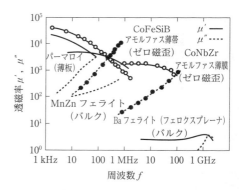

図2.1.62 磁歪ゼロの $Co_{70}Fe_5Si_{15}B_{10}$ アモルファスリボンの透磁率周波数特性
比較ゼロ磁歪 $Co_{87}Nb_5Zr_8$ スパッタアモルファス薄膜, パーマロイおよびフェライト.
[藤森啓安, 金属, **78**, 1152 (2008)]

表2.1.17 Co系アモルファスの組成と磁気特性

	B_s/T	H_c/×80 A m^{-1}	T_C/°C	R/μΩ cm	λ_s/ppm	μ_e/1 kHz
$Co_{70.5}Fe_{4.5}Si_{10}B_{15}$	0.85	0.02	420	150	0	10 000
$Co_{66}Fe_5Cr_9Si_5B_{15}$	0.63	0.001	210	160	0	200 000
$Co_{66.8}Fe_{4.5}Ni_{1.5}Nb_{2.2}Si_{10}B_{15}$	0.71	0.005	420		0	20 000
$Co_{62}Fe_4Ni_4Si_{10}B_{20}$	0.54	0.002	480	190		120 000
$Co_{77}Cr_{11.7}Zr_{11.3}$	0.54	0.007	360	126		34 800

[増本 健, 深道和明 編, "アモルファス合金 その物性と応用" p. 144, アグネ (1981)]

表 2.1.18 Ni 系アモルファスの組成と磁気特性

	B_s/T	H_c/×80 A m^{-1}	T_C/℃	R/μΩ cm	λ_s/ppm	μ_e/1 kHz
$Fe_{40}Ni_{40}P_{14}B_6$	0.79	0.02	264	180	7	5000
$Fe_{40}Ni_{38}Mo_4B_{18}$	0.88	0.007	230	150	10	70 000
$Fe_{62}Ni_{16}Si_8B_{14}$	1.3	0.006	310	130	10	20 000

[増本 健, 深道和明 編, "アモルファス合金 その物性と応用" p.144, アグネ (1981)]

表 2.1.19 実用化アモルファス薄帯の組成と代表的な特性

	B_s/T	H_c/A m^{-1}	λ_s/ppm	R/μΩ m	T_C/℃	T_x/℃	ρ/kgm^{-3}
Fe-Si-B (1)	1.63	1.5	27	1.20	363	490	7.33
Fe-Si-B (2)	1.56	2.0	27	1.30	399	510	7.18
Fe-Si-B-Cr	1.41	5.0	20	1.38	358	535	7.29
Co-Fe-Ni-Si-B-Mo	0.77	1.0	<0.5	1.36	365	520	7.80
Co-Fe-Ni-Si-B	0.57	0.4	<0.5	1.42	225	550	7.59
Ni-Fe-Mo-B	0.88	4.0	12	1.38	353	410	7.90

[日立金属株式会社カタログ (2012)]

(4) **実用化アモルファス磁性材料**: 2015 年現在, アモルファスソフト磁性材料として実用化している Fe, Co, Ni 系材料を, 表 2.1.19 に示す. アモルファス磁性材料に規格はなく, JIS にはアモルファス金属単板磁気試験法 (JIS H 7152) アモルファス金属磁心の高周波磁心損失試験方法 (JIS H 7153) の測定法のみが設定されている. Fe 系アモルファス材料の主用途は電力用トランス鉄心, Co 系および Ni 系アモルファス材料の主用途は磁気増幅器可飽和コアや磁気センサで, それぞれ方向性電磁鋼板, パーマロイの既存の結晶質材料と競合している. 表 2.1.19 に市販されている代表的なアモルファスソフト磁性材料を示す.

(iii) **ソフトアモルファスリボンの製造法** 単ロール法は, ノズルから, ロール面に溶融合金が噴射され, 高速回転するロール面上で溶融体はパドルを形成し, ロール面で凝固した合金はロール速度でパドルから連続して引き出されアモルファスリボンとなる. リボンのロール面と反対の面は自由面とよばれる. ノズルの形状は PFC 法の出現までは単孔ノズルで数 mm 幅のリボンに限定されていた. PFC 法は, 広幅のリボンが簡単にできるだけでなく, 板厚, 磁気特性の均一性に優れ, アモルファスソフト磁性材料の実用化を進めた.

PFC 法の要点はノズルとロール面の間に形成するパドルの安定性にあり, ロールやノズル材質の要因を除けば, ノズル寸法, ノズル/ロール間隔, 溶融体の温度, 噴出圧, ロール周速などの要因を制御することにより, リボン厚, 幅, 表面性状が決まる[7]. リボン厚はパドル長 l で決まり, ロール・メルト熱伝達係数 h が一定であれば, 鋳造時間を t とすれば $\sqrt{t}$ ($t=l/V$, ロール周速 V) によって決まる. ただし, ロール・メルト熱伝達係数 h は, パドルの空気巻込みによりロール接触面積がロールの周速で変化し一定でない[29].

急冷アモルファス材料はリボン厚が 20~30 μm と薄く, 製造面からはできるだけ厚いほうが望ましい. Fe-Si-B 系の最大厚はロールの材質や径などで変わるが, ミクロ観察法で $Fe_{75}B_{15}Si_{10}$[30] が 250 μm 厚, 保磁力測定法で $Fe_{74}B_{16}Si_{10}$[31] が 42 μm 厚, 理想的な計算では 100 μm 厚[32] のアモルファスは形成する. アモルファスリボンの厚手化には, PFC 法ノズルに多重スリットノズルを用いる方法が提案されており, $Fe_{80.5}B_{6.5}B_{12}C_1$ 合金で 104 μm 厚[33] を得ている. 多重スリットにより冷却速度がニュートン冷却から理想冷却に移行するため厚手化が可能であるとしている. 一方, 30 μm 以上では板厚の増加とともに脆化が急増する[30]. アモルファスリボンのエッジ部は冷却速度が大きく, 広幅になるほど脆化による厚手化の限界が大きく出てくる. 脆化対策にはリボンの表面性状も含めた冷却速度の確保が課題である.

d. アモルファスソフト磁性材料の磁気特性

アモルファス材料の磁気特性は, 合金成分から決まる物質の基本的な磁気物性値と, 形状や表面性状, 残留応力などによって影響される材料の磁気特性とを区別して扱う必要がある. とくに急冷凝固したアモルファス材料は結晶化に至る熱的不安定状態にあり, 急冷凝固に伴う残留応力があること, 磁界中焼なまし条件の許容範囲が狭いこと, また, 板厚が薄いため表面粗さや表面酸化膜の有無などの表面性状の影響や, 磁歪定数の大きな Fe 系のアモルファス材料では, 応力の影響が磁気特性に大きく影響することに留意する必要がある.

アモルファス磁気特性に関係する物性値は, 飽和磁化 J_s と保磁力 H_c およびその温度特性, キュリー温度 T_C, 飽和磁歪 λ_s, 結晶化温度 T_x などである. 一方, アモルファス材料の磁気特性は, 磁化特性または励磁特性 ($J-H$ 曲線, $B-H$ 曲線) あるいはヒステリシス曲線, 透磁率特性 ($\mu-B$ 曲線, $\mu-H$ 曲線), 鉄損特性 ($B-W$ 曲線), 応力磁気特性 ($\sigma-W$ 曲線, $\sigma-B$ 曲線), 磁歪特性 ($\lambda-B$ 曲線), 直流重畳特性など, さらにおのおのの周波数特性や温度特性, 形状や表面および焼なまし時に発生する誘導磁界を考慮した磁気異方性 K_u などがあり, さらには偏磁特性や二次元励磁特性などもある. いずれの磁気特性も基礎に磁区構造があり磁壁間隔 (磁壁枚数), 磁壁ピンニング

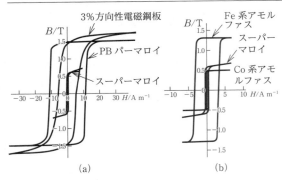

図 2.1.63 ソフト磁性材料のヒステリシス曲線
[日本建築学会 編, "磁気シールド", p.63, ミマツコーポレーション (2003)]

などがかかわる．これらの磁気特性のうち必要な特性は，アモルファス磁性材料が何に応用されるかで変わるが，基本的には励磁特性（B-H 特性）と鉄損特性（B-W 特性）であり，通常，急冷凝固による内部応力を除去し磁気特性を向上させるひずみ取り焼なまし（磁界中焼なまし）を行う．誘導磁気異方性を付与させるには磁界を印加しつつ焼なましする磁界中焼なましを行う．図 2.1.63 に Fe 系，Co 系アモルファス材料のヒステリシス曲線を方向性電磁鋼板，スーパーマロイ，パーマロイ PB と比較して示す．

（ⅰ）**磁化過程影響因子**　アモルファス材料は，結晶粒界がなく均一で結晶磁気異方性がない．磁気異方性定数を K_u とすると磁化回転では保磁力 $H_c = 2K_u/J_s$，初磁化率 $\chi \propto J_s^2/K_u$ となり，理想的には保磁力ゼロ，透磁率無限大のソフト磁性材料になる．実際は急冷凝固や凝固表面性状に伴う応力分布や結晶化に至る準安定相が存在し，磁気異方性が出現してアモルファス材料の磁化過程は複雑になる．

（1）**内部応力と磁界中焼なまし**：　単ロール法によるアモルファスリボン局部の冷却速度分布は凝固したリボンに内部応力分布を生じる．応力の分布状態は磁区構造を観察することにより推測できる．図 2.1.64 に，Fe-Si-B アモルファスの鋳造のまま（as-cast）状態表面の磁区構造を示す．磁区は空気巻込み周囲に環状の張力（引張応力）が残留し，表面性状が残留応力分に大きく影響していることがわかる．リボン板厚方向の内部応力を化学研磨法で測

定[34] し，図 2.1.65 に $Fe_{79}Si_5B_{16}$ アモルファスリボンの板厚方向応力分布を as-cast, 400℃×1 h, ×7 h の焼なまし後の 3 状態で示す．板厚中心部は張力，表面は圧縮力で，as-cast ではロール面に，1 h 焼なましでは自由面により圧縮力が残留している．板厚方向の応力を完全に除去するには結晶化まで焼なましする必要がある．

Fe 系アモルファス材料は磁歪定数が約 30×10^{-6} と大きく，張力方向の残留応力はその方向の磁気弾性エネルギーを低下させるため，180°磁区を張力方向にそろえ，磁化が容易になり，磁気特性が向上する．反対に圧縮方向は磁気特性を劣化させる．また，ねじれ応力効果は線アモルファスに応用されている．図 2.1.66 に，張力効果を as-cast と焼なまし後の磁気特性で示す．

アモルファス材料の焼なましの目的は，急冷凝固による内部応力の除去を結晶化温度 T_x 以下で行い，磁気特性を改善することである．この焼なましはひずみを除去するひずみ取りを目的とした焼なましあるいは磁性を向上させる磁界中焼なましとよばれる．アモルファスリボンのキュリー温度 T_c 以上（$<T_x$）で磁界を印加すれば一軸磁気異方性を誘導し 180°磁区をそろえ，磁気特性，B，H_c，鉄損 W を改善できる．Fe-Si-B 系では，印加磁界は約 1600 A m^{-1} 以上が必要で，冷却は室温まで印加する必要がある．焼なまし熱源として抵抗加熱，赤外線，レーザーなど

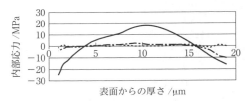

図 2.1.65　$Fe_{79}Si_5B_{16}$ アモルファスリボンの板厚方向の内部応力分布（表面化学研磨による）
　as cast（実線），400℃×1 h（一点鎖線），400℃×7 h（点線）
[M. Tejedor, J. D. Santos, et al., J. Magn. Magn. Mater., **202**, 485 (1999) をもとに作成]

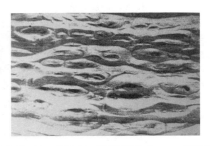

図 2.1.64　$Fe_{80.5}Si_7B_{12}C_{0.5}$ の磁区構造（as-cast 状態表面）
[岡崎靖雄，東北大学学位論文（平成 5 年）]

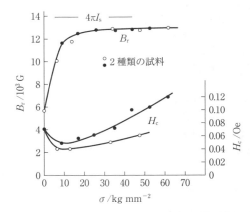

図 2.1.66　$Fe_{80}P_{13}C_7$ 液体急冷リボンの張力と残留磁化 B_r と保磁力 H_c
[H. Fujimori, T. Masumoto, Trans. JIM, **17**, 175 (1976)]

のほか，直接通電加熱するパルス焼なまし法[35]などがある．

Co-Fe-B-Si 系の磁界中焼なまし条件は Co や Fe の濃度比と異方性エネルギーとの関連で磁気特性が変化する[36]．応力除去磁界中焼なましの効果は，焼なまし条件と K_u, H_c, χ などの磁気特性の関係が $Ni_{40}Fe_{40}P_{14}B_6$ アモルファスで磁場冷却方向性も含め調査され，焼なまし後の磁気特性は 1～50 kHz でパーマロイと同等である[37]．

（2）**表面性状**：単ロール法によるアモルファスリボンの表面性状はロールやノズルの仕上げ精度による連続的なものと，空気巻込み（air pocket）によるものがある．空気巻込みはロール面に凹みを形成し自由面も凹部となり，表面粗さの主因となる．図 2.1.67 に示すように，その深さは数 μm から 10 μm になり占積率（質量/体積）を 80％程度まで下げる．空気巻込みがロール面に比較的均一に分散している場合と，リボン幅方向に数 mm 間隔で規則的に分散し蛇腹状表面（fish scale）を呈する場合がある．蛇腹状表面は表面粗さのうねり成分が増加する．空気巻込み部は冷却速度が小となり凝固ひずみ分布や微結晶を生じ磁気特性が劣化する．図 2.1.68 に示すように，表面粗さの増加は磁束密度を低下させるが，蛇腹状面が発生するとうねり成分による磁区の細分化が生じ，交流励磁では渦電流損を減じ鉄損が減少する．蛇腹状表面のうねりによる磁区細分化は，アモルファスリボンに人工的に種々のうねりを導入する[38,39]ことにより再現できる．真空中において鋳造すると空孔がなくなり，表面粗さは非常に小さくなる．

（3）**微結晶**：Fe 系アモルファスリボン表面に微小 αFe 結晶が晶出すると，結晶部が収縮し放射状に張力を生じ磁区構造を変え，磁壁移動が困難になり低周波の磁気特性は劣化する．一方，高周波鉄損を低減するために，微結晶を微少量晶出させて磁区細分化[40,41]と磁壁固着を図り，渦電流損を下げ，10～100 kHz の高周波鉄損を低減する方法が種々提案されている．Fe をメタロイド元素の酸化を抑え磁歪定数を下げる Cr と αFe 結晶化（>0.01 vol％）を促進する元素 C に置換し焼なましした，$Fe_{76.5}Cr_2C_{0.5}B_{16}Si_5$ では $W_{1/50k}$（0.1 T，50 kHz 鉄損）は 14 W kg^{-1} から 5 W kg^{-1} に急減している[41]．

（ii）**鉄心の磁気特性**　アモルファスソフト磁性材料はセンサや電気電子機器の鉄心として用いられる．アモルファスリボンを巻き鉄心に加工すると種々の要因により磁気特性は劣化し，劣化率はビルディングファクター（BF；製品鉄損/素材鉄損）とよばれる．

高 B_s の Fe-Si-B 系アモルファスは，電力配電用トランス巻き鉄心に用いられる．電力配電用トランスの鉄損をアモルファス磁性材料鉄心と方向性電磁鋼板鉄心とを比較して表 2.1.20，表 2.1.21 に示す．アモルファス鉄心は B_s が低く，設計磁束密度を低くするため，重量，容積は増加するが，無負荷鉄損が小さく，トランス鉄損を小さくできる．一方，磁歪定数が大きいため騒音は大きくなる．本項ではトランス鉄心などに用いられる，Fe-Si-B 系アモルファス巻き鉄心の鉄損特性について述べる．

（1）**鉄心の残留ひずみ**：トロイダル鉄心の巻き加工ひずみ ε_a は結晶化温度の直近までひずみは除去されず，1 巻きトロイダル鉄心の測定結果[42]を図 2.1.69 に示すように，鉄心による鉄損を最小とする磁界中焼なまし条件では鉄心にひずみが残留し，磁気特性は単板より劣化する．すなわち，図 2.1.70 に示すように，鉄心の磁気特性はリボン磁気特性と同じにはならない．磁界中焼なまし後の鉄心の残留ひずみ ε_r は $\varepsilon_r = A\varepsilon_a^n$（$A$：定数，$\varepsilon_r, \varepsilon_a \times 10^{-4}$）で表される．曲げひずみの鉄損への影響は 3％ Si 方向性電磁鋼板の約 10 倍劣化が大きく，$W_{13/50}$（1.3 T，50 Hz）の劣化率は $\varepsilon_r = 1 \times 10^{-4}$ あたり 200％になる．電力配電用トランス鉄心の D 型鉄心では直線部分が多くコーナー部

図 2.1.67　アモルファスリボン断面（空気巻込み）
［岡崎靖雄，東北大学学位論文（平成 5 年）］

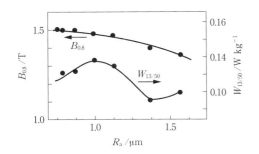

図 2.1.68　Fe-Si-B アモルファスリボンの表面粗さと磁性
[Y. Okazaki, K. Honma, et al., *J. Magn. Magn. Mater.*, **41**, 142 (1984)]

表 2.1.20　20 kVA アモルファス柱上トランス（素材 2606SA1）

	アモルファス	電磁鋼板	比
無負荷損 /W	18	59	0.31
負荷損 /W	285	285	1
容　積 /cm³	237	218	1.09
総重量 /kg	170	138	1.23
油　量 /L	41	35	1.17

［愛知電機技報, **30**, 40 (2009)］

表 2.1.21　200 kVA 3 相アモルファストランス

	アモルファス1	アモルファス2	電磁鋼板	備考
磁束密度 B_m /T	1.34	1.45	1.65	
無負荷損 /W	220	220	685	
全損失 /W	1212	1212	1364	負荷率 40％
据付面積(%)	100	90	81	
総重量 /kg	100	95	90	
騒　音 /dB	58	55	53	
鉄心素材	2605SA1	2605HB1		

［日立金属技報, **22**, 34 (2006)］

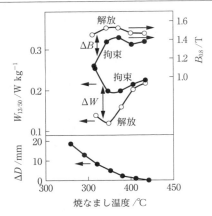

図 2.1.69 焼なまし温度と残留ひずみ，磁気特性
[Y. Okazaki, *J. Magn. Magn. Mater.*, **160**, 217 (1996)]

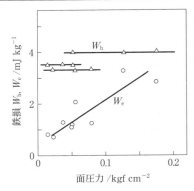

図 2.1.71 面圧力と鉄損
[Y. Okazaki, *J. Magn. Magn. Mater.*, **160**, 217 (1996)]

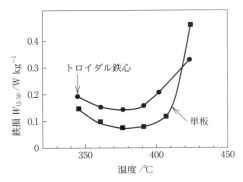

図 2.1.70 鉄心鉄損と単板鉄損の焼なまし温度依存性
[Y. Okazaki, *J. Magn. Magn. Mater.*, **160**, 217 (1996)]

の曲げ残留ひずみが鉄心劣化に寄与するだけで，ビルディングファクターは 1.3 以下になる[42]．磁界中焼なまし後の鉄心に励磁巻線や据付などによりひずみが付与されると鉄損は増大する．板厚が小さく鉄心の剛性が小さいため，鉄心の自重でもひずみが付与されるため注意を要する．

（2）**層間渦電流**：固有抵抗が大きく板厚も薄いアモルファスリボンの渦電流損は小さい．巻き鉄心に加工するさい，占積率を上げるため張力を上げると，張力は層間の面圧となり，表面絶縁抵抗が小さいと層間で短絡し，層間渦電流を生じる．層間渦電流損 $W_e = 1.65 (fBw)^2 tk/r\sigma$（$f$：周波数，$B$：磁束密度，$w$：リボン幅，$t$：板厚，$k$：占積率，$r$：層間抵抗，$\sigma$：密度）となる．鉄心の面圧による鉄損劣化は，図 2.1.71 のように渦電流損の増加による．鉄損劣化は占積率 k が 80％以下では無視でき，k が 80％以上で急増する．

（3）**その他の鉄損劣化要因**：

① アモルファスリボン幅：古典的渦電流損はリボン幅 w による影響は小さく通常は無視できる[42]．層間渦電流による渦電流損は，50〜150 mm 幅のリボン，占積率が 85％以上の鉄心で，磁束密度 1.0 T 以上の場合に影響がみられる．

② 鉄心形式：配電トランス用巻き鉄心は，巻線のためカットしステップラップコアとすることが一般的である．カット部があるため磁束密度がやや低下し，鉄損，励磁容量は大きくなる．鉄損はノーカットコアに比べ約 20％増加する．

③ リボン形状：広幅リボンに曲がりや耳波のような形状不良があると，積層鉄心にした場合に鉄心内部に局部ひずみを生じるため，磁区構造が乱れヒステリシス損が増加する[42]．

（iii）**磁気時効** 磁気時効は結晶材料では不純物である固溶元素 C，N などが拡散凝集し，安定な化合物をつくり磁壁を固着することによって生じる．アモルファス磁性材料の場合，合金元素の原子拡散あるいは構造緩和として考えられ，Co 系の高透磁率材料では透磁率のディスアコモデーション[43]であり，Fe 系の高磁束密度材料では鉄損が増加する．

Fe-Si-B 系合金の磁気時効は，$Fe_{78}Si_9B_{13}$（$T_x = 550℃$，$T_C = 415℃$，400℃焼なまし）で活性化エネルギーは 1 eV（250℃時効）から 2 eV（350℃時効）で，250℃時効は B，Si 元素の内部酸化に起因し可逆的であるが，350℃時効は αFe の結晶化，メタロイド元素の酸化が生じ，非可逆となる[44]．1.4 T，125℃の使用下で鉄損の 25％劣化に 400 年かかる計算になり，実用トランスでは時効は問題ないとしている．

（iv）**表面絶縁コーティング** 鉄心鉄損が層間電流により劣化することを抑制するため，磁性材料表面に絶縁皮膜をコーティングし，層間抵抗を大きくして層間渦電流損を減少させる．トランス鉄心用の Fe 系アモルファスリボンでも，層間渦電流損と表面コーティングについて検討がなされている[45,46]．なお，アモルファスリボン表面は化学的に非常に活性で，大気中や絶縁油中でも発錆し磁気特性は劣化する．しかし，巻き鉄心では発錆が最外周リボンに限定され表面積/体積が小さく，鉄損の増加は小さい．

絶縁皮膜にはリン酸や塩，ホウ酸，MgO，有機樹脂系，ペイントおよび混合物など，種々の物質が試されているが，磁界中焼なまし後の鉄損の増減には効果がないか不明

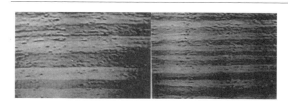

図 2.1.72 皮膜なし(左)と $Al_2O_3+Cr_2O_3$ コーティング(右)
[Y. Okazaki, H. Kanno, E. Sakuma, *IEEE Trans. Magn.*, **25**, 3352 (1989)]

の場合が多い．空気巻込み部に濃く付着したコーティング物質が，磁界中焼なまし後に固化収縮し，不均一ひずみを付与し鉄損を増加させる．表面と反応せずかつ密着性のよい皮膜が望ましく，相反する特性をもつ皮膜を得るのは難しい．

熱膨張率が小さなセラミックス皮膜を塗布し層間絶縁を高める方法が提案されている．表面コロイダルシリカを片面塗布し鉄心の層間焼付きを防止する方法[47]が提案されているが密着性に乏しいという欠点がある．また，熱膨張率がアモルファスリボンと同等のアルミナを陽極電着処理塗布し層間絶縁抵抗を高める方法が提案されている．アルミナは粒状に均一に付着し，さらにリン酸クロム酸皮膜を追加塗布しリボンに張力を付与し，図2.1.72のように磁区細分化により渦電流損を減少させ鉄損を改善している[48]．

文　献

1) C. C. Tsuei, P. Duwez, *J. Appl. Phys.*, **37**, 435 (1966).
2) P. Duwez, *J. Appl. Phys.*, **38**, 4096 (1967).
3) A. Brenner, D. E. Couch, E. K. Williams, *J. Res. Natl. Bur. Std.*, **44**, 109 (1950).
4) A. I. Gubanov, *Fiz. Tver. Tela*, **2**, 502 (1960).
5) R. Pond, R. Maddin, *Trans. Met. Soc. AIME*, **245**, 2475 (1969).
6) H. S. Chen, C. E. Miller, *J. Sci. Instrum.*, **41**, 1237 (1970).
7) H. H. Liebermann, C. D. Graham. Jr, *IEEE Trans. Magn.*, **12**, 921 (1976)
8) M. C. Narasimhan, US Pat. 4 221 257 (1980).
9) 日立金属株式会社カタログ，アモルファス合金薄帯 MetgPas (2015)．
10) 大中逸雄，福迫達一，日本金属学会誌，**42**，415 (1978)．
11) A. Inoue, *Matr. Sci. Engr. A*, **226-228**, 357 (1997).
12) A. Inoue, A. Makino, T. Mizushima, *J. MMM*, **215-216**, 245 (2000).
13) K. Yamauchi, *Jpn. J. Appl. Phys.*, **10**, 1730 (1971).
14) F. Luborsky, *Proc. AIP Conf.*, **29**, 209 (1976)
15) 三寺，大沼，増本，日本金属学会講演概要集，**77**，p. 341 (1975)．
16) R. Hasegawa, R. C. O' Handley, L. E. Tanner, R. Ray, S. Kavesh, *Appl. Phys. Lett.*, **29**, 219 (1976).
17) M. Mitera, *J. Appl. Phys.*, **50**, 7609 (1979).
18) N. J. DeCristofaro, A. Datta, L. A. Davis, R. Hasegawa, *Proc. Rapidly Quenched Materials IV* (T. Masumoto, K. Suzuki, eds.), **2**, 1031 (1982).
19) D. M. Nathasingh, *J. Appl. Phys.*, **55**, 1793 (1984).
20) Y. Ogawa, M. Naoe, Y. Yoshizawa, R. Hasegawa, *J. Magn. Magn. Mater.*, **304**, e675 (2006).
21) F. Schwartz, *Mater. Sci. Engnr.*, **99**, 39 (1988).
22) C. Kaido, T. Yamamoto, Y. Okazaki, M. Tatsukawa, K. Ohmori, *Proc. 4th Int. Conf. Rapidly Quenched Metals* (T. Masumoto, K. Suzuki, eds.), 957 (1982).
23) K. Inomata, M. Hasegawa, T. Kobayashi, *J. Appl. Phys.*, **54**, 6653 (1983).
24) M. Kikuchi, H. Fujimori, Y. Obi, T. Masumoto, *Jpn. J. Appl. Phys.*, **14**, 1077 (1975).
25) R. C. Sherwood, E. M. Geory, H. S. Chen, S. D. Ferris, G. Norman, H. J. Leamy, *Proc. AIP Conf.*, **24**, 743 (1975).
26) S. Ohnuma, T. Masumoto, *J. Appl. Phys.*, **50**, 7597 (1979).
27) T. Egami, P. J. Flanders, C. D. Grahams Jr., *Proc. AIP Conf.*, (C. D. Grahams. Jr., G. H. Landers, J. J. Rhyne, eds.), **24**, 679 (1975).
28) R. Hasegawa, M. C. Narasinhan, N. DeCristofaro, *J. Appl. Phys.*, **49**, 1712 (1978).
29) S. C. Huang, H. C. Fiedler, *Mat. Sci. Engnr.*, **51**, 39 (1981).
30) M. Hagiwara, A. Inoue, T. Masumoto, *Sci. Rep. RITU*, **A-29**, 351 (1981).
31) F. E. Luborsky, J. Reeve, H. A. Davies, H. H. Lieverman, *IEEE Trans. Magn*, **18**, 1385 (1982)
32) H. H. Liebermann, *J. Appl. Phys.*, **55**, 1787 (1984).
33) T. Sato, H. Otake, T. Yamada, *Anales de Fisica B*, **86**, 148 (1990).
34) M. Tejedor, J. A. Garicia, J. Carrizo, L. Elbaile, J. D. Santos, *J. Magn. Magn. Mater.*, **202**, 485 (1999).
35) T. Jagielinski, *IEEE Trans. Magn.*, **19**, 1925 (1983)
36) 増本 健 編著，"アモルファスの金属基礎", p. 122, オーム社 (1982)．
37) F. E. Luborsky, J. J. Becker, R. O. Mccary, *IEEE Trans. Magn.*, **11**, 1644 (1975).
38) 成田賢仁，秦 久敏，山崎二郎，福永博俊，日本応用磁気学会誌，**16**，59 (1982)．
39) 岡崎靖雄，開道 力，電気学会マグネティックス研究会資料，MAG-85-6 (1985)．
40) D. M. Nathasingh, *J. Appl. Phys.*, **55**, 1793 (1984).
41) R. Hasegawa, G. E. Fish, V. R. V. Ramanam, *Proc. 4th Int. Conf. Rapidly Quenched Metals* (T. Masumoto, K. Suzuki, eds.), **2**, 929 (1981).
42) Y. Okazaki, *J. Magn. Magn. Mater.*, **160**, 217 (1996).
43) T. Matsuyama, K. Ohta, M. Kajiura, T. Teranishi, *Jpn. J. Appl. Phys.*, **19**, 55 (1980).
44) A. Datta, R. Martis, S. K. Das, *IEEE Trans. Magn.*, **18**, 1391 (1983).
45) H. Price, M. Price, K. J. Overshot, *IEEE Trans. Magn.*, **19**, 1943 (1983).
46) A. Zentko, A. Kosturiak, P. Dukaj, *IEEE Trans. Magn.*, **20**, 1326 (1984).
47) D. M. Nathasingh, C. H. Smith, A. Datta, *IEEE Trans. Magn.*, **20**, 1332 (1984).
48) Y. Okazaki, H. Kanno, E. Sakuma, *IEEE Trans. Magn.*, **25**, 3352 (1989).

2.1.6 ナノ結晶磁性材料

ナノ結晶ソフト磁性材料は，結晶粒径が数nmから数十nmのナノスケールの結晶粒からなる合金材料で，1.2Tを超える比較的高い飽和磁束密度 (高B_s) とパーマロイ合金やCo基アモルファス合金に匹敵する高透磁率・低損失特性を示す．バルクナノ結晶ソフト磁性材料の発端となったのは，1988年のYoshizawa[1]らによるFe-Cu-Nb-Si-B系合金材料の発明である．それ以前は，アモルファス合金を結晶化するとソフト磁性は失われると考えられていたが，CuやNbなどの元素を添加したFe基アモルファス合金を熱処理し結晶化させると，粒径約十nmの極微細結晶粒が均一に分散したナノ結晶組織が実現し，ソフト磁性がアモルファス状態よりも向上することが見出された[1~5]．薄膜材料では，結晶粒を微細化させるとソフト磁性が向上することが知られていたが，薄膜材料ではバルクのパーマロイ合金やCo基アモルファス合金薄帯材料に匹敵するほどの優れたソフト磁性は実現されなかったため，それ以前は，バルクソフト磁性材料に対して結晶粒をナノスケールまで微細化することによりソフト磁性材料を開発するという手法は行われなかった．しかし，Fe-Cu-Nb-Si-B系合金において，結晶粒をナノスケールまで微細化可能であり，パーマロイやCo基アモルファス合金級の優れたソフト磁性を示すことが明らかとなり，ナノ結晶組織化がソフト磁性材料開発の有力な手段になり得ることが広く認識されるようになった．これ以降同様な材料設計指針に基づき，多くのナノ結晶ソフト磁性材料が開発されている．代表的なナノ結晶ソフト磁性材料としては，Fe-Cu-Nb-Si-B系合金[1~5]やFe-Zr-B系合金などが知られているが[6,7]，とくにFe-Cu-Nb-Si-B系合金材料は，製造しやすく優れたソフト磁性を示すため，ノイズ対策部品や漏電ブレーカーの電流検出用の磁心材料などを中心に実用化が進んでいる[8,9]．以下に，ナノ結晶ソフト磁性材料の製造方法，ミクロ構造，磁気特性と特徴について述べる．

a. 製造方法とミクロ構造

ナノ結晶ソフト磁性材料の製造方法の一例として，Fe-Cu-Nb-Si-B合金の製造方法を図2.1.73に示す．Fe-Cu-Nb-Si-B合金は，微量のCuやNbを複合添加したFe-Si-Bアモルファス合金溶湯を超急冷法により急冷し，アモルファス合金を製造後，製造したアモルファス合金を結晶化温度以上に加熱し熱処理を行い，アモルファスマトリックス中に粒径10nm程度のナノスケール結晶粒を均一に分散させることにより製造される．代表的なナノ結晶ソフト磁性材料である$Fe_{73.5}Cu_1Nb_3Si_{13.5}B_9$合金(at%)は，図2.1.74に示すように粒径10nm程度のナノスケールbcc Fe-Si結晶粒が強磁性Fe-Nb-B系アモルファスマトリックス中に高密度かつ均一に分散したミクロ組織となっている．このナノスケールbcc結晶粒の形成には，熱処理中に形成されるCuクラスタが関係していることが，Hono[10]らによる三次元アトムプローブによる研究により明らかにされており，Fe-Cu-Nb-Si-B合金の結晶化は，図2.1.75の模式図に示すようなプロセスで進行すると考えられている[11]．熱処理によりアモルファス相中に形成されたCuクラスタが，fcc Cu結晶粒となり，このCu粒を不均一核生成サイトとして，bcc Fe(-Si)結晶粒が形成される．Nb，BはbccFe(-Si)相中にほとんど固溶できないため，このbcc Fe(-Si)結晶粒の形成に伴い，残留アモルファスマトリックス相中のNb，B濃度が高まる．この結果，アモルファスマトリックス相が安定化し，bcc Fe(-Si)結晶粒の成長が抑制されるため，アモルファスマトリックス中に，ナノスケールの均一微細なbcc Fe(Si)結晶粒が分散した，ナノ結晶組織が実現されると考えられている．しかし，このようなナノ結晶組織の実現には必ずしもCuは必須ではなく，Cuを含まない高Fe濃度のFe-Zr-B合金などにおいても，結晶化によりナノ結晶粒が形成し，ソフト磁性が得られる．高Fe濃度のFe-Zr-Bアモルファス合金は，アモルファス相が不安定であり，超急冷法により作製したままの状態で，すでにアモルファス合金中にbccに類似の構造をもつ領域が多数存在している．このような状態のアモルファス合金に対して熱処理を行うと，この領域からbcc結晶粒が形成し結晶化が始まり，結晶化の進行とともに残存アモルファスマトリックス相中のZr，B濃度が高まる．この結果，残存アモルファス相が安定化し結晶粒成長が抑制され，ナノ結晶組織が得られると考えられている[12]．

図2.1.73 ナノ結晶ソフト磁性材料の製造方法

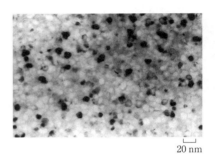

図2.1.74 $Fe_{73.5}Cu_1Nb_3Si_{13.5}B_9$合金(at%)ナノ結晶ソフト磁性材料の典型的なミクロ組織

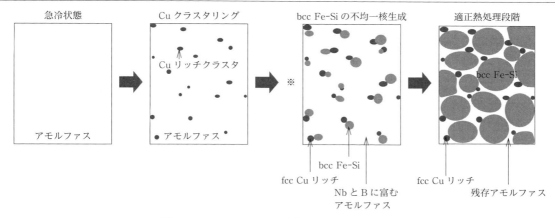

図 2.1.75 Fe-Cu-Nb-Si-B 合金の結晶化過程の模式図
[K. Hono, *Acta Mater.*, **47**, 3127 (1999)]

b. ソフト磁性発現の機構

一般的な結晶質ソフト磁性材料では，結晶粒径 D はミクロンオーダー以上あり，保磁力 H_c は D^{-1} にほぼ比例し，D が大きくなるほど H_c が低減することが知られている[13]．しかし，材料の D が数十 nm 以下になると，H_c の D 依存性は一般的なソフト磁性材料とは異なり，図 2.1.76 に示すように，D が減少するほど H_c は低減し，ソフト磁性が向上する[14]．従来の一般的な結晶質ソフト磁性材料では，熱処理により結晶粒を成長させ，D を大きくすることにより，H_c の低減が図られてきた．しかし，結晶粒がナノスケールサイズまで微細になり，D が磁壁の幅よりもはるかに小さくなると，結晶粒界の面積が結晶粒体積に対してはるかに大きくなる．このような状況になると，結晶粒間の交換エネルギーが内部の結晶磁気異方性エネルギーよりも大きくなり，実効的な磁気異方性が減少するため，磁化回転が結晶粒を超えて一斉に起こりソフト磁性が向上する[15]．

強磁性体内のある位置のスピンの方向は，隣り合うスピンと交換結合しており互いに平行になろうとするが，その位置から離れた位置では，その位置の磁気異方性によってスピンは平行ではなくなる．この距離は，交換結合エネルギーと磁気異方性エネルギーの総和が最小となる距離に相当し，磁壁の幅と同程度である．この距離を交換結合距離 L_{ex} とよび，交換結合距離 L_{ex} は，次式で表される．

$$L_{ex} \simeq \sqrt{\frac{A}{K}} \tag{2.1.11}$$

ここで，A は交換定数，K は磁気異方性定数である．

Herzer は，ランダム異方性モデル[16]をナノ結晶磁性材料に適用し，ナノ結晶材料のソフト磁性を説明している[17]．図 2.1.77 に Herzer の理論を説明するための模式図を示す[17]．結晶粒サイズを D，結晶粒の体積分率を v_{cr} とすると，$D \ll L_{ex}$ の場合，実効的な磁気異方性定数 K_e は，次式で表される[17]．

$$K_e \simeq v_{cr}^2 \cdot K_1 \cdot \left(\frac{D}{L_{ex}}\right)^6 = \frac{v_{cr}^2 \cdot K_1^4 \cdot D^6}{A^3} \tag{2.1.12}$$

ここで，K_1 は結晶磁気異方性定数である．

磁化過程が磁化回転である場合の保磁力 H_c は，飽和磁化を I_s とすれば次式となり，H_c は結晶粒径 D^6 に比例する．

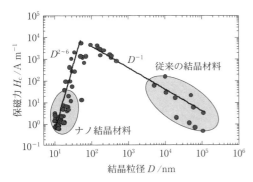

図 2.1.76 磁性材料の保磁力 H_c と結晶粒径 D の関係

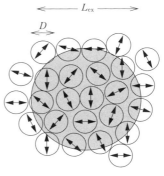

図 2.1.77 ソフト磁性マトリックス中に分散する微細結晶粒からなる合金に対するランダム異方性モデルを説明する模式図
[G. Herzer, "Handbook of Magnetic Materials, Vol. 10", (K. H. Bushow, ed.), p. 436, Elsevier Science (1997)]

$$H_c = \frac{2 \cdot K_e}{I_s} = \frac{2 \cdot v_{cr}^2 \cdot K_1^4 \cdot D^6}{I_s \cdot A^3} \qquad (2.1.13)$$

また，ナノ結晶ソフト磁性材料の誘導磁気異方性が無視できない場合には，H_c が D^3 に比例，薄膜など二次元のナノ結晶ソフト磁性材料の場合には，H_c が D^2 に比例する関係となることが理論的に示されている[18]．

c. 材料の種類，磁気特性と特長

ナノ結晶ソフト磁性材料は Fe-(Au,Cu)-M(-Si)-B (M:Ti, Zr, Hf, V, Nb, Ta, Mo, W) 系合金[1~5]，Fe-M-B (:Ti, Zr, Hf, Nb, Ta) 合金[6,7]，FeM(C, N) (M:Ti, Zr, Hf, Nb, Ta) 系合金[19,20] の大きく三つのタイプに分類されるが，FeM(C, N) 系合金は薄膜材料であるので，本章では説明を省略する．表 2.1.22 に，これまでに発表されたナノ結晶化を利用したおもなバルク(薄帯)のナノ結晶ソフト磁性材料を示す．1988 年に発表された Fe-Cu-Nb-Si-B 合金に続き，Fe-Au-Nb-Si-B 合金[21]，Fe-M-B 合金[6]，Fe-Cu-P-C-Ge 合金[22]，Fe-Al-Si-Nb-B 合金[23]，Fe-Ga-Nb-Si-B 合金[24]，Fe-Cu-Si-B 合金[25~28] などが発表されている．表 2.1.23 に代表的なナノ結晶ソフト磁性材料の諸特性を示す．B_s の高い Fe 系ナノ結晶ソフト磁性材料を中心に開発が行われているが，このほかにこれらの材料の Fe に対して Co や Ni を置換した材料も報告されている．ナノ結晶ソフト磁性材料は，ほぼ同一の B_s を示すほかの材料と比較すると，透磁率が高くソフト磁性に優れる傾向がある．このような特長は，前述のように結晶磁気異方性の高い Fe 系合金において，結晶粒をナノスケールまで微細化すると実効的な磁気異方性を減少させることができるためである．Fe-Cu-Nb-Si-B 系の FINEMET®[28] や VITROPERM®[29] などが製品化されている．

(i) Fe-(Au, Cu)-M-Si-B 系合金 (M:Ti, Zr, Hf, V, Nb, Ta, Mo, W) Fe-Cu-Nb-Si-B 合金は，1988 年に Yoshizawa らにより発表されたナノ結晶ソフト磁性材料で，飽和磁束密度 B_s は，1.2 T から 1.6 T 程度でソフト磁性材料の中で最も高い透磁率を示すスーパーマロイや Co 基アモルファス合金に匹敵する比初透磁率 μ_i が 100000 を超える超高透磁率特性も得られる[1~5]．同様なナノ結晶組織やソフト磁性は，Cu の代わりに Au, Nb の代わりに Ti, V, Zr, Mo, Hf, Ta, W などを使用しても得られるが，Fe-Cu-Nb-Si-B 系ナノ結晶ソフト磁性材料が最も優れたソフト磁性を示し，かつ製造しやすいため，最も実用化が進んでいる．Cu を添加すると μ_i が高くなり，1 at% Cu，3 at% Nb 付近の組成の合金において Co 基アモルファス合金に匹敵する 100000 程度の高い μ_i が得られる．Cu と Nb の複合添加による μ_i の増加は，前述のように結晶粒がナノスケールまで微細化され，均一微細な組織となることが関係している．

ナノ結晶ソフト磁性合金は，アモルファス合金を熱処理し，ナノ結晶化することにより製造されるので，ミクロ組織や磁気特性は熱処理条件に大きく影響を受ける．図 2.1.78 に $Fe_{73.5}Cu_1Nb_3Si_{13.5}B_9$ 合金の比初透磁率 μ_i，飽和磁歪定数 λ_s および結晶粒径 D の熱処理温度依存性を示す[30]．λ_s は，結晶化温度 T_x 付近以上の温度で熱処理することにより減少し，最も高い μ_i が得られる 843 K 付近で熱処理した場合には，アモルファス状態の 1/10 程度まで λ_s が減少する．高透磁率が得られる熱処理温度領域は，bcc Fe-Si 相が主体となる熱処理温度条件に合致するが，熱処理温度を Fe_2B などの強磁性化合物相が形成する温度まで高めると μ_i は急激に減少する．熱処理温度が高くなるに伴い D は徐々に大きくなる傾向を示すが，bcc Fe-Si 結晶粒の結晶粒径 D は 10 nm 程度であり，この熱処理温度範囲では D の変化は小さく，ナノ結晶磁性材料のソフト磁性発現には，結晶粒の微細化だけでなく，Fe_2B などの結晶磁気異方性の大きい強磁性化合物相を形成させないことも重要である．

ナノ結晶 Fe-Cu-Nb-Si-B 合金の強磁性相は，bcc Fe-Si 相と B を含む Fe リッチアモルファス相であり，その磁気特性は Si, B 量の影響を受ける．図 2.1.79 に $Fe_{73.5}Cu_1Nb_3Si_yB_{22.5-y}$ 合金の比初透磁率 μ_i，飽和磁歪定数 λ_s，および結晶粒径 D を示す[31]．最も高い μ_i は，Si 量 y が 13.5 at% 付近で得られる．この組成は，bcc Fe-Si 結晶粒の D が小さく，比較的 λ_s の小さい組成に相当する．Fe-Cu-Nb-Si-B 合金の λ_s は，Si 量の増加に伴い減少し，$y=15.5$ 付近に λ_s がほぼ 0 となる組成が存在する．

Fe-Cu-Nb-Si-B ナノ結晶ソフト磁性合金の強磁性相は，図 2.1.75 に示したように，bcc Fe-Si 相と残留アモルファスマトリックス相である．結晶相の飽和磁束密度を

表 2.1.22 これまでに発表されたおもなナノ結晶ソフト磁性材料

材　　料	発表年	発明者または発表者	文献
Fe-Cu-M(-Si)-B [M:Nb, Ta, Mo, Zr など]	1988	Yoshizawa, et al. (日立金属)	1)
Fe-Au-Nb-Si-B	1989	Kataoka, et al. (東北大)	2)
Fe-M-B [M:Hf, Zr, Nb, etc.]	1990	Suzuki, et al. (アルプス電気・東北大)	3)
Fe-Cu-P-C-X [X:Ge, Si, Mo]	1990	Fujii, et al. (住友金属)	4)
Fe-Al-Si-Nb-B	1992	渡辺ら (三井石油化学)	5)
Fe-Ga-Si-Nb-B	1993	Tomida (住友金属)	6)
Fe-Co-Cu-M-B [M:Zr, Hf]	1998	Willard, et al. (Carnegie Mellon 大)	7)
Fe-Cu(-Si)-B	2007	Ohta, et al. (日立金属)	8)

1) Y. Yoshizawa, K. Yamauchi, *et al., J. Appl. Phys.,* **64**, 6044 (1988).
2) N. Kataoka, T. Masumoto, *et al., Mater. Trans. JIM,* **30**, 947 (1989).
3) K. Suzuki, T. Masumoto, *et al., Mater. Trans. JIM,* **31**, 743 (1990).
4) Y. Fujii, T. Tomida, *et al., J. Appl. Phys.,* **70**, 6241 (1991).
5) 渡辺 洋, 高橋 研ら, 日本応用磁気学会誌, **17**, 191 (1993).
6) T. Tomida, *Mater. Sci. Eng. A,* **179/180**, 521 (1994).
7) M. A. Willard, V. G. Harris, *et al., J. Appl. Phys.,* **84**, 6773 (1998).
8) M. Ohta, Y. Yoshizawa, *Jpn. J. Appl. Phys.,* **46**, L477 (2007).

表 2.1.23 代表的なナノ結晶ソフト磁性材料の諸特性

合金	B_s/T	H_c/A m^{-1}	μ_i($\times 10^3$)	P_{cm}/W kg^{-1}*1	$\lambda_s/10^{-6}$	ρ/$\mu\Omega$ m	t/μm	D/nm	文献
FINEMET® FT-3S	1.23	0.6	100	34	~0	1.2	18		1)
FINEMET® FT-3M	1.23	2.5	70	41	~0	1.2	18		1)
FINEMET® FT-1M	1.35	1.3	70	48	2.3	1.1	18		1)
VITROPERM® 500F	1.23	<3	20~100		~0	1.15	20		2)
Fe$_{73.5}$Cu$_1$Nb$_3$Si$_{13.5}$B$_9$	1.24	0.5	10	38	+2.1	1.18	18	12	3)
Fe$_{73.5}$Cu$_1$Nb$_3$Si$_{16.5}$B$_6$	1.18	1.1	75	~0	~0		18	14	3)
Fe$_{73.5}$Cu$_1$Nb$_3$Si$_{15.5}$B$_7$	1.23	0.4	110	35	~0	1.15	21		4)
Fe$_{77}$Cu$_{0.6}$Nb$_{2.4}$Si$_{11}$B$_9$	1.45	0.8	157	50			18		5)
Fe$_{77}$Cu$_{0.6}$Nb$_{2.6}$Si$_{9.5}$B$_9$	1.50	1.0	109	49			18		5)
Fe$_{82}$Cu$_1$Nb$_1$Si$_4$B$_{12}$	1.78	3.2						15	6)
Fe$_{85}$P$_{16}$C$_2$Cu$_{0.5}$Ge$_3$Si$_{0.5}$		1.8							7)
Fe$_{66}$Nb$_3$Al$_8$Si$_{14}$B$_9$	0.75	1.2	23		+0.5				8)
Fe$_{71}$Ga$_4$Nb$_3$Si$_{11}$B$_9$		1.2							9)
Fe$_{73.5}$Au$_1$Nb$_3$Si$_{13.5}$B$_9$		2.0	20						10)
Fe$_{84}$Nb$_7$B$_9$	1.49	8.0	22	76	+0.1	0.58	22	9	4)
Fe$_{86}$Cu$_1$Zr$_7$B$_6$	1.52	3.2	48	56	~0	0.56	44	10	4)
Fe$_{91}$Zr$_7$B$_3$	1.63	5.6	22	80	-1.1	0.44	18	17	4)
Fe$_{86}$Cu$_1$Zr$_4$Nb$_3$B$_6$	1.53	4.2	19						11)
Fe$_{86}$Cu$_{0.1}$Nb$_6$B$_8$P$_1$	1.61	4.7	41					10	12)
Fe$_{83.7}$Cu$_{1.5}$B$_{14.8}$	1.82	7.0				0.7	21	<20	13)
Fe$_{82.7}$Cu$_{1.3}$Si$_2$B$_{14}$	1.85	6.5				0.7	21	<20	13)
Fe$_{80.6}$Cu$_{1.4}$Si$_5$B$_{13}$	1.80	5.7				0.8	21	<20	13)
Fe$_{80.2}$Cu$_{1.2}$Si$_5$B$_{11}$P$_2$	1.79	3.4							14)

*1 100 kHz, 0.2 T.

1) 日立金属株式会社カタログ, カタログ番号 HL-FM9-E (2010).
2) VACUUMSCHMELZE GmbH & Co. KG catalog.
3) Y. Yoshizawa, K. Yamauchi, et al., J. Appl. Phys., **64**, 6044 (1988).
4) G. Herzer, "Handbook of Magnetic Materials, Vol. 10" (K. H. Bushow, ed.), p.415, Elsevier Science (1997).
5) Y. Yoshizawa, Scr. mater., **44**, 1321 (2001).
6) M. Ohta, Y. Yoshizawa, J. Magn. Magn. Mater., **320**, e750 (2008).
7) Y. Fujii, T. Tomida, et al., J. Appl. Phys., **70**, 6241 (1991).
8) 渡辺 洋, 高橋 研ら, 日本応用磁気学会誌, **17**, 191 (1993).
9) T. Tomida, Mater. Sci. Eng. A, **179/180**, 521 (1994).
10) N. Kataoka, T. Masumoto, et al., Mater. Trans., JIM, **30**, 947 (1989).
11) M. E. McHenry, D. E. Laughlin, et al., Prog. Mater. Sci., **44**, 291 (1999).
12) 牧野彰宏, 吉沢克仁, まてりあ, **41**, 392 (2002).
13) M. Ohta, Y. Yoshizawa, Jpn. J. Appl. Phys., **46**, L477 (2007).
14) M. Ohta, Y. Yoshizawa, Appl. Phys. Express, **2**, 023005 (2009).

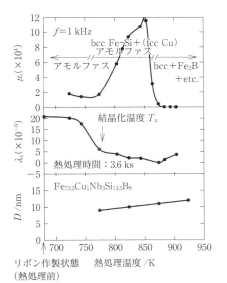

図 2.1.78 Fe$_{73.5}$Cu$_1$Nb$_3$Si$_{13.5}$B$_9$ 合金の比初透磁率 μ_i, 飽和磁歪定数 λ_s, および結晶粒径 D の熱処理温度依存性
[吉沢克仁, まぐね, **2**, 137 (2007)]

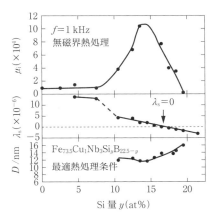

図 2.1.79 Fe$_{73.5}$Cu$_1$Nb$_3$Si$_{13.5}$B$_9$ 合金の比初透磁率 μ_i, 飽和磁歪定数 λ_s および結晶粒径 D の熱処理温度依存性
[吉沢克仁, 金属, **76**, 63 (2006)]

B_{cry}, 体積分率を v_{cry}, アモルファスマトリックス相の飽和磁束密度を B_{amo} とすれば，ナノ結晶 Fe-Cu-Nb-Si-B 合金の飽和磁束密度 B_s は，次式で表される．

$$B_s = v_{cry} \cdot B_{cry} + (1-v_{cry}) \cdot B_{amo} \qquad (2.1.14)$$

したがって，結晶相の B_{cry} がアモルファス相の B_{amo} よりも高くなる組成では，ナノ結晶化が進み結晶相の体積分率が増加するので B_s が増加する．このため，Si の少ない組成では bcc Fe 中の Si 量が少なくなるので，ナノ結晶化による B_s の増加が大きくなる傾向がある．

結晶相の飽和磁歪定数を λ_{cry}，体積分率を v_{cry}，アモルファスマトリックス相の飽和磁歪定数を λ_{amo} とすれば，ナノ結晶 Fe-Cu-Nb-Si-B 合金の飽和磁歪定数 λ_s は，次式で表される．

$$\lambda_s = v_{cry} \cdot \lambda_{cry} + (1-v_{cry}) \cdot \lambda_{amo} \qquad (2.1.15)$$

残留アモルファスマトリックス相は Fe 基アモルファス相であり，λ_{amo} は正で大きな値（>+10⁻⁵）を示すが，bcc Fe-Si 結晶相の λ_{cry} は 10^{-6} 台と小さく，高 Si 組成では λ_{cry} は負の値を示し，結晶相の体積分率 v_{cry} が B 量が少ない組成ほど大きくなるため[17]，高 Si 低 B 組成になるほど λ_s は減少し，前述のように高 Si 組成において，λ_s がほぼ 0 となる．

初磁化領域において，磁化過程が回転磁化過程である場合，比初透磁率 μ_i は定性的に次式で表される．

$$\mu_i \propto \frac{B_s^2}{aK + b\lambda_s\sigma} \qquad (2.1.16)$$

ここで，K，λ_s，a，b および σ は，それぞれ磁性材料の磁気異方性定数，飽和磁歪定数，比例定数，比例定数および内部応力の大きさである．図 2.1.80 にナノ結晶およびアモルファス（Fe-Cu₁-Nb₃）-Si-B 擬三元系合金の最適熱処理条件における比初透磁率 μ_i と飽和磁歪定数 λ_s の関係を示す．式 (2.1.16) から K が小さい場合，μ_i は λ_s^{-1} にほぼ比例する．図中に λ_s^{-1} および $-\lambda_s^{-1}$ のラインを示しているが，λ_s の絶対値が減少すると μ_i は高くなる傾向があり，λ_s が低いことも高 μ_i 化に寄与している．

図 2.1.81 に各種ソフト磁性材料の飽和磁歪定数 λ_s と飽和磁化 J_s の関係を示す．Fe 基アモルファス合金では，λ_s は J_s の 2 乗にほぼ比例することが知られており[32]，低磁歪を実現するのは困難であるが，Fe 基ナノ結晶合金の λ_s は，Fe 基アモルファス合金の λ_s よりも著しく低く，Fe 基ナノ結晶合金では，1.2～1.6 T 程度の比較的高い B_s を保ったまま低磁歪の材料を実現することができる．

ソフト磁性材料を応用製品に適用する場合，種々の形状の B-H 曲線が要求される．ナノ結晶ソフト磁性材料は，アモルファス合金と同様に，図 2.1.82 に示すように磁界中熱処理により B-H 曲線形状の制御が可能である．磁界中熱処理することにより高角形比の B-H 曲線や傾斜した低角形比でフラットな形状の B-H 曲線を実現することができる．また，ナノ結晶ソフト磁性材料の誘導磁気異方性の大きさは，磁界中熱処理の温度，時間や合金組成を選ぶことにより変化させることができる[17]．ナノ結晶 Fe-Cu-

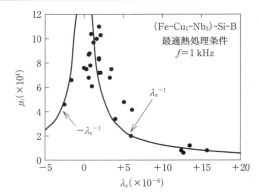

図 2.1.80 （Fe-Cu₁-Nb₃）-Si-B 擬三元系合金の最適熱処理条件における比初透磁率 μ_i と飽和磁歪定数 λ_s の関係

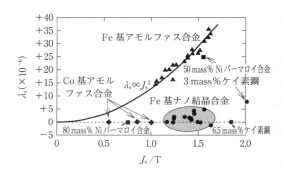

図 2.1.81 各種ソフト磁性材料の飽和磁歪定数 λ_s と飽和磁化 J_s の関係

Nb-Si-B 合金では，磁界中熱処理温度を高くするほど誘導磁気異方性定数 K_u が大きくなり，より大きな磁気異方性を誘導することができる．ナノ結晶 $Fe_{bal}Cu_1Nb_3Si_xB_{z-x}$ 合金の K_u の平衡値は，図 2.1.83 に示すように Si や B などの半金属元素量が増加するほど，Si 量の割合が増加するほど減少する[17]．ナノ結晶 Fe-Cu-Nb-Si-B 合金の残留アモルファス相のキュリー温度 T_C は，200℃から 400℃と低いため，Fe-Cu-Nb-Si-B 合金を 500℃以上の熱処理温度で磁界中熱処理した場合，誘導磁気異方性は，T_C が高い bcc Fe-Si 相中に生じる．Si 量が 10 at% 以上の組成の Si 量増加に伴う K_u の減少は，Néel の理論[33]により DO_3 規則相の形成に関連づけて説明することができる．完全に規則化した Fe₃Si では，Fe と Si の格子配置は化学的相互作用で決まるため，原子の異方的配列のための自由度がないが，25 at% Si よりも Si 量が少ない Fe-Si 結晶においては，結晶が完全な DO_3 構造ではなく，DO_3 構造の Si が占める格子位置に Fe 原子が配置されているため，磁界中熱処理を適用した場合に，原子の異方的配列を生じる自由度がある．しかし，Si 量が増加すると原子の異方的配列を生じる自由度が小さくなり，誘導磁気異方性が小さくなる．一方，低 Si 組成のふるまいについては，この考え方では説明がつかず，Fe₂B などの化合物相の存在が関係している可能性があることが報告されている[34]．

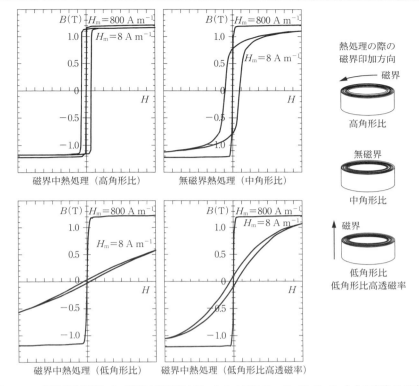

図 2.1.82 無磁界熱処理および磁界中熱処理を行ったナノ結晶 $Fe_{73.5}Cu_1Nb_3Si_{13.5}B_9$ 合金の直流 B-H 曲線

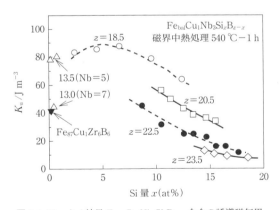

図 2.1.83 ナノ結晶 $Fe_{bal}Cu_1Nb_3Si_xB_{z-x}$ 合金の誘導磁気異方性定数 K_u の Si 量 x 依存性
[G. Herzer, "Handbook of Magnetic Materials, Vol. 10", (K. H. Bushow, ed.), p.451, Elsevier Science (1997)]

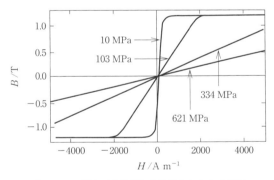

図 2.1.84 張力下熱処理により得られたナノ結晶 $Fe_{73.5}Cu_1Nb_3Si_{15.5}B_7$ 合金の直流 B-H 曲線の例
[M. Ohnuma, Y. Yoshizawa, et al., Appl. Phys. Lett., **86**, 152513 (2005)]

ナノ結晶 Fe-Cu-Nb-Si-B 合金においては，磁界中熱処理だけでなく，応力下でナノ結晶化の熱処理を行った場合も誘導磁気異方性が生じることが，Kraus[35] らにより報告されている．張力をアモルファス $Fe_{73.5}Cu_1Nb_3Si_{15.5}B_7$ 合金に印加しながら熱処理（張力下熱処理）し，ナノ結晶化させると，張力を印加した方向と垂直な方向を磁化容易軸とする大きな誘導磁気異方性を生じ，図 2.1.84 に示すようなフラットな形状の B-H 曲線が得られる[36]．張力下熱処理により生じる誘導磁気異方性は，クリープ誘導磁気異方性ともよばれており，熱処理のさいに印加する張力を増加させることにより，磁界中熱処理により生じる誘導磁気異方性よりもはるかに大きい誘導磁気異方性を生じさせることができる．応力磁歪効果による誘導磁気異方性定数 K_u は，次式で表される．

$$K_u = -\frac{3}{2} \cdot \lambda_s \cdot \sigma \tag{2.1.17}$$

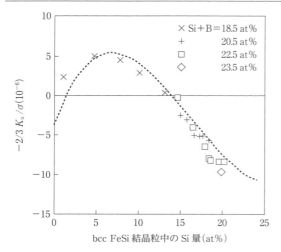

図 2.1.85 張力下熱処理した Fe-Cu-Nb-Si-B 合金の $-2/3\,K_\mathrm{u}/\sigma$ の bcc FeSi 結晶粒中の Si 量依存性
[G. Herzer, *IEEE Trans. Magn.*, **30**, 4800 (1994)]

ここで, σ は応力, λ_s は飽和磁歪定数である.

図 2.1.85 に張力下熱処理した $\mathrm{Fe_{bal}Cu_1Nb_3Si_xB_{z-x}}$ 合金の $-(2/3)(K_\mathrm{u}/\sigma)$ の bcc-FeSi 結晶粒中の Si 量依存性を示す[37]. 式 (2.1.17) からわかるように $-(2/3)(K_\mathrm{u}/\sigma)$ は λ_s に相当する. $-(2/3)(K_\mathrm{u}/\sigma)$ の Si 量依存性と bcc FeSi 合金の飽和磁歪定数 λ_s の Si 量依存性は類似しており, 応力下の熱処理により生じる誘導磁気異方性は, bcc Fe-Si 相の磁歪と関連する応力磁歪効果により Fe-Si 相中に生じていると考えられる. 最近の研究により, 張力下熱処理後の試料の Fe-Si 結晶相の格子間隔は張力を印加した方向に広がっており, 熱処理後に bcc 相中に残留した応力と磁歪の効果により誘導磁気異方性が発現していることが明らかにされている[36].

高飽和磁束密度, 高透磁率, 低磁心損失, 低磁歪のほかに, 金属材料の中では高周波特性が良好であることや, 使用温度域のソフト磁性の温度変化が小さいことなどが, ナノ結晶ソフト磁性材料の特長としてあげられる.

図 2.1.86 に, ナノ結晶ソフト磁性材料と各種ソフト磁性材料の複素比初透磁率(実数部) μ' の周波数依存性を示す. ナノ結晶磁性材料は, ソフト磁性材料の中でもとくに高い透磁率を示す Co 基アモルファス材料やパーマロイに匹敵する高透磁率を示す. また, ナノ結晶ソフト磁性材料は, 金属材料の中では比較的抵抗率が高く, 板厚が約 20 μm と薄いため, 金属ソフト磁性材料の中では透磁率の周波数依存性に優れており, インバータなどのノイズ対策用コモンモードチョークコイルなどに使用されている.

ナノ結晶ソフト磁性材料は, 図 2.1.87 に示すように, ほかの Fe 基ソフト磁性材料よりも 1 オーダー以上低い Co 基アモルファス材料に匹敵する低磁心損失を示すため, インバータトランス用磁心材料などに適する. また, ナノ結晶ソフト磁性材料は, 図 2.1.88 に示すように, Mn-Zn

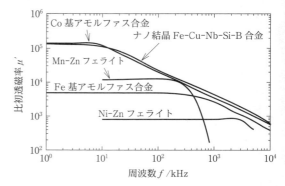

図 2.1.86 ナノ結晶ソフト磁性材料と各種ソフト磁性材料の比初透磁率 μ' の周波数依存性

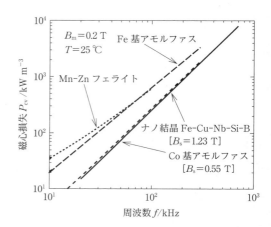

図 2.1.87 ナノ結晶ソフト磁性材料と各種ソフト磁性材料の磁心損失の周波数依存性

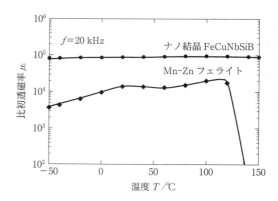

図 2.1.88 典型的なナノ結晶 FeCuNbSiB 合金と Mn-Zn フェライトの比初透磁率 μ_i の温度 T 依存性

フェライトに比べて比初透磁率 μ_i の温度依存性が著しく小さく温度特性に優れている. このため, ナノ結晶ソフト磁性材料を用いた温度特性の良好なコモンモードチョークコイルや漏電ブレーカの電流センサが実現されている.

(ⅱ) **(Fe, Co, Ni)-Cu-Nb-Si-B 合金**　結晶質の Fe-

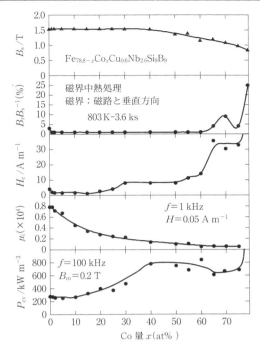

図 2.1.89 $Fe_{78.8-x}Co_xCu_{0.6}Nb_{2.6}Si_9B_9$ 合金の磁気特性
[Y. Yoshizawa, K. Hono, et al., Scr. Mater., 48, 863 (2003)]

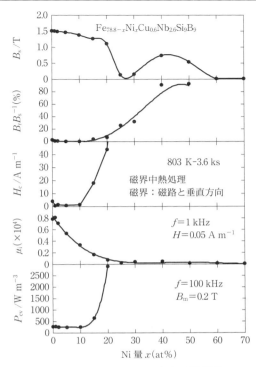

図 2.1.90 $Fe_{78.8-x}Ni_xCu_{0.6}Nb_{2.6}Si_9B_9$ 合金の磁気特性
[Y. Yoshizawa, K. Hono, et al., Scr. Mater., 48, 863 (2003)]

Co 合金では，Fe_2Co の組成で最も高い飽和磁束密度 B_s が得られることが知られている．また，結晶質の Fe-Ni 合金はパーマロイとよばれ，高透磁率を示す組成や熱膨張係数の小さい組成など Ni 量により特性が大きく変化することが知られている．ナノ結晶ソフト磁性材料においても，Co, Ni の影響について検討が行われている．

図 2.1.89 に磁路と垂直方向の磁界中熱処理を行ったナノ結晶 $Fe_{78.8-x}Co_xCu_{0.6}Nb_{2.6}Si_9B_9$ 合金，図 2.1.90 に $Fe_{78.8-x}Ni_xCu_{0.6}Nb_{2.6}Si_9B_9$ 合金の磁気特性を示す[38]．$Fe_{78.8-x}Co_xCu_{0.6}Nb_{2.6}Si_9B_9$ 合金では，Co 量を増加させても B_s はほとんど増加せず，Co リッチ組成では，Co 量の増加に伴い B_s は減少傾向を示す．しかし，Si 量の少ない合金では，Co を置換していくと B_s が増加し，1.7 T を超える高い B_s を示すことが明らかとなっている[39]．一方，$Fe_{78.8-x}Ni_xCu_{0.6}Nb_{2.6}Si_9B_9$ 合金では，Ni 量が 30 at% 付近で B_s が著しく減少し，結晶質 Fe-Ni 合金と類似した挙動を示す．$Fe_{78.8-x}Co_xCu_{0.6}Nb_{2.6}Si_9B_9$ 合金の H_c は，Co 量が 20 at% を超えると増加傾向となり，Co 量が 60 at% を超えると H_c の急激な増加が起こる．また，比初透磁率 μ_i は Co の増加に伴い減少する．磁心損失 P_{cv} は，Co 量が 10 at% を超えると増加，40 at% 以上でほぼ一定となるが，Fe を含まない Fe フリー組成付近で再び増加する．一方，$Fe_{78.8-x}Ni_xCu_{0.6}Nb_{2.6}Si_9B_9$ 合金の H_c や磁心損失 P_{cv} は，Ni 量が 10 at% を超えると著しく増加し，Ni を多量に置換した合金ではソフト磁性が得られない．ソフト磁性が得られるのは，Fe リッチ側の組成だけであり，Co や Ni を Fe と置換した合金は，Co や Ni の置換量を変えることにより磁界中熱処理による誘導磁気異方性の大きさを大きく変化させることができる．図 2.1.91 に，磁化困難軸方向の磁化曲線から求めたナノ結晶 $Fe_{78.8-x}M_xCu_{0.6}Nb_{2.6}Si_9B_9$ 合金（M：Co, Ni）の誘導磁気異方性定数 K_u を示す[38]．Co や Ni を Fe と置換していくと M が Co, Ni の場合ともに置換量 20 at% までは，置換量の増加に伴い K_u は増加し，両者はほぼ同じ値の K_u を示す．Co の場合は，Fe：Co が 1 対 1 の組成付近で K_u の増加は小さくなるが，さらに Co

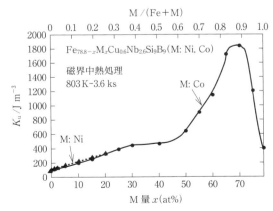

図 2.1.91 ナノ結晶 $Fe_{78.8-x}M_xCu_{0.6}Nb_{2.6}Si_9B_9$ 合金（M：Co, Ni）の誘導磁気異方性定数 K_u
[Y. Yoshizawa, K. Hono, et al., Scr. Mater., 48, 863 (2003)]

置換量が増加すると，急激に K_u が増加し，Co/(Fe+Co) が 0.9 付近の組成で，K_u は極大となり約 1800 J m^{-3} に達する．この値は，磁界中熱処理した Co を含まない Fe 基ナノ結晶ソフト磁性合金で得られる K_u よりも 1 桁大きい．

(iii) **Fe-M-B 系合金（M：Ti, Zr, Hf, Nb, Ta）**
Fe-(Zr, Nb)-B 系合金は，Suzuki らによって 1990 年に発表されたナノ結晶ソフト磁性材料であり[6]，Fe-Cu-Nb-Si-B 系合金よりも高い 1.4 T から 1.7 T 程度の B_s を示すが，ソフト磁性は Fe-Cu-Nb-Si-B 系合金よりも劣る．また，Fe-(Zr, Nb)-B 合金は，Fe-Cu-Nb-Si-B 系合金よりも製造がかなり難しく，高価な Zr や Nb などの元素をより多く含むため，Fe-Cu-Nb-Si-B 合金ほど実用化が進んでいない．

図 2.1.92 に Fe$_{91}$Zr$_7$B$_2$ 合金の 800 A m^{-1} における磁束密度 B_{800} と実効比透磁率 μ_e の熱処理温度依存性を示す[6]．673 K 以下では B_{800} は低いが 723 K 以上の熱処理で B_{800} は増加し，1.6 T を超える値を示す．673 K 以下の熱処理では，μ_e は非常に小さい値を示すが 723 K を超えると高くなり，923 K の熱処理を行うと 15 000 程度の高い値を示すようになる．この高 B_{800} と高 μ_e が得られる熱処理温度では，主相がナノスケールの bcc 相となり，高 B_s，高 μ_e が得られる．さらに，熱処理温度を高くしていくと，Fe$_3$(Zr, B) が形成し μ_e は著しく減少する．Fe-Zr-B 合金では，bcc 相単ロール法により作製した急冷状態（as-Q）で，アモルファス単相あるいは一部に bcc 相が形成している組成域で，10 000 を超える比透磁率が得られる．しかし，前述の Fe-Cu-Nb-Si-B 系合金に比べると比透磁率は低

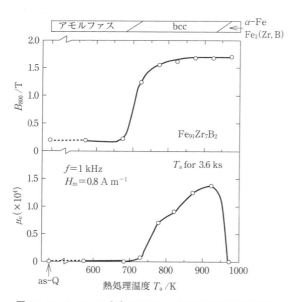

図 2.1.92 Fe$_{91}$Zr$_7$B$_2$ 合金の 800 A m^{-1} における磁束密度 B_{800} と実効比透磁率 μ_e の熱処理温度依存性
[K. Suzuki, T. Masumoto, et al., Mater. Trans., JIM, 31, 743 (1990)]

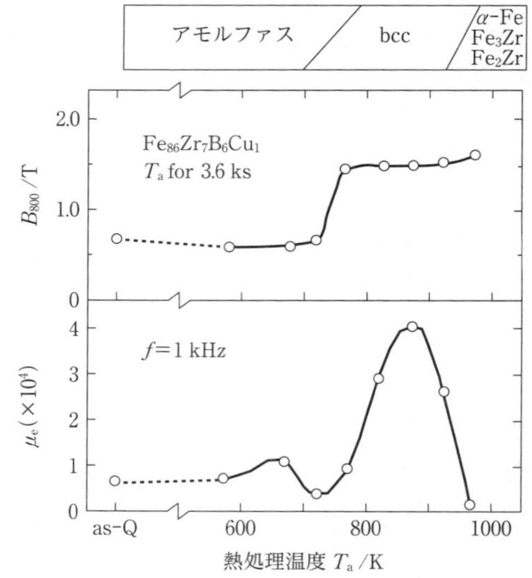

図 2.1.93 Fe$_{86}$Zr$_7$B$_6$Cu$_1$ 合金の B_{800} と実効比透磁率 μ_e の熱処理温度依存性
[A. Makino, T. Masumoto, et al., Mater. Trans., JIM, 32, 551 (1991)]

い[40]．B_{800} は，Fe 量が多い組成になるほど高くなる傾向があり，ソフト磁性が得られている組成域の合金の B_{800} は，1.5 から 1.7 T である．

アモルファス化しやすい Fe-Zr-B 合金組成に対して Cu を添加すると，より微細で均一な組織となり，ソフト磁性が向上する．図 2.1.93 に Fe$_{86}$Zr$_7$B$_6$Cu$_1$ 合金の B_{800} と実効比透磁率 μ_e の熱処理温度依存性を示す[41]．B_{800} は，ナノスケールの bcc 相が析出する熱処理温度以上で 1.5 T 程度まで増加する．これに伴い，μ_e も上昇し，873 K の熱処理では，Cu 無添加の材料よりも高い 40 000 程度の値を示す．このように Fe-Zr-B 系合金において Cu 添加を行うとソフト磁性がさらに改善される．Zr の代わりに Ti，Nb，Ta を用いた場合も，Zr の場合とほぼ同じような熱処理温度依存性を示し，ナノスケールの bcc 結晶粒の析出により B_s と μ_e が増加し，B_s は 1.5 T 前後，μ_e は 10 000 から 20 000 程度の値を示す[42]．

(iv) **(Fe, Co)-Cu-M-B 系合金（M：Zr, Hf）** (Fe, Co)-Cu-Zr-B 合金は，1998 年に Willard らにより発表されたナノ結晶ソフト磁性合金である[43]．析出相は α-FeCo 相で，残留アモルファスマトリックス相中に Co を多量に含むため残留アモルファスマトリックス相のキュリー温度 T_C が上昇し，Co を含むことにより高い温度まで高い磁化を示す．航空機のインバータなど高温で使用する用途への適用が考えられている．

(v) **Fe-Cu(-Si)-B 合金** Fe-Cu-Si-B 合金は，2007 年に Ohta らにより発表された材料である[25]．Cu 添加により，急冷状態で Cu クラスタおよび初期微結晶を形成させることにより，熱処理後に均一なナノ結晶組織が実現され，1.8 T を超える高い B_s と優れたソフト磁性が得

られる[44]. 最近では，Fe-Cu-Si-B 合金にさらに P を置換した材料も報告されている[33,45].

本項では，バルクのナノ結晶ソフト磁性材料として薄帯材料を中心に材料および製造プロセスについて解説した．ナノ結晶ソフト磁性材料としては，ほかに薄膜材料があるが，本項の域を超えるので省略した．

文　献

1) Y. Yoshizawa, S. Oguma, K. Yamauchi, *J. Appl. Phys.*, **64**, 6044 (1988).
2) 吉沢克仁, 山内清隆, 日本金属学会誌, **53**, 241 (1989).
3) Y. Yoshizawa, K. Yamauchi, *Mater. Trans., JIM*, **31**, 307 (1990).
4) 吉沢克仁, 山内清隆, 日本応用磁気学会誌, **13**, 231 (1989).
5) Y. Yoshizawa, K. Yamauchi, *Mater. Sci. Eng. A*, **133**, 176 (1991).
6) K. Suzuki, N. Kataoka, A. Inoue, A. Makino, T. Masumoto, *Mater. Trans. JIM*, **31**, 743 (1990).
7) A. Makino, K. Suzuki, A. Inoue, Y. Hirotsu, T. Masumoto, *J. Magn. Magn. Mater.*, **133**, 329 (1994).
8) 吉沢克仁, 電子材料, **4**, 30 (2002).
9) J. Petzold, *Scripta Mater.*, **48**, 895 (2003).
10) K. Hono, D. H. Ping, M. Ohnuma, H. Onodera, *Acta Mater.*, **47**, 997 (1999).
11) K. Hono, *Acta Mater.*, **47**, 3127 (1999).
12) Y. Zhang, K. Hono, A. Inoue, T. Sakurai, *Appl. Phys. Lett.*, **69**, 2128 (1996).
13) M. Kersten, *Z. Phys.*, **44**, 63 (1943)
14) G. Herzer, *IEEE Trans. Magn.*, **26**, 1397 (1990).
15) G. Herzer, *IEEE Trans. Magn.*, **25**, 3327 (1989).
16) R. Alben, J. J. Becker, M. C. Chi, *J. Appl. Phys.*, **49**, 1653 (1978).
17) G. Herzer, "Handbook of Magnetic Materials, Vol. 10" (K. H. Bushow, ed.), p. 436, Elsevier Science (1997).
18) 鈴木清策, 日本応用磁気学会誌, **26**, 165 (2002).
19) N. Hasegawa, M. Saito, *J. Jpn. Inst. Meter.*, **54**, 1270 (1990).
20) N. Taneko, Y. Shimada, K. Fukamichi, C. Miyakawa, *Jpn. J. Appl. Phys.*, **30**, L195 (1991).
21) N. Kataoka, T. Matsunaga, A. Inoue, T. Masumoto, *Mater. Trans. JIM*, **30**, 947 (1989).
22) Y. Fujii, H. Fujita, A. Seki, T. Tomida, *J. Appl. Phys.*, **70**, 6241 (1991).
23) 渡辺洋, 斉藤準, 高橋研, 日本応用磁気学会誌, **17**, 191 (1993).
24) T. Tomida, *Mater. Sci. Eng. A*, **179/180**, 521 (1994).
25) M. Ohta, Y. Yoshizawa, *Jpn. J. Appl. Phys.*, **46**, L477 (2007).
26) M. Ohta, Y. Yoshizawa, *Appl. Phys. Lett.*, **91**, 062517 (2007).
27) M. Ohta, Y. Yoshizawa, *J. Magn. Magn. Mater.*, **320**, e750 (2008).
28) 日立金属カタログ, "ナノ結晶軟磁性材料　ファインメット®", カタログ番号 HL-FM9-E (2010).
29) VACUUMSCHMELZE catalog, "NANOCRYSTALLINE VITROPERM/EMC COMPONENTS".
30) 吉沢克仁, まぐね, **2**, 137 (2007).
31) 吉沢克仁, 金属, **76**, 63 (2006).
32) S. Ito, K. Aso, Y. Makino, S. Uedaira, *Appl. Phys. Lett.*, **37**, 665 (1980).
33) L. Neel, *J. Phys. Radium*, **15**, 225 (1954).
34) G. Herzer, *J. Magn. Magn. Mater.*, **294**, 99 (2005).
35) L. Kraus, K. Zaveta, O. Heczko, P. Duhaj, G. Vlasak, J. Schneider, *J. Magn. Magn. Mater.*, **112**, 275 (1992).
36) M. Ohnuma, K. Hono, T. Yanai, M. Nakano, H. Fukunaga, Y. Yoshizawa, *Appl. Phys. Lett.*, **86**, 152513 (2005).
37) G. Herzer, *IEEE Trans. Magn.*, **30**, 4800 (1994).
38) Y. Yoshizawa, S. Fujii, D. H. Ping, M. Ohnuma, K. Hono, *Scr. Mater.*, **48**, 863 (2003).
39) Y. Yoshizawa, Y. Ogawa, *IEEE Trans. Magn.*, **41**, 3271 (2005).
40) K. Suzuki, A. Makino, A. Inoue, T. Masumoto, *J. Appl. Phys.*, **70**, 6232 (1991).
41) A. Makino, K. Suzuki, A. Inoue, T. Masumoto, *Mater. Trans., JIM*, **32**, 551 (1991).
42) K. Suzuki, A. Makino, A. Inoue, T. Masumoto, *Jpn. J. Appl. Phys.*, **30**, L1729 (1991).
43) M. A. Willard, D. E. Laughlin, L. E. McHenry, D. Thoma, K. Sickafus, J. O. Cross, V. G. Harris, *J. Appl. Phys.*, **84**, 6773 (1998).
44) Y. M. Chen, T. Ohkubo, M. Ohta, Y. Yoshizawa, K. Hono, *Acta Mater.*, **57**, 4463 (2009).
45) A. Makino, M. He, T. Kubota, K. Yubuta, A. Inoue, *IEEE Trans. Magn.*, **45**, 4302 (2009).

2.1.7　圧粉磁心材料

圧粉磁心は数十ミクロン程度のソフト磁性粉末に絶縁皮膜を施し，所定の形状に成形したもので，鉄心として用いられる．初透磁率は 30〜200 程度と低く，高磁界まで磁気飽和しにくい，渦電流損が小さく数百 kHz 程度まで比透磁率が低下しないという特長をもっている．

圧粉磁心は長い歴史があり[1]，1920 年ごろより米国の Western Electric 社の電解鉄粉，1920 年代に G. W. Elemen らによって Fe-Ni（パーマロイ）が，1930 年代には Fe-Si-Al（センダスト）の圧粉磁心が開発されており，技術的には古くから確立されていた．当初は電話回線の装荷コイル用磁心などとして用いられていたが，ケイ素鋼板やソフトフェライトと比較して比透磁率が低いため一般電気機器にはほとんど使われることはなかった．1980 年代になり，半導体素子の進展に伴って各種電力変換装置の応用分野が拡大し，高い磁束密度を有しかつ高周波帯域まで損失を小さく抑えることができる圧粉磁心が再び見直され，カルボニル鉄や純鉄，パーマロイ，センダスト粉末を用いた圧粉磁心の研究開発や製品化が行われた．近年は，アモルファス粉末の開発，製品化も進められている．これらはスイッチング電源に用いるノイズフィルタや平滑チョークコイルとして用いられ[2]，パソコンやエアコンなど家電製品の普及に伴い現在も市場は拡大している．また，鉄粉を用いた圧粉磁心が直流送電システム用アノードリアクトルに適用された例もある[3]．

近年，ノートパソコン用途にはコイルを内蔵した回路基

板上へ表面実装できるパワーチョークとよばれる小型磁心が広く適用されている．ノートパソコンの薄型化，高機能化に伴って，大電流化し周波数は数百 kHz～MHz 程度に上昇している．このため，従来のソフトフェライトに代わり，圧粉磁心が用いられるようになっている[4]．

一方，出力がキロワット以上のスイッチング電源については，無停電電源（UPS）の安定化電源や太陽光発電のパワーコンディショナなどに用いられている．この中でとくに太陽光発電は地球環境対策として今後需要が大きく伸びることが期待されている．従来はケイ素鋼板を積層してU字につき合わせた形状の磁心が用いられていたが，これらの制御回路のスイッチング周波数は 10～20 kHz 程度と高周波化に伴い U 字をつき合わせた形状の Fe-Si 系圧粉磁心の適用が始まっている．

また，地球環境対策としてハイブリッド車も急速に普及している．駆動用モータへ電力を供給するため，メインバッテリー電圧を DC-DC コンバータを介して昇圧する電源システムが適用され始め，圧粉磁心の用途が広がっている[5]．さらに，モータ用磁心は従来より積層ケイ素鋼板が広く用いられているが，モータの小型化のための高速回転化，すなわち動作が高周波化する傾向にあり，また圧粉磁心は積層ケイ素鋼板よりも形状自由度が大きく三次元設計できることから，小型化や高効率化を狙った圧粉磁心の適用が検討されている．

a. 圧粉磁心の製造方法

圧粉磁心は，粉末製造，絶縁処理，圧粉成形，熱処理の工程を経て製造される．求められる比透磁率や損失などの磁気特性によって，磁性粉末の材質を選択したり，最適な圧粉磁心の各製造条件を選ぶ必要がある．ここでは，上記のように 4 種類の工程に分けて記述することにする．

（ⅰ）**粉末製造方法** ソフト磁性材料を粉末にする方法としては，たとえばセンダストのような脆弱な材質の場合は，従来よりインゴットを粉砕機にかけて容易に粉末を得る方法が用いられてきた．展延性に富むパーマロイは，合金に硫黄などの元素を少量添加して結晶粒界を脆くした後に機械的に粉砕し粉末にする方法が適用されてきた．また，純鉄粉においては，カーボニル法や還元法により粉末を得る方法がある．近年，アトマイズ法による粉末製造をソフト磁性材料に適用する動きが盛んになっている．アトマイズ法とは，高周波誘導炉などで溶解した金属材料をノズルから流出する溶媒で粉末化させる方法である．ここで，溶媒には Ar や N₂ などの不活性ガスや水が用いられる[6]．ガスアトマイズ粉はほぼ球形であり，水アトマイズ粉は不規則な形状をしている（図 2.1.94）．ガスアトマイズ粉は，ほぼ球形のため反磁界係数が大きく初透磁率は低いが，酸化物など介在物がほとんどないため鉄損は小さい．一方，水アトマイズ粉は，不規則な形状をしており反磁界係数は小さく初透磁率は高いものの，酸化物など介在物が多く鉄損は大きい（表 2.1.24）．アトマイズ法で通常得られる平均粒径は 50～100 μm 程度である．高周波で使

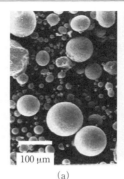 

図 2.1.94 センダストアトマイズ粉の外観
(a) ガスアトマイズ粉　(b) 水アトマイズ粉

表 2.1.24 各センダストアトマイズ粉の磁気特性

	酸素濃度 (mass%)	初透磁率 μ' (f=100 kHz)	鉄損 /kW m^{-3} (f=100 kHz, B_m=300 G)
水アトマイズ粉	0.02	100	80
ガスアトマイズ粉		65	50

用する電源回路に用いる磁心は，さらに渦電流損を低減する必要がある．そこで水アトマイズ法で 1000 kgf cm^{-2} 程度の高圧条件で製造した 10～20 μm 程度の微粉末が適用されている．

粉砕法では粉砕工程中のひずみによる応力が残留したり，アトマイズ法では冷却速度が速く結晶粒径が細かくなり，いずれもヒステリシス損を増大させる．ヒステリシス損を低減するため，通常，700～1000℃程度で粉末熱処理を施し，残留応力の除去や結晶粒を粗大化させる手法がとられている．

（ⅱ）**絶縁処理** 高周波での鉄損を低減するため，粉末の粒間に発生する渦電流を抑え，粒内の渦電流のみにとどめる必要がある．このため，粉末の表面に絶縁処理を施し粉末粒間の電気抵抗を上げる必要がある．圧粉成形中に粉末は塑性変形し，そのひずみによる応力が残留したままであると，ヒステリシス損が増大し鉄損を低減することができない．このため残留応力を除去するため通常 400～800℃で焼なましする場合が多く，焼なまし後も絶縁皮膜が電気的に壊れることなく渦電流損を低く抑えていなければならない．図 2.1.95 に 3% Si-Fe 粉末を用いた圧粉磁心の電気抵抗率と渦電流損の関係を示す．渦電流損を低く抑えるためには磁心の電気抵抗率を約 0.1 Ω m 以上にし，また磁心の高さが高いほど電気抵抗率を上げる必要がある．

粉末の絶縁方法は古くから開発されており[7]，有機系樹脂，シュウ酸，リン酸などが用いられていた．使用する材質によって絶縁方法は異なり，パーマロイは陶土にホウ酸などを添加する方法が紹介されている．センダストは水ガラスなどのケイ酸ナトリウム（ケイ酸ソーダ）やアルミ酸ナトリウム（アルミン酸ソーダ），陶土を添加する場合も

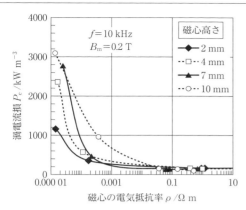

図2.1.95 3% Si-Fe 圧粉磁心の渦電流損に及ぼす電気抵抗率の影響

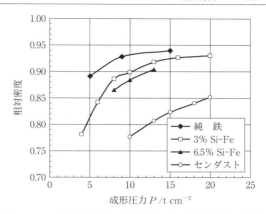

図2.1.96 各種圧粉磁心の相対密度に及ぼす成形圧力の影響

ある. 鉄粉は樹脂系が使用されていたが, 高温の磁心熱処理を行うと電気抵抗が低下してしまい十分な磁気特性を得ることができなかったが, 近年, 後述するように, リン酸系絶縁皮膜が改良され, 従来より高温での磁心熱処理が可能となっている. Fe-Si 系は, シリコーン樹脂で絶縁皮膜を施す例が紹介されている[5].

(iii) 圧粉成形　上述のようにして絶縁皮膜を付与された粉末は所定の金型に入れてトロイダル状やU字型, E字型の形状に油圧成形機などを用いて圧粉成形される. 圧粉成形を行う場合, 磁気特性に最も影響を及ぼす因子は成形圧力であり, 高圧力で成形するほど高い成形密度で高透磁率の磁心が得られる. 純鉄粉やパーマロイのように硬度が低く塑性変形しやすい材質の場合は, 1000 MPa 程度の比較的低い圧力で圧粉成形される. しかし, 6.5% Si-Fe やセンダストのように硬度が高く（それぞれビッカース硬さで HV 350, HV 500 程度）ほとんど塑性変形しない材質の場合は, 1000～2000 MPa の高圧力で成形される（図2.1.96）. 一般的な粉末冶金法では圧粉成形するさいに, 金型と成形体との潤滑性を向上させ金型寿命を延ばすために, ステアリン酸亜鉛などの潤滑剤をあらかじめ 0.5 wt% 程度, 金属粉末に添加する方法が用いられている. しかしながら, 潤滑剤の添加は, 圧粉密度を低下させる原因となる. このため, 金型に潤滑剤を直接塗布し高密度化を得る方法も開発されている.

(iv) 磁心熱処理　圧粉成形された磁心はひずみによる残留応力の影響を受けているので, そのままでは鉄損（ヒステリシス損）が大きくまた比透磁率は低い. このため, ひずみによる残留応力を取り除くため, 通常 450～800℃程度で Ar や N_2 など不活性ガス雰囲気中で磁気焼なましを行う. 図2.1.97 および図2.1.98 のように, 熱処理温度が高いほど残留応力が除去されるため比透磁率は上昇し, 鉄損は低減する. しかし熱処理温度を高くしすぎると, 絶縁皮膜が破壊され電気抵抗率が低下するため, 交流磁界で比透磁率は減少し渦電流損は増加してしまう. このため, センダストなどにおいては 700℃程度での磁心熱処

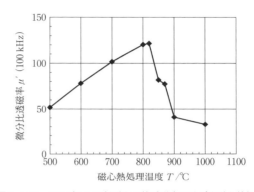

図2.1.97 センダスト圧粉磁心の比透磁率に及ぼす磁心熱処理温度の影響

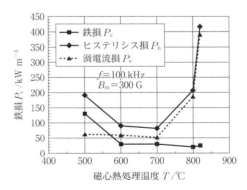

図2.1.98 センダスト圧粉磁心の鉄損に及ぼす磁心熱処理温度の影響

理が適当である.

(v) 圧粉磁心の鉄損　圧粉磁心の鉄損は, ヒステリシス損, 古典的渦電流損, 異常渦電流損の合計であり1周期あたりの鉄損は, 式(2.1.18)のように表される[8].

$$P_c/f = K_h + K_{cl} \cdot f + K_{exc} \cdot f^{n-1} \qquad (2.1.18)$$

ここで, K_h はヒステリシス損失係数, K_{cl} は古典的渦電流損失係数, K_{exc} は異常渦電流損失係数である. ヒステリシス損は周波数に比例して増加すると考えられ, ヒステ

リシス損失係数は次式のように表される．

$$K_h = (C_1 + C_2/D)B^\alpha \qquad (2.1.19)$$

ここで，C_1 は不純物による項の定数，C_2 は結晶粒径による項の定数，D は結晶粒径，B は励磁磁束密度，α は定数を示す．

ヒステリシス損は，介在物などの不純物や結晶粒径の影響を受け，不純物が少ないほど，また結晶粒径が大きいほどヒステリシス損は小さくなる．圧粉磁心の場合，α の値は実験的におおよそ 1.5～1.8 程度になる．

古典的渦電流損失係数は，粉末のように磁性体が球形の場合は式 (2.1.20) のように表され，一般的に古典的渦電流損は周波数の 2 乗に比例すると考えられている．

$$K_{cl} = (\pi DB)^2 f^{2n-1}/\rho/20 \qquad (2.1.20)$$

ここで，D は粉末粒径 [μm]，B は励磁磁束密度 [T]，ρ は粉末内の電気抵抗率 [Ω m] を示す．

磁壁運動によって生じる異常渦電流損は，鉄損の中でヒステリシス損と古典的渦電流損以外の損失として計算される．異常渦電流損は磁区構造に影響を受け，結晶粒径が小さくなったり引張りの残留応力などにより磁壁の間隔が狭くなると異常渦電流損が小さくなる傾向がある．ケイ素鋼板などで異常渦電流損を理論的に計算した例もあり，実験的には n の値はおおよそ 1.5 となる．

それぞれの損失は別々の項で表されるが，たとえば粉末粒径を変化させた場合，いずれの損失も影響を受ける．粉末粒径を増加させると結晶粒径も増加する傾向にあり，磁区幅も同時に増加する．このため，ヒステリシス損は減少し古典的渦電流損および異常渦電流損は増加する．また，各損失の周波数依存性は異なるため，各周波数で支配的になる損失が変化する．したがって，周波数が変化すると，鉄損が最小を示す最適の粉末粒径も変化する．図 2.1.99 に Fe-3% 圧粉磁心において，最大励磁磁束密度 0.1 T で周波数を変化させた場合のそれぞれの鉄損および各損失の粉末粒径依存性を示す．周波数が増加するに従い，鉄損が最小を示す粉末粒径も小さくなる．

工業的には，古典的渦電流損と異常渦電流損との和を単に渦電流損として扱い，鉄損は表 2.1.25 に示すように，励磁磁束密度 B および周波数 f の関数で近似される．代

表 2.1.25 各圧粉磁心の鉄損特性式
鉄損 $P_c(\text{kW m}^{-3}) = C \cdot B(\text{T})^a \cdot f(\text{kHz})^b$

種類	C	a	b
純鉄	1194	1.78	1.21
3% Si-Fe	409	1.76	1.26
6.5% Si-Fe	187	1.38	1.16
PB[1]	1150	1.90	1.00
PC[1]	120	2.31	1.40
センダスト[1]	100	2.00	1.46

1) 米国 Magnetics 社，Powder Core Catalog (2008).

表的な圧粉磁心の各係数の値を合わせて示す．

b. 圧粉磁心の特性

圧粉磁心が商品として市販されているものに，センダスト，パーマロイ，純鉄などがある．これらは米国，韓国，中国の数社～10 社程度の磁心メーカーでおもにトロイダル状の磁心として製造販売されており，業界の中でサイズや初透磁率のバリエーションは標準化されている[9]．近年では 3% Si-Fe や 6.5% Si-Fe を用いた磁心やアモルファスを用いた磁心も実用化されており，圧粉磁心の材質も多様化している．図 2.1.100 はこれら各種圧粉磁心の磁束密度と鉄損についてまとめたものである．磁束密度が高い材質ほど鉄損は大きくなる傾向がみられる．チョークコイルやリアクトルとして使用する場合，飽和磁束密度が高いものほど小型化または巻き数を減らすことができ有利である反面，鉄損が増加するため双方を両立することは困難である．アモルファスなどのように高磁束密度と低鉄損を両立できる新規の磁心開発が望まれる．

（i） **センダスト**　センダストの代表的な化学組成は 9.5% Si-5.5% Al-Fe であり，圧粉磁心の主力製品である．飽和磁束密度が 1 T 程度と低く直流重畳特性が劣るが，鉄損が小さいため小電流で印加磁界が小さく周波数が 100 kHz 付近の電源に用いられる．初透磁率は 26～125 までの磁心がラインナップされており，必要な直流重畳特性によって使い分けされる[9]．初透磁率は成形圧力や絶縁皮膜の量[10]を制御し，磁心の密度によって変化させることができる．また，粉末の形状を制御することによっても変

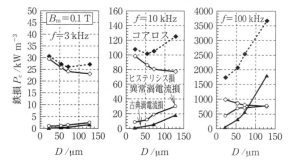

図 2.1.99　3% Si-Fe 圧粉磁心の鉄損に及ぼす粉末粒径 D の影響（f=3, 10, 100 kHz）

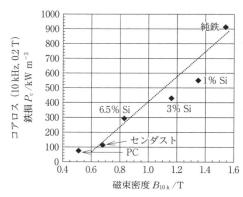

図 2.1.100　各種圧粉磁心の磁束密度と鉄損

化させることができる．粉末の形状が球形ほど反磁界係数は大きくなるため初透磁率は下がるが，直流重畳特性は良好となる．したがって，印加磁界が小さい場合は，高密度化または異形粉末を使用して初透磁率が高い磁心を使用し，印加磁界が大きい場合は，密度を下げるかまたは球形粉末を使用して初透磁率が低いが直流重畳特性が良好な磁心を使用するのが適している[11]．

センダストの代表的な化学成分 9.5% Si-5.5% Al-Fe では高温になると比透磁率が低下し，鉄損は増加する傾向を示す[12]．このため高温環境下で使用する場合に熱暴走の原因となる可能性があり問題が生じる．対策として Si 量を減少，Al 量を増加させることにより温度特性を改善したセンダスト磁心も開発されている[13,14]．

（ⅱ）**パーマロイ** パーマロイとよばれる合金で 50% Ni-Fe（PB）や 80% Ni-2% Mo-Fe（PC）が代表的に用いられている[9]．PC は鉄損が低い優れた特性をもつ．しかし，Ni を多量に含むため，コストが高いことが難点であり安価なセンダストが多用されている．一方，PB は磁束密度が高いため，とくに高磁界での比透磁率を高めることができる．しかし，コアロスはセンダストや PC よりも大きくなっている．パーマロイは，初透磁率は 14～550 程度まで数多くラインナップされている．

（ⅲ）**Fe-Si 系** Fe-Si 系は，センダストやパーマロイに比べ鉄損は大きいものの飽和磁束密度が高く直流重畳特性に優れているため，高磁界が印加される大電流用途に適している．出力がキロワットクラス以上の大電流の電源用リアクトルには，従来，厚さが 0.1 mm の 6.5% Si-Fe ケイ素鋼板を積層した磁心が用いられていた．しかし，スイッチング周波数が 10～20 kHz と高周波化が進み，渦電流損を下げる必要性が高まっているため，圧粉磁心の適用が広がっている．Si 量は 1～6.5%の範囲で用いられることが多い．Si 量が増加すると磁束密度が低下するが鉄損は低減できる．代表的な組成として 3% Si-Fe と 6.5% Si-Fe がある．それらの磁気特性を図 2.1.101 に示す（鉄損については表 2.1.25 および図 2.1.100 参照）．

大電流リアクトル用途では，高磁界下で目的の比透磁率を得るため，通常，ギャップを数箇所施して直流重畳特性をコントロールする．圧粉磁心の直流重畳特性に及ぼすギャップの影響について図 2.1.102 に示す．ケイ素鋼板は初透磁率が数千と高く，そのままでは磁界を印加するとすぐに磁気飽和してしまうため，広いギャップまたは多数のギャップを入れる必要がある．それに対し圧粉磁心は，初透磁率が 20～200 程度と低く磁気飽和しにくいため，ギャップ幅を小さくしたりギャップ数を減らしたりすることができる．このため圧粉磁心はケイ素鋼板と比較すると，ギャップからの漏れ磁束による巻線や磁心そのものの加熱や他部品の影響を小さくできるメリットがある．3 kW クラスのリアクトルを作製して降圧コンバータにて損失評価したところ，3% Si-Fe 圧粉磁心の方が 6.5% Si-Fe 鋼板よりも損失が小さい結果が得られている．

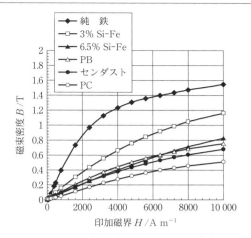

図 2.1.101 各種圧粉磁心の直流 B-H 曲線

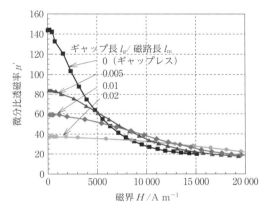

図 2.1.102 Fe-3% 圧粉磁心の直流重畳特性に及ぼすギャップの影響

（ⅳ）**純 鉄** 純鉄粉は磁束密度が高く直流重畳特性は良いが鉄損が大きいため，大電流が流れ磁心に高い磁界が印加されるものの鉄損はあまり問題にならないようなノイズフィルタなどの用途で古くより広く使用されていた．近年，リン酸塩系皮膜の開発[15,16]や，樹脂バインダや MgO など酸化物の複合添加により，600°C程度の高温での磁心熱処理が可能となり鉄損の低減[17]などが報告され，リアクトル用途でも適用されている．

また最近，圧粉磁心のモータヨークへの適用が盛んに検討されている[18,19]．圧粉磁心は金型で成形するためケイ素鋼板と比較し複雑な形状が可能である．このため三次元設計が可能となり，モータヨークの小型化や巻数減少による銅損低減が期待できる．上述の絶縁皮膜の開発や圧粉成形時の潤滑剤の開発および成形技術の向上により高磁束密度化や高透磁率化[20,21]が得られ，磁気特性向上も進んでいる．しかし，モータ用途の周波数は kHz 以下が主であり，この周波数ではケイ素鋼板と比較し圧粉磁心の鉄損はいまだ大きく，さらなる低減が必要である．

（ⅴ）**アモルファス，金属ガラス** 電子機器のスイッ

表 2.1.26 アモルファス，金属ガラス材料とFe基結晶系材料との特性比較

材料	飽和磁束密度 B_s/T	電気抵抗率 ρ/μΩ m	保磁力 H_c/A m^{-1}	磁心 鉄損 ($B=0.1$ T, $f=100$ kHz) P_c/kW m^{-3}
FeSiBC系アモルファス[1]	1.6	—	—	450
金属ガラス（Liqualloy）[2]	1.3	153	1.9	200
金属ガラス（SENNTIX）[3]	1.3	130	2	—
センダスト	1.1	82	2	800
6.5% Si-Fe	1.8	80	20	1600
3% Si-Fe	2.0	45	30	2500
純鉄	2.2	12	64	5000

1) 大塚 勇，前田 優，石山和志，八木正昭，粉体および粉末冶金，**56**，563 (2009)．
2) 水嶋隆夫，小柴寿人，内藤 豊，井上明久，粉体および粉末冶金，**54**，768 (2007)．
3) 松元裕之，浦田顕理，山田健伸，吉田栄吉，NEC技報，**60**，61 (2007)．

チング電源のチョークコイルには，前述したようにセンダスト圧粉磁心が広く使用されている．電源の小型化や大電流化，高効率化の要求が強く，高飽和磁束密度化および低鉄損化が求められている．Fe-Si系やFe-Ni系など結晶質の材料では，前述のように飽和磁束密度と鉄損はトレードオフになり両立は困難である．そこでFe基のアモルファス粉末や金属ガラス粉末の適用に注目が集まっている．アモルファスや金属ガラスは非常に硬度や弾性率が高いため粉砕は困難である．1980年代以降，多くのアモルファス粉末の研究開発が行われてきたが，高い急冷速度が得られる量産方法が確立されず，アモルファス磁心は実用化されていなかった．ところが最近，冷却媒体である水を高速せん回水流の遠心力によって，冷却速度を高めた急冷凝固粉末製造法（SWAP法）が開発され，アモルファス粉末が製造されるようになった．

このSWAP法を用いて高い磁束密度と低い鉄損を両立させたFe-Si-B-C系のアモルファス粉末が開発されている[22]．また近年，Fe基金属ガラス粉末の合金の研究開発および製造開発が行われ，実用化に至っている[23,24]．

それぞれのアモルファス磁心の特性をほかの磁心と比較した一覧を表2.1.26にまとめた．センダストやパーマロイなどと比較し，高い磁束密度および低い鉄損を示す．

c．その他圧粉磁心

ノートパソコンなどのメモリなどのシステム系電源回路には，大電流，高効率，高インダクタンスのチョークコイルが要望されている．表面実装型のチョークコイルは，コイルを磁心の中に内蔵した構造であり，トロイダル状のコアのように空間が存在しないため磁心の小型化が可能である．従来ソフトフェライトが用いられていたが，より大電流で用いられるようになったため，高い磁束密度と熱安定性が必要となり，ソフトフェライトに代わって圧粉磁心が用いられるようになった[4]．6.5% Si-Feやセンダストは飽和磁束密度が高いためソフトフェライトよりも良好な直流重畳特性を示す（図2.1.103）．

ノートパソコンの薄型化や高機能化に伴って周波数も数百kHz～MHzまで上昇しており，渦電流損を低減する必

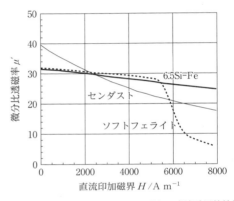

図2.1.103 圧粉磁心とソフトフェライトの直流重畳特性比較

要がある．このため，高圧条件で噴霧した水アトマイズ微粉を用いることにより，渦電流損を低減している．

コイルが内蔵されているため，前述したような高い温度でのひずみを除くための熱処理はできず，通常はバインダに用いられるエポキシ樹脂などの100～200℃程度の硬化温度で実施されている．

文献

1) 山本達治，電気通信学会誌，**237**，26 (1942)．
2) 川嶋信弘，瀧井久好，池防泰裕，パワーエレクトロニクス研究会論文誌，**21**，24 (1996)．
3) 浅香一夫，石原千生，馬場 昇，三谷宏幸，粉体および粉末冶金，**47**，705 (2000)．
4) 松谷伸哉，今西恒次，粉体粉末冶金協会講演概要集（平成18年春季），133 (2006)．
5) 岸本秀史，大河内智，杉山昌揮，山口登士也，服部 毅，谷 昌明，鈴木智博，齊藤貴伸，武本 聡，藤田雄一郎，粉体粉末冶金協会講演概要集（平成21年秋季），101 (2009)．
6) 石丸安彦，"粉末冶金の基礎と応用"，p.39，技術書院 (1993)．
7) 山本達治，"磁性合金"，p.131，修教社書院 (1941)．
8) 太田恵造，"磁気工学の基礎Ⅱ"（共立全書），p.309，共立出版 (1973)．

9) たとえば，米国 Magnetics 社，Powder Core Catalog (2008).
10) 粉体粉末冶金協会 編，"磁性材料"，p. 279，日刊工業新聞社 (1970).
11) 武本 聡，齊藤貴伸，電気製鋼，**73**，229 (2002).
12) M. Mino, T. Tanaka, M. Homma, *IEEE Trans. Magn.*, **21**, 1240 (1985).
13) M. Takahashi, H. Arai, T. Wakiyama, *IEEE Trans. Magn.*, **23**, 3523 (1987).
14) 相川芳和，加藤信行，山陽特殊製鋼技報，**7**，29 (2000).
15) 浅香一夫，石原千生，斎藤 達，馬場 昇，電気学会マグネティックス研究会資料，**MAG-98**，1 (1998).
16) 田島 伸，服部 毅，近藤幹夫，岸本秀史，杉山昌揮，亀甲忠義，粉体および粉末冶金，**52**，164 (2005).
17) 中山亮治，渡辺宗明，魚住学司，五十嵐和則，森本耕一郎，粉体および粉末冶金，**53**，285 (2006).
18) 伊藤正男，素形材，**44**，13 (2003).
19) 榎本裕治，伊藤元哉，正木良三，山崎克之，浅香一夫，石原千生，大岩昭二，電気学会産業応用部門大会講演論文集，**2004**，391.
20) 島田良幸，西岡隆夫，池ヶ谷明彦，粉体および粉末冶金，**53**，686 (2006).
21) 田島 伸，服部 毅，堀田昇次，近藤幹夫，岡島博司，東山 潔，岸本秀史，粉体および粉末冶金，**50**，577 (2003).
22) 大塚 勇，前田 優，石山和志，八木正昭，粉体および粉末冶金，**56**，563 (2009).
23) 水嶋隆夫，小柴寿人，内藤 豊，井上明久，粉体および粉末冶金，**54**，768 (2007).
24) 松元裕之，浦田顕理，山田健伸，吉田栄吉，NEC 技報，**60**，61 (2007).

2.1.8 フェライト材料

フェライトは，酸化鉄を主成分とする磁性体の総称である．フェライトは結晶構造により，スピネル型，ガーネット型，六方晶，ペロブスカイト型，イルメナイト型などに分類される．本項では顕著なソフト磁気特性を示すスピネル型，ガーネット型および高周波用ソフト磁性材料としての六方晶フェライトの性質と応用について述べる．

a. スピネル型フェライト

（ⅰ）結晶構造および磁気的性質 スピネル型フェライトの化学式は，MFe_2O_4 または $MO \cdot Fe_2O_3$（M は 2 価の金属）である．この M として Mg, Mn, Fe, Co, Ni, Cu, Zn, $Li_{0.5}Fe_{0.5}$ などがある．図 2.1.104 に示すように，スピネル構造の単位胞は分子式 MFe_2O_4 の 8 個分，すなわち 24 個の金属イオンと 32 個の酸素イオンからなり，四面体位置(A)に 8 個，八面体位置(B)に 16 個の金属イオンが入る．A と B の比は 1：2 である．2 価の金属イオンの入る位置は下記のように分類される．慣例として四面体位置を（ ），八面体位置を [ ] で表すことになっている．

　正スピネルフェライト　$(M^{2+})[Fe_2^{3+}]O_4$
　逆スピネルフェライト　$(Fe^{3+})[M^{2+}Fe^{3+}]O_4$

Cd イオンおよび Zn イオンは正スピネルになるが，それ以外の金属イオンは逆スピネルになる．しかし，Mn フェライトのように Mn イオンが A, B 両位置に入る中間

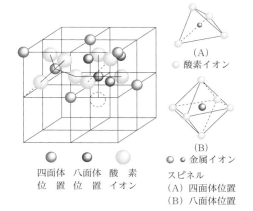

図 2.1.104 スピネル構造における金属イオンの占める位置

型スピネルもある．

フェライトはフェリ磁性を示すのでその磁気双極子モーメント（磁気モーメント）は Néel の理論[1]により求められる．逆スピネルフェライトでは，A 位置を占める金属イオンと B 位置を占める金属イオンの間に最も強力な超交換相互作用が働く．これは，A 位置に存在する Fe^{3+} と B 位置に存在する $[M^{2+}Fe^{3+}]$ の磁気モーメントが互いに反平行に結合する作用であり，その結果，両位置にある Fe^{3+} の磁気モーメントは打ち消され，B 位置に残存する M^{2+} の磁気モーメントが差し引きの自発磁化として現れる．たとえば，Ni フェライトは，$(Fe^{3+})[Ni^{2+}Fe^{3+}]O_4$ で A 位置と B 位置の磁気モーメントの向きは反対であり，便宜上 A 位置の磁気モーメントをマイナス方向とすると次式となり，1 分子式あたり $2\mu_B$ の理論値となる．

$$-5\mu_B + 2\mu_B + 5\mu_B = 2\mu_B \tag{2.1.21}$$

μ_B は磁気モーメントの最小単位であり，ボーア磁子といわれる．$\mu_B = 1.165 \times 10^{-29}$ Wb m である．これは表 2.1.27 に示す絶対零度における実測値ともよく合致する．ほかのスピネル型フェライトの場合も理論値と実測値はよく一致しており，この理論がスピネル型フェライトの磁気発生の起源を明示している．

正スピネルフェライトでは，A 位置は磁気モーメントの大きさをもたない Zn^{2+} あるいは Cd^{2+} が優先的に占めるため，A-B 間の超交換相互作用は存在しない．また，B 位置の二つの Fe^{3+} は常磁性的にふるまうため，B-B 間の磁気モーメントは現れない．

フェライト 1 分子式あたりの磁気モーメントの大きさを n_B とし，0 K での磁化を I_0 とすると次式となる．

$$n_B = \frac{MW}{N\mu_B} \times \frac{I_0}{d} \times 10^{-6} \tag{2.1.22}$$

ここで，MW は分子量，N はアボガドロ定数（$= 6 \times 10^{23}$），$\mu_B = 1.16 \times 10^{-29}$ Wb m，d は密度である．これを用いると Mn フェライトでは，$I_0 = 0.7$ Wb m^{-2}，$d = 5.0$ g cm^{-3}，$MW = 229.6$ であるので $n_B = 4.6$（理論値は $5\mu_B$）となる．

表 2.1.27 スピネル型フェライトのイオン配位，磁気モーメント，飽和磁化，異方性定数，キュリー温度

フェライト	イオン配位		四面体位置の磁気モーメント/μ_B	八面体位置の磁気モーメント/μ_B	MFe$_2$O$_4$ 1モルあたりの磁気モーメント/μ_B		飽和磁化 M_s (20℃)			異方性定数 kJ m^{-3}	キュリー温度 ℃
	四面体位置	八面体位置			理論値	実測値	σ / Wb m kg^{-1}	M_s / T	$4\pi M_s$ / T		
MnFe$_2$O$_4$	Fe$^{3+}_{0.2}$+Mn$^{2+}_{0.8}$	Mn$^{2+}_{0.2}$+Fe$^{3+}_{1.8}$	5	5+5	5	4.5	100×10^6	0.043	0.5	−4.0	300
Fe$_3$O$_4$	Fe^{3+}	Fe^{2+}+Fe^{3+}	5	4+5	4	4.1	115×10^6	0.048	0.6	−13.0	585
CoFe$_2$O$_4$	Fe^{3+}	Co^{2+}+Fe^{3+}	5	3+5	3	3.7	100×10^6	0.043	0.53	+200	520
NiFe$_2$O$_4$	Fe^{3+}	Ni^{2+}+Fe^{3+}	5	2+5	2	2.3	63×10^6	0.027	0.34	−6.9	585
CuFe$_2$O$_4$	Fe^{3+}	Cu^{2+}+Fe^{3+}	5	1+5	1	1.3	31×10^6	0.014	0.17	−6.3	455
MgFe$_2$O$_4$	Fe^{3+}	Mg^{2+}+Fe^{3+}	5	0+5	0	1.1	34×10^6	0.012	0.15	−4.0	440
Li$_{0.5}$Fe$_{2.5}$O$_4$	Fe^{3+}	Li$^{1+}_{0.5}$+Fe$^{3+}_{1.5}$	5	0+7.5	2.5	2.6	81×10^6	0.031	0.39	−8.3	670

[J. Smit, H. P. J. Wijn, "Ferrites", p. 149, Philips Technical Library (1959) を一部改変]

(ⅱ) スピネル型フェライトのZn置換効果 2種以上のフェライトが固溶したものを複合フェライトという．これらの中でも逆スピネルに正スピネルが固溶した複合フェライトの磁気モーメントは，次のようになる．たとえば，xモルの正スピネルであるZnフェライトを，$(1-x)$モルの逆スピネルである$M^{2+}Fe_2O_4$に加えて焼成し，固溶体をつくると，A位置およびB位置におけるイオン配位は次のようになる．

$$(1-x)(Fe^{3+})[M^{2+}Fe^{3+}]O_4 + x(Zn^{2+})[Fe^{3+}_2]O_4$$
$$= (Fe^{3+}_{(1-x)}-Zn^{2+}_x)[M^{2+}_{(1-x)}-Fe^{3+}_{1+x}]O_4$$
(2.1.23)

ここで，Zn^{2+} はA位置に入るので，A位置をあらかじめ占めていたFe^{3+} はB位置に押し出される．その結果，AとBの両方の位置を占めるFe^{3+}の差が著しくなり，xの増加とともに飽和磁化が増大する．これを一般式で表すと，次式のようになる．

$$-5(1-x)+n_M(1-x)+5(1+x) = (10-n_M)x+n_M$$
(2.1.24)

ここで，n_M はM^{2+}の磁気モーメントの大きさである．

各種逆スピネルフェライトにZnフェライトが固溶した場合の磁気モーメントの増大の様子を図2.1.105に示す[2,3]．点線はC. Guillaudらによって示された磁気モーメント理論値である[2]．実線はE. W. Gorterによる実測値である[3]．Znフェライト単体の理論磁気モーメントは$10\mu_B$であるが，Znイオンは磁気モーメントが0なのでA-B間の磁気的相互作用が消失し，反強磁性となり室温では磁化を示さない．Zn置換量の少ない範囲では実測値は理論値とほぼ一致しており，置換量xがほぼ0.5までの複合フェライトの磁気モーメントも増大する．このことは工業的にも重要で，今日，フェライトが実用されているゆえんでもある．Znフェライト置換量が0.5以上では，A位置に非磁性のZnイオンが多くなるためA-B間の磁気的相互作用が弱まり，磁気モーメントは低下する．

(ⅲ) スピネル型フェライト単体の飽和磁化の温度依存性 図2.1.106に，各種スピネル型フェライト単体の飽和磁化の温度依存性曲線を示す[4,5]．多くのフェライトはワイス理論[6]で示される通常の挙動を示している．しか

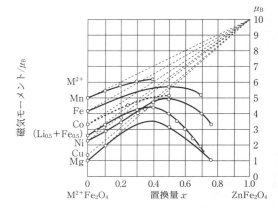

図 2.1.105 各種フェライトをZnFe$_2$O$_4$で置換した場合の絶対零度における磁気モーメント理論値（点線）および実測値（実線）
[C. Guillaud, H. Creveaux, *Compt. R. Ac, Sc. Paris*, **230**, 1458 (1950) を一部改変]

し，CuFe$_2$O$_4$ および MgFe$_2$O$_4$ の場合は，CuおよびMgイオンがA，B両サイトを占めるので試料の作製法によっても異なってくる．

(ⅳ) 複合フェライトの磁化の温度依存性 図2.1.105に示したように，逆あるいは中間型スピネルフェライトに正スピネルフェライトが固溶すると，理論値も実測値も磁気モーメントは増大した．図2.1.107はNi$_{1-\delta}$Zn$_\delta$Fe$_2$O$_4$（$\delta=0\sim0.65$）の飽和磁化の温度依存性を示す．室温付近において$\delta=0.33$および0.50の試料の磁化値は最大になる．0Kにおいてはδが増加するに従って磁化値も増大していき，$\delta=0.50$の試料が最大になる．$\delta=0.65$の試料では，B位置のスピン間の相互作用が大きくなり，反強磁性成分が増えるために磁化値は減少する．また，キュリー温度はδの増加とともに直線的に減少していく．これは熱揺らぎにより超交換相互作用が弱化することに対応している．

(ⅴ) 初透磁率 フェライトなどの強磁性体を磁界中に入れて外部磁界Hを少しずつ印加すると磁化されて磁束密度Bが増加する．この初磁化領域における磁化曲線

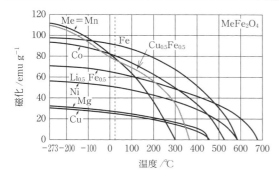

図 2.1.106 各種スピネル型フェライト単体の飽和磁化の温度依存性
[J. Smit, H. P. J. Wijn, "Ferrites", p. 156 (1959); M. Sugimoto, N. Hiratsuka, *J. Magn, Magn, Mater.*, **15-18**, 1307 (1980) を一部改変]

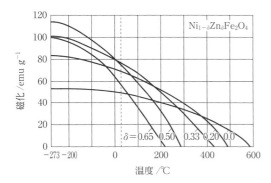

図 2.1.107 Ni-Zn 系フェライトの飽和磁化の温度依存性
[J. Smit, H. P. J. Wijn, "Ferrites", p. 158, Philips Technical Library (1959) を一部改変]

の傾斜を初透磁率 μ_i といい，次式で表される．

$$\mu_i = \frac{1}{\mu_0}\left(\frac{B}{H}\right)_{\text{initial}} \tag{2.1.25}$$

ここで，$\mu_0 = 4\pi \times 10^{-7}\,\text{H m}^{-1}$ である．

通信機用コア，インダクタ素子，磁気ヘッドなどではコイルに流れる電流が小さく，発生する磁界もわずかであるので初透磁率が大きいことが重要である．

リング状の試料などで反磁界がなく，かつ内部が理想的に均一ならば磁壁エネルギーはどこでも同じになり，磁壁はきわめて容易に移動して磁化される．しかし，実際の物質は不均一（欠陥，不純物，結晶粒界，ひずみ）であるため，磁壁は容易に移動できない．すなわち，磁化されにくい．

次に初磁化過程に影響を及ぼす要因について述べる．

（1） 初透磁率に影響を及ぼす要因：

$$\mu_i = \mu^W + \mu^R \tag{2.1.26}$$

ここで，μ_i は総和としての初透磁率，μ^W は磁壁移動による初透磁率および μ^R は磁化回転による初透磁率である．

$$\mu^W = 1 + \left(\frac{3}{4}\pi\delta\right)\left(\frac{M_s^2}{K}\right)D \tag{2.1.27}$$

δ は磁壁の厚み，M_s は飽和磁化，D は結晶粒径，K は異方性定数を表す．

$$\mu^R = 1 + \frac{2\pi M_s^2}{K + \lambda_s \sigma} \tag{2.1.28}$$

λ_s は飽和磁歪定数，σ は力学的ひずみを表す．

以上を大きくまとめると，次式で表すことができる．

$$\mu_i \propto \frac{M_s^2}{K} \tag{2.1.29}$$

以下に，初透磁率に影響を及ぼす因子について述べる．

① 飽和磁化 M_s：式 (2.1.23) に示したように，M_s はスピネル型フェライトを構成する遷移元素および組成により決定されるので，その選択が重要である．

② 結晶磁気異方性定数 K：強磁性体には，その結晶特有の磁化されやすい（磁化容易）方向と磁化されにくい（磁化困難）方向が存在する．この大きさを結晶磁気異方性定数とよぶ．この現象を本多と茅が Fe, Co および Ni の単結晶を測定して初めて発見した[7]．

表 2.1.27 に示したように，$K>0$ なのは $CoFe_2O_4$ であり，ほかのフェライトは $K<0$ である．フェライトの主成分である Fe^{3+} は軌道角運動量が 0 であり，電子は 5 個の軌道に全部入っているため，異方性は小さい．これと同様に Mn^{2+} と Cu^{2+} も異方性は小さい．ソフト磁性材料に用いられる Mn-Zn，Ni-Zn フェライトなどは，磁気異方性のない Zn^{2+} が固溶しているので磁気異方性は低下し，μ_i は向上する．それでも主成分である Fe^{3+} の磁気異方性は負であるので，スピネル型フェライトの総計の磁気異方性をさらに低減する必要がある．そのためには，図 2.1.108(a) および (b) に示すように Co^{2+} と Fe^{2+} の K は正であることを利用する．すなわち，Co^{2+} あるいは Fe^{2+} を適量固溶させると K が 0 に近づき μ_i が増大する．

Co^{2+} および Fe^{2+} はスピネル型フェライトの B 位置に優先的に配位する．Co^{2+} が B 位置に入ると〈111〉方向を容易軸とする異方性が局部的に生じる．しかし，B 配置での〈111〉方向は 4 種類の対称軸があるため，各〈111〉の局部容易方向は平均化され，全体の容易軸は〈100〉となる．すなわち，$K>0$ となる．

Fe^{2+} が存在すると，図 2.1.108(b) に示したように K が 0 に近づき μ_i が向上する．MnO-ZnO-Fe_2O_3 系フェライトの組成および μ_i の関係を図 2.1.109 に示す[8,9]．

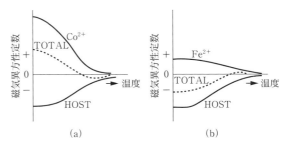

図 2.1.108 スピネル型フェライト (HOST) に Co^{2+} (a) および Fe^{2+} (b) を固溶した場合の磁気異方性定数 (TOTAL) の温度依存性

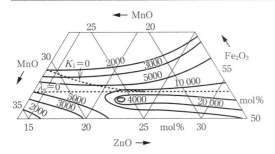

図 2.1.109 MnO-ZnO-Fe_2O_3 系フェライトの初透磁率の組成依存性；$K_1=0$ および $\lambda_s=0$ も表示
[E. Roess, *Proc. Int. Conf. Ferrites*, 187 (1971); K. Ohta, *J. Phys. Soc. Jpn.*, **18**, 685 (1963)]

Fe_2O_3 含有量が化学量論組成より若干過剰な組成において μ_i が著しく増大しているのは Fe^{2+} を固溶させたためである．上手に制御すると μ_i が 40 000 以上のものが作製できる[10]．

③ 磁歪（磁気ひずみ）：磁性体に外部磁界を印加して磁化していくと，磁壁の移動に伴い，その形が変わる現象を磁歪（磁気ひずみ）という．このひずみ率は 10^{-6} オーダーである．このように磁性体が形状的に（ミクロにみると結晶格子）ひずむことによって張力または圧縮力が働く．この自己弾性エネルギーは結果的に μ_i を低下させることになる．Mn-Zn フェライトにおいては図 2.1.109 に示す点線（…）が飽和磁歪 $\lambda_s=0$ の境界線である．

④ 結晶粒径：式 (2.1.27) に示したように，粒径が大きくなれば磁壁の移動が粒界で妨げられなくなり μ_i が増大する．その μ_i と粒径の関係を図 2.1.110 に示す[11~13]．通常のセラミックス法で作製されるフェライトの粒径は 10~20 μm であるが，それを極限まで大きくしたものが単結晶フェライトであり，高い μ_i が得られる．

⑤ その他の要因：空孔，空隙，欠陥は磁壁の移動を妨げるために μ_i が低下する[14]．また，試料が急冷されると力学的ひずみ σ が残存し，μ_i が低下する．

（2）**初透磁率の温度依存性**： 図 2.1.111 は，$Mn_{1-\delta}Zn_\delta Fe_2O_4$ ($\delta=0\sim0.50$) の初透磁率の温度依存性を示す．Zn イオン置換量が増加とともに初透磁率は増大するがキュリー温度は低下する．このフェライトは高透磁率材料として実用するために，室温から 100℃ 付近で初透磁率が一定であることが要求される．キュリー温度直下では，結晶磁気異方性定数が減少するため初透磁率は増大する（ホプキンソン効果）（一次ピーク）．一方，若干の Fe^{2+} が存在すると図 2.1.108 に示したように総計の磁気異方性定数が低温側で減少するので，ここでも初透磁率が増大する．これを二次ピークという．これら二つのピークが出現する温度とその大きさを制御すると，室温から 100℃ 付近で初透磁率を平滑にすることができる．

（3）**初透磁率の周波数特性**： フェライトを高周波コアとして用いる場合は，微少な交流磁界を印加するが，あ

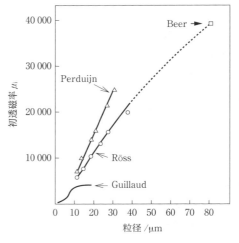

図 2.1.110 初透磁率および粒径の関係
[C. Guillaud, *et al.*, *Compt. Rend.*, **242**, 2525 (1956); D. J. Perduijn, *et al.*, *Proc. Brit. Cer. Soc.*, **10**, 263 (1968); A, Beer, *et al.*, *IEEE Trans. Magn.*, **2**, 470 (1966); E. Röss, *et al.*, *Z. Angew. Phys.*, **7**, 504 (1964) を一部改変]

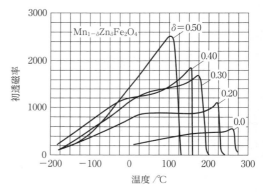

図 2.1.111 Mn-Zn フェライトの初透磁率の温度依存性
[J. Smit, H. P. J. Wijn, "Ferrites", p. 252, Philips Technical Library (1959) を一部改変]

る周波数でスピンが高周波磁界からエネルギーを吸収して強磁性共鳴を起こす．この強磁性共鳴には周波数の低い方から磁壁共鳴，回転磁化共鳴およびフェリ磁性共鳴の 3 種類がある．

磁壁は，交流磁界が印加されると，いずれかの周波数で共鳴が起きる．これは見かけ上，磁性体が磁化されなくなり，損失が増大する．単位体積中の磁壁の面積が大きい材料では実効透磁率 μ' は高いが，共鳴周波数 f_r は低い．磁壁の面積が小さい材料では逆になる．さらに，高周波磁界を印加すると磁化は異方性磁界 H_A を軸として歳差運動をする．この歳差運動は磁化回転によって生じるので回転磁化共鳴という．フェリ磁性共鳴は強磁性共鳴と同じように考えられるが，A のスピンと B のスピンの大きさおよび分子磁界の大きさも異なるために生じる共鳴である．

一般に，外部磁界が印加された場合，磁性体の異方性磁

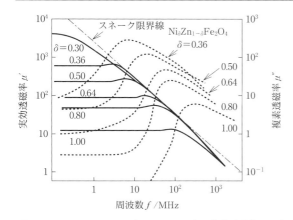

図 2.1.112 $Ni_\delta Zn_{1-\delta}Fe_2O_4$ ($\delta=0.30\sim1.00$) の複素透磁率の周波数特性およびスネーク限界線

界 H_A によって共鳴周波数 f_r は異なる。ところが、磁化率（透磁率）と f_r の積は飽和磁化 I_s に比例することを Sneok[15] が見出した。図 2.1.112 は Ni-Zn 系フェライトにおける複素透磁率の周波数特性およびスネーク限界線を示す。I_s がほぼ等しい場合には μ_r と f_r は反比例する。これをスネークの限界則とよんでいる。この関係を一般的に示すと式 (2.1.30) のようになる。

$$f_r(\mu_r-1)=\frac{1}{3\pi\mu_0}\gamma\left(\frac{1}{2}\sqrt{\frac{H_\theta}{H_\phi}}+\frac{1}{2}\sqrt{\frac{H_\phi}{H_\theta}}\right) \quad (2.1.30)$$

ここで、H_θ と H_ϕ は θ および ϕ 方向における異方性磁界を示す。γ はジャイロ磁気定数である。立方対称であるスピネル型フェライトは、$H_\theta=H_\phi$ であり、（ ）内は 1 となる。それゆえに実効透磁率の周波数特性はスネークの限界を越えない。

(vi) コア損失 磁性体（具体的な応用品としてはトランス、チップインダクタ、磁気ヘッドなど）を外部から高周波磁界で磁化すると、磁性体は与えられた磁気エネルギーを100%利用できず、損失が生じる。その損失は熱エネルギーとなり効率を低下させるだけでなく、機器にも悪影響を及ぼす。したがって、この損失の起因を物理的に解明し、それを作製するプロセスにフィードバックすることが大切である。

磁性体コアに発生する損失は下記の成分により構成される。

コア損失 P_B = ヒステリシス損失 P_h
$\qquad\qquad$ + 渦電流損失 P_e + 残留損失 P_r
$\hfill (2.1.31)$

フェライトは使用周波数が高くなっても P_e の増加は少ないが、P_r が増大する特徴がある。一方、金属磁性材料では P_e の増大が著しくなるため高周波では使用できない。

E. G. Visser は初透磁率 μ_i を μ^W と μ^R の和と考え、弱磁界励磁におけるディスアコモデーションを利用して μ^W と μ^R を求めた。これらから損失成分を求めたところ、磁壁移動に伴う損失が 1 MHz において全体の80%以上を占め

ていることを示した[16]。したがって、磁壁移動領域における損失の解析が重要である。

（1）ヒステリシス損失 直流 B-H ヒステリシス曲線の面積を W_h とすると次式で表される。

$$W_h=\oint HdB \quad (2.1.32)$$

これは1サイクルで磁化するために要したエネルギーの大きさである。磁性体にとっては磁化されるときに受けたエネルギーであり、自分の中に貯えられたエネルギーである。しかも1サイクル後の磁気的状態は初期とまったく同じ状態に戻っているので、それは磁気的エネルギーではなく熱エネルギーとして消費されたことになる。したがって、W_h は熱エネルギー損失に相当する。この面積を小さくするためには保磁力 H_c が小さいことが必須である。

交流磁界中では、f を周波数とすると、次式となり、f が高くなるとそれだけ損失も増大する。

$$P_h=W_h\times f \quad (2.1.33)$$

ヒステリシス損失 P_h を低減するためには、次のような留意点がある。

① 化学組成の選択：H_c は異方性定数 K に比例し、M に反比例するので、この両者を考慮しながら最適組成を選定する。

② 結晶相の均一性：スピネル相中の A および B 位置にそれぞれの金属イオンが適正に分布していること。

③ 高密度化：空孔、空隙などの欠陥がないと磁壁の移動が容易になり H_c が低下する。

④ 均一な粒子径であると均一な磁化反転ができる。

⑤ 粒界でのひずみの除去：粒界は異物の集合組織であり、ひずみが生じる。このひずみをできるだけ小さくする。

（2）渦電流損失 P_e は次式で表される。

$$P_e=\frac{\pi}{4}R^2f^2B_m^2\times\frac{1}{\rho} \quad (2.1.34)$$

ここで、B_m は最大磁束密度、R は渦電流回路長、ρ は電気抵抗を示す。磁気コアを励磁した場合に発生する最大の磁束密度を B_m で表している。

式 (2.1.34) で P_e が f の 2 乗に比例することは重要であり、f が高くなると急激に増大することは避けられない。そこで P_e を低減するためには ρ を大きくし、R を小さくする必要がある。

Mn-Zn フェライトの渦電流損失解析のモデル計算結果が報告されている[17]。多結晶 Mn-Zn フェライトの粒径を一定とし、立方形状の結晶粒が格子状に並んでいるとした。それによると、低周波では結晶粒内を還流するミクロな渦電流が、高周波では粒界層を通過することによって全体が過電流となり、コア断面全体に表皮効果が現れると報告している。

この渦電流損失を低減する方策はおもに二つある。

① 高抵抗粒界層の形成による渦電流の低減化：粒界の高抵抗化は明石によってなされた CaO-SiO_2 添加の成果が

代表的なものである[18]．Mn-Zn フェライトに SiO_2 および CaO を添加した場合の抵抗値および損失係数を図 2.1.113 に示す．SiO_2 を 0.02～0.03 at%，CaO を 0.2 at% 添加した場合に抵抗値が最も大きくなり，損失係数が最少になる．その後もこの添加物については多くの報告がある[19,20]．SiO_2 のみを添加した場合は，粒界層近くのスピネル相の格子定数は変わらないことから SiO_2 はスピネル相に固溶しない．また，CaO のみおよび CaO-SiO_2 を添加した場合は，粒界相付近の格子定数が変化し，スピネル相に固溶する．また，透過電子顕微鏡（TEM）観察および組成分析により次のことも解明された．Ca イオンは液状のガラス層を通って結晶格子中に拡散する．ある程度の Ca イオンは Fe イオンと置換する．それ以上の Ca イオンは粒界に析出する．Si イオンは粒界のガラス層中に残留し，このガラス層の融点を低下させ，フェライト化反応を促進する．

② 結晶粒径の減少による渦電流の低減化：理想的には，渦電流が発生しないような結晶粒径は 10 μm 以下で，

しかもスピネル構造が高密度に形成されていることが望ましい．これを実現するためには，以下のことが考慮されるとよい．

(ア) 仮焼温度を高くし，スピネル相の生成を促進させ，その仮焼粉を微粉砕する．

(イ) 焼成温度を低くし（1100～1200℃），結晶粒の成長を抑制する．

(ウ) (ア) および (イ) を採用すると高密度化が達成しにくくなるので V_2O_5，B_2O_3 などの添加物を有効に使用する．

P. J. van der Zaag ら[21] は，結晶粒径を単磁区サイズ以下まで小さくすると，コア損失が劇的に低減すると報告している．彼らの研究によれば，中性子散乱で決定された単磁区サイズは約 3 μm であり，その前後でコア損失 P_B が不連続的に変化し，粒径が 3 μm 以下では，コア損失は 1/10 程度まで低減している（図 2.1.114）．これは $Ni_{0.49}Zn_{0.49}Co_{0.02}Fe_{1.90}O_{3.85}$ の化学組成を有する焼結体についてのものであるが，ほかのスピネル系フェライトでも，同様の結果が報告されている．また，Kawano らも同様の実験を行い，この結果の確認とその理由について考察している[22]．すなわち，Ni-Zn-Co フェライトにおいて，結晶粒径を単磁区サイズ以下まで小さくするとコア損失が低減するのは，磁化が回転磁化成分のみとなり，低磁界領域では，可逆的な磁化過程をとることによるものである．しかし，ある程度大きな磁界下では不可逆的となり，粒径が小さくなるほど保磁力は大きくなるとともに，コア損失も増大する．

(3) **残留損失**： 全コア損失からヒステリシス損失および過電流損失を差し引いた残余の損失を残留損失 P_r とよんでいる．Mn-Zn フェライトは 1 MHz 近傍で残留損失が全損失の 80% 以上にも達し，大きな課題である．現時点でも P_r の構成成分は十分に解明されていないが，少なくとも二つの成分が含まれる．すなわち，低励磁磁束密度

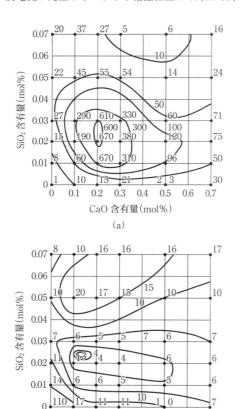

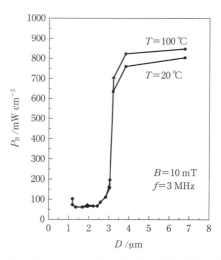

図 2.1.113 Mn-Zn フェライトに CaO-SiO_2 を複合添加した場合の抵抗値および損失係数
(a) 抵抗値　(b) 損失係数
[T. Akashi, *J. Appl. Phys. Jpn.*, **30**, 708 (1961) を一部改変]

図 2.1.114 Ni-Zn-Co フェライトにおける粒径 D およびコア損失 P_B の関係

では共鳴型,高励磁磁束密度においては緩和型の周波数分散特性をもつと考えられている[23]。

P_r は測定温度によらず実効透磁率の虚数部 $μ''$ と強い正の相関があると報告[24]されている。したがって,磁気共鳴にかかわる $μ''$ のピークを高周波側へシフトさせることができれば P_r は減少する。また,実測値から求めた P_r は最大磁束密度 B_m が大きくなると増大するが,周波数の低下に伴い指数関数的に小さくなる。このことは B_m が低い領域,すなわち磁壁移動領域ではスピンの反転速度は速いが,B_m の高い領域,すなわち磁化回転領域ではスピンのそれは遅くなると考えられる。

b. ガーネット型フェライト

(i) 結晶構造 ガーネット(Garnet;ざくろ石)は,ケイ酸塩 $M_3^{2+}M_2^{3+}(Si^{4+}O_4)_3$ の化学式で表される。紅ざくろ石 $Mg_3Al_2(SiO_4)_3$ は赤色の宝石になる。この構造において $0.1\,nm$ 程度の比較的大きいイオン半径をもつ三価の希土類酸化物 (R_2O_3) および Fe_2O_3 で置き換えて $3R_2^{3+}O_3・5Fe_2^{3+}O_3$ または $R_3Fe_5O_{12}$ で表されるものがガーネット型フェライトである。単元のガーネット型フェライトを構成する R としては,Y, Sm, Eu, Gd, Tb, Dy, Ho, Er, Tm, Yb, Lu がある。この結晶は立方晶系に属する。図 2.1.115 に示すように単位胞は 8 化学式からなり,160 個のイオンを含み,かなり複雑な構造となる[25]。最もイオン半径の大きい酸素イオン $(0.14\,nm)$ が体心立方構造を構築し,陽イオン配位は 3 種類ある。イオン半径の小さな Fe^{3+} $(0.06\,nm)$ の入る位置は a と d の 2 箇所,R^{3+} の入る位置は c の 1 箇所である。Gd, Tb, Dy, Ho, Tm, Yb のような 4f 電子が 7 個以上入った希土類ガーネットは,以下で表示できる。

$$\begin{matrix} c & a & d \\ \{R_3^{3+}↑\} & [Fe_2^{3+}↑] & (Fe_3^{3+}↓) \end{matrix}$$

単位胞中に Fe^{3+} は 40 個あり,八面体 6 配位の 16a に 16 個,四面体 4 配位の 24d に 24 個占める。R^{3+} $(0.099〜0.113\,nm)$ はイオン半径が大きいので Fe^{3+} と置換するには大きすぎ,O^{2-} と置換するには小さすぎる。そのため,スピネル型にはなかった特別な格子点である 8 個の O^{2-} に囲まれた十二面体 8 配位の 24c 位置をとる。

表 2.1.28 は希土類元素単元ガーネット型フェライトの

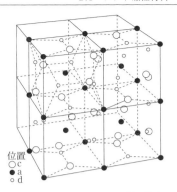

図 2.1.115 ガーネット型フェライトの結晶構造
[S. Gellers, E. A. Nesbitt, et al., *J. Appl. Phys.*, **35**, 520 (1964)]

格子定数および X 線密度,磁化値,キュリー温度および補償温度を示す。

(ii) 磁気的性質 1 化学式あたり 24d にある 3 個の Fe^{3+} と 16a にある 2 個の Fe^{3+} とが強い負の超交換相互作用により反平行に配列する。この差し引きで残る 1 個の Fe^{3+} に対して c 副格子の R^{3+} の磁気モーメントが弱く反平行に結合する。したがって,1 化学式 $(R_3Fe_5O_{12})$ あたりの磁気モーメント $(n\,μ_B)$ は,希土類イオン 1 個の磁気モーメントを m_R とすると,次式となる。

$$n = (3-2)×5 - 3\,m_R = 5 - 3\,m_R \qquad (2.1.35)$$

上式で表示できる磁気モーメントの温度曲線は,c 副格子の希土類イオンの性質に依存する。$3Y_2O_3・5Fe_2O_3$ では二つの Fe^{3+} の磁気モーメントの差は絶対零度において 10 $μ_B$ であり,温度曲線は図 2.1.116 のようになる。一方,$3Gd_2O_3・5Fe_2O_3$ の場合には,絶対温度において理論的には 30 $μ_B$ の磁気モーメントである。Gd イオンは磁気モーメント m_R をもっており,Fe^{3+} の $(m_d - m_a)$ との差し引きで総合的な磁気モーメントが決定する。この $m = m_c - m_{d,a}$ は,d と a の磁気モーメントの温度依存性がそれぞれ異なるので 286 K において磁気モーメントの向きが逆転する。この磁気モーメントがゼロになる温度を補償温度 (T_{comp}) という(図 2.1.116 を参照)。この T_{comp} は Gd (286 K), Tb (246 K), Dy (226 K), Er (83 K) であり,光磁気記

表 2.1.28 希土類ガーネット型フェライトの結晶構造および磁気特性データ

R	Y	Sm	Eu	Gd	Tb	Dy	Ho	Er	Tm	Yb	Lu
格子定数/nm	1.2376	1.2528	1.2498	1.2471	1.2436	1.2405	1.2375	1.2347	1.2323	1.2302	1.2283
X 線密度/g cm^{-3}	5.17	6.23	6.30	6.46	6.55	6.65	6.75	6.86	6.95	7.07	7.15
磁気モーメント/化学式 $(μ_B)$, 0 K	5.00	5.45	2.75	16.00	18.20	16.90	15.20	10.20	1.20	0.00	5.07
磁化/化学式/emu g^{-1}, 300 K	27.2	21.4	14.80	0.70	2.40	4.50	10.4	14.4	16.0	17.5	2.02
磁気モーメント/希土類元素 (実測値) $(μ_B)$, 0 K		0.14	0.74	7.00	7.72	7.30	6.75	5.14	1.26	1.66	
磁化/希土類元素 (自由イオンとしての計算値=$g_J J$) $(μ_B)$, 0 K		0.70	0.0	7.0	9.0	10.0	10.0	9.0	7.0	4.0	
キュリー温度/K	560	578	566	564	568	563	567	556	549	548	539
補償温度/K				290	246	226	137	83			

[M. M. Schieber, "Experimental Magnetochemistry", p. 330, North-Holland (1967) を一部改変]

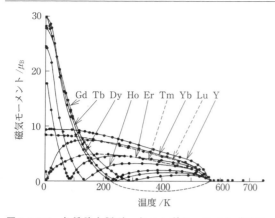

図2.1.116 各種希土類ガーネット型フェライト（$3R_2O_3$-$5Fe_2O_3$）の磁気モーメントの温度依存性
[R. Pauthnet, *Compt, es Rendus*, **230**, 1842 (1950) を一部改変]

録材料として重要な性質である．

(iii) **応用** ガーネット型フェライトの実用化研究が始まったのは1950年代であり，イットリウム鉄ガーネット（YIG）のマイクロ波域での磁気損失が非常に小さいことが見出されてマイクロ波アイソレータやサーキュレータなどへの応用が進展した．ガーネット型フェライトの新たな応用として1967年に磁気バブルメモリの概念が発表された．

ガーネット型フェライトの特長の一つは，透明な磁性体ということである．そのためファラデー効果を利用した光アイソレータは，光ファイバ通信が普及することにより半導体レーザへの戻り光の防止や送受信光分離素子としての重要性が高まり，小型化，高信頼性，低コスト化をはかりながら開発と実用化が進められている．

図2.1.117に示すように，ファラデー回転型アイソレータは三さ路のような構造を有するデバイスで，中央には磁石に挟まれたYIGなどのソフトフェライトが組み込まれている．(1)の端子から送られた電波は(2)の端子（アンテナ側）へ流れる．しかし，偏波面は回転してしまうため，電波は(2)から(1)へは戻れない．さらに，異常反射などの有害な電波は，(2)から入ることになり，同様に(3)の方向

に誘導され，抵抗体内部で熱として消費される．このようにアイソレータは電波の一方通行の通路をつくり，送信部の電源を安定化して通信信号を劣化させない役割を果たしている．

c. 六方晶フェライト

電子機器が高性能・多機能・小型化するのに伴い，高周波のディジタル信号が機器内のほかの回路や無線回路に飛び，ノイズとなって問題化し，GHzオーダーでのノイズ対策が必要になってきている．携帯電話やブルートゥース（Bluetooth）などの無線系回路，およびGHz帯の光通信関連回路に使用されるフェライトビーズも高周波対応が要求されている．このようにインダクタ用のフェライトでは高い周波数まで透磁率が維持できる特性のものが必要になる．

さらに，電子機器から不要なふく射ノイズが多く放射され，電波環境が悪化している．この改善の手法としては，磁気を用いた電波吸収体による電磁波吸収が有効である．以上述べたように，フェライト材料でもGHz帯で使用できる特性が要求されており，それに対応できるソフト磁性六方晶フェライトについて述べる．

(i) **結晶構造** 六方晶フェライトは，表2.1.29に示すようにM, Y, W, X, UおよびZの組成に分類される．これらの結晶はいずれも，通常，R, T, Sと記される三つのブロックがc軸方向に積み上がったものである．これらのブロックの組成を以下に記すが，Sを除いて単独の化合物としては存在しないと考えられている．

R：$AO\cdot 2(Fe_2O_3\cdot MeO_2)$
T：$2(AO)\cdot 4(Fe_2O_3)$
S：$2(Fe_2O_3\cdot MeO)$

ここで，Aはおもに Ba, Sr, Pb である．Meは遷移金属元素であるが，Rブロック中のMeはFe^{3+}であって，このブロックは全体として2−の電荷をもつことになる．これらの六方晶フェライトは，磁気異方性の起源となるR, T, R*, T*（*はc軸を中心として180°回転したもの）blockとS(spinel) blockから構成されているので，ある程度の大きさの初透磁率をもち，かつ高い共鳴周波数を実現できる可能性がある．

(ii) **強磁性共鳴および高周波特性** 式(2.1.30)に示したように，スピネル型フェライトは$H_\theta = H_\phi$で等方的であったが，六方晶フェライトではc面内およびc軸方向では異方性の大きさが異なる．すなわち，$H_\theta \neq H_\phi$であるので右辺の（ ）の中はつねに1より大きい．そのためス

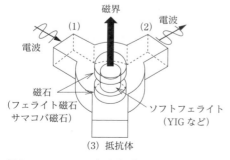

図2.1.117 ファラデー回転型アイソレータの原理

表2.1.29 各種六方晶フェライトの組成および構成ブロック

組　成	ブロック
M：$BaFe_{12}O_{19}$	RSR*S*
Y：$Ba_2Me_2Fe_{12}O_{22}$	(TS)$_3$
W：$BaMe_2Fe_{16}O_{27}$	RSSR*S*S*
X：$Ba_2Me_2Fe_{28}O_{46}$	(RSR*S*S*)$_3$
U：$Ba_4Me_2Fe_{36}O_{60}$	RSR*ST*S*
Z：$Ba_3Me_2Fe_{24}O_{41}$	RSTSR*S*T*S*

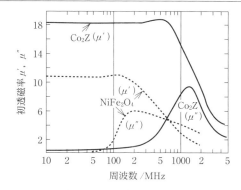

図2.1.118 Co₂Z(Ba₂Co₂Fe₂₄O₄₁)およびNiFe₂O₄の複素透磁率の周波数特性

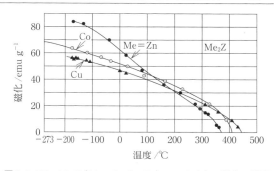

図2.1.119 Me₂Z(Me=Co, Zn, Cu)フェライトの磁化の温度依存性
[J. Smit. H. P. J. Wijn, "Fierrites", p. 201, Philips Technical Library (1959)を一部改変]

表2.1.30 W型, Y型, Z型フェライトの磁化容易方向

型	二価金属イオン					
	Mn	Fe	Co	Cu	Zu	Mg
W	↑	↑	⬡	↑	↑	↑
Y	⬡	⬡	⬡	⬡	⬡	⬡
Z	↑	↑	⬡	↑	↑	↑

↑：磁化容易軸
⬡：磁化容易面

ネークの限界より大きくなる．その例を示すと図2.1.118のようにNiFe₂O₄よりCo₂Z（=Ba₃Co₂Fe₂₄O₄₁）の共鳴周波数 f_r がはるかに大きい．したがって，c面内に磁気異方性をもつ六方晶フェライトとして呼称されているフェロックスプラナ型フェライトはGHzに近い周波数まで透磁率が維持できている．

これらのフェライトの中でも，高周波磁性材料として特異な結晶磁気異方性を示すものがあり，表2.1.30に示す．この表は各種の二価金属イオンを含有するW, YおよびZ型六方晶フェライトを作製した場合のc軸およびc面内の磁化容易方向を示す．Y型フェライトでは，すべて面内方向に磁化容易軸が向く．Z型およびW型では，Coイオンで置換した場合のみ面内に磁化容易軸が向く．c面に一軸性の磁化容易軸をもつ場合は，高周波磁界を印加すると歳差運動が容易になるため，非常に高い周波数までソフト磁気特性を維持できることになる．

(iii) Z型フェライト フェロックスプラナ型フェライトであるZ型（Ba₃Me₂Fe₂₄O₄₁）は，1950年代より多くの研究がなされている[26,27]．図2.1.119は，種々の多結晶Z型フェライトの磁化の温度依存性を示す．Zn₂Zは最高の磁化値になる．Co₂ZフェライトについてAlbaneseらは，1.08 Co²⁺ は spin-up 副格子を，残りの0.92 Co²⁺ は spin-down の八面体副格子である4f$_{vi}$ と4e$_{vi}$ 副格子を占めると報告している[28]．また，キュリー温度はCo₂Z（410℃），Cu₂Z（440℃）およびZn₂Z（360℃）である．

これらの中でもBa₃Co₂Fe₂₄O₄₁（Co₂Z）は，Coイオンの磁気異方性により，c面が磁化容易面となる（表2.1.30参照）．このため，積層型チップインダクタに実用されているNi-Cu-Znフェライトの使用周波数帯である1～100 MHzよりも高い周波数帯で駆動できる有力な材料としてあげられている．

Co₂Zフェライトは300～1000 MHzで初透磁率はほぼ一定であるが，その値は15程度と低く，小型高性能化のためのソフト磁性材料としては不十分である．この初透磁率を高めること，およびできるだけ低い焼成温度で作製するためにCo₂ZフェライトにおけるCoイオンを二価金属イオンで置換した試料が作製された．$(Co_{2-x}Zn_x)Z$ フェライトは，初透磁率が向上するが周波数特性は低下した．また，$Co_{2-x}Cu_x$[29]，Co-Cu-Zn[30]，Co-Cu-Si[31]，Co-Cu-Nb[31]，Co-Mn[31]，Co-Fe[32] で置換した試料は，いずれも初透磁率が低下することが報告されている．

Co₂Zを構成するFe³⁺を希土類元素のR³⁺で置換したBa₃Co₂R$_x$Fe₂₄₋$_x$O₄₁についても報告されている[33]．R³⁺のイオン半径はLa³⁺が 1.16 Å（1 Å = 10⁻¹⁰ m），Nd³⁺が 1.11 Å，Gd³⁺が 1.05 Å，Dy³⁺が 1.02 Å，Ho³⁺が 1.01 Å，Yb³⁺が 0.98 Åであり，いずれもFe³⁺の 0.78 Åより大きい．

図2.1.120は，1250℃で大気中2時間，本焼成した置換量$x=0$のCo₂Zおよび$x=0.1$（Gd, La）の試料の室温における初透磁率の周波数依存性を示す．Co₂Z同様 $x=0.1$ のGdおよびLa置換試料ともに1 GHz付近まで初透磁率を維持している．また，$x=0.1$においてほかの希土類置換試料においても，1 GHz付近まで初透磁率が維持されていた．

図2.1.121は，希土類イオンのイオン半径に対する見かけの異方性磁界 H_A^*（$x=0.1$）を示す．VSMによって測定した磁化曲線において磁化が飽和する磁界を見かけの異方性磁界 H_A^* と定義した．図中に破線で示したのは，無置換のZ型フェライト（Co₂Z）における H_A^* の値である．Laイオンを置換した試料の H_A^* は，Co₂Zの H_A^* に比べ増大する．Ndイオンよりもイオン半径の小さい希土類

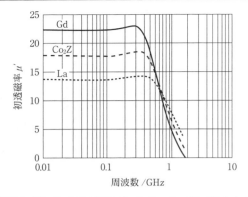

図 2.1.120　Co_2Z および $Ba_3Co_2R_{0.1}Fe_{23.9}O_{41}$ （R＝Gd, La）の初透磁率の周波数依存性

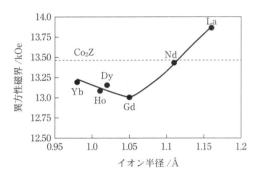

図 2.1.121　$Ba_3Co_2R_{0.1}Fe_{23.9}O_{41}$ （R＝Yb, Ho, Dy, Gd, Nd, La）における希土類イオン半径および異方性磁界の関係

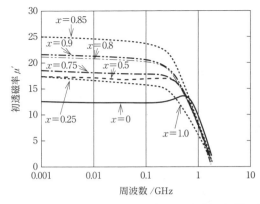

図 2.1.122　$Ba_3Co_2Ti_xZn_xFe_{24-2x}O_{41}$ （$x=0\sim1$）の初透磁率の周波数依存性

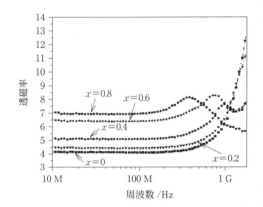

図 2.1.123　890℃で焼成した $Ba_3Co_{2-x}Cu_xFe_{24}O_{41}$ の Cu 置換量の異なる試料の透磁率の周波数依存性
[X. Wang, Z. Gui, et al., Jpn. J. Appl. Phys., **41**, 7249 (2002) を一部改変]

イオンで置換した試料の H_A^* は，Co_2Z のそれに比べ小さい．この中でも Gd イオンで置換した試料の H_A^* がとくに低くなっている．このことから Gd イオンで置換した試料の初透磁率が最も向上した．

初透磁率をさらに高めるために Co_2Z フェライトの Fe イオンを Ti-Zn イオンで複合置換した．図 2.1.122 は，$Ba_3Co_2Ti_xZn_xFe_{24-2x}O_{41}$ （$x=0\sim1$）の初透磁率の周波数依存性を示す[34]．初透磁率は x の増加とともに増大し，$x=0.85$ において最大値 23.7 になり，それ以上の置換では減少している．また，$x=0$ および $x=0.25$ の試料は，共鳴型であるが置換量が増大すると緩和型になる．

これらの Co_2Z をチップインダクタ材料として使用できる条件の一つとして，900℃以下で焼結する必要がある．そのための低温焼成の方法として，Bi_2O_3 および $LiBiO_2$ などの添加剤を加えて作製した例がある[35]．しかし，これらの添加剤により初透磁率は著しく低下した．

また，Co_2Z フェライトに Cu を固溶させることによる低温焼結化も報告されている[36]．図 2.1.123 に 890℃で焼成した $Ba_3Co_{2-x}Cu_xFe_{24}O_{41}$ の Cu 置換量の異なる試料の透磁率の周波数依存性を示す．これらの低融点元素の添加・置換を行うと低温焼結化は実現できるが，透磁率が半減してしまう．

（ⅳ）Y 型フェライト　　単元素で置換した Y 型フェライトの磁化の温度依存性を図 2.1.124 に示す．Zn_2Y が最高の磁化値を示すがキュリー温度は低い．また，Co_2Y を Zn で置換すると，磁化値は増加し，磁気異方性が低減することにより初透磁率が増大した．Y 型フェライトは 1150～1200℃の焼成で単相が得られるが，（Cu-Zn）で置換した Co_2Y は，さらに低温の 1050℃でも単相が得られる[37]．

（ⅴ）マグネトプランバイト（M）型フェライト　　一般的な化学組成式は $MO\cdot6Fe_2O_3$（$MFe_{12}O_{19}$）で，M としては Ba, Sr, Pb である．これらは代表的な永久磁石であり，世界中で最も多量に生産されている．結晶磁気異方性定数が大きく，その異方性の向きが c 軸方向であることが特徴である．一方，このソフト磁気的性質は透磁率が 2～3 であり，ほかのフェライトに比べると問題にならないくらい小さいが，共鳴周波数は 30 GHz と非常に大きい[38]．

実用的な透磁率に高めるためには，あまりにも大きすぎる結晶磁気異方性定数（$3.3\times10^5\,J\,m^{-3}$）および保磁力を

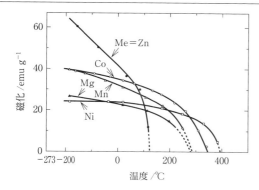

図 2.1.124 MeY (Me=Zn, Co, Mn, Mg, Ni) フェライトの磁化の温度依存性
[J. Smit, H. P. J. Wijn, "Ferrites", p. 197, Philips Technical Library (1957) を一部改変]

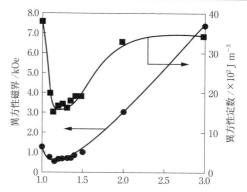

図 2.1.126 $BaCo_xTi_xFe_{12-2x}O_{19}$ の異方性磁界および異方性定数の置換量依存性

低減する必要がある．結晶磁気異方性定数は構成する金属イオンにより第一義的に決定されるので，Fe イオンを種々の元素で置換することがなされている．
$BaCo_xTi_xFe_{12-2x}O_{19}$ (x=0~3) の焼結体を作製し，Co-Ti 置換量 x=1.10, 1.15 および 1.25 の試料の初透磁率の周波数依存性を図 2.1.125 に示す[39]．初透磁率は x=1.15 の試料で最大値 27.4 になる．初透磁率がこのように増大した理由を以下に述べる．
M_s を飽和磁化値，K を異方性定数とすると，初透磁率 μ_i は式(2.1.36)で表される．

$$\mu_i \propto \frac{M_s^2}{K} \tag{2.1.36}$$

総体としての異方性定数 K の大きさは，保磁力 H_c に比例すると考えられる．したがって，M_s が大きく，H_c が小さければ，μ_i が大きな値をとる．x=1.1~1.35 で M_s は 50~55 emu g^{-1} でほぼ一定で，保磁力も 30~60 Oe と小さな値になるので，実効透磁率も結果的に上昇したと考えられる．複素透磁率がピークになる周波数，すなわち共鳴

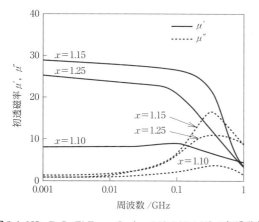

図 2.1.125 $BaCo_xTi_xFe_{12-2x}O_{19}$ (x=1.10, 1.15, 1.25) の初透磁率の周波数依存性

周波数は置換量によってさほど変化しない．
図 2.1.126 は，異方性磁界および異方性定数の置換量依存性を示す．また，異方性磁界から以下の式を用いて異方性定数 K を算出した．

$$H_A^* = \frac{2K}{M_s} \tag{2.1.37}$$

図 2.1.126 によると，どちらも置換量が 1.2 付近で最小値になっていると判断できる．この結果からも，磁気異方性および保磁力には相関がある．保磁力が x=1.15 で最小値 31 Oe になることは結晶磁気異方性による影響と考えられる．すなわち，負の磁気異方性定数をもつ Fe^{3+} を正の磁気異方性定数をもつ Co^{2+} で置換することにより，この試料の磁気異方性が減少し，置換量 x=1.2 付近で K がほぼ 0 になると考えられる．
さらに高い初透磁率を得るため，Co-Ti 置換 Ba-フェライトを Zn イオンおよび Ti イオンで置換して $BaCo_{1.1}Zn_y Ti_{1.1+y}Fe_{9.8-2y}O_{19}$（$y$=0~1.0）の組成になるように試料を作製した．
図 2.1.127 は初透磁率の周波数特性を示す．共鳴周波数は若干低下したが，置換量が増加するとともに初透磁率も増大し，置換量が 0.4 の試料では 10 MHz において約 40 と大幅に上昇する．これは，Zn イオンにより結晶磁気異方性が減少するとともに結晶粒径が増大したことにより保磁力も低減したことを示唆する．
M 型フェライトの自然共鳴周波数が GHz 帯域にあり，高い複素透磁率を示すことを利用して電磁波吸収体に応用することも研究されている[40]．杉本らは，図 2.1.128 に示すように $BaFe_{12-x}(Ti_{0.5}M_{0.5})_xO_{19}$ (M=Co, Ni, Zn, Mn, Cu) の電磁波吸収特性を測定している．いずれも整合周波数は共鳴周波数近傍にあり，反射損失も -20 dB 以下あると報告している．

文　献

1) L. Néel, *Ann. de Phys.*, **3**, 137(1948).
2) C. Guillaud, H. Creveaux, *Compt. R. Ac. Sc. Paris*, **230**, 1458 (1950).

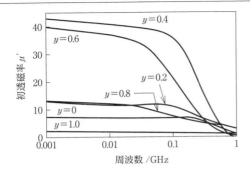

図 2.1.127 BaCo$_{1.1}$Zn$_y$Ti$_{1.1+y}$Fe$_{9.8-2y}$O$_{19}$($y=0〜1.0$) の初透磁率の周波数特性

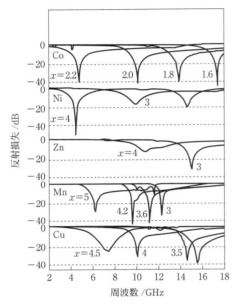

図 2.1.128 BaFe$_{12-x}$(Ti$_{0.5}$M$_{0.5}$)$_x$O$_{19}$ (M＝Co, Ni, Zn, Mn, Cu) の電磁波吸収特性

3) E. W. Gorter, *Philips Res. Rep.*, **9**, 295 (1954).
4) J. Smit, H. P. J. Wijn, "Ferrites", p. 156, Philips Technical Library (1959).
5) M. Sugimoto, N. Hiratsuka, *J. Magn. Magn. Mater.*, **15-18**, 1307 (1980).
6) P. R. Weiss, *Phys. Rev.*, **74**, 1493 (1948).
7) K. Honda, S. Kaya, *Sci. Rep. Tohoku Univ.*, **15**, 721 (1926); *ibid.*, **17**, 639, 1157 (1928).
8) E. Roess, Proc. Int. Conf. on Ferrites, 187 (1971).
9) K. Ohta, *J. Phys. Soc. Jpn.*, **18**, 685 (1963).
10) Y. Shichijo, G. Asano, E. Takama, *J. Appl. Phys.*, **35**, 1946 (1964).
11) C. Guillaud, M. Paulus, *Compt. Rend.*, **242**, 2525 (1956).
12) D. J. Perduijn, H. P. Peloschek, *Proc. Brit. Cer. Soc.*, **10**, 263 (1968).
13) A. Beer, T. Schwartz, *IEEE Tans. Mag.*, **2**, 470 (1966); E. Röss, et al., *Z. Angew. Phys.*, **7**, 504 (1964).
14) A. Globus, P. Duplex, *IEEE Trans. Mag.*, **2**, 441 (1966).
15) J. L. Sneok, *Physica*, **8**, 426 (1941).
16) E. G. Visser, *J. Magn. Magn. Mater.*, **42**, 286 (1984); E. G. Visser, J. J. Roelofsma, G. J. M. Asflink, *Proc. 5th. Int. Conf. Ferrites*, 609 (1989).
17) 森田 孝, 太田祐介, 堀部 聡, 桑原敏彦, 石井良博, 日本応用磁気学会誌, **25**, 939 (2001).
18) T. Akashi, *J. Appl. Phys. Jpn.*, **30**, 708 (1961).
19) T. Mochizuki, Proc. 6th. Int. Conf. on Ferrites, 53 (1992).
20) 佐藤直義, 斎田 仁, 黒田朋史, 粉体および粉末冶金, **50**, 603 (2003).
21) P. J. van der Zaag, P. J. van der Valk, M. Th. Rekveldt, *Appl. Phys. Lett.*, **69**, 2927 (1996).
22) K. Kawano, M. Hachiya, Y. Iijima, N. Sato, Y. Mizuno, *J. Magn. Magn. Mater.*, **321**, 2488 (2009).
23) S. Yamada, E. Otsuki, Proc. 6th. Int. Conf. on Ferrites, 1151 (1992).
24) T. Kawano, A. Fujita, S. Gotoh, *J. Magn. Soc. Jpn.*, **22** (suppl. No. S1), 298 (1998).
25) S. Gellers, H. J. Williams, R. C. Sherwood, G. P. Epinoza, E. A. Nesbitt, *J. Appl. Phys.*, **35**, 520 (1964).
26) J. J. Went, G. W. Rathenau, E. W. Gorter, G. W. Van Oostehaut, *Philips. Tech. Rev.*, **13**, 194 (1952).
27) G. H. Jonker, H. P. J. Wijn, P. B. Braun, *Philips. Technische Rundschau.*, **18**, 249 (1957).
28) G. Albanese, M. Carbucicchio, G. Asti, *Appl. Phys.*, **81**, 11 (1976).
29) X. Wang, T. Ren, L. Li, Z. Gui, S. Su, Z. Yue, J. Zhou, *J. Magn. Magn. Mater.*, **234**, 255 (2001).
30) H. Zhang, L. Li, J. Zhou, Z. Ma, P. Wu, Z. Yue, Z. Gui, *Mater. Lett.*, **46**, 315 (2000).
31) F. K. Lotgering, U. Enz, J. Smit, *Philips Res. Rep.*, **16**, 441 (1961).
32) T. Tachibana, K. Izumi, M. Kanoh, T. Nakagawa, T. A. Yamamoto, T. Shimada, S. Kawano, *J. Jpn. Soc. Powder Powder Metall.*, **49**, 677 (2002).
33) 澤田大成, 山本 誠, 柿崎浩一, 平塚信之, 日本応用磁気学会誌, **27**, 359 (2003).
34) K. Kamishima, C. Ito, K. Kakizaki, N. Hiratsuka, T. Shirahata, T. Imakubo, *J. Magn. Magn. Mater.*, **312**, 228 (2007).
35) O. Kimura, K. Shoji, H. Maiwa, *J. Eur. Ceram. Soc.*, JECS-5711 (2005).
36) X. Wang, L. Li, J. Zhou, S. Su, Z. Gui, *Jpn. J. Appl. Phys.*, **41**, 7249 (2002).
37) Y. Bai, J. Zhou, Z. Gui, L. Li, *J. Magn. Magn. Mater.*, **246**, 140 (2002).
38) M. T. Weiss, P. W. Anderson, *Phys. Rev.*, **98**, 925 (1955).
39) 宮田謙一, 神島謙二, 柿崎浩一, 平塚信之, 日本応用磁気学会誌, **30**, 383 (2006).
40) 岡山克巳, 太田博康, 吉田好行, 籠谷登志夫, 中村 元, 杉本 諭, 本間基文, 日本応用磁気学会論文誌, **22**, 297 (1998).

2.2 ハード磁性（永久磁石）材料

2.2.1 概　要

永久磁石は，外部から電気エネルギーを加えることなく磁場を供給できる材料であり，さまざまな分野で活躍している．最近の機器の小型化，薄肉化に伴い，ハード磁性（永久磁石）材料も高性能化され，さらには永久磁石を用いたモータが高効率であることからさまざまな用途で応用されるようになり，永久磁石は環境調和社会・低炭素社会実現へのキーマテリアルと位置づけられている．本項ではその永久磁石材料の概要について紹介する．

a. 永久磁石材料の変遷

図 2.2.1 に永久磁石の変遷を示す[1]．1917 年本多光太郎の KS 磁石の発明以来 100 年あまりが経過するが，その間に磁石の強さを示す最大エネルギー積 $(BH)_{max}$ の値は約 60 倍にまで伸びている．一方，図 2.2.1 から，この間に数多くの永久磁石材料が開発されていることがわかる．この中で，あるものは現在でも使われているが，あるものはほとんど使われなくなってきている．換言すれば，永久磁石の開発の歴史は，新しい材料の開発であるといえる．現在，使用されている永久磁石を大別すると，表 2.2.1 のように金属系磁石と酸化物系磁石に分けられる．金属系磁石は，希土類元素の強い結晶磁気異方性を利用し，高い $(BH)_{max}$ が得られる Sm-Co 系磁石や Nd-Fe-B 系磁石などの希土類磁石と，高飽和磁気分極を有する FeCo 粒子の形状異方性によって保磁力を発現するアルニコ磁石や Fe-Cr-Co 系磁石などの合金系磁石に分けられる．一方，酸化物系磁石とは，鉄の酸化物を主成分とする化合物磁石であり，作製コストが既存の磁石の中では最も安く，重量

表 2.2.1　永久磁石の分類

金属系磁石	合金系磁石	Fe-Al-Ni-Co（アルニコ） Fe-Cr-Co Pt-Co Pt-Fe
	希土類磁石	$SmCo_5$ $Sm(Co, Fe, Cu, M)_{7~8.5}$ 　（M：Zr, Ti, Hf） Nd-Fe-B $Sm_2Fe_{17}N_x$　$(SmFe_{7~9}N_x)$
酸化物系磁石	フェライト磁石	$BaFe_{12}O_{19}$ $SrFe_{12}O_{19}$ $Sr_{1-x}La_xFe_{12-x}Co_xO_{19}$ $Ca_{1-x}La_xFe_{12-x}Co_xO_{19}$

あたりの生産量で全磁石生産量の約 80% 以上を占めるフェライト磁石である．

b. 高性能永久磁石の条件

永久磁石の強さは，磁気ヒステリシス曲線の第 2 象限（減磁曲線）から算出される最大エネルギー積 $(BH)_{max}$ にて評価される．いま，図 2.2.2 に示すような理想的な減磁曲線[2]を有する永久磁石を考える．すなわち，保磁力 H_{cJ} が大きく（$H_{cJ} \geq J_s/2\mu_0$　J_s：飽和磁気分極，μ_0：真空の透磁率），磁化反転が H_{cJ} まで生じない（$J_s = J_r = B_r$，J_r：残留磁気分極，B_r：残留磁束密度）ような角形性を有する場合，$(BH)_{max}$ の理論値は次式で表される．

$$(BH)_{max} = \frac{J_s}{2} \cdot \frac{J_s}{2\mu_0} = \frac{J_s^2}{4\mu_0} \quad (2.2.1)$$

したがって，J_s，B_r および H_{cJ} が大きく，角形性が良好であれば高い $(BH)_{max}$ が得られ，強力な永久磁石となる．また，キュリー温度 T_c が高いことも重要である．これは T_c 以上では熱振動の影響により磁気モーメントの向きが乱雑（常磁性状態）となり，高い J_s が得られないためである．

c. 残留磁束密度と角形性向上の指針

図 2.2.2 より B_r は印加磁場 $H = 0$ における磁気分極 J であるから $B_r = J_r$（残留磁気分極）である．磁化容易軸方向（最も磁化されやすい方向）と印加磁場方向のなす角度を θ とした場合，$J_r = J_s \cos\theta$ で表されることから J_s が高いこと，$\theta = 0$ であることが B_r を向上させる指針となる．J_s は磁性体の種類，組成，焼結体の場合には密度な

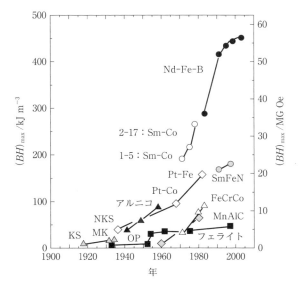

図 2.2.1　永久磁石の強さの変遷

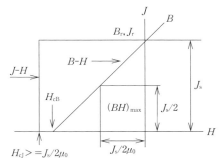

図 2.2.2　理想的な減磁曲線と $(BH)_{max}$

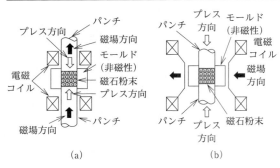

図 2.2.3 磁場中プレス法の模式図
(a) 縦磁場　(b) 横磁場

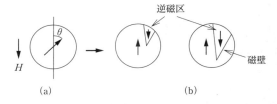

図 2.2.4 磁化の反転様式
(a) 回転磁化　(b) 逆磁区の核生成と成長による反転

どに影響されるのでこれらを吟味することが重要であり，$\theta=0$ とする方法には，磁場中で熱処理する磁場中熱処理，磁場中で圧粉成形する磁場中プレスなどがある．前者はアルニコ系磁石，Fe-Cr-Co 系磁石などの合金系磁石で，後者は，フェライト磁石や希土類磁石で採用されている．このうち，磁場中プレス法の模式図[2,3]を図 2.2.3 に示すが，微粉末とした磁石粉末の磁化容易軸方向をそろえる方法として有効な方法となっている．

また，磁化容易軸がそろっている永久磁石を異方性磁石といい，これは磁化容易軸がそろえられた方向で優れた磁気特性を示す．これに対して磁化容易軸が無秩序に分布している永久磁石を等方性磁石という．等方性磁石では磁化容易軸方向が無秩序であるので磁気特性は異方性磁石よりも低いものの，いずれの方向でも磁気特性は等しくなる．

一方，角形性は減磁曲線の膨れ率などによって評価されるため B_r と同様，$\theta=0$ とすることが重要である．また，H_{cJ} よりも弱い磁場で磁気分極の反転が生じる箇所を減らす組織制御も重要となる．

d．保磁力の向上の指針

保磁力 H_{cJ} は図 2.2.2 より逆方向の磁場によって $J=0$ となる（磁気分極の反転）磁場の強さであるから，磁気分極の反転を起こさないようにすれば高保磁力が得られることになる．したがって，保磁機構は，① 回転磁化と，② 磁壁移動に分類される磁性体の磁化過程によって左右される．以下，それぞれの場合の保磁力向上の指針を示す．

（i）回転磁化の場合　強磁性体を小さな粒子にしていくと外部磁場がなくても磁壁の存在しない単磁区粒子となる．永久磁石がこれら単磁区粒子により構成されている場合，保磁力は単磁区粒子の磁気分極が磁化容易軸からはずれて回転，反転する磁場によって与えられる．

（1）結晶磁気異方性の利用：　磁性体の結晶方向によって磁気的性質が異なることを結晶磁気異方性といい，とくに一軸に強い異方性を示す磁性体が強力永久磁石となる．一軸磁気異方性定数 K_u を有する単磁区粒子の磁気分極の反転に有する磁場は次式で与えられる．

$$H_A = \frac{2K_u}{J_s} (=H_{cJ}) \quad (2.2.2)$$

この磁場は異方性磁場 H_A とよばれ，磁化容易軸方向に単磁区粒子の磁気分極を束縛している磁場を表している．また，H_A はこの機構で期待できる最大の保磁力を示している．

しかし，実際の永久磁石の保磁力は式 (2.2.2) に示した H_A より小さい．これは図 2.2.4 に示すように H_A よりも低い磁場 H_n で逆磁区が生成し，それが成長するためである（逆磁区の核生成）[2]．H_n は Kronmüler らにより次式で表されている[4]．

$$H_n = \alpha \frac{2K_u}{J_s} - N_{eff} \frac{J_s}{\mu_0} \quad (2.2.3)$$

ここで，α は粒子の配向度，粒子表面での異方性の減少，粒子間の交換相互作用，静磁相互作用に関係する係数であり，$-N_{eff}J_s$ は粒子のエッジやコーナーでの局所的反磁場による減少を意味している．この二つのパラメーターによる減少は組織形態にかなり依存するため，粒子径を均一にする，界面における非磁性相の幅を狭くするなど組織制御が重要となるが，K_u の大きい磁性体において H_n が高くなることには式 (2.2.2) とかわりはない．

この保磁力機構を有する永久磁石は，図 2.2.5 に示すように低磁場から磁化が立ち上がる形状を示すが[2,3]，高い保磁力を得るためには，飽和に要する磁場 H_s 以上の磁場を印加する必要がある．これは磁壁が残存すると逆方向の磁場によって磁壁移動が簡単に起こり，低い保磁力になってしまうためである．このタイプの保磁力機構を有する磁石としてはフェライト磁石，SmCo$_5$，Nd-Fe-B 系磁石がある．

（2）形状異方性の利用：　有限の大きさを有する磁性体が磁化されると，磁化方向と逆向きに反磁場 H_d が発生する．

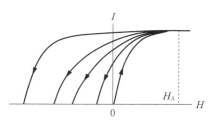

図 2.2.5 逆磁区の核生成機構による初磁化曲線と減磁曲線
下向きの 4 本の矢印は初磁化曲線における印加磁場の大小により保磁力が異なることを示している．

$$H_\mathrm{d} = -\frac{N_\mathrm{d}}{\mu_0}J = -N_\mathrm{d}M \qquad (2.2.4)$$

ここで，N_d は反磁場係数であり，N_d は磁性体のなす形状によって変化するため，磁性体の形状によって反磁場は変化することになる．この反磁場によって発生する磁気異方性を形状異方性とよび，長軸，短軸方向の反磁場係数が $N_\mathrm{c},N_\mathrm{a}$ であるような回転楕円体を考えた場合，形状異方性定数 K_s と保磁力の理論値は次式で表される．

$$K_\mathrm{s} = \frac{J^2}{2\mu_0}(N_\mathrm{a}-N_\mathrm{c}) = \frac{\mu_0 M^2}{2}(N_\mathrm{a}-N_\mathrm{c}) \qquad (2.2.5)$$

$$H_\mathrm{As} = \frac{J}{\mu_0}(N_\mathrm{a}-N_\mathrm{c}) = M(N_\mathrm{a}-N_\mathrm{c}) \qquad (2.2.6)$$

ここで，$N_\mathrm{a}-N_\mathrm{c}$ は回転楕円体の軸比 $m(=c/a)$ によって変化するため，K_s も図2.2.6のように m の増加に伴い増加する[5]．したがって，この機構では J_s の高い材料を細長い粒子にすれば高い保磁力が得られることになる．

しかし，この機構でも実際の保磁力は理論値には及ばない．この理由として，まず粒子の充塡率の影響がある．すなわち粒子同士が接近すると粒子間に磁気的相互作用が生じ，保磁力が低下する．孤立粒子の保磁力を $H_\mathrm{cJ}(0)$，粒子の充てん率を P とした場合，経験的に保磁力 $H_\mathrm{cJ}(P)$ は

$$H_\mathrm{cJ}(P) = H_\mathrm{cJ}(0)(1-P) \qquad (2.2.7)$$

で表されることが Néel によって示されている[6]．これによると P を下げたほうが H_cJ は増加するが，磁性粒子量の低下により J_s も低下してしまうため，$(BH)_\mathrm{max}$ から考えると適当な充塡率で抑える必要がある．ほかの理由には，図2.2.7に示すようなカーリング，バックリングや連鎖球の場合のファニングとよぶ回転様式が起こることがあげられる[7]．これらの様式で得られる保磁力は一斉回転様式よりも低くなる．このタイプの保磁力機構を有する磁石にスピノーダル分解を利用したアルニコ磁石，Fe-Cr-Co 磁石などがあるが，結晶磁気異方性を利用したものに比べ，高保磁力は得られていない．

（ii） **磁壁移動の場合** 磁化反転が磁壁移動によって進む場合，磁壁移動を妨げる要素が保磁力を左右する．すなわち，印加磁場 H_n で逆磁区が発生しても，磁性体内部

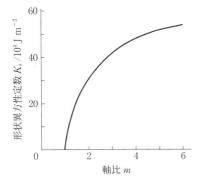

図2.2.6 軸比と形状異方性定数の関係（Co 粒子の場合）
[L. Néel. *Compt. Rend.*, **224**, 1550 (1947)]

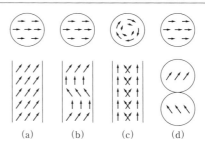

図2.2.7 さまざまな回転磁化様式
(a) 一斉回転 (b) バックリング (c) カーリング
(d) ファニング
[岡田益男, 日本応用磁気学会, 応用磁気の基礎 講習会資料（1991）]

に磁壁エネルギーの変化が大きい箇所が存在すれば，磁壁はそこにピンニングされる（磁壁のピンニング）．磁壁を移動させるためにはこれに打ち勝つ大きな磁場 H_p が必要となるため，保磁力は H_n ではなく H_p となる．磁壁のピンニングサイトには非磁性介在物や磁壁エネルギーの因子である磁気異方性（結晶磁気異方性，弾性異方性など）が大きく変化する析出物などがある．たとえば，図2.2.8に示すような磁壁エネルギー γ_1 の母相中に γ_2 の析出物が分散している組織を考える[7]．幅 δ の磁壁が析出物にピンニングされ磁壁移動させるための磁場，すなわち保磁力は次式で与えられる．

$$H_\mathrm{cJ} \cong C\frac{\gamma_1-\gamma_2}{J_\mathrm{s}\delta} \qquad (C：定数) \qquad (2.2.8)$$

この場合，2相間の磁壁エネルギーの差が大きく，析出物の直径 d と磁壁の幅がほぼ等しいとき，高い保磁力が得られる．また，このタイプの保磁力機構を有する永久磁石の初磁化曲線は，図2.2.9に示すように磁気分極の値がピン

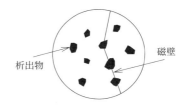

図2.2.8 析出物による磁壁ピンニング機構
[岡田益男, 日本応用磁気学会, 応用磁気の基礎 講習会資料（1991）]

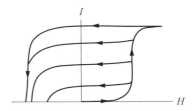

図2.2.9 磁壁のピンニング機構における初磁化曲線と減磁曲線

表 2.2.2 保磁力機構からの永久磁石の分類

磁化反転機構	磁気異方性	保磁力機構	代表的な磁石
回転磁化（単磁区粒子の磁化反転）	結晶磁気異方性	逆磁区の核生成	フェライト磁石 ($BaO \cdot 6Fe_2O_3$, $SrO \cdot 6Fe_2O_3$, $Sr_{1-x}La_xFe_{12-x}Co_xO_{19}$, $Ca_{1-x}La_xFe_{12-x}Co_xO_{19}$) $SmCo_5$ Nd-Fe-B $Sm_2Fe_{17}N_x$
	形状磁気異方性		Fe-Al-Ni-Co Fe-Cr-Co
磁壁移動		磁壁のピンニング	$Sm(Co, Fe, Cu, M)_{7～8.5}$ (M: Zr, Ti, Hf) Pt-Co Pt-Fe

ニング磁場以上で初めて急激に立ち上がる形状を示す[2]．

磁壁のピンニングにより保磁力を発生している永久磁石材料には 2 相分離型 Sm-Co 系磁石，Pt-Co，Pt-Fe などがある．

以上，保磁力機構について概説したが，いずれにしても高性能永久磁石を得るには，高い飽和磁気分極と磁気異方性を有する磁性体を単磁区粒子サイズにし，磁化容易軸方向をそろえた集団を形成することが必要である．表 2.2.2 に保磁力機構からの永久磁石の分類を示した．

e. おわりに

本項では永久磁石における基礎的な事項をまとめたので，詳細については以下の各論を参照されたい．現在の永久磁石材料は化合物磁石が主流となっているが，その歴史は新しい化合物の発見であり，これによって磁気特性が向上してきたといえる．また，従来の技術では不可能だったものが，製造技術の進歩により可能となることがあり，永久磁石材料の研究分野はこの両者に支えられているといっても過言ではない．さらに，活性化することを期待したい．

文献

1) S. Sugimoto, *J. Phys. D : Appl. Phys.*, **44**, 064001 (2011).
2) 杉本 諭，加藤宏朗 共著，"永久磁石―材料科学と応用―"（佐川眞人，浜野正昭，平林 眞 編），第 3 章，アグネ技術センター (2007).
3) 本間基文，杉本 諭，日本応用磁気学会誌，**25**, 1529 (2001).
4) H. Kronmüller, *MRS Int'l Mtg. on Adv. Mater.*, **11**, 3 (1989).
5) E. D. Culity, "Introduction to Magnetic Materials", Addison-Wesley (1972).
6) L. Néel, *Compt. Rend.*, **224**, 1550 (1947).
7) 岡田益男，日本応用磁気学会，応用磁気の基礎 講習会資料 (1991).

2.2.2 合金系磁石

合金系磁石は，前項で示したように形状異方性によって保磁力を発現する磁石である．最近では，その使用量はフェライト磁石，希土類磁石，さらにはそれらのボンド磁石に押されて減少傾向であるが，その保磁力の発生は材料組織学に基づいたものであり，永久磁石材料の基本をなす．本項ではその合金系磁石の概要について紹介する．

a. 合金系磁石の変遷[1,2]

合金系磁石の発展の歴史は，Fe，Co の保磁力の発生とかかわっている．1917 年に本多によって発明された KS 鋼は，鋼を焼入れ硬くすることによって永久磁石とした材料である．組成的には Fe-0.9% C-35% Co-5～6% W-3～6% Cr 鋼であり，Co を添加することによって磁歪を高くした．この結果，焼入れによって導入された内部応力との間に生じる磁気弾性エネルギーが高くなり，磁壁のピンニング磁場も増加して高い保磁力が得られるようになった．このときの KS 鋼の磁気特性は，残留磁束密度 $B_r = 0.9$ T，保磁力 $H_{cJ} = 20$ kA m^{-1}，最大エネルギー積 $(BH)_{max} = 8$ kJ m^{-3} 程度であった．

1933 年になると，KS 鋼とはまったく異なる新しい永久磁石が三島によって生み出された．この磁石が Fe-～28% Ni-～13% Al の組成を有し MK 鋼とよばれる磁石であり，得られる $(BH)_{max}$ も 15 kJ m^{-3} と KS 鋼の 2 倍程度の強さを示した．この MK 鋼は KS 鋼と異なって溶解後，鋳込んだだけで保磁力を発生したため，当時では保磁力の発生機構がまったくわからなかった．その後の研究によって直径 20～40 nm 程度に細長く伸長した Fe(Ni) 微粒子が非強磁性相中に分散した組織を有していることがわかり，形状異方性によって保磁力が発現する磁石であることがわかった．1934 年には，本多，増本，白川らは，この流れをくんで $(BH)_{max}$ が 16 kJ m^{-3} 程度の Fe-Co-Ni-Ti 系合金，新 KS 鋼を開発した．

析出現象によって保磁力発現する合金系磁石は，その後，アルニコ磁石によって実用永久磁石に発展する．アルニコ磁石は Fe-Co-Ni-Al 系合金であり，その主成分の元素記号に基づいてアルニコ（AlNiCo）と名づけられた．しかし，Co はザイール（現コンゴ）で多く産出され，当時のザイール情勢によって価格が大きく変動する元素であったため，Co 量が少ない永久磁石が求められるようになった．1971 年，金子，本間，中村らによってアルニコ磁石よりも Co 量の少ない Fe-Cr-Co 系磁石が生み出され，アルニコ磁石とともに現在の実用材料の一端を担っている．このような歴史から考えると現在，実用材料となっているアルニコ磁石や Fe-Cr-Co 系磁石などは，保磁力発生機構から考えると三島によって開発された MK 鋼が起源であるといえる．

b. アルニコ磁石

アルニコ磁石は，a. 項で述べたように MK 鋼（Fe-Ni-Al 合金）が原点であり，これに Co さらに Ti, Cu などを添加した Fe-Al-Ni-Co-Cu-Ti を基本とする多元系合金である．表 2.2.3 におもなアルニコ磁石の磁気特性[3]を示す．アルニコ磁石における保磁力の発生は，スピノーダル分解という 2 相分離変態により，高温相 α が強磁性の

2.2 ハード磁性（永久磁石）材料

表 2.2.3　おもなアルニコ磁石の磁気特性

磁石材料		組成（残 Fe）					磁気特性		
		Al	Ni	Co	Cu	添加物	$\dfrac{B_r}{\text{T}}$	$\dfrac{H_{cJ}}{\text{kA m}^{-1}}$	$\dfrac{(BH)_{max}}{\text{kJ m}^{-3}}$
等方性	アルニコ 2	10	17	12	6	—	0.72	44	13
	アルニコ 3	12	25	—	—	—	0.69	38	11
	アルニコ 4	12	28	5	—	—	0.58	58	10
異方性	アルニコ 5 等軸晶	8	14	24	3	—	1.25	50	40
	アルニコ 5 半等軸晶	8	14	24	3	—	1.25	55	48
	アルニコ 5 柱状晶	8	14	24	3	—	1.28	60	58
	アルニコ 5 帯溶融	8	14	24	3	—	1.35	62	64
	アルニコ 6	8	15	24	3	Ti : 1.2	1.065	63	32
	アルニコ 8	7	14.5	35	5	Ti : 5	0.8	111	32
	アルニコ 8 柱状晶	7	14.5	35	5	Ti : 5, S : 0.2	1.095	127	83

［日本金属学会 編，"改訂 4 版 金属データブック"，p.244，丸善出版（2004）］

FeCo リッチ（α_1）相と NiAl リッチ（α_2）相の 2 相に分解するとき，磁場中時効処理などによって α_1 相が形状異方性の高い細長い単磁区粒子になることに起因している．

アルニコ磁石の標準的な熱処理は，溶体化処理，磁場中時効処理，時効処理からなる．図 2.2.10 に Fe-Al-Ni-Co 系合金における，Fe と NiAl とを結ぶ組成での切断状態図の模式図を示す[4]．この図より本系合金には高温に α の単相領域があることがわかるが，溶体化処理とは 1200～1250℃で行われる高温相 α の単相とするための熱処理である．一方，本系合金の 2 相分離面以下の温度において熱処理することにより，高温の α 相が強磁性の FeCo リッチ（α_1）相と非強磁性の NiAl リッチ（α_2）相の 2 相に分解する．このさい，磁場を印加させながら熱処理する磁場中時効処理を施すことにより，α_1 相が磁場方向に伸長して形状異方性が発現する．磁場中時効処理には磁場中冷却法と恒温磁場中熱処理があるが，その選択は Co の添加量によって左右される．すなわち，Co 添加量の少ないアルニコ 5 磁石では，分離温度が高く恒温時効処理を採用するのが困難であることから，900～800℃を 0.1～1.5℃ s^{-1} の速度で冷却する方法がとられる．これに対して Co 添加量が多いアルニコ 8 磁石では，分解温度が低いので 800℃付近での恒温時効処理が採用されている．磁場中時効処理の後の時効処理は，α_1 相と α_2 相間の組成差を拡大させるための熱処理であり，通常 600℃以下の温度まで冷却させる．

磁気特性を向上させる添加元素として Cu と Ti が知られている．アルニコ磁石における Co は α_1 相と α_2 相の両相に分配されるため，Co を多く添加した合金では，α_2 相中の Co 量が増加して α_2 相のキュリー温度が上昇する．この結果，本来非強磁性となるべき α_2 相が強磁性になってしまうため，形状異方性の効果が低下し，保磁力も低下する．この対策として有効な添加元素が Cu，Ti である．Cu，Ti には優先的に α_2 相に固溶して α_2 相のキュリー温度を低下させる効果があり，これらの元素を添加することにより Co 量の多い合金でも α_2 相が非強磁性相となるため，α_1 相の形状異方性による保磁力の発現を妨げない[3]．したがって，表 2.2.4 に示すように，高保磁力を目的としたアルニコ 8 磁石では Cu，Ti が添加されている．

さらに，アルニコ磁石において磁気特性の向上には結晶方位の制御が有効である．磁場中時効処理によってアルニコ磁石の α_1 粒子は磁場方向に伸長するが，その長軸は磁場方向に完全には整列しない．これは α_1 相と α_2 相間の整合ひずみのため，弾性エネルギーが生じて α_1 粒子の形状が左右されるためである．弾性エネルギーは結晶の方位によって異なるため，α_1 粒子の長さも結晶方位によって異

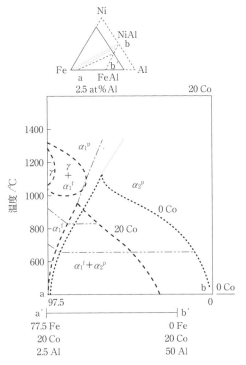

図 2.2.10　Co 無添加，Co 20% 添加アルニコ磁石の切断状態図の模式図

［S. Hao, T. Nishizawa, et al., Metal. Trans., **15A**, 1819（1984）］

表 2.2.4　アルニコ磁石の組成・熱処理・磁気特性

組成(wt%)(残 Fe)				熱処理 (MT は磁場中時効処理を表す)	磁気特性		
Cr	Co	Mo	Ti		$\frac{B_r}{T}$	$\frac{H_{cJ}}{kA\ m^{-1}}$	$\frac{(BH)_{max}}{kJ\ m^{-3}}$
28	23	1%Si		640℃ MT 40 min, 600℃ 1 h, 500℃ 1 h, 560℃ 4 h	1.3	46	42
22	15	−	1.5	690℃ MT 20 min, 620℃ 1 h, 600℃ 40 min, 8℃ h^{-1}, 500℃ 7 h	1.56	51	66
24	15	3	1.5	655℃ MT 20 min, 620℃ 1 h, 600℃ 2 h, 8℃ h^{-1}, 500℃ 10 h	1.41	58	50
24	15	3	1	655℃ MT 20 min, 620℃ 1 h, 600℃ 2 h, 8℃ h^{-1}, 500℃ 10 h	1.54	67	76
21.5	18.5	3	1	675℃ MT 12 min, 620℃ 1 h, 600℃ 1 h, 8℃ h^{-1}, 500℃ 5 h	1.58	72.8	91.2
25	12	−	1.5	655℃ MT 80 min, 620℃ 1 h, 600℃ 2 h, 5℃ h^{-1}, 500℃ 10 h	1.45	50	62
26	10	−	1.5	640℃ MT 1 h, 620℃ 1 h, 15℃ h^{-1}, 500℃ 50 h	1.44	47	54
27	8	−	1.5	630℃ MT 3 h, 620℃ 1 h, 5℃ h^{-1}, 500℃ 50 h	1.36	46	48
29	6	−	1.5	620℃ MT 3 h, 610℃ 6 h, 3.8℃ h^{-1}, 500℃ 50 h	1.28	46	40
30	4	−	1.5	610℃ MT 12 h, 600℃ 24 h, 0.8℃ h^{-1}, 500℃ 50 h	1.25	46	40

[M. Okada, N. Ikuta, *MRS Int'l. Mag. Adv. Mater.*, **11**, 123 (1989)]

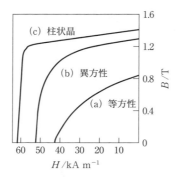

図 2.2.11　アルニコ 5 磁石の減磁曲線
[金子秀夫, 本間基文, "磁性材料"(金属工学シリーズ, 日本金属学会 編), p.184, 日本金属学会 (1977)]

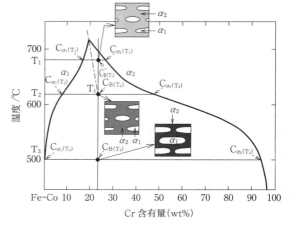

図 2.2.12　Fe-Cr-Co 系磁石の 2 相分離曲線と組織の構成図
[M. Homma, E. Horikoshi, *et al.*, *IEEE Trans. Magn.*, **MAG-17**, 3473 (1980)]

なってくる. 一般にアルニコ磁石では, ⟨100⟩方向に長軸をもった α_1 粒子になりやすく, Co, Ti を増量したアルニコ 8 ではこの傾向が強い. このため磁場中時効処理をしても磁場方向に最も近い ⟨100⟩方向に α_1 粒子の長軸が向いてしまう. したがって, α_1 粒子の磁場方向への整列性を高めて磁気特性を向上させるには, 結晶の ⟨100⟩方向をそろえ, その方向に磁場を印加して時効処理をしなければならない. 鋳造組織の結晶成長方向がアルニコ磁石の場合⟨100⟩方向であるため, 一方向凝固によって作製された⟨100⟩方向をもつ柱状晶の研究がなされた. 図 2.2.11 にアルニコ 5 合金における柱状晶の減磁曲線[1]を, 磁場中時効処理有無の合金のものと比較して示した. これより柱状晶化することによって保磁力と角形性が向上しているのがわかる. とくにこの柱状晶による効果はアルニコ 8 磁石で顕著で, $(BH)_{max} = 88\ kJ\ m^{-3}$ なる磁気特性が報告されている. さらに, 磁気特性を向上させるため単結晶なども作製されたが, これら柱状晶, 単結晶を作製することはコスト高になるため, これらの合金は特殊用途にしか採用されていない.

c. Fe-Cr-Co 系磁石

Fe-Cr-Co 系磁石もスピノーダル分解からなる 2 相分離変態を利用して非強磁性相中に FeCo 粒子を微細に析出させた組織を形成させる磁石である. アルニコ系磁石と同様, 2 相分離変態中に磁場を印加させながら熱処理すると, FeCo 粒子は静磁エネルギーを下げようとして磁場方向に伸長し, 形状磁気異方性による保磁力が発現する. このときの粒子径は 2 相分離面温度からの過冷度 ΔT によって決まり, ΔT が大きいほど粒子径は小さくなる.

具体的に図 2.2.12[5], 図 2.2.13[6] を利用して説明する. 高温の α 単相領域で溶体化処理した後, T_1 で磁場中時効処理すると FeCo (α_1) 粒子が伸長して Cr リッチ (α_2) 相中に析出する. 続いて T_2 で時効処理した後, T_3 まで連続冷却すると α_1 粒子は形状を保ちながら成長し, α_1 相はより FeCo リッチに α_2 相はより Cr リッチと両相の組成差が拡大する. さらに, 本系合金の最大の特徴は磁気変態の影響によ

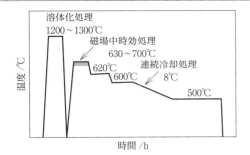

図 2.2.13 Fe-Cr-Co 系磁石の熱処理の模式図
[M. Okada, M. Homma, *JARECT*, **15**, 231 (1984)]

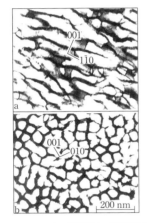

図 2.2.14 Fe-Cr-Co 系磁石の二相分離組織
[M. Okada, M. Homma, *JARECT*, **15**, 231 (1984)]

り，その 2 相分離面は分離曲線が非対称で Fe 側に移行しているため，T_1 では副相であった α_1 相が低温では主相へ変化する．すなわち α_1/α_2 の量比が逆転するため，主相である α_1 相が粒子状の組織として得ることができる．図 2.2.14 に連続冷却処理後の 2 相分離組織を示す[6]．白い相が FeCo(α_1) 粒子，黒い相が Cr リッチ(α_2) 相であるが，これより α_1 相が印加磁界方向に伸長していることがわかる．

一方，本系磁石合金における保磁力増加には Mo の添加が有効であることが知られている．Mo は α_1 相よりも優先的に α_2 相に分配されるため，Mo 添加合金では，スピノーダル分解時における α_1 相と α_2 相との格子定数のミスマッチが大きくなり，弾性エネルギーの増加が生じる．この弾性エネルギーを減らすため，α_1 粒子の $\langle 100 \rangle$ 方向への異方的分解が促進され，結果的に α_1 粒子の軸比が増加して保磁力も増加する．しかし，$\langle 100 \rangle$ 方向がバラバラな結晶をもつ合金では，アルニコ系磁石と同様，磁場中時効処理をしても α_1 粒子は磁場方向に最も近い $\langle 100 \rangle$ 方向に伸びるだけで，それほど一方向に伸長しない．とくに Mo 添加した系では弾性エネルギーの影響が大きく，磁場効果が小さくなる．一方，Mo を添加した $\langle 100 \rangle$ 単結晶および柱状晶では，弾性エネルギーと磁場中時効処理の相乗効果により，高い磁気特性が得られる．これまでに $\langle 100 \rangle$

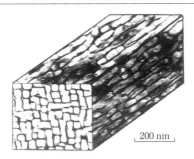

図 2.2.15 柱状晶 Mo 添加 Fe-Cr-Co 系磁石の 2 相分離組織
[M. Okada, M. Homma, *JARECT*, **15**, 231 (1984)]

単結晶で $(BH)_{max} = 91.2 \, \text{kJ m}^{-3}$ [7]，$\langle 100 \rangle$ 柱状晶で $(BH)_{max} = 76.2 \, \text{kJ m}^{-3}$ [8] なる磁気特性と図 2.2.15[6] のような 2 相分離組織が報告されている．一方で Mo 添加 Fe-Cr-Co-Mo 系磁石でも優れた塑性加工性を利用し，$\langle 100 \rangle$ 圧延再結晶組織を形成させて $\langle 100 \rangle$ 方向をそろえ，磁気特性を向上させた報告も著者ら[9] によってなされている．

文　献

1) 金子秀夫，本間基文，"磁性材料"（金属工学シリーズ，日本金属学会 編），日本金属学会 (1977).
2) 本間基文，日口 章 編著，"磁性材料読本"，工業調査会 (1998).
3) 日本金属学会 編，"改訂 4 版 金属データブック"，丸善出版 (2004).
4) S. Hao, T. Takayama, K. Ishida, T. Nishizawa, *Metal. Trans.*, **15A**, 1819 (1984).
5) M. Homma, M. Okada, T. Minowa, E. Horikoshi, *IEEE Trans. Magn.*, **MAG-17**, 3473 (1980).
6) M. Okada, M. Homma, *JARECT*, **15**, 231 (1984).
7) N. Ikuta, M. Okada, M. Homma, T. Minowa, *J. Appl. Phys.*, **54**, 5400 (1984).
8) M. Homma, E. Horikoshi, T. Minowa, M. Okada, *Appl. Phys. Lett.*, **37**, 92 (1980).
9) S. Sugimoto, M. Okada, M. Homma, *J. Appl. Phys.*, **63**, 3707 (1988).

2.2.3　フェライト磁石―焼結磁石

フェライト磁石は，酸化第二鉄 (Fe_2O_3) を主成分とする複合酸化物であり，1933 年加藤，武井によりコバルト・鉄酸化物（OP 磁石）[1] が永久磁石として優れた特性を有することを発表されたのが最初である．今日，世界各国で量産されているフェライト磁石は，1952 年 Philips 社の Went ら[2] により，詳細な研究発表がなされた六方晶系のマグネトプランバイト構造をもつ Ba フェライトおよび，1963 年 Westinghous 社の Cochardt ら[3,4] の発表した Sr フェライトである．また，同じ六方晶系の $BaFe_2^{2+}Fe_{16}^{3+}O_{27}$ W 型フェライトについて，1980 年 Philips 社の Lotgering ら[5] は，M 型フェライト磁石より飽和磁束密度が 10% 高く，異方性磁界が同等であり，異方性磁石として優れた特性を

もつことを発表し注目された．しかし，その製造においては複雑な雰囲気制御が必要であり，工業化されていない．今日，M型フェライト(Sr, Ba 系)磁石は永久磁石全体の生産量のうち約70％にも達している．これは希土類系磁石に比べ $(BH)_{max}$ は低いが，コストパフォーマンス(最大エネルギー積/重量あたりの単価×比重)が優れているからである．これらM型フェライト磁石の研究は完成したと考えられていたが，希土類酸化物とコバルト酸化物の複合添加によりSr-La-Co[6,7]，Ca-La-Co 系[8]の高性能な磁石が開発され，その用途も広がっている．一方，前述のようにW型フェライトは商品化されておらず，開発途上にあり，これからの素材である．ここでは，M型およびW型フェライト磁石の結晶構造，基礎磁気特性，高性能フェライトの作製条件ならびに現状の磁石について述べる．

a. M型およびW型フェライトの結晶構造ならびに基礎磁気特性

（i）結晶構造 フェライト永久磁石材料の結晶構造の研究は，Adelsköld[9]が1938年に $BaO \cdot 6Fe_2O_3$, $SrO \cdot 6Fe_2O_3$, $PbO \cdot 6Fe_2O_3$ の結晶構造を決定したことに始まる．これらはマグネトプランバイト（M）型の結晶構造をもつフェライトで，酸素イオンと同程度のイオン半径をもつ $M^{2+}O$ と Fe_2O_3 からなる化合物で $M^{2+}O \cdot 6Fe_2O_3$ または $M^{2+}Fe_{12}O_{19}$ の一般式で示される．これは六方晶系に属し，天然のマグネトプランバイト（magnetoplumbite：$PbFe_{7.5}Mn_{3.5}Al_{0.5}Ti_{0.5}O_{19}$）と同じ結晶構造で，空間群 D_{6h}^4-$P6_3/mmc$，単位胞は2分子よりなる．M^{2+} としては Ba^{2+}, Sr^{2+}, Pb^{2+}, Ca^{2+} などがある．図2.2.16 に M 型フェライトの結晶構造を示す．

W型フェライト化合物の結晶構造については，1952年に Braun[10] が単結晶 $BaFe_{18}O_{27}$ 化合物の X 線解析からその結晶構造について報告している．W型フェライトは同じ六方晶系に属するM型フェライトと類似した構造であり，$A^{2+}O \cdot 2B^{2+}O \cdot 8Fe_2O_3$，または $A^{2+}B_2^{2+}Fe_{16}O_{27}$ の一般式で表される．A^{2+} は Ba^{2+}, Sr^{2+}, Pb^{2+} が B^{2+} には Zn^{2+}, Fe^{2+}, Co^{2+}, Cu^{2+}, Mg^{2+} など多くの二価の金属イオンが含まれた化合物があり，これらの置換型化合物がW型フェライトの特徴といえる．

図2.2.17 に $BaFe_2^{2+}Fe_{16}O_{27}$ 化合物の結晶構造[11]を示す．その構造は O^{2-} の稠密六方格子よりなり，スピネル構造と比べるとやや複雑であるが，その格子中に Ba^{2+} を含む原子団をはさんだスピネル原子団を含んでいるのが特徴である．すなわち，図に示すように2個のスピネル原子団（図2.2.18：Sブロック：$Fe_2^{2+}Fe_2^{3+}O_8$）に続いて，Ba^{2+}を含む原子団（図2.2.19：Rブロック：$BaFe_6O_{11}$）が配置し，Ba^{2+} は O^{2-} に近いイオン半径（Ba^{2+}：1.43×10^{-10} m，O^{2-}：1.32×10^{-10} m）であるため，O^{2-} の稠密充填の一つを置換している．そして，スピネル型格子の[111]方向が六方晶格子の c 軸になるような配置をしている．Ba^{2+}（ここでは Fe^{2+}）と Fe^{3+} はスピネルの場合と同じく O^{2-} 配位の間隙に入るが，その位置には，四面体位置（tetrahedral sites）が2種（$4e, 4f_{VI}$）と，八面体位置（octahedral sites）が4種（$12K, 4f_{VI}, 6g, 4f$）および

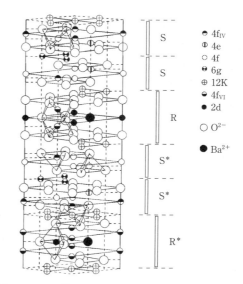

図2.2.17 W型フェライト（$BaFe_2^{2+}Fe_{16}O_{27}$）の結晶構造

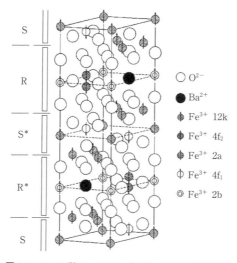

図2.2.16 M型フェライト（$BaFe_{12}O_{19}$）の結晶構造

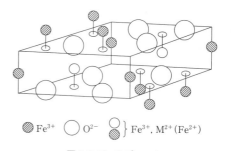

図2.2.18 Sブロック

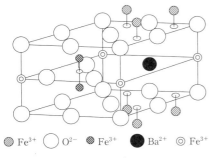

⊘ Fe^{3+}　○ O^{2-}　▨ Fe^{3+}　● Ba^{2+}　◎ Fe^{3+}

図 2.2.19 R ブロック

Ba^{2+} を含む層にある六面体位置（hexahedral sites）が 1 種（2d）の合計 7 種類の部分格子（sublattices）がある．W 型フェライトは c 軸に沿って SSRS*S*R*（S*, R* は S, R を c 軸を中心にして 180°回転したもの）の構造をしている．一方，M 型フェライトは SRS*R* で示されるので，W 型は M 型フェライトとスピネルフェライトが 1:2 で化合したものといえる．このような構造から，格子定数 a が 5.88×10^{-10} m と M 型フェライトと同じ値を示すが，c は M 型フェライトの約 1.4 倍の 32.85×10^{-10} m で，$c/a = 5.6$ になる．

（ii）基礎磁気特性　表 2.2.5，表 2.2.6 は，M 型フェライトと W 型フェライトの結晶構造における陽イオンの配位と磁気モーメントの向きを示したものである．

表 2.2.5，表 2.2.6 から M 型フェライトの 1 分子あたりの磁気モーメント n_B は，$(n_B)_M = (8-4) \times 5\mu_B = 20\mu_B$ となる．W 型フェライトでは，表 2.2.6 のように 7 種の部分格子を占める磁気モーメントの配列は，八面体位置を↑とすると，両輪の四面体位置は↓となる．これは（八面体位置）$-O^{2-}-$（四面体位置）の相互作用は 140°の角度をもっているので大きいが，（八面体位置）$-O^{2-}-$（四面体位置）の相互作用約 90°で小さいためである．Fe^{2+}（八面体位置 2 個）の磁気モーメントは $4\mu_B$，Fe^{3+}（八面体位置と四面体位置）の磁気モーメントを $5\mu_B$ と考え合わせると，W 型フェライトの 1 分子あたりの磁気モーメントは，$(n_B)_W = (10-6) \times 5\mu_B + 2 \times 4\mu_B = 28\mu_B$ となる．

これらの磁気モーメントからも W 型フェライトのほうが M 型フェライトに比べ，飽和磁化が大きくなることが推測される．また，これら六方晶系フェライトの二価（Zn, Ni, Co, Mn, Mg, Cd など）または三価（Al, Cr, Ga, In, Sc など）の金属イオン置換体を作製するには，相互のイオン半径が似ていること，結晶の電気的中性度が保たれることを考慮して，イオンを選ぶことが必要である．

表 2.2.7 は M および W 型フェライトの基本的な磁気特性値を示す[12~16]．表中の W 型フェライトの特性値は単結晶データでないので，種々の報告があるが，飽和磁化が高く，キュリー温度は Fe^{2+} の含有量により変化するが，化学量論組成では M 型フェライトより高い．

（iii）高性能フェライト磁石作製の条件　高性能な磁石は残留磁束密度 $B_r (=J_r)$，固有保磁力 H_{cJ}，最大磁気エネルギー積 $(BH)_{max}$ がそれぞれ大きく，さらに磁気的な安定性が優れていることである．このような条件を満たすために，磁石材料の基本特性としては，飽和磁化 J_s が大きく，磁化する方向による内部エネルギーの差の大きな材料（磁気異方性定数 K_A が大きく），磁化を失う温度（キュリー温度 T_C）が高いことが要求される．また，磁石は種々の環境のもとで長期間にわたって使用される場合が多いので，磁気的に劣化が起こるため，B_r の温度係数 $\alpha(B_r)$ と H_{cJ} の温度係数 $\alpha(H_{cJ})$ が小さいことが望まし

表 2.2.5 M 型フェライトの種々の陽イオンの格子点と磁気モーメントの向き

磁気格子点	格子点（原子位置）	イオン数	ブロック	磁気モーメントの向き
K	12K（八面体位置）	6	S-R	up
f_2	$4f_2$（八面体位置）	2	R	down
a	2a（八面体位置）	1	S	up
f_1	$4f_2$（四面体位置）	2	S	down
b	2d（三方両錐体位置）	1	R	up

表 2.2.6 W 型フェライトの種々の陽イオンの格子点と磁気モーメントの向き

磁気格子点	格子点（原子位置）	イオン数	ブロック	磁気モーメントの向き
K	12K（八面体位置）	6	R-S	up
f_{IV}	4e（四面体位置）	2	S	down
	$4f_{IV}$（四面体位置）	2	S	down
f_{VI}	$4f_{VI}$（八面体位置）	2	R	down
a	6g（八面体位置）	3	S-S	up
	4f（八面体位置）	2	S	up
b	2d（六面体位置）	1	R	up

表 2.2.7　M および W 型六方晶フェライトの磁気特性値

化合物	化学式	質量飽和磁気分極 10^{-6} Wb m kg^{-1}	異方性磁界 kA m^{-1}	異方性定数 10^5 J m^{-3}	格子定数 10^{-10} m		密度 Mg m^{-3}	T_C ℃
					a	c		
M	BaFe$_{12}$O$_{19}$*	90.5	1393	3.25	5.88	23.17	5.27	467
M	SrFe$_{12}$O$_{19}$*	93.4	1568	3.57	5.88	23.08	5.04	477
W	BaFe$_{18}$O$_{27}$	98.0	1512	3.0	5.88	32.85	5.32	455
W	SrZn$_2$Fe$_{16}$O$_{17}$	99.3	995	2.6	5.91	32.84	—	611

＊ 単結晶．

い．さらに，磁石はそれを用いた磁気回路から得られる磁束を利用するため，動作点における磁束の長期経時変化を室温以上の実用温度で評価することも重要である．しかし，磁石材料で最も重要な特性値である $(BH)_{max}$ を高めるためには，残留磁束密度 $B_r = J_r$ と保磁力 H_{cJ} を高くすることが必要条件である．ここでは B_r と H_{cJ} を高くすることを考える．

（1）**残留磁束密度 ($B_r = J_r$)**　フェライト磁石の残留磁束密度 B_r は次式で表すことができる．

$$B_r \propto (1-a) \cdot J_s \cdot \frac{d_f}{d_0} \cdot f_0 \quad (2.2.9)$$

ここで，a は非磁性体の体積割合，d_f は焼結体の密度，d_0 は真の密度，f_0 は配向率，J_s は飽和磁化を示す．

配向率は等方性磁石では 0.5，100% 配向の異方性磁石では $f_0 = 1.0$ になる．$a = 0$，$d_f/d_0 = f_0 = 1$ とすると $B_r = J_s$ となり，理論計算の式 $(BH)_{max} = (J_s)^2/4\mu_0$ に Sr フェライト磁石の $J_s = 0.477$ T を代入すると $(BH)_{max} = 45.3$ kJ m^{-3} の理論値が得られる．従来の Sr 系フェライトはこの値より低い．しかし，最近開発された高性能磁石（Sr-La-Co，Ca-La-Co 系フェライト）はこの理論値に近い値が得られている．以上のことから B_r の上昇のためには，焼結密度，配向度を高め，不純物を少なくすることである．次に，保磁力 H_{cJ} について考える．

（2）**保磁力 (H_{cJ})**　粉末冶金法で製造されるフェライト磁石の諸特性は，その素材の粉末粒径に大きく左右される．フェライト磁石の保磁力発生は単磁区粒子型とされている．単磁区粒子は，磁気モーメントが回転しない限り磁化反転しない．Stoner と Wohlfarth[17] は一軸異方性をもつ単磁区粒子の磁化曲線を計算し，1個の単磁区粒子について，磁化容易軸方向と印加磁界の角度依存性の磁化曲線を示し，完全配向している場合には $H_{cJ} = H_A$ である．等方性の場合は $H_{cJ} = 0.48 H_A$ となることを示している．H_A は異方性磁界である．

しかし，一般に作製されるフェライト粒子は板状粒子で c 軸に対して偏平であり，c 軸方向のそれに垂直の方向（a 軸方向）との比径は 1/5～1/20 の範囲にある．したがって，c 軸方向の結晶異方性と反対に作用し，保磁力を低下させる反磁界係数を 0.5（CGS 単位では 2π）と仮定すれば，単磁区粒子の無秩序集合体の H_{cJ} の上限は次式となる[18]．

$$H_{cJ} = 0.48 \left(\frac{2K_A}{J_s} - 0.5 \frac{J_s}{\mu_0} \right) \quad (2.2.10)$$

ここで，K_A は異方性定数である．式 (2.2.10) に $J_s = 0.477$ T，$K_A = 3.57 \times 10^5$ J m^{-3} を入れて計算すると，約 627 kA m^{-1} となる．焼結磁石では粒子間相互作用が働き，この値を実現することは難しく，Sr 微粒子[19] において 533 kA m^{-1} が最高値である．

次に，単磁区粒子となる上限の臨界半径 R_c は次式で表される[20]．

$$R_c = \frac{9\mu_0 \sigma_\omega}{J_s^2} \quad (2.2.11)$$

したがって，直径 D は次式となる．

$$D = 2R_c = \frac{18\mu_0 \sigma_\omega}{J_s^2} \quad (2.2.12)$$

ここで，σ_ω は単位面積あたりの磁壁エネルギー，一軸異方性のときは $\sigma_\omega = 4\sqrt{AK_A}$ で A は交換定数，$A \approx kT_C/a$，k はボルツマン定数，T_C はキュリー温度，a は鉄イオン間の距離，K_A は異方性定数を示す．

上記の式 (2.2.12) から Ba，Sr 系フェライトについて計算すると直径 D は約 1 μm 程度になる．一方，熱磁気緩和現象[21] により常磁性を示す粒径は 0.04 μm になる．したがって，最大の保磁力を得るためには粒子の大きさは 0.04～1 μm の範囲である．しかし，フェライト焼結磁石は，焼結により粒成長が起こるため，これらを配慮することが重要な課題である．

b．フェライト磁石の製造ならびに特性

（i）**M 型フェライト**　これら磁石の一般的な製造法を図 2.2.20 に示す．原材料は Ba，Sr の炭酸塩（BaCO$_3$，SrCO$_3$）と酸化鉄（α-Fe$_2$O$_3$）と微量（1～3%）の添加物（SiO$_2$，CaO，Bi$_2$O$_3$，H$_3$BO$_3$，Al$_2$O$_3$ など）を混合し，空気中で反応焼成した後，これらを微粉砕（この時点で添加物を入れることもある）の後，プレス成型（異方性磁石は磁界中）し，この圧粉体を空気中で焼成することにより作製される．なお，等方性磁石は Ba 系フェライトが，異方性磁石は Sr 系フェライトが主流である．

これら磁石の特性向上は，前述のように焼結密度を理論値に近づけ，結晶成長を防ぎ，異方性の場合には配向度をいかによくするかである．このために今日までに多くの添加物の効果についての報告がある．添加物の効果としては，次の 2 点が考えられ実用化されてきた．

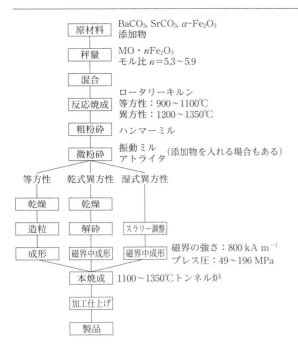

図2.2.20 フェライト磁石の製造工程

① 反応性向上による焼成促進には，アルカリ土類金属の硫酸塩，炭酸塩が有効である．
② 結晶粒の成長を押さえ，保磁力を大きくするものとしては，シリカ，アルミナが用いられている．

これら添加物は添加時期，添加量，複合添加，さらには均一に分散させることが重要である．焼結Ba, Sr系フェライトでの研究では，添加物に関してはすでに完成したと考えられる．しかし，異方性焼結フェライト磁石の高性能化の研究では，微粒子を用いた焼結磁石の特性向上の研究や，従来とは異なる添加物の複合添加（置換）を行い，本質的な磁気特性を向上させ，高性能な磁石が開発されている．

近年，M型フェライト磁石への希土類酸化物（La_2O_3, Nd_2O_3, Pr_6O_{11}など）置換（添加）の影響は，結晶が安定し，磁気特性が向上することであると報告されている[22~27]．これら希土類酸化物添加に関しては，さらに一歩進んで希土類イオンの三価がSr, Baイオンに置換することにより，価電子の関係で二価の鉄イオン（Fe^{2+}）ができる．これを補償するためにCo^{2+}を導入することが考えられた[6,7]．久保田ら[6]は希土類酸化物置換した$(Sr_{1-x}R_x)O \cdot n\{(Fe^{3+}_{1-y}Co^{2+}_y)_2O_3\}$（$x=2ny$）の組成式において，$x=0.15$, $n=5.8$の組成で軽希土類から重希土類酸化物置換の影響を調べた（図2.2.21）．図から知られるようにLa, Pr, Nd酸化物が良好な磁気特性を示すことを示唆した．この中で磁化値が高いLa-Co複合置換が磁石特性も良いことを報告している．なお，La-Co置換は置換量の増加に伴いキュリー温度が低下し，無置換のものと比べると，$X=0.3$で約20℃低くなる．

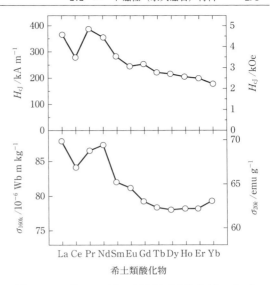

図2.2.21 $(Sr_{1-x}R_x)O \cdot n\{(Fe^{3+}_{1-y}Co^{2+}_y)_2O_3\}$（$x=2ny$）フェライト粉末の磁気特性（$x=0.15$, $n=5.85$）
[Y. Kubota, T. Takami, Y. Ogata, Ferrite, Proc. 8th Int. Conf. (ICF8), p. 412(2000)]

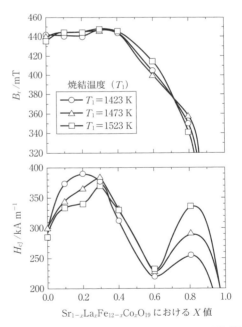

図2.2.22 $Sr_{1-x}La_xFe_{12-x}Co_xO_{19}$フェライト磁石の磁気特性（$x=0.15$, $n=5.85$）
[H. Taguchi, H. Nishio, et al., Ferrite, Proc. 8th Int. Conf. (ICF8), p. 405 (2000)]

同時期に田口ら[7]は$Sr_{1-x}La_xFe_{12-x}Co_xO_{19}$組成式においてLa酸化物量を変化させ，$X=0.3$までは保磁力，残留磁化が増加することを発表している（図2.2.22）．これらの結果，現在$x=0.15~0.30$の組成で，$B_r>0.43$ T，$H_{cJ}>360$ kA m^{-1}，$(BH)_{max}>35$ kJ m^{-3}の高性能な磁石

表 2.2.8　$Sr_{1-x}La_xFe_{12-x}Co_xO_{19}$ フェライト磁石の諸特性

	$\dfrac{K_1}{10^5\,J\,m^{-3}}$	$\dfrac{H_A}{MA\,m^{-1}}$	$\dfrac{J_s}{mT}$	$\dfrac{T_C}{K}$	$\dfrac{a}{nm}$	$\dfrac{c}{nm}$	$\dfrac{密度}{Mg\,m^{-3}}$
$x=0.0$	3.5-3.6	1.47	461	731	0.589	2.305	5.10
$x=0.3$	4.2-4.3	1.77	470	713	0.589	2.300	5.19

[H. Taguchi, Y. Minachi, K. Masuzawa, H. Nishio, Ferrite : Proc. of the 8th Int. Conf. (ICF8), p. 407 (2000)]

表 2.2.9　Sr, Sr-La-Co, Ca-La-Co 系焼結フェライトの磁気特性

試料＼磁気特性	$\dfrac{J_r}{T}$	$\dfrac{H_{cJ}}{kA\,m^{-1}}$	(H_A/H_{cJ}) ×100 (%)	$\Delta H_{cJ}/H_{cJ}/\Delta T$ %℃$^{-1}$	$\Delta J_r/J_r/\Delta T$ %℃$^{-1}$
Sr 系フェライト	0.430	278	94	0.31	−0.19
Sr-La-Co 系フェライト	0.440	358	90	0.16	−0.19
Ca-La-Co 系フェライト	0.453	435	94	0.11	−0.19

[小林義徳，細田誠一，尾田悦志，豊田幸夫，粉体および粉末冶金誌，**55**, 546 (2008)]

が量産されている．また，これらの磁気物性値を詳細に研究した．表 2.2.8 は $Sr_{1-x}La_xFe_{12-x}Co_xO_{19}$ フェライトの諸特性を示している．この表から知られるように，K_1，H_A ともに La-Co 無置換の $SrFe_{12}O_{19}$ 磁石より K_1 で約 20％増加しており，H_A も 20％も大きくなっている．このことからも Sr-La-Co 系フェライト磁石は保磁力が大きいことが予想される．また，図 2.2.23 に H_A と K_1 の温度特性を示す．この図より 200 K から 400 K は Sr 単体磁石に比べ減少率が少なく，保磁力の温度係数（$\Delta H_{cJ}/\Delta T$）が小さいことがわかり，Sr-La-Co 系フェライト磁石の特徴である．以上のように，Sr-La-Co 系フェライト磁石は磁気物性値も優れており，現在高性能高保磁力フェライト磁石として工業化されている．

最近，最も注目され工業化されているフェライトは Sr-La-Co 系フェライトより高保磁力を示す Ca-La-Co 系フェライトである．Ca-La フェライトは M 型フェライトとして知られていた[22]．小林ら[8]は Ca-La フェライトを Sr-La-Co 系フェライトと同様の実験を行い，La と Co の等量置換は組織観察で Co リッチ相（$CoFe_2O_4$）が存在し，H_{cJ} 分布や，配高度に悪影響を与えることを見出し，Fe^{3+} と Co^{2+} の電気的中性を満たす組成を考えずに La 量に対して，Co 量の低い組成の実験を組成式 $Ca_{1-x}La_xCo_yFe_{n-y}O_{19}$ で種々行い，$x=0.5$，$y=0.3$，$n=10.4$ のとき，$J_r=0.453$ T，$H_{cJ}=435$ kA m^{-1}，保磁力の温度係数は 0.11 % ℃$^{-1}$ とたいへん低いことを報告している．表 2.2.9 は従来の Sr 系フェライト，Sr-La-Co 系，小林らが開発した Ca-La-Co 系フェライトの磁気特性を示したものである．表から知られるように，Ca-La-Co 系フェライトの保磁力は高く，この原因は同一 Co 量置換の Sr-La-Co 系フェライトより異方性磁界が高いことに起因している．これら磁石は，現在，自動車用小型モータとして広く用いられている．

表 2.2.10 は現在工業化されている M 型フェライト磁石の磁気特性を示す．表から知られるように $(BH)_{max}=40$ kJ m^{-3} 以上の磁石が実際に製造されている．

このような焼結フェライト磁石は，現在，家電製品から，車載用モータ，健康器具と多種多彩である．表 2.2.11 に代表的な応用例を示す．この表にはないが，牛の胃の中にリング状のフェライト磁石（カウマグともよばれる）を入れ，夏の放牧時のくぎなどの異物除去にも中南米をはじめ世界中で用いられている．また，M 型フェライト磁石はボンド磁石（樹脂結合型複合磁石）の素材としても多く使われているが，次項で詳細に述べられる．

（ⅱ）**W 型フェライト磁石**　　一方，同じ六方晶系の W 型フェライト[5]（$BaO\cdot 2FeO\cdot 8Fe_2O_3$，$SrO\cdot 2FeO\cdot 8Fe_2O_3$）は，M 型に比べ飽和磁化が 10％程度高く，異方性磁界がほぼ同等であることから，次のフェライト磁石材料として期待されているが，その作製には複雑な雰囲気制御が必要とされているため工業化には至っていない．ここ

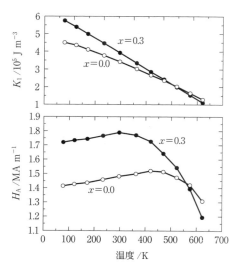

図 2.2.23　$Sr_{1-x}La_xFe_{12-x}Co_xO_{19}$ フェライト磁石の K_1，H_A の温度依存性

[H. Taguchi, H. Nishio, et al., Ferrite, Proc. 8th Int. Conf. (ICF8), p. 407 (2000)]

表 2.2.10 M型フェライト焼結磁石の諸特性

磁気特性 試料	磁 気 特 性				温度係数	密度
	$(BH)_{max}$ kJ m^{-3}	J_r T	H_{cB} kA m^{-1}	H_{cJ} kA m^{-1}	$\alpha(B_r)$ % ℃$^{-1}$	D Mg m^{-3}
等方性	7.2～10.5	0.22～0.23	127～175	239～302	−0.18～−0.20	4.6～5.0
乾式異方性	23.8～33.4	0.36～0.43	222～294	230～318	−0.18	4.6～4.95
湿式異方性	22.2～43.0	0.36～0.48	175～358	190～430	−0.18～−0.20	4.8～5.1

表 2.2.11 焼結フェライト磁石の応用例

用途分類	使 用 商 品
音響機器	スピーカー，ヘッドホン，補聴器，ブザー
回転機器	OA機器用（ファンモータ，スピンドルモータ，ステッピングモータ） FA機器用（AC, DC サーボモータ） AV機器用（キャプスタン用モータ，ズーム用モータ） 家電機用（扇風機，洗濯機，電気かみそり，ジューサー，衣類乾燥機，電動歯ブラシ） 車載用モータ（アンテナ昇降用，エアコン，ドアロック，電動カーテン，電動シート，ミラー装置など，ABS，ワイパー，ラジエータ電動ファン，燃料ポンプ，パワーブレーキ用） 磁石発電機，移動体通信用ページャモータ
計測制御機器	車用（シートベルトセンサ，エンジン回転センサ，ドアロック駆動用アクチュエータ，水量計センサ，燃料計メータセンサ，油圧系メータセンサ） 電気釜および電子ジャー温度センサ，複写機リードスイッチ，水道メータリードスイッチ
応用機器	電子レンジ用マグネトロン，複写機ファクシミリマグロール，電磁チャック，吸着用一般，健康器具（サンダル，肩こり用）

では最近の研究について述べ，詳細は文献を参照していただきたい．しかし，今日までの種々の研究[28～31]の積み重ねで，焼結磁石ならびにボンド磁石への応用が期待される．

近年，雰囲気制御は行うが比較的簡単な方法で，組成 $SrO \cdot nFe_2O_3$（$n=8.0～9.5$）に還元剤（カーボン）を添加し，圧粉体の乾燥条件（50～200℃で酸化反応）を制御し，反応焼成，本焼成ともに窒素雰囲気中で行うことで，$n=8.5$の組成で$B_r=0.48$ T，$H_{cJ}=200$ kA m^{-1}，$(BH)_{max}=42$ kJ m^{-3} の高性能な特性をもつW型フェライト磁石[31]が得られている．カーボン添加量の保磁力H_{cJ}と残留磁束密度B_r関係では，カーボン量の添加量が少ないとヘマタイトが生成され，多いとマグネタイトができることを示唆しており，カーボン 0.2～0.3 wt% 添加のとき，良好な磁気特性が得られている．また，圧粉体（グリーンコンパクト）の乾燥温度が低いとマグネタイトが，高いとヘマタイトが生成する．これらの現象は，反応焼成時（一次焼成）窒素雰囲気中で行うことにより，W相単相が生成され，圧粉体を乾燥することにより酸化現象が起こり，さらに最終の焼結で還元現象が起こり，鉄の二価イオンが適正値になることを示している．このように還元剤の量，圧粉体の乾燥温度により鉄の二価イオンの量が変化し，ヘマタイトやマグネタイトなどの化合物が生成する．その後，新しい還元剤の添加[32～41]の研究も種々行われており，空気中での一連の実験なども報告されているが，保磁力が低いのが欠点である．しかし，皆地らは[37]，焼結 Nd-Fe-B系磁石と同様に，結晶粒子を小さくすることにより，高保磁力化を試み，Sr-Ba-CaFe$_2$W フェライトにおいて，焼結平均結晶粒子 0.432 μm で，$B_r=472$ mT，$H_{cJ}=290$ kA m^{-1}，$(BH)_{max}=42.8$ kJ m^{-3} と焼結W型フェライトとして，高性能な高保磁力フェライト磁石の報告を行っている．

以上のように，W型フェライトの工業化への開発研究は，一歩一歩前進していることが知られる．

c. おわりに

M型およびW型フェライトの結晶構造，基本的な磁気特性，高性能磁石の作製条件，現状の焼結磁石について述べてきたが，M型焼結磁石については，高保磁力（400 kA m^{-1} 以上）で，$(BH)_{max}=40$ kJ m^{-3} 以上の高性能な磁石が工業化され，車載用モータをはじめフェライト磁石の応用がますます増えるものと思われる．W型フェライトは実用化への期待が大きく，焼結ならびにボンド磁石として，将来，ぜひ実用化される日が来ることを望んで止まない．

文　献

1) 加藤与五郎，武井 武，電気学会雑誌，**53**, 408 (1933).
2) J. J. Went, G. W. Rathenau, E. W. Gorter, G. W. van Oosterhout, *Philips Tech. Rev.*, **13**, 194 (1952).
3) A. Cochardt, *J. Appl. Phys.*, **34**, 1273 (1963).
4) A. Cochardt, *J. Appl. Phys.*, **38**, 1904 (1967).
5) F. K. Lotgering, P. H. G. M. Vromans, M. A. H. Huyberts, *J. Appl. Phys.*, **51**, 5913 (1980).
6) Y. Kubota, T. Takami, Y. Ogata, Ferrite, Proc. 8th Int. Conf. (ICF8), p. 410 (2000).
7) H. Taguchi, Y. Minachi, K. Masuzawa, H. Nishio, Ferrite, Proc. 8th Int. Conf. (ICF8), p. 405 (2000).
8) 小林義徳，細田誠一，尾田悦志，豊田幸夫，粉体および粉末冶金誌，**55**, 541 (2008).

9) V. Adelsköld, Arkiv for Kemi, Mineraiogi och Geologi, **12A**, 1 (1937).
10) P. B. Braun, *Nature*, **170**, 708 (1952).
11) G. Albanse, M. Carbucicchio, G. Asti, *Appl. Phys.*, **11**, 81 (1976).
12) J. Smit, H. P. J. Wijn, "Ferrite", Philips Technical Library 1959, Chapter IX.
13) B. T. Shirk, W. R. Buessem, *J. Appl. Phys.*, **40**, 1294 (1969).
14) H. Kojima, C. Miyakawa, T. Sato, K. Goto, *Jpn. J. Appl. Phys.*, **24**, 51 (1985).
15) H. Graetsch, F. Haberey, R. Leckebusch, M. S. Rosenberg, K. Sahl, *IEEE Trans. Magn.*, **20**, 495 (1984).
16) S. Dey, R. Valenzuela, *J. Appl. Phys.*, **50**, 2340 (1984).
17) E. C. Stoner, E. P. Wohlfarth, *Philos. Trans. R. Soc. London*, **240A**, 599 (1948).
18) R. A. Hutner, The 4th Progr. Rep., Signal Corp. Project., No. 32-2005D (1953).
19) K. Haneda, C. Miyakawa, K. Goto, *IEEE Trans. Magn.*, **23**, 3134 (1987).
20) C. Kittel, *Rev. Mod. Phys.*, **21**, 541 (1949).
21) B. T. Shirk, W. R. Buessem, *IEEE Trans. Magn.*, **7**, 659 (1971).
22) H. Yamamoto, T. Kawaguchi, M. Nagakura, *IEEE Trans. Magn.*, **15**, 1141 (1979).
23) H. Yamamoto, M. Nagakura, *IEEE Trans. Magn.*, **23**, 294 (1987).
24) H. Yamamoto, M. Nagakura, I. Uno, Advances in Ferrites, Proc. 5th Int. Conf., Oxford & IBH, 411 (1989).
25) H. Yamamoto, M. Nagakura, H. Terada, *IEEE Trans. Magn.*, **26**, 1144 (1990).
26) 山元 洋, 小野輝久, 電学論A, **111**, 673 (1991).
27) H. Yamamoto, H. Seki, *IEEE Trans. Magn.*, **35**, 3277 (1999).
28) H. Yamamoto, M. Nagakura, H. Ono, *IEEE Trans. Magn.*, **24**, 598 (1988).
29) S. Ram, C. Joubert, *IEEE Trans. Magn.*, **28**, 15 (1992).
30) 山元 洋, 粉体および粉末冶金誌, **43**, 5 (1996).
31) 豊田幸夫, 粉体および粉末冶金誌, **44**, 17 (1997).
32) H. Yamamoto, K. Maekawa, Ferrite, Proc. 8th Int. Conf., 477 (2000).
33) 山元 洋, 酒井康弘, 大村正志, 日本応用磁気学会誌, **26**, 358 (2002).
34) 大村正志, 田中章博, 山元 洋, 粉体および粉末冶金誌, **49**, 732 (2002).
35) M. Ohmura, H. Yamamoto, *IEEE Trans. Magn.*, **40**, 1695 (2004).
36) 山元 洋, 小泉雄吾, 山口 洋, 日本応用磁気学会誌, **30**, 146 (2006).
37) 皆地良彦, 伊藤 昇, 長岡淳一, 村瀬 琢, 平成18年度秋季大会・粉体粉末冶金協会講演概要集, p.107 (2006).
38) H. Yamamoto, H. Nishio, Y. Sawayama, Materials Science Forum, **534-536**, 1305 (2006).
39) 山元 洋, 澤山善仁, 粉体および粉末冶金誌, **54**, 421 (2007).
40) 山元 洋, 田所明典, 粉体および粉末冶金誌, **55**, 535 (2008).
41) H. Yamamoto, K. Suzuki, Ferrites, Proc. 10th Int. Conf., p.104 (2009).

2.2.4 希土類磁石

希土類磁石は, 希土類イオンがもつ大きな磁気異方性と鉄族遷移金属元素がもつ大きな磁化が組み合わさった希土類-鉄族遷移金属金属間化合物をベースとする磁石材料である. 希土類磁石は, アルニコ磁石などの金属磁石やフェライト磁石などと比較するとはるかに大きな最大エネルギー積 $(BH)_{max}$ を有し, 最初はパーソナルコンピュータのハードディスクドライブのヘッド駆動アクチュエータや携帯電子機器の小型モータなどの用途に応用され, 急速に市場と生産量が拡大した. 希土類磁石の種類およびベースとなるハード磁性化合物を表2.2.12に示す. ベースとなる金属間化合物により, $SmCo_5$ 化合物および Sm_2Co_{17} 化合物をベースとするものをサマリウム・コバルト (Sm-Co) 系磁石, $Nd_2Fe_{14}B$ 化合物をベースとするものをネオジム・鉄・ホウ素 (Nd-Fe-B) 系磁石, $Sm_2Fe_{17}N_3$ 化合物をベースとするものをサマリウム・鉄・窒素 (Sm-Fe-N) 系磁石とよぶ. これらの中で現在焼結磁石あるいはそれに準ずる稠密なバルク磁石として商品化され, 広く用いられているのは Sm-Co 系と Nd-Fe-B 系磁石である. Sm-Co 系磁石はキュリー温度が高く, 磁石が高温にさらされる用途に適しており, Nd-Fe-B 系磁石はキュリー温度が Sm-Co 系よりも低いが, 最大磁気エネルギー積において最高性能を有する磁石材料であり, 小型高性能が要求される携帯電話, パーソナルコンピュータなどの機器のほか, 資源的にも豊富な元素を主成分とすることから, 電動自動車の駆動モータや発電機など, 大量に使用される用途には不可欠の

表2.2.12 希土類磁石の種類およびベースとなるハード磁性化合物

種 類	ベースとなるハード磁性化合物	おもな製造法 (研究段階のものも含む)
Nd-Fe-B 系磁石	$Nd_2Fe_{14}B$ 型化合物	焼結, 液体超急冷, 熱間塑性加工, 水素化分解再結合 (HDDR), 蒸着薄膜
$SmCo_5$ 磁石	$SmCo_5$	焼結, 蒸着薄膜
2-17系 Sm-Co 系磁石	Sm_2Co_{17}, $SmCo_5$	焼結, 液体超急冷, 蒸着薄膜
Sm-Fe-N 系磁石	$Sm_2Fe_{17}N_x$	微粉末または蒸着薄膜の窒化
Nd-Fe-N 系磁石	$NdFe_{12-x}M_x$ (M = Ti, V, Mo)	微粉末または蒸着薄膜の窒化
ナノコンポジット磁石	$Nd_2Fe_{14}B$ 型化合物, $Sm_2Fe_{17}N_x$	液体超急冷, 熱間塑性加工, 加圧焼結

表 2.2.13 三価の希土類(ランタン系列)イオンの基底状態の量子数とランデ因子およびスティーブンス因子

n	イオン	S	L	J	g_J	$\mu_{\text{eff}}(J)$	$^{(2S+1)}L_J$	θ_2^J
0	La^{3+}	0	0	0	0	0	$^1S_0$	
1	Ce^{3+*1}	1/2	3	5/2	6/7	2.54	$^2F_{5/2}$	-0.06
2	Pr^{3+}	1	5	4	4/5	3.58	$^3H_4$	-0.02
3	Nd^{3+}	3/2	6	9/2	8/11	3.62	$^4I_{9/2}$	-0.006
4	Pm^{3+}	2	6	4	3/5	2.68	$^5I_4$	0.01
5	Sm^{3+}	5/2	5	5/2	2/7	0.845	$^6H_{5/2}$	0.04
6	Eu^{3+*2}	3	3	0	0	0	$^7F_0$	0
7	Gd^{3+}	7/2	0	7/2	2	7.94	$^8S_{7/2}$	0
8	Tb^{3+}	3	3	6	3/2	9.5	$^7F_6$	-0.01
9	Dy^{3+}	5/2	5	15/2	4/3	10.6	$^6H_{15/2}$	-0.01
10	Ho^{3+}	2	6	8	5/4	10.58	$^5I_8$	-0.002
11	Er^{3+}	3/2	6	15/2	6/5	9.5	$^4I_{15/2}$	0.003
12	Tm^{3+}	1	5	6	7/6	7.55	$^3H_6$	0.01
13	Yb^{3+}	1/2	3	7/2	8/7	4.54	$^2F_{7/2}$	0.03
14	Lu^{3+}	0	0	0	0	0	$^1S_0$	

*1 金属間化合物では通常 Ce^{4+}, *2 金属間化合物では通常 Eu^{2+}.

表 2.2.14 希土類磁石材料のベースとなるおもな化合物の磁気特性(室温)

化合物	J_s/T	$K_1/MJ\,m^{-3}$	$H_A/MA\,m^{-1}$	キュリー温度 /K	備 考	文献
$Nd_2Fe_{14}B$	1.60	4.5	5.3	586	130 K 以下でスピン再配列	1)
$Pr_2Fe_{14}B$	1.56	5.5	6.9	569		1)
$Dy_2Fe_{14}B$	0.712	5.4	11.9	598	高保磁力化を目的として $Nd_2Fe_{14}B$ と混晶にして使用する.	1)
$SmCo_5$	1.07	17.2	28	1000		2)
Sm_2Co_{17}	1.25	3.2	5.1	1193	2-17 系 Sm-Co 磁石の主相となる.	3)
$Sm_2Fe_{17}N_3$	1.54	8.6	20.7[6]	746	約 500℃で熱分解	4)
$NdFe_{11}TiN$	1.45	6.7	9.6	729	約 450℃で熱分解	5)

1) S. Hirosawa, Y. Matsuura, H. Yamamoto, S. Fujimura, M. Sagawa, *J. Appl. Phys.*, **59**(3), 873 (1986).
2) Y. Tawara, "Encyclopedia of Materials Science and Engineering" (M. B. Bever, ed.), p. 2655, Permagon Press (1986).
3) K. J. Strnat, "Ferromagnetic Materials Vol. 4", (E. P. Wohlfarth, K. H. J. Buschow, eds.), p. 154, North-Holland (1988).
4) R. Skomski, J. M. D. Coey, "Permanent Magnetism", p. 136, Institute of Physics Publishing (1999).
5) H. Fujii, H. Sun, "Handbook of Magnetic Materials, Vol. 9" (K. H. J. Buschow, ed.), p. 395, North-Holland (1995).
6) T. Iriyama, Y. Nakagawa, *et al.*, *IEEE Trans. Magn.*, **28**, 2326 (1992).

材料になっている.本項では稠密なバルク材料として製造される希土類磁石を取り扱う.希土類磁石の粉末を樹脂と混合成形固化したボンド磁石があるが,それらは次項で扱われる.

希土類磁石の最大の特徴は,ベースとする希土類金属間化合物の結晶磁気異方性がほかの材料と比較して非常に大きい点である.この性質は不対 4f 電子殻をもつ希土類イオンの非球対称の電荷分布が結晶中にある隣接原子あるいはイオンの電荷もしくはそれらの価電子の電荷がつくる静電場(結晶場)と相互作用をして,4f 電子の軌道が結晶格子の特定の方向に強く固着されることにより生じる.表 2.2.13 に,希土類イオン R^{3+} の基底状態を示す.

ハード磁性の発現には,材料が一軸性の結晶磁気異方性をもちその一次の結晶磁気異方性定数 K_1 が正であることが有利である.表 2.2.14 におもなハード磁性希土類金属間化合物の磁気的性質を示す.ハード磁性化合物が結晶の c 軸(最も対称性が低い軸)に沿った磁化容易軸をもつかどうかは結晶場パラメータ A_n^0 と希土類イオンのスティーブンス因子 θ_2^J との積の符号で決まる.表 2.2.15 の右の列に代表的な化合物の A_n^0 を示す.Sm-Co 系のハード磁性化合物 $SmCo_5$ と Sm_2Co_{17} では正の因子 θ_2^J を有するイオン,すなわち電荷の空間分布が全角運動量方向に伸びているイオンが正の K_1 を与えるのに対して,$Nd_2Fe_{14}B$ では負の θ_2^J を有するイオン(扁平な電荷の空間分布を有するイオン)が正の K_1 を与える.金属間化合物の中では,通常,四価となり 4f 電子殻が空になる Ce を除けば,負の θ_2^J を有するイオンの中で Nd^{3+} の θ_2^J はその絶対値が比較的小さく,これを補強するために Tb^{3+} や Dy^{3+} で Nd^{3+} を部分的に置換することが有効であり,高保磁力が必要な高出力モータなどの用途で利用されている.これに対し,Sm-Co 系磁石では Sm^{3+} の θ_2^J が最も大きいので,ほかの R^{3+} で置換しても K_1 を高めることはできない(異方性磁界を高めることはできる).なお,希土類系ハード磁性化合物では,3d 遷移金属副格子も比較的大きな結晶磁気異方性を有しており,YCo_5 や $Y_2Fe_{14}B$ などのように 4f 電子をもたない化合物もそれぞれ $6.5\,MJ\,m^{-3}$,$1.1\,MJ\,m^{-3}$ のように大きな結晶磁気異方性定数をもつ.

希土類磁石の保磁力と深く関係する希土類系ハード磁性

表 2.2.15 代表的磁性物質の磁気的特性長

物質名	$\dfrac{J_s}{T}$	交換スティフネス A pJ m^{-1}	K_1 MJ m^{-3}	ブロッホ磁壁幅 $\pi\sqrt{A/K_1}$ nm	一斉回転臨界径 $4\sqrt{6\mu_0 A/J_s^2}$ nm	単磁区粒子臨界径 nm	A_2^0 (K/a_0^2)	A_4^0 (K/a_0^4)	A_n^0 値の文献
Fe	2.15	8.3	0.05	40.5	15	12	—	—	—
Co	1.81	10.3	0.53	13.8	20	68	—	—	—
Ni	0.62	3.4	−0.005	81.9	33	32	—	—	—
BaFe$_{12}$O$_{19}$	0.47	6.1	0.33	13.5	66	660	—	—	—
SmCo$_5$	1.07	22	17.2	3.6	48	1500	−205	0	1)
Nd$_2$Fe$_{14}$B	1.60	7.7	4.5	3.9	19	210	295	−12.3	2)
Sm$_2$Fe$_{17}$N$_3$	1.57	11.5	8.6	3.6	24	380	−600	−20	3)

1) K. H. J Buschow, "Handbook of Magnetic Materials, Vol. 10" (K. H. J. Buschow, ed.), p. 477, North-Holland (1997).
2) M Yamada, H. Kato, H. Yamamoto, Y. Nakagawa, *Phys. B*, **38**, 620 (1988).
3) H. Kato, M. Yamada, G. Kido, Y. Nakagawa, T. Iriyama, K. Kobayashi, *J. Appl. Phys.*, **73**, 6931 (1993).

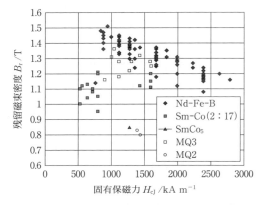

図 2.2.24 種々の希土類磁石の室温における磁気特性

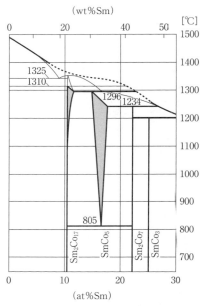

図 2.2.25 Sm-Co 系の相図
[A. J. Ray, *J. Less-Common Met.*, **51**, 153 (1977)]

化合物の磁気的特性長 (characteristic length) を表 2.2.15 に, ほかの典型的強磁性物質と比較して示す. 希土類系ハード磁性化合物のブロッホ磁壁の厚さ δ_B はおよそ 4 nm である. コヒーレントモードで磁化反転する孤立粒子の最大径は 20~50 nm の程度で, これよりも大きな孤立粒子は完全着磁後の磁化反転がインコヒーレントモードになると考えられる. また, 孤立粒子に対する単磁区粒子臨界径は 0.2~1.5 μm である. 保磁力の発現および適正化にはこれらのサイズ領域における組織制御が必要であり, さらに粒子間の磁気的相互作用も考慮する必要がある.

現在市販されている代表的な希土類磁石の室温における磁気特性を固有保磁力 H_{cJ}-残留磁束密度 B_r 平面状にマップとして記したものを図 2.2.24 に示す. Nd-Fe-B と Sm-Co は焼結磁石, MQ2 と MQ3 は Nd-Fe-B 系のホットプレス磁石と熱間塑性加工をさす. これらの製造法は f. 項で記述する.

a. 希土類磁石合金の相図とハード磁性材料の結晶構造

Sm-Co 系には一連の $R_{m-n}T_{5m+2n}$ で表すことのできる化合物群が存在する. それらは m 個の RT$_5$ 胞 (R は希土類元素, T は Co などの遷移金属元素を表す) において n 個の R 原子を $2n$ 個の T 原子で特定の規則性をもって置換することにより生成する. 図 2.2.25 に現在広く用いられている相図を示す. Sm$_2$Co$_{17}$ は液相から直接に (コングルエントに) 単相が生成するが, SmCo$_5$ は Sm$_2$Co$_{17}$ と液相との包晶反応により生成する. また, SmCo$_5$ は 805℃以下で Sm$_2$Co$_7$ と Sm$_2$Co$_{17}$ とに相分離する. 図 2.2.26 に Cataldo らによって改訂された Sm-Co 系の状態図を示す. SmCo$_5$ は Sm$_2$Co$_{17}$ と液相との包晶反応で生成するが, 高温では化学量論比 (Sm 16.7 at%) よりも Sm プア相側にずれ, 温度が低下すると SmCo$_5$ 化学量論組成を挟んで両側に固溶域が存在することが示されている. Sm$_2$Co$_{17}$ も 1200℃付近およびそれより高温では化学量論比からずれた固溶体域が存在する. 2-17 系 Sm-Co 磁石は TbCu$_7$ 型不規則相からの SmCo$_5$ と Sm$_2$Co$_{17}$ 化合物の相分離を利用して製造される材料であり, Fe, Cu, Zr などの添加元素を含む. その中でもとくに Cu は保磁力の発現に本質的な役割

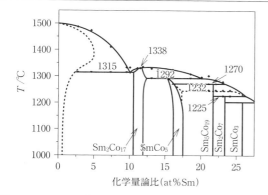

図2.2.26 Sm-Co系の相図
[L. Cataldo, N. Valignat, *et al., J. Alloys Comp.*, **241**, 216 (1996)]

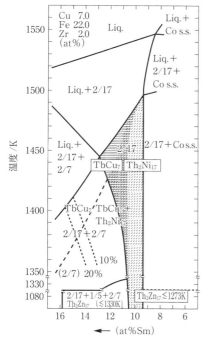

図2.2.27 Sm-Co-Fe-Cu-Zr系の相図
[Y. Morita, T. Umeda, Y. Kimura, *IEEE Trans. Magn.*, **MAG-23**, 2702 (1987)]

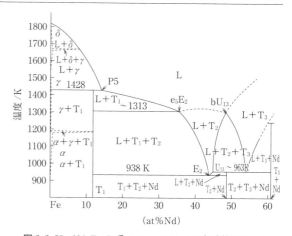

図2.2.28 Nd-Fe-B系のNd:B=2:1の組成比に沿った相図
[Y. Matsuura, K. Osamura, *et al., Jpn. J. Appl. Phys.*, **24**, L635 (1985)]

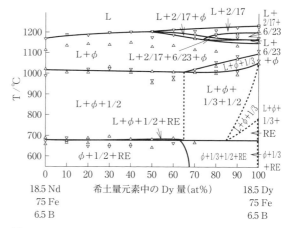

図2.2.29 NdとDyの和が18.5 at%, ホウ素6.5 at%におけるNd-Dy-Fe-B系の相図
[K. F. B. Grieb, E.-T. Henig, G. Petzow, *Z. Metallkd.*, **83**, 3 (1992)]

を果たすと考えられている[1]．図2.2.27にSm-Co-Fe-Cu-Zr系におけるSm濃度とTbCu$_7$型不規則層の存在範囲の関係を表す相図を示す．

Nd-Fe-B系の相図はChabanら[2]によりおおまかに調べられ，Matsuuraら[3]が詳細を決定した．Ndリッチ側の三元共晶反応付近の詳細については異なるものも提案されている．図2.2.28にNd-Fe-B系のNd:B=2:1の組成比に沿った相図を示す．Nd-Fe-B磁石の主相であるNd$_2$Fe$_{14}$B化合物は液相凝固時の初晶であるFeと液相との包晶反応により生成する．図2.2.29はNdとDyの和が18.5 at%, B 6.5 at%におけるNd-Dy-Fe-B系のDy

濃度と平衡相との関係を表す相図である．

図2.2.30にSmCo$_5$の結晶構造（CaCu$_5$型）を示す．R$_{m-n}$T$_{5m+2n}$で表すと$m=1, n=0$に対応する．Smは1a，Coは2cおよび3gの2種のサイトを占める．2cサイトのCoは大きな軌道角運動量を保持しており，Co副格子の大きな磁気異方性を生んでいる．希土類サイトの結晶場はSm^{+3}のような全角運動量方向に伸びた（二次のスティーブンス因子が正の）イオンの場合に結晶のc軸方向に磁化容易方向を向ける．$m=3, n=1$とするとR$_2$Fe$_{17}$化合物となり，結晶構造は稜面体のTh$_2$Zn$_{17}$型と六方晶のTh$_2$Ni$_{17}$型がある．それらの結晶構造を図2.2.31に示す．Sm$_2$Co$_{17}$は通常Th$_2$Zn$_{17}$型構造に結晶化する．

Nd$_2$Fe$_{14}$Bの結晶構造を図2.2.32に示す．この結晶構造はR$_{m-n}$T$_{5m+2n}$の系列とは無関係であり，Herbstらによ

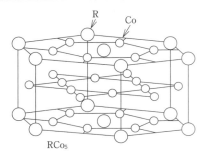

図 2.2.30 SmCo$_5$ の結晶構造（CaCu$_5$ 型）
[K. Nassau, L. V. Cherry, W. E. Wallace, *J. Phys. Chem. Solids*, **16**, 123（1960）]

表 2.2.16 中性子線回折により求められた各サイトの磁気モーメント

	鉄原子あたりの磁気モーメント/μ_B					
化合物	16k1	16k2	8j1	8j2	4e	4c
Y$_2$Fe$_{14}$B	2.25	2.32	2.15	2.59	2.10	2.25
Nd$_2$Fe$_{14}$B	2.24	2.30	2.21	2.55	2.00	2.17

[H. Onodera, S. Hirosawa, *et al.*, *J. Magn. Magn. Mater.* **68**, 15（1987）]

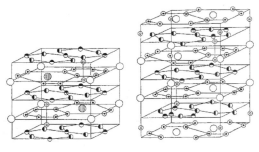

図 2.2.31 R$_2$Fe$_{17}$ 化合物の結晶構造
(a) 六方晶の Th$_2$Ni$_{17}$ 型
(b) 三方晶（菱面体晶）の Th$_2$Zn$_{17}$ 型
[K. Koyama, H. Fujii, *Phys. Rev. B*, **61**, 9475（2000）]

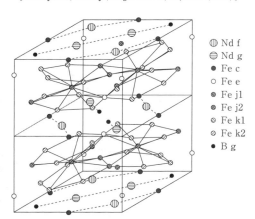

図 2.2.32 Nd$_2$Fe$_{14}$B の結晶構造

り粉末試料を用いた中性子線回折により決定され化合物の元素組成比が確定され 1984 年に報告された[4]．空間群は $P4_2/mnm$ に属す．c 軸方向の座標を z とすると，希土類は B とともに $z=0$ と $z=1/2$ の面に存在し，鉄原子の大部分はそれらの間に σ-Fe に似た構造をもって稠密な層を形成している．希土類サイトとして 4f と 4g の 2 種類が存在するが，いずれも (001) 面内に隣接希土類イオン，c 軸方向に稠密な鉄層をもつ結果，結晶電場は負のスティーブンス因子 θ_2^J をもつ R イオン，すなわち Pr^{+3}，Nd^{+3}，Tb^{+3}，Dy^{+3}，Ho^{+3} に一軸異方性を与える．Fe サイトは 4c, 4e, 8j$_1$, 8j$_2$, 16k$_1$, 16k$_2$ の 6 個が存在する．表 2.2.16 に中性子線回折により求められた各サイトの磁気モーメントを示す．Nd$_2$Fe$_{14}$B 型構造は Pm と Eu を除くすべてのランタン系列元素と Y において報告されており，重希土類イオン（Gd^{3+} 以降）の化合物は希土類イオンと鉄の各副格子の磁化が反平行に結合したフェリ磁性を示す．表 2.2.17 に一連の Nd$_2$Fe$_{14}$B 型化合物の格子定数，密度，磁気モーメント，キュリー温度，異方性磁界を示す．

b. 希土類ハード磁性化合物の温度特性

希土類磁石の動作温度範囲は通常の用途では -40°C から 200°C の範囲と考えられている．放射光の挿入型光源など特殊な用途では極低温での使用も検討され，航空宇宙分野では 500°C に達する高温での使用が検討されている．図 2.2.33 に RCo$_5$ 化合物の飽和磁化の温度依存性を軽希土類および重希土類の場合に分けて示す．重希土類側ではフェリ磁性の特徴が現れている．SmCo$_5$ の Sm を Gd などの重希土類元素により部分的に置換することで飽和磁化の温度依存性を室温付近でほぼゼロにすることが可能である．

Nd$_2$Fe$_{14}$B 型化合物の飽和磁化の温度依存性を図 2.2.34 に軽希土類および重希土類の場合に分けて示す．Nd$_2$Fe$_{14}$B および Ho$_2$Fe$_{14}$B は低温で磁化容易方向が [001]（c 軸）方向から [110] 方向に向けて傾くスピン再配列相転移を示す．Nd$_2$Fe$_{14}$B のスピン再配列温度は約 135 K で 4.2 K での磁気モーメントの [001] 方向からの傾きは約 30° に達する[5]．極低温での Nd-Fe-B 磁石の使用にさいしてはこの現象を考慮に入れる必要がある．実用磁石には使用されないが，Er$_2$Fe$_{14}$B と Tm$_2$Fe$_{14}$B は室温付近で温度の上昇とともに磁化容易方向が低温相の [100] 方向から高温相の [001] に変化する[6]．

Nd$_2$Fe$_{14}$B 型化合物の異方性磁界の温度依存性を図 2.2.35 に示す．この図の異方性磁界は低磁界での磁化測定から外挿したもので，$2K_1/J_s$ にほぼ等しく，困難軸方向に磁化を飽和させる磁界ではない．図 2.2.36 に Nd$_2$Fe$_{14}$B の Fe を少量の置換元素で置換した場合の異方性磁界（$2K_1/J_s$）の温度依存性を示す．ただし，Nd$_2$Fe$_{14}$B は低温では磁化困難方向の磁化過程に磁化の飛びがあるうえ，磁化方向により磁化の値が異なるので異方性定数を用いた記述が正確ではなくなる．図 2.2.37 に Nd$_2$Fe$_{14}$B の

2.2 ハード磁性（永久磁石）材料

表 2.2.17 $Nd_2Fe_{14}B$ 型化合物の格子定数，密度，磁気モーメント，キュリー温度，異方性磁界

化合物	格子定数(室温)		密度 $g\,cm^{-3}$	磁気モーメント $M_s/\mu_B\,fu^{-1}$		キュリー温度 /K	異方性磁界 $MA\,m^{-1}$
	a /nm	c /nm		4.2 K	295 K		
$La_2Fe_{14}B$	0.882	1.234	7.40	30.6	28.4	530	1.6
$Ce_2Fe_{14}B$	0.876	1.211	7.67	29.4	23.9	424	2.1
$Pr_2Fe_{14}B$	0.880	1.223	7.54	37.6	31.9	565	6.0
$Nd_2Fe_{14}B$	0.880	1.220	7.60	37.7	32.5	585	5.8
$Sm_2Fe_{14}B$	0.880	1.215	7.72	33.3	30.2	616	12
$Gd_2Fe_{14}B$	0.879	1.209	7.87	17.9	17.5	661	1.9
$Tb_2Fe_{14}B$	0.877	1.205	7.96	13.2	14.0	620	18
$Dy_2Fe_{14}B$	0.876	1.201	8.05	11.3	14.0	598	12
$Ho_2Fe_{14}B$	0.875	1.199	8.12	11.2	15.9	573	6.0
$Er_2Fe_{14}B$	0.873	1.195	8.22	12.9	17.7	554	0.6
$Tm_2Fe_{14}B$	0.871	1.193	8.26	18.1	22.6	541	0.6
$Yb_2Fe_{14}B$	0.871	1.192	8.36	23	23	524	
$Lu_2Fe_{14}B$	0.870	1.185	8.47	28.2	22.5	535	2.1
$Y_2Fe_{14}B$	0.876	1.200	7.00	31.4	27.8	565	2.1
$Th_2Fe_{14}B$	0.880	1.127	8.86	28.4	24.7	481	2.1

[J. F. Herbst, *Rev. Mod. Phys.*, **63**(4), 819 (1991)]

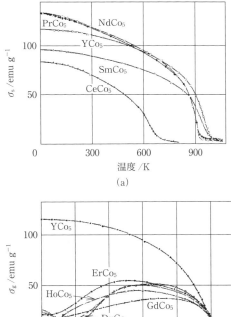

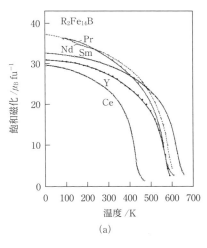

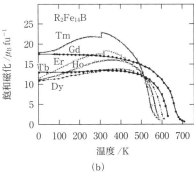

図 2.2.33 RCo_5 化合物の飽和磁化の温度依存性（軽希土類および重希土類との化合物）
 (a) 軽希土類　(b) 重希土類
[(a) E. Tatumoto, C. Inoue, *et al.*, *J de Phys.*, **32**, C1-550 (1971); (b) T. Okamoto, E. Tatsumoto, *et al.*, *J. Phys. Soc. Jpn.*, **34**, 835 (1973)]

図 2.2.34 $Nd_2Fe_{14}B$ 型化合物の飽和磁化の温度依存性（軽希土類および重希土類との化合物）
 (a) 軽希土類　(b) 重希土類
[S. Hirosawa, H. Yamauchi, *et al.*, *J. Appl. Phys.*, **59**, 873 (1986)]

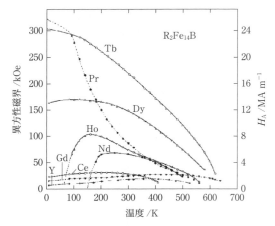

図 2.2.35 Nd$_2$Fe$_{14}$B 型化合物の異方性磁界の温度依存性
[S. Hirosawa, H. Yamauchi, *et al.*, *J. Appl. Phys.*, **59**, 873 (1986)]

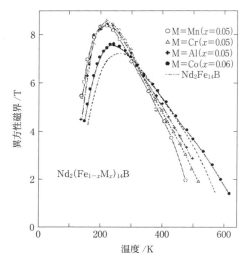

図 2.2.36 Nd$_2$Fe$_{14}$B の Fe を少量の置換元素で置換した場合の異方性磁界 ($2K_1/J_s$) の温度依存性
[S. Hirosawa, M. Sagawa, *et al.*, *IEEE Trans. Magn.*, **MAG-23**, 2120 (1987)]

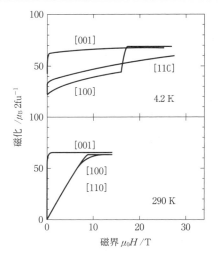

図 2.2.37 Nd$_2$Fe$_{14}$B 単結晶の主軸方向の磁化曲線
[M. Yamada, Y. Nakagawa, *et al.*, *Phys. Rev. B*, **38**(1), 620 (1988)]

図 2.2.38 SmCo$_5$ 系磁石の典型的な製造工程

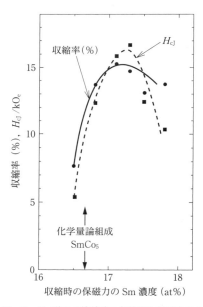

図 2.2.39 Sm-Co 磁石の焼結時の収縮率と保磁力の Sm 濃度依存性
[M. G. Benz, D. L. Martin, *J. Appl. Phys.*, **43**, 3165 (1972)]

[001], [100], [110] 方向の磁化曲線を示す.

c. SmCo$_5$ 系磁石

SmCo$_5$ 系磁石は, 一般に図 2.2.38 に示すような, 合金溶製, 微粉砕, (粉末混合), 磁界配向成形, 焼結, 熱処理, 仕上げ加工の工程で製造される. 高温では SmCo$_5$ 化学量論組成を挟んで両側に固溶域が存在するが, 組成が Sm プア側にずれると冷却過程で Sm$_2$Co$_{17}$ が生成し, 組成が Sm リッチ側にずれると Sm$_5$Co$_{19}$ が生成する. これらの相は結晶磁気異方性が低く, SmCo$_5$ 系磁石の保磁力 H_{cJ} を低下させる原因となる. さらに, 酸化により希土類元素が酸化物として固定化され, 有効に利用できる希土類元素の量 (有効希土類量) が減少する分をあらかじめ補償する必要がある. この分を加えると数 at% Sm リッチ側に σ の

ピークがくる. 図 2.2.39 にその一例として, 焼結時の収縮率と保磁力の Sm 濃度依存性の実験例を示す. SmCo$_5$ 系焼結磁石の H_{cJ} は核発生コントロール型であると考えられており, H_{cJ} のピーク組成は通常, σ のピーク組成とほ

ぼ一致する．$SmCo_5$ はおよそ 750℃で Sm_2Co_{17} と Sm_2Co_7 とに分解する傾向があるとされ[7]，分解温度より高温で保持後，分解温度域を約 500℃以下まで急冷する熱処理により，磁気特性が改善される．最適熱処理温度範囲は約 850～900℃である．

微粉末の制御不能な酸化を極力避けるため，微粉砕から焼結までを不活性ガス雰囲気中で行う低酸素プロセスが試みられ，1981 年に焼結体中の酸素量 1000 ppm で当時最高の最大エネルギー積 $(BH)_{max}$ 228 kJ m^{-3} (28.6 MGOe) が達成された[8]．また，磁石特性が希土類濃度に敏感であるため，希土類濃度の異なる原料をあらかじめ用意しておき，成分分析結果に基づいて粉末混合工程で成分調整する方法がある[9]．この方法は Nd-Fe-B 系焼結磁石などでも用いられる．

Co 副格子の磁気異方性も保磁力発現には十分大きく，Sm を全量 Gd などの結晶磁気異方性の小さいイオンで置換しても 640 kA m^{-1} 程度の H_{cJ} が発現する[10]．Sm の一部を重希土類元素で置換し，フェリ磁性体とすることによって磁化の温度係数を操作することができる[11]．図 2.2.40(a) に $SmCo_5$ と重希土類 RCo_5 化合物の飽和磁化の温度依存性とそれらの混晶を用いた温度補償型磁石設計の概念図，図(b) に Sm の一部を Gd で置換した (Sm, Gd)

Co_5 磁石の残留磁束密度の温度依存性実験例を示す．このような材料は航空機レーダーの発振機に用いられる進行波管などの用途を想定して開発されたものである．一方，材料コストを下げるために，希土類として Sm を除いた軽希土類の未分離混合物であるミッシュメタルを用いた材料の研究も行われた[12]．これら R-Co 磁石の黎明期の研究については優れた総説[13～15]がある．

d．2-17 系 Sm-Co 磁石

$SmCo_5$ 系磁石の磁化を増加させる目的で Co 濃度を増加させ，Co を磁化の大きな Fe で部分的に置換するなどの数多くの研究が行われた結果，Cu による Co の部分置換により保磁力が増加することが見出され，2-17 系 Sm-Co 磁石の原型 $Sm(Co-Fe-Cu)_{7.5\sim8}$ が生まれた[16]．この磁石は磁壁ピニング型の初期磁化挙動を示す点が $SmCo_5$ や $Nd_2Fe_{14}B$ 系磁石とはまったく異なる．透過電子顕微鏡観察により格子整合した約 60 nm のセル組織が観察され[17]，厚み約 10 nm のセル壁は $SmCo_5$ 型化合物相，セル内部は六方晶の Sm_2Co_{17} 型化合物相であることがわかり，磁壁ピニングセンタの正体が明らかになったと考えられた．図 2.2.41 に 2-17 系 Sm-Co 磁石の組織模式図を示す[18]．さらに，Zr の微量添加により保磁力が向上し，240 kJ m^{-3} クラスの焼結磁石が実現されて[19]，$Sm(Co-Fe-Cu-Zr)_z$ 磁石の基本形が完成し，つぎに Zr 添加量を増して Fe 添加量の上限値を押し上げることに成功し，磁化を増加させた高 $(BH)_{max}$ の材料が開発された[20]．表 2.2.18 にこれら Sm-Co 系磁石の磁石組成と磁気特性を示す．

2-17 系異方性焼結 Sm-Co 磁石の製造工程は合金溶製，鋳造，微粉砕，磁界配向成形，焼結，溶体化，制御冷却熱処理，仕上げ加工の各工程からなる[21]．溶体化と制御冷却熱処理が本系磁石材料に特徴的な工程である．熱処理工程の概略を図 2.2.42 に示す．溶体化の目的は，鋳造ないしは焼結組織中に含まれる成分偏析をなくして，均質固溶体である不規則菱面体構造の Th_2Zn_{17} 型（$TbCu_7$ 構造ともよばれる）化合物にすることである．溶体化温度は 1130～1175℃であり，保磁力に大きな影響を与えるため，組成によって定まる適正温度に厳密に制御する必要がある．制御

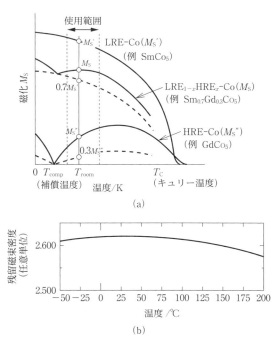

図 2.2.40　$SmCo_5$ と重希土類 RCo_5 化合物の飽和磁化の温度依存性とそれらの混晶を用いた温度保償型磁石設計の概念図 (a) と，Sm の一部を Gd で置換した (Sm, Gd)Co_5 磁石の残留磁束密度の温度依存性実験例 (b)
[(a) E. A. Nesbitt, J. J.Wernick, et al., J. Appl. Phys., 42, 1530 (1971); (b) K. S. V. L. Narasimhan, Proc. 5h Int. Workshop on Rare Earth-Cobalt Magnets and Their Applications, p. 629 (1981)]

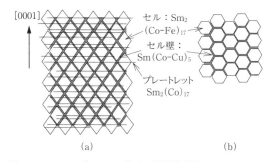

図 2.2.41　2-17 系 Sm-Co 磁石の組織模式図
(a) c 軸 [0001] を含む断面　　(b) c 軸に垂直な断面
[J. Fidler, P. Skalicky, J. Magn. Magn. Mater., 27, 127 (1982) をもとに作成]

表 2.2.18 a 2-17 系 Sm-Co 系磁石の磁石組成と磁気特性

組成(at%)	B_r/T	H_{cJ}/kA m^{-1}	$(BH)_{max}$/kJ m^{-3}	文献
Sm(Co$_{0.85}$Fe$_{0.05}$Cu$_{0.10}$)$_8$	1.02	860	176	1)
Sm(Co$_{0.70}$Fe$_{0.19}$Cu$_{0.09}$Zr$_{0.01}$)$_{8.5}$	1.12	533	240	2)
Sm(Co$_{0.65}$Fe$_{0.28}$Cu$_{0.05}$Zr$_{0.02}$)$_{7.67}$	1.2	1030	264	3)

1) Y. Tawara, K. J. Strnat, *IEEE Trans. Magn.*, **MAG-12**, 954 (1976).
2) J. Fidler, P. Skalicky, *J. Magn. Magn. Mater.*, **27**, 127 (1982).
3) T. Ojima, T. Hori, *et al.*, *IEEE Trans. Magn.*, **MAG-13**, 1317 (1977).

表 2.2.18 b 種々の Sm-Co 系磁石の室温の磁気特性と 25~100℃ における温度係数

組 成	B_r/T	H_{cJ}/MA m^{-1}	$(BH)_{max}$/kJ m^{-3}	$\alpha(B_r)$/% ℃$^{-1}$	$\alpha(H_{cJ})$/% ℃$^{-1}$
SmCo$_5$	0.98	2	192	−0.045	−0.28
Pr$_{0.6}$Sm$_{0.4}$Co$_5$	1.03	1.2	210	−0.06	−0.44
Sm$_{0.6}$Gd$_{0.4}$Co$_5$	0.63	1.2	80	−0.001	—
Sm$_2$(Co$_{0.8}$Fe$_{0.14}$Cu$_{0.14}$Cr$_{0.02}$)$_{17}$	1.13	1	240	−0.05	—
Ce(Co$_{0.72}$Fe$_{0.14}$Cu$_{0.14}$)$_{5.2}$	0.73	0.38	103	−0.09	−0.2
Sm(Co$_{0.69}$Fe$_{0.2}$Cu$_{0.1}$Zr$_{0.02}$)$_{7.4}$	1.12	0.54	240	−0.03	−0.2
Sm(Co$_{0.65}$Fe$_{0.28}$Cu$_{0.05}$Zr$_{0.02}$)$_{7.67}$	1.2	1.03	264	−0.03	−0.2
Sm$_{0.6}$Er$_{0.4}$(Co$_{0.69}$Fe$_{0.21}$Cu$_{0.08}$Zr$_{0.02}$)$_{7.2}$	0.93	1.36	160	0.001	−0.4

[K. J. Strnat, "Ferromagnetic Materials, Vol. 4" (E. P. Wohlfarth, K. H. J. Buschow, eds.), p. 154, North-Holland (1988)]

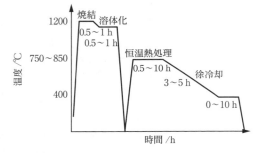

図 2.2.42 2-17 系異方性焼結 Sm-Co 磁石の熱処理工程の概略

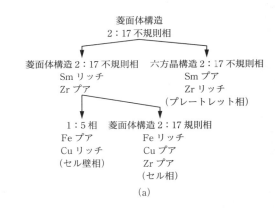

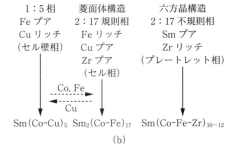

図 2.2.43 2-17 系 Sm(Co, Fe, Cu, Zr)$_z$ 磁石の制御冷却過程における組織形成過程 (a) および各相の組成変化模式図 (b)

冷却熱処理では，まず 750~850℃ において数時間の恒温熱処理を施して，セル状組織を生成させる．その後，約 400℃ まで，連続的にまたは多段冷却で徐冷する．典型的な冷却速度は約 0.7℃ min^{-1} である．

恒温熱処理において，顕微鏡で観察できる形態上の特徴が形成される[22,23]．すなわち，菱面体結晶構造の 2:17 不規則相（TbCu$_7$ 構造）が，Sm リッチで Zr プアな菱面体結晶構造の 2:17 不規則相と，Sm プアで Zr リッチな六方晶構造の 2:17 不規則相に分離する（図 2.2.43(a))．Zr リッチ相は，多数のセル相を横断してセル相の c 面(0001) と平行に生成する平板状の形態を有し，プレートレット相とよばれる．Sm リッチの部分は，さらに Fe プア，Cu リッチで Zr を含まない 1:5 相のセル壁と，Fe リッチ，Cu プアで Zr を若干含む菱面体結晶構造の 2:17 規則相であるセル相に分離し，セル状組織が形成される．これらの三つの相はすべて完璧に格子整合し，相境界の相対角度は界面エネルギーが最小化されるように形成される[24]．保

磁力は約 400℃ までの徐冷却の結果，初めて発現する．この徐冷却過程では Sm(Co,Cu)$_5$ セル壁への Cu の集積がさらに進み，保磁力は 1:5 相内の Cu 濃度の増加とともに増加する（図 2.2.43(b))．セル壁周辺における Cu の濃

度プロファイルの変化がピニング力向上の鍵である[25]. 遷移金属の構成比を変えないで濃度を表す z 値を増すと $Sm(Co,Cu)_5$ 相の体積分率が減少し, $Sm(Co,Cu)_5$ セル壁中の Cu 濃度は増加する. $SmCo_5$ は約 750℃以下では不安定になるが, Cu が Co を置換することにより 1：5 構造は安定化され, Cu に富んだセル壁相が形成される[26]. Zr を増すとプレートレット相の体積比が増加するが, ごく少量の Zr がもたらす保磁力の飛躍的な増大に関してこの相が果たす役割についてはまだ統一的な見解が得られていない. Zr の添加によりセル組織が粗くなり, セル壁の厚みが増すことがセル壁内の Cu の分布プロファイルに影響を与えると考えられる. Zr が菱面体 2：17 相を安定化するため軟磁性 Co-Fe 相の生成を抑制する結果, Co と置換できる Fe 濃度の上限値を増大させる効果も指摘されている[27].

航空機における高性能モータや発電機に使用できるような 400℃を超える高温まで保磁力を失わない高耐熱高性能磁石への需要が存在する[28]. その組成は $SmCo_5$ セル壁相の体積比率が従来型の 2-17 系磁石よりも高くなるように設定され, 室温で最高保磁力を発現する組成よりも Sm および Cu リッチ側, Fe プア側にある. 図 2.2.44 に種々の $Sm(Co\text{-}Fe\text{-}Cu\text{-}Zr)_z$ 磁石における保磁力の温度依存性を示す. 室温の保磁力が低下するとともに保磁力の温度依存性が小さくなり, 保磁力の温度係数を正にすることもできる. この現象は, $SmCo_5$ セル壁内に Cu が集中した結果, セル壁の結晶磁気異方性が低下すると同時にキュリー温度も低下し, セル壁の磁壁エネルギー（主として結晶磁気異方性により決定される）がセル内の磁壁エネルギーと比較して小さくなるか, あるいは温度の上昇とともに大小関係が逆転するなど, 磁壁ピニングを引き起こすセル壁とセル内の $Sm_2(Co\text{-}Fe)_{17}$ 相の磁壁エネルギーの差が温度上昇とともに単調に変化しなくなることによるとして理解される[28].

e. Nd-Fe-B 系焼結磁石

希土類元素が高価で Co が戦略物質として大きな価格変動にさらされていた時代背景の中で, Sm と Co によらずに Sm-Co 磁石を上回る前人未踏の高特性を実現した Nd-Fe-B 系ハード磁性材料が Croat ら[29]と佐川ら[30]とによって独立に開発され, とくに後者による Nd-Fe-B 焼結磁石は Sm-Co 磁石製造のために開発された希土類磁石の粉末冶金プロセスをベースとして量産技術が発明後比較的短期間に確立され, 1980 年代後半の携帯情報機器やパーソナルコンピュータの進化と歩調を合わせながら市場を拡大した. パーソナルコンピュータや家庭用録画機のハードディスクは重要用途として最近まで続いているが, 自動車用途への適用が拡大するに従い, 高出力モータや発電機などにおける使用が拡大しつつある.

異方性 Nd-Fe-B 系焼結磁石の製造工程の概略は, 図 2.2.45 に示すように原料合金の溶解鋳造, 水素粉砕, 粗粉砕, 微粉砕, プレス成形用潤滑剤などの添加, 磁界配向成形, 焼結, 熱処理, 加工, 防錆表面処理により構成される. 原料合金の製法として近年では, 溶融塩浴から電気分解により Fe 電極上で Nd を還元し Fe と反応させて共晶組成の Nd-Fe 系合金を得る溶融塩電解法が用いられる[31]. Nd-Fe 系合金に溶解炉で鉄やフェロボロン Fe-B などを加えて成分を調整し, 磁石用原料合金とする.

合金の基本的な組成は, 主相比率を高めるために, 磁石主相である $Nd_2Fe_{14}B$ と $Nd_{1+\varepsilon}Fe_4B_4$（ボロンリッチ相とよばれる）および Nd で囲まれる三角形領域の, できる限り $Nd_2Fe_{14}B$ に近い Nd：Fe：B 比が選択される. 図 2.2.46 に Nd-Fe-B 系三元磁石の組成と磁気特性の関係を示す. これらの磁気特性は製造方法に強く依存する. 磁気特性適正化のために Nd の一部を Dy などで, Fe を Cu, Al, Co そのほかの微量添加元素で置換したものが一般的である. 添加元素は Fidler によって 2 群に分類され, Nd と化合物を形成する M1 群 = Al, Cu, Zn, Ga, Ge, Sn と Fe および B と結合してホウ化物を形成する M2 群 = Ti, V, Nb, Mo, W に分けられた[32]. 表 2.2.19 に Nd-Fe-B 系焼結磁石の $(BH)_{max}$ の発展とそれらをもたらした製法上の特徴を示

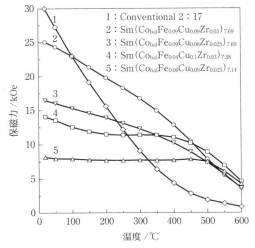

図 2.2.44 種々の $Sm(Co\text{-}Fe\text{-}Cu\text{-}Zr)_z$ 磁石における保磁力の温度依存性
[S. Liu, G. E. Kuhl, et al., *J. Appl. Phys.*, **87**, 6728 (2000)]

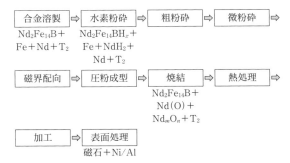

図 2.2.45 異方性 Nd-Fe-B 系焼結磁石の製造工程の概略

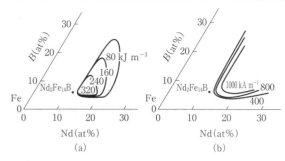

図 2.2.46 Nd-Fe-B 系三元磁石の組成と磁気特性の関係
[M. Sagawa, Y. Matsuura, et al., Jpn. J. Appl. Phys., **26**, 785 (1987)]

す[57〜64].

　原料合金の鋳造工程は，Nd-Fe-B 系焼結磁石の工業生産開始直後の時代においては，真空溶解した溶湯を金型に鋳造する方法が一般的であったが，溶湯を急冷凝固して鋳造組織を微細化し，かつ鉄初晶の生成を抑制するために，ストリップキャスティング[33]に代表される急冷凝固法に変化した．粗粉砕工程の前に，合金に水素ガスを吸蔵させ，それに伴う体積膨張を利用して多数のクラックを生じさせる技術が利用される[34]．この技術は水素粉砕あるいは水素吸蔵崩壊（HD：hydrogen decrepitation）とよばれ，Nd-Fe-B 系焼結磁石の製造工程を特徴づけるものの一つである．水素粉砕を行った場合，希土類金属相は水素化物になっている．また，主相も水素を吸蔵して内部クラックが存在するだけでなく，その物性が変化している（格子常数の増加，異方性磁界の低下など）．

　こうして得られた粗粉をジェットミルなどの微粉砕装置を用いて不活性ガス中で数 μm の単結晶微粒子にする．微粉砕後は $Nd_2Fe_{14}B$ 型化合物相の微細単結晶粒子のほか，希土類に富む相（水素粉砕を利用する場合は水素化物）の微粒子により構成される．この状態は粒子表面の活性度が高く比表面積も大きいので，粉末はきわめて酸化されやすく，不純物酸素の混入はほとんどこの工程とその後の焼結工程までの工程で生じ，良好な最終製品（焼結体）でも酸素濃度が 5000 ppm に達した．したがって，組成を追い込んだ高性能磁石においては，微粉砕とその後の工程における低酸素雰囲気コントロールにより 2000 ppm クラスの低酸素磁石が製造される．低酸素湿式工程（HILOP）[35]では，微粉砕粉末を低酸素の油性液体と混合してスラリー化することにより，空気との接触を絶つ．

　磁界配向成形工程で単結晶微粉末粒子の磁化容易方向を整列させ，圧粉成形により焼結工程への搬送が可能な保形成を付与する．通常，微粉末に潤滑あるいは保形のために少量の添加剤を加える．一般に，配向度は磁界強度が高いほど高い．磁界印加方法は電磁石による静磁界またはパルス磁界により行われる．上述の製造法に対して，微粉砕工程後に粉末を焼結型にそのまま高密度に充填し，パルス磁界を用いて配向した後，焼結型とともに焼結炉に移送して，焼結工程までをひとつながりの装置内で行うことにより工程中の酸化を抑制する製造方法も提案されている[36]．

　焼結工程では粉末成形体を不活性雰囲気中で包晶温度直下まで加熱して $Nd_2Fe_{14}B$ と液相の共存状態にし，Nd に

表 2.2.19　Nd-Fe-B 系焼結磁石の最大エネルギー積 $(BH)_{max}$ の発展とそれらをもたらした製法上の特徴

年	組 成(at%)	B_r / T	H_{cJ} / kA m^{-1}	$(BH)_{max}$ / kJ m^{-3}	相対密度 (%)	主相体積比率 (%)	配向度 $\langle\cos\theta\rangle$ (%)	製法上の特徴	文献
1987	$Nd_{12.8}Fe_{80.7}B_{6.5}$	1.460	736	405	—	—	—	低酸素工程，パルス磁界配向	1)
1990	29 Nd-1.0 B-bal. Fe (mass%)	1.480	708	416	—	—	—	二合金法	2)
1994	$Nd_{13.1}Fe_{80.9}B_{6.0}$	1.495	845	431	—	—	—	微粉砕粒度分布制御	3)
2000	—	1.514	691	444	99	97.5	0.98	ストリップキャスティング，交番磁界配向法	4)
2002	$Nd_{12.7}Dy_{0.03}Fe_{80.7}TM_{0.8}B_{5.8}$ + $Nd_{13.7}Dy_{0.03}Fe_{79.8}TM_{0.8}B_{5.7}$ (TM = Al-Ga-Co-Cu)	1.519	780	451	—	—	—	微粉末混合法，交番パルス磁界配向	5)
2003	$Nd_{12.5}Fe_{bal}Tm_{0.5}B_{5.7}$ (TM = Al, Co, Cu)	1.533	784	460	99	97.8	98.5	傾斜磁界配向法	6)
2004	28.0 Nd-1.0 B-0.04 Cu-0.5 Co-0.01 Al-0.08 O-bal. Fe (mass%)	1.543	682	466	99.5	98	0.99	高磁界配向法	7)
2005	—	1.555	653	474	99.6	98.2	0.994	低酸素工法，改良傾斜磁界配向法	8)

1) M. Sagawa, S. Hirosawa, H. Yamamoto, S. Fujimura, Y. Matsuura, Jpn. J. Appl. Phys., **26**, 785 (1987).
2) E. Otsuki, T. Otsuka, T. Imai, Proc. 11th Int. Workshop on Rare Earth Magnets and their Applications, 21, p. 328 (1990).
3) Y. Kaneko, N. Ishigaki, J. Mater. Eng. Perform., **3**, 228 (1994).
4) Y. Kaneko, K. Tokuhara, Y. Sasagawa, J. Jpn. Soc. Powder Powder Metall., **47**, 139 (2000).
5) W. Rodewald, B. Wall, M. Katter, K. Uestuener, IEEE Trans. Magn., **38**, 2955 (2002).
6) F. Kuniyoshi, K. Nakahara, Y. Kaneko, J. Jpn. Soc. Powedr Powder Metall., **51**(9), 698 (2004).
7) C. Ishizaka, A. Sakamoto, T. Hidaka, Proc. 41st Autumn Meeting of Japan Electronic Materials Society, 1-2, 11 (in Japanese).
8) Y. Matsuura, J. Magn. Magn. Mater., **303**, 344 (2006).

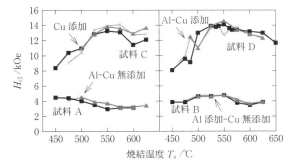

図 2.2.47 微量元素として 0.13 mass% の Al および Cu を添加した場合と添加しない場合における Nd-Fe-B 系焼結磁石の H_{cJ} の熱処理温度依存性の実験例
[T. Akiya, K. Koyama, et al., *Mater. Sci. Eng.*, **1**, 012034 (2009)]

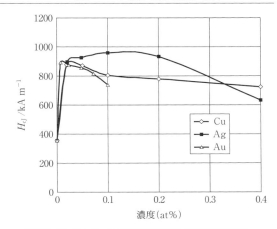

図 2.2.48 Nd-Fe-B 系焼結磁石における微量元素 Cu, Ag, Au の添加量と H_{cJ} の関係
[T. Odaka, H. Morimoto, S. Sakashita, *Hitachi Met. Tech. Rev.*, **25**, 38 (2009)]

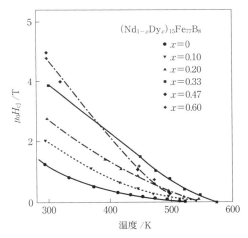

図 2.2.49 Nd-Fe-B 系焼結磁石の保磁力の温度依存性
[M. Sagawa, Y. Matsuura, et al., *Jpn. J. Appl. Phys.*, **26**, 785 (1987)]

富んだ液相と $Nd_2Fe_{14}B$ とのぬれを利用した液相焼結機構により緻密化を進行させる．図 2.2.46 に Nd-Fe-B 系焼結磁石の典型的な磁気特性の組成依存性を示した．磁気特性は組成以外に製造パラメータに依存する．焼結時に液相成分を生成させるために適正組成は $Nd_2Fe_{14}B$ の化学量論組成よりも Nd および B リッチ側に存在するが，化学量論組成から離れるに従い，材料中の $Nd_2Fe_{14}B$ の体積比が減少するため磁気特性が低下する．

焼結後の熱処理は保磁力を最大化するために施される工程であり，粒界相が溶融する温度近傍まで再度加熱することにより粒界近傍の組織が適正化されると考えられている．適正温度は合金組成への依存性が大きい．図 2.2.47 に微量元素として 0.13 mass% の Al および Cu を添加した場合と添加しない場合における Nd-Fe-B 系焼結磁石における H_{cJ} の熱処理温度依存性の実験例を示す．これらの元素が微量存在した場合に限り，H_{cJ} が焼結後の熱処理により改善される効果が現れる．図 2.2.48 に Nd-Fe-B 系焼結磁石における微量元素 Cu, Ag, Au の添加量と H_{cJ} の関係例を示す．これらの元素は Fe には固溶しにくく希土類とは強い親和性をもつので，Nd-Fe-B 系焼結磁石においては粒界偏在傾向が強く，極微量の添加で粒界形成時に液相と主相界面のぬれ性を改善すると考えられる[37, 38]．また，希土類磁石では不純物として混入する酸素が微構造に与える影響を無視することができないと考えられる．深川らは，酸素を含んだ fcc 構造をもつ Nd 金属相と接する $Nd_2Fe_{14}B$ 結晶の表面層が格子周期性の乱れのない構造を維持し，逆磁区核発生磁界が高い状態にあることを示した[39, 40]．Nd-Fe-B 系焼結磁石の保磁力は典型的な逆磁区核発生型の特徴を示し，結晶粒界構造が保磁力を支配していると考えられている．磁壁幅程度のサイズの構造欠陥により結晶磁気異方性が低下した層が $Nd_2Fe_{14}B$ 結晶粒子の表面，すなわち結晶粒界相との界面に存在すれば逆磁区の核発生磁界が大きく低下することが理論計算[41]により明らかにされている．

Nd-Fe-B 系焼結磁石における保磁力の温度依存性の測定例を図 2.2.49 に示す．保磁力ならびに残留磁束密度の温度依存性は組成そのほかの製造パラメーターに依存する．Nd-Fe-B 系磁石の保磁力は次式により記述できる[41]．

$$H_{cJ} = \alpha_\phi \alpha_K H_A - N_{eff} M_s \qquad (2.2.13)$$

α_ϕ は結晶の配向度に依存する因子で，結晶粒子間の磁気結合の影響を含み，下限値は 0.5 となる．α_K は結晶表面に近い表層における結晶磁気異方性，あるいは交換結合が低下した磁気的不均一領域の影響を記述する因子で，最大値 1 最小値 0 の範囲で変化する．N_{eff} は逆磁区核発生領域に働く有効反磁界を記述する係数，H_A はハード磁性相（$Nd_2Fe_{14}B$ 型化合物）の異方性磁界，M_s は自発磁気モーメント（$A\,m^{-1}$）である．

表 2.2.20 に Nd-Fe-B 系焼結磁石の残留磁束密度と保

表 2.2.20 Nd-Fe-B 系焼結磁石の残留磁束密度と保磁力の 20〜140℃の温度範囲における平均温度係数

分　類	B_r/T	H_{cJ}/MA m^{-1}	$(BH)_{max}$/kJ m^{-3}	$\alpha(B_r)$/% ℃$^{-1}$	$\alpha(H_{cJ})$/% ℃$^{-1}$
高 B_r タイプ	1.45〜1.51	≧ 875	405〜437	−0.11	−0.6
中保磁力タイプ	1.30〜1.37	≧ 1671	326〜366	−0.1	−0.55
高保磁力タイプ	1.24〜1.31	≧ 1990	294〜334	−0.1	−0.5
超高保磁力タイプ	1.12〜1.20	≧ 2626	238〜278	−0.09	−0.44

〔日立金属株式会社カタログ，NEOMAX Magnet（2009）〕

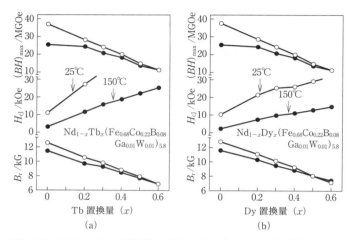

図 2.2.50　Tb および Dy 置換量と 25℃および 150℃における磁気特性との関係
(a) Tb 濃度依存性　　(b) Dy 濃度依存性
[M. Endoh, M. Tokunaga, Proc. 10th Int. Workshop on Rare Earth Magnets and Their Applications, p. 449 (1989)]

磁力の 20〜140℃の温度範囲における平均温度係数の例を示す[42]．希土類元素として Nd だけを使用した場合，得られる保磁力は Cu などの微量元素を添加しても 950 kA m^{-1} 程度しか得られないので，高保磁力が必要なモータなどの用途に対しては Nd の一部を Tb や Dy などにより置換することにより高保磁力を得ている．図 2.2.50 に Tb および Dy 置換量と磁気特性との関係の例を示す．重希土類元素によって Nd を部分置換すると磁化が減少し，磁気特性が低下する．Tb あるいは Dy の使用量を削減しつつ高保磁力を維持し，磁化の減少を抑制して高性能化を実現する手法として，焼結磁石の結晶粒界に Dy を拡散させる熱処理法が考案され，主相結晶粒の外殻部分にのみ Dy 濃度の高いシェル層を形成することにより Dy の使用量を削減する製造方法が開発された[43〜45]．図 2.2.51 に Nd-Fe-B 系焼結磁石の保磁力の結晶粒径依存性を示す[46]．結晶粒径の微細化により保磁力が増加する現象は磁石材料一般にみられるが，希土類焼結磁石では原料粉末の微粉砕工程とそれ以降における不可避的な酸化により R_2O_3 などの希土類酸化物相が形成され，焼結体の結晶粒界組織の適正化ができなくなる結果，微細化による保磁力増加効果には下限となる粒径が存在する[46]．

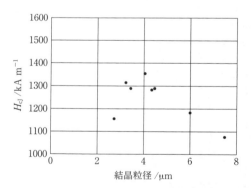

図 2.2.51　Nd-Fe-B 系焼結磁石の保磁力の結晶粒径依存性
[W. F. Li, et al., J. Magn. Magn. Mater., 321, 1100 (2009)]

f.　Nd-Fe-B 系超急冷および熱間成形磁石

Nd-Fe-B 系磁石の製造方法としては開発当初から焼結法のほかに，Croat らにより用いられた液体超急冷凝固法（rapid solidification）あるいはメルトスピニング法（melt spinning）がある．この方法で製造される合金は，結晶方位がランダムな等方性の性質を示す．その形態は厚さ数十 μm のフレーク状であり，バルク磁石として利用する場合は樹脂で結合してボンド磁石とするか，ホットプレスによ

表 2.2.21 超急冷 Nd-Fe-B 系合金磁石の室温の磁気特性と温度係数

分類	組成	B_r/T	H_{cJ}/MA m^{-1}	$(BH)_{max}$/kJ m^{-3}	$\alpha(B_r)$/% ℃$^{-1}$	$\alpha(H_{cJ})$/% ℃$^{-1}$	温度区間	文献
等方性ホットプレス磁石	Nd$_{14}$Fe$_{78.3}$B$_{7.7}$	0.81	1560	—	−0.09	−0.43	21〜125℃	1)
ダイアップセット異方性磁石		1.07	995	—	−0.09	−0.56		
超急冷薄帯	Nd$_{13.1}$Fe$_{81.3}$B$_{5.6}$	0.79	1200	104	—	−0.64	25〜125℃	2)
ダイアップセット異方性磁石		1.31	828	318	—	−0.38		
後方押出成形法によるラジアルリング	29.5Nd-0.91B-6Co-0.6Ga-63Fe (mass%)	1.3	1040	320	−0.1	−0.63	25〜150℃	3)

1) R. W. Lee, E. G. Brewer, N. A. Schaffel, *IEEE Trans. Magn.*, **MAG-21**, 1958 (1985).
2) F. E. Pinkerton, C. D. Fuerst, *J. Appl. Phys.*, **67**, 4753 (1990).
3) T. Iriyama, N. Yoshikawa, H. Yamada, Y. Kasai, V. Panchanathan, *Denkiseiko*, **69**, 219 (1998).

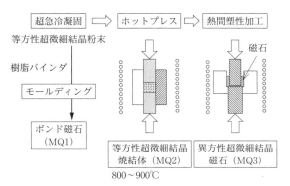

図 2.2.52 Nd-Fe-B 系超急冷磁石薄帯を用いたボンド磁石, 等方性ホットプレス磁石, および後方押出成形法による異方性ラジアルリング磁石の製造方法の概略

り緻密化して等方性バルク磁石とする. さらに, 等方性バルク磁石を約 800℃前後の高温熱間塑性加工することにより, 結晶粒子の異方的な成長を誘起させ, 異方性のバルク磁石を得ることができる[47]. これらの磁石は開発者などにより, それぞれ, MQ1, MQ2, MQ3 と名づけられた. 図 2.2.52 に超急冷磁石薄帯, 等方性ホットプレス磁石, および後方押出成形法による異方性ラジアルリング磁石の製造方法の概略を, 表 2.2.21 に室温の磁気特性と温度係数を示す. 図 2.2.53 に磁気特性の温度依存性を示す. 熱間塑性加工を可能にするためには, 等方性前駆体が良好な熱間塑性変形能を有していることが必要で, Nd$_2$Fe$_{14}$B 化合物よりも Nd リッチな組成としなければならない. 超急冷 Nd-Fe-B 系磁石材料の結晶粒径は数十 nm であるが, 熱間塑性加工工程では印加された圧力と垂直方向に生じる塑性流動に沿って Nd$_2$Fe$_{14}$B 系化合物の c 面が優先成長し, 磁化容易方向 (c 軸方向) に対して垂直方向に扁平な形状をした粒子が並んだ特異な組織が形成される. 熱間塑性加工における塑性変形と異方化は結晶粒界を介した主相の溶解再析出機構によると考えられるが, 変形速度が十分遅い場合は粒界が溶融している必要はないことも指摘されている[48]. 後方押出法[49]では, 異方性がリングの径方向につくため (ラジアル; radial), 工業的にはラジアル配向をつけた異方性リング磁石を製造する方法の一つとして実用

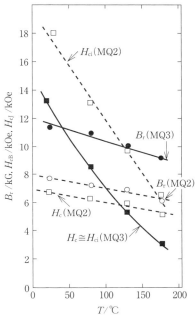

図 2.2.53 Nd-Fe-B 系超急冷磁石薄帯を用いたボンド磁石 (MQ 1), 等方性ホットプレス磁石 (MQ 2), および熱間組成加工法による異方性磁石 (MQ 3) の磁気特性の温度依存性
[F. E. Pinkerton, C. D. Fuerst, *J. Appl. Phys.*, **67**, 4753 (1990)]

化されている. 生成した磁石の保磁力発現機構は磁壁ピニング型に分類される.

g. HDDR 法で得られる Nd-Fe-B 系磁石

HDDR 法は水素化・不均化・脱水素・再結合を意味する hydrogenation-decomposition (または disproportionation)-desorption-recombination から頭文字をとって命名されたプロセスである[50]. Nd$_2$Fe$_{14}$B 型化合物を若干の Nd リッチ相とともに約 750〜850℃の高温で水素ガスと反応させ, Fe, Nd 水素化物, FeB 化合物に分解させた後, ほぼ同じ温度領域で水素ガス分圧を下げることによって逆反応を起こさせ, 水素ガスを系外に取り除いて Nd$_2$Fe$_{14}$B 型化合物に戻す. この反応過程で, 金属組織が数百 nm に微細化され, 高保磁力が発現する. 等方性の材料も得られる

が，反応条件を適切に制御することにより，原料合金中の$Nd_2Fe_{14}B$系化合物結晶粒子の内部がもとの結晶方位に再結合した異方性微結晶磁石の製造が可能である．

HDDR法で作製した異方性磁石粉末はボンド磁石の原料として実用化されているが，焼結磁石よりも約1桁小さな結晶粒径を有する異方性磁石を作製できることから，HDDR磁石粉末を磁界配向した後，ホットプレスなどを用いて緻密化し，バルク磁石とすることも試みられている[51]．HDDR法で得られる微結晶組織は超急冷凝固磁石の熱間塑性加工プロセスで得られるものが扁平な結晶粒からなるのに対して，比較的等軸的な形状をしていることが特徴である．また，磁化過程[52]および粒界の組成解析[53]から，その保磁力の発現機構は結晶粒界における磁壁のピニングによると考えられる．

h. その他の希土類磁石

$Sm_2Fe_{17}N_x$ ($x \sim 3$) および $NdFe_{12-x}M_xN_y$ ($M = Ti, V, Mo, x \sim 1$) の結晶構造を図2.2.54に示す．これらの化合物は Sm_2Fe_{17} あるいは $NdFe_{12-x}M_x$ 化合物の希土類元素近傍の格子間位置（図2.2.54の，それぞれ9eあるいは2bサイト）に窒素原子をガス窒化法を用いて導入することにより生成する．ガス窒化に用いられるガスは窒素，窒素水素混合ガス，アンモニアなどで，窒化温度は窒素原子が拡散可能で希土類および鉄原子の拡散がほとんど起こらない温度領域，すなわちおよそ450～500℃程度の温度範囲である．温度が高すぎると不均化反応を生じてしまう．窒素の拡散速度もこの温度範囲では大きくないので，出発減量を微粉末にするか薄膜にする．窒化に伴い著しい格子膨張が生じ，キュリー温度が上昇するとともに，希土類イオンの結晶磁気異方性が増大する．$Sm_2Fe_{17}N_x$ ($x \sim 3$) は異方性ボンド磁石の原料として実用化されている．$NdFe_{12-x}M_xN_y$ ($M = Ti, V, Mo, x \sim 1$) は，ほかの材料と比較すると磁気特性が劣り，実用化されていないが，希土類元素濃度が最も低いハード磁性化合物として注目される．表2.2.22にいくつかの希土類系窒化物磁石の磁気特性を示す．これらの化合物を熱分解を回避してバルク化する手段としては衝撃圧縮法[54]，スパークプラズマ焼結法[55]，せん断圧縮法[56]などがある．

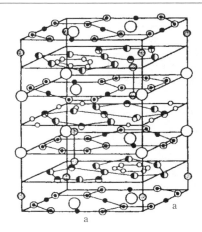

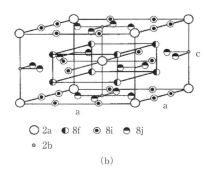

図2.2.54 $Sm_2Fe_{17}N_x$ ($x \sim 3$)（菱面体構造を六方晶として表示）(a) および $NdFe_{12-x}M_xN_y$（正方晶）($M = Ti, V, Mo, x \sim 1$) (b) の結晶構造
[H. Fujii, H. Sun, "Handbook of Magnetic Materials, Vol. 9", (K. H. J. Buschow, ed.), p. 395, North-Holland (1995)]

i. ナノコンポジット希土類磁石

ナノコンポジット磁石は，大きな結晶磁気異方性を有するハード磁性相と他の強磁性相との間に強い磁気的結合を働かせ，永久磁石としての機能を発現するようにしたナノ

表2.2.22 希土類系窒化物磁石の磁気特性

組 成	$\dfrac{B_r}{T}$	$\dfrac{H_{cJ}}{MA\ m^{-1}}$	$\dfrac{(BH)_{max}}{kJ\ m^{-3}}$	文献
$Sm_2Fe_{17}N_3$ 単結晶粉末	1.35	851	292	1)
$NdFe_{11}TiN_x$ 急冷凝固合金（等方性）	0.9	172	—	2)
$Nd(Fe_{0.88}Co_{6.6}Mo_{0.5})_{12}N_y$ (002) 配向膜	1.62	693	242	3)
$Sm_2Fe_{17}N_3$-5 mass% Zn 加圧焼結バルク磁石	0.98	640	158	4)

1) T. Ishikawa, A. Kawamoto, K. Ohmori, *J. Jpn. Soc. Powder Powder Metall.*, **55**, 885 (2003).
2) S. Hirosawa, K. Makita, T. Ikegami, M. Umemoto, Proc. 7th Int. Symposium on Magnetic Anisotropy and Coercivity, p. 389 (1992).
3) A. Navarathna, H. Hegde, R. Rani, F. J. Cadieu, *J. Appl. Phys.*, **75**, 6009 (1994).
4) T. Saito, *Mater. Sci. Eng. B*, **167**, 75 (2010)

結晶磁石材料である．

具体的な組織サイズとしては，鉄族遷移金属合金の一斉磁化回転が起こる臨界径，すなわち 10 nm ないし 20 nm の大きさを考える．ナノ結晶組織を得る手法として，液体超急冷法，メカニカルアロイング法あるいはスパッタ法があり，相の組合せにより $Fe_3B/Nd_2Fe_{14}B$ 系，α-$Fe/Nd_2Fe_{14}B$ 系，α-$Fe/Sm_2Fe_{17}N_x$ 系などのタイプがある．

Kneller と Hawig[57]は，ハード磁性相とそれと組み合わせる強磁性相（ハード磁性と対比してソフト磁性相とよぶこともある）がコヒーレントモードで磁化反転する臨界半径は $\pi\sqrt{(A_S/2K_H)}$ で与えられるとした．ここで，A_S はソフト磁性相の交換スティフネス定数，K_H はハード磁性相の磁気異方性定数を表す．上述のナノ結晶化過程を適用すれば，ハード磁性相のサイズはソフト磁性相のサイズとほぼ同じとしてよい．A_S および K_H の代表的な値としてそれぞれ 10^{-11} J m^{-1} と 2×10^6 J m^{-3} を用いると，臨界半径は 5 nm となる．

Skomski と Coey[58]は，磁気分極 J_{sS} と結晶磁気異方性定数 K_H をもつ高磁化相（ソフト磁性相）マトリクスに磁気分極 J_{sH} と結晶磁気異方性定数 K_S をもつハード磁性相が埋め込まれた場合を想定し，完全配向と方形のヒステリシス曲線を仮定した理想状態に対して $(BH)_{max}$ は，式 (2.2.14) となり，最大の $(BH)_{max}$ を与えるハード磁性相の体積分率は，式 (2.2.15) で与えられるとした．

$$(BH)_{max} = 1/4 \mu_0 J_{sS}^2 \{1-\mu_0 (J_{sS}-J_{sH})J_{sS}/(2K_H)\} \quad (2.2.14)$$

$$v_H = \mu_0 J_{sS}^2/(4K_H) \quad (2.2.15)$$

α-Fe が $Sm_2Fe_{17}N_3$ に埋設された場合，$J_{sS}=2.15$ T，$J_{sH}=1.55$ T，$A_F/A_H=1.5$，$K_F=0$，$K_H=12$ MJ m^{-3} とすれば残留磁束密度が 2 T にも達し，式 (2.2.13) の値は 880 kJ m^{-3} になり，そのときの $Sm_2Fe_{17}N_3$ の体積比はわずか 7% となる．ただし，この取り扱いでは完全配向と方形ヒステリシスが仮定されているため，この $(BH)_{max}$ は過大な見積もりとなっている．また，保磁力を発現させる仕組みが十分考察されていない．磁化容易方向がそろった異方性ナノコンポジット磁石に対しては磁石内部を逆磁区が拡大伝搬することを阻止する仕組みが必要であると考えられる．

ナノコンポジット磁石のもう一つの側面は，鉄族金属合金相を導入してハード磁性相を希釈しているという点である．この操作は当然の帰結として，磁石材料の磁気的ハードさの指標である保磁力 H_{cJ} を低下させるが，ハード磁性相形成に必要な希土類元素など資源的価値の高い元素の使用量をその分削減できるという効果を生むことが期待される．

メカニカルアロイング，蒸着による薄膜作製とナノ結晶化がナノコンポジット磁石への微細結晶組織化アプローチのプロセスとして利用できるほか，異なるナノ粒子を複合化して"ビルドアップ型"のナノコンポジット材料を得ることも研究されている．これらのプロセスで重要と考えられることは，ハード磁性相に十分大きな結晶磁気異方性をもたせるために良好な結晶構造を実現することである．そのためには構成原子の移動を許して微結晶化プロセスで生じた構造欠陥を消す必要があり，このことはバルク化プロセスに大きな制約を課す．さらに，残留磁化状態で磁化ベクトルの向きを一方向にそろえた異方性磁石を得るには，ハード磁性相の磁化容易方向を一方向にそろえることが必要である．本項を執筆した 2010 年 11 月の時点では異方性ナノコンポジット磁石はまだ研究段階であったが，2015 年 11 月現在，Neu らは PLD 法で作製した $Fe(211)[01-1]//SmCo_5(10-10)[0001]$ 多層膜で 400 kJ m^{-3} を達成し[59]，Cui らはスパッタ法で作製した $Ta/[Nd$-Fe-$B/Nd/Ta/Fe_{67}Co_{33}/Ta]_N/Nd$-$Fe$-$B/Nd/Ta$ 多層膜で 486 kJ m^{-3} の $(BH)_{max}$ を実現した[60]．

磁化容易方向が無秩序な等方性ナノコンポジット磁石として最初に認識されたのは Coehoorn らが 1988 年に発表した $Nd_4Fe_{80}B_{20}$ である[61]．この磁石はわずか 4% の Nd 濃度でもハード磁性材料が得られ，1.2 T という等方性磁石としては構成相の飽和磁化の 75% にも達する残留磁束密度を示す．この材料は液体超急冷凝固法により作製された結晶粒系 20～50 nm の Fe_3B 相と $Nd_2Fe_{14}B$ 相とわずかの α-Fe 相により構成される．その保磁力は 240 kA m^{-1} と小さく，種々の添加元素による高保磁力化が検討された[62～66]．表 2.2.23 にナノコンポジット磁石の組成と磁気特性の例をいくつか示す．ナノコンポジット磁石は超急冷凝固法により製造された合金の粉末が等方性ボンド磁石として使用されている．

Lee らは液体超急冷凝固法で作製した微結晶 Nd-Fe-B 系合金粉末に Fe などの金属粒子を複合化し，熱間塑性加工を加えてバルク異方性ナノコンポジット磁石を作製する試みを行った[67]．微結晶 Nd-Fe-B 系合金粉末は液相を生成する組成領域に設定され，熱間塑性加工過程で結晶方位がある程度そろった異方性組織となる．その中に Fe 粒子が分散した組織の材料となり，Liu らの報告によれば，4 vol% 程度の Fe を複合化した場合に磁束密度および最大磁気エネルギー積の改善がみられた．この材料の場合は，サブミクロンサイズの微結晶組織を有する $Nd_2Fe_{14}B$ 結晶相の粒界が磁壁の移動を阻害することにより保磁力が発現していると推測される．

一方，Zhang らは薄膜プロセスを用いて $Sm(Co,Cu)_5$ と Fe-Co 合金の面内異方性をもつ交換結合多層膜ナノコンポジット磁石を作製することに成功し，$SmCo_5$ あるいは Sm_2Co_{17} 単相磁石の理論 $(BH)_{max}$ 値 229 kJ m^{-3} を超える $(BH)_{max}$ 256 kJ m^{-3} を得，異方性ナノコンポジット磁石の原理検証に成功した[68]．表 2.2.24 に異方性ナノコンポジット磁石の実験例を示す．

j. 希土類磁石のその他の物性

希土類磁石は室温では塑性変形をほとんどせず，機械的挙動はセラミックスと類似である．室温付近での機械強度を表 2.2.25 に示す[69]．希土類磁石の熱膨張は母相である希土類化合物の特徴を反映して通常異方的である．とく

表 2.2.23 ナノコンポジット磁石の組成と磁気特性の例

タイプ	コンポジション	B_r / T	H_{cJ} / kA m^{-1}	$(BH)_{max}$ / kJ m^{-3}	文献
Fe$_3$B/Nd$_2$Fe$_{14}$B	Nd$_4$Fe$_{80}$B$_{20}$	1.2	191	93.1	1)
	Nd$_{4.5}$Fe$_{72.3}$B$_{18.5}$Cr$_2$Co$_2$Cu$_{0.2}$Nb$_{0.5}$	1.1	336	123	2)
	Nd$_{3.5}$Dy$_1$Fe$_{73}$Co$_3$Ga$_1$B$_{18.5}$	1.18	390	136	3)
	Nd$_{5.5}$Fe$_{66}$Cr$_5$Co$_5$B$_{18.5}$	0.86	610	96.6	4)
Fe-B/Nd$_2$Fe$_{14}$B	(Nd$_{0.95}$La$_{0.05}$)$_{11}$Fe$_{66.5}$Co$_{10}$Ti$_2$B$_{10.5}$	0.94	1282	146	5)
	Nd$_9$Fe$_{73}$B$_{12.6}$C$_{1.4}$Ti$_4$	0.83	990	117	6)
	Nd$_{9.3}$Fe$_{71.7}$B$_{14.6}$C$_{0.4}$Ti$_3$Cr$_1$	0.686	1609	81	7)
α-Fe/Nd$_2$Fe$_{14}$B	Nd$_9$Fe$_{72.5}$Co$_{10}$Zr$_{2.5}$B$_6$	0.89	c. a. 640	130	8)
	Nd$_9$Fe$_{85}$B$_6$	1.1	485	158	9)
	Nd$_8$Fe$_{87.5}$B$_{4.5}$	1.25	c. a. 500	185.2	10)
	Nd$_{3.5}$Fe$_{91}$Nb$_2$B$_{3.5}$	1.45	215	115	11)
	Nd$_8$Fe$_{76}$Co$_8$Nb$_2$B$_6$	1.12	512	143	12)
	(Nd$_{0.9}$Dy$_{0.1}$)$_9$(Fe$_{0.9}$Co$_{0.1}$)$_{84.5}$B$_{5.5}$Nb$_1$	1.07	593	166	13)
α-Fe/Pr$_2$Fe$_{14}$B	(30.4%)α-Fe/(69.6%)Pr$_2$Fe$_{14}$B	1.17	480	180.7	14)
α-Fe/Sm$_2$Fe$_{17}$N$_x$	Sm$_8$Zr$_3$Fe$_{85}$Co$_4$N$_x$	0.94	764	118	15)

1) R. Coehoorn, K. H. J. Buschow, *et al.*, *J. de Phys.*, **C8**, 669 (1988).
2) S. Hirosawa, Y. Shigemoto, *et al.*, *IEEE Trans. Magn.*, **37**, 2558 (2001).
3) H. Kanekiyo, S. Hirosawa, *et al.*, *IEEE Trans. Magn.*, **29**, 2863 (1993).
4) N. Sano, H. Kanekiyo, *et al.*, *Mater. Sci. Eng.*, **A250**, 146 (1998).
5) W. C. Chang, Q. Chen, *et al.*, *IEEE Trans. Magn.*, **36**, 3312 (2000).
6) S. Hirosawa, T. Miyoshi, *et al.*, *J. Magn. Magn. Mater.*, **312**, 410 (2007).
7) R. Ishii, S. Hirosawa, *et al.*, *J. Magn. Magn. Mater.*, **312**, 410 (2007).
8) K. Yajima, T. Yoneyama, *et al.*, *J. Appl. Phys.*, **64**, 5528, (1988).
9) A. Manaf, H. A. Davies, *et al.*, *J. Magn. Magn. Mater.* **128**, 302 (1993).
10) J. Bauer, H. Kronmuller, *et al.*, *J. Appl. Phys.*, **80**, 1667 (1996).
11) G. C. Hadijipanayis, R. F. Krause, *et al.*, *IEEE Trans. Magn.*, **31**, 3596 (1995).
12) M. Hamano, A. Inoue, *et al.*, *Mater. Res. Soc.*, **577**, 187 (1999).
13) A. Arai, K. Akioka, *et al.*, *IEEE Trans. Magn.*, **38**, 2964 (2002).
14) D. Goll, H. Kronmuller, *Naturwissenschaften*, **87**, 423 (2000).
15) T. Yoneyama, T. Hidaka, *et al.*, *Appl. Phys. Lett.*, **67**, 3197 (1995).

表 2.2.24 異方性ナノコンポジット磁石の実験例

タイプ	コンポジション	B_r / T	H_{cJ} / kA m^{-1}	$(BH)_{max}$ / kJ m^{-3}	文献
Fe/Nd$_2$Fe$_{14}$B-bulk	Nd$_{14}$Fe$_{79.5}$Ga$_{0.5}$B$_6$+3mass%(97Fe-3Co)	1.478	1011	403	1)
Fe/SmCo$_5$-film	Cr[a-Sm-Co(9 nm)/Cu(0.5 nm)/Fe(5 nm)/Cu(0.5 nm)]6/Cr(100 nm)/SiO$_2$	1.26	576	256	2)

1) D. Lee, S. Bauser, A. Higgins, C. Chen, S. Liu, M. Q. Huang, Y. G. Peng, D. E. Laughlin, *J. Appl. Phys.*, **99**, 08B516 (2006).
2) J. Zhang, Y. K. Takahashi, R. Gopalan, K. Hono, *Appl. Phys. Lett.*, **86**, 122509 (2005).

表 2.2.25 希土類磁石の室温付近での機械強度

ビッカース硬さ	引張強さ MPa	圧縮強度 GPa	曲げ強度 MPa	圧縮率 m^2 N^{-1}	ヤング率 GPa	ポアソン比	剛性率 GPa	線膨張係数 10^{-6} K^{-1}	
								配向方向	配向方向に直角方向
600	80	1.1	240	1×10^{-11}	160	0.2	60	6.3〜6.5	−1.9〜−1.5

[日立金属株式会社カタログ,NEOMAX (2009)]

に,Nd-Fe-B 系異方性磁石は配向方向は通常材料と同様に正の熱膨張係数を有するが,それと垂直方向の熱膨張係数が負であり,材料内部に熱応力が発生しやすい.

希土類磁石は金属的電気伝導を示す.表 2.2.26 に希土類磁石の電気抵抗率およびその温度依存性の測定例を示す.

Nd-Fe-B 系焼結磁石は結晶粒界部に Nd に富む活性金属層をもつので,電解質を含む水系の液体中で局部電位差による電気的腐食が起こるため,これを防止する目的で防錆のための表面処理が必要である.表 2.2.27 に現在までに開発されている表面処理の種類と特徴を示す.

表 2.2.26 希土類磁石の電気抵抗率 ρ およびその温度依存性

SmCo$_5$ 焼結磁石

試料	測定方向 (配向方向に対して)	$\rho(24℃)$ $\mu\Omega$ m	b $(\times 10^{-3})$	a	$\rho(20℃(cal))$ $\mu\Omega$ m
A	直角	0.53	1.48	0.495	0.52
A	平行	0.44	1.23	0.406	0.43
B	直角	0.66	1.54	0.619	0.65
B	平行	0.6			

2-17系 Sm(Co, Fe, Cu, Zr)$_z$ 焼結磁石

試料	測定方向 (配向方向に対して)	$\rho(24℃)$ $\mu\Omega$ m	b $(\times 10^{-3})$	a	$\rho(20℃(cal))$ $\mu\Omega$ m
A	直角	0.77	0.939	0.746	0.76
A	平行	0.85	0.893	0.817	0.83
B	直角	0.948	0.754	0.77	
B	平行	0.84			

Nd-Fe-B系焼結磁石

Dy含有量 (mass%)	測定方向 (配向方向に対して)	$\rho(24℃)$ $\mu\Omega$ m	b $(\times 10^{-3})$	a	$\rho(20℃(cal))$ $\mu\Omega$ m
1%	直角	1.29	0.933	1.248	1.27
4%	直角	1.29	0.884	1.258	1.28
6%	直角	1.27	0.936	1.24	1.26
N.A.	直角	1.25	0.699	1.227	1.24

$\rho[\mu\Omega$ m$] = bT/℃ + a$

[S. Ruoho, M. Paju, et al., IEEE Trans. Magn., 46, 15 (2010)]

表 2.2.27 Nd-Fe-B系焼結磁石の表面処理方法

表面処理		標準膜厚 μm	用途	耐食性		接着耐久性	絶縁性	寸法精度	耐熱性 ($\geq 300℃$)
				耐湿潤性	耐塩水性				
アルミニウム	エコアルミニウムコーティング	5〜20	センサ,スピーカ,光ピックアップ,アクチュエータ,電装モータ(EPS,HEV,エアコンコンプレッサモータ,ほか)	○	○	◎		○	○
	ピュアアルミニウムコーティング		家電用コンプレッサモータ,全閉型モータ	○	○	◎		○	○
ニッケルコーティング		10〜20	VCM,センサ,スピーカ,ウィグラ,アンジュレータ,各種モータ	◎	○	○		(○)	○
銅コーティング		10〜20	スピーカ,電装モータ,各種モータ	◎		○		(○)	○
窒化チタン(TiN)コーティング		5〜7	アンジュレータ,ウィグラ	○				○	○
無機系 薄膜	Vコート	<2	家電用コンプレッサモータ,2輪モータ,低腐食環境用途(用途に応じ相談)	(○)				◎ (薄膜)	○
	M処理	<1	家電用コンプレッサモータ,2輪モータ,低腐食環境用途(用途に応じ相談)	(○)				◎ (薄膜)	○
GPコート(無機複合コート)		≤ 10	塩害環境用途,電装モータ,風力発電機など	○	◎	○		○	○
電着塗装		10〜30	電装モータ(EPS,HEV),各種モータ	○	○	○	◎	(○)	
樹脂真空蒸着		5〜15	絶縁用途,CDピックアップ	○	○		◎	○	

文 献

1) A. E. Ray, *J. Appl. Phys.*, **55**, 2094 (1984).
2) N. F. Chaban, Yu. B. Kuz'ma, N. S. Bilonizhko, O. O. Kachmar, N. V. Petriv, *Dopov. Akad. Nauk. Ukr. RSR, Ser.* **A10**, 873 (1979).
3) Y. Matsuura, S. Hirosawa, H. Yamamoto, S. Fujimura, M. Sagawa, K. Osamura, *Jpn. J. Appl. Phys.*, **24**, L635 (1985).
4) J. F. Herbst, J. J. Croat, F. E. Pinkerton, W. B. Yelon, *Phys. Rev. B*, **29**, 4176 (1984).
5) D. Givord, H. S. Li, R. Perrier de la Bâthie, *Solid State Commun.*, **51**, 857 (1984).
6) S. Hirosawa, M. Sagawa, *Solid State Commun.*, **54**(4), 335 (1985).
7) F. J. A. den Broeder, H. Zijlstra, *J. Appl. Phys.*, **47**, 2688 (1976).
8) K. S. V. L. Narasimhan, *J. Appl. Phys.*, **52**(3), 2512 (1981).
9) K. Strnat, *J. Magn. Magn. Mater.*, **100**, 38 (1991).
10) W. M. Hubbard, E. Adams, J. Gilfrich, *J. Appl. Phys.*, **31**, 368S (1960).
11) E. A. Nesbitt, G. Y. Chin, P. K. Gallagher, R. C. Sherwood, J. J. Wernick, *J. Appl. Phys.*, **42**, 1530 (1971).
12) M. G. Benz, D. L. Martin, *J. Appl. Phys.*, **42**, 2786 (1971).
13) E. A. Nesbitt, J. H. Wernick, "Rare earth permanent magnets", Academic Press (1973).
14) K. J. Strnat, "Ferromagnetic Materials Vol. 4", (E. P. Wohlfarth, K. H. J. Buschow, eds.), p. 131, Elesevier Science Publishers B. V. (1988).
15) K. Kumar, *J. Appl. Phys.*, **63**, R13 (1988).
16) Y. Tawara, K. J. Strnat, *IEEE Trans. Magn.*, **MAG-12**, 954 (1976).
17) J. D. Livingston, D. L. Martin, *J. Appl. Phys.*, **48**, 1350 (1977).
18) J. Fidler, P. Skalicky, *J. Magn. Magn. Mater.*, **27**, 127 (1982).
19) T. Ojima, S. Tomizawa, T. Yoneyama, T. Hori, *IEEE Trans. Magn.*, **MAG-13**, 1317 (1977).
20) T. Yoneyama, A. Fukuno, T. Ojima, Ferrites, *Proc. Int. Conf. Ferrites*, 362 (1980).
21) K. J. Strnat, "Ferromangnetic Materials Vol. 4", (E. P. Wohlfarth, K. H. J. Buschow, eds.), Ch. 2, p. 131, North Holand (1988).
22) A. E. Ray, *J. Appl. Phys.*, **55**, 2094 (1984).
23) M. F. De Campos, M. M. Corte-Real, Y. Zhang, G. C. Hadjipanayis, J. F. Liu, Proc. 18th Int. Workshop on High Performance Magnets and their Application, p. 295 (2004).
24) J. Fidler, *J. Magn. Magn. Mater.*, **30**, 58 (1982).
25) R. Gopalan, et al., *Scripta Materialia*, **60**, 764 (2009).
26) A. J. Perry, *J. Less-Common Met.*, **51**, 153 (1977).
27) A. E. Ray, *J. Appl. Phys.*, **55**, 2094 (1984).
28) S. Liu, E. P. Hoffman, J. R. Brown, *IEEE Trans. Magn.*, **33**, 3859 (1997).
29) J. J. Croat, J. F. Herbst, R. W. Lee, P. E. Pinkerton, *J. Appl. Phys.*, **55**, 2078 (1984).
30) M. Sagawa, S. Fujimura, N. Togawa, H. Yamamoto, Y. Matsuura, *J. Appl. Phys.*, **55**, 2083 (1984).
31) K. Itoh, E. Nakamura, S. Sasaki, *Sumitomo Light Metal Tech. Rep.*, **29**, 29 (1988).
32) J. Fidler, T. Schrefl, *J. Appl. Phys.*, **79**, 5029 (1996).
33) C. Okada, Y. Miyake, K. Yamamoto, T. Shibamoto, *J. Jpn. Soc. Powder Powder Met.*, **55**, 517 (2008).
34) I. R. Harris, C. Noble, T. Bailey, *J. Less-Common Met.*, **106**, L1 (1985).
35) K. Uchida, H. Tokoro, *Hitachi Met. Tech. Rev.*, **16**, 65 (2000).
36) M. Sagawa, REPM '10, Proc. 21th Workshop on Rare-Earth Permanent Magnets and their Applications, p. 183 (2010).
37) W. F. Li, T. Ohkubo, K. Hono, *Acta Materialia*, **57**, 1337 (2009).
38) R. Goto, S. Nishio, M. Matsuura, N. Tezuka, S. Sugimoto, *IEEE Trans. Magn.*, **44**, 4232 (2008).
39) T. Fukagawa, S. Hirosawa, *Scripta Materialia*, **59**, 183 (2008).
40) T. Fukagawa, T. Ohkubo, S. Hirosawa, K. Hono, *J. Magn. Magn. Mater.*, **322**, 3346 (2010).
41) H. Kronmüller, K.-H. Durst, M. Sagawa, *J. Magn. Magn. Mater.*, **74**, 291 (1988).
42) 日立金属株式会社カタログ, NEOMAX Magnet (2009).
43) H. Nakamura, K. Hirota, M. Shimao, T. Minowa, M. Honshima, *IEEE Trans. Magn.*, **41**, 3844 (2006).
44) N. Fujimori, article B1-1-1, Techno-Frontier (2006).
45) H. Suzuki, Y. Satsu, M. Komuro, *J. Appl. Phys.*, **105**, 07A734 (2009).
46) W. F. Li, T. Ohkubo, K. Hono, M. Sagawa, *J. Magn. Magn. Mater.*, **321**, 1100 (2009).
47) R. W. Lee, E. G. Brewer, N. A. Schaffel, *IEEE Trans Magn.*, **MAG-21**, 1958 (1985).
48) W. Grünberger, D. Hinz, A. Kirchner, K.-H. Müller, L. Schultz, *J. Alloys Compounds*, **257**, 293 (1997).
49) T. Iriyama, N. Yoshikawa, H. Yamada, Y. Kasai, V. Panchanathan, *Denkiseiko*, **69**, 219 (1998).
50) T. Takeshita, R Nakayama, Proc. 12th Int. Workshop on Rare Earth Magnets and their Applications, p. 670 (1992).
51) P. J. McGuiness, C. Short, A. F. Wilson, I. R. Harris, *J. Alloys Compd.*, **184**, 243 (1992).
52) T. Maki, S. Hirosawa, *J. Magn. Soc. Jpn.*, **31**, 189 (2007).
53) W. F. Li, T. Ohkubo, K. Hono, T. Nishiuchi, S. Hirosawa, *J. Appl. Phys.*, **105**, 07A706 (2009).
54) T. Mashimo, X. Huang, S. Hirosawa, K. Makita, S. Mitsudo, M. Motokawa, *J. Magn. Magn. Mater.*, **210**, 109 (2000).
55) T. Saito, *J. Magn. Magn. Mater.*, **320**, 1983 (2008).
56) T. Saito, M. Fukui, H. Takeishi, *Scripta Mater*, **53**, 1117 (2005).
57) E. F. Kneller, R. Hawig, *IEEE Trans. Magn.*, **27**, 3588 (1991).
58) R. Skomski, J. M. D. Coey *Phys. Rev. B*, **48**, 15812 (1993).
59) V. Neu, S. Sawatzki, M. Kopte, Ch. Mickel, L. Schultz, *IEEE Trans. Magn.*, **48**, 3599 (2012).
60) W.-B. Cui, Y. K. Takahashi, K. Hono, *Adv. Mater.*, **24**, 6530 (2012).
61) R. Coehoorn, De Mooij, J. P. W. B. Duchateau, K. H. J. Buschow, *J. de Phys.*, **C8**, 669 (1988).
62) S. Hirosawa, T. Miyoshi, Y. Shigemoto, *IEEE Trans. Magn.*, **37**, 2558 (2001).
63) H. Kanekiyo, M. Uehara, S. Hirosawa, *IEEE Trans. Magn.*, **29**, 2863 (1993).
64) N. Sano, T. Tomida, S. Hirosawa, M. Uehara, H. Kanekiyo, *Mater. Sci. Eng.*, **A250**, 146 (1998).

65) W. C. Chang, S. H. Wang, S. J. Chang, Q. Chen, *IEEE Trans. Magn.*, **36**, 3312 (2000).
66) S. Hirosawa, H. Kanekiyo, T. Miyoshi, *J. Magn. Magn. Mater.*, **281**, 58 (2004).
67) D. Lee, S. Bauser, A. Higgins, C. Chen, S. Liu, M. Q. Huang, Y. G. Peng, D. E. Laughlin, *J. Appl. Phys.*, **99**, 08B516 (2006).
68) J. Zhang, Y. K. Takahashi, R. Gopalan, K. Hono, *Appl. Phys. Lett.*, **86**, 122509 (2005).
69) 日立金属株式会社カタログ, NEOMAX (2009).

2.2.5 ボンド磁石

ボンド磁石とは，粉体状の磁石材料と高分子バインダを混合した混練物を種々の方法により成形・固化したものである．バインダの種類により，プラスチック磁石，ゴム磁石などとよぶこともある．ボンド磁石に使用される磁石材料としては，おもにはフェライト系と希土類系があり，これらと各種高分子との混練物を成形することにより製造される．成形方法には，圧縮成形，射出成形，ロール成形などがある．また，少量ではあるがアルニコ系材料を用いたボンド磁石も製造されている．

ボンド磁石は高分子を含有するため，磁束密度では焼結磁石・金属磁石のようなバルク磁石よりも劣る．ただし，後述するように多くの希土類系のボンド磁石用材料が開発されたことや成形方法の進歩によりかなり高性能化され，たとえば最大エネルギー積が $200\,\mathrm{kJ\,m^{-3}}$ クラスの NdFeB 系異方性圧縮成形ボンド磁石も実用化されている．

ボンド磁石の最大の特徴は成形性がよいこと，換言すれば形状自由度が高いことであり，薄肉品・小型品・リング形状品・複雑形状品が作製可能である．射出成形の場合には，ヨーク材やシャフト材との一体成形を行うことができ，部品として高い寸法精度が得られることも大きな利点である．図 2.2.55 にボンド磁石の製品例として一体射出成形品を示す．コスト面では，金型成形の場合は最終製品に近い形状が得られるので基本的に機械加工が不要で歩留りが高いことや，前述の一体成形の場合，接着工程が不要となることが特徴としてあげられる．ロール成形によるゴム磁石の形状はシート状に限られるが，柔軟性・可撓性をもつことが特徴である．上述の利点が生かされ，近年精密

図 2.2.55 ボンド磁石の製品例（一体成形品）

機器などを中心とした応用分野や自動車分野へのボンド磁石の適用が拡大している．

本項では，まずボンド磁石の種類・特性と応用例について紹介した後，ボンド磁石に用いられる磁石材料の種類と製法を解説し，最後にボンド磁石を作製するための成形方法について述べる．

a. ボンド磁石の種類・特性および応用例

（i） ボンド磁石の分類　ボンド磁石の分類を表 2.2.28 に示す．磁石材料で大別するとフェライト系と希土類系の2種類があり，このうち希土類系は Sm-Co 系，Nd-Fe-B 系および Sm-Fe-N 系の3種類に分類される．さらに，各磁石材料は成形方法により分類され，圧縮成形 Nd-Fe-B ボンド磁石，射出成形 Sm-FeN ボンド磁石などとよばれる．また，それぞれのボンド磁石は，磁石化合物結晶の配向性により等方性と異方性に区別される．等方性磁石は，結晶の方向がランダムな磁石であり，異方性磁石は特定の方向に結晶の容易軸をそろえた磁石である．異方性磁石は，成形時に特定方向に磁界を加えながら固める方法や扁平な粉末を機械的に配向させる方法により作製される．異方性磁石は，磁束密度が等方性よりも高いことが特徴である．等方性磁石は，磁束密度では異方性に劣るものの，形状自由度・一体成形などのボンド磁石としての特徴が出しやすい．

（ii） ボンド磁石の種類と特性　表 2.2.29 にボンド磁石の種類と磁気特性を示す．ボンド磁石の磁気特性は，基本的には磁石材料粉末自体の磁気特性およびその体積含有率で決まる．エポキシ樹脂を使用した圧縮成形ボンド磁

表 2.2.28 ボンド磁石の分類

磁石材料		成形方法	高分子バインダ	ボンド磁石名称
フェライト系	Ba フェライト, Sr フェライト	射出成形	熱可塑性樹脂（ナイロン, PPS）	フェライト系リジッドボンド磁石
		押出成形	熱可塑性エラストマー（CPE, NBR）	フェライト系フレキシブルボンド磁石
		カレンダーロール成形	熱可塑性エラストマー（CPE, NBR）	
希土類系	Sm-Co	圧縮成形	熱硬化性樹脂（エポキシ）	圧縮成形 SmCo ボンド磁石
		射出成形	熱可塑性樹脂（ナイロン）	射出成形 SmCo ボンド磁石
	Nd-Fe-B	圧縮成形	熱硬化性樹脂（エポキシ）	圧縮成形 NdFeB ボンド磁石
		射出成形	熱可塑性樹脂（ナイロン, PPS）	射出成形 NdFeB ボンド磁石
		カレンダーロール成形	熱可塑性エラストマー（CPE, NBR）	NdFeB ゴムシート磁石
	Sm-Fe-N	圧縮成形	熱硬化性樹脂（エポキシ）	圧縮成形 SmFeN ボンド磁石
		射出成形	熱可塑性樹脂（ナイロン, PPS）	射出成形 SmFeN ボンド磁石
		カレンダーロール成形	熱可塑性エラストマー（CPE, NBR）	SmFeN ゴムシート磁石

表 2.2.29 ボンド磁石の種類および磁気特性範囲

ボンド磁石種		磁気配向	磁気特性			
			残留磁束密度 T	保磁力 H_{cB} kA m^{-1}	保磁力 H_{cJ} kA m^{-1}	最大エネルギー積 kJ m^{-3}
フェライト系	フェライト系射出成形磁石	等方性	0.10～0.14	73～92	167～175	2.1～3.2
		異方性	0.21～0.30	159～205	191～255	8.4～19.9
	フェライト系ゴム磁石	異方性	0.23～0.26	163～202	205～338	10.3～13.0
希土類系	SmCo$_5$ 射出成形磁石	異方性	0.52～0.68	310～440	480～800	44～84
	Sm$_2$Co$_{17}$ 圧縮成形磁石	異方性	0.68～0.89	400～640	440～960	80～144
	Nd-Fe-B 圧縮成形[*1]	等方性	0.62～0.77	380～510	520～1350	56～99
	Nd-Fe-B 圧縮成形[*2]	等方性	0.66～0.84	255～470	355～980	63～90
	Nd-Fe-B 射出成形	等方性	0.41～0.72	250～460	570～1350	28～76
	Nd-Fe-B 圧縮成形	異方性	0.82～1.10	520～700	870～1700	110～200
	Sm-Fe-N 射出成形	異方性	0.60～0.81	430～530	660～820	68～115
	Sm-Fe-N 圧縮成形	等方性	0.56～0.80	390～520	720～852	57～110

[*1] 超急冷粉, [*2] ナノコンポジット粉.

石においては，磁石粉末の体積含有率は 70～85％程度（樹脂の体積含有率は 15～30％程度）であり，ナイロン樹脂・PPS（ポリフェニレンスルフィド）を用いた射出成形磁石とゴム磁石の場合，磁石粉末の体積含有率は 50～65％程度（樹脂の体積含有率は 35～50％程度）である．圧縮成形のほうが射出成形よりも樹脂含有率が低いため，ボンド磁石として高い磁束密度が得られる．射出成形磁石の場合磁束密度は圧縮成形磁石に劣るが，樹脂量が多く射出成形時に混練物が溶融状態となるため，複雑形状品の成形が容易にできる点やヨークやシャフトとの一体成形が容易な点が優れている．用途によって磁気特性や磁石形状などの要求仕様が異なるので，それらの要求に応じてボンド磁石の磁石材料，樹脂種や成形方法が選択される．

ボンド磁石の市場を拡大していくためには，磁束密度をさらに高めることや耐熱性・耐食性を向上させることが望まれる．そこで，種々の改良検討が行われてきた．たとえば，樹脂の改良による耐熱性の改善，混練方法の改良による磁石粉末充填率向上[1,2]，磁石粉末表面処理法の開発などがあげられる．また，磁石粉末自身の特性を向上させるために新成分開発・新プロセス開発がとくに希土類系材料において活発に進められてきた．これについては b. 項で詳細に述べる．

(iii) ボンド磁石の市場　ボンド磁石の応用例を表 2.2.30 に示す[3,4]．広い応用分野でボンド磁石が使用されていることがわかる．比較的小型のモータ，機器への適用が多い．

フェライト系フレキシブルボンド磁石の 2014 年における国内生産量は 3240 t，金額でみると 23 億円であり，フェ

表 2.2.30 ボンド磁石の応用例

ボンド磁石種	応用例
フェライト系リジッドボンド磁石	OA 機器モータ，複写機用マグロール，VTR 用モータ
フェライト系フレキシブルボンド磁石	吸着用，健康，複写機用マグロール，雑貨，家電用モータ，電気冷蔵庫ガスケット，VTR 用モータ，OA 機器モータ
Sm-Co ボンド磁石	OA 機器，ステッピングモータ，家電用モータ
Nd-Fe-B ボンド磁石	HDD・DVD 用スピンドルモータ，携帯電話用振動モータ，ステッピングモータ，電装モータ，自動車用磁気センサ，健康器具，自動車用電動ポンプ，各種アクチュエータ
Sm-Fe-N ボンド磁石	スピーカー，自動車センサ，エアコンファンモータ，健康器具

表 2.2.31 ボンド磁石用磁石材料の基本磁気特性

系	化合物	基本磁気特性		
		飽和磁化 /T	異方性磁場 /MA m^{-1}	キュリー温度 /K
フェライト系	Ba フェライト	0.475	1.4	723
	Sr フェライト	0.478	1.6	733
希土類系	SmCo$_5$	1.14	35.0	1000
	Sm$_2$Co$_{17}$	1.25	5.2	1193
	Nd$_2$Fe$_{14}$B	1.60	6.0	585
	Sm$_2$Fe$_{17}$N$_3$	1.57	21	746
	(Sm$_{0.75}$Zr$_{0.25}$)(Fe$_{0.7}$Co$_{0.3}$)$_{10}$N	1.70	6.2	773

ライト系リジッドボンド磁石の場合，7280 t で 116 億円となっている[5]．一方，希土類系ボンド磁石の 2014 年における日本企業の生産額は 755 億円である[5]．希土類ボンド磁石の中では，Nd-Fe-B 系の等方性圧縮成形および等方性射出成形磁石，いわゆる MQ1 磁石の生産量が大部分を占めている．この理由は，MQ1 磁石の原料価格が比較的安価なこと，等方性のためいろいろな形状の磁石が製造可能で生産性も高いこと，ヨークなどとの一体成形が可能なこと，あるいは適度な耐熱性をもつことなどがあげられる．

b. ボンド磁石用磁石材料

（ⅰ） ボンド磁石用磁石材料の種類と基本特性 ボンド磁石に使用されるフェライト系および希土類系磁石材料の基本磁気特性を表 2.2.31 に示す[6〜10]．

いずれの化合物も，永久磁石特性発現のための必要条件である高い飽和磁化と大きな一軸異方性をもつ．とくに，希土類系化合物で高い磁気性能が期待できることが表からわかる．Sm-Fe-N 系化合物は，500℃以上の温度域では α-Fe と SmN に分解するため高温焼結が不可能であるが，低温プロセスで製造されるボンド磁石として高特性を発現する．

ボンド磁石に使用される磁石材料には粉末状態で高保磁力を有することが要求される．一般に高保磁力発現のためには，磁石粉末における結晶子の径を数 μm 以下，好ましくはサブ μm 以下まで微細にする必要がある．そこで，フェライト系材料および $Sm_2Fe_{17}N_3$ の場合，微粉砕により数 μm の単結晶粒子を得る方法が用いられている．しかし，Nd-Fe-B 系材料の場合は耐酸化性に劣り，微粉状態では酸化により保磁力が低下してしまう．そこで，超急冷法や水素を用いた結晶粒微細化などのプロセスが開発されている．これらの詳細については（ⅱ）項で述べる．

（ⅱ） ボンド磁石用磁石材料の種類と製法 ここでは，表 2.2.31 に掲載されたボンド磁石に使用される各種磁石材料の特徴と製法について説明する．

（1） フェライト系磁石材料： マグネトプランバイト（M）型構造をもつ Sr フェライト，または Ba フェライトの結晶が示す一軸異方性によって保磁力が発現する材料である．単磁区粒子径まで粉砕することでボンド磁石用粉末が得られる．図 2.2.56 にフェライト系磁石粉末の製造工程を示す[11]．主原料の Fe_2O_3 は，製鉄所で鉄板を酸洗したさいに発生する塩化鉄溶液をもとに作製される．Fe_2O_3 と $SrCO_3$ または $BaCO_3$，さらに添加剤を混合し，造粒後，仮焼することにより Sr フェライト，または Ba フェライトの結晶が合成される．それを粉砕により微粉末とすることによりボンド磁石用粉末を得る．異方性フェライトの場合は，粉砕後にアニール工程を入れ，格子ひずみ除去による保磁力向上を図る．異方性ゴム磁石用のフェライト粉末としては，厚み方向に容易軸をもつ扁平粒子が使用される．この粉末を使用すればロール成形時に機械的な磁気配向が可能となる．

（2） Nd-Fe-B 等方性磁石粉末（MQ1）： 20 nm 程

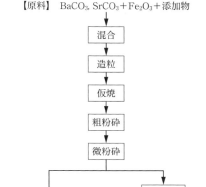

図 2.2.56 ボンド磁石用フェライト粉末の製造方法
[武部浩太郎，"永久磁石"（佐川眞人，浜野正昭，平林 眞 編），p.201，アグネ技術センター（2007）]

度の微結晶からなる NdFeB 粉末は高保磁力を示す．このような微細組織をもつ粉末は，NdFeB 合金の溶湯を超急冷することにより得られる[12]．この磁石粉末の製造方法を図 2.2.57 に示す．溶融合金を高速回転するロールに噴射すると，溶湯が急冷され固化しフレーク状粉末が得られる．この粉末を熱処理し，微細な結晶組織をもつ粉末を得る．結晶の方向はランダムであり，磁気的には等方性となる．

（3） ナノコンポジット型 Nd-Fe-B 等方性粉末： ナノコンポジット磁石とは，ハード磁性材料とソフト磁性材料がナノオーダーで混合された材料であり，2 相混合状態にもかかわらず磁気的に単一の磁石相のようなふるまいをする[13]．すなわち，ハード磁性相とソフト磁性相が交換相互作用により磁気的に結びつき，ハード磁性相の高い保磁力とソフト磁性相の高い飽和磁化が有効利用される材料をさす．交換スプリング磁石ともよばれる材料である．Pt-Fe 系[14]，Sm-Co 系[15]，Sm-Fe-N 系[16]などでこの現象が報告されているが，現状ではボンド磁石として実用的なものは等方性の $Fe_3B-Nd_2Fe_{14}B$ 系[17]のみである．ハード磁性

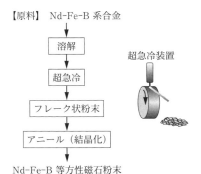

図 2.2.57 Nd-Fe-B 等方性磁石粉末の製造法

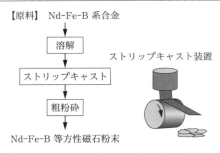

図 2.2.58 ナノコンポジット型 Nd-Fe-B 等方性磁石粉末の製造法

相の $Nd_2Fe_{14}B$ とソフト磁性相 Fe_3B の交換相互作用による磁石材料であり，Nd 含有量が数 wt% と少ないにもかかわらず磁石単一相の性質を示す．この製造法を図 2.2.58 に示す．ストリップキャスト法で合金を作製し，適度な大きさに粉砕すればボンド磁石用粉末が得られる．

（4）Nd-Fe-B 異方性磁石粉末（HDDR 粉末）：本材料は Nd-Fe-B 系粉末に水素を吸蔵させた後，放出させることにより微細な異方性粉末を得るユニークな方法により作製される[18]（図 2.2.59）．作製工程が hydrogenation decomposition desorption recombination（水素化—分解—脱水素—再結合）からなるため，それぞれの素工程の頭文字をとって HDDR 法と名づけられた．Nd-Dy-Fe-Co-B-Zr-Ga 系において，異方性圧縮成形ボンド磁石として保磁力 $H_{cJ} = 1.5\,MA\,m^{-1}$，最大エネルギー積 $(BH)_{max} = 136\,kJ\,m^{-3}$ の特性が得られている[19]．また，Nd-Fe-B-Nb-Ga 系で Dy 添加による高保磁力化が図ら

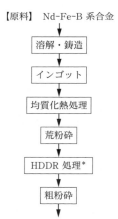

Nd-Fe-B 異方性磁石粉末（HDDR 粉末）

* HDDR 処理：
【750～900℃, H_2 1atm】
水素化　$Nd_2Fe_{14}B + H_2 \rightarrow Nd_2Fe_{14}BH_x$
分解　　$Nd_2Fe_{14}BH_x \rightarrow NdH_2 + Fe + Fe_2B$
【750～900℃, 真空引き】
脱水素　$NdH_2 + Fe + Fe_2B \rightarrow Nd_2Fe_{14}B + H_2\uparrow$
再結合　$Nd_2Fe_{14}B$

図 2.2.59 HDDR 法による Nd-Fe-B 異方性磁石粉末の製造法

れ，ボンド磁石として $213\,kJ\,m^{-3}$ の最大エネルギー積も得られている[20]．異方化メカニズムとしては，以下のような説明がなされている[21,22]．水素吸蔵時に Nd-Fe-B 系合金母相が B を過飽和に含んだ Fe と NdH_2 の 2 相に分解し，Fe 相から方位が整列した Fe_2B 相が析出する．次の再結合反応時に，この Fe_2B 相が核となるため，結果として結晶方位がそろった粉末が得られる，という説である．また，本材料と同様の磁気特性をもつ Nd-Fe-B 系異方性ボンド磁石用磁石材料の製法として，超急冷粉末を熱間塑性加工により異方化する方法も提案されている[23]．

（5）Sm-Fe-N 異方性磁石粉末：$Sm_2Fe_{17}N_3$ の大きな結晶磁気異方性を利用した材料であり，2～3 μm 程度まで粉末を微粉砕することで高保磁力の異方性粉末を得ることができる．本材料の製造プロセスを図 2.2.60 に示す[24]．還元拡散法は，Sm_2O_3 粉末，Fe 粉末と Ca 粉末を混合・加熱し，Ca による Sm_2O_3 の還元反応と Sm と Fe の合金化反応を進行させる結果，Sm_2Fe_{17} 合金粉末を得る方法である．さらに，窒化処理により結晶格子間に窒素原子を導入する．400～450℃の温度域で，アンモニア含有ガスあるいは窒素ガスと Sm-Fe 粉末を反応させることで窒化が行われる．本粉末は微粉末のため樹脂量が少ない圧縮成形法では磁界配向が簡単ではない．樹脂量が多く，磁界配向しやすい射出成形ボンド磁石に適しており，残留磁化 0.60～0.81 T，保磁力 660～820 $kA\,m^{-1}$，最大エネルギー積 68～115 $kJ\,m^{-3}$ と射出成形ボンド磁石の中で最高レベルを示す[25]．ニュークリエイション型の保磁力機構を示し，ほかの希土類ボンド磁石材料と比較して着磁性が良好である．

（6）Sm-Fe-N 等方性磁石粉末：(2)項で述べた Nd-Fe-B 系等方性材料と同様の微細組織をもち，同様のプロセスで作製される材料である．図 2.2.61 に製造プロセスを示す．高速回転するロール上に Sm-Fe 系合金の溶湯を噴射し，nm レベルの結晶粒からなるフレーク状粉末を得る．結晶構造は，Sm-Fe 系合金を超急冷したときに

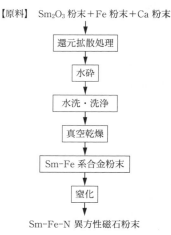

図 2.2.60 還元拡散法による Sm-Fe-N 異方性磁石粉末の製造法

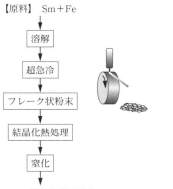

図 2.2.61 超急冷法による Sm-Fe-N 等方性磁石粉末の製造法

得られる準安定相の $TbCu_7$ 型（六方晶系）である．この結晶構造においては，平衡相の Sm_2Fe_{17}（Th_2Zn_{17} 型）よりも単位体積あたりの Fe 量を高めることができる結果，高い磁化を得ることが可能である[26,27]．超急冷により得た粉末には，結晶化のためのアニール処理が施され，さらに窒化処理により結晶格子間に窒素原子を導入する．$Sm_{9.2}$-$Fe_{91.8}N_x$ の組成をもつ粉末を用いた圧縮成形ボンド磁石の最大エネルギー積は 106 kJ m^{-3}，$Sm_{9.2}(Fe_{85}Co_{15})_{91.8}N_x$ の場合は 116 kJ m^{-3} と，等方性ボンド磁石で最高の磁気特性を示す[28]．NdFeB 系等方性ボンド磁石と比較して，耐食性に優れることや高温での永久減磁が小さいことが実用上の特徴である．

c．ボンド磁石成形方法

ボンド磁石化するための成形法としては，プレス機を用いた圧縮成形，射出成形機による射出成形，押出成形，およびロール成形がある[29]．ここでは，これらの成形法について概説する．

（i）**圧縮成形** 圧縮成形ボンド磁石の製造法の概略を図 2.2.62 に示す．磁石粉末への添加剤として，カップリング剤が効果的である．カップリング剤は磁石粉末と樹脂の結合を強め，ボンド磁石の機械強度や耐食性を向上さ

せる働きがある．樹脂としてはエポキシ樹脂，フェノール樹脂などの熱硬化性樹脂が選択される．樹脂の配合量は 10～20 vol% 程度である．磁石粉末と樹脂からなるコンパウンドを圧縮機の金型内に充填し圧縮成形を行う．なお，図には示していないが，異方性ボンド磁石を製造する場合は，圧縮工程時に電磁石により金型内の特定の方向に磁界を発生させながら粉末を固めることで異方化させる．異方性ボンド磁石の場合は，樹脂の粘度特性などが磁界配向時の配向度に強く影響するので樹脂選択には注意を要する．圧縮成形後，樹脂硬化のために 150℃ 程度で熱処理を行う．ネットシェイプ成形ができ，寸法精度が高いので後加工は基本的に不要である．焼結磁石と比較すると，とくに小型の磁石でのコストパフォーマンスに優れる．樹脂硬化後の成形体は必要に応じ表面塗装される．

（ii）**射出成形** 射出成形ボンド磁石の製造プロセス概略を図 2.2.63 に示す．圧縮成形と同様に粉末にはカップリング剤などが添加される．樹脂としては熱可塑性樹脂が選択され，ナイロン樹脂あるいは PPS 樹脂が一般的である．耐熱性を必要とする自動車用途には PPS 樹脂が用いられる場合が多い．樹脂配合量は 30～50 vol% 程度である．まず混練によりペレット状のコンパウンドを得た後に射出成形機により成形する．成形温度は 250～300℃ 程度であり，コンパウンドは溶融状態となり流動性が高いため，複雑形状体の成形も可能である．あらかじめ金型にヨークやシャフトをセットした状態で射出成形することにより，それらと磁石が一体化したアセンブリー品が成形できる．これを一体成形とよび，接着工程が不要なことや部品としての寸法精度が高いことが評価され，現在は一体成形した射出ボンド磁石製品が非常に多い．異方性磁石の場合，特定の方向に磁界を印加しながら射出成形を行う．射出成形磁石も基本的に後加工が不要であるが，射出成形するごとにスプル，ランナーの不要部分が発生する．この部分は，粉砕後リサイクルされる．

最近の新しい成形技術として，二材成形技術がある[30]．図 2.2.64 にその製品例を示す．異種の材料（たとえば，ボンド磁石とプラスチック，あるいはボンド磁石とボンドソフト磁性材料など）を一つの射出成形機で行うものであ

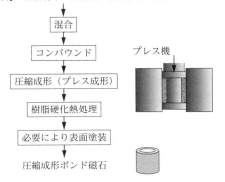

図 2.2.62 圧縮成形法の概略

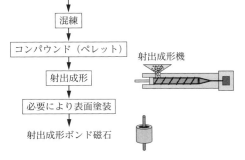

図 2.2.63 射出成形法の概略

図 2.2.64 二材成形製品例

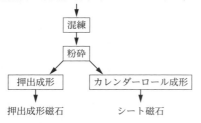

図 2.2.65 押出成形・カレンダーロール成形プロセス概略

り，部品化プロセスを大幅に効率化できることが期待される．

(iii) **押出成形・ロール成形** 押出成形およびロール成形磁石の製造プロセス概略を図 2.2.65 に示す[11]．樹脂としてゴムまたは熱可塑性エラストマー（CPE，NBR など）を選択し，磁石粉末との混練物を作製した後，押出し成形またはロール成形を行う．異方性磁石の場合は成形時に磁界を印加する．または，扁平フェライト粉を用いたロール成形では機械的な配向が行われる．

d．おわりに

本項で述べたように，ボンド磁石はさまざまな形状に成形でき，応用範囲が非常に広い磁石である．焼結磁石に比べ耐食性や耐熱性は劣るとされているが，樹脂の使いこなし技術構築や表面処理技術の開発により，かなり改善されてきた．今後も自動車分野，省エネルギー技術分野，あるいは情報・通信分野を中心として，ますますボンド磁石市場が拡大していくことが期待される．

文　献

1) 山下文敏，渡辺彰彦，堤 慎一，第 27 回日本応用磁気学会学術講演概要集，18pF-3, p. 398 (2003).
2) 山下文敏，渡辺彰彦，堤 慎一，第 27 回日本応用磁気学会学術講演概要集，18pF-4, p. 399 (2003).
3) 石垣尚幸，金属，**79**，682 (2009).
4) 徳永雅亮，"磁気工学の基礎と応用"（電気学会マグネティックス技術委員会 編），p. 98，コロナ社 (1999).
5) 2015 年日本ボンド磁性材料協会第 87 回技術例会資料．
6) R. S. Tebble, D. J. Craik, "Magnetic Materials", p. 363, Wiley-Interscience (1969).
7) K. J. Strnat, "Ferro Magnetic Materials, A handbook on the properties of magnetically ordered substances", Vol. 4, p. 131, North-Holland Physics Publishing (1988).
8) K. H. J. Buschow, "Ferro Magnetic Materials, A handbook on the properties of magnetically ordered substances", Vol. 4, p. 1, North-Holland Physics Publishing (1998).
9) T. Iriyama, K. Kobayashi, N. Imaoka, T. Fukuda, H. Kato, Y. Nakagawa, IEEE Trans. Magn., **28**, 2326 (1992).
10) 桜田新哉，平井隆大，津田井昭彦，日本応用磁気学会誌，**21**，181 (1997).
11) 武部浩太郎，"永久磁石"（佐川眞人，浜野正昭，平林 眞 編），p. 201，アグネ技術センター (2007).
12) J. J. Croat, J. F. Herbest, R. W. Ree, F. E. Pinkerton, J. Appl. Phys., **55**, 2078 (1984).
13) E. F. Kneller, R. Hawig, IEEE Trans. Magn., **27**, 3588 (1991).
14) J. P. Liu, C. P. Luo, Y. Liu, D. J. Sellmyer, Appl. Phys. Lett., **72**, 483 (1998).
15) W. Manrakhan, L. Withanawasam, X. Meng-Burany, G. Wei, G. C. Hadjipanayis, IEEE Trans. Magn., **33**, 3898 (1997).
16) T. Hidaka, T. Yamamoto, H. Nakamura, A. Fukuno, J. Appl. Phys., **83**, 6917 (1998).
17) H. Kanekiyo, S. Hirosawa, J. Appl. Phys., **83**, 6265 (1998).
18) T. Takeshita, R. Nakayama, Proc. 10th Int. Workshop on REM & Their Applications, p. 551 (1989).
19) 森 克彦，五十嵐和則，中山亮治，森本耕一郎，粉体粉末冶金協会講演概要集，平成 14 年度春季大会，p. 74 (2002).
20) N. Hamada, C. Mishima, H. Mitarai, Y. Honkura, IEEE Trans. Magn., **39**, 2953 (2003).
21) Y. Honkura, C. Mishima, N. Hamada, G. Drazic, O. Gutfleisch, J. Magn. Magn. Mater., **290-291**, 1282 (2005).
22) 御手洗浩成，2006 BM シンポジウム講演要旨，日本ボンド磁性材料協会 (2006).
23) 入山恭彦，矢萩慎一郎，中山信治，葛西靖正，V. Panchanathan，電気製鋼，**69**，235 (1998).
24) A. Kawamoto, T. Ishikawa, S. Yasuda, K. Takeya, K. Ishizaka, T. Iseki, K. Ohmori, IEEE Trans. Magn., **35**, 3322 (1999).
25) 石川 尚，工業材料，**51**，34 (2003).
26) 大松澤亮，入山恭彦，まてりあ，**44**，157 (2005).
27) 大松澤亮，村重公敏，入山恭彦，電気製鋼，**73**，235 (2002).
28) 入山恭彦，工業材料，**51**，38 (2003).
29) 入山恭彦，"希土類の材料技術ハンドブック"（足立吟也 監修），p. 163，エヌ・ティー・エス (2008).
30) 長谷川文昭，斎藤貴伸，加藤俊宏，坂口一哉，入山恭彦，電気製鋼，**80**，109 (2009).

2.3 磁歪材料

 磁性体への磁場印加は何らかの変化をもたらす．結晶軸方向に依存して異方的に変形するのが線磁歪であり，体積が変化するのが体積磁歪である．一方，温度変化において磁性の発生に伴う体積変化は自発体積磁歪とよばれる．前半は従前から広く用いられている材料の概略を述べ，後半では種々のメカニズムに起因する巨大磁歪を示す数種類の合金・化合物に関して議論する．

2.3.1 従来の磁歪材料の概略

 表2.3.1に示すように，磁歪材料は金属系とフェライト系に大別される[1,2]．両者の大きな違いは電気抵抗率であり，前者においては大きな渦電流損失が問題となる．一方，後者では磁化の値が低いのが欠点になる場合がある．前者は加工などの機械的に優れている材料が多い．純Niは古くから最もよく用いられてきた代表的な磁歪材料である．NiとCoの合金では，渦電流損失が小さく，結晶磁気異方性定数がゼロになる4.5 at% Coおよび18.4 at% Coの付近で磁歪材料の重要な動的特性である電気機械結合係数k_mに極大を生じ，それぞれ0.5および0.4程度の値が得られる．このような組成では，k_mも大きくなるが，共振周波数f_0やk_mの温度変化が大きくなってしまう．また，Niと同様に電気抵抗率が低いので，これらにCrを少量添加してその値を大きくしている．

 Ni-Fe合金では40～50 at% Niの組成，Fe-Co合金では48 at% Co前後の組成で良好な動磁歪特性を示す．Fe-Al合金では25 at% Alを中心とするアルパームとよばれる高透磁率を示す相があり，Niと符号が反対の磁歪と良好なk_mが得られ，電気抵抗率が1桁以上も高くなる．しかし，渦電流損の低減は十分でなく当然のことながらフェライトに劣る．なお，この組成付近にK-状態とよばれる状態図的に複雑な部分があるために，熱処理などの違いにより諸特性が影響を受ける．また，機械的加工性にやや劣る．

 フェライトでは，電気抵抗率が高く渦電流損が少ない．ただし，磁化の値は大きくない．磁歪振動特性の良好なのはNiフェライトおよびこれを主体とする混合フェライトである．この系にCuを添加すると大きなk_mを保持して焼成温度を下げることができる．そのほか，異方性定数，磁化率の損失係数などを調整するなど，利用目的により組成が種々選択されている．

2.3.2 Fe-Ga系合金の磁歪

 大きな磁歪を有する材料の開発は，希土類元素を含まない機械的性質に優れた材料で進められた．Fe-Alの磁歪に注目して方向性凝固などにより大きな磁歪を得ることも試みられたが，この方向性凝固は脆化を誘引する欠点がある．

 その後，圧延など機械的に優れたPd基のCo-Pd[3]やNi-Pd合金[4]で大きな磁歪が出現することが報告された．しかしながら，実用的にはキュリー温度T_Cが低く，前者が470 K，後者が380 Kであり熱的に作動不安定である．さらに，Pdが80 at%程度であるために非常に高価であるなどの理由から実用材料としての開発研究は進まなかった．

 Fe-Alと類似の平衡状態図を有するFe-Ga合金が大きな磁歪を有することが明らかにされ，非常に注目されている[5]．Fe-Gaの容易軸は<100>であるが，この合金の特徴は引張応力が440 MPaと大きいヤング率が70 GPaであり，靱性，強度など機械的性質がほかの磁歪材料と比較して優れていることである[6]．したがって，磁歪量は後述の希土類系化合物より比較的小さいが応用分野が広がるものと期待されている．図2.3.1の$3\lambda_{100}/2$の組成依存性にみられるように，急冷試料（—○—）のほうが，徐冷試料（—●—）の値よりも大きく[7]，大きな磁歪の発生原因として格子欠陥などを考慮した議論がなされてきた．しか

表2.3.1 従来の磁歪材料の特性の比較

	材料	キュリー温度 K	飽和磁歪 λ_s ($\times 10^{-6}$)	電気抵抗率 10^{-2} mΩ m	電気機械結合係数 k_m
金属および合金	Ni	631	−33	7	0.15～0.31
	$Ni_{96}Co_4$	683	−31	10	0.51
	$Fe_{51}Ni_{49}$	773	25	40	0.18～0.35
	$Fe_{56}Ni_{44}$	713	27	45	0.18～0.35
	$Fe_{50}Co_{48}V_2$	1253	70	～30	0.20～0.37
	$Fe_{76}Al_{24}$	～770	40	～90	0.25～0.32
酸化物	Fe_3O_4	853	40	～10^4	—
	$CoFe_2O_4$	783	～−200	>10^{10}	<0.01
	Ferroxcube 4E[*1]	773	−27	>10^3	0.18～0.21
	Vibrox[*2]	823	−28	>400	0.24～0.27
	Ferroxcube 7A1[*3]	803	−28	10^2～10^3	0.25～0.32
	Ferroxcube 7A2[*4]	803	−28	10^2～10^3	0.21～0.26

$\{(NiO)_x(CuO)_{1-x}\}_{1-y}(CoO)_y(Fe_2O_3)$, *1 $x=1.0$, $y\simeq 0$, *2 $x=0.85$～0.9, $y=0.015$, *3 $x=0.8$, $y=0.022$, *4 $x=0.8$, $y\simeq 0.01$

[長島富雄, "磁性体ハンドブック"（近角聰信, 太田恵造, 安達健五, 津屋 昇, 石川義和 編）, p.1069；清水 洋, 同上, p.1173, 朝倉書店（1975）]

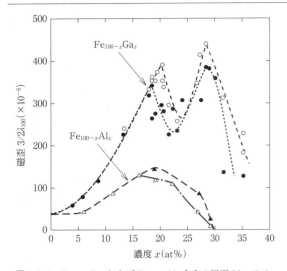

図 2.3.1 $Fe_{100-x}Ga_x$ および $Fe_{100-x}Al_x$ 合金の磁歪 $3\lambda_{100}/2$ の組成依存性
○および△は急冷状態，●および▲は焼鈍後徐冷状態．
[E. M. Summers, et al., J. Mater. Sci., **42**, 9583 (2007)]

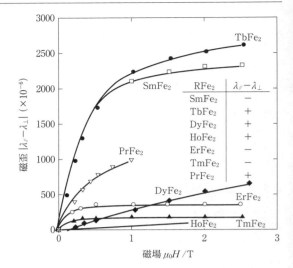

図 2.3.2 希土類元素 (R) と Fe で構成されるラーベス相化合物 RFe_2 の多結晶状態の室温磁歪 $\lambda_\parallel - \lambda_\perp$ の磁場依存性
[A. E. Clark, "Ferromagnetic Materials" (E. P. Wohlfarth, ed.), Vol. 1, p. 531, North-Holland (1980) ; Y. G. Shi, et al., J. Alloys Compd., **506**, 543 (2010)]

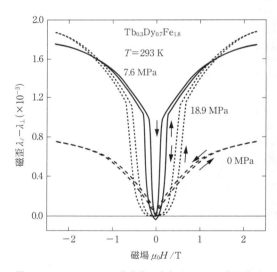

図 2.3.3 $Tb_{0.3}Dy_{0.7}Fe_{1.8}$ 化合物の応力下における室温磁歪 $\lambda_\parallel - \lambda_\perp$ の印加磁場依存性
矢印は昇磁および減磁プロセスを表す．
[A. E. Clark, et al., J. Appl. Phys., **63**, 3911 (1988)]

し，状態図が複雑であり，A2, B2, D0$_3$, D0$_{19}$, L1$_2$ など数種類の結晶相が近接して存在する[8]．熱処理など外的要因との関連が指摘されたが[9]，基本的にはスピン-軌道相互作用が重要であり，その理論計算から，Al, Zn, Ge などでバンド幅および電子濃度制御，スピン-軌道相互作用を強める Re, Os, Ir, Pt などの添加が有効であることが示唆されている[10]．図 2.3.1 には比較のために Fe-Al 系のデータも示すが，二つの合金系は状態図的に類似して組成依存性においても類似していることがわかる．

2.3.3 RFe_2 型化合物の磁歪

自動車工学，ロボット工学，ロケット工学をはじめとする広範囲なメカトロニクス分野において，さらなる精密ひずみ制御の可能な高性能巨大磁歪材料が求められている．表 2.3.1 に示した材料のほとんどが 30～40 (×10^{-6}) 程度であるのに対して，希土類 (R) 化合物ラーベス相の $TbFe_2$ は室温で 0.12% 以上の大きな線磁歪を有する．図 2.3.2 に RFe_2 多結晶体の室温磁歪 $\lambda_\parallel - \lambda_\perp$ の磁場依存性を示す[11~12]．この図に示すように $TbFe_2$ と $DyFe_2$ はいずれも巨大磁歪を示すが，磁気異方性が大きくて巨大磁歪を得るためには強い印加磁場を必要とする．そこで，$TbFe_2$ の結晶磁気異方性定数が $K_1<0$ （磁化容易軸は<111>），$DyFe_2$ が $K_1>0$ （容易軸は<100>）であることに着目してその混晶をつくり，室温で $K_1=0$ となる組成を探索して $Tb_{1-x}Dy_xFe_2$ において $x≒0.70$ で実用的な巨大磁歪が見出され，ターフェノール-D とよばれて実用化されている．これは $TbFe_2$-$DyFe_2$ 擬二元系の磁気異方性競合により室温領域で異方性エネルギーが最小となる特徴を利用したものである．その後，磁歪の異方位 ($\lambda_{100} \ll \lambda_{111}$) の観点から一方向凝固技術（BM 法，FZ 法）による結晶制御の検討が行われた．この結果，図 2.3.3 に示すように [11$\bar{2}$] 配向ロッドに対して圧縮応力を印加すると応力誘起異方性により双晶と関係する磁区の分布に変化が起こり，印加磁場方向の兼ね合いで室温付近（293 K）での磁歪特性が著しく向上する効果が見出された[13]．

この系で希土類元素の一部置換に関する研究が多く行われてきたが，開発の指針が明らかになってきた．Tb_{1-x}

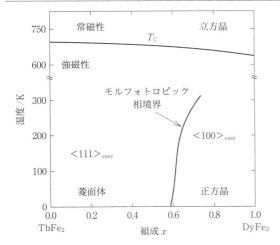

図 2.3.4 $Tb_{1-x}Dy_xFe_2$ 系のモルフォトロピック相境界図
[松井正顕, 豊田研究報告, **61**, 88 (2008)]

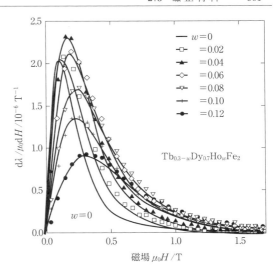

図 2.3.5 $Tb_{0.3-w}Dy_{0.7}Ho_wFe_2$ の磁歪の磁場感受率
[松井正顕, 豊田研究報告, **61**, 93 (2008)]

Dy_xFe_2 の磁気相図において, 図 2.3.4 の矢印で示す境界は結晶磁気異方性定数 $K_1=0$ の線であり, ターフェノール-D は室温でこの線上にある. 一方, 相変態の観点から図を見ると $x=0.6〜0.7$ の間では, 高温から温度の下降に伴って常磁性→強磁性 $<111>_{easy}$ →強磁性 $<100>_{easy}$ への遂次変態となる. 磁気モーメントの方向を考慮した結晶対称性を考えれば, この変態は立方格子 (cubic) (常磁性)→菱面体格子 (trigonal) (強磁性 $<111>_{easy}$)→正方晶格子 (tetragonal) (強磁性 $<100>_{easy}$) の逐次相変態が起こる[14]. 強磁性体の磁気的異方境界は同時に構造的異相境界であり, 強誘電体にみられるモルフォトロピック相境界 (MPB: morphotropic phase boundary) と類似したものであることが $Tb_{1-x}Dy_xFe_2$ の弾性特性の解析から明らかにされた[15]. したがって, この菱面体-正方晶の境界がモルフォトロピック相境界に対応する. 実用的には, 室温付近において MPB 線は組成依存性が小さい (縦軸の温度軸に対して傾斜角が小さい) ことが重要である[14].

この MPB の概念に沿った研究として図 2.3.5 に $Tb_{0.3-w}Dy_{0.7}Ho_wFe_2$ の磁場感受率 $d\lambda/\mu_0dH$ の磁場依存性を示す[14]. $HoFe_2$ は $DyFe_2$ と同じく $<100>$ 方向に容易軸を有する. 図において $Tb_{0.3-w}Dy_{0.7}Ho_wFe_2$ の磁歪感受率 $d\lambda/dH$ は $w=0.04$ で最大となる. $w=0$ の場合よりも大きくなり, 比較的に低い磁場印加でも大きな磁歪感受率が得られるので, Tb の Ho への部分置換が有効であることがわかる.

2.3.4 RCo_2 系化合物

a. RCo_2 の低温磁歪

RFe_2 と同様に Co 系でもラーベス相が形成される. この化合物群において大きな希土類磁性元素により, R 磁性元素の大きな磁気モーメントからの交換磁場により遍歴性を有する Co の d 電子がメタ磁性転移を引き起こす. その

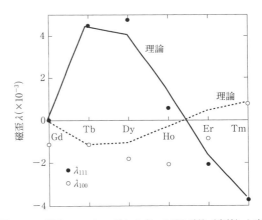

図 2.3.6 磁歪 λ_{111} のシングルイオンモデル計算 (実線) と実験値 (●) および λ_{100} の計算値 (点線) と実験値 (○)
[R. Z. Levitin, A. S. Markosyan, *J. Magn. Magn. Mater.*, **84**, 251 (1990)]

さい, 大きな体積磁歪が発生するために磁気物性として研究が盛んである. 一方, 低温ではあるが線磁歪も大きな値を示すために多くの研究が行われてきた. 図 2.3.6 に 1 磁歪 λ_{111} (●) と λ_{100} (○) の 4.2 K での実測値とシングルイオンモデルによる理論値 (実線および点線) を比較して示す[16]. $TbCo_2$ ($T_C=232$ K) や $DyCo_2$ ($T_C=138$ K) などは 4×10^{-3} 以上のきわめて大きな λ_{100} を $ErCo_2$ ($T_C=32$ K) は -2.5×10^{-3} の値を示し, さらに $DyCo_2$ や ($T_C=76$ K) は -2×10^{-3} 程度の λ_{100} の大きな負の磁歪を有するが, これらの化合物の T_C はいずれも室温よりはるかに低いので実用性に乏しい.

b. Co 系モルフォトロピック化合物

$Tb_{1-x}Dy_xCo_2$ 系でも図 2.3.4 とまったく同様の議論が可能で, 大きな磁歪が報告されている. 図 2.3.7 の状態図

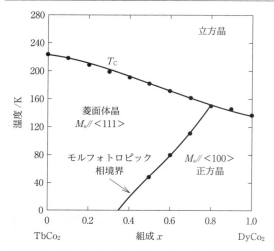

図 2.3.7 $Tb_{1-x}Dy_xCo_2$ 系のモルフォトロピック相境界図
[S. Yang, *et al.*, *Phys. Rev. Lett.*, **104**, 197201 (2010)]

2.3.5 TbDy および RZn

大きな磁歪の探索の過程で室温以下の温度領域であるが，希土類金属(R)同士あるいは RZn 化合物の研究がなされた．加工性や耐酸化性が問題であるが，この化合物の最大の利点は電気機械結合係数 k_m が大きいことである．すなわち，TbZn では表 2.3.1 に示した値の約 3 倍であることである[18]．したがって，動特性を主体とする応用があるかもしれない．図 2.3.3 の $Tb_{0.3}Dy_{0.7}Fe_{1.8}$ の場合と同様に，応力印加により磁歪特性が変化する．TbZn の単結晶(a)と多結晶(b)の磁歪特性を圧縮応力のもとで 77 K で比較したのが図 2.3.9 である．単結晶の場合は，磁

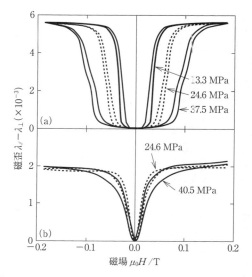

図 2.3.9 TbZn の単結晶 (a) および多結晶 (b) の応力下の磁歪 $\lambda_\parallel - \lambda_\perp$ 変化
[A. E. Clark, *et al.*, *IEEE Trans. Magn.*, **31**, 4034 (1995)]

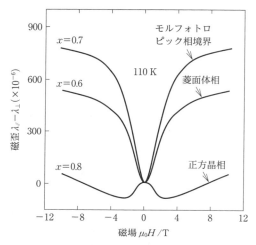

図 2.3.8 $Tb_{1-x}Dy_xCo_2$ 系の 110 K での磁歪 $\lambda_\parallel - \lambda_\perp$
[S. Yang, *et al.*, *Phys. Rev. Lett.*, **104**, 197201 (2010)]

に示されるように，磁気モーメントの方向が $<111>$ から $<001>$ に変わると，結晶構造は菱面体晶から正方晶に変わる[17]．図 2.3.8 の 110 K での測定データに示すように $x=0.6$ では菱面体構造で，$x=0.8$ では正方晶であり，あまり大きな磁歪は示さないが，その中間であるモルフォトロピック相境界組成の $x=0.7$ では大きな磁歪が現れる．ただし，MPB 線の傾斜が緩いために，磁歪の値は図に示すように $Tb_{1-x}Dy_xFe_2$ 系よりもかなり小さな値になる．さらに T_C は室温以下であり，現在のところ実用的でない．

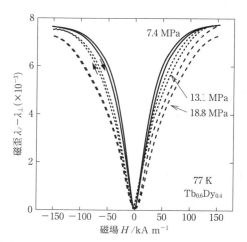

図 2.3.10 $Tb_{0.6}Dy_{0.4}$ の 77 K における応力下の磁歪 $\lambda_\parallel - \lambda_\perp$ 変化
[A. E. Clark, *et al.*, *IEEE Trans. Magn.*, **28**, 3157 (1992)]

場印加方向は［100］である．多結晶の場合は，内部ひずみが Tb のモーメントの回転を抑えるために図(a)と比較して大きな磁歪は得られない[18]．図 2.3.10 に b 軸配向試料 $Tb_{0.6}Dy_{0.4}$ に関する様子を示す．圧縮応力は図 2.3.3 に示す磁区の回転ではなく磁化の回転であることが確認されている．この化合物の磁歪はほぼ等方的であるために，比較的に滑らかな変化を示す[19]．

2.3.6 Fe 基アモルファス合金

アモルファス合金においては結晶磁気異方性が存在しないので，ソフト磁性の観点から盛んに研究され，磁歪材料に大切な磁歪感受率も大きくなるものと期待された．しかし，希土類元素(R)を含む Fe 系アモルファス合金では T_C は著しく低下する．したがって磁歪の値は結晶の場合よりもかなり小さくなり，そのうえ大きなランダム磁気異方性が発生するために磁歪感受率は期待されたほど大きくならない．

そこで，希土類元素を含まない Fe 系で系統的な研究が展開された．Fe-メタロイド系の状態図において，20 at% 付近に共晶点があり，著しく融点が低くなることから，この組成を中心に液体急冷法による多くのアモルファス合金が作成されている．Fe-B 二元系では B 量の増加につれて T_C は上昇し，磁化は減少する．しかし，B が 15 at% 以下になり，Fe 濃度が高くなるにつれて磁化の値は減少する．T_C も 550 K 以下でかなり低くなるために実用性に問題があり，もっぱらメタロイドを 20% 以上含む合金で研究されている．図 2.3.11 に下記のアモルファス合金群の室温でのデータを示す[20]．TM は Cr, V, Mn, Ti, Ru, Al などの元素を表す．Fe-(TM)-P-C, Fe-(TM)-B-C, Fe-(TM)-Si-B, Fe-(TM)-Si-P-C, Fe-(TM)-P-C，以上のデータは（○）で示されている．なお，残りは $(Fe-Ni)_{80}B_{20}$（●），

Fe-Ni-P-B（△）である．磁歪 λ と室温磁化 σ_g の関係は $\lambda \propto \sigma_g^2$ である．したがって，大きな磁歪を得るためには室温磁化の大きな材料が有望である．

2.3.7 磁場誘起マルテンサイト変態

従来，マルテンサイト変態を示す合金の形状記憶効果として知られる温度誘起の巨視的変形は，アクチュエータ材料として有力な候補にあげられてきた．最近では，形状記憶効果を示す系の中で強磁性を示す合金について，磁場印加による変形駆動の可能性が注目されている．

Ni_2MnGa 合金系では，従来の磁場誘起マルテンサイト変態と異なり，変態時に同一方向に格子変形したバリアントとよばれる単位胞群が双晶界面の移動により磁場誘起再配列するために大きなひずみが生じる[21]．図 2.3.12(a)に示すように，マルテンサイトバリアント中で双晶界面を挟んでスタッキングの方位が変化する．これは同時に結晶磁気異方性の方位も変化することに相当する．外部磁場の印加により原子配列に変化がなければ，図(b)のように，ゼーマンエネルギー，$MH\sin\theta$ と結晶磁気異方性 K によるエネルギー $K\sin^2\theta$ の兼ね合いで磁気モーメント M の方向が決まる．一方，図(c)に示すように，強磁性マルテンサイト相において双晶界面移動に伴うひずみのテンソルで表現されるエネルギー変化 E_f よりも磁気異方性軸を磁場方向に近づけたほうがエネルギーの利得が大きい場合，双晶界面の移動が生じて巨視的な変形が発生する[22]．この場合，磁場誘起マルテンサイト変態に比べると比較的小さなエネルギースケール～$(K\sin^2\theta-E_f)/M$ で変形が生じることになり，低磁場で大きな変位が生じる．実際，Ni_2MnGa 合金系では，図 2.3.13 に示すように 1 T に対応する程度の磁場を［110］方向に垂直に，［001］方向に平行に印加すると，それぞれ -0.12% および 0.05% 程度の長さ変化が生じ，減磁プロセスでは履歴を伴いながら変形が回復する[23]．このようなメカニズムによる磁場誘起ひずみは双晶界面の移動に大きなエネルギーを必要としない場

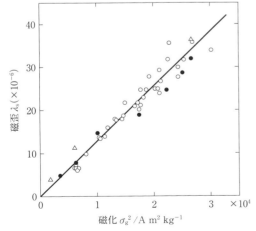

図 2.3.11 Fe 基アモルファス合金の飽和磁歪 λ_s と室温磁化 σ_g^2 の関係
[S. Ito, et al., Appl. Phys. Lett., **37**, 666 (1980)]

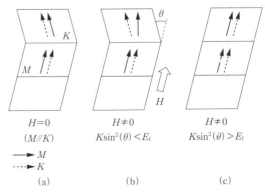

図 2.3.12 磁場誘起マルテンサイト変態における双晶界面移動エネルギー E_f と磁気異方性エネルギー $K\sin^2(\theta)$ との関係
[藤田麻哉，深道和明，日本応用磁気学会誌，**25**, 69（2001）]

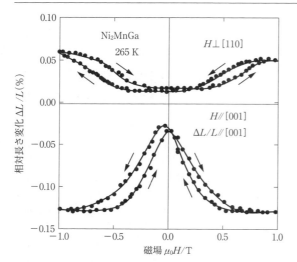

図2.3.13 Ni₂MnGa の 265 K における横および縦磁歪変化 矢印は昇磁および減磁プロセスを表す.
[R. C. O'Handley, *J. Appl. Phys.*, **83**, 3264 (1998)]

2.3.8 メタ磁性体

メタ磁性転移は磁気エネルギー曲線においてダブルミニマム構造を有し,その曲線の谷が非常に浅い場合に生じる.転移形態は種々あり,反強磁性から強磁性あるいはフェリ磁性,強磁性から別の強磁性,常磁性から強磁性などへのメタ磁性転移が考えられる.ここでは,代表的な数種類の磁性体に関して概観する.

a. FeRh

CsCl-型の反強磁性の 1 : 1 の等比組成の FeRh に磁場印加するか温度を上昇させるとメタ磁性転移を引き起こして強磁性になる.Fe のモーメントはほとんど変化しないが,Rh のモーメントは 0 から $0.9\mu_B$ に変化する.それに伴って大きな体積膨張を伴うために,体積磁歪として大きなひずみが出現する.FeRh の温度誘起による転移は 405 K で生じる.図 2.3.15 にみられるように,この温度直上の 409 K では弱い磁場印加でもメタ磁性転移が生じて大きな体積変化がみられる[27].この現象が室温付近に生じるように,T_C を下げる必要があり,有効な置換元素として Ni,Co,Fe,Pd が考えられる[28].その中で,組成依存性の緩慢な Pd の場合が制御に好都合である[27].

b. La(Fe-Si)₁₃H

Fe 系においては,珍しい常磁性から強磁性への遍歴電子型のメタ磁性転移によって大きなひずみが発生する.常磁性状態から強磁性状態になると,クーロン,運動,および弾性エネルギーの兼ね合いにより自発的に体積変化 ω が生じる.通常,体積変化は磁気モーメント M の 2 乗と磁気体積結合定数 κC の積として表される.3d 遷移金属化合物の場合,κC は $1\mu_B$ あたり 1% 程度である.立方晶系 NaZn₁₃ 型の La(Fe$_x$Si$_{1-x}$)₁₃ 化合物は $x=0.86$ において,T_C での強磁性-常磁性転移が一次相転移を示す.さらに,T_C 直上の常磁性状態で磁場を印加すると強磁性への一次相転移,いわゆる遍歴電子メタ磁性転移を示す.本系

合,ほかの熱弾性型のマルテンサイト変態,すなわち,変態駆動力のエネルギーと発生する弾性エネルギー変化がつり合った変態挙動を示す磁性体においても生じることが期待される.実際に Ni₄₅Co₅Mn₃₆.₇In₁₃.₃ は,室温で 5 T 付近で大きなひずみを生じる[24].また,Fe₃Pt では 4.2 K で 1 T の磁場印加で $\lambda_{001} = -5 \times 10^{-3}$ 程度のひずみを示す[25].図 2.3.14 に Fe₃Pt$_{1-x}$Ir$_x$ 合金の第一原理計算により求められた λ_{001} の組成依存性を示す[26].3d よりも 5d 軌道がスピン-軌道相互作用に大きく寄与して $x=0.25$ 付近で最大値が得られる.ただし,これらの結果は基底状態での計算結果であり,元素置換によるマルテンサイト変態温度のシフトおよび T_C の低下など,実用材料の観点からはデータの集積が必要である.

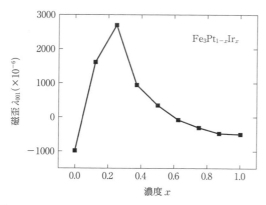

図2.3.14 Fe₃Pt$_{1-x}$Ir$_x$ 合金の磁歪 λ_{001}(理論計算)の組成依存性
[D. Odkhuu, *et al.*, *Appl. Phys. Lett.*, **98**, 152502 (2011)]

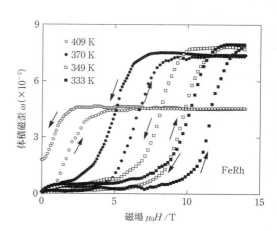

図2.3.15 FeRh 合金のメタ磁性転移と体積磁歪の磁場依存性 矢印は昇磁および減磁プロセスを表す.
[M. R. Ibarra, P. A. Algarabel, *Phys. Rev. B*, **50**, 4198 (1994)]

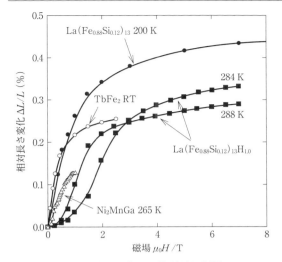

図 2.3.16 各種材料のひずみ量（相対長さ変化）$\Delta L/L$：La$(Fe_{0.88}Si_{0.12})_{13}$（200 K），La$(Fe_{0.88}Si_{0.12})_{13}H_{1.0}$（284 K, 288 K），TbFe$_2$（室温, RT），Ni$_2$MnGa（265 K）
[K. Fukamichi, A. Fujita, *J. Mater. Technol.*, **16**, 170 (2000)]

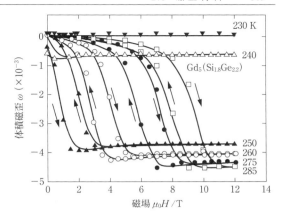

図 2.3.17 Gd$_5$Si$_{1.8}$Ge$_{2.2}$ 化合物の各温度における体積磁歪 ω の磁場依存性
矢印は昇磁および減磁プロセスを表す．
[L. Morellon, *et al.*, *Phys. Rev. B*, **58**, R14723 (1998)]

の場合，結晶構造は不変で転移に伴い体積で1.5%の膨張（ω）がある．$\omega = \lambda_{\parallel} + 2\lambda_{\perp}$ とすると等方的な膨張であるために，長さ変化の換算において1/3とすると0.5%程度の変化が期待される．図2.3.16は$x=0.88$における20Kでの磁場と平行方向の長さ変化 $\Delta L/L$ を示す．比較のため，室温でのTbFe$_2$の異方性磁歪（$\lambda_{\parallel} - \lambda_{\perp}$）を併せて示す．本系の最大変位はTbFe$_2$の特性の約2倍であり，また，弱磁場中での変化率もTbFe$_2$に匹敵していることがわかる[29]．さらに，実用上注目される点は，等方的変化であるためにTbFe$_2$などの異方性磁歪材料や2.3.7項で述べた磁場誘起巨大ひずみを示す強磁性形状記憶合金に要求される組織制御をまったく必要としないことである．さらに，T_C 直上で厳密に温度制御すれば，TbFe$_2$の場合と比較して格段に低い印加磁場で磁歪を発生させることができる．したがって，本系の実用材料への応用には，遍歴電子メタ磁性転移が出現する電子状態を保ったまま T_C を室温近傍に上昇させることが不可欠である．その目的にそって，水素吸収により本系の遍歴電子メタ磁性転移の制御することでLa$(Fe_{0.88}Si_{0.12})_{13}H_{1.0}$の試料では T_C が333 K付近まで上昇し，転移に伴い1%に近い体積変化が生じる[29]．

c. Gd$_5$(Si-Ge)$_4$

Gd$_5$Ge$_4$ は反強磁性（ネール温度 $T_N = 125$ K），Gd$_5$Si$_4$ は強磁性（$T_C = 330$ K）であり，Gd$_5$(Si$_{1-x}$Ge$_x$)$_4$ にすることで，広い温度範囲において磁気転移温度が制御できる．図2.3.17に示すように大きな体積変化を引き起こす[30]．結晶構造は複雑で，$x=0.55$ に相当するGd$_5$Si$_{1.8}$Ge$_{2.2}$では2 Tの磁場印加により，メタ磁性転移が生じるが240と250 Kでの大きな磁歪の差は，後者には単斜晶から斜方晶への結晶変態も重なっているために生じる．なお，温度上昇とともに磁歪は増大するが，印加磁場も漸次大きくしなければメタ磁性転移は発生しなくなる．変態のヒステリシスに強い温度依存性はみられず，1.5 T程度である．

d. (Co-Ni)MnSi

CoMnSiはMnP型はヘリカルのスピン構造を有する反強磁性体である．磁場印加でメタ磁性転移を引き起こしコリニアの強磁性体になる．特徴的なことは，希土類磁性元素を含む化合物のような大きなスピン-軌道相互作用は存在しないが，この転移に伴い大きな磁歪が発生することである．大きな磁歪の原因として，反強磁性状態の状態密度が磁場印加がスピン構造の変化とMn-Mn距離の変化に大きく影響するためである．図2.3.18にはCo$_{0.95}$Ni$_{0.05}$MnSiの $\lambda_{\perp}$ の温度依存性を示す[31]．5.5 T磁場印加で100 Kでは7×10^{-3}程度の値を示す．温度とともに印加磁場および磁歪の値の双方が減少するが，室温付近で1 Tの磁場印加で数分の1の1×10^{-3}を超える値であり，実用

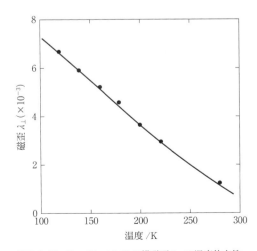

図 2.3.18 Co$_{0.95}$Ni$_{0.05}$MnSi の横磁歪 $\lambda_{\perp}$ の温度依存性
[A. Barcza, *et al.*, *Phys. Rev. Lett.*, **104**, 247202 (2010)]

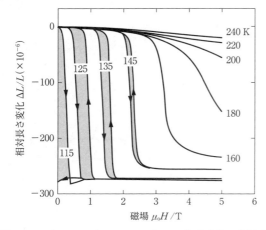

図 2.3.19 $(Nd_{1-x}Sm_x)_{0.5}Sr_{0.5}MnO_3$ ($x=0.94$) 酸化物の各温度における転移と相対長さ変化 $\Delta L/L$
矢印は昇磁および減磁プロセスを表す.
[H. Kuwahara, *et al.*, *Phys. Rev. B*, **56**, 9386 (1997)]

表 2.3.2 メタ磁性化合物の線ひずみ量(相対変化)および転移温度

化合物（結晶型）	線ひずみ量(相対変化)	温度 /K	文献
MnAs (NiAs)	$\sim 6 \times 10^{-3}$	~ 320	1)
$Hf_{0.8}Ta_{0.2}Fe_2$ (C14)	$\sim 4 \times 10^{-3}$	~ 180	2)
Er_2Fe_{17} (Th_2Ni_{17})	$\sim -2 \times 10^{-4}$	~ 100	3)
$TbMn_2$ (C15)	$\sim 5 \times 10^{-3}$	~ 20	4)

1) G. Kido, H. Ido, *J. Magn. Magn. Mater.*, **70**, 207 (1987).
2) G. Kido, *et al.*, *J. Magn. Magn. Mater.*, **54-57**, 885 (1986).
3) B. Garcia-Landa, *et al.*, *Physica B*, **177**, 227 (1992).
4) M. R. Ibarra, *et al.*, *Solid State Commun.*, **87**, 695 (1993).

的に十分大きな値である.

e. Mn 酸化物 $(Nd_{1-y}Sm_y)_{0.5}Sr_{0.5}MnO_3$

ペロブスカイト型 Mn 酸化物 $RMnO_3$ において，希土類元素(R)をほかの元素で部分置換すると結晶構造や磁性を変化させることができ，ゴールドシュミット半径比を用いた因子は許容因子とよばれている. $SmMnO_3$ の場合, Nd で制御した電荷の規則化のために反強磁性になり $(Nd_{1-y}Sm_y)_{0.5}Sr_{0.5}MnO_3$ ($y=0.938$) では $T_N=113$ K である. 室温 (常磁性) では斜方晶 ($GdFeO_3$ 型) である. T_N 直上の 115 K で磁場印加すると Mn^{3+} と Mn^{4+} の二重交換相互作用による一次転移の強磁性が出現する[32]. それとともに, 絶縁体から金属へのメタ磁性転移が生じ，図 2.3.19 に示すように 115 K では 0.5 T 程度で大きな磁歪が発生する. しかしながら, 温度上昇とともに転移磁場は増大して, 180 K では 5 T 程度の印加磁場を必要とする. 同様の大きな磁歪は, 層状ペロブスカイトである $La_{0.2}Sr_{0.8}Mn_2O_7$ などでも報告されている[33]. このような酸化物において磁場のみならず, 電場, 応力, ひずみなどにより特性が制御される酸化物が多数存在する. これらの化合物はマルチフェロイックス[34]とよばれ, 広い分野で研究が展開されている.

f. その他のメタ磁性材料

表 2.3.2 に数種類のメタ磁性化合物の相対長さ変化とメタ磁性発生の温度を示す. この表に示した数値は典型例であり, ほかの温度範囲でもメタ磁性転移は生じるが, 図 2.3.15 に示したように印加磁場の値が異なる. 多くの化合物の結晶構造は立方晶系でない場合が多く, メタ磁性転移におけるひずみも等方的でない. 実用上の欠点としては, メタ磁性転移を引き起こすためには比較的大きな印加磁場を必要とする. さらに, ごく一部を除いて, メタ磁性転移は室温よりも低い温度領域で生じることなどである.

2.3.9 材料比較

これまで議論した種々の磁歪材料のメカニズム, 相対変化量, ヒステリシスをチタン酸ジルコン酸鉛圧電体(PZT)と比較して表 2.3.3 に示す. Fe-Ga 系は希土類元素を含まないが大きな磁歪を示し, 磁場昇減に伴うヒステリシスが小さく, しかも機械的性質にも優れた材料である. ターフェノール系も種々改良が加えられ, ヒステリシスが小さく磁歪感受率にも優れ, 巨大磁歪材料として重要な地位を確保しているが, 化合物であるために機械的に脆く, 広範な応用に至っていない. 磁場誘起マルテンサイト系およびメタ磁性転移系での印加磁場は高くヒステリシスも PZT の値よりも大きい. また, 図 2.3.16 の $La(Fe_{0.88}Si_{0.12})_{13}$ 系と異なり, 結晶変態を伴う場合が多くて磁場および温度サイクルにおいて不安定である. したがって, 繰り返し使用において耐久性・信頼性に問題がある.

表 2.3.3 代表的な材料の磁歪発生メカニズム, 相対変化量, ヒステリシス量と大きな電歪を示す PZT の特性との比較

材料	メカニズム	相対変化量 ($\times 10^{-6}$)	ヒステリシス量 (%)	文献
Fe-Ga 系	線磁歪	~ 400	1	1)
ターフェノール系	線磁歪	~ 2500	2	2)
マルテンサイト変態	バリアント移動	~ 1000	30	2)
メタ磁性転移系	体積磁歪	~ 3000	16	3)
PZT 系	電歪	~ 1000	10	2)

1) G. D. Liu, *et al.*, *Appl. Phys. Lett.*, **84**, 2124 (2004).
2) A. G. Olabi, A. Grunwald, *Mater. Design*, **29**, 469 (2008).
3) S. Fujieda, *et al.*, *Appl. Phys. Lett.*, **79**, 653 (2001).

文　献

1) 長島富雄, "磁性体ハンドブック", (近角聰信, 太田恵造, 安達健五, 津屋 昇, 石川義和 編), p.1069, 朝倉書店 (1975).
2) 清水 洋, 文献1), p.1173.
3) H. Fujiwara, H. Kadomatsu, T. Tokunaga, *J. Magn. Magn. Mater.*, **31-34**, 809 (1983).
4) T. Tokunaga, H. Fujiwara, *J. Phys. Soc. Jpn.*, **45**, 1232 (1978).
5) A. E. Clark, J. B. Restorff, M. Wun-Fogle, T. A. Lograsso, D. L. Schlagel, *IEEE Trans. Magn.*, **36**, 3238 (2000).
6) T. Ueno, H. Miura, S. Yamada, *J. Phys. D : Appl. Phys.*, **40**, 064017 (2011).
7) E. M. Summers, T. A. Lograsso, M. Wun-Fogle, *J. Mater. Sci.*, **42**, 9582 (2007).
8) O. Ikeda, R. Kainuma, I. Ohnuma, K. Fukamichi, K. Ishida, *J. Alloys Compd.*, **347**, 198 (2002).
9) H. Cao, P. M. Gehring, C. P. Deveugd, J. A. Rodriguez-Rivera, J. Li, D. Viehland, *Phys. Rev. Lett.*, **102**, 127201 (2009).
10) N. Y. Zhang, R. Q. Wu, *Phys. Rev. B*, **82**, 224415 (2010).
11) A. E. Clark, "Ferromagnetic Materials", (E. P. Wohlfarth, ed.), Vol. 1, p. 531, North-Holland (1980).
12) Y. G. Shi, S. L. Tang, L. Y. Lv, J. Y. Fan, *J. Alloys Compd.*, **506**, 533 (2010).
13) A. E. Clark, J. P. Teter, O. D. McMasters, *J. Appl. Phys.*, **63**, 3910 (1988).
14) 松井正顕, 豊田研究報告, **61**, 87 (2008).
15) Y. Ishibashi, M. Iwata, *J. Phys. Soc. Jpn.*, **68**, 1353 (1999).
16) R. Z. Levitin, A. S. Markosyan, *J. Magn. Magn. Mater.*, **84**, 247 (1990).
17) S. Yang, H. Bao, C. Zhou, Y. Wang, X. Ren, Y. Matsushita, Y. Katsuya, M. Tanaka, K. Kobayashi, X. Song, J. Gao, *Phys. Rev. Lett.*, **104**, 197201 (2010).
18) A. E. Clark, J. P. Teter, M. Wun-Fogle, J. B. Restorff, *IEEE Trans. Magn.*, **31**, 4032 (1995).
19) A. E. Clark, M. Wun-Fogle, J. B. Restorff, J. F. Lindberg, *IEEE Trans. Magn.*, **28**, 3156 (1992).
20) S. Ito, K. Aso, Y. Makino, S. Uedaira, *Appl. Phys. Lett.*, **37**, 665 (1980).
21) K. Ullako, J. K. Huang, C. Kantner, R. C. O'Handley, V. V. Kokorin, *Appl. Phys. Lett.*, **69**, 1966 (1996).
22) 藤田麻哉, 深道和明, 日本応用磁気学会誌, **25**, 66 (2001).
23) R. C. O'Handley, *J. Appl. Phys.*, **83**, 3263 (1998).
24) R. Kainuma, Y. Imano, W. Ito, Y. Sutou, H. Morito, S. Okamoto, O. Kitakami, K. Oikawa, A. Fujita, T. Kanomata, K. Ishida, *Nature*, **439**, 957 (2006).
25) T. Kakeshita, T. Takeuchi, T. Fukuda, M. Tsujiguchi, T. Saburi, R. Oshima, S. Muto, *Appl. Phys. Lett.*, **77**, 1502 (2000).
26) D. Odkhuu, W. S. Yun, S. H. Rhim, S. C. Hong, *Appl. Phys. Lett.*, **98**, 152502 (2011).
27) M. R. Ibarra, P. A. Algarabel, *Phys. Rev. B*, **50**, 4196 (1994).
28) 湯浅新治, 大谷義近, 宮島英紀, 佐久間昭正, 日本応用磁気学会誌, **18**, 235 (1994).
29) K. Fukamichi, A. Fujia, *J. Mater. Technol.*, **16**, 167 (2000).
30) L. Morellon, P. A. Algarabel, M. R. Ibarra, J. Blasco, B. García-Landa, Z. Arnold, F. Albertini, *Phys. Rev. B*, **58**, R14721 (1998).
31) A. Barcza, Z. Gercsi, K. S. Knight, K. G. Sandeman, *Phys. Rev. Lett.*, **104**, 247202 (2010).
32) H. Kuwahara, Y. Tomioka, Y. Morimoto, A. Asamitsu, M. Kasai, R. Kumai, Y. Tokura, *Phys. Rev. B*, **56**, 9386 (1997).
33) D. N. Argyriou, J. F. Mitchell, C. D. Potter, S. D. Bader, R. Kleb, J. D. Jorgensen, *Phys. Rev. B*, **55**, R11965 (1997).
34) L. W. Martin, S. P. Crane, Y. H. Chu, M. B. Holcomb, M. Gajek, M. Huijben, C. H. Yang, N. Balke, R. Ramesh, *J. Phys : Condens. Matter*, **20**, 434220 (2008).

3 材料・プロセス：薄膜・微粒子

3.1 概　　要・・・・・・・・・・・・・・・309
3.2 薄膜・微粒子の作製法・・・・・・・・・319
3.3 記録用磁性材料・・・・・・・・・・・・334
3.4 磁気伝導デバイス用材料・・・・・・・・380
3.5 高周波材料・・・・・・・・・・・・・・420
3.6 磁性微粒子・・・・・・・・・・・・・・436
3.7 薄膜・微粒子の材料特性の評価法・・・・457

3.1 概　　要

　磁気を利用したさまざまな電子デバイスは，さまざまな磁性薄膜・微粒子材料を利用してつくられている．しかし，薄膜や微粒子材料では，材料本来がもつ磁気特性に加えて，薄膜や微粒子の表面や界面，薄膜中の粒子の形状や結晶性，サイズ，粒子間の磁気的相互作用，薄膜が基板から受ける応力など，さまざまな因子が複雑に絡み合って，薄膜や微粒子特有の磁気特性が発現する．さらには，薄膜を原子層オーダーで積層することにより，バルク結晶では実現できない巨大磁気抵抗（GMR）効果やトンネル磁気抵抗（TMR）効果，磁気異方性などの薄膜特有の新規な磁性を発現させることが可能となる．また，これらの磁性薄膜や微粒子を実際にさまざまな分野で応用する場合，その用途に応じた特有の構造や磁気特性をもたせることが必要となる．そのため，薄膜・微粒子材料において所望の磁気特性を発現させるには，バルク材料本来の磁気特性以外に，薄膜を構成する微粒子の粒子径，結晶性，形状，結晶粒子の配向性，粒界構造など，磁性微粒子自体の磁性と磁性粒子間および磁性層間の磁気的相互作用を制御することが必要であり，そのためにさまざまなプロセス技術が開発されている．

　とくに近年の機能性磁性薄膜の開発においては，それぞれの機能に合わせたナノメートルオーダーの薄膜微細組織を実現することが不可欠で，積層膜や多層膜などの自然界には存在しない人工的な構造体で現れる新規な機能を利用する方向へと移行している．

　本章では，概要においてまず，磁性薄膜の磁気特性を左右する要因について説明するとともに，それらを制御するために用いられているさまざまなプロセス技術について解説する．引き続いて，3.2節で実際に用いられている磁性薄膜や磁性微粒子の作製方法について解説するとともに，磁性薄膜材料が実際に応用されている分野として，3.3節「記録用磁性材料」，3.4節「磁気伝導デバイス用材料」，3.5節「高周波材料」を取り上げ，それらの分野で使われている薄膜磁性材料の構造や特性について述べる．また，磁性ビーズとしての医療応用や磁性流体などへの応用が行われている磁性微粒子については，3.6節で詳しく解説する．薄膜・微粒子の材料特性の評価は，評価法を3.7節で紹介する．

3.1.1 磁性薄膜の磁気特性の制御

　多結晶磁性薄膜を利用した磁気記録媒体は図3.1.1に示すような多数の磁性結晶粒が集合した構造をもつ．このような多結晶膜の磁気特性は，個々の結晶粒の磁気特性と，

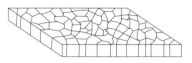

多くの磁性結晶粒子から構成される磁性薄膜

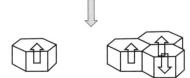

個々の結晶粒の磁性 ＋ 粒子間の磁気的相互作用

図 3.1.1　磁気記録媒体用多結晶磁性薄膜の構造と磁気特性

磁性粒子間の磁気的相互作用に依存するため，所望の磁気特性の薄膜を得るためには，個々の結晶粒の磁気特性に影響する結晶粒径や結晶相の結晶性，結晶粒の形状と配向性などの制御とともに，磁性粒子間の磁気的相互作用の大きさを左右する結晶粒界の制御が必要となる．そのような制御には，基板上に堆積する薄膜の成長プロセスを十分に考慮しなければならず，堆積プロセスに影響するさまざまなパラメーターを制御して，所望の構造をもつ薄膜を実現することになる．以下に，多結晶磁性薄膜の磁気特性を制御するために用いられているさまざまなプロセス技術を紹介する．

a. 磁性薄膜中の結晶粒の結晶性，粒径，結晶粒の配向性の制御

薄膜を構成する結晶粒の真性的な磁気定数と結晶性や粒径および結晶粒の配向性は，薄膜全体の磁気特性に強く影響することから，所望の磁気特性の薄膜を得るためにはそれらの制御が重要となる．薄膜の作製に利用されているスパッタ法や蒸着法では，ばらばらになった原子や分子を真空中で基板上に堆積する．このような薄膜堆積過程において，薄膜の結晶粒成長を制御するために以下に紹介するようなさまざまな方法や工夫がとられている．

超清浄雰囲気による成膜[1~3]　薄膜の形成過程は，基板あるいは膜表面に入射した原子や分子が，表面を移動して固相状態へ非平衡状態で堆積していく現象である．そのため，CoCrなどの合金薄膜の堆積過程では，成膜中の雰囲気ガス中に含まれる不純物ガス（水蒸気やCO，CO_2，酸素，窒素など）が堆積中の膜表面に吸着あるいは入射して膜中に取り込まれる．膜中への不純物の取り込みは，それ自体が，欠陥となって磁気特性に影響を与えるのみならず，成膜中の原子の表面拡散を阻害して結晶粒の成長や相分離を抑制したり結晶粒の配向性や結晶性を劣化させることで，磁気特性に大きな影響を与える．不純物ガスには，真空装置のリーク以外に真空槽や配管の壁，ガスケットから放出される不純物ガス，スパッタなどを起こすために使用するプロセスガス中に含まれる不純物ガス，さらにはターゲット材など蒸発材料中に含まれている不純物ガス，および真空排気装置自身から放出されるものなどがある．これらの不純物ガスの放出を抑制することで，10^{-10} Pa台の超高真空を実現するとともに，超高純度のプロセスガス（H_2O濃度が1 ppb程度）を利用することで，図3.1.2に示すように，従来プロセスに比較して4桁近く不純物濃度の低い雰囲気中での成膜が実現できるようになってきた．たとえば，この超清浄プロセスを利用して，長手記録用のCo-Cr-TaやCo-Ni-Cr媒体を作製した場合の例を図3.1.3に示す．成膜中の雰囲気の清浄度を改善することで

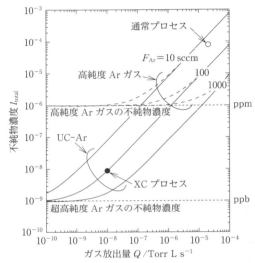

図3.1.2　超清浄プロセスおよび通常プロセスにおけるスパッタ成膜中の雰囲気ガス中の不純物濃度（高純度Ar：1 ppm，超高純度Ar：1 ppb使用時）（sccmはstandard cc(cm^3)/min）10^{-9} Torr L s^{-1}以下の低ガス放出が実現可能な装置と不純物濃度が1 ppb以下の超清浄プロセスガスを用いることで，10 ppb台の不純物濃度での成膜を実現している．

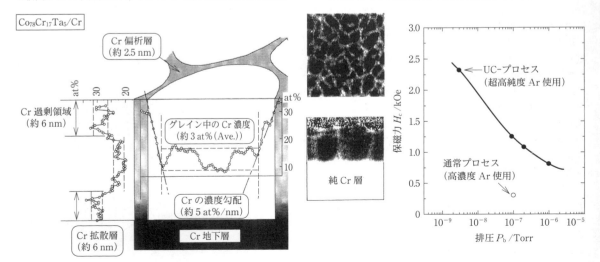

図3.1.3　超清浄プロセスによるCo-Cr-Ta媒体の粒界へのCrの偏析促進による保磁力の増加

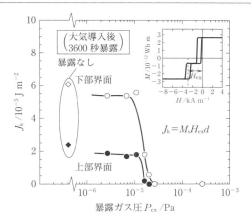

図 3.1.4 Ni-Fe/25% Ni-Mn/Ni-Fe 積層界面で，大気導入量が一方向異方性エネルギー J_k に及ぼす影響
[高橋 研，真空，**41**，853(1998)]

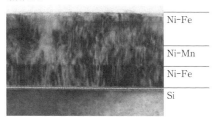

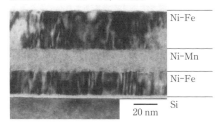

図 3.1.5 2.7×10^{-5} Pa，1 時間の大気暴露有無の条件で作製した Ni-Fe/25% Ni-Mn/Ni-Fe 積層膜の断面 TEM 像

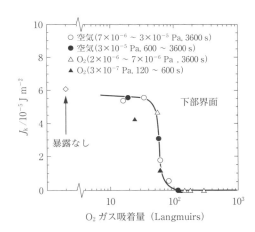

図 3.1.6 酸素ガス吸着量による Ni-Fe/25% Ni-Mn/Ni-Fe 積層膜の一方向異方性エネルギー J_k の変化
[高橋 研，真空，**41**，855(1998)]

Cr の粒界への拡散が促進され，その結果，結晶性が良好で Co に富む高い結晶磁気異方性からなる結晶粒の成長と，磁性粒子間の磁気的相互作用の低下に寄与する Cr 濃度が高い粒界からなる媒体が形成されることが見出されている[4,5]．

一方，薄膜を真空槽中で作製する場合，真空槽内の残留不純物ガスが基板表面に吸着する．この吸着不純物ガスの存在は，その上に形成される膜の結晶性の変化を通して磁気特性に強く影響することが知られている[6,7]．Ni-Fe/25% Ni-Mn/Ni-Fe 積層界面でのガス吸着が交換結合に及ぼす影響を示す例を図 3.1.4 に示す[6]．下層 Fe-Ni を成膜後，$3 \times 10^{-6} \sim 3 \times 10^{-4}$ Pa の大気暴露を 60 分間行った後，Ni-Mn 層，Ni-Fe 層を作製すると，1×10^{-5} Pa より高いガス圧での暴露では一方向異方性 J_k ($J_k = M_s H_{ex} d$) が急激に減少し，3×10^{-5} Pa の暴露で 0 となる．Ni-Mn 層と，上部 Ni-Fe 層との間に働く一方向異方性も同様に減少・消滅する．この原因は，図 3.1.5 の断面 TEM 像が示すように，大気暴露した Ni-Fe 層の上では Ni-Mn 層の結晶粒の成長が抑制され γ-NiMn 結晶粒が形成されなくなるためである．この γ-NiMn の成長抑制に最も影響があった吸着ガス種は O_2 であり，さまざまな暴露条件を O_2 ガス吸着の Langmuir 単位に対して一方向異方性定数 J_k をプロットすると図 3.1.6 のようになる[6]．いずれの暴露条件も 1 本の曲線上に乗ること，さらに J_k は 40 L 以上で急激に減少し 100 L で消失することを示している．このように薄膜あるいは基板表面へのガスの吸着は，その上に堆積する膜の微細構造とくに初期成長層や境界層の磁気特性や構造を大きく左右するため，所望の磁気特性の膜を実現するためにはその吸着量の制御が重要となる．さらに，磁性多層膜の界面への不純物ガスの吸着は，界面での磁気的相互作用に大きな影響を与えることから，磁性多層膜の磁気特性を制御するためにはこの界面への不純物ガス吸着に十分な配慮が必要となる．

以上述べたように，真空プロセスを利用してつくられる薄膜の微細構造は，装置内や使用するガス中に残留する不純物ガスによって大きく変化する．そのため，超清浄プロセスはナノメートルオーダーの薄膜の微細構造制御には，欠くことのできない基本インフラと考えるべきものである．

b. シード層・下地層による制御

薄膜の成長過程では，膜の表面に入射した粒子が，液体のように表面をかなり自由に移動して堆積すると考えられる場合が多い（表面拡散エネルギー≪バルク拡散エネルギー）．二次元的に自由に原子が動き回る場合，表面エネルギーが最も小さな表面を形成しながら堆積するため，エピタキシャル成長が起こらない基板上に堆積する場合，一

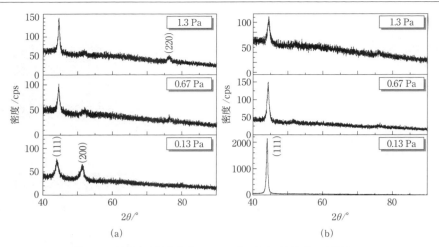

図 3.1.7 液体窒素温度成膜による Ni 膜の最密面配向性の改善例
(a) 室温成膜　(b) 液体窒素温度成膜
[H. Shimizu, E. Suzuki, Y. Hoshi, *Electrochim. Acta*, **44**, 3939 (1999)]

般的には低温では表面エネルギーが最も小さい最密面が膜面に並行に配向して成長する．fcc 構造をもった Ni や Cu，Au などの膜を作製すると (111) 面に配向した膜が，hcp 構造をもつ Ru や Ti，Co-Cr，ZnO，六方晶フェライトなどの膜を作製すると c 面配向の膜が得られる場合がこれにあたる[8,9]．200%を超える大きな MR 比が報告されている TMR 素子の作製で，$Co_{60}Fe_{20}B_{20}$ アモルファス膜上に MgO 絶縁層を堆積すると (100) 配向した MgO 薄膜が得られる[10]こともこのようなメカニズムが働くためと考えられる．

表面エネルギーが小さい最密面が膜面に平行に強く配向した膜を得るためには，表面の原子が自由に動きまわるという条件を満たす範囲で，基板温度はできるだけ低くすることが望ましい．たとえば，fcc 構造の Ni 膜を堆積するときに，図 3.1.7 に示すように液体窒素温度で堆積すると，室温に比べて最密面である (111) 面配向性が良好な膜が形成される[11]．さらに，低いガス圧の方が，より良好な (111) 面配向膜が得られる．これは，基板温度を低くすることで，最密面に比べて表面エネルギーの大きな結晶面をもつ配向粒子の成長を抑制するとともに，スパッタ中のガス圧を下げることで基板に入射・堆積するスパッタ粒子の運動エネルギーを増加させて，表面を自由に移動できる状態を実現させているためである．表面エネルギーのより大きな結晶面が配向した膜をアモルファスの基板上に得るためには，基板温度や成膜条件を制御することで基板表面の実効温度や薄膜の応力を制御することが必要となる．たとえば，室温基板上で Fe の (100) 面が配向した薄膜は，低ガス圧（0.053 Pa），低堆積速度（0.7 nm min^{-1}）の条件でスパッタすることで実現できる[12]．しかし，中間の表面エネルギーをもつ結晶面のみを成膜条件の制御のみで配向させることは，通常困難である．さらに磁性薄膜で求められる結晶面の配向性に加えて，結晶粒径や磁性粒子間の相互作用も含めた制御を実現するためには，堆積条件の制御に加えて，シード層や下地層を駆使した成膜技術が不可欠となってきている．

結晶構造や格子定数が異なる基板表面に膜を形成する場合，基板表面からの影響を受けて，さまざまな面を向いた結晶粒子からなる初期成長層が成長し，その後，結晶面の表面エネルギーが最も小さな最密面が膜面平行に向いた結晶粒が優先的に成長して配向膜が形成される場合が多く観測される．このような場合，磁気的な性質が異なる初期成長層との 2 層構造の膜が形成される．たとえば，Co-Ni-Cr-Ta 膜をガラス基板上および，ガラス基板に Ti 下地層を形成した上に堆積すると，膜の垂直保磁力および垂直磁気異方性は図 3.1.8 に示すように膜厚の減少に伴い，急激に減少する[13]．Ti 下地を導入することによって，ガラス基板上の場合よりも著しく垂直保磁力，垂直磁気異方性ともに増加するものの，膜厚の低下に伴う垂直磁気異方性の低下が認められる．この原因は，図 3.1.9 に示すように Co-Ni-Cr-Ta 膜成長初期にランダムに配向した微結晶からなる 14 nm 程度の厚さの初期成長層が形成され，その後，膜面に垂直に c 軸配向した柱状の六方晶結晶粒が成長するためである．Ti 下地の導入は，この初期成長層の厚さを薄くすることを可能とし，その結果としてガラス基板上に直接堆積した場合に比べて，顕著に垂直保磁力と垂直磁気異方性が増加することが確認されている．このように，所望の磁気特性の膜を得るためには，磁気特性を大きく劣化させる初期成長層の形成を抑制することが必要となる．

各種半導体単結晶薄膜の作製に広く用いられている単結晶基板を利用して，ヘテロエピタキシャル成長によって所望の単結晶薄膜を作製する方法は，膜の結晶配向性を制御するとともに初期成長層の厚さを減らすことも可能にする方法である．小さな微結晶が集合して形成される多結晶

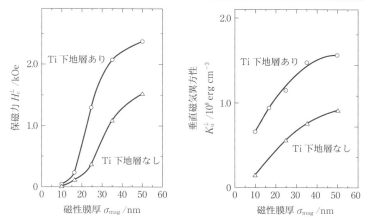

図 3.1.8 Co-Cr-Ni-Ta 膜の保磁力および垂直磁気異方性エネルギーの膜厚依存性（Ti 下地層の有無による変化）
［斉藤 伸, 高橋 研ら, 日本応用磁気学会誌, 25, 584(2001)］

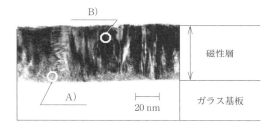

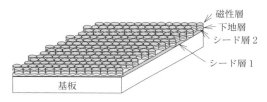

図 3.1.10 下地層を用いた磁性層の微細構造制御のモデル図

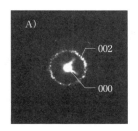 

図 3.1.9 ガラス基板上に直接堆積した Co-Cr-Ni-Ta 膜の断面 TEM 像と電子線回折像

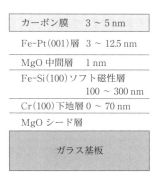

図 3.1.11 提案されている Fe-Pt 垂直磁気記録媒体の一例

膜の作製においても，得られる膜の個々の結晶粒の大きさや配向性などは，その膜を堆積する下地層の影響を強く受ける．所望の配向性やサイズをもった微結晶からなる多結晶膜を得るためには，基板温度や堆積速度などの薄膜作製時の成膜条件を制御するだけでは不十分で，所望の構造をもつシード層や下地層を利用することが必要となる．シード層や下地層の挿入は，その上に堆積させる磁性層の結晶配向性，結晶粒径と結晶粒界の状態を下地層へのヘテロエピタキシャル成長を通して制御することが目的である．

多結晶膜の配向性と粒径の制御を同時に行うため，図 3.1.10 に示すように，所望の粒径で，かつヘテロエピタキシャル成長が可能な結晶面が配向した下地層を先に形成し，その上に機能性薄膜を堆積するプロセスを利用する方法が広く用いられている．このような下地層を利用した磁気記録媒体の作製法の一例を示しておく．

ソフト磁性膜を裏打ちした（001）配向 $L1_0$-Fe-Pt 垂直磁気記録媒体を実現するために提案されている媒体構造を，図 3.1.11 に示す[14]．（001）配向した FePt 垂直磁化膜を実現するために，Fe-Pt の（001）面がヘテロエピタキシャル成長できる（110）面配向 Fe-Si ソフト磁性裏打ち膜を，さらにその下地膜として Cr（100）配向膜を用いる方法を提案したものである．（100）配向 Cr 下地層を得るための方法として，基板上に Ta シード膜[15]や MgO シード膜[16]を形成する方法が報告されている．いずれにしろ，所望の特性をもつ磁性薄膜を実現するためには，さま

ざまな薄膜材料を積層することで結晶配向性や粒径，結晶性を制御することが必要となる．

このようなシード層や下地層を利用する場合に重要となる，所望の粒径や配向性をもつ結晶子からなる下地層を得るための方法について，解説しておく．

基板表面に膜が堆積していく過程では，図3.1.12に示すような3種類の成長モードで薄膜が形成されることが知られている．粒径が比較的大きな膜が得られるのは，膜の表面でのぬれ性が良好で，基板面に広がったいわゆるFrank-van der Merwe型で層状成長する場合である．基板と膜の密着性 W とぬれ性に関しては Young-Dupre の式（$W=\gamma_{Film}(1+\cos\theta)$，$\gamma_{Film}\cos\theta=\gamma_{sub}-\gamma_{interface}$）で関係づけられることが知られている．ここで，$\theta$ は接触角，γ_{Film}，γ_{sub} は膜と基板の表面エネルギー，$\gamma_{interface}$ は膜と基板との界面の界面エネルギーである．これらのエネルギーの間に $\gamma_{Film} \leq \gamma_{sub}-\gamma_{interface}$ の関係が成り立つときには，膜は基板上を拡張して大きな結晶粒径でFrank-van der Merwe型の層状成長をすることになる．また，基板の表面エネルギーが小さく接触角が大きくなってくると，ぬれ性が悪くなり図3.1.12(a)に示すような Volmer-Weber 型とよばれる島状成長で粒径の小さな膜が形成されやすくなると考えられる．所望の粒径からなる膜を作製するためには，得ようとする薄膜の表面エネルギーを考慮して，基板材料やシード層材料を選択することが必要であることを示している．

基板表面の原子と強く結合できる場合は，図3.1.12(c)に示すように基板表面にまず連続膜が堆積して，その後，島状成長する Stranski-Krastanov モードとよばれる成長が起こる．この成長は，下地の結晶と異なる格子定数をもつ材料を成長させるときに観測される成長モードで，格子不整合度がおおむね1.7％以上のときには成長層はひずみをもち，ある臨界膜厚を超えたところで膜が島状構造に変化する．この現象は，量子ドットの作製方法としても応用されている[17]．

いずれにしろ所望の配向性，粒径をもつ下地層を得るためには，ナノメートルオーダーの膜中の結晶粒子の配向性とサイズを制御することが必要で，上記のような薄膜の成長過程を十分に考慮して所望の結晶面と粒径をもつシード層，下地層を組み合わせて作製することがポイントとなる．一例として，高密度垂直磁気記録媒体作製用の粒径が小さく，かつおのおのの粒子が SiO_2 で隔てられた c 軸配向した Ru 下地膜の作製法として提案されている方法を紹介しておく[18]．図3.1.13にその構造を示す．基板上にNiFeCr シード層，その上に表面エネルギーが小さく，Ruのc面との格子ミスマッチが20％と大きめな Mg シード層を堆積し，その上に Ru 層を堆積するという工夫を行っている．さらにその上に，粒界に SiO_2 を析出させた Ru 層を下地層として堆積した構造となっている．ここでのポイントは Ru 層の結晶粒径をより微細化するために，表面ぬれ性と格子ミスマッチの両者を考慮して，Mg シード層を採用している点にある．これにより図3.1.14に示すように平均粒径が4.8 nm と小さいにもかかわらず c 軸配向の分散角が4.1°と小さく，周囲が SiO_2 アモルファス相で隔てられた Ru 下地層を実現している．

高融点材料の場合は低融点材料に比較して，同一基板温度の条件では表面での自由な拡散が阻害されるために粒径に違いが生じることが期待される．実際に，NiP/Al 基板上に W，$W_{50}Cr_{50}$，Cr シード層を作製した試料のオージェ

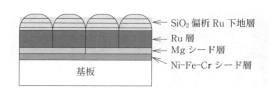

図3.1.13 垂直磁気記録媒体用の直径 4.8 nm の微細粒径の Ru 下地層を実現した膜構造

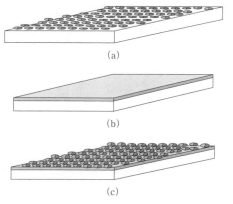

図3.1.12 基本的な薄膜成長過程
(a) 島状成長（Volmer-Weber 型）
(b) 単相成長（Frank-van der Merwe 型）
(c) 単層＋島状成長（Stranski-Krastanov 型）

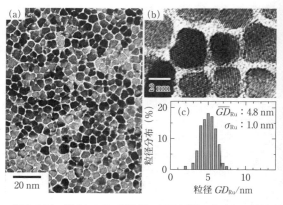

図3.1.14 形成した Ru 下地層の TEM 像(a, b) と Ru 粒子の粒径分布(c)
[N. Itagaki, S. Saito, M. Takahashi, *J. Phys. D : Appl. Phys.*, **41**, 152006 (2008)]

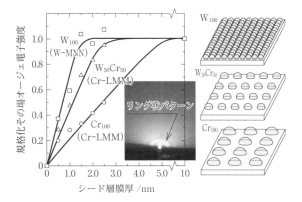

図 3.1.15 Al/NiP 基板上にスパッタ堆積した W, W$_{50}$Cr$_{50}$, および Cr シード層薄膜からのオージェ電子強度と，1.5 nm 厚 W 膜の RHEED 像
右図は膜厚 1.5 nm の各薄膜のモデル図.

電子強度の膜厚依存性を図 3.1.15 に示す[19]．これより明らかなように，W 膜は，1.5 nm 程度で膜表面全体が覆われるのに対して，W$_{50}$Cr$_{50}$ では 3 nm，Cr では 5 nm まで覆われないことを示している．この結果は，NiP 上に堆積した W や W$_{50}$Cr$_{50}$ シード層の粒径が図の右のモデル図に示すように，Cr シード層に比べて小さな粒子からなっていることを示している．このように，所望の結晶表面と粒径，粒界構造をもつ下地層を得るためには，堆積する磁性層との格子ミスマッチのみならず，物質の融点や基板温度，表面エネルギー，界面エネルギーなど，さまざまな要因を考慮に入れるとともに，最適化するためには多層化なども考慮して設計することが必要となる．

c. 薄膜の表面・界面制御

GMR 素子，TMR 素子や Co/Pd 交互積層多層膜など，ナノメートルオーダーの磁性膜を多層に積層した膜の利用が注目を集めている．強磁性体の界面に凹凸があると，その部分に磁極が発生するために，薄い非磁性層で隔てられた磁性層間には通常の場合とは反対に磁化の向きをそろえるような静磁気的な結合力（orange peel coupling）[20] が働くために，素子特性が劣化することが知られている．このため，良好な GMR 素子やスピンバルブ素子，TMR 素子を実現するためには，積層膜界面の平坦性を改善するとともに，原子層レベルで理想的な界面を実現することが重要となる．このような界面制御については，GMR 素子の特性改善，ハーフメタルであるフルホイスラー合金を用いた TMR 素子の作製や，単結晶基板上にエピタキシャル成長を利用してさまざまな原子層を積み重ねる手法によって理想的な界面を得ることで良好な特性の TMR 素子を作製しようとする研究（たとえば，Fe(001)/MgO(100)/Fe(001) コヒーレントトンネル素子や Ga-Mn-As/ZnSe/Ga-Mn-As TMR 素子などの研究[21,22]）などで試みられてきている．

一般に薄膜中の粒子が大きく成長すると，表面の凹凸も大きくなる．そのため残留ガスの少ない超高真空では，表面での拡散が促進されるために大きな粒径の膜が得られやすく，表面平坦性の良好な膜を得る点からみると不利となる．表面平坦性に優れた膜を作製するためには，残留ガスを導入して結晶成長を抑制する方法も有効である．たとえば，Co/Cu 交互積層多層膜 GMR 素子では，酸素ガスや水蒸気を適量導入することで，膜の結晶粒の成長が抑制されて平坦な界面の Co/Cu 交互積層多層膜が実現され，結果として高い磁気抵抗（MR）比を示す膜が得られる[23]．TMR 素子では接合抵抗を減少させるために，電子がトンネル伝導する絶縁膜は数原子層ときわめて薄くなっており，この薄い絶縁層によって orange peel coupling が働きやすいため，いかに平坦な界面を実現するかが，課題となっている．TMR 素子用の平坦な Ta 下地層をスパッタ法で作製する方法として，低ガス圧領域でのスパッタ，およびスパッタガスを Ar から Kr に変える方法などが有効なことが見出されている[24]．質量の大きな Kr ガスを用いることで起こるスパッタ放出粒子のエネルギーの増加や，低ガス圧にすることによる基板に到達するスパッタ粒子の運動エネルギーの増加が，結晶粒子成長の起点となる核密度の増加と堆積粒子の膜表面での拡散を促進して平坦で緻密な表面を実現しているものと考えられている．

一方，Co/Cu 交互積層多層膜をぬれ性の良い Fe-Si 下地層上に成膜することによって，下地層の凹凸は変わらないのに Co/Cu 多層膜の面内方向の粒子径が顕著に増大し，その結果として orange peel coupling が減少して大きな MR 比を示す膜が形成できることが見出されている[25]．このように下地とのぬれ性を改善することは，膜面内方向に広がった大きな粒子の成長の促進に有効で，結果としてより平坦な膜を得ることも可能となる．

以上は成膜方法を工夫して表面の平坦性を改善する方法を紹介したが，成膜後，ガスクラスタイオンビームを表面に照射して，ガスクラスターの衝撃が引き起こすラテラルスパッタ現象を利用して，原子的に滑らかな表面や界面を実現する方法も有効な方法の一つと考えられる[26]．

d. 堆積粒子の入射角度による構造制御

堆積粒子の表面での表面拡散が不十分な場合，基板に入射し堆積により形成される膜の構造は入射角度に依存して大きく異なる．これは，大きな入射角度で基板表面に粒子を入射させると，膜表面に形成される凹凸によって粒子が入射できない陰になる部分ができる，いわゆる自己陰影効果のためである．すなわち自己陰影効果によって，粒界部分では堆積粒子が入射できないため，基板表面での原子のマイグレーション（移動）が制限されている場合，粒界部分には十分な粒子が供給されず，その結果として図 3.1.16 に示すような入射方向に傾いた，互いに隔離された柱状粒

図 3.1.16 斜め入射堆積によって形成される典型的な膜構造

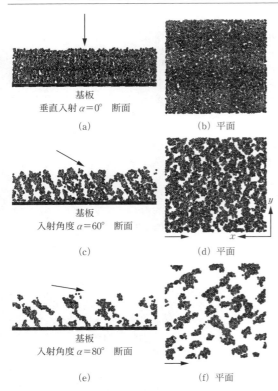

図 3.1.17 堆積粒子の入射角度による膜構造の変化のシミュレーション（表面でのマイグレーションがない場合）
[Y. Hoshi, M. Naoe, *et al., J. Appl. Phys.*, **79**, 4945 (1996)]

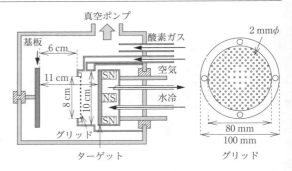

図 3.1.18 グリッド板挿入による入射角度分布の制御法

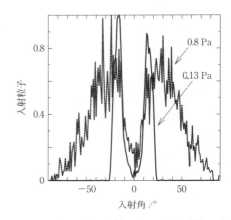

図 3.1.19 スパッタガス圧増大による入射角度分の広がり（マグネトロンスパッタ、ターゲット・基板間距離 5 cm）

子からなる膜が形成される．膜面内では陰影効果が起きにくい入射方向に対して垂直な方向に長く伸びた構造の膜が形成されやすくなる．このことは単純な計算機シミュレーションによっても図 3.1.17 に示すような構造になることが確認でき[27]，その結果として粒子の形状に起因する一軸磁気異方性が誘起されることになる．

入射粒子の方向を垂直入射にすると自己陰影効果が抑制され，より緻密な膜が形成できる．スパッタ法では，広いターゲット面から放出された粒子が基板に入射すること，さらにスパッタガスと衝突して散乱される効果のため，基板に入射するスパッタ粒子の入射角度分布も広がってしまう．しかし，ターゲットと基板間に図 3.1.18 のようなグリッドを挿入したり，低ガス圧中でターゲット・基板間距離を離して堆積することで，基板表面に垂直に堆積粒子が入射するようにして，密度の大きな均一な膜を得る方法も試みられている．たとえば，スパッタ法で大きな入射角で入射する粒子を取り去ってカーボン膜や ITO（indium tin oxide）透明導電膜を形成すると，密度の大きなきわめて硬度の硬いダイヤモンドライクカーボン膜や低抵抗の膜が得られる[28,29]．スパッタ法で成膜する場合，スパッタ放出される面積やスパッタガスとの散乱効果に依存してスパッタ粒子の基板への入射角度分布は変化する．たとえば，基板への入射角度分布はスパッタガス圧により図 3.1.19 に示すように広がることになる．その結果として，スパッタガス圧を高くすると，大きな入射角度で基板に入射する粒子の増加と基板に入射・堆積する粒子の運動エネルギーの減少のため，自己陰影効果が顕著となり柱状構造をもつ低密度の膜が形成されることになる．

斜め入射による自己陰影効果を積極的に利用する斜め入射堆積（GLAD）法[30]は，パターン形成された表面をもつ基板と，基板の回転運動や傾斜角度，基板温度，入射粒子の運動エネルギーなどを制御することで，いろいろな形状のナノメートルオーダーの三次元構造物を構築することが可能であることから，今後の活用が期待される．

このように，基板への堆積粒子の入射角度を制御することでさまざまな微細構造をもつ膜を作製することが可能であり，所望の構造の磁気デバイスを得るための方法として活用することが期待される．

e. 基板に入射堆積する粒子の運動エネルギー制御による薄膜の構造制御

基板に入射堆積する粒子の運動エネルギーに依存して，基板上に形成される膜の構造や，結晶構造が大きく変化する．これは基板に入射する粒子の運動エネルギーが大きいと，基板表面での粒子のマイグレーションが促進されるた

めに,結晶化が促進されるとともに,緻密で平滑性に優れた膜が得られやすくなるためである.たとえば,スパッタ法を用いた薄膜作製の場合,スパッタ放出時の粒子の平均的な運動エネルギーは,蒸着法に比べて 100 倍程度大きい.そのために通常のスパッタ法で Co 薄膜を堆積すると,堆積粒子の運動エネルギーが大きいために,fcc 構造か,hcp と fcc が混ざり合った層状構造の膜が形成される.一方,高いガス圧領域では,ターゲットからスパッタ放出された粒子は基板に到達するまでにガスとの衝突を通じて運動エネルギーのほとんどを失う.それらの粒子を基板に入射させ堆積するガスフロースパッタ法で Co 膜を堆積すると,図 3.1.20 に示すように hcp 構造単相に近い薄膜が形成されるという報告もある[31].

さらに,高いガス圧領域で基板に入射堆積する粒子の運動エネルギーを雰囲気ガス温度まで下げて ITO 膜を無加熱基板上に作製すると,図 3.1.21 に示すように通常非晶質膜が形成されるが,基板に負のバイアス電圧を印加して

堆積粒子の運動エネルギーを最適化することで,結晶性が良好で低抵抗な膜が得られるようになることが見出されている[32].

これらの結果は,所望の構造や特性の薄膜を得るためには,作製法として堆積粒子の運動エネルギーを制御することが重要であることを示している.

f. 薄膜の応力の制御

薄膜を基板上に堆積すると,薄膜が基板から大きな応力を受ける場合がしばしば起こる.この薄膜が基板より受ける応力の原因としては,下地基板との間の格子ミスマッチや熱膨張率の違い,膜の堆積時に膜が受ける高エネルギー粒子の衝撃,成長時に粒子間に働く引力などが上げられる.このような応力が存在すると,結晶性の低下に加えて,磁性薄膜の場合,応力誘導磁気異方性を介して,薄膜の磁気特性に多大な影響を与えることになる.

とくにスパッタ法を利用して薄膜を作製する場合,図 3.1.22 に示すようにターゲット表面で反射される反跳スパッタガス原子や,ターゲットから放出される負イオン,プラズマ中のイオンに加えて,ターゲットからスパッタ放出される粒子の中に含まれる数十 eV 以上の大きな運動エネルギーをもって放出される粒子など,大きな運動エネルギーをもつ粒子がプラズマ空間内に生成される.その結果,1 Pa 以下のガス圧領域でスパッタ成膜する場合は,数十 eV 以上の大きな運動エネルギーをもって基板に入射する粒子が存在することになる.これらの高エネルギー粒子の一部は膜表面から膜内部に注入されるため,この領域で堆積した膜中には,スパッタガス原子が不純物として含まれるとともに,その結果として薄膜は大きな圧縮力を基板から受けることになる.ガス圧を高くしていくとスパッタガスとの衝突でエネルギーを失うため,膜表面を衝撃する高エネルギー粒子の数は減少し,スパッタガス原子の膜中への取り込みも少なくなる.このようにスパッタガス圧が高い状態では,膜表面に到達するスパッタ粒子のエネルギーが小さくなるとともに,基板表面に大きな角度で入射する粒子の割合が増えるために,自己陰影効果が顕著になり,粒界での密度が小さいポーラスな膜が形成される.これらの結果として膜が基板から受ける応力は圧縮力から引張力へと変化することになる[33].

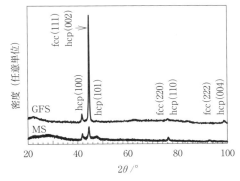

図 3.1.20 ガスフロースパッタ(GFS)法およびマグネトロンスパッタ(MS)法で作製した典型的な Co 膜の X 線ダイヤグラム

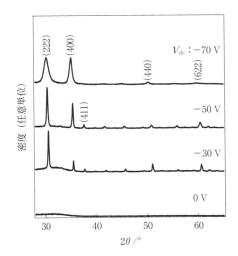

図 3.1.21 ガスフロースパッタ法における基板バイアス電圧による ITO 薄膜の結晶構造制御

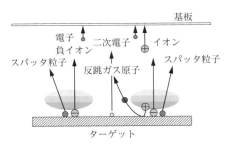

図 3.1.22 スパッタ堆積中に生成される高エネルギー粒子の種類

$L1_0$ 構造をもつ c 軸配向 Fe-Pt 膜の作製法として,高ガス圧でのスパッタ堆積法が有効であることが報告されている[34]. これは,熱処理によって不規則相(fcc 構造)から規則相(fct 構造)への規則化相転移が起こるときに c 軸方向に縮むことから,高ガス圧領域でのスパッタ堆積により膜が基板から引張応力を受けている状況をつくることで,より容易に規則化を進行させることができるためと説明されている.このように,所望の結晶構造・配向性の薄膜を得るために,膜応力の制御が重要となる場合もある.

文 献

1) 高橋 研, 応用物理, **65**, 1218 (1996).
2) 高橋 研, 真空, **41**, 851 (1998).
3) 高橋 研, 日本応用磁気学会誌, **29**(9), 845 (2005).
4) T. Shimatsu, M. Takahashi, *Mater. Chem. Phys.*, **41**, 134 (1995).
5) J. Nakai, A. Kikuchi, M. Kuwabara, T. Sakurai, T. Shimatsu, M. Takahashi, *IEEE Trans. Magn.*, **31**, 2833 (1995).
6) K. Uneyama, M. Tsunoda, M. Konoto, M. Takahashi, *IEEE Trans. Magn.*, **33**, 3685 (1997).
7) S. Kawakita, T. Sakurai, A. Kikuchi, T. Shimatsu, M. Takahashi, *J. Magn. Magn. Mater.*, **155**, 172 (1996).
8) R. Carel, C. V. Thompson, H. J. Frost, *Acta. Mater.*, **44**, 2479 (1996).
9) C. V. Thompson, R. Carel, *J. Mech. Phys. Solids*, **44**, 657 (1996);A. van der Drift, *Philips Res. Repts.*, **22**, 267 (1967).
10) D. D. Djayaprawira, K. Tsunekawa, M. Nagai, H. Maehara, S. Yamagata, N. Watanabe, S. Yuasa, Y. Suzuki, K. Ando, *Appl. Phys. Lett.*, **86**, 092502 (2005).
11) H. Shimizu, E. Suzuki, Y. Hoshi, *Electrochim. Acta*, **44**, 3933 (1999).
12) J. Ikemoto, Y. Imai, S. Nakagawa, *J. Magn. Magn. Mater.*, **320**, 3060 (2008).
13) 斉藤 伸, 長谷川大二, D. D. ジャヤプラウィラ, 高橋 研, 日本応用磁気学会誌, **25**, 583 (2001).
14) 鈴木淑男, 日本応用磁気学会誌, **29**, 1016 (2005).
15) 鈴木淑男, 本多直樹, 大内一弘, 信学技報, **MR97-16**, 53 (1997).
16) T. Suzuki, N. Honda, K. Ouchi, *J. Appl. Phys.*, **85**, 4301 (1999).
17) Y. Okada, R. Oshima, A. Takata, *J. Appl. Phys.*, **106**, 024306 (2009).
18) N. Itagaki, S. Saito, M. Takahashi, *J. Phys. D: Appl. Phys.*, **41**, 152006 (2008).
19) S. Yoshimura, D. D. Djayaprawira, M. Mikami, Y. Takakuwa, M. Takahashi, *IEEE Trans. Magn.*, **38**, 1958 (2002).
20) J. C. S. Kools, W. Kula, D. Mauri, T. Lin, *J. Appl. Phys.*, **85**, 4466 (1999).
21) S. Yuasa, T. Nagahama, A. Fukushima, Y Suzuki, K. Ando, *Nat. Mater.*, **3**, 868 (2004).
22) H. Saito, S. Yuasa, K. Ando, *Phys. Rev. Lett.*, **95**, 086604 (2005).
23) S. Miura, M. Tsunoda, T. Nagatsuka, S. Sugano, M. Takahashi, *J. Appl. Phys.*, **85**, 4463 (1999).
24) 恒川孝二, 長井基将, 小須田求, D. D. ジャヤプラウィラ, 渡辺直樹, 日本応用磁気学会誌, **29**, 856 (2005).
25) D. Takahashi, S. Miura, M. Tsunoda, M. Takahashi, *J. Magn. Magn. Mater.*, **239**, 282 (2002).
26) T. Mashita, N. Toyoda, I. Yamada, *Jpn. J. Appl. Phys.*, **49**, 06GH091 (2010).
27) Y. Hoshi, E. Suzuki, M. Naoe, *J. Appl. Phys.*, **79**, 4945 (1996).
28) Y. Hoshi, E. Suzuki, T. Osaka, *J. Magn. Magn. Mater.*, **176**, 51 (1997).
29) Y. Hoshi, T. Kiyomira, *Thin Solid Films*, **411**, 36 (2002).
30) M. M. Hawkeye, M. J. Brett,, *J. Vac. Sci. Technol.*, A, **25**, 1317 (2007).
31) H. Sakuma, H. Tai, K. Ishii, *IEEJ Trans. Electr. Electron. Eng.*, **3**, 375(2008).
32) 石井 清, 渡辺康治, 斉藤和史, 佐久間洋志, 信学技報, **CPM2005-60** (2005).
33) たとえば, D. W. Hoffman, J. A. Thornton, *J. Vac. Sci. Technol.*, **20**, 355 (1982);馬来国弼, 表面技術, **43**, 635 (1992).
34) T. Suzuki, K. Harada, N. Honda, K. Ouchi, *J. Magn. Magn. Mater.*, **193**, 85 (1999);鈴木淑男, 日本応用磁気学会誌, **29**, 1016 (2005).

3.2 薄膜・微粒子の作製法

薄膜の作製法として，真空を用いたスパッタ法，蒸着法，原料ガスを分解して膜を作製する化学気相成長（CVD：chemical vapor deposition）法，溶液中で膜を作製するめっき法などが広く用いられている．詳しい成膜法に関する解説書は，多数出版されているので，そちらを参考にされたい[1]．いずれの作製法にも長所・短所があるので，前節で解説したような所望の構造や特性の磁性膜を得るために最も適した方法を採用することが望ましい．

3.2.1 磁性薄膜の物理的作製法

本項では，さまざまな磁性薄膜の作製に用いられている，スパッタ法および蒸着法を用いた磁性膜の作製法について解説する．

a. 各種スパッタ法による作製[2,3]

スパッタ法は，真空槽の中にプラズマを生成してその中のイオンを加速してターゲットに衝突させることで，ターゲットを構成する原子をたたき出し，それを基板上に堆積する方法である．高エネルギーのイオンが物質の表面に入射すると，図3.2.1に示すような，さまざまな現象を引き起こす．イオン衝撃によってターゲット表面から放出される原子のエネルギーは平均で数eV～10 eV程度で，蒸着法と比較すると100倍程度の大きなエネルギーをもって放出される．スパッタ法で作製される薄膜の特徴は，この大きな運動エネルギーをもって基板に到達する粒子を堆積している点にある．ほかの堆積法と比較して，広い基板上に均一性，再現性に優れた薄膜の作製が可能で，磁性薄膜の作製法としても広く用いられている．スパッタ装置としては，プラズマの生成法や特徴によってさまざまな名前が付けられており，以下にその原理と特徴を示しておく．磁性薄膜を作製する場合は，各種スパッタ法の特徴や原理を理解して，最適な方法を選択することが望ましい．

（ⅰ）マグネトロンスパッタ法と対向ターゲット式スパッタ法　スパッタ法では，イオン衝撃によってターゲット陰極から二次電子が放出される．マグネトロンスパッタ法と対向ターゲット式スパッタ法[4]では，この二次電子を図3.2.2に示すように磁界で閉じ込めて，スパッタガスのイオン化に活用して高密度のプラズマを生成している．いずれの場合も，ターゲット表面から出た二次電子がターゲット表面に帰ってくるように設計されており，ターゲットから放出された二次電子が，この磁界によって空間に閉じ込められることになる．マグネトロンスパッタの場合は磁極間のターゲット表面近傍に，対向ターゲット式スパッタでは向かい合ったターゲット間の空間に高密度プラズマが生成されることとなる．これらのスパッタ法の動作電圧はターゲットからの二次電子の放出量（γ係数）と二次電子の閉じ込め効率（二次電子のエネルギーが失われるまでにガスのイオン化に使われる割合）およびスパッタガス圧に依存する．すなわち，γ係数が大きいほど，磁界による閉じ込め効率が高いほど，空間のガス分子が多いほど，低電圧でのスパッタが可能となる．通常，安定なスパッタが可能なガス圧領域は0.1 Pa以上で，これ以下の低ガス圧でスパッタを行う場合や，高エネルギー粒子によるダメージを低減するため100 V以下の低い電圧でスパッタを行う場合には，プラズマの生成方法に特別な工夫が必要となる[5]．

マグネトロンスパッタ法には，陰極の形状によって図3.2.3に示すような，平板，円筒形，円柱状などさまざまな装置があるが，磁性材料をスパッタする場合には注意を要する．とくに，飽和磁化の大きな純鉄などの磁性体をターゲットとする場合は，磁束がターゲット中を通ってしまい，二次電子を閉じ込めるために必要な磁界をターゲット表面近傍の空間につくることが困難となりスパッタできなくなる．対向ターゲット式スパッタ法の場合，図3.2.2(b)のようにターゲット陰極を2個向かい合わせて配置して，磁界をターゲット面に対して垂直方向に印加するため，ターゲット材料が磁性材料であってもとくに問題は生じないが，ターゲット間に二次電子を閉じ込めるための磁界を印加するため，ターゲット間距離をあまり離すことはできないという制約が生じる．

マグネトロンスパッタ法でも対向ターゲット式スパッタ法でも，ターゲットから放出される二次電子を閉じ込める

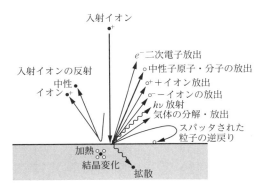

図3.2.1　高エネルギー粒子による衝撃時に起こる諸現象

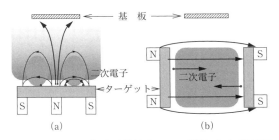

図3.2.2　スパッタ装置で採用されている磁界による二次電子の閉じ込め
(a) 平板マグネトロンスパッタ法
(b) 対向ターゲット式スパッタ法

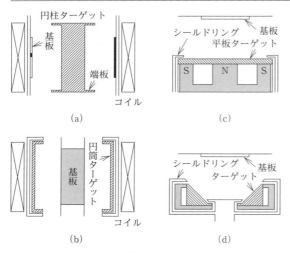

図 3.2.3 さまざまな構造のマグネトロンスパッタ陰極
(a) 同軸マグネトロン
(b) ホローカソード同軸マグネトロン
(c) プレーナマグネトロン (d) スパッタガン

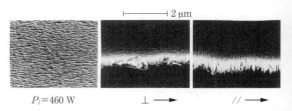

図 3.2.4 対向ターゲット式スパッタ法で斜め入射堆積を利用して作製した純鉄膜
入射方向に垂直な方向に伸びた粒子が形成.
[星 陽一, 直江正彦, 山中俊一, 信学論 C, **J65-C**, 921 (1982)]

ための磁界が印加されているため, 基板にもその漏れによる磁界が加わることになる. このため, 磁性合金の成膜においては磁界誘導磁気異方性の発生も起こることから, ソフト磁性材料の薄膜を堆積する場合には, そのことも十分考慮して成膜することが必要である.

マグネトロンスパッタ法では, 通常, 基板はターゲットと向かい合わせて配置される. 化合物や合金のように電子親和力の異なる元素からなるターゲットをスパッタすると, 電子親和力の大きな元素は負のイオンとしてターゲットから放出される場合がある. その結果, ターゲットと向かい合った基板には数百 eV のエネルギーをもった負イオンによる衝撃が起こる[6〜8]. このような高エネルギー粒子による膜表面の衝撃は, 選択的スパッタによる組成変化や膜の結晶性の劣化, 基板の損傷などを引き起こすため, 十分な注意が必要である. さらに, 磁極近傍のターゲット表面から放出される二次電子は, 磁界による閉じ込めが不完全なために, 大きなエネルギーをもって向かい合った基板に達して基板を加熱する[9]ため, 基板温度が成膜中に 100℃以上に上昇する場合もしばしば起こる. 有機材料の上に堆積する場合には, この二次電子による衝撃の影響を強く受けるためできるだけ取り除くことが必要となる[10].

一方, 対向ターゲット式スパッタ法では, 基板はターゲット面と対向しておらず, マグネトロンスパッタ法に比較して負イオンや二次電子による基板衝撃が抑制されるため, 本質的に低ダメージでの成膜が可能である. しかし, 陰極ターゲット端から放出される二次電子の一部が, 漏れ磁界によって基板にまで達する場合が生じるため, 注意を要する[11].

このスパッタ法では, 向かい合った2個のターゲットからスパッタ放出された粒子が基板に対して斜めに入射す

る. 対向ターゲット式スパッタ法で斜め入射効果を利用して純鉄膜を作製すると, 図 3.2.4 に示すように, 入射方向と垂直な方向に長く伸びた粒子が成長した膜が得られ, この粒子形状によって生じる磁気異方性を示す[12]. さらに, 膜面内に生じる内部応力も入射方向に依存した異方性をもつようになり, その結果として膜面内に応力誘導の磁気異方性が誘起されることも報告されている[13].

（ii）直流スパッタ法，パルススパッタ法，高周波スパッタ法 スパッタ装置では, ターゲット陰極付近に高密度のプラズマを発生させて, プラズマ中のイオンをターゲットに衝突させることでターゲットを構成する元素をスパッタ放出させている. 現在, スパッタ装置でこのプラズマの発生とイオンの加速のために用いられている電源は, 直流電源, パルス電源, 高周波電源である. スパッタ法で膜を作製する場合, 膜表面はプラズマにさらされる. そのため, 形成される薄膜の構造はプラズマからのイオンや電子衝撃にも影響を受け, 所望の微細構造の薄膜を得るためには形成されているプラズマの性質を十分考慮に入れた膜形成が必要となる.

直流スパッタ法では, ターゲット陰極と接地電極間に直流電圧を加えることで, 電極間にプラズマを発生させて, スパッタを行う. そのため, ターゲット陰極には電流が流れる必要があり, SiO_2 のような絶縁体をスパッタすることはできない. 直流スパッタ法の場合, プラズマ中の電子温度は 1 eV 以下で低く, プラズマと基板表面間の電位差も数 V 程度で小さいために, プラズマ中の荷電粒子が基板に入射する影響はあまり考慮する必要はない. 酸化物薄膜のスパッタ成膜では, ターゲット表面などに絶縁膜が形成され, その部分に電荷が蓄積されると絶縁破壊が発生し, それをきっかけにアーク放電へと移行して, 放電が不安定になる場合がしばしば生じる. パルススパッタ法は 10〜100 kHz 程度の周波数で 10 μs 程度, 放電を休む期間を設けることで電荷の蓄積を抑制してアーク放電への移行を防止し, 安定な放電を維持できるようにしたものである[14]. この手法は, 数百 kHz 以下のパルス波で行うため本質的には直流スパッタ法と同じであるが, 上述した放電の不安定さが抑制され, より安定な成膜が可能である. しかし, 図 3.2.5 のように 2 個のターゲットを電極として, この電極間に電圧を加えて交互にスパッタするデュアルス

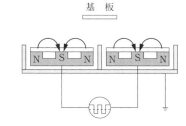

図 3.2.5 二つの陰極ターゲットを交互にスパッタするデュアルスパッタ法

パッタ法とよばれるスパッタ法[15]では，ターゲット電極の電位がアース電極とは切り離されているために，切り替えのときにプラズマ電位が大きく正に変化し，基板への高エネルギーのイオン衝撃が発生する[16]．このデュアルスパッタ法では，通常の反応性パルススパッタ法で絶縁体膜を作製する場合に問題となる電極表面への絶縁体膜の堆積が起こらないため，安定に絶縁体薄膜のスパッタ堆積が可能である．しかし，通常の直流スパッタ法に比べて，プラズマ中のイオンによる大きな基板衝撃を伴いながら成膜されるので，その点を十分に考慮に入れて膜の作製を行う必要がある．

通常，13.56 MHz 以上の高周波をターゲット陰極と接地電極間に印加してスパッタする高周波スパッタ法（図3.2.6）の場合[17]，プラズマ中のイオンは質量が重いため高周波電界には追従できず，電子のみが高周波電界によって加速される．ターゲット陰極は直流的に浮いた状態にしていることから，電子がターゲット表面に蓄積され高周波電圧の振幅とほぼ同等の負の自己バイアス電圧がかかることになる．正イオンは，この自己バイアスによってターゲットに加速されて衝突してスパッタ現象を起こすことになる．ターゲットが絶縁体・導体にかかわらずターゲット表面に電子が蓄積されるために，ほとんどすべての物質のスパッタが可能である．高周波スパッタの場合は，電極間に加えられた高周波電界によっても電子が加速されるために，直流に比べて電子温度はかなり高くなるとともに，プ

ラズマの電位も 20 V 以上になってしまう．このプラズマ電位は，スパッタガス圧を低下させてプラズマ密度が低くなると急激に増加して 100 V を超える場合も出てくる．プラズマ中のイオンは，プラズマ電位と基板表面電位の差に相当するエネルギーをもって基板に入射する．通常の高周波スパッタでは，この電位差が 20 V 以上と大きいためプラズマ中のイオンが基板に入射する場合のエネルギーは，数十 eV 以上と直流に比べて非常に大きくなる．すなわち，高周波スパッタでは，プラズマ中のイオンによる基板衝撃を避けることはできない．

マグネトロンスパッタ装置や対向ターゲット式スパッタ装置で，高周波スパッタを行う場合，プラズマ中のイオンの生成は，高周波電界によって加速されたプラズマ中の電子と，磁界によってターゲット近傍の空間に閉じ込められた高エネルギーの二次電子の両者により引き起こされる．すなわち低プラズマ密度の状態では，イオンの生成はおもに高周波電界によって加速された電子のスパッタガスとの衝突によって引き起こされるが，プラズマ密度が 10^{10} 個 cm^{-3} 以上の領域では，高周波電界はプラズマ中に入って行けなくなるため，直流スパッタと同様にターゲットから放出された二次電子のスパッタガスとの衝突がイオン生成の主役となる．図 3.2.7 に示すように，投入電力を増すことで電子温度が急激に低下するのは，このためである．

高周波放電開始電圧は，直流放電の場合より低いことから，高周波と直流の両方を陰極に加えてスパッタする高周波-直流（RF-DC）結合型スパッタ装置（図 3.2.8）を用いると，より低電圧でのスパッタが可能となる．周波数を数十 MHz に増加させると，より低い電圧で陰極付近に高密度のプラズマが生成できるようになり，100 V 以下の低電圧でもある程度の堆積速度でスパッタ成膜できるようになる[18]．

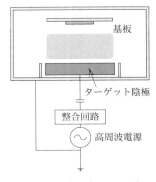

図 3.2.6 高周波スパッタ法

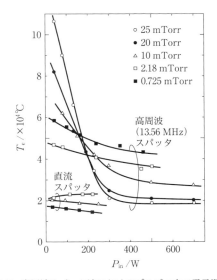

図 3.2.7 高周波スパッタ法におけるプラズマ中の電子温度 T_e の投入電力 P_{in} による変化

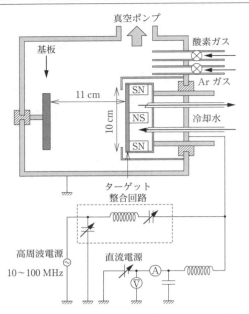

図 3.2.8 高周波-直流(RF-DC)結合型低電圧スパッタ装置の例

2.45 GHz のマイクロ波を用いて，電子サイクロトロン共鳴(ECR：electron cyclotron resonance)により高密度プラズマを発生させ，ターゲット陰極をスパッタする ECR スパッタ装置(図 3.2.9)やラジアルラインスロットアンテナを利用したマイクロ波プラズマ源も開発されている[19,20]．ECR 放電では，10^{-1} Pa 以下の低ガス圧でもプラズマが生成できるために低ガス圧スパッタが可能となるが，高周波スパッタと同様，マイクロ波プラズマ放電の場合もプラズマ反射のために 10^{11} 個 cm^{-3} 以上の高密度プラズマの生成は困難である．一方，ラジアルラインスロットアンテナを利用したプラズマ生成では，アンテナ付近で生成される高密度プラズマが拡散して広がるため，直流放電と同程度の低電子温度のプラズマが利用可能である[21]．ECR スパッタ法の場合，プラズマの生成はおもに ECR 放電が受け持つため，RF-DC 結合型スパッタ法と同様，所望の電圧でのスパッタが可能である．ECR 放電によって生じたイオンは発散磁界により加速され，基板に到達する

のでこのイオン衝撃を考慮に入れて成膜することが必要である．

(ⅲ) **低ダメージスパッタ法**　スパッタ法で膜を作製する場合，数百 V でイオンを加速してターゲットに衝突させてスパッタ放出させている．スパッタ時にターゲットから放出される負イオンや二次電子は，ターゲット陰極に印加された電界によって加速されるため，スパッタ電圧に相当する数百 eV のエネルギーをもつ．さらに，ターゲット表面で反射したイオンも，数百 eV に達する大きなエネルギーをもつことができる．このように，スパッタ法では数十 eV〜数百 eV の大きなエネルギーをもつ粒子も生成され，これが堆積中に膜表面や基板を衝撃してダメージを与える場合が生じる．このような成膜時の高エネルギー粒子による衝撃を抑制して良好な特性の薄膜を作製する方法が，低ダメージスパッタ法である．

高エネルギーの二次電子や負イオンによる衝撃を抑制するには，磁界の印加法や基板の配置を工夫することが必要である．たとえば，Ba フェライト薄膜や YBCO (yttrium barium copper oxide) 酸化物超伝導体薄膜など酸化物のスパッタでは，スパッタ時に酸素負イオンが放出されるために，ターゲットと向かい合った基板上で酸素負イオンの衝撃が起こる部分では，基板上に堆積される膜の組成がターゲットの組成から大きく異なってしまったり，特性が著しく異なるなどの現象が，しばしば観測される(図 3.2.10)[22]．図 3.2.11 に示すように対向ターゲット式スパッタ法では，マグネトロンスパッタ法のようにターゲット面と基板が向かい合っていないために，ターゲットから放出される負イオンや二次電子の基板衝撃を受けることは少なく，基板上での組成や特性の分布は生じない．

無機材料基板への電子衝撃は，熱エネルギーとして消費されるのみで，欠陥の生成などへの寄与は小さいが，有機

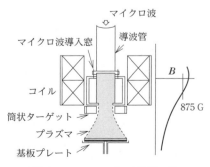

図 3.2.9 ECR スパッタ装置の例

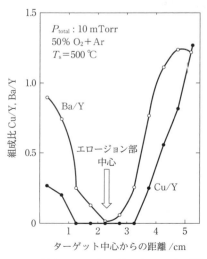

図 3.2.10 マグネトロンスパッタ法による YBCO 超伝導膜の基板上での組成分布の例

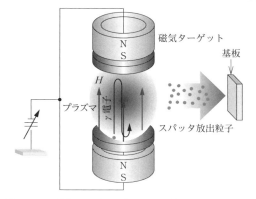

図 3.2.11 対向ターゲット式スパッタ法による薄膜の堆積

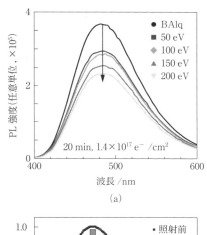

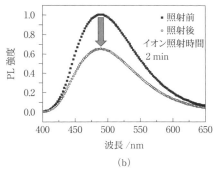

図 3.2.12 電子衝撃および Ar イオン衝撃による有機層へのダメージの生成による PL 強度の減少
(a) 電子衝撃の効果　(b) 100 eV Ar イオン衝撃の効果

膜への電子衝撃は，有機物の結合を切るなどの結果，特性に大きな影響を与えるために，十分な考慮が必要となる．たとえば，有機 EL 素子用の材料である BAlq に電子衝撃やイオン衝撃を行うと，図 3.2.12 に示すように，有機膜のホトルミネセンス（PL：photoluminescence）強度は大きく減少する．これは，電子衝撃およびイオン衝撃によって，膜中に欠陥が生成され，光の照射で生成される電子・正孔対が，その欠陥を通して失われてしまうためである[23]．

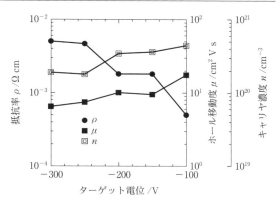

図 3.2.13 スパッタ電圧による ITO 透明電極膜の電気特性の変化

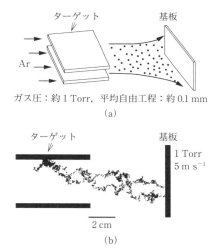

図 3.2.14 1 Torr 前後の高いガス圧中でスパッタするガスフロースパッタ法における堆積過程
(a) ガスフロースパッタ堆積法　(b) ガスフロー堆積におけるスパッタ放出粒子の基板への移動の様子

陽極とターゲット陰極間に印加するスパッタ電圧を 100 V 程度まで低くしてスパッタすると，スパッタ時に 100 eV を超える粒子の生成はなくなる．その結果，成膜中，基板表面や膜表面に入射して衝撃する粒子による欠陥の生成が抑制され，良好な結晶性の膜が堆積できるようになる．たとえば，低温で ITO（indium tin oxide）透明導電膜を堆積するとき，スパッタ電圧を低くするに従って，図 3.2.13 に示すように，より低抵抗な膜が得られるようになる[24]．この抵抗率の減少は，キャリヤ移動度の増加によって引き起こされていることから，高エネルギー粒子衝撃の抑制によってキャリヤの移動を妨げる欠陥の生成が減少したためと考えられている．

数百 Pa の高いガス圧の領域でスパッタ成膜するガスフロースパッタ法では，図 3.2.14 に示すようにターゲットからスパッタ放出されてガスの流れで基板まで運ばれる堆

積粒子のエネルギーは，ガス温度と等しい小さなエネルギーをもつ[25]．スパッタ法で問題となる数十 eV 以上の高エネルギー粒子は存在せず，本質的に低ダメージでの膜の作製が可能である．大面積の基板上への均一な膜の作製などに課題は残るものの，CVD のように高温でのガスの分解も必要としない方法であることから，今後，さまざまな磁性薄膜や微粒子の作製への適用が期待できる方法である．

スパッタガスとしては，Ar ガスを用いる場合がほとんどであるが，Ar よりも質量が大きな Kr や Xe ガスを用いてスパッタすること[26]も，ターゲット表面で高いエネルギーを保持したまま反射されるガスイオンの抑制には有効である．

（iv）反応性スパッタ法 酸化物や窒化物などの化合物の薄膜を得るための方法として，広く用いられている方法に反応性スパッタ法がある．この方法は，金属のターゲットを，酸素や窒素などの反応性ガス雰囲気中でスパッタすると，ターゲットからスパッタ放出された金属原子が基板上で酸素や窒素と結合して酸化物や窒化物の薄膜が形成される現象を利用した成膜法で，直流スパッタ法でも絶縁体の膜を作製することが可能となる．

スパッタガス中の酸素ガス濃度を徐々に増加させていくと，ある分量まではスパッタ放出される金属のゲッタリング作用によって酸素は取り去られるため，酸素分圧はあまり上昇せずターゲット表面は金属表面のまま推移する（金属モード）．さらに酸素ガス濃度を増加させると，ターゲット表面の一部が酸化物で覆われ始める．酸化物のスパッタ率（1 個のイオン衝撃で放出される原子数）は金属よりもかなり小さいため，ターゲット表面が酸化物で覆われ始めると，急激にスパッタ放出される金属原子の数は減るために，ゲッタリング作用（放出された金属原子が雰囲気中の反応性ガスを取り込んで壁面に堆積すること）が小さくなって，スパッタガス中の酸素濃度が増加する．この酸素濃度の増加でさらにターゲット表面を覆う酸化物の面積が増えるために，スパッタ放出される金属原子の量はさらに減ることになる．このようなフィードバック効果のために，ある濃度よりも酸素濃度を大きくするとターゲット表面は急に酸化物で覆われた状態に変化する（酸化物モード）．この状態では，ターゲット表面の酸化物をスパッタしている状態で，ターゲット表面からは酸素原子と金属原子が飛び出してきている状況が実現していることになる．

酸化物で覆われた状態と金属表面の状態では，二次電子の放出係数が異なるために，放電特性もターゲット表面の状況に従って変化する．Ti や Al のように酸化物で覆われると，二次電子の放出が少なくなる金属や，Fe のように酸化物で覆われると二次電子放出が盛んになる金属材料など，放電特性はターゲットの金属材料に依存するが，酸化物モードと金属モードで大きく変化するため，ターゲット表面の様子は放電特性から推察できる場合が多い．

酸化物モードと金属モードでは，スパッタ率が大きく異なるため，堆積速度も大きく変化する．そのため，堆積速度の変化をモニターしても，ターゲット表面の様子を類推することができる．膜の酸化状態を所望の値に制御するためには，金属モードと酸化物モードの中間の遷移領域での成膜も必要となるが，この領域は上述したようなフィードバックがかかり不安定である．この遷移領域で安定に成膜するためには，放電インピーダンスを一定に保つか，ターゲットからスパッタ放出される元素のエミッションスペクトル信号を一定に保つように，スパッタ電源にフィードバックをかけながら成膜する方法がとられている[27,28]．

酸化物の反応性スパッタで，堆積速度が減少するおもな原因は二つある．一つは，酸化物のスパッタ率が金属に比べて小さいためである．もう一つは，酸素原子の選択的なスパッタとその修復現象である．酸化物をスパッタすると，最初，酸素が選択的にスパッタされて金属元素の割合が多い表面層が形成される．スパッタガス中に酸素ガスが存在すると，放出された酸素の位置に酸素ガス中の酸素が結合することで元の状態に修復されて戻ってしまう．結果として酸素原子のみがスパッタ放出されて金属元素がスパッタされない状態が起こってしまうためである．図 3.2.15 に示すように，酸化物ターゲットを用いてスパッタした場合に，わずかな酸素ガスをスパッタガス中に入れただけで堆積速度が著しく減少するのは，このためである[29]．

酸化物膜のスパッタ堆積で最も大きな課題は，アーク放電の抑制である．成膜中にターゲット表面に酸化物絶縁層が形成されるとその表面に電荷がチャージアップして，一定量を超えると絶縁破壊が起こり，それをきっかけにアーク放電が引き起こされる．これを防ぐために，前節で説明したパルススパッタ法が有効[14]で広く用いられている．より高い周波数でスパッタする高周波スパッタでも，一周期のうちに電極面が負から正の電位に変化することから，電極面への電荷の蓄積量はパルススパッタ法よりさらに制限されるために安定なスパッタ成膜が可能であり，広く用いられている．

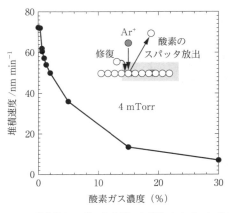

図 3.2.15 酸化物ターゲットを用いた場合のスパッタガス中の酸素ガスによる TiO$_2$ 薄膜の堆積速度の変化

b. **各種蒸着法による作製**

物質を高真空中で加熱蒸発させ，基板に堆積させる方法が蒸着法であり，磁性薄膜の作製にも広く使われている．2000 K の温度で蒸発する原子がもつエネルギーは 0.2 eV 程度で，スパッタ法に比べてかなり低いエネルギーの粒子が基板上に堆積するため，基本的には低ダメージな成膜法といえる．加熱方法としては，抵抗加熱，高周波加熱，電子ビーム加熱，レーザー加熱などの方法を用いて加熱・蒸発させており，スパッタ法に比べると蒸発源のサイズは制限される．さらに，蒸発源から蒸発する速度は，蒸発源の温度や状態に依存して時間的な変化量が大きいことから，所望の膜厚の膜を堆積するためには，膜厚モニターを使用することが必要となる．表 3.2.1 におもな蒸着法の種類と特徴を示す．

複数の元素からなる合金を蒸着する場合，抵抗加熱や高周波加熱，電子ビーム蒸着法などを利用した通常の蒸着法では，蒸気圧の違いによって各元素の蒸発量が異なるため，原料の組成と膜の組成が大きく異なる場合がある．これに対して，真空中に置かれたターゲットにパルス状にレーザー光を照射して，物質を瞬間的に加熱・蒸発させるパルスレーザーアブレーション（PLD：pulse laser deposition）[30,31]法は，原料とほぼ同じ組成の膜が形成できる蒸着法である．この方法ではレーザー光照射部分は瞬間的（～ns）に非常に高温に加熱され，アブレーションプラズマとなって外部に放射される．このとき，放出される原子のエネルギーは数十 eV～100 eV と非常に大きなエネルギーをもつため，堆積槽にはガスを導入しておき，ガスとの衝突によって減速された粒子を基板上に堆積している．レーザー照射部分が小さいため，大面積基板上に均一な膜を作製するという用途には適さないが，ほぼすべての材料を容易に気化できるため，研究用に広く使われている．従来の PLD 法では，レーザー照射部分から大きな塊（ドロップレット）となって放出される現象が問題となってきたが，ピコ秒レーザーを走査することで，ドロップレットの発生がなく，大面積基板上に均一な成膜ができる方法も開発されてきている．さらに，堆積速度の制御も容易であることから，原子層成長などへの応用も活発に試みられている．

化合物半導体の単結晶膜を得る方法として広く使われている分子線エピタキシー法では，比較的分圧の低い元素用（Ga, As, Al, Hg など）に用いられるクヌーセンセルとよばれる蒸発源を複数同時に用いて，原子層オーダーの膜厚の制御を行いながら化合物単結晶薄膜の作製が行われている．これらの蒸発源は，液体窒素や冷却水で冷却された壁で覆われており，不純物の混入が少ない高純度の膜の作製を可能としている．大面積基板上への成膜には課題があるものの，今後，各種スピントロニクスデバイス用の単結晶薄膜の作製方法として重要性が高まるものと期待される．

密着性が良好な膜を作製するために用いられているイオンプレーティング法は，蒸発源から蒸発した原子の一部を電子衝撃でイオン化し，これを数 keV に加速して，基板表面を衝撃しながら堆積する手法である．高エネルギーイオン衝撃により基板と膜の界面にミキシング層を形成することで密着性を高めているが，基板に入射するイオンのエ

表 3.2.1 おもな蒸着法の種類と特徴

蒸着源	抵抗加熱	高周波加熱	電子ビーム蒸着	分子線エピタキシー	レーザー蒸着
蒸発原理	高融点金属（W, Mo, Ta など）や BN, AlN, TiB$_2$ などのセラミックス材料でつくられたボートに直接通電してジュール熱で加熱	高周波電界により発生する渦電流により加熱	フィラメントやホローカソードから放出される電子を加速して物質に照射することで加熱	クヌーセンセルとよばれる蒸着源から分子ビームを生成して基板上に供給・堆積させて薄膜を形成	レーザー光を物質に照射して瞬間的に加熱してアブレーションプラズマとして放出させ，膜を作製する方法
問題点	・蒸気圧の異なる元素からなる物質の蒸着は膜の組成が大きく変化するため困難 ・坩堝と結合する蒸着物質は蒸着が困難 ・坩堝やボートの材料が不純物として膜中に混入	・高抵抗の物質の蒸着が困難 ・蒸気圧の異なる元素からなる物質の蒸着は膜の組成が大きく変化するため困難	・電子がチャージアップする物質の蒸着は不安定になりやすい ・蒸気圧の異なる元素からなる物質の蒸着は膜の組成が大きく変化するため困難 ・電子源からの不純物の混入あり	・大面積基板上への堆積は困難 ・高融点の材料の分子ビームの生成が困難 ・装置コストが高い ・高速堆積は不向き	・レーザー光を吸収できない物質の蒸着が困難 ・大面積基板上への均一な成膜が困難 ・ドロップレットの発生 ・100 eV に及ぶ大きな運動エネルギーをもって放出される粒子を堆積
長所	・最も簡便な蒸着法で装置コストが安い	・坩堝を非接触で加熱可能	・高融点材料も蒸着が容易 ・高堆積速度	・蒸着速度の制御が容易で原子層成長が可能 ・各蒸発源の壁は冷却されており輻射熱の放射はない ・不純物の混入が少ない	・蒸気圧の異なる元素からなる物質も蒸着可能 ・ほとんどすべての物質の堆積が可能 （ピコ秒レーザーの採用などで，ドロップレット発生の抑制が可能となってきている）

ネルギーが大きすぎて，結晶性の良好な薄膜の作製が困難であるため，この方法による磁性薄膜の作製に関する報告は少ない．

蒸着法では，スパッタ法と比べて平均自由行程が大きな高真空中で膜の堆積が行われるため，堆積粒子の基板への入射角度の制御が容易である．斜め入射堆積法では，陰影効果を利用することでさまざまな構造の膜の形成が可能であることを前節で説明した（3.1節，文献30)参照）．今後，ナノメートルオーダーからマイクロメートルオーダーの三次元構造をもつ微小磁気デバイスの作製法として，活用していくべき方法と考えられる．

以上，本節では磁性薄膜の作製法として広く使われている物理的作製法として，スパッタ法と蒸着法に関して解説した．機能性磁性薄膜の作製法として，溶液中での固液界面反応を利用して膜を堆積するめっき法も利用されているが[32]，それに関しては3.2.2節で解説しているので，そちらを参照されたい．

文　献

1) たとえば，日本学術振興会薄膜第131委員会 編, "薄膜ハンドブック 第2版", オーム社 (2008); J.L. Vossen, "Thin Film Processes", Vol.1, Academic Press (1978); Vol.2 (1991) など．
2) 日本学術振興会薄膜第131委員会 編, "薄膜ハンドブック 第2版", pp.44-82, オーム社 (2007); 和佐清孝, 早川 茂, "薄膜化技術", 共立出版 (2002)．
3) 麻蒔立男, "薄膜作成の基礎", 日刊工業新聞 (2005)．
4) たとえば，星 陽一，対向ターゲット式スパッタ法の開発とその薄膜形成への応用に関する研究（博士論文）(1983); Y. Hoshi, M. Naoe, S. Yamanaka, *Jpn. J. Appl. Phys.*, **16**, 1715 (1977)．
5) T. Ohmi, T. Ichikawa, T. Shibata, K. Matsudo, H. Iwabuchi, *Appl. Phys. Lett.*, **53**, 45 (1988); Y. Hoshi, R. Ohki, *Electrochim. Acta*, **44**, 3927 (1999)．
6) J. J. Cuomo, R. J. Gambino, J. M. E. Harper, J. D. Kuptsis, J. C. Webber, *J. Vac. Sci. Technol.*, **15**, 281 (1978)．
7) R. S. Robinson, *J. Vac. Sci. Technol.*, **16**, 185 (1979)．
8) K. Tominaga, S. Iwatani, Y. Shintani, O. Tada, *Jpn. J. Appl. Phys.*, **21**, 688 (1982)．
9) K. Funatsu, H. Kato, Y. Hoshi, *Electrochemistry*, **72**, 418 (2004)．
10) Hao Lei, Y. Hoshi, Meihan Wang, T. Uchida, S. Kobayashi, Y. Sawada, *Jpn. J. Appl. Phys.*, **49**, 042103 (2010)．
11) Hao Lei, K. Ichikawa, Y. Hoshi, Meihan Wang, Y. Sawada, T. Uchida, *Trans. Mater. Res. Soc. Jpn.*, **34**, 321 (2009); H. Lei, K. Ichikawa, Y. Hoshi, M. Wang, T. Uchida, Y. Sawada, *Thin Solid Films*, **516**, 5860 (2009)．
12) 星 陽一，直江正彦，山中俊一，信学論C, **J65-C** (11), 921 (1982)．
13) 中川茂樹，まぐね, **7**, 26 (2012)．
14) たとえば, I. Safi, *Surf. Coat. Tecnol.*, **127**, 203 (2000)．
15) H. Bartzsch, P. Frach, K. Goedicke, C. Gottfried, *Surf. Coat. Technol.*, **120-121**, 723 (1999)．
16) H. Bartzsch, P. Frach, K. Goedicke, *Surf. Coat. Technol.*, **132**, 244 (2000)．
17) P. D. Davidse, *Vacuum*, **17**, 139 (1967)．
18) Y. Hoshi, R. Ohki, *Electrochim. Acta*, **44**, 3927 (1999)．
19) M. Matsuoka, K. Ono, *Appl. Phys. Lett.*, **54** (17), 1645 (1989)．
20) T. Yamamoto, N. Chien, M. Ando, N. Goto, M. Hirayama, T. Ohmi, *Jpn. J. Appl. Phys.*, **38**, 2082 (1999)．
21) S. Yoshimura, M. Tsunoda, S. Ogata, M. Takahashi, *J. Magn. Soc. Jpn.*, **27**, 1130 (2003)．
22) Y. Hoshi, M. Seki, M. Naoe, *IEEE Trans. Magn.*, **26**, 2344 (1990)．
23) H. Lei, Y. Hoshi, M. Wang, T. Uchida, S. Kobayashi, Y. Sawada, *J. Appl. Phys. Jpn.*, **49**, 042103 (2010); Y. Onai, T. Uchida, Y. Kasahara, K. Ichikawa, Y. Hoshi, *Thin Solid Films*, **516**, 5911 (2008)．
24) 大木竜磨，星 陽一，信学論C, **J83-C**, 715 (2000)．
25) 石井 清，日本応用磁気学誌, **24**, 1343 (2000); H. Sakuma, K. Ishii, *J. Magn. Magn. Mater.*, **321**, 872 (2009)．
26) たとえば, H. Lei, K. Ichikawa, Y. Hoshi, M. Wang, T. Uchida, Y. Sawada, *Thin Solid Films*, **516**, 5860 (2009); Y. Hoshi, H. Shimizu, *IEICE Trans. Electron.*, **E87-C**, 212 (2004)．
27) たとえば, S. Schiller, U. Heisig, K. Steinfelder, J. Struempfel, R. Voigt, R. Fendler, G. Teschner, *Thin Solid Films*, **96**, 235 (1982); M. Kon, P. K. Song, Y. Shigesato, P. Frach, A. Mizukami, K. Suzuki, *Jpn. J. Appl. Phys.*, **41**, 814 (2002)．
28) J. Affinito, R. R. Parsons, *J. Vac. Sci. Technol. A*, **2**, 1275 (1984); M. Kon, P. K. Song, Y. Shigesato, P. Frach, S. Ohno, K. Suzuki, *Jpn. J. Appl. Phys.*, **42** (1), 263 (2003)．
29) Y. Hoshi, T. Takahashi, *IEICE Trans. Electron.*, **E87-C**, 227 (2004)．
30) D. Dijkkamp, T. Venkatesan, X. D. Wu, S. A. Shaheen, N. Jisrawi, Y. H. Min-Lee, W. L. McLean, M. Croft, *Appl. Phys. Lett.*, **51**, 619 (1987)．
31) D. B. Chrisey, G. K. Hubler, "Pulsed Laser Deposition of Thin Films", John Wiley (1994)．
32) たとえば，本間敬之，日本応用磁気学会誌, **29**, 1035 (2005)．

3.2.2　磁性薄膜の化学的作製法

磁性薄膜の形成法としてのめっき法は，めっき液中に存在する金属イオンを電気化学的な性質を用いてめっき膜（薄膜）として還元析出させる方法である．金属イオンの還元法には，電気を使う手法（電気めっき）と還元剤（化学物質）を使う化学めっき法（無電解めっき）とがある．磁性膜の電気めっき法による作製法は5.8.5項において述べるので，ここでは化学めっき法について詳述する．

めっきは電解めっき（あるいは電気めっき）と無電解めっき（あるいは化学めっき）に大別される．これは，めっき時に電気的に金属を還元するか，あるいは，化学的に還元するかの違いである．このほかのめっき法として，めっきしたい金属とHgでアマルガムを形成し，これを対象に塗布してHgを蒸発させることでめっきできる．これは金属工芸における伝統的な着色技法である"鎬（けし）"である．この手法には触れず，ここでは，電気を使わないで還元剤などを用いる化学めっきについて，電気めっきと比較

しながらその特徴について紹介する．

電気めっきでは電子により金属を還元析出させるが，化学めっきでは化学的な手法により金属イオンを還元して金属として析出させる．そのさい，得られる薄膜の磁気特性などは，めっき条件やめっき浴組成，対象物の表面状態などに大きく依存している．化学めっき時の金属イオンの還元機構により，① 置換型，② 不均化反応型，③ 自己触媒型の三つの型に大別できる．以下では，おのおののタイプについて述べる．

a. めっき時の還元機構による分類

（ⅰ）**置換型** この型は，二つの酸化還元系の電極電位の差（イオン化傾向の差）を利用してめっきを行う．そのため，還元剤は用いないですむ．系は被めっき材料（金属）とめっき液（金属イオン含有）の二つからなる．ここで，被めっき材料（素地とよばれる）は，めっき液中にイオンとして含有する金属よりイオン化傾向が大きくなければならない．被めっき材料のFe板へCuを化学めっきする原理を図 3.2.16 で説明する．めっき液は，硫酸銅のようなCuイオンを含む溶液を用いる．めっき液のCuよりイオン化傾向の大きいFeを被めっき材料として用いる．Feをめっき液の中に浸漬すると，Cuよりイオン化傾向の大きいFeは電子を放出するとともにイオンとなってめっき液に溶出する．めっき液中のCuイオンがFeが放出した電子を受け取り（電子が還元剤として作用）Fe素地表面に金属Cu（めっき皮膜）となって析出する．このように，置換型の化学めっきにおいては，以下に示す式のように素地とめっき液中の金属イオンの二つの酸化還元系における電位差がめっきの駆動力となっている．

$$Fe \longrightarrow Fe^{2+}+2e^- \quad E_0=-0.44\,\text{V} \quad (3.2.1)$$
$$Cu^{2+}+2e^- \longrightarrow Cu \quad E_0=0.34\,\text{V} \quad (3.2.2)$$

次に，Cu板状にSnを析出させる（スズ化学めっき）ことを考える．この系では，以下の式のような酸化還元反応が想定される．

$$Cu \longrightarrow Cu^{2+}+2e^- \quad E_0=0.34\,\text{V} \quad (3.2.3)$$
$$Sn^{2+}+2e^- \longrightarrow Sn \quad E_0=-0.14\,\text{V} \quad (3.2.4)$$

式 (3.2.3) および式 (3.2.4) で示す酸化還元系ではSnを析出させることはできない．そこで，シアン化物イオンやチオ尿素を添加しためっき液を用いると式 (3.2.3) は以下の式 (3.2.5) となり，酸化電位が下がる．これと，式 (3.2.4) と組み合わせた酸化還元系により化学めっきができる．

$$Cu+2CN^- \longrightarrow Cu(CN)_2^-+e^- \quad E_0=-0.43\,\text{V}$$
$$(3.2.5)$$

このように，Cuの酸化還元電位にとらわれず，平衡電位は溶液の種類により変化するので工夫によりさまざまな化学めっき法が考えられる．

置換型化学めっき法は，溶液中の金属より E_0 が卑（イオン化傾向が大きい，イオンになりやすい）な素地金属を溶液中へ溶解させると同時に，放出した電子を還元剤として E_0 が貴（イオン化傾向が小さい，イオンになり難い）な溶液中の金属イオンを析出させる．表面がめっき金属で覆われれば反応が停止する．そのため，適宜溶液より取り出して表面を磨き再度溶液へ浸漬させることを繰り返すことが有効である．この手法で作製しためっき膜の膜厚は数マイクロメートル程度で，密着性が悪く多孔質である．めっき液の調整によりこの課題を解決することがポイントである．

（ⅱ）**不均化反応型** 不均化反応型は，強塩基性のめっき液で生じる．反応式は，式 (3.2.6) および式 (3.2.7) で表される Sn めっき反応が知られている．

$$[Sn(OH)_4]^{2-}+2OH^- \longrightarrow [Sn(OH)_6]^{2-}+2e^-$$
$$(3.2.6)$$
$$[Sn(OH)_4]^{2-}+2e^- \longrightarrow Sn+4OH^- \quad (3.2.7)$$

まず，式 (3.2.6) で示す $[Sn(OH)_4]^{2-}$ が $[Sn(OH)_6]^{2-}$ への酸化に伴って生じる電子で，今度は式 (3.2.7) で示す $[Sn(OH)_4]^{2-}$ が Sn に還元される．この反応は対象金属が限定されるので実用化されている例は限られている．

（ⅲ）**自己触媒型** めっき液中の還元剤自身の酸化により生じる電子で，金属イオンが還元されて析出してくる手法が自己触媒型である．めっきの駆動力は，還元する金属イオンと還元剤との電極電位の差である．化学めっき法として最も普及している．得られる金属めっき膜は磁性材料ではNiおよびCo，そのほかにCu, Au, Ag, Pd, Rh などの貴金属，そして In および Sn である．この中で，貴金属薄膜は製作が難しい．これらの金属と合わせて合金化できる元素としては，P, B, S などの元素のほかに V, Cr, Mn, Fe, Zn, Tl などの金属があり，合金も含めると多彩である．この型の特徴は，電気めっきでは，めっき対象が導電性を有するか，あるいは導電性を付加する必要がある．しかし，化学めっきでは，めっき対象が樹脂のような導電性のない材料でも導電性を付加しなくても触媒核を形成することによりめっきできる．また，めっき対象の形状も凹凸など電気めっきで電流密度が不均一（回り込みが難しいことに相当）な対象でも容易にめっきできるなど，その形状も問わない．

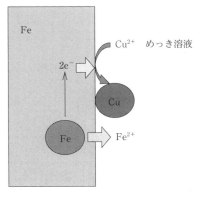

図 3.2.16 置換型化学めっきの原理図

b. 化学めっきの具体例

化学めっきを用いた磁気デバイス作製の具体例を示す．

(i) Ni-Co 系合金めっき膜 Co-Ni 系合金は，フェライトに代わるメタル磁性膜として高密度な磁気記録用記録媒体として Co-Cr-Pt 系材料が発見されるまで用いられた．初期に化学めっき法で製作された Co-Ni 系合金は，やがてドライプロセスのスパッタリング法に置き換わっていく．後藤らの報告[1]によれば，めっき液は金属イオンに硫酸コバルトおよび硫酸ニッケル，還元剤にホスフィン酸ナトリウムを用い，錯体浴として硫酸アンモニウムにより pH を約 9 に調整したマロン酸ナトリウム-リンゴ酸ナトリウム-コハク酸ナトリムの混合浴（A-MMS 浴）を用い，浴温度は 75～85℃である．これにより作製した磁性膜の保磁力は 600 Oe で，ディスク上で磁気特性のばらつきが小さく均一組成であることを示している．また，鷹野ら[2]は，ピロリン酸を錯化剤とするめっき液（pH 10.5, 浴温が 70℃）を用いて作製した 17% Ni-3% P-Co 合金では，保磁力が 450 Oe である．

(ii) Ni-Fe 系合金めっき膜 Fe 薄膜を化学めっきにより形成することは困難であるが，Ni イオンの存在下では化学めっきが可能になる．青木ら[3,4]は，Ni イオンと Fe イオンが共存するクエン酸浴から，Ni-Fe-P を析出させることができることを報告している．このめっき液組成で Fe 濃度の増大とともに析出速度は低下するが Fe が 60% まではめっきできる．また，得られる膜の結晶構造や耐食性が変化することも報告されている．

さらに，Schmeckenbecher は 25% Fe-1～0.5% P-Ni 膜がワイヤメモリ用の磁性材料に適していることを報告[5]し，さらにジメチルアミンボラン（DMAB）を還元剤とする塩基性下の化学めっき法により Ni-Fe-B 合金をつくることができることを報告[6]している．ワイヤメモリはリン青銅線上にパーマロイなどの磁性膜を形成した当時の高密度情報記録媒体として用いられたが，やがてディスク型記録媒体（塗布型）へ移行し，その役割を終えていく．

松岡ら[7]は，塩化ニッケルと塩化鉄を金属イオンとして含み，酒石酸ナトリウムとグリシンを緩衝剤に，DMAB を還元剤とするめっき浴（pH 8.0, 浴温 70℃）で 1 μm 厚のパーマロイ組成の Ni-Fe-B 合金薄膜（$H_c = 14$ Oe）を作製している．また，塩化鉄の濃度を変化させたり製膜後に熱処理を行うことで磁気特性を制御できることを示している．

パーマロイ薄膜は記録膜に用いる以外に，磁気ヘッド用の材料として用いられている．これらには電気めっき法がおもに用いられていた．最近では，磁気ヘッド用材料，とくに記録ヘッドとして化学めっき法による作製が行われている．スパッタリング法や真空蒸着法では作製が困難な 5～30 μm 厚の磁性膜の形成に用いられている．

(iii) Ni-Co-P 系合金めっき膜 逢坂ら[8〜10]は，マロン酸-リンゴ酸を錯化剤とする塩基性めっき浴（pH 9.6, 浴温度 85℃）から作製した垂直磁気記録用の Ni-Co-Mn-P 磁性膜が得られることを示し，その中で 75% Co-1% Mn-3% P-Ni 膜は最も優れた磁気特性（$H_c = 1.1$ kOe, $M_s = 90〜110$ emu g^{-1}, 5 μm）を有することを示している．しかしながら K_u はゼロであり，M_s を低下させて磁気異方性エネルギーを増大させる方向に研究が進められてきた．そのために Ni[9] や Re[11] の共析が検討された．Ni-P, Ni-Fe-P, Ni-W-P, Ni-Mo-P などの下地膜を化学めっきで作製した上に Co-Ni-Re-P や Co-Ni-P 磁性膜を形成すると高垂直磁気異方性を有する磁性膜が得られることが報告[12〜14]されている．

さらに，将来の磁気記録方式としての可能性について検討されているマイクロ波や熱アシスト方式やパターンドメディアへも化学めっき法による記録媒体の作製が検討されている．たとえば，パターンドメディア作製に化学めっき法を用いると CoNiP を細孔に析出できるなどの特徴がある．

(iv) Ni-Fe-(B, P) 系めっき膜 磁気記録以外に最近では磁気センサ，とくに近接センサへの化学めっき膜の適用が進んでいる．この例について述べる．近接センサは，機械移動位置を検出するエンドスイッチに代表される接触式検出機構に代わる非接触式で，位置情報を得る手法として磁気センサの適用が検討されている．この一つに高周波発振型があり，この方法は検出対象の金属体に発生する渦電流をコイルインピーダンスとして検出する方式であるが，これに用いられる磁束誘導機能膜に化学めっきが採用されている．この膜は立体形状であり，膜厚も 10 μm 以上必要であるとともに，体積抵抗率が高いことが要求される．そのために，NiFe 中に DMAB や亜リン酸塩の分解生成物などから B[15,16] や P[17,18] を共析させる．この成果は飽和磁束密度 $B_s = 1$ T，$Ni_{70}Fe_{27}B_3$ 膜として製品[19]となり発売された．

上述のように，化学めっきによる磁性薄膜の作製の歴史は深く，今後も性能向上のブレイクスルーとなる可能性を秘めた技術であるといえる．ただし，化学めっきはあくまでも湿式プロセスであり，ドライプロセス中心のプロセスとの整合性がポイントである．また，めっき技術の特徴をよく理解し，ドライプロセスでは得難い長所を生かすことが必要である．

文　献

1) 後藤文男, 菅沼葉二, 逢坂哲彌, 表面技術, **33**, 414 (1982).
2) 鷹野 修, 松田 均, 表面技術, **34**, 148 (1983).
3) 青木公二, 石橋 知, 金属表面技術, **21**, 622 (1970).
4) 青木公二, 石橋 知, 金属表面技術, **22**, 66 (1971).
5) A. F. Schmeckenbecher, *J. Electrochem. Soc.*, **113**, 778 (1966).
6) A. F. Schmeckenbecher, *Plating*, **58**, 905 (1978).
7) M. Matsuoka, T. Hayashi, *Plat. Surf. Finish.*, **69**, 53 (1982).
8) 逢坂哲彌, 後藤文男, 笠井直記, 菅沼葉二, 電気化学, **49**, 792 (1981).
9) T. Osaka, F. Goto, N. Kasai, Y. Suganuma, *J. Electrochem.*

10) T. Osaka, N. Kasai, I. Koiwa, F. Goto, *J. Electrochem. Soc.*, **130**, 790 (1983).
11) 逢坂哲彌, 小岩一郎, 岡部 豊, 後藤文男, 信学技報, **CPM84-120** (1985).
12) I. Koiwa, Y. Okabe, H. Matsubara, T. Osaka, F. Goto, *J. Magn. Soc. Jpn.*, **39**, 83 (1985).
13) T. Honma, K. Inoue, H. Asahi, K. Ohrui, T. Osaka, *IEEE Trans. Magn.* **27**, 4909 (1991).
14) T. Honma, T. Nakamura, J. Shiokawa T. Osaka, *J. Magn. Soc. Jpn.*, **18**, 73 (1994).
15) T. Osaka, T. Honma, K. Saito, A. Takekoshi, Y. Yamazaki, T. Nakamura, *J. Electrochem. Soc.*, **139**, 1311 (1992).
16) M. Takai, M. Kageyama, S. Takefusa, A. Nakamura, T. Nakamura, *IEICE Trans. Electron.*, **E78-C**, 1530 (1995).
17) 初川拓郎, 東川太一, 逢坂哲彌, 中尾英弘, 表面技術, **47**, 779 (1998).
18) 初川拓郎, 逢坂哲彌, 千葉国雄, 福田 豊, 中尾英弘, 表面技術, **45**, 543 (1994).
19) 田名瀬和司, 土田裕之, 河野雅行, *Omron Tech.*, **41**, 5 (2001).

以下, 参考文献
20) 逢坂哲彌, まぐね, **2**, 5 (2007).
21) 縄舟秀美, 松岡政夫, "現代無電解めっき" (電気鍍金研究会 編), 日刊工業新聞社 (2014).
22) 逢坂哲彌, 蜂巣琢磨, 杉山敦史, 横島時彦, 日本磁気学会第192回研究会資料 (2013).

3.2.3 磁性微粒子の作製法

一般に微粒子の作製法は、大きな粒子などを粉砕するブレークダウン法と原料物質から微粒子を直接作製するビルドアップ法とに分類することができる。得られる微粒子寸法の下限値、均一性、形状などの制御性はビルドアップ法が優る。ここで紹介する作製手法はすべてビルドアップ法に分類される。

a. 気相合成による磁性微粒子の作製

液相合成と対照的なビルドアップ微粒子合成が気相合成（気相法）である。気相法には、原料元素蒸気のガス中における凝縮（凝結現象を含む）を利用する手法と、原料化合物ガスの熱分解や化学反応を利用する化学的な手法があり、一般には前者を物理的方法、後者を化学的方法と分類する。なお、ビルドアップ微粒子合成を物理的方法と化学的方法に大別し、化学的方法を反応場の違いにより、液相法と気相法（それぞれ湿式法と乾式法ともいう）に分類する場合もある。産業現場では、それらの分類に属する各種方法を組み合わせて目的とする磁性粉や磁性微粒子を製造している場合が多いが、本項では、気相法を物理的方法と化学的方法に分け、磁性微粒子研究において広く利用されている物理的方法を中心に述べる。

（ⅰ）**物理的方法**　物理的方法とは、ガス中蒸発法[1]のことを指す場合が多い。ガス中蒸発法は、ガス雰囲気中で金属などの原料を蒸発させ、それらの凝縮・成長過程を利用して微粒子を作製する方法であり、"gas evaporation" または "gas condensation" などともよばれる。その蒸発源としては、抵抗加熱、アーク放電、誘導加熱、レーザーアブレーション、スパッタリングなどが目的に合わせて用いられる[2]。ガス中蒸発法による金属微粒子に関する研究は、上田らにより 1960 年代から本格的に始められた[1,2]。その後、クラスターを含めた微粒子研究が世界的に行われ、それらの中で、ガス中蒸発法を原理とする磁性微粒子の合成法も多く開発されたが、生産性が低く、コストが非常に高くなるため、産業現場で利用されている例は少ない。

ガス中蒸発法の特徴は次のとおりである。① 高純度の不活性ガス（Ar, He など）を用いることにより高純度の微粒子が得られる。② 準平衡状態での粒子成長なので結晶性の良い微粒子が得られる。③ 粒径を広い範囲（2 nm～数百 nm）で変化できる。④ 蒸発できる元素であれば基本的に微粒子化ができる。⑤ 合金や化合物でも微粒子化が容易なものが多い。⑥ 蒸発源を工夫することにより微粒子を堆積させたナノ構造薄膜を作製できる。

ガス中蒸発法では、真空槽内に He や Ar などの不活性ガスを数百ないし数千 Pa の圧力まで導入し、その中で金属などの原材料を加熱蒸発させ、蒸発原子（半導体など分子状で蒸発するものもある）がガス分子との衝突を繰り返して冷却し、超微粒子が発生する。その様子は、"金属の煙" として観測される（図 3.2.17(a)）[3]。この金属の煙が白く見えるのは、白熱した蒸発面からの光を微粒子が散乱するためであり、その微粒子の生成過程は図(b)に示すように解釈されている。蒸発原子は気体中でそれぞれ独立に飛びまわっている。二つの原子が偶然に衝突して、うまく条件がそろえば、二原子からなる会合体（二量体）ができる。さらに、第三の原子がくっつき三原子の会合体（三量体）ができる。このようにして合体が進み、また二量体や三量体同士の合体も起き、やがて数 nm 以上の微粒子ができる場合があるだろう。しかしながら、この過程は一方向に進むわけではなく、一度形成された二量体が解離したり、ある程度成長した微粒子が再蒸発することも多いはず

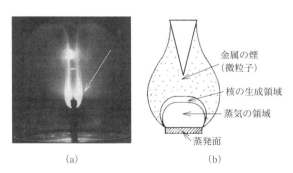

図 3.2.17　ガス中蒸発の原理実験図
(a) ガラスベルジャー内の不活性ガス中で金属の煙が上昇している様子　(b) 金属の煙と微粒子生成の模式図
[上田良二, "超微粒子" (林 主税, 上田良二, 田崎 明 編), (a) p.46, (b) p.48, 三田出版会 (1988)]

である.それらの過程は多くのパラメーターに依存して同時に進行するため,すべてを取り込んだ理解は難しいとされている.そのため,水蒸気の凝縮過程に基づいた「臨界核」という概念を用いて議論されることが多い[4].すなわち,蒸発した蒸気は拡散と対流により上昇し,冷却されて過飽和状態になる(図3.2.17(b),蒸気領域).そして会合体を経て粒子が発生するが,小さなものは再蒸発してしまい,ある粒径を超えた粒子だけが大きく成長する.その境となる大きさの粒子が「臨界核」または「核」とよばれる.その理由は,固体や液体が粒子化して粒径が減少すると,飽和蒸気圧がその物質本来のものに比べて急激に上昇することによる.

不活性ガス中で作製される微粒子の大きさは,蒸発源の温度,雰囲気ガスの圧力の影響を最も強く受け,温度が高いほど,圧力が高いほど粒径が大きくなる場合が多い.また,容器の大きさや形状も雰囲気ガスの対流や蒸気の拡散に影響を及ぼし,粒径を決定する重要な要因である.さらに,近年はさまざまな蒸発源が利用されるようになり,粒径の制御法は多様になってきている.

粒子の形状は重要な意味をもつが,特殊な例外を除いて粒径が10 nm以下では粒子の形は球形に近く,それ以上では晶癖(結晶成長の程度や結晶面を反映して生じる結晶の外観形状)を示す場合が多い.きれいな晶癖をもった微粒子が成長することがガス中蒸発の大きな特徴ともいわれており,粒子の結晶性の良さを反映している場合が多い.ところで,ガス中蒸発粒子の結晶構造は,粒径が5 nm程度以上になるとバルクの安定相と同じになる場合がほとんどである.

以下,磁性微粒子合成の例について述べる.

純鉄についての実験例は非常に多いが,粒径が5 nm以上では体心立方構造(bcc)をとる.そして,粒径が小さい場合はほぼ球形であるが,50 nm程度の大きさになると{110}面でつくられる菱形十二面体が{100}面で面取りされた形が観測されることが多い[5].図3.2.18に,両者の電子顕微鏡写真を示す.図(b)の形状は,体心立方格子の

金属に対して予測される熱力学的に安定な平衡型(ウルフ多面体とよばれる)と一致する[6].しかしながら,Fe微粒子の形状については立方体や融合が進まずに小さな粒子が集合したような形態をとることもあり,蒸気圧,雰囲気ガス圧力,温度,ガスの流れによりさまざまな形状となることが報告されている.また,Coについては,条件により高温相であるfccの微粒子が得られることが報告されているが[7],通常は安定相の六方最密構造(hcp)粒子が得られる.ガス中蒸発の場合,強制流を用いたり,加熱や急冷を行うなどの意図的な操作が入らない場合,平衡状態に近い凝結過程を経るので,表面の影響を強く受けない大きな粒子では,バルクと同じ結晶構造になるものと考えられる.また,不活性ガスに酸素や窒素を混ぜることにより,酸化物や窒化物の微粒子を作製できる.酸素ガスを混合することにより純鉄の原材料からマグネタイト(Fe_3O_4)粒子を合成した例や,ホローカソードスパッタリング源に窒素ガスを添加して窒化度の異なるγ'-Fe_4N相やε-$Fe_{2-3}N$相の微粒子を作製した例がある.ただし,後者の例ではγ'-Fe_4N相とε-$Fe_{2-3}N$相の微粒子が混在しやすいことが観測されている[8].

以上のような基礎研究に加えて,磁気記録テープ用の磁性微粒子として,Fe-CoやFe-Ni合金の微粒子が作製されるとともに,量産を目指したガス中蒸発装置も開発された[9].耐熱るつぼに蒸発原料を入れ,るつぼ周囲のコイルによる高周波誘導加熱を行い加熱・蒸発させる形式である.あらかじめ真空に引いたチャンバー内にAr,Heなどの不活性ガスを導入し,るつぼから蒸発した金属蒸気は通常のガス中蒸発の原理により微粒子に凝縮して上部の捕集器で回収される.その途中において直流磁界により微粒子は鎖状につながり,磁気テープ用の磁性粉としての性能を有するようになる.Fe-Co合金について,0.65 kPaのHe雰囲気において粒径が20 nm程度で10 μm以上の長さの鎖状試料が作製できる.この手法により,加熱出力が200 kWで1 t/月の微粒子を製造できる工業用製造炉がつくられた例がある.

そのほか,クラスター領域の小さな粒子の作製には蒸発源としてレーザーアブレーションとスパッタリング[10,11]が適しており,近年いくつかの方法が開発されている.また,プラズマ中に適当な大きさの原料粉末を供給して蒸発させ,ガス流によりプラズマの外で冷却・凝縮させて微粒子を作製する方法も考案されている[12].

(ⅱ) **化学的方法** 金属化合物蒸気の化学反応を利用する方法であり,反応には単一化学種の熱分解と2種類以上の化学種間の反応とがある.その過程は一般に次のように表される.

(1) 熱分解:$A(g) \longrightarrow B(s) + C(g)$

(2) 化学種間の反応:$A(g) + B(g) \longrightarrow C(s) + D(g)$

ここで,A,B,C,Dは化学種,sとgはそれぞれ固体とガス状態を表す.(1)では適当な化合物の存在が前提条件となるが,(2)においては多くの組合せが利用できる.これら気

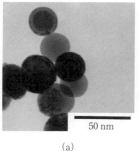 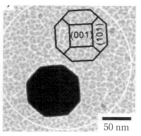

(a) (b)

図3.2.18 ガス中蒸発法によるα-Fe微粒子の形状
(a) 球状粒子 (b) 体心立方格子のウルフ多面体粒子
[坂本真一,石井清ら,電気学会マグネティックス研究会資料,MAG-11-033, 12 (2011)]

相法における化学的方法でも，物理的方法と同様に均一核生成とその成長によって微粒子の生成が理解されている．すなわち，反応速度が大きい条件下において，蒸気圧が十分に高くなると核が生成して微粒子に成長することができる．そのため，核生成密度の制御が粒径の制御に重要であるとされている．

磁性体に関しては，反応系として$FeCl_3$-O_2，$FeCl_2$-O_2によりFe_2O_3の粒子が得られる．また，$Fe(CO)_5$の熱分解によりFe微粒子が得られることが古くから知られており，Giesenらはエアロゾル法と組み合わせた方法で$Fe(CO)_5$を熱分解してFe微粒子を作製し，その粒径分布についてシミュレーションと比較して成長モデルを検討している[13]．

化学的方法の特徴は次のようにまとめられる．① 生成条件の制御によって粒径分布が狭い粒子が得られる．② 生成粒子の凝集が起きにくい．③ 酸化物，窒化物，金属など多くの物質に適用できる．④ 物理的方法に比べて生産コストが低い．

b. 液相合成による磁性微粒子の作製

液相の化学的な合成手法により作製される磁性微粒子は，酸化鉄，遷移金属，およびその合金がおもなものである．液相合成は特殊な装置を用いることなく，フラスコやビーカなどの器具類だけで行えるものが多く，一般的には簡便な手法であるといえる．液相合成法は，その物質系，反応の種類（共沈，還元，酸化，熱分解など），また反応に用いる溶媒が水か非水溶媒かなどによって分類することができる．ここでは，まず微粒子の生成機構とその微粒子の溶液中での分散などのふるまいについて説明した後に，水溶液プロセスによる合成法と非水溶媒を用いる合成法による磁性微粒子作製について例をあげて述べる．

（ⅰ）**溶液中での微粒子生成法**　本手法は，反応によって析出した原子，分子，イオン，それらのクラスターなど（以下，溶質分子とよぶ）が不安定な過飽和状態で存在している溶液から核が発生する過程と，この核に溶質分子が集積して微粒子として成長する過程とに分けられる．均一な特性の磁性微粒子を得るために，粒子寸法やその分布を制御することが重要である．核発生速度は微粒子寸法を決定する重要な因子で，核発生が速いと粒子は小さく（核が多数発生し，基質（ここでは，ナノ粒子の原料物質）が使われるため粒子が大きく成長できない），逆に核発生が遅いと大きくなる（核が少ないため，基質が粒子成長に使われる）[14]．微粒子寸法の制御には核発生過程の制御が重要であるが，寸法均一性を得るためには核発生過程の後に微粒子成長過程が進むように合成反応条件を最適化する必要がある．そのためには，前者の過飽和度を後者の過飽和度より高くなるように合成反応の条件を設定する．たとえば，核発生速度と微粒子の成長速度のバランスは，反応温度を変えることで制御できる．核発生の活性化エネルギーが粒子成長の活性化エネルギーに比べて通常はるかに高いため，成長速度に比べて核発生速度の方が温度に対して敏感であり，高い温度ではより多数の核が形成されて粒子寸法が小さくなる傾向がある[15]．

微粒子作製条件の面から考えてみる．上記でも述べた反応温度以外では，核発生過程での重要な条件としては基質である錯体の酸化還元電位，酸化剤，還元剤の種類，錯体の分解温度などがあげられ，粒子成長過程では，分散のためにも必要とされる保護剤の種類と濃度，作製中の溶液の温度プロファイルなどがあげられる．また，いずれの過程においても物質移動が重要なステップであることから，基質濃度，溶媒の粘度も重要な要素である．水溶液系の微粒子合成とより沸点の高い非水溶媒系の合成とを比較すると，反応温度を高く設定できる点で，後者の方が微粒子寸法の均一性を向上させるのに有利である．それは反応の最高温度をより高く設定できるので，核発生温度と微粒子成長のプロセス温度領域を明確に分離でき，温度プロファイルの設定と温度制御が容易になるからである．

磁性微粒子では，粒子間に働く引力的な磁気的相互作用のため，非磁性微粒子と比較してコロイドの分散安定性が低い傾向にある．分散性の向上は，微粒子合成中の凝集を抑制して，微粒子寸法の制御や均一化にとっても重要である．そのため，低分子や高分子の界面活性剤などを用いて分散性の向上を図ることが重要になる．微粒子の分散性向上のためには，微粒子間に静電的な反発力が働くようにすること，微粒子同士に引力が働く距離に近づけないように立体的な障害を与えることがおもなアプローチとして行われている．ただし，その分散剤にとって溶けやすい溶媒の場合でないと，かえって分子間に引力が働き凝集する．また，添加量によっては，架橋効果により凝集体をつくることもあり，その凝集体寸法によっては沈殿を引き起こす．

とくにナノメートルレベルの寸法にまで粒子径が小さくなってくると，微粒子のブラウン運動が激しくなり微粒子同士が衝突する確率が高くなると同時に，凝集を妨げる微粒子間に働く相互作用エネルギーのポテンシャル障壁が低下するため，凝集の原因ともなる．つまり，ナノ粒子とよばれる領域では，分散剤の種類とその添加量などの条件が重要である．また，微粒子の合成反応において分散剤が溶質分子に配位するなどにより過飽和度や核発生速度に影響を与えると，粒子径や結晶構造にも影響を与える．

（ⅱ）**水溶液反応プロセスによる微粒子作製法**　本手法として，共沈法と逆ミセル法について述べる．共沈法についてはスピネル型フェライト微粒子の合成を例として，逆ミセル法についてはスピネル型フェライト微粒子，および合金微粒子として遷移金属-貴金属合金である鉄-白金合金（Fe-Pt）微粒子の合成を例として紹介する．

共沈法によるスピネル型フェライト微粒子の合成はさまざまな書籍や論文などでも紹介されており，三価の鉄イオンを含む無機化合物と二価の遷移元素などの金属イオン化合物の水溶液をアルカリと混合してフェライト微粒子を生成させる．ここで用いる金属塩として塩化物塩，硫酸物塩が多く用いられる．この手法によるマグネタイト（Fe_3O_4）

微粒子の合成が代表例である．反応式は，式 (3.2.8) のとおりである．

$$Fe^{2+} + 2Fe^{3+} + 8OH^- \longrightarrow Fe_3O_4 + 4H_2O \quad (3.2.8)$$

この系では pH をアルカリ領域にすれば Fe^{2+}, Fe^{3+} ともに沈殿する．また，金属塩水溶液にアルカリ水溶液を混合するといった比較的簡便な手法であるが，条件を最適化すれば比較的均一な寸法，形状で分散性に優れた酸化鉄微粒子を得ることができる（図 3.2.19(a)）．ここで均一性に影響を与える作製条件として溶液の pH や反応溶液温度があり，共沈反応のさいにこの条件を一定に保つようにすることが必要である．そのための合成例として，二つの水溶液を混合するさいに，pH や溶液温度の変化が起きないようにアルカリ水溶液に金属塩水溶液を適量ずつ滴下するとよいが，大量合成の観点からは好ましくない．また，溶液中の溶存酸素による酸化のために Fe^{2+} と Fe^{3+} の割合がマグネタイトの化学量論組成からずれることがあり，粒子径が小さいほどその傾向が顕著である．これを回避するには水溶液中の溶存酸素濃度を低く保つことが重要であり，不活性ガスによるバブリングや溶液温度を高くすることにより溶存酸素を減少させるのが有効である．

共沈反応とは異なるがマグネタイト微粒子の合成例として，Fe^{2+} だけを用いて $Fe(OH)_2$ から反応溶液中の溶存酸素による部分酸化を利用した手法（式 (3.2.9)）や，フェライトめっき法[16, 17]と同様に Fe^{2+} だけを用いて亜硝酸ナトリウムなどの酸化剤により部分酸化する手法がある．このような反応では，酸化剤濃度が Fe イオンの価数制御にとって重要なパラメーターであるが，共沈法と同様に pH や溶液温度も重要であることに変わりはない．次の逆ミセル法による酸化鉄微粒子合成では，溶存酸素を酸化剤として用いた例について述べる．

$$3Fe(OH)_2 + 1/2 O_2 \longrightarrow Fe_3O_4 + 3H_2O \quad (3.2.9)$$

逆ミセル法は，水と混じり合わない有機溶媒中に界面活性剤を用いて安定化したナノサイズの水溶液の液滴を反応場として用いる．金属イオン水溶液の逆ミセル溶液と酸化剤，還元剤，アルカリなどの水溶液の逆ミセル溶液を混合してナノ粒子を合成する手法である．用いる有機溶媒はイソオクタンやヘキサンなどである．界面活性剤と水溶液の量の比率を変えてこの液滴の大きさを調整し，生成する粒子寸法を変えることができる．寸法が制御された液滴中での反応であるため，生成するナノ粒子の寸法均一性は優れている．しかし，逆ミセルの構造が 60℃程度以上では壊れてしまうため，反応温度をより高くすることのできる手法と比較すると結晶性の良いナノ粒子を合成するという点では不利である．

フェライトナノ粒子の合成でもこの逆ミセル法は用いられている[18, 19]．ここで紹介する方法では，2 本の分岐した炭化水素鎖をもつアニオン性の物質であるスルホコハク酸ジ-2-エチルヘキシルナトリウム（$NaO_3SCHCH_2[COOCH_2CH(C_2H_5)(CH_2)_3CH_3]_2$, AOT）を界面活性剤として用いる

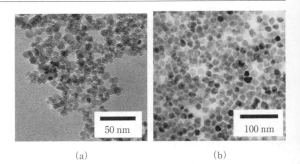

図 3.2.19 スピネル型酸化鉄微粒子の透過型電子顕微鏡像
(a) 共沈法　(b) 逆ミセル法
[(b) 日本化学会 編，"第 5 版 実験化学講座 28", p.345, 丸善出版 (2005)]

が，ほかの界面活性剤と比較してさまざまな溶媒系で水の可溶化量が大きいという特徴をもつ．式 (3.2.9) により，塩化第一鉄を用いた Fe^{2+} 水溶液の逆ミセル溶液とアンモニア水溶液の逆ミセル溶液を混合して酸化鉄ナノ粒子を合成する反応は混合後数秒で起こり，溶液は黒色へと変化する．図 3.2.19(b) に示すのは，反応温度 35℃ で合成した酸化鉄ナノ粒子の透過電子顕微鏡（TEM：transmission electron microscope）像であるが，図 3.2.19(a) と比較すると寸法と形状の均一性が高い．反応温度を逆ミセルが壊れない程度まで上げると，反応温度の上昇とともに結晶性が向上し磁化が増加しているが，いずれも常温では超常磁性を示している．

逆ミセル法では，還元反応により金属・合金微粒子の合成も可能である．Fe-Pt 微粒子の合成を例にして説明する．界面活性剤として AOT，非水溶媒としてイソオクタンを用いて，逆ミセル溶液を調製する．Fe-Pt の原料となる塩化鉄（II）四水和物（$FeCl_2 \cdot 4H_2O$）とヘキサクロロ白金酸六水和物（$H_2PtCl_6 \cdot 6H_2O$）の逆ミセル溶液と，還元剤であるテトラヒドロホウ酸ナトリウム（$NaBH_4$）と還元剤を安定化する NaOH との混合水溶液の逆ミセル溶液とを混合して反応させる．反応中は両方の逆ミセル溶液および混合溶液中に，生成する微粒子の酸化を防ぐための窒素バブリングを行い，溶液中の溶存酸素を低下させる．この還元反応は，混合後数秒で起こり，溶液の色が黒色へと変化する．Fe^{2+} と Pt^{2+} とでは酸化還元電位に大きな差があり，無電解めっきと同様な本手法では卑な金属である Fe は析出しにくいはずであるが，析出した Fe-Pt 微粒子は仕込組成にほぼ等しいものであった．合成される Fe-Pt ナノ粒子は，直径約 3 nm の球状粒子で酸化鉄粒子同様寸法と形状は比較的均一であり，X 線回折および透過型電子顕微鏡観察の結果から，合成された微粒子は Fe-Pt 不規則合金の単結晶である．この段階では微粒子は常温で超常磁性を示すが，400℃以上で熱処理すると規則合金相ができ始め，保磁力が熱処理温度とともに増加する．

(iii) 有機溶媒を反応溶媒とする合成手法　本手法では，水溶液プロセスと比較して高沸点の溶媒を用いれば，

より高い温度での合成が可能である．そのため高温での合成により積層欠陥などの少ない結晶性の高い微粒子を得るのに適した手法である．代表的な有機溶媒であるアルコールは還元能を有するため，反応溶媒と還元剤を兼ねることができる．アルコール還元法，あるいはポリオール法（エチレングリコールのような多価アルコールを用いる場合このように称する）は，金属系微粒子を合成する代表的な手法である．アルコールが酸化してアルデヒドに変化する過程で，およびアルデヒドが酸化する過程で還元能を発現する．有機溶媒を用いる場合に，酸化反応を組み合わせて酸化鉄フェライト微粒子を合成する手法もあるが[20,21]，ここではポリオール還元法による金属系微粒子の合成手法について，研究報告例の多い，化学的にも比較的安定な遷移金属–貴金属合金（Fe-Pt や Co-Pt など）を例として述べる．この系は規則–不規則変態をするため，構造と磁気物性の制御の点でも興味深い物質である．

まず，Fe-Pt 合金微粒子の代表的な合成例の一つとして，Sun ら[22]の手法を紹介する．この手法は，Pt はポリオール還元により析出するが，Fe は熱分解により析出する反応に基づいている．遷移元素として Co を用いた Co-Pt 微粒子の合成例もある[23]．Fe の原料として鉄カルボニル（$Fe(CO)_5$），Pt の原料として白金アセチルアセトナト（Pt(acac)，$Pt[(CH_3)COCHCO(CH_3)]_2$）を用い，反応溶媒であるオクチルエーテル（$C_8H_{17}OC_8H_{17}$）中で熱分解により析出する Fe と，1,2-ヘキサデカンジオール（$C_{16}H_{34}O_2$）により還元されて析出する Pt とで合金を形成する反応である．分散剤としては，低分子の界面活性剤であるオレイン酸とオレイルアミンを用いている．図 3.2.20(a)に示すように，直径約 3 nm で球形のナノ粒子が得られており，均一な形状，寸法を反映して，自己組織的に配列し，ヘキサンなどの非極性有機溶媒中での分散安定性も高い．その結晶構造は，X 線回折の結果から不規則合金であることがわかっており，550℃以上の熱処理で $L1_0$ 構造に規則合金化する．この作製方法は，酸化還元電位の関係で析出しにくい Fe を還元によらない方法で析出させるという優れた手法であるが，$Fe(CO)_5$ は毒性，可燃性のある試薬であると同時に，その揮発性のために合成する微粒子の組成を制御しづらいという欠点を有する．

次に，アルコールを還元剤かつ溶媒として用い，Fe, Pt をともに還元により析出させて Fe-Pt 合金微粒子を作製する手法について述べる．エチレングリコールやテトラエチレングリコールに Fe アセチルアセトナト（Fe(acac)，$Fe[(CH_3)COCHCO(CH_3)]_3$），Pt(acac) を溶解させて加熱することにより Fe-Pt 微粒子を合成する．Fe(acac) と Pt(acac) の仕込比率にほぼ等しい組成の Fe-Pt 微粒子が得られる．塩化物などの無機化合物を用いるよりもアセチルアセトナトなどの有機金属化合物を用いるほうが仕込組成に近い微粒子が得られるため，構造にも影響を与える組成を制御しやすい．テトラエチレングリコールは穏和な還元剤であるために Fe-Pt 微粒子生成の反応速度を低下さ

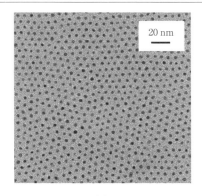

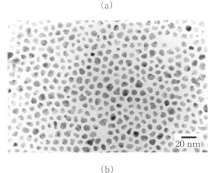

(b)

図 3.2.20 Fe-Pt ナノ粒子の透過型電子顕微鏡像
(a) 熱分解とポリオール還元の複合法
(b) テトラエチレングリコールによるポリオール還元法
[(a) 日本化学会 編，"第 5 版 実験化学講座 28"，p. 352，丸善出版 (2005)；(b) B. ジャヤデワン，高橋 研ら，日本応用磁気学会誌，**28**(8)，896 (2004)]

せて，安定相である規則相の生成に適した環境をつくることができる．そのため，反応温度を 280℃程度以上にすると，規則合金化した Fe-Pt 微粒子の生成が可能である[24]．図 3.2.20(b) に示すその微粒子の TEM 像は，図 3.2.20(a) と比較すると粒子径が大きく形状は球形ではないが，X 線回折による結晶構造評価では規則相を反映した超格子ピークが観察されている．また，その異方性磁界は 30 kOe を超えている[24]．

文　献

1) 上田良二，日本結晶学会誌，**16**，19 (1974)．
2) 明石和夫，"超微粒子―科学と応用"（化学総説 No. 48，日本化学会 編），pp. 29-45，学会出版センター (1985)．
3) 上田良二，"超微粒子"（林 主税，上田良二，田崎 明 編），pp. 46-48，三田出版会 (1988)．
4) 川村 清，"超微粒子"（固体物理 別冊特集号），pp. 90-96，アグネ技術センター (1984)．
5) 坂本真一，直井亮征，齋藤勇介，佐久間洋志，石井 清，電気学会マグネティックス研究会資料，**MAG-11-033**，12 (2011)．
6) B. E. Sundquist, *Acta Metall.*, **12**, 67 (1964)．
7) C. Kaito, K. Fujita, M. Shiojiri, *J. Appl. Phys.*, **47**, 5161

(1967).
8) H. Aoshima, H. Sakuma, K. Ishii, *Jpn. J. Appl. Phys.*, **47**, 780 (2008).
9) 小田正明, "超微粒子"(固体物理 別冊特集号), pp. 103-110, アグネ技術センター(1984).
10) H. Haberland, M. Karrais, M. Mall, Y. Thurner, *J. Vac. Sci. Technol. A*, **10**, 3266 (1992).
11) K. Ishii, K. Amano, H. Hamakake, *J. Vac. Sci. Technol. A*, **17**, 310 (1999).
12) 吉田豊信, 明石和夫, 鉄と鋼, **68**, 1498 (1982).
13) B. Giesen, H. R. Orthner, A. Kowalik, P. Roth, *Chem. Eng. Sci.*, **59**, 2201 (2004).
14) 佐藤清隆, "溶液からの結晶成長", pp. 41-42, 共立出版 (2002).
15) G. Schmid, ed., "Nanoparticles：From Theory to Application", pp. 209-210, Wiley-VCH (2004).
16) 西村一寛, 小原嘉久, 北本仁孝, 阿部正紀, 日本応用磁気学会誌, **24**(4-2), 515 (2000).
17) K. Nishimura, M. Hasegawa, Y. Ogura, T. Nishi, K. Kataoka, H. Handa, M. Abe, *J. Appl. Phys.*, **91**, 8555 (2002).
18) E. E. Carpenter, C. J. O'Connor, V. T. John, S. Li, *IEEE Trans. Magn.*, **34**, 1111 (1998).
19) C. J. O'Connor, C. T. Seip, E. E. Carpenter, S. Li, V. T. John, *Nanostruct. Mater.*, **12**, 65 (1999).
20) T. Hyeon, S. S. Lee, J. Park, Y. Chung, H. Bin Na, *J. Am. Chem. Soc.*, **123**, 12798 (2001).
21) S. Sun, H. Zeng, D. B. Robinson, S. Raoux, P. M. Rice, S. X. Wang, G. Li, *J. Am. Chem. Soc.*, **126**, 273 (2004).
22) S. Sun, C. B. Murray, D. Weller, L. Folks, A. Moser, *Science*, **287**, 1989 (2000).
23) E. V. Shevchenko, D. V. Talapin, A. L. Rogach, A. Kornowski, M. Haase, H. Weller, *J. Am. Chem. Soc.*, **124**, 11480 (2002).
24) B. Jeyadevan, K. Urakawa, A. Hobo, N. Chinnasamy, K. Shinoda, K. Tohji, D. D. J. Djayaprawira, M. Tsunoda, M. Takahashi, *Jpn. J. Appl. Phys.*, **42**, L350 (2003).

3.3 記録用磁性材料

3.3.1 概要

今日のIT社会において，その電子情報を記録，蓄えておく重要技術の一つに磁気スピンを使用した磁気記録装置がある．磁気記録は，情報を記憶する記録媒体と電子情報を記録，記憶情報を電子情報に再生する磁気ヘッドで構成されている．記録媒体は非磁性基板の表面に磁性体を被着させて用いられている．また，磁気ヘッドは電子情報を電磁誘導原理に従い磁気情報に変換する記録ヘッドおよび磁気情報として記憶されている情報を電子情報として変換する再生ヘッドで構成されている．磁気記録技術の進展については多くの解説記事があるので参照願いたい[1~3]．

磁気記録に関し5.1節において，記録装置・記録方式(5.1.1項)，記録ヘッド(5.1.2項)，再生ヘッド(5.1.3項)，記録媒体(5.1.4項)などについて詳細な記述がある．本節ではまず磁気記録の概説を行い，次にそれらに用いられている磁性材料について記述することとする．

a. 磁気記録装置の種類

磁気記録装置には，その記録手法により大きく二つに分類される．純粋に磁気スピンを使用する磁気テープ(MT：magnetic tape)装置，フロッピーディスク装置(FDD：floppy disk drive)や磁気ディスク装置(HDD：hard disk drive)と光または熱とのカップリングを利用した光磁気ディスク装置(MO：magnetro-optical disk)などがある．

MT，FDDやHDDでは情報を記録する磁気記録層はそれぞれ最適化されているが，それらの磁気記録層を支持，保持する材料や形態が異なる．MTはテープ状のプラスチックフィルムを，FDDは円盤状のプラスチックフィルムをまた，HDDは円盤状の金属またはガラスなどがそれぞれ支持体や基板として用いられている．一方，MOの場合は，プラスチックの円盤が用いられている．磁気記録層は高密度記録の要求に伴い近年大きく変遷を遂げ今日に至っており，3.3.3項および3.3.4項においてそれぞれ詳述されている．

b. 磁気記録の原理

磁気記録の原理は強磁性体の磁化と印加磁場の関係を示すM-H曲線のヒステリシスを利用しており，図3.3.1(図5.1.6も参照)に示すように，M-H曲線でプラス磁化をもつ状態を"1"とし，マイナス磁化をもつ状態を"0"として利用する．情報を保持する物質(材料)は，このM-H曲線のヒステリシスが大きい物質が相応しく強磁性体が用いられており，記録媒体とよばれる．この"1""0"の状態を変化させるにはM-H曲線が示すようにプラスまたはマイナスの大きな磁場を加えなければならない．この磁場発生機構を磁気ヘッドとよび，情報を記録する操作を記録，情報を取り出す操作を再生とよぶ．また，情報を記

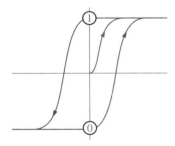

図 3.3.1　ヒステリシス曲線

憶(記録)するデバイスを記録ヘッド,情報を電子信号として読み出す(再生)デバイスを再生ヘッドという.記録ヘッドおよび再生ヘッドをまとめて磁気ヘッドとよぶ場合がある.それは,5.1.2 項に詳述されているが,磁気ヘッドの使用がスタートした時点では記録および再生ヘッドが単一のデバイスで行われていたことに由来する.

c. 磁気記録媒体

磁性体の中で大きなヒステリシスをもつ $M-H$ 曲線を描く材料は強磁性体に限られてくる.磁気記録の世界初のデモンストレーションは,V. Poulsen により 1900 年パリで開催された万国博覧会で行われた.そのさいに用いられた記録媒体は鋼線であった.その後,記録信号の高 SN 化や高密度化の要求に答えるべく,磁性材料では鉄酸化物から合金薄膜などへ,磁性材料作成法では塗布,めっき,蒸着法やスパッタリング法の開発が行われており,それぞれの技術開発時期に実用化され進化している.とくに,2000 年以前の記録媒体は,媒体表面に平行な方向(面内)の磁化を利用する水平(面内)磁気記録であったが,高密度化に有利であることから媒体表面に垂直な方向の磁化を利用する垂直磁気記録に変遷していった[4~6].HDD および MT の記録媒体について,それぞれ製膜手法の変遷および方式の変遷を踏まえて 3.3.2 項に詳述されている.一方,光磁気記録媒体はこれらと異なる媒体材料系を選び独自の進化を遂げた.その経緯が 3.3.4 項に述べられている.

d. 磁気ヘッド

磁気ヘッドには,記録ヘッドと再生ヘッドがある.電気と磁気とをつなぐ基礎的な原理に電磁誘導がある.磁気ヘッドが出現した当初は,磁性体にコイルを巻いた記録・再生ヘッド兼用の誘導(インダクティブ)型であった.HDD 用磁気ヘッドの場合,初期の磁気ヘッドはモノシックヘッドとよばれ磁性体にフェライトが使用され,その周囲に Cu,Al などの導体コイルが配置されていた.その後,微細化,高速化や高出力化の要求から薄膜磁気ヘッドが考案された.初期の薄膜磁気ヘッドは磁性体のフェライトをめっき製膜パーマロイ(NiFe 合金)にまた,コイルはめっき製膜の Cu に置き換えられ,半導体製作プロセスのフォトリソグラフィー技術を流用して微細化が図られた[7].

HDD のダウンサイジング要求に答えるべく高密度記録が進行することにより,記録媒体上に記録される磁気情報エネルギーが減少していった.その結果,再生出力が低減し再生信号 SN の劣化が問題となり,再生方法がインダクティブ型から磁気抵抗(MR:magnetoresistance)効果を利用した MR ヘッドが出現した.MR ヘッドで最初に実用化されたのは異方性磁気抵抗(AMR:anisotropic magnetoresistance)効果を利用した AMR ヘッドである.AMR ヘッドは再生専用のヘッドであり,記録ヘッドに従来の薄膜磁気ヘッドが用いられたため,再生,記録にそれぞれの最適化が可能となり設計の幅が広がった[7].AMR ヘッドではその扱う薄膜は 100 Å(1 Å = 10^{-10} m)程度となり,製膜時やプロセス過程で受ける膜欠陥や応力などに敏感に磁化状態が変化することや,MR 素子の単磁化など多くの技術的改良が行われた.その後,さらなる高出力化を目指し,巨大磁気抵抗(GMR),トンネル磁気抵抗(TMR)とその再生方式は進化している.

一方,記録ヘッドの方式はインダクティブ型が踏襲されているが,記録磁場の向上や記録幅の縮小の要求に対して,磁性材料の高 B_s 化や製膜法,形成プロセスなどが変遷している[8].

e. 光磁気記録

光磁気記録は,レーザー光を磁性体である記録材料に照射して昇温させ抗磁力の低下を利用して記録し,また再生はレーザー光の偏光面変化(カー効果)を電子信号として取り出している[9].

光磁気記録(MO)媒体に用いられる磁性体としては,記録感度が高いことと再生感度が高いことが求められており,磁気記録媒体とは異なる材料系が採択された.キュリー温度が低く磁気光学効果の大きな希土類と遷移金属のアモルファス合金,たとえば GdCo 系などが用いられている.高密度化の要求により記録材料や積層構造の工夫など技術的変遷を経て今日に至っているが,現在では記録デバイスとしての地位は低い.

文　献

1) 三浦義正,日本応用磁気学会誌,**20**,879(1996).
2) 石田達朗,東間清和,杉田龍二,日本応用磁気学会誌,**21**,1259(1997).
3) 城石芳博,まぐね,**5**,312(2010).
4) 園部義明,まぐね,**2**,133(2007).
5) 三浦義正,まぐね,**2**,615(2007).
6) 向井良一,まぐね,**3**,454(2008).
7) 六本木哲也,野口　潔,福田一正,まぐね,**2**,488(2007).
8) 三浦義正,まぐね,**2**,79(2007).
9) 佐藤勝昭,"光と磁気",p.151,朝倉書店(1988).

3.3.2　磁気記録用媒体材料

a. ハードディスク用磁気記録媒体

(ⅰ) はじめに　1956 年,IBM 社により世界初のハードディスク装置(HDD)を搭載した RAMAC(random access method of accourting and control,ラマック)

が発表された．RAMACには，直径24inの基板にγ-Fe₂O₃が塗布された記録媒体が50枚搭載されており，記録容量は5MB，記録媒体の面記録密度は2kb in^{-2}であった．本稿執筆中の2015年6月現在，2.5インチディスク1枚あたりの容量が750GB（面記録密度約1Tb in^{-2}）となる第8世代の垂直磁気記録媒体が量産されている[1]．半世紀余りを経て面記録密度が約5億倍増加したことになる．

当初のHDD用記録媒体には，塗布媒体が使用された．塗布媒体は，針状磁性粒が高分子樹脂（バインダー）の中に分散された構造で，磁性粒にはγ-Fe₂O₃や，Coを被覆して高保磁力化したCo-γ-Fe₂O₃などが使用された[2]．塗布媒体は，その後30年以上にわたっておもに8in以上の大径ディスクに使用されたが，高密度化に必須な磁性膜の薄膜化が困難であったため，1980年代になると，膜厚を数十nm以下まで低減できる薄膜媒体の開発が盛んになった．当初の薄膜媒体はめっき法によっても作製されたが[3]，1980年代後半頃になると，より緻密な膜制御が可能なスパッタリング法による作製が主流となった．当初の薄膜媒体は，磁化容易軸を膜面内に向けた面内媒体であったが，2005年に磁化容易軸を膜面垂直方向に向けた垂直媒体の量産が開始されて以降，垂直媒体へと移行し，現在に至っている．以下，スパッタリング法により作製された薄膜媒体を中心に磁性材料の変遷について述べる．

(ⅱ) **面内記録媒体**

(1) **酸化物からメタル膜へ：** スパッタリング法により作製された薄膜媒体の磁性層には，当初，塗布媒体と同様，γ-Fe₂O₃が使用された[4,5]．γ-Fe₂O₃を用いた薄膜媒体は，塗布媒体と同程度の優れた低ノイズ特性を示したが，製造プロセスが複雑であることに加え，高い保磁力を得るのが困難であった．このため，CoNi，CoNiCr[6〜8]など，Coを主成分としたメタル膜へとシフトしていった．六方稠密構造を有するCo合金はc軸方向に強い結晶磁気異方性を有するため，c軸を膜面内に向かせることによって，強い面内磁気異方性を有する薄膜媒体（面内媒体）が得られる．ただし，メタル膜を用いた面内媒体は，磁化遷移領域から発生する遷移性ノイズがきわめて高いという問題があった．これは，磁化遷移領域に形成されるジグザグ状の磁壁構造に起因しており，これを改善するには，磁性粒子間の交換結合の低減が効果的であることが実験[9]，およびマイクロマグネティックスに基づいたシミュレーション[10,11]により指摘されていた．このため，磁性粒子間の交換結合低減による遷移性ノイズ低減が，メタル膜を用いた面内媒体の最大の課題となっていた．

磁性粒子間の交換結合を低減する手法としては，磁性粒子間に物理的な空隙（void）を形成する手法と，相分離により粒界に非磁性相を形成する手法があげられる．前者は低基板温度（室温），高ガス圧などの低モビリティプロセス，後者は高基板温度，低ガス圧，基板バイアス印加などの高モビリティプロセスで成膜することによって実現できる．メタル膜の導入当初は前者の手法が多く用いられた

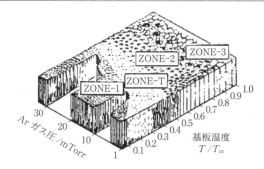

図3.3.2 薄膜成長モデル
[J. A. Thornton, *J. Vac. Sci. Ter/inol.*, **A4**, 3059 (1986)]

が，1990年代以降は後者が主流となった．

(2) **低モビリティプロセス：** 面内媒体は，基板上に下地層，磁性層，カーボン保護膜が順次形成された膜構成となっており，保護膜上には潤滑剤が塗布されている．磁性層もしくは下地層を室温，高ガス圧で形成することにより，スパッタ粒子が急激にそのエネルギーを失い，基板上でのモビリティが低減される．その結果，自己陰影（self-shadowing）効果によって表面の凹凸構造（bump構造）が顕著になり，粒子間に物理的な空隙が導入される．これは，図3.3.2に示す薄膜成長モデル[12]のZONE-1に相当する微細構造である．

1990年，CoCrPt磁性層形成時の基板温度が低く，かつ，ガス圧が高いほど，媒体ノイズを低減できることが与儀らによって報告[13]された．低温・高ガス圧で形成されたCoCrPt磁性層は，磁性結晶粒の分離がより顕著であったことから，媒体ノイズの低減は，上記自己陰影効果により磁性粒子間の交換結合が低減された結果と考えられている．面内媒体の下地層には，当初，Crが使用されたが，Cr下地層に関しても低基板温度（室温），高ガス圧のプロセス条件で形成することにより媒体ノイズを低減できることが報告[14]されている．この場合も，磁性層と同様，自己陰影効果によりCr下地層の粒界に空隙が形成され，その上に形成された磁性結晶粒の分離が促進された結果と考えられている．

上記結果はいずれも低モビリティプロセスの優位性を示しているが，1990年に報告された面記録密度1Gb in^{-2}のデモンストレーションでは，低モビリティプロセスで形成されたCoCrPt媒体が使用されている[15]（表3.3.1）．低モビリティプロセスで形成された薄膜媒体は，磁性粒子の磁気的孤立度が高く良好な低ノイズ特性を示したが，磁性層が強い面内磁気異方性の実現に必要な(11.0)配向をとらない．また，凸凹構造を導入するため，下地層をおおむね100nm以上まで厚くする必要があり[14,16,17]，量産時の高スループット化が困難という問題もあった．このため，1990年以降は，上記問題を克服できる高モビリティプロセスへと移行していった．

(3) **高モビリティプロセス：** 基板温度150〜200℃

表 3.3.1 面内媒体の面記録密度の推移

AD/Gbit in^{-2}	発行年	磁性層 材料	磁性層 構造	$M_r t$ emu cm^{-2}	H_c または H_{cr}* kOe	$\langle D \rangle$ nm	再生ヘッド	h_f nm	文献
1	1990	CoCrPt	単層	0.70	1.6~1.8	15	MR	38	1)
2	1991	CoCrPt/CoCrPtSi	二層	1.35	2.12	—	MR	55	2)
5	1996	CoCrPtTa	単層	0.44	2.50	—	GMR	20	3)
10	1999	Co 合金	単層	0.37	3.45*	12	GMR	10~15	4)
20	1999	CoCrPt-X	単層	0.42	3.38	—	GMR	—	5)
35	2001	CoCrPtB	単層	—	—	8.3	GMR	10	6)
101	2002	CoCrPtB/Ru/CoCrPtB	AFC	0.40	5.06*	9.4	GMR	6.3	7)
106	2002	CoCrPtB/Ru/CoCrPtB	AFC	0.37	3.97	—	GMR	—	8)
130	2003	CoCrPtB/CoCrPtB	高 OR	0.36	4.04	7.1	GMR	—	9)

$M_r t$：残留磁化と磁性膜厚の積，H_c：保磁力，H_{cr}：残留保磁力，$\langle D \rangle$：平均磁性粒径，h_f：ヘッド浮上量．

1) T. Yogi, G. Castillo, *et al.*, *IEEE Trans. Magn.*, **26**, 2271 (1990).
2) M. Futamoto, T. Takagaki, *et al.*, *IEEE Trans. Magn.*, **27**, 5280 (1991).
3) H. Mutoh, Y. Mizoshita, *et al.*, *IEEE Trans. Magn.*, **32**, 3914 (1996).
4) J. Li, M. Madison, *et al.*, *J. Apple. Phys.*, **85**, 4286 (1999).
5) K. Sato, Y. Uematsu, *et al.*, *IEEE Trans. Magn.*, **35**, 2655 (1999).
6) M. Doerner, D. Weller, *et al.*, *IEEE Trans. Magn.*, **37**, 1052 (2001).
7) Z. Zhang, S. Slade, *et al.*, *IEEE Trans. Magn.*, **38**, 1861 (2002).
8) B. R. Acharya, I. Okamoto, *et al.*, *J. Magn. Magn. Mater.*, **260**, 261 (2003).
9) G. Choe, K. Stoev, *et al.*, *IEEE Trans. Magn.*, **39**, 633 (2003)

で形成された CoCr 合金膜をエッチング処理すると，菊模様（CP：chrysanthemum-like pattern）とよばれる微細構造が観察されることが報告[18,19]されている．これは，CoCr 合金結晶粒内の Co リッチ相が選択的にエッチングされたためで，CoCr 結晶粒内で図 3.3.3 に示すような相分離が起きていることを示している[20]．また，基板温度 90℃で形成された CoCr 合金膜において，結晶粒内部の Cr 濃度に比べて粒界部の Cr 濃度が高いというエネルギー分散型 X 線分光法（EDS）の分析結果が報告[21]されている．この場合も相分離が起きていることを示しているが，上記の場合とは異なり，Co リッチな結晶粒の周囲を Cr リッチな粒界相が取り囲んだ構造となっている．基板温度 30℃で形成された CoCr 合金膜では，粒内と粒界で明瞭な組成差が確認されなかったことから，相分離は高温成膜によって促進されると考えられる．上記結果は垂直磁化膜に関するものであるが，CoCr 合金膜中に Cr リッチな粒界相が形成されることにより，凸凹構造を導入することなく磁性粒子間の交換結合を低減できることを示している．

高温成膜により相分離が促進されると同時に，面内磁気異方性を向上できる．基板上に加熱なし（室温）で形成された Cr 下地層は，(110) 面を基板面に平行とした (110)

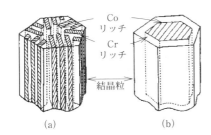

図 3.3.3 CoCr 合金結晶粒の相分離構造
(a) 菊膜様型 (b) 粒界偏析型
[Y. Maeda, M. Asahi, *IEEE Trans. Magn.*, **23**, 2061 (1987)]

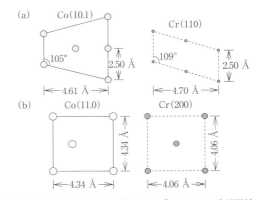

図 3.3.4 Cr 下地層と Co 磁性層のエピタキシャル成長関係
(a) Co(10.1)/Cr(110) (b) Co(11.0)/Cr(200)
[M. L. Plumer, J. V. Ek, D. Weller, eds., "The Physics of Ultra-High-Density Magnetic Recording", p. 42, Springer (2001)]

配向を示すが[22,23]，(110) 配向した Cr 下地層上に形成された Co 合金は，エピタキシャル成長により，おもに (10.1) 配向を示す（図 3.3.4(a)）[24,25]．(10.1) 配向した Co 合金結晶の磁化容易軸である c 軸は，膜面内方向から 28°傾いており完全に膜面内方向を向いていない．

これに対し，おおむね 200℃以上の基板温度で成膜された Cr 下地層は (100) 配向を示すため[23]，その上に形成された Co 合金はエピタキシャル成長により (11.0) 配向を示す（図 3.3.4(b)）[24~26]．(11.0) 配向した Co 合金結晶の c 軸はほぼ膜面内方向を向いているため，強い面内磁気異方性を示す面内媒体が得られる．これが相分離促進と並んで高温成膜の大きな利点であり，高モビリティプロセスが主流となった最大の要因である．1996 年に報告された面記録密度 5 Gb in^{-2} 以降のデモンストレーションに使用された面内媒体のほとんどが，高モビリティプロセスで形成されている（表 3.3.1）．

（4）元素添加効果

① Ta 添加効果（相分離促進）：1993 年，CoCrTa 媒体の磁性層中の結晶粒が，0.5～1 nm の明瞭な粒界相で分離されていることを示す透過電子顕微鏡（TEM：transmission electron microscope）観察結果が報告[27]された．同一条件で形成された CoNiCrPt 媒体や CoCrPt 媒体の磁性層には明瞭な粒界相が観察されなかったことから，粒界相の形成は Ta 添加に起因していると考えられる．CoCrTa 媒体は，CoNiCrPt 媒体および CoCrPt 媒体よりも高い SN 比を示したが，これは粒界相の形成により磁性粒子間の交換結合が低減されたためと考えられる．また，粒界相の Cr 濃度は粒内よりも高く，非晶質構造（図 3.3.5）であることも確認[28]されている．CoCrTa 合金膜中に Cr リッチな粒界相が存在することは上記報告以前から指摘[29]されていたが，上記報告により，Ta 添加によって相分離が促進され，Cr リッチな粒界相が形成されることが明らかになった．

図 3.3.5 CoCrTa 面内媒体の平面 TEM 像
[J. Nakai, K. Itayama, *et al.*, *IEEE Trans. Magn.*, **30**, 3969 (1994)]

CoCrTa 合金膜中に Cr リッチな粒界相が存在することは，その後，エネルギーフィルタ TEM（ΞF-TEM）[30～32]，ナノプローブ EDS[33] などによっても確認され，粒界部付近での定量的な Cr 濃度分布が測定されている（図 3.3.6）．また，CoCr 合金膜と同様，基板温度の増加により相分離が促進されることも確認[29,31,34]されている．なお，Ta は膜中に均一に分布していると指摘[28,32,33]されているが，粒界に偏析しているという報告[35]もある．

② Pt 添加効果（高保磁力化）：高モビリティプロセスで形成された CoCrTa 媒体は，粒子間の交換結合低減により優れた低ノイズ特性を示したが，記録密度をさらに向上するには，保磁力をさらに向上させる必要があった．一般に，面内磁気記録媒体における磁化遷移領域の遷移幅 a は以下のように表される．

$$a \propto \frac{M_r t}{H_c} \quad (3.3.1)$$

ここで，M_r は残留磁化，t は磁性層膜厚，H_c は保磁力である．磁化遷移幅が狭いほど，記録分解能が高くなり高密度化に有利となるため，高保磁力化と低 $M_r t$ 化が高密度化の必須条件となる．

CoCr 合金に Pt を添加することによって結晶磁気異方性 K_u が向上するため，保磁力を向上させることができる[36～38]．Pt を 13% 含有した CoCrPt 媒体にバイアス印加することにより 3.5 kOe 程度の高い保磁力が得られることが報告されているが[37]，この値は CoCrTa 媒体の保磁力（1.6～2.2 kOe）[28,31]に比べて 1 kOe 以上高い．ただし，Pt を過剰に添加すると，積層欠陥の導入により K_u が急激に低下するため，Pt 添加量はおおむね 20% 以下が望ましい[37,38]．

高基板温度で形成された CoCrPt 合金膜の場合も，相分離により粒界付近に Cr リッチな領域が形成されるが（図

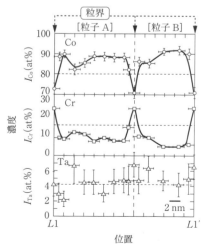

図 3.3.6 CoCrTa 面内媒体の Co, Cr, Ta 濃度分布
[N. Inaba, M. Futamoto, *et al.*, *J. Magn. Magn. Mater.*, **168**, 222 (1997)]

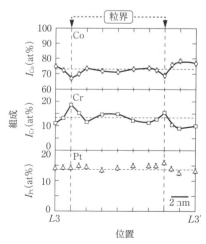

図 3.3.7 CoCrPt 面内媒体の Co, Cr, Pt 濃度分布
[N. Inaba, M. Futamoto, *et al.*, *J. Magn. Magn. Mater.*, **168**, 222 (1997)]

3.3.7), CoCrTa 合金膜で観察されたような明瞭な粒界相は観察されていない[33,39]. また, 図 3.3.6 と図 3.3.7 の比較から明らかなように, 粒界付近の Cr 濃度も CoCrTa 合金膜に比べて低い. このため, CoCrPt 媒体では磁性粒子間の交換結合の低減が十分でなく, CoCrTa 媒体に比べて媒体ノイズが高い[27,33]. なお, Pt は膜中にほぼ均一に分布しており, 粒界部への偏析は確認されていない[32,33,35].

高保磁力と交換結合低減を両立させるため, CoCrTa に Pt を添加した CoCrPtTa 媒体が検討されている[40,41]. CoCrTa に Pt を添加した場合でも, CoCr に Pt を添加した場合と同様 K_u が向上し, 保磁力が増大する. 1996 年に報告された面記録密度 5 Gb in^{-2} のデモンストレーションでは, CoCrPtTa 媒体が使用されている[42].

③ **B 添加効果 (粒径微細化)**:1990 年代後半になると, CoCrPtB 媒体の検討が盛んになった. CoCrPtB 媒体はすでに 1990 年代初頭に検討され, 3 kOe 以上の高い保磁力が得られることや, CoCrPt 媒体より低ノイズであることが確認[43,44]されていたが, 1990 年代中頃までは CoCrTa 媒体や, CoCrPt(Ta) 媒体が主流であった. 1998 年, CoCrPt 合金膜への B 添加が低ノイズ化に必須な粒径微細化に効果的であることが報告[45]されると, CoCrPtB 媒体への関心が急激に高まった.

CoCrPtB 合金膜の TEM 像においても, CoCrTa 合金膜と同様, 明瞭な粒界相が観察されたが, CoCrPtB 合金膜の場合, 粒内にも B リッチな非晶質相が観察されている[46,47] (図 3.3.8). CoCrPt 合金への B 添加により粒径が大幅に低減されるのは, 上記 B リッチな非晶質相の形成により粒成長が抑制された結果と考えられている. Ta 添加の場合, 相分離促進効果はみられるものの粒径微細化効果はなく[45], 過剰な Ta 添加は K_u の低下を招く. このため, 2000 年代に入ると, Ta を含有しない CoCrPtB 媒体が主流となった.

2001 年に報告された面記録密度 35 Gb in^{-2} のデモンストレーションでは, CoCrPtB 媒体が使用されている[46]. 上記 CoCrPtB 媒体の磁性層の平均粒径は 8.3 nm であったが, この値は面記録密度 10 Gb in^{-2} のデモンストレーションに使用された面内媒体の平均粒径 (12 nm)[48] に対して約 30% 微細化されている (表 3.3.1 参照).

(5) **熱揺らぎ**: 磁性粒径が 10 nm 以下まで微細化されると, 熱擾乱の影響で記録磁化が消失する熱揺らぎ[49,50]の問題が深刻化してきた. 熱揺らぎの度合いは K_uV/kT (K_u:結晶磁気異方性, V:磁性粒体積, k:ボルツマン定数, T:絶対温度) によって表されるが, 10 年以上の安定記録を保障するには, K_uV/kT が室温においておおむね 60 以上である必要がある[50,51]. 磁性粒径の微細化 (V の低下) が進むと $K_uV/kT>60$ を維持するために K_u を増加させる必要があるが, K_u が増加するとヘッドによる書き込みが困難となる. このことは, 磁性粒径の微細化, 熱安定性の維持, ヘッドによる良好な書き込みの 3 条件を同時に満たすことが困難であることを示している. この問題はトリレンマ問題ともよばれており, 記録密度向上の最大の障害となっている. 面記録密度 35 Gb in^{-2} のデモンストレーションに使用された CoCrPtB 媒体の K_uV/kT は 70 程度で[46], 熱安定性を維持できる K_uV/kT の下限値に近い値であった. このことは, これ以上の粒径微細化, すなわち記録密度の向上が困難であることを示している. 1990 年代後半には, 熱揺らぎによる制約のため面内媒体の記録密度はおおむね 40 Gb in^{-2} が限界という指摘[51]もなされていた.

① **AFC 媒体, SF 媒体**:熱揺らぎを改善する手法として, 2000 年, 磁性層が互いに反強磁性結合した上部磁性層と, 下部磁性層から構成される反強磁性結合 (AFC: anti-ferro magnetically coupled) 媒体, もしくは擬似フェリ (SF: synthetic ferri) 媒体とよばれる面内媒体が提案[52,53]された. AFC 媒体の M_rt は上部磁性層, 下部磁性層の M_rt を $(M_rt)_{top}, (M_rt)_{bottom}$ とすると, $(M_rt)_{AFC}=(M_rt)_{top}-(M_rt)_{bottom}$ と表される. 下部磁性層の M_rt によって上部磁性層の M_rt が打ち消されるため, 磁性層の実効的な膜厚, すなわち K_uV/kT を低下させずに高密度化に必要な低 M_rt 化を実現できる (図 3.3.9). 2002 年, および 2003 年に報告された面記録密度 101 Gb in^{-2}, および 106 Gb in^{-2} のデモンストレーションには上部磁性層と下部磁性層に CoCrPtB 合金を用いた AFC 媒体が使用されている[54,55].

② **高 OR 媒体**:熱揺らぎを改善する別の手法として, 高 OR (high-orientation ratio) 媒体があげられる. 高 OR 媒体とは, 基板もしくは基板上に形成された金属シード層表面にテクスチャーとよばれる同心円状の溝を形成することにより, 円周方向に強い磁気異方性を導入した媒体

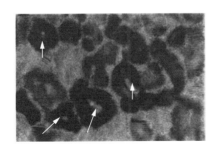

図 3.3.8 CoCrPtB 面内媒体の平面 TEM 像
[A. Ajan, I. Okamoto, *J. Appl. Phys.*, **92**, 6099 (2002)]

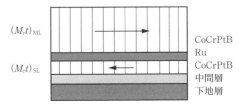

図 3.3.9 AFC 媒体の断面構造と残留磁化状態
[Z. Zhang, S. Slade, *et al.*, *IEEE Trans. Magn.*, **38**, 1861 (2002)]

である．従来使用されていたAl基板にもヘッドのディスク表面吸着防止などの目的でテクスチャー加工が施されていたが，保磁力，もしくは$M_r t$の円周方向と半径方向の比率と定義されるORは1.1～1.3程度であった．ORをさらに高めることにより，熱安定性と同時にSN比などの記録再生特性を改善できる[56~58]．2003年に報告された面記録密度130 Gb in^{-2}のデモンストレーションでは，ORを1.75まで高めたCoCrPtB媒体が使用されている[59]．

（6）**下地層層材料：** 磁性層のCo合金の微細構造を制御するうえで，下地層の役割はきわめて重要である．当初，下地層にはCrが使用された．(100)配向したCr下地層上に形成されたCo合金からなる磁性層はエピタキシャル成長により(11.0)配向をとる．これにより磁化容易軸であるc軸が膜面内方向を向くため，高い面内磁気異方性を有する面内媒体を得ることができる．ただし，高保磁力化に伴いCo合金中のPt濃度が増加すると，界面での格子ミスフィットが増加し，磁性層の(11.0)配向が劣化した．これは，Ptの原子半径がCoよりも大きいためである．これを改善するため，Crに原子半径の大きな第二元素を添加したCrTi[60]，CrV[61]，CrMo，CrW[62]，CrRu[63]，CrMn[64]などの下地層が提案された．上記Cr合金を下地層に用いることにより，格子ミスフィットが緩和され，Ptを10%以上含有する磁性層にも良好な(11.0)配向をとらせることが可能となった．また，磁性層の粒径微細化には下地層の粒径微細化が効果的であるが，CrTi下地層へのB添加[65]，CrMo下地層へのB添加[66]により下地粒径を微細化できることが報告されている．

面内媒体の基板には，当初，NiPめっき膜がコーティングされたAl-Mg合金基板（以後，Al基板と記す）が使用されていたが1990年代に入るとモバイルPCの普及に伴い，携帯使用に耐え得る高強度なガラス基板の需要が高まった．しかし，基板にガラスを用いた場合，Al基板を用いた場合に比べて保磁力が低下する．これは，ガラス基板上に形成されたCrもしくはCr合金下地層の(100)配向が，Al基板上に形成された場合に比べて劣化するためである[67~69]．これを改善するため，基板と下地層の間にシード層とよばれる新たな層の形成が試みられた．NaCl構造のMgO[70]，非晶質もしくは微結晶構造のTa[71]，CoCrZr[72]，NiTa[73]，TiAl[74]，B2構造のRuAl[74]などをシード層としてガラス基板上に形成することにより，その上に形成されたCrもしくはCr合金下地層が良好な(100)配向を示すことが報告されている．さらに，シード層の表面酸化処理がCr合金下地層の(100)配向性改善や粒径微細化に効果的であることも報告されている[75,76]．

(100)配向したCr下地層上にCo合金がエピタキシャル成長して(11.0)配向する場合，c軸方向がCr結晶粒の〈110〉方向と平行になるCo結晶粒と，〈-110〉方向と平行になるCo結晶粒が存在する[77]．これは，一つのCr結晶粒上に互いにc軸を直行させた複数のCo結晶粒が隣接して成長した構造でbicrystal（バイクリスタル）構造

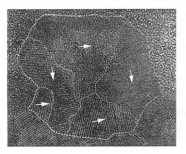

図 3.3.10 bicrystal構造
[Q. Peng, S. Lambert, *et al.*, *IEEE Trans. Magn.*, **31**, 2821 (1995)]

とよばれている（図 3.3.10）．bicrystal構造を構成するCo結晶粒間のCr濃度は，異なるCr結晶粒上に成長したCo結晶粒間のCr濃度よりも低いため[32,35]，粒間の交換結合が強い．bicrystal構造を構成するCo結晶粒間の磁化容易軸は互いに直行しているため，交換結合により異方性が相殺され，保磁力が大幅に低下する[78]．bicrystal構造によりCo結晶粒径を微細化できるという利点もあるが，保磁力の大幅な低下は大きな問題であった．

これに対して，1994年，ガラス基板上に形成したB2構造を有するNiAlシード層が(211)配向を示し，その上に形成されたCo合金がエピタキシャル成長により，(10.0)配向を示すことがLeeらによって報告[75]された．(10.0)配向したCo結晶粒は(11.0)配向したCo結晶粒同様，c軸が膜面内方向を向くため，強い面内磁気異方性を示す．また，(211)面は2回対称であるため，その上にエピタキシャル成長した(10.0)配向粒子はbicrystal構造をとらない．この場合，隣接するCo結晶粒は異なる下地結晶粒上に成長しているため，粒子間の交換結合が弱く，高い保磁力が得られる．上記構造はunicrystal構造ともよばれるが，1999年に報告された面記録密度10 Gb in^{-2}のデモンストレーションでは，NiAlシード層を用いたunicrystal構造の(10.0)配向媒体が使用されている[48]．ただし，unicrystal構造の(10.0)配向媒体には，Co合金のc軸配向分散がきわめて大きいという問題があった．これは，面指数の高いNiAlシード層の(211)配向が不安定で，より安定な(110)配向粒子が混在しているためである．

一般に下地層の粒径が微細化されると，一つの下地結晶粒上に一つの磁性結晶粒が成長する"one-on-one成長"が支配的となる．このため，bicrystal構造の形成頻度は下地粒径の微細化とともに低下し，下地粒径10 nm以下でほぼ消失する[80]．下地粒径を微細化して磁性粒径を微細化したほうが，bicrystal構造によって磁性粒を微細化するより粒径分散を低減できるため[80]，その後は下地粒径の微細化によってbicrystal構造を抑制した(11.0)配向媒体が主流となっていった．

（7）**面内記録媒体の限界：** 2000年以降，面内媒体の磁性層はCoCrPtB合金が主流となり，高記録密度化は

AFC媒体，高OR媒体などの新規媒体構成によりトリレンマ問題を回避しつつ進められた．記録密度の向上に伴い高保磁力と低$M_r t$化が進み，1 Gb in^{-2}から130 Gb in^{-2}までに$M_r t/H_c$（∝磁化遷移幅）は約80%低減されている（表3.3.1参照）．また，薄膜媒体が登場した当初は，再生ヘッドの主流は磁気抵抗（MR）素子であったが，その後，より高感度な巨大磁気抵抗（GMR）素子へと移行していった．高感度なGMR素子の場合，媒体には高出力よりも低ノイズが要求される．面記録密度5 Gb in^{-2}のデモンストレーション以降，媒体の$M_r t$が急激に低下しているのはこのためである．また，ヘッド浮上量h_fも大幅に低減されているが，これは，HDI技術の大幅な進歩によるものである．

2005年，垂直媒体の量産が開始されると，1980年代後半から15年以上続いたスパッタ成膜による面内媒体は100 Gb in^{-2}クラスの面記録密度（2.5インチディスク1枚あたり60 GB相当）を最後にその使命を終えた．以後，HDD用記録媒体の主役は，垂直媒体へと移っていった．

（iii）垂直記録媒体

（1）垂直記録の利点： 垂直磁気記録方式は，1977年に東北大学の岩崎教授（当時）によって提唱された[81]．その後，ほぼ30年にわたって研究開発が続けられ，2005年，面記録密度133 Gb in^{-2}（2.5インチディスク1枚あたり80 GB相当）の垂直磁気記録媒体を搭載したHDDが量産化された[82,83]．面内媒体ではビット境界で磁化が互いに向き合っているため，ビット長の低減（高密度化）に伴って反磁界エネルギーが増加し磁化が不安定となるのに対し，垂直媒体ではビット長の低下に伴い磁化が安定化されるため，高密度化に適している．以下，垂直記録媒体向けに検討された材料の変遷について述べる．

（2）CoCr系合金磁性層： 垂直媒体の磁性層には，当初，CoCr合金が用いられた[84]．CoCr系合金は面内媒体の磁性層として広く検討されてきたが，元来，垂直媒体用に開発された材料であった．hcp構造を有するCo合金の（00.1）面を基板面と平行に配向させることにより，磁化容易軸であるc軸を膜面垂直方向に向けることができる．ただし，垂直磁化膜を実現するためには，垂直方向の異方性磁界H_kが反磁界$4\pi M_s$（M_s：飽和磁化）を上回る必要がある（$H_k - 4\pi M_s > 0$）．純Coの場合，上記条件を満たさないが，Crを添加してM_sを低下させることにより上記条件が満たされ，垂直磁化膜が得られる．その後，CoCr合金に対して種々の元素添加が検討されたが，1990年代以降は，面内媒体同様，CoCrTa合金，CoCrPt合金が主流となった．

垂直媒体の場合もCoCr合金へのTa添加によって相分離が促進されることが指摘されていたが[85]，1996年，CoCrTa垂直媒体の粒界付近にCrリッチな領域が存在することがEF-TEM観察によって確認された[86]．同時に観察されたCoCrPt垂直媒体の粒界付近にもCrリッチな領域が確認されたが，Cr濃度はCoCrTa垂直媒体に比べて低く，かつブロードな濃度分布となっていた．以上のことは，垂直媒体においてもTa添加によって相分離が促進され，磁性粒子間の交換結合が低減されることを示しており，CoCrTa垂直媒体がCoCrPt垂直媒体より低ノイズを示すという実験結果[86,87]とも一致する．ただし，CoCrTa垂直媒体では，CoCrTa面内媒体で観察されたような明瞭な非晶質粒界相は確認されていない．また，磁性層にCoCrNb合金を用いた垂直媒体の検討が秋田県産業技術センター（AIT）を中心に行われており，CoCrTa垂直媒体と同等の磁気特性や記録再生特性を示すことが報告[88~90]されている．なお，上記垂直媒体は，相分離を促進するため，基板温度150℃以上，成膜時のArガス圧1 Pa以下の高モビリティプロセスで形成されている．

面内媒体ではビット境界に形成されるジグザグ状の磁化遷移領域から発生する遷移性ノイズが支配的であったが[9]，当初の垂直媒体ではビット内部から発生するDCノイズ成分の割合が高かった[91~93]．このため，垂直媒体は面内媒体に比べて低線記録密度での媒体ノイズが高かった（図3.3.11）．DCノイズの発生源はビット内部に形成され

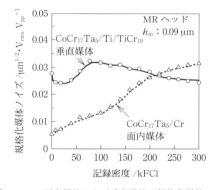

図3.3.11 面内媒体および垂直媒体の規格化媒体ノイズと線記録密度の関係
[Y. Matsuda, M. Futamoto, et al., J. Magn. Soc. Jpn., **18**, S1, 99 (1994)]

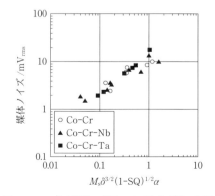

図3.3.12 垂直媒体の媒体ノイズと角型比の関係
[N. Honda, K. Ouchi, J. Magn. Soc. Jpn., **21**, S2, 505 (1997)]

た逆磁区であり[89,93]，これに起因した DC ノイズ電圧 E_n は，下記のように記述される[89]（図3.3.12）．

$$E_\mathrm{n} \propto M_\mathrm{s} \delta^{3/2} (1-SQ)^{1/2} \alpha \tag{3.3.2}$$

ここで，M_s は飽和磁化，δ は磁性層膜厚，SQ は飽和磁化と残留磁化 M_r の比 $M_\mathrm{r}/M_\mathrm{s}$ として定義される角型比とよばれる値，α は保磁力での磁化曲線の傾きとして定義される値である．上式から明らかなように，DC ノイズ低減には，α の低減とともに角型比 SQ を 1 に近づけることが必須条件となる．CoCrTa 垂直媒体の角型比はおおむね 0.5 以下であり[87,91〜93]，1 に近づけることが困難であった．角型比が低いことは，ビット内部に逆磁区が発生していることを意味しており，これを防ぐには異方性磁界 H_k を高める必要がある．（ii）項の(4)で述べたように H_k は磁性層への Pt 添加によって増加するため，角型比も Pt 添加によって向上させることができる[87,93]．

角型比は下地層の改善によっても向上できる．垂直媒体の下地層には当初，Ti，TiCr 合金などが使用されたが[94]，これらの下地層上に形成された磁性層の初期成長部には非晶質相が形成され，エピタキシャル成長が阻害されていた[92]．これを改善するため，TiCr 下地層上に hcp 構造の非磁性 CoCr 下地層を形成した二層下地層が提案され，これにより，磁性層初期部のエピタキシャル成長が改善され，角型比が向上した[87,93]．1997 年には，上記二層下地層と，膜厚を 25 nm 以下まで薄くした CoCrPt 磁性層を組み合わせることにより，角型比〜1 が達成された[95]．

2000 年には，保磁力 2.6 kOe，角型比 0.98，平均磁性粒径 12 nm の CoCrPt 垂直媒体を用いた面記録密度 52.5 Gb in^{-2} のデモンストレーションが報告され[96]，大きな注目を集めた．その後，CoCrPt 磁性層への Ta 添加や B 添加が検討され，粒子間の交換結合低減や粒径微細化による SN 比改善が確認されたが[97,98]，当時主流であった面内媒体を凌駕するには至らなかった．また，面内媒体同様，磁性粒径の微細化に伴い，熱揺らぎの問題が深刻化してきた．

（3）**メタル–酸化物グラニュラー構造**：2002 年，CoCrPt 磁性層に SiO$_2$ を添加することにより，磁性結晶粒がおもに SiO$_2$ からなる粒界相で分断されたグラニュラー媒体が得られることが及川らによって報告[99]された（図3.3.13）．上記 CoCrPt-SiO$_2$ グラニュラー垂直磁気記録媒体の場合，酸化物粒界相によって交換結合が低減されるため，相分離による Cr リッチな粒界相を必要としない．このため，Co 合金中の Cr 濃度を比較的低く設定でき，Cr 濃度増加に伴う結晶磁気異方性 K_u の低下を抑制できる．CoCrPt-SiO$_2$ グラニュラー垂直磁気記録媒体が従来の CoCrPt 垂直磁気記録媒体に対して 2 倍程度の高い K_u と（図3.3.14），4 kOe 以上の高い保磁力を示すのはこのためである[99]．また，室温成膜が可能となるため，粒成長が抑制され，大幅な粒径微細化が可能となった．

図3.3.15 に種々の SiO$_2$ 濃度の CoCrPt-SiO$_2$ グラニュ

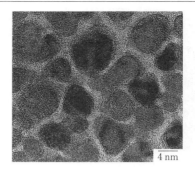

図 3.3.13 CoCrPt-SiO$_2$ グラニュラー磁性層の平面 TEM 像
[T. Oikawa, Y. Nakamura, et al., IEEE Trans. Magn., **38**, 1976 (2002)]

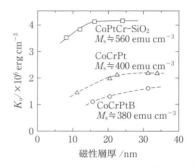

図 3.3.14 CoCrPt-SiO$_2$ グラニュラー垂直媒体および CoCr 合金垂直媒体の K_u と磁性層膜厚の関係
[T. Oikawa, Y. Nakamura, et al., IEEE Trans. Magn., **38**, 1976 (2002)]

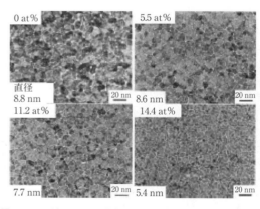

図 3.3.15 種々の SiO$_2$ 濃度の CoCrPt-SiO$_2$ 磁性層
[Y. Inaba, Y. Nakamura, et al., IEEE Trans. Magn., **40**, 2486 (2004)]

ラー磁性層の平面 TEM 像を示す[100]．磁性層の平均粒径は SiO$_2$ 添加量とともに減少し，SiO$_2$ 添加量 11.2 at% で 7.7 nm まで微細化されているのがわかる．これは，52.5 Gb in^{-2} のデモンストレーションで使用された CoCrPt 垂直磁気記録媒体の平均磁性粒径（12 nm）に対して約 40% 微細化された値である．上述のように，CoCrPt-SiO$_2$ グラ

ニュラー垂直磁気記録媒体は K_u がきわめて高いため,磁性粒径が 7 nm 以下まで微細化しても 80 以上の高い $K_u V/kT$ が維持され,良好な熱安定性を示す[101].

交換結合の低減と磁性粒径の大幅な微細化により,CoCrPt-SiO$_2$ グラニュラー垂直磁気記録媒体は,CoCrPtB 垂直磁気記録媒体に対して SN 比が 5 dB 以上改善されるとも報告されており[99,101],以後,メタル–酸化物グラニュラー磁性層を用いた垂直媒体の開発が急速に進められていった.2005 年に量産が開始された第 1 世代の垂直媒体にも上記グラニュラー磁性層が使用されているといわれている[102].

一方,Ar と酸素の混合ガスを用いた反応性スパッタリングによる CoCrPtO 磁性層の形成も検討されている[103~105].反応性スパッタで形成された CoCrPtO 磁性層も,結晶粒が主として Cr 酸化物からなる粒界相で分離されたグラニュラー構造を示すことが確認されている.ただし,粒子の分離度や膜の均一性が不十分であったため,CoCrPtB 合金系垂直媒体を上回る SN 比が得られていない[104,105].このため,現在では酸化物を含有した複合ターゲットを用いたグラニュラー磁性層の形成が主流になっている.

上記グラニュラー磁性層は,室温・高ガス圧(8 Pa)[104,105] の低モビリティプロセスで形成されているが,グラニュラー磁性層の登場以降,垂直媒体の成膜プロセスは低モビリティプロセスが主流となり,現在に至っている.

(4) 粒界酸化物材料: グラニュラー磁性層の酸化物粒界相としては,SiO$_2$ 以外にも,TiO$_2$[106~108],Ta$_2$O$_5$[106,109],CrO$_x$[107],Nb$_2$O$_3$,WO$_3$[108],Al$_2$O$_5$,MgO[110] などが検討されている.有明らは CoPt 合金の粒界相として SiO$_2$,TiO$_2$,Ta$_2$O$_5$ を比較した結果,TiO$_2$ を添加した場合に保磁力と K_u が最も高くなると報告[106] している(図 3.3.16).粒界相に TiO$_2$ を用いた場合,金属状態の Ti は存在せず,磁性層の初期層から表面まで TiO$_2$ の化学量論比組成が維持されていることが X 線光電子分光法(XPS)に

より確認されている.このことは,TiO$_2$ 粒界相を用いた場合,磁性層の初期層から磁気的分離度が高くなることを示している.ただし,粒界相材料が磁気特性や微細構造に及ぼす影響は報告者によっても異なっており,TiO$_2$ の優位性はほとんどみられないという報告もある[107,112].また,CoCrPt-SiO$_2$ グラニュラー磁性層中の粒界相についてもほぼ SiO$_2$ であるという報告[101,111] と,CrO$_2$ や Cr$_2$O$_3$ などの Cr 酸化物も混在しているという報告[107,112] がある.報告者による乖離は,成膜装置や成膜プロセスの違いによるものと考えられる.

一方,複数の酸化物を添加したグラニュラー磁性層の検討も行われている.CoCrPt に SiO$_2$ と TiO$_2$ を同時に添加した場合,粒界幅,および粒界幅分散がより低減され,それぞれの酸化物を単独で添加した場合よりも高い SNR が得られることが報告されている[113].

粒界酸化物には,磁性粒子間の交換結合を効果的に低減できる材料が求められるが,交換結合を完全に消失させるのに必要な膜厚(臨界膜厚)は酸化物の種類によって異なる.SiO$_x$,TiO$_x$,CrO$_x$,MgO$_x$,YO$_x$ の臨界膜厚を比較した結果,YO$_x$ の臨界膜厚が最も薄く,SiO$_x$ のほぼ半分の 0.95 nm であることが報告されている[114].このことは,YO$_x$ の交換結合低減効果がきわめて強いことを示しているが,臨界膜厚も粒界相材料の設計指針の一つとなっている.

(5) 下地層材料: メタル–酸化物グラニュラー磁性層の下地層には,当初,Ru 単層膜が使用された[103].Ru は Co と同じ hcp 構造を有し,Ru の (00.1) 面は,Pt 添加によって格子定数が膨張した Co 合金の (00.1) 面との格子整合性がきわめてよい.また,Ru は酸化自由エネルギーが高いため,磁性層中の酸化物やスパッタガス中の酸素による表面酸化を抑制できる.ただし,Ru 下地層を用いた場合,磁性層の初期成長部における結晶粒の分離度が悪いという問題があった[115].

上記問題を解決する手法として Ru の二段成膜が提案されている[115].Ru 下地層を室温,高ガス圧で形成すると自己陰影効果により凹凸構造が導入されるため,磁性層中の酸化物粒界相が凹部上に形成され,初期成長部から磁性粒の分離度が高くなる.高ガス圧で Ru 層を形成すると (00.1) 配向が劣化するが,低ガス圧で形成された下部 Ru 層上に高ガス圧で上部 Ru 層を形成することにより良好な (00.1) 配向を維持したまま,磁性層の初期成長部の粒分離度を高めることができる[116~118].図 3.3.17 に上記二段成膜された Ru 下地層を用いた垂直媒体の断面 TEM 像を示す[118].ガス圧増加に伴って上部 Ru 下地層(top-Ru)の凹凸構造が顕著となり,磁性粒が分離していくのがわかる.なお,これは CoCr 系合金垂直媒体向けに検討された TiCr 下地層の二段成膜[119] と同様の手法である.

Ru 下地層上に,酸化物を添加した Ru-oxide 下地層を形成した二層下地層も提案されている[120,121].Ru-oxide 下地層の粒界部に酸化物が析出するため,磁性層中の酸化物

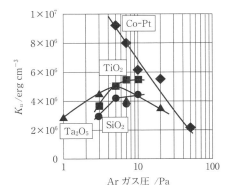

図 3.3.16 粒界相に SiO$_2$,TiO$_2$,Ta$_2$O$_5$ を用いた CoPt 合金垂直媒体の結晶磁気異方性 K_u と Ar ガス圧の関係
[J. Ariake, N. Honda, *et al.*, *IEEE Trans. Magn.*, **41**, 3142 (2005)]

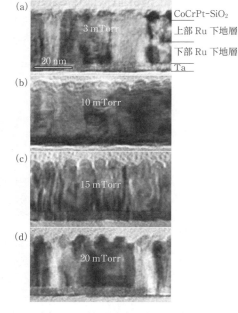

図 3.3.17 上部 Ru 下地層形成時のガス圧を変えた垂直媒体の断面 TEM 像
[S. H. Park, T. D. Lee, *et al.*, *J. Appl. Phys.*, **97**, 10N106 (2005)]

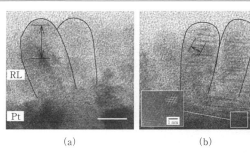

図 3.3.18 Pt 下地層上に成長した Co 合金結晶粒の断面 TEM 像
(a) Pt 下地層の ⟨111⟩ 軸を含む断面像
(b) Pt 下地層の ⟨111⟩ 軸と ⟨11-1⟩ 軸を含む断面像
[A. Hashimoto, M. Takahashi, *et al.*, *Appl. Phys. Lett.*, **89**, 262508 (2006)]

が Ru-oxide 下地層中の酸化物上に形成され，初期成長部から磁性結晶粒の分離度を高めることができる．Ru-oxide 下地層の場合，高ガス圧で成膜した Ru 下地層とは異なり，凸凹構造をとる必要がないため膜厚を比較的薄く設定できる．(iv) 項で述べるように，垂直媒体には記録磁界改善のためソフト磁気特性を有する SUL とよばれる下地層が形成されている．記録磁界向上のためにはヘッド-SUL 間の距離が短いことが望ましいが，Ru-oxide/Ru 二層下地層は，膜厚を薄く設定できるため，ヘッド-SUL 間距離を低減できるという利点がある．なお，Ru 下地層の (001) 配向を向上させるための配向制御層としては，Ta[117,118,120,122]，Pd[123]，NiW/Cr[124] などが報告されている．

高価な貴金属である Ru の代替下地材料として，擬似六方晶構造材料が提案されている[125]．擬似六方晶とは，(111) 配向した面心立方構造 (fcc) 合金膜，もしくは (00.1) 配向した hcp 合金膜中に，配向面と平行に積層欠陥が導入された構造である．通常，(111) 配向した fcc 合金下地層上に Co 合金を形成した場合，Co 合金はエピタキシャル成長により (00.1) 配向を示すが，下地層が凹凸構造を有している場合，凹凸斜面に現れた (111) 面と等価な (-111) 面，(1-11)，(11-1) 面上に Co 合金結晶粒がバリアント (variant) 成長する (図 3.3.18)．バリアント成長した Co 合金結晶粒子の c 軸は垂直方向に対して 70° 傾斜しているため，垂直磁気異方性が著しく低下する．これに対して，擬似六方晶構造を有する下地層では，垂直方向に対する ABC/ABC の周期構造が崩れるため，(-111) 面，(1-11) 面，(11-1) 面が消滅し，(111) 面上のみ Co 合金結晶がエピタキシャル成長する．このことは，擬似六方晶下地層の配向制御効果が，(00.1) 配向した hcp 構造の下地層と等価であることを示している．擬似六方晶構造を有する具体的な材料としては，PtCr 合金，PdCr 合金，IrCr 合金，NiCr 合金などが報告されている[125]．

(iv) ソフト磁性下地層 SUL

(1) SUL の役割： 垂直媒体では，基板と磁性層との間に SUL (soft magnetic under layer) とよばれるソフト磁気特性を有する下地層が形成されている．SUL を形成することによりヘッド磁界強度が向上するため，面内磁気記録方式に比べて強い磁界で記録できるというのが垂直磁気記録方式の利点の一つである．SUL が形成された垂直媒体は二層媒体ともよばれるが，垂直磁気記録方式では当初より，単磁極ヘッドと二層媒体の組み合わせが理想的とされていた[126]．

(2) SUL 材料： SUL には低保磁力，高透磁率などの優れたソフト磁気特性が求められる．表 3.3.2 に代表的な SUL 材料の磁気特性を示す[127,128]．NiFe は fcc 構造を有する結晶質合金であるが，B_s が 1 T 程度と低いものの，透磁率がきわめて高い．そのほか，fcc 構造の FeAlSi[129] や，2.4 T 以上高い B_s を示す bcc 構造の FeCo などの結晶質合金が SUL として検討されている．結晶質 SUL は結晶磁気異方性が高いため，スパイクノイズの発生源となる磁壁が存在しない単磁区構造をとりやすいという利点があるが[104,130]，膜厚増加とともに表面粗さが増大するという問題がある．

CoTaZr，CoNbZr などの非晶質合金を用いた SUL も検討されている[127,128]．Co を主成分とした非晶質 SUL は，B_s が若干低めであるが，良好なソフト磁気特性を示し (表 3.3.2)，かつ，膜厚を増加させても良好な表面平坦性が維持される．また，成膜後のアニール処理も必要としないため，現在，最も広く使用されている．

さらに，FeTaC，FeTaN などの微結晶合金を用いた SUL も検討されている．FeTaC 合金は，as-depo 状態で

表3.3.2 SULの磁気特性

SUL	B_s/T	H_c/Oe	μ
Ni-Fe	1.0	0.4	2000
Fe-Al-Si	1.6	2.1	250
Co-Nb-Zr	1.0	0.3	500
Co-Ta-Zr	1.2	0.2	600
Fe-Ta-C	1.6	0.4	1560

B_s：飽和磁束密度，H_c：保磁力，μ：透磁率
[A. Kikukawa, M. Futamoto, *et al.*, *IEEE Trans. Magn.*, **36**, 2402 (2000)；A. Kikukawa, M. Futamoto, *et al.*, *J. Magn. Magn. Mater.*, **235**, 68 (2001)]

は非晶質であるが，アニールによって10nm程度のα-Feの微結晶粒が非晶質マトリックス中に析出した微結晶構造をとる[128]．FeTaC合金の微細構造（ソフト磁気特性）は組成に大きく依存しているが，組成の最適化によりCoTaZr合金からなる非晶質SULを用いた場合よりもスパイクノイズを低減できることが報告[131]されている．2000年に報告された面記録密度52.5 Gb in^{-2}のデモンストレーションに用いられた垂直媒体のSULには，膜厚400 nm，B_s=1.6 TのFeTaC合金が使用されている[96]．また，近年では，高温成膜が必須となる$L1_0$型FePt磁性層を用いた熱アシスト媒体のSULとして，FeTaC合金が検討された例が報告されている[132]．

（3）**SULの問題点と改善策**：当初の二層垂直媒体では，スパイクノイズが大きな問題であった．スパイクノイズは，SUL中に存在する磁壁からの漏れ磁束に起因していることが指摘されている[133]．SUL中の磁壁は地磁気程度の微小な磁界でも移動する場合があり[134]，スパイクノイズの発生場所もこれに伴って移動する（図3.3.19）[128,135]．スパイクノイズは，広い周波数帯域で積算された媒体ノイズや，エラーレートには影響しないという報告もあるが[131,135]，SUL中に容易に移動する磁壁が存在する場合，主磁極直下に磁束が集中して記録磁化が消失するという問題が発生する[136,137]．また，SULに起因した別の問題として，リターンヨーク端部に磁束が集中することにより，クロストラック方向に数μmの広範囲にわたって磁化が消失する広域トラック消去（WATE：wide area track erasure）がある．これらの問題を解決するため，さまざまなタイプのSULが考案されている．

1994年，SmCoハード層上にCoZrNb合金からなるSULを形成することにより，スパイクノイズや磁壁移動に伴う出力減衰を抑制できることが安藤らによって報告された[134]．カソードマグネットからの印加磁界により，CoZrNb/CoSm積層膜には半径方向に一軸異方性が付与される．CoSm層からの交換バイアス磁界によってCoZrNb SULの磁化が放射状に固定されるため，磁壁の発生が抑制され（図3.3.20），スパイクノイズや出力減衰が改善される[138]．

上記CoSm層のようにSULの磁化を固定（ピン止め）する層はピンニング層ともよばれるが，その後，ピンニング層としてFeMn[139]やIrMn[140]などの反強磁性合金が提案された．ピンニング層に反強磁性合金を用いた場合も，磁界中冷却によって半径方向に一方向異方性を付与することにより，その上に形成されたSULの磁化が交換バイアス磁界によって放射状に固定される．これにより，CoSmハード層を用いた場合と同様，SULが単磁区化されスパイクノイズを抑制できる．交換バイアス磁界は図3.3.21に示すH_{ex}に相当する値であるが[138]，SULの磁化$B_{s\,soft}$，膜厚t_{soft}，およびピンニング層とSUL間の交換結合エネルギーJ_{ex}を用いて$H_{ex}=J_{ex}/(B_{s\,soft}\times t_{soft})$と表される．上式より明らかなように$H_{ex}$はSULの膜厚増加とともに減少するため，厚いSULを単磁区化するには高いJ_{ex}が必要となる．これに対し，高B_sのCoFe合金層を，IrMn反強磁性層とSULの間に形成することによりJ_{ex}が増加し，SUL膜厚を100～200 nm程度まで厚くしても単磁区構造が維持され，スパイクノイズを抑制できることが報告され

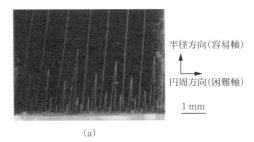

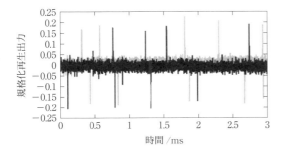

図3.3.19 1回目と2回目の再生時に異なる場所で観察されたスパイクノイズ
[M. Xiao, H. Rosen, *et al.*, *IEEE Trans. Magn.*, **41**, 3145 (2005)]

図3.3.20 CoZrNb単層膜(a)とCoZrNb/CoSm積層膜(b)の磁区構造
[T. Ando, T. Nishihara, *IEEE Trans. Magn.*, **37**, 1228 (2001)]

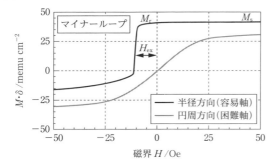

図 3.3.21 CoZrNb/CoSm 積層膜の磁化容易軸（半径方向）および磁化困難軸（円周方向）に測定したマイナー磁化曲線
[T. Ando, T. Nishihara, *IEEE Trans. Magn.*, **37**, 1228 (2001)]

ている[141,142]．

また，ソフト磁性膜と非磁性膜を交互に積層した多層膜 SUL も検討されている．FeAlSi/C 多層膜 SUL が単磁区構造を示し，これを用いた垂直媒体が，FeAlSi 単層膜 SUL を用いた垂直媒体に比べて低ノイズとなることが報告[143]されている．上記 FeAlSi 層は，磁性粒子が粒界相で分断されたグラニュラー構造をとっていることから，単磁区化は磁性粒子の磁気的な孤立化によって磁壁の生成が抑制された結果と考えられている．また，多層膜 SUL では，ソフト磁性膜間の静磁気結合により SUL からの磁束の漏えいが抑制されており，これも低ノイズ化に寄与していると考えられている．そのほか，FeTaC/C 多層膜 SUL が単磁区構造を示すことや[104]，FeTaC/Ta 多層膜 SUL を用いることによりスパイクノイズが改善されることが報告[144]されている．

さらに，Ru 層を介してソフト磁性膜が互いに反強磁性結合した APC（anti-parallel coupled soft layer）とよばれる SUL も提案[145,146]されている（図 3.3.22）．APC 型 SUL では，ソフト磁性膜間の反強磁性結合により透磁率が低減されるため，リターンヨーク端部付近での磁束の集中が抑制され，WATE を改善できる（図 3.3.23）[147]．APC 型 SUL は多磁区構造をとるため磁壁が存在するが，上下のソフト磁性膜の反強磁性結合により漏れ磁束が低減されるため，スパイクノイズがほとんど観察されない[148]．APC 型 SUL を IrMn 反強磁性合金からなるピンニング層

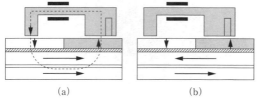

図 3.3.22 APC 型 SUL の記録時および再生時の磁化状態
(a) 記録時　(b) 再生時
[B. R. Acharya, K. E. Johnson, *et al.*, *IEEE Trans. Magn.*, **40**, 2383 (2004)]

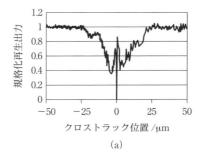

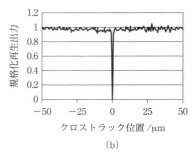

図 3.3.23 単層 SUL (a) および APC 型 SUL (b) を用いた垂直媒体の WATE
[B. R. Acharya, K. E. Johnson, *et al.*, *IEEE Trans. Magn.*, **40**, 2383 (2004)]

上に形成することにより単磁区化できることが報告されているが，単磁区化による SNR や WATE の改善はみられていない[148]．APC 型 SUL は，上述の交換バイアス型 SUL のように磁気異方性を付与するための加熱処理を必要とせず，また多層膜型 SUL のように多数の成膜チャンバーも必要としないため，現在，最も広く使用されている．

（ⅴ）多層膜媒体

（1）**垂直異方性の起源**：　1985 年，Co 膜厚を 0.8 nm 以下とした Co/Pd 多層膜が垂直磁気異方性を示すことが Carcia らによって報告[149]された．その後，Co/Pt 多層膜も垂直磁気異方性を示すことが同グループによって報告[150]され，以後，Co/Pd，Co/Pt 多層膜も垂直磁気記録媒体の磁性層として広く検討されるようになった．

Co/Pd 多層膜の垂直磁気異方性の起源は界面異方性と考えられているが，引張応力によって Co 層内に誘導された磁歪効果も垂直磁気異方性に寄与していると指摘されている[149～151]．界面異方性は，界面での組成変化が急峻であるほど高くなるため，高い磁気異方性を得るにはミキシングの少ない平坦な界面が望ましい．スパッタリングよりも粒子の運動エネルギーが低い真空蒸着によって形成された Co/Pd 多層膜の方が高い界面異方性を示すことや[152,153]，Co/Pd 多層膜を真空中でアニールすると，周期構造が劣化して垂直磁気異方性が低下することが報告されている[150]．これらの結果は界面がより平坦でミキシングが少ないほど，界面異方性が高くなることを示している．

一方，Co/Pt 多層膜の垂直磁気異方性の起源も界面異方

性と考えられているが，Co/Pt 多層膜の場合は界面でのミキシングによる合金化が進んでおり，この合金層も垂直磁気異方性に寄与していると指摘[150,151]されている．また，Xe や Kr などの高質量のスパッタガスを用いて形成された Co/Pt 多層膜が，Ar ガスを用いて形成された Co/Pt 多層膜より高い保磁力を示すことが報告[154,155]されている．高質量のスパッタガスは，ターゲットからの反跳エネルギーが低いため，界面でのミキシングが抑制される．このことは，Co/Pt 多層膜の場合も，Co/Pd 多層膜と同様，界面がより平坦であるほど，高い界面異方性が得られることを示している．

（2）**高ガス圧成膜**： 当初の Co/Pd 多層膜，Co/Pt 多層膜の保磁力は数百 Oe 程度と低かったが[149,150]，1989年，保磁力が多層膜形成時の Ar ガス圧増加とともに単調に増加し，ガス圧 20～25 mTorr で形成した Co/Pd 多層膜，Co/Pt 多層膜がそれぞれ 3 kOe，2 kOe という高い保磁力を示すことが報告[151]された．これらの値は，同時期に検討されていた Co 合金垂直媒体の保磁力（<1.5 kOe）[94,156]よりも高い．また，上記多層膜の角型比 M_r/M_s はともに1であったが，角型比～1 を示す Co 合金垂直媒体が報告されたのは 1997 年になってからである[95]．Co/Pd 多層膜，Co/Pt 多層膜が垂直媒体として有望視されたのはこのためである．

ガス圧増加に伴う保磁力増加は，その後，Co/Pd 多層膜[157〜160]，および Co/Pt 多層膜[154,161]についてほかのグループからも報告されている．保磁力の増加は，自己陰影効果によって多層膜がコラム構造化し[151,155,160,161]（図3.3.24），コラム粒界に形成された空隙（void）が磁壁を固定するピンニングサイトとして作用した結果と考えられている．ガス圧増加によりコラム構造化が進んだ場合，粒子間の交換結合が低減されるため，媒体ノイズも低減される[160,161]．交換結合の低減は，磁気力顕微鏡（MFM）で観察された磁気ドメインサイズの低減によっても確認されているが，70 Pa というきわめて高いガス圧で成膜した場合でも，Co/Pd 多層膜の磁気ドメインサイズはコラム粒径の数倍程度であった[160]．このことは，高ガス圧化のみで粒子間の交換結合を十分に低減することは困難であることを示している．

（3）**元素添加**： 多層膜中には相分離による非磁性粒界相が存在しないため，CoCr 系合金薄膜に比べて粒子間の交換結合が強い．このため，元素添加による交換結合の低減が検討されている．Co/Pd 多層膜の Co 層への Cr 添加によって媒体ノイズが低減されることや[162]，CoCr/Pt 多層膜を高温成膜することによって磁気ドメインサイズが低減されることが報告[163]されている．また，CoCrTa/Pt 多層膜を 200～250℃で形成した場合，室温で形成した Co/Pt 多層膜に比べて磁気ドメインサイズが 1 桁微細化され，低周波領域での媒体ノイズが低減されることが報告[164,165]されている．これらの結果は，Co 層への Cr，Ta 添加，もしくは高温成膜によって Cr の相分離が促進され，粒間の交換結合が低減されたことを示している．Co/Pt 多層膜の磁化反転モードが磁壁移動型であるのに対し，上記 CoCrTa/Pt 多層膜では交換結合低減が大幅に達成された結果，一斉反転型になっていることが指摘されている[164,165]．そのほか，Co 層への C 添加[166]，B 添加[167]によって粒子間の交換結合を低減できることが報告されている．

（4）**グラニュラー構造化**： Co 層に SiO_2 を添加した Co-SiO_2/Pt 多層膜が，結晶粒が粒界相で明瞭に分断されたグラニュラー構造を示すことが報告されている[168]．グラニュラー多層膜では SiO_2 粒界相によって粒間の交換結合が低減されるため，(iii)項の(3)で述べた CoCrPt-SiO_2 グラニュラー磁性層の場合と同様，相分離のための基板加熱を必要としない．室温成膜された上記 Co-SiO_2/Pt 多層膜は，界面拡散による結晶磁気異方性 K_u の低下や，粒径の肥大化が抑制されるため，6 kOe 以上の高い保磁力を示し，かつ粒径が 6.6 nm まで微細化されている．

また，Ar に酸素を添加した混合ガスを用いた反応性スパッタによるグラニュラー多層膜の形成も検討されている[169,170]．図 3.3.25 に Ar と O_2 の混合ガス雰囲気中で形成された CoB/Pt 多層膜の平面 TEM 像を示す[170]．平均粒径 7.9 nm の結晶粒が，B の酸化物からなる粒界相[169]によって明瞭に分断されている．酸素添加量を最適化したときの上記多層膜の保磁力は 15.1 kOe ときわめて高く，K_u は 9.9×10^6 erg cc^{-1} であった．この値は，(iii)項の(3)で述べた CoCrPt-SiO_2 グラニュラー垂直磁気記録媒体の K_u の 2 倍以上の値である（図 3.3.14）．上記グラニュラー多層膜は，通常のヘッドでは記録困難であるが，(vi)項の(1)で述べる熱アシスト媒体として検討されている[171]．

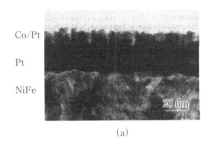

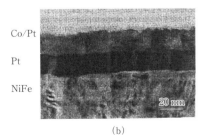

図 3.3.24 Co/Pt 多層膜断面 TEM 像
 (a) 高ガス圧成膜 (b) 低ガス圧膜
[R. Yoshino, C. Baldwin, et al., *J. Magn. Soc. Jpn.*, **18**, 103 (1994)]

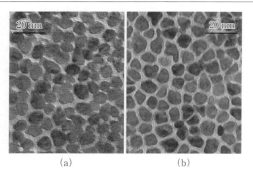

図 3.3.25 Ar および Ar+O_2 ガス中で形成された CoB/Pt 多層膜の平面 TEM 像
(a) Ar ガス中成膜 (b) Ar+O_2 混合ガス中成膜
[H. Nemoto, R. Nakatani, et al., J. Appl. Phys., 105, 07B705 (2009)]

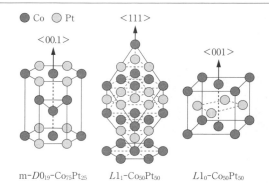

図 3.3.26 m-DO_{19} 型, $L1_1$ 型, $L1_0$ 型結晶構造
[H. Sato, O. Kitakami, et al., J. Appl. Phys., 103, 07E114 (2008)]

2001 年には CoXY/Pd 多層膜を用いた面記録密度 63.8 Gb in^{-2} のデモンストレーションが報告されている[172]。また、近年では Co/Pd 多層膜を用いたビットパターンド媒体を用いた熱アシスト記録による 1 Tb in^{-2} のデモンストレーションが報告されている[173]。多層膜媒体は粒間の交換結合の十分な低減が困難なこともあり、現時点では実用化には至っていないが、交換結合の低減が不要なビットパターンド媒体などへの適用が検討されている。

(vi) 高 K_u 媒体
(1) 次世代記録方式: 次世代の高密度記録媒体向けとして、10^7 erg cc^{-1} 台の高い結晶磁気異方性 K_u を有する磁性材料が検討されている。表 3.3.3 におもな高 K_u 材料を示す[174]。10^7 erg cc^{-1} 台の高 K_u 材料を用いることにより、熱安定性を維持したまま磁性粒径を 5 nm 以下まで微細化できるため、Tb in^{-2} 級の記録密度を実現できる[175]。高 K_u 媒体を用いた場合、ヘッドによる書き込みが困難となるが、これを解決する手法として熱アシスト記録方式[176,177]、およびマイクロ波アシスト記録方式[178] が提案されている。前者は、ヘッドに搭載された近接場光発生素子により媒体表面を局所的に加熱し、磁性層の異方性磁界をヘッド磁界以下まで低下させて記録する方式である。一方、後者はヘッドに搭載された高周波発生素子 (STO: spin torque oscillator) から発生したマイクロ波により磁気共鳴させることによって磁化反転をアシストする記録方式である。これらの記録方式を用いることにより、ヘッド磁界よりも異方性磁界が高い磁性層への書き込みが可能となり、10^7 erg cc^{-1} 台の高 K_u 磁性層の適用が可能となる。

(2) $L1_0$ 型 FePt 合金:
① 規則化温度低減: $L1_0$ 型 FePt 合金は、7×10^7 erg cc^{-1} 程度の高い K_u を示すため[179]、熱アシスト記録媒体の磁性層として最も広く検討されている。FePt 合金を規則化させて $L1_0$ 構造 (図 3.3.26) をとらせるには、通常、600℃ 以上の高温成膜もしくは成膜後アニールが必要となる。現在、ガラス転移温度が 700℃ を超える HD 向け耐熱ガラス基板が開発されているが、粒径肥大化抑制や製造プロセスの観点から基板温度は低いことが望ましい。このため、種々の規則化温度低減法が検討されている。

FePt 合金へ Cu[180,181] もしくは Ag[182] を添加することにより規則化が始まるアニール温度を低減できることが報告されている。Cu は FePt 合金中に固溶して合金化しているのに対し、Ag は固溶せず粒界に偏析している[183]。Cu 添加による規則化温度の低減理由としては、合金化による $L1_0$ 規則化の駆動力増大[184]、融点低下による拡散性の向上[185]、Fe と Pt の組成比の変化[186] などがあげられている。成膜後アニールによる規則化は体拡散によって進行するため、通常、融点 T_m の半分程度の温度 (約 640℃) 以下では起こり得ない。上記報告では $T_m/2$ よりもはるかに低い 300〜400℃ 付近で規則化が進行しているが、これについては、結晶粒界部分から進行する粒径の肥大化を伴った不連続な規則化が起きているためと指摘されてい

表 3.3.3 おもな高 K_u 材料

	$\frac{K_1}{10^7 \text{ erg cc}^{-1}}$	$\frac{M_s}{\text{emu cc}^{-1}}$	$\frac{H_a}{\text{kOe}}$	$\frac{T_c}{\text{K}}$	$\frac{\delta}{\text{Å}}$	$\frac{\gamma}{\text{erg cm}^{-2}}$	$\frac{D_c}{\mu\text{m}}$
$L1_0$-FePd	1.8	1100	33	760	75	17	0.20
$L1_0$-FePt	6.6	1140	116	750	39	32	0.34
$L1_0$-CoPt	4.9	800	123	840	45	28	0.61
MnAl	1.7	560	69	650	77	16	0.71
$Fe_{14}Nd_2B$	4.6	1270	73	585	46	27	0.23
$SmCo_5$	11〜20	910	240〜440	1000	22〜30	42〜57	0.71〜0.96

K_1: 結晶磁気異方性, M_s: 飽和磁化, H_a: 異方性磁界, T_C: キュリー温度, δ: 磁壁幅, γ: 磁壁エネルギー, D_c: 単磁区粒子サイズ
[T. Klemmer, W. A. Soffa, et al., Scr. Metall. Mater., 33, 1793 (1995)]

る[185]．粒界相で結晶粒が分断されたグラニュラー膜の場合，アニールによる結晶粒の肥大化が起こらないため，上記機構による規則化温度の低減は期待できない．一方，Ag 添加に伴う規則化温度の低下は，Ag が粒界へ偏析する過程で生じた空孔により，Fe と Pt の拡散が促進された結果と考えられている[182]．これは，$L1_0$-CoPt 合金に非固溶な元素を添加した場合の規則化温度の低下を説明するために提案されている機構[187]と同様の機構である．

また，高ガス圧雰囲気中で FePt 合金膜を形成することによっても規則化温度を低減できる[188]．これは，ガス圧増加に伴い，(001)配向した $L1_0$-FePt 合金膜の膜面垂直方向に圧縮応力が作用したためと考えられている．そのほか，Fe/Pt 多層膜のアニール[189,190]，イオン照射[191]，単原子層積層[192]，化学量論比[193]，成膜チャンバーの高真空度化[194,195]などによっても規則化温度を低減できることが報告されている．

② **グラニュラー構造化**：$L1_0$-FePt 合金を熱アシスト記録媒体，もしくは高周波アシスト媒体の磁性層に用いる場合でも，粒子間の交換結合低減のため磁性層はグラニュラー構造であることが望ましい．グラニュラー構造化するための粒界相として，AlO[196]，MgO[197〜200]，SiO_2[200,201]，TiO_2[202,203]，Ta_2O_5[203,204]，B_2O_3[205,206]，SiN[207]，BN[208]などが検討されている．

図 3.3.27 に TiO_2 を 20 vol％添加した FePt-TiO_2 磁性層の断面および平面 TEM 像を示す[202]．断面 TEM 像では，粒径 5 nm 程度の結晶粒が粒界相で分離されたコラム構造がみられるが，平面 TEM 像では多くの隣接粒子が結合している．粒界相に MgO，SiO_2，Ta_2O_5 などの酸化物を用いた場合も同様に，断面 TEM 像ではコラム構造が観察されるが，平面 TEM 像では多くの隣接粒子が結合している．このことは，粒界相に上記酸化物を用いた場合，結晶粒が明瞭に分離したグラニュラー構造を得ることが困難であることを示している．

一方，C 粒界相によるグラニュラー構造化も検討されている．当初は FePt/C 多層膜などのアニールによるグラニュラー化が検討されたが[208,209]，粒分離が不十分であった．その後，同時スパッタリングにより高温成膜された FePt-C グラニュラー膜が検討され[210]，2008 年には粒界相によって結晶粒がほぼ完全に分断された FePt-C グラニュラー膜が報告された[211]．結晶粒径は C 添加量の増加とともに低下し，添加量 50 vol％で 6.5 nm まで微細化されている（図 3.3.28）．また，C 添加量 37 vol％で最大 15.5 kOe の保磁力が得られている．その後，FePt-C 磁性層への Ag 添加により $L1_0$ 規則度がさらに向上し，保磁力を 37 kOe 程度まで高められることが報告された[212]．Ag は結晶粒の端部に局在したコアシェル構造をとっていることが EDS などによって確認されている[213]．2012 年には保磁力 48 kOe，平均粒径 7.2 nm の $(Fe_{45}Pt_{45}Ag_{10})$-C グラニュラー磁気記録媒体とプラズモンアンテナ型ヘッド[173]を組み合わせた熱アシスト記録により，620 Gb in^{-2} の面記録密度を達成できる可能性が報告されている[214]．

③ **コラム成長**：図 3.3.29 に MgO 下地層上に形成された FePt-C 磁性層の断面 TEM 像を示す[210]．平面 TEM 像では明瞭に分離したグラニュラー構造が観察されていたが，断面 TEM 像では膜厚が 5〜6 nm 以上になるとコラム成長が分断され，球状の粒子が二次成長していることがわかる．上記二次成長した粒子（二次粒子）は下地層上にエピタキシャル成長していないため，三次元ランダム配向

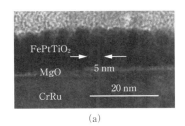
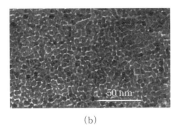

図 3.3.27 FePt-TiO_2 グラニュラー磁性層の断面 TEM 像 (a) および平面 TEM 像 (b)
[Y. F. Ding, G. Ju, et al., Appl. Phys. Lett., **93**, 032506 (2008)]

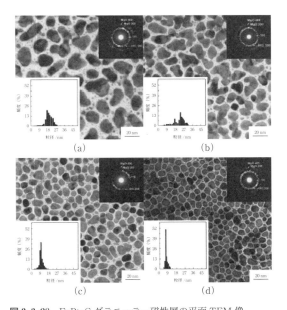

図 3.3.28 FePt-C グラニュラー磁性層の平面 TEM 像
(a) 0，(b) 12，(c) 37，(d) 50（単位：vol％C）．
[A. Perumal, K. Hono, et al., Appl. Phys. Express, **1**, 101301 (2008)]

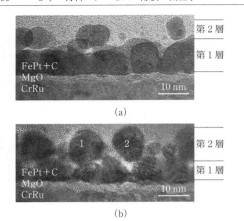

図 3.3.29 FePt-C グラニュラー磁性層の断面 TEM 像
(a) 15 vol%C (b) 25 vol%C
[J. S. Chena, G. Ju, et al., Appl. Phys. Lett., **91**, 132506 (2007)]

をとり，また下地層からの引張り応力が作用しないため規則度も低いと考えられる[215~217]．このため，二次粒子の生成を抑制し，$L1_0$-FePt 合金結晶を膜厚 5～6 nm 以上まで連続的にコラム成長させることが大きな課題となっている．

二次粒子の抑制法として，FePt-C 磁性層上に FePt-SiO_2 もしくは FePt-TiO_2 磁性層を形成した二層構造が提案されている[218,219]．これは，二次粒子が形成されない 5～6 nm 以下の薄い FePt-C 磁性層をテンプレート層として形成し，その上に SiO_2 や TiO_2 などの酸化物粒界相を含有した磁性層を形成するという手法である．膜厚 2 nm の FePt-C 磁性層上に膜厚 3 nm の FePt-TiO_2 磁性層を形成した二層膜が粒界相で明瞭に分断されたグラニュラー構造を示し，平均粒径が膜厚 4 nm の FePt-C 単層磁性層とほぼ同程度の 6.7 nm となることが報告されている[219]．このことは，単層では分離度が悪かった FePt-TiO_2 磁性層を FePt-C 磁性層上に形成することにより粒分離が促進され，良好なグラニュラー構造が得られることを示している．上記二層構造の適用により，粒分離と二次粒子の抑制を両立させた理想的なコラム構造を有する FePt-X グラニュラー磁気記録媒体を実現できることが期待されている．

④ **下地層材料**：$L1_0$-FePt 合金は，c 軸方向が磁化容易軸となるため，垂直磁化膜を得るためには，(001) 配向させる必要がある．$L1_0$-FePt 合金の下地層には，当初から NaCl 構造を有する MgO が使用されていた[188]．(100) 配向した MgO 下地層上に $L1_0$-FePt 合金膜を形成した場合，$L1_0$-FePt 合金膜はエピタキシャル成長により (001) 配向を示す．また，MgO 下地層は化学的に安定であるため，FePt 合金を規則化させるために高温加熱しても分解しにくい．さらに MgO は絶縁体であるため，熱伝導率が低い．このため，熱アシスト記録において磁性層を加熱する際に，基板側への熱伝導を抑制するバリア層としても機能し，磁性層の高温化を容易にする．

MgO 以外の下地層としては，Ag[215]，CrRu[216]，CrMo[217]，RuAl[220]，PtMn[221]，TiN[222] などが報告されている．下地層には FePt 合金膜の配向制御に加え，FePt 合金膜の膜面内に適度な引張応力を導入して規則化を促進する役割も果たす[215~217]．これは，$L1_0$ 型規則格子が c 軸方向に圧縮された正方晶構造であるため，膜面内方向に引張応力を導入することによって規則化が促進されるためである．下地層に Ag や PtMn を用いた場合には，規則化温度が低減されることも確認されている[215,221]．また，TiN は MgO と同じ NaCl 構造であるが，MgO 下地層を用いた場合よりも $L1_0$-FePt 合金の (001) 配向分散が低減され，高い保磁力が得られるという報告もある[223]．さらに近年，MgO の Mg を Ti で置換した MgTiO 下地層が提案されている[224]．MgTiO 下地層は MgO 下地層に比べて $L1_0$-FePt とのぬれ性が良いため，$L1_0$-FePt 粒径が肥大化する傾向にあるが，MgO 下地層を用いた場合と同程度の異方性磁界が得られている．また，MgTiO 下地層には適した DC スパッタリングによる形成が可能という量産プロセス上大きな利点がある．

(3) **CoPt 規則合金**：

① $L1_0$ 型：CoPt 合金も FePt 合金と同様，50% Pt 組成付近に $L1_0$ 型の規則相が存在する．$L1_0$-CoPt 合金も 10^7 erg cc^{-1} 台の高い K_u を示すが，$L1_0$-CoPt 合金の K_u は $L1_0$-FePt 合金に比べて低い（表 3.3.3）．また，$L1_0$-CoPt 合金は $L1_0$-FePt 合金よりキュリー温度が高く，飽和磁化が低い．熱アシスト記録を想定した場合，前者はヘッドにより高い加熱能力を要求し，後者は高出力化に不利となる．さらに，$L1_0$-CoPt 合金は $L1_0$-FePt 合金に比べて規則化温度が高い[225,226]．$L1_0$-FePt 合金と同様，$L1_0$-CoPt 合金の規則化温度も元素添加によって低減できるが[187]，現時点では $L1_0$-FePt 合金に対する $L1_0$-CoPt 合金の優位性はみられていない．

② m-$D0_{19}$ 型，$L1_1$ 型：CoPt 合金は，上記 $L1_0$ 型以外にも，25% Pt 組成付近で m-$D0_{19}$ 型[227,228]，50% Pt 組成付近で $L1_1$ 型[229,230] とよばれる規則構造をとることが知られている（図 3.3.26 参照）．これらの規則合金も，10^7 erg cc^{-1} 台の高い K_u を示すため，熱アシスト記録媒体の候補として検討されている．

1993 年，Al_2O_3 単結晶基板上に形成された CoPt$_{23}$ 合金膜中に，hcp 格子の c 軸方向に Co 層と CoPt$_{50}$ 層が交互に積層された規則構造が存在することが Harp らによって報告された[227]．その後，基板温度 300～400℃で形成された CoPt$_{25}$ 合金膜が，1.5×10^7 erg cc^{-1} 程度の高い K_u を示し，膜中に上記規則相が存在することが山田らによって報告[228] されている．この規則相は CoPt 二元合金の相図に存在しない準安定相であり，m-$D0_{19}$ 型とよばれている．

また，MgO 単結晶基板上に形成した CoPt$_{50}$ 膜が，fcc 格子の〈111〉方向に Co 層と Pt 層が交互に積層された規則構造をとり，2×10^7 erg cc^{-1} 程度の高い K_u を示すこと

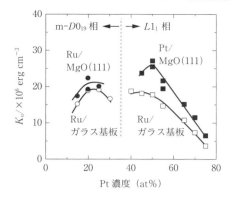

図 3.3.30 m-$D0_{19}$ 型，$L1_1$ 型 CoPt 膜の K_u と Pt 濃度の関係
[H. Sato, O. Kitakami, *et al.*, *J. Appl. Phys.*, **103**, 07E114 (2008)]

が岩田ら[230]によって報告されている．この規則相は $L1_1$ 型とよばれており，m-$D0_{19}$ 型と同様，CoPt 二元合金の相図に存在しない準安定相である．

m-$D0_{19}$-CoPt 合金と $L1_1$-CoPt 合金の最稠密面は，それぞれ (00.1) 面，(111) 面であるが，いずれの場合も磁化容易軸が最稠密面と垂直方向となるため，垂直磁化膜が得られやすいという利点がある．また，規則化温度が 300～400℃と $L1_0$-FePt 合金に比べて低いことも量産プロセス上大きな利点である．

上記 m-$D0_{19}$-CoPt 合金および $L1_1$-CoPt 合金は，いずれも MBE 法により単結晶基板上に形成されているが，量産プロセスへの適用を考えた場合，スパッタリング法によるガラス基板上への形成が望ましい．これに対し，2008年，佐藤らは 7×10^{-7} Pa 以下の超高真空プロセスを適用することにより，スパッタリング法による m-$D0_{19}$ 型および $L1_1$ 型 CoPt 合金膜の作製に成功した[231]．図 3.3.30 に基板温度 300℃で形成した CoPt 合金膜の K_u の Pt 濃度依存性を示す．$L1_1$ 型，m-$D0_{19}$ 型ともに，10^7 erg cc^{-1} 台の高い K_u を示している．基板温度を 360℃まで増加させることにより，MgO 単結晶基板上で 3.7×10^7 erg cc^{-1}，ガラス基板上でも 1.9×10^7 erg cc^{-1} という高い K_u を示す $L1_1$-CoPt 合金膜が得られている．

その後，交換結合低減のため，$L1_1$-CoPt 膜への C 添加によるグラニュラー構造化が検討された[232]．C を 20 vol% 添加した場合でも 1.8×10^7 erg cc^{-1} という高い K_u を示すことが確認されたが，平面 TEM 像では多くの粒子が結合しており，FePt-C グラニュラー膜で観察されたような明瞭な分離構造は観察されなかった．このことは，C 粒界相は $L1_1$-CoPt 合金膜に対しては粒分離効果が不十分であることを示してしている．今後，新規な粒界相材料の探索が望まれる．

（4）そのほかの高 K_u 材料： a 軸と c 軸比 c/a が 1.20～1.25 となるひずみが導入された正方晶型 FeCo 合金が 10^8 erg cc^{-1} 台の高い K_u を示すという第一原理計算結果が報告[233,234]されている．現在，検証実験が進められているが，貴金属を含有しない安価な高 K_u 材料として注目されている．貴金属を含有しない高 K_u 材料としては，他にも Co フェライト（$CoFeO_4$）薄膜が 1×10^7 erg cc^{-1} 以上の高い K_u を示すことが報告されている[235]．また，磁石材料である NdFeB や SmCo などの希土類合金も媒体材料として古くから検討されている．スパッタリングで形成された $SmCo_5$ 薄膜が 4×10^7 erg cc^{-1} という高い K_u を示すことが報告されているが[236]，実用化には耐食性などの問題を解決する必要がある．

（vii）おわりに HDD の登場以来，媒体の記録層材料は，酸化物，メタル，メタル-酸化物複合材料へと推移し，現在，次世代に向けた $L1_0$ 型 FePt 合金などの高 K_u 材料の開発が精力的に進められている．記録方式も従来の磁界のみでの記録から，熱や高周波を用いたアシスト記録が提案されている．ビッグデータ時代に向けて HDD にはさらなる大容量化が求められているが，現行の Co 合金系材料には手詰まり感があり，新規材料の登場が望まれる．上記 $L1_0$ 型 FePt 合金は有力候補の一つであるが，実用化に向けて多くの課題が山積しており相当な困難が予想される反面，楽しみでもある．

文　献

1) 昭和電工株式会社，ニュースリリース (2015)；http://www.sdk.co.jp/news/2015/14740.html
2) 佐々木実，日本磁気学会誌，**3**，40 (1979)．
3) 永尾守正，菅沼葉二，日本磁気学会誌，**3**，46 (1979)．
4) 田上勝通，西本幸三，日本磁気学会誌，**5**，141 (1981)．
5) A. Terada, O. Ishii, S. Ohta, T. Nakagawa, *IEEE Trans. Magn.*, **19**, 7 (1983).
6) T. Yamada, N. Tani, M. Ishikawa, Y. Ota, K. Nakamura, A. Itoh, *IEEE Trans. Magn.*, **21**, 1429 (1985).
7) R. D. Fisher, J. C. Allan, J. I. Pressesky, *IEEE Trans. Magn.*, **22**, 352 (1986).
8) M. Ishikawa, N. Tani, T. Yamada, Y. Ota, K. Nakamura, A. Itoh, *IEEE Trans. Magn.*, **22**, 573 (1986).
9) T. Chen T. Yamashita, *IEEE Trans. Magn.*, **24**, 2700 (1988).
10) J.-G. Zhu H. N. Bertram, *IEEE Trans. Magn.*, **24**, 2706 (1988).
11) J.-G. Zhu H. N. Bertram, *J. Apple. Phys.*, **63**, 3248 (1988).
12) J. A. Thornton, *J. Vac. Sci. 7er/inol.*, **A4**, 3059 (1986).
13) T. Yogi, T. A. Nguyen, S. E. Lambert, G. L. Gorman, G. Castillo, *IEEE Trans. Magn.*, **26**, 1578 (1990).
14) R. Ranjan, J. A. Christner, D. P. Ravipati, *IEEE Trans. Magn.*, **26**, 322 (1990).
15) T. Yogi, C. Tsang, T. A. Nguyen, K. Ju, G. L. Gorman, G. Castillo, *IEEE Trans. Magn.*, **26**, 2271 (1990).
16) T. Yogi, G. L. Gorman, C. Hwang, M. A. Kakalec, S. E. Lambert, *IEEE Trans. Magn.*, **24**, 2727 (1988).
17) M. Futamoto, F. Kugiya, M. Suzuki, H. Takano, Y. Matsuda, N. Inaba, Y. Miyamura, K. Magi, T. Nakao, H. Sawaguchi, H. Fukuoka, T. Munemoto, T. Takagaki, *IEEE Trans. Magn.*, **27**, 5280 (1991).
18) Y. Maeda, S. Hirono, M. Asahi, *Jpn. J. Appl. Phys.*, **24**, L951

(1985).
19) Y. Maeda, M. Asahi, M. Seki, *Jpn. J. Appl. Phys.*, **25**, L668 (1986).
20) Y. Maeda M. Asahi, *IEEE Trans. Magn.*, **23**, 2061 (1987).
21) D. J. Rogers, J. N. Chapman, I. P. C. Bernards, S. B. Luitjens, *IEEE Trans. Magn.*, **25**, 4180 (1989).
22) H. J. Lee, *J. Appl. Phys.*, **57**, 4037 (1985).
23) S. L. Duan, J. O. Artman, B. Wong, D. E. Laughlin, *IEEE Trans. Magn.*, **26**, 1587 (1990).
24) D. E. Laughlin B. Y. Wong, *IEEE Trans. Magn.*, **26**, 4713 (1991).
25) B. Y. Wong, D. E. Laughlin, D. N. Lambeth, *IEEE Trans. Magn.*, **27**, 4733 (1991).
26) M. L. Plumer, J. V. Ek, D. Weller, eds., "The Physics of Ultra-High-Density Magnetic Recording", p. 42, Springer (2001).
27) T. P. Nolan, R. Sinclair, R. Ranjan, T. Yamashita, *J. Appl. Phys.*, **73**, 5566 (1993).
28) J. Nakai, E. Kusumoto, M. Kuwabara, T. Miyamoto, M. R. Visokay, K. Yoshikawa, K. Itayama, *IEEE Trans. Magn.*, **30**, 3969 (1994).
29) Y. Maeda K. Takei, *IEEE Trans. Magn.*, **27**, 4721 (1991).
30) K. Kimoto, Y. Yahisa, T. Hirano, K. Usami S. Narishige, *Jpn. J. Appl. Phys.*, **34**, L352 (1995).
31) Y. Yahisa, K. Kimoto, K. Usami, Y. Matsuda, J. Inagaki, K. Furusawa, S. Narishige, *IEEE Trans. Magn.*, **31**, 2836 (1995).
32) J. E. Witting, T. P. Nolan, R. A. Ross, M. E. Schabes, K. Tang, R. Sinclair, J. Bentley, *IEEE Trans. Magn.*, **34**, 1564 (1998).
33) N. Inaba, T. Yamamoto, Y. Hosoe, M. Futamoto, *J. Magn. Magn. Mater.*, **168**, 222 (1997).
34) D. J. Rogers, Y. Maeda, K. Takei, Y. Shen, D. E. Laughlin, *J. Magn. Magn. Mater.*, **135**, 82 (1994).
35) N. Inaba M. Futamoto, *J. Appl. Phys.*, **87**, 6863 (2000).
36) M. F. Doemer, T. Yogi, D. S. Parker, T. Nguyen, *IEEE Trans. Magn.*, **29**, 3667 (1993).
37) P. Glijer, J. M. Sivertsen, J. H. Judy, *J. Appl. Phys.*, **73**, 5563 (1993).
38) A. Ishikawa R. Sinclair, *J. Magn. Magn. Mater.*, **152**, 265 (1996).
39) M. R. Kim, S. Guruswamy, K. E. Johnson, *IEEE Trans. Magn.*, **29**, 3673 (1993).
40) K. Utsumi, T. Inase, A. Kondo, *J. Appl. Phys.*, **73**, 6680 (1993).
41) Y. Cheng, M. Sedighi, I. Lam, R. A. Gardner, Z. Yang, M. R. Scheinfein, *J. Appl. Phys.*, **75**, 6138 (1994).
42) H. Mutoh, H. Kanai, I. Okamoto, Y. Ohtsuka, T. Sugawara, J. Koshikawa, J. Toda, Y. Uematsu, M. Shinohara, Y. Mizoshita, *IEEE Trans. Magn.*, **32**, 3914 (1996).
43) N. Tani, T. Takahashi, M. Hashimoto, M. Ishikawa, Y. Ota, K. Nakamura, *IEEE Trans. Magn.*, **27**, 4736 (1991).
44) C. R. Paik, I. Suzuki, N. Tani, M. Ishikawa, Y. Ota, K. Nakamura, *IEEE Trans. Magn.*, **28**, 3084 (1992).
45) Y. Kubota, L. Folks, E. E. Marinero, *J. Appl. Phys.*, **84**, 6202 (1998).
46) M. Doerner, X. Bian, M. Madison, K. Tang, Q. Peng, A. Polcyn, T. Arnoldussen, M. F. Toney, M. Mirzamaani, K. Takano, E. Fullerton, D. Margulies, M. Schabes, K. Rubin, M. Pinarbasi, S. Yuan, M. Parker, D. Weller, *IEEE Trans. Magn.*, **37**, 1052 (2001).
47) A. Ajan I. Okamoto, *J. Appl. Phys.*, **92**, 6099 (2002).
48) J. Li, M. Mirzamaani, X. Bian, M. Doerner, S. Duan, K. Tang, M. Toney, T. Arnoldussen, M. Madison, *J. Appl. Phys.*, **85**, 4286 (1999).
49) A. Moser D. Weller, *IEEE Trans. Magn.*, **35**, 2808 (1999).
50) D. Weller A. Moser, *IEEE Trans. Magn.*, **35**, 4423 (1999).
51) S. H. Charap, P.-L. Lu, Y. He, *IEEE Trans. Magn.*, **33**, 978 (1997).
52) E. N. Abarra, A. Inomata, H. Sato, I. Okamoto, Y. Mizoshita, *Appl. Phys. Lett.*, **77**, 2581 (2000).
53) E. E. Fullerton, D. T. Margulies, M. E. Schabes, M. Carey, B. Gurney, A. Moser, M. Best, G. Zeltzer, K. Rubin, H. Rosen, M. Doerner, *Appl. Phys. Lett.*, **77**, 3806 (2000).
54) Z. Zhang, Y. C. Feng, T. Clinton, G. Badran, N.-H. Yeh, G. Tarnopolsky, E. Girt, M. Munteanu, S. Harkness, H. Richter, T. Nolan, R. Ranjan, S. Hwang, G. Rauch, M. Ghaly, D. Larson, E. Singleton, V. Vas'ko, J. Ho, F. Stageberg, V. Kong, K. Duxstad, S. Slade, *IEEE Trans. Magn.*, **38**, 1861 (2002).
55) B. R. Acharya, A. Inomata, E. N. Abarra, A. Ajan, D. Hasegawa, I. Okamoto, *J. Magn. Magn. Mater.*, **260**, 261 (2003).
56) J. P. Wang, M. Alex, L. P. Tan, M. L. Yan, *J. Appl. Phys.*, **85**, 4997 (1999).
57) M. Yu, G. Choe, K. E. Johnson, *J. Appl. Phys.*, **91**, 7071 (2002).
58) G. Choe, M. Zheng, K. E. Johnson, K. J. Lee, *IEEE Trans. Magn.*, **38**, 1955 (2002).
59) G. Choe, J. N. Zhou, B. Demczyk, M. Yu, M. Zheng, R. Weng, A. Chekanov, K. E. Johnson, F. Liu, K. Stoev, *IEEE Trans. Magn.*, **39**, 633 (2003).
60) Y. Shiroishi, Y. Hosoe, A. Ishikawa, Y. Yahisa, Y. Sugita, H. Suzuki, T. Ohno, M. Ohura, *J. Appl. Phys.*, **73**, 5569 (1993).
61) M. A. Parker, J. K. Howard, R. Ahlert, K. R. Coffey, *J. Appl. Phys.*, **73**, 5560 (1993).
62) S. S. Malhotra, D. C. Stafford, B. B. Lal, C. Gao, M. A. Russak, *J. Appl. Phys.*, **85**, 6157 (1999).
63) Z. S. Shan, C. P. Luo, M. Azarisooreh, K. Honardoost, M. Russak, Y. Liu, J. P. Liu, D. J. Sellmyer, *IEEE Trans. Magn.*, **35**, 2643 (1999).
64) L.-L. Lee, D. E. Laughlin, D. N. Lambeth, *IEEE Trans. Magn.*, **34**, 1561 (1998).
65) T. Kanbe, I. Tamai, Y. Takahashi, K. Tanahashi, A. Ishikawa, H. Kataoka, Y. Hosoe, *IEEE Trans. Magn.*, **33**, 2980 (1997).
66) M. Yu, B. R. Acharya, G. Choe, *IEEE Trans. Magn.*, **39**, 2261 (2003).
67) H.-C. Tsai, B. B. Lal, A. Eltoukhy, *J. Appl. Phys.*, **71**, 3579 (1992).
68) H.-C. Tsai, *IEEE Trans. Magn.*, **29**, 241 (1993).
69) Y. Shen, D. E. Laughlin, D. N. Lambeth, *J. Appl. Phys.*, **71**, 8167 (1994).
70) L.-L. Lee, B. K. Cheong, D. E. Laughlin, D. N. Lambeth, *Appl. Phys. Lett.*, **67**, 3638 (1995).
71) H. Kakaoka, T. Kanbe, H. Kashiwase, E. Fujita, Y. Yahisa,

K. Furusawa, *IEEE Trans. Magn.*, **31**, 2734 (1995).

72) T. Kanbe, I. Tamai, Y. Takahashi, K. Tanahashi, A. Ishikawa, Y. Hosoe, *J. Appl. Phys.*, **85**, 4717 (1999).

73) T. Kanbe, US Patent No. 006,221,508 B1 (2001).

74) M. Zheng, G. Choe, K. E. Johnson, *J. Appl. Phys.*, **91**, 7068 (2002).

75) Y. Matsuda, Y. Yahisa, K. Sakamoto, Y. Takahashi, A. Katou, Y. Hosoe, *IEEE Trans. Magn.*, **35**, 2640 (1999).

76) Y. Matsuda, K. Sakamoto, Y. Takahashi, K. Tanahashi, T. Kanbe, A. Katou, Y. Hosoe, *IEEE Trans. Magn.*, **37**, 3053 (2001).

77) M. Mirzamaani, C. V. Jahnes, M. A. Russak, *J. Appl. Phys.*, **69**, 5169 (1991).

78) Q. Peng, H. N. Bertram, N. Fussing, M. Doerner, M. Mirzamaani, D. Margulies, R. Sinclair, S. Lambert, *IEEE Trans. Magn.*, **31**, 2821 (1995).

79) L.-L. Lee, D. E. Laughlin, D. N. Lambeth, *IEEE Trans. Magn.*, **30**, 3951 (1994).

80) T. Kanbe, Y. Takahashi, K. Tanahashi, A. Ishikawa, Y. Hosoe, *IEEE Trans. Magn.*, **35**, 2667 (1999).

81) S. Iwasaki Y. Nakamura, *IEEE Trans. Magn.*, **13**, 1272 (1977).

82) 東芝株式会社, ニュース&トピックス (2004); http://www.toshiba.co.jp/about/press/2004_12/pr_j1401.htm

83) 昭和電工株式会社, ニュースリリース (2005); http://www.sdk.co.jp/news/2005/aanw_05_0365.html

84) S. Iwasaki K. Ouchi, *IEEE Trans. Magn.*, **14**, 849 (1978).

85) C. H. Hwang, Y. S. Park, P. W. Jang, T. D. Lee, *IEEE Trans. Magn.*, **29**, 3733 (1993).

86) Y. Hirayama, M. Futamoto, K. Kimoto, K. Usami, *IEEE Trans. Magn.*, **32**, 3807 (1996).

87) Y. Hirayama M. Futamoto, *J. Magn. Soc. Jpn.*, **19**, S2, 14 (1995).

88) J. Ariake, N. Honda, T. Keitoku, K. Ouchi, S. Iwasaki, *J. Magn. Magn. Mater.*, **155**, 228 (1996).

89) N. Honda, T. Kiya, K. Ouchi, *J. Magn. Soc. Jpn.*, **21**, S2, 505 (1997).

90) N. Honda, J. Ariake, K. Ouchi, S. Iwasaki, *IEEE Trans. Magn.*, **34**, 1651 (1998).

91) M. Futamoto Y. Honda, *J. Magn. Soc. Jpn.*, **18**, S1, 485 (1994).

92) Y. Matsuda, M. Suzuki, Y. Hirayama, Y. Honda, M. Futmoto, *J. Magn. Soc. Jpn.*, **18**, S1, 99 (1994).

93) M. Futamoto, Y. Honda, Y. Hirayama, K. Itoh, H. Ide, Y. Mhruyama, *IEEE Trans. Magn.*, **32**, 3789 (1996).

94) M. Futamoto Y. Honda, *J. Magn. Soc. Jpn.*, **13**, 391 (1989).

95) Y. Hirayama, K. Ito, Y. Honda, M. Futamoto, *J. Magn. Soc. Jpn.*, **21**, 297 (1997).

96) H. Takano, Y. Nishida, A. Kuroda, H. Sawaguchi, Y. Hosoe, T. Kawabe, H. Aoi, H. Muraoka, Y. Nakamura, K. Ouchi, *J. Magn. Magn. Mater.*, **235**, 241 (2001).

97) H. Uwazumi, T. Shimatsu, Y. Sakai, A. Otsuki, I. Watanabe, H. Muraoka, Y. Nakamura, *IEEE Trans. Magn.*, **37**, 1595 (2001).

98) B. Lu, D. Weller, A. Sunder, G. Ju, X. Wu, R. Brockie, T. Nolan, C. Brucker, R. Ranjan, *J. Appl. Phys.*, **93**, 6751 (2003).

99) T. Oikawa, M. Nakamura, H. Uwazumi, T. Shimatsu, H. Muraoka, Y. Nakamura, *IEEE Trans. Magn.*, **38**, 1976 (2002).

100) Y. Inaba, T. Shimatsu, T. Oikawa, H. Sato, H. Aoi, H. Muraoka, Y. Nakamura, *IEEE Trans. Magn.*, **40**, 2486 (2004).

101) H. Uwazumi, K. Enomoto, Y. Sakai, S. Takenoiri, T. Oikawa, S. Watanabe, *IEEE Trans. Magn.*, **39**, 1914 (2003).

102) Y. Tanaka, *IEEE Trans. Magn.*, **41**, 2834 (2005).

103) S. Oikawa, A. Takeo, T. Hikosaka, Y. Tanaka, *IEEE Trans. Magn.*, **36**, 2393 (2000).

104) G. A. Bertero, D. Wachenschwanz, S. Malhotra, S. Velu, B. Bian, D. Stafford, Y. Wu, T. Yamashita, S. X. Wang, *IEEE Trans. Magn.*, **38**, 1627 (2002).

105) M. Zheng, G. Choe, A. Chekanov, B. G. Demczyk, B. R. Acharya, K. E. Johnson, *IEEE Trans. Magn.*, **39**, 1919 (2003).

106) J. Ariake, T. Chiba, N. Honda, *IEEE Trans. Magn.*, **41**, 3142 (2005).

107) G. Choe, A. Roy, Z. Yang, B. R. Acharya, E. N. Abarra, *IEEE Trans. Magn.*, **42**, 2327 (2006).

108) T. P. Nolan, J. D. Risner, S. D. Harkness, Erol Girt, S. Z. Wu, G. Ju, R. Sinclair, *IEEE Trans. Magn.*, **43**, 639 (2007).

109) T. Chiba, J. Ariake, N. Honda, *J. Magn. Magn. Mater.*, **287**, 167 (2005).

110) S. H. Park, D. H. Hong, T. D. Lee, *J. Appl. Phys.*, **97**, 10N106 (2005).

111) H. Yamane, S. Watanabea, J. Ariakea, N. Hondaa, K. Ouchia, S. Iwasaki, *J. Magn. Magn. Mater.*, **287**, 153 (2005).

112) M. Zheng, B. R. Acharya, G. Choe, J. N. Zhou, Z. D. Yang, E. N. Abarra, K. E. Johnson, *IEEE Trans. Magn.*, **40**, 2498 (2004).

113) I. Tamai, R. Araki, K. Tanahashi, *IEEE Trans. Magn.*, **44**, 3492 (2008).

114) V. M. Sokalski, J.-G. Zhu, D. E. Laughlin, *IEEE Trans. Magn.*, **46**, 2260 (2010).

115) R. Mukai, T. Uzumaki, A. Tanaka, *J. Appl. Phys.*, **97**, 10N119 (2005).

116) T. Hikosaka, US Patent No. 006,670,056 B2 (2003).

117) J. Z. Shi, S. N. Piramanayagam, C. S. Mah, H. B. Zhao, J. M. Zhao, Y. S. Kay, C. K. Pock, *Appl. Phys. Lett.*, **87**, 222503 (2005).

118) S. H. Park, S. O. Kim, T. D. Lee, H. S. Oh, Y. S. Kim, N. Y. Park, D. H. Hong, *J. Appl. Phys.*, **99**, 08E701 (2006).

119) T. P. Nolan, Y. Hirayama, M. Futamoto, *J. Magn. Soc. Jpn.*, **19**, S2, 58 (1995).

120) U. Kwon, R. Sinclair, E. M. T. Velu, S. Malhotra, G. Bertero, *IEEE Trans. Magn.*, **41**, 3193 (2005).

121) I. Takekuma, R. Araki, M. Igarashi, H. Nemoto, I. Tamai, Y. Hirayama, Y. Hosoe, *J. Appl. Phys.*, **99**, 08E713 (2006).

122) T. Keitoku, J. Ariake, N. Honda, *J. Magn. Magn. Mater.*, **287**, 172 (2005).

123) S. N. Piramanayagam, H. B. Zhao, J. Z. Shi, C. S. Mah, *J. Appl. Phys.*, **88**, 092506 (2006).

124) G. Choe, X. Xu, K. Tang, X. Bian, *IEEE Trans. Magn.*, **11**, 3499 (2008).

125) A. Hashimoto, S. Saito, N. Itagaki, M. Takahashi, *Appl. Phys. Lett.*, **89**, 262508 (2006).

126) S. Iwasaki, Y. Nakamura, K. Ouchi, *IEEE Trans. Magn.*, **15**, 1456 (1979).
127) A. Kikukawa, Y. Honda, Y. Hirayama, M. Futamoto, *IEEE Trans. Magn.*, **36**, 2402 (2000).
128) A. Kikukawa, K. Tanahashi, Y. Honda, Y. Hirayama, M. Futamoto, *J. Magn. Magn. Mater.*, **235**, 68 (2001).
129) H. Hokkyo, S. Tsuboi, N. Ohshima, K. Tagami, *J. Magn. Soc. Jpn.*, **20**, S2, 517 (1997).
130) K. Shintaku, *IEEE Trans. Magn.*, **42**, 2339 (2006).
131) A. Kikukawa, K. Tanahashi, Y. Honda, Y. Hirayama, M. Futamoto, *IEEE Trans. Magn.*, **37**, 1602 (2001).
132) A. Perumal, Y. K. Takahashi, K. Hono, *J. Appl. Phys.*, **105**, 07A304 (2009).
133) Y. Uesaka, M. Koizumi, N. Tsumita, O. Kitakami, H. Fujiwara, *J. Appl. Phys.*, **57**, 3925 (1985).
134) T. Ando, M. Mizukami, T. Nishihara, *J. Magn. Soc. Jpn.*, **18**, S1, 87 (1994).
135) M. Xiao, B. Wilson, K. Takano, H. Do, Y. Ikeda, H. Rosen, *IEEE Trans. Magn.*, **41**, 3145 (2005).
136) W. Cain, A. Payne, M. Baldwinson, R. Hempstead, *IEEE Trans. Magn.*, **32**, 97 (1996).
137) M. Oshiki, *J. Magn. Soc. Jpn.*, **21**, S1, 91 (1997).
138) T. Ando T. Nishihara, *IEEE Trans. Magn.*, **37**, 1228 (2001).
139) S. Takahashi, K. Yamakawa, K. Ouchi, *J. Magn. Soc. Jpn.*, **23**, S2, 63 (1999).
140) H. S. Jung W. D. Doyle, *IEEE Trans. Magn.*, **37**, 2294 (2001).
141) S. Takenoiri, K. Enomoto, Y. Sakai, S. Watanabe, *IEEE Trans. Magn.*, **38**, 1991 (2002).
142) K. Tanahashi, A. Kikukawa, Y. Hosoe, *J. Appl. Phys.*, **93**, 8161 (2003).
143) F. Nakamura, T. Hikosaka, Y. Tanaka, *J. Magn. Magn. Mater.*, **235**, 64 (2001).
144) K. Tanahashi, A. Kikukawa, Y. Takahashi, Y. Hosoe, *J. Appl. Phys.*, **93**, 6766 (2003).
145) B. R. Acharya, J. N. Zhou, M. Zheng, G. Choe, E. N. Abarra, K. E. Johnson, *IEEE Trans. Magn.*, **40**, 2383 (2004).
146) S. C. Byeon, A. Misra, W. D. Doyle, *IEEE Trans. Magn.*, **40**, 2386 (2004).
147) J. Zhou, B. R. Acharya, P. Gill, E. N. Abarra, *IEEE Trans. Magn.*, **41**, 3160 (2005).
148) K. Tanahashi, R. Arai, Y. Hosoe, *IEEE Trans. Magn.*, **41**, 577 (2005).
149) P. F. Carcia, A. D. Meinhaldt, A. Suna, *Appl. Phys. Lett.*, **47**, 178 (1985).
150) P. F. Carcia, *Appl. Phys. Lett.*, **66**, 5066 (1988).
151) S. Hashimoto, Y. Ochiai, K. Aso, *J. Appl. Phys.*, **66**, 4909 (1989).
152) H. J. G. Draaisma, W. J. M. de Jonge, F. J. A. den Broeder, *J. Magn. Magn. Mater.*, **66**, 351 (1987).
153) F. J. A. den Broeder, H. C. Donkersloot, H. J. G. Draaisma, W. J. M. de Jonge, *J. Appl. Phys.*, **61**, 4317 (1987).
154) P.-F. Carcia, S. I. Shah, W. B. Zeper, *Appl. Phys. Lett.*, **56**, 2345 (1990).
155) G. A. Bertero, R. Sinclair, *J. Magn. Magn. Mater.*, **134**, 173 (1994).
156) M. Sagoi, T. Inoue, *J. Appl. Phys.*, **67**, 6394 (1990).
157) S.-C. Shin, J.-H. Kim, D.-H. Ahn, *J. Appl. Phys.*, **69**, 5664 (1991).
158) P. de Haan, Q. Meng, T. Katayama, J. C. Lodder, *J. Magn. Magn. Mater.*, **113**, 29 (1992).
159) P. He, Z.-S. Shan, J. A. Woollam, D. J. Selimyer, *J. Appl. Phys.*, **73**, 5954 (1993).
160) L. Wu, S. Yanase, N. Honda, K. Ouchi, *J. Magn. Soc. Jpn.*, **21**, 301 (1997).
161) R. Yoshino, T. Nagaoka, R Terasaki, C. Baldwin, *J. Magn. Soc. Jpn.*, **18**, 103 (1994).
162) G.-L. Chen, *J. Appl. Phys.*, **87**, 6887 (2000).
163) K. Takano, G. Zeltzer, D. K. Weller, E. E. Fullerton, *J. Appl. Phys.*, **87**, 6364 (2000).
164) W. H. Liu, K. Schouterden, L. Mei, K. Ho, B. M. Lairson, A. P. Payne, *Appl. Phys. Lett.*, **69**, 124 (1996).
165) L. Mei, W. H. Liu, K. Ho, B. M. Lairson, F. B. Dunning, *J. Magn. Magn. Mater.*, **187**, 268 (1998).
166) W. H. Liu, S. Fleming, B. M. Lairson, *J. Appl. Phys.*, **79**, 3651 (1996).
167) K. Ho, B. M. Lairson, Y. K. Kim, G. I. Noyes, S.-Y. Sun, *IEEE Trans. Magn.*, **34**, 1854 (1998).
168) Y. Kawada, Y. Ueno, K. Shibata, *IEEE Trans. Magn.*, **40**, 2489 (2004).
169) H. Ohmori, A. Maesaka, *J. Magn. Soc. Jpn.*, **25**, 535 (2001).
170) H. Nemoto, I. Takekuma, R. Araki, K. Tanahashi, R. Nakatani, *J. Appl. Phys.*, **105**, 07B705 (2009).
171) A. Hirotsune, H. Nemoto, I. Takekuma, K. Nakamura, T. Ichihara, B. C. Stipe, *IEEE Trans. Magn.*, **46**, 1569 (2010).
172) H. Takano, Y. Nishida, A. Kuroda, H. Sawaguchi, T. Kawabe, A. Ishikawa, H. Aoi, H. Muraoka, Y. Nakamura, K. Ouchi, *MMM/Intermag 2001*, CA-01 (2001).
173) B. C. Stipe, T. C. Strand, C. C. Poon, H. Balamane, T. D. Boone, J. A. Katine, J. Li, V. Rawat, H. Nemoto, A. Hirotsune, O. Hellwing, R. Ruiz, E. Dobisz, D. S. Kercher, N. Robertson, T. R. Albrecht, B. D. Terris, *Nature Photo.*, **90**, 1 (2010).
174) T. Klemmer, D. Hoydick, H. Okumura, B. Zhang, W. A. Soffa, *Scr. Metall. Mater.*, **33**, 1793 (1995).
175) D. Weller, G. Parker, O. Mosendz, E. Champion, B. Stipe, X. Wang, T. Klemmer, G. Ju, A. Ajan, *IEEE Trans. Magn.*, 3100108 (2014).
176) J. J. M. Ruigrok, R. Coehoorn, S. R. Cumpson, H. W. Kesteren, *J. Appl. Phys.*, **87**, 5398 (2000).
177) W. A. Challener, E. Gage, A. Itagi, C. Peng, *Jpn. J. Appl. Phys.*, **45**, 6632 (2006).
178) J.-G. Zhu, X. Zhu, Y. Tang, *IEEE Trans. Magn.*, **44**, 125 (2008).
179) O. A. Ivanov, L. V. Solina, V. A. Demshima, L. M. Magat, *Phys. Met. Metallogr.*, **35**, 81 (1973).
180) T. Maeda, T. Kai, A. Kikitsu, T. Nagase, J. Akiyama, *Appl. Phys. Lett.*, **80**, 2147 (2002).
181) Y. K. Takahashi, M. Ohnuma, K. Hono, *J. Magn. Magn. Mater.*, **246**, 259 (2002).
182) S. S. Kang, D. E. Nikles, J. W. Harrell, *J. Appl. Phys.*, **93**, 7178 (2003).
183) C. L. Platt, K. W. Wierman, E. B. Svedberg, R. van de Veerdonk, J. K. Howard, *J. Appl. Phys.*, **92**, 6104 (2002).
184) T. Kai, T. Maeda, A. Kikitsu, J. Akiyama, T. Nagase, T.

185) Y. K. Takahashi, K. Hono, *Scripta Mater.*, **53**, 403 (2005).
186) D. C. Berry, K. Barmak, *J. Appl. Phys.*, **102**, 024912 (2007).
187) O. Kitakami, Y. Shimada, K. Oikawa, H. Daimon, K. Fukamichi, *Appl. Phys. Lett.*, **78**, 1104 (2001).
188) T. Suzuki, K. Harada, N. Honda, K. Ouchi, *J. Magn. Magn. Mater.*, **193**, 85 (1999).
189) C. P. Luo, D. J. Sellmyer, *IEEE Trans. Magn.*, **31**, 2764 (1995).
190) Y. Endo, N. Kikuchi, O. Kitakami, Y. Shimada, *J. Appl. Phys.*, **89**, 7065 (2001).
191) D. Ravelosona, C. Chappert, V. Mathet, H. Bernas, *J. Appl. Phys.*, **87**, 5771 (2000).
192) T. Shima, T. Moriguchi, S. Mitani, K. Takanashi, *Appl. Phys. Lett.*, **80**, 288 (2002).
193) T. Seki, T. Shima, K. Takanashi, Y. Takahashi, E. Matsubara, *Appl. Phys. Lett.*, **82**, 2461 (2003).
194) A. Asthana, Y. K. Takahashi, Y. Matsui, K. Hono, *J. Magn. Magn. Mater.*, **320**, 250 (2008).
195) T. Shimatsu, Y. Inaba, H. Kataoka, J. Sayama, Aoi, S. Okamoto, O. Kitakami, *J. Appl. Phys.*, **109**, 07B726 (2011).
196) M. Watanabe, T. Masumoto, D. H. Ping, K. Hono, *Appl. Phys. Lett.*, **76**, 3971 (2000).
197) K. Kang, Z. G. Zhang, C. Papusoi, T. Suzuki, *Appl. Phys. Lett.*, **84**, 404 (2004)
198) Z. Zhang, K. Kang, T. Suzuki, *IEEE Trans. Magn.*, **40**, 2455 (2004).
199) Y. Peng, J.-G. Zhu, D. E. Laughlin, *J. Appl. Phys.*, **99**, 08F907 (2006).
200) E. Yanga D. E. Laughlin, *J. Appl. Phys.*, **104**, 023904 (2008).
201) C. P. Luo D. J. Sellmyer, *Appl. Phys. Lett.*, **75**, 3162 (1999).
202) Y. F. Ding, J. S. Chen, B. C. Lim, J. F. Hu, B. Liu, G. Ju, *Appl. Phys. Lett.*, **93**, 032506 (2008).
203) J. S. Chen, B. C. Lim, Y. F. Ding, J. F. Hu, G. M. Chow, G. Ju, *J. Appl. Phys.*, **105**, 07B702 (2007).
204) B. C. Lim, J. S. Chen, J. F. Hu, P. W. Lwin, Y. F. Ding, K. M. Cher, B. Liu, *J. Appl. Phys.*, **105**, 07A730 (2009).
205) C. P. Luo, S. H. Liou, L. Gao, Y. Liu, D. J. Sellmyer, *Appl. Phys. Lett.*, **77**, 2225 (2000).
206) M. L. Yan, H. Zeng, N. Powers, D. J. Sellmyer, *J. Appl. Phys.*, **91**, 8471 (2002).
207) P. C. Kuo, S. C. Chen, Y. D. Yao, A. C. Sun, C. C. Chiang, *J. Appl. Phys.*, **87**, 419 (2000).
208) J. A. Christodoulides, Y. Huang, Y. Zhang, G. C. Hadjipanayis, I. Panagiotopoulos, D. Niarchos, *J. Appl. Phys.*, **87**, 6938 (2000).
209) M. L. Yan, X. Z. Li, L. Gao, S. H. Liou, D. J. Sellmyer, R. J. M. van de Veerdonk, K. W. Wierman, *Appl. Phys. Lett.*, **83**, 3332 (2003).
210) J. S. Chena, B. C. Lim, J. F. Hu, B. Liu, G. M. Chow, G. Ju, *Appl. Phys. Lett.*, **91**, 132506 (2007).
211) A. Perumal, Y. K. Takahashi, K. Hono, *Appl. Phys. Express*, **1**, 101301 (2008).
212) L. Zhang, Y. K. Takahashi, A. Perumal, K. Hono, *J. Magn. Magn. Mater.*, **322**, 2658 (2010).
213) B. S. D. Ch. S. Varaprasad, Y. K. Takahashi, J. Wang, T. Ina, T. Nakamura, W. Ueno, K. Nitta, T. Uruga, K. Hono, *Appl. Phys. Lett.*, **104**, 222403 (2014).
214) O. Mosendz, S. Pisana, J. W. Reiner, B. Stipe, D. Weller, *J. Appl. Phys.*, **111**, 07B729 (2012).
215) Y.-N. Hsu, S. Jeong, D. E. Laughlin, D. N. Lambeth, *J. Appl. Phys.*, **89**, 7068 (2001).
216) Y. Xu, J. S. Chen, J. P. Wang, *Appl. Phys. Lett.*, **80**, 3325 (2002).
217) Y. F. Ding, J. S. Chen, E. Liu, C. J. Sun, G. M. Chow, *J. Appl. Phys.*, **97**, 10H303 (2005).
218) B. S. D. Ch. S. Varaprasad, M. Chen, Y. K. Takahashi, K. Hono, *IEEE Trans. Magn.*, **49**, 718 (2013).
219) T. Ono, T. Moriya, M. Hatayama, N. Kikuchi, S. Okamoto, O. Kitakami, T. Shimatsu, *J. Appl. Phys.*, **115**, 17B709 (2014).
220) W. K. Shen, J. H. Judy, J.-P. Wang, *J. Appl. Phys.*, **97**, 10H301 (2005).
221) C. C. Chiang, C.-H. Lai, Y. C. Wu, *Appl. Phys. Lett.*, **88**, 152508 (2006).
222) Y. Tsuji, S. Noda, Y. Yamaguchi, *J. Vac. Sci. Technol. B*, **25**, 1892 (2007).
223) H. H. Li, K. F. Dong, Y. G. Peng, G. Ju, G. M. Chow, J. S. Chen, *J. Appl. Phys.*, **110**, 043911 (2011).
224) B. S. D. Ch. S. Varaprasad, Y. K. Takahashi, A. Ajan, K. Hono, *J. Appl. Phys.*, **113**, 203907 (2013).
225) M. R. Visokay, R. Sinclair, *Appl. Phys. Lett.*, **66**, 1692 (1995).
226) K. Barmaka, J. Kim, K. R. Coffey, L. H. Lewis, M. F. Toney, A. J. Kellock, J.-U. Thiele, *J. Appl. Phys.*, **98**, 033904 (2005).
227) G. R. Harp, D. Weller, T. A. Rabedeau, R. F. C. Farrow, M. F. Toney, *Phys. Rev. Lett.*, **71**, 2493 (1993).
228) Y. Yamada, T. Suzuki, E. N. Abarra, *IEEE Trans. Magn.*, **33**, 3622 (1997).
229) S. Yamashita, S. Iwata, S. Tsunashima, *J. Magn. Soc. Jpn.*, **21**, 433 (1997).
230) S. Iwata, S. Yamashita, S. Tsunashima, *IEEE Trans. Magn.*, **33**, 3670 (1997).
231) H. Sato, T. Shimatsu, H. Okazaki, H. Muraoka, H. Aoi, S. Okamoto, O. Kitakami, *J. Appl. Phys.*, **103**, 07E114 (2008).
232) T. Shimatsu, H. Sato, H. Kataoka, S. Okamoto, O. Kitakami, H. Aoi, *J. Phys.: Conf. Ser.*, **200**, 102008 (2010).
233) T. Burkert, L. Nordstrom, O. Erikssonm, O. Heinonen, *Phys. Rev. Lett.*, **93**, 027203-1 (2004).
234) Y. Kota, A. Sakuma, *Appl. Phys. Express*, **5**, 113002 (2012).
235) T. Niizeki, Y. Utsumi, R. Aoyama, H. Yanagihara, J. Inoue, Y. Yamasaki, H. Nakao, K. Koike, E. Kita, *Appl. Phys. Lett.*, **103**, 162407 (2013).
236) J. Sayama, K. Mizutani, T. Asahi, T. Osaka, *Appl. Phys. Lett.*, **85**, 5640 (2004).

b. 磁気テープ

（ⅰ）**磁気テープの種類と構造**　磁気テープは，フレキシブルな支持体の上に設けられた磁性層に磁気信号を記録・再生する情報記録媒体である．代表的な磁気テープの構造を図3.3.31に示す．磁性層を形成させる方法により磁性粒子塗布型（塗布型）磁気テープ（図(a)）と磁性薄膜型（薄膜型）磁気テープ（図(b)）に大別される．さらに，塗布型磁気テープは塗布層が単一磁性層の単層タイプと，複数の塗布層を有する重層タイプがある．

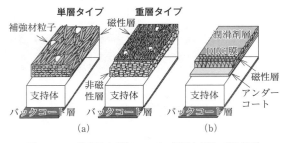

図3.3.31 代表的な磁気テープの種類と構造（模式図）
(a) 塗布型磁気テープ　(b) 薄膜型磁気テープ

塗布型磁気テープは，磁性粒子を結合材中に分散した塗布液を前記支持体上に塗布することにより磁性層を形成させたものである．図3.3.32に，1980年以降の塗布型磁気テープの層構成と磁性材料の変遷を示す．1930年代から普及し始めた磁気テープは，1980年代まで前記支持体上に厚み3～5μmの磁性層を直接塗布する単層タイプであり，かつて業務用・家庭用の音声・画像記録やコンピュータのデータ記録に使われ，現在では一部の放送用ビデオテープに使われている．1990年代には，画像記録を中心としたディジタル化が急速に進み，ディジタル記録に対応するために磁性層をサブミクロンオーダーに薄層化することが課題となった．塗布型磁気テープでは，サブミクロン厚みの磁性層を支持体上に直接塗布することが困難なので，支持体上に非磁性層を塗布しその上に磁性層を塗布することで実質的な磁性層厚みを0.2～0.3μm程度に薄くした重層タイプの磁気テープが開発され[1,2]，1992年に市場導入された．以来，重層タイプでは記録密度向上に対応し，さらなる磁性層の薄層化と磁性粒子の微細化が行われ，ディジタルデータ記録用テープの主流となっている．

薄膜型磁気テープは，真空中で金属磁性材料を気化・昇華させて支持体上に付着させる真空蒸着法またはスパッタリング法により磁性層を形成させたものである．磁性層の形成プロセスから，薄い磁性層が得やすいことが特徴である．薄膜型磁気テープとしてCoを真空蒸着したテープが実用化され，映像記録・ディジタルデータの記録に使われてきた．また，低温スパッタリング法によりプラスチック支持体上にCo-Cr系の磁性層を有する磁気テープの研究も行われている．次に，塗布型磁気テープと薄膜型磁気テープに用いられる材料について述べる．

(ii) 塗布型磁気テープの材料

(1) 磁性材料： 磁気テープは，微小磁石である磁性粒子を前記支持体上もしくは非磁性層上に配列した磁性層を形成したものである．情報量の増大に対応して磁気テープの記録密度を向上させるために，ほかの磁気記録媒体と同様に磁性粒子の微細化が進められている．磁性粒子の微細化において問題となるのが熱揺らぎによる記録磁化の減衰である．微細な磁性粒子に記録された磁化を安定化するため保磁力 H_c を大きくすることが求められ，種々の方法がとられてきた．図3.3.33に，塗布型磁気テープで検討された磁性粒子の体積と H_c の関係を示す．1930年代から現在に至るまで用いられている塗布型磁気テープの磁性粒子は，H_c が粒子形状に由来する（形状磁気異方性）針状の粒子で，針状比が大きいほど H_c が高い性質をもつ．しかしながら，針状比の向上だけでは H_c 増大に限界があり，ほかの手段がとられてきた．初期の磁気テープで使われた γ フェライト（γ-Fe_2O_3）粒子に代わり，粒子表面にCoを被着させたCo変性フェライト（Co-γ-Fe_2O_3），マグネタイト（Fe_3O_4），二酸化クロム（CrO_2）が導入された．やがてこれら酸化物磁性粒子は H_c の限界に達し，針状FeおよびFe-Co合金磁性粒子（Fe，Fe-Coを以下MP）が開発され[3-5]，1990年代以降磁気テープの高密度化をけん引してきた．しかしながら，MPは酸化防止のために表面に設けられた酸化膜が粒子体積低減の妨げになること，微細化のさいに針状比が低下（細くするのが困難）し H_c が向上しにくくなることにより，微細化の限界に近づいてきた．MPの微細化限界を克服するために，H_c が形状に

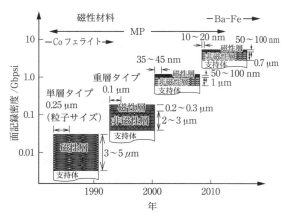

図3.3.32 塗布型磁気テープの層構成と磁性材料の変遷

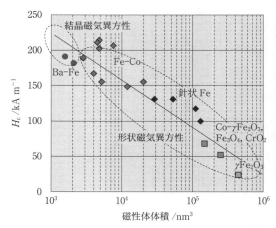

図3.3.33 塗布型磁気テープ用磁性粒子の体積と保磁力 H_c の関係

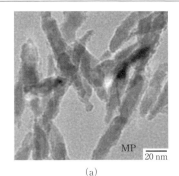 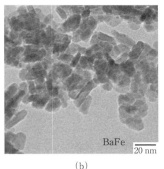

図 3.3.34 バリウムフェライト磁性体（Ba-Fe）(a) とメタル磁性体（MP）(b) の透過電子顕微鏡写真
[原沢 建ら, 映情学技報, **34**, MMS2010-27, p. 68 (2010) の Fig. 2 を一部改変]

表 3.3.4 塗布型磁気テープ用磁性材料

物 質	磁気異方性	粒子形状	粒子サイズ nm	保磁力 $kA\,m^{-1}$	飽和磁気モーメント $A\,m^2\,kg^{-1}$
γ-Fe_2O_3	形 状	針 状	400～500（長軸長）	24～30	70～80
Co-γ-Fe_2O_3	形 状	針 状	250～350（長軸長）	50～60	80～90
Co-Fe_3O_4	形 状	針 状	250～300（長軸長）	55～65	85～95
CrO_2	形 状	針 状	250～350（長軸長）	50～60	80～100
Fe	形 状	針 状	150～250（長軸長）	80～130	120～150
Co-Fe	形 状	針 状	35～100（長軸長）	140～210	120～150
$Fe_{16}N_2$	結 晶	球 状	10～20（直 径）	220～240[1]	220～300[1]
Ba-Fe	結 晶	板 状	10～30（板 径）	180～360	40～60

1) 岸本幹雄, 土井嗣裕, 日立評論, **89**, 876 (2007).

依存しない結晶磁気異方性をもつ窒化鉄（$Fe_{16}N_2$）[6,7]，バリウムフェライト（$BaO(Fe_2O_3)_6$：以下 Ba-Fe）粒子[8〜14] が提案された．これらのうち化学的に安定な Ba-Fe を用いた磁気テープが 2011 年から市場導入され，2.5〜8.5 TB の記録容量を有するコンピュータ用磁気テープカートリッジを実現している．図 3.3.34 に Ba-Fe と MP の透過電子顕微鏡像を，表 3.3.4 に塗布型磁気テープにおいて研究または実用化された磁性材料をまとめた．

（2）支持体：磁気テープの高容量化は，大面積に高密度記録することで達成される．実用上，一定の大きさのカートリッジが用いられるので，テープの大面積化は言い換えればテープの薄手化と同義である．図 3.3.35 のように，支持体の厚みは 30 年間で 1/3 程度まで薄手化が進んでいる．テープの薄手化には，支持体が十分な強度をもつことが要求される．また，面記録密度向上にはトラック密度と線記録密度向上の増加が必要で，支持体に対しては狭いトラックを正確に読み出すための寸法安定性と，スペーシングロスを減らすための平滑性が要求される．

磁気テープ用支持体の材料として広く用いられているのが，ポリエステル系のプラスチックフィルムで，代表的なものがポリエチレンテレフタレート（PET）とポリエチレンナフタレート（PEN）である．それぞれエチレングリコールとテレフタル酸もしくはナフタレン酸を重縮合し

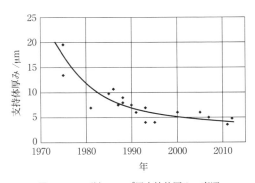

図 3.3.35 磁気テープ用支持体厚みの変遷

たポリマーを溶融し，ノズルから流延してフィルムが得られる（溶融製膜）．流延したフィルムをさらに長手方向および幅方向に延伸することで強度を制御する．薄手化に伴い PET，PEN よりも高強度な支持体が必要になり，ポリイミド，ポリフェニレンスルフィド（PPS），ポリアミド（PA）などのエンジニアリングプラスチックの磁気テープへの応用研究が行われ，PA フィルムが採用された．PA フィルムはポリマー溶液をキャスティングベルトに展開し，溶剤を揮発させて得られる（溶液製膜）．現在実用化されている PET，PEN，PA のヤング率を図 3.3.36 に示す．支持体の寸法変化を少なくする方法としては強度向上

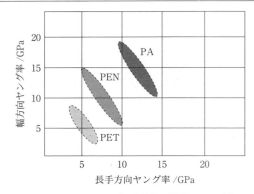

図 3.3.36 磁気テープ用支持体の材質とヤング率

が一般的で，延伸による強度を向上させるか，高ヤング率の物質を選択する．表3.3.5のように，高ヤング率なほど寸法変化（熱収縮率）が小さくなる傾向が見られる．

記録密度向上とともに支持体表面の平滑化が行われてきた．図3.3.37に支持体の表面粗さR_aの変遷を示す．支持体表面は平滑なほど記録密度向上には好ましいが，実用上はウェブ搬送を容易にする目的で適度な粗さを付与させる．塗布型テープ用支持体では，ポリマー中に非磁性粒子を分散させ製膜することで粗さの制御が行われる．

（3）**バックコート**： 1990年代以降の磁気テープには，塗布型・薄膜型によらずほとんどのものでバックコートが設けられている．バックコートの役割として，平滑な磁性層の反対側に適度な粗さを付与してテープ走行を安定させること，テープを巻いたときに生じる同伴空気が抜けやすくして巻き乱れを防止すること，帯電防止，光透過率

表 3.3.5 磁気テープ用支持体

物質	製膜方法	厚み μm	ヤング率（長手＋幅） GPa	熱収縮率 %
PET	溶融	5〜20	11〜14	0.5〜1.5 (100℃, 30 min)
PEN	溶融	4〜10	13〜20	0.25〜0.5 (100℃, 30 min)
PA	溶液	3〜5	26〜31	0.1〜0.25 (150℃, 30 min)

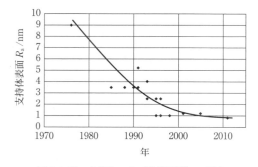

図 3.3.37 支持体の R_a（磁性層側）の変遷

の調整（遮光）があげられる．これらを満たすために，バックコートはカーボンブラックを結合材中に分散し，粗さを制御するための非磁性粒子を適宜添加した塗布液を0.3〜1.0 μmの厚みに塗布するのが一般的である．

（4）**非磁性下層用材料**： 1992年に実用化された重層タイプの塗布型テープにおける非磁性下層の役割は，支持体の欠陥や突起を遮へいして平滑な磁性面を得ること，後述する潤滑剤を保持して磁性層表面に供給すること，そして帯電防止である．

非磁性下層は，分散性に優れた非磁性粒子と導電性非磁性粒子を結合材中に分散した液を塗布して得られる．非磁性粒子の種類に限定はないが，安価で入手しやすく分散性に優れる酸化チタン（TiO_2）やヘマタイト（$\alpha\text{-}Fe_2O_3$）が多く用いられている．粒子サイズは，磁性上層を平滑にするために微粒子のものが好ましい．導電性非磁性粒子としては導電性カーボンブラックが広く用いられている．

（5）**結合材**： ここで述べる結合材は，磁性粒子や非磁性粒子を保持し塗膜を形成させる役割をもつポリマーを指す．磁気テープは磁性層表面が磁気ヘッドと接触し記録・再生を行うので，磁性層・非磁性層は強靭でなければならない．強靭な塗布層は，結合材を磁性粒子・非磁性粒子に強固に吸着させ，さらに結合材同士が架橋したマトリックス（図3.3.38）を形成することで達成される．

結合材の種類としては，塩化ビニル共重合体，ポリウレタン樹脂，セルロース系樹脂などが広く用いられている．塗膜強度の観点から結合材の分子量は大きいことが好ましいが，分子量が大き過ぎると塗布液の粘度が高くなり生産性の低下を招く．したがって，強度と生産性の観点で分子量を最適化し架橋材で補強する手段がとられる．また，磁性粒子・非磁性粒子との吸着力を高めるため，結合材分子に種々の官能基が付与されることが多い．官能基の種類・量は，磁性粒子表面の性質（表面官能基）に応じて選定される．一般的には，磁性粒子や非磁性粒子の表面官能基はヒドロキシ基なので，結合材の官能基はカルボキシ基，スルホ基，リン酸基などの酸性基またはその塩が選ばれる．

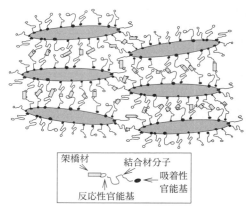

図 3.3.38 結合材マトリックスの概念図

架橋材は，結合材分子が保有する反応性の官能基と反応する性質をもつものが選ばれる．架橋は熱により促進する場合と，電子線照射により行う場合があり，前者にはポリイソシアネート，エポキシモノマー，後者にはアクリレートモノマーが用いられ，塗布後に反応が進むようにする．

(6) **補強材および潤滑剤**: 磁気テープは硬いヘッド部材と接触・しゅう動するので，磁性層を保護するための補強材，ヘッド部材とのしゅう動抵抗を下げる潤滑剤を用いる．塗布型テープでは，補強材・潤滑剤は磁性層および/または非磁性層に添加される．補強材としては，α-Al_2O_3，SiC，TiC など高硬度の非磁性微粒子が用いられ，粒子サイズ，添加量は適宜最適化される．潤滑剤には，高級脂肪酸，高級脂肪酸エステル類，高級脂肪酸アミドなどの有機化合物や，カーボンブラックなどの無機固体潤滑剤が用いられる．

(iii) **薄膜型磁気テープの材料**

(1) **磁性材料**: 1989 年，真空蒸着法による Co-Ni-O 薄膜型磁気テープが実用化され[15]，さらに真空蒸着法による Co-O 薄膜[16,17]が市場導入されて，ディジタルビデオテープやコンピュータ用磁気テープに使われてきた．金属磁性膜を蒸着するさいには図 3.3.39 に示すように，冷却ロールに沿って走行する支持体に金属蒸気が斜めに入射するので，磁性粒子の結晶が支持体表面に対して斜めに成長するのが特徴である．真空蒸着法では磁性粒子の大きさが膜厚に依存するので，高密度記録に対応した微粒子化には磁性層厚みを薄くして多層化する手法がとられている[15,16]．また，真空中でプラスチック支持体から発生する有機ガスが結晶成長を妨げるので，アンダーコートをつけてガスの影響を防いでいる．

スパッタリング法により磁性層を形成させた磁気テープ（スパッタテープ）はいまだ研究段階にあり，実用化されていない．プラスチック支持体上に低い基盤温度で製膜可能な $CoPt$-SiO_2 や $CoCrPt$-SiO_2 などのグラニュラー膜をスパッタリング法により形成させる研究が行われた[17]．

(2) **支持体**: 薄膜型テープの支持体には，塗布型テープと同様なプラスチックフィルムを用いる．ただし，薄膜型テープではサブミクロン厚みの磁性層が支持体上に直接形成されるので，支持体は塗布型テープ用よりも平滑性が要求される．ウェブ搬送を容易にするために，表面に微小な非磁性粒子を塗布した支持体を用いる．

(3) **バックコート**: 塗布型磁気テープと同様なバックコートが用いられる．

(4) **保護膜・潤滑層**: 薄膜型磁気テープの場合，補強材・潤滑剤を磁性層中に内添できない．したがって，保護膜として磁性層の上にダイヤモンドライクカーボン層[18,19]をプラズマ CVD (chemical vapor deposition) 法などで設け，さらにその上にフッ素変性高級脂肪酸，p-フルオロポリエーテル類からなる潤滑層を塗布する．

(iv) **今後の展望** コンピュータで創出されるデータ量は，ビッグデータの発展，スーパーコンピュータの応用拡大，高精細画像の普及などにより爆発的に増大するといわれ[20]，磁気テープはこれらのデータを安全・安価に保存する媒体として必要不可欠になってきている．図 3.3.40 に示すように，可換媒体である磁気テープの面記録密度はハードディスクドライブ (HDD) と比べて向上の余地が大きい．研究レベルでは，2014 年にスパッタリング法による磁性層を用いた磁気テープで 148 Gbpsi の原理的な可能性が[21]，塗布型テープでは体積 1600 nm^3 の Ba-Fe 磁性粒子を用いた磁気テープを実際に走行させて面記録密度 123 Gbpsi の記録・再生を行い[22]，LTO サイズ (linear tape-open, 10 cm 四方で厚み約 2 cm の直方体) で容量 220 TB 記録の可能性が検証された[23]．

さらに，体積 1000 nm^3 の Ba-Fe 粒子の磁気記録材料としての可能性も確認されており[24]，今後の継続的な高密度化・大容量化が期待される[25]．

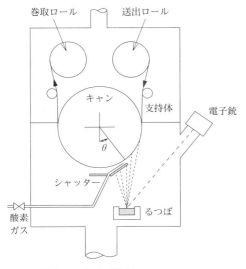

図 3.3.39 蒸着テープの生産装置
[K. Chiba, T. Sasaki, et al., *IEEE Trans. Consum. Electron.*, **35**, 422 (1989) の Fig.3 を一部改変]

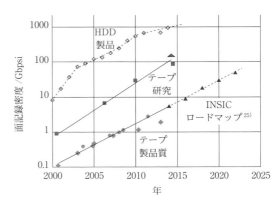

図 3.3.40 磁気テープの面記録密度変遷

文　献

1) H. Inaba, K. Ejiri, N. Abe, K. Masaki, H. Araki, *IEEE Trans. Magn.*, **29**, 3607 (1993).
2) H. Inaba, K. Ejiri, K. Masaki, T. Kitahara, *IEEE Trans. Magn.*, **34**, 1666 (1998).
3) 鈴木 明, 笠原美幸, 粉体および粉末冶金, **42**, 695 (1995).
4) S. Hisano, K. Saito, *J. Magn. Magn. Mater.*, **190**, 371 (1998).
5) S. J. F. Chadwick, A. E. Virden, V. Haehnel, J. D. Dutson, K. Matsumoto, T. Yoshida, T. Sawano, T. Goto, K. Ikari, K. O'Grady, *J. Phys. D : Appl. Phys.*, **41**, 134018 (2008).
6) S. J. F. Chadwick, A. E. Virden, V. Haehnel, J. D. Dutson, K. Matsumoto, T. Yoshida, T. Sawano, T. Goto, K. Ikari, K. O'Grady, *J. Phys. D : Appl. Phys.*, **41**, 134018 (2008).
7) 岸本幹雄, 土井嗣裕, 日立評論, **89**, 876 (2007).
8) T. Nagata, T. Harasawa, M. Oyanagi, N. Abe, S. Saito, *IEEE Trans. Magn.*, **42**, 2312 (2006).
9) S. Ölçer, E. Eleftheriou, R. A. Hutchins, H. Noguchi, M. Asai, H. Takano, *IEEE Trans. Magn.*, **45**, 3765 (2009).
10) A. Matsumoto, Y. Murata, A. Musha, S. Matsubaguchi, O. Shimizu, *IEEE Trans. Magn.*, **46**, 1208 (2010).
11) T. Harasawa, R. Suzuki, O. Shimizu, S. Ölçer, E. Eleftheriou, *IEEE Trans. Magn.*, **46**, 1894 (2010).
12) 原澤 建, 鈴木涼太, 武者敦史, 清水 治, 野口 仁, 映情学技報, **34**, MMS2010-27 (2010).
13) Y. Kurihashi, O. Shimizu, Y. Murata, M. Asai, H. Noguchi, *IEEE Trans. Magn.*, **49**, 3760 (2013).
14) O. Shimizu, Y. Kurihashi, I. Watanabe, T. Harasawa, *IEEE Trans. Magn.*, **49**, 3767 (2013).
15) M. Shimotashiro, M. Tokunaga, K. Hashimoto, S. Ogata, Y. Kurosawa, *IEEE Trans. Consum. Electron.*, **41**, 679 (1995).
16) H. Naruse, K. Sato, H. Osaki, K. Chiba, T. Sasaki, H. Yosimura, *IEEE Trans. Consum. Electron.*, **42**, 851 (1996).
17) 松沼 悟, 井上鉄太郎, 土井嗣裕, 渡辺利幸, 五味俊輔, 益子泰裕, 平田健一郎, 中川茂樹, 第 34 回 日本磁気学会学術講演概要集, **5aA-10**, 114 (2010).
18) T. Miyamura, O. Yoshida, K. Endo, A. Ishikawa, N. Kitaori, *Jpn. J. Appl. Phys.*, **37**, 6153 (1998).
19) H. Osaki, *Tribol. Int.*, **33**, 373 (2000).
20) EMC Digital Universe study ; www.emc/leadership/digital-universe
21) ソニー株式会社, ニュースリリース (2014) ; http://www.sony.co.jp/SonyInfo/News/Press/201404/14-044/
22) M. A. Lantz, IBM Res., *IEEE Trans. Magn.*, **51**, 3101304 (2015).
23) 富士フイルム株式会社, ニュースリリース (2015) ; http://www.fujifilm.co.jp/corporate/news/articleffnr_0972.html
24) 小柳真二, 原澤 建, 栗橋悠一, 清水 治, 多田 稔, 白田雅史, 鈴木宏幸, 映情学技報, **38**, 29, ITE-MMS-2014-13 (2014).
25) INSIC's 2012-2022 International Magnetic Tape Storage Roadmap, 2.1 Technology Overview ; http://www.insic.org/news/2012Roadmap/12index.html

3.3.3　磁気記録用ヘッド材料

a. 再生ヘッド用磁性材料

ハードディスクドライブ（HDD）が実用化されて以降，再生ヘッドとしては，記録・再生兼用の誘導型ヘッド（インダクティブヘッド）が長きにわたって使用されていた．ヘッド用材料としては，当初はフェライト材料[1]，その後薄膜ヘッドが実用化されるとパーマロイ（$Ni_{80}Fe_{20}$）のめっき膜が採用された[2]．このタイプのヘッドにおいて再生出力を増加させるためには，磁気ディスク媒体に対する磁気ヘッドの移動速度を高める必要があるが，磁気記録装置の小型化とともに移動速度が低下し高出力を得るのが難しくなってきた．コイル巻数の増加も検討されたが，記録密度の向上はヘッドの高周波特性を要求し，巻数の増加にも限界が生じてきた．

このような背景から，1990 年代に入ってインダクティブヘッドに代わる磁気抵抗（MR：magnetoresistive）効果を応用した磁気ヘッドが実用化された．最初に実用化されたヘッドは異方性磁気抵抗効果（anisotropic magnetoresistive effect）を利用した AMR ヘッドで，2 Gb in^{-2} の面記録密度が達成された[3,4]．その後，巨大磁気抵抗（GMR：giant magnetoresistive）効果[5,6]を利用したスピンバルブ GMR ヘッドが実用化され[7]，1990 年代後半，面記録密度は年率 100% を越える勢いで上昇した．スピンバルブ GMR ヘッドは，スピントロニクス材料が初めて製品に採用されたデバイスである．2004 年には，トンネル磁気抵抗（TMR：tunnel magnetoresistive）ヘッドが製品に適用され，100 Gb in^{-2} を越える面記録密度が達成された．本項では AMR ヘッド，スピンバルブ GMR ヘッドおよび TMR ヘッド用に開発された磁性材料を概観する．

（ⅰ）AMR ヘッド材料　AMR 効果とは，外部磁界により強磁性薄膜の電気抵抗が変化する効果であり，図 3.3.41 に示すように，強磁性薄膜の抵抗率 ρ は磁化 M と電流のなす角度を θ とすると

$$\rho = \rho_0 + \Delta\rho \cdot \cos^2\theta \qquad (3.3.3)$$

と表される[8]．通常 MR 膜にバイアス磁界を印加し，抵抗変化曲線の線形領域が使用される．AMR ヘッドに使用される MR 膜は，通常，スパッタリング法あるいは蒸着法によって成膜した 20～30 nm の $Ni_{80}Fe_{20}$ 薄膜が用いられる．AMR 効果の大きさを表す抵抗変化率 $\Delta\rho/\rho$ の値は室温で約 2.5% である[9]．

AMR ヘッドは再生専用であるため，図 3.3.42 に示すように記録用の薄膜ヘッドを重ねた構造となっている．

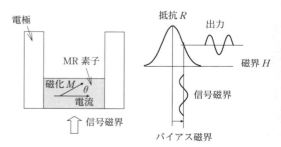

図 3.3.41　MR ヘッドの原理

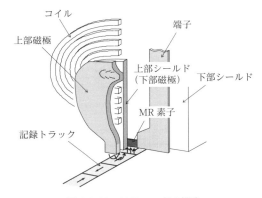

図 3.3.42 AMRヘッドの構造

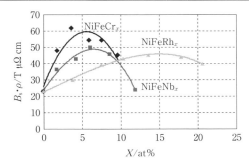

図 3.3.44 SAL膜の飽和磁束密度 B_s と抵抗率 ρ の積

AMRヘッドでは，MR素子にセンス電流を流し，磁気ディスク媒体からの信号磁界に応じて変化するMR素子の抵抗変化を電圧に変換する．インダクティブヘッドと異なり，外部から電流のエネルギーを供給し信号磁束そのものを検出する能動素子であるためディスク径に依存せず高い出力が得られる．また，隣接記録磁化からの磁界を遮へいし再生分解能を上げるためAMR素子を上下の磁気シールドで挟み込む構造となっており，二つの磁気シールドで再生ギャップを構成している．この場合，AMRヘッドの上部シールドと記録ヘッドの下部磁極を兼用する一体構造となっている．AMRヘッドでは，記録用薄膜ヘッドと再生用AMRヘッドを独立に設計できる．このため，記録用薄膜ヘッドのコイル巻数を少なくでき，記録用回路のインダクタンスの低下により高い周波数の記録が可能となる．

AMRヘッドを実用化するためには，再生素子を線形動作させるためMR膜にバイアス磁界を印加する技術が必須である．バイアス磁界の印加はいくつかの方法が提案されたが[10]，実用化されたのはSAL（soft adjacent layer）バイアス法である．この方法は，図3.3.43に示すように，MR膜の近傍に強磁性ソフト膜（SAL膜）を配置し，MR膜に流れる電流によって発生した磁界でSAL膜を垂直方向に磁化させてバイアス磁界を発生させる方法である．SALバイアス法の利点は，構造が比較的簡単であること，およびSAL膜の飽和後は再生波形の非対称性の変化が少ないといったことがあげられる．

AMRヘッドにおいてはSAL膜にもセンス電流が分流

するため，高いヘッド出力を得るためにはSAL膜に抵抗率 ρ の大きなソフト磁性材料を用いる必要がある．さらに，十分なバイアス磁界を発生するためには飽和磁束密度 B_s の大きな材料が好ましく，これらの条件を満たす材料は飽和磁束密度 B_s と抵抗率 ρ の積の大きな材料となる．図3.3.44はSAL膜として実際に採用されたSAL膜の $B_s \cdot \rho$ を示した図である．これらの材料は高周波スパッタリング法によって作製されており，ソフト磁気特性の優れているNiFe膜をベースに第三元素としてCr，Nb，Ptを添加している．第三元素を添加することによって，ρ は上昇するが B_s は低下するため $B_s \cdot \rho$ が最大値をとる添加量が存在する．$B_s \cdot \rho$ が最大となるのは，NiFeCrではCr 5 at%，NiFeRhではRh 15 at%となっている．これらの膜の透磁率は2000～3000程度と $Ni_{80}Fe_{20}$ 膜と比較しても遜色なく，SAL膜として非常に適している．そのほかのSAL材料に関しては文献[11,12]を参照されたい．

AMR膜が単一磁区構造でない場合，図3.3.45に示すようにバルクハウゼンノイズとよばれる再生出力に波形ひずみが生じる．これは抵抗変化曲線にヒステリシスがあるためである．AMR膜を単一磁区構造とするため，図3.3.43に示すように，AMR膜の両端にCoCrPtやCoPtからなるハード磁性膜を置き，ハード磁性膜からの漏れ磁界によりAMR膜を磁区制御する．

（ii）スピンバルブGMRヘッド材料 スピンバルブGMRヘッドは，Fe/CrやCo/Cu多層膜の金属人工格子で見出されたGMR効果[5,6]を利用したMRヘッドである．スピンバルブGMR効果では，抵抗変化が数%～10%と従

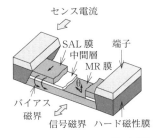

図 3.3.43 AMRヘッドの原理

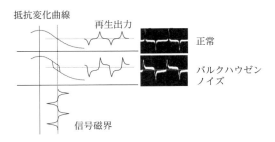

図 3.3.45 抵抗変化曲線と再生出力波形におけるバルクハウゼンノイズ

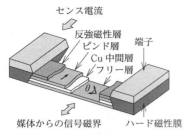

図 3.3.46 スピンバルブ GMR 素子構造

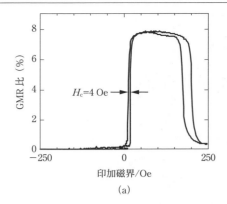

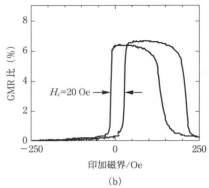

図 3.3.47 R-H 曲線
(a) NiFe/CoFe フリー層　(b) NiFe/Co フリー層

来の MR 効果に比べ 2～5 倍大きく，スピンバルブ GMR ヘッドを採用することにより MR ヘッドの再生感度を増加することが可能となる[7]．

図 3.3.46 にスピンバルブ GMR 素子構造を示す．スピンバルブ GMR 素子は，フリー層，Cu 中間層，ピンド層，および反強磁性層の四層で構成されている．反強磁性層とピンド層の間には強い交換結合が作用し，ピンド層の磁化はこの反強磁性層からの強いピンニング磁界 H_{ua} を受けて信号磁界が変化する方向，すなわち素子高さ方向に固定されている．フリー層の磁化方向は信号磁界方向とほぼ直角の方向とし，信号磁界によって磁化方向が変化しピンド層の磁化に対して平行あるいは反平行に変化する．

フリー層とピンド層の磁化が平行にそろっている場合，磁化と逆向きのダウンスピンの電子は界面で散乱を受けるが，磁化と同じ向きのアップスピンの電子は散乱が小さく伝導を担って，膜全体の抵抗は小さくなる．一方，互いに磁化が反平行の場合には，ダウンスピン，アップスピンの電子はともに，一方の磁性膜では磁化の方向と同じスピンをもつが他方の磁性膜で逆向きのスピンをもつことになるので，伝導には抵抗率の高いスピンの電子の寄与がいつも入ってくることになる．このため膜全体の抵抗は大きくなる．このように二つの磁性膜の磁化が平行あるいは反平行の状態で膜抵抗が変化する効果は GMR 効果とよばれるが，フリー層の磁化（スピン）の向きを変えることにより抵抗を変化できることから，とくにスピンバルブ GMR 効果（spin-valve GMR effect）とよばれる．

スピンバルブ GMR 効果による抵抗変化の大きさ ΔR は，トラック幅方向からのピンド層ならびにフリー層の磁化角度をそれぞれ θ_p, θ_f，フリー層とピンド層の磁化が平行および反平行のときの GMR 素子部の抵抗変化を ΔR_{SV} とすると以下のように表され，$\sin\theta_f$ に比例することがわかる．

$$\Delta R = -\Delta R_{SV} \cdot \frac{\cos(\theta_p - \theta_f)}{2} = \Delta R_{SV} \cdot \frac{\cos\left(\frac{\pi}{2} - \theta_f\right)}{2}$$
$$= -\Delta R_{SV} \cdot \frac{\sin\theta_f}{2} \quad (3.3.4)$$

GMR 素子のフリー層材料としては，厚さ 2～5 nm の NiFe や CoFe, Co の磁性薄膜が用いられるが，スピンバルブ GMR ヘッドのフリー層には Cu 中間層側に CoFe を配置した NiFe/CoFe の二層膜が用いられている[13]．これはヘッド高感度化のためには高い MR 出力と優れたソフト磁気特性が求められるためであり，NiFe 単層に比べ MR 比が高く，NiFe/Co 二層膜に比べ保磁力 H_c が小さい NiFe/CoFe 二層膜が採用された（図 3.3.47）．さらに，MR 動作が不安定になるのを回避するため磁歪 λ は 10^{-6} 以下の材料が好ましく，NiFe/CoFe 膜の組成は λ が 10^{-6} となるように制御されている．なお，ウェハープロセス工程での耐熱性を改善するため，CoFe に B を数％添加した NiFe/CoFeB 二層膜も採用されている[14]．

ピンド層の材料としては，厚さ 2～5 nm の Co, CoFe の磁性膜が用いられている．スピンバルブ GMR ヘッドの高出力化に対しては素子高さを小さくする必要があるが，素子高さを小さくすると反磁界の影響を受けるピンド層端部の占める割合が大きくなり，スピンバルブ GMR 効果が劣化する．そのため，ピンド層自体が大きな反磁界を出さないよう，積層フェリピン・スピンバルブ GMR 構造が用いられている[15]．これは Ru を挟んで二つの磁性膜を積層しサンドイッチ構造のピンド層とするものである．Ru 層が厚さ 0.8 nm 程度のとき両磁性膜の間に強い反強磁性結合が働き，二つの磁性膜は逆向きに磁化する．これにより実効的なピンド層の磁化は，二つの磁性膜の磁化の差となるため反磁界の影響を小さくできるとともに，反強磁性層

に接するピンド層のピンニング磁界 H_{ua} を大きくすることができるためピンド層の磁化状態は大幅に安定になる.

反強磁性層としては, 膜厚は 10～30 nm の IrMn, PtMn, PdPtMn などの規則系の反強磁性材料が用いられている[16,17]. これらの材料は, 不規則系の反強磁性材料 (FeMn, NiO) に比べ, ネール温度が高いのが特徴である. スピンバルブ GMR ヘッドにおいては, 静電気放電 (ESD: electro static discharge) による温度上昇によりピンニング磁界 H_{ua} が減少し ESD 電流がつくる磁界によりピンド層の磁化が反転する問題がある. ピンド層の磁化反転はウェハープロセス・加工・組み立て・試験のあらゆる製造工程において問題となっているため, 現在では熱的に安定でかつブロッキング温度 (ピンド層磁化反転温度) が高い規則系反強磁性材料がもっぱら使用される.

スピンバルブ GMR ヘッドにおいても, MR ヘッドと同様にバルクハウゼンノイズを抑制するため, フリー層を単磁区構造にする磁区制御が必要である. 磁区制御には, AMR ヘッドと同様 CoCrPt や CoPt からなるハード磁性膜による強い漏れ磁界を用いている.

スピンバルブ GMR 効果をさらに高めるため, 方式として図 3.3.48 に示すような鏡面反射型構造がある[18]. 高感度を得るためフリー層を薄くすると膜厚が電子の平均自由工程と同程度, あるいはそれ以下となるが, その場合, 磁性伝導電子はフリー層表面で散乱され, もとの磁性情報を失い GMR 効果が低下する. 鏡面反射型スピンバルブ膜は, フリー層表面で電子が鏡面のように磁性情報を保ったまま反射させるもので, 前述のスピンバルブ構造と異なり, フリー層を上側, 反強磁性膜を下側に配置するボトム構造であり, フリー層上面に鏡面反射層を置く点が特徴である. 抵抗変化は十数 % が得られている.

(iii) TMR ヘッド材料 TMR ヘッドは, 10 Å (1 Å = 10^{-10} m) 以下の極薄膜の絶縁膜を流れるトンネル電流がこれを挟む二つの磁性膜 (フリー層とピンド層) の磁化のなす角で変化する現象 (TMR 効果) を利用したものである. AMR ヘッドやスピンバルブ GMR ヘッドは, 膜面に平行な方向に電流を流す CIP (current in plane) 構造であったが, TMR ヘッドでは, 図 3.3.49 に示すように, 電流を膜厚方向に流す CPP (current perpendicular to

図 3.3.48 鏡面反射型スピンバルブ GMR 膜

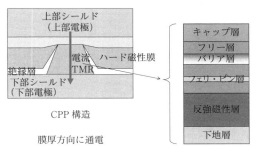

図 3.3.49 TMR ヘッドの構造

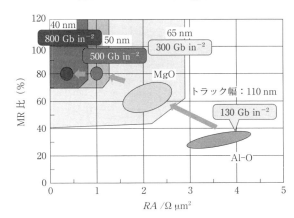

図 3.3.50 各面記録密度に要求される RA と MR 比

plane) 構造が採用される.

TMR 膜の磁気ヘッドへの応用に関しては, ショットノイズの低減および高速転送性の 2 点から, 素子部の低抵抗化が重要な課題である. TMR 膜は絶縁性のバリア層をもっているため GMR 膜と比較して, 抵抗面積積 RA は, 通常, 大きな値を示す. 素子サイズを $0.1\,\mu m \times 0.1\,\mu m$ とすると, RA が $3\,\Omega\,\mu m^2$ としても素子抵抗は $300\,\Omega$ となってしまう. したがって, 磁気ヘッド用の TMR 膜としては MR 比を維持しながら, いかに RA を低減するかが実用上の鍵であり, これまで RA を低減するための多くの努力がなされてきた. 図 3.3.50 は RA と MR 比の関係を, 面記録密度と対応させてプロットした図である. 初期の TMR ヘッドには Al-O バリア層が使用されたが, その後 1～2 世代後には早くも MgO 層が実用化され MR 比は大きく向上した. 本項では, 磁気ヘッド用 Al-O TMR 膜と MgO TMR 膜の特性, および高記録密度化に向けては必須となる高い一方向異方性定数 J_k をもった反強磁性材料への取り組みを述べる.

(1) Al-O TMR 膜: 図 3.3.51 は, 過去 10 年以上にわたって多くの研究者によって報告された Al-O TMR 膜の MR 比と RA の関係を示している. 初期の研究においては, 数 $M\Omega\,\mu m^2$ の大きな RA であったが, 現在では驚くことに, 8 桁もの低抵抗化が達成された. 低抵抗化とともに MR 比が低下する傾向を示しているが, これはご

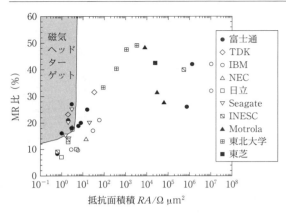

図 3.3.51 Al-O TMR 膜における MR 比と抵抗面積積 RA の関係

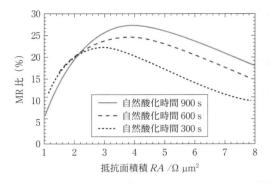

図 3.3.53 自然酸化時間を変化させたときの Al-O バリア層磁気トンネル接合における MR 比の抵抗面積積 RA 依存性

く小さなピンホールの影響であると考えられる．

　再生ヘッド用の TMR 膜は，通常 DC スパッタリング法を用いて，パーマロイ (NiFe) からなる磁気シールド上に形成される．磁気シールド表面は，その後に形成される TMR 膜に悪影響を与えないよう，メカノケミカル研磨 (CMP : chemical-mechanical polishing) によって平均表面粗さ R_a 0.1〜0.2 nm に平坦化されている．図 3.3.52 に TMR 膜の構造を示す．フリー層には磁歪を小さくするため CoFe/NiFe の積層膜が，ピンド層には CoFe/Ru/CoFe からなるシンセティック（擬似的）フェリマグネティック層が用いられている．Al-O バリア層の形成はいくつかの手法が提案されているが，再生ヘッド用としては金属 Al をスパッタリングで形成した後，酸化させる自然酸化法が実用化された．図 3.3.53 は，Al の異なる酸化時間に対する MR 比の RA 依存性を示す．TMR 膜構成は，Ta/PtMn/$Co_{89}Fe_{11}$/Ru/$Co_{74}Fe_{26}$/Al (0.55 oxid)/$Co_{74}Fe26$(1.5)/NiFe(3)/Ta である．( ) 内の数字は nm 単位での膜厚で，Al バリア層は平均膜厚 0.55 nm で，その後，自然酸化処理を施したことを意味する．RA が 3 Ω μm^2 で MR 比 27% が得られており，この条件の Al-O バリア層が実際に再生ヘッドに適用された．

　(2) **MgO-TMR 膜**： フリー層およびピンド層に CoFeB 膜を使用した MgO-TMR 膜で高い MR 比が観測されて以来[19〜21]，HDD 用再生ヘッドへの応用が進み，現在ではすべての TMR ヘッドに適用されている．再生ヘッドとして TMR 膜の実力を最大限引き出すためには，MR 比の大きな TMR 膜を適用して再生出力を大きくし，ショットノイズの影響を小さくすることが重要である[22〜24]．Al-O バリア層においてはたかだか 30% 程度の MR 比しか得ることができず，上の条件を十分に満たすことはできなかった．MgO バリア層を使用することにより，MR 比は 60〜90% まで向上させることができ，TMR ヘッドの実力を余すところなく引き出すことが可能となった．RA が 1 Ω μm^2 以下においても 80〜100% の MR 比が得られており，200 Gbit in^{-2} を越える面記録密度の再生ヘッドに適用されている．

　今後の面記録密度の上昇を考えると，さらなる TMR 膜の低抵抗化が必要である．この要求に対する簡便な手段はトンネルバリア層の膜厚を薄くすることであるが，単純な薄膜化は MR 比の減少を招く．したがって，MgO バリア層が示す高い MR 比を維持しつつ，いかに抵抗面積積 RA を小さくするかが大きな課題となっている．MgO-TMR 膜が示す MR 比は MgO 層の (001) 結晶配向性に強く依存することが明らかとなっており[25,26]，MgO 層薄層化での MR 比の減少は MgO バリア層の結晶性劣化に因るものであると考えられる．とくに，4 原子層程度に相当する MgO 膜厚 0.8 nm 近傍（$RA \fallingdotseq 2$ Ω μm^2 に相当）で MR 比の低下が顕著であり[27]，4 原子層ほどの非常に薄い MgO 層でも良好な (001) 結晶配向性を実現できれば低抵抗で高い MR 比を示す TMR 膜が得られるものと推察される．これに関連して MgO 層に熱エネルギーを付与することで結晶配向性を制御する試みがなされている[28]．TMR スタックの MgO バリア層までを成膜したのち真空中で 300℃加熱・保持し，その後，ピンド層を成膜することで図 3.3.54 の TEM 画像のように 4〜5 原子層ほどの MgO 層で良好な (001) 結晶配向性が確認できている．この

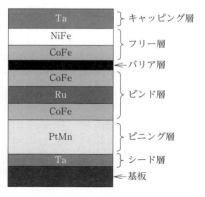

図 3.3.52 磁気ヘッド用 TMR 膜の構造

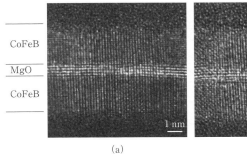
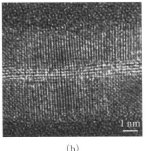

図3.3.54 MgO-TMR膜のTEM断面図
(a) 加熱あり　(b) 加熱なし

TMR膜では図3.3.55に示すように，RA が $2\,\Omega\,\mu m^2$ 近傍で200%を超える非常に大きなMR比が得られている．また，バリア層のピンホール密度の検討[29]では，図3.3.56のように従来のMgOバリア層に比べて真空中加熱されたMgOバリア層で単位面積あたりのピンホールの数が半減している．上述のTEM画像の解析から真空中加熱によるMgOバリア層の結晶粒径増大化も確認されていること[28]から，結晶粒径増大に伴う粒界の減少がピンホールとなり得る不純物原子（文献[29]ではバリア層に接するCoFeB磁性層からの拡散ボロン）のバリア層への進入を抑制している

る可能性を示唆している．このように，MgOバリア層の真空中加熱プロセスはMR比増大とバリアのピンホール減少を両立し得ることから，RA が $0.5\,\Omega\,\mu m^2$ 程度のMgO-TMR膜の実用化への道を開く技術として注目されている．

一方，TMRは，上述したバリア層の膜厚のほかに障壁高さにも依存している[30]ことから，TMR膜の低抵抗化としてTMR膜の障壁高さを低くする試みもなされている[31]．MgO-TMR膜では，MgOよりも障壁高さが低いとされる酸化亜鉛（ZnO）をMgOと組み合わせることで低抵抗化と高いMR比の両立が計算，実験両面から図られており[32]，このような障壁高さ低減による低抵抗化は，従来のバリア層薄膜化による低抵抗化でみられるバリア層の破壊電圧低下による再生ヘッドの信頼性悪化を防止できるものとして注目されている．

以上，高密度記録のための高感度再生ヘッドに必須であるMgO-TMR膜の低抵抗化について，その可能性を示唆する結果が報告されてきており，今後の進展が期待される．

（3）**高 J_k-MnIr膜**： 現在の再生ヘッドを構成するスピンバルブタイプの磁気抵抗効果膜では，媒体上の記録情報の読み出しとして図3.3.57のように，浮上面方向に固着された，ピンド層に対して直交方向のフリー層が媒体からの記録信号磁界で傾いたときに生じる相対角度変化を用いている．したがって，正確に記録情報を読み出すためには，ピンド層の磁化方向はつねに所定の方向（浮上面方向）に固着されていなければならない．一方，高記録密度

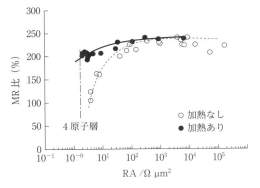

図3.3.55 MR比のRA依存性

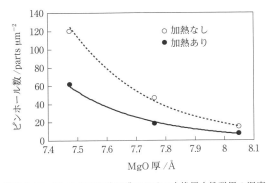

図3.3.56 MgO-TMR積層膜における交換異方性磁界の温度依存性

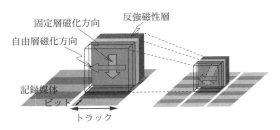

図3.3.57 素子微細化に伴う固定層不安定化

化のための再生センサ素子の微細化に伴う反磁界や熱じょう乱の増大など，ピンド層磁化方向の不安定化により記録情報の正確な読み出しが困難になる傾向となる．したがって，高密度記録用再生ヘッドの実現には，ピンド層に強固な一方向異方性を付与するため，反強磁性層/ピンド層間に働く交換磁気異方性の増大化が必須となる．

再生ヘッドの反強磁性材料として最も一般的に用いられている γ-MnIr の交換磁気異方性を増大する試みとして，ピンド層構造検討[33~35]や成膜プロセスの改良[36,37]，長時間熱処理[38] が検討されている．これらの検討の結果，交換磁気異方性の指標となる一方向異方性定数 J_K で 0.85 erg cm^{-2} を超える大きな値が得られている．さらに，Mn-Ir 合金二元状態図の Mn : Ir = 3 : 1 組成領域に存在する $L1_2$ 規則相 Mn$_3$Ir 作製の検討で，1.3 erg cm^{-2} と飛躍的な J_K の増大と交換磁気異方性が消失するブロッキング温度の高温化が報告[39]されている．

この $L1_2$-Mn$_3$Ir を再生ヘッドに応用することができれば素子微細化によるピンド層不安定化の課題を解決できるものと期待されるが，まず $L1_2$-Mn$_3$Ir を反強磁性層に用いた MgO-TMR 素子の検討[40]で，図 3.3.58 のように Mn$_3$Ir に起因する高いブロッキング温度が TMR 積層膜で確認されている．それと同時に，図 3.3.59 のように MgO トンネルバリアによる高い MR 比が観測され，ピンド層の強い一方向異方性と大きな MR 比の両立が可能で

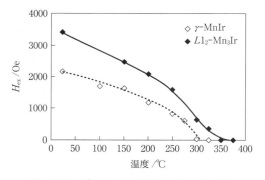

図 3.3.58 ピンホール密度のバリア膜厚依存性

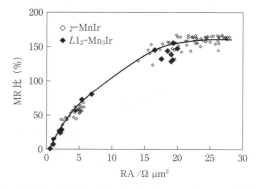

図 3.3.59 MgO-TMR 素子における MR 比の RA 依存性

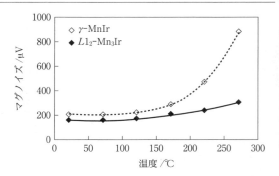

図 3.3.60 MgO-TMR ヘッドにおける磁気的ノイズの温度依存性

あるあることがわかる．さらに，$L1_2$-Mn$_3$Ir を反強磁性層とした実際の MgO-TMR 再生ヘッドにおいても，図 3.3.60 のようにピンド層の不安定化に起因する磁気的ノイズが大きな一方向異方性によって低減することが報告され[41]，素子微細化が必須となる高記録密度用再生ヘッドの実現に向けてその方向性が示されている．

b. 記録ヘッド用磁性材料

記録ヘッド磁性材料としては，薄膜ヘッド出現以降，電界めっき法によるパーマロイ（Ni$_{80}$Fe$_{20}$）が長らく使用されていた．パーマロイの飽和磁束密度は約 1 T とそれほど大きくはないものの結晶磁気異方性が小さいだけでなく，磁歪も小さいためヘッドプロセス工程で加わる応力の影響を受けにくく，記録ヘッド用のソフト磁性材料としては最適である．1990 年代後半，面記録密度の上昇に伴なって記録媒体の保磁力は増加し，より高い記録能力をもったヘッドが必要となってきた．また，高密度化による記録トラック幅の減少はヘッド発生磁界の低下をまねき，この理由からも記録ヘッドにはより高い飽和磁束密度をもった磁性材料が必要となった．本項では，記録ヘッド用として開発，実用化された高飽和磁束密度材料について述べる．

（ⅰ）Ni$_{45}$Fe$_{55}$ 膜　高飽和磁束密度材料として最初に適用された材料は Ni$_{45}$Fe$_{55}$ 膜である[42]．この膜の飽和磁束密度は約 1.5 T で，従来のパーマロイと比較すると 1.5 倍である．パーマロイと同じく電界めっき法で形成でき，製造装置やヘッド製造プロセスを大幅に変更する必要がないため瞬く間にすべてのヘッドに適用された．Ni$_{45}$Fe$_{55}$ 膜は抵抗率が 40 μΩ cm とパーマロイと比較して 2 倍程度大きいため高速転送にも向いているように思われるが，ソフト磁気特性はパーマロイのほうが優れているため，図 3.3.61 に示すように磁極の記録ギャップ部分にのみ Ni$_{45}$Fe$_{55}$ 膜を適用したヘッド，もしくは Ni$_{45}$Fe$_{55}$ 膜/パーマロイ二層膜を適用したヘッドが一般的であった．

（ⅱ）Fe-Co-Al-O 膜　さらなる高飽和磁束密度材料としては 2.4~2.45 T の高い値を有する bcc 組成域の Fe-Co 合金が検討された．この組成域の Fe-Co 二元合金では，磁歪定数が大きいことからソフト磁気特性を発現させることが難しく[43~45]，ソフト磁性化の手法として他元

3.3 記録用磁性材料

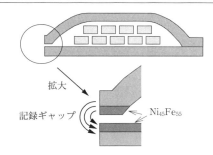

図 3.3.61 記録ヘッドにおける高飽和磁束密度材料（$Ni_{45}Fe_{55}$）の適用部分

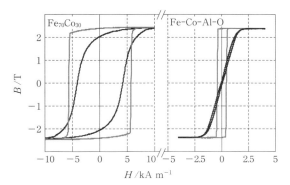

図 3.3.62 Fe-Co-Al-O 膜および Fe-Co 膜の B-H 曲線

素の添加[46,47]が試みられた．ここでは，Fe-Co に Al, O を少量添加した Fe-Co-Al-O 膜を取り上げ，その膜の磁気特性と磁気ヘッドへの応用について述べる．

アルチック（Al_2O_3-TiC）基板上にスパッタリングによって形成した Fe-Co-Al-O 膜の as-made での B-H 曲線の一例を図 3.3.62 に示す[48,49]．スパッターゲットは $Fe_{70}Co_{30}$ 合金粉末中に Al_2O_3 粉末を 0.4 wt% 混合し，焼結により作製したものを使用している．図には比較のため Al-O 無添加の Fe-Co 膜の結果も併せて示してある．Fe-Co-Al-O, Fe-Co 膜とも膜厚は 0.3 μm である．図中，灰色の曲線は磁化容易方向の特性であり，黒色の曲線は磁化困難方向の特性である．Al-O 添加により，飽和磁束密度は 0.05 T 程度わずかに低下しているものの，磁化困難軸および磁化容易軸の保磁力 H_{ch}, H_{ce} は，それぞれ $H_{ch} \simeq 4.2$ kA m^{-1}, $H_{ce} \simeq 5.7$ kA m^{-1} から $H_{ch} \simeq 0.08$ kA m^{-1}, $H_{ce} \simeq 0.4$ kA m^{-1} へと劇的に低減している．

記録ヘッド用の磁性材料としては，ヘッドのウェハープロセス中での熱処理による磁気特性の劣化を避けるために少なくとも 250℃ の耐熱性が必要であるが，Fe-Co-Al-O 膜は 280℃ までの耐熱性を有している．Fe-Co-Al-O 膜を記録ギャップの両側に使用した記録ヘッドの特性は，飽和磁束密度 2 T の磁性膜を使用したヘッドと比較して，約 10 dB のオーバーライト特性の改善がみられ，高飽和磁束密度材料を使用することの優位性が確認されている[50]．

（iii）Ru 下地 Fe-Co スパッタリング膜 Fe-Co 膜

の下地層を最適化することによってソフト磁気特性を得る試みもいくつか報告されており，NiFe, NiFeCr, Pd, Pt, Ru などの下地においてソフト磁気特性の改善が確認されている[51〜55]．記録ギャップ近傍に配置する高飽和磁束密度材料は少なくとも 100 nm の膜厚が必要であり，このような条件を満たす下地として実際に適用された材料は Ru 下地層である．

図 3.3.63(a)〜(d)には，Ru 下地層に成膜した Fe-Co 膜，(e)〜(h)には下地層なしの Fe-Co 膜における磁化容易軸と磁化困難軸の B-H 曲線を示す．それぞれの膜は Si 基板上に高周波マグネトロンスパッタによって形成されている．Ru 下地層を配した場合は，いずれの膜厚においても一軸磁気異方性が付与され，かつ低 H_c が得られている．一方，Ru 下地層なしの Fe-Co 単層膜においては，Fe-Co 膜厚が薄い場合には等方的な磁気特性を示しており一軸異方性は発現していないが，Fe-Co 膜厚の増加とともに一軸磁気異方性が徐々に明瞭になりソフト磁性化する傾向にある．これは膜の上部になるほど一軸磁気異方性が強まり，その上部が下部の等方的な磁性層と磁気的な結合をし，その結果として膜全体でマクロに磁気異方性が出現していることに起因するものと思われる．以上の結果から，Ru 下地層は膜成長の初期層から 200 nm を越える膜厚まで，均質な一軸磁気異方性を発現させるために非常に有効であることがわかる．

Fe-Co 膜の磁気特性と膜構造の関連性を調べるために膜表面で TEM 観察を行った．図 3.3.64 には，Ru 下地層有無の Fe-Co 膜（約 50 nm）における TEM 観察結果を示す．Ru 下地層上に Fe-Co を成膜することで，Fe-Co の

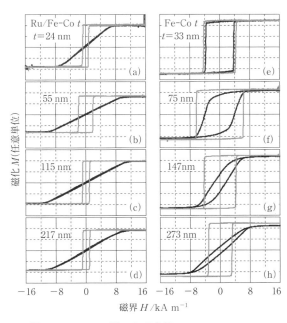

図 3.3.63 Fe-Co 膜の B-H 曲線
(a)〜(d) Ru 下地層あり　(e)〜(h) Ru 下地層なし

図 3.3.64　Fe-Co 膜の TEM 像
(a) Ru 下地層なし　(b) Ru 下地層あり

結晶粒が 10 nm 以下に微細化され，かつ均一になっていることがわかる．また，X 線回折結果からは，Ru 下地層を用いることで回折ピーク bcc（211）と（110）の強度比 $I_{(211)/(110)}$ の減少に伴い保磁力も減少していることがわかっている[55]．Ru 下地層による Fe-Co スパッタリング膜の保磁力の低下には，結晶粒の微細化および結晶配向の変化が関係していると考えられる．Ru 下地 Fe-Co 膜スパッタリング膜は，垂直記録ヘッドの主磁極材料として，あるいは記録ギャップ近傍の高飽和磁束密度材料として主磁極およびトレーリングシールドに適用されている．

（iv）Fe-Co 電界めっき膜[56,57]　電解めっきは，スパッタリングに比べ高堆積レート，選択堆積，低コストなどヘッドプロセス上の利点をもっており，従来から磁気ヘッドの量産に使用されている成膜方法である．とくに，垂直記録ヘッドの主磁極先端部は逆台形形状に形成する必要があり，スパッタリング法ではこのような形状を形成することはきわめて難しく，この点では電界めっき法がはるかに優れている．

図 3.3.65 に種々のシード層上に成膜した Fe-Co 電解

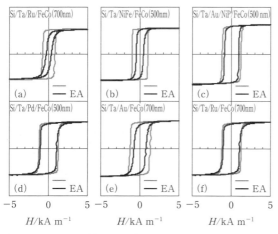

図 3.3.65　Fe-Co 電解めっき膜の B-H 曲線
(a) Ru/Fe-Co　(b) NiFe/Fe-Co　(c) Au/NiP/Fe-Co
(d) Pd/Fe-Co　(e) Au/Fe-Co　(f) Cu/Fe-Co

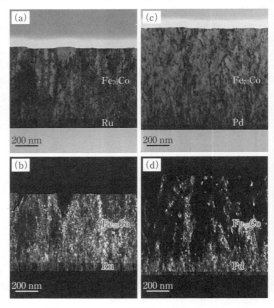

図 3.3.66　Fe-Co 電解めっき膜の TEM 像

めっき膜の B-H 曲線を示す．めっき液には硫酸浴が用いられており，成膜には膜制御性に優れているパルスめっき法が採用されている．膜組成は Fe：70%，膜厚は 600 nm である．Ru および NiFe をシード層とした Fe-Co 膜において明瞭な一軸磁気異方性が発現しており，Ru/Fe-Co 膜では $H_{ce}=0.86$ kA m^{-1}，$H_{ch}=0.38$ kA m^{-1} 程度の低保磁力が得られている．図 3.3.66 に，一軸磁気異方性を示す Ru/Fe-Co 膜と等方的な磁気特性を示す Pd/Fe-Co 膜の明視野 TEM 像(a)，(c) および暗視野 TEM 像(b)，(d) を示す．暗視野像は Fe-Co bcc（110）回折による像である．Pd/Fe-Co は 20〜30 nm までは bcc（110）に配向しているが，それ以上の膜厚では配向性が崩れてほぼランダムな膜構造となっている．一方，Ru/Fe-Co では，シード層直上から表面まで bcc（110）に配向していることが確認できる．これらの組織的な特徴と関連していると考えられるが，Ru/Fe-Co 膜の磁気特性は膜厚にほとんど依存せず，1 μm 以上の膜厚においてもソフト磁性膜の形成が可能である．

電界めっき法による Ru/Fe-Co 膜は複数の HDD メーカーによって採用され，500 Gbit in^{-2} を越える面記録密度が実現されている．

文　献

1) 三浦義正，信学誌，**73**，398（1990）．
2) R. E. Jones, Jr., *IBM Disk Storage Technol.*, GA26-1665-0, 6 (1980).
3) C. Tsang, M. Chen, T. Yogi, K. Ju, *IEEE Trans. Magn.*, **26**, 1689 (1990).
4) M. Futamoto, F. Kugiya, M. Suzuki, *IEEE Trans. Magn.*, **27**, 5280 (1991).
5) M. N. Baibich, J. M. Broto, A. Fert, F. Nguyen Van Dau, F.

Petroff, P. Eitenne, G. Creuzet, A. Friederich, J. Chazelas, *Phys. Rev. Lett.*, **61**, 2472 (1988).
6) D. H. Mosca, F. Petroff, A. Fert, P. A. Schroeder, W. P. Pratt Jr., R. Laloee, *J. Magn. Magn. Mater.*, **94**, L1 (1991).
7) C. Tsang, R. E. Fontana, T. Lin, D. E. Heim, V. S. Sperious, B. A. Gurney, M. L. Williams, *IEEE Trans. Magn.*, **30**, 3801 (1994).
8) R. P. Hunt, *IEEE Trans. Magn.*, **7**, 150 (1971).
9) T. R. McGuire, R. I. Potter, *IEEE Trans. Magn.*, **11**, 1018 (1975).
10) C. Tsang, *J. Appl. Phys.*, **55**, 2226 (1984).
11) T. Miyazaki, T. Ajima, F. Sato, *J. Magn. Magn. Mater.*, **83**, 111 (1990).
12) M. M. Chen, N. Gharsallah, G. L. Gorman, J. Latimer, *J. Appl. Phys.*, **69**, 5631 (1991).
13) H. Kanai, K. Yamada, K. Aoshima, Y. Ohtsuka, J. Kane, M. Kanamine, J. Toda, Y. Mizoshita, *IEEE Trans. Magn.*, **32**, 3368 (1996).
14) H. Kanai, J. Kane, K. Yamada, K. Aoshima, M. Kanamine, J. Toda, Y. Mizoshita, *IEEE Trans. Magn.*, **33**, 2872 (1997).
15) H. Kanai, M. Kanamine, A. Hashimoto, K. Aoshima, K. Noma, M. Yamagishi, H. Ueno, Y. Uehara, Y. Uematsu, *IEEE Trans. Magn.*, **35**, 2580 (1999).
16) M. Tsunoda, M. Takahashi, *J. Magn. Soc. Jpn.*, **28**, 55 (2004).
17) H. Kishi, Y. Kitade, Y. Miyake, A. Tanaka, K. Kobayashi, *IEEE Trans. Magn.*, **32**, 3380 (1996).
18) J. Hong, J. Kane, J. Hashimoto, M. Yamagishi, K. Noma, H. Kanai, *IEEE Trans. Magn.*, **38**, 15 (2002).
19) S. Yuasa, T. Nagahama, A. Fukushima, Y. Suzuki, K. Ando, *Nat. Mater.*, **3**, 868 (2004).
20) S. S. P. Parkin, C. Kaiser, A. Panchula, P. M. Rice, B. Hughes, M. Samant, S.-H. Yang, *Nat. Mater.*, **3**, 862 (2004).
21) D. D. Djayaprawira, K. Tsunekawa, M. Nagai, H. Maehara, S. Yamagata, N. Watanabe, S. Yuasa, Y. Suzuki, K. Ando, *Appl. Phys. Lett.*, **86**, 092502 (2005).
22) K. B. Klaassen, X. Xing, J. C. L. Peppen, *IEEE Trans. Magn.*, **41**, 2307 (2005).
23) M. Shiimoto, H. Katada, K. Nakamoto, K. Hoshiya, M. Hatatani, A. Namba, *J. Magn. Soc. Jpn.*, **31**, 54 (2007).
24) J. Masuko, M. Matsubara, K. Komagaki, H. Kanai, Y. Uehara, T. Sato, *J. Magn. Soc. Jpn.*, **33**, 72 (2009).
25) S. Yuasa, Y. Suzuki, T. Katayama, K. Ando, *Appl. Phys. Lett.*, **87**, 242503 (2005).
26) J. Hayakawa, S. Ikeda, F. Matsukura, H. Takahashi, H. Ohno, *Jpn. J. Appl. Phys.*, **44**, L587 (2005).
27) K. Tsunekawa, D. D. Djayaprawira, M. Nagai, H. Maehara, S. Yamagata, N. Watanabe, S. Yuasa, Y. Suzuki, K. Ando, *Appl. Phys. Lett.*, **87**, 72503 (2005).
28) S. Isogami, M. Tsunoda, K. Komagaki, K. Sunaga, Y. Uehara, M. Sato, T. Miyajima, M. Takahashi, *Appl. Phys. Lett.*, **93**, 192109 (2008).
29) K. Komagaki, M. Hattori, K. Noma, H. Kanai, K. Kobayashi, Y. Uehara, M. Tsunoda, M. Takahashi, *IEEE Trans. Magn.*, **45**, 3453 (2009).
30) J. G. Simmons, *J. Appl. Phys.*, **34**, 1793 (1963).
31) J. Wang, P. P. Freitas, E. Snoeck, *Appl. Phys. Lett.*, **79**, 4553 (2001).
32) Y. Uehara, A. Furuya, K. Sunaga, T. Miyajima, H. Kanai, *J. Magn. Soc. Jpn.*, **34**, 311 (2010).
33) M. Pakara, Y. Huai, G. Anderson, L. Miloslavsky, *J. Appl. Phys.*, **87**, 6653 (2000).
34) R. Nakatani, K. Hoshino, S. Noguchi, Y. Sugita, *Jpn. J. Appl. Phys.*, **33**, 133 (1994).
35) K. Yagami, M. Tsunoda, M. Takahashi, *J. Appl. Phys.*, **89**, 6609 (2001).
36) A. J. Devasahayam, P. J. Sides, M. H. Kryder, *J. Appl. Phys.*, **83**, 7216 (1998).
37) K. Yagami, M. Tsunoda, S. Sugano, M. Takahashi, *IEEE Trans. Magn.*, **35**, 3919 (1999); Erratum, *IEEE Trans. Magn.*, **36**, 612 (2000).
38) M. Tsunoda, T. Sato, T. Hashimoto, M. Takahashi, *Appl. Phys. Lett.*, **84**, 5222 (2004).
39) K. Imakita, M. Tsunoda, M. Takahashi, *Appl. Phys. Lett.*, **85**, 3812 (2004).
40) K. Komagaki, K. Yamada, K. Noma, H. Kanai, K. Kobayashi, Y. Uehara, M. Tsunoda, M. Takahashi, *IEEE Trans. Magn.*, **43**, 3535 (2007).
41) J. Masuko, M. Matsubara, K. Komagaki, H. Kanai, Y. Uehara, T. Sato, *J. Magn. Soc. Jpn.*, **33**, 72 (2009).
42) N. Robertson, *IEEE Trans. Magn.*, **33**, 2818 (1997).
43) V. A. Vas'ko, V. R. Inturi, S. C. Riemer, A. Morrone, D. Schouweiler, R. D. Knox, M. T. Kief, *J. Appl. Phys.*, **91**, 6818 (2002).
44) S. Ikeda, I. Tagawa, Y. Uehara, T. Kubomiya, J. Kane, M. Kakehi, A. Chikazawa, *IEEE Trans. Magn.*, **38**, 2219 (2002).
45) Y. Uehara, S. ikeda, T. Kubomiya, *J. Magn. Soc. Jpn.*, **27**, 958 (2003).
46) Y. Xionga, M. Ohnuma, T. Ohkubo, D. H. Ping, K. Hono, S. Ohnuma, H. Fujimori, T. Masumoto, *J. Magn. Magn. Mater.*, **265**, 83 (2003).
47) M. Munakata, M. Yagi, Y. Shimada, *J. Magn. Soc. Jpn.*, **28**, 200 (2004).
48) S. Ikeda, I. Tagawa, Y. Uehara, T. Kubomiya, J. Kane, M. Kakehi, A. Chikazawa, *IEEE Trans. Magn.*, **38**, 2219 (2002).
49) S. Ikeda, I. Tagawa, T. Kubomiya, J. Kane, Y. Uehara, T. Koshikawa, *Trans. Magn. Soc. Jpn.*, **3**, 17 (2003).
50) I. Tagawa, S. Ikeda, Y. Uehara, *Fujitsu Sci. tech. J.*, **37**, 164 (2001).
51) N. X. Sun, S. X. Wang, *J. Appl. Phys.*, **92**, 1477 (2002).
52) H. Katada, T. Shimatsu, I. Watanabe, H. Muraoka, Y. Nakamura, *IEEE Trans. Magn.*, **38**, 2225 (2002).
53) C. L. Platt, J. K. Howard, D. J. Smith, *J. Magn. Magn. Mater.*, **269**, 212 (2004).
54) T. Kubomiya, M. Matsuoka, Y. Uehara, Y. Miura, S. Ikeda, *Trans. Mat. Res. Soc. Jpn.*, **29**, 1577 (2004).
55) Y. Uehara, T. Kubomiya, T. Miyajima, S. Ikeda, Y. Miura, *Jpn. J. Appl. Phys.*, **43**, 7002 (2004)
56) Y. Miyake, D. Kaneko, H. Kanai, T. Koshikawa, Digests of the 27th Annual Conference on Magnetics in Japan, 16pF-8 (2003).
57) Y. Miyake, M. Kato, H. Kanai, Y. Uehara, Digests of the 28th Annual Conference on Magnetics in Japan, 24pC-4 (2004).

3.3.4 磁気記録材料

a. 光磁気記録概要

磁気テープでは，テープを磁気ヘッドに擦りつけて記録/再生するため，記録再生を繰り返すと信号が劣化する．また，ハードディスクでは浮上型磁気ヘッドを用いてディスク上に記録再生するため，ヘッドクラッシュによるデータ消失の危険性がある．しかし，光磁気記録（MO：magneto-optical recording）は，レーザー光を使って非接触で記録再生することができるため，信頼性が高く長期保存可能な外部記録装置であるといえる．

光磁気記録の原点は，1957年MnBi薄膜上に熱ペンで熱磁気記録を行ったことに始まる[1]．この熱源をレーザーに代えた実験が1971年のMnBi薄膜への光磁気記録である[2]．しかし，何回か記録を繰り返すと書き換えができなくなる問題や，再生信号の結晶粒界ノイズが大きい問題などが明らかになった．一方，当時，磁気バブルメモリ材料の研究が盛んに行われていた．その大きな問題点は，高価なGdGaガーネット基板を必要とする点であり，その改善策として安価なガラス基板上のGd-Co合金膜利用が提案された．このGd-Co合金膜は保磁力が大きく磁気バブル駆動に適さないことがわかったが，1973年に光磁気記録に適応する研究が行われ[3]注目を集めた．以降，このような希土類・遷移金属合金を光磁気記録膜として利用する研究が始まり[4〜6]，製品化に向けた多くの研究が行われて1988年にTbFeCo合金を使った第1世代業務用光磁気ディスク（5.25インチMO）が登場した．また，1991年には民生利用も可能な3.5インチMOが出荷され，大きな光磁気ディスク市場を形成した．さらに，1992年には音楽用として世界中に普及したミニディスク（MD）が登場し，後述するように日本が光磁気ディスク業界を大きくけん引することになる．

b. 光磁気ディスクの記録および再生原理

図3.3.67(a)には，光磁気ディスクの記録原理を示す．記録材料には室温において記録磁区を安定に保存できる保磁力の大きな垂直磁化膜を用い，図(1)に示すようにあらかじめ媒体面直方向に着磁しておく．記録命令が入力されると図(2)のように光ヘッドが指定された記録アドレスのトラック上に移動し，着磁とは反対方向に記録磁界 H_e を印加し，トラック上の所定の位置で高パワーレーザーを照射する．照射部分は瞬時に昇温し局所的に保磁力が低下する．この低下した保磁力が H_e 以下になると，その領域だ

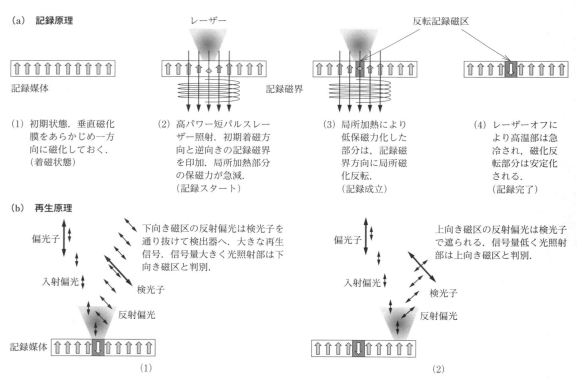

図 3.3.67 光磁気ディスクの記録原理図（a）および再生原理図（b）

けが図(3)のように反転する．その後，昇温部分は図(4)のように室温に戻り記録が完了する．

再生原理を図(b)に示す．図(1)に示すようにレーザー入射側には偏光子を設置すると，媒体に照射する光は直線偏光となる．磁気媒体に入射した直線偏光は磁気光学効果の影響により偏光面が回転する．反射光は検光子を透過して光検出器に入射する．この光検出器の光量は図(2)のように磁化反転した状態では反射光が検光子を通過できないため光検出器の信号量が減少する．このように反射，光量の増減から記録情報を読み取ることができる．

c. 記録膜の垂直磁気異方性，構造緩和，媒体寿命

光磁気記録の記録再生原理に示したように，記録膜としては垂直磁化膜が必要となる．この材料としては，アモルファス希土類・遷移金属合金が用いられた．希土類原子の原子半径は遷移金属の原子半径に比べて数十％大きいため容易にアモルファス合金を得ることができる．アモルファス構造の場合，結晶粒界がないために信号光の散乱が抑制され，しかも記録磁区境界が結晶粒界で乱されることもないため，媒体ノイズや記録ノイズも小さく，光磁気記録材料として好適である．

図3.3.68には，希土類金属と遷移金属からなる合金の磁化の温度依存性（a）と保磁力の温度依存性（b）を示した．希土類元素がつくるサブネットワーク磁化と遷移金属元素がつくるサブネットワーク磁化は互いに逆向きになるため，両者の差分であるネットの磁化は互いにキャンセルして小さな値を示す．ネットの磁化がゼロとなる温度を

補償温度 T_{comp} とよぶ．補償温度では磁化がゼロとなるため図3.3.68(b)に示すように保磁力は発散する．したがって，補償温度を室温付近に設定すると，磁石を近づけても記録したデータが壊れない信頼性の高いメモリとして利用することができる．

光磁気ディスクの記録膜に必要な膜厚を考えてみる．レーザー照射による熱レスポンスを高めるためには記録膜厚は薄い方がよい．しかし，大きな再生信号を得るためには記録膜への光の侵入長ほどの厚さが必要となる．したがって，記録膜の膜厚は数十 nm～100 nm 程度が適当である．この膜厚は光磁気ディスクの面積に比べて限りなく薄いため，記録膜に作用する反磁界エネルギは $2\pi M_s^2$ となり，磁化容易軸を膜面内に向けるエネルギーとなる．記録材料が有する垂直磁気異方性エネルギーを K_u，形状を考慮した実効的垂直磁気異方性エネルギーを K_{eff} とすると，垂直磁化膜を得るためには下記条件を満たす必要がある．

$$K_{eff} = K_u - 2\pi M_s^2 > 0 \qquad (3.3.5)$$

したがって，垂直磁化膜を得るためには飽和磁化 M_s が小さく，K_u の大きな材料が必要となる．希土類・遷移金属合金のようなフェリ磁性体の場合には M_s が小さいので，容易に垂直磁化膜を得ることができる．結晶質の希土類・遷移金属合金は磁石材料，磁歪材料として知られており 10^8 erg cm^{-3} もの大きな磁気異方性エネルギーを有している．したがって，この結晶が崩れてアモルファスになったとしても 10^6 erg cm^{-3} もの大きな K_u を有する．このアモルファス希土類・遷移金属合金の K_u の起源については，磁気歪の逆効果や1イオンモデル[7]などで説明されている．1イオンモデルを図3.3.69に示す．Gd$_{19}$Co$_{81}$ 合金をベースに希土類元素（R）を Gd と置換した GdRCo 合金を作成し，GdRCo 合金の K_u から GdCo の K_u を差し引いて1希土類原子の垂直磁気異方性エネルギーを示している．比較のために希土類元素の軌道磁気モーメントを実線で示してあるが，Gd から右側の重希土類側において両

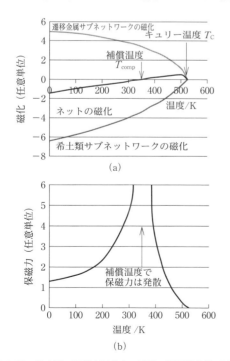

図3.3.68 希土類・遷移金属合金の磁化の温度依存性（a）と保磁力の温度依存性（b）

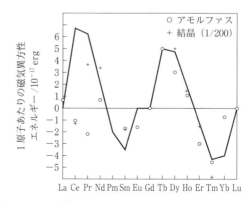

図3.3.69 1希土類原子あたりの磁気異方性エネルギー
[Y. Suzuki, N. Ohta, et al., *IEEE Trans. Magn.*, **Mag-23**, 2275 (1987)；佐藤勝昭，五味 学ら，"光磁気ディスク材料"，p.60，工業調査会（1993）]

者の傾向はよく一致している．とくに，大きな K_u を示しているのは Tb である．Tb の 4f 電子雲はドーナツ型をしており，この電子雲の垂直方向に大きな軌道磁気モーメントが生じる．成膜時，この Tb の電子雲が膜面に配向することにより強い垂直磁気異方性が発現すると考えられる．

この構造異方性について調べるため，アモルファス TbFe 合金の広域 X 線吸収微細構造（EXAFS）が測定され[8〜10)]，垂直磁気異方性を発現する方向に数％の構造異方性が存在することが確認されている．この構造異方性は，アニールすることで等方化するため K_u も減衰する．300℃で 1 時間の真空アニールを行った場合，TbFe 合金は約 8 割減少，TbFeCo 合金は約 4 割減少した[9)]．ただし，構造異方性が面内異方性を示す値になっても垂直磁化は維持されているので[9,10)]，K_u の起源を構造異方性だけで説明することはできない．逆磁歪効果などの影響も大きな要因として考慮する必要がある．

強制的に構造異方性を与える Tb/FeCo 多層膜を作成した場合，K_u を増加させることはできるだろうか．実際に Tb/FeCo 多層膜を作成してみると K_u は TbFeCo 合金に比べて増大する[11)]．Tb 層と FeCo 層の厚みの和が 1 nm 程度のとき最も大きな K_u を示すことが報告されている[10)]．また，成膜には一般にアルゴンガスを用いたマグネトロンスパッタ装置が利用されるが，Ar ガスの反跳原子が試料にダメージを与える．そこで，Ar より重い Kr ガスや Xe ガスをスパッタガスに用いて反跳原子による試料へのダメージが低減すると，Tb/FeCo 多層膜の K_u が Ar ガスの場合に比べて増大すると報告されている[11,12)]．MO の高密度記録には高 K_u（M_sH_c 積）を有する記録膜が重要で，このような成膜方法を駆使すると赤色レーザー（スポット径約 1 μmφ）のような大きな光スポットを用いても磁界変調記録で 100 nm 以下の高密度記録が可能としている[12)]．

光磁気ディスクでは，同じトラック上で 1000 万回書換えを繰り返しても記録再生品質を保つ必要がある．書換えによりトラック中心部分が昇温を繰り返すため，構造緩和が進行する．この構造緩和により記録再生信号の劣化問題が生じる．そこで，記録媒体の熱構造を蓄熱型三層構造（窒化層/TbFeCo/窒化層）と放熱型四層構造（窒化層/TbFeCo/窒化層/放熱層）で書換え耐久試験を行った結果が報告されている[13)]．三層の蓄熱構造の場合には 10 万回の書換えにより信号劣化が現れたが，四層の放熱構造の場合には 1000 万回の書換えを繰り返した後にも信号劣化は生じなかった．熱計算によると三層構造の記録時におけるトラック中心温度は 300℃を超えていたが，四層構造の記録時におけるトラック中心温度は 260℃程度になっており，この中心温度の抑制が書換え回数向上に寄与したものと考えられている．

希土類元素は化学的に活性なため媒体寿命が懸念された．そこで，記録再生特性への影響が少なく化学的安定性を確保できる記録膜への添加元素の研究も盛んに行われた．その結果，添加元素としては Nb や Pt の有効性が示されている[14)]．また，用いるプラスチック基板の研究なども盛んに行われ，数十年後も問題なく利用できる光磁気ディスクが開発された．磁気テープや HDD との信頼性の大きな違いは，光磁気ディスクが水害に遭遇してもディスクをクリーニングさえすれば再び利用できる高い信頼性にある．さらに，光磁気ディスクは宇宙線に対する耐性も強いため，宇宙でも利用された．

d．光磁気記録の記録メカニズム

光磁気記録を実用化するためには，設計どおりの記録磁区形状を再現よく形成する必要がある．そこで，光磁気記録の記録メカニズムの研究が盛んに行われた．記録磁区の境界を磁壁とよぶが，記録時にできる磁壁には，磁区径を広げる拡大力 H_s と磁区径を縮める収縮力 H_w が作用する．記録磁界 H_e は磁区の拡大力であるため，磁壁に作用する力の総和は $H_{\text{total}}(T) = H_s(T) - H_w(T) + H_e$ で示される．この $H_{\text{total}}(T)$ と保磁力 $H_c(T)$ が均衡した時点で磁区形状が定まる．この記録メカニズムを Huth モデルとよんでいる[15)]．図 3.3.70 には，実験で使用した光磁気ディスクの

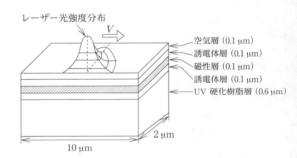

図 3.3.70 熱計算に用いた光磁気ディスクの構造
[高橋正彦，名古屋大学博士論文，乙第 4449 号（1993）]

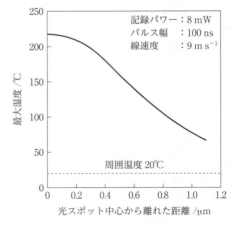

図 3.3.71 光磁気ディスクを線速度 9 m s^{-1} で駆動し，開口数（NA）0.6 の対物レンズに波長 830 nm の赤色レーザーを記録膜に集光し，記録パワー 8 mW の光（パルス幅 100 ns）を照射したときの記録膜面上における温度分布の熱計算結果
[高橋正彦，名古屋大学博士論文，乙第 4449 号（1993）]

表 3.3.6 光磁気ディスクの計算に用いられた熱パラメーター

	ρ / g cm^{-3}	C / J g^{-1} deg^{-1}	κ / J cm^{-1} deg^{-1} s^{-1}
UV 樹脂層	1.2	1.5	0.002
SiO 層	3.2	0.74	0.025
TbFeCo 層	8.1	0.37	0.4
空気層	0.0013	1.0	0.0003

[高橋正彦，名古屋大学博士論文，乙第 4449 号（1993）]

媒体構造 SiO (100 nm)/TbFeCo (100 nm)/SiO (85 nm)/UV 樹脂/ガラス基板を示す．図 3.3.71 には，線速 9 m s^{-1} で回転している光磁気ディスクに波長 830 nm の赤色レーザーを開口数 0.6 の対物レンズで記録膜面に集光し，記録パワー 8 mW，記録時間 100 ns で記録磁区形成を行ったさい，記録膜に生じる温度分布を熱計算した結果を示す．ここで用いられた熱パラメーター[16]は表 3.3.6 に示した．

Huth モデルを用いて光磁気ディスク記録膜の磁気特性と光磁気記録される記録磁区サイズの関係を調べるため光磁気ディスクの記録膜として，A（RE リッチ：$T_{comp}=130℃$，$T_c=200℃$），B（RE リッチ：$T_{comp}=90℃$，$T_c=200℃$），C（TM リッチ：$T_{comp}=-80℃$，$T_c=200℃$）を用いた結果が報告されている．記録膜 A，B，C における飽和磁化 M_s の温度依存性[16,17]を図 3.3.72(a) に，保磁力 H_c の温度依存性を図(b) に示す．この 3 種類の光磁気ディスクに対して Huth モデルで記録磁区の磁壁に要する力を計算した結果[17,18]を図 3.3.73 に示す．レーザー照射の中心を原点としており，レーザー加熱で媒体温度がキュリー温度を超えた領域では保磁力がゼロとなっている．この光スポット中心に生じた反転磁区の磁壁には大きな H_{total} が作用しており，反転磁区径は拡大する．しかし，記録磁区径が大きくなると磁壁部分の媒体温度は低下する．ここで，保磁力は増大しており H_{total} により拡大していた磁壁移動と拮抗して磁区拡大を停止し，記録磁区径が確定する．記録磁界が 400 Oe の場合に着目してみると，記録膜 A（補償温度 130℃）の H_{total} と H_c の交点は記録磁区半径

400 nm 付近，記録膜 B（補償温度 90℃）の場合には 500 nm 付近，記録膜 C（補償温度 −80℃）の場合には 600 nm 付近となっている．この計算結果から，記録膜の補償温度が上がると記録磁区径が小さくなることがわかる．

実際に記録膜 A，記録膜 B，記録膜 C の光磁気ディスクを作成し，上述した光学系とディスクの線速度において記録実験を行った後で偏光顕微鏡による磁区観察結果[16,18]を図 3.3.74 に示す．記録磁界 400 Oe，記録パワー 4 mW におけるディスク A（記録膜 A を用いて作成した光磁気ディスク A）の記録磁区径は約 0.32 μm，ディスク B では約 0.6 μm，ディスク C では約 0.9 μm となっており，Huth モデルでの計算結果同様に補償温度が上がると記録磁区径が小さくなっている．また，記録パワーを増大すると記録磁区径も大きくなっている．この傾向も上述 Huth モデルで説明できる．

e. 磁気光学効果の波長依存性と性能指数

記録情報を精密に記録できたら，これを正確に再生する必要がある．b. 項で述べたように，再生信号は反射光量とカー回転角の積に比例する．これを性能指数とよぶ．光磁気ディスク第 1 世代製品では，赤色半導体レーザーを用いるので赤色波長域での性能指数の大きな記録膜が必要であった．図 3.3.75 には，さまざまな記録膜の極磁気光学カー効果の波長依存性を示した[19]．TbCo 合金では波長が短くなると極磁気光学カー回転角は減少する．しかし，GdCo 合金では短波長領域でのカー回転角の減少は小さい．一方，NdCo 合金の場合には短波長側でカー回転角が増大している[19,20]．このように短波長領域では希土類元素の種類によってカー回転角は大きく変化している．それでは，赤色領域での希土類遷移金属合金のカー効果への希土類元素の影響は本当に少ないのだろうか．図 3.3.76[21] には，波長 633 nm の赤色レーザーを用いてさまざまな希土類元素 R と FeCo からなる $R_{20}(FeCo)_{80}$ 合金のカー回転角を縦軸に，その合金のキュリー温度を横軸にまとめたものである．$R_{20}(FeCo)_{80}$ 合金のカー回転角は，希土類元素の

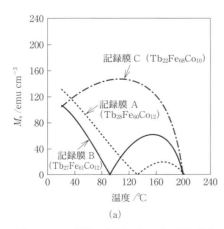
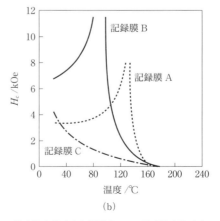

図 3.3.72 3 種類の光磁気ディスクの飽和磁化 M_s の温度依存性 (a) と保磁力 H_c の温度依存性 (b)
[高橋正彦，名古屋大学博士論文，乙第 4449 号（1993）]

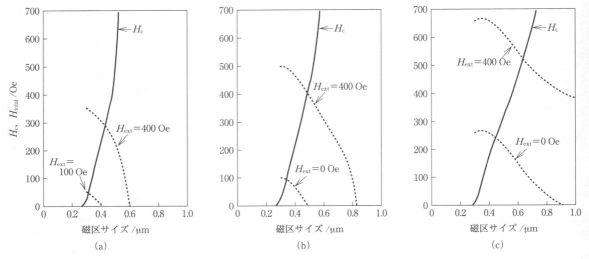

図 3.3.73 光磁気ディスクにおける記録磁区に作用する力 H_{total} および保磁力 H_c の記録磁区サイズ依存性
(a) 記録膜 A, (b) 記録膜 B, (c) 記録膜 C のそれぞれの結果を示す.
[高橋正彦, 名古屋大学博士論文, 乙第 4449 号 (1993)]

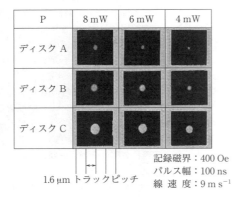

図 3.3.74 TbFeCo 光磁気ディスクに光パルスを照射したときに記録された磁区の偏光顕微鏡観察結果
ディスク A の TbFeCo 記録膜の補償温度は約 130℃, ディスク B の TbFeCo 記録膜の補償温度は約 90℃, ディスク C の TbFeCo 記録膜の補償温度は室温以下である. どのディスクにおいても補償温度を下げると記録磁区径は増大し, 記録パワーを下げると記録磁区径は減少する.
[M. Takahashi, N. Ohta, et al., J. Appl. Phys., **63**, 3838 (1988)]

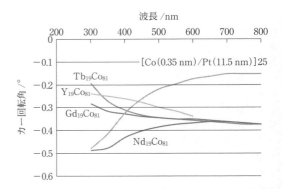

図 3.3.75 4 種類のアモルファス希土類遷移金属合金と結晶質 Co/Pt 多層膜における極磁気光学カー回転角の波長依存性
[萩本泰史, 太田賢司ほか, 第 59 回応用物理学会講演会予稿集, 16p-L1, 128 (1998)]

磁気光学効果とは無関係にそのキュリー温度だけで決まっていることがわかる.

さて, 光磁気ディスクの高密度化のためにはレーザー波長の短波長化が必要になり, 短波長領域におけるカー回転角の大きな材料開発が重要になる. そこで, 大きな磁気光学効果を示すガーネット材料[22,23] や PtMnSb[24], UCo5[25], Pt/Co 多層膜[26〜28] や Pd/Co 多層膜[24,29] の研究が盛んに行われた. 図 3.3.75 には, Pt/Co 多層膜の極磁気光学カー効果の波長依存性も示してあるが, Pt/Co 多層膜の赤色領域でのカー回転角は TbFeCo に比べて小さいが, 短波長領域でのカー回転角は逆転して大きな値を示している. こ

れは d 電子の状態密度が高い Pt の電子状態の影響によるものである. そこで, 両者の特徴を生かして中波長領域でカー効果を増大させる Pt/TbFeCo 多層膜が提案[30,31]された. また, 貴金属の光の吸収端を利用した界面プラズモンによる特定波長領域でのカー回転角増強効果も提案[32,33]された. Cu の吸収端は波長 560 nm 付近でカー効果が増大 (Cu/Fe, Cu/Co 多層膜), Au の場合には 500 nm 付近での増大 (Au/Fe, Au/Co 多層膜), Ag の場合では 310 nm 付近での増大 (Ag/Fe, Ag/Co 多層膜) を同図に示した.

ここで, 気をつけなければならないのは記録膜の反射率である. 記録膜への光の吸収が磁気光学効果を引き起こすので, 磁気光学効果が大きいほど吸収が増えて反射率が低下する. 反射率が低いと光磁気ディスクのトラッキングやフォーカシングができなくなる. したがって, 実用化のために必要な性能指数は反射率 R とカー回転角 θ_K の積

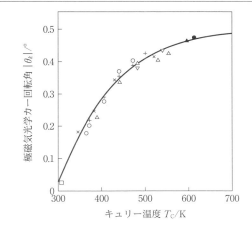

図 3.3.76 アモルファス $R_{20}(FeCo)_{80}$ 系合金の波長 633 nm における極磁気光学カー回転角のキュリー温度依存性
この波長では、希土類元素の種類を代えてもカー回転角はその材料のキュリー温度で決まることを意味している。図中の記号は論文の違いを示す。
[内山 晋, 固体物理, **20**, 633(1985).]

$R \cdot \theta_K$ で表され、性能指数の高い記録媒体が必要になる。表 3.3.7 に Pt/Co 多層膜と TbFeCo 合金の赤色 (830 nm) 領域と緑色 (515 nm) 領域における反射率、カー回転角、性能指数[16] を示す。Pt/Co 多層膜は緑色 (515 nm) 領域で θ_K が TbFeCo よりも 2 倍も大きいが、反射率は小さいために性能指数は 1.3 倍にとどまる。この 1.3 倍の磁気光学性能指数の差が実際の光磁気記録でどのような差になるのだろうか。そこで、緑色レーザーを搭載した評価機で両者の記録再生特性を比較してみた。すると性能指数の劣っていた TbFeCo の記録再生性能が Pt/Co 多層膜に比べて優れている結果となった。フェロ磁性である Pt/Co 多層膜の保磁力の温度依存性は温度に対してゆるやかである。Huth モデルによれば、保磁力の温度依存性が大きいと記録磁区サイズがばらつきやすい。この記録磁区サイズのばらつきにより信号は減少しノイズも増える。また、Pt/Co は結晶質であるため、結晶粒界による媒体ノイズも大きい。これが、性能指数が大きくても光磁気ディスク性能としては不十分であった理由である。以上の背景から TbFeCo 記録膜が光磁気記録のスタンダード材料となった。

なお、短波長領域でのアモルファス希土類・遷移金属合金を用いた光磁気ディスクの性能向上策として、短波長領域で比較的大きなカー回転角を有する GdFeCo を再生層として TbFeCo 記録層の上に積層する方法の有効性が報告されている[34,35]。この積層構造が後述する光変調オーバーライト技術[36,37]、磁気超解像技術[38~41] や磁区拡大再生技術[42~46] へと大きな技術変革をもたらした。

f. 光磁気ディスク製品と技術のマイグレーション（光変調記録と磁界変調記録）

光磁気ディスクの製品化には、図 3.3.77 の下部に示したような数多くの項目が検討された。その結果、信頼性確保のためにディスク中心には金属製のセンターハブが装備され、長期保存信頼性確保のためにディスクは堅牢なカートリッジに格納された。これは 1990 年前後に各社から業務用外部記憶装置として ISO 規格に準拠した 5.25 インチ MO が、同じくパーソナル用として ISO 規格準拠の 3.5 インチ MO が次々と製品化された。5.25 インチ MO の第 1 世代製品の記憶容量は 640 MB から 1.3 GB, 2.0 GB, 2.6 GB, 5.2 GB へと大容量化が進み、3.5 インチ MO でも第 1 世代 128 MB から 256 MB, 640 MB, 1.3 GB, 2.3 GB へと進化した。これらの記録方式は表 3.3.8 に示した光強度変調記録方式である。ディスク回転 1 周目で記録領域を一方向に着磁し、2 周目で記録、3 周目で記録データのベリファイを行ったため、記録スピードの遅さが問題となった。そこで、複雑な交換結合多層膜を利用したダイレクトオーバーライト方式が提案され製品化された。

また、光強度変調方式で高密度記録、すなわち微小磁区を記録するためにはレーザー光の中心だけを利用する、いわゆる筆先記録が必要となり、レーザーパワーのわずかな変動で磁区サイズが変動する。そこで、光は一定強度のまま記録磁界極性を変調する磁界変調オーバーライト記録方式[47,48]が検討された。大きな記録マーク記録後少しずらして逆極性の大きな磁区を記録するオーバーライト方式のため、幅広磁区でありながら線方向に微小磁区形成が可能なため最短マークの信号量を増やすことができる。これは音楽用として世界標準となったミニディスク (MD) に採用され、上記 SN 比の向上により小径ながら 140 MB もの記憶容量（3.5 MO の倍密度）を実現した。ただし、記録光が DC 光であるため媒体の熱レスポンスが悪い。記録直後の記録膜冷却速度が遅いため、記録マーク後端が冷め切らないうちに逆磁区を重ね書きするとこの後端がひずみ、記録特性が劣化する。この問題を解決するためにレーザーをパルス状にすることで記録膜の冷却速度を高める光パルス磁界変調記録方式[49~51] が導入された。これにより光スポットの 10 分の 1 以下の高線記録密度が達成でき、HS や iD (ASMO 規格) の製品に採用された。磁界変調記録用磁気ヘッドは光ディスクの可換性を確保するために浮上量を 5 μm 程度 (HDD の 1000 倍) と大きくした。ただし、媒体と磁気ヘッドの距離が 5 μm も離れるため発生磁界は数百 Oe と小さい。そこで、記録膜に磁界感度を高める記録補助層を付加した構造の高 SN 比媒体を開発した。

g. 光磁気ディスクの高密度化 1（磁気超解像 MSR）

このように、光パルス磁界変調記録の採用で光スポット径よりもかなり小さな記録磁区形成が可能となった。しか

表 3.3.7 Pt/Co ディスクと TbFeCo ディスクの性能指数

	830 nm			515 nm		
	R	θ_K	$R \cdot \theta_K$	R	θ_K	$R \cdot \theta_K$
Pt/Co ディスク	0.19	0.83°	0.16°	0.17	0.74°	0.13°
TbFeCo ディスク	0.15	0.90°	0.14°	0.28	0.35°	0.10°

[高橋正彦, 名古屋大学博士論文, 乙第 4449 号 (1993)]

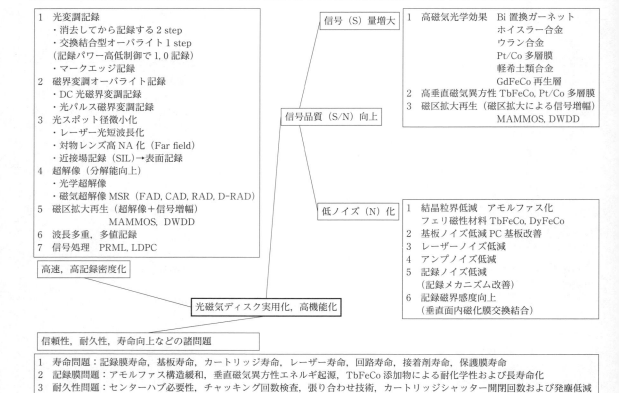

図 3.3.77 光磁気ディスク実用化,高性能化に向けて検討されたさまざまな技術

し,光スポット内に微小磁区が複数存在するとこれを弁別再生することはできない.これは光の回折限界とよばれ,再生限界は光スポット径の半分である.そこで,再生分解能を高めた磁気超解像(MSR:magnetic super resolution)技術が提案された[7].MSR は記録膜上に再生用磁性層を設け,光スポットの熱分布を利用して記録磁区の再生層への磁気転写領域を制御して実効開口部を狭くする超解像技術である[38,39].

表 3.3.8 には通常 MO と磁気超解像の比較を示した.ここでは波長 650 nm の赤色レーザーと開口数(NA:numerical aperture)0.6 の対物レンズを用いているので光スポット径は約 1 μm である.通常,MO では再生限界である 0.4 μm の繰返しパターンは再生できるが,0.2 μm の繰返しパターンは再生分解能をはるかに超えているためまったく再生できない.しかし,磁気超解像では光スポット内外周部に磁気的なマスクを形成して開口部を狭くできるため,図のように 0.2 μm の繰返しパターンが再生できるようになる.このように開口部が光スポットの中心にある磁気超解像を中心開口(CAD:center aperture detection)とよぶ[40].

MSR には多数の方式が提案されており,光スポット前方だけを開口部にする FAD(front aperture detection),光スポット後方だけを開口部とする RAD(rear aperture detection),フロントとリアに磁気的なマスクを形成し中央後方部に開口部をつくる DRAD(double mask rear aperture detection)[41] などがある.先述の ISO 3.5 インチ MO では 1.3 GB の GIGAMO から DRAD を製品に採用,iD では CAD を製品に採用している.なお,iD は ASMO(advanced storage magneto optical)規格をベースとした製品である.

h. 光磁気ディスクの高密度化 2
(磁区拡大再生 MAMMOS,DWDD)

図 3.3.78 には,さらに高密度記録した 0.1 μm 記録磁区の再生波形も示してある.しかし,磁気超解像の再生波形を見てわかるように,再生分解能を高めても狭い開口部からの信号量は小さすぎて 0.1 μm の繰返しパターンは再生不能である.そこで,再生層への転写磁区を拡大する磁区拡大再生技術が提案された.再生層には高温で磁化が小さくなる磁性膜を採用する.低温では記録層の微小磁区を磁気転写でき,高温では磁気転写できないようにする.す

表 3.3.8 光磁気記録各種方式一覧

ISO 5.25″ MO	ISO 3.5″ MO	MD, Hi-MD	HS/iD	高 NA 非近接場表面記録	近接場表面記録 (SIL)	熱アシスト HDD
光強度変調記録	光強度変調記録	磁界変調記録/磁区拡大再生	光パルス磁界変調記録	光パルス磁界変調記録	近接場光パルス磁界変調記録	近接場光(DC,パルス)熱アシスト磁界変調記録
1.2 mm 貼合せ, 両面	1.2 mm 単板, 片面	1.2 mm 単板, 片面	HS：0.8 mm 単板, 片面 iD：0.6 mm 単板, 片面	厚い保護膜両面記録可	極薄保護膜両面記録可	保護膜なし両面記録可
光基板面入射	光基板面入射	光基板面入射	光基板面入射	光膜面入射	光膜面入射	光膜面入射
830〜685 nm	780 nm, 685 nm	780 nm	685 nm/650 nm	405 nm	685 nm	650 nm
0.53	0.55	0.45	0.55/0.6	0.90	1.4	0.65
130 mm	88 mm	65 mm	90 mm/50.8 mm	130 mm	130 mm	65 mm
680 MB〜5.2 GB	680 MB〜5.2 GB	140 MB, 1 GB	640 MB, 730 MB			
1.6〜0.85 μm	1.39〜0.67 μm	1.6 μm	1.2 μm/0.6 μm	0.32 μm	0.425 μm	1.6〜0.85 μm
1.53〜0.53 μm	0.65〜0.38 μm	0.83 μm/0.21 μm	0.41 μm/0.235 μm	0.08 μm	0.23 μm	0.23 μm
両面貼合せで信頼性が高い	光基板面入射で信頼性が高い	光基板面入射で信頼性が高い	光基板面入射で信頼性が高い	光膜面入射だが厚い保護膜があり浮上量も高い	浮上量低いためリムーバブル使用には工夫が必要	浮上量きわめて低くリムーバブル使用には適していない

なわち，光スポット内に転写磁区が入って高温部にさしかかると小さな転写磁区を維持できずに自動的に拡大する方式である．

これが磁区拡大の原理であり，図 3.3.78 に示すように磁区拡大再生のように 0.1 μm の繰返しパターンも大きな振幅でクリアに再生できる．これが MAMMOS（magnetic amplifying MO system）方式[42〜44] である．この逆のパターンもあり，再生層の磁化を低温で小さく高温で大きくする方法である．この場合，低温では記録層の磁区を転写できず光スポット内高温部で拡大転写する方法である．ただし，この場合，外部磁界パルスの助けを借りないと拡大転写できない．

一方，別方式の磁区拡大再生も提案された．再生層の転写磁区の磁壁は輪ゴムのように閉じているため，輪ゴムを広げるにはかなりの力を要する．そこで，簡単に磁壁を動かせるように記録磁区の両端をレーザーで切断して前方磁壁，後方磁壁の 2 枚に分ける方法である．磁壁のエネルギーは高温部で減少するため，光スポット内に入ると高温部に吸い込まれる．この磁壁移動で再生信号が増大する．光スポット内に入ると高温部に向かってこれは物理的な切断ではなく磁気的な切断なので光ディスクのトラッキング溝部で切断する手法でもよい．この方法では再生層の磁化の設定に自由度が増す．これを DWDD（domain wall displacement detection）とよぶ[45,46]．これを用いて MD サイズで 1 GB 容量（MD の 7 倍）の Hi-MD が製品化された．また，MAMMOS では微細磁区でも十分大きな信号が得られるので，これを 2 組重ねて波長 1 の光で表面の MAMMOS 再生，波長 2 の光で奥の MAMMOS 再生を行う容量を 2 倍化する波長多重磁区拡大再生技術も提案された．このほか，DWDD の記録層を光変調記録用交換結合膜に拡張して磁気ヘッド不要の光変調ダイレクトオーバーライトも可能であることが示された．

i. 光磁気ディスク磁区拡大再生速度，フェムト秒高速磁化反転

この磁区拡大再生提案時には，磁壁の移動速度が遅く高速転送への疑問を投げかけられた．しかし，実験の結果 200 Mbps でも応答劣化は見られず，さらなる高速化が可能であることが示された．さらに，フェムト秒の極短パルスレーザーを用いて磁区拡大再生層 GdFeCo 膜の磁化反転状況をストロボ観察した結果，レーザー照射の瞬間 1 ps 以内で GdFeCo 内の交換結合は消失してパラ状態となり，それらが反転方向を向いていることがわかった[52]．あ

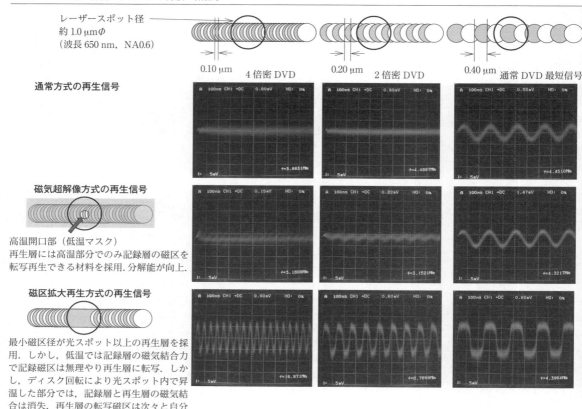

図 3.3.78 光磁気記録再生方式比較図
上段：通常再生，中段：磁気超解像［CAD-MSR］，下段：磁区拡大再生［無磁界 MAMMOS］．

とは電子温度が冷却されて交換力が回復するにつれて再生信号が大きくなる．これは，従来の磁気記録でいう強磁性共鳴が磁化反転速度の限界という発想を払拭するものであり，レーザーを用いた磁気記録の高速化に有望な結果となった．

**j．光磁気ディスクの狭スポット化
　（高 NA 化，表面記録，近接場記録（SIL））**

通常の対物レンズと赤色レーザーを用いても 0.1 μm 程度の微細磁区記録および再生が可能であることがわかった．さらに，高密度化するためには光スポット径を小さくすることである．これは光磁気ディスクにおける記録密度向上の王道である．光スポット径∝レーザー波長/対物レンズの開口数 NA の関係式があるが，レーザー波長の短波長化には時間がかかる．そこで，NA を高めるさまざまな方法が検討された．しかし，NA を 0.85 に高めると基板厚は 0.1 mm 以下程度にする必要があるため，プラスチック基板側からではなく記録膜側から記録再生する．したがって，光ヘッドと磁気ヘッドを一体化した空芯コイル中心に光を入れるタイプの複合ヘッドが開発された．また，保護膜を数十 μm と厚くすることで光磁気ディスクのリムーバブル性と信頼性を確保した．ヘッドと媒体の距離は数 μm である．

古典光学系遠視野（far field）を用いた通常光学系における対物レンズの開口数は上記が限界である．そこで，新たに近接場（near field）により NA を 1 以上にするヘッド（SIL：solid immersion lens）が提案された[53,54]．ただし，近接場光の伝搬距離は 100 nm 程度なのでレンズと媒体を 100 nm 以下に近接させる必要がある．これは媒体可換，ヘッドと媒体の非接触という光磁気ディスクの信頼性を損なう危険性があったが，これを回避する検討が盛んに行われた．

k．光磁気ディスクの技術の HDD への技術転用（熱アシスト磁気記録）

一方，HDD は面内から垂直へと磁気記録方式を転換して記録密度を飛躍的に改善したが，再び熱安定性問題による記録密度限界が迫っている．これは熱安定性確保には垂直磁気異方性技術の革新策として，HDD の記録再生ヘッドに高 NA 対物レンズを搭載した熱アシスト磁気記録[55,56]の検討が進められている．現在，記録ヘッドは記録磁界強度がほぼ記録限界に達し，これ以上高密度記録低ノイズ化

を進めるには保磁力が大きくなりすぎて記録不能になる．そこで，レーザーで記録媒体を温度上昇させ保磁力を低減して記録する光磁気記録スタイルに期待が高まっている．また，光磁気記録方式だとデータ保存時の室温付近では保磁力が大きく熱揺らぎによるデータ消失危険性も回避できる．熱アシスト用磁気ヘッドも試作され，実用化検討が進んでいる．さらに，低記録磁界化のため記録層に面内磁化膜や記録補助層を付加するような検討も行われており，光磁気記録の技術が HDD の世界にも生かされて，今後の発展がますます期待される．

以上，光磁気記録料とその応用展開について簡単に記したが，詳細を知りたい場合には光磁気記録に関する専門書[57~61]や薄型光磁気ディスクの専門書[62,63]に記載されているので参考にされたい．

文　献

1) H. J. Williams, R. C. Sherwood, F. G. Foster, E. M. Kelly, *J. Appl. Phys.*, **29**, 181 (1957).
2) R. L. Aagard, F. M. Schmidt, W. Walters, D. Chen, *IEEE Trans. Magn.*, **MAG-7**, 380 (1971).
3) P. Chaudhari, J. J. Cuomo, R. J. Gambino, *Appl. Phys. Lett.*, **23**, 337 (1973).
4) 白川友紀, 櫻井良文, 日本応用磁気学会学術講演会論文集 **22**, A-11 (1973).
5) Y. Mimura, N. Imamura, T. Kobayashi, *Jpn. J. Appl. Phys.*, **15**, 933 (1976).
6) N. Imamura, C. Ota, *Jpn. J. Appl. Phys.*, **19**, L731 (1980).
7) Y. Suzuki, S. Takayama, F. Kirino, N. Ohta, *IEEE Trans. Magn.*, **MAG-23**, 2275 (1987).
8) V. G. Harris, M. G. Aylesworth, W. T. Elam, B. N. Das, N. C. Koon, *Phys. Rev. Lett.*, **69**, 1939 (1992).
9) H. Awano, K. Ogata, H. Ohlsen, M. Ojima, *J. Magn. Soc. Jpn*, **19**, 221 (1995).
10) Y. Fujiwara, T. Masaki, X. Yu, M. Sakurai, S. Tsunashima, S. Iwata, K. Suzuki, *Jpn. J. Appl. Phys.*, **36**, 5097 (1997).
11) H. Karube, K. Matsumura, M. Nakada, O. Okada, *J. Appl. Phys.*, **75**, 6855 (1994).
12) M. Murakami, T. Sakaguchi, Y. Kawaguchi, M. Birukawa, T. Hiroki, Y. Hozumi, T. Shiratori, E. Fujii, *Trans. Magn. Soc. Jpn.*, **2**, 304 (2002).
13) N. Ogihara, K. Shimazaki, Y. Yamada, M. Yoshihiro, A. Gotoh, H. Fujiwara, F. Kirino, N. Ohta, *Jpn. J. Appl. Phys.*, **28**, 61 (1989).
14) 桐野文良, 荻原典之, 太田憲雄, 光メモリシンポジウム '88 論文集, 23 (1988).
15) B. G. Huth, *IBM J. Res. Dev.*, **18**, 100 (1974).
16) 高橋正彦, 名古屋大学博士論文, 乙第 4449 号 (1993).
17) M. Takahashi, H. Sukeda, M. Ojima, N. Ohta, *J. Appl. Phys.*, **63**, 3838 (1988).
18) M. Takahashi, T. Niihara, N. Ohta, *J. Appl. Phys.*, **64**, 262 (1988).
19) Y. Choe, S. Tsunashima, T. Katayama, S. Uchiyama, *J. Magn. Soc. Jpn.*, **11**, 273 (1987).
20) T. Suzuki, T. Katayama, *IEEE Trans. Magn.*, **22**, 1230 (1986).
21) 内山晋, 固体物理, **20**, 633 (1985).
22) 品川公成, 日本応用磁気学会誌, **6**, 247 (1982).
23) K. Shono, S. Kuroda, H. Kano, N. Koshino, S. Ogawa, *Mat. Res. Soc. Symp. Proc.*, **150**, 131 (1989).
24) K. H. J. Buschow, P. G. van Engen, R. Jongerbreur, *J. Magn. Magn. Mater.*, **38**, 202 (1983).
25) J. Schoenes, H. Brandle, *Proc. MORIS '91*, 213 (1991).
26) P. F. Carcia, *J. Appl. Phys.*, **63**, 1426 (1988).
27) S. Hashimoto, Y. Ochiai, *J. Magn. Magn. Mater.*, **88**, 211 (1990).
28) 中村純子, 高橋正彦, 粟野博之, 信学技報, **MR-91-79**, 43 (1992).
29) K. Nakamura, S. Tsunashima, S. Iwata, S. Uchiyama, *IEEE Trans. Magn.*, **MAG-25**, 3758 (1989).
30) H. Awano, T. Niihara, M. Ojima, *J. Magn. Magn. Mater.*, **126**, 550 (1993).
31) Y. Itoh, T. Suzuki, *J. Magn. Soc. Jpn.*, **23**, 364 (1999).
32) T. Katayama, H. Awano, Y. Nishihara, *J. Phys. Soc. Jpn.*, **55**, 2539 (1986).
33) T. Katayama, Y. Suzuki, H. Awano, Y. Nishihara, N. Koshizuka, *Phys. Rev. Lett.*, **60**, 1426 (1988).
34) 小林正, 名古屋大学学位論文 (1985).
35) I. Ichimura, Y. Sabi, Y. Takeshita, A. Fukumoto, M. Kaneko, H. Owa, *Jpn. J. Appl. Phys.*, **32**, 5312 (1993).
36) J. Saito, M. Sato, H. Mastumoto, H. Akasaka, *Proc. Int. Simp. On Optical Memory.*, (1987).
37) 中木義幸, 深見達也, 徳永隆, 田口元久, 堤和彦, 第13回 日本応用磁気学会学術講演要集, 192 (1989).
38) K. Aratani, A. Fukumoto, M. Ohta, M. Kaneko, K. Watanabe, Optical Data Storage Topical Meeting 1991 Proceeding, **1499**, 209 (1991).
39) 金子正彦, 応用物理, **61-3**, 250 (1992).
40) Y. Murakami, N. Iketani, J. Nakamura, A. Takahashi, K. Ohta, T. Ishikawa, *Proc. MORIS '92, J. Magn. Soc. Jpn.*, **17**, 201 (1993).
41) K. Matsumoto, K. Tamanoi, K. Shono, *Jpn. J. Appl. Phys.*, **35**, L144 (1996).
42) H. Awano, A. Yamaguchi, S. Sumi, S. Ohnuki, H. Shirai, N. Ohta, K. Torazawa, *Appl. Phys. Lett.*, **69**, 4257 (1996).
43) H. Watanabe, K. Mitani, N. Takagi, H. Noguchi, N. Mamiya, H. Terasaki, H. Awano, M. Sekine, M. Tani, O. Ishizaki, K. Shimazaki, *Jpn. J. Appl. Phys.*, **41**, 1654 (2002).
44) 谷学, 日本大学学位論文 (2008).
45) T. Shiratori, E. Fujii, Y. Miyaoka, Y. Hozumi, *J. Magn. Soc. Jpn.*, **22**, 47 (1998).
46) M. Birukawa, Y. Hino, K. Nishikino, K. Uchida, T. Shiratori, T. Hiroki, Y. Miyaoka, Y. Hozumi, *J. Magn. Soc. Jpn.*, **2**, 273 (2002).
47) 今村修武, 日本応用磁気学会誌, **8**, 345 (1984).
48) M. Takahashi, H. Sukeda, M. Ojima, N. Ohta, Proc. Int. Symp. On Optical Memory, p. 323 (1989).
49) T. Watanabe, H. Ogawa, Proc. Int. Sympo. On Optical Memory, p. 47 (1988).
50) S. Yonezawa, M. Takahashi, *Appl. Opt.*, **33**, 2333 (1994).
51) T. Kohashi, H. Matsuyama, K. Koike, Y. Murakami, Y. Tanaka, H. Awano, *Appl. Phys. Lett.*, **72**, 124 (1998).
52) J. Hoflfeld, Th. Gerrits, M. Bilderbeek, Th. Rasing, H. Awano, N. Ohta, *Phys. Rev. B*, **65**, 012413 (2001).

53) D. W. Pohl, W. Denk, M. Lanz, *Appl. Phys. Lett.*, **44**, 651 (1984).
54) Y. Sabi, Y. Takemoto, K. Aratani, A. Kouchiyama, A. Nakaoki, *J. Magn. Soc. Jpn.*, **23**, 269 (1999).
55) H. Saga, H. Nemoto, H. Sukeda, M. Takahashi, *Jpn. J. Appl. Phys.*, **38**, 1839 (1999).
56) 荻本泰史, 小嶋邦男, 澤村信蔵, 片山博之, 太田賢司, 第59回応用物理学会講演予稿集, **16p-L1**, 128 (1998).
57) 寺尾元康, 太田憲雄, 堀籠信吉, 尾島正啓, "光メモリの基礎", コロナ社 (1990).
58) 佐藤勝昭, 片山利一, 深道和明, 阿部正紀, 五味 学, "光磁気ディスク材料", 工業調査会 (1993).
59) M. Mansripur, "Magneto-Optical Recording", Cambridge University Press (1995).
60) 川西健次, 近角聰信, 櫻井良文 編, "磁気工学ハンドブック", pp. 990-1055, 朝倉書店 (1998).
61) 今村修武, 太田憲雄 監修, "超高密度光磁気記録技術", トリケップス (2000).
62) 粟野博之, 日経エレクトロニクス, 2月11日号, 97 (2008).
63) 沖野芳弘 監修, "次世代光メモリとシステム技術", シーエムシー出版, pp. 79-89 (2009).

3.4 磁気伝導デバイス用材料

3.4.1 概　要

　巨大磁気抵抗（GMR：giant magnetoresistance）効果[1,2]が発見される以前の磁気伝導デバイスは, 異方性磁気抵抗（AMR：anisotropic magnetoresistance）効果, ホール効果, 磁気インピーダンス効果など, 磁性体の磁化（巨視的スピン）を利用していた. 1988年に発見されたGMR効果は, 電子のもつ電荷とスピンを同時に利用するもので従来の概念を大きく変え, スピントロニクスという新しい学問を創出するとともに, GMR素子はHDDの読み出しヘッドに実用化され, その大容量化に大きく貢献した. GMR素子に続くスピントロニクスにおけるキーデバイスは, 強磁性トンネル接合（MTJ：magnetic tunnel junction）である. MTJ素子におけるトンネル磁気抵抗（TMR：tunnel magnetoresistance）効果は現象としては1975年, Julliereによって発見されていたが[3], GMR効果の発見を契機に見直され, 1995年, 室温で大きなTMR効果が見出された[4,5]. トンネルバリアは初期にはAl酸化膜 AlO_x が用いられたが, MgOバリアの登場によりエピタキシャルトンネル接合の作製が可能になり, コヒーレントトンネル効果によってTMR比は飛躍的に増大した[6~10]. MTJ素子は高密度HDDの読み出しヘッドに実用化されるとともに, 高速・大容量化が可能な不揮発性磁気メモリ（MRAM：magnetoresistive random access memory）の開発をもたらし, 2006年4Mbitが実用化され, 現在ギガビット級の大容量化に向けた研究開発が行われている. MTJ素子は最近, コヒーレントトンネル効果に有効な新しい電極材料やバリア材料が見出され, 現在も発展を続けている. ギガビット級の大容量MRAM（STT-MRAM）を開発するための最大の課題は熱安定性と低電流書き込みであり, それを可能にする画期的な磁化反転法として, スピントランスファトルク（STT：spin transfer torque）に基づくスピン注入磁化反転（CIMS：current-induced magnetization switching）が理論的に提案された[11,12]. CIMSは当初CPP（current perpendicular to plane）-GMR素子を用いて実験的に検証され[13], その後, 低抵抗MTJ素子を用いた実験でも観測された[14,15]. 現在, 熱安定性の保証と電流密度を低減するためのMTJ素子構造の開発が活発に行われており, とくに垂直磁化を有するMTJ素子が有望視されている. STTはまた磁壁移動を可能にすることも発見され[16], 現在, レーストラックメモリ[17]や書き込みに磁壁移動を利用するMRAMの研究開発が行われている[18]. 一方, 材料面ではCIMSの低電流密度化を含めスピントロニクス全体に関わるキーマテリアルとして, スピン分極率100%のハーフメタルの研究開発が活発に行われており, 現在, フルホイスラー合金が最も期待されている. 第一原理に基づくバンド計算により多くのCo基フル

ホイスラー合金がハーフメタルを示すことが示され，いくつかの合金については実験的にもハーフメタル性が確認され，室温で300%を超えるTMR比が実現している．以下，各論について現状を概観する．

a. 巨大磁気抵抗（GMR）効果

GMR（giant magnetoresistance）のMR変化率はAMRに比べて桁違いに大きいためGMRの発見はただちに磁気記録研究者の関心をよび，一方の磁化を反強磁性体で固着するスピンバルブ素子が開発され，1997年，GMRは発見から10年を経ずにHDDの読み出しヘッドに実用化された．GMR素子はHDDのほかに，磁気センサとして自動車用回転センサをはじめいろいろな分野に実用化されている．GMR効果は積層膜のみならず非磁性金属中に金属磁性ナノ粒子が埋め込まれたナノグラニュラー合金系でも観測されている[19,20]．現在，GMRの研究は微細加工技術を用いて作製される，膜面垂直方向に電流を流すタイプのCPP-GMR素子に向けられており，テラビット級HDDの読み出しヘッドへの応用が期待されている．この研究には主として二つの流れがあり，一つは磁性材料としてハーフメタルを用いるもの，もう一つは電流狭窄型（CCP：current-confined-path）素子構造である．前者のハーフメタルとしてはCo基フルホイスラー合金が注目されている[21~23]．図3.4.1に$Co_2FeAl_{0.5}Si_{0.5}$（CFAS）を用いてMgO(100)基板上に作製されたCFAS/Ag/CFASからなるCPP-GMR素子の14K（図(a)）および室温（図(b)）におけるCPP-GMR曲線，および抵抗R（図(c)）×面積Aおよび反平行（AP）および平行（P）磁化に対するRAの差ΔRAの温度変化を示す[22]．Agはスペーサである．CFASとAgとの格子ミスフィットは小さく積層膜はエピタキシャル成長しており，MR比は低温で80%，室温で34%を示している．これらの値は通常の金属系，たとえばCo/Cu/CoやCo/Ag/Coなどに比べ1桁以上大きい．温度上昇に伴い，図3.4.1(c)におけるP状態の抵抗×面積RA_Pは若干増大しAP状態のRA_{AP}は大きく低下しており，ΔRAの温度変化はRA_{AP}が支配的であることがわかる．このような大きなMR比のCPP-GMRが得られた原因は，Agとホイスラー合金の二次元でのフェルミ面のマッチングが非常によく，そのためP状態における界面でのRAが非常に小さいことにあることが指摘されている[23]．

CCP型のCPP-GMR素子は図3.4.2に模式的に示すように[24]，ピンド層とフリー層の間のスペーサ層が，極薄の酸化物絶縁層（NOL：nano-oxide layer）内にそれを貫通する無数のメタルホールを形成した構造を有する．したがって，メタルホール部分に電流が狭窄され，それ以外の部分には電流が流れない．このような構造によってスピン依存界面散乱効果がエンハンスされ，MR変化率の増大が期待される．実際，$Al_{90}Cu_{10}$合金を成膜した後酸化プロセスを工夫することで，Al_2O_3中にCuのメタルホールが形成したCCP構造が作製され，$RA=0.5\ \Omega\ \mu m^2$において室温で25%のMR比が得られている[25]．

b. トンネル磁気抵抗（TMR）効果

MTJ素子に用いられた初期のAl酸化膜（AlO_x）バリアでは室温でのTMR（tunnel magnetoresistance）比は最大でも70%程度に限られたが，MgOバリアを用いたコヒーレントトンネル効果による巨大TMR比の理論予測[6,7]を契機に200%を超える大きなTMR比が実現され[8~10]，AlO_xバリアはMgOバリアに取って代わられた．MgOバリアを用いたコヒーレントトンネル効果は，従来，Fe，bcc-Co，FeCo，CoFeBなどbcc構造を用いた電極でのみ観測されていたが，最近，B2構造を有するCo_2FeAl（CFA）フルホイスラー合金でも観測され，室温で360%，低温で785%という大きなTMR比が観測され，

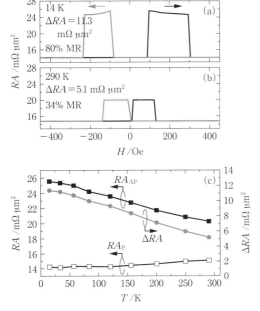

図3.4.1 CFAS/Ag/CFASの14K(a)および室温におけるCPP-GMR曲線(b)，RA_P，RA_{AP}，およびΔRAの温度変化(c)
[T. M. Nakatani, et al., Appl. Phys. Lett., **96**, 212501 (2010)]

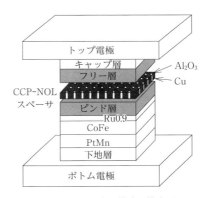

図3.4.2 CCP型CPP-GMR素子構造の模式図
[H. Fukuzawa, et al., J. Phys., D: Appl. Phys., **40**, 1213 (2007)]

$B2$ 構造もコヒーレントトンネル効果に有効であることが示された[26]．CFA の状態密度 (a) および $B2$-CFA の [001] 方向のバンド分散を図 3.4.3 に示す[27]．

CFA は $L2_1$ および $B2$ 構造のいずれにおいてもスピン分極率 P は大きいもののハーフメタルではないことがわかる．また，$B2$-CFA では E_F において↑スピンは Δ_1 のみ，↓スピンは Δ_5 のみが存在し，↓スピンの Δ_1 は E_F よりエネルギーが高い．一方，bcc-Fe の↑スピンには E_F において Δ_1 のほかに Δ_5 が存在し，↓スピンには Δ_2，$\Delta_{2'}$ および Δ_5 が存在することから，コヒーレントトンネル効果によって大きな TMR 比を得るうえで $B2$-CFA の方が bcc-Fe よりも有利といえよう．スパッタを用いて作製された $B2$-CFA を用いた MTJ 素子では，Fe/MgO/Fe MTJ 素子と同様に[8] TMR 比が MgO 膜厚に対して振動することも見出されている[27]．

MgO のほかに，正スピネル構造の $MgAl_2O_4$（格子定数 8.08 nm）において，Mg^{2+} と Al^{3+} イオンが不規則に置換した Mg-Al-O バリアが，コヒーレントトンネル効果による TMR のエンハンスを誘起することが見出され，bcc-CoFe/Mg-Al-O/bcc-CoFe (001) エピタキシャル MTJ 素子において，室温で 308%，15 K で 479% という，MgO バリアに匹敵する大きな TMR 比が観測されている[28]．一方，規則構造の $MgAl_2O_4$ バリアでは，TMR 比のエンハンスは観測されない．その理由を bcc-Fe 電極に対して簡単に説明する．規則構造の $MgAl_2O_4$ スピネルバリアを介したおもな伝導パスは，MgO バリアと同様にエバネッセント Δ_1 バンドである．しかし，スピネルの格子定数が Fe の約 2 倍であるため，面内波数ベクトル ($k_\parallel$) の二次元ブリュアンゾーンにおいて，バンドの折りたたみ効果を考慮する必要がある．そうすると，Fe の Δ_1 バンドは多数スピンおよび少数スピンともに [001] 方向に沿ってフェルミ準位 E_F を横切り，ハーフメタリックにならない[28]．そのため Δ_1 エバネッセント状態は，Fe の $k_\parallel=0$ における多数スピン Δ_1 状態だけでなく少数スピン Δ_1 状態

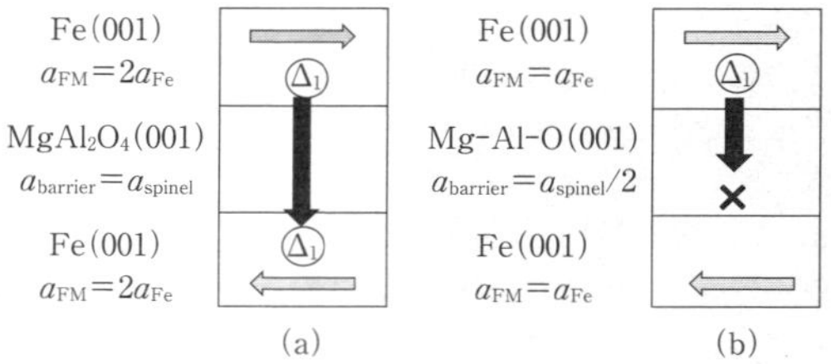

図 3.4.4 Fe/$MgAl_2O_4$/Fe MTJ の反平行磁化配列における Δ_1 状態を介したトンネリングの模式図
(a) 規則スピネルバリア　(b) Mg^{2+} と Al^{3+} が不規則置換した Mg-Al-O バリア
a_{FM} および a_{Fe} はそれぞれ強磁性電極および Fe の格子定数．

とも結合し，図 3.4.4(a) に示すように反平行磁化配列 (AP) 状態で Δ_1 電子のトンネルが可能になる．一方，格子定数が $MgAl_2O_4$ の半分の Mg-Al-O バリアでは，バンドの折りたたみを考慮する必要がなく，Δ_1 状態はハーフメタリックになり，図(b) に示すように AP 状態でトンネルできないため TMR 比のエンハンスが期待できる．Mg-Al-O の格子定数は 0.404 nm であり，Fe，$Co_{50}Fe_{50}$ および Co 基ホイスラー合金に対する格子ミスフィットはそれぞれ 0.20%，0.32% および 0.17% と，MgO バリアに比べ非常に小さいため，これらを用いた MTJ 素子では Mg-Al-O バリア内および界面での欠陥が非常に少ない．そのため，Mg-Al-O バリアとハーフメタルホイスラー合金電極を用いた MTJ 素子における大きな TMR 比の発現が期待されている．すでに，Co_2FeAl (CFA) ホイスラー合金を用いた CFA/Mg-Al-O/CoFe(001) エピタキシャル MTJ 素子がスパッタ法を用いて作製され，室温で 280% の TMR 比が観測されている[29]．

図 3.4.5(a)，(b) は Fe/Mg-Al-O/Fe MTJ 素子の TMR 比および P および AP 磁化状態の素子抵抗 RA の温度変化および TMR 比曲線である[30]．コヒーレントトンネル接合に共通して，P 状態の抵抗の温度変化はほとんどなく，TMR 比の温度変化は AP 状態の抵抗の温度変化が支配的である．$MgAl_2O_4$ バリアの MgO バリアより優れた点の一つはバイアス電圧依存性である．図 3.4.5(c) に室温における規格化された TMR 比のバイアス電圧依存性を示すが，TMR 比が半減するバイアス電圧 V_h は +1.0 V，−1.3 V である．MgO バリアの場合は 0.6 V 程度であることを考えると，$MgAl_2O_4$ バリアの V_h はきわめて大きい．この原因は格子整合がよいため，MgO バリア内および界面での格子欠陥が大幅に低下し，有限バイアスでのスピンフリップを伴う非弾性トンネルが大幅に低下したためと考えられる．

c. 磁化反転電流密度の低減化

STT による磁化反転の臨界電流密度 J_{c0} は理論が予測するように $10^6 \sim 10^7$ A cm^{-2} と大きく，これを低減するための研究がいろいろな側面から行われている．STT-MRAM 実現の困難性は，大きな信号電圧と数十 nm サイズの微小

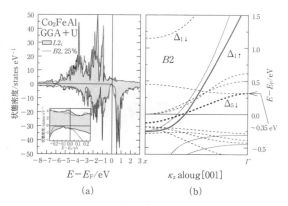

図 3.4.3 Co_2FeAl の状態密度 (a) および $B2$-Co_2FeAl の [001] 方向のバンド分散 (b)
[W. H. Wang, *et al.*, *Phys. Rev. B*, **81**, 140402 (R) (2010)]

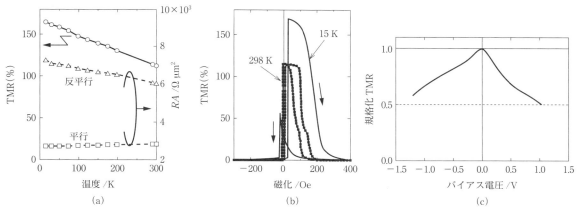

図3.4.5 TMR比および素子抵抗RAの温度変化(a), 15 Kおよび室温におけるTMR比曲線(b), TMR比のバイアス電圧依存性(c)
[H. Sukegawa, et al., Appl. Phys. Lett., **96**, 212505 (2010)]

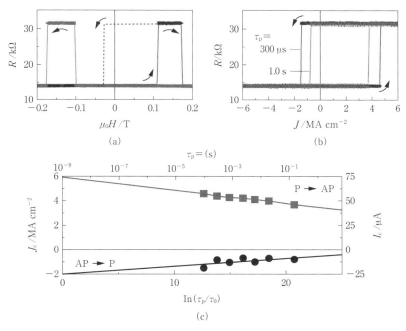

図3.4.6 CoFeB/MgO/CoFeB垂直磁化MTJの抵抗-磁場曲線(a)と抵抗-電流密度曲線(b), および電流密度のパルス幅依存性(c)
[S. Ikeda, et al., Nat. Mater., **9**, 721 (2010)]

ビットの熱揺らぎ耐性を維持しつつ, 低電流でCIMSを実現し得るMTJ素子を開発しなければならないことにある. そのためには100%以上の大きなTMR比, $\Delta = K_u V/k_B T > 60$の熱揺らぎ耐性, および$J_{c0} = 5 \times 10^5$ A cm^{-2}程度の小さな臨界電流密度が要求される. ここで, K_u, V, k_B, TはそれぞれMTJ素子のフリー層の一軸磁気異方性定数, フリー層の体積, ボルツマン定数, および温度である. その有力な手段として現在, 垂直磁化を有するMTJ素子の開発が注目されている[31]. 最近, 厚さ1.3 nmの薄い$Co_{20}Fe_{60}B_{20}$をフリー層に用いたCoFeB(1)/MgO(2)/CoFeB(1.3)(括弧内は膜厚, nm) MTJ素子において, 垂直磁化および120%を超える大きなTMR比が得られ, スピン注入磁化反転が観測された[32]. その結果を図3.4.6に示す. $J_{c0} = 3.9 \times 10^6$ A cm^{-2} ($\Delta = 43$)であり, まだ改善が必要なものの目標にかなり近づいており, 今後の発展が期待される. なお, MgO膜による垂直磁化の発現のメカニズムは, 界面で酸素のp軌道とのFeのd軌道との混成とスピン軌道相互作用によるものと考えられている[33,34].

d. ハーフメタルホイスラー合金

ハーフメタル研究の初期の時代はNiMnSb, CrO$_2$,

Fe_3O_4, $(La_{0.7}Sr_{0.3})MnO_3$(LSMO) ペロブスカイトなどの薄膜が注目された. しかし, 前3者ではいずれも大きなスピン分極率を得ることができなかった. LSMO では $SrTiO_3$ バリアを用いたエピタキシャル MTJ 素子が作製され, 低温で 1800% という巨大 TMR 比が実現されたが[35], LSMO のキュリー温度 T_C が 360 K と小さいため, 室温での TMR 比は数%に激減する. 最近は $L2_1$ 構造を有する Co 基フルホイスラー合金に研究が集中している. 上述のように Co 基フルホイスラー合金は大きな CPP-GMR を発現するとともに, ダンピング定数が小さいことでも知られており[36], STT による磁化反転電流密度の低減も期待される.

フルホイスラー合金は $L2_1$ 構造を有し化学組成 X_2YZ (X, Y は遷移金属元素, Z は Al, Si, Ge などの非磁性元素) で表され, 構造はハーフホイスラー合金 ($C1_b$) より安定である. とくに X=Co は T_C が高いので室温ハーフメタル材料として期待される. フルホイスラー合金には規則-不規則変態が存在し, X が正位置を占め Y と Z が不規則に置換すると B2, X, Y, Z 原子がすべて不規則置換すると A2 (bcc) 構造になる. これらは X 線を用いて同定することができ, $L2_1$ の規則線は (111) と (200), B2 のそれは (200) であり, それらのいずれもが観測されなければ A2 である. A2 はハーフメタル特性を示さない. 構造は熱処理温度に依存し温度が高いほど $L2_1$ が得られるが, 高すぎると X と Y の一部が置換した DO_3 構造が生じる場合がある. X 原子と Y 原子の原子散乱因子が近いため DO_3 と $L2_1$ との違いを X 線回折では見分けにくい. このような場合には NMR 測定が有効である[37].

フルホイスラー合金のハーフメタル性が理論的に示された最初の物質は Co_2MnGe と Co_2MnSi であった[38]. 最近では多くの系がハーフメタルになることが第一原理に基づくバンド計算で示されている[39]. 磁気モーメントは図 3.4.7 に示すようにスレーターポーリング曲線に従う[39]. キュリー温度 T_C は磁気モーメントに比例して増大する. フルホイスラー合金では少数スピンバンドが単位胞あたり 12 個の電子で埋まっており, 多数スピン電子の数は Z_t-12 であるから, 軌道モーメントの影響を無視すれば磁気モーメントは $\mu=(Z_t-12)-12=Z_t-24$ で与えられる. これが図 3.4.7 の破線である. ここで Z_t は単位胞あたりの価電子数である. 現在までフルホイスラー合金を用いて MTJ 素子が系統的に研究されている系は, $Co_2Cr_{1-x}Fe_xAl$[40,41], $Co_2FeAl_{1-x}Si_x$[42,43], Co_2MnSi[44~46], $Co_2Mn_{1-x}Fe_xSi$[47], $Co_2MnAl_xSi_{1-x}$[48] である. このうち大きな TMR 比が得られ広く調べられているのは $Co_2FeAl_{0.5}Si_{0.5}$ (CFAS) と Co_2MnSi (CMS) である. バンド計算によれば, $L2_1$-CFAS はバンドギャップが約 1 eV, E_F がギャップ中央に位置するハーフメタルである[49]. B2 構造もギャップは 0.6 eV とやや小さくなるもののハーフメタルを維持している. また, この系は E_F 近傍の多数スピンバンドの状態密度が小さいという特徴をもつ.

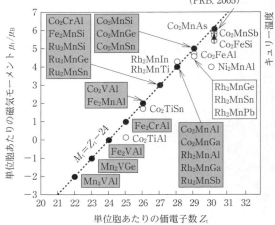

図 3.4.7 ホイスラー合金の単位胞あたりの磁気モーメントの価電子数依存性
[I. Galanakis, et al., Phys. Rev. B, **66**, 174429 (2002)]

マグネトロンスパッタを用いて作製された MgO(100) 基板/Cr(40)/CFAS(80)/(Mg-Al)O_x/CoFe(3)/IrMn(10)/Ru(7) MTJ 素子の低温および室温における TMR 比曲線を図 3.4.8(a) に示す[42]. ここで (Mg-Al)O_x はバリアであり, Mg(0.7)/Al(1.3) を成膜後プラズマ酸化により作製されており, 断面 TEM 観察によりこのバリアは結晶質の $MgAl_2O_4$ スピネルであることが見出されている. TMR 比は低温で 162% を示し, CoFe のトンネルスピン分極率を $P=0.5$ と仮定すると, Julliere の式から CFAS の P として低温で 0.92 が得られ CFAS のハーフメタル性が認められる. 上記 MTJ 素子の室温および 7 K における P および AP 磁化状態の微分コンダクタンス dI/dV のバイアス電圧依存性を図 3.4.8(b) に示す[43]. P 状態では 7 K で 0~-350 mV の負バイアスにおいて dI/dV にプラトーが観測され, それは正バイアス側では観測されない. ここで, 負バイアスは下部電極 CFAS から上部電極 CoFe への電子のトンネルに相当する. CFAS がハーフメタルであるとすれば図(c)に示すように, E_F から少数スピン(↓) の価電子バンドのトップに相当するバイアス電圧までは↓スピンのトンネルへの寄与はなく, 上記プラトーの出現が期待される. 一方, 正バイアスでは, ハーフメタルでない CoFe においてスピンフリップが可能なので, ↓スピンは CFAS の↑スピンバンドにトンネルすることができ, プラトーは期待されない. 上記プラトーは室温でも観測されており, かつその電圧範囲は低温に比べ室温のエネルギー 25 meV に相当する値だけ小さくなっており, 上記解釈の妥当性を示唆している.

ホイスラー合金を用いた MTJ 素子の TMR 比の温度変化は一般に大きく, とくに CMS において図 3.4.9 に示すように異常に大きい[45]. 図 3.4.9 は MgO(100) 基板上に作製された CMS/AlO$_x$/CMS MTJ 素子に対するものであ

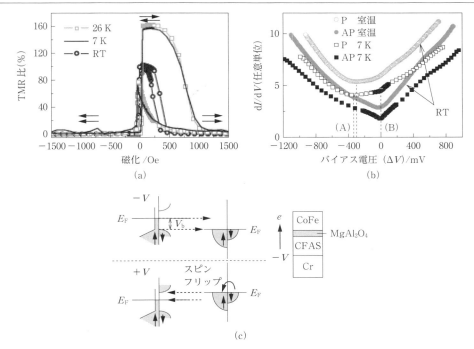

図 3.4.8 CFAS/(Mg-Al)O$_x$/CoFe MTJ 素子の TMR 比曲線 (a) と dI/dV 曲線のバイアス電圧依存性 (b) およびトンネリングモデル (c)
[(a) N. Tezuka, *et al.*, *Appl. Phys. Lett.*, **94**, 162504 (2009). (b) R. Shan, *et al.*, *Phys. Rev. Lett.*, **102**, 246601 (2009)]

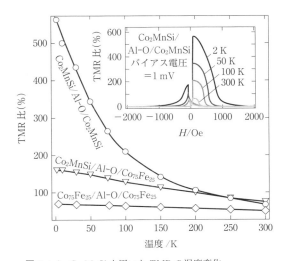

図 3.4.9 Co$_2$MnSi を用いた TMR の温度変化 比較として CoFe/AlO$_x$/CoFe を記載.
[Y. Sakuraba, *et al.*, *Appl. Phys. Lett.*, **88**, 192508 (2006)]

るが, このような大きな温度変化は MgO バリアを用いた場合にも観測されている[46]. この大きな TMR 比の温度変化の原因として, 上部 CMS のバルクおよび MgO バリアとの界面に一部存在する, ハーフメタルを示さない領域を介したスピンフリップ非弾性トンネルの寄与が考えられている[46,50]. CMS と MgO との格子ミスフィットは大きいため, その界面で不規則構造が生じやすい. 最近, CoFe 層をバッファとした MgO(100) CoFe/CMS/MgO/CMS MTJ 素子が作製され, 4.2 K で 1995%, 室温で 354% の TMR 比が報告されている[51]. 低温の TMR 比は大きく改善されたものの温度変化は依然として大きい. 一方, CFAS ではそのふるまいはトンネルスピン分極率 P のスピン波励起, すなわち $P(T)=P(0)(1-\alpha T^{3/2})$ を仮定し, TMR に対する Julliere モデルを用いて比較的よく理解される[42]. 係数 α は磁化の温度変化に対するものよりも約 1 桁大きく 10^{-5} のオーダーであり, 界面磁化の熱揺らぎがバルク磁化のそれより大きいことを示唆している. α は強磁性体の T_C のみでなく界面構造にも大きく依存することが示されており, MgO(001)/Cr/Co$_2$FeAl(CFA)/MgO の α は 7.5×10^{-6} とかなり小さい[26]. CFA はホイスラー合金の中では MgO との格子整合が比較的よく, 非常に平坦な界面が得られることが, 小さな α の原因と考えられる. このような小さな α を用いた MTJ では, 室温で 1000% を超えるような巨大 TMR が期待される.

文　献

1) G. Binash, P. Grünberg, F. Saurenbach, W. Zinn, *Phys. Rev. B*, **39**, 4828 (1989).
2) M. N. Baibich, J. M. Broto, A. Fert, F. Nguyen Van Dau, F. Petroff, P. Etienne, G. Creuzet, A. Friederich, J. Chazelas, *Phys. Rev. Lett.*, **61**, 2472 (1988).
3) M. Julliere, *Phys. Lett.*, **54A**, 225 (1975).

4) T. Miyazaki, N. Tezuka, *J. Magn. Magn. Mater.*, **139**, L231 (1995).
5) J. S. Moodera, L. R. Kinder, T. M. Wong, R. Meservey, *Phys. Rev. Lett.*, **74**, 3273 (1995).
6) W. H. Butler, X.-G. Zhang, T. C. Schulthess, J. M. MacLaren, *Phys. Rev. B*, **63**, 054416 (2001).
7) J. Mathon, A. Umeski, *Phys. Rev. B*, **63**, 22043 (R) (2001).
8) S. Yuasa, T. Nagahama, A. Fukushima, Y. Suzuki, K. Ando, *Nat. Mater.*, **3**, 868 (2004).
9) S. S. Parkin, C. Kaiser, A. Panchula, P. M. Rice, B. Hughes, M. Samant, S.-H. Yang, *Nat. Mater.*, **3**, 862 (2004).
10) D. D. Djayaprawira, K. Tsunekawa, M. Nagai, H. Maehara, S. Yamagata, N. Watanabe, S. Yuasa, Y. Suzuki, K. Ando, *Appl. Phys. Lett.*, **86**, 092502 (2005).
11) J. C. Slonczewski, *J. Magn. Magn. Mater.*, **159**, L1 (1996).
12) L. Berger, *Phys. Rev. B*, **54**, 9353 (1996).
13) M. Tsoi, A. G. M. Jansen, J. Bass, W.-C. Chiang, M. Seck, V. Tsoi, P. Wyder, *Phys. Rev. Lett.*, **80**, 4281 (1998).
14) Y. Huai, F. Albert, P. Nguyen, M. Pakala, T. Valet, *Appl. Phys. Lett.*, **84**, 3118 (2004).
15) H. Kubota, A. Fukushima, Y. Ootani, S. Yuasa, K. Ando, H. Maehara, K. Tsunekawa, D. D. Djayaprawira, N. Watanabe, Y. Suzuki, *Jpn. J. Appl. Phys.*, **44**, L1237 (2005).
16) A. Yamaguchi, T. Ono, S. Nasu, K. Miyake, K. Mibu, T. Shinjo, *Phys. Rev. Lett.*, **92**, 077205 (2004).
17) S. S. P. Parkin, M. Hayashi, L. Thomas, *Science*, **320**, 190 (2008).
18) H. Numata, T. Suzuki, N. Ohshima, S. Fukami, K. Nagahara, N. Ishiwata, N. Kasai, *Tech. Dig. Symp. VLSI Technol.*, 232, IEEE (2007).
19) A. E. Berkovitz, J. R. Mitchell, M. J. Carey, A. P. Young, S. Zhang, F. E. Spada, F. T. Parker, A. Hutten, G. Thomas, *Phys. Rev. Lett.*, **68**, 3745 (1992).
20) J. Q. Xiao, J. Samuel Jiang, C. L. Chien, *Phys. Rev. Lett.*, **68**, 3749 (1992).
21) T. Furubayashi, K. Kodama, H. Sukegawa, Y. K. Takahashi, K. Inomata, K. Hono, *Appl. Phys. Lett.*, **93**, 122507 (2010).
22) T. M. Nakatani, T. Furubayashi, S. Kasai, H. Sukegawa, Y. K. Takahashi, S. Mitani, K. Hono, *Appl. Phys. Lett.*, **96**, 212501 (2010).
23) Y. Sakuraba, K. Izumi, T. Iwase, S. Bosu, K. Saito, K. Takanashi, Y. Miura, K. Futatsukawa, K. Abe, M. Shirai, *Phys. Rev. B*, **82**, 094444 (2010).
24) H. Fukuzawa, H. Yuasa, H. Iwasaki, *J. Phys. D : Appl. Phys.*, **40**, 1213 (2007).
25) H. Yuasa, M. Hara, S. Murakami, Y. Fuji, H. Fukuzawa, K. Zhang, M. Li, E. Schreck, P. Wang, M. Chen, *Appl. Phys. Lett.*, **97**, 112501 (2010).
26) W. H. Wang, H. Sukegawa, K. Inomata, *Phys. Rev. B*, **82**, 092402 (2010).
27) W. H. Wang, E. Liu, M. Kodzuka, H. Sukegawa, M. Wojcik, E. Jedryka, G. H. Wu, K. Inomata, S. Mitani, K. Hono, *Phys. Rev. B*, **81**, 140402(R) (2010).
28) H. Sukegawa, Y. Miura, S. Muramoto, S. Mitani, T. Niizeki, T. Ohkubo, K. Abe, M. Shirai, K. Inomata, K. Hono, *Phys. Rev. B*, **86**, 184401 (2012).
29) T. Scheike, H. Sukegawa, T. Furubayashi, W. Zhen Chao, K. Inomata, T. Ohkubo, K. Hono, S. Mitani, *Appl. Phys. Lett.*, **105**, 242407 (2014).
30) H. Sukegawa, H. Xiu, T. Ohkubo, T. Furubayashi, T. Niizeki, W. Wang, S. Kasai, S. Mitani, K. Inomata, K. Hono, *Appl. Phys. Lett.*, **96**, 212505 (2010).
31) S. Mangin, D. Ravelosona, J. A. Katine, M. J. Carey, B. D. Terris, E. E. Fullerton, *Nat. Mater.*, **5**, 210 (2006).
32) S. Ikeda, K. Miura, H. Yamamoto, K. Mizunuma, H. D. Gan, M. Endo, S. Kanai, J. Hayakawa, F. Matsukura, H. Ohno, *Nat. Mater.*, **9**, 721 (2010).
33) A. Manchon, C. Ducruet, L. Lombard, S. Auffret, B. Rodmacq, B. Dieny, S. Pizzini, J. Vogel, V. Uhlíř, M. Hochstrasser, G. Panaccione, *J. Appl. Phys.*, **104**, 043914 (2008).
34) K. Kyuno, J.-G. Ha, R. Yamamoto, S. Asano, *Jpn. J. Appl. Phys.*, **35**, 2774 (1996).
35) J. M. De Teresa, A. Barthélémy, A. Fert, J. P. Contour, R. Lyonnet, F. Montaigne, P. Seneor, A. Vaurès, *Phys. Rev. Lett.*, **82**, 4288 (1999).
36) S. Mizukami, D. Watanabe, M. Oogane, Y. Ando, Y. Miura, M. Shirai, T. Miyazaki, *J. Appl. Phys.*, **105**, 07D306 (2009).
37) K. Inomata, M. Wojcik, E. Jedryka, N. Ikeda, N. Tezuka, *Phys. Rev. B*, **77**, 214425 (2008).
38) S. Ishida, S. Fuji, S. Kashiwagi, S. Asano, *J. Phys. Soc. Jpn.*, **64**, 2152 (1995).
39) I. Galanakis, P. H. Dederichs, N. Papanikolaou, *Phys. Rev. B*, **66**, 174429 (2002).
40) K. Inomata, S. Okamura, R. Goto, N. Tezuka, *Jpn. J. Appl. Phys.*, **42**, L419 (2003); K. Inomata, S. Okamura, A. Miyazaki, M. Kikuchi, N. Tezuka, M. Wojcik, E. Jedryka, *J. Phys. D : Appl. Phys.*, **39**, 816 (2006).
41) T. Marukame, T. Ishikawa, K.-I. Matsuda, T. Uemura, M. Yamamoto, *Appl. Phys. Lett.*, **88**, 262503 (2006).
42) N. Tezuka, N. Ikeda, F. Mitsuhashi, S. Sugimoto, *Appl. Phys. Lett.*, **94**, 162504 (2009).
43) R. Shan, H. Sukegawa, W. H. Wang, M. Kodzuka, T. Furubayashi, T. Ohkubo, S. Mitani, K. Inomata, K. Hono, *Phys. Rev. Lett.*, **102**, 246601 (2009).
44) S. Kämmerer, A. Thomas, A. Hütten, G. Reiss, *Appl. Phys. Lett.*, **85**, 79 (2004).
45) Y. Sakuraba, M. Hattori, M. Oogane, Y. Ando, H. Kato, A. Sakuma, T. Miyazaki, H. Kubota, *Appl. Phys. Lett.*, **88**, 192508 (2006).
46) T. Ishikawa, N. Itabashi, T. Taira, K.-i. Matsuda, T. Uemura, M. Yamamoto, *J. Appl. Phys.*, **105**, 07B110 (2009).
47) T. Kubota, S. Tsunegi, M. Oogane, S. Mizukami, T. Miyazaki, H. Naganuma, Y. Ando, *Appl. Phys. Lett.*, **94**, 122504 (2009).
48) Y. Sakuraba, K. Takanashi, Y. Kota, T. Kubota, M. Oogane, A. Sakuma, Y. Ando, *Phys. Rev. B*, **81**, 144422 (2010).
49) T. Nakatani, A. Rajanikanth, Z. Gercsi, Y. K. Takahashi, K. Inomata, K. Hono, *J. Appl. Phys.*, **102**, 033916 (2007).
50) P. Mavropolou, M. a Ležaić, S. Blügel, *Phys. Rev. B*, **72**, 174428 (2005).
51) H.-X. Liu, Y. Honda, T. Taira, K.-i. Matsuda, M. Arita, T. Uemura, M. Yamamoto, *Appl. Phys. Lett.*, **101**, 132418 (2012).

3.4.2 磁気抵抗効果（MR, GMR, TMR）材料

今日の情報処理産業の発展は，半導体デバイス微細化技術の発展によるデバイス処理能力の向上に加えて，製品化実現以降50年の間に1億倍もの記録密度向上を実現したハードディスクドライブ装置を中心とする磁気ストレージの性能向上により実現したと考えられる．さらに，近年では，スピントランスファートルク磁気メモリのような従来の磁気メモリの課題を克服した大容量・高速なメモリも製品化を実現し，その性能向上を続けている．これらの性能向上を支えてきた大きな要因として，新しい磁気抵抗効果現象・材料の発見と応用が大きく寄与している．

磁気抵抗効果とは，物質に外部から磁場を印加することによって物質の電気抵抗が変化する現象である．ほぼすべての物質において，磁場を印加することで，その電気抵抗は変化する．一例として，常磁性の非磁性金属に磁場を印加した場合，電気抵抗は増加する．これは，自由運動している伝導電子がローレンツ力を受けて曲がるため，自由電子状態とは異なる電子状態になるという簡単なモデルで説明され，正常磁気抵抗（ordinary magnetoresistance）効果とよばれる．一方，強磁性物質に磁場を印加すると自発磁化が発現し，磁化状態に応じて電気抵抗が変化する．これは異常磁気抵抗（anomalous magnetoresistance）効果とよばれ，材料や結晶磁気異方性などの磁気的条件によっては比較的大きな電気抵抗の変化を示す場合がある．

磁気抵抗効果は，総じて，電流スピンのスピン依存伝導現象が関係する．その現象に応じて巨大磁気抵抗（GMR：giant magnetoresistance）効果，トンネル磁気抵抗（TMR：tunneling magnetoresistance）効果をはじめとする多くの磁気抵抗現象が発見され，検討されている．

a. 異方性磁気抵抗効果とその材料

異方性磁気抵抗（AMR：anisotropic magnetoresistance）効果は，強磁性物質中のスピン軌道相互作用を起源とする磁気抵抗効果であり，物質（試料）に印加する磁場方向を変えたときに磁気異方性が異なるため電気抵抗の変化が生じる現象として測定される．この現象の研究は古く，1857年にはすでにFe, Niについて研究報告がある[1]．その後，初期の磁気ヘッド候補材料として，3d遷移金属やそれらを含む合金系材料について検討されている．物質中の磁化方向と電流方向とのなす角度に依存して抵抗は変化する．図3.4.10に示すように，電流と同じ方向に磁場を印加したときの電気抵抗を$\rho_{/\!/}$，垂直方向に磁場印加したときの電気抵抗を$\rho_\perp$，磁化がゼロのときの電気抵抗をρ_0とすると，磁気抵抗変化率は，次式で与えられる．

$$\frac{\Delta\rho}{\rho_0} = \frac{\rho_{/\!/} - \rho_\perp}{\langle \rho_{/\!/}\cos^2\theta + \rho_\perp\sin^2\theta \rangle} = \frac{\rho_{/\!/} - \rho_\perp}{\frac{1}{3}\rho_{/\!/} + \frac{2}{3}\rho_\perp} \quad (3.4.1)$$

また，各方向の上向き，下向きスピンによる電気抵抗率をそれぞれ$\rho_\uparrow, \rho_\downarrow$とすると，式(3.4.2)と表すことができる．

$$\begin{aligned}\rho_{/\!/\uparrow} &= \rho_{\perp\uparrow} + \gamma\rho_{\perp\downarrow} \\ \rho_{/\!/\downarrow} &= \rho_{\perp\downarrow} + \gamma\rho_{\perp\uparrow}\end{aligned} \quad (3.4.2)$$

γはスピン軌道相互作用の強さと関係する係数である．このとき，全電気抵抗率ρは，次式と表すことができる[2]．

$$\rho = \frac{\rho_\uparrow \rho_\downarrow}{\rho_\uparrow + \rho_\downarrow} \quad (3.4.3)$$

一例として，Fe-Ni-Co三元合金金属膜の$\Delta\rho/\rho_0$などが報告されているが，その変化率は最大でも1～2%である[3]．

b. 巨大磁気抵抗効果とその材料

(ⅰ) Fe/Cr多層膜 1988年，Fe薄膜とCr薄膜を交互に多層に積層したFe/Cr人工格子多層膜を用いて巨大磁気抵抗（GMR：giant magnetoresistance）効果が発見された[4,5]．図3.4.11は，そのときに報告された磁気抵抗変化曲線である．Fe/Cr人工格子の場合，たとえばFe層の厚さが3.0 nm，Cr層の厚さが0.9 nmのとき，Cr層を挟む二つのFe層における無磁場状態の磁化の向きは，FeとCrの界面に働く反強磁性交換相互作用のため180°（反平行）となる．この人工格子膜試料の膜面内に電流を流したときの電気抵抗は，磁場ゼロにおいて最大値を示し，磁場を印加すると減少する．そして，磁性層の磁化を平行にするのに十分な強い磁場を印加すると，飽和磁場H_sで電気抵抗は一定の値となる．この磁場による電気抵抗の変化量は40%以上を示し，AMRと比較して1桁以上大きくなる．磁場ゼロにおいては，Crを介して隣接したFe層の磁化が反平行に配列した構造であるのに対し，十分強い磁場を印加した状態では，Fe層の磁化は平行に配置していると考えられる．この二つの磁化配置に依存して，伝導電子が異なる散乱プロセスで伝導することで，電

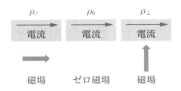

図3.4.10 磁気抵抗効果の電流と磁場の関係

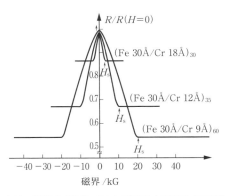

図3.4.11 膜面内［110］方向に電流および磁場を印加したときのFe/Cr多層膜の4.2 Kにおける磁気抵抗変化曲線
[M.N. Baibich, J Chazelas, *et al., Phys. Rev. Lett.,* **61**, 2473 (1988)]

気抵抗が変化するのが原因であると考えられる．Cr層を挟む二つの磁性層の磁化が反強磁性的になるという交換相互作用特性はGMR効果発現には重要な要素で，限られた材料，膜厚で生じる性質である．GMRの大きさは，材料の組合せと，界面の条件に依存する構造敏感な量であるが，Fe系ではFe/Cr，Co系ではCo/Cuが大きい値を示すことが知られている[6,7]．

(ii) **GMRのメカニズム** GMRのメカニズムは，電子のスピン依存散乱が原因と考えられている．スピン依存散乱は強磁性体内部あるいは，強磁性体とほかの物質との接合界面において生じるとされる．簡単のため，上向きスピン電流と下向きスピン電流とからなる二電流モデルで考えると，伝導電子の散乱確率は伝導電子のスピンの向きが磁化の向きに対して平行か反平行かで異なる[6,7]．磁化の向きと平行なスピン電流の電気抵抗率をρ_pとし，反平行なスピン電流の電気抵抗率をρ_{ap}とする．人工格子膜のように各層の膜厚がきわめて薄い場合，膜面内に電流を流しても電子は層間を行き来しながら流れる．図3.4.12に示すように，磁化が平行に並ぶ多層膜の場合ならば，↑スピンをもつ電子は磁化の向きと同じ向きになるので，↑スピンの散乱は小さく，その抵抗は小さい．一方，反平行の磁化配置の場合ならば，↑スピン，↓スピンにかかわらず必ず反平行の層を通過しなくてはならず，散乱は大きくなり，電気抵抗は大きくなる．つまり，強磁性体の一般的仮定として$\rho_p < \rho_{ap}$である．

素子全体の電気抵抗率は，二電流モデルを用いると下記のように書くことができる[6,7]．

$$\rho = \frac{\rho_\uparrow \rho_\downarrow}{\rho_\uparrow + \rho_\downarrow} \quad (3.4.4)$$

磁化が上向きに平行な配列においては，$\rho_\uparrow \sim \rho_p$，$\rho_\downarrow \sim \rho_{ap}$となり，$\rho_{ap} \gg \rho_p$となるので，次式となる．

$$\rho_P = \frac{\rho_p \rho_{ap}}{\rho_p + \rho_{ap}} \cong \rho_p \quad (3.4.5)$$

一方，磁化が反平行な場合は，$\rho_\uparrow \sim \rho_\downarrow \sim (\rho_p + \rho_{ap})/2$のため，次式となる．

$$\rho_{AP} = \frac{\rho_p + \rho_{ap}}{4} \quad (3.4.6)$$

したがって，GMRの大きさは次式と書かれる．

$$\frac{\Delta \rho}{\rho_0} = \frac{\rho_{ap} - \rho_P}{\rho_P} = \frac{(\rho_p - \rho_{ap})^2}{4\rho_{ap}\rho_p} = \frac{(1-\alpha)^2}{4\alpha} \quad (3.4.7)$$

ここで，αは散乱のスピン依存度を示すパラメーターである．$\alpha \ll 1$または$1 \ll \alpha$のときに磁気抵抗変化率は大きな値となる．一方，$\alpha = 1$のとき磁気抵抗変化率はゼロとなる．Fe/Cr界面では↑スピンが界面で散乱を受けやすく$\alpha \ll 1$となるため磁気抵抗変化率は大きくなる．

(iii) **Co/Cu多層膜** 上述のFe/Cr多層膜と並んで巨大磁気抵抗変化率を示す代表的な材料系としてCo/Cuがあげられる[8,9]．この場合も基本的な磁気抵抗変化の発現機構は同じであるが，Cuのフェルミレベルに4sバンドしか存在しない点がCrと異なる．この場合，伝導を担うs電子がCoの3d磁気モーメントによって散乱されるというモデルが提唱されている．すなわち，界面においてCu原子の配列中にCo原子が不規則に置換し，Cu中の不純物原子とみなすことが可能である．このとき，Co原子の電子状態は，Co金属の電子状態とは異なる電子状態の不純物準位を形成する．Co不純物準位の↑スピン成分は，フェルミ準位よりも深い位置にあるので↑スピン電子はCuの電子状態とほぼ同じである．一方，Co不純物準位の↓スピン成分は，フェルミ準位と重なっており，↓スピンの伝導電子はCuとCoのdバンドと強く混成する．この結果，$\rho_p < \rho_{ap}$かつ$1 \ll \alpha$となり，磁気抵抗変化率は大きくなる．また，この界面における効果は応用上重要な知見となっている．

(iv) **その他のGMR材料構成と特性** 表3.4.1にこれまで報告されている代表的なGMRを示す人工格子のデータ[5~20]をまとめたものを示す．磁気抵抗変化率の大きい材料を求めて，Fe/Cr，Co/Cu以外に，Co/Ag，Ni/Ag，NiFe/Cuなどが検討されている．磁気抵抗変化率は材料の組合せや層数だけではなく，界面の作製方法に敏感な現象であると理解されている．このため，作製方法も，分子線エピタキシャル成長法（MBE）やスパッタリング法が検討された．磁気抵抗変化率の高いものは，低温では100%を超え，室温でも50%を超える値となる．応用の観点では，磁気抵抗変化する磁場範囲を表す飽和磁場

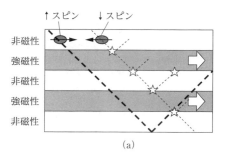 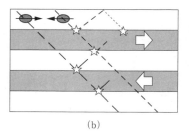

図3.4.12 強磁性層と非磁性層の交互積層膜中を流れるスピン電子の伝導と散乱の模式図
（星印は散乱されていることを示す）
(a) 磁化が平行な場合 (b) 磁化が反平行な場合

表 3.4.1 GMR 材料構成と特性

試料構成 [A(nm)/B(nm)/..]×N 層	MR 比(%)	測定温度	H_s/Oe	作製法	文献
[Fe(0.45)/Cr(1.2)]×50	220	1.5	110 000	MBE	1)
	42	300	80 000		
[Fe(2.0)/Cr(1.2)]×20	33	4.5	6000	スパッタ	2)
[Fe(3)/Cr(0.9)]×40	117	4.2	20 000	MBE	3)
	—	室温	10 000		
[Fe(3)/Cr(0.9)]×60	45	4.2	20 000	MBE	3)
[Fe(3)/Cr(1.2)]×35	47	4.2	10 000	MBE	3)
[Fe(3)/Cr(1.8)]×30	14	4.2	2000	MBE	3)
[Co(0.8)/Cu(0.83)]×60	115	4.2	15 000	スパッタ	4)
	65	295	10 000		
[Co(1.5)/Cu(0.9)]×30	78	4.2	8000	スパッタ	5)
[Co(1.5)/Cu(2.0)]×30	48	300	5000		
	43	4.2	600		
	18	296	500		
[Co(0.6)/Ag(2.5)]×70	38	77	不明瞭	MBE	6)
	16	室温	20 000		
[Ni(0.8)/Ag(1.1)]×N	26	4.2	4000	スパッタ	7)
[$Ni_{81}Fe_{19}$(2.0)/Ag(1.0)]	50	4.2	1000		8)
	17	室温	300		
Ag(4.0)/[$Ni_{80}Fe_{20}$(2.0)/Ag(4.0)]×4/NiFe(2.0)/Ag(2.0) 熱処理	4	室温	5	スパッタ	9)
[$Ni_{81}Fe_{19}$(1.5)/Cu(0.8)]×14	25	4.2	1750	スパッタ	10)
	16	300	300		
[$Ni_{81}Fe_{19}$(1.0)/Cu(1.0)]×20	18	室温	3000	スパッタ	11)
[$Ni_{66}Fe_{16}Co_{18}$(1.5)/Cu(2.2)]×30	35	室温	2500	スパッタ	12)
	12(2nd ピーク)	室温	30		
[$Ni_{80}Fe_{20}$(3)/Cu(5)/Co(3)/Cu(5)]×15	7	室温	100	スパッタ	13)
[$Ni_{81}Fe_{19}$(4.1)/Co(1.2)/Cu(3.2)/(Co(1.2)/NiFe(1.0)]×1	5.5	室温	180	スパッタ	14)

1) R. Shad, *et al., Appl. Phys. Lett.*, **64**, 3500 (1994).
2) S. S. P. Parkin, *et al., Phys. Rev. Lett.*, **64**, 2304 (1990).
3) M. N. Baibich, *et al., Phys. Rev. Lett.*, **61**, 2472 (1988).
4) S. S. P. Parkin, *et al., Appl. Phys. Lett.*, **58**, 2710 (1991).
5) D. H. Mosca, *et al., J. Magn. Magn. Mater.*, **94**, L1 (1991).
6) S. Araki, *et al., J. Phys. Soc. Jpn.*, **60**, 2827 (1991).
7) C. A. dos Santos, *et al., Appl. Phys. Lett.*, **59**, 126 (1991).
8) B. Rodmacq, *et al., J. Magn. Magn. Mat.* **118**, L11 (1993).
9) T. L. Hylton, *et al., Science*, **261**, 1021 (1993).
10) S. S. P. Parkin, *Appl. Phys. Lett.*, **60**, 512 (1992).
11) R. Nakatani, *et al., IEEE Trans. Magn.*, **28**, 2668 (1992).
12) M. Jimbo, S. Uchiyama, *et al., J. Appl. Phys.*, **74**, 3341 (1993).
13) T. Shinjo, *et al., J. Phys. Soc. Jpn.*, **59**, 3061 (1990).
14) S. S. P. Parkin, *Phys. Rev. Lett.*, **71**, 1641 (1993)

H_s が小さく線形性のよいものは,磁場感度が高いため磁界センシングに適しているとされ,高い磁気抵抗変化率とともに,低い飽和磁場の材料構成や作製法が検討されている.飽和磁場の観点では,GMR 発見当初の Fe/Cr では室温で 8 T と巨大である.この原因として,薄い非磁性界面を介して強磁性層間の局所的な磁気結合が生じるためと考えられており,強磁性層界面の平滑化と強磁性層間距離の拡大が有効と考えられた.非磁性層の膜厚の厚い領域でも磁気抵抗変化率は周期的に極大化することから,二次ピーク以降の条件を見い出し,そのような条件で GMR 多層膜が検討された.これらの結果として表 3.4.1 の下半分に示されるように飽和磁場 H_s が 10 Oe 以下となる構成が報告[19, 20]されている.

(ⅴ) CPP,CIP 図 3.4.13 に示すように,磁気抵抗効果のスピンによる電子の散乱機構を考えたときに,電流を膜面に対して平行に流す CIP (current in plane),お

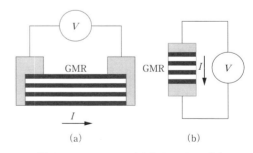

図 3.4.13 CIP-GMR (a) と CPP-GMR (b)

よび垂直方向に流す CPP (current perpendicular to plane) の二つの方式が検討された.CIP-GMR の場合,電子が各層内だけを流れるならば原理的に GMR 効果は起こらないが,各層の厚さが数 nm 以下ときわめて薄いため,何度も界面を横切りながら伝搬する.これにより

GMR効果が発現する．したがって，GMR効果を大きくするためには電子の自由行程よりも積層周期が小さく，各層内部の散乱を減らす構造にすることが有効である．このように，CIP-GMRでは平均自由行程が特性に大きく関与している．さらに，(ii)項において示した式(3.4.7)から，αの値が1以外ならGMRは発現し，$\alpha \gg 1$または$\alpha \ll 1$ならばGMRの値は大きくなることがわかる．すなわち，電子散乱のスピン依存度が大きければ大きいほどGMRは大きい．このことから，非磁性層を介して磁性層の磁化が反平行になること，電子散乱のスピン依存度が大きいこと，そして人工格子の積層周期が電子の自由行程よりも小さいことがGMR発現の必要条件といえる．

CPPにおいて電流は界面を通貫する，すなわちCIPと比べて効率よく電子が界面を通過するので，理想的にはCPPのほうが大きいGMR比を示す．ただし，実際は理想的なスピン偏極率が維持されることが重要のため，CPP-GMRではスピン拡散長が特性を決める値となる．さらに，実験的には電気抵抗に寄生抵抗が重畳するため，配線系の寄生抵抗が素子抵抗よりも大きくなり，GMR比はCIPよりも低くみえてしまう場合が多いので注意が必要である．

どちらの構造もHDDの再生ヘッドへの適用が検討された．CIP構造は，電極配置が面内でありCPPの構造と比べて素子作製が容易だったため，1990年代における主要な磁気ヘッド構造として適用された．記録密度が向上し，CIP構造では十分精度よく高分解能を得られる微細構造を作製し，所望の電気的な特性を満足することが困難となってきたため，CPP型の素子が検討された．しかし，CPPのGMRでは電流の経路長さが短すぎるため電気抵抗が小さく，磁気的な信号も微弱という課題があった．これを解決するため，後に紹介する電流狭窄構造や，トンネル磁気抵抗という新しい磁気抵抗原理の検討が議論された．一方，CPP-GMRではスピン拡散長が特性を決める値となる．

(vi) **スピンバルブ**　Fe/Cr多層膜のGMRのように，隣接した磁性層の間に反強磁性的な層間結合が働いているとき，この磁性膜の磁化は，磁化の静磁気エネルギーに加えて，層間の結合エネルギーによって保持されているため，低磁場での出力が小さく，高磁場まで磁化が増大を続ける，すなわち線形部分が小さい，感度の低いデバイスになる．

Co/Cu多層膜のように，非磁性材料をもつ構成の場合，Cu層の厚さを厚くすることで層間結合をほぼゼロにすることができる．このため，磁化は線形性のよい磁場依存性を示し，低磁場で大きい抵抗変化が得られる．

スピンバルブ（spin valve）構造とは，上記の後者のほうの考え方を発展させたもので，図3.4.14に示すように基本的には強磁性/非磁性/強磁性/反強磁性の順に薄膜が積層している構造である．反強磁性層と接した強磁性層には，界面において一方向に交換バイアス磁場が働いてお

図3.4.14　スピンバルブ構造

り，強磁性層の磁化は一方向に固定された状態になっている．この層は，固定層やピン層などとよばれることが多い．もう一方の磁性層は，交換結合が作用しないため，外部磁界によって自由に磁化の向きを変えることができる．この膜は，自由層やフリー層とよばれることが多い．これらの強磁性層の膜には，$Ni_{80}Fe_{20}$（パーマロイ）やCo_{90}-Fe_{10}などのソフト磁性材料を用いるのが一般的であるが，固定層にはハード磁性材料を用いる場合もある．図の自由層と固定層の上下関係は逆転させることが可能であるが，反強磁性膜上に強磁性層を形成する場合と，強磁性層の上に反強磁性層を形成する場合とで，交換バイアス磁界発現のための条件である材料組成や製膜条件，熱処理条件が異なる場合が多い．

(vii) **反強磁性材料**　高い空間分解能を要するHDD用再生ヘッドや高密度メモリの実現には，薄い磁気センス領域でも特性を発現するスピンバルブ構造はきわめて重要である．この構造で磁気特性の変動が少ない安定した固定層を実現するためには，強い反強磁性結合をもつ反強磁性材料が必要とされ，盛んに研究されている．応用上，反強磁性層に必要とされている代表的特性は以下のとおりである．

① 反強磁性層と強磁性層との交換結合磁界磁場が大きい．
② 強磁性層との交換結合のブロッキング温度が高く，かつ面内分布が小さい．
③ 不可逆的変化や劣化が起きる温度が高い．
④ 高温・長時間のアニールが不要．
⑤ 耐食性が良好．
⑥ 薄くても交換結合が大きい．
⑦ 下地膜によらず特性を発現する．

ここで，交換結合について，膜厚t_{AF}の反強磁性層と膜厚t_F，飽和磁化M_Fの強磁性層とが接している状態について，単位面積あたりの交換結合エネルギーをJ_{ex}とすると，強磁性層に働く交換結合磁場H_{ex}は，次式と表される．

$$H_{ex} = \frac{J_{ex}}{M_F t_F} \tag{3.4.8}$$

このような状態で結合した膜の磁化が外部磁場によって反転するとき，図3.4.15に示すように，反強磁性層に異方性K_{AF}がある場合に，強磁性層の磁化のみが反転する場

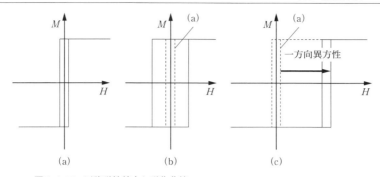

図 3.4.15 反強磁性結合と磁化曲線
(a) 反強磁性層なしの磁化曲線　(b) $J_{ex} > K_{AF}t_{AF}$　(c) $J_{ex} < K_{AF}t_{AF}$

合と，強磁性層/反強磁性層の磁化が一斉に反転する場合との2通りが考えられる．前者は，$J_{ex} < K_{AF}t_{AF}$ の場合に起こり，図(c)のように磁化曲線は H_{ex} だけシフト（一方向異方性）した形で観察される．一方，後者は，$J_{ex} > K_{AF}t_{AF}$ の場合に起こり，磁化曲線はシフトせず，図(b)のように保磁力が増大した形の磁化曲線が発現する．J_{ex} と $K_{AF}t_{AF}$ とが等しい場合，これより薄い反強磁性層では一方向異方性が発現しないという臨界膜厚 t_{cr} が存在する．この t_{cr} は反強磁性材料によって異なる値である．また，交換結合磁場や一方向異方性は温度によって変化する．とくに，一方向異方性が消失する温度をブロッキング温度とよんでいる．

このような反強磁性を示す材料は多数報告されている．代表的な反強磁性材料と結合に用いた強磁性層材料とその膜厚，そのときの結合磁場の大きさ，そのときの結合定数などの諸特性を表3.4.2にまとめて示した[21～41]．表に示すように，NiOに代表される酸化物系，FeMn，NiMn，PtMn，IrMnなどのMn系金属化合物，CrAl，CrMnPtなどのCr系金属化合物，そのほか希土類系化合物が知られている．

酸化物系は結合定数が約 $0.05\,\mathrm{erg\,cm^{-2}}$ 前後と低い値をとることが多く，特性発現に必要な臨界膜厚として数十nmの厚い膜が必要である．一方，熱処理が不要でかつ抵抗が高く，積層膜形成順序に鈍感なため，面内の磁気抵抗効果膜での素子特性検証などに多く用いられる．とくに，NiOは作製が比較的容易なため，多く検討された．

Mn化合物系は，実用デバイスへの応用に向けて，多くの材料系で検討された．FeMnは，スピンバルブの発案以降多く検討された最も一般的な反強磁性材料の一つである[25～27]．特徴は，パーマロイ強磁性層に対して熱処理をせずに結合定数が $0.1\,\mathrm{erg\,cm^{-2}}$ 程度の一方向異方性を発現することである．ただし，ブロッキング温度は150℃程度とやや低く，温度変化に依存して特性が変化しやすい．多くの反強磁性材料が，この材料特性を基準にして比較検討された．

NiMnは，FeMn同様に盛んに検討された材料で，パーマロイに対して熱処理を施すことで $0.27\,\mathrm{erg\,cm^{-2}}$ という強い一方向異方性が発現する点と，ブロッキング温度が400℃を超えるため高温環境でも安定な反強磁性結合を維持する特徴がある．特性発現のための熱処理には190℃で数十時間，あるいは250℃以上で数時間という条件が必要で，ほかの強磁性膜や障壁膜の熱耐性との関係からそのままの適用は難しいと考えられ，間欠的な熱処理や下地膜の工夫が検討された．

$\mathrm{Mn_{80}Ir_{20}}$ は，NiFe以外の磁性体に対しても強い反強磁性結合を発現する特徴がある．とくに，CoFe系の強磁性膜に対して $0.16\,\mathrm{erg\,cm^{-2}}$ を超える強い結合を熱処理なしで発現する点，および臨界反強磁性層厚が8nm未満と薄い状態で強い反強磁性結合を発生する特性材料として，薄いトンネル抵抗素子を作製する必要がある場合などに用いられた．ブロッキング温度は，結合する磁性膜にCoFeを用いたときで230～250℃になる．

PtMnは，Co系の磁性層に対して反強磁性結合する．熱処理が必要であるが，結合定数は強く，ブロッキング温度も高い．Ptの垂直磁化成分が関係するため，垂直方向の磁気結合に用いられることがある．Pdを入れた系も検討されている．

$\mathrm{Mn_3Ir}$ は，下地として高温度基板上に形成したRuなどの配向膜上に高温で結晶性を高めた状態の膜を形成することで作製したもので，従来の反強磁性膜の10倍近い，$1.0\,\mathrm{erg\,cm^{-2}}$ を超える強い結合を示すのが特徴である．これは，反強磁性膜の結合が単に材料特性というよりは，界面の結晶の接続性や格子整合の度合いに強く依存していることを示している．

(viii) 積層フェリ　固定層は，基本的に強磁性/反強磁性の二層積層膜だが，磁性膜の端部には磁極が生じるため，そこからの漏れ磁束が自由層に影響を与えると考えられる．この影響を小さくする方法として積層フェリとよばれる構造が提案された．これは，厚さ1nm未満のRuの薄い膜を固定層の磁性層の途中に挟む構造で，積層構成としては強磁性/Ru/強磁性/反強磁性となる．このとき，Ruを介した両側の強磁性層は非常に強く反強磁性結合することが知られている．これを用いると，固定層の交換結合磁界の増大と，固定層と自由層間の静磁気結合の低減が

表 3.4.2 反強磁性材料

	材料	結合強磁性膜 (膜厚/nm)	結合磁界 Oe	結合定数 erg cm^{-2}	臨界膜厚 nm	ブロッキング温度/℃	熱処理	文献
酸化物	NiO	NiFe(30, 40)	20	0.047〜0.062	<50	190〜230	不要	1, 2)
	CoO/NiO	NiFe(6)	150	0.07	30	—		3)
	α-Fe$_2$O$_3$	NiFe(75〜105)	200〜250	0.023	10	220		4)
Mn化合物	FeMn	NiFe(15〜40) NiFe(4)	50〜90 420	0.105〜0.160 0.13	≪10	155 150	不要	5〜7)
	NiMn	NiFe(28.5)	120	0.27	≪25	>400	190℃×20〜50 h	8)
	Mn$_{80}$Ir$_{20}$	NiFe(20) CoFe(2)	40 600	0.06 0.165	≪8	120〜130 250	不要	9〜12)
	Pt$_{48}$Mn$_{52}$	NiFe(3) Co(4)	650 510	0.15 0.27	≪20	380 380	230×1 h	13)
	Pd$_{30}$Pt$_{20}$Mn$_{50}$	NiFe(20)	72	0.11	≪25	300	230×1 h	14)
	Rh$_{20}$Mn$_{80}$	NiFe(20) CoFe(5)/NiFe(11)	85 120	0.13 0.18	4	—	不要	15)
	Mn$_3$Ir	Co$_{70}$Fe$_{30}$(4) Cr$_{66}$Ni$_{24}$Fe$_{10}$(5)	1530 2270	0.87(5 nm) 1.3 (10 nm) 1.0	≪5	360	T_s 高温下地層依存 300×5 h	16, 17)
	Ni$_{49.5}$Mn$_{41.1}$Cr$_{6.4}$	NiFe(28.5)	78.2	0.17	≪50.4	>160	240×5 h+255×7 h	18)
Cr化合物	Cr$_{68}$Al$_{32}$	NiFe(5)	38	0.15	≪50	—		18)
	CrMnPt	Co(3)	380	0.15	<15	—		19)
	CrMnIr	CoFeB	—	〜1	—	—	不要	20)
希土類	Tb$_{28}$Co$_{72}$	Co(2)/NiFe(4)	300	0.16	8	—		21)

1) M. J. Carey, *et al.*, *Appl. Phys. Lett.*, **60**, 306 (1992).
2) S. Soeya, *et al.*, *J. Appl. Phys.*, **79**, 1604 (1996).
3) J. Fujikata, *et al.*, *IEEE Trans. Magn.*, **32**, 4621 (1996).
4) W. C. Cain, *et al.*, *J. Appl. Phys.*, **61**, 4170 (1987).
5) B. Dieny, *et al.*, *Phys. Rev. B*, **43**, 1297 (1991).
6) C. Tsang *et al.*, K. Lee, *J. Appl. Phys.*, **52**, 2471 (1981).
7) W. C. Cain, *et al.*, *J. Appl. Phys.*, **61**, 4170 (1987).
8) T. Lin, *et al.*, *Appl. Phys. Lett.*, **65**, 1183 (1994).
9) K. Hoshino, *et al.*, *Jpn. J. Appl. phys.*, **35**, 607 (1996).
10) H. N. Fuke, *et al.*, *J. Appl. Phys.*, **81**, 4004 (1997).
11) H. Yoda, *et al.*, *IEEE Trans. magn.*, **32**, 3363 (1996).
12) 瀧口雅史ら, 第 20 回 日本応用磁気学会学術講演概要集, 21aC-6 (1996).
13) H. Kishi, *et al.*, *IEEE Trans. Magn.*, **32**, 3380 (1996).
14) 斎藤正路ら, 第 20 回 日本応用磁気学会学術講演概要集, 21aC-7 (1996).
15) M. Tsunoda, *et al.*, *Appl. Phys. Lett.*, **84**, 25, 5222 (2004).
16) M. Tsunoda, *et al.*, *J. Magn. Magn. Mater.*, **304**, 55 (2006).
17) 宇山浩子ら, 第 20 回 日本応用磁気学会学術講演概要集, 21aC-5 (1996).
18) K. Nishioka, *et al.*, *J. Appl. Phys.*, **83**, 6, 3233 (1998).
19) T. Ohtsu, *et al.*, *IEEE Trans. Magn.*, **43**, 2211 (2007).
20) P. P. Freitas, *et al.*, *Appl. Phys. Lett.*, **65**, 493 (1994).
21) M. Julliere, *Phys. Lett.*, **54A**, 225 (1975).

可能であり，磁界感度の高い GMR 膜を作製することが可能である．

電流がスピンバルブ膜面内を流れる CIP 型のスピンバルブ GMR では，電流は主として電気伝導度の高い Cu 中間層を流れる．素子の電流方向の長さが電子の自由行程より十分長ければ，自由層と中間層，および中間層と固定層との界面において，スピン依存散乱が支配的となる．このため，界面近傍が磁気抵抗効果に寄与する．よって，CIP では，スピンによる電子の自由行程と，上記の各界面における電子の弾性透過率が重要な特性パラメーターとなる．さらに，自由層とキャップ層との界面や，固定相と反強磁性層との界面における電子の鏡面反射率（スペキュラリティ）を限りなく 1 に近づけて，電子が繰り返し界面近傍を通過する状態を形成することで高い磁気抵抗変化率を得ることができる．このように磁気抵抗変化率を高める方法はスペキュラー散乱とよばれた．

一方，CPP-GMR では，電流は自由層，中間層，固定層を一貫して均一に流れる．このとき，電流は強磁性層内でのバルク伝導における↑スピンと↓スピンの非対称性と，各界面での界面抵抗の非対称性との両方が磁気抵抗変化に寄与する．磁性層にスピン分極率の高い材料を用いるなど，このスピンの非対称性を高める方法で高い磁気抵抗効果を得ることが理論的に可能である．もう一つの方法は，スピン散乱構造中に薄い Al-O Al$_2$O$_3$ などの電流狭窄層を挿入して，素子の抵抗を寄生抵抗に対して相対的に高める方法である．実際に，素子中での電子の流れが狭窄することにより磁気抵抗変化率が増大し，チャネル径がスピン拡散長より小さくなると，狭窄効果はチャネル径に反比例して磁気抵抗変化が増大するという顕著なものになる．

c. トンネル磁気抵抗効果とその材料

(i) はじめに　1970 年代，M. Julliere は Fe/Ge-O/Co のトンネル接合を作製し，低温で 14% の磁気抵抗変化

を観測した[42]。この当時は、室温での磁気抵抗は得られなかったため、大きな注目を得るには至らなかった。その後、1988年に磁性金属多層膜の巨大磁気抵抗（GMR：giant magnetoresistance）効果が発見され、HDDの研究開発が盛んになると、トンネル磁気抵抗（TMR：tunneling magnetoresistance）効果も再び注目されるようになった。1995年に宮崎、Mooderaらは、Al-Oのアモルファス膜をトンネルバリヤに適用し、磁性体に3d系の磁性金属を用いた磁気トンネル接合（MTJ：magnetic tunnel junction）を作製し、磁気抵抗変化率が室温で18%という値に達することがわかった[43,44]。この値は、当時のスピンバルブGMRの効果を上回る値だったため注目された。

ここで、TMR効果現象について紹介する。はじめに、厚さ数nm以下の絶縁体からなる薄膜層（トンネルバリヤ層）の両側にそれぞれ強磁性金属層が接合し、電流を膜面に垂直な方向（CPP）に流すように配置した素子をTMR素子またはMTJ素子とよぶ。これは、電子が絶縁体からなる層をトンネル効果によって伝導するためである。GMRの場合と同様、MTJの二つの磁性層のそれぞれの磁化の向きが平行なときと反平行なときとで、素子の電気抵抗が異なる性質があり、外から磁場を印加することでこの状態を可逆に変化させることができる。このMTJにおける外部印加磁場による電気抵抗の変化をトンネル磁気抵抗効果とよぶ。このTMR現象については、図3.4.16に示すようなJulliereが提唱した理論モデルが説明に用いられることが多い。平行磁化状態のMTJの電気抵抗をR_p、半平行状態のそれをR_{ap}とすると、MTJの磁気抵抗変化率（MR比）は、以下のように定義される。

$$MR(\%) = \frac{R_{ap}-R_p}{R_p} \times 100 = \frac{2P_1P_2}{1-P_1P_2} \times 100$$
$$P_1 = \frac{D_{1\uparrow}(E_F)-D_{1\downarrow}(E_F)}{D_{1\uparrow}(E_F)+D_{1\downarrow}(E_F)}$$
$$P_2 = \frac{D_{2\uparrow}(E_F)-D_{2\downarrow}(E_F)}{D_{2\uparrow}(E_F)+D_{2\downarrow}(E_F)}$$
(3.4.9)

ここで、Pは強磁性電極のスピン分極率とよばれる量であり、図3.4.16のフェルミ準位E_Fにおける多数スピンバンドの状態密度$D_\uparrow(E_F)$と少数スピンバンドの状態密度$D_\downarrow(E_F)$によって定義される値である。まず、トンネル効果で電子のスピンの向きが変わらないと仮定する。平行磁化状態で多数スピン電子と少数スピン電子とは、それぞれ、もう一方の電極の多数スピンバンドと少数スピンバンドにトンネルする。一方、反平行磁化状態では、これとは逆に、多数スピン電子と少数スピン電子とは、それぞれ、もう一方の電極の少数スピンバンドと多数スピンバンドにトンネルする。この結果が、上記のような式で描かれることがわかる。

低温における強磁性金属のスピン分極率を実験的に評価するためには、点接触アンドレーフ反射法のように強磁性/トンネル障壁/超伝導という構造をもつ点接合を用いて電気伝導度を測定する方法や、スピン分解光電子分光法などの方法がとられ、Fe、Co、Niに代表される3d金属および合金においては$0<P<0.6$の値をもつことが明らかとされている[45]。この値はAl_2O_3系を障壁層に用いたMTJの抵抗変化率の実験結果とよく合う。ただし、このようにして求められたスピン分極率の値は、理論計算で求められたDOS上の電子状態密度によるスピン分極率とは一致しないことが多い。これは、Julliereモデルがすべてのブロッホ状態におけるトンネル確率が等しいという仮定に基づくためで、トンネル過程での電子の波動関数の対称性が保存されないという一種の極限状態に相当するためであるとされる。電極強磁性金属中に波動関数の対称性の異なるブロッホ電子状態が多数存在し、かつアモルファスのAl-Oのトンネル障壁で、構造的に対称性がないため、いろいろな対称性のブロッホ状態がトンネル可能であるため、ある程度正しい理解であると考えられる。ただし、CoやNiを電極に用いると、理論的な状態密度から計算されるPは負であるのに対し、実験値は正の値をとり、符号すら一致しない状況が起きる。これは、トンネル確率が波動関数の対称性に大きく依存することに起因したもので、Al-Oトンネル障壁においても対称性の高いs電子的な状態の透過率が高くなることが示されている[46,47]。大きい正のスピン分極率をもつ状態が高いトンネル確率をもつため、電極のスピン分極率が正になるといった状況が理解されている。

（ii）Al-Oトンネル障壁MTJ　Al-O（代表的組成であるAl_2O_3、またはAlO_xと表記する場合がある）障壁のMTJは、高真空中で成長した膜厚1nm前後のAl膜を、酸素含有雰囲気中に一定時間暴露する自然酸化法、あるいは酸素含有の酸素を含むガスのプラズマ、あるいは電気的に中性なラジカルイオンを照射する酸化法によって作成され、TMR効果をHDDや磁気抵抗メモリ（MRAM）に適用するうえで長い間研究されてきた構造である。MR特性は接合をつくる強磁性体の組合せによって異なる値をとり、表3.4.3に代表的な例を示す[48〜65]。表に記載したもの以外にも、多くのトンネル膜作製方法、添加材料、磁性膜材料種に関して調べられた。

NiFe/Al-O/Coは、TMR研究の初期から行われたもの

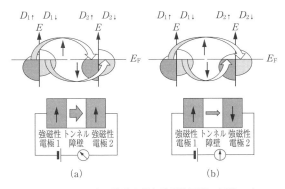

図3.4.16　トンネル障壁を挟む強磁性層間の伝導モデル

である．当初の研究では障壁層が厚い状態だったが，室温で2.7%というMR比が実験的に確認されたため，TMRの研究が本格化するきっかけとなった[48]．その後の詳細な研究により，この組合せで22%のMR比が実現している[49～51]．

Fe/Al-O/Feは，下部の磁性膜と上部の磁性膜の形状が直交するように素子を形成し，形状磁気異方性の違いから発生する保磁力の違いを利用して磁気抵抗変化を評価したもので，低温で30%を示す[52]．

Co/Al-O/Co系では，MnFeなどの反強磁性体を用いたスピンバルブ構造を作製して調べられた．初期は，室温で15～20%程度であったが[50]，後に60%を超える値が確認されている[56]．

FeとCoについては，Hf-Oの障壁層を用いて30KでのMR比が31%と報告されている[53]．77Kでは2%程度まで減少する．

CoFeはソフトな特性と高いスピン分極率を備えるため，これらを磁性体に用いた検討は盛んに行われた．片方の磁性層がCoの場合は，室温で18%ほどであったが[55]，両磁性層ともにCoFeという構成では室温で72%のMR比が報告されている[59]．このとき，障壁層の酸化時間をわずかに増やしただけで7%にMR比が減少するという結果が確認され[59]，障壁層が過度に酸化され，界面部分の磁性元素であるFeが酸化されると，極端にMR比が減少すると考えられた[57]．

このほか，アモルファス構造のCoFeBを磁性層にした検討も多々行われた．CoFeの組成にもよるが，最大で70%を超える値が報告されている[60]．これは，CoFeの結果とほぼ同等である．

Al-Oとは別の障壁も調べられたが，Ta-Oが初期に検

表 3.4.3 Al-OトンネルMTJのまとめ

トンネル接合	MR比	障壁厚さ /nm	文献
NiFe/Al-O/Co	2.7%(300 K)	>15	1)
	3.5%(77 K)	1.9	1)
	20%(室温)	1～2	2)
	22%(室温)		3), 4)
Fe/Al-O/Fe	18%(300 K)	Al酸化物(5.5)	5)
	30%(4.2 K)		
NiFe/Co/Al-O/Co/NiFe	10%	1.7	2)
Co/Al-O/Co	>15%(室温)		
Co/Al-O/Co	60%(室温)	2.6	6)
Fe/Hf-O(HfO$_2$)/Co	2%(77 K), 31%(30 K)	10	7)
CoFe/Al-O/Co	10.6～11.8%(295 K)	1.6(1.9 eV)	8)
	20%(77 K), 24%(4.2 K)		
	18%(室温), 25.6%(4.2 K)		9)
		3.1(Al(1.9)酸化物)	10)
CoFe/Al-O/CoFe	65%(室温), 11%(室温)	下地層(TiN, Ag)	11)
	72%(室温), -7%(室温)	酸化時間(130 s, 180 s)	12)
NiFeCo/Al-O/Fe$_{60}$Co$_{40}$（ターゲット組成）	42.7%(室温)	1.5	13)
CoFe/Al-O/CoFeB	59.5%(室温)	—	14)
Co$_{60}$Fe$_{20}$B$_{20}$/Al-O/Fe$_{60}$Co$_{40}$（ターゲット組成）	60.8%(室温)	1.5	13)
Co$_{60}$Fe$_{20}$B$_{20}$/Al-O/Co$_{60}$Fe$_{20}$B$_{20}$/Ru/Fe$_{60}$Co$_{40}$ （ターゲット組成）	70.4%(室温)	1.5	13)
NiFe/Ta$_2$O$_5$/Al-O/NiFe	2%(室温), 4%(20～30 K)	(Al(0.5)/Ta(0.5)酸化物,	15)
NiFe/Ta$_2$O$_5$/NiFe		Al(0.75)/Ta(0.75))	
CoFe/Ti-O/CoFe		(100 meV)	15)
Co$_2$MnSi/Al-O/Co$_2$MnSi	570%(4.2 K)		16)
La$_{1-x}$Sr$_x$MnO$_3$/SrTiO$_3$/La$_{1-x}$Sr$_x$MnO$_3$	1800%(4.2 K)		17)
Fe$_3$O$_4$/Al-O/Co$_{75}$Fe$_{25}$	13%(室温)	1.2	18)

1) T. Miyazaki, et al., *J. Magn. Magn. Mater.*, **98**, L7 (1991).
2) M. Sato, et al., *Jpn. J. Appl. Phys.*, **36**, L200 (1997).
3) Y. Lu, et al., et al., *Appl. Phys. Lett.*, **70**, 2610 (1997).
4) W. J. Gallagher, et al., *J. Appl. Phys.*, **81**, 3741 (1997).
5) T. Miyazaki, et al., *J. Magn. Magn. Mater.*, **139**, L231 (1995).
6) Y.-T. Chen, et al., *J. Alloys Compd.*, **489**, 242 (2010).
7) C. L. Platt, et al., *Appl. Phys. Lett.*, **69**, 2291 (1996).
8) J. S. Moodera, et al., *Phys. Rev. Lett.*, **74**, 3273 (1995).
9) J. S. Moodera, et al., *J. Appl. Phys.*, **79**, 4724 (1996).
10) Q. Y. Xu, et al., *J. Magn. Magn. Mater.*, **263**, 83 (2003).
11) J. Du, et al., *Phys. Status Solidi A*, **199**, 289 (2003).
12) J. J. Yang, et al., *Appl. Phys. Lett.*, **95**, 233177 (2009).
13) D. Wang, et al., *IEEE Trans. Magn.*, **40**, 2269 (2004).
14) H. Kano, et al., Digest of InterMag Conference, BB04 (2002).
15) J.-G. Zhu, C. Park, *Materials Today*, **9**, 36 (2006).
16) Y. Sakuraba, et al., *Appl. Phys. Lett.*, **88**, 192508 (2006).
17) M. Bowen, et al., *Appl. Phys. Lett.*, **82**, 233 (2003).
18) H. Matsuda, et al., *Jpn. J. Appl. Phys.*, **41**, L387 (2002).

討された以外は Al-O を超える特性は得られておらず，MgO 障壁の登場を待つという状況であった．ただし，Ti-O は障壁として，きわめて低い障壁高さを示すことが報告されており，TMR 低抵抗化のさいに検討された[62]．

このように，3d 金属系強磁性層を用いた実験では，Al-O トンネル障壁を用いたときの MR 比は，室温で最大約 70% が実現されている．この値は，理論計算において通常の磁性体のスピン分極率 0.6 を用いて計算した低温での MR 比に，熱じょう乱を勘案して得られる値とほぼ一致するものである．初期的な検討では，磁性体のバルク状態のスピン分極率と障壁との関係が調べられたが，検討が進むにつれ，たとえば酸化が進んだ試料で負の MR 効果が確認され，またバイアス電圧を印加することでも負の MR 比が発現する場合が確認されており，障壁層界面の分極率が TMR 特性の理解に重要であると考えられるようになった．障壁にかかるバイアス電圧で MR 比が変わるため，バイアス依存性を制御する界面近傍の制御について，現在でも詳細な検討が継続されている．

また，高い MR 比を得ることを目的に，磁性層にスピン分極率の高い材料を適用する試みが多くなされた．MTJ の研究の中で，原理的に完全スピン偏極しているとされるハーフメタルとよばれる材料群については，スピン分極率が 1 に近づけば，理論式上は無限大に向けて MR 比が増大していくことから，多くの研究がなされた．ハーフメタルの候補としては，ホイスラー合金（Co_2MnSi，$Co_2X_{0.5}Mn_{0.5}Si$，$Co_2Fe(Al, Si)$ など），Mn 系ペロブスカイト酸化物（$La_{1-x}Sr_xMnO_3$），Fe_3O_4，CrO_2 などがある．ホイスラーでは，X_2Y_z という組成からなり，$L2_1$ とよばれる完全規則状態をとる構造は，フルホイスラー合金とよばれており，キュリー温度が高く理論的にハーフメタルであるとされてきたが，原子配列の乱れでハーフメタル性を失う性質がある．Y-Z 原子間に乱れがある $B2$ 構造や，さらに X 原子に乱れのある $A2$ 構造があり，規則度が高いとスピン分極率も高いと考えられており，実験的にも $B2$ 構造を有する（$Co_2(Cr, Fe)$）Al や Co_2MnAl よりも，$L2_1$ 構造をもつ Co_2MnSi や $Co_2Fe(Al, Si)$ などからなる MTJ で高い MR 比が報告されている．$Co_2MnSi/Al-O/Co_2MnSi$ および，$La_{1-x}Sr_xMnO_3/SrTiO_3/La_{1-x}Sr_xTiO_3$ の MTJ は，低温でそれぞれ 570%，1800% という巨大な MR 比を実現している[63,64]．ただし，この MTJ は温度変化が大きく，室温では従来型を超える MR 比は得られていない．また，Fe_3O_4 では，材料的なハーフメタル特性が得られているにもかかわらず MR 比は低いままであり，界面領域のスピン伝導機構を精査する必要が議論された[65]．

HDD に MTJ を適用するためには，MR 比に代表される出力が大きいこと，ノイズを与える要因が適正範囲であることが要求される．とくに後者を適正化するため，膜の特性として面積抵抗積が重要な指標となった．実際に MTJ を実用化に適用したいと考えた記録密度 100 Gbit in^{-2} 以上の領域は，MR 比が 20% 以上で，かつ 2〜3 $\Omega \mu m^{-2}$ 以下というかなり低い RA 値がノイズ抑止のために必要とされた．Al-O でこの値を得るには 1 nm 未満の膜厚にする必要があり，自然酸化条件やラジカル酸化などの酸化における反応エネルギーを制御することで酸化進行を高精度に制御するとともに，下地膜の平坦処理技術を導入し，凹凸やピンホールのない均一な障壁層を作製する作製方法の検討が行われた．さらに，材料的にバリヤ高さの低い材料で膜の厚さを厚くし，制御性を高める検討が多くなされた．Ti-O 障壁層や Al-O に Hf-O を混合したアモルファス膜が検討された[62]．

(ⅲ) **MgO トンネル障壁 MTJ**　MgO をトンネル障壁に用いた MTJ は，Al-O 障壁 MTJ の研究が行われている期間も各所で試みられたが，Al-O とほぼ同じ程度の MR 比の値であり注目されるに至らなかった[66]．しかし，2001 年になると，第一原理計算を用いた理論予想として，単結晶の MgO(001) をトンネル障壁に用いた Fe(001)/MgO(001)/Fe(001) という構造をもつエピタキシャル積層の MTJ が 1000% を超える巨大な MR 比をもち得ることを発表した[67,68]．この予想に刺激され，超高真空分子線エピタキシー（MBE）を用いて高品質なエピタキシャル MTJ を作製する試みがなされた．基板に Fe(001) の格子定数との不整合の小さい MgO(001) 基板などを用いて，基板温度，界面酸化と成長速度を適切に管理することでエピタキシャル成長させることは可能である．表 3.4.4 に，この関係の代表的報告結果をまとめた．理論で提唱されたようなエピタキシャル Fe(001)/MgO(001)/Fe(001) の MTJ に関する MR 比の検討結果は 2003 年に報告され[69]，60% を超える高い値であり，同様に検討した結果では 88% という従来の Al-O 障壁を用いた MTJ で実現した最大の MR 比を超える値が報告された[70]．さらに，界面のエピタキシャル条件の適正化を進めることにより同じ材料構成の試料において室温で 180% の MR 比が実現した[71]．また，MBE にて作製した bcc 構造の Co 膜を用いて Co(001)/MgO(001)/Co(001) の MBE 作製膜から形成した MTJ では室温で 410% という値を実現した[72,73]．一方，Co-Fe/MgO/Co-Fe のスパッタリング法作製膜から形成した MTJ の結果は室温で 220% となった[74]．さらに，磁性膜にスパッタリング法で作製した CoFeB 膜が，室温製膜時にはアモルファス構造で表面がきわめて平坦であること，このアモルファス CoFeB 膜上に MgO(001) が成長すること，そして 270℃ 以上の熱処理によって CoFeB 膜は MgO との間にエピタキシャルな関係をもって結晶化することが明らかとなり，この材料を強磁性層に用いることで 230〜260% という値を実現した[75,76]．これらの結果は多くの機関で再現され[77]，さらに結晶性を高めるため 525℃ の高温磁界中熱処理を加えることで，300 K で 604%，低温で 1144% の MR 比を確認した[78]．

HDD や MRAM への適用という実用的観点から，反強磁性層で磁化固定された積層フェリ構造の上に MgO(001) 障壁をもつ MTJ を形成するスピンバルブ構造への

表3.4.4 MgOトンネル障壁MTJのまとめ

トンネル接合	MR比	膜作製方法	文献
Fe/MgO/Fe	67%（293 K） 100%（20 K）	MBE	J. Faure-Vincent, et al., Appl. Phys. Lett., **82**, 4507 (2003).
Fe(001)/MgO(001)/Fe(001)	88%（293 K） 146%（20 K）	MBE	S. Yuasa, et al., Jpn. J. Appl. Phys., **43**, L588 (2004).
Fe(001)/MgO(001)/Fe(001)	180%（293 K） 247%（20 K）	MBE	S. Yuasa, et al., Nat. Mater., **3**, 868 (2004).
Fe(001)/Co(001)/MgO(001)/Fe(001)	271%（290 K） 353%（20 K）	MBE	S. Yuasa, et al., Appl. Phys. Lett., **87**, 222508 (2005).
Co(001)/MgO(001)/Co(001)	410%（290 K） 507%（20 K）	MBE	S. Yuasa, et al., Appl. Phys. Lett., **89**, 042505 (2006).
$Co_{94}Fe_{16}$/MgO/$Co_{94}Fe_{16}$	220%（室温） 300%（4 K）	スパッタリング	S. S. P. Parkin, et al., Nat. Mater., **3**, 862 (2004).
CoFeB/MgO/CoFeB	230%（室温） 294%（20 K）	スパッタリング	D. D. Djayaprawira, et al., Appl. Phys. Lett., **86**, 092502 (2005).
CoFeB/MgO/CoFeB	260%（300 K） 403%（5 K）	スパッタリング	J. Hayakawa, et al., Jpn. J. Appl. Phys., **44**, L587 (2005).
CoFeB/MgO/CoFeB	604%（300 K） 1144%（5 K）	スパッタリング 525℃熱処理	S. Ikeda, et al., Appl. Phys. Lett., **93**, 082508 (2008).

適用が盛んに検討された．この場合，室温でのスパッタリング方式で膜作製を行うことがこの観点では必須とされた．ここで，Co/Ru/Coに代表されるような積層フェリ型固定層や，IrMnやPtMnなどの反強磁性膜は(111)配向をもつfcc構造のため，MgOやbcc構造の強磁性電極とは結晶の対称性，格子定数の整合性がきわめて低いため，この方法では工業的に高いMR比をもつスピンバルブ型のMTJを作製することは困難である．これに対し，磁性層にCoFeBアモルファス膜を用い，後から熱処理するという方法は，生産用としてすでに標準的となった高真空スパッタリング設備を用いて任意の下地膜上に形成され，再現性もきわめて良好だったため，工業的な意味でスピンバルブ型の構造を実現する基礎となる技術となった．

（iv）ハーフメタルTMR　MgO障壁トンネル接合とは異なるアプローチとして，スピン分極の大きな強磁性電極材料を用いてMR比を向上させる試みがなされている．磁性体材料の観点では，フェルミ面における電子のスピンが↑か↓のどちらか一方にスピン分極した材料である．Julliereのモデルによれば，ハーフメタル電極を用いることで理論的にはMR比は無限大になるとされるため，多くの材料的検討がされている．

ハーフメタル特性をもつとされる材料は，主として酸化物系と金属化合物系に分類される．酸化物系に関しては，表3.4.5に代表的なハーフメタル酸化物を用いたMTJのMR比，作製方法，キュリー温度，および磁気抵抗が発現する臨界温度を示した[79〜83]．酸化物系のハーフメタル材料は，バンドギャップ側のギャップ幅が1〜1.5eVと広い材料が多い．このため，バイアス電圧が印加されても広い範囲で高いスピン分極率，すなわち大きなMR比を示すという特徴となる．ただし，キュリー温度が室温未満のものがほとんどで，表3.4.5のMR比を見てもわかるように，室温でのMR比は小さい．また，この系では，負のMR比を示すインバースMTJ効果が観測されることが特徴的である[80〜82]．MR比が負ということは，磁化平行状態のときの抵抗が高く，反平行状態の抵抗が低いという状態である．Fe_3O_4は，結晶の内部構造と伝導電子の生成が関与した系で，キュリー温度も850Kと高く，室温でのハーフメタル効果が期待されたが，十分高いMR比は報告されていない．

金属化合物系のハーフメタルとしてはホイスラー合金があげられる．ホイスラー合金は1903年にF. Heuslerによって発見された合金系で，はじめはCu_2MnAlから端を発している[84]．この材料は，室温で非磁性の金属で構成されているにもかかわらず，強磁性になることで興味がもたれた．ハーフメタル材料として注目されるようになったのは1983年以降，NiMnSbという組成のバンド計算からである[85]．

ホイスラー合金はXYZの組成からなるハーフホイスラー合金と，X_2Y_Zの組成からなるフルホイスラー合金に分けられ，その規則状態に応じて三つの単位格子構造をとる．完全に規則配列した構造が$L2_1$構造，Y-Z原子に不規則性があるものがB2構造，X-Y-Z原子のすべてがランダム配列した構造がA2構造である．ハーフメタル特性と原子配列の規則性は強い相関があることが理論的に検証されている[86]．

表3.4.6に，これまでに報告された代表的なホイスラー合金とAl-O障壁の組合せによるMR比，作製方法，スピン分極率を示す[82, 83, 87〜88]．表中に作製方法として示した．スパッタリングの方式として，直流電極間の放電現象を利用したDCスパッタリング法（direct-current sputtering

表 3.4.5 強相関物質系ハーフメタル TMR のまとめ

トンネル接合	MR 比	作製方法	キュリー温度 T_C	MR 発現温度域	文献
LaCaMnO$_3$/NdGaO$_3$/LaCaMnO$_3$	86%(77 K) 40%(100 K)	PLD	265 K	<120 K	1)
LaSrMnO$_3$/SrTiO$_3$/LaSrMnO$_3$	1850%(4.2 K)	PLD	約 360 K	<280 K	2)
LaSrMnO$_3$/SrTiO$_3$/Co	−32%(40 K)	PLD	約 360 K		3)
Co/SrTiO$_3$/LaSrMnO$_3$	−50%(5 K)	PLD	約 360 K	<室温	4)
CrO$_2$/Cr$_2$O$_3$/Co	−8%(5 K) −1.5%(150 K)	CVD+ スパッタリング	395 K	<150 K	5)
Fe$_3$O$_4$/Al-O/Co	43%(4.2 K) 13%(室温)	スパッタリング	850 K	<125 K	6)

1) M.-H. Jo, *et al.*, *Phys. Rev. B*, **61**, R14905 (2000).
2) M. Bowen, *et al.*, *Appl. Phys. Lett.*, **82**, 233 (2003).
3) J. M. de Teresa, *et al.*, *Science*, **286**, 507 (1999).
4) P. Seneor, *et al.*, *Appl. Phys. Lett.*, **74**, 4017 (1999).
5) C. T. Tanaka, *J. Appl. Phys.*, **86**, 6239 (1999).
6) C. T. Tanaka, *J. Appl. Phys.*, **81**, 5515 (1997).

表 3.4.6 ホイスラー合金系ハーフメタル TMR (Al$_2$O$_3$ 障壁) のまとめ

トンネル接合	MR 比	ホイスラー	作製方法	P	文献
NiMnSb/Al-O/Ni$_{80}$Fe$_{20}$	9%(室温) 19.5%(4.2 K)		MBE	0.25~0.28	1)
NiMnSb/Al-O/Co$_{50}$Fe$_{50}$	3.7%(室温) 5.7%(77 K)		MBE	―	2)
Co$_2$MnSi/Al-O/Co$_{30}$Fe$_{70}$	33%(室温) 86%(10 K)	フル	DC スパッタリング	0.61	3)
Co$_2$MnSi/Al-O/Co$_{75}$Fe$_{25}$	70%(室温) 159%(2 K)	フル	誘導性結合 プラズマスパッタリング	0.89	4)
Co$_2$MnSi/Al-O/Co$_2$MnSi	67%(室温) 570%(2 K)	フル	誘導性結合 プラズマスパッタリング	ボトム　:0.89 アッパー:0.83	5)
Co$_2$Cr$_{0.6}$Fe$_{0.4}$Al/Al-O/Co	6%(室温) 10.8%(4 K)	フル	DC スパッタリング	―	6)
Co$_2$Cr$_{0.6}$Fe$_{0.4}$Al/Al-O/CoFe/NiFe	16%(室温) 26.5%(5 K)	フル	DC スパッタリング	0.3	7)
Co$_2$MnAl/Al-O/CoFe	40%(室温)	フル	RF & DC スパッタリング	0.76	8)

1) C. T. Tanaka, *et al.*, *J. Appl. Phys.*, **86**, 6239 (1999).
2) C. T. Tanaka, *et al.*, *J. Appl. Phys.*, **81**, 5515 (1997).
3) S. Kammerer, *et al.*, *Appl. Phys. Lett.*, **85**, 79 (2004).
4) Y. Sakuraba, *et al.*, *Jpn. J. Appl. Phys.*, **44**, L1100 (2005).
5) Y. Sakuraba, *et al.*, *Appl. Phys. Lett.*, **88**, 192508 (2006).
6) A. Conca, *et al.*, *J. Magn. Magn. Mater.*, **290–291**, 1127 (2005).
7) K. Inomata *et al.*, *Jpn. J. Appl. Phys.*, **42**, L419 (2003).
8) H. Kubota, *et al.*, *Jpn. J. Appl. Phys.*, **43**, L984 (2004).

method) と, 高周波電場によってスパッタリングを行う RF スパッタリング法 (radio-frequency sputtering method) が一般的である. また, 導入ガスに高電圧を印加し, プラズマを形成, そこに高周波磁場を印加することでできる高温のプラズマ渦による高温, 高エネルギー環境を利用するスパッタリング製膜法を誘導性結合プラズマスパッタリング (inductively-coupled plasma sputtering method) とよぶ.

ハーフホイスラーと 3d 合金との MTJ については, 室温での MR 比がたかだか 10%, 低温でも最大 20%程度でハーフメタルとしての顕著な特性は報告されていない. これに対して, フルホイスラーと 3d 合金との MTJ については, Co$_2$MnSi を用いた Al-O 系において, 室温で 70%, 低温で 159%の大きい MR 比が測定されている. このときの Co$_2$MnSi のスピン分極率は CoFe の分極率を 0.5 と仮定した条件で 0.89 に達しており, ハーフメタル性が得られていると考えられる. これは, ホイスラー磁性膜を MgO 単結晶基板上にエピタキシャル成長させることによって実現しており, 類似の構造における従来の作製方法の結果と比べて約 2 倍の MR 比が実現している. さらに, 両磁性層ともに Co$_2$MnSi を用いた MTJ では, 低温で 570%という巨大な値を確認している. このほか, Co$_2$Cr-FeAl 系や Co$_2$MnAl について報告があるが, 最大でも室温で 40%である.

MgO を障壁に用いたハーフメタル TMR についての代表的な報告結果を表 3.4.7 に示す[88~98]. ホイスラー合金と MgO とは, 格子整合性がよく, ホイスラー強磁性電極と MgO 障壁とのエピタキシャル成長をねらった検討が多く, かつ有効な結果が得られている. MgO 障壁層はコヒーレントトンネル効果が顕著な場合があり, ハーフメタル性との相乗効果で巨大な MR 比を発現する可能性があると考えられている. 実験結果としては, 表 3.4.7 に示し

表 3.4.7 ホイスラー合金系ハーフメタル MTJ (MgO 障壁) のまとめ

トンネル接合	MR 比	ホイスラー	作製方法	P	文献
$Co_2MnSi/Al-O/Co_{75}Fe_{25}$	70%(室温) 159%(2 K)	フル	誘導性結合 プラズマスパッタリング	0.89	1)
$Co_2MnSi/MgO/Co_{50}Fe_{25}$	217%(室温) 753%(2 K)	フル	UHV スパッタリング	—	2)
$Co_2MnSi/MgO/Co_{75}Fe_{25}$	179%(室温) 683%(4.2 K)	フル	UHV スパッタリング EB (MgO)	—	3)
$Co_2MnGe/Al-O/CoFe$	83%(室温) 185%(4.2 K)	フル	UHV スパッタリング EB (MgO)	0.54(室温) 0.75(4.2 K)	4)
$Co_2Cr_{0.6}Fe_{0.4}Al/MgO/Co_{50}Fe_{50}$	109%(室温) 317%(4 K)	フル	UHV スパッタリング EB (MgO)	0.57(RT) 0.88(4.2 K)	5),6)
$Co_2FeAl_{0.5}Si_{0.5}/MgO/Co_2FeAl_{0.5}Si_{0.5}$	175%(室温)	フル	UHV スパッタリング EB (MgO)		7)
$Co_2FeAlSi/MgO/Co_2FeAlSi/Co_{75}Fe_{25}$	220%(室温) 390%(5 K)	フル	UHV スパッタリング EB(MgO)	0.72(室温) 0.81(5 K)	8)

EB は電子ビーム蒸着 (electron beam deposition) の略で, 高真空あるいは超高真空中で, 電子銃から放出された電子線によって蒸着源を加熱・溶融し, 空間中に蒸発させ, 基板上にて再結晶化させるものである. UHV スパッタリングとは超高真空スパッタリング (ultra high vacuum sputtering method) のことで, 一般的には装置の到達真空度が 10^{-7} Pa 以下となるような環境, 設備を用いた薄膜作製を意味する.

1) Y. Sakuraba, et al., Jpn. J. Appl. Phys., **44**, L1100 (2005).
2) S. Tsunegi, et al., Appl. Phys. Lett., **93**, 112506 (2008).
3) T. Ishikawa, et al., J. Appl. Phys., **103**, 07A919 (2008).
4) S. Hakamata, et al., J. Appl. Phys., **101**, 09J513 (2007).
5) T. Marukame, et al., Appl. Phys. Lett., **89**, 192505 (2006).
6) T. Marukame, J. Appl. Phys., **101**, 083906 (2007).
7) N. Tezuka, et al., Appl. Phys. Lett., **89**, 252508 (2006).
8) N. Tezuka, et al., Jpn. J. Appl. Phys., **46**, L454 (2007).

たとおり, 室温で 200% を超える MR 比が報告されており, $Co_2MnSi/MgO/CoFe$ 系では, CoFe の組成によって若干変動するものの, 室温で 179〜217%, 低温で 683〜753% という報告がされている. また, Al-O 障壁では明確なハーフメタル性を確認できなかった $Co_2Cr_{0.6}Fe_{0.4}Al$ や $Co_2FeAlSi$ 系でも室温で 200% を超える MR 比が確認されている. この磁気抵抗効果の原因については, ハーフメタルな特性なのかコヒーレントトンネル特性なのかはまだ明確とはいえない状況である. 今後のさらなる研究の進展が期待される.

d. その他の磁気抵抗効果とその材料 (BMR, CMR, T-AMR, CB-AMR)

(i) 強磁性半導体 強磁性半導体は, 磁性体と半導体の性質を同時に備え, さまざまな新しい現象を示すことが知られている. sp-d 相互作用や sp-f 相互作用に起因するキャリヤと磁性スピンとの相互作用によって, 大きな磁気光学効果とスピン依存伝導効果を示す特徴がある. 研究の歴史は古く, 1960 年代の EuS や $CdCr_2Se$ のような強磁性を示す化合物半導体の発見を端緒として, 現在, 半導体結晶格子の原子を磁性原子で部分置換する希薄磁性半導体 (diluted magnetic semiconductor) の研究が盛んに行われている[99,100]. 半導体としては II-VI 族, III-V 族, IV-VI 族など多種にわたる. 磁性元素としては遷移金属元素や希土類元素が用いられる. これらは, MBE (分子線エピタキシー法) で作製されることが多い.

強磁性半導体の中で, GaAs を用いた (Ga, Mn)As は 1996 年に報告され[101], その後, 材料としての性質が系統的に調べられており, 基礎デバイスの挙動について詳細な研究がされている. この系において, Mn は不純物元素としてアクセプタの挙動を示し, 正孔を発生, p 型の半導体的性質を発現させるとともに, 磁性元素として局在磁気モーメントを発現する. キュリー温度 T_c は, 不純物濃度や熱処理条件によって 60 K から 185 K の範囲の値をとるとされている[102]. 磁気異方性は, GaAs 基板上に形成された (Ga, Mn)As は面内に, (In, Ga)As 基板上に形成したときは垂直磁気異方性になる[103]. これは, 前者の基板の格子定数は, (Ga, Mn)As より小さく, (Ga, Mn)As が圧縮ひずみを受けるのに対し, 後者の基板の格子定数は (Ga, Mn)As より大きく, 引張ひずみをもつため, それぞれのひずみ誘導磁気異方性が作用した結果である. (Ga, Mn)As の強磁性は価電子帯と磁性スピン間に生じる p-d 交換相互作用によって価電子帯のスピン分裂が生じ, 正孔が交換するため, 強磁性状態を安定化するというモデルで記述される[104,105]. このために, 正孔濃度の高い試料では T_c は高温度になる.

(Ga, Mn)As のゼロ磁界における電気抵抗率 ρ の温度依存性は, Mn 組成が $0.03<x<0.06$ の範囲では T_c 近傍に最大値をもつような金属的な伝導特性を示すことが報告されている[106]. T_c 付近では負の磁気抵抗効果も最大になる. これは, T_c 近傍で発現する短距離磁気秩序がキャリヤのフェルミ波長と同程度になることにより散乱が増大するという, スピンの臨界散乱が原因と考えられている. このようなスピンの臨界状態は磁場印加によって短距離秩序サイズが増大するため, 散乱が減少し, 抵抗が下がるため

に負の磁気抵抗効果が生じると考えられる．

T_C よりも十分な低温においては，長距離の強磁性秩序が形成され，上記のスピンの臨界散乱は無視できる程度になるが，弱局在効果に起因した負の磁気抵抗効果が発生すると考えられている．この関係は，次式で表されると報告されている[107]．

$$\frac{\Delta\rho}{\rho} \simeq \frac{-n_V e^2 C_0 \rho (2\rho e\mu_0 H/h)^{1/2}}{\pi h} \quad (3.4.10)$$

ここで，$C_0 \simeq 0.605$，m_0 は真空の透磁率，n_V はスピン分裂した価電子帯のサブバンド数である．

(Ga, Mn)As に代表される希薄磁性半導体では，電流方向と磁化方向の相対角度に依存して抵抗が変化するタイプの異方性磁気抵抗（AMR：anisotropic magnetoresistance）効果が発現する[108]．(Ga, Mn)As の場合，一般的には電流方向と磁化方向が平行なときに低抵抗になる．一方，電流方向と磁化方向が垂直の場合は高抵抗となる．ただし，この特性は結晶にひずみを与えることで三次元的に変化する場合がある．実験的には，面内圧縮ひずみをもつ物質は，面直に磁化が向いたときが高抵抗に，また面内引張ひずみをもつ物質は，面内に磁化が向くと高抵抗になる[109]．

強磁性半導体について，(Ga, Mn)As とのヘテロ接合を用いたトンネル接合の磁気抵抗効果の研究も行われている．実験的には，(Ga, Mn)As/AlAs/(Ga, Mn)As 構造で75%（8K）の MR 比が報告されている[110]．AlAs 層の間に GaAs を挿入した (Ga, Mn)As/AlAs/GaAs/AlAs/(Ga, Mn)As のヘテロ構造は，理論計算では 800% までの MR 比増大が予想されている[111]．さらに，(Ga, Mn)As/GaAs/(Ga, Mn)As/GaAs/(Ga, Mn)As は理論的には 10^6% になるとされているが，実験的には，4.7 K で 300% 近い TMR 比が報告されている状況である[112,113]．さらに，また MnAs と GaAs のヘテロ構造あるいは，(Ga, Mn)As を約 600℃でアニールすることで形成される MnAs ナノグラニュラー膜は，MnAs の T_C が室温より上の 320 K と，(Ga, Mn)As と比べて高いため，注目されている．

(ⅱ) その他の磁気抵抗効果　これまで述べてきた磁気抵抗効果以外にも，学術的に議論されている磁気抵抗効果は多数存在する．Mn 酸化物は古くから研究されている材料であるが，銅の酸化物高温超伝導材料の発見以降，遷移金属酸化物の試料作製技術が進歩し，強相関電子系としての遷移金属酸化物の研究が進捗した[114]．Mn 酸化物に代表される強相関電子系材料の中には，磁場を印加することで電気抵抗が減少する性質をもつものが存在することが知られており，その変化の大きさが時には 1000% を超えることから超巨大磁気抵抗（CMR：Colossal magnetoresistance）効果とよばれている[115~120]．磁場誘起構造相転移や電荷整列，軌道整列，絶縁体金属転移のような多くの物性も明らかとなった．この物性は，当初はペロブスカイト型 Mn 酸化物について Zener によって提唱された O-Mn-O の構造についての二重交換結合で記述されると考えられたが，これだけでは Mn 酸化物の物性を説明できないことが明らかとなっており，より詳細な検討がされている．また，超高圧合成した $NaCr_2O_4$ などでも確認されたという報告がある[121]．

このほか，量子伝導型磁気抵抗効果とよばれるものがある．これは，線幅が 100 nm 未満の Ni もしくはパーマロイのナノワイヤの端部を尖らせて 1 nm 以下にし，その先端をほかのナノワイヤに接触させたナノコンタクトを作製し，電流を流したときに，ポイントコンタクトを電流に対して MR 比が振動するという現象である．低電流時には MR は 300% を超える変化率を示す[122]．これは，ナノコンタクト部分に磁壁（Bruno 磁壁）が閉じ込められて，伝導電子を散乱するもので，電流バイアスで離散的に磁壁が移動していると考えられている．

さらに，新しい流れとして，スピン軌道相互作用を積極的に活用した磁気抵抗効果があげられる．半導体のような非磁性体であっても電子構造に起因して表面にスピン軌道相互作用が発現し，電子スピンは面内の特定方向に依存した力を受ける．効果の発現は複雑で，次数に依存して Rashba 効果や Dresselhaus 効果など異なる方向への相互作用場が形成される[123~125]．このため，このような表面にスピン流を流した場合，伝導方向に依存したスピン依存散乱が生じるため，磁性層と同様の作用をする可能性がある．このようなスピン軌道相互作用場にトンネル障壁層を形成し，その上に強磁性層を形成した積層構造をもつデバイスをトンネル異方性磁気抵抗効果膜（T-AMR）とよぶ[126]．この膜は，磁性層として自由層に相当する部分しかなく，トンネル膜を挟んだ反対側の部分は GaAs 単結晶などの半導体結晶表面で非磁性である．このような構造に面内で磁場を回転し，自由層の磁化を回転させたときに，結晶構造に起因するスピン磁気相互作用の方向と，磁性層の磁化方向の関係で，デバイスの電気抵抗が変化するという現象である．初めは Fe/GaAs/Au エピタキシャル積層膜にて検討され，0.5% 未満の抵抗変化が得られる程度であった[127]．この後，SiO_2 基板上に形成した Pt (10 nm)/Ta (5 nm) 膜の上に (Co/Pt)/AlO/Pt という構造を適用した検討がなされ，AlO 層との界面が Co のときは 0.15% だが Pt にすることで 12.5% に増大することがわかった[128]．さらに，近年では，障壁層との界面に反強磁性体を用い，NiFe/IrMn/MgO/Pt からなる構造を用いることで，約 160% という抵抗変化が低温で得られることを報告している．100 K 周辺で急激に抵抗変化が悪化し，4% 程度になる．この値は同時に評価した NiFe/MgO/Pt ではたかだか 1% であることから，MgO の効果というよりは反強磁性界面の効果と考えられている[129]．

このような取り組みとは別に，p 型の (GaMn)As 材料で作製した単電子トランジスタ形状のデバイスと，これに電界を印加するためのサイドゲートを隣接させた構造をもつ素子を用いて，ゲート電圧を一定にした条件で単電子トランジスタ部分のソース・ドレイン間に電流を流すと，以

下の特性を示すことがわかった．① 単電子トランジスタの抵抗が磁界によって変化する．② 磁界を面内で回転すると抵抗値変化は正弦関数となる．③ 抵抗変化率はバイアス電圧に対して周期的なクーロンダイヤモンド特性を示す．④ 特定のバイアスで抵抗変化率は1000％を超える値となる．⑤ バイアスを変えることで磁気抵抗変化の極性を反転できる．

これらの特性は，スピンが離散化して伝導することで生じているが，原理的には面内の磁気抵抗効果であることから，クーロンブロッケードAMR（CB-AMR）とよばれている[130]．

このように，磁気抵抗効果は新しい材料や効果を取り入れて検討が継続されている．ここでは，原理的・理論的な内容については割愛したが，これに関する文献を参考にしていただければ幸いである．

文　献

1) W. Thomson, *Proc. Roy. Soc. Lond.*, **8**, 546 (1857).
2) L. A. Campbell, A. Fert, O. Jaoul, *J. Appl. Phys. C : Met. Phys. Suppl.*, No. 1, S95 (1970).
3) T. Miyazaki, M. Ajima, *J. Magn. Magn. Mater.*, **97**, 171 (1991).
4) G. Binasch, P. Grunberg, F. Saurenbatch, W. Zinn, *Phys. Rev. B*, **39**, 4828 (1989).
5) M. N. Baibich, J. M. Broto, A. Fert, F. Naguyen Van Dau, F. Petroff, P. Eitenne, G. Creuzet, A. Friederich, J. Chazeias, *Phys. Rev. Lett.*, **61**, 2472 (1988).
6) J. Bass, W. P. Pratt Jr., *J. Magn. Magn. Mater.*, **200**, 274 (1999).
7) T. Valet, A. Fert, *Phys. Rev. B*, **48**, 7099 (1993).
8) D. H. Mosca, F. Petroff, A. Fert, P. A. Schroeder, W. P. Pratt Jr., R. Laloee, *J. Magn. Magn. Mater.*, **94**, L1 (1991).
9) S. S. P. Perkin, R. Bhadra, K. P. Roche, *Phys. Rev. Lett.*, **66**, 2152 (1991).
10) R. Shad, C. D. Potter, P. Belien, G. Verbanck, V. V. Moschalkov, Y. Bruynseraede, *Appl. Phys. Lett.*, **64**, 3500 (1994).
11) S. S. P. Parkin, N. More, K. P. Roche, *Phys. Rev. Lett.*, **64**, 2304 (1990).
12) S. Araki, K. Yasui, Y. Narumiya, *J. Phys. Soc. Jpn.*, **60**, 2827 (1991).
13) C. A. dos Santos, B. Rodmacq, M. Vaezzadech, B. George, *Appl. Phys. Lett.*, **59**, 126 (1991).
14) B. Rodmacq, G. Palumbo, Ph. Gerard, *J. Magn. Magn. Mater.*, **118**, L11 (1993).
15) T. L. Hylton, K. R. Coffey, M. A. Parker, J. K. Howard, *Science*, **261**, 1021 (1993).
16) S. S. P. Parkin, *Appl. Phys. Lett.*, **60**, 512 (1992).
17) R. Nakatani, T. Dei, T. Kobayashi, Y. Sugita, *IEEE Trans. Magn.*, **28**, 2668 (1992).
18) M. Jimbo, S. Tsunashima, T. Kanda, S. Goto, S. Uchiyama, *J. Appl. Phys.*, 74, 3341 (1993).
19) T. Shinjo, H. Yamamoto, *J. Phys. Soc. Jpn.*, **59**, 3061 (1990).
20) S. S. P. Parkin, *Phys. Rev. Lett.*, **71**, 1641 (1993).
21) M. J. Carey, A. E. Bercowitz, *Appl. Phys. Lett.*, **60**, 306 (1992).
22) S. Soeya, M. Fuyama, S. Tadokoro, T. Imakawa, *J. Appl. Phys.*, **79**, 1604 (1996).
23) J. Fujikata, K. Hayashi, H. Yamamoto, M. Nakada., *IEEE Trans. Magn.*, **32**, 4621 (1996).
24) W. C. Cain, W. H. Meiklejohr, M. H. Kryder, *J. Appl. Phys.*, **61**, 4170 (1987).
25) B. Dieny, V. S. Speriosu, S. S. P. Parkin, B. A. Gurney, D. R. Wilhoit, D. Mauri, *Phys. Rev. B*, **43**, 1297 (1991).
26) C. Tsang, N. Heiman, K. Lee, *J. Appl. Phys.*, **52**, 2471 (1981).
27) W. C. Cain, W. H. Meiklejohr, M. H. Kryder, *J. Appl. Phys.*, **61**, 4170 (1987).
28) T. Lin, D. Mauri, N. Staud, C. Hwang, J. K. Howard, G. L. Gorman, *Appl. Phys. Lett.*, **65**, 1183 (1994).
29) K. Hoshino, R. Nakatani, H. Hoshiya, Y. Sugita, S. Tsunashima, *Jpn. J. Appl. phys.*, **35**, 607 (1996).
30) H. N. Fuke, K. Saito, Y. Kamiguchi, H. Iwasaki, M. Sahashi, *J. Appl. Phys.*, **81**, 4004 (1997).
31) H. Yoda, H. Iwasaki, T. Kobayashi, A. Tsutai, M. Sahashi, *IEEE Trans. magn.*, **32**, 3363 (1996).
32) 瀧口雅史, 菅原伸浩, 岡部明彦, 林 和彦, 第20回 日本応用磁気学会学術講演概要集, 21aC-6 (1996).
33) H. Kishi, Y. Kitade, Y. Miyake, A. Tanaka, K. Kobayashi, *IEEE Trans. Magn.*, **32**, 3380 (1996).
34) 斎藤正路, 柿原芳彦, 渡辺利徳, 長谷川直也, 第20回 日本応用磁気学会学術講演概要集, 21aC-7 (1996).
35) M. Tsunoda, K. Imakita, M. Naka, M. Takahashi, *Appl. Phys. Lett.*, **84**, 5222 (2004).
36) M. Tsunoda, K. Imakita, M. Naka, M. Takahashi, *J. Magn. Magn. Mater.*, **304**, 55 (2006).
37) 宇山浩子, 大谷義近, 深道和明, 北上 修, 島田 寛, 第20回 日本応用磁気学会学術講演概要集, 21aC-5 (1996).
38) K. Nishioka, S. Shigematsu, T. Imagawa, S. Narishige, *J. Appl. Phys.*, **83**, 3233 (1998).
39) T. Ohtsu, K. Kataoka, M. Torigoe, H. Tanaka, S. Sasaki, D. Hsiao, D. Heim, S. Lou, C. Fox, *IEEE Trans. Magn.*, **43**, 2211 (2007).
40) P. P. Freitas, J. L. Leal, L. V. Melo, N. J. Oliveira, L. Rodrigues, A. T. Sousa, *Appl. Phys. Lett.*, **65**, 493 (1994).
41) M. Julliere, *Phys. Lett.*, **54A**, 225 (1975).
42) T. Miyazaki, N. Tezuka, *J. Magn. Magn. Mater.*, **139**, L231 (1995).
43) J. S. Moodera, L. R. Kinder, T. M. Wong, R. Meservey, *Phys. Rev. Lett.*, **74**, 3273 (1995).
44) R. Meservy, P. M. Tedrow, *Phys. Rev.*, **238**, 173 (1994).
45) S. Yuasa, T. Nagahama, Y. Suzuki, *Science*, **297**, 234 (2002).
46) T. Nagahama, S. Yuasa, E. Tamura, Y. Suzuki, *Phys. Rev. Lett.*, **95**, 086602 (2005).
47) T.-G. Zhu, C. Park, *Mater. Today*, **9**, 36 (2006).
48) T. Miyazaki, T. Yaoi, N. Ishio, *J. Magn. Magn. Mater.*, **98**, L7 (1991).
49) M. Sato, K. Kobayashi, *Jpn. J. Appl. Phys.*, **36**, L200 (1997).
50) Y. Lu, R. A. Altman, A. Marley, S. A. Rishton, P. L. Trouilloud, G. Xiao, W. J. Gallagher, S. S. P. Parkin, *Appl. Phys. Lett.*, **70**, 2610 (1997).
51) W. J. Gallagher, S. S. P. Parkin, Y. Lu, X. P. Bian, A. Marley,

K. P. Roche, R. A. Altman, S. A. Rishton, C. Jahnes, T. M. Shaw, G. Xiao, *J. Appl. Phys.*, **81**, 3741 (1997).

52) T. Miyazaki, N. Tezuka, *J. Magn. Magn. Mater.*, **139**, L231 (1995).

53) C. L. Platt, B. Dieny, A. E. Berkowitz, *Appl. Phys. Lett.*, **69**, 2291 (1996).

54) J. S. Moodera, L. R. Kinder, T. M. Wong, R. Meservey, *Phys. Rev. Lett.*, **74**, 3273 (1995).

55) J. S. Moodera, L. R. Kinder, *J. Appl. Phys.*, **79**, 4724 (1996).

56) Y.-T. Chen, J.-Y. Tseng, C. C. Chang, W. C. Liu, J. S.-C. Jang, *J. Alloys Compd.*, **489**, 242 (2010).

57) Q. Y. Xu, Y. G. Wang, Z. Zhang, B. You, J. Du, A. Hu, *J. Magn. Magn. Mater.*, **263**, 83 (2003).

58) J. Du, W. T. Sheng, L. Sun, B. You, M. Lu, A. Hu, Q. Y. Xu, Y. G. Wang, Z. Zhang, J. Q. Xiao, *Phys. Status Solidi A*, **199**, 289 (2003).

59) J. J. Yang, H. Xiang, C. Ji, W. F. Stickle, D. R. Stewart, D. A. A. Ohlberg, R. S. Williams, Y. A. Chang, *Appl. Phys. Lett.*, **95**, 233177 (2009).

60) D. Wang, C. Nordman, J. M. Daughton, Z. Qian, J. Fink, *IEEE Trans. Magn.*, **40**, 2269 (2004).

61) M. Sharma, S. H. Wang, J. H. Nickel, *Phys. Rev. Lett.*, **82**, 616 (1999).

62) J. G. Zhu, C. Park, *Mater. Today*, **9**, 36 (2006).

63) Y. Sakuraba, M. Hattori, M. Oogane, Y. Ando, H. Kato, A. Sakuma, T. Miyazaki, H. Kubota, *Appl. Phys. Lett.*, **88**, 192508 (2006).

64) M. Bowen, M. Bibes, A. Bartheremy, J.-P. Contour, A. Anane, Y. Lematre, A. Fert, *Appl. Phys. Lett.*, **82**, 233 (2003).

65) H. Matsuda, M. Takeuchi, H. Adachi, M. Hiramoto, N. Matsukawa, A. Odagawa, K. Setsune, H. Sakakima, *Jpn. J. Appl. Phys.*, **41**, L387 (2002).

66) C. L. Platt, B. Dieny, A. E. Berkowitz, *J. Appl. Phys.*, **81**, 5523 (1997).

67) W. H. Butler, X.-G. Zhang, T. C. Schulthess, J. M. MacLaren, *Phys. Rev. B*, **63**, 054416 (2001).

68) J. Mathon, A. Umerski, *Phys. Rev. B*, **63**, 220403R (2001).

69) J. F.-Vincent, C. Tiusan, E. Jouguelet, F. Canet, M. Sajieddine, C. Bellouard, E. Popova, M. Hehn, F. Montaigne, A. Schuhl, *Appl. Phys. Lett.*, **82**, 4507 (2003).

70) S. Yuasa, A. Fukushima, T. Nagahama, K. Ando, Y. Suzuki, *Jpn. J. Appl. Phys.*, **43**, L588 (2004).

71) S. Yuasa, T. Nagahama, A. Fukushima, Y. Suzuki, K. Ando, *Nat. Mater.*, **3**, 868 (2004).

72) S. Yuasa, T. Katayama, T. Nagahama, A. Fukushima, H. Kubota, Y. Suzuki, K. Ando, *Appl. Phys. Lett.*, **87**, 222508 (2005).

73) S. Yuasa, A. Fukushima, H. Kubota, Y. Suzuki, K. Ando, *Appl. Phys. Lett.*, **89**, 042505 (2006).

74) S. S. P. Parkin, C. Kaiser, A. Panchula, P. M. Rice, B. Hughes, M. Samant, S.-H. Yang, *Nat. Mater.*, **3**, 862 (2004).

75) D. D. Djayaprawira, K. Tsunekawa, M. Nagai, H. Maehara, S. Yamagata, N. Watanabe, S. Yuasa, Y. Suzuki, K. Ando, *Appl. Phys. Lett.*, **86**, 092502 (2005).

76) J. Hayakawa, S. Ikeda, F. Matsukura, H. Takahashi, H. Ohno, *Jpn. J. Appl. Phys.*, **44**, L587 (2005).

77) C. Park, J.-G. Zhu, M. T. Moneck, Y. Peng, D. E. Laughlin, *J. Appl. Phys.*, **99**, 08A901 (2006).

78) S. Ikeda, J. Hayakawa, Y. Ashizawa, Y. M. Lee, K. Miura, H. Hasegawa, M. Tsunoda, F. Matsukura, H. Ohno, *Appl. Phys. Lett.*, **93**, 082508 (2008).

79) M.-H. Jo, N. D. Mathur, N. K. Todd, M. G. Blamire, *Phys. Rev. B*, **61**, R14905 (2000).

80) J. M. de Teresa, A. Bartheremy, A. Fert, J. Contour, F. Montaigne, P. Seneor, *Science*, **286**, 507 (1999).

81) P. Seneor, A. Fert, J.-L. Maurice, F. Montaigne, F. Petroff, A. Vures, *Appl. Phys. Lett.*, **74**, 4017 (1999).

82) C. T. Tanaka, J. Nowak, J. S. Moodera, *J. Appl. Phys.*, **86**, 6239 (1999).

83) C. T. Tanaka, J. Nowak, J. S. Moodera, *J. Appl. Phys.*, **81**, 5515 (1997).

84) F. Heusler, *Verth, Dtsch, Phys. Ges.*, **5**, 219 (1903).

85) R. A. de Groot, F. M. Mueller, P. G. Van Engen, K. H. J. Buschow, *Phys. Rev. Lett.*, **50**, 002024 (1983).

86) I. Galanakis, P. H. Dederichs, N. Papanikolaou, *Phys. Rev. B*, **66**, 174429 (2002).

87) S. Kammerer, A. Thomas, A. Hutten, G. Reiss, *Appl. Phys. Lett.*, **85**, 79 (2004).

88) Y. Sakuraba, J. Nakata, M. Oogane, H. Kubota, Y. Ando, A. Sakuma, T. Miyazaki, *Jpn. J. Appl. Phys.*, **44**, L1100 (2005).

89) A. Conca, S. Falk, G. Jakob, M. Jourdan, H. Adrian, *J. Magn. Magn. Mater.*, **290-291**, 1127 (2005).

90) K. Inomata, S. Okamura, R. Goto, N. Tezuka, *Jpn. J. Appl. Phys.*, **42**, L419 (2003).

91) H. Kubota, J. Nakata, M. Oogane, Y. Ando, A. Sakuma, T. Miyazaki, *Jpn. J. Appl. Phys.*, **43**, L984 (2004).

92) S. Tsunegi, Y. Sakuraba, M. Oogane, K. Takanashi, Y. Ando, *Appl. Phys. Lett.*, **93**, 112506 (2008).

93) T. Ishikawa, S. Hakamata, K. Matsuda, T. Uemura, M. Yamamoto, *J. Appl. Phys.*, **103**, 07A919 (2008).

94) S. Hakamata, T. Ishikawa, T. Marukame, K.-i. Matsuda, T. Uemura, M. Yamamoto, *J. Appl. Phys.*, **101**, 09J513 (2007).

95) T. Marukame, T. Ishikawa, S. Hakamata, K.-i. Matsuda, T. Uemura, M. Yamamoto, *Appl. Phys. Lett.*, **89**, 192505 (2006).

96) T. Marukame, M. Yamamoto, *J. Appl. Phys.*, **101**, 083906 (2007).

97) N. Tezuka, N. Ikeda, S. Sugimoto, K. Inomata, *Appl. Phys. Lett.*, **89**, 252508 (2006).

98) N. Tezuka, N. Ikeda, S. Sugimoto, K. Inomata, *Jpn. J. Appl. Phys.*, **46**, L454 (2007).

99) S. Massfessel, D. C. Mattis, "Encyclopedia of Physics, Vol. XVIII" (H. P. J. Wijn, ed.), pp. 389-562, Springer-Verlag (1968).

100) T. Dietl, "Handbook of Semiconductors" (S. Mahajan, ed.), Completely revised and enlarged edition, Vol. 3B, pp. 1251-1342, North-Holland (1994).

101) H. Ohno, A. Shen, F. Matsukura, A. Oiwa, A. Endo, S. Katsumoto, Y. Iye, *Appl. Phys. Lett.*, **69**, 363 (1996).

102) T. Kato, Y. Ishikawa, H. Itoh, J. Inoue, *Phys. Rev. B*, **77**, 233404 (2008).

103) F. T. Vas'ko, N. A. Prime, *Sov. Phys. Solid State*, **21**, 994 (1979).

104) T. Dietl, H. Ohno, F. Matsukura, J. Cibert, D. Ferrand, *Science*, **287**, 1019 (2000).

105) T. Dietl, H. Ohno, F. Matsukura, *Phys. Rev. B*, **63**, 195205 (2001).
106) F. Matsukura, H. Ohno, A. Shen, Y. Sugawara, *Phys. Rev. B*, **57**, R2037 (1998).
107) A. Kawabata, *Solid State Commun.*, **34**, 432 (1980).
108) D. V. Baxter, D. Ruzmetov, J. Scherschligt, Y. Sasaki, X. Liu, J. K. Furdyna, C. H. Mielke, *Phys. Rev. B*, **65**, 212407 (2002).
109) F. Matsukura, H. Ohno, A. Shen, Y. Sugawara, *Phys. Rev. B*, **57**, R2037 (1998).
110) M. Tanaka, Y. Higo, *Phys. Rev. Lett.*, **87**, 026602-1 (2001).
111) A. G. Petukhov, A. N. Chantis, D. O. Demochenko, *Phys. Rev. Lett.*, **89**, 107205 (2002).
112) T. Hayashi, M. Tanaka, A. Asamitsu, *J. Appl. Phys.*, **87**, 4673 (2000).
113) D. Chiba, F. Matsukura, H. Ohno, *Phys. E*, **21**, 1032 (2004).
114) G. H. Jonker, J. van Santen, *Physica*, **16**, 337 (1950).
115) R. M. Kunsters, J. Singleton, D. A. Keen, R. McGreevy, W. Hayes, *Phys. B*, **155**, 362 (1989).
116) K. Chahara, T. Ohno, M. Kasai, Y. Kozono, *Appl. Phys. Lett.*, **63**, 1990 (1993).
117) R. von Helmot, J. Wecker, B. Holzapfel, M. Schultz, K. Samwer, *Phys. Rev. Lett.*, **71**, 2331 (1993).
118) S. Jin, T. H. Tiefel, M. McCormack, R. Fastnacht, R. Ramesh, L. H. Chen, *Science*, **264**, 413 (1994).
119) Y. Tokura, A. Urushibara, Y. Moritomo, T. Arima, A. Asamitsu, G. Kido, N. Furukawa, *J. Phys. Soc. Jpn.*, **63**, 3931 (1994).
120) Y. Moritomo, A. Asamitsu, H. Kuwahara, Y. Tokura, *Nature*, **380**, 141 (1996).
121) H. Sakurai, T. Kolodiazhnyi, Y. Michiue, E. Takayama, E. Muromachi, Y. Tanabe, H. Kikuchi, *Angew. Chem.-Int. Edit.*, **51**, 6653 (2012).
122) W. H. Butler, X.-G. Zhang, T. C. Schulthess, J. M. Maclaren, *Phys. Rev. B*, **63**, 054416 (2001).
123) E. I. Rashba, *Sov. Phys. Solid State*, **2**, 1109 (1960).
124) Yu. A. Bychkov, E. I. Rashba, *JETP Lett.*, **39**, 78 (1984).
125) G. Dresselhaus, *Phys. Rev.*, **100**, 580 (1955).
126) A. B. Shick, F. Maca, J. Masek, T. Jungwirth, *Phys. Rev. B*, **73**, 024418 (2006).
127) J. Moser, A. M.-Abiague, D. Schuh, W. Wegscheider, J. Fabian, D. Weiss, *Phys. Rev. Lett.*, **99**, 056601 (2007).
128) B. G. Park, J. Wunderlich, D. A. Williams, S. J. Joo, K. Y. Jung, K. H. Shin, K. Olejnik, A. B. Shick, T. Jungwirth, *Phys. Rev. Lett.*, **100**, 087204 (2008).
129) B. G. Park, J. Wunderlich, X. Mati, V. Holy, Y. Kurosaki, M. Yamada, H. Yamamoto, A. Nishide, J. Hayakawa, H. Takahashi, A. B. Shick, T. Jungwirth, *Nat. Mater.*, **10**, 347 (2011).
130) J. Wunderlich, T. Jungwirth, B. Kaestner, A. C. Irvin, A. B. Shick, N. Stone, K. Y. Wang, U. Rana, A. D. Giddings, C. T. Foxon, R. P. Campion, D. A. Williams, B. L. Gallagher, *Phys. Rev. Lett.*, **97**, 077201 (2006).

3.4.3 スピントロニクス用材料

半導体エレクトロニクスでは，Si などの半導体中の電荷（チャージ）の制御によってデバイスが動作している．相補型 MOS（CMOS：complementary MOS）に搭載される半導体トランジスタの高集積化は，近年，数十 nm の領域に入ることで絶縁層間の電流リークの問題が顕在化するなど，現行デバイスの性能を凌駕できる新しい原理でのデバイス設計と，それを実現できる材料の開発を必要としている．電子は，電荷とともにスピンをもち，電子スピンは本書の主題である磁性を担う．スピントロニクスとは，これまで独立に使用されてきた電子の電荷とスピンを同時に利用するものである[1])．本項では，スピントロニクスで利用される材料を述べる．上記からも推察できるように，スピントロニクスは半導体におけるスピンの利用と，金属磁性材料において"電子の流れを利用する（スピンをニクス化する[1])"ことの双方の側面から発展してきたように思われる．このため，以下では，スピントロニクス材料を金属スピントロニクス材料，半導体スピントロニクス材料・絶縁性スピントロニクス材料に大別して述べる．

a. 金属スピントロニクス材料

（i） 高スピン分極率材料　　金属スピントロニクスの代表的な現象は，磁気抵抗（MR：magnetoresistance）効果であろう．MR 効果には，異方性磁気抵抗効果（AMR：anisotropic magnetoresistance）用材料，巨大磁気抵抗（GMR：giant magnetoresistance）効果用材料，トンネル磁気抵抗（TMR：tunnel magnetoresistance）効果用材料があるが，本項では，強磁性体/非磁性体（金属，絶縁体）/強磁性体構造をベースとする積層構造において観測される GMR，TMR 用材料として，とくに高スピン分極材料について述べる．磁気抵抗効果の詳細や強磁性層の単層構造で現れる AMR 効果用材料や MgO をトンネル障壁に用いたコヒーレントトンネル型 TMR 材料については，3.4.2 項などの他項を参照されたい．

MR 効果用強磁性材料として高スピン分極率材料が用いられる理由は，大まかには，磁気抵抗比（MR 比）が強磁性材料のスピン分極率に比例することによる．強磁性層の状態密度として，図 3.4.17(a) に示す状態密度を仮定すると，TMR 比は次式で表される．

$$TMR = \frac{(D_- - D_+)^2}{2D_- D_+} \tag{3.4.11}$$

強磁性層のスピン分極率 P を用いて表す．スピン分極した強磁性体中を電流が流れるさい，伝導電子はフェルミエネルギー付近のエネルギーをもつことから，強磁性体中の伝導電子のスピン分極率は，フェルミエネルギーにおける状態密度を用いて，次式で表される．

$$P = \frac{D_- - D_+}{D_- + D_+} \tag{3.4.12}$$

P を用いて TMR 比を表すと次式となる．

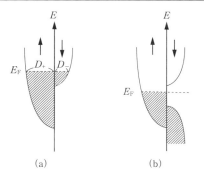

図 3.4.17 強磁性体の状態密度の模式図
(a) 一般的な強磁性体の状態密度曲線
(b) ハーフメタル強磁性体の状態密度曲線
図中の D_+ と D_- は，それぞれ上向きスピンと下向きスピンのフェルミエネルギーにおける状態密度を表し，図中の点線はフェルミエネルギー E_F，矢印はスピン方向を表す．

$$TMR比 = \frac{2P^2}{1-P^2} \quad (3.4.13)$$

ただし，ここでは二つの強磁性層を同じ材料と仮定した．この式は，Juliere の式[2]として知られており，この式からスピン分極率が1の材料を用いた場合，理論上，TMR比が無限大となることがわかる．スピン分極率が1となる強磁性体は，ハーフメタル強磁性体（HMF：half metal ferromagnet）とよばれ，その電子構造を図 3.4.17(b) に模式的に表す．すなわち，フェルミエネルギーにおいて，一方のスピンの状態密度のみが有限となり，他方のスピンの状態密度がゼロになる．このような材料として，CrO_2[3,4]，Fe_3O_4[5,6]，$La_{0.7}Sr_{0.3}MnO_3$[7,8]，$CrAs$[9] などが知られており，ホイスラー合金もハーフメタル性を示すことが予測されている[10]．ホイスラー合金のうち，A_2BC で表される化学量論比を有する化合物はフルホイスラー合金，ABC で表される化学量論比を有する化合物はハーフホイスラー合金とよばれる．フルホイスラー合金は，規則状態では $L2_1$ 構造をもち，BサイトとCサイトの不規則化によって $B2$ 規則相となり，Aサイト，Bサイト，Cサイトの不規則化によって $A2$ 相となる．図 3.4.18 に，これらの結晶構造の模式図を示す．図には，後述する DO_{22} 構造の模式図も併せて示した．ホイスラー合金の結晶構造は，これ以外にとくにハーフホイスラー合金では DO_3 構造や $C1_b$ 構造も形成されることが知られている．

フルホイスラー合金は Cu_2MnAl が強磁性を示すことが示され[11]，最近では，$L2_1$ 構造をもつ Co 基フルホイスラー合金もハーフメタルとなることが示され[12,13]，高いキュリー温度などの理由から TMR 素子の電極などへの応用が期待されている．Co 基フルホイスラー合金は，Aサイトを Co が，Bサイトを Mn, Fe, Cr, V などが，Cサイトを Si, Al, Ga, Ge, Sn などが占める．BサイトとCサイトを占める元素によって，さまざまな組み合わせが存在するが，Co_2MnSi や Co_2FeSi が代表的な例である．ハー

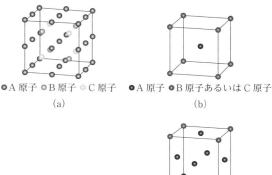

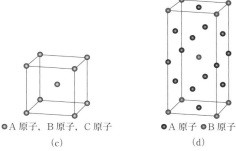

図 3.4.18 ホイスラー合金の結晶構造
(a) $L2_1$ 構造 (b) $B2$ 構造 (c) $A2$ 構造 (d) DO_{22} 構造

フメタル性を示すホイスラー合金では，元素によって価電子数が異なるが，その磁気モーメント M（μ_B/f.u.）は価電子数 Z に対して，次式で表される（図 3.4.19）．

$M = Z - 18$ （ハーフホイスラー合金）
$M = Z - 24$ （フルホイスラー合金）

これは，一般化されたスレーター–ポーリング曲線とよばれる[13,14]．

HMF を強磁性電極として用いた場合でも，フェルミ準位が図 3.4.17(b) に示した状態図中のバンドギャップの下端にある場合や材料のキュリー温度が低い場合には，温度上昇によってフェルミ–ディラック分布関数による電子の占有数の広がりによって，スピン分極率が低下する．このため，HMF のキュリー温度は素子の動作温度と比較して十分に高いことが望ましい．代表的な高スピン分極材料のキュリー温度とスピン分極率を表 3.4.8 にまとめた．Co 基フルホイスラー合金では，$L2_1$ 規則相から $B2$ 規則相への変化にさいして，若干のスピン分極率の低下はあるが，依然として高いスピン分極率を有することが知られているため，表に示した Co 基ホイスラー合金には，$B2$ 相に対する結果も含まれる．また，スピントロニクス分野が比較的新しい研究分野であることもあり，表に示した物性値は，試料作製方法が異なる場合など，研究グループによって異なる値が報告されている場合もあることにも留意されたい．

上記では，Jullier モデルで TMR 比を記述したが，ハーフメタル強磁性体は，Jullier モデルとは異なるメカニズムで TMR が発現する MgO を障壁層とした TMR 素子においても，有効性が示されている[15,16]．また，TMR に限らず，素子に垂直方向に電流を印加する膜面垂直電流印加 GMR 素子（CPP-GMR：current-perpendicular-to-plane

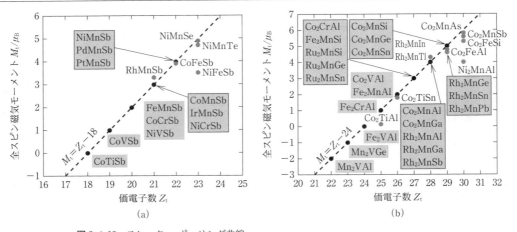

図 3.4.19 スレーター–ポーリング曲線
 (a) ハーフホイスラー合金に対する結果　(b) フルホイスラー合金に対する結果
 [I. Galanakis, P. Mavropoulos, *J. Phys.: Condens. Matter*, **19**, 315213 (2007)]

GMR)においても, Co 基ホイスラー合金は有効である[17]. これは, Co_2MnSi などでは, 界面のスピン非対称性が $L2_1$ 規則度の上昇により上昇することで, 一方のスピンをもつ伝導電子のみが, 主として伝導に寄与するためである.

$D0_{22}$ 型規則構造や立方晶系の Mn 基ホイスラー合金も高いスピン分極率が期待され, Co 基ホイスラー合金と同様に高スピン分極率材料として期待されている. Mn-Ga 合金[18,19]をはじめとして, Mn-Co-Ga[20], Mn-Al[21], Mn-Al-Ge[22]などがそれにあたる. 表 3.4.8 には, Mn 基ホイスラー合金の一つである $D0_{22}$ 型 Mn_3Ga の物性値も合わせて記載した. これらの材料は, 40〜58%のスピン分極率とともに, 高い垂直磁気異方性, 低飽和磁化, 低ダンピング定数を有することから, スピントランスファートルク型磁気ランダムアクセスメモリ(STT-MRAM: spin transfer torque-magnetic random access memory)への応用が期待されている.

(ⅱ)　**垂直磁気異方性材料**　磁性体の磁化方向は, 磁気異方性, 反磁界, 外部磁場によるエネルギーの競合で決

表 3.4.8　高スピン分極材料の磁気モーメント, キュリー温度とスピン分極率の例

材料	磁気モーメント	キュリー温度/K	スピン分極率(評価方法)
CrO_2	2.0 μ_B/f.u.[26]	386.5[27]	〜1(スピン分解光電子分光)[3] 〜0.90(PCAR)[28]
Fe_3O_4	4.07 μ_B/f.u.[29]	〜860[30]	〜−0.80(スピン分解光電子分光)[6]
$La_{0.7}Sr_{0.3}MnO_3$	3.6 μ_B/Mn atom[31]	〜350[8]	〜1(スピン分解光電子分光)[8] 〜0.78(PCAR)[28]
Co_2MnGa	4.05 μ_B/f.u.[32]	694[32]	0.60[33]
Co_2MnSi	5.07 μ_B/f.u.[32]	985[32]	0.50〜0.56(PCAR)[34]
Co_2MnGe	5.11 μ_B/f.u.[32]	905[32]	0.55〜0.60(PCAR)[34]
Co_2MnSn	5.08 μ_B/f.u.[32]	829[32]	0.60(PCAR)[33]
Co_2MnAl	4.01 μ_B/f.u.[32]	693[32]	0.56(PCAR)[35]
Co_2FeAl	5.5 μ_B/f.u.[36]	1170[36]	0.53(PCAR)[37]
Co_2FeGa	5.17 μ_B/f.u.[38]	1093[38]	0.59(PCAR)[25]
Co_2FeSi	5.97 μ_B/f.u.[39]	1100[39]	0.57(PCAR)[40]
Co_2CrAl	1.55 μ_B/f.u.[32]	334[32]	0.62(PCAR)[37]
Mn_3Ga	0.65〜1.30 μ_B/f.u.[41]	>770[41]	40〜58(PCAR)[41]
Fe	2.218 μ_B/atom[42]	1043[42]	0.42〜0.46(PCAR)[28]
Co	1.714 μ_B/atom[42]	1394[42]	0.42±0.02(PCAR)[28]
Ni	0.604 μ_B/atom[42]	631[42]	0.43〜0.465(PCAR)[28]

PCAR: 点接触アンドレーエフ反射 (point contact Andreev reflection)
・肩付の文献番号は本項末尾の文献と対応している.
・表には, 参考として, Fe, Co, Ni のデータも示した. なお, 本表の作成にさいして, とくに Co 基ホイスラー合金に対する物性値については文献[23〜25]を参考にした.

定される.スピントロニクスでは,デバイスへの適用可能性のために磁性体は薄膜で用いられることが多い.この場合,膜面内に強い反磁界が作用するため,多くの系では容易磁化方向は膜面内となる.膜面内磁化型スピントロニクス材料としては,ソフト磁性体であるパーマロイ(Fe-Ni合金)やCo-Fe合金とともに,前述のホイスラー合金も用いられている.一方で,最近のスピントロニクスでは,デバイスの高集積化,低消費電力化などの観点から,磁化方向を膜面垂直方向にできる垂直磁気異方性材料の重要性が増している[43].薄膜における実効的な垂直磁気異方性エネルギー K_{eff} は,結晶磁気異方性エネルギーなどのバルク効果としての磁気異方性エネルギー K_V,反磁界係数 N,飽和磁化 M_S,界面磁気異方性エネルギー K_S,磁性層膜厚 t を用いて,次式で表される.

$$K_{eff} = \left(K_V - \frac{N}{\mu_0}M_S^2\right) + 2\frac{K_S}{t} \quad \text{(SI 単位系)}$$

$$K_{eff} = (K_V - 2\pi M_S^2) + 2\frac{K_S}{t} \quad \text{(CGS 単位系)}$$

(3.4.14)

一般的な薄膜では,反磁界係数 N が1に近いため,反磁界エネルギー $-(N/\mu_0)M_S^2$(SI単位系),$-2\pi M_S^2$(CGS単位系)によって,$K_{eff}<0$(面内磁化膜)となることが多い.薄膜における垂直磁気異方性は,上式中の N の制御,K_S の利用,高い K_V の利用などによって実現される.これらの具体的な方法として,柱状構造(コラムナー構造,図3.4.20)にすることで反磁界を膜面垂直方向に向けること,膜面垂直方向に磁化容易方向をもつ界面磁気異方性の利用,高い一軸磁気異方性を有する磁性材料の利用が,それぞれのメカニズムに対応する.

柱状構造による垂直磁気異方性材料としては,たとえば,CoPt-SiO$_2$ グラニュラー薄膜が開発されており,10^7 J m^{-3} クラスの垂直磁気異方性エネルギーが達成されている[44].この材料は,主として,Tbit in^{-2} 級の記録密度を有する高密度磁気記憶装置用磁気記録媒体材料として期待されている.

界面効果を用いた垂直磁気異方性材料は,コラムナー構造と異なり界面平坦な異種元素の積層構造によって発現す

図3.4.20 垂直磁気異方性を示すコラムナー構造薄膜の例
[S. Fukami, O. Kitakami, et al., Mater. Trans., 46, 1802 (2005)]

る.界面効果を利用した垂直磁気異方性は,1985年のCo/Pd人工格子膜に始まり[45],Co/貴金属積層膜を中心にFe/貴金属系など,種々の系で観測されている.この辺りの詳細は,歴史的経緯も含めて,優れた教科書やレビュー論文が出版されているため,たとえば,文献[46~48]も参照されたい.多層膜における垂直磁気異方性の発見当初は,磁性金属/貴金属積層膜における垂直磁気異方性の発現が主であったが,例外として,Co/Ni人工格子における垂直磁気異方性[49]は,強磁性金属/強磁性金属において発現する.この材料は,低ダンピング定数と非断熱(non-adiabatic)スピントルクのために,電流による磁壁移動の低エネルギー化が可能とされ,磁壁移動型デバイス用垂直磁化膜として期待されている.

最近では,強磁性金属/酸化物界面で垂直磁気異方性が発現することが知られている.Co/AlO$_x$ 系での垂直磁気異方性[50]をはじめとして,磁気トンネル接合膜として有望なCo/MgO界面[50],CoFeB/MgO界面[51],Co$_2$FeAl/MgO界面[52]のほか,強磁性金属/酸化物反強磁性体であるCo/α-Cr$_2$O$_3$ 界面[53]での垂直磁気異方性も報告されている.これらの系における垂直磁気異方性は,酸化物イオンのつくる結晶場によって強磁性元素の3d軌道の対称性が崩れ,膜面垂直方向の軌道磁気モーメントが発生することとして説明されている.また,強磁性金属/酸化物反強磁性体においては,反強磁性スピンの磁気秩序が垂直磁気異方性に寄与している可能性も指摘されている[54,55].また,これらの系の特徴として,強磁性金属が絶縁層と界面をもつため,ゲート電界を印加することで界面電子数を変調させることが可能になり,これによって電界による垂直磁気異方性の制御が可能である.電界による垂直磁気異方性の制御は,スピントロニクスデバイスにおいて電界駆動制御が可能であることからCMOS整合性が良いため,実験[56~58]と理論[59,60]の両面から多くの研究が行われており,今後も界面スピントロニクスの主要な研究課題の一つとなると思われる.

また,強磁性金属/酸化物界面での垂直磁気異方性は,従来の磁性金属/貴金属系と異なり金属強磁性層を挟む両界面の性質が大きく異なる.すなわち,Pt/Co/AlO$_x$ 系[61]のように,Feの両界面は金属と酸化物で形成されるため,両界面での電気的性質が異なることで,Rashba効果[61~63],Dzyaloshinsky-Moriya相互作用[63,64],スピンホール効果[65],スピン軌道トルク[66]が表れる系として注目を集めている.これらの系では,低電流磁壁駆動の可能性[61]や電流駆動による磁壁移動速度の上昇[62]の可能性が指摘されており,Co/Ni垂直磁化膜と同様に,磁壁移動型デバイスへの応用が検討されている.

界面効果を用いた垂直磁気異方性では,上記の式からもわかるように,磁性層膜厚 t の増加により実効的な界面効果が低下することから,垂直磁気異方性の保持には強磁性層膜厚を一般的には1nm程度以下とする必要がある(図3.4.21).数nmや数十nmの強磁性層膜厚における垂直

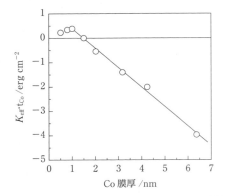

図 3.4.21 界面効果を利用した垂直磁化膜における垂直磁気異方性エネルギーの強磁性層膜厚による変化の例
図に示したデータは，[Pt/Co]$_5$/α-Cr$_2$O$_3$/Pt 薄膜における垂直磁気異方性エネルギーの Co 膜厚による変化．
[Y. Shiratsuchi, *et al.*, *Appl. Phys. Express*, **5**, 043004 (2012)]

磁気異方性の保持には，上述のコラムナー構造の採用のほか，バルク効果としての高い磁気異方性を有する材料を用いることがある．$L1_0$ 構造を有する FePt(001) 薄膜，CoPt(001) 薄膜や上述の Mn 系ホイスラー合金がこれにあたる．最近では，金属のみならず Co$_x$Fe$_{3-x}$O$_4$ などのフェライト系酸化物強磁性体でもバルク効果による垂直磁気異方性が報告されている[67]．バルク効果を用いた垂直磁気異方性の場合，材料がもつ磁気異方性エネルギーが，膜面内の反磁界エネルギー $-(N/\mu_0)M_S^2$ (SI 単位系)，$-2\pi M_S^2$ (CGS 単位系)に打ち勝つことが垂直磁化発現の条件となる．このためには，強磁性材料が，材料の飽和磁化 M_S (数百 G ～ 1700 G 程度)に応じて，おおむね 10^8 J m^{-3} = 10^7 erg cc^{-1} 以上の磁気異方性エネルギーをもつことが必要とされる．

(iii) その他，最近の金属スピントロニクス材料

(i)，(ii)項で述べた強磁性金属のほか，Pt や Au などの非磁性金属もスピントロニクス材料として注目されつつある．とくに，Pt はスピン軌道相互作用が大きいことから，強磁性体と接合することでスピン分極することが知られているが，最近では，強磁性層と接合した積層膜において，強磁性層からスピン分極電流を注入することで，スピンホール効果によるスピン流の生成源としての研究が行われている．また，Al などのスピン・軌道相互作用の小さい材料では，材料中でのスピン拡散が抑制されるため，長いスピン拡散長を利用した非局所スピンバルブ構造などの研究も行われている[68]．とくに，図 3.4.22 に示した非局所測定とよばれる計測方法を用いた場合には，スピン流の生成方向(図では右側)に電荷による電流が流れないため，低消費電力化が可能とされている．スピンホール効果によるスピン流生成は，スピンホール角とよばれるパラメーターに依存する．スピンホール角は，たとえば，表 3.4.9 に示すように，同一材料，同一温度によっても異なる値が報告されており，材料中の不純物効果など，スピンホール

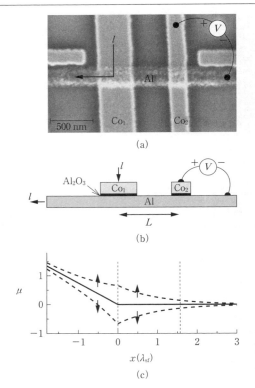

図 3.4.22 非局所スピンバルブ薄膜の構造と化学ポテンシャル
[F. A. Jedema, B. J. van Wees, *et al.*, *Nature*, **416**, 713 (2002)]

角の定量性や支配因子に関する議論が行われている．スピンホール効果の詳細については，たとえば，文献[69]に詳細な解説があるため，参照されたい．

b. 半導体および絶縁体スピントロニクス材料

半導体へのスピン注入は，現在の半導体デバイスを高性能化させる手段として注目され，さまざまな研究が行われている．強磁性体-常磁性体接合を流れる電流のスピン分極率 P_i は，次式で表される[70]．

$$P_i \equiv \frac{j_s}{j} = \frac{r_C P_\Sigma + r_F P_{\sigma F}}{r_F + r_C + r_N} \tag{3.4.15}$$

ここで，j は全電流，r_F は強磁性層の電気抵抗率，r_N は非磁性層の電気抵抗率，r_C は界面の電気抵抗率を表し，P_i ($i = \Sigma, \sigma F$) は界面 ($i = \Sigma$) および強磁性層内 ($i = F$) でのスピン分極率を表す．上式中において，界面抵抗 r_C が 0 (オーミックコンタクト) を実現できた場合，大まかにはスピン分極率は r_F と r_N の比，すなわちコンダクタンスミスマッチによって決まる．半導体へのスピン注入を想定した場合は，磁性半導体 ($r_F \simeq r_N$) の利用や高スピン分極材料 (r_F が大きい) が有効である．とくに，強磁性層として高スピン分極材料を用いた研究として，前項で述べたハーフメタル強磁性体を用いて HMF/半導体接合[71]，半導体との格子整合に優れた Fe$_3$Si/Si 接合[72] などが研究されている．一方，強磁性体には一般的に金属が用いられるため，金属と半導体の電気抵抗率の違いによってショッ

表3.4.9 スピンホール効果を発現させる代表的な材料であるPtのスピンホール角

測定温度 K	伝導率 $10^6\,\Omega\,m$	スピンホール伝導率 $(\hbar/e)/10^3\,\Omega\,m$	スピンホール角 (%)	文献
10	8.1	170±40	2.1±0.5	A. Hoffmann, *IEEE Trans. Magn.*, **49**, 5172 (2013).
293	6.4	≈510	≈8	I. Žutić, *et al.*, *Rev. Mod. Phys.*, **76**, 323 (2004).
293	2.4	31±0.5	1.3±0.2	T. Saito, *et al.*, *Appl. Phys. Express*, **6**, 103006 (2013).
293	2.0	≈80	≈4	Y. Ando, *et al.*, *Phys. Rev. B*, **88**, 140406(R) (2013).
293	5	340±30	6.8±0.5	T. Kasuya, *et al.*, *Rev. Mod. Phys.*, **40**, 684 (1968).
293	2.42	97±12	4.0±0.5	T. Dietl, *et al.*, *Science*, **287**, 1019 (2000).
293	4.3	51.6±3	1.2±0.2	H. Ohno, *J. Magn. Magn. Mater.*, **200**, 110 (1999).
293	3.6	76±14	2.2±0.4	T. Fukumura, *et al.*, *Appl. Surf. Sci.*, **223**, 62 (2004).
293	1.02	20.51±0.03	2.012±0.003	H. Ohno, *et al.*, *Phys. Rev. Lett.*, **68**, 2664 (1992).
293	1.2	≈47	≈4	K. Ando, *et al.*, *Phys. Rev. B*, **46**, 12289 (1992).
293	2.45	74±100	3±4	H. Saito, *et al.*, *Phys. Rev. Lett.*, **90**, 207202 (2003).
293	4	110±10	2.7±0.3	K. Ando, *et al.*, *J. Appl. Phys.*, **83**, 6548 (1998).
300	3.05	330±240	11±8	K. Ando, *et al.*, *J. Magn. Magn. Mater.*, **272-276**, 204 (2004).

[A. Hoffmann, *IEEE Trans. Magn.*, **49**, 5172 (2013) より抜粋]

トキーバリアやトンネルバリアが発生する.この場合は,界面抵抗の分極率を上昇させる必要があり,これにはEuSなどの強磁性絶縁体が用いられ,これらを用いたスピンフィルタ素子の研究も行われている.これらの手法を用いた半導体へのスピン注入は,スピンMOS-FETやスピン発光ダイオードへの応用が期待されている.

以下には,とくに半導体へのスピン注入を可能にするスピントロニクス材料として,磁性半導体とスピンフィルタ用強磁性材料について述べる.

（i）磁性半導体 磁性半導体は,半導体中の伝導電子がスピン分極することで,半導体特性と強磁性特性が共存する材料である.古くは1960年代後半から1970年代にかけてEuSe（Euカルコゲナイド）がこうした性質を示すことが示されている[73].EuSeは磁気転移温度が約4.6Kの極低温であるため,より高い磁気転移温度を有する磁性半導体の開発が進められており,GaAsやInAsなどの半導体にMnなどの3d遷移金属を微量添加した希薄磁性半導体（DMS：diluted magnetic semiconductor）の研究が盛んに進められている.DMSは,ホストとなる半導体に磁性（スピン）を担う3d遷移金属を添加（ドープ）することで,遷移金属のスピン分極した3d電子と半導体のsp電子を交換結合させ（sp-d相互作用）,伝導電子をスピン分極させることを基本原理としている.DMSにおける一つの課題は,キュリー温度 T_c の上昇にある.ツェナーモデル[74]によると,T_c の上昇には,ホストとなる半導体はバンドギャップの大きなワイドギャップ半導体が有利であるとされ（図3.4.23）,GaN,TiO$_2$などがホスト半導体として検討されている.DMSの詳細は優れたレビュー誌などがすでに発行されているため[75,76],これらを参照されたい.

DMSは,上記のとおり,磁性イオンを添加することで強磁性を発現させるため,強磁性元素の固溶限界ととも

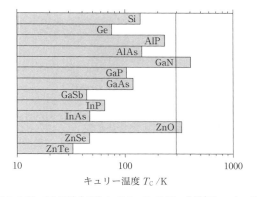

図3.4.23 3d遷移金属として5 at%のMnを添加し,ホール濃度 $3.5\times10^{20}\,cm^{-3}$ を仮定したさいの半導体ホスト材料とキュリー温度の関係
[T. Dietl, D. Ferrand, *et al.*, *Science*, **287**, 1019 (2000)]

に,析出物による強磁性が発現する可能性に留意する必要がある.DMSであることを特徴づけるキャリヤ誘起強磁性の実験的検証には,たとえば異常ホール効果（AHE：anomalous Hall effect あるいは EHE：extraordinary Hall effect）[77]や,磁気円二色性（MCD：magnetic circular dichroism）（図3.4.24,図3.4.25）[78]が強力な手法である.前者は,強磁性体におけるホール効果のうち,膜面垂直方向の磁化に比例するホール電圧が発生する効果であり,DMSにおいては磁性イオンとキャリヤとのスピン軌道相互作用によって発現する.後者は,左右円偏光の吸収率の差に起因する効果であり,sp-d相互作用によって伝導電子のスピン分極によって発生する.磁化測定に加えて,これらの測定手法を相補的に利用することで,強磁性の発現原因を明らかにすることが重要であろう.これまでに,これらの手法を用いてZn(Cr)Te[79],Ga(Mn)As[80],

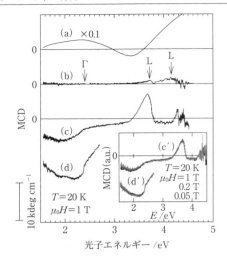

図 3.4.24 Zn(Cr)Te 薄膜における MCD スペクトル
(a) は強磁性 CrTe 薄膜, (b) は ZnTe 薄膜, (c) は 80 nm 厚さの $Zn_{1-x}Cr_xTe(x=0.20)$ 薄膜, (d) は 200 nm 厚さの $Zn_{1-x}Cr_xTe(x=0.20)$ 薄膜に対する結果である. (c) において, 吸収端での明確な MCD のエンハンスが観測されている.
[H. Saito, K. Ando, et al., *Phys. Rev. Lett.*, **90**, 207202 (2003)]

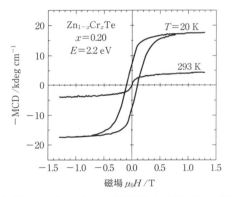

図 3.4.25 $Zn_{1-x}Cr_xTe(x=0.20)$ 薄膜における MCD の磁場依存性
[H. Saito, K. Ando, et al., *Phys. Rev. Lett.*, **90**, 207202 (2003)]

In(Mn)As[81], Ti(Co)O$_2$[82] などにおいて, 実際に sp-d 相互作用が働いていることが示されている.

(ii) スピンフィルタ用絶縁性強磁性体材料 スピンフィルタ素子とは, スピン依存トンネル現象によって, トンネルする電子をスピン分極させ, スピン分極した伝導電子を取り出す素子である. スピン依存トンネル現象は, 最も初期には, 1970 年代に Al/Al$_2$O$_3$/FM トンネル接合膜において観測された. Al/Al$_2$O$_3$/FM 素子において, Al の超伝導転移温度以下で磁場を印加すると, 超伝導ギャップがゼーマン効果によって分裂する (図 3.4.26). このとき, Al の対極が強磁性電極である場合には, 伝導電子がスピン分極しているため, トンネル障壁を通過する電流としてスピン分極した電流が得られる. 強磁性金属として遷移金

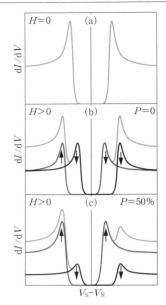

図 3.4.26 スピン依存トンネル現象の概念を表す微分コンダクタンスの模式図
(a) 磁場がゼロの場合 (b) 超伝導ギャップが磁場によってゼーマン分裂した状態 (c) (b)において一方の電極に強磁性体を用いた場合に相当
[J. S. Moodera, T. Nagahama, et al., *J. Phys.: Condens. Matter*, **19**, 165202 (2007)]

属合金を用いた場合には, CoFe 合金を用いた場合に, 最大で 52% のスピン分極率が報告[83]されている. スピンフィルタ素子によって取り出せるスピン分極電流は, 強磁性層のスピン分極率によって決定される. このため, ハーフメタル強磁性体 (3.4.3 a. 項(ⅰ)参照) をはじめとする高スピン分極材料を用いることも検討されているが, 強磁性体として CrO$_2$ を用いた場合に唯一 100% に近いスピン分極率が報告[84]されている. 異なるアプローチとして, トンネル障壁として強磁性障壁層などのスピン分極した障壁層が用いる方法がある. この場合はトンネル障壁が交換分裂し, アップスピンとダウンスピンに対するトンネル障壁が異なる. トンネル確率はトンネル障壁の高さに対して指数関数的に減少し (図 3.4.27), また, 一般的にはトンネルのさいにスピン方向は保存されるため, トンネル電流の高いスピン分極率が期待できる.

高いスピンフィルタ効果を実現するための基盤となる材料の一つは, 強磁性絶縁層であり, これまでに, Eu カルコゲナイド, フェライト系強磁性絶縁体, ペロブスカイト型酸化物などが検討されている. これまでに検討されているおもなスピンフィルタ材料とスピン分極率を表 3.4.10 に示す. スピンフィルタ素子研究の初期段階では, EuS[85], EuSe[86], EuO[87] を用いてスピンフィルタ効果が報告されたが, これらの材料はキュリー温度 T_c が低く, スピンフィルタ効果の発現は液体ヘリウム温度などの極低温が必要となるため, 高い T_c をもつ強磁性障壁層の開発が進め

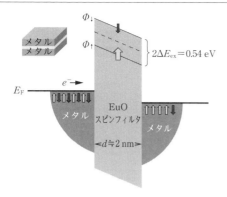

図 3.4.27 強磁性絶縁層を用いたスピンフィルタ効果の概念図
[J. S. Moodera, T. S. Santos, T. Nagahama, *J. Phys.: Condens. Matter*, **19**, 165202 (2007)]

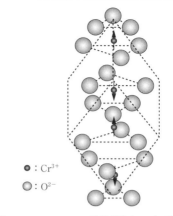

図 3.4.28 α-Cr_2O_3 の結晶構造とスピン配列

られている。その例が，フェライト系強磁性絶縁体[88,89]やペロブスカイト型強磁性酸化物[90]である。これらの強磁性絶縁層の作製についての技術的課題の一つは，トンネル伝導が実現できるまでに強磁性絶縁層を薄膜化する必要があり（一般的には数 nm 以下），こうした極薄膜状態においても T_c の低下を抑制すること，組成（ストイキオメトリー）が保たれること，高い結晶性を有すること，界面平坦性を確保できることなどがあげられる。

(iii) マルチフェロイック材料　強磁性，強誘電性，強弾性など，外場を取り去った後でも自発的に分極状態が残留するものをフェロイックとよび，複数のフェロイックな状態が共存するものをマルチフェロイックとよぶ。通常の材料では，磁気秩序は磁場によって制御可能であり，電気分極は電場によって制御できる。たとえば，磁気秩序と電気分極が共存するマルチフェロイック材料では，磁場による電気分極の制御や，電界による磁気秩序の制御が可能であるとされる。この材料の有用な点は，たとえばデバイスに応用した場合に，電界による磁化反転が可能であることから，低消費電力駆動や CMOS 適合性が向上する電界駆動型デバイスの実現が可能とされている。

磁気電気効果は，1894 年に P. Curie が，"電界による磁場制御の可能性"を予言し，Landau と Lifshitz によって，線形の磁気電気効果の必要条件の研究がなされた。その後，1960 年には，Dzyaloshinsky によって，α-Cr_2O_3 が線形磁気電気効果を示す可能性があることが示され[91]，Astrov によって電場による磁気分極が実験的に報告[92]された。その後まもなく，Folen らによってその逆効果である磁場による電気分極が報告されている[93]。α-Cr_2O_3 は，コランダム構造を有する反強磁性体であり，コランダム構造中で反強磁性秩序を担う Cr スピンが c 軸に平行かつ，c 軸に沿って ＋－＋－ の順序で配列する（図 3.4.28）。このとき，α-Cr_2O_3 に c 軸に平行に電界を印加すると，Cr^{3+} と Cr^{3+} の上下にある O^{2-} による三角格子の距離が変化することで，副格子ごとの結晶場が異なることで磁化が発現するとされている[94]。α-Cr_2O_3 の磁気電気効果は，線形効果であるため，電場の除去によって磁気分極は消失し，磁場の除去によって電気分極は消失する。このため，α-Cr_2O_3 単体では残留状態での磁気分極や電気分極は現れない。また，磁気電気効果の強度を示すパラメーターである α_{ij} も 10^{-4} 台と小さい（α_{ij} は，ガウス単位系では無次元数）。最近，α-Cr_2O_3(0001) 上に強磁性体を積層させた積層構造において，反強磁性 α-Cr_2O_3(0001)/強磁性層に現れる交換バイアスを，磁気電気効果によって方位制御することで，α-Cr_2O_3 の線形な磁気電気効果を補う試みがなされている[95]。この現象は，とくに，α-Cr_2O_3(0001) が上記のスピン配列に起因して，表面強磁性（surface magnetization, boundary magnetization）[96,97] を有することとも関連しているとされている。

表 3.4.10 スピンフィルタ用絶縁層材料とスピン分極率

材料	磁性	キュリー温度 K	バンドギャップ eV	スピン分極率 %	文献
EuSe	反強磁性	4.6	1.8	100	J. S. Moodera, *et al.*, *Phys. Rev. Lett.*, **61**, 637 (1988).
EuS	強磁性	16.6	1.65	86	J. S. Moodera, *et al.*, *Phys. Rev. Lett.*, **70**, 853 (1993).
EuO	強磁性	69.3	1.12	29	J. S. Moodera, *et al.*, *Phys. Rev. Lett.*, **61**, 637 (1988).
$BiMnO_3$	強磁性	105	—	22	M. Gajek, *et al.*, *Phys. Rev. B*, **70**, 202406(R) (2005).
$NiFeO_4$	フェリ磁性	850	1.2	22	U. Lüders, *et al.*, *Appl. Phys. Lett.*, **88**, 082505 (2006).
$La_{0.1}Bi_{0.9}MnO_3$	強磁性	95	—	35	M. Gajek, *et al.*, *Nat. Mater.*, **6**, 296 (2007).

[J. S. Moodera, T. S. santos, T. Nagahama, *J. Phys.: Condens. Matter*, **19**, 165202 (2007) より抜粋．最終行のみ追加]

一方，線形の磁気電気効果と異なり，外場を取り去った後でも自発的に分極状態が残留するフェロイック材料を用いて，単体での電界誘起磁化反転も検討されている．磁気電気効果を示すマルチフェロイック材料は，1965 年に $M_3B_7O_{13}X$ で表される化合物（M は二価のカチオン，X はハロゲン）において，M として磁性イオンを用いた場合に磁気電気効果が観測され，最近は，$BiFeO_3$ や $BiMnO_3$ などのペロブスカイト型酸化物などでも研究が進んでいる[98]．ペロブスカイト型酸化物では，$6s^2$ の孤立電子対を有する Bi によって強誘電性を示し，FeO_6 の 8 面体によって磁気秩序が発生すると説明されている．

磁気秩序と強誘電性の共存は，磁気秩序による結晶構造の空間反転対称性が破れている場合に現れるため，磁気秩序が強磁性である場合に限らない．結晶内での磁性イオン間での交換結合が競合することによって，スピンが傾いた（キャントした）磁気秩序が形成される場合にも強誘電性が現れる．スピンキャンティングによる強誘電性の発現は，スピン流によるモデル[99]，逆 DM 相互作用[100] などが提唱されている．木村らは，$TbMnO_3$ において，Mn-O-Mn の超交換結合が最近接原子間と第二近接原子間での競合により，スピンフラストレート状態になることで，強誘電が現れることを見出した[101]．その後，$MnWO_4$，$TbMnO_3$，$DyMnO_3$ などのさまざまな系で，スピンフラストレーションによって誘起される強誘電性が観測されている．これらの材料の課題は，概して，磁気秩序が現れる温度が極低温領域にあることである．今後，高い温度での磁気秩序と強誘電性の実現が望まれる．磁気電気効果とマルチフェロイクスについては，文献[99] に詳しい解説があるため，参照されたい．

c. その他，最近のスピントロニクス材料

炭素の二次元結晶であるグラフェンは，スピン起動相互作用が小さいことからスピン緩和長が長く，また有効質量がゼロとなるディラックポイントを有する．これらの特性によって，グラフェンにスピン注入することで長距離なスピン輸送が可能になることなどの理由から，スピントロニクス材料としてのグラフェンへの注目が高まっている．最近では，磁性薄膜/グラフェンの積層構造において，磁性体からのグラフェンへのスピン注入[102] が相次いで報告されるなど，今後の発展が期待される研究分野である．

グラフェンとは異なる炭素結晶であるダイヤモンドも，スピントロニクス材料として注目されつつある．ダイヤモンドに窒素（N）を不純物として添加すると，N 周辺に空孔（V：vacancy）が形成することで NV 中心が形成される．ダイヤモンドの NV 中心は，室温で単一スピンの検出，制御を行うことのできる特徴的な系であるとされている．ダイヤモンドの NV 中心とスピントロニクスとの関連については，文献[103] を参照されたい．

上述した電子の有効質量がゼロとなるディラック点は，グラフェン以外にも（メカニズムは異なるが）トポロジカル絶縁体とよばれる物質においても実現される．トポロジカル絶縁体とは，固体内部（バルク）では絶縁体であるが，そのエッジ部分（三次元ならば表面）に金属状態が生じている物質であり，金属でも絶縁体でもない新しい物質として注目されている．トポロジカル絶縁体のエッジ部分では，電子の運動量に対してスピンが決定するため，無散逸な純スピン流が運ばれていると考えられており，将来的には，こうした無散逸なスピン流を用いたデバイスの創出も期待される．トポロジカル絶縁体については，文献[104] などの解説を参照されたい．

文　献

1) 宮崎照宜，"スピントロニクス―次世代メモリ MRAM の基礎―"，日刊工業新聞社（2004）．
2) M. Julliere, Phys. Lett., **54A**, 225（1976）．
3) K.-H. Schwarz, J. Phys. F : Met. Phys., **16**, L211（1986）．
4) K. P. Kämper, W. Schmit, G. Güntherrodt, R. P. Gambino, R. Ruf, Phys. Rev. Lett., **59**, 2788（1987）．
5) A. Yanase, K. Shiratori, J. Phys. Soc. Jpn., **53**, 312（1984）．
6) Y. S. Dedkov, U. Rüdiger, G. Güntherrodt, Phys. Rev. B, **65**, 064417（2002）．
7) Y. Okimoto, T. Katsufuji, T. Ishikawa, A. Urushibaram, T. Arima, T. Tokura, Phys. Rev. Lett., **75**, 109（1995）．
8) J.-H. Park, E. Vescovo, H.-J. Kim, C. Kwon, R. Ramesh, T. Venkatesan, Nature, **392**, 794（1998）．
9) H. Akinaga, T. Manago, M. Shirai, Jpn. J. Appl. Phys., **39**, L1118（2000）．
10) R. A. de Groot, F. M. Mueller, P. G. van Engen, K. H. Bushow, Phys. Rev. Lett., **50**, 2024（1983）．
11) F. Heusler, Verh. Dtsch. Phys. Ges., **5**, 219（1903）．
12) I. Galanakis, P. Mavropoulos, P. H. Dederichs, J. Phys. D, **39**, 765（2006）．
13) I. Galanakis, P. Mavropoulos, J. Phys. : Condens. Matter, **19**, 313213（2007）．
14) J. Kübler, Physica, **127B**, 257（1984）．
15) T. Marukame, T. Kasahara, K. Matsuda, T. Uemura, M. Yamamoto, Jpn. J. Appl. Phys., **44**, L521（2005）．
16) Y. Miura, H. Uchida, Y. Oba, K. Nagao, M. Shirai, J. Phys.: Condens. Matter, **19**, 365228（2007）．
17) Y. Sakuraba, K. Izumi, T. Iwase, K, Saito, K. Takanashi, Y. Miura, K. Furatsukawa, K. Abe, M. Shirai, Phys. Rev. B, **82**, 094444（2010）．
18) S. Wurmehl, H. C. Kandpai, G. H. Fecher, C. Felser, J. Phys.: Condens. Matter, **18**, 6171（2006）．
19) B. Balke, G. H. Felcher, J. Winterlik, C. Felser, Appl. Phys. Lett., **90**, 152504（2007）．
20) S. Ouardi, T. Kubota, G. H. Fecher, R. Stinshoff, S. Mizukami, T. Miyazaki, E. Ikenaga, C. Felser, Appl. Phys. Lett., **101**, 242406（2012）．
21) M. Hosoda, M. Oogane, M. Kubota, T. Kubota, H. Saruyama, S. Iihara, H. Naganuma, Y. Ando, J. Appl. Phys., **111**, 07A324（2012）．
22) S. Mizukami, A. Sakuma, T. Kubota, Y. Kondo, A. Sugihara, T. Miyazaki, Appl. Phys. Lett., **103**, 142405（2013）．
23) 鹿又 武，"機能性材料としてのホイスラー合金"，p. 34, 42, 内田老鶴圃（2011）．

24) 高橋有紀子, A. Rajanikanth, 中谷友也, 宝野和博, まてりあ, **47**, 406 (2008).
25) B. S. D. Ch. S. Varaprasad, A. Srinivasan, Y. K. Takahashi, M. Hayashi, A. Rajanikanth, K. Hono, *Acta Mater.*, **60**, 6257 (2012).
26) B. L. Chamberland, *Crit. Rev. Solid State Mater. Sci.*, **7**, 1 (1977).
27) F. Y. Yang, C. L. Chien, X. W. Li, G. Xiao, A. Gupta, *Phys. Rev. B*, **63**, 092403 (2001).
28) R. J. Soulen Jr, J. M. Byers, M. S. Osofsky, B. Nadgorny, T. Ambrose, S. F. Cheng, P. R. Broussard, C. T. Tanaka, J. Nowak, J. S. Moodera, A. Barry, J. M. D. Coey, *Science*, **282**, 85 (1998).
29) P. Weiss, R. Forrer, *Ann. Phys.*, **12**, 279 (1929).
30) O. Steinsvoll, F. Mustoe, L. M. Corliss, J. M. Hastings, *Phys. Rev. B*, **14**, 4190 (1976).
31) M. C. Martin, G. Shirane, Y. Endoh, K. Hirota, Y. Morimoto, Y. Tokura, *Phys. Rev. B*, **53**, 14285 (1996).
32) P. J. Webster, K. R. A. Ziebeck, "Alloys and Compounds of d-Element with Main Group Elements, Part 2, Landort-Börnsterin New Series, Group Ⅲ, Vol. 19/c", (H. P. J. Wijn ed.) pp. 75-185, Springer (1998).
33) B. S. D. Ch. S. Varaprasad, A. Rajanikanth, Y. K. Takahashi, K. Hono, *Appl. Phys. Express*, **3**, 023002 (2010).
34) S. F. Chang, B. Nadgorny, K. Bussmann, E. E. Carpenter, B. N. Das, G. Trotter, M. P. Raphael, V. G. Harris, *IEEE Trans. Magn.*, **37**, 2176 (2001).
35) A. Rajanikanth, D. Kande, Y. K. Takahashi, K. Hono, *J. Appl. Phys.*, **101**, 09J508 (2007).
36) K. Kobayashi, R. Y. Umetsu, R. Kainuma, K. Ishida, T. Oyamada, A. Fujita, K. Fukamichi, *Appl. Phys. Lett.*, **85**, 4684 (2004).
37) S. V. Karthik, A. Rajanikanth, Y. K. Takahashi, T. Okhubo, K. Hono, *Acta Mater.*, **55**, 3867 (2007).
38) R. Y. Umetsu, K. Kobayashi, A. Fujita, K. Oikawa, R. Kainuma, K. Ishida, N. Endo, K Fukamichi, A. Sakuma, *Phys. Rev. B*, **72**, 214412 (2005).
39) S. Wurmehl, G. H. Fecher, H. C. Landpal, V. Ksenofontov, C. Felser, H.-J. Lin, J. Morais, *Phys. Rev. B*, **72**, 184434 (2005).
40) S. V. Karthik, A. Rajanikanth, T. M. Nakatani, Z. Gercsi, Y. K. Takahashi, T. Furubayashi, K. Inomata, K. Hono, *J. Appl. Phys.*, **102**, 043903 (2007).
41) H. Kurt, K. Rode, M. Venkatesan, P. Stamenov, J. M. D. Coey, *Phys. Rev. B*, **83**, 020405(R) (2011).
42) R. M. Bozorth, "Ferromagnetism", p. 55, 264, 270, IEEE Press (2003).
43) 與田博明, まぐね, **5**, 184 (2010).
44) T. Shimatsu, H. Sato, T. Oikawa, Y. Inaba, O. Kitakami, S. Okamoto, H. Aoi, H. Muraoka, *IEEE Trans. Magn.*, **40**, 2483 (2004).
45) P. F. Carcia, A. D. Meinhaldt, A. Suna, *Appl. Phys. Lett.*, **47**, 178 (1985).
46) 藤森啓安, 新庄輝也, 山本良一, 前川禎道, 松井正顕, "金属人工格子", pp. 377-385, アグネ技術センター (1995).
47) F. J. A. den Broeder, W. Hoving, P. J. H. Bloemen, *J. Magn. Magn. Mater.*, **93**, 562 (1991).
48) I. K. Schuller, S. Kim, C. Leighton, *J. Magn. Magn. Mater.*, **200**, 571 (1999).
49) G. H. O. Daalderop, P. J. Kelly, F. J. A. den Broeder, *Phys. Rev. Lett.*, **68**, 682 (1992).
50) A. Manchon, C. Ducreut, L. Lombard, S. Auffret, B. Rodmaq, B. Dieny, S. Pizzini, J. Vogel, V. Vhlíř, M. Hochstrasse, G. Panaccione, *J. Appl. Phys.*, **104**, 043914 (2008).
51) S. Ikeda, K. Miura, H. Yamamoto, K. Mizunuma, H. G. Gan, M. Endo, S. Kanai, J. Hayakawa, F. Matsukura, H. Ohno, *Nat. Mater.*, **9**, 721 (2010).
52) Z. Chang, H. Sukagawa, S. Mitani, K. Inomata, *Appl. Phys. Lett.*, **98**, 242507 (2011).
53) Y. Shiatsuchi, H. Oikawa, S. Kawahara, Y. Takechi, T. Fujita, R. Nakatani, *Appl. Phys. Express*, **5**, 043004 (2012).
54) Y. Shiatsuchi, S. Kawahara, H. Noutomi, T. Fujita, R. Nakatani, *IEEE Trans. Magn.*, **46**, 1618 (2009).
55) T. Nozaki, M. Oida, T. Ashida, N. Shimomura, M. Sahashi, *Appl. Phys. Lett.*, **103**, 242418 (2013).
56) T. Maruyama, Y. Shiota, T. Nozaki, K. Ohta, N. Toda, M. Mizuguchi, A. A. Tulapurlar, T. Shinjo, M. Shiraishi, S. Mizukami, Y. Ando, Y. Suzuki, *Nature Nanotech.*, **4**, 158 (2009).
57) M. Endo, S. Kanai, S. Ikeda, F. Matsukura, H. Ohno, *Appl. Phys. Lett.*, **96**, 212503 (2010).
58) D. Chiba, S. Fukami, K. Shimamura, N. Ishiwata, K. Kobayashi, T. Ono, *Nat. Mater.*, **10**, 853 (2011).
59) M. K. Niranjan, C. G. Duan, S. S. Jaswal, E. Y. Tsybal, *Appl. Phys. Lett.*, **96**, 222504 (2010).
60) M. Tsujikawa, S. Haraguchi, T. Oda, Y. Miura, M. Shirai, *J. Appl. Phys.*, **109**, 07C107 (2011).
61) I. Miron, G. Gaudin, S. Auffret, B. Rodmaq, A. Schuhl, S. Pizzini, J. Vogel, P. Gambarella, *Nat. Mater.*, **9**, 230 (2010).
62) I. Miron, T, Moore, H. Szambolics, L. D. Buda-Prejbeanu, S. Auffret, B. Rodamaq, S. Pizzini, J. Vogel, M. Bonfim, A. Schuhl, G. Gaudin, *Nat. Mater.*, **10**, 419 (2011).
63) E. Martinez, S. Emori, G. S. D. Beach, *Appl. Phys. Lett.*, **103**, 072406 (2013).
64) O. Boulle, S. Rohart, L. D. Buda-Prejbeanu, E. Jue, I. M. Miron, S. Pizzini, J. Vogel, G. Gaudin, A. Thiaville, *Phys. Rev. Lett.*, **111**, 217203 (2013).
65) P. P. J. Haazen, E. Murè, J. H. Franken, R. Lavrjisen, H. J. M. Swagten, B. Koopmans, *Nat. Mater.*, **12**, 299 (2013).
66) M. Hayashi, Y. Nakatani, S. Fukami, M. Yamanouchi, S. Mitani, H. Ohno, *J. Phys.: Condens. Matter*, **24**, 024221 (2012).
67) T. Niizeki, Y. Utsumi, R. Aoyama, H. yanagihara, J. Inoue, Y. Yamasaki, H. Nakao, K. Koike, E. Kita, *Appl. Phys. Lett.*, **103**, 164207 (2013).
68) F. J. Jedema, A. T. Filip, B. J. van Wees, *Nature*, **410**, 345 (2001).
69) A. Hoffmann, *IEEE Trans. Magn.*, **49**, 5172 (2013).
70) I. Žutić, J. Fabian, S. D. Sarma, *Rev. Mod. Phys.*, **76**, 323 (2004).
71) T. Saito, N. Tezuka, M. Matuura, S. Sugimoto, *Appl. Phys. Express*, **6**, 103006 (2013).
72) Y. Ando, K. Ichiba, S. Yamada, E. Shikoh, T. Shinjo, K. Hamaya, M. Shiraishi, *Phys. Rev. B*, **88**, 140406(R) (2013).

73) T. Kasuya, A. Yanase, *Rev. Mod. Phys.*, **40**, 684 (1968).
74) T. Dietl, H. Ohno, F. Matsukura, J. Cibert, D. Ferrand, *Science*, **287**, 1019 (2000).
75) H. Ohno, *J. Magn. Magn. Mater.*, **200**, 110 (1999).
76) T. Fukumura, Y. Yamada, H. Toyosaki, Y. Hasegawa, H. Koinuma, M. Kawasaki, *Appl. Surf. Sci.*, **223**, 62 (2004).
77) H. Ohno, H. Munekata, T. Penny, S. von Molnár, L. L. Chang, *Phys. Rev. Lett.*, **68**, 2664 (1992).
78) K. Ando, K. Takahashi, T. Okuda, *Phys. Rev. B*, **46**, 12289 (1992).
79) H. Saito, V. Zayets, S. Yamagata, K. Ando, *Phys. Rev. Lett.*, **90**, 207202 (2003).
80) K. Ando, T. Hayashi, M. Tanaka, A. Twardowski, *J. Appl. Phys.*, **83**, 6548 (1998).
81) K. Ando, H. Munekata, *J. Magn. Magn. Mater.*, **272-276**, 204 (2004).
82) Y. Yamada, H. Toyosaki, A. Tsukazaki, T. Fukumura, K. Tamura, Y. Segami, K. Nakajima, T. Aoyama, T. Chikyow, T. Hasegawa, H. Koinuma, M. Kawasaki, *J. Appl. Phys.*, **96**, 5097 (2004).
83) J. S. Moodera, G. Mathon, *J. Magn. Magn. Mater.*, **200**, 248 (1999).
84) J. S. Parker, S. M. Watts, P. G. Ivanov, P. Xiong, *Phys. Rev. Lett.*, **88**, 196601 (2002).
85) J. S. Moodera, X. Hao, G. A. Gibson, R. Meservey, *Phys. Rev. Lett.*, **61**, 637 (1988).
86) J. S. Moodera, R. Meservey, X. Hao, *Phys. Rev. Lett.*, **70**, 853 (1993).
87) T. S. Santos, J. S. Moodera, *Phys. Rev. B*, **69**, 241203(R) (2004).
88) M. Gajek, M. Bibes, A. Barthélémy, K. Bouzehouane, S. Fusil, M. Varela, J. Fontcuberta, A. Fert, *Phys. Rev. B*, **70**, 202406(R) (2005).
89) U. Lüders, M. Bibes, K. Bouzehauane, E. Jacquet, J.-P. Fusil, J.-F. Bobo, J. Fontcuberta, A. Barthélémy, A. Fert, *Appl. Phys. Lett.*, **88**, 082505 (2006).
90) M. Gajek, M. bibes, S. Fusil, K. Bouzehouane, J. Fontcuberta, A. Barthélémy, A. Fert, *Nat. Mater.*, **6**, 296 (2007).
91) I. E. Dzyaloshinskii, *Sov. Phys. JETP*, **11**, 708 (1960).
92) D. N. Astrov, *Sov. Phys. JETP*, **11**, 984 (1960).
93) V. J. Folen, G. T. Rado, E. W. Stalder, *Phys. Rev. Lett.*, **6**, 607 (1961).
94) 安達健五, "化合物磁性 局在スピン系", p.261-264, 裳華房 (2001).
95) P. Borisov, A. Hochstrat, X. Chen, W. Kleemann, C. Binek, *Phys. Rev. Lett.*, **94**, 117203 (2005).
96) A. F. Andreev, *JETP Lett.*, **63**, 758 (1996).
97) K. D. Belashchenko, *Phys. Rev. Lett.*, **105**, 147204 (2010).
98) T. Arima, *J. Phys. Soc. Jpn.*, **80**, 052001 (2011).
99) H. Katsura, N. Nagaosa, A. V. Balatsky, *Phys. Rev. Lett.*, **95**, 057205 (2005).
100) I. A. Sergienko, E. Dagotto, *Phys. Rev. B*, **73**, 094434 (2006).
101) T. Kimura, T. Goto, H. Shintani, K. Ishizaka, T. Arima, Y. Tokura, *Nature*, **426**, 55 (2003).
102) N. Tombros, C. Jozs, M. Popinciuc, H. T. Jonkman, B. J. van Wees, *Nature*, **448**, 571 (2007).
103) F. Jelezko, J. Wrachtrup, *Phys. Status. Solidi. A*, **203**, 3207 (2006).
104) Y. Ando, *J. Phys. Soc. Jpn.*, **82**, 102001 (2013).

3.4.4　ホール素子用材料

a.　はじめに

ホール素子は，1879年にE. H. Hallによって発見された半導体のホール効果[1]を利用した磁界を検出する素子である．磁界の強さに比例した電圧信号が得られるため，ブラシレスモータをはじめとして，電流センサ，位置センサ，回転角センサなどに用いられている．

図3.4.29にホール素子の駆動原理図を示す．素子形状を方形とした場合のものであり，Lは入力方向の長さ，Wは素子の幅，dは半導体の膜厚である．二つの入力電極1-2間にV_{in}を印加し，I_cの電流を流したとき，磁束密度をBとすると，出力電極3-4間にホール電圧V_Hが出力される．

定電圧で，ホール素子を駆動した場合，ホール電圧は式(3.4.16)で表される．ホール電圧は，半導体の電子移動度μ，磁束密度B，入力電圧V_{in}，素子形状比W/Lに比例する．

$$V_H = \frac{W}{L} \mu B V_{in} \qquad (3.4.16)$$

また，このとき，ホール素子の入力抵抗R_{in}は，抵抗率ρ，シート抵抗をR_sとした場合，式(3.4.17)で表される．

$$R_{in} = \frac{L}{W} \frac{\rho}{d} = \frac{L}{W} R_s \qquad (3.4.17)$$

L，Wといった素子形状で，ホール電圧を上げようとした場合は，素子抵抗R_{in}とトレードオフの関係になる．定電圧でホール素子を用いる場合，高いホール電圧を得るためには電子移動度の大きな材料選択が必要となる．

定電流でホール素子を駆動した場合には，ホール電圧は，式(3.4.18)で表される．ホール電圧は，ホール係数R_H，磁束密度B，駆動電流I_cに比例し，膜厚dに反比例する．

$$V_H = \frac{R_H}{d} I_c B \qquad (3.4.18)$$

ここで，ホール係数R_Hは$R_H = 1/(e \cdot n)$である．eは電子の電荷，nは電子密度である．よって，定電流でホール素子を用いる場合は，高いホール電圧を得るためには，材料としては，nの小さな材料選択が必要になる．また，形状

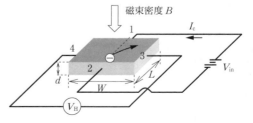

図3.4.29　ホール素子の駆動原理図

表 3.4.11 ホール素子用材料の物性

	電子移動度 $\mathrm{cm^2\,V^{-1}\,s^{-1}}$	バンドギャップ eV	結晶構造	格子定数 $a, c/\mathrm{Å}$
InSb	80 000	0.17	ZB	$a = 6.478$
InAs	33 000	0.36	ZB	$a = 6.058$
GaAs	8500	1.42	ZB	$a = 5.307$
Si	1500	1.12	ZB	$a = 5.653$
Ge	3900	0.67	ZB	$a = 5.431$
CdTe	1050	1.53	ZB	$a = 6.481$
GaN	380	3.39	WZ	$a = 3.180,\ c = 5.166$

ZB：Zincblende 閃亜鉛鉱構造，WZ：Wurzite ウルツ鉱構造．
[伊藤良一，"化合物半導体デバイスハンドブック"，pp. 24～28 (1986)]

表 3.4.12 薄膜材料の構造と特性

構造(膜/基板)	移動度 $\mathrm{cm^2\,V^{-1}\,s^{-1}}$	キャリヤ濃度 $\mathrm{cm^{-3}}$	シート抵抗 $\Omega\square$	膜厚 $\mu\mathrm{m}$	文献
InAs/GaAs	7800		265	0.58	T. Iwabuchi, *et al., J. Cryst. Growth*, **150**, 1302 (1995).
InSb/GaAs	54 000	1.90×10^{16}	61	1	A. Okamoto, *et al., J. Cryst. Growth*, **201/202**, 765 (1999).
	59 400	2.70×10^{16}			E. Michel, *et al., Appl. Phys. Lett.*, **65**, 3338 (1994).
	16 000～58 200			0.7～3.6	E. Michel, *et al., Appl. Phys. Lett.*, **69**, 215 (1996).
InSb/マイカ	20 000～30 000	2.00×10^{16}		0.8	I. Shibasaki, *J. Cryst. Growth*, **175-176**, 13 (1997).
InSb/Si	55 000	2.00×10^{16}		8	J. I. Chyi, *et al., Appl. Phys. Lett.*, **54**, 1016 (1986).
	48 000			0.7	Y. Kunimi, *et al., Mater. Res. Soc. Symp. Proc.*, **1194E**, A09-02 (2010).

は，d が小さいほうが出力が大きくなるため，一般にホール素子用材料としては薄膜材料が用いられてきている．

以上のように，μ に定電圧感度が比例し，$1/n$ に定電流感度は比例し，R_s に素子抵抗が比例する．ホール素子用材料の物性値としては，μ，n，R_s が重要である．

続いて，ホール素子の温度依存性について考える．ホール素子の温度係数は，式(3.4.16)～(3.4.18)の両辺を温度で微分すれば得られる．

定電圧感度の温度係数 β_H は，電子移動度の温度係数 $\beta\mu$ と等しくなる．

$$\beta_\mathrm{H} = \frac{1}{V_\mathrm{H}}\frac{\mathrm{d}V_\mathrm{H}}{\mathrm{d}T} = \frac{1}{\mu}\frac{\mathrm{d}\mu}{\mathrm{d}T} = \beta\mu \quad (3.4.19)$$

また，素子抵抗 R_in の温度係数 β_R は，抵抗率 ρ の温度係数 $\beta\rho$ と等しくなる．

$$\beta_\mathrm{R} = \frac{1}{R_\mathrm{in}}\frac{\mathrm{d}R_\mathrm{in}}{\mathrm{d}T} = \frac{1}{\rho}\frac{\mathrm{d}\rho}{\mathrm{d}T} = \beta\rho \quad (3.4.20)$$

定電流感度の温度係数 β_H は，キャリヤ密度の温度係数 βn と式(3.4.21)の関係になる．

$$\beta_\mathrm{H} = \frac{1}{V_\mathrm{H}}\frac{\mathrm{d}V_\mathrm{H}}{\mathrm{d}T} = -\frac{1}{n}\frac{\mathrm{d}n}{\mathrm{d}T} = -\beta n \quad (3.4.21)$$

$\rho = 1/(e\cdot n\cdot\mu)$ の関係，および式(3.4.49)～(3.4.21)より，β_R は式(3.4.22)のように表される．

$$\beta_\mathrm{R} = -\frac{1}{n}\frac{\mathrm{d}n}{\mathrm{d}T} - \frac{1}{\mu}\frac{\mathrm{d}\mu}{\mathrm{d}T} = -\beta n - \beta\mu \quad (3.4.22)$$

ここで，$\mathrm{d}n/\mathrm{d}T$ は材料のバンドギャップで決まる電子の励起数であり，バンドギャップが大きい材料ほど小さくなる．よって，定電流駆動時のホール電圧の温度特性，および R_in の温度特性を良くするには，バンドギャップの大きな材料を選択するか，材料にドープすることにより，$1/n$ を小さくすることが有効になる．

表 3.4.11 に代表的なホール素子材料の単結晶の物性を示す．高いホール電圧のホール素子形成は，大きな電子移動度を示す InSb や InAs が用いられる．これら材料を蒸着や分子線エピタキシー（MBE）法により，マイカや GaAs 基板上に薄膜化して使用される[2～8]．また，温度特性の小さなホール素子は，バンドギャップの大きな GaAs などに Si などの n 型ドーパントをドープして，温度特性を良好にしたものが用いられている．表 3.4.12 にこれら薄膜材料の代表的な特性を示す．

b. InSb 薄膜材料

InSb は，ホール素子に最もよく用いられる材料である．電子移動度が大きいため（80 000 $\mathrm{cm^2\,V^{-1}\,s^{-1}}$），定電圧駆動で，高感度のホール素子の形成が可能になる．一方，InSb はバンドギャップが狭いため（0.17 eV），定電流感度および入力抵抗の温度特性は悪い．用途としては，高感度を生かしたブラシレスモータや地磁気の検出などに用いられている．InSb を薄膜化する場合，理想的には，格子定数の差がない基板を用いることが好ましいが，そういった基板の入手が困難であるため，通常は，InSb と格子定数は異なるが，GaAs 基板，Si 基板，マイカなどが用いられる．図 3.4.30 に GaAs 基板上に MBE でヘテロエピタキシャル成長された InSb 薄膜の膜厚と電子移動度，シート抵抗値，シートキャリヤ密度の相関を示す．膜厚の増加につれ電子移動度は大きくなり，バルク単結晶の値（80 000 $\mathrm{cm^2\,V^{-1}\,s^{-1}}$）に近づいていく．シートキャリヤ濃度も膜厚の増加につれ大きくなる．結果としてシート抵抗は，膜厚

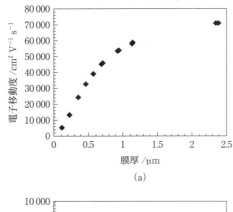

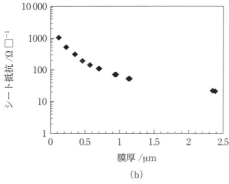

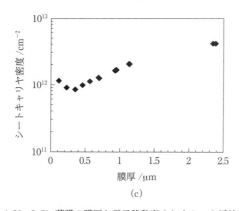

図 3.4.30 InSb 薄膜の膜厚と電子移動度 (a) とシート抵抗値 (b)，およびシートキャリヤ密度 (c)
[H. Geka, I. Shibasaki, *et al.*, *J. Cryst. Growth*, **301/302**, 152 (2007); A. Okamoto, I. Shibasaki, *et al.*, *J. Cryst. Growth*, **201/202**, 765 (1999). 上記文献のデータを軸を変換して記載]

増加につれ小さくなる．実用的な素子抵抗を維持するために，通常は 1 μm 前後の膜が用いられることが多い．必要なホール電圧および素子抵抗が得られる膜厚をこれらの相関図と式(3.4.16)〜(3.4.18)を用いて決めることができる．
 Si 基板を用いた場合，1 μm 以下の薄い膜厚では高い電子移動度の InSb 膜の形成が困難であったが，近年，1 μm 以下の膜厚で，GaAs 基板上と同等レベルの電子移動度を有する InSb 膜の形成が可能となっている (48 000 cm^2 V^{-1}s^{-1}, 0.7 μm)[8]．

 また，InSb を蒸着法で，マイカ基板上に成長すると厚さ 0.8 μm で電子移動度 20 000〜30 000 cm^2 V^{-1}s^{-1} の膜が得られる．MBE で GaAs 上に形成した InSb 膜と比べると電子移動度は小さいが，この膜をフェライト基板上に接着後，パターニングし，InSb 膜をフェライトで挟み込む構造とすることにより，磁気増幅効果を得た高感度素子の形成が工業レベルで行われている．

c. InAs 薄膜材料

 InAs は InSb についで，電子移動度が大きく (33 000 cm^2 V^{-1}s^{-1})，バンドギャップは InSb の 2 倍以上である (0.36 eV)．よって，高感度で温度安定性が良いホール素子の実現が可能になる材料である．図 3.4.31 に GaAs 基

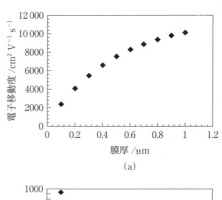

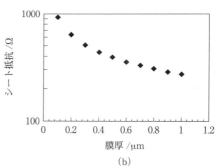

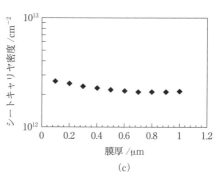

図 3.4.31 InAs 薄膜の膜厚と電子移動度 (a) とシート抵抗値 (b)，およびシートキャリヤ密度 (c)
[H. Geka, I. Shibasaki, A. Okamoto, *J. Cryst. Growth*, **278**, 614 (2005) のデータを軸を変換して記載]

板上に MBE でヘテロエピタキシャル成長された InAs 薄膜の膜厚と電子移動度，シート抵抗値，シートキャリヤ密度の相関を示す．膜厚の増加により，電子移動度は向上し，シート抵抗は減少する．シートキャリヤ密度の膜厚依存性は比較的小さい．InAs 薄膜の電子移動度をバルク単結晶と同レベルにするためには，InAs 量子井戸構造薄膜にする必要がある[9]．すなわち，GaAs 基板上に InAs と格子定数が等しく，InAs よりもバンドギャップの広い AlGaAsSb を形成し，ついで InAs を積層後，さらに AlGaAsSb を形成した構造である．この量子井戸構造を形成した場合，電子移動度はバルク単結晶に近い電子移動度が得られる．

d. GaAs 薄膜材料

GaAs は，InSb（0.17 eV）や InAs（0.36 eV）と比べてバンドギャップが 1.42 eV と広いため，定電流感度および抵抗の温度特性が良好なことが特徴の材料である．アンドープの GaAs は，キャリヤが少ないため，Si などで n 型ドープした材料が用いられる．通常，MBE や MOCVD で GaAs 基板上にホモエピタキシャル成長しながら Si をドープして導電層を形成するか，イオンプランテーションにより Si を打ち込み，活性化アニールを行うことにより，導電層を形成するのが一般的である．優れた温度特性を生かして，高精度の位置検出センサなどに GaAs ホール素子は用いられている．

図 3.4.32 に，シートキャリヤ密度の異なる GaAs 材料の温度特性を示す．シートキャリヤ密度の増加により，式（3.4.21）の $1/n$ が小さくなるため，温度特性は良好となり，$-0.03\% \ {}^\circ\mathrm{C}^{-1}$ 程度の優れた温度特性の実現が可能である．

e. その他

その他のホール素子材料としては，Si，GaN などがある．Si は電子移動度が低く，ホール出力電圧は小さいため，単独でホール素子用材料として用いられることはなく，増幅回路や温特補正などの回路とともに LSI 化されたものが使われている．GaN はバンドギャップが大きいため，高温対応のホール素子として活用される可能性がある[10]．

また，InAs/AlGaAsSb/GaAs，AlGaAs/GaAs などの量子井戸構造を用いた材料のホール素子への実用化も進みつつある[9,11]．

Si 基板上に InSb を用いたホール素子と Si-LSI をモノリシックに形成する技術も確立されており，今後のアプリケーションの広がりが期待される[12]．

文　献

1) E. H. Hall, *Am. J. Math.*, **2**, 287 (1879).
2) T. Iwabuchi, T. Ito, M. Yamamoto, K. Sako, Y. Kanayama, K. Nagase, T. Yoshida, F. Ichimori, I. Shibasaki, *J. Cryst. Growth*, **150**, 1302 (1995).
3) A. Okamoto, T. Yoshida, S. Muramatsu, I. Shibasaki, *J. Crystal Growth*, **201-202**, 765 (1999).
4) E. Michel, G. Singh, S. Slivken, C. Besikci, P. Bove, I. Ferguson, M. Razeghi, *Appl. Phys. Lett.*, **65**, 3338 (1994).
5) E. Michel, J. D. Kim, S. Javadpour, J. Xu, I. Ferguson, M. Razeghi, *Appl. Phys. Lett.*, **69**, 215 (1996).
6) I. Shibasaki, *J. Crystal Growth*, **175-176**, 13 (1997).
7) J. I. Chyi, D. Biswas, S. V. Iyer, S. Kumar, H. Morkoc, R. Bean, K. Zanio, H. Y. Lee, H. Chen, *Appl. Phys. Lett.*, **54**, 1016 (1986).
8) Y. Kunimi, H. Fujita, A. Sakurai, S. Akiyama, M. Miyahara, Y. Shibata, *Mater. Res. Soc. Symp. Proc.*, **1194E**, A09-02 (2010).
9) I. Shibasaki, H. Geka, A. Okamoto, Y. Shibata, *J. Cryst. Growth*, **278**, 162 (2005).
10) L. Hai, S. Peter, V. Alexei, T. Jesse, E. Ahmed, *J. Appl. Phys.*, **99**, 114510 (2006).
11) 李 一侃, 内田和男, 野崎眞次, 小野 洋, 電子情報通信学会大会講演論文集, 2007 エレクトロニクスソサイエティ, **2**, 49 (2007).
12) Y. Kunimi, A. Sakurai, S. Akiyama, H. Fujita, Y. Shibata, K. Nagakura, Y. Noma, T. Yamamoto, Y. Yamaha, IEDM2009 Tech. Digest, p. 853 (2009).

3.4.5 磁気インピーダンス素子材料

a. アモルファスワイヤ

アモルファスワイヤによる磁気インピーダンス（MI：magneto-impedance）素子は，細形状の高透磁率ヘッドに高周波数電流を通電し，その表皮効果を利用してヘッドのインピーダンスまたは両端の電圧を外部磁界により高感度に変化させることのできる素子である（2.1.5 項も参照）．

通電電流によるワイヤ円周磁界で励磁するので，ワイヤ円周方向には反磁界を生じず励磁電力は微小でよい．ワイヤの円周方向を磁化容易方向の材料を用いると，ワイヤ長さ方向の外部磁界によって円周方向の磁化ベクトル M がワイヤ長さ方向に角度 θ だけ傾斜してインピーダンス変化を生じ，ワイヤ両端の電圧振幅が変化して磁界が検出される．

MI 素子として用いられる円形断面を有する高品質のアモルファス金属細線の製造法は，大中らが提案した回転液中紡糸法[1]やガラス被覆紡糸法[2]が用いられる．回転液中紡糸法とは，回転するドラム内面に遠心力により冷却水の回転層を形成させ，この冷却中に合金の溶融ジェットを噴

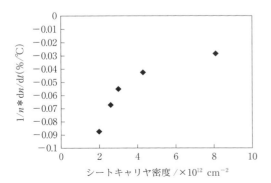

図 3.4.32 GaAs のシートキャリヤ密度と温度係数の相関

射させる方法であり，遠心力の作用により冷却水に乱流がない状態での高速化が可能であり，冷却速度を上げる効果も期待できる．しかし，溶融状態から直接金属あるいは合金の円形断面を有する連続細線を形成させることは，一般的に金属融液が非常に低い粘性と高い表面引力を有し，円形溶融ジェット流が本質的に不安であることなどから，実用的な合金組成は限られる．磁性材料としてのアモルファスワイヤの利用は，回転液中紡糸法によりFe-Si-Bアモルファス細線[3]やCo-Fe-Bアモルファス細線[4]が作製されたことをはじめとしている．

回転水紡糸法により作成されたアモルファス金属線は，急冷材（quenchedまたはas-cast）とよばれ，通常120～130 μm径を有する細線である．アモルファス金属線の直径の上限は，溶融金属の冷却速度に依存し，およそ300 μm径の長尺な金属製が安定して製造できる限界とされている．また，直径の下限は溶融金属のジェット安定性や液中への侵入時の衝撃などの問題により60 μm程度に制限される．一方，ダイス鋼を利用した冷間線引き加工により60 μm以下の細線化が可能である．代表的組成のアモルファス磁性ワイヤ急冷材の磁気物性定数を表3.4.13に示す．v_Lは磁壁の伝搬速度，B_sは飽和磁化，λ_sは飽和磁歪 Fe-Si-Bアモルファスワイヤは正の磁歪をもち，Co-Si-Bアモルファスワイヤは負の磁歪をもつ．また，$(Co_{1-x}F_x)_{72.5}Si_{12.5}B_{15}$のアモルファスワイヤは，$x<0.06$の組成で負の磁歪をもっている．

アモルファス磁性ワイヤ急冷材について，その磁区構造が調べられている[5]．磁区観察および磁壁伝搬の実験の結果より提案された磁区モデルを図3.4.33に示す．Fe-Si-Bアモルファスワイヤでは表層部で迷路磁区パターンが観測されるため外郭が面垂直閉磁路をもつとされ，また磁壁が長距離伝搬することから中心層が軸方向に容易磁化方向をもつ単磁区構造と考えられている．一方，負の磁歪をもつCo-Si-Bアモルファスワイヤでは，円周方向の180°磁壁が表面で観測されるため，外郭は円周方向を磁化容易方向とするバンブー磁区構造をもち，Fe-Si-Bワイヤと同様に長距離の磁壁の伝搬が生じることから，中心層は軸方向に容易磁化方向をもつ単磁区構造としてモデル化される．このような磁区構造は，アモルファスワイヤ作製のため急冷時に生じるワイヤ内部の残留応力によることが指摘されている．わずかに負磁歪をもつCo-Fe-Si-Bアモルファスワイヤは，Co-Si-Bアモルファスワイヤと似たような磁区構造をもつと考えられるが，長手方向のB-H特性の計測の結果からは角形B-H特性が得られず，また

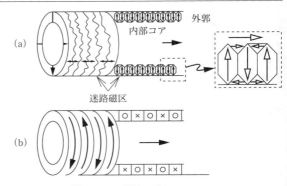

図3.4.33 磁区モデル
(a) Fe-Si-B アモルファスワイヤ
(b) Co-Si-B アモルファスワイヤ

残留磁化が小さいことがわかっており，中心部の単磁区コアの存在は明らかではない．

冷間線引き加工後に張力アニールを施した，20～30 μm径のCo-Fe-Si-Bアモルファスワイヤでは，磁界による大きなインピーダンス変化が観測される．図3.4.34にそのインピーダンスの絶対値$|Z|$の周波数特性を示す．ワイヤに5 mA振幅の正弦波電流を通電し，一様な外部磁場10 Oeはヘルムホルツコイルで印加している．周波数fが200 kHz以下では，$|Z|$の外部磁界H_{ex}による変化は生じず，表皮効果も生じていない．$f>200$ kHzでは$|Z|$は$H_{ex}=0$でfとともに増加するがこれは表皮効果による．この結果から，表皮深さ$\delta=(2\rho/\omega\mu_\theta)^{1/2}$が$f=200$ kHzでほぼワイヤ半径aに等しいと考えられる．ここで，ρはアモルファスワイヤの抵抗率で，μ_θは円周方向の透磁率である．すなわち，$f>200$ kHzでは表皮効果によって，ワイヤのインダクタンス$L(\mu_\theta)$だけでなく，同時に抵抗$R(\mu_\theta)$も磁界H_{ex}によって変化するために$|Z|=|R+j\omega L|$が大きく変化することになる．

高周波電流の各周波数をωとすると細線（半径a，長さl，直流抵抗R_{dc}）のインピーダンスは次式で表される．

$$Z = \frac{R_{dc} k a J_0(ka)}{2J_1(ka)}$$

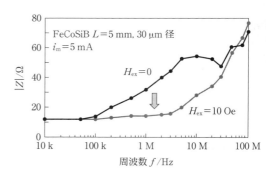

図3.4.34 Co-Fe-Si-B アモルファスワイヤインピーダンスの周波数特性
[K. Mohri, Y. Honkura, *Sens. Lett.*, **5**, 267 (2007)]

表3.4.13 代表的なアモルファス磁性ワイヤの磁気物性値

組 成	v_L/km s^{-1}	B_s/T	$10^6 \lambda_s$
$Fe_{77.5}Si_{10}B_{12.5}$	4.77	1.6	35
$Co_{72.5}Si_{12.5}B_{15}$	4.73	0.64	−5.6
$(Fe_{0.06}Co_{0.94})_{72.5}Si_{12.5}B_{15}$	7.74	0.8	−0.08

[P. T. Squire, S. Atalay, *et al.*, *J. Magn. Magn. Mater.*, **132**, 10 (1994)]

$$k = \frac{1+j}{\delta}, \quad \delta = \left(\frac{2\rho}{\omega\mu_\theta}\right) \quad (3.4.23)$$

表皮効果が顕著な場合は式(3.4.23)で$\delta \ll a$とおくと

$$Z = R_{dc}a(1+j)\left(\frac{\omega\mu_\theta}{8\rho}\right)^{1/2}$$

$$|Z| = aR_{dc}\left(\frac{\omega\mu_\theta}{4\rho}\right)^{1/2} \quad (3.4.24)$$

となり，Zおよび$|Z|$のH_{ex}に対する変化は$\mu_\theta^{1/2}$のH_{ex}に対する変化で決定される．この表皮効果によるインピーダンスの磁界に対する変化は，MI効果[6]として知られている．μ_θのH_{ex}に対する変化は，円周方向のB-H (B_θ-H_θ)ヒステリシス特性から検証できる．わずかに負磁歪のCo-Fe-Si-Bアモルファスワイヤでは，張力熱処理により円周方向に磁化容易方向が誘導され，図3.4.35に示すように，$H_{ex}=0$では円周方向180°磁壁移動による角形ヒステリス特性を示す．H_{ex}をワイヤ長さ方向に印加すると，H_{ex}は180°磁壁に垂直に印加されるため磁壁エネルギー密度が減少して円周方向の保持力が減少するとともに，磁化ベクトルMのワイヤ長さ方向の回転のためB_θ-H_θが傾斜してμ_θが減少する．一方，正弦波電流に直流バイアス電流を重畳させた場合，または半波電流を通電した場合[8]には，$H_{ex}=0$でμ_θは小さく$H_{ex}\approx H_k$（異方性磁界）でμ_θは最大になり，$H_{ex}=0$付近のμ_θ変化率は直流バイアス電流を重畳させない場合より大きくなる．

アモルファスワイヤMI素子とCMOS-ICによる方形波発振回路を利用したパルス電流通電型の高感度磁気センサ[7]が開発されている．このセンサは，数ナノ秒程度の立ち上がり時間の短いパルス電流によりアモルファスワイヤに表皮効果を発生させ，通電電流の直流成分によりバイアス効果を得ている．パルス通電により生じるアモルファスワイヤ両端電圧の波高値は，通電するパルス電流の時間間隔にほとんど依存しないため，駆動回路の発振周波数を下げることができ，センサ回路の安定化および低消費電力化が可能となった．アモルファスワイヤMI素子による磁界センサは，約1 mm長のヘッドにより10^{-10} T (10^{-6} G)の微弱磁界を検出できる高感度性をもち，回路構成によっては，1 MHz程度まで検出できマイクロ磁気センサとなる．また，単磁区構造を仮定した，アモルファスワイヤMI素子の磁気ノイズスペクトル密度は，次の式で与えられることが報告されている[9]．

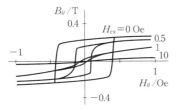

図3.4.35 Co-Fe-Si-Bアモルファスワイヤの円周方向B-H特性
[K. Mohri, *Mater. Sci. Eng.*, **A185**, 141 (1994)]

$$\beta = \sqrt{\frac{2\alpha k_B T}{\gamma M_s \pi a^2 l}} \quad (3.4.25)$$

ここで，Tは温度，αは制動定数，k_Bはボルツマン定数，γはジャイロ磁気比，M_sは飽和磁化である．Co系のアモルファスワイヤについての代表的な値を代入してβを求めると1 cm長のワイヤから生じる1 Hz帯域のノイズは室温で約10 fTとなる．すなわち，アモルファスワイヤMI素子を用いた磁界センサの磁界検出分解能は，本質的にはfTオーダーであるといえる[9]．

アモルファスワイヤにコイルを巻いたヘッド構成とし，ワイヤにパルス通電すると磁界に比例した電圧が検出コイルに誘導される．この現象を利用した電子コンパス用の高感度リニア磁界センサ[10]もMI素子を利用している．パルス通電による表皮効果によりワイヤ素子のインピーダンスはワイヤ表層磁化ダイナミックスの影響を強く受ける．強い表皮効果による場合，円周方向に容易磁化方向をもつアモルファスワイヤのインピーダンスZとワイヤに巻いた検出コイルに誘導される電圧V_cの間に密接な関係があることが解析されている[11]．

文　献

1) 大中逸雄，福迫達一，大道徹太郎，日本金属学会誌，**45**, 751 (1981).
2) G. F. Taylor, *Phys. Rev.*, **23**, 655 (1924).
3) M. Hagiwara, A. Inoue, T. Masumoto, Proc. 4 th Int. Conf. on Rapidly Quenched Metals, 1373 (1982).
4) A. Inoue, M. Hagiwara, T. Masumoto, Proc. 4 th Int. Conf. on Rapidly Quenched Metals, 1399 (1982).
5) F. B. Humphrey, *et al.*, Proc. Int. Symp. on Magnetic Properties of Amorphous Metals, 110 (1987).
6) L. V. Panina, K. Mohri, *Appl. Phys. Lett.*, **65**, 1189 (1994).
7) 毛利佳年雄, *J. Magn. Soc. Jpn.*, **19**, 847 (1995).
8) 管野崇樹, 毛利佳年雄, *J. Magn. Soc. Jpn.*, **21**, 645 (1997).
9) L. G. C. Melo, D. Menard, A. Yelon, L. Ding, S. Saez, C. Dolabdjian, *J. Appl. Phys.*, **103**, 033903-1 (2008).
10) 本蔵義信, 青山　均, 山本道法, 加古英児, *J. Magn. Soc. Jpn.*, **27**, 1063 (2003).
11) D. P. Makanovskiy, L. V. Panina, D. J. Map, *Phys. Rev. B*, **63**, 144424 (2001).

b. 薄　膜

MI素子は巻線なしでセンサ素子として駆動できるため原理的に小型化に向いているが，この利点をより有効に活用するためには，素子を薄膜で構成することが考えられる．本センサ素子は，磁性体に高周波キャリア電流を通電した場合の表皮効果が，印加される磁界の関数として変化し，その結果，インピーダンスが変化する現象を利用したものであり，大きなインピーダンス変化を得るためには，素子の厚みと表皮深さが同程度である必要がある．そのため，薄膜でMI素子を構成する場合には，素子の厚みが減少するため原理的に表皮深さを小さく，すなわち動作周波数を高く設定する必要がある．このことは，センサ素子と

して考えると応答性を高速にできることになり，次世代の磁気ヘッドや高精度制御用エンコーダの検出ヘッドや医療分野における生体磁気応用などさまざまな分野への応用が期待される．

また，薄膜を用いた場合は，バルク体と比較してその磁気特性の制御が容易である利点も有する．たとえば，磁性薄膜に磁界中熱処理を施すことや，薄膜微細加工により形状を変化させることにより，一軸磁気異方性の大きさや方向を制御することができる．MI素子においては，磁気異方性は外部磁界による透磁率変化を決定する重要なパラメーターの一つであり，センサの磁界検出特性に大きく影響する．これは，異方性磁界の強度を制御することによってセンサ素子の磁界検出特性を制御できるためであり，一軸異方性を有するソフト磁性薄膜にバイアス磁界を印加した場合の透磁率が，微小交流励磁方向およびバイアス磁界印加方向の組合せによって種々の変化を示す，バイアス磁化率の理論としてよく知られている．よって，磁性薄膜の異方性制御ができることは実際的な素子設計上大変魅力のあるものといえる．

また，磁性薄膜のパターニングや，磁界中あるいは無磁界中の熱処理によって，その薄膜素子の磁区構造を制御できることも大きな特徴の一つであるといえる．MI素子のインピーダンスは，素子の磁区構造に依存して変化するため，薄膜素子の磁区構造が単磁区なのか多磁区なのか，また印加磁界に対する変化が連続的に変化するのか不連続に変化するのか，さらには，磁化過程が磁化回転で進行するのか磁壁移動で進行するのかによっても，そのセンサ特性は大きく異なる．よって，薄膜によってMI素子を構成することは，磁区構造の人為的な制御を容易にするという利点も有することになる．

また，バルク素子と比較して駆動周波数を高周波化することで考えられるのは，磁性薄膜の透磁率が急激な変化を示す自然共鳴周波数領域を利用したセンサ出力の増大である．磁性膜の自然共鳴周波数付近では比透磁率実部は低周波数領域での値と比較して急激に減少し，ほとんど1あるいは負の値をとる．この自然共鳴周波数付近の透磁率変化を利用すればセンサの動作周波数を高く設定できるとともに，表皮効果の顕在化によるセンサ素子の高感度化が期待できる．

これら薄膜ならではの特徴を生かすため，薄膜MI素子にはソフト磁気特性を有し，かつ磁気異方性の制御が容易な磁性薄膜が用いられる．代表的なものとしてCo基アモルファス磁性薄膜があげられる．毛利らは，スパッタ成膜した厚さ4μmのCo-Fe-B薄膜を，長さ5〜10mm，幅0.3mmの方形上に湿式エッチングにより微細加工し，80MHzの駆動周波数で最大45%のインピーダンス変化率と4.5% Oe^{-1} の磁界感度を得た[1]．Co基アモルファスソフト磁性薄膜の一軸磁気異方性の方向および大きさは，磁界中熱処理によって制御可能であることが知られており，この報告においても，CoとFeの比を9:1としたCo-Fe-B薄膜は70 Oeの直流磁界中で250℃，1時間の熱処理が施されている．付与した磁気異方性の方向は高周波電流の通電方向と直行する素子幅方向であり，この場合，インピーダンスの外部磁界に対する変化は，外部磁界の増加に伴って上昇し磁性薄膜の異方性磁界付近で最大値をとった後に減少する双峰特性を示す．

このように，薄膜でMI素子を形成した場合には，素子の断面積が減少することで素子のインピーダンスにおける抵抗分が増加するために，バルクの場合と比較してインピーダンス変化率が低減してしまう．この問題を解決するため，山寺らはFe-Co-Si-B，Co-Si-B膜によって閉磁路構造の薄膜MI素子を作製して，抵抗分の減少およびインダクタンス分を増加させることでインピーダンス変化率を増加させている[2]．この素子は，RFスパッタで成膜した$Fe_4Co_{74}Si_8B_{14}$あるいは$Co_{73}Si_{12}B_{15}$とCu導電膜とのサンドイッチ構造で構成されており，金属マスクにより，10mm長さ，2mm幅の長方形の素子をパターニングしている．磁性膜の膜厚は上層，下層ともに2μmずつであり，成膜中に105 Oeの静磁界を印加することで素子幅方向に一軸異方性を付与した．サンドイッチ構造による閉磁路化によって，より低い10 MHzの駆動周波数で330%のインピーダンス変化と37% Oe^{-1} の磁界感度を得ている．

また，磁界中熱処理で良好な磁気異方性が得られるCo基アモルファスとしてCo-Nb-Zr膜があげられる．荒井らは，イオンミリングにより長さ4mm，幅120μmの方形状に微細加工したCo-Nb-Zrスパッタ薄膜を回転磁界中熱処理により成膜時の残留応力などによる異方性を緩和したうえで静磁界中熱処理を施すことで，素子長手方向および幅方向に一軸磁気異方性を誘導し，印加磁界に対する素子のインピーダンス変化を磁化容易軸の方向と磁界印加方向の組合せが異なる場合について系統的に検討した[3]．Co-Nb-Zr膜の異方性磁界は5〜6 Oeであり，膜厚は1μmである．ここでは，駆動周波数を100 MHとした場合，最大のインピーダンス変化率13%が得られた．また，微細加工前のCo-Nb-Zr薄膜の外部磁界に対する透磁率変化も測定しており，MI素子のインピーダンス特性がバイアス磁化率の理論によって定量的に説明できることを明らかにしている．このことから，薄膜構成のMI素子では，素子幅方向を磁化容易軸として長手方向に磁界を印加した場合にインピーダンス変化が最も大きくなり，一軸磁気異方性の異方性分散（スキュー）が小さいことが，センサ感度を高めるうえで重要であることが示されている．

このように，Co-Nb-Zr薄膜は磁界中熱処理や形状異方性によって異方性分散の低い良好な磁気異方性を得ることでセンサ特性を制御できる[4,5]ことから，薄膜MI素子に適した磁性材料であるといえる．この特徴を利用して，中居らは方形上の$Co_{85}Nb_{12}Zr_3$薄膜MI素子において，磁化容易軸を素子幅方向に対して斜めに付与することで，外部磁界の変化で不連続的にインピーダンスが変わる不連続MI素子を作成している[6]．これは，薄膜MI素子の磁区構

造がストライプ磁区構造から磁界印加によって単磁区構造に転移することに起因するものであり，インピーダンス不連続現象の発生する磁界強度のばらつきが，不連続発生磁界の 2% 以下の 10 mOe 以下になることから mOe オーダーの感度レベルで直線性の良好な磁気センサが実験的に実証されている．

Co-Nb-Zr 薄膜を用いた薄膜素子では，山寺らの素子と同様にセンサ素子の閉磁路化を行うとともに，素子全体をマイクロストリップ線路の導体部分として地導体面上に設置し，導体パターンと地導体面間の浮遊容量を導入することにより LC 共振機能をもたせた薄膜 MI 素子も報告されている[7]．これは，LC 共振によってセンサ素子のインピーダンスが急激に変化する点に着目したものであり，LC 共振によるセンサの高感度化に成功し，駆動周波数 100 MHz でインピーダンス変化率 105%，磁界感度 52% Oe^{-1} が得られている．

また，Co-Nb-Zr 薄膜で駆動周波数を GHz 帯域にすることで，強磁性共鳴の影響でセンサ特性が MHz 帯域で駆動した場合とは大きく異なるとの報告もある[8]．この報告では，膜厚 200 nm の $Co_{85.6}Nb_{5.2}Zr_{9.2}$ 薄膜を長さ 1 mm，幅 10 μm に微細加工し，薄膜素子をマイクロストリップ線路の導体部分として用いた場合の GHz 帯域での透過係数 S_{21} の外部磁界に対する変化を測定している．この Co-Nb-Zr 膜の飽和磁化は 1.25 T，異方性磁界は 10 Oe であり，強磁性共鳴の周波数は約 1 GHz である．駆動周波数をこの共鳴周波数以上に設定した場合には，強磁性共鳴による比透磁率虚部増大の影響により，駆動周波数の増大に伴って S_{21} が最小値をとる場合の外部磁界強度が高磁界側に推移する．これは，センサの高感度領域が，共鳴周波数を決定する飽和磁化や制動定数などの材料定数で設定できることを明らかにしたものである．またここでは，バイアス磁化率の理論に基づいた計算により，センサ出力を増大させるためには高飽和磁化および低抵抗率を有する磁性材料が望まれると論じている．実際に抵抗率 100 μΩ cm の Co-Nb-Zr 薄膜と比較して，抵抗率 20 μΩ cm の Ni-Fe 膜を用いた場合の測定もしており，S_{21} の変化量を 10 倍程度増加できたことを報告している．これは，抵抗率の減少により表皮効果が増大するためであり，アモルファス材料に比べ抵抗率の低いパーマロイ（Ni-Fe）などの結晶材料も，薄膜 MI 素子において多くの報告がある．

たとえば，Mohri らは，Ni-Fe 薄膜で Cu 薄膜を覆った $Ni_{80}Fe_{20}/Cu/Ni_{80}Fe_{20}$ サンドイッチ構造の薄膜 MI 素子を作製し，400 MHz の駆動周波数で 8% のインピーダンス変化を得た[9]．Ni-Fe 膜は 200 Oe，150℃，1 時間の磁界中熱処理で電流の通電方向と直行する素子幅方向に一軸異方性を付与されている．薄膜は RF スパッタで成膜されており，Ni-Fe 膜の膜厚は上下層各 50 nm ずつ，Cu 膜の膜厚は 100 nm であり，1 ターンで長さ 500 μm，あるいは 4 ターンで長さ 100 μm のミアンダ形状を構成している．この素子では，Ni-Fe 膜の幅が 10 μm，Cu 膜の幅が 4 μm の

閉磁路構造を形成しており，抵抗分の減少およびインダクタンス分を増加させることでインピーダンス変化率を増加させている．

また，Ni-Fe 膜をめっき法で作製することも行われている．高山ら[10] は，フォトレジストを用いたフレームめっき法による薄膜形成およびパターニングで，$Ni_{81}Fe_{19}$ wt% 磁性層，Cu バイアスコイル，および Cu 負帰還コイルを構成した薄膜 MI 素子を作製した．高周波電流を直接通電する磁性膜の寸法は，長さ 2.5 mm，幅 20 μm，厚み 3.3 μm であり，成膜中に約 12 Oe の直流磁界を印加することで素子幅方向に一軸異方性を付与している．また，フォトレジスト絶縁膜を形成する 270℃，10 時間の熱処理プロセスにおいて，ガラス基板と磁性薄膜の熱膨張係数の差によって磁性膜へは引張応力が発生し，負の磁歪をもつ Ni-Fe 膜には逆磁歪効果によっても素子幅方向に磁気異方性が誘導される．この薄膜 MI 素子において，33% Oe^{-1} の磁界感度（インピーダンス変化率）が得られている．なお，このときの駆動電流は周波数 5 MHz，立ち上がり時間 12 ns のパルス電流である．また，薄膜バイアスコイルによる直流磁界バイアスの印加，薄膜負帰還コイルによるフィードバック動作，2 個の素子による差動駆動によって，CMOS によりパルス励振回路を構成したセンサモジュールで 2.0 V Oe^{-1} の磁界感度とヒステリシスのない直線性の良好なセンサ特性を示した．

また，Ni-Fe 薄膜を SiO_2 絶縁膜と多層化することで高周波での渦電流損を抑制した素子も報告されている[11]．千田らは，$Ni_{83}Fe_{17}$ 層厚 50 nm，SiO_2 層厚 100 nm の 10 周期から構成された多層膜構造の薄膜 MI 素子を作成し，800 MHz の駆動周波数で 62% の出力電圧変化率を得た．磁性膜形状は 10 μm × 1 mm のストリップ状で，磁性膜で Cu 導体膜を覆う閉磁路構造である．Ni-Fe 膜にはイオンビームスパッタ成膜中に数百 Oe の静磁界を印加することで一軸異方性を付与しており，異方性磁界は 3～5 Oe である．

さらに，Ni-Fe 膜と Fe-Mn 膜の強磁性-反強磁性交換結合による一方向異方性を利用して，外部磁界の正負に対して非対称なセンサ出力を得ることで，センサの動作点を高感度領域に設定する方法も報告されている．竹澤らは，スパッタ法で成膜した 200 nm 厚の $Ni_{80}Fe_{20}$ 強磁性膜と 30 nm 厚の $Fe_{50}Mn_{50}$ 反強磁性膜を積層した交換結合膜で薄膜 MI 素子を作成した[12]．成膜時に約 30 Oe の静磁界を印加することで，長さ 5 mm，幅 200 μm の短冊状素子の幅方向に対して 45° 方向に一方向異方性を付与した．得られた交換バイアス磁界は約 1.8 Oe で，バイアス磁界を印加することなく磁界 0 の付近でセンサの高感度領域を得ることができた．

このほかに，薄膜 MI 素子の磁性体として Co-Si-B，Fe-Co-Si-B 磁歪材料を用いることで逆磁歪効果を利用してひずみを検出する素子も提案されている[13,14]．この場合も，異方性や形状の制御が容易な薄膜構造とすることで，センサ素子の小型化・高感度化が実現されている．

文　献

1) 内山 剛, 毛利佳年雄, 神保睦子, 綱島 滋, J. Magn. Soc. Jpn., **19**, 481 (1995).
2) 森川健志, 西部祐司, 山寺秀哉, 野々村裕, 竹内正治, 多賀康訓, J. Magn. Soc. Jpn., **20**, 553 (1996).
3) 菊池弘昭, 竹澤昌晃, 山口正洋, 荒井賢一, J. Magn. Soc. Jpn., **21**, 789 (1997).
4) 村山芳隆, 小澤哲也, 堀越 直, 薮上 信, 石山和志, 荒井賢一, J. Magn. Soc. Jpn., **30**, 237 (2006).
5) 加藤智紀, 石山和志, 荒井賢一, J. Magn. Soc. Jpn., **31**, 227 (2007).
6) 中居倫夫, 高田健一, 小松迅人, 石山和志, J. Magn. Soc. Jpn., **32**, 366 (2008).
7) 竹澤昌晃, 中川英之, 菊池弘昭, 我妻成人, 石山和志, 山口正洋, 荒井賢一, J. Magn. Soc. Jpn., **21**, 661 (1997).
8) 竹澤昌晃, 山口正洋, 丹 健二, 荒井賢一, 山川清志, 大内一弘, J. Magn. Soc. Jpn., **25**, 1541 (2001).
9) K. Hika, L. V. Panina, K. Mohri, IEEE Trans. Magn., **32**, 4594 (1996).
10) 高山昭夫, 梅原多美雄, 湯口昭代, 加藤英樹, 毛利佳年雄, 内山 剛, J. Magn. Soc. Jpn., **24**, 763 (2000).
11) 千田正勝, 武井弘次, 石井 修, 越本泰弘, 戸島知之, J. Magn. Soc. Jpn., **19**, 465 (1995).
12) 竹澤昌晃, 福田亮介, 山崎二郎, J. Magn. Soc. Jpn., **26**, 775 (2002).
13) 山寺秀哉, 西部祐司, J. Magn. Soc. Jpn., **24**, 755 (2000).
14) 今村幸喜, 申 光鎬, 石山和志, 井上光輝, 荒井賢一, J. Magn. Soc. Jpn., **25**, 983 (2001).

3.5　高周波材料

3.5.1　概　要

ソフト磁性材料の応用では，大振幅の磁化反転を使う周波数帯は，MRAMのフリー層のような例を除くと，数MHzに上限があり，より高い周波数では初透磁率のような小振幅動作で信号処理に使う例が増える．ソフト磁性材料は，大別して金属系とフェライト系になる．Mn-Zn, Ni-Zn系などのフェライト材料は高電気抵抗であるため，古くから高周波用バルク磁心材料として広く使われてきたが，最近では，電子基板の集積度向上に合わせてフェライト磁心の微細加工が進み，同時に高い周波数での利用が研究課題となり，フェライトの薄膜化に多くの試みがなされてきた．現在は，湿式法（スピンスプレー法）[1]とスパッタ法[2]によって，ソフト磁性フェライトの薄膜化に成功している．

一方，金属系のソフト磁性材料には，高飽和磁化，高透磁率などの優位性があり，とくに金属系薄膜は，高周波での特性向上を目指して非常に多くの薄膜材料が開発されてきた．金属系薄膜の代表的な例は，パーマロイ（$Ni_{80}Fe_{20}$）薄膜で，1960年代の磁気メモリとしての研究が盛んであった時期に，作製法と薄膜磁気物性，高周波特性の測定・解析法の基礎がつくられた．パーマロイ合金は，磁歪定数，結晶磁気異方性定数がともに$Ni_{80}Fe_{20}$付近で正負に反転し，両者が非常に低くなる．また，不規則相であるので，磁場中熱処理によって適度な誘導磁気異方性を形成し，初透磁率とその周波数特性を制御することができる．平衡状態図によれば，この合金は約450～500℃に規則相（$FeNi_3$）-不規則相の転移があり，転移温度以上で長時間保持すると規則相が混じる可能性がある．幸いにして蒸着やスパッタ法によって作製される薄膜は，気相からの急冷過程を経ているので，作製したままで不規則相になる．さらに，蒸着で多元素の合金を蒸着源として薄膜を作製すると，蒸気圧の違いによって薄膜組成のずれが避けられないが，Ni_{80}-Fe_{20}付近では，重量の差が蒸気圧の差を相殺し，蒸着源の合金とほぼ同じ組成が得られるという利点もある[3]．これらの優位性によって，パーマロイ薄膜は，応用面でも使いやすいソフト磁性薄膜として古くから研究され，最近は磁気センサや，GMR, TMR素子のソフト層として利用されている．

ソフト磁性材料の条件（低い磁歪定数と結晶磁気異方性定数）を満足する結晶性材料は，パーマロイ，センダスト（Fe-Si-Al），Mn-Zn系フェライトなど，ごく少数であるが，1970年代に液相急冷法により開発されたアモルファス合金薄帯は，結晶磁気異方性がなく，その優れたソフト性が注目された．これをスパッタ法で作製すると，気相からの急冷効果によって，広い組成のアモルファス相が得られ，多くの低磁歪組成がつくられている．とくに$Co_{1-x}M_x$

(M＝Ti, Nb, Ta, Zr, Hf, Y）系アモルファス薄膜は，磁歪の組成依存性が小さく，また飽和磁化がパーマロイより大きく，電気抵抗が大きいという特長がある[4]．さらに，アモルファス相は究極的な不規則合金であることから，誘導磁気異方性の制御が容易であるので，パーマロイと並ぶ高周波用ソフト磁性薄膜となっている．1990年代以降は，スピントロニクスの進展が著しく，またインダクタやトランスなどの磁気素子の薄膜化，高周波化が研究課題になった．さらに，通信機器の軽薄短小化，ディジタル化の急速な進展に伴って，回路素子間，あるいは素子内部の配線間など，近距離での電磁波相互干渉の抑制技術開発が急務となり，磁性薄膜の高周波における磁気的損失（磁気共鳴など）を抑制機能として利用する研究が始まっている[5]．

これらの薄膜の動作周波数は，10 MHz～10 GHzにあるが，金属系のソフト磁性材料では，高速の磁壁移動および磁化回転において，ともに渦電流によるジュール損があり，上記の周波数帯では厚さ数マイクロメートル程度の薄膜形状においても特性劣化の原因となる．渦電流を抑えるためには，電気抵抗を高めることが有効である．電気抵抗の高いソフト磁性薄膜は，Fe-B-Nのスパッタ膜で最初につくられた[6]．この膜は，Fe-Bの高飽和磁化アモルファス粒子とB-Nのアモルファス粒界層からなり，ヘテロアモルファス合金膜とよばれている．さらに，反応性スパッタ法や，複合ターゲットスパッタ法によって，アモルファス合金相に窒化物，酸化物を析出させると，ナノメートルサイズの強磁性金属粒子と窒化物，酸化物の粒界層からなるナノスケールの組織がつくられ，金属系に比べて数十倍の電気抵抗を示すことがわかった．この系の詳しい研究の結果，グラニュラー薄膜とよばれるソフト磁性薄膜が開発された[7]．グラニュラー薄膜の特徴は，高い飽和磁化，高い電気抵抗とともに，パーマロイよりも高い誘導磁気異方性をもち，共鳴周波数が1 GHzを超える高い周波数領域にあることである．グラニュラー構造は，飽和磁化の高いナノメートルサイズの結晶粒が窒化物，酸化物相の結晶粒界層に囲まれている構造で，上記のヘテロアモルファス構造とは異なる．この構造がソフト性を示す理由は，Herzerらによってつくられた random anisotropy modelで説明できる[8]．ナノメートルサイズの強磁性結晶粒子（ナノ結晶）の集合体では，ランダムに分布する結晶の間に強い交換結合があると，結晶磁気異方性は平均化して異方性は消滅することになる．また，ナノ結晶の間には，窒化物，酸化物の粒界層があるため，電気抵抗が高くなる．さらに，グラニュラー構造は，磁場中熱処理や磁場中スパッタによって強い一軸磁気異方性が形成され，磁気共鳴周波数がパーマロイ，アモルファス薄膜よりも高くなる．この磁気異方性の成因は，磁場によってナノ粒子間にある交換結合の強さに方向性ができるためと説明されているが[9]，完全には解明されていない．これらの基本的特性の違いが，初透磁率の周波数特性にどのように反映されるかは，図2.1.5(b)の計算例を参照されたい．

ソフト磁性薄膜は，磁気センサ，集積化インダクタなどのほかに，磁気記録技術での書き込みヘッド，記録媒体のソフト下地層などに使われている．これらは非常に高い飽和磁化が要求されるために，上記のソフト磁性材料の条件（磁歪，磁気異方性がゼロ）は十分には満足されていない場合が多い．代表例として，Fe-Co-Ni[10]，Fe-Co-Zr-O[11]，などがある．また，(Fe-Co-B)-Si-Oのアモルファスヘテロ構造[12]では，グラニュラー構造よりも高い電気抵抗と強い H_k が報告されている．さらに，高飽和磁化 Fe-Co 合金薄膜にBを添加すると，Bが5%付近から，Fe-Coの結晶が bcc から tetragonal に変わり，高い H_k をもつようになる[13]．さらに，遷移金属と希土類の合金は，スパッタ法で薄膜を作製するとアモルファス相になり，多くは膜面に垂直な容易軸をもつ強い一軸磁気異方性が形成されるが，Co-Smのスパッタ膜では，磁場中で作製すると一軸磁気異方性の容易軸が面内に平行になり，H_k は数 kOe，磁気共鳴周波数は 20 GHz になる[14]．この結果は，ソフト磁性薄膜の動作周波数がさらに拡大する可能性を示唆している．

以上のように，電子回路の高度集積化，高周波化に対応すべく，多様な高周波用ソフト磁性材料が開発されていて，今後の応用分野の拡大が期待される．

文　献

1) M. Abe, Y. Tamaura, *J. Appl. Phys.*, **55**, 2614 (1984); M. Abe, T. Itoh, Y. Tamura, *Thin Solid Films*, **216**, 155 (1992); A. Fujiwara, M. Tada, T. Nakagawa, M. Abe, *J. Magn. Magn. Mater.*, **320**, L67 (2008).
2) T. Tanaka, *et al.*, *J. Appl. Phys.*, **99**, 08N507 (2006); 山本節夫，和田宏文，栗巣普揮，松浦 満，下里義博，日本応用磁気学会誌，**27**，363（2003）．
3) 島田 寛，まぐね，**4**，246（2009）．
4) Y. Shimada, *phys. stat. sol.* (*a*), **83**, 255 (1984).
5) M. Yamaguchi, S. Muroga, Y. Endo, M. Suzuki, T. Inagaki, Y. Mitsuzuka, *IEEE Trans. Magn.*, **46**, 2450 (2010).
6) H. Karamon, T. Masumoto, Y. Makino, *J. Appl. Phys.*, **57**, 3527 (1985).
7) S. Ohnuma, H. J. Lee, N. Kobayashi, H. Fujimori, T. Masumoto, *IEEE Trans. Mag.*, **37**, 2251 (2001); 加藤和照，武野幸雄，北上 修，島田 寛，日本応用磁気学会誌，**21**，1088（1997）．
8) G. Herzer, *IEEE Trans. Magn.*, **26**, 1397 (1990).
9) W. D. Li, O. Kitakami, Y. Shimada, *J. Appl. Phys.*, **83**, 6661 (1998).
10) T. Osaka, *et al.*, *Nature*, **392**, 798 (1998).
11) S. Ohnuma, H. Fujimori, T. Masumoto, X. Y. Xiong, D. H. Ping, K. Hono, *Appl. Phys. Lett.*, **82**, 946 (2003).
12) M. Munakata, *et al.*, *IEEE Trans. Magn.*, **38**, 3147 (2002).
13) M. Munakata, S. Aoqui, M. Yagi, *IEEE Trans. Magn.*, **41**, 3262 (2005).
14) K. Ikeda, T. Suzuki, T. Sato, *J. Magn. Soc. Jpn.*, **32**, 179 (2008).

3.5.2 高周波材料（金属系薄膜）

金属系ソフト材料は，高周波では多くの場合に薄膜として使われる．その特長は，薄膜作製の容易さ，透磁率に寄与する高い飽和磁化，透磁率-磁気共鳴の関係を決める一軸磁気異方性が磁場中熱処理によって制御できることなどである．一方，電気抵抗が低いこと，飽和磁化と一軸磁気異方性の強さに限界があることなどを考慮する必要がある．また，薄膜では，スネークの限界がバルクとは異なった表現になる．これは，膜面内が容易軸，膜面垂直方向が困難軸となる形状磁気異方性があるためで，バルク材料と同じ飽和磁化と透磁率をもつとき，薄膜では磁気共鳴周波数が高くなる．以下には，これらの得失に重点をおいて，各種の薄膜材料について説明する．

a. パーマロイ薄膜

$Ni_{80}Fe_{20}$ 付近の合金は，高い透磁率を示す合金としてパーマロイとよばれ，薄膜としても非常に広い用途をもち，現在でも代表的な高周波用薄膜材料である．薄膜材料がソフト磁性をもつ条件は，結晶磁気異方性が小さく，また磁歪定数がゼロに近くて磁気弾性効果による磁気異方性がソフト磁性を損なわないことである．Ni-Fe 合金の室温で平衡状態での結晶構造については，Fe の室温での結晶構造は bcc，Ni は fcc で，bcc⇔fcc の境界はおよそ 30 at% Ni にある．図 3.5.1(a)，(b) は，Ni-Fe 合金（fcc 構造，▽：不規則相，○：規則相）の結晶磁気異方性定数 K_1 と磁歪定数 λ_{110}，λ_{100} の組成依存性である[1,2]．これらの定数は，$Ni_{80}Fe_{20}$ の付近で非常に低くなり，Ni の増加に伴って正から負へ変わる．この組成領域では，500℃付近に $FeNi_3$ 規則相→不規則相の転移点があり，この温度付

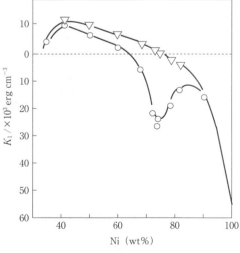

図 3.5.1(a)　Ni-Fe 合金の結晶磁気異方性定数 K_1 の組成依存性（▽：不規則相，○：規則相）

[近角聰信，"強磁性体の物理（下）"，p. 43，p. 117，裳華房（1984）；R. M. Bozorth, J. G. Walker, *Phys. Rev.*, **89**, 624 (1953)]

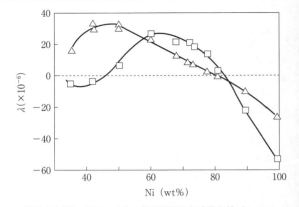

図 3.5.1(b)　Ni-Fe 合金の飽和磁歪の組成依存性（△：λ_{111}，□：λ_{100}）

[R. M. Bozorth, J. G. Walker, *Phys. Rev.*, **89**, 624 (1953)]

近に長時間保持すると，$FeNi_3$ の規則相が形成される[2]．図 3.5.1(a) に示すように，この規則相の結晶磁気異方性 K_1 は比較的大きい負の値をもつのでソフト磁性は劣化する．パーマロイ薄膜は，蒸着法，スパッタ法でつくられるので，膜形成過程では気相からの固相への冷却は十分に早く，規則相が形成される可能性は少ないが，規則相が含まれない保証もない．たとえば，基板面に近い初期成長層では，基板の表面結晶組織や界面層（酸化層など）がパーマロイの結晶相に影響する場合もある．一方，$Ni_{80}Fe_{20}$ 付近の合金に 5% 程度の Mo を加えた薄膜では，飽和磁化は若干低下するが，ソフト磁性が向上することが知られている．これは，Mo 添加により規則相の形成が抑えられるためとされている[3]．

一般に高透磁率薄膜は，膜面内に一軸磁気異方性を示し，その強度と方向の分散が透磁率の高さと周波数特性に大きく影響する．この一軸磁気異方性の形成と制御には，2.1.1 項で触れた磁場中熱処理による誘導磁気異方性が有効に利用される．パーマロイ薄膜の誘導磁気異方性については詳しい研究がある[4]．2.1.1 項 b. の式 (2.1.4) は，ある熱処理温度で形成される誘導磁気異方性の最終的な強さを示しているが，実際の熱処理実験では，Ni と Fe 原子の再配列の過程を時間的にみると，およそ 2 段階になる．図 3.5.2 は，パーマロイ組成付近のいくつかの組成について基板温度を 300℃，回転磁場中で蒸着膜を形成して基板温度を一定時間保持し，その後の磁場中熱処理（270℃）で生じる一軸磁気異方性の異方性磁界 H_k の形成過程を調べた結果である[5]．H_k の大きさは組成によって異なり，2.1.1 項 b. の式 (2.1.4) に含まれる $M(T)$ の大きさを反映している．また，誘導磁気異方性の形成過程には，二つの活性化エネルギーがある．第 1 は，膜形成直後の状態で結晶格子に過剰な空隙が残っている段階である．このときの活性化エネルギーには，空隙の移動度が関係する．第 2 は，熱処理によって空隙が消滅した後に Ni-Fe 合金中の相互拡散が起こる段階である．実際の熱処理実験では，薄

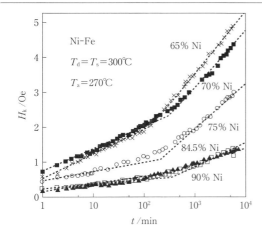

図 3.5.2 Ni-Fe 薄膜の誘導磁気異方性の熱処理時間依存性
[M. Takayasu, S. Uchiyama, T. Fujii, *Jpn. J. Appl. Phys.*, **15**, 1501 (1976)]

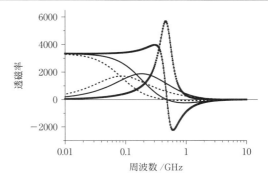

図 3.5.3 ソフト磁性薄膜の初透磁率の α による変化（計算）
■ : $\alpha=0.01$, ─ : $\alpha=0.05$, ⋯ : $\alpha=0.1$
[島田 寛, 日本磁気学会誌, **4**, 246 (2009)]

膜の作製法や作製条件によって膜中の空隙，結晶粒界，不純物の密度が異なるので，第 1 の活性化エネルギーの大きさを予測することは難しい．実際には，作製直後の熱処理による急激な変化を取り除いた後に，再現性のある最適熱処理条件を探すことが必要になる．

2.1.1 項で説明したように，高透磁率薄膜の高周波特性を決める要因は，飽和磁化，一軸磁気異方性，電気抵抗，および α（磁気損失係数）である．パーマロイ薄膜は導電性が高く，誘導磁気異方性もほかの薄膜材料に比較して低いので（$H_k \leq 4$ Oe），高い初透磁率が得られるが，膜厚によっては 0.1〜数 GHz の領域では渦電流損が増大し，また磁気共鳴損が現れる周波数領域が低下している．薄膜材料では，磁気共鳴が起こる周波数は一軸磁気異方性の強さと飽和磁化で決まり，渦電流損は，薄膜材料の電気抵抗と膜厚からおおよその予測ができる[6]．一方，磁気損失係数 α は，磁気モーメントの歳差運動を表す Landau-Lifshitz のモデルにおいて[7]，歳差運動に伴う磁気エネルギーの損失を表すために導入された係数で，磁気共鳴損が現れる周波数帯域の広さ（μ'' の半値幅）や，大振幅磁化反転の速度などを決める要因である[8]．α は，本質的には磁気モーメントの歳差運動と，スピン-軌道相互作用を通した格子振動との結合の強さに依存するが，磁気共鳴の実験から α を評価すると，薄膜内の欠陥の密度や，磁気的な不均一性（磁気異方性，磁化の局所的な分散）などが α を大きくしている．たとえば，凹凸のある基板や，反強磁性体の下地層などによって磁気的な不均一性を意図的につくると，α の増大が観測される[9]．つまり，α にはスピン-軌道相互作用のような本質的なものと，薄膜の結晶性，磁気特性の分散が関係しているものがある．図 3.5.3 は，$Ni_{80}Fe_{20}$ 薄膜について，異なる α を仮定して初透磁率の周波数特性を計算した結果である．α が 0.01〜0.1 まで変わると，損失分の μ'' は低周波から増大し，高周波では非常に大きな違いになる．α が大きいと，外部磁界に対する磁化の応答速度が低下するが，逆に小さすぎると，応答は速いが歳差運動が停止するのに時間がかかるので，最適な α の値がある．バルク材料内の磁化反転については，磁化が正から負の方向へ大振幅反転するモデルを考えると，その最適値は，$\alpha=1$ になる[8]．しかし，薄膜では形状磁気異方性による反磁界が磁化の反転を加速する方向に働くので[9]，α の最適値はより小さくなる．パーマロイ薄膜の α の実験値は 0.01 付近にあり，最適値に近い[10]．

α を決めている要因としては，スピン-軌道相互作用によって，磁気エネルギーが格子振動（フォノン）によってジュール熱に変わる機構が考えられている．パーマロイのような遷移金属の強磁性体では，軌道磁気モーメントはほとんどゼロであるので[11] α は小さいが，軌道磁気モーメントが生き残っている元素や希土類金属を添加すると，α が大きくなる[12]．また，希土類金属は，磁気モーメントを担う 4f の不対電子の軌道がほかの外殻軌道の内部にあり，軌道磁気モーメントが消失していないので[13]，希土類金属の添加は α に大きな変化を与える．図 3.5.4 は，$Ni_{80}Fe_{20}$ に希土類金属を添加した場合の α の変化である[14]．また，スピン-軌道相互作用は磁気弾性効果にも寄与する[15]．Ni-Fe 合金の Ni 80% 付近の組成をもつ多結晶膜について，

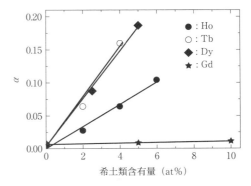

図 3.5.4 希土類金属を添加した Ni-Fe 薄膜の α
[G. Woltersdorf, M. Kiessling, G. Meyer, J.-U. Thiele, C. H. Back, *Phys. Rev. Lett.*, **102**, 257602 (2009)]

組成，添加物（遷移金属，希土類金属）によって変化する飽和磁歪と α を測定すると相関がみられる[16]．

また，伝導電子のスピン偏極が保持される距離（スピン拡散長）を考慮した検証実験も報告されている．Pt, Pd とパーマロイ膜のサンドイッチ構造 (Pt, Pd)(5 nm)/パーマロイ/(Pt, Pd)(5 nm) では，Ta, Cu のサンドイッチ構造 (Ta, Cu)(5 nm)/パーマロイ/(Ta, Cu)(5 nm) に比べて α が増加する[17]．これは，パーマロイのスピン偏極した伝導電子が Pt, Pd 内に拡散し，スピン-軌道相互作用を受けるために (Pt, Pd)/パーマロイ界面付近の α が大きくなるためである．さらに，(Pt, Pd)/パーマロイの間に Cu を入れて，Cu/パーマロイ/Cu/Pt とした場合にも，α の増加がみられ，Cu の厚み約 100 nm までその傾向が続く[18]．これは，パーマロイのスピン偏極した伝導電子が，Cu 内に流れ込んでから Pt に達する距離まで，スピン偏極が保持されていることを意味している．

薄膜の一軸異方性磁界 H_k は，透磁率，磁気共鳴周波数を決める重要な因子であるが，ナノ秒領域のステップ状磁場に対する磁化の応答の緩和過程を測定すると，磁歪定数がゼロに近い $Ni_{80}Fe_{20}$ では静的な H_k にほぼ一致するが，磁歪定数がゼロでない組成では動的な H_k が大きくなるとともに緩和過程に低周波成分が含まれるようになる[19]．これは，磁気モーメントの歳差運動が磁歪を通して格子にひずみを生じて，実効的に余分な H_k として観測されるため，と説明されている．

b．センダスト薄膜

Fe-Al-Si の合金は，結晶磁気異方性 K_1 と磁歪定数がゼロとなる組成（FeSi (9.6 wt%) Al (5.5 wt%)）があり，センダスト合金とよばれ，センダスト組成付近では非常に高い透磁率が得られる[20]．この合金は，不規則相のパーマロイ合金とは異なり，規則相の形成がソフト磁性には必須の条件である．規則相には，$B2$ 相と DO_3 相があり，DO_3 の規則度が高まると K_1 と磁歪定数 $\lambda_{110}, \lambda_{100}$ が室温でゼロに近づく．規則相の形成条件は，バルクの単結晶について詳しく調べられているが[21]，薄膜の場合には，不純物，内部応力，下地（基板表面の状態）によって結晶成長（結晶相，結晶粒径，結晶面配向度など）が敏感に変わるので，最適な熱処理条件は作製条件や基板の種類によって個々に検討する必要がある．

センダストは，上記のように規則相の形成がソフト磁性の条件となる．パーマロイやアモルファス合金が示す誘導磁気異方性は，不規則相に顕著に現れるので，センダストでは非常に小さくなる．この磁気異方性が非常に小さいという特性によって，磁気的には方向性のない微細な磁区構造をもち[22]，磁化の方向もランダムに分布する．そのため，膜面に垂直方向の反磁界係数 $N_{dz}=4\pi$ で近似できなくなり，センダスト薄膜については，2.1.1項で説明したような，$N_{dz}=4\pi$ を仮定し，H_k, M_s, α などを使った透磁率の周波数分散の予測は困難になる．一方，薄膜では弱い一軸磁気異方性が形成され，図 3.5.5 に示すように[23]，低

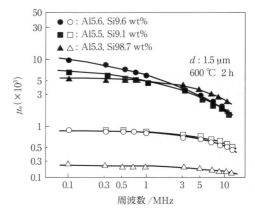

図 3.5.5 センダスト薄膜の初透磁率の周波数依存性
[高橋 研，加藤暢昭，島津武仁，荘司弘樹，脇山徳雄，日本応用磁気学会誌，12，305（1988）]

周波では非常に高い透磁率を示す．しかし，高周波での減衰が大きく，磁壁移動，磁化回転，磁気共鳴が混在しているようにみえる．逆にセンダストの利点は，誘導磁気異方性の影響がなく，DO_3 相の熱安定性が高いので[24]，他の薄膜材料に比較して熱的に安定したソフト磁性が得られることである．また，$Ar+N_2$ の混ガス中でセンダスト組成のスパッタ薄膜を作製すると，微量の AlN のナノ結晶が形成され，これが全体の結晶成長を抑制して微結晶構造となり，ソフト磁性が向上する．これは，ナノクリスタル材料と同様のランダム異方性の効果と解釈されている[25]．

センダスト合金の飽和磁化の向上を目的として，ソフト磁性を損なわない範囲で Ni を添加した合金は，スーパーセンダストとよばれている[26]．さらに，Al, Si を Ga, Ge, Ru に置き換えたスパッタ膜は，全体に飽和磁化が高く，Ru は DO_3 規則相の熱安定性を向上させる[27]．

c．アモルファス薄膜

液相急冷法で得られるアモルファス合金薄帯は，結晶磁気異方性がなく，磁壁移動や磁化回転の障害となる結晶欠陥，結晶粒界もないので，優れたソフト磁性を示す．アモルファス相は，原子の格子配置による特定方向への配列がないため結晶磁気異方性はないが，原子間の距離はある範囲に分布するので，この平均の原子間距離がある方向に変化（応力によるひずみ）があると，磁気弾性効果による一軸磁気異方性が発生する．しかし，アモルファス合金は結晶粒界がなく，空隙や欠陥の密度が非常に少ない均一な合金相であるので，ひずみの均一性も高くなり，磁気弾性効果による磁気異方性も均一性が高い．このため，Fe を主成分とするアモルファス合金は，磁歪定数が大きく応力には敏感であるが，ソフト磁性は保たれているという特殊なソフト磁性材料になっている．

アモルファス薄膜は，通常はスパッタ法でつくられている．スパッタ法は，スパッタされた原子，分子が基板表面に体積する過程で，気相からの冷却が起きるが，その速度は上記の液相急冷よりもはるかに速いはずである．実際，

スパッタ法でアモルファス薄膜を作製すると，薄帯のアモルファス組成では得られない組成範囲までアモルファス状態の薄膜が得られ，$Fe_{1-x}Si_x$ ($x \geq 0.2$) などの新規なアモルファス組成も発見されている[28]．図3.5.6は，Co系アモルファス薄帯の代表的組成である $Co_{1-x}Zr_x$ について，アモルファス組成範囲を液相急冷法とスパッタ法で比較している[29]．(a)の液相急冷法では，$x = 0.1$ の前後でアモルファス相となるが，(b)の高周波スパッタ法では $x = 0.05$，(c)の基板表面が加熱されないイオンビームスパッタ法では $x = 0.04$，(d)の基板表面をイオン照射するデュアルイオンビームスパッタ法では $x = 0.025$ からアモルファス相となる．液相急冷法ではアモルファス相が得られない Co-Nb では，スパッタ法により $x \approx 0.12$ からアモルファス相が得られる．高周波スパッタ法による薄膜で，$Co_{1-x}M_x$ (M = Ti, Nb, Ta, Zr, Hf, Y) の組合せについて，アモルファス相が得られる最小の x (x_{min}) を求めると，Co と M の原子半径の差 $((R_M - R_{Co})/R_{Co})$ に明確な相関があり，Co-Y のアモルファス組成が最も広くなる[30]．図3.5.7は，$Co_{1-x}M_x$ (M = Ti, Nb, Ta, Zr, Hf, Y) の飽和磁歪 λ_s の x への依存性である[30]．λ_s は全体に小さい値をもち，x への依存性も弱い．また，Co-(Nb, Ta) では負の値をもつので，Co-Zr-Nb, Co-Zr-Ta などの $\lambda_s = 0$ となる組成も多数つくられた．図3.5.8は，Co-Zr-Nb[31]，図

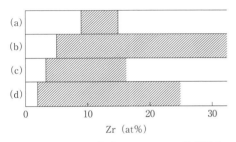

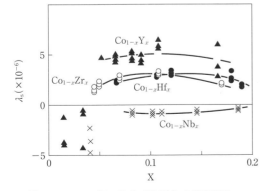

図 3.5.6 Co-Zr スパッタ薄膜のアモルファス組成範囲
(a) 液相急冷法 (b) 高周波スパッタ法 (c) イオンビームスパッタ法 (d) デュアルイオンビームスパッタ法
[島田 寬，真空，**30**，699 (1987)]

図 3.5.7 Co-X (X = Y, Zr, Hf, Nb) の飽和磁歪
[Y. Shimada, *phys. status solidi A*, **83**, 255 (1984)]

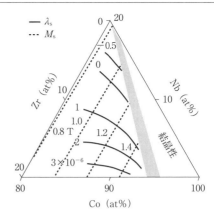

図 3.5.8 Co-Zr-Nb アモルファス薄膜の飽和磁化と飽和磁歪
[大友茂一ほか，日本金属学会講演概要集，230 (1983)]

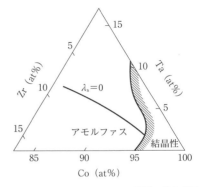

図 3.5.9 Co-Zr-Ta アモルファス薄膜の飽和磁歪
[寺田教夫ほか，第7回日本応用磁気学会講演概要集，16aA-3 (1982)]

3.5.9は，Co-Zr-Ta[32] の飽和磁化，λ_s の組成依存性である．Co-M アモルファス薄膜の特長は，M の組合せによって λ_s を制御できること，λ_s の組成依存性がゆるやかで，スパッタ法などの組成ずれが起きやすい薄膜作製法に有利である，などがある．

無秩序合金の特徴に誘導磁気異方性があるが，Co-M アモルファス薄膜では，熱処理プロセスでの誘導磁気異方性の形成過程は，図3.5.2に示したパーマロイ薄膜に似通っていて，作製直後に磁場中熱処理で形成される磁気異方性は，アモルファス相の構造緩和の過程に支配されて時定数が短いが，構造緩和が進むと時定数が長くなる[33]．このような熱処理による誘導磁気異方性は，最大で約15 Oe の H_k が得られ，パーマロイ薄膜に比べて磁気共鳴周波数が高くなる．また，原子配置がランダムであるため伝導電子の散乱確率が高くなり，電気抵抗はパーマロイ薄膜の数十 $\mu\Omega$ cm に対し 120～150 $\mu\Omega$ cm になり，渦電流損の低減が期待できる．

また，Fe-B-N のスパッタ膜では，アモルファス相のヘテロ構造が報告されている[34]．この膜では，Fe-B のアモルファス微粒子の粒界に B-N を主成分とするアモルファ

ス層が形成され，非常に高い電気抵抗をもつソフト磁性薄膜が得られている．このヘテロアモルファス構造は，(Fe-Co-B)-Si-O についても類似の構造が得られ[35]，高透磁率とともに非常に高い電気抵抗（$10^3 \sim 10^4 \, \mu\Omega \cdot cm$）と強い H_k（200〜500 Oe）が報告されている．

さらに，(Fe, Co)-RE（希土類金属）のアモルファス膜は，強い一軸磁気異方性をもつので，光磁気記録材料として多くの研究報告がある．この一軸磁気異方性は，膜面に垂直に容易軸があり，光磁気材料として有用な機能性があるが，最近の研究で，Co-Sm のスパッタ膜では，Sm 3at％以上でアモルファス相となり，磁場中で作製すると容易軸を面内にもち，その H_k は数 kOe，磁気共鳴周波数は約 20 GHz になる[36]．この結果は，高透磁率薄膜の動作周波数がさらに拡大する可能性を示唆している．

以上のアモルファス合金相は準安定状態にあり，結晶化温度以上ではガラス状態から多結晶状態へ移行し，ソフト磁性は失われる．通常のアモルファス薄膜の結晶化温度は 400〜550℃にある．結晶化温度は，アモルファス相の飽和磁化を高くするためにガラス化元素の含有率を減らすと低下するので，飽和磁化とアモルファス相の熱安定性は，トレードオフの関係にある[37]．

d. ナノ結晶，グラニュラー薄膜

遷移金属とガラス形成元素（Si, P, B……および Ti, Ta, Zr, Hf, Nb, W……）からなるアモルファス合金は，優れたソフト磁性を示すが，飽和磁化に限界があり，耐熱性にも配慮しなければならない．これに対し，強磁性ナノ結晶の集合体からなる薄帯（ナノ結晶薄帯）は，より高い飽和磁化と高い熱安定性を示す[38]（2.1.6 項参照）．図 3.5.10(a) は，そのモデル図で Fe, Fe-Si などの高い飽和磁化をもつナノ結晶が，アモルファス相の粒界層に囲まれて，ナノ結晶間は交換結合で磁気的に結合している．この構造は，高飽和磁化でソフト磁性が得られ，ランダム異方性モデル[39]によって，ソフト磁性が現れる機構が説明されている．薄膜の場合は気相成長であることから，組成の自由度が広がり，TM-M-X（TM：強磁性金属，M：窒素や炭素と親和性の強い元素，X：窒素，酸素）の組合せで多様なナノ結晶膜が得られる．スパッタ法では TM-M-X の薄膜を作製すると，as depo 状態ではアモルファス相になるが，熱処理によって M-X（窒化物，炭化物）の微結晶が形成される．TM は単体の結晶として析出するが，その成長は M-X に抑えられる．この構造ができるかどうかは，TM-X と M-X の生成熱[40]を比較すると予測できる．また，M と X は，化合物 M-X の化学量論組成に近い比率にする．このナノ構造のソフト磁性は，M-X が新たな成長を始める温度までは安定であり，通常，アモルファス合金の結晶化温度よりも 100℃以上高くなる．図 3.5.10(a)，(b)，(c)は，それぞれナノ結晶薄帯，ナノ結晶薄膜および後に説明するグラニュラー薄膜の内部構造のモデル図である[41]．

ナノ結晶薄膜の例として，Fe-M（Ti, Ta, Nb, Zr, Hf……）-C の組成をもつスパッタ膜がある[42]．M（Nb, Zr, Hf, Ta, Ti, ……）と C の間の高い親和性によって，Fe のナノ結晶の粒界の三重点に M-C（炭化物）の微小な結晶が析出した構造（図 3.5.10(b)）となり，アモルファス薄膜に比べて高い飽和磁化（Fe-Hf-C では，17 kG）と熱安定性をもつ．誘導磁気異方性の成因や制御方法については詳細な研究がないが，(Fe-Si)-Hf-C を磁場中で熱処理した結果では，$H_k = 3 \sim 5$ Oe の報告がある[42]．また，電気抵抗については，Fe-Hf-C では $\rho \cong 70 \, \mu\Omega \cdot cm$ で[42]，渦電流損を考慮する必要がある．磁歪については，ナノ結晶薄膜，および後に触れるグラニュラー薄膜は，Fe 系アモルファス薄膜に比べて小さくなり，λ_s がほぼゼロとなる組成もある[43]．一方，アモルファス相は結晶構造をもたないが，原子がランダムに最密充填した構造で近似できることが知られている．この構造は，fcc または hcp の配置に近い．このため，Fe 系アモルファス相では，bcc の Fe 結晶とは異なり，飽和磁歪 λ_s は $+30 \sim 50 \times 10^{-6}$ と大きくなる．これに対して，常温での Fe の結晶構造は bcc であり，Fe 多結晶の λ_s は -5×10^{-6} で[44]，パーマロイ合金などの λ_s と比べると若干大きい程度である．

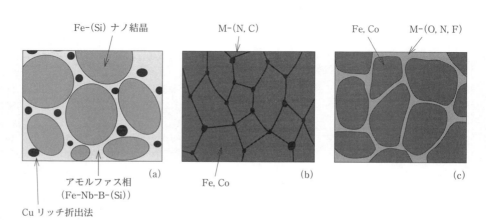

図 3.5.10 ナノクリスタル構造（a），(b) とグラニュラー構造（c）のモデル図

ナノ結晶構造は，高い飽和磁化をもつナノ結晶と，その成長を抑える少量のナノ結晶（窒化物，炭化物）からなっているが，これを酸化物，フッ化物に代えて，(Fe, Co)-M-(O, N, F) の組成をもつ薄膜をつくると，Fe, Co のナノ結晶が厚さ数 nm の M-(O, N, F) の粒界相に囲まれて析出したグラニュラー構造になる（図 3.5.10(c)）．M は，Ti, Ta, Mg, Zr, Nb, Hf, Al および RE（希土類金属）で，(O, N, F) との親和性が (Fe, Co) より強く，電気的絶縁性の酸化物，窒化物，フッ化物をつくる．グラニュラー構造では，Fe, Co のナノ結晶は M-(O, N, F) の粒界層に囲まれているが，ナノ結晶間の交換結合は保たれていて，ランダム異方性モデル[39]の機構が働いている．粒界層には残留する TM によって強磁性が残っていて，ナノ結晶間の交換結合を媒介している可能性がある．これを検証した実験としては，グラニュラー薄膜の磁化曲線の温度変化をみると，ナノ結晶のキュリー温度よりもはるかに低い温度領域で H_c が大きく増加する．これは粒界層の強磁性のキュリー温度がナノ結晶のキュリー温度よりも低いので，ナノ結晶間の交換結合が失われるためと解釈されている[45]．また，図 3.5.11 に示すように，ナノ結晶材料の H_c がランダム異方性モデルで予測される D^6（D：結晶粒径）または D^2 で低下するのに対し，グラニュラー薄膜（Fe-Sm-O）ではさらに高い H_c をもち，グラニュラー構造ではナノ結晶間の交換結合が弱いことを示している[45]．

グラニュラー薄膜の特長は，高い電気抵抗（$10^2 \leq \rho \leq 10^4 \mu\Omega$ cm）に加えて，膜面内に強い一軸磁気異方性を形成できることである．磁場中の薄膜形成や磁場中熱処理によって，$H_k = 100 \sim 500$ Oe の一軸磁気異方性を付与できる．この形成機構は，いまだ明確にされていないが，ナノ結晶間の交換結合の強さに方向性が生じている可能性が示唆されている[46]．この二つの特長によって，2.2.1 項の図 2.2.5(b) に示したように，渦電流損の低減と高い磁気共鳴周波数が期待できる．

TM のナノ結晶が M-X に囲まれたグラニュラー構造は，TM と M-X が完全分離に進む途中の状態である．また，Fe-(O, N, F) と Co-(O, N, F) の生成熱を比較すると，後者のほうが M-(O, N, F) との差が大きく，Co 系のほうが，グラニュラー構造をつくりやすいことになるが，生成熱の差に加えて，以下のような要素がソフト磁性に影響する．

グラニュラー構造をつくる組成では，膜の堆積過程で膜表面の金属ナノ結晶の析出が，先に析出したナノ結晶に結合した形で起こり，柱状構造が膜面垂直方向に成長しやすいと考えられる．図 3.5.12 は，Fe-B-N 薄膜の断面である．明瞭な柱状構造があり，熱処理によって，ナノ結晶が膜面垂直方向に並んで成長している．ナノ結晶間の交換結合が面内方向でも十分に強い場合には，この柱による形状磁気異方性は現れないが，上記の相分離が進んで面内方向の交換結合が弱くなると，柱の形状磁気異方性によって膜面垂直方向に磁化容易軸をもつ磁気異方性が生じて，非常に細かい縞状の磁区をもつ"異常膜"の状態となる[47]．垂直磁気異方性をもつグラニュラー膜については，(Ni-Fe)-B_2O_3 の蒸着膜が報告されている[48]．Ni-Fe 合金と B_2O_3 を同時蒸着すると，Ni-Fe のナノ粒子が膜面に垂直方向につながった柱状構造をつくり，強い垂直磁気異方性（$H_k \sim 500$ Oe）が生じて，磁化は完全に垂直方向を向いている．その結果，等方的な透磁率，高い電気抵抗（$\rho \sim 10^5 \mu\Omega$ cm）と柱状の形状磁気異方性による鋭い磁気共鳴プロファイルを示す．さらに，磁化が完全に垂直方向を向いていないときでも，高い透磁率と高い共鳴周波数が得られることが報告されている[49]．

Co 系グラニュラー構造は，膜形成時の磁場印加または磁場中熱処理によって，面内に強い一軸磁気異方性が得られる．図 3.5.13 に Co-Zr-O のスパッタ膜の H_c，H_k，飽和磁化の組成依存性を示す[50]．図中の○は，膜面内に一軸磁気異方性をもつ低 H_c の薄膜，●は，膜面垂直方向に一軸磁気異方性をもつもので，上記の柱状構造による形状磁

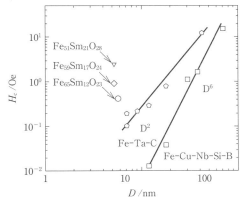

図 3.5.11 ナノクリスタル材料とグラニュラー材料の H_c のサイズ依存性
［加藤和照，島田 寛ら，日本応用磁気学会誌，**21**，1088（1997）］

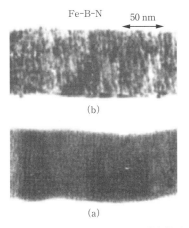

図 3.5.12 Fe-B-N 薄膜の断面の微細構造
（a）製膜直後　（b）300℃で熱処理後

気異方性が現れていると考えられる.また,図3.5.13の破線は,ZrとOの比率が1:2の化学量論組成を示し,ほかの領域に比べて飽和磁化が高い傾向にある.これは,ZrとOの化学量論組成に近いところで相分離が進んでいることを示している.

電気抵抗と飽和磁化の大きさの関係をまとめると[51],グラニュラー構造の粒界相の電気抵抗が高くなると,Fe,Coのナノ結晶の体積比が低下する関係にある[52~59].

e. その他の高周波薄膜材料

以上の多結晶,アモルファス,ナノクリスタル,グラニュラー薄膜が代表的な高周波薄膜材料といえるが,これらのほかにも,高周波での性能向上や,高飽和磁化を目的とするソフト磁性薄膜材料の提案がある.

Fe-Co-Niの多結晶薄膜は,磁歪が低い組成で高飽和磁化,低い H_c を示すことが報告されている[60].この三元系合金の結晶磁気異方性や磁歪は,バルクの単結晶で詳しく調べられているが[61],薄膜では,かなり異なった組成依存性が報告されている.また,上記のナノ結晶と同様な効果を期待して,Fe-Co合金に結晶成長を抑える元素を少量添加し,より高い飽和磁化のソフト磁性膜を得る試みが行われている.$(Fe_{0.62}Co_{0.38})_{93}Zr_2O_5$ の例では,$B_s=23$ kG,$H_c=10$ Oe,$\rho=36$ μΩ cm が得られている[62].

高速回転する円筒型基板ホルダを使って,Fe,Co,Bの3源スパッタを行うと,基板移動方向にbcc格子が伸びたFe-Co-B結晶粒(bct)の薄膜が形成できる[63].Bは,Fe-Co格子間に入り,約3%のbctへの変形により,伸び方向を容易軸とする強い一軸磁気異方性が生じる.その強さは,Fe-Coの組成比に依存し,$(Fe_{65}Co_{35})_{87}B_{13}$ では,$H_k=720$ Oe となる.この強い磁気異方性は,磁気弾性効果によるもので,格子間に侵入したBによって格子変形が保持されている.さらに,Ru下地によって結晶配向が改善され,磁気異方性の分散も改善できる.

磁化が特定の結晶面にあると,結晶磁気異方性を感じない場合がある.これを利用して,磁歪が低い合金,または平均の λ_s がゼロになる合金組成を選び,特定の結晶面が膜面平行に配向した薄膜をつくると,高飽和磁化のソフト膜が得られる.実験では,(111)面配向したFe-Si膜[64],(111)配向の $Co_{90}Fe_{10}$ の合金膜[65]などでソフト膜が得られている.

高周波で低損失,高透磁率を実現するために,金属薄膜では高電気抵抗,高磁気異方性を追及してグラニュラー薄膜に至っているが,人工的な構造で高周波特性を改善した例がいくつかある.

積層構造薄膜は,金属磁性薄膜と絶縁層を交互に積層している.この構造は三つの利点がある[66].各金属層の厚みを表皮厚み以下にすれば,渦電流損を大幅に低減できること,絶縁層が薄い場合には,隣り合う層の磁壁が静磁気結合してその構造が変わり,磁壁抗磁力が低下すること,また,薄膜が微小化したときに,磁区構造が乱れないことなどである.そのほかに,磁性層がもつ透磁率(インダクタンス)と,絶縁層を介した電気容量によって,積層薄膜単体で LC 共振が起こることが報告されている[67].また,Cu,Alなどの配線に起こる表皮効果を低減するために,磁性層との積層構造をつくり,磁気共鳴時に起こる負の透

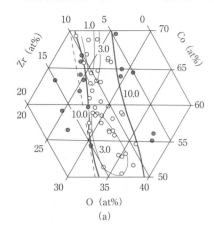

(a)

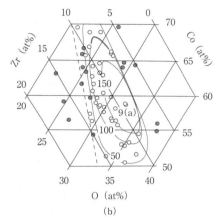

(b)

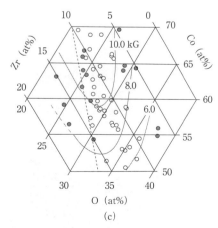

(c)

図3.5.13 Co-Zr-O グラニュラー薄膜の H_c (a),H_k (b),飽和磁化 $(4\pi M_s)$ (c)

[S. Ohnuma, H. J. Lee, N. Kobayashi, H. Fujimori, T. Masumoto, *IEEE Trans. Magn.*, **37**, 2251 (2001)]

磁率を利用する方法も提案され，実験的な検証も得られている[68]．さらに，薄膜の一軸磁気異方性によって，薄膜の透磁率には強い方向性があるが，積層構造の各磁性層の容易軸方向を回転させると，等方的な高透磁率薄膜材料となる[69]．

薄膜素子のサイズが小さくなると，その形状による磁気異方性が誘導磁気異方性よりも大きくなるので，これを利用して，アスペクト比の大きいパターン膜をつくると，磁気異方性の制御ができる[70]．このパターン膜は，高周波磁場中にある磁気素子に起こる面内渦電流の抑制にも有効で，薄膜インダクタの試作研究にも利用されている．

文　献

1) 近角聰信，"強磁性体の物理（下）"，p.43, 117, 裳華房 (1984)；R. M. Bozorth, J. G. Walker, *Phys. Rev.*, **89**, 624 (1953).
2) R. M. Bozorth, J. G. Walker, *Phys. Rev.*, **89**, 624 (1953).
3) K. Aoyagi, *Jpn. J. Appl. Phys.*, **4**, 551 (1965).
4) 文献1), p.56.
5) M. Takayasu, S. Uchiyama, T. Fujii, *Jpn. J. Appl. Phys.*, **15**, 1501 (1976).
6) 島田 寛，山田興治，"磁性材料"，p.149, 講談社 サイエンティフィク (1999).
7) 飯田修一ほか，"磁性薄膜工学"（桜井良文 編），p.141, 丸善出版 (1977).
8) 文献1), p.327.
9) D. J. Twisselmann, R. D. McMichael, *J. Appl. Phys.*, **93**, 6903 (2003).
10) 文献6), p.145.
11) 太田恵造，"磁気工学の基礎 I"，p.100, 共立出版 (1973).
12) G. Woltersdorf, M. Kiessling, G. Meyer, J.-U. Thiele, C. H. Back, *Phys. Rev. Lett.*, **102**, 257602 (2009)；W. Bailey, P. Kabos, F. Mancoff, S. Russek, *IEEE Trans. Magn.*, **37**, 1749 (2001)；J. O. Rantschler, L. M. Connors, *et al.*, *J. Appl. Phys.*, **101**, 033911 (2007).
13) 文献11), p.107.
14) G. Woltersdorf, M. Kiessling, G. Meyer, J.-U. Thiele, C. H. Back, *Phys. Rev. Lett.*, **102**, 257602 (2009).
15) O'Handley, "Modern Magnetic Materials", p.86, John Wiley (2000).
16) R. Bonin, M. L. Schneider, T. J. Silva, J. P. Nibarger, *J. Appl. Phys.*, 123904 (2005)；Y. Endo, Y. Mitsuzuka, K. Okawa, Y. Shimada, M. Yamaguchi, *IEEE Trans. Magn.*, **47**, 3324 (2011)；Y. Endo, Y. Mitsuzuka, Y. Shimada, M. Yamaguchi, *J. Appl. Phys.*, **109**, 07D336 (2011).
17) S. Mizukami, Y. Ando, T. Miyazaki, *Jpn. J. Appl. Phys.*, **40**, 580 (2001).
18) S. Mizukami, Y. Ando, T. Miyazaki, *Phys. Rev. B*, **66**, 104413 (2002).
19) R. Lopusnik, J. P. Nibarger, T. J. Silva, Z. Celinski, *Appl. Phys. Lett.*, **83**, 96 (2003)；R. Bonin, M. L. Schneider, T. J. Silva, J. P. Nibarger, *J. Appl. Phys.*, **98**, 123904 (2005).
20) 増本 量，山本達治，日本金属学会誌，**1**, 127 (1937).
21) 高橋 研，固体物理，**21**, 259 (1986).
22) A. Hosono, S. Tanabe, *IEEE Trans. Magn.*, **8**, 7 (1993).
23) 高橋 研，加藤暢昭，島津武仁，荘司弘樹，脇山徳雄，日本応用磁気学会誌，**12**, 305 (1988).
24) M. Miyazaki, M. Ichikawa, T. Komatsu, K. Matusita, K. Nakajima, *J. Appl. Phys.*, **69**, 1556 (1991)；P. M. Dodd, R. Atkinson, P. Papakonstantinou, M. Araghi, H. S. Gamble, *J. Appl. Phys.*, **81**, 4104 (1997).
25) Y. Chen, *et al.*, *J. Appl. Phys.*, **84**, 945 (1998).
26) T. Yamamoto, Y. Utsushikawa, *J. Jpn. Inst. Metals*, **40**, 975 (1976)；M. Miyazaki, K. Terunuma, K. Terazono, T. Komatsu, K. Matsusita, *J. Mater. Sci. Lett.*, **11**, 659 (1992).
27) M. Hayakawa, *J. Magn. Magn. Mater.*, **134**, 287 (1994).
28) Y. Shimada, H. Kojima, *J. Appl. Phys.*, **47**, 4156 (1976).
29) 島田 寛，真空，**30**, 699 (1987).
30) Y. Shimada, *Phys. Status Solidi A*, **83**, 255 (1984).
31) 大友茂一ほか，日本金属学会講演概要集，230 (1983).
32) 寺田教夫ほか，第7回 日本応用磁気学会講演概要集，16aA-3 (1982).
33) 島田 寛，日本金属学会報，**22**, 953 (1983).
34) H. Karamon, T. Masumoto, Y. Makino, *J. Appl. Phys.*, **57**, 3527 (1985).
35) M. Munakata, S. Aoqui, M. Yagi, *IEEE Trans. Magn.*, **41**, 3262 (2005).
36) K. Ikeda, T. Suzuki, T. Sato, *J. Magn. Soc. Jpn.*, **32**, 179 (2008).
37) 文献6), p.208.
38) Y. Yoshizawa, S. Oguma, K. Yamauchi, *J. Appl. Phys.*, **64**, 6044 (1988)；吉沢克仁，山内清隆，日本金属学会誌，**53**, 241(1989)；吉沢克仁，*Mater. Stage*, **3**, 21 (2004).
39) G. Herzer, *IEEE Trans. Magn.*, **26**, 1397 (1990).
40) 日本金属学会 編，"金属データブック"，丸善出版 (1974).
41) 島田 寛，日本磁気学会誌，**4**, 545 (2009).
42) N. Hasegawa, M. Saito, *IEEE Trans. J. Magn. Jpn.*, **6**, 91 (1991)；N. Hasegawa, *et al.*, *IEEE Trans. J. Magns. Jpn.*, **6**, 120 (1991)；M. Miura, A. Obata, Y. Noro, *IEEE Trans. Magn.*, **29**, 3049 (1993).
43) N. Taneko, *et al.*, *Jpn. J. Appl. Phys.*, **30**, L195 (1991)；N. Taneko, *et al.*, *Jpn. J. Appl. Phys.*, **30**, 1687 (1991).
44) 文献6), p.159.
45) 加藤和照，武野幸雄，北上 修，島田 寛，日本応用磁気学会誌，**21**, 1088 (1997).
46) W. D. Li, O. Kitakami, Y. Shimada, *J. Appl. Phys.*, **83**, 6661 (1998).
47) Y. Murayama, *Jpn. J. Appl. Phys.*, **21**, 2253 (1966)；金原 粲，藤原英夫，"薄膜"，裳華房 (1979).
48) 伊藤哲夫，吉田栄吉，岡本 聡，北上 修，島田 寛，日本応用磁気学会誌，**28**, 401 (2004).
49) H. Kijima, S. Ohnuma, H. Masumoto, *IEEE Trans. Magn.*, **47**, 2154302 (2011).
50) S. Ohnuma, H. J. Lee, N. Kobayashi, H. Fujimori, T. Masumoto, *IEEE Trans. Magn.*, **37**, 2251 (2001).
51) H. Fujimori, *Scr. Metall. Mater.*, **33**, 1625 (1995).
52) E. Sugawara, K Shirakawa, T. Masumoto, K. Suzuki, *J. Appl. Phys.*, **61**, 3250 (1987)；菅原英州ほか，日本応用磁気学会誌，**16**, 247 (1992).
53) 古川伸治ほか，日本応用磁気学会誌，**18**, 271 (1994).
54) 早川康男ほか，日本応用磁気学会誌，**18**, 415 (1994)；A. Makino, Y. Hayakawa, *Mater. Sci. Eng.*, A1811182, 1020 (1994).
55) 古川伸治ほか，日本応用磁気学会誌，**18**, 271 (1994).

56) H. Fujimori, S. Mitani, S. Ohnuma, T. Ikeda, T. Shima, T. Masumoto, *Mater. Sci. Eng.*, **A181/182**, 897 (1994).
57) 大沼繁弘ほか, 日本応用磁気学会誌, **18**, 303 (1994); S. Ohnuma, H. Fujimori, S. Furukawa, F. Matsumoto, T. Masumoto, *Mater. Sci. Eng*, A181082, 892 (1994).
58) 林出光生ほか, 日本応用磁気学会誌, **15**, 379 (1991).
59) 大沼繁弘ほか, 日本応用磁気学会誌, **18**, 303 (1994); S. Ohnuma, H. Fujimori, S. Furukawa, F. Matsumoto, T. Masumoto, *Mater. Sci. Eng.*, A181082, 892 (1994).
60) T. Osaka, *et al.*, *Nature*, **392**, 796 (1998).
61) 岡本 透, 山田秀高, 菅原茂夫, 石尾俊二, 日本応用磁気学会誌, **19**, 445 (1995); M. Yamamoto, T. Nakamichi, *J. Phys. Soc. Jpn.*, **13**, 228 (1958).
62) S. Ohnuma, H. Fujimori, T. Masumoto, X. Y. Xiong, D. H. Ping, K. Hono, *Appl. Phys. Lett.*, **82**, 946 (2003).
63) M. Munakata, S. Aoqui, M. Yagi, *IEEE Trans. Magn.*, **41**, 3262 (2005).
64) A. Hosono, Y. Shimada, *J. Appl. Phys.*, **67**, 6281 (1990); *ibid*, **70**, 4426 (1991); 文献6), p. 215.
65) 岩崎仁志, 大沢裕一, 明石玲子, 第17回日本応用磁気学会学術講演会, 10pB-8 (1993).
66) 文献6), p. 223.
67) B. C. Web, *et al.*, *J. Appl. Phys.*, **68**, 4290 (1990).
68) B. Rejaei, M. Vroubel, *J. Appl. Phys.*, **96**, 6865 (2004); S. Shiozawa, *et al.*, *Digests of Intermag*, **FF-04** (2008).
69) E. Sugawara, *et al.*, *J. Appl. Phys.*, **73**, 5589 (1993); Y. Shimada, E. Sugawara, H. Fujimori, *J. Appl. Phys.*, **76**, 2395 (1994).
70) 末沢健吉, 山口正洋, 荒井賢一, 島田 寛, 田邉信二, 伊東健治, 日本応用磁気学会誌, **24**, 731 (2000); 池田慎治, K. K. Hyeon, 山口正洋, 荒井賢一, 名倉秀明, 大沼繁弘, 島田 寛, 日本応用磁気学会誌, **27**, 594 (2003); S. Ikeda, K. H. Kim, M. Yamaguchi, *J. Appl. Phys.*, **97**, 10F912 (2005).

3.5.3 フェライト系薄膜

a. 高周波用フェライト膜概論

フェライト膜は，比較的膜厚が厚いものについては堆積速度や量産性の点から，めっき法，ドクターブレード法，塗布法，印刷法，エアロゾルデポジション法，プラズマ溶射法，液相エピタキシャル（LPE）法などで堆積・形成される．一方，膜厚が薄く，膜厚や膜質の制御が高度に求められるフェライト薄膜については，おもに真空環境を利用したドライプロセスである気相法によって堆積される．気相法は，物理的気相成長法（PVD）である真空蒸着法，分子線エピタキシー（MBE）法，パルスレーザーデポジション（PLD）法，スパッタ法と，化学的気相成長（CVD）法とに分類される．

フェライト系材料は，金属系磁性材料と比べて電気抵抗率が桁違いに高く，渦電流損が少ないので基本的に高周波での用途に適している．フェライト膜の高周波応用としては，高周波で高い透磁率が得られることを利用してインダクタやトランスのコアやアンテナなどに，高周波で低損失であることとジャイロ磁気現象を活用することで非可逆回路素子や静磁波（MSW：magneto-static-wave）デバイスに，さらにはフェライトの高周波での自然共鳴現象による磁気損失を活用して電磁両立性（EMC）用の電磁ノイズ抑制体などへの応用が検討されている．

磁気デバイス製品の多くではバルクのフェライトが使用されており，フェライト膜（とくに薄膜）を活用したデバイスで実用化されているものは少ない．フェライト膜が高周波用途に実際に製品化されている例を二つ，以下に示す．

フェライトめっき膜は水溶液中で作製され，耐熱性のないプラスチック基板や半導体デバイス，また複雑な形状の物体表面に堆積できる．さらに，スネーク則を超える高い自然共鳴周波数をもち，GHz 電磁ノイズ抑制体などに応用されている．

Ni-Zn-Cu 系のフェライト粉をドクターブレード法によってシート状（厚み 300 μm 以下）に成形して焼成したフェライトシートは，13.56 MHz の周波数を使った RFID（radio frequency identification）の IC タグアンテナと電子回路の間に配置されて，電磁干渉の抑制，交信距離の伸長に効果をあげている[1]．

スパッタ法，MBE 法，CVD 法などによるフェライト薄膜の作成に関しては，高い結晶性，結晶配向性，高い膜厚制御のフェライト薄膜を製造できる技術が開発されつつあり，それらを活用した高付加価値のキラーアプリケーションの探索が行われている．

フェライト膜の応用分野については，従来はフェライトがもつ磁性と高い電気抵抗率を生かすことに着眼点があったが，最近ではスピンエレクトロニクス材料としての可能性探索も活発になってきている．たとえば，高周波用途ではないが，フェライト薄膜の有望な応用分野として，スピン・ゼーベック効果を利用した熱電変換素子[2] や，フェライトのスピン分極率が高い性質（ハーフメタル）を利用したスピントンネル接合（MTJ）素子に注目が集まっており，今後の研究の進展とデバイスの実用化が期待される．

b. 各種のフェライト膜

（ⅰ）フェライトの種類と高周波用途からみた特性

（1）スピネル系フェライト：スピネル型の結晶構造で，MFe_2O_3 の組成（M は二価の金属）からなる．M が Mn や Zn であるものを Mn-Zn フェライトとよび，飽和磁化が大きく結晶磁気異方性が小さいために高い透磁率が得られる．M が Ni や Zn であるものを Ni-Zn フェライトとよび，Mn-Zn フェライトよりも電気抵抗率が高いために渦電流損が少なく，高い周波数まで高透磁率を維持できるので，高周波での用途に適している．

バルクのスピネル系フェライトについては，比透磁率 μ_r と強磁性共鳴を起こす周波数 f_r の積が飽和磁化に比例する，言い換えれば，飽和磁化が一定のフェライトならば μ_r と f_r は反比例するという，いわゆるスネーク則が存在する．

（2）ガーネット系フェライト：ガーネット型の結晶構造をもち，組成は $Gd_xY_{3-x}Fe_5O_{12}$（Gd 置換型 YIG）で表

される．ガーネット構造のイオン配置が空間的に均一であるために結晶磁気異方性が小さく，磁気モーメントが自由に歳差運動できるので磁気損失は小さい．この特性を利用して，フェライトの面に垂直方向に静磁場（バイアス磁場）を加えてアイソレータやサーキュレータといった非可逆回路素子や静磁波デバイスに使用される．

（3）**六方晶フェライト**：六方晶の結晶構造をもち，マグネトプランバイト型フェライトやフェロックスプレーナー型フェライトが典型的な例である．六方晶フェライトでは，c面内およびc軸方向で大きな異方性が存在するため，前述のスネーク則の限界を超えた高い周波数まで高透磁率を発現できる．

マグネトプランバイト型フェライトについては，永久磁石用のBaフェライトやSrフェライトのままでは磁化容易軸がc軸を向き，結晶磁気異方性があまりにも大きすぎるので，Baの一部をTiやCoなどで置換することによって結晶磁気異方性を低減させて透磁率を向上させることが行われる．

フェロックスプレーナー型フェライトは，W型（$Ba_1M_2Fe_{16}O_{27}$），Y型（$Ba_2M_2Fe_{12}O_{22}$），Z型（$Ba_3M_2Fe_2O_{41}$）（Mは二価の金属）に分類される．Y型やCoイオンで置換したZ型およびW型では，磁化容易軸がc面内に向き，GHz帯の高周波で高透磁率が期待できる．

（ii）**フェライト膜の製造方法**　フェライト薄膜は，めっき法，スパッタ法，真空蒸着，MBE法，CVD法などで成膜される．バルクに近い良好な磁気特性を示し，所望の厚さ・面積・均一性・安定性のフェライト膜を再現性よく，低温・高速で作製できる技術を確立することが課題となっている．

一方，フェライト厚膜を作成する場合，フェライト材料自体は乾式法，共沈法，噴霧熱分解法，錯体重合法，ゾルゲル法，蒸発・凝縮法などで製造され，膜やシート状への成形はドクターブレード法，塗布法（スピンコート法，ディップコート法を含む），印刷法，エアロゾルデポジション法などによって行われる．

必ずしも明確に高周波用途を目指したものではないが，代表的なフェライト膜の製造方法としてめっき法，スパッタ法，真空蒸着，MBE法，CVD法，プラズマ溶射法，エアロゾルデポジション法を取り上げ，その作成法と膜特性について紹介する．

（iii）**フェライトめっき膜**

（1）**フェライトめっき膜の作製法と高周波特性**：図3.5.14(a)に実験室レベルでフェライトめっきを行うスピン・スプレー法を示した[3〜5]．反応液（$FeCl_2+NiCl_2$など）と酸化液（$NaNO_2$＋pH緩衝剤など）を回転テーブルに置かれた基板（50〜100℃に保つ）上にスプレーする．図3.5.14(b)のロール・スプレー法は工業生産用である．長尺のプラスチックのシート，またはベルトの上に載せた回路基板などの上に，反応液と酸化液をスプレーして連続的に製膜する[6,7]．図3.5.14(c)に，微粒子などの小さな基板

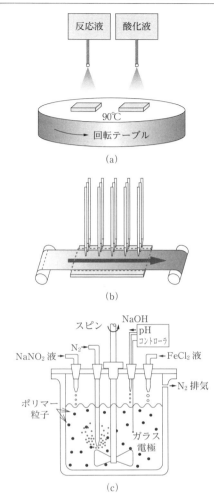

図3.5.14 フェライトめっき実験法
(a) スピン・スプレー法　(b) ロール・スプレー法
(c) リアクター法

をフェライトめっきするためのリアクター法を示した[8]．

フェライトめっき膜は，多結晶質で単相のスピネル構造をしている．通常，膜は膜面に垂直な柱状構造を有している[7,9]．個々の柱状構造は，基板付近の初期層を除いて単結晶であり，その境界には空孔や異相（粒界層）が存在せず，結晶面が直接，接している．このため，柱状構造の界面を通して強い磁気的結合が働く．それゆえ，フェライトめっき膜は，バルク試料と同等の飽和磁化を有し，さらに磁化回転による透磁率$\mu(\omega)=\mu'(\omega)-j\mu''(\omega)$（$\omega$：角周波数）は，バルク試料よりはるかに優れた高周波特性を示す．すなわち，フェライトのめっき膜は，図3.5.15，図3.5.16に示すように，Ni-Znフェライトのバルク試料に関するスネークの限界則をはるかに超える[7,10]．とくに，Ni-Zn-Coの自然共鳴周波数$\omega_0/2\pi$は3〜5GHzに達する[10]．その理由は次のとおりである[11]．

スネーク則は，PoderとSmit[12]によって，180°磁区で

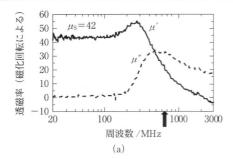

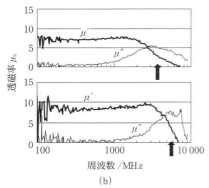

図 3.5.15 スピン・スプレー法で作製したフェライト膜の透磁率スペクトル
(a) Ni-Zn フェライト　　(b) Ni-Zn-Co フェライト
矢印は共鳴周波数を示す．

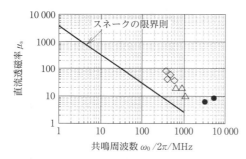

図 3.5.16 フェライトめっき膜の直流透磁率 μ_s を自然共鳴周波数でプロットして，スネーク則と比較したグラフ

輪切りにされた楕円磁性体モデルで説明されている．高周波磁界が磁壁と垂直の場合には，隣り合う磁区の歳差運動に伴う反磁界が，磁区の境界の両面で逆符号になり相殺する．それゆえ自然共鳴に反磁界は寄与せず，結晶磁気異方性磁界 H_k だけで起こるので，自然共鳴角振動数 ω_0 が式 (3.5.1) で与えられる（γ：磁気回転比）．

$$\omega_0 = \gamma H_k \tag{3.5.1}$$

これと，直流透磁率（式 (3.5.2)）から（M_s：飽和磁化），スネーク則（式 (3.5.3)）が得られる．

$$\mu_s(=\mu'(0)) \fallingdotseq (2/3)4\pi M_s/H_k \tag{3.5.2}$$

$$\omega_0 \mu_s \fallingdotseq 8\pi M_s/H_k \tag{3.5.3}$$

しかし，高周波磁界が磁壁と平行な場合には，磁壁の両側に同符号の磁極が誘起されるので，式 (3.5.4) となり，式 (3.5.1) よりはるかに高い周波数（$\approx 15\,\mathrm{GHz}$）でも自然共鳴が起きる．

$$\omega_0 = \gamma(H_k + 4\pi M_s) \tag{3.5.4}$$

Polder と Smit[12] は，この共鳴が実際に γH_k（$=\omega_0$）と $\gamma 4\pi M_s$ の間の高周波帯域で起きるために $\mu''(\omega)$ の共鳴曲線がブロードになっている，という定性的な推論しか行っていない．

Bouchaud と Zerah[13,14] は，高周波磁界が磁壁と平行な場合の平均透磁率 $\mu(\omega)$ を，円筒形の磁区モデルを用い，有効媒体近似理論によって導出し，Ni-Zn フェライトのバルク試料の $\mu(\omega)$ を $100\,\mathrm{MHz} \sim 10\,\mathrm{GHz}$ の帯域で説明することができた．彼らはさらに，薄膜試料の初透磁率の分散式は，次式で与えられることを示した[15]．

$$\mu_{\mathrm{eff}}(\omega) = \sqrt{\mu_{\mathrm{LL}}(\omega)} \tag{3.5.5}$$

ここで，$\mu_{\mathrm{LL}}(\omega)$ は，Landau-Lifshitz の複素透磁率の分散式である．Ni-Zn フェライトめっき膜の複素透磁率の周波数依存性は式 (3.5.5) を用いて再現され[16]，したがってスネーク則を超えることが有効媒体近似理論によって説明された[11]．

（2）フェライトめっき膜の高周波応用デバイス：Ni-Zn フェライト膜を用いて (a) 導線や半導体デバイスなどを搭載したプリント基板上に直接堆積する"直接型"，および，(b) ポリマーシート上に堆積してそれをノイズ源に貼り付ける"シート型"のノイズ抑制体が開発されている（図 3.5.17）[5~7,17,18]．図 3.5.18 に示したように，直接型では，マイクロストリップライン上に堆積した厚さ 3 μm のフェライト膜によって，既存のソフト磁性金属粉を分散させた複合型電磁ノイズ抑制シート（厚さ 50 μm）を貼り付けた場合よりも高いノイズ抑制特性が得られている．シート型では，ポリイミドシートの上に堆積したフェライト膜（厚さ〜3 μm）によって，上記した既存の複合型シートと同程度のノイズ抑制効果が得られている．

4 層プリント配線基板に直接型ノイズ抑制体（Ni-Zn フェライト膜）を内蔵させることで $1 \sim 8\,\mathrm{GHz}$ で輻射ノイズが $4 \sim 5\,\mathrm{dB}$ 抑制されている[19]．また，Ni-Zn フェライト

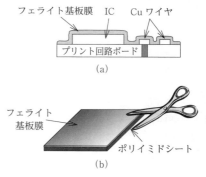

図 3.5.17 フェライトめっき膜を用いた電磁ノイズ抑制体
(a) 直接型　　(b) シート型

3.5 高周波材料   433

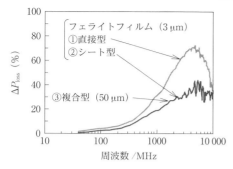

図 3.5.18 厚さ 3 μm を用いた ① 直接型および ② シート型電磁ノイズ抑制体,ならびに ③ 複合シート型電磁ノイズ抑制体のノイズ抑制(損失)率
② と ③ のデータはほとんど重なる.

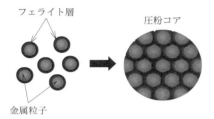

図 3.5.19 ソフト磁性金属粒子をフェライトめっきして,プレス成形で作製した圧粉コア

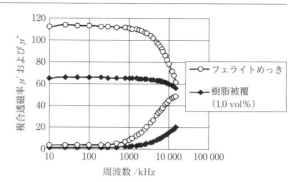

図 3.5.20 Fe-Si 粒子をフェライトめっき膜(○),および樹脂(◆)で被覆して,プレス成形で作製した圧粉コアの透磁率スペクトル

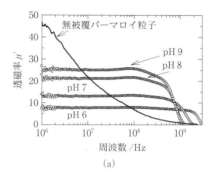

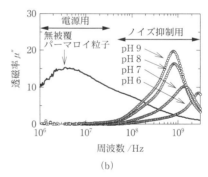

図 3.5.21 Fe-Si 粒子(40 μm)をフェライトめっき膜(○)および樹脂(●)で被覆してからプレス成形して作製した圧粉コアの透磁率スペクトル
(a) 実部   (b) 虚部
[N. Matsushita, D. Kim, M. Abe, *IEEE Trans. Magn. Soc.*, **42**, 2824 (2006)]

膜(厚さ 3 μm)を用いた,900 MHz 帯の RFID タグ用の磁気シールドシートが開発されている[10].

ソフト磁性金属粒子(5〜40 μm)の表面をリアクター法(図 3.5.14(c))によって Ni-Zn フェライト膜で被覆し,これをプレス成形することによって金属/フェライト複合圧粉磁気コアが開発されている(図 3.5.19)[20,21].フェライト膜は絶縁性と強磁性を併せもつから,金属粒子間の渦電流損を抑えながら磁気的相互作用を保つことができる.それゆえ,金属粒子が本来もつ強い飽和磁化に基づいた優れた高周波特性を引き出すことができる.

フェライトめっきした Fe-Si 粒子(40 μm)の圧粉コアは,めっきしないで作製した圧粉コアに比べて,透磁率が(2 倍弱)増大し,共鳴周波数も高くなった(図 3.5.20).また,コア損失が低下し,直流重畳特性が向上した[20].この複合磁気コアは,1 MHz 近傍で動作する DC/DC コンバータとして用いることが期待される.

図 3.5.21 に,pH を変えてフェライトめっきしたパーマロイ粒子(8 μm)を用いた複合コアの透磁率を示した.pH 8,9 では数十 MHz までの高い周波数帯域で動作する損失の少ない電源用コアが作製でき,pH 6,7 では GHz 帯域で動作するノイズ抑制コアが作製された[21].

(iv) フェライトスパッタ膜 真空チャンバー内にわずかな量の不活性ガス(Ar)を導入し,二つの電極間に高電圧を印加してグロー放電を起こす.プラズマの陰極暗部での電場で加速された Ar イオンによって陰極(ターゲット)がスパッタされて,その構成原子が空間に放出され,これによって,基板上に薄膜が堆積される.真空蒸着法((v)項で後述)では,基板に飛来する原子は蒸発時に由来する熱エネルギーしかもたないのに対して,スパッタ法では飛来原子は大きな運動エネルギーをもってくるので,薄膜形成時のマイグレーションも大きく,その結果,スパッタ法のほうが真空蒸着法よりも緻密な薄膜を作製できる.磁場でプラズマをターゲット表面近傍に閉じ込めて

高密度なプラズマを生成するマグネトロンスパッタ法によって，実用的な高い堆積速度も実現できている．

（1）対向ターゲット式スパッタ法によるフェライトスパッタ膜の作製： 対向ターゲット式スパッタ法は，2枚のターゲットを対向させて配置し，ターゲット背面に永久磁石を取り付けてターゲット面に垂直な磁界を印加し，低いガス圧（10^{-4}〜10^{-5} Torr）でも高密度のプラズマを生成して成膜を行うスパッタ技術である．基板はターゲットの周囲に配置され，γ電子や高エネルギーのAr反跳イオンの基板や膜面への衝撃を避けることができる．そのため結晶性が高く，組成ずれのない，磁気特性が優れて緻密な微細構造をもつフェライト薄膜を作製することが可能である[22]．

対向ターゲット式スパッタ法によって，ソフト磁性を示すMn-Znフェライト薄膜[23]や，大きな結晶磁気異方性をもつBaフェライト膜が作成されている．

（2）ECRスパッタ法によるフェライトスパッタ膜の作製： 電子サイクロトロン共鳴（ECR：electron cyclotron resonance）現象を利用して生成したマイクロ波プラズマを活用したスパッタ薄膜形成法が，ECRスパッタ法である．高密度なプラズマが生成される，プラズマ生成とスパッタ機能が分離して行われる，基板はプラズマ流の下流に配置されてプラズマ照射を受けながらの薄膜成長となる，などの特徴がある．円錐状のNi-Zn-Fe合金ターゲットを使用して，アルゴンと酸素の混合ガスでの反応性スパッタによって，スピネル単相で（100）面が配向したNi-Znフェライト薄膜（飽和磁化が224 emu cm^{-3}，抗磁力15 Oe，初透磁率47（比透磁率））を，毎分48 nmの高い堆積速度で作成できている[24]．

（3）反応性高周波マグネトロンスパッタ法によるフェライトスパッタ膜の作成： 高周波マグネトロンスパッタ法により，Y-Fe-Oフェライト焼結体ターゲットを使用して，GGG（111）基板上にアルゴンと酸素の混合スパッタガスのもとでY-Fe-Oアモルファス膜を形成し，その後，650℃で3時間の大気中アニールによって結晶化させて，基板上にエピタキシー的に成長したYIGフェライトが得られている．このYIGフェライト膜の磁気共鳴半値幅ΔHは65 Oeと小さく，非可逆回路素子などに応用が可能な特性であった[25,26]．

同様に，RFスパッタ法でアモルファスのYIGフェライト薄膜（厚み2.5 μm）を堆積し，これを加熱熱処理することで結晶化させて，その上にコプレナー線路型のアイソレータを形成して，9 GHzで非可逆伝送特性を確認した例もある[27]．

また，別の例としては，高周波スパッタ法によってアルミニウム基板上にアモルファスのBaフェライト膜を堆積させ，その後，熱処理して結晶化させることで磁気異方性が大きく高保磁力（4.1 kOe）の六方晶マグネトプランバイト型Baフェライト（BaFe$_{12}$O$_{19}$）を得た．これに金でコプレナー線路を付けてアイソレータを形成し，50 GHzでのアイソレーションを確認している[28]．

（ⅴ）フェライト真空蒸着膜 真空蒸着法とは，真空中で物質を抵抗加熱あるいは電子ビーム加熱によって蒸発させ，基板上に薄膜を作製する方法である．装置構成が比較的簡単であるとともに，ダメージの少ない環境下で薄膜成長がなされることが特徴である．

フェライト薄膜の作成にあたっては，金属材料を真空容器内で加熱蒸発させると同時に酸素ガスを導入，あるいは場合によっては高周波プラズマを印加して反応を促進して基板上に酸化物薄膜を成長させる，いわゆる活性化反応蒸着法が用いられる．

本手法によってソフト磁性を示すMn-Znフェライト膜やNi-Znフェライト薄膜[29]，Fe$_3$O$_4$単結晶薄膜[30]が作成されている．

（ⅵ）フェライトMBE膜 MBE（分子線エピタキシー）法は，10^{-10} Torr程度の超高真空環境下で原料物質を加熱蒸発させて基板上に薄膜を堆積させる方法である．高真空雰囲気であるために，原料供給源であるクヌーセンセルから放出された分子は，ほかの気体分子と衝突することなく，ビーム状の分子線となって直進する．高真空であるので不純物ガス混入の恐れが少なく，ゆっくりと薄膜成長させることができるので非常に膜厚制御性に優れ，単原子層レベルでの成長や組成制御，エピタキシャル成長が可能であることが特徴である．

MBE法を用いて，超平坦サファイア（0001）基板上にスピネル型構造をもつMn-Znフェライトのエピタキシャル薄膜を作成できている[31]．

（ⅶ）フェライトPLD膜 PLD（パルスレーザーアブレーション）法は，真空チャンバー内に設置した原料（ターゲット）にチャンバーの外からNd：YAGパルスレーザーなどの強いレーザー光を集光照射して，レーザー光のエネルギーで励起して放出されるターゲット構成原子（分子）によって基板上に薄膜を形成する方法である．基板上への飛来原子のもつエネルギーは比較的大きいので結晶成長には好ましく，原子スケールで平坦な表面をもつ薄膜成長が可能などの特徴をもつ．

ターゲットとしてZnO-MnO-Fe$_2$O$_3$焼結体を使用して，10^{-5}〜10^{-6} Torrの酸素を導入した雰囲気下で，サファイア単結晶基板上に結晶配向性と表面平滑性に優れたMn-Znフェライト膜を500℃の基板温度で作成できている[32]．

（ⅷ）フェライトCVD膜 CVD（化学的気相成長）法は，反応室内へ原料として化合物ガスを導入し，高温に保持した基板表面上での熱エネルギー，あるいは光やプラズマなどで与えるエネルギーによって，原料ガス分子を分解・反応させるなどの化学反応を起こさせて，基板上に薄膜を堆積させる方法である．とくに，原料ガスとして有機金属化合物を用いるCVD法は，MO-CVD法（Metal-organic CVD，有機金属化学気相成長法）とよばれる．有機金属原料は，常温では液体あるいは固体であるが，飽和

蒸気圧が高いので，N_2などをキャリヤガスとして用いて，原料をガス化反応室内に供給できる．

β-ジケトン系金属錯体の鉄(Ⅲ)アセチルアセトナートを気化させた蒸気を原料ガスとして，酸素を反応ガスに用いたプラズマ励起 MO-CVD 法によって結晶性の良好なスピネル型フェライト膜が得られている．また，原料ガスにコバルト(Ⅲ)アセチルアセトナートの蒸気を加えることによって，⟨100⟩に優先配向して垂直磁気異方性を示し，柱状微細構造をもつ Co フェライト膜が得られている[33]．

容量結合型プラズマ MO-CVD 法を用い，Fe 源と Zn 源の原料ガスをキャリヤガスとともに反応器内に供給することで，Zn フェライト膜を作成できている[34]．

(ix) フェライトプラズマ溶射膜 プラズマ溶射法は，プラズマ溶射ガンで生成する高温のプラズマフレーム内に溶射粉末原料を不活性ガスで送り込み，原料を加熱し，溶融またはそれに近い状態にして基材に吹き付けて皮膜を形成する方法である．

あらゆる材質の基材に皮膜を形成できる，膜内に気孔が少なく基材との付着力が強固な皮膜が得られる，多層型の複合膜や傾斜組成膜を容易に形成できる，成膜速度がきわめて高い，などの特徴がある．

プラズマ溶射によって基材温度 150℃以下でフェライト膜を堆積させ，その後に 1000℃以上での熱処理によって原料と同等の磁気特性の六方晶フェライト厚膜（$BaFe_{12}O_{19}$ と $BaCoTiFe_{10}O_{19}$）が得られている[35]．

また，$Mn_{0.52}Zn_{0.48}Fe_2O_4$ の組成の原料をプラズマ溶射することで Mn-Zn フェライト皮膜を形成できている[36]．

(x) フェライト AD 膜 エアロゾル・デポジション（AD）法は，原料であるフェライトなどの微粒子をエアロゾル発生器内に入れておき，ここにアルゴンなどのキャリヤガスを供給すると原料微粒子はエアロゾルとなる．これをエアロゾル発生器と成膜室との圧力差によって成膜室まで搬送し，ノズルから基板に高速で吹き付けて成膜を行う方法である．固体のまま常温で堆積が行われること，基板衝突時にエアロゾルとなった粒子のもつ運動エネルギーによって緻密で基板との密着性の良い膜を高速に堆積できること，基板とノズルの位置を相対的に移動させればパターン形成も可能なこと，などの特徴がある．

AD 法により，Ni-Zn-Cu フェライト膜や Fe/Ni-Zn-Cu フェライト複合膜の作成が行われ，後者については電磁ノイズ抑制体としての効果が確認されている[37]．

文　献

1) 土井孝紀，"ノイズ抑制用軟磁性材料とその応用"（平塚信之 監修），p. 93, 三松（2008）．
2) K. Uchida, S. Takahashi, K. Harii, J. Ieda, W. Koshibae, K. Ando, S. Maekawa, E. Saitoh, *Nature*, **455**, 778 (2008).
3) M. Abe, Y. Tamaura, *Jpn. J. Appl. Phys.*, **22**, L511 (1983).
4) 阿部正紀，粉体および粉末冶金，**49**, 87（2002）．
5) 阿部正紀，松下伸広，日本応用磁気学会誌，**27**, 721（2003）．
6) 吉田栄吉，近藤幸一，小野祐司，日経エレクトロニクス 1月30日号, 119（2006）．
7) 吉田栄吉，近藤幸一，マテリアルインテグレーション，**19**, 51（2006）．
8) S. Nagahata, M. Sasaki, K. Yoshida, M. Anan, M. Abe, Ferrites : Proc. 6th Inter. Conf. Ferrites, 279 (1992).
9) H. Yoshikawa, K. Kondo, S. Yoshida, D. Shindo, M. Abe, *IEEJ Trans.*, **2**, 445 (2007).
10) K. Kondo, S. Yoshida, H. Ono, M. Abe, *J. Appl. Phys.*, **101**, 09M502 (2007).
11) M. Abe, *J. Magn. Soc. Jpn.*, **6**, 66 (2011).
12) D. Polder, J. Smit, *Rev. Mod. Phys.*, **25**, 89 (1953).
13) J. P. Bouchaud, P. G. Zérah, *Phys. Rev. Lett.*, **63**, 1000 (1989).
14) J. P. Bouchaud, P. G. Zérah, *J. Appl. Phys.*, **67**, 5512 (1990).
15) J. P. Bouchaud, P. G. Zérah, *J. Appl. Phys.*, **68**, 3783 (1990).
16) O. Acher, M. Ladieu, M. Abe, M. Tada, et al., *J. Magn. Magn. Mater.*, **310**, 2532 (2007).
17) K. Kondo, Y. Numata, M. Abe, et al., *Trans. Magn. Soc. Jpn.*, **5**, 161 (2005).
18) N. Matsushita, K. Kondo, M. Abe, et al., *J. Electroceram.*, **16**, 557 (2006).
19) S. Yoshida, K. Kondo, T Kubodera, *IEEE Trans. Magn.*, **44**, 2982 (2008).
20) 山田健伸，藤原照彦，阿部正紀，*NEC TOKIN TECH. REV.*, **32**, 26（2005）．
21) N. Matsushita, D. Kim, M. Abe, *IEEE Trans. Magn. Soc.*, **42**, 2824 (2006).
22) 北本仁孝，中川茂樹，阿部正紀，直江正彦，粉体および粉末冶金，**47**, 165（2000）．
23) 神木太郎，斉藤俊介，孔 碩賢，中川茂樹，粉体および粉末冶金，**50**, 143（2003）．
24) 山本節夫，荻原知治，栗巣普揮，松浦 満，下里義博，岡田繁信，日本応用磁気学会誌，**28**, 703（2004）．
25) P. W. Jang, J. Y. Kim, *IEEE Trans. Magn.*, **37**, 2438 (2001).
26) H. Kuniki, S. Yamamoto, T. Hirano, H. Kurisu, M. Matsuura, P. W. Jang, *Trans. Mater. Res. Soc. Jpn.*, **29**, 1635 (2004).
27) S. Capraro, T. Boudiar, T. Rouiller, J. P. Chatelon, B. Bayard, M. Le Berre, B. Payet-Gervy, M. F. Blanc-Mignon, J. J. Rousseau, *Microw. Opt. Techn. Lett.*, **42**, 470 (2004).
28) T. Rouiller, M. Le Berre, J. P. Chatelon, H. Joisten, B. Bayard, B. D. Barbier, J. J. Rousseau, *2004 IEEE Int. Symp. Ind. Electron.*, **1**, 19 (2004).
29) 平塚信之，粉体および粉末冶金，**43**, 41（1996）．
30) 藤井達生，粉体および粉末冶金，**39**, 981（1992）．
31) 門 哲男，日本応用磁気学会誌，**28**, 1130（2004）．
32) 五味 学，粉体および粉末冶金，**47**, 723（2000）．
33) 鳥井秀雄，藤井映志，服部益三，日本応用磁気学会誌，**15**, 117（1991）．
34) 藤井映志，鳥井秀雄，服部益三，藤井達生，栗林 清，井上 嘉，粉体および粉末冶金，**40**, 618（1993）．
35) D. Lisjak, *J. Eur. Ceram. Soc.*, **29**, 2333 (2009).
36) Q. Yan, *Acta Mater.*, **52**, 3347 (2004).
37) チャン ビサル，杉本 論，猪俣浩一郎，手束展規，明渡 純，日本応用磁気学会誌，**30**, 505（2006）．

3.6 磁性微粒子

磁性微粒子の研究は，粒子径が数ナノメートルオーダーの金属微粒子では電子状態が離散的になり，その磁性は粒子内の電子の数に依存すると提唱した久保亮五の理論にはじまる．近年，微粒子作製技術の進歩により粒径のそろった磁性微粒子の作製が可能となりそれを応用した実用化の研究開発が盛んになっている．磁性微粒子は単体で使用するのではなく凝集を防ぐ表面活性剤などで表面を被覆し液体中に懸濁させた状態で使用する．磁性微粒子の体積は小さく，その磁化は熱エネルギーに負けて超常磁性状態で液体の中を浮遊している．また，微粒子自身はブラウン運動を行っているために懸濁液全体の磁化は表れない．外部から磁界が加わると，自身の磁化により熱エネルギーおよびブラウン運動に打ち勝って外部磁界方向に磁化する．この性質を利用して，工業や医療方面で応用研究や実用化研究が進んでいる．とくに，磁性微粒子を水や有機溶媒などの液体中に分散させた磁性流体の磁性流体シール（圧力シールや回転軸シール）やスピーカー，交流磁界を印加すると界面が変化することを利用したアクチュエータやダンパーなど工業面での応用や，生理活性分子で被覆した磁性微粒子を体液などに分散させた磁気ビーズの医療面での応用が広まってきている．近年，磁気記録の将来を担う高密度磁気記録媒体材料として，微粒子にすることにより保磁力が大きくなった Fe-Pt 系微粒子の研究が進められている．

本節では研究や実用化の進んでいる磁性流体（3.6.1 項）および磁気ビーズ（3.6.2 項）について紹介する．

3.6.1 磁性流体用磁性微粒子

磁性流体は，およそ直径 10 nm の酸化物あるいは金属強磁性粒子の表面に特殊な処理を施し，水あるいは有機溶媒中に安定に分散させたコロイドである．磁性流体の開発は，無重力での燃料輸送のために 1960 年代に NASA の Papell らによって開発された磁性懸濁液に始まった[1]．しかし，この磁気懸濁液に用いられた磁性粒子はバルクの磁性酸化鉄粒子を粉砕して得たものであり，現在磁性流体中に用いられている粒子と比べると比較的大きい．一方，時期を同じくして，日本において東北大学の下飯坂が化学手法をもって微小な磁性酸化鉄ナノ粒子の合成に成功し，これが安定なコロイド（磁性流体）の開発に大きな役割を果たした[2～4]．すなわち，直径数ナノから十数ナノメートル程度の微小な磁性粒子の表面を界面活性剤によって吸着被覆すると，それらはおのおの独立して溶媒中に浮遊し，熱運動によって重力，通常の遠心力，外部磁界による磁気力などの作用下でも一様に分散するようになるのである．このような磁性粒子はあたかも溶媒分子の一つのようにふるまうので，磁性流体は外部磁界に対して磁化をもつ一様な液体のような挙動を示す．この結果，磁性流体に磁界を作用させると磁界の強さ，磁界の方向，さらに磁性流体が置

図 3.6.1 磁性流体スパイクの写真（窒化鉄）
[I. Nakatani, personal communication]

かれている場に応じてさまざまな界面現象が起きる．たとえば，窒化鉄磁性流体の界面に対して垂直方向に磁界を作用させた場合のスパイク現象の写真（図 3.6.1）を見ると，磁界中での磁性流体が磁化をもつ一様な液体としてふるまうことが容易に理解できる[5]．

a. 磁性流体の性質

（ⅰ）磁性流体の磁気特性 磁性流体の磁気特性は，内部の直径およそ 10 nm 程度の磁性粒子のふるまいによって決定される．1.9.10 項でもみたように，このサイズの粒子は粒子内に磁壁が存在しない単磁区構造をしており，あたかも巨大な磁気双極子モーメント $m = 10^4 \sim 10^5$ μ_B をもった微小磁石のようにふるまう．この点から，その集合である磁性流体も液体磁石のように理解されがちであるが，磁石とは異なり，零磁界中では磁化（自発磁化）をもたず非磁性体に似た性質を示す．一方，磁界中では磁化され，磁性をもった液体としてふるまうのである．ただし，再び磁界を取り除くと，磁化（残留磁化）も消失し，ヒステリシスを示さない．これは，溶媒中に浮遊した磁性粒子の m の向きに自由度があるため，零磁界中では系のエントロピーが最大となるランダムな配向状態をとり磁化が全体では相殺されるのに対して，磁界 H 中ではゼーマンエネルギーの利得を得るために m の向きが磁界と平行にそろうためである．この様子は常磁性気体分子の磁気応答と同様に理解できるため，磁性流体の磁化曲線にはランジュバン（Langevin）の理論が適用でき，平衡磁化の強さ M は式(3.6.1)によって記述される．

$$M = n \cdot mL(\mu_0 \cdot mH/k_B T) \tag{3.6.1}$$

ここで，$L(x) = \coth x - x^{-1}$ はランジュバン関数，n は粒子数密度である．このように，磁性流体の磁気応答は常磁性気体分子のそれと同一の原理に基づいているが，磁性流体の巨大な $m \fallingdotseq 10^5 \mu_B$ は室温で日常的な磁界（$H \fallingdotseq 1$ kA m^{-1}）に容易に応答し（$\mu_0 \cdot mH/k_B T \fallingdotseq 3$），飽和するので，こうしたふるまいはとくに超常磁性（superparamagnetism）とよばれる．

ここで，磁性流体中の磁性粒子の磁気モーメント m の運動について考えよう．まず，先にも述べたように，溶媒中に浮遊した磁性粒子は自由に回転できる．このため，零磁界中でも溶媒分子との衝突によって磁性粒子自身がランダムに回転し，結果としてその粒子がもつ m の向きも揺らぐことになる．これがブラウン緩和機構であり，その緩

和時間 τ_B は温度 T，粒子の流体力学的体積を V_H，溶媒の粘度を η として，次式で与えられる．

$$\tau_B = 3V_H\eta/k_BT \tag{3.6.2}$$

一方，1.6.2項でみたように，磁性体は必ず何らかの磁気異方性を示すので，それぞれの単磁区粒子内部で m の向きはエネルギー的に安定な磁化容易軸方向に平行な向きの一つに束縛され，それらの間の揺らぎは途中の磁化困難方向のエネルギー障壁によって抑制される．磁気異方性定数を K とおけば，この障壁の高さ E_a は対称性に依存した比例係数 c を用いて cKV となる（1.6.2項参照）ので，この単磁区粒子内部で起きる m の向きの揺らぎ（ネール緩和機構）による緩和時間 τ_N は，式(3.3.3)で表される．

$$\tau_N = \tau_0 \cdot \exp(cKV/k_BT) \tag{3.6.3}$$

ここで，τ_0 は 10^{-9} s 程度の定数である．このように零磁界中の磁性流体の磁気緩和機構にはネール緩和とブラウン緩和が併存する（図3.6.2）．ここで，室温の水（$\eta \sim 1$ mPa s），ベースコバルトフェライト（$K \sim 0.4$ MJ m^{-3}）磁性流体を例にとると，磁性粒子の直径が 6 nm の場合の τ_N は約 15 ns と計算できるのに対して，直径が 12 nm の場合には約 3 s となる．これに対して，それらを厚み $\delta = 2$ nm の界面活性剤で覆った場合，τ_B はそれぞれ $0.4\,\mu$s および $1.6\,\mu$s となる．すなわち，磁性粒子の直径 d が 6 nm の場合にはネール緩和が m の向きの揺らぎを支配するのに対し，$d = 12$ nm の場合にはブラウン緩和が卓越することがわかる．このように τ_N がサイズに指数関数的に依存するため，磁性流体では，粒子径によって支配的な磁気緩和機構が交替する．また，異方性エネルギー E_a は K にも比例するので，この両者の緩和機構の優劣は物質によっても大きく変わり，K の低い材料ほど粒子直径が大きい場合でもネール緩和機構が優勢となる．実際，直径およそ 10 nm の Mn-Zn フェライトおよびマグネタイト粒子ではネール緩和機構が卓越し，一方，コバルトフェライト粒子ではブラウン緩和機構が優勢となることが，粒子の回転を

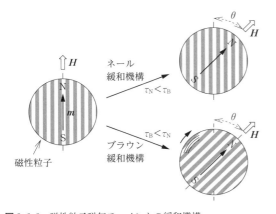

図3.6.2 磁性粒子磁気モーメントの緩和機構
磁気モーメントの向きはネール緩和機構による反転（上）あるいはブラウン緩和機構による回転（下）によって熱的に揺らぐ．

抑えた状態での実験で明らかにされている[6]．

以上の議論は，粒子濃度（ϕ）が低く，おのおのの磁性粒子が磁気的に孤立しているとみなせる場合について成立する．一方，ϕ が高く，磁性粒子間の相互作用が無視できない場合，磁性流体の磁気特性はきわめて複雑な多体効果の影響を受けるので，現在でもより厳密なモデルを目指した議論が続いている[7]．

（ⅱ）磁性流体の粘度特性 磁性流体は，飽和するまで磁化した状態でも流動性を保つ．すなわち，磁性流体はほかの流体と違って，磁性と流体の性質を合わせ持っていることが基本的かつ重要な特徴である．ただし，磁性流体の流動特性は外部磁界によって影響されることが知られている．したがって，磁性流体の粘性について議論する場合，外部磁界の有無を念頭に行わなければならない．

（1）外部磁界がない場合： 磁性流体は磁性粒子の分散系であることからその粘性は粒子濃度に大きく影響される．また，どの粒子濃度においても磁性流体の粘度は溶媒の粘度より大きく，また粒子の存在は粘性流に伴うエネルギー散逸の増大を引き起こす．こうしたふるまいは，非磁性体を含む分散液のそれと同様である．このため，粒子濃度が低い場合の粘度を推定するための理論モデルは古くから提案されている．すなわち，分散系の粘度 η は溶媒の粘度 η_0 と粒子体積分率 ϕ のアインシュタインによる関係式(3.6.4)を用いて下記のように記述される．

$$\eta/\eta_0 = 1 + 2.5\phi \tag{3.6.4}$$

一方，粒子濃度が高い場合には，次の式が提案されている．

$$\eta/\eta_0 = 1/(1 + a\phi + b\phi^2) \tag{3.6.5}$$

ここで，ϕ が小さい場合，式(3.6.5)が式(3.6.4)に帰着することから，定数 a が -2.5 であることがわかる．また，粒子が最密充填したさい（臨界濃度 $\phi_c = 0.74$），η が発散すると仮定すると，定数 b は $(2.5\phi_c - 1)/\phi_c^2$ となる．ただし，磁性流体の場合，磁性粒子が安定に分散するためには，後述するように粒子表面を界面活性剤などで被覆することが必要不可欠である．直径 d の磁性粒子が厚さ δ の界面活性剤で被覆された場合，粒子が占める流体力学的体積分率は，磁性粒子の体積分率 ϕ を用いて $\phi(1 + 2\delta/d)^3$ と表せるので，式(3.6.5)は次式のように書き換えることができる[8]．

$$(\eta - \eta_0)/\phi\eta = 2.5(1 + 2\delta/d)^3$$
$$- [(2.5\phi_c - 1)/\phi_c^2](1 + 2\delta/d)^6 \cdot \phi \tag{3.6.6}$$

実際，図3.6.3に示すように，実験的に得られる磁性流体の η と ϕ の関係は，電子顕微鏡観察などから見積もった δ と d の比を用いて，この式でよく再現されることが知られている．ただし，粒子の分散状態によって ϕ_c が 0.74 より低くなることや ϕ_c が 0.4 より小さい場合，曲線の勾配が変わることなどが報告されている．したがって，流動性の高い高濃度の磁性流体を実現するためには，薄い界面活性剤で覆われた球状の大きい磁性粒子を用いることが重要となる．しかし，後述するように磁性粒子の分散に

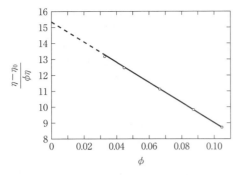

図3.6.3 オレイン酸被覆マグネタイト分散磁性流体の無磁界下での粘性と粒子濃度の関係
[B. Huke, M. Lücke, *Rep. Prog. Phys.*, **67**, 1731 (2004)]

おいて界面活性剤被覆膜厚さと粒子径の間は制限があり，粒子径の上昇に伴って分散を維持するための界面活性剤被覆膜厚さも増さざるを得ないことが課題となっている．

（2）**外部磁界がある場合：** 図3.6.4に示すように，コバルト粒子を希薄に分散させた磁性流体に磁界を印加すると粘度 η は上昇し，上昇率 $\Delta\eta/\Delta\eta_\infty$ は磁界強度および方向に依存することが実験的に報告された[9]．希薄な磁性流体に磁界を印加した場合，磁性流体の界面が変形するだけでなく，内部の磁性粒子は磁界の方向に配向する．この場合，流れによる速度勾配は粒子がない場合と比べて大きくなり，磁性流体全体の粘性損失 η'' が大きくなることが予想される．したがって，磁性流体の粘度 η は，磁界の印加によって一般に増大するが，その粘度増加は磁性流体の流れの方向と印加磁界の方向に依存する（図3.6.4）．流体の渦度と磁界が平行であれば，粒子の回転が自由に行われるため，η は外部磁界の影響を受けず，アインシュタインの式で表現できる．一方，渦度と磁界が垂直の場合，磁界による η への影響が最大になる．この影響については，外部磁界に対する応答のメカニズムによっても理論的扱いが異なるが，通常，粘度増加 $\Delta\eta$ は式 (3.6.7) によって記述できる．

$$\frac{\Delta\eta}{\eta} = \frac{3\phi^{0.5}\alpha L(\alpha)\sin^2\beta}{2(1+0.5\alpha L(\alpha))} \tag{3.6.7}$$

ここで，α はゼーマンエネルギーと熱エネルギーの比，$\mu_0 \cdot mH/k_\mathrm{B}T$，$L(\alpha)$ はランジュバン関数，また β は磁界方向と渦度方向とのなす角度である．

一方，磁性粒子の濃度がより高い場合には，磁界印加による η の増加はこうした単純な理論による扱いだけで説明することはできない．それは，粒子間相互作用によって生じる粒子凝集体の影響が大きいためと考えられている．そこで，Odenbach らは，新たな工学応用を考えるうえで η の上昇機構の解明は不可欠と考え，磁界強度およびずり速度などの粘性への影響を調べるために特別な磁気粘性測定装置を設計し[10]，通常の粒子よりも大きな粒子の割合を変化させた実験を行った．この結果から，こうした系の粘度上昇が少ない割合で混入させた大きい磁性粒子のチェーン（鎖状）形成によるとの結論が得られた[11]．

（iii）**磁性粒子間構造の形成** 理想的な磁性流体では，磁性粒子が独立して存在し溶媒中に均一に分散しているとされる．前項まで，おもにそうした磁性流体の磁気特性や粘度特性を論じてきた．しかし，やや大きな粒子を用いれば，粒子間の磁気的相互作用が強まり，場合によっては溶媒中に均一に分散できなくなる．こうしたゲル化や凝集・相分離は，磁化を帯びた均一な流体として磁性流体を利用する多くの工学的応用において好ましくない．そこで，ここでは磁性粒子間構造の形成についてふれる．なお，磁性粒子間の相互作用の詳細については，次項で詳しく述べるように，磁性流体中の磁性粒子は，異方的な引力である双極子・双極子相互作用と等方的な引力であるファンデルワールス相互作用が，界面活性剤吸着層に由来する立体反発力や粒子間の静電的な反発力とつり合っている．このため，たとえば，双極子・双極子相互作用が著しく強まればチェーンが形成され，やがてはゲル化し，また，ファンデルワールス相互作用が一定の強度をもてば，凝集体が形成され，やがて巨視的相分離が起きると理解されてきた．一方，界面活性剤の被覆膜厚を増せば，立体反発力の及ぶ範囲が広がり，引力の大きな大きい粒子でも均一に分散できるようになる．このため，界面活性剤に二重に被覆された水分散磁性流体では，比較的大きな粒子まで容易に分散させることができるはずと考えられていた．ところが，実際には，単層に被覆された有機溶媒分散磁性流体に比べて水分散磁性流体のほうが不安定であった．これは，水分散系の第二層の界面活性剤は単に物理吸着しているだけであることから，分散媒中の第二界面活性剤の濃度変化に敏感であり，界面活性剤による被覆膜厚の変動により粒子同士の相互作用が強くなり，クラスターを形成しやすいことがこの不安定性の一因として考えられる．なお，こうした不安定性は粒子径が大きいほど現れやすい．そこで，最近では，1種類の界面活性剤を用いた水ベース分散系の開発が行われている[12]．

さて，チェーン形成，ゲル化と凝集，相分離の問題に戻

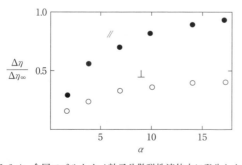

図3.6.4 金属コバルトナノ粒子分散磁性流体中に発生した渦度に対して平衡および垂直に印加された磁界による粘度上昇率と α（ゼーマンエネルギーと熱エネルギーの比）の関係
[J. P. McTaque, *J. Chem. Phys.*, **51**, 133 (1969)]

ると，この問題は材料としての磁性流体の安定性において本質的であるので，これらに対する研究は磁性流体の開発とともに始まった．そして，1960～1970年代には，電子顕微鏡によって磁性粒子のチェーン構造が観察され[13]，また，光学顕微鏡によって相分離後の高密度相の液滴が見出された[14]．しかしながら，粒径が2割異なるだけで双極子相互作用の大きさは，この両者間で 1.2^6〜3倍も異なることからも容易に想像できるように相互作用の細かな制御は難しく，できるだけ均一な粒子を用いての研究は重ねられているものの，零磁界中での磁性粒子間構造の形成に関する決定的な実験結果は得られていない．一方，この問題に関して理論が平均場的枠組みを超えて進展するのは，コンピュータの性能が実用に達する1980年代を待たなければならなかった．まず，Chantrellらはモンテカルロ法による二次元の数値シミュレーションを用いて粒子間相互作用がクラスターおよびチェーン形成に及ぼす影響を調べた[15]．その結果，直径15 nmの金属コバルト粒子を分散した磁性流体の場合，零磁界中でも，空間的配向性をもたないオープンループ構造を見出した（図3.6.5）．こうしたシミュレーションは，その後，クラスタームービングモンテカルロ法の開発などを経て改良され，クラスター間の相互作用などの研究が進展したが[16]，コンピュータの性能が飛躍的に向上した現在でも，零磁界中の磁性粒子間構造に関してはさまざまな議論がなされ，いまだに未解決の課題となっている[17〜19]．なお，こうした数値シミュレーションの一部には，磁性粒子の濃度が高い場合に，"流動性を保ちながら磁気モーメントが零磁界中で自発的に一様に配向する状態（強磁性液体状態）"を予測する報告がある[20,21]．これに対する実験的検証はまだ始まったばかりであるが[22]，仮にそのような状態が存在すればきわめて高い初透磁率をもつ液体のソフト磁性材料となり得るわけで，今後の研究の進展が期待される．

一方，一様な磁界中で形成されるチェーンに関する理論式は1970年代に提唱され[23,24]，その後，数値シミュレーションでもチェーンの存在が確認されてきた（図3.6.5）．

これまでに得られた結果から，こうしたチェーンの長さは双極子相互作用の強度をあやつることで制御できると考えられる．これは，先に好ましくないと考えたマクロなゲル化や相分離を避けつつ，こうした磁性粒子間構造に起因する工学的に有用な性質を利用することが可能となることを示している．そこで，ここではクラスター形成に伴う磁性流体の光に対する応答の変化を利用しようとする試みの一例を紹介する．

磁性流体による磁気光学効果は内在する磁性粒子のクラスターの大きさによって異なり，マクロクラスターの場合には光散乱現象が観測されるのに対して，ミクロクラスターでは磁気複屈折と磁気二色性現象が現れる．図3.6.1に見られるように，磁性流体は黒色不透明な液体であるが，Taketomiらはこれを希釈せずに厚さ10 μm程度の薄膜にして光の透過性を高め磁気光学効果を調べ，磁界中の磁性流体が大きな磁気複屈折効果（コットン-ムートン効果）（1.8.1項参照）を示すことを発見した[25]．すなわち，磁性流体に光を入射すると，磁界 H の方向に垂直に振動する光と平行に振動する光との間に式(3.6.8)のような位相差 θ が生じるが，この大きさが $H = 83$ kA m^{-1} の磁界中で 0.765 rad に達することが見出された．

$$\theta = 2\pi l(n_{\parallel} - n_{\perp})/\lambda \quad (3.6.8)$$

ここで，λ は光の波長，l は磁性流体の厚さ，$n_{\parallel}$ および $n_{\perp}$ はおのおの磁性流体の異常光および常光に対する屈折率である．この値は，ニトロベンゾールが示す磁気複屈折効果の 10^7 倍と推定された．また，光が媒質中を透過するさい，特定の振動をもつ直線偏光または特定の向きの円偏光が強く吸収される現象を二色性とよぶ．磁性流体の薄膜では，外部磁界を作用させたさいにこの磁気二色性が現れることが観察された[26]．すなわち，印加磁界の増加とともに常光の比透過率が増大し，逆に異常光の比透過率は小さくなってくる．これは，磁界の増加とともに磁性流体内でのクラスター形成が進んでいることを意味している．

b. 磁性粒子の分散について

（i） 分散理論　磁性流体を磁性粒子の分散系として安定に保持するためには，重い磁性粒子を沈降させようとする重力や，溶液内の磁性粒子間に生じる磁気的吸引力に対してブラウン運動が卓越することが必須となる．このため，磁性流体にはこれらの力が弱まる，より小さな磁性粒子が適している．また，粒子が溶媒中でファンデルワールス力など，ほかの引力により凝集しないように各粒子表面を修飾することもまた，基本的な必要条件としてあげられる．

（1） 沈降防止：　遷移金属元素を多く含む磁性粒子は周囲の溶媒と比べて密度が高いので，重力により沈降を始める．仮に，ストークスの抵抗則が成立するとすると，静止流体中のマグネタイト粒子の沈降速度は，$d = 10$ μm で 2×10^{-4} m s^{-1}（〜1 cm min^{-1}），また，$d = 10$ nm で 2×10^{-10} m s^{-1}（〜1 cm y^{-1}）と粒径の逆2乗で長くなることがわかる．そして，粒径がある程度小さくなるとブラウン運動の効果が顕在化し，確率的に溶液上層に残る粒子が出現する．アインシュタインの関係式から，このときの粒子

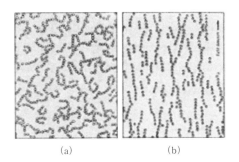

図3.6.5　無磁場(a)および磁場下(b)での磁性粒子クラスターとチェーンの形成に関するモンテカルロシミュレーション結果
[R. W. Chantrell, S. Charles, *et al.*, *J. Appl. Phys.*, **53**, 2742 (1982)]

濃度は，磁性粒子と溶媒の密度差 $\Delta\rho$ と重力加速度 g を用いて，高さ z とともに $\exp[-(\Delta\rho\cdot V\cdot g/k_{\rm B}T)\cdot z]$ で減少すると考えられる．したがって，マグネタイト粒子の場合，10^{-2} m の高さまで均一となるには，$V \ll 100\,k_{\rm B}T/\Delta\rho\cdot g$，すなわち粒子系を 10 nm 程度まで小さくすることが不可欠であることがわかる．

（2） **ゲル化防止**： 磁性流体中の磁性粒子がもつ磁気モーメントの大きさは $m = 10^4 \sim 10^5\,\mu_{\rm B}$ 程度ときわめて大きく，その間の双極子相互作用は必ずしも無視できるとは限らない．とくに，この力がブラウン運動やネール緩和を抑制できるほど強大な場合，先に述べたようにチェーンのような磁性粒子間の構造が形成されると考えられている．通常，相対位置 r にある m の間の相互作用エネルギー $U_{\rm Am}$ は次式で書ける．

$$U_{\rm Am} = (\mu_0/4\pi)\cdot r^{-3}\{\boldsymbol{m}_1\cdot\boldsymbol{m}_2 - 3[\boldsymbol{m}_1\cdot(\boldsymbol{r}/r)][\boldsymbol{m}_2\cdot(\boldsymbol{r}/r)]\} \quad (3.6.9)$$

これより表面を接してチェーン上に連なった場合のエネルギーの利得 $U_{\rm Am}(r=d)$ は $(\mu_0/2\pi)\cdot d^{-3}\cdot m^2$ となる．磁性粒子の体積あたりの磁化を $M_{\rm p}$ とおけば，$U_{\rm Am}(r=d)$ は $(\mu_0\pi M_{\rm p}^2/72)\cdot d^3$ と簡単化できる．したがって，この値と熱エネルギーを比較すれば，双極子相互作用が無視できる条件として，次の粒径が得られる[27]．

$$d \ll (72 k_{\rm B}T/\pi\mu_0 M_{\rm p}^2)^{1/3} \quad (3.6.10)$$

マグネタイト粒子の場合，この条件は 9 nm より十分小さいことに相当する．ただし，通常，磁性粒子は厚さ δ の界面活性剤で被覆されている．このことを考慮し最近接距離を $d+2\delta$ とおき直すと，上記粒径は $\delta = 2$ nm のときに 12 nm，また $\delta = 6$ nm のときに 16 nm まで緩和される．つまり，磁化に寄与しない流体力学的体積の増大を受け入れられるような用途では，δ を増すことで双極子相互作用の影響を排除することができる．なお，先に述べたように，双極子相互作用により形成される磁性粒子間の構造については未知の部分が多いものの，構造形成が協力現象として爆発的に進むには $U_{\rm Am}(r=d) \sim 5\,k_{\rm B}T$ 程度のエネルギーが必要との議論[22]があり，そうであれば上記の議論よりやや大きめの磁性粒子まで磁性流体中に安定に分散させることができることになる．

（3） **凝集防止**： 双極子相互作用が無視できる場合でも，磁性流体中の磁性粒子は等方的なファンデルワールス相互作用により互いに引き合う．この大きさは，次式となる．

$$U_{\rm Av} = -A/6\{[2/(a^2-4)] + (2/a^2) + \ln[(a^2-4)/a^2]\}$$
$$(a = 2r/d) \quad (3.6.11)$$

ここで，A は Hamaker 定数（フェライトの場合，約 10^{-19} J）[28]である．この式からわかるように，遠距離ではファンデルワールス相互作用は距離の 6 乗に反比例して減衰するので，粒子同士が離れている場合はほとんど無視できる．一方，磁性粒子が互いに接するほど接近すると，図 3.6.6 に示すようにファンデルワールス相互作用は発散的に増大するので，何らかの斥力でそれを阻害しない限り凝

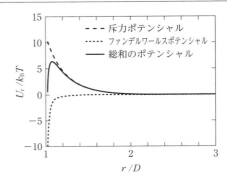

図 3.6.6 室温における磁性粒子の中心間距離 r に対する各成分のポテンシャル曲線
表面電位は 60 mV と仮定している．

集を起こす．このため，磁性流体では，ほかのコロイド同様，図 3.6.7 に示すように，吸着させた界面活性剤間の立体反発力(a),(b)や表面電気二重層間の電気的な反発力(c)が利用されてきた．

まず，界面活性剤を用いた場合，それらの立体反発力によって粒子凝集が抑制される．反発力は温度と線形従属の関係となる．吸着分子密度が ξ の場合，この反発エネルギー $U_{\rm Rs}$ は，次式となる．

$$U_{\rm Rs} = (\pi d^2\xi k_{\rm B}T)/2\cdot\{2 - [(1+2)/t]$$
$$\ln[(1+t)/(1+l/2)] - l/t\} \quad (3.6.12)$$

ここで，$l = 2(r-d)/d$，$t = 2\delta/d$ である．この式から，この立体反発力は界面活性剤の厚さ δ 付近から急速に増大することがわかる．このような計算から，ファンデルワールス相互作用による凝集を防ぐには，おおむね $\delta/d = 0.05 \sim 0.2$ 程度の吸着層厚が必要と考えられている．

一方，静電的な反発力を用いる場合には，水溶液の pH を磁性粒子の等電点からアルカリ性または酸性にずらし，その表面を負または正に帯電させる．すると，この表面電荷を中和するために界面近傍に反対符号のイオン（対イオン）が蓄積し，粒子の周囲に電気二重層が生成される．こうして帯電した粒子間には電気的な反発力が作用する．ヘルムホルツ面における荷電粒子の表面電位を ψ_0 とすると，この電気的な反発エネルギー $U_{\rm R}$ は次式で表される[29]．

$$U_{\rm R} = [d\pi\sigma^2/\varepsilon_0\varepsilon_{\rm r}\kappa^2]\exp[-\kappa(r-d)] \quad (3.6.13)$$

ここで，表面電位密度 σ は $\varepsilon_0\varepsilon_{\rm r}\kappa\psi_0$，溶媒の誘電率 ε は $\varepsilon_0\varepsilon_{\rm r}$，$\kappa^{-1}$ はイオン雰囲気の厚さである．式(3.6.13)を式(3.6.12)の代わりに用いれば，表面吸着層のない場合における電気二重層の反発による凝集分散の様子が求められる．これから，エネルギーポテンシャル曲線の最大反発エネルギーを十分な分散が得られるとされる $15\,k_{\rm B}T$ 以上とするためには，粒子間の双極子相互作用が無視できる場合でも 50 mV 以上の表面電位 ψ_0 が必要となることが導かれる．磁気力の寄与があればこの値はさらに高くなければならない．水溶液中での鉄酸化物磁性粒子の表面電位（ゼータ電位）の測定結果によれば，このような条件を満足するのは通常困難であり，無機電解質による溶液組成の調整の

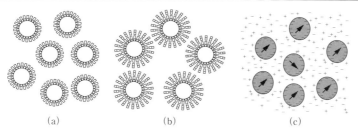

図 3.6.7 界面活性剤吸着による立体障害斥力および電気二重相互作用によって分散した磁性粒子の概念図
(a) 単層界面活性剤吸着による立体障害斥力によって有機溶媒中に分散
(b) 二層の界面活性剤吸着による立体障害斥力によって水中に分散
(c) 電気二重相相互作用による斥力で水中に分散

みで粒子分散を得ることは容易ではない．これに対し，表面吸着層と電気二重層の両者が存在する条件では，反発要素として式(3.6.12)と式(3.6.13)の両者が関与することになり，完全分散条件は比較的得やすくなる．

(ii) 分散媒と分散機構 前項で議論したように，磁性流体を磁性粒子の分散系として安定に保持するためには，微小な磁性粒子を用いるとともに，粒子の表面の修飾状態や帯電状態を適切に制御することが必須となる．また，より大きな磁性粒子を用いたほうが応用上有利な特性が得られやすいことも多いため，表面状態をより高度に操作し大きな粒子をより安定に分散させる努力も行われている．ただし，そうした操作が分散媒の性質によって異なることは言うまでもない．ここでは，そうした分散技術について分散媒ごとに簡単に述べる．

分散媒の種類としては，用途に応じて有機溶媒または水が用いられるが，磁性流体の工学的応用を考えると無極性溶媒を分散媒としたものが大半である．こうした磁性流体においては，表面に吸着させた界面活性剤の立体反発力による粒子分散機構を利用している．使用される界面活性剤は，磁性粒子と分散媒の種類，あるいは合成条件や使用環境によって異なるが，分散の観点からは，官能基が粒子表面に対し不可逆的な強い吸着性をもつことおよび尾の鎖の部分が分散に必要な長さをもち，かつ分散媒との"なじみ"がよいことが条件となる．オレイン酸などの炭素数 5～31 の飽和または不飽和の脂肪族カルボン酸がよく用いられる．

一方，水を分散媒とした磁性流体の場合，界面活性剤の立体反発力を用いる手法と電気的な反発力を用いる手法のいずれもが用いられる．界面活性剤を用いる場合には，あらかじめ単分子被覆した疎水性磁性粒子を作製した後，水中において水に溶解する別の界面活性剤を加え磁性流体を得る．このときの界面活性剤としてアニオン系あるいはノンアニオン系が用いられるが，親水基疎水基バランス (HLB) の高いものでなければならない．こうして得られた磁性流体では，図 3.6.7(b) に示すように，水に加えられる界面活性剤はその疎水基を固体側に向けて物理吸着し，水と界面との親和性を向上させて立体反発層が形成される．なお，イオン性界面活性剤を用いれば，その表面電荷によりいっそう粒子の凝集を妨げる効果が得られる．これに対して，水中における酸化物粒子の表面電荷制御のみで安定な粒子散系を得ることは前項で述べたように容易でないが，Massart らは，酸化物表面電位決定イオンである H^+，OH^- の濃度調整のさい，これらの酸あるいは塩基の配位の種類を選択することによって，界面活性剤の力を借りることなく電気二重層の作用のみによって磁性超微粒子を安定に分散させることが可能であることを見出した[30]．

c. 磁性流体用材料と磁性粒子分散系の作成

磁性流体は，強磁性体を微粒化して溶媒中に分散させたコロイド溶液であり，磁化あるいはそれに伴う特性と流動性を併せ持っている．こうした磁性流体は，分散質としての強磁性微粒子，それを被覆する界面活性剤，および粒子を分散させる分散媒によって構成されており，その特性は分散質および分散媒に大きく依存する．分散媒は用途によって決定される一方で，分散質の磁気特性が磁性流体の物理的性質の決め手となる．高品質磁性流体の作製を目的として，これまで分散相として磁気特性の異なる金属酸化物，金属および合金ナノ粒子が提案され研究および技術開発が行われてきた．ここでは，酸化物磁性流体および金属磁性流体の作製について述べることにする．

(i) 酸化物磁性流体

(1) 酸化物粒子の作製： 分散質が Fe_3O_4，$CoFe_2O_4$，$(Mn-Zn)Fe_2O_4$ などの酸化物強磁性体で構成される場合，通常，こうした磁性流体は酸化物磁性流体とよばれる[31]．分散媒としては，用途により水，ケロシン，ジエステル，アルキルナフタリン，フルオロカーボン油などが用いられている．また，酸化物磁性流体はすでに種々市販されており，応用技術の発展に伴ってさまざまな分散媒の特性を生かした新たな磁性流体が次々と開発されている．ここでは，分散質としてマグネタイトを使用した酸化物磁性流体の作製について詳しく述べることにする．磁性流体の作製における大きなステップとして，以下の二つがあげられる．第一ステップは酸化物粒子の合成であり，第二ステップはその分散媒調製である．

マグネタイト粒子の合成においてはさまざまな方法があ

るが，ここでは一般に用いられる共沈法を紹介する．この方法では，まず塩化鉄（II）水和物を溶解し 1 mol L^{-1} とした鉄塩溶液 500 mL と，塩化鉄（III）水和物を溶解し 2 mol L^{-1} とした鉄塩溶液 500 mL を混合する．これを 1 L の 6N NaOH に一度に加え，激しく撹拌しながらさらに NaOH で pH を 11.5±0.5 に調整することによりマグネタイト微粒子が得られる．このときの生成反応式は，以下のとおりである．

$$FeCl_2 + FeCl_3 + 8NaOH \longrightarrow Fe_3O_4 + 8NaCl + 4H_2O$$
(3.6.14)

また，鉄塩溶液および NaOH の温度条件を変えることで生成粒子径を制御可能である．続いて，1N H$_2$SO$_4$ を加え pH をマグネタイトの等電点である 6.5 に調整し，蒸留水で数回洗浄すると磁性流体作製に適したマグネタイト粒子が得られる．

(2) **界面活性剤吸着による立体障害をベースとした酸化物粒子の分散**：界面活性剤を吸着させた粒子の調製は，以下の手順で行う．共沈法で得られたマグネタイトの懸濁液に対し，単分子層形成に十分な量の不飽和脂肪酸塩基性塩，たとえばオレイン酸ナトリウム（マグネタイト質量の 30％）を添加して，粒子表面に脂肪酸イオンを単分子以上吸着させた後，酸の添加により pH を 5～7 の酸性条件として粒子を凝集させ，この沈殿物を濾過，洗浄し分散質を得る．この分散質粒子を用いた磁性流体の作製手順は，用いる分散媒の極性によって異なる．有機相分散法においては，上記で得られた分散質を脱水して（60℃で 48 時間乾燥）油類に分散させ，磁性流体を得る．一方，極性溶媒である水に分散した磁性流体を調製する場合は，あらかじめ上記の方法で単分子被覆した疎水性磁性粒子を作製した後，水中で別の水溶性界面活性剤を加える．

(3) **電気二重層相互作用をベースとした酸化物粒子の分散**：電気二重層相互作用をベースとした磁性流体中の粒子は，界面活性剤が存在しなくとも，各微粒子がつねに同じ表面電荷をもつことによって，電気的な斥力を得て分散する．マグネタイトは，水溶液中においては表面電位がゼロとなる pH（pzc）が 6.5 付近にあり，これよりアルカリ領域では負に，酸性領域では正に荷電する．各領域で粒子表面電荷を中和するために界面近傍には表面と反対符号のイオンが分布するが，このイオン表面水和量と化学的作用力が非常に小さければ，そのふるまいは電気的な作用のみで決められ，結果的に界面での電位が表面電位に近くなる．したがって，電気的な反発エネルギー U_R は大きくなる．Massart らの方法では，アルカリ性，酸性および中性領域での粒子の分散系を得るために，電位決定イオンとして水酸化テトラメチルアミン［N(CH$_3$)$_4$OH］，過塩素酸［HClO$_4$］およびクエン酸をそれぞれ用いる．たとえば，アルカリ領域でのマグネタイト粒子の分散系の調製では，まずマグネタイト粒子を純水懸濁し，これに水酸化テトラメチルアミンを加える．そのとき OH$^-$ が電位決定イオンとして表面に吸着し，N(CH$_3$)$_4$$^+$ が反対符号のイオンとして配位し安定な分散系が得られる．実際に粒子の分散系を作製するときには，合成されたマグネタイト粒子を酸性条件下に置いて粒子表面を正に帯電させ，磁性流体化するさいに阻害因子となる陽イオン（Na$^+$）の除去を容易にするため，さらに 0.1 mol L^{-1} H$_2$SO$_4$ 水溶液でデカンテーションを行う．次に 15％ TMAOH 水溶液を加え，再び pH を 6.5 に調整してデカンテーションを行った後，吸引濾過を行い，含水量約 70％のマグネタイトのケーキを得る．これに所定量の TMAOH を加えて遠心分離により凝集物を除去し，アルカリ領域での磁性流体を得る．同様なプロセスで酸性領域での粒子の分散系も得ることができる．なお，クエン酸塩を，電位決定イオンとした場合，電気的な反発力の他クエン酸分子吸着による立体障害力も加わり，より安定な粒子分散系が得られる．

(ii) **金属磁性流体** 酸化物粒子と比較して飽和磁化が大きい強磁性金属，合金ナノ粒子を分散質として用いることや分散媒として熱伝導性および電気伝導性の高いものを用いることが考えられ，磁性流体発明の翌年からさまざまな磁性流体，とくに金属ナノ粒子を分散した金属磁性流体が報告され[32~34]，1980 年代半ばには際立った進展が見られるようになった．とくに日本では，中谷や若山らにより数多くの報告がなされたが[35~37]，磁性流体という形で姿を見せたのは，中谷らによって開発された窒化鉄磁性流体である[38]．

しかし，この窒化鉄磁性流体には，酸化雰囲気中で不安定性であるという大きな問題があった．その克服のため，金属酸化防止技術の進歩が切望されたが，しばらく大きな進展は見られなかった．しかし，2002 年頃からドイツの Bönnemann らは，金属カルボニルをテトラヒドロナフタリン中で熱分解する手法を用いて金属磁性粒子合成に取り組んでおり[39]，2005 年には安定性に優れた鉄および鉄-コバルトナノ粒子を分散させた磁性流体の合成に成功したと報告している[40]．

(1) **窒化鉄磁性流体**：純鉄に比べて化学的安定度が高く，酸化鉄と比して飽和磁化の大きな相が多い窒化鉄は，応用磁気，とくに比表面積の大きなナノ粒子の分野で多くの研究者の興味を引く材料である．ただし，きわめて大きな結合エネルギーを有する窒素分子を直接鉄と反応させることは困難なため，アンモニア窒化法やプラズマ化学的な手法に基づく作製法の研究が進められてきた．ここでは，磁性流体としては際立った飽和磁化の大きさと初透磁率の高さで注目を集めた気相-液相反応による窒化鉄磁性流体の合成法[38]を紹介する．

この方法では，まず，Fe(CO)$_5$ と界面活性剤を溶かしたケロシン溶液に，NH$_3$/N$_2$ 混合気体を吹き込み 90℃まで昇温し，前駆体の鉄アンミンカルボニル化合物を形成する．そして，この前駆体を 185℃まで加熱すると，今度は熱分解を起こし ε 相の窒化鉄 ε-Fe$_3$N が生成される．このとき，溶液中に適切な量の界面活性剤が存在すると粒成長や粒同士の合体が抑制され，吸着した界面活性剤分子で互

いに隔てられ，よく分散した均一な窒化鉄ナノ粒子を得ることができる．中谷らの最初の研究[41]では，粒径を6 nmから10 nmまで1 nmの精度で制御できることが報告されている．また，この手法では生成物に最初から窒素原子が含まれるため，粒子形成後に窒素原子を拡散侵入させる場合と比べて均一な窒素濃度のナノ粒子を得ることができる．こうして得られた窒化鉄磁性流体は，流体あたり2000 Gを超える飽和磁化と100を超える初透磁率をもち，かつ安定に分散する[22,41]．この理由としては，窒化鉄の飽和磁化の高さに加えて，この合成法では一般に分散安定性を損なうよう作用する粒径の不均一性[42]や粒子形状の異方性[43]を抑制できることがあげられる．

（2） 鉄-コバルト合金磁性流体： 鉄磁性流体の基本的な作製手順は，以下のようなものである．$Al(C_8H_{17})_3$ （25.52 mmol L^{-1}）を500 mLのテトラヒドロナフタリン中に溶解した溶液中に255.2 mmol L^{-1}の金属カルボニルを導入し，アルゴン雰囲気中で撹拌しながら緩やかに263 Kまで加熱し一時間放置した後，313 Kまで10℃ min^{-1}の速度で加熱してその温度で5時間放置し，$Al(C_8H_{17})_3$で表面が被覆された鉄粒子を得る（図3.6.8）．これをさらに室温まで冷却し16時間撹拌した後，生成物が沈殿するまで2時間静置する．その後，酸素を3.5％含むアルゴンガスを3時間パージしてから2時間静置し，得られた沈殿をトルエンで洗浄して鉄粒子のトルエン懸濁液を得る．その直後に界面活性剤としてアナカーディム・オシデンタールあるいはコランチン，溶媒としてケロシンあるいはトルエンを用いて磁性流体を調製する．

$$Co_2(CO)_8 + Fe(CO)_5 \xrightarrow{(C_{10}H_{12}, \Delta, Al(C_8H_{17})_3)}_{(O_2, 界面活性剤, 溶媒)} Fe\text{-}Co\ 磁性流体$$

(3.6.15)

鉄-コバルト磁性流体作製の場合は，共還元を目的とし

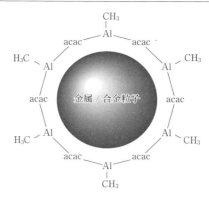

図3.6.8 熱分解法を用いて合成された$Al(C_8H_{17})_3$で被覆された金属および合金粒子
[H. Bönneman, V. Caps, et al., Appl. Organomet. Chem., 19, 790 (2005)]

た鉄-コバルトカルボニル前駆体の調製以外は上記の鉄磁性流体作製と同様である．鉄-コバルトカルボニル前駆体は，255.2 mmol L^{-1}の鉄カルボニルと63.8 mmol L^{-1}のコバルトカルボニル中に500 mLのテトラヒドロナフタリンを添加し，アルゴン雰囲気中室温で3日間撹拌することにより得る．合成手順の詳細についてはBönnemannらによって報告された論文を参照されたい[40]．

（iii） その他の磁性流体　この項では，金属酸化物および金属磁性流体の作製について述べたが，各磁性流体の物性について表3.6.1にまとめて示す[31,33]．このほかにも感温性磁性流体など磁性体の性質を生かしたものや，分散媒の性質を生かしてさまざまな応用に対応できる磁性流体が開発されている[44~46]．

d． おわりに

現在，工学分野に加えて医学分野でも磁性流体の利用が検討され始めている．両分野での応用において共通してい

表3.6.1 磁性流体の物性

磁性流体	外観	飽和磁化/G(25℃)	粘度/mPa s	分散媒	用途
W-35	黒色液体	360	30(25℃)	水	比重選別
HC-50	黒褐色液状	420	30(25℃)	ケロシン	比重選別
DEA-40	黒色液体	400	400(25℃)	ジエステル	シール，ダンパ，軸受
NS-35	黒色液体	350	900(25℃)	アルキルナフタリン	真空シール，ダンパ，軸受
PX-10	黒色液体	100	1000(25℃)	鉱油	ダンパ
CFF 200 A	艶のある黒~黒褐色液状	250	300(27℃)	エステル	導電性防塵，シール
VSG 600 シリーズ	艶のある黒~黒褐色液状	200~600	110~2100(27℃)	エステルと炭化水素	真空シール
APG 800, 900 REN シリーズ	艶のある黒~黒褐色液状	100~350	100~6000(27℃)	ポリ-α-オレフィン	スピーカー
P シリーズ	艶のある黒~黒褐色液状	≤100	≤5(27℃)	水または炭化水素溶剤	磁気パターン，観察
Fe_3N [1]	黒色液体	1700~2400		ケロシン	シール，ダンパ，スピーカー
Fe-Co [2]		約840		ケロシン	シール，軸受，スピーカー

1) 中谷 功, 古林 夫, 窒化金属磁性流体, 公開特許公報, 許公平6-204026 (1994).
2) H. Bönneman, V. Caps, et al., Appl. Organomet. Chem., 19, 790 (2005).

えるのは，磁性流体中の磁性粒子の磁気的性質がそれの物性を左右していることである．したがって，新規応用分野への拡大においては磁気分散質の特性向上が必要不可欠である．こうした点で，ここで解説したような，近年における単分散酸化物磁性ナノ粒子や磁性金属や合金ナノ粒子の合成技術開発の大きな進歩は，今後の磁性流体の利用，とくに医療分野への応用として著しい発展の基礎となると考えられる．

文献

1) S. S. Papell, Low viscosity magnetic fluid obtained by the colloidal suspension of magnetic particles, US Patent No. 3, 215 (1965).
2) T. Sato, S. Higuchi, J. Shimoiizaka, 19th Annual meeting of the Chemical Society of Japan, p. 293 (1966).
3) 下飯坂潤三，水を分散媒とした磁性流体の製造法，公開特許公報，許公昭 53-17118 (1976).
4) 下飯坂潤三，油類を分散媒とした磁性流体の製造法，特許公報，許開昭 51-44580 (1976).
5) I. Nakatani, personal communication.
6) B. Jeyadevan, K. Nakatsuka, *J. Magn. Magn. Mater.*, **149**, 60 (1995).
7) B. Huke, M. Lücke, *Rep. Prog. Phys.*, **67**, 1731 (2004).
8) R. E. Rosensweig, J. N. Nester, R. S. Timmins, *A. I. Ch. E.-I. Chem. E. Symposium Series*, **5**, 104 (1965).
9) J. P McTaque, *J. Chem. Phys.*, **51**, (1969).
10) S. Odenbach, T. Rylewicz, M. Heyen, *J. Magn. Magn. Mater.*, **201**, 155 (1999).
11) S. Odenbach, K. Raj, *Magnetohydrodynamics*, **36**, 379 (2000).
12) R. De Palma, S. Peeters, M. J. Van Bael, H. Van den Rul, K. Bonroy, W. Laureyn, J. Mullens, G. Borghs, G. Maes, *Chem. Mater.*, **19**, 1821 (2007).
13) J. R. Thomas, *J. Appl. Phys.*, **37**, 2914 (1966).
14) C. F. Hayes, *J. Colloid Interface Sci.*, **52**, 239 (1975).
15) R. W. Chantrell, A. Bradbury, J. Popplewell, S. Charles, *J. Appl. Phys.*, **53**, 2742 (1982).
16) A. Satoh, R. W. Chantrell, S. Kamiyama, *J. Colloid Interface Sci.*, **17**, 620 (1996).
17) M. Aoshima, A. Satoh, *Model. Simul. Mater. Sci. Eng.*, **16**, 015004 (2008).
18) G. Ganzenmüller, G. N. Patey, P. J. Camp, *Mol. Phys.*, **107**, 403 (2009).
19) A. Satoh, Y. Sakuda, *Mol. Phys.*, **108**, 2105 (2010).
20) K. Sano, M. Doi, *J. Phys. Soc. Jpn.*, **52**, 2810 (1983).
21) D. Wei, G. N. Patey, *Phys. Rev. Lett.*, **68**, 2043 (1992).
22) H. Mamiya, I. Nakatani, T. Furubayashi, *Phys. Rev. Lett.*, **84**, 6106 (2000).
23) P. G. de Gennes, P. A. Pincus, *Phys. Kondens. Materie*, **11**, 89 (1970).
24) P. C. Jordan, *Mol. Phys.*, **25**, 961 (1973).
25) S. Taketomi, *Jpn. J. Appl. Phys.*, **22**, 1137 (1983).
26) S. Taketomi, M. Ukita, M. Mizukami, H. Miyajima, S. Chikazumi, *J. Phys. Soc. Jpn.*, **56**, 3362 (1987).
27) R. E. Rosensweig, "Ferrohydrodynamics", Cambridge Univ. Press (1985).
28) E. Dubois, PhD. Thesis, Universite Pierre et Marie Curie, Paris 6 (1998).
29) J. N. Israelachvili, "Intermolecular and Surface Forces", Academic (1991).
30) R. Massart, Magnetic Fluids and Process for Obtaining Them, US Patent No. 4,329,241 (1982).
31) 中塚勝人，磁性流体連合講演会，p. 1 (1993).
32) J. R. Thomas, Dispersion of discrete particles of ferromagnetic metals. US Patent No. 3,228,881 (1966).
33) 津田史郎，還元析出法による金属コバルト微粒子の作成とその分散化，東北大学修士論文 (1985).
34) A. E. Berkowitz, Ferrofluid, US Patent No. 4,381,244 (1983).
35) 中谷 功，増本 剛，磁性流体の製造法，公開特許公報，許公昭 60-162704 (1985)；若山勝彦，原田 択，磁性流体，公開特許公報，特開昭 61-36907 (1986).
36) 中谷 功，古林 夫，金属磁性流体，公開特許公報，許公昭 62-11207 (1987).
37) 若山勝彦，成宮義和，磁性流体，公開特許公報，特開昭 63-164404 (1988).
38) 中谷 功，古林 夫，窒化金属磁性流体，公開特許公報，許公平 6-204026 (1994).
39) H. Bönnemann, W. Brijoux, R. Brinkmann, N. Matoussevitch, N. Waldöfner, DE 102227779.6 Studiengesellschaft Kohle mbH (2002).
40) H. Bönnemann, R. A. Brand, W. Brijoux, H.-W. Hofstadt, M. Frerichs, V. Kempter, W. Maus-Freidrichs, N. Matoussevitch, K. S. Nagabhushana, V. Voights, V. Caps, *Appl. Organomet. Chem.*, **19**, 790 (2005).
41) I. Nakatani, M. Hijikata, K. Ozawa, *J. Magn. Magn. Mater.*, **122**, 10 (1993).
42) A. O. Ivanov, *J. Magn. Magn. Mater.*, **154**, 66 (1996).
43) S. C. McGrother, G. Jackson, *Phys. Rev. Lett.*, **76**, 4183 (1996).
44) 中塚勝人，清水和也，山下直彦，磁性流体連合講演会講演論文集，1991-1，磁性流体連合講演会，25 (1994).
45) 下飯坂潤三，エステル類およびエーテル類を溶媒とする磁性流体の製造法，公開特許公報，許公昭 52-782 (1977).
46) 下飯坂潤三，フルオロカーボンを溶媒とする磁性流体の製造法，公開特許公報，許公昭 52-783 (1977).

3.6.2 医用磁性ビーズ

a. 医用磁性ビーズの原理と特徴

（ⅰ）医用磁性ビーズとは　近年，磁性ビーズを用いた医療技術の開発研究が目覚ましく発展し続けている[1〜13]．その第一の理由は，磁性ビーズの特長と機能性を活用することによって，ほかの"磁気を利用しない"先端技術では達成できない独自な診断・治療技術の開発が可能になるからである．

図 3.6.9 に示すように磁性ビーズは，その寸法を生体分子のナノメートルサイズから細胞や細菌などのミクロンサイズに至るまでの広範囲にわたって，応用する目的に合わせて調整することができる．外磁界によって望みの寸法と形状に"自己組織化"する技術も考案されている[14]．

磁性ビーズは，その表面を生理活性分子で被覆して，体

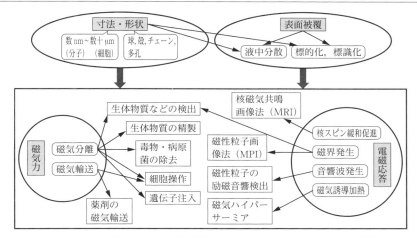

図 3.6.9 医用磁性ビーズの特長と機能およびそれらを活用した多彩な応用技術

液あるいは反応液の中に分散させるとともに，目的に合わせて使用する．たとえば，タンパク質や DNA などの生体物質を，いわゆる"リガンド"として固定することによって（図 3.6.10），"鍵と鍵穴"の関係にたとえられる特異的な反応（抗原・抗体反応，DNA の相補的結合など）を利用して，ビーズを標的物質（ターゲット）に結合させることができる．これを"標的化（ターゲッティング）"，または標的物質から見た場合には"磁気標識化（磁気ラベリング）"といい，さまざまな応用展開への道が開かれる．

次に磁性ビーズは，外部磁界の磁気引力によって望みの場所に運ぶ"磁気輸送"および分散していた液中から分離する"磁気分離"が可能である．これは大きな利点であり，薬剤の磁気輸送（c.(ⅱ)項），生体物質（毒物）や細菌の検出・精製および除去，細胞操作・遺伝子注入などに活用され，高速化，高精度化に寄与している（b.(ⅰ)項）．

さらに，磁性ビーズの磁化が引き起こすさまざまな電磁応答を利用した技術が開発されている．すなわち，

① 常磁性粒子がもつ常磁性スピンによる"核スピン緩和を促進する効果"を利用した磁気共鳴画像法（MRI: magnetic resonance imaging）が実用化され，広く臨床に供されている（b.(ⅱ)項）．

② 磁性ビーズの磁化から発生する磁界を検出することによって（ビーズに特異的に結合された）生体物質を検出する技術が，核酸精製，免疫測定などで実用化されている（b.(ⅰ)項の(1), (2)）．近年，磁性粒子に交流磁界を印加して発生する磁界を GMR やホール素子で検出する手法が開発されている（b.(ⅲ)項）．さらに，体内に注入した磁性ビーズ自体を造影剤として用いる磁性粒子画像法（MPI: magnetic particle imaging）が開発され，MRI の限界を超える可能性をもった技術として注目されている[15]．MPI は，巧みなバイアス磁界操作と超常磁性ビーズの非線形磁気特性を利用した磁気工学的に大変興味深い技術である．

③ 磁性粒子に交流磁界を印加して発生する音波を検出することによって，磁性粒子を検出する"磁性粒子の励磁音響検出"技術が提案されている（b.(ⅴ)項）．

④ 磁性ビーズに交流磁界を印加して発熱させて，がん細胞を選択的に殺す"磁気ハイパーサーミア"が古くから研究され，現在は臨床実験も行われている（c.(ⅰ)項）．

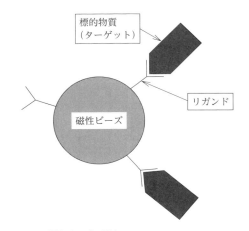

図 3.6.10 磁性ビーズの働き
磁性ビーズを，その表面にリガンドを固定し標的物質（ターゲット）との間の特異的結合を用いて"標的化（ターゲッティング）"または"磁気標識化（磁気ラベリング）"する．

文　献

1) U. Häfeli, W. Schütt, J. Teller, M. Zborowski, eds., "Scientific and Clinical Applications of Magnetic Carriers", Plenum Press (1997).
2) W. Andrä, H. Nowak, eds., "Magnetism in Medicine: A Handbook, 2nd Edition", Wiley-VCH (1998).
3) Q. A. Pankhurst1, J. Connolly, et al., *J. Phys. D : Appl. Phys.*, **36**, R167 (2003).
4) P. Tartaj1, M. P. Morales1, S. Veintemillas-Verdaguer, T. González-Carreño, C. J. Serna, *J. Phys. D : Appl. Phys.*, **36**,

5) C. C. Berry, A. S. G. Curtis, *J. Phys. D : Appl. Phys.*, **36**, R198 (2003).
6) Q. A. Pankhurst1, N. K. T. Thanh, *et al.*, *J. Phys. D : Appl. Phys.*, **42**, 224001 (2009).
7) A. G. Roca, R. Costo, A. F. Rebolledo, S. Veintemillas-Verdaguer, P. Tartaj, T. González-Carreño, M. P. Morales, et al., *J. Phys. D : Appl. Phys.*, **42**, 224002 (2009).
8) C. C. Berry, *J. Phys. D : Appl. Phys.*, **42**, 224003 (2009).
9) I. Safarik, M. Safarikova, *Chem. Pap.*, **63**, 497 (2009).
10) J. Gao, H, Gu, B. Xu, *Acc. Chem. Res.*, **42**, 1097 (2009).
11) K. Sobha1, K. Surendranath, *et al.*, *Mol. Biol. Rev.*, **5**, 1 (2010).
12) 半田 宏, 阿部正紀, 野田紘憙 監修, "磁性ビーズのバイオ・環境技術への応用", シーエムシー出版 (2006).
13) 中川 貴, 阿部正紀, 臨床検査, **50**, 1385 (2006).
14) Y. Morimoto, M. Abe, A. Sandhu, *et al.*, *IEEE Trans. Magn.*, **45**, 2871 (2009).
15) J. Weizenecker, B. Gleich, J. Rahmer, *et al.*, *Phys. Med. Biol.*, **54**, L1 (2009).

（ii） 各種の医用磁性ビーズ

（1） 磁性ビーズの種類： 磁性ビーズは大きさで分類すると，ミクロンサイズからナノサイズまで多種多様な磁性ビーズが開発されているが，ミクロンサイズのビーズもナノ粒子の凝集体であることが多い．ミクロンサイズのビーズの特徴は，一粒子あたりの磁化が強いため，容易に磁気捕集できることにある．また，粒子径をそろえる既存の技術を利用できるため，ビーズごとの磁化も比較的そろっており，磁化を測定することで定量分析が可能である．しかし，ミクロン球は，ナノサイズのビーズに比べて単位体積あたりの表面積，すなわち比表面積が小さいため，単位質量あたりに換算するとビーズの表面に結合させることのできる生理活性物質の数が少なくなる．また，溶液中に分散させても短時間で沈降してしまうという問題点もある．単位質量あたりに結合させることのできる生理活性物質の数は，理論的には粒子の直径に反比例して多くなる．したがって，ビーズの粒子径を小さくし，表面にプローブとなる生理活性物質をより多く結合させると，標的（ターゲット）物質を検出する感度と精度が向上する．また，溶液中で長時間にわたって分散性を保持できることから生体内での循環性を向上させられる[1]．

さらに，正常組織に比べ血管の透過性が著しく進んでいる腫瘍組織では高分子や微粒子が流出しやすくなるEPR効果（enhanced permeation and retention effect）によって，ナノサイズ粒子をがん細胞に特異的に集めることができる[2]．このため，近年の磁気ビーズに関する研究はそのほとんどがナノ粒子を対象としている．ところが，ナノサイズの磁性ビーズは一粒子あたりの磁化が弱くなるので，外部磁界との相互作用が弱くなってしまう．したがって，医用に開発が進められている磁性ナノビーズは，強磁性に限らず超常磁性でも，できるだけ大きな磁化をもつことが望まれている．

① スピネルフェライト系ビーズ： 医用磁性ビーズのほとんどはマグネタイト（Fe_3O_4）またはマグヘマイト（$\gamma\text{-}Fe_2O_3$）あるいはそれらの中間体である（これらを総称してFeスピネルフェライトとよぶ）．その理由として，Feスピネルフェライトは，(1) 原材料が安価，(2) 大量合成が可能，(3) サイズコントロールが可能，(4) 粒径分布の狭い粒子の合成が可能，(5) 化学的に安定，(6) 磁化が比較的大きい，などがあげられる．また，実際に薬事法の承認を受け臨床応用されている唯一の磁性ビーズは，カルボキシデキストランで表面を被覆したFe系スピネルナノ粒子（リゾビスト® など：MRIの造影剤）である．このビーズを用いれば薬事法の制約が少なく，臨床応用が早いと認識されていることもFe系スピネルフェライトビーズに関する研究が多い理由に数えられる．現在，基礎研究や応用研究で使用されているFeスピネルフェライトの粒子径は，数nmから200 nm程度のものが多い[3]．

磁性ナノビーズは，合成したままで水溶液中に分散させると磁気力で結合し，凝集体を形成するのですぐに沈降してしまう．また，フェライトの微粒子の表面は一般に生理活性物質との親和性が高く，ほとんどの物質を吸着する．これは非特異吸着とよばれ，診断・分析・スクリーニングにおいて感度，分解能，分離能を低下させる．このため，バイオメディカル応用を目指した磁性粒子は，その表面を何らかの方法で改質している[4]．たとえば，静電荷による粒子同士の反発や高分子による表面被覆により，粒子間の実効的な距離を増大させて立体的な障害をつくり凝集を防いでいる．また，非特異的吸着の小さい被覆材料を選ぶことで，標的物質のみを効率よく捕捉する役割ももたせている．

磁化を強くすることを目的として，Fe系スピネルフェライトにCo, Mn, Ni, Znなどの第三元素を添加する試みも多くなされている[5,6]．しかし，バルク体では磁化が強い多元系スピネルであっても，Fe系スピネルナノ粒子を上回る磁化をもつナノ粒子を得たという報告は見受けられない．

② 金属系ビーズ： CoやFe金属あるいはその合金の体積あたりの磁化は，スピネル系磁性材料に比べ数倍強いことに着目して，バイオメディカル分野へ応用する試みもある[7,8]．しかし，CoやFeのナノ粒子はきわめて酸化しやすく，磁化を維持するためには粒子表面を完全に高分子などで被覆し，水や酸素と接触しないようにする必要がある[9]．この被覆は，金属ナノ粒子は一般に生体毒性が高く，その表面がむき出しにならないようにする意味もある．

これらの金属に対して，FePt系金属は水溶液中での安定性に優れ，磁化も大きいことから，近年積極的にバイオメディカル応用が研究されている[10,11]．オレイン酸被覆で表面を改質し，それを足場に機能性分子を結合させる技術も提唱されている．また，FePt粒子表面が抗がん作用をもつとされており，それを利用するためにナノポーラスシェル層をコートした粒子の研究も行われている[12]．

（2） 市販の磁性ビーズとその特徴： ノルウェーのJ.

Ugelstad らが世界で初めて一定の大きさの磁性ビーズ（球状ポリスチレンビーズ）の簡便な作製に成功してから，わずか 6 年後の 1982 年には磁性ビーズが商品化されている．これ以降，多くの売医薬品メーカー，化学メーカー，食品メーカーなどが，さまざまな商品名，平均粒径，密度，磁化量，構成の磁気ビーズを市販し，バイオメディカル関連のさまざまな分野で利用されている．

市販品磁性ビーズの磁性材料には価格，化学的安定性，生体への低毒性の観点から材料としては Fe フェライト粒子（Fe_3O_4 あるいは γ-Fe_2O_3）が用いられるが，そのサイズは磁気凝集を避けるために 10 nm 径以下の超常磁性状態のものである場合がほとんどである．これらを永久磁石の磁界程度（～1 kOe）によって磁化し，溶液中の粘性抵抗に勝って磁性ビーズを磁気回収するのに十分な磁気量とするには，ビーズそのものの体積をある程度大きくする必要がある．このため 2000 年頃まで市販品の磁性ビーズのサイズはほとんどが 3 μm 以上のものであった．

しかし，① 粒子サイズを小さくして比表面積を増してターゲット物質の検出感度・精度を高める必要が生じてきた，② ターゲットとなる生理活性物質と比べて大きすぎないビーズに対する需要が高まってきた，などの理由により，約一桁小さい数百 nm 径のフェライト系磁性ビーズが市販されるようになってきている．市販されている磁気ビーズのうち，平均粒径が 300 nm 未満の代表例を表 3.6.2 に，平均直径が 1 μm 以上の代表例を表 3.6.3 に列挙した．

表 3.6.2 市販されているフェライト系医用磁性ビーズの代表例（平均粒径 ≦ 300 nm）

製品名	平均粒径	密度	磁化	構成	特長，その他
リゾビスト® (USPIO)	18 nm			カルボキシデキストランなどで被覆	MRI 造影剤としての臨床用．
リゾビスト® (SPIO)	25～65 nm			カルボキシデキストランなどで被覆	MRI 造影剤としての臨床用．
nanomag®-D-spio	20, 50, 100 nm	2.5～3.0 g cm^{-3}	54, 56, 58 emu g^{-1} (at 1 kOe)	超常磁性デキストラン粒子	生分解性ポリマーで被覆されている．MRI などで生体分子や細胞の磁気ラベル用．
PEI particles-M	70, 150, 250 nm	2.5	マグネタイト 75～80%	ポリエチレンイミン	マグネタイトがコア，ポリエチレンがシェル．
Therma-Max®	100 nm			熱応答性高分子	表面にコートされた熱応答性高分子による凝集により高速磁気回収が可能
PLA-particle-MF	250 nm～	1.3 g cm^{-3}	13.7 emu cm^{-3} (at 1 kOe)	ポリ乳酸（分子量 17 000 D）中に 30% Fe_3O_4 含有 蛍光磁性粒子	ドラッグデリバリー，ドラッグターゲッティングの開発用で，ビーズの半減期はポリマーの分子量が多いほど長い．磁性と蛍光特性を併せ持つ．
Estapor®	300 nm～2 μm	～1.6	フェライト 10～50% 程度	磁性マイクロスフィアポリマー中にフェライト粒子が分散	カプセル加工を施した，磁性のコア/シェル型粒子である．磁力に対する速応性，コロイド安定性，分離後の再生速度に優れている．

表 3.6.3 市販されているフェライト系医用磁性ビーズの代表例（1 μm ≦ 平均粒径 ≦ 以上 3 μm）

製品名	平均粒径 μm	密度 g cm^{-3}	磁化	構成	特長，その他
Dynabeads Myone	1		～26 emu cm^{-3} (at 1 kOe)	ポリスチレン中に 37% γ-Fe_2O_3 含有	分散性が高く，核酸，タンパク質の分離に適す．
BioMag®	1.0, 1.6		150～200 emu cm^{-3} (at 1 kOe)	Fe_3O_4 微粒子のみ	基礎研究ほかの in vitro 用．表面を凹凸にして表面積を大きくしている．
Magna Bind™	1～4	2	25～35 emu g^{-1}	超常磁性	Streptavidin, Protain A, Protain G, Mouse IgG, Rabbit IgG などが付いたものがある．
sicastar®-M	1.5	2.5	6 emu g^{-1}	シリカ	単一分散性が確保されている．
Albumin particles-M	2	1.2	10.3 emu cm^{-3} (at 1 kOe)	アルブミン中に 30% Fe_3O_4 含有	基礎研究ほかの in vitro 用．
Dynabeads M280	2.8	1.3	～12 emu cm^{-3} (at 1 kOe)	ポリスチレン中に 17% γ-Fe_2O_3 含有	基礎研究ほかの in vitro 用．表面が親水性ポリマーでコート．各種微生物の単離濃縮あるいは迅速検出するための抗体結合用ビーズ．
micromer®-M	3～12	1.2	3 emu cm^{-3} (at 1 kOe)	ポリスチレン共重合ポリマー中に 3% Fe_3O_4 含有	基礎研究ほかの in vitro 用．

これらの商品化された磁性ビーズでは，ナノメートルサイズの常磁性フェライト粒子をポリスチレン，シリカ，デキストラン，アガロース，アルブミンなどに抱埋することによって，凝集を起こさないようにしている．つまり，外部磁界が存在する場合は磁化による磁気回収を可能とするが，磁界が取り除かれた場合には残留磁化をゼロあるいはわずかにあったとしてもこれら Fe 系フェライト粒子を分散させるマトリックス材料が立体障害として働くことにより，凝集を防ぎ分散させている．

これらのビーズの表面に，① アミノ基（NH_2），カルボキシル基（COOH），スルフォン基（SO_3H），ヒドロキシル基（OH）などの反応性の高い官能基，② アビジン，ストレプトアビジ，アルブミン（BSA），プロテインなどの生物高分子，③ Au（金）[13]，Ag（銀），Pd（パラジウム）などの化学結合に寄与する金属を結合させることで，特定の生理活性分子のみを固定化させたり，機能的な反応場の形成を行っている．このような磁性ビーズの表面修飾については，ビーズメーカー各社によって，使用目的に応じて種々工夫がなされている[14]．また，マーカーとして赤色や緑色の蛍光特性をもたせて磁気と蛍光のマルチ検出を可能にしているものもある．これらのビーズを高速で効率よく磁気回収することも重要である．磁性粒子表面を熱応答性高分子で被覆し，分散させる温度よりもわずかに高い温度（温度差 10 K 未満）にするだけでビーズ間の凝集を起こさせて，磁気回収を容易にしたビーズも市販されている．

上記の市販品磁性ビーズは研究開発用途のものがほとんどではあるが，上述した MRI 造影剤リゾビスト®（SPIO：super paramagnetic iron oxide, USPIO：ultra small super paramagnetic iron oxide）や食中毒などを引き起こす病原性大腸菌である O-157/O-26/O-111 などの特定の細菌を集菌するための磁気ビーズなどがすでに臨床応用に供されているものもある．さらに，近々の開発が必須とされる DNA 超高速解析において，m-RNA の単離に要する時間を 15 分程度まで短縮することが期待されるビーズの商品化も行われている．

磁性ビーズは，① サイズの減少，② 構成材料の複合化による多機能化，③ 表面の官能基の種類増加など，その姿形を変えながらも，今後ますますバイオメディカル分野に不可欠なツールになっていくものと思われる．

文　献

1) S. M. Moghimi, *et al., Pharmacol. Rev.*, **53**, 283 (2001).
2) Y. Matsumura, H. Maeda, *Cancer Res.*, **46**, 6387 (1986).
3) T. Tanaka, R. Shimazu, H. Nagai, M. Tada, T. Nakagawa, A. Sandhu, H. Handa, M. Abe, *J. Magn. Magn. Mater.*, **321**, 1417 (2009).
4) J. Chomoucka, J. Drbohlavova, D. Huska, V. Adam, R. Kizek, J. Hubalek, *Pharmacol. Res.*, **62**, 144 (2010).
5) Y. Ichiyanagi, *et al., J. Therm Anal Calorim*, **99**, 83 (2010).
6) S. Bae, *et al., IEEE Trans. Nanotech.*, **8**, 86 (2009).
7) K. J. Carroll, *et al., J. Appl. Phys.*, **107**, 09A303 (2010).
8) S. K. Pal, D. Bahadur, *Mater. Lett.*, **64**, 1127 (2010).
9) M. Maeda, *et al., J. Appl. Phys.*, **99**, 08H103 (2006).
10) Y. Kitamoto, J. S. He, *Electrochem. Acta*, **54**, 5969 (2009).
11) Y. Tanaka, S. Maenosono, *J. Magn. Magn. Mater.*, **320**, L121 (2010).
12) J. Gao, H. Gu, B. Xu, *Acc. Chem. Res.*, **42-8**, 1097 (2009).
13) T. Kinoshita, S. Seino, Y. Otome, Y. Mizukoshi, T. Nakagawa, T. Nakayama, T. Sekino, K. Niihara, T. A. Yamamoto, *Mat. Res. Soc. Symp. Proc.*, **877E**, S6.30. 1 (2005).
14) たとえば，C. Grüttner, *et al., J. Magn. Magn. Mater.*, **225**, 1 (2001).

（3）**ナノ磁性カプセル**：ここでは，フェライトをウイルス外殻タンパク質被覆したものを，ナノ磁性カプセルと定義する．DDS (drug delivery system) では，薬剤キャリアを患者の目的箇所のみに送達することにより，微量薬剤で効率的な薬効を導き出すことができる．これにより副作用が大幅に低減されることが期待できる．したがって，薬剤キャリアとして以下に示す特徴を有したナノカプセルの開発を行うことで，有用な薬剤キャリアを作製することができる．① 表面改変による細胞指向性（体内の目的箇所に送達可能）の獲得，② 目的箇所で速やかに分解し毒性がほとんどない（生分解性で安全設計）性状，③ 中空（カプセル形状）特性による生理活性物質やフェライト内包能力，④ 試験管内における人為的操作により形状調節可能，併せて不純物混入がほとんどないナノカプセルの開発が望まれている．

この目的を達成するための最適素材の一つとして Simian Virus 40 の主要外殻タンパク質 VP1 (viral protein 1) があげられる．VP1 は非病原性であり高度な自己集積化能を有する．そのため試験管内で高度に精製した VP1 を操作することで，中空のナノサイズカプセルを人為的に形成させることが可能である．また，遺伝子工学的あるいは化学的に表面改変が可能であり，体内の目的箇所へのアクティブターゲティングを実現する有用材料でもある．

昆虫細胞内で高発現させた VP1 を大量精製し，これに試験管内で還元剤とカルシウムキレート剤を加えることで，ウイルス粒子殻を構成している最小単位である VP1 五量体が形成される．これを構成要素としたナノカプセルにフェライトを内包したナノ磁性カプセルを作製することができる（図 3.6.11）．

粒子径 28 nm のフェライトを内包したナノ磁性カプセルの表面に化学的修飾により上皮細胞成長因子（EGF）を導入し，得られたカプセルをあらかじめ EGF 受容体過剰発現株である A431 細胞と低発現株である WiDr を移植したヌードマウス尾静脈より注入し，7T-MRI により移植細胞株付近を撮像した．その結果，投与 2 時間後 A431 側にフェライトの蓄積による信号変化が観察され，フェライト内包ナノカプセル表面の EGF による A431 への指向性が確認された（図 3.6.11）．この結果により，このナノ

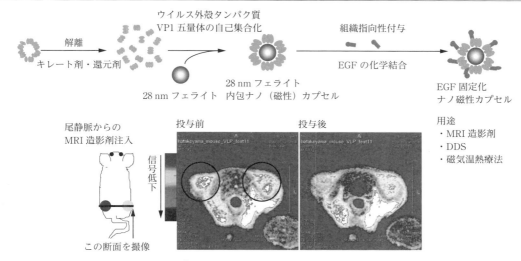

図 3.6.11 ナノ磁性カプセルを用いた MRI による EGFR 高発現がん細胞の選択的検出

カプセルは目的箇所へのアクティブターゲティングを実現する有用な材料としての可能性が示唆された．

文　献

・M. Hatakeyama, *et al.*, *J. Magn. Magn. Mater.*, **321**, 1364 (2009).

（4）**磁性リポソーム：** リポソームとは，細胞膜や小胞体膜などを構成するリン脂質の両親媒性分子から形成される水相を内包した球状の二重分子膜集合体で，生体親和性が高く，とくに細胞との融和性に優れている．ミリメートルオーダーから十数ナノメールまでさまざまなサイズのリポソームを合成することができる．リポソーム内部にさまざまな物質を内包させることができるので，医療，化粧品，サプリメントなどの分野で生活性物質を運搬するキャリアとして応用されている．磁性リポソームは，磁性微粒子をリポソームに結合させ，磁気操作や磁気応答などの機能を付与している．報告されている磁性リポソームの多くは，図 3.6.12 に示すようにマグネタイトナノ粒子を内包した状態であり，直径数十～数百ナノメートル程度の大きさのものがよく使用される[1]．マグネタイト内包リポソームの合成法については文献[2]に詳しい記載がある．

マグネタイト内包リポソームは，その外膜に機能性生活性物質を結合させることができるので，ターゲッティングによって体内の特定の部位にマグネタイトを運搬したり，細胞内に導入することができる．また，マグネタイトナノ粒子の機能により，磁場で誘導したり，結合させた細胞に力を加えたり，交流磁場中で発熱させることが可能である．これらの機能により，薬剤キャリア[3]，磁気ラベリング[4]，細胞操作・人工臓器[5,6]，磁気ハイパーサーミア[7]などへの応用が期待されている．

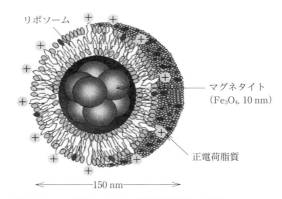

図 3.6.12 マグネタイトナノ粒子を内包したリポソーム
[A. Ito, T. Kobayashi, *et al.*, *J. Biosci. Bioeng.*, **100**, 1 (2005)]

文　献

1) A. Ito, M. Shinkai, H. Honda, T. Kobayashi, *J. Biosci. Bioeng.*, **100**, 1 (2005).
2) M. De Cuyper, S. J. H. Soenen, "Liposomes: Methods in Molecular Biology Vol. 605" (V. Weissig, ed.), Humana Press, pp. 97-111 (2010).
3) A. K. A. Silva, E. L. Silva, A. S. Carrico, E. S. T. Egito, *Current Pharm. Des.*, **13**, 1179 (2007).
4) H. Ito, Y. Nonogaki, R. Kato H. Honda, *J. Biosci. Bioeng.*, **110**, 124 (2010).
5) H. Akiyama, A. Ito, Y. Kawabe, M. Kamihira, *Biomed. Microdevices*, **11**, 713 (2009).
6) A. Ito, *et al.*, *Tissue Eng.*, **11**, 1553 (2005).
7) M. Yoshida, *et al.*, *Int. J. Cancer*, **126**, 1955 (2010).

（5）**蛍光磁性ビーズ：** 生体分子間相互作用を高精度でしかも迅速に検出するシステム開発の有用性は高い．た

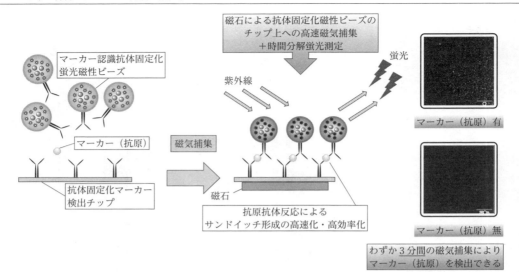

図3.6.13 高機能性蛍光磁性ビーズを用いた基板上での抗原抗体反応によるサンドイッチ形成の高速化・迅速化

とえば,術中のがん転移診断や診察中の体液や生検サンプル,疾患マーカーなどの検査は,その迅速化が強く求められている.

磁性ビーズの高感度検出のためには,蛍光特性を磁性ビーズに付与した高機能性微粒子の開発が一例としてあげることができる.これにあたっては,磁性ビーズのポリマーがある条件下で膨潤あるいは収縮するという知見があり,これを有効利用することでポリマー層に蛍光分子であるユーロピウム錯体を封入させることで,蛍光と磁性の両特性を併せ持つ微粒子が創出される.すなわち,紫外線照射により蛍光を発し,しかも磁気回収可能な微粒子が現実のものとなった[1].得られたビーズは1個あたり10^5個以上のユーロピウム錯体が内包されており,水溶液中では決して漏えいすることはない.また,多くの蛍光分子に見られる濃度消光も起こることはなく,さらに時間分解蛍光によりバックグラウンドノイズの少ない高感度な定量が可能である.

図3.6.13に示すように,基板上の捕捉抗体とビーズ上の抗体と抗原との3者間での抗原抗体反応によるサンドイッチ法で検出するが,高機能性蛍光磁性ビーズを用いることで,抗原を3〜5分以内に検出できるシステム開発が達成された.これが可能になったのは,PCRやELISAなどで必要とされる増幅反応を行わずに,磁石を用いて蛍光磁性ビーズを検出チップに集積させて特異的な結合反応を迅速化することに成功したからである.このシステムは,病原性微生物や病理診断にも応用可能であり,ほかの疾患などの迅速高感度診断にも広く応用できる.

文　献

1) M. Hatakeyama, *et al.*, *J. Magn. Magn. Mater.*, **321**, 1364 (2009).

b. 磁性ビーズによる診断・実験技術

(i) 生体分子の検出・精製

(1) 核酸精製(献血スクリーニング): 核酸は,デオキシリボ核酸(DNA:deoxyribonucleic acid)およびリボ核酸(RNA:ribonucleic acid)の総称である.遺伝情報の担い手である核酸は,ゲノム解析や遺伝子操作などで用いるために調製される.すなわち,切断することなくその分子量を保ち,異種DNAの混入を防ぐために分離精製する.とくに後述のPCRでは,微量の混入DNAは誤った試料(検体)を提供してしまう[1].核酸の分離精製は,タンパク質,糖質,脂質など核酸以外の生体高分子からの分離,RNAとの分離,DNAの精製という順序[2]で行われる.精製法には,イオン交換および吸着クロマトグラフィー,電気泳動,超遠心分離,ゲル沪過などがある[2].しかし,これらの精製法は,迅速さが必要な自動化には不向きである.そこで,核酸精製・抽出工程に磁性ビーズの特性(3.6.2 a.項の(i)参照)を利用して,多検体同時処理と自動化を行った献血血液スクリーニング[3]への応用例をあげる.工程[4]は次のとおりである.① 検体の血液中の血漿から核酸を遊離,② 検体のウイルス核酸を抽出しビオチン化[5],③ 表面をストレプトアビジンで修飾した磁性ビーズを②に添加,④ DNA,RNAなどの存在を検出するアビジン-ビオチン結合[5,6]により,ウイルス核酸は磁性ビーズに固定化,⑤ 外部磁界を用いて磁性ビーズを回収しウイルス核酸を抽出,⑥ 後述のPCRに供する.②のビオチン化検体を変えれば,別のウイルスを検出できる.

生体が病原体に感染すると免疫反応が起こり,特異的な抗体を産出する.この抗体を検査することによって,生体内に病原体が存在したかどうか,あるいは抗体の種類に

よっては現在も存在しているかどうか知ることができる．しかし，この抗体が検出できる量に達するまでには，一定の期間が必要である．この抗体検査で検出できない感染初期をウインドウ期[7]という．たとえば，C 型肝炎ウイルス（HCV）には約 82 日間[7]のウインドウ期が存在し，この期間に献血された血液を輸血した場合，輸血後，肝炎を発症する可能性がある．この期間を短縮し感染血液を排除するため，高感度に検出するスクリーニング法として核酸増幅検査（NAT：nucleic acid amplification test）[7]が導入された．NAT は，ウイルスの核酸（DNA または RNA）をポリメラーゼ連鎖反応（PCR：polymerase chain reaction）法[8,9]で直接増幅（複製）して検出する．献血検査では，感度が最も重要な要素である．NAT は微量な抗体を増幅して検出するため，高感度かつ検出頻度が高いスクリーニング法である．この結果，HCV では NAT のウインドウ期は 23 日間[7]となった．日本では現在，献血血液に対して HCV のほかに，B 型肝炎ウイルス HBV，エイズウイルス HIV の NAT が義務付けられ[10]，献血血液の安全性を確保している．

文　献

1) 日本生化学会 編，"核酸 I 分離精製"，pp. 13-35，東京化学同人（1991）．
2) 池原森男，"核酸"，pp. 167-173，朝倉書店（1979）．
3) Q. Meng, C. Wong, A. Rangachari, S. Tamatsukuri, M. Sasaki, E. Fiss, L. Cheng, T. Ramankutty, D. Clarke, H. Yawata, Y. Sakakura, T. Hirose, C. Impraim, *J. Clin. Microbiol.*, **39**(8), 2937 (2001).
4) 半田 宏，阿部正紀，野田紘憙 監修，"磁性ビーズのバイオ・環境技術への応用展開"，pp. 154-163，シーエムシー出版（2006）．
5) E. P. Diamandis, T. K. Christopoulos, *Clin. Chem.*, **37**, 625 (1991).
6) 猪飼 篤，伏見 譲，卜部 格，上野川修一，中村春木，浜窪隆雄 編，"タンパク質の事典"，pp. 58-59，朝倉書店（2008）．
7) 厚生労働省 編，"血液製剤の使用にあたって 第 4 版"，p. 128，じほう（2009）．
8) R. K. Saiki, S. Scharf, F. Faloona, K. B. Mullis, G. T. Horn, H. A. Erlich, N. Arnheim, *Science*, **230**, 1350 (1985).
9) 藤永 蕙 編，"遺伝子増幅 PCR 法"，pp. 7-26，共立出版（1992）．
10) 坂倉康彦，玉造 滋，第 10 回 ナノバイオ磁気工学専門研究会，日本磁気学会（2005）．

（2）　**磁気免疫測定**：　人体は，抗原（外部から進入した異物および体内でつくられたがん細胞やそれがつくり出すがん関連物質など）に特異的に結合する抗体をつくり出し，それを抗原と結合させて排除することによって自らを防御している．これを免疫という．そこで，抗原と抗体との特異的結合を利用して抗原を検出する免疫測定（immunoassay）が開発されている．とくに，がん細胞がつくり出した抗原が血液中に遊離した"腫瘍マーカー"を検出する免疫測定が「がん検診」に広く用いられている．

免疫測定法では，抗体を酵素，放射性同位元素，蛍光物質などで標識化することによって検出感度を高める工夫がなされてきた．近年，磁性ビーズで抗体を標識化して，高速化，高感度化を図った磁気免疫測定（magnetic immunoassay）が注目されている[1]．

図 3.6.14 にサンドイッチ法による磁気免疫測定を示した．(a) 磁性ビーズで標識した抗体を含む水溶液中に試験液を注入し，(b) 抗原を磁性標識抗体に結合（bound）させて，磁石で反応溶器の壁面に固定する．反応しないで遊離（free）している夾雑物を水溶液とともに除去する．これを B/F 分離とよぶ．(c) 蛍光物質で標識化された抗体を注入して，抗原に結合させる（抗体/抗原/抗体のサンド

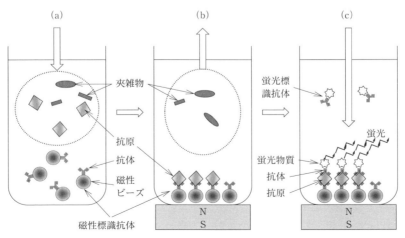

図 3.6.14　磁性ビーズで標識した"磁性標識抗体"と蛍光物質で標識した"蛍光標識抗体"を用いた"サンドイッチ法"による磁気免疫測定
(a) 試験液注入　　(b) B/F 分離　　(c) 蛍光標識抗体注入

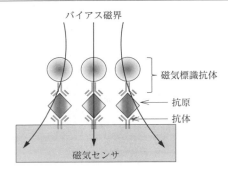

図 3.6.15 磁気センサを用いたサンドイッチ法による免疫測定

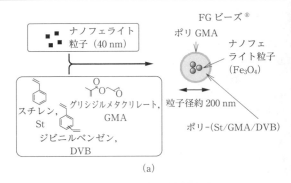

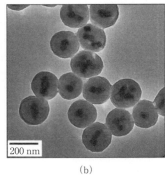

図 3.6.16 磁性ビーズ（FG ビーズ®）
(a) FG ビーズ® の作製方法
(b) FG ビーズ® の透過電子顕微鏡写真

イッチ構造がつくられる）．B/F 分離を行った後，光または酵素によって蛍光を発生させ，抗原の量を計測する．

この測定法では，磁性標識抗体を磁石で固定した状態で自由に水洗いができるので，B/F 分離がきわめて迅速に行え，さらに，測定のプロセスを自動化できる．これが磁気免疫測定の大きな利点である．磁性ビーズを用いない従来法では，B/F 分離をフィルタや遠心分離器を用いて行っていたので，長時間を要するのみならず自動化が不可能であった．

図 3.6.15 に磁気センサ（ホール素子，GMR 素子など）を用いたサンドイッチ法による磁気免疫測定を示した．抗体をあらかじめセンサの表面に固定しておき，抗原および磁気標識抗体をとらえ，外部磁界を印加して，磁性ビーズからの磁界を磁気センサで測定する[2]．大幅な小型化が可能であり，在宅型，携帯型の免疫測定器が開発されている（b.（iii）項参照）．

文　献

1) P. I. Nikitin, P. M. Vetoshko, T. I. Ksenevich, *Sens. Lett.*, **5**, 296 (2007).
2) A. Sandhu, H. Handa, M. Abe, *Nanotechnology*, **21**, 442001 (2010).

〔 〕

（3）自動バイオスクリーニング： 目的とする生体物質を単離・精製する方法として，最も威力を発揮するのが特異的結法を利用するアフィニティクロマトグラフィーである．

近年，各種ライブラリーから目的物質をワンステップで精製できるアフィニティ精製工程の自動化を目指し，非イオン性界面活性剤ミセルにより表面被覆した磁性鉄酸化物ナノ粒子分散液中にてスチレン，GMA の O/W 型乳化重合反応を行うことで磁性鉄酸化物ナノ粒子を高分子ミクロスフェア内部へ導入した磁性ビーズ（FG ビーズ®，図 3.6.16）が精製担体として注目を集めており[1]，さらにその FG ビーズ® の自動化スクリーニング装置の開発が産学共同研究によって行われ，ハイスループットスクリーニングシステムの検証がさかんに進められている．

この FG ビーズ® を用いて，低分子の生理活性物質，環境ホルモンの標的タンパク質や，トウガラシの辛味成分であるカプサイシンの標的タンパク質や，病原性大腸菌 O-157 の毒素 EspB の標的タンパク質などを単離・同定し，それらの作用メカニズムを明らかにしている．したがって，薬剤や生理活性物質などの低分子化合物，DNA やタンパク質などの生体分子をリガンドとして固定化した FG ビーズ® は，従来法では不可能であったことを実現可能にする革新的な技術開発で，各種ライブラリーからじかにリガンド結合タンパク質をワンステップで，しかも高純度・高回収率に分離・精製できる．しかも，各種スクリーニング操作の自動化が可能になった．

また，この FG ビーズ® を用いて，サリドマイドが作用する分子（細胞内標的分子）が催奇性の原因因子であるセレブロン（Cereblon，CRBN）というタンパク質であることを突き止めた[2]．この研究成果より，セレブロンはタンパク質分解に関わる酵素の構成因子であり，胎児の四肢の形成に重要な役割を果たしていること，サリドマイドはこの酵素の働きを阻害することで四肢の形成を阻害していることを明らかにした．さらに，サリドマイドが結合しないように改変した，セレブロンの遺伝子を導入したゼブラフィッシュとニワトリはサリドマイドに耐性を示すことを実証した．サリドマイドの催奇性を防ぐ方法はただちに人に応用できるものではないが，この知見は催奇性のないサリドマイド型次世代新薬の開発に道を開くものである．

文　献

1) K. Nishio, *et al.*, *Colloids Surf., B*, **64**, 162 (2008).
2) T. Ito, *et al.*, *Science*, **327**, 1345 (2010).

（ii）**MRI 造影**　　MRI とは，核磁気共鳴（NMR：nuclear magnetic resonance）現象を利用して生体内の情報を画像にする技術である．名前は似ているが放射性物質を用いる RI 検査とはまったく異なることに注意が必要である．MRI では，超伝導磁石による〜1.5 T の直流強磁場に加えて特定周波数のラジオ波を印加することにより，人体の 2/3 を占める水分子の ^{1}H 原子核スピンに歳差運動を起こし，その画像情報を可視化している．歳差運動が元の状態に戻る過程は緩和現象によるが，それは磁気ベクトル方向（z 方向）と回転方向（xy 方向）とがあり，z 方向が熱平衡状態に戻る過程を縦緩和（T1 緩和），xy 方向が熱平衡状態に戻る過程が横緩和（T2 緩和）としている．なお，原子核では，これら T1 緩和，T2 緩和は独立である．

これら緩和現象は体内での組織特異性は高くないため，種々の造影剤を用いる．T1 強調画像で信号強度を増強させる陽性造影剤と，プロトン密度強調画像や T2 強調像の信号の低下を観察する陰性造影剤とがある．

陽性造影剤では，最大の常磁性体効果を示す Gd を用いるが，イオン状態では毒性が強いので，キレート剤により安定化させて商品となっており，代表例にはマグネビスト®（Gd-DTPA）がある．局所の血行状態をその場観察する場合や血管のイメージを得ることなどに用いられる．血管外に短時間で漏出し撮影時間が限定されるという欠点に加えて，臨床的な問題点にはショック死の例があること，喘息などのアレルギー反応が出ることがあげられる．

陰性造影剤には，50〜100 nm 径程度の超常磁性酸化鉄粒子（SPIO：superparamagnetic iron oxide particles）が分散したコロイド溶液を用いる場合が多い．不均一分布した酸化鉄ナノ粒子により磁場が乱されて T2* 緩和時間が短縮されることで，プロトン密度強調画像や T2 強調像の信号強度が低下する．クッパー（Kupffer）細胞は，SPIO を貪食するので正常肝組織の信号強度は低下し，クッパー細胞を含まない悪性の肝細胞がんや転移性肝がんではコントラストが強調される．臨床的な問題点として，クッパー細胞を含まない良性の細胞とは区別ができないこと，高度の肝硬変などで内部の線維化が進んでいるような場合にコントラストがはっきりしないことなどがあげられる．

それぞれの造影剤の開発の方向としては，陽性造影剤であるガドリニウム系は撮影時間を長くするために，アルブミンなどの高分子と結合させて血管外に漏出しにくくする工夫が行われている．陰性造影剤である超常磁性酸化鉄粒子については，より小さい〜18 nm 径の USPIO（ultrasmall superparamagnetic iron oxide particles）を用いたものが開発されている．これらはリンパ節に取り込まれるが血管内に長時間とどまるので，血管造影剤としても使われる．

放射線被ばくがないことは患者にとって大きなメリットであるので，今後，組織特異性が高い MR 造影剤の設計が可能になると，MR 造影による RI 検査の置き換えはさらに進むものと期待される．

（iii）**バイオチップセンサ**　　西暦 2000 年頃，米国海軍研究所の Baselt & Miller がマグネタイトの超常磁性粒子をバイオセンサの"磁気標識"ビーズとして用い，これを巨大磁気抵抗効果（GMR）で検出できることを報告して多くの人々の反響をよんだ．それ以来，鉄酸化物の磁性ナノ粒子のユニークな磁気的性質に強い関心が寄せられ[1,2]，これを契機として，磁性ナノ粒子の医学的応用という学際的な研究分野が急激に広がった．

ホールセンサによる生体物質の検出技術（図 3.6.17）に GaAs/AlGaAs 二次元電子ガスを用いる研究が東京工業大学で始められ，その後，豊橋技術科学大学に引き継がれている[3]．生体物質を磁気標識して GMR で検出する技術を報告した初期の論文で，これを用いて新規な高速・高感度・小型の"ポイント・オブ・ケア"診断（point-of-care diagnostic）システムを開発する提案がなされた[4]．磁気標識ナノビーズを用いて医療診断システム技術を開発するうえで要求される重要な事項は，次のとおりである．① サイズと磁気的性質が一様でよく分散した磁性粒子が得られる，② 磁気標識ビーズの表面に生体分子を効率よく固定化できる，③ 水溶液中で高感度検出を堅牢なシステムで行える．

GMR 素子およびスピンバルブ素子を用いたバイオセンサに関する詳細な解説が文献[5]に与えられている．シリコンホール素子によるバイオセンサについて Besse ら[6] が報告している．

"磁気標識"ビーズを検出できることはすでに示されているが，さらに検出の感度と定量性を向上させるために，実際の生体物質と同程度の大きさ，すなわち 200 nm ほどの直径の磁気標識ビーズを低濃度で検出する手順を開発しなければならない．Sandhu らは，粒径が約 200 nm の磁性ビーズを低濃度で容易に検出できる方法を示した[7]．すなわち，粒径約 200 nm の磁気標識ビーズを直接検出することは不可能であるから，そのビーズの上にナノサイズの磁性ビーズを，磁気的に自己組織化してミクロンサイズの粒子を構成した（図 3.6.17）．これによって磁気信号が増

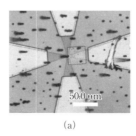
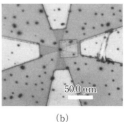

(a)　　　　　　　　(b)

図 3.6.17　超常磁性粒子がセンサ部位へ磁気的に集積される様子（a）と，表面に垂直方向に磁界を印加することによって自己組織化した構造が磁界に平行につくられる様子（b）

強され，DC バイアス磁界のもとでホールセンサにより位相検出回路を用いないで直接検出することができた．

磁気標識ビーズを磁気抵抗効果で検出する研究がますます広がっているので，将来，ポイント・オブ・ケア診断の各分野に多大な影響を及ぼすであろう．

文　献

1) D. R. Baselt, *et al.*, *Biosens. Bioelectron.*, **13**, 731 (1998).
2) R. L. Edelstein *et al.*, *Biosens. Bioelectron.*, **14**, 805 (2000).
3) A. Sandhu, H. Handa, M. Abe, *Nanotechnology*, **21**, 442001 (2010).
4) A. Sandhu, *Nature Nanotech.*, **2**, 748 (2007).
5) S. X. Wang, G. Li, *IEEE Trans. Magn.*, **44**, 1687 (2008).
6) P. A. Besse, G. Boero, M. Demierre, V. Pott, R. Popovic, *Appl. Phys. Lett.*, **80**, 4199 (2002).
7) Y. Morimoto, T. Takamura, A. Sandhu, *J. Appl. Phys.*, **107**, 09B313 (2010).

（iv）細胞操作　　磁性ビーズは，細胞工学や医学，とくに再生医学・再生医療の領域における応用が大いに期待されている．すでに，① 磁性微粒子をプラスミドのキャリアとした遺伝子導入[1]，② 抗体付磁性ビーズ標識による細胞分離（MACS：magnetic-activated cell sorting）[®2] などに応用されているが，今後はさらに生体組織に匹敵する機能的再生組織の構築を目的として，③ 磁性微粒子標識細胞の直接組織導入[3]や重層培養による三次元組織構築[4]，④ 不均一な細胞が配列する生体組織と類似の組織を構築するための細胞配列のパターニング[5] などの"細胞操作"に関する研究が行われている（図 3.6.18）．

磁性ビーズに用いられるマグネタイトは化学的に安定しているため，急性毒性が低いことが報告されているが[6]，細胞内に取り込まれた磁性ナノ粒子自体の排出はきわめて遅いことが考えられるため，さらに長期間の観察による安全性の確認が必要と考えられる．

文　献

1) C. Tang, P. J. Russell, R. M.-Wilks, J. Rasko, A. Khatri, *Stem Cells*, **28**, 1686 (2010).
2) M. Kamihira, A. Kumar, *Cell Sep. Fundam., Anal. Prep. Methods*, **106**, 173 (2007).
3) T. Kobayashi, *et al.*, *Arthrosc.*:*J. Arthros. & Relat. Surg.*, **24**, 69 (2008).
4) H. Akiyama, A. Ito, Y. Kawabe, M. Kamihira, *J. Biomed. Mater. Res.*, **92A**, 1123 (2010).
5) K. Ino, A. Ito, H. Honda, *Biotechnol. Bioeng.*, **97**, 1309 (2007).
6) A. Ito, M. Shinkai, H. Honda, T. Kobayashi, *J. Biosci. Bioeng.*, **100**, 1 (2005).

（v）センチネルリンパ節診断　　センチネルリンパ節とは，がんの原発巣から浮流したがん細胞が最初に到達するリンパ節，つまり最初に転移するはずのリンパ節をさす（図 3.6.19）．そこで，センチネルリンパ節を切除して生体検査し，もし転移なしと判定されれば，その先のリンパ節を切除しなくてすむ．これが"センチネルリンパ節診断"である．すでに乳がんに関しては標準的な診断法になっている．通常はセンチネルリンパ節を見つけるために，放射性同位元素をがん腫瘍に注入してこれを検出する．しかし，放射線の法規制があるので，小規模な医療機関では行えない．

これを解決するため，磁性ビーズを腫瘍に注入して，センチネルリンパ節に捕捉されたビーズを MR 素子で検出する技術が開発され，さらにその感度を高めるために SQUID を用いた検出法が考案された．しかし，SQUID は高価で，維持に高度の技術を要する．

そこで，近年，簡便で高感度な磁性粒子の励磁音響効果（磁性粒子に交流磁界を印加すると音波を発生する効果）を利用したセンチネルリンパ節検出法の開発研究が行われている[1,2]．図 3.6.20 に示したように，マイクロフォンと交流磁界コイルを一体化した励磁音響プローブを用い，セ

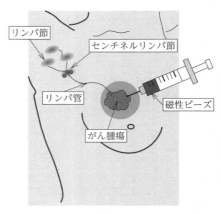

図 3.6.19　磁性ビーズを用いた乳がんのセンチネルリンパ節診断
がん腫瘍に注入したビーズが，リンパ管に沿って流れ出しセンチネルリンパ節で捕まえられる．これをセンサで検出してセンチネルリンパ節を同定して切除し，がんが転移しているか否かを検査する．

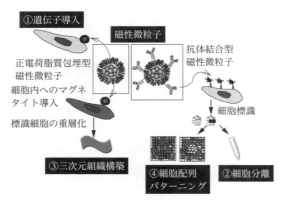

図 3.6.18　磁性微粒子の細胞操作

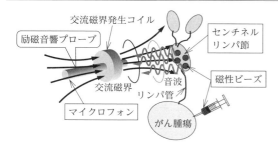

図 3.6.20 磁性ビーズの励磁音響効果によるセンチネルリンパ節の検出
センチネルリンパ節に集積した磁性ビーズに交流磁界をかけて発生する音波をマイクロフォンで検出する.

ンチネルリンパ節で捕捉された磁性ビーズが発する音波を検出する.
リンパ節がんの細胞に特異的に結合する物質をビーズの表面に固定化した"標的化"磁性ビーズを用いて,効率よくセンチネルリンパ節を検出する試みもなされている[3].

文　献

1) 阿部正紀, 上田智章ほか, 日本磁気学会第164回研究会資料, 1(2009).
2) M. Abe, K. Kakegawa, T. Ueda, T. Nakagawa, M. Tada, H. Handa, Digests Intermag Conf. Sacramento, CB-03 (2009).
3) 阿部正紀, 上田智章, 畠山 士, 日本磁気学会第176回研究会資料, 1 (2011).

c. 磁性ビーズによる治療技術

（ⅰ）磁気ハイパーサーミア　交流磁界を印加した磁性体では,伝導体に発生する渦電流損失および磁気損失によって発熱する.腫瘍組織は血管が未発達であり,正常組織と比較して冷却能力が低いために容易に細胞の致死温度（約 42.5℃）[1]に達する.この性質を利用して,磁性体の発熱によりがん細胞を選択的に殺傷する温熱治療が,磁気ハイパーサーミアである.温熱療法により免疫機能が向上し,熱によるがん細胞の殺傷に加え,免疫療法が同時になされるという報告もある[2].発熱体には針状などの磁性体を用いるインプラント型[3,4]と,注射,点滴などにより腫瘍部近傍に低侵襲で導入できる利点があるナノ磁性ビーズ型[5,6]がある.

Fe_3O_4 と $\gamma-Fe_2O_3$ は生体適合性が高く,それらの超常磁性を示すナノ粒子を成分とする MRI 造影剤 Resovist® やリポソーム被覆したマグネトリポソームなどを発熱体として応用する多くの研究報告がある[7〜16].2007年にはドイツで臨床試験が行われた[17].表 3.6.4 に示したように,ほかには $CoFe_2O_4$, $NiFe_2O_4$, $MgFe_2O_4$, $MnFe_2O_4$ など,スピネル型フェライト材料を中心に発熱特性が報告されている[18〜21].磁性金属材料の研究例は多くはないが,Fe, Co, Ni, FePt ナノ粒子なども検討されている[21,22].

外部から印加する磁界の強度 H と周波数 f を高くするに従い,磁性体の発熱量が増大する.ハイパーサーミアに有効な高周波磁界を人体深部まで到達させることは必ずしも容易ではない.表皮効果や近接効果によりコイルが高インピーダンスになり,電源の制約に加え,高周波磁界の人体への影響も考慮して,100〜800 kHz 程度の周波数がおもに用いられる.

交流磁界の印加によって生じる渦電流損および磁気的損失を合わせた発熱量は,交流磁化曲線が描くヒステリシスの面積に比例する.磁性ビーズの交流磁化曲線の周波数依存性から磁気緩和の寄与を分離した報告もなされている[20].多磁区構造の磁性ビーズでは,磁壁移動に伴うヒステリシス損により発熱する.交流磁界の周波数を高くして,磁壁あるいは磁気モーメントが追従できなくなると,磁気緩和が起きその損失によって発熱する.単磁区構造を示す磁性ビーズは,粒子自体が回転するブラウン緩和と粒

表 3.6.4 ハイパーサーミアを目的とした磁性ビーズの研究

磁性材料	文献	磁性材料	文献
$Fe_3O_4/\gamma-Fe_2O_3$	1〜7)	$NiFe_2O_4$	11, 13)
Resovist®（$\gamma-Fe_2O_3$）	8)	$MgFe_2O_4$	5, 14)
マグネトリポソーム（Fe_3O_4）	9, 10)	$MnFe_2O_4$	14)
$CoFe_2O_4$	11, 12)	Fe, Co, Ni	14)

1) R. Medal, et al., Arch. Surg., **79**, 427 (1959).
2) A. Jordan, et al., J. Magn. Magn. Mater., **201**, 413 (1999).
3) K. Okawa, et al., J. Appl. Phys., **99**, 08H102 (2006).
4) T. Atsumi, et al., J. Magn. Magn. Mater., **310**, 2841 (2007).
5) 松井正顕, 清水利文, 日本磁気学会第156回研究会資料, 9 (2007).
6) M. Kallumadil, et al., J. Magn. Magn. Mater., **321**, 1509 (2009).
7) 須藤 誠ほか, J. Magn. Soc. Jpn., **33**, 391 (2009).
8) 山田外史ほか, 平成20年電気学会全国大会, 1-H1-6 (2008).
9) 小林 猛, "磁性ビーズのバイオ・環境技術への応用展開"（半田 宏, 阿部正紀, 野田絋意監修）, p.85, シーエムシー出版 (2006).
10) 本多裕之, 日本応用磁気学会誌, **25**, 1301 (2001).
11) M. Jeun, et al., Appl. Phys. Lett., **95**, 0825-1 (2009).
12) 楫野 尊ほか, J. Magn. Soc. Jpn., **34**, 459 (2010).
13) H. Kobayashi, et al., J. Appl. Phys., **107**, 09B322 (2010).
14) T. Maehara, et al., Jpn. J. Appl. Phys., **41**, 1620 (2002).

子の磁気モーメントが回転するネール緩和に基づく磁気緩和損失により発熱する．粒径が数十 nm より大きいと前者，小さいと後者が支配的になる．Rosensweig は種々のフェライト材料の発熱量の粒径依存，および分散させる溶媒の粘度依存を計算した[23]．最大の発熱を示す Fe_3O_4 の粒径を 12 nm[13]，17 nm[9] と定めている報告がある．また，コート材質，一次粒径（crystallite diameter，結晶粒径），二次粒径（hydrodynamic diameter，液中粒径）の異なる種々の市販品磁性流体の発熱を調べ，一次粒径 12 nm のものが最も発熱するとする測定結果もある[12]．磁性ビーズの発熱を定量的に評価するために，電磁波吸収でも用いられる SAR (specific absorption rate) のほかに，ESAR (effective SAR)[13] や ILP (intrinsic loss power)[12] などの指標が提案されている．

文　献

1) W. C. Dewey, L. E. Hopwood, S. A. Sapareto, L. E. Gerweck, *Radiology*, **123**, 463 (1977).
2) A. Ito, M. Shinkai, H. Honda, T. Kobayashi, *J. Biosci. Bioeng.*, **100**, 1 (2005).
3) 家名田敏昭, 松木英敏, 佐藤知矢, 村上孝一, 菊地新喜, 星野俊明, 日本応用磁気学会誌, **14**, 489 (1990).
4) I. Tohnai, Y. Goto, Y. Hayashi, M. Ueda, T. Kobayashi, M. Matsui, *Int. J. Hyperthermia*, **12**, 37 (1996).
5) Q. A. Pankhurst, J. Connolly, S. K. Jones, J. Dobson, *J. Phys. D : Appl. Phys.*, **36**, R167 (2003).
6) Q. A. Pankhurst, N. K. T. Thanh, S. K. Jones, J. Dobson, *J. Phys. D : Appl. Phys.*, **42**, 224001 (2009).
7) R. Medal, W. Shorey, R. K. Gilchrist, W. Barker, R. Hanselman, *Arch. Surg.*, **79**, 427 (1959).
8) A. Jordan, R. Scholz, P. Wust, H. Fähling, R. Felix, *J. Magn. Magn. Mater.*, **201**, 413 (1999).
9) K. Okawa, M. Sekine, M. Maeda, M. Tada, M. Abe, N. Matsushita, K. Nishio, H. Handa, *J. Appl. Phys.*, **99**, 08H102 (2006).
10) T. Atsumi, B. Jeyadevan, Y. Sato, K. Tohji, *J. Magn. Magn. Mater.*, **310**, 2841 (2007).
11) 松井正顕, 清水利文, 日本磁気学会 第156回研究会資料, 9 (2007).
12) M. Kallumadil, M. Tada, T. Nakagawa, M. Abe, P. Southern, Q. A. Pankhurst, *J. Magn. Magn. Mater.*, **321**, 1509 (2009).
13) 須藤 誠, 廣田泰丈, 間宮広明, 粕谷 亮, 藤田麻哉, 田路和幸, B. Jeyadevan, *J. Magn. Soc. Jpn.*, **33**, 391 (2009).
14) 山田外史, 長野 勇, 長江英夫, 平成20年 電気学会全国大会, 1-H1-6 (2008).
15) 小林 猛, "磁性ビーズのバイオ・環境技術への応用展開"（半田 宏, 阿部正紀, 野田紘憙 監修）, p.85, シーエムシー出版 (2006).
16) 本多裕之, 日本応用磁気学会誌, **25**, 1301 (2001).
17) K. M.-Hauff, R. Rothe, R. Scholz, U. Gneveckow, P. Wust, B. Thiesen, A. Feussner, A. von Deimling, N. Waldoefner, R. Felix, A. Jordan, *J. Neurooncol.*, **81**, 53 (2007).
18) M. Jeun, S. Bae, A. Tomitaka, Y. Takemura, K. H. Park, S. H. Paek, K.-W. Chung, *Appl. Phys. Lett.*, **95**, 0825-1 (2009).
19) 梶野 尊, 北島沙織, 岸本幹雄, 柳原英人, 橋本真治, 山田圭一, 小田竜也, 喜多英治, *J. Magn. Soc. Jpn.*, **34**, 459 (2010).
20) H. Kobayashi, A. Hirukawa, A. Tomitaka, T. Yamada, M. Jeun, S. Bae, Y. Takemura, *J. Appl. Phys.*, **107**, 09B322 (2010).
21) T. Maehara, K. Konishi, T. Kamimori, H. Aono, T. Naohara, H. Kikkawa, Y. Watanabe, K. Kawachi, *Jpn. J. Appl. Phys.*, **41**, 1620 (2002).
22) S. Maenosono, S. Saita, *IEEE Trans. Magn.*, **42**, 1638 (2006).
23) R. E. Rosensweig, *J. Magn. Magn. Mater.*, **252**, 370 (2002).

(ⅱ) 薬剤の磁気輸送　　磁性ビーズは，磁石により回収と輸送が可能であるので，薬剤を担持して外部磁場で患部に誘導することができる．しかし，このためには，磁性ビーズの飽和磁界以上の磁場強度とともに，大きな磁気勾配が必要である．それゆえ，磁性ビーズを扱っている多くの論文は，ビーズの用途として磁気薬剤輸送をあげているが，その実現は容易ではない．たとえば，血流に乗っている粒径が数十 nm のマグネタイトを外部磁場で操作するには，数十 $T m^{-1}$ の磁場勾配が必要となる．この条件を満たすために，磁性ビーズの操作に超伝導磁石を用いる方法[1] や，ネオジム磁石を血管の分岐部に配置してビーズを特定の分岐に誘導する方法が提唱されている[2]．このように体内深部への磁気輸送は非常に難しいが，体表近傍であれば比較的容易に磁気輸送を行うことが可能である．単に薬剤のみならず細胞を輸送するツールとしても磁性ビーズが検討されている[3]．

薬剤輸送に用いる磁性ビーズには，毒性のないこと，および，ある程度の時間で体外にすべて排出されることが求められる．また，臨床応用に用いることのできる磁場強度には制限があるため，磁性微粒子の磁化が弱い磁場で飽和し，かつその飽和値が大きいことも必要である．

文　献

1) S. Nishijima, *Phys. C*, **468**, 1115 (2008).
2) F. Mishima, S. Takeda, Y. Izumi, *et al.*, *IEEE Trans. Appl. Surpercond.*, **16**, 1539 (2006).
3) 白石俊彦, 医学のあゆみ, **230**, 527 (2009).

3.7 薄膜・微粒子の材料特性の評価法

3.7.1 概　　要

a. 材料特性評価の意義

薄膜や微粒子はその物理的, 化学的特性をデバイスとして利用するために作製される. 作製された薄膜や微粒子をそのまま使用するケースはまれであり, フォトリソグラフィなどのデバイス形状に加工する工程を経てデバイスとなる. そして最後にそのデバイス特性を評価する. 薄膜, 微粒子作製からデバイス特性評価までの工程を通過するには相当の日時を要するのが通常である. 所望のデバイス特性が常時得られるのならば問題ないのであるが, 作製装置や製造条件などが微妙に変化して所望の特性が得られない場合には不良品となる. そのため, 薄膜, 微粒子作製, デバイス化工程や評価工数で費やした時間は無駄となる. この無駄を省くために, 作製された薄膜, 微粒子の構造や物理量を評価することにより, 仕様に合致した薄膜, 微粒子のみを次工程に進めるという, スクリーニングが重要な手段である.

薄膜の場合を例にとって図3.7.1で説明する. 薄膜, 作製から作製物評価, デバイス作成およびデバイス特性評価を行い, その評価結果を薄膜, 微粒子作製へのフィードバックを行うことにより, 所望デバイス特性が得られる薄膜の作製手法を早期に確立することができる. その結果, 高歩留まりのデバイス作製工程が確立する. 換言すると, どのような薄膜, 微粒子をつくれば, どのようなデバイス特性が得られるとの相関を把握することを意味している. 量産現場ではしばしば, 製造条件の固定でいつでも同一のデ

バイス特性が得られるとの錯覚をもってしまう. たとえば, 真空装置を使用する場合には, 外部から設定できる真空条件, 加熱時間や投入電力などの製造条件が一定としても, 真空槽内残留ガスの状態, 導入ガス純度や装置使用履歴などにより成膜された薄膜はその構造や物性値は異なる. その結果, 製作されたデバイス特性は変化する.

デバイス特性の安定化のため, ① 薄膜の作製, ② 作製された薄膜, 微粒子の基本的な物理的特性を評価, ③ 薄膜を所望のデバイス形状に形成, ④ デバイス特性評価を順次行うことにより, ①と④の相関, すなわち薄膜の作製条件とデバイス特性の関連を突き止め, 最終的に, このようなデバイス特性を発現するにはこのような薄膜を作製すればよいとの構図をつくらなければ安定な量産製造は難しい.

量産現場においては作製された薄膜, 微粒子の特性評価は生産に寄与しないと軽視され, 設備導入を敬遠されがちである. しかし, 早期に安定した量産製造体制の確立のために不可欠なステップとの認識で対応することが望ましい.

b. 薄膜材料特性の評価法

薄膜の材料としての性質を見極めなければならない特性に, (1) 形状, 構造的な特性: ① 表面の性状, ② 内部構造(粒径, 分布, 内部応力, 密度, 原子配列など), ③ 界面の性状, (2) 物性値: ① 力学的 (粘弾性率, 密度, ポアソン比, 硬度など), ② 光学的 (屈折率, 偏光度, 反射率, 透過率など), ③ 熱的 (比熱, 熱伝導度, 熱膨張率など), ④ 磁気的 (磁化率, 飽和磁化, 抗磁力, 透磁率, 磁歪係数など), ⑤ 電気的物性値 (電気伝導度, 誘電率など) などがあげられる.

薄膜の材料としてすべての項目の評価が必要であるわけではない. 目的とするデバイスが利用する特性により, それぞれ薄膜の材料の時点で評価すべき項目が定められる. たとえば, 磁気抵抗 (MR) 効果を利用するデバイスであれば, 積層された薄膜界面, 粒径, 内部応力や電気・磁気的性質などの評価が不可欠となっている. 一般的に作製した薄膜, 微粒子の (1) 形状, 構造的な特性および (2) 物性値の中の目的とする特性を評価することが最低限度必要と考える.

本節では, 薄膜・微粒子の材料としての特性評価法の一端ではあるが, 3.7.2項で構造的な評価法, 3.7.3項で物性値の評価法, および3.7.4項で微粒子の評価法について概略を述べる.

3.7.2 薄膜の構造および形状評価法

a. 探針法による表面形態評価

(ⅰ) はじめに　薄膜の表面形態を評価するうえで, 探針を利用して薄膜表面をなぞる探針法は, 長さの次元で表面形態が簡便に評価できるので広く用いられている. その精度は用いる探針の先鋭度に依存するが, 近年の微細加工技術の進歩により実現された, 先端曲率半径が 10 nm 以下の探針を用いることができる原子間力顕微鏡 (AFM:

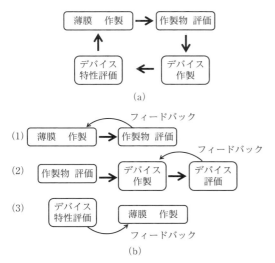

図 3.7.1 薄膜・微粒子の作製手法
　(a) デバイス作製工程
　(b) デバイス評価フィードバック工程

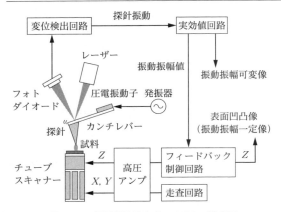

図 3.7.2 周期的接触方式の AFM の模式図

atomic force microscopy)[1,2] が現在，薄膜の表面形態評価法として広く用いられてきている．図 3.7.2 に一例として，汎用的な測定方式である周期的接触方式の AFM の構成図を示す．AFM は走査プローブ顕微鏡の一種であり，板ばねとして機能するカンチレバー（片側を固定された梁）の自由端の先端部に形成したとがった探針（プローブ）を観察試料に近づけることによって探針と観察試料間に発生する力で変化するカンチレバーの変位を検出して試料の表面形態を nm 以下の高い空間分解能で計測する．

AFM のカンチレバーの材料には Si や SiN が用いられている．カンチレバーは Si の単結晶ウェーハなどを原料としてフォトリソグラフィーやドライ/ウエットエッチングなどの微細加工プロセスを用いて製造されており，さまざまな形状やばね定数のものが市販されている．カンチレバー先端の探針形状はピラミッド状や円錐状が一般的であり，先端曲率半径は 2〜10 nm 程度の範囲にある．さらに，カーボンナノチューブなどの針状の物質を先端に付着した探針も市販されている．カンチレバーは探針を試料表面に近づけることができるように板ばね部分を試料面から 10° 程度傾けて原子間力顕微鏡に設置されることが多い．これは，表面凹凸の大きな試料を観察する場合に，カンチレバーの板ばね部分が探針より先に表面に接触することにより表面形態を計測できなくなることを防ぐためである．探針の板ばね部分からの高さはおおむね 10 μm 以下であり，最大で数 μm 程度までの表面凹凸の計測が可能である原子間力顕微鏡が一般的である．

カンチレバーの変位（たわみ）の検出には，光学的手法である光てこ法や光干渉法，および光学素子を必要としない自己検出方式のカンチレバーが用いられる．自己検出方式のカンチレバーは，変位による抵抗体の弾性変形による電気抵抗の変化や圧電効果による電圧発生などを利用して電気的に変位を検出する．光てこ法は，装置構成が簡単なことから広く用いられており，レーザー光をカンチレバーの背面に照射し，カンチレバーの変位によりレーザー光が反射する角度の変化を位置検出センサで検出してその変位を検出する．測定感度を向上させるために，カンチレバーの光の反射面を光反射率の高い Al や Au などの金属でコーティングすることが多い．

(ii) **原子間力顕微鏡による表面形態評価の原理**　原子間力顕微鏡（AFM）は，試料の表面形態を探針と試料間に働く力を利用して計測する．その力は力が及ぶ範囲から，1) 電子の波動関数の重なりによる原子間力（斥力）や化学的結合力（引力）に代表される近距離力，2) ファンデルワールス力（引力），および 3) 静電気力や磁気力の 3 種類に大別される[3]．ここで，ファンデルワールス力は，時間的に変動する双極子間の相互作用に起因する力であり，ポテンシャルエネルギーは距離の -6 乗に比例して距離の増加に伴い減少する．一方，静電気力や磁気力は，距離の増加に伴いより緩やかに減少し，たとえば静電気力では電荷量のポテンシャルエネルギーは距離の -1 乗に比例する．

探針を試料表面に接触した状態から徐々に離していくと，最初は原子間力による斥力が働いているが，探針が試料表面から離れると同時にファンデルワールスによる引力が働き始め，最後に静電気力などによる引力が働く．AFM の測定方式は次の三つに大別される．

① **接触方式**：原子間力を利用する方式であり，探針を強制振動させずに，試料表面に接触させ，カンチレバーのたわみが一定になるように探針を試料表面に押し込んで，カンチレバーの固定部分と試料間の相対位置の変化を計測する．大気雰囲気での測定が一般的である．

② **周期的接触（タッピング）方式**：探針を強制振動させて，試料表面に周期的に接触させ，カンチレバーの振動振幅が一定となるように探針を試料表面に近づけて，カンチレバーの固定部分と試料間の相対位置の変化を計測する．

③ **非接触方式**：探針を強制振動させて，試料表面に接触させずに，主としてカンチレバーの共振周波数の変化が一定となるように探針を試料表面に近づけて，カンチレバーの固定部分と試料間の相対位置の変化を計測する．

接触方式の装置構成は簡単になるが探針先端部に集中する斥力により試料表面あるいは探針先端が破壊などのダメージを受けやすい．そこでダメージの恐れがある試料に対しては，周期的接触方式が用いられる．

周期的接触方式では，測定感度向上のために，カンチレバーの機械的共振現象を利用し，カンチレバーの励振周波数を共振周波数近傍に固定し，カンチレバーの振動振幅が一定となるように探針試料間距離をフィードバック制御する．なお，振動振幅が変化する原因は，カンチレバーのばね定数が探針試料間の相互作用力により見かけ上変化することによる共振周波数の変化である．

共振性能因子である Q 値を高めるには，空気粘性による減衰の少ない真空雰囲気での計測が効果的である．Q 値は共振周波数での振幅利得に対応し，大気中での数百から真空中では数千から数万に増加する．しかしながら，Q 値

が大きくなりすぎると探針走査時の過渡振動の時定数が長くなり，表面形状測定時のフィードバック制御が困難になる．この問題点は非接触方式を用いることで解決することができる．

非接触方式では，探針試料間の相互作用力によるカンチレバーの共振周波数の変化量の制御値を設定し，設定した共振周波数でカンチレバーを励振できるように，探針試料間距離を過渡振動の時定数以下の時間でフィードバック制御する．フィードバック制御のさいには，励振周波数を可変できるカンチレバー励振機構を用いる．本方式では大きな Q 値を生かした高感度測定ができるので，試料の清浄面を高真空雰囲気で計測することで原子像の観察も可能になる．

(iii) **表面形態評価時の注意事項**　薄膜の表面形態の評価には，用いる探針の選定とその評価が重要になる[4]．探針先端の曲率半径が測定試料の凹凸より大きい場合は，測定対象物に探針形状の影響が加わった像が計測されることになる．探針先端径を評価するために，針状の標準試料とその評価ソフトが市販されている．測定対象に応じて数種の探針先端径の異なる探針を用意して，測定に十分なものを見極める必要がある．探針先端の摩耗にも注意を払い，像が変化した時点で交換することが必要である．

凹凸の大きな測定試料の計測には，図3.7.3に示すように，尖った探針を計測点ごとに試料表面に近づけて計測し，探針走査時は探針を試料表面から待避させて移動させることが，探針の摩耗低減および試料面に平行方向の力の影響を低減する観点から有効であり[5]，この測定モードを有するAFMが市販されている．

表面形態計測の空間分解能を向上させるには，遠距離力の影響を排除する必要がある．大きな遠距離力発生の原因として，試料表面および探針の帯電がある．この観点からは試料および探針の接地が望ましい．帯電が起こりやすい試料に対しては，探針として導電性が付与されているものが望ましい．不純物ドープにより導電性を高めたSi製探針や，金属などの導電性薄膜をコーティングした探針が用いられる．試料および探針が接地されていても，双方の仕事関数の大きさの違いにより接触電位差が生じ探針試料間でコンデンサが形成され引力が発生する[6]．この影響を排除するには，接触電位差の大きさと等しい電位を探針試料間に逆向きに加えることが有効である．

強い磁場を発生する試料の表面形態観察を磁気力顕微鏡の磁性体探針で行う場合には，磁場の影響を排除することができないので，探針を非磁性体のものに替える必要がある．

文　献

1) 日本表面学会 編，"ナノテクのための物理入門"（ナノテクノロジー入門シリーズⅢ），pp. 100-110, 共立出版 (2007).
2) 日本表面学会 編，"ナノテクのための工学入門"（ナノテクノロジー入門シリーズⅣ），pp. 165-187, 共立出版 (2007).
3) 文献 1), pp. 7-26.
4) 重川秀実, 吉村雅満, 河津 璋 編，"走査プローブ顕微鏡"（実験物理化学シリーズ 6），pp. 157-164, 共立出版 (2009).
5) M. Yasutake, K. Watanabe, S. Wakiyama, T. Yamaoka, *Jpn. J. Appl. Phys.*, **45**, 1970 (2006).
6) 重川秀実, 吉村雅満, 坂田 亮, 河津 璋 編，"走査プローブ顕微鏡と局所分光"，pp. 162-187, 裳華房 (2005).

b.　X線回折装置を用いた評価

X線回折装置を用いた分析は，大気中での測定が可能，非破壊で測定を行うことが可能といったメリットがある．従来のX線分析では，一般に粉末試料やバルク，厚膜試料がおもな測定対象であったが，最近では，高出力のX線発生源や多層膜ミラーに代表される光学系関連の技術の発達に伴って，さまざまな測定，解析手法が確立され，現在では実験室系の測定装置で数nm程度の極薄膜の評価が可能となっている．最近のX線回折装置で測定可能な解析に用いる手法としては，X線回折法だけではなく，反射率法，小角散乱法などの評価も可能となっている．

X線回折計を用いた分析手法の多くは，全反射・屈折，回折，散乱という現象の何れか，またはこれらの組合せを利用している（図3.7.4）．これらの現象を用いて，X線回折装置により取得可能な情報を表3.7.1にまとめる．

表3.7.1にまとめたX線回折法，X線小角散乱法，X線反射率法のそれぞれについて，以下に説明する．

(i) **X線回折法**　結晶中では，原子または原子の集まりが周期的に配列して空間格子をつくっている．この間隔は数Å（十分の数nm）で，これと同程度の波長をもつX線が結晶に入射すると，周期的に配列した原子が回折格子として働き，特定方向への散乱が干渉して互いに強め合う．この現象は回折とよばれる[1]．X線回折法は，回折強度の角度依存性を測定し，結晶構造に関する情報を得る手法である．回折角度だけでなく，回折ピークの幅などからも結晶性や結晶子サイズなど，さまざまな情報を得ることができる（図3.7.5）．

一般に，結晶子サイズがナノメートル領域にある粒子

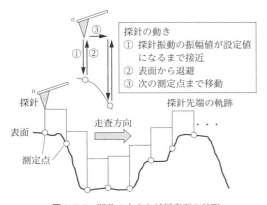

図 3.7.3　凹凸の大きな試料表面の計測

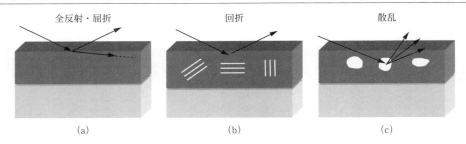

図 3.7.4 X線回折装置を用いた解析手法
(a) X線反射率法（物質の密度・膜厚を求める）　(b) X線回折法（物質の結晶構造を求める）
(c) X線小角散乱法（粒径・空孔径分布を求める）

表 3.7.1 X線回折装置で得られる情報

	得られる情報	測定オーダー	測定手法
膜構造	膜厚	数〜数百 nm	反射率
	密度	H_2O など〜あらゆる物質	反射率
	界面の粗さ	約 0.2〜数 nm	反射率
結晶構造	相の同定	—	In-plane 回折 Out of plane 回折など
	結晶系	—	In-plane 回折 Out of plane 回折など
	格子定数	〜数 nm	In-plane 回折 Out of plane 回折など
	結晶性	多結晶〜単結晶・完全結晶	In-plane 回折 Out of plane 回折など
	配向	無配向〜強配向〜単結晶	極点測定など
	方位関係	単結晶基板との関係	ロッキングカーブ測定など
粒径・空孔径	粒径・空孔径分布	数〜100nm	小角散乱

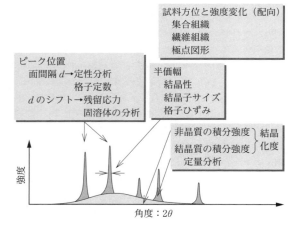

図 3.7.5 X線回折プロファイルからわかること

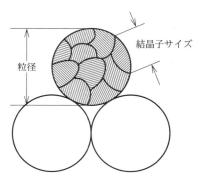

図 3.7.6 粒径と結晶子サイズ

は，その化学的性質や物性が，サイズによって著しく変化することが知られている[2]．結晶子とは，回折に寄与する最小単位で，結晶粒の中で単結晶としてみなせる部分のことであり，一つの粒は一つ以上の結晶子から構成されている（図 3.7.6）．X線回折法では，回折ピークの幅から結晶子サイズを評価可能で，後に述べるX線小角散乱法で

は，粒径を評価可能である．一般に，結晶子サイズを求めるためには，Scherrer 法[3]，Williamson-Hall 法[4] などが用いられる．前者は，結晶に不完全性がなく，回折線の広がりが結晶子サイズのみに依存し，結晶子の大きさが均一であると仮定した場合で，後者は，それに加えて，ひずみの影響も考慮した解析方法である．これらの手法は，結晶子サイズは均一であるとの仮定のもとで解析を行っているが，単一のサイズのみを有する粒子を生成することは非常に困難であるため，サイズの分布（ばらつき）を評価する

必要がある[5]．そのため，最近では，回折ピークの幅だけでなく，回折ピークの形状を詳しく解析することによって，結晶子サイズ分布を簡単に求める手法も開発されている[6]．

薄膜材料は，基板上に薄く二次元的に形成されたものであり，その特性に関して本質的に積層方向と面内方向の少なくとも二つの方向が定義される．この2方向では，基板と薄膜との間に生じる相互作用がまったく異なるため，薄膜の結晶構造・結晶性・結晶方位にはしばしば異方性が生じる．たとえば，エピタキシャル膜におけるひずみ/緩和，多結晶薄膜における円盤状／柱状結晶子の成長などがあげられる．薄膜の多様な結晶成長状態を評価するには，表面や界面，または基板の結晶軸を基準として"どちらの方向を向いた格子面を観測しようとしているか"ということを認識する必要がある．そのためには，Out of plane 測定と In-plane 測定の併用が有効である[7]．図3.7.7にその概念図を示す．Out of plane 測定では，試料表面に平行な格子面，In-plane 測定では，試料表面に直行する格子面の情報を取得することが可能である．両手法を併用すれば，たとえば，積層方向と試料面内方向における結晶子サイズの比較など，方向を意識した解析が可能である．

(ⅱ) X線小角散乱法[8]　X線小角散乱法とは，粒子や空孔などにX線を照射した場合に発生する散乱を観測することにより，試料中に分散するナノサイズ（1～100 nm）の粒子，空孔のサイズ分布を見積もる手法である．図3.7.8にX線小角散乱法の概念図を示す．ある試料中

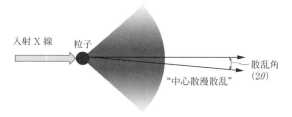

図3.7.8　X線小角散乱法の概念図
散乱角が小さな領域（約0～10°）の情報を用いて解析する手法

に，まわりとは異なる密度の物質（粒子や空孔）が存在した場合，この試料にX線を照射すると，その物質が散乱体として働き，X線の進行方向が変化する．これをX線の散漫散乱とよぶ．この散乱信号は微弱であるため，通常は散乱角度が小さな領域，つまり小角領域とよばれる 2θ が0～10°程度の範囲でのみ観測される．これを解析することにより粒径や空孔径とその分布を求めることができる[5,8]．図3.7.9，図3.7.10に小角散乱プロファイルの例を示す．小角散乱法では，粒径・空孔径の平均サイズが大きいほどプロファイルの傾きが大きくなる．また，サイズ分布が小さい（サイズがそろっている）ほど，プロファイルのうねりが大きくなる．一般に，粒径・空孔径の解析は，あるサイズ分布や形状をモデル化し，そのモデルに基づく散乱強度パターンとのフィッティングにより結果を得る（図3.7.11）．小角散乱法を用いた磁性体の測定事例としては，カーボンマトリックス中に分散された Ni 微粒子（グラニュラー磁性体）の解析事例[9]などがあげられる．

(ⅲ) X線反射率法[10,11]　物質のX線に対する屈折率 n は，1よりもわずかに小さいため，表面が平坦な物質の表面すれすれにX線を入射すると全反射を起こす．基板上に製膜した薄膜試料のX線反射率を測定すると，図3.7.12に示すように表面と界面で反射したX線の干渉により反射率に振動が現れる．この図から，臨界角度以下の領域では反射率がほぼ1となって全反射が起きており，また表面および界面で反射したX線が干渉し，反射率プロファイルに振動が現れていることがわかる．X線反射率

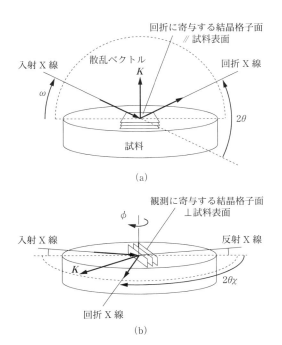

図3.7.7　結晶成長状態の評価
(a) Out of plane 測定　(b) In-plane 測定

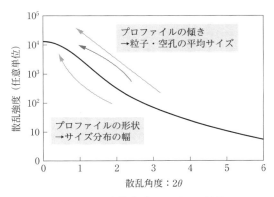

図3.7.9　小角散乱プロファイルの解釈

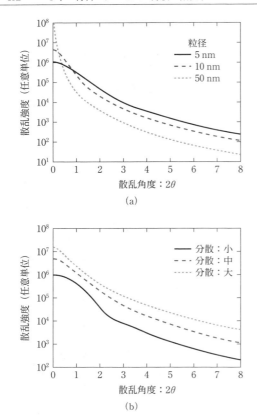

図 3.7.10 小角散乱プロファイルの違い
(a) 粒径の違いによる小角散乱プロファイル（粒径が大きくなるほど，プロファイルが急勾配になる）
(b) 粒径分布の違いによる小角散乱プロファイル（分散が小さい（粒子サイズがそろっている）ほど，うねりが強くなる）

法は，このようにX線の反射率が物質の密度などと関係していることを利用して，反射率の入射角度依存性（またはエネルギー依存性）を測定し，そこから膜厚，密度，界面粗さなどの膜構造のパラメーターを決定するという方法である．実際の解析では，測定反射率プロファイルと計算反射率プロファイルが一致するように，膜厚，密度，界面粗さなどを最小二乗法解析によって精密化することにより結果を得る．図 3.7.13 に磁性膜の解析例を示す．試料の設計膜構造はTa (20 nm)/NiFe (15 nm)/ガラス基板である．解析の結果，それぞれの相の膜厚，密度，ラフネスが求まった．設計膜構造を用いて解析を行ったところ，計算プロファイルと，実測プロファイルには残差がみられた．そのため，測定プロファイルから得られた振動成分にフーリエ変換を行い，膜厚情報を求めたところ，設計した膜以外に数 nm の薄い層の存在が示唆された．表面に存在するTa層が酸化することがあるため，表面にTaOが存在すると仮定し，解析することにより，良好な解析結果が得られた[11]．

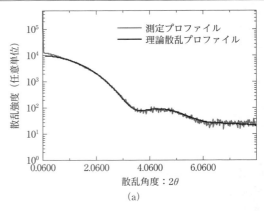

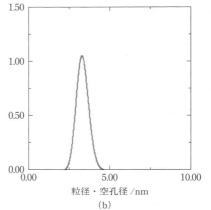

図 3.7.11 小角散乱解析と得られる結果
(a) 粒径・空孔径解析　　(b) 粒径・空孔径分布

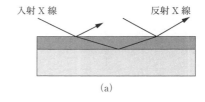

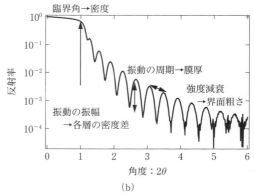

図 3.7.12 X線反射率プロファイルからわかること
(a) 反射率測定の概念図　　(b) 反射率プロファイルと各種パラメーターの関係

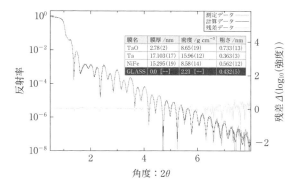

図 3.7.13 磁性膜の X 線反射率解析

膜名	膜厚 /nm	密度 /g cm⁻³	粗さ /nm
TaO	2.78(2)	8.65(2)	0.733(13)
Ta	17.103(17)	15.96(12)	0.363(3)
NiFe	15.295(19)	8.58(14)	0.562(12)
GLASS	0.0 [--]	2.21 [--]	0.432(5)

文 献

1) 中井 泉, 泉富士夫, "粉末 X 線解析の実際 第 2 版", pp. 1-17, 朝倉書店 (2009).
2) A. P. Alvasatos, *Science*, **271**, 933 (1966).
3) P. Scherrer, *Nachr. Ges. Wiss. Göttingen*, **26**, 98 (1918).
4) G. K. Williamson, W. H. Hall, *Acta Metall.*, **1**, 22 (1953).
5) 佐々木明登, リガクジャーナル, **35**, 37 (2004).
6) H. Konaka, T. Ida, K. Haga, T. Shishido, *et al., J. Flux Growth*, **2**, 41 (2007).
7) 小城あや, 紺谷貴之, 稲葉克彦, リガクジャーナル, **37**, 21 (2006).
8) 松岡秀樹, 日本結晶学会誌, **41**, 213 (1999).
9) 伊藤義泰, 真空, **49**, 56 (2006).
10) 桜井健次, "X 線反射率測定入門", 講談社サイエンティフィク (2009).
11) 八坂美穂, リガクジャーナル, **40**, 1 (2009).

c. 電子顕微鏡による微細構造評価

汎用の電子顕微鏡法は, 収束した電子ビームを試料表面上を走査させながら, 二次電子や後方散乱電子を検出してバルクの表面形態を観察する走査電子顕微鏡法と, 高エネルギー電子を薄膜試料を透過させ, その内部組織を観察する透過電子顕微鏡法に大別される. ここでは, 後者の透過電子顕微鏡法の結像原理や磁性薄膜を観察するさいの留意点も含め, そのおもな観察手法について記す.

(i) **透過電子顕微鏡の構成と結像原理** 透過電子顕微鏡は, 電子銃より発生した電子を加速管, 集束レンズを通して試料ホルダ先端の薄膜試料に入射させ, 対物レンズと投影レンズなどの結像系レンズを通して, 顕微鏡像や回折パターンを蛍光スクリーンに映し出す装置である. 数百 keV の高エネルギーの電子線 (光速の 0.8 倍程度の速度をもつ) が空気などのガスにより散乱されないように, 顕微鏡内は真空に保たれている. 透過電子顕微鏡のレンズは電磁石からなり (電子レンズとよばれる), ローレンツ力を利用して電子軌道を高精度に制御し, レンズ機能を実現している. 蛍光スクリーンに映し出される顕微鏡像や回折パターンは, 鉛ガラスからなる観測窓を通して観察され, 最終的にはフィルムや CCD カメラで撮影される. 温度変化に伴う組織の変化を動的に観察するさいには, テレビカメラを用いてビデオ撮影される.

多数の電子レンズからなる透過電子顕微鏡の内部構造は複雑であるが, その最も基本的な構成を, 光学顕微鏡と比較して示したのが図 3.7.14 の光線図である. 透過電子顕微鏡におけるレンズコイル (⊠) で示される電子レンズを光学レンズで置き換えれば, 二つの結像過程は同一であることがわかる. A—B の実線部を横にして拡大した図 3.7.15 の光線図を用いて, 透過電子顕微鏡の結像原理が理解できる. 試料に入射した電子線は, 回折角 2θ で散乱され対物レンズの後焦平面上で一点に収束し回折点を形成する. 電子顕微鏡では, この後焦平面上に形成される規則的なパターンを投影レンズを用いて蛍光スクリーン上に映し出すことにより, 電子回折パターンが得られる. ここで, 電子レンズの焦点距離を変え, 後焦平面の散乱波をそのまま通過させれば, 蛍光スクリーン上に拡大像 (電子顕微鏡像) を映し出すこともできる. このように透過電子顕微鏡では, 電子レンズの焦点距離を変えることにより, 回折パターン (逆空間の情報) と電子顕微鏡像 (実空間の情報) の両方を観察でき, 両者の情報をうまく取り入れた観察様式が利用されている. たとえば, 回折パターンの観察では, あらかじめ電子顕微鏡像 (拡大像) を観察し, 絞り (制限視野絞り) を挿入することにより注目する領域を選択し, 電子レンズの焦点距離を変えて, その領域のみから

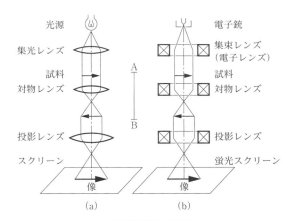

図 3.7.14 電子顕微鏡の光線図
(a) 光学顕微鏡 (b) 透過電子顕微鏡

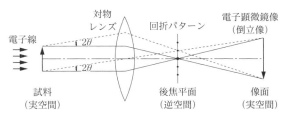

図 3.7.15 光学レンズに基づく透過電子顕微鏡像の結像過程を示す光線図

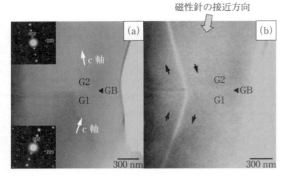

図 3.7.16 Nd-Fe-B 薄膜の電子顕微鏡像と制限視野電子回折パターン (a). GB は結晶粒界を示す. ローレンツ顕微鏡像 (b). 白い線は磁壁に対応する. 大きな矢印は, 磁化させるため磁性針の進行方向を示す. 小さな矢印は結晶粒の磁化の方向を示す.

の回折パターンを観察できる（制限視野電子回折法）. こうして, 複雑な微細組織の個々の領域の結晶構造やそれらの結晶方位関係を知ることができる. 図 3.7.16(a) は, 後述する集束イオンビーム（FIB）法で作製した Nd-Fe-B 薄膜の電子顕微鏡像と制限視野電子回折パターンの例である[1]. 像中央部の GB で示した位置に結晶粒界が存在するが, その下部の結晶粒 G1 と上部 G2 の回折パターンより, 磁化容易軸である c 軸の方向が同定できる. 図 3.7.16(b) はローレンツ顕微鏡像（4.5.5項を参照）で, 大きな矢印で示す方向に磁性針を接近させたさい, 逆磁区が発生し磁壁が白い線として観察されている. 小さな矢印は磁化の方向を示し, 磁壁が(a)の磁化容易軸である c 軸と平行となっていることがわかる.

絞りを挿入して制限できる視野範囲は, 通常 0.1 μmφ（径）程度であるが, 最近の電子顕微鏡では, 試料上に入射電子線を小さく収束させて電子回折パターンを観察する, いわゆるナノビーム電子回折法[2]が活用されており, この場合には数 nmφ 以下の微小領域からの回折パターンが観察される.

(ⅱ) 電子顕微鏡像の種々の観察様式 電子顕微鏡像を観察するさいには, あらかじめ回折パターンを観察し, 対物レンズの後焦平面上に絞り（対物絞り）を入れて, 電子回折パターンの中の注目する回折波を選択し, 電子レンズの焦点距離を変えて電子顕微鏡像を蛍光スクリーンに映し出すことができる[3]. これにより, 高い像コントラストで不純物の識別や格子欠陥の観察が有効に行われる. 図 3.7.17(a) に示すように, 透過波を対物絞りで選択して観察する様式を明視野法とよび, 図 3.7.17(b) に示すように, 一つの回折波を対物絞りで選択して観察する場合を暗視野法とよんでいる. 暗視野法では, 通常対物絞りで選択する回折波（g 反射）は, 回折条件を満足し強く励起させた状態で観察する. この状態では, 回折パターン上には透過波と励起した g 反射のみが認められるため, 2ビーム条件とよばれる.

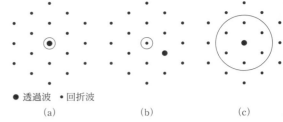

図 3.7.17 回折パターンの模式図と各種電子顕微鏡観察法における対物絞りの挿入様式（円形の対物絞りの中心は, レンズの光軸に一致させている）
(a) 明視野法　(b) 暗視野法　(c) 高分解能電子顕微鏡法

上述の明視野法また暗視野法と異なり, 図 3.7.17(c) に示すように, 後焦平面に大きな絞りを入れて二つ以上の回折波を合成（干渉）することにより像を形成することもできる. これが高分解能電子顕微鏡法であり, 観察される像は高分解能電子顕微鏡像とよばれている. この場合には, 対物レンズの収差が散乱波の位相を乱さない範囲内の, 広い周波数領域の散乱波が結像に利用されることになり, 電子顕微鏡の分解能 d_e は, 電子の波長と対物レンズの球面収差係数 C_s と電子の波長 λ_e を用いて, 次式で与えられる.

$$d_e = 0.65 C_s^{1/4} \lambda_e^{3/4} \tag{3.7.1}$$

図 3.7.18 は, ナノ結晶ソフト磁性材料であるファインメットの高分解能電子顕微鏡像である[4]. 高分解能像中には bcc の Fe-Si のナノ結晶を示す格子縞が観察されているが, その結晶粒（C）間に非晶質相（A）が認められ, ナノ結晶ソフト磁性材料の特徴的な微細組織を明らかにすることができる.

より高い分解能で解析を実施するためには, 式(3.7.1)に記述される電子の波長 λ_e を短くすることが有効であり, このため超高電圧電子顕微鏡も建設されている. 一方, 最近は, 式(3.7.1) 内の対物レンズの球面収差係数 C_s を小さく抑えるために, 収差補正機能をもつ電子顕微鏡も開発されてきている. また, 収差補正を施した照射系レンズを

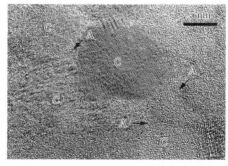

図 3.7.18 ナノ結晶ソフト磁性材料であるファインメットの高分解能電子顕微鏡像
C, A は, それぞれ bcc の Fe-Si のナノ結晶とその結晶粒間に存在する非晶質相を示す.

用い，試料面上に極微小に収束させた電子線を走査させて透過電子を検出することにより，0.1 nm 以下の高い分解能での組織観察も行われてきている．原子分解能で撮影された電子顕微鏡像を定量的に解析するためには，電子線特有の多重散乱，いわゆる動力学的回折効果も十分考慮に入れた解析を実施する必要がある．

(iii) 薄膜試料作製と試料観察の留意点 透過電子顕微鏡を用いて磁性薄膜試料の微細構造観察を行うためには，十分に薄い試料を作製する必要がある[2]．加速電圧が 300 kV の透過電子顕微鏡の場合，試料厚みは 0.1 μm 程度以下に抑える必要がある．従来，金属系の薄膜試料の作製には電解研磨法が用いられてきたが，近年，アルゴンイオンを用いて試料表面原子をはじき出させる（スパッタリング）イオンミリング法や，最近はガリウムイオンビームを微小領域に絞り，スパッタリングによって高速で試料の加工・薄膜化を行う FIB 法が精力的に利用されてきている．FIB 法は，均一な厚みの薄膜が得られるという長所がある一方，試料表面がイオンビーム照射による損傷を受ける場合が多く，最終処理として低エネルギー（100 eV～2 keV）のアルゴンイオンビームなどによる表面層の除去を行うことが必要となる．

透過電子顕微鏡を用いて磁性材料の微細組織を観察する場合，注意を要する点がある．汎用の透過電子顕微鏡に用いられている電子レンズは，電磁石からなり，この対物レンズによる磁束密度は試料位置で約 2 T にも及ぶ．このため，この大きな磁場により強い力を受け，薄膜試料が割れる場合がある．割れた試片はレンズにくっつき，大きな非点収差をもたらし，詳細な組織の観察を困難にする場合さえある．したがって，磁性材料の微細構造観察を適切に行うためには，試料位置での対物レンズの磁場を低く抑えたり，試料をホルダ側にしっかりと固定する必要がある．

文　献

1) H. S. Park, Y. G. Park, Y. Gao, D. Shindo, M. Inoue, *J. Appl. Phys.*, **97**, 033908 (2005).
2) 進藤大輔，及川哲夫，"材料評価のための分析電子顕微鏡法"，共立出版 (1999).
3) 進藤大輔，平賀賢二，"材料評価のための高分解能電子顕微鏡法"，共立出版 (1996).
4) Y. G. Park, H. S. Park, D. Shindo, Y. Yoshizawa, *Mater. Trans.*, **46**, 3059 (2005).

d. 薄膜の組成評価法

（ⅰ）アトムプローブによる評価 アトムプローブ（AP：atom probe）は，電界イオン顕微鏡（FIM：field ion microscope）に飛行時間（time of flight）型の質量分析機能を付加した分析装置であり，アトムプローブ電界イオン顕微鏡（APFIM：atom probe field ion microscope）[1]ともよばれる．電界イオン顕微鏡では，試料表面に存在する原子の観察が可能であるが，APFIM では，電界蒸発法で針状試料の表面原子を次々に蒸発させて質量分析することによって原子種を同定し，試料の深さ方向の原子分布構造を調べることができる．

図 3.7.19 に APFIM の構成を示す．APFIM 解析を行うには，試料形状を先端曲率が 100 nm 程度の針状に加工する必要がある．針状加工では，電解研磨や集束イオンビーム（FIB：focused ion beam）技術が用いられる．針状試料を超高真空装置中に設置して結像ガスとして He，Ne などを微量導入した状態で針状試料に正の電圧を印加する．この場合，試料表面の突出した原子近傍で結像ガスのイオン化電界強度に達すると，結像ガスの電子がトンネル効果で試料表面原子に移行し，正イオンとなる．この正イオンが針状試料と対向して設置されたスクリーン間の電界分布に沿って飛行してスクリーンに衝突して輝点像として観察される．先端曲率半径が 100 nm 程度の針状試料表面が直径 10 cm 程度のスクリーンに投影されるため 100 万倍程度の拡大像として観察されることになる．

FIM の観察分解能は，試料の先端曲率半径や結像ガス種に依存するが，試料温度に最も強く依存する．熱振動による像ぼけを防ぐため，通常，観察試料は極低温（4.2～78 K）に冷却される．試料に加える電圧を増大し表面原子に作用する電界強度がしきい値を超えると，原子が電界の作用で正イオンとなって蒸発し始める．しきい値は材料の種類や結晶方位などに依存する．この電界蒸発では突出部原子が優先的に蒸発するため，針状試料形態はほぼ球表面状となり，球表面に露出した原子の配列が FIM 像として観察されることになる．つまり APFIM で観察できる像は，このような電界蒸発を経て形成された球面状の試料表面の原子配列である．薄膜試料の場合は，薄膜内部の原子配列構造を観察することになる．さらに，電界蒸発現象を活用することによって，試料の深さ方向の原子配列変化を観察

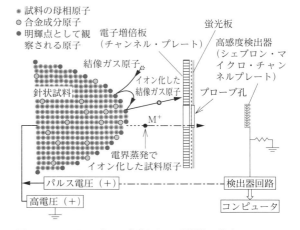

図 3.7.19　アトムプローブ電界イオン顕微鏡の構成
試料表面の原子配列観察ができる電界イオン顕微鏡で分析領域がプローブ孔に該当するように位置調整した後，電界蒸発により試料表面原子を蒸発させて検出器で飛行時間を計測することにより原子種の同定を行う．

することができる.

アトムプローブでは，図3.7.19に示すようにスクリーンの一部にプローブ孔を設け，電界蒸発によりプローブ孔を通過したイオンがその先に設けられている検出器に到達する時間を計測する．この時間計測から質量-電荷比（質量/電荷）を決定できるので，試料表面に存在する個々の原子の種類を同定できる．検出感度は質量にほとんど依存しないため，H, B, Cなどの軽元素も質量の大きな金属元素と同様の感度で検出できる．また，イオンが到達した位置情報を検出器で併せて測定しておけば，プローブ孔部分でFIM像として観察される領域に相当する試料表面の原子位置と原子種の2種類の情報を同時に知ることができる．

APFIM分析では，針状試料に電界蒸発しない程度の正電圧をかけた状態でパルス状の正電圧を重畳印加して表面原子をイオンとして電界蒸発させる．パルス電圧の代わりにレーザー光を針状試料先端部にパルス照射する技術も用いられている[1]．半導体材料など電気伝導性が悪い試料では，もっぱらレーザー光が用いられる．電圧やレーザー光のパルス照射をトリガーとしてイオンの飛行時間を正確に測定することができる．

アトムプローブ分析では，試料を電界蒸発させながら$10^3 \sim 10^7$個程度の原子検出が行われる．原子種を正確に決定できるが，試料形態や測定条件などの制約があるため，測定可能な最大試料体積は10^5 nm^{3}程度である．これら測定データはコンピュータデータとして蓄積され，トモグラフィー技術を用いて試料の三次元原子配列構造として再現される．アトムプローブは，単結晶材料，多結晶材料，非晶質材料，多層膜複合材料などで複数種の原子が含まれる材料の三次元原子配列構造を正確に決定できるユニークな評価技術である．この評価法を使用する場合，試料を針状に加工する必要があること，高電界が加わるため強度の小さい結晶粒界などが針状試料先端部に存在すると応力破壊しやすいこと，同じ質量・電荷比をもつ原子種（たとえばO^+, S^{2+}）の区別ができないこと，などの点に注意する必要がある．

(ii) 透過電子顕微鏡による評価　透過電子顕微鏡（TEM：transmission electron microscope）は，薄膜材料の微細構造観察で広く活用されている．TEMにエネルギー分散型X線分光法（EDX：energy dispersive X-ray spectroscopy）や電子エネルギー損失分光法（EELS：electron energy-loss spectroscopy）の分析機能を付加した評価技術がTEM-EDX，TEM-EELSである．これらの評価技術を用いれば，薄膜材料の微細構造と組成分布を観察することができる．

TEMでは，通常100～400 keVのエネルギーをもつ電子を試料に照射し，透過した電子を電子レンズによって結像させて試料の微細な形態や結晶構造の観察を行う．入射電子は，試料を通過するさいにエネルギーを失わない弾性散乱電子と材料物質との相互作用でエネルギーを失う非弾性散乱電子に分けられ，通常のTEM観察では弾性散乱電子が用いられる．非弾性散乱には，高エネルギーをもつ入射電子が試料原子の電子軌道に存在する電子を軌道外に弾き飛ばし，相応のエネルギーを消失する現象が含まれる．

図3.7.20に示すように，試料を構成する原子の内殻電子が失われると外殻電子がエネルギー準位の低い内殻電子位置に移動し，外殻と内殻のエネルギー差に相当するエネルギーが電磁波（X線）として放出される．X線のエネルギーは，原子構造と電子殻間の準位差に依存する．複数種の原子から構成される試料では，構成元素に対応した複数の原子固有のX線が放出される．このX線のエネルギー分布と強度をエネルギー分散型分光器（EDX：energy dispersive spectrometer）で測定することによって試料の構成元素濃度情報を得るのがTEM-EDXである．

この分析法では，軽元素のBより大きな質量の原子種を同時に短時間で測定可能であり，薄膜試料の組成を調べるのに適している．また，TEM-EDXでは入射電子ビーム直径を1 nm程度まで絞れるため，高い空間分解能で試料の局所組成を調べることができる．ただこのさい，入射電子ビームは観察試料内で散乱するため，組成測定領域は入射電子ビーム径より幾分増大すること，および薄膜試料の厚さ方向の組成が測定されていること，などに注意する必要がある．

また，Ti-K_βとV-K_α, Mn-K_βとFe-K_αのようにいくつかの原子種でX線のエネルギー値が重複する場合もあるので，測定結果の解釈では注意が必要である．TEM-EDXを用いて，直径が10 nm程度の微結晶粒子から構成される薄膜磁気記録媒体の組成構造などが調べられている[2~4]．

これに対し，試料を構成する原子と相互作用して相応のエネルギーを失った非弾性散乱電子を用いて試料の組成情

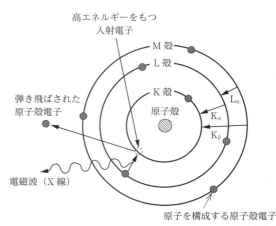

図3.7.20　入射電子と原子の相互作用による電磁波（X線）の放出
入射電子が原子殻電子を弾き飛ばして形成された空位に外殻の電子が移動し，外殻と内殻の電子エネルギー差に相当するX線が発生する．

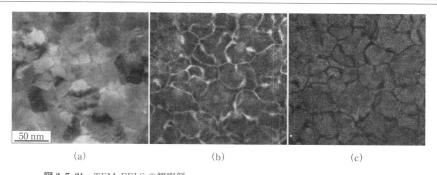

図 3.7.21　TEM-EELS の観察例
　　　　　観察試料は Co-Cr-Ta 垂直磁気記録媒体．
　　　　　(a) 通常の透過電子顕微鏡像　　(b) Cr 元素の分布像　　(c) Co 原子の分布像
[K. Kimoto, Y. Hirayama, M. Futamoto, *J. Magn. Magn. Mater.*, **159**, 401 (1996)]

報を得るのが TEM-EELS[5] である．入射電子と原子の相互作用は原子の種類によって変化するため，非弾性散乱電子のエネルギー損失を電子エネルギー損失分光法（EELS：electron energy-loss spectroscopy）で測定することにより，1〜2 nm 程度の高い空間分解能で元素分析や化学結合状態の解析をすることができる．EELS 法は，Li や B などの軽元素から質量数の大きい金属元素まで広範な元素の組成分析が可能であり，さらに EDX 法に比べて軽元素に対する分析感度が高く，また元素によっては化学結合状態分析も可能である．薄膜材料の組成分析では，多くの元素の同時検出が可能な TEM-EDX で概略の組成分布を把握し，特定の元素に的を絞って TEM-EELS で詳細な組成分布解析を行うのが妥当である．

組成分析の空間分解能も透過非弾性散乱電子を用いる TEM-EELS の方が幾分優れている．また，TEM-EELS ではエネルギーフィルタ法を活用した元素マッピング観察が可能である．この手法は特定原子と相互作用してエネルギーを失った非弾性散乱電子を透過電子顕微鏡の像観察に用いる手法であり，損失エネルギーが元素種に依存する現象を活用している．複数種類の原子と相互作用した非弾性散乱電子の強度をそれぞれ計測し，強度比から微小部の組成分布を定量評価することもできる．

図 3.7.21 に垂直磁気記録媒体（Co-13 at% Cr-3 at% Ta）の組成分布を測定した結果例[6] を示す．弾性散乱電子を使用して観察した(a)薄膜媒体の平面組織像，Cr 原子と相互作用した非弾性散乱電子を用いて観察した(b)Cr 原子マップ像，Co 原子と相互作用した非弾性散乱電子を用いて観察した(c)Co 原子マップ像が比較されている．(b)，(c)ではそれぞれの原子濃度が高い部分が白コントラスト像として観察されている．結晶粒界部には非磁性 Cr 原子が偏析し，粒子内では Co 原子に富んでいることがわかる．また，組成定量評価法を用いることにより，粒子内の Cr 原子濃度は 10 at% 程度であるが結晶粒界部では 25〜30 at%に増大していることなどを知ることができる．

TEM-EDX および TEM-EELS は，薄膜の微細構造観察に対応して組成分布をナノメートル精度で正確に測定できる．アトムプローブは，三次元の原子配列構造を詳細解析できるユニークな材料評価分析技術である．薄膜や磁性微粒子材料の技術開発における有効活用が期待される．

文　献

1) M. K. Miller, A. Cerezo, M. G. Hetherington, G. D. W. Smith, "Atom probe field ion microscopy", Oxford University Press (1996).
2) N. Inaba, T. Yamamoto, Y. Hosoe, M. Futamoto, *J. Magn. Magn. Mater.*, **168**, 222 (1997).
3) M. Futamoto, T. Handa, Y. Takahashi, *IEEE Trans. Magn.*, **44**, 3488 (2008).
4) M. Futamoto, *J. Opt. Adv. Mater.*, **11**, 1567 (2009).
5) R. F. Egerton, "Electron energy-loss spectroscopy in the electron microscope, 3rd. Ed.", Springer (2011).
6) K. Kimoto, Y. Hirayama, M. Futamoto, *J. Magn. Magn. Mater.*, **159**, 401 (1996).

3.7.3　薄膜の物理量評価法

a.　力学的性質（弾性，塑性）

（ⅰ）**弾性的性質**　薄膜の力学特性は，基板のみの試験片が示す特性を基準にして，薄膜によって生じた変化を解析することによって求めることが多い[1]．短冊，円板など単純な形状の基板を用いるのは解析が容易だからである．

薄膜のヤング率は，厚さ d_S の基板に膜厚 d_F の薄膜を形成した試料を長さ l の片持ちばりとして保持し（図 3.7.22），この試料リードに生じる横波弾性振動の固有振動数から求めることができる（振動リード法）[2]．基板のみの場合の振動数は，式(3.7.2)で与えられ，長さ $l=20〜30$ mm，厚さ $d_S=100$ μm 程度の基板を用意すると $f_0=50〜200$ Hz 程度の振動となる．

$$f_0 = \frac{\alpha^2 d_S}{4\sqrt{3}\pi l^2}\sqrt{\frac{E_S}{\rho_S}} \tag{3.7.2}$$

薄膜を堆積させることによる振動数の変化を $\Delta f = f - f_0$

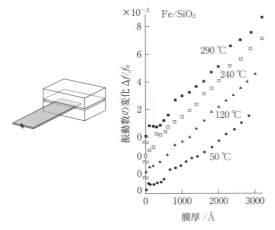

図 3.7.22 結晶石英基板リードと Fe 薄膜の堆積に伴う振動数変化

と表したとき，薄膜が十分に薄い：$d_F \ll d_S$ の仮定のもとで次式となる．

$$\frac{\Delta f}{f_0} = \frac{1}{2}\frac{d_F}{d_S}\left(3\frac{E_F}{E_S} - \frac{\rho_F}{\rho_S}\right) \tag{3.7.3}$$

したがって，薄膜堆積後の試験片で，膜厚あたりの固有振動数の変化率 $\Delta f/(f_0 \cdot d_F)$ を測定すると，薄膜のヤング率は式 (3.7.4) から決定できる．

$$E_F = \frac{1}{3}\left\{2\left(\frac{\Delta f}{f_0 \cdot d_F}\right)d_S + \frac{\rho_F}{\rho_S}\right\}E_S \tag{3.7.4}$$

薄膜の密度 ρ_F についてはバルクの値を用いてもよい．基板による薄膜構造への影響を無視できれば，結晶石英や溶融石英の薄板，シリコンのリボンあるいは Corning 社や Schott AG 社のマイクロシートガラスなど，厚さ 100 μm 程度の板材はこの測定に利用できる．リードの振動は空気の粘性の影響を受けるので，10^{-2} Pa 以下の真空中で測定すれば基板の Q 値を限界とする精度で固有振動数を決定することができる．なお，厳密に基準モードの横振動を起こさせるには，自由端もしくは固定端を強制振動させる必要がある．

レーザーパルスを照射したり[3]，圧電性基板にくし形電極を形成して表面波を励起することによって測定することも可能であるが，測定自体が研究対象になっている．

（ii）硬　さ 従来，硬さは鋭い硬質圧子を試験片に押し付けたり引っかいたりして，できた傷跡から決定されてきた．押し付ける試験法には多くの規格があり，丸い先端の圧子を用いるブリネル試験（JIS B 7724 : 1999）やロックウェル試験（JIS B 7726 : 2010），鋭くとがった圧子（先端の曲率半径にして数十 nm 以下）を用いるビッカース試験（JIS B 7725 : 2010），ヌープ試験（JIS B 7734-1997）などがある．このうち，対面角が 136° をなす正四角錐のダイヤモンド圧子（断面形状として，水平：深さ＝7：1）を押し付けるビッカース試験法が最も一般的な測定法である[4]．ビッカース硬さ HV を求めるには，圧子にかけた最大荷重 L と，できた四角い圧痕の対角線 2 本の長さ D_1，D_2 を顕微鏡観察によって測定し，次式で算出する．

$$HV = 0.1891 \times \frac{L(\text{N})}{D_1(\text{mm}) \times D_2(\text{mm})} \tag{3.7.5}$$

式の意味は，荷重（単位：kg 重）を圧痕部の表面積（単位：mm²）で除したものである．HV は式 (3.3.9) の計算のまま単位なしで表記する規則になっているが，最近では式の意味を考慮して N mm^{-2} の単位で表す報告例も増えている．また，硬さを応力相当の物理量とみなして，Pa（＝N m^{-2}）の単位で表すこともある．この場合，GPa（＝10^9 m^{-2}）の単位で表した数値の 100 倍が従来式の HV 値となる．実際の試験では，最大荷重のほかにその保持時間も指定する．また，ヌープ試験は，ビッカース圧子の底面形状を細長くして試験片に生じる塑性変形をより少なくした試験法で，もろい材料や薄膜に適している．

いずれの方法でも傷をつける試験法では，傷跡の数倍に及ぶ領域で塑性変形が生じる．基材部の影響を受けずに薄膜の硬さを評価するためには，傷の深さを膜厚の 1/10 以下に抑えることが推奨されている．膜厚が薄くなるほど荷重を減らす必要があり，10 N 以下の荷重で行う場合を微小硬さ試験とよぶ．

膜厚が数 μm 以下の薄膜にも適用できる新しい硬さ測定技術が，DSI（depth sensing indentation）試験法（ISO 14577）である[5]．この試験では鋭い先端を実現しやすい三角錐の Berkovich 圧子を用い，荷重に対する押し込み深さの変化を負荷→除荷の往復過程（A → B → D）で記録する（図 3.7.23，図 3.7.24）．荷重を増加させる過程では試料に生じる弾性変形と同時に塑性変形する挙動が，一方，除荷する過程には試料の弾性的回復特性が現れる．除荷過程の B 点における接線を延長した R 点の深さを h_R とすると，塑性変形を生じている部分の深さ（接触深さ）h_C は経験的に式 (3.7.6) で与えられる．

$$h_C = h_B - \varepsilon \times (h_B - h_R), \quad \varepsilon = 0.75 \tag{3.7.6}$$

$\varepsilon = 0.75$ は Berkovich 圧子に対する補正係数である．こ

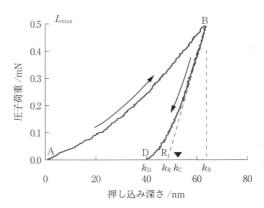

図 3.7.23 ガラス基板上 Cu 膜の押し込み硬さ試験
[馬場 茂，"薄膜工学 第 2 版"（金原 粲 監修，吉田貞史・近藤高志 編著），p.152，丸善出版（2011）]

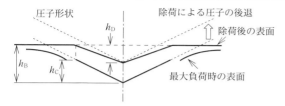

図 3.7.24 押し込みによる硬さ測定(弾性および塑性変形)
[馬場 茂,"薄膜工学 第2版"(金原 粲 監修,吉田貞史・近藤高志 編著),p.152,丸善出版(2011)]

の荷重-変位曲線の解析には,押し込み距離 h に対して侵入した圧子部の表面積を表す関数 $A_S(h)$ もしくはその投影断面積を表す関数 $A_P(h)$ が用いられる.たとえば,稜間角 115° をなす Berkovich 圧子に対する各関数は次の式で与えられる.Berkovich 圧子の表面積関数 $A_S(h)$ はビッカース圧子と同じである.

$$A_S(h) = 26.43 \times h^2, \quad A_P(h) = 24.5 \times h^2 \quad (3.7.7)$$

これらの式から求められる各種の硬さの名称と計算式を表 3.7.2 にまとめる.また,除荷過程における B 点での接線の傾きは,この(圧子+試料)複合系のコンプライアンス $S = (d_L/d_h)_{h_B} = L_B/(h_B - h_r)$ を表すので,押し込み深さ h_C に対応する投影断面積 $A_P(h_C)$ から系の複合弾性率 E^* が式 (3.7.8) により与えられる(Sneddon の式).

$$E^* = \frac{1}{\beta} \frac{\sqrt{\pi}}{2} \frac{S}{\sqrt{A_P(h_C)}}, \quad \beta = 1.034 \quad (3.7.8)$$

これに圧子材料の弾性率 E_i による補正を加えれば,試験材料の押し込み弾性率 E_{IT} を分離できる.これは薄膜のヤング率 E_F に相当する.

b. 内部応力

(i) 真応力と熱応力 薄膜に作用する内部応力には,その構造欠陥に起因する応力(真の内部応力あるいは真応力)と,基板との熱膨張率の違いから生じる熱応力がある.薄膜あるいは基板に与える力学的効果として両者に違いはないが,薄膜固有の特性として真応力を評価したい場合は,測定温度を変えて試料の内部応力を測定すればよい.薄膜が基板に比べて十分に薄いときは,式 (3.7.9) の形式で変化する成分が熱応力であると考える[6].

$$\sigma_T(T) = \frac{E_F}{1-\nu_F} \Delta\alpha(T - T_S) \quad (3.7.9)$$

ここで,薄膜と基板との熱膨張率の差を $\Delta\alpha = \alpha_F - \alpha_S$ とした.また,T は測定温度で,T_S が製膜時の基板温度である.測定中に弾性限界を超える応力が生じる場合には,その温度を T_S にとる.この熱応力を観測された内部応力から引いたものが真応力である.

内部応力はその生成する起源しだいで膜厚によって変わることもある.しかし,膜厚方向の分布を平均した応力が均一に作用しているとみなす解析例が多い.

(ii) 基板変形 厚さの一様な円板あるいは短冊形状の基板を用いれば,基板に生じたひずみから薄膜の内部応力を評価できる.膜厚 d_F の薄膜の断面に,面内方向に等方的な内部応力 σ が作用しているときに,厚さ $d_S (\gg d_F)$ の基板に曲率半径 R の反りが生じたとすると,内部応力は,式 (3.7.10) で与えられる(Stoney の式)[1].

$$\sigma = \frac{E_S d_S^2}{6(1-\nu_S) R d_F} \quad (3.7.10)$$

E_S, ν_S は基板のヤング率とポアソン比である.長さ r の短冊形基板の一端を固定して自由端の変位 δ を測定する場合,あるいは半径 r の円板の中央部の変位 δ を測定する場合は,$R = r^2/(2\delta)$ の関係から曲率半径が求められる.R の測定には光学的な曲率測定器あるいは表面粗さ計など,さまざまな機器の利用が可能である.遊動顕微鏡,電気容量,光てこ[7] を用いると,製膜中に変位の実時間測定を行うことも可能である.基板のひずみを測定する方法は,薄膜が結晶性でない場合にも適用できる利点がある.

(iii) 格子定数測定 X 線回折によって薄膜結晶の格子面間隔を測定することでも薄膜に生じているひずみを知ることができる.薄膜が多結晶性であれば,粉末 X 線回折法の配置で回転軸を薄膜面内にとり $\theta - 2\theta$ 走査を行えばよい.この標準的な測定だけでも組成や結晶配向と同時に,表面に平行な格子面の面間隔が精密に測定できる.さらに,試料を回転軸のまわりで ϕ だけ傾けると,等価な格子面で表面と角度 ϕ をなすものからの回折波を観測できる.薄膜に内部応力 σ が作用している場合は,格子面の傾きに依存して面間隔が変わる.表面と角度 ϕ をなす格子面の面間隔を $a(\phi)$ とすると,式 (3.7.11) で与えられる.

$$\frac{a(\phi) - a_0}{a_0} = \left(\frac{1+\nu_F}{E_F}\sin^2\phi - \frac{2\nu_F}{E_F}\right)\sigma \quad (3.7.11)$$

a_0 は無応力時の格子面間隔である.試料を傾けて測定した $a(\phi)$ のデータを,横軸を $\sin^2\phi$ とするグラフに描くと直線にのることが期待される[8].a_0 は $\sin^2\phi = 2\nu_F/(1+\nu_F)$ における面間隔として得られ,薄膜のヤング率 E_F,ポア

表 3.7.2 各種の硬さの規格

	式
マルテンス硬さ H_M, h_B:最大押し込み深さ	$H_M = L_B/A_S(h_B)$
ビッカース硬さ相当量 H_V^*, h_c:塑性変形部の接触深さ	$H_V^* = L_B/A_S(h_C)$
押し込み硬さ H_{IT}	$H_{IT} = L_B/A_P(h_C)$
押し込み弾性率 E_{IT}, E_i, ν_i は圧子のヤング率,ポアソン比	$\frac{1-\nu_{IT}^2}{E_{IT}} = \frac{1}{E^*} - \frac{1-\nu_i^2}{E_i}$

[備考] A_S, A_P, h_c, E^* は式 (3.7.6),(3.7.7),(3.7.8).

ソン比 ν_F を用いると，直線の勾配から内部応力 σ が決定される．E_F, ν_F に実測値がなければバルクの値を用いる．略式であるが，a_0 を既知とすれば，一つの $a(\psi)$ だけでも内部応力を決定できる．たとえば，θ-2θ 走査法では $\psi=0$ の面間隔，微小角入射による薄膜 X 線回折法[9] では $\psi=90°$ に対する面間隔が得られ，式に代入すれば σ が求まる．

X 線回折の測定を行うと，回折ピークの積分幅（あるいは全半値幅）$\beta_{2\theta}$ をもとに微結晶の粒径 D やひずみ ε を推定できる[10]．これらは次の関係（Williamson-Hall の式）にある．

$$\beta_{2\theta} = \frac{\lambda}{D\cos\theta} + 4\varepsilon\tan\theta \qquad (3.7.12)$$

ここで，λ は X 線の波長，θ は回折角である．θ-2θ 走査で観測されたいくつかの回折ピークに対し，その θ と $\beta_{2\theta}$ から，$\beta_{2\theta}\cos\theta$ を縦軸，$\sin\theta$ を横軸としてプロットすれば，直線の傾きと切片から ε と D が決定できる．

c．密着性

薄膜の付着性は実用上で大きな問題であるが，付着の改善策の効果を評価したいという要請から生まれる試験であって，膜の壊れ方に依存してさまざまな評価法があり，結果も多様である．まずは，薄膜と基板とが原子レベルで十分に接触していれば問題のない付着性が実現できると考えてよい．弱い付着とは，界面部に有機物系の異種物質あるいはわずかな空洞部のために薄膜と基板の結合が著しく弱められた状態である．界面の弱さは丈夫な薄膜によって助けられることもあるので，薄膜自体の構造についての理解も重要である．通常の成膜技術では膜厚が数十 nm，数 μm を境として，膜の構造が 3 段階に変わる．その意味で，膜厚によって適切な付着評価法や試験条件が変わってくる[11]．

（i）引きはがし試験（ピール試験） 柔軟で自立できるほどだが付着は強くないという素性の薄膜に適した試験法である．一定の幅に加工した皮膜の一端を引っ張って引きはがし，それに要する力で評価する．はく離過程でのエネルギー散逸が少なければ，単位幅あたりの引きはがす力は界面エネルギーに相当すると期待されるが，力が引きはがし速度に依存することが多い．自立できない薄膜では粘着テープなどで裏打ちしてからはがすこともある．テープ試験とよばれる．

（ii）引張試験 釘の頭のような作用棒を薄膜に接着して引張試験にかける方法である．接着剤の付着強度よりも強い付着には適用できないのが難点であるが，プリント基板をはじめとする樹脂材料と金属膜の組合せの程度の付着性を測定するのに適している．

（iii）押し込み試験 膜厚の数倍以上の曲率半径をもつ硬質圧子を押し付けて，薄膜をはぎ取る方法である．数 μm 以上の硬質膜では界面部でクラックが入ることが多く，破断面を観察できると同時に靭性を評価できる点で適している[12]．

（iv）スクラッチ試験 鋭い先端曲率をもつ硬い圧子を膜面に押し付けて引っかく試験法である．はく離の機構を物理的に解析することは困難であるが，先端の曲率半径や走査速度などを適当に選ぶと，強い付着の薄膜／基板系にも適用できる利点がある[13]．一定の荷重増加率で圧子荷重を増やしながら引っかき膜に損傷の生じた臨界荷重値を採用する方法が一般的である．膜自体が破壊されるより前に界面はく離が生じるような損傷形態では，圧子接触部の周縁に発生する最大せん断応力，摩擦力を考慮した圧子前方でのせん断応力，はく離部の界面エネルギーに対応させる方法など，物理特性に換算する模型がいくつか提案されている．測定の再現性はひとえに圧子先端部の管理にかかっている．

品質管理が主目的の場合は，荷重一定で引っかく試験法では，はく離部の長さで表示する．また，付着性クロスカット試験（JIS K 5600-5-6：1999）とよばれる方法も，一種の定荷重型スクラッチ試験と考えてよい．この方法では，膜面に 1 mm 間隔で縦横 11 本，長さ 20 mm の刻み線を碁盤の目状に入れ，粘着テープではく離状況を観察する．付着性の統計と試料面上の分布が一度にわかり実用的であるが，刻み線の付け方を十分に制御することが肝要である．

文　献

1) 全体として，日本学術振興会薄膜第 131 委員会 編，"薄膜ハンドブック 第 2 版"，pp. 523-537，オーム社（2008）．
2) 橋本清司，坂根政男，大南正瑛，吉田敏博，材料，**44**，1456（1995）．
3) A. Bennis, A. M. Lomonosov, Z. H. Shen, P. Hess, *Appl. Phys. Lett.*, **88**, 101915 (2006).
4) 馬場 茂，"薄膜工学 第 2 版"（金原 粲 監修，吉田貞史・近藤高志 編著），p. 150，丸善出版（2011）．
5) 佐々木信也，真空，**50**，96（2007）．
6) P. A. Flinn, D. S. Gardner, W. D. Nix, *IEEE Trans. Electron Devices*, **ED-34**, 689 (1987).
7) M. Sugiyama, K. Sugita, Y.-P. Wang, Y. Nakano, *J. Crystal Growth*, **315**, 1 (2011).
8) U. Welzel, J. Ligot, P. Lamparter, A. C. Vermeulen, E. J. Mittemeijer, *J. Appl. Cryst.*, **38**, 1 (2005).
9) C.-H. Ma, J.-H. Huang, H. Chen, *Thin Solid Films*, **418**, 73 (2002).
10) D. S. Rickerby, *J. Vac. Sci. Technol.*, **A4**, 2809 (1986).
11) R. Lacombe, "Adhesion Measurement Methods Theory and Practice", p. 8, Taylor & Francis (2006).
12) P. K. Mehrotra, D. T. Quinto, *J. Vac. Sci. Technol.*, **A3**, 2401 (1985).
13) 馬場 茂，表面技術，**58**，275（2007）．

3.7.4 微粒子の評価法

微粒子の評価について磁性以外にさまざまな項目があるが，磁性微粒子に関する報告例から多くの研究者にとって必要度が高いと考えられる項目を選択して述べる．そこで，評価項目として粒子径，結晶や形態（モフォロジー）など微細構造に関する特性，およびコロイド微粒子の分

散・凝集に関連するゼータ電位を取り上げ，その測定原理とそれらの評価から得られる情報の概要を述べる．

a. 粒子径および結晶や形態など微細構造に関する特性

微粒子の磁性をはじめとする物性の多くは粒子径に依存し，とくにナノメートルレベルではその傾向が強く現れるため，微粒子の寸法に関する情報は物性や機能との相関を議論するうえで重要である．しかし，測定手法により微粒子寸法の物理的な意味が異なるため，粒子寸法の評価手法の特徴に応じてどのような情報が得られるかを踏まえて結果を吟味する必要がある．また，個々の微粒子が分散した状態だけでなく集合・凝集した状態である場合も考慮する必要がある．そのため，粒子径の評価は微粒子の結晶や形態に関連する微細構造までを対象にすることとなる．

（ⅰ）粒子径の考え方 微粒子の形状は球に近いものもあれば，異方的なもの，対称性のない複雑で不規則なものなどさまざまである．そのため，微粒子を代表する寸法として粒子径を定義することが重要である．電子顕微鏡による微粒子の観察では，異方的であっても代表的な寸法で粒子径を定義することができ，その幾何学的な寸法を測定することが可能である．しかし，電子顕微鏡観察では一つの視野の中にある微粒子は100個程度以下である（より精密な評価をする場合には，たかだか数個から数十個が限界である）．形状・寸法の均一な微粒子の評価においては適用可能な手段であるが，形状や寸法が不均一な場合などには粒子径の平均値や分布などを統計的な結果として得る手法としては適していない．そこで，直接的な微粒子の観察による手法以外で粒子径やその分布（粒度分布）を評価する手法が必要となる．その場合，微粒子の形状を知ることができないため，球相当径として粒子径を間接的に定義する．

球相当径とは，ある測定原理で微粒子を測定した場合に，その微粒子と同じ結果（測定量，パターンなど）が得られる球状微粒子の直径である．このことは，測定原理が異なれば異なった粒子径・粒度分布が測定結果として得られる可能性があることを意味している．そのため，測定原理に基づく測定可能な微粒子径の範囲，分解能だけでなく被測定試料の状態（コロイド溶液では微粒子の分散・凝集状態や微粒子の濃度など）を十分に検討して，測定手法の選択，測定条件の設定，得られた測定結果の解析を行う必要がある．

ここでは，粒子径の評価手法として光学的手法であるレーザー回折・散乱法，動的光散乱法，X線をプローブとして用いるX線小角散乱法，X線回折法，および直接的な観察手法である電子顕微鏡法について述べる．

（ⅱ）光学的手法による粒子径の評価

（1）レーザー回折・散乱法： レーザー回折・散乱法の測定原理は以下のとおりである[1〜3]．測定対象となる粒子とは異なる屈折率を有する媒体中では照射されたレーザー光を粒子が散乱する．その散乱角度に対する光強度の空間的な分布は粒子径に依存する．粒子径が小さくなるにつれて，粒子の側方や後方にまで散乱光強度分布パターンが広がる．粒子径がさらに小さくなると散乱光の強度分布パターンが変化しなくなる．このときの粒子径が測定可能な下限値となる．散乱光強度分布パターンは粒子径だけでなく波長にも依存し，原理的には波長が短くなるほど測定可能な粒子径の下限値が減少する．また，波長が短くなると散乱光検出強度も増加するため，照射光の波長を短くすることが測定の分解能と感度の向上に寄与する．しかし，現在市販されている装置では粒子径が10 nm程度以下の場合は測定が困難であり，次に述べる動的光散乱法がそのようなシングルナノ領域では有力な手段となる．

（2）動的光散乱法： 動的光散乱法[4]は，シングルナノ領域まで測定できる装置として広く普及しており，その英語名である dynamic light scattering method の頭文字をとって DLS ともよばれている．液中の微粒子が散乱したレーザー光を検出する点でレーザー回折・散乱法と似ているが，この手法では微粒子のブラウン運動の程度を散乱光の時間的変化（ゆらぎ）として検出し，粒子径を求めている．ランダムにブラウン運動する粒子群にレーザー光を照射すると，各粒子から検出器までの光路長が異なることに起因する光干渉により散乱光強度が数 μs から数 ms の時間オーダーでゆらぐ．ブラウン運動では，小さな微粒子は激しく運動し，大きな微粒子は緩慢な運動をする．すなわち，測定対象粒子のブラウン運動の運動性（拡散係数）が散乱光強度のゆらぎの速さに影響するので，ゆらぎの速さから拡散係数を求め，ストークス・アインシュタインの関係式[2]を用いて粒子径を評価することができる．ここで，評価している物理的なパラメーターは液中での微粒子の拡散係数であることから，求める粒子径は流体力学的体積を反映していることになる．微粒子の拡散係数はブラウン運動を支配する溶液の粘性係数や温度に依存するため，それらを把握できていなければ粒子径を評価することはできない．

（ⅲ）X線を用いる粒子径の評価 X線を用いる手法である小角散乱法では，上記の光学的手法による評価と同様に液体中に分散した微粒子の流体力学的な寸法を測定するのに対し，X線回折法では形態的な粒子寸法ではなく結晶学的な寸法，すなわち結晶子の寸法（結晶子径）を測定する．

（1）X線小角散乱法： X線小角散乱法[5〜7]は，ある媒体中にその媒体とは異なる電子密度を有する微粒子が存在するときに入射したX線が散乱される現象を利用する手法である．入射X線に対して 2θ が0〜10°程度の小角の散乱を測定する．この手法では後述のX線回折と異なり結晶性のものだけでなく非晶質の材料も評価ができる．解析できるのは1〜100 nm程度の微粒子，空孔の寸法とその分布である．また，光学的手法と異なり，可視光に不透明な試料の評価も可能である．このように適用性が広く簡便な手法であるが，X線の散乱プロファイルと微粒子あるいは空孔の分散体との相関性を表すモデルの構築が必

要である．X線小角散乱法において留意すべきことは，微粒子が凝集している場合はその凝集体を一つの微粒子として認識することである．これは先述の光学的手法による粒子径測定においても同じことがいえる．つまり，液体などの媒体中で一つの粒子のようにふるまっている場合には単一の微粒子か，その凝集体かを区別することはできない．

（2）**X線回折法**：　一方，同じX線を用いる手法でもX線回折法では，微粒子の結晶性を反映した情報を得ることができる．X線回折法では，得られた回折ピークの半値幅からScherrerの式を用いて粒子径に関連するパラメーターとして結晶子径を算出する[8,9]．結晶子径の減少とともに回折ピークの幅は広がるが，それに伴いピーク強度が減少するため，バックグラウンドレベルと区別しにくくなると測定は困難になる．微粒子では通常，粉末試料を用いて測定を行うが，小さな単結晶がランダムに配置した集合体としてみなせる試料であるため，すべての結晶面からの回折ピークが観測される．球形のように等方的とみなせる微粒子の場合には，最も強度の大きな回折ピークから結晶子径を求めるのが一般的であるが，回折ピークごとに結晶子径を求めることにより結晶学的に異方性のある微粒子の評価も可能である．

回折パターンから比較的容易に結晶子径を求めることができるが，次のような点で注意が必要である．1）回折ピークのプロファイルが入射X線のスペクトルの広がりや回折装置の光学収差などの原因で広がること，2）結晶子径分布の状況により回折プロファイルが変化すること，3）微粒子内のひずみにより回折プロファイルが影響を受けることで，実際の結晶子径と異なった値が算出される可能性がある．ここで評価される結晶学的な寸法と幾何学的な寸法とのどちらに物性，とくに磁性が依存するかはケースバイケースであるため，使い分ける必要がある．

X線回折による結晶子径評価では上述の1）～3）の影響を取り除けば，0.1 nm程度の差も区別することができる．高分解能電子顕微鏡による直接観察と比較して統計的処理が可能な量で，かつ分解能の高い評価ができる手法である．とくに，体積に依存する物性の場合には，結晶子径がナノメートルレベルで小さくなればなるほど，サブナノメートルレベルの差でも大きな体積差を生むことになるため，重要な評価手法である．しかし，微粒子がコロイド溶液中に分散している場合にはその分散・凝集状態を評価することができず，アモルファス微粒子では回折ピークが得られないため評価することができない．

（iv）**電子顕微鏡による粒子径の評価**　電子顕微鏡を用いる微粒子の観察では透過型電子顕微鏡（TEM）を用いる手法と走査型電子顕微鏡（SEM）を用いる手法があるが，得られる情報が異なるため手法に応じた解釈が必要である．共通するのは，統計的な処理をするほどの数量の微粒子から情報を得ることは困難であるものの，個々の微粒子を観察して基本的には分散しているか凝集しているかにかかわらず粒子寸法にかかわる幾何学的な情報を数値化できることである．ただし，電子顕微鏡観察は基本的に真空中で行うため，微粒子の分散・凝集状態はコロイド溶液中の状態を反映しない場合もある．

（1）**透過型電子顕微鏡（TEM）**：　TEMでは，微粒子が分散したコロイド液を，支持膜をはったメッシュに滴下して作製した試料を用いて観察することが多い．有機支持膜などの周囲との電子密度の違いを反映した投影像から微粒子の形状や寸法に関する情報を得ることができる．電子が透過できないほどの大きさでなければ微粒子が凝集している様子も観察することができるが，得られる像は投影像なので微粒子の凝集や複合体などの三次元の構造に関する詳細な情報を得ることは難しい．ただし，SEMとは異なり格子像や回折パターンから結晶構造に関する情報を得ることができるため，微粒子が単結晶なのか多結晶性なのか，コア・シェル構造か，表面に酸化層があるかなどを調べることができる．

（2）**走査型電子顕微鏡（SEM）**：　SEMでは，TEMのように透過した電子から像を得るわけではないので，表面構造を観察している．しかし，画像を得るのに電子を照射した試料から二次電子を用いるか，反射電子を用いるか，それらを混合するかにより，得られる情報が異なる．二次電子像では表面形状の情報を得るのに適しており空間分解能が反射電子像より高い．一方，反射電子像では組成情報が含まれており，エッジが強調されるエッジコントラストが小さい．複数の検出器を有するSEMでは，試料との相対的位置関係により，どの検出器にどちらの成分が多いかなどが異なる[10]．SEMではTEMのように複合構造の内部までを観察することはできないが，表面状態を観察するのに適している．たとえば，複合微粒子では，一つの微粒子により小さな粒子が，内部に分散しているか，表面に付着あるいは結合しているかはTEMとSEMのそれぞれの特徴を生かすと詳細に特定することができる．

（v）**まとめ**　微粒子の寸法，および凝集状態を含めた形態的な情報を得るのに，これまでに述べた手法はそれぞれの測定原理に応じた特徴，言い換えれば一長一短があり，未知の試料では一つの手法ですべての情報を得ることは困難である．微粒子はコロイド溶液中では沈殿物が肉眼で観察されなくても二次粒子という凝集状態になっていることがある．光学的手法やX線小角散乱法では，得られた微粒子径，粒子径分布がどの状態を反映したものか判別することは困難である．X線回折から求めた結晶子径，電子顕微鏡により観察した微粒子径の結果を併せて考えると，一次粒子の大きさ，結晶性とコロイド溶液中での微粒子の分散・凝集状態などをより精密に評価することができる．

b．ゼータ電位と微粒子の分散・凝集性

磁性微粒子の応用を考えると，コロイド溶液中の微粒子のふるまいを知ることが重要である．とくに，その分散や凝集にかかわる性質は前述の粒子径の評価にも影響を与え

る．微粒子をコロイド溶液中で分散させるためには，静電反発力により，あるいは立体的な障害により，微粒子同士がファンデルワールス力や磁気的相互作用によって引き合い，凝集するのを抑制する必要がある[11,12]．ここでは静電反発力に影響する微粒子の帯電状態を評価することについて述べる．その評価はゼータ電位を測定することによって行う．

（ⅰ）**ゼータ電位**[13,14]　まず，ゼータ電位について説明する．液中の微粒子がその表面の解離基や吸着イオンなどの要因で帯電している場合，その表面電荷により逆極性のイオンが引き寄せられ，電気二重層を形成する．微粒子がマイナスに帯電している場合を考える（図 3.7.25）．微粒子表面直近にはプラスイオンの層ができ，Stern 層とよばれる固定層となっている．その外側ではプラスイオンが過剰であり，微粒子表面から離れていくにつれて正負イオンの数の偏りが解消していき，同数存在するようになる．このイオンの偏りのある層を拡散層とよぶ．微粒子から遠く離れて正負イオンが同数存在する位置での電位をゼロとすると，微粒子表面までの電位は図 3.7.25 のように変化する．微粒子が電場などの外場やブラウン運動で液中を移動するときには，周囲に引き寄せられているイオンも一緒に動くが，微粒子から遠く離れたイオンまで動くわけではない．そのため，固定層から拡散層の一部までを引き連れて動く．この拡散層中の微粒子に同伴する部分とされない部分との境界面をすべり面，あるいはずり面とよぶ．このすべり面の電位をゼータ電位とよんで評価している．

（ⅱ）**ゼータ電位測定法**[13,14]　ゼータ電位は電気泳動法により測定される．電解質溶液中に帯電した微粒子を分散させ，外部から電場を印加すると，微粒子は電場から力を受け，電極に向かって動き出す．同時に液体から粘性抵抗を受ける．最後は二つの力はつり合って等速で微粒子は動くようになる．これが電気泳動であり，その移動速度は測定のために印加する電場と微粒子の帯電状態に依存するため，単位電場あたりの移動速度からゼータ電位を求めることができる．この移動速度の測定にはレーザー光を照射してドップラー効果を利用するが，そのシフトした周波数を解析してゼータ電位の分布を評価することもできる．レーザー光をコロイド溶液に照射することから，ゼータ電位測定装置は先に述べた粒子径測定に用いる動的光散乱法から発展した手法であるといえ，市販されている装置では粒子径およびゼータ電位の両方の測定が可能であるものが多い．電気泳動では微粒子からすべり面までが一体となって移動するために，すべり面よりも中にある表面電位を直接測定することはできない．そのため，ゼータ電位が微粒子の表面電位より低いものの，それに代わるものとして分散や凝集に影響を与えるパラメーターとして評価している．

（ⅲ）**ゼータ電位の測定例**　ゼータ電位は微粒子の周囲の環境により変化し，コロイド溶液の温度，pH，電解質濃度などの影響を受ける．これは拡散層の厚さなどがこれらのパラメーターの影響を受けるからである．正負にかかわらずゼータ電位の絶対値が高いほど分散安定性が高い．ゼータ電位の評価はコロイド溶液中での微粒子の状態を知るうえで重要である．図 3.7.26 に水に分散した酸化鉄ナノ粒子のゼータ電位の pH 依存性を示す．この系では pH が 6.2 付近でゼータ電位がゼロとなっている．この pH を等電点とよび，この付近の pH では粒子は沈殿してしまい，pH を等電点から遠くに設定することにより分散性の向上を図ることができる．

ゼータ電位測定における試料調製時の注意点を述べる．測定には微粒子による光の散乱を用いることから測定対象よりも大きな粒子（ゴミなどの不純物）が混在すると，大きな雑音となり測定が困難になるため，ろ過などで除去する必要がある．ゼータ電位は溶液の pH や電解質濃度の影響を強く受けるため，それらのパラメーターの依存性を評価する場合，あるいはある特定の条件下での評価が必要な場合でなければ，試料調製時に最適な pH，イオン濃度に調整する．さらに試料調製時に用いる容器がガラスの場合にゼータ電位が影響を受ける系もあり，その場合にはポリプロピレン製容器などの使用が推奨されている[15]．また，測定時には温度を一定に保つ必要がある．このようにゼータ電位に影響を与えるパラメーターを考慮に入れた試料調製や測定条件の設定に留意しなければならない．

コロイド溶液中での微粒子の分散状態は，先に述べたよ

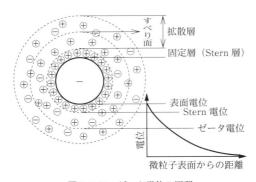

図 3.7.25　ゼータ電位の原理

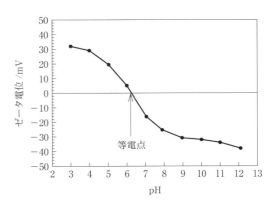

図 3.7.26　ゼータ電位の pH 依存性

うに光学的手法，X 線小角散乱法による粒子径の評価にも影響する．そのため，個々の微粒子，言い換えれば一次粒子の情報を得る手法，分散・凝集にかかわる二次粒子の情報を得る手法などの評価結果を総合的に考察して粒子径を含めた微粒子の状態を把握できることが望ましい．

文　献

1) 神保元二ほか 編，"微粒子ハンドブック"，pp. 185-186, 朝倉書店（1991）．
2) 鷲尾一裕，材料科学の基礎，**5**，2-5, シグマアルドリッチジャパン（2011）．
3) 柳田博明 監修，"微粒子工学体系 第 I 巻 基本技術"，pp. 305-309, フジ・テクノシステム（2001）．
4) 秋吉一成ほか 監修，"先端バイオマテリアルハンドブック"，pp. 145-148, エヌ・ティー・エス（2012）．
5) 佐々木明登，リガクジャーナル，**35**，37（2004）．
6) 日本化学会 編，"コロイド科学Ⅳ. コロイド科学実験法"，pp. 66-81, 東京化学同人（1996）．
7) 文献 4)，pp. 149-152.
8) B. D. Cullity, S. R. Stock, "Elements of X-ray Diffraction, Third Ed.", pp. 167-171, Prentice Hall (2001).
9) 柳田博明 監修，"微粒子工学体系第 I 巻基本技術"，pp. 333-335, フジ・テクノシステム（2001）．
10) 堀内繁雄ほか 共編，"電子顕微鏡 Q&A―先端材料解析のための手引き―"，pp. 27-31, アグネ承風社（1996）．
11) 文献 4)，p. 154.
12) Günter Schmid, "Nanoparticles From Theory to Application, 1st Ed.", pp. 189-191, Wiley-VCH (2004).
13) 日本化学会 編，"現代界面コロイド科学の基礎 講義と測定マニュアル"，pp. 27-32（1999）．
14) 文献 3)，pp. 448-451.
15) 中村彰一，光散乱ジャーナル・LS アドバンス（大塚電子），**1**，3（2002）．

4

磁界・磁化・磁気特性の評価

4.1 磁界計測の基礎・・・・・・・・・・・・・・・475
4.2 磁性体の基礎的測定法・・・・・・・・・・・480
4.3 磁気伝導現象の評価法・・・・・・・・・・・522
4.4 磁気光学現象の測定法・・・・・・・・・・・537
4.5 磁気イメージング・・・・・・・・・・・・・545

4.1 磁界計測の基礎

4.1.1 定常磁界と変動磁界の計測

磁界を計測する磁界センサとして，その周波数帯域や，磁界の大きさ，空間分解能，空間勾配などによって，さまざまなものが使われている．ここで，磁界を計測するにあたって各磁界センサの原理や構造などを理解して使わないと正確な計測が行われない．このため，注意してほしい点を先に述べておく．

磁界成分：磁界はベクトル量であるため，空間での任意の点での磁界を知るには三つの直交した磁界成分を計測するための磁界センサが必要となることに注意したい．このため，いずれかの磁界成分を計測する場合は，磁界センサの向きに注意する必要がある．

感度：センサとして最終的には電圧変換して，さらにAD変換してデータをパソコンなどに収録する．この出力電圧 V と磁界 $A\,m^{-1}$ あるいは磁束密度 T（テスラ）との変換比 $V(A/m)^{-1}$ または $V\,T^{-1}$ を感度とよぶ．ここで，本書は SI 単位系で説明しているが，実際の磁界計測装置では cgs 系の磁界 Oe（エルステッド）や，磁束密度 G（ガウス）が使われているものが多いので変換する必要がある．高感度の言葉は，変換比が大きいことを本来示すが，時として微小な磁界を計測できるものと混同して使われている場合がある．

磁界分解能：どこまで微小な磁界を計測できるのかを示す．広い周波数帯域をもった磁界信号の場合，その帯域すべての雑音を積分した値が検出できる磁界強度，つまり磁界分解能となる．一方，周波数があらかじめわかっている周期的な信号の場合，周波数帯域が狭いため磁界分解能がより小さくなり，微小な磁界を計測できるようになる．このため，単位は $(A\,m^{-1})Hz^{-1/2}$ または $T\,Hz^{-1/2}$ で示され，

この値はセンサの特性上，周波数によって異なるためどの周波数での値かを注意する必要がある．

空間分解能：磁界センサは，さまざまな構造をもっているため，均一な磁界を計測するのか，勾配のある磁界を計測するのかで適応が異なってくる．たとえば，コイルは磁束を計測しているので面積が必要になり，空間分解能を高くするためには面積を小さくする必要がある．一方，コイルは平面であるので，コイルの中心軸方向に対して空間分解能は高い．もっとも，巻き数が増えてくると厚みが増してくるので，その分悪くなってくる．薄膜化された磁界センサはパッケージングされているため，構造を直接見ることができない．計測する磁界の方向は示されているが，磁界センサの感応する面がどのくらいの大きさになっているかを知る必要がある．強磁性体薄膜を用いた MR 素子は薄膜の厚みの面で計測しているが，半導体を用いた MR 素子は薄膜の平面で計測していて，このように磁界を受けている面が異なり，空間分解能が異なってくる．以上の基本的な点に留意して計測を行う必要がある．

磁界計測には，磁界センサを使用する必要がある．広く使われて身近な磁界センサとして導線を巻いたコイルがある．このコイルの動作原理はファラデーの電磁誘導で表せ，コイルを貫く磁束 Φ の時間変化によって電圧 V が発生する．磁束 ϕ は磁束密度 B と面積 S で表せ，コイルを貫く磁束 Φ の場合は，その貫く回数，つまり巻き数 n に比例する．

$$\phi = BS = \mu HS$$
$$\Phi = n\phi = nBS \tag{4.1.1}$$

したがって，コイルの出力電圧は次式となる．

$$V = -\frac{d\Phi}{dt} = -nS\frac{dB}{dt} \tag{4.1.2}$$

このため，変動磁界しか計測できないが，変動磁界を $\mu H_0 e^{i\omega t}$ と書き表すと，コイルの電圧は次式となり，周波

数が大きいほど出力が大きくなる．

$$V = -i\omega nS\mu H_0 e^{i\omega t} \quad (4.1.3)$$

コイルは簡単な構造と作成方法にもかかわらず，高周波帯域での磁界センサとしては高感度なセンサとなる．コイルはインダクタンスのほか，抵抗成分もあるので，電圧出力の読取り限界は抵抗の熱雑音に規制される．

$$V_n = \sqrt{4kT\Delta f} \quad (\Delta f : 周波数帯域) \quad (4.1.4)$$

高周波での磁界センサとして用いている例に，核磁気共鳴画像（NMR：nuclear magnetic resonance）や磁気共鳴映像（MRI：magnetic resonance imaging）などがある．測定試験の水素原子などの原子核の核スピンは，装置の磁石によって歳差運動して磁化が発生する．この磁化ベクトルに対して共鳴周波数のメガヘルツ帯域のラジオ波を照射すると吸収が起こり，その後，磁化ベクトルの緩和により放出が発生する．この共鳴現象変化を受信するためにコイルが使われている．一方，周波数が低い磁界計測をコイルで行う場合，空芯コイルでは感度が低くなるため，透磁率の高い磁気コアを挿入してコイルを貫く磁束を大きくしたものを使うことができる．この場合には測定周波数の上限は，この磁気コアの周波数特性によって決まってくる．

電気抵抗のある線材を用いた場合は周波数が高い信号しか計測できないが，導線が超伝導のコイルになると直流からの定常磁界を計測することができる．超伝導では，コイルを貫こうとする磁束 Φ が入らないように超伝導電流 I が流れる．コイルのインダクタンスを L とすると，遮へい電流は，次式となる．

$$I = \frac{\Phi}{L} \quad (4.1.5)$$

この遮へい電流を電圧などに変換する素子によって磁界を計測することができる．超伝導特性を用いた磁界センサである超伝導量子干渉素子（SQUID：superconducting quantum interference device）は，超伝導コイルによって遮へい電流がつくる新たな磁束をSQUIDに伝達させて電圧変換している．超伝導の特性による遮へい電流を計測することによって，常伝導のコイルでの周波数依存性とは異なり，定常磁界から高周波までのすべての帯域の磁界を計測することができる．

最近の多くの磁界センサは，集積化回路のように薄膜化された電子デバイスとなっている．薄膜化された磁界センサとして広く使われているものに，ホール素子や，磁気抵抗素子（MR：magnetoresistance），フラックスゲート磁力計（flux gate magnetometer），磁気インピーダンス効果素子（MI：magnetic impedance）[1]などがある．また，高感度なものとしては，プロトン磁束計や，SQUID，光ポンピング磁力計などがある．これらはすべて定常磁界から高周波までの磁界を計測できるが，その駆動方法によって計測できる周波数が限定される．図4.1.1に，各磁界センサの計測できる磁界計測範囲を表したが，これらはあくまで目安であって，各素子は適用に応じて仕様が異なっている．正しい磁界計測をするためには，使用する磁界セン

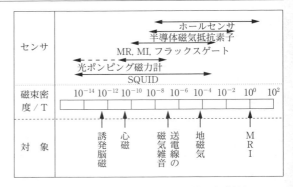

図4.1.1 各種磁界センサによる磁界計測範囲

サの動作原理と，その構造を知っておく必要がある．

4.1.2 強磁界計測法

a. ホール効果を用いた計測

ホール効果は，導体中の電流が磁束密度によって，電流に対して直交した方向に電圧 V_H が発生する現象である．図4.1.2はホール素子の原理を示している．電流として速度 v で動いているキャリヤ（電荷）q が，磁束密度 B によって動いている方向と磁束密度のそれぞれの方向に直交した方向に力 F が発生するローレンツ効果に基づいた現象である．電流 I はキャリヤ密度を p として，素子の幅を a，厚みを d とすると次式となる．

$$I = qpvad \quad (4.1.6)$$

電荷 q に働くローレンツ力と，幅 a の方向の電界 E_H による力が平衡状態になるので次式が得られる．

$$qE_H = qvB \quad (4.1.7)$$

薄膜導体のホール電圧 V_H は，次式で表すことができる．

$$V_H = E_H a = R_H \frac{IB}{d} \quad (4.1.8)$$

ここで，次式 R_H をホール係数とよぶ．

$$R_H = \frac{1}{qp} \quad (4.1.9)$$

これから，キャリヤ密度が小さいほどホール電圧が大きくなるので，金属よりも半導体でホール素子がつくられる．測定磁界強度は mT 以上の強磁界測定に適している．また，図よりホール素子の計測する磁界の方向は，薄膜ホール素子の平面に垂直となるので，ホール素子は面で計測するようになる．

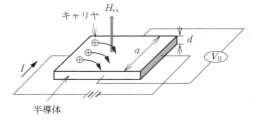

図4.1.2 ホール効果を用いた磁界計測の原理

b. 磁気抵抗効果を用いた計測

磁気抵抗素子は，名前のごとく磁界によって抵抗値が変化するものである．磁気抵抗が変化するものとして，ホール素子の原理で述べたのと同じローレンツ力を用いたものと，強磁性体薄膜の磁化を用いたものがある．強磁界計測の場合では，このローレンツ力を用いた半導体が使われる．ホール素子では，四端子で電圧発生を計測したが，電圧が発生するとローレンツ力とつり合うので，キャリヤは流れの方向が変化しなくなる．このような状態では，抵抗は変化しなくなるため，半導体磁気抵抗素子では電圧が発生する端子部分を短絡させて，キャリヤの曲がりを効率良くする構造が必要になる．このため，図 4.1.3 のように帯状の電極をストライプ状に形成することにより，キャリヤの流れの変化を大きくすることができる[2]．ここで，強磁界における抵抗変化率（$\Delta R/R_0$）はキャリヤの移動度を μ とすると次式となり，磁界に対して比例する．

$$\frac{\Delta R}{R_0} = C\mu B \quad (C: 比例定数) \quad (4.1.10)$$

ホール素子と同様に，大きな磁界を測定することができる．

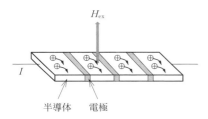

図 4.1.3 半導体磁気抵抗効果を用いた磁界計測の原理

4.1.3 中磁界計測法

a. 磁気抵抗効果を用いた計測

磁気抵抗素子のうち mT から nT 程度の磁界を計測できるものとしては，強磁性体薄膜を用いた異方性磁気抵抗（AMR：anisotropic magnetoresistance）や，巨大磁気抵抗素子（GMR：giant magnetoresistance）[3]，トンネル磁気抵抗（TMR：tunneling magnetoresistance）[4] などの多くの種類がある．しかし，それぞれ応答機構は異なっている．AMR は NiFe パーマロイなどの強磁性体薄膜を用いたもので，薄膜の長手方向と磁性体の磁化ベクトル M との角度が α とすると外部磁界により角度が変化する（図 4.1.4）．外部磁界による抵抗変化は，角度 α を使うと次式と表せる．

$$R = R_0 + \Delta R_0 \cos^2\alpha \quad (4.1.11)$$

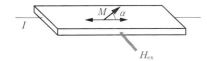

図 4.1.4 強磁性体薄膜を用いた磁界計測の原理

しかし，この特性の線形性を良くするため，パーマロイの薄膜の間に 45°のラインで Al などの金属配線を入れたバーバーポール（barber pole：理髪店の看板柱）パターンが多く使われている．磁気抵抗素子では，磁化ベクトルの向きは薄膜の横方向からの磁界によって変化するので，磁界センサとして計測できる磁界の成分は，ホール素子と異なり磁気抵抗素子薄膜の横方向（面内）の磁界となる．

GMR は Fe/Cr/Fe などの強磁性体/非磁性体/強磁性体の多層膜の構造をもっており，強磁性体間での磁化ベクトルの相互結合状態が抵抗変化となる．このため，磁界により磁化ベクトルが強磁性体間で平行状態や反平行状態の間を変化することにより抵抗値が変化する．GMR は名前が示すとおり，磁気抵抗効果が大きい．

これら MR は民生電子機器に広く使われており，磁気コンパスによる地磁気計測や，磁気ディスク用磁気ヘッドの磁気記録読み出し計測などに使われている．

b. フラックスゲートを用いた計測

フラックスゲートは，相対する方向のパーマロイやスーパーマロイなどの高透磁率のコアをそれぞれに取り付けた励磁コイルにより磁界を印加して，一つの検出コイルで受信する構成からなっている．フラックスゲートの歴史は古く，地表での地磁気変化による地質探査などに使われてきた．高透磁率材料の B-H 曲線を利用したもので，材料としてバルクなソフト磁性材料からなるコアを用いたものが広く使われてきた．しかし，センサ部が大きい問題があり空間分解能を向上させるため，磁性材料の細い線材や，さらには薄膜を用いたものが多く製品化されている．この中でリング状のソフト磁性体を用いたフラックスゲートを例にとりその原理を説明する（図 4.1.5）．リング状のコアに励磁コイルをトロイダルコイル状に巻きつけていき，交流電流を流して磁気飽和させる．外部磁界 H_{ex} の方向が図のようにかかると，まず $H_{ex} = 0$ の場合，それぞれコアの半分の領域では，磁束密度は同じ大きさで反対を向く．この場合，受信コイルには，磁束密度はキャンセルされるため電圧は発生しない．一方，外部磁界がかかると右半分と左半分では磁束密度が異なってくる．このずれ方により受

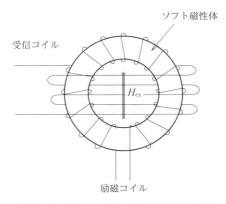

図 4.1.5 フラックスゲートの磁界計測の原理

信コイルには磁束の変化が発生するので電圧が生じる．この変化量を読み取ることにより磁界を計測できる．読み取れる磁界の周波数は励磁周波数より低くなる．

c. MI効果を用いた計測

導体に高周波電流を流すと，表皮効果によって電流が流れる領域が表面に限定される．電流が流れる表面からの深さ δ は，周波数 f と材料の透磁率 μ，抵抗率 ρ によって次式で表せる．

$$\delta = \sqrt{\frac{\rho}{\pi f \mu}} \quad (4.1.12)$$

ソフト磁性体の場合，透磁率が高く，また外部磁界によってその透磁率が変化するので抵抗が大きく変化する．また，インダクタンスも透磁率で決まるので，抵抗とインダクタンスを含んだインピーダンスが大きく変化することになる．ソフト磁性体のインピーダンス変化を最も強く得るために，零磁歪アモルファスワイヤが使われる．零磁歪アモルファスワイヤは，ワイヤの周方向にお互い逆の方向を向いた磁区で隔てられている．この周方向の磁化ベクトルは，ワイヤの長手方向の磁界によって角度が変化する（図4.1.6）．計測する磁界に対して，磁化ベクトルはフラックスゲートでは磁性体に対して長手方向でMI素子では垂直方向なので，MI素子のほうがマイクロ化に適していて，感度的にも優れている[5]．MI素子は愛知製鋼から製品が出ている．最も高感度なものとして 10 pT Hz$^{-1/2}$（10 Hz あたり）が得られている．

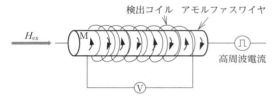

図4.1.6 MI効果を用いた磁界計測の原理

4.1.4 微小磁界計測法

微弱な磁界を計測するためには，当然，高感度な磁界センサが必要とされるが，それとともに環境の磁気雑音を取り除く必要がある．地磁気は 50 μT 程度あり，つねに環境中には大きな定常磁界がかかっていることになる．このため，地磁気の方向と計測方法には気をつける必要がある．また，建物内では鉄筋など磁気抵抗が小さなものが入っているので，地磁気が一部の場所で強くなっている場合もあり，計測場所にも気をつける必要がある．これらの影響を取り除く方法には以下の三つの方法がある．一つは環境磁界を磁気シールドを用いて遮へいする方法で，高透磁率材料であるパーマロイを用いて，磁気シールドルームあるいはボックスのように磁気回路をつくり，パーマロイのほうに磁界を流して，囲まれた空間に磁界を遮へいする（図4.1.7）．もう一つの方法としては，計測場所の狭い空

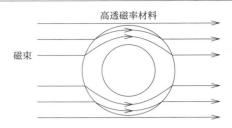

図4.1.7 磁気シールドを用いた磁界遮へいの原理

間だけならば，3軸のヘルムホルツコイルで取り囲み，フラックスゲートのような磁界センサで環境磁界をモニタしてヘルムホルツに流す電流を制御し，環境磁界をキャンセルする方法がある．三つめは電子回路的に環境磁界をキャンセルするには，磁界センサを二つ使い，一つは計測用として，もう一つは参照用として使う方法である．参照用の磁界センサは，測定対象の信号が入らないところに設置する．計測用と参照用の磁界センサには同じ環境磁界が入っているので，両者の差をとることによって測定対象の信号のみを計測することができる．しかし，環境磁界は一般に大きな場合が多いので，磁界センサのダイナミックレンジを広くとる必要がある．

a. 超伝導量子干渉効果を用いた計測

超伝導量子干渉素子（SQUID）は，最も高感度な磁界センサであり超伝導現象を利用している[6]．SQUIDの基本構成は超伝導リングとジョセフソン接合（J-J接合）から構成されている．現在，デバイスとして使われている超伝導材料には大きく2種類あって，NbやNbNなどの金属系の低温超伝導体とイットリウム系のYBa$_2$Cu$_3$O$_y$やサマリウム系のSmBa$_2$Cu$_3$O$_y$などの酸化物系の高温超伝導体がある．超伝導になる臨界温度 T_c は金属系では低く，たとえばNbでは約9K程度であるため，一般的には液体ヘリウム（4.2 K）で冷却する．また，酸化物系は T_c が高いので，たとえばYBa$_2$Cu$_3$O$_y$ では約90Kであるので液体窒素（77 K）で冷却して用いる．磁界分解能は低温超伝導体のSQUIDのほうが良いが，高温超伝導体のSQUIDの研究開発が急速に展開しており，低温超伝導体のSQUIDの分解能に近づきつつある．ここで，ジョセフソン接合を1個用いたものはRF-SQUID，二つ用いたものはDC-SQUIDとよぶ（図4.1.8(a)）．DC-SQUIDは，超伝導リングに一定の電流をバイアスしたときに，磁束変化に対して電圧出力が得られる．一方，RF-SQUIDは，直流電圧として読めないためタンク回路などにより交流的に読み取られる．現在DC-SQUIDの方が高感度で計測回路が比較的簡単であるため，広く使われている．ここで，SQUIDが検知するものは超伝導リングを貫く磁束 Φ であるため，磁束密度 B に面積 S を掛けた量となる．SQUIDの超伝導のリングは面積が小さいため，高感度にするためには大きな面積をもった，つまりインダクタンスが大きな検出コイルをSQUIDに接続する必要がある．

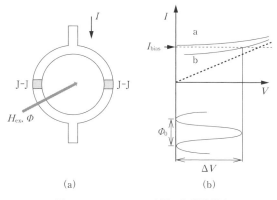

図 4.1.8 DC-SQUID を用いた磁界計測
(a) 原理　(b) 電流・電圧特性

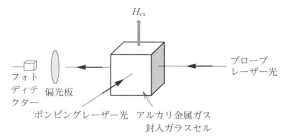

図 4.1.9 光ポンピング法を用いた磁界計測の原理

SQUID は J-J がヒステリシス特性を示すため，J-J に並列の抵抗を入れる．これにより DC-SQUID の電流・電圧特性は図 4.1.8(b) のようになる．バイアス電流を上げていくとある値まで電圧が発生しない，つまり超伝導電流が流れている状態にある．さらに電流を上げていくと電圧状態になっていく．ここで，図中の a は Φ が Φ_0（磁束量子：2.06×10^{-15} Wb）の整数倍の最大臨界電流のときで，b は $(n+1/2)\Phi_0$ の最小臨界電流のときとなる．外部磁界の大きさによって，この a から b の間の特性となる．このため，外部磁界を連続的に変化させると，DC-SQUID の出力は図のように周期的な電圧出力となる．この Φ-V 特性の傾斜 $dV/d\Phi$ は磁束-電圧変換率となり感度に対応するものである．このように，磁束量子の変化を 10^{-6} 程度まで分解して読み取れるので高感度計測が可能となる．SQUID は SQUID のリングそのもので磁界を計測するわけでないので，それに接続されるコイルの特性によって，mT から fT までの幅広い磁界強度を計測対象とすることができる．

b. 光ポンピング法を用いた計測

光ポンピングを用いた磁力計は，ポンピングレーザー光によって励起されたアルカリ金属原子のスピン偏極が，印加されている磁場強度によって，入射してくるプローブレーザー光の偏光面の回転角を変化させる現象を用いたものである．光ポンピングを用いた磁力計の発明は 1960 年代頃と歴史は古いが，最近感度が飛躍的に向上し SQUID の感度に近づいてきた[7]．現在 0.5 fT Hz$^{-1/2}$ が得られており，理論的感度として 0.01 fT Hz$^{-1/2}$ が得られたとしている．これにより最も感度を必要とする生体磁気計測の分野への応用がさかんに試みられており，室温で Cs とバッファ（緩衝）ガスを封入したガラスセルを用いたもので心臓磁界計測が報告されている．光ポンピング磁力計は K や Cs などアルカリ金属を不活性ガスとともにガラスセルに封入したものを使い，図 4.1.9 に示すようにポンピングレーザー，直交方向からプローブレーザーを照射して，プローブレーザーの偏光度を測定している．ガラスセルがセンサプローブとなり，数 cm 角程度の大きさをもつため薄膜磁界センサに比べ大きな体積が必要となる．一般には，アルカリ金属をガス状態にするため，加熱することが行われている．このため，ガラスセルから計測対象を断熱する必要がある．不活性ガスは双極アルカリ原子の拡散を抑えるので，ガラスセル壁との衝突によるスピン緩和を抑える効果がある．アルカリ金属のスピンを利用しており，高感度な計測用としては，ヘルムホルツコイルにより静磁界をガラスセルに印加して，環境の地磁気などを遮へいする必要がある．直線偏光から円偏光へ変換されたポンピングレーザーがアルカリ金属の電子に吸収され励起し，電子スピンの向きがそろう．吸収が起こるためには，たとえば K 原子では D1 や D2 の吸収ラインがあり，その付近の波長のレーザーでポンピングを行う．スピン偏極は，さらに静磁界により歳差運動をしている．ポンピングレーザーと垂直な方向から直線偏光のプローブレーザーを入射させる．歳差運動はプローブレーザー光方向の成分をつくり，ファラデー効果によりプローブレーザー光の偏光面を回転させることになる．また，セルには測定対象の磁界がかかっているので，このため歳差運動が変化し，セルを通ったプローブレーザー光は偏光面の回転変化が起こる．この偏光面の回転角変化を測定することにより，磁界を検出することができる．セル中のプローブレーザー光が通過している距離が長いほど感度がよくなるため，セルの長さは大きい方が良いが，その場合，空間分解能が悪くなる．

文　献

1) 毛利佳年雄，"磁気センサ理工学"，p. 92，コロナ社 (1998).
2) W. Y. Du, "Resistive, Capacitive, Inductive and Magnetic Sensor Technologies", CRC Press (2014).
3) A. Fert, P. Grünberg, The Nobel Prize in Physics 2007.
4) J. S. Moodera, L. R. Kinder, T. M. Wong, R. Meservey, *Phys. Rev. Lett.*, **74**, 3273 (1995).
5) 武士田健一，野田充宏，パニナ・ラリサ，吉田 史，内山 剛，毛利佳年雄，日本応用磁気学会誌，**18**, 493 (1994).
6) J. Clarke, A. I. Braginski, eds., "The SQUID Handbook", Wiley-VCH (2006).
7) I. K. Kominis, T. W. Kornack, J. C. Allred, M. V. Romalis, *Nature*, **422**, 596 (2003).

4.2 磁性体の基礎的測定法

4.2.1 磁化の測定

a. 磁化計測の基本原理

物質は外部磁界 H によって，それ自身からさまざまな磁界を発生させる．物質は磁界によって磁気分極が発生して，磁化 M が生じる．ここで M は単位体積あたりの磁気双極子モーメント（磁気モーメント）である．誘電体における電界中での静電分極の現象に似ているが，誘起される電気双極子モーメントの方向はいつも同じであるが，磁性体の場合は種類によって磁気双極子モーメントの向きが異なる．常磁性体では磁界に対して同方向を向き，反磁性体では磁界に対して反発するので逆向きになる．磁化 M と磁界 H との関係は次式で表せる．

$$M = \chi_m H \quad (\mathrm{A\,m^{-1}}) \quad (4.2.1)$$

磁性によって磁化率 χ_m の符号が変わる．なお，これは SI 単位系では $\mathrm{A\,m^{-1}}$ あるが，磁化では cgs 系の $\mathrm{emu\,cm^{-3}}$ がよく使われることがあるので注意してほしい．磁束密度 B は次式となり，比透磁率 μ_r を使えば式(4.2.3) と表せる．

$$B = \mu_0(H+M) \quad (\mathrm{T}) \quad (4.2.2)$$
$$B = \mu_\mathrm{r}\mu_0 H \quad (4.2.3)$$

磁化率はとくに異方性ではテンソルで表される．単位体積あたりの磁化 M は，これら単位体積にある個々の磁気双極子モーメントの和となる．

$$M = \sum \mu_\mathrm{i} \quad (\mathrm{A\,m^{-1}}) \quad (4.2.4)$$

断面積 S，長さ l，体積 V の物質の磁気双極子モーメント m の大きさは次式となる．

$$m = VM = SlM \quad (\mathrm{A\,m^2}) \quad (4.2.5)$$

磁気双極子モーメントは両側のところで N 極と S 極になっているものと考えることができる．つまり，長さ l だけ離れた両端に磁荷 q が独立して存在しているものとして扱うことができる．磁気双極子モーメント m を磁荷 q とで表すと次式となる．

$$m = ql \quad (4.2.6)$$

磁気双極子モーメントが距離 r だけ離れたところにつくる磁界は，次式となる．

$$H = -\frac{1}{4\pi}\mathrm{grad}\frac{m \cdot r}{r^3} \quad (\mathrm{A\,m^{-1}}) \quad (4.2.7)$$

磁化率を計測する方法は，磁化した物質が勾配磁界によって受ける力学的な計測方法や，磁化した物質から発生する磁界を計測する電磁的な計測方法がある．

（i）**力学的な計測方法** 力学的方法は，磁界によって発生する磁化を力として計測する方法である．均一な磁界中では磁化が発生するものの，力は発生しないので動くことはない．一方，不均一な磁界中では磁化した物質に力が働き，物質の磁気双極子モーメント m には次式の力が働く．

$$F = -\mathrm{grad}(-m \cdot H) = (m \cdot \mathrm{grad})H \quad (4.2.8)$$

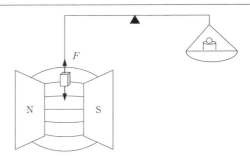

図 4.2.1 磁気天秤法による磁化計測の原理

この力を計測することにより，物質の磁化率を知ることができる．つまり力学的な計測方法では，磁界勾配の発生させる機構と，力を計測する方法が必要となる．まず，磁界勾配であるが，対向する磁石やコイルなどの組合せによってつくることができる．たとえば，対向する磁石の間には，図 4.2.1 のように磁石間の中心線のところが最も磁界が強く，離れるにつれて弱くなっていき，磁界勾配がある．このところに磁性体を置くと磁化率の大きさによって，中心に近づけられるあるいは遠ざける力が働く．この力の計測方法として，磁気天秤とよばれるバランス法によって計測することができる．バランス法は，物質に働いている磁気力の反対側で別の力をかけて平衡させることによって，微弱な磁気力を計測する方法である．別の力として，コイルの電流値を変えることによって電磁力などを使うことができる．計測試料と磁界勾配のかけ方の違いでファラデー法や，Gouy 法などがある．磁気天秤はエムエステックなどから製品が販売されている．

（ii）**電磁的な計測方法** 力学的な方法以外で磁化率を計測する方法として，物質に励起された磁界そのものを磁界センサで計測する方法がある．磁界を計測するセンサとして 4.1 節で各種述べたが，常磁性や反磁性の磁界は微弱であるため，高感度な磁界センサが必要となる．高感度な磁界センサとして DC（直流）から高周波まで計測できる超伝導量子干渉素子（SQUID：superconducting quantum interference device）がある．また，高周波だけであれば簡単な構造のコイルがある．コイルを用いた場合，計測する磁界が変化する必要があるため，コイルと試料の相対位置を変動させる方法や，印加磁界を変動させる方法などがある．コイルを固定して試料を動かす方法は振動試料磁力計（VSM：vibrating sample magnetometer）[1]とよばれ，一方，試料を固定してコイルを動かす方法は振動コイル磁力計（VCM：vibrating coil magnetometer）[2]とよばれる．検出コイルに誘導される信号はファラデーの電磁誘導の式で表されるように，変動する周波数に比例して大きくなる．しかし，コイルを用いた方法ではコイル自身の熱雑音などにより，高感度計測は難しい．一方，SQUID は最も高感度な磁界センサであり，周波数も DC から計測できるので変動させる周波数が低くても一定の感度を得ることができる．

（1）**振動型試料磁力計**：検出コイルを固定して，試料のほうを振動させる方法が VSM である．現在，Princeton Measurements 社や国内では玉川製作所，理研電子，東栄工業などから装置が販売されている．印加磁界をつくる磁石（マグネット）として常伝導のものから強磁界をつくるために超伝導磁石を用いたものなど各種装置がある（b. 項(ⅱ) 参照）．

（2）**振動型コイル磁力計**：VCM は，試料のほうを固定させ検出コイルを振動させる方法である．この方法は均一磁界中に置かれた試料は磁化するので，検出コイルを試料から近づけたり遠ざけたりするとコイルを貫く磁束が変化するので，信号が発生する．検出コイルの振動としては数十 Hz で数 mm 程度振動させることによって計測が行われる．図 4.2.2 のように，微小な試料を磁気双極子モーメントとして扱うと，振動している z 軸上に置かれた一巻きのコイルの位置は次のように変化するので，コイルに誘導される電圧は式 (4.2.10) となる．

$$z = z_0 + a\sin\omega t \qquad (4.2.9)$$

$$V = \frac{\mu_0}{4\pi}\frac{6\pi m}{z_0^2}\frac{\omega a}{\sqrt{2}} G \quad \left(\text{ただし，} G = \frac{\gamma^2}{(1+\gamma^2)^{5/2}}\right) \qquad (4.2.10)$$

ここで，m は磁気双極子モーメント，z_0 は磁気双極子モーメントからの検出コイルの距離，a は振動の振幅，ω は角振動数である．G は幾何学的係数で，γ は半径 r を距離 z_0 で規格化している．

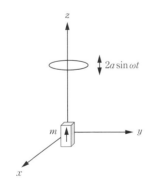

図 4.2.2 VCM を用いた磁気双極子モーメントの検出原理

（3）**SQUID 磁力計**：SQUID を用いると高感度な特性より磁化率の測定の精度が向上するとともに，DC から計測できるため早い振動機構がいらなくなる．計測の精度を上げるためには，試料がなにもないときの信号に対して，試料による信号変化をとらえる方法が好ましい．このため，SQUID においても，振動型磁力計（VSM, VCM）のようにセンサと試料の相対位置を変化させて，その変化量をとると信号自体のドリフトやオフセットを取り除くことができる[3]．SQUID を使った磁化率計として Quantum Design 社の SQUID MPMS (magnetic property measurement system) などがある．SQUID を用いた装置は，超伝導磁石と一緒に使い，数テスラまでの強磁界下までの磁

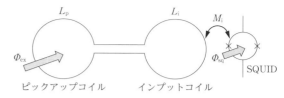

図 4.2.3 超伝導コイルを用いた磁束伝達

化率を計測できる．SQUID はインダクタンスを大きくとれないため，超伝導コイルによる検出コイルを SQUID と接続して用いるか，検出コイルを SQUID と一体化させたものなどが使われる．一般には，超伝導検出コイルのデザインを自由に設計できるように SQUID に外付けの検出コイルを接続する方法がとられる．ここで，常伝導コイルと超伝導コイルの動作原理は異なる．常伝導コイルはファラデーの電磁誘導の式で表せるように，コイルを貫く磁束の時間変化を検出するものである．一方，超伝導コイルは超伝導特性によりコイルを貫こうとする磁束を完全に遮へいしようと遮へい電流が流れる．検出コイルは SQUID に形成されたインプットコイルに接続され，すべて超伝導線材によって作成されているので，検出コイルとインプットの間で遮へい電流が流れて，SQUID に磁束を伝達することができる（図 4.2.3）．SQUID に伝達される磁束 Φ_{sq} と検出コイルを貫く磁束 Φ_{ex} との関係は，次式で表せる．

$$\Phi_{ex} = (L_p + L_i)\left(\frac{\Phi_{sq}}{M_i}\right) \qquad (4.2.11)$$

ここで，L_p はピックアップコイルのインダクタンス，L_i はインプットコイルのインダクタンス，M_i はインプットコイルとピックアップコイルの相互インダクタンスである．ここで，M_i は結合係数 k と SQUID のインダクタンス L_{sq} を使って，次式で表せる．

$$\Phi_{ex} = \frac{(L_p + L_i)}{k\sqrt{L_i L_{sq}}}\Phi_{sq} \qquad (4.2.12)$$

この超伝導トランスとよばれる超伝導ループは，常伝導のコイルと異なり DC から高周波まで，周波数に依存しないで一定の感度で磁界を検出することができる．超伝導を用いた検出コイルのタイプとして一巻きのマグネットメーターは環境磁気雑音も一緒に計測してしまうので，感度はよいものの磁界分解能が悪くなる．このため，環境磁気雑音を除去するために，反対巻きの超伝導コイルと一対にした一次微分コイルや，さらに二つの一次微分コイルの差をとった二次微分コイルが多く使われる．微分計型にすることにより，環境磁気雑音だけでなく直流の印加磁界や，交流磁化率を計測するための交流磁界などもキャンセルできるので高感度計測が可能となる．しかしながら，完全に環境磁気雑音をキャンセルできるわけではないので，印加コイルを含めた計測部をパーマロイなどの磁気シールドで囲むことで，環境磁気雑音を低減することができ，より微弱な磁界を計測できる．

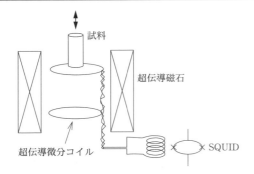

図 4.2.4 SQUID を用いた磁化計測の原理

SQUID によって，試料あるいは検出コイルを動かさないで磁化を測定することは可能であるが，精度の点から図 4.2.4 のように試料を検出コイルの中に出し入れして，信号の変化量を計測することが行われる．当然，微分コイルのコイル間の距離，つまりベースラインと試料の長さによって信号量が変化する．また，試料を保持する材料も磁気的な特性をもっているので，その材質，大きさなどを注意する必要がある．さらに，高感度計測をするためには，高速に振動させその振動数に応じた信号だけを取り出すロックインアンプによる検波法がある．ロックインアンプによる検波法は，位相検波を基本とした雑音に埋もれた微弱な信号を検出できる方法である．加えた振動の角周波数を ω だとすると真の測定信号は振動に同期しているので，振動に対して位相遅れを α とすると $A\sin(\omega t+\alpha)$ と表せる．雑音信号は振動に同期はしていない．ここで，SQUID の信号を 2 系列に分け，振動の信号に同期した $\sin(\omega t)$ 波と $\cos(\omega t)$ 波をそれぞれ掛算器で信号に掛け合わせと振動と同位相成分は式(4.2.13)で表され，振動と直交位相成分は式(4.2.14)となる．

$$\frac{A}{2}[\cos(2\omega t+\alpha)+\cos\alpha] \quad (4.2.13)$$

$$\frac{A}{2}[\sin(2\omega t+\alpha)-\sin\alpha] \quad (4.2.14)$$

このため，低域フィルタを通る信号は直流信号となった振動に同期した真の信号情報だけになる．$\sin$ 波のほうは $(A/2)\cos(\alpha)$ となり，また $\cos$ 波のほうは $-(A/2)\sin(\alpha)$ となるので，互いに直交した信号として得られることがわかる．よってロックイン検波により，雑音に埋もれた真の信号の二つの直交成分 H_x と H_y が求められ，これらより強度 $H=\sqrt{H_x^2+H_y^2}$ と位相 α を得ることができる．

文　献

1) S. Foner, *Rev. Sci. Instrum.*, **30**, 548 (1959).
2) D. O. Smith, *Rev. Sci. Instrum.*, **27**, 261 (1956).
3) A. Zieba, *Rev. Sci. Instrum.*, **64**, 3357 (1993).

b. 永久磁石材料の磁化特性測定方法

永久磁石の三つの重要特性は，(1)（飽和，残留）磁化，(2) 磁気異方性（保磁力），(3) キュリー温度である．したがって，磁気特性の評価でもそれらの物性値の測定が重要である．また，実用上は磁化と保磁力の温度変化係数も注目される．とくに近年になり，$2\,\mathrm{MA\,m^{-1}}$ 以上の大きな保磁力を発現する永久磁石が，自動車駆動用モータで必要となり，(2) の保磁力およびその温度変化の測定の重要度が増している．保磁力は，本来，磁気異方性から発現するので，本項の主題である磁化特性とは異なり，4.2.2 a. 項などで検討されるべき物性のようにも考えられる．しかし，永久磁石の保磁力は，通常，磁化がゼロとなる着磁方向と逆方向の "（印加）磁場" を意味するため，本項で述べる磁化特性測定そのもので評価される．また，(3) のキュリー温度も磁化が消失する温度であると解釈すれば，同様に磁化特性測定で決定される物性値である．また，磁気異方性自体の測定でも，Sucksmith-Thompson 法[1]のように磁場に対する磁化測定データから異方性定数（K_1，K_2 など）を決定する方法も用いられる．したがって，磁化特性測定は永久磁石材料研究の基本である．

現在，永久磁石材料の磁化測定に用いられる測定方法は，以下のようなものが主体である．すなわち，(1) 自記磁束計（B-H ループ（曲線）トレーサ），(2) 振動試料磁力計（VSM：vibrating sample magnetometer），(3) パルス磁束計（PFM：pulsed fluxmeter），さらに特殊な環境下の測定では自作も可能な (4) 引き抜き型磁力計[2]が用いられる．また，簡便でありながらある程度の精度が要求される磁化測定には，引き抜き型磁力計の一種である小型磁束計も，産業の現場では用いられる．さらに，a. 項で解説された SQUID 磁力計は，近年注目の薄膜磁石（たとえば，MEMS 応用）や，高感度が必要な測定で用いられる．また，力学的な磁化測定方法といえる (5) 磁気天秤磁力計や (6) 交番力(型)磁力計も，高感度磁化測定に用いられている．なお，減磁曲線の測定は JIS C 2501：1998（永久磁石試験法）に基づくことが標準である．同規格では，試料片寸法や測定装置を定めている．

上記の種々の測定方法を用いると，磁化測定可能な範囲は広く，通常 VSM の最大 200 emu 程度から，交番力(型)磁力計を用いた高感度測定では，SQUID なみの 10^{-7} emu 程度の磁化まで測定可能である．永久磁石材料の飽和磁化は，フェライト磁石では 400～450 mT，Nd-Fe-B 焼結磁石で 1500 mT を超える程度であるので，試料サイズが数 mm 程度の直方体や球形の場合には問題はない．薄膜磁石では二次元的な基板面上に数 nm 厚の試料を調製する場合もあるが，この場合は SQUID などの高感度測定が必要である．なお，永久磁石の測定に限らず，磁化測定ではどの装置，方法を用いる場合でも，通常，純 Ni 試料を用いて磁化または磁気分極の校正を行う．この標準試料は，JIS 法表記では 300 K において飽和磁気分極（$J_s=\mu_0 M_s$，ただし $\mu_0=4\pi\times10^{-7}/\mathrm{H\,m^{-1}}$）630 mT である．

磁場印加用のコイルなども近年ではいろいろと工夫され，電磁石やそのハイブリッド法，超伝導磁石を用いるものまで開発されている．電磁石による静磁場では最大1.3 MA m^{-1}程度から2.4 MA m^{-1}程度までの発生装置が用いられる．超伝導磁石では，たとえば東北大学金属材料研究所の装置群では8～12 MA m^{-1}程度までの静磁場は定常的に用いられる．また，これに相当する磁場は，パルス磁場発生装置を用いた測定でも数十msまでの短時間パルス磁場として，定常的に用いられる状況である．現実の永久磁石材料では，通常数kA m^{-1}以上の保磁力が発現し，実用のフェライト磁石では0.4 MA m^{-1}程度まで，Nd-Fe-B焼結磁石では2.4 MA m^{-1}程度までの保磁力が発現する．また，結晶磁気異方性の測定でも8 MA m^{-1}程度までの磁化測定が可能であれば十分正確な測定が可能である．したがって，現在の磁化測定装置は，印加磁場でも通常の測定に十分な能力を有している．

磁化や磁場の校正方法の詳細は参考文献に譲り，以下に順次代表的な磁化測定法の概要と，従来の報告からみた各方法の特徴を説明する．

（i） **自記磁束計（B-Hループトレーサ）** 図4.2.5に示すように，この測定法の特徴は，試料の反磁界の影響を取り除くために，電磁石の磁極間に試料を挟み込んで測定することである．したがって，実用磁石の研究開発では，きわめて広く使用されている．ただし，形状の単純な試料を調製できる試料の磁化測定に向いている．装置の概要は，磁極で発生した磁場を磁場センサ（Hセンサ）で測定し，同図のように磁束または磁気分極コイル（BまたはJコイル）は直接試料に巻かれて，試料に発生した磁気分極を測定する．装置的にBコイル自体に磁場補償コイルを導入するか，Hセンサのコイル巻き数を調製し逆接続すれば，BコイルはJコイルともなり，それでB-HおよびJ-H減磁曲線を同時に測定することができる．

実用上，この測定法は通常1.5 MA m^{-1}程度の印加磁場下で使用される．それ以上の印加磁場下では，見かけ上磁化の異常減衰が発生する．この現象は通常磁場補償と磁束検知の2コイルからなるJコイルで，無試料状態には十分達成されていた磁束のバランスが，高磁場測定時に試料と磁極界面の反磁場の増加で崩れ，J値に異常が発生するためと解釈できる．試料が測定部の中心に入り，長さも十分な場合はこの異常減衰は起こりにくいが，試料サイズは場合によっては調製が難しく，問題となる．測定法の詳細や，上述の問題の説明は文献[3]にあるので参照されたい．

（ii） **振動試料磁力計（VSM）** この測定法は，永久磁石の磁化特性測定において最も標準的な方法である．図4.2.6に示すように，水平な磁場を上述の磁場発生装置で試料に印加し，その状態で試料を上下方向に振動させる．この試料振動が検知コイルに発生する誘導起電力をロックインアンプを用いて検知する．この起電力の大きさは，試料磁気モーメント，上下振動の振動数，その振幅，検知コイルの巻き数と断面積に比例する．さらに，試料から検知コイルまでの距離にも関連するため，装置設計上の工夫により検出感度は大きく変化する．通常の試料振動数は80 Hz程度であるが，装置的な工夫しだいでは1000 Hz程度まで増加させることも可能で，その場合，感度向上とともに入力信号の間隔が短くなる．印加磁場は既述の磁場発生装置で増減するが，通常の磁化測定範囲は，200～10^{-5} emu程度（10^{-6} emuの報告もある）である．

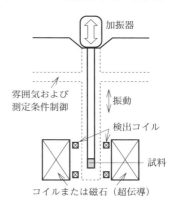

図4.2.6 振動試料磁力計（VSM）の装置模式図
[J. A. Gerber, W. L. Burmester, D. J. Sellmyer, *Rev. Sci. Instrum.*, **53**, 693（1982）をもとに作成]

このVSMは，自記磁束計に比較して試料形状に対する制約も少なく，いろいろな形状の焼結磁石から，粉体や液状の物質まで試料容器の工夫で測定可能である．ただし，Ni標準試料には，それら試料形状に合うものを用いて磁化校正する必要がある．また，磁場印加に用いる磁場発生器にも制約は少なく，超伝導磁石などによる強磁場下での測定にも用いることが可能である．たとえば，強磁場を用いたDy添加Nd-Fe-B系焼結磁石の磁気異方性の測定例は文献[4]にある．装置の原理などの説明は文献[5～8]などを参照されたい．

（iii） **パルス磁束計（PFM）** この磁束計の概要は図4.2.7に模式的に示す．この測定方法は，大きな最大印加磁場のヒステリシス曲線を短時間で得られるという長所を有し，近年使用例が増加している．しかし，励磁コイルに大電流を流すことで8 MA m^{-1}程度の大きな磁場を通常

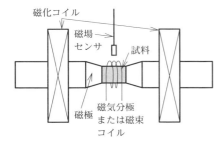

図4.2.5 自記磁束計の装置模式図
[川西健次，近角聰信，櫻井良文 編，"磁気工学ハンドブック"，p.85，朝倉書店（1998）]

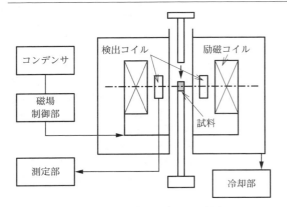

図 4.2.7 パルス磁束計（PFM）の装置模式図
［有泉豊徳，電気学会マグネティックス研究会資料，MAG-07-11（2007）をもとに作成］

10 ms 以上発生させ，そのさい試料からくる磁化信号を検出コイルで検知するので，試料の電気伝導性によっては，大きな渦電流が生じて測定の障害となる．ただし，飽和磁気分極については，電気伝導性の高い希土類磁石や鋳造磁石でも数％以下と誤差は小さく，絶縁体として扱えるフェライト磁石やボンド磁石では，ほとんど誤差なく測定できる．渦電流自体の記述は古典的な文献[8]にもある．

しかし，この測定法は磁化測定をきわめて待ち時間を短縮して行っていることに相当するので，希土類磁石の場合，測定待ち時間の長い VSM による測定と比較すると，保磁力 H_cj には 1% 以上の相違が生じ，H_k の誤差はさらに大きい[9]．この現象の内容は，ある意味で測定する試料の磁気余効がどの程度の大きさかという問題も関連している．そこで，測定値の取扱いには慎重にならざるをえない[10〜12]．

（iv） 交番力（型）または試料共振型磁力計（RSM）

この RSM（resonating sample magnetometer）の装置模式図を図 4.2.8 に示す．直流磁場印加用の磁極の内部に交流磁場発生コイルを設置して動作させると，各試料には

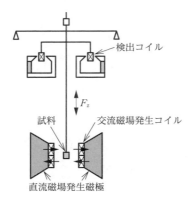

図 4.2.8 試料共振型磁力計（RSM）の装置模式図
［能崎幸雄，K. Runge ら，日本応用磁気学会誌，**20**，298（1996）をもとに作成］

最も大きな縦方向の振動を生じる共振条件が存在し，装置運転条件の設定を調整することで，この目的条件を見出すことが可能である．この共振振動を利用して，それを上部に設置した検出コイルで検知して磁化に変換する測定方法である．共振条件を工夫して試料振動を大きくすること以外に，検出部分の電流値を増加させると感度はさらに向上する．測定方法から理解されるように，試料の重量，磁気分極には上限があり，通常，数 $10^{-3} \sim 10^{-7}$ emu の範囲で使用するため微小で比較的単純な形状の試料の測定に向いている．ただし，VSM と同様の印加磁場条件下で，一つのヒステリシス曲線の取得に 20 分程度あれば十分であり，装置の運転には SQUID のように液体ヘリウムなどの冷媒を必要としないため，高感度磁化測定法としては十分な利点を有している．装置の細部の説明と運転条件の詳細は文献[13〜16]にある．

簡潔な説明ではあるが，以上に紹介した各種磁化測定法は永久磁石の研究・開発，さらに生産管理には重要である．研究には，磁気天秤磁力計は現在でも重要であるが，本項では文献[17]をあげるにとどめる．

文　献

1) W. Sucksmith, J. E. Thompson, *Proc. R. Soc. Lond., Ser. A*, **255**, 362 (1954).
2) 日本化学会 編，"新 実験化学講座 基礎技術 2"，p. 49，丸善出版 (1976).
3) 川西健次，近角聰信，櫻井良文 編，"磁気工学ハンドブック"，p. 85，朝倉書店 (1998).
4) K. Kobayashi, K. Urushibata, T. Matsushita, T. Akiya, *J. Appl. Phys.*, **111**, 023907 (2012).
5) 文献 3)，pp. 86-92，朝倉書店 (1998).
6) 日本化学会 編，"実験化学講座 7（第 5 版）"，p. 245，丸善出版 (2004).
7) 宮島英紀，"丸善実験物理学講座 6 磁気測定 I"（近 桂一郎，安岡弘志 編），pp. 66-73，丸善出版 (2000).
8) S. Foner, *Rev. Sci. Instrum.*, **30**, 548 (1959).
9) R. M. Bozorth, "Ferromagnetism", p. 771, IEEE Press (1993).
10) 西尾博明，"永久磁石"（佐川眞人，浜野正昭，平林 眞 編），pp. 305-344，アグネ技術センター (2007).
11) 有泉豊徳，電気学会 マグネティックス研究会資料，MAG-07-11 (2007).
12) G. Kido, Y. Nakagawa, T. Ariizumi, H. Nishio, T. Takano, Proc. 10th Int. Workshop REM and Their Appl., p. 101 (1989).
13) H. Zijlstra, *Rev. Sci. Instrum.*, **41**, 1241 (1978).
14) R. J. Flanders, *J. Appl. Phys.*, **63**, 3940 (1988).
15) 能崎幸雄，宮島英紀，大谷義近，増田 宏，本橋一成，真砂卓史，K. Runge，日本応用磁気学会誌，**20**，297 (1996).
16) 増田 宏，日本応用磁気学会誌，**26**，745 (2002).
17) M. F. Tweedle, L. J. Wilson, *Rev. Sci. Instrum.*, **49**, 1001 (1978).

c. 鉄心材料の磁気特性測定方法

（i） はじめに　　鉄心材料の磁気特性の測定は交流励

磁下で行われるため、ここでは磁束正弦波条件下での交流磁気特性測定法について概述する。磁束正弦波条件を課すのは、渦電流の効果を一定にするためである。それゆえ、交流磁気特性の測定では、磁束波形を正弦波になるように制御する必要がある。通常、フィードバック制御が用いられるが、最近では測定にコンピュータが使用されるため、PI（proportional（比例）-integral（積分））制御や PID（proportional-integral-differential（微分））制御などが用いられている。鉄心材料の磁気特性を測定する場合に、次の磁性材料の構成方程式に基づいて行われる。

$$B = \mu_0 H + \mu_0 M = \mu_0 H_{\text{eff}} + \mu_0 M \quad (4.2.15)$$

ここで、B は磁束密度で H は鉄心材料内部の有効磁場を意味するが、これを実際に測定することはできない。M は磁化でこれは実測可能である。このように、材料内部の有効磁場は測定できないため、代わりに、H_{eff} で示した実効磁場が用いられる。したがって、鉄心材料の磁気特性の測定には、この実効磁場をどのようにして測定するかが重要となる。いわゆる鉄心材料の磁気特性の測定には磁場について測定の曖昧さが存在する[1]。

実効磁場の測定には次の二つの方法がとられる。

（1）**アンペールの法則に基づく方法（励磁電流法）**：励磁ソレノイドコイルに流れる励磁電流を起磁力とする磁気回路から、磁路長を求めて次式で算出する方法で、一般に励磁電流法とよばれている。

$$H_{\text{eff}} = \frac{NI}{l_{\text{eff}}} \quad (4.2.16)$$

ここで、NI は起磁力で励磁ソレノイドコイルの巻き数 N と励磁電流 I の積からなり、測定領域に依存する。l_{eff} が実効磁路長で、磁気回路を構成する磁路長から決められるが、正確に決めることは難しい。なぜならば、この磁路長は磁気特性の磁束密度の関数であるため、一定値とすることは合理的でない。しかし、この磁路長を未知数として測定することはできないため、適当な値を決めなければならない。標準測定法ではこの長さが議論の対象となっている。したがって、この実効磁路長の選び方で磁場の大きさは異なってくる。このとき、電流測定を正確に行うため、励磁回路中に挿入される抵抗は低抵抗の標準抵抗に準ずるものか、相互インダクタンスが使用されなければならない。

（2）**レンツの法則に基づく方法（H コイル法）**：電磁気学の磁場に関する境界条件の関係から、試料近傍の接線方向成分の磁場は境界において連続であることから、試料表面の近傍に平行に設置された空心コイル（H コイルとよぶ）の出力電圧 e を積分して求めることができる。したがって、試料内部の磁場分布が十分一様で均一であることが必要で、そのため励磁方式の構造と試料形状の構成が測定上重要となる。

$$H_{\text{eff}} = \frac{1}{\mu_0 NS} \int e\,dt \quad (4.2.17)$$

ここで、NS は H コイルの有効エリアターンを表し、幾何学的な計算から算出される値ではなく、電磁気的な方法で決められなければならない。それには標準ソレノイドコイルもしくは標準 H コイル（一般に水晶基板に巻かれたコイルからなる）による校正が不可欠となる。さらに、H コイルの周波数に対する位相特性を測定して、その影響を除くような工夫が求められる。この実効磁場を求めるため積分処理が必要で、通常アナログ回路では積分増幅器が使用され、積分誤差が力率によって変化するため、補正が必要となるが、最近はデジタル回路が主流となっているため、数値積分法が用いられている。

以上のように、有効磁場の代わりに実効磁場を使って磁気特性を表すために、実効磁路長や有効エリアターンの決定方法が測定精度を大きく左右する。この H_{eff} の値いかんで磁気特性は異なったものとなってくる。それゆえ、次項で示すような、三つのカテゴリーに磁気特性測定法を分別して考える必要がある。また、この構成方程式における各物理量はベクトル量から成り立っているため、本質的には磁気特性とは H ベクトルと B ベクトルの間のベクトル関係を表すものとして表記できることから、二次元ベクトル磁気特性の測定法が提案されている。

巻き線を施す B コイルもしくは試料内に穴を開けてコイルを挿入する探りコイル法がある。最近では探針を用いた方法もある[2]。磁気損失 P（鉄損ともよばれる）は次式で求められる。

$$P = \frac{1}{\rho T}\int\left(\boldsymbol{H}\cdot\frac{d\boldsymbol{B}}{dt}\right)dt = \frac{1}{\rho T}\int\left(H_x\frac{dB_x}{dt} + H_y\frac{dB_y}{dt}\right)dt$$
$$(\text{w kg}^{-1}) \quad (4.2.18)$$

ここで、ρ は材料密度である。

（ii）**測定法の分類**　鉄心材料の磁気特性測定法は磁場の測定法に起因したあいまいさが含有しているため、その測定方法は困難となる。それゆえ、鉄心材料の磁気特性測定技術は以下の三つのカテゴリーに分けることができる。

（1）**標準測定技術（IEC ならびに JIS）**：電磁鋼板を主流とする鉄心材料市場の公平さを保ち、正当なクラス分けを決めるための測定法で、正確さより測定値の再現性や測定の簡便性が重要視され、伝統的なエプスタイン試験器との相関が基本となるため、電流法による測定法が用いられる。測定法は国際電気標準会議（IEC：International Electrotechnical Commission）規格として定められ[3]、図 4.2.9 および図 4.2.10 に示すように、エプスタイン試験器では 30 mm×280 mm の鉄心材料を重ね合わせた構成で実効磁路長を 0.94 m と定めて、図 4.2.11 に示す回路構成の電力法によって測定する。他方、エプスタイン試験器では測定に大量の試験片を必要とすることから、一枚の試

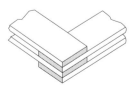

図 4.2.9　エプスタイン試験器での試料の接合方法

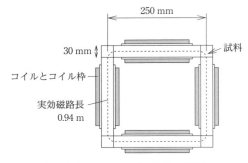

図 4.2.10 25 cm エプスタイン試験枠

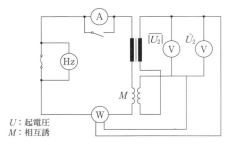

U：起電圧
M：相互誘

図 4.2.11 電力法による測定回路

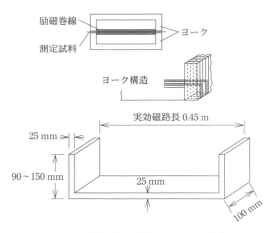

図 4.2.12 単板磁気試験機器（SST）の構造

験片で測定できる単板磁気特性測定法が考案され，図4.2.12 に示すような構造の単板磁気試験器（SST 92）として規格化されている．このとき IEC が定める構造の単板磁気試験器では 100 mm×500 mm の単板試料に対して指定の複合継鉄型ヨーク方式でエプスタイン試験器との相関を基本に，実効磁路長を 0.45 m（SST 92）とする取決めがなされている．このように，標準測定法では測定装置を規定してその構造に基づき決められた実効磁路長を用いて測定しなければならない．さらに，アモルファス材料については，参考値として実効磁路長を 0.466 m としている．

（2）**評価測定技術（H コイル法）**： 標準測定法に対して磁気特性の正確さを重要視するため，磁場分布および

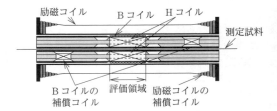

図 4.2.13 単板磁気特性測定装置の励磁枠の構造

磁束密度分布がともに均一な領域を磁化器内に確保し，その領域内に H コイルならびに B コイルを同じ長さ領域に施して測定することが必要である．図 4.2.13 では H コイルを試料両面に設置した単板磁気特性測定装置の励磁枠の構造を示す．ここでは，より正確さを期すため H コイルを試料の両面に設置しているが，下側片面でも十分である．電気学会電力用磁性材料の評価・活用技術調査専門委員会は，2009 年に励磁ソレノイド内に 100 mm 長さ以上の均一領域を確保できる磁化器を作成し，その中で 100 mm 長さに試料幅の 90% 幅に均等に巻かれた H コイルと同じ長さに均一に巻かれた B コイルを設置して測定するように決めた．

また，磁束密度の測定は試料に直接 B コイルを施した場合は問題ないが，B コイルを試料枠に巻いた場合は図4.2.14(a) に見るように，空気部の磁束密度成分を過大に測定するため，その補償が必要となる．そのため図(b)に示すような補償コイルを施す必要がある．この補償コイルは B コイルが取り囲むエリアターンから鉄心断面積部から差し引いた分を差し引いて，試料を挿入しない場合の B コイルの出力がゼロになるように補償する必要がある．

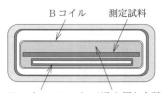

H コイル　B コイルが取り囲む全断面積から試料断面積分以外を差し引いた正味の（NS_B）

(a)

(b)

図 4.2.14 単板磁気特性測定装置の H コイルと B コイルの配置
(a) 励磁コイルの断面図　(b) B コイルの補償

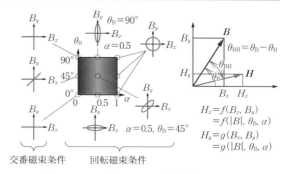

図4.2.16 二次元ベクトル磁気特性の測定条件

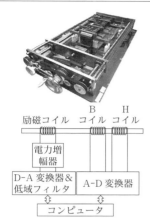

図4.2.15 応力印加型単板磁気特性測定装置の外観と測定回路 [大分大学，岐阜大学提供]

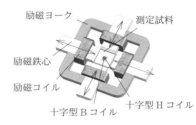

図4.2.17 二次元ベクトル磁気特性測定装置 [大分大学提供]

この評価測定では，測定試料の圧延方向に沿った方向のHベクトルとBベクトルがともに平行な条件のもとに交番磁束正弦波条件下で測定される．図4.2.15は応力を単板磁気特性測定装置に外部から張力や圧縮力を印加して，その影響が併せて測定できる応力印加型の単板磁気特性測定装置とその測定回路ブロック図である．最近ではこのように，A（アナログ）-D（デジタル）ならびにD-A変換器とコンピュータを使ったデジタル計測が主流となっている．これによって，多様な波形制御法が検討されるようになり，高磁束密度領域までの測定が可能となってきている．

（3）**活用測定技術（十字型ダブルHコイル法）**：上記評価測定法は，圧延方向と同方向に励磁してHベクトルとBベクトルが平行になる条件下で測定するため，一般に一次元（スカラー）特性として測定される．しかしながら，電気機器鉄心中では磁束の方向は任意でさらに場所によっては回転磁束を発生する箇所もある．すなわち，HベクトルとBベクトルは平行とならないため，ベクトル量として測定しなければならない．このような挙動を想定した二次元（ベクトル）磁気測定に基づくベクトル磁気特性が電気機器の開発・設計にとって有用で，高効率・低損失化に効果的であることから，材料活用測定技術として位置づけられる．

近年，多くの分野で利用されている電磁場解析技術は本質的にベクトル挙動する機器内の特性を，スカラー特性を使ってベクトル場を解くという矛盾を引き起こしている．これを補う必要な磁気特性がベクトル磁気特性である[4]．二次元ベクトル磁気特性の測定パラメータは図4.2.16に表すように磁束密度Bベクトルの大きさとその方向を表す傾き角θ_B，回転磁束の軸比α（＝回転磁束の短軸の大きさ/回転磁束の長軸の大きさ）からなる．$\alpha=0$の場合は交番磁束条件を，$\alpha=1$の場合は円回転磁束条件下を表す．図4.2.17は2方向からの励磁による二次元ベクトル磁気特性測定装置の一例を示し，十字型に巻かれたHコイル法でH_x, H_yならびに十字型BコイルからB_x, B_yが測定さ

れる．このとき，それぞれのコイルの直交度ならびに両コイル間の相対角度の精度が測定値を左右する．当然ながら，4出力となるため，4チャネルのA-D，D-A変換器が必要となる．また，一方向励磁の場合に課せられた磁束正弦波条件に加えて，Bベクトルの方向を定めるため，位相制御を併せて行う必要がある．二次元ベクトル磁気特性測定は複雑な測定技術が求められるため，コンピュータを活用しても，十分な結果を得ることは難しい．その点を解決する有効な装置として，図4.2.18に示すような自動測定の可能なV-H（ベクトル・ヒステリシス）アナライザーが開発されている．

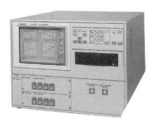

図4.2.18 自動測定装置（V-H）アナライザー [岩通計測株式会社提供]

文　献

1) 榎園正人, 柳瀬俊次, 谷 良浩, 島村正彦, 電気学会マグネティックス研究会資料, MAG-10-025 (2010).
2) W. Brix, K. A. Hempel, F. J. Schulte, *IEEE Trans. Magn.*, **20**, 1708 (1984).
3) International Standard, IEC 60404-2, Edition 3.1, 2008-06.
4) 榎園正人, 日本応用磁気学会誌, **27**, 50 (2003).

d. 磁性薄膜・磁性微粒子の静磁化特性測定法

静磁化特性測定とは, 一般的に磁化曲線測定のことを指す場合が多いが, その目的は大別すると飽和磁化の決定と磁化曲線形状の測定の二つであろう. 磁性薄膜や磁性微粒子では磁性体体積がきわめて少ないため, 測定される磁化の絶対値もきわめて小さい. したがって, その測定にあたってはバルク磁性体の測定に比べてさまざまな工夫がなされている. また, 新たな測定法も近年, 次々と開発されている. 以下, 磁性薄膜・磁性微粒子における飽和磁化ならびに磁化曲線形状の測定についての特徴や代表的な測定法をいくつか説明する.

（ i ） 飽和磁化測定　　最近の VSM, SQUID は $1×10^{-6}$ emu, あるいはそれ以下の測定感度が実現されている. この磁化感度はきわめて高く, 5 mm 角の Co 薄膜試料を例にとれば検出限界の膜厚は 0.03 nm となり約 0.2 原子層厚に相当する. また, Co 微粒子では, 検出限界は約 10 μm の微粒子たった 1 個となる. つまり, 最近の VSM や SQUID は測定感度の面で見る限りにおいて, 一般的な磁性薄膜や磁性微粒子の磁化測定は何ら問題ないレベルにあるといってよい. しかし, 実際に試料の飽和磁化を求めるさいには, 磁性体体積もしくは重量を精度よく見積もる必要があり, 飽和磁化測定の誤差は薄膜の膜厚や微粒子重量の測定によるといえる.

薄膜の飽和磁化測定において, 試料膜厚と面積を測定し, 単位体積あたりの飽和磁化を求めるのが一般的であるが, 1990 年代までは試料面積ならびに膜厚の測定精度は決して高くなく, 薄膜の飽和磁化を高精度に計測する場合にはさまざまな工夫がなされていた[1]. 試料面積の測定は, かつてはマスクを基板に被せて製膜したり, あるいは製膜後にエッチングを施して薄膜形状を定形化するのが一般的であったが, 最近は試料形状を画像としてコンピュータに取り込むことで, 不定形のものでも容易かつ高精度に面積測定が可能である. また, 膜厚測定技術の進展も著しく, 数 nm 程度の領域でも高精度に測定可能となっている. 膜厚測定法は大別すると, 基板面が露出した部分を形成し膜端部と基板面との段差を触針法や原子間力顕微鏡などを用いて測定する物理的手法と, X 線反射率やエリプソメーターなどによる光学的手法の二つに分類できる. また, 最近では共焦点型のレーザー顕微鏡も用いることができるが, これは光学測定であるものの物理的な段差を計測するという意味においては物理的手法に分類されるべきであろう. 物理的手法は, その測定原理からいって当然であるが, 磁性薄膜のみによる段差を形成しなければならず, 下地膜や保護膜などを含む場合には適用できない. 一方, 光学的手法は, 光学定数（屈折率）の違いを利用して反射角度や波長に対する反射プロファイルを解析することで膜厚を評価するため, 下地膜や酸化防止膜などを含んだ試料に対しても適用できる. 光学的手法の欠点としては μm 程度以上の厚膜には適用できないこと, 光学定数の近い物質による積層構造や基板/薄膜は区別が難しいことなどがあげられる.

磁性微粒子の場合には, 重量測定により単位重量あたりの飽和磁化が求められる. ただし, 化学的に合成された微粒子は酸化抑制や溶媒への均一分散などの目的で界面活性剤などにより表面修飾されていることが多い. 工学的には, これら表面修飾を含めた総重量あたりの飽和磁化が必要であるが, 物理的な観点からは微粒子そのものの重量あたりの飽和磁化を知りたい. 表面修飾が有機材料であれば, 熱処理により分解除去することができるが, 試料の酸化に十分注意する必要がある. 試料表面の酸化が避けられない場合には, 電子天秤などを用いた重量測定のさいに, この酸化量を別手法であらかじめ見積もっておき, 差し引くなどの工夫が必要となる. 一方, 表面修飾と微粒子の構成元素が異なる場合には, 酸などの水溶液に溶解させて誘導結合プラズマ質量分析（ICP-MS：inductively coupled plasma-mass spectrometry）や, 蛍光 X 線分光分析（XRF：X-ray fluorescence analysis）などを用いることができる[2,3]. これらの手法では数十 μg 程度の極微量の微粒子重量であっても計測可能であるが, 重量既知の標準試料が必要となる.

磁性微粒子は表面積の占める割合が大きいため, わずかの表面酸化であっても飽和磁化の値に大きく反映される. なかでも酸化しやすい Fe の場合を例にとると, バルクの飽和磁化が 220 emu g^{-1} であるのに対して, ナノサイズ領域の Fe 粒子では表面修飾で酸化防止を施した場合でもたかだか 200 emu g^{-1} 程度にしかならない[2,4]. また, 粒子サイズや作製手法, 雰囲気によって大きく飽和磁化の値が変化することが報告されており, 酸化状態の制御がきわめて重要であることが理解される. 溶媒中で化学的に微粒子を合成する場合, 溶媒中に溶存する水や酸素だけでなく, カルボキシ基を有する界面活性剤やエーテル系などの酸素原子を含む高分子自体が酸化の原因となることが指摘されている[3].

最後に, VSM を用いる場合の飽和磁化測定においては, 鏡像効果の影響を考慮しなければならないことを付け加えておきたい[5]. 飽和磁化は, 基板やホルダーの反磁性や常磁性成分を除くため, 磁化曲線の飽和領域からゼロ磁場外挿による求められる場合が多い. しかしながら, 強磁場領域における磁化曲線には鏡像効果のために非線形なひずみが生じることがある. したがって, 正確な飽和磁化計測を行うためには, この非線形な磁化曲線ひずみが顕著となる

磁場領域より十分に低い磁場で飽和する試料を用いることが大切である．とくに，微粒子試料では，反磁界や超常磁性の影響のために飽和磁場が大きくなりやすいため注意したい．鏡像効果の影響は，磁極サイズ，検出コイルサイズ，試料サイズおよびこれら相互の位置関係で決まり，同じ試料サイズであれば鏡像効果は磁化の大きさにはよらない．したがって，あらかじめ飽和磁場の十分に小さい試料を用いて鏡像効果の影響を測定し，これを補正することも可能である．

（ii）磁化曲線の形状測定 磁化曲線の形状測定では，磁化の絶対値は必要でないため，磁気光学効果（カー効果，ファラデー効果）や磁気電気効果（磁気抵抗効果，異常ホール効果）などさまざまな手法を用いることができる．これらの手法は磁性薄膜の面内磁化成分に対応するもの（縦カー効果）と面直磁化成分に対応するもの（極カー効果，異常ホール効果）があり，試料が面内磁化であるか，垂直磁化であるかによって使い分けが可能である．また，微細加工などにより作製されたサブミクロン領域の微小試料においても十分な測定感度での磁化曲線測定が可能であり，近年の磁性研究においては不可欠な測定手段となっている[6〜9]．これら種々の磁化曲線測定法の特徴を表4.2.1にまとめた．磁気電気効果ならびに磁気光学効果の詳細は4.3節ならびに4.4節を参照されたい．

これら以外にも近年の磁気計測技術の進展は著しい．たとえば，Micro-SQUID素子やスピン偏極走査トンネル顕微鏡（SP-STM：spin-polarized scanning tunneling microscopy）を用いた場合，直径数nmの微粒子1個や原子1個の磁化曲線計測が実現されている[10,11]．これらは測定可能な試料は限られるのに加えて，きわめて特殊な計測手法ではあるが，計測感度や空間分解能に関していえば究極の磁化測定手法の一つといえる．また，放射光を用いたX線磁気円二色性（XMCD：X-ray magnetic circular dichroism）も近年，飛躍的に進展しており，元素選択性という特徴を生かした特色ある測定手法が多く開発されている．たとえば，構成元素の異なる多層膜における各層ごとの磁化曲線測定や合金内の異なる元素ごとの磁化特性[12]などは，ほかの手法では決して真似のできないものである．XMCDの詳細は4.4.3項を参照されたい．

文　献

1) たとえば，Y. Sugita, H. Takahashi, M. Komuro, M. Igarashi, R. Imura, T. Kambe, *J. Appl. Phys.*, **79**, 5578（1996）；H. Takahashi, K. Mitsuoka, M. Komuro, Y. Sugita, *J. Appl. Phys.*, **73**, 6060（1993）.
2) D. Farrell, S. A. Majetich, P. Wilcoxon, *J. Phys. Chem. B*, **107**, 11022（2003）.
3) H. Matsuura, K. Seto, H. Yang, K. Kawano, M. Takahashi, T. Ogawa, *IEEE Trans. Magn.*, **44**, 2804（2008）.
4) H. Kura, M. Takahashi, T. Ogawa, *J. Phys. Chem. C*, **114**, 5835（2010）.
5) 近角聰信 編，"実験物理学講座17 磁気"（近角聰信，蓮沼 宏，石黒浩三，熊谷寛夫，三宅静雄 企画編集），p. 182, 共立出版（1968）.
6) R. P. Cowburn, D. K. Koltsov, A. O. Adeyeye, M. E. Welland, D. M. Tricker, *Phys. Rev. Lett.*, **83**, 1042（1999）.
7) J. Z. Sun, L. Chen, Y. Suzuki, S. S. P. Parkin, R. H. Koch, *J. Magn. Magn. Mater.*, **247**, L237（2002）.
8) N. Kikuchi, S. Okamoto, O. Kitakami, Y. Shimada, K. Fukamichi, *Appl. Phys. Lett.*, **82**, 4313（2003）.
9) 日本化学会 編，"第4版 実験化学講座9"，p. 163，丸善出版（1991）.
10) W. Wernsdorfer, E. B. Orozco, K. Hasselbach, A. Benoit, B. Barbara, N. Demoncy, A. Loiseau, H. Pascard, D. Mailly, *Phys. Rev. Lett.*, **78**, 1791（1997）；M. Jamet, W. Wernsdorfer, C. Thirion, D. Mailly, V. Dupuis, P. Mélinon, A. Pérez, *Phys. Rev. Lett.*, **86**, 4676（2001）.
11) F. Meier, L. Zhou, J. Wiebe, R. Wiesendanger, *Science*, **320**, 82（2008）.
12) C. T. Chen, Y. U. Idzerda, H.-J. Lin, G. Meigs, A. Chaiken, G. A. Prinz, G. H. Ho, *Phys. Rev. B*, **48**, 642（1993）；A. Koizumi, M. Takagaki, M. Suzuki, N. Kawamura, N. Sakai, *Phys. Rev. B*, **61**, R14909（2000）.

e．磁性薄膜の磁化スイッチング測定法

磁化曲線には，可逆的な磁化変化と不可逆な磁化変化が含まれており，この中で磁化スイッチングは不可逆な磁化変化に対応する．この磁化スイッチング測定，すなわち不可逆磁化変化の測定は，工学的にたいへん重要である．なかでも磁気記録や永久磁石では磁化スイッチングの特性そ

表4.2.1　代表的な磁化曲線測定法の特徴

手法	特徴
VSM，SQUID	・測定感度 10^{-6} emu もしくはそれ以下． ・試料形状に対する制限はなく，加工も必要としない． ・試料全体の平均情報
磁気光学効果	・測定感度は材料に依存 ・試料形状に対する制限は少なく，加工も必要としない． ・光の照射サイズ内での局所的な情報が得られる． ・光学配置の選択により面内磁化成分（縦カー効果），面直磁化成分（極カー効果）の計測が可能． ・孤立した微小磁性体に対しては光の波長程度が測定サイズの下限．
磁気抵抗効果	・測定感度は材料に依存 ・試料加工が必要． ・孤立した微小磁性体に対しても高い感度で測定可能．
異常ホール効果	・測定感度は材料に依存 ・十字型に試料加工が必要であるが，薄膜形状のままでも測定可能（van der Pauw 法[1]）． ・信号は面直磁化成分に比例しており，垂直磁化試料の測定に適している． ・孤立した微小磁性体に対しても高い感度で測定可能．

1) 日本化学会 編，"第4版 実験化学講座9"，p. 163，丸善出版（1991）.

のものが性能に直結する．一般的に不可逆な磁化変化過程は，磁性体のサイズがナノサイズ領域では一斉回転型，これより大きくなるにつれてカーリングなどの非一斉回転型を経て，磁壁移動型へと移行する[1]．さらに磁壁移動型においては，飽和状態からの減磁過程を考えると，まずナノサイズ程度の極微小な反転核が生成され，その拡大と磁壁伝搬というプロセスを経る．つまり磁化スイッチングにはこれらきわめて多様な現象であるのに加えて，磁化スイッチングの時間もピコ秒オーダーから，熱緩和による効果を議論する場合は秒あるいは数時間にわたる幅広い時間スケールが対象となる．したがって，磁化スイッチングの測定にさいしては，その現象だけでなく時間スケールを十分に認識することが必要である．

通常，外部磁場の印加時間や測定時間がこれらの時間スケールに対して十分にゆっくりであり，時間を陽に含まない測定が静的な磁化スイッチング測定，逆に磁化スイッチング現象と同程度以下の時間スケールや時間を陽に含む場合の測定が動的な磁化スイッチング測定と分類される．厳密には，特殊な条件下を除けばほとんどの磁化スイッチング現象は熱による揺らぎのために時間に対する確率的な現象となるが，このような時間依存性をとくに議論しない場合を"静的"とみなしている．以下に静的ならびに動的な磁化スイッチング測定についてそれぞれ説明する．

（ⅰ） 静的な磁化スイッチング測定 静的な磁化スイッチング測定は，VSMやSQUIDなどを用いて行われる一般的な磁化曲線測定がこれに該当する．上述のとおり磁化曲線には可逆な磁化変化と不可逆な磁化変化が含まれるが，磁化曲線の形状だけからこれらを分離することはできない．そのためいくつかの測定法が考案されている．その中で最も簡便なのは残留磁化曲線測定であろう．これは試料を飽和状態からある逆方向の磁場を印加した後にゼロ磁場に戻し，このときの残留磁化の値を計測する．この作業を順次，逆方向の磁場を変化させながら繰り返し行う．得られた残留磁化を印加した各逆方向の磁場に対してプロットしたものが残留磁化曲線となる．残留磁化の変化は磁化の可逆成分のみであると考えてよいので，残留磁化曲線とは磁化曲線の中で不可逆磁化成分のみを取り出したものといえる．記録媒体など独立な磁化スイッチング要素（つまり磁性微粒子）の集合となっている試料では，残留磁化曲線の一次微分は各要素のスイッチング磁場分散を表すことになり，磁気記録の分野ではきわめて重要な情報である．また，このような試料の場合，各磁化スイッチング要素には外部磁場に加えて磁性微粒子間の双極子相互作用や交換相互作用が働いており，スイッチング磁場分散は各要素固有のものに加えて，これら要素間の相互作用の影響を強く受けることになる．このような相互作用の影響はHenkelプロット（あるいはδMプロット）[2,3]や一次反転磁化曲線（FORCs：first order reversal curves）測定[4,5]などによって議論されている．代表的な文献をあげておくので興味のある読者は参照されたい．

（ⅱ） 動的な磁化スイッチング測定 動的な磁化スイッチングの測定は，おもに磁化スイッチングに比べて同程度もしくはそれ以下の高速な時間スケールでの測定と，磁化スイッチングに比べると十分に長い時間スケールで熱揺らぎ現象による確率的な過程を測定するものとに大別される．前者の時間領域はピコ秒からナノ秒程度であり，後者はナノ秒から数秒，数時間まで広い範囲にわたっている．これらは磁気デバイスの高速動作ならびに長期間安定性などの観点から実用上非常に重要である．数秒から数時間といった時間領域の測定は，測定自体は静的な磁化測定と同じであるため，以下では少なくともミリ秒以下程度の高速な磁化スイッチング測定について説明する．これら時間領域での磁化スイッチングに関する研究は過去に膨大な報告があるが，分類すると次の（1）磁化スイッチング後の残留磁化測定，（2）ストロボ法，（3）実時間測定の三つに整理できる．

（1） 磁化スイッチング後の残留磁化測定： 試料にパルス磁場を印加した後，静的な時間スケールでの残留磁化測定を行う．つまり先述の残留磁化曲線測定の高速版であり，パルス磁場の印加時間の範囲において，磁化スイッチングが起きるか否かを計測することに対応している．この場合の磁化測定にはVSM，磁気光学効果，磁気力顕微鏡，磁気抵抗効果などが用いられ，またパルス磁場の生成法は，磁場の大きさや必要となる時間スケールに応じて多くの手法が提案されている．市販の信号発生器を用いればナノ秒領域の方形パルスも容易に得られるが，出力が0.1W程度と低いためにたかだか数Oe程度の磁場出力にしか対応できず，保磁力の小さいソフト磁性材料にしか適用できない．一方，記録材料のようなハード磁性材料に対しては大振幅パルスが必要となる．コンデンサバンクをパルス発生器として用いたものではkOeオーダーの磁場出力が可能であり，振幅にもよるが10^{-8}〜10^{-3}s領域のパルスが生成されている[6〜9]．これを微細加工技術を用いてミクロンサイズの1ターンコイルと組み合わせることにより，数十ナノ秒のパルス幅で50Tにも達するパルス磁場が報告されている[10]．コンデンサバンクに比べて出力は劣るが，同軸ケーブルをコンデンサとして使用することもできる[11〜13]．この場合は，高周波用の同軸ケーブルを用いることで，立ち上がりがピコ秒オーダーの良好なパルスを生成できる．また，ケーブル長を変えるだけでパルス波長をナノ秒領域で容易に変化できる．さらに高速のパルス磁場は，線形加速器で生成された電子バンチを用いた実験がある[14〜16]．電子バンチを直接，磁性薄膜に入射させることにより，電子バンチの直撃を受けた領域は破壊されるが，その周辺には同心円状に数テスラのパルス磁場が印加されることになる．この場合のパルス幅は数ピコ秒程度となる．

（2） ストロボ法による磁化スイッチング測定： ストロボ法は，高速の過渡現象を観察するさいに広く用いられる手法であり，磁性分野においては極短パルスレーザーあるいはパルス磁場を用いて磁化状態を励起し，磁気光学効

果，磁気抵抗効果，電磁誘導などを用いてナノ秒，サブナノ秒スケールでの緩和過程や過渡現象が観測されている．これらは強磁性共鳴や緩和現象の新たな時間領域測定法としても近年，目覚ましい成果が報告されている[17~20]．極短パルスレーザーを用いたポンププローブ法を例にとれば，レーザー光をビームスプリッタでポンプ光とプローブ光に2分割し，ポンプ光照射による励起後の磁化挙動をプローブ光で計測する．プローブ光の遅延時間を少しずつ変えることで，ピコ秒領域はもとよりフェムト秒領域のきわめて高い時間分解能で磁化の歳差運動軌跡が計測可能となる[17]．磁気抵抗効果などの場合は，信号発生器に同期させたサンプリングオシロスコープを用いれば同様の計測ができる．しかし，これら測定原理からもわかるように，計測対象は磁化の歳差運動挙動のような同じ軌跡が正確に繰り返される場合に限られる．したがって，磁化スイッチングのような不可逆過程の計測にストロボ法を適用する場合，つねに磁化スイッチングが同じ軌跡をたどることが必須であり，熱揺らぎ過程などの現象の計測には適さない．

（3）**実時間での磁化スイッチング測定：** 実際の磁気記録媒体やスピンRAM（spin-transfer torque random access memory）における磁化の不可逆スイッチングでは，熱揺らぎの影響を受けて時間的にもスイッチング軌跡自体にも揺らぎがあるため，ストロボ法は適用困難である．したがって，このような場合のスイッチング現象を正確に時間領域で計測するためには，スイッチング軌跡を単発かつ高感度に計測しなければならない．一斉回転や反転核生成の過程はナノ秒，サブナノ秒程度であり，この時間スケールできわめて高速の現象を単発でかつ高感度に計測することは，現時点でも至難の業である．現時点で，高速での実時間計測に成功しているのは，スピントランスファー効果による磁化スイッチングの実験のみである[21]．本手法では，巨大磁気抵抗もしくはトンネル磁気抵抗素子が用いられ，電流パルスを印加してスピントランスファー効果による磁化スイッチングに応じた素子のインピーダンス変化が観測される．したがって，このような素子においては，電流パルスに対する素子出力電圧の変化をリアルタイムオシロスコープで計測すれば高速の磁化スイッチング測定が可能となる．一方，近年の磁気記録をはじめとする磁気メモリ分野では，記録密度の大容量化に加えて高速アクセスに対する要求が非常に高まっている．磁化スイッチングの実時間計測は，これらの研究に対してきわめて有効であるが，上記のスピントランスファー効果による磁化スイッチングを除き，現状では満足できるレベルには程遠い状態である．今後のさらなる高速かつ高感度な磁化計測手法の開発が強く望まれる．

文　献

1) G. Bertotti, "Hysteresis in magnetism", p. 163, Academic press (1998).
2) O. Henkel, *phys. status solidi B*, **7**, 919 (1964).
3) P. E. Kelly, K. O'Grady, P. I. Mayo, R. W. Chantrell, *IEEE Trans. Magn.*, **25**, 3881 (1989).
4) C. R. Pike, A. P. Roberts, K. L. Verosub, *J. Appl. Phys.*, **85**, 6660 (1999).
5) C. R. Pike, C. A. Ross, R. T. Scalettar, G. Zimanyi, *Phys. Rev. B*, **71**, 134407 (2005).
6) 島津武仁，駒込博泰，村松孝一，渡辺　功，村岡裕明，杉田　愃，中村慶久，日本応用磁気学会誌，**24**, 239 (2000).
7) T. Shimatsu, H. Uwazumi, H. Muraoka, Y. Nakamura, *J. Magn. Magn. Mater.*, **235**, 273 (2001).
8) M. Weisheit, M. Bonfim, R. Grechishkin, V. Barthem, S. Fähler, D. Givord, *IEEE Trans. Magn.*, **42**, 3072 (2006).
9) S. Boukari, J. Venuat, A. Carvalho, D. Spor, J. Arabski, E. Beaurepaire, *Phys. Rev. B*, **77**, 054416 (2008).
10) K. Mackay, M. Bonfin, D. Givord, A. Fontaine, *J. Appl. Phys.*, **87**, 1996 (2000).
11) L. He, W. D. Doyle, L. Varga, H. Fujiwara, P. J. Flanders, *J. Magn. Magn. Mater.*, **155**, 6 (1996).
12) A. Ito, N. Kikuchi, S. Okamoto, O. Kitakami, *IEEE Trans. Magn.*, **44**, 3446 (2008).
13) N. Kikuchi, S. Okamoto, O. Kitakami, *J. Appl. Phys.*, **105**, 07D506 (2009).
14) H. C. Siegmann, E. L. Garwin, C. Y. Prescott, J. Heidmann, D. Mauri, D. Weller, R. Allenspach, W. Weber, *J. Magn. Magn. Mater.*, **151**, L8 (1995).
15) C. H. Back, R. Allenspach, W. Weber, S. S. P. Parkin, D. Weller, E. L. Garwin, H. C. Siegmann, *Science*, **285**, 864 (1999).
16) I. Tudosa, C. Stamm, A. B. Kashuba, F. King, H. C. Siegmann, J. Stöhr, G. Ju, B. Lu, D. Weller, *Nature*, **428**, 831 (2004)
17) M. Kampen, C. Jozsa, J. T. Kohlhepp, P. LeClair, L. Lagae, W. J. M. Jonge, B. Koopmans, *Phys. Rev. Lett.*, **88**, 227201 (2002).
18) H. W. Schumacher, S. Serrano-Guisan, K. Rott, G. Reiss, *Appl. Phys. Lett.*, **90**, 042504 (2007).
19) T. J. Silva, C. S. Lee, T. M. Crawford, C. T. Rogers, *Appl. Phys. Lett.*, **74**, 3386 (1999).
20) Y. Acremann, J. P. Strachan, V. Chembrolu, S. D. Andrews, T. Tyliszczak, J. A. Katine, M. J. Carey, B. M. Clemens, H. C. Siegmann, J. Stöhr, *Phys. Rev. Lett.*, **96**, 217202 (2006).
21) Y.-T. Cui, G. Finocchio, C. Wang, J. A. Katine, R. A. Buhrman, D. C. Ralph, *Phys. Rev. Lett.*, **104**, 097201 (2010).

f.　磁性薄膜の高周波透磁率測定法

（ⅰ）**はじめに**　透磁率μは磁性体中の磁束密度Bと磁界Hの比で与えられる．高周波では磁性体の損失をその虚数部として加え，透磁率を複素数として表す．これを真空透磁率μ_0で基準化して比透磁率μ_rで表せば次式となる．

$$\mu_r = \mu/\mu_0 = \mu'_r - j\mu_r \quad (4.2.19)$$

材料としての基本特性計測の目的に加え，書き込み用磁気ヘッドや薄膜インダクタ・トランスなど電磁誘導を原理とする高周波デバイスでは10 GHz程度までの定量計測ニーズがあり，低周波帯における透磁率実部の大きさと，高周波帯における共鳴周波数とその周波数分散の様子を知ることに興味が高い．このため，一軸異方性膜の初透磁率

範囲内で，膜面内の磁化困難軸方向における複素透磁率を得ることを前提に，さまざまな手法が開発された．

面内一軸異方性膜では，磁化困難軸方向の比透磁率は次式で与えられる[1]．

$$\mu_r' = \frac{4\pi M_s}{H_k} \frac{\omega_r^2(\omega_r^2-\omega^2)}{(\omega_r^2-\omega^2)^2+(4\pi\lambda\omega)^2} + 1 \quad (4.2.20)$$

$$\mu_r'' = \frac{4\pi M_s}{H_k} \frac{\omega_r^2(4\pi\lambda\omega)}{(\omega_r^2-\omega^2)^2+(4\pi\lambda\omega)^2} \quad (4.2.21)$$

ただし，M_s は飽和磁化，H_k は異方性磁界，$\omega=2\pi f$ は高周波磁界の角周波数，ω_r は強磁性共鳴周波数，λ はジャイロ磁気定数である．磁性体が導電性を有する場合には渦電流損が発生するため，複素透磁率 $\mu_{r_{ed}}$ は次式で与えられる．

$$\mu_{r_{ed}} = \mu_r \frac{2\delta}{(1+j)d} \tanh \frac{(1+j)d}{2\delta} \quad (4.2.22)$$

$$\delta = \sqrt{2\rho/\mu_0\mu_r\omega}$$

薄膜試料の膜厚 d は表皮厚さ（skin depth）に比べて小さいことを前提にしている．ρ は抵抗率である．

高周波磁界の振幅が小さく，磁束密度 B と磁界 H とが線形の初透磁率範囲に限定すれば，理論値が知られる標準試料の測定値から，測定法および測定装置の良さを判断できる．線形測定に限定することにより，汎用のインピーダンスアナライザやベクトルネットワークアナライザによって広帯域の信号処理が可能であることが，本測定法の進展を支えてきた．

また，ヒトの手による取扱いの利便性と，VSM測定などとの試料共通化の測定ニーズから，0.1～1.0 mm 厚の固体基板上に製膜された数 mm 角の大きさの試料を対象に測定装置の寸法設計や感度設計がなされてきた．本項の記述もそれを前提としている．この寸法ではおおむね100 MHz～1 GHz で集中定数設計から分布定数設計への移行が必要である．現在までに 10 GHz を超す周波数範囲まで広帯域な複素透磁率測定が可能となっている．

周波数帯によって異なる手法が用いられるが，いずれも電磁的な手法であり，その起源は薄膜 B-H ループトレーサ（自記磁束計）にさかのぼる[2]．ここで，検出信号の強度 V_s は透磁率 μ，試料断面積 S_c および周波数 f の積に比例する特徴を有している．

$$V_s \propto f \cdot \mu \cdot S_c \quad (4.2.23)$$

ただし，薄膜試料の膜厚 d は表皮厚さに比べて小さいことを前提にしている．ρ は抵抗率である．式(4.2.23)中で（$\mu \cdot S_c$）積は単位長さあたりのパーミアンス（磁気抵抗の逆数）に等しいことに注意しよう．透磁率が小さくても試料を厚く，あるいは幅広にできれば感度を向上できる．

測定手法を分類すると，① 励磁コイルと検出コイルをもち，検出コイルの誘起電圧やインピーダンスから透磁率を求める手法と，② 高周波磁界源として励磁コイルあるいは伝送線路をもちそれ自身のインピーダンス変化から検出コイルを使用せずに透磁率を得る手法がある．後者の手法は，電磁的な磁化スイッチング測定法やスピントルク測定法に継承されている．

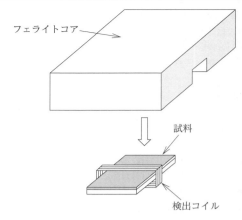

図 4.2.19　フェライトヨーク法

標準試料としては，透磁率の理論予測ができる YIG 単結晶や異方性分散の小さい面内一軸異方性膜が用いられる．

（ⅱ）**フェライトヨーク法**　図 4.2.19 に示すように，薄膜試料の上に U 字形のフェライトコアを乗せて閉磁路を構成し，薄膜またはフェライトヨークに巻いた巻線のインダクタンスを計測する．次に，薄膜のない基板のみを挿入して同様にインダクタンスを測定する．このとき，フェライトコアの磁気抵抗が薄膜試料の有無によらず一定で，かつ薄膜試料の磁気抵抗に比べて十分小さいと仮定できれば，インダクタンスの変化分 L_r は薄膜試料の磁気抵抗のみで定まるので次式で表される．

$$\mu_r = \frac{5}{2\pi} \frac{lL_r}{n^2 S} \quad (4.2.24)$$

ここで，S は薄膜断面積，n はコイル巻数，l は薄膜試料の長さ（フェライトコアギャップ長に等しい）を表す．これは手軽な手法である．$l=4$ mm，コイル巻数 $N=10$ で，試料幅 10 mm，膜厚 0.1 μm で比初透磁率 500 程度の測定が可能である[1]．

本手法では，閉磁路を形成するため反磁界による誤差の影響が小さく，絶対値の測定精度が比較的高い．これまでの報告では測定可能な周波数は 10 MHz 程度が上限であり，これは回路の LC 共振，フェライト自体の周波数特性の劣化，薄膜とフェライトコアの接触面における渦電流損など，励磁側と検出側との双方の問題で定まっている．この帯域では透磁率虚部を無視できる場合が多い．

（ⅲ）**8の字コイル法**　測定周波数が 10 MHz 程度を超えると，巻線の回数が 1 回だけの検出コイルであっても，断面積の小さい薄膜試料から電磁誘導によりノイズレベル以上の検出電圧を得られるようになる．ただし，空心分の電圧が検出電圧の大半を占めるため，二つの扁平な検出コイルを差動接続して空心分の電圧を相殺し，その一方にのみ薄膜試料を挿入して感度を確保する．そのコイル形状から，8の字コイルとよばれる．小型の8の字コイルを取り巻くように板状のワンターン励磁コイルを置くと，ネットワークアナライザからの出力可能な小信号レベルで

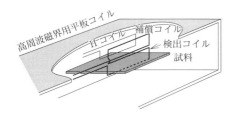

図 4.2.20 8の字コイル法

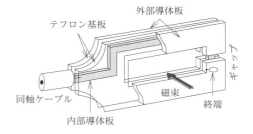

図 4.2.21 多層平面シールディドループコイル

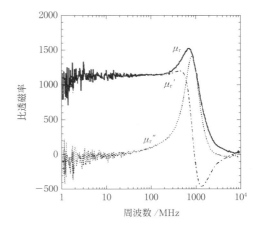

図 4.2.22 アモルファス CoZrNb 薄膜の高周波複素透磁率

も 0.1 A m^{-1} 程度の磁界を発生でき，およそ 100 MHz までの初透磁率を測定することができる．これが図 4.2.20 の 8 の字コイル法である[1,3,4]．平板状励磁コイルの特性インピーダンスは 50 Ω に設計されることが多い．図では，試料に加わる実効磁界を検出する H コイルが別途あり，反磁界の影響を除去でき，精度の高い初透磁率の測定が可能となる．

H コイルの面積を S_H，薄膜試料の断面積を S_c，8 の字コイルおよび H コイルの誘起電圧をそれぞれ E_f，E_{Hf}，同様に薄膜試料のない場合の誘起電圧をそれぞれ E_{f0}，E_{H0} とすれば μ_r は次式となる．

$$\mu_r = \frac{S_H}{S_f}\frac{E_f}{E_{Hf}} - \frac{E_{f0}}{E_{H0}} + 1 \quad (4.2.25)$$

まず，空心の状態で E_{H0}/E_{H0} を測定し，次に E_f/E_{Hf} 間を測定する．誘起電圧の振幅と位相を計測して式 (4.2.25) に適用することにより，複素透磁率が得られる．8 の字を構成する二つのコイル間の浮遊容量と相互インダクタンスによるコイルの共振で測定の上限周波数が決まり，およそ 100 MHz である．この帯域では励磁コイル単独のインピーダンス整合はあまり重要ではない．

（iv）**1 ターンコイル法** 検出コイルの共振周波数を上げるために，8 の字コイルの代わりに 1 ターンのコイルにすると，さらに高周波まで透磁率を測定できる[1,5]．S_s を 1 ターンコイルの断面積とすると次式となる．

$$\mu_r = \frac{S_s}{S_f}\frac{(E_f - E_{f0})}{E_{f0}} + 1 \quad (4.2.26)$$

1 ターンコイル法では，空心分の誘起電圧が 8 の字コイルに比べて桁違いに高くなるため，高精度の計測器が必要となる．現在のネットワークアナライザは十分に対応できる性能を備えている[6]．本測定法では試料の漏れ磁界（反磁界）を校正できないため，必要に応じて反磁界係数による補正を行う．

ギガヘルツ帯になると，電界の影響が測定精度を低下させる．そこで，電界除去が可能でかつ平衡・不平衡のモード変換も可能な図 4.2.21 のような多層平面シールディドループコイルが使用されている[7]．これは電磁環境適合性（EMC：electromagnetic compatibility）計測で用いられる同軸型のシールディドループを平面化したもので，プリント配線板やリソグラフィにより，小型であっても電界除去やモード変換が可能な寸法精度を確保できる．図 4.2.22 は，0.2 μm 厚アモルファス CoZrNb 薄膜の透磁率測定結果であり，側面開放型 TEM（transverse electromagnetic）セルを励磁源として組み合わせることにより 9 GHz までの薄膜透磁率測定が可能となった[8]．

（v）**ギガヘルツ帯における励磁コイル** ギガヘルツ帯では励磁コイル内の電磁界の波長と薄膜試料や検出コイルの大きさがほぼ同じになるので，電界の影響を考慮する必要がある．励磁コイルを励磁源として用いるというより，終端短絡の伝送線路から発生する電磁界のうち磁界成分を励磁源として用いると考えればよい．したがって，磁界が最大で電界がゼロとなる終端部（短絡部）に試料とコイルを置き，電界の影響を低減させるのが一般的である．測定治具内の多重反射を避けるため，高周波計測器やケーブルと特性インピーダンスを整合させることが有用であり，通常，50 Ω に整合させる．

ただし，試料全体の長さ方向に磁界を均一にかつ電界をゼロにすることは原理的に不可能であるため，線路を整合終端させて磁界と電界の均一性を優先し，検出時に磁界応答成分のみ取り出す手法もある．これは，たとえば図 4.2.21 のシールディドループコイルで可能である．この考え方は，励磁振幅が小さく，試料の磁界応答と電界応答とが線形の範囲では有効と考えられる．

（vi）**伝送線路法** 伝送線路に電磁波（TEM 波）を与え，その磁界成分によって薄膜試料を励磁し，透磁率に対応する電気応答を伝送線路自体によって検出する．透磁

率実部の変化は線路のインダクタンスの変化に対応し、同様に透磁率虚部の変化は伝送線路の抵抗変化から測定可能である。この手法では検出コイルが不要な利点を有するが、その一方で励磁信号に重畳した微弱な検出信号から透磁率を求めるため低周波帯における感度は低く、1ターンコイル法とほぼ同等以上の高い周波数範囲の計測に適している。これまでの報告では 100 MHz 程度から 10 GHz 以上に及ぶ。感度設計の改良により、さらに高周波領域まで計測可能と考えられる。

伝送線路の種類はとくに制限されず、板金加工やプリント配線板により比較的簡単に試作可能な平行平板[1]、図 4.2.23(a)に示すマイクロストリップ線路[9]、および図(b)のコプレーナ線路[10]などがよく用いられる。平行平板とマイクロストリップ線路では、それぞれ薄膜試料は磁界の強い2枚の導体線路の間に挿入されるのがふつうである。どの伝送線路を用いても、ほぼ信号線幅と同じ範囲で薄膜試料の平均的な特性が測定される。最近では、より高周波帯かつより微小な試料に対する興味から、微細加工によるコプレーナ線路も使用される。この場合、試料設置範囲のみ信号線幅を 1 μm 程度まで狭小化して磁界強度を増すことが高感度化に有効である。

終端短絡のマイクロストリップ線路を用いる場合を例に測定手順を説明する。薄膜試料の有無、あるいは薄膜試料への直流飽和磁界の有無によるインピーダンスの変化を ΔZ とすれば、次式で表される。

$$\mu_r = 1 + \frac{\Delta Z}{j\mu_0 K t_s 2\pi f} \quad (4.2.27)$$

ただし、t_s は薄膜の膜厚、K は校正係数である[9]。

校正係数 K の求め方には、標準試料による方法、フェライトヨーク法で得た絶対値との比率を校正係数とする方法、および (viii) 項で述べる絶対値校正法などがある。標準試料による校正方法では、幾何学的配置要因の校正を前提に周波数によらない一つの係数を定める方法[10]と、これに浮遊インピーダンスを加えて LCR 等価回路定数を求め周波数特性を考慮して校正する方法[9]がある。どの校正法でも係数決定手順の仔細は十分には確立されておらず、また装置や治具によって校正係数自体が変わるので、絶対校正法は古くて新しい課題である。マイクロストリップ線路によって 14 GHz まで[11]、コプレーナ線路によって 6 GHz まで[10]の測定結果が報告されている。いずれもさらに高周波計測が可能と考えられる。

バルク材料に対する同軸線路法[12,13]で知られるように、伝送線路を透過型（ネットワークアナライザなどによるスルー測定）とし、反射係数と透過係数を同時計測すると、薄膜試料の複素透磁率と複素誘電率を同時計測できる。40 GHz までの測定結果が報告されている。これまでのところ、測定対象は比透磁率実部が 2 以下の材料に限られ[14,15]、開発途上にある。

(vii) 大面積薄膜用マイクロストリッププローブ法

伝送線路法の範ちゅうに属する特徴的な手法を紹介する。マイクロストリップ線路の信号線の上部に薄膜試料を十分近く配置すると、信号線とグランド面との間に薄膜試料を挿入した場合と同じオーダーの磁界強度を薄膜試料に印加でき、透磁率測定が可能な信号強度（インピーダンス変化）が得られる[16]。信号線からみてグランド面よりも薄膜試料を十分近く配置することが肝要である。このとき薄膜試料が導電性を有し膜中の誘導電流に表皮効果が生じると線路からみたインピーダンス変化が増大するため、本手法は合金薄膜の高周波透磁率測定に適していると報告されている。インピーダンスの変化量を増やすために線路を長くし、かつ折り畳んで実装面積を小さくしたミアンダ型も製作されている。図 4.2.24 に示すように、薄膜試料を下にし、天地逆転させたマイクロストリップ導体を上部に配置することにより、大面積のウェーハスケールで二次元的な透磁率分布を非破壊で得られる特徴がある。

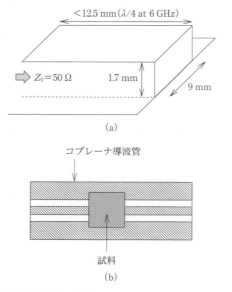

図 4.2.23 伝送線路の種類
(a) マイクロストリップ方式（寸法あり） (b) コプレーナ線路方式

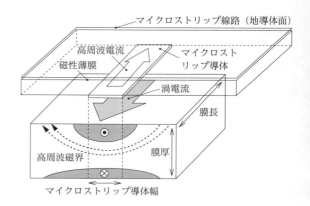

図 4.2.24 マイクロストリッププローブ法

一般的な伝送線路法と同様に薄膜試料の寄与分によるインピーダンス変化分 ΔZ を計測し，次の2式をニュートン-ラフソン法などにより収束計算することで30 GHzまで複素透磁率が得られている．

$$\Delta Z = \frac{k_s \rho l}{2w} \coth\left(\frac{k_s t_s}{2}\right) \quad (4.2.28)$$

$$k_s = \frac{1+j}{\sqrt{\dfrac{\rho}{\pi f \mu_0 \mu_r}}} \quad (4.2.29)$$

（viii）絶対値校正法（直流磁界校正法）　標準試料であっても，異方性分散がゼロあるいは共鳴半値幅がゼロであるような理想的試料は存在しないので，被測定試料を使った絶対値校正法（直流磁界校正法）が利用される[1]．膜面に平行でかつ高周波磁界方向に直角な方向に試料の異方性磁界 H_k よりも十分に強い直流磁界 H_{dc} を加えると，高周波磁界方向の透磁率は，薄膜試料が無損失とみなせる十分低い周波数帯において次式となる．

$$\mu_r = M_s/\mu_0 H_{dc} \quad (4.2.30)$$

試料の飽和磁化 M_s は VSM などで高精度に測定可能であり，H_k は人為的に高精度に与えることができるため，$1/H_{dc}$ 対 $\mu_0 \mu_r H_{dc}$ の関係を高磁界側に外挿してその飽和値（M_s）を求めれば $M_s/(M_s)$ が補正係数となる．

試料形状に依存する反磁界の補正は，フェライトヨーク法で得た絶対値との比率を校正係数とする方法の精度が比較的高い．薄膜試料全体に均一磁界が印加されると近似できる場合には，試料形状で定まる反磁界係数を用いて計算により補正できる[17]．

（ix）備考　マイクロ波技術の分野では，同軸線路法，摂動法および自由空間法など，数十 GHz 帯まで適用可能な透磁率計測法が知られている．これまでのところ，その計測対象はバルクフェライトに限られ，薄膜測定に適用した例はみられない．

凌和電子，キーコムなどから10 GHz 前後までの薄膜透磁率計測装置が市販されている．市場規模は大きくないが，日本の独壇場である．

文　献

1) 島田 寛, 山田興治, "磁性材料", 講談社サイエンティフィク（1999）．
2) H. J. Oguey, *Rev. Sci. Instrum.*, **31**, 701 (1960).
3) P. A. Calcagno, D. A. Thompson, *Rev. Sci. Instrum.*, **46**, 904 (1975).
4) S. Yabukami, H. Kikuchi, M. Yamaguchi, K. I. Arai, K. Takahashi, A. Itagaki, N. Wako, *IEEE Trans. Magn.*, **36**, 3646 (2000).
5) M. Yamaguchi, M. Baba, K. Arai, *IEEE Trans. Microwave Theory and Tech.*, **49**, 2331 (2001).
6) C. A. Grimes, P. L. Trouilloud, R. M. Walser, *IEEE Trans. Magn.*, **24**, 603 (1988).
7) M. Yamaguchi, S. Yabukami, K. I. Arai, *IEEE Trans. Magn.*, **33**, 3619 (1997).
8) M. Yamaguchi, Y. Miyazawa, K. Kaminishi, K. Arai, *Trans. Magn. Soc. Jpn.*, **3**, 137 (2003).
9) D. Pain, M. Ledieu, O. Acher, A. L. Adenot, F. Duverger, *J. Appl. Phys.*, **85**, 5151 (1999).
10) Y. Ding, T. J. Klemmer, T. M. Crawfordb, *J. Appl. Phys.*, **96**, 2969 (2004).
11) S. Takeda, S. Motomura, T. Hotchi, H. Suzuki, *J. Jpn. Soc. Powder Metallurgy*, **61**, S303 (2014).
12) A. M. Nicolson, G. F. Ross, *IEEE Trans Instrum. Meas.*, **17**, 395 (1968).
13) W. B. Weir, *Proc. IEEE*, **62**, 33 (1974).
14) A. Sharma, M. N. Afsar, *IEEE Trans. Magn.*, **47**, 308 (2011).
15) L. Chao, A. Sharma, M. N. Afsar, O. Obi, Z. Zhou, N. Sun, *IEEE Trans. Magn.*, **48**, 4085 (2012).
16) T. Kimura, S. Yabukami, T. Ozawa, Y. Miyazawa, H. Kenju, Y. Shimada, *Trans. Magn. Soc. Jpn.*, **38**, 87 (2014).
17) M. Yamaguchi, K. Suezawa, K. I. Arai, Y. Takahashi, S. Kikuchi, Y. Shimada, W. D. Li, S. Tanabe, K. Ito, *J. Appl. Phys.*, **85**, 7919 (1999).

4.2.2　磁気異方性測定法

a. 磁気トルク計

（i）基礎的な事項　強磁性の発生起因は，二つの隣接したスピン間に作用する交換相互作用である．この作用は等方的であるのでスピンの相対的な角度にのみ依存し，結晶方位などとは無関係のはずである．このことは，自発磁化が向きを変えてもエネルギーが変化しないことに相当する．しかし，現実は自発磁化を結晶中で回転させると内部エネルギーが変化する．この現象が磁気異方性である．とくに，結晶中における結晶軸の対称性を反映して変化するものを結晶磁気異方性とよぶ．たとえば，体心立方晶（bcc）の Fe は [100] 方向，面心立方晶（fcc）の Ni は [111] 方向，そして稠密六方晶（hcp）の Co は c 軸方向に向くことがあげられる．この磁化されやすい方向が磁化容易軸であり，容易軸方向に向こうとする力（ポテンシャルエネルギー）が磁気異方性エネルギーとして定義される．自発磁化は磁界が存在しない場合には磁気異方性エネルギーが極小になるような方向（磁化容易軸）をとり，またある結晶面のエネルギーが極小となる場合もあり，これを磁化容易面とよぶ．次に，代表的な結晶のエネルギーについてみていく．

（1）立方晶：　$\alpha_1, \alpha_2, \alpha_3$ を結晶の x [100], y [010], z [001] 軸に対する磁化方向の方向余弦とすると，磁気異方性エネルギーは以下の式で表される．

$$E = K_1\{(\alpha_1 \cdot \alpha_2)^2 + (\alpha_2 \cdot \alpha_3)^2 + (\alpha_3 \cdot \alpha_1)^2\} + K_2\{(\alpha_1 \cdot \alpha_2 \cdot \alpha_3)^2\} + \cdots \quad (4.2.31)$$

ここで，K_1, K_2 は磁気異方性定数とよばれる．通常は $K_1 \gg K_2$ であるから，$K_2 = 0$ とすると，$K_1 > 0$ では磁化容易軸は $\{100\}$，$K_1 < 0$ では $\{111\}$ となることが式(4.2.31)よりわかる．

（2）稠密六方晶：　六方晶は一軸性結晶であるので，c 軸とのなす角を θ とすると，磁気異方性エネルギーは式

(4.2.32)で表される.

$$E = K_{u1}\sin^2\theta + K_{u2}\sin^4\theta + \cdots \quad (4.2.32)$$

ここで,$K_{u1} \gg K_{u2}$であるから$K_{u2}=0$とすると,磁化容易軸は$K_{u1}>0$では磁化容易軸はc軸方向に,$K_{u1}<0$ではc面内となる.

このように,磁化容易軸方向に磁化が安定であるということは,磁気異方性の効果はこの方向に磁界を与えたことと等価である.この磁界を異方性磁界H_aとよび,式(4.2.33)で表される.ここで,Kは磁気異方性定数で,I_sは飽和磁化である.

$$H_a = 2K/I_s \quad (4.2.33)$$

(ⅱ) **磁気トルク計の原理** 磁界が印加されていないと磁化容易軸方向に磁化は向き,磁化容易軸方向からずれた向きに磁界を印加すると磁界の方向に磁化の向きが合うように回転力が生じる.この回転力をトルクといい,この値を測定することで磁気異方性定数を求めることができる.磁化容易軸とその軸と直交する方向との磁化の差から異方性の大きさを知ることができる.このトルクを測定するのが磁気トルク計である.その原理を図4.2.25に示す.図中1の方向を磁化容易軸とすると,磁界はこれからθだけずれて印加されている.そのため,磁界の向きと容易軸を合わせようと回転力がトルクとなって表れる.トルクの大きさも重要な測定値である.さらに,磁気異方性を厳密に知るためにはある面内のみではなく,三次元的に三つの軸に対して各方向で測定しなければならない.磁化容易軸を決めて,それに直角のほかの2軸に対して測定を行う.結晶を回転させて磁化容易軸を決めるが,その操作は容易ではない.そのため,通常は結晶軸を基準にして対称性などから3軸を選んで磁化容易軸とみなして測定することが多い.

磁気トルク計の構成図の一例を図4.2.26に示す.試料は試料管に収められている.XYステージにより磁石と試料との位置を調整する.トルクの測定は,試料を支える弾性糸の支持軸上にミラーが置かれている.試料台は石英ガラスなどの磁性を有していない材料を用いる.光源からミラーに光を照射し,ミラーからの反射光の角度を測定することでトルクを知ることができる.光源にはレーザー光が最近では用いられている.また,反射光の角度と連動してフィードバック機構が設けられ,試料が回転しないような仕組みになっている.試料管の周囲には磁石が備えてあり,一定方向の磁界が印加できる.その強度は15~25 kOe 程度である.もちろん超伝導磁石を用いた強磁界タイプもある.磁界の印加により試料にトルクが発生し,これが弾性糸のねじれとなって現れる.磁界の印加は,磁石を固定して試料を回転する場合と,試料を固定して磁石を回転する場合がある.図4.2.26では最もよく用いられている磁界を回転させる場合である.磁場強度はガウスメーターで測定する.回転を連続して行う場合と,測定者が設定した角度ごとに回転を止めて測定を行い,そのときに測定値を平均化して振動などの外乱を除く場合とがある.また,試料

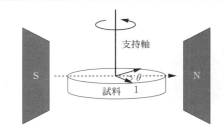

図4.2.25 磁気トルク計の概念図

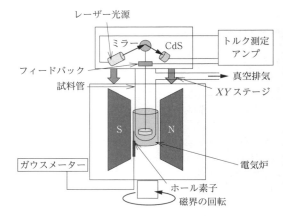

図4.2.26 磁気トルク計の構成例

管の周囲を電気炉で試料を加熱できるようになっており,磁気異方性エネルギーの温度変化を測定することができる.得られた測定値は,フーリエ解析を行うことにより測定精度や感度を上げることができる.また,回転ヒステリシス損やバックグランド補正,位相補正なども行わなければならない.

(ⅲ) **測定例**[1] 磁気トルクの測定例を図4.2.27および図4.2.28に示す.まず,図4.2.27の試料はTbFeCo系の光磁気記録膜である.図4.2.27(a)がTbFeCo,(b)がTbFeCoTa,そして(c)がTbFeCoPtである.図の実線が製膜直後で,点線がこの磁性膜を80℃-湿度95%環境中に96時間放置した場合である.このTbFeCo系は垂直磁化膜であり,磁界を膜面に垂直に印加している.製膜直後の膜はいずれも90°および270°で曲線が大きく変化していることがわかる.この膜を80℃-湿度95%環境中に放置すると,180°付近のピークが強くなっていく.これは面内方向に磁化容易軸をもつ成分が増えていくからである.さらにこれは,磁性膜が酸化して酸化物や水酸化物が生成したことを示している.変化が大きいのは図(a)とこれにPtを添加した図(b)の場合で,逆にTaを含む膜ではその変化が小さい(図(c)).これはTaを添加することにより湿気などの腐食に強くなるが,Ptではその効果がないことを示している.腐食により垂直磁気異方性が消失していく過程をトルクの変化から起こった例である.

次に,図4.2.28は同じ光磁気記録膜であるが,PtとNb

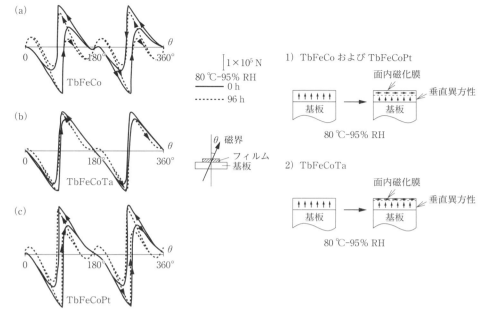

図 4.2.27 磁気トルクの測定例 (1)

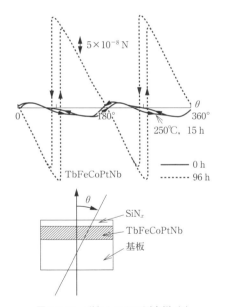

図 4.2.28 磁気トルクの測定例 (2)

を 2 元素含んでいるために図 4.2.27(a) より垂直磁気異方性が小さくなっている．さらに，光磁気記録膜に情報を記録するには記録膜の温度が計算機シミュレーションにより 250℃になることがわかっているので，この記録膜に 250℃で 15 時間保持前後のトルク曲線の変化を示したものである．それによると，熱処理により垂直磁気異方性は大きく低下することがわかる．表面には窒化ケイ素の保護膜が形成されており，酸化などによる記録膜の変化は考え難い．

以上のように，光磁気記録膜にとって垂直磁気異方性は重要な性質であり，これを評価するのに磁気トルク計を用いた例を紹介した．

文　献

1) 桐野文良，大容量光磁気ディスク用記録膜の耐食性および熱安定性向上に関する研究，p.32，p.142，東北大学学位論文 (1993).

以下，参考文献
2) 志賀正幸，"磁性入門"，内田老鶴圃 (2007).
3) 近角聰信，"強磁性体の物理 上"，裳華房 (1978)；id.，"強磁性の物理 下"，裳華房 (1984).
4) 近角聰信，"物性科学入門"，裳華房 (1999).

b. 磁気共鳴法

強磁性体の磁気異方性の強さを測定するには，古くからトルク磁力計が利用されてきたが，高周波での磁気物性測定技術が発達し，磁気モーメントの自然共鳴から磁気異方性を決定する手法が精度を上げている．磁気モーメントの歳差運動による磁気共鳴は，磁気モーメントが感じる実効的な磁界によって共鳴周波数が決まる．実効磁界は，外部磁界，反磁界と磁気異方性による異方性磁界 H_k の総和であり，反磁界が精度良く仮定できれば，異方性磁界を決定できる．磁気共鳴の測定には，概略二つの方法がある．一つはキャビティ (cavity) 法で，マイクロ波共振器中に置いた試料に，特定の周波数のマイクロ波を供給し，外部磁界を走引して，磁気共鳴吸収の起こるときの外部磁界から H_k を決定する．実際には，図 4.2.29 に示すように，外部直流磁界に弱い交流磁界を重畳し，微分値を得ることによ

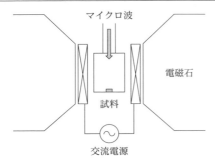

図 4.2.29 キャビティ法による磁気共鳴測定系

り，磁気共鳴の外部磁界依存性を検出する感度を上げている．試料は，反磁界の効果を明確にするために球状または薄膜にする．球状では，渦電流の問題があるのでフェライトなどの絶縁物が測定対象になる．フェライトなど立方晶の磁気異方性定数 K_1, K_2 の決定には，特定の結晶面内で外部磁界を走引し，結晶軸と共鳴周波数の関係から異方性定数を求める[1]．

強磁性体の多くは金属系で，薄膜形状の試料が測定対象になる．薄膜面内の一軸磁気異方性の容易軸方向に外部磁界 H_{ex} を走引する場合には，磁気共鳴周波数と実効磁界との関係は，外部磁界 H_{ex} と異方性磁界の $2K_u/M_s$ に加えて，形状磁気異方性磁界の $4\pi M_s$ が含まれるので[2]，次式で表される．

$$\omega_0 = \gamma\left\{\left(H_{ex}+4\pi M_s+\frac{2K_u}{M_s}\right)\left(H_{ex}+\frac{2K_u}{M_s}\right)\right\}^{1/2} \quad (4.2.34)$$

ここで，H_{ex} は外部磁界，γ はジャイロ磁気係数，M_s は飽和磁化（emu cm^{-3}），K_u は一軸磁気異方性定数である．

また，磁場の方向，磁気異方性の対称性や試料形状が複雑に関係する系の場合には，コマの歳差運動の力学から，コマの角運動量を M_s/γ に置き換えて，以下の関係式が導出されている[3]．

$$\left(\frac{\omega}{\gamma}\right)^2 = \frac{1}{M^2\sin^2\theta}\left[\frac{\partial^2 E}{\partial\theta^2}\frac{\partial^2 E}{\partial\phi^2}-\left(\frac{\partial^2 E}{\partial\theta\partial\phi}\right)^2\right] \quad (4.2.35)$$

E は磁気エネルギーの総量で，結晶磁気異方性，誘導磁気異方性，形状磁気異方性，ゼーマンエネルギーが含まれる．θ は，基準となる軸からの磁化 M の角度である．たとえば，Cu(100) 面に成長した Ni, Co, Fe エピタキシャル膜では[4]，面内 $\langle 100 \rangle$ を基準として式 (4.2.29) から式 (4.2.34) と同様な関係式を導出し，磁気共鳴周波数の θ への依存性から M_s, K_1 を求めている．同様な測定例は，これまでに非常に多く報告があり[5]，理論，測定手法ともに確立されている．

一方，最近になって発展した手法として，Cu 薄膜などで作成したコプレーナ線路（coplaner waveguide）上に薄膜試料を密着させる，もしくはスパッター法などで直接形成し，ネットワークアナライザから高周波信号を供給し，反射度，透過度を表す定数（S パラメーター）の周波数プ

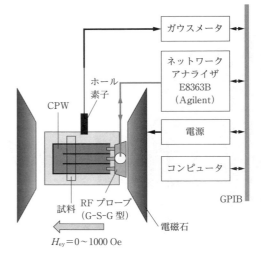

図 4.2.30 コプレーナ線路（CPW）による磁気共鳴測定系
[遠藤 恭，三束芳央，大川耕平，島田 寛，山口正洋，信学技報，110，MR2010-49，51（2010）]

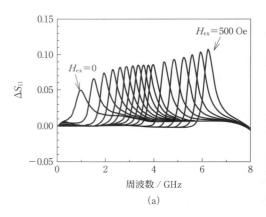

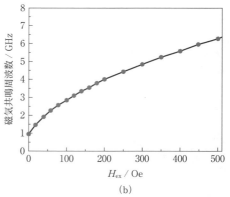

図 4.2.31 コプレーナ線路による磁気共鳴プロファイルの測定例(a)および外部磁界による磁気共鳴周波数のシフト(b)
[遠藤 恭，三束芳央，島田 寛，山口正洋，電学論 A，131，505（2011）]

ロファイルから，ライン上の試料の共鳴周波数を検出する方法がある[6]．この方法では，マイクロ波の周波数と外部磁界の両方を走引できるため，磁気共鳴の理論式へのフィッティング精度を上げることができる．図4.2.30に測定系の例を示す[7]．図4.2.31(a)は，パーマロイ薄膜（$Ni_{0.91}Fe_{0.09}$（50 nm））の例で[8]，磁気共鳴による反射波のピーク周波数がH_{ex}によりシフトする．図(b)は，図(a)から求めたH_{ex}と磁気共鳴周波数との関係で，式(4.2.28)にフィッティングすることにより，K_uを決定できる．

コプレーナ線路法は，キャビティ法に比べて，測定系の構築の容易さなどがあり，微小サイズの薄膜材料などには有用性が高まると考えられるが，キャビティ法に比べると，理論的検証や感度限界は完全には確立されていない．

なお，磁気異方性の分散に関する情報を得るために，磁気共鳴を利用した例もある[9]．

文献

1) J. O. Artman, *Proc. IRE*, **44**, 1284 (1956); A. H. Morrish, "The Physical Principles of Magnetism", p. 542, John Wiley (1965).
2) C. Kittel, *Phys. Rev.*, **73**, 155 (1948).
3) H. Suhl, *Phys. Rev.*, **97**, 555 (1955); A. H. Morrish, "The Physical Principles of Magnetism" p. 551, John Wiley (1965).
4) R. Naik, C. Kota, J. S. Payson, G. L. Dunifer, *Phys. Rev.*, **48**, 1008 (1993).
5) J. O. Artman, *Proc. IRE*, 1284 (1956); J. O. Artman, *Phys. Rev.*, **105**, 74 (1957); A. Gangulee, R. J. Kobliska, *J. Appl. Phys.*, **51**, 3333 (1980); Z. Frait, D. Fraitova, *J. Magn. Magn. Mater.*, **15-18**, 1081 (1980); H. Makino, Y. Hidaka, *Mater. Res. Bull.*, **16**, 957 (1981); P. V. Mitchell, A. Layadi, N. S. VanderVen, J. O. Artman, *J. Appl. Phys.*, **57**, 3976 (1985); A. Layadi, J. O. Artman, B. O. Hall, R. A. Hoffman, C. L. Chakrabati, D. A. Saunders, *J. Appl. Phys.*, **64**, 5760 (1988); P. V. Mitchell, K. R. Mountfield, J. O. Artman, *J. Appl. Phys.*, **63**, 2917 (1988); M. D. de Sihues, C. A. D.-Rincon, J. R. Fermin, *J. Magn. Magn. Mater.*, **316**, 462 (2007).
6) G. Counil, J.-V. Kim, T. Devolder, C. Chappert, K. Shigeto, Y. Otani, *J. Appl. Phys.*, **95**, 5646 (2004); S. S. Kalarickal, P. Krivosik, M. Wu, C. E. Patton, M. L. Schneider, P. Kabos, T. J. Silva, J. P. Nibarger, *J. Appl. Phys.*, **99**, 093909-1 (2006); M. Toda, K. Saito, K. Ohta, H. Maekawa, M. Mizuguchi, M. Shiraishi, Y. Suzuki, *J. Magn. Soc. Jpn.*, **31**, 435 (2007).
7) 遠藤 恭，三束芳央，大川耕平，島田 寛，山口正洋，信学技報，**MR2010-49**, 51 (2010).
8) 遠藤 恭，三束芳央，島田 寛，山口正洋，電学論A，**131**, 505 (2011).
9) 神保睦子，綱島 滋，内山 晋，日本応用磁気学会誌，**14**, 289 (1990); Y. Shimada, *IEEE Trans. Magn.*, **MAG-22**, 89 (1986).

c. 磁化曲線からの解析

一般に磁化曲線は，磁壁移動と磁化回転が混合してヒステリシスが描かれるので，磁化曲線から磁気異方性の大きさや方向を推定することは非常に困難である．しかし，薄膜のような，均一な一軸磁気異方性をもち，磁化過程が簡単に記述できる材料では，磁化曲線から磁気異方性の強さを推定できる．また，比較的強い磁気異方性をもつ材料では，磁気飽和に近い状態では磁化回転が主体であることに基づいて，磁化曲線の微分解析から，より詳細な情報を得られる．以下に，これらの方法について説明する．

図4.2.32は，一軸磁気異方性をもつ薄膜の磁化曲線のモデルである．図の磁化容易軸方向では磁壁の移動，磁化困難軸方向では磁化回転による磁化曲線であるので，困難軸方向の傾きは一軸磁気異方性の強さを直接反映し，飽和に達する外部磁界が異方性磁界H_kに等しくなる．

しかし実際には，一軸磁気異方性には強さと方向の分散があり，図中の実線のような磁化曲線ばかりでなく，---で示すような，保磁力H_cが大きく飽和しにくい磁化曲線になることも多い．これは，一軸磁気異方性の強さと方向が局所的に分散するためで，原点から磁化曲線の傾きに沿った直線（点線）と，飽和磁化の外挿との交点からH_kを推定することになる．この方法の精度については，理論的な考察が十分になされていないが，磁気異方性の分散の異なる複数のNi-Fe薄膜について，トルク法[1]による測定値と比較した例を図4.2.33に示す．横軸は，磁化容易軸方向のH_cとトルク法によって測定したH_kの比で，その大きさは，一軸磁気異方性の分散の度合いを反映している．

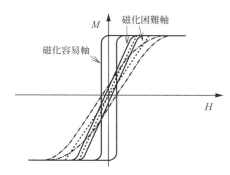

図4.2.32 一軸磁気異方性をもつ試料の磁化曲線のモデル

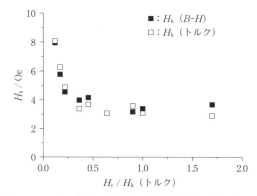

図4.2.33 磁化曲線の傾きから求めた異方性磁界H_kとトルク測定から求めたH_kの比較
[W. D. Doyle, *J. Appl. Phys.*, **33**, 1769 (1962) をもとに作成]

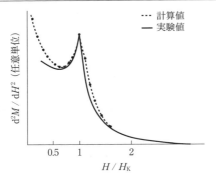

図4.2.34 多結晶 $BaFe_{12}O_{19}$ の磁化曲線の二次微分曲線（実線）点線は、Stoner-Wohlfarth モデルに基づく計算．
[G. Asti, S. Rinaldi, *Phys. Rev. Lett.*, **28**, 1585 (1972)]

この結果は，このような簡便な方法でも比較的よい精度で H_k を推定できることを示しているが，この H_k は，試料の内部で最も体積率の大きい部分に対応するものと考えられる．また，測定試料の磁気異方性分散について定量的な情報を得る方法には，トルク法[2]，二軸振動試料磁力計（VSM）[3]，強磁性共鳴（FMR：ferromagnetic resonance）法[4] などが提案されている．

以上は，透磁率の高い薄膜材料のような，磁気異方性分散の比較的少ない材料，あるいは単結晶のような磁気異方性の方向性が明確な材料が測定対象になるが，多結晶材料にも適用できる汎用性のある方法として飽和磁界付近で磁化曲線を微分する方法が提案されている[5]．容易軸方向がランダムに分布する多結晶材料で，飽和磁界付近の磁化曲線を測定して，その二次微分を求めると，H_k に等しい磁界で極点が現れる．図4.2.34 の実線は，$BaFe_{12}O_{19}$ の多結晶試料の磁化曲線の二次微分曲線である．この極点の磁界は，$BaFe_{12}O_{19}$ の一軸磁気異方性の異方性磁界（$H_k = 17.0 \pm 0.2$ kOe）に一致し，またランダムに分布する粒子集団を仮定し，同じ値の一軸磁気異方性をもつとして計算した磁化曲線（Stoner-Wohlfarth モデル[6]）から，その二次微分を計算して求めた H_k ともよく一致する．この方法は，図4.2.32 の磁化困難軸方向の磁化曲線に明確な飽和点（屈曲点）があることからわかるように，被測定試料（多結晶材料）中で，測定磁界に困難軸が向いている結晶群については，磁化曲線の微分曲線に際立った極点をもつことを利用している．この理論をさらに拡張し，立方対称の磁気異方性をもつ Fe の線状試料や，$CoFe_2O_4$ の焼結体についても測定例がある[7]．

この方法の前提条件は，飽和磁界付近では各結晶粒または磁区の内部で磁化回転が起こること，結晶粒の磁気異方性は粒子間で差異がないこと，また磁壁移動あるいは粒子相互の静磁気的結合，交換結合は無視できることである．つまり，比較的高い H_k をもつ材料が測定対象となっている．

なお，試料形状に起因する反磁界が無視できない場合には，困難軸方向の飽和点を求めるには，反磁界を差し引く必要がある．一般に，任意の磁化過程に単一の反磁界係数を使う補正は不正確になるが，磁化の方向がほぼそろっている飽和点付近に限っては，反磁界係数による補正は有効である．反磁界係数の算出には，試料形状を楕円に近似する方法が一般的であるが[8]，方形，円筒形などについても算出方法が提案されている[9]．

文　献

1) W. D. Doyle, J. E. Rudisill, S. Shtrikman, *J. Appl. Phys.*, **32**, 1785 (1961).
2) A. E. Berkowitz, P. J. Flanders, *Acta Metall.*, **8**, 823 (1960); P. J. Flanders, S. Shtrikman, *J. Appl. Phys.*, **33**, 216 (1962); R. Hasegawa, S. Uchiyama, Y. Sakaki, *Jpn. J. Appl. Phys.*, **3**, 671 (1964).
3) 石山和志，豊田明久，荒井賢一，沖田和彦，日本応用磁気学会誌，**19**, 329 (1995).
4) S. Uchiyama, M. Masuda, Y. Sakaki, *Jpn. J. Appl. Phys.*, **2**, 621 (1963); 神保睦子，綱島滋，内山晋，日本応用磁気学会誌，**14**, 289 (1990).
5) G. Asti, S. Rinaldi, *Phys. Rev. Lett.*, **28**, 1585 (1972).
6) E. C. Stoner, E. P. Wohlfarth, *Phil. Trans. Roy. Soc. London*, Ser. A240, 599 (1948).
7) G. Asti, S. Rinaldi, *J. Appl. Phys.*, **45**, 3600 (1974).
8) J. A. Osborn, *Phys. Rev.*, **67**, 351 (1945).
9) R. J. Joseph, E. Schlomann, *J. Appl. Phys.*, **36**, 1580 (1965); M. Sato, Y. Ishii, *J. Appl. Phys.*, **66**, 983 (1989); D. Chen, J. A. Brug, R. B. Goldfarb, *IEEE Trans. Magn.*, **27**, 3601 (1991).

d. 交換磁気異方性の評価

（i）交換磁気異方性　通常の強磁性体では，磁気異方性の対称性は一軸以上，すなわち磁気双極子モーメント（磁気モーメント）が向きやすい方向（磁化容易方向）が 2 方向以上存在するが，強磁性体と反強磁性体を組み合わせた磁性材料では，磁化容易方向が一方向しか存在しない場合がある．この現象を称して一方向磁気異方性もしくは，その発生機構が強磁性体と反強磁性体間の交換結合に基づくことから，交換磁気異方性とよぶ．交換磁気異方性の最も特徴的な現象は，図4.2.35 に示すような磁化曲線の磁界方向へのシフトであり，あたかも直流磁場 H_{ex} がバイアスされているように見えることから，応用分野ではしばしば交換バイアスとも称される．

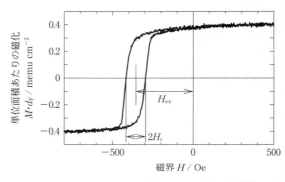

図4.2.35　Ni-Fe/Mn-Ir 交換バイアス膜の磁化曲線

交換磁気異方性は，1956年にMeiklejohnとBeanにより発見された[1]．表面を少し酸化させたCo微粒子をゼロ磁界中で冷却した場合には，通常の磁化曲線が観測されるのに対して，（正の）磁界中で冷却した場合には，磁化曲線が負の磁界側へシフトする特異な現象が観測された．この場合，Co微粒子の内部が強磁性体であり，表面の酸化層（CoO）が反強磁性体である．交換磁気異方性を実用薄膜材料に応用し，その有用性を広く知らしめたのはHempsteadら（1978年）である[2]．異方性磁気抵抗効果型（AMR：anisotropic magnetoresistive）ヘッド用の強磁性Ni-Fe膜上に反強磁性FeMn膜を積層し，磁化曲線のシフトと，それに伴うバルクハウゼンノイズの消失を確認した．この場合の強磁性体と反強磁性体の界面は，Meiklejohnらの微粒子におけるCo/CoO界面（酸化境界面）と異なり，薄膜表面という人工的に制御して作製された界面である．この意味で，強磁性層/反強磁性層積層界面においても，交換結合が生じることを示したHempsteadらの意義は大きい．これにより，任意の反強磁性体を選択することが可能となり，強磁性/反強磁性積層膜（以下，交換バイアス膜）において，所望の特性（交換結合磁界，ブロッキング温度など）が引き出され，現在ではハードディスク装置（HDD）の再生ヘッド素子や，磁気抵抗メモリ（MRAM：magnetoresistive random access memory）の記憶素子の動作に欠くべからざる物理事象として応用されている．

（ii）評価方法 交換磁気異方性の評価には，おもに磁化曲線が用いられる．図4.2.35中に示した磁化曲線の磁界方向のシフト量H_{ex}を交換結合磁界あるいは交換バイアス磁界とよぶ．交換結合磁界に強磁性層の飽和磁化M_sならびに強磁性層の厚さd_Fを掛けたものを一方向性異方性定数J_K（$\equiv M_s d_F H_{ex}$）とよぶ．交換磁気異方性は積層界面の交換結合を通じて反強磁性層が強磁性層に及ぼす界面効果であるため，単位面積あたりの磁気異方性エネルギーの大きさとして表した一方向異方性定数を用いるほうが現象の理解に役立つ．実際，同じ強磁性層と反強磁性層の組合せで強磁性層の厚さを変化させると交換結合磁界は変化し，$H_{ex} \propto 1/d_F$の関係が得られる[3]．通常の強磁性体の磁化曲線と同様に，磁化がゼロとなる磁場の間隔から保磁力H_cが決められる．後述するように，交換バイアス膜の保磁力には反強磁性層の影響が含まれるため現象の理解に重要である．また，無磁界で交換バイアス膜中の強磁性層の磁気モーメントの向きをつねに一定方向に決めるためには$H_{ex} > H_c$となる必要があり，保磁力の理解と制御は応用上も重要である．磁界を磁化容易方向に直交する方向に印加した場合の磁化曲線は，ヒステリシスがなく高磁場まで飽和し難いS字形の曲線となる．

測定温度を変化させると交換結合磁界ならびに保磁力は変化する．測定温度を上昇させて交換結合磁界がゼロとなる温度をブロッキング温度T_Bとよぶ．ブロッキング温度以上では交換磁気異方性が生じなくなるため，動作温度が高温になるHDD再生ヘッド素子などへの応用ではブロッキング温度は重要な因子である．測定温度に対する交換結合磁界や保磁力の変化の仕方は，強磁性層と反強磁性層の材料と膜厚の組合せが同じ場合でも，交換バイアス膜の微細構造や同膜に施された磁界中冷却の履歴によって異なる．これは交換バイアス膜中の局所的なブロッキング温度に分散があるためと理解されており[4]，多結晶試料の場合，反強磁性層の結晶粒子サイズの分散が局所的なブロッキング温度の分散の原因と考えられている[5]．このため，交換磁気異方性を評価する場合，試料がどのような微細構造を有し，どのような磁界中冷却を施されたものであるか明示することが重要である．なお，局所的なブロッキング温度の分散は，逐次的な磁界中冷却と磁化曲線計測の組合せの手法で決定できる[6]．

成膜して磁界中冷却を行ったばかりの交換バイアス膜について，1回目の磁界掃引で測定した磁化曲線と2回目，3回目，それ以降の磁界掃引で測定した磁化曲線が一致せず，交換結合磁界ならびに保磁力が磁界掃引回数とともに変化していく場合があり注意が必要である．多くの場合，複数回の磁界掃引によって交換結合磁界ならびに保磁力は一定値に収束する．この現象をトレーニング効果[7]とよび，磁界中冷却によって交換バイアス膜の強磁性層もしくは反強磁性層中に形成された磁区構造が，磁界掃引によって変化するために生じる現象と考えられている．

同じ強磁性層と反強磁性層の組合せで反強磁性層の厚さを変化させた場合にも，交換結合磁界と保磁力は変化する．一般に反強磁性層膜厚が薄い場合，交換結合磁界は生じず，反強磁性層を積層していない場合の強磁性層に比較して保磁力が増大する．反強磁性層がある一定の膜厚よりも厚くなると交換結合磁界が生じ保磁力が低下する．このような反強磁性膜厚のしきい値を臨界膜厚とよび，反強磁性層の磁気異方性と関係があると考えられている[3]．

磁気トルク計測も有力な交換磁気異方性の評価方法である[8]．反強磁性層の膜厚が臨界膜厚よりも十分に厚い場合には，磁気トルク曲線は振幅が一方向異方性定数J_Kのヒステリシスのない$\sin\theta$形状となる．反強磁性層の膜厚が臨界膜厚程度の場合，磁気トルク曲線には大きなヒステリシスが生じ，通常の強磁性体と異なって高磁場まで回転ヒステリシス損が消失しない特徴を示す．反強磁性層の膜厚が臨界膜厚よりも薄い場合には，磁気トルク曲線は反強磁性層の磁気異方性を反映した形状となる[9]．

（iii）メカニズム 本項では最も基本的なMeiklejohnとBeanによる現象論的モデル（以下，MBモデル）[10]を用いて交換バイアス膜の磁化曲線と磁気トルク曲線を例示し，上述した交換磁気異方性の特徴が現出するメカニズムを定性的に説明する．なお，よく構造を制御して作製されたNi-Fe/Mn-Ir交換バイアス膜では，MBモデルの解析結果が実験結果と非常によく一致することが報告されている[8]．

図4.2.36は最も単純化したMBモデルの模式図であ

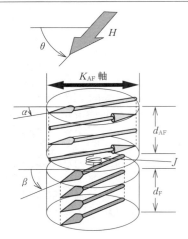

図4.2.36 単純化したMBモデル

る．厚さがそれぞれd_Fおよびd_{AF}の強磁性層と反強磁性層の積層を考え，それぞれの層中のスピンはその軸をそろえて膜面内で回転する．印加磁界の方向も膜面内である．反強磁性層には一軸磁気異方性K_{AF}が，また界面の強磁性スピンと反強磁性スピンの間には単位面積あたりの大きさJの交換結合が働いている．K_{AF}軸を基準にして反強磁性スピン，強磁性スピン，印加磁界の方向をそれぞれα, β, θとすると，交換バイアス膜の単位面積あたりのエネルギーtE（ここで，tは交換バイアス膜の厚さ，Eは交換バイアス膜の単位体積あたりのエネルギー）は，次式で表される．

$$tE = -M_s d_F H \cos(\theta - \beta) + K_{AF} d_{AF} \sin^2\alpha - J\cos(\beta - \alpha) \quad (4.2.36)$$

印加磁界の大きさHならびに方向θに対してtEが安定となるα, βを求めることで交換バイアス膜の磁化過程が計算できる．

図4.2.37(a)は，MBモデルを用いて計算した磁化容易方向（$\theta = 0$）の磁化曲線の例を示した．図(b)は，計算された磁化曲線から求めた交換結合磁界と保磁力を$K_{AF}d_{AF}/J$に対してプロットした図である[8]．実験と対応させるには横軸$K_{AF}d_{AF}/J$を反強磁性膜厚と読み替えればよい．$K_{AF}d_{AF}/J = 1$が臨界膜厚に相当し，それ以上の反強磁性膜厚では交換結合磁界が生じ，それ以下の反強磁性膜厚では保磁力の増大が生じていることがわかる．反強磁性膜厚が十分に厚い場合には$M_s d_F H_{ex}/J = 1$となり一方向異方性定数はJに一致する．このような変化は，反強磁性層の（単位面積あたりの）磁気異方性エネルギー$K_{AF}d_{AF}$と強磁性層スピンと反強磁性層スピンをつなぐ界面の交換結合エネルギーJとの競合の結果生じている．すなわち，反強磁性膜厚が薄く$K_{AF}d_{AF}$が小さい場合，外部磁場によって強磁性層スピンが反転するさい，界面のJを通じて反強磁性スピンが一緒に反転をし，そのさいに感じる反強磁性層の磁気異方性が交換バイアス膜の保磁力として現れる．一方で反強磁性膜厚が厚く$K_{AF}d_{AF}$が大きい場合，反強磁性スピンはその磁気異方性の方向に固着されるため，外部磁場によって反転する強磁性層スピンに追随せず，界面のJが一方向異方性エネルギーとして現れる．

図4.2.38は，MBモデルを用いて計算した磁気トルク曲線である[8]．$K_{AF}d_{AF}/J$（実験では反強磁性膜厚）が異なるそれぞれの場合に対して$M_s d_F H/J$（実験では印加磁界）を種々変化させた場合の磁気トルク曲線を列記している．印加磁界が大きい場合のトルク曲線をみると，反強磁性膜厚が薄い場合には反強磁性層の磁気異方性（ここでは一軸磁気異方性）を反映して$\sin 2\theta$形状を示すのに対して，反強磁性膜厚が厚い場合には一方向磁気異方性を示す$\sin\theta$形状となっている．これは上記した磁化曲線における保磁力と交換結合磁界の，臨界膜厚での入れ替わりに対応している．反強磁性膜厚が臨界膜厚程度（$K_{AF}d_{AF}/J = 1$）の場合には大きな回転ヒステリシス損が残留していることがわかる．これは$K_{AF}d_{AF}$とJ両者の競合によって，外部磁場

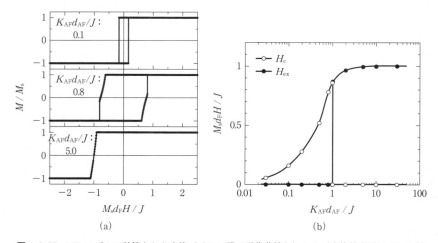

図4.2.37 MBモデルで計算された交換バイアス膜の磁化曲線(a)および交換結合磁界H_{ex}と保磁力H_cの$K_{AF}d_{AF}/J$依存性(b)

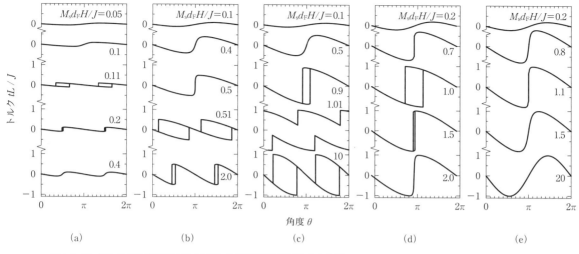

図 4.2.38 MB モデルで計算された交換バイアス膜の磁気トルク曲線
(a) $K_{AF}d_{AF}/J=0.1$　(b) $K_{AF}d_{AF}/J=0.5$　(c) $K_{AF}d_{AF}/J=1.0$　(d) $K_{AF}d_{AF}/J=1.01$　(e) $K_{AF}d_{AF}/J=5.0$

によって回転する強磁性スピンの動きに反強磁性スピンがつねに角度ずれをもちながら追随することに起因しており，高磁界の極限ではスピンが外部磁場に完全に追随する通常の強磁性体の磁気トルク応答とは異なっている．

以上みてきたように，交換バイアス膜の特異な磁化過程は，実用的な磁場の大きさでは反強磁性体中のスピンが外部磁界に対して直接応答せず，界面での交換結合を介して強磁性体中のスピンに追随して動くことに起因していると考えられる．また，反強磁性体のスピンの配列自身が隣接した強磁性体の影響を受けて変化することもその原因である．近年，偏極中性子散乱[11,12]，あるいは X 線磁気円二色性[12～15]などの手法によって，反強磁性層のスピン構造や磁化過程が調べられつつあるが，いまだ十分ではない．そのため交換磁気異方性のメカニズムに関してこれまでに多くのモデルが提案されているが，現在のところさまざまな系の交換磁気異方性を統一的に説明できる決定的なモデルは存在していない．たとえば，本項で説明した MB モデルのほかに，反強磁性スピンのねじれ構造[16]や反強磁性層内の三次元的な磁壁構造[17]が交換磁気異方性を産み出すとするモデルが提案されているが，それぞれのモデルには長短がある．交換バイアス膜に用いる強磁性体と反強磁性体の組合せや膜厚構成によっても適用可能なモデルが異なることが現象理解を複雑にしている．実験で得られた交換磁気異方性を正しく評価・理解するためには，強磁性体および反強磁性体の膜厚，測定温度などを変化させた実験を行い，各種モデルの帰結とよく対比検討をすることが必要である．

文　献

1) W. H. Meiklejohn, C. P. Bean, *Phys. Rev.*, **102**, 1413 (1956).
2) R. D. Hempstead, S. Krongelb, D. A. Thompson, *IEEE Trans. Magn.*, **MAG-14**, 521 (1978).
3) D. Mauri, E. Kay, D. Scholl, J. K. Howard, *J. Appl. Phys.*, **62**, 2929 (1987).
4) S. Soeya, T. Imagawa, K. Mitsuoka, S. Narishige, *J. Appl. Phys.*, **76**, 5356 (1994).
5) K. Nishioka, C. Hou, H. Fujiwara, R. D. Metzger, *J. Appl. Phys.*, **80**, 4528 (1996).
6) K. O'Grady, L. E. Femandez-Outon, G. Vallejo-Fernandez, *J. Magn. Magn. Mater.*, **322**, 883 (2010).
7) C. Schlenker, S. S. P. Parkin, J. C. Scott, K. Howard, *J. Magn. Magn. Mater.*, **54-57**, 801 (1986).
8) M. Tsunoda, Y. Tsuchiya, T. Hashimoto, M. Takahashi, *J. Appl. Phys.*, **87**, 4375 (2000).
9) M. Takahashi, M. Tsunoda, *J. Phys. D*, **35**, 2365 (2002).
10) W. H. Meiklejohn, *J. Appl. Phys.*, **33**, 1328 (1962).
11) A. Hoffmann, J. W. Seo, M. R. Fitzsimmons, H. Siegwart, J. Fompeyrine, J.-P. Locquet, J. A. Dura, C. F. Majkrzak, *Phys. Rev. B*, **66**, 220406 (2002).
12) S. Roy, M. R. Fitzsimmons, S. Park, M. Dorn, O. Petracic, I. V. Roshchin, Z.-P. Li, X. Batle, R. Morales, A. Misra, X. Zhang, K. Chesnel, J. B. Kortright, S. K. Sinha, I. K. Schuller, *Phys. Rev. Lett.*, **95**, 047201 (2005).
13) W. J. Antel, Jr., F. Perjeru, G. R. Harp, *Phys. Rev. Lett.*, **83**, 1439 (1999).
14) H. Ohldag, A. Scholl, F. Nolting, E. Arenholz, S. Maat, A. T. Young, M. Carey, J. Stöhr, *Phys. Rev. Lett.*, **91**, 017203 (2003).
15) H. Takahashi, Y. Kota, M. Tsunoda, T. Nakamura, K. Kodama, A. Sakuma, M. Takahashi, *J. Appl. Phys.*, **110**, 123920 (2011).
16) D. Mauri, H. C. Siegmann, P. S. Bagus, E. Kay, *J. Appl. Phys.*, **62**, 3047 (1987).
17) A. P. Malozemoff, *Phys. Rev. B*, **35**, 3697 (1987).

4.2.3 磁歪測定法

a. ひずみゲージ法

ひずみゲージ法[1]は，試料にひずみゲージ（strain gauge）をはりつけ，試料の伸縮によって変化したゲージの電気抵抗変化から磁歪を求める方法であり，1947 年 Goldman[2] によって開発され，安価で簡便な方法として普及している．一般に用いられているのは紙ひずみゲージとよばれるもので，直径 10～30 μm の細長い金属線（ゲージ線）を図 4.2.39 のように格子状に折り曲げて台紙にのりでつけたものである．市販製品の金属線には，低温用としてはカルマおよび白金合金線，高温用としてはコンスタンタンおよびニクロム線があり，室温用としてはアドバーンス（55Cu-45Ni），抗磁性ニクロム線ゲージなどがある[3]．ひずみゲージの抵抗値は 60 Ω または 120 Ω のものが多い．

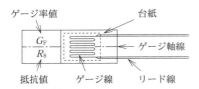

図 4.2.39 ひずみゲージ

紙ひずみゲージの大きさは各種あって，長さ 2 mm から 70 mm ぐらいまでつくられている．このような紙ひずみゲージを試料にはりつけて固めると，磁歪による試料の伸び縮みに従って抵抗値が変化し，それを検出して磁歪の大きさを知ることができる．

通常，3×10^{-3} ぐらいのひずみまで，電気抵抗変化 $\Delta R_g/R_g$ はひずみ $\Delta l/l$ に比例し次のような関係にある．

$$\frac{\Delta R_g}{R_g} = F\frac{\Delta l}{l} \qquad (4.2.37)$$

ここで，比例定数 F は，ゲージ率である．ひずみによって抵抗変化を生じるおもな原因は金属線の幾何学的な形状の変化である．したがって，ゲージ率は，格子状に折り曲げたゲージ線の幾何学的形と，材料のポアソン比によって決まる量で，ふつう 1.8～2.2 ぐらいの値である．

ひずみゲージの抵抗変化はホイートストンブリッジを用いて測定する．図 4.2.40 に示すように，ブリッジの 1 辺

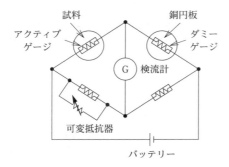

図 4.2.40 ホイートストンブリッジ

に試料に貼りつけたゲージを入れ，これと対称的なほかの辺には，同一工程でつくられた，ゲージ率が同一で，できるだけ抵抗値の等しいゲージを入れる．前者の試料に貼りつけたゲージをアクティブゲージ，後者のゲージをダミーゲージとよんでいる．ダミーゲージはアクティブゲージの近くに置いてできるだけ同じ条件にしておき，温度変化の影響や，磁気抵抗効果の影響を打ち消して，ひずみによる抵抗変化だけを検出するために必要なものである．残りの 2 辺には同種のゲージを入れてもよいし，あるいは同じ抵抗値のマンガニン巻線抵抗などを用いてもよい．

この方法ではひずみゲージを貼りつけるため一辺が数 mm 程度の試料を必要とし，単結晶の磁歪測定には試料平面に複数個のゲージを貼りつける必要がある．

いま，自発磁化の方向余弦を $(\alpha_1, \alpha_2, \alpha_3)$ とし，観測方向の方向余弦を $(\beta_1, \beta_2, \beta_3)$ とすれば，磁歪の表現は，立方晶系の場合，次式となる．

$$\frac{\delta l}{l} = \frac{3}{2}\lambda_{100}\left(\alpha_1^2\beta_1^2 + \alpha_2^2\beta_2^2 + \alpha_3^2\beta_3^2 - \frac{1}{3}\right)$$
$$+ 3\lambda_{111}(\alpha_1\alpha_2\beta_1\beta_2 + \alpha_2\alpha_3\beta_2\beta_3 + \alpha_3\alpha_1\beta_3\beta_1)$$
$$(4.2.38a)$$

ここで，λ_{100} と λ_{111} は磁歪定数とよばれ，各結晶系における磁歪定数が求められる．磁歪が等方性の材料の場合には，$\lambda_{100}=\lambda_{111}=\lambda$ とすると次式となる．

$$\frac{\delta l}{l} = \frac{3}{2}\lambda\left(\cos^2\theta - \frac{1}{3}\right) \qquad (4.2.38b)$$

ここで，θ は自発磁化と観測方向とのなす角である．

測定にさいして，ゲージ率の温度変化の補正，磁界による磁気抵抗効果，磁界変化による誘起電圧の除去などが行えるように注意する必要がある．

さらに，パルス強磁場中でも使用できるように試料の付近に誘導電圧補償用のコイルを置き，ここに生じる電圧を適当に分圧してこれをアクティブゲージとダミーゲージとの間の電位に重ね合わせることによって誘導電圧を除去し，30 T，10 ms 程度の時間幅，30 T 強のパルス磁界中でも 10^{-5} 程度の測定精度に達していることが報告されている[4]．

自発磁化が結晶内でとる方向には無関係であるような等方性磁歪であれば式(4.2.38b)が適用でき，磁歪定数が求められる．方向性ケイ素鋼板のような異方性材料では，容易軸から傾いた方向に励磁すると，磁界 H と磁束密度 B の各ベクトルは異なった方向を向くため，三軸のストレンゲージを使用し，H および B ベクトルを直接測定できる二次元磁気特性測定法と組み合わせて，任意方向に B ベクトルが向いたときの 360° 方向の磁歪特性を測定する方法が提案されている[5]．

図 4.2.41 は，箔ゲージ型の三軸ひずみゲージで，45° 間隔で重なっている．また，圧延方向（X 方向）からゲージのそれぞれの軸が 45°，90°，135° 傾いた方向になるように試料中央部に貼りつける．なお，提案法において用いられたひずみゲージのゲージ率は 2.14，抵抗は 119.6 Ω，

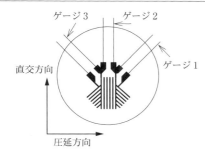

図4.2.41 三軸ひずみゲージ

ゲージ長は5 mmであり，供試体として用いたケイ素鋼板の厚さは0.3 mm以下を対象とした．ここで，無方向性ケイ素鋼板の結晶粒径はゲージの大きさに比べて十分小さいが，方向性ケイ素鋼板の場合は同等程度であるため，試料の中央部付近の結晶粒径内にゲージを貼りつけた．

いま，物体がひずんで$r_0(x_0, y_0, z_0)$の位置が$r(x, y, z)$にずれたとすると，次式が得られる．

$$r = r_0 + (ひずみ分) \tag{4.2.39}$$

ここで，（ひずみ分）はr_0に比例するとし，$(e)r_0$とおく．(e)はひずみテンソルを表す．式(4.2.39)の各成分は，下記のように表すことができる．

$$\left.\begin{array}{l} x = x_0 + e_{11}x_0 + e_{12}y_0 + e_{13}z_0 \\ y = y_0 + e_{21}x_0 + e_{22}y_0 + e_{23}z_0 \\ z = z_0 + e_{31}x_0 + e_{32}y_0 + e_{33}z_0 \end{array}\right\} \tag{4.2.40}$$

ここで，三軸ひずみゲージで測定されたひずみ値をそれぞれ，$\lambda_{45°}, \lambda_{90°}, \lambda_{135°}$とすると次式となる．

$$\begin{pmatrix} e_{11} \\ e_{12} \\ e_{22} \end{pmatrix} = \begin{bmatrix} 1 & 1/2 & 0 \\ -1 & 0 & 1 \\ 1 & -1/2 & 0 \end{bmatrix} \begin{pmatrix} \lambda_{45°} \\ \lambda_{90°} \\ \lambda_{135°} \end{pmatrix} \tag{4.2.41}$$

以上の関係により，三軸ストレンゲージによる測定値を式(4.2.41)に代入することによってひずみテンソルが求められ，これにより任意方向の磁歪特性を測定することができる．

文 献

1) 近角聰信 編，"実験物理学講座17 磁気"（近角總信，蓮沼宏，石黒浩三，熊谷寛夫，三宅静雄 企画編集），pp. 327-347，共立出版 (1968).
2) J. E. Goldmanm, *Phys. Rev.*, **72**, 529 (1947).
3) 荒井賢一，津屋 昇, 日本応用磁気学会誌, **2**, 5 (1978).
4) 林 崇，三浦 登，固体物理, **37**, 19 (2002).
5) 榎園正人，戸高 孝，金尾真一，日本応用磁気学会誌, **19**, 293 (1995).

b. キャパシタンス法

薄膜の磁歪は，磁気記録媒体や磁気ヘッド用の磁気特性を左右する重要な磁気特性である．しかし，膜に比べてはるかに厚い基板上に堆積された薄膜試料の磁歪特性を精度良く測定することは困難である．ここでは磁歪によって引き起こされる細長いカンチレバー構造の先端部の微少変位量をキャパシタンスの変化として測定することで，薄膜の磁歪特性を測定する方法について解説する[1~3]．

微結晶がランダムに配向した多結晶膜の磁歪は，すべての方向で同じ値になる．この値を多結晶膜の飽和磁歪定数λ_sで表すと，多結晶膜で観測される磁歪λは，磁化の向きと磁歪の測定方向のなす角をθとすると，次式で表される．

$$\lambda = \frac{3}{2}\lambda_s\left(\cos^2\theta - \frac{1}{3}\right) \tag{4.2.42}$$

基板上に作製した磁性薄膜に対して，磁界を膜面内に印加して，磁化の方向を膜面内で変化させた場合，磁性薄膜は磁歪によって伸び縮みして，基板に応力を与えることになる．磁化の向きと磁歪の測定方向のなす角をθとすると，測定される磁歪λはθによって変化し，$\theta = 0°$および$90°$におけるλの値から，$\lambda_s = 2(\lambda(0) - \lambda(90))/3$と磁歪定数の値を求めることができる．たとえば，立方晶の場合，[100]方向の磁歪をλ_{100}, [111]方向の磁歪をλ_{111}とすれば，この多結晶膜の磁歪定数λ_sは次式で表される．

$$\lambda_s = \frac{2}{5}\lambda_{100} + \frac{3}{5}\lambda_{111} \tag{4.2.43}$$

この磁歪によって，基板は力を受けて変形することから，この変形量を図4.2.42のようなカンチレバーを利用して，薄膜の磁歪を測定することができる．たとえば，カンチレバーに用いた基板のヤング率とポアソン比をそれぞれ，E_sとν_s，膜厚をt，カンチレバーの長さをl，基板厚さをbとすれば，基板が磁歪によって変形した量をΔgとすれば，カンチレバー基板の受ける応力σは磁歪λにより薄膜が受ける応力とつり合っており式(4.2.44)となる．これより，磁歪量λは式(4.2.45)で求まることになる．

$$\sigma = \frac{E_f t \lambda}{1+\nu_f} = \frac{E_s b^2 \Delta g}{3(1-\nu_s) l^2} \tag{4.2.44}$$

$$\lambda = \frac{E_s b^2 \Delta g (1+\nu_f)}{3(1-\nu_s) E_f t l^2} \tag{4.2.45}$$

ここで，E_fは薄膜のヤング率，ν_fはポアソン比である．この式は，膜の厚さtが基板の厚さbよりもはるかに薄く，カンチレバーの変位量δが，長さlに比べてはるかに小さいとして求められる式である．

この式からわかるように，カンチレバーの先端の変位量Δgは，カンチレバーの長さlの2乗と膜厚tに比例し，基板の厚さbの2乗に反比例する（$\Delta g \propto t l^2 / E_s b^2$）ことから，感度の良い測定をするためには，測定に用いるカンチレバーの長さを十分に確保するとともに，基板の厚さを薄くして，膜厚tを厚くすることが有効であることがわかる．磁歪によって生じるカンチレバーの先端の微小変位量

図4.2.42 磁歪測定のための薄膜試料のカンチレバー（片持ち梁）配置

を測定する方法としては,電極間の容量変化を測定するキャパシタンス法とレーザー光の反射角度の変化から見積もる光てこ法[4,5]が用いられる.測定精度は,どちらもほぼ同程度である.

キャパシタンス法では,このカンチレバー先端の変位量を図4.2.43に示すように,電極間のキャパシタンスの変化量として測定する方法であるが,面積Aの電極から距離g離れたカンチレバー間の静電容量は,電極とカンチレバー間の距離gを十分に小さく設定すれば$C = A\varepsilon_0/g$と近似できる.この状態からの磁歪による容量変化は$\Delta C = A\varepsilon_0 \Delta g /\{g(g-\Delta g)\}$となるが,$g \gg \Delta g$の条件下では$\Delta C = A\varepsilon_0 \Delta g/g^2$で近似でき,この$\Delta g$を式(4.2.45)に代入すると$\lambda$は式(4.2.46)となり,$\Delta C$と$g$,膜のヤング率$E_f$などが求められれば,磁歪$\lambda$は求まることになる.

$$\lambda = \frac{E_s b^2 \Delta g (1+\nu_f)}{3(1-\nu_s) E_f t l^2} = \frac{E_s b^2 (1+\nu_f) g^2 \Delta C}{3(1-\nu_s) E_f t l^2 A \varepsilon_0} \quad (4.2.46)$$

ΔCの値は,図4.2.44のように,RF(radio frequency)ブリッジを用いて,共振周波数の変化として検出することができる[2].

式(4.2.46)からΔCとgとの間には次の関係が成り立つ.

$$\Delta C = \frac{3(1-\nu_s) E_f t l^2 A \varepsilon_0 \lambda}{E_s b^2 (1+\nu_f) g^2} = k \frac{E_f t \lambda}{(1+\nu_f) g^2} = \frac{K}{g^2} \quad (4.2.47)$$

このことから,初期設定のgがわからなくても,初期設定の状態のC_0および初期設定の位置からΔgだけ電極間

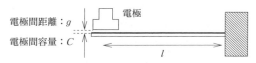

図4.2.43 カンチレバー(片持ち梁)先端の変位量測定のための電極配置と製作した電極部の写真

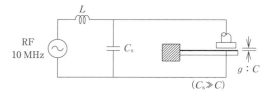

図4.2.44 10 MHz RFブリッジを用いた変位検出法 磁歪による容量変化量Cを共振周波数の変化量Δfとして検出.

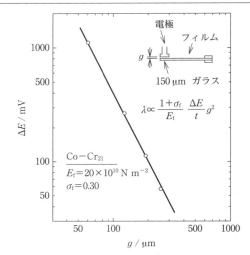

図4.2.45 電極間隔gを変化させた場合の磁歪による容量変化量(出力信号ΔE)の測定例

隔を変化させた場合の容量変化量ΔC_nを測定することでKを求め,このKの値から,磁歪λを求めることができる.実際に観測される電極間隔gと磁歪により誘起される容量変化量ΔCの関係を図4.2.45に示す[1].このような電極間距離gと容量変化の関係から,複数のΔgに対して容量変化を測定し,最小二乗法により精度良くKを決定することができる.この場合の電極間距離の設定誤差は,マイクロメーターなどの使用により小さくすることができるものの10%程度が限度とみなせる.

この方法は,ひずみゲージ法において問題となる高磁界中での磁気抵抗効果による大きな誤差を含まず,ほぼ純粋な磁歪信号が直接得られるばかりでなく,本質的に非接触,非破壊測定が可能な方法であるが,試料膜のヤング率などの機械的物性値を知ることが必要である.薄膜試料のヤング率は,磁歪測定と同じ試料を用いて,片持ち梁試料の共振周波数を測定する振動リード法を用いて測定することができる[6,7].

図4.2.46,図4.2.47に,c軸配向したコバルトスパッタ膜の面内方向の磁歪特性の測定例を示す[1].ここで,$\lambda(l)$は磁界と平行な方向,$\lambda(t)$は磁界と直行する方向で測定した磁歪である.この試料では$\lambda(l)$が負,$\lambda(t)$が正の磁歪を示すことがわかる.この結果は単結晶コバルト結晶のc面内の磁歪特性とは大きく異なっている[8]が,これはスパッタ法でコバルト膜を作製すると,c面配向した膜が得られるもののfccとhcpが混ざり合った構造の膜が得られるためと考えられ,この特性は熱処理によって大きく変化することが知られている.

キャパシタンス法で磁歪を測定する場合,① 基板として薄い基板を用いる,② ヤング率の小さな基板を用いる,③ 基板上に堆積する磁性膜の厚さを厚くする,ことで感度を高めることができる.しかし,薄膜試料の場合,成膜

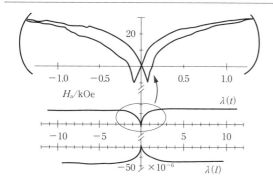

図 4.2.46 c 軸配向 Co スパッタ膜の面内磁歪特性の測定例
$\lambda(l)$：磁界方向の磁歪，$\lambda(t)$：磁界の向きと垂直方向の磁歪．

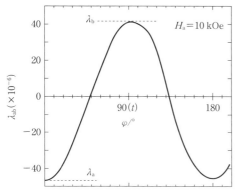

図 4.2.47 c 軸配向 Co スパッタ膜の面内磁化方向による飽和磁歪の変化の測定例

時に大きな内部応力が発生するため，このような方法を採用すると試料が大きく変形してしまい，電極面と並行に試料を設置できなくなる場合が発生するので注意を要する．とくに，磁歪定数が小さなソフト磁性膜の評価などでは，内部応力ができるだけ小さい試料膜を得ることも重要となる．

通常，この手法を用いてランダム配向膜の飽和磁歪量を評価する場合，薄膜試料の磁化方向を膜面内で回転させて，磁化方向および磁化と 90°の方向で測定した磁歪の値から $\lambda_s = 2/3(\lambda(0) - \lambda(90))$ で求める方法がとられる．測定にさいしては，Ni 膜など，磁歪特性や機械的物性定数が概知の試料を標準試料として測定し，装置の状況を把握しておくことが望ましい．

文　献

1) 松岡茂登，星　陽一，直江正彦，信学論 C，**J68-C**，524 (1985)．
2) E. Klocholm, *IEEE Trans. Magn.*, **MAG-12**, 819 (1976).
3) D. W. Forester, C. Vittoria, J. Schelleng, P. Lubits, *J. Appl. Phys.*, **49**, 1966 (1978).
4) Y. Nishi, Y. Matsunuma, A. Kadowaki, S. Masuda, *Materials Transactions*, **46**, 3063 (2005).
5) I. Carabias, A. Martinez, M. A. Garcia, E. Pina, J. M. Gopnzalez, A. Hernando, P. Crespo, *J. Magn. Magn. Mater.*, **290-291**, 823 (2005).
6) 丹治雍典，森谷　博，中川泰昭，日本金属学会誌，**41**，737 (1977)．
7) 橋本清司，坂根政男，大南正瑛，吉田敏博，*J. Soc. Mat. Sci., Jpn.*, **44**, 1456 (1995).
8) R. M. Bozorth, *Phys. Rev.*, **96**, 3211 (1954).

c. 光てこ法

光てこ法は，おもに薄膜の磁歪測定に使われている．図 4.2.48 に示すように，薄膜面に平行に飽和磁界より強い磁界を印加すると，薄膜材料の磁歪によって薄膜が伸縮し，基板とともに反りを起こす．図では，磁歪定数が正の場合を仮定している．この反り（曲率半径 r）の大きさを測定し，基板と薄膜の内部応力のバランス条件から，磁歪定数が算出できる．この方法の測定対象は，4.2.3 b. 項に記したように，ランダム配向膜（多結晶）あるいはアモルファス相の薄膜試料の飽和磁歪定数 λ_s である．磁歪による反りを測定するには，短冊状試料の膜面端部でレーザー光を反射させ，離れた位置（図では p）でレーザースポット位置検出素子（PSD：position sensitive device）により変位 Δs を検出して，試料の曲率半径 r を算出する．図 4.2.49 にその構成を示す．

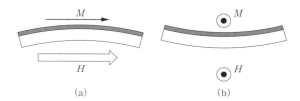

図 4.2.48 磁場による薄膜試料の反り（$\lambda_s > 0$ と仮定）

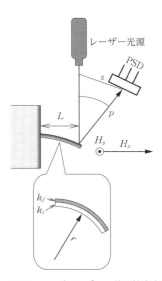

図 4.2.49 レーザースポット位置検出素子（PSD）による薄膜試料の反り量検出方

変位 s と内部応力 F_0 との関係[1]は次式となる.

$$F_0 = \frac{sE_sh_s^2}{12pLh_f} \quad (4.2.48)$$

外部磁界によって試料がある方向（θ）に磁気的に飽和したときの，その方向の伸びを dx/x とすると，飽和磁歪定数 λ_s と，dx/x との関係[2]は，次式で表される.

$$\frac{dx}{x} = \frac{3}{2}\lambda_s\left(\cos^2\theta - \frac{1}{3}\right) \quad (4.2.49)$$

ここで，θ は dx/x の方向と磁界の方向の角度差である.

また，薄膜内では，内部応力 F_0 と dx/x は薄膜のヤング率 E_f で関係づけられて，次式が得られる.

$$F_0 = \frac{dx}{d}E_f \quad (4.2.50)$$

レーザー光源の入反射面内に磁界があるときの s（$\theta=0,\pi$）と垂直方向にあるときの s（$\theta=\pi/2, -\pi/2$）の差を Δs とすると，式(4.2.42)〜(4.2.44)および図4.2.49から，次式となる.

$$\lambda_s = \frac{\Delta sE_sh_s^2}{18pLh_fE_f} \quad (4.2.51)$$

式(4.2.49)でわかるように，$\theta=0,\pi$ の方向と $\theta=\pi/2, -\pi/2$ の方向では，同じ反り（曲率半径）になる．外部磁界を試料膜面に平行に印加し，外部磁界の方向を膜面内で回転させると，Δs は，その回転周波数に対して2倍の周波数で変化するので，測定雑音から倍周波の Δs を分離する．ハード的にはロックインアンプが考えられるが，最近の装置では，2倍周波数を検出するデータ解析ソフトがつくられている．

実際の測定では，レーザースポット PSD の性能に限度があるので，感度向上には p を大きくする必要がある．また，機械的雑音のほかに，温度変化，空気の流れなどの雑音が感度限界を決めている．

薄膜材料と基板のヤング率 E_f, E_s については，通常はバルク材料のデータベースを基に決めている．実測する方法としては，薄膜・基板を複合材料として，その短冊状試料の機械的共振周波数を測定し，薄膜のヤング率を推定できるが[3]，実際に使われた例は少ない．また，光てこ法は簡単な構成で感度が高いが，上記の方式では，回転磁界（もしくは直交する二方向に交互に磁界）を印加する必要があるので，2対の励磁コイルと磁極が必要となり，磁界強度は約1kOe以下に限定される．

図4.2.50(a),(b)は，実際の光てこ磁歪測定装置（東栄科学産業 TKSMS-F150）による測定で，膜厚，基板厚みの異なる例を示している．横軸は，図4.2.49 の H_x（$=H_y$）の強さで，交互に H_x, H_y を印加し，図4.2.48 の $\Delta S = S_x - S_y$ を取り込んで，式(4.2.45)より λ を算出する．図では，λ が H_x, H_y に依存して増大し，試料が磁気的に飽和した後の一定値が飽和磁歪定数になる．

なお，文献[4]では，上述の光てこ法と同様な方式による高感度化を検討している．また，磁界中で薄膜/基板の反りを測定する方法は，光てこ法以外の方法も考えられてい

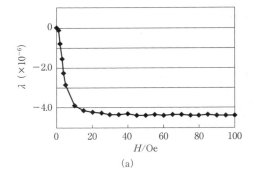

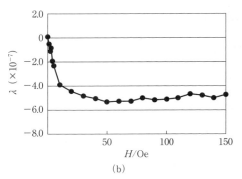

図4.2.50 薄膜磁歪の測定例（東栄科学産業 TKSMS-F150）
(a) 膜厚：20 nm，基板厚：150 nm　(b) 膜厚：100 nm，基板厚：500 nm

るので，文献[5]を参照されたい．

文　献

1) 金原粲，応用物理，**30**, 440（1961）.
2) 島田寛，山田興治 編，"磁性材料", p.326, 講談社サイエンティフィク (1999).
3) 金原粲，藤原英夫，"薄膜", p.107, 裳華房 (1979).
4) A. C. Tam, H. Schroeder, *IEEE Trans. Magn.*, **25**, 2629 (1989).
5) P. T. Squire, *Meas. Sci. Technol.*, **5**, 67 (1994).

4.2.4　内部磁場測定法

a. 核磁気共鳴法

（i）**原理**[1]　核磁気共鳴（NMR：nuclear magnetic resonance）は，その核が物質中で受けている微妙な相互作用に関する情報を提供するので，磁性体の研究ばかりでなく物性一般の研究にたいへん有用である．種々の同位核の自然界での存在量，核スピンの大きさ I，核磁気モーメントの大きさ M_N，核の g 因子である g_N（$g_N = M_N/\mu_N I$），共鳴周波数 ω_0 などは文献[2]にまとめられている．ここで，$\mu_N = \mu_0 eh/2m_p = 6.33\times10^{-23}$/Wb・m は核磁子である．核を磁場 H 中に置くと電子スピンと同様に H のまわりに歳差運動するので，磁気共鳴の測定手段により ω_0（$\omega_0 = g_N\mu_N H/h$）を知ることができる．ω_0 は電子スピンではギガヘルツ帯になるが，核ではラジオ波の周波数範囲に

なる．強磁性体のように核が物質内で磁場を受けている（内部磁場という）場合には，上記 H は外部磁場と内部磁場の和となり，その和が共鳴条件を満たすときに吸収を起こすので，共鳴周波数から内部磁場の大きさを知ることができる．Mn および Co の同位元素は自然界に 100％存在するので，NMR 測定の対象によく用いられる．

一般に磁性体の NMR は，着目する原子の原子核位置に存在する超微細相互作用（フェルミ接触相互作用）に基づく内部磁場，および核スピンが 1/2 より大きい場合に核の位置に存在する電場勾配が対象となる．前者は共鳴位置のシフトを与え，後者は電気四重極相互作用により共鳴線の分裂を与える．内部磁場には，着目する原子自身の磁気モーメントからの寄与と，まわりの原子の磁気モーメントからの寄与があり，不均一な系では一般に共鳴位置の分布として観測される．また，電気四重極相互作用による共鳴線の分裂は，着目する原子核のまわりの電荷分布の球対称からのずれを反映し，原子位置に対する情報を与えてくれる．強磁性体や反強磁性体では外部磁場を加えなくても共鳴を観測することができ，その共鳴の周波数スペクトルを測定することで内部磁場を決定することができる．

一般に内部磁場 H_{hf} は，均一な系に対して次式で表され，局所磁気モーメント $\langle M_{loc} \rangle$ に比例する．

$$H_{hf} = A\langle S \rangle / \gamma_N h = A\langle M_{loc} \rangle / g\mu_B \gamma_N h \quad (4.2.52)$$

ここで，A は超微細相互作用の結合係数，γ_N は核の磁気回転比（$\gamma_N = g\mu_N/h$，μ_B：ボーア磁子）である．しかし，系が不均一な場合には，着目する原子の周辺に異なる磁気モーメントをもつ原子が存在し，それらの内部磁場の寄与がある．このような場合には，次式に従い内部磁場を二つに分けて考える．

$$H_{hf} = a\mu_{self} + b\sum_i \mu_i \quad (4.2.53)$$

第1項は着目する原子自身の磁気モーメント μ_{self} からの寄与，第2項はまわりの i サイト原子の磁気モーメント μ_i からの寄与の和である．通常，i としては最近接原子サイトのみを考えればよいが，より遠くの近接サイトからの寄与を考える必要がある場合もある．a, b は実験的に決定される比例定数であるが，とくに第2項は近接する磁気モーメントに比例する伝導電子のスピン分極が主たる要因である．それは核の位置で電子密度がゼロでないのは s 電子だからである．実験的に測定される周波数スペクトルの分布は内部磁場の分布を与え，それを式(4.2.53)に従って解析すれば，周辺の原子の磁気モーメントの分布を知ることができる．また，逆に適当な方法で磁気モーメントの分布がわかっていれば，内部磁場の分布を推定することも可能である．

原子核のもつ四重極モーメントと電場勾配との相互作用（電気四重極相互作用）は，磁性体のように磁気的相互作用が主である場合には，一般に電気四重極相互作用を摂動として扱い，最も簡単な場合，電気四重極相互作用による分裂（$\delta\nu_m$）は，次式で与えられる．

$$\delta\nu_m = \nu_Q(m-1/2)(3\cos^2\theta - 1)/2 \quad (4.2.54)$$

ここで，θ は電場勾配の主軸と核スピンの方向とのなす角度，m は磁気量子数である．また，ν_Q は電気四重極相互作用の結合係数で，核スピン I，核の四重極モーメント Q および電場勾配の大きさ q を用いて，次式で表せる．

$$\nu_Q = 3e^2 qQ/h^2 I(I+1) \quad (4.2.55)$$

したがって，$\delta\nu_m$ を測定し ν_Q を決定することができ，この値を基にして着目する原子のまわりの電荷分布を推定することができる．

(ii) 測定法[1,2]　強磁性体の NMR 測定には，定常法とスピンエコー法がある．定常法は，周波数を掃引して共鳴周波数を探す簡単な方法であるが，金属強磁性体のような幅の広い共鳴線は検出できず，また NMR 以外の吸収による妨害を受けやすいという欠点がある．スピンエコー法は，この欠点を補うもので，緩和時間（T_1, T_2）の測定も可能である．ここではスピンエコー法について述べる．スピンエコー法の観測は以下のような原理による．z 方向に静磁場 H_0 があり，x, y 方向に高周波振動磁場があるとき，縦および横緩和を考慮して，いわゆるブロッホの運動方程式は次式で与えられる．

$$\frac{dM_{Nx}}{dt} = \gamma_N(\boldsymbol{M}_N \times \boldsymbol{H})_x - \frac{M_{Nx}}{T_2}$$
$$\frac{dM_{Ny}}{dt} = \gamma_N(\boldsymbol{M}_N \times \boldsymbol{H})_y - \frac{M_{Ny}}{T_2} \quad (4.2.56)$$
$$\frac{dM_{Nz}}{dt} = \gamma_N(\boldsymbol{M}_N \times \boldsymbol{H})_z - \frac{M_{Nz} - \chi_0 H}{T_1}$$

ここで，T_1, T_2 はそれぞれスピン-格子およびスピン-スピン緩和時間，χ_0 は磁化率である．はじめ H_0 の方向に核磁気モーメント $M_{Nz}(=\chi_0 H_0)$ があったとして，これに x 方向に共鳴周波数 $\omega_0 = \gamma_N H_0$ に等しい高周波磁場を t_w 時間だけパルスとして与える．t_w は T_1, T_2 に比べ十分短いとすると，このパルスが作用する間，核磁気モーメントはらせん運動し，しだいに $-z$ 方向に傾いていく．ラーモア周波数 ω_0 で z 軸のまわりに回っている回転系から見れば，静止系でのらせん運動はたんに H_1 を軸とした核磁気モーメントの回転である．その角速度は $\gamma_N H_1$ であるから，$\gamma_N H_1 t_w = \pi/2$ に選べば，このパルスにより M_N は xy 面内に倒されることになる．パルスが切れた後では M_N は xy 面内でラーモア回転を行う．横緩和は M_N をつくる多数のスピンを散らし，縦緩和は M_N を熱平衡値 $M_{Nz} = \chi_0 H_0$ に戻そうとするのであるが，T_1, T_2 に比べ短い時間ではこのラーモア回転が持続する．実際には，試料には静磁場 H_0 の不均一性があり，全体の M_N は試料の場所によりいくらか異なるラーモア周波数をもつ集まりである．したがって，xy 面内に倒されたモーメントの各成分の回転の角速度はまちまちであり，回転系からみれば図 4.2.51（B〜C）のように両側に散らばっていく．その角速度は $\omega_1 - \omega_0$, $\omega_2 - \omega_0$, … である．第1のパルス後 τ 時間経ってから第2のパルスを $2t_w$ 時間加えると，このパルスにより M_N のそれぞれの成分は H_1 のまわりに 180° 回されることになる

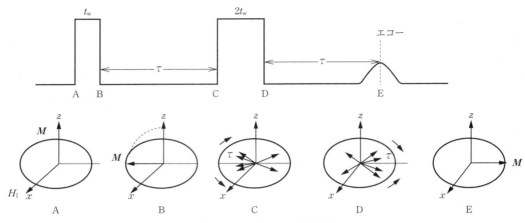

図 4.2.51 スピンエコー法の原理

(図 D)．したがって，第 2 のパルス後の運動は第 1 のパルスから第 2 のパルスまでの運動をちょうど裏返したものになり，時刻 2τ には散らばった各成分が再び集まる（図 E）．これがスピンエコーとして磁気誘導信号を出すのである．この信号を増幅，検波して観測する[2]．強磁性体の場合，H_0 は内部磁場であり，H_1 は磁壁の運動により加えた高周波磁場の η（$=10^3\sim10^4$）倍だけエンハンスされる．η は χ_e^0/δ に比例し，χ_e^0 は静的磁化率，δ は磁壁の幅である．自然界に存在量の少ない ^{57}Fe（2.3%）や ^{61}Ni（1.3%）で NMR が観測されるのは，このエンハンスメントのためである．

(iii) 適用例

(1) 金属 Co： ^{59}Co は自然界に 100% 存在し，最も NMR を観測しやすい核の一つであり，世界で最初に NMR が測定された金属は Co であった[3]．低温における共鳴周波数は fcc Co の場合 217.2 MHz，hcp Co の場合 228 MHz である．$\omega_0 = g_N\mu_N H/h$ を用いると 217.2 MHz および 228 MHz は，それぞれ -217.5 kOe および -228 kOe の内部磁場に対応する．

(2) Co 基フルホイスラー合金： フルホイスラー合金は $L2_1$ 構造を有し，化学式 X_2YZ（X, Y は遷移金属，Z は非磁性金属）で与えられる．近年，Co 基フルホイスラー合金 Co_2YZ はハーフメタルであることが示され，スピントロニクスのキーマテリアルとして注目されている．フルホイスラー合金には $L2_1$ 構造のほかに不規則構造が存在し，Y と Z 原子が不規則置換すると $B2$ 構造，Co が Y または Z 元素と置換すると $D0_3$ 構造，Co, Y, Z 元素の一部が不規則置換すると $A2$（bcc）構造になる．一般に，$D0_3$ や $A2$ 構造ではハーフメタル性が失われるため，構造解析が重要である．しかし，Y は Fe, Mn, Cr などの遷移金属であり Co と同等の原子散乱因子を有しているため，X 線回折によって $L2_1$ と $D0_3$ を区別することが難しい．そのような場合には NMR 測定が有効である．

$L2_1$ には二つの Co サイトが存在するが結晶学的に同等なため，^{59}Co の NMR は一つの共鳴吸収線を示すことが期待される．図 4.2.52(a) は $L2_1$-Co_2FeSi 粉末に対する 4.2 K における ^{59}Co の NMR スペクトルであり[4]，139 MHz に鋭い共鳴線が見られる．図には Co 原子のまわりの局所原子配置を示しているが，最近接原子は四つの Fe と四つの Si からなり強度の強い主共鳴線はそのような局所構造をもつ Co 原子に対応している．主共鳴線の高周波数側にいくつかの微弱なサテライトピークが観測されるが，これは Si サイトの一部を Fe が占める Fe アンチサイトによるものであり，Fe リッチ組成を示唆している．図(b) は Co_2FeAl 粉末に対する結果である．この合金は $L2_1$ 構造を得難く，X 線回折により $B2$ 構造が確認されている．193 MHz における主共鳴線は $L2_1$ 構造における四つの Fe と四つの Al を最近接原子にもつ Co 原子からのもので，図(a) の主共鳴線に対応している．$B2$ 構造では Fe と Al が不規則置換されており，Co 原子のまわりの Al と Fe 原子の数に応じて異なるサテライトピークが主共鳴線の両側に観測されている．ピーク間の周波数はほぼ一定の 32 MHz である．ホイスラー合金において最近接磁性原子数に応じて幅の狭い明瞭なピークが観測されるのは，この系では d 電子が局在していることを意味する．図(b) の実線はガウス分布を用いてフィッティングしたものであり，Fe と Al が 14% 置換している場合に実験を再現できる．このように，NMR を用いると注目した原子のまわりの原子配置を知ることができる．

文 献

1) A. Abragam, "The Principles of Nuclear Magnetism", Oxford University Press (1960).
2) 近角聰信 編, "強磁性体の物理 上", p. 90, p. 99, 裳華房 (1978).
3) A. C. Gossard, A. M. Portis, *Phys. Rev. Lett.*, **3**, 164 (1959).
4) K. Inomata, M. Wojcik, E. Jedryka, N. Ikeda, N. Tezuka, *Phys. Rev. B*, **77**, 214425 (2008).

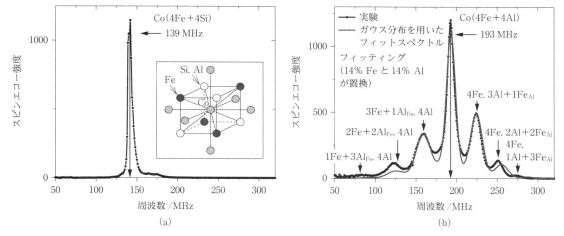

図 4.2.52　Co$_2$FeSi (a) および Co$_2$FeAl (b) ホイスラー合金の^{59}Co NMR スペクトル

b. メスバウアー分光法

メスバウアー分光法とは，電子と原子核の相互作用（超微細相互作用）に起因する原子核エネルギー準位のシフトや分裂を，原子核によるガンマ線吸収スペクトル（メスバウアースペクトル）によって検出し，物質（固体）の電子状態を探る実験手法である[1~4]．磁性体中では原子核位置に有効磁場（一般に，内部磁場または超微細磁場とよばれる）が誘起され，原子核のエネルギー準位がゼーマン分裂している．このため，基底状態と励起状態の準位間のエネルギー遷移に対応した吸収スペクトルパターンから有効磁場の大きさと方向を抽出することができ，通常の磁化測定などで得られる平均的な情報とは異なる，固体の局所的な磁化状態や電子スピン分極に関するユニークな情報を得ることができる．原子核によるガンマ線の共鳴吸収スペクトルが観測されるためには，原子核の励起状態が数十 keV 程度の励起エネルギーと数十 ns 程度の寿命をもつことが必要である．このため，メスバウアー分光法が適用できる原子核の種類は限られているが[5]，^{57}Fe 核に対して比較的容易に適用できるため，磁性の分野では非常に有効な測定手段となっている．以下に，通常の放射性同位体線源を用いたメスバウアー分光実験と，最近発展中のシンクロトロン放射光を用いたメスバウアー分光実験について概説する．

(ⅰ) 放射性同位体線源を用いたメスバウアー分光

放射性同位体線源を用いて大学の実験室レベルで比較的簡便に利用できるメスバウアー核種としては，^{57}Fe，^{119}Sn，^{151}Eu が知られている．このうち，^{57}Fe と ^{119}Sn はともに核スピン $I=1/2$ の基底状態，$I=3/2$ の第 1 励起状態をもっている．磁性研究によく利用される ^{57}Fe 原子核のエネルギー準位を図 4.2.53 に示す．磁性体中では核位置に内部磁場が誘起されており，核の基底状態および第 1 励起状態はそれぞれ二つおよび四つの副準位にゼーマン分裂している．これらの副準位間のエネルギー遷移のうち通常六つの遷移が量子力学的に許容遷移となるため，ガンマ線吸収スペクトルには 6 本のピークが現れる．副準位の分裂の大きさは内部磁場の大きさに比例し，ガンマ線吸収にさ

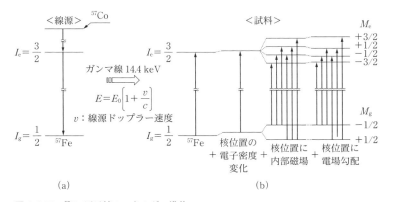

図 4.2.53　^{57}Fe 原子核のエネルギー準位
(a) 線源側　(b) 試料側
基底状態と第 1 励起状態の副準位間の遷移に対応した共鳴吸収スペクトルがメスバウアースペクトルに相当する．

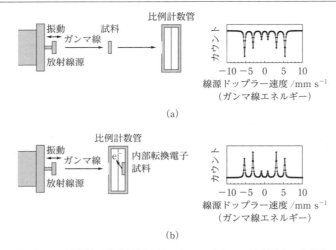

図4.2.54 放射性同位体線源を用いたメスバウアー分光測定の典型的セットアップと α-Fe のメスバウアースペクトル
(a) 透過配置での測定　　(b) 散乱配置(内部転換電子検出法)での測定

いする副準位間の遷移確率は内部磁場の方向に依存するため，6本の吸収ピークからなるスペクトルには内部磁場の大きさと方向に関する情報が含まれる．このほか，原子核位置における電子の密度（原子価と相関がある）がアイソマーシフト（スペクトルの重心位置の物質依存性）として反映され，核位置における電場勾配が四重極分裂（磁気分裂がある場合は四重極シフト）としてスペクトルに反映されるため，物質の原子価や局所的な結晶構造を調べる手段としても有効である．

図4.2.54(a)に吸収配置による実験セットアップを示す．放射性同位体線源から放出される neV オーダーの単色性をもつガンマ線のエネルギーを µeV オーダーの範囲で変化させるため，線源を周期的に振動させてドップラー効果によるエネルギー変調を与える．このため，吸収スペクトルの横軸（エネルギー軸）は，通常，線源のドップラー速度で表される．単結晶基板上に作製された薄膜の測定では，図(b)のように，共鳴吸収後の脱励起にさいして放出される内部転換電子を散乱配置で検出する方法が用いられるので，スペクトルの形状は，透過法のものとは上下反転したものとなる．

内部磁場の最大の要因は，原子核位置に存在確率をもつ電子（s電子）のスピン分極がフェルミ接触相互作用を介して作り出す有効磁場である．非s電子や隣接原子に属する電子からの双極子磁場の影響も少なからず存在するが，一般に前者と比較して寄与は小さい．一方，原子がもつ磁気モーメントは，原子を構成するすべての電子のスピン分極の積分値であるスピン磁気モーメントと，電子の軌道運動に起因する軌道磁気モーメントの和である．内部磁場と磁気モーメントは異なる物理量であるが，両者の間には密接な相関があり，内部磁場を測定すれば間接的に磁気モーメントに関する情報を得ることができる．たとえば，

α-Fe においては，原子がもつ $2.2\,\mu_\mathrm{B}$ の磁気モーメントに対して，原子核位置にはそれと反平行方向に 33 T の内部磁場が室温で誘起されている．

メスバウアー分光法を用いた内部磁場測定の利点は，何といっても物質の磁性に関する局所的な情報が得られることである．通常の磁化測定では磁化に関する平均的な情報しか得られないが，メスバウアースペクトルは原子核を取り巻く磁気的環境を反映した吸収スペクトルの重ね合わせとなるため，スペクトルを解析することによって磁性に関する局所的な情報が得られる．したがって，試料中の異なる結晶サイトの磁性，多相試料の磁性，磁気的に不均質な試料の磁性，微粒子や薄膜の磁性，表面や界面の磁性を探るうえで非常に有効な情報源となる．磁気モーメントの方向が打ち消しあってマクロな磁化をもたない反強磁性体においても，各原子の原子核位置には内部磁場が誘起される．たとえば，反強磁性の α-Fe$_2$O$_3$ の Fe 核位置には，室温で 52 T の内部磁場が誘起されており，温度を上昇させると部分磁化の減少に比例して内部磁場が減少していく．

また，強磁性体，反強磁性体にかかわらず磁気モーメントの方向に関する情報を得ることができる[6]．放射性同位体線源から放射される非偏光のガンマ線がゼーマン分裂した核によって吸収される確率は，各遷移ごとに，また内部磁場の方向によって異なる．したがって，6本の吸収ピークの強度比を調べると，内部磁場の軸方向（したがって，磁気モーメントの軸方向）に関する情報を得ることができる．たとえば，内部磁場の方向が入射ガンマ線と平行な場合には強度比 3:0:1:1:0:3 の，垂直な場合には強度比 3:4:1:1:4:3 の，ランダムに配向している場合には強度比 3:2:1:1:2:3 の吸収スペクトルが得られる．薄膜試料の場合，膜面に対して垂直にガンマ線を入射すると，内部磁場の方向が試料法線となす角 θ に関する情報

$\langle \cos^2\theta \rangle$ が得られる.

Fe を含む磁性化合物では，Fe 原子がもつ電子のスピン分極が物質の磁性を担う主役になっており，^{57}Fe メスバウアー分光法を用いて原子核に有効に働く磁場を検出することによって，局所的な磁性に関する情報を得ることができる．一方，^{119}Sn 核を用いたメスバウアー分光が可能な Sn は基本的に非磁性元素であり，Sn を含む磁性化合物中においても Sn 原子がもつ電子のスピンは，隣接する磁性原子の影響を受けてほんのわずか分極しているにすぎない．しかしながら，このわずかなスピン分極が Sn 原子核位置に比較的大きな内部磁場をつくり，メスバウアースペクトルの磁気分裂として反映されるケースがある．言い換えると，^{57}Fe 原子核は，自分自身が属する原子がもつ磁性をみる探針であるのに対して，^{119}Sn 原子核は，周囲の原子がもつ磁性を比較的客観的に検知することができる探針となる．後者をうまく用いることも固体の磁性に関する情報を得るうえで有効である[7].

なお，メスバウアースペクトルからは磁気緩和に関する情報も得られるが，詳しくは専門書[3]に譲ることにする．

(ii) 放射光を用いたメスバウアー分光 最近，シンクロトロン放射光を用いたメスバウアー分光法（放射光核共鳴散乱分光法）の研究が発展中で，日本でも SPring-8 を中心に研究開発が行われている．放射光光源には，エネルギー選択性，高い輝度，小さなビーム径，低いビーム発散角，偏光性，パルス性などの特徴があり，さまざまなメスバウアー核種に対して，高圧下，低温，磁場中などの極限条件下での測定に威力を発揮するものと期待されている．しかしながら，単色性の高い放射性同位体線源と比較したとき，その非単色性がスペクトル測定上の問題となるため，さまざまな工夫が求められる．

放射光を用いた核共鳴散乱分光法として，これまで物質の磁性を調べるうえで主流になってきた実験方法は，パルス X 線を入射したのち試料中の原子核により共鳴散乱された X 線を "時間スペクトル" として測定する方法である[4,8]．図 4.2.55(a) にこの測定方法の実験セットアップの一例を示す．原子核の励起エネルギー（^{57}Fe 核の場合 14.4 keV）に合わせて数 meV 程度まで単色化された放射光 X 線を試料に入射し，試料中の原子核によって共鳴散乱させる．試料の原子核準位に磁気分裂がある場合，副準位間の遷移エネルギーに対応した波長の異なる X 線が励起状態の寿命（^{57}Fe 核の場合 141 ns）程度の時間の遅れを伴って散乱されるため，散乱強度をパルス入射後の時間に対してプロットしたスペクトル（核共鳴散乱時間スペクトル）には X 線の干渉による "うなり" パターン（量子ビートとよばれる）が生じる．このうなりの間隔は，原子核副準位の分裂幅，すなわち内部磁場の大きさの逆数に比例したものとなる．また，入射 X 線の偏光方向と内部磁場の方向に依存して原子核副準位間の共鳴散乱確率が変化するため，スペクトルには内部磁場の方向に依存した違いが現れる（図 4.2.56）．この時間スペクトル測定法は，比

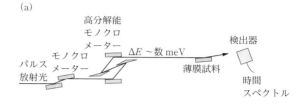
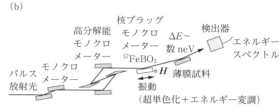
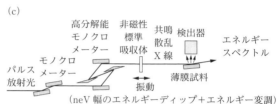

図 4.2.55 放射光メスバウアー分光法（核共鳴散乱分光法）の実験セットアップの例
(a) 時間スペクトル測定法 (b) 核ブラッグモノクロメーターとドップラー効果の組合せによるエネルギースペクトル測定法 (c) 非磁性標準吸収体とドップラー効果の組合せによるエネルギースペクトル測定法
細かいセットアップは試料の形状や測定条件に合わせて変更される（図は薄膜試料測定用の例）．

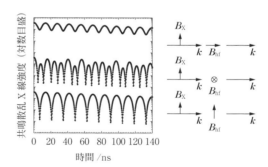

図 4.2.56 核共鳴散乱時間スペクトル．α-Fe（内部磁場 33 T）に対するシミュレーション計算例
k：放射光の入射・散乱方向，B_X：直線偏光放射光の磁場ベクトル方向，B_{hf}：試料の内部磁場方向．スペクトルパターンは偏光の磁場ベクトルと内部磁場の相対方向に依存して変化する．

較的磁気サイトの数や不均一性が少ない試料の内部磁場の大きさと方向を決定する場合に威力を発揮する．一方，薄膜試料やナノ構造体試料など原子核の環境に不均一性がある試料に対しては，干渉パターンが複雑化し，詳しい解析が困難になることが多い．

これに対して，放射性同位体線源実験と同様に "エネ

ギースペクトル"を測定するいくつかの方法が開発されつつある．そのうち一つは，核ブラッグモノクロメータとドップラー効果の組み合わせを用いる方法である（図4.2.55(b)）[9]．これは，磁気転移点直下の温度においた反強磁性体単結晶による電子散乱禁制（結晶構造禁制）核散乱許容（磁気構造許容）のブラッグ散乱を用いて入射光の"超"単色化を行うとともに，反強磁性体単結晶（あるいは試料）を振動させてドップラー効果によるエネルギー変調を付与するもので，非常に高効率でエネルギースペクトルを得ることができる優れた方法である．ただし，メスバウアー核を含む反強磁性体単結晶が必要となるため，現状では適用核種が ^{57}Fe 核に限られている．もう一つの方法は，非磁性標準吸収体とドップラー効果の組み合わせを用いるものである（図4.2.55(c)）[10]．この方法は，光路上に置かれた非磁性標準吸収体によって入射光に neV オーダーの幅をもつエネルギー吸収ディップを与えるとともに，吸収体（あるいは試料）を振動させてドップラー効果によるエネルギー変調を付与し，振動と同期して試料からの共鳴散乱 X 線を検出することによりエネルギースペクトルを得るものである．現在，さらなる高効率化が進められているが，原理上すべてのメスバウアー核に対して適用可能であるため，今後有望な手法として大いに期待されている．

以上，メスバウアー分光法を磁性研究への応用という観点から概説した．電子と原子核の相互作用を検出することができるメスバウアー分光法は，磁性研究のみならずさまざまな物性・材料研究に適用可能であり，最近では局所フォノン状態の測定手段としても脚光を浴びている[11]．放射線施設をもち放射性同位体線源（^{57}Fe 核の場合，半減期 270 日の ^{57}Co）を常備する必要，あるいは放射光施設を利用する必要があるため，思い立ったときに測定することは一般に容易ではないが，外部委託や共同利用研究を受け入れている研究機関や，民間分析会社がいくつか存在するので，本項をきっかけにしてこの測定法ならではのユニークな情報を活用していただければ幸いである．

文 献

1) 佐野博敏，片田元己，"メスバウアー分光学―基礎と応用"，学術出版センター（1996）．
2) 藤田英一 編著，"メスバウア分光入門―その原理と応用―"，アグネ技術センター（1999）．
3) 新庄輝也，中井 裕，"実験物理学講座 24 電波物性"（近角聰信，蓮沼 宏，石黒浩三，熊谷寛夫，三宅静雄 企画編集伊達宗行 編），18章，共立出版（1980）．
4) 那須三郎，"丸善実験物理学講座 7 磁気測定 II"（安岡弘志，本河光博 編），5章，8.2節，丸善出版（2000）．
5) The Mössbauer Effect Data Center, http://www.medc.dicp.ac.cn/
6) 壬生 攻，日本応用磁気学会研究会資料，**140**, 37（2005）．
7) 壬生 攻，表面科学，**31**, 250（2010）．
8) 小林寿夫，"放射光 X 線磁気分光と散乱"（橋爪弘雄，岩住俊明 編），12章，アイピーシー（2007）．
9) T. Mitsui, M. Seto, R. Masuda, *Jpn. J. Appl. Phys.*, **46**, L930 (2007).
10) M. Seto, R. Masuda, S. Higashitaniguchi, S. Kitao, Y. Kobayashi, C. Inaba, T. Mitsui, Y. Yoda, *Phys. Rev. Lett.*, **102**, 217602 (2009).
11) M. Seto, Y. Yoda, S. Kikuta, X. W. Zhang, M. Ando, *Phys. Rev. Lett.*, **74**, 3828 (1995).

4.2.5 磁気構造解析法

a. 中性子散乱法

中性子散乱法は，磁性体の磁気構造を研究するうえで非常に強力な手法である．中性子は物質を構成する原子核によって散乱される．これを核散乱とよぶ．弾性散乱は X 線と同様に回折を起こすので，結晶構造解析などに応用されている．また，核種によっては，弾性散乱のみならず非弾性散乱をする場合もある．非弾性散乱は軽元素や吸収断面積の大きな核種で非弾性散乱断面積が大きくなる傾向が強い．

原子核の空間的な広がり（数 fm（10^{-15} m）のオーダー）は中性子回折に用いられる波長（100 pm（10^{-10} m）程度）に比べ非常に小さく，ほとんど無視できるので，中性子散乱径 b（X 線の原子散乱因子に相当する核種固有の値で，長さの次元［fm］をもつ）は散乱角に依存せずほぼ一定とみなせる[1]．したがって，核散乱による回折ピークは，$\kappa(=\sin\theta/\lambda)$ の大きな領域でも明瞭に現れる．

また，Cu-Kα 線などの特性線による X 線回折は，物質の結晶構造を調べる一般的な手段として広く使われているが，原子番号が近い元素を含む場合には，散乱因子の差が小さいため，それらの元素が結晶中のどのサイトをどれぐらい占有しているのかを解析することは容易ではない．材料の磁気特性は，置換した原子の占有サイトによって大きく変わるため，中性子回折から置換した原子がどのサイトにどれだけ入っているのかを解析できれば，材料の磁気特性の改良に向けた有用な情報を得られることになる．中性子散乱径には，連続的な原子番号依存性がないため[2]，隣接する原子番号の元素も区別することができる場合が多い．X 線の原子散乱因子は，原子を構成する電子の数の 2 乗で決まるため，リチウムや酸素などの軽元素の X 線回折における寄与はきわめて小さくなり，結晶格子内でのこれらの元素の分布を決定することは容易ではない．軽元素でも中性子散乱径の大きな元素は，中性子回折からその格子内座標も決めることが可能である．磁性材料によく用いられる 3d と 4f 金属含む原子番号が 20～35 と 56～71 の元素の中性子散乱径をそれぞれ図 4.2.57(a) と (b) に示す．この図には天然同位体比での中性子散乱経を示しているが，同じ元素でも同位体によって散乱径は大きく変わる．また，散乱径が負の値になる元素もある．

中性子回折はすべての磁性材料の磁気構造解析に有効であるかというとそういうわけではない．中性子吸収断面積

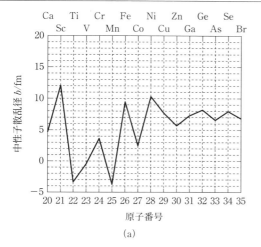
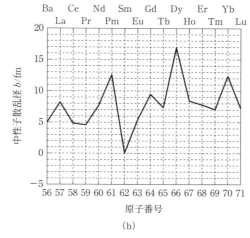

図 4.2.57 磁性材料に頻繁に用いられる天然同位体元素の中性子散乱径
(a) 原子番号 20～35 (Ca～Br)　(b) 原子番号 56～71 (Ba～Lu)

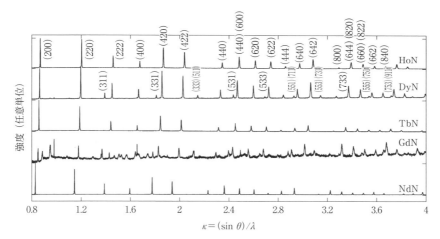

図 4.2.58 希土類窒化物 (LnN : Ln=Nd, Gd, Tb, Dy, Ho) の室温での中性子回折パターン
(J-Parc, iMateria にて測定)
TOF 法で測定しており, κ の高い領域でも明瞭な回折ピークが観測されている. LnN は NaCl 型構造のため fcc と回折面は同じであるが, N と Ln の中性子散乱径の値が近いため, $S(=h^2+k^2+l^2)$ が奇数となる面ではピーク強度が弱くなる. 散乱径の差が大きな DyN の場合のみ, S が奇数の面でも強い回折ピークが観測されている.

の大きな元素を含む場合は，その元素の濃度に気をつけ，ある程度の時間以内で十分な SN 比をもつデータが得られるかどうか注意しなければならない．磁性材料によく用いられる元素のうち，熱中性子吸収断面積の大きなものとして，B, Sm, Eu, Gd, Dy, Er などがあげられる[2]．化合物として希土類密度が最も高い希土類窒化物 LnN (天然同位体比) の室温での中性子回折パターンを図 4.2.58 に示す．NdN, TbN, HoN については，非常に SN 比のよい NaCl 型結晶の回折ピークが得られているが，DyN では Dy の吸収により回折強度が小さくなるため，拡大すると粉末試料を入れているバナジウムホルダーの回折ピークも現れている．GdN に至っては，Gd の吸収がきわめて大きいためバナジウムと同程度の強度の回折ピークしか観測されていない．中性子吸収断面積の大きな元素を含む化合物では，吸収断面積の小さな ^{11}B, ^{154}Sm, ^{156}Gd, ^{158}Gd, ^{160}Gd, ^{160}Dy, ^{166}Er, ^{168}Er, ^{170}Er などの同位体を用いて試料を合成し，中性子回折を測定する方法も考えられるが，同位体濃縮元素は非常に高価である点に留意する必要がある．

X 線の透過能は，その波長と測定試料を構成する元素とその密度にも依存するが，深くてもせいぜい数十 μm 程度である．したがって，X 線回折ではこの程度の深さ情報をみているにすぎないが，中性子は電荷をもたず電場を発することもないので，非常に強い透過能力がある．これまで，中性子回折には一般に 10 mmφ×20 mm 程度の試

料が必要であったが，この程度の体積でも十分に透過するので，物質全体の構造情報を引き出すことが可能である．たとえば，配向試料を作製した場合に，バルク体内部まで配向しているかどうか検証することもできる[3]．

中性子のもう一つの大きな特徴として，磁気モーメント（$-1.913 \mu_N$，μ_N は核磁子で $5.051 \times 10^{-27} J T^{-1}$，ボーア磁子 μ_B の約 1840 分の 1）を有していることがあげられる．したがって，中性子は磁性イオンのモーメントによっても散乱される．これを磁気散乱とよぶ．磁気散乱の散乱体は磁気モーメントを発する電子（スピン，軌道角運動量）であり，空間的な広がりをもつため，X 線と同様にこの磁気形状因子は κ が大きくなるに従い減少する．このため，広範囲の回折パターンが得られれば，核散乱と磁気散乱を明瞭に区別することができ，磁気構造を決定することが可能である．X 線形状因子は電子雲全体による散乱に起因するのに対し，磁気形状因子には最外殻に近い電子しか寄与しないため，κ に対しての減衰は X 線形状因子のそれに比べ大きい．逆にいえば，磁気散乱を観測するためには回折角が小さい，または波長の長い条件で中性子回折測定を行う必要がある．磁気形状因子の κ 依存性は中性子データブックにまとめられており，各種の金属イオンについて計算することができる[4]．キュリー温度またはネール温度で常磁性転移する物質の場合，転移温度以上で中性子回折測定を行えば，核散乱のみの回折ピークが得られ，結晶構造を決めることができる．この情報をもとに転移温度以下での磁気構造を解析することもできる．磁気転移温度で結晶相転移のない材料については，一般的にこの方法が行われている[5~7]．

磁性材料の中性子回折を行う最も大きなメリットともいえる磁気構造の決定は，磁性イオンの磁気モーメントの大きさや向きなど，解析パラメーターが膨大になり，実際はそう簡単なものではない．磁気構造は結晶構造の空間群かその部分群で表すことができるが，部分群となる場合には対称性をどこまで低下させるのかを見極める必要がある[5,8,9]．磁気構造を決定する場合，通常はいくつかの磁気構造モデルを考え，磁化などのほかの物性測定結果との整合性も含めて解析を行う．1980 年代以前は，手計算による中性子回折プロファイルの解析が一般的であり，中性子回折から得られる構造情報を十分に引き出すことはきわめて困難であったが，Rietveld 解析プログラム[10~12]とコンピュータの発展とともに，各種パラメーターの精密化が容易にできるようになり，金属イオンを複数種含むような多元系化合物であっても，イオン分布，磁気モーメントの大きさなどを求められるようになってきた．また，最大エントロピー法（MEM：maximum entropy method）から核密度分布を三次元的に可視化することもできる[13,14]．X 線回折プロファイルの MEM 解析では電子密度分布が得られることから，これらの情報を相補的に考察することで，イオンや電子の伝導経路を知ることが可能である[15]．

一般に単結晶試料の中性子回折測定のほうが粉末試料の場合に比べ，多くの磁気構造に関するパラメーターを引き出すことができる．磁気モーメントの向きも三次元ベクトルとして求めることが可能である．粉末法では，三次元的に磁気モーメントの向きを決めることができるのは，斜方晶より対称性の低い結晶系に限られる．正方晶，六方晶，菱面晶（六方晶配置）系に関しては，モーメントと c 軸のなす角しか向きを決めることができず，立方晶系についてはまったく磁気モーメントの向きを決めることはできない[16]．また，とくに回折強度の小さなピークを測定するには単結晶試料が望ましい．その一方で，単結晶試料は消衰効果により，散乱強度の定量的評価が難しいという欠点もある[17]．

中性子の発生源としては原子炉と加速器があり，中性子回折測定を行う場合，前者ではモノクロメーターで単色化した中性子（CW：constant wawelength）法を用いて 2θ に対して，後者では 2θ を固定し中性子の飛行時間（TOF：time of flight）法を時分解し λ に対してプロファイルを得る．CW 法は，回折ピークの形状が簡易なモデルで表すことができ，多くのデータの蓄積がある点で TOF 法に比べ解析が容易であるという利点がある．一方で，TOF 法は広い κ の範囲の測定が可能であり，飛行距離を長くすることで高い分解能のデータが得られるという利点がある．

中性子回折以外の散乱実験として，干渉性の非弾性散乱測定によるフォノンやマグノンの解析や，磁気転移温度付近での準弾性散漫散乱（磁気臨界散乱）測定，非干渉性弾性散乱（常磁性散乱）による磁気散乱断面積の測定，偏極中性子を用いたアップスピン，ダウンスピンの分別解析，小角散乱によるナノ粒子の構造解析などがある．中性子回折も含めてこれらの中性子散乱実験の原理や測定法などについては，すでに出版されている解説書に詳細が記述されている[18~22]．

文献

1) G. E. Bacon, "Neutron diffraction, 3rd Ed.", p. 20, Clarendon Press (1975).
2) H. Rauch, W. Waschkowski, "Neutron Data Booklet, 2nd Ed." (A.-J. Dianoux, G. Lander, eds.), p. 1.1-1, Institut Laue-Langevin (2003).
3) 中川 貴，まぐね，**4**, 30 (2009).
4) P. J. Brown, "Neutron Data Booklet, 2nd Ed." (A.-J. Dianoux, G. Lander, eds.), p. 2.5-1, Institut Laue-Langevin (2003).
5) C. G. Shull, W. A. Strauser, E. O. Morton, *Phys. Rev.*, **83**, 333 (1951).
6) Y. Takada, T. Nakagawa, Y. Fukuta, M. Tokunaga, T. A. Yamamoto, T. Tachibana, S. Kawano, N. Igawa, Y. Ishi, *Jpn. J. Appl. Phys.*, **44**, 3151 (2005).
7) Z. W. Ouyang, F. W. Wang, Q. Hang, W. F. Liu, G. Y. Liu, J. W. Lynn, J. K. Liang, G. H. Rao, *J. Alloys Comp.*, **390**, 21 (2005).
8) D. Radic, M. Mitric, T. Tellgren, H. Rundlof, *J. Magn. Magn.*

9) Z. Jirák, S. Krupička, Z. Šimša, M. Dlouhá, S. Vratislav, *J. Magn. Magn. Mater.*, **53**, 153 (1985).
10) J. R.-Carvajal, *Physica B*, **192**, 65 (1993).
11) A. C. Larson, R. B. Von Dreele, Los Alamos National Laboratory Report LAUR, pp. 86-748 (2000).
12) F. Izumi, T. Ikeda, *Mater. Sci. Forum*, **321-324**, 198 (2000).
13) F. Izumi, K. Momma, Solid State Phenomena, **130**, 15 (2007).
14) M. Sakata, T. Uno, M. Takata, C. J. Howard, *J. Appl. Cryst.*, **26**, 159 (1993).
15) M. Yashima, *Solid State Ionics*, **179**, 797 (2008).
16) G. Shirane, *Acta Cryat.*, **12**, 282 (1959).
17) W. H. Zachariasen, *Acta Cryst.*, **23**, 558 (1967).
18) E. H. Kisi, C. J. Howard, "Applications of Neutron Powder Diffraction", pp. 1-462, Oxford University Press (2009).
19) 石川義和, 濱口由和, "磁性体ハンドブック (近角聰信, 太田恵造, 安達健五, 津屋 昇, 石川義和 編), pp. 227-267, 朝倉書店 (1975).
20) 星埜禎男, 国富信彦, 渋谷 巖, 濱口由和, "実験物理学講座 22 中性子回折" (近角聰信, 蓮沼 宏, 石黒浩三, 熊谷寛夫, 三宅静雄 企画編集, 星埜禎男 編), pp. 1-370, 共立出版 (1976).
21) G. E. Bacon, "Neutron diffraction, 3rd Ed.", pp. 1-620, Clarendon Press (1975).
22) 角田頼彦, "丸善実験物理学講座 6 磁気測定 I" (近桂一郎, 安岡弘志 編), pp. 123-185, 丸善出版 (2000).

b. 共鳴 X 線磁気散乱法

物質に照射された X 線は, 電子のもつ電荷によってトムソン散乱されるだけでなく, 軌道運動やスピンによる磁気的な散乱も受ける. 物質中に磁気モーメントの規則的な配列があると, 散乱 X 線は互いに干渉してブラッグ条件を満たす方向に強い回折波を形成するので, これを測定して磁気構造の解析をすることができる. しかし, X 線の磁気散乱断面積はトムソン散乱のそれに比べ 5 桁以上も小さいために, 中性子散乱法に比べ広いダイナミックレンジでの測定が要求される. 一方で, 薄膜や微結晶など中性子散乱法では困難な微量試料の磁気構造解析や, 中性子の吸収や非干渉性散乱が大きい試料の磁気構造解析では, 高輝度放射光 X 線の利用がきわめて有効である. 共鳴 X 線磁気散乱法は, 散乱振幅の共鳴増大を利用して比較的簡単に磁気構造解析を実現するだけでなく, 二光子過程を利用した非占有軌道の分光学的研究を可能にする実験手法である. X 線磁気散乱法の一般的な事柄については文献[1]を参照されたい.

ここでは共鳴 X 線磁気散乱法の基本原理を簡単に説明し, 磁性元素の系列別に実験条件の概要を述べた後, 共鳴 X 線磁気散乱法を利用した研究を紹介する.

(ⅰ) **共鳴 X 線磁気散乱の基本原理**　X 線の振動数を束縛電子の固有振動数に近づけると, 共鳴効果によって強い散乱が生じる. このような散乱を共鳴散乱とよび, その散乱振幅は, 入射 (散乱) X 線の波数ベクトルを $k(k')$, 偏光ベクトルを $e(e')$, i 番目の電子の位置を r_i, 運動量を p_i, スピンを s_i とすると, 次式で与えられる[2].

$$f_{\mathrm{XRES}} = \frac{e^2}{mc^2}\frac{\hbar^2}{m}\sum_c\sum_{ij}$$

$$\frac{\left\langle a\left|\left(\frac{e'\cdot p_j}{\hbar}-i(k'\times e')\cdot s_j\right)e^{ik'\cdot r_i}\right|c\right\rangle\left\langle c\left|\left(\frac{e\cdot p_j}{\hbar}+i(k\times e)\cdot s_j\right)e^{ik\cdot r_i}\right|a\right\rangle}{E_a-E_c+\hbar\omega_k-i\Gamma_c/2}$$

(4.2.57)

ここで, E_a は始状態のエネルギー準位, E_c と Γ_c は中間状態のエネルギー準位とその準位幅である. 入射 X 線のエネルギーを原子種・電子殻に固有な内殻励起エネルギーに近づけると ($\hbar\omega_k \approx E_c-E_a$), エネルギー分母が小さくなり散乱振幅は増大する. 共鳴磁気散乱の定性的な議論には, X 線と電子の相互作用 $(e\cdot p_j/\hbar+i(k\times e)\cdot s_j)e^{ik\cdot r_i}$ が引き起こす電子遷移のうち, 最も強い電気双極子遷移 (E1) とそれに次ぐ電気四重極遷移 (E2) および磁気双極子遷移 (M1) までを考慮すればよい. 共鳴磁気散乱の散乱振幅は, 磁気的な M1 遷移を通してスピンの状態を反映するだけでなく, 電気的な E1 遷移と E2 遷移を通して間接的にスピンの状態を反映する. そのような機構による散乱を共鳴交換散乱とよぶことがある[3,4]. また, 散乱振幅はテンソル量であることから, 結晶方位角依存性や偏光依存性から磁気モーメントの方向を知ることができるが, 中間励起状態の寄与を正しく取り込むことが難しく, 強度から磁気モーメントの大きさを知ることは非常に困難である.

(ⅱ) **共鳴 X 線磁気散乱実験の概要**　内殻電子をフェルミレベル直上の非占有準位へと励起させるのに必要な X 線のエネルギーは, 原子種と電子殻に固有の値をとり[5], 軟 X 線から硬 X 線までの幅広いエネルギー領域にわたっている. そのため, 共鳴 X 線磁気散乱実験の内容も, 使用する X 線のエネルギーに応じて大きく変わってくる. 共鳴 X 線磁気散乱の散乱振幅は, スピン軌道相互作用により分裂した内殻準位にある電子が, スピン偏極した外殻の非占有軌道へ励起される場合に大きくなる.

3d 遷移元素では, 軟 X 線領域にある L_{II} 吸収端と L_{III} 吸収端で大きな共鳴効果が期待できるが, 波長が 2 nm 程度になるため長周期磁気構造の低次の回折線しか測定できない. また, 真空チェンバー中に納められた専用回折計[6]を利用して実験する必要がある. 一方, K 吸収端では大きな共鳴効果は期待できないが, 波長が 0.2 nm 程度になるため通常の回折装置を利用して実験することができる.

4d 遷移元素では, 共鳴効果が大きい L_{II} 吸収端と L_{III} 吸収端が, 軟 X 線と X 線の境界にあるため特殊なビームラインを利用する必要がある. 波長は 0.4 nm 程度になるため, 観測できる回折線の数が増え回折実験上の制約は少なくなるが, 空気などによる X 線の減衰を防ぐ対策がとられた回折計を利用して実験する必要がある.

5d 遷移元素では, 共鳴効果が大きい L_{II} 吸収端と L_{III} 吸収端が, X 線領域に入るため通常の回折装置を利用して

表 4.2.2 　共鳴 X 線磁気散乱法を用いた研究例と使用された吸収端

	X 線回折	軟 X 線回折	電子遷移	研究例
3d 遷移元素	K 吸収端		$1s \rightarrow 4p$	$Ni^{1)}$, $CoO^{2)}$, $RbMnF_3^{3)}$
		L_{II}, L_{III} 吸収端	$2p \rightarrow 3d$	$(La, Sr)_3Mn_2O_7^{4)}$, $NdNiO_3^{5)}$
4d 遷移元素	L_{II}, L_{III} 吸収端		$2p \rightarrow 4d$	$Ca_2RuO_4^{6)}$, $Ca_3Ru_2O_7^{7)}$
		M_{II}, M_{III} 吸収端	$3p \rightarrow 4d$	
希土類元素	L_{II}, L_{III} 吸収端		$2p \rightarrow 5d$	$Ho^{8)}$, $GdNi_2B_2C^{9)}$
		M_{IV}, M_V 吸収端	$3d \rightarrow 4f$	$Ho^{10)}$, $DyFe_4Al_8^{11)}$
5d 遷移元素	L_{II}, L_{III} 吸収端		$2p \rightarrow 5d$	$CoPt^{12)}$, $K_2ReCl_6^{13)}$, $Sr_2IrO_4^{14)}$
		N_{II}, N_{III} 吸収端	$4p \rightarrow 5d$	
アクチノイド	M_{IV}, M_V 吸収端		$3d \rightarrow 5f$	$UAs^{15)}$, $URu_2Si_2^{16)}$
		N_{IV}, N_V 吸収端	$4d \rightarrow 5f$	$U(As, Se)^{17)}$

1) K. Namikawa, et al., J. Phys. Soc. Jpn., **54**, 4099 (1985).
2) W. Neubeck, et al., Phys. Rev. B, **60**, R9912 (1999).
3) A. Stunault, et al., Phys. Rev. B, **60**, 10170 (1999).
4) S. B. Wilkins, et al., Phys. Rev. Lett., **90**, 187201 (2003).
5) U. Scagnoli, et al., Phys. Rev. B, **73**, 100409 (R) (2006).
6) I. Zegkinoglou, et al., Phys. Rev. Lett., **95**, 136401 (2005).
7) B. Bohnenbuck, et al., Phys. Rev. B, **77**, 224412 (2008).
8) D. Gibbs, et al., Phys. Rev. Lett., **61**, 1241 (1988).
9) C. Detlefs, et al., Phys. Rev. B, **53**, 6355 (1996).
10) P. D. Spencer, et al., J. Phys.: Condens. Matter, **17**, 1725 (2005).
11) T. A. Beale, et al., Phys. Rev. B, **75**, 174432 (2007).
12) F. de Bergevin, et al., Phys. Rev. B, **46**, 10772 (1992).
13) D. F. McMorrow, et al., J. Phys.: Condens. Matter, **15**, L59 (2003).
14) B. J. Kim, et al., Science, **323**, 1329 (2009).
15) E. D. Isaacs, et al., Phys. Rev. Lett., **62**, 1671 (1989).
16) E. D. Isaacs, et al., Phys. Rev. Lett., **65**, 3185 (1990).
17) P. D. Hatton, et al., Physica B, **345**, 11 (2004).

実験することができる．波長は 0.1 nm 程度になるため，多数の回折線を測定して磁気単位胞を決定したり消滅則を調べたりすることができる．

希土類元素では，波長が 1 nm 程度の軟 X 線領域にある M_{IV} 吸収端と M_V 吸収端で大きな共鳴効果が期待できる．実験には，3d 遷移元素の L 吸収端と同様の装置を用いる．一方，L_{II} 吸収端と L_{III} 吸収端では大きな共鳴効果は期待できないが，波長が 0.15 nm 程度になるため通常の回折装置を利用して実験することができる．

アクチノイドでは，共鳴効果が大きい M_{IV} 吸収端と M_V 吸収端の波長が 0.3 nm 程度になるため，4d 遷移元素の L 吸収端と同様の実験装置を用いる．また，軟 X 線領域にある N_{IV} 吸収端と N_V 吸収端でも大きな共鳴効果が期待できるが，波長が 1.6 nm 程度になるため，3d 遷移元素の L 吸収端と同様に真空チェンバー中に納められた専用回折計を用いる必要がある．

実際に共鳴 X 線磁気散乱法が用いられた磁気構造の研究例を列挙すると表 4.2.2 のようになる．

(iii) 共鳴 X 線磁気散乱法による磁気構造解析の例

磁気構造解析においては，磁性原子の位置はわかっており，そこにある磁気モーメントの大きさと方向をどのように決定するかが問題になる．磁気モーメントの大きさを議論するためには，散乱強度の絶対値が問題になるので，共鳴による増大の効果を正しく見積もるために電子構造にまで踏み込んだ解析が必要になる．一方，磁気モーメントの方向の議論には，散乱強度の方位角依存性と偏光依存性が重要であり，散乱強度の絶対値は問題にならない．Detlefts らは，共鳴磁気散乱と非共鳴磁気散乱とで偏光依存性が異なることを利用して，$GdNi_2B_2C$ 中の Gd 原子の磁気モーメントの方向を決定している[7]．また，Staub らは，$NdNiO_3$ の磁気構造を決定するために軟 X 線領域にある Ni-L 吸収端[8]と Nd-M 吸収端[9]で共鳴 X 線磁気散乱実験を行い，唯一到達できる磁気ブラッグ反射の結晶方位角依存性と偏光依存性を測定し，提案されている磁気構造モデルの中から実験結果を説明する磁気構造を選び出している．多数の副格子がある複雑な磁気構造の解析例としては，Kim らによる Sr_2IrO_4 の研究[10]がある．Ir-L 吸収端では X 線の波長が 0.1 nm 程度になることから，多数の磁気ブラッグ反射を測定しその消滅則を調べ，群論的考察[11]に基づいて合理的な磁気構造モデルを構築することに成功している．さらに，観測された共鳴 X 線磁気散乱の遷移選択則（Ir-L_{II}：禁制，Ir-L_{III}：許容）から，Ir^{4+} の 5d 電子の基底状態が $S = 1/2$ の低スピン状態ではなく，t_{2g} 軌道がスピン軌道相互作用によってさらに分裂した $J_{eff} = 1/2$ 状態であることを明らかにしている．

最後に，表面や界面の磁気構造の研究例を紹介する．共鳴 X 線磁気散乱法と表面回折の手法を併用して，Watson らは UO_2 (001) 表面で磁気秩序がバルクのネール温度よりもだいぶ低温から壊れ始めることを[12]，Ferrer らは Co_3Pt (111) 表面の Pt の磁気モーメントがバルクの値の半分程度まで小さくなっていることを明らかにしている[13]．また，Mackay らは Co/Cu/Co 膜で左右円偏光に対する散漫散乱強度を測定して，化学的な界面よりも磁気的な界面のほうが滑らかであるとの興味深い報告を行っている[14]．

文　献

1) S. W. Lovesey, S. P. Collins, "X-ray Scattering and Absorption by Magnetic Materials, Oxford Series on Synchrotron Radiation 1", Clarendon Press (1996).
2) M. Blume, *J. Appl. Phys.*, **57**, 3615 (1985).
3) J. P. Hannon, G. T. Trammell, M. Blume, D. Gibbs, *Phys. Rev. Lett.*, **61**, 1245 (1988).
4) J. Luo, T. Trammell, J. P. Hannon, *Phys. Rev. Lett.*, **71**, 287 (1993).
5) J. A. Bearden, A. F. Burr, *Rev. Mod. Phys.*, **39**, 125 (1967).
6) T. Takeuchi, A. Chainani, Y. Tanaka, M. Oura, M. Tsubota, Y. Senba, H. Ohashi, T. Mochiku, K. Hirata, S. Shin, *Rev. Sci. Instrum.*, **80**, 023905 (2009).
7) C. Detlefs, A. I. Goldman, C. Stassis, P. C. Canfield, B. K. Cho, J. P. Hill, D. Gibbs, *Phys. Rev. B*, **53**, 6355 (1996).
8) U. Scagnoli, U. Staub, A. M. Mulders, M. Janousch, G. I. Meijer, G. Hammerl, J. M. Tonnerre, N. Stojic, *Phys. Rev. B*, **73**, 100409(R) (2006).
9) U. Scagnoli, U. Staub, Y. Bodenthin, M. G.-Fernández, A. M. Mulders, G. I. Meijer, G. Hammerl, *Phys. Rev. B*, **77**, 115138 (2008).
10) B. J. Kim, H. Ohsumi, T. Komesu, S. Sakai, T. Morita, H. Takagi, T. Arima, *Science*, **323**, 1329 (2009).
11) E. F. Bertaut, *Acta Cryst. A*, **24**, 217 (1968).
12) G. M. Watson, D. Gibbs, G. H. Lander, B. D. Gaulin, L. E. Berman, Hj. Matzke, W. Ellis, *Phys. Rev. Lett.*, **77**, 751 (1996).
13) S. Ferrer, P. Fajardo, F. de Bergevin, J. Alvares, X. Torrelles, H. A. van der Vegt, V. H. Etgens, *Phys. Rev. Lett.*, **77**, 747 (1996).
14) J. F. Mackay, C. Teichert, D. E. Savage, M. G. Lagally, *Phys. Rev. Lett.*, **77**, 3925 (1996).

4.2.6　磁気熱量効果測定法

磁気熱量効果は 1.8.2 a. 項に述べられているように，等温磁気エントロピー変化 ΔS_m と断熱温度変化 ΔT_{ad} に分けられる．磁気熱量効果の測定は直接測定と間接測定に大別され，ΔT_{ad} は直接測定でも間接測定でも評価されるが，ΔS_m の測定は間接測定によって行われる．以下，直接測定と間接測定に分けて紹介する．

a. 直接測定

断熱温度変化は磁性体を断熱状態において，磁場を印加もしくは除去した場合にどのくらい温度が変化するかという性質である．この測定は磁場を掃引しながら試料の温度を測定する方法と，試料をすばやく磁場の中に挿入する（あるいは磁場の中から引き抜く）ときに試料の温度変化を測定する方法に大別される．磁場の発生には，パルス磁場，電磁石，超伝導磁石，永久磁石などが用いられる．磁場を掃引する場合の典型的な装置を図 4.2.59 に示す[1]．銅容器の中に銅ブロックとパイレックスガラスのチューブに接続された試料が置かれている．銅容器内の平均温度は熱電対で測定し，磁場印加時の試料の温度上昇を示差熱対で検知する．銅容器内は最初 2×10^4 Pa 程度のヘリウムガスを入れて温度を安定させ，その後 10^{-3} Pa 程度まで真空に引いて断熱状態にしたあと磁場を印加する．熱電対はヒートリークの原因になるので $0.05\phi\sim0.1\phi$ の細いものが用いられる．また，磁場によって起電力が変化しにくいものがよい．銅-コンスタンタンなどがよく用いられている．この装置は汎用性に優れているが，磁場印加中の温度コントロールはできないので，試料からのヒートリークを避けるためにきわめて早い磁場変化（10 kOe s^{-1} のオーダー）が要求される．したがって，磁場との組合せでいえば，パルス磁場や電磁石などを用いる必要がある．超伝導磁石は高い磁場になるとすばやい励磁が難しい．このような場合は試料のまわりに断熱セルを置き，断熱セルの温度をつねに試料の温度に追従させながら磁場をゆっくり掃引する[2]．これは断熱法の熱量計でよく見られる方式である．

一方，試料をすばやく磁場の中に挿入するような場合は，あまりヒートリークを気にする必要がない．Gopal らは Quantum Design 社の physical property measurement system (PPMS) の中で試料を移動させて ΔT_{ad} を測定する方法を報告している[3]．図 4.2.60 に試料容器と試料の移動機構の部分を示す．試料には温度計が取り付けられ，そのまわりは二重壁の黄銅の筒で囲まれている．試料容器はテフロンのロッドを介してステンレス製のシャフトに接続され，このシャフトを PPMS のトップフランジに取り付けた空気圧式のアクチュエータによって上下に駆動させる．駆動距離は磁場中心から 60 cm であり，この距離を 1 秒で移動させている．試料の大きさは 3～10 g であった．強い磁場中へ強磁性体の試料を出し入れするにはかなりの力が必要であるので，400 kPa の空気圧を用いている．また，試料が大きな力を受けてホルダーからはがれてしまうことがある．われわれも経験があるが，試料を GE7031 のワニスやアラルダイトで固定した程度では簡単に外れてし

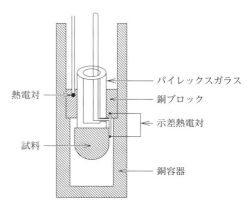

図 4.2.59　磁場掃引式の ΔT_{ad} の直接測定装置の試料容器部分の概略図
[C. Kuhrt, T. Schittny, K. Bärner, *Phys. Status Solidi A*, **91**, 107 (1985)]

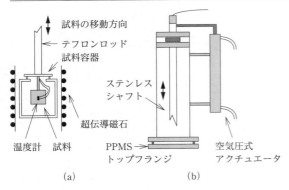

図 4.2.60 試料移動式の ΔT_{ad} の直接測定装置の概略図
(a) 試料容器部分　(b) PPMS トップフランジの上部
[B. R. Gopal, R. Chahine, T. K. Bose, *Rev. Sci. Instrum.*, **68**, 1819 (1997)]

まう．彼らはカプトンテープによって試料をホルダーに固定しているが，できればねじ止めすることが望ましい．このとき注意すべき点は，試料と接触しているホルダー部分は温度計も含めて，すべて誤差を招く原因になるということである．これらの部分は比熱だけでなく熱伝導度も関係するので，補正するのが難しい．したがって，ホルダー部分はできるだけ小さくするか，熱伝導の悪い材料を用いるなどの工夫が必要である．試料の温度制御は PPMS の温度コントローラによって行われている．測定は 10^{-2} Pa の真空中で行われ，測定温度範囲は 10～325 K，最大磁場は 90 kOe である．電気抵抗が小さい試料を急速に磁場中に出し入れすると，試料表面に渦電流が発生して温度が上昇する．これは ΔT_{ad} の誤差を招く．そこで彼らは，試料を磁場中に挿入した場合と，磁場から引き抜いた場合を測定し，両者の差から渦電流による温度上昇を評価してそれを差し引いている．ΔT_{ad} は磁場から引き抜くときはマイナス，磁場に挿入するときはプラスの値をもつが，渦電流による温度上昇はいずれの場合もプラスになることを考えれば補正は容易であろう．彼らによれば，渦電流による温度上昇は最大磁場で ΔT_{ad} の数%に及んでいる．なお，ここでは詳しく述べなかったが，パルス磁場中での測定装置については Tishin と Spichkin による成書の中に詳しい記述がある[4]．

b．間接測定

間接測定の代表は比熱の測定である．エントロピー $S(T,H)$ は比熱 $C(T,H)$ との間に次式の関係がある．

$$S(T,H) = \int_0^T \frac{C(T,H)}{T} dT \quad (4.2.58)$$

そのため比熱を磁場中とゼロ磁場中で測定して，$S(T,H)$ と $S(T,0)$ を求めておけば磁気熱量効果は，次式のように求めることができる（図 1.8.9 や図 5.8.38 (a) を参照）．

$$\Delta S_m(T,H) = S(T,H) - S(T,0) \quad (4.2.59)$$

$$\Delta T_{ad}(T,H) = T(S,H) - T(S,0) \quad (4.2.60)$$

最近では数テスラの磁場のもとで 2～350 K の温度範囲で比熱を測定する装置が市販されているので，この方法で ΔS_m や ΔT_{ad} を求めることはそれほど困難ではない．ただし，一次転移物質を熱緩和法で測定するさいには注意を要する．一次転移は潜熱を発生するが，熱緩和法では潜熱は測定できない．しかし，磁場中では転移が少しブロードになるため，熱緩和法でも十分な精度でエントロピーを求められる．このため，ゼロ磁場のエントロピーが必要な場合は，後述の磁化測定から ΔS_m を求めて，$S(T,H)$ と組み合わせて $S(T,0)$ を算出するなどの工夫が行われている．

ΔS_m は 1.8.2 項の式 (1.8.27) に示されているマクスウェルの関係式を用いて，磁化測定からも求められる．すなわち，$\Delta S_m(T,H)$ は温度 T において $\partial M/\partial T$ をゼロ磁場から H まで積分すればよい．現在では SQUID を用いた自動磁化測定装置が普及しているので，この評価法はよく用いられるようになり，近年出版される磁気熱量効果の論文の大半はこの方法で ΔS_m を求めたものである．もともとマクスウェルの関係式は自由エネルギーの 2 階微分量に関する等式なので（式 (1.8.28) 参照），厳密にいえばこの評価法は二次転移に適用されるべきものである．しかし，実際には一次転移物質でも $\partial M/\partial T$ は発散しないので，この方法で ΔS_m を求めることができる．これについては批判もあるが[5]，測定誤差を考えると今のところマクスウェルの関係式から求めた ΔS_m と比熱測定から求めた ΔS_m に大きな差は見られないようである[6,7]．しかし，試料の形状や磁場の範囲によっては ΔS_m の温度依存性にスパイク状の鋭いピークを与えることがあるので注意が必要である．とくに磁場が弱いときは，反磁場の効果や磁気転移のシャープさのため，かえって ΔS_m を過大評価してしまうことがある．このため少なくとも 1～2 kOe 程度の磁場ステップで行うのがよい．$\partial M/\partial T$ を求めるにはいろいろな温度で磁化曲線 $M(H)$ を測定する方式と，いろいろな磁場で磁化温度曲線 $M(T)$ を測定する方式がある．どちらで測定して ΔS_m を評価しても差し支えないはずであるが，$M(T)$ が大きな温度ヒステリシスを示す一次転移の場合は問題が生じることがある．一般に，われわれが $M(H)$ を測定する場合，温度コントロール → 磁場増加 → 磁場減少を繰り返す．もし一次転移物質が大きな温度ヒステリシスをもつ場合に，転移温度近傍で細かい温度ステップで $M(H)$ を測定すると，温度コントロールのオーバーシュートや試料の組成のゆらぎなどから，T_C 近傍で試料の一部だけが常磁性状態になってしまうことがある．この状態で $M(H)$ を測定すると，弱い磁場で中間の磁化をもった状態のプラトーが現れ，そのあと強磁性へ転移するようにみえる．これを用いて ΔS_m を求めると，非常に大きな値が出てしまう．これは 2004 年頃，超巨大磁気熱量効果として研究者を悩ませる問題であった[8]．実際は上に述べたような試料の磁化の不均一性が原因であり，超巨大磁気熱量効果は本質的ではない．そもそも強磁性から常磁性へ一次転移する物質の磁化曲線が T_C 近傍で中間状態

のプラトーをもつようなことは通常は起こらないはずである．実験的にこれを避けるには $M(H)$ ではなくて $M(T)$ を用いて ΔS_m を評価するとよい．$M(T)$ の場合はそれぞれの磁場で測定するとき，T_C より十分低い温度に下げてから昇温を開始し，T_C より高い温度まで測定する．温度ヒステリシスの間で温度を止めて磁場を昇降することがないために，上に述べたような異常は起こらない．

断熱温度変化 ΔT_{ad} と $\partial M/\partial T$ の関係は1.8.2項の式 (1.8.29) で与えられる．この式の分母にある比熱は $C(T,H)$ と表されるべきもので，温度だけでなく磁場の関数でもある．しかし，通常 $C(T,H)$ を積分できるほどの細かい磁場ステップで測定することはない．それよりは磁場中とゼロ磁場で比熱を測定して，すでに述べた方法で ΔT_{ad} は評価するのが普通である．もし，$C(T,H) \cong C(T,0)$ であれば，$T/C(T,H)$ を積分の外にもっていけるので，ずいぶん取り扱いが楽になるが，この条件は相転移温度近傍では成立しない．結果的に式(1.8.29)はあまり利用価値がないことになる．Pecharsky と Gschneidner は Gd を例にとって，この式の適用について詳しい議論を行っている[9]．

最後に，Levitin らによって提案された断熱磁化測定による ΔT_{ad} の評価を紹介する．断熱状態で磁化を測定すると，磁気熱量効果のために温度が上昇するので，断熱磁化曲線は等温磁化曲線とは異なるふるまいを示す．そこで断熱状態で測定した磁化曲線を多数の等温磁化曲線と比較すれば，磁性体の温度はそれぞれの磁場で断熱磁化曲線と交差する等温磁化曲線の温度になっているであろうというのがこの方法の原理である．Levitin らは $Gd_3Ga_5O_{12}$ ガーネットの単結晶の断熱磁化曲線を，パルス磁場を用いて400 kOe まで測定し，それをいろいろな温度で計算した等温磁化曲線と比較した[10]．その結果を図4.2.61に示す．

ここで計算は分子場を取り入れたブリユアン関数で行われ，その妥当性は4.2 K での等温磁化曲線の実験値との比較で確認されている．図中の断熱磁化曲線（太い実線）は開始温度を4.2 K として測定したものである．細い実線は計算による等温磁化曲線で，一番上の曲線が5 K のものであり，5 K きざみで55 K までプロットされている．図からわかるように，400 kOe では試料の温度は50 K に達するので，$\Delta T_{ad} \sim 46$ K と見積もられる．この測定で用いられた磁場の掃引速度は 50 MOe s^{-1} 程度であった．この方法は一次転移物質にも適用できるが，金属を測定する場合は渦電流を避けるために粉末を用いるのがよい．Trung らは巨大磁気熱量効果を示す $Mn_{1.2}Fe_{0.8}P_{0.75}Ge_{0.25}$ の断熱温度変化をこの方法で求め，初期温度283 K のとき50 kOe の磁場で，$\Delta T_{ad} \sim 11$ K となることを見出している[11]．この方法は，ある開始温度における ΔT_{ad} の磁場依存性を知るのに適している．磁気熱量効果の測定には，このほかにも熱音響効果を用いる方法などがあるが，それらについては成書に詳しい記述がある[4]．

文　献

1) C. Kuhrt, T. Schittny, K. Bärner, *Phys. Status Solidi A*, **91**, 105 (1985).
2) H. Wada, T. Asano, M. Ilyn, A. M. Tishin, *J. Magn. Magn. Mater.*, **310**, 2811 (2007).
3) B. R. Gopal, R. Chahine, T. K. Bose, *Rev. Sci. Instrum.*, **68**, 1818 (1997).
4) A. M. Tishin, Y. I. Spichkin, "The Magnetocaloric Effect and its Applications", IOP Publishing (2003).
5) A. Giguère, M. Foldeaki, B. R. Gopal, R. Chahine, T. K. Bose, A. Frydman, J. A. Barclay, *Phys. Rev. Lett.*, **83**, 2262 (1999).
6) K. A. Gschneidner, V. K. Pecharsky, E. Brück, H. G. M. Duijn, E. M. Levin, *Phys. Rev. Lett.*, **85**, 4190 (2000).
7) H. Wada, Y. Tanabe, M. Shiga, H. Sugawara, H. Sato, *J. Alloys Compd.*, **316**, 245 (2001).
8) S. Gama, A. A. Coelho, A. de Campos, A. M. G. Carvalho, F. C. G. Gandra, *Phys. Rev. Lett.*, **93**, 237202 (2004).
9) V. K. Pecharsky, K. A. Gschneidner, Jr., *J. Appl. Phys.*, **86**, 565 (1999).
10) Z. Levitin, V. V. Snegirev, A. V. Kopylov, A. S. Lagutin, A. Gerber, *J. Magn. Magn. Mater.*, **170**, 223 (1997).
11) N. T. Trung, J. C. P. Klaasse, O. Tegus, D. T. Cam Thanh, K. H. J. Buschow, E Brück, *J. Phys. D*, **43**, 015002 (2010).

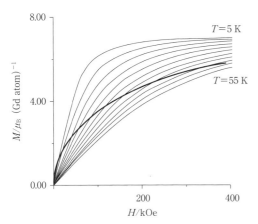

図4.2.61 $Gd_3Ga_5O_{12}$ 単結晶の断熱磁化曲線（太い実線）と計算による等温磁化曲線（細い実線）
実験は開始温度4.2 K で行われた．計算は5 K から55 K まで5 K 刻みで示されている．
[Z. Levitin, A. Gerber, *et al.*, *J. Magn. Magn. Mater.*, **170**, 225 (1997)]

4.3 磁気伝導現象の評価法

4.3.1 磁気抵抗効果測定法

a. 磁気抵抗効果・異常磁気抵抗効果・異方性磁気抵抗効果の測定法

外部磁界を掃引しながら電気抵抗測定を行うことにより磁気抵抗効果を評価できる．電気抵抗測定には，図4.3.1(a)のように電流導入端子と電圧測定端子を分けた四端子測定法を用いることで，電極抵抗・配線抵抗や接触抵抗を取り除くことができ，より正確な測定が可能となる[1]．このとき，配線がつくる曲線（ループ）の中に磁束が侵入すると誘導起電力が発生するので，配線にはツイストペア線を利用するなどの注意を要する．磁界の発生源として鉄心の入った電磁石や超伝導電磁石を用いる場合は，電磁石自体が示すヒステリシスや残留磁界に注意する必要がある．電流源には定電流電源を，電圧計にはディジタルマルチメータを用いることができる．また，これらが一体となったソースメータとよばれる装置も市販されている．ソースメータは比較的大きなオフセット電流を出力する場合があるので微小電流での測定ではオフセットを測定して補正する必要がある．試料内や電圧計との間に温度差があると熱起電力が発生し，測定に系統的な誤差を生じるので注意が必要である．電流源が比較的大きな雑音を含む場合は，電流源と試料の間に低域フィルタを挿入したり，電圧源に直列に試料抵抗より大きな抵抗を挿入したりすることにより擬似的に電流源として用いることもある．また，雑音の影響を減らすためにロックインアンプを用いた抵抗測定もよく用いられる．微小な磁気抵抗効果の測定にはブリッジ回路を用いる．市販の抵抗ブリッジを用いることにより5～6桁の精度での測定が可能になる．

通常の磁気抵抗効果の場合，抵抗値は加える磁界の大きさの二乗に比例して増大する．強磁性体の場合，磁化過程を反映した抵抗値の変化がみられる．さらに，加える磁界の方向によって抵抗値が変化するこの現象は，異方性磁気抵抗効果とよばれる[2]．異方性磁気抵抗効果を測定するためには，印加する磁界の方向を容易に変化させることができる装置を用いることが望ましい．

b. 巨大磁気抵抗効果・トンネル磁気抵抗効果の測定法

巨大磁気抵抗（GMR：giant magnetoresistance）素子やトンネル磁気抵抗（TMR：tonnel magnetoresistance）素子[2]の磁気抵抗効果の測定も原理的には前述した測定と同じであるが，これらの素子では小さな電極パッド（たとえば，100 μm角）に接触するためにワイヤボンディングを用いたり，微動機構に取り付けられた探針（プローブ）を用いたりする（図4.3.1(b)）．探針の材質としてはPt-Ir合金，Cu-Be合金，W，W-C合金などが用いられる．Pt-Ir探針の表面には酸化膜ができないので，電極パッドに酸化膜がなければ安定な接触が可能である．しかし，Auパッドなどは柔らかく傷つきやすいので，Cu-Be探針を用いるとよい．Alパッドには表面に硬いAl-Oの層ができるため，これを突き破ることのできるW探針を用いることが多い．W表面にも酸化膜ができるので，Auでコートした製品もある．パッドとしては，厚めのCuをAuでコートしたものや，Au/Cr電極などがよく用いられる（Cr層は基板との付着をよくするために挿入する）．

GMR素子への電流の流し方としては膜面内に電流を流した場合（CIP：current in plane）と，膜面垂直方向に電流を流した場合（CPP：current perpendicular to plane）に分けられる[2]．CPP測定の場合，GMR膜の膜厚はせいぜい数百nmであるので電気抵抗は小さく，そのうちの数%程度の抵抗変化を検出する必要があり，測定は容易ではない．そこで当初は超伝導電極を用いた方法が行われていたが，現在では微細加工を用いて数十nm～数百nmの断面積をもった柱状に加工する方法が主流である．一方，TMR素子の場合は，抵抗値が比較的高いので数十μm程度の大きさの素子でも容易に測定できる．しかし，それより大きくなるとバリア層のピンホールの影響で不良素子が増え，評価が難しくなる．

GMR素子・TMR素子はその内部に複数の強磁性層を含む構造をもっているが，GMR素子・TMR素子の磁気抵抗効果の測定において大事なことは，外部磁場の強度に従ってそれらの磁化の平行・反平行状態を実現することである．このため上下の強磁性層の材料や膜厚を変えたり，交換結合した反強磁性層を用いたりすることで片方の強磁性層のみを磁場に対して反転しにくくする方法が用いられる．

磁気抵抗比 MR は，隣合う強磁性層の磁化が平行配置をとるときの抵抗値 R_P と反平行配置をとるときの抵抗値 R_{AP} を用いて，以下のように表される．

$$MR = \frac{R_{AP} - R_P}{R_P} \times 100\ \% \tag{4.3.1}$$

磁場の発生法としては，電磁石を用いた方法（最大印加磁場2 T程度）や，超伝導磁石を用いた方法（最大印加磁場9 T程度）がある．従来の強磁性薄膜におけるMR測定を行う場合は前者で十分であるが，反強磁性交換結合の強い薄膜やグラニュラー構造のように飽和磁場が大きな

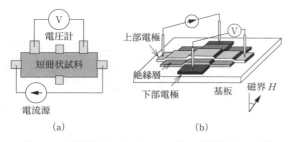

図 4.3.1　短冊状に加工したバルクまたは薄膜試料の四端子抵抗測定（試料中央の端子はホール電圧測定用端子）(a)とトンネル磁気抵抗素子の四端子抵抗測定 (b) の例

場合には後者を用いる必要がある[2]．

トンネル磁気抵抗素子における磁気抵抗の測定時に注意することの一つとして，バイアス電圧依存性があげられる．一般的にトンネル伝導の電流・電圧（I-V）特性は非線形な挙動を示す．磁化が平行の場合と反平行の場合でI-V特性が異なるために磁気抵抗効果にバイアス電圧依存性がある．バイアス依存性には電極やバリアの電子状態，電極内におけるフォノンやマグノンの励起に関する情報が含まれる．1階および2階の微分コンダクタンスのバイアス依存性を測定することにより，このような微視的な情報を得ることができる[3]．また，絶縁層を挟んだ二つの強磁性層の物質や成膜条件が異なることに由来して，正負の電圧の符号に対して非対称な電圧依存性が現れることがあるので，測定電圧はその符号を含めて測定時の重要なパラメータである．

微細加工による磁気抵抗効果の測定評価法は試料作製に時間を要するため，多数の試料の迅速な評価には適していない．この解決法としてとくにトンネル磁気抵抗膜に対して膜面内にトンネル電流を流す（CIPT：current in-plane tunneling）ことで磁気抵抗比と面積抵抗（RA：resistance area product）を微細加工なしで評価する方法が利用されている[4]．測定原理の概略図を図4.3.2(a)に示す．探針間距離が近いとき，電流はトンネル障壁を介さず上部電極のみを流れるのに対し，探針間距離が遠くなるとトンネル障壁を横切る電流が現れる．図(b)はCAPRES社により製造されたCIPT測定用探針である[5]．12本の探針のうち4本を選択し磁界を掃引しながら四端子測定により抵抗測定を行う．抵抗を探針間距離の関数としてプロットしたグラフを理論曲線でフィッティングすることにより磁気抵抗比および面積抵抗の値を知ることができる．この測定法を用いるには，上部電極および下部電極のシート抵抗をそれぞれR_TおよびR_Bとすると，$R_T/R_B > 0.1$を満たすよう，上部強磁性層の上に余分に薄膜を積層させるなどの工夫が

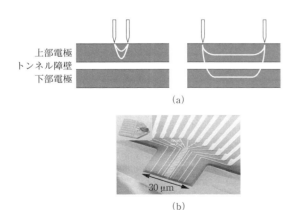

図4.3.2　CIPT測定の概略図（トンネル接合膜の断面と膜表面上に接触する探針の様子）(a)とCIPT測定用探針(b)
[L. Gammelgaard, P. R. E. Petersen, et al., Appl. Phys. Lett., **93**, 093104 (2008)]

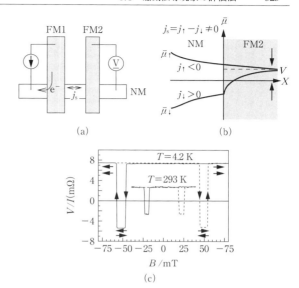

図4.3.3　非局所MR測定の概略図(a)と電気化学ポテンシャルの勾配図(b)および測定結果(c)
[F. J. Jedema, B. J. van Wees, et al., Nature, **416**, 713 (2002)]

必要である．

c. 非局所磁気抵抗効果の測定法

非局所磁気抵抗効果[6]を測定することにより，スピン注入の有無とスピン拡散長を評価することができる．図4.3.3(a)のように，2本の強磁性体細線（FM1, FM2）を非磁性体（NM）で架橋した構造を考える．NMとFM1に端子をとり電流を流すと，FM1からスピン偏極した電流がNMに注入される．FM1内では↑スピン電流が↓スピン電流より多いと仮定すると，FM1/NM界面には↑スピンが蓄積する．NM側に生じるスピンの蓄積は↑スピンと↓スピンに対する電気化学ポテンシャルの分離$\delta\bar{\mu} = \mu_\uparrow - \mu_\downarrow$として記述される（図(b)の左端）．蓄積したスピンはNM中を左右に拡散する．図中FM1とFM2に挟まれた領域における↑スピンの右方向への拡散は，同じ大きさの↓スピンの左方向への拡散を伴う．すなわち，正味の電荷の流れを伴わない純粋なスピン流j_sが発生する．このスピン流はスピン拡散長程度流れて緩和する．スピン流はFM2により吸収されるが，FM2では再び↑スピンのみがよく流れるので，FM2の電気化学ポテンシャルはNM中の↑スピンの電気化学ポテンシャルとほぼ一致する．このため，$\delta V = \delta\bar{\mu}/2e$だけの電圧がFM2に発生する（図(b)）．発生する電圧は以下の式で表される．

$$V = \frac{J}{2}\beta_{FM}^2 \frac{r_{FM} r_{NM}}{r_{FM} + r_{NM}} \exp\left[-\frac{L}{\lambda_{NM}}\right] \quad (4.3.2)$$

ここで，$\beta_{FM} = \dfrac{\sigma_{FM}^+ - \sigma_{FM}^-}{\sigma_{FM}^+ + \sigma_{FM}^-}$

$r_{FM} = \left(\dfrac{1}{\sigma_{FM}^+} + \dfrac{1}{\sigma_{FM}^-}\right)\lambda_{FM}$

$r_{NM} = \left(\dfrac{1}{\sigma_{NM}^+} + \dfrac{1}{\sigma_{NM}^-}\right)\lambda_{NM}$

ここで，J は電流密度，β_{FM} は強磁性体（FM）の電気伝導のスピン非対称度，r_{FM} と r_{NM} は，それぞれ強磁性体と非磁性体（NM）のスピン抵抗，L は強磁性電極間の距離，λ はスピン拡散長，σ^+ および σ^- は↑および↓スピンに対する電気伝導度である．

この電圧を注入電流で割ったものを非局所抵抗とよんでいる．FM1 と FM2 の形状を変えて平行・反平行状態をつくり出せば，磁化状態に応じて↑スピンか↓スピンのどちらが吸収されやすいかを制御することができる．図4.3.3(c)に非局所 MR 測定の結果を示す[7]．FM1 と FM2 の磁化が平行であれば正の抵抗をとり，反平行であれば負の値をとっていることがわかる．非局所 MR 測定は，初め非磁性体として Al を用いて観測された[7]．その後，カーボンナノチューブ，グラフェン[8,9]，Si[10] といった材料でも実験がなされ，スピン注入とスピン依存伝導が確認されている．

非局所磁気抵抗効果を測定するさいに注入するスピンと垂直な方向に磁界を印加すると，注入されたスピンが歳差運動を行う．このため非局所磁気抵抗効果は外部磁界の関数として減衰振動することが期待される．この効果をハンル効果とよび，注入された電子のスピン緩和時間の評価に用いられる[7]．

d．スピン注入磁化反転の磁気抵抗による測定

GMR 素子や TMR 素子のスピン注入磁化反転は，磁気抵抗測定により評価されることが多い．適当なバイアス磁界（通常は，ダイポールカップリングおよびオレンジピールカップリングによるヒステレシスのシフトを補正するように印加する）のもと，電流をスイープしながら電気抵抗を測定することによりスピン注入磁化反転を観測できる．電流のスイープ法としては，図4.3.4(a)のようにゆっく

りと変化する三角波を印加する場合と，短パルスの波高を変化させながら印加する場合がある[11]．後者の場合は，パルスとパルスの合間で抵抗値を測定することによりスピン注入磁化反転に要したパルス電流の大きさを評価できるのみでなく，同じ測定を異なるパルス幅を用いて繰り返すことにより反転電流のパルス幅依存性の測定が可能である．

通常，数十 μs 以上の幅のパルスを用いた場合，磁化反転は熱アシスト型となり面内磁化膜では反転時間と反転電流の間には，経験的に以下の関係があるといわれている[12]．

$$\ln\left[\frac{\tau_{\text{pulse}}}{\tau_0}\right] \approx \Delta\left(1 - \frac{I_c}{I_{c0}}\right) \quad (4.3.3)$$

ここで，τ_{pulse} はパルス幅，τ_0 はアテンプト周波数とよばれ，経験的に 1 ns が用いられることが多い．Δ は熱安定化定数（磁化反転のバリヤの高さを室温の熱エネルギーで割ったもの），I_c は与えられたパルス幅における臨界電流（反転確率＝0.5），I_{c0} は絶対零度における臨界電流である．前述したパルス測定により得た臨界電流をパルス幅の対数の関数としてプロットし，直線でフィットすると切片から熱安定化定数 Δ が，傾きから絶対零度の臨界電流 I_{c0} が求まる．

これに対して，円筒対称性をもった垂直磁化膜からなる GMR 素子や TMR 素子では，磁化が一体として運動する場合は比較的小さな電流に対して，以下の関係が成り立つことが理論的に示されている[13,14]．

$$\begin{cases} \ln\left[\dfrac{\tau_{\text{pulse}}}{\tau_0}\right] = \Delta\left(1 - \dfrac{I_c}{I_{c0}}\right)^2 \\ \tau_0^{-1} = \dfrac{2\pi\alpha}{\ln[2]}\sqrt{\dfrac{\Delta}{\pi}}\left(1 + \dfrac{I_c}{I_{c0}}\right)\left(1 - \dfrac{I_c}{I_{c0}}\right)^2 f_0 \end{cases} \quad (4.3.4)$$

ここで，α はギルバートのダンピング定数，f_0 は磁化の歳差運動の周波数である．

文　献

1) 金原粲，"薄膜"（応用物理学選書3），裳華房（1979）．
2) 井上順一郎，伊藤博介，"スピントロニクス基礎編"（現代講座磁気工学3，日本磁気学会 編），共立出版（2010）．
3) R. Matsumotoa, Y. Hamada, M. Mizuguchi, M. Shiraishi, H. Maehara, K. Tsunekawa, D. D. Djayaprawira, N. Watanabe, Y. Kurosaki, T. Nagahama, A. Fukushima, H. Kubota, S. Yuasa, Y. Suzuki, *Solid State Commun.*, **136**, 611 (2005).
4) D. C. Worledge, P. L. Trouilloud, *Appl. Phys. Lett.*, **83**, 84 (2003).
5) L. Gammelgaard, P. Bøggild, J. W. Wells, K. Handrup, Ph. Hofmann, M. B. Balslev, J. E. Hansen, P. R. Petersen, *Appl. Phys. Lett.*, **93**, 093104 (2008).
6) F. J. Jedema, A. T. Fillp, J. van Wees, *Nature*, **410**, 345 (2001).
7) F. J. Jedema, H. B. Heersche, A. T. Filip, J. J. A. Baselmans, B. J. van Wees, *Nature*, **416**, 713 (2002).
8) N. Tombros, C. Jozsa, M. Popinciuc, H. T. Jonkman, B. J. van Wees, *Nature*, **448**, 571 (2007).
9) M. Ohishi, M. Shiraishi, R. Nouchi, T. Nozaki, T. Shinjo, Y. Suzuki, *Jpn. J. Appl. Phys.*, **46**, L605 (2007).

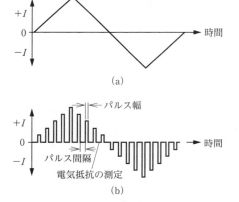

図 4.3.4 スピン注入磁化反転を測定するさいに加える電流波形
(a) 0.1 Hz 程度のゆっくりした三角波を加えて磁化反転の瞬間をとらえてそのときの電流を同定する．
(b) 波高の異なる電流パルスを次々と加える．パルスとパルスの合間に電気抵抗を測定する．

[K. Yagami, Y. Suzuki, *et al.*, *Appl. Phys. Lett.*, **85**, 5634 (2004)]

10) T. Sasaki, T. Oikawa, T. Suzuki, M. Shiraishi, Y. Suzuki, K. Tagami, *Appl. Phys. Express, Jpn. Soc. Appl. Phys.*, **2**, 053003 (2009).
11) K. Yagami, A. A. Tulapurkar, A. Fukushima, Y. Suzuki, *Appl. Phys. Lett.*, **85**, 5634 (2004).
12) J. Z. Sun, T. S. Kuan, J. A. Katine, R. H. Koch, *Proc. SPIE*, **5359**, 445 (2004).
13) Y. Suzuki, A. A. Tulapurkar, C. Chappert, "Nanomagnetism and Spintronics" (T. Shinjo, ed.), Chap. 3, Elsevier (2009).
14) T. Taniguchi, H. Imamura, *Phys. Rev. B*, **85**, 184403 (2012).

4.3.2 スピンダイナミクス評価

a. スピンの歳差運動

強磁性体に磁界を印加あるいは電流を流すと磁化のダイナミクスが誘起され強磁性共鳴・(スピン注入)磁化反転,さらには,スピントルク発振といった現象が観察される.その磁化の変化の速度は,磁化が安定点(極座標で (θ, ϕ) 方向とする)のまわりで微小な歳差運動をするさいの周波数 f_0 で特徴づけられる[1].

$$f_0 = \frac{-\gamma}{2\pi}\sqrt{H_\theta H_\phi} \quad (4.3.5)$$

ここで,γ は磁気ジャイロ定数,H_θ および H_ϕ は磁化の安定点のまわりで磁化に垂直な二つの対称性の高い方向に磁化を傾けようとするときに発生する異方性磁界の大きさであり,磁気的なエネルギー E_{mag}(ゼーマンエネルギーと磁気異方性エネルギーの和)を微分して以下のように求められる.

$$(H_\theta, H_\phi) = \frac{1}{\mu_0 m}\left(\frac{\partial^2 E_{\mathrm{mag}}}{\partial \theta^2}, \frac{1}{\sin^2\theta}\frac{\partial^2 E_{\mathrm{mag}}}{\partial \phi^2}\right) \quad (4.3.6)$$

ここで,$\mu_0 = 4\pi \times 10^{-7}\,\mathrm{F\,m^{-1}}$ は真空の透磁率,m は試料の磁気モーメントである.

また,歳差運動が緩和する時間 $t = (\Delta f)^{-1}$ は,共鳴の線幅 Δf で特徴づけられる.

$$\Delta f = -\alpha\frac{\gamma}{2\pi}(H_\theta + H_\phi) \quad (4.3.7)$$

α はギルバートのダンピング定数である.磁気ジャイロ定数 γ は磁気回転比ともよばれ,磁気モーメントと角運動量の比である.自由電子のスピンでは,ボーア磁子 μ_B と角運動量の単位であるディラック定数 $\hbar$ を用いて,次式で表される.

$$\gamma = -\frac{g_\mathrm{e}\mu_0\mu_\mathrm{B}}{\hbar} = -2.212\times 10^5\,\frac{\mathrm{rad}}{\mathrm{sec}}\frac{m}{A} \quad (4.3.8)$$

ここで,$g_\mathrm{e} = 2.0023\cdots$ は電子スピンの g 値である.たとえば,$10^5\,\mathrm{A\,m^{-1}} = 0.126\,\mathrm{T}$ の磁界のもとでは電子スピンの歳差運動の周波数が $f_0 = 3.52\,\mathrm{GHz}$ となる.Fe の g 値はたとえば 2.10 であり[2],物質によってもその環境(表面の場合など)によっても g 値は多少変化する.したがって,異方性磁界の大きさにもよるが,磁化ダイナミクスの測定には DC から数十 GHz までの帯域をもつ計測器が必要となる.ギルバートのダンピング定数は,たとえば Fe では 0.007 程度[3]であり,約 2 T の反磁界を示す薄膜試料の場合,$\Delta f = 0.45\,\mathrm{MHz}$ となる.この逆数が歳差運動の減衰時間にあたり,約 2.2 ns となる.この程度の周波数範囲では,電気的な測定が比較的容易であるためトンネル磁気抵抗素子や巨大磁気抵抗素子の高速な電気応答を直接測定することで,そのダイナミクスを調べることができる.装置が大がかりとなるが,軌道放射光を用いた X 線円二色性(XMCD)顕微鏡を用いると磁化のダイナミクスを顕微的に測定することができる[4].一方,垂直磁化をもつ強磁性体やフェリ磁性体,反強磁性体では共鳴周波数が 100 GHz を超えて THz の領域に入ることがある.この場合は,電気的な測定が困難となるので,ポンププローブ法とよばれる光による測定法が用いられる[5].

b. スピンダイナミクスの電気的測定

スピンダイナミクスの電気的な測定では,高周波磁界の印加,スピン注入,電圧パルスの印加などによりスピンのダイナミクスを誘起し,この結果生じた磁化の向きの変化を磁気抵抗効果や電磁誘導によって電気信号として検出する.

(ⅰ) **空洞共振器を用いる方法** 空洞共振器の内部の磁界強度が最大となる位置に磁性試料を置き,試料による高周波の吸収を測定することにより強磁性共鳴(FMR:ferromagnetic resonance)や常磁性共鳴(EPR:electron paramagnetic resonance)の評価を行うことができる.測定には固定周波数の高周波発振器を用い,磁界を掃引することにより共鳴スペクトルを得る.使用される周波数は通常 X バンド(およそ 9~9.5 GHz)だが g 値の詳細な測定や磁気異方性の大きな試料の測定には,Q バンド(34~36 GHz)などの異なる周波数も用いられる.掃引磁界には微弱な低周波の交流磁界が重畳され,信号に含まれる変調成分をロックインアンプによって検出する.このため,スペクトルは吸収スペクトル(帯磁率の虚部)を一階微分した分散型の波形として観察される.強磁性体の場合,その周波数から磁気異方性などの大きさが,線幅からギルバートのダンピング定数が得られる.スペクトルの磁場角度依存性を測定することにより磁気異方性の方向分散などに関する情報を得ることもできる.Q 値の高い(4000~5000 程度)空洞共振器と変調法を用いることから高感度であるという利点がある.その一方で周波数が固定されてしまうので,磁界と共鳴周波数の関係(式(4.3.5)の関係)を詳しく測定することが困難であるという欠点がある.

(ⅱ) **広帯域測定** 次に,微小磁性体や GMR・TMR などの磁気抵抗素子のスピンダイナミクスの高周波プローバーを用いた広帯域測定について述べる.図4.3.5(a)に RF(高周波)プローバーの例を示す.面内のベクトル磁場を発生できる電磁石上に試料ステージがあり,非磁性の RF プローブ(高周波探針)2個と DC プローブ(探針)2個が取り付けられている(図4.3.5(b)).その上には探針と素子の電極パッドの位置合わせのために用いる光学顕微鏡がある.図(c)を見ると,接地探針2本と信号探針1本からなる,いわゆる G-S-G(S:signal, G:ground)プローブにより素子の電極(コプレーナ線路型)に接触し,さら

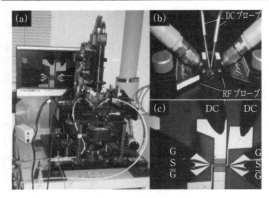

図 4.3.5 磁界印加可能な RF プローバー (a) と非磁性 RF プローブと DC プローブ (b) およびプローブ先端の拡大写真 (c) [株式会社東栄科学産業の厚意による]

表 4.3.1 各種コネクタの使用上限周波数

名 称	上限周波数 GHz	名 称	上限周波数 GHz
M 型	0.3	3.5 mm	26.5
BNC	4.0	2.92 mm	46.0
N 型	18.0	2.4 mm	50.0
SMA	18.0	1.85 mm	67.0
		1 mm	110.0

に線路の幅を絞って微小な素子に高周波を給電している様子がわかる．基板上の高周波伝送線路には，このほかにストリップラインやスロットラインが用いられる．スロットラインには S-G プローブを用いて接触する．G-S-G プローブをコプレーナ線路上（図 4.3.6）に接触するさいには，三つの針の圧力が同じになるように調整する必要がある．電極に均等に傷がつくようにプローブの傾きを調整すればよい．写真ではプローブに高周波コネクタを介して同軸ケーブルが取り付けられている．コネクタは多種あるが表 4.3.1 に示すように上限周波数が定まっているので知っておく必要がある（写真は SMA コネクタ）．ケーブルの取付けにあたっては，取付け用の袋ねじの締めすぎにより，芯線が細くなってしまうことを避けるためにトルクレンチを用いる．ケーブルの屈曲半径には制限があるので注意を要する．測定中にケーブルが動くと高周波特性が変化するので動かないように固定する．

図 4.3.6 にコプレーナ線路を用いた微小磁性体の強磁性共鳴測定用の試料の例を示す[6]．コプレーナ線路の特性インピーダンスは信号線の幅と S-G 間のギャップの比，お

よび基板材料の誘電率で決まり，高周波プローブやケーブルの特性インピーダンス（通常 50 Ω）と一致するように設計する．線路の設計には Web 上の計算サイトが使える．この例では線路を絞り込んだ先端に微小な強磁性体の試料が取りつけられている．ネットワークアナライザーを用いた高周波の振幅反射率 S_{11} の測定により微小磁性体の強磁性共鳴を観測できる．

スペクトルを正確に測定するためには，試料の測定の前に同じセットアップで校正基板とよばれる標準素子の測定を行い，ケーブルなどによる位相のずれや減衰の補正を行う．標準素子には開放端，短絡端，50 Ω の負担抵抗および透過のための電極パターンが含まれている．高周波プローブ先端までの高周波特性を校正したのち，プローブから先に接続される高周波線路と強磁性体試料を一体として DUT（device under test）とよぶ．Z_0 の特性インピーダンスをもつ線路の先端にインピーダンス Z の DUT を接続したときの S_{11} は以下のように表される．

$$S_{11} = \frac{Z-Z_0}{Z+Z_0} \tag{4.3.9}$$

ベクトルネットワークアナライザーを用いると S_{11} を位相を含めて測定できるので，式 (4.3.9) から DUT の Z を求めることができる．たとえば，短絡端をもつ線路のインピーダンス Z と高周波の線路上の波長 λ は，以下のように表される．

$$Z = (R+2\pi i f L)\frac{\lambda}{2\pi}\tan\left(2\pi\frac{l}{\lambda}\right) \tag{4.3.10}$$

$$\lambda = \frac{2\pi}{\sqrt{LC(2\pi f)^2 - 2\pi i f RC}} \tag{4.3.11}$$

ここで，L, C, R は単位長さあたりの線路のインダクタンス，キャパシタンスおよび抵抗である．f は周波数，l は線路の長さである．短絡端付近では電流，したがって磁界強度が最大となるので，線路上に強磁性体を近接させると強磁性体中に磁気共鳴が誘起され DUT にインピーダンスの変化をもたらす．

$$\Delta Z \cong 2\pi i f \frac{ld}{4w}\chi_{\phi\phi} \tag{4.3.12}$$

ここで，d, w は強磁性体の膜厚と幅である．ただし，強磁性体の幅と長さは線路の信号線の幅と長さが同じであるとした．さらに，線路は十分に短い（$l \ll \lambda$）として近似した．$\chi_{\phi\phi}$ は強磁性試料に図 4.3.6 にあるように高周波磁界を印加したときに同方向に磁化を発生する場合の帯磁率

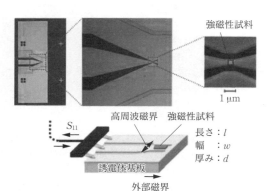

図 4.3.6 強磁性共鳴測定用のコプレーナ線路の例
線路を絞り込んだ先端に微小な強磁性体の試料が取り付けられている．

であり，以下のように表される．

$$\chi_{\phi\phi} = \frac{\gamma^2 M H_\theta}{(2\pi)^2} \frac{(f_0^2-f^2)-if\Delta f}{(f_0^2-f^2)^2+f^2(\Delta f)^2} \quad (4.3.13)$$

ここで，M は試料の飽和磁化（＝磁気モーメント÷体積），f_0 は強磁性共鳴の周波数である．したがって，S_{11} を磁界の印加条件を変えて測定し，その変化をみることにより強磁性共鳴スペクトルを得ることができる．また，信号線の幅 w を小さくすることにより測定感度が上がることがわかる[6]．

図 4.3.7 にネットワークアナライザーを用いたスピン波の発生および伝搬の測定回路の例を示す．FeCo 薄膜の上部に SiO_2 絶縁層を介して 2 個のコプレーナ型アンテナが 10 μm の間隔で取り付けられている．高周波電流を加えることによりアンテナの G-S-G の周期に対応した波長のスピン波が励起される．波数の選択性を上げるためにはアンテナを折り返して G-S-G の繰返し回数を増やすこともある[7]．S_{11} の変化を磁界あるいは周波数の関数として測定することにより，スピン波共鳴スペクトルを得ることができる．透過波 S_{21} の複素振幅は周波数に対して振動をする．振動の周期を Δf_{sw}，二つのアンテナの距離を d_{sw} とすると，スピン波の群速度が以下のように簡単に求まる．

$$v_g = \frac{d\omega}{dk} \cong d_{sw}\Delta f_{sw} \quad (4.3.14)$$

さらに，$|S_{21}|$ のアンテナ間隔依存性を測定することにより，スピン波の減衰距離を求めることができる．

線路を絞り込んだ先で信号線（S）とアース線（G）の間に GMR 素子や TMR 素子を接続すれば，スピン注入や電圧誘起の磁気ダイナミクスの測定ができる．TMR 素子のように試料が微小である場合は，厳密な高周波伝送路をつくらなくても 10 GHz 程度までの測定は可能である．しかし，クロス型の電極をもつ TMR 素子などでは，上部電極と下部電極が重なる部分の面積を小さく抑えて並列キャパシタンスを小さくする必要がある．基板が導電性の場合は，電極パッドと基板の間のキャパシタンスが問題となる．この場合，電極パッド下の SiO_2 層を厚くするなどの

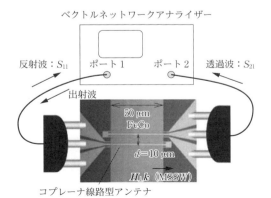

図 4.3.7 ネットワークアナライザーを用いたスピン波の発生および伝搬の測定回路の例

対応が必要となる．素子をワイヤボンディングで接続することもできるがその場合はワイヤの長さを極力短くしたり，断面積の大きなワイヤを用いるなどの工夫が必要である．それでも，バンド幅は 2〜8 GHz くらいが上限となる．周波数特性の悪い接続を含む素子の評価を行うためには，ネットワークアナライザーにより素子の高周波特性を測定して，実際に素子に入出力されている高周波電力を正しく評価する必要がある．

図 4.3.8(a) は，パルス発生器を用いてパルス電圧を試料に印加し，この結果生じた抵抗値のダイナミックな変化をオシロスコープで観察する回路である[8]．式 (4.3.7) に示したように，パルスの反射率は素子の抵抗値に依存する．よって，パルスを印加している最中に素子抵抗が変化すると反射波の振幅が変化し，オシロスコープによってその様子を実時間観察することができる．図にはパワーデバイダーを用いた例を示している．パルス発生器から出たパルスはパワーデバイダーにより分割され，一方はオシロスコープで観察され，もう一方は試料に到達する．試料で反射したパルスは再びパワーデバイダーを通り，オシロスコープで観察される．試料とパワーデバイダーをつなぐケーブルを十分に長くすると，オシロスコープに入射する二つのパルスには時間差が生じるため別々に観察することができる．図(a)下には，この方法によりスピン注入磁化反転の様子を観察した例を示す[9]．平行状態にある素子にパルスを印加し，フリー層の磁化反転を誘起後，反平行状態に落ち着くまでの信号の時間変化の例を示している（図は 2000 回の試行の平均をとったものである）．

図 4.3.8(b) には，直流バイアス電流下にある TMR 素子の磁化の運動を抵抗値の変化を介して電圧信号として取り出し，周波数スペクトルを測定する回路を示す．スペクトルアナライザーの直前に雑音指数（NF：noise figure）の小さなプリアンプを導入することにより，高感度な測定が可能である．図(b)下の測定結果例は，CoFe/Cu/NiFe から構成される GMR 素子において外部磁場を膜面内から 30° 傾けたときのスピントルク発振スペクトルであり，18 000 を超える Q 値が得られている[10]．熱による磁化の揺らぎに伴う信号など，小さな信号を測定するためにはバイアス電流の On-Off を高速で繰り返し，これに同期する信号のみをロックインアンプで検出するとよい．また，スペクトルアナライザーの代わりにオシロスコープを用いることにより，実時間のダイナミクスの測定も可能である．

図 4.3.8(c) には，TMR 素子などに高周波電流を印加したときに，生じる整流作用（スピントルクダイオード効果[11]）を利用したスピントルク磁気共鳴の測定回路を示す．高周波発振器により素子に高周波電流を流すとスピントルクが発生し，素子内の磁化が同じ周波数で振動する．この結果，素子の抵抗値も同じ周波数で振動するため，印加されている交流電流との間でホモダイン検波が生じ，直流電圧が発生する．発生する電圧は歳差運動の大きさと位相を反映するので，スピントルクダイオード効果を測定す

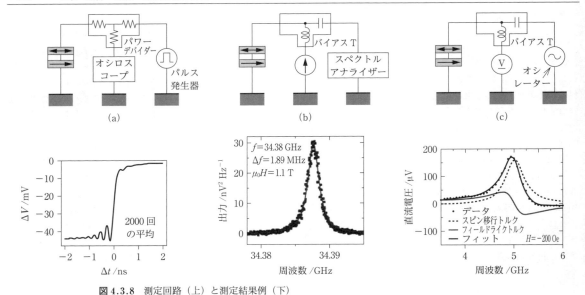

図4.3.8 測定回路(上)と測定結果例(下)
(a) スピン注入磁化反転　(b) スピントルク発振　(c) スピントルクダイオード効果

ることで,スピントルクの大きさを定量的に評価することが可能である[12,13].スピントルクダイオード測定により得られたスペクトルをベル型と分散型に分離し,式(4.3.15)でフィッティングを行えば,角運動量の保存に起因するスピン移行トルク T_{ST} および強磁性層間の交換結合のバイアス依存性に起因するフィールドライクトルク T_{FT} の大きさをバイアス依存性を含めて,それぞれ見積もることができる.

$$V_{dc} = \frac{\eta}{4} \frac{G_P - G_{AP}}{G(\theta)} \frac{V_{rf}^2}{(2\pi)^2}$$
$$\times \text{Re} \left[\frac{\sin^2\theta}{m} \frac{\gamma H_\phi \partial_V T_{FT} + i2\pi f \partial_V T_{ST}}{f^2 - f_0^2 - if\Delta f} \right.$$
$$\left. + \sin\theta \frac{\gamma H_\phi \partial_V \gamma H_{\text{eff},\theta} - i2\pi f \partial_V \gamma H_{\text{eff},\phi}}{f^2 - f_0^2 - if\Delta f} \right]$$
(4.3.15)

ここで,トルクは磁気モーメントの単位時間あたりの変化で定義されている.G_P, G_{AP}, $G(\theta)$ は,それぞれ平行状態,反平行状態および測定している状態での素子のコンダクタンス,V_{rf} は印加している高周波電圧である.θ はフリー層とピン層の磁化の相対角,∂_V は電圧による微分である.$H_{\text{eff},j}$ は,磁化に加わる有効磁場の j-方向成分である.

図4.3.8(c)下は,CoFeB/MgO/CoFeB からなる TMR 素子におけるスピントルクダイオード測定の結果例である.横軸には素子に印加した交流電流の周波数を,縦軸には素子から発生した直流電圧を示している.測定結果は,ベル型と分散型のスペクトルの和としてよくフィットできスピン移行トルクとフィールドライクトルクが共存することがわかる.

電界の印加による垂直磁気異方性の変化によって発生するトルクもスピントルクダイオード効果の原因となる.このときに見られるスペクトル型はフリー層とピン層の磁化の配置によって変化する.膜面に垂直な面内にフリー層とピン層の磁化ベクトルがある場合は,ベル型のスペクトルが観察される.一方,膜面の法線ベクトルとフリー層の磁化がつくる面と膜面の法線ベクトルとピン層の磁化がつくる面が直交する場合は,分散型のスペクトルが観察される.この関係を用いるとスピン移行トルク,フィールドライクトルク,および電界トルクの三つを分離して評価することが可能である.

c. スピンダイナミクスの XMCD 測定

軌道放射光に対してゾーンプレートを用いることにより顕微像を得ることができる.このとき,左右円偏光に対するX線の吸収像の差をとることにより磁気イメージングを行うことができる.さらに,シンクロトロンで加速されている電子(陽電子)のバンチが発生するパルス光のタイミングとスピン注入パルスや磁界パルスを与える時間との差を変化させながら測定を繰り返すことにより,磁化のダイナミクスを顕微的に観察することができる.ただし,この方法は一種のストロボ法であるため,得られる像は多数回の測定の平均となる.図4.3.9に測定系の概念図の例を示す.この例ではX線吸収像を二次元検出器で測定しているが,試料をラスタースキャンして一次元検出器で測定する場合もある.また,X線照射により発生した光電子により磁気像をつくる方法(PEEM)でも同様の実験ができる[14].

図4.3.10に面内磁化 GMR ナノピラーのスピン注入磁化反転過程の磁気ダイナミクス測定例を示す.このように比較的大きな試料では,磁化反転過程でボルテックスが侵入することが明瞭にわかる.空間分解能は 30 nm,時間分解能は 70 ps である.

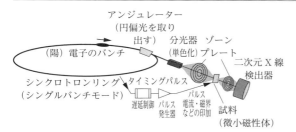

図 4.3.9 XMCD 顕微鏡による磁気ダイナミクスの測定

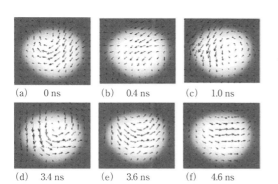

図 4.3.10 XMCD 顕微鏡による GMR ナノピラーのスピン注入磁化反転過程測定の例
フリー層は膜面内磁化をもつ $110\times180\times4~{\rm nm}^3$ の楕円形の $Co_{0.86}Fe_{0.14}$ である．反平行状態 (a) から電流パルス (10^8 A cm^{-2}) を加えることにより平行状態 (f) に至る過程を示している．試料が大きい場合，反転の途中でボルテクスが侵入することがわかる．
[J. P. Strachan, J. Stöhr, et al., Phys. Rev. Lett., **100**, 247201-1 (2008)]

d. レーザーによるスピンダイナミクス測定

磁性体の共鳴周波数が上がると測定器の時間分解能を越えてしまうため，これまでに述べたような電気的な検出方法を用いてダイナミクスを評価することが難しくなってくる．この領域ではポンプ・プローブ法とよばれる短パルスレーザーを用いる方法が優位な測定である．図 4.3.11 にフェムト秒レーザーを用いたポンプ・プローブ測定系の例を示す．この例では，フェムト秒レーザーから出たパルス光が，磁性体試料の歳差運動を誘起するポンプ光と，歳差運動を検出するプローブ光に分けられる．ポンプ光が磁性体試料に到達すると，試料が急速に加熱されることで磁化の消磁が引き起こされる．それにより試料の有効磁界に変化が生じ，磁化の安定点がずれることで歳差運動が誘起される．
一方，プローブ光によるダイナミクス測定は透過光の場合ファラデー効果を，反射光の場合は磁気カー効果を原理としている．磁性体中を直線偏光が透過するさいに偏光面が回転する現象をファラデー効果とよぶが，この回転角は物質の磁化の状態によって異なっている．遅延線によりポンプ光照射からプローブ光到達までの遅延時間を変化させながら繰り返し磁化状態を測定することで，磁化のダイナ

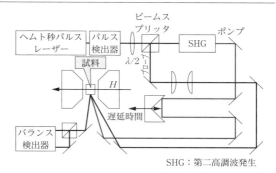

図 4.3.11 フェムト秒パルスレーザーを用いたポンプ・プローブ測定系の例
まず，ポンプ光パルスにより試料を加熱するなどして磁化のダイナミクスを誘起する．適当な遅延時間を置いてプローブ光パルスを試料に照射し，磁気光学効果による偏光状態の変化を測定する．遅延時間を変えて同じ測定を繰り返すことにより磁化状態の時間変化を得る．

ミクス測定を行うことが可能である．通常，プローブ光が磁化のダイナミクスに影響を与えないよう，プローブ光の強度はポンプ光の強度の 1/100 程度以下に抑える．このため，プローブ光は必然的に微弱な光となってしまい，検出が難しくなる．これに対して，差動フォトダイオードを用いることで検出感度を上げるなどの工夫がされている．ポンプ光で歳差運動を誘起した部分以外にプローブ光が当たってしまうと，歳差運動が誘起された部分と誘起されていない部分の平均的な磁化状態を検出してしまうことになる．これを避けるために，一般的にプローブ光のスポットサイズはポンプ光よりも小さくなるように調整されている．

図 4.3.12 には，実際のポンププローブ測定の例を示す[5]．試料としてオルソフェライト構造をもつ $DyFeO_3$ が用いられた．内部の Fe イオンはほぼ反強磁性秩序を示すが，Dzyaloshinskii-Moriya 相互作用のために，わずかに

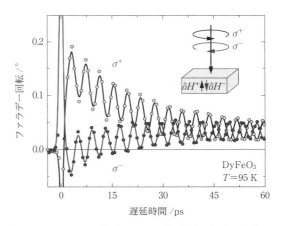

図 4.3.12 フェムト秒パルスレーザーを用いたポンププローブ測定の例
[A. V. Kimel, Th. Rasing, et al., Nature, **435**, 655 (2005)]

キャントした自発磁化を有する．この自発磁化の歳差運動を誘起することで，反強磁性体の光学モードの振動を観察している（この例においては，歳差運動の誘起には熱的ではなく逆ファラデー効果を用いており，円偏光のヘリシティーによって歳差運動の位相が制御されている）．歳差運動の周波数は 175 K では 400 GHz を超える．装置の時間分解能はレーザーのパルス幅で決定され，200 fs である．この方法は反強磁性体共鳴の実時間観測以外に，通常の方法では観測しにくい垂直磁化膜の歳差運動の観察などにも適している．

文　献

1) C. Kittle, "Introduction to the Solid State Physics, 8th Ed.", John Wiley (2005).
2) 近角聰信，"強磁性体の物理 上"（物理学選書 4），裳華房 (1978).
3) S. Mizukami, Y. Ando, T. Miyazaki, *Jpn. J. Appl. Phys.*, **40**, 580 (2001).
4) J. P. Strachan, V. Chembrolu, Y. Acremann, X. W. Yu, A. A. Tulapurkar, T. Tylisczcak, J. A. Katine, M. J. Carey, M. R. Scheinfein, H. C. Siegmann, J. Stöhr, *Phys. Rev. Lett.*, **100**, 247201-1 (2008).
5) A. V. Kimel, A. Kirilyuk, P. A. Usachev, R. V. Pisarev, A. M. Balbashov, Th. Rasing, *Nature*, **435**, 655 (2005).
6) 戸田順之，斎藤和広，太田健太，前川裕昭，水口将輝，白石誠司，鈴木義茂，*J. Magn. Soc. Jpn.*, **31**, 435 (2007).
7) V. Vlaminck, M. Bailleul, *Science*, **322**, 410 (2008).
8) H. Tomita, K. Konishi, T. Nozaki, H. Kubota, A. Fukushima, K. Yakushiji, S. Yuasa, Y. Nakatani, T. Shinjo, M. Shiraishi, Y. Suzuki, *Appl. Phys. Express*, **1**, 061303 (2008).
9) Y.-T. Cui, G. Finocchio, C. Wang, J. A. Katine, R. A. Buhrman, D. C. Ralph, *Phys. Rev. Lett.*, **104**, 097201 (2010).
10) W. H. Rippard, M. R. Pufall, S. Kaka, S. E. Russek, *Phys. Rev. B*, **70**, 100406(R) (2004).
11) A. Tulapurkar, Y. Suzuki, A. Fukushima, H. Kubota, H. Maehara, K. Tsunekawa, D. D. Djayaprawira, N. Watanabe, S. Yuasa, *Nature*, **438**, 339 (2005).
12) H. Kubota, A. Fukushima, K. yakushiji, T. Nagahama, S. Yuasa, K. Ando, H. Maehara, Y. Nagamine, K. Tsunekawa, D. D. Djayaprawira, N. Watanabe, Y. Suzuki, *Nature Physics*, **4**, 37 (2008).
13) J. C. Sankey, Y.-T. Cui, J. Z. Sun, J. A. Katine, R. A. Buhrman, D. C. Ralph, *Nature Physics*, **4**, 67 (2008).
14) K. Fukumoto, W. Kuch, J. Vogel, F. Romanens, S. Pizzini, J. Camarero, M. Bonfim, J. Kirschner, *Phys. Rev. Lett.*, **96**, 097204 (2006).

4.3.3　ホール効果測定法

a.　異常ホール効果

物質のホール効果は，磁場中で電流を流したときに電場と磁場に直交する方向に電荷の流れ（異常速度）が生じる現象である．電場と磁場に直交する方向の有効電場（ホール電場）が生じる現象といってもよい．強磁性体の場合，キャリヤに働くローレンツ力による正常ホール効果に加え，スピン軌道相互作用を起源とするまったく異なるホール効果が発現する．図 4.3.13(a) に示すように，電流と磁化に直交する方向に磁化に起因するホール電場 E_H が生じ，これを異常ホール効果とよぶ．二つの効果をまとめると，$\rho_H = E_H/J = R_0 B + R_S M$ となる．ここで，ρ_H はホール抵抗率，E_H はホール電場，J は電流密度，R_0 は正常ホール係数，R_S は異常ホール係数，B は磁束密度，M は磁化である[1]．なお，正常ホール効果は磁束密度に比例しており，多くの場合，低磁場では異常ホール効果に比べて小さい．異常ホール効果は磁性体の電子構造や磁気的状態に関する多くの情報を含むため，物性研究上重要な物理量である．さらに，磁化に比例するため，精密な磁化過程の測定に用いられることも少なくない．とくに，通常の磁化測定法では検出できないような微小磁性体や超薄膜の磁化に対しても有効であり，ナノ磁性体やナノデバイスに関する近年の研究開発において必要不可欠な手法となっている[2,3]．

異常ホール効果は，通常，図 4.3.14(a) に示すようなホールバーを作製して測定する．ホール抵抗率 ρ_H と電気抵抗率 ρ を同一の試料において求めるためである．このとき，ホール伝導率 σ_H と電気伝導率 σ ($=\rho^{-1}$) からホール角 σ_H/σ を求めることができ，ホール角が小さい場合には $\sigma_H/\sigma \sim \rho_H/\rho$ である．ホール電圧 V_H は，測定電流 I と試料の厚み d を用いて $V_H = (\rho_H/d)I$ と表される．金属系の試料では ρ_H が小さいので，試料が薄い場合に検出電圧が大きく，測定しやすい．なお，電圧計をつないでホール電圧を測定している状態では，σ_H によって一方の電圧端子に正電荷が，もう一方の電圧端子に負電荷がたまり，それらがつくる電場が σ_H の効果とつり合っている．また，

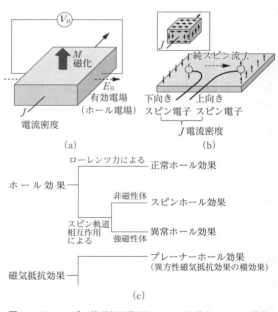

図 4.3.13　スピン軌道相互作用によって発現するホール効果
(a) 異常ホール効果　(b) スピンホール効果
(c) ホール効果と類似効果の分類

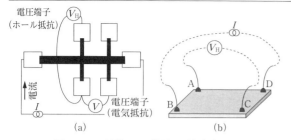

図 4.3.14 異常ホール効果の測定方法
(a) ホールバーを用いる方法
(b) 点接触電極による van der Pauw 法

面内磁化成分をもつ場合には，異常ホール効果に重畳して，プレーナーホール効果による電圧が生じることに注意しなければならない（膜面垂直に磁化を飽和させることによって消失させる）[4]．プレーナーホール効果もスピン軌道相互作用に起因する効果であるが，$E_H = R_H JM$ で表される電圧と磁化の関係をもたず，ホール効果ではない．試料面内の電流に対する磁化の角度と電圧の関係から，異方性磁気抵抗効果によって理解される現象であることがわかる．なお，混乱を避けるため図(c)にホール効果および類似効果を分類した．

バルク試料ではホールバー形状に加工することが困難であり，そのような場合には van der Pauw 法が用いられる[5,6]．薄膜試料の場合でも微細加工を省きたい場合には便利である．図 4.3.14(b) に正方形の薄い板状（薄膜状）試料を用いた場合の van der Pauw 法における電極配置を示す．$R_{AB,CD}$ などを A-B 間に電流を流したときに C-D 間に生じた電圧をはかり，それらから求めた抵抗と定義すると，電気抵抗率とホール抵抗率は，次式で与えられる．

$$\rho = (\pi d/\ln 2)((R_{AB,CD} + R_{BC,DA})/2)f \quad (4.3.16)$$
$$\rho_H = d\Delta R_{AC,BD}$$

ここで，d は試料の厚み，f は $(R_{AB,CD} - R_{BC,DA})/(R_{AB,CD} + R_{BC,DA}) = (f/\ln 2)\cosh^{-1}(\exp(\ln 2/f)/2)$ の解であり，$\Delta R_{AC,BD}$ は磁場印加による抵抗の変化量を表す．なお，正方形試料において，対称的かつ正確に点状端子が取り付けられていれば，f が満たす式の左辺はゼロになり，その結果 $f = 1$ となるはずであるが，実際には多少のずれが生じることが多い．また，van der Pauw 法は任意形状に適応可能とされているが，端子が理想的な点接触とならないことや端子位置の誤差，試料の不均一性のために高い精度での測定を行うことは容易ではない．そのため，試料をホールバー形状に加工可能な場合には，ホールバーを用いた測定が好まれる．試料が大きい場合には，試料内の温度分布による起電力（ネルンスト効果なども含む）についても気をつける必要がある．具体的な対策としては，測定時に電流反転したデータも取得し，種々の熱起電力の影響を差し引けば良い．

異常ホール効果は多くの物質において測定されており，室温での Fe や Ni の異常ホール係数はともにおおよそ 10^{-10} V cm AG^{-1} のオーダーであるが，符号は異なり Fe は正，Ni は負である[7]．ホール角にすると 0.01 程度となる．異常ホール効果のメカニズムとしては，物質の電子構造に起因する内因性のものと，不純物やフォノン散乱などによる外因性のものがある[8]．外因性メカニズムとしては，スキュー散乱が代表的なものとして知られており，ホール角は不純物濃度や温度に依存せずに一定であるとされている．一方，サイドジャンプ（side jump）とよばれるメカニズムでは，σ_H は σ に依存しないこと（$\rho_H \propto \rho^2$）が理論的に導かれている[9]．

b. スピンホール効果

スピンホール効果（SHE：spin Hall effect）[10] は，図 4.3.13(b) に示したように，非磁性体に電流（電流密度 J）を流したとき，上向きスピンと下向きスピンの電子が逆方向に散乱されて，電流と直角方向に純スピン流 J_s が生成する効果である．スピンの向きをベクトル z で表すと，電流密度ベクトル J とそれによって生成されるスピン流ベクトル J_s の関係は，$J_s = \alpha z \times J$ のように外積によって表され，α はスピンホール角である[11]．ここで，スピンホール効果と異常ホール効果の間には多くの類似性が存在するが，磁化ゼロでの物理量である α は，異常ホール効果のホール角とは定義が異なることに注意したい．異常ホール効果のホール角は，強磁性体の磁化（スピン分極）が存在する場合にのみゼロでない値をとる．また，異常ホール効果では試料の両端に電荷蓄積が生じるが，スピンホール効果によるスピン流は試料端部にスピン蓄積を生じさせる．半導体における最初のスピンホール効果の観測では，試料端部のスピン蓄積を磁気光学カー効果によって観測している[12]．なお，図(b)において，面直方向の磁化が存在するとして，その磁化に対応して伝導電子がスピン分極していると仮定してみよう．すなわち，上向きスピン電子と下向きスピン電子の数が異なるとすると，電流に直角方向の電荷の流れが生じることになり，異常ホール効果の描像に一致する．図(b)は薄い板状もしくは薄膜を想定した模式図であるため，面直方向のスピン流やスピン蓄積の空間変化は無視しているが，角柱状の試料では図(b)中の挿入図のようなスピン蓄積が生じる．

スピンホール効果の測定には種々の方法が提案されており，符号や大きさに関する系統的なデータも多く報告されている．しかし，スピン流 J_s を直接はかる方法がないために，ホール角 α を正確に定めることは容易でない．形状が良く規定された試料を用い，ホール電圧の測定値から直接的にホール角を決めることができる異常ホール効果とはかなり事情が異なる．図 4.3.15 にスピンホール効果の測定方法を例示する．図(a)はホールバーにスピン蓄積を検出するための強磁性体電極を接合した構造である．強磁性体を接合することによってスピン蓄積量を測定する原理は，面内型スピンバルブ素子において非局所スピンシグナルを検出する場合と同じであるが[11]，スピンホール効果の測定では大きな外部磁場によって強磁性体電極の磁化を面垂直方向に向けなければならない．Valenzuela らは，こ

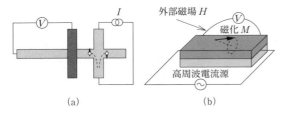

図 4.3.15 スピンホール効果の測定方法
(a) スピン注入（検出）電極を付したホールバー
(b) 強磁性／非磁性金属二層構造

のような構造の素子を用い，強磁性体電極をスピン注入源として用いることにより，Al の逆スピンホール効果（ISHE：inverse SHE）を観測した[13]．逆スピンホール効果はスピン流から電流が生成される現象であり，スピンホール効果と相反関係（逆効果）にあるため，これによっても $α$ を求めることができる（$α_{Al} \sim 0.0001$）．彼らの測定では非局所スピンシグナルやハンル効果も観測しており，スピン拡散長について信頼できる値を得ているが，強磁性電極から注入された電流のスピン分極率や Al ホールバーの電気抵抗率の定量精度は不明である．このように，スピンホール効果の測定では，スピン流が保存量でなく界面や拡散伝導中に消失するため，実験が複雑になると同時にその解析にモデル依存性や誤差が生じやすいという本質的な難しさがある．なお，大きな外部磁場を必要としない方法としては，強磁性電極に垂直磁化膜（$L1_0$-FePt）を用いた報告があり，Au 薄膜における大きな $α$ を見出している[14]．また，図4.3.15(a)の方法では，スピン拡散長がごく短い物質のスピンホール効果の観測はできないため，Kimura らによって膜面垂直方向にスピンを注入する構造が開発され，Pt の $α$ を評価するとともに，SHE と ISHE の相反性を確認している[15]．ホールバーを用いたスピンホール効果の測定では，一次元モデルによる解析は良い近似値を与えるが，精度を求める場合には三次元シミュレーションが必要であることにも留意しなければならない[16]．

図4.3.15(b)は，スピントルク強磁性共鳴（ST-FMR：spin torque-ferromagnetic resonance）とよばれる，磁化のダイナミクスを用いたスピンホール効果の評価法の模式図である[17]．このような強磁性／非磁性金属二層構造膜は，逆スピンホール効果をいち早く報告した NiFe/Pt 二層膜の実験で用いられたが，そのときには試料をマイクロ波導波管の中に置くことによって NiFe の磁化の歳差運動を得た[18]．一方，図(b)では，マイクロ波の代わりに試料に高周波電流を流すことによって強磁性体磁化の歳差運動を励起している．歳差運動の起源は，非磁性金属層を流れる電流によるエルステッド磁場と，その同じ電流がもたらすスピンホール効果によるスピン流である．スピン流は強磁性層に注入され，磁化にトルクを与える．実験と解析の詳細は文献[17]を参照されたいが，異方性磁気抵抗効果によって歳差運動が検出され，位相の違いによりエルステッド磁場による寄与とスピンホール効果による寄与を分離することができる．前者は J に比例し，後者は J_s に比例することから，$α (= J_s/J)$ を求めることができ，各層の電気抵抗率やスピン拡散長を正確に求めなくてもよいというメリットがある．ただし，二層膜の各層膜厚依存性の測定から，文献[17]のモデルでは考慮されていない効果が重畳されていることが示唆されており[19]，この方法においても慎重な解析が必要である．スピンホール角の定量化には，界面を介したスピン注入の効率や，どのようなトルクが実際に生じているかということも検討課題である．

上記の強磁性／非磁性二層構造の研究は，スピンホール効果によるスピントルクを用いているが，この種のトルク（一般的にスピン軌道トルクとよばれる）が磁気ランダムアクセスメモリなどのデバイスに利用できる可能性が示され[20〜23]，スピンホール効果関連の研究はその評価手法を含めて近年著しく進展している．コーネル大グループはスピントルク強磁性共鳴を用いて，巨大な値のスピンホール角をベータ構造の Ta および W について，それぞれ $α_{Ta} = 0.12 \sim 0.15$，$α_W = 0.3$ と報告している[21,24]．スピン軌道トルクについては，異常ホール効果の第二高調波を用いて評価する方法が提案されており[25]，通常のアンチダンピング（anti-damping）項よりもフィールドライク（field-like）項のほうが大きいことが報告されている[26]．強磁性／非磁性二層構造では，スピンホール磁気抵抗効果という効果が現れることも見出されており，磁気抵抗効果の測定という比較的簡単な方法によりスピンホール角 $α$ を推定することも可能である[27]．ただし，異方性磁気抵抗効果（AMR）などのほかの磁気抵抗効果との分離が必要であり，試料の磁化が飽和する大きさの磁場を印加し，その方向を系統的に変化させる必要がある（磁場方向に対して，AMRと異なる対称性を示す[27]）．また，$α$ の符号は求められない．

以上，スピンホール効果について，いくつかの測定・評価手法を概説し，問題点や関連事項について述べた．多くの実験結果が報告されてくる中で理解も進んでおり，大雑把には Al や Cu のようなスピン軌道相互作用の小さな物質ではスピンホール角 $α$ は小さく，一方，Pt, Au, W などの重金属ではスピン軌道相互作用が大きいことに起因して $α$ も大きいという傾向がある．電子構造に強く依存することは異常ホール効果と同様であり，電子構造計算による理論予測もなされている[28]．その結果に一致して，Ta や Mo の $α$ の符号は負である．異常ホール効果との類似性より，電気伝導率 $σ$ にも注目すべきであり，実際，大きな電気抵抗率を示す Ta や W において大きな $α$ が報告されている[21,24]．添加元素や不純物の効果も調べられており，スピンホール効果の増大を予測する理論計算と実験結果が報告されている[16,29,30]．

文　献

1) "磁性体ハンドブック"，18 章，朝倉書店（1975）．
2) N. Kikuchi, S. Okamoto, O. Kitakami, Y. Shimada, *Appl. Phys. Lett.*, **82**, 4313 (2003).

3) H. Ohno, D. Chiba, F. Matsukura, T. Omiya, E. Abe, T. Dietl, Y. Ohno, K. Ohtani, *Nature*, **408**, 944 (2000).
4) R. C. O'Handley, "Modern Magnetic Materials", John Wiley (2000).
5) L. J. van der Pauw, *Philips Res. Rep.*, **13**, 1 (1958).
6) L. J. van der Pauw, *Philips Tech. Rev.*, **20**, 220 (1958).
7) J. P. Jan, J. M. Gijsman, *Physica*, **18**, 339 (1952).
8) C. L. Chien, C. R. Westgate, eds., "The Hall Effect and its Applications", Plenum Press (1980).
9) L. Berger, *Phys. Rev. B*, **2**, 4559 (1970).
10) J. E. Hirsch, *Phys. Rev. Lett.*, **83**, 1834 (1999).
11) S. Takahashi, S. Maekawa, *J. Phys. Soc. Jpn.*, **77**, 031009 (2008).
12) Y. K. Kato, R. C. Myers, A. C. Gossard, D. D. Awschalom, *Science*, **306**, 1910 (2004).
13) S. O. Valenzuela, M. Tinkham, *Nature*, **442**, 176 (2006).
14) T. Seki, Y. Hasegawa, S. Mitani, S. Takahashi, H. Imamura, S. Maekawa, J. Nitta, K. Takanashi, *Nature Mater.*, **7**, 125 (2008).
15) T. Kimura, Y. Otani, T. Sato, S. Takahashi, S. Maekawa, *Phys. Rev. Lett.*, **98**, 156601 (2007).
16) Y. Niimi, Y. Kawanishi, D. H. Wei, C. Deranlot, H. X. Yang, M. Chshiev, T. Valet, A. Fert, Y. Otani, *Phys. Rev. Lett.*, **109**, 156602 (2012).
17) L. Liu, T. Moriyama, D. C. Ralph, R. A. Buhrman, *Phys. Rev. Lett.*, **106**, 036601 (2011).
18) E. Saitoh, M. Ueda, H. Miyajima, G. Tatara, *Appl. Phys. Lett.*, **88**, 182509 (2006).
19) K. Kondou, H. Sukegawa, S. Mitani, K. Tsukagoshi, S. Kasai, *Appl. Phys. Express*, **5**, 073002 (2012).
20) I. M. Miron, G. Gaudin, S. Auffret, B. Rodmacq, A. Schuhl, S. Pizzini, J. Vogel, P. Gambardella, *Nature Mater.*, **9**, 230 (2010).
21) L. Liu, C.-F. Pai, Y. Li, H. W. Tseng, D. C. Ralph, R. A. Buhrman, *Science*, **336**, 555 (2012).
22) K.-S. Ryu, L. Thomas, S.-H. Yang, S. Parkin, *Nature Nanotech.*, **8**, 527 (2013).
23) V. E. Demidov, S. Urazhdin, H. Ulrichs, V. Tiberkevich, A. Slavin, D. Baither, G. Schmitz, S. O. Demokritov, *Nature Mater.*, **11**, 1028 (2012).
24) C.-F. Pai, L. Liu, Y. Li, H. W. Tseng, D. C. Ralph, R. A. Buhrman, *Appl. Phys. Lett.*, **101**, 122404 (2012).
25) U. H. Pi, K. W. Kim, J. Y. Bae, S. C. Lee, Y. J. Cho, K. S. Kim, S. Seo, *Appl. Phys. Lett.*, **97**, 162507 (2010).
26) J. Kim, J. Sinha, M. Hayashi, M. Yamanouchi, S. Fukami, T. Suzuki, S. Mitani, H. Ohno, *Nature Mater.*, **12**, 240 (2013).
27) H. Nakayama, M. Althammer, Y. T. Chen, K. Uchida, Y. Kajiwara, D. Kikuchi, T. Ohtani, S. Geprags, M. Opel, S. Takahashi, R. Gross, G. E. W. Bauer, S. T. B. Goennenwein, E. Saitoh, *Phys. Rev. Lett.*, **110**, 206601 (2013).
28) T. Tanaka, H. Kontani, M. Naito, T. Naito, D. S. Hirashima, K. Yamada, J. Inoue, *Phys. Rev. B*, **77**, 165117 (2008).
29) M. Gradhand, D. V. Fedorov, P. Zahn, I. Mertig, *Phys. Rev. Lett.*, **104**, 186403 (2010).
30) B. Gu, I. Sugai, T. Ziman, G. Y. Guo, N. Nagaosa, T. Seki, K. Takanashi, S. Maekawa, *Phys. Rev. Lett.*, **105**, 216401 (2010).

4.3.4 磁気インピーダンス効果測定法

細形状の高透磁率導体の両端に電極を付け高周波電流を通電して表皮効果を生じさせると、両電極間のインピーダンスが外部磁界によって変化する現象を測定する。高透磁率磁性体は、アモルファス、パーマロイなどで、形状は、ワイヤ、リボン、薄膜などである。このうち、通電電流による励磁効率は円周方向に反磁界を生じない、円形の断面をもつワイヤが良い。本項では、円形断面をもつワイヤ形状の素子インピーダンスおよび磁気インピーダンス効果の測定法をおもに述べる。

a. 表皮効果とインピーダンス

円柱状素子のインピーダンス Z の一般式は、マクスウェルの方程式から導かれる。図4.3.16は長さ l、半径 a、導電率 σ ($=1/\rho$) の磁性円柱導体に振幅一定の交流電流 $i(t) = I_w e^{-j\omega t}$ を通電した場合の誘起電圧 V とワイヤ長さ方向の電界 E および円周方向の磁界 H_θ、磁束密度 B_θ を表す。ここで、ω ($= 2\pi f$) は通電交流の角周波数である。素子が電気的良導体の場合、$i = \sigma E$ で表される伝導電流が大きく変位電流は無視でき、また正弦波電流を仮定すると、マクスウェル方程式は、次のように表される。

$$\text{rot } \boldsymbol{H} = \sigma \boldsymbol{E}$$
$$\text{rot } \boldsymbol{E} = -\frac{d\boldsymbol{B}}{dt} \qquad (4.3.17)$$
$$\text{div } \boldsymbol{E} = 0, \quad \text{div } \boldsymbol{B} = 0$$

式(4.3.17)と $B_\theta = \mu_\theta H_\theta$ の関係を用いて、E が z 方向(ワイヤ長さ方向)成分 E_z であることから次式が導かれる。

$$\nabla^2 E_z + j\omega\mu_\theta \sigma E_z = 0 \qquad (4.3.18)$$

さらに、式(4.3.18)を $k^2 = -j\omega\mu_\theta/\sigma$ として解いた E_z により、ポインティングベクトル $\boldsymbol{S} = \boldsymbol{E} \times \boldsymbol{H}$ を計算し、それが電力に等しいとおいてインピーダンス $Z = V/I$ を求める[1]と、次になる。

$$Z = R_{dc} k a J_0(ka)/2J_1(ka) \qquad (4.3.19)$$

一般的に、通電時の電流密度が表皮部における大きさの $1/e$ に減衰する表皮深さ δ は、次式で与えられる。

$$\delta = (2\rho/\omega\mu)^{1/2} \qquad (4.3.20)$$

ここで、ρ はアモルファスワイヤなど導電材料の抵抗率で、μ は材料の透磁率である。$\mu = \mu_\theta$ および導線の半径を a とするとき、$\delta \gg a$、すなわち $\omega \ll 2\rho/(\omega\mu_\theta a^2)$ の低周波数の通電により表皮効果を生じない場合の、インピーダンスの式は式(4.3.19)より

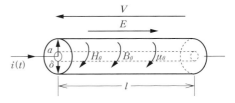

図4.3.16 交流通電時の磁性円柱導体内部の磁界と電界

$$Z = R_{dc} + j\omega L_i \qquad (4.3.21)$$

と表すことができる.これは交流電気回路で用いられるインピーダンスと同形式である.$L_i (= \mu_\theta l/8\pi)$ は内部インダクタンスとよばれている.表皮効果が生じない低周波通電では,$R_{dc} \gg \omega L_i$ となり,磁界の印加により μ_θ が変化してもそれによる $|Z|$ の変化はほとんど生じない.一方,$\delta \ll a$ となる $\omega \ll 2\tilde{n}/(\omega\mu_\theta a^2)$ の高周波通電では,$|Z| = aR_{dc}(\omega\mu_\theta/4\rho)^{1/2}$ となり,μ_θ が磁界により変化する材料では,インピーダンスが磁界に対して変化することがわかる.

b. オシロスコープによる測定法

オシロスコープを用いた磁気インピーダンス効果の測定回路を図 4.3.17 に示す.図の回路では,抵抗 R をワイヤのインピーダンスの絶対値より十分に大きく設定することにより,正弦波電圧 e_{ac} による通電電流の振幅 i_w は一定とみなすことができるため,ワイヤ両端間の電圧振幅 $e_w (= |Z| i_w)$ が,インピーダンスの大きさに比例して得られる.交流通電の周波数 f を表皮効果が生じる周波数 f^* より高くすることにより,磁気インピーダンス効果が測定できる.また,直流電流をバイアスするための直流電源 E_{dc} は,磁気インピーダンス効果の円周方向バイアス磁界依存性を調べるために必要である.

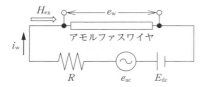

図 4.3.17 磁気インピーダンス効果測定回路

具体的には,Co-Fe-Si-B アモルファスワイヤの場合,$\rho = 130\,\mu\Omega\,\text{cm}$,$\mu = \mu_\theta$(円周方向比透磁率) $\sim 10^4$ であり,$\delta = a$ となる周波数 f^* は,124 μm 径,50 μm 径,30 mm 径に対してそれぞれ,約 10 kHz,50 kHz,150 kHz となる.また,同じ組成の 30 μm 径アモルファスワイヤでは,5 mm の長さで直流抵抗が数 Ω となり,ワイヤ電流 i_w は mA〜数十 mA の通電により端子電圧 e_w はオシロスコープで直接観測できる.磁界の印加方向はワイヤ軸方向とし,均一な外部磁界の発生は,ヘルムホルツコイル(半径 4 cm,巻数 200 turn 程度)を用いることができる.オシロスコープ端までの e_w 検出のリード線は 1 cm 以下とすると,リード線インピーダンスの影響を軽減できる.図 4.3.18 には,通電電流の周波数 $f = 10$ MHz とした場合の,30 μm ワイヤの磁気インピーダンス効果の測定例を示す.正弦波のみの通電の場合と,正弦波に加えて直流を重畳させた場合ではその特性に明らかな変化が見られる.磁気インピーダンス効果は,円周方向の BH 特性を観測することにより材料の磁気特性との関係を理解できる.

図 4.3.19 に円周方向 B-H 曲線(磁気ヒステリシス曲線)測定用の交流ブリッジ回路例を示す.$e_L (= d\Phi_\theta/dt)$ はワイヤ誘導電圧である.図 4.3.19 の交流ブリッジ回路

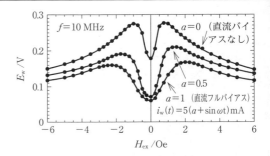

図 4.3.18 磁気インピーダンス効果
[毛利佳年雄,"磁気センサ理工学",p. 64,コロナ社(1998)]

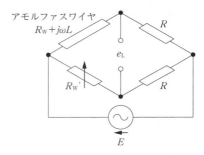

図 4.3.19 円周方向 B-H 曲線測定用交流ブリッジ回路

は可変抵抗 V_R でワイヤの電気抵抗($R_w = R_{dc} + R_h$;等価ヒステリシス抵抗)によるワイヤオーミック電圧 e_h に相当する電圧を相殺して e_L のみを得ることができる.ワイヤのインピーダンスを $R_{dc} + j\omega L$ と仮定して e_L を計算した結果が次式である.

$$e_L = \frac{R(R_w - R_w') + j\omega LR}{(R_w + R_w')(R_w - R_w')(R_w + R + j\omega L)} E \qquad (4.3.22)$$

式(4.3.22)で $R_w = R_w'$ となるように可変抵抗 V_R を調整する(e_L の波形をオシロシスコープで観測してオーミック電圧分をゼロにする)と $R_w \gg \omega L$ の場合について得られる式は次で与えられる.

$$e_L = (j\omega L/R)E \qquad (4.3.23)$$

すなわち,式(4.3.23)の e_L を積分することにより円周方向磁束 $\Phi_\theta \left(= \int e_L dt\right)$ を得ることができる.

c. インピーダンスアナライザを利用する方法

ワイヤ素子に限らず,一般的な素子のインピーダンス特性は,インピーダンスアナライザを用いて計測が可能である.素子の駆動を 100 kHz〜100 MHz の周波数領域とし,1〜10 mA の電流を素子長さ方向に通電することにより磁界によるインピーダンス変化を精度よく測定できる.アモルファスワイヤ素子に関して,HP8735e ベクトルネットワークアナライザを用いたインピーダンス計測の報告があり,素子の端子からインピーダンスアナライザのポートへの接続には専用の回路を作製している[2].

文　献

1) 毛利佳年雄, "磁気センサ理工学", p.36, コロナ社 (1998).
2) S. Sanacci, D. Malhovskiy, L. Panina, K. Mohri, *IEEE Trans. Magn.*, **38**, 3063 (2002).

4.3.5　磁気電気効果測定法

a.　一般的な測定法と注意点

物質の磁気電気（ME：magnetoelectric）効果は，1.8.4 項で述べたように，電界または磁界の一次に比例する項とそれらの高次項で表される．そのうち最も大きな線形磁気電気結合係数 α は，試料に磁界または電界を印加し，それぞれ，そのとき誘起される電気分極または磁化を測定して得られる．一般に強磁界は容易に印加可能なため，発生した電気分極を測る場合が多い．どちらの場合も直流法と交流法があり，それぞれ一長一短がある．

直流法では静磁界，または静電界に対する応答を計測するため ME 効果の符号の決定や直線性が検証しやすいが，発生する直流信号は微弱なため，高感度，高精度に測定するには工夫が必要である．図 4.3.20 は Cr_2O_3 単結晶試料に電界を印加し，誘起された磁気モーメントを SQUID を用いて高感度に測定した例である[1]．α は $\alpha = cV/mE$（c：装置の感度係数 3.5×10^{-5} emu V^{-1}，V：出力電圧，m：試料の質量，E：印加電界）と表されるが，図のように出力電圧 V が印加電界に比例して直線的に増加し，きわめて高感度に測定されていることがわかる．この測定により得られた α の温度依存性は 1.8.4 項の図 1.8.19 に示されている．試料振動型磁力計を用いて電界誘起の磁気モーメントを測定することも可能である[2,3]．この場合，試料振動棒に取り付けられた測定試料に電界を印加するための配線にきわめて細い被覆銅線を用いて試料の振動を阻害しないように工夫すること，および試料内のリーク電流はピックアップコイルに擬似信号を発生させるので試料は高い絶縁性をもっていることが要求される．誤測定を防ぐため，あらかじめダミー試料でバックグランド信号のないことを確認する必要がある．

一方，強磁界を印加したときに誘起される電気分極は，試料に電極をつけ，大きな入力インピーダンスをもつエレクトロメータを用いて発生した分極電流を積分して容易に測定できるため，漏れ電流の少ない絶縁性の高い試料に対してはこの方法がよく用いられる．また，一定磁界下での誘起分極の温度特性は，焦電電流を測定して得られる．多結晶試料に対するこれらの測定では，正しい磁気電気結合係数を測るために行う分極（ポーリング）時に結晶粒界面に電荷が蓄積し，測定中にそれが徐々に電極に移動する現象があるため磁気電気効果による真値を得るのに長時間を要する場合がある[4]．これにより間違った値を得ることもあるので注意が必要である．

交流法では，交流磁界に対して試料表面に誘起される電荷または電気分極 P（$\alpha = dP/dH$），交流電界に対しては誘起される磁化 M（$\alpha = \mu_0 dM/dE$, μ_0：真空の透磁率）を計測するため高い SN 比をもつ高感度測定が可能である．いま，直流バイアス磁界 H_0 に重畳して微小な交流磁界 h（周波数 ω）を試料に印加すると，誘起される電気分極 P による交流電圧 V は，β を二次の磁気電気結合係数，S を電極面積，C_0 を試料の電気容量，C を測定系の電気容量として，式(4.3.24)～(4.3.26) より，式(4.3.27) となる[4]．

$$H = H_0 + h\sin\omega t \quad (4.3.24)$$

$$P = \alpha H + \frac{\beta}{2} H \cdot H \quad (4.3.25)$$

$$V = \frac{PS}{C_0 + C} \quad (4.3.26)$$

$$V \propto \alpha h + \beta H_0 h \quad (4.3.27)$$

したがって，線形結合係数 α は直流磁界がないときの値として，二次の係数 β は直流磁界の存在下にて評価できる．これらの測定では，信号検出系に電磁気的な結合を介して入力の信号の大きさや周波数に依存したバックグランドが重畳する問題がある．これを解決するため，バックグランドの信号は磁化に無関係に存在することを利用して磁化を反転させた信号の差分をとる方法（交流電界印加の場合）や静電遮へいを行う方法（交流磁界印加の場合）が用いられる．

交流法は感度が高いため，線形結合係数に比べ値の小さな二次以上の高次の磁気電気係数を測定するのにも有効である．図 4.3.21(a) は $TbMn_2O_5$ 単結晶に対し，4.2 K で静磁界 H_0 に $\omega = 171$ Hz, 25 Oe の交流磁界 h を重畳させて a 軸に沿って印加し，b 軸に平行に誘起された電気分極 P に比例した電圧 V の H_0 依存を測定した例である[5]．誘起された電圧は H_0 に対して線形に変化していないが，$H_0 // a$ 軸では飽和を示す比較的大きな磁化 M をもつため，M の 2 乗に対して $V_{ME} = \int V dH$ 値をプロットするとほぼ線形（図 4.3.21(b)）となることから，P がほとんど二次の磁気電気結合係数 β 項から生じていることがわかる．

これら磁気電気効果の測定では，1.8.4 c. 項で述べた理由により反対向きの分域では α の符号が反転するため，

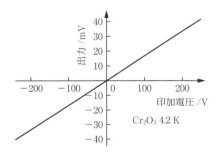

図 4.3.20　電圧印加に対する SQUID 磁力計の出力例
[E. Kita, A. Tasaki, K. Shiratori, *Jpn. J. Appl. Phys.*, **18**, 1363 (1979)]

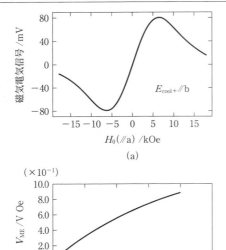

図4.3.21 交流法により測定したTbMn$_2$O$_5$単結晶の誘起電気分極に比例した磁気電気信号の静磁界H_0依存性(a)と磁化Mの2乗に対しプロットした$V_{ME} = \int VdH$ (b).

[K. Saito, K. Kohn, *J. Phys.: Condens. Mater.* **7**, 2859 (1995)]

するがαの変化はこれによく対応している.このようにdE/dHは磁気および電気応答相の厚さや体積比およびバイアス磁界,電界の大きさと測定周波数に大きく依存することに注意が必要である.

誘起されたひずみの大きさに強く依存することを利用すると,比較的小さな結合係数を求めることもできる.これは共鳴法とよばれ,重畳する交流電界または交流磁界の周波数を効率の良いひずみの誘起・伝達が行われる圧電相の電気機械結合共振周波数や強磁性相の強磁性共鳴周波数に合わせることにより,次式の磁界印加による誘起電圧Vの例のように,結合係数αが機械的質係数Q倍に増幅された値として測定できる.

$$V = \frac{2dQh}{a\pi}\alpha \tag{4.3.28}$$

ここで,dは電極間距離,hは交流磁界の大きさ,aは交流減磁界の影響係数である.この増幅を巨大な磁気電気結合係数の発現に利用する研究も行われている[11,12].

複合系では,測定試料に関しても,再現性の良い結果を得るために,材料は① ひずみの伝達に不可欠な各相間の密接な機械的接合がとれているか,② 大きな圧電効果発現に必要な分極処理ができる高い抵抗をもつか,などに注意を払う必要がある.同じ相の組合せでも,二つの相の間の熱膨張係数の不整合による界面でのマイクロクラック発生や低抵抗なフェライト相の生成および低ポロシティ,異相が原因でαが低下することが報告されている.

正しい磁気電気結合係数を評価するには試料の分域を一つにそろえておく必要がある.とくに,反強磁性体では磁界のみで磁区をそろえることができないので,ネール温度以上の温度から,磁界と電界をともに印加しながら冷却する方法(電界磁界中冷却)が用いられる[6,7].これにより単一磁区が得られる.

b. 複合材料における測定

強磁性体など大きなピエゾ磁気または磁歪を示す材料(磁気応答相)と,強誘電体に代表される大きな圧電性または電歪を示す材料(電気応答相)を組み合わせた材料では,種々の物質の幅広い組合せが可能であり,それぞれ独立に室温での電気,磁気特性を最適化できる特徴を生かし,単相材料に比べて大きな磁気電気効果を発現できることが知られている.この材料における磁気電気結合は,たとえば,磁界-ひずみ(磁気応答相)→応力(電気応答相)-電界のように,ひずみという空間的変位を介して生じるため,磁歪の磁界依存性または圧電ひずみなどの電界依存性に強く依存した特性を示す[8].すなわち,磁界印加による磁気電気結合係数の測定では,一般に,交流磁界に対する磁歪が最大を示す磁界で結合係数は最大となり,磁歪が飽和する磁界領域では結合係数はほぼゼロとなる[9,10].実際にそのようになることが1.8.4 e.項の図1.8.27に示されたNiFe$_2$O$_4$-Pb(Zr,Ti)O$_3$複合体における線形結合係数αの静磁界依存性の例で理解できる.磁界変化に対し磁歪は200 Oe付近で最も大きく増加し,1000 Oe以上では飽和

文 献

1) E. Kita, A. Tasaki, K. Shiratori, *Jpn. J. Appl. Phys.*, **18**, 1361 (1979).
2) K. Ban, M. Gomi, T. Shundo, N. Nishimura, *IEEE Trans. Magn.*, **41**, 2793 (2005).
3) M. Gomi, N. Nishimura, T. Yokota, *J. Appl. Phys.*, **101**, 09M109 (2007).
4) M. M. Kumar, A. Srinivas, S. V. Suryanarayana, G. S. Kumar, T. Bhimasankaram, *Bull. Mater. Sci.*, **21**, 251 (1998).
5) K. Saito, K. Kohn, *J. Phys.: Condens. Mater*, **7**, 2855 (1995).
6) T. J. Martin, *Phys. Lett.*, **17**, 83 (1965).
7) T. J. Martin, J. C. Anderson, *IEEE Trans. Magn.*, **MAG-2**, 446 (1966).
8) 五味 学,まぐね,**4**, 172 (2009).
9) G. Srinivasan, E. T. Rasmussen, J. Gallegos, R. Srinivasan, *Phys. Rev. B*, **64**, 214408 (2001).
10) G. Srinivasan, E. T. Rasmussen, B. J. Levin, R. Hayes, *Phys. Rev. B*, **65**, 134402 (2002).
11) U. Laletsin, N. Paddubnaya, G. Srinivasan, C. P. Devreugd, *Appl. Phys. A*, **78**, 33 (2004).
12) M. I. Bichurin, D. A. Filippov, V. M. Petrov, V. M. Laletsin, N. Paddubnaya, G. Srinivasan, *Phys. Rev. B*, **68**, 132408 (2003).

4.4 磁気光学現象の測定法[1,2)]

4.4.1 ファラデー効果とカー効果の測定

1.8.1項に述べたように、ファラデー効果は透過光に対する磁気光学効果、磁気光学カー効果は反射光に対する磁気光学効果である。両者は、透過か反射かが違うだけで、直線偏光を入射したとき、透過光または反射光（一般には楕円偏光になっている）の主軸の回転角と楕円率角を測定する点はいずれも同じである。

a. 回転角のみの評価法

（i）クロスニコル法 最も簡単に磁気光学効果の回転角を評価する方法はクロスニコル法とよばれる方法である。すなわち、図4.4.1(a)に示すように偏光子と検光子を直交させておき、この間に試料をおき、光の進行方向に磁化する。光検出器に現れる出力Iは、ファラデー回転をθ_Fとして、次式で表される。

$$I = I_0 \cos^2(\theta_P + \theta_F - \theta_A) \tag{4.4.1}$$

ここで、θ_P, θ_A はそれぞれ偏光子と検光子の透過方向の角度を表している。直交条件では、$\theta_P - \theta_A = \pi/2$ となるので、この式は、次式となる。

$$I = I_0 \sin^2 \theta_F = \frac{I_0}{2}(1 - \cos 2\theta_F) \tag{4.4.2}$$

θ_F が磁界 H に比例するとき、I を H に対してプロットすると図4.4.1(b)のようになる。θ_F が180°の整数倍のとき I は0になるはずであるが、実際には、楕円偏光性のために図のように右上がりの曲線となる。この方法は手軽であるが、回転角を精度よく評価する目的には適していない。このため、以下に述べるようなさまざまの変調法が考案されている。

（ii）振動偏光子法 図4.4.2のように偏光子と検光子を直交させておき、偏光子を図のように

$$\theta = \theta_0 \sin pt \tag{4.4.3}$$

で表される小さな角度θ_0の振幅で角周波数pで振動させると、信号出力I_Dは、次式となる。

$$\begin{aligned}I_D &\propto I_0 \sin^2(\theta + \theta_F) = \frac{I_0}{2}\{1 - \cos 2(\theta + \theta_F)\} \\ &= I_0 \frac{1 - J_0(2\theta_0)\cos 2\theta_F}{2} \\ &\quad - I_0 J_2(2\theta_0)\cos 2\theta_F \cdot \cos 2pt \\ &\quad - I_0 J_1(2\theta_0)\sin 2\theta_F \cdot \sin pt\end{aligned} \tag{4.4.4}$$

ここで、$J_n(x)$ は n 次のベッセル関数である。θ_F が小さければ、角周波数 p の成分が光強度 I_0 および θ_F に比例し、角周波数 $2p$ の成分はほぼ光強度 I_0 に比例するので、この比をとれば θ_F を測定できる。

（iii）回転検光子法 図4.4.3に示すように、検光子が角周波数 p で回転するならば、$\theta_A = pt$ と書けるので、検出器出力 I_D は、次式で表される。

$$\begin{aligned}I_D &= I_0 \cos^2(\theta_F - \theta_A) \\ &= \frac{I_0}{2}\{1 + \cos 2(\theta_F - pt)\}\end{aligned} \tag{4.4.5}$$

よって、角周波数 $2p$ の成分の位相のずれを位相検出型のロックインアンプによって測定すれば、θ_F が求められる。フーリエ変換によって位相を求めることもできる。

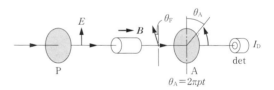

図4.4.3 回転検光子法

（iv）ファラデーセル法 図4.4.4に示すように、ファラデーセルを用いて直線偏光に

$$\theta = \theta_0 + \Delta\theta \sin pt \tag{4.4.6}$$

だけの回転を与える。ここで、θ_0 は直流成分、$\Delta\theta$ は角周波数 p の交流成分の振幅である。このとき検出器出力 I_D は次式となり、p 成分の強度は $\sin(\theta_0 - \theta_F)$ に比例する。

$$\begin{aligned}I_D &= I_0 \sin^2(\theta_0 - \theta_F + \Delta\theta \sin pt) \\ &= \frac{I_0}{2}\{1 - \cos 2(\theta_0 - \theta_F + \Delta\theta \sin pt)\} \\ &= \frac{I_0}{2}\{1 - \cos 2(\theta_0 - \theta_F)\cos(2\Delta\theta \sin pt) \\ &\quad + \sin 2(\theta_0 - \theta_F)\sin(2\Delta\theta \sin pt)\} \\ &\approx \frac{I_0}{2}\{1 - \cos 2(\theta_0 - \theta_F) J_0(2\Delta\theta)\} \\ &\quad + I_0 \sin 2(\theta_0 - \theta_F) J_1(2\Delta\theta)\sin pt \\ &\quad - I_0 \cos 2(\theta_0 - \theta_F) J_2(2\Delta\theta)\cos 2pt\end{aligned} \tag{4.4.7}$$

もし、p 成分を0にするように（$\theta_0 = \theta_F$ となるように）ファラデーセルに流す電流の直流成分にフィードバックすると、この直流成分は回転角に比例する。この方法は、零位法なので精度の高い測定ができるという利点をもつが、

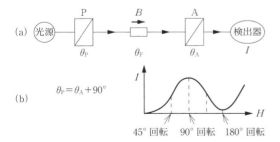

図4.4.1 クロスニコル法

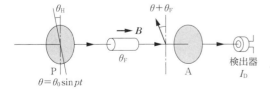

図4.4.2 振動偏光子法

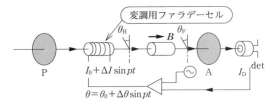

図 4.4.4 ファラデーセル法

コイルに流す直流電流による発熱によって，変調振幅がドリフトすること，試料に加える磁界をファラデーセルが感じること，ヴェルデ定数の波長依存性のため長波長域のスペクトルの測定が難しいことなどの欠点もある．

b. 楕円率の評価法

a. 項に記した方法で楕円率を評価するためには，4分の1波長板（λ/4 板と略称）を用いて楕円率角を回転に変換して測定する．以下にその原理について述べる．図 4.4.5 に示すように，楕円率角 η/rad の楕円偏光が入射したとすると，その電気ベクトルは $\boldsymbol{E} = E_0(\cos\eta\boldsymbol{i} + i\sin\eta\boldsymbol{j})$ で表される．ここで，$\boldsymbol{i}, \boldsymbol{j}$ はそれぞれ x, y 方向の単位ベクトルである x 方向に光軸をもつ λ/4 板を通すと，y 方向の位相は 90° 遅れるので，出射光の電界は次式となるが，これは，x 軸から η/rad 傾いた直線偏光を表している．

$$\boldsymbol{E}' = E_0\left(\cos\eta\boldsymbol{i} + i\exp\left(-\frac{i\pi}{2}\right)\sin\eta\boldsymbol{j}\right)$$
$$= E_0(\cos\eta\boldsymbol{i} + \sin\eta\boldsymbol{j}) \tag{4.4.8}$$

したがって，入射楕円偏光の長軸の方向に λ/4 板の光軸を合わせれば，a. 項に述べたいずれかの回転角を測定する方法で楕円率角を測定できる．λ/4 板は，通常，結晶の屈折率の異方性を用いているので，原則として波長ごとに変える必要であるが，最近では，屈折率の分散を利用したアクロマティックな（波長に依存しない）λ/4 板も市販されている．

広い波長範囲で楕円率を測定するには，バビネソレイユ板とよばれる光学素子がある．これはくさび形の複屈折素子を 2 個使い，光路長をネジマイクロメータで調整することによって，位相差の調整ができるので，波長に合わせて，順次マイクロメータを調整すれば，広い波長範囲を追跡できる．

しかし，楕円率を評価するのに最も適しているのは，下

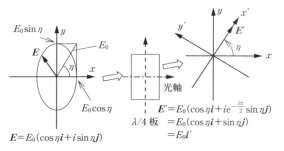

図 4.4.5 4 分の 1 波長板を用いた楕円率の測定

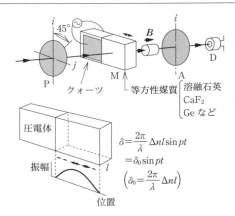

図 4.4.6 光学遅延変調法

記の方法である．

c. 光学遅延変調法：回転角，楕円率角の同時測定[3,4]

図 4.4.6 のように，偏光子のすぐ後にピエゾ光学変調器（商品名 PEM：光弾性変調器）を置き，光学遅延（リターデーション）を変調する．偏光子の偏光角は PEM の光学軸と 45° になるように，また検光子の角度は光学軸と平行になるようにセットする．変調器による光学遅延 δ が $\delta = \delta_0 \sin pt$ となるならば，光検出器の出力 I_D は次式となり，p 成分が楕円率に，$2p$ 成分が回転角に比例する．

$$I_D = \frac{I_0}{2}\{1 + 2\eta_K \sin(\delta_0 \sin pt) - \sin 2\theta_K \cos(\delta_0 \sin pt)\}$$
$$\approx \frac{I_0}{2}\{1 - 2\theta_K J_0(\delta_0)\} + I_0 \cdot 2\eta_K J_1(\delta_0)\sin pt$$
$$- I_0 \cdot 2\theta_K J_2(\delta_0)\cos 2pt \tag{4.4.9}$$

変調器による複屈折の変調振幅を Δn とすると，$\delta_0 = 2\pi\Delta n l/\lambda$ であるから，もし Δn が一定であれば，δ_0 は波長依存性をもち，したがって，上式の $J_1(\delta_0)$, $J_2(\delta_0)$ は波長依存性をもってしまう．しかし，PEM では，複屈折の変調振幅 Δn を外部から電圧制御できるので，0.2〜2 μm の広範囲にわたって，リターデーションの変調振幅 δ_0 を一定に保つことができる．

この方法は，一つのセッティングによって回転角と楕円率の両者のスペクトルを広い波長範囲で測定できるので便利な方法である．

d. ファラデー効果と電磁石

ファラデー効果を測定するには，磁界と光の進行方向が平行になるよう配置する．これをファラデー配置という．磁束密度が数十 mT 以下の弱い磁界であれば空心ソレノイドを用いることができるが，100 mT〜2 T の磁界を必要とする場合，磁極を貫通する孔をもった鉄心の電磁石を用いる．さらに，強い磁界（1〜10 T）が必要なときには超伝導電磁石を用いる．数十 T の強磁界についてはパルス電磁石が用いられる．

e. 磁気光学カー効果の光学素子の配置

（i）極カー効果 極カー効果は垂直入射の反射についての磁気光学効果である．この測定のための最も簡便な方法は，図4.4.7(a)に示すようにハーフミラーを用いる方法である．この方法は，入射光と反射光が同一軸上にあるので，磁極にあける孔は小さくてすむという利点をもつ．しかし，ハーフミラーを使って光を曲げるため，使用波長領域に制限があること，斜め反射されてくる光の偏光性が乱れるため，限られた波長領域でしか用いることができないなどの欠点がある．Crの蒸着ミラーを用いた場合，回転角の誤差を5%以内に抑えるには，波長範囲を400〜800 nmに限らなければならない．He-Neレーザーの波長では，ハーフミラーを使用することによる誤差は1%以下である．

広い波長範囲にわたってカー効果を正確に測定するには，偏光子—変調器—試料—検光子の間の光路には，レンズ，ミラーなどの光学素子はいっさい挿入しないようにしなければならない．しかし，これを守ろうとすると，どうしても図4.4.7(b)に示すように，斜め入射の配置をとる必要がある．このことによる誤差は，斜め入射の場合の極カー効果を表す式(4.4.10)がどの程度垂直入射の式に近いかで評価できる．

$$\tan \Phi_K = \frac{r_{sp}}{r_{pp}}$$

$$= \frac{\varepsilon_{xy}\cos\phi_0}{\sqrt{\varepsilon_{xx}}(\cos\phi_0+\sqrt{\varepsilon_{xx}}\cos\phi_2)(\cos\phi_2-\sqrt{\varepsilon_{xx}}\cos\phi_0)}$$

$$= \frac{\varepsilon_{xy}}{\sqrt{\varepsilon_{xx}}(1+\sqrt{\varepsilon_{xx}}\cos\phi_2/\cos\phi_0)(1-\sqrt{\varepsilon_{xx}}\cos\phi_0/\cos\phi_2)\cos\phi_2} \quad (4.4.10)$$

例として，磁性体の屈折率を2.5とすると，入射角ϕ_0を6°,8°,10°,12°と変えたとき$\cos\phi_0$は0.9945, 0.9902, 0.9848, 0.9781, $\cos\phi_2=$0.9991, 0.9984, 0.9976, 0.9965 となり，$\cos\phi_2/\cos\phi_0$はそれぞれ1.005, 1.008, 1.013, 1.019となりこれを$1+\Delta$とおくと，式(4.4.10)は次式と書くことができる．

$$\tan \Phi_K \approx \frac{\varepsilon_{xy}}{\sqrt{\varepsilon_{xx}}(1-\varepsilon_{xx}+2\sqrt{\varepsilon_{xx}}\Delta)\cos\phi_2}$$

$$\approx \frac{\varepsilon_{xy}}{\sqrt{\varepsilon_{xx}}(1-\varepsilon_{xx})(1+2\sqrt{\varepsilon_{xx}}\Delta/(1-\varepsilon_{xx}))\cos\phi_2} \quad (4.4.11)$$

誘電率を10としたとき，入射角ϕ_0を6°,8°,10°,12°に対し計算すると，それぞれ0.59%, 0.39%, 0.67%, 0.97%の誤差で垂直入射とみなせることがわかる．実用上，入射角10°程度ならば1%以下の誤差で垂直入射とみなすことができる．

（ii）縦カー効果 図4.4.8には，縦カー効果の測定のための斜め入射磁気光学スペクトル測定用の配置が示されている．縦カー効果は，磁性体が面内磁化をもつ場合に適しているので，多くの磁性体薄膜の表面の磁化評価法としてよく用いられる．とくに，高真空の成膜装置において in situ で磁化を観察する手段として用いられる．これを表面磁気光学カー効果（SMOKE：surface magneto-optical Kerr effect）と称する．

また，磁気ヘッドなどの磁化の状態を観測するための顕微鏡にも縦カー効果が用いられている．

f. スペクトルの測定[5]

図4.4.9に，磁気光学スペクトル測定系の模式図を示す．システムは，光源，分光器，偏光子，電磁石，クライオスタット，検光子，検出器から構成される．

光源としては，可視〜赤外領域（400〜2000 nm）にはハ

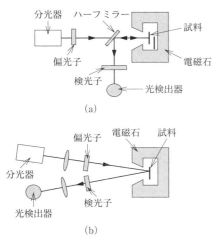

図4.4.7 極カー効果測定配置図
(a) ハーフミラーを使う配置
(b) 近似的な垂直入射の配置

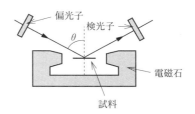

図4.4.8 縦カー効果測定系

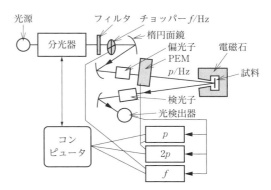

図4.4.9 磁気光学スペクトルの測定系模式図

ロゲンランプ，近紫外～可視～近赤外（200～1000 nm）には，キセノンランプを用いることができる．ハロゲンランプはスペクトル分布が平坦で，かつ，時間的に変動が少ないので分光測定に適しているが，短波長の強度が弱いのが欠点である．キセノンランプは，波長200 nm くらいの短波長でも十分な強度がとれるが，赤外部には輝線があるので，細かい測定をする場合，注意が必要である．キセノンランプには，オゾンレスという紫外光を出さないような窓材を用いたタイプと，広帯域用として売られている溶融石英窓を使ったものがあるので，注意が必要である．200 nm より短波長の測定には重水素ランプが使用される．このランプはたいへん強度が弱いが，可視光の出力がほとんどないので，キセノンランプと違って，次に述べるような迷光の心配はない．

分光器は，測定する目的が高分解能を必要とする特殊な場合（たとえば，不純物として添加された希土類や遷移元素における多重項間の遷移の磁気光学効果）を除いて，分解能よりも明るさに重点をおいて選ぶ必要がある．焦点距離 25 cm 程度で，F ナンバーが 3～4 のものが望ましい．また，キセノンランプを光源として紫外領域の測定を行う場合，シングルモノクロメータでは迷光の可視光が強いため，誤った測定結果をもたらす心配がある．バンドパスフィルタを注意深く選択するか，ダブルモノクロメータを使用することをお勧めする．また，回折格子のブレーズ波長より短波長側では，回折能率が急落しているので測定に注意が必要である．紫外光の出る光源に長時間さらされると回折格子，ミラーなどが劣化するので注意が必要である．

集光に用いる光学系は，測定波長範囲が狭いとき（たとえば，可視光領域 400～800 nm）はレンズで十分である．しかし，近紫外から近赤外に及ぶ広い波長範囲（たとえば，200～1000 nm）では色収差が大きく，焦点位置のずれは 1 cm 以上に達する．このような場合には楕円面鏡を用いるとよい．楕円面鏡は色収差がなく，像のゆがみも少ないという利点をもつが，高価であることが欠点である．また，きちんと調整しないと十分な性能を発揮しない．さらに，表面コーティング（通常，フッ化マグネシウム）の厚みを正確に制御しないと，反射率が悪くなることがある．

偏光子の選択は，磁気光学効果の測定においては重要である．ポラロイド板などの二色性偏光子は，安価であること，狭い場所に挿入できることなどの利点があるが，消光比がせいぜい 1/100 程度なので，精密な測定には不向きである．また，使用できる波長範囲は異方性吸収帯の存在域に限られるためかなり狭い．

高い消光比を得るには，方位の異なるプリズム型の二つの複屈折結晶を貼り合わせた偏光子を用いる．古くから知られているのはニコルプリズムとよばれるものであるが，現在はあまり使われない．近紫外―可視―赤外領域（300～2000 nm）で最もよく用いられるのは，方解石のグラントムソンプリズムである．この偏光子は，単像（一方の偏光のみ透過）で，視野角も比較的大きいため使いやすい．しかし，均質で大きな方解石の入手が困難なため，口径の大きなものは高価である．

250 nm より短波長では，方解石に含まれる不純物のために光が通らない．このため，石英やフッ化マグネシウムを用いたロションプリズムが使用される．この偏光子は複像であり，常光線と異常光線の分離角がかなり小さく，不要な偏光を取り除くためのスリットなどが必要である．

光検出器は，紫外から近赤外までの範囲で，光電子増倍管（PMT：photomultiplier tube）が用いられる．分光感度特性がなるべく広いものが望ましい．親和力を下げた半導体（GaAs, GaInAs など）を光陰極として有する PMT がとくに広い波長特性をもつ．現在では 1.8 μm の赤外線まで使える PMT が市販されている．PMT の場合，光陰極と陽極の間にかける電圧を増減することによって感度を制御できるので，変調法の測定では，DC 成分が一定になるようにフィードバックをかけて用いると，信頼性のある磁気光学信号が得られることが知られている．赤外領域に関しては，半導体のフォトダイオードが用いられるが，PMT に比べ有効なフィードバック方法がないため，光源の明るさを制御するなどの方法がとられることもある．フォトダイオードとしては，Si, Ge, InSb, CdHgTe などが用いられている．

g. 絶対値の校正法

ファラデーセル法のような零位法による測定の場合には，フィードバックして 0 にするのに必要な電流とファラデーセルの回転角との関係をあらかじめ校正しておく必要がある．

光学遅延変調法の場合，回転角の校正には，試料の代わりに鏡を置き，検光子を 45° 回転して通常と同様に測定し，係数などのパラメータを決定する方法[4]や，検光子をわずかな角度回転したときの信号の変化をあらかじめ調べておき，それとの比較から決めるという方法が用いられる[5]．また，楕円率の校正には，適当な厚みのサファイア板を使う．波長を変えた測定を行った場合，光学遅延が ±90° のときに信号が正負のピークをもつことから，その包絡線関数を校正に用いることができる[6]．

h. 磁気光学スペクトルから誘電率テンソルの非対角成分を求める方法[6]

本項では，g. 項の測定によって磁気旋光角 θ と磁気楕円率角 η（または，磁気円二色性）が得られた場合に，誘電率テンソル（または，導電率テンソル）の非対角成分のスペクトルを計算する方法について述べる．

巨視的にみた場合，磁気光学効果は誘電率テンソル（または，導電率テンソル）の非対角成分に由来するが，1.8.1 項の式(1.8.12)（ファラデー効果）および式(1.8.13)（カー効果）に示すように，複素旋光角 Φ は誘電率テンソルの非対角成分 ε_{xy} だけでなく，対角成分 ε_{xx} にも依存する．

したがって，誘電率テンソルによる解析のためには，何

らかの方法で光学定数 n, κ または，誘電率の対角成分 ε_{xx} の実数部および虚数部のスペクトルが必要である．

光学定数 n, κ のスペクトルを直接求める方法としては，分光エリプソメトリーという方法がある．エリプソメトリーというのは，斜め入射での反射時に，p偏光とs偏光が受ける光学的応答の違いを利用して，物質の光学定数を求める方法で，偏光解析ともよばれる．ある物質のp偏光に対するフレネル係数を r_p，s偏光に対するそれを r_s とすると，$r_\mathrm{p}/r_\mathrm{s}=\rho\exp i\Delta=\tan\Psi\exp i\Delta$ と書けるが，エリプソメトリー装置で直接測定できるのはこの Ψ と Δ である．入射角がわかるとこれらの値から計算によって光学定数を求めることができる．分光エリプソメトリーは，この操作を波長を変えて行うものである．

市販の分光エリプソメータのカバーする領域は 800 nm（近赤外）〜300 nm（近紫外）の狭い波長範囲である．これより広い波長範囲で光学定数を求めるためによく用いられるのが，反射スペクトルのクラマース-クローニッヒ解析から求める方法である．この方法は，測定した反射スペクトル $R(\omega)$ に適当な外挿を行って，次のクラマース-クローニッヒの関係式を用いて反射時の位相変化（移相量）$\Delta\theta(\omega)$ を求め，$R(\omega)$ と $\Delta\theta(\omega)$ から $n(\omega), \kappa(\omega)$ を計算する．

$$\Delta\theta(\omega)=\frac{\omega}{\pi}\wp\int_0^\infty \frac{\ln R(\omega')}{\omega'^2-\omega^2}\,d\omega' \quad (4.4.12)$$

実際に測定されるエネルギー範囲は有限であるから，それ以上のエネルギーの範囲については外挿を行う．このパラメータを適当に調節して分光エリプソメータの実験値を再現するようにするとよい．反射率，位相と $n(\omega), \kappa(\omega)$ の関係は次式で与えられる．

$$n(\omega)=\frac{1-R(\omega)}{1+R(\omega)+2\sqrt{R(\omega)}\cos\Delta\theta(\omega)}$$
$$\kappa(\omega)=\frac{2\sqrt{R(\omega)}\sin\theta}{1+R(\omega)+2\sqrt{R(\omega)}\cos\Delta\theta(\omega)} \quad (4.4.13)$$

このようにして求めた $n(\omega), \kappa(\omega)$ を用いて，磁気旋光角 θ および楕円率角 η から ε_{xy} が計算できる．ファラデー効果の場合，式 (4.4.14)，極カー効果の場合，式 (4.4.15) によって計算できる．

$$\varepsilon'_{xy}=-\frac{2c}{\omega l}(\kappa\theta_\mathrm{F}+n\eta_\mathrm{F})$$
$$\varepsilon''_{xy}=\frac{2c}{\omega l}(n\theta_\mathrm{F}-\kappa\eta_\mathrm{F}) \quad (4.4.14)$$

$$\varepsilon'_{xy}=n(1-n^2+3\kappa^2)\theta_\mathrm{K}-\kappa(1-3n^2+\kappa^2)\eta_\mathrm{K}$$
$$\varepsilon''_{xy}=\kappa(1-3n^2+\kappa^2)\theta_\mathrm{K}+n(1-n^2+3\kappa^2)\eta_\mathrm{K} \quad (4.4.15)$$

4.4.2 コットン-ムートン効果の測定[7]

1.8.1項で述べたように，コットン-ムートン効果は，光の進行方向と磁界（磁化）の方向が垂直である場合の磁気光学効果である．この効果は，光学遅延として現れる．

図 4.4.10 は，光弾性変調器（PEM）を用いた磁気複屈折の測定装置である．この測定装置は，基本的には 4.4.1 c.項で述べた光学遅延変調法によるファラデー効果，磁気

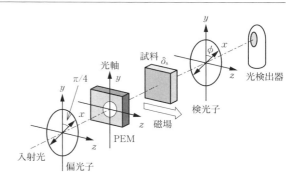

図 4.4.10 コットン-ムートン効果測定系

光学カー効果の測定法と同じである．偏光子の偏光角は PEM の光学軸と 45° になるように配置する．違う点は，ファラデー効果の場合，検光子の角度は光学軸と平行になるようにセットしたのに対し，コットン-ムートン効果の場合は，光学軸と 45° の方向にセットすることである．

PEM による光学遅延 δ が式 (4.4.16) で表されると仮定し，試料による光学遅延を δ_s と仮定するならば，光検出器の出力 I_D は，式 (4.4.17) で求めることができる．

$$\delta=\delta_0\sin pt \quad (4.4.16)$$
$$I_\mathrm{D}=I_0\{1+\cos\delta_\mathrm{s}\cos(\delta_0\sin pt)-\sin\delta_\mathrm{s}\sin(\delta_0\sin pt)\}$$
$$\approx I_0'+I_\mathrm{p}\sin pt \quad (4.4.17)$$

ここに，直流成分 I_0' および交流成分 I_p は，式 (4.4.18) で表される．

$$I_0'=I_0(1+J_2(\delta_0)\cos\delta_\mathrm{s})\approx I_0(1+J_2(\delta_0))$$
$$I_\mathrm{p}=I_0(-J_1(\delta_0)\sin\delta_\mathrm{s})\approx -I_0J_1(\delta_0)\delta_\mathrm{s} \quad (4.4.18)$$

したがって，p成分と直流成分の比をとることによって光学遅延 δ_s が得られる．

文　献

1) 佐藤勝昭，"実験物理学講座 6 磁気測定 I"（近桂一郎，安岡弘志 編），p.203，丸善出版（2000）．
2) 佐藤勝昭，"光と磁気 改訂版"，p.94，朝倉書店（2001）．
3) K. Sato, Jpn. J. Appl. Phys., **20**, 2403 (1981).
4) K. Sato, H. Hongu, H. Ikekame, Y. Tosaka, M. Watanabe, K. Takanashi, H. Fujimori, Jpn. J. Appl. Phys., **32**, 989 (1993).
5) 文献 2), p.99.
6) 文献 2), p.111.
7) 文献 2), p.113.

4.4.3 磁気円二色性効果

磁気円二色性（MCD：magnetic circular dichroism）効果とは，磁化された物質に左右の円偏光をそれぞれ入射させたとき，その光吸収係数が異なる現象である[1]．近年，シンクロトロン放射光技術が発展するとともに，可視紫外域だけでなく軟・硬 X 線領域においても MCD が観測できるようになり，多くの磁性体研究へ利用されてきた．X 線 MCD は観測する元素・電子軌道を選択でき，かつ原子 1 個あたりの軌道磁気ならびにスピン磁気モーメントを算

出できるといった大きな特長をもつ．本項では，とくにシンクロトロン放射光を用いた軟・硬X線領域でのMCD計測手法とその応用例，さらに顕微技術との組合せなどといった最新の研究動向について概説する．詳細は多くの成書[2〜5]が出版されているので，それらを参考いただきたい．

軟X線領域（光エネルギー100〜2000 eV程度，基本的に空気を透過できないエネルギー領域）でのMCDによる研究には，磁性体の中心的役割を果たす3d遷移金属（Fe, Coなど）の2p→3d遷移や4f希土類元素（Tb, Dyなど）の3d→4f遷移を直接観測でき，MCD強度も比較的大きい（吸収の数十％に達する場合もある）など，多くの魅力が存在する．そのために，たとえばCo/Pt多層膜[6]，Mn-Ir/Co-Fe積層膜[7]，ウラン化合物[8]やCO吸着によるスピン再配列の観測[9]など，多数のMCD計測が精力的に行われている．最近では，超高真空状態に対応した電磁石を用いてMCDによる元素別ヒステリシスや低温環境下での実験も行われている[10]．

軟X線領域で円偏光を得る手法として，最近はヘリカルアンジュレータを用いるのが一般的である．可視紫外域などでは直線偏光子や位相子などを用いて円偏光を得る．軟X線領域では，このような透過型の光学素子は開発されているが，分光実験にはまだ適していない．MCD研究の初期は，放射光リングの軌道平面に対して上下で左右円偏光度が変化することを利用して計測がなされていた．この手法は光強度と円偏光度の低さや光学系構築の困難さが問題となり，現在は少なくなっている．

ヘリカルアンジュレータとは，らせん状の磁場を中心部につくり出すように設計された磁石列の組で構成された放射光の挿入光源の一種である．ヘリカルアンジュレータには光強度の強さ，円偏光度の高さや偏光切替えが光学系の変更なしに可能となるなどの多くの利点があり，現在では多くの放射光施設で活用されている．アンジュレータ放射光のピークエネルギーをアンジュレータの磁場強度を変えることなどによって測定対象の遷移エネルギー付近に調整してMCD計測を行う．左右円偏光を切り替える方法として，① アンジュレータ磁石列を機械的に水平方向に動かす[11]，② それぞれ左右円偏光を放射する2台のアンジュレータを電子軌道直線部に直列に並べ，それらの前後と中央に置かれたキッカー電磁石などを用いて電子の軌道を変化させる，といった手法などが開発されている[12]．②の手法では，最高10 Hz程度での左右円偏光の切替えが可能になっており，ロックインアンプによる変調計測実験も試みられている[13]．これらの手法は直接放射光リング内の電子軌道を変動させ，他ビームラインのユーザー実験に影響を及ぼす可能性があるために，注意深い電子軌道補正などが必要となる[14]．アンジュレータに関する詳細は放射光関連の成書[15]を参考にされたい．日本ではアンジュレータを用いて軟X線MCDが計測できるビームラインとして，SPring-8のBL23SUやBL25SU，高エネルギー加速器研究機構フォトンファクトリーのBL16Aなどが共同利用可能である．

軟X線領域ではMCD強度が比較的大きいために，MCDは左右円偏光でそれぞれ光吸収強度を計測し，直接その差をとる方法（直流法ともよばれる）を用いて計測することが多い．これに対して，可視紫外，硬X線などの左右円偏光を変調させて発生させることができる領域では，変調法とよばれる高感度な計測が用いられている．

X線吸収ならびにMCDを軟X線領域において計測する手法として，最も一般的なのは光照射による電子放出量を試料電流として検出する手法（ドレイン電流法もしくは全電子収量法という）である．ほかにも試料透過光や蛍光を検出する手法（それぞれ，透過法および蛍光法という）がある．

ドレイン電流法は，非常に表面敏感な検出法である．そのために感度は非常に高く，表面数原子層の試料においても検出が可能である．しかしながら，表面酸化などの表面の汚染の影響を強く受けるために，試料によっては表面保護層（炭素など）の導入，真空中での試料表面の洗浄あるいはへき開を利用した清浄表面の作製，試料作製から計測までを in situ で行うことなどが必要である．また，絶縁体試料の計測は基本的に困難である．

透過法は，SiNメンブレンなどの軟X線を透過する試料基板上に成膜した試料において用いられる．この場合，試料全体の磁気特性を評価できるが，試料基板が限定される．また膜厚は元素種で異なるがだいたい100〜300 nm程度であり，透過率が10%を下回らない程度に薄く調整する必要がある．適切な膜厚の推定は，たとえばHenkeらが作成した元素のX線吸収係数データベース[16]などから可能である．蛍光法は，絶縁体の測定が可能であるなどの利点をもつが，軟X線領域では蛍光強度が硬X線領域と比べて非常に弱いことが問題となる．

軟X線MCD実験では試料および試料ホルダーなどは超高真空環境で使用可能なものを用いる必要がある．たとえば，Siウェーハ上に磁性体を成膜し，その試料を導電性のあるカーボンテープなどで試料ホルダーに固定してMCD計測を行う．このとき試料はいくつかの試料準備チェンバーやロードロックチェンバーなどを介して，できる限り真空度を悪化させずに測定チェンバーに搬送される．

軟X線MCD観測が磁性体研究に広く利用されるようになったのは総和則とよばれる比較的に単純な法則から，軌道磁気（m_{orb}）[17]ならびにスピン磁気モーメント（m_{spin}）[18]を定量評価できることが判明したためである[19]．図4.4.11に筆者らが実際に測定した磁性体（Co/Pd多層膜）のCo L端でのX線吸収とMCDスペクトルの例を示す．ここで，一般的にMCDは円偏光のヘリシティと磁気モーメントの向きが反平行での吸収強度（μ_+）から平行での強度（μ_-）を引いたもの（$\mu_+ - \mu_-$），X線吸収はその平均（$\mu_+ - \mu_-$）/2と定義される．総和則では，これらX線吸収およびMCDスペクトルのエネルギー積分を用い

4.4 磁気光学現象の測定法

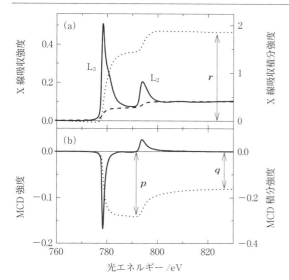

図4.4.11 X線吸収(a)ならびにMCD(b)スペクトルの一例 Co/Pd多層膜のCo $L_{2,3}$ 端領域での結果を示す．点線はそれぞれのエネルギー積分の結果を，(a)の破線は2段ステップ関数を示している．

て，各磁気モーメントを算出する．X線吸収からL_3，L_2吸収端でのエッジジャンプを2段ステップ関数（図(a)の破線）を用いて除いた後，X線吸収スペクトルをエネルギー積分（同図の記号r）する．MCDではL_3殻領域のみの積分（同図の記号p）およびL_3殻とL_2殻領域を合わせた積分（同図の記号q）の値を用いる．これらp, q, rの値を用いて，磁気モーメントを算出できる．ここで一例としてp→d遷移の場合の総和則を示す（d→f遷移などほかの遷移では異なるので注意されたい）．

$$m_{orb} = -\frac{4}{3}\frac{q}{r}n_h\mu_B$$
$$m_{spin} = -\frac{6p-4q}{r}n_h\mu_B\left(1+\frac{7\langle T_z\rangle}{2\langle S_z\rangle}\right)^{-1} \quad (4.4.19)$$

ここで，n_hはホール数，μ_Bはボーア磁気モーメント，$\langle S_z\rangle$，$\langle T_z\rangle$はそれぞれスピン，磁気双極子モーメントの期待値である．ここで注意すべきは，$\langle T_z\rangle/\langle S_z\rangle$の取り扱いである．Koideら[20]は鉛直軸まわりに試料を回転させてMCDを測定することで，$\langle T_z\rangle/\langle S_z\rangle$を取り除く手法を開発している．ChenらはCoやFe薄膜において$\langle T_z\rangle/\langle S_z\rangle$が十分に小さいとして無視している．また，寺村らによって3d遷移金属イオン[21]や4f希土類イオン[22]の$\langle T_z\rangle$の理論値の計算がなされている．

硬X線領域でのMCD計測も近年可能になっている．硬X線MCDは，おもに3d遷移金属の1s→4p遷移，4f希土類元素や貴金属（AuやPtなど）の2p→5d遷移がおもな観測対象になっている．たとえば，Auナノ粒子の強磁性磁気偏極[23]やCo/Pt磁性膜のPt層に誘起される界面磁気モーメントの定量評価などが行われている[24]．硬X線MCDは軟X線と比べてMCD強度が弱いが，真空状態が必要ではないために温度・圧力・磁場といったさまざまな外部印加環境が実現できることや表面ではなく試料内部の磁性を調べることができるといった大きな利点がある．

硬X線領域では，透過型の位相子を用いた円偏光作成とその変調が行われている．SPring-8 BL39XUでは，ダイヤモンド結晶を用いたX線位相子によってアンジュレータからの直線偏光X線を円偏光にし，さらに位相子の角度を変化させることによって左右円偏光を高速で変調（約30 Hz）することができる．これにより5～16 keVのエネルギー領域においてX線吸収に対して10^{-4}程度の微弱なMCD信号の検出に成功している[25]．また，硬X線領域では試料の高い透過性から透過法や，強い蛍光強度から蛍光法などがおもに用いられている．このビームラインでは，ダイヤモンドアンビルセルを用いた高圧環境（最大50 GPa），低温環境（最低11 K），超伝導マグネットによる高磁場環境（最大10 T）などの各種試料環境でのMCD実験や，KBミラーによるマイクロビーム（最小2 μm）を用いた顕微MCD実験などが行われている[26]．

最近では，MCDと光電子顕微鏡（PEEM：photoelectron emission microscope）を組み合わせたMCD-PEEMともよばれる測定法も開発されている[27]．たとえば，Niドット[28]，鉄隕石[29]，サブミクロンサイズのNiFeパターン[30]などの磁気構造観察が行われている．さらに，時間分解実験への応用が進められている[31]．この手法は数十nm程度の空間分解能をもつために，容易に磁区ドメイン観察などミクロ領域での研究が可能である．また，放射光ではなく透過電子顕微鏡を使用したMCD計測例も報告されている[32]．今後，これらの装置が次々とユーザー利用に供されていけば，ナノ～マイクロメータレベルの構造をもつ磁性体の有力な評価手段になっていくと期待される．

文　献

1) 佐藤勝昭,"光と磁気 改訂版", 朝倉書店 (2001).
2) 小出常晴,"新しい放射光の科学"（菅野 暁, 藤森 淳, 吉田 博 編）, pp.80-111, 講談社サイエンティフィク (2000).
3) 松村大樹, 雨宮健太,"内殻分光"（太田俊明, 横山利彦 編）, pp. 221-231, アイピーシー (2007).
4) W. R. Mason ed., "A practical guide to magnetic circular dichroism spectroscopy", John Wiley (2007).
5) T. Funk, A. Deb, S. J. George, H. Wang, S. P. Cramer, *Coord. Chem. Rev.*, **249**, 30 (2005).
6) N. Nakajima, T. Koide, T. Shidara, H. Miyauchi, H. Fukutani, A. Fujimori, K. Iio, T. Katayama, M. Nývlt, Y. Suzuki, *Phys. Rev. Lett.*, **81**, 5229 (1998).
7) M. Tsunoda, T. Nakamura, M. Naka, S. Yoshitaki, C. Mitsumata, M. Takahashi, *Appl. Phys. Lett.*, **89**, 172501 (2006).
8) T. Okane, Y. Takeda, J. Okamoto, K. Mamiya, T. Ohkochi, S. Fujimori, Y. Saitoh, H. Yamagami, A. Fujimori, A. Ochiai, A. Tanaka, *J. Phys Soc. Jpn.*, **77**, 024706 (2008).

9) D. Matsumura, T. Yokoyama, K. Amemiya, S. Kitagawa, T. Ohta, *Phys. Rev. B*, **66**, 024402 (2002).
10) T. Nakamura, T. Muro, F. Z. Guo, T. Matsushita, T. Wakita, T. Hirono, Y. Takeuchi, K. Kobayashi, *J. Electron Spectrosc. Relat. Phenom.*, **144-147**, 1035 (2005).
11) S. Sasaki, K. Miyata, T. Takada, *Jpn. J. Appl. Phys.*, **31**, L1794 (1992).
12) T. Hara, K. Shirasawa, M. Takeuchi, T. Seike, Y. Saitoh, T. Muro, H. Kitamura, *Nucl. Instrum. Methods. A*, **498** 496 (2003).
13) T. Muro, T. Nakamura, T. Matsushita, H. Kimura, T. Nakatani, T. Hirono, T. Kudo, K. Kobayashi, Y. Saitoh, M. Takeuchi, T. Hara, K. Shirasawa, H. Kitamura, *J. Electron Spectrosc. Relat. Phenom.*, **144-147**, 1101 (2005).
14) A. Agui, A. Yoshigoe, T. Nakatani, T. Matsushita, Y. Saitoh, A. Yokoya, H. Tanaka, Y. Miyahara, T. Shimada, M. Takeuchi, T. Bizen, S. Sasaki, M. Takao, H. Aoyagi, T. P. Kudo, K. Satoh, S. Wu, Y. Hiramatsu, H. Ohkuma, *Rev. Sci. Instrum.*, **72**, 3191 (2001).
15) 渡辺 誠, 佐藤 繁 編, "放射光科学入門", 東北大学出版会 (2004); 大橋治彦, 平野馨一 編, "放射光ビームライン光学技術入門", 日本放射光学会 (2008).
16) CXRO X-ray Interactions With Matter; http://henke.lbl.gov/optical_constants/
17) B. T. Thole, P. Carra, F. Sette, G. van der Laan, *Phys. Chem. Lett.*, **68**, 1943 (1992).
18) P. Carra, B. T. Thole, M. Altarelli, X. Wang, *Phys. Chem. Lett.*, **70**, 694 (1993).
19) C. T. Chen, Y. U. Idzerda, H.-J. Lin, N. V. Smith, G. Meigs, E. Chaban, G. H. Ho, E. Pellegrin, F. Sette, *Phys. Chem. Lett.*, **75**, 152 (1995).
20) T. Koide, H. Miyauchi, J. Okamoto, T. Shidara, A. Fujimori, H. Fukutani, K. Amemiya, H. Takeshita, S. Yuasa, T. Katayama, Y. Suzuki, *Phys. Chem. Lett.*, **87**, 257201 (2001).
21) Y. Teramura, A. Tanaka, T. Jo, *J. Phys. Soc. Jpn.*, **65**, 1053 (1996).
22) Y. Teramura, A. Tanaka, B. T. Thole, T. Jo, *J. Phys. Soc. Jpn.*, **65**, 3056 (1996).
23) Y. Yamamoto, T. Miura, M. Suzuki, N. Kawamura, H. Miyagawa, T. Nakamura, K. Kobayashi, T. Teranishi, H. Hori, *Phys. Rev. Lett.*, **93**, 116801 (2004).
24) M. Suzuki, H. Muraoka, Y. Inaba, H. Miyagawa, N. Kawamura, T. Shimatsu, H. Maruyama, N. Ishimatsu, Y. Isohama, Y. Sonobe, *Phys. Rev. B*, **72**, 054430 (2005).
25) M. Suzuki, N. Kawamura, M. Mizumaki, A. Urata, H. Maruyama, S. Goto, T. Ishikawa, *Jpn. J. Appl. Phys.*, **37**, L1488 (1998).
26) Spring-8 BL39XU; http://www.spring8.or.jp/wkg/BL39XU/instrument/lang/INS-0000000528/instrument_summary_view
27) S. Imada, S. Ueda, R. Jung, Y. Saitoh, M. Kotsugi, W. Kuch, J. Gilles, S. Kang, F. Offi, J. Kirschner, H. Daimon, T. Kimura, J. Yanagisawa, K. Gamo, S. Suga, *Jpn. J. Appl. Phys.*, **39**, L585 (2000).
28) T. Taniuchi, M. Oshima, H. Akinaga, K. Ono, *J. Appl. Phys.*, **97**, 10J904 (2005).
29) M. Kotsugi, C. Mitsumata, H. Maruyama, T. Wakita, T. Taniuchi, K. Ono, M. Suzuki, N. Kawamura, N. Ishimatsu, M. Oshima, Y. Watanabe, M. Taniguchi, *Appl. Phys. Express*, **3**, 013001 (2010).
30) N. Ohshima, H. Numata, S. Fukami, K. Nagahara, T. Suzuki, N. Ishiwata, K. Fukumoto, T. Kinoshita, T. Ono, *J. Appl. Phys.*, **107**, 103912 (2010).
31) K. Fukumoto, T. Matsushita, H. Osawa, T. Nakamura, T. Muro, K. Arai, T. Kimura, Y. Otani, T. Kinoshita, *Rev. Sci. Instrum.*, **79**, 063903 (2008).
32) P. Schattschneider, S. Rubino, C. Hébert, J. Rusz, J. Kuneš, P. Novák, E. Carlino, M. Fabrizioli, G. Panaccione, G. Rossi, *Nature*, **441**, 486 (2006).

4.5 磁気イメージング

4.5.1 総　論

　空間に漏れる磁束や磁性体の磁区構造を観察する磁気イメージング技術は，磁性材料の進展とともに発展し，磁性材料の改良や磁性物理現象の解明において大きな役割を果たしている．二つの磁石を近づけると同じ極では反発力，異なる磁極では吸引力が働くのを感じることができるが，磁束は目には見えない．磁石などの磁性体はそれぞれ特定の方向に自発磁化をもつ複数の磁区に分かれており，この磁区構造が磁性体の応用特性に影響する．磁区と磁区の境界は磁壁とよばれる．磁化現象を調べるには，磁性材料の表面や内部で磁壁や磁区の構造を観察し，磁区の磁化方向と強度を計測する必要がある．また，磁性体の磁区からは空間部に磁束が漏えいしていることが多く，通常，磁化現象を調べるためには磁区とともに，磁束分布の観察も必要となる．磁化は時間とともに変化する動的な現象であり，静的のみならず動的な計測も必要である．

　見えない磁束や磁壁を見えるようにするためには検出プローブが必要である．検出プローブとして，光，電子，あるいは磁石に引き寄せられる磁性粉や磁性探針などが用いられる．磁性粉を用いて磁区観察を行うビッター法，電子顕微鏡の拡大観察機能と磁界中での電子ビーム偏向を活用したローレンツ顕微鏡法，磁界中を透過した電子と透過していない電子波の干渉現象を用いる電子線ホログラフィー顕微鏡法，磁性体磁化に依存した偏極二次電子を検出するスピン偏極走査電子顕微鏡法（スピンSEM法），あるいは探針をプローブに用いる磁気力顕微鏡やスピン偏極走査プローブ顕微鏡など，多様な磁気イメージング技術がある．高密度磁気記録材料や永久磁石材料開発などでは，微細な磁気情報を定量的に把握したい要求は強い．磁気イメージング技術には技術改良や工夫が加えられ，測定感度，分解能あるいは定量性も向上しつつある．実際の磁気イメージングでは，目的に適した観察法を選択する必要がある．観察試料の寸法や形状，観察対象が磁区や磁壁であるのか磁束であるのかによっても選択すべき観察法は異なる．関連文献[1~3]で技術内容が紹介されているので，詳細を調べたい場合は参照されたい．

　磁気イメージング技術は，おおまかに3種類に分類できよう．磁性粉をプローブに用いるビッター法，電子顕微鏡や光学顕微鏡などで検出プローブの電子や光の源が試料と離れた状態（far-field）で観察する伝統的な方法，および近年開発された走査プローブ顕微鏡に代表されるプローブと試料が接近した状態（near-field）で観察する方法である．表4.5.1にこれらの磁気イメージング法をまとめて示す[4,5]．

表4.5.1　磁気イメージング技術の種類一覧

	観察技術	プローブ	測定原理	空間分解能	試料条件	動的観察
1	ビッター法					
	・ビッター法＋光学顕微鏡	磁性粉	磁性粉の磁壁凝集	$0.5 \sim 10\ \mu m$	平坦性	可（低周波）
	・ビッター法＋電子顕微鏡（SEM, TEM）	磁性粉	磁性粉の磁壁凝集	$50 \sim 100$ nm	平坦性	不適
	・ビッター法＋プローブ顕微鏡（AFM）	磁性粉	磁性粉の磁壁凝集	$20 \sim 100$ nm	平坦性	不適
2	磁気光学法					
	・カー効果顕微鏡	光	磁気光学効果	$0.1 \sim 0.3\ \mu m$	平坦性	容易
	・近接場磁気光学顕微鏡	光	磁気光学効果	$50 \sim 100$ nm	平坦性	可
3	ローレンツ電子顕微鏡法					
	・透過電子顕微鏡（TEM）	電子	磁場中電子ビーム偏向	~ 10 nm	薄膜	可
	・反射電子顕微鏡（SEM）	電子	磁場中電子ビーム偏向	~ 50 nm	導電性	可
	・走査電子ビームトモグラフィー	電子	磁場中電子ビーム偏向	~ 50 nm	平坦性＋試料回転	容易
4	電子線ホログラフィー	電子	電子線干渉	~ 10 nm	薄膜	不適
5	スピンSEM	電子	スピン電子検出	$5 \sim 10$ nm	清浄表面	不適
6	光電子顕微鏡（PEEM）	光＋電子	スピン電子検出	$5 \sim 10$ nm	平坦・清浄表面	可
	低エネルギー電子線顕微鏡（LEEM）	電子	スピン電子検出	$5 \sim 10$ nm	平坦・清浄表面	可
	XMCD-PEEM	X線＋電子	スピン電子検出	$5 \sim 10$ nm	平坦・清浄表面	可
7	X線法（XMCD）					
	・走査X線顕微鏡	X線	磁気光学効果（X線領域）	$10 \sim 100$ nm	平坦薄膜	容易
	・透過軟X線顕微鏡（TXM）	X線	磁気光学効果（X線領域）	$10 \sim 100$ nm	平坦薄膜	容易
8	磁気力顕微鏡（MFM）	磁性探針	磁気的相互作用	$5 \sim 10$ nm	平坦性	不適
9	スピン偏極STM	磁性探針	スピン電子トンネル効果	~ 0.01 nm	平坦・清浄表面	不適
10	その他の磁気イメージング法					
	・走査ホール素子顕微鏡	ホール素子	漏れ磁束検出	$0.05 \sim 100\ \mu m$	平坦性	不適
	・SQUID顕微鏡	SQUID素子	漏れ磁束検出	$0.5 \sim 1$ mm	平坦性＋極低温測定	不適
	・磁気抵抗効果素子を活用した顕微鏡	MR素子	漏れ磁束検出	~ 10 nm	平坦性	不適

［二本正昭，表面科学，**13**，503（1992）；二本正昭，高橋由夫，日本応用磁気学会誌，**29**，758（2005）をもとに作成］

(1) ビッター法[6]： 最も古くから用いられてきた磁区構造の観察法であり，磁性粉が漏れ磁束の影響で磁区境界である磁壁に凝集する現象を利用する．目視観察もできるが，光学顕微鏡や走査電子顕微鏡（SEM：scanning electron microscope）で拡大観察することにより，ミクロンオーダーの微細な磁区構造も比較的容易に観察できる[7,8]．ビッター法は，高度な磁気イメージング技術を適用する前段階で，試料の磁区構造を確認するためなどに広く用いられている．

(2) プローブ源と試料が離れている伝統的な磁気イメージング法： 電子，X線，および光を用いた顕微鏡技術が活用される．電子顕微鏡技術を用いる場合，電子が磁界や磁性体中を運動するときに受けるローレンツ力を結像の原理に応用した方法がある．この方法には，透過電子顕微鏡（TEM：transmission electron microscope）を用いて観察する方法，SEMを用いる方法などがある．SEMを用いる場合，試料から発生する二次電子が漏れ磁場の影響で軌道変更する現象を利用する二次電子検出法と反射電子が試料の内部磁場で偏向する現象を応用した反射電子検出法が知られている．漏れ磁場中を通過する電子線に働くローレンツ力による偏向量を電子ビームの入射方向を変えて計測し，医用のX線CTと同様に計測結果をコンピュータで処理して三次元的な漏れ磁場強度分布を測定する観察法が電子線トモグラフィー法[9,10]である．この方法では，50 nm程度の空間分解能で電子線にストロボ技術を適用することによって数百MHzで動的に変化する漏れ磁場強度も計測することができる．スピンSEM[11,12]は，磁性試料から放出される二次電子のスピン磁気モーメントが，試料の磁化と同じ方向を向いていることを利用し，二次電子のスピン状態を検出して磁気イメージングを行う技術である．通常のSEMと同様，絞った電子ビームを試料上で走査することによって観察を行うが，試料表面を清浄に保つ必要があり，超高真空中で観察が行われる．このほかの観察法として光電子顕微鏡（PEEM：photo-emission electron microscopy）[13]，低エネルギー電子線顕微鏡（LEEM：low energy electron microscopy）[14]，スピン偏極低エネルギー電子顕微鏡（SPLEEM：spin-polarized low energy electron microscopy）[13]，XMCD-PEEM（X-ray magnetic circular dichroism-photoemission electron microscopy）[15]などがある．磁気情報をもつ二次電子を得るため，PEEMでは紫外光をXMCD-PEEMではX線を一次プローブに用いる．また，X線は波長の短い電磁波（光）であり，X線領域での磁気光学効果（XMCD：X線磁気円二色性）を用いて，磁気イメージングを行うこともできる[16]．X線を集光させるゾーンプレートの形成技術が進展し，10～50 nmの分解能で磁気情報の動的観察を行うことができる．

(3) 電子線を検出プローブに用いる磁気イメージング法： 電子線の軌道が磁場の影響で変化するため磁場中での試料観察が制限され，また真空中で観察を行う必要がある．この点，光やX線をプローブに用いると，大気中でしかも磁場を加えながら磁性材料の磁化状態観察を行うことができる．

(4) プローブ源と試料が接近している磁気イメージング法： 磁気イメージング技術として，比較的新しく，発展しつつある技術は近接場（near-field）を応用して観察を行う顕微鏡技術である．多様な顕微鏡技術が含まれるが，これらの技術は走査プローブ顕微鏡技術とよばれ，走査トンネル顕微鏡技術（STM：scanning tunneling microscopy）[17]をベースとしている．観察の分解能は光や電子などの回折が限界要因でありその波長で制限されるが，near-fieldを利用する走査プローブ顕微鏡では，波長は制限要因ではないので一般に高分解能観察が可能となる．磁気イメージングに活用されている代表的な走査プローブ顕微鏡は，磁気力顕微鏡（MFM：magnetic force microscope）[18]である．MFM観察では，磁性探針を磁性体試料に接近して振動させる．このとき磁性体表面の磁場勾配の影響で磁性探針が力を受けて振動の振幅や周波数が変化する．この変化を磁性探針の走査と同期させることによって磁気像を得ることができる．MFMの分解能は通常20 nm程度であるが，先端の鋭い磁性探針を用いるなどの工夫によって10 nm以下の高い分解能で磁区観察を行えることが報告されている[19]．近接場光を用いた走査プローブ顕微鏡（M-SNOM：scanning near-field magneto-optical microscope）[20]によれば，試料の磁化情報を10 nm程度の高分解能で直接観察できる可能性がある．光を用いるため強磁場中で磁気イメージングを行えるなどの特長がある．

最も高い観察分解能は，スピン偏極走査トンネル顕微鏡（spin-polarised STM）[21]で達成されている．試料と探針のトンネル現象で遷移する電子のスピンを検出して画像化する顕微鏡技術であり，原子規模の分解能で磁気情報観察ができる．このほか，走査プローブ顕微鏡技術には，磁気検出で用いられているホール効果素子[22]，SQUID素子[23]，あるいは磁気抵抗効果素子を試料表面で走査し，それぞれの素子の出力を走査に同期して表示する磁気イメージング法[24]がある．分解能は検出素子の寸法に依存する．最近の報告によれば，ホール効果素子を用いた場合で50 nm程度の値が得られている[25]．磁気イメージング分野で活用が期待されている．

磁気イメージングには，以上紹介したように多くの観察法があるが，それぞれ得られる情報や観察試料に要求される条件などが異なっている．このため，複数の観察技術を用いて目的とする情報を得るのが一般的である．

4.5.2 ビッター法

磁性粉を磁性体上に置くと漏れ磁束の影響を受けて磁性粉が磁壁に引き寄せられる現象を用いて，磁区構造を観察する技術である．1931年にF. Bitterが強磁性コロイド粒子を用いて磁区構造を観察して以来[6]，最も簡便な磁区構造観察法として今日まで幅広く活用されている．光学顕微鏡やSEMで磁性粉の凝集状態を拡大観察することによ

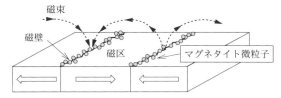

図 4.5.1 ビッター法による磁区構造の観察
磁壁部に凝集したマグネタイト微粒子分布を光学顕微鏡などで観察する．

り，ミクロンオーダーの微細な磁区構造が比較的容易に観察できる．コロイド状のマグネタイト磁性粉を用いて SEM で磁区構造を観察する手法はコロイド SEM 法[7]とよばれ，サブミクロンの分解能で磁区構造を観察することもできる．ビッター法は，後で紹介する高度な磁気イメージング技術を適用する前段階で，試料の磁区構造を確認するためなどに広く用いられている．

図 4.5.1 にビッター法による磁区構造の観察原理を示す．磁性微粒子を水もしくは油などの溶媒に懸濁させたコロイド液を観察試料に滴下すると，磁性微粒子が磁壁部分に凝集する．通常は溶媒を蒸発させた乾燥状態で磁区構造観察を行うが，油性溶媒を用いたコロイド液を試料に塗布した後に極薄カバーガラスを重ねて乾燥させない状態で観察することにより磁壁が移動する様子なども調べることができる．観察に用いる磁性微粒子は強磁性材料であれば可能であり，鉄，ニッケル，あるいはコバルト微粒子などが用いられてきたが，市販の観察用ビッター液ではもっぱら直径 20 nm 程度のマグネタイト（Fe_3O_4）微粒子が活用されている．ビッター法で用いる磁性粉の条件として，均一で微細な微粒子でかつ化学的に安定で分散性も良いことなどが必要とされる．良好な分散性や磁性粉流動性を保つために，マグネタイト微粒子表面には界面活性剤などを付加する処理が施されている．

図 4.5.2 に磁気カードおよびハード磁気ディスクに記録された磁気情報の観察例を示す．これらの観察では，それぞれ観察倍率に応じて実体顕微鏡，走査電子顕微鏡あるいは原子間力顕微鏡（AFM：atomic force microscope）を

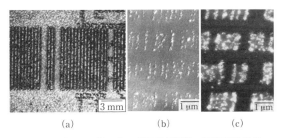

図 4.5.2 ビッター法による磁気記録媒体の記録磁化情報の観察例
(a) 磁気カードの記録情報（実体顕微鏡観察）
(b) ハード磁気ディスクの記録情報（SEM 観察）
(c) (b)と同じハード磁気ディスクの記録情報（AFM 観察）

用いているが，いずれの場合もマグネタイト微粒子が磁壁部分に凝集している状態が観察されている．磁性粉と顕微鏡技術の組合せを選択することによって，ビッター法ではサブミクロンレベルの微細な磁区構造の観察も可能である．ビッター法では磁区構造を調べることはできるが，磁化の方向や大きさを測定することはできないため，ほかの観察法を組み合わせて活用する必要がある．

4.5.3 磁気光学法

磁性体に電磁波である光を照射すると，磁性体の磁化と電磁波の相互作用により透過光や反射光の強度が変化し偏光面が回転する．磁気光学効果とよばれる現象である．透過光の場合，ファラデー効果，反射光の場合，カー効果とよばれるが，これらの現象の詳細については 4.4 節を参照されたい．

ファラデー効果およびカー効果で観察される光の偏光面回転は磁化の向きや強度に依存するので，偏光の回転を観測することによって磁化の向きを検出できる．光学顕微鏡の拡大機能に偏光回転計測を組み込むことによって，ファラデー効果顕微鏡やカー効果顕微鏡を構築することができ，磁性体の磁区の磁化方向分布を拡大観察できることになる．ファラデー効果を利用する顕微鏡観察は，酸化物など光を透過する磁性体には有効であるが，金属磁性材料などのように光を通さない磁性体には適用が困難であり，反射光を用いるカー効果顕微鏡法がもっぱら活用されている．カー効果には入射光と磁性体の磁化の方向の組合せが 3 通り存在し，極カー効果，縦カー効果，横カー効果とよばれる．極カー効果の場合は，磁性体の磁化方向が反斜面法線と平行な場合で，垂直磁化膜の磁区構造観察を行う場合に相当し，縦カー効果では，磁性体の磁化方向が磁性体表面と平行でしかも入射光面に含まれる場合で，面内磁化膜の磁区構造観察を行う場合に相当する．横カー効果の場合は，磁性体の磁化は磁性体表面と平行ではあるが入射光面に対して垂直の関係にあるが，この場合は磁化方向に依存した反射光強度の変化は生ずるが偏光面の回転は起こらない．

図 4.5.3 に，ファラデー効果顕微鏡で厚さ 150 nm の磁性ガーネット膜の磁区構造を観察した例を示す[26]．コントラストの白黒が互いに逆向き垂直磁化領域に対応する．外部磁場がゼロの状態で，白コントラスト領域に黒コントラストの逆方向に磁化した幅数 μm 程度の縞状磁区が観察されている．磁界強度の増大に対応して黒コントラストの縞状磁区領域が拡大し，ガーネット膜の磁化方向が反転していく様子が観察されている．光学顕微鏡の分解能で磁化方向が変化する様子を明瞭な画像として観察することができる．

図 4.5.4 にカー効果顕微鏡の観察例を示す[27]．試料は膜厚が 5.4 nm の $(Co/Pd)_{15}$ 多層膜からなる垂直磁化膜で，極カー効果を利用して膜面垂直方向の磁化領域が時間とともに拡大している様子が観察されている．縞状黒コントラ

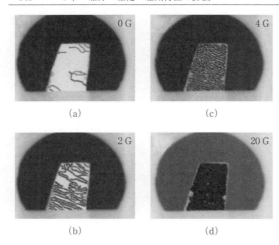

図4.5.3 ファラデー効果顕微鏡で観察した磁性ガーネット膜の磁区構造変化
[X. R. Zhao, T. Hasegawa, *et al.*, *Appl. Surf. Sci.*, **223**, 73 (2004)]

図4.5.4 カー効果顕微鏡で観察した（Co/Pd）多層垂直磁化膜の磁化反転の様子（(a)→(c)）
[P. M. Leufke, M. Albrecht, *et al.*, *J. Appl. Phys.*, **105**, 113915 (2009)]

ストの逆方向垂直磁化領域の幅は 0.5 μm 程度であり，この観察の分解能は約 0.3 μm である．ファラデー効果顕微鏡やカー効果顕微鏡では，光を検出プローブに使用しているので大気中で観察を手軽に行うことができる．また，長焦点の対物レンズを用いると観察試料までの距離を確保できるので，磁場印加や加熱冷却ステージと組み合わせた実験も容易に行うことができる．外部磁界や温度が変化したときの磁化状態の変化をムービーで連続的に観察することもできる．磁気光学法の大きな特徴として，光のストロボ効果を利用した磁化の時間的変化観察がある．

図4.5.5 に，このような観察を可能とする走査カー効果顕微鏡の構成例を示す[28]．光源には波長が一定のレーザーが用いられる．偏光子を通した光学変調レーザー光をレンズで絞った状態で磁性体に照射すると，磁化の方向と大きさに依存して偏光面が回転した反射レーザー光はレンズを経由して検光子に入射し高感度撮像管に到達する．試料表面のミクロ磁区構造に対応した像がディスプレイに表示される．このとき磁性体試料に高周波磁場を加えると試料表面の磁区構造も変化するが，レーザー光を高周波磁場印加と同期させたストロボ照射すると磁区構造の時間変化を逐

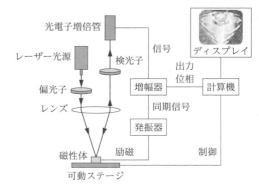

図4.5.5 走査カー効果顕微鏡の構成

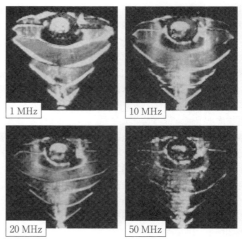

図4.5.6 薄膜磁気ヘッドの磁極の磁区構造変化
[由比藤勇, 濱川佳弘, 佐々木忍, 椎木一夫, 信学技法, **MR90-63**, 1 (1990)]

一観察することができる．レーザー光位置を固定した状態で試料ステージを x-y 方向に走査することにより，試料全面の磁化状態変化も調べることができる．

図4.5.6 は，薄膜磁気ヘッドの磁極の磁区構造の動的変化の観察結果である[28]．磁気ヘッドの駆動周波数を変えたときの磁壁移動の様子が示されている．周波数 1 MHz では，明るい部分の幅から判断して数 μm 幅で磁壁移動が生じているが，駆動周波数の増大に対応して磁壁移動量が減少し，磁極の周辺部で磁化回転が抑制される傾向が見られる．50 MHz では，磁壁移動に伴う信号はほとんど検出されなくなり，また，磁極の中央部付近に磁化変化が限定される傾向が認められている．周波数が高くなると磁極の周辺部で磁化変化が抑制されるのは，磁極周辺部で透磁率が低下して渦電流損が起こっているためと解釈されている．

図4.5.7 に，直径 16 μm，厚さ 50 nm のパーマロイ膜で観察された磁気渦コアに水平方向のパルス磁界を加えたときの磁気コア位置の時間変化をレーザー（波長 532 nm）のストロボ照射によるカー効果顕微鏡で垂直方向の磁化を

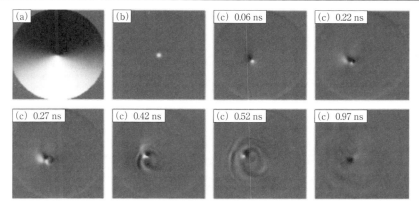

図 4.5.7 直径 16 μm，厚さ 50 nm のパーマロイ膜で観察された磁気渦コアの時間変化
(a) 磁化方向コントラスト図 (b) 磁界印加前の磁気渦コア (c) 水平方向にパルス磁界を加えた後の磁気渦の時間変化
[A. Neudert, L. Schultz, *et al.*, *J. Appl. Phys.*, **97**, 10E701 (2005)]

もつ渦コアの動きを観察した例を示す[29]．観察分解能約 0.5 μm，時間分解能 25 ps で渦コアの様子が明瞭に観察されている．

光を検出プローブに用いる磁気光学法では，磁区構造の観察分解能は光源の波長で制約される．解像限界 R は，光の波長 λ，対物レンズの開口数 NA により，$R=0.61\lambda/NA$ で与えられるので，波長の短い紫外光 ($\lambda=365$ nm) と開口数の大きな対物レンズを使用しても，R は 200〜300 nm 程度である．100 nm 以下の微細な磁区構造を観察するため，より短波長の光源と大きな開口数の対物レンズを用いたカー効果顕微鏡の開発も行われている．光を用いた新しい観察技術として，実質的な波長を短くできる近接場光を活用した磁気光学顕微鏡技術が検討されている．近接場光は，先端を尖らせた光ファイバや可視光を透過する原子間力顕微鏡用のカンチレバーの先端に光の波長よりも短い 100 nm 以下の微細な開口部を設け，内部を透過してきた光を開口部から放出させることによって得られる特殊な光である．光ファイバやカンチレバー表面には反射用の金属膜が被覆されている．開口部直近（near-field）で，光は開口部と同程度の寸法に絞られているので，この光で物体の観察を行うことができる．形状観察では，近接場光により 20 nm 程度の観察分解能も得られている[30]．近接場光による透過（ファラデー効果）や反射（カー効果）で微細な磁区構造観察も試みられているが，磁気像の観察分解能は 100〜200 nm 程度にとどまっている[31]．現状では，近接場光では良好な偏光特性をもつ強い光が得られ難く，透過もしくは反射光の信号強度が必ずしも十分ではないことがおもな理由であるが，磁気光学法で 10 nm 以下の高分解能で磁区構造観察が行える可能性がある．

文 献

1) 近桂一郎，安田弘志 編，"丸善実験物理学講座 6 磁気測定 I"，丸善出版 (2000).
2) H. Hopster, H. P. Oepen, "Magnetic Microscopy of Nanostructures", Springer (2005).
3) 日本磁気学会 編，"磁気イメージングハンドブック"，共立出版 (2010).
4) 二本正昭，表面科学，**13**, 502 (1992).
5) 二本正昭，高橋由夫，日本応用磁気学会誌，**29**, 758 (2005).
6) F. Bitter, *Phys. Rev.*, **38**, 1903 (1931).
7) K. Goto, T. Sakurai, *Appl. Phys. Lett.*, **30**, 355 (1977).
8) O. Kitakami, T. Sakurai, Y. Shimada, *J. Appl. Phys.*, **79**, 6074 (1996).
9) H. Shinada, S. Fukuhara, S. Seitou, H. Todokoro, S. Ootomo, H. Takano, K. Shiiki, *IEEE Trans. Magn.*, **28**, 1017 (1992).
10) H. Suzuki, T. Shimakura, K. Itoh, K. Nakamura, *IEEE Trans. Magn.*, **36**, 3614 (2000).
11) K. Koike, K. Hayakawa, *Jpn. J. Appl. Phys.*, **23**, L187 (1984).
12) T. Kohashi, M. Konoto, K. Koike, *J. Electron Microsc.*, **59**, 43 (2010).
13) G. Schonhense, *J. Phys. Condens. Matter.*, **11**, 9517 (1999).
14) E. Bauer, *Rep. Prog. Phys.*, **57**, 895 (1994).
15) E. Bauer, T. Duden, R. Zdyb, *J. Phys. D: Appl. Phys.*, **35**, 2327 (2002).
16) P. Fischer, G. Schultz, G. Schmahl, P. Guttmann, D. Raasch, *Z. Phys. B*, **101**, 313 (1996).
17) G. Binnich, H. Rohrer, *IBM J. Res. Develop.*, **30**, 355 (1989).
18) Y. Martin, D. Ruger, H. K. Wickramasinghe, *Appl. Phys. Lett.*, **52**, 244 (1988).
19) M. Ohtake, K. Soneta, M. Futamoto, *J. Appl. Phys.*, **111**, 07E339 (2012).
20) F. Matthes, H. Bruckl, G. Reiss, *Ultramicroscopy*, **71**, 243 (1998).
21) R. Wessendanger, H. J. Guntherodt, G. Guntherodt, R. J. Ganbino, R. Ruf, *Phys. Rev. Lett.*, **65**, 247 (1990).
22) M. Chang, H. D. Hallen, L. Harriott, H. F. Hess, H. L. Kao, J. Kwo, R. F. Muller, R. Wolfe, J. van der Ziel, T. Y. Chang, *Appl. Phys. Lett.*, **61**, 1974 (1992).
23) K. A. Moler, J. R. Kirtley, R. Liang, D. Bonn, W. N. Hardy, *Phys. Rev. B*, **55**, 12753 (1997).

24) M. Nakamura, K. Kimura, S. Sueoka, K. Mukasa, *Appl. Phys. Lett.*, **80**, 2713 (2002).
25) A. Sandhu, K. Kurosawa, M. Dade, A. Oral, *Jpn. J. Appl. Phys.*, **43**, 777 (2004).
26) X. R. Zhao, N. Okazaki, Y. Konishi, K. Akahane, Z. Kuang, T. Ishibashi, K. Sato, H. Koinuma, T. Hasegawa, *Appl. Surf. Sci.*, **223**, 73 (2004).
27) P. M. Leufke, S. Riedel, M.-S. Lee, J. Li, H. Rohrmann, T. Eimuller, P. Leiderer, J. Bosenberg, G. Schatz, M. Albrecht, *J. Appl. Phys.*, **105**, 113915 (2009).
28) 由比藤勇, 濱川佳弘, 佐々木忍, 椎木一夫, 信学技報, **MR90-63**, 1 (1990).
29) A. Neudert, J. McCord, R. Schafer, L. Schultz, *J. Appl. Phys.*, **97**, 10E701 (2005).
30) S. Hosaka, Y. Aranomori, H. Sone, Y. Yin, E. Sato, K. Tochigi, *Nanotechnology*, **22**, 025206 (2011).
31) S. Hosaka, T. Shimizu, K. Kum, K. Shimada, H. Sone, *J. Phys.: Conf. Ser.*, **61**, 425 (2007).

4.5.4 電子線トモグラフィー（磁場 SEM 法）

a. 電子線トモグラフィーによる磁界の可視化

電子線トモグラフィーは，電子線を物体や場に照射して検出される信号と医用画像診断装置などで用いられるコンピュータトモグラフィー（CT：computer tomography）の再構成技術を使って，観察対象の物体や場の形状や内部構造，分布などを可視化する方法である．電子線が物体や場に照射されると，その相互作用によりたとえば電子線の吸収や減衰，偏向や回折，位相勾配の変化や二次電子やX線の発生などの現象が生じる．磁界はいわゆる"場"であり，それを直接見ることはできないが，上記のような電子線との相互作用によって生じる現象を介して可視化することができる．

加速された電子線が磁界中を通過するとローレンツ力が発生し，その軌道が曲げられる．すなわち偏向が生じる．電子線トモグラフィーによる磁界の可視化は，この電子線の偏向情報と CT 演算処理によって，直接見ることができない空間の磁界ベクトル分布を数値化して映像にするものである．また，古くから顕微鏡に応用されてきた電子線は，小さなものを拡大して観察するのに好適である．電子線トモグラフィーも同様に，微小な空間の磁界を拡大して映像化するのに適した方法である．

Duisburg 大学の J. B. Elsbrock らは 1985 年にこの方法を提案し，空間に漏れる磁気ヘッドの記録磁界を可視化した[1]．空間の磁界分布を可視化する電子線トモグラフィーは，たんなる"場"の観察だけでなく，産業用途の磁界評価法として活用されることも多い．たとえば，磁気ディスク装置（HDD：hard disc drive）の磁気ヘッド記録磁界の評価結果は，ヘッドの記録性能の見積もり，構造設計やプロセスへのフィードバックなどにも用いられる．なお，微小な空間の磁界を可視化できる電子線トモグラフィー装置は，走査電子顕微鏡（SEM：scanning electron microscope）の改造で実現できることから，磁場 SEM[2] とよばれることもある．

装置は，一般的な SEM タイプのほかに，透過電子顕微鏡（TEM：transmission electron microscope）の位相コントラスト（DPC：deferential phase contrast）法を応用して電子線の偏向を検出するもの[3] や，高周波磁界の評価のためにストロボ機能を付加したもの[4]，ヘッド試料極近傍の磁界を測定するために反射電子線を用いたもの[5]，空間分解能向上のために高解像度の参照パターンを投射するもの[6] などの発展形がある．また，電子線の偏向角が大きいために試料極近傍の磁界測定が困難な場合は，事前に試料表面に台形状の加工を施しておくことも効果的である[4]．本項では，以下，電子線トモグラフィーの原理と発展形のトモグラフィー技術について述べる．

b. 電子線トモグラフィーによる磁界の可視化の基本原理

磁気ヘッドの記録磁界の可視化を例に，電子線トモグラフィーの原理を説明する．図 4.5.8 に電子線トモグラフィーによる磁界分布測定の原理を示す．磁界を発生する磁気ヘッド（図中の対象物）の試料端面（媒体しゅう動面）近くの空間に，電子線をしゅう動面に平行に入射する．電子線は磁気ヘッドの発生する磁界の中を通過するさいにローレンツ力を受け偏向する．試料から L だけ離れた位置に設置された検出器上では，(d_1, d_2) の偏向量が得られる．

電子線が磁界中を通過するさいに生じる偏向角 θ は，磁界の経路積分に比例する．すなわち，次式で表せる．

$$\theta = \alpha \int B dl \qquad (4.5.1)$$

ここで，α は電子の電荷や質量，加速電圧によって決まる定数である．検出器上の電子線の偏向量 d は，磁界領域の広がりに対して磁界から検出器までの距離 L が十分に大きければ，

$$d \simeq L \times \theta \qquad (4.5.2)$$

で近似できる．したがって，電子線の偏向量が得られれば磁界の線積分値，すなわち CT 演算に使われる磁界の投影

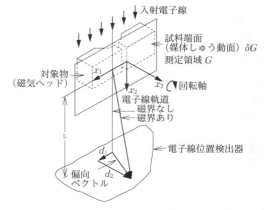

図 4.5.8 電子線トモグラフィーによる磁界分布測定の原理
[J. B. Elsbrock, W. Schroeder, E. Kubalec, *IEEE Trans. Magn.*, **21**, 1593 (1985)]

4.5 磁気イメージング 551

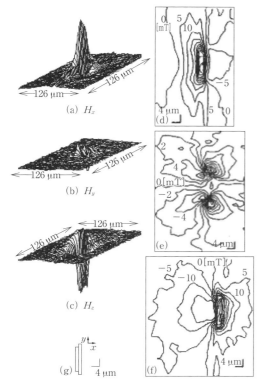

図 4.5.9 磁気ヘッド記録磁界分布の観察例
[H. Shinada, K. Shiiki, et al., IEEE Trans. Magn., **28**, 1021 (1992)]

データが求められる．

偏向量の検出は，電子線をしゅう動面の方向（図 4.5.8 の x_1 方向）に走査させて逐次行われ，さらに，しゅう動面に垂直な方向軸（同図の x_3 軸）を中心に磁気ヘッドを回転させ，偏向量のデータ取得が繰り返される．得られた偏向量データは磁界の投影データとしてラドン変換を使った CT 演算に用いられ，たとえば図 4.5.9 に示すような空間の断面における磁界の方向別の大きさ，すなわち磁界ベクトルの分布が再構成される．

一般に医用画像診断で使われる X 線 CT では，断層映像のコントラストを得るために扱われる投影データは X 線の強度であり，スカラー量である．一方，電子線トモグラフィーの磁界の可視化では，再構成される断層像のもつ磁界の情報は空間の各位置でのベクトル量である．このため，磁界ベクトルを CT で再構成するための工夫として，磁界の投影データである電子線の偏向量も方向と大きさの情報を含むベクトル量として検出される．すなわち，図 4.5.8 に示したように，電子線の偏向量は磁気ヘッドの表面に平行な方向 d_1 と垂直な方向 d_2 の二つの成分に分けて検出され，さらに d_2 は試料の回転角度 ϕ に依存する二つの成分（$d_2\cos\phi, d_2\sin\phi$）に分離される[1,4]．

長岡技術大学の松田らは，磁界分布の再構成のさいに，磁界中の電子線の軌道の曲がりを考慮して代数的再構成法

（ART：algebraic reconstruction technique）を用いた[7,8]．これは，仮定した磁界分布と実測結果との差分が小さくなるように磁界分布を修正して，実際の磁界分布形状に反復計算で収束させていく再構成法である．とくに，磁界中の電子線の曲がりが大きく，その軌道が直線から大きく外れる場合の再構成誤差の抑制に効果がある再構成法である．

c. ストロボ電子線トモグラフィーによる高周波磁界の可視化と動特性の評価

記録動作時の磁気ヘッドは高周波で動作しており，発生する記録磁界は高速に変化している．日立の品田らは磁気ヘッドを一定の周波数で動作させ，電子線を磁気ヘッドの動作周波数に同期させたストロボ状にすることで，高周波で動作している磁気ヘッドの特定の位相での記録磁界分布の可視化を実現した[4]．電子線のストロボ化は，たとえば図 4.5.10 に示すように，偏向器と絞りを使って実現できる．この高周波磁界の可視化技術により，磁気ヘッドを動作させながら記録磁界の周波数特性を調べて磁極材料や構造による違いを評価することも可能である[9]．さらに，この方法を応用するとヘッドの励磁電流波形もストロボ電子線で測定することができ，図 4.5.11 に示すような高周波記録磁界分布の過渡特性を詳細に解析することも可能になる[10]．また，フーリエ変換を応用して，得られた磁界分布よりもさらにヘッド表面に近い空間の磁界分布を計算で求める手法も提案されている[11]．

d. 反射電子線トモグラフィー

電子線を磁界の発生する試料面に平行に通す電子線トモグラフィーは，電子線の偏向方向によって試料面に電子線が衝突するため，試料極近傍の磁界分布を測ることが難しい．この課題を解決するために，長岡技術大学の松田らは磁気ヘッドのしゅう動面に電子線を照射し，反射する電子線を検出する電子線トモグラフィーを提案した[5]．反射電子線トモグラフィーとよばれるこの方法の基本構成を図 4.5.12 に示す．試料面に垂直に電子線が入射され，反射した電子の位置のずれ，すなわち偏向量 D が上方に設置

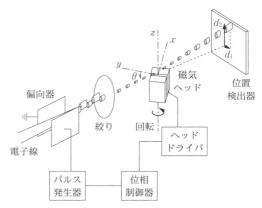

図 4.5.10 ストロボ電子線トモグラフィーの構成概略
[H. Shinada, K. Shiiki, et al., IEEE Trans. Magn., **28**, 1018 (1992)]

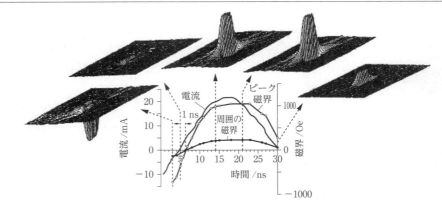

図 4.5.11 磁気ヘッド記録磁界の過渡特性評価
[H. Shinada, K. Shiiki, *et al., IEEE Trans. Magn.*, **28**, 3122 (1992)]

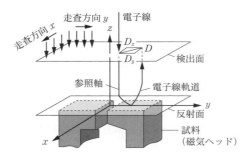

図 4.5.12 反射電子線トモグラフィーの基本構成（電子線を試料に垂直に入射する場合）
[松田甚一, 大多和康彦, 野水重明, 信学論 C-II, J78-C-II, 48 (1995)]

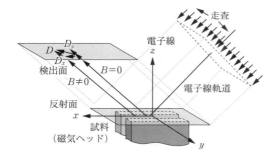

図 4.5.13 反射電子線トモグラフィーの基本構成（電子線を試料に45°で入射する場合）
[S. Nomizu, J. Matsuda, *et al., IEEE Trans. Magn.*, **32**, 4926 (1996)]

した検出器で得られる．磁界の再構成には ART が用いられた．さらに，図 4.5.12 でほぼ同軸上にあった入射電子線と反射電子線を分けるために，図 4.5.13 に示すように，入射電子線を試料面に対して 45° 傾ける方法も開発された[12,13]．この場合も ART で磁界分布の再構成ができる．反射電子線トモグラフィーは，たとえば記録された磁気テープの漏れ磁界の観察など[14]，広い試料面の極近傍の磁界分布の可視化にとくに有効な手法である．

e. 投射電子線トモグラフィー

HDD の大容量化に伴って磁気ヘッドの微細化が進み，記録磁界の分布測定にもさらなる高分解能化が要求される．日立の鈴木らが提案した投射型の電子線トモグラフィー技術[6] は，参照膜の微細なパターンを磁気ヘッド近傍に投影し，空間の磁界によるパターン画像の局所的なゆがみから電子線の投影データを抽出するものである．原理を図 4.5.14 に示す．パターン模様を有する参照膜に電子線を面状に照射し，この像を磁界の位置でいったん結像させる．磁界を通過した参照膜の像は拡大されてカメラで撮られるが，このとき像をデフォーカスさせると参照膜のパターン画像にゆがみが生じ，このゆがみ量の解析から空間の各位置での電子線の偏向角が抽出される．さらに，磁界を回転させて各方向からのゆがみ画像をとることにより，磁界分布の CT 再構成が可能になる．また，参照膜を規則性のある格子状のドットパターンなどにする工夫を施すことで，画像の局所的なゆがみ量の抽出が計算機処理で容易に行えるようになる．投射電子線トモグラフィーはその原理から，高加速の電子線と縮小光学系でパターンの解像度を上げられ高い空間分解能が得られること，デフォーカス量の調整でカメラ上の画像のゆがみ量が調整でき，微弱な磁界から強磁界までを検出できること，試料上の空間の磁界情報を一括で取得できることなどの特徴がある．本手法

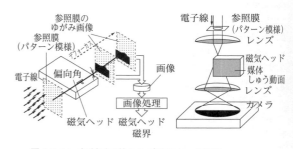

図 4.5.14 投射電子線トモグラフィーの原理
[H. Suzuki, K. Nakamura, *et al., IEEE Trans. Magn.*, **36**, 3614, 3615 (2000)]

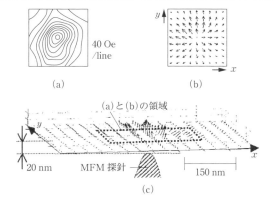

図 4.5.15 MFM 先端の磁界分布の測定例
[H. Suzuki, T. Shimakura, K. Nakamura, Digest of Intermag Europe 2002, DU01 (2002)]

の活用例として，磁気ヘッド極近傍の磁界分布測定[15]や，図 4.5.15 に示すような磁気力顕微鏡（MFM：magnetic force microscopy）の探針の漏れ磁界の評価などが報告されている[16,17]．

文　献

1) J. B. Elsbrock, W. Schroeder, E. Kubalec, *IEEE Trans. Magn.*, **21**, 1593 (1985).
2) 松田甚一, 表面科学, **13**, 540 (1992).
3) R. P. Ferrier, Y. Liu, J. L. Martin, T. C. Arnoldussen, *J. Magn. Magn. Mater.*, **149**, 387 (1995).
4) H. Shinada, S. Fukuhara, S. Seitou, H. Todokoro, S. Otomo, H. Takano, K. Shiiki, *IEEE Trans. Magn.*, **28**, 1017 (1992).
5) 松田甚一, 大多和康彦, 野水重明, 信学論 C-II, **J78-C-II**, 46 (1995).
6) H. Suzuki, T. Shimakura, K. Itoh, K. Nakamura, *IEEE Trans. Magn.*, **36**, 3614 (2000).
7) 松田甚一, 青柳欽也, 近藤康之, 飯塚雅博, 稲田明弘, 武笠幸一, 信学技報, **MR89-10**, 25 (1989).
8) J. Matsuda, K. Aoyagi, Y. Kondoh, M. Iizuka, K. Musaka, *IEEE Trans. Magn.*, **26**, 2061 (1990).
9) H. Takano, S. Sasaki, H. Shinada, K. Shiiki, Y. Sugita, *IEEE Trans. Magn.*, **28**, 2106 (1992).
10) H. Shinada, H. Suzuki, S. Sasaki, H. Todokoro, H. Takano, K. Shiiki, *IEEE Trans. Magn.*, **28**, 3117 (1992).
11) H. Shinada, Y. Suzuki, *J. Appl. Phys.*, **76**, 7690 (1994).
12) J. Yin, J. Matsuda, S. Nomizu, *J. Phys. D : Appl. Phys*, **29**, 1116 (1996).
13) S. Nomizu, J. Yin, Y. Nakano, K. Ogawa, J. Matsuda, *IEEE Trans. Magn.*, **32**, 4926 (1996).
14) S. Nomizu, J. Yin, K. Ogawa, J. Matsuda, *IEEE Trans. Magn.*, **33**, 4032 (1997).
15) 島倉智一, 中村公夫, 伊藤健一, 丸山洋治, 鈴木 寛, 日本応用磁気学会誌, **27**, 245 (2003).
16) H. Suzuki, T. Shimakura, K. Nakamura, Digest of Intermag Europe 2002, **DU01** (2002).
17) 鈴木 寛, 島倉智一, 中村公夫, 精密工学会誌, **70**, 746 (2004).

4.5.5　ローレンツ電子顕微鏡法

透過電子顕微鏡（TEM：transmission electron microscope）を用いた磁区観察法として最も多く利用されているのが，ここで述べるローレンツ電子顕微鏡法である[1]．磁区観察のさいには，通常，TEM を用いて微細組織を観察する場合と異なり注意を要する点がある．汎用の TEM に用いられている電子レンズは，電磁石からなり，この対物レンズによる磁束密度は試料位置で約 2 T にも及ぶ．このため，永久磁石などのいわゆるハード磁性材料でさえ，この強い磁場の影響を受け，その磁区構造は壊されてしまう．したがって，磁区観察を適切に行うためには，試料位置での，対物レンズの磁場を低く抑える必要がある．TEM 内の試料位置で磁場を弱くする最も簡便な方法は，対物レンズのスイッチを切り，消磁処理を行うことである．また，対物レンズを動作させたまま，強い磁場の影響がないところまで試料を移動させる場合もある．さらに，詳細な磁区構造を観察するために，対物レンズに特殊な磁気シールド機能をもたせ，試料位置でのみ磁場を低く抑える一方，試料位置近傍に強い磁場を発生させる，いわゆるローレンツレンズも開発されている[2,3]．

ローレンツ電子顕微鏡法の観察様式として，対物レンズのフォーカスをずらして観察するディフォーカス法（フレネル法ともよばれる）と正焦点位置で観察するインフォーカス法（フーコー法ともよばれる）の二つがおもに利用されている[4,5]．このほか，電子ビームを試料面上を走査させることにより磁化分布を観察できる走査ローレンツ電子顕微鏡法があり，以下にこれらの観察法について説明する．

a. ディフォーカス法

入射電子は，試料内で磁場に伴うローレンツ力によって偏向を受ける（図 4.5.16）．このとき電子が受ける力は，よく知られたフレミング左手の法則，つまり左手の親指が力 F，人差し指が磁束密度 B そして中指が電流の方向 I によって示される．その大きさと方向は，電子の速度を

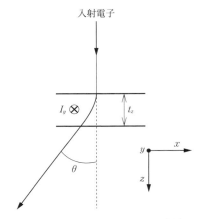

図 4.5.16 磁化による入射電子の偏向

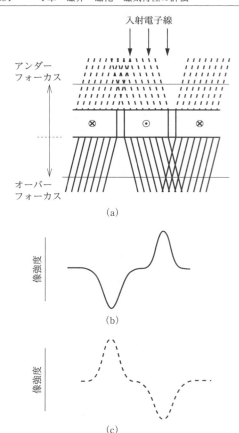

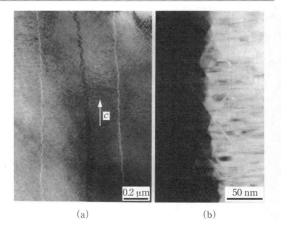

図 4.5.18 ディフォーカス法とインフォーカス法での Sm-Co 系磁石のローレンツ電子顕微鏡像
(a) ディフォーカス法　(b) インフォーカス法

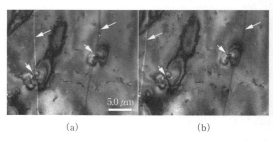

図 4.5.19 無方向性電磁鋼板のローレンツ電子顕微鏡像
磁場の印加により，介在物に磁壁（矢印で示した白黒の線）がピン止め (a) され，また介在物から離れる (b) 様子を動的に観察することができる．

図 4.5.17 ディフォーカス法における像強度
(a) 原理　(b) オーバーフォーカス
(c) アンダーフォーカス

v，素電荷を e とすると，磁束密度 B を用いて，次式で与えられる．

$$F = -e(v \times B) \tag{4.5.3}$$

ディフォーカス法では，比較的大きくフォーカスをずらした状態で磁性材料を観察する（図 4.5.17(a)）．したがって，たとえばオーバーフォーカス（過焦点：レンズ作用を強くする場合）側では，偏向を受けた電子が強め合ったり また弱め合って像コントラストを形成する（図(b)）．これに対して，アンダーフォーカス（不足焦点：レンズ作用を弱くする場合）側では，像コントラストの反転が生じる（図(c)）．電子の偏向により，磁壁の像強度が高くなる場合を収束像，また像強度が低くなる場合を発散像とよんでいる．ディフォーカス法で得られる像について，一連のフォーカス変化量に対する磁壁の幅の変化を測定し，それらを正焦点まで外挿することにより，磁壁の幅を定量的に決定することができる．なお，磁壁が入射電子線に対して傾斜している場合，磁壁の幅を過大評価することになるので注意を要する．磁壁の幅を精度よく決定するためには，試料を傾斜させたり，場所により変化する場合には最も狭い幅を示す領域で測定を行うなど，磁壁が電子線と平行になっていることを確認しておくことが大切である．

図 4.5.18(a) には，Sm-Co 系永久磁石のディフォーカス法で得られたローレンツ電子顕微鏡像を示す．c 軸方向に沿って白と黒のジグザグの線が認められるが，これが磁壁の位置に対応する．ディフォーカス量に対する磁壁のコントラストの幅を測定し，外挿法により正焦点位置で Sm-Co 系磁石の磁壁幅も見積もられている[6]．また，この手法は磁性体の磁区構造観察だけでなく，超伝導体中の磁気構造にも適用され，磁束量子の移動する様子が動的に観察されている[7]．

図 4.5.19 は，電子顕微鏡用試料ホルダーに装着した微小な電磁石を用い磁場印加に伴う無方向性電磁鋼板中の磁壁の動きを観察した例である．磁場印加により，電磁鋼板中の磁壁が介在物にピン止めされ，また介在物から離れる様子が動的にとらえられている[8]．電子顕微鏡用試料ホルダ内の電磁石を用いて交流での磁場印加を行うことにより，鉄損を理解するうえで重要な磁壁と格子欠陥との相互作用を明らかにすることができる．

汎用のディフォーカス法では，磁壁の位置が可視化され

るだけであるが，強度輸送方程式（TIE：transport of intensity equation）を用いると，ディフォーカス量を変化させながら撮影した複数の電子顕微鏡像の強度分布から位相情報を導き出すことができ，後述する電子線ホログラフィーと同様の磁束の分布をイメージングすることも可能となる[9,10]．TIE を用いた磁気イメージング法は像強度分布変化の低周波雑音に弱い面もあるが，特別な付加装置を必要とせず，観察領域の制限もないため，実際の解析の現場において有用な場合がある．

一般にディフォーカス法では，比較的大きなフォーカスはずれを必要とするため，必然的に像にぼけを生じ，高倍率で組織を詳細に観察することが困難になるという短所がある．磁区構造を正焦点位置で観察するには，以下で述べるインフォーカス法を用いる必要がある．

b. インフォーカス法

図4.5.20 に，インフォーカス法によるローレンツ電子顕微鏡像の観察様式を模式的に示す．式（4.5.3）のローレンツ力によって偏向を受けた電子は，回折図形上にわずかに分裂した透過ビームや回折斑点を形成する．これらの分裂したビームを，正焦点（インフォーカス）でいっしょに結像に用いても何ら磁区に関する情報は得られない（図(a)）が，図(b)や(c)のように，分裂したビームの一方のみを結像に用いれば，磁区が識別できることになる．図4.5.18(b)に，インフォーカス法で観察した Sm-Co 系磁石のローレンツ電子顕微鏡像を示した．ディフォーカス法に比べ，より高倍率での観察ができ，図では，Sm_2Co_{17} 相と $SmCo_5$ 相の微細なセル組織も観察されており，磁壁のジグザグな形状が $SmCo_5$ 相に沿って存在していることが明らかとなっている[6]．

c. 走査ローレンツ電子顕微鏡法

本観察手法は走査透過電子顕微鏡（SEM：scanning electron microscope）をもとに，局所領域での磁気計測を目的として，Glasgow 大学の Chapman らにより開発されたものである[11]．この手法で用いる SEM の装置は，おもに①電子線源，②電子線走査部，③コンデンサレンズ（対物レンズ），④十字に分割された四分割検出器で構成

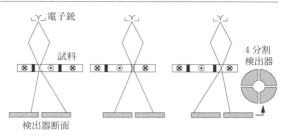

図 4.5.21　走査ローレンツ電子顕微鏡法の原理を示す模式図

されている．まず，磁化がないときの電子線の中心が，回折面（後焦平面に対応）上の四分割検出器の中心にあたるようにし，四つの検出器に等しく入射するように調整しておく．この状態で磁性体試料を走査すれば，ローレンツ力により電子線が偏向し，検出器上の電子線の位置がずれて，検出器間の信号強度に差が生じる（図4.5.21）．この差信号を総和信号で割ることにより磁化情報を抽出することができる．この手法は走査型透過電子顕微鏡像を見て組織情報を観察しながら，差信号により磁化情報も同時に計測できるという特徴がある．

文　献

1) 進藤大輔，"磁気イメージングハンドブック"（日本磁気学会 編），p.48，共立出版（2010）.
2) K. Shirota, A. Yonezawa, K. Shibatomi, T. Yanaka, *J. Electron Microsc.*, **25**, 303 (1976).
3) K. Tsuno, M. Inouem, *Optik*, **67**, 363 (1984).
4) P. B. Hirsch, A. Howie, P. B. Nicholson, D. W. Pashley, M. J. Whelan, "Electron Microscopy of Thin Crystals", Butterworth (1968).
5) P. J. Grundy, R. S. Tebble, *Adv. Phys.*, **17**, 153 (1968).
6) J. M. Yang, D. Shindo, H. Hiroyoshi, *Mater. Trans. JIM.*, **38**, 363 (1997).
7) K. Harada, T. Matsuda, J. Bonevich, M. Igarashi, S. Kondo, G. Pozzi, U. Kawabe, A. Tonomura, *Nature*, **360**, 51 (1992).
8) Z. Akase, D. Shindo, M. Inoue, A. Taniyama, *Mater. Trans.*, **48**, 2626 (2007).
9) M. R. Teague, *J. Opt. Soc. Am.*, **73**, 1434 (1983).
10) 石塚和夫，顕微鏡，**40**, 188 (2005).
11) J. N. Chapman, P. E. Batson, E. M. Waddell, R. P. Ferrier, *Ultramicrosc.*, **3**, 203 (1978).

4.5.6　スピン SEM 法

スピン偏極走査電子顕微鏡（スピン SEM）法は，SEM にスピン検出器を組み合わせた磁区観察法である[1]．この手法では，強磁性体から放出される二次電子のスピン磁気モーメントが，放出場所の磁化と平行であることを利用し，二次電子の偏極ベクトル3成分をスピン検出器[1~3]で検出して磁区像を得る．強磁性体の磁区観察法としては，本書に記載されているものも含めてさまざまな手法が知られているが，これらの手法と比較してスピン SEM 法は，磁区像と表面形状像が同時に取得でき，磁化方向の直接検出がで

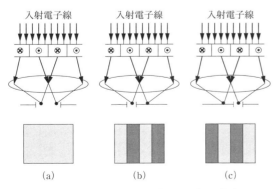

図 4.5.20　インフォーカス法による磁区の観察

きる，立体構造をもつ試料でも観察できる，プロービング深さが1nm以下と浅いため，超薄膜や表面層だけの磁化状態も観察できる，ミリメートルオーダーからサブミクロンオーダーまでと，観察視野のダイナミックレンジが広い，高分解能であるなどの特長を有する．本項では，この手法を用いた磁区観察の原理について簡単に説明し，上記特長を示す代表的な観察例を紹介する．紙面の制約上，詳細については説明しきれず，原著論文もあげきれないので，できるだけ平易に書かれた日本語の解説記事を文献[1~7]としてあげる．関心のある読者はこれらを参照されたい．

図4.5.22 にスピンSEMによる磁区観察の原理を示す．強磁性体試料に電子線を照射すると，試料内部にあって磁化の要因となっている電子が，そのスピン磁気モーメントの方向を保ったまま二次電子として放出される．したがって，細束プローブ電子線で試料面を走査し，放出二次電子の偏極ベクトルの独立3成分をスピン検出器で検出することで磁区像が得られる．ここで，偏極ベクトルはスピン角運動量から定義され，電子は負の電荷をもつことから，二次電子の偏極ベクトルの方向は磁化方向と逆向きであり，大きさは試料の材質に固有であって，磁化の大きさとは正の相関関係がある．一般に磁区像は磁化方向分布像と考えてよいが，試料の材質が均質である場合，偏極ベクトルの大きさは場所によらず一定となるため，偏極ベクトルの各成分を画像信号とすることで，磁化方向の違いをコントラストとした磁区像が得られる．また，磁化方向を明確にするために，偏極ベクトルの独立3成分から偏極ベクトル方向を算出し，これを擬似カラー，矢印などで表示することも行われる[2]．スピンSEMで得られる磁化情報の深さはおおむね二次電子の脱出深さで決まり，試料表面から1nm程度である．

図4.5.23 に $La_{1.4}Sr_{1.6}Mn_2O_7$ の磁化3成分（M_x, M_y, M_z）像の温度依存性を示す[4~6]．この試料は強磁性金属的な性質を有する MnO_2 の二重層と，非磁性絶縁体的な $(La, Sr)_2O_2$ 層（層面はab面）がc軸方向に1nmの周期で交互に積層された層状ペロブスカイト構造をとる．M_x,

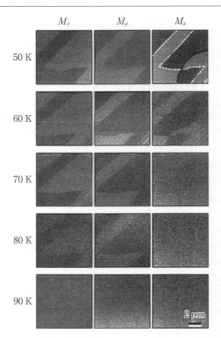

図4.5.23 層状反強磁性体 $La_{1.4}Sr_{1.6}Mn_2O_7$ のab面の磁区像

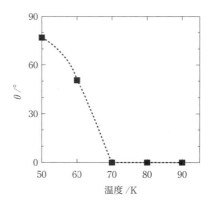

図4.5.24 層状反強磁性体 $La_{1.4}Sr_{1.6}Mn_2O_7$ の磁化方向の温度依存性

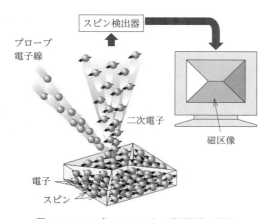

図4.5.22 スピンSEMによる磁区観察の原理

M_y および M_z はそれぞれ磁化の紙面内水平，垂直および紙面法線方向（c軸）成分を用いて得られている．50Kの像に示した白の破線は高さ1nmのステップであり，黒の破線は，60Kでその位置が変わっていることから，磁壁と考えられる．ステップの両側で M_x, M_y ともコントラストが反転していることから，試料は層状反強磁性構造をもつことが確認できる．70Kでは M_x, M_y のコントラストは残っているが，M_z のコントラストが消えることから，磁化はこの温度でab面内に寝ることがわかる．また，90Kで M_x, M_y および M_z すべてのコントラストが消えることから，この温度が試料のネール点である．各温度の画像データから，磁化と試料面のなす角度を計算することができる．結果を図4.5.24に示す．50Kではab面から75°

と c 軸に近い方向をとっていた磁化は，温度が上がるに従って ab 面方向に傾き始め，70 K で面内に寝る．さらに温度が上っても磁化方向は変わらず，大きさのみが減少して 90 K で磁化は消失する．

多くの磁区観察法は，画像信号が磁気情報と表面形状情報の両方を含むため，得られる磁区像には表面形状が重畳される．そこでこれらの磁区観察法では，それぞれの手法に応じた方法で磁区像と形状像を時系列に取得し，前者から後者を差し引くことによって，近似的に磁気情報のみを有する磁区像を得る．しかしながら，表面の凹凸が非常に大きい試料や立体構造をもつ試料では，このような手法はもはや適用できなくなる．スピン SEM ではスピン偏極度を画像信号として磁区像を得るが，この偏極度は磁気情報のみを有しているため，試料がどのような形状をもっていても純粋に磁気情報のみをもつ磁区像を得ることができる．図 4.5.25(a) は磁気ヘッドの磁極の磁区像である[7]．この像では偏極ベクトルの左方向（図右上矢印）成分をグレイスケールで示している．この試料の表面は互いに傾きが異なる四つの平面から構成されているが，すべての面で明瞭な磁区コントラストが得られている．図(b)は(a)と同時に得られた同一場所の形状像である．図(c)は(a)，(b)を足し合わせたものであるが，これより形状と磁区の関係を知ることができる．図 4.5.26 はアモルファスリボン $Fe_{78}B_{13}Si_9$ の磁区像である[8]．図(a)では，幅数十 μm の大きな磁区とそれに隣接する細かな磁区が見られる．この細かな磁区の領域を拡大したものが図(b)であり，磁区はストライプ構造をとっていることがわかる．さらに，このストライプ状磁区を拡大したものが図(c)であり，ストライプの磁壁は一定の周期で波打っていること，それに合わせて磁区内部の磁化が周期的に揺らいでいることがわかる．この磁区をさらに拡大し，磁化方向を示す矢印と重ねたものが図(d)である．ストライプ内の磁化はほぼストライプと垂直で，隣接するストライプの磁化は互いに逆方向を向いている．この試料は正の磁歪定数をもち，ストライプ磁区が出現している部分は，面内の圧縮応力によって試料面と垂直な磁気異方性が誘起されている．しかしながら，この異方性は十分大きくないため，バルクで面直方向をとっていた磁化が表面では面内に寝て磁荷が出現しない還流磁区を形成し，その体積を小さくすることで異方性エネルギーの損失をできるだけ小さく抑え，静磁エネルギーで大きく得をする．したがって，ストライプ磁区は表面からストライプの幅程度の深さまでに存在する磁区となる．ストライプ磁区内の周期的構造は，還流磁区であるストライプ磁区内部に別途生じた還流磁区で，磁壁のエネルギー，異方性エネルギー，静磁エネルギーの微妙なバランスの上に生じていると考えられる．図 4.5.26(a) の大きな磁区が出現している部分では，面内の引張応力によって試料面内の磁気異方性が誘起されている．磁化は試料面内に向くため，表面に磁荷が生じることはなく，細かな還流磁区を生じる必要もないため，比較的大きな磁区が現れてい

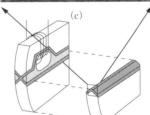

図 4.5.25 磁気ヘッドの磁区像

る．このように，スピン SEM の観察視野はミリメートルオーダーからサブミクロンオーダーまでと，ダイナミックレンジが広く，その視野に連続的な対応ができる．

図 4.5.27 は HDD の垂直記録媒体に，ビット長，(a) 254 nm，127 nm，(b) 64 nm，42 nm で記録された記録状態の観察結果である[9]．画像信号は偏極ベクトルの媒体面法線方向成分を用いている．記録層の材質は CoPtCr で，記録トラックの背景には，ビット長 25 nm の記録状態が観察されている．ビット長が短くなるに従って，ビット形

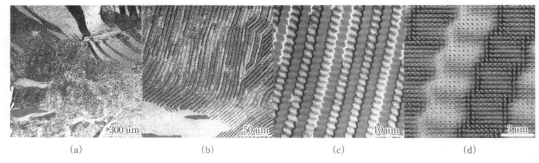

図 4.5.26 アモルファスリボンの磁区構造

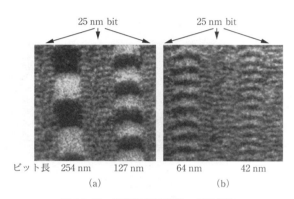

図 4.5.27 垂直磁気記録媒体の記録状態

状が乱れていく様子が見てとれる．ビット境界の幅，もしくはビット内の逆磁区のサイズから，分解能は5 nm に達していることがわかる．

以上スピン SEM の原理と特長を簡単に説明したが，最近では分解能 3 nm，磁区観察場所の元素分布像，結晶方位像が得られ，試料温度が 10～400 K の範囲で設定可能なスピン SEM が開発されている[10]．今後，磁性物理や産業応用において威力を発揮することが期待される．

文　献

1) 孝橋照生，甲野藤真，松山秀生，小池和幸，"磁気イメージングハンドブック"（日本磁気学会 編），3 章，共立出版（2010）．
2) 小池和幸，パリティ，**21**, 44 (2006)．
3) 小池和幸，"表面物性工学ハンドブック"（小間 篤，八木克道，塚田 捷，青野正和 編），pp.449-450，丸善出版（1987）．
4) 甲野藤真，十倉好紀，小池和幸，固体物理，**44**, 333 (2005)．
5) 小池和幸，まてりあ，**45**, 192 (2006)．
6) 小池和幸，表面科学，**26**, 9 (2005)．
7) 小池和幸，"磁気工学ハンドブック"（川西健次，近角聰信，櫻井良文 編），pp.224-232，朝倉書店（1998）．
8) K. Koike, H. Matsuyama, W. J. Tseng, J. C. M. Li, *Appl. Phys. Lett.*, **62**, 2581 (1993)．
9) T. Kohashi, M. Konoto, K. Koike, *J. Electron Microsc.*, **19**, 43 (2010)．
10) K. Koike, *Microscopy*, **62**, 177 (2013)．

4.5.7 電子線ホログラフィー

a. 電子線ホログラフィーの原理

ホログラフィ (holography) とは，注目する情報の"すべて（ホロ：holo）"を"再現させる記録法（グラフィー：graphy）"を意味する．その原理は，1948 年に D. Gabor によって示された[1]．電子線ホログラフィーは，"電子顕微鏡内での電子波の位相情報の記録（電子線ホログラムの撮影）"と，"コンピュータによるホログラムからの電子の位相情報の再生"の2段階からなる[2,3]．図4.5.28 に，電子線ホログラフィーの原理を模式的に示す．真空中を伝搬する電子波に対し，物体内外の電場や磁場の存在による電子波の振幅 a と位相 ϕ の変化は，一般的に波動関数を用いて次式のように記述することができる．

$$q(\boldsymbol{r}) = a(\boldsymbol{r}) \exp(i\phi(\boldsymbol{r})) \tag{4.5.4}$$

ここで，薄膜の電子顕微鏡試料に対して，$\boldsymbol{r}$ は薄膜面内の二次元座標に対応する．この電子波（物体波）と真空中を

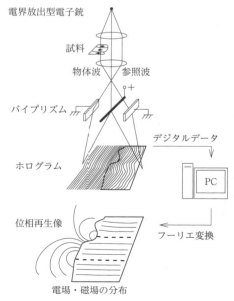

図 4.5.28 電子線ホログラフィーの原理を示す模式図

伝搬した電子波（参照波）を，バイプリズム（径が1μm以下のフィラメントと一対のアース電極からなる）に電圧を印加することにより干渉させ，電場や磁場による位相変化を干渉縞（電子線ホログラム）に記録することになる．

物体波と参照波がバイプリズムによって偏向を受け，それぞれ $-\alpha_h/2$ と $\alpha_h/2$ の角度で干渉したとすると，その散乱振幅 g_h は，次式で与えられる．

$$g_h(\boldsymbol{r}) = a(\boldsymbol{r})\exp\left(-\pi i \frac{\alpha_h}{\lambda}x + i\phi(\boldsymbol{r})\right) + \exp\left(\pi i \frac{\alpha_h}{\lambda}x\right) \quad (4.5.5)$$

したがって，ホログラムの強度分布 I_h は，次式となる．

$$I_h(\boldsymbol{r}) = |g_h(\boldsymbol{r})|^2 = 1 + a^2(\boldsymbol{r}) + 2a(\boldsymbol{r})\cos\left(2\pi\frac{\alpha_h}{\lambda}x - \phi(\boldsymbol{r})\right) \quad (4.5.6)$$

ここで，式(4.5.4)の物体波に対応する波動関数だけを用いて結像を行っても，像強度として得られるものは，a^2 の振幅情報のみであり，電場や磁場の情報を含む位相情報 ϕ は得られない．これに対して，物体波と参照波の干渉によって得られる像強度，つまり電子線ホログラムでは，式(4.5.6)右辺の第3項に位相情報 ϕ が含まれていることに留意したい．結局，電子線ホログラム上では，λ/α_h の周期の干渉縞が，電場や磁場による位相変化 ϕ により変調を受けることを示している．

位相情報に含まれる電位や磁束の分布を画像として可視化するには，式(4.5.6)で表されるホログラムにフーリエ変換の演算を施し，位相情報 ϕ を二次元の座標 $\boldsymbol{r}$ の関数として画像表示することになる．通常，この位相情報は $\cos\phi$ で表示され，その二次元画像は位相再生像とよばれている．磁場に関しては，位相再生像の白線（あるいは黒線）間には，磁束量子（$h/(2e)$）の2倍の磁束（h/e）が存在することになる[4]．なお，透過電子顕微鏡（TEM：transmission electron microscope）を用いて電子線ホログラフィーにより磁性体を観察する場合，前述したローレンツ電子顕微鏡法による観察と同様，対物レンズによる磁場の影響を十分に考慮する必要がある．以下では，電子線ホログラフィーによる非晶質ソフト磁性体，磁気記録媒体およびナノコンポジット磁石の観察例を示す．ナノ結晶ソフト磁性材料，機能性磁性材料や磁気相変態も含めた電子線ホログラフィーの広範な応用研究について文献[5]を参照されたい．

b. 電子線ホログラフィーの観察例

図4.5.29は，急冷法によって得られた非晶質試料 $Fe_{73.5}Cu_1Nb_3Si_{13.5}B_9$ のローレンツ電子顕微鏡像と電子線ホログラフィーによって得られた位相再生像を比較したものである[6]．図4.5.29(a)のディフォーカス法によるローレンツ電子顕微鏡像では，磁壁の位置が白いあるいは黒い帯状のコントラスト（矢印）として観察されている．図(b)は，バイプリズムに電圧を約40V印加したさいに得られたホログラムであり，試料外では直線的な干渉縞が試料内で

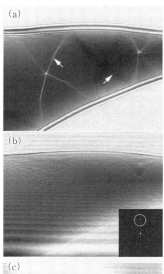

図 **4.5.29** 急冷法によって得られた非晶質 $Fe_{73.5}Cu_1Nb_3Si_{13.5}B_9$ のローレンツ電子顕微鏡像(a)と電子線ホログラム(b)およびその位相再生像(c)

は磁場の影響で大きく偏曲しているのがわかる．図(b)に挿入したホログラムのフーリエ変換図形内の白丸で囲った領域の散乱振幅をフーリエ逆変換することにより得られた位相再生像が図(c)に示してある．ここで，試料の厚さ変化が緩やかであり内部電位に対応する電場の影響は少ないと考えられ，位相再生像に現れる白線（あるいは黒線）は磁束線に対応し，その白線の間には上述したように h/e の磁束が存在していると理解できる．図中の矢印は磁束線の方向を示しており，磁束線の方向が急激に変化する場所がローレンツ電子顕微鏡像で白（あるいは黒）の帯として観察された磁壁の位置に対応している．このように，電子線ホログラフィーによって得られる位相再生像からは，試料表面に磁極をつくらない方形状の還流磁区の様子が磁束線の分布として直接得られることがわかる．

図4.5.30に，Co-CoO斜方蒸着テープの内外の磁束分布を観察した例を示す．近年，電子顕微鏡用薄膜試料作製法として，集束イオンビーム（FIB：focused ion Beam）法が精力的に利用され，従来困難であったテープ断面の観察も可能となっている．FIB加工で得られた薄膜試料は，比較的均一な厚みを有するが，正確な磁束の情報を得るためには，この試料でも内部電位の影響を除去する必要がある．ここでは，わずかな厚さ変化に伴う内部電位による位

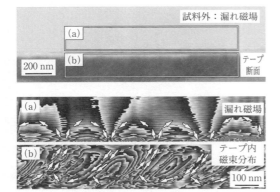

図4.5.30 Co-CoO蒸着テープの断面を示すTEM像（上）とCo-CoO蒸着テープ内外の磁束分布を示す位相再生像（下）．(a),(b)は上部のTEM像の方形領域に対応する．

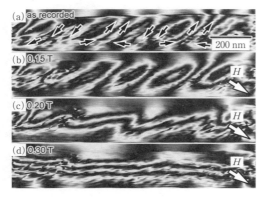

図4.5.31 記録した磁気テープに外部から磁場を印加したさいの磁束の変化を示す位相再生像
(a) 記録状態　(b) 0.15 T　(c) 0.20 T　(d) 0.30 T
Hを付した大きな矢印は磁場の印加方向を示す．

相変化を除去するため，薄膜試料に対して異なる方向から電子線を入射させホログラムを観察し（実際には，試料を裏返すなどの操作を行う），内部電位の効果を差し引いている．図4.5.30の上部は，この蒸着テープの断面を示すTEM像で，下部はこのCo-CoO斜方蒸着磁気テープ内外の磁束分布を示す位相再生像である．図4.5.30(a), (b)は上部のTEM像の方形領域に対応し，(a)が試料外部での漏れ磁場，また(b)は試料内部での磁束分布を示している．試料内から外部にかけて磁束は閉じたループを形成し，それらのループは右回りと左回りが交互に繰り返されており，010101……の磁気情報が書き込まれていることがわかる．これらのデータと，磁気テープの異方性磁場，保磁力および飽和磁束密度などを仮定して得られた磁束分布のシミュレーションとの詳細な比較・検討が行われている[7]．図4.5.31は，010101……と記録した磁気テープに外部から磁場を印加し，その磁束の分布が変化する様子が示されている．この場合には，0.2 T以上の磁束密度で，テープ内の磁束の分布が大きく変化し，磁気記録情報が消失する

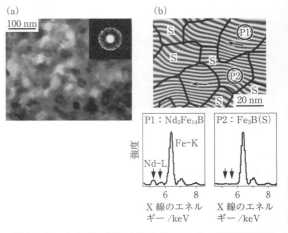

図4.5.32 ナノコンポジット磁石$Nd_{4.5}Fe_{77}B_{18.5}$の透過電子顕微鏡像と電子回折パターン(a)および$Nd_{4.5}Fe_{77}B_{18.5}$の位相再生像と特性X線スペクトル(b)

ことがわかる．シミュレーションとの対応を通して，テープ内の磁化分布の解析も実施されている[8]．

ナノコンポジット磁石では，高い保磁力H_cを有するハード磁性相と高い飽和磁束密度B_sを有するソフト磁性相をナノスケールで組み合わせることにより，大きな最大エネルギー積を生じさせている．図4.5.32(a)に，$Nd_{4.5}Fe_{77}B_{18.5}$ナノコンポジット磁石の微細構造を示す透過電子顕微鏡像とその電子回折パターンを示す[9]．結晶粒の平均サイズは35 nm程度であり，回折パターンには，ハード磁性相$Nd_2Fe_{14}B$（$B_s=1.57$ T）とソフト磁性相Fe_3B（$B_s=1.60$ T）の微細な結晶粒からの数多くの回折斑点が認められる．この試料内の磁束線の分布を示す位相再生像を図(b)に示す．黒線は結晶粒界を示している．電子線を収束させP1とP2から得られた特性X線スペクトルを図下に示す．P1ではFeのK線のほかNdのL線も検出されているが，P2では，FeのK線のみが観察されている．したがって，P2の結晶粒はFe_3Bのソフト磁性相（S）であると同定できる．このように，微細組織を同定しながら，その磁束分布の様子を明らかにできるのは，TEMの大きな長所といえ，熱処理などの違いによる磁気特性の変化と組織・磁束分布との対応が詳細に調べられている[9]．

文献

1) D. Gabor, *Nature*, **161**, 777 (1948).
2) A. Tonomura, "Electron Holography, 2nd Ed.", Springer-Verlag (1999).
3) D. Shindo, T. Oikawa, "Analytical Electron Microscopy for Materials Science", p. 116, Springer-Verlag (2002).
4) 進藤大輔，"磁気イメージングハンドブック"（日本磁気学会 編），p. 52，共立出版 (2010).
5) D. Shindo, Y. Murakami, *J. Phys. D: Appl. Phys.*, **41**, 183002 (2008).

6) D. Shindo, Y.-G. Park, Y. Yoshizawa, *J. Magn. Magn. Mater.*, **238**, 101 (2002).
7) W. X. Xia, K. Tohara, Y. Murakami, D. Shindo, T. Ito, Y. Iwasaki, J. Tachibana, *IEEE Trans. Magn.*, **42**, 3252 (2006).
8) K. Tohara, W. X. Xia, Y. Murakami, D. Shindo, T. Ito, Y. Iwasaki, J. Tachibana, *J. Electron Microsc.*, **58**, 7 (2009).
9) D. Shindo, Y. G. Park, Y. Murakami, Y. Gao, H. Kanekiyo, S. Hirosawa, *Scr. Mater.*, **48**, 851 (2003).

4.5.8 磁気力顕微鏡

磁気力顕微鏡（MFM：magnetic force microscope）は，非接触原子間力顕微鏡の一種である[1~5]．MFMの原理図を図4.5.33に示す．図のように探針は磁性薄膜でコートされており，外力によって振動している．探針の運動状態は，探針と試料に起因する漏れ磁場の間に作用する磁気力によって変化する．この運動状態の変化を光-てこ方式や探針に埋め込んだ抵抗素子によって検出し画像化すれば，試料の磁区構造を反映する画像が得られる．いま，探針先端部が試料表面に対して垂直方向（Z方向）に振動しているとすれば，探針の振動は次式で表される．

$$m\frac{d^2Z(t)}{dt^2} + \gamma\frac{dZ(t)}{dt} + (k+F_z')Z(t) = Pe^{i\omega t} \quad (4.5.7)$$

ここで，$Z(t)$は探針の変位，mは実効的質量，γはダンピング定数，kはばね定数，$Pe^{i\omega t}$は外力である．F_z'は探針-試料間に働く磁気力F_zのz方向の一階微分で磁気力勾配とよばれる．カンチレバーの振動を$Z(t) = Z(\omega)e^{i(\omega t - \delta)}$とすると，その共振周波数$\omega_0$，振幅$z(\omega)$，位相$\delta$，および振動の$Q$値は，それぞれ次のように与えられる．

$$\omega_0 = \sqrt{(k+F_z')/m},$$
$$Z(\omega) = \frac{(P/m)}{\sqrt{(\omega_0^2-\omega^2)^2 + (\gamma\omega/m)^2}},$$
$$\delta = \cot^{-1}\left(\frac{\omega_0^2-\omega^2}{\gamma\omega/m}\right), \quad Q = m\omega_0/\gamma \quad (4.5.8)$$

MFMは，試料の漏れ磁場と探針の間に働く磁気力勾配F_z'によるカンチレバーの運動の共振周波数，振動振幅，位相の変化を画像化している[5]．

実際の磁気力顕微鏡測定では，磁気力勾配を画像化した磁気像と試料の表面形状を同時に観察することができる．

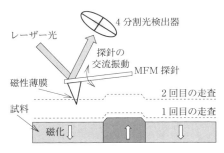

図4.5.33 磁気力顕微鏡測定の原理図

磁気像と表面形状像の分離は，原子間力が近距離相互作用，磁気力が遠距離相互作用であることを利用しており，探針高さを変化させて2回走査する．1回目の走査では，探針が試料表面をなぞるように走査されて形状情報が得られる．2回目の走査では，探針の高さを試料表面から上昇させて1回目の走査で得られた形状情報に沿って探針を移動する．このとき探針の運動状態が磁気力勾配によって変化するため，その運動状態を画像化することにより磁気像が得られる．ただし，通常のMFM測定では，探針-試料間に作用する力は原子間力，磁気力だけではなく，静電的な力や表面吸着層による力が働くため，得られる画像が測定環境，探針-試料間距離，探針の磁気特性，探針先端の形状によって変化するので注意が必要である．MFMの分解能は，磁気記録媒体に書き込まれた高密度記録パターンの磁気像をフーリエ変換し，画像スペクトルの観察限界から空間分解能を求める手法が用いられており，おおむね10 nmの分解能が報告されている[5]．また，孤立した単一ドットの観察では，直径14 nmのドットの磁化反転が観察されている[6]．

MFMの測定では，観察のための特殊な試料整形を必要とせず，試料表面の汚染がなく平坦な試料のMFM観察は容易である．また，磁気力顕微鏡の観察領域は通常1〜100 μm程度である．したがって，記録媒体中の記録パターン[5,7]，垂直磁気異方性を有する多層膜[8,9]や微細加工試料[10~12]などの磁区構造観察が多く報告されている．観察結果の一例として，長さ15 μmの方形パーマロイの還流型磁区構造の例を図4.5.34(a)に示す．また，図(b)，(c)にLandau-Lifshitz-Gilbert方程式を用いたシミュレーション（LLGシミュレーション）で計算した方形パー

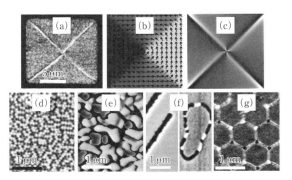

図4.5.34 MFMによって観察された種々の磁区構造
還流型磁区構造を示すパーマロイ方形薄膜(a)，方形パーマロイ試料の磁化配列と磁極分布の計算結果(b)と(c)，Al_2O_3ナノホール薄膜(d)，単磁区および多磁区構造をもつFePt微粒子(e)，[Co/Pd]/Ru/[Co/Pd]多層膜(f)，微細加工薄膜パターン(g)．
[(a) 山岡武博氏のご厚意による，(d) T. Wang, *et al.*, *Nanotechnology*, **19**, 455703 (2008), (e) G. Li, *et al.*, *J. Magn. Mat.*, **303**, 14 (2006), (g) 石尾俊二ほか"磁気イメージングハンドブック"（日本磁気学会 編），p.108，共立出版（2010）]

マロイ試料（2000×2000×20 nm^3）の磁化配列と磁極分布（$\rho_m = -\text{div}\,M$；ここで ρ_m は磁極，M は磁化）もあわせて示す．MFM が観察する磁気力勾配は試料中に生じる磁極分布に起因するが，図に見るように観察結果と計算された磁化分布(b)あるいは磁極分布(c)はよく対応している．そのほかの磁区観察例として，パターンメディアを目指した Al_2O_3 ナノホール薄膜（図(d)）[13]，垂直磁気異方性 FePt 微粒子の多磁区構造（図(e)）[14]，反強磁性結合した [Co/Pd]/Ru/[Co/Pd] 多層膜でみられる特異な磁区構造（図(f)）ならびに微細加工で作製された面内薄膜パターン（図(g)）などの MFM 像を示した．

磁気力顕微鏡の多機能化や高分解能化の試みとして，磁場中測定[6,15]，低温・高温測定[16,17]が行われている．また，磁場掃引型磁気力顕微鏡[18]では，探針は固定位置に置かれ，外部磁場を掃引しながら特定位置での MFM 出力の磁場変化を観察する．この手法は，ナノパターンの磁壁の移動を検出する場合に有用である．また，保磁力の小さな探針を用い，微小高周波磁場を印加して探針磁化の方向を変調する試みが行われている[19]．これは式(4.5.7) の Fz' を交流変調（変調周波数 $\omega_m < \omega_0$）することに対応する．同手法は，形状像と磁気像が確実に分離され，漏れ磁場の極性の変化によって位相が 180° 変化するため二値化が容易であり，磁区構造の評価が容易である．さらに，磁気ヘッドのつくる高周波磁場の観察[20,21]，IC パターンの欠陥の観察[22]も行われている．関連するプローブ顕微鏡として，交換力顕微鏡[23]，磁気共鳴力顕微鏡[24]などがある．

文　献

1) Y. Martin, H. K. Wickramasinghe, *Appl. Phys. Lett.*, **50**, 1455 (1987).
2) E. Myer, H. J. Hug, R. Bennewitz, "Scanning Probe Microscopy", pp. 73-125, Springer (2003).
3) A. Thiaville, J. Miltat, J. M. Garcia, "Magnetic Microscopy of Nanostructures" (H. Hopster, H. P. Oepen, eds.), pp. 225-250, Springer (2005).
4) L. Abelman, A. van den Bos, C. Lodder, "Magnetic Microscopy of Nanostructures" (H. Hopster, H. P. Oepen, eds.), pp. 253-283, Springer (2005).
5) 石尾俊二，山岡武弘，齊藤 準，"磁気イメージングハンドブック"（日本磁気学会 編），p. 95，共立出版 (2010).
6) S. Ishio, J. Bai, H. Takahoshi, H. Saito, *J. Magn. Soc. Jpn.*, **28**, 834 (2004).
7) 石尾俊二，"Advanced Technologies of Perpendicular Magnetic recoding" (Y. Nakamura, ed.), pp. 194-202, CMC (2007).
8) O. Hellwig, A. Berger, J. B. Kortright, F. E. Fullerton, *J. Magn. Magn. Mater.*, **319**, 13 (2007).
9) Y. Fu, W. Pei, J. Yuan, T. Wang, T. Hasegawa, T. Washiya, H. Saito, S. Ishio, *Appl. Phys. Lett.*, **91**, 152505 (2007).
10) K. Sato, T. Yamamoto, T. Tezuka, T. Ishibashi, Y. Morishita, A. Koukitu, K. Machida, T. Yamaoka, *J. Magn. Magn. Mater.*, **304**, 10 (2006).
11) M. Tanaka, E. Saitoh, H. Miyajima, T. Yamaoka, *J. Magn. Magn. Mater.*, **282**, 22 (2004).
12) R. Proksch, *Curr. Opin. Solid State Mater. Sci.*, **4**, 231 (1999).
13) T. Wang, Y. Wang, Y. Fu, T. Hasegawa, H. Oshima, K. Itoh, K. Nishio, H. Masuda, F. S. Li, H. Saito, S. Ishio, *Nanotechnology*, **19**, 455703 (2008).
14) G. Li, H. Saito, S. Ishio, T. Shima, K. Takanashi, *J. Magn. Magn. Mater.*, **303**, 14 (2006).
15) T. Yamaoka, S. Hasumura, K. Andou, M. Tamura, H. Tsujikawa, A. Yamaguchi, H. Miyajima, *J. Magn. Soc. Jpn.*, **33**, 298 (2009).
16) P. Kappenberger, S. Martin, Y. Pellmont, H. J. Hug, J. B. Kortright, O. Hellwig. E. E. Fullerton, *Phys. Rev. Lett.*, **91**, 267202 (2003).
17) A. K. Singh, Z. Zhang, J. Yin, T. Suzuki, *J. Appl. Phys.*, **97**, 10N512 (2005).
18) Y. Endo, Y. Matsumura, H. Fujimoto, R. Nakatani, M. Yamamoto, *Jpn. J. Appl. Phys.*, **46**, L898 (2007).
19) M. R. Koblischka, J.-D. Wei, T. Sulzbach, U. Hartman, *Appl. Phys. A*, **94**, 235 (2009).
20) H. Saito, R. Ito, G. Egawa, Z. Li, S. Yoshimura, *J. Appl. Phys.*, **105**, 07D524 (2009).
21) H. Saito, M. Siekman, H. Ikeya, G. Egawa, S. Ishio, S. Yoshimura, *Appl. Phys. Lett.*, **100**, 222405 (2012).
22) D. Saida, T. Edura, K. Tsutsui, Y. Wada, T. Takahashi, *Jpn. J. Appl. Phys.*, **44**, 8625 (2005).
23) K. Sueoka, A. Subagyo, H. Hosoi, K. Mukasa, *Nanotechnology*, **15**, S691 (2004).
24) G. P. Berman, F. Borgonovi, V. N. Gorshkov, V. I. Tsifrinovich, "Magnetic Resonance Force Microscopy and a Single-Spin Measurement", World Scientific (2006).

4.5.9　スピン偏極プローブ顕微鏡

スピントロニクスでは，ナノスケールのエレクトロニクスとしてスピンを制御することにより，従来の限界から抜け出した新機能デバイスの創出が期待されている．具体的には 1988 年に発見された巨大磁気抵抗効果に始まり，近々では 1999 年にスピンの注入磁化反転の現象が見出されている．スピントロニクスで扱われるのは金属磁性体，酸化物磁性体などさまざまな物質であり，スケールも従来のマクロな磁性体からナノスケールの磁気構造となってきている．したがって，ここでは原子分解能での磁気構造あるいはスピン配列を観測することが重要となる．これを実現する計測法としては走査プローブ顕微技術があり，本項ではスピンに依存したトンネル電流を計測するスピン偏極トンネル顕微鏡（SP-STM：spin polarized scanning tunneling microscope）およびスピンとの相互作用を計測する交換相互作用顕微鏡（MExFM：magnetic exchange force microscope）を紹介する．

a. SP-STM

SP-STM により物質表面のスピン偏極度 $P = (N\uparrow - N\downarrow)/(N\uparrow + N\downarrow)$[1] を測定し SP-STM 像として可視化を行う．ここで，$N\uparrow$，$N\downarrow$ はそれぞれ up スピン，down スピンをもつ電子数である．すなわち，電子スピン

の向きに対応した探針-試料間のトンネル電流の変化を測定し物質表面のスピンの分布を求める．試料の磁化が探針の磁化と平行か反平行かでトンネルコンダクタンスに差が生じる，いわゆる強磁性トンネル接合のスピンバルブ効果に対応する．走査プローブ顕微鏡（SPM：scanning probe microscope）を用いた磁気構造の観察手段として磁気力顕微鏡（MFM：magnetic force microscope）[2,3]があるが，これはSP-STMとは動作原理が異なり，最表面の磁化状態を直接計っているのではなく，試料表面からの漏れ磁場の勾配を計るため定量的解釈は難しい．同じく漏れ磁場の測定法としては，ホール素子[4]，SQUID素子[5]，MR素子[6,7]をプローブ先端に搭載したプローブ顕微鏡についても研究されているが，いずれもMFMの空間分解能に至らず，SP-STMはこれらを越える能力を有する．SP-STMのトンネル電流には，トポロジー（凹凸）情報にスピンからの情報が加わるが，スピンからの情報は通常1%以下であり，これを分離する手法が必要である．この手法として大まかに三つの方法が考えられる．① 磁性体探針あるいは試料の磁化を磁場によって変調する磁場変調法，② バイアス電圧を変化させるスピン偏極トンネル分光法，③ 励起光の円偏光度を変調し，対応するトンネル電流の変化より表面スピンの偏極度を求める方法である．

SP-STMにより表面磁気構造の観察が最初になされたのは1999年のことで，Wiesendangerら[8]は単原子ステップごとに磁化方向が変わる反強磁性Cr(001)表面に対して磁化方向一定のCrO_2探針を用い偏極電子を検出した．また，Johnsonら[9]は試料，探針ともに閉磁路を形成し，Ni探針の磁化を一定，試料のパーマロイ薄膜の磁化を変調してスピン偏極トンネル電流を検出した．これは第一の方法であるが，試料-探針間距離を一定に保つ必要があり，磁化状態の反転のための外部印加磁場によるドリフト，磁歪効果からの探針先端位置，試料表面位置の変動を抑える必要がある．また，Wulfhekelら[10]は，保磁力0.5 Oe以下の金属ガラス探針を用いてCo(0001)表面の観察を行い，表面に垂直の方向のスピン偏極を観測している．磁性探針を用いる場合には，探針からの漏れ磁場の試料磁化への影響は慎重に検討する必要がある．また，試料表面が磁気的秩序状態にある場合の研究もあり，微視的構造と磁気的状態の関連が中心的題材となる．Heinzeら[11]のW(110)上の単層Mn薄膜をFe/W(110)あるいはGd/W(110)探針を用いての実験は，原子分解能での磁気像の最初のものである．Mn表面は原子ごとに反平行で，磁化容易軸は面内にあることが理論的に示されており，W探針では（1×1）のダイヤモンド型単位胞が示され，Fe探針では[001]方向に平行なstripeがMn原子像格子間隔の2倍周期で観測された．最近の研究としては，A. Subagyoら[12,13]はFe_3O_4(001)/MgOにおけるVerweyの電荷秩序整列現象が表面の局所的現象であることを示している．

第二の方法は，バイアス電圧を変化させてトンネル電流を求める走査トンネル分光（STS：scanning tunneling spectroscopy）を測定することにより試料表面の交換分裂をした表面準位を利用して，第一の方法である磁化反転と同等の効果を出すものである．Bodeら[14,15]は，W(110)上のGd(0001)薄膜試料についてFeをコートしたW探針を用いて実験を行った．Gd(0001)表面のd_{z^2}-likeの表面準位が交換分裂をしてupスピンおよびdownスピン準位となっていることが，逆電子分光などにより調べられている[16]．これらの準位がSTSで観測され，Fe磁性探針を用いるとそのスペクトルに磁場に依存した微分トンネルコンダクタンスの非対称が生じる．およそ700 mVの交換分裂をした表面電子状態が正負二つのバイアス点でのdI/dUの非対称性から示されているが，分裂幅が小さいためSTSで容易に測れることがわかる．また，外部からの印加磁場によりGdの磁化反転をするとこの非対称性は反転する．このスペクトルによりスピン偏極を求める方法は，前記第一の方法のような外部磁場を必要とせず，STSを測定すれば求められることを示している．この非対称性を表すパラメーターについてイメージングをすると磁区構造の観察が可能であった．また，Pietzschら[17]は，微傾斜W(110)面のステップ状のFeナノワイヤに対してGd/W探針で測定し，Wステップエッジにできた2モノレイヤのナノワイヤ中の磁化がワイヤ間で反強磁性的に相互作用をしていることを見出した．

第三の方法は，GaAsなどせん亜鉛鉱構造のⅢ-Ⅴ族化合物半導体において，励起光の円偏光度を変化させ，光学的選択則を利用して伝導帯に励起する電子のスピン偏極を変調し，これをスピンプローブとするものである．すなわち，円偏光度で変調されたトンネル電流の変化より試料表面のスピン偏極を求める．この方法では，励起光の強度を変えることなく円偏光度の制御が可能である．スピン偏極を正しく評価するには半導体探針先端の電子状態を理解することが重要で，その試みがなされている[18〜20]．末岡ら[21]は，いわばSP-STMと逆の系であるGaAs薄膜試料と磁性体探針間でのトンネル現象がGaAsの光励起に依存することを示した．また，試料面内あるいは垂直なスピン成分を測定するGaAs薄膜へき開探針を提案した[22]．Fe薄膜を用いて円偏光応答特性を測定し，外部磁場に依存したトンネル電流の変化が測定された．鈴木ら[23]は，Co/Au/マイカ試料を光励起したへき開GaAs探針を用いて表面磁気構造の検出に成功している．第三の方法は，磁性体探針を用いないので試料への磁気的影響がないという特徴を有する．

b. MExFM

金属酸化物は工学あるいは，工業上でさまざまな有用な用途があり注目されている．たとえば，触媒は多くの化学工業において不可欠であり，金属酸化物触媒においては酸化物表面の金属イオン，酸化物イオンには多様な配位状態が存在し，その触媒作用を支配する．また，スピントロニクスの領域では酸化物磁性層が多岐にわたり使われている．これら酸化物表面の電子状態の研究は重要な課題である．これに対して原子間力顕微鏡（AFM：atomic force microscope）は，AFM 探針先端と試料表面間に働く原子間力をカンチレバーの変位から測定するため，導体，半導体，絶縁体と試料の種類を問わず対象とすることができる．AFM には，大きくは探針と試料表面とが接触する方式と非接触でカンチレバーの振動周波数あるいは振幅の変化より測定する方式とがあり，後者を非接触型原子間力顕微鏡（NC-AFM：noncontact atomic force microscope）とよぶ．NC-AFM では実空間の表面像が真の原子分解能で得られている．

　磁性について考えると前記 SP-STM ではトンネル電流を測定するので，絶縁性の磁性物質に対して適用するのは難しい．そこで考えられるのは交換相互作用などを NC-AFM で検出することである．長距離磁気双極子相互作用を検出する磁気力顕微鏡（MFM）に対して，ここでは短距離の交換相互作用を検出する NC-AFM について述べる[24]．この顕微鏡を交換相互作用力顕微鏡（MExFM：magnetic exchange force microscope）とよぶ．

　強磁性探針と強磁性試料間に働く短距離磁気相互作用についての理論的な検討は，一次元の単純なモデル[25]で始められ，強結合近似（tight-binding approximation）[26]，さらに第一原理計算でも行われている[27〜30]．結果として交換相互作用のような短距離磁気相互作用力は 10^{-9}〜10^{-10} N のオーダーであり，AFM の感度領域が 10^{-12}〜10^{-13} N なので[31]測定可能な値であることがわかり，NC-AFM を用いて磁気モーメント像が原子分解能で可視化可能であることが予測できた．

　実際の NC-AFM 測定では，探針先端原子と試料表面原子間にファンデルワールス力 F_{vdw}，静電気力 F_{el}，化学結合力 F_{chem} が働くが，磁性体探針と磁性体試料間では，長距離相互作用である磁気双極子相互作用が加わり，さらに化学結合力に短距離相互作用である交換相互作用が含まれる．この電子スピンに依存した短距離の相互作用は，試料表面原子のスピンと探針原子のスピンの配置が互いに平行，反平行で異なる．この相互作用の違いを NC-AFM で検出すると，たとえばスピンの向きの異なる同種原子について考えると原子ごとの凹凸の差が生じる．逆に，この凹凸の差より試料表面のスピン状態が原子分解能で識別できることになる．

　交換相互作用が NC-AFM で測定できる検証の実験について考える．磁性体探針を用いる場合，試料表面の同種の原子同士ではファンデルワールス力および静電気力はスピンの向きによらず同じ大きさであるが，磁気双極子相互作用が存在し，これが交換相互作用の抽出の妨害となる．この効果を減らすために探針－試料間の距離依存性を利用することも考えられるが，試料として反強磁性体表面，たとえば NiO を選ぶことにする[32,33]．スピン偏極した Na あるいは H 探針などを用いた低温 NC-AFM で NiO(001)面の Ni イオンの平行，反平行のスピンコントラストが観察されることが第一原理計算により示されている[34]．

　NiO は広バンドギャップの絶縁物で，結晶構造は室温で NaCl 型（菱面体晶系）の構造で AF_2 反強磁性（Neel 温度 525 K）を示す．{111}面の Ni サイトのスピンは強磁性配列で隣の面とは互いに反強磁性配列をとることが LEED 測定で確かめられており[35]，UHV 中でへき開された NiO(001) 表面はほぼバルクと同様の結晶構造が保たれている[36,37]．また，へき開し NiO(001) 表面のスピン配列についても X 線磁気直線二色性測定により反強磁性的であることが示されている[38]．

　細井らはへき開 NiO(001) について UHV NC-AFM を用いて室温測定を行っている[39]．UHV 中でへき開後，Ar イオンスパッタで NiO(001) 清浄表面を作製し，Si 探針を用いてカンチレバー振幅，振動数一定で測定を行い，予想される周期の原子の凹凸像が観察された．観察されている原子像が O 原子か Ni 原子かはこの時点では判断できない．Foster ら[40]，Shluger ら[41] は，探針先端の静電ポテンシャルがどちらの原子が明るい原子像になるかについて検討し，アニオン探針はカチオン表面原子と強く相互作用をすることを予測している．

　NiO(001)表面の Fe 探針を用いた室温での NC-AFM 像は，Si 探針同様原子分解能像が得られている[42,43]．MgO(001) 表面に対して金属探針は，O 原子と強く相互作用することが理論的検討により示されているが[44]，そのまま NiO に適用できるかどうかわからない．交換相互作用が計測されているとすると，Fe 探針により求められた原子の凹凸の高さはスピンの平行，反平行で異なるはずであり，その割合は数％となろう．白色雑音を減らすために隣の原子とのペアを多数個重ね焼きをすると，スピン偏極度に対応する原子高さの非対称性は結晶方位に依存していることがわかり，この異方性は反強磁性体の予測されるスピン配列と一致した．また，Si 探針の場合には，この対称性が観察されていないことから，この非対称性は Fe 探針に起因するものと考えられ，強磁性体探針を用い NC-AFM により交換相互作用力が検出されたことになる[24,32,42]．観察されている原子像が Ni 原子であれば，Fe 探針先端原子と試料表面 Ni 原子との直接の交換相互作用を検出していることになり，O 原子であれば探針先端 Fe 原子と試料表面の O 原子を介しての二層目の Ni 原子が超交換相互作用をしていることになる．これらのメカニズムが理論的にも検討されている[45]．

　Kaiser ら[46〜49]は，上記と同様 NiO(001) 表面に対して低温の UHV NC-AFM を用いて高磁場（5 T）を外部より印加することで，探針先端のスピンを固定することにより原子高さの非対称性をより明確にできることを述べている．図 4.5.35 は Fe 探針を用いた探針-NiO(001) 表面との距離が遠い場合（4.5 pm，図(a)）と近接した場合（1.5 pm，図(b)）の NiO(001) 像を示す．同図中の挿入図は結晶の単位胞(a)と磁気的単位胞(b)内で平均した像を示し，右側の図は［001］方向の原子の凹凸の断面を示す．図(a)では原子の凹凸に非対称性は見られないが，図(b)では単位胞に倍周期の非対称性が見られ，これは近距離の相互作

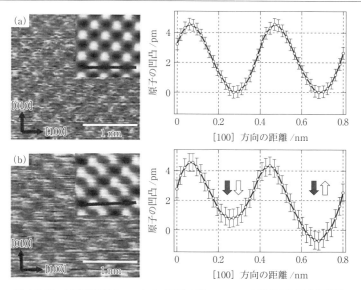

図 4.5.35 反強磁性酸化ニッケル (001) 面についての交換相互作用力顕微鏡による表面原子配列とスピン配列
[U. Kaiser, A. Schwarz, R. Wiesendanger, *Nature*, **446**, 522 (2007)]

用である交換相互作用を検出しているものと考えられる．また，最近の研究としては，W(001) 面上の Fe 単分子層の観察があり，スピン依存のコントラストが得られているとしている[50]．

NC-AFM を用いて原子分解能で近距離相互作用が検出できることをみてきたが，今後さまざまな物質についての試みを通して汎用的に使用できる測定装置への展開が期待される．

文　献

1) J. Kessler, "Polarized Electrons, 2nd Ed.", Springer-Verlag (1985).
2) R. Wiesendanger, H. J. Guntherodt, "Scanning Tunneling Microscopy Ⅰ-Ⅲ", Springer-Verlag (1992).
3) D. Sarid, "Scanning Probe Microscopy with application to electric, magnetic and atomic forces", Oxford (1994).
4) A. M. Chang, H. D. Hallen, L. Harriott, H. F. Hess, H. L. Kao, J. Kwo, R. E. Miller, R. Wolfe, J. van der Ziel, T. Y. Chang, *Appl. Phys. Lett.*, **61**, 1974 (1992).
5) J. R. Kirtley, M. B. Ketchen, K. G. Stawiasz, J. Z. Sun, W. J. Gallagher, S. H. Blanton, S. J. Wind, *Appl. Phys. Lett.*, **66**, 1138 (1995).
6) R. O'Barr, M. Lederman, S. Schulz, *Appl. Phys. Lett.*, **79**, 6067 (1996).
7) 木村道哉, 中村基訓, 末岡和久, 武笠幸一, 日本応用磁気学会誌, **25**, 1079 (2001).
8) R. Wiesendanger, H.-J. Güntherodt, G. Güntherodt, R. J. Gambino, R. Ruf, *Phys. Rev. Lett.*, **65**, 247 (1990).
9) M. Johnson, J. Clark, *J. Appl. Phys.*, **67**, 6141 (1990).
10) W. Wulfhekel, J. Kirschner, *Appl. Phys. Lett.*, **75**, 1944 (1999).
11) S. Heinze, M. Bode, A. Kubetzka, O. Pietzsch, X. Nie, S. Blügel, R. Wiesendanger, *Science*, **288**, 1805 (2000).
12) A. Subagyo, K. Sueoka, K. Mukasa, *J. Magn. Magn. Mater.*, **290-291**, 1037 (2005).
13) アグス スバギヨ, 末岡和久, *Magnetics. Jpn.*, **3**, 174 (2008).
14) M. Bode, Mgetzlaff, R. Wiesendanger, *Phys. Rev. Lett.*, **81**, 4256 (1998).
15) M. Bode, M. Getzlaff, R. Wiesendanger, *J. Vac. Sci. Technol.*, **A17**, 2228 (1999).
16) M. Donath, B. Gubanka, F. Passek, *Phys. Rev. Lett.*, **77**, 5138 (1996).
17) O. Pietzsch, A. Kubetzka, M. Bode, R. Wiesendanger, *Phys. Rev. Lett.*, **84**, 5212 (2000).
18) R. Laiho, H. J. Reittu, *Surf. Sci.*, **289**, 363 (1993).
19) M. W. J. Prins, R. Jansen, R. H. M. Groeneveld, A. P. van Gelder, H. van Kempen, *Phys. Rev. B*, **53**, 8090 (1996).
20) M. W. J. Prins, R. Jansen, H. van Kempen, *Phys. Rev. B*, **35**, 8105 (1997).
21) K. Sueoka, K. Mukasa, K. Hayakawa, *Jpn. J. Appl. Phys.*, **32**, 2989 (1993).
22) 末岡和久, 細山直樹, A. Subagyo, 武笠幸一, 早川和延, 表面科学, **19**, 522 (1998).
23) W. Nabuhan, Y. Suzuki, R. Shinohara, K. Yamaguchi, E. Tamura, *Appl. Surf. Sci.*, **144-145**, 570 (1999).
24) H. Hosoi, *et al.*, "Noncontact Atomic Force Microscopy" (S. Morita, R. Wiesendanger, E. Meyer, eds.), p. 125, Springer-Verlag (2002).
25) K. Mukasa, H. Hasegawa, Y. Tazuke, K. Sueoka, M. Sasaki, K. Hayakawa, *Jpn. Appl. Phys.*, **33**, 2692 (1994).
26) H. Ness, F. Gautier, *Phys. Rev. B*, **52**, 7352 (1995).
27) K. Nakamura, H. Hasegawa, T. Oguchi, K. Sueoka, K. Hayakawa, K. Mukasa, *Phys. Rev. B*, **56**, 3218 (1997).
28) K. Nakamura, T. Oguchi, H. Hasegawa, K. Sueoka, K. Hayakawa, K. Mukasa, *Appl. Surf. Sci.*, **140**, 366 (1999).

29) K. Nakamura, T. Oguchi, H. Hasegawa, K. Sueoka, K. Hayakawa, K. Mukasa, *Appl. Surf. Sci.*, **142**, 433 (1999).
30) K. Nakamura, T. Oguchi, H. Hasegawa, K. Sueoka, K. Hayakawa, K. Mukasa, *Jpn. J. Appl. Phys.*, **37**, 6575 (1998).
31) Y. Martin, C. C. Williams, H. K. Wickramasinghe, *J. Appl. Phys.*, **61**, 4723 (1987).
32) H. Hosoi, K. Sueoka, K. Mukasa, *Nanotechnology*, **15**, 505 (2004).
33) U. Kaiser, A. Schwarz, R. Wiesendanger, *Nature*, **446**, 522 (2007).
34) A. S. Foster, A. L. Shluger, *Surf. Sci.*, **490**, 211 (2001).
35) K. Hayakawa, K. Namikawa, S. Miyake, *J. Phys. Soc. Jpn.*, **31**, 1408 (1997).
36) F. P. Netzer, M. Prutton, *J. Phys. C*, **8**, 2401 (1975).
37) C. G. Kinniburgh, J. A. Walker, *Surf. Sci.*, **63**, 274 (1977).
38) H. Ohldag, A. Scholl, F. Nolting, S. Anders, F. U. Hillebrecht, J. Stöhr, *Phys. Rev. Lett.*, **86**, 2878 (2001).
39) H. Hosoi, K. Sueoka, K. Hayakawa, K. Mukasa, *Appl. Surf. Sci.*, **157**, 218 (2002).
40) A. S. Foster, C. Barth, A. L. Shulger, M. Reichling, *Phys. Rev. Lett.*, **86**, 2373 (2001).
41) A. L. Shluger, A. I. Livshits, A. S. Fosterdag, C. R. A. Catlow, *J. Phys. Condens. Matter.*, **11**, R295 (1999).
42) H. Hosoi, M. Kimura, K. Sueoka, K. Hayakawa, K. Mukasa, *Appl. Phys. A*, **72**, S23 (2001).
43) W. Allers, S. Langkat, R. Wiesendanger, *Appl. Phys. A*, **72**, S27 (2001).
44) A. S. Foster, A. L. shluger, *Surf. Sci.*, **490**, 211 (2001).
45) H. Momida, T. Oguchi, *Surf. Sci.*, **590**, 42 (2005).
46) U. Kaiser, A. Schwarz, R. Wiesendanger, *Nature*, **446**, 522 (2007).
47) U. Kaiser, A. Schwarz, R. Wiesendanger, *Phys. Rev. B*, **78**, 104418 (2008).
48) A. Schwarz, U. D. Schwarz, S. Langkat, H. Hölscher, W. Allers, R. Wiesendanger, *Appl. Surf. Sci.*, **188**, 245 (2002).
49) S. Langkat, H. Holscher, A. Schwarz, R. Wiesendanger, *Surf. Sci.*, **527**, 12 (2003).
50) R. Schmidt, C. Lazo, H. Hölscher, U. H. Pi, V. Caciuc, A. Schwarz, R. Wiesendanger, S. Heinze, *Nano Lett.*, **9**, 200 (2009).

5 応用

5.1 磁気記録・・・・・・・・・・・・・567
5.2 ハイブリッド記録・・・・・・・・・623
5.3 スピントロニクス素子・・・・・・・629
5.4 センサ・アクチュエータ・制御技術・・660
5.5 パワーマグネティックス・・・・・・701
5.6 高周波磁気・・・・・・・・・・・・734
5.7 生体磁気・・・・・・・・・・・・・774
5.8 強磁場応用・・・・・・・・・・・・796

5.1 磁気記録

5.1.1 記録装置・記録方式

a. 記録装置

本項では，記録装置として代表的なハードディスクドライブ（HDD）の基本構造を例に取り上げ，装置の構成を説明する．

ハードディスクドライブは，回転する円盤状のディスク媒体に，データ信号を記録・再生する情報記録装置である．この装置の主構成は，信号を記録しておくディスク，ディスクに信号を記録し再生するための磁気ヘッド，記録・再生信号の変復調と符号・復号および誤り訂正を担う信号処理回路，磁気ヘッドを支えるサスペンションアームを駆動させる機構（アクチュエータ），ホストインタフェース，およびそれらの制御回路群からなっている．ディスク上には，約 100 nm ピッチで同心円状にデータトラックが形成されている．ハードディスクドライブの内部構成写真を図5.1.1 に示す．

データトラックには，ヘッドを位置決めするための基準となるサーボ信号が離散的に形成されており，磁気ヘッドがサーボ信号を読み取り，位置決め誤差をトラックピッチの数パーセント以下になるようアクチュエータ駆動源のボイスコイルモータ（VCM）を制御する仕組みである．図5.1.2 に，ハードディスクドライブのディスク上のサーボ信号配置を示す．アクチュエータアームは，VCM とサスペンションアームを，ピボットを軸に質量バランスを保つように配置した構造である．磁気ヘッドがアクセスするデータの位置に応じて，アクチュエータアームは 30 度程度の角度範囲で回転する．サスペンションアームの先端に位置する磁気ヘッドは，VCM への駆動電流制御によりピボットを軸に円弧の軌跡を描いて移動し，記録再生を行なうためデータトラックに位置決めされる．

図 5.1.1 ハードディスクドライブの内部構成（サイズ：1.8インチ型 HDD）

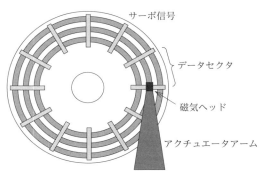

図 5.1.2 ハードディスクドライブのディスク上のサーボ信号配置

アクチュエータアームの先端に配置された磁気ヘッドをデータトラック上に位置決めし，データ信号をトラックに記録し再生する．磁気ヘッドの記録・再生素子はセラミックスからなる浮上スライダ後端部に配置され，ディスク媒体回転による空気流を利用してディスク上の約数nmの高さで浮上している．図5.1.3に，ハードディスクドライブにおける，磁気ヘッドの浮上構造を示す．

信号処理回路は，正確なデータ記録を行うため，記録・再生信号の変復調と符号化・復号化および誤り訂正を行う．図5.1.4に，ハードディスクドライブの信号処理回路におけるデータの流れを示す．

ホストシステムからディジタル記録データが入力されると，記録データにはエラー訂正符合（ECC：error correction code）が付加され，変調回路に送られる．変調回路では，信号データを磁気記録系の伝達特性に合った符号列に変換する．隣接する磁化転移同士の過干渉による信号ひずみを抑制し，かつ再生信号による自己クロック信号を連続的に作成するために，磁化転移間隔を一定の範囲内に設定するように符合変換処理が行われる．さらに，磁気記録の特徴である非線形磁化転移シフト（記録直後の近接磁化の影響で磁化転移点がシフトする現象）に対する補償調整を付加し，ディスク上に信号が記録される．

信号再生では，再生アンプからのアナログ再生信号を波形等化回路により変調方式の伝達特性に整形し，復調・復号回路に送られ，アナログ信号がディジタル信号となる．ディジタル磁気記録では，隣接符合パルス間の線形干渉をあらかじめ想定して許容するPRML（partial response maximum likelihood）チャネルが使われている．この復号過程では，直前の結果も含めて最も確からしい符合列を選定する最ゆう度復号（maximum likelihood）が用いられている．復号処理の前または後にエラー訂正処理を施して，再生データがホストに送られる．面内磁気記録方式と垂直磁気記録方式では磁気記録系の伝達特性が異なるため，それぞれの特性に合わせたPRML方式が使われる．

ドライブの形状・大きさ（form factor）としては，おもに3.5インチ型，2.5インチ型，1.8インチ型の3種類の形状規格で製品化されている．

3.5インチ型は，おもに据置き型のデスクトップPCで使われている．また，毎分10000回転または15000回転の高回転数で転送レートを高く信号アクセス速度を高めたドライブは，高性能エンタープライズサーバーやストレージ向けに使われている．最新のサーバー向け高性能ドライブでは，最高内部転送レートは2.3 Gbit/sにも達する．また，ストレージシステム向けに，毎分7200回転で6 TB級の大容量のドライブも製造されている．

2.5インチ型は，小型軽量かつ大容量という特徴を生かしておもにノートPCで採用されている．最新の2.5インチ型ドライブではディスク1枚あたり750 GBの容量を記録することができる．3.5インチ型同様に，サーバー向けの高回転（毎分10000回転，15000回転）の高性能ドライブもある．また，高温や厳しい振動環境下での使用に耐える設計の車載HDDも製品化され，カーナビなどに採用されている．

1.8インチ型は，超小型・軽量という特徴と，高い耐衝撃性能と低消費電力性能を生かし，携帯マルチメディアプレーヤーや，ディジタルビデオカメラ，薄型ノートPCなどに採用されている．

サーバー向けの高性能ハードディスクドライブには，高速転送レートをサポートするSAS（serial attached SCSI）インタフェースやFC（fiber channel）インタフェースが採用されている．一方，PCに搭載されるハードディスクドライブでは，SATA（serial ATA）インタフェースが主流になっている．従来，PATA（parallel ATA）インタフェースが使われてきたが，インタフェース転送レートの高速化に対応するために，SATAに切り替わった．

b. 記録方式

本項では，ハードディスクドライブの誕生以来，半世紀にもわたって使われてきた面内磁気記録方式をまず説明する．面内磁気記録方式は，ハードディスクドライブだけでなく，磁気テープ記録装置やフロッピーディスク装置など，あらゆる磁気記録装置で長い間使われてきた方式である．次いで，面内磁気記録方式では到達できないさらに高い記録密度を実現するために，2005年にハードディスクドライブに導入された垂直磁気記録方式について説明する．

（i）面内磁気記録方式 面内磁気記録における信号記録の仕組みと，記録ヘッドおよびディスク媒体の構成を図5.1.5に示す．記録ヘッドは，リング状のソフト磁性体からなる記録磁極に記録電流を流す記録コイルを周回させた構造で，ディスク面と向かい合う場所に微小な空隙（記録ギャップ）が設けられている．ハードディスクドライブで使用する面内磁気記録ディスクは，平滑なガラスやアル

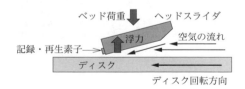

図5.1.3 ハードディスクドライブの磁気ヘッドの浮上構造

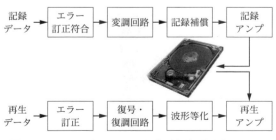

図5.1.4 ハードディスクドライブの信号処理回路におけるデータの流れ

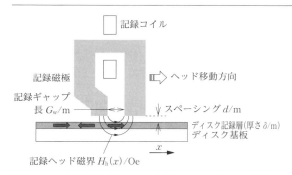

図 5.1.5 面内磁気記録における記録ヘッドとディスク媒体の構成構造

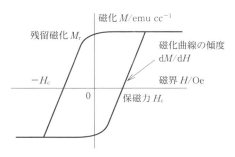

図 5.1.6 ディスク記録層の磁化曲線

ミ製の円盤状ディスク基板上に，膜面内に磁気異方性を有する記録磁性層を設けたものである．ディスク記録層の磁化曲線を図5.1.6に示す．

ディスクに信号を記録するには，記録ヘッドの記録コイルに記録信号に対応して変調された記録電流を流しリング状磁極内に磁束を発生させる．それにより，記録ギャップから発生する急峻な漏れ磁界（ヘッド記録磁界 H_h）がディスクの記録磁性層に印加され，その磁化 M を記録信号に従ってトラックに沿って正または負の方向に磁化する．もちろん，記録ヘッド磁界は，ディスク記録層の磁化を十分に飽和する強さでなければいけない．

ディスク媒体が記録磁界を発する記録ヘッドの直下を移動すると，ディスク記録層の磁化が記録ギャップからの記録ヘッド磁界により飽和レベルまで磁化される．記録信号に対応して記録ヘッド磁界の極性が反転すると，記録ギャップ後端付近で，反転した記録磁界の大きさがディスク記録層の保磁力 H_c と一致する点に，磁化転移が形成される．磁気記録のメカニズムは下式で表現される[1]．x はトラック方向の位置である．

$$\frac{dM(x)}{dx} = \frac{dM}{dH} \times \frac{d}{dx}[H_h(x) + H_d(x)] \quad (5.1.1)$$

ここで，M はディスク記録層磁化，H_h はヘッド磁界，H_d は記録層磁化 M による減磁界である．

ディスク記録層に形成される磁化転移傾度 $dM(x)/dx$ は，記録層の磁化曲線傾度 dM/dH と，記録層内の実効記録磁界傾度 $d/dx[H_h(x)+H_d(x)]$ の積で決定される．

ディスク記録層の磁化曲線傾度と記録層内の実効記録磁界傾度が大きいほど，磁化転移が急峻で磁化転移幅が狭くなる．これが記録分解能を高める基本的な方向である．

ディスク記録層に形成される磁化転移の形状を逆正接関数と仮定すると，磁化転移幅 a は以下のように近似的に求まる[1]．

$$a = \left(\frac{M_r \cdot \delta \cdot d}{\pi \cdot H_c}\right)^{\frac{1}{2}} \quad (5.1.2)$$

ここで，M_r は残留磁化，δ は記録層の膜厚，H_c は保磁力，d はスペーシングである．

この磁化転移幅の近似式からわかるように，記録分解能を高めるためには，ディスクの記録層の膜厚 δ と残留磁化 M_r の積 $M_r\delta$ を小さく，記録層の保磁力 H_c を大きくし，$M_r\delta/H_c$ を小さくすることが必要となる．これは，磁化転移形成過程における自己減磁の影響を抑制することにほかならない．記録ヘッド側としては，スペーシング d を低下させることが有効で，これはヘッドの磁界傾度を高める効果である．

記録信号の再生は，ディスク記録層の磁化転移から発生する磁界を再生ヘッドで検出するプロセスである．ハードディスクドライブでは1990年代中頃まで，電磁誘導型再生ヘッドが使われた．これは，ディスク記録層からの漏れ磁束 ϕ をリング状の再生ヘッド磁極に誘導し，磁極と鎖交するコイルに発生する電磁誘導電圧 $V = -d\phi/dt$ を信号として検出する方法である．電磁誘導型再生ヘッドは，コイルを通る磁束の時間変化を読み取る方式であり，信号強度はディスクの回転速度に比例する．

記録磁化形状を正弦波成分と仮定し，再生感度分布をKarlqvist式で近似して，相反定理により再生信号を求めると，再生分解能に関するヘッド・ディスク間スペーシング d，記録層厚 δ，再生ギャップ長 g による影響を，それぞれ分離して以下のように解析的に表すことができる[1]．

ヘッド・ディスク間スペーシング d による再生損失 L_d は，記録信号の波長を λ として，次の式で表される．

$$L_d = e^{-2\pi d/\lambda} \quad (5.1.3)$$

記録層厚 δ による出力損失 L_δ は，下式となる．

$$L_\delta = \frac{1 - e^{-2\pi\delta/\lambda}}{2\pi\delta/\lambda} \quad (5.1.4)$$

また，再生ギャップ長 g による出力損失 L_g は，以下のように表される．

$$L_g = \frac{\sin(\pi g/\lambda)}{\pi g/\lambda} \quad (5.1.5)$$

記録密度向上のための狭トラック化や，ディスク小型化に伴って相対速度が低下する環境において，電磁誘導型再生ヘッドでは再生感度に実用上の限界が出てきて，再生信号の十分な信号対雑音比を得ることが難しくなった．そこで，再生磁界によるソフト磁性膜の電気抵抗変化現象を利用する磁気抵抗効果（MR）ヘッドや，さらに高い感度を有するスピンバルブ型巨大磁気抵抗効果（GMR）再生ヘッドが使われるようになった．最近のハードディスクドライ

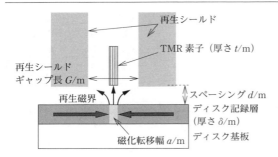

図5.1.7 TMR再生ヘッド構造

ブには，より感度に優れたトンネル効果型磁気抵抗効果 (TMR) 再生ヘッドが採用されている．一方，VTRなどの磁気テープ装置では，現在まで継続して電磁誘導型再生ヘッドが使用されている．

図5.1.7に，TMRヘッドを例に再生ヘッドの構造を示す．TMR素子の両側には高い透磁率のシールド膜が設けられており，二つのシールド膜に挟まれた狭い再生シールドギャップ内で，記録磁化からディスク表面に漏れ出した信号磁界がTMR素子に到達し，TMR素子の電気抵抗Rが変化する．TMR素子のDCセンス電流I_sと抵抗変化ΔRから，TMR素子両端に再生信号電圧$V (= \Delta R \times I_s)$が得られる．TMR素子の抵抗変化率$\Delta R/R$を大きくすることにより，大きな再生出力を得ることができる．記録密度を高めるためには，再生ヘッドのトラック幅を狭くつくる必要があり，狭いトラックの微小な磁界信号を読み取るため再生素子には高い感度，つまり高い抵抗変化率$\Delta R/R$が求められる．

TMR素子には再生シールドギャップから侵入する磁界だけが到達するため，シールド構造は再生ヘッドが読み取る分解能を決める役割をもつ．孤立磁化転移に対する再生信号パルスの半値幅PW_{50}は，同構造のMRヘッドと同じく下式で近似される[2]．

$$PW_{50} = \sqrt{\frac{G^2+t^2}{2} + 4\left(d+a+\frac{\delta}{2}\right)^2} \quad (5.1.6)$$

ここで，Gはシールドギャップ長，tはTMR素子厚，dはスペーシング，δはディスク記録層厚さ，aは記録層に形成された磁化転移幅である．

シールドギャップ長Gが小さく，スペーシングdが小さいほど，PW_{50}が小さくなり，高い分解能で信号を再生できる．シールドギャップが狭くなりすぎると，シールドギャップの窓からTMR素子の方向に流れ込む磁界の到達距離が短くなり，再生出力に寄与する磁界が少なくなってしまう．シールドギャップの狭小化による高分解能化と同時に，TMR素子の高感度が必要である．ディスクの孤立磁化転移に対する再生パルス波形は，上記PW_{50}を使い，ローレンツ波形として下式のように近似的に表現することができる．

$$e(x) = \frac{e_0}{1+\left(\frac{2x}{PW_{50}}\right)^2} \quad (5.1.7)$$

再生過程の線形性が成り立つ場合，再生信号の任意波形列は，孤立再生パルス波形を線形重畳することで得られる．磁化転移間隔Bの連続した再生パルス列は式(5.1.8)で表される．

$$e_t(x) = \sum_n (-1)^n e(x-nB) \quad (5.1.8)$$

再生波形の線形重ね合せの例を図5.1.8に示す．孤立再生パルス波形が，磁化転移ごとに交互に正方向，負方向に現れ，それらが線形に重畳され実際の波形列になる．

高密度記録を実現するうえでの課題として，ディスク内部の記録磁化状況を考える．面内磁気記録方式では，図5.1.5に示したように磁化転移で[S-N][N-S]と突き合わせて磁化が配置されている．この状態では隣接する磁化が互いに弱め合う減磁作用が働き，記録密度が高いほど減磁作用が増す．減磁界の影響が大きすぎると記録時に磁化転移幅が広がる悪影響が出るため，この減磁界を抑制するように記録系を構成することが重要である．

前述のように，面内磁気記録方式では$M_r\delta/H_c$を小さくすることにより減磁界に耐え高密度化を達成している．しかし同時に，再生信号の磁束源である$M_r\delta$を低下させることは，再生出力低下を引き起こす．これに対処するため，再生ヘッド素子の感度を高める必要がある．また，保磁力H_cを大きくするためには，強い磁界を発生する強力な記録ヘッドが必要となる．高密度記録を実現するためには，ヘッドとディスクを互いに協調して機能させることが必要である．

ハードディスクドライブとして高い記録密度と記録磁化状態の安定性を両立するためには，熱エネルギーを考慮した高密度記録設計が重要である．高い記録密度で高いディスク信号対雑音比SNRを得るためには，ディスク記録層を構成する磁性粒子をより微細にすることが必要である．しかし一方で，磁性粒子を微細化しすぎると熱的な磁化安定性を損なう危険性がある．磁性粒子に貯えられている磁気エネルギーは，磁性粒子の体積Vと磁気異方性エネルギー定数K_uの積VK_uで表される．磁性粒子の過度の微

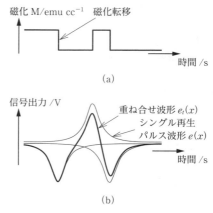

図5.1.8 再生波形の線形重ね合せ
(a) 記録磁化 (b) 再生波形

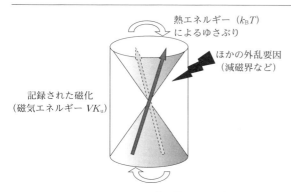

図 5.1.9 ディスク磁化の熱揺らぎ現象

細化は，温度環境における熱エネルギー $k_B T$（k_B はボルツマン定数，T は絶対温度）に対する磁気エネルギー VK_u の比を大きく減少させ，磁性粒子が熱エネルギーによるじょう乱の影響で不本意な磁化反転を起こす可能性を高めることになる（図 5.1.9）．熱揺らぎ現象による磁化反転の確率は，磁化転移間隔が狭くなり磁化転移近傍の減磁界が大きくなるほど，高まる性質がある．これらの要求事象を満足するためには，記録磁性層の磁性粒子を微細化（V を小さく）しつつ磁気異方性エネルギー定数 K_u を大きくして，磁気エネルギー VK_u を維持することが必要である．ハードディスクドライブにおける実用上の熱揺らぎ信頼性指標として，両エネルギーの比 $VK_u/k_B T$ を 60 以上に保つことが必要がある．また，K_u の大きな材料を使いこなす点で，ヘッド記録能力と連携した設計が必要である．

（ⅱ）垂直磁気記録方式 本項では，垂直磁気記録方式の基本構成と特徴について説明する．面内磁気記録方式では，記録密度を高めようとして磁化転移間隔を狭くすると，隣接する磁化による減磁作用が大きくなり，それが高密度化の原理的な障壁になっていた．これに対し，垂直磁気記録方式は，記録磁化をディスク面に対して垂直方向に配置して記録する構成（図 5.1.10）で，磁化転移で隣接する磁石が互いに強め合うように結合する性質がある．したがって，高い記録密度でも，減磁界が熱揺らぎによる不本意な磁化反転を助長することがなく，むしろ記録密度が高いほど減磁界が減る優れた性質をもつ．記録密度が高いほど安定な磁化構造となり，熱揺らぎ現象に対しより安定な記録状態を維持することができる．

垂直磁気記録方式は，面内磁気記録方式の記録密度限界

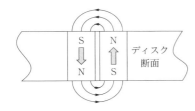

図 5.1.10 垂直記録における信号磁化の配列

で出現する回転磁化モード[3] の研究過程において東北大学岩崎俊一名誉教授によって 1975 年に発明され，新しい記録方式として 1977 年に論文[4,5] が発表された．1979 年までには，単磁極垂直記録ヘッド[5]，Co-Cr 垂直異方性メディア[6,7]，ソフト磁性裏打ち層をもつ 2 層膜垂直メディア構造[8] の垂直磁気記録 3 要素が相ついで発明され，垂直磁気記録方式の実用に資する基本形が完成した．図 5.1.11 に垂直磁気記録方式の基本構造を示す．

その後，低記録密度での自己減磁や熱揺らぎを克服し，じょう乱磁界耐性を高めるディスク記録層などの開発[9~13] を経て，安定な垂直磁気記録方式が完成した．その結果，2005 年に世界で初めての垂直磁気記録方式のハードディスクドライブが製品化された[14,15]．図 5.1.12 に世界初の垂直磁気記録方式ハードディスクドライブ製品の写真を示す[15]．2005 年の最初の製品から今日に至るまで，垂直磁気記録方式により記録密度は約 6 倍に高まった（2015 年 2 月現在）．

記録磁化をディスク面に垂直な方向に配列させて記録するために，磁化容易軸がディスク面に対して垂直に配向した垂直磁気異方性記録層を用いる．垂直記録ディスクの記録層には，磁気異方性エネルギーが大きい Co-Pt-Cr 合金がおもに使われ，結晶粒の微細化と分離のために酸化物によって粒界を分離する微細構造[10,11] が形成されている．磁性粒子のコアとなる Co-Pt-Cr などの Co 系合金は，六方稠密格子（hcp）とよばれる六角柱の結晶構造をとる．

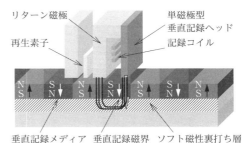

図 5.1.11 垂直磁気記録方式の基本構造

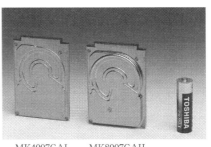

MK4007GAL　　MK8007GAH
（40 GB）　　　（80 GB）

図 5.1.12 世界初の垂直磁気記録方式ハードディスクドライブ
（東芝　サイズ：1.8 インチ型 HDD）

[http://www.toshiba.co.jp/about/press/2004_12/pr1401.htm]

基板に垂直な結晶成長方向に hcp 構造の c 軸をそろえ，ディスク面に垂直な方向を磁化容易軸とするように形成される．

ディスクの断面構造を図 5.1.13 に示す．非磁性基板の上に高透磁率ソフト磁性層を形成し，後述するように垂直磁気ヘッドの一部としての機能をもたせる．ソフト磁性層上には，記録層の結晶成長を制御する中間層と，垂直磁気異方性を有する記録磁性層が積層される．

垂直磁気記録方式では，垂直磁気異方性記録層への記録に最適な記録ヘッド構造を採用している．面内磁気記録で使われているリング型記録ヘッドによる記録磁界では，ディスクの垂直記録層を適切に磁化することはできない．記録ヘッドの磁極構造として，透磁率の高いソフト磁性薄膜から構成された 1 枚の磁極をディスクに垂直方向に配置した単磁極型垂直ヘッド[5] が考案された．図 5.1.14 に単磁極ヘッドの基本構造を示す．単磁極ヘッドの磁極上部に配置されたコイルの起電力により，単磁極先端からディスクに垂直方向の磁界が発生し，ディスクの記録層を磁化する．

単磁極ヘッドの先端部に磁束を集中させ，効率的にディスク記録磁性層を磁化させるために，ディスク記録層の下にヘッド磁極材料と同様な高透磁率ソフト磁性層を設け，単磁極型ヘッドとの組み合わせで閉磁路を形成する構造が発明された[8]．垂直記録層とソフト磁性層の 2 層で構成されるディスクを，垂直 2 層膜ディスクとよぶ．この構造の垂直 2 層膜ディスクと単磁極型垂直ヘッドとを組み合わせることにより，図 5.1.14 に示したように，単磁極から出た磁束が，ディスクの垂直記録層を垂直方向に通り抜けてディスクのソフト磁性層に到達する．磁束はディスクのソフト磁性層を経由して，もとのヘッド磁極に戻る．この記録構造では，記録磁性層をヘッド単磁極とディスクのソフト磁性層の二つの高透磁率材料が挟む形となり，面内磁気記録方式のリング型ヘッドが発生する磁界の約 2 倍の強さの記録磁界を発生することができる．記録磁界が大きい分，磁気異方性エネルギー定数 K_u が大きく熱揺らぎに強い記録層材料を採用し，信号としての磁化の安定性を保つことが可能となる．また，記録構造上の優れた記録性能により，記録磁性層の保磁力が上昇して磁化を反転させにくくなる低温環境下においても記録性能が低下することなく，面内磁気記録に比べてエラーレートの悪化が小さい，優れた低温記録性能を発揮することが示されている[14]．

面内磁気記録方式では，ディスク内に磁化転移を形成するさいに，磁化転移近傍の減磁界がヘッド磁界の磁界傾度を阻害する方向に働くため，その影響で形成される磁化転移幅が広がってしまう性質がある．ハードディスクドライブにおける面内磁気記録方式の記録密度の上限は，トラック方向に 800 kbpi（bit per inch）程度であった．一方，垂直磁気記録方式では，磁化転移形成時に近傍の磁化による減磁界が記録ヘッド磁界を増強する方向に働くので，記録ヘッドの磁界傾度が増し急峻な磁化転移が形成される．面内磁気記録のように，記録分解能を高めるためにディスク記録層の膜厚 δ と残留磁化 M_r を小さくして減磁界を抑制する必要はない．また，原理的に膜厚 δ も残留磁化 M_r も小さくする必要がないので，再生出力レベルに関しても余裕をもっている．ディスク記録層の磁化容易軸がディスク面に垂直な方向に数度以内の分散で配向性良く配列しており，磁化曲線の角形性が良いのも大きな特徴である[11]．角形性の良い代表的な Co-Pt-Cr 系垂直記録層の磁化曲線を図 5.1.15 に示す．角形性の良さも，急峻な磁化転移を形成し記録分解能を高めるのに寄与している．

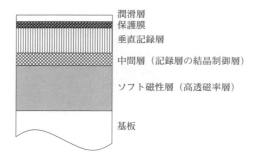

図 5.1.13 垂直記録ディスクの基本構造（断面）

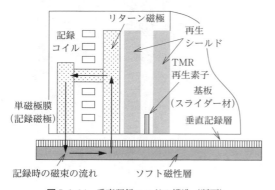

図 5.1.14 垂直記録ヘッドの構造（断面）

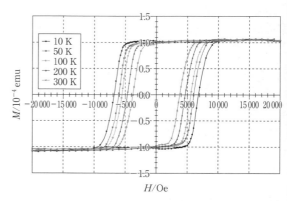

図 5.1.15 Co-Pt-Cr-O/Ru 垂直磁気記録ディスクの磁化曲線の例 [Y. Tanaka, T. Hikosaka, *J. Magn. Magn. Mater.*, **235**, 253 (2001)]

最新の垂直磁気記録方式の線記録密度は，面内磁気記録方式の上限の約2倍，1600 kbpi を超えている．垂直2層膜ディスクを用いた垂直磁気記録方式における磁化転移幅は，解析的に以下の式で表される[16]．

$$a_{1\pm} = \frac{1}{\alpha\left(x_0, d+\frac{\delta}{2}\right)}\left[\pm\Delta H_c \mp 2\pi\beta M_s \right.$$
$$\left. \pm 4M_s\left\{\frac{\pi}{2} - \tan^{-1}\left(1+\frac{\delta}{2a_{1\pm}}\right)\right\}\right] \quad (5.1.9)$$

ここで，α は記録ヘッドの磁界傾度，d はヘッド表面とメディア記録層表面の間隔，δ はメディア記録層厚，β は磁性粒子間の交換相互作用係数 $(H_c-H_n)/(4\pi M_s)$，H_c は保磁力，ΔH_c は保磁力分散，H_n は核生成磁界，M_s は飽和磁化である．

さらに，記録ヘッドが通過した後の最終的な磁化転移幅は式(5.1.10) で表される．保磁力分散 ΔH_c が小さいほど磁化転移幅が狭くなる傾向がわかる．

$$a_{2\pm} = \pm a_{1\pm}\tan\left[\frac{\pi}{2M_s}\left[\pm\frac{M_r}{2} - M_s\left[1+\frac{2}{\pi}\tan^{-1}\left[\frac{2\pi M_r}{\Delta H_c}\right.\right.\right.\right.$$
$$\left.\left.\left.\left.\left[\beta\pm\left\{1-\frac{2}{\pi}\tan^{-1}\left(1+\frac{\delta}{2a_{2\pm}}\right) - \frac{H_c}{2\pi M_r}\right\}\right]\right]\right]\right]\right] \quad (5.1.10)$$

ここで，M_r は残留磁化である．

ディスク記録層をミクロにみると，粒子状の磁化反転単位の集合体とみなすことができる．磁性微粒子1個ないし数個が，一つの磁化反転単位として機能していると考えられている．磁化反転を司る単位磁化サイズを均一と仮定しその半径を r とすると，それに起因する磁化転移位置の変動 δ_j の関係は式(5.1.11) で表される[17]．磁化転移位置変動は転移点ジッタともよばれ，記録信号のおもなノイズ源となっている．

$$\delta_j = \frac{1}{\sqrt{2\pi}\,2r}e^{-x^2/2(2r)^2} \quad (5.1.11)$$

磁化転移位置の変動 δ_j が存在すると，有限長のトラック幅全体で再生した信号では，実効的に磁化転移幅が広がったように見える．実効的な磁化転移幅 a_ave は，単位磁化サイズ程度の微小領域における磁化転移幅 a_i の平均として式(5.1.12) のように求められる[17]．磁化反転単位が小さいほど，磁化転移位置変動が小さくなり，実効的な磁化転移幅を狭くすることができる．

$$a_\mathrm{ave} = \sum_i (a_i+\delta_i)/TW \quad (5.1.12)$$

ここで，TW はトラック幅である．

前述のように，垂直磁気記録方式では，記録ヘッド磁界を大きくできるため記録磁性層の磁気異方性エネルギー定数 K_u を大きくすることができる．さらに，本質的に磁化転移における減磁界が小さいため，記録層厚 δ を大きく保つことができる．その結果，記録磁性層の粒子体積 V と磁気異方性エネルギー定数 K_u の積 K_uV を大きくすることが可能であり，熱揺らぎ現象に対して磁化が安定である．そのことは，記録装置としての環境温度耐力の向上に

も有効である．

線記録密度と信号減衰率の関係を図5.1.16に示す．垂直磁気記録方式では，面内磁気記録方式とは正反対に，線記録密度が高いほど磁化転移近傍の減磁界が減少し，磁化が安定になる．同時に，熱揺らぎによる磁化減衰を助長する減磁界の影響が減じるため，磁化の安定性が増すことになる．一方，低記録密度領域では，高密度記録状態に比べて減磁界が大きいため，熱揺らぎによる磁化減衰が大きくなる．

垂直磁気記録では，低記録密度においても熱揺らぎ減衰率を十分抑制するために，高い核生成磁界 H_n の記録磁性層を用いることが有効である．H_n は，一方向に飽和磁化された磁性体の磁化を，逆方向に反転を開始させるために必要な逆極性の磁界強度のことである．H_n が大きいほど，磁化を乱す外乱磁界の影響を受けにくく，磁化安定性を維持しやすい．図5.1.17に H_n と熱ゆらぎ信号減衰率の関係を示す[14]．H_n が高いほど熱揺らぎによる信号減衰率は小さくなり，高 H_n 化により熱揺らぎ耐力を高めることが可能である．

垂直磁気記録方式の優れた特徴の一つとして，ヘッド・ディスク間のスペーシング変動の影響も受けにくいことがあげられる．図5.1.18に，垂直磁気記録方式の記録およ

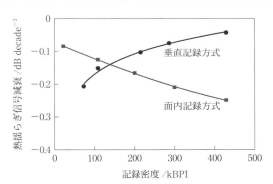

図5.1.16 熱揺らぎ信号減衰率の記録密度依存性
熱揺らぎ信号減衰の値が0に近い方がより安定である．

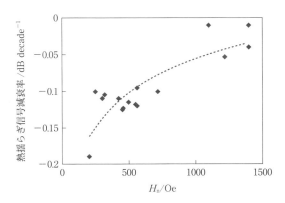

図5.1.17 H_n と熱揺らぎ信号減衰率の関係
[Y. Tanaka, *IEEE Trans. Magn.*, **41**(10), 2834 (2005)]

び再生過程におけるヘッド・ディスク間スペーシングのビット誤り率(エラーレート)への影響を，面内磁気記録方式と比較した実験事例を示す[18]．垂直磁気記録方式における記録・再生過程を合わせたスペーシング損失の影響は，面内磁気記録方式のそれよりも40%程度小さくなっていることがわかる．垂直磁気記録の記録過程と再生過程を分離して測定したデータからわかるように，とくに記録過程におけるスペーシング損失が，再生過程の損失の半分程度に小さいことが特徴である．

これまで述べたように，垂直磁気記録方式は，面内磁気記録方式に比べ記録密度を高めることができるだけでなく，より厳しい温度環境での使用に耐える優れた特性をもつ．また，スペーシング変動に対する許容性能も高いという特徴も併せもつ．このように，面内磁気記録と垂直磁気記録の二つの記録方式は，記録磁化の配向方向の違いに起因して，さまざまな特性に関して互いに補い合うような特性対比をもつ．両方式の記録構造としての原理的な対比[19]と，記録装置としての性能特徴上の対比について，合わせて表5.1.1に示す[18]．

(iii) **将来の記録方式** 垂直磁気記録方式に対し，さらなる高密度化技術を適用することにより，10 Tbpsiを目指した研究開発が行われている．次に紹介する技術は，高密度化の目標を達成するために開発されている技術である．

(1) **ディスクリートトラック記録：** トラック密度を

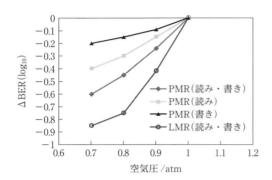

図5.1.18 スペーシング変動をもたらす気圧変動とビット誤り率(対数値)の関係
0.1気圧(atm)の変化がスペーシング0.1 nmの変化に対応する．PMRは垂直磁気記録，LMRは面内磁気記録．
[Y. Tanaka, *IEEE Trans. Magn.*, **41**, 2834 (2005)]

表5.1.1 垂直磁気記録と面内磁気記録の相補的関係

	垂直磁気記録	面内磁気記録
相補的関係の発見		
	波長 → 0, 減磁界 → 0	波長 → 0, 減磁界 → $4\pi M$
ヘッド	単磁極型	ダイポール(リング)型
メディア	垂直磁気異方性	面内磁気異方性
	厚膜	薄膜
	高飽和磁化 M_s, 高保磁力 H_c	低飽和磁化 M_s, 高保磁力 H_c
信号	ディジタル(飽和)	アナログ(未飽和)
記録方法	(周波数変調，パルス符号変調)	交流バイアス法
消去	直流磁界	交流磁界
ハードディスクドライブ実装で観察された性能に関する特徴		
メディア	高角形比	低角形比
	(一軸配向)	(準二次元ランダム配向)
	ソフト磁性層付き	記録層のみ
熱安定性	高密度ほど良い	低密度ほど良い
	・核生成磁界 Hn により制御	
記録過程	メディアが記録磁束路の中	メディアが記録磁束路の外
	・高い記録効率	
	・高周波記録	
	・広い記録温度範囲	
	スペーシング変動許容性高い	スペーシング変動許容性低い
	・スペーシングの緩和	・低スペーシングが必要
	急峻な磁化転移	
	トラック端イレーズ幅狭い	
	・高トラック密度サーボ記録	
再生過程	高出力	低出力
	・ヘッド感度の緩和	・高感度ヘッドが必要
	・高い信号対雑音比 SNR	
	・良好なトラッキングサーボ	
	再生幅狭い	再生幅広い
信号	直流成分あり	直流成分なし
チャネル	正係数 PRML	負係数 PRML

[S. Iwasaki, *IEEE Trans. Magn.*, **MAG-16**, 71, (1980); Y. Tanaka, *Proc. IEEE*, **96**, 1754 (2008)]

高めるには，記録トラック幅とピッチを狭くする必要があるが，記録トラック端部の信号品質が劣化させたり，隣接トラックと干渉を起こしたりする恐れがある．これを改善する施策として，データトラックとデータトラックの間に信号が記録されない非磁性領域（ガードバンド）を形成しトラック干渉を防ぐ，ディスクリートトラック記録（DTR）技術が1980年代に提案された[20]．当初は面内磁気記録方式を前提とした研究が行われ，最近では垂直磁気記録方式での適用を目標に開発が行われている．図5.1.19に，ディスクリートトラック記録の構成図を示す．2007年9月には東芝からディスクリートトラック記録方式を使ったハードディスクドライブの試作機が発表[21]された（図5.1.20）．

（2）ビットパターン記録： 記録磁性粒子の微細化に伴う熱揺らぎ現象を避けて記録密度を高めるため，一つの磁性アイランドに1ビット（bit）を割り当てるビットパターン記録が，1990年代に提案された[22]．これまでの記録方式では，SNRを維持するため記録1ビットあたり数十個から数百個の磁性粒子数が必要であった．その方式をスケーリングして高密度化する場合，ビットサイズの微小化に伴って，磁性粒子も微細化しなければならないため，磁性粒子の熱揺らぎが問題になる．そこで，記録1ビットを一つの磁化反転単位をなす磁性アイランド（パターン）に記録し，磁化単位の大型化による熱的な安定性と高い記録密度を両立させようとしたのが，ビットパターンの概念である．磁気エネルギー指標VK_uを大きくするためにV

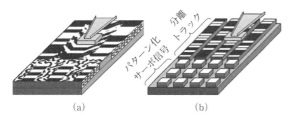

図5.1.19 ディスクリートトラック記録（DTR）の構成図 (a) 従来の連続膜を使った垂直記録 (b) ディスクリートトラックを使った垂直記録

図5.1.20 ディスクリートトラック記録方式を採用したハードディスクドライブ試作機（東芝製，サイズ：1.8インチ型HDD）(a) 連続膜を使った現状の垂直記録HDD (b) ディスクリートトラック方式の垂直記録HDD
[http://www.toshiba.co.jp/about/press/2007_09/pr_j0601.htm]

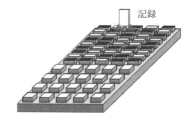

図5.1.21 ビットパターン記録方式の構成図

を大きくする方策である．図5.1.21に，ビットパターン記録方式の構成図を示す．前述のディスクリートトラック記録に加え，各データビットに対応するアイランド状のパターンが形成されているのが特徴である．磁性アイランドを均等な間隔で規則性良く配列させることが必要であるため，近年では，ポリマーによる自己組織化技術とインプリントを活用して磁性アイランドを形成した結果が報告されている[23]．

（3）エネルギーアシスト記録： 記録磁性粒子の微細化に伴う熱揺らぎ現象を抑制する手段として，磁気エネルギー指標VK_uを大きくする必要がある．前述のVを大きくするビットパターンと異なり，K_uを大きくする手段をとると，磁気ヘッドによる記録が難しくなる．そこで，信号を記録する瞬間だけ，ディスクの磁性粒子の磁化安定性を低め磁化反転を容易にするように，外部から局所的にエネルギーを注入するエネルギーアシスト記録方式が研究されている．エネルギー注入の方式としては，記録ヘッド直下のディスク面にレーザーを照射して加熱することにより，局所的に大きな熱揺らぎを誘起させ磁化を反転させる熱アシスト記録方式と，記録磁界に加えて記録ヘッドから強磁性共鳴周波数に近いマイクロ波周波数の磁界を印加して，磁化反転磁界を低減させようとするマイクロ波アシスト記録方式がある．詳細は後の章にて紹介されるが，これらの技術はいずれも垂直磁気記録方式による記録密度向上を助ける技術とみなすことができる．

文　献

1) H. Neal Bertram, "Theory of Magnetic Recording", pp. 58-62, Cambridge University Press (1994).
2) H. Neal Bertram, *IEEE Trans. Magn.*, **31**(6), 2573 (1995).
3) S. Iwasaki, K. Takemura, *IEEE Trans. Magn.*, **11**, 1173 (1975).
4) S. Iwasaki, Abstract of the first topical symposium of *Magn. Soc. Jpn.*, (1977), republished in *J. Magn. Soc. Jpn.*, **1**(2), 5 (1977) (in Japanese).
5) S. Iwasaki, Y. Nakamura, *IEEE Trans. Magn.*, **13**, 1272 (1977).
6) S. Iwasaki, H. Yamazaki, Abstract of *Ann. Conf. of IEICE Jpn.*, **1976-1**, 187 (1976) (in Japanese).
7) S. Iwasaki, K. Ouchi, *IEEE Trans. Magn.*, **14**, 849 (1978).
8) S. Iwasaki, Y. Nakamura, K. Ouchi, *IEEE Trans. Magn.*, **15**, 1456 (1979).
9) A. Takeo, S. Oikawa, T. Hikosaka, Y. Tanaka, *IEEE Trans.*

Magn., **36**, 2378 (2000).
10) S. Oikawa, T. Akihiko, T. Hikosaka, Y. Tanaka, *IEEE Trans. Magn.*, **36**, 2393 (2000).
11) Y. Tanaka, T. Hikosaka, *J. Magn. Magn. Mater.*, **235**, 253 (2001).
12) Y. Tanaka, N. Nakamura, K. Watanabe, *Toshiba Review*, **57**, 2 (2002).
13) Y. Tanaka, *J. Magn. Magn. Mater.*, **287**, 468 (2005).
14) Y. Tanaka, *IEEE Trans. Magn.*, **41**, 2834 (2005).
15) 東芝株式会社ニュース＆トピックス；http://www.toshiba.co.jp/about/press/2004_12/pr1401.htm
16) Y. Nakamura, *J. Appl. Phys*, **87**, 4993 (2000).
17) Y. Aoyagi, T. K. Taguchi, M. Takagishi, Y. Tanaka, *J. Magn. Magn. Mater.*, **287**, 149 (2005).
18) Y. Tanaka, *Proc. IEEE*, **96**, 1754 (2008).
19) S. Iwasaki, *IEEE Trans. Magn.*, **16**, 71 (1980).
20) S. E. Lambert, I. L. Sanders, T. D. Howell, D. McCown, A. M. Patlach, M. T. Krounbi, *IEEE Trans. Magn.*, **25**, 3381 (1989).
21) 東芝株式会社ニュース＆トピックス；http://www.toshiba.co.jp/about/press/2007_09/pr_j0601.htm
22) R. L. White, R. M. H. New, R. F. W. Pease, *IEEE Trans. Magn.*, **33**, 990 (1997).
23) K. Naito, H. Hieda, M. Sakurai, Y. Kamata, K. Asakawa, *IEEE Trans. Magn.*, **38**, 1949 (2002).

5.1.2 記録ヘッド

インダクティブヘッドはソフト磁性材料からなるコアと巻き線によって構成され，コアの先端部，記録媒体対向面には非磁性材料で隔てられた狭いギャップ（記録ギャップ，再生ギャップ）が存在する．巻き線に記録電流を流すとコアに磁束が誘起され，ギャップから漏れ出す磁界により記録媒体にデータが記録される[1]．一方，再生時には，記録媒体からの磁束がコアに流入し巻き線と鎖交する．巻き線の両端にはファラデーの電磁誘導の法則に従って磁束の時間変化に比例した電圧が誘起され，これが再生信号となる．

世界初の HDD である IBM 社製の RAMAC（random access method of accounting control）305 には静圧浮上ヘッドが採用されていたが，その後，1961 年に動圧浮上ヘッドへ移行し，フェライトコアヘッド，フェライトモノリシックヘッド，MIG（metal in gap）ヘッドを経て 1979 年には薄膜ヘッド[2] の採用に至っている．フェライトヘッドや MIG ヘッドは薄膜プロセス，加工プロセスおよび巻き線プロセスを組み合わせて製造されるが，薄膜ヘッドはコアや巻き線も半導体と同様の薄膜プロセスのみで製造されるため，製造技術の観点からはフェライトヘッドから薄膜ヘッドへの移行は非常に大きな変化となった[3,4]．そこで，本項では薄膜ヘッド以降の記録ヘッド技術について論述する．なお，フェライトヘッド，MIG ヘッドに関しては多くの資料[5,6] があり，それらを参照されたい．

a. 面内磁気記録ヘッド
（ⅰ）薄膜ヘッド　薄膜ヘッドでは，それまでバルク

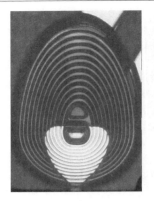

図 5.1.22　薄膜ヘッド

ヘッドで行われていたコアの機械加工や巻き線を半導体プロセスに置き換えたことから，製造技術面において非常に大きな変化となった．図 5.1.22 に薄膜ヘッドの集積面からの金属顕微鏡像を示す．Ni-Fe 系ソフト磁性合金薄膜のコア，渦巻状に形成された Cu 薄膜の巻き線が観察される．

薄膜ヘッドはバルクヘッドに対して，以下のような長所を有している．

- ヘッドコイルを小さくできるために低インダクタンスが実現でき，高転送速度が実現できる．
- 急峻なヘッド記録磁界勾配と高い再生感度を有するため，高線記録密度が実現できる．
- 磁極を小さくすることができるため，高トラック密度が実現できる．

薄膜ヘッドは 1967 年に Gregg が最初に提案し[7]，1979 年に IBM 社が実用化した．

（1）**ヘッド構造：**　薄膜ヘッドの断面構造を，図 5.1.23(a) に示す．効率的な薄膜ヘッドを得るために多くのシミュレーションがなされ，高効率な薄膜ヘッドを実現するためには，

- ヨークの磁気回路を小さくするために，高透磁率磁性材料を用い，ヨークは厚くか短くする，
- ギャップ抵抗を大きくするため，スロートハイト（TH：throat height）は短くし，ギャップ長は大きくする，
- ヨーク間の漏れ磁界を抑制するため，ヨーク間隔は大きくする，

ことが必要とされる．とくに，ヘッド効率は図 5.1.23(b) に示す TH に敏感である．そのため，TH は製造プロセスで十分制御されなければならない．最終的に ABS 面での先端磁極端は機械研磨で形成されるため，高精度の加工研磨技術が求められる．薄膜ヘッドには多くの設計因子があるが，記録ヘッドとしては強い記録磁界と急峻な記録磁界勾配が求められる．たとえば，記録磁界を強くするためにはギャップ長は長いほどよいが，急峻な記録磁界勾配を得るためにはギャップ長は狭いほどよくなるというトレードオフの設計因子がある．また，再生特性も考慮してヘッ

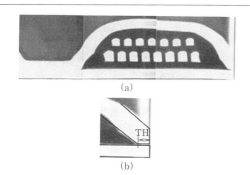

図 5.1.23 薄膜ヘッド断面写真（a）とヘッドギャップ近傍拡大写真（b）

設計しなければならず，最終的には多くのヘッド設計因子を最適化しなければならない．

（2）製造プロセス： 薄膜ヘッドは，基本的にはスパッタ薄膜形成，フォトリソグラフィ，およびエッチングやイオンミリング加工などの半導体プロセス技術で作製されるが，数 nm という非常に薄い膜厚から数十 μm という非常に厚い膜厚を含んでおり，非常にユニークな特徴をもっている．半導体と比較した場合の薄膜ヘッドプロセスの大きな特徴は，

- 薄膜ヘッドは半導体に比べ，パターン幅に対するパターン高さのアスペクト比が大きい．
- 薄膜ヘッドは光学寸法の規定が厳しい．
- リフトオフプロセスを多用する．
- 再生素子の耐熱性の観点から 300℃以下の比較的低温プロセスを適用する．

という点である．また，めっきプロセスをシールドや記録素子などの機能膜として使用している点も特徴の一つである．表 5.1.2 に薄膜ヘッドと半導体のプロセス技術のおもな相違点を示す．

薄膜ヘッドの具体的プロセスを単層コイル構造を例にとって，図 5.1.24 で説明する．通常はセラミックスの Al_2O_3-TiC ウエハー基板を使用する．

(a) 研磨した Al_2O_3-TiC ウエハー基板上にアルミナ膜を 0.1～数 μm スパッタ成膜し，場合によっては成膜後に表面を研磨して平滑にする．

(b) このアルミナ膜上に磁極膜厚 2～4 μm の下部磁極を形成およびパターニングする．ヘッド効率を向上させるため，磁極はホームベース状に形成するが，先端磁極幅は重要であり，記録トラック幅を決めるために狭い幅に形成する．初期の薄膜ヘッドの磁極材料には通常パーマロイ（Ni-Fe 合金），アモルファス Co 合金膜などが採用された．磁極はめっき法あるいは真空スパッタ法で形成され，前者はウエット（wet）法，後者はドライ（dry）法ともよばれるが，その後フレームめっきによるパーマロイめっき膜に統一された．磁極材料については，3.2.3 項を参照されたい．

(c) 次に，スパッタ法によりアルミナ 0.1～0.5 μm を成膜し，記録ギャップ層を成する．ギャップ層厚は記録ヘッドの線記録方向の分解能やサイドライトおよびサイドリードに大きく影響する．

(d) 次に，フォトレジストをパターニングした後に熱硬化させて，膜厚約 5 μm の下部絶縁レジスト膜を形成する．このレジスト膜は電気的絶縁を確保するだけでなく，次のプロセスで形成する Cu コイルをめっきするための平坦性を確保する．

(e) 電気めっき法によりスパイラル形状の Cu コイルを形成する．コイル膜厚は約 3 μm，コイル幅は 3～4 μm，コイル間隔は約 2 μm で下部磁極上に形成する．電気めっきする前にはめっき電極膜をスパッタ法で形成

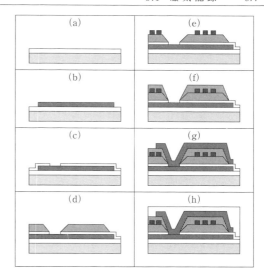

図 5.1.24 薄膜ヘッドの製造プロセス
(a) アルミナ膜スパッタ　(b) 下部磁極形成　(c) 記録ギャップ形成　(d) 下部絶縁膜形成　(e) コイル形成　(f) 上部絶縁膜形成　(g) 上部磁極膜形成　(h) オーバーコート膜形成

表 5.1.2 半導体と薄膜ヘッドのプロセス技術の相違点

	素子構造	フォトリソグラフィへの要求	薄膜形成方法	薄膜材料	プロセス温度の制約
半導体	集積素子	密集パターン	熱酸化，CVD，スパッタリング，RIE，めっきなど	SiO_2, Poly-Si, Al 合金, Ti, W, Cu など	比較的高温（最大約 1000℃）
薄膜ヘッド	ディスクリート素子	孤立パターン	スパッタリング，めっき，RIE	Fe, Ni, Co, Cu, アルミナなど	比較的低温（300℃以下）

し，フォトレジストをパターニングした後，Cu 膜を形成する．その後，フォトレジストを除去した後，めっき電極膜をエッチング除去する．コイルは電気抵抗を低くするため，磁極外側はより広い幅で形成する．

(f) Cu コイル形成後にコイルの電気的絶縁性と上部磁極を形成するための平坦性確保のため，再び約 5 μm 膜厚の上部絶縁レジスト膜を形成する．

(g) 次に，上部磁極膜をめっき成膜およびパターニングを行い，続いてコイル中央部に引出し線を形成する．上部磁極の後部は高いヘッド効率と磁気的飽和を抑制するため，先端磁極より膜厚を厚くする．

(h) その後，電気めっき法で膜厚 20〜40 μm の Cu 引出線を形成した後，スパッタ法で膜厚 10〜15 μm のオーバーコートアルミナ膜を形成する．アルミナ膜上部を研磨して，Cu 引出線を表面に露出させる．オーバーコートアルミナ膜を厚く形成するのは，加工・研磨プロセスによる構造劣化や腐食抑制のためである．最後に金めっきでボンディングパッドを形成する．

薄膜ヘッドは，同一の素子で記録と再生を行う．記録という観点では，① 強く急峻な記録磁界の発生が可能，② コア体積・磁路長が小さくインダクタンスが小さい，③ 小型化，狭トラック化が容易，④ ウエハー上に多数の素子を一括形成するため特性の均質化が図れるなど，バルクヘッドに対して多くの優位性を有する．しかしながら，記録密度の向上に伴い記録トラック幅を狭くすると，記録磁界強度は低下してしまう．そこで，発生記録磁界を大きくするためにコイルターン数を多くしなければならなくなり，最終的には 4 層コイル構造の薄膜ヘッドが製品化された．

(ii) **MR-インダクティブ複合型ヘッド** 異方性磁気抵抗効果[8]を利用した AMR ヘッドは 1991 年に実用化された．それまでは同一のヘッドで記録・再生が行われていたが，AMR ヘッドでは記録はインダクティブヘッドで，再生は MR ヘッドでそれぞれ独立に行うため，MR-インダクティブ複合型ヘッドともよばれる．図 5.1.25 に ABS (air bearing surface) 面からの走査電子顕微鏡 (SEM) 像を示す．この図では MR 再生素子の上部シールド (top shield) が下部記録磁極と兼用されている構造を示したが，製造上の容易さから下部記録磁極パターン幅は広く形成し，上部記録磁極パターン幅を狭くして記録トラック幅を決めている．

MR ヘッドにより記録と再生が分離できたことによって，記録ヘッドとしての設計自由度は大幅に広がった．高速データ転送や高線記録密度を実現するうえで，非線形ビットシフト (NLTS) や素子の表皮効果の問題があったが，記録ヘッドのヨーク長を短く，コイルインダクタンスを小さくすることで解決してきた．

(1) **磁極トリミング：** 図 5.1.25 に示したように，MR-インダクティブ複合型ヘッドでは，下部記録磁極パターン幅は広く形成し，上部記録磁極パターン幅を狭くし

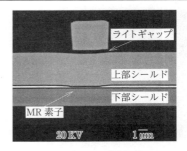

図 5.1.25 MR-インダクティブ複合型ヘッドの ABS 面 SEM 写真

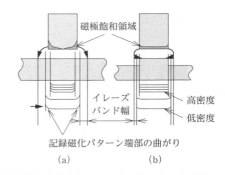

図 5.1.26 トリムなしヘッド (a) とトリムありヘッド (b) の推定磁化パターン
[清野 浩，西尾信孝，山中 昇，福田一正，第 22 回 日本応用磁気学会学術講演会概要集，202-b (1998)]

て記録トラック幅を決めている．しかしながら，高記録密度化による記録トラック幅狭小化により，トラック端部からの磁界にじみの影響が無視できなくなり，記録特性改善が重要な課題となった．この課題に対して，磁極トリミング (トリム) が効果的であることがわかり[9]，その後の面内記録ヘッドで採用されるようになった．図 5.1.26 に示すように，トリムしていないヘッドでは下部記録磁極幅が磁気的に制限されていないため，上部記録磁極端部に書き込み磁束が集中しやすくなり，記録磁化パターンの端部が曲がってしまう．一方，トリムした場合は，下部記録磁極幅が規定され，サイドフリンジが減少するとともに上部記録磁極端部の磁束集中が緩和され，記録磁化パターンの曲がりが抑制される．磁化パターンが直線化することにより，記録トラック端部における隣接ビットの干渉が減少するため，高記録密度においてもパーシャルイレージャによる記録トラック幅減少が小さく，また磁化遷移ノイズ劣化も少なくなる．図 5.1.27 にトリム有無ヘッドの S/N_m 比較結果を示す．トリムすることにより，良好な S/N_m が得られる．

当初は，スライダ工程で ABS 面からイオンミリングや FIB (focused ion beam) により狭トラック加工する手法やウエハー工程で同様の手法で加工する方法が検討されたが，寸法制御性と生産性の観点から，上部記録磁極をマスクとして，イオンミリングにより一括加工する手法で形成

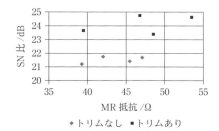

図 5.1.27 トリム有無ヘッドの S/N_m 比較
[清野 浩, 西尾信孝, 山中 昇, 福田一正, 第 22 回日本応用磁気学会学術講演会概要集, 202-b (1998)]

するようになった.

(2) **スティッチドポール型ヘッド**: 記録ヘッドの上部磁極は先端部分を絞り込んで漏れ磁束を集中させ, 記録トラック幅を決めるが, 先端部分と後部ヨーク部分は一括して形成していた. しかしながら, 記録密度のさらなる向上に伴いサブミクロン幅でも十分な記録能力と安定にトラック幅を形成することが課題となった. そこで, 先端磁極部とヨーク部を別々に形成するスティッチドポール (stitched pole) 型ヘッドが適用されるようになった. 図 5.1.28 にスティッチドポール型ヘッドの断面構造と ABS 面からの SEM 写真を示す. サブミクロン幅の先端磁極や狭ピッチ幅コイルを形成するためには, 平坦部分にフォトリソグラフィーのプロセスが必要になる. この平坦化のために CMP (Chemical Mechanical Polish) プロセスが適用されている. CMP プロセスの導入により, それまでのプロセスによって生じた凹凸を平坦化して, 狭ピッチのコイルや狭トラックの磁極を形成できるようになり, ヨーク長も短くできるようになった[10]. さらに, CMP プロセスを適用することにより, 図 5.1.29 に示すような上部磁極も平坦化したプレナーヨーク (planar yoke) 型ヘッドも可能となった[11]. また, スティッチドポール型ヘッドでは, 先端磁極部分を別々に形成するため, ソフト磁性に優れた $Ni_{80}Fe_{20}$ に加えて, 飽和磁束密度が高い $Ni_{50}Fe_{50}$ や Fe-Co 系材料を先端磁極に適用することが可能になり, オーバーライト特性, NLTS 特性なども大幅に改善された. そして, 1997 年にはヨーク長 48 μm で 15 ターンコイルであったが, 2005 年にはヨーク長 8 μm で 7 ターンコイルを配置する構成も採用され, 記録トラック幅 0.17 μm の記録ヘッドが作製できるようになった.

b. 垂直磁気記録ヘッド

垂直磁気記録方式は, 1977 年に当時の東北大学電気通信研究所の岩崎俊一教授によって提案され[12], 高密度記録に対する原理上の優位性, 革新性から, 長年にわたって各分野で粘り強い研究開発が進められてきた日本で生み出された技術である. 1979 年までに, 単磁極垂直記録ヘッド[12], Co-Cr 系垂直異方性媒体[13], ソフト磁性裏打ち層 (SUL : soft under layer) をもつ 2 層膜垂直記録媒体構造[14] が発明された.

図 5.1.30 に, 垂直磁気記録ヘッドの代表的な二つのタイプを示す. いずれも単磁極ヘッドであるが, 一つはト

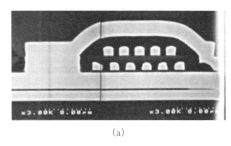
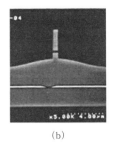

(a) (b)

図 5.1.28 スティッチドポール型ヘッドの断面および ABS 面 SEM 写真
[Y. Yoshida, Y. Sasaki, *et al., IEEE Trans. Magn.*, **35**, 2496 (1993)]

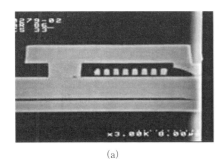
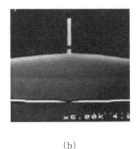

(a) (b)

図 5.1.29 プレナーヨーク型ヘッドの断面および ABS 面 SEM 写真
[N. Oyama, Y. Saasaki, *et al., IEEE Trans. Magn.*, **36**, 2509 (1993)]

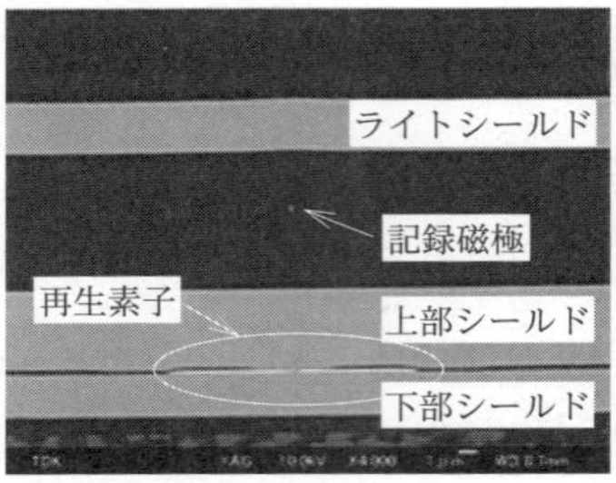

図 5.1.30 トレーリングシールドなし単磁極ヘッド（a）とトレーリングシールドあり単磁極ヘッド（b）の ABS-SEM 写真

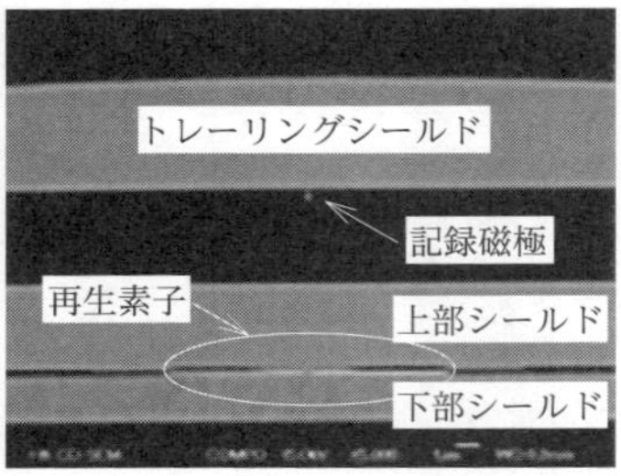

レーリングシールドがないタイプともう一つはトレーリングシールドがあるタイプである．トレーリングシールドがないタイプは，強い垂直記録磁界を発生させることができる．一方，トレーリングシールドを付与すると，垂直記録磁界強度は低下するものの，急峻な記録磁界勾配が実現できるというメリットがある．垂直磁気記録方式 HDD の第一世代では，これら二つのタイプのヘッドが製品化された．しかしながら，その後，高記録密度が実現できるトレーリングシールドタイプが主流になった．

垂直磁気記録は，単磁極垂直記録ヘッドと媒体 SUL の間に，記録および再生過程で相互作用が強く働くこともあり，実用化にあたっては下記の垂直磁気記録特有の課題を解決する必要があった．

(1) 微細な単磁極の形成
(2) ドライブにおけるスキュー動作におけるサイドライティング回避
(3) 外部の浮遊磁界に対する安定動作
(4) 同一トラック上で繰り返し書き込み動作において，そのトラックを中心とした数 μm にわたるデータ消失（WATE：wide area track erasure）の抑制
(5) 記録磁極先端残留磁化と媒体の SUL に起因する，ライト直後の記録データ消去動作（ポールイレージャー）の抑圧

これらの課題に対して，ヘッド構造や主磁極形状の工夫や材料開発のさまざまな検討がなされ，現在も継続して進められている．そこで，どのようなヘッド構造などの工夫がなされてきたか，以下で述べる．なお，磁極材料に関しては 3.2.3 項に記述してあるので，併せて参照されたい．

(i) 単磁極型ヘッド 研究開発当初は，SUL を有する垂直 2 層媒体と補助磁極励磁による単磁極型ヘッドで始まり，その後，さまざまな垂直単磁極型ヘッドの試作・評価が行われた．上記(1)，(2)の課題については，プロセス技術を駆使し，通常は逆台形の主磁極の採用により解決，(3)の課題については，主磁極の上下にシールドを配置すること，ならびに外部磁界に対するアンテナ効果をできるだけ低減するようにヘッド磁気回路設計を工夫することで解決することが可能であるが，実用化に関わる垂直記録特有の課題がみえてきた．その一つがデータ消去の課題である．

記録における技術課題として，同一トラックに何十万回の記録動作を行うと，隣接トラックとの相互作用により記録した情報を消去してしまうという ATE（adjacent track erasure）の問題があるが，さらに垂直記録特有の課題として，記録した情報が数 μm にわたって消失してしまう WATE という上記(4)の課題が明らかになった．これは主磁極から離れたところでもデータを消去してしまうという現象であり，ライトヘッド動作時，再生素子のシールドを介して媒体 SUL に強い磁束が流れる閉磁気回路ができるとき，シールドや SUL の磁区に起因して起こるものである．垂直記録では媒体にソフト磁性の SUL 層を有しているため，記録ヘッドと媒体との磁気的相互作用が面内記録より大きい．ある意味，媒体がヘッドの一部をなしているといえる．そのため，主磁極だけでなくリターン磁極の設計が重要となる．そこで，リターン磁極としてライトシールドを主磁極上方に配置している．図 5.1.30(a) がライトシールドを有する単磁極ヘッドの断面および ABS の SEM 写真である．シールドを記録磁極の上部に形成することにより，主磁極から漏れ出した磁界は再生素子シールドのみならず，リターンシールドとも閉磁気回路を形成し，浮遊磁界を分散させることで，記録データ消失の問題を解決している．このため，媒体 SUL の磁区制御や，媒体 SUL に流れる磁界の強度をできるだけ小さくするよう，磁束の流れを分散して制御できるヘッド磁気回路構成をすることで解決できる．

(ii) トレーリングシールド型ヘッド 垂直記録では，単磁極と SUL を有する 2 層膜記録媒体により，強い垂直磁界強度を発生させることがよいと考えられていた．しかし，Storner-Wolfarth 結晶粒で一様な一軸異方性を有する場合は，粒子のスイッチング磁界 H_{sw} は式(5.1.13)で与えられる．

$$H_{sw} = H_k\{(\cos\theta)^{2/3} + (\sin\theta)^{2/3}\}^{-3/2} \quad (5.1.13)$$

すなわち，$\theta = 45°$ で $H_{sw} = 0.5 H_k$ となり，斜めから磁界が印加されたほうが，スイッチングしやすい．そこで，図 5.1.31 に示すような，単磁極のトレーリング側にシールドを形成する構造が提案された．主磁極に狭ギャップを介

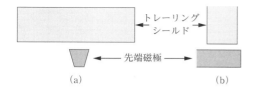

図 5.1.31 トレーリングシールド型単磁極ヘッドの ABS 面 (a) および断面構造 (b) の模式図

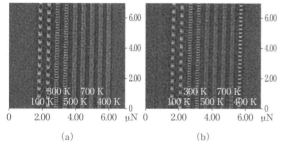

図 5.1.32 MFM による磁化パターン
(a) トレーリングシールドなし
(b) トレーリングシールドあり

してトレーリングシールドを設けることで記録磁界勾配を増大でき，かつ，斜め記録磁界成分を増やせることで，記録能力および磁化遷移品質の向上が可能となった[15,16]．現在の垂直磁気記録方式はトレーリングシールドをもつ単磁極垂直記録ヘッドと SUL をもつ媒体との組合せが主流であり，この系は媒体 SUL の薄膜化も可能とした．図5.1.32 で明らかなように，トレーリングシールドをもつ単磁極ヘッドは，もたないものに比べ，トラック端部での磁化遷移の湾曲を抑制できており，優れた磁化遷移が実現できることがわかる．

(iii) ラップアラウンドシールド型ヘッド トラック密度がさらに上がってくると，トラック方向の記録磁界勾配も急峻にする必要がある．そこで，主磁極のトレーリング側だけでなく，主磁極の左右両側にサイドシールドも設けたラップアラウンドシールド（WAS：wrap-around shield）型単磁極ヘッドが提案された[17]．図 5.1.33(a) にWAS 型単磁極ヘッドの ABS 面からみた模式図を示す．

しかしながら，サイドシールドを設けることにより，主磁極からの漏れ磁束はサイドシールドにも流れてしまう．

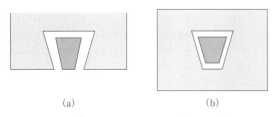

図 5.1.33 ラップアラウンドシールド (a) およびオールラップアラウンドシールド型ヘッド (b) の ABS 面模式図

そのため，サイドシールドのエッジ端部やエッジ端部外側に磁荷が発生し，この磁極が起因となって隣接トラックデータを消去してしまう隣接トラックイレージャ（ATE：adjacent track erasue）や，数トラック分の記録情報を消去してしまうサイドトラックイレージャ（STE：side-track erasure）が起こる．そこで，ATE や STE を抑制するため，さまざまな検討および解析が行われている[18〜20]．現在はトレーリングシールド-主磁極間距離，サイドシールド-主磁極間距離，サイドシールド形状やシールドハイトなどの主磁極周辺の構造の最適化とトレーリングシールドおよびサイドシールド材料を最適化することにより[21,22]，オントラック特性確保と ATE および STE という記録情報消去の二つの課題を解決している．

今後もトラック密度を向上させるためには，特性確保と ATE および STE 抑制を両立することは継続して大きな課題である．そこで，主磁極の周囲にすべてを設けるオールラップアラウンドシールド（AWAS：all wrap-around shield）型ヘッドが考案されている．図 5.1.33(b) に AWAS 型ヘッドの ABS 面からみた模式図を示す．AWAS 型ヘッドにすることにより，ATE および STE はさらに抑制することができ，かつ急峻な記録磁界勾配が得られる．

(iv) 記録磁界強度の更なる向上 記録磁界強度は ABS 面での磁極形状面積に比例する．また，HDD ではロータリー型アクチュエータを使用するため，ディスクの位置によって Yaw 角が異なる．そのため，主磁極断面形状が方形であると，ドライブにおけるスキュー動作により，サイドライティングが発生する．そこで，図 5.1.31(a) に示すような逆台形形状の主磁極を採用している[23]．しかしながら，狭トラック化に加え，サイドライティング回避のために磁極厚みも所望のトラック密度に合わせて小さくすることも必要になる．そのため，主磁極の媒体 SUL との対向面積の減少に伴って記録磁界強度が減少し，磁界勾配も緩やかになってしまう．記録磁界強度は ABS 面での磁極形状面積のみならず，図 5.1.34 に示すような主磁極のネックハイト（NH），トレーリングシールドハイト（TSH），磁極厚み（PT），ベベル角度（BA）などのさまざまな設計因子に依存する．狭トラック化に伴い ABS 面での磁極面積を小さくする必要があるが，磁極面積が小さくなっても十分な記録磁界を得るためには，NH，TSH，PT を小さくしなければならない．しかも，製品としてのオーバーライト特性マージンを確保するためには，これらの設計因子のばらつきを厳しく制御するプロセス製造技術を必要とする．

トレーリングシールド型ヘッドや WAS 型ヘッドは急峻な記録磁界勾配が得られ，ATI の抑制にも効果があるが，一方，シールドを付与することで記録磁界強度が低下してしまう．そこで，主磁極先端形状やトレーリングシールド形状を工夫することにより，記録磁界強度を大きくすることが検討されてきた．

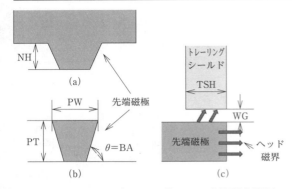

図 5.1.34 トレーリングシールド型ヘッドの先端磁極近傍図
(a) 先端磁極の集積面形状 (b) 先端磁極の ABS 面形状
(c) 先端磁極近傍の断面形状

（1） **トップスロープ磁極**： トップスロープ磁極形状は，主磁極内部の体積をかせぎつつ，先端部分にステップをつけることで ABS 面での磁極厚みを薄くした形状である．図 5.1.35 に通常の磁極形状との比較を示す．また，図 5.1.36 にはトップスロープ磁極形状と通常磁極形状の記録磁界強度の磁極膜厚依存性のシミュレーション結果である．トップスロープ形状にすることで，磁極厚みを薄くしても記録磁界強度の低下を抑制することができる[24]．また，同様に，磁極下部にステップをつけることでも記録磁界強度を向上させることが可能である．

（2） **テーパードライトギャップシールド**： 主磁極およびトレーリングシールドに傾斜をつけるデザインである[25]．図 5.1.37 に示すように，主磁極上部に傾斜をつけることで，先端部分から漏れる磁束を集中させられるため，TH を短くした場合と同様に記録磁界強度を大きくすることができる．また，トレーリング端でのビット長方向のみならずトラック幅方向の記録磁界勾配も急峻にすることができるため，優れたオーバーライト特性と SNR が実現できることが報告されている．

これまでは，主磁極周辺の設計因子の最適化と記録磁極

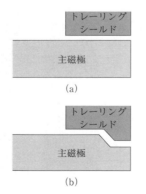

図 5.1.35 通常磁極 (a) とトップスロープ磁極 (b) の形状比較
[T. Roppongi, N. Ota, *Digests RMRC*, **17pA-1**, 16 (2007)]

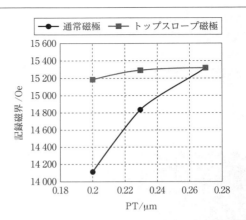

図 5.1.36 通常磁極形状とトップスロープ磁極形状の記録磁界強度
[T. Roppongi, N. Ota, *Digests RMRC*, **17pA-1**, 16 (2007)]

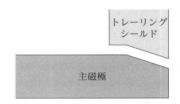

図 5.1.37 テーパードライトギャップシールド構造

材料の高 B_s 化を図ることにより，記録磁界強度の向上が進められてきた．今後のさらなる高記録能力を実現するためには，主磁極の上下側のみならず左右側も絞り込んだ形状と AWAS 構造を組み合わせた複雑な構造になると考えられるが，特性マージンやばらつきを抑制するプロセス製造技術がこれまで以上に求められる．しかしながら，記録磁極の B_s は理論限界の 2.3〜2.4 T に達していることから，将来の高記録密度化に対して，書き込み能力をいかに確保するかは大きな課題である．

（ⅴ） **ポールイレージャーの抑制**　ポールイレージャーとは，記録動作後の主磁極先端の残留磁化と媒体 SUL 層との相互作用により，記録データを消去してしまう現象である[26]．この挙動の抑圧には，ヘッド主磁極や SUL を含めた媒体の磁気特性および磁区制御が重要である．解決する一つの手段としては，磁極先端の形状異方性を最適化して残留磁化を減少させることが効果的である[27]．しかしながら，今後のトラック密度向上のためには，磁極幅の狭小化だけでなく磁極厚みを薄くすることも必須であるため，磁極先端の形状異方性の制御だけではポールイレージャーの抑圧は不十分と考えられる．RKKY 交換相互作用を利用し，磁性層と薄い非磁性層を積層させて磁性層を反強磁性的に結合させることによって残留磁化をほぼゼロにする手法も提案されているが[28,29]，オーバーライト能力を考えると，高飽和磁束密度材料の単層膜で主磁極を形成することが望ましい．主磁極の磁区構造を制御

するためには，主磁極膜の内部応力を引張り応力とすること，主磁極膜に高い異方性磁界をもたせることが有効であり，主磁極先端の実効的保磁力を安定的に小さくすることでポールイレージャーを抑圧することができる[30〜33]．

c. シングル垂直磁気記録ヘッド

面内磁気記録方式から垂直磁気記録方式と進展したが，さらなる高密度記録のため垂直記録媒体でも結晶粒の微細化を進めるということは熱揺らぎ問題につながり，高磁気異方性エネルギー K_u が必要であることに変わりはない．すなわち，垂直磁気記録といえども，今後の面記録密度向上に向けては，書き込み能力確保はやはり大きな課題であり[34]，記録ヘッドとしては，十分急峻で強い記録磁界が必要である．そこで，この状況を打破してさらなる高記録密度を実現するために，新たなヘッドおよび媒体技術が提案がされている．その中で記録ヘッドに関連する技術が，シングル垂直磁気記録技術，熱アシスト垂直磁気記録技術およびマイクロ波アシスト垂直磁気記録技術である．そこで，本項では，おもにシングル垂直磁気記録ヘッドについて記述する．なお，熱アシスト垂直磁気記録技術およびマイクロ波アシスト垂直磁気記録技術に関しては，5.2.1項および5.2.2項を参照されたい．

従来の垂直記録ヘッドでは，ビット方向の記録磁界勾配は非常に急峻であるが，トラック幅方向の記録磁界勾配は急峻ではない．そのため，トラック幅方向には不十分な記録領域が存在し，ガードバンドとして記録トラックを分離している．しかし，WAS型ヘッドのようにサイドシールドを設けてトラック幅方向の磁界勾配を急峻にしようとすると，極端に記録磁界強度が減少してしまう．この問題を解決するために提案されたのがシングル磁気記録技術であり[35]，近年注目を浴びている．

シングル磁気記録は十分な磁界強度と急峻な磁界勾配を確保できるように，トラックピッチより広いポール先端磁極幅とクロストラック方向の漏れ磁界を抑制するためのシールドを有する記録ヘッドを用いて，狭い記録トラック幅を形成する記録方式である．記録ヘッドで信号を記録した後，少しずらして次の信号を重ね書きすることで前に記録した信号の一部を残し，この残った信号を再生する．次々と信号を重ね書きすることで，記録トラックとして屋根瓦のように敷き詰めるようになるため，"瓦書き磁気記録"ともよばれている．

図5.1.38にシングル垂直磁気記録ヘッドの構造を示す．記録ヘッドとしては主磁極の片側のみにサイドシールドを設ける構造と，両側に設ける構造が考えられている．片側のみにサイドシールドを形成した場合，強い記録磁界が得られるが，最後に記録した信号のにじみが出てしまう．また，スキュー効果による記録密度損が発生してしまう．一方，両側にサイドシールドを設けた場合は記録磁界強度は低下してしまうが，両側から重ね書きができるため，記録密度損を抑制することができる．どちらの構造が好ましいかは，求められる記録磁界強度によるが，十分な記録磁界

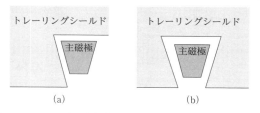

図5.1.38 シングル垂直磁気記録ヘッドの構造
(a) 片側のみサイドシールド (b) 両側にサイドシールド

が実現できれば，両側にサイドシールドを設ける構造が好ましいと考えられる．

シングル垂直磁気記録ヘッドでは，主磁極とサイドシールドの距離，主磁極とトレーリングシールドとの距離が特に重要な設計因子となる．従来の記録方式では記録ビット方向に急峻な記録磁界勾配を得ればよいが，シングル記録方式では記録ビット方向のみならず，トラック幅方向にも急峻な記録磁界勾配を得る必要がある．金井らはシミュレーションによりさなざまなヘッド設計因子の影響を報告している[36]．片側にサイドシールドを設けた構造における，記録磁界強度，隣接トラック中央における漏れ磁界，ダウントラック方向およびクロストラック方向の記録磁界勾配のシミュレーション結果を図5.1.39に示す．記録幅を狭くしても記録磁界強度は大きく低下しないことがわかる．シングル記録ヘッドでは高い記録磁界強度が得られるため，清野らはスピンスタンドでシングル記録方式の評価を報告している[37]．図5.1.40に同じヘッドを通常記録方式（CWR：conventinal wrire recording）とシングル記録方式（SWR：shingle write recording）で比較評価した結果を示す．シングル記録することにより線密度は4.3%低下するものの，トラック密度は31.4%向上し，結果的には25.5%の面記録密度の向上が得られることがわかる．記録ヘッドのトレーリングシールドギャップを狭くすると記録磁界勾配を急峻にできるが，記録磁界強度が低下して

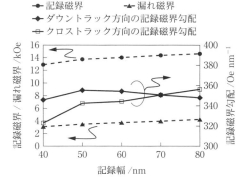

図5.1.39 シングル記録ヘッドの記録磁界および記録磁界勾配の記録幅依存性
[Y. Kanai, H. Muraoka, *et al.*, *IEEE Trans. Magn.*, **46**, 715 (2010)]

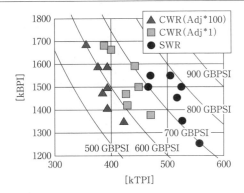

図5.1.40 シングル記録方式（SWR）と通常記録方式（CWR）の面記録密度比較
[H. Kiyono, O. Nakada, T. Mori, T. Oike, *Digests of RMRC 2010*, **19pA-3**, 226(2010)]

しまうという課題がある．しかしながら，シングル記録では高い記録磁界が実現できるため，トレーリングシールドギャップを狭くすることで，さらなる高線記録密度が実現できる可能性がある．

シングル垂直磁気記録は，後述する熱アシスト垂直磁気記録，ビットパターン媒体などの新規技術に比べ，従来のヘッドおよび媒体の延長技術を用いることができるために難易度が比較的低いとされているが，システム上の変更が必要である．シングル記録方式はデータを重ね書きするため，従来のHDDのように特定のデータを自由に消去したり，書き換えたりできない．しかしながら，一括消去してから書き換えを行うフラッシュメモリの方式をHDDに適用すれば克服できると考えられている．

文　献

1) I. Sato, *Mater. Integr.*, **16**, 7 (2003).
2) R. E. Jones, Jr., *IBM Disk Storage Tech.*, 6 (1980).
3) 三浦義正，まぐね，**2**, 79 (2007).
4) 六本木哲也，野口　潔，福田一正，まぐね，**2**, 488 (2007).
5) 松本光功，"磁気ヘッドと磁気記録", p.159，総合電子出版社 (1983).
6) 川西健次，近角聡信，櫻井良文 編集，"磁気工学ハンドブック", p.923, 朝倉書店 (1998).
7) D. P. Gregg, U. S. Patent, 3, 344, 237, Filed 1961 (1967).
8) T. McGuire, R. Potter, *IEEE Trans. Magn.*, **11**, 1018 (1975).
9) 清野　浩，西尾信孝，山中　昇，福田一正，第22回日本応用磁気学会学術講演会概要集，202-a (1998).
10) Y. Yoshida, K. Terunuma, A. IIjma, Y. Sasaki, *IEEE Trans. Magn.*, **35**, 2496 (1993).
11) N. Oyama, T. Kuwashima, O. Matsuda, A. Kamijima, Y. Asanuma, A. IIjima, Y. Sasaki, *IEEE Trans. Magn.*, **36**, 2509 (1993).
12) S. Iwasaki, Y. Nakamura, *IEEE Trans. Magn.*, **13**, 1272 (1977).
13) S. Iwasaki, K. Ouchi, *IEEE Trans. Magn.*, **14**, 849 (1978).
14) S. Iwasaki, Y. Nakamura, K. Ouchi, *IEEE Trans. Magn.*, **15**, 1456 (1979).
15) M. Mallary, A. Tobari, M. Benakli, S. Marchall, *IEEE Trans. Magn.*, **38**, 1719 (2002).
16) T. Roppongi, Digest of International Disk Forum 2005, S5-29 (2005).
17) Y. Kanai, R. Matsubara, H. Watanabe, H. Muraoka, Y. Nakamura, *IEEE Trans. Magn.*, **39**, 1955 (2003).
18) K. Takano, L. Guan, Y. Zhou, J. Smyth, M. Dovek, *J. Appl. Phys.*, **1052**, 07B11 (2009).
19) Y. Liu, K. Takano, D. Bai, X. Zhang, K. Liu, Y. Wu, M. Dovek, *IEEE Trans. Magn.*, **45**, 3660 (2009).
20) S. Song, L. Guan, S. Li, S. Mao, *IEEE Trans. Magn.*, **45**, 3730 (2009).
21) D. Z. Bai, Y. Wu, M. Dovek, Y. Liu, X. Zhang, K. Liu, K. Takano, Y. Zhou, *Digests RMRC*, **17pA-1**, 16 (2010).
22) K. Takano, Y. Liu, K. Liu, D. Bai, T. Min, Y. Wu, M. Dovek, *Digests RMRC*, **18aB-1**, 80 (2010)
23) K. Ito, Y. Kawato, R. Arai, T. Okada, M. Fuyama, Y. Hamakawa, M. Mochizuki, Y. Nishida, T. Ichihara, H. Tkano, *IEEE Trans. Magn.*, **38**, 175 (2002).
24) T. Roppongi, N. Ota, *Digests RMRC*, **17pA-1**, 16 (2007).
25) L. Guan, J. Snyth, M. Dovek, S.-Y. Chan, T. Shimizu, *IEEE Trans. Magn.*, **44**, 3396 (2008).
26) W. Cain, A. Payne, M. Baldwinson, R. Hempstead, *IEEE Trans. Magn.*, **32**, 97 (1996).
27) K. Nakamoto, T. Okada, K. Watanabe, H. Hoshiya, N. Yoshida, Y. Kawato, M. Hatatani, K. Meguro, Y. Okada, H. Kimura, M. Mochizuki, K. Kusukawa, C. Ishikawa, M. Fuyama, *IEEE Trans. Magn.*, **40**, 290 (2004).
28) K. Nakamoto, Y. Kawato, N. Yoshida, Y. Okada, M. Hatatani, M. Mochizuki, K. Watanabe, M. Fuyama, *J. Magn. Soc. Jpn.*, **27**, 124 (2003).
29) Y. Okada, H. Hoshiya, T. Okada, M. Fuyama, *IEEE Trans. Magn.*, **40**, 2368 (2004).
30) K. Hirata, T. Roppongi, K. Noguchi, *J. Magn. Magn. Mater.*, **287**, 352 (2005).
31) K. Hirata, A. Yamaguchi, M. Ohtsuki, T. Roppongi, K. Noguchi, *IEEE Trans. Magn.*, **41**, 2902 (2005).
32) 平田　京，山口　淳，大槻光夫，六本木哲也，野口　潔，第29回日本応用磁気学会学術講演会概要集，133 (2005).
33) 平田　京，山口　淳，大槻光夫，六本木哲也，野口　潔，日本応用磁気学会第144回研究会資料，21 (2005).
34) K. Z. Gao, H. N. Bertram, *IEEE Trans. Magn.*, **38**, 3675 (2002).
35) P. Kasiraj, M. Williams, U. S. Patent, 6967810.
36) Y. Kanai, Y. Jinbo, T. Tsukamoto, S. J. Greaves, K. Yoshida, H. Muraoka, *IEEE Trans. Magn.*, **46**, 715 (2010).
37) H. Kiyono, O. Nakada, T. Mori, T. Oike, *Digests RMRC*, **19pA-3**, 226 (2010).

5.1.3　再生ヘッド

ハードディスクドライブ（HDD：hard disk drive）の高密度化，大容量化は，磁気ディスク，磁気ヘッド，信号処理系，機構系，制御系そのほか，さまざまな技術の集大成として図られてきた．キーパーツである磁気ヘッドの観点からみた場合には，とくに1990年代に入ると異方性磁気抵抗効果型（AMR：anisotropic magnetoresistive）ヘッ

ドの導入によって，面記録密度の年増加率がそれまでのおよそ 30%から一気に 60%に上昇した．そして，さらに 1990 年代の後半から 2000 年代初めにかけては，年率 100%もの驚異的な記録密度増加率を維持したが，これは 1997 年に開発され，その後，継続的に特性改善が図られたスピンバルブ GMR（gianto magnetoresistive）ヘッドによるところが大きい．また，2005 年には GMR ヘッドに替えて TMR（tunneling magnetoresistive）ヘッドの導入も始まり，HDD は再び新たな飛躍へ向けての第一歩を踏み出した[1]．

本項では，HDD の再生ヘッド変遷について概観するとともに，ここ数年間，研究開発されている新たな技術について論述する．

a. AMR ヘッド

異方性磁気抵抗効果[2]を利用した AMR ヘッドは 1991 年に実用化された．それまでは同一のヘッドで記録・再生が行われていたが，AMR ヘッドでは記録はインダクティブヘッドで，再生は MR ヘッドでそれぞれ独立に行うため，MR-インダクティブ複合型ヘッドともよばれる．図 5.1.25（前掲）に ABS（air bearing surface）面からの SEM 像を示した．

MR-インダクティブ複合型ヘッドは，① 周速に依存しない高い再生出力が得られること，② 再生ヘッドのインダクタンスが低いこと，③ アンダーシュートのない再生波形が得られること，④ 記録ヘッドと再生ヘッドをそれぞれ独立に最適設計できること，などの特長をもつ．MR-インダクティブ複合型ヘッドの登場によって，その後，現在も続いている HDD の飛躍的な高記録密度化が始まったといえる．図 5.1.41 にそれまでの薄膜インダクティブヘッドと MR-インダクティブ複合型ヘッドの再生出力の線記録密度依存性を示す．この例では 4 倍の高出力化（単位トラック幅あたり，孤立波出力）が，高線記録密度化とともに達成されている．

b. GMR ヘッド

1988 年に Fe と Cr の多層膜で 50%以上の巨大磁気抵抗（GMR：giant magnetoresistance）効果が見出され[3]，この物理現象を利用して 1997 年に実用化されたのが GMR ヘッドである．GMR 効果は，非磁性層を介する上下の磁性層の磁化状態により伝導電子の散乱が異なるスピン散乱に由来しており，上下磁性層間の磁化の向きが平行のときは抵抗が低く，反平行のときは抵抗が高くなる現象である．GMR 効果の形態には，反強磁性的結合型，誘導フェリ結合型[4]，スピンバルブ型[5]などがあり，スピンバルブ型が実用化された．

図 5.1.42 に示すように，スピンバルブ GMR ヘッドは，自由層（フリー層：free layer）/Cu 非磁性層／固定層（ピンド層：pinned layer）/反強磁性層により構成される．固定層の磁化は Pt-Mn，Ir-Mn などの反強磁性層との交換相互作用により固定される．自由層の平均磁化は，外部磁界がない場合は固定層と 90 度の方向を向くように磁気異方性を付与する．これに正負の外部磁界が媒体表面から印加されると，磁化が平行な状態から反平行な状態まで変化することを利用して再生信号を誘起する．スピンバブル GMR ヘッドは AMR ヘッドに比べ以下の特徴がある．

(1) 数 Oe 程度の低印加磁界でも 4～20%の高い MR 比が得られる．
(2) 非磁性層が比較的厚いため層間の磁気的結合やヒステリシスが小さく，線形性の高い MR 曲線が得られる．

これらの特徴を有するため，数 G～130 Gbit in^{-2} クラスの記録密度の領域で採用されてきた．図 5.1.43 にスピンバルブ GMR ヘッドの ABS 面からの TEM（透過型電子顕微鏡）像を示す．スピンバルブ GMR ヘッドにおいても，自由層を単磁区化するために AMR 素子同様に素子の両端に Co-Pt などの永久磁石層を形成し，縦バイアス磁場を付与するアバッテッドジャンクション（Abutted junction）とよばれる構造を採用している．

磁気ヘッドとしての再生信号の波形対称性を確保するために，AMR ヘッドでは SAL（soft adjacent layer）バイアス方式により MR 膜の磁化の向きを約 45 度傾けておく

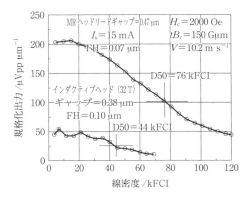

図 5.1.41 薄膜インダクティブヘッドと MR-インダクティブ複合型ヘッドの再生出力の線記録密度依存性

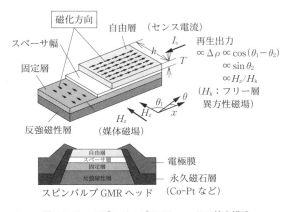

図 5.1.42 スピンバルブ GMR ヘッドの基本構造

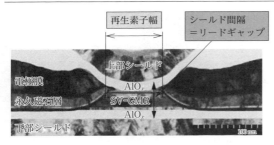

図5.1.43 スピンバルブGMRヘッドのABS面TEM写真

図5.1.44 LOL構造の模式図

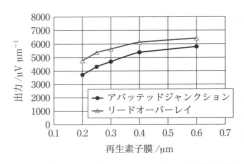

図5.1.45 アバッテッドジャンクションとLOL構造の出力比較計算結果

ことが必須であった．一方，スピンバルブGMRヘッドの場合はセンス電流がつくるバイアス磁界，自由層と固定層の強磁性的相互作用による結合磁界 H_{in} および固定層からの漏れ磁界のバランスで波形の対称性が決まる．そのため，Cu非磁性層厚，自由層および固定層の層厚の最適化が重要なポイントとなる．

しかしながら，高記録密度化の進展とともに素子サイズが小さくなり，固定層からの反磁界の影響も無視できなくなった．そのため，再生信号の高出力化と，波形対称性の改善などを狙いに ① 積層フェリ構造[6]，② スピンフィルタ構造[7]，③ スペキュラー構造[8,9]，およびデュアルスピンバルブ構造[10] などが提案された．デュアルスピンバルブ構造は自由層の上下にCu非磁性層，固定層および反強磁性層を設ける構造であり，高MR比を実現できるが，低抵抗であるために 120 Gbit in^{-2} 級以上においては所望の出力が得られない．しかしながら，上部固定層をモノレイヤーにしたトップモノレイヤーデュアルスピンバルブ（TM-DSV）構造とすることにより，高MR比を実現できた．表5.1.3に各構造の膜特性比較を示す．トップモノレイヤー構造でMR比23%が得られ，通常のデュアルスピンバルブ構造に比べ ΔR を約20%高くできる．さらにバイアスポイントを最適化することで 170 Gbit in^{-2} 級のデモンストレーションが検証された[11]．

GMR膜構造とは別に，リード電極構造を改善して高出力化を図る手法として，40～60 Gbit in^{-2} 級ヘッドでリードオーバーレイ（LOL：lead overlaid）構造が採用された．図5.1.44にLOL構造の模式図を示す．LOL構造は電極膜をGMR膜の上部端をカバーするように形成することで，ジャンクション端部の不感領域に検出電流を流さないようにした構造である．図5.1.45はアバッテッドジャンクション構造とLOL構造の出力比較を計算した結果である．GMR膜の高感度部分のみにセンス電流を流すことで，アバッテッドジャンクション構造に対し約20～25%の高出力化が実現できる．

c．TMRヘッド

GMRヘッドは 100～150 Gbit in^{-2} 級においてGMR再生素子狭小化に伴う出力不足の問題が深刻化し，さらなる記録密度上昇が期待できる高出力再生素子を利用した新規ヘッドの実用化が望まれていた．そして，2005年に登場したのがトンネル磁気抵抗（TMR：tunneling magneto-resistance）効果を利用したTMRヘッドである．TMRヘッドは1 nm程度の極薄絶縁層（トンネルバリア層）を挟んで2層の磁性膜を配置し，それぞれの磁性膜の磁化のなす角度に依存して前記絶縁層を通過するトンネル電流値が変化するTMR効果を利用している[12,13]．TMR効果はトンネルバリア層を挟む両磁性膜のスピン分極率を P_1, P_2 とすると以下のJilliereの式[12]で表される．

$$TMR_{ratio} = 2P_1P_2/(1-P_1P_2) \qquad (5.1.14)$$

この式からフェルミ面において伝導電子が完全にスピン偏極している，いわゆるハーフメタル磁性材料（スピン分極率=1）を両磁性膜に用いることでTMR効果による磁気抵抗比率は無限大となることが読み取れる．このように，TMRヘッドは100 nm以下の微細素子サイズでも非常に大きな再生出力が期待できるという理論的背景をもと

表5.1.3 スピンバルブGMRヘッド構造の膜特性比較

膜構成	GMR比 (%)	R_s $\Omega/\square$	ΔR Ω	I_s mA	温度上昇（I_s^2R） mW	出力（$\Delta R I_s$） mV
SSV	15.0	20.0	3.00	3.00	180	9.0
DSV	20.0	12.0	2.40	3.91	180	9.2
TM-DSV	23.0	12.4	2.85	3.81	180	10.8

[K. Shimazawa, A. Kobayashi, *et al.*, *IEEE Trans. Magn.*, **42**, 122 (2006)]

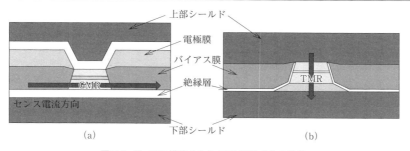

図 5.1.46　CIP 構造 (a) と CPP 構造 (b) の比較

最初に実用化された TMR ヘッドは 100 Gbit in^{-2} 級であり AlO$_x$, TiO$_x$ といったアモルファス系トンネルバリアを採用していた[14〜16]．採用された TMR 素子の膜構成は GMR ヘッドと同様にスピンバルブ型である．つまり，二つの磁性膜のうち一方は媒体からの漏れ磁界によってその磁化の方向が変化するフリー層であり，他方は磁化が反強磁性膜で固定されたピンド層である．両ヘッド再生素子の違いは，従来のスピンバルブ GMR ヘッドが素子の膜面内方向（トラック幅方向）にセンス電流を流す CIP（current-in-plane）構造であるのに対して，TMR ヘッドでは素子膜面に垂直にセンス電流を流す CPP（current-perpendicular-to-plane）構造となっている．図 5.1.46 に CIP 構造と CPP 構造の比較を示す．図 5.1.47 に 200 Gbit in^{-2} 超級 TMR ヘッドの ABS 側から見た TEM 像を示す．TMR ヘッドにおいて上下部磁気シールド層はセンス電流の電極を兼ねており，GMR ヘッドで必須であった再生素子の上下絶縁層が不要となり，結果的に上下磁気シールド層間の距離を大幅に縮めることが可能となった．これにより TMR ヘッドは，元来の高出力優位性だけでなく，高い再生分解能（狭い再生パルス半値幅），および，より急峻なトラックプロファイルといった構造的優位性が特徴となり高記録密度化に適したヘッドとして広く認知された．開発当初 TMR ヘッドは GMR ヘッドと比べ抵抗が高く，またトンネル電流起因のショットノイズも存在するという欠点について議論がなされていたが，それを乗り越える大きな再生出力と高い再生分解能によってその欠点を補い，結果的に高い SN 比（signal-to-noise ratio）を確保することができ[17]，TMR ヘッドの採用は加速されていった．

アモルファス系バリアを採用した第一世代 TMR ヘッド実用化後，さらなる高出力化，高性能化のために注目されたのは結晶性 MgO バリアを用いた TMR ヘッドである．以前からエピタキシャル Fe(001)/MgO(001)/Fe(001) によるトンネル積層膜構造はコヒーレントトンネル効果を発現し，1000% 以上もの TMR 効果が可能であるという理論的予測が知られていた[18]．その後，Nagamine ら[19] はヘッド応用を意識した結晶性 MgO バリアを有する TMR 膜により RA（resistance area product）$= 0.4\,\Omega\,\mu m^2$, MR 比 $= 56\%$ というアモルファス系バリアを圧倒する低抵抗，高変化率を発表した．これは 1 Tbit in^{-2} 級をも達成できる値である．さらに，従来 TMR ヘッドの 3.5 倍の出力を可能とする $RA = 2.0\,\Omega\,\mu m^2$, MR 比 $= 88\%$ を有する結晶性 MgO バリア TMR 膜を用いた TMR ヘッドの記録再生デモが報告され[20]，間もなく結晶性 MgO バリア TMR ヘッドが実用化され，HDD 記録密度はさらに向上した．その後，再生素子はサイドシールド型 TMR ヘッド[21] によりサイドリーディングが低減し，高 TPI 化が加速された．また，再生素子のみならず垂直磁気記録をベースとした記録素子，記録媒体の絶え間ない改善とともに 2014 年現在においては 1 Tbit in^{-2} 級 HDD が実用化されているが，その再生素子には RA $< 1\,\Omega\,\mu m^2$ 結晶性 MgO バリア TMR 素子が採用されている．

このように，100 Gbit in^{-2} 級から搭載されて記録密度向上を支えてきた TMR ヘッドであるが，その開発初期において最大の課題だったのが，当時，ほかの電子デバイスでは類をみない 1 nm レベル絶縁層を有する TMR 膜の信頼性をいかに確保するかであった．多くの開発技術者の努力の末，1 nm 厚レベル AlO$_x$, TiO$_x$, MgO トンネルバリア層には格子欠陥，いわゆるピンホールという局所低抵抗領域が存在し，そこに電流が集中，ジュール熱が局所発生することでピンホールが拡大し，最終的に素子全体として低抵抗化，低出力化に至るという TMR 膜劣化メカニズムが解明された．さらには，そのピンホール数密度定量化方法，ピンホール耐電圧，寿命評価方法が見出され[14,22]，理論的裏付けのもと TMR 膜信頼性は，HDD 再生ヘッドとしての問題ないことが証明され実用化に至った．HDD 用再生素子での極薄バリア TMR 膜応用の成功は，その後の MRAM（magnetoresistive random access memory）や高

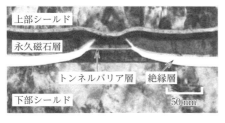

図 5.1.47　TMR ヘッドの ABS 面 TEM 写真

感度磁気センサでのTMR膜応用へとつながっており，スピントロニクス発展の一翼を担っている．

d．CPP-GMRヘッド

TMRヘッドは将来の高密度化に対して高いポテンシャルを秘めているが，さらに高密度化が進展して再生トラック幅が減少した場合には，その抵抗増加が問題となることは予想される．そこで，将来の高密度再生ヘッドの有力候補の一つとして，CPP構造でトンネルジャンクションの代わりにスピンバルブGMRを用いたCPP-GMRヘッドの開発が進められている[23]．

CPP-GMRヘッドのメリットは，低抵抗素子が実現できるため高周波応答性に優れていること，および低ノイズであることがあげられる．しかしながら，TMRヘッドに比べてMR比およびRAが低いという課題がある．そこで，この課題をブレークスルーするために，オールメタルタイプだけでなく，CPP-GMR膜中に極薄酸化物層（NOL：nano-oxide-layer）を挿入したタイプをはじめ，さまざまな検討がなされている．

CPP-GMR膜のスペーサ中にNOLを挿入することによりMR比が向上することが確認されている[24〜26]．とくにAlCuを酸化させることでNOLを形成し，電流狭窄効果を用いたCPP-GMR膜では，MR比＝8.2％，$RA=0.57\,\Omega\,\mu m^2$が実現されている[27]．電流を狭窄するということでCCP（current-confined-path）-NOLとよばれているが，CCP-NOL形成時の酸化プロセスを工夫し，Cuメタルパスの酸化を抑えるとともに，磁性層にスピン依存散乱効果の大きいbcc-$Fe_{50}Co_{50}$を組み合わせることにより，MR比の向上が図られた．さらに，CCP-NOLとは異なるが，スペーサ中にCuではなく，磁性層のメタルパスを形成し，形成される磁壁を閉じ込めることにより発現する新たなMR発現機構をもつnano-contact MRにおいては，420℃のアニールを施すことで，MR比＝30％，$RA=0.2\,\Omega\,\mu m^2$が実現されている[28]．以上のように，CPP-GMR膜中にNOLなどのメタルパスを挿入する構造は高いポテンシャルを有しているといえる．

一方，オールメタルタイプについては，磁性層に比抵抗の大きな材料を用いる手法[29]とスピン分極率の大きいホイスラー合金を用いる研究がなされている．そこで，本稿ではホイスラー合金の研究動向に関して簡単に述べる．ホイスラー合金のようなハーフメタル強磁性体はスピン分極率が1であるため，これまでトンネル接合で大きな磁気抵抗効果が期待され，種々の研究が進められているが，CPP-GMR膜への適用も活発に検討されている．フルホイスラー金属を自由層および固定層に用いたデュアル構造でMR比＝11.5％，$RA=0.08\,\Omega\,\mu m^2$の膜特性が得られ，ヘッドデモンストレーションの報告もされている[30]．シングル構造においても，Co_2MnSiを適用し，組成制御することで，MR比＝9.0％の膜特性が報告されている[31]．また，シングル構造でMR比＝5〜6％，$RA=0.04\,\Omega\,\mu m^2$のCPP-GMR膜を用いたヘッドにおいて，トラック幅40 nmで出力1 mV以上，約30 dBのSN比が得られている[32]．このように，ホイスラーを用いた素子において高いポテンシャルが示されているが，近年では，エピタキシャル膜におけるさらなる特性向上の検討が活発であり，Co-Fe-Ge-Gaの4元ホイスラー合金とAgスペーサを備える素子においてMR比＝41.7％，$RA=0.02\,\Omega\,\mu m^2$という大きなMR特性が報告されている[33]．

しかしながら，ホイスラー合金をヘッドに実用化するためには，さらなる低磁歪化ならびに結晶化温度の低温化を図っていくことが必要であるとともに，低抵抗がゆえに生じるスピントランスファーノイズの低減が必要であり，今後のさらなる発展が期待される．

さらに，MR変化率向上の新たな手法として，近年では，新規な構造も提案されており，界面におけるスピンフィルタリングを目的として，ウスタイト構造をもつFeZnO層をスペーサ層に隣接させることにより，MR比＝26％，$RA=0.2\,\Omega\,\mu m^2$の膜特性が得られている[34]．また，スペーサに半導体であるZnOやGaO_xを適用する構造も報告されている[35, 36]．これら半導体スペーサは比較的高い抵抗を示す連続膜であるとともに，スピン情報を失うことなしに伝導できるスペーサであると考えられる．図5.1.48および図5.1.49において示されるように，結晶質ZnOを

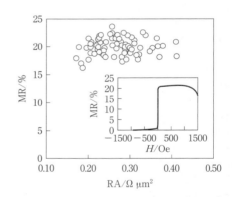

図5.1.48 ZnOスペーサCPP-GMR膜におけるMR比のRA依存性
[K. Shimazawa, K. Noguchi, *et al.*, *IEEE Trans. Magn.*, **46**, 1488(2010)]

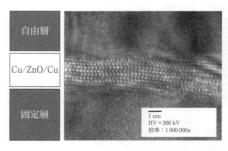

図5.1.49 ZnOスペーサCPP-GMR膜の断面TEM写真
[K. Shimazawa, K. Noguchi, *et al.*, *IEEE Trans. Magn.*, **46**, 1488(2010)]

適用した場合には，MR 比 = 21.4%，$RA = 0.2\,\Omega\,\mu m^2$ が得られている．さらに，GaO_x スペーサにおいても，250℃のアニールにおいて，MR 比 = 25%，$RA = 0.3\,\Omega\,\mu m^2$ の膜特性が得られており，次世代のスペーサとして非常に有望であるといえる．

上述のとおり，CPP-GMR においては，継続的に MR 比の向上が達成されているが，次世代ヘッドの実用化のためには，MR 比向上が必要であり，今後のさらなる発展に期待したい．

文　献

1) 六本木哲也，野口　潔，福田一正，まぐね，**2**, 488 (2007).
2) T. McGuire, R. Potter, *IEEE Trans. Magn.*, **11**, 1018 (1975).
3) M. Baibich, J. Broto, A. Fert, F. Nguyen Van Dau, F. Petroff, *Phys. Rev. Lett.*, **61**, 2472 (1988).
4) H. Yamamoto, T. Okuyama, H. Dohnomae, T. Shinjo, *J. Magn. Magn. Mater.*, **99**, 243 (1991).
5) B. Dieny, V. Speliousu, S. Metin, S. Parkin, P. Baumgart, D. Wilhoit, *J. Appl. Phys.*, **69**, 4774 (1991).
6) R. E. Fontana, Jr., B. A. Gurney, T. Lin, V. S. Sperious, C. Tsang, M. H. Wilhoit, US Patent 5, 701, 223 (1997).
7) H. Iwasaki, H. Fukuzawa, K. Koi, M. Sahashi, *J. Magn. Soc. Jpn.*, **24**, 1093 (2000).
8) Y. Kamiguchi, H. Yuasa, H. Fukazawa, K. Koui, H. Iwasaki, M. Sahashi, *Digest of INTERMAG 1999*, No. DB-01 (1999).
9) H. Kanai, K. Noma, Jongill Hong, *FUJITSU Sci. Tech. J.*, **37**, 174 (2001).
10) J. G. Zhu, *IEEE Trans. Magn.*, **35**, 655 (1999).
11) K. Shimazawa, Y. Tsuchiya, K. Inage, Y. Sawada, K. Tanaka, T. Machita, N. Takahashi, T. Shimizu, Y. Antoku, H. Kiyono, K. Terunuma, A. Kobayashi, *IEEE Trans. Magn.*, **42**, 120 (2006).
12) M. Julliere, *Phys. Lett. A*, **54**, 225 (1975).
13) T. Miyazaki, N. Tezuka, *J. Magn. Magn. Mater.*, **139**, L231 (1995).
14) T. Kagami, T. Kuwashima, S. Miura, T. Uesugi, K. Barada, N. Ohta, N. Kasahara, K. Sato, T. Kanaya, H. Kiyono, N. Hachisuka, S. Saruki, K. Inage, N. Takahashi, K. Terunuma, *IEEE Trans. Magn.*, **42**, 93 (2006).
15) 加々美健朗，猿木俊司，稲毛健治，桑島哲哉，日本応用磁気学会第145回研究会資料 (2006).
16) S. Mao, Y. Chen, F. Liu, X. Chen, B. Xu, P. Lu, M. Patwari, H. Xi, C. Chang, B. Miller, D. Menard, B. Pant, J. Loven, K. Duxstad, S. Li, Z. Zhang, A. Johnson, R. Lamberton, M. Gubbins, T. Mclaughlin, J. Gadbois, J. Ding, B. Cross, S. Xue, P. Ryan, *IEEE Trans. Magn.*, **42**, 97 (2006).
17) T. Kuwashima, K. Fukuda, H. Kiyono, K. Sato, T. Kagami, S. Saruki, T. Uesugi, N. Kasahara, N. Ohta, K. Nagai, N. Hachisuka, N. Takahashi, M. Naoe, S. Miura, K. Barada, T. Kanaya, K. Inage, A. Kobayashi, *IEEE Trans. Magn.*, **40**, 176 (2004).
18) W. H. Butler, X. G. Zhang, T. C. Schulthess, *Phys. Rev. B*, **63**, 054416 (2001).
19) Y. Nagamine, H. Maehara, K. Tsunekawa, D. D. Djayaprawira, N. Watanabe, *Appl. Phys. Lett.*, **89**, 162507 (2006).
20) T. Uesugi, T. Machita, S. Miura, N. Degawa, T. Yamane, M. Ohta, K. Makino, S. Kawasaki, H. Hatate, T. Nishizawa, T. Kanaya, T. Kagami, T. Oike, *Digest TMRC*, **B2** (2013).
21) 加々美健朗，桑島哲哉，蜂須賀望，笠原寛顕，佐藤一樹，太田尚樹，三浦　聡，上杉卓己，高橋法男，金谷貴保，稲毛健治，直江昌武，清野　浩，猿木俊司，茨田和弘，長井健太郎，照沼幸一，福田一正，小林敦夫，日本応用磁気学会第134回研究会資料，141 (2004).
22) P. Wong, K. Inage, A. Y. Lai, E. Leung, T. Shimizu, *IEEE Trans. Magn.*, **42**, 232 (2006).
23) M. Takagishi, K. Koi, M. Yoshikawa, T. Funayama, H. Iwasaki, M. Sahashi, *IEEE Trans. Magn.*, **38**, 2277 (2002).
24) H. Yuasa, M. Yoshikawa, Y. Kamiguchi, K. Koi, H. Iwasaki, M. Takagishi, M. Sahashi, *J. Appl. Phys.*, **92**, 2646 (2002).
25) K. Nagasaka, Y. Seyama, L. Varga, Y. Shimizu, A. Tanaka, *J. Appl. Phys.*, **89**, 6943 (2001).
26) H. Fukuzawa, H. Yuasa, S. Hashimoto, K. Koi, H. Iwasaki, M. Takagishi, Y. Tanaka, M. Sahashi, *IEEE Trans. Magn.*, **40**, 2236 (2004).
27) H. Iwasaki, H. Fukazawa, H. Yuasa, K. Kubo, K. Koi, T. Funayama, M. Takagishi, Y. Tanaka, *Digest INTERMAG*, No. GQ-01 (2005).
28) M. Takagishi, S. Hashimoto, H. N. Fuke, H. Iwasaki, *Digest TMRC*, C1 (2011).
29) A. Jogo, K. Nagasaka, T. Ibusuki, H. Oshima, Y. Shimizu, T. Uzumaki, A. Tanaka, *Digest. 30th annu. conf. Magnet. Jpn*, 43 (2006).
30) M. Saito, N. Hasagawa, Y. Ide, T. Yamashita, Y. Hayakawa, Y. Nishiyama, M. Ishizone, S. Yanagi, K. Honda, N. Ishibashi, D. Aoki, H. Kawanami, K. Nishimura, J. Takahashi, A. Takahashi, *Digest INTERMAG*, FB-02 (2005).
31) T. Mizuno, Y. Tsuchiya, T. Machita, S. Hara, D. Miyauchi, K. Shimazawa, T. Chou, K. Noguchi, K. Tagami, *IEEE Trans. Magn.*, **44**, 3584 (2008).
32) J. R. Childress, M. J. Carey, S. Maat, N. Smith, R. E. Fontana, D. Druist, K. Carey, J. A. Katine, N. Robertson, M. Alex, J. Moore, C. Tsang, *Digest TMRC*, A1 (2007).
33) Y. K. Takahashi, A. Srinivasan, B. Varaprasad, A. Rajanikanth, N. Hase, T. M. Nakatani, S. Kasai, T. Furubayashi, K. Hono, *Appl. Phys. Lett.*, **98**, 152501 (2011).
34) Y. Fuji, M. Hara, H. Yuasa, S. Murakami, H. Fukuzawa, *Appl. Phys. Lett.*, **99**, 132103 (2011).
35) K. Shimazawa, Y. Tsuchiya, T. Mizuno, S. Hara, T. Chou, D. Miyauchi, T. Machita, T. Ayukawa, T. Ichiki, K. Noguchi, *IEEE Trans. Magn.*, **46**, 1487 (2010).
36) Y. Tsuchiya, T. Chou, H. Matsuzawa, S. Hara, K. Shimazawa, K. Noguchi, K. Terunuma, *Digest INTERMAG*, HA-02 (2012).

5.1.4　記録媒体

a.　記録媒体の仕組みと課題

ハードディスクに用いられる記録媒体は，ディスク基板の上に円柱状の微細な磁性粒子を敷き詰めた構造を有している．垂直磁気記録方式[1]に用いられている記録媒体の場合は，磁性粒子の磁化がディスク面に対して垂直方向を向

いており，この磁化を上と下のどちらに向かせるかを制御することによって情報を記録している．磁性粒子の大きさは直径7～8 nmであり，20個程度の磁性粒子の磁化の向きをそろえて記録ビットを形成している．記録ビットに含まれる磁性粒子の数が多ければ，記録ビットを正確な形状につくることができるため，情報の読み誤りは少なくなる．一方で，同じ大きさのディスクにより多くの情報を記録するためには，一つの記録ビットのサイズをより小さくする必要があり，したがって磁性粒子を微細化することが求められる．ところが，磁性粒子のサイズを小さくしすぎると，個々の磁性粒子の磁化が不安定となり，記録した情報を長期間保存できなくなる．この現象は熱エネルギーによって磁性粒子の磁化方向が反転することによって起こり，熱揺らぎとよんでいる[2～5]．この熱揺らぎ現象を防ぐためには，磁気異方性エネルギーが大きい磁性体を用いる必要がある．しかし，磁気異方性エネルギーを大きくしすぎると，情報を記録するさいに磁性粒子の磁化の反転が困難となる．すなわち，記録媒体により多くの情報を記録するためには，磁性粒子が微細で，熱揺らぎに対して安定で，かつ容易に記録できるという三つの条件を満たさなければならない．

b. 垂直磁気記録媒体の構造

現行のハードディスクに適用されている垂直記録方式の記録媒体は，図5.1.50に示すように保護層，記録層，中間層，ソフト磁性下地層から構成されている．

記録層は円柱状の磁性粒子で構成されているが，この磁性粒子のサイズを均一でかつ微細にすることに加えて，磁性粒子を非磁性材料の壁で囲むことが重要である．この構造はグラニュラー構造とよばれ，個々の磁性粒子が独立にその磁化の向きを決めるために必要である．グラニュラー構造の形成が不十分であると，複数の磁性粒子が一体化してふるまうため，小さな記録ビットを正確につくることができなくなる．図5.1.51にCo-Cr-Pt-SiO$_x$グラニュラー磁性膜を透過型電子顕微鏡で観察した像を示す．磁性粒子のサイズは8 nm程度であり，磁性粒子間に酸化物からなる粒界が形成されている．垂直磁気記録方式に移行する前の長手磁気記録方式では，記録媒体として酸化物を含まな

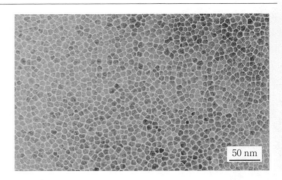

図5.1.51　Co-Cr-Pt-SiO$_x$グラニュラー磁性膜

いCo-Cr-Pt系合金を用い，加熱成膜により粒界にCrを偏析させてグラニュラー構造を形成していた．しかし，この材料を垂直配向させると，Crの偏析が不十分で必要なグラニュラー構造ができないことが判明した[6]．この問題を解決するために垂直磁気記録媒体では，Co-Cr-Pt合金にSiO$_x$などの酸化物を添加した材料が磁性膜に用いられることとなった[7～10]．Crを偏析させる場合とは異なり，加熱なしで酸化物を粒界に偏析させることができ，図5.1.51のようなグラニュラー構造を実現することができた．酸化物を構成する元素として適しているのは，Si以外にTiやTaなどのCoよりも酸化物を生成しやすい元素である[11,12]．酸化物は金属に比べて表面エネルギーが低いために，Co-Cr-Pt合金粒子を包み込むような形で粒界に偏析する．そのため，隣接粒子の合体を抑えて，比較的サイズのそろった柱状のCo-Cr-Pt合金粒子を成長させることができる．また，Co-Cr-Pt合金中のCr濃度を低くしても偏析構造の形成に問題がないため，Co-Cr-Pt合金の磁気異方性エネルギーを高めることができる．その結果，面内磁気記録媒体に比べ，高い熱安定性を得ることができる．

グラニュラー構造からなる磁性膜は小さなビットをつくるうえでは有利であるが，記録容易性や熱安定性の面で問題がある．この問題を解決するために，グラニュラー磁性膜の上に"連続膜"を積層した構造が記録層に広く使われている．ここでいう連続膜とは，偏析構造がないために粒子間の交換結合が強く，磁気的に連続であることを意味している．この二層磁性膜からなる媒体は，キャップ媒体[13,14]あるいはCGC（coupled granular and continuous）媒体[15]などとよばれている．図5.1.52にキャップ媒体の記録層断面を透過型電子顕微鏡で観察した像を示す．グラニュラー磁性膜には白く見える酸化物の粒界が存在しているのに対して，連続磁性膜には酸化物の粒界が存在していない．グラニュラー磁性膜の上に連続磁性膜を積層することにより，磁性粒子間に適度な交換結合が付与されて，記録層の保磁力が低下し記録が容易になる．また，連続膜を介してグラニュラー磁性粒子が連結しているために熱安定性が向上する．連続膜の粒子間の交換結合の強さは，この連続膜の飽和磁化と膜厚の積で決まる．連続膜には酸化物

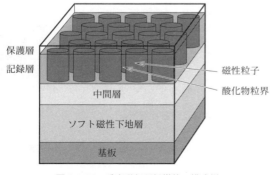

図5.1.50　垂直磁気記録媒体の構成例

図 5.1.52 キャップ媒体の断面構造

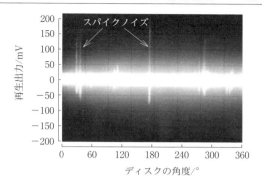

図 5.1.53 再生ヘッドで検出したスパイクノイズ
直流消磁した垂直磁気記録媒体から検出されたディスク1周分の出力.

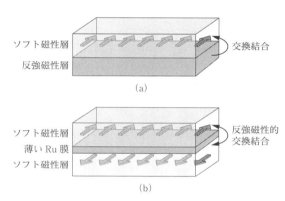

図 5.1.54 ソフト磁性下地層の磁区構造の制御方法
(a) 反強磁性層でソフト磁性層の磁化を固定する方法
(b) 二つのソフト磁性層を反強磁性的に結合させる方法

を添加しない Co-Cr-Pt 系合金材料などが使われる.グラニュラー構造の偏析が不十分で磁性粒子間の交換結合が存在する場合とは異なり,磁性粒子間の交換結合を連続膜によって付与することにより交換結合を均一にできることがキャップ媒体のメリットである[16].

中間層は,記録層の磁性粒子の結晶配向性と粒径とグラニュラー構造を制御するために重要である.中間層として Ru を適用することにより,hcp 構造の Co 合金を同じ hcp 構造の Ru 上でエピタキシャル成長させて良好な結晶配向性を得ている[17].図 5.1.52 の断面像から,Ru 結晶粒と記録層の磁性粒子が一対一に対応している様子がわかる.また,小さな粒径を維持しながら,酸化物の偏析を促進するための凹凸を形成できるのも Ru の特徴であり,低ガス圧と高ガス圧の 2 段階のプロセスによって c 軸配向性と凹凸構造を両立させている[18,19].Ru 以外にこれらの条件を満たす材料は見つかっていないため,記録層に接する中間層には必ず Ru または Ru 合金が用いられる.Ru 層の下にはシード層とよばれる Ni 合金層が用いられることが多い.このシード層は,Ru 層の結晶配向性と粒径を制御する役割を果たす.fcc 構造の Ni 合金層の (111) 面の上に hcp 構造の Ru 層の (0002) 面がエピタキシャル成長する.

中間層に求められるもう一つの役割は,記録層とソフト磁性下地層との距離を調節することである.記録層がソフト磁性層と交換結合でつながることを防ぐために,これらの間にはある程度の距離が必要である一方で,記録磁界を効率的にソフト磁性下地層へ引き込むためには非磁性の中間層をできる限り薄くすることが求められる.ただし,通常は中間層を薄膜化することによって記録層の c 軸配向性と酸化物偏析構造が不十分となるため,中間層の構造を制御するための工夫が必要である[20,21].

ソフト磁性下地層は記録ヘッドから発生する磁界を引き込み,急峻で大きな磁界にする役割がある.この役割を果たすためには,高い飽和磁束密度と高い透磁率をもつ材料が必要である.また,平坦性を確保することも重要であり,ソフト磁性下地層表面の凹凸が大きい場合には中間層や記録層の結晶配向性を劣化させることになる.さらに,スパイクノイズの対策が必要である.スパイクノイズとは,水平方向に磁化したソフト磁性下地層の磁壁から発生した垂直方向の漏れ磁束によって検出されるノイズである[22].図 5.1.53 に再生ヘッドで検出したスパイクノイズの例を示すが,このノイズは局所的ではあるが強度が大きいため,再生信号の品質を著しく劣化させる.

このスパイクノイズの対策として,ソフト磁性下地層の磁区構造を制御する 2 種類の方法が提案されている.図 5.1.54 に 2 種類の方法に必要な構成を模式的に示す.第一の方法は,ソフト磁性層を反強磁性層に交換結合させることにより磁化の向きをそろえる方法である[23].ディスクの径方向に磁界を印加した状態で冷却すると,ソフト磁性下地層の磁化はディスクの径方向にそろい,ディスク全面にわたってスパイクノイズの発生を抑えることができる.第二の方法は,薄い Ru 層を介して二つのソフト磁性層を積層し,交換相互作用を利用して磁化を反平行に結合させる方法である[24,25].この場合にはソフト磁性層は多磁区構造となるが,上下のソフト磁性層を併せた磁化がゼロとなり,磁壁から発生する漏れ磁束を閉じ込めることができるため,スパイクノイズを抑制することができる.

ソフト磁性下地層の厚さに関しては,ヘッドの記録磁界を減ずることなく引き込むために数百 nm の厚さが必要と従来は考えられていた.ところが記録ヘッドの構造が単磁極型からトレーリングシールド付きの構造に変わることに

よって，斜め方向磁界の効果で記録層の磁化反転が容易になり，ソフト磁性下地層の薄膜化が可能となった[26]．製品では膜厚 100 nm 以下のソフト磁性下地層が用いられている．

c. 垂直磁気記録媒体の性能向上

前述したように，垂直磁気記録媒体の性能をさらに向上させるためには，磁性粒子のサイズを小さくしたうえで，熱揺らぎに対して安定で，かつ容易に記録できる媒体を作製する必要がある．これを実現するために提案されたのが ECC（exchange coupled composite）媒体である[27〜29]．ECC 媒体の記録層の構成を模式的に図 5.1.55 に示す．個々のグラニュラー構造の磁性粒子について，磁気的にハード磁性粒子（硬い磁性粒子）と磁気的にソフト磁性粒子（軟らかい磁性粒子）が交換結合力制御層を介して積み重なった構成となっている．ハード磁性粒子は熱揺らぎに対する安定性を確保する役割を果たし，ソフト磁性粒子は適度な交換結合力でハード磁性粒子と結合することによってハード磁性粒子の磁化反転を助け，記録を容易にする役割を果たす．記録が容易となる効果を得るためには，二つの磁性粒子間の交換結合を適度に設定することが重要である．交換結合力が弱い場合にはソフト磁性粒子がハード磁性粒子の磁化反転を助ける働きが弱くなり，逆に交換結合力が強い場合にはソフト磁性粒子の磁化反転が抑制されて十分な効果が得られない．

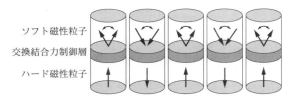

図 5.1.55 ECC 媒体の構成

d. 将来の記録媒体

ハードディスクをさらに高密度化する将来技術として，エネルギーアシスト磁気記録とビットパターン媒体が検討されている．

エネルギーアシスト磁気記録としては，熱アシスト磁気記録とマイクロ波アシスト磁気記録の 2 種類が提案されている．記録磁界に重畳して熱あるいは高周波磁界を印加することによって，記録媒体の磁性粒子の磁化を反転させて記録を行う技術である．熱あるいは高周波磁界のアシストによって，従来は記録が困難であった磁気異方性の高い記録媒体への書き込みが可能となる．高い磁気異方性は熱揺らぎに対する安定性を高めるため，記録媒体の磁性粒子を小さくでき，高密度で微小な記録ビットを形成できる．記録媒体に用いる磁気異方性の高い磁性材料としては，Fe-Pt 規則合金や Co-Pt 規則合金などが検討されている[30,31]．これらの材料で規則度の高い合金を作製した場合には，従来の記録媒体に用いられている Co-Cr-Pt 合金の 10 倍以

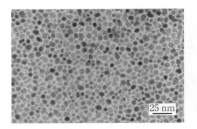

図 5.1.56 Fe-Pt-C グラニュラー磁性膜

上の磁気異方性が得られる．ただし，450〜600℃の加熱が必要である．これらの材料を用いてグラニュラー構造を形成し[32,33]，磁性粒子のサイズを小さくかつ均一にできれば高密度記録が可能となる．図 5.1.56 に Fe-Pt 合金にカーボンを添加してグラニュラー構造を形成した例を示す．微細な結晶粒が分離できている様子がわかる．ただし，高密度の記録を実現するためには，結晶粒のサイズや磁気特性を均一化することが課題である．また，熱アシスト磁気記録では，磁性材料の磁化反転磁界が温度上昇に伴って低下する性質を利用して記録を行う．そこで，熱を考慮した記録媒体の設計が必要となる．磁性膜としてはキュリー点の低い材料が適しており，下地膜としては熱の流れを制御できる材料が好ましい．さらに，加熱に耐え得る保護膜や潤滑剤の開発が必要となる．一方，マイクロ波アシスト磁気記録では，高周波磁界の印加による強磁性共鳴を利用して磁化反転磁界を低下させて記録を行う．そこで，効率よく磁化反転磁界を低下させるために，磁性膜のダンピング定数を小さくすることが好ましい．

ビットパターン媒体は，磁性粒子間の交換結合を強くした磁性膜を記録ビットごとに分離した媒体である[34,35]．従来のグラニュラー構造の記録媒体の場合には 20 個程度の磁性粒子で一つの記録ビットを構成しているのに対して，ビットパターン媒体では一つの磁性ドットで一つの記録ビットを構成する．そのため，磁化の反転単位が大きくなった分だけ，熱揺らぎに対する磁化の安定性を高めることができる．図 5.1.57 にエッチングによって作製した磁性ドットの走査型電子顕微鏡写真を示す．これらの磁性ドットは従来のグラニュラー構造の磁性粒子と比較するとそのサイズが格段に大きいが，その一つ一つが記録ビットの役割を果たすため，高密度の記録が可能となる．ただ

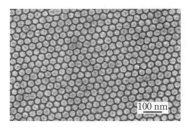

図 5.1.57 エッチングによって作製した磁性ドット

し，記録性能は磁性ドットのサイズや位置のばらつきに強く依存するため，高い記録密度を実現するには，磁性膜を精度良く加工して微細な磁性ドットを正確に作製する必要がある．ビットパターンの原盤を作製するには電子線描画および自己組織化膜の技術が[36,37]，そのパターンを大量に複製するにはナノインプリント技術が[38]，パターンを磁性膜に転写するためにはエッチング[39]またはイオン注入[40]の技術が必要とされている．また，図5.1.57の磁性ドットのまわりには溝が形成されているが，記録媒体の信頼性の観点から，この溝を埋めて記録媒体の表面を平坦にすることが望ましい[41]．このように，ビットパターン媒体に関しては，記録媒体を作製するうえでの課題が多い．しかしながら，記録密度向上のポテンシャルは高く，実用化が期待される．

文　献

1) S. Iwasaki, Y. Nakamura, *IEEE Trans. Magn.*, **13**, 1272 (1977).
2) P.-L. Lu, S. H. Charap, *IEEE Trans. Magn.*, **30**, 4230 (1994).
3) Y. Uesaka, Y. Takahashi, Y. Nakatani, N. Hayashi, H. Fukushima, *J. Magn. Magn. Mater.*, **174**, 203 (1997).
4) Y. Hosoe, I. Tamai, K. Tanahashi, Y. Takahashi, T. Yamamoto, T. Kanbe, Y. Yajima, *IEEE Trans. Magn.*, **33**, 3028 (1997).
5) D. Han, J. Zhu, J. H. Judy, J. M. Sivertsen, *IEEE Trans. Magn.*, **33**, 3025 (1997).
6) Y. Hirayama, M. Futamoto, *IEEE Trans. Magn.*, **32**, 3807 (1996).
7) S. Oikawa, A. Takeo, T. Hikosaka, Y. Tanaka, *IEEE Trans. Magn.*, **36**, 2393 (2000).
8) T. Oikawa, M. Nakamura, H. Uwazumi, T. Shimatsu, H. Muraoka, Y. Nakamura, *IEEE Trans. Magn.*, **38**, 1976 (2002).
9) H. Uwazumi, K. Enomoto, Y. Sakai, S. Takenoiri, T. Oikawa, S. Watanabe, *IEEE Trans. Magn.*, **39**, 1914 (2003).
10) M. Zheng, B. R. Acharya, G. Choe, J. N. Zhou, Z. D. Yang, E. N. Abarra, K. E. Johnson, *IEEE Trans. Magn.*, **40**, 2498 (2004).
11) T. Chiba, J. Ariake, N. Honda, *J. Magn. Magn. Mater.*, **287**, 167 (2005).
12) J. Ariake, T. Chiba, N. Honda, *IEEE Trans. Magn.*, **41**, 3142 (2005).
13) K. Yoshida, Y. Hirayama, M. Futamoto, *IEEE Trans. Magn.*, **37**, 1589 (2001).
14) G. Choe, M. Zheng, B. R. Acharya, E. N. Abarra, J. N. Zhou, *IEEE Trans. Magn.*, **41**, 3172 (2005).
15) Y. Sonobe, D. Weller, Y. Ikeda, M. Schabes, K. Takano, G. Zeltzer, B. K. Yen, M. E. Best, S. J. Greaves, H. Muraoka, Y. Nakamura, *IEEE Trans. Magn.*, **37**, 1667 (2001).
16) H. Nemoto, I. Takekuma, H. Nakagawa, I. Ichihara, R. Araki, Y. Hosoe, *J. Magn. Magn. Mater.*, **320**, 3144 (2002).
17) K. M. Krishnan, Y. Honda, Y. Hirayama, M. Futamoto, *Appl. Phys. Lett.*, **64**, 21 (1994).
18) R. Mukai, T. Uzumaki, A. Tanaka, *J. Appl. Phys.*, **97**, 10N119 (2005).
19) S. H. Park, S. O. Kim, T. D. Lee, H. S. Oh, Y. S. Kim, N. Y. Park, D. H. Hong, *J. Appl. Phys.*, **99**, 08E701 (2006).
20) U. Kwon, R. Sinclair, E. M. T. Velu, S. Malhotra, G. Bertero, *IEEE Trans. Magn.*, **41**, 3193 (2005).
21) I. Takekuma, R. Araki, M. Igarashi, H. Nemoto, I. Tamai, Y. Hirayama, Y. Hosoe, *J. Appl. Phys.*, **99**, 08E713 (2006).
22) Y. Uesaka, M. Koizumi, N. Tsumita, O. Kitakami, H. Fujiwara, *J. Appl. Phys.*, **57**, 3925 (1985).
23) S. Takenoiri, K. Enomoto, Y. Sakai, S. Watanabe, *IEEE Trans. Magn.*, **38**, 1991 (2002).
24) B. R. Acyarya, J. N. Zhou, M. Zheng, G. Choe, E. N. Abarra, K. E. Johnson, *IEEE Trans. Magn.*, **40**, 2383 (2004).
25) K. Tanahashi, R. Arai, Y. Hosoe, *IEEE Trans. Magn.*, **41**, 577 (2005).
26) E. N. Abarra, P. Gill, M. Zheng, J. N. Zhou, B. R. Acharya, G. Choe, *IEEE Trans. Magn.*, **41**, 581 (2005).
27) R. H. Victora, X. Shen, *IEEE Trans. Magn.*, **41**, 537 (2005).
28) D. Suess, T. Schrefl, M. Kirschner, G. Hrkac, F. Dorfbauer, O. Ertl, J. Fidler, *IEEE Trans. Magn.*, **41**, 3166 (2005).
29) Y. Inaba, T. Shimatsu, O. Kitakami, H. Sato, T. Oikawa, H. Muraoka, H. Aoi, Y. Nakamura, *IEEE Trans. Magn.*, **41**, 3136 (2005).
30) M. R. Visokay, R. Sinclair, *Appl. Phys. Lett.*, **66**, 1692 (1995).
31) D. Weller, A. Moser, L. Folks, M. E. Best, W. Lee, M. F. Toney, M. Schwickert, J. Thiele, M. F. Dorner, *IEEE Trans. Magn.*, **36**, 10 (2000).
32) E. Yang, D. E. Laughlin, *J. Appl. Phys.*, **104**, 023904 (2008).
33) A. Perumal, Y. K. Takahashi, K. Hono, *J. Appl. Phys.*, **105**, 07B732 (2009).
34) H. J. Richter, A. Y. Dobin, R. T. Lynch, D. Weller, R. M. Brockie, O. Heinonen, K. Z. Gao, J. Xue, R. J. M. v. d. Veerdonk, P. Asselin, M. F. Erden, *Appl. Phys. Lett.*, **88**, 222512 (2006).
35) B. D. Terris, M. Albrecht, G. Hu, T. Thomson, C. T. Rettner, *IEEE Trans. Magn.*, **41**, 2822 (2005).
36) H. Kitahara, Y. Uno, H. Suzuki, T. Kobayashi, H. Tanaka, Y. Kojima, M. Kobayashi, M. Katsumura, Y. Wada, T. Iida, *Jpn. J. Appl. Phys.*, **49**, 06GE02 (2010).
37) R. Ruiz, H. Kang, F. A. Detcheverry, E. Dobisz, D. S. Kercher, T. R. Albrecht, J. J. de Pablo, P. F. Nealey, *Science*, **321**, 936 (2008).
38) X. Yang, Y. Xu, K. Lee, S. Xiao, D. Kuo, D. Weller, *IEEE Trans. Magn.*, **45**, 833 (2009).
39) Y. Kamata, A. Kikitsu, H. Hieda, M. Sakurai, K. Naito, *J. Appl. Phys.*, **95**, 6705 (2004).
40) A. Ajan, K. Sato, N. Aoyama, T. Tanaka, Y. Miyaguchi, K. Tsumagari, T. Morita, T. Nishihashi, A. Tanaka, T. Uzumaki, *IEEE Trans. Magn.*, **46**, 2020 (2010).
41) K. Hattori, K. Ito, Y. Soeno, M. Takai, M. Matsuzaki, *IEEE Trans. Magn.*, **40**, 2510 (2004).

5.1.5　ヘッド−ディスクインタフェースのトライボロジー

a.　ヘッド−ディスクインタフェーストライボロジーの必要性

本章の冒頭で説明されているように，磁気記録では磁気ヘッドと磁気記録媒体の相対運動により情報を記録媒体に

記録する．媒体面の情報記録密度を高めるためには，磁気記録技術の項で説明されているようにスペーシング損失を小さくする必要がある．これは具体的には記録再生ヘッドと記録媒体との間隔（スペーシング）を小さくすることに相当する．このように磁気記録的にはスペーシングは小さいほどよい．相対運動をしている，磁気ヘッドと記録媒体との間隔を小さくするとヘッドと媒体が直接接触する確率が高まる，あるいは両者の接触したときの力が大きくなるなどの理由で，片方あるいは双方に損傷の生じる可能性がきわめて高くなる．社会の貴重な情報を保存する磁気記録装置では，磁気ヘッドと記録媒体が機械的に損傷し情報が再生不能になることは非常に大きな損失であり，極力損傷発生を防止することが重要である．このように磁気記録装置の高記録密度化は磁気ヘッド，記録媒体技術の磁気的性能の高度化とともに，ヘッド-ディスクインタフェース（HDI：head-disk interface）における損傷発生を抑えて短縮するための技術の高度化に支えられている．

このような相対運動する2表面間の機械的相互作用を対象とする技術がトライボロジーである．トライボロジーは"相互作用を及ぼしながら相対運動する2表面間の実際問題に関する科学技術"と定義され[1]，機械的相互作用を及ぼしあう2表面について解析する．

相対運動をしながら及ぼしあう相互作用が，機械的ではなく磁気的であれば磁気記録となる．そのため磁気記録方式では記録密度向上に対し，磁性媒体磁気ヘッドなどの技術に加えて，HDIのトライボロジー技術が重要な役割をもっている．

以下では，最初にトライボロジー技術の基礎となる磁気記録装置の構造について概説し，現在の磁気記録装置の代表として磁気ディスク装置（HDD）のHDIトライボロジー技術の現状，その歴史と今後の展望についてまとめる．

b. 磁気記録装置の構造

磁気記録装置では磁気ヘッドと磁気記録媒体の相対運動のためにいくつかの構造が開発されている．初期の磁気記録装置では，鋼線記録装置，磁気テープ記録装置のように，磁気ヘッドが固定されていてソフトな磁気記録媒体が直線的に移動するリニア記録方式が使われた．その後，高速化のためハード記録媒体が回転移動する磁気ドラム記憶装置，磁気ディスク記憶装置が開発された．ソフト記録媒体の高速化には磁気ヘッドを高速回転するヘリカルスキャン方式が開発され，ビデオテープレコーダ（VTR）などで使われ，現在でもデータのバックアップ装置として用いられている．これらの磁気記録装置の情報記録密度の推移を，図5.1.58に示す．初期には計算機用磁気テープ装置（MT）あるいはVTRの記録密度が高かったが，現在ではHDDの記録密度が最も高い．

これらすべてのヘッド-ディスクインタフェースにおいて，スペーシングを極力小さくするとともに，両者の損傷を防止することが磁気記録トライボロジーの課題である．磁気記録装置の高密度化には，磁気記録技術，トライボロ

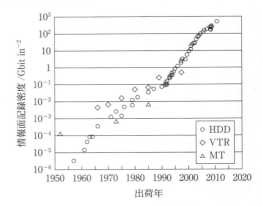

図5.1.58 磁気記録装置の情報記録密度推移

ジー技術，位置決め機械技術のすべての技術の総合的な発展が必須である．

このスペーシングを最も小さくするには両者を接触させればよい．この接触インタフェースでは，狭い面積の磁気ヘッドの表面摩耗が問題となる．音声記録用テープ記録装置では，相対速度が数 cm s^{-1} 程度と比較的低速で摩擦距離もそれほど大きくならず，テープによる磁気ヘッドの定常摩耗は大きな問題ではなかった．しかし，コンピュータ処理のためのデータを処理する磁気テープ装置あるいは磁気ディスク装置（HDD：hard disk drive）では相対速度が数 m s^{-1} 以上の高速となり，接触状態では磁気ヘッドの摩耗が増加し許容できない．そのため磁気ヘッドと記録媒体の連続的接触は許容できず，両者は非接触状態とする必要がある．非接触で二つの表面の間隔を一定とする方法として，周囲の空気を流体として使う流体軸受（気体軸受）技術がある．気体軸受の原理を図5.1.59に示す．記録媒体表面を平滑とし，その表面にしだいに間隔が狭くなるように製造された磁気ヘッド表面を対向させる．この状態

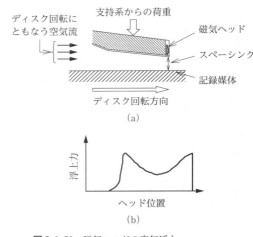

図5.1.59 磁気ヘッドの空気浮上
(a) 磁気ヘッド浮上状態　(b) 浮上力分布

で，たとえば記録媒体が2面の間隔が狭くなる方向（右方向）に移動すると，媒体表面近くの空気も粘性により同じ方向に流れる．磁気ヘッドと記録媒体の間隔はしだいに小さくなっており，間を流れる空気はしだいに体積が減少することとなりその圧力（流体力）が増加する．この圧力に抗して間隔を一定とするためには，磁気ヘッドに記録媒体に近づく方向の力（加圧力）を加える必要がある．2面の間隔は小さいほど流体力が大きくなるため，加圧力と流体力がバランスする間隔で両者の距離が一定に保たれる．このようにして，高速磁気記録装置では，ヘッドと記録媒体との間隔を空気浮上力により一定に保っている．

磁気記録媒体あるいは磁気ヘッドの極表層数 nm 程度に損傷が生じると，情報が消失するのみならず間隔保持も不可能となり，修復不可能な情報損失につながる．磁気記録装置では上述のように磁気ヘッド面と記録媒体表面が軸受面としても働いている．通常の機械装置の流体軸受では多少の傷，摩耗が生じても流体的荷重負荷能力に影響がなければ問題はない．しかし，磁気記録装置の場合には軸受損傷は許容されず，トライボロジー分野でも極限技術の要求される分野であり，早くからマイクロトライボロジーとよばれる分野を形成してきている[2,3]．

以下ではヘッド-磁気記録媒体トライボロジー技術の例として，現在最も情報記録密度が高く情報記録を支える HDD について HDI トライボロジーとして，磁気ヘッド，磁気記録媒体，装置清浄化などの技術について，最初に現在の状態について説明し，それらが現状に至るまでの歴史を簡単に説明し，将来について展望する．

c. HDD の HDI トライボロジー技術の現状

HDI のトライボロジー技術の課題は，磁気ヘッドと記録媒体との極力短いスペーシングの維持と両者の損傷の防止である．図 5.1.60 に HDD における情報記録密度とヘッド-ディスク間スペーシングの推移を示す．HDD が開発された 1956 年には 20 μm を超えていたものが，最近では数 nm にまで短縮されている．このような狭いスペーシングにおける HDD の HDI トライボロジー技術の現状について，最近の HDD の装置構造を概説した後，説明する．

（i）HDD の装置構造　最近の大容量磁気ディスク装置の写真を図 5.1.61 に示す[4]．磁気ディスクは，ディスク中心部背面のスピンドルモータにより 5400～15 000 rpm の速度で回転駆動される．磁気ヘッドは左下部にある回転軸受に固定された保持アームに固定され，回転停止時には図右下にあるようにロード/アンロード（L/UL：load/unload）斜面（後述）に支えられて磁気ディスク表面から離れている．磁気ディスクは矢印のように反時計方向に回転し，ヘッド-ディスク接触時の力が磁気ヘッドを保持アームから引張る方向に働く設計となっている．起動時に磁気ディスク回転速度が一定値を超えると磁気ヘッド支持アームは中心方向に移動し，磁気ヘッドが L/UL 斜面を滑り降り磁気ディスク面に浮上する．この機構は L/UL 方式とよばれる．ローディング後は磁気ヘッドは磁気ディスク上に一定高さで浮上し，保持アームの回転により磁気ディスク上の任意の半径位置にアクセスし情報を記録再生する．

HDI のトライボロジー技術の舞台である，磁気ヘッドと磁気ディスクの表面近くの概要を図 5.1.62 に示す．磁気ヘッドは，前述のように空気軸受の原理で磁気ディスク上に浮上している．磁気ヘッドの表面には，記録再生素子の腐食防止のためにカーボン保護膜が形成されている．対向する磁気ディスク表面には下地膜上に磁性膜が形成され，その表面にカーボン保護膜，液体潤滑膜が形成されている．これらカーボン保護膜，潤滑膜が，後述のように損傷防止の主役である．

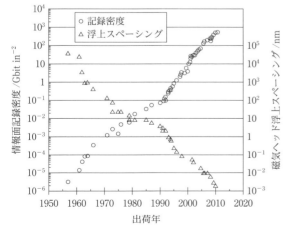

図 5.1.60　HDD の記録面密度と浮上スペーシングの推移

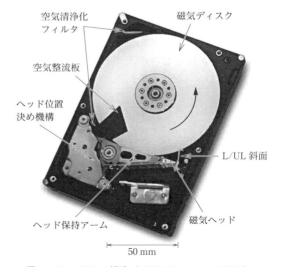

図 5.1.61　HDD の構造（HGST-Ultrastar_7K3000）
[http://www.hitachigst.com/internal-drive/ultrastar/ultrastar-7k3000 を一部改変]

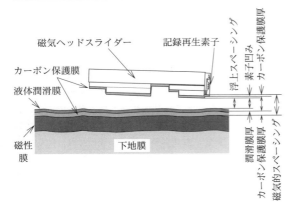

図 5.1.62 HDD のヘッド-ディスクインタフェース概要

(ii) 磁気ヘッド技術 5.1.2 項に記録技術の面から説明されている磁気ヘッドについて，HDI トライボロジーの面から説明する．上述したように，HDI トライボロジーの面からは磁気ヘッドの浮上特性が重要であり，これは空気軸受面となる浮上面の設計課題である．最近の磁気ヘッド浮上面の構造を図 5.1.63 に示す[5]．最後端に記録再生用薄膜磁気ヘッドが形成されている．磁気ディスクに最接近する最表面から，第 1，第 2 エッチ面が形成され，さらに最深エッチ面と 3 段階のステップが形成されている．HDD は世界各地で使用され，海面下から，メキシコシティのような高地までどのような気圧でも動作することが要求される．さらに，HDD では磁気ディスク半径位置によりディスク周速と磁気ヘッド浮上角度が変化するが，単純な動圧浮上ヘッドでは高地で気圧が低くなる，あるいはディスク周速が小さくなると負荷容量が減り浮上スペーシングが低下してしまう．これらの装置条件にさらに製造誤差，振動などの外乱による浮上スペーシング変化を小さくすることが磁気ヘッド設計には必要となる．これらの要求を満たすため，浮上面に空気の流れに従って間隔の広がる構造を形成し，その部分の空気圧を周囲より低い圧力（負圧）としてディスクに吸引されるようにした負圧ヘッドが採用されている[6]．概要を図 5.1.64 に示す．図(a)のように浮上力を発生する浮上面の中央部に体積膨張部（拡大凹み）をもつように構成され，この部分の圧力低下により，ヘッドをディスク面に吸引する．図(b)にヘッド位置による圧力の幅方向最大値と最小値，平均値を示す．浮上力と吸引力（負圧）の気圧と速度，角度による変化特性が異なるため，浮上スペーシングを半径位置，気圧，ヘッド角度の広い条件で一定にすることが可能となっている．図 5.1.63 の構造は浮上スペーシング制御の要求が高度化された最近のものである．最表面が磁気ディスクと最も近く，空気浮上力を発生させ，第 1～3 のエッチ面は磁気ディスクとの間隔が広がる部分で空気圧力が低下し，磁気ヘッドを磁気ディスク面に吸引する．このような磁気ヘッド面形状は，流体力学理論に基づく数値解析により設計されている．この設計にあたっては，HDD で実用化されている最も狭い隙間が空気分子が衝突せずに飛行できる平均距離である平均自由行程 67 nm（大気圧，常温）より短いため，空気分子の粒子性を考慮したボルツマン方程式が用いられている[7,8]．

このようにして浮上高さは 10 nm 程度まで短縮されたが，これより短いスペーシング領域を流体軸受の原理だけ

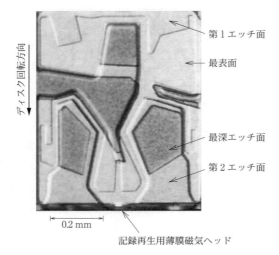

図 5.1.63 磁気ヘッド浮上面の構造
[J. Xu, Y. Ooeda, *et al.*, *IEEE Trans. Magn.*, **47**, 1817 (2011) を一部改変]

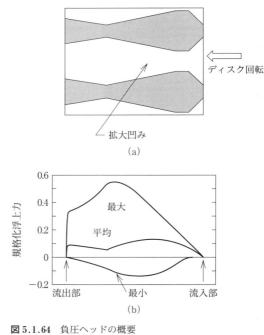

図 5.1.64 負圧ヘッドの概要
(a) 浮上面構造　(b) 浮上力分布
[S. Yoneoka, T. Yamada, *et al.*, *IEEE Trans. Magn.*, **27**, 5085 (1991) を一部改変]

で実現することが困難となった状況で，現在の熱的浮上高制御（TFC：thermal flyheight control）技術が開発された．薄膜磁気ヘッドでは情報記録時に磁気ヘッドに流れる電流による発熱でスライダ部分が膨張する熱変形がある．これは，記録再生素子部分が凸状に変形し最初は問題と考えられた．その後，これを逆に利用してマイクロ熱アクチュエータとして応用できることが示され，専用の加熱ヒータを追加することで実用化されている[9~11]．TFC ヘッドの概要を図 5.1.65 に示す[11]．磁気ヘッドスライダの後部の記録再生磁気回路のすぐ下に，加熱ヒータが形成されている．このヒータに電流を流すと周囲の部材が熱膨張し，磁気ヘッドスライダ最表面は突出する．突出部分は磁気ディスク表面に近づくため，浮上スペーシングが短縮される．突出高さは図 5.1.66 に示すように加熱電流により変化し，電流が大きくなると磁気ヘッドと磁気ディスクが接触する[11]．この例では 50 mW の電力で 4 nm 程度の変化を得られている．ヘッドとディスクが接触すると振動が生じ読み取りエラーが増加する．磁気ヘッドが記録再生動作をするときだけ，個別のヘッドに加える加熱電力をエラーが増加しない範囲で増加し，記録再生ヘッドを磁気ディスクに近づけることができる．この技術により最近の HDD では，記録再生時の磁気ヘッド，磁気ディスク間隔は 1 nm 程度まで接近している．

（ⅲ）磁気ヘッド保持およびディスク停止対応技術
この磁気ヘッドスライダは，製作誤差，空気流による力などにより変動する表面高さ，角度に追従するため，図 5.1.61 下側の横向き三角形状に見える柔軟なステンレスの板ばねにより保持されている．

現在の HDD では，磁気ディスク停止時には磁気ヘッドが磁気ディスク表面から退避する L/UL 方式を用いている．これは，（ⅱ）項で述べた気体によるヘッド浮上力が磁気ディスク停止時には働かないので，ディスク停止時に稼働状態のままの位置関係ではヘッド-ディスクの接触が不可避となるためである．そのための部品が図 5.1.61 右側の磁気ヘッド先端部分にある L/UL 斜面である．磁気ヘッド保持ばねの先端には磁気ヘッドスライダを磁気ディスク面から引き上げるための棒状部分（lift tub）があり，磁気ヘッド保持アームのディスク外周方向への移動により装置に固定された斜面に棒状部分が乗り上げ，ヘッドスライダ全体が磁気ディスクから引き離される．ディスク停止時には磁気ヘッドはアンロードされており，外部衝撃により磁気ディスクと接触することは避けられている．この機構は，モバイル PC 用の HDD では起動中の PC への衝撃による損傷を防止するためにも使われる．最近の HDD には三次元加速度計が組み込まれており，PC に衝撃により大きな加速度が加わったとき，あるいは PC が落下し重力加速度がゼロとなったとき，あるいは衝突により大加速度が加わったときに磁気ヘッドをアンロード位置に強制的に移動し，ヘッド-ディスクの損傷を防止している．

（ⅳ）磁気ディスクカーボン保護膜技術 ディスク基板上の垂直磁気記録媒体表面上には，図 5.1.62 のようにカーボン保護膜，液体潤滑膜が順次形成されている．この両者の特性が HDI の耐久性に大きな影響を及ぼす．

カーボン保護膜は，面内記録方式の薄膜ディスクが製品化された 1980 年代に導入された[12]．最初はカーボン単体のスパッタ膜で厚さも数十 nm と厚かった．当初のカーボン保護膜はフッ素系液体潤滑膜とのぬれ性が悪かったがその後，水素化カーボン膜[13]，窒素化カーボン膜も実用化され[14,15]ぬれ性が改善された．また，成膜方法もスパッタ法から気相成長（CVD：chemical vapor deposition）法[16]，フィルタードカソード・アーク法（FCAD：filterd cathordic arc）[17]などが開発され，現在では数 nm と薄膜化されている．さらに，従来の単層カーボン膜表面に潤滑剤とのぬれ性の高い膜とする傾斜機能膜とし，潤滑剤とのぬれ性を高めることも研究されている[18]．

（ⅴ）磁気ディスク潤滑膜技術 磁気ディスク表面に塗布した潤滑剤は，後述する塗布型磁気ディスク上の CS/S（contact start/stop）方式磁気ヘッドと同時に導入された．温度上昇時の蒸発防止のため，蒸気圧の低いフッ素系液体潤滑剤が用いられている．最近おもに使われている潤滑剤

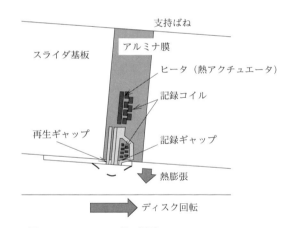

図 5.1.65 TFC ヘッドの概要
[T. Shiramatsu, S. Saegusa, *et al.*, *IEEE Trans. Magn.*, **42**, 2513 (2006) を一部改変]

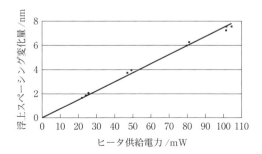

図 5.1.66 TFC ヘッドの制御特性
[T. Shiramatsu, S. Saegusa, *et al.*, *IEEE Trans. Magn.*, **42**, 2513 (2006) を一部改変]

表 5.1.4 磁気ディスク用潤滑剤

潤滑剤名	分子構造
(1) Fomblin Z-dol	$HOCH_2CF_2O-(OCF_2-CF_2)_m-(OCF_2)_n-OCF_2CH_2OH$
(2) Fomblin Z-tetraol	$HOCH(OH)CH_2CF_2O-(OCF_2-CF_2)_m-(OCF_2)_n-OCF_2CH_2CH(OH)OH$
(3) Phosphazene X-1p	$(CF_3-C_6H_4-O)_p-(P_3N_3)-(O-C_6H_4-F)_{6-p}$
(4) Phospharol A20H	$(CF_3-C_6H_4-O)_5-(P_3N_3)-(OCF_2-CF_2)_m-(OCF_2)_n-OCF_2CH_2OH$

PFPE (perfluoropolyether) の分子構造を表 5.1.4 に示す．(1),(2),(4)は酸素を含み柔軟に変形できる直径 0.7 nm, 長さ 10 nm 程度の主鎖（$(OCF_2-CF_2)_m-(OCF_2)_n-$）の両端に極性基（ヒドロキシ基）を複数もっている．(3)は中央にNとPからなるフォスファゼン環をもち，他の潤滑剤の分解防止の効果から混合添加剤として用いられた[19]．

主鎖の両端の極性基はカーボン保護膜表面と結合し，潤滑剤がディスクの回転による飛散が低減される[20]．この結合潤滑剤は潤滑膜を溶剤で洗浄したときに表面に残ることから固着潤滑剤（bonded lubricant）とよばれる．全潤滑剤に対する固着潤滑剤の割合は固着率（bonded ratio）とよばれ，ディスク表面を溶剤で洗浄したときに残る膜厚と全潤滑膜厚の比から計算される．磁気ディスク回転による潤滑剤減量を避けるためには固着率は高いことが望ましい．一方で磁気ヘッドとの接触があると，その点では潤滑剤が除去される．回転する磁気ディスクでは，図 5.1.67 に示すように同じ位置の摩擦が繰り返されるため，図(a)の接触状態に示されるようにディスク突起頂部の潤滑剤が除去される[21]．潤滑剤の修復性が悪く摩擦点の潤滑剤が枯渇すると，図(c)のようにその点から損傷が広がる可能性がある．このときに同図(b)のように潤滑剤が周囲から補給されれば損傷を防止できる．これを担うのが潤滑剤のうちで固着潤滑剤以外の潤滑剤（可動潤滑剤：free lubricant）である．潤滑剤の修復挙動は，図 5.1.68 に示すような潤滑剤塗布境界から非塗布部分への移動（拡散）特性（半浸漬実験，half-dip experiment）により解析されている[22]．このように潤滑剤固着率は高すぎると修復が不十分となり，低すぎると回転により膜厚が減少する．両者ともに損傷に対する耐久性が低下するため，適当な値に制御されている．その固着率を高めるためには，磁気ディスクの加熱による方法と，紫外光照射（UV処理法）が用いられている[23~25]．

図 5.1.59 では簡単のため潤滑膜を均一な厚さの液体膜として表示した．しかし，現在の膜厚は数 nm であり，潤滑剤分子長より薄い．そのため潤滑膜を連続膜として考えることはできず，個々の分子の形の影響が大きくなっている．図 5.1.68 では移動部分に段差が見られ，極性基をもつ潤滑剤はディスク表面に拡散するとき，最初の1層の拡散は早く進むが以後は遅く，ステップ状に拡散することが報告されている[22,26,27]．これは，潤滑剤が図 5.1.69 のように分子回転半径をもつ球形粒子の形で拡散/移動するためと解釈され，この高さが粒子の大きさを示していると考えられている[22]．この粒子の大きさ（分子回転半径：molecular radius of gyration）は潤滑剤の分子量により 2~3 nm であり，最近の数 nm のスペーシングとは同程度である．そのためこの粒子の高さを小さくすることが必要となっている．この方法として，潤滑剤中の極性基を従来の両端だけでなく，主鎖の中心部分にも付加させることを実現した[28,29]．通常の極性基を二つもつ潤滑剤粒子は，図 5.1.70 の左側のモデルのようにディスク面に付着し，蒸発を低減するために分子量を増加させると中央のモデルのように最大高さが大きくなり，スライダの浮上スペーシングを小さくすることができない．しかし，極性基を主鎖の中間に形成すると右のモデルのように扁平に吸着させ浮上スペーシングを低減できるようになる[29]．

（vi）**磁気ディスク回転による振動防止技術** 磁気ディスクは HDD 内で高速回転している．この回転に伴って空気の流れが生じ，その流れが加振力となって振動が生じる．振動するものは磁気ディスク自身と磁気ヘッド保持部の二つである．

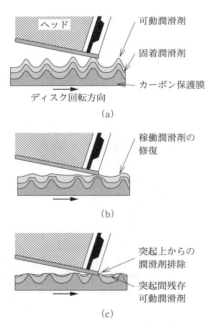

図 5.1.67 潤滑膜と摩耗発生モデル
　(a) 初期状態　(b) 摩耗未発生　(c) 摩耗発生状態
[M. Ishii, Y. Kawakubo, N. Sasaki, *IEEE, Trans. Magn.*, **35**, 2341 (1999) を一部改変]

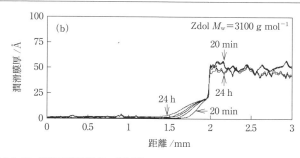

図 5.1.68 潤滑剤移動特性の解析例
[T. M. O'Connor, T. E. Karis, et al., Tribol. Lett., **1**, 219 (1995) を一部改変]

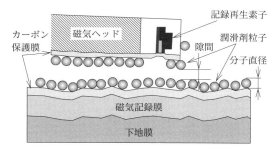

図 5.1.69 粒子状潤滑剤付着モデル

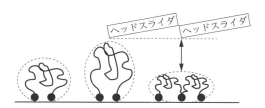

図 5.1.70 極性潤滑剤付着モデル
[千葉 洋, トライボロジスト, **54**, 658 (2009)]

磁気ディスクの振動は, 単純にその板厚を大きくすることで低減可能である. しかし, この方法では, 装置寸法あるいは重量増加の副作用がある. 別の方法として空気の流れを整流し振動を減らすことができる. これには, 磁気ディスクの近くに整流板を置くことが有効であり最近のHDDで用いられている.

磁気ヘッド保持部には薄い板ばねがあり, これに当たる空気流の強さが変化すると磁気ヘッドの浮上スペーシングあるいは半径位置が振動する. これに対しても整流板が有効であり, 図 5.1.61 では左側のディスク上に見える黒色のプレートがこれにあたる.

（vii） 装置内環境清浄化技術　磁気ヘッドは高密度記録を実現するため, 数 nm のスペーシングで数十 m s^{-1} の高速で回転する磁気ディスク上を浮上している. このスペーシングに何らかの汚染物質が侵入すると両者が接触し損傷する可能性が増加する.

汚染物質として第一に上げられるものは, 固体粒子である塵埃である. HDD 信頼性に対する塵埃の悪影響はその初期から認識されており[30], フィルタを通した空気を送り清浄化されている. そして, 塵埃に対する耐久性は模擬塵埃を強制的に投入することで試験され, 塵埃濃度が増加するとともに耐久寿命が減少することが示されている[31]. 塵埃の影響を低減するためには装置内を清浄化する必要があり, クリーンルーム内での装置製造は常識となっている. また, 稼働中の装置内塵埃の低減のため, HDD 内部にも図 5.1.61 の装置左上に見える白色の除塵フィルタが設置されている. 白色フィルタの右側部分には, ディスク回転方向に流れる左向きの空気流をフィルタに導く流路が見える. HDD 周囲の気圧は気候, 高度により変化する. これによる装置機構の変形を防止するためには装置内外の気圧を一致させる必要がある. そのため HDD の一部にフィルタを介して空気の流通が可能な空気孔が設けられている. また, L/UL 動作時にはアンロード用の斜面を棒状部品が摩擦するため, 斜面の材料の発塵も防止する必要がある. L/UL 機構からの発塵による障害[31]が研究されている.

汚染物質としては目に見えない汚染ガスも悪影響を与えるものがある[32～34]. 汚染ガスとしては, シロキサン系のガスあるいは有機スズ系のガスを筆頭に, ベアリンググリスの揮発性成分もヘッド・ディスク間に凝縮・液化することで問題となっている. 通常 1 ppb の濃度は非常に低いと感じられる. しかし, シロキサン系のガスが酸化され固体化する場合には, 1 ppb は HDD の装置寸法で 50 nm 角の SiO_2 粒子 $4×10^5$ 個に相当する[34]. このことからも, 汚染ガスの影響が大きいことがわかる. 部品搬送用の樹脂袋内面の汚染も機構部品に転写されて装置内部に持ち込まれ致命的な影響を及ぼすため, 厳しく検査制限されているほどである. このように汚染ガスの HDD 内での発生を防止するため, 機構部品の製造工程全般での汚染物質の除去が徹底して行われている. さらに, 稼働時に発生する汚染ガスを吸着するため塵埃除去用のフィルタの内部に活性炭が包み込まれている.

d. HDD の HDI トライボロジー技術の歴史

（i） HDD 装置技術の歴史　1957 年に開発された初期の HDD では, 磁気ヘッドは外部からの圧縮空気により静圧空気軸受の原理で浮上し, 20 μm 程度のスペーシングを実現していた[35]. その後, 磁気ディスクの回転に伴って

発生する空気流を用いる動圧浮上方式が開発され，現在の狭スペーシング実現の基礎となっている．

この時期の HDI トライボロジーの問題点は，起動停止に伴うロード/アンロード（L/UL）動作時のヘッド-ディスク接触と，定常動作時の塵埃粒子侵入によるヘッドクラッシュであった．これらに対し，磁性媒体に一定の粒径のアルミナ粒子を添加することで耐久性を向上させ[36]，模擬塵埃投入による対塵埃性試験[30,37]によりその特性が評価された．

L/UL 方式の磁気ヘッドでは数 N（ニュートン）の荷重が印加されていたが，図 5.1.71 に示すようなフェライトで一体形成されたテーパフラット型の浮上面をもつ磁気ヘッドが 1973 年に開発された[38,39]．これにより，荷重 0.2 N 以下でヘッド-ディスク間隔 0.5 μm が実現され，また軽荷重であることから停止時にディスク上に接触静止し，ディスク回転とともに浮上するコンタクト・スタート/ストップ（CS/S：contact start/stop）動作が可能となった．このときに同時に塗布磁気ディスクの摩耗低減のための潤滑剤が使用された．この構成でのトライボロジー問題は，CS/S 動作時のヘッドクラッシュ[40]と，ヘッド-ディスク間のメニスカス力によるスティクションであった．CS/S 耐久性は硬質しゅう動子による加速評価試験により各種検討[41]され，前述のアルミナ粒子の最適化，樹脂含有率を低くすること[42]などにより高信頼化が実現された．一方，スティクションは平滑な磁気ヘッドと磁気ディスクの間に，少量の液体（液体潤滑剤/水）が存在する場合に発生する．このとき両面間には液体の表面張力によりラプラス圧力（負圧）が発生し，間隔を狭める方向の力が外荷重に加えて働く[43]．そのため，摩擦力は外部荷重のみのときより増加しモータの起動トルクを越えると HDD は回転不能となり，情報の再生が不可能となることがあった．塗布型磁気ディスクでは，アルミナ粒子寸法や潤滑剤の量を最小限[44]とするなどにより対応された．このスティクションは，薄膜磁気ディスクの実用化ではその表面平滑性のため大きな問題となった．このため，表面のあら

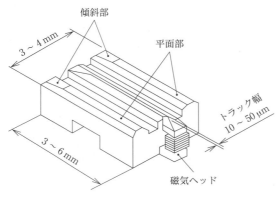

図 5.1.71 フェライト一体型ヘッド
[金子礼三, トライボロジスト, **34**, 471 (1989)]

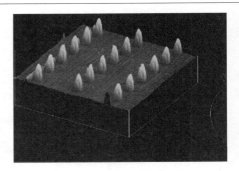

図 5.1.72 レーザーゾーンテクスチャリング（LZT）ディスク面
[S. Kobatake, Y. Kawakubo, K. Suzuki, *Tribol. Int.*, **36**, 329 (2003)]

さをある程度大きくするテクスチャリングが行われた[12]．テクスチャリングは，薄膜磁気ディスク下地膜表面をいったん平滑に研磨した後，研削などにより意図的に凹凸（テクスチャ）を形成するものである[45]．初期には磁性膜の磁化方向を円周方向に配向させるための円周方向研磨がこの用途に用いられた．その後，データゾーン（情報記録範囲）と起動停止時の CS/S ゾーンとの分離に伴い，パルスレーザー加熱による下地膜の溶融を利用したレーザーゾーンテクスチャリング（LZT：laser zone texturing，図 5.1.72[46]）が広く用いられた[47]．

しかし，起動時の消費電力が低減できること，非動作時の耐衝撃性が向上することなどの理由から，ディスク停止時にヘッドをディスク外に退避させる L/UL 方式が 1997 年に復活した[48]．

（ii）**磁気ディスクに関する HDI 技術の歴史** 初期の HDD の磁気記録媒体には，針状磁性粉を用いた塗布型磁気記録媒体が初期に用いられていた．そして，1980 年代末に記録密度を向上させるため金属磁性薄膜媒体が開発された．これが実用化可能となったのは，カーボン保護膜と表面テクスチャリングの二つの実用化による[12]．薄膜記録媒体は表面あらさを小さくできるため，浮上スペーシングも図 5.1.60 に示したように 1990 年頃から急激に低下している．

初期の磁気ディスク基板には耐食性アルミが用いられていた．その後，薄膜ディスクの実用化に伴って表面硬化のため硬質ニッケル膜が表面に形成された．小型の可搬型の HDD では，運搬/使用中に落下時に大きな衝撃が加わるため，ガラス基板が衝撃時の傷発生耐久性を増加させられることが明らかとなり[49,50]，おもに用いられている．

カーボン保護膜は前述のように改良が進められており，水素添加カーボン膜では水素含有量が 20% 程度で硬さが最高となり，耐摩耗性が高くなると報告されている[51]．また，膜厚と耐久性との関係を解析した例では，カーボン保護膜厚が 1 nm 以上であれば耐久性があるといえるとの報告がある[52]．

潤滑剤の分布と移動状態は HDI トライボロジーの鍵の

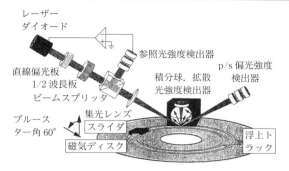

図5.1.73 OSA測定原理
[S. Meeks, W. Werensin, H. Rosenm, *Trans. ASME, J. Tribol.*, **117**, 112 (1995) を一部改変]

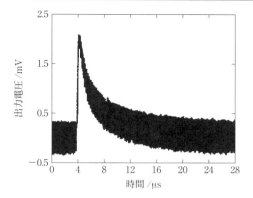

図5.1.74 摩擦発熱による出力変化
[安西博孝,近澤隆夫,トライボロジスト, **43**, 376 (1998) を一部改変]

一つであり,最初マイクロエリプソメーターにより詳細に解析され,図5.1.68に示したような結果が報告された.さらに,詳細に潤滑剤の膜厚変化とカーボン保護膜の摩耗を同時に高速に測定するための方法として,OSA (optical surface analyzer) が開発され[53],HDDトライボロジーのための強力なツールとして用いられている[54].測定原理を図5.1.73に示す.ディスク表面からの反射光のp, s偏光の強度変化をディスク面上の小領域ごとに測定し,その変化が潤滑剤膜厚変化と保護膜厚変化で違うことを利用し,それぞれの変化を検出するものである.

(iii) 磁気ヘッドに関するHDI技術の歴史 HDDの磁気ヘッドスライダは前述のように,記録再生素子を磁気ディスク表面から一定間隔で保持する気体軸受としての機能が要求される.初期のL/UL方式を用いていた磁気には,パーマロイあるいはフェライトのようなソフト磁性材料で構成される記録再生素子を,セラミックスあるいはステンレスのような構造部材に樹脂あるいはガラスで接着する形が使われた.しかし,固定部分が周囲より軟質で摩耗しやすいなどの問題があった.

その後,1973年にCS/S方式の採用とともに硬質の磁性フェライトをスライダにも用いるモノリシック型の浮上スライダが開発された.

1979年には,ヘッド寸法の均一化,高周波特性の向上のために,金属薄膜磁性体を用い,半導体プロセスを用いる薄膜磁気ヘッドが導入された.図5.1.63の薄膜磁気ヘッド浮上面下部に記録再生素子部が銀色に見える.上部のスライダを兼ねる基板には加工性,熱膨張係数などの理由から,アルミナ・チタンカーバイト・セラミックス(以下ATCと略)が採用された.ATCはそれまで用いられていたフェライトと比較し硬度が高い.当時用いられていた塗布型磁気ディスクのような軟質基板上の摩擦時には,軟質ヘッドを使用しヘッド摩耗を許容する形が寿命が長く,摩耗しない硬質ヘッドを用いる場合に寿命が短くなる[55].そのため導入初期にはディスクの損傷の増加が懸念されたが,この点については各メーカーの努力により解決された.

その後,潤滑剤はATCとのトライボケミカル反応により,劣化することが問題になった.これは,アルミナのようなルイス酸が触媒となってフッ素系潤滑剤の分解が進み,耐久性が低くなるためであることが明らかにされた[56].その後,磁気抵抗効果素子の腐食と絶縁破壊防止のため表面にカーボン保護膜が形成された.このカーボン保護膜は一方でATC表面を覆うため,上述した潤滑剤の分解劣化防止に有効であることが解明されている[57].

1990年代に実用化された磁気抵抗効果(MR)を用いた磁気ヘッドは,抵抗検出のために電流を流した非常に薄いMR素子を磁気ディスク近くに配置している.MR素子は基本的には抵抗であり,温度により抵抗値が変化する.このため,ヘッド・ディスクの直接接触による摩擦発熱で素子の温度が上昇すると図5.1.74に一例を示すような出力が発生する[58,59].この出力変化はTA (thermal asperity) とよばれ,極端な場合にはエラーとなるためディスク突起の低減などが一段と必要になった.TAは,トライボロジー的な対策のほかに,再生出力の電気的な処理によりエラー発生を防止することも行われている[60].このTA信号はMRヘッドにとってはエラーの原因であるが,直接接触時のみに発生することから,トライボロジー的には高感度の接触検出手段として使用可能である.

このほかにも,磁気記録装置であることを利用したトライボロジー測定方法として,磁気ヘッドからの再生出力電圧の変化によりヘッドとディスクの三次元の相対位置を測定することが試みられている[58].再生出力の周波数特性の変化からヘッド-ディスク間隔が測定でき[61],再生信号波形の時間的な変動(ジッタとよばれる)からヘッドの円周方向の振動あるいはヘッド-ディスクの接触が[62],位置決め信号を検出することにより半径方向振動が検出可能である.

e. HDDのHDIトライボロジー技術の今後の課題

現在のHDDでは95 mm (3.5インチ) 径の装置1台で4 TByte以上のものが開発され,さらに1 Tbit in^{-2}以上

の記録密度を実現するための技術開発が進められている．これ以上の記録密度を実現するための可能性をHDIトライボロジーの観点から考えてみる．

図5.1.60ではヘッド-ディスク間隔の変化として，従来から用いられているガラスディスク上に浮上する磁気ヘッドとの干渉縞から測定される浮上スペーシングの年次推移を示した．磁気記録方式を用いる限り，記録密度は記録媒体と記録再生ヘッドとの間の磁気的な隙間，磁気スペーシングにより決められる．磁気的スペーシングは図5.1.62に示すように，浮上スペーシングに磁気ディスク上のカーボン保護膜厚，潤滑剤膜厚，さらに磁気ヘッド上のカーボン保護膜厚を加えたものである．初期には保護膜厚などと比較し浮上スペーシングが大きかったため浮上スペーシングで代表させることができた．最近では浮上スペーシングは数nmまで短縮された一方，カーボン保護膜厚などは原子寸法の限界のためやはり数nmと同程度となっている．このことから記録密度の将来予測をトライボロジーの観点から推定するためには，磁気的スペーシングそのものを知る必要がある．最近のHDDにおける記録密度と磁気的スペーシングの関係について，図5.1.75のように報告されている[63]．図5.1.60と比較すると，1990年代の初めに金属薄膜を用いた磁気ディスクが一般的になってからの15年間は，ほぼ直線的な変化をしている．その報告では，ヘッドやディスクの磁気特性が理想的に改良されたとすると，この直線を外挿することにより近い将来の目標である1 Tbit in^{-2}の密度では8 nm程度，挑戦的な記録密度である10 Tbit in^{-2}では4 nmまで磁気的スペーシングを短縮することが必要であると予測されている．そして前者は道のりは厳しいが実現可能であるが，後者は，垂直磁気記録方式では磁気ディスクの表面あらさを小さくすることが困難であることから，現時点で実現の見通しは得られないとされている．

このような狭磁気的スペーシングを実現する一つの手段がヘッド-ディスクの直接接触を許容するコンタクト記録方式である．この方式は1990年代に広く探索が行われ，(1)液体潤滑連続接触型[64]，(2)軽荷重連続接触型[65]，(3)ピエゾ駆動必要時接触型[66]，(4)親子スライダ型[67]など多数が提案された．これらの試みでは，接触時の振動と平滑面間のメニスカス力による問題が大きく実用化は進まなかった．接触時の振動は，ヘッドが円周方向あるいは半径方向に振動し再生時にエラーの原因になる．円周方向の振動は電気的な対策である程度まで救済可能であるが[68]，半径方向の振動は位置決め誤差となりノイズが増加するため[69]，致命的になる可能性がある．ヘッド-ディスク面間のメニスカス力は浮上ヘッドでは発生しないが，稼働時に両者が接触すると問題となる．液体潤滑連続接触型ではこのメニスカス力を積極的にヘッド跳躍を抑えるために使っている[64]．そのほかの方式では，メニスカス力が過大になる可能性があり，対策を検討する必要がある．このための方式としては，ヘッド接触面を平面から凸球面とし，メニスカス力を制限する方式が提案されている[70]．

一方，浮上スペーシングの低減に頼らない記録密度の向上法として，磁気記録方式の性能向上のためにパターンドディスク方式（5.1.7 a.項参照）と熱アシスト記録方式（5.2.1項参照）が研究されている．パターンドディスク方式では，磁気ディスク面に半径方向のトラックパターンあるいは円周方向のビットパターンを形成する．このためには磁気ディスク表面の凹凸が不可避であり，磁気ヘッドの上下振動増加，接触時の耐久性の低下が懸念される[71]．一方，熱アシスト方式では，記録点をレーザー光照射により加熱する．この方式では磁気ディスク面の温度が上昇するため表面潤滑剤が蒸発減量し，同じように耐久性の低下が問題となる[72]．前述したように，潤滑剤はHDDの信頼性の鍵を握っており，加熱による減量を補償するための手段を開発する必要がある．たとえば，HDD装置内に潤滑剤源を設け，内部の潤滑剤蒸気圧を増して蒸発を低減し，温度が低下した部分に潤滑剤が補給されるような新しい手段を準備することも可能性も考えられる．

f. まとめ

以上，磁気記録装置の代表としてHDDについて，そのヘッド-ディスクインタフェースのトライボロジー技術の現状と歴史，将来展望について簡単にまとめた．

これまでの記録密度の向上は，磁気記録技術の進展とHDI技術の高度化による磁気ヘッド浮上スペーシングの低減により実現されてきた．しかし，10 Tbit in^{-2}の記録密度を実現するには，その低減によらない高密度化の実現が必要と考えられる．今後の研究開発に何らかの形で参照していだければ幸いである．

文　献

1) 日本トライボロジー学会 編，"トライボロジー辞典"，p. 179，養賢堂（1995）．
2) R. Kaneko, *ASLE Spec. Pub.*, **SP-21**, 8 (1986).
3) R. Kaneko, S. Oguchi, T. Miyamoto, Y. Ando, S. Miyake,

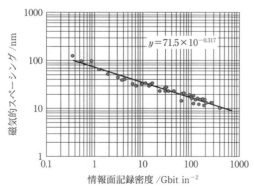

図5.1.75　磁気ディスク記録面密度と磁気的スペーシングの関係
[B. Marchon, T. Olson, *IEEE Trans. Magn.*, **45**, 3608 (2009) を一部改変]

STLE Spec. Pub., **SP-29**, 31 (1990).
4) HGST 社；http://www.hitachigst.com/internal-drive/ultrastar/ultrastar-7k3000
5) J. Xu, Y. Shimizu, H. Matsumoto, K. Matsuda, Y. Ooeda, IEEE Trans. Magn., **47**, 1817 (2011).
6) S. Yoneoka, M. Katayama, T. Ohwe, Y. Mizoshita, T. Yamada, IEEE Trans. Magn., **47**, 5085 (1991).
7) S. Fukui, R. Kaneko, Trans. ASME, J. Tribol., **112**, 78 (1990).
8) 福井茂寿, トライボロジスト, **47**, 765 (2002).
9) P. Machtle, Proc. IEEE MEMS, 196 (2001).
10) M. Suk, K. Miyake, M. Kurita, H. Tanaka, S. Saegusa, N. Robertson, IEEE Trans. Magn., **41**(11), 4350 (2005).
11) T. Shiramatsu, M. Kurita, K. Miyake, M. Suk, S. Ohki, H. Tanaka, S. Saegusa, IEEE Trans. Magn., **42**(10), 2513 (2006).
12) E. M. Rossi, G. McDonough, A. Tietze, T. Arnoldussen, A. Brunsch, S. Doss, M. Henneberg, F. Lin, R. Lyn, A. Ting, G. Trippel, J. Appl. Phys., **55**, 2254 (1984).
13) B. Marchon, P. Vo, M. R. Khan, J. W. Ager, IEEE Trans. Magn., **27**, 5160 (1991).
14) ベイジ・ゾウ, イップ・ワー・チャン, トライボロジスト, **43**, 382 (1998).
15) R. C Hsiao, D. B. Bogy, C. S. Batia, IEEE Trans. Magn., **34**, 1720 (1998).
16) 山本尚之, トライボロジスト, **45**, 198 (2000).
17) H. Hyodo, T. Yamamoto, T. Toyoguchi, IEEE Trans. Magn., **37**, 1789 (2001).
18) S. A. Pirzada, J. J. Liu, D.-W. Park, Z. F. Li, C.-Y. Chen, B. Demczyk, K. E. Johnson, W.-P. Sen, J. Xie, IEEE Trans. Magn., **39**, 759 (2003).
19) M. Yang, F. E. Talke, D. J. Perettie, T. A. Morgan, K. K. Kar, IEEE Trans. Magn., **30**, 4143 (1994).
20) M. Barlow, M. Braitberg, L. Davis, V. Dunn, D. Frew, IEEE Trans. Magn., **23**, 33 (1987).
21) M. Ishii, Y. Kawakubo, N. Sasaki, IEEE Trans. Magn., **35**, 2341 (1999).
22) T. M. O'Connor, M. S. Jhon, C. L. Bauer, B. G. Min, D. Y. Yoon, T. E. Karis, Tribology Letters, **1**, 219 (1995).
23) D. D. Saperstein, Langmur, **6**, 1522 (1990).
24) H. Tian, T. Matsudaira, Trans. ASME, J. Tribol., **115**, 400 (1993).
25) G. H. Vurens, C. S. Gudeman, L. J. Lin, J. S. Foster, IEEE Trans. Magn., **29**, 282 (1993).
26) M. S. Jhon, D. M. Phillips, S. J. Vinary, C. T. Messer, IEEE Trans. Magn., **34**, 2334 (1999).
27) H. Tani, IEEE Trans. Magn., **34**, 2397 (1999).
28) B. Marchon, X.-C. Guo, T. Karis, H. Deng, Q. Dai, J. Burns, R. Waltman, IEEE Trans. Magn., **42**, 2504 (2006).
29) 千葉 洋, トライボロジスト, **54**, 658 (2009).
30) 平野義行, 瀬尾洋右, 宇多克夫, 昭和56年度電子通信学会総合全国大会前刷, 1-169 (1981).
31) 徐 鈞国, 時末裕充, 川久保洋一, 日本トライボロジー学会トライボロジー会議予稿集'99秋, 323-324 (1999).
32) T. Yamamoto, M. Takahashi, M. Shinohara, STLE Spec. Pub., **SP-29**, 91 (1990).
33) 吉岡伸晃, 日本トライボロジー学会トライボロジー会議予稿集'99春, 53-54 (1999).
34) 勝本正之, 日本応用磁気学会誌, **24**, 1119 (2000).
35) T. Noyes, W. E. Dickinson, IBM J. Res. Dev., **1**, 72 (1957).
36) 川久保洋一, "摩擦への挑戦" (日本トライボロジー学会編), pp. 142-162, コロナ社 (2005).
37) R. Koka, STLE Spec. Pub., **SP-26**, 40-46 (1989).
38) R. B. Mulvany, IBM J. Res. Dev., **18**, 489 (1974).
39) 金子礼三, トライボロジスト, **34**, 471 (1989).
40) 川久保洋一, 石原平吾, 瀬尾洋右, 平野義行, 精密工学会誌, **54**, 877 (1988).
41) 川久保洋一, 石原平吾, 堤 善治, 清水丈正, 精密工学会誌, **54**, 1776 (1988).
42) 川久保洋一, 石原平吾, 米川 直, 斉木教行, 松山 巌, 日本潤滑学会トライボロジー会議予稿集'92春, 463-466 (1992).
43) E. Rabinowicz, "Friction and Wear of Materials", John Wiley (1965).
44) 石原平吾, 尾嵜 明, 日本トライボロジー学会トライボロジー会議'90予稿集, 25-26 (1990).
45) B. Bhushan, "Tribology and Mechanics of Magnetic Storage Systems", Springer-Verlag (1990).
46) S. Kobatake, Y. Kawakubo, K. Suzuki, Tribology International, **36**, 329 (2003).
47) P. Baumgart, T. Nugyen, A. Tam, Laser Texture, IEEE Trans. Magn., **31**, 2946 (1995).
48) 安西博孝, 宇治義明, 青木達司, 日本トライボロジー学会トライボロジー会議予稿集'99春, 55-56 (1999).
49) 松平他家夫, トライボロジスト, **37**, 23 (1992).
50) 石丸直彦, 日本機械学会情報知能精密機器部門講演会講演論文集, 17-20 (1993).
51) 山本尚之, トライボロジスト, **41**, 760 (1996).
52) T. Yamamoto, T. Toyoguchi, F. Honda, IEEE Trans. Magn., **36**, 115 (2000).
53) S. Meeks, W. Werensin, H. Rosenm, Trans. ASME, J. Tribol., **117**, 112 (1995).
54) Y. Ikeda, T. Yogi, S. Meeks, Digests INTERMAG, ED-02 (1995).
55) 川久保洋一, 佐々木直哉, 石井美恵子, トライボロジスト, **43**, 796 (1998).
56) 森 誠之, 沼田俊充, トライボロジスト, **43**, 388 (1998).
57) X. Yun, D. B. Bogy, C. S. Batia, ASME Trans., J. Tribol., **119**, 437 (1997-7).
58) 安西博孝, 近澤隆夫, トライボロジスト, **43**, 376 (1998).
59) E. Sawatzky, Digests INTERMAG, FP-12 (1990).
60) G. Kerwin, R. Galbraith, J. Poss, IEEE Trans. Magn., **28**, 2731 (1992).
61) G. J. Kerwin, IEEE Trans. Magn., **26**, 2427 (1990).
62) K. B. Klassen, J. C. L. van Peppne, R. E. Eaton, IEEE Trans. Magn., **30**, 4164 (1994).
63) B. Marchon, T. Olson, IEEE Trans. Magn., **45**, 3608 (2009).
64) 柳沢雅広, トライボロジスト, **43**, 370 (1998).
65) H. Hamilton, R. Anderson, K. Goodson, IEEE Trans. Magn., **27**, 4921 (1991).
66) C. E. Y.-Scranton, K. F. Etzold, V. D. Khanna, A. P. Praino, IEEE Trans. Magn., **26**, 2478 (1990).
67) G. Sheng, B. Liu, W. Hua, IEEE Trans. Magn., **34**, 2472 (1999).
68) J. K. Spong, G. Vurens, M. M. Dovek, IEEE Trans. Magn., **30**, 4152 (1994).

69) W. Yao, D. Kuo, R. Sundaram, *IEEE Trans. Magn.*, **34**, 2469 (1999).
70) K. Ono, *J. Magn. Magn. Mater.*, **320**, 3174 (2008).
71) M. Duwensee, S. Suzuki, J. Lin, D. Wachenschwanz, F. E. Talke, *IEEE Trans. Magn.*, **42**, 2489 (2006).
72) J. Zhang, R. Ji, W. Xu, J. K. P. Ng, B. X. Xu, S. B. Hu, H. X. Yuan, S. N. Piramanayagan, *IEEE Trans. Magn.*, **42**, 2546 (2006).

5.1.6 信号処理

a. はじめに

近年のハードディスク装置（HDD）の記録密度の向上には目覚ましいものがある．それは，ヘッド，媒体およびヘッド・ディスクインタフェースなどの要素技術の進展に支えられているのは勿論であるが，信号処理技術の向上に負うところも大である．1956 年に，最初の HDD 製品として知られる IBM RAMAC において採用された信号処理方式は，NRZI（non-return-to-zero-inverse）符号と振幅検出（しきい値検出）方式の組合せであった[1]．その 10 年後に，ピーク検出方式[2] が IBM 2314 において FM 符号[2] と組み合わせて採用されて以来，30 余年の長きにわたって採用されてきた[1]．この間は，高密度化に伴う符号間干渉（波形干渉）との戦いであり，これによるピークシフトをいかに少なくするかということに技術者は腐心してきた．そのためには，最小磁化反転間隔と検出窓幅の大きい記録符号の開発が有効であるとして符号開発に力が注がれてきた[2,3]．このような要件を満たす代表的な符号としてよく用いられてきたのが MFM 符号，(2,7) RLL (run-length-limited) 符号，(1,7) RLL 符号などである．

このような符号間干渉の呪縛から解き放ったのが PRML (partial response maximum likelihood) 方式で，その発想は符号間干渉をあるがままに受け入れて利用しようというところにある．PRML 方式はパーシャルレスポンス (PR: partial response) 方式[4] と最ゆう (ML: maximum likelihood) 復号法の一種であるビタビ (Viterbi) 復号法[5] の融合方式である[6,7]．PR 方式は制御可能な既知の符号間干渉を導入することにより，等化器出力における雑音スペクトルの整形が可能で，SN 比を高めることのできる記録再生方式である．ビタビ復号器では，PR 特性により生じた信号系列間の相関を利用して最も確からしい信号系列を復号する．長手磁気記録から垂直磁気記録へと記録方式の変遷はあったものの，20 年近くにわたって PRML 方式は情報ストレージ装置にはなくてはならない信号処理方式として記録密度の向上に貢献してきた．

人類が生成・複製する総ディジタル情報は年率 60% の勢いで増え続けているという[8]．このような状況下にあって，HDD に対する高速・大容量化の要望は止まるところを知らない．最近，これに応える信号処理方式の一つとして，低密度パリティ検査（LDPC：low-density parity-check) 符号[9] と SP (sum-product) 復号法[10] のような繰返し復号の組合せが HDD に採用され始めた．また，次世代高密度記録方式としてビットパターン媒体（BPM：bit patterned media），熱アシスト磁気記録（HAMR：heat assisted magnetic recording），マイクロ波アシスト磁気記録（MAMR：microwave assisted magnetic recording），二次元磁気記録（TDMR：two-dimensional magnetic recording）が盛んに研究されているが[11]，これらのうちでシングル（瓦）記録（SMR：shingled magnetic recording）を用いた TDMR 方式は最も射程距離が近い標的として期待されている[12]．これは，ヘッドと媒体に対しては既存技術の延長線上にある技術を利用できる反面，強力な信号処理技術が要求されることから信号処理に対する期待も大きい．

本項では，磁気記録装置を HDD に限定して以上の信号処理技術について述べる．

b. 長手磁気記録再生系と PRML 方式

(i) 長手磁気記録再生系 図 5.1.76 に磁気記録のための PRML 方式のブロック図を示す．"1" "0" の 2 値入力データ系列は RLL 符号器とプリコーダ[13] を通して記録系列に変換される．プリコーダでは，記録系列の遅延系列と RLL 符号系列の排他的論理和を出力とする．ここでは，RLL 符号として，m ビット (bit) のデータ語を n シンボルの符号語に変換し，記録系列における "1" と "1" の間の最小ラン長を 0，最大ラン長を G，偶数および奇数番目の系列における最大ラン長を I に制限した $m/n(0, G/I)$ 符号[14] を用いるものとする．ただし，m/n は符号化率で，高密度記録時にもビタビ復号器入力 SN 比を大きくするために可能な限り 1 に近い高符号化率の符号が望まれる．G (global) 制約は，タイミング情報の抽出を容易にして PLL (phase-locked loop) の安定化を図るためだけでなく，オーバーライト特性を維持し，c. 項で述べる垂直磁気記録においてはサーマルディケイの影響を軽減するために[15] 必要な制約である．また，I (interleave) 制約はビタビ復号器におけるパスの合流を促進することによりパスメモリ長を短くし，復号遅延を低減するのに効果がある．さらに，記録系列に制約をもたない場合には，PRML 方式に特有の無限に続く復号誤りを回避するためにも必要な制約である．長手磁気記録における初期の PRML 方式のための記録符号として 8/9 (0,4,4) 符号[16] や 16/17 (0,6/6) 符号[17] などがある．

プリコーダでは，G 制約をもつ符号系列に対する NRZ (non-return-to-zero) 記録[3] 波形における "0" "1" の同

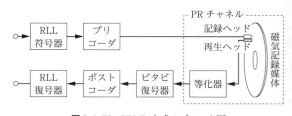

図 5.1.76 PRML 方式のブロック図

一レベルの継続を制限することができる．通常，$m/n(0, G/I)$ 符号に対しては 2 シンボル遅延をもつプリコーダが用いられるが，これは I-NRZI (interleaved NRZI) 記録[18]と等価である．プリコーダの入力系列と出力系列（記録系列）をそれぞれ b_k, c_k とするとこれらの間には次式の関係が成り立つ．

$$c_k = b_k + c_{k-2} \pmod{2} \tag{5.1.15}$$

記録系列は記録アンプを介して記録ヘッドにより長手磁気記録媒体に NRZ 記録される．単一ステップ状記録波形に対する再生波形は孤立再生波形とよばれるが，長手磁気記録における孤立再生波形は次式のローレンツ波形でよく近似できる[19]．

$$h_l(t) = A_l / \{1 + (2t/T_{50}^l)^2\} \tag{5.1.16}$$

ただし，A_l はピーク値，T_{50}^l は半値幅である．ここで，$K_l = T_{50}^l / T_b$ は規格化線密度とよばれ，高密度記録においては 2.5 程度の値をとる．ただし，T_b はビット間隔である．図 5.1.77 に，$K_l = 2.5$ の場合の孤立再生波形 $h_l(t)$ を示す．長手磁気記録における読み出し点の雑音は，通常白色ガウス雑音が仮定される．

MR (magneto-resistive) 再生ヘッドからの再生波形はプリアンプ，等化器を通り，記録ヘッド入力から等化器出力までの PR チャネルが所望の PR 特性となるよう波形等化される．記録データ "1" に対するチャネルの応答波形の時刻 kT_s (T_s：シンボル間隔，以下では単に時刻 k と記す．) におけるサンプル値を d_k とするとき，符号間干渉がないように等化する方式 ($d_0 \neq 0, d_k = 0 (k \neq 0)$) はフルレスポンス (FR：full response) 方式とよばれる．これに対して，$d_0 d_\nu \neq 0, d_k = 0 (k < 0, k \geq \nu + 1)$ であるような方式が PR 方式で，これを PR $(d_0, d_1, \cdots, d_\nu)$ と表記する．通常，$d_0, d_1, \cdots, d_\nu$ の比が整数の比となるときは整数値のほうを用いて表記される．また，Kretzmer による分類[20] Class1～5 のいずれかに該当する PR 方式はその番号を付して PR4 などと表される．HDD に最初に採用された PR 方式は PR4 である[16]．PR $(d_0, d_1, \cdots, d_\nu)$ 特性を有するチャネルの伝達関数は，1 シンボル遅延の伝達関数 $D = e^{-j2\pi fT_s}$（これは遅延演算子とよばれる）を用いて D に関する多項式 $d_0 + d_1 D + \cdots + d_\nu D^\nu$ により表される．

次いで，PR チャネル出力系列はビタビ復号器に入力され，PR 特性により与えられる相関を利用して最ゆう復号が行われる．このような PR 方式とビタビ復号法を組み合わせた PRML 方式は PR $(d_0, d_1, \cdots, d_\nu)$ ML 方式とよばれる．また，Kretzmer の分類番号に対応する場合は，たとえば PR4ML 方式のようによばれる．さらに，ポストコーダによりプリコーダの逆演算を行い，RLL 復号器により出力データ系列を得る．

(ii) **PRML 方式** PRML 方式の研究は，Kobayashi による長手磁気記録における基本的な PR 方式である PR $(1, -1)$ 方式とビタビ復号法の組合せである PR $(1, -1)$ ML 方式の検討を嚆矢とする[21]．それは，符号間干渉を無視できる低記録密度における検討であるが，大沢らは 1980 年に高記録密度においては PR4ML 方式が良好な特性を与えることを示した[22]．その後，Wood らにより PR4ML 方式のさらに詳細な検討が行われ[23]，1990 年に IBM 0681 において実際に PR4ML 方式が搭載されてその有効性が実証されるに及んで[24]，PRML 方式は高密度記録のための信号処理方式として確固たる地歩を占めることとなった．

従来の長手磁気記録のための PRML 方式は，チャネルの伝達多項式の係数の総和がゼロとなる DC フリー PRML 方式が採用されてきた[7]．これは，長手磁気記録再生系が微分特性と高域減衰特性で近似でき，PR $(1, 0, -1)$ 方式（PR4 方式）やその拡張方式とよく整合したためである．ここでは，まず PRML 方式の基礎となる PR4ML 方式について述べる．

記録データ "1" に対する読み出し点の再生波形は $g(t) = \{h_l(t) - h_l(t - T_s)\}/2$ となり，記録データ "1"，"0" に対する読み出し点の再生波形は，それぞれ $g(t), -g(t)$ と表される．PR4ML 方式では，$g(t)$ に対する等化器出力の等化目標値は $\cdots, 0, 0, 0.5, 0, -0.5, 0, 0, \cdots$ に選ばれる．したがって，記録系列 c_k と等化器出力系列（復号器入力系列）e_k の間には，次式の関係が成り立つ．

$$e_k = c_k - c_{k-2} \tag{5.1.17}$$

式 (5.1.15)，(5.1.17) からわかるように，記録系列 c_k と復号器入力系列 e_k はそれらの偶数番目と奇数番目の系列が互いに独立となっている．そこで，PR4ML 方式では e_k における偶数番目と奇数番目の系列を，それぞれ PR $(1, -1)$ 方式用の二つのビタビ復号器に交互に入力することにより復号を行う[16]．

いま，$c_k = 0$ を状態 S_0 に，$c_k = 1$ を状態 S_1 に割り当てるものとすると，時刻 $k-2$ の状態 $S(k-2) = S_i (i=0, 1)$ から時刻 k の状態 $S(k) = S_j (j=0, 1)$ に推移する場合の PR4ML 方式の状態推移表は式 (5.1.17) より表 5.1.5 のようになる．ここで，x_k^{ij} は，時刻 k における復号器入力信号の推定値系列を表す．表 5.1.5 より，図 5.1.78 の PR4ML 方式のトレリス線図が得られる．ただし，矢印に

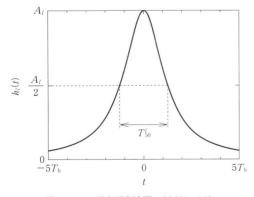

図 5.1.77 孤立再生波形 $h_l(t)$ ($K_l = 2.5$)

表 5.1.5 PR4ML 方式の状態遷移表

前状態 $S(k-2)=S_i : c_{k-2}$	現状態 $S(k)=S_j$		復号器入力推定値 x_k^{ij}	
$S_0 : 0$	S_0	S_1	0	1
$S_1 : 1$	S_0	S_1	-1	0
記録系列 c_k	0	1	0	1

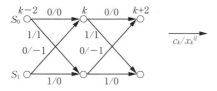

図 5.1.78 PR4ML 方式のトレリス線図

付した値は c_k/x_k^{ij} を表す．

トレリス線図において，各状態へ至るパスの長さの最小値はメトリックとよばれ，時刻 k におけるメトリックは次式で与えられる．

$$m_k(S_0) = \min\{m_{k-2}(S_0)+l_k^{00}, m_{k-2}(S_1)+l_k^{10}\}$$
$$m_k(S_1) = \min\{m_{k-2}(S_0)+l_k^{01}, m_{k-2}(S_1)+l_k^{11}\}$$
(5.1.18)

ここで，l_k^{ij} は時刻 $k-2$ における状態 S_i から時刻 k における状態 S_j に至る枝の長さを表し，枝メトリックとよばれる．復号器入力雑音系列を白色，したがってシンボルごとに独立なガウス雑音系列と仮定して負の対数ゆう度関数を求め，雑音の分散が状態推移によらず一定と仮定して規格化すると $l_k^{ij} = (y_k - x_k^{ij})^2$ となる[21]．すなわち，枝メトリックは復号器入力系列 y_k に対する信号推定値系列 x_k^{ij} の二乗誤差に等しくなる．式 (5.1.18) の最小値判定により選択されたパスは最ゆうパスとなる可能性のあるパスとして残され，ほかは捨てられる．こうして残されたパスは生き残りパスとよばれ，これに対応する記録系列はパスメモリに残される．生き残りパスを過去にさかのぼるとパスが合流して一本化する確率が高くなる[21]．この一本化したパスを最ゆうパス（最短パス）として対応する記録系列を復号するのがビタビ復号法である．PR4ML 方式では，2 状態の PR (1, -1) 用のビタビ復号器を二つ並列使用したが，通常の PRML 方式においては，PR チャネルの応答長を L_{PR} とすると，ひとつの $2^{L_{PR}-1}$ 状態のビタビ復号器を用いて復号される．

PR4 方式の伝達多項式は $1-D^2 = (1-D)(1+D)$ と表されるが，さらに高次の多項式 $(1-D)(1+D)^n$ で表される PR 方式に拡張可能である[25]．これは長手磁気記録再生系の伝達特性は $(1-D)$ で近似できるので，等化器に $(1+D)^n$ の特性をもたせることに相当する．後者は $|\cos^n(\pi f/f_b)|$ なる振幅特性をもつので，n が大となるほど高域抑圧特性が強くなり，高密度記録における高域雑音の抑圧効果が得られる．ここで，$f_b = 1/T_b$ はビットレートである．$n=2$ と 3 の PRML 方式は，それぞれ EPR4 (extended PR4) ML[26]，EEPR4 (enhanced EPR4) ML (E²

PR4ML)[27] 方式とよばれる．EEPR4ML 方式の伝達多項式は $(1-D^2)(1+2D+D^2)$ とも表されるが，これを変形した $(1-D^2)(5+4D+2D^2)$ なる伝達多項式をもつ MEEPR4 (modified EEPR4) 方式[28] がさらに良好な特性を示すとして，その後の高密度記録 HDD に使用されている．

以上の PRML 方式のほかに，高密度化を図るためのいくつかの信号処理方式が提案されている．古くから通信の分野で盛んに研究されている方式に判定帰還型等化器 (DFE：decision feedback equalizer)[29] がある．これは，過去の判定結果を利用してフィードバックフィルタにより符号間干渉の複製をつくり，これをフィードフォワードフィルタ出力から差し引くことにより符号間干渉を除去する等化器である．線形な等化を行う通常の PRML 方式では，高密度記録となるほど等化による高域強調特性が大となって雑音の増大を招くことになるが，DFE ではこれを回避できる．また，PRML 方式では PR 長 $L_{PR} = \nu + 1$ とともに指数関数的にビタビ復号器の複雑さが増すが，DFE では複雑さは直線的に増えるのみである．これらの利点をもつことから HDD を対象とする研究も盛んに行われたが[30,31]，判定帰還に起因する誤り波及の影響が忌避されて採用されていない．

電力スペクトルにチャネルの伝達関数と同じ周波数でゼロ点をもたせた符号は MSN (matched spectral null) 符号とよばれ，無符号化 PRML 方式に比べて 3 dB の符号化利得が得られる 8/10 MSN 符号がよく知られている[32]．また，トレリス符号化により最小ユークリッド距離[33]を大きくし，符号化利得を得る TCPR (trellis-coded partial response) 方式は MSN 符号に基礎をおくものが多い[34]．一方，連続する磁化遷移を制限して符号系列間の最小ユークリッド距離を大きくすることにより複数ビットにわたる連続誤りを削除して誤り率特性の改善を図る符号は MTR (maximum transition run) 符号とよばれる[35]．高密度記録においては SN 比を高めるうえで記録符号の符号化率が高いことが望まれる[7]．MTR 符号の符号化率は 4/5 であるが，さらに符号化率の改善を図った符号もいくつか提案されている[36～38]．

さらに，PRML 方式の性能を向上できる技術として，復号器の復号誤りをビット単位で訂正するポストプロセッサが開発されている[39～41]．ポストプロセッサは，パリティ検査符号や復号系列の信頼度情報などに基づいて誤りパターンを特定してビット反転することで PRML 方式の復号誤りを効果的に訂正することができる．通常，これらの技術と併せて高符号化率の記録符号[40]が用いられている．一方，雑音の白色化と雑音電力の低減を図る GPR (generalized PR) ML 方式[28,42]，NP (noise predictive) ML 方式[43]や自己回帰 (AR：autoregressive) チャネルモデルを用いて信号依存性雑音に対する耐性を高めた PRML-AR 方式[44]も現れている．これらの技術については d. 項で詳述する．

なお，高密度記録となると線形な波形干渉だけでなく非線形ひずみも大となり，誤り率特性に影響を与える．非線形ひずみとして，前に記録された磁化の反磁界によりヘッド記録磁界が影響を受けて磁化遷移点がシフトする非線形磁化遷移点シフト（NLTS：nonlinear transition shift）[45] や隣接するジグザグ状の磁化遷移同士が部分的に重なって消去することにより再生出力が減少するパーシャルイレージャ（partial erasure）[46] などが知られている．前者に対しては，記録ひずみ量に応じて記録電流の反転位置をシフトすることによりひずみを補償する記録補償（write pre-compensation）[47] が，後者に対してはニューラルネットワーク等化[48,49] などの非線形等化が有効である．

c. 垂直磁気記録再生系と PRML 方式

（i）垂直磁気記録再生系 垂直磁気記録における PRML 方式についても，長手磁気記録の場合と同様に図 5.1.76 の構成がとられる．入力データ系列は高符号化率の RLL 符号器と式(5.1.15)で表されるプリコーダを通して記録系列に変換される．記録系列は記録アンプを介して単磁極ヘッドにより垂直磁気記録媒体に NRZ 記録される．垂直磁気記録における単一のステップ状記録波形に対する孤立再生波形は，次式の双曲線正接関数でよく近似できる[50]．

$$h_p(t) = A_p \tanh\left(\frac{\ln 3}{T_{50}^p} t\right) \quad (5.1.19)$$

ただし，A_p は $t \to \infty$ のときの $h_p(t)$ の飽和レベルを表し，T_{50}^p は振幅が $-A_p/2$ から $A_p/2$ まで変化するのに要する時間を表している．ここで，規格化線密度は $K_p = T_{50}^p/T_b$ により定義され，K_p が大きいほど記録密度が高いことを意味する．通常，K_p は 1.2 から 1.5 程度の値が仮定される．図 5.1.79 に，$K_p=1.2$ の場合の $h_p(t)$ を示す．

垂直磁気記録再生系における雑音はジッタ性媒体雑音が支配的となる．これは，磁化遷移が磁気クラスタの境界に沿ってジグザグ状に形成されることに起因している．したがって，所定のトラック幅をもつ再生ヘッドで再生された信号は，本来の磁化遷移位置からずれてジッタ状に変動し，磁化遷移位置近傍でジッタ性雑音が生じる．このため，ジッタ性媒体雑音は信号依存性雑音と考えられる．ここでは，雑音として，磁化遷移点が白色ガウス性に変動するジッタ性媒体雑音とシステム雑音として読み出し点に付加される白色ガウス雑音からなっていると仮定する．ジッタ性媒体雑音とシステム雑音の $0.6f_b$ までの帯域内に落ちる電力を，それぞれ σ_j^2, σ_s^2 とするとき，読み出し点における SN 比は SNR $= 20 \log_{10}(A/\sigma)$ [dB] と定義できる．ただし，$\sigma^2 = \sigma_j^2 + \sigma_s^2$ は全雑音電力である．全雑音電力に対するジッタ性媒体雑音電力の比を $R_J = (\sigma_j^2/\sigma^2) \times 100$ [%] とする．垂直磁気記録においては，一般に R_J は 80～90% と大きく，ジッタ性媒体雑音が支配的となる．R_J が大きいほど読み出し点における雑音電力スペクトルの低域成分は大となる[51]．一方，GMR（giant magnetoresistive）ヘッドにより再生された再生波形はプリアンプ，等化器を通り波形等化される．ついで，ビタビ復号器により最ゆう復号が行われ，ポストコーダを経て RLL 復号器により出力データ系列を得る．

（ii）PRML 方式 垂直磁気記録の PRML 方式に関しては，古くは二層膜主磁極ヘッドを対象とする PRML 方式[52] や単層膜媒体を対象とする PR5ML 方式[53] の検討もあるが，垂直磁気記録のための信号処理方式の研究[54~56] が盛んになったのは，単磁極ヘッドと二層膜媒体との組合せに整合した PRML 方式として正係数の PRML 方式[57] が提案されてからである．

孤立再生波形が式(5.1.19)で近似できる垂直磁気記録においては，記録データ "1" に対する読み出し点の再生波形は $g(t) = \{h_p(t) - h_p(t-T_S)\}/2$ となり，PR(1,1) 方式（PR1 方式）やその拡張方式のようにすべて正係数のみからなる PR チャネル特性がよく整合している．このような PR チャネル特性を有する PRML 方式は正係数 PRML 方式とよばれる[57]．伝達特性が $1+D$ で表される PR1ML 方式は垂直磁気記録における基本的な PRML 方式である．また，その拡張方式として多項式が $(1+D)^2, (1+D)(1+D+D^2), (1+D)^2(1+D+D^2)$ で表される PR2ML, MEPR2ML, ME²PR2ML 方式などの高次の PRML 方式が知られている[58]．

正係数 PRML 方式は次数が高くなるほど大きな最小ユークリッド距離が得られる．しかし，DC フリー PRML 方式と異なり，高次の PRML 方式ほど伝達特性の低域強調が著しい．このため，ジッタ性媒体雑音の割合 R_J が大の場合には雑音電力スペクトルの低域成分が大となることと相まって性能劣化を招く．また，低域遮断周波数の高い長手磁気記録用のヘッドアンプを流用する場合には，AC 結合による低域遮断ひずみの影響も無視できなくなる．そこで，正係数の PRML 方式では，もっぱら PR1ML 方式および以下の項で述べる GPR1ML 方式，GPR1ML-AR 方式の検討がなされている．また，垂直磁気記録用の PRML 方式として，正係数の PRML 方式と長手磁気記録で用いられてきた DC フリー PRML 方式との折衷方式である DC 不平衡 PRML 方式も提案されている[58,59]．

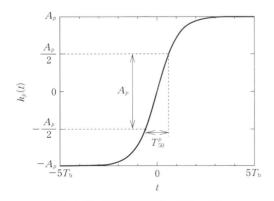

図 5.1.79 孤立再生波形 $h_p(t)$ ($K_p=1.2$)

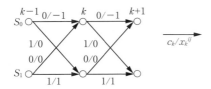

図 5.1.80 PR1ML 方式のトレリス線図

PR3ML 方式は Kretzmer の分類における Class3 の PR 方式を採用するもので多項式 $(2-D)(1+D)$ をもつ．また，その拡張方式である EPR3ML，E^2PR3ML は，多項式 $(2-D)(1+D)^2$，$(2-D)(1+D)^3$ をもつ．いずれの方式も多項式中に負係数を含むが，係数の総和はゼロではなく DC 不平衡となっている．

次に，PR1ML 方式の場合を例にとってビタビ復号法について述べる．PR1ML 方式では，$g(t)$ に対する等化器出力の等化目標値は $\cdots, 0, 0, 0.5, 0.5, 0, 0, \cdots$ に選ばれる．このとき，時刻 $k-1$ の状態 S_i から時刻 k の状態 S_j に推移する場合の PR1ML 方式のトレリス線図は図 5.1.80 のようになる．同図より，メトリックは次式のように表される．

$$\left.\begin{array}{l}m_k(S_0) = \min\{m_{k-1}(S_0)+l_k^{00}, m_{k-1}(S_1)+l_k^{10}\} \\ m_k(S_1) = \min\{m_{k-1}(S_0)+l_k^{01}, m_{k-1}(S_1)+l_k^{11}\}\end{array}\right\}$$
(5.1.20)

式 (5.1.20) より，PR1ML 方式のビタビ復号器は 2 状態の復号器で構成されることがわかる．

d．雑音予測型 PRML 方式

信号系列間の相関を利用して復号するビタビ復号法においては，復号器入力雑音が有色雑音の場合には雑音系列間に相関が生じ，復号性能の劣化をもたらす．PRML 方式においては，符号間干渉を許容した目標値に等化することによって復号器入力雑音の過度の高域強調を避けてはいるものの，有色化は避けられない．しかし，有色雑音の相関を利用して過去のサンプル値から現在の雑音を線形予測し，これを差し引くことにより雑音の白色化と雑音電力の低減を図ることができる．M 次の雑音予測器の伝達多項式を $P(D) = p_1D + p_2D^2 + \cdots + p_MD^M$ とするとき，$1-P(D)$ なる伝達多項式をもつフィルタを白色化フィルタ (whitening filter) という．ここで，$p_1, p_2, \cdots, p_M$ は雑音予測係数である．このような白色化フィルタを備える雑音予測型 PRML 方式を NPML 方式という[43,51]．

NPML 方式はヘッドアンプの AC 結合などによる低域遮断ひずみの影響も軽減できる．白色化フィルタを備える PR チャネルは，多項式係数として整数値以外の実数値も許容する高次の PR チャネル[60] となる．このような PR 方式は GPR 方式，PRML 方式は GPRML 方式ともよばれる[59]．PR1 方式に対して，M チャネルビット前までの雑音の相関を考慮した雑音予測器を適用した GPR1 チャネルの伝達多項式は $(1+D)(1-P(D))$ となり，GPR1ML 方式は 2^{M+1} 状態のビタビ復号器を必要とする．平均二乗予測誤差を最小にする予測係数は Yule-Walker 方程式の解として与えられ，Levinson-Durbin アルゴリズムにより求められる[61]．

磁化遷移は，信号が "1" から "0"，または "0" から "1" に変化するところで現れるため，ジッタ性媒体雑音は記録系列に依存する．また，磁気記録再生系は高域抑圧特性をもつため，それぞれの磁化遷移からの再生波形は互いに干渉し合う．したがって，ジッタ性媒体雑音は記録系列に依存した有色雑音となり，信号系列間の相関を利用して復号するビタビ復号の性能に影響を及ぼす．そこで，高密度垂直磁気記録のための信号処理方式には，ジッタ性媒体雑音に対する耐性を備えていることが望まれる．そのような信号処理方式として，雑音を伴う PR チャネルを AR チャネルモデルを用いてモデル化し，PR チャネル出力推定器として図 5.1.76 のビタビ復号器に用いる PRML-AR 方式[44,62] が知られている．

図 5.1.81 に，AR チャネルモデルを備えたビタビ復号器を示す．ビタビ復号器では，最ゆうパスの候補をパスメモリに保持し，メトリックの大小比較を行いながら各状態に推移するパスを一つ選択して最ゆう系列を復号していく．AR チャネルモデルを備えたビタビ復号器では，パスメモリと同様に各状態推移に対応する雑音候補を雑音メモリに保持する．このとき，復号器の状態数は雑音の相関を考慮する範囲を L_c シンボル間隔とすると $2^{\max(L_{PR}, L_c)-1}$ となる．また，状態 S_i から状態 S_j への各状態推移に対する y_k の推定値を次式とする．

$$y_k^{ij} = \bar{x}_k^{ij} + n_k^{ij}$$
(5.1.21)

ここで，$\bar{x}_k^{ij}$ は状態 S_i から状態 S_j への状態推移により定まる復号器入力の平均値で，信号参照表により与えられる．n_k^{ij} は状態 S_i から状態 S_j への状態推移に対する雑音メモリ中の雑音系列と雑音予測係数参照表からの雑音予測係数との畳み込みにより与えられる雑音推定値である．ただし，雑音予測係数参照表は，適用する PR 方式に対して，y_k と $\bar{x}_k^{ij}$ の差を雑音系列 $\tilde{n}_k^{ij}$ とするとき，平均二乗誤差 $E[(\tilde{n}_k^{ij}-n_k^{ij})^2]$ を最小とするような Yule-Walker 方程式の解としてあらかじめ求めておく必要がある．ここで，$E[\cdot]$ は平均を意味する．$\tilde{n}_k^{ij}-n_k^{ij}=y_k-y_k^{ij}$ であるので，状態 S_i から状態 S_j への状態推移により定まる y_k に対する y_k^{ij} の平均二乗誤差（式 (5.1.22)）が小であれば，$\tilde{n}_k^{ij}-n_k^{ij}=$

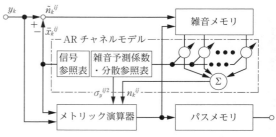

図 5.1.81 AR チャネルモデルを備えたビタビ復号器

$y_k - y_k^{ij}$ は白色ガウス雑音とみなせる．
$$\sigma_u^{ij2} = E[(y_k - y_k^{ij})^2] = E[(\tilde{n}_k^i - n_k^{ij})^2] \quad (5.1.22)$$
したがって，メトリック演算における枝メトリックは，平均値が y_k^{ij}，分散が σ_u^{ij2} のガウス分布の負の対数をとることにより求まる y_k の負の対数ゆう度関数（式(5.1.23)）により与えられる．
$$l_k^{ij} = \ln(\sqrt{2\pi}\sigma_u^{ij}) + (y_k - y_k^{ij})^2 / 2\sigma_u^{ij2} \quad (5.1.23)$$
式(5.1.24)において，σ_u^{ij2} が状態推移によらず一定として規格化することにより式(5.1.24)のように簡単化される．
$$l_k^{ij} = (y_k - y_k^{ij})^2 \quad (5.1.24)$$
ここでは，式(5.1.23)で与えられる枝メトリックを用いる PRML-AR 方式に対して式(5.1.24)で与えられる枝メトリックを用いる PRML-AR 方式を PRML-AR-S（S：simplified）方式とよぶことにする．

e. PRML 方式の性能比較

図5.1.82に，PR1ML，GPR1ML，GPR1ML-AR-S，GPR1ML-AR 方式の誤り率特性を示す．ただし，記録符号として 128/130 (0,16/8) 符号[63]を用い，$K_p = 1.2$，$R_J = 90\%$，ヘッドアンプの AC 結合による f_b で規格化した低域遮断周波数を $x_l = 0.001$ としている．また，GPR1ML 方式では $M = 3$，GPR1ML-AR-S 方式とGPR1ML-AR 方式においては $M = 3$，$L_c = 5$ としている．なお，f_b で規格化した高域遮断周波数 $x_h = 0.4$ をもつ低域フィルタとタップ数 $N_t = N_{\text{topt}}$ のトランスバーサルフィルタにより等化を行っている．ここで，N_{topt} は誤り率を最小とする最適なタップ数である．図に見られるように，BER $= 10^{-4}$ での PR1ML 方式に対する SN 比改善度は，$R_J = 90\%$ とジッタ性媒体雑音が支配的であるために GPR1ML 方式では約 0.3 dB とわずかであるが，GPR1ML-AR-S 方式と GPR1ML-AR 方式ではそれぞれ約 1.3，2.0 dB となっている．

なお，ジッタ性媒体雑音は信号パターンに依存する非線形過程と考えられる．そこで，等化器として線形なトランスバーサルフィルタを用いる代わりに，非線形なニューラルネットワークを採用した PR1ML 方式は，GPR1ML-AR-S 方式と同等以上の SN 比改善効果が得られる[64]．また，GMR ヘッドは非線形特性をもち，長手磁気記録に比べて垂直磁気記録では，再生感度が高いため非線形ひずみの影響を受けやすい．とくに，大きな振幅の再生波形では＋側と－側とで上下のレベルが非対称となる．このような非線形ひずみに対しても，ニューラルネットワーク等化器は SN 比改善効果が大きい[65]．

f. ポストプロセッサ

図5.1.83に，ポストプロセッサを備えた PRML 方式のブロック図を示す．PR チャネルは，記録再生ヘッドと媒体からなる HDD の記録再生系を含み，記録再生過程で生じたひずみ，雑音などによって，ビタビ復号をもってしても再生した情報が記録した情報と異なる可能性がある．このような PRML 方式で生じる復号誤りをポストプロセッサで訂正する．これによって，媒体欠陥，TA（thermal asperity），オフトラックのような記録再生系の異常によって発生するバースト誤りの訂正用に設けた RS（reed-solomon）符号[66]の負担を軽減することができる．

PRML 方式においては，ユークリッド距離の短い系列間で数ビットにわたる復号誤りを起こすため，ポストプロセッサはそれらを訂正することを目的としている．PR チャネルを PR1 とした場合の誤りパターンを，表5.1.6に示す．ただし，記録系列が正しく復号された場合を "0"，"1" で，"0" を "1"，"1" を "0" と誤る場合をそれぞれ "－"，"＋" で表している．これらは，どれも PR1ML 方式における系列間の最小ユークリッド距離が $\sqrt{2}$ となる誤りパターンであり，中でも誤りビット長が最も短い 1 ビットの復号誤りが発生しやすい．そのため，記録符号ブロック単位に単一パリティ検査符号化することで符号ブロック内に復号誤りがあるか否かを判定できる可能性が高いことがわかる．また，単一パリティ検査符号化により，1，3，5，…の奇数ビット長の誤りが発生したことを検出できる．さらに，記録符号系列をインターリーブして各行に対して単一パリティ検査符号化することで，偶数ビット長の誤り発生を検出できる．例として，図5.1.84に 4-way のインターリーブを施したパリティ検査符号化を示す[67]．図のように，記録系列を 4 ビットおきに mod2 加算した値をパリティ $P_1 \sim P_4$ として付加して記録し，再生時に検査符号ごとに誤りの発生を検査する．ブロック内に復号誤りは一事

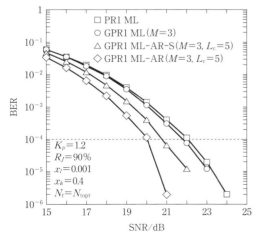

図5.1.82 PRML 方式の誤り率特性

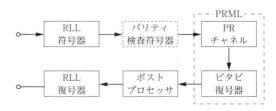

図5.1.83 ポストプロセッサを備えた PRML 方式

表 5.1.6 PR1ML 方式の誤りパターン

誤りビット長	誤りパターン	ユークリッド距離	発生数
1	0+0, 1−1	$\sqrt{2}$	326
	0+1, 1−0		11
	0−1, 1+0		8
	0−0, 1+1		0
2	0+−1, 1−+0	$\sqrt{2}$	6
	0+−0, 1−+1		0
	0−+0, 1+−1		0
	0−+1, 1+−0		0
3	0+−+0, 1−+−1	$\sqrt{2}$	4
	0+−+1, 1−+−0		0
	0−+−1, 1+−+0		0
	0−+−0, 1+−+1		0
4	0+−+−1, 1−+−+0	$\sqrt{2}$	1
	0+−+−0, 1−+−+1		0
	0−+−+0, 1+−+−1		0
	0−+−+1, 1+−+−0		0
5	0+−+−+0, 1−+−+−1	$\sqrt{2}$	2
	0+−+−+1, 1−+−+−0		0
	0−+−+−1, 1+−+−+0		0
	0−+−+−0, 1+−+−+1		0

図 5.1.84 4-way インターリーブドパリティ検査符号

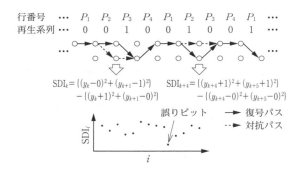

図 5.1.85 ポストプロセッサにおける誤り判定

表 5.1.7 誤り検出結果に対する誤り候補

誤り検出	誤り長	誤り開始
P_1, P_2, P_3, P_4	1	P_1, P_2, P_3, P_4
	7	P_2, P_3, P_4, P_1
$(P_1, P_2), (P_2, P_3),$ $(P_3, P_4), (P_4, P_1)$	2	P_1, P_2, P_3, P_4
	6	P_3, P_4, P_1, P_2
$(P_1, P_2, P_3), (P_2, P_3, P_4),$ $(P_3, P_4, P_1), (P_4, P_1, P_2)$	3	P_1, P_2, P_3, P_4
	5	P_4, P_1, P_2, P_3
(P_1, P_2, P_3, P_4)	4	—

象のみと仮定すると，表 5.1.7 より検出結果から発生した誤り長，誤り開始位置を知ることができる．

ポストプロセッサは，パリティ検査符号による検査で"誤りあり"と判定したブロックについては，その結果から誤り候補に対して，たとえば，SDI (sequence distance increase)[67] のような PRML 方式の出力系列に対する信頼度を求めて誤り候補から誤りビットを決定し，PRML 方式の復号結果をビット反転する[39]．図 5.1.85 に，1〜4 ビットの誤りと想定したポストプロセッサにおける誤り判定を示す．パリティ検査結果で P_2 のパリティだけが立った場合を示している．符号ブロック中に復号誤りがあり，表 5.1.8 から P_2 に相当する位置のビットの単独誤りと考えて図のように SDI を計算し，SDI が最小の位置の系列をビット反転することで PRML 方式の復号誤りを訂正する．

一方，垂直磁気記録再生系のように，記録信号に依存したジッタ性媒体雑音が支配的な記録再生系においては，PRML 方式が再生した情報に基づいて復号誤り候補を選

表 5.1.8 再生系列における誤り候補

誤りビット長	誤りパターン
1	000, 111
2	0011, 1100
3	00100, 11011
4	001011, 110100
5	0010100, 110101

択することができる[68]．これは，"0"から"1"，または"1"から"0"という磁化反転を記録したことによって雑音を発生する可能性が高くなるために，表5.1.6に示したユークリッド距離の短い誤りパターンをさらに起こしやすくするという現象を利用する．表5.1.8に再生系列からピックアップ可能な誤り候補を示す．例えば"010"という記録系列には二つの磁化反転が含まれ，局所的にきわめてSN比が劣化する可能性があり，復号誤りを起こしていれば，"000"という再生系列が得られていることになる．したがって，"000"が存在すれば，誤り候補としてピックアップする．同様に，表5.1.8に示す系列が復号系列中にあれば候補とする．そして，それぞれの長さに対応したSDIを求めてしきい値判定により誤りと判定した場合にはビット反転する．このような誤り候補の選出には，パリティを付加する必要がないために符号化率が改善されるものの，誤り発生を直接示す情報ではなく，しきい値判定によってもたらされること，ジッタ性媒体雑音による復号誤り発生は記録補償に依存することに注意が必要である．このことから，パリティ検査符号による誤り検出と誤りパターンによる候補選出を併用することが望ましい．

g. 誤り訂正技術

誤り訂正技術は，HDDの記録再生系で発生した誤りを訂正して，信頼性を確保するための必須技術であり，情報ビットに冗長ビットを付加し，破損したデータを符号語全体のデータから訂正する技術である．HDDでは，記録・再生チャネルで発生した誤りをハード・ディスク・コントローラ[69]とよばれる誤り訂正回路上で巡回符号の一種であるRS符号[66]により誤り位置および誤り事象を検出して訂正する．しかし，近年のHDDの記録密度の向上に伴いより強力な誤り訂正方式が求められるようになり，LDPC符号[9]を用いた繰り返し復号による誤り訂正が実用化されつつある．

HDDにおいて主流の誤り訂正符号として，長年使用され続けてきたRS符号[66]は，1960年にReedとSolomonによって開発された符号であり，ガロア体（有限体）上の多項式とその根の性質を用いて構成[70]される．ガロア体$GF(2^8)$上で構成されるRS符号は8ビット（bit）を1バイト（Byte）（シンボル）としてバイト単位で誤り訂正を行うため，多数の誤りが集中するバースト誤りの訂正に向いている．RS符号は，2値化された入力データを基に代数演算により硬判定復号を行うため，訂正範囲内の誤りであれば高い確率で訂正することができる．

近年のHDDでは，記録符号の高効率・長符号化に伴い，記録符号の復号過程で誤りを拡大することが問題となっており，誤り訂正符号と記録符号の順番を逆にしたシステム[70]も検討されている．また，HDDのセクタフォーマットの大きさが，これまでの512バイト（4096ビット）から4096バイト（32768ビット）のロングセクタフォーマットへと移行すると同じ符号化率の冗長を付加した場合においても訂正能力が高くなるため，ロングセクタフォーマットを一度にRS符号化できるように$GF(2^8)$より大きな次数の$GF(2^{12})$などを用いたRS符号が検討されている．

HDDの高密度化に対する要求は高く，RS符号より高い復号利得が得られる符号が求められるようになってきた．このような中，1993年にBerrouらによって開発されたターボ符号[71]は，通信路（磁気記録）チャネルからAPP (maximum a posteriori probability)[72]やSOVA (soft-output Viterbi algorithm)[73]を用いた軟判定器によって対数ゆう度比（LLR：log likelihood ratio）とよばれる信頼度情報を出力して，そのLLRを用いて繰り返し復号を行うことで優れた復号特性を示すことから，HDDの誤り訂正符号として適用が研究されてきた．しかし，ターボ符号は基本特許や周辺特許などの知的財産権が発明者らによって広く取得されていることや，誤り率が下げ止まるエラーフロア現象が比較的高いSN比においても観測されることなどから，2000年頃より，Gallagerによって開発された検査行列中の非"0"要素が非常に少ない行列により定義されるLDPC符号[9]を用いた繰り返し復号による誤り訂正技術のHDDへの適用が盛んに研究されるようになった．

図5.1.86に，LDPC符号化・繰り返し復号化方式の記録再生系ブロック図を示す．図のように，外符号としてLDPC符号，内符号としてプリコーディッドPRチャネルが適用される．ユーザデータはRLL符号器によりRLL符号化された後，LDPC符号化されて磁気記録再生系を含む内符号器に入力される．再生波形は所望のPR特性となるように等化されて内復号器であるAPP復号器によって軟判定情報としてLLRが復号される．そして，LDPC符号の復号器であるSP復号器で繰り返し復号が行われる．また，SP復号器の出力をAPP復号器に戻すことで繰り返し復号器を構成している．所定回数の繰り返し復号が終わるとLLRは硬判定され，RLL符号化に対する復号が行われてユーザデータが復元される．

図5.1.87に，RS符号とLDPC符号を用いた誤り訂正方式における誤り率特性を示す．ただし，32768ビットのロングセクタフォーマットを想定しておりPRチャネルはPR1方式とし，$K_p = 1.2$, $R_J = 90\%$, $x_l = 0.001$, $x_h = 0.4$, $N_t = N_{topt}$としている．RS符号を用いた誤り訂正は，$GF(2^{12})$を用いた158シンボル訂正可能なRS符号を用いており，RLL符号化後にRS符号化する構成としている．ポストプロセッサでは，7ビットまでの誤りを訂正できる4-wayインターリーブドパリティ検査符号を用いている．

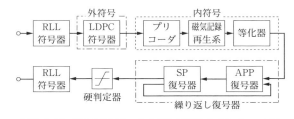

図5.1.86 LDPC符号化・繰り返し復号化方式のブロック図

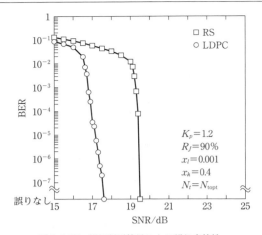

図 5.1.87 誤り訂正符号による誤り率特性

また，LDPC 符号を用いた誤り訂正は，Gallager の構成法[9]により行重み 22，列重み 3，符号長 38544 のレギュラー LDPC 符号を用いており，SP 復号器内，および APP 復号器と SP 復号器間における繰り返し復号回数をそれぞれ 5 回としている．

どちらの構成も全体の符号化率は約 0.85 となっている．図中の□，○印はそれぞれ RS 符号，LDPC 符号の特性を示している．図より，RS 符号に比べて LDPC 符号を用いた場合の特性が良いことがわかる．

LDPC 符号は RS 符号に比べて復号利得が高いが，繰り返し復号では復号が部分的に失敗した場合に復号誤りが符号語全体に広がる誤り伝搬が発生する可能性がある．また，媒体欠陥やサーマルアスペリティなどにより発生するバースト誤りへの耐性も不可欠となる．バースト誤りへの対応の一つとして LDPC 符号の検査行列を用いたバースト誤り検出方式[74]が研究されている．

さらなる高密度記録を達成するための強力な誤り訂正符号として LDPC 符号の検査行列にガロア体を用いて構成した non-binary LDPC 符号[75]や RS 符号の検査行列を用いた繰り返し復号[76]などの検討が行われている．

h. 次世代 HDD における信号処理方式

次世代 HDD における記録方式として，SMR，HAMR や MAMR などのエネルギーアシスト磁気記録，BPM を用いた磁気記録が候補にあげられている[11]．また，BPM は HAMR との組合せで導入されるともいわれている．

ここでは，このような次世代記録方式を導入した HDD における信号処理方式について考える．上記の記録方式は，トリレンマの壁を破って媒体上に高密度記録するための記録方式であって，再生信号に対する SN 比や再生分解能を改善するための方式ではないことから，高密度化のためには現行以上の能力をもつ信号処理方式を必要とする．また，どの記録方式も，さらなる狭トラック化によって隣接トラックからのクロストークの影響が大となる方向にある．中でも，SMR ではオーバーライトによって順次トラックを形成するガードバンドレス記録となり，再生ヘッドの感度内に隣接トラックが存在する可能性が高く，隣接トラックからのクロストークがシステムの性能劣化を引き起こす可能性が大きい．そのため，チャネル復号器におけるクロストーク推定，SMR のトラック構造を利用して ITI（inter-track interference）を低減するクロストークキャンセラ[77]，隣接トラック間の記録符号化，non-binary LDPC 符号[75]のような誤り訂正符号の強化など，クロストークの影響を低減する信号処理方式の導入が期待される．

さらに記録密度が上がれば，ビット/磁性粒子に迫る密度で記録することになる．このとき，現行 HDD のダウントラック方向への順次再生と異なり，2 次元に情報を再生してダウントラック，クロストラック両方向に波形干渉を受けた再生波形から記録された情報を復元する TDMR（two dimensional magnetic recording）方式が提案され[12]，実現のためのチャネルモデル，信号検出方式が検討されている[78,79]．また，二次元のページ情報として再生するためのタイミングリカバリーやヘッドのポジショニング方法，データセクタの配置なども新たに検討が必要である．

一方，BPM を用いた HDD においては，記録信号と目標アイランド列が同期する必要がある．万一同期しない状況が発生すれば，記録ビット消失や不要ビット記録のような記録誤りが発生する可能性がある．これは，チャネル復号器からの信頼度と LDPC 符号による検査の不一致を生じさせるため，繰り返し復号の能力を著しく低下させる．そこで，パリティ検査結果を用いて繰り返し復号のゲインを制御する繰り返し復号が提案されている[80]．また，記録ヘッドの磁化勾配や周辺アイランドからの反転磁界を考慮して発生した記録誤りの影響についても検討されている[81]．

i. おわりに

本項では，HDD に対する信号処理方式として，長手磁気記録，垂直磁気記録に対する PRML 方式，雑音予測型 PRML 方式，ポストプロセッサ，LDPC 符号化・繰り返し復号方式について述べ，次世代 HDD のための信号処理方式についても簡単に触れた．

HDD の信号処理方式は，PRML 方式から LDPC 符号化・繰り返し復号方式に移行中である．また，セクタサイズも従来の 512 バイトから 4096 バイトになりつつあり，RS 符号による誤り訂正をもたない HDD も現れようとしている．

今後，記録方式はトリレンマと相対しながら SMR，HAMR，MAMR，BPM と変遷する可能性があり，より利得の高い信号処理方式が求められることは必至で，従来のダウントラック方向の波形干渉に加えてクロストラック方向の波形干渉である ITI が加わった二次元の波形干渉に対応することが求められる．また，信号処理方式の開発環境も実波形を用いた検討は困難となるであろう．したがって，マイクロマグネティクスに基づいたヘッド・媒体系で

あるR/Wチャネルのモデル化が必要となり，それを用いて各記録方式に対する信号処理方式の性能評価を行いながら良好な方式を見出すこととなるであろう．

文　献

1) B. Vasic, E. M. Kurtas, eds., "Coding and Signal Processing for Magnetic Recording Systems", pp. 1-10-1-11, CRC Press (2004).
2) 田崎三郎, 大沢 寿, テレビ誌, **42**, 330 (1988).
3) 田崎三郎, 大沢 寿, 信学論, **68**, 1301 (1985).
4) A. Lender, *IEEE Trans. Commun. Electron.*, **82**, 214 (1963).
5) A. J. Viterbi, *IEEE Trans. Inform. Theory*, **IT-13**, 260 (1967).
6) 三田誠一, 信学論 C-Ⅱ, **J75-C-Ⅱ**, 611 (1992).
7) 大沢 寿, 岡本好弘, 斎藤秀俊, 信学論 C-Ⅱ, **J81-C-Ⅱ**, 393 (1998).
8) J. F. Gantz, C. Chute, A. Manfredi, S. Minton, D. Reinsel, W. Schlichting, A. Toncheva, IDC White Paper, 1 (2008).
9) R. G. Gallager, *IRE Trans. Inf. Theory*, **IT-8**, 21 (1962).
10) R. R. Kschischang, B. J. Frey, H. A. Loeliger, *IEEE Trans. Inform. Theory*, **47**, 498 (2001).
11) Y. Shiroishi, K. Fukuda, I. Tagawa, H. Iwasaki, S. Takenoiri, H. Tanaka, H. Mutoh, N. Yoshikawa, *IEEE Trans. Magn.*, **45**, 3816 (2009).
12) R. Wood, M. Williams, A. Kavcic, J. Miles, *IEEE Trans. Magn.*, **45**, 917 (2009).
13) 三田誠一, 映情学誌, **54**, 567 (2000).
14) P. H. Siegel, J. K. Wolf, *IEEE Commu. Mag.*, **29**, 68 (1991).
15) N. Shinohara, H. Osawa, Y. Okamoto, Y. Nakamura, A. Nakamoto, K. Miura, H. Muraoka, Y. Nakamura, *IEEE Trans. Magn.*, **43**, 2262 (2007).
16) R. D. Cideciyan, F. Dolivo, R. Hermann, W. Hirt, W. Schott, *IEEE J. Select. Aeras Commun.*, **10**, 38 (1992).
17) *IBM Disclosure Bull.*, **31**, 21 (1989).
18) H. Kobayashi, D. T. Tang, *IBM J. Res Dev.*, **14**, 368 (1970).
19) C. S. Chi, *IEEE Trans. Magn.*, **MAG-15**, 1447 (1979).
20) E. R. Kretzmer, *IEEE Trans. Commun. Technol.*, **COM-14**, 67 (1966).
21) H. Kobayashi, *IBM J. Res. Dev.*, **15**, 64 (1971).
22) 大沢 寿, 池谷 章, 田崎三郎, テレビ学会全大, 7-20 (1980).
23) R. W. Wood, D. A. Petersen, *IEEE Trans. Commun.*, **COM-34**, 454 (1986).
24) T. D. Howell, D. P. McCown, T. A. Diola, Y. Tang, K. R. Hense, R. L. Gee, *IEEE Trans. Magn.*, **26**, 2298 (1990).
25) H. K. Thapar, A. M. Patel, *IEEE Trans. Magn.*, **MAG-23**, 3666 (1987).
26) M. Futamoto, F. Kugiya, M. Suzuki, H. Takano, Y. Matsuda, N. Inaba, Y. Miyamura, K. Akagi, T. Nakao, N. Inaba, *IEEE Trans. Magn.*, **27**, 5280 (1991).
27) S. Welland, S. Phillip, T. Tuttle, K. Leung, S. Dupuie, D. Holberg, R. Jack, N. Sooch, R. Behrens, K. Anderson, A. Armstrong, W. Bliss, T. Duddley, B. Foland, N. Glover, L. King, *IEEE Trans. Magn.*, **31**, 1180 (1995).
28) H. Sawaguchi, M. Kondou, N. Kobayashi, S. Mita, *Proc. IEEE Globecom*, 2694 (1998).
29) C. A. Belfiore, J. H. Park, Jr., *Proc. IEEE*, **67**, 1143 (1979).
30) J. Moon, L. Carley, *IEEE Trans. Magn.*, **26**, 3155 (1990).
31) J. G. Kenney, R. Wood, *IEEE Trans. Magn.*, **31**, 1115 (1995).
32) H. Thapar, J. Rae, C. Shung, R. Karabed, P. Siegel, *IEEE Trans. Magn.*, **28**, 2883 (1992).
33) 大沢 寿, 岡本好弘, 白川順也, 信学論 C-Ⅱ, **J79-C-Ⅱ**, 366 (1996).
34) L. Fredrickson, R. Karabed, J. Rae, P. Siegel, H. Thapar, R. Wood, *IEEE Trans. Magn.*, **31**, 1141 (1995).
35) J. Moon, B. Brickner, *IEEE Trans. Magn.*, **32**, 3992 (1996).
36) B. Brickner, J. Moon, *IEEE Trans. Magn.*, **33**, 2749 (1997).
37) W. G. Bliss, *IEEE Trans. Magn.*, **33**, 2746 (1997).
38) T. Nishiya, K. Tukano, T. Hirai, S. Mita, T. Nara, *IEEE Trans. Magn.*, **35**, 4378 (1999).
39) T. Conway, *IEEE Trans. Magn.*, **34**, 2382 (1998).
40) R. D. Cideciyan, J. D. Coker, E. Eleftheriou, R. L. Galbraith, *IEEE Trans. Magn.*, **38**, 1698 (2002).
41) H. Sawaguchi, Y. Nishida, T. Nakagawa, *IEEE Trans. Magn.*, **40**, 3108 (2004).
42) K. Shimoda, T. Sugawara, K. Kasai, T. Ohshima, Y. Mizoshita, *IEEE Trans. Magn.*, **33**, 2812 (1997).
43) E. Eleftheriou, W. Hirt, *Proc. Int. Conf. Commu.* (ICC '96), 556 (1996).
44) A. Kavcic, A. Patapoutian, *IEEE Trans. Magn.*, **35**, 2316 (1999).
45) P. Newby, R. Wood, *IEEE Trans. Magn.*, **33**, 2749 (1997).
46) R. D. Barndt, A. J. Armstrong, H. N. Bertram, J. K. Wolf, *IEEE Trans. Magn.*, **27**, 4978 (1991).
47) S. X. Wang, A. M. Tratorin, "Magnetic Information Storage Technology", p. 291, Academic Press (1999).
48) S. K. Nair, J. Moon, *IEEE Trans. Magn.*, **30**, 4221 (1994).
49) 若宮幸平, 大沢 寿, 岡本好弘, 斎藤秀俊, 日本応用磁気学会誌, **21**, S1, 78 (1997).
50) 岡本好弘, 佐藤光輝, 斎藤秀俊, 大沢 寿, 村岡裕明, 中村慶久, 信学技報, **MR2000-8**, 1 (2000).
51) 大沢 寿, 篠原宣彦, 岡本好弘, 斎藤秀俊, 村岡裕明, 中村慶久, 信学論 C, **J86-C**, 551 (2003).
52) 大沢 寿, 栗原義武, 岡本好弘, 西田靖孝, 村岡裕明, 中村慶久, 信学技報, **MR92-58**, 37 (1992).
53) H. Ide, *IEEE Trans. Magn.*, **32**, 3965 (1996).
54) 大沢 寿, 岡本好弘, 信学誌, **86**, 780 (2003).
55) 岡本好弘, 大沢 寿, 日本応用磁気学会誌, **28**, 490 (2004).
56) 大沢 寿, 岡本好弘, 仲　泰明, "垂直磁気記録用信号処理技術"(垂直磁気記録の最新技術, 中村慶久 監修), p. 221, シーエムシー出版 (2007).
57) H. Osawa, Y. Kurihara, Y. Okamoto, H. Saito, H. Muraoka, Y. Nakamura., *J. Magn. Soc. Jpn.*, **21**, 399 (1997).
58) Y. Okamoto, H. Osawa, H. Saito, H. Muraoka, Y. Nakamura, *J. Magn. Magn. Mater.*, **235**, 251 (2001).
59) H. Sawaguchi, Y. Nishida, H. Takano, H. Aoi, *J. Magn. Magn. Mater.*, **235**, 265 (2001).
60) H. Harashima, H. Miyakawa, *IEEE Trans. Commun.*, **COM-20**, 774 (1972).
61) 江原義郎, "ディジタル信号処理", 東京電機大学出版局 (1991).
62) Y. Okamoto, N. Masunari, H. Yamamoto, H. Osawa, H. Saito, H. Muraoka, Y. Nakamura, *IEEE Trans. Magn.*, **38**, 2349 (2002).

63) 斎藤秀俊, 伊賀敏彦, 白川真裕, 岡本好弘, 大沢 寿, 信学論 C, **J86-C**, 952 (2003).
64) 大沢 寿, 岡本好弘, 仲村泰明, 信学技報, **MR2005-8**, 7 (2005).
65) 大沢 寿, 清水俊昌, 中岡 巧, 岡本好弘, 斎藤秀俊, 村岡裕明, 中村慶久, 信学論, **J88-C**, 270 (2005).
66) I. S. Reed, G. Solomon, *J. Soc. Indust. Appl. Math.*, **8**, 300 (1960).
67) Z. Wu, "Coding and Iterative Detection for Magnetic Recording Channels", p. 106, p. 108, Kluwer Academic Publishers (1999).
68) 岡本好弘, 菅井浩之, 栗原康志, 仲村泰明, 大沢 寿, 青井 基, 村岡裕明, 中村慶久, 信学技報, **MR2006-7**, 37 (2006).
69) 岡村博司, "ハード・ディスク装置の構造と応用", CQ 出版 (2002).
70) 江藤良純, 金子敏信 監修, "誤り訂正符号とその応用", オーム社 (1996).
71) C. Berrou, A. Glavieux, P. Thitimajshima, *Proc. IEEE ICC*, 1064 (1993).
72) S. Benedetto, D. Divsalar, G. Montorsi, F. Pollara, *IEEE Commun. Lett.*, **1**, 22 (1996).
73) J. Hagenauer, P. Hoeher, *Proc. IEEE GLOBECOM*, 1680 (1989).
74) Y. Nakamura, M. Nishimura, Y. Okamoto, H. Osawa, H. Muraoka, *IEEE Trans. Magn.*, **44**, 3773 (2008).
75) M. C. Davey, D. J. MacKay, *IEEE Commun. Lett.*, **2**, 165 (1998).
76) J. Jiang, K. R. Narayanan, *IEEE Commun. Lett.*, **8**, 244 (2004).
77) K. Ozaki, Y. Okamoto, Y. Nakamura, H. Osawa, H. Muraoka, The 9th Perpendicular Magnetic Recording Conference, 18aE-3 (2010).
78) K. S. Chan, R. Radhakrishnan, K. Eason, M. R. Elidrissi, J. J. Miles, B. Vasic, A. R. Krishnan, *IEEE Trans. Magn.*, **46**, 804 (2010).
79) E. Hwang, R. Negi, B. V. K. V. Kumar, *IEEE Trans. Magn.*, **46**, 1813 (2010).
80) Y. Nakamura, Y. Okamoto, H. Osawa, H. Aoi, H. Muraoka, *IEEE Trans. Magn.*, **45**, 3753 (2009).
81) Y. Nakamura, Y. Okamoto, H. Osawa, H. Aoi, H. Muraoka, The 9th Perpendicular Magnetic Recording Conference, 18aE-9 (2010).

5.1.7 磁気テープ

a. 記録媒体

（ⅰ）**概要** 磁気テープとは，柔軟な基体上に磁気記録層を形成し，その記録層の上に記録ヘッドや再生ヘッドをしゅう動させて情報の記録・再生を行うものである．1920 年代後半から音声の記録再生によるラジオ放送の時間シフトをおもな目的に開発が進められた．1950 年代になると映像情報の記録用としても磁気テープが使われるようになる．1956 年にアンペックスで開発された 4 ヘッド方式の 2 インチ VTR が商業的に利用された最初の VTR である．1959 年に富士フイルムで試作された 2 インチテープが"国産初のビデオ記録に成功したビデオテープ"として未来技術遺産（国立科学博物館）に登録されている[1]．その後，今世紀初頭まで，さまざまなテープフォーマットが提案されてきたが，民生用として最も普及したのは日本ビクターによって開発された VHS[2] テープであった．相当量の情報量をもつ映像情報を一定時間記録するためには，固定ヘッド方式では限界があり，いずれのフォーマットも回転ヘッド方式が用いられている．表 5.1.9 に，各種映像用磁気テープについて一覧を示す．コンピュータ用ディジタルデータの記録を目的としたテープも古くから開発されていた．1951 年には UNIVAC 用としてすでに利用されている．初期の頃は，現代のように大量のデータの保存やバックアップを目的としたものではなく，おもに入出力のバッファーとして利用されていたようである．1952 年に IBM から 1/2 インチ幅，10.5 インチ径で 3 MByte の容量のオープンテープ（IBM 726）が発表されている[3]．その後，記録容量は増加し続け，2014 年にはこの数分の一の体積（125 mm×109 mm×25.4 mm）のカートリッジテープに 10 TByte もの容量が実現されている（IBM TS1150）[4]．表 5.1.10 に，近年の各種コンピュータ用カートリッジテープの一覧を示す．

（ⅱ）**分類** 磁気テープシステム用記録媒体は，その記録層を製造する方法に対応して，塗布型テープ，蒸着テープ，スパッタテープの 3 種類に分類することができる．これらの中では塗布型テープの歴史が最も長く，スパッタテープはいくつかの研究報告は行われているが，いまだ実用に至ってはいない．また，利用されるシステムに対応して，固定ヘッド用テープと回転ヘッド用テープに大別される．さらに，利用分野に対応して音声用，映像用，コンピュータ用と分類されることもあるが，今日ではディジタル化の進展に伴いすべてのデータはディジタル化されることが多く，メディア開発の立場からはすべてテープは，ディジタル情報用であり，現在の研究開発の中心はコンピュータ用となっている．以下，塗布型テープ，蒸着テープ，スパッタテープの順でそれらの特徴を解説し，最後に磁気テープの現状と今後について記す．

（ⅲ）**塗布型テープ** 1928 年，F. Pfleumer によって塗布型テープとテープレコーダが開発されドイツで特許が取得されている．これは，ベースに紙を利用し，磁性粒子に鉄粉を用いたものであった．その後，1930 年代になると高分子ベースフイルムの上に磁性層を構成するタイプの現在と同様の構成の塗布型テープが作成されている．厚さ 30 μm のセルロースアセテートの上に 20 μm の磁性層（カルボニル鉄粉とセルロースアセテートとを混練したもの）で構成されたものであった[5]．その後，磁性粒子は，酸化鉄，酸化クロム，コバルト添加酸化鉄[6~12]，メタル（Fe および FeCo 合金）[13~17]，バリウムフェライト（$BaO(Fe_2O_3)_6$）[18] と変遷をたどりながら，磁気特性としては高保磁力化され，粒子サイズは微細化されていく．近年の塗布型テープは，保磁力が 200 kA m^{-1} を超え，磁性粒子サイズは数十 nm と小さくなり，表面性の大幅な平滑化が図られ

表 5.1.9　各種映像用磁気テープ

システム	テープ幅	アナログ/ディジタル	テープタイプ	保磁力[*1] $\mathrm{kA\ m^{-1}}$	発売年
2インチ	2 in	アナログ	酸化鉄	20	1956
U規格	3/4 in	アナログ	酸化クロム	44	1969
BETAMAX	1/2 in	アナログ	酸化鉄	48	1975
Cフォーマット	1 in	アナログ	酸化鉄	40	1976
VHS	1/2 in	アナログ	酸化鉄	52	1976
BETACAM	1/2 in	アナログ	酸化鉄	48	1982
MII	1/2 in	アナログ	メタル	123	1985
8 mm	8 mm	アナログ	メタル/蒸着	115/84	1985
BETACAM SP	1/2 in	アナログ	メタル	119	1987
D1	3/4 in	ディジタル	酸化鉄	68	1987
D2	3/4 in	ディジタル	メタル	119	1988
D3	1/2 in	ディジタル	メタル	127	1991
Digital BETACAM	1/2 in	ディジタル	メタル	125	1994
D5	1/2 in	ディジタル	メタル	127	1995
DVCPRO	1/4 in	ディジタル	メタル	183	1995
DVC	1/4 in	ディジタル	蒸着	119	1995
Digital S	1/2 in	ディジタル	メタル	143	1996
BETACAM SX	1/2 in	ディジタル	メタル	119	1996
DVCAM	1/4 in	ディジタル	蒸着	119	1996
HDCAM	1/2 in	ディジタル	メタル	131	1998

[*1] 保磁力については，川村俊明，国立科学博物館技術の系統化調査報告，第1集 2001年3月 VTR産業技術史の考察と現存資料の状況から単位を $\mathrm{kA\ m^{-1}}$ に換算．

表 5.1.10　コンピュータ用磁気テープ

	方式	テープ幅	テープ長 m	非圧縮最大容量 TByte	転送速度 $\mathrm{MByte\ s^{-1}}$	発売年
AIT-5	ヘリカル	8 mm	246	0.4	24	2006
S-AIT-2	ヘリカル	1/2 in	640	0.8	45	2007
T10000B (T1)	リニア	1/2 in	917	1	240	2008
TS1130 (JB)	リニア	1/2 in	825	1	160	2009
DAT320	ヘリカル	8 mm	153	0.16	12	2009
LTO-5	リニア	1/2 in	846	1.5	140	2010
T10000C (T2)	リニア	1/2 in	1147	5	240	2011
TS1140 (JC)	リニア	1/2 in	880	4	250	2011
LTO-6	リニア	1/2 in	846	2.5	160	2012
T10000D (T2)	リニア	1/2 in	1147	8.5	252	2013
TS1150 (JD)	リニア	1/2 in	1072	10	360	2014

ているが，基本的には同様な構成で，磁性粒子をバインダー中に分散させ，ベースフイルム上に塗布することによって製造される．したがって，蒸着テープやスパッタテープと異なり，大気圧環境での製造が可能で，大面積を必要とする磁気テープにとっては，最も大量生産に適した形態である．この低コストを武器に，音声用コンパクトカセットや映像用VHSテープは世界規模で一般家庭に普及した．その後，1990年代になって磁性層の極薄層塗布技術[19,20)]が確立し，ディジタル情報記録用として著しい性能向上を果たし，今日のコンピュータ用磁気テープの礎となった．近年では，塗布工程で膜厚100 nm以下のものが量産されている．図5.1.88に，基本的な塗布製造装置の概略を示す．"送り出し部"から送出されたベースとなるポリエチレンテレフタレートまたはポリエチレンナフタレートもしくはアラミド上に"磁性層塗布部"で磁性層が形成され，その後，磁場を印加した"配向制御部"を通過

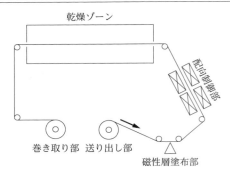

図 5.1.88 塗布型テープ製造装置

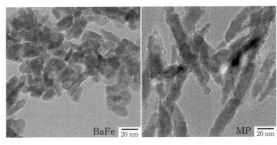

図 5.1.90 バリウムフェライト磁性体とメタル磁性体の TEM 像
［原澤 建，ほか，映情学技報，**34**，MMS2010-27，68（2010）の Fig.2 を一部改変］

する．この段階では塗布物はまだ流動性があり，磁性粒子は磁場の影響を受けて配向する．その後"乾燥ゾーン"で磁性層の乾燥後，巻き取られる．必要に応じてバックコート（裏面塗布層）も類似の方法で非磁性層が塗布される．図 5.1.89 に，塗布型テープの断面構造として DVCPRO 用メタルテープの例を示す[21]．磁気記録としての機能を担う磁性層のほかに，磁性層の下に非磁性層を，また裏面にもバックコートを付与している．これらの層により，走行の安定性や電気伝導性が確保され，全体として磁気テープとしての性能を実現している．塗布媒体では，① 磁気記録層を薄層化すること，② しゅう動性を維持しつつしゅう動面（テープ表面）を平滑化することによりテープヘッド間の隙間（スペーシング）を低減すること，③ 記録を担う磁性粒子を微細化すること，これらを進めることで面記録密度の向上が図られている[22]．記録層を形成する磁性粒子として，2010 年頃までは，おもにメタル磁性体が使われていたが，磁気的・化学的安定性を維持したままさらなる微粒子を進めることが困難となり，高性能化が期待できる素材として，球形の窒化鉄を用いた媒体[23,24]や六角板状のバリウムフェライトを用いた媒体[25〜45]が検討された．とくにバリウムフェライトは，1980 年代から盛んに研究されており[18,46]，近年も精力的な研究が継続的に行われている媒体である．今日，バリウムフェライト磁性体を利用して 2.5〜10 TByte の大容量カートリッジが市販さ

れている．図 5.1.90 にバリウムフェライト磁性体とメタル磁性体の TEM 写真[35]を示す．2014 年にバリウムフェライト粒子を用いたリニアテープシステム用塗布型媒体で，再生トラック幅 90 nm の GMR ヘッドを用いて 600 kBPI の記録再生に成功している．テープの走行に伴うトラック位置再現性の実測値を考慮するとトラック密度は 181 kTPI（トラックピッチ 140 nm）であり，面記録密度で 123 Gbit in^{-2} を達成したことになる[44]．これは，標準的な LTO 用カートリッジで 220 TByte の容量に対応する．このとき用いられた磁性体の平均体積は 1600 nm^3 であるが，バリウムフェライト磁性体は保磁力を犠牲にすることなくさらなる微細化が可能で，1000 nm^3 程度の磁性体はすでに開発されている[45]．こうした微粒子磁性体を用いることにより，さらなる高容量化が可能である．

（iv）蒸着テープ 1960 年代より斜め蒸着による高 H_c 出現についての研究[47,48]が行われている．その後，1980 年代に，ポリエチレンテレフタレート（PET）などのフレキシブルなベースを水冷キャンに密着させながらロールツーロールでの巻取製膜が可能になり[49,50]本格的に磁気テープへの応用が検討され，蒸着膜の耐食性や構造について詳細な研究が行われた[51〜53]．実際に磁気テープとして大量生産されたのは，Hi-8 用テープとして 1989 年に Co-Ni-O 薄膜を用いた蒸着テープが初めてである[54]．その後，DV 規格用カセット（以下 DVC と記す）に Co-O 薄膜を用いた蒸着テープ[55,56]が開発され利用されている．また，コンピュータ用カートリッジとして，AIT，S-AIT のほか，DAT320 に蒸着テープが利用されている．図 5.1.91 に蒸着装置の概略図[54]を，図 5.1.92 に DVC 用蒸着テープ断面構造[56]を示す．この例では，磁性層を 2 層にして粒子成長を抑制することにより SN 比の向上が図られている．蒸着テープの磁気異方性の起源は，Co や CoNi 合金の結晶磁気異方性だけではなく，粒子間相互作用[57]や，クラスタとしての形状効果の寄与も報告されている[58]．磁性層厚 35 nm の蒸着テープで，保磁力 133 kA m^{-1}，活性化体積 2700 nm^3 を実現し記録密度 23 Gbit in^{-2} を達成したとの報告[59]がある．蒸着テープは斜め配向しているため走行方向によって再生波形が異なり，

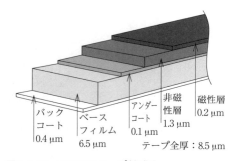

図 5.1.89 DVCPRO テープ断面図
［http://panasonic.biz/sav/tape/DVCPROTAPEJ.pdf］

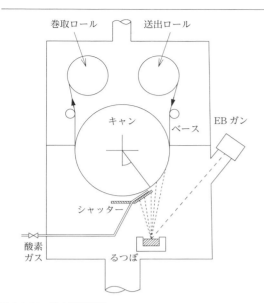

図 5.1.91 斜め蒸着装置
[K. Chiba, T. Sasaki, et al., IEEE Trans Consum. Electron., **35**, 422 (1989) の Fig. 3 を一部改変]

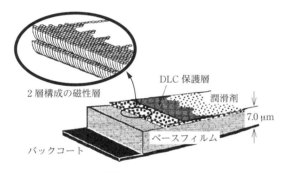

図 5.1.92 DVC 用蒸着テープ断面
[H. Naruse, et al., IEEE Trans. Consum. Electron., **42**, 852 (1996) の Fig. 2 を一部改変]

かつてはリニアテープシステムのような両方向に走行するシステムでの利用は困難と考えられていた．実際，現在までに実用化されている蒸着テープは，いずれもヘリカルスキャンタイプでの利用である．しかし，近年の信号処理技術の進歩により再生波形の違いは，信号処理により吸収可能でリニアテープシステムを想定した研究も行われている[60]．いずれの走行形態であっても高速走行する磁気ヘッドとの安定なしゅう動を実現するため磁性層の上を直接しゅう動させることは難しく，DVC 以降の蒸着テープは保護層としてダイアモンドライクカーボン（DLC）層が形成され飛躍的な耐久性の向上[61~63]を実現した．

（v）スパッタテープ スパッタテープはいまだ研究段階であり，磁気テープとして実用化されたものはない．ここでは，"テープ"に限定せず，フレキシブルなベースを用いて検討されている"フレキシブルスパッタ磁気記録媒体"について解説する．CoCr を用いた垂直磁気記録用スパッタ媒体の研究は，当初よりフレキシブルなベースフィルムの上で検討されている[64~66]．ベースフィルムは，ポリエチレンテレフタレート（PET）ベースを用いた検討[67,68]も行われていたが，耐熱性の問題があり，おもにポリイミドが利用されていた[69~71]．その後，低温製膜可能な CoPt-SiO$_2$ や CoCrPt-SiO$_2$ などのグラニュラー膜が開発され[72,73]，ポリエチレンナフタレート（PEN）などの利用も可能になり連続製膜が行われるようになった[74]．また，アラミドベースを用いた低温製膜の検討も行われている[75]．一方，Ar プラズマに直接ベースフィルムをさらさない方法として，対向ターゲットスパッタによる製膜が試みられている[76~82]．対向ターゲット方式で，下層ソフト磁性層（SUL）として結晶性ソフト磁性膜 FeCoB を 2 層形成し，Ru を配向のシード層とし，記録層に CoCrPt-SiO$_2$ の垂直配向磁性膜を用いた構成の媒体（層構成 Carbon (5 nm)/CoPtCr-SiO$_2$ (18 nm)/Ru (22 nm)/FeCoB (10 nm)/NiFe (5 nm)/Si (5 nm)/FeCoB (10 nm)/NiFe (10 nm)/Si (2 nm)/アラミドフィルム (4.5 μm)）で面記録密度 45 Gbit in^{-2}，カートリッジあたり 50 TByte の容量を可能にすると報告されている[82]．また，2014 年には，スパッタ媒体で面記録密度 148 Gbit in^{-2}，カートリッジあたり 185 TByte の可能性を示す報告が行われた[83,84]．

（vi）現状と今後 世界中のディジタル情報の総量は急速に増加しており，International Data 社の推計によると 2020 年には 44 Zetta Byte（44×10^{21} Byte）に達する見込みとのことである[85]．2013 年の推計が 4.4 Zetta Byte とのことなので，2020 年までの 7 年間に 10 倍，毎年約 40% の増加が見込まれている．このように増え続ける情報の蓄積手段として磁気テープも同程度のペースでの容量増加が期待されており，実際，Ultrium LTO シリーズで代表されるコンピュータ用磁気テープは 2000 年に発売された第 1 世代から 2010 年に発売された第 5 世代まで，おおよそ 2 年で 2 倍（年率約 40%）のペースで容量増加を実現してきた．ハードディスクと異なり磁気テープは，これらの容量増加を 3 次元的に実現させてきている．すなわち，線記録密度とトラック密度の向上，およびテープ長さの増大（テープの薄手化）である．図 5.1.93 に LTO シリーズの記録密度に関するパラメーター（容量，線記録密度，総トラック数，テープ長）の世代ごとの推移を示す．2000 年の発売当初と比べると，テープ長は 1.5 倍近くになっている．また，線記録密度，トラック数はともに 3 倍以上になっており，結果として総容量で 15 倍を達成している．2010 年以降，メタル磁性体を用いた高密度化が困難になると，バリウムフェライト磁性体を利用することで，高容量化のトレンドを加速してきている．すでにカートリッジ容量 220 TByte に相当する技術開発が報告されており，当面は，バリウムフェライト磁性体を用いた磁気テープでの高容量化が進んでいくものと思われる．さらな

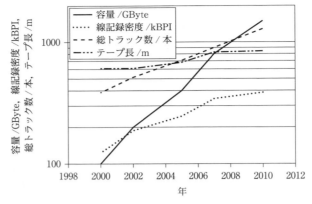

図5.1.93 LTOシステムの推移

る高容量化の可能性をもつ技術として，ハードディスクと同様な層構成を有する媒体をスパッタ技術を用いて製造するテープが提案され，185 TByteに相当する記録密度（148 Gbit in^{-2}）を達成する可能性が示されている．塗布型テープでの容量向上が飽和した場合に期待される技術であるが，リニアテープシステムの場合，媒体の面積がハードディスクの1000倍にも及ぶため，生産性と素材のコストは重要な要素であり，スパッタテープ実用化のためには，今後も継続的な検討が必要であろう．

文　献

1) 産業技術史資料情報センター；http://sts.kahaku.go.jp/material/2010pdf/no58.pdf
2) Y. Shirahashi, A. Hirota *IEEE Trans. Magn.*, **14**, 318 (1978).
3) IBM Anhives, IBM 726；http://www-03.ibm.com/ibm/history/exhibits/701/701_1415bx26.html
4) IBM System, TS1150 tape drive；http://www-03.ibm.com/system/storage/tape/ts1150/specifications.html
5) Roger F. Hoyt, *et al.*, eds., "Magnetic Recording The First 100 years", IEEE press (1999).
6) S. Umeki, S. Saitoh, Y. Imaoka, *IEEE Trans. Magn.*, **10**, 655 (1974).
7) 北本達治，笹沢幸司，横山克哉，村松珊吾，信学技報，**MR-74-34**（1975）.
8) 北本達治，笹沢幸司，日本応用磁気学会第1回研究会資料，p. 11（1977）.
9) Y. Imaoka, S. Umeki, Y. Kubota Y. Tokuoka, *IEEE Trans. Magn.*, **14**, 649 (1978).
10) Y. Kubota, H. Morita, Y. Tokuoka, Y. Imaoka, *IEEE Trans. Magn.*, **15**, 1558 (1979).
11) M. Amemiya, M. Kishimoto, F. Hayama, *IEEE Trans. Magn.*, **16**, 17 (1980).
12) G. Bate, *J. Appl. Phys.*, **52**, 2447 (1981).
13) M. Sharrock, *IEEE Trans. Magn.*, **25**, 4374 (1989).
14) 鈴木 明，笠原美幸，粉体および粉末冶金，**42**, 695 (1995).
15) S. Hisano, K. Saito, *J. Magn. Magn. Mater.*, **190**, 371 (1998).
16) M. Sharrock, *IEEE Trans. Magn.*, **36**, 2420 (2000).
17) S. J. F. Chadwick, A. E. Virden, V. Haehnel, J. D. Dutson, K. Matsumoto, T. Yoshida, T. Sawano, T. Goto, K. Ikari, K. O'Grady, *J. Phys. D : Appl. Phys.*, **41**, 134018 (2008).
18) O. Kubo, T. Ido, H. Yokoyama, *IEEE Trans. Magn.*, **18**, 1122 (1982).
19) H. Inaba, K. Ejiri, N. Abe, K. Masaki, H. Araki, *IEEE Trans. Magn.*, **29**, 3607 (1993).
20) H. Inaba, K. Ejiri, K. Masaki, T. Kitahara, *IEEE Trans. Magn.*, **34**, 1666 (1998).
21) http://panasonic.biz/sav/tape/DVCPROTAPEJ.pdf
22) O. Shimizu, T. Harasawa, H. Noguchi, *MSST 2015*；http://storageconference.us/2014/Papers/23.AdvancedMagnetic.pdf
23) Y. Sasaki, N. Usuki, K. Matsuo, M. Kishimoto, *IEEE Trans. Magn.*, **41**, 3241 (2005).
24) T. Inoue, K. Nakiri, H. Mitsuhashi, M. Fukumoto, T. Doi, Y. Sasaki, M. Kishimoto, *IEEE Trans. Magn.*, **42**, 465 (2006).
25) T. Nagata, T. Harasawa, M. Oyanagi, N. Abe, S. Saito, *IEEE Trans. Magn.*, **42**, 2312 (2006).
26) D. Berman, *et al.*, *IEEE Trans. Magn.*, **43**, 3502 (2007).
27) M. L. Watson, R. A. Beard, S. M. Kientz, *IEEE Trans. Magn.*, **44**, 3568 (2008).
28) D. Berman, V. H. Chembrolu, T. Topuria, S. Matsunuma, T. Inoue, T. Doi, T. Matsuu, A. Hashimoto, K. Hirata, S. Nakagawa, *IEEE Trans. Magn.*, **45**, 3584 (2009).
29) P.-O. Jubert, D. Berman, W. Imaino, T. Sato, N. Ikeda, D. Shiga, K. Motohashi, H. Ono, S. Onodera, *IEEE Trans. Magn.*, **45**, 3601 (2009).
30) S. Ölçer, E. Eleftheriou, R. A. Hutchins, H. Noguchi, M. Asai, H. Takano, *IEEE Trans. Magn.*, **45**, 3765 (2009).
31) A. Matsumoto, Y. Murata, A. Musha, S. Matsubaguchi, O. Shimizu, *IEEE Trans. Magn.*, **46**, 1208 (2010).
32) O. Shimizu, T. Harasawa, M. Oyanagi, *IEEE Trans. Magn.*, **46**, 1607 (2010).
33) T. Harasawa, R. Suzuki, O. Shimizu, S. Ölçer, E. Eleftheriou, *IEEE Trans. Magn.*, **46**, 1894 (2010).
34) G. Cherubini, *et al.*, *TMRC-2010*, C3 La Jolla California (2010).
35) 原澤 建，鈴木涼太，武者敦史，清水 治，野口 仁，映情学技報，**34**, MMS2010-27 (2010).

36) G. Cherubini, *et al.*, *IEEE Trans. Magn.*, **47**, 137 (2011).
37) O. Shimizu, *et al.*, *J. Magn. Soc. Jpn.*, **35**, 27 (2011).
38) O. Shimizu, *et al.*, *J. Magn. Soc. Jpn.*, **36**, 1 (2012).
39) Y. Kurihashi, O. Shimizu, Y. Murata, M. Asai, H. Noguchi, *IEEE Trans. Magn.*, **49**, 3760 (2013).
40) O. Shimizu, Y. Kurihashi, I. Watanabe, T. Harasawa, *IEEE Trans. Magn.*, **49**, 3767 (2013).
41) 栗橋悠一, 清水 治, 信学技報, MR2013-10, 25 (2013).
42) 片山和俊, 映情学技報, MMS2013-19, 11 (2013).
43) A. Musha, O. Shimizu, *IEICE Trans. Electron.*, **96**, 1474 (2013).
44) IBM News releases；https://www-03.ibm.com/press/us/en/pressrelease/46554.wss
45) 小柳真仁, 映情学技報, **MMS-2014-13**, 29 (2014).
46) T. Fujiwara, M. Isshiki, Y. Koike, T. Oguchi, *IEEE Trans. Magn.*, **18**, 1200 (1982).
47) W. J. Schuele, *J. Appl. Phys.*, **35**, 2558 (1964).
48) D. E. Speliotis, G. Bate, J. K. Alstad, J. R. Morrison, *J. Appl. Phys.*, **36**, 972 (1965).
49) 太田賀文, 中村久三, 伊藤昭夫, 林 主税, 日本応用磁気学会誌, **6**, 123 (1982).
50) 篠原紘一, 実務表面技術, **29**, 70 (1982).
51) 篠原紘一, 金属表面技術, **34**, 304 (1983).
52) K. Shinohara, H. Yoshida, M. Odagiri, A. Tomago, *IEEE Trans. Magn.*, **20**, 824 (1984).
53) 能智信台, 貝 義昭, 前沢可治, 中村信雄, 篠原紘一, 日本応用磁気学会誌, **14**, 251 (1990).
54) K. Chiba, K. Sato, Y. Ebine, T. Sasaki, *IEEE Trans. Consum. Electron.*, **35**, 421 (1989).
55) M. Shimotashiro, M. Tokunaga, K. Hashimoto, S. Ogata, Y. Kurosawa, *IEEE Trans. Consum. Electron.*, **41**, 679 (1995).
56) H. Naruse, K. Sato, H. Osaki, K. Chiba, T. Sasaki, H. Yosimura, *IEEE Trans. Consum. Electron.*, **42**, 851 (1996).
57) 館野安夫, 日本応用磁気学会誌, **25**, 496 (2001).
58) 立花淳一, 水野 裕, 伊藤琢哉, 蟻坂裕一, 日本応用磁気学会誌, **28**, 235 (2004).
59) K. Motohashi, T. Sato, T. Samoto, N. Ikeda, T. Sato, H. Ono, S. Onodera, *IEEE Trans. Magn.*, **43**, 2325 (2007).
60) P.-O. Jubert, D. Berman, W. Imaino, T. Sato, N. Ikeda, D. Shiga, K. Motohashi, H. Ono, S. Onodera, *IEEE Trans. Magn.*, **45**, 3601 (2009).
61) 三谷 力, 黒川秀雄, 米沢武敏, 精密工学会誌, **55**, 299 (1989).
62) T. Miyamura, O. Yoshida, K. Endo, A. Ishikawa, N. Kitaori, *Jpn. J. Appl. Phys.*, **37**, 6153 (1998).
63) H. Osaki, *Tribol. Int.*, **33** 373 (2000).
64) S. Iwasaki, K. Ouchi, *IEEE Trans. Magn.*, **14**, 849 (1978).
65) S. Iwasaki, Y. Nakamura, K. Ouchi, *IEEE Trans. Magn.*, **15**, 1456 (1979).
66) M. Sagoy, R. Nishikawa, T. Suzuki, *IEEE Trans. Magn.*, **20**, 2019 (1984).
67) J. Veldeman, H. Jia, M. Burgelman, *J. Magn. Magn. Mater.*, **193**, 128 (1999).
68) J. Veldeman, H. Jia, M. Burgelman, *IEEE Trans. Magn.*, **36**, 2351 (2000).
69) H.-S. Lee, D. E. Laughlin, *J. Appl. Phys.*, **93**, 7783 (2003).
70) H.-S. Lee, J. A. Bain, D. E. Laughlin, *IEEE Trans. Magn.*, **40**, 2404 (2004).
71) M. Nagao, K. Usuki, M. Nishikawa, A. Kashiwagi, *IEEE Trans. Magn.*, **36**, 2426 (2000).
72) 領内 博, 石田達朗, 東間清和, 神前 隆, 日本応用磁気学会誌, **22**, 225 (1998).
73) T. Oikawa, M. Nakamura, H. Uwazumi, T. Shimatsu, H. Muraoka, Y. Nakamura, *IEEE Trans. Magn.*, **38**, 1976 (2002).
74) K. Moriwaki, K. Usuki, M. Nagao, *IEEE Trans. Magn.*, **41**, 3244 (2005).
75) H.-S. Lee, T. Sato, H. Ono, L. Wang, J. A. Bain, D. E. Laughlin, *IEEE Trans. Magn.*, **43**, 3497 (2007).
76) S. Akiyama, M. Sumide, S. Nakagawa. M. Naoe, *IEEE Trans. Magn.*, **25**, 4189 (1989).
77) S. Akiyama, Y. Furuto, S. Nakagawa. M. Naoe, *J. Appl. Phys.*, **67**, 5181 (1990).
78) S. Akiyama, S. Nakagawa. M. Naoe, *IEEE Trans. Magn.*, **27**, 4751 (1991).
79) H. Fujiura, S. Nakagawa, *J. Magn. Magn. Mater.*, **310**, 2659 (2007).
80) S. Matsunuma, T. Inoue, T. Doi, T. Matsuu, A. Hashimoto, H. Fujiura, K. Hirata, S. Nakagawa, *IEEE Trans. Magn.*, **44** 3561 (2008).
81) S. Matsunuma, T. Inoue, T. Doi, T. Matsuu, A. Hashimoto, H. Fujiura, S. Nakagawa, *J. Magn. Magn. Mater.*, **320**, 2996 (2008).
82) 松沼 悟, 井上鉄太郎, 土井嗣裕, 渡辺利幸, 五味俊輔, 益子泰裕, 平田健一郎, 中川茂樹, 第34回日本磁気学会学術講演概要集, **5aA-10**, 114 (2010).
83) ソニー株式会社ニュースリリース；http://www.sony.co.jp/SonyInfo/News/Press/201404/14-044/
84) 立花淳一ほか, 信学技報, **MR2014-12**, 23 (2014).
85) EMC, the Digigal Universe of Opportunities；http://www.emc.com/collateral/analyst-reports/idc-digital-universe-2014.pdf

b. 記録再生ヘッド

（ⅰ）**技術ロードマップ**　リニア方式の磁気記録を採用しているテープドライブの主流は，現在 LTO（linear tape open）ドライブである．

INSIC（information storage industry consortium）による最新の磁気テープドライブのロードマップ[1] と，LTO Technology が示す LTO Ultrium ドライブのロードマップ[2] をもとに，予想される将来の磁気ヘッドの技術ロードマップの一例を表5.1.11 に示す．

（ⅱ）**磁気ヘッド設計**　LTO4 ドライブの磁気ヘッドの基本構成は，マルチトラック型薄膜磁気ヘッドである．データ16 トラック＋サーボ2 トラックの磁気ヘッドモジュールを対向して配置し，塗布型1/2 インチ磁気テープを双方向へ走行させ，接触型の記録再生を行う．

磁気テープにリニアに双方向の記録再生を行わせるために図5.1.94 のように2 個の磁気ヘッド素子を張り合わせた構造のヘッドを用いる．

塗布型磁気テープ（MP：metal particle）との接触記録により，TBS（tape bearing surface，テープ摺動面）表面が磨耗する．そして，アルティック（$Al_2O_3 \cdot TiC$）基板

表 5.1.11　テープヘッドテクノロジーロードマップ（INSIC Sep. 2008 & LTO Road Map）

		'07	'08	'09	'10	'11	'12	'13	'14	'15	'16	'17	'18
LTO ロードマップ		LTO4			LTO5		LTO6			LTO7			
転送速度		120 MByte s^{-1}			140 MByte s^{-1}		210 MByte s^{-1}			315 MByte s^{-1}			
容量		0.8 TB			1.5 TB		3.2 TB			6.4 TB			
INSIC ロードマップ													
容量	TB	0.8			2		4			8		16	32
面密度	Gbits/inch^2	0.69			1.51		2.81			4.91		9.25	16.86
リニアトラック密度	kTPI	2.022			3.763		6.017			9.017		14.577	22.765
リニアビット密度	kbpi	343			400		467			544		635	741
データチャネル数	pcs	16			20		25			32		41	50
サーボチャネル数	pcs	2			2		2			2		2	2
トラックピッチ	μm	11.5			6.2		3.9			2.6		1.6	1.0
テープ厚み	μm	6.5			6.0		5.9			5.4		5.3	5.0
磁気層厚み	nm	100			86		74			63		54	46
表面粗さ Ra	nm	3.5			3.0		2.6			2.2		1.9	1.6
ヘッドメディア間隔	nm	45			40		35			30		25	20
ウェハーロードマップ													
リーダー（再生）読み込みヘッド													
型		AMR			GMR		GMR			GMR or TMR			TMR
MR 比	%	2			11		13			15 or 20~			50~
再生トラック幅	μm	5.3			4.0		2.0			1.0			0.5
再生ギャップ	μm	0.18			0.14		0.12			0.1			
再生素子高さ	μm	1.10			0.70		0.50			0.30			0.05
アスペクト比(MRh/再生トラック)	μm^2	0.21			0.18		0.25			0.30			0.10
比(再生トラック/TPI)		0.46			0.65		0.51			0.38			0.62
ライター書き込みヘッド													
上部磁極材料(ドライ/メッキ) Bs 飽和磁束密度	T	HiBs/1.6			HiBs/1.6		THB/2.0~			THB/2.0~			THB/2.0
書き込みトラック幅	μm	13.8			11.25		6.5			4.0			0.0
書き込みギャップ	μm	0.45			0.3		0.25			0.20			0.15
磁極高さ		1.1			1		0.8			0.5			0.6
ヨーク長さ	μm	30			20		20			20			20
コイルターン数	turns	14			14		14			14			14
ポールトリム(磁極)		No			No		No			No			Yes
比(書き込み/TPI)		1.20			1.81		1.67			1.54			1.50
		LTO4			LTO5		LTO6			LTO7			
		AMR					GMR					TMR	
							LMR ライター						

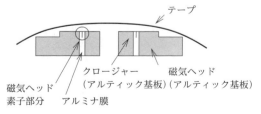

図 5.1.94　LTO テープドライブの磁気ヘッドの一例

図 5.1.95　マルチトラックヘッド配置の一例

上に形成される薄膜磁気ヘッドはアルミナ膜中に形成されるが，アルティックに比べて柔らかいアルミナは磨耗に弱い．それをアルティック材でできたクロージャー（壁）が素子部の磨耗を最小限にし，高信頼性を得ている．

次に，マルチトラックヘッドの配置の一例を図 5.1.95 に示す．

16 個のデータを記録再生する磁気ヘッド素子と 2 個の

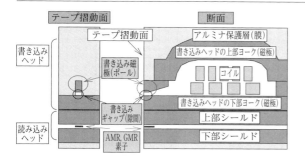

図5.1.96 磁気ヘッドの構造

サーボ情報を再生する磁気ヘッドが両端に配置される．データ用磁気ヘッドの配置間隔は最大効率の記録再生ができるように配置される．また，配線抵抗も均等になるようにデザインすることが必要である．さらに，書き込み時の電流によるサーボヘッドの配線へのクロストークノイズも考える必要がある．

書き込みヘッド部の一例としてSTP（stitched pole）書き込みヘッドを示す（図5.1.96）．

表5.1.11に示すように，LTO4の書き込みトラック幅は約14μmであるが，重ね書き記録により約12μmのトラック幅を磁気テープ上に形成する．LTO4の再生部はAMR（anisotropic magneto resistive, 異方性磁気抵抗効果）ヘッドとなっている．これは，パーマロイ（80 wt% NiFe）の異方性磁気抵抗効果（magnetoresistire ratio：MR比，抵抗変化率2～3%）を利用したものである．SAL（soft adjacent layer）膜のバイアス磁界によりパーマロイの磁化を45度傾け，抵抗変化の直線領域を使い信号を得る（図5.1.97参照）．

一般的には接触記録のため，図5.1.96に見られるTBS面に露出する上部，下部シールド，および書き込みポールなどは，磨耗に強いハード磁性材料（センダスト（FeAlSi）膜，あるいは，CZT（CoZrTa）膜）が採用されている．

そして，TBS表面の形状，各部分の硬さと塗布型磁気テープとの ① 安定的な接触状態，② 磨耗のメカニズムが重要なファクターとなり，使用できる磁性材料の制限がでてくる[3,4]．

TBS形状は，シリンドリカル形状[5]とフラット形状[6]の2種類がある．

磁気ヘッド素子，書き込み部と再生部の構造，得られる特性などはHDDヘッド技術を流用したものであり，HDDヘッドの歴史[7,8,9]を参照されたい．

(iii) 将来技術 面密度の向上には，① トラック密度向上（狭トラック化→再生出力低下），② 線密度向上（書き込み周波数UP，狭GAP化，磁気テープ磁性層の薄層化など→再生出力低下），③ 磁気テープとの磁気的隙間を小さくする，などが必要である．そして，⑦ 塗布型磁気テープとの接触記録であること（磁性粉の微細化，表面あらさの低減→スティクション（stiction）の増加，信頼性の低下），④ 転送速度向上のためにマルチトラックヘッドであることを考慮した"磁気ヘッドの設計"が必要となる．

ここで，いくつかの将来技術について紹介する．

(1) 磁気的隙間を小さくする取組み[1]： 高密度化には，塗布型磁気テープ磁性層の薄層化は必須であり，より微小な磁性粉の採用，薄層化，表面の平滑化が進む．これにより，Baフェライトの採用なども考えられている[10]．また，薄膜型磁気テープとしては，磁性層を垂直配向させたA-ME（advanced-metal evaporated）磁気テープなどが考えられている[11]．磁気テープ媒体側の表面の平滑化に伴うスティクションの増加に対しては，TBS表面形状の改善，材料の選択，保護膜層の検討が必須となる．

(2) 再生部の技術革新： 再生出力向上として再生部のGMR化が進んでいる．IBMはFUJIFILMとともに2006年にリニアテープ記録において6.7 GbpsiをGMRヘッドとバリウムフェライトテープにより達成した[12]．そして，IBMは2008年にTS1130テープドライブでGMR素子を初めて採用した．

GMRヘッドの構造および原理を図5.1.98に示す．ピン層とフリー層との磁化のなす角は180度の範囲内で振れ

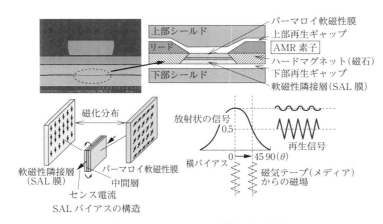

図5.1.97 AMRヘッドの構造および原理

表 5.1.12 再生特性比較

	MR (%)	V_b mV	MR比 Ω	I_s mA	幅 μm	出力 mV	N_{shot} μVrms	$N_{jhonson}$ μVrms	SN比 dB
AMR	3	138	46.1	3.0	0.15	0.39	0.0	15.2	22.1
GMR	12	138	46.1	3.0	0.15	1.54	0.0	15.2	34.1
TMR	70	150	347.2	0.4	0.15	15.75	70.8	0.0	40.9

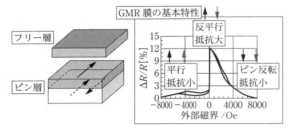

図 5.1.98 GMRヘッドの構造および原理

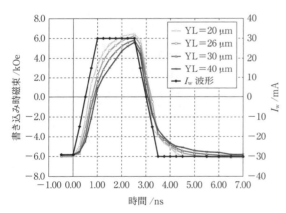

図 5.1.99 書き込み磁束の立ち上がり速度
YL：ヨーク長さ　I_w：書き込み電流

抵抗値が変化する．そのGMRの変化率（MR比）は，AMRヘッドの2～3％に対して，10～15％程度である．

GMR（giant magneto resistance effect, 巨大磁気抵抗効果）ヘッドは用いられている材料が，接触記録によって腐食するなどの心配がある．そのため，保護膜をTBS表面に形成する必要がある[13]．また，リセスも積極的に大きくとるデザインとなり，磁気的隙間は大きくなる傾向にある．

さらなる再生出力向上の手として，TMR（tunnel magneto resistance effect, トンネル磁気抵抗効果）ヘッド化がある．HDDヘッドの例から試算した特性比較を表5.1.12に示す．TMRヘッドはEOS（electrical over stress）にも強いとの報告[14]もあり期待される．

（3）書き込みヘッドの改善：　先に紹介したSTP（stitched pole）書き込みヘッドは，狭トラック形成も容易であり，また短ヨーク長のヘッド構造も容易につくれる．

短ヨーク長のメリットとして，書き込み時の磁束の立ち上がりが早くなる（図5.1.99参照）．また，ライター素子そのものを小さくデザインできるため，さらなるマルチトラック化に対しても対応ができる．

文　献

1) International Magnetic Tape Storage Roadmap Sep. 2008, INSIC 2008.
2) Ultrium LTO Generation Roadmap, LTO Technology； http://www.lto.org/
3) W. W. Scott, B. Bhushan, Elsevier Science, Wear 252, 103 (2002).
4) A. V. Goldade, B. Bhushan, *Tribol. Lett.*, **12**, 235 (2002).
5) T. J. Barber, *et al.*, US Patent No. 5953184
6) R. G. Biskeborn, J. H. Eaton, *IEEE Trans. Magn.*, **38**, 1919 (2002).
7) 三浦義正，まぐね，**2**, 79 (2007).
8) 三浦義正，まぐね，**2**, 91 (2007).
9) 六本木哲也，野口 潔，福田一正，まぐね，**2**, 488 (2007).
10) 野口 仁，ほか，FUJIFILM RESERCH & DEVELOPMENT, No. 52 (2007).
11) T. Ozu, *et al.*, *IEEE Trans. Magn.*, **38**, 136 (2002).
12) D. Berman, R. Biskeborn, *et al.*, *IEEE Trans. Magn.*, **43**, 3502 (2007).
13) R. G. Biskeborn, *et al.*, US Patent No. 7477482 B2
14) D. Guarisco, *J. Appl. Phys.*, **103**, 07F535 (2008).

5.2 ハイブリッド記録

5.2.1 熱アシスト記録

a. 背　景

グラニュラー構造媒体 CoZrTa を用いた垂直磁気記録は，スケール則で記録密度増加を実現してきた．したがって，記録密度増加に伴い，グラニュラー磁性粒子のサイズを小さくすることが必要であった．磁性粒子がもつ磁気異方性エネルギーは，材料そのものがもつ磁気異方性エネルギー密度 K_u と磁性粒子の磁気的体積 V との積で決定されるので，磁性粒子サイズの微小化に伴って磁気異方性エネルギー（K_uV）は低下する．この値が室温の熱エネルギーに近づくと，熱じょう乱により磁性粒子内で磁化方向を保持できず，磁化情報の消滅が起こる．近年の磁気記録の高密度化に伴い，この熱エネルギーによる磁化情報消失の問題が現実のものとなりつつあり，小さな磁性粒子で安定に記録情報を保持するには，K_u の大きな記録材料を用いる必要がある．そこで，高い磁気異方性を有する磁性材料で，たとえば FePt などは，表 5.2.1 に示すように[1]，3 nm 程度の磁性粒子サイズまで熱エネルギーによる磁化情報消失が起こらないと予想され，今後の記録密度を向上する材料として期待されている．しかし，その異方性磁界 H_k（$=2K_u/M_s$）は 100 kOe のオーダーであり，磁気ヘッドが発生できる漏れ磁界で記録を行うことが困難になる．そこで，エネルギーアシスト磁気記録が提案された．この手法には，光で加熱する熱アシスト磁気記録，マイクロ波で記録を助けるマイクロ波アシスト磁気記録がある．ここでは，熱アシスト磁気記録について光学系，記録メカニズム，記録材料などについての研究動向を紹介する．

b. 光　学　系

熱アシスト磁気記録には，記録マークの大きさに比べて 1) 広い領域を加熱する方法と，2) 記録マークサイズと同等の領域を加熱する方法がある．広い領域を加熱する方法では，後者の方法に比べて従来型の磁気ヘッドからの構造変更が比較的少なく，新規の研究開発要素が少ない．しかし，記録を行うたびに，記録対象トラック以外に近傍トラックも加熱してしまうため，書き換えを行わない領域の昇温に伴う情報の劣化が発生することが懸念される．一方，後者の記録マークサイズ程度の領域を加熱する方法では，磁気ヘッド構造は複雑になるが，隣接トラック記録情報の劣化を避け，さらに急峻な温度勾配を実現できれば等価的に記録磁界勾配を急峻にすることができ[2]，前者より高密度化が期待できる．この手法では，どれだけ記録磁気コアと加熱領域を隣接でき，温度勾配が急峻な領域を磁場発生領域に近づけるかが重要になる．

光を使った加熱方法では，通常のレンズを使った光学系を用いると，集光できる光スポット直径 d は，波長 λ とレンズ開口数 NA で決まり，$d \approx \lambda/NA$ 程度である．NA は，通常 1 より小さいので，光スポット直径は，たかだか波長のオーダーまでしか到達できず，青色レーザーを用いても，光スポット直径はたかだかサブミクロン程度のサイズであり，1 平方インチにテラビットオーダーの記録密度を実現するためのマークサイズより 1 桁大きい．このため，通常の光学系を使うだけでは，記録マークサイズ程度の局所領域を加熱できない．

光スポットを波長より小さくする方法として，① ソリッドイマージョンレンズ（SIL），ソリッドイマージョンミラー（SIM），② ナノサイズ開口，③ 薄膜導波路タイプ，④ 表面プラズモンによる近接場光の利用や，これらを複合して利用する方法がある．

表 5.2.1　熱アシスト記録用材料の特性[1]

材料	K_u 10^7 erg cm^{-3}	M_s erg cm^{-3}	H_k kOe	T_c K	δ_w Å	γ erg cm^{-3}	D_c μm	D_p nm
Co-Pt-Cr	0.20	298	13.7	—	222	5.7	0.89	10.4
Co	0.45	1400	6.4	1404	148	8.5	0.06	8.0
Co$_3$Pt	2.0	1100	36	—	70	18	0.21	4.8
Fe-Pd	1.8	1100	33	760	75	17	0.20	5.0
Fe-Pt	6.6〜10	1400	116	750	39	32	0.34	3.3〜2.8
Co-Pt	4.9	800	123	840	45	28	0.61	3.6
Mn-Al	1.7	560	69	650	77	16	0.71	5.1
Fe$_{14}$Nd$_2$B	4.6	1270	73	585	46	27	0.23	3.7
SmCo$_5$	11〜20	910	240〜400	1000	22〜30	42〜57	0.71〜0.96	2.7〜2.2

異方性磁界：$H_k = 2K_u/M_s$，磁壁幅：$\delta_w = \pi(A/K_u)^{1/2}$，磁壁エネルギー：$\gamma_w \cong 4(AK_u)^{1/2}$，1 粒子ドメインサイズ：$D_c = 1.4\gamma_w/M_s^2$，交換スティキネス定数：$A = 10^{-6}$ erg cm^{-1}，最小安定粒子サイズ：$D_p = (60 k_B T/K_u)^{1/3}$（$\tau = 10$ 年）

[D. Weller, M. F. Doerner, *et al.*, *IEEE Trans. Magn.*, **36**. 11 (2000)]

SIL および SIM は，半球などの球状レンズを従来のレンズと組み合わせたり[3]，ミラーを使った光学系[4]で，等価的に NA を1以上に増加して波長より小さな光スポットを実現する．この手法では，光の伝搬損失を小さくできることが期待されるが，スポットサイズを小さくできる効果はたかだか1桁に達しないオーダーであり，d を100 nm 以下にすることは現実的には難しい[5]．

一方，波長より小さなナノサイズ開口を用いることで，波長オーダーより小さな光スポットが形成できるが，光の利用効率は低い[6]．たとえば，波長400 nm で 50 nm の開口を想定すると，透過率 T は 0.6% 程度となる．光損失は熱となり，光学系，記録ヘッド系やスライダーを加熱し，HDI での問題が懸念される．

磁気ヘッドの磁気コアに隣接して光スポットを生成するために，磁気ヘッドと積層できる導波路を用いた手法が複数提案されている．その一つは，平面ソリッドイマージョンミラー（PSIM）とよばれ，前述の SIM を薄膜状に構成した導波路[7]で，その構成を図 5.2.1 に示す．上部のグレーティングから光を導入し，薄膜内を伝搬した光が厚さの異なる薄膜導波路で反射され，SIM 焦点位置に光が集光する．このほかに，製造プロセス上位置合せが容易になる三角形の導波路を用いた構造が提案[8]されており，模式図を図 5.2.2 に示す．

導波路を用いた構造は，磁気ヘッド先端部に光を導く手法として効果的だが，光の伝搬を利用していることから，たとえ PSIM でもその先端にさらに光を小さく閉じ込める機能が必要であり，そのために表面プラズモンを生成する金属アンテナを形成する手法が研究されている[5,6,9]．この手法は，図 5.2.3 に示す蝶ネクタイ型の電極に直線偏光のマイクロ波を入射したとき，中心部分に局所電界ができる[9]ことがその効果の一例として報告されている[10]．このことが光の周波数でも起こり，表面プラズモンの共鳴効果を利用して強い局所光スポットをつくる．たとえば，図 5.2.4 に示すような蝶ネクタイ形状のアパチャーなど[5]による表面プラズモン共鳴効果が示されている．また，蝶ネ

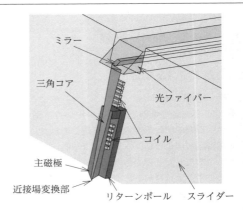

図 5.2.2　三角導波路を用いた熱アシスト磁気ヘッド構造

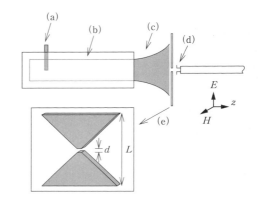

図 5.2.3　蝶ネクタイ型電極にマイクロ波入射実験図
(a) マイクロ波波源　(b) 導波路　(c) 照射ビーム
(d) ダイポールプローブ　(e) 蝶ネクタイ型電極

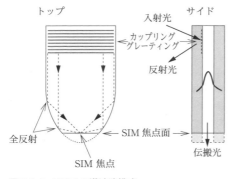

図 5.2.1　PSIM の導波路構成
[T. Raush, E. C. Gage, *et al.*, *Jpn. J. Appl. Phys.*, 45, 1314 (2006)]

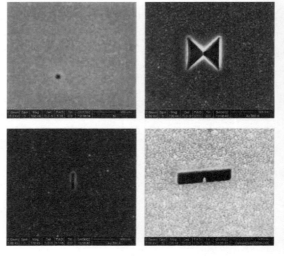

図 5.2.4　表面プラズモンアンテナ例

クタイ型ではなく，蝶ネクタイの一方だけの三角形状金属アンテナでも数十 nm サイズの局所電界が得られることが報告されており，Nano-beak 型と名づけられている近接場アンテナでは，相変化記録材料に 40 nm のマークサイズが実現されている[11]．このほか，電流発生路の電極を利用して，表面プラズモンアンテナを兼ねる構造の提案もされている[12]．

これらの光学系による半導体レーザ素子からナノメートルサイズの磁性金属表面に光を導くことは，いかに波源のインピーダンスをうまく媒体状のインピーダンスにマッチングして伝搬するかという概念でとらえることができ，複数の研究機関で導波路のインピーダンスマッチングをとりながら伝搬する手法が工夫されている．

c. 記録メカニズム

熱アシスト磁気記録では，局所的に温度上昇することで局所的な保持力減少領域を発生し，磁気ヘッドからの磁界で記録を可能とするが，その温度勾配に起因する保持力分布の勾配で等価的な記録磁界勾配を急峻にすることができる[2]．また，熱アシスト磁気記録による記録密度の増加は，室温での磁気異方性エネルギーと記録時の磁気異方性エネルギーから決定されると報告されている[13]．この効果を最大限に引き出すために，記録材料の結晶相変態を利用して，保持力が温度に対して急峻に変化する FeRh 系材料の提案も行われている[14]．

実際には，記録プロセスでは冷却過程で磁化方向が固定化されるため，冷却速度が遅い場合は磁区を記録できず，熱揺らぎで書き込まれた磁区が消失する．そこで，ダイナミックな温度過渡応答と Landau-Lifshitz-Gilbert equation（LLG）などを用いたダイナミックな記録過程の解析が重要となる[15,16]．以下の条件で，LLG シミュレーションを用いた記録密度の検討が報告されており，2.5 Tbit in^{-2} の記録密度実現が示唆されている[16]．シミュレーション条件は平均グレインサイズ 4.5 nm，粒子サイズ分散 10%，平均異方性磁界 43.6 kOe，$K_u V/k_B T = 61$（k_B：ボルツマン定数，T：室温 [K]），飽和磁化 8.20×10^5 A m^{-1}，保持力 16.5 kOe，キュリー温度 600 K，記録時上昇温度 350 K，熱スポットサイズ（FWHM）27.5 nm，磁気スペーシング 6 nm，記録部での有効印加磁界 7.16×10^5 A m^{-1} である．

d. 記録媒体および媒体構造

熱アシスト磁気記録に使われる材料として，前述の表 5.2.1 に示したように，高い磁気異方性エネルギーをもつ材料である Fe-Pt，Co-Pt，SmCo$_5$，Nd$_2$Fe$_{14}$B がある．また，前述した急峻な保持力の温度依存性を有する Fe-Rh 系の材料[15]も興味深い．現段階では，Co/Pd の交互積層膜などに熱アシスト記録実験を行う例[16]が多いが，今後，高い磁気異方性エネルギーを有する材料への記録実験が必要であると考えられる．さらに，媒体構造は，昇温・冷却速度に影響を与える観点からも重要な役割を有する．たとえば，記録層の下地に熱伝導をコントロールする層を積層する方法は，熱磁気記録で行われた手法であるが，熱アシスト磁気記録でも同様な効果があり[16]，記録密度向上に適した媒体構造を実現することが重要である．

また，昇温・冷却による潤滑剤が受ける影響も考慮する必要があり，耐熱性の高い潤滑剤の開発も必要である．一般的には，分子量の大きな潤滑剤を合成することで，蒸気圧低下，蒸発温度増加が期待できるといわれているが，具体的に熱アシスト記録実験による耐熱性の潤滑剤そのものについて詳細な報告はない．

熱アシスト記録で表面プラズモンアンテナを利用するとき，記録媒体の構造によっても発生するプラズモン状態が異なる．とくに，記録媒体が粒子状の構造をしている場合は，記録媒体の粒子自体も表面プラズモンアンテナと同様の効果を有し，一様な媒体に比べて共鳴が大きくなる効果や，加熱エネルギーの局所化が観測されることが報告されている[17]．また，粒子状であることで，膜面内方向の熱の拡散が妨げられる効果もあると考えられることから，パターンド媒体のような構造を有する記録媒体と近接場光を発生する表面プラズモンアンテナを組み合わせることは，高密度化の観点からも好ましいと考えられる．

e. 熱アシスト記録の記録再生実験

2000 年代前半は，従来光学系を使ってガラス基板を介してミクロンオーダーに光を収束し，従来型の磁気ヘッドでの記録実験が行われた．最近では，たとえば，約 30 nm の磁性パーティクルを用いてパターン化されて記録媒体へ，表面プラズモンアンテナを用いた熱アシスト磁気記録実験結果が 2008 年に報告されている[18]．記録磁区は，磁気力顕微鏡で観察され，1 Tbit in^{-2} 以上の記録密度が期待できることが報告されている．その後，B. C. Stipe などからの熱アシスト磁気記録実験が報告されている[19]．

f. 今後の課題

熱アシスト磁気記録では，光導波路と磁気ヘッドを複合した熱アシスト磁気記録用ヘッドの試作が企業で行われている．前述の B. C. Stipe などの研究部門が，学会発表や新聞発表を行っており，今後の記録実験での進展が期待される．とくに，光源から加熱点までの光伝搬効率が低いと，そのエネルギー伝搬損失がヘッドを加熱する原因となり，ヘッド突起の問題を発生し得るので，光導波路，近接場光学系，ヘッドの熱拡散の設計は重要となる．

記録実験では従来の磁気記録媒体に近い構成の媒体が用いられており，高安定な記録材料である Fe-Pt などの記録媒体での熱アシスト磁気記録の実験はまだない．キュリー温度を摂氏 200 度以下に低下した Fe-Pt-Cu に静的に熱磁気記録を行った報告[20]はあるが，今後，動的な実験を含めて総合的な熱アシスト磁気記録の研究報告が期待される．また，昇温，降温の特性は，媒体構成に依存した熱設計が重要になる．冷却速度を速くすると昇温に必要な熱エネルギーが大きくなるので，バランスある設計が重要である．

熱サイクルによる安定性は，潤滑剤，記録媒体，光導波

路を複合した磁気ヘッドについての検討も必要であり，今後の進展が待たれる．とくに，潤滑剤については，研究は行われていると考えられるが，学会などでの詳細な報告が少ない．

文　献

1) D. Weller, A. Moser, L. Folks, M. E. Best, W. Lee, M. F. Toney, M. Schwickert, J.-U. Thiele, M. F. Doerner, *IEEE Trans. Magn.*, **36**, 11 (2000).
2) T. W. McDaniel, W. A. Challener, K. Sendur, *IEEE Trans. Magn.*, **39**, 1972 (2003).
3) G. S. Kino, *J. Magn. Soc. Jpn.*, **23**, Suppl. No. S1, 1 (1999).
4) Chul Woo Lee, *J. Magn. Soc. Jpn.*, **23**, Suppl. No. S1, 257 (1999).
5) W. A. Challener, T. W. Mcdaniel, C. D. Mihalcea, K. R. Mountfield, K. Pelhos, I. K. Sendur, *Jpn. J. Appl. Phys.*, **42**, 981 (2003).
6) H. Bethe, *Phys. Rev.*, **66**, 163 (1944).
7) T. Raush, C. Mihalcea, K. Pelhos, D. Karns, K. Mountfield, Y. A. Kubota, X. Wu, G. Ju, W. A. Challener, C. Peng, L. Li, Y.-T. Hsia, E. C. Gage, *Jpn. J. Appl. Phys.*, **45**, 1314 (2006).
8) M. Hirata, S. Tanabe, M. Oumi, M. Park, N. Chiba, L. V. Gonzaga, S. Yu, M. Zhang, F. Tjiptoharsono, *IEEE Trans. Magn.*, **45**, 5016 (2009).
9) T. E. Schlesinger, T. Rausch, A. Itagi, J. Zhu, J. A. Bain, D. D. Stancil, *Jpn. J. Appl. Phys.*, **41**, 1821 (2002).
10) R. D. Grober, R. J. Schoelkopf, D. E. Prober, *Appl. Phys. Lett.*, **70**, 1354 (1997).
11) T. Matsumoto, Y. Anzai, T. Shintani, K. Nakamura, T. Nishida, Proc. ISOM/ODS Conf. (2005).
12) S. Miyanishi, N. Iketani, K. Takayama, K. Innami, I. Suzuki, T. Kitazawa, Y. Ogimoto, Y. Murakami, K. Kojima, A. Takahashi, *IEEE Trans. Magn.*, **41**, 2817 (2005).
13) A. Lyberatos, K. Y. Guslienko, *J. Appl. Phys.*, **94**, 1119 (2003).
14) J.-U. Thiele, S. Maat, E. E. Fullerton, *Appl. Phys. Lett.*, **82**, 2859 (2003).
15) F. Akagi, T. Matsumoto, K. Nakamura, *J. Appl. Phys.*, **101**, 09H501 (2007).
16) T. Matsumoto, M. Mochizuki, F. Akagi, I. Naniwa, Y. Iwanabe, H. Takei, H. Nemoto, H. Miyamoto, 11th Joint MMM-Intermag 2010, BB-02 (2010).
17) K. Nakagawa, J. Kim, A. Itoh, *J. Appl. Phys.*, **101**, 09H504 (2007).
18) T. Matsumoto, K. Nakamura, T. Nishida, H. Hieda, A. Kikitsu, K. Naito, T. Koda, *MORIS, Tech. Dig.*, 41 (2007).
19) たとえば，B. C. Stipe, T. C. Strand, C. C. Poon, H. Balamane, T. D. Boone, J. A. Katine, J.-L. Li, V. Rawat, H. Nemoto, A. Hirotsune, O. Hellwig, R. Ruiz, E. Dobisz, D. S. Kercher, N. Robertson, T. R. Albrecht, B. D. Terris, *Nature Photo* (2010).
20) Y. Sano, K. Okayama, N. Mori, H. Tanikawa, A. Tsukamoto, K. Nakagawa, A. Itoh, The 31st Annual Conference on MAGNETICS, 11aE-8 (2007).

5.2.2　マイクロ波アシスト磁気記録

Zhu ら[1]によって提案されたスピントルクオシレータ（STO：spin torque oscillator）を用いたマイクロ波アシスト磁気記録（MAMR：microwave assisted magnetic recording）（図 5.2.5）は，次世代磁気記録技術[2]の有力候補の一つである．磁気ディスク装置（HDD）の記録密度向上に伴うトリレンマ解決のため，記録時に第 2 のエネルギーとして高周波（マイクロ波）磁界を供給することにより，記録媒体を磁気共鳴状態とし，磁化反転に至らしめるものである．STO を構成する幅数十 nm の微小磁性層の磁化を，スピントルクで積層面内で高速で回転させ，その端面から発生する高周波磁界を利用する．マイクロ波のエネルギーは，磁性体に直接吸収されて反転に供されるので，記録媒体の大きな温度上昇がなく，潤滑膜や保護膜の開発は，従来 HDD 開発の延長線上にあると考えられる．強力な高周波磁界を記録媒体に供給できる STO の開発が，本技術のキーポイントとなる．

a. マイクロ波による磁化反転のアシスト効果

HDD に用いるような磁気異方性の大きな磁性体の共鳴周波数は，磁化と磁化容易軸との角度の増加（磁化反転の進行）に伴って大きく変化する．HDD 用媒体では，ソフト磁性体の高周波磁界による磁化反転のアシスト[3~8]に比べて，磁気共鳴状態が維持できず，磁化反転のアシストに寄与するかは不明である．この疑念を払拭したのは，高周波回転磁界を用いた反転計算結果である[7,9]．磁化反転に有効な高周波回転磁界成分は，磁化の歳差運動方向と同じ反時計回り成分であることが明らかとなった[8,10]．

図 5.2.6 は，$H_k = 2.4$ MA m^{-1}（30 kOe）の磁性粒子に，反時計回り回転磁界と時計回り回転磁界とを加え，磁化反転磁界 H_{sw} の周波数依存性を比較したものである．時計回り回転磁界を加えた場合には（図(b)），高周波磁界強度を強くしてもほとんど H_{sw} が低下しない．一方，反時計回り回転磁界を加えた場合には（図(a)），40〜50 GHz において，高周波磁界強度を強くするほど H_{sw} が低下していることがわかる．ただ，磁気共鳴現象でありながらアシスト現象が起こる周波数範囲は広くなっている．この理由は，反転が短時間で完了する必要があるためと考えると

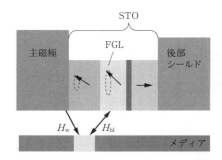

図 5.2.5　STO を用いたマイクロ波アシスト磁気記録
[J. -G. Zhu, *et al.*, *IEEE Trans. Magn.*, **44**, 125 (2008)]

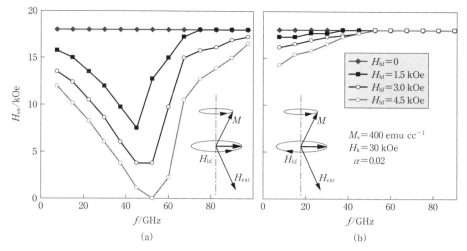

図 5.2.6 磁化反転磁界 H_{sw} の周波数依存性
(a) 反時計回りの回転磁界を加えた場合 (b) 時計回りの回転磁界を加えた場合

理解できる.磁化がエネルギーを吸収するには,磁化の歳差運動と高周波磁界とが同期し磁気共鳴状態となる必要がある.しかし,高周波磁界が弱い場合には,磁化反転の進行とともに歳差運動と高周波磁界との位相ずれが大きくなって,共鳴状態が維持できずに磁化反転に至らない.磁化の回転に同期した高周波磁界が,その同期から外れる前に磁化を反転に至らしめるほどの強い高周波磁界が必要である.極短時間の高周波磁界パルスなので周波数はそれほど厳密である必要がない.以上のことから,マイクロ波のアシストによって磁気記録を行うためには,数 kOe の高周波磁界を媒体に印加することが重要であることが理解される.

Bertotti らは,LLG 方程式を用いて高周波を印加した磁性体の定常厳密解を求めた[11,12].Okamoto らは,さらに計算機シミュレーション結果を加え HDD 用の記録媒体の磁化反転に適用した[13].Igarashi らは,有効な高周波磁界方向が磁化容易軸に垂直ではなく,磁化に垂直であることを示した[10].

高周波による磁化反転のアシストは,記録媒体の磁気異方性が大きいほど強い高周波磁界が必要となる[14~21].記録媒体を多層にして交換相互作用で結合させる (ECC:exchange-coupled composite) 構造を用いると比較的弱い磁界で磁化反転が可能になる[9,22~25].Igarashi らは,ECC 構造では,隣接する磁性層磁化の歳差運動の位相ずれが,高周波磁界によって拡大し,エネルギー授受が生じ,一方が先に反転することにより,磁化反転が容易になることを示した[9].Okamoto らは高周波の周波数変調により,アシスト効果が高まることを示した[26].磁化反転に伴う共鳴周波数の減少にマッチする変調周波数成分が有効に作用しているものと考えられる.MAMR では,深さ方向に H_k の異なる磁性体を配置すると周波数を変えることによって書き分ける方法も提案されている[27,28].

マイクロ波アシスト磁化反転実験は,最初,弱い高周波磁界でも反転可能なソフト磁性体で行われ[29~36],強い高周波磁界を得る技術の進展とともに高 H_k 材料が反転させられるようになってきている[37~44].最初に高 H_k 垂直磁化膜の反転の可能性を示したのは,Nozaki ら[37]であった.マイクロ波伝送線を用いて,30 GHz,1000 Oe の高周波磁界を $H_k=20$ kOe の (Co/Pt)$_n$ 多層垂直磁気異方性材料に印加した.Okamoto らは,垂直磁化膜をパターン化することにより,反転磁界が低下する周波数が個々のパターンのもつ保磁力に依存することを示した[44].この結果は,計算機シミュレーションともよく一致しており,HDD 媒体のマイクロ波アシスト磁化反転はほぼ実証されたと考えられる.

b. スピントルクオシレータ (STO)

磁化の異なる磁性体間に電流を流すと,磁性を担うスピン (角運動量) も同時に移動し,互いにスピントルクを及ぼしあう.STO (spin torque oscillator) は,通常,2層の磁性体のうち一方の磁化を固定し (固定層,スピン注入層とよぶ),他方の磁化がスピントルクで回転する (自由層).J. Slonczewski によって指摘されたスピントルクによる磁性体の発振[45]を,最初に実験で確認したのは Kiselev らであった[46].MAMR に用いる STO は,主磁極近傍で,記録媒体に強い高周波磁界を印加する必要があるため,強い磁界のもとでの安定した発振特性と自由層面内での磁化回転が必要となる.MAMR 用 STO の自由層は,その機能から,とくに磁界創生層 (field generation layer:FGL) とよばれる.

FGL 磁化の安定な面内回転が実現可能な垂直磁化スピン注入層は,当初は,外部磁界を必要としない STO として提案されている[47~49].MAMR 向け STO のシミュレーションおよび実験による検討が活発になるのは Zhu らによる MAMR の提案[1]以降である.シミュレーションで

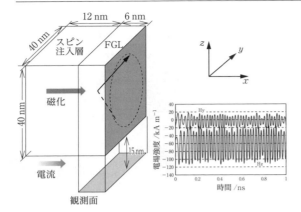

図 5.2.7 MAMR 向け STO のシミュレーション
[K. Yoshida, *et al.*, *IEEE Trans. Magn.*, **44**, 3408 (2008); K. Yoshida, *et al.*, *IEEE Trans. Magn.*, **46**, 2466 (2010)]

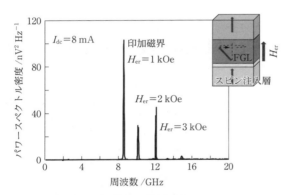

図 5.2.8 積層 FGL 構造の発振周波数
[M. Matsubara, *et al.*, *J. Appl. Phys.*, **109**, 07B741 (2011)]

は，FGL をセルに分割し，各セルごとにスピントルクを考慮した LLG 方程式を解く検討が Yoshida らによって精力的に行われている（図 5.2.7）[50,51]．Igarashi らは，解析的手法により FGL に垂直に印加される実効磁界が，FGL の発振周波数を決定することを見出し，主磁極近接に配置することによってむしろ発振周波数が増加することを示した[52]．MAMR に必要な周波数で強い高周波磁界強度を得るために，FGL 材料に負の垂直磁気異方性を有する磁性体を用いる提案もある[51,52]．実験では，Masuko らが CoFe/Cu/CoFeAlSi 積層構造の面内磁化回転型スピントルクオシレータにて積層面と垂直に電流と磁界とを印加し，12〜14 GHz のマイクロ波発振を確認した[53]．Matsubara らは，積層 FGL/Cu/垂直磁化スピン注入層構造の面内磁化回転型発振の周波数が，垂直磁界強度によって制御できることを示した（図 5.2.8）[54]．

c. マイクロ波アシスト磁気記録特性

MAMR では，従来ヘッドでは記録できないような高記録密度対応の高 H_k 媒体への記録を可能にする．フットプリントは，FGL 形状を反映して直線的になるので，線記録密度が高くても出力の減衰が小さいことが期待される[1]．トラック幅は，幅 25 nm の FGL を用いることで，32.9 nm までの記録パターンが計算されており[55]，数 Tbit in^{-2} 程度の面記録密度が MAMR で得られると考えられる．Okamoto らは，隣接トラック間の静磁気相互作用がマイクロ波アシスト反転に及ぼす影響を検討した[56]．Igarashi らは，記録媒体の高周波反転特性を考慮して MAMR の有効書込み磁界を求めた[57]．有効書込み磁界の勾配が，マイクロ波アシスト効果がない場合に比べて数倍大きくなることを示した．実験では，Matsubara らが，図 5.2.8 の STO を用いて，HDD 媒体上に磁化反転パターンを形成することに成功している[54]．

文　　献

1) J.-G. Zhu, *et al.*, *IEEE Trans. Magn.*, **44**, 125 (2008).
2) Y. Shiroishi, *et al.*, *IEEE Trans. Magn.*, **45**, 3816 (2009).
3) C. Nistor, *et al.*, *Appl. Phys. Lett.*, **95**, 012504 (2009).
4) K. Rivkin, *et al.*, *Appl. Phys. Lett.*, **89**, 252507 (2006).
5) Y. Nozaki, *et al.*, *Jpn. J. Appl. Phys.*, **45**, L758 (2006).
6) Z. Z. Sun, *et al.*, *Phys. Rev. B*, **74**, 132401 (2006).
7) Y. Nozaki, *et al.*, *J. Appl. Phys.*, **100**, 053911 (2006).
8) M. Igarashi, *et al.*, *J. Appl. Phys.*, **105**, 07B907 (2009).
9) Y. Wang, *et al.*, *J. Appl. Phys.*, **105**, 07B902 (2009).
10) M. Igarashi, *et al.*, *IEEE Trans. Magn.*, **45**, 3711 (2010).
11) G. Bertotti, *et al.*, *Phys. Rev. Lett.*, **86**, 714 (2001).
12) G. Bertotti, *et al.*, *J. Appl. Phys.*, **105**, 07B712 (2009).
13) S. Okamoto, *et al.*, *J. Appl. Phys.*, **107**, 123914 (2010).
14) S. Okamoto, *et al.*, *Appl. Phys. Lett.*, **93**, 102506 (2008).
15) W. Scholz, *et al.*, *J. Appl. Phys.*, **103**, 07F539 (2008).
16) K. Z. Gao, *et al.*, *Appl. Phys. Lett.*, **94**, 102506 (2009).
17) Y. Nozaki, *et al.*, *J. Appl. Phys.*, **105**, 07B901 (2009).
18) Z. Wang, *et al.*, *J. Appl. Phys.*, **105**, 093903 (2009).
19) X. Wang, *et al.*, *Appl. Phys. Lett.*, **97**, 102502 (2010).
20) T. J. Fal, *et al.*, *Appl. Phys. Lett.*, **97**, 122506 (2010).
21) J.-G. Zhu, *et al.*, *IEEE Trans. Magn.*, **46**, 751 (2010).
22) M. A. Bashir, *et al.*, *IEEE Trans. Magn.*, **44**, 3519 (2008).
23) S. Li, *et al.*, *Appl. Phys. Lett.*, **94**, 202509 (2009).
24) H. Li, *et al.*, *IEEE Trans. Magn.*, **47**, 355 (2011).
25) N. Narita, *et al.*, *Proc. TENCON 2010, IEEE Region 10 Conf.*, 1898 (2010).
26) S. Okamoto, *et al.*, *Appl. Phys. Lett.*, **93**, 142501 (2008).
27) S. Li, *et al.*, *J. Appl. Phys.*, **105**, 07B909 (2009).
28) G. Winkler, *et al.*, *Appl. Phys. Lett.*, **94**, 232501 (2009).
29) Z. Wang, *et al.*, *Phys. Rev. B*, **81**, 064402 (2010).
30) Y. Nozaki, *et al.*, *Appl. Phys. Lett.*, **91**, 082510 (2007).
31) Y. Nozaki, *et al.*, *Appl. Phys. Lett.*, **91**, 122505 (2007).
32) T. Moriyama, *et al.*, *Appl. Phys. Lett.*, **90**, 152503 (2007).
33) H. T. Nembach, *et al.*, *Appl. Phys. Lett.*, **90**, 062503 (2007).
34) G. Woltersdorf, *et al.*, *Phys. Rev. Lett.*, **99**, 227207 (2007).
35) M. Laval, *et al.*, *J. Phys.: Conf. Ser.*, **200**, 042004 (2010).
36) C. Thirion, *et al.*, *Nature Mater.*, **2**, 524 (2003).
37) V. Nozaki, *et al.*, *Appl. Phys. Lett.*, **95**, 082505 (2009).
38) T. Yoshioka, *et al.*, *Appl. Phys. Express*, **3**, 013002 (2010).
39) S. Okamoto, *et al.*, *J. Appl. Phys.*, **109**, 07B748 (2011).
40) Y. Nozaki, *et al.*, *J. Appl. Phys.*, **109**, 123912 (2011).
41) T. J. Fal, *et al.*, *J. Appl. Phys.*, **109**, 093911 (2011).
42) C. Boone, *et al.*, *J. Appl. Phys.*, **111**, 07B907 (2012).

43) C. Boone, *et al.*, *IEEE Magn. Lett.*, **3**, 3500104 (2012).
44) S. Okamoto, *et al.*, *Appl. Phys. Express*, **5**, 043001 (2012).
45) J. Slonczewski, *et al.*, *J. Magn. Magn. Mater.*, **159**, L1 (1996).
46) S. Kiselev, *et al.*, *Nature*, **425**, 380 (2003).
47) K. J. Lee, *et al.*, *Appl. Phys. Lett.*, **86**, 022505 (2005).
48) J.-G. Zhu, *et al.*, *IEEE Trans. Magn.*, **42**, 2670 (2006).
49) D. Houssameddine, *et al.*, *Nat. Mater.*, **6**, 447 (2007).
50) K. Yoshida, *et al.*, *IEEE Trans. Magn.*, **44**, 3408 (2008).
51) K. Yoshida, *et al.*, *IEEE Trans. Magn.*, **46**, 2466 (2010).
52) M. Igarashi, *et al.*, *IEEE Trans. Magn.*, **46**, 3738 (2010).
53) J. Masuko, *et al.*, *IEEE Trans. Magn.*, **45**, 3430 (2009).
54) M. Matsubara, *et al.*, *J. Appl. Phys.*, **109**, 07B741 (2011).
55) Y. Tang, *et al.*, *IEEE Trans. Magn.*, **44**, 3376 (2008).
56) S. Okamoto, *et al.*, *J. Appl. Phys.*, **107**, 033904 (2010).
57) M. Igarashi, *et al.*, *IEEE Trans. Magn.*, **46**, 2507 (2010).

5.3 スピントロニクス素子

5.3.1 磁気抵抗メモリ（MRAM）

a. はじめに

情報端末では，高速なワークメモリ（主記憶装置）と不揮発なストレージ（補助記憶装置）が階層化されて使用されている．図5.3.1に，種々のメモリを（アクセス＋書込み）時間と容量マップに整理した．高速で書換え回数制限のないもの（SRAM，DRAM，MRAMなど）はワークメモリとして，大容量かつ不揮発なもの（NAND（フラッシュメモリ），HDD）はストレージとして広く使用され，それぞれ数兆円の二大市場を形成している．ストレージはその誕生からずっと不揮発性（電源がなくても記憶を保持する）であるが，ワークメモリはDRAM（dynamic random access memory）の誕生以来，揮発性（電源がないと記憶が失われる）である．DRAMは揮発性なので休止状態から電源を入れた段階では何の情報も蓄えていない．電源を入れ，ストレージから情報を読み出してその情報をDRAMに書き込んではじめて，機器が使用可能となる．PCではこの時間が1分以上かかるため電源を入れたままにする場合が多く，その結果，膨大な電力を浪費している．また，DRAMは使用中にもデータが消えてしまうので，数十ミリ秒ごとにデータを書き直す（リフレッシュ）必要があり，使用時にも多くの電力を消費している．

DRAMと同程度の大容量の不揮発性ワークメモリがあれば電源を切っても情報は失われないために，電源を入れると同時に機器を使用できる．また，不要なときには電源を切って，必要なときだけ電源を入れて使用できるので，膨大な省電力化が図れる．さらに，不揮発性ワークメモリは使用時においてもリフレッシュする必要がないため，使い方を工夫すれば使用時の消費電力ですら1/10程度に低減できる可能性がある．このように，大容量の不揮発性

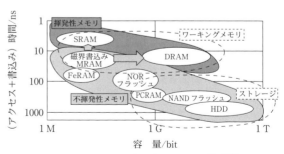

SRAM：スタティックRAM（ラム），MRAM：磁気抵抗メモリ，FeRAM：強誘電体メモリ，PCRAM：相変化メモリ，HDD：ハードディスクドライブ

図5.3.1 各種メモリの（アクセス＋書込み）時間-容量マップ
ワークメモリ，ストレージがメモリの二大市場を形成しているが，MRAMの登場により，ワークメモリの不揮発化の可能性が出てきた．

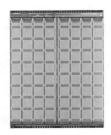
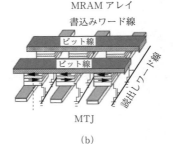

プロセス温度　320℃　BEOL
駆動電圧　1.8 V
アクセス時間　34 ns
バーストモード速度　200 Mバイト/s
セル占有率　40%

BEOL：back end of line
（バックエンドプロセス）

(a)　　　　　　　　　　　　(b)

図 5.3.2　16 Mbit MRAM（a）と MRAM アレイ部の概念図（b）
MRAM は記憶セルとして MTJ を用いる高速不揮発メモリ．正確には，読出し原理として用いるメモリを MRAM とよぶ．
[H. Yoda, et al., IEEE Trans. Magn., **42**, 2724 (2006)]

ワークメモリを実現することは利便性のみならず，環境面でも大きな効果をもたらす．

そこで，書換え回数制限のない不揮発性メモリの MRAM が DRAM と同程度に大容量化されれば，究極の不揮発性ワークメモリが実現し，その結果として電源投入とともに瞬時に起動するインスタントオン（瞬時オン）機器や，使用時に実質上電源を off にできるノーマリーオフ（常時オフ）機器が実現する可能性もある．

磁界書込み MRAM は，書込み効率の悪さから 256 Mbit を超える大容量化は困難であったが，最近ではスピン注入書き込み原理が理論化，実証され，この新原理に基づく MRAM の開発が盛んに行われている[1〜5]．

b. MRAM とは

2006 年にフリースケールセミコンダクター社から 4 Mbit の磁界書込み MRAM（magneto-resistive random access memory）が製品化され，容量は小さいながらも不揮発性のワークメモリが誕生した[6]．同年には図 5.3.2 に示すような 16 Mbit の MRAM が開発された[7]．MRAM とはビット線とワード線の交点の記憶セルとして磁気的に書き換えできる抵抗変化素子を有するメモリである（図 5.3.2(b)）．同図には抵抗変化素子として現在用いられているトンネル磁気抵抗効果（TMR：tunnel magneto-resistance effect）を有する磁気トンネル接合（MTJ：magnetic tunneling junction）素子を用いた MRAM の例を示している．MJT の記憶層は磁化の方向が異なる二つの状態をとることが可能であり，その一つの状態をデータの "0"，もう一つの状態をデータの "1" に対応させる．古くは，抵抗変化素子として異方性磁気抵抗効果（AMR：anisotropic magneto-resistance effect）素子や巨大磁気抵抗効果（GMR：giant magneto-resistance effect）素子が検討されてきたが，磁性金属の抵抗変化を利用しているため素子抵抗が小さく必要な読出し信号が得られなかったため，メモリとしての開発はいまひとつ活性化しなかった．1994 年に宮崎らにより，室温 TMR 効果が発見され，読出し信号が大きくなり，MRAM の開発が急激に活性化した[8,9]．

c. MRAM 開発の歴史

表 5.3.1 に磁気メモリに利用された原理の発見，ブレイクスルー技術の創造，それとメモリ開発の歴史を示す．

1950 年代前半までは磁性体はファイルメモリ，あるいはストレージとしては磁気テープなどに用いられていたが，ワーキングメモリ，固体メモリとしては 1955 年の磁気コアメモリとして用いられたのが最初である．図 5.3.3 に当時と現在のメモリハイアラキーを示す．1970 年代に半導体メモリ（現在は DRAM）が使用されるまでは，磁気コアメモリがメモリとストレージの二役を果たすユニバーサルメモリとして使用された．

磁気コアメモリでは，図 5.3.3(a) に示したようにリング状の磁性体（磁気コア）の磁化方向が右回りか左回りかに情報の "0" と "1" を対応させた．磁気コアには縦・横・斜めに導線を通して磁気コアアレイを構成していた．

書込み原理としては，1820 年に H. C. Oersted によって発見された電流による磁界の発生が用いられた．具体的には同図に示したように，磁気コアと差交する書込み導線に電流を流し発生する合成磁界により，交点のビット線のみに情報を書き込んだ．

読出し原理としては，1831 年に M. Faraday により発見された電磁誘導が用いられた．磁気コアと差交する一つの導線に電流を流し，磁気コアの磁化方向が変化するかしないかをほかの導線に発生する起電力を測定し（電磁誘導），磁気コアの磁化方向を同定した．

1980 年代には，磁気コアの代わりに AMR 素子を用いる検討が始まり，MRAM の開発が始まった．書込み原理としては，磁気コアメモリと同様に電流による発生磁界を用いた．AMR とは，素子の磁化方向と電流方向の角度に依存し電気抵抗が変化するものであり，1856 年に L. Kelvin により観測された Fe での磁気抵抗効果に起源をもつ．しかし，AMR による抵抗変化率（MR：magnetoresistance ratio）は数%と小さいため，実用化されるには至らなかった．なお，この時期から半導体メモリ同様，導線に代わり薄膜技術を利用した MRAM 開発が始まった．

1988 年には A. Fert らにより，GMR が発見され[10,11]，

表5.3.1 磁気メモリ開発の歴史

動作原理・ブレイクスルー技術の誕生の歴史		メモリ応用としての開発の歴史		
年	動作原理・ブレイクスルー技術	年	開発着手されたメモリデバイス	補足
1820	電流による磁界の発生 (H. C. Oersted)	1955	コアメモリ	実用化 (ユニバーサルメモリ)
1831	電磁誘導 (M. Faraday)			
1856	Feでの磁気抵抗効果の観測 (L. Kelvin)	1980年代	磁界書込みMRAM (AMR)	—
1988	GMR効果の発見 (A. Fert, P. Grünberg)	1990年代前半	磁界書込みMRAM (GMR)	—
1994	室温TMR効果の発見 (T. Miyazaki, J. S. Moodera)	1990年代後半	磁界書込みMRAM (TMR)	実用化 DARPAプロジェクト(1996〜)
1996	スピン注入書込み（STT）の発見 (J. C. Slonczewski, L. Berger)	2000年代前半	STT書込みMRAM (in-plane)	—
2004	MgOトンネル障壁の発見 (S. Yuasa, S. S. P. Parkin)			
2006	垂直磁化方式GMRでのSTT書込みの実証 (S. Manginら)	2000年代後半	STT書込みMRAM (perpendicular)	NEDOプロジェクト(2006〜)
2007	垂直磁化方式TMRでのSTT書込みの実証 (H. Yodaら)			

数々のイノベーションにより，いろいろな磁気メモリが実用化された．スピン注入書込み原理を用いたMRAMの開発が活性化する鍵となった技術は，室温TMRや，スピン注入書込み，MgOトンネル障壁の発見と垂直磁化方式TMRでのスピン注入書込み実証である．

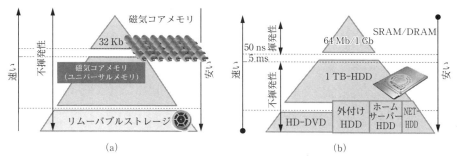

図5.3.3　1955年代（a）と現在（b）のメモリ・ストレージハイアラキー
　(a)の1955年代はワークメモリとストレージを兼ねて磁気コアメモリが使用されていた．(b)の現在は，ワークメモリとしては揮発性のSRAM/DRAMが，ストレージとしてはHDDが使用されている．近年，モバイル情報端末の流行からメモリの低消費電力化のニーズが高まり，不揮発性ワークメモリの実現が待望されている．

1990年代前半のMRAM開発にはGMR素子が記憶セルとして用いられた．GMR素子によりMRは10%程度に増大したが，メガビット級のメモリをつくるには及ばず，これも広く実用化されることはなかった．

1994年にT. MiyazakiとJ. S. Mooderaにより，室温でTMRが発見された．大きな読出し出力が得られるようになり，MRAMの開発が急激に活性化した．TMR自体は1975年頃から報告されている現象である．TMRでは絶縁層を2枚の強磁性層間に挿入しているため，その抵抗変化がGMRに比べて格段に大きいのが特徴であり，抵抗値の変化を検知するメモリデバイスに適している．

この直後の1996年には，米国でDARPA（Defense Advanced Research Projects Agency）による（磁界書込み原理に基づく）MRAMプロジェクトが発足し，2000年以降，IBM，Motorola，Infineon，東芝，NECなどにより1 kbit〜数十MbitまでのMRAMチップ実証が行われた．そして，ついに2006年にMotorola（その後，Freescale，Everspinと名称変更）が4MbitのMRAMを実用化した．この実用化では，後述のSavtchenkoスイッチングとよばれる誤書込み防止技術がキーとなった[12]．しかし，書込み電流値が10 mA程度と大きいため数百メガビット級の大容量化は困難であった．磁界は空間に漏れ出すため，書込み効率の向上には限界があったからである．

1996年にスピン偏極した電子を磁性体に注入して，そ

の磁化方向を変えるスピン注入書込みが再認識された．しかし，この書込み効率も期待されたほどではなく，書込み電流値は mA オーダーと大きいままであった．W. H. Butler による理論的予言につづき，2004 年に S. Yuasa と S. Parkin により MgO トンネル障壁を用いた TMR が実証された[13〜15]．これにより，スピン注入書込みの効率が数倍向上し，書込み電流値が数百 µA オーダーまで改善された．しかし，依然として数百メガビットの大容量化のブレイクスルーにまでは至らなかった．

書込み電流値の低減を狙い，2006 年に S. Mangin らにより垂直磁化方式の GMR によるスピン注入が実証され[16,17]，2005〜2006 年にかけて東芝による垂直磁化方式の MTJ でのスピン注入の実証などに基づく NEDO による国家プロジェクト（スピントロニクス不揮発性機能技術）が提案された．その後，2007 年には與田らにより垂直磁化方式の MTJ でのスピン注入磁化反転が報告され，その後，同グループにより 2008 年に 50 µA，2009 年には 7〜9 µA と 1 桁以上の書込み電流値の低減が達成された．これにより，ギガビット級の大容量 MRAM の道が一気に開かれ，DRAM を不揮発性メモリで置き換えられる可能性がでてきた[18〜21]．これを機に MRAM 開発が再び活性化し，韓国・台湾・米国でも同様の国家プロジェクトが発足した．

図 5.3.8(b) に現在のメモリハイアラキーを示した．現在はワークメモリとして，DRAM や SRAM の揮発メモリがおもに用いられているが，MRAM 開発の進展によってはワークメモリの主流として MRAM が使われるようになる可能性が高い．

d. MRAM の特徴

MRAM の特徴を理解するためには，磁化の起源まで戻る必要がある．図 5.3.4 に磁石をだんだん拡大した概念図を示す．磁石を拡大してみると，原子からなりそれぞれの原子が磁化をもつ．さらに微細に見ると原子は電子と原子核からなるが，この電子がスピンとよばれる磁化をもつ．すなわち，電子のスピンが磁化の起源である．前述のように，情報は磁化の方向として記憶されるが，情報を書き換えるときには電子のスピンの向きを反転させて行う．このように，書換えにさいして原子の移動を伴わないため，無限回数の書換え耐性を有する．これが，MRAM がほかの新規メモリと異なる点である．

表 5.3.2 に既存のメモリと新規メモリの比較を示す．前述のように MRAM は書換え回数に制限がないこと，また比較的高速で動作する特徴から，最もワークメモリに適した不揮発性メモリであることがわかる．

（ i ）不揮発性 図 5.3.5 に示すように，磁化がその向きを変えて "0" の状態から "1" の状態，あるいは "1" の状態から "0" の状態に遷移するのに必要なエネルギーをエネルギーバリア（記憶保持エネルギー）とよぶ．MRAM に不揮発性をもたせるためには，この記憶保持エネルギーがある程度大きいことが必要である．10 年間の不揮発性をもたせるためには，このエネルギーとして 60 k_BT 程度が必要となる（ここで，k_B はボルツマン定数，T は絶対温度である）．

磁性体の記憶保持エネルギーは，概略 $K_u V_{ac}$ で与えられることが HDD 分野などの研究から知られている．ここで，K_u, V_{ac} はそれぞれ磁気異方性エネルギーおよび活性化体積である．K_u は，磁性体の磁化がある方向に保持される度合いの指標であり，後述のように形状（面内磁化方式）や結晶（垂直磁化方式）の異方性にその起源がある．V_{ac} は磁化が一体としてふるまう体積を意味し，垂直磁化材料の場合は記憶層の厚さが 1〜2 nm では 10〜40 nmφ 程度が V_{ac} となる．図 5.3.6 で示すように，素子の体積を V_{ac} 以上に大きくしても，記憶保持エネルギーの増大には寄与しない．逆に，素子の体積が活性化体積以下となると記憶保持エネルギーは概略体積に比例して減少する．よって，40 nm ノード（MTJ の体積）以下の微細化にさいしては，K_u の増大化が必要となる．

図 5.3.5 に LSI の各ノードと記憶保持エネルギー 60 k_BT に必要な K_u の関係を示す．面内磁化方式の場合，K_u があまり大きくできないため，20 nm ノードでの不揮発性を確保できるかどうかは定かではない．同図の右端には，HDD 分野の研究で知られている垂直磁化材料とその K_u を示した．垂直磁化材料は 10^7 erg cc^{-1} を超える K_u をもつ材料（FePd, CoPt, FePt）が存在するので，40〜10 nm 程度に微細化しても不揮発性を確保できる可能性があ

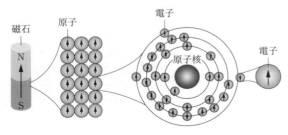

図 5.3.4 磁化の起源
電子のスピンが磁化の起源である．磁化を反転させるためには原子を移動させる必要はなく，電子のスピンを反転させるだけでよい．このことが，MRAM を唯一無二の不揮発性ワークメモリとして特徴づけている．

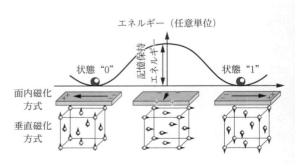

図 5.3.5 MRAM の記憶保持原理
面内磁化方式は素子形状の異方性が，垂直磁化方式は結晶の異方性が記憶保持エネルギーの起源である．

5.3 スピントロニクス素子

表 5.3.2 既存メモリと新規メモリの比較

	DRAM	MRAM	FeRAM	PRAM	ReRAM	NAND（フラッシュメモリ）
セル	キャパシタ	磁気トンネル接合	キャパシタ（強誘電）	カルコゲナイド	メタル／酸化物／メタル	フローティングゲート
等価回路図	WL―BL	WL―BL	WL―BL	WL―BL	WL―BL	WL―ソース／ドレイン
状態"1"	+++ / ---	→ / ←	+++ / ---	アモルファス		コントロールゲート / Si
状態"0"		← / →	--- / +++	結晶		フローティングゲート / Si
長所	高速読み書き 低コスト	不揮発性 耐久性 高速	不揮発性 適度な速力	不揮発性	不揮発性	低コスト 不揮発性
短所	スタンバイ電流大 揮発性 記憶保持	書込み電流大	容量少 破壊読出し	書込み電流大	書込み回数少？	書込み速度遅い 書換え回数少

（ワークメモリ（速い，耐久性なし）←→原子の移動を伴う←→ストレージ（高密度））

ワークメモリとしては DRAM，ストレージとしては NAND フラッシュメモリが広く用いられている．MRAM は書換えにさいして原子の移動を伴わないため，原理的に書換え回数の制限がない．比較的高速で動作する特徴もあり，ワークメモリに適していると考えられる．"e^-"は電子の移動で書き込むもので LSI に向いていると考えられている．

る．垂直磁化方式の MTJ へのスピン注入書込みは與田らにより最初に報告され，その後，書込み電流値の大幅な低減が報告され，現在ではスピン注入書込み MRAM 開発の主流となった[18～21]．

（ii）無限回の書換え耐性 代表的な不揮発性ワークメモリ候補としては FeRAM（ferroelectric RAM），PCRAM（phase change RAM），MRAM があげられる．このうち，FeRAM，PCRAM はともに書き換えにさいして原子の移動を伴うため，10^{12} 回程度以下の書換え回数制限があると考えられる．一つのビットを 10 ns ごとに一度書き換えるとすると，約 3 時間で 10^{12} 回に達するため，真のワークメモリとなるとは考え難い．一方，MRAM は書き換えにさいして原子の移動はなく，電子のスピンが反転するだけであるため原理的に書換え回数に制限がない．実際に Everspin 社から製品化されている MRAM は，10^{16} 回の書換えを保証しているようである（10 年間の連続書込み可能）．磁界書込み，スピン注入書込みともに磁化反転を利用したものであり，原理的には無限回の書換え耐性を有するはずである．スピン注入書込みでも図 5.3.7 に示すように，3.6×10^{12} 程度までの書換え耐性をもつことが確認された．

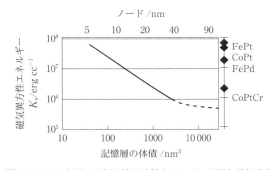

図 5.3.6 10 年間の不揮発性を確保するために必要な磁気異方性エネルギー K_u
微細化に伴い大きな K_u をもつ材料が必要となる．垂直磁化材料の場合は 10^7 erg cc^{-1} 以上の K_u をもつ材料（FePd，CoPt，FePt）が存在するため，10 nm ノードの微細化でも不揮発性を保てるポテンシャルがあると考えられる．

（iii）高速性 磁界書込み MRAM の製品では，30 ns 程度の高速読み書きができる．読出し速度は MTJ 素子の MR と読出し経路の抵抗バラツキに依存する．200% を超える MR が実現すれば 10 ns 程度の高速読出しはできると予想される．磁界書込み原理を用いる場合は，磁性体の

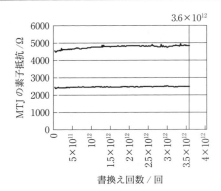

図5.3.7 スピン注入書込みの書換え耐性試験
MRAMの差異化ポイントの一つである実質無限回の書換え耐制の実証．3.6×10^{12} 回数の書換えでも顕著な抵抗変化が観測されていない．

磁化反転時間は ns 以下にすることが可能であることが HDD 分野で証明されている．ここでは，新規な書込み原理であるスピン注入書込みの高速性について述べる．

垂直磁化方式の GMR 素子を用いたスピン注入反転確率の電流およびパルス幅依存性の評価結果を図5.3.8の(a)に示す．横軸 (t) は書込み電流のパルス幅，縦軸 (I) は電流値を示しており，各条件における反転確率を塗りつぶした色で示している．灰色は100%書き込みが成功した領域，黒は100%失敗した領域である．図(a)に示すように，0.5 ns の書込みパルス幅でも100%の書込みができることが実証された（記憶素子として垂直磁化方式の GMR 素子を使用）．また，図(b)に示すように約 50 nm 直径の垂直磁化方式の MTJ を用いた書込み実験では，最短で 3 ns の書込み電圧パルスが印加され，良好な磁化反転が観測された．

上述のように，スピン注入書込み MRAM は，ns オーダーの高速で書き換えることができるポテンシャルを有する．しかし，図(a)にあるように，書込みパルスが 10 ns 以下と短くなると，書込み電流が急激に増加する．これは，後述のように本質的な現象であるため，ns オーダーの書込み速度実現のためには，配線などによる遅延対策のみならず，反転電流値の低減が必要となる．つまり，MRAM は読出し，書込みともに 10 ns 程度までの高速性はもたせることが可能であると考えられる．しかし，10 ns を超える高速性実現のためには MR 値の向上や，反転電流値の低減が必要である．

このように，MRAM は，書換え耐性に制限がない唯一の不揮発性メモリである．スピン注入書込み原理と垂直磁化方式の MTJ を用いれば，原理的には 10 nm 程度以下の微細化も不可能ではないので，大容量（高集積）の不揮発ワークメモリとして期待される．また，さらなる書込み電流の低減ができれば，10 ns 以下の高速書込み性も不可能ではない．

e. 動作原理

MTJ（TMR 素子）はトンネル障壁とこれを挟持する2枚の磁性層を基本構成としている（図5.3.9(a)，(b)）．一方の磁性層は，磁化の方向が固定された参照層として，他方の磁性層は磁化の方向が書き換えられる記憶層として機能する．現在は，磁性層としては，通常，Ni-Fe-Co 合金，トンネル障壁としては AlO_x や MgO が使用されている．

(ⅰ) 記憶保持（不揮発性）原理 記憶保持原理については d. 項 (ⅰ) で説明したのでここでは省略する．面内

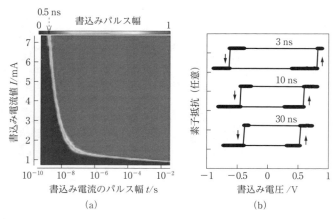

図5.3.8 垂直磁化方式の素子による高速スピン注入書込み
(a) 垂直磁化方式の GMR 素子への書き込み
(b) 垂直磁化方式の MTJ 素子への書き込み
MRAM の差異化ポイントの一つである高速書込み性の実証．垂直磁化方式の GMR 素子で 0.5 ns の書込みパルスで，同 TMR 素子では 3 ns の書込みパルスでの高速書込みが実証されている．
[(a) H. Tomita, *et al., IEEE Trans Magn.,* **47**, 6 (2011)；(b) T. Kishi, *et al., IEDM Digest* (2008)]

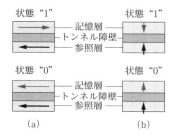

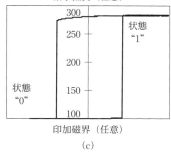

図 5.3.9 MTJ（TMR素子）の磁化状態と抵抗値
(a) 面内磁化方式　(b) 垂直内磁化方式　(c) MTJの抵抗変化曲線
強磁性層間の磁化の相対角度の変化により，その抵抗値が変化する．磁化が平行な場合に抵抗値が小さくなり，反平行な場合に抵抗値が高くなる．

磁化方式では，MTJ幅を 10 nm 程度に微細化した場合にも不揮発性を確保できるかは不明である．前述のように，垂直磁化方式の場合は MTJ 直径を 7 nm 程度に微細化しても不揮発にできることは HDD 分野で実証されている．書込み電流値低減と不揮発性の両立が可能かどうかが，現実の課題となる．

（ⅱ）読出し原理

MTJ は GMR 素子と同様に強磁性層間の磁化の相対角度が変わると，その抵抗値が変化する．一軸磁気異方性を有する MTJ の記憶層の磁化方向を磁界により書き換えた場合の抵抗曲線を図5.3.9(c)に示す．2枚の磁性層の磁化が平行な場合に抵抗値が小さくなり，反平行な場合に抵抗値が高くなる．

次に，この抵抗変化のメカニズムについて図5.3.10に基づき少し詳しく説明する．図(a)には，MTJ を構成する2枚の強磁性層の磁化が平行に配列した場合の参照層と記憶層の電子の状態密度を示す．磁性体ではフントの法則により，一方のスピンをもつ電子から準位を埋めていく（同図では up スピンから）．その結果として，参照層，記憶層ともに up スピンをもつ電子が多く，down スピンをもつ電子が少なくなり，全体としては上向きの磁化をもつ．また，フェルミ面の電子の数も同様に up スピンをもつ電子が多く，down スピンをもつ電子が少なくなる．

記憶層と参照層の間のトンネル伝導では，一方の層の up スピンをもつ電子は他方の層の up スピンの準位にし

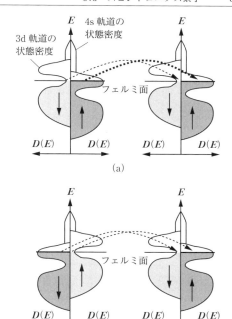

図 5.3.10 MTJ（TMR素子）の抵抗変化のメカニズム
(a) 磁化平行配列状態のトンネル伝導
(b) 磁化反平行配列状態のトンネル伝導
参照層と記憶層のフェルミ面での状態密度により，トンネル電子の遷移確率が変化する．磁化が (a) の場合に最大の遷移確率となり，(b) の場合に最小の遷移確率となる．

か遷移できない．しかも，エネルギーの高いフェルミ面の電子しか遷移できない．down スピンをもつ電子の場合も同様である．図(a)に示す磁化平行配列の状態では，参照層の up スピンをもつ電子，down スピンをもつ電子は，記憶層に同数の準位が存在するので，両方の電子が参照層から記憶層に遷移できる．このため，トンネル抵抗値が小さくなる．一方，同図(b)に示す磁化反平行配列の状態では，参照層の down スピンをもつ電子は遷移先である記憶層の準位が少ないので，参照層から記憶層に電子が遷移できる確率が小さくなる．よって，トンネル抵抗値が大きくなる．これが，TMR の発現原理である．

図5.3.11に示すように，TRAM の大容量化（高集積化）とともに MTJ の寸法公差の影響が増大するため，同じ MR では "0" 状態や "1" 状態の抵抗値が参照セルの抵抗とオーバーラップしてくるため，情報を読めなくなる．その結果，ギガビット級の MRAM では 100～150% の MR が要求されるようになる．

これに応える技術が MgO トンネル障壁を有する MTJ である．図5.3.12に MgO トンネル障壁をもつ MTJ の断面 TEM 像を示す．これは，MgO トンネル障壁とそれを挟む強磁性層の結晶を (001) に配向させることにより，フェルミ面での up スピンと down スピンの状態密度の差を拡大し，MR を増大する技術である．完全な結晶配向が

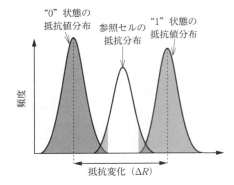

図 5.3.11 MR 向上が要求される理由
微細化とともに加工公差の影響が増大し、抵抗値分布がオーバーラップしてくる。これを避けるために磁化平行配列 "0" と磁化反平行配列 "1" の抵抗値の差（ΔR）の増大（MR の増大）が必要となる。

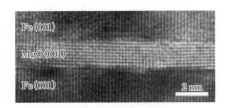

図 5.3.12 MgO 基板にエピタキシャル成長させた MgO トンネル障壁をもつ MTJ（面内磁化方式）
bcc（体心立方格子）を（001）配向させることが、高 MR 化の要。MBE を用いて単結晶の Fe/MgO/Fe が形成され、高 MR が実証された。
[S. Yuasa, et al., Nat. Mater., **3**, 868 (2004)]

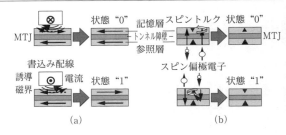

図 5.3.13 MRAM の書込み原理
(a) 磁界書込み（面内磁化方式）
(b) スピン注入書込み（垂直磁化方式）
近接配置した配線に電流を流し誘導磁界を発生させることにより、記憶層の磁化を反転させる (a)。スピン偏極した電子を記憶層に注入することにより、記憶層の磁化を反転させる (b)。

できれば 500% を超える MR も実現できるポテンシャルをもっている。

前述のように、MgO トンネル障壁技術は湯浅らにより最初は Fe/MgO/Fe 単結晶で実証されたが、実用化の観点からアモルファス CoFeB/MgO/アモルファス CoFeB を形成後、アニールにより結晶を配向させる技術が構築された[22]。

(iii) 書込み原理 MRAM の書込み原理としては、磁界書込みとスピン注入書込みの二つが考えられている（図 5.3.13）。前者は、電流により発生する磁界を MTJ に直接印加することで記憶層の磁化方向を制御するものである。後者はスピン偏極した電流を流すことで記憶層の磁化にスピントルクを作用させて磁化方向を制御するものである。スピン注入書込みは、1996 年に J. C. Slonczewski と L. Berger により独立に提案された概念で、微細化技術が進歩した 2000 年前後になってようやく実証された[3〜5]。

(1) 磁界書込み： 図 5.3.13(a) に示すように、磁界書込み原理では MTJ に近接して配置された書込み配線に電流を流して誘導磁界を発生させ、これを利用して MTJ の記憶層の磁化を誘導磁界の向きに書き込む。状態 "0" と状態 "1" の書換えは電流の方向を変えて行う。

(2) スピン注入書込み： スピン注入による書込み原理は図 5.3.13(b) に示すように、スピン偏極した電流、すなわち up スピンをもつ電子の数と down スピンをもつ電子の数が異なる電流を記憶層に流し、記憶層の磁化（スピン）に対してスピントルクを作用させ、記憶層の磁化を反転させる。この場合も、状態 "0" と状態 "1" の書換えは電流の方向を変えて書き込む。

次に、少し詳細にスピン注入書込みがどのように起こるのかをみていく。まず、同図上側の参照層から記憶層へ電子が流れる場合を考える。参照層内の電子は、より多くの電子が参照層のスピンと同じ方向のスピン（up スピン）をもっている。このため記憶層のスピンが参照層と逆向きの場合、トンネル電子のスピンは記憶層のスピンを反転させる方向にスピントルクを作用させる。記憶層のスピンが参照層と同じ向きの場合には、トンネル電子は記憶層の磁化を安定させるスピントルクが作用するので磁化の反転は起こらない。

次に、同図下側の記憶層から参照層へ電子が流れる場合を考える。記憶層の磁化と参照の磁化が同じ向きの場合、記憶層の down スピンをもつ電子は参照層の磁化と逆向きのため十分に参照層にトンネル遷移することができず、記憶層に蓄積される（あるいは参照層に反射されて戻ってくる）。その結果、記憶層の磁化と反対方向のスピントルクが発生し、記憶層の磁化が反転する。記憶層の磁化と参照層の磁化が逆向きの場合は、記憶層の down スピンが記憶層に蓄積し、磁化を安定させるスピントルクが作用するので磁化の反転は起こらない。

以下に、ns オーダーの高速書換えで大きな書込み電流値が必要である理由を説明する。

次に、磁化反転のしきい値電流が決まるメカニズムについて説明する。図 5.3.14 左端の電子は down スピンをもつ参照層の電子を、中央の矢印は記憶層の磁化を表している。電子の down スピンは記憶層に注入されると記憶層の磁化と相互作用し、自らのスピンを反転させ、その代わりに記憶層の磁化にスピントルクを与える。定常状態ではそ

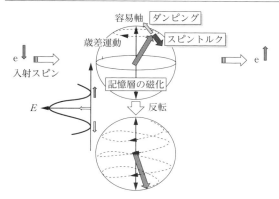
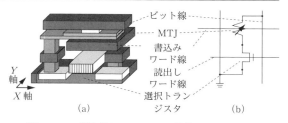

図5.3.14 スピン注入書込み原理の説明図
記憶層の磁化と反対向きの電子スピンが記憶層の磁化と相互作用し，記憶層の磁化を反転させる．このとき，磁化の反転を妨げる摩擦力（ダンピング）が働く．磁化を反転させるためには，この摩擦力に打ち勝つだけの電子スピンを注入しなければならない．

図5.3.15 磁界書込み MRAM の単位セルとその等価回路図
(a) 単位セル　(b) 単位セルの等価回路
読出しセルの選択は選択トランジスタの ON/OFF で行う．書込みセルの選択はビット線とワード線に書込み電流を流し，その交差点に位置するセルのみを合成の誘導磁界により書き込む．このため書込み専用のワード線が必要となる．

の容易軸のまわりを小さい半径で歳差運動している磁化が，スピントルクにより，より大きな半径で歳差運動しようとする．一方，まわりの電子などによる摩擦（トルク）は歳差運動の半径を小さくする方向に働く．より多くの down スピンをもつ電子を注入すると，スピントルクがこの摩擦トルクを凌駕するため，磁化の反転が起こる．

（3）**電圧書込み**：　さらに，低電流化する試みとして電圧制御による書込み原理が検討されている．これについて実用的な材料で先駆的研究が近年報告された[23]．そこでは，FePt において電圧印加により保磁力が 4.5% 変化したことが報告されている．さらに最近，Au(001) 上の Fe(001) 超薄膜において発現する垂直磁気異方性について，電圧印加により約 40% の大きな変化を引き起こすことが報告された．

これらの報告例は基礎的な実験にとどまっているが，今後の進展が期待される．

f. MRAM デバイス

（i）**磁界書込み MRAM**　図 5.3.15(a) に書込み原理として誘導磁界を利用した磁界書込み MRAM の単位セルを示す．MTJ の形状を横長形状とする必要があること，しかも磁化反転磁界のバラツキを制御するためには単純な楕円形状にできないこと，また誘導磁界を発生させる 2 本の書込み配線が必要であるため，同図に示すように比較的大きなセルサイズ（>10 F^2, F：feature size, 配線のハーフピッチとほぼ同等）．DRAM のセルサイズは 6～8 F^2 であるため，残念ながら DRAM とビットコストで張り合うことは困難である．MRAM の特徴である無限回の書換え耐性を生かした市場や高温動作耐性をもたせることで市場を開拓している．

同図(b)に単位セルの等価回路図を示す．読出しにおいてはワード線により選択トランジスタを ON にして，選択した MTJ の抵抗値を測定する．書込みは書込みワード線とビット線に書込み電流を流し，それぞれに誘導磁界を発生させてその合成磁界により書き込む．これについては，以下の（2）項で詳細に説明する．

（1）**磁界書込み MRAM で使用される MTJ セルの膜構成と磁気特性**：　図 5.3.16(a) に磁界書込み MRAM で使用される面内磁化方式の MTJ セルの膜構成を示す．前述のように面内磁化方式の MTJ においては，記憶保持エネルギーは記憶層の形状異方性エネルギーで付与する．このような場合に，記憶層の結晶による結晶磁気異方性エネルギーが大きいと形状異方性エネルギーと競合し，一軸磁

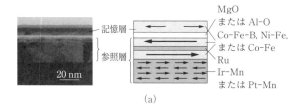
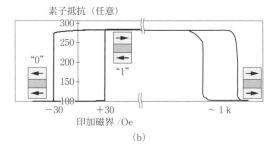

図5.3.16 面内磁化方式の MTJ の膜構成とその抵抗磁化曲線（抵抗変化）
(a) 面内磁化方式 MTJ の TEM 像と膜構成
(b) 面内磁化方式 MTJ の磁化曲線（抵抗変化）
情報の書換えなどにさいして，参照層の磁化が反転しないように参照層と Ir-Mn などの反強磁性体と積層し，参照層の磁化を固着する．さらに，参照層の磁化からの漏れ磁界により記憶層の磁化が不安定とならないように，参照層には Co-Fe-B/Ru/Co-Fe-B などからなるシンセティック層を配置し，参照層からの漏れ磁界をほぼゼロにする．

気異方性が乱れて書込みしきい値磁界バラツキが増大したり、書込みしきい値磁界に再現性がなくなったりする。このため記憶層材料としては、結晶磁気異方性の小さいパーマロイなどが使用される。さらには、プロセス中に入る応力がしきい値磁界に与える影響を小さくするために、磁歪定数が小さい組成が用いられる。

参照層の磁化は、書込み磁界で書き換わらないように設定する必要がある。このため、IrMn などの反強磁性材料に NiFe などの磁性材料が積層されたものが用いられる。反強磁性体は隣り合う原子の磁化が反対方向を向いているため、ある程度の磁界までは外部磁界に対してその磁化方向が変化せず、なおかつ外部に磁界が漏れ出さないため、参照層の磁化を固着させるためには最適な材料である。反強磁性材料と積層された磁性材料の磁化は互いの間の交換結合により固着されるため、全体として安定な参照層として機能する。しかし、このままでは、参照層からの漏れ磁界により記憶層のヒステリシス曲線がシフトするため、"1"状態（反平行磁化配列）のみ安定になる（"0"状態がとれない）。これを避けるため、参照層としてはさらに Ru を介して NiFe などの磁性材料が積層される。Ru の膜厚さを適切に設定し、Ru を介した2枚の磁性層の磁化に反平行状態をとらせる。その結果、参照層全体の漏れ磁界はほぼゼロになる。これにより、"1"状態（反平行磁化配列）と"0"状態（平行磁化配列）がともに安定となる。

図 5.3.16(b) にこの MTJ 全体の磁化応答の様子を示す。印加磁界 ±30 Oe にあるヒステリシスが記憶層のヒステリシスであり、+1 kOe 付近にあるヒステリシスが参照層のトンネル障壁と接した層のヒステリシスに相当する。書込み電流で発生できる誘導磁界は 100 Oe のオーダーであるため、参照層の磁化は反転せず安定な参照層として機能する。

（2）**読出しセルの選択方法と書込みセルの選択方法**：
図 5.3.15(b) に単位セルの等価回路図を示した。読出しにおいてはワード線により選択トランジスタを ON にして、選択した MTJ の抵抗値を測定する。書込みにおいては、一軸磁気異方性をもつ磁性体の反転磁界しきい値曲線（アストロイド曲線）の特性を利用する。これは、図 5.3.17 に示すように、記憶層の容易軸方向を x 軸、困難軸方向を y 軸としたとき、x 方向の印加磁場 H_x と y 軸方向の印加磁場 H_y の合成磁場に対して記憶層の反転磁界しきい値 H_c をプロットしたものである。同図のしきい値曲線の内側では磁化反転は起こらず、外側（同図で示されている網掛け部分）でのみ磁化反転が起こる。ある MTJ を選択し、その MTJ に情報を書き込むためには、その MTJ の上下に配置されたビット線とワード線を選択し、それらに書込み電流を流す。その結果、選択されたビット線とワード線から、x 方向と y 方向の磁界（それぞれ（同図 B、C））が発生し、選択された MTJ にはその合成磁界が印加される（同図 A）。A はアストロイド曲線の外側に位置するので、選択された MTJ に情報が書き込まれる。MTJ アレイは、

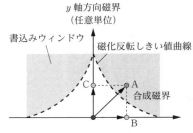

図 5.3.17 アストロイド曲線
方形上などの微小な磁性体の磁化反転しきい値曲線（アストロイド曲線）は上図の点線となる。MRAM では合成磁界（A）で磁化が反転し、単独の磁界（B または C）では反転しないようにそのしきい値曲線を設定する。網掛けの部分の磁界を印加すれば、書き込みたいビットのみを選択的に書き込むことができる。

1本のビット線またはワード線の下に複数個の MTJ が配置されているので、選択ビット線または選択ワード線から x 軸方向、あるいは y 軸方向の磁界のみが印加される MTJ セルが多数存在する。これらのセルを半選択セルとよぶ。半選択セルには B あるいは C の磁界が印加されることになるが、この磁界はアストロイドの内側にあるため、バラツキが小さい場合は、半選択セルには情報が書き込まれない。

（3）**磁界書込み MRAM の主要要素技術**：
① 磁性膜被覆配線技術：電流通電により発生する誘導磁界は、アンペールの法則により電流の大きさに比例し、書込み配線からの距離に反比例する。したがって、磁界書込みの効率を上げるためには、電流を大きくするか、または書込み配線を近づけることが必要である。電流を大きくすることは消費電力を増大させるため、デバイスにとって好ましくない。一方、配線を近づけることには限界があり、とくに書込みワード線は MTJ とは絶縁して配置されなければならないため、近接させるにも限度がある。そこで配線電流が発生する磁束を集中させて、誘導磁界を増加させる方法が考えられた。これは、ソレノイドコイルに鉄芯を挿入することで電磁石の発生する磁場が強められることと同じ原理である。つまり、書込み配線の表面のうち、MTJ に対向している1面を除く3面をパーマロイのような高透磁率磁性体で覆い、誘導磁界の磁束をその中に閉じ込めて磁束密度を増加させ、その結果、磁性体で覆われていない面の磁界を増大させる（図 5.3.18）。この技術は、磁性膜被覆配線（yoke wire または cladded line）とよばれる。一例として、断面積が 0.4×0.9 μm² である配線に 4 mA の電流を流したときに発生する磁界を比較すると、図(a)のように、磁性膜被覆により発生磁界が約2倍に増えることがわかる。これによりアストロイドが縮小し、より小さな電流で書き込むことが可能になる。図(b)には、ワード線のみに磁性膜被覆配線を適用した場合のアストロイドが示されており、アストロイドの面積が約1/2に縮小

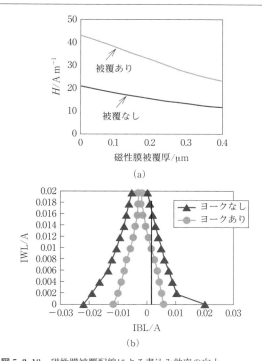

図 5.3.18 磁性膜被覆配線による書込み効率の向上
(a) 発生磁界の増大　(b) 書込み電流の低減
書込み配線の 3 側面を磁性体で被覆させてマイクロ電磁石をつくり，単位電流あたりの書込み磁界を増大し，書込み電流値を半減させる．
[(a) M. Durlam, et al., IEEE J. SSC., **38**, 769 (2003)；(b) T. Kishi, et al., J. Magn. Magn. Mater., **271-276**, Part 3, 1939 (2004)]

することがわかる．

② 誤書込み防止技術：上記（2）で書込みセルの選択方法について説明したが，アストロイド曲線がセルごとにばらつくと図 5.3.17 のアストロイド曲線が半選択磁界（同図点 B または C）の内側に位置し，情報が誤って書かれる半選択セルが出てくる．この半選択セルの誤書込みの問題が長らく MRAM の実用化を阻害していた．

誤書込みを防止する技術を誤書込み防止（write disturb robust）技術とよぶ．この技術の代表的な例としてサブチェンコスイッチングが提案された．図 5.3.19 にその概要を示す．このスイッチングでは，図(a)に示すように記憶層としてシンセティック記憶層とよばれる NiFe/Ru/NiFe 積層膜を使用する．Ru の厚さを適切に設定すると RKKY 相互作用とよばれる金属磁性層間の交換相互作用が上下の磁性層の磁化を反平行にするように働く．このシンセティック記憶層に弱い磁界を印加しても 2 枚の磁性層の磁化が受けるトルクが相殺するために何の変化も起こらないが，フロップ磁界とよばれる磁界より大きな磁界を印加すると図(c)に示すように印加磁界を挟むような磁化配列をとる．印加磁界を 45°ずつ 4 回回していけばシンセティック記憶層の磁化を 180°回すことができる．この様子を図(c)に示す．このスイッチングにおいては，図(a)に示したように MTJ の長辺を x 軸と 45°傾けて配置し，まず一方の書込み配線のみに電流を流してフロップ磁界以上の磁界を y 方向に発生させる．次に，同様にもう一方の書込み配線にも電流を流して x 方向の磁界も発生させ，45°の方向に合成磁界を印加する．今度は y 方向の磁界を

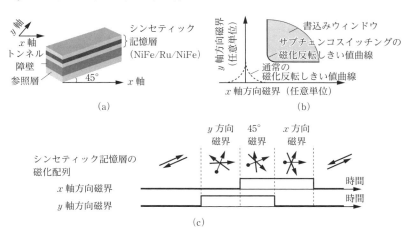

図 5.3.19 サブチェンコスイッチング（誤書込み防止技術）
(a) MTJ 積層膜の構成　(b) 磁化反転しきい値曲線　(c) 印加磁界シーケンスと記憶層の磁化配列
長らく，MRAM 実用化を阻害していた誤書込みの問題を解決した書込み方式．図(b)に示すように，シンセティック記憶層の磁化は印加磁界（同図の黒矢印）を挟むような磁化配列をとる．その結果，書込み配線に対して 45°傾けたシンセティック記憶層のしきい値曲線は図(b)となる．このしきい値曲線は同バラツキに誤書込み防止であるため，誤書込みを防止することに成功した．なお，書込み時は図(c)に示すように，印加磁界の向きを回転させ磁化を反転させる．
[L. Savtchenko, et al., U. S. Pat. 6, 545, 906]

取り去り x 方向の磁界のみ残す．最後にすべての磁界を取り去ると，それぞれの磁化は長辺方向に向くので，結果的に磁化を180°回転させることができる．このスイッチングのよさは，図(b)に示すような磁化反転しきい値曲線にある．一方の磁界のみ印加される半選択状態（x または y 軸方向）では，反転しきい値が存在しないため誤書込み（disturb）が発生しない．また，半選択状態では磁化反転のエネルギーバリアが増大し，誤書込みに非常に強くなっている．このスイッチングを利用し，2006年に4 Mbit の MRAM が製品化された．

しかし，このスイッチングは図(b)に示すように通常のスイッチング（破線）と比べると磁化反転しきい値が大きく，その結果，10 mA を超える大きな書込み電流を必要とし，大容量化にさいして課題を残すこととなった．そこで，電流値を増大させないで誤書込みを解消する技術が検討された．図5.3.20 にその一例を示す．このスイッチングは磁化過程制御スイッチングとよばれる．このスイッチングではプロペラ形状の特殊な形状をもつ MTJ が用いられた．その磁化分布は磁界印加がない状態では MTJ 内で不均一（横に寝たS字状）となる．これに x 方向と45°方向の合成磁界を印加すると均一な磁化分布をとり，比較的小さなしきい値磁界により磁化反転する．一方，x 方向の磁界を印加した場合は，その磁化分布が誇張されたS字状態となるためその内部エネルギーが増大し，反転しづらくなる．その結果，x 方向の磁界が印加される半選択状態のセルの誤書込みの解消に大きな効果がある．図に示す16 Mbit の MRAM では，このスイッチングが採用された．その結果，書込み電流値が4～5 mA 程度に低減され，42.3％と高いアレイ占有率と1.8 V の低電圧駆動が実現された[2]．その後，x 方向だけでなく，y 方向の磁界が印加された半選択セルの誤書込みも解消した新しい磁化過程制御スイッチングも提案されている[24]．

図5.3.21 に誤書込み防止技術のもう一つの例を示す．この技術では，ビットごとに書込み選択トランジスタを設けて半選択セルをなくす工夫がされた．当然のことながら，この方法はセルサイズが大きくなるデメリットがあるが，ナノ秒レベルの高速書込みの場合には周辺回路の面積を小さくできるメリットをもっているため，混載SRAM

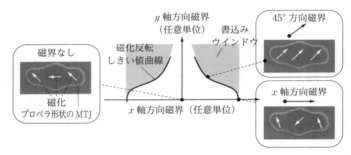

図5.3.20 磁化過程制御スイッチングによる誤書込み防止技術の一例
MTJ の平面形状を工夫することにより，選択時（45°方向磁界印加）と半選択時（x または y 方向磁界印加）の異なる磁化過程とすることができる．図のプロペラ形状の MTJ の場合，選択時の磁化反転しきい値を小さく，半選択時の同しきい値を大きくできるため，書込みウインドウを大きくできる．
[T. Kai, et al., Japanese Patent, P2401-12806]

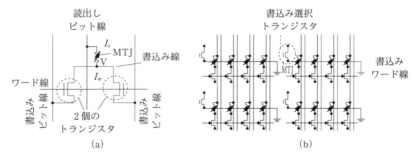

図5.3.21 書込み選択トランジスタを設けた MRAM の例
(a) 1 MTJ-2 Tr　(b) 4 MTJ-5 Tr
書込み専用に選択トランジスタを付与し，誤書込みを防止した例．セル面積が大きくなる欠点をもつが，誤書込みを防止できる．
[(a) N. Ishiwata, et al., 214th ECS Meeting Digest, **E-08**, Abst. #2106 (2008)；(b) W. Reohr, US patent 6, 335, 890]

の代替を狙って開発が進められている．また，この方式では書込み配線が一本でよいため書込み配線を MTJ に近接して配置でき，1 mA 程度の書込み電流値とすることができる．しかし，1 mA 程度の電流を供給するためにはトランジスタの幅も 1 μm 程度必要であり，しかも一つの記憶セルに一つの書込み選択トランジスタが必要なので，セルサイズが非常に大きくなる．

そこで，図 5.3.21 (b) に示すように，8～32 bit ごとに書込み選択トランジスタを設け，そのトランジスタにつながれた記憶セルはすべて書き込む方式も提案された．

このように磁界書込み MRAM 技術は，2001～2006 年の間に目覚ましい進歩を遂げ数百メガビット程度までの大容量化の可能性を見出した．しかし，書込み電流により発生させる誘導磁界は空間に漏れ出すため書込み効率の向上には限度があり，ギガビット級の大容量化は困難であると考えられている．

(ⅱ) **スピン注入 MRAM**　前述のように，磁界書込み原理を用いた MRAM では，ギガビット級の大容量化は困難であると考えられ，現在は新しい書込み原理であるスピン注入書込みを用いた研究開発が活性化し大容量化 (高集積化) の期待がかけられている．

スピン注入 MRAM の単位セルを図 5.3.22 に示す．スピン注入書込み原理では誘導磁界を発生させる書込み配線が必要ないこと，垂直磁化方式を用いれば MTJ の形状を単純な円形などにできるため，図に示したように DRAM と同等の $6F^2$ の微細なセルサイズが実現できる．

図 5.3.23 にトランジスタのフィーチャーサイズとドライバビリティを示す．選択トランジスタで流せる書込み電流値は微細化とともに小さくなるため，書込み電流値も小さくしていく必要がある．ギガビット級の大容量化のためには最低でも F を 65 nm 程度にする必要があり，そのときの反転電流値は 30～40 μA (電流密度 1×10^{-6} A cm^{-2}) 以下にする必要がある．これが，大容量化の最大の技術課題となっている．

(1) **読出しセルの選択方法と書込みセルの選択方法**：図 5.3.22 に示したように，スピン注入書込み原理では読出し・書込みともに選択トランジスタを ON にして，記

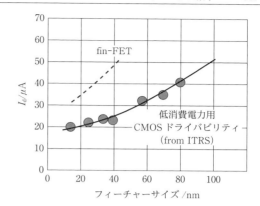

図 5.3.23　選択トランジスタのドライバビリティ
選択トランジスタで流せる書込み電流値は微細化とともに小さくなる．図には ITRS のロードマップにある低消費電力用 CMOS トランジスタのドライバビリティを示す．MRAM で使用されるトランジスタはその用途やメーカーにより異なり，同図に参考としてプロットした fin-FET トランジスタも使われる可能性がある．しかし，低消費電力用 CMOS トランジスタのドライバビリティが指標として適当であると考えられる．ギガビット級のメモリを実現するためには，最低でも 65 nm 程度のノードで設計する必要があり，書込み電流値としては 30～40 μA にする必要がある．

憶セルを選択する．このため，半選択セルは存在せず，磁界書込み原理の MRAM で問題となった書き込みにさいする誤書込みの問題は発生しない．

(2) **面内磁化方式化の MTJ を用いたスピン注入書込みと課題**：　スピン注入書込み原理では，電子の漏れはないため高効率な書込みが実現すると期待されたが，報告されている反転電流値は 100 μA 程度であり，新たなイノベーションが起きない限りギガビット級の大容量化は不可能と考えられている．

(3) **垂直磁化方式の MTJ を用いたスピン注入書込みの提案と書込み電流値の大幅低減，MR 増大，スケーラビリティの確保**：

① 垂直磁化方式の MTJ を用いたスピン注入書込みの提案と基本実証：図 5.3.24 の (a) に示すような磁化の方向を MJT の膜面と垂直方向にする垂直磁化方式の MTJ を用いたスピン注入書込み MRAM が提案された．以下に，図 5.3.23 を用いて垂直磁化方式の差異化ポイントについて説明する．

まず，比較のために図 5.3.24 (b) の面内磁化方式の場合のスピン注入磁化反転の様子について述べる．(ⅲ) 項の (2) で説明したように，スピン注入により磁化を反転させるさい，磁化の歳差運動の半径を大きくする必要がある．このため面内磁化方式の場合には，磁化反転の過程で磁化が垂直成分をもたなければいけない．面内磁化方式の磁化が面内にある理由は，磁化が垂直成分をもつとその反磁界エネルギーが非常に大きくなるからである．これにより，磁化反転時のエネルギーバリアは記憶保持エネルギー

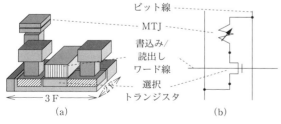

図 5.3.22　スピン注入 MRAM の単位セルとその等価回路図 (垂直磁化方式の例)
(a) 単位セルの斜視図　(b) 単位セルの等価回路図
MTJ と選択トランジスタで記憶セルを構成，DRAM と同等のセルサイズを実現することが可能である ($6F^2=3F \times 2F$)．

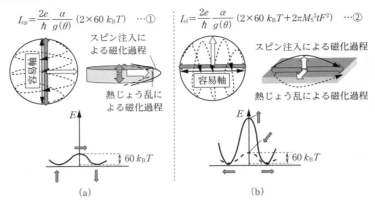

図 5.3.24 面内磁化方式と垂直磁化方式のスピン注入磁化反転
(a) 垂直磁化方式では，スピン注入磁化反転と熱じょう乱による磁化反転は同じ軌跡を通るため，書込み効率がよい．(b) 面内磁化方式では，スピン注入磁化反転では熱じょう乱による磁化反転は異なる軌跡を通る．スピン注入磁化反転では，磁化が垂直成分をもつ軌跡をとるためエネルギーの観点からみると書込み効率が非常に悪くなる．
[H. Yoda, et al., Current Appl. Phys., **10**, e87 (2010)]

に比べて1桁以上大きくなる．よって，面内磁化方式のスピン注入磁化反転はエネルギー的には非常に効率が悪いといえる．面内磁化方式の反転しきい値電流 I_{cl} は図5.3.24(b)の式②のように記述できる．カッコ内の第1項目は不揮発性に必要な記憶保持エネルギー（$60k_BT$ 程度），第2項目が磁化が垂直成分をもつことによる反磁界エネルギーである．ここで，e は電子の電荷，$\hbar$ はディラック定数，α はダンピング定数，$g(\theta)$ はスピン注入効率，θ は参照層と記憶層の磁化のなす角度である．

一方，垂直磁化方式の場合は，図(a)に示すようにスピン注入により磁化を反転させるために超えなければならないエネルギーバリアは記憶保持エネルギーと同じであり，非常に効率がよいことになる．その結果，垂直磁化方式の反転しきい値電流 I_{cp} は図中の式①のように記述でき，面内磁化方式の反転しきい値電流 I_{cl} と比較するとカッコ内の第2項の分だけ小さくなる．

このように垂直磁化方式のMTJは反転しきい値電流を大きく低減できる可能性をもつが，垂直磁化方式のMTJを作成することと，同式の中にあるダンピング定数 α を小さくすることが非常に困難であった．とくにMgOトンネル障壁を用いる場合，MgOの格子定数と垂直磁化材料の格子定数の差が大きいことなどの理由があり，その作成例は皆無だった．しかし，これをブレイクスルーする報告が與田らにより，2007年のIWFIPT（7th International Workshop on Future Information Processing Technologies）で発表された．この報告では，垂直磁化方式により低電流化できることと，垂直磁化方式のMTJを用いた初めてのスピン注入磁化反転が報告された（図5.3.25）．この場合，1 kOeを超える大きな保持力を有する垂直磁化膜をたった 3.5×10^6 A cm^{-2} の電流で反転させることに成功している．その後も人工格子系の垂直磁化MTJにより

同程度の電流密度でのスピン注入磁化反転が報告され，垂直磁化方式の優位性が再確認された[25]．これら実証では，いずれもMgOトンネル障壁に接する側にCoFeBをもつ垂直磁化記憶層が用いられた．

② 垂直磁化方式のMTJを用いたスピン注入書込みの書込み電流値の大幅低減：目標の反転電流密度である 1×10^6 A cm^{-2} には，さらなる低電流化，すなわちダンピング定数 α の低減が必要である．図5.3.26のデータは，ダンピング定数 α の低減とMRの向上（$g(\theta)$ の増大）が反転電流値低減に効果があることを示した．

そこで，同グループは垂直磁化材料のダンピング定数 α の低減に注力し，2008年には図5.3.27に示すように直径50 nmの垂直磁化方式MTJを用いた1 kbitの垂直磁化方式スピン注入MRAMを開発した[26]．このとき報告された反転電流値は50 μAであり，ギガビット級の目標である30～40 μAにあと一歩まで近づくことができた．

さらに同グループは図5.3.28に示すように，7～9 μAの低電流でのスピン注入磁化反転に成功し，ギガビット級の大容量化が現実のものであることを示した．なお，これら実証でもMgOトンネル障壁に接する側にCoFeBをもつ垂直磁化記憶層が用いられた．

③ 垂直磁化方式のMTJのMR増大：前述のように，スピン注入書込みMRAMの大容量化の最大課題であった書込み電流値の低減は，垂直磁化方式のMTJの開発によりブレイクスルーされた．以下にはもう一つの重要な指標であるMRの増大に関する研究進捗について紹介する．

MRの増大の研究は，HDD用の磁気ヘッド応用を目的とした面内磁化方式のMTJの研究のため進んでおり，前述のMgOトンネル障壁の発見により最大では500％を超える値も得られている．ここでは，垂直磁化方式のMTJのMR増大について解説する．

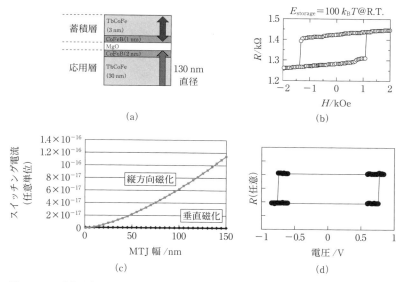

図5.3.25 垂直磁化方式MTJを用いての書込み電流値の低減の提案と垂直磁化方式を用いた世界初のスピン注入書込み実証

MTJ積層膜構成 (a) と磁界印加によるヒステリシス曲線 (b) では，MgO/Co-Fe-B/Tb-Co-Feの構成で磁性層が垂直磁気異方性を示すこと，MRが出ることが実証された．垂直磁化方式による低電流化の提案 (c) では，垂直磁化方式のほうが面内磁化方式に比べて低電流で磁化反転できることを計算で示された．スピン注入磁化反転の実証 (d) では，実際に，スピン注入により磁化を反転させることが実証された．

[H. Yoda, *et al., 7th IWFIPT*, Session IIIc (2007); M. Nakayama, *et al., J. Appl. Phys.*, **103**, 07A710 (2008)]

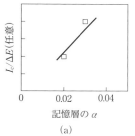 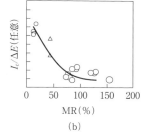

図5.3.26 記憶層の摩擦定数 α，MRと単位記憶保持エネルギーあたりの反転電流値 $I_c/\Delta E$

書込み電流値の低減のためには，記憶層の低 α と高MR化が効果があることを実験で実証した．

垂直磁化方式のMTJで100%を超えるMRは吉川らにより最初に報告され，その後，永瀬らにより200%を超える報告がされた（図5.3.29）．これらの報告では，トンネル障壁の両側にFeやCoFeB層が配置され，その外側にFePtやCo系の人工格子層が配置された．FeやCoFeB層がMgOの格子と整合し，(001) の結晶配向を具現化させることに成功したことが，MR増大の主因と考えられている．

④ 垂直磁化方式のMTJのスケーラビリティ実証：スピン注入方式のMRAMがギガビット級を超えるスケーラビリティをもつためには，150%を超えるMRの確保と図

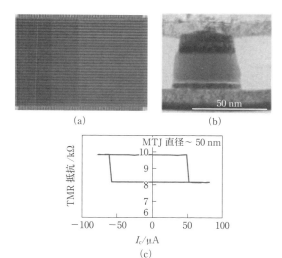

図5.3.27 垂直磁化方式のMTJを用いた1 kbitスピン注入MRAMの実証と低電流化の実証
(a) 1 kbit MTJアレイ　(b) 直磁化MTJの断面TEM像
(c) スピン注入磁化反転特性
50 nm直径の垂直磁化方式のMTJを用いて1 kbitのMTJアレイが試作された．記憶層の摩擦係数（Dダンピング定数）の低減により，50 μAオーダーでのスピン注入磁化反転が実証された．

[T. Kishi, *et al., IEDM Digest 2008*, 12-6.; H. Yoda, *et al., Meeting Abs. MA 2008-2, PRIME 2008*, abs. 2108 (2008)]

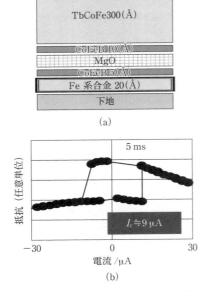

図5.3.28 垂直磁化方式MTJを用いたμAオーダーでのスピン注入書込みの実証
(a) MTJ膜構成　(b) スピン注入磁化反転曲線
7〜9μAでのスピン注入磁化反転が実証され，垂直磁化方式MTJが書込み電流低減に有利であることが完全に実証された．
[T. Daibou, *et al.*, *11th Joint MMM-Intermag Conf. 2010 Digest*, DA-08 (2010)]

5.3.23に示した微細な選択トランジスタのドライバビリティ以下に反転電流値を低減することが必要である．MRに関しては前述のように，すでに200%を超える値が報告されているので，以下では反転電流値のスケーラビリティに関して述べる．

垂直磁化方式のMTJがスケーラビリティをもつことが甲斐らにより報告された．図5.3.30にその報告の概要を示す．図の右のグラフは，微細化による反転電流値の低下のほうが記憶保持エネルギーの低下よりは大きいため，微細化すると単位記憶保持エネルギーあたりの反転電流値I_cが低減している．すなわち，微細化により書込み効率が向上しており，垂直磁化方式のMTJは良好なスケーラビリティをもつといえる．

⑤ 垂直磁化方式のMTJによるブレイクスルーのまとめ：前述の垂直磁化方式のMTJによる反転電流低減の推移とMR増大の推移を図5.3.31にまとめた．また，図5.3.32には30 nm直径をもつ微細な垂直磁化方式のMTJの報告例を示す．書込みパルス幅30 nsで15μAの低電流値と150%の高MRが報告されている．

このように，スピン注入書込み原理を用いたMRAMの大容量化の基本的課題は垂直磁化方式のMTJによりブレイクスルーされたといえよう．残る実用化の課題は，さまざまな信頼性の確保ならびに量産技術の開発である．

(iii) データの信頼性（書込み/読み出し動作によるエラーレイト）　一般的にはメモリの情報には，非常に高いレベルの信頼性が要求される．そこで，本項ではデータの信頼性について述べる．

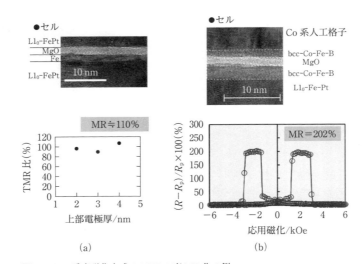

図5.3.29 垂直磁化方式のMTJの高MR化の例
もともとは面内磁気異方性をもつFeやCo-Fe-BもMgOや垂直磁化層と積層すれば垂直磁化異方性をもつことを示し，かつ高MR化が達成された．
[T. Yoshikawa, *et al.*, *Intermag 2008 Digest Book*, AC-01 (2008); K. Nishiyama, *et al.*, *11th Joint MMM-Intermag Conf. 2010 Digests*, 1089 (2010)]

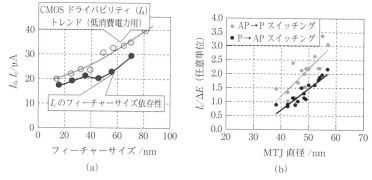

図 5.3.30 垂直磁化方式スピン注入 MRAM のスケーラビリティ
シミュレーションと実験は,ともに微細化による反転電流 I_c の低減効果があることを示している.その低減傾向は CMOS の I_d の低減傾向とほぼ同等であることから,垂直磁化方式の MTJ は良好なスケーラビリティをもつことが証明された.なお,同図中 AP→P スイッチングは磁化配列が反平行状態から平行状態への磁化反転を,P→AP スイッチングは平行状態から反平行状態への磁化反転を意味する.
[甲斐 正,與田博明ら,第 32 回 日本磁気学会学術講演会,15pB9(2008)]

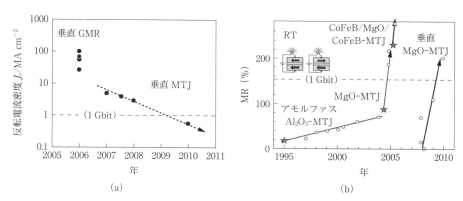

図 5.3.31 MTJ 記憶素子の書込み電流密度 J_c 低減(a)と MR 増大の推移(b)
垂直磁化方式の MTJ により,ギガビット級 MRAM 実現のための指標とされる $1\,\mathrm{MA\,cm^{-2}}$ 未満の書込み電流値と 150% を超える MR とが実現された(垂直磁化方式 MTJ のデータ点はいずれも NEDO スピントロニクス不揮発性機能技術開発プロジェクト(2006-2011)による成果).

(1) データ書込みの確実性確保: 磁界書込み原理は HDD(hard disk drive)でその実績があり,磁界書込み原理を用いた MRAM では,製品化によりデータ書込みの確実性が実証された.よって,いったん書き込まれた磁性体の磁化方向としての情報蓄積自体は信頼できる技術だと考えられる.よって,スピン注入書込みによる情報の信頼性について以下に触れる.

まずは,確実に情報を書き込むための条件について図 5.3.33 を用いて説明する.スピン注入による書込み確率 P は図に示す式により近似できることが報告されている.図には,書込みミス($1-P$)の J_w/J_{c0} 依存性を示した.ここで,J_w は書込み電流密度,J_{c0} は 1 ns パルスでの反転電流密度である.同図から,J_w/J_{c0} を大きくすると書込みミスを急激に低減できることがわかる.書込みミスの許容度は使用するエラーコレクションに依存するが,一般的に は 1×10^{-12} 以下は許容範囲だと考えられる.よって,$J_w/J_{c0}=1.3$ 程度に設定すれば実質上問題は発生しない.

次に,書込み電流を大きくしたときの許容度について説明する.面内磁化方式の MTJ へのスピン注入書込みでは,書込み電流を大きくすると磁化が反対極性へ反転するバックホッピング(back hopping)といわれる誤書込みが頻発することが報告され,スピン注入書込み原理をメモリに応用することは難しいという懸案があった[27].しかし,相川らはこの誤書込みが図 5.3.34(a)に示す面内磁化方式特有のスピン注入書込みしきい値曲線(H-I または V 曲線)と関連づけて発生メカニズムを説明し,垂直磁化方式の場合はこの誤書込みが発生しにくいことを予測した.以下に図 5.3.34 を用いて説明する.

図(a)左端の面内磁化方式の理想曲線では,書込み電流(または書込み電圧)を増加させても正常な磁化反転のみ

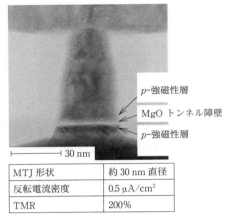

MTJ 形状	約 30 nm 直径
反転電流密度	$0.5\,\mu\mathrm{A/cm^2}$
TMR	200%

図 5.3.32 30 nm 直径の微細 MTJ 記憶素子の断面 TEM 像（垂直磁化方式）

15 μA の低電流で書込みができ，150% と大きな抵抗変化率をもつ 30 nm 直径の垂直磁化方式の MTJ が開発されている．

[http://www.toshiba.co.jp/rdc/detail/1106_02.htm]

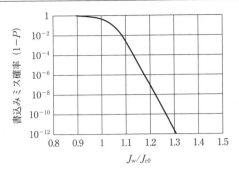

書込みミス確率

$$1-P=\exp\left\{-(t-t_0)f_0\exp\left[-\frac{\Delta E}{k_B T}\left[1-\frac{J_w}{J_{c0}}\right]^2\right]\right\}$$

$f_0=10^9$ Hz ΔE：エネルギー障壁 $J_c\approx 0.79 J_{c0}$

図 5.3.33 書込みミスの書込み電流密度 J_w 依存性 J_w を大きくすることで書込みミスを防止できる．

しか起こらない．しかし，通電に伴う発熱などによるじょう乱を仮定すると高 I（または V）軸領域でしきい値曲線が下がって I（または V）軸と交差する．これは，バックホッピングを意味する．右端には典型的な実験データを示したが，現実には何らかのじょう乱が入った曲線となっていることがわかり，面内磁化方式の場合にはバックホッピングが起こる可能性があることがわかる．

一方，図 5.3.34(b) に垂直磁化方式のスピン注入書込みしきい値曲線（H-I または V 曲線）を示す．図左端に示したように理想曲線が右肩上がりとなっているため，ある程度のじょう乱が入っても反対極性への磁化反転しきい値曲線が I（または V）軸と交差する点が非常に大きな I（または V）となる．右端に典型的な実験結果を示すが，反転電流値が小さいこともあってじょう乱の影響はほとんどみられず，理想曲線に近い曲線となっている．このような系では，どんなに大きな電流を注入してもしきい値曲線が I（または V）軸と交差することはないので，理論上バックホッピングによる誤書込みは起きないと考えられる．

次に，これを実証した例を図 5.3.35 に紹介する．書込みしきい値電流 I_c の 1.6 倍の書込み電流を印加し，2×10^6 回の書込みテストを行った結果，同図に示すように 1 回の誤書込みも発生しないことが確認された．これらから，垂直磁化方式を用いるとバックホッピングが起きずにデータ書込みの確実性が確保できることが証明された．

（2）**読出しによるディスターブ回避設計**： 上述のように，スピン注入書込みでは書込み時にも選択トランジスタを介して記憶セルにアクセスするために，ライトディスターブ（write disturb）は発生しない．しかし，読出し時に流すセンス電流により，リードディスターブ（read disturb）を起こす可能性が残っている．以下に，これを避ける設計基準について説明する．

図 5.3.33 に示した書込み確率 P の式は J_w を読出し電流密度 J_r に変えれば，読出しのときの誤書込み確率を与える．同式からわかるように，読出しパルス幅の短パルス化，センス電流密度の低減が誤書込み確率低減に寄与する．図 5.3.36 に実験結果を示す．理論式が実験データとよく整合しており，J_r/J_c を 0.5 程度に設定すれば実質上誤書込みは回避できることがわかる．

g. MTJ の信頼性

MRAM は HDD と同様に，磁化の方向で情報を保持する．磁化反転で磁性体が劣化することはないため，原理的に無限の書換え耐性をもち得る．しかし，MTJ 記憶セルには Al-O または MgO からなる約 1 nm の薄いトンネル障壁があり，この寿命確保に留意する必要がある．

（ⅰ）**トンネル障壁の寿命**　平均的な MTJ 素子の絶縁破壊電圧は 1.5 V 程度であり，使用条件での絶縁破壊寿命は 1000 年以上とまったく問題はない．しかし，絶縁破壊寿命の分布はワイブル分布に従うことが知られており，問題となるのは最も寿命の短いセルの寿命である．

磁界書込み MRAM の場合は，読出し時のみ小さい電圧をトンネル障壁に印加すればよいので，信頼性の懸案はない．一方，スピン注入書込み MRAM の場合は，前述のリードディスターブを防ぐ意味でも読出しの 2 倍程度以上の書込み電圧（実際は書込み電流）を印加する必要があるので，注意が必要である．MRAM チップとして寿命を保証するためにはワイブル係数 m を大きくしていく必要がある．すなわち，トンネル障壁の品質バラツキをいかに低減するかが課題である．これは製造技術に依存するため，膨大なデータ蓄積が必要であり現状では信頼性確保が可能かどうかは言及できない．

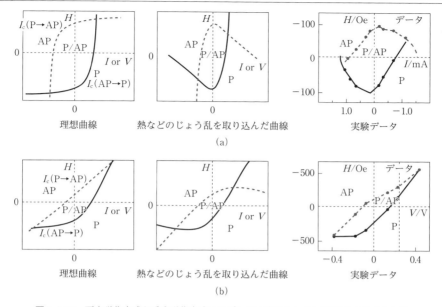

図 5.3.34 面内磁化方式と垂直磁化方式のスピン注入書込みしきい値曲線（H-I または V 曲線）
(a) 面内磁化方式　(b) 垂直磁化方式
図の点線は P（平行磁化状態）から AP（反平行磁化状態）への反転しきい値曲線，同図実線は AP から P への反転しきい値曲線．面内磁化方式の場合，じょう乱が入るとしきい値曲線にベンディングが発生し，高 I または V 領域で I（または V）軸と交わるため，書込み電流を大きくすると誤書込みが発生する．垂直磁化方式の場合，じょう乱が入ってきてもしきい値曲線が I（または V）軸と交わらないため，書込み電流を大きくしても誤書込みが発生しない．
[H. Aikawa, et al., NSEQO Digest, **2009**, 39]

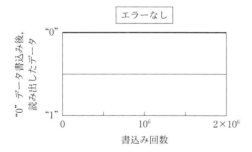

図 5.3.35 誤書込みの発生試験
反転電流値 I_c の 1.6 倍の書込み電流により，"0" データをスピン注入により書き込み，書かれたデータを読み出した．$2×10^6$ 回テストしたが，すべて "0" データが読み出され，一度の誤書込みも発生しなかった．
[H. Yoda, et al., presented at 11th Joint MMM-Intermag Conf. 2010, Digests, AA-02, 15 (2010)]

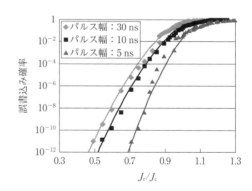

図 5.3.36 誤書込み確率の読出し電流密度 J_r
J_r を大きくすると J_r によるスピン注入磁化反転が起きる（誤書込み）．J_r を J_c の 0.5 倍程度に設定すると実質上問題ないレベルに誤書込みを低減できることがわかる．また，読出し電流のパルス幅を短くすることも誤書込み防止に効果がある．なお，このグラフでは J_c は 30 ns パルスによる反転電流密度である．

h. MRAM のポテンシャル市場とその市場獲得のための課題

　MRAM はその特徴から図 5.3.1 に示したワークメモリ（SRAM と DRAM）を代替するポテンシャルをもつ．一方，MRAM は選択トランジスタを用いるため，現状ではそのセルサイズは $6F^2$ 程度が限度と考えられている．ここで，F はノード．このため，セルサイズが $4F^2$ である NAND フラッシュメモリを代替することは困難である．そこで，以下に DRAM，SRAM を置き換える場合のメリットと課題，さらにはノーマリーオフ機器というキラーアプリ創造の可能性について言及する．

（ⅰ）DRAM の置換え市場　　MRAM の最も大きな

ポテンシャル市場はメインメモリであるDRAMを代替することである．メインメモリが不揮発化となれば，現在はBIOS（basic input/output system）用メモリに記憶されているBIOSとHDDに記憶されているOS（operating system）をメインメモリに常駐させることができる．この結果，図5.3.37に示すように，コンピュータなどの機器は起動時にOSをBIOSやHDDから読み出す必要がなくなり，インスタントオン動作が可能になる．

一般的にDRAMは$6 \sim 8 F^2$の微細なセルサイズでつくられ，しかも$F = 20$ nm世代に向けた高集積化技術が開発されている．DRAM代替を狙うためには，MRAMも最低でも同等の集積度を達成する必要がある．

（ii）**SRAMの置換え市場** 現在までに4 Mbitや，16 MbitのMRAMがEverspin社により製品化されている．用途は，宇宙，航空分野向けとバッテリーバックアップSRAM代替と予想される．前者は，MRAMがソフトエラー耐性に優れていることがおもな理由である．後者はバッテリー交換のメンテフリーになる利点から使用されていると予想される．このクラスのMRAMでも容量的にはCPU向けのキャッシュメモリや，組込み機器のワークメモリ向けのSRAMを代替できる可能性がある．しかし，現在のMRAMは速度がSRAMに比較するとかなり遅く，かつ面積優位性もあまりないなど，中途半端な特性といえる．SRAMすべてを代替するためにはナノ秒オーダーの高速性をもたせることが必要である．

（iii）**混載SRAM，DRAMの置換え市場** MRAMのポテンシャル市場としてはCPUやマイコンに混載されているキャッシュメモリの代替の可能性もある．ほとんどのキャッシュメモリには高速のSRAMが使われている．MRAMはSRAMよりもセルサイズを小さくできる可能性があり，メモリ面積の占める割合が増加している現状を考えると，この用途での期待値は大きい．

現状では10 ns程度のアクセスタイムとなるため，一部の用途でしか使用できない．この用途で広く使われるためには，高集積化と高速化が必要である．

（iv）**新規市場，ノーマリーオフ機器用不揮発性ワークメモリ市場創造の可能性** 以上述べてきた市場は既存メモリの代替市場であり，MRAMのキラーアプリケーションとはいえない．デジタルカメラ用メモリがNANDフラッシュメモリのキラーアプリケーションであったように，MRAMもMRAMでしか実現できないキラーアプリケーションが欲しい．その一候補がノーマリーオフ機器用メモリであろう[41]．

現在のほとんどの機器は使用状態では電源がオン状態であり，それらはノーマリーオン機器とよべる．ノーマリーオフ機器とは，使用状態でも実質的に電源がオフ状態の機器であり，この具現化により大幅な省エネ効果が期待できる．正確に記述すれば，使用状態でも電源がオフとなっている割合が大きい機器を指す．

実際のPCでもCPU（central processing unit）が本当に仕事をしている時間の割合は大きくなく，不必要なときにはCPUの電源もオフにできる．この技術をパワーゲーティング技術とよぶ．パワーゲーティングにさいしては，CPUのオンオフ時にCPU内のデータを不揮発性メモリから読み出し，また不揮発メモリ書き込まなければならない．

現状では，高速かつ低消費電力で動作する不揮発性メモリが存在しないため頻繁にオンオフできないが，MRAMのような不揮発メモリが，さらに高速になり，かつさらに低消費電力で動作するようになれば，オンオフの頻度を上げてオフの割合を大幅に増やすことができる．すなわち，ノーマリーオフが具現化する（図5.3.37）．

要約すると，ノーマリーオフ機器はMRAMのキラーアプリとなる可能性がある．そのためには，いっそうの高速化といっそうの低消費電力化（書込み電流の低減）が必要となる．

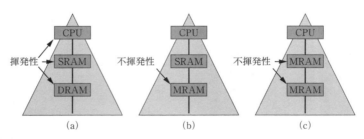

図5.3.37 DRAM，SRAMをMRAMが代替した場合に予想されるシステム変革
(a) ノーマルオン (b) インスタントオン (c) ノーマルオフ
メモリハイアラキーが揮発性のSRAM/DRAMで構成される場合，電源投入時にはアクセス速度の遅いHDDからデータをもらう必要があるため，システムの起動に1分くらいの時間を要する．その結果，常時電源ONとされている．DRAMをMRAMが代替した場合，電源投入時にはMRAMからデータをもらえばよいので，インスタントオンシステムが実現する．SRAM/DRAMをMRAMが代替した場合，高速でMRAMに情報を退避できるので短い時間でもメモリ用の電源をOFFにできる．その結果，実質上ノーマリオフのシステムが実現できる．

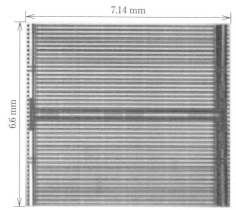

図 5.3.38 64 Mbit STT MRAM(垂直磁化方式)
垂直磁化方式の MTJ を用いて 64 Mbit の MRAM が試作された.
[K. Tsuchida, *et al.*, *2010 IEEE Int. Solid-State Circ. Conf. (ISSCC) Techn. Digest*, 258 (2010)]

プロセス	65 nm CMOS w/4 メタル層
チップサイズ	47.124 mm^2
セルサイズ	0.3584 mm^2
セル専有率	51%*
電圧	1.2 V
マット構成	4 M word×16
機能	SRAM 互換
サイクルタイム @Vdd=1.2 V, RT	30 ns
電力消費 @Vdd=1.2 V/RT/30 ns	7.8 mA@読込み 9.3 mA@書込み

*:(セルサイズ × 64 Mbit)/チップサイズ

磁界書込み MRAM においては選択セルの誤書込み低減技術が開発され,その結果 MRAM が製品化された.その後,大容量化(高集積化)を期待し,それを目指したスピン注入書込み MRAM の研究が活性化し,垂直磁化方式の MTJ の提案とその開発進捗により書込み電流値の大幅低減などをはじめとする本質的な課題は克服された.図 5.3.38 に示すように,垂直磁化方式の MTJ を用い 64 Mbit のスピン注入 MRAM も試作されるようになった.現在は製品化を狙った開発がされている状況である.

垂直磁化方式の MTJ を用いた MRAM は良好なスケーラビリティを有するため,特性バラツキを制御する技術さえ構築できれば,低消費電力化が必要な携帯機器分野のみならず,DRAM の置換えとしても使用されることになる可能性を秘めているといえる.

文　献

1) J. Slonczewski, *Phys. Rev. B*, **39**, 6995 (1989).
2) L. Berger, *Phys. Rev. B*, **54**, 9353 (1996).
3) F. J. Albert, *et al.*, *Phys. Lett.*, **89**, 226802 (2002).
4) Y. Huai, *et al.*, *Appl. Phys. Lett.*, **84**, 3118 (2004).
5) M. Hosomi, *et al.*, *IEDM Tech. Digest*, **2005**, 459.
6) M. Durlam, *et al.*, *IEDM Tech. Digest*, **2003**, 995.
7) H. Yoda, *et al.*, *IEEE Trans. Magn.*, **42**, 2724 (2006).
8) T. Miyazaki, N. Tezuka, *J. Magn. Magn. Mater.*, **139**, L231 (1995).
9) J. S. Moodera, *et al.*, *Phys. Rev. Lett.*, **74**, 3273 (1995).
10) M. N. Baibich, *et al.*, *Phys. Rev. Lett.*, **61**, 2472 (1988).
11) Binasch, *et al.*, *Phys. Rev. B*, **39**, 4828 (1989).
12) L. Savtchenko, *et al.*, U. S. Pat. 6,545,906
13) W. H. Butler, *et al.*, *Phys. Rev. B*, **63**, 054416 (2001).
14) S. Yuasa, *et al.*, *Nat. Mater.*, **3**, 868 (2004).
15) S. S. P. Parkin, *et al.*, *Nat. Mater.*, **3**, 862 (2004).
16) S. Mangin, *et al.*, *Nat. Mater.*, **5**, 210 (2006).
17) H. Meng, *et al.*, *Appl. Phys. Lett.*, **88**, 172506 (2006).
18) H. Yoda, *et al.*, *7th IWFIPT*, Session IIIc (2007).
19) T. Kishi, *et al.*, *IEDM Digest*, **2008**, 12-6.
20) T. Daibou, *et al.*, *11th Joint MMM-Intermag Conf. 2010 Digest*, DA-08 (2010).
21) H. Yoda, *et al.*, *Current Appl. Phys.*, **10**, e87 (2010).
22) D. D. Djayaprawira, *et al.*, *Appl. Phys. Lett.*, **86**, 092502 (2005).
23) T. Maruyama, *et al.*, *Nat. Nanotech.*, **4**, 158 (2009).
24) M. Nakayama, *et al.*, *J. Appl. Phys.*, **103**, 07A710 (2008).
25) T. Nagase, *et al.*, presented at American Physical Society March Meeting (2008).
26) H. Yoda, *et al.*, *Meeting Abs. MA 2008-2, PRIME 2008*, abs. 2108 (2008).
27) T. Min, *et al.*, *Digest MMM*, **2008**, DB-02.

5.3.2 磁壁移動素子

磁壁はある幅をもち,その中ではスピンの向きが一方の磁区のスピン方向からもう一方の磁区のスピンの向きへと角度を変えながら連続的に遷移している.磁化方向を電気的に制御するにあたって,電流を流すことによって磁壁が移動する現象を電流誘起磁壁移動とよび,1980 年代から研究が続けられてきた[1].磁壁に電流を右から左へ流すと,伝導電子が左から右に磁壁を横切って進む.このとき,伝導電子のスピンは磁気モーメントに沿って回転し,スピンの方向が変化する.このことは伝導電子のスピン角運動量が変化したことを示す.角運動量保存則から,この角運動量の変化分は,相互作用の相手である磁壁中の磁気モーメントへ移動したこととなり,結果として,磁壁中の磁気モーメントが回転し,電子の移動方向に磁壁が移動することとなる.電流誘起磁壁移動の研究はここ数年で,実験的研究[2~17]や理論的研究[18~27]が急速に進んだ.そして,これを用いた新しいデバイスの提案がなされてきた[28~33].

a. LLG シミュレーションによる電流誘起磁壁移動

実験的研究を進めるにあたって，実際に扱う磁性体が，その磁気特性や素子形態によっていかなる磁壁移動特性を示すかをあらかじめ予想することが必要となる．以下のランダウ-リフシッツ-ギルバート（LLG）方程式を用いたマイクロマグネティクス計算により，面内磁化膜の場合と垂直磁化膜の場合との比較が行われている[24〜26]．

$$\dot{m} = -|\gamma|m \times H + \alpha m \times \dot{m} - (u\cdot\nabla)m - \beta m \times (u\cdot\nabla)m \quad (5.3.1)$$

ここで，m は磁化，γ はジャイロ磁気定数，H は実効磁界，α はダンピング定数である．右辺第2項までが古典的なLLG方程式に相当し，これにスピン偏極電流密度 u の効果が右辺第3項，第4項として付け加えられたものである[22]．スピン偏極電流密度 u は［m s^{-1}］の次元をもち，一般的な電流密度（j［A m^{-2}］）との間には，次式のような関係がある．

$$u = \frac{gP\mu_B}{2eM_s}j \quad (5.3.2)$$

ここで，g はランデの g 因子，P は分極率，μ_B はボーア磁子，e は電子の素電荷，M_s は飽和磁化である．たとえば，Ni-Fe の場合には $j=1\times10^{12}$［A m^{-2}］のとき $u=50$［m s^{-1}］となる．

LLG方程式の右辺第3項，第4項の意味は以下のように説明される．まず右辺第3項は，断熱効果でのスピントランスファートルクの効果であり，① 伝導電子のスピン磁気モーメントの方向は必ずローカルな磁気モーメントと同方向を向き，かつ② 伝導電子の移動に伴うスピン磁気モーメントの変化分はすべてローカルな磁気モーメントへと伝達されるという仮定のもとで導かれる[19, 20]．これに対して，右辺第4項はスピントランスファートルクの非断熱効果，すなわち磁気モーメントの授受の過程でエネルギーの散逸が起こる効果を表し，β 項ともよばれている[22]．この β 項については現在も議論が行われており[20, 23]，比例係数である β を測定する試みも進められている．

上記LLG方程式で，電流誘起磁壁移動の過程でスピン偏極した伝導電子が磁壁内の磁化に及ぼすトルクの方向を，面内磁化膜と垂直磁化膜のそれぞれについて図5.3.39 に模式的に示す．磁壁移動の駆動力となるスピントランスファートルクによる磁化回転は，ダンピング項によるほかの方向への回転を誘発し，このダンピング項による回転は磁壁移動にブレーキをかける．ここで磁壁移動の駆動力は磁壁幅が狭いほど大きいため，磁壁幅の狭い垂直磁化膜の方が磁壁幅の広い面内磁化膜に比べて大きくなる．また，磁壁移動に働くブレーキは困難軸磁気異方性が小さいほど小さくなるため，垂直磁化膜の方が小さくなる．これは，面内磁化膜では膜面垂直方向への磁化回転が求められ，このときの膜面垂直方向の反磁界により困難軸磁気異方性が大きくなるためである．したがって，垂直磁化膜は面内磁化膜に比べて駆動力は大きく，ブレーキは小さく，これらにより低電流密度での電流誘起磁壁移動が可

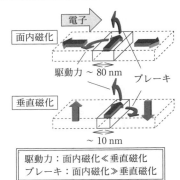

図 5.3.39 面内磁化膜と垂直磁化膜における電流誘起磁壁移動のさいの磁壁磁化に作用するトルクの方向

能となる．

図 5.3.40 に，LLG方程式による，垂直磁化細線と面内磁化細線においてノッチによりトラップされた磁壁を磁場あるいは電流で駆動するさいの，しきい値磁場としきい値電流密度のノッチ深さ依存性を示す[25]．面内磁化膜は $M_s=8\times10^5$ A m^{-1}，$K_u=0$，垂直磁化膜は $M_s=6\times10^5$ A m^{-1}，$K_u=4\times10^5$ J m^{-3}，$A=1.0\times10^{-11}$ J m^{-1}，$\alpha=0.02$，$\beta=0.04$ としている．垂直磁化では面内磁化に比べて，しきい値電流密度は約1桁小さい一方で，しきい値磁場は約1桁大きい．電流誘起磁壁移動をメモリなどに応用する場合，書込み電流は小さくしたい一方で外乱磁場耐性や熱じょう乱耐性は高くしたい．この要望に対して垂直磁化は優れた性質をもっている．たとえば，垂直磁化ではしきい値電流密度 $U_{th}\sim10$ m s^{-1} とすると，分極率 P が 0.5 の場合，しきい値電流は 0.05 mA と小さい一方で，外乱磁場耐性に相当するしきい値磁場は数百 Oe と大きい．

b. 面内磁化による磁壁移動素子

初期の電流誘起磁壁駆動の実験は，代表的な面内磁化膜である Ni-Fe（パーマロイ）を細線状に加工した素子を評価することから始められた[2]．幅 240 nm，厚さ 10 nm の Ni-Fe 細線に磁壁を導入し，電流密度 1.2×10^{12} A m^{-2}，パルス幅 0.5 μs の電流を1パルスずつ入れた後での磁気力顕微鏡観察の結果，電流と反対の方向に1パルスごとに磁壁が移動する結果が得られている．また，図 5.3.41 には，幅 200 μm，長さ 6 μm の Ni-Fe 細線に形成された複数の磁壁を，電流密度 $\pm2\times10^{12}$ A m^{-2}，パルス幅 35 ns の電流で駆動することによって，磁壁の有無による電極間の抵抗変化を測定し，シフトレジスタとしての動作を確認した結果を示す[29]．複数の磁壁を一方向の電流により，電流方向と逆の方向に一斉に移動させることができている．

図 5.3.42 に，幅 100〜300 nm，膜厚 10 nm，30 nm の Ni-Fe 細線の磁壁移動のためのしきい値電流密度としきい値磁場との関係を示す[28]．1×10^{12} A m^{-2} 程度で磁壁移動するときのしきい値磁場は 5 Oe 程度と小さい．3×10^{12} A m^{-2}，15 Oe 程度まではしきい値電流密度としきい値磁場とは比例関係を示しているが，それ以降は比例関係から

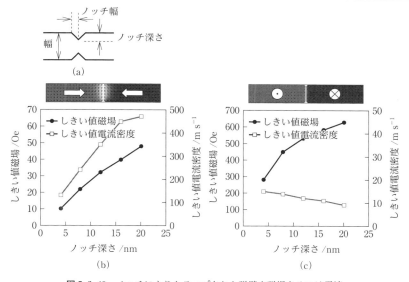

図 5.3.40 ノッチによりトラップされた磁壁を磁場あるいは電流で駆動するさいのしきい値磁場としきい値電流密度
(a) 磁性細線のノッチ構造 (b) 面内磁化 (c) 垂直磁化
[T. Suzuki, N. Ishiwata, et al., J. Appl. Phys., **103**, 113913 (2008)]

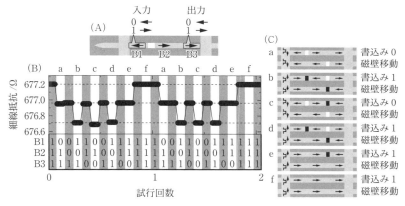

図 5.3.41 Ni-Fe 細線素子のシフトレジスタとしての動作
[M. Hayashi, S. S. P. Parkin, et al., Science, **320**, 209 (2008)]

外れる。この原因として発熱による温度上昇の影響が考えられている。図 5.3.43 は磁壁移動速度の磁場および電流密度依存性である[28]。10 Oe 程度の小さな磁場で磁壁速度は極大となり,その後は減少する。これは磁壁の伝搬モードが変わるためで,ウォーカーブレイクダウン(Walker breakdown)とよばれ[27],前述の極大値を与える磁場をウォーカーブレイクダウン磁場とよぶ。これ以上での磁壁移動のさいには磁壁の構造が変化する。しきい値磁場 5 Oe 以下では,磁場だけでは磁壁は移動しないが,電流を流すことで移動する。磁場が 0 Oe であっても,1.5×10^{12} A m^{-2} で 110 m s^{-1} の速度が確認されている。

以上のように,代表的な面内磁化膜である Ni-Fe を細線化した素子においては,最初の磁壁の電流駆動実験の成功を機に,詳細な検討が進められてきた。そして,1×10^{12} A m^{-2} 程度のしきい値電流密度を得るためには,磁壁が動き出すしきい値磁場を 5 Oe 程度に小さくすることや微弱な磁場印加が必要なことが明らかとなってきた。電流誘起磁壁駆動のメモリなどへの応用を考えた場合には,しきい値磁場を大きくすることが課題として明らかになってきている。

c. 垂直磁化による磁壁移動素子

LLG シミュレーションによれば,垂直磁化を用いた場合は面内磁化の場合に比べて,しきい値電流密度が下がる一方で,しきい値磁場を大きくできることが期待される。

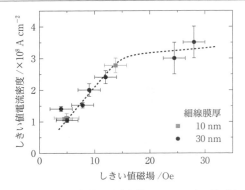

図 5.3.42 Ni-Fe 細線の磁壁移動のためのしきい値電流密度としきい値磁場の関係
[S. S. P. Parkin, M. Hayashi, L. Thomas, *Science*, **320**, 190 (2008)]

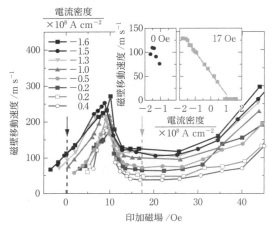

図 5.3.43 Ni-Fe 細線の磁壁移動速度の磁場および電流密度依存性
[S. S. P. Parkin, M. Hayashi, L. Thomas, *Science*, **320**, 190 (2008)]

垂直磁化を用いた最初の実験は，強磁性半導体を用いて行われた．これは，III-V 属化合物半導体 GaAs に磁性元素の Mn をパーセントオーダー添加した垂直磁化膜を段差構造に加工し，段差部に磁壁をトラップする素子を用いた 80 K 程度の低温での実験である[4]．0.3 mA, 100 ms のパルス電流方向と反対方向への磁壁移動が MOKE (magneto-optical Kerr microscopy) により観測されている．電流密度は 1×10^9 A m^{-2} 以下と小さい．

一方，強磁性金属による垂直磁化膜を用いた実用的な電流誘起磁壁駆動特性が，Co/Ni 積層膜によって確認された[14,15]．図 5.3.44 は，Co/Ni 積層膜細線を用いた電流誘起磁壁移動の実験系を示す．A 電極に流す電流による磁場により Co/Ni 細線に磁壁が導入される．Co/Ni 細線の途中には，ホール効果を検出するための，Ta 細線によるホールプローブが設けられている．電流により移動する磁壁が，Ta 細線に重なる部分を通過すると，Co/Ni 細線部

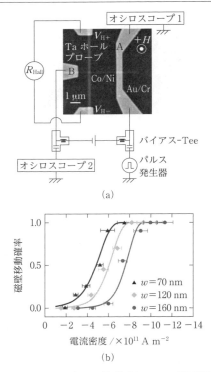

図 5.3.44 Ta ホールプローブを設けた Co/Ni 積層膜細線素子の電流誘起磁壁移動評価
(a) 評価回路 (b) 評価特性
[H. Tanigawa, T. Ono, *et al.*, *Appl. Phys. Express*, **2**, 053002 (2009)]

の磁化方向に対応したホール電圧の変化が検出され，磁壁の移動を確認することができる．図 5.3.44 に，電流により磁壁が駆動する確率の電流密度依存性を示す．最線幅が 160 nm, 120 nm, 70 nm と狭くなるに従って，しきい値電流密度は 8×10^{11} A m^{-2} から 5×10^{11} A m^{-2} へと減少する．この細線幅に依存した電流密度の変化は理論と整合している．

図 5.3.45 に，Co/Ni 積層膜を用いた素子の磁壁移動しきい値電流の素子幅依存性を示す[16]．この素子では Co/Ni パタンの両端に Co/Pt 積層膜を積層した磁化固定部を設け，外部磁場により Co/Ni に磁壁を導入している．素子幅の減少に伴ってしきい値電流は減少し，100 nm 以下で 0.1 mA 程度の電流，電流密度としては 3×10^{11} A m^{-2} 程度での磁壁移動が確認されている．

電流誘起磁壁移動現象をデバイス応用するさいに重要なのが磁壁移動速度である，前述の Co/Ni 積層膜では 60 m s^{-1} 程度の速度が確認されている[32]．一方で，Pt/Co/Al-O 系垂直磁化膜では 400 m s^{-1} に近い速度を確認したとの報告がされている．磁壁移動速度は電流密度に比例するが，この実験では印加電流パルス長を 1 ns と短くすることで素子の発熱の影響をなくした結果，3×10^{12} A m^{-2} を超える電流密度を導入することで 400 m s^{-1} に近い速度

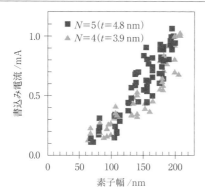

図5.3.45 Co/Ni 積層膜素子のしきい値電流の素子幅依存性
[S. Fukami, N. Ishiwata, *et al., Appl. Phys. Lett.*, **95**, 232504 (2009)]

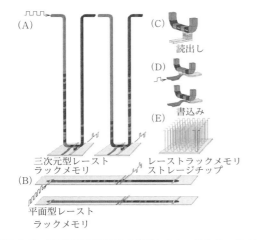

図5.3.46 電流誘起磁壁移動を応用したレーストラックメモリのコンセプト
[S. S. P. Parkin, M. Hayashi, L. Thomas, *Science*, **320**, 190 (2008)]

を確認することに成功している[17]．以上のように，垂直磁化を用いた電流誘起磁壁移動の実験では，強磁性半導体を用いた基礎的な実証実験に端を発し，実用的な金属磁性体での動作実証がなされてきた．垂直磁化での電流誘起磁壁駆動の大きな特徴は，LLG シミュレーションで予測されたように，大きいしきい値磁場を有しながらも小さい電流密度での磁壁移動が確認されている点である．今後のデバイスへの応用展開が期待される段階に入った技術といえる．

d. 新しいデバイスへの応用

（i）**レーストラックメモリ**　この新しいメモリは，強磁性体の細線を競技用トラック（track）と見立て，その上をデータが駆けめぐる（race）ことから，レーストラックメモリ（racetrack memory）と名づけられている（図5.3.46）．細線に形成される磁区間の磁壁が，磁区を通過しスピン偏極した電子によって，電子の移動する方向に移動する．よって，複数の磁区が同時に移動する．現在，複数の磁壁の同時移動を実現しているものとして，Ni-Fe 面内磁化膜を用いた例と[29]，Co/Ni 積層垂直磁化膜を用いた例[33] とが報告されている．レーストラックメモリでは，可動部品がないために機械的に磨耗せず，電子スピンを用いてデータを格納するため，消耗することなく無限に書換えを行うことが可能となる．

（ii）**MRAM 用 2T1R セル**　二つのセルトランジスタと一つの磁性体素子からなる MRAM セル（2T1R セル）は，250 MHz という高速動作を実現し，従来，数十 MHz であった MRAM の動作速度を，SRAM と同等の高速動作にまで引き上げた[34]．この 2T1R セルの磁性体素子に，電流誘起磁壁移動技術を適用した素子のコンセプトを図5.3.47 に示す[35]．左右の磁化固定したスピン注入源間の磁壁移動領域を磁壁が移動することによって，「0」「1」情報を書き込む．スピン注入源を通った電子はスピン偏極し，磁壁磁化に駆動トルクを与える．このトルクにより磁壁が移動することで中央部分の磁化反転がもたらされる．

一方，磁壁移動部の磁化反転に対応した MTJ の磁気抵抗効果により，情報を読み出すことができる．磁性体素子は 3 端子となり，読出し時の電流経路は書込み時の電流経路と異なる．書込み時には電流はトンネルバリアを流れないことから，トンネルバリアの劣化が抑制される．また，読出しディスターブの低減が期待される．さらに，素子の微細化に伴って，原理的に書込み電流が低減し，かつ，書込み速度が向上する．以上のように，電流誘起磁壁移動技術を適用することによって，高速混載 MRAM に適した 2T1R セルに対応するスケーラブルな MRAM 素子の実現が期待される．

磁壁移動層に Co/Ni 積層垂直磁化膜を用いた 4 kbit メモリアレイの書込み・読出しの繰り返し評価の結果が報告されている[32,35]．「0」「1」情報の書込み電流に対応した MTJ の抵抗の変化が，正常に読み出されている（図5.3.47）．また，磁壁移動型素子の熱安定性を検討するために，磁壁移動のしきい値磁場の異なる素子において，書き込み電流とエネルギーバリアのしきい値磁場との関係が検討され[32,35]，書込み電流はしきい値磁場に敏感でないと

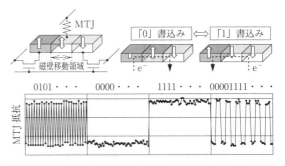

図5.3.47 電流誘起磁壁移動を応用した MRAM 用 2T1R セルのコンセプト
[N. Ishiwata, T. Sugibayashi, *et al., Magn. Jpn*, **5**, 178 (2010)]

いう理論[19,25)]と整合する結果が得られている．一方で，エネルギーバリアはしきい値磁場に比例の関係にある．この結果から，磁壁移動型素子は熱安定性と書込み電流を独立に制御できるという，スケーリングに対して有利な特性を有することが確認されている．

e. まとめと今後の展望

電流誘起磁壁移動技術では，面内磁化を用いた場合，複数磁壁の同時移動が実現された一方で，電流密度を下げるためには，しきい値磁場を数 Oe 程度に低減することや微弱な磁場を印加することが必要であることが明らかにされてきた．一方，垂直磁化を用いた場合では，強磁性半導体を用いた実証実験に端を発し，実用的な金属強磁性体を用いてのメモリ動作や複数磁壁の同時移動の実証がなされてきた．垂直磁化を用いたときに重要な点は，大きいしきい値磁場を有しながらも小さい電流密度で磁壁移動する点である．この特性はストレージやメモリへの応用を想定した場合に好ましい特性である．提案されている新しいデバイスへの応用展開が期待される有望な分野に成長してきたことが伺える．

文　献

1) L. Berger, *J. Appl. Phys.*, **55**, 1954 (1984).
2) A. Yamaguchi, T. Ono, S. Nasu, K. Miyake, K. Mibu, T. Shinjo, *Phys. Rev. Lett.*, **92**, 077205 (2004).
3) N. Vernier, D. A. Allwood, D. Atkinson, M. D. Cooke, R. P. Cowburn, *Europhys. Lett.*, **65**, 526 (2004).
4) M. Yamanouchi, D. Chiba, F. Matsukura, H. Ohno, *Nature*, **428**, 539 (2004).
5) E. Saitoh, H. Miyajima, T. Yamaoka, G. Tatara, *Nature*, **432**, 203 (2004).
6) M. Kläui, *et al.*, *Phys. Rev. Lett.*, **94**, 106601 (2005).
7) D. Ravelosona, D. Lacour, J. A. Katine, B. D. Terris, C. Chappert, *Phys. Rev. Lett.*, **95**, 117203 (2005).
8) A. Yamaguchi, K. Yano, H. Tanigawa, K. Kasai, T. Ono, *Jpn. J. Appl. Phys.*, **45**, 3850 (2006).
9) G. S. D. Beach, C. Knutson, C. Nistor, M. Tsoi, J. L. Erskine, *Phys. Rev. Lett.*, **97**, 057203 (2006).
10) M. Hayashi, L. Thomas, Ya. B. Bazaliy, C. Rettner, R. Moriya, X. Jiang, S. S. P. Parkin, *Phys. Rev. Lett.*, **96**, 197207 (2006).
11) L. Thomas, M. Hayashi, X. Jiang, R. Moriya, C. Rettner, S. S. P. Parkin, *Nature*, **443**, 197 (2006).
12) M. Hayashi, L. Thomas, C. Rettner, R. Moriya, Ya. B. Bazaliy, S. S. P. Parkin, *Phys. Rev. Lett.*, **98**, 037204 (2007).
13) D. Ravelosona, S. Mangin, J. A. Katine, E. E. Fullerton, B. D. Terris, *Appl. Phys. Lett.*, **90**, 072508 (2007).
14) T. Koyama, G. Yamada, H. Tanigawa, S. Kasai, N. Ohshima, S. Fukami, N. Ishiwata, Y. Nakatani, T. Ono, *Appl. Phys. Express*, **1**, 101303 (2008).
15) H. Tanigawa, T. Koyama, G. Yamada, D. Chiba, S. Kasai, S. Fukami, T. Suzuki, N. Ohshima, N. Ishiwata, Y. Nakatani, T. Ono, *Appl. Phys. Express*, **2**, 053002 (2009).
16) S. Fukami, Y. Nakatani, T. Suzuki, K. Nagahara, N. Ohshima, N. Ishiwata, *Appl. Phys. Lett.*, **95**, 232504 (2009).
17) T. A. Moore, M. Miron, H. Szambolics, D. Heese, H. Ouslimani, G. Gaudin, S. Auffret, B. Rodmacq, A. Schuhl, S. Pizzini1, J. Vogel, *Digest 11th Joint MMM-Intermag Conf.*, **2010**, 1298.
18) G. Tatara, H. Kohno, *Phys. Rev. Lett.*, **92**, 086601 (2004).
19) G. Tatara, T. Takayama, H. Kohno, J. Shibata, Y. Nakatani, H. Fukuyama, *J. Phys. Soc. Jpn.*, **75**, 064708 (2006).
20) S. Zhang, Z. Li, *Phys. Rev. Lett.*, **93**, 127204 (2004).
21) X. Waintal, M. Viret, *Europhys. Lett.*, **65**, 427 (2004).
22) A. Thiaville, Y. Nakatani, J. Miltat, Y. Suzuki, *Europhys. Lett.*, **69**, 990 (2005).
23) S. E. Barnes, S. Maekawa, *Phys. Rev. Lett.*, **95**, 107204 (2005).
24) S. Fukami, T. Suzuki, N. Ohshima, K. Nagahara, N. Ishiwata, *J. Appl. Phys.*, **103**, 07E718 (2008).
25) T. Suzuki, S. Fukami, N. Ohshima, K. Nagahara, N. Ishiwata, *J. Appl. Phys.*, **103**, 113913 (2008).
26) S. W. Jung, W. Kim, T. D. Lee, K. J. Lee, H. W. Lee, *Appl. Phys. Lett.*, **92**, 202508 (2008).
27) N. L. Schryer, L. R. Walker, *J. Appl. Phys.*, **45**, 5406 (1974).
28) S. S. P. Parkin, M. Hayashi, L. Thomas, *Science*, **320**, 190 (2008).
29) M. Hayashi, L. Thomas, R. Moriya, C. Rettner, S. S. P. Parkin, *Science*, **320**, 209 (2008).
30) D. A. Allwood, G. Xiong, M. D. Cooke, C. C. Faulkner, D. Atkinson, N. Vernier, R. P. Cowburn, *Science*, **296**, 2003 (2002).
31) H. Numata, T. Suzuki, N. Ohshima, S. Fukami, K. Nagahara, N. Ishiwata, N. Kasai, *Symp. VLSI Tech.*, *Dig. Tech. Pap.*, **2007**, 232.
32) S. Fukami, T. Suzuki, K. Nagahara, N. Ohshima, Y. Ozaki, S. Saito, R. Nebashi, S. Sakimura, H. Honjo, K. Mori, C. Igarashi, S. Miura, N. Ishiwata, T. Sugibayashi, *Symp. VLSI Tech.*, *Dig. Tech. Pap.*, **2009**, 230.
33) D. Chiba, G. Yamada, T. Koyama, K. Ueda, H. Tanigawa, S. Fukami, T. Suzuki, N. Ohshima, N. Ishiwata, Y. Nakatani, T. Ono, *Appl. Phys. Express*, **3**, 073004 (2010).
34) N. Sakimura, T. Sugibayashi, R. Nebashi, H. Honjo, S. Saito, Y. Kato, N. Kasai, *Asian Solid-State Circuits Conf. Proc. Tech. Pap.*, **2007**, 216.
35) N. Ishiwata, S. Fukami, T. Suzuki, N. Ohshima, K. Nagahara, S. Miura, T. Sugibayashi, *Magnet. Jpn*, **5**, 178 (2010).

5.3.3　高周波素子

a. スピントルク発振器の基本的な性質

二つの強磁性層を含む巨大磁気抵抗素子やトンネル磁気抵抗素子を 100 nm×100 nm 程度の接合面積をもつピラー状の素子に加工して通電すると，磁化の歳差運動が誘起され自励発振に至る．この現象はスピントルク発振あるいはスピントランスファー発振などとよばれる．また，スピントルク発振を起こす素子をスピントルク発振器（spin-torque oscillator, STO）とよぶ．図 5.3.48 に面内磁化をもつ STO の模式図を示す．素子はスピン注入磁化反転を示す素子と基本的に同じ構造をしている．膜厚の大きな層は磁化固定層であり，膜厚が 2 nm 前後のごく薄い磁性層

が発振層である．電流に含まれる電子のスピンは磁化固定層により偏極されたのち，発振層に注入される．注入されたスピン角運動量は発振層に移行し，発振層の磁化の歳差運動の増幅が起こる．この結果，通常はスピン注入磁化反転が生じるが，反転を阻止する方向に外部から磁界を印加すると歳差運動の増幅が途中で止まり磁化が同じ軌道上で歳差運動を続ける定常状態に至る．歳差運動の周波数は通常は数GHz程度である．発振層の磁化が歳差運動すると固定層の磁化との相対角が周期的に振動するために素子抵抗も振動的に変化する．素子には直流電流が印加されているため，結果的に高周波電圧が素子両端に発生する．これがスピントルク発振である．

上述したようにして得られた発振出力の測定例を図5.3.49に示した[1]．発振出力は当初の巨大磁気抵抗素子では数pW程度であったが，その後，複数の素子を同期発振させることにより数nW程度の出力が得られるようなった[2,3]．さらに，より磁気抵抗効果の大きなトンネル磁気抵抗素子においてスピントルク発振が実現すると数百nWから数µW程度の発振出力が得られるようになった[4,5]．

発振周波数を発振の線幅で割ったものをQ値（quality factor）とよぶ．図5.3.48に示したピラー型の素子（図5.3.50(a)）は10から100程度の比較的小さなQ値を示すが，連続膜上に小さな電気接続を行ったポイントコンタクト型（図5.3.50(b)）の巨大磁気抵抗STOでは磁界の印加方向を膜面から垂直方向に傾けることにより20 000程度のQ値が[6]，同様な構造をもつトンネル磁気抵抗STOでは3000以上のQ値が[7]実現している．これは，ポイントコンタクト型には加工時の側壁へのダメージがないためではないかと考えられている．また，比較的膜厚と直径の大きな発振層を用いることにより発振層内部にボルテクス磁区をつくり，電流の注入により渦（ボルテクス）中心が回転するように発振する素子（図5.3.50(c)）では数百MHzの比較的低い発振周波数と6400という高いQ値が得られている[8]．さらに，発振層に面内磁化膜を磁化固定相に垂直磁化膜を用いたものが提案されている（図5.3.50(d)）[9]．この構造では原理的に発振のしきい値電流がゼロであり，発振周波数が電流に比例するという特徴が期待されている[10]．図5.3.50には，いろいろな構造のSTOをまとめて示した[11,12]．

面内磁化をもつSTOの発振相図（外部磁界と電流に対して素子の磁化状態をマッピングしたもの）を図5.3.51に示す[1]．外部磁界がない場合（図中(ⅰ)の点線）は電流ゼロでは磁化は平行（P）と反平行（AP）の2値状態を示し，負の大きな電流についてはAP状態が，正の大きな電流についてはP状態が安定化する．電流ゼロの状態でP状態を安定化する負の磁界を加えると（図中(ⅱ)の点線）P状態が安定となる．最後に，P状態を安定化する大きな磁界を印加した状態（図中(ⅲ)の点線）で，P状態を安定化する電流を印加しても，もちろんP状態が安定なまま

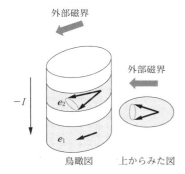

図5.3.48 スピントルク発振素子の概略図
e_1，e_2 はそれぞれ磁化固定層および発振層の磁化の方向ベクトル．通常の物質では正の電流は，磁化の平行配置を安定化する．

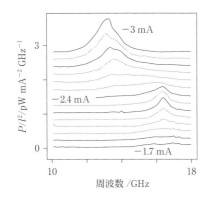

図5.3.49 GMR膜からつくったスピントルク発振器の発振スペクトルの一例
電流が増加すると発振周波数が減少する様子が見られる．
[S. I. Kiselev, D. C. Ralph, *et al.*, *Nature*, **425**, 380 (2003)]

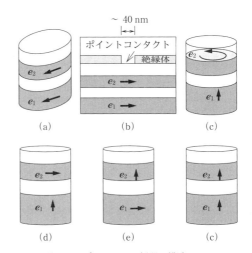

図5.3.50 種々のスピントルク発振器の構造
(a)，(c)〜(f) はピラー型，(b) はポイントコンタクト型，(c) は発振層の磁化が磁気渦をつくっておりボルテクス型とよばれる．この例では上部磁性層が発振層である．

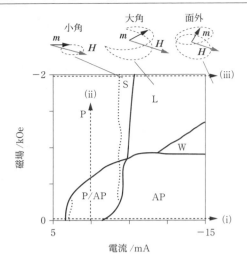

図 5.3.51 面内磁化をもつピラー型スピントルク発振器の発振相図
磁化の平行配置を安定化する電流を正に,磁場を負にとる.各相の説明は本文参照.
[S. I. Kiselev, D. C. Ralph, *et al., Nature*, **425**, 380 (2003)]

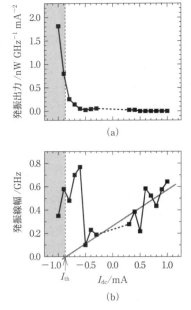

図 5.3.52 発振出力と発振線幅の電流依存性
(a) 発振出力　(b) 発振線幅
[R. Matsumoto, A. Fert, *et al., Phys. Rev. B*, **80**, 174405 (2009)]

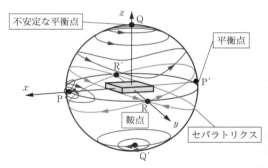

図 5.3.53 面内磁化を示すナノピラーの発振層の磁化方向に対する等エネルギー曲線

である.しかし,AP 状態を安定化する電流を流すと,ある電流以上で発振状態が現れる.電流が比較的小さいと熱的に励起された磁気共鳴に対応する出力スペクトルが観察される.このとき磁化は面内の安定方向のまわりで揺らいでおり(図 5.3.51 領域 S),出力スペクトルはマグノイズとよばれる.電流が大きくなると線幅が電流に対して線形に細くなる(図 5.3.52)[13].このまま電流を増やしても線幅はゼロにはならないが,線形領域のグラフを線幅がゼロになるところまで外挿して得られた電流値のあたりで高周波出力が急激な増大を示す.この電流を発振のしきい値電流とよぶ.この時点では磁化の運動は面内の安定方向を中心とする楕円軌道である(図 5.3.51 領域 L).電流を増加すると楕円半径が増大するとともに周波数が減少する.さらに電流を増やすと磁化は直面軸のまわりで歳差運動をするようになり(図 5.3.51 枠外),周波数も電流の増大とともに高くなるように変わる.

面内に磁化容易軸をもつ磁気セルの磁化方向に対する等エネルギー曲線を図 5.3.53 に示す.ダンピングがない場合,磁化はこれらの等エネルギー線に沿って歳差運動をする.面内の磁化が安定な方向は安定点な平衡点(stable equilibrium points)とよばれる(図中 P, P′).この磁気セルは面内に磁化容易軸をもつため面直方向は磁化困難軸となる.図で北極 Q と南極 Q′ の方向は不安定な平衡点(unstable equilibrium points)とよばれる.これに対して面内の磁化困難方向(R, R′)も不安定な平衡点であるが,この点から面内方向に移動するとエネルギーが下がり,面直方向に移動するとエネルギーが上がることから鞍点(saddle points)とよばれる.安定な平衡点(P, P′)および不安定な平衡点(Q, Q′)のまわりには楕円型の歳差運動

の軌道が見られる.一方,鞍点を通る軌道は前記の二つの領域を分離しておりセパラトリクス(separatrix)とよばれる.この軌道上の運動は鞍点で分岐するように見えるが,実際には鞍点に到達するために無限の時間を要するため古典力学の決定論や因果律に反することはない.さて,発振においてはダンピングにより減じるエネルギーをスピン注入トルクが補うことにより定常状態をたもつ.そのため,軌道はここで示した等エネルギー線と近いものになる.小さな電流では発振は P 点のまわりの小さな楕円軌道である.電流が増大すると軌道が大きくなりセパラトリクスに近づくとともにその周期が長くなる.さらに,電流が大きくなると軌道はセパラトリクスより北側を回る周回軌道となるがその周期は長い.さらに電流が増大すると軌道は北極に近づき周期がふたたび短くなる.

b. スピントルク発振器の動力学

電流が印加されている巨大磁気抵抗素子やトンネル磁気抵抗素子の磁化自由層(発振層)の磁化ダイナミクスは,ランダウ-リフシッツ-ギルバート方程式(LLG方程式)にスピントランスファートルクを加えることによりよく説明される.とくに 100 nm以下の小さな素子では磁気セルの内部の磁区構造を無視して,磁化が一体として運動しているとする仮定(マクロスピン近似)が比較的良い近似となっている.

$$\frac{d\bm{S}_2}{dt} = \gamma \bm{S}_2 \times \bm{H}_{\text{eff}} - \alpha \bm{e}_2 \times \frac{d\bm{S}_2}{dt} + T_{\text{ST}} V \bm{e}_2 \times (\bm{e}_1 \times \bm{e}_2)$$
(5.3.3)

ここで,$\bm{S}_2$は発振層の全角運動量,tは時間,$\bm{e}_2$と$\bm{e}_1$は,それぞれ発振層と磁化固定層の全角運動量の方向ベクトル,$\bm{H}_{\text{eff}}$は異方性磁界,磁化固定層からの漏れ磁界と外部磁界,さらに熱によるストカスティックフィールド$\bm{H}_{\text{stochastic}}$の和である.$\gamma$は磁気ジャイロ定数($\gamma<0$),$\alpha$はギルバートのダンピング定数($0<\alpha\ll1$),$T_{\text{ST}}$はスピントランスファートルクの係数,$V$は印加電圧である.ここで,第1項は磁界による歳差運動を,第2項はその減衰を,第3項はスピントランスファートルクを表している.簡単のためにフィールドライクトルクの項[14]と電圧印加による磁気異方性変化に起因するトルクの項[15]は無視した.$\bm{H}_{\text{eff}}$は磁気的なエネルギーUから以下のように求められる.

$$\bm{H}_{\text{eff}} = -\frac{1}{\gamma}\nabla_S U + \bm{H}_{\text{stochastic}}$$
(5.3.4)

また,発振層の全角運動量Sと全磁気モーメントMの間には$\gamma S = \mu_0 M$という関係がある.μ_0は真空の透磁率である.ここで,複素変数cを以下のように定義すると,

$$c \equiv \frac{S_x - iS_y}{\sqrt{2S(S+S_z)}}$$
(5.3.5)

式(5.3.3)を次の形に縮約(コントラクション)することができる[16].

$$\frac{dc}{dt} \cong (i\Omega - \Gamma_- + \Gamma_+ + F)c$$
(5.3.6)

ここで,Ωは角周波数,Γ_-はギルバートダンピングによる発振軌道半径の減衰,Γ_+はスピントランスファートルクによる増幅を表す.Fは熱によるストカスティックフィールドである.とくに系がz軸まわりに対称である場合は,これらの係数は$|c|$の簡単な関数になる.

$$\begin{cases} \Omega \equiv \dfrac{1}{2S}\dfrac{dU}{d|c|^2} \\ \Gamma_- \equiv \alpha(1-|c|^2)\Omega \\ \Gamma_+ \equiv -(1-|c|^2)\dfrac{T_{\text{ST}}}{S}V \\ F \equiv \dfrac{\gamma}{2|c|\sqrt{1-|c|^2}}(iH_{\text{stochastic},1} + (1-|c|^2)H_{\text{stochastic},2}) \\ \alpha\delta_{ij} \cong \dfrac{\gamma^2 S}{2k_{\text{B}}T}\int_{-\infty}^{+\infty} d\tau \langle H_{\text{stochastic},i}(t) H_{\text{stochastic},j}(t+\tau) \rangle \end{cases}$$
(5.3.7)

ここで,最後の式はストカスティックフィールドとギルバートのダンピング定数を結びつける揺動散逸定理の式である.

発振条件は,発振の軌道$|c|=c_0$(歳差角が一定の歳差運動)において,次式が成り立つことである.

$$\begin{cases} \Gamma_+ = \Gamma_- \\ \Gamma_p \equiv |c|^2 \dfrac{d}{d|c|^2}(\Gamma_- - \Gamma_+) > 0 \end{cases}$$
(5.3.8)

第1式はダンピングと増幅のつり合い,第2式は軌道の安定性を保証する式であり,Γ_pはダイナミックダンピングとよばれる.簡単な計算から一次の一軸異方性のみをもつ垂直磁化膜では理論上発振が生じないことがわかる.

$c = \sqrt{p_0 + \delta p}\exp\{i(\Omega(c_0)t + \phi(t) + \phi_0)\}$とおいて,式(5.3.6)の運動方程式を安定な発振軌道のまわりで一次近似すると,式(5.3.9)を得る.

$$\begin{cases} \dfrac{d\delta p(t)}{dt} = -2\Gamma_p \delta p(t) + 2p_0 \text{Re}[F(t)] \\ \dfrac{d\phi(t)}{dt} = N\delta p(t) + \text{Im}[F(t)] \end{cases}$$
(5.3.9)

ここで,$\delta p(t)$は発振パワーの揺らぎを表し,$\phi(t)$は位相の揺らぎを表す.$N = d\Omega/dp$は,アジリティとよばれ,歳差角の大きさにより歳差運動の角周波数が変化することを表し,この振動子の非線形性の程度の尺度となる.

次に,式(5.3.9)を使って,熱揺らぎの影響を考える.軌道半径はダイナミックダンピングのために安定化されているので,熱雑音はその安定軌道のまわりでのローレンツ型の揺らぎを与えるのみである.一方,位相には復元力が働かないため,位相は熱雑音によりランダムウォークを行う.その揺らぎは,時間の経過に伴い拡散型の増大($t^{1/2}$)を示す.

$$\begin{cases} \langle \delta p(t)^2 \rangle = \dfrac{\alpha k_{\text{B}}T}{S} p_0(1-p_0) \dfrac{\Delta f}{(\pi f)^2 + \Gamma_p^2} \\ \langle \phi(t)^2 \rangle = \dfrac{\alpha k_{\text{B}}T}{2p_0(1-p_0)S}(1+\nu^2(1-p_0)^2)t \equiv 2Dt \end{cases}$$
(5.3.10)

ここで,Δfは雑音を測定するバンド幅,$\nu = Np/\Gamma_p$は無次元周波数シフトとよばれアジリティーに比例する.位相拡散には熱雑音の直接の寄与と,軌道半径の揺らぎからの寄与(νを含む項)があることがわかる.後者はアジリティーを通した位相と振幅の非線形な結合によって生じる.式(5.3.10)の最後に定義されているDは位相の拡散係数であり,発振の線幅は,次式となる.

$$\text{FWHM} = \frac{D}{\pi}$$
(5.3.11)

式(5.3.10),(5.3.11)からわかるように理論的には,ダンピングが小さな物質でつくった素子において,アジリティーが小さくなる条件で発振させ,コヒーレントに運動している領域の体積(角運動量)が大きく,軌道半径も大きいときに線幅が狭くなると考えられる.トンネル接合膜から作製したポイントコンタクト構造においは,外部磁界

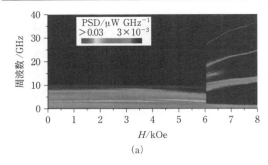

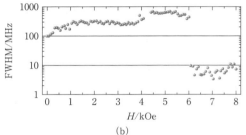

図 5.3.54 面内磁化を示す TMR ポイントコンタクトに膜面垂直方向から少し傾けた磁界を印加したときの発振スペクトル
(a) 発振強度スペクトルの外部磁場依存性　(b) 発振線幅の外部磁場依存性
6 kOe 以上の外部磁界により面外発振が実現すると 3000 を超える Q 値が得られる.
[H. Maehara, S. Yuasa, et al., *Appl. Phys. Exp.*, **7**, 023003 (2014)]

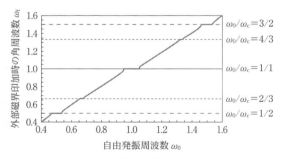

図 5.3.55 位相ロッキングの計算例
STO はアジリティーが大きいために外部信号に対して容易に位相ロックを起こす. 図は横軸が自由な発振の周波数 ω_0 であり, 縦軸は $\omega_e=1$ の角周波数の外部磁界が印加されたときの発振の角周波数 ω_f である [A. Slavin 氏の厚意による].

を膜面直から少し傾けた方向に印加することにより $2\,\mu\mathrm{W}$ に至る高い高周波出力[7] と 3000 を超える Q 値[17] が観察されている. とくに, 発振軌道が面内から面外に変わることにより急激なパワーの上昇と線幅の減少が同時に見られている (図 5.3.54).

ω_g の角周波数で発振している STO に外部から角周波数が ω_e である高周波磁界を印加することを考える (図 5.3.55). すると ω_g と ω_e が多少ずれていても, STO は自らその発振軌道を調整することにより発振周波数を ω_e に合わせて発振することがある. この現象を位相ロッキング

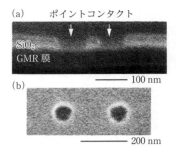

図 5.3.56 相互位相ロッキングを示す STO の例
1 枚の GMR 膜の上に二つのポイントコンタクトをつくり独立に電流を流すと, それぞれの発振周波数を電流値で調整できる. 二つの発振周波数が近づくと突然同じ周波数で発振するようになる.
[F. B. Mancoff, S. Tehrani, et al., *Nature*, **437**, 393 (2005)]

とよぶ. 位相ロックが生じる周波数範囲は外部磁界が大きいほど, またアジリティーが大きいほど広くなる. 外部高周波磁界が大きいと STO は ω_e と ω_f の比があらゆる整数比であるような周波数にロックするようになる. 位相ロックが生じると位相の運動方程式には復元力に対応する項が現れ, 位相の揺らぎは小さく抑えられる. この結果, 発振の線幅は外部高周波磁場の線幅で決まるような非常に小さい値となる.

相互に位相ロッキングを示す STO の例を図 5.3.56 に示した[18]. 1 枚の GMR 膜の上に二つのポイントコンタクトが隣接してつくられている. 電流比を調整することで二つの発振周波数を近づけていくと突然, 一つの周波数で発振するようになる. これは, 二つの STO が GMR 膜内のスピン波などで結合しているためである. 位相ロッキングにより線幅は狭くなり, 出力は大きくなる. 電気的な結合で位相ロックを実現しようとする提案がある[19].

STO には高周波磁界アシスト磁気記録 (MAMR) における高周波磁界の発生器としての応用, 同じく磁気ハードディスクの読み出しセンサとしての応用, チップ内/間通信のための発振器としての応用などが考えられている.

c. その他の高周波素子

強磁性トンネル磁気抵抗素子は, スピントルクにより誘起された強磁性共鳴のために高周波電流に対する整流作用をもつことが示されており, スピントルクダイオードとよばれている[20]. とくに, 直流電流でバイアスしたスピントルクダイオードは, 非線形共鳴のために室温において通常の半導体ダイオードより高い整流感度 (単位高周波電力あたりの出力電圧) と SN 比をもつことが示されている[21].

このほかにもスピントロニクス素子には, 高周波電圧の印加による高効率な強磁性共鳴の実現[22] やスピン波の発生, スピン流の注入によるスピン波の増幅[23] などの現象がみられており, 応用が期待される.

文献

1) S. I. Kiselev, J. C. Sankey, I. N. Krivorotov, N. C. Emley, R. J.

1) Schoelkopf, R. A. Buhrman, D. C. Ralph, *Nature*, **425**, 380 (2003).
2) S. Kaka, M. R. Pufall, W. H. Rippard, T. J. Silva, S. E. Russek, J. A. Katine, *Nature*, **437**, 389 (2005).
3) F. B. Mancoff, N. D. Rizzo, B. N. Engel, S. Tehrani, *Nature*, **437**, 393 (2005).
4) A. M. Deac, A. Fukushima, H. Kubota, H. Maehara, Y. Suzuki, S. Yuasa, Y. Nagamine, K. Tsunekawa, D. D. Djayaprawira, N. Watanabe, *Nat. Phys.*, **4**, 803 (2008).
5) H. Maehara, H. Kubota, Y. Suzuki, T. Seki, K. Nishimura, Y. Nagamine, K. Tsunekawa, A. Fukushima, A. M. Deac, K. Ando, S. Yuasa, *Appl. Phys. Express.*, **6**, 113005 (2013).
6) W. H. Rippard, M. R. Pufall, S. Kaka, T. J. Silva, S. E. Russek, *Phys. Rev. B*, **70**, 100406R (2004).
7) H. Maehara, H. Kubota, Y. Suzuki, T. Seki, K. Nishimura, Y. Nagamine, K. Tsunekawa, A. Fukushima, H. Arai, T. Taniguchi, H. Imamura, K. Ando, S. Yuasa, *Appl. Phys. Exp.*, **7**, 023003 (2014).
8) S. Tsunegi, H. Kubota, K. Yakushiji, M. Konoto, S. Tamaru, A. Fukushima, H. Arai, H. Imamura, E. Grimaldi, R. Lebrun, J. Grollier, V. Cros, S. Yuasa, *Appl. Phys. Exp.*, **7**, 063009 (2014).
9) D. Houssameddine, U. Ebels, B. Delaët, B. Rodmacq, I. Firastrau, F. Ponthenier, M. Brunet, C. Thirion, J. P. Michel, L. P.-Buda, M. C. Cyrille, O. Redon, B. Dieny, *Nat. Mater.*, **6**, 447 (2007).
10) U. Ebels, D. Houssameddine, I. Firastrau, D. Gusakova, C. Thirion, B. Dieny, L. D. Buda-Prejbeanu, *Phys. Rev. B*, **78**, 024436 (2008).
11) H. Kubota, K. Yakushiji, A. Fukushima, S. Tamaru, M. Konoto, T. Nozaki, S. Ishibashi, T. Saruya, S. Yuasa, T. Taniguchi, H. Arai, H. Imamura. *Appl. Phys. Express*, **6**, 03003 (2013)
12) S. Mangin, D. Ravelosona, J. A. Katine, M. J. Carey, B. D. Terris, E. E. Fullerton, *Nat. Mater.*, **5**, 210 (2006)
13) R. Matsumoto, A. Fukushima, K. Yakushiji, S. Yakata, T. Nagahama, H. Kubota, T. Katayama, Y. Suzuki, K. Ando, S. Yuasa, B. Georges, V. Cros, J. Grollier, A. Fert, *Phys. Rev. B*, **80**, 174405 (2009).
14) H. Kubota, A. Fukushima, K. Yakushiji, T. Nagahama, S. Yuasa, K. Ando, H. Maehara, Y. Nagamine, K. Tsunekawa, D. D. Djayaprawira, N. Watanabe, Y. Suzuki, *Nat. Phys.*, **4**, 37 (2008).
15) T. Nozaki, Y. Shiota, S. Miwa, S. Murakami, F. Bonell, S. Ishibashi, H. Kubota, K. Yakushiji, T. Saruya, A. Fukushima, S. Yuasa, T. Shinjo, Y. Suzuki, *Nat. Phys.*, **8**, 492 (2012).
16) A. Slavin, V. Tiberkevich, *IEEE Trans. Magn.*, **45**, 1875 (2009).
17) H. Maehara, H. Kubota, Y. Suzuki, T. Seki, K. Nishimura, Y. Nagamine, K. Tsunekawa, A. Fukushima, A. M. Deac, K. Ando, S. Yuasa, *Appl. Phys. Express.*, **6**, 113005 (2013).
18) F. B. Mancoff, N. D. Rizzo, B. N. Engel, S. Tehrani, *Nature*, **437**, 393 (2005).
19) B. Georges, J. Grollier, V. Cros, A. Fert, *Appl. Phys. Lett.*, **92**, 232504 (2008).
20) A. A. Tulapurkar, Y. Suzuki, A. Fukushima, H. Kubota, H. Maehara, K. Tsunekawa, D. D. Djayaprawira, N. Watanabe, S. Yuasa, *Nature*, **438**, 339 (2005).
21) S. Miwa, S. Ishibashi, H. Tomita, T. Nozaki, E. Tamura, K. Ando, N. Mizuochi, T. Saruya, H. Kubota, K. Yakushiji, T. Taniguchi, H. Imamura, A. Fukushima, S. Yuasa, Y. Suzuki, *Nat. Mater.*, **13**, 50 (2014).
22) T. Nozaki, Y. Shiota, S. Miwa, S. Murakami, F. Bonell, S. Ishibashi, H. Kubota, K. Yakushiji, T. Saruya, A. Fukushima, S. Yuasa, T. Shinjo, Y. Suzuki, *Nat. Phys.*, **8**, 492 (2012).
23) E. P.-Hernández, A. Azevedo, S. M. Rezende, *Appl. Phys. Lett.*, **99**, 192511 (2011).

5.4 センサ・アクチュエータ・制御技術

5.4.1 磁界センサ

図5.4.1は周波数と磁束密度に対して代表的な磁界センサであるホール素子，磁気抵抗効果型センサ，フラックスゲートセンサ，インダクションコイル，SQUID（superconducting quantum interference device）について計測可能な範囲を大まかに示したものである．センサのサイズや処理回路などの条件によって感度やノイズレベルなどが変化するため，厳密なものではない．大まかに強磁界側からホール素子，磁気抵抗効果型センサ，フラックスゲートセンサ，インダクショコイル，SQUIDが対応する．永久磁石からの漏れ磁界など，比較的強磁界の計測にはホール素子が使われ，生体磁気計測などの微弱磁界の計測にはSQUID，光ポンピング法などが用いられている．また，一般にキロヘルツ帯以上の高周波磁界計測ではインダクションコイルを用いることが多い．

a. インダクションコイル（サーチコイル）

ファラデーの電磁誘導の法則に従って，交流磁界の計測に用いられる．最も簡便な構造であり，作製が容易であることからモータ，変圧器，磁性材料評価，非破壊検査，モーションキャプチャ，アクティブシールドなど，さまざまな磁気計測分野に用いられている．誘起電圧は周波数，コイルの巻数，コイル断面積，磁束密度に比例する．センサの感度を高めるためには，巻線にソフト磁性体を組み合わせることで鎖交磁束量を増やす．コイルに鎖交する磁束の時間微分によって電圧が誘導されることから，高周波磁界の検出ほど感度は増す．低周波帯域では誘起電圧が小さいことで周波数の下限が決まり，高周波帯では巻線の共振周波数あるいは磁性体の損失などにより測定帯域が制限される．磁性体をもたない空芯コイルでは磁界強度と出力電圧が比例するが，磁性体を有するコイルの場合，大きな磁界が印加されると，磁性体の飽和による出力電圧の非線形性を考慮する必要が生じる．高周波磁界の計測には，コイルの共振周波数を高周波帯へシフトさせるために巻数を減らす．最も高周波化に適した構造としては，空芯の1ターンコイルが用いられる．一般に高周波磁界の計測は電界による誘起電圧，引き出し線への伝導性雑音および放射性雑音の付与などにより技術的に難しくなる．高周波帯で電磁波の電界成分を差動的に抑制し，磁界成分のみを検出するシールディドループアンテナも使われている[1]．インパルスなどの高速，大電流の計測にはロゴスキーコイル[2,3]が使用される．これはより線状にした巻線を被測定物の周囲に配置して誘導電圧を計測する手法であり，板状磁性材料の評価などにも用いられる．一方，微弱な磁界を計測するさいには，一般的にコイルの巻数およびコイル直径の増大に伴い，コイル外形は大きくなり，空間分解能および時間応答性は悪化する．また，微弱磁界計測のさいに雑音を抑制してSN比を向上させるため，コイルを差動的に接続する形態も広く使われており，8の字コイル[4]，バタフライコイル[5]などはその一例である．また，一次微分型あるいは二次微分型のグラディオメーターは，後述するSQUID磁束計で多用されている．図5.4.2は，1963年にBauleらが，インダクションコイルを用いて人体から発生する生体磁気計測（心磁界）に世界で初めて成功したものである．このインダクションコイルは約200万回巻いた2個のコイルを差動接続したものであり，微弱磁界の検出と低周波ノイズ成分の抑制を意図した．彼らは心電波形と心磁界波形を同時に計測し，健常者の心磁界のQRS波が心電波形とほぼ同期している計測結果を報告している[6]．

b. ホールセンサ

ホール効果は，おもに半導体のキャリアが磁界の影響でローレンツ力により曲げられ，端子間にホール電圧が発生することに起因する[7]．半導体集積回路と一体的に低コストで大量生産可能であることから，最も普及している磁界センサである[8]．磁界に対する感度はほかの磁界センサに比較して低感度であり，おもに1μT以上の比較的大きな磁界の計測に用いられる．センサの感度は，ホール素子中のキャリアの移動度，素子の幅と長さの比に比例することから，材料および形状を設計する．材料としては，ホール電圧が比較的大きいことからGaAs，InSb，AlAs，InAsなどの化合物半導体が使われることが多い．一方，ソフト

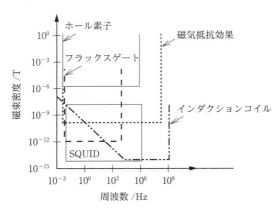

図5.4.1 周波数と磁束密度に対する磁界センサの適用範囲

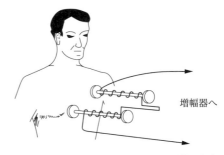

図5.4.2 インダクションコイルによる心磁界計測
[G. Baule, R. McFee, *Am. Heart J.*, **66**, 95 (1963), Fig. 2]

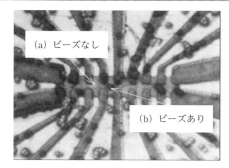

図 5.4.3 ホール素子による磁気ビーズ検出システム
[K. Togawa, A. Sandhu, et al., IEEE Trans. Magn., 41(10), 3661 (2005), Fig. 4]

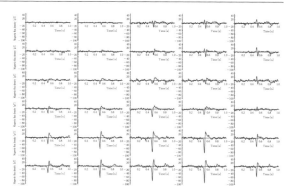

図 5.4.4 フラックスゲートセンサによる心磁界計測
[原田翔夢, 笹田一郎, 韓 峰, 電学論 A, 133, 333 (2013), Fig. 9]

磁性体による磁束収束器（magnetic concentrator）を構成して高感度化を図っている例もある[8]．ホール素子のおもな用途としては，回転機やリニアモータなどの速度，回転数，角度のモニタやパワーラインや車載などにおける電流，電力センサとして使用されている[9]．また，集積化に適していることから MEMS などへの用途も報告されている．

図 5.4.3 は，DNA 分析などへの応用を目指したホールセンサアレイに磁気ビーズを流している様子の写真である．電子回路により集積化が容易で高感度なマイクロホールセンサアレイ（InSb 薄膜）を開発し，低価格，高速な磁気ビーズの検出システムへ応用されている[10]．開発したセンサの検出サイズは 5 μm×5 μm，最小磁界感度は約 10 nT Hz$^{-1/2}$，隣接センサ間距離は 5 μm で，直径 2.8 μm の磁気ビーズの連続的な検出が可能である．磁気ビーズがセンサに近接した場合には，約 9 μT 程度の磁束密度の変動があり十分な SN 比の検出が可能であることが示された．

c．フラックスゲートセンサ

1930 年代に磁気変調器として開発された技術を磁界センサに転用したものである[11]．変圧器と同様の構造であり，一次コイル（励磁コイル）から交流信号を印加することで磁性体を飽和させ，二次コイル（検出コイル）の誘起電圧に高調波成分が発生することから，第 2 高調波成分を計測することで磁性体付近へ印加された直流磁界あるいは低周波磁界を計測する手法である．ホール素子などに比較して高感度であることから，微弱磁界の計測や地磁気などのセンサとして古くから用いられている．基本動作は励磁磁界と検出磁界が平行方向となるものを parallel type（平行型），直交するものを orthogonal type（直交型）と分類する．

磁性体の構成は単独の棒状コア，平行な 2 本の棒状コアを用いるタイプ（パラレルコア），U 字コア，リングコア，楕円リングコアなどがある[12,13]．また，第 2 高調波ではなく，基本波成分を検出する手法[14]などもある．コア材料としてはパーマロイあるいは Co 系アモルファス薄帯およびワイヤなどが使われることが多いが，フェライト，めっき膜，薄膜なども報告がある．一般に信号強度は磁性体の体積に比例することから，磁性体が大きいほど SN 比は向上する．フラックスゲートセンサは巻線が必要となることから大量生産には不向きであり，薄膜プロセスなどにより磁性薄膜などを用いた小型フラックスゲートセンサも開発されている[15]．最も高感度化されたフラックスゲートセンサでは pT 台の磁界検出分解能を有するものもあり[16,17]，直流磁界や低周波磁界を高精度に計測する用途で人工衛星への搭載[18]，環境磁界，資源探査，海洋などでの磁性体検出，非破壊検査などへ使用されている．生体磁気計測へのチャレンジもなされている[19,20]．

図 5.4.4 は，基本波型直交フラックスゲートセンサを用いた心磁界計測の例である．センサヘッドは直径 120 μm の Co ベース無磁歪組成アモルファス磁性線を U 字型に曲げ，その周囲に検出コイルを施した．磁性ワイヤへの通電電流にバイアス成分を付加することにより，低雑音を実現した．これは磁性ワイヤ内の磁化過程を磁化回転モードとし，磁壁移動に伴うバルクハウゼン雑音を著しく低減できたためである．このセンサを 6 チャンネル一次元にアレイ化し健常者心磁界計測を実施した[20]．

d．磁気抵抗効果型センサ

磁気抵抗（MR）効果は，磁性体のスピンと伝導電子の相互作用により磁性体の抵抗が変化する現象である[21]．磁気抵抗効果には強磁性 MR（Anisotropic MR, AMR），巨大磁気抵抗（Giant MR, GMR），トンネル MR（Tunnel MR, TMR），コロッサル MR（Colossal MR, CMR），バリスティック MR（Ballistic MR, BMR），イクストローディナリー（Extraordinary MR, EMR）などがある．AMR はパーマロイ薄膜による短冊などへ電流を流した状態で電流に直角方向（短冊幅方向）へ磁界を印加すると電気抵抗が変化するものであり，1850 年代に発見された最も古くから知られた磁気抵抗効果である[22]．GMR は 1988 年に発見され，2 層の強磁性薄膜により非磁性薄膜を挟んだサンドイッチ構造を有し，膜厚方向へ通電した状態で，膜面内に印加された磁界に対して，二つの強磁性層の磁化が平行な場合と反平行の場合に抵抗が変化する現象である．GMR

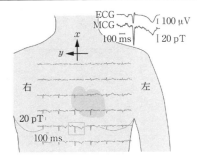

図5.4.5 GMRセンサによる心磁界計測
[M. P.-Lecoeur, C. Fowley, *et al., Appl. Phys. Lett.*, **98**, 153705 (2011)]

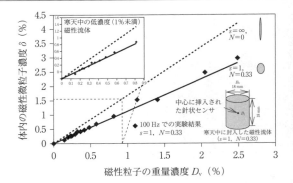

図5.4.6 GMRセンサによる体内磁気ビーズ濃度評価
[C. P. Gooneratn, M. Iwahara, *et al., J. Magn. Soc. Jpn.*, **33**, 175 (2009)]

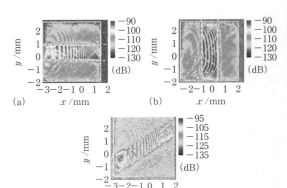

図5.4.7 ファラデー効果を用いた高周波近傍磁界イメージング
[M. Takahashi, K. I. Arai, *et al., J. Appl. Phys.*, **107**, 09E711 (2010), Fig. 4]

は薄膜磁気ヘッドに使用されるなど，磁気記録の高密度化に寄与してきた[23]．TMRはGMRと似た構造であるが，非磁性薄膜として極薄の絶縁膜を適用し，トンネル電流を通電させ，外部磁界により電気抵抗値が変化する現象である．TMRは1970年代に発見されているが[24]，1995年に室温で大きな抵抗変化が観察されたことを契機に磁気記録ヘッドやメモリなどへ応用されるようになった[25]．そのほか，Mn系酸化物がペロブスカイト構造を有するさいに大きな磁気抵抗効果をもつCMR[26]，強磁性金属などをナノコンタクトなどの微小接合させた狭窄構造中に置いて大きな磁気抵抗効果を生じるBMR[27]，磁気抵抗効果を有する材料中にAu薄膜などの円盤を配置することで伝導電流の集中などによる大きな磁気抵抗効果をもつEMR[28]などが報告されている．

図5.4.5はGMRセンサによる心磁界計測結果である[29]．センサヘッドは，Nb薄膜による超伝導ループとGMRセンサにより構成され液体ヘリウムで冷却し熱雑音の低減を図った．測定は磁気シールドルーム内で健常者胸部の36点において実施し，心電信号R波を基準にした加算平均化回数は50回程度でP波，QRS波，T波などが計測できた．また，複数測定点の磁界波形から逆問題演算により合理的な興奮部位の推定結果が得られた．

図5.4.6はハイパーサーミアを想定し，体内に残留している磁性微粒子の評価を目的として，GMRセンサを針状構造にした低侵襲のプローブを開発し，体内の磁性粒子の濃度の計測法を検討した[30]．センサとしてスピンバルブ型のGMR素子を用い，プローブの針は，長さ15 mm，幅250 μmのセラミック針で，針先に検出用の1個のセンサ，15 mm離れた針根元には3個の同様なセンサを配置し，ホイーストンブリッジ回路を構成している．磁性微粒子を含む円柱状の試料を作成し，ヘルムホルツコイルによる磁界密度$B_0 = 100$ μT，励磁周波数$f = 100$ Hzで実験を行い磁性粒子の重量濃度D_vを計測し，理論値と比較した．これにより磁界計測による磁性微粒子の濃度計測が理論式に従って推定できることを示した．

e. 磁気光学効果

磁性体の磁化と光の相互作用であるファラデー効果，カー効果などを利用することで，磁界センサとして利用されている．基本的特長としてセンサからの出力信号を光学系信号に変換するため，電気的な引き出し線が不要であり，ケーブルなどによる被測定磁界を乱さないこと，電気的絶縁性，非接触測定などがあげられる．一方で磁界検出感度に課題がある場合がある．使用用途としては，電力設備などの電流計測[31]，プラズマの磁界計測[32]，電磁波の計測[33]などがある．

図5.4.7は，ファラデー効果を利用した近傍電磁界のイメージングに関するものである．マイクロストリップ線路上に磁気光学センサを配置し，上部からレーザを二次元的に走査することでマイクロストリップ線路からの近傍磁界に応じて磁気光学センサのファラデー回転角が偏光し，二次元的な近傍電磁界をイメージングしている[33]．

f. SQUID・光ポンピング

SQUID磁束計は，ジョセフソン接合を流れる超伝導電流の干渉を利用した計測方法で，検出限界は10^{-14} T台である．この超高感度を利用して脳磁界，心磁界などの計測により，不整脈などの心疾患，てんかんの診断，外科手術

時の神経活動部位の把握，脳機能の解明などで重要な役割を担っている[34]．通常，脳磁界計測や心磁界計測では同一特性の多チャンネルの磁気センサを配置して，逆問題により生体内部の電気的な興奮位置を推定することが多い．生体は磁気的には比透磁率が1であり，脳波や心電図のように生体組織ごとの電気的なインピーダンスの相違の影響を受けないため，一般に位置精度は高い．さらに，電磁気現象の計測であることから，ほかの非侵襲の生体イメージングであるMRIやX線CTなどに比較して，時間分解能が高い特長も有する．一方，超伝導現象を利用することにより液体ヘリウムなどにより冷却が必要であることから，システム全体では高価にならざるを得ず，普及は大学病院などの大病院に限定されている．そのため近年は，この高コストを抑制するために，高温超伝導によるSQUID磁束計の開発，磁気シールドルームを使用しない生体磁気計測システムあるいは簡易な磁気シールドの適用，液体ヘリウムの循環システムの開発などが進められている．

磁性微粒子と抗体を結合させ，抗原抗体反応を利用した磁気分離などにSQUIDを用いられた例が報告されている[35]．図5.4.8は，測定方法の模式図を示したものである．磁性微粒子と抗体を結合させ，抗原抗体反応を磁性微粒子からの磁界をSQUIDで検出する．SQUIDの高感度により少量の反応を検出することを意図している．抗原としてはヒューマンインターフェロンβ（human interferon β）とよばれるものを用いており，抗原抗体の結合反応の後に，未結合の磁気マーカを洗い流す．抗原の量と測定信号はほぼ比例しSQUIDを用いることにより，従来の光学的方法に比べて一桁程度高感度に免疫反応を検出している．

光ポンピングセンサは，K，Csなどのアルカリ金属ガスなどへ円偏向のレーザ光を照射してスピン偏極を生じさせ，磁界印加によるスピン偏極の回転を検出する磁界センサである[36,37]．このセンサは冷却が不要であり，原理的にはSQUIDと同等かそれ以下の微弱磁界を検出可能と考えられている．図5.4.9はKガスとHeガスをガラスセル内に封入して，2方向からレーザを照射した光ポンピングセンサによりラットの心磁界を計測した例を示しており，R波（約4pT）を計測できている．一方で，このセンサはアルカリ金属を数百℃に加熱することが必要な課題もある．

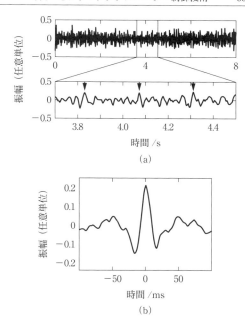

図5.4.9　光ポンピングセンサによる生体磁気計測
［小林哲生，応用物理，**80**，211（2011）］

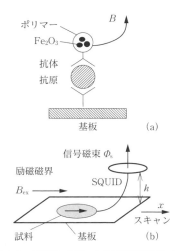

図5.4.8　SQUIDを用いた免疫反応測定システム
［K. Enpuku, A. Nakahodo, *et al.*, *IEEE Trans. Appl. Supercond.*, **11**, 661（2001），Fig. 1］

文　献

1) J. D. Dyson, *IEEE Trans. Antenna Propag.*, **21**, 446 (1973).
2) W. Rogowski, W. Steinhaus, *Arch. Electrotech.*, **1**, 141 (1912).
3) V. Nassisi, A. Luches, *Rev. Sci. Instrum.*, **50**, 900 (1979).
4) P. A. Calcagno, D. A. Thompson, *Rev. Sci. Instrum.*, **46**, 904 (1975).
5) B. C. Webb, M. E. Re, C. V. Jahnes, M. A. Russak, *J. Appl. Phys.*, **69**, 5611 (1991).
6) G. Baule, R. McFee, *Am. Heart J.*, **66**, 95 (1963).
7) E. H. Hall, *Am. J. Math.*, **2**, 287 (1879).
8) R. S. Popovic, "HALL EFFECT DEVICES", Institute of Physics Publishing (2004).
9) たとえば，旭化成エレクトロニクス株式会社ホームページ；http://www.akm.com/akm/jp/
10) K. Togawa, H. Sanbonsugi, A. Lapicki, M. Abe, H. Handa, A. Sandhu, *IEEE Trans. Magn.*, **41**, 3661 (2005).
11) H. P. Thomas, "Detection responsive system", US Patent No. 2016977 (1935).
12) W. A. Geyger, "Nonlinear-Magnetic Control Devices",

McGraw-Hill (1964).
13) F. Primdahl, *J. Phys. E : Sci. Instrum.*, **12**, 241 (1979).
14) I. Sasada, *IEEE Trans. Magn.*, **38**, 3377 (2002).
15) P. Ripka, S. O. Shi, S. Kawahito, A. Tipek, M. Ishida, *Sens. Actuators*, **A91**, 65 (2001).
16) C. Hinnrichs, C. Pels, H. Schilling, *J. Appl. Phys.*, **87**, 7085 (2000).
17) F. Primdahl, P. Ripka, J. R. Petersen, O. V. Nielsen, *Meas. Sci. Technol.*, **2**, 1039 (1991).
18) D. L. Gordon, R. H. Lundster, R. A. Chiarodo, H. H. Helms, *IEEE Trans. Magn.*, **MAG-4**, 397 (1968).
19) C. Dolabdjian, S. Saez, A. Reyes Toledo, D. Robbes, *Rev. Sci. Instrum.*, **69**, 3678 (1998).
20) 原田翔夢, 笹田一郎, 韓 峰, 電学論A, **133**, 333 (2013).
21) たとえば, S. Tumanski, "THIN FILM MAGNETORESISTIVE SENSORS", Institute of Physics Publishing (2001).
22) W. Thomson, *Proc. Roy. Soc.*, **8**, 546 (1857).
23) P. A. Grunberg, *Rev. Mod. Phys.*, **80**, 1531 (2008).
24) M. Julliere, *Phys. Lett. A*, **54**, 225 (1975).
25) T. Miyazaki, N. Tezuka, *J. Magn. Magn. Mater.*, **139**, 231 (1995).
26) A. P. Ramirez, *J. Phys. : Condens. Matter*, **9**, 8171 (1997).
27) N. Garcia, M. Munoz, Y. W. Zhao, *Phys. Rev. Lett.*, **82**, 2923 (1999).
28) S. A. Solin, "Magnetic Field Nanosensors", pp. 71-77, Scientific American (2004).
29) M. P.-Lecoeur, L. Parkkonen, N. S.-Chollet, H. Polovy, C. Fermon, C. Fowley, *Appl. Phys. Lett.*, **98**, 153705 (2011).
30) C. P. Gooneratn, M. Kakikawa, S. Yamada, M. Iwahara, *J. Magn. Soc. Jpn.*, **33**, 175 (2009).
31) 黒崎 潔, 坂本和夫, 吉田 治, 増田 勲, 山下俊晴, 電学論B, **116**, 93 (1996).
32) R. J. Fonck, G. M. Gammel, R. Kaita, H. W. Kugel, E. T. Powell, D. W. Roberts, *Phys. Rev. Lett.*, **63**, 2060 (1989).
33) M. Takahashi, K. Kawasaki, H. Ohba, T. Ikenaga, H. Ota, T. Orikasa, N. Adachi, K. Ishiyama, K. I. Arai, *J. Appl. Phys.*, **107**, 09E711 (2010).
34) たとえば, 原 宏, 栗城真也, "脳磁気科学", オーム社 (1997).
35) K. Enpuku, T. Minotani, M. Hotta, A. Nakahodo, *IEEE Trans. Appl. Supercond.*, **11**, 661 (2001).
36) 小林哲生, 応用物理, **80**, 211 (2011).
37) S. Groeger, G. Bison, P. E. Knowles, R. Wynands, A. Weis, *Sens. Actuators*, **A 129**, 1 (2006).

5.4.2 物理量センサ

磁界の強さや磁束密度の大きさ, あるいは磁性材料の磁気特性変化を媒体として, 位置・変位, 回転角・回転速度, 応力, トルクなどの物理量を測定するものを磁気利用センサとよぶ.

一般に, 磁気利用センサはロバスト性に優れ, コスト競争力があり, 光センサに次ぐ市場性を獲得している.

a. 位置・変位センサ

磁気を利用して位置・変位を測定する方法は古くから数多く行われている[1]. 磁石と磁気回路によって作成された磁束密度分布を磁気センサによって測定する位置・変位センサの構成はシンプルにでき, 組込みセンサとして多方面で使用されている. 本項では, おもに位置・変位センサとして構成された例について記述する.

表5.4.1に, 磁気を利用して位置・変位を測定するためのセンサを分類して示した. 磁気利用の変位センサとして渦電流変位センサも含めて解説している例もある[1].

差動変圧器 (LVDT)[2]は, 測定範囲: 数mmから数百mmまで, 精度0.1%程度で数多く実用化され, 工業用から宇宙用まで幅広く利用されている. 鎖交磁束変化型[3]は, ショートリングの位置によって検出コイルのインピーダンスが変化するもので, 数十mm程度の測定範囲のものが実用化され, 可動部分を円弧にした角度センサも多く用いられている.

電磁結合変化型は, インダクトシンとして商品化され

表5.4.1 位置・変位センサの分類

検出方式 項目	差動変圧器 (LVDT)	鎖交磁束変化型 (コイルインピーダンス変化)	電磁結合変化型	磁気格子 (磁気スケール) 読取型	磁気弾性波遅延型
動作	可動磁心 (コア) により結合係数が変化し二次コイル誘起電圧に差ができる	ショートリング位置により鎖交磁束が変化し検出コイルインピーダンスが変化	つづら折れコイル間の電磁結合によりsin, cosの電圧出力を得る	磁気スケールの着磁パターンを磁気センサで読み取りsin, cos信号を得る	磁石位置で発生する弾性波が検出部へ到達する時間から変位を測定
構成	検出, 励磁コイルおよび可動鉄心	ショートリングおよび検出コイル	検出側, スケールともにつづら折れコイル	可飽和鉄心またはMREおよび磁気スケール	磁石, 検出コイルおよび磁歪線
位置検知方式	アブソリュート方式	アブソリュート方式	インクリメント方式	インクリメント方式	アブソリュート方式
測定範囲	数mm～数百mm	数mm～数十mm	数mm～数m	数mm～数m	数mm～数十m
測定精度	○	△	○	◎	○
耐環境性	◎	○	○	○	○

て，工作機の位置制御に用いられている[4]．最近では，パターンを工夫して，工具などにも利用されている[5]．

磁気格子読取型は，たとえば200μmピッチに着磁したスケールの磁気格子を可飽和型磁気センサで検出して，信号処理によって高分解能に位置を読み取るもので，0.1μm程度の精度で測定できる[6]．

電磁結合変化型，磁気格子読取型ともに，図5.4.10で示すようなスケールとスライダが一体化されたスケールセンサや，スケールとスライダを別々にセッティングするオープン型の構成がある．

差動変圧器，鎖交磁束変化型および磁気弾性波遅延型[7]は，いずれも基準位置からの距離に対応した出力を得ることができるアブソリュート型の位置・変位センサである．

(i) インクリメント式センサ　表5.4.1において，電磁結合変化型や磁気格子読取型は，ピッチに対応して変位信号が規則的に変化することを利用し，長い測定範囲を得るものでインクリメント式センサである．磁気格子読取型は，磁気スケールがよく知られている．図5.4.11に示す磁気格子による変位計測において，磁気パターンを検出するセンサとして可飽和型磁気センサ[6]が用いられたが，最近では強磁性磁気抵抗効果（AMR）素子が用いられている．規則的に縞模様に着磁された磁気パターンから正弦波の電圧信号に変換し，信号処理回路によって，内挿分割処理することによりサブミクロンの分解能の位置信号を得ている．その結果0.01μm分解能で変位を測定できるスケールが実用化されている．

電磁結合変化型センサの代表例として，インダクトシン（inductosyn）が知られている[4]．また，スケール部に金属の凹凸を利用して，センサ部につづら折れコイル（meander coil）を利用したセンサ構成も提案されている[8]．

電磁結合変化型スケールセンサは，コイルを一定のピッチに配置したスケール部と励磁コイルと検出コイルを配置したセンサ部から構成されている．励磁コイルに交流電流を流すと，スケールコイルを介して検出コイルに電圧が誘起される．スケール部とセンサ部が変位することで検出コイルに誘起される電圧が変化し，スケールコイルのピッチ3.072 mmに対応した正弦波信号が得られ，この信号を電気的に内挿分割することで0.1μmの分解能としている．

図5.4.12に，電磁誘導式スケールセンサの原理[5]を示す．これは，電磁結合変化型スケールセンサの一種であり，耐水性・耐油性に優れ，電子ノギス，電子マイクロメータ，インジケータ，リニアスケール，リニアゲージなどに実用化されている．

(ii) アブソリュート式センサ　表5.4.1におけるアブソリュート式センサの中から，磁歪と逆磁歪効果を利用した変位センサ[7]を説明する．

磁歪線中に発生する弾性波を利用して磁石の変位・位置を測定することができる．弾性波は磁歪線の密度と直径によって定まる速度で伝搬する．この弾性波の伝搬時間を測定することによって，非接触で位置・変位を測定する方式のセンサである．図5.4.13で示す構成において，磁歪線にパルス電流を流すと，永久磁石近傍でねじり弾性波が発生し，検出部に伝搬する．弾性波が永久磁石近傍から検出部に到達するまでの時間を計測することによって，永久磁石の位置を計測することができる．永久磁石を可動部分に取り付け，磁歪線に沿って移動させると，弾性波の到達時間が位置に対応して変化する．永久磁石と磁歪線の間のギャップは，5～15 mm程度に変動しても高精度の位置計測ができる．タイミングチャートを図5.4.14に示す．電流パルスを磁歪線に流すと，円周方向に磁界が発生し，永久磁石近傍では，ねじれ方向の磁界になり，ねじり弾性波が発生する．この弾性波が検出部に到達するまでの時間tを測定して位置を計測するものである．

磁歪線は，恒材料Ni-span-C合金の直径0.5から1 mmの線である．数十m程度までの測長範囲があり，誤差は1 mm以下となる．

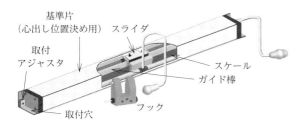

図5.4.10　スケールセンサ

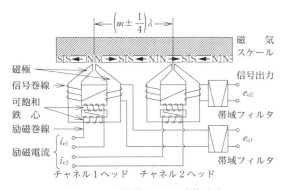

図5.4.11　磁気格子による変位計測

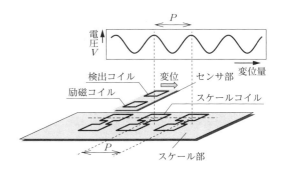

図5.4.12　電磁誘導式スケールセンサの原理

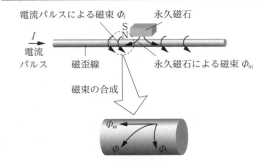

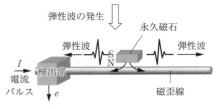

図5.4.13 ねじり弾性波の発生と伝搬

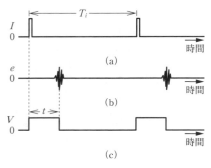

図5.4.14 タイミングチャート
(a) 電流パルス波形　(b) 弾性波検出波形
(c) 伝搬時間

b. 角度・角変位センサ

変位センサの可動部分を円弧に曲げて角度・角変位センサとして利用することができる．そのため，差動変圧器の可動部分を円弧にした角度変換器[9]や鎖交磁束変化型センサの磁気回路部分を円弧にして，ショートリングを磁路に沿って移動させる角度センサ[3]が実用化されている．

表5.4.2は，角度・角変位，角速度センサの代表例の分類である．電磁誘導コイル[10]は強磁性体のギヤ外周の凹凸がセンサの前面に近づいたり遠ざかったりすることにより，コイルを通過する磁束が変化し電圧が誘起されるもので，その電圧は式(5.4.1)のように交流電圧になる．

$$e = -N\frac{d\phi}{dt} = -N\omega\Phi\sin\omega t \tag{5.4.1}$$

式からわかるように，角度センサとしては極低速領域では使用できない．自動車のアンチロック・ブレーキ・システム（ABS）の信号源として，当初，このタイプのセンサが使用されていたが，低速におけるABSを効果的にするため，差動磁気センサが使用されるようになった．差動磁気センサは，磁石の磁束の偏りが近接したギヤの凹凸によって生じることから回転角や速度信号としている．磁気センサとしては，ホール素子またはAMRやGMR素子が使用されギヤとの間のギャップ変動の影響を抑制するため，2個の素子を差動接続して，信号処理回路と一体化した回転センサ[11]が実用化されている．

次に，磁気エンコーダとレゾルバについて説明する．

サーボモータの回転速度，位置決め制御のため，磁気エンコーダ[12]が実用化されている．磁気エンコーダの構造と原理を図5.4.15に示す．磁気ドラムには，1回転あたり2000パルスのA/B相信号を取り出すための規則的に着磁されたトラックと，1回転1パルスのZ相信号を取り出すため1箇所だけに着磁されたトラックが記録されている．そこで複数の強磁性磁気抵抗効果素子（MR素子）で

表5.4.2 角度・角変位，角速度センサの分類

センサ方式 項目	電磁誘導コイル （永久磁石とコイル）	差動磁気センサ （ホール素子またはMRE）	磁気エンコーダ （磁気ドラム＋MRE）	レゾルバ （磁気抵抗変化）	磁石回転型 （ホール素子またはMRE）
構成	ギヤ／コイル	ギヤ／MRE	磁気ドラム／MR素子／MRユニット／Z相／A/B相	励磁コイル／出力コイル／ローラ／ステータ	ホール素子／信号処理
出力	交流電圧出力	パルス出力	パルス出力	R/D変換回路を使用しディジタル出力	sin, cos出力
静止検出性	△	○	◎	◎	○
多パルス検出	△〜○	○	◎	◎	○
耐環境性 （車載）	○ （外部ノイズ）	○	△ （汚れ，振動）	◎ （振動，衝撃）	○
実用化例	回転機械一般	アンチロック・ブレーキ・システム（ABS）	サーボモータ	ハイブリッド自動車	

5.4 センサ・アクチュエータ・制御技術

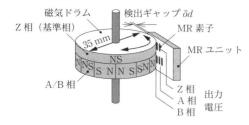

図 5.4.15 磁気エンコーダの原理と構成

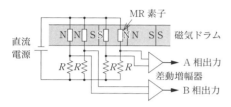

図 5.4.16 A/B 相の磁気ドラムと MR 素子の配置

作成された MR ユニットを接近させ，A/B 相，Z 相信号を取り出している．A/B 相の磁気ドラムと MR 素子の配置の一例を図 5.4.16 に示す．磁気ドラムは直径 35 mm のとき，1 回転あたりの A/B 相のパルス数は 2000 であり，パルスに相当する着磁のピッチはほぼ 110 μm である．検出ギャップは数十～150 μm に設定される．Z 相の信号は原点信号として使用されるもので，そのパルス幅は A/B 相のパルス幅より狭く，位置の再現性が良くなければならない．

図 5.4.17 は，ハイブリッド自動車において，エンジンとモータの動力配分と同期モータの電子切り替えタイミング検出の目的で使用されている VR (variable reluctance) 型レゾルバの基本構造である[13]．レゾルバは，図に示す磁気回路と R/D 変換回路から構成され，ロータの回転角に対応したディジタル信号を出力する磁気抵抗変化型回転角度センサである．図 5.4.18 は，レゾルバの動作波形であり，励磁電圧波形および正弦波 (sin) と余弦波 (cos) に変調された検出電圧を示している．これら検出電圧から，R/D 変換回路を用いることにより，ロータの回転角に対応した機械角の角度信号をディジタル出力している．標準的なレゾルバの仕様は，精度：±60 分（2X の場

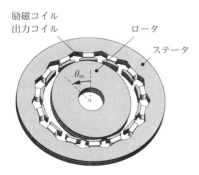

図 5.4.17 VR 型レゾルバの基本構造

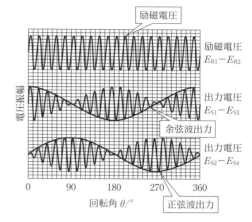

図 5.4.18 レゾルバの動作波形

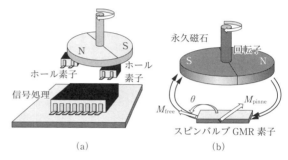

図 5.4.19 永久磁石と磁気センサによる回転角センサ

合），分解能：12 bit×2＝8192/rev（2X で R/D 変換回路を 12 bit 使用のとき），回転速度範囲：30 000 回転数/毎分，温度範囲：－40～150℃，振動範囲：20 G，耐衝撃性：100 G であり，過酷な環境下でも信頼性が高い特徴がある．

回転角を計測するための簡易的なセンサも提案されている．図 5.4.19[14] は，永久磁石と磁気センサによる回転角センサであり，図(a)はセンサとして 2 個のホール素子を用い，それらの出力信号を信号処理 IC で演算して永久磁石の回転角を計測するものである．同図(b)はセンサとしてスピンバルブ GMR 素子を使ったものである．図 5.4.20[15] は，回転角センサにおける GMR 素子の接続と出力波形の例である．図(a)，(b)の接続例において，V_{out1}，V_{out2} 端子から，図(c)に示す出力波形，すなわち正弦波と余弦波波形が得られる．これらの出力から，演算により回転角度に対応する出力を得ている．永久磁石を使用した回転角度センサの磁気センサとして，ほかにも MR 素子を利用することもできる．これら簡易的回転角度センサのいずれの場合にも 360° に対して分解能 0.1°，精度 0.5° 程度の性能が得られている．

c. 応力センサ

一般に応力またはトルク（回転力）など力の検出を行うセンサは，力を変位あるいはひずみ角に変換する一次変換部（機械的変換部）と変位またはひずみ角を電圧に変換す

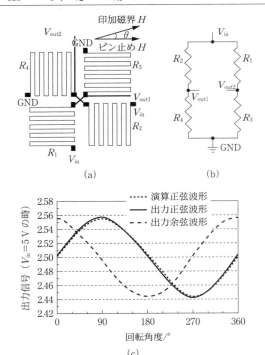

図 5.4.20 回転角センサにおける GMR 素子の接続と出力

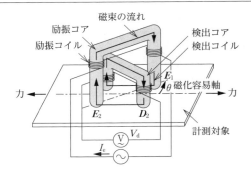

図 5.4.21 磁気異方性センサによる応力測定の原理

表 5.4.4 正の磁歪定数をもった材料の磁気特性変化

項目	記号	圧縮応力	引張り応力
透磁率	μ	減少	増加
保磁力	H_c	増加	減少
飽和磁束密度	B_s	減少	増加
鉄損	W	増加	減少
磁気異方性		圧縮方向短軸へ	引張り方向長軸へ
バルクハウゼンノイズ		減少	増加

る二次変換部（電気的変換部）から成り立っている[16]．二次変換器として，前述の磁気利用センサが利用できる．応力またはトルクセンサとして，磁歪効果が利用される場合には，一次および二次変換部は一体となり変位またはひずみ角は陽には現れない．すなわち，強磁性体に応力が加わると逆磁歪効果により，磁気特性が変化するため，磁気特性変化を測定することによって応力を非接触で計測する試みがいろいろ行われている．表 5.4.3 に，これらの構成を分類して示した[17]．応力により複雑に変化する磁気特性[18]の中から，正の磁歪定数をもった材料の磁気特性の比較的低磁界における変化を単純化して表 5.4.4 にまとめた．表の項目以外にも，最近では，バルクハウゼンノイズに起因して生じる磁気音響放射を利用する試みも行われている．

図 5.4.21 は，磁気異方性センサによる応力測定の原理を示している[19,20]．表に記したように磁歪定数をもつ計測対象に応力を印加すると，図 5.4.22 に示すように方向別の透磁率分布，すなわち異方性が生じる．磁気異方性センサの励振コアを励振し，計測対象上でセンサを回転させると，検出コイルに電圧が誘導される．誘導された電圧を同期整流し直流電圧にする．センサの回転角に対して，1 周期の信号が出力される．この信号の最大値と最小値の差を検出電圧とする．この検出電圧から計測対象の磁気異方性の大きさと方向がわかる．これを基にして，主応力差 $(\sigma_1-\sigma_2)$，主応力方向が計測できる．

図 5.4.23 は，厚さ 1 mm の低炭素鋼板（SPCC）に曲げ応力を加えたときの磁気異方性センサの出力特性の実験値と計算値を示している[20]．ここで出力が飽和傾向を示しているのは，応力が深さ方向に一様でないためである．磁束の

表 5.4.3 応力センサの分類

応力 項目	引張応力	圧縮応力 （ロードセル）	薄帯リング	交差コイル （プレスダクタ）	曲げ応力
構成					
出力	コイルインピーダンス	コイルインピーダンス	コイルインピーダンス	誘起電圧	コイルインピーダンス
測定範囲	中	中～大	微弱	小～大	微弱

[Dan Mihai Ştefănescu, "Homdbook of Force", p. 169, Springer (2011).]

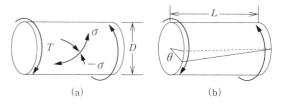

図5.4.24 トルクセンサの二つの基本方式

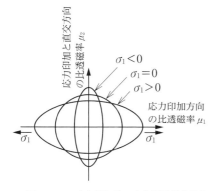

図5.4.22 応力印加時の方向別透磁率分布
（異方性定数が正の場合）

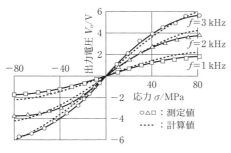

図5.4.23 曲げ応力を加えたときの磁気異方性センサの出力特性

浸透深さを考慮した計算値は，実験値によく一致している．

磁気異方性センサは，計測対象表面の塗装などに影響されず，実際に構造物として組み込まれている状態で応力が非接触で計測できる．また，鉄道のレール軸力計測，ガスなどの配管の曲げ応力計測や欠陥検出などの非破壊検査への応用が試みられている．

d．トルクセンサ

回転系の動力システムにおいて，回転シャフトのトルクと回転速度が測定できれば機械的出力が算出でき，出力を制御することができる．したがって，動力システムのトルクを検出し制御することは，省エネルギーの観点から重要な技術の一つである．

図5.4.24にトルクセンサにおける二つの検出方式を示した[21]．(a)はトルクTの加加により，軸表面に主応力σが発生し，主応力による透磁率変化を非接触で検出する磁歪方式であり，(b)はトルクTが印加されることによって軸がθねじれることを利用してトルクを測定するねじれ角方式である．軸の剛性をGとすると，それぞれの基本式は次のように表される．

$$\sigma = \frac{16T}{\pi D^3} \quad (5.4.2)$$

$$\theta = \frac{32LT}{\pi G D^4} \quad (5.4.3)$$

すなわち，ねじれ角方式において，感度を高めるために軸を細く長くし，これをトーションバーとよんでいる．磁歪方式は，小型にしやすいが，感度を高めるためには，逆磁歪効果の大きな材料の選定が重要である．また，主応力方向に沿うように，軸方向に45°のパターン，シェブロンパターンを形成し，周辺に巻いた検出コイルで非接触にトルクを測定する．

磁気を利用してトルクを非接触に測定する方式として，シャフトにプローブを近接させる方式がいくつか報告されている[22,23]が，表5.4.5に，現在実用化されている磁気を利用したトルクセンサの代表例を示した．

表5.4.5 トルクセンサの代表例の分類

検出方式 項目	位相差方式（ねじれ角）	磁気抵抗の差方式（ねじれ角）	磁歪方式	磁化リング方式
構成	歯車（強磁性体），トーションバー（感知部），ピックアップA，B	磁気回路，検出コイル，補償コイル，トーションバー，入力軸，出力軸，検出リング1，検出リング2，検出リング3	強磁性膜（らせんパターン），コイルボビン，励磁コイル，検出コイル	磁壁，磁化リング，磁束線，磁気センサ
出力	ピックアップA，B間の位相差	検出コイルのインピーダンス変化	検出コイル間のインピーダンス変化	磁化リングからの漏れ磁界変化
測定精度	◎	○	○	○
課題	広い回転速度範囲への対応	小型化	磁歪材料特性	回転角位置による変化
代表的実用化例	計測器	電動パワーステアリング（EPS）	パワーアシスト自転車	

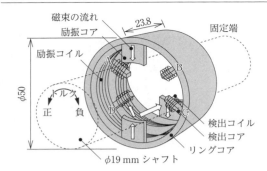

図 5.4.25 低炭素鋼シャフトに加工しないトルクセンサの構造

位相差方式のトルクセンサは，トーションバーの両端に検出部として，表 5.4.2 の電磁誘導コイルを設置し，ねじれ角を二つのコイルに誘起される電圧の位相差に変換する[24]．これによって空間的角度を位相という時間に依存した信号に変換して，精度 0.1% という高精度なトルク測定を可能にしている．その測定範囲は，数 mN m から数百 kN m まで幅広く，回転速度に依存しないで使用できる．

磁気抵抗の差方式のトルクセンサは，位相差方式と同様にねじれ角方式であり，トーションバーの両端の磁気回路に生じる磁気抵抗の差がトルクに比例することを利用している．これは自動車の電動パワーステアリング（EPS）に用いられている．

磁歪方式のトルクセンサは，軸表面に磁歪定数と透磁率の大きな磁性膜，たとえば NiFe 系を張り付けるなどして形成し，さらにトルクに対する感度を高めるため，磁性層は軸と ±45° 方向のシェブロンパターンとする．シェブロンパターン上の二つの検出コイルを差動型の接続に構成される．

表 5.4.5 の磁化リング方式[25] では，保磁力の小さくない Sm-Fe などの材料で軸に装着する前に円周方向に磁化させておく．このリングを軸に固定し，軸に加わるトルクがこのリングに加わると，円周方向の磁化が軸方向に向けられるため，リングの軸方向に磁界が漏れてくるので，これを磁気センサで測定することによってトルクを測定するものである．

シャフトの材質として，低炭素鋼など構造用材質の場合でも，シャフトに特別な加工を施さないでトルクを測定することも可能である．図 5.4.25 は，低炭素鋼シャフトに加工しないトルクセンサの構造である[26]．励磁磁界と検出コイルの検出方向が軸方向に対して ±45° になるようヨーク構造を工夫したトルクセンサとなっている．19 mmϕ の低炭素鋼シャフトに ±50 N m のトルクを印加して ±300 mV の出力が得られている．しかし，回転位置に対するむらやシャフトごとの材質の違いが出力に加わる問題がある．

文　献

1) 山田 一，計測と制御，**17**, 674 (1978).
2) 西口 譲，計測と制御，**6**, 53 (1956).
3) H. Bauer, ed., "Automotive Sensors", p. 14, Robert Bosch GmbH (2002).
4) 加藤壮祐，機械の研究，**24**, 1552 (1972).
5) 株式会社ミツトヨ，カタログ No. 13005, p. 4.
6) 植村三良，堀 健二，電学誌，**89-3**, 423 (1984).
7) 脇若弘之，八鳥茂紀，島田正勝，西山 潤，村田 究，伊藤和彦，日本応用磁気学会誌，**19**, 461 (1995).
8) 脇若弘之，須山伸二，水野 勉，山本 栄，電学論 D, **114**, 325 (1994).
9) 山田 一，電氣學會雑誌，**85**, 1208 (1965).
10) H. Wakiwaka, H. Tsuji, M. Nirei, Y. Shinohara, K. Ohkubo, H. Mizutani, T. IEE Japan, **117-E**, 80 (1997).
11) 深見達也，新條 出，横谷昌広，堤 和彦，電学論 E, **120**, 219 (2000).
12) 宮下邦夫，高橋 正，川又昭一，電学論 D, **107**, 751 (1987).
13) 北沢完治，磁気応用技術シンポジウム，B6-2-1 – B6-2-20 (2006).
14) 岡田一朗，磁気応用技術シンポジウム，B6-2 (2005).
15) D. Wang, J. Brown, T. Hazelton, J. Daughton, IEEE Trans. Magn., **41**, 3700 (2005).
16) 原田耕介，計測と制御，**17**(9), 682 (1978).
17) Dan Mihai Ştefănescu, "Homdbook of Force", p. 169, Springer (2011).
18) R. M. Bozorth, "Ferromagnetism", p. 597, D. Van Nostrand (1951).
19) O. Dahle, ASEA J., **33**, 23 (1960).
20) 脇若弘之，山田 一，内山修一，岸本 哲，伊藤昌之，電学論 D, **108**, 322 (1988).
21) 笹田一郎，電学論 A, **114**, 277 (1994).
22) W. J. Fleming, P. W. Wood, SAE Pap., **820206**, 47 (1982).
23) Y. Nonomura, J. Sugiyama, K. Tsukada, M. Takeuchi, K. Itoh, T. Konomi, SAE Pap., **870472**, 81 (1987).
24) 小野義一郎，計測と制御，**10**, 407 (1971).
25) I. J. Garshelis, C. R. Conto, IEEE Trans. Magn., **30**, 4629 (1994).
26) H. Wakiwaka, M. Mitamura, Sens. Actuators, **A91**, 103 (2001).

5.4.3 化学量センサ

前項の物理量センサでは，さまざまな物理量の計測に用いられる計測器を紹介した．本項の化学量センサで扱う化学量は，組成や化学構造がその中心にある．そのために用いられる磁性を用いた装置として核磁気共鳴装置（NMR），および電子スピン共鳴装置（ESR）を中心に，そのほかの化学量センサとして，ゼーマン効果を用いた原子吸光分析装置や磁場収束型の質量分析計をとりあげ解説する．

a．核磁気共鳴装置（NMR）

1946 年，スタンフォード大のブロッホとハーバード大のパーセルによる原子核磁気共鳴（NMR：nuclear magnetic resonance）の発見に始まる．その後，1948 年のブレンベルゲンらの実験技術と解析手法の確立により NMR

は急速に普及することとなった．この業績は 1952 年の
ノーベル賞へとつながっていく．NMR は，後述のサボイ
スキーの ESR と合わせて磁気共鳴としてくくられる．

NMR 装置は化学構造を解析するのにおもに用いられる
が，最近では画像処理技術と組み合わせた MRI などへも
応用されている．MRI については後章（5.7 節）にて別途
解説する．

（i）**原子核の磁気的な性質**　原子核は，図 5.4.26
で示すように磁気双極子モーメント μ を有し自転してい
る．原子核は正電荷をもち，これが自転により磁力を発生
するので磁石とみなすことができる．このような原子核
は，スピン量子数 I で表される角運動量を有する．I は 0，
1/2, 1, 3/2, 2…である．奇数のプロトンまたは奇数の中性
子を有し，いずれも奇数ではない原子核は半整数のスピン
量子数を有する．プロトンおよび中性子の数がともに奇数
の原子核は電荷が非対象になっており，スピン量子数は 1
である．プロトンならびに中性子がともに偶数の原子核の
スピン量子数は 0 であり，磁気的な性質を示さない．

原子核の基本としてプロトンを考える．原子核は図
5.4.27 で示すように，自転しながら磁場の方向を軸とし
ながらラーモア歳差運動をしている．磁界が印加されてい
ない場合は，原子核の磁化の方向はランダムである．これ
に対して，磁界を印加すると図 5.4.28 で示すように磁化
は磁界と同じ向きと反対向きのエネルギー状態が異なる二
つの状態をとる．これは量子力学的な効果である．磁界を
印加したときの磁化の向きの変化をエネルギー的に表すと
図 5.4.29 のようになる．磁界印加前のランダムな状態が，

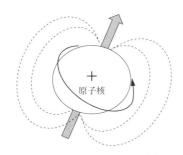

図 5.4.26　原子核の磁気的性質

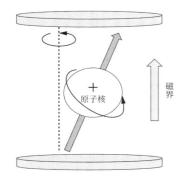

図 5.4.27　原子核のラーモア歳差運動

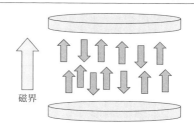

図 5.4.28　磁石の挙動

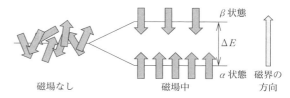

図 5.4.29　磁界印加によるエネルギー状態

磁界を印加すると磁界と同じ向きの分子・原子は磁界印加
前のエネルギー状態より低い α 状態と，磁界と逆向きの
分子は磁界印加前のエネルギー状態より高い β 状態の二
つに別れる．この磁界によるエネルギー分裂をゼーマン分
裂とよぶ．

（ii）**NMR の原理**　ここでは NMR の原理について
プロトンを例に説明する．図 5.4.30 で示すように，磁界
を印加すると先のゼーマン分裂により二つのエネルギー状
態が生じる．その差分に相当するラジオ波帯を中心とする
電磁波（以下，電磁波と記述する）ν（$\Delta E = h\nu$，h：プラ
ンク定数）を試料に照射する．試料中の分子は電磁波のエ
ネルギーを吸収（共鳴）して高いエネルギー準位まで励起
される．これが NMR 効果である．そして，電磁波の照射
を停止すると励起状態から低いエネルギー準位に戻る（緩
和）．共鳴吸収の周波数は分子の結合状態などで，固有の
ものでこの吸収周波数を測定する．ここで，ΔE は各核種
に固有の性質である磁気モーメントの値からある程度決定
できる．

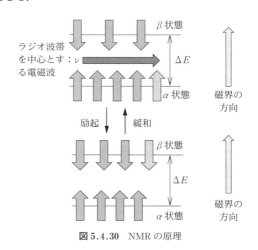

図 5.4.30　NMR の原理

NMRにより測定できる原子核は磁気的に活性な原子核（$I>0$）であり、与えられた原子核については $2I+1$ の可能な準位あるいは配向がある。たとえば、プロトンについては $I=1/2$ であり、2通りの配向があり得ることを示している。エネルギー的には $+\mu H_0$ と $-\mu H_0$ の2通りで、$\Delta E = 2\mu H_0$ である。一般的には、$\Delta E = 2\mu H_0/I$ で表される。このように、ΔE は印加磁界の強度に比例する。ここで、$\Delta E = 2\mu H_0 = h\nu$ ($I=1/2$) であり、展開すると $2\pi\nu = 2\pi\mu H_0/hI = \gamma H_0$ となる。γ は磁気回転比とよばれ、$\gamma = 2\pi\mu/hI$ であり、または $\gamma = 2\pi\nu/H_0$ とも表され、NMRの基本式である。また、2π は周波数を角周波数に換算するために導入される。

次に、スピン量子数 I についてみることにする。まず、$I=1/2$ をとるのは、^{1}H, ^{13}C, ^{31}P, ^{19}F である。また、$I=3/2$ が ^{11}B、$I=5/2$ をとるのは ^{17}O である。$I=1$ であるのは、^{2}H および ^{14}N であり、いずれも観測可能である。これに対して、$I=0$ であるのは ^{12}C, ^{16}O, ^{28}Si, ^{30}Si などであり、これらの元素は観測できない。このように、NMRでは多くの原子核の測定が可能であることがわかる。

ここで、NMRに使う電磁波の周波数についてみると、周波数はラジオ波帯で、$10^6 \sim 10^9$ Hz 程度である。具体的には、プロトン (^{1}H) は 400 MHz で、^{31}P が 160 MHz、^{13}C が 100 MHz である。

以上をまとめると、強磁場中の原子核（$I>0$）は $2I+1$ の等しい間隔のエネルギー準位のいずれか一つにある。準位間のエネルギー差は小さく、最低のエネルギー準位であろうとするが、熱運動により各準位とも数は等しくなる。低い準位の原子核は電磁波の吸収により、より高い準位へ励起される。この吸収を検出するのがNMRの原理となる。最も感度が高いのは ^{1}H であり広く測定に用いられる。これは ^{1}H が同位体の存在比で100%に近いためである。次いで、用いられることが多いのは ^{13}C である。

(iii) 化学量センサとしてのNMR これまでは孤立した原子核が示す基本的なNMR現象を述べてきたが、ここから得られる化学量としての情報量は少ない。化学種は原子核と電子から構成されるが、磁界中では荷電粒子のそれぞれが影響を受ける。共有結合を形成する電子は対をなしており、スピンも向きが異なるので、磁界は誘起されない。しかし、化学種に外部磁界を印加すると、図5.4.31で示すように、電子対に起因する円運動が加わるとともに、印加磁界と反対向きに磁界強度に比例した局所磁界が発生する。この局所磁界はその方向から外部磁界の影響から原子核を遮へいするように作用するので反磁性遮へいとよばれる。原子核は有効磁界 H_{eff}、印加磁界 H_0、そして、遮へいパラメーター σ とすると、$H_{\text{eff}} = H_0 - \sigma H_0$ で表される。ここで、σ は原子核の周囲の電子密度（電子構造）に依存して変化するパラメーターで、電子密度は物質の化学構造に関係する。化学構造の違いによる共鳴周波数の変化のことを化学シフトとよばれる。

NMR測定においては、上述の σ を求めることになる。

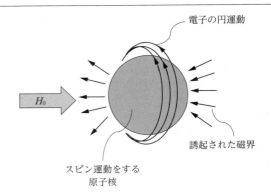

図5.4.31 反磁性遮へいの原理（化学シフト）

ここではプロトンのNMRスペクトルを例に説明する。測定としては、印加磁界を変化させるか、印加する電磁波 R-F の周波数を変化させて共鳴周波数を測定するか、いずれかの方法である。しかし、化学シフト量はごくわずかであり、かつ実験条件などにより変化する。そこで、実際の測定においては、任意の基準物質の共鳴周波数からの変化としてとらえている。この基準物質として用いられるのはテトラメチルシラン（$(CH_3)_4Si$）である。この物質はメチルが対称的な構造を有し、すべてのプロトンは対等であるので、NMRスペクトルは1本のシャープな共鳴線が得られる。これを基準に相対的に化学シフトを表す。相対的な化学シフト値を δ とすると、以下のように表される。

$$\delta(\text{ppm}) = \frac{H_0(\text{基準物質}) - H_0(\text{試料})}{H_0(\text{基準物質})} \times 10^6$$

(5.4.4a)

$$\delta(\text{ppm}) = \frac{\nu(\text{基準物質}) - \nu(\text{試料})}{\nu(\text{基準物質})} \times 10^6$$

(5.4.4b)

化学シフトに及ぼす効果：

① 局所反磁性効果：局所的な磁界による遮へい効果は、プロトンの周囲の電子密度に依存する。効果の大きさは電気陰性度に比例する。たとえば、CH_3-H では δ が 0.2、CH_3-F では 4.3 となり、電気陰性度の大きいFの方が大きな値となる。

② 磁気異方性：アセチレン（$CH\equiv CH$）では電子の円運動は結合軸の直角な面に限られて（配向している）いる。これにより誘起される磁界は印加磁界に対して逆方向になり、アセチレンのプロトンはより低い有効磁界にある。アセチレンは急速な回転により両極端の中間的な配向となり、1本の共鳴線が観測される。エチレン（$CH_2=CH_2$）では、π電子は紙面に直角であり平面内に誘起された円運動により磁界に逆平行な磁界を生じ、それは結合軸に直角である。その結果、印加磁界に対して強められた有効磁界となる。エタン（CH_3-CH_3）では、炭素原子による電子求引のため遮へい効果が小さい。このように、何本の共鳴線が表れるかで化学構造を解析できる。

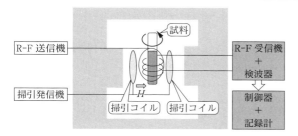

図5.4.32 NMR装置の構成

（iv）**NMR装置の構成** NMR装置の構成を図5.4.32に示す．NMR効果を示す元素は多いが，通常の装置では1種類の原子核を対象にしている．その多くはプロトンである．試料は液体が中心であるが固体の場合もある．濃度も2～10%の希薄溶液を用いる．溶媒にプロトンを含まないのが原則である．装置の構成を示す各パーツの特徴は以下のとおりである．

① 磁　石：強力で高安定な均一磁界を発生（超伝導磁石を用いる場合もある）
② 掃引発信機：一定範囲で掃引コイルにより印加磁界を発生させる掃引発信機
③ 電磁波（R-F）発信機：磁界に直角方向に配置して試料にエネルギーを供給
④ R-F受信機：試料が中心にくるように配置され，かつ磁界に直角方向に配置してラジオ波を受ける
⑤ 制御および記録機
⑥ 試料容器

文　献

1) R. L. Pecsok, L. D. Shields, T. Cairns, I. G. McWilliam 著，荒木　峻，鈴木繁喬 訳，"分析化学 第2版"，東京化学同人（1980）.
2) 田代　充，加藤敏代，"NMR"，共立出版（2009）.
3) E. Breitmaier 著，坂口　潮，荒田洋治 塩，"NMRによる構造解析"，丸善出版（1995）.

b．電子スピン共鳴装置 ESR

この装置は化学量センサとしては電子スピン共鳴装置（ESR：erectron spin resondnce）とよばれるが，磁性材料の研究では強磁性共鳴（FMR）とよばれる．異なっているのは用いる周波数領域である．ここでは，化学量センサであるのでESRについて説明する．

ESRは旧ソ連のサボイスキーが数百MHzの周波数帯を用いてCuイオンの信号を測定したことに始まり，その後の10年で理論と実験の両面から基礎が固められた．ESRの物理分野，とくに磁性方面への展開については先の物理量センサの項で述べられているように，磁気共鳴現象の理論的な解明が当初の目的である．その後，金属イオンの示す磁気的特性の観察，電子の挙動が量子力学により物性として磁性を解明できたこと，電子や中性子の磁性を解明できたことがあげられる．化学量としてみると，有機フリーラジカルの分析からその色の発色機構と電子の状態や分布に関する情報を得ることができた．さらに，分子軌道法理論の実証に用いられるようになった．とくに，後者は量子化学の確立の基礎を築くこととなった．さらに，有機フリーラジカルの分析は放射線化学から医療の分野へと展開していく．

（i）**ESR測定とは** ESRで測定するのは，不対電子をもつ分子や原子であるフリーラジカルの存在や電子スピンが示す共鳴現象である．ここで，電子は軌道運動とスピン（自転）を有する．電子スピンはαとβがあり，通常は対をなしているが，奇数個の電子を有する分子では対をつくれず不対電子が存在する．これをフリーラジカルとよぶ．このように測定対象となる物質は不対電子をもつ分子や原子で，ESRスペクトルからは不対電子の存在が確認でき，スペクトルの超微細分裂が観測されると不対電子をもつ分子の構造が決定できる．さらに，超微細分裂の値から分子内の電子分布，さらには分子の反応性についての情報が得られる．ESRスペクトルからは，電子スピンにより発生する固有の運動エネルギーとマイクロ波発振機からのマイクロ波との共鳴を吸収として観測する．この測定は微少量の不対電子に対しても感度を有する．

（ii）**ESR測定の対象** 測定対象は，①物質内に不対電子を有するもの，②物理的あるいは化学的な作用により不対電子を物質内に保持し，構造や性質などを調べるといった二つが対象である．①に属するものとしては，磁性材料はもとより，金属，半導体，カラーセンター，気相のラジカル，錯体・無機化合物，高分子化合物，有機ラジカル，有機金属，金属酵素，金属タンパク，血色素，ビタミン，補酵素，化石や岩石，宝石などと幅広い．これらは特異な例であり，大半の物質は不対電子を有しない．そこで，後者の方法がとられる．②については，放射線照射マイクロ波放電などの物理的な手法や化学的あるいは電気化学的な酸化や還元などの手法により不対電子を形成する．

（iii）**ESR測定の原理** ESR測定の原理を1）孤立電子系，2）複数の電子系の二つに分けて考える．まず，孤立電子系では図5.4.33で示すように電子の自転により磁気モーメントμ_eを有する．その大きさは，$|\mu_e|=eh/$

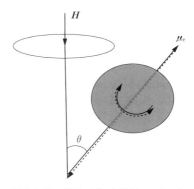

図5.4.33 電子スピンと磁気モーメント

$(4πm) = μ_B$ である．ここで，e は電荷量，h はプランク定数，m は電子の質量である．$μ_B$ はボーア磁子とよばれる磁気モーメントの単位素量である．この電子に磁界を印加すると磁界と平行になろうとするので，強度 H_0 の磁界中に置かれた物質が受ける磁気的なエネルギー E は，$E = -MH = -MH\cosθ$ で表される．対象が電子であるので，エネルギーは量子化され，$E = μ_B(2m_s)$ で表される．ここで，m_s は磁気量子数で，磁気モーメントが磁界に平行な $-1/2$ と，反平行な $1/2$ の二つの状態のみとなる．このように，電子スピンによるエネルギー準位の分裂がゼーマン分裂である．ここで，外部から周波数 $ν$ のエネルギーを与えたとき，ゼーマン分裂のエネルギー差である $2μ_BH_0$ に等しいエネルギー $hν$ のときに電子が吸収 ($hν = 2μ_BH_0$) し，エネルギーの高い磁界に反平行な状態へ遷移する．この遷移が電子スピン共鳴である．このとき，$ν = (2μ_B/h)H_0$ となる．この式は，共鳴周波数 $ν$ と共鳴磁界 H_0 が比例関係にあり，この式が ESR の共鳴の基本式である．

次に，材料として最も現実的な複数の電子系の場合について考える．先の孤立電子と異なり複数の電子系では互いの相互作用もあり系は複雑となる．そのため，共鳴条件式の補正を行うことでこれに対処する．補正項は二つの部分からなり，一つ目は孤立電子系での値（共鳴式では "2" になっている項）に相対論的な補正を加えた値の g_e，もう一つは不対電子の軌道運動にほかの電子からの相互作用を加えた値の $Δg$ である．補正値の g はこれらの値の和で，$g = g_e + Δg$ で表される．共鳴基本式を補正項で書き直すと，$hν = gμ_BH_0$ となる．また，共鳴を生じるには，不対電子を有する原子や分子が 10^{10} 個程度はないと条件が整っていても共鳴は生じない．

(iv) ESR 測定の実際　ESR の基本構成を図 5.4.34 に示す．ESR では導波管を用いて特定の波長や周波数のマイクロ波を一定方向に伝搬させる．ここで，マイクロ波は指向性がないことが特徴である．導波管により導かれたマイクロ波は共振器（キャビティ）の内部の試料に照射される．それと同時に試料に磁界が印加されている．

ESR の測定対象は多岐にわたるが，たとえばガラスでは不純物の Fe や Mn などによるスペクトルの変化から結晶構造を調べることができる．これは有機化合物でも同様で，高分子物質では結晶構造や，スペクトルの経時変化から高分子の劣化を調べたりすることができる．また，やや変わった例として，貝殻やサンゴ，鍾乳石，歯や骨から放射線損傷により生じる炭酸ラジカルから年代を測定する手法として研究されている．

文　献

1) 大矢博昭，山内　淳，"電子スピン共鳴"，講談社サイエンティフィク (1989).
2) 河野雅弘，"電子スピン共鳴法"，オーム社 (2003).
3) R. L. Pecsok, L. D. Shields, T. Cairns, I. G. McWilliam，荒木　峻，鈴木繁喬 訳，"分析化学 第 2 版"，東京化学同人 (1980).
4) 山内　淳，"磁気共鳴"，サイエンス社 (2006).

c. 質量分析計

物質の磁気的な性質を利用した先の NMR や ESR と異なり，イオン化した原子，分子を磁界により曲げられるが，その大きさが分子量により異なることを利用して分析して質量を求める装置（磁界偏向型質量分析計）である．このほかに，四重極型や飛行時間型，二重収束型などがある．この技術は質量分析計に加えて，表面分析に広く用いられる二次イオン質量分析計（SIMS）あるいはイオンマイクロアナライザ（IMA）ともよばれる装置の検出にも同じ技術が用いられている．

質量分析計では，まず試料のイオン化に始まる．イオン化には電子衝撃型や化学イオン化型，フィールドイオン化型などの方法がある．イオン化法は，対象となる分子をいかに分解しないで測定する技術として生命科学の分野では求められている．これをイオンセパレーターにより分離される．単収束磁場偏向型，二重収束型，サイクロイド収束型，飛行時間型，四重極マスフィルタなどの方法によりイオンが分子量により分離される．ここでは，磁性を用いたものとして単収束磁界偏向型について簡単に紹介する．180° 単収束型質量分析計の装置の構成図を図 5.3.35 に示す．磁界（強度：H）中で荷電粒子が速度 v で運動すると

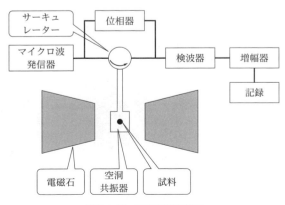

図 5.4.34　ESR 装置の構成

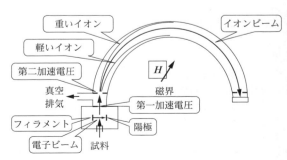

図 5.4.35　180° 単収束質量分析計の構成図

受ける力 F は $F=Hev$ となる．同時に，これとつり合うように遠心力 mv^2/r で表される．ここで，r は荷電粒子の円軌道の半径である．よって，$Hev=mv^2/r$ となる．この式を変形して，$m/e=H^2r^2/2V$ を得る．ここで，通常，H と r は一定であるので，集められる質量は V に反比例する．このほかに二重収束型があり，これは磁界だけではなく，電界と組み合わせて用いられる．電界と磁界を組み合わせたものにサイクロイド収束型がある．

このように，質量分析計において質量を分離するのに磁界を用いる．質量分析計では同位体が分離できるので，近年，歴史や文化財の分野では ^{14}C と ^{12}C の同位体比から年代を測定することが行われている．そのさいに，二重収束型の質量分析計が用いられる．

文献

1) R. L. Pecsok, L. D. Shields, T. Cairns, I. G. McWilliam, 荒木 峻, 鈴木繁喬 訳, "分析化学 第 2 版", 東京化学同人 (1980).

d. ゼーマン型の原子吸光分析装置

原子吸光分析は，溶液中のおもに金属イオン濃度を測定するために用いられる．原子吸光分析計の構成図を図 5.4.36 に示す．試料をバーナー中に霧化して導入し原子化した後に，中空陰極ランプからの光をフレーム中を透過させ，試料の濃度に応じてその前後の光強度の変化から吸収率 I/I_0 を求め，濃度を定量する．原子化には図 5.4.36 で示すフレーム法やフレームレス法などがある．フレーム法ではアセチレン-空気やアセチレン-亜酸化窒素などを用いる．また，中空陰極ランプは分析対象元素ごとの管球を用いる．これにより，原子は固有の波長の光を吸収する．この分析装置は分析対象元素が特定される．また，光はビームスプリッタにより分離したダブルビーム方式をとる．

ここで，原子吸光スペクトルは，バックグランド成分（BKG）と原子による吸収成分とからなる．原子化部に磁石をセットし，原子化された試料に光路に対して垂直に磁界を印加する．その構成を図 5.4.37 に示す．磁界印加により，図 5.4.38 で示すように原子吸光スペクトルのうち原子による吸収成分が開裂（ゼーマン分裂）を起こすとと

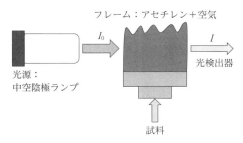

図 5.4.36　原子吸光分析計の構成図

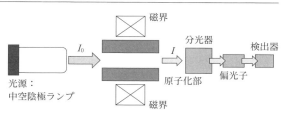

図 5.4.37　ゼーマン型原子吸光分析計の構成図

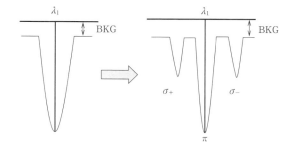

図 5.4.38　磁界印加による原子吸光スペクトルの変化

もに，偏光特性を示す．これに対して，バックグランド成分は解裂も偏光特性も示さない．解裂により，磁界に対して垂直な偏光特性を示す σ と，磁界に対して平行な偏光特性を示す π となる．これにより，偏光特性を利用すると磁界に対して平行な偏光特性では，π と BKG が，垂直では BKG のみを観測できる．これは σ が測定波長からシフトしているために観測されないためである．この方式を用いると，BKG が安定しているために，ダブルビーム方式による BKG の除去が安定して行えることが特徴である．

5.4.4　MI 効果応用素子

MI 効果素子は，一般に磁性ワイヤ，磁性リボン，磁性薄膜へ高周波電流やパルス電流を通電し，磁界印加による磁性体の透磁率変化を表皮効果による高周波インピーダンスの変化として検出するセンサ素子として定義される．この磁界センサは高透磁率を有する磁性体の急峻な表皮効果を利用することから，MR センサなどに比較して大きな高周波インピーダンス変化が得られる点に特長がある．一方，ほかの磁界センサ（たとえばホール素子，MR センサ，フラックスゲートセンサなど）に比較して，高周波電流（通常，数 MHz～数 GHz 帯）の通電および検出に伴うやや複雑な信号処理回路が必要になることから，比較的高コストになりやすい．また，高周波特有の電磁現象，たとえばセンサ素子と周辺デバイスとの電磁気的結合，導体間の漂遊容量，周辺の電磁界の影響などの考慮が必要になるケースがある．ここでは，このセンサの高感度特性を利用したさまざまな応用の事例をおもな分野ごとに紹介する．最初に地磁気センサなどに実用化されている汎用センサについて紹介し，渦電流探傷法などの非破壊検査，バイオテクノロジー分野を目指した磁性微粒子の検出や生体磁気応用，分析評価などの事例を紹介する．

a. 汎用センサ（地磁気センサなど）

MIセンサに関連するセンサ素子として実用化されている事例はアイチ・マイクロ・インテリジェントの地磁気センサ[1]およびキヤノン電子製のTMF-MIセンサ素子[2]である．このうちアイチ・マイクロ・インテリジェントのMIセンサはアモルファスワイヤへ高周波パルスを印加し，ワイヤ周辺に巻いた検出コイルの誘起電圧を検出する構成であり，スマートフォン，携帯電話に内蔵されるGPS用地磁気センサ，および加速度センサと組み合わせてモーションセンサとして実用化されている（図5.4.39）．キヤノン電子のセンサは，つづら折れ形状の磁性薄膜へ高周波電流を印加して振幅変調により磁界を検出している（図5.4.40）．おもな用途は腕時計用方位センサ，紙幣識別センサなどである．

b. 非破壊検査など

MIセンサを利用して橋梁，航空機，発電所などにおける金属構造物の非破壊検査を目指した試みが報告されている．非破壊検査などへの応用としてはセンサ素子を金属などの被測定物へ近接配置し，外部から交流磁界励磁により試料に渦電流を発生させる渦電流探傷型，試料（強磁性体）からの漏れ磁界を検出する方法，磁気回路により試料を励磁して漏れ磁界を検出する方法などがある．MIセンサ素子はほかのセンサに比較して微細化と高感度化が両立できる特長があることから，適した用途の一つと考えられる．中村らはFe-Co-Si-BアモルファスワイヤとCMOS ICによる発振回路を構成して，アルミニウム板の近接に伴う渦電流磁界の変化を検出した．アルミニウム板の距離検出分

図5.4.39 地磁気センサ（アイチ・マイクロ・インテリジェント製）
[http://www.aichi-steel.co.jp/pro_info/pro_info/elect_3.html]

図5.4.40 TMF-MIセンサ（キヤノン電子製）
[http://www.canon-elec.co.jp/products/compo/tmf/feature/index.html]

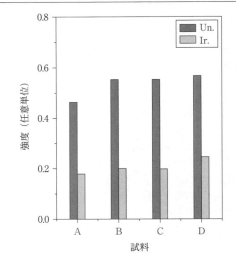

図5.4.41 中性子線照射による出力の変化
[D. J. Kim, D. G. Park, J. H. Hong, *J. Appl. Phys.*, **91**, 7421 (2002)]

解能として約5 μm（検出範囲は約4 mm）を得たことを報告した[3]．内山らは残留ひずみを与えた構造鋼材近傍に差動型MIセンサを近接配置して，漏れ磁界を計測し，鋼材の塑性変形の有無の判別，リューダースバンを評価可能であることを示した[4]．KimらはGMIセンサを用いて中性子線照射および熱処理を施した鋼材からの漏れ磁界を検出し，非破壊で金属組織の劣化評価を試みた．得られたGMIセンサの出力強度はTEMにより観測した試料の粒子サイズや粒子の析出と相関が強く，中性子線照射および熱処理により明瞭な減衰を示すことを明らかにした（図5.4.41）[5]．GoktepeらはCo-Fe-Si-Bアモルファスワイヤによるセンサ素子と励磁用ヨークおよびコイルを用いて微小クラックを有する3% Si-Feの漏れ磁界を計測した．ケイ素鋼板に幅1.6 mm，深さ1.6 mmのクラックを設け，その近傍でセンサを走査することで約30 mVのセンサ出力の変化が得られた[6]．Vacherらはアイチ・マイクロ・インテリジェント製のMIセンサを用いて表面に微小クラックを設けたステンレス表面を走査し，傷の検出に有効であることを報告した．厚さ20 mmのステンレス（304L）に長さ10 mm，幅0.4 mm，深さ最大8 mmのクラックを有する試料の近傍をセンサ素子により走査し，クラックを検出できることを示した[7]．佐藤らはコプレーナ線路とCo-Nb-Zr薄膜を組み合わせた伝送線路構造の薄膜磁界センサを開発し，内部に微小クラックを有するアルミニウム板の渦電流探傷，内部に磁性不純物を有するアルミニウム棒の漏れ磁界の計測を報告した[8]．

c. 医療，バイオ応用

医療，バイオなどの用途では，近年急速に進展しているDNA検査技術などで使用される磁性微粒子の検出や生体磁気計測，センサシステムなどへの応用が報告されている．磁性微粒子に抗体などを付着させて，GMIセンサな

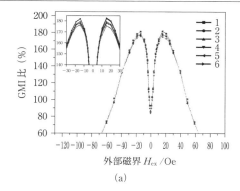

(a)

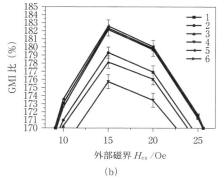

(b)

図5.4.42 腫瘍細胞などへの磁性微粒子のマーキングの有無でのGMI変化率
[L. Chen, D. X. Cui, *et al.*, *Biosens. Bioelectron.*, **26**, 3246 (2011)]

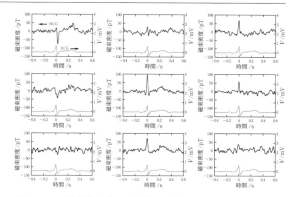

図5.4.43 健常者心磁界（黒線）の多点計測（灰線：心電波形）
[S. Yabukami, K. I. Arai, *et al.*, 電学論A, **133**, 372 (2013)]

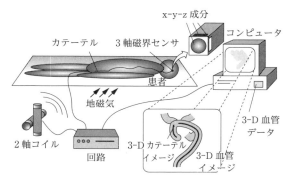

図5.4.44 カテーテル先端の位置検出システム
[K. Totsu, Y. Haga, M. Esashi, *Sens. Actuators A.*, **111**, 304 (2004)]

などにより磁性微粒子の検出あるいは存在を検知するシステムが開発されている．MIセンサの高感度特性が生かされる応用であるが，一方でMRセンサなどのほかの薄膜センサに比較して微細化および集積化の観点で課題がある．Kurlyandskayaらは Co-Fe-Mo-Si-B リボンを用いて電圧駆動型GMIセンサ素子を開発し，磁性微粒子を検出した．0.8 mm×0.028 mm×90 mm のセンサ素子に対して磁性微粒子（dynabeads M-450, $4×10^5$ beads/mL）を近接させたことにより，センサのインピーダンス変化率が約25％増加し，磁性粒子を用いたDNA検査などへの可能性を示した[9,10]．Chiriacらは Co-Fe-Si-B ワイヤを用いてセンサ素子を開発しCo微粒子の検出へ応用した．開発したセンサ素子は直径 25 μm, 長さ 1000 μm であり，このセンサ素子を用いて 25 磁性微粒子/μL の密度を有するCo微粒子を検出できることを示した[11]．ChenらはCo系磁性リボンを微細化してMIセンサ素子とし，悪性腫瘍の抗体検査用バイオセンシングシステムを開発した．RGD-4Cとペプチド結合した酸化鉄微粒子および腫瘍細胞（MGC-803）を組み合わせた試料をGMIセンサ素子で評価したところ，微粒子マーキングの有無で有意な差（GMI変化率で約8％）が検出された（図5.4.42）[12,13]．一方，生体磁気計測の分野では，内山らはIPS細胞などの再生医療を目指す観点からMIセンサを用いて動物の活動電流を検出し

た．モルモットの平滑筋細胞組織差動型のMIセンサを近接配置して，刺激電流に伴うパルス磁界を計測できることを示した[14]．薮上らは伝送線路と磁性薄膜を組み合わせた薄膜磁界センサを開発し，健常者心磁界を多点で計測した．左心室付近ではR波が強く，身体中央付近ではS波が強くなり，あるいはR波がネガティブになっていることなど，SQUIDによる測定結果と対応することを示した（図5.4.43）[15]．戸津らはMIセンサを用いてカテーテル先端の位置および姿勢を検出するシステムを開発した．3軸のMIセンサ素子（2 mm×2 mm×3 mm）をカテーテル先端に貼付し，外部から交流磁界を印加して，MIセンサの位置および方向を5 mm以内の誤差で検出できることを示した（図5.4.44）[16]．

d. 分析評価など

内山らは道路上に磁性ワイヤによるMIセンサとマイクロコンピュータを一体化したディスクを道路に設置して，自動車からの漏れ磁界を測定するシステムを開発した．実際に約2000台の自動車を走行させて，本システムのMIセンサの波形および磁界強度から走行速度がおおむね推定できることを示した[17]．西部らはCo-Nb-Zr薄膜によるMIセンサ素子，太陽電池，電源および回路を一体化した

図 5.4.45　MI センサ内蔵のオンロードレーンマーカによる自動車検出
[Y. Nishibe, T. Uchiyama, et al., IEEE Trans. Veh. Technol., 53, 1827 (2004)]

オンロードレーンマーカを開発し，実際の自動車を用いた実験で 100% の確率で検知できたことを報告した（図 5.4.45）[18]．Garcia らはマイクロチューブにめっきした Co-P めっき膜のドメイン観察の手段として MFM（磁気力顕微鏡）と GMI 効果を併用した実験結果を報告した．さらに，CoP 層の膜厚が厚くなるに従って環流磁区が小さくなるなど，環流磁区の構造と高周波透磁率の関係について明らかにした[19]．丹らは Ni-Fe 多層膜により微細加工技術により GMI センサ（センサヘッド長は 0.1 mm）を開発し，伝送線路や高周波 IC などからの近傍磁界（500 Hz～1 GHz）を計測した．マイクロストリップライン上での近傍磁界の測定結果は理論値とほぼ一致し，環境電磁工学などへの応用の可能性が示された[20]．Steindl らは GMI センサと SAW デバイスおよび送信アンテナを組み合わせることにより，GMI センサで計測された磁界を無線かつバッテリーレスで検出するセンサシステムを提案した[21]．Malatek らは 58 cm 長の Co-Fe-Cr-Si-B アモルファスリボンを円筒状に二重に巻き，ダブルコアの電流センサを開発した．ダブルコア型にすることによってドリフトを抑制し，2A のダイナミックレンジで 0.5% 以内の線形性を得た[22]．上原らは二次元的に走査可能な MI センサを開発し，隕石からの漏れ磁界を空間分解能 400 μm，磁界分解能 10 nT で計測することにより隕石に含有される鉄の状態を評価した[23,24]．

文　献

1) 愛知製鋼株式会社 製品情報；http://www.aichi-steel.co.jp/pro_info/pro_intro/elect_3.html
2) キヤノン電子株式会社 製品情報；http://www.canon-elec.co.jp/products/compo/tmf/feature/index.html
3) 中林宗治，毛利佳年雄，日本磁気学会誌，23, 1453 (1999).
4) 内山　剛，ソンポップポルマエ，毛利佳年雄，石川　登，日本磁気学会誌，23, 1465 (1999).
5) D. J. Kim, D. G. Park, J. H. Hong, J. Appl. Phys., 91, 7421 (2002).
6) M. Goktepe, Y. Ege, N. Bayri, S. Atalay, Phys. Status Solidi., 1, 3436 (2004).
7) F. Vacher, F. Alvers, C. G.-Pascaud, NDT&E Int., 40, 439 (2007).
8) 佐藤弘二，小島　健，薮上　信，小澤哲也，小林伸聖，中居倫夫，荒井賢一，J. Magn. Soc. Jpn., 35, 76 (2011).
9) G. V. Kurlyandskaya, M. L. Sanchez, B. Hernando, V. M. Prida, P. Gorria, M. Tejedor, Appl. Phys. Lett., 82, 3053 (2003).
10) G. Kurlyandskaya, V. Levit, Biosens. Bioelectron., 20, 1611 (2005).
11) H. Chiriac, M. Tibu, A. E. Moga, D. D. Herea, J. Magn. Magn. Mater., 293, 671 (2005).
12) H. Yang, L. Chen, C. Lei, J. Zhang, D. Li, Z. M. Zhou, C. Bao, H. Y. Hu, X. Chen, F. Cui, S. X. Zhang, Y. Zhou, D. X. Cui, Appl. Phys. Lett., 97, 043702 (2010).
13) L. Chen, C. C. Bao, H. Yang, D. Li, C. Lei, T. Wang, H. Y. Hu, M. He, Y. Zhou, D. X. Cui, Biosens. Bioelectron., 26, 3246 (2011).
14) T. Uchiyama, K. Mohri, S. Nakayama, IEEE Trans. Magn., 47, 3070 (2011).
15) S. Yabukami, K. Kato, T. Ozawa, N. Kobayashi, K. I. Arai, 電学論 A, 133 (2013).
16) K. Totsu, Y. Haga, M. Esashi, Sens. Actuators A, 111, 304 (2004).
17) T. Uchiyama, K. Mohri, H. Itho, K. Nakashima, J. Ohuchi, Y. Sudo, IEEE Trans. Magn., 36, 3670 (2000).
18) Y. Nishibe, N. Ohta, K. Tsukada, H. Yamadera, Y. Nonomura, K. Mohri, T. Uchiyama, IEEE Trans. Veh. Technol., 53(6), 1827 (2004).
19) J. M. Garcia, A. Asenjo, M. Vázquez, A. M. Yakunin, A. S. Antonov, J. P. Sinnecker, J. Appl. Phys., 89, 3888 (2001).
20) K. Tan, T. Komakine, K. Yamakawa, Y. Kayano, H. Inoue, M. Yamaguchi, IEEE Trans. Magn., 42, 3329 (2006).
21) H. Hauser, R. Steindl, C. Hausleitner, A. Pohl, J. Nicolics, IEEE Trans. Instrum. Meas., 49, 648 (2000).
22) M. Malátek, P. Ripka, L. Kraus, IEEE Trans. Magn., 41, 3703 (2005).
23) M. Uehara, N. Nakamura, Rev. Sci. Instrum., 78, 043708-1 (2007).
24) M. Uehara, N. Nakamura, Stud. Geophys. Geod., 52, 211 (2008).

5.4.5　機能素子

本項では，磁気に関連した各種現象を利用する機能素子について述べる．磁化した物質で偏光面が回転する磁気光学効果[1]（magneto-optical effect, MO 効果）は，従来，光アイソレータや光磁気記録に利用されてきた．光アイソレータは，光通信の分野で光源のレーザーモジュールに組み込まれている，戻り光を遮断するための部品であり，偏光依存型と偏光無依存型の素子が製品化されている．本項では，磁気に関連する新しい機能素子について述べるが，磁気光学効果を利用する機能素子として，磁性フォトニック結晶，磁気光学空間光変調器，希薄磁性半導体による光アイソレータなどがある．物体に磁界を加えたときに電気分極が生じる現象，あるいは電界を加えたときに磁化が生じる現象は，磁気電気効果（magnetoelectric effect, ME

効果)[2]とよばれる．このような強磁性と強誘電性現象を併せもつ材料はマルチフェロイック材料とよばれ，近年活発に研究が進められてきた．マルチフェロイック材料についてはまだ基礎的な研究が中心であるため，本項では磁歪材料と圧電材料を複合化させたハイブリッド材料における機械的結合によるME効果を利用した，磁界センサなどの機能素子について紹介をする．さらに，スピントロニクスに関連したスピントルクダイオード，スピン波を利用する静磁波デバイス，磁気表面弾性波デバイスなどについて述べる．

a. 磁性フォトニック結晶

磁性フォトニック結晶（MPC：magnetophotonic crystal）は，光の干渉を利用して磁性体のもつ磁気光学効果を増大させる機能をもつ．屈折率が異なる二つの誘電体が周期的に並んだ構造はフォトニック結晶[3~6]とよばれ，光の伝搬を許さないフォトニックバンドギャップ（PBG：photonic band gap）が発現する．この誘電体多層膜ミラーの中に欠陥層を導入すると，光の干渉により欠陥層に光が閉じ込められ，PBG中には高い透過率をもつ局在モードが現れる．

誘電体多層膜中に，磁気光学材料のBi置換型イットリウム鉄ガーネット（Bi：YIG, bismuth-substituted yttrium iron garnet）の欠陥層を挟みこんだ構造は，一次元磁性フォトニック結晶（1D-MPC），またはマイクロキャビティ型1D-MPCとよばれる．PBGの中心波長をλ_0とすると，誘電体多層膜ミラーの2種類の媒質の光学膜厚は$n_i d_i = \lambda_0/4$（$i=1,2$），欠陥層として用いるBi：YIGの光学膜厚は$n_3 d_3 = \lambda_0/2$となる．図5.4.46(a)は，ガラス基板の上に形成された$(Ta_2O_5/SiO_2)_5/Bi：YIG/(SiO_2/Ta_2O_5)_5$構造の1D-MPC断面の走査型電子顕微鏡（SEM）像である．この試料の透過率とファラデー回転角スペクトル（図5.4.46(b)および(c)）では，波長600~850 nmに透過率が低下するPBGがあり，そして波長720 nmにおいて共鳴的な高い透過率をもつ局在モードではファラデー回転角が$-0.63°$まで増大しているのがわかる（白丸）[7]．この大きさは，黒丸で示したBi：YIG単層膜のファラデー回転と比較すると10倍増加していることになる．この実験結果（白丸）は，マトリックアプローチ法[8]によるシミュレーション結果（実線）とよく一致する．磁性体の中では，円偏光が固有モードであり，左右の円偏光に対する屈折率が異なる．MPCの中で光の多重反射が起こるとき，非相反性によって左と右円偏光の回転角の違いが大きくなり，入射された直線偏光が1D-MPCから出てくるとき回転角が増大することになる．また，MPCでは，一次だけでなく，二次や三次のような高次のPBGにおいてもファラデー回転角を増大させることができる[9]．

この磁性フォトニック結晶は，光導波路への応用が試みられている．ガドリニウム・ガリウム・ガーネット（GGG：gadolinium gallium garnet）基板上に液相エピタキシー（LPE：liquid phase epitaxy）法によって

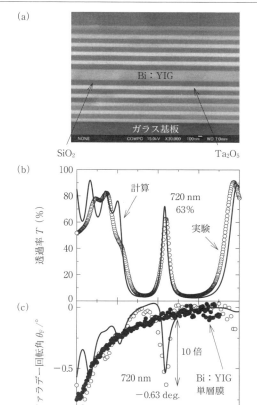

図5.4.46 1D-MPCの断面のSEM像(a)，透過率(b)およびファラデー回転角スペクトル(c)
白丸：実験結果，黒丸：Bi：YIG単層膜のファラデー回転スペクトル，実線：マトリックアプローチ法によって得られた計算結果
[M. Inoue, J. Kim, *et al., IEICE Trans. Electron.*, **E91-C**, 1630 (2008)]

$(Bi, Lu)_{(2.8\pm0.1)}Fe_{(4.7\pm0.1)}O_{12.1+0.3-0.1}$ガーネット膜を形成し，フォトリソグラフィ法および集束イオンビーム（FIB：focused ion beam）法によってリッジ型導波路の1D-MPCが作製された．図5.4.47(a)に示すように，導波路中に欠陥部として，3.5周期の位相シフトが形成されている[10,11]．図5.4.47(b)は位相シフトがある導波路の透過率と回転角スペクトルである．光の透過率が小さくなるPBGがあり，1541 nm付近にある局在モードで偏光の回転角が変化している．(c)はMPCに位相シフトがないときの透過率と回転角を示し，PBGの端付近で回転角が大きくなっている．

1D-MPCについては，パルスレーザー堆積（PLD：pulsed laser deposition）法で作製した全ガーネットの1D-MPC[12]，磁性フォトニック結晶と非磁性フォトニッ

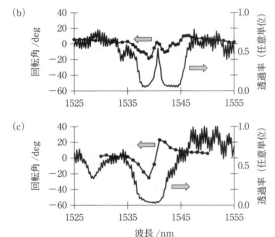

図 5.4.47 回折格子と位相シフトからなる 1D-MPC のリッジ型導波路
SEM 像 (a),位相シフトがある場合 (b) と位相シフトがない場合 (c) の透過率と,回転角スペクトル.
[M. Levy, X. Huang, *et al.*, *J. Magn. Soc. Jpn.*, **30**, 561 (2006)]

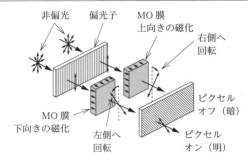

図 5.4.48 透過型 MOSLM の動作原理

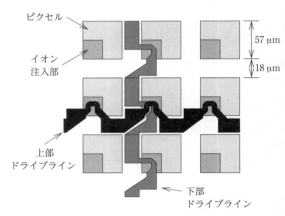

図 5.4.49 LIGHT-MOD のピクセルとドライブラインの構造
[T. R. Maki, *SPIE*, **1151**, 284 (1989)]

ク結晶を接合し,表面(界面)状態に相当するタム状態 1D-MPC[13] などが報告されている.また,二次元 MPC により,磁化によって光を制御する光サーキュレータ[14,15] が検討されている.

b. 磁気光学空間光変調器

空間光変調器(SLM:spatial light modulator)[16,17] は,強度,位相,偏光などの光の状態を微小なピクセルごとに変化させるデバイスであり,ウェアラブルコンピュータ用マイクロディスプレイ,光コンピューティング,光通信用クロスオーバー光スイッチ,ホログラム記録,三次元ディスプレイなどへの応用が期待されている.これには電界によって誘電体物質の分極の状態の変化を利用する電気的方式,圧電体などによりミラーの位置を変える機械的方式,磁性体の磁化の方向によって磁気光学応答を変える磁気的方式,温度によって材料の光学応答を変える熱的方式などがある.これまでに液晶空間光変調器,MEMS(micro electro mechanical systems)技術によって作製されたディジタルミラーデバイス(DMD:digital mirror device)[18],微小なリボンを一次元に配列し回折光を制御するグレーティングライトバルブ(GLV:grating light valve)[19] など

が製品化されてきた.より高速で動作するデバイスとして,磁気光学空間光変調器(MOSLM:magneto-optical spatial light modulator)がある.これは大きな質量の物体を変位させる必要がなく,磁化の変化によるものであるため高速動作が期待できる.磁気光学効果を用いた最初の SLM は,1977 年に開発された MOPS(magneto-optic-photoconductor sandwich)[20] であり,これは磁気的に分離されたピクセルへのレーザー光照射と外部磁界によってスイッチングが行われる.

商品化された最初の MOSLM は Litton 社の LIGHT-MOD[21] である.この MOSLM は,図 5.4.48 に示すように,2 枚の偏光板で挟み込んだ磁性ガーネットの磁化の方向を変えることによってファラデー効果により偏光の回転方向を変え,透過光強度の 2 値変調を行う.この MOSLM のピクセルの構造[22] を図 5.4.49 に示す.磁性ガーネットのピクセル上に透明な絶縁膜を挟んで X および Y ドライブラインが形成され,そしてドライブラインが交差する付近の磁性ガーネットにはイオン注入により,磁化反転に必要な磁界が低くなるようにしてある.ピクセルの反転は,選択した X と Y ドライブラインに電流を流し,大きな磁界が発生する交差部付近のガーネットの磁化を反転させる.次に電流を 0 にし,MOSLM 全体に外部磁界を加えて,一部分が反転したピクセルで磁壁移動を促

して，そのピクセル全体の磁化を反転させる．しかし，通電によるピクセルの一部の磁化反転，そして外部磁界によるピクセル全体の反転の2段階で行うために時間がかかってしまうという欠点がある．

Carnegie Mellon UniversityとLitton社のグループによって反射型のMOSLMが開発された[23,24]．図5.4.50に示すように，偏光子を通った直線偏光は基板側から入って磁性ガーネット膜を透過し，ドライブラインで反射され，再び基板側から出射される．磁性ガーネットを光が往復するために2倍のファラデー回転角が得られ，またピクセル上にドライブラインを置くために光の利用効率が向上する．図5.4.51(a)に，反射型MOSLMのドライブラインの構造を示す．XおよびYドライブラインはピクセルのスイッチングのための磁界を集中させるような構造をもち，ピクセルの中心部分にボロンを加えることによりスイッチング磁界を減少させている．ピクセルの磁化をスイッチングさせたときの写真を図5.4.51(b)に示す．

これまでに述べたMOSLMは外部磁界が必要であり，磁化反転のために2段階の操作が必要であったが，この欠点を解決した反射型MOSLMが開発されている．LPE法で形成した磁性ガーネットの上にSiのピクセルパターンを形成してから，赤外線照射によってSi形成部を局所加熱する．Si膜形成に起因するストレスによる磁気異方性の付与，および加熱によって発生したSiO$_2$形成に伴う磁性ガーネットの酸素欠乏による飽和磁化の低下によって，ピクセル間が磁気的に分離されることになる．さらに，大きな磁界が得られるドライブラインの構造（図5.4.52(a)）を採用することによって外部磁界が不要となり，XとYドライブラインに流す電流だけで，図5.4.52(b)に示すようにピクセルのスイッチングができるようになった[25,26]．このMOSLMのスイッチング時間は10～15 nsである．強誘電液晶SLMは数十μs，DMDは約15μsであることを考えると，MOSLMの動作速度はきわめて速いといえる．

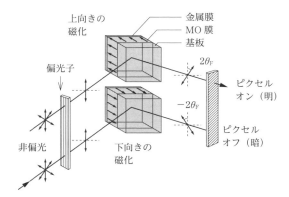

図5.4.50 反射型MOSLMの動作原理

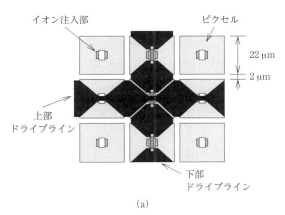

図5.4.51 反射型MOSLMのピクセルおよびドライブラインの構造(a)，反射型MOSLMの偏光顕微鏡像(b)
[J. Cho, J. Lucas, et al., J. Appl. Phys., **76**, 1910 (1994)]

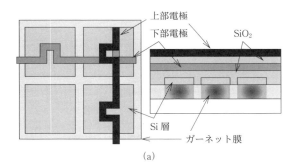

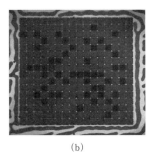

図5.4.52 外部磁界が不要の低消費電力タイプのMOSLM
(a) 構造　(b) ピクセルの磁化反転
[J. H. Park, M. Inoue, et al., J. Magn. Magn. Mater., **272-276**, 2260 (2004)]

さらに,磁性ガーネットの面内に磁化容易軸をもつアナログ変調 MOSLM[27],消費電力小さくするために PZT 圧電膜と組み合わせた電圧駆動 MOSLM[28] などが試作されている.

c. 静磁波デバイス

静磁波(MSW:magneto static wave)[29] は,磁性体中の磁気モーメントと電磁波の相互作用によって励振される波である.磁性体への直流磁界を加えることによって磁気モーメントの方向がそろい,高周波信号により磁気モーメントの歳差運動が起こる.この波はスピン波ともよばれる.MSW の伝搬モードには3種類ある.膜面に垂直に磁界を印加した場合は静磁前進体積波(MSFVW:magnetostatic forward volume wave)が発生する.膜面に平行に磁界を印加し,波の伝搬方向と磁界の方向が平行のときには静磁後退体積波(MSBVW:magnetostatic back volume wave),そして膜面に平行で,伝搬方向に垂直な磁界を加えたときは静磁表面波(MSSW:magnetostatic surface wave)が発生する.

図 5.4.53 に示すように,静磁波デバイスには,YIG 基板の上に (a) 2本のトランスデューサが平行に並んだ方式,(b) 1本のマイクロストリップラインをトランスデューサとして用いる方式がある[30].図 5.4.54 に YIG 薄膜の上にマイクロストリップラインを形成し,膜面に垂直に磁界を加えて MSFVW を発生させたときの応答を示す.a は入力信号波,b は準 TEM モードの波,c は MSFVW を示している.a の入力波と c の MSFVW を比較すると,35 nm の入力パルスが 10 nm まで圧縮されているのがわかる.b の準 TEM モードとは伝送線路での電磁波の伝送モードの一つであり,電磁波のマイクロストリップライン

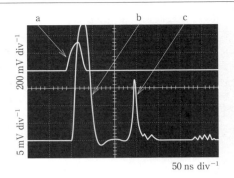

図 5.4.54 マイクロストリップラインをトランスデューサとして用いたときの入出力応答
 a:入力信号,b:準 TEM モード波,c:MSFVW
[堤 誠,信学技報,**100**,109(2000)]

では一般にグランドが広い面になっているため,電磁界分布が完全な対称形にならない準 TEM モードになる.図 5.4.54 に示されている MSFVW による波の圧縮作用を応用することによって,周期が短い短パルスの発生,重なった信号の分離などが行えるようになる.このほかにも MSW を利用して,高周波信号のパラメトリック増幅器[31],光アイソレータ[32] などが提案されている.

YIG に周期構造を施すことで,波の干渉を利用して MSW を局在化させ,既存の静磁波デバイスにない新しい機能を発現させることができる.この静磁波素子はマグノニック結晶とよばれている.図 5.4.55(a)に示すように,導波路である YIG に周期的な金属 Cu 線を付加し,(b)に示すように石英基板のマイクロストリップラインの上に YIG と Cu 周期線が付いた面を重ねる.YIG 膜に平行,かつ波の伝搬方向に垂直な方向に磁界を加えて MSSW を発生させると,Cu 線による MSSW の干渉が生じることにより,(c)のように伝搬特性に波の存在を許さないマグノニックバンドギャップが生じる.このマグノニックバンドギャップの周波数は外部磁界によって変化させることができるが,磁界が 200 Oe(1590 A m^{-1})のとき,バンドギャップの周波数は 3.00 GHz 付近にあってその深さは -60 dB であり,磁界を大きくするにつれて高周波側に移動し(図 5.4.55(c)),その変化の係数は 2.6 MHz Oe^{-1} であった(図 5.4.55(d)).磁界の検出感度は周波数 3.01 GHz,外部磁界 205 Oe(16310 A m^{-1})のとき 11400%となった[33].この Q 値は周期構造のペア数を変えることができる.このようなバンドギャップでの急峻な特性から,磁界センサやノッチフィルタとしての利用が期待される.

d. 磁気電気効果素子

磁気電気効果(magnetoelectric effect:ME 効果)あるいは電気磁気効果は,磁気によって電気分極を誘起する,あるいは逆に電界によって磁化を誘起する現象である.強誘電と強磁性あるいは強弾性などを併せもつ物質は,マルチフェロイック材料とよばれる.ME 効果は,1894 年に P. Curie がその現象の存在を指摘したことから端を発し,1960 年

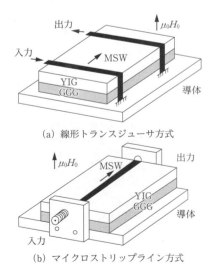

図 5.4.53 静磁前進体積波を利用する静磁波デバイス
 (a) 線形トランスデューサ方式 (b) マイクロストリップライン方式
[堤 誠,信学技報,**100**,109(2000)]

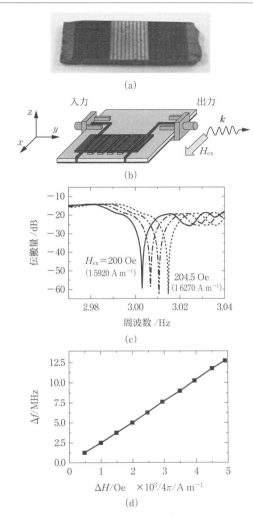

図 5.4.55 GGG 基板上の YIG 膜上に周期的 Cu 線を配置した静磁波素子（マグノニック結晶）(a)，マイクロストリップライン上に置かれたマグノニック結晶での MSSW の励起 (b)，印加磁界による伝搬特性の変化 (c)，印加磁界によるバンドギャップの周波数の変化 (d)
[J. Noda, M. Inoue, *Tech. Rep. Inst. Electro. Eng. Jpn.*, **MAG-10-079**, 1 (2010)]

代になって Landau と Lifshitz[34] や Dzyaloshinskii[35] による理論的な研究を背景として，Cr_2O_3 単結晶材料[36]で ME 効果が初めて観測されたことから活発に研究が行われるようになった．この ME 効果を示す材料には，ペロブスカイト型酸化物やボラサイトなどがあるが[37]，一般に ME 効果の動作温度が極低温に限られ，その効果が小さいものであったために実用化されることはなかった．しかし，最近では六方晶フェライト[38,39]が室温でも ME 効果を示すことが報告されている．

ME 効果については，このように強磁性と強誘電性を同時にもつマルチフェロイック材料の研究だけではなく，磁性材料と圧電材料とのハイブリッド構造体によって ME

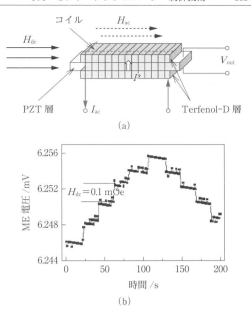

図 5.4.56 ME 効果を利用した DC 磁界センサ (a) 周波数 84 kHz のバイアス電流を流したときの検出感度 (b)
[S. Dong, D. Viehland, *et al.*, *Appl. Phys. Lett.*, **88**, 082907 (2006)]

効果を利用する研究も進められてきた．これには強磁性体ナノロッドの誘電体への埋め込み構造[40]，そして超磁歪材料と圧電材料の積層（ラミネート）構造[41] などがある．ここでは素子としての応用が先行しているハイブリッド構造による ME 効果素子の研究例を紹介する．

図 5.4.56 に超磁歪材料 Terfenol-D（$Tb_{1-x}Dy_xFe_{2-y}$）と圧電材料 PZT（$Pb(Zr,Ti)O_3$）を積層したラミネート構造にコイルを巻いた磁界センサを示す[41]．PZT 板の両面に Terfenol-D 板が接合され，この超磁歪材料が磁界によって長さが変化し，それが圧電素子へ機械的に伝達して電圧に変換される．AC 成分の磁界を加えながら測定した外部 DC 磁界を測定したとき 10^{-3} Oe の分解能が得られ，共鳴が起こる周波数 84 kHz で使用したときには 1 桁高い分解能 10^{-4} Oe が得られている（図 5.4.56 (b)）．

ME 効果を利用しジャイレータが試作されている．ジャイレータ[42] は 1948 年に Tellegen によって提案された内部に独立した制御電源をもつ二端子対回路であり，インピーダンスを変換する作用をもつことから，コイルを使わずにコンデンサによりインダクタンス回路をつくることができ，また電圧から電流への変換あるいは電流から電圧へ変換する回路が得られる．図 5.4.57 (a) に示すように ME 効果によるジャイレータは，長手方向に対称的に分極させた圧電材料の PZT を両側から超磁歪材料の Terfenol-D で挟み込んだラミネート構造をもつ．入力端子としてコイルがこの素子に巻かれる．磁歪材料による機械的変位が圧電素子に伝わり，圧電素子の両端の電極と中心にあるグランド電極の間に電圧が発生する．このジャイレータの等価

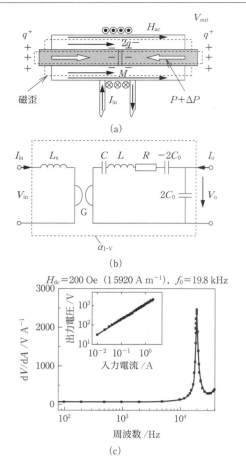

図 5.4.57 ME 効果による I-V ジャイレータ (a), 等価回路 (b), I-V 変換係数, 挿入図は I と V の関係を示す (c)
[S. Dong, M. I. Bichurin, *et al.*, *Appl. Phys. Lett.*, **89**, 243512 (2006)]

回路（図 5.4.57(b)）は, 入力側に磁歪材料に相当するインダクタンス回路があり, 制御電源 G を介して圧電材料によって発生する出力電圧へと変換される. 入力電流から出力電圧への変換特性は図 5.4.57(c) およびその挿入図に示され, 最大の変換係数 2500 V A^{-1} が共鳴周波数 19.8 kHz で得られている[43].

e. スピントロニクス関連デバイス

電子のもつスピンと電荷の両方を利用するスピントロニクス[44]の分野では, 巨大磁気抵抗（GMR）素子がハードディスクの磁気ヘッドとして応用され, 垂直磁気記録材料とともに, 現在の垂直磁気記録方式の大容量ハードディスクの実現に大きく寄与することになった. また, 不揮発メモリ素子である磁気抵抗メモリ（MRAM）は量産に向けた開発が行われている[45].

MRAM についてほかの項で詳細に説明がされるため, 本項ではスピントロニクスに関連した機能素子として, GHz のギガヘルツ領域で検波・整流作用が得られるスピ

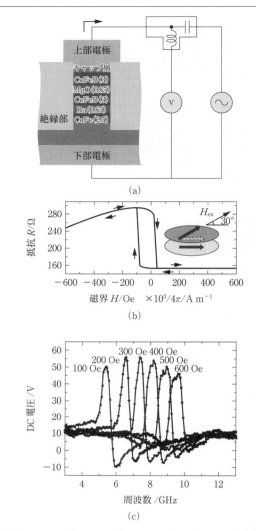

図 5.4.58 スピントルクダイオードの構造 (a) と磁界と抵抗の関係 (b), 磁界による共鳴周波数の変化 (c) 外部磁界は下部の固定磁化層に 30 度傾けて印加.
[A. A. Tulapurkar, S. Yuasa, *et al.*, *Nature*, **438**, 339 (2005)]

ントルクダイオード[46,47]について紹介する. この構造を図 5.4.58(a) に示すが, 主要構成部として, Co-Fe-B 強磁性体の磁性フリー層, 絶縁物の MgO トンネル障壁層, Co-Fe-B 磁性固定層がある. 下層の Co-Fe-B の磁化は, Ru 層を介して CoFe 層と反強磁性的に結合することにより固定される. 二つの Co-Fe-B 層の磁極の向きが平行のときは, 磁気抵抗効果によって電気抵抗が小さくなり, 逆向きでは電気抵抗が増加する（図 5.4.58(b)）. 電流を流すと磁性フリー層にスピンを伴った電子が注入され, もとのスピンとの間にトルクが発生し, フリー層の磁化の向きが変わる. 高周波電流の周波数が磁性フリー層のスピンの歳差運動と一致するときは, 磁化の振動によりトンネル接合の電気抵抗が変動する. したがって, 高周波の直流電圧

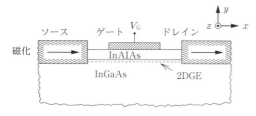

図 5.4.59 スピン FET
[S. Datta, B. Das, *Appl. Phys. Lett.*, **56**, 665 (1990)]

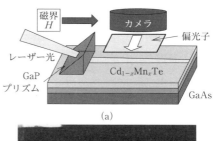

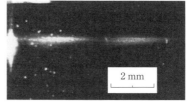

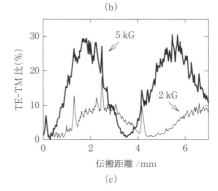

図 5.4.60 希薄磁性半導体による光導波路の構造（a），5.5 kG の磁界を加えたときに TE-TM モード変換により発生した散乱光（b），磁界を加えたときの TE-TM モードの比（c）

[W. Zaets, K. Ando, *Appl. Phys. Lett.*, **77**, 1593 (2000)]

が生じるスピン注入磁化反転が起こる．この共鳴周波数は，外部磁界の大きさによって変化する（図5.4.58(c)）．このスピントルクダイオードは，高周波での検波，発振，増幅用の素子としての用途が期待される．

スピントロニクスに関連した機能素子として，Datta と Das により 1990 年にスピン FET（field effect transistor）が提案された[48]．図 5.4.59 に示すように，スピン FET の概念は，一般的な FET と同様の構造をもち，ソースとドレイン間に流れる電流をゲートの電圧によって制御するトランジスタである．ソースとドレインには強磁性体が使われる．強磁性体電極からスピンの向きがそろった電子が流れ出て，二次元電子ガス（2 DEG：2 dimensional electron gas）のチャネルをスピンの向きを保ったまま流れて，対向の強磁性体電極へ達する．このときゲートに電圧を加えることにより，チャネルを流れる電子のスピンの向きが変わり，その結果，強磁性電極に入る電流の大きさが変化することになる．ソースとドレインにハーフメタルを用いてメモリとしての機能をもつ素子[49]，そして金属だけで構成されるスピントランジスタ[50]などが報告されている．

f. 希薄磁性半導体を用いた光学素子

光通信分野ではレーザーや光アイソレータなどの個別の部品を用いて光回線が構成されている．これは半導体と磁性体の素子を同一基板上に集積回路として作製することが，作製プロセス温度の違いなどの理由から困難であるためであるが，小型化および高信頼性のためには，光学素子と磁性体素子を一体化した光集積回路の実現が望ましい．希薄磁性半導体 $Cd_{1-x}Mn_xTe$ は磁性原子に起因する大きな磁気光学効果をもち，かつ化合物半導体 GaAs と同じ閃亜鉛鉱構造であるために GaAs 基板でエピタキシャル成長が可能であり，半導体レーザーとともに集積回路化ができる材料であると考えられている．

図 5.4.60(a) に，希薄磁性半導体 $Cd_{1-x}Mn_xTe$ を用いた光導波路[51]を示す．GaAs (100) 基板に分子線エピタキシー（MBE：molecular beam epitaxy）法によって形成したものである．外部から磁界を加えることによって TE (transverse electric wave)-TM (transverse magnetic wave) モードの変換が起こる．図 5.4.60(b) は CCD カメラによって観察した導波路からの TE モードの散乱光を示し，磁界によって TM モードから TE モードに変換された光（波長 790 nm）である．散乱光に強弱が生じているのは，TE-TM 変換効率には距離依存性があるためであり，図 5.4.60(c) に示すように磁界によって位置を変化させることができる．

また，磁気光学効果をもつ強磁性金属と半導体のハイブリッド構造の導波路型の光アイソレータ[52]が開発されている．この光アイソレータは，図 5.4.61 に示すように強磁性体の Co が導波路の上に形成された強磁性体/半導体ハイブリッド構造をもつ．クラッド $Ga_{0.55}Al_{0.45}As$ 層の上にコア $Ga_{0.7}Al_{0.3}As$ 層，その上にバッファ層として SiO_2 または $Ga_{0.55}Al_{0.45}As$ 層がある．バッファ層が Ga-Al-As の場合，TM モードの透過率の磁界による変化を図 5.4.61(b) に示す．透過率には保磁力 35 Oe（2785 A m^{-1}）のヒステリシスが観察されているが，これは強磁性 Co 層に起因するものである．

光アイソレータの磁気光学材料としては，これまでにイットリウム鉄ガーネットに Bi などを置換した材料が使われてきた．この材料には，短波長側で電荷移動型の遷移による大きな光の吸収が起こるため，短波長側で磁気光学材料として使用することは難しかった．希薄磁性半導体

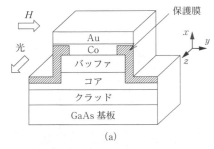

(a)

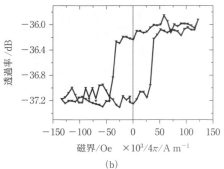

(b)

図 5.4.61 強磁性金属/半導体ハイブリッド構造の導波路型光アイソレータ (a), TM モード透過光の磁界依存性 (b)
[V. Zayets, K. Ando, *Appl. Phys. Lett.*, **86**, 261105 (2005)]

図 5.4.62 希薄磁性半導体 CdMnHgTeSe を用いた光アイソレータ
[小野寺晃一, 大場裕行, 川村卓也, 応用物理, **70**, 300 (2001)]

$Cd_{1-x}Mn_xTe$ は, 可視から赤外の領域で透明であり, 大きな磁気光学効果が得られる材料として知られ[1,53], この材料では, バンドギャップの近傍で磁気光学効果が大きくなり, そこで光吸収が増加することになる. しかし, 希薄磁性半導体 $Cd_{1-x-y}Mn_xHg_yTe_{1-z}Se_z$ ($0 < x \leq 0.50$, $0 \leq y \leq 0.30$, $0 \leq z \leq 0.02$) では, バンドギャップが現れる位置を Se 添加量で変えることができるため, 磁気光学効果を光損失で割って得られる性能指数を利用する波長で最適化することができるようになる. この希薄磁性半導体を用いて, これまでに図 5.4.62 に示すような波長 980 nm 用光アイソレータが開発されている[54].

g. 磁気表面弾性波デバイス

表面弾性波(SAW: surface acoustic wave)とは, 圧電体の表面に形成されたくし型電極(IDT: interdigital transducer)に加えた高周波信号によって発生する伝搬波のことである. SAW の伝搬路にソフト磁性・高磁歪特性をもつ磁性体を堆積させたものは, 磁気表面弾性波デバイス(MSAW: magnetic surface acoustic wave)とよばれ, 磁界による磁性材料のヤング率の低下, つまり ΔE 効果により SAW の位相速度を制御することができるようになる.

図 5.4.63(a) に MSAW デバイスの構造を示す[55]. ガラス基板上に IDT と圧電膜 ZnO を組み合わせたトランスデューサがあり, 伝搬路上に鉄基アモルファス高磁歪材料 Fe-B と SiO_2 の多層膜が形成されている. 導電性の Fe-B で発生する渦電流損を低減させるために多層膜が使用されている. この鉄基アモルファス高磁歪材料は, ソフト磁性と高磁歪という相反する性質を同時にもち, 大きな電気(磁気)機械結合係数と巨大な ΔE 効果をもつため, 外部磁界によって伝搬波の速度を変えることができる.

図 5.4.63(b) と (c) に, MSAW デバイスの SAW の位相変化と伝搬損を示す. 外部から大きな磁界を加えたときは磁気飽和が起こり, 磁性膜と SAW との磁気弾性結合は消失する. 磁界が小さいときには磁化の運動により渦電流損が発生して伝搬損は増加する. また, SAW の速度変化によって生じる位相シフトも大きくなる. この位相シフト量は, 磁性体と絶縁膜の積層数によって変化する. このMSAW は, フィルタ, 遅延線, 共振器などへの応用が期待される.

文 献

1) 佐藤勝昭, "光と磁気", 朝倉書店 (2001).
2) 近桂一郎, "磁性体ハンドブック", (近角聰信, 太田恵造, 安達健五, 津屋 昇, 石川義和 編), 朝倉書店 (1975).
3) E. Yablonovich, *Phys. Rev. Lett.*, **58**, 2059 (1987).
4) J. D. Joannopoulos, R. Meade, J. Winn 著, 藤井壽崇, 井上光輝 訳, "フォトニック結晶", コロナ社 (2000).
5) 迫田和彰, "フォトニック結晶入門", 森北出版 (2004).
6) 吉野勝美, 武田寛之, "フォトニック結晶の基礎と応用", コロナ社 (2004).
7) M. Inoue, A. V. Baryshev, A. B. Khanikaev, M. E. Dokukin, K. Chung, J. Heo, H. Takagi, H. Uchida, P. B. Lim, J. Kim, *IEICE Trans. Electron.*, **E91-C**, 1630 (2008).
8) 井上光輝, 藤井壽崇, 日本応用磁気学会誌, **21**, 187 (1997).
9) H. Uchida, K. Tanizaki, A. Khanikaev, A. A. Fedyanin, P. B. Lim, M. Inoue, *J. Magnetics*, **11**, 139 (2006).
10) M. Levy, R. Li, *Appl. Phys. Lett.*, **89**, 121113 (2006).
11) M. Levy, R. Li, A. A. Jalali, X. Huang, *J. Magn. Soc. Jpn.*, **30**, 561 (2006).
12) S. Kahl, A. M. Grishin, *Appl. Phys. Lett.*, **84**, 1438 (2004).
13) A. P. Vinogradov, A. V. Dorofeenko, S. G. Erokhin, M. Inoue, A. A. Lisyansky, A. M. Merzlikin, A. B. Granovsky, *Phys. Rev. B*, **74**, 045128 (2006).
14) Z. Wan, S. Fan, *J. Appl. Phys. B*, **81**, 369 (2005).
15) K. Yayoi, K. Tobinaga, Y. Kaneko, A. V. Baryshev, M.

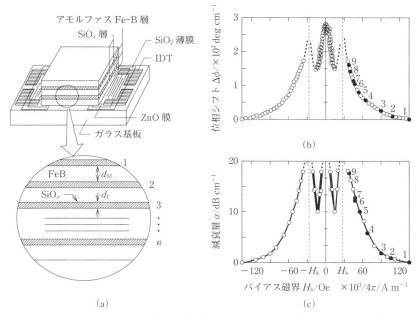

図 5.4.63　MSAW デバイスの構造（a），位相シフト（b）および伝搬損の磁界依存性（c）
[藤田直幸，藤井壽崇ほか，信学技報，**93**, 45 (1993)]

Inoue, *Tech. Rep. Inst. Electro. Eng. Jpn.*, **MAG-10-080**, 7 (2010).
16) A. D. Fisher, J. N. Lee, *SPIE*, **634**, 352, (1987).
17) C. M. Crandall, *SPIE*, **2566**, 4 (1995).
18) L. J. Hornbeck, *Texas. Instr. Tech. J.* (*special DLP issue*), **15**, 7 (1998).
19) Silicon Light Machines 社　製品情報；http://www.silicon-light.com/
20) J. P. Kumme, H. Heitmann, D. Mateika, K. Witter, *J. Appl. Phys.*, **48**, 366 (1977).
21) W. E. Ross, D. Psaltis, R. H. Anderson, *Opt. Eng.*, **22**, 485 (1983).
22) T. R. Maki, *SPIE*, **1151**, 284 (1989).
23) W. E. Ross, J. Cho, A. Farmer, D. N. Lambeth, T. Le, S. Santhanam, D. Stancil, *SPIE*, **1704**, 222 (1992).
24) J. Cho, S. Santhanam, T. Le, K. Mountfield, D. N. Lambeth, D. Stancil, W. E. Ross, J. Lucas, *J. Appl. Phys.*, **76**, 1910 (1994).
25) J. H. Park, H. Takagi, J. K. Cho, K. Nishimura, H. Uchida, M. Inoue, *Jpn. J. Appl. Phys.*, **42**, 2332 (2003).
26) J. H. Park, J. K. Cho, K. Nishimura, H. Uchida, M. Inoue, *J. Magn. Magn. Mater.*, **272-276**, 2260 (2004).
27) A. Tsuzuki, H. Takagi, P. B. Lim, H. Uchida, K. H. Shin, M. Inoue, *J. Magn. Soc. Jpn.*, **30**, 571 (2006).
28) J. H. Park, H. Takagi, J. H. Park, J. K. Cho, K. Nishimura, H. Uchida, M. Inoue, *J. Appl. Phys.*, **93**, 8525 (2003).
29) D. D. Stancil, "Theory of Magnetostatic Waves", Springer-Verlag (1993).
30) 堤 誠，信学技報，**100**, 109 (2000).
31) P. A. Kolodin, P. Kabos, C. E. Patton, *1999 IEEE MTT-S Int.*, **3**, 1173 (1999).
32) S. K. Dana, T. Ueda, M. Tsutsumi, *IEICE TR EL*, **E84C**, 325 (2001).
33) J. Noda, M. Inoue, *Tech. Rep. Inst. Electro. Eng. Jpn.*, **MAG-10-079**, 1 (2010).
34) L. D. Landau, E. M. Lifshitz, "Electrodynamics of Continuous Media", p.116, Addison-Wesley (1960).
35) I. E. Dzyaloshinskii, *Soviet Phys. JETP*, **10**, 628 (1960).
36) D. N. Astrov, *Soviet Phys. JETP*, **11**, 708 (1960).
37) G. A. Smolenskiĭ, I. E. Chupis, *Soviet Phys. Usp.*, **25**, 475 (1982).
38) Y. Kitagawa, Y. Hiraoka, T. Honda, T. Ishikura, H. Nakamura, T. Kimura, *Nature Mater.*, **9**, 797 (2010).
39) M. Soda, T. Ishikura, H. Nakamura, Y. Wakabayashi, T. Kimura, *Phys. Rev. Lett.*, **106**, 087201 (2011).
40) H. Zheng, J. Wang, S. E. Lofland, Z. Ma, L. M.-Ardabili, T. Zhao, L. S.-Riba, S. R. Shinde, S. B. Ogale, F. Bai, D. Viehland, Y. Jia, D. G. Schlom, M. Wuttig, A. Roytburd, R. Ramesh, *Science*, **303**, 661 (2004).
41) S. Dong, J. Zhai, J. Li, D. Viehland, *Appl. Phys. Lett.*, **88**, 082907 (2006).
42) B. D. H. Tellegen, *Philips Res. Rep.*, **3**, 81 (1948).
43) S. Dong, J. Zhai, J. Li, D. Viehland, M. I. Bichurin, *Appl. Phys. Lett.*, **89**, 243512 (2006).
44) 井上順一郎，伊藤博介，"スピントロニクス"（現代講座磁気工学 3），共立出版 (2010).
45) Everspin Technologies 社；https://www.everspin.com
46) A. A. Tulapurkar, Y. Suzuki, A. Fukushima, H. Kubota, H. Maehara, K. Tsunekawa, D. D. Djayaprawira, N. Watanabe, S. Yuasa, *Nature*, **438**, 339 (2005).
47) H. Kubota, A. Fukushima, K. Yakushiji, T. Nagahama, S. Yuasa, K. Ando, H. Maehara, Y. Nagamine, K. Tsunekawa, D. D. Djayaprawira, N. Watanabe, Y. Suzuki, *Nat. Phys.*, **4**, 37 (2008).

48) S. Datta, B. Das, *Appl. Phys. Lett.*, **56**, 665 (1990).
49) S. Sugahara, M. Tanaka, *Appl. Phys. Lett.*, **84**, 2307 (2004).
50) M. Johnson, R. H. Silsbee, *Phys. Rev. Lett.*, **55**, 1790 (1985).
51) W. Zaets, K. Ando, *Appl. Phys. Lett.*, **77**, 1593 (2000).
52) V. Zayets, K. Ando, *Appl. Phys. Lett.*, **86**, 261105 (2005).
53) 小柳 剛, 中村公夫, 山野浩司, 松原覚衛, 日本応用磁気学会誌, **12**, 187 (1988).
54) 小野寺晃一, 大場裕行, 川村卓也, 応用物理, **70**, 300 (2001).
55) 藤田直幸, 井上光輝, 吉嶺達樹, 藤井壽崇, 信学技報, **93** (157), 45 (1993).

5.4.6 マイクロ磁気アクチュエータ

静電,超音波,圧電,電磁などの各種マイクロ(電磁)アクチュエータの研究が活発に行われている.フォトリソグラフィーを中心とした薄膜形成,微細パターン形成を行うマイクロマシニング技術を用いて,半導体集積回路,実装,組立工程も含めてバッチプロセスにより一括で大量にマイクロアクチュエータを生産するので大幅な経済効果が期待できる.本稿ではフォトリソグラフィーを中心としたマイクロマシニング技術を用いて作製する電磁型マイクロアクチュエータについて記述する.

フォトリソグラフィーを中心とするマイクロマシニング技術を用いたマイクロアクチュエータは,1988年のIEEE電子デバイス国際会議でのCalifornia大学Berkeley校からの静電型マイクロモータの発表[1]がきっかけになり一躍注目されるようになった.多くの研究機関が静電型マイクロアクチュエータの研究を開始し,TI社のディジタルマイクロミラーデバイス(DMD)[2]のようにいくつかの商品化成功例がある.一般的には微細になるほど,表面力である静電型アクチュエータが有利であるといわれている.しかし,微細化の程度,必要な力の大きさ,遠隔力の要否など応用によって,磁気駆動型アクチュエータが有利であり,使い分けが重要である.マイクロ磁気駆動型アクチュエータの研究開発はマイクロ静電型アクチュエータ開発の流れとは別に,1991年IEEE MEMSワークショップにてNTT[3]およびFraunhofer研究所[4]から磁場勾配を用いて磁性体を駆動する電磁型マイクロアクチュエータが発表され,その後,Wisconsin大学[5],Georgia工科大学[6],California工科大学[7]などから電磁型マイクロアクチュエータや電磁型マイクロモータなどの研究が開始された.

ここでは,マイクロ電磁アクチュエータについて取り上げ,その種類と適用について述べる.

a. マイクロ電磁アクチュエータの特徴

マイクロアクチュエータの駆動方式として静電型,電磁型,圧電型,形状記憶合金型などがある.これらのうち接触せずに離れた物体に力を及ぼす遠隔力により駆動させることができるのは,静電型および電磁型である.静電型は静電気力により,電磁型は電磁力により駆動させる.一方,形状記憶合金型は,環境の温度変化で駆動させることも考えられるがほとんどは直近のヒータにより高温にして

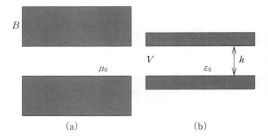

図5.4.64 磁力および静電力により蓄えられる自由空間における微少距離物体間のエネルギー密度
(a) 磁力の場合　　(b) 静電力の場合

形状記憶合金を直接的に変形することにより駆動させる.圧電型も,電圧を加えることにより,圧電材料を直接的に変形して駆動させる.

マイクロアクチュエータとしては,遠隔力により駆動させる静電型アクチュエータと電磁型アクチュエータが多く研究開発され利用されてきた.ここでは図5.4.64のような簡単なモデルを用いて比較し,静電型と電磁型の違いを簡単に述べる.図5.4.64(a)のような磁性体間微小空間に蓄えられるエネルギー密度は次式により表される.

$$E_\mathrm{m} = \frac{B^2}{2\mu_0} \quad (5.4.5)$$

ただし,Bは磁束密度,μ_0は真空の透磁率である.すなわち,E_mは,磁束密度により制限される.

一方,図5.4.64(b)のような導体間に蓄えられるエネルギー密度は次式により表される.

$$E_\mathrm{e} = \frac{\varepsilon_0 E^2}{2} \quad (5.4.6)$$

ただし,ε_0は真空の誘電率,Eは導体間に印加される電界である.すなわち,E_eは導体間に印加可能な電界により制限される.

典型的な例として,$B=1.5\,\mathrm{T}$とすれば,$E_\mathrm{m} \fallingdotseq 900\,000\,\mathrm{J\,m^{-3}}$と見積もられる.

一方,導体間に蓄えられるエネルギー密度は,空気中での絶縁破壊電圧を用いて$E=3\,\mathrm{MV\,m^{-1}}$を代入すると$E_\mathrm{e} \fallingdotseq 40\,\mathrm{J\,m^{-3}}$となり,磁性体間に蓄えられるエネルギー密度よりも4桁ほど低いことがわかる.これが少なくともcmオーダー程度のアクチュエータに磁気駆動方式が用いられる理由である.

以上は,物体間のギャップに蓄えられるエネルギーを考えたが,アクチュエータの大きさも考えてみる.マイクロの世界では様相が異なる.静電力は物体の表面に分布する電荷に起因する表面力であるが,磁力は体積に比例して増減する体積力であるので,小さくなればなるほど比表面積(表面積/体積)が増し,静電型のアクチュエータが有利になる.たとえば,数cm程度の磁気型アクチュエータは同じ大きさの静電型アクチュエータに比べて4桁ほど大きいエネルギー密度を有しているのに対し,数μm程度の大きさになると比表面積は4桁増加し,磁力型と静電型ではほ

ぼ同程度のアクチュエータになると考察できる.

マイクロアクチュエータの駆動方式として静電型を選ぶか磁力型を選ぶかの判断の視点として, 作製の難易がある. 静電型の多くは, Si プロセスを基本として微細加工技術がほぼ確立されているのに対し, 磁力型は, 難加工性磁性材料の微細加工やマイクロコイルなどの作製技術など必ずしも確立されていないが, 静電型に比べて塵埃などの影響を受けにくいメリットもあり, 今後の進展が期待される. Wisconsin 大学では, 高アスペクト比が可能な Karlslue 原子核研究所で開発された LIGA (Lithographie, Galvanoformung, Abformung) プロセスにより磁性薄膜の加工が行われている[8].

b. マイクロ磁気アクチュエータの具体例

前項の考察から数 mm〜数百 μm までの大きさならば, 電磁型アクチュエータのメリットが大きいと考えられる. ここでは, これまでに発表された中から典型的な電磁アクチュエータとその応用について説明する.

(i) マイクロ電磁駆動型アクチュエータのマイクロ電磁バルブおよびマイクロ電磁リレーへの応用 半導体プロセスを用いたマイクロ磁気アクチュエータが提案され[3], マイクロ (電磁) バルブ[9〜11]とマイクロ (電磁) リレー[12〜14]への応用が研究された. 図 5.4.65 にマイクロバルブの基本構成を示す. Si 基板上にソフト磁性材料のパーマロイ (Fe-Ni 合金) 薄膜を形成し, この薄膜をフォトリソグラフィーにより卍型のばねとその中央部にバルブディスク (弁体) に加工する. Si 基板上に形成したバルブシート (バルブ台座) と卍型ばね (バルブディスク) 間には式 (5.4.7) に表されるように, 磁場勾配に起因した垂直力が働く. この力を用いてバルブディスクを開閉駆動し流量を調節する.

$$F_x = M_x \int \frac{d}{dx} H_x dV \quad (5.4.7)$$

ただし, M_x は Fe-Ni 卍型ばねの磁化, V は Fe-Ni 卍型ばねの体積, H_x は外部コイルにより生じた磁場の垂直方向成分である.

図 5.4.66 にフォトリソグラフィーを用いた作製法を示す. 具体的には, (1) Si(100) 基板上に Ar ガスを用いたスパッタリングにより Ni-Fe 薄膜 (その後の開発により SiN 薄膜とした) を形成する, (2) レジストパターンをマ

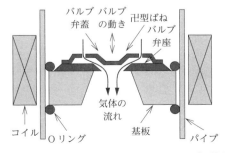

図 5.4.65 磁場勾配を利用したマイクロバルブの構成

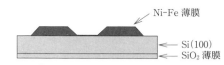

(1) NiFe バルブ弁座薄膜の形成と裏側の SiO₂ 薄膜形成

(2) SiO₂ 犠牲層形成

(3) NiFe バルブキャップ薄膜の形成と裏側の SiO₂ の窓開け

(4) 裏側からの Si 異方性エッチングと SiO₂ 犠牲層エッチング

図 5.4.66 マイクロバルブの作製法

スクとして Ar イオンエッチングによりバルブシートを形成する, (3) バルブシート上に SiO₂ 犠牲層を RF マグネトロンスパッタにより形成する, (4) SiO₂ 犠牲層上にもう一層の NiFe 薄膜を Ar ガスを用いたスパッタリングにて形成する, (5) 卍型のばね支持体をレジストパターンをマスクとして Ar イオンエッチングにより作製する, (6) Si 基板の裏側からレジストパターンをマスクとして KOH により異方性エッチングにより流路を形成する, (7) SiO₂ 犠牲層を希釈 HF 液によりエッチングして除去する, などの工程を経る.

図 5.4.67 に作製したマイクロバルブの平面写真と断面写真を示す. 図 5.4.68 にこのバルブが開いている状態と閉まっている状態の走査顕微鏡写真を示す. 図 5.4.69 に作製したマイクロバルブの流量特性を示す. 本バルブは 4.0×10^{-6} Pa m³ s⁻¹ から 3.2×10^{-4} Pa m³ s⁻¹ の間で流量調節が可能であり, その漏れ量は, SiN 薄膜をバルブシートにした場合, 5.8×10^{-10} Pa m³ s⁻¹ であり, Ni-Fe 薄膜をバルブシートとした場合は, 4.3×10^{-8} Pa m³ s⁻¹ であった[11]. この違いは, Si-N 薄膜と Ni-Fe 薄膜の表面粗さの違いであると結論づけられた. なお, 磁場勾配により発生したバルブを駆動する力は, 10^{-9} N のオーダーであった.

通信用として試作された, マイクロバルブとまったく同じ動作原理のマイクロリレー[12]への応用について説明する. 異なる点は支持スプリングの中央に電気的な接点を設けて, 対抗する接点に接続したり, 離れたりしてスイッチングを行うところである. 本リレーのように機械式リレーは半導体スイッチに比べて, オン抵抗, 絶縁抵抗, 信号帯域, 消費電力, 自己保持性などに優れるため, 情報機器な

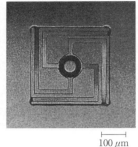

(a)

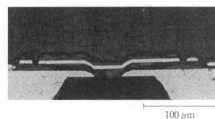

(b)

図 5.4.67 マイクロファブリケーションにより作製されたマイクロバルブの顕微鏡写真
　(a) 平面写真（厚さ2μmの卍型ばね）　(b) 断面写真
[K. Yanagisawa, H. Kuwano, A. Tago, *Microsyst. Technol.*, **2**, 22 (1995)]

どに多数用いられている．また，最近は，通信用を中心としてマトリックス状に配置したリレーアレーへの需要が増加している．

　通信用リレーの操作対象は情報のため，アクチュエータ

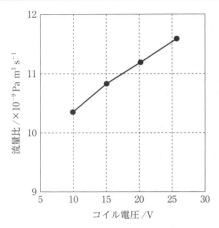

図 5.4.69 作製したマイクロ電磁バルブの流量特性

出力が小さくてよく，また動作もオンオフの2値であるので，位置センサも不要である．このため，構造が簡単で，マイクロマシン技術により小型・高速化が比較的容易に実現可能と考えられる．さらに，マイクロリレーとダイオードを集積化すれば，少ない制御線で出力を制御することが可能である．

　フォトリソグラフィー，薄膜形成技術，イオンエッチングなどの半導体プロセスおよびSi異方性エッチングなどのマイクロマシン技術を用いたマイクロリレーの構成を図5.4.70に示す．300μm角，厚さ2μmのNiFe薄膜で作製された卍型のばねの中央に接点材料を蒸着により形成している．本リレーでは，パーマロイばねを磁場勾配により動作させる．

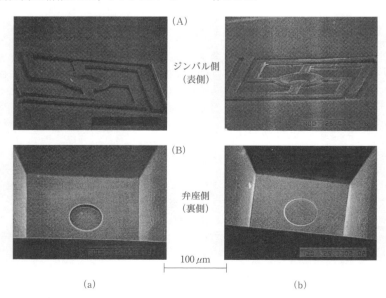

図 5.4.68 マイクロバルブの走査型電子顕微鏡写真
　(a) マイクロバルブが開いている状態　(b) マイクロバルブが閉まっている状態
[K. Yanagisawa, H. Kuwano, A. Tago, *Microsyst. Technol.*, **2**, 22 (1995)]

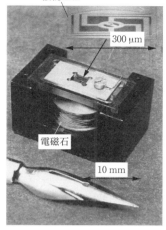

図5.4.70 電磁アクチュエータを用いたマイクロリレーの試作
[H. Hosaka, H. Kuwano, K. Yanagisawa, *Sens. Actuators, A*, **40**, 41 (1994)]

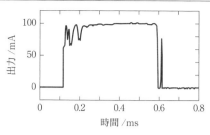

図5.4.71 電磁アクチュエータを用いたマイクロリレーのスイッチング特性
[H. Hosaka, H. Kuwano, K. Yanagisawa, *Sens. Actuators, A*, **40**, 41 (1994)]

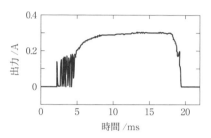

図5.4.72 電磁アクチュエータを用いた従来品のスイッチング特性
[H. Hosaka, H. Kuwano, K. Yanagisawa, *Sens. Actuators, A*, **40**, 41 (1994)]

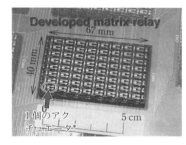

図5.4.73 電磁アクチュエータを用いたマイクロリレーアレー
* 全部で64個のアクチュエータが集積化されている.
[H. Kuwano, Proc. Int. Symposium on Micro-mechatronics and Human Science, 27 (1996)]

最初に本マイクロリレーの静的たわみ特性と、動的特性もマイクロバルブと同様である．マイクロリレーで卍型ばねを選択している理由は，薄膜形成時の内部ひずみによるそりをキャンセルし，変位を大きくするためである．本マイクロリレーの固有振動数は，有限要素法による計算と一致し，第1モードの上下動で約12 kHz，第2モードのローリングで約20 kHz である．

マイクロリレーでは，アクチュエータ発生力が小さいため，その設計にあたっては，微小荷重下での接点抵抗を精密に把握する必要がある．電子天秤とピエゾステージを用いて通常リレーよりも3桁小さい荷重条件で抵抗値を測定し，荷重0～3 mNの範囲で制御分解能5 μN，測定分解能1 μN である．四端子法で測定した各種接点材料間の接触抵抗を実験的に求めている．Au, Ag, Pdの3種の代表的な接点材料における接触抵抗を測定し，金の場合に0.1 Ω 程度としている．

接点表面に金を蒸着したマイクロスプリング型リレープロトタイプのスイッチング特性を図5.4.71に示す．図5.4.72に従来リレーのスイッチング特性を示す[13]．マイクロリレーでは，入出力間に時間遅れがあり，出力には残留振動も現れるが，電流値は0.2 ms以下で安定し，高速化が0.1 msで可能であることがわかる．これに対して，従来リレーでは，定性的にはマイクロリレーと同じであるが，電流安定に要する時間は5 ms程度を要しており，マイクロ型よりも1桁低速である．なお，接点開離後にスパイク状の電流増加部分が観察されるが，これは寄生インダクタンスが誘起する放電によるものである．図5.4.73に開発したリレーの構造を取り入れた8×8のマイクロリレーアレー[14]の写真を示す．各種通信機器の切り替えなどを目的に開発された[14]．

（ⅱ）**ローレンツ力を用いた電磁駆動型アクチュエータの光スキャナへの応用**　ローレンツ力を用いた電磁駆動方式のアクチュエータ[15]が開発されている．その動作原理を図5.4.74に示す．表面にコイルを形成した可動板・梁・支持部を形成した単結晶シリコン基板の周縁部に永久磁石が配置されている．梁と直行する方向に磁束密度Bの磁界を印加し，駆動コイルに電流を流すことにより，ローレンツ力が発生する．このローレンツ力により回転トルクが発生し，トーションバーの復元力とつり合う位置まで可動板を傾けることが可能である．電流の方向と大きさによって可動板の傾く方向と傾きを制御することが可能となる．

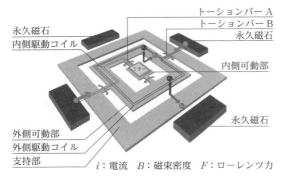

図 5.4.74 ローレンツ力を用いた電磁アクチュエータの原理

図 5.4.75 ローレンツ力を用いた磁気アクチュエータ例（日本信号製）
[http://www.signal.co.jp/vbc/mems/ecoscan/]

商品化されている例として日本信号製の"Eco-Scan"[16]を図 5.4.75 に示す．本装置では可動板に Au 薄膜によるミラー面が形成されており，図 5.4.76，図 5.4.77 に示すように，共振周波数 565 Hz で反射による光学角として ±30°が実現できる．なお，Au 薄膜の反射率は $\lambda = 670$ nm の波長の光で 85% 以上である．本装置は，レーザー光を二次元走査し，それぞれの角度ごとに反射時間を測定し，三次元の距離画像センサシステムなどに応用されている．

以上のデバイス横方向の磁界で動作させるものに対し，平面コイル直下に永久磁石を配するデバイスも発表されている[17]．小型化と高効率動作の点で優位であるとしている．

(iii) 電磁駆動型アクチュエータの医療分野への応用
磁場勾配中の磁性体に働く力やトルクなどを利用して，生体内でワイヤレスにより泳動などの動作をさせるスパイラル型磁気マイクロマシンが，東北大により提案されている[18]．スパイラル型磁気マイクロマシンの動作原理を図 5.4.78 に示す．磁石に対して外部から回転磁界を印加することにより，磁石を回転させる．磁石を適当なスパイラル構造とすることにより回転を軸方向の推進力とする．すなわち，このマイクロマシンを食道，胃，腸などの体内に入れ，体外から回転磁界を加えれば，ワイヤレス，バッテリーレスで駆動することができる．

図 5.4.79 に試作された直径 11 mm，長さ 40 mm のカプセル形状のスパイラル型磁気マイクロマシン写真を示

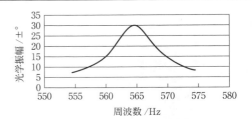

図 5.4.76 周波数-振幅特性（正弦波駆動）
[http://www.signal.co.jp/vbc/mems/ecoscan/]

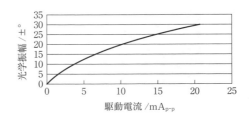

図 5.4.77 電流-振幅特性（正弦波駆動）
[http://www.signal.co.jp/vbc/mems/ecoscan/]

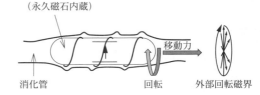

図 5.4.78 スパイラル型磁気マイクロマシン
[千葉 淳，荒井賢一ほか，日本応用磁気学会誌，**29**，343（2005）]

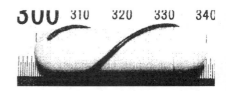

図 5.4.79 スパイラル型磁気マイクロマシン写真
[千葉 淳，荒井賢一ほか，日本応用磁気学会誌，**29**，343（2005）]

す．カプセル内には直径 8 mm，長さ 6 mm の Nd-Fe-B 磁石が入れられている．推進力を増すために球状のカプセル先端もらせん状に加工されている．本試作マシンによりハウストラスとよばれる袋状構造をもつブタの大腸中 400 mm を 2 分 30 秒で到達したとしている．

このほか，広い意味での医療応用が可能な大流量マイクロポンプ[19]や磁歪材料である $Fe_{72}Si_{14}B_{14}$ 薄膜を用いた片持ち梁型磁歪アクチュエータ[20]も発表されている．片持ち梁型磁歪アクチュエータでは磁界強度 10 kA m^{-1} 以下で駆動し，大きな変位が得られている．

c. おわりに

遠隔力であり，比較的大きな力を発生させることができるマイクロ磁気アクチュエータは，応用によっては実用になりやすい．医療分野や情報通信分野など従来にないデバイスを目指して研究開発が加速されることを期待する．

文　献

1) L. S. Fan, Y. C. Tai, R. S. Muller, IEEE Int. Electron Devices Meeting, pp. 666-669 (1988).
2) Texas Instrumets, DLP Products；http://www.dlp.com/projector/default.aspx
3) K. Yanagisawa, A. Tago, T. Ohkubo, H. Kuwano, Proceedings of IEEE MEMS '90, pp. 120-124 (1990).
4) B. Wagner, W. Benecke, ibid., pp. 27-32 (1991).
5) H. Guckel, T. R. Christenson, K. J. Skrobis, T. S. Jung, J. Klein, K. V. Hartojo, I. Widjaja, Proceedings of IEEE MEMS '93, pp. 7-10 (1993).
6) C. H. Ahn, Y. J. Kim, M. G. Allen, ibid., pp. 165-173 (1994).
7) C. Liu, T. Tsao, Yu-chong Tai, Chih-ming Ho, ibid pp. 57-62 (1994).
8) S. Massoud-Ansari, P. S. Manget, J. Klein, H. Guckel, Proceedings of IEEE MEMS '96, pp. 285-289 (1996).
9) K. Yanagisawa, H. Kuwano, A. Tago, Proceedings of IEEE Transducers '93, pp. 102-105 (1993).
10) K. Yanagisawa, H. Kuwano, A. Tago, *Microsyst. Technol.*, **2**, 22 (1995).
11) M. Hirano, K. Yanagisawa, H. Kuwano, Proceedings of IEEE MEMS '97, pp. 323-326(1997).
12) H. Hosaka, H. Kuwano, K. Yanagisawa, Proceedings of IEEE MEMS '93, pp. 12-17 (1997).
13) H. Hosaka, H. Kuwano, K. Yanagisawa, *Sens. Actuators, A*, **40**, 41 (1994).
14) H. Kuwano, Proceedings of Int. Symposium on Micromechatronics and Human Science 1996, pp. 21-28 (1996).
15) N. Asada, H. Matsuki, K. Minami, M. Esashi, *IEEE Trans. Magn.*, **30**, 4647 (1994).
16) 日本信号株式会社　製品情報（ECO SCAN）；http://www.signal.co.jp/vbc/mems/ecoscan/
17) 渡部善幸，阿部　泰，岩松新之輔，小林誠士，高橋義行，佐藤敏幸，電学論 E，**130**, 107 (2010).
18) 千葉　淳，仙道雅彦，石山和志，荒井賢一，日本応用磁気学会誌，**29**, 343 (2005).
19) T. Honada, J. Yamasaki, K. I. Arai, *IEEE Trans. Magn.*, **34**, 2102 (1998).
20) C. Yokota, A. Yamazaki, M. Sendoh, S. Agatsuma, K. Morooka, K. Ishiyama, K. I. Arai, *J. Magn. Soc. Jpn.*, **30**, 302 (2006).

5.4.7　小型モータ

a.　小型モータの特徴

モータは，各種の家電品から，CDプレイヤーや磁気ディスクなどの情報機器，時計などの精密機器，NCマシンなどの精密制御用から旋盤やドリルなどの工作機械，エレベータなどの産業機械，各種のロボット，車椅子や医療機器，自動車から航空機などなど……　幅広く用いられている．また，モータはトルクなどの駆動力や回転数，回転の制御性などその性能への要求もさまざまである．それだけモータは私たちの生活に密着しかつ欠かせない存在である．

モータの小型から大型までのサイズによる分類はあいまいであり意味がない．また，駆動電源による分類では交流（AC）か直流（DC）となりとらえどころがかえってなくなってしまう．そこで，本項ではモータの用途による分類を行い，その特徴を明らかにすることから始める．表5.4.6に各種のモータの磁束の作り方による分類とおもな用途を示す．表5.4.6は，まず小型モータをDC駆動とAC駆動に分けてある．おのおのの駆動では磁界の発生機構により分類し，その分類に属するおもなモータを取り上げた．おのおののモータの特徴として，速度や位置，トルクの制御の可否をまとめ，そして最後に代表的な用途を示す．

ここで，小型モータ固有の問題として取り上げたいのはモータの駆動に伴い発生する温度の問題である．磁気的性質は温度依存性を有しているので，運転が安定化した場合や使用環境温度を考慮しなければならない．一定のサイズ以上のモータでは冷却機構を有する．しかし，小型モータの場合，回転とともに空気の流れを利用した冷却法あるいはモータを含めた装置全体のファンなどによる冷却がなされるが，それにも限界がある．モータにおけるおもな発熱源は電磁石と回転に伴う摩擦である．これらの熱発生は明らかに損失でモータの効率に関与するので可能な限り低下させたい．たとえば，ハードディスクドライブや光ディスクドライブのような小型機器に組み込まれた場合，装置全体の温度が上がり，ほかのパーツへの影響も無視できない．モータを用いた機器の制御機構を用いることも考えられるが，制御系が複雑になるなど限界がある．この問題は小型モータの問題としてつねに考慮が必要である．

b.　小型モータのトルク発生機構

各種のモータに欠かせないのが磁石（永久磁石とは限らない）であり，磁石との電磁気的な作用でその機能が生じる．トルク発生には，永久磁石やコイル状に巻いた電線に電流を流してつくる電磁石とほかの磁石間には引力や反発力が生じ，磁石と鉄間に働く引力が生じるなど，これらの電磁力により発生する力を用いるのが電気機械の一つであるモータである．磁界中に置かれた電線に電流を流すと電線に作用する磁気力の方向はフレミング左手の法則に従う．その様子を図5.4.80に示す．電流とトルク，磁気の関係ならびにそのときに発生するトルクの大きさ関係を表す式をあわせて示す．

ところで，トルクが発生する仕組みを磁束と電流の関係で見ていく．その関係を図5.4.81に示す．まず，コイル回転型は，図5.4.81(a)で示すように磁界中に置かれた電線（通常は鉄心などに巻いたコイル）に電流を流すと電線にトルクが発生する仕組みである．連続的にトルクを回転に変化するには電流の流れる方向を変えるか磁界の向きを変える．直流モータや誘導モータがこれにあたる．永久磁

表 5.4.6 各種のモータの分類

種類			特徴			用途
			速度	位置	トルク	
DC	永久磁石型	マイクロモータ	○	×	○	時計
		サーボモータ	○	○	○	ロボット，工作機械
		パワーモータ	○	○	○	電車・自動車
		カップモータ	○	○	○	工作機械
		ディスクモータ	○	○	○	OA機器，光や磁気ディスク
		ホールモータ	×	×	×	空冷ファン
		ブラシレスモータ(単相)	×	×	×	
		ブラシレスモータ(三相，四相)	○	×	×	産業機器
		センサレス・ブラシレスモータ	○	×	×	
		ACサーボ同期型	○	○	○	ロボット，工作機械
	巻線型	直巻きモータ	○	×	×	
		分巻きモータ	○	×	×	産業機器
		複巻きモータ	○	×	×	
	ステッピングモータ	マグネット型	×	○	×	
		リラクタンス型	×	○	×	OA機器
		ハイブリッド型	×	○	×	
		レスポンス型	×	○	×	
	リニアモータ	マグネット型	×	○	×	ロボット，工作機械
		リラクタンス型	×	○	×	
AC	同期モータ	インダクタ型	○	×	×	—
		リラクタンス型	○	×	×	OA機器
		ヒステリシスモータ	○	×	×	産業機器
		電磁石型	○	×	×	産業機器
	誘導モータ	くま取りモータ	×	×	×	空冷ファン
		単相コンデンサモータ	○	×	×	産業機器
		トルクモータ	×	×	○	産業機器
		単相モータ	○	×	×	産業機器
		三相誘導モータ	○	×	×	産業機器
		ACサーボ誘導型	○	○	×	ロボット，工作機械

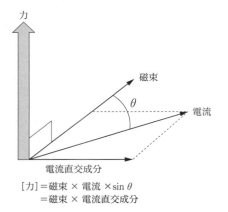

[力] = 磁束 × 電流 × $\sin\theta$
     = 磁束 × 電流直交成分

図 5.4.80 フレミング左手の法則とトルクの発生原理

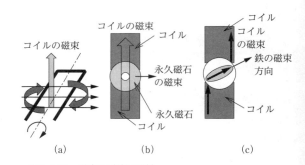

図 5.4.81 磁束と電流の関係
(a) コイル回転　(b) 永久磁石が回転　(c) 鉄が回転

石回転型は，図5.4.81(b)で示すようにコイルが固定されており，磁束が回転する．これは，永久磁石同期モータがその例である．鉄回転型（リラクタンストルク型）は，図5.4.81(c)で示すように短冊状の断面をもつ鉄を磁界中に置き，空間距離を短くする方向に磁束と鉄が引き合う力（リラクタンストルク）が生じる．このように，コイルに電流を流すと磁束が発生し，この磁束と同一平面上にあるコイル電流-磁束間でトルクが発生し，その方向は二つの磁束が重なり合う方向となる．

c. 小型モータの回転数の制御方法

モータは，用途により負荷のかかり方や回転数などの制御精度などが大きく異なる．たとえば，自動車などでは始動時のトルクが大きく負荷が大きいが，加速後は負荷は減少し，負荷はトルクの2乗などのn乗で表される．冷凍機などでは起動時は低負荷であるが，いったん圧力差ができると一定の負荷となる．洗濯機では洗濯時は低速で高負荷であるが，脱水時は段階的に回転数が上がり負荷が軽くなっていく．このほかに，速度の増大とともに負荷が大きくなるもの，負荷がつねに変動するものなどさまざまである．その場合，制御の方法を変えて対処する．小型モータの場合，制御性は大型のモータより優れる．これは慣性力の大きさに差があるからである．逆に，小型モータには，大型モータでは要求されない高精度な回転数や発生する負荷の制御が必要とされることが多い．

直流モータの回転速度と負荷（例としてn乗負荷）の関係図を図5.4.82に示す．この図では，さらにモータトルクとの関係を加えてある．このモータでは電圧により変化する速度とモータトルクの関係が得られ，ある電圧を印加したときに負荷トルクとモータトルクが等しくなる回転速度（回転数）で運転される．このときの運動方程式を図5.4.82の右に示す．この運動方程式では摩擦を考慮していない．この図から，所望の回転速度で運転するにはモータトルクを負荷トルクに見合って運転すればよいことになる．ここで，負荷トルクは未知であるので，回転速度を検出してモータトルクを制御することになる．ここで，速度検出は，図5.4.82右の式で示すようにモータトルクと負荷トルクの大小を検出することになる．また，モータトル

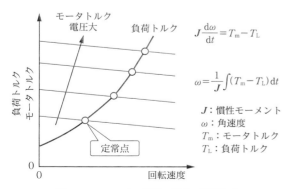

図5.4.82 モータの運動に関する関係と式

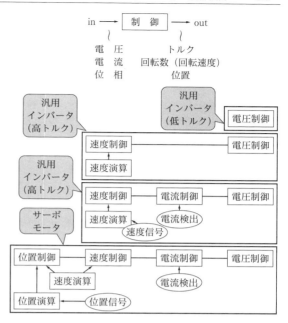

図5.4.83 モータの制御方法

クの制御は印加電圧（場合により周波数）により制御することになる．

モータはモータトルクの大きさと回転速度（回転数）がとくに重要なパラメーターである．たとえば，直流モータでは電圧を制御すれば回転数を変えることができる．モータにおける制御要素は，① 電圧，② 電流（具体的にはトルクを制御），③ 速度，④ 位置の四つである．最終的には電圧制御となるが，そのための制御機構を四つに分類できる．分類例を図5.4.83に示す．電圧制御はすべての系に必須であるが，そのほかの三つの要素は所望の応答性能により加えることになる．電圧制御により回転数を制御でき，それが速度制御となる．そのためには，速度演算が必要になる．これがないと制御精度を高めることはできない．これに電流制御によりトルクの制御が行えそのために電流検出が必要となる．また，これに加えて位置を制御する必要がある．サーボモータでは，回転数を検出し，位置を計算する位置演算が必要となる．検出には，いずれもマイコンが用いられる．図5.4.83より，最も精密に制御しているのがサーボモータであり，これについては別途解説する．

d. 永久磁石同期モータ

近年，開発が進む永久磁石材料や半導体素子を用いて，これまで直流モータが多く用いられていたサーボや自動車分野や誘導モータが多く用いられていた一定速度で運転される分野に永久磁石同期モータが使われるようになってきている．誘導モータに変わり，永久磁石同期モータが多く用いられるようになった背景には，スイッチング素子と永久磁石の改良があげられる．ここでは，永久磁石同期モータの基本的な事項について解説する．

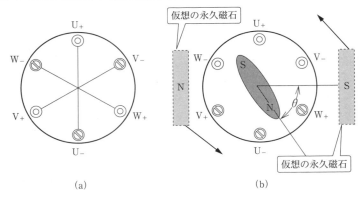

図 5.4.84 永久磁石同期モータの原理
(a) コイルの巻き方向　(b) 回転の原理

永久磁石同期モータは固定子と回転子から構成される．固定子は回転磁界を発生させるために図5.4.84(a)で示すように120°の間隔を置いて配置される3組の巻線からなる電磁石を有する．この巻線に120°ずつ位相が異なる交流電流を印加することにより回転磁界をつくることができる．その様子は図5.4.84(b)で示すように固定子磁界の周囲に回転する永久磁石（仮想）があるように見える．回転子には永久磁石が用いられ，固定子巻線による回転磁界と永久磁石との間に反発吸引関係が連続的に生じることで回転できる．ここで，トルクは図5.4.84(b)で示すように，固定子と回転子とのなす角θにより変化し，$\theta=90°$のときが最大となる．そのために，回転子の位置を検出する磁極位置センサを設置し，回転子と固定子とのなす角が90°となるように固定子巻線に流す電流の位相を制御する．このように，永久磁石モータには回転子の位置を検出する磁極位置センサと位相を制御する位相制御系が必要である．永久磁石を回転子に用いると回転子の外形を小さくかつ低慣性にできるので，サーボモータなどの高速応答を必要とする用途に適している．

ところで，永久磁石としては焼結磁石が圧倒的に多く，用いられている材料系は焼結の希土類磁石（Nd-Fe-B系など）やフェライト磁石が主である．近年ではボンド磁石の改良が進み使用量も増加の傾向にある．希土類磁石の使用量は増加の傾向にあるが，耐食性を確保するための表面コーティングが必要である．また，回転子の構造を見ると磁石を回転子表面に配置した表面磁石（SPM）と挿入項を設けて配置した埋込磁石（IPM）の2種類に大別される．

SPMのメリットは，① 回転子と固定子との間の磁束の漏れがない（磁束を有効に鎖交），② ギャップの磁束分布も高調波成分を多く含まず均一のため振動騒音が少ない，③ 磁石の表面固定が容易であるので低コストである，などである．逆に，デメリットは，① 回転子の回転速度が大きいと遠心力により磁石の破損やはく離が生じる，② 渦電流損が生じる，などである．とくに，渦電流損は永久磁石に希土類磁石を用いると従来のフェライト磁石に比べて比抵抗が小さいので顕著に現れるため，その低減が課題である．

これに対して，IPMモータはSPMモータの欠点を改良したものととらえることができる．メリットは，① 永久磁石を埋め込むことで機械的強度を確保できる，② 回転子表面に積層ケイ素鋼板を配置して渦電流が低減できる，などである．デメリットは，① 有効磁束の減少，② ギャップ磁束分布が均一ではなく粗密が大きくなり振動や騒音の原因となる，などがあげられる．このデメリットに対して，①は表面の鋼板の改良により低下した磁石トルクを鋼板が補助磁極となりリアクタンストルクとして加わるので解消でき，②については埋込み方法の改良があげられる．

このような特徴から，SPMモータは負荷変動が少なく，界磁が弱くなる領域の少ない用途で用いられ，IPMモータは負荷変動が大きく界磁が弱くなる領域が存在する用途（サーボモータや電気自動車用など）に適している．

永久磁石同期モータ使用に必要な磁極位置センサについて簡単に紹介する．センサの方式は，① 光学式エンコーダを利用するもの，② 磁気抵抗素子（ホール素子，MRセンサ，レゾルバなど）の二つに大別される．光学式エンコーダとして，光源に発光ダイオードを用いてホトセンサで受ける様式が一般的である．この組合せを60°ごとに配置して検出を行う．磁気抵抗素子ではホール素子がよく用いられる．磁極位置を専用の磁石で検出する場合もある．

このモータでは永久磁石の着磁を行うタイミングが製造上の問題となる．磁石を組込む前に着磁を行うと磁化効率はよいが，モータへ組込むことがとくにIPMモータでは容易ではない．組込み後に着磁を行う（後着磁）ことが広く用いられている．この場合，固定子巻線を用いて着磁を行うことも可能である．着磁が不十分であるとモータ性能の原因や振動・騒音の問題も出てくる．そのため，着磁ヨークの形状や磁石形状の最適化および着磁解析などが行われている．着磁において正弦波形状の着磁が行われる場合もある．

以上，永久磁石同期モータについて紹介したが，この

モータ単独で用いられることはなくモータを高効率で使うためのマイコンなどの制御用コントローラが必須である．これは用いられた材料や構造とマッチして使いこなしの技術である．かつてのモータは回転すればいい，という時代から一転して制御工学との融合が急激に進んだ．これは制御技術となり，120°通電方形波駆動方式や180°正弦波駆動に対して電圧制御法や位置センサレスなどが用いられている．180度正弦波駆動法では，電圧モデルやベクトル制御法などが用いられている．やや話が細かくなるが，モータの高効率の使いこなしには必須の技術である．詳細は参考文献を参照されたい．

e. 誘導モータ

誘導モータの発明は19世紀末とされ，100年を越える歴史がある．誘導モータの動作原理は電磁誘導にあり，1824年にAragoにより発見され，その後にFaradayにより理論が構築された．発明以来，Westinghouse社とAEG社が開発の中心となり，20世紀初頭に現在の誘導モータの原型が完成したとされる．その後，理論と生産技術，材料の改良が進み，小型軽量化への道を歩んでいる．たとえば，5馬力のかご形誘導モータを考えると，明治末期のモータと現代のアルミフレームモータとを比較すると80％を超える小型化が図られている．その結果，モータといえば誘導モータのことをさすくらい汎用となっている．誘導モータは，相数と回転子巻線の構造により以下のように分類される．

① 相 数：単相，多相（3相が中心）
② 回転子巻線の構造：巻線形，かご形

相数の分類でみると，単相モータは単相で用いる家庭電化品に小型機として用いられ，そのほかは三相モータとして用いられる．一方，回転子の巻線構造でみる巻線形モータは良好な起動特性が要求され，大きな負荷が必要とされる用途のみである．大半の誘導モータは3相のかご形誘導モータで構造が簡単で丈夫であり，ブラシレスでもあり故障が少なく保守性に優れているので，これは理想的なモータである．設計においては，始動時と定格運転時の二つの条件を見ながら行う．これは，磁束分布の形状が大きく異なることに起因する．

誘導モータの動作原理を図5.4.85のアラゴの円板により説明する．回転が自在な導体の円板に沿って磁石を回転移動させると磁石の動きを追うように円板が回転する．これは，たとえば磁石のN極が円板に向いていると，回転の前方では磁束の増加を打ち消す方向に誘導電流が発生しN極となる．後方では逆にS極が発生する．前方のN極どうしは反発し回転となって表れる．モータとしては図5.4.85で示す円板ではなく図5.4.86のかご形回転子が用いられている．また，回転する磁石ではなく固定子巻線の回転磁界が用いられる．その原理は図5.4.84で示した三相交流（120°ずつ位相がずれた交流）を固定子巻線に印加する．ここで，回転磁界の速度はモータの同期速度（n_s）とよび，以下の式で表される．

図5.4.85 アラゴの円板（誘導モータの原理図）

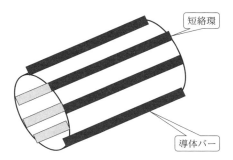

図5.4.86 かご形回転子の例

$$n_s = \frac{60f}{P} \text{(rpm)} \quad (5.4.8)$$

ここで，fは電源周波数，Pは極数である．

回転子は同期速度より遅い速度nで回転する．回転子の回転速度の同期速度に対する比を滑りsといい，以下の式で表される．

$$s = \frac{n_s - n}{n_s} \quad (5.4.9)$$

誘導モータの大部分は三相モータであり，数百kWから1万kWに至るものまでさまざまの出力を有するものまであり，産業用機械の原動力として用いられている．

ところで，小型の誘導モータの多くは家電品（数百W以下）として単相で用いられている．この場合に問題になるのは固定子巻線にいかに回転磁界を発生させるかである．ここではコンデンサの利用（コンデンサモータ）か，くま取りコイルの利用（くま取りモータ）など固定子に工夫がなされている．コンデンサモータでは，固定子に主巻線と補助巻線の二つを電気角で90°ずらすように配置し，補助巻線と直列にコンデンサを接続する．固定子巻線に単相の交流を印加すると補助巻線では位相がコンデンサにより90°ずれるので回転磁界が形成される．これにより回転子は回転を始める．回転磁界は磁界ベクトルが方向によって増減する楕円形の回転磁界となる．コンデンサの容量を変えると楕円形の回転磁界が変化し，速度が変わる．片方の巻線の接続を逆にすれば回転方向が変わる．コンデンサ

は運転中もつねに接続している方式と，始動時は補助巻線とコンデンサを用いて運転時には遠心スイッチでこれを切離す方式（コンデンサ始動形モータ）とがある．回転子は三相誘導モータと同じかご形回転子が用いられる．速度制御にはトライアックを用いるか位相制御が行われるが，後者は電流波形がひずむので騒音の原因になる場合がある．洗濯機や冷蔵庫などの家電品に多く用いられる．くま取りコイルモータは突極型の磁極の一端にくま取りコイルとよばれる1ターンの短絡環を設ける．くま取りコイルに発生する磁束がほかの主磁極部より位相が遅れるので移動磁界ができる．回転磁界の方向は機械的に決まるので一方向運転しか行えないが，モータ効率は悪いが，コンデンサを用いないので安価であり，調速などの制御は行わない．このモータは25 W以下の小型のものが多く，扇風機，ヘヤードライヤーなどに用いられている．

誘導モータは，固定子と回転子の間の距離（ギャップ）を小さくして励磁電流を小さくし，力率を向上させ，最終的にはトルクを上げることが図られている．回転子外形が50～60 mmでもギャップは0.3 mm程度である．性能を上げる反面，高調波の影響が顕著になり，性能が低下してくる．具体的には，起動時の異常現象（異常音など）や異常トルクの発生，高調波損失の発生，さらには騒音・振動の増加などである．この原因は，① 固定子巻線の結線方式ならびにコイルの構造，② スロットによる磁気回路の不整，③ かご形ロータの構造，④ 鉄心の磁気飽和，⑤ インバータで運転するときに発生する高調波，⑥ 製造の不具合などである．とくに，①と②が基本的な原因である．

誘導モータの高効率化を進め，かつ省エネルギーの実現を目指した開発が進められている．そのポイントは，① 一次銅損，② 二次銅損，③ 鉄損，④ 機械損，⑤ 浮遊負荷損である．とくに，小型誘導モータでは，効率の面ではサイズのみで不利となる．材料面では二次銅損低減に向けて銅材の使用を検討したり，鉄損に対しては低損失電磁鋼板の開発，浮遊負荷損に対しては磁性楔の採用などがある．ここで，電磁界解析を活用したデータをベースに材料，冷却技術，生産技術を駆使して開発を進める必要がある．これとあわせて，交流モータの可変速駆動に対してはインバータ技術の適用により実現している．誘導モータの可変速駆動には$V/f=$一定制御の汎用性のある手法や高性能な制御が可能なベクトル制御などがある．

f. その他のモータ

（ⅰ）**ステップモータ** ステップモータはステッピングモータ，パルスモータ，ステッパモータともよばれる．このモータは通電する駆動コイルの切換えや電流の方向に切り換えごとに回転子が一定の角度ずつ回転するようにつくられている．切換えのタイミングは制御回路からのパルス信号で指示され，切換え順序で回転方向を切換えの累積回数でモータ回転角を，切換え速度で回転速度を制御できる．ステップモータの動作原理は固定子と回転子の歯間に働く磁気力で回転力を得るように構成されている．この

モータは速度制御や位置決め制御を行うための用途としてプリンタやOA機器用モータとして多く使用されている．

ステップモータの構成から，可変リラクタンス型では固定子と回転子の歯数を変えて，三つの固定子を設置し，相と励磁を切換え回転子歯に対して磁気吸引力が作用するようにして回転する．また，永久磁石型では回転子に径方向に磁化した永久磁石で構成し，無励磁でも保持トルクを有し，固定子の歯を順次励磁することにより，永久磁石の極性と歯の極性で吸引力を作用させて回転する．基本構成は永久磁石同期モータと同じである．可変リラクタンス型と永久磁石型のハイブリッド構成が複合型のステッピングモータである．ここで，回転子用の永久磁石には多極着磁が必要で，当初は等方性フェライトが用いられたが，高トルクで高出力へのニーズからラジアル異方性フェライト磁石やネオジウム磁石が用いられている．近年，射出成形や圧縮成形により円筒形の磁石の製造が可能なボンド磁石が用いられている．また，ヨークは透磁率の高い電磁軟鉄板にニッケルめっきをして用いられていたが，近年はFe-Cr合金が用いられるようになってきた．これにより，高パルスレートでの運転や高効率運転を可能にしている．

（ⅱ）**サーボモータ** サーボは"目標に追従する"という意味から，これまでのモータとは使用方法や仕様ともに大きく異なる．たとえば，目標の角度まで負荷軸を回転し，その状態を維持する（制御用素子）などである．サーボモータと同じ機能を有する素子に油圧サーボや空気圧サーボがある．その中で，マイコンやパワー素子などのエレクトロニクス機器の進展による制御性の向上や低価格化，メンテナンスも容易であり，かつ制御機器との相性の良さから電気式がその中心になっている．モータとしてはDCモータ，誘導型および同期型のACモータが用いられている．

DCサーボモータは，電機子電流に出力トルクが比例するので直流であるDCサーボモータは制御が容易である．ここで重要なのは制御技術である．これに対して，ACサーボモータでは，交流電流の位相と振幅を同時に制御する必要があり，製品化は遅れた．ACサーボモータではDCサーボモータと異なり，ブラシや整流子がないのでメンテナンスが簡単であることから実用化が望まれていた．ベクトル制御技術を用いてACサーボモータをあたかもDCサーボモータのごとく使えるようになった．また，永久磁石型同期モータのACサーボは界磁側の制御が不要であり，誘導型に対して制御性がすぐれている．近年のネオジウム磁石の開発によりモータの小型化が図れている．そのため，ACサーボといえば永久磁石型同期モータといっても過言ではない．サーボの構成は図5.4.83を参照願いたい．

（ⅲ）**ブラシ付直流モータ** 直流モータ（磁石界磁）は図5.4.80で示すフレミングの左手の法則により駆動する基本的なモータで，その原理を図5.4.87に示す．かつては産業用の可変モータとして用いられてきた．とくに，

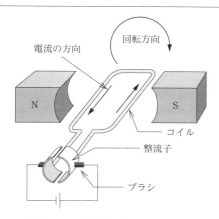

図 5.4.87 直流（DC）モータの原理

車両用，圧延機用，工作機用，サーボモータ用および情報機器用のモータとして用いられてきたが，現在ではインバータの発達により誘導モータや同期モータが用いられている．

しかし，低電圧駆動の小型サーボモータ，OA 機器，情報機器および自動車電装用などのモータでは現在も直流モータが用いられている．最近のモータでは，界磁極に永久磁石が用いられるようになってきた．これにより，励磁損失がないことによる高効率化と小型軽量化が図られている．それを永久磁石の高性能化，高機能化が後押しをしている．

g. モータの高機能化，高効率化に向けたシミュレーション

モータを設計する場合，磁気回路モデルによる近似計算に端を発し，ワークステーションなどの数値シミュレーションによる磁界解析が必須となっている．複雑構造の大規模三次元磁界解析も手軽に行えるようになった．さらに，電磁場と外部回路，回転運動を同時に解く連成解析技術も実用化されている．モータの設計に必要な数値シミュレーションには有限要素法として高精度な辺要素有限要素法が用いられる．電磁界に関する基礎方程式はマクスウェルの方程式である．また，モータのシミュレーションにおける固有の問題として回転子と固定子との隙間であるギャップにおけるメッシュの切り方がある．このほかに，トルク解析や電磁力に基づく電磁振動や電磁騒音を低減するための制振・静音化についても行われている．

h. 小型モータの利用例

小型モータを理解して使いこなすには，各種小型モータの相違やほかのアクチュエータと比較して利点や欠点を明らかにする必要がある．そのためには，いろいろな用途での応用事例を参考にし，選定の基本を会得することが有効である．小型モータは身近な家電や自動車の中に多く使われ，さらにこれらを製造するための装置にも多く用いられている．装置の信頼性や保全性を向上させるためにも小型モータのことを知ることが重要である．用途によっては小型モータを使わざるを得ない場合もある．

（i）**製造設備**　製造設備は工場で生産に用いる機器のことで，ハンドツールからクレーンや大型の鍛造プレスまでさまざまある．そのため，モータ以外にもエアスピンドル（ドリル，リューター），油圧機器（工作機器），空気圧機器（組立機器），ソレノイド（バルブの開閉），ピエゾ素子（精密位置決め）などが幅広く用いられている．この中にあって，これまでモータが用いられなかった機器にもモータが利用されるようになり，小型モータは選択の幅を広げる効果がある．生産設備では，たとえば回転数の安定を重視する場合も，またトルクの安定性を重視する場合にもそれぞれ適したモータがあることがその例である．しかし，小型モータは構造上，数千 rpm 以上の回転数を得ることは困難で，ギアなどを組み込むと摩擦による損失が大きい．低トルクで高速回転が必要な場合はエアスピンドルが好適である．ジャッキのように精密さは要求されないが大きな推力が必要な機器には油圧式が好適である．往復運動を低コストで実現したい場合にはエアシリンダやソレノイドが向いている．各種の組立機器にはエアシリンダによるアクチュエータが用いられる．また，速度制御は困難であるが，応答が速いソレノイドはシャッタ機構やバルブ切換えに用いられる．低ストロークでサブミクロンの位置決めにはピエゾ素子が適している．また，ボールビスによる位置決めとピエゾ素子とを組み合わせた高精度な位置決め技術も開発されている．以下に，小型モータの利用例を示す．

（1）**誘導モータ：**　安価で長寿命であることから排気ファンや排水ポンプなどに用いられている．このほかに，ベルトコンベアやクレーンなどにも使用されている．

（2）**リバーシブルモータ：**　誘導モータの一種で，ロータの構造を変えて起動トルクの増大を図っている．簡単なブレーキ機構を有している場合もある．頻繁な起動・停止・逆転が可能なモータである．発熱が大きいので連続運転には向かない．間欠搬送機の送りモータや大型バルブの開閉アクチュエータに用いられている．

（3）**トルクモータ：**　ロータの構造を変えて誘導モータでありながら直流モータのように停止時に最大トルク発生，電圧を変えることで回転数やトルクを変化させることができる．電線の巻取りやフィルムやテープのテンション制御に用いられる．

（4）**シンクロナスモータ：**　誘導モータのかご形ロータに凹凸を設けたり永久磁石を埋め込むことで，定常回転でのスリップが防止できるので電源周波数に同期した回転数が得られる．定量排出ポンプやタイマーなどに用いられる．インバータとの併用も行われている．

（5）**ステップモータ：**　シンクロナスモータと同様の構造で，パルスに同期して回転するモータで，各種の位置決め機構に用いられる．安価な組立ロボットに用いられているものもある．

（6）**サーボモータ：**　トルクに余裕のあるモータにエン

コーダを取り付け，フィードバック制御により速度や位置決めを行うもので，制御回路があるため構造が複雑でありかつ価格が高い．ACサーボモータとDCサーボモータとがあるが，メンテナンスの面からACサーボモータが主流である．速度制御精度や位置決め精度を重視する用途に適し，産業用ロボットなどに用いられている．

以上述べてきたように，近年のモータは単独の部品として用いることは少なく，制御回路と組み合わせて用いるのが通常となっている．これも"メカトロニクス"の大きな成果である．

（ⅱ）**半導体製造設備**　半導体製造設備には製造工場内の高クリーン度（最高でクラス10程度）が要求されるのが特徴である．そのため，エアシリンダは敬遠され，小型モータが多用されている．精度も数十ミクロンであったものがサブミクロンからそれ以下に日増しに高精度な機構へのニーズが高まっている．最もクリーン度が要求されるのが搬送系と位置決め系であり，DCサーボモータが用いられる．この技術は近年の磁気ディスク用の磁気ヘッドや磁気記録媒体の製造へも適用されている．

（ⅲ）**家電品**　家電品は家庭内の生活の質の向上に果してきた役割ははかり知れない．これまでは，電気掃除機の位相制御による速度制御のほかは誘導モータのオンオフによる制御のみであった．家庭用の空調設備（通称，エアコン）の普及に伴い，小型化，低コスト化に加えて圧縮機の駆動技術の開発が行われた．その中心が，①永久磁石同期モータの位置センサレス120度通電制御技術，②低速域の運転範囲拡大を目指した繰返し制御による圧縮機の脈動トルクとモータトルクの一致による振動低減技術，③省エネルギー・高機能化を目指すPAM制御技術である．この技術開発はほかの家電品へも波及し冷蔵庫，洗濯機，掃除機，井戸ポンプなどにも永久磁石同期モータが用いられるようになった．家電品の負荷特性は，冷蔵庫とエアコンが定負荷トルク運転で，掃除機，井戸ポンプ，洗濯機の洗濯モードなどはn乗負荷運転であり，洗濯機の脱水モードが定出力からn乗負荷運転への切換えとなる．

（ⅳ）**自動車**　自動車に用いるモータというと電気自動車やハイブリッド車をイメージするかもしれない．実際は，ガソリンエンジン駆動自動車にも多数のモータが用いられており，モータなくして自動車の走行はないといっても過言ではない．たとえば，エンジンの始動のためのスタータにモータが使われており，スタータが動かなければ車は走行できない．そのため，モータを駆動する電源を確保するためにエンジンに直結して発電機（オルタネータ）が設けられている．まさに発電機はモータの『逆利用』ともいえる．モータの使われ方を目的別にみていく．

(1) **安全性の向上：**　安全性を確保し，かつ性能向上に使われているモータは，①ワイパー用モータ，②電動ブレーキなどがある．とくに，電動ブレーキは障害物検出センサと連動して急停車させることにより衝突を未然に防ぐために設けられている．

(2) **利便性の向上：**　車の運転がより便利で快適なものにするために用いられているおもなモータには，①パワーウインドウ，②ミラーアジャスタ，③電動パワーステアリング，④ウォータポンプ，⑤スタータ，⑥電動シート，⑦オートロック，⑧オイルポンプなどがある．車庫入れ時に背後をモニタに映すと同時に障害物を検出して車庫の周囲の人や構造物との衝突を防ぐような機能が付加されている．これは，利便性と安全性の両方にまたがる事項である．

(3) **性能・燃費・環境性能の向上：**　燃費の向上は燃料の消費を減らし地球資源の保護に有効である．また，環境への配慮は，これまで公害のなかでNO_xの基準値確保が最も遅れていた原因は車からの排出されるNO_xが抑制できなかったためである．燃料中の窒素源は排除できても燃焼からの窒素酸化物の除去が進まなかったことが原因である．近年，この問題に対する取組みが進展してきている．モータから見た取組みとしては，①電子制御スロットル，②電磁駆動弁，③モータジェネレータがその役割を担っている．電子スロットルでは，走行速度に応じてエンジンの最適な燃料/空気を確保するように制御するなどである．エンジンの吸入と排気のタイミングを制御すれば環境配慮に加えて燃費向上へも寄与できる．また，モータジェネレータを使った車両の制動エネルギーを電気エネルギーに変換する（鉄道でいう回生制動に相当）ことが行われている．

（ⅴ）**情報機器**　小型モータの生産個数は年々増大の一途をたどっている．その用途は音響映像機器用が30%程度，HDDやCD-R，DVD，携帯機器，プリンタやFAXなどの情報機器が40%程度を占めている．情報機器のモバイル化の急速な進展により，小型化，軽量化，低消費電力化が急速に進んでいる．このニーズに応えたのが永久磁石を用いたモータである．HDDやCD-R，DVDなどを回転させるモータであるスピンドルモータ，情報の記録や再生に用いられるヘッド（HDDでは磁気ヘッド，DVDやCD-Rでは光ヘッド）を送るDCモータやボイスコイルモータ，ディスクを挿入排出するためにもモータが用いられている．これら情報機器に用いられるモータは小型化に加えて薄型化も実現するとともに低振動で低騒音のレベルが低いモータが必要とされる．

小型・薄型化とともに高トルクや高回転数，さらにその制御性を高めるなどの高効率化が望まれ，希土類元素を用いた永久磁石を用いたモータがこのニーズに応えている．この磁石を用いると磁束量が増すのでステータコアには低鉄損鋼板が用いられるなどの工夫がなされ，渦電流などによる損失が低減したため，周波数も高周波化が実現している．高周波による鉄損を低減する鋼板の検討がなされている．高トルク化には，低消費電力を考慮して鉄損や銅損を勘案し，モータの巻線抵抗を抑えて高性能な永久磁石により磁束量を増大させる試みがなされている．残留磁束密度が大きいとコギングトルクが増大する点には要注意であ

る．モータとともにドライブ IC を用い，低消費電力化や低振動，低騒音を実現している．また，永久磁石を用いるのは着磁方法も考慮しなければならない．

文　献

1) 日立製作所総合教育センタ技術研修所 編，"わかりやすい小形モータの技術"，オーム社（2002）．
2) 石島　勝，"小型 AC サーボ・モータの制御回路設計"，CQ 出版社（2009）．
3) トランジスタ技術編集部 編，"小型 DC モータの基礎・応用"，CQ 出版社（2006）．

5.5 パワーマグネティックス

5.5.1 パワーマグネティックスの基礎

パワーマグネティックスとは，磁気応用の中で電力に関わる技術分野の総称である．変圧器やリアクトルをはじめ，磁気増幅器や可変インダクタ，モータや各種磁気アクチュエータなど，パワーマグネティックス機器は多岐にわたり，関連する磁性材料技術や磁界解析技術も包含するといわれている．一方，電力用半導体デバイス（以下，パワーデバイス）を用いて電力の変換と制御を行う技術分野をパワーエレクトロニクスとよんでいる．トランジスタや IGBT などのパワーデバイス，ならびにインバータやコンバータなどの回路技術の進歩を背景に用途が拡大し，現在，産業機器，民生機器，家電機器，運輸交通，電力システムのあらゆる分野で利用される基盤技術になっている．ここでは，まず磁気回路の基礎について解説する．ついでパワーマグネティックスについて述べる．さらに，関連技術としてパワーエレクトロニクスについても触れる．

a. 磁 気 回 路[1]

（ⅰ）**磁気回路と磁気抵抗**　図 5.5.1 に示す磁気回路において，任意の 2 点 a-b 間の起磁力 F_{ab} は次式で与えられる．

$$F_{ab} = \int_a^b H \, dl \tag{5.5.1}$$

磁気回路の磁気特性は線形でその透磁率を μ とすれば，$B = \mu H$ であるから次式となる．

$$F_{ab} = \int_a^b \frac{B}{\mu} \, dl \tag{5.5.2}$$

磁気回路の断面内で磁束密度 B は一様とすれば，磁束 ϕ は，次式となる．

$$\phi = \int B \, dS = BS \tag{5.5.3}$$

ここで，S は磁気回路の断面積である．式 (5.5.3) を式 (5.5.2) に代入して次式を得る．

$$F_{ab} = \int_a^b \frac{\phi}{\mu S} \, dl \tag{5.5.4}$$

磁束は磁気回路の任意の断面で等しいので次式となる．

$$F_{ab} = \left(\int_a^b \frac{l}{\mu S} \, dl \right) \phi \tag{5.5.5}$$

したがって，式 (5.5.6) とおけば，式 (5.5.7) の関係が得られる．

$$R_{ab} = \int_a^b \frac{l}{\mu S} \, dl \tag{5.5.6}$$

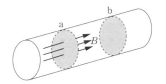

図 5.5.1　磁気回路

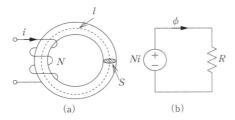
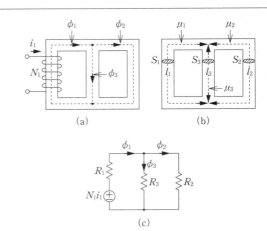

図 5.5.2 簡単な磁気回路の例
(a) 磁気回路　(b) (a) の等価回路

$$F_{ab} = R_{ab} \cdot \phi \tag{5.5.7}$$

式(5.5.7)が電気回路のオームの法則に対応するもので，R_{ab}をa-b間の磁気抵抗とよぶ．たとえば，図5.5.2(a)に示した鉄心の磁路長をl，断面積をS，透磁率をμとすれば，磁気抵抗は次式で与えられる．

$$R = \frac{l}{\mu S} \tag{5.5.8}$$

コイルの巻き数をN，電流をiとすると，起磁力は式(5.5.9)で与えられるので，鉄心の磁束は式(5.5.10)と求められる．

$$F = \oint H dl = Ni \tag{5.5.9}$$

$$\phi = \frac{Ni}{R} = \frac{\mu SN}{l} i \tag{5.5.10}$$

同図(b)はこれを電気的な等価回路で示したものである．

磁気抵抗を用いた等価回路では，通常の電気回路と同様に以下のような性質が成り立つ．

(1) 複数の磁気回路が一点に集まっている点（節点）では磁束の総和はゼロである．

$$\sum_i \phi_i = 0 \quad \text{(節点方程式)} \tag{5.5.11}$$

(2) 磁気回路の中の一つの閉じた岐路については次式が成立する．

$$\sum_i F_i = \sum_i R_i \cdot \phi_i \quad \text{(閉路方程式)} \tag{5.5.12}$$

(ii) **磁気回路の計算例**　これらの性質を用いると，複雑な磁気回路の解析も容易に計算できる．一例として，図5.5.3(a)に示した3脚鉄心において，左の脚に施された巻線に電流iを流したとき，各部の磁束を求めてみる．磁気回路を3分割してそれぞれの磁路の透磁率，断面積，および磁路長が同図(b)のように与えられるとき，この鉄心の等価電気回路は同図(c)のように表される．ここで，式(5.5.13)の閉路方程式および節点方程式は，式(5.5.14)となる．

$$R_1 = \frac{l_1}{\mu_1 S_1}, \quad R_2 = \frac{l_2}{\mu_2 S_2}, \quad R_3 = \frac{l_3}{\mu_3 S_3} \tag{5.5.13}$$

$$R_1\phi_1 + R_3\phi_3 = N_1 i_1, \quad R_2\phi_2 - R_3\phi_3 = 0, \quad \phi_1 = \phi_2 + \phi_3 \tag{5.5.14}$$

式(5.5.14)より磁束を求めると次式となる．

$$\phi_1 = \frac{R_2 + R_3}{\Delta} N_1 i_1, \quad \phi_2 = \frac{R_3}{\Delta} N_1 i_1, \quad \phi_3 = \frac{R_2}{\Delta} N_1 i_1 \tag{5.5.15}$$

図 5.5.3 磁気回路の計算例
(a) 鉄心形状　(b) 寸法および透磁率
(c) 3脚鉄心の等価回路

ここで，$\Delta = R_1 R_2 + R_2 R_3 + R_3 R_1$ である．

(iii) **磁気抵抗とインダクタンス**　巻線の鎖交磁束をϕ，巻数をN，巻線電流をi，巻線のインダクタンスをLとすれば，次式が成り立つ．

$$N\phi = Li \tag{5.5.16}$$

磁気回路の磁気抵抗をRとすれば，次式となる．

$$Ni = R\phi \tag{5.5.17}$$

これらの式から磁気抵抗とインダクタンスの間には次式の関係があることがわかる．

$$L = \frac{N^2}{R} \tag{5.5.18}$$

図5.5.2の磁気回路の場合，次式となる．

$$L = \frac{N^2}{R} = \frac{\mu S N^2}{l} \tag{5.5.19}$$

図5.5.3に示した3脚鉄心では，式(5.5.20)であるから，インダクタンスは式(5.5.21)のように求められる．

$$N_1 \phi_1 = \frac{R_2 + R_3}{\Delta} N_1^2 i_1 \tag{5.5.20}$$

$$L = \frac{N_1^2}{R_1 + R_2 R_3/(R_2 + R_3)} \tag{5.5.21}$$

以上のように，鉄心と巻線からなる磁界系は，磁気抵抗で表される磁気回路としても，インダクタンスで表される電気回路としても取り扱うことができる．

(iv) **非線形磁気特性**　強磁性材料の磁化特性は，飽和とヒステリシスという2種類の非線形性をもっている．ヒステリシスを無視した場合の磁化特性は，次のような多項式で近似することができる．

$$H = \alpha_1 B + \alpha_n B^n \tag{5.5.22}$$

ここで，nは3以上の奇数であり，飽和が急峻なほど大きな値となる．図5.5.4に代表的な電力用磁性材料の磁化曲線の近似例を示す．

図5.5.2の鉄心の磁化特性が式(5.5.22)で表される場合，$H = Ni/l$，$B = \phi/S$より，次式となる．

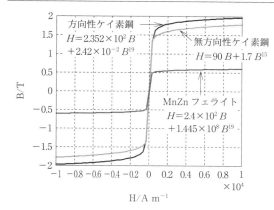

図 5.5.4　磁化曲線の近似例

$$Ni = a_1\phi + a_n\phi^n = (a_1 + a_n\phi^{n-1})\phi = R(\phi)\phi \tag{5.5.23}$$

ここで，$a_1 = \alpha_1 \cdot l/S$, $a_n = \alpha_n \cdot l/S^n$ である．

式(5.5.23)は，磁気飽和を考慮した鉄心の磁気回路が非線形な磁気抵抗で表されることを示す．ヒステリシスを精度よく数式で表現することは容易ではないが，式(5.5.22)に磁束密度の微分項を加え，式(5.5.24)によって磁化曲線を近似する方法などが提案されている．

$$H = \alpha_1 B + \alpha_n B^n + \beta_1 \frac{dB}{dt} \tag{5.5.24}$$

（v）**磁気回路の磁気エネルギー**　図 5.5.5 のように，磁化曲線が $Ni = f(\phi)$ で表されるとき，磁気回路のエネルギーは次式で与えられる．

$$W_{Fm} = \int_0^\phi Ni\,d\phi \tag{5.5.25}$$

これは磁気エネルギーとよばれ，図 5.5.5 の斜線を施した面積に等しい．磁気特性が線形の場合は，$Ni = R\phi$ であるから，次式となる．

$$W_{Fm} = \frac{1}{2}R\phi^2 \tag{5.5.26}$$

あるいはインダクタンスと電流を用いると次式で表される．

$$W_{Fm} = \frac{1}{2}Li^2 \tag{5.5.27}$$

磁気エネルギーは磁界中に貯えられるエネルギーで，電磁

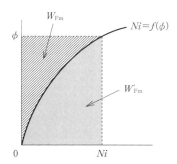

図 5.5.5　磁化曲線と磁気エネルギー

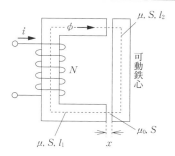

図 5.5.6　可動鉄心を有する磁気回路

石やモータなどに利用される．一例として図 5.5.6 に示される可動鉄心について考察する．鉄心の磁気抵抗を R_i，空隙の磁気抵抗を R_g，鉄心の磁路長を l_1, l_2，空隙長を x，鉄心の透磁率を μ，真空中の透磁率を μ_0，空隙部の磁束の通る断面積と鉄心断面積が等しいとして S とおけば，式(5.5.28)となり，磁気エネルギーは式(5.5.29)で与えられる．

$$R_i = \frac{l_1 + l_2}{\mu S}, \quad R_g = \frac{2x}{\mu_0 S} \tag{5.5.28}$$

$$W_{Fm} = \frac{1}{2}R_i\phi^2 + \frac{1}{2}R_g\phi^2 = \frac{\phi^2}{2S}\left(\frac{l_1+l_2}{\mu} + \frac{2x}{\mu_0}\right) \tag{5.5.29}$$

ここで，$(1/2)R_i\phi^2$ は鉄心に貯えられるエネルギー，$(1/2)R_g\phi^2$ は空隙に貯えられるエネルギーである．空隙のエネルギーと鉄心のエネルギーの比を求めると，次式となる．

$$\frac{R_g}{R_i} = \frac{\mu}{\mu_0}\frac{2x}{l_1+l_2} \tag{5.5.30}$$

一般に鉄心の透磁率 μ は真空中の透磁率 μ_0 に比べて非常に大きいので，磁気エネルギーは，ほとんど空隙に貯えられることがわかる．

式(5.5.29)に示されるように，可動部を有する磁気回路の磁気エネルギーは空隙長によって変化する．磁束を一定に保ちながら機械的仕事を行う場合は，磁気エネルギーの減少分が外部に対してなす機械的仕事となり，作用力（電磁力）は次式で与えられる．

$$f = -\left[\frac{\partial W_{Fm}(\phi, x)}{\partial x}\right]_{\phi = 一定} \tag{5.5.31}$$

図 5.5.6 の場合，$R(x) = R_i + R_g$ とおくと，可動鉄心に働く力は，次式となる．

$$f = -\frac{\partial}{\partial x}\left(\frac{1}{2}R(x)\phi^2\right) = -\frac{1}{2}\phi^2\frac{dR(x)}{dx} = -\frac{\phi^2}{\mu_0 S} \tag{5.5.32}$$

符号が — であることは，作用力が吸引力であることを示す．

（vi）**磁気随伴エネルギー**　式(5.5.25)において，Ni と ϕ を置換し，次式で与えられるエネルギーを磁気随伴エネルギーとよぶ．

$$W'_{Fm} = \int_0^{Ni} \phi\,d(Ni) \tag{5.5.33}$$

これは図 5.5.5 で磁化曲線と横軸に囲まれた面積に等し

く，次式の関係が成り立つ．

$$W_{\mathrm{Fm}} + W'_{\mathrm{Fm}} = Ni \cdot \phi \tag{5.5.34}$$

磁気特性が線形の場合は $W_{\mathrm{Fm}} = W'_{\mathrm{Fm}}$ であるが，非線形の場合は異なった値になる．

空隙を有する磁気回路の磁気随伴エネルギーは起磁力と空隙長の関数となる．起磁力を一定に保ちながら機械的仕事を行う場合は，磁気随伴エネルギーの増加分が外部に対してなす機械的仕事となり，作用力は次式で与えられる．

$$f = \left[\frac{\partial W'_{\mathrm{Fm}}(i,x)}{\partial x}\right]_{i=-\hat{\Xi}} \tag{5.5.35}$$

磁気随伴エネルギーから求めた作用力と磁気エネルギーから求めた作用力は，磁気特性の線形，非線形にかかわらず一致する．

b. パワーマグネティックス[2,3]

図 5.5.7 に，パワーマグネティックス機器の分類を示す．同図のように，パワーマグネティックスの応用分野は，電力変換，電力制御，電力平滑，およびエネルギー変換にわたる．変圧器やリアクトルは電力系統用の大容量のものから，スイッチング電源用などの小型機器まで，電圧変換や電流平滑の基幹デバイスとして多用されている．発電機やモータは電気-機械エネルギー変換機器として欠かせないものであり，近年，ますます用途が拡大する傾向にある．

図 5.5.7 の中で，磁気式周波数変換器や磁気増幅器などは，磁気特性の非線形性を積極的に利用した，いわゆる非線形磁気応用機器といわれ，民生や産業分野で広く利用された．最近はパワーエレクトロニクスの発展によって，非線形磁気応用機器の用途は縮小し，中には利用されなくなった機器もあるが，可変インダクタや磁気発振器などは堅牢で信頼性が高い装置として，現在でも応用研究が進められている．変圧器やリアクトルは次の節で詳述することとし，以下では非線形磁気応用機器について簡単に紹介する．

（i）磁気式周波数変換器 図 5.5.8 に磁気式周波数逓倍器の基本回路を示す．非線形磁気特性を有する磁心（以下，可飽和リアクトルとよぶ）を3個使用し，それぞ

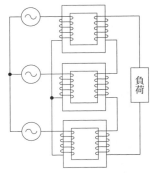

図 5.5.8 磁気式周波数逓倍器の基本回路

れの一次巻線を Y 結線，二次巻線をオープンデルタに結線し，一次巻線に三相交流電圧を印加する．磁心磁束が飽和磁束密度を超える程度まで電圧を加えると，磁束中に一次電圧と同じ周波数（基本波）成分のほかに第3調波成分が生じ，それぞれの磁心の二次巻線に基本波と第3調波の電圧が誘起される．ここで基本波は120度位相の異なる三相電圧に対して，第3調波は同相となる．したがって，オープンデルタ結線された出力側では基本波は打ち消され，同相の第3調波成分が加わり合うため，三相から単相で3倍の周波数の電圧が得られる．この装置は1912年の F. Spinelli の提案がはじめとされ，半導体デバイスが登場する前はこのような磁気式周波数逓倍器の研究が盛んに行われた．構成が簡単で信頼性も高いことから，大容量の誘導加熱炉用電源として実用化された．

（ii）非線形振動回路 可飽和リアクトルとコンデンサで共振回路を構成すると，回路条件によって電圧跳躍や分周波など，通常の LC 共振では見られない特異な現象を示す．これは非線形振動とよばれ，非線形問題の一種として学術的な研究対象になるばかりではなく，工学的応用も盛んに研究された．ここでは，非線形振動を利用した電源装置として鉄共振回路とパラメトリック回路を紹介する．

鉄共振回路は，図 5.5.9(a) に示すように，可飽和リアクトルとコンデンサを並列に接続して構成される．同図(b)は，回路の電圧電流特性である．この回路において，可飽和リアクトルが急峻な飽和磁気特性をもっていれば，同図(b)に示すように，入力電流 i_{in} が変化しても出力電圧 v_o をほぼ一定に保つことができる．鉄共振回路は，定電圧出力特性に加えて過負荷保護や電気的ノイズフィルタ機能も具備するため，堅牢で信頼性の高い交流安定化電源として実用された．

図 5.5.10 は，直交磁心を用いたパラメトリック変圧器の基本構成である．直交磁心は，2個の U 形磁心が90度回転接続した構造を有する．二次巻線 N_2 にコンデンサ C を並列に接続した構成で，一次巻線 N_1 に交流電圧 v_1 を印加すると，共通磁路が磁気的飽和と未飽和を繰り返すため，二次巻線のインダクタンスが周期的に変化する．コンデンサ C の容量を適切に選べば非線形振動が生じ，二次

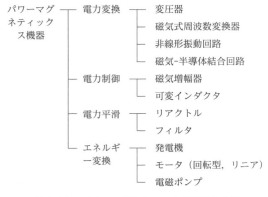

図 5.5.7 パワーマグネティックス機器の分類

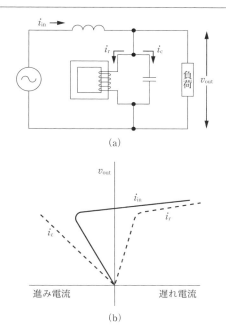

図 5.5.9 鉄共振回路の基本構成と動作説明図
(a) 基本回路構成　(b) 電源から見た電圧電流特性

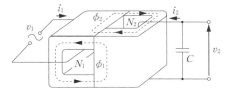

図 5.5.10 直交磁心を用いたパラメトリック変圧器

側に電圧 v_2 が誘起される．この現象をパラメトリック発振とよぶ．鉄共振回路と同様に定電圧特性を有し，過負荷時に自律的に出力を遮断する機能や，優れたノイズフィルタ機能を有するため，高信頼度の要求される交流安定化電源への応用が検討されたが，装置の体格が大きくなる傾向があり実用には至らなかった．

(iii) **磁気-半導体結合回路**　トランジスタと可飽和リアクトルで自励振動回路を構成するもので，磁気発振回路ともよばれる．これまで種々の回路方式が提案されているが，ここでは代表的なロイヤー回路について述べる．図 5.5.11 にロイヤー回路の基本構成を示す．可飽和リアクトルの動作点が未飽和から飽和領域に移るときの誘起電圧の変化を利用することで，トランジスタ Q_1, Q_2 のオン/オフが自励的に繰り返され，負荷に一定周波数の交流電圧を得ることができる．磁気発振回路は直流-交流電力変換のほか，温度や磁界などによって磁心の磁気特性を変えれば発振周波数が変化するため，センサなど計測分野でも利用されている．

(iv) **磁気増幅器**　図 5.5.12 に半波形磁気増幅器の基本回路を示す．図において N_c は制御巻線，N_L は出力

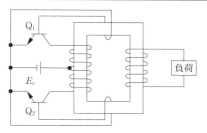

図 5.5.11 ロイヤー回路の基本構成

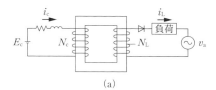

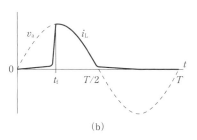

図 5.5.12 磁気増幅器の基本構成と動作波形
(a) 回路構成　(b) 電圧および電流波形

巻線であり，それぞれ直流制御電源 E_c，交流電源 v_a が接続される．同図(b)は電圧・電流波形である．この回路において，直流制御電圧 E_c の大きさを変えると，同図(b)の電流が立ち上がる位相（$t = t_f$）が変化し，出力負荷の電力を制御することができる．電力増幅のみではなく，微小信号の増幅器として計測にも応用できる．磁気増幅器は 1916 年の E. F. Alexanderson 以来多くの人びとにより研究が行われ，電力用半導体デバイスが登場する以前の自動制御や計測その他の分野で重要な機器として広く利用された．また，最近でも磁気増幅器の電気的ノイズ吸収機能に着目してスイッチング電源の電圧調整回路として使用された実績を有する．

(v) **可変インダクタ**　適当な方法で巻線インダクタンスを変えられるデバイスを可変インダクタとよぶ．図 5.5.13 に種々の可変インダクタの原理を示す．図(a)は，磁性体の移動によってギャップ長が変わり，磁気回路の磁気抵抗が変化することを利用したものである．たとえば，高周波回路用として円筒型のボビンに巻線を施し，内部のコアをドライバで回すことによってインダクタンスを調整するタイプの可変インダクタが実用されており，可変コイルなどの名称で市販されている．図(b)は，磁界や熱，あるいは応力によって磁気特性が大きく変化する材料を磁気回路に使用するもので，磁気センサなど計測分野への応用

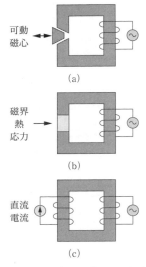

図 5.5.13 可変インダクタの原理図

例が多い．図 5.5.13(c) は，磁心が非線形磁気特性を有するため，直流バイアスで磁心の透磁率が変化することを利用して交流巻線インダクタンスを変えるものである．前記の磁気増幅器と同様に計測制御に応用可能であるが，磁気増幅器が位相制御（点弧角制御ともよぶ）であるのに対して，可変インダクタは振幅制御に近く，電流が正弦波に近いことから電力分野への応用も検討されている．

図 5.5.14 は電力用可変インダクタの一例である．磁路は無方向性ケイ素鋼板の積み鉄心で構成される．基本原理は図 5.5.13(c) と同様であるが，交流側電流が正負対称となり，かつ高調波電流の低減のために田形の磁路構造を採用している．中央脚に巻かれた 2 巻線を，磁束が互いに対向するように直列接続して主巻線とし，外側の脚部に巻かれた 4 巻線を直列差動に結線して制御巻線とする．このような構成で制御巻線に直流電流を流せば，磁気飽和のため交流巻線のインダクタンスが減少して電流が増加する．この電流は交流電源に対して 90 度遅れ位相であるため，直流電流によって交流側の無効電力が制御されることになる．このような機能は無効電力補償とよばれ，電力系統の電圧調整に利用される．

図 5.5.15 は 6.6 kV 高圧配電系統に適用するために開発した三相 300 kVA 級系統電圧調整器の外観である．三相用可変インダクタは図 5.5.8 の田形磁心 3 台を Δ 結線して構成し，メンテナンスと耐久性を考慮して油入自冷式としている．装置全体の寸法は，幅 1.5 m，奥行き 1.9 m，高さ 2.3 m で重量は 3.9 t である．図 5.5.16 に，試作器における無効電力制御特性と高調波ひずみ率（定格換算値），同図 (b) に 50% 制御時ならびに全制御時の電流観測波形を示す．直流制御電流 0～120 A に対して無効電力がほぼ 0 から 300 kVar まで直線的に制御されること，電流ひずみも小さいことがわかる．制御回路損失も含めた全制御時の総損失は 4% 以内で，実用上問題のない値に抑えられている．直流電流の制御にチョッパを使用することにより，60～80 ms の高速制御も可能である．実系統における試験の結果，系統の不規則な電圧変動が効果的に抑制されることが実証されている[4]．

図 5.5.15 試作した 300 kVA 可変インダクタの外観

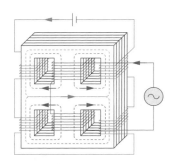

図 5.5.14 田形磁心による可変インダクタンス

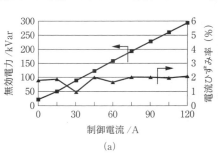

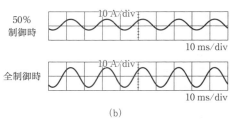

図 5.5.16 可変インダクタの動作特性
　(a) 制御特性　　(b) 出力電流観測波形

c. パワーエレクトロニクス[5,6]

パワーエレクトロニクスは，パワーデバイスをスイッチとして使うことによって電力を断続的に制御する点が特徴である．パワーデバイスは損失が小さく高速のスイッチとして動作するので，効率の良い電力の変換や制御が可能になる．また，スイッチのオンオフの比率や周期を変えることにより，出力の大きさや周波数を自由に制御できる．インバータに代表されるように，パワーエレクトロニクスは現代社会に欠かせない重要な技術となっている．以下，パワーデバイス，電力変換回路，応用機器について簡単に紹介する．

（i） パワーデバイス　パワーデバイスにはダイオードのような非制御デバイスと，トランジスタやサイリスタのような可制御デバイスがあり，さらにトランジスタやサイリスタも機能や構造でいくつかに分類される．図5.5.17に代表的なパワーデバイスの構造と素子記号を示す．図(a)はpn接合ダイオードで，交流-直流変換器（整流回路）や電流のバイパス回路に使用される．図(b)は逆阻止三端子サイリスタとよばれ，ゲート端子にパルス信号を加えることによってアノード-カソード間が導通（ターンオン）する．逆阻止特性を有するため，ダイオードと同様に整流回路に利用できるが，ゲート信号の位相によって導通期間が変化するため，直流出力の制御可能な交流-直流変換器に使用される．また，超高耐圧・大電流の用途に適し，たとえば直流送電や50-60 Hz周波数変換用の交流直流変換所では 6000 V-2500 A や 8000 V-3500 A の光トリガサイリスタが使用されている．

図5.5.17(c)はバイポーラトランジスタである．ベースに電流を流せば，コレクタ-エミッタ間が導通してスイッチがオンの状態になり，ベース電流を切ればコレクタ電流が遮断されオフ状態になる．電子と正孔がキャリヤになるため大電流化が容易であるが，少数キャリヤの蓄積効果でターンオフが遅くなる．図(d)はMOSFET（metal oxide semiconductor field effect transistor）である．キャリアが電子のみのユニポーラデバイスで，大容量のデバイスには向かないが，高周波特性に優れているためスイッチング電源などに多用されている．MOSFETはゲートが絶縁構造であるため，ゲート電圧を加えてもゲート電流がほとんど流れない電圧駆動型デバイスである．電流駆動型のバイポーラトランジスタと比較してオンオフの制御電力が小さくドライブ回路も簡素という利点も有する．図(e)は絶縁ゲート型バイポーラトランジスタ（IGBT：insulated gate bipolar transistor）で，MOSFETのドレイン領域にp型半導体を形成した構造を有している．電子と正孔がキャリアになるため大電流化が容易で，絶縁ゲート構造の採用によってスイッチング速度の向上も図れる．また，MOSFETと同様に電圧駆動であるため，ゲート損失が小さくオンオフも容易である．スイッチング速度はMOSFETには及ばないが，1～20 kHz程度の周波数で使用できる．民生から産業，交通の分野で，各種電源機器やモータドライブ用インバータなどに広く使用されており，パワーエレクトロニクスでも中心的なデバイスである．

バイポーラトランジスタやMOSFET，およびIGBTのように，ゲート信号を切ればターンオフするデバイスを自己ターンオフ型デバイスとよぶ．

（ii） 電力変換回路　基本的な電力変換回路として，整流回路（交流-直流変換），チョッパ（直流-直流変換），インバータ（直流-交流変換）について述べる．

（1） 整流回路：　表5.5.1に整流回路を示す．小電力用には半波整流回路も使用されるが，交流側に変圧器があ

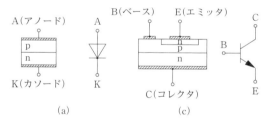

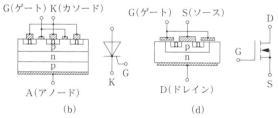

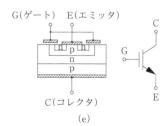

図5.5.17　代表的なパワーデバイス
(a) ダイオード　(b) サイリスタ　(c) バイポーラトランジスタ　(d) MOSFET　(e) IGBT

表5.5.1　基本的なダイオード整流回路

	半波整流回路	全波整流回路
単相		
三相		

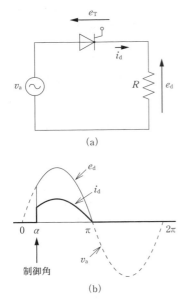

図 5.5.18 サイリスタを用いた半波整流回路
 (a) 回路構成 (b) 電圧および電流波形

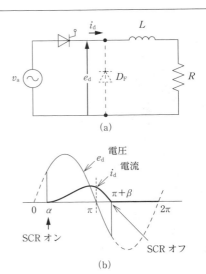

図 5.5.19 誘導負荷時のサイリスタ整流回路
 (a) 回路構成 (b) 電圧および電流波形

る場合は偏磁が生じるので注意を要する．大電力の用途には三相全波整流回路が使用される．サイリスタを使用した整流回路も回路構成は同じであるが，サイリスタはゲート信号を加えてターンオンさせるため，ゲート信号の位相を変えれば直流出力電圧が変化する．図5.5.18はサイリスタを用いた単相半波整流回路である．電源電圧の正の半サイクルにおいてサイリスタにゲート信号を加えればターンオンして負荷電流が流れる．抵抗負荷の場合は電源電圧が正から負に切り替わるときに電流もゼロになるのでサイリスタはターンオフする．負の半サイクルの間は，サイリスタには逆方向に電圧が加わるので電流は流れない．電源電圧の実効値をV_a，ゲート信号を加える位相角を制御角とよび，αで表せば，負荷電圧e_dの平均値E_dは次式で表される．

$$E_d = 0.45 V_a \frac{1+\cos\alpha}{2} \tag{5.5.36}$$

電力分野では誘導性負荷（R-L負荷）が多い．この場合，整流回路の動作波形は抵抗負荷の場合と異なってくる．図5.5.19は，誘導性負荷時のサイリスタ半波整流回路の動作を示す．位相角αでサイリスタSCRがオンしたとき，電流はゼロから緩やかに増加し，電圧に対して位相の遅れた波形になる．電源電圧の極性が反転する時点（位相π/rad）で電流はゼロにならずサイリスタはターンオフしない．電源の負の半サイクルで電流がゼロになった時点でサイリスタはターンオフする．この間L-R負荷には負の電圧が加わるため，負荷電圧の平均値は抵抗負荷の場合に比べて小さくなる．これを避けるたに，同図(a)の波線のように，負荷に逆並列にダイオードを接続することがある．このようなダイオードを還流ダイオードあるいはフリーホイーリングダイオードとよぶ．

（2）**チョッパ回路**： 降圧チョッパ，昇圧チョッパ，昇降圧チョッパがある．図5.5.20(a)に降圧チョッパの回路構成，図(b)に動作波形を示す．トランジスタSがオンのときは負荷に電圧が加わり，電源からトランジスタを通って負荷電流が流れる．このときの負荷電圧e_2の大きさは電源電圧に等しくE_1となる．トランジスタがオフすると負荷電流はダイオードを通って環流する．負荷電圧はダイオードの順方向電圧に等しくほぼゼロとなる．いま，Sのオン期間T_{on}とスイッチング周期Tの比をdで表せ

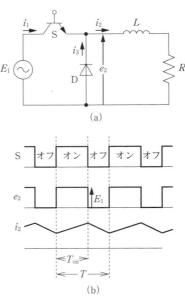

図 5.5.20 降圧チョッパ回路
 (a) 回路構成 (b) 動作波形

ば，出力電圧 e_2 の平均値 E_2 は次式で与えられる．S のオンオフの比率 d を変えれば，平均電圧は $0 \sim E_1$ の範囲で変化する．d を時比率とよぶ．

$$E_2 = \frac{T_{\mathrm{on}}}{T} E_1 = dE_1 \quad (5.5.37)$$

図 5.5.21 に昇圧チョッパ，図 5.5.22 に昇降圧チョッパの回路構成を示す．チョッパは単純な回路構成で直流電圧の値を制御できるため，直流電源から直流モータドライブまで幅広く使用される．

（3）**インバータ**： インバータは，直流を交流に変換する装置の総称で自励式インバータと他励式インバータに大別される．民生や産業用に使用されるのはほとんど自励式インバータである．他励式インバータは，サイリスタを用いた三相全波整流回路をインバータとして使用するもので，用途は限定されるが，高圧大電流の電力変換が可能なことから直流送電や $50 \sim 60\,\mathrm{Hz}$ 周波数変換などに使用されている．ここでは自励式インバータについて述べる．

図 5.5.23 に最も基本的なインバータ回路を示す．本回路はハーフブリッジインバータとよばれ，トランジスタ Q_1 がオンのときは上側の電源電圧が，Q_2 がオンのときには下側の電源電圧が負荷に印加される．それぞれ電圧の向きが逆であるため，直流から交流電力が得られる．このような波形のインバータを方形波インバータとよぶ．図 5.5.24 に単相フルブリッジインバータ，図 5.5.25 に三相インバータの回路構成を示す．

（4）**PWM インバータ**： 高周波誘導加熱や電磁調理器では，出力電圧波形が方形波でも問題はない．しかし，一般には正弦波電圧の用途が多い．モータドライブにおいては，三相方形波インバータを使用することもあるが，トルクリプルや損失の増加が問題になるため通常は正弦波インバータが使用される．直流から正弦波を得る回路方式がいくつか提案されているが，代表的な方式は PWM（pulse width modulation）インバータである．図 5.5.26 に PWM インバータの波形の一例を示す．図において正弦波 e_s は信号波，三角波 e_c はキャリア波でその周波数は e_s より十分高く設定される．これらの信号をコンパレータに入力

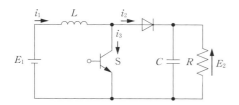

図 5.5.21 昇圧チョッパ回路

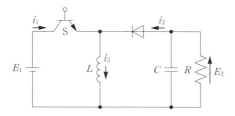

図 5.5.22 昇降圧チョッパ回路

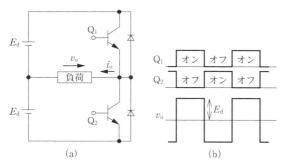

図 5.5.23 ハーフブリッジインバータ
(a) 回路構成　(b) 方形波モードのときの動作波形

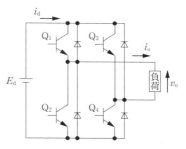

図 5.5.24 単相インバータ（フルブリッジ）

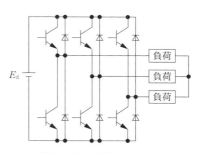

図 5.5.25 三相インバータ

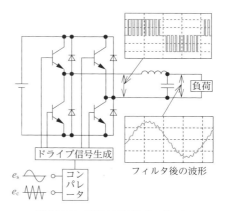

図 5.5.26 PWM 正弦波インバータ

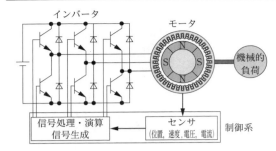

図 5.5.27 モータドライブシステムの例

し，その出力をインバータのドライブ信号に適用すれば，インバータの出力電圧はパルス幅変調された電圧波形になる．これを LC フィルタに通すことによって負荷にはほぼ正弦波の電圧が得られる．滑らかな正弦波が必要な場合は，より高周波のキャリア信号（三角波）を使えばよい．このように，信号波とキャリア波を比較する方式のインバータをキャリア変調方式 PWM インバータとよぶ．PWM 正弦波インバータは無停電電源やモータドライブに多用されている．無停電電源は一定電圧・一定周波数の出力が要求されるが，モータドライブでは可変電圧・可変周波数の出力が必要となる．前者を CVCF（constant voltage constant current）インバータ，後者を VVVF（variable voltage variable frequency）インバータとよんでいる．モータドライブの場合はモータの巻線インダクタンスがフィルタ効果を有するため，図 5.5.26 のような LC フィルタを使用しなくとも巻線電流はおおよそ正弦波になる．したがって，モータドライブではインバータをモータに直結して使用している．インバータの高度な制御機能を生かして，高速トルク制御やモータの消費電力削減が可能になるため，モータドライブでは欠かせない装置になっている．図 5.5.27 にインバータによるモータドライブシステムの一般的な構成を示す．

文　献

1) 穴山 武，"エネルギー変換工学基礎論"，p.131，丸善出版 (1977).
2) 村上孝一，"磁気応用工学"，p.154，朝倉書店 (1984).
3) 電気学会マグネティックス技術委員会 編，"磁気工学の基礎と応用"，p.147，コロナ社 (1999).
4) 大日向敬，赤塚重昭，川上峰夫，有松健司，皆澤和男，平野准一，佐々木彰，我妻幸博，一ノ倉理，電学論 A，**126**，997 (2006).
5) 大野榮一 編著，"パワーエレクトロニクス入門"，オーム社 (1984).
6) 金 東海，"パワースイッチング工学"，電気学会 (2003).

5.5.2 変圧器とインダクタ[1〜7]

変圧器は，電磁誘導によって一次巻線から二次巻線に電力を伝える装置である．送配電に使われる電力用変圧器が代表的なものであるが，計器用変圧器や通信用変圧器，スイッチング電源などに使用される高周波変圧器など，小容量から大容量まで広く使われている．ここでは主として電力用を対象として，変圧器の基礎理論および構造を説明する．併せてインダクタについて述べる．

a. 変圧器の等価回路と特性

（ⅰ）**理想変圧器**　図 5.5.28 に変圧器の基本的な構造を示す．N_1 は一次巻線，N_2 は二次巻線であり，一次巻線には交流電圧 v_1 が印加され，二次巻線には負荷が接続される．v_2 は負荷電圧，i_1, i_2 は一次および二次電流であり，これらの電圧，電流は図の矢印の向きを正とする．いま，電圧 v_1 によって一次巻線に電流 i_1 が流れ，鉄心中に磁束 ϕ が発生したとする．v_1 が時間的に変化すれば磁束も変化し，二次巻線に誘導起電力が生じ，負荷に電流 i_2 が流れる．これらの電圧と電流の基本的な関係を求めるために，以下のような理想変圧器を仮定する．

① 一次巻線と二次巻線の電気的抵抗は 0
② 鉄心の透磁率は無限大で励磁電流は 0
③ 磁束はすべて鉄心中を通り，鉄心の外には漏れない

このとき，一次巻線の誘導起電力は次式で与えられる．

$$e_1 = -v_1 = -N_1 \frac{d\phi}{dt} \tag{5.5.38}$$

磁束 ϕ がすべて鉄心中を通るものとすれば，二次巻線には式 (5.5.39) で与えられる電圧が誘起し，負荷に電流が流れる．したがって一次と二次の誘導起電力の間には式 (5.5.40) の関係が成立する．

$$e_2 = -v_2 = -N_2 \frac{d\phi}{dt} \tag{5.5.39}$$

$$\frac{e_1}{e_2} = \frac{v_1}{v_2} = \frac{N_1}{N_2} = a \tag{5.5.40}$$

ここで，a は巻数比であり，変圧器では一次巻線と二次巻線の巻数比を変えることによって，一次と二次の電圧の比が変わることがわかる．

鉄心の磁気抵抗を R_m とすれば，起磁力と磁束の間には $Ni = R_m \phi$ という関係がある．図 5.2.28 の変圧器の場合，鉄心には一次と二次の合成の起磁力が加わるので，次式が成り立つ．

$$N_1 i_1 + N_2 i_2 = R_m \phi \tag{5.5.41}$$

理想変圧器では鉄心の透磁率 μ を無限大と仮定しているので，磁気抵抗はゼロになる．すなわち，$N_1 i_1 + N_2 i_2 = 0$．これを書き換えると，

$$\frac{i_1}{i_2} = -\frac{N_2}{N_1} = -\frac{1}{a} \tag{5.5.42}$$

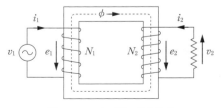

図 5.5.28 変圧器の基本構成

これより，一次電流と二次電流の大きさは巻数の逆比に等しいことがわかる．負号は実際に流れる二次電流の向きが図 5.5.28 の矢印の方向と逆であることを示し，変圧器では一次電流による磁束を打ち消すように二次電流が流れるというレンツの法則を表している．また，式(5.5.40)と式(5.5.42)から次式が得られ，理想変圧器では電源から供給される一次電力がすべて二次電力に変換されることがわかる．

$$v_1 i_1 + v_2 i_2 = 0 \tag{5.5.43}$$

変圧器は一次と二次の巻数比によって電圧あるいは電流の大きさを容易に変えることができるだけではなく，一次回路と二次回路を電気的に絶縁する働きもある．一次電圧に対して二次電圧が高い変圧器を昇圧変圧器，その逆を降圧変圧器，一次と二次の巻数比は等しく，電気的絶縁の確保に使用される変圧器を絶縁変圧器とよぶこともある．

変圧器の回路図は，図 5.5.29(a)のように表す．鉄心入りであることを示す場合には，図(b)のように書く．このとき，二次巻線の誘導起電力の方向がどちら向きであるか（図の下から上側か，上から下側か）は二次巻線の巻き方で異なる．このような極性を回路図上で明記するために，図(c)のように各巻線の端に・を付け，一次および二次巻線電流ともに・の付いた側から流れ込んだときはそれぞれの巻線電流による起磁力は同じ向きであると約束する．

理想変圧器において，一次と二次の電圧比は巻数比で変わるが，波形は一次側と二次側で同一となる．実際の変圧器では巻線抵抗や漏れ磁束の影響で多少波形は変わるが，一次側と二次側の電圧波形はほぼ同じと考えてよい．しかし，高周波電圧やパルス電圧のように高周波成分を含む波形の場合には，巻線抵抗，漏れインダクタンス，巻線の漂遊キャパシタンスのために，二次電圧の波形が一次側とかなり異なったものになることもある．また，変圧器では直流電力を二次側に伝えることはできない．もし，一次側あるいは二次側に直流電圧や直流成分が生じた場合，鉄心が磁気飽和を生じて電圧波形がひずむなど，変圧器としての機能が妨げられることがあるので注意を要する．

(ii) 変圧器の等価回路
(1) **巻線抵抗と漏れ磁束：** 理想変圧器では巻線抵抗と漏れ磁束は存在せず，鉄心は透磁率無限大で無損失とした．しかし，実際の変圧器ではこのような条件は成立せず，図 5.5.30 に示すように，一次および二次側に漏れ磁束が存在し，鉄心の透磁率も有限で損失も無視できない．一次および二次巻線の抵抗を r_1, r_2，一次および二次巻線の漏れ磁束を ϕ_{l1}, ϕ_{l2}，共通磁束を ϕ_m とすれば，次式が成り立つ．

$$\begin{aligned} v_1 &= r_1 i_1 + N_1 \frac{d(\phi_m + \phi_{l1})}{dt} \\ v_2 &= r_2 i_2 + N_2 \frac{d(\phi_m + \phi_{l2})}{dt} \end{aligned} \tag{5.5.44}$$

ここで，一次および二次巻線の漏れ磁束に基づくインダクタンスを L_{l1}, L_{l2} とすると，次式となる．

$$N_1 \phi_{l1} = L_{l1} i_1, \quad N_2 \phi_{l2} = L_{l2} i_2 \tag{5.5.45}$$

共通磁束 ϕ_m による一次，二次巻線逆起電力を次式のように e_{10}, e_{20} とする．

$$\begin{aligned} e_{10} &= -e_1 = N_1 \frac{d\phi_m}{dt} \\ e_{20} &= -e_2 = N_2 \frac{d\phi_m}{dt} \end{aligned} \tag{5.5.46}$$

式(5.5.45)，(5.5.46)を用いて式(5.5.44)を書き換える．

$$\begin{aligned} v_1 &= r_1 i_1 + L_{l1} \frac{di_1}{dt} + e_{10} \\ v_2 &= r_2 i_2 + L_{l2} \frac{di_2}{dt} + e_{20} \end{aligned} \tag{5.5.47}$$

鉄心の透磁率を μ，断面積を S，磁路長を l とすれば，磁気抵抗は $R_m = l/\mu S$ で与えられるので，式(5.5.41)は次のように書き換えられる．

$$i_1 = \frac{l}{\mu S N_1^2}(N_1 \phi_m) - \frac{N_2}{N_1} i_2 \tag{5.5.48}$$

右辺第 1 項は鉄心の磁化電流であり，第 2 項は，式(5.5.42)から，理想変圧器の一次巻線電流に等しいことがわかる．これらの電流をそれぞれ i_m, i_{11} と表す．

$$\begin{aligned} i_m &= \frac{l}{\mu S N_1^2}(N_1 \phi_m) = \frac{N_1 \phi_m}{L_m} \\ i_{11} &= -\frac{N_2}{N_1} i_2 \end{aligned} \tag{5.5.49}$$

ここで，$L_m = \mu S N_1^2 / l$ は励磁インダクタンスである．

以上より，変圧器の等価回路は図 5.5.31 のように表すことができる．図において，破線で囲まれた部分が理想変圧器である．

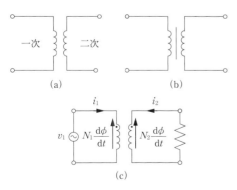

図 5.5.29 変圧器の回路表示方法
(a) 変圧器の記号　(b) 鉄心入りの場合
(c) 巻線の極性表示方法

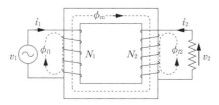

図 5.5.30 漏れ磁束の説明図

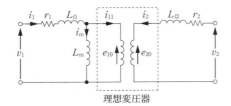

図 5.5.31 漏れ磁束と磁化電流を考慮した等価回路

(2) **鉄心の動特性**: 図 5.5.31 では鉄心の透磁率が一定と仮定したが，実際の鉄心の磁化曲線は，図 5.5.32(a)のように磁気飽和とヒステリシスという非線形特性を有する．したがって，同図(b)のように，磁束が正弦波でも励磁電流 i_0 はひずみ波となる．また，磁化曲線の囲む面積に相当する損失が鉄心で生じる．これを鉄損とよぶ．これらの影響を考慮するため，等価回路においては励磁電流を実効値の等しい等価正弦波に置き換え，鉄損は等価的な抵抗で表す．図 5.5.33 に，鉄心の動特性を考慮した変圧器の等価回路を示す．図において r_F が鉄損を与える抵抗であり，励磁電流 i_0 は，L_m を流れる磁化電流 i_m と，r_F を流れる鉄損電流 i_F の和になる．

(3) **一次換算等価回路と簡易等価回路**: 図 5.5.31 において，二次側の回路方程式は次式となる．

$$e_{20} + L_{l2}\frac{di_2}{dt} + r_2 i_2 = v_2 \tag{5.5.50}$$

理想変圧器では $e_{20} = e_{10}/a$，$i_2 = -ai_{11}$（a は巻数比）であるから，式(5.5.50)は次のように表すことができる．

$$a^2 L_{l2}\frac{di_{11}}{dt} + a^2 r_2 i_{11} + av_2 = e_{10} \tag{5.5.51}$$

式(5.5.51)より，理想変圧器の二次側の回路定数を a^2 倍，

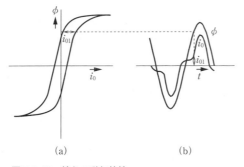

図 5.5.32 鉄心の磁気特性
(a) 鉄心の B-H 曲線 (b) 磁束と励磁電流波形

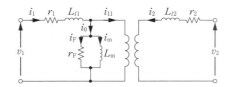

図 5.5.33 鉄損を考慮した等価回路

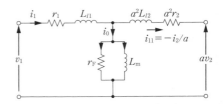

図 5.5.34 変圧器の等価回路（T 型等価回路）

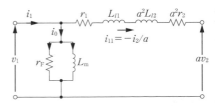

図 5.5.35 変圧器の等価回路（簡易等価回路）

二次側の電圧を a 倍，電流を $1/a$ 倍すれば，理想変圧器は省略できることがわかる．図 5.5.34 は，この考えに基づいた変圧器の等価回路である．これを一次換算等価回路とよぶ．同様に，変圧器の一次側を二次側に換算することもできる．これを二次換算等価回路とよぶ．特性算定上はいずれを用いても同じなので，求めたい特性値によって計算が便利なほうを使用すればよい．

一般の電力用変圧器の鉄心には，方向性あるいは無方向性ケイ素鋼板が使用される．これらの磁性材料は透磁率が高く鉄損が小さいため，図 5.5.34 における励磁電流 i_0 は出力電流 i_2 に比較して非常に小さい値になる．したがって，図 5.5.35 に示すように，励磁インダクタンス L_m と鉄損抵抗 r_F を入力側に移動することができる．このようにすると，変圧器としての特性算定が容易になるだけではなく，後述のように簡単な試験によって等価回路定数を決定できる．図 5.5.35 を簡易等価回路とよぶ．これに対して図 5.5.34 の等価回路を T 型等価回路とよんでいる．

(iii) **等価回路定数の決定** 電力用変圧器は正弦波電圧で使用されるのが普通なので，等価回路定数の決定も正弦波で行う．そのため等価回路を図 5.5.36 のようにベクトルで表す．ここで，式(5.5.52)となる．

$$\dot{V}_2' = a\dot{V}_2, \quad \dot{I}_2' = \dot{I}_2/a = -\dot{I}_{11}$$
$$x_1 = \omega L_{l1}, \quad x_2' = a^2 x_2 = a^2 \omega L_{l2}, \quad r_2' = a^2 r_2 \tag{5.5.52}$$
$$b_0 = 1/\omega L_m, \quad g_0 = 1/r_F, \quad \dot{Y}_0 = g_0 - jb_0$$

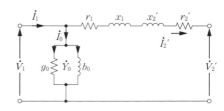

図 5.5.36 特性算定のための簡易等価回路

ここで，x_1, x_2' を一次および二次漏れリアクタンス，b_0 を励磁サセプタンス，g_0 を励磁コンダクタンス，Y_0 を励磁アドミッタンスとよぶ．これらの回路定数は，以下に述べる開放試験（無負荷試験），短絡試験，巻線抵抗測定から求める．

（1）開放試験： 変圧器の二次端子を開放して一次端子に定格電圧 V_{10} を加えたときの一次電流 I_{10}，一次入力 W_{10}，二次電圧 V_{20} を測定する．このときの一次電流 I_{10} は励磁電流である．一般に r_1, x_1 は小さい値なので，簡易等価回路から以下の定数が決定される．

$$Y_0 = \frac{I_{10}}{V_{10}} \text{ (S)}, \quad g_0 = \frac{W_{10}}{V_{10}^2} \text{ (S)}$$
$$b_0 = \sqrt{Y_0^2 - g_0^2} = \sqrt{\left(\frac{I_{10}}{V_{10}}\right)^2 - \left(\frac{W_{10}}{V_{10}^2}\right)^2} \text{ (S)} \quad (5.5.53)$$

（2）短絡試験： 変圧器の二次端子を短絡し，一次端子に電圧を加えて一次電流が変圧器の定格電流に等しくなるように調整し，このときの一次電圧 V_{1s}，一次電流 I_{1s}，二次電流 I_{2s}，一次入力 W_{1s} を測定する．一般に V_{1s} は定格電圧の 10% 程度になる．したがって，このときの励磁電流や鉄損も非常に小さい値になるため励磁アドミッタンスが無視でき，抵抗および漏れリアクタンスが以下のように求められる．

$$z = \sqrt{r^2 + x^2} = \frac{V_{1s}}{I_{1s}} \text{ (Ω)}, \quad r = r_1 + r_2' = \frac{W_{1s}}{I_{1s}^2} \text{ (Ω)}$$
$$x = x_1 + x_2' = \sqrt{\left(\frac{V_{1s}}{I_{1s}}\right)^2 - \left(\frac{W_{1s}}{I_{1s}^2}\right)^2} \text{ (Ω)} \quad (5.5.54)$$

（3）巻線抵抗測定： 短絡試験から求められる抵抗は $r = r_1 + r_2'$，リアクタンスは $x = x_1 + x_2'$ である．簡易等価回路を利用して特性算定を行う場合には，一次と二次に分離する必要はないが，T 型等価回路など用いる場合は分離する必要がある．この場合，一次，二次巻線の直流抵抗 r_{d1}, r_{d2}'（一次換算値）を測定し，交流抵抗は直流抵抗に比例すると仮定して r_1, r_2' を分離する．x_1, x_2' はもともと分離できるものではないが，分離するには $x_1 = x_2'$ と仮定するか，直流抵抗 r_{d1}, r_{d2}' に比例するものとして求めている．

（iv）変圧器の特性

（1）電圧変動率： 変圧器の二次側に負荷を接続すると，巻線抵抗や漏れリアクタンスによる電圧降下のため，一般に二次端子電圧（負荷電圧あるいは出力電圧ともよぶ）は降下する．電圧変動の度合いを表すために，以下に述べる電圧変動率が定義されている．すなわち，変圧器に指定力率の定格負荷を接続し，二次端子電圧および二次電流がそれぞれ定格値 V_{2n}, I_{2n} になるように一次電圧 V_1 を調整する．一次電圧 V_1 を一定に保ったまま無負荷にしたときの二次端子電圧が V_0 であったとすると，電圧変動率 ε は次式で定義される．

$$\varepsilon = \frac{V_{20} - V_{2n}}{V_{2n}} \times 100 \quad (\%) \quad (5.5.55)$$

電圧変動率は簡易等価回路から計算することもでき，近似的に次式で与えられる．

$$\varepsilon \approx p \cos\theta + q \sin\theta = z \sin(\theta + \alpha) \quad (5.5.56)$$

ここで，θ は負荷の力率角，p, q, z は百分率抵抗降下，百分率リアクタンス降下，百分率インピーダンス降下とよばれ，それぞれ次式で与えられる．

$$p = \frac{rI_{2n}}{V_{2n}} \times 100 \ (\%), \quad q = \frac{xI_{2n}}{V_{2n}} \times 100 \ (\%)$$
$$z = \sqrt{p^2 + q^2} \ (\%), \quad \alpha = \tan^{-1}(p/q) = \tan^{-1}(r/x)$$
$$(5.5.57)$$

式 (5.5.56) からわかるように，抵抗負荷（$\theta = 0$）より誘導性負荷（$\theta > 0$）のほうが電圧変動率は大きく，力率角 $\theta = \pi/2 - \alpha$ の場合に電圧変動率が最大となる．その値は百分率インピーダンス降下 z に等しい．また，負荷が進み力率の場合は $\theta < 0$ になるため電圧変動率は抵抗負荷の場合より小さい値になる．$\theta = -\alpha$ のときに電圧変動率は 0，それ以上の進み力率負荷の場合には二次端子電圧は入力電圧より増加することになる．電力用変圧器は電圧変動率が小さいことが望ましく，設計においては負荷力率にも注意する必要がある．

（2）効率： 変圧器の効率は二次出力（W）と一次入力（W）の比で表される．小容量の変圧器では入力と出力を測定して効率を求めることができるが，大容量の変圧器では実測が困難なので，出力と損失の和を入力として，次に示す式で効率 η を求めている．

$$\eta = \frac{\text{出力}}{\text{出力} + \text{損失}} \times 100 \quad (\%) \quad (5.5.58)$$

これを規約効率といい，大容量の変圧器で使われる効率はこの規約効率が多い．規約効率に対して実測で求めた効率を実測効率とよんでいる．

（3）変圧器の損失： 変圧器の損失は，鉄心の磁束が交流変化することによって生じる鉄損，巻線抵抗と負荷電流によって生じる銅損が主であるが，このほかに漏れ磁束が金属の構造材などを通過するときに生じる渦電流による漂遊負荷損も存在する．銅損と漂遊負荷損の和を負荷損とよんでいる．無負荷時の損失は無負荷損とよばれ，鉄損のほかに励磁電流による一次巻線の抵抗損も含まれるが，大部分は鉄損である．鉄損は，図 5.5.37 のように，ヒステ

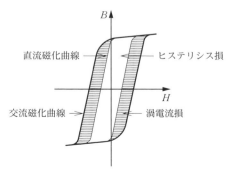

図 5.5.37 変圧器の鉄損

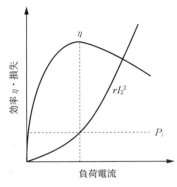

図 5.5.38 変圧器の効率

リシス損と渦電流損からなり,変圧器などの電力用磁性材料では一般に次のような式を用いている.

ヒステリシス損 $W_h = \sigma_b \dfrac{f}{100} B_m^2$ (W/kg) (5.5.59)

渦電流損 $W_e = \sigma_e \left(t \dfrac{f}{100} k_f B_m\right)^2$ (W/kg) (5.5.60)

これらの損失は周波数 f と最大磁束密度 B_m に依存するが,一定周波数,一定電圧のもとで使用する電力用変圧器の場合は f, B_m ともに一定であるので鉄損も一定,したがって無負荷損失は負荷によらず一定と考えてよい.

一方,銅損は rI_2^2 (ここで, $r = r_1/a^2 + r_2$ は二次換算等価回路における抵抗)で与えられるので,漂遊負荷損を無視すれば,効率は次式と表される.

$$\eta = \dfrac{V_2 I_2 \cos\theta}{V_2 I_2 \cos\theta + P_i + rI_2^2} \times 100 \quad (\%) \quad (5.5.61)$$

ここで,P_i は鉄損である.これより,負荷力率 $\cos\theta$ を一定として負荷電流 I_2 を変化させた場合の効率の変化は図 5.5.38 のようになり,ある負荷電流において効率最大となる.効率が最大となる条件は $d\eta/dI_2 = 0$ を解いて次式のように得られる.

$$P_i = rI_2^2 \quad (5.5.62)$$

これは,鉄損=銅損または無負荷損=負荷損のときに変圧器の効率が最大になることを示している.このような性質は,変圧器だけではなく発電機やモータでも成立するもので,電気機器に共通する重要な性質である.

b. 変圧器の構造および三相変圧器

(ⅰ) **変圧器の構造** 大型の電力用変圧器の鉄心は,通常厚さ 0.35 mm のケイ素鋼板を長方形に切り,これを積み重ねてつくる.図 5.5.39(a) は内鉄型鉄心とよばれ,積み重ねた鉄心の脚部に巻線が巻かれる.図(b)は外鉄型鉄心で,鉄心の大部分が外側に配置される構造になっている.このようにすると漏れ磁束が低減されることが知られている.図(c)は外鉄型の一種であるが,図(b)と区別して三脚鉄心とよばれる.小型のものは,無方向性ケイ素鋼板を E 型と I 型に打ち抜き,これを積層して製作される.

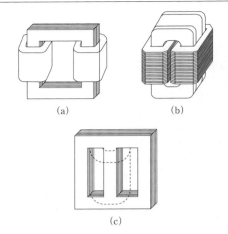

図 5.5.39 変圧器の鉄心形状
(a) 内鉄型 (b) 外鉄型 (c) 三脚鉄心

図 5.5.40 カットコア

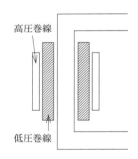

図 5.5.41 同心配置巻線

おもに小型変圧器で使用されている.

図 5.5.40 はカットコアとよばれ,ケイ素鋼板を環状に巻いた後に切断し,切断面を研磨してから巻線を収める.これを突き合わせて鋼帯のバンドで締めつけて固定する.鉄心材料には磁気特性の優れた方向性ケイ素鋼板が使用できるため,励磁電流が小さく鉄損も少ない.柱上変圧器やその他の小型変圧器に多く使用されている.

一次と二次の巻線は,図 5.5.39(a) のように離して巻くこともあるが,漏れリアクタンスを小さくするために,絶縁上の許容範囲でなるべく近接して巻かれる.図 5.5.41 は同心配置とよばれ,低圧巻線に重ねて高圧巻線が巻かれている.

(ⅱ) **三相結線** 送配電の分野やモータなどの動力用電源として三相交流が使用される.三相用変圧器としては,単相変圧器 3 台を三相結線して使用する方法と,後述

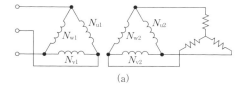

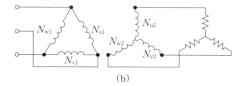

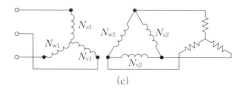

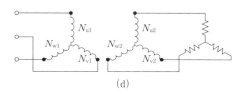

図 5.5.42　三相結線
(a) Δ-Δ 結線　　(b) Δ-Y 結線
(c) Y-Δ 結線　　(d) Y-Y 結線

の三相変圧器を使用する方法がある．図 5.5.42 に単相変圧器 3 台の結線法を示す．三相結線には Δ 結線と Y 結線があり，一次と二次の組合せで図のような 4 通りの結線方法に分かれる．低電圧では Δ 結線，高電圧分野では Y 結線が使用される傾向にあるが，Δ-Y 結線や Y-Δ 結線では一次と二次の線間電圧の間に位相差が生じること，Y-Y 結線では鉄心の非線形磁気特性の影響で電圧波形がひずむことがあるなど，注意を要する．

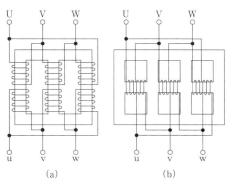

図 5.5.43　三相変圧器
(a) 内鉄型　　(b) 外鉄型

(iii)　三相変圧器　　図 5.5.43 のように，1 個の鉄心に三相分の巻線を施した変圧器を三相変圧器とよぶ．図 (a) の内鉄型のほかに，図 (b) のように外鉄構造のものもある．巻線は上記と同様に三相結線して使用する．単相変圧器を 3 台使用する場合と比較して，同じ容量でも三相変圧器は鉄心の量が少なくてすみ，鉄損が減少するため効率が高くなる．また，三相変圧器では重量も減少し，価格の低減と設置面積の節約になるという利点がある．

c.　特殊変圧器

(i)　単巻変圧器　　鉄心に一次と二次巻線を分けて巻く代わりに，図 5.5.44 のように，巻線の一部を一次と二次に共通に利用する変圧器を単巻変圧器という．共通部分の巻数を N_C，一次回路と二次回路に直列に入る部分の巻数を N_S とすれば，式 (5.5.63)，式 (5.5.64) となる．

$$\frac{V_2}{V_1} = \frac{N_C + N_S}{N_C} = a \tag{5.5.63}$$

$$I_1 = I_2 + I_C, \quad N_S I_2 - N_C I_C = R_m \phi \tag{5.5.64}$$

ここで，R_m は鉄心の磁気抵抗である．透磁率が十分大きく $R_m = 0$ とみなせるとき，次式となる．

$$I_C = \frac{N_S}{N_C} I_2 = (a-1) I_2 \tag{5.5.65}$$

したがって，a が 1 に近いほど I_C が小さくなり，分路巻線 N_C を細い銅線で巻くことができる．単巻変圧器は，巻線の一部を一次と二次で共有するため，二巻線変圧器に比べて巻線量が少なくてすみ，鉄心も小型化できるという利点があるが，一次巻線と二次巻線は電気的に絶縁されていないことに注意を要する．実験室などでよく使用するスライダックは，巻線に接触させるタップの位置を変えられるようにしたものである．

(ii)　計器用変成器　　高電圧あるいは大電流の交流電圧，電流を取り扱いやすい大きさに変換して測定するために使用される変圧器である．電流を測定するためのものを計器用変流器または CT，電圧を測定するためのものを計器用変圧器または PT という．両者を総称して計器用変成器とよんでいる．

図 5.5.45(a) は計器用変流器の概略で，通常は一次電流が定格値のとき，二次測定電流が 5 A になるようにつくられる．変圧器の励磁電流が無視できれば，電流計の測定値 I_2 に対して一次電流は $I_1 = (N_2/N_1) I_2$ である．実際に

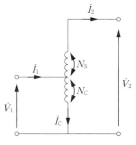

図 5.5.44　単巻変圧器

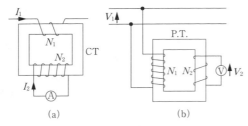

図 5.5.45　計器用変成器

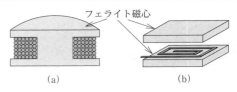

図 5.5.47　高周波インダクタの例
(a) 巻線型　(b) 積層型

は，励磁電流は完全に無視できないので誤差が生じる．定格一次電流を I_{1n}，定格二次電流を I_{2n} とするとき，式 (5.5.66) を比誤差といい，電流の大きさに対する誤差を示すものである．

$$\varepsilon = \frac{(I_{1n}/I_{2n}) - (I_1/I_2)}{(I_1/I_2)} \times 100 \quad (\%) \tag{5.5.66}$$

変流器の誤差を少なくするためには，透磁率の高い鉄心を使えばよい．

図 5.5.45(b) は計器用変圧器の概略で，電圧計のインピーダンスが十分大きければ一次電圧は $V_1 = (N_1/N_2)V_2$ となる．この場合の誤差は漏れリアクタンスの影響が大きくなるため，計器用変圧器においては漏れ磁束が少なくなるようにつくられる．

(iii) 変圧器の高周波等価回路　一般に，電力用変圧器や計器用変成器は，50 Hz または 60 Hz の商用周波数のもとで使用される．これに対して，通信用変圧器では，低周波から高周波まで広い周波数帯域で使用される．また，電子通信機器用電源などに使用されるスイッチング電源用変圧器は，高周波でパルス状の電圧のもとで動作する．このような場合，低周波では無視していた一次と二次巻線間の分布容量や，巻線と大地間の静電容量などを考慮する必要がある．図 5.5.46 はこれらの容量を考慮した等価回路で，C_{12} は巻線間の静電容量，C_1 および C_2' は一次，二次巻線と大地間の静電容量である．高周波用変圧器の鉄心にはおもにフェライトが使われている．

d. インダクタとリアクトル

電気・電子回路でインダクタンスとして使用される受動部品がインダクタおよびリアクトルである．両者は同じ意味で使われることもあるが，比較的容量が小さい電子回路用をインダクタ，電力系統用など大容量のものをリアクトルと区別することが多い．一般には磁性体とコイルで構成されるが，コイルのみの空心タイプもある．

(i) インダクタ　DC-DC コンバータなどのスイッチング電源では，スイッチングに伴う電磁雑音の抑制や電流リプルを平滑するためにインダクタを使用する．基本的な構造は図 5.5.47(a) のような巻線型であるが，より小型・薄型化するために，図(b) のような積層型や薄膜型も使用される．積層型や薄膜インダクタはインダクタンスが小さくなるため，従来は信号系に使われることが多かったが，最近はスイッチング周波数も上がってきているため電源系での利用も増えている．

(ii) 電力用リアクトル　図 5.5.48 に代表的な電力用リアクトルの構造を示す．図(a) は空心リアクトルで，鉄心の飽和によるインダクタンスの変化がないため，限流リアクトルや高調波フィルタなどに用いられる．リアクトル巻線に鉄心を挿入すると透磁率が上がり，インダクタンスが増大する．電力系統などの商用周波数では，通常は鉄心としてケイ素鋼板が使用されるが，巻線に直流電流を流すと鉄心がすぐに飽和してしまうため，図(b) のように鉄心の一部に空隙を設ける．このときのインダクタンスは次式で与えられる．

$$L = \frac{4\pi n^2 S}{l_i/\mu_S + l_g} \times 10^{-7} \quad (\text{H}) \tag{5.5.67}$$

ここで，n は巻数，S は鉄心断面積，l_i は鉄心磁路長，l_g は空隙長，μ_S は鉄心の比透磁率である．空隙長が大きいほど鉄心が飽和しにくくなるが，空隙における磁束の広がり（フリンジング）も大きくなり，損失の増大を引き起こす．このため，図(c) のように空隙をいくつかに分割して必要な空隙長を確保する構造などが採用されている．

電力用リアクトルには，交流系統に直列に接続されて短絡時の電流を制限する限流リアクトルあるいは直列リアクトル，交流系統に並列に接続されて系統の進相電流を補償するための分路リアクトル，三相電力系統の中性点と大地

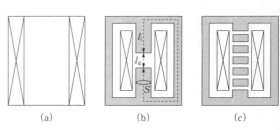

図 5.5.48　電力用リアクトルの形状
(a) 空心リアクトル　(b) 空隙付き鉄心入り
(c) 空隙を分割した鉄心

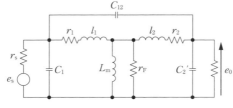

図 5.5.46　高周波用変圧器の等価回路

の間に直列に接続され，系統の地絡事故時の地絡電流の制限に使用される中性点リアクトルなどがある．

文　献

1) 野中作太郎，"電気機器 I"（応用電気工学全書1），p.16，森北出版（1973）．
2) 猪狩武尚，"電気機械学"，p.74，コロナ社（1972）．
3) 宮入庄太，"大学講義 最新電気機器学 改訂増補"，p.53，丸善出版（1979）．
4) 電気学会通信教育会，"電気学会大学講座電気機器工学 I 改訂版"，p.79，電気学会（1987）．
5) 村上孝一，"大学課程電気機器工学"，p.7，オーム社（1990）．
6) エレクトリックマシーン＆パワーエレクトロニクス編纂委員会 編，"エレクトリックマシーン＆パワーエレクトロニクス"（第1版第2刷），p.31，森北出版（2005）．
7) 松木英敏，一ノ倉理，"電磁エネルギー変換工学"（電気・電子工学基礎シリーズ2），p.51，朝倉書店（2010）．

5.5.3 モータ・発電機

モータ（motor）は電動機とも記載され，また発電機はジェネレータ（generator）と記載される．モータと記載するか，電動機と記載すべきかは日本語英語化に伴い，モータと記載する機会が増加しているように見受けられる．一方，ジェネレータは発電機と記載されることが多い状況にある．ほぼすべてのモータは発電機として動作することが可能である．しかし，シンクロナスリラクタンス機，スイッチドリラクタンス機，誘導機などは，単に回転子を駆動しても電圧が発生しない．そこで，何らかの励磁手段が必要であり，コンデンサあるいは能動的な整流器が必要になる．

磁性材料としては，電動機の回転子，固定子は基本的に積層ケイ素鋼板により構成されている．純粋な鉄を適用すると安価に済むメリットがあるが，鉄損が増加して効率が低下してしまうのが問題である．ケイ素鋼板は透磁率が高く，また 0.35 mm あるいは 0.5 mm などの薄板で供給されるため，渦電流損が低く，ヒステリシス損も低く，鉄損が低い特長がある．このため，薄板のケイ素鋼板を積層して鉄心を構成する．

さらに，永久磁石モータでは，磁性材料として永久磁石が適用されている．多くの場合，回転子に永久磁石を配置する場合が多いが，ハイブリッドステッピングモータ，ホモポーラモータ，くし形モータなどでは固定子に永久磁石が配置されることもある．永久磁石材料としては，ネオジウム永久磁石が高級モータに適用される．さらに，フェライト磁石が安価なモータに適用される．高温の応用ではサマリウムコバルト永久磁石が適用される傾向にある．

a. 一般解説

（i）**誘導機**　交流電流によって駆動される回転機は，回転磁界と同期して回転子が回転する同期機と，回転磁界よりやや遅い速度で回転する誘導機に分けることができる．同期機は回転子に界磁巻線が構成されるが，誘導機

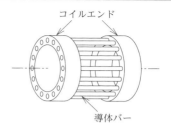

図 5.5.49　かご形巻線

はかご形巻線が構成される．

図 5.5.49 にかご形巻線を示す．かご形巻線は回転子外周近くに軸方向に銅棒が埋め込まれ，両端で短絡間に接続され，閉じた回路を構成している．

誘導機は回転磁界の回転速度（同期速度）を N_f/rpm とし，回転子の回転速度を N_r/rpm とすると，すべり s は次式で与えられる．

$$s = \frac{N_\mathrm{f} - N_\mathrm{r}}{N_\mathrm{f}} \tag{5.5.68}$$

このすべり s の値は一定値ではなく，誘導機の出力が小さいときは s は小さく，出力が増加するほど s は大きくなり，定格負荷で最大になる．定格のすべりは，小型の誘導機では 0.1 程度であるが，大型の誘導機では小さくなる．誘導機の回転子の損失が s に比例するため，近年の高効率化の動向に合わせて定格点での s が小さい誘導機が開発されつつある．

誘導機は最も多くの電力を消費しているモータである．このため，欧米をはじめとして効率規制が導入されている．すなわち，出力ごとに指定された効率より低い誘導機を販売すると政府機関から指摘を受け，改善を促され，対応によっては罰金が科せられる．欧米に比較して，わが国では効率規制の導入が遅れている．わが国では欧米に比較して可変周波数，可変電圧を出力するインバータの開発，市場導入が早く，インバータを接続すると，大きな効率改善が達成されることが多かった．そこで，インバータの導入を促し，モータそのものの効率改善は後回しにされていた．しかし，近年の各国の動向を踏まえ，2015 年からわが国も誘導モータの効率規制を導入する予定である．

誘導機の固定子は，正弦波状の回転磁界を発生するため，分布巻の巻線が積層鉄心のスロットに挿入されたものが多い．固定子の巻線はあらかじめ極数が決められる．たとえば，2 極，4 極，6 極などが多い．極数を P_p とし，電流周波数を f とすると，同期速度 N_f/rpm は次式である．

$$N_\mathrm{f} = \frac{60 \times f}{P_\mathrm{p}/2} \tag{5.5.69}$$

たとえば，50 Hz の商用電源で極数 4 の場合，N_f は 1500 rpm となる．そこで誘導モータでは，回転子の回転速度はすべり分 1500 rpm よりやや遅い速度で回転する．なお，始動時は，小型のモータであれば商用電源に接続することにより，定格の数倍の始動電流を伴い短時間に加速す

る．大型のモータでは，始動電流を低減する方策が必要になる．

一方，誘導発電機ではすべりsが負になり，回転子の回転速度は同期速度よりやや高くなる．たとえば，同期速度が 1500 rpm であれば，回転子の回転速度は 1500 rpm よりすべり分だけ高くなる．

　　（ii）**界磁巻線型同期機**　　図 5.5.50 に示すように，界磁巻線型同期モータは，界磁巻線に直流電流を流し，磁極を形成し，磁極が回転磁界に同期して回転する．たとえば，50 Hz の商用電源に接続され，固定子巻線が 2 極であれば，同期速度は 3000 rpm である．始動時には同期速度まで加速する必要があり，界磁巻線に加えて誘導機のかご形回転子のようなダンパ巻線を構成している．ダンパ巻線に誘導機の原理で誘導電流が流れ，トルクが発生し，同期速度まで加速する．回転子，固定子ともに積層ケイ素鋼板で構成されることが多い．

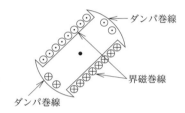

図 5.5.50　界磁巻線とダンパ巻線

界磁巻線は一般的には回転子に構成され，一方固定子は三相巻線が施され，回転磁界を形成する．回転する回転子に電流を供給するためスリップリングが必要になり，メンテナンスが必要になり，また大型化する傾向がある．このため，モータとして使用される場合は少ない．一方，発電機として使用されることは多く，界磁巻線の電流を増減して端子電圧の調整，無効電力の調整ができる特長がある．

　　（1）**永久磁石モータ**：　永久磁石モータは，界磁巻線が同期機の界磁巻線を永久磁石で置換した構成をしている．界磁電流を供給する必要がないためスリップリングが不要であり，メンテナンス性はよい特長がある．また，同期速度で回転するため，すべりによって発生する回転子損失も発生しなく，高効率モータとして適用範囲が広がっている．しかし，商用電源に直結されることは少なく，インバータなどの可変周波数可変電圧電源（ドライバ）が必要になる．近年の電力用半導体の低価格化に伴い，適用が増加している．たとえば，ブラシレス DC モータは，コントローラ，インバータ，永久磁石モータを一体化したモータであり，直流機のように印加電圧に速度が比例し，電流にトルクが比例する．

一般に回転子は主軸のまわりに積層ケイ素鋼板による鉄心が構成され，永久磁石が磁極を形成するように構成されている．その構成方法によって，SPM, IPMSM などいくつかの種類の回転子に分類される．永久磁石の材料としては，フェライト磁石，アルニコ磁石，サマリウムコバルト磁石，ネオジム磁石などが適用されている．これらの磁石は記載の順番にエネルギー積が増加している．とくに，ネオジム磁石は 1990 年以前はモータへの適用例があまりなく，軍関係，あるいは一台一億円程度する電気自動車など特殊用途に限られていた．しかし，1990 年代から経済産業省主導でトップランナー方式の高効率規制が始まり，とくにエアコン駆動用モータに適用が進んだ．エアコンはコンプレッサ駆動に使用エネルギーが低減効果が大きく，当初の誘導機とインバータで可変速駆動するより効率が向上した．しかし，誘導機の高効率化には限界があり，より効率が高いネオジウム磁石をもつ永久磁石型モータが採用されるようになった．さらに，1997 年にはトヨタ自動車からハイブリッド自動車プリウスが発売され，1 リットルあたりの走行距離が 2 倍に伸びるすばらしい自動車が開発された．ハイブリッド自動車に適用するモータ，発電機は重量の割に出力が大きく，効率が高い必要がある．そこで，ネオジム磁石を採用した永久磁石モータが適用された．その後，20 年弱，ハイブリッド自動車にはネオジウム磁石が適用されつつある．2000 年当初は，ネオジム磁石の量産効果が出て，大量購入するほど磁石一つあたりの価格が下がった．そこで，多くの企業がネオジウム磁石を使用する方向へ転換した．しかし，2005 年以降にネオジウムの価格が徐々に高騰し，レアアース問題が発生した．すなわち，ネオジム永久磁石に必要なレアアースであるネオジム（Nd）とディスプロジウム（Dy）の価格が高騰し，また輸出制限などもあり入手困難になる時期があった．とくに，2011 年にピークを迎え，その後，価格は急落したが，2005 年時の価格に比較して数倍で落ち着きつつある．このレアアース危機以降は，応用によっては，ネオジムから安価なフェライト磁石などを採用する方向に転換しつつある．

　　① SPM 型回転子：表面永久磁石型回転子（surface permanent mounted）は最も単純な永久磁石回転子であり，主軸の外周に鉄による回転子鉄心が構成され，その外周に永久磁石がはりつけられた構成をしている．永久磁石の配置によって，2 極，4 極，6 極，8 極などが多用されている．図 5.5.51 は 4 極の例を示している．また，着磁技術の向上に伴って，リング状の永久磁石に指定の極数の着

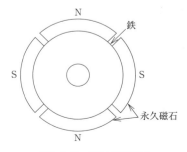

図 5.5.51　SPM 型回転子

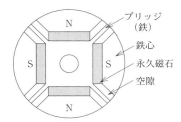

図 5.5.52 IPM 型回転子

磁を行う方法も適用されている．とくに，抵抗率が高く，残留磁化が小さいフェライト磁石では，この構成の回転子が多い．一方，ネオジウム磁石などのレアアース磁石では，抵抗率が低いため，固定子鉄心のスロットによる高周波磁界脈動が発生すると磁石に誘導電流が流れてしまう問題が発生するため，IPM 型が適用される．

② IPM 型回転子：永久磁石内蔵型（interior permanent magnet type）は永久磁石を回転子鉄心に構成した穴に挿入する形式であり，永久磁石が回転子外周にあらわにならない構造をしている．図 5.5.52 はその断面を示している．回転子の鉄心はケイ素鋼板を積層して構成する．固定子のスロットによる高調波磁界脈動が生じても，回転子の表面のケイ素鋼板に作用するため，薄板を積層した効果により渦電流が流れにくく，鉄損が低くでき，高効率なモータを構成できる特長がある．また，永久磁石の形状は単純な直方体状のものを採用することができる特長がある．小型，軽量，高効率であるため，エアコン，ハイブリッド自動車，電気自動車などのハイエンドの応用に適用されている．

（2）**シンクロナスリラクタンスモータ**： 永久磁石を使用しないリラクタンスモータ（synchronous reluctance motor）である．リラクタンスは reluctance が語源であり，磁気抵抗である．回転子に磁気的な突極を構成し，磁気抵抗の大小を形成し，磁界の方向に磁気抵抗が小さい方向にそろう性質を利用している．駆動には一般的にインバータが必要である．永久磁石モータに比較して，ベアリングの交換が容易な特長がある．また，発電機としても動作し，過速度時の発電停止が容易である特長がある．

（3）**スイッチドリラクタンスモータ**： スイッチドリラクタンスモータ（switched reluctance motor）は，回転子と固定子の両方に突極性があり，このため，大きさの割に大きなトルクが発生するモータである．薄板の鉄心を適用することにより，高効率化が可能である．永久磁石が不要であるため，安価で丈夫，また高温での動作も容易である特長がある．しかし，振動，騒音，トルクリプルが大きい問題がある．また，直流的にシフトした交流を供給するため，インバータの主回路が誘導機，同期機などと異なる．IPM 型モータに比較して同等な効率，トルク，出力，電流であり，さらに最大出力が大きくなる比較結果も示されており，今後の応用が期待されるモータである．

（4）**ホモポーラモータ，くし形モータ**： ホモポーラモータ（homopolar motor）は，回転子の磁極を，軸方向に起磁力を与えて構成する同期機であり，くし形モータ（lundel type motor）は自動車用の発電機に多く用いられている．永久磁石が不要で，界磁巻線の電流による出力電圧の制御が容易である特長がある．磁束が三次元的な分布をするため，回転子には積層ケイ素鋼板，純鉄，あるいはパウダーコアなどの磁性材料によって磁極が構成される．

（5）**ベアリングレスモータ**： ベアリングレスモータ（bearingless motor）は，トルクを発生して回転するモータの機能と，径方向の電磁力を発生して非接触磁気支持を行う機能を磁気的一体化したモータである．モータ用の 4 極の三相巻線と，電磁力を発生するための 2 極の三相巻線が固定子スロットに構成され，4 極の磁界でトルクを発生し，2 極の磁界を重畳して磁気的な不平衡を発生し，径方向の電磁力を発生する．電磁力は 4 極の磁界の強さと 2 極の電流の積に比例するため，回転磁界を利用できるメリットがある．極数の選択，巻線を分けない方法などいろいろな方式が研究開発されつつある．

b. 自動車用モータ・発電機[1～19]

ここでは，最近高性能化が著しい自動車用のモータ，発電機について事例をあげて説明する．トヨタ自動車のハイブリッド自動車プリウスは国内外で多数販売されている成功例であり，そのモータ，発電機はデファクトスタンダードとなっている．そこで，モータについて取り上げる．

表 5.5.2 自動車用モータの諸元

		販売年	体積 L	トルク密度 N m L^{-1}	出力密度 kW L^{-1}	最高効率 (％)
IPMSM	第二世代 HEV	2003	8.9	45	5.6	95
	第三世代 HEV	2009	5.9	35	10.1	97
SRM*	Ford 社 & MIT	1998	6.6	38	1.2	90
	オーストラリア連邦科学産業研究機構	2008	12.3	23	5.3	96
	東京理科大学	2010	8.9	45	5.6	95
	東京工業大学	2012	5.9	35	18.5	96

＊ SRM の販売年は開発年を表す．
HEV：hybrid electric vehicle, MIT：Massachusetts Intitute of Technology.

まず，表5.5.2は自動車用モータの諸元を示している．第二世代のハイブリッド自動車，第三世代のハイブリッド自動車の販売年，モータを円柱状であるとみたときの円柱の体積，最大トルクを体積で除したトルク密度，最大出力を体積で除した出力密度，最高効率を示している．第二世代に比較して，第三世代は回転速度を高速化し，トルクを半減し，小型化された結果，トルク密度はやや減少したものの，出力密度は倍増している．すなわち，等しい出力を得るためのモータの体積が半減している．さらに，最高効率が向上している．いずれも永久磁石を鉄心内に埋め込んだIPM構造のモータである．

図5.5.53は第三世代のプリウスのモータの断面図である．回転子の鉄心に永久磁石が埋め込まれ，8極を形成している．永久磁石はネオジム磁石が採用されている．直径，軸長のわりに大きなトルクを短時間出力できるように設計されている．巻線の電流密度は，自然冷却のモータでは$6\,\mathrm{A\,mm^{-2}}$程度であるが，水冷，油冷などを行い，$20\,\mathrm{A\,mm^{-2}}$程度に向上し，小型軽量化を行っている．また，固定子のスロット面積に対する巻線断面積の比は57%と高く，通常のモータの30〜40%に比較して高い値を実現している．トルク密度は$35\,\mathrm{N\,mL^{-1}}$であり，体積は固定子外半径とコイルエンドを含む軸長で決まる円筒の体積である．最高効率は96%を超えるほど高い．原材料は大きく分類すると，積層鉄心部分，銅の巻線，回転子の永久磁石などであるが，原材料のコストの半分程度がネオジウム永久磁石と予測される．

表5.5.2の下段にはスイッチドリラクタンスモータの研究開発試作例が5件リスト化されている．いずれも自動車用に製作されたものである．Ford社とMITが1998年に製作したモータは42V系のスタータ兼発電機である．ハイブリッド自動車には至らないため，効率は90%程度と低い．一方，トルク密度としては第三世代のHEVを超える値である．トルク密度を向上するために飽和磁束密度が大きい厚みの厚い鉄心を採用し，効率の低下はやむを得ない状況であった．

2008年にオーストラリアの国立研究所が開発したスイッチドリラクタンスモータは，トルク密度が低いものの，最高効率は96%であり，このような高効率のスイッチドリラクタンスモータが報告された事例は少なく，貴重な報告である．2010年の東京理科大学が設計試作試験を行ったスイッチドリラクタンスモータは，第二世代のHEV用の永久磁石モータを目標としていた．実験などでトルク密度，最高効率が第二世代のHEVの永久磁石モータと等しいことが報告された．この報告以前は，スイッチドリラクタンスモータには以下の四つの欠点があると指摘されていた．

① 永久磁石がないため等しいトルクを得るにはモータの外形が大きくなってしまう．
② 永久磁石がないため大きな電流が必要になり，効率も悪い．
③ インバータの接続が永久磁石機，誘導機と異なりそのままでは適用できない．
④ 騒音，トルクリプル，振動が大きい．

いずれもハイブリッド自動車などに搭載するさいに著しく不利になる点である．東京理科大学の試作結果は，従来の認識の①，②が改善できることを示すものであった．今後は③，④のブレークスルーも期待される状況にある．以下では，第三世代のハイブリッド自動車の永久磁石モータとの比較について解説する．

図5.5.54は第三世代のプリウスのモータと等しい外形のスイッチドリラクタンスモータである．レアアース問題を契機として，レアアース永久磁石モータとほぼ等しい特性をもつモータの研究開発が行われた．レアアース磁石なしで同等の効率，トルクを出力するのは当初は困難と予測されたが，等しいトルク，最高効率を実現することができた．等しい効率を実現するためには，鉄心にきわめて鉄損が小さい材料を適用している．すなわち，0.3mmより薄い0.1mm厚で，かつケイ素の含有量が3%より多い6.5%の薄板を用いている．鉄心コストは3倍ほどに増加するが，レアアース永久磁石の価格が高いために，原材料価格は半分程度になる．鉄損の低減と，設計による銅損の低減を行い，96%を超える最高効率を実現している．さらに，トルクを向上するために極数を増加している．通常，固定子12極，回転子8極が多用されているが，18極と12極の構成としている．極数を増加すると駆動周波数が増加

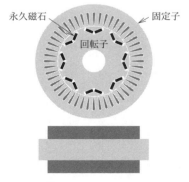

図5.5.53　IPMモータ

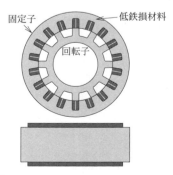

図5.5.54　スイッチドリラクタンスモータ

してしまうが，高周波特性が優れた鉄心を適用しているため効率は向上した．さらに，6.5%ケイ素鋼板は磁歪係数が小さい特長があり，騒音が問題となるスイッチドリラクタンスモータには適している．

図5.5.55は従来型低鉄損のケイ素鋼板35A300と高ケイ素鋼板10EX900のB-H曲線の比較を示している．35A300は0.35 mm厚の低鉄損のケイ素鋼板であり，高効率なエアコンなどに適用されているものに近い．一方，高ケイ素鋼板は0.1 mm厚の薄板に，ケイ素を含浸してケイ素の含有量を6.5%まで向上した鋼板である．薄板化，ケイ素含有量の向上にコストがかかり，約3倍ほど高価な鉄心である．このグラフから，従来型ケイ素鋼板の方が飽和磁束密度が高いことがわかる．すなわち，極度に飽和する自動車用のモータの場合，従来型ケイ素鋼板の方が大きさの割にトルクがでる．表5.5.2のFord社とMITの共同研究では，さらに飽和磁束密度が高い鉄心が適用された．その結果，効率は下がった．

図5.5.56は単位kgあたりの鉄損を比較している．従来型ケイ素鋼板に比較して，高ケイ素鋼板は鉄損が少ないことがわかる．とくに500 Hz以上で顕著に差が発生する．したがって，高ケイ素鋼板を用いれば，鉄損を低減して，その分，効率を向上することが可能である．しかし，飽和磁束密度が低いため，モータの構造を工夫してトルクの向上を図る必要がある．

なお，飽和磁束密度が高く，鉄損が低い鉄心材料としては，飛行機用のモータなどに適用されるパーメンジュールがある．しかし，レアメタルのCoが必要なため価格は100倍ほど高価になってしまう状況にある．

図5.5.57は第三世代のハイブリッド自動車に搭載されている永久磁石モータと試作したスイッチドリラクタンスモータの写真である．片側のフレームを開けて中が見える

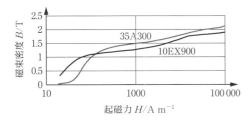

図5.5.55　B-H特性

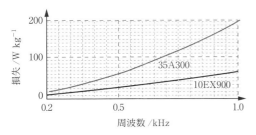

図5.5.56　鉄損特性

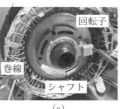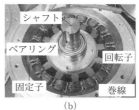

図5.5.57　第三世代のハイブリッド自動車用モータ
(a) IPMSM　(b) Fabricated SRM

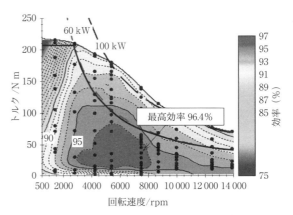

図5.5.58　永久磁石モータの効率マップ

状態で撮影している．永久磁石モータは分布巻きにされたコイルエンドが見える．一方，スイッチドリラクタンスモータは短節集中巻きに施されたコイルエンドが見え，コイルエンド長が短い．また，突極状の回転子が見える．

図5.5.58は効率マップ，動作範囲を示している．横軸は回転速度，縦軸はトルク/N m である．目標の永久磁石モータは低速域で209 N m まで，2768 rpmから14 000 rpmまでは60 kW までが動作範囲である．黒い実線の内側が動作範囲である．スイッチドリラクタンスモータは，この動作範囲での動作が可能であるとともに，5800 rpm以上では100 kWまでの動作が可能であった．このように，高速域で出力が大きくできるのは，永久磁石がないからである．永久磁石モータでは，高速域では永久磁石の界磁を弱めるために電流を流す，いわゆる界磁弱め運転を行なわなければならない．界磁を弱めるために永久磁石と反対方向の磁界を発生する電流を流す．しかし，流せる電流には限界があるため，高速域での出力は制限されてしまう．一方，スイッチドリラクタンスモータでは，直流電流を重畳する電流連続モードを適用することにより，高速域での出力を向上することができる．高速域で交流電流を流すには高い電圧が必要になるが，直流電流を流すためには抵抗の電圧降下分の電圧で済むメリットがある．

効率は7500 rpm付近で最高96.4%であった．この値は，第三世代のハイブリッド自動車用モータとほぼ等しい

表 5.5.3 永久磁石モータとスイッチドリラクタンスモータの比較

	IPMSM		SRM	
	解析	実機	解析	実機
外径	264 mm		264 mm	
コイルエンド＋積厚	108 mm		108 mm	
インバータ直流電圧	650 V		650 V	
最大電流実効値	141 A	--- A	136 A	141 A
最大トルク	207 Nm	207 Nm	211 Nm	207 Nm
最大出力	60 kW	60 kW	104 kW	100 kW
最大効率	97%	96%	97%	96%

効率である．また，効率が高い動作点は 3000～8000 rpm で，トルクが小さい範囲である．ハイブリッド自動車のモータの多用点はこの付近であるため，ハイブリッド自動車と相性がよい．

表 5.5.3 は永久磁石モータとスイッチドリラクタンスモータを比較している．コンピュータによる有限要素法解析での予測値，実際に実験を行った実測値を比較している．一般に有限要素法解析では鉄損が小さく算出される傾向がある．また，高周波動作時の渦電流反作用による抵抗の増加などは考慮されていない．さらに，風損，ベアリングなどによる機械損などが考慮されていないため，効率は高めである．IPMSM の電流実測値は空欄としているが，永久磁石の温度によって変わるようである．解析は常温で行っているため電流値は 141 A 程度である．しかし，実測では 170 A 近く必要であるようだ．スイッチドリラクタンスモータは，温度が上がっても永久磁石がないためトルクの劣化が少ない．

文　献

1) T. Miura, S. Chino, M. Takemoto, S. Ogasawara, A. Chiba, N. Hoshi, *ICEM2011*, 1 (2011).
2) T. Uematsu, R. S. Wallace, *APEC1995*, 411 (1995).
3) B. A. Kalan, H. C. Lovatt, G. Prout, *PESC2002*, 1656 (2002).
4) K. M. Rahman, S. E. Schulz, *IEEE Trans. Industry Appl.*, **38**, 1500 (2002).
5) S. Wang, Q. Zhan, Z. Ma, L. Zhou, *IEEE Trans. Magn.*, **41**, 501 (2005).
6) K. Ohyama, M. Naguib F. Nashed, K. Aso, H. Fujii, H. Uehara, *ICTTA2006*, 727 (2006).
7) K. Watanabe, S. Aida, A. Komatsuzaki, I. Miki, *ICEMS2007*, 1894 (2007).
8) P. A. Watterson, W. Wu, B. A. Kalan, H. C. Lovatt, G. Prout, J. B. Dunlop, S. J. Collocott, *ICEMS2008*, 2808 (2008).
9) A. Chiba, Y. Takano, M. Takeno, T. Imakawa, N. Hoshi, M. Takemoto, S. Ogasawara, *IEEE Trans. Ind. Appl.*, **47**, 1240 (2011).
10) 竹野元貴, 高野祐一, 星 伸一, 千葉 明, 竹本真紹, 小笠原悟司, 電気学会自動車研究会, VT-11-004 (2011).
11) 竹野元貴, 星 伸一, 千葉 明, 竹本真紹, 小笠原悟司, 電気学会自動車研究会, VT-11-023 (2011).
12) 竹野元貴, 星 伸一, 千葉 明, 竹本真紹, 平成 23 年電気学会全国大会, 5-003 (2011).
13) 竹野元貴, 星 伸一, 千葉 明, 竹本真紹, 小笠原悟司, 平成 23 年電気学会産業応用部門大会, **3**, 407 (2011).
14) 清田恭平, 千葉 明, 平成 23 年電気学会全国大会, 5-002 (2011).
15) 清田恭平, 千葉 明, 平成 23 年電気学会産業応用部門大会, **3**, 401 (2011).
16) K. Kiyota, A. Chiba, Energy Conversion Congress and Exposition (ECCE), *2011 IEEE*, 3562 (2011).
17) 清田恭平, 千葉 明, 電気学会回転機研究会資料, RM-11-114, 109-114 (2011).
18) 清田恭平, 杉元紘也, 千葉 明, 電気学会自動車研究会資料, VT-12-019, pp. 85-90 (2012).
19) T. A. Burress, S. L. Campbell, C. L. Coomer, C. W. Ayers, A. A. Wereszczak, J. P. Cunningham, L. D. Marlino, L. E. Seiber, H. T. Lin, ORNL/TM-2010/253 (2010).

5.5.4　リニアモータ

a.　リニアモータの特徴

リニアモータは理想的なダイレクトドライブであり，駆動対象に直接推力を与えることができる．そのために，ボールねじや車輪などの推進のための伝達変換機構を必要とせず，駆動装置が簡単で，小型軽量化，高速化，高い位置決め精度などを実現できる[1~4]．また，粘着や伝達の性能に依存しない高い加減速が得られる．さらに，特性の経年変化も少なく，保守性，信頼性に優れている．

リニアモータは，円筒状の回転モータを直線状に展開した構造として基本的に考えることができ，構造の構成の自由度が大きいことも特徴である．図 5.5.59 は，リニアモータの構造[5]であり，標準的な形状である平板状には，二次側（界磁）の片側だけに一次側（電機子）が対向する片側式と，二次側の両側に一次側を設けた両側式とがある．さらに，平板状リニアモータを進行方向に丸めると円筒状となる．両側式や円筒状では，可動子と固定子との間に作用する吸引力が相殺されて，支持機構の負担が小さくなる．

b.　リニアモータの分類

図 5.5.60 は，リニアモータとリニアアクチュエータの分類である[5]．リニアモータは，リニア直流モータ（LDM：linear DC motor），リニア同期モータ（LSM：linear synchronous motor），リニアステッピングモータ（LSTM：linear stepping motor），リニア誘導モータ（LIM：linear induction motor）に分類できる．

LDM には，ブラシ付きとブラシレスとしての単極型（ボイスコイルモータ，VCM：voice coil motor）とがある．LSM は回転型同期モータを原形としており，"電機子と界磁磁極との相互作用により，移動磁界の移動速度に同期して可動子が移動するモータ"と定義される．LSM は界磁磁極の構成によって，永久磁石（PM：permanent magnet）型，バリアブルリラクタンス（VR：variable reluctance）型，電磁石型（超電導磁石型も含む）に分類される．さらに，PM 形には動電型と誘導子型があり，動電型はコ

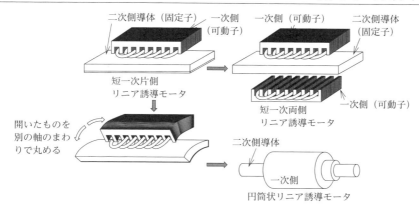

図 5.5.59 リニアモータの構造
[電学技報, **911**, 5 (2003)]

図 5.5.60 リニアモータとリニアアクチュエータの分類
[電学技報, **911**, 4 (2003)]

アの有無によってコア付きとコアレスに分類される.

LSTM は"入力パルス信号に応じて所定のステップずつ運動（歩進）するモータ"と定義され，LSM と LSTM を合わせて広義のリニア同期モータと考えられる．とくに，高速高精度のために閉ループ制御を行う場合には狭義の LSM との区別がつきにくい．LSTM は，磁気回路の構成によって，PM 型と VR 型に大別できる．

LIM は"回転型誘導モータの固定子と回転子を中心軸まわりで切り開いて直線状に引き伸ばした直線運動をするモータ"である．その動作原理や特性も基本的に回転型誘導モータと同じであり，非同期のモータである．LIM には LIM 一般のほかに，リニア電磁ポンプ（LEP：linear electromagnetic pump）があり，"液体金属（溶融金属）に推力を作用させて，金属を駆動するポンプ"の総称である．完全密閉ポンプ，溶融金属のかくはん，流量制御などに利用される．LEP は磁界中に置かれた液体金属に電極から通電する誘電型と，電磁誘導の法則によって溶融金属に渦電流を誘導して電磁力を作用させる誘導型に分けられる．前者は LDM, 後者は LIM に分類されている．

リニアアクチュエータには，リニア振動アクチュエータ（LOA：linear oscillatory actuator）とリニア電磁ソレノイド（LES：linear electromagnetic solenoid）がある．LOA は"電気入力によって，何らかの変換機構も用いずに可動体に直接，直線的な往復運動を与えるリニアアクチュエータ"，LES は"励磁コイルに電圧を印加して，磁気力によって可動子鉄心に直接直線的な運動を与える機構部品"と定義されている．LOA と LES の厳密な区分は容易ではなく，可動体の運動形態が振動的な場合を一般に LOA, そうでない場合を LES とよんでいる．

c. リニアモータの構造

（i）**リニア直流モータ**　図 5.5.61 は，アルニコ磁石を使用した単極型 LDM の構造[6]であり VCM ともよばれている．VCM は文字どおり，音響分野で使われるダイナミック型スピーカの原理[7]を利用している．可動子は可動コイルとボビンだけであり，非常に軽量で，高い周波数まで応答することができるので，振動試験機の加振源としても用いられている．1971 年に米国で出荷された磁気

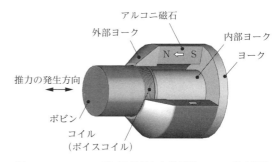

図 5.5.61 アルニコ磁石を使用した単極型 LDM の基本構造
[電学技報, **1195**, 7 (2010)]

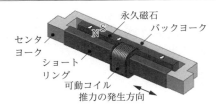

図 5.5.62 単極型 LDM の基本構造
[電学技報, 1195, 8 (2010)]

ディスク装置の磁気ヘッド位置決め機構として，それまでの油圧サーボ機構に代えて採用され，VCM という呼称が一般化したようである[8]．初期の磁気ディスク用アクチュエータは界磁磁石にアルニコ磁石を使用しており，その後，フェライト磁石の利用が一般化した．

図 5.5.62 も単極型 LDM の構造であり[6]，薄型で比較的長いストロークを必要とするペンレコーダや光ディスク装置のヘッド位置決め機構に用いられている．可動コイルはセンタヨークを抱えこんでいるためにインダクタンスが大きくなり，電流の応答が遅くなりやすい．これを避けるため，図中に示したようにセンタヨークに密着させて銅などの良導体を巻き付けたショートリングを施している．ショートリングには可動コイルからの磁気誘導で可動コイルがつくる磁束を打ち消す向きに電流が流れるので，可動コイルの見かけ上のインダクタンスが減少して電流の応答が改善される[9]．ショートリングを施して電流の応答を改善する手法は，ダイナミックスピーカの磁気回路や図 5.5.61 に示した LDM にも使用されている．

(ⅱ) リニア同期モータ LSM の界磁には，電磁石あるいは永久磁石が用いられる．電磁石界磁は比較的大型の鉄道や輸送用のリニアモータに使用され，一般産業用や小型のリニアモータでは永久磁石界磁を採用することが多い．回転モータと同様に電機子には分布巻線型と集中巻線型とがある．

図 5.5.63 は平板状 LSM の基本構造[6]であり，固定子には交互に逆方向に着磁された永久磁石が強磁性体の鉄心の上に可動方向に一定間隔で配列されている．可動子には強磁性体の鉄心に集中巻きされた 2 組の三相の電機子巻線が配置されている．この磁気回路構成では，電機子の発生する起磁力が永久磁石に直接印加されるので，永久磁石には高保磁力のネオジム磁石を利用することが多い．電機子に鉄心磁極をもつ構造なので，推力のほかに，駆動電流がゼロの状態でも，回転モータと同様にコギング力とよばれる周期的に変化する推力が発生する．また，可動子と固定子間に互いに吸引する強い力も発生する．この吸引力は垂直力とよばれており，一般には発生推力よりも大きな値となる．垂直力が発生する構成のリニアモータでは，垂直力に耐え，可動子と固定子間の空隙を一定に保つことのできる強固な支持案内機構が必須となる．LSM の運転には，回転形の AC サーボモータと同様に，磁極位置センサで電機子磁極位置に対する界磁磁極位置を検出するセンサが必要である．この検出信号を利用して，駆動回路は，目的の方向の推力が発生するように各駆動巻線の電流の方向を制御する．

図 5.5.64 は，平板状可動コイル型 LSM の基本構造であり，コアレス型 LSM ともよばれている．固定子には，図 5.5.63 に示した平板状 LSM と同様に，交互に逆方向に着磁された永久磁石が鉄心の上に一定間隔で配列されている．この構成では可動子は巻線（コイル）だけであり鉄心をもっていないので，垂直力やコギング力は発生しない．高加速度が必要な用途や精密な位置決めに好適な構成である．

図 5.5.65 は円筒状可動コイル型 LSM の基本構造[10]であり，固定子（界磁側）は永久磁石と非磁性体のパイプから構成されている．パイプの中には極性が互いに向かい合うように円筒状の永久磁石が規則的に配置されている．可動子（電機子）は三相分のコイルとフレームから構成され

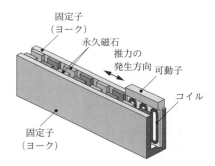

図 5.5.64 平板状可動コイル型 LSM の基本構造
[電学技報, 1195, 7 (2010)]

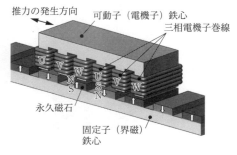

図 5.5.63 平板状 LSM の基本構造
[電学技報, 1195, 6 (2010)]

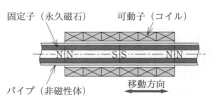

図 5.5.65 円筒状可動コイル型 LSM の基本構造
[石山里丘，加藤久幸，脇若弘之，電気学会リニアドライブ研究会資料，LD-02-42, 17 (2002)]

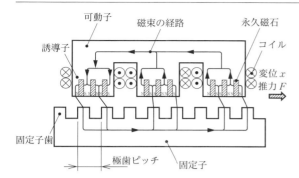

図 5.5.66 誘導子型 LSM の基本構造
[村口洋介, 中川洋, 新谷勉, 前田豊, 苅田充二, 電気学会リニアドライブ研究会資料, LD-97-41, 21 を一部改変 (1997)]

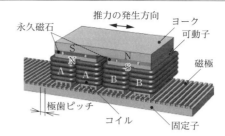

図 5.5.67 永久磁石型 LSTM の基本構造
[電学技報, **1195**, 7 (2010)]

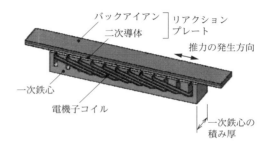

図 5.5.68 短一次型 LIM の基本構造
[電学技報, **1195**, 8 (2010)]

る. 各相のコイルは円周方向に巻かれており, 固定子から発生する磁束と鎖交することにより推力を発生している. 円筒形状の LSM は, 平板形状の LSM に見られるようなコイルエンドが存在しないために, 磁束を有効に利用できる特徴がある. さらに, コイルの外周にヨークを配置して, コイルに作用する磁束密度を大きくすることで, 推力を増加させた LSM も開発されている.

図 5.5.66 は誘導子型 LSM の基本構造[11]である. 本 LSM は LSTM の動作原理を応用したものであり, 可動子の誘導子には N, S 交互の極性となるように永久磁石が埋め込まれている. 各相のコイルに励磁電流を流すことで, 固定子歯と誘導子との間で推力が発生する. 従来の磁気回路と比較して誘導子の利用率を 2 倍に高めることで, 発生推力は従来のモータと比較して 2 倍以上の高推力化を実現している. そのために本 LSM はモータ定数が大きく, 発熱が抑えられるために定格推力が大きい特徴を有している. また, ほかのリニアモータでは最大推力が定格推力の約 3 倍であるのに対して, 本 LSM は最大推力と定格推力が等しい. すなわち, 本 LSM は低発熱または連続で大きな推力が必要な用途に適している. しかし, 高速時には, 高周波駆動になることや力率が小さいために高速での特性は劣る欠点がある[11].

(iii) **リニアステッピングモータ** 永久磁石型 LSTM の基本構造[6]を図 5.5.67 に示す. この構成では, 可動子側に永久磁石, コイルおよび極歯をもつ鉄心を搭載している. 固定子側は可動子鉄心の極歯と対向する極歯をもつ固定子鉄心だけである. コイルは, $A, \bar{A}, B, \bar{B}$ の四相巻線になっている. 駆動する巻線の切り替えにより極歯ピッチの 1/4 ずつ歩進する. センサを使用しない開ループ制御で位置決めが可能なために, リニアモータの中でも早くから実用に供されている. 同期モータとしての運転も可能であり, 最近は, 極歯位置センサを付加してサーボモータとして使用されている.

(iv) **リニア誘導モータ** LIM は一次巻線で移動磁界を発生させて, この移動磁界と移動磁界によって二次導体に誘起される誘導電流との相互作用で推力を発生する.

図 5.5.68 は短一次型 LIM の基本構造[6]であり, 一次鉄心のスロットに三相の電機子巻線が収容されている. 一次鉄心の材料には積層鋼板が用いられることが多い. 二次側は導体板だけの場合や, 図示したように導体板の裏側に磁束を導体に集中させるための鉄板 (バックアイアン) を密着して設置することもある. 導体板と鉄板を合わせたものをリアクションプレート, あるいは複合二次導体とよばれている. 導体板には銅やアルミニウムが使用されている. 同図では構成を見やすくするために一次鉄心積み厚と二次導体幅はほぼ等しく描いてある. しかし, 実際は誘導電流を流れやすくするために, 二次導体幅を一次鉄心積み厚よりも大きくすることが多い.

LIM は回転型の誘導モータと同様に非同期型であるために, 一次側の進行磁界の移動速度と二次側の運動速度とが異なった状態で推力を発生できる. このために, 同期モータに用いられているようなセンサや駆動回路は必要なく, 交流電源に接続するだけで運転可能である. また, 永久磁石が不要であり, 堅牢な構造にすることが容易なことも特長である. とくに, 二次側は簡単な構造で堅牢にできるために, 運転路線長の長い輸送や搬送用に適している. 大阪私営地下鉄長掘鶴見緑地線, 都営地下鉄大江戸線, 愛知高速交通東部丘陵線 (リニモ) などには車体に一次側を搭載したリニア誘導モータが使用されており, 路線の中央にはリアクションプレートが敷きつめられている.

d. リニアアクチュエータの構造

(i) **リニア振動アクチュエータ** 表 5.5.4 に LOA の分類を示してあり, 可動体から分類すると, 可動コイル

表5.5.4 LOAの分類

項　目	可動コイル型	可動鉄心型	可動永久磁石型
可動体	コイル	鉄心	永久磁石
電磁力	左手則	磁気力	磁気力，左手則
永久磁石（バイアス）の有無	あり	あり，なし	あり
磁路の構成	アキシャル磁束型，ラジアル磁束型		
磁路の独立性	磁路独立型，磁路共通型		
推力の発生面	片側式，両側式		
形状	円筒状，平板状，角状		

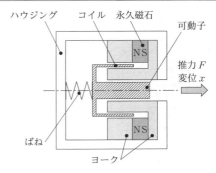

図 5.5.69　可動コイル型 LOA の構造例

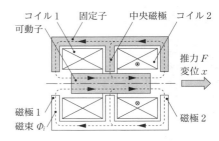

図 5.5.70　可動鉄心型 LOA の構造例

型，可動鉄心型および可動永久磁石型の 3 種類に分類できる[12]．それぞれの LOA の電磁力の発生原理は，可動コイル型ではフレミングの左手則，可動鉄心型では磁気力，可動永久磁石型では磁気力または左手則である．左手則で動作する LOA は永久磁石（または，電流による磁気バイアス）を磁気回路内に有しており，左手則によって電流に比例した推力が発生する．磁気力で動作する LOA の中で永久磁石を有するものはコイルに流す電流に比例して推力が発生するが，そうでないものは電流の 2 乗に推力が比例する特性となる．

LOA の磁路の構成は，アキシャル磁束型（軸方向磁束型）とラジアル磁束型とに分類できる．この分類はリニアモータの磁路構成の横磁束型と縦磁束型とにそれぞれ対応している[13]．ラジアル磁束型では，ラジアル方向に磁束が流れるために電磁鋼板を用いた積層構造とすることが可能であり，また複数の LOA を多段に接続した構造も構成できる[14]．しかし，アキシャル磁束型では，磁束が固定子内を三次元的に流れるため積層構造の採用が困難であり，一般にブロック材が使用されている．さらに，LOA は磁路独立型と磁路共通型とに分類でき，磁路独立型 LOA は二つのコアを有し，二つのコイルに交互に電流を流すことで可動子に往復運動を与える．一方，磁路共通型では，電流を流した場合に中央磁極が共通となっているため推力の低下を招くことが確認されている[15]．

推力を発生する面で分類すると片側式と両側式とがある．形状による分類では円筒状，平板状および角状があるが，製作の容易さとコイルエンドの有無による効率の観点から円筒状 LOA が最も多く製作されている．

以下では，表 5.5.4 の分類に従って，その動作原理について説明する．

図 5.5.69 は，可動コイル型 LOA の構造例であり，推力はフレミングの左手則によって発生する．可動コイル型 LOA は，LDM そのものであり，推力は電流に比例し，かつ推力-変位特性は平坦な特性が得られる．ばねを用いて固有の振動数をもつ系を構成して振動の安定性の向上と高効率化が図られている．

図 5.5.70 は可動鉄心型 LOA の構造例であり，コイル 2 に電流を流すと，電流によって生じた磁束 ϕ_i は，磁極 2 から中央磁極または磁極 1 へと流れ，さらに可動子を通り磁極 2 へと還流する．すると，同図の右手方向に推力が発生して可動子は右手方向に変位する．各コイル 1，2 にそれぞれ電流 I_1, I_2 が交互に流れると，電流が流れたコイル側の磁極と可動子との間に磁気力が作用して可動子である可動鉄心はその方向に引っ張られ，同図の左右方向の往復運動をすることになる．

図 5.5.71 は可動永久磁石型 LOA の構造例である[16]．この LOA は固定子が 1 組 2 個のコイル，継鉄（ヨーク）と 1 個の中央磁極とからなり，可動子は 1 組 2 個の磁極片と 1 個の円筒状の永久磁石から構成されている．しゅう動部は軸受と側板からなり，LOA 全体の構造は円筒状となっている．二つのコイルは，相対抗する面に同極となるように結線して電流（商用周波数）を流すと可動子は左右

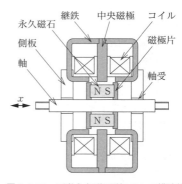

図 5.5.71　可動永久磁石型 LOA の構造例
[電学技報（Ⅱ部），**314**, 33 (1990)]

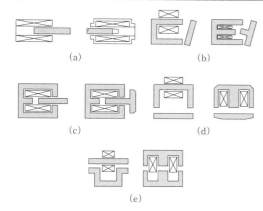

図 5.5.72 LES の種類
　(a) 磁気漏れ型　(b) 支点型　(c) プランジャ型
　(d) 平板型　(e) 脚型
[電気学会磁気アクチュエータ調査専門委員会，"リニアモータとその応用"，p. 27，電気学会（1984）]

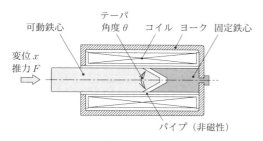

図 5.5.73 プランジャ型 LES の構造例

方向に振動する．

（ⅱ）**リニア電磁ソレノイド**　LES は通称ソレノイドとよばれ，そのストロークがあまり大きくとれない（数mm 程度）が，小型のわりに比較的大きな推力が得られる特徴がある．また，動作時には LES に発生する推力で可動鉄心を動作させ，復帰時にはばねの力で動作させる．

LES は，印加する電圧によって直流ソレノイド（DC solenoid）と交流ソレノイド（AC solenoid）とに分類することができる．図 5.5.72 は，LES の種類を示したものであり，(a) 磁気漏れ型，(b) 支点型，(c) プランジャ型，(d) 平板型，(e) 脚型に細分化される[17]．磁気漏れ型は，ストロークが大きい，可動子が移動した場合の騒音が少ないなどの利点を有しているが，吸引力や保持力の点でプランジャ型に劣るので，特殊用途にしか用いられない．

図 5.5.73 は，プランジャ型 LES の構造例である．磁路は，ヨーク，固定鉄心，可動鉄心（プランジャ）から構成されており，構造用炭素鋼や軟鋼でつくられている．非磁性体のパイプが固定鉄心のガイドの役目をしている．固定鉄心のテーパ角度 θ を変えることで推力-変位特性を変化させることができる．

e. リニアモータの応用

（ⅰ）**搬送・仕分け装置**　1970 年代に工場内の自動

図 5.5.74 LSM を用いた病院内搬送装置（非接触給電式）
[苅田充二，電学論 D，**119**，277（1999）]

化が進み，搬送物流機構への高速・高加減速性，無保守性，低騒音・静粛性，クリーン性などが求められるようになった．地上一次方式の LIM 搬送装置は，可動部には無給電であるために，立体構成を含む高速での搬送を可能にし，組み立てラインなどの生産設備に採用された．現在は，より高い性能が得られるサーボ方式の LSM 搬送装置に発展している．たとえば，病院内医療サービスの向上のために，カルテや X 線フィルム，血液検体，薬品などの高速搬送が求められ，図 5.5.74 に示したように，より多様な搬送物に対応するために，横置きフラット型コンテナの採用による，車上一次，非接触給電方式の LSM 搬送装置が実用化されている[18]．

また，ウェーハの生産工程間搬送用に地上一次方式の LIM 駆動によるローラ支持，空気浮上支持，磁気浮上支持の搬送装置が開発されたが，現在は，分岐，多キャリア走行制御，位置決め制御などの機能を有する車上一次，非接触給電方式の LSM 搬送装置がおもに実用化されている．

物流分野においても，LIM を応用した設備が使用されている．たとえば，物流・配送センターの仕分け装置や空港物流システム，自動倉庫，搬送システムなどがあげられる．これらの設備で LIM が採用される理由の一つにメンテナンスフリーがある．LIM は，非接触駆動であるために装置の磨耗が少なく，保守点検を含めたランニングコストの点で有利である．

図 5.5.75 に LIM を用いた仕分け装置を示した[19]．動力部は，一次側固定子とキャリッジと一体になった二次側可動子より構成されている．LIM を使用することにより，高速仕分け作業（仕分け能力：6000 個/h，搬送速度：70 m min^{-1}）を実現している．このほかに，低騒音，メンテナンスフリー，低ランニングコストという特徴がある．LIM を使用した仕分け装置では，コンベア方式の仕分け装置と比較して消費電力が約 1/2 と小さいために，装置のランニングコストが安価である．さらに，消費電力が小さいことは，プラント全体の省エネルギー化にもつながっている．

（ⅱ）**工作機械**　工作機械の高速・高加減速や高精度化のために，1993 年に LSM 駆動や LIM 駆動によるマシニングセンタを開発したことがきっかけとなっている[20]．

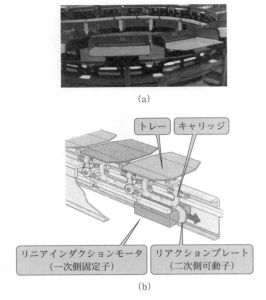

図 5.5.75 LIM を用いた仕分け装置
(a) 仕分け装置の外観　(b) 駆動部の構造
[田中 理，林 雅人ら，日立評論，**12**，68（2007）]

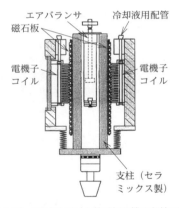

図 5.5.76 LSM を用いた放電加工機の主軸の構造
[中元一雄，電気学会リニアドライブ研究会資料，LD-00-82, 1（2000）]

その後，LIM は発熱や制御性に問題があるために，工作機械の送りには用いられなくなった．

図5.5.76 は LSM を用いた放電加工機の主軸の構造であり，高推力，かつ高精度で長時間の加工に耐えるコア付き LSM を用いている[21]．安定した推力特性を維持するためにはコイルの発熱対策が重要となる．そのために，固定子鉄心のスロット間をつづら折状にコイルを覆うように冷却配管を配置した独自の冷却方式を採用している．さらに，LSM を用いた平面研削盤やレーザー加工機も開発されている．

(iii) 半導体・画像パネル加工装置　ワイヤボンダ

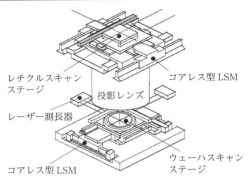

図 5.5.77 LSM の半導体露光装置への応用
[牧野内進，超精密位置決め専門委員会定例会講演前刷集，2007-1, 20（2007）]

は，半導体チップ上の電極とリードフレームの間をワイヤで1本1本接続する装置である．リニアモータには，短距離を高速・高加減速運転，かつ素早く整定する性能と，ワイヤループ形状制御のための追従性能が求められる．1978年には XYZ 全軸に LDM を用いた装置も開発された．その後，2000 年頃からさらなる高速・高精度化を実現するために LSM が使用されるようになった[22]．

1990 年代中頃までの半導体露光装置は，回路全体の一括露光を繰り返すステップアンドリピート方式（ステッパ）であり，レチクルを固定してウェーハをボールねじ駆動していた．しかし 1990 年代後半以降，微細化に対応するレンズ設計の問題から，図 5.5.77 に示すレチクルステージとウェーハステージを同期運転しながら露光するステップアンドスキャン方式（スキャナ）に移行していった．露光装置用のリニアモータには，100 kg の可動ステージを最大加速度約 6 G，最高速度 $2.1\,\mathrm{m\,s^{-1}}$ で駆動する性能が求められる．空気静圧案内（エアベアリング，エア浮上）とコアレス型 LSM を組み合わせることで，最大加速度 6 G と位置決め精度 $\pm 2\,\mathrm{nm}$ を達成している[23]．

一方，液晶露光装置は，半導体のような微細化は不要であるが，一度に大きな面積を露光するためにスキャン方式が採用されており，半導体露光装置と同様に，エアベアリングとコアレス型 LSM が使用されている．

液晶レジスト塗布装置では，ガラス基板サイズが小さな時代には半導体製造と同様に基板を高速回転させて塗布するスピン方法が採用されていた．しかし，高価なレジスト液の無駄が多いこと，年々大型化するガラス基板を高速回転することが困難となったことから，スリット&スピン方式を経て，2000 年代前半にスピンレスのスリットコータが開発された．スリットコータは，石定盤にガラス基板を吸着し，スロットダイを定速運転することで均一に薬液を塗布する．振動や速度ムラが塗布精度に影響するために，等速性に優れたコアレス型 LSM が使用されている．

(iv) 情報機器　1971 年に出荷された米国 IBM 社の 3330 磁気ディスク装置のヘッド位置決め機構には，VCM

図 5.5.78 扁平コイル VCM を備える HDD
[水野 勉,平田勝弘ら,電気学会リニアドライブ研究会資料,LD-11-14, 22 (2011)]

とよばれる可動コイル型の LDM が使用された[24].制御には磁気ディスクに記録した特殊なデータから磁気ヘッドの位置を検出して,目的の情報のある位置に移動させるサーボ制御が使用された.情報記録媒体自身を使ってヘッド位置を検出してリニアモータでサーボ制御する構成は,ディスクの偏芯や熱膨張を補償することが可能なので,その後の HDD(ハードディスク装置),光ディスク装置,大容量 FDD(フロッピディスク装置)などの基本技術となっている.

1980 年代後半以降の HDD では,図 5.5.78 に示す旋回動作(スイング)型の駆動機構が主流となっている[25].可動部全体の重心はボールベアリング軸に一致するように設計して,重心移動による振動の発生を最小にしている.モータは平板可動コイル型ではあるが,従来の VCM の機能を置き換えているので,このモータも VCM とよばれることが多い.

(v) 家電機器 近年,リニアモータはさまざまな分野で実用化が進む中,家電機器の分野においてもダイレクトドライブによる高速,高信頼性,低振動,低騒音のメリットを生かした革新的な駆動源として応用されている.リニアモータ駆動方式の中でも,LOA の高速往復振動が可能という特徴を生かして,シェーバ[26]や電動歯ブラシ[27]などへ搭載されて製品化されている.

図 5.5.79 は,電動歯ブラシに搭載されている動吸振器一体型 LOA の基本構造である[27].軸対称構造を有しており,推力を得るための磁気回路部と低振動化のための動吸振器から構成されている.磁気回路部は,シャフトとプランジャからなる可動部とコイル,コイル中央面に対して対称に位置する二つの磁石,および磁石を挟むように配置されたヨークとケースからなる固定部から構成されている.可動子は共振ばねに接続されている.固定部を構成している磁石とコイルに流れる電流によって生じる磁束のバランスによって軸方向に推力が発生して可動子が移動する.電流の流れる方向を変化させることで往復運動する.また動吸振器は,吸振錘を可動部とケースとの間にばねを介して接続することで構成されており,LOA と動吸振器とが一体化されている.

(vi) 輸送分野 リニアモータのダイレクトドライブ,非接触駆動,コンパクトさなどの利点を生かして,輸送分野における実用化も進んでいる.リニアモータを用いた輸送システムは 1960 年代から研究開発が始まり,現在では磁気浮上式鉄道に代表される高速域での利用(超電導リニアモータカー・マグレブ:LSM 駆動+側壁浮上,上海マグレブ(2003 年開業):LIM 駆動+吸引制御式磁気浮上)や中〜低速の東部丘陵線(愛称:リニモ/Linimo(2005 年開業),LIM 駆動+吸引制御式磁気浮上),リニアモータのコンパクトさを生かしてトンネルの小断面化を図ったリニアモータ駆動地下鉄(大阪市営地下鉄 7 号線,1990 年開業など)など,中〜低速域における利用も活発である.

図 5.5.80 は,超電導リニアモータカー・マグレブの構造である[28].車両側には超電導コイルを用いた超電導磁石が進行方向に N, S 交互に配置されている.地上側には推進コイルと 8 の字状の浮上・案内コイルが設けられている.推進コイルに流す電流を切り替えることで推進力を得ている.さらに,8 の字状の浮上・案内コイルによって,浮上力と案内力の両者を得ることで,構造の簡素化に起因する低コスト化を実現している.

図 5.5.81 は,LIM を用いたリニア地下鉄の構造であり,車両側に一次側を,地上側にリアクションプレート(二次側)を配置してある[29].LIM が扁平形状であるために,トンネルの断面積が回転モータで駆動する従来の地下鉄と

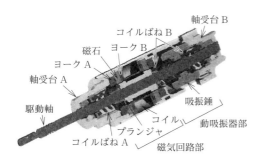

図 5.5.79 動吸振器一体型 LOA の基本構造
[平田勝弘,一井義孝,有川泰史,電学論 D, **122**, 346 (2002)]

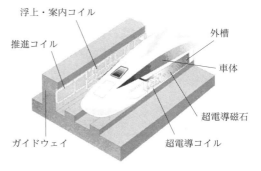

図 5.5.80 超電導リニアモータカー・マグレブの構造
[鉄道総合技術研究所 編,"ここまで来た! 超電導リニアモーターカー",p.4,交通新聞社(2006)]

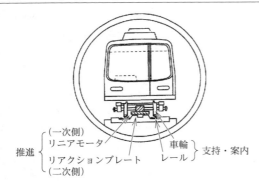

図5.5.81 LIMを用いたリニア地下鉄の断面
[電学技報, **911**, 30 (2003)]

比較して70%程度に小さくできて建設コストを低減できる．さらに，非粘着駆動であるために急勾配の走行が可能（従来の地下鉄が3～4%の勾配であるのに対して，リニア地下鉄は7～8%勾配まで走行可能），LIMが扁平構造で台車スペースに余裕ができたために，機械的機構を付加したステアリング台車とすることで急曲線走行も可能となった．

文　献

1) 山田 一，"産業用リニアモータ"，pp.1-7, 工業調査会 (1981).
2) 電気学会磁気アクチュエータ調査専門委員会，"リニアモータとその応用"，pp.1-5, 電気学会 (1984).
3) 山田 一 編，pp.2-4, 工業調査会 (1986).
4) 正田英介 編，"リニアドライブ技術とその応用"，pp.2-5, オーム社 (1991).
5) 電気学会リニアドライブシステムの用語等再検討調査専門委員会，"リニアドライブ技術とその用語に関わる用語"，電学技報, **911**, 4 (2003).
6) 電気学会産業用リニア駆動システムにおける要素技術の体系化調査専門委員会，電学技報, **1195**, 6 (2010).
7) 佐伯多門，まぐね, **2**, 187 (2007).
8) J. M. Harker, *et al.*, *IBM J. Res. Develop.*, **25**, I677 (1981).
9) 矢島久志，M. Norhisam，脇若弘之，峰岸敬一，藤原伸広，田村和也，日本応用磁気学会誌, **23**, 1689 (1999).
10) 石山里丘，加藤久幸，脇若弘之，電気学会リニアドライブ研究会資料, **LD-02-42**, 17 (2002).
11) 村口洋介，中川 洋，新谷 勉，前田 豊，苅田充二，電気学会リニアドライブ研究会資料, **LD-97-41**, 19 (1997).
12) 電気学会 編，"電気工学ハンドブック 第6版"，p.683, 電気学会 (2001).
13) 山田 一，三輪善一郎，海老原大樹，自動化技術, **16**, 147 (1984).
14) 中尾春樹，機械設計, **29**, 60 (1985).
15) 山田 一，浜島孝徳，大平膺一，電学論B, **105**, 85 (1985).
16) 電気学会リニア電磁駆動システム調査専門委員会，電学技報（II部）, **314**, 6 (1990).
17) 電気学会磁気アクチュエータ調査専門委員会，p.27, 電気学会 (1984).
18) 苅田充二，電学論D, **119**, 276 (1999).
19) 田中 理，冨岡芳治，小林啓之，中土真輝，林 雅人，日立評論, **12**, 68 (2007).
20) 水野 勉，電学誌, **121**, 620 (2001).
21) 中元一雄，電気学会リニアドライブ研究会資料, **LD-00-82**, 1 (2000).
22) データ技術研究所，2004年版 半導体・液晶製造装置市場と制御用モータの需給動向 (2004).
23) 牧野内進，超精密位置決め専門委員会定例会講演前刷集, **2007-1**, 19, 精密工学会 (2007).
24) J. M. Harker, D. W. Brede, R. E. Pattison, G. R. Santana, *IBM J. Res. Dev.*, **25**, 677 (1981).
25) 水野 勉，丸山一樹，森下明平，太田 聡，苅田充二，長谷川英視，碇賀 厚，仲岩浩一，渡邊利彦，和多田雅哉，平田勝弘，電気学会リニアドライブ研究会資料, **LD-11-14**, 19 (2011).
26) A. Yoshitake, K. Harada, T. Todaka, Y. Ishihara, K. Hirata, *IEEE Trans. Magn.*, **33**(2), 1662 (1997).
27) 平田勝弘，一井義孝，有川泰史，電学論, **122-D**(4), 346 (2002).
28) 鉄道総合技術研究所 編，"ここまで来た！ 超電導リニアモーターカー"，p.4, 交通新聞社 (2006).
29) 電気学会リニアドライブシステムの用語等再検討調査専門委員会，電学技報, **911**, 30 (2003).

5.5.5　磁性流体の応用

a. 磁性流体とは

磁性流体は，強磁性材料からなる微粒子を分散質とし，水やケロシンなどを分散媒としたコロイド溶液であるが，とくに磁界中に置かれたとしても，分散質である微粒子同士が凝集して沈殿物を形成することのないように，微粒子表面は化学処理され，安定分散状態を維持するコロイド溶液のことを指す．表面の化学処理にはオレイン酸などの長鎖状分子の界面活性剤が用いられている．したがって，あたかも溶液自体が磁界に反応するようにふるまう．現在では，水やケロンシンのほか，炭化水素系やフッ素系オイルを分散媒とする磁性流体も製造されている．

歴史的には，1960年代に宇宙服の可動部のシール材として米国の航空宇宙局（NASA）により開発されたものである[1]が，ほぼ同時期に東北大学の下飯坂らによっても報告[2]されている．磁性流体に用いられる磁性粒子の磁気的性質としては，安定分散を維持するためには，強磁性状態ではあり得ず，超常磁性的性質を示す微粒子でなければならない．したがって，Fe, Co, Niなどの金属微粒子を用いる場合，その粒子サイズは数nm以下となるような超微粒子を用いるのが一般的である．マグネタイトなど，酸化物磁性微粒子を用いる場合でも10nm以下とする必要がある．その結果，永久磁石による不均一磁界中や重力の影響下でも磁気力やファンデルワールス力による凝集を界面活性剤により防ぐことができ，安定分散を保つことができる．

磁性流体は，磁界に反応する"溶液"として注目され，不均一磁界中における磁性流体の流体力学的性質がベルヌーイの定理の拡張として導かれたほか，磁界勾配による磁気的体積力が流体内の密度分布と式のうえでは等価とな

り，見かけ上，磁性流体の密度を制御し，任意の物体を磁性流体中に安定に静止，または浮揚させることができることが示されている．これらの結果により，回転軸シール装置や磁気分離装置などが提案されてきた．また，磁気的体積力は磁性流体内の自然対流に影響を及ぼし，磁界による自然対流の制御が可能である．

また，磁性流体の粘度は，ずり応力や印加磁界強度の関数となり，本来，非ニュートン流体としてふるまう．

磁性流体の特異な現象として，磁性流体表面に垂直に磁界を印加すると，液面がスパイク状となる液面不安定現象が生じる．

b. 磁性流体の磁化特性

磁性流体の体積濃度 ε は，磁性流体の密度 ρ，分散質の密度 ρ_c，分散媒の密度 ρ_w を用いて次式で与えられる．

$$\varepsilon = \frac{\rho - \rho_w}{\rho_c - \rho_w} \tag{5.5.70}$$

強磁性微粒子はその表面が界面活性剤でいわば被覆されており，微粒子表面には非磁性層が形成されていると考えられる．したがって，磁化特性に関する量としては非磁性層を除いた磁界に反応する粒子体積，"磁気的体積"を用いるべきである．

磁性流体の磁化機構としては，粒子内部での磁化回転，液体中における粒子の回転，液体中での粒子配列やクラスター形成などが考えられるが，基本的には粒子内部での磁化回転が主である．粒子内部では単磁区構造であり，超微粒子サイズであるため，磁気エネルギーは熱エネルギーの揺らぎを受け，その磁化は常磁性的にふるまう．ただし，磁化そのものは常磁性体に比べてはるかに大きいため，超常磁性的と表現される．

すなわち，体積濃度 ε の代わりに磁気的体積濃度 ε_M を用いて，磁性流体の磁化 M は超常磁性的にふるまうことが知られており，ランジュバン関数によって次式で表される．

$$M = \varepsilon_M M_s \left(\coth \xi - \frac{1}{\xi} \right) \tag{5.5.71}$$

この式から明らかなように，本来，磁性流体の磁化はヒステリシスをもたない．

ここで，ξ は次式で表され，v は分散質粒子磁性部体積，M_s は分散質の飽和磁化，H は印加磁界強度，k はボルツマン定数，T は絶対温度である．

$$\xi = \frac{vM_sH}{kT} \tag{5.5.72}$$

また，ξ は磁気エネルギーと熱エネルギーの比を表すパラメーターでもあり，$\xi \cong 1$ の領域では，次式となる．

$$M \cong \varepsilon_M M_s \times \frac{\xi}{3} = \frac{\varepsilon_M v M_s^2}{3kT} H \tag{5.5.73}$$

$$M \cong \mu_0 \chi H \tag{5.5.74}$$

とおけば，磁化率 χ は次式で表される．

$$\chi = \frac{\varepsilon_M v M_s^2}{3\mu_0 kT} \tag{5.5.75}$$

この式からもわかるように，磁性流体の磁気特性は超常磁性的であるため，本来，温度依存性が高く，磁気熱量効果が生じ，流体内の温度分布の変化が流動現象に影響を及ぼすことが知られている．

c. 磁性流体の流体力学的特性

磁性流体に作用する磁気力 $\boldsymbol{F}$ は，分散質粒子間の相互作用を無視すれば，式 (5.5.76) で表される．

$$\boldsymbol{F} = (\boldsymbol{M} \cdot \boldsymbol{\nabla}) \boldsymbol{H} \tag{5.5.76}$$

しかし，磁性流体内の任意の点において磁化 $\boldsymbol{M}$ と磁界 $\boldsymbol{H}$ が平行であること，および磁性流体内の非導電性を仮定することにより，式 (5.5.76) は式 (5.5.57) と変形することができる．

$$\boldsymbol{F} = M \boldsymbol{\nabla} H \tag{5.5.77}$$

したがって，一方向にのみ勾配をもつ磁界中に置かれた磁性流体に作用する圧力 p は，次式で表される．

$$p = \int M(H) dH \tag{5.5.78}$$

この磁気的な圧力は，近似的に磁性流体を無磁界状態から磁界の存在するところまで移動させる仕事に相当し，磁束密度で 1.5 T 相当の磁界空間で，7×10^4 Pa 程度である．このときの磁化は 20 mT 程度である．

このように，勾配を有する磁界中に置かれた磁性流体には磁気的圧力が存在するため，磁性流体中に非磁性の物体を入れると，体積力である重力，浮力に加えて磁気的力が加算される．磁気的力の方向は磁界勾配に依存するため，事実上，浮力を増減させることが可能となる．これにより，比重が10程度の物質でも磁性流体中では浮揚させることができる．密度の異なる非磁性物質の比重差選別が可能となる．銅，亜鉛，アルミなどの分離回収が試みられている．

一方，磁性流体中に永久磁石を投入すると，永久磁石の界面から永久磁石内部に向かう磁界勾配が存在するため，永久磁石周辺の流体圧力が高まり，磁石は液中に安定に浮揚する．このことを利用すると，永久磁石を加速度センサとして応用することができる．

同様に，空間の一部に磁界の存在する空間があれば，磁性流体には磁界勾配方向の圧力がつねに生じているため，磁界の存在する空間内にとどまる性質がある．この性質を利用すると，種々の真空シールや軸受への応用が展開される．ただし，一段あたりの耐圧は 2×10^4 Pa 程度であるため，多段にする必要がある．

また，磁性流体はコロイド溶液であるため，その粘度は分散媒の粘度に比べて上昇しているが，内部の磁性微粒子に対する磁界の作用によって，見かけの粘度はさらに増加し，かつ磁界の関数としても変化する．さらに，界面では，界面に垂直方向の磁化成分が不連続となり，界面で $M^2/2$ の圧力ジャンプが生じる．このため，磁性流体界面が変形し，さまざまな界面不安定現象が生じることになる．たとえば，永久磁石を机の上に置き，その上から，磁性流体を入れたシャーレを乗せると，永久磁石の磁力線の流れに

沿って磁性流体から角が生えたようなスパイク状の突起が形成される．この形そのものは磁界がある限り安定であり，アートの表現手段として用いられることもある．

d．応用例

(ⅰ) 磁性流体シール シールは液体や気体の漏れを防止する部品であるが，磁性流体シールはそれ自身が液体を保持するため，ほかの液体をシールすることはできない．したがって，防塵シール（図5.5.82）か真空シール（図5.5.83）となる．いずれも磁極と回転軸との間に磁界を集中させ，軸方向に正負の磁界勾配をもたせておき，この間に磁性流体を保持する．液体によるシールのため，固体同士の接触がなく，低摩擦，メンテナンスも容易である．防塵シールの場合は左右の圧力差はさほど必要ないが，真空シールの場合は磁界勾配をより高め，結果的に強磁界空間を狭い場所に形成する必要があるため，希土類磁石などの高磁束密度の磁石を用い，磁極幅を狭くするのが一般的である．低蒸気圧の磁性流体を使用すれば10^{-6}Pa程度の真空領域でも使用可能な真空シールが実現している．

磁性流体シールはハードディスクに多数採用され，故障率低減とともに，歩留まり改善の解決策として各種生産設備にも応用されている．ウェーハ搬送ロボットなど，クリーンルーム内で使用される設備の駆動部における塵の発生防止にも効果的とされる．

(ⅱ) 磁気駆動ポンプ 磁性流体シールは，空間に固定した磁界分布により生じる静圧をシールとして利用したものであるが，磁界分布そのものを時間的に移動させるなどすれば，一方向の駆動力が得られることになり，非接触駆動のポンプが実現する．

磁化の温度依存性を積極的に利用すれば，磁気駆動による熱輸送デバイスが実現する[3]．

磁界内で平衡状態にある磁性流体に熱エネルギーを与え，その磁化の一部を減少させれば，熱エネルギーの一部が圧力に変換され，その結果，磁性流体は一方向に流動する．

図5.5.84はその原理を用い，機器の廃熱で動作する自動冷却装置の構造を示した図である．機器の廃熱により高温度T_2となった磁性流体は，低温度T_1の方向に駆動され，放熱器に入る．下側の管路からは放熱器で冷やされた磁性流体が機器側に流入し，機器の冷却が連続的になされる．

(ⅲ) 医学的応用 最近では，血流ポンプ用や高回転速度用の磁性流体シールも検討されているほか，空間磁界分布を直接制御し，マイクロTASなどのマイクロポンプへ応用しようとする試みもなされている[4]．磁性流体の分散質である超微粒子表面を修飾し，抗がん剤などを付着させ，腫瘍組織に輸送，治療しようとする試みは盛んになされている[5]．また，磁性微粒子を腫瘍組織に集めて凝集させ，交流磁界の印加によって磁気損を熱源とした温熱療法（ハイパーサーミア）によって，がんを壊死させようとする試みも盛んに行われている．効率的な加温を行うためには，超常磁性的磁化過程では本質的に不十分であり，強磁性的磁化過程を顕在化させなければならない．したがって，原理的には磁性流体の範ちゅうにとどまらないが，液状で患部に到達することができれば，低侵襲医療が実現するため，期待される技術である．

(ⅳ) 粘弾性体応用 磁性流体の粘度は印加磁界によって変化するため，回転や振動する物体を磁性流体で覆っておくと，印加磁界によって振動抑制効果を制御することが可能となる．サーボモータなどと組み合わせることで，振動抑制による騒音低減や応答周波数の拡大などが期待される．

また，分散媒の熱容量は空気に比べてかなり大きく，熱輸送媒体としても優れた特性をもつ．そのため，スピーカのボイスコイル部分に磁性流体を充填することにより，放熱効果が得られ，スピーカ出力の向上とともに，ダンピング効果による周波数特性の向上が実現する．

e．研 究 動 向

1960年代に開発された磁性流体は，これまで紹介してきたように"ソフト磁性液体"のようにふるまうことから，さまざまな分野で独特の応用提案がなされ，物性や力学に

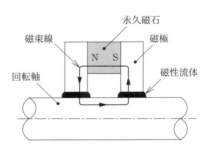

図5.5.82 防塵シール

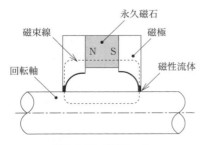

図5.5.83 真空シール

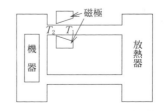

図5.5.84 磁気駆動による熱輸送装置

関する解析研究も精力的に行われてきた．最近では，医学的応用に関して再び注目を集めている．これは分散質に超微粒子を用いていることから，分散質の総表面積は膨大なものがあり，表面修飾によって，生体適合性や生体活性の付与など，さまざまな可能性が考えられるからであろう．したがって，磁性流体の磁気的，流体的，あるいは熱的といった物理特性のみならず，化学的特性の把握が今後はとくに重要となると思われる．

そのためにも，分散質である粒子の合成法や，構造，特性の把握もまた重要である．マグネタイト以外のフェライトを分散質とする磁性流体や，金をマグネタイトにコーティングしたもの，あるいは金属微粒子を用いるものなどが報告されている．

磁性流体は外部磁界によって流体内部に磁気的圧力を発生させ，流体力学的特性を制御できることから，磁性流体内の自然対流さえも磁界によって制御できる可能性があり，学術的に興味深い問題を提供している．

応用面においては，シール応用に関心が集まっており，高速回転用から血液ポンプ，マイクロポンプなど，その適用分野は多岐にわたる．近年は医学分野における応用研究が盛んであり，患部に容易に磁性流体を到達，凝集させられるといった期待からドラッグデリバリーシステム (DDS) として，あるいは抗がん剤の局所徐放や塞栓療法への展開，磁気損による発熱を利用したハイパーサーミアなど，いずれも低侵襲医療を目指した開発，研究が行われている．

また，界面の不安定性は磁性流体を象徴するような独特の特性であり，界面形状の理論的解析は学術的興味をひくテーマである．同時に，磁界分布の可視化につながる現象でもあり，種々のセンサとしての応用の可能性を有しているといえよう．

近年，超微粒子の製法が急速に進展し，同時に医療面への応用において微粒子を用いることが再び注目されるようになってきた．背景には，微粒子，とくに超微粒子といわれるナノサイズ微粒子の安定合成技術の進展，微粒子を液体中に安定に分散させる技術の進展などがある．これらは医療ビーズと称され，磁性リポソーム，熱応答性ビーズ，蛍光ビーズなどさまざまな特性を有するものが開発され，その応用範囲も生体分子の検出・精製，核酸精製，酵素免疫測定，自動バイオスクリーニング，MRI用造影剤，バイオチップセンサ，センチネルリンパ節診断，ハイパーサーミア，ドラッグデリバリシステムなど，治療のみならず生体反応のセンサ，細胞操作，診断技術としても注目されるようになった．詳細については 3.6.3 項を参照されたい．

文　献

1) S. S. Papell, U. S. Pat. 3215572 (1965).
2) 佐藤敏彦，樋口重孝，下飯坂潤三，日本化学会年会予稿集 I，293 (1966).
3) H. Matsuki, K. yamasawa, S. Kikuchi, K. Murakami, *IEEE Trans. Magn.*, **MAG-13**, 1143 (1977).
4) 迫田大輔，三田村好矩ほか，磁性流体連合講演会講演論文集，**2005-12**，55 (2005).
5) Proc. the 5th Int. Conf. on Scientific and Clinical Applications of Magnetic Carriers, *J. Magn. Magn. Mater.*, **293**, 1 (2005).

5.6 高周波磁気

5.6.1 高周波電磁界

磁性応用機器においても情報関連機器などでは，処理情報の大容量化により必然的にデータ転送速度の増大，すなわち，信号の高周波化が進行している．代表的な磁気デバイスである磁気ヘッドではデータ転送周波数は100 MHzを超えており，携帯電話などのRF部などで用いられるインダクタでは，動作周波数が1 GHzを超えるものもある．

高周波での磁性体/磁性膜自体の挙動に関してはほかの章，節を参照されたい．この節では磁性体中の高周波電磁界について，純粋にマクスウェルの電磁方程式の範囲に限って，すなわち，磁性体を透磁率 μ，導電率 σ のマクロな特性をもった均質な物質として扱った場合についての扱いについて述べる．

a. 低周波磁界と高周波磁界 (電磁界) の違い

磁性デバイスの場合，本来，磁気ヘッドにしてもインダクタにしても多くの磁性機器は磁界のエネルギーを扱うデバイスであり，ある程度の周波数まではキャパシタンスは無視できる．すなわちマクスウェルの電磁方程式の渦電流項 $(\partial B/\partial t)$ は考慮しても，変位電流項 $(\partial D/\partial t)$ は考慮する必要はなかった．

しかし，周波数が高くなり，変位電流に対するインピーダンスが実電流に対するインピーダンスに対し無視できないオーダーに下がってくると，解析においても磁界を，変位電流を考慮したいわゆる"フルウェーブ (full wave)"で解く必要がある．

マクスウェルの方程式の，アンペール則に変位電流項が加わっただけで，世界は大きく変わる．すなわち，変位電流項の付加により，放射電磁界が現れる．基礎的な話になるが，電磁界には，静電界，誘導電磁界，放射電磁界がある．静電界は電荷の勾配によるもので，電気スカラーポテンシャル ϕ の勾配 $(-\mathrm{grad}\,\phi)$ で表される．さらに，電荷が等速運動することで，誘導電磁界が発生する．誘導電磁界は，電界と磁界の位相が90度ずれており，伝搬されるエネルギーはゼロである．すなわち，ある点Pにおいて，自由空間では空間的なエネルギーの移動はなく，電源が切られるまで，電界のエネルギー $(1/2)\varepsilon E^2$ と磁界のエネルギー $(1/2)\mu H^2$ が，両者の和を一定に保ったまま各周波数 ω で，同じ位置でキャッチボールのようなエネルギーのやり取りが続く．それに対し，放射電磁場は，電荷の加速運動により発生するもので，電界と磁界は同位相であり，エネルギーは無限遠方へ放射される．

電磁界を取り扱ううえで便利な考え方として，電気スカラーポテンシャル，磁気ベクトルポテンシャルがある．電界，磁界は，ファラデー則，磁界に対するガウス則から，それぞれ式(5.6.1)，(5.6.2)で表される．

$$E = -\frac{\partial A}{\partial t} - \mathrm{grad}\,\phi \qquad (5.6.1)$$

$$H = \mathrm{rot}\,A \qquad (5.6.2)$$

ここで，ϕ は電気スカラーポテンシャル/V，A は磁気ベクトルポテンシャル/Wb m^{-1} を表す．このとき，アンペール則，電流保存則は，ポテンシャルを用いて式(5.6.3)，(5.6.4)のように表せる．

$$\mathrm{rot}\,\mu^{-1}\mathrm{rot}\,A = \left(\sigma + \frac{\partial}{\partial t}\varepsilon\right)\left(\frac{\partial A}{\partial t} + \mathrm{grad}\,\phi\right) \qquad (5.6.3)$$

$$\mathrm{div}\left(\sigma + \varepsilon\frac{\partial}{\partial t}\right)\left(\frac{\partial A}{\partial t} + \mathrm{grad}\,\phi\right) = 0 \qquad (5.6.4)$$

ここで，μ, σ, ε は，それぞれ透磁率/H m^{-1}，導電率/Ω^{-1} m^{-1}，誘電率/F m^{-1} のテンソルを表す．ここで，透磁率 μ は複素テンソルであり，導電率 σ と誘電率 ε は実テンソルである．もちろん導電率は，誘電率の虚数成分 ε'' に各周波数 ω の掛かったものであるから，誘電率 ε を複素テンソルで表して表現することもできるが，一般には(歴史的に)式(5.6.3)，(5.6.4)のような表現をとる．

式(5.6.4)は，電流の連続を表す式で，導電率 σ と電界の強度の積にあたる実電流(強制電流＋渦電流)と，電界の時間変化の大きさに比例する変位電流の和が系の中で一定であることを示している．つまり，上述の低周波磁界での解析では，たとえば磁気ヘッドやインダクタのコイル導線を流れる電流量はどこの場所でも一定であるが，高周波では変位電流が無視できなくなり，コイル間，コイル-基板間などに変位電流路が形成され，コイルの入口と出口では電流量が異なってくる(電磁気は線形であり，たとえ低周波であっても"大きな系"，たとえば，送電線と大地，電柱などとの間でも変位電流の考慮が必要となる)．

上で述べたように，高周波電磁界を考えていくうえで電磁ポテンシャルを導入したが，ポテンシャルを用いての電磁界解析にはいくつかの注意点がある．磁気ベクトルポテンシャルの3成分と電気スカラーポテンシャルの合計四つのポテンシャル成分のうち一次独立なものは三つである．そのため，解析において A, ϕ を一義に決めるにはゲージ条件を課す必要がある．ゲージ条件は，矛盾のないものであれば"何でもよい"のであるが，たとえば，次のローレンツ条件，を課すことにより，磁気ベクトルポテンシャル A と電気スカラーポテンシャル ϕ は四次元的に対称に扱え，かつ一義に決まる．

$$\mathrm{div}\,A + \frac{1}{c^2}\frac{\partial \phi}{\partial t} = 0 \qquad (5.6.5)$$

条件式(5.6.5)のもとで，式(5.6.3)と式(5.6.4)は，A，ϕ それぞれに対する独立な，次の波動方程式で表される．

$$\left(\frac{1}{c^2}\frac{\partial^2}{\partial^2 t} - \nabla^2\right)\phi = -\frac{\rho}{\varepsilon_0} \qquad (5.6.6)$$

$$\left(\frac{1}{c^2}\frac{\partial^2}{\partial^2 t} - \nabla^2\right)A = -\mu_0 J \qquad (5.6.7)$$

ここで，ρ は電荷密度/C m^{-3}，J は電流密度ベクトル/A m^{-2} である．式(5.6.6)，(5.6.7)は，いわゆる波動方程式であり，エネルギー伝搬する放射電磁界を含んだ式で

ある．

b. 高周波電磁界の特徴

電磁場の発生源を点源とした場合，静電界は距離の3乗，誘導電磁界は距離の2乗，放射電磁界は距離の1乗に反比例して減衰する．図5.6.1は，横軸に距離を波長で割った値（r/λ），縦軸に電界強度を，それぞれ対数で表したものである．電磁界源の近傍では，静電界，誘導電磁界が支配的であり，遠方では，放射電磁界が支配的となる．このことから，静電界，誘導電磁界を"近傍場"，放射電磁界を"遠方場"と呼ぶ．誘導電磁界と放射電磁界の強度が等しくなる距離は，電磁界の波長をλとすると$\lambda/2\pi$（m）となる．ここで周波数が1GHzとしても，自由空間での波長λは30cm，$\lambda/2\pi$も5cmほどになり，ミクロンオーダーの磁気ヘッドや薄膜インダクタの世界では，放射電磁界の考慮は必要ないようにみえる．しかし実際には，接近した二つの金属間では，高周波になると電磁エネルギーは電磁波の形で伝搬し，TE（transfer electromagnetic），TM（transfer magnetic），TEM（transfer electromagnetic）といったモードで伝わる．磁性デバイスは，通常はキャパシタンスCに対してインダクタンスLが支配的な"L性のデバイス"であるが，高周波になるとCが無視できなくなり，上のような伝送モードが現れる．高周波用薄膜インダクタ[1,2]においても，LC共振は2〜5GHzあたりにあり，このインダクタを使用する1GHz近傍でも，Cによるインピーダンス$1/(C\omega)$（Ω）の値が，Lによるインピーダンス$L\omega$（Ω）と比べて無視できない程度に低くなる．

c. 導体薄膜での電磁界と高周波での磁性体の特性

物質中，とくに金属や磁性体中でのマクスウェルの方程式は，ランダウとリフリッツの教科書に系統的に記述されている[3]．金属ではその大きな複素誘電率のため電磁波の波長と表皮深さξは，同程度のオーダーにある．また，たとえば，1GHzにおけるCuの導電バンド電子の室温における平均自由行程は0.05μm程度[4]であり，薄膜の表面では電界分布は不均一なものとなる．しかし，Cuの室温でのフェルミエネルギーから求めた電子速度v_F（1.6×10^6 m s^{-1}）を導電バンド電子の平均自由行程Λ（5×10^{-8} m）で割った値$v_F/\Lambda = 3\times10^{13}$ s^{-1}は，1GHzでは角周波数$\omega = 2\pi\times10^9 = 6.3\times10^9$ rad s^{-1}よりもまだ十分大きい．すなわち，金属内でも電磁波の1周期の間に導電バンド内の電子は十分な距離を移動でき，表面領域（薄膜）においても導電率は本来のCuの導電率5.8×10^7 S m^{-1}の値を保っていると推察できる．したがって，高周波で動作する薄膜磁気ヘッドや薄膜インダクタにおいてもその電磁場は巨視的な透磁率μ，誘電率εで表記されるマクスウェルの方程式での扱いが可能となる．

高周波において磁性体は低周波磁界中とは，まったく異なる挙動を示す．高周波での磁区挙動など磁性体自体の物理的挙動に関する説明は，他章に譲り本節では，純粋にマクスウェルの電磁方程式の範囲に限って，すなわち磁性体を透磁率μ，誘電率ε（導電率σ）のマクロな特性をもった均質な物質として扱った場合について，その高周波特性を述べる．

例として，図5.6.2にFe-Al-Oグラニュラー系ソフト磁性膜の複素透磁率の周波数特性[5]を示す．損失となるその虚数成分は，数十MHzあたりから，自然共鳴による損失が現れだす．ここで，渦電流損は誘電率の虚数成分である導電率σによる損失で，後に述べる高周波での損失計算では，透磁率の虚数成分による損失とは扱わない．この渦電流損を下げるためには，磁性膜の導電率σを下げることが必要である．自然共鳴損失を下げるためには，磁性膜の異方性磁界H_kを大きくすることが必要である．H_kと自然共鳴のピーク周波数f_rの間には，ランダウ-リフシッツ-ギルバート（LLG）方程式から，以下の関係があることがよく知られている[6]．

$$f_r = \frac{\gamma}{2\pi}\sqrt{\frac{M\cdot H_k}{\mu}} \tag{5.6.8}$$

ここで，Mは磁化/A m^{-1}，γはジャイロ磁気定数/m A s^{-1}を表す．しかし，実際には図5.6.3[7]にあるように（図5.6.3で横軸は導電率でなく抵抗率で表している），膜の比抵抗を上げようとすると，H_kは下がってしまう．上に掲げたFe-Al-O膜の場合，膜厚0.1μmで，導電率2×10^5 S m^{-1}，$H_k = 4000$ A m^{-1}（50 Oe）程度である．

磁気デバイスなどに用いられる磁性薄膜の必須条件とし

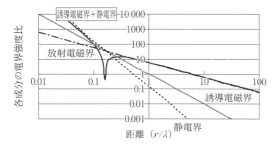

図5.6.1 電気双極子を発生源とする電磁界強度の距離減衰

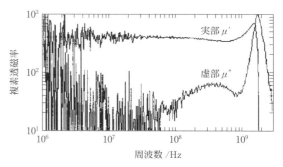

図5.6.2 Fe-Al-Oグラニュラー系ソフト磁性膜の複素透磁率の周波数依存性
[李 衛東，田邉信二ほか，電気学会マグネティクス研究会，MAG-98-14（1998）]

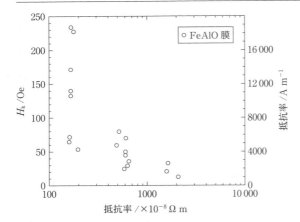

図 5.6.3 グラニュラー系ソフト磁性膜の抵抗率と磁気異方性の相関
[M. Yamaguchi, K. Ito, *et al., J. Appl. Phys.*, **85**, 7919 (1999)]

ては,高透磁率,低損失のほかに,磁化の線形性があげられる.たとえば,薄膜インダクタを通信端末の受信フロントエンドマッチング用に用いた場合,磁化の非線形性は波形ひずみをもたらし,位相変調(PSK:phase shift keying)が主流の携帯端末では致命的な受信感度の劣化をもたらす.磁化の線形性を維持するには,磁化過程としてヒステリシスを伴う磁壁移動モードではなく,磁化回転モードを用いる必要がある.図 5.6.4 は,印加磁界を変化させて比透磁率を測定したものである.線形な磁性膜では,比透磁率の値は測定磁界強度に依存しないが,図に示すように磁性膜の異方性磁界 H_k を小さくしていくと印加する磁界強度により透磁率が変化する非線形性が現れる[8].このことは,信号の線形性を重視する多くの高周波ディジタル機器への応用にとって致命的となる.

高周波の信号に対し磁性体がレイリー曲線を描く場合,高調波ひずみ,たとえば三次高調波ひずみは次の式で表される[9].

$$\frac{V_3}{V_1} = 0.6\tan\delta_h = 0.6\frac{4\eta H}{3\pi\mu} \qquad (5.6.9)$$

ここで,η はレイリー定数である.V_1,V_3 は,それぞれ基本周波数,三次高調波の電圧を示す.このような磁化過

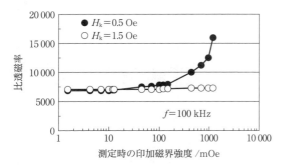

図 5.6.4 透磁率の非線形性:比透磁率の測定磁界強度依存性

程における高調波ひずみは,最終的に RF 信号の波形ひずみの原因となる.ひずみを決めているレイリー定数を小さくする最もよい方法は,磁性膜の単磁区化である.100% スピン回転モードにより磁化する単磁区構造の実現はほかの節で説明する.

また,高周波磁界に対しては,いわゆる磁化容易軸方向の磁界に対する磁壁移動モードでの磁化過程は追随できないため,高い透磁率を得るには,磁化困難軸方向の磁界に対するスピン回転モードを利用する必要がある.これからも磁区の制御は,磁性体を高周波磁界で利用するうえで,大切な技術となる.

d. 有限要素法を中心とした高周波電磁界解析

周波数ドメインの代表的な電磁界解析法は,おもなものとして有限要素法(FEM:finite element method)とモーメント法(MoM:method of moments)がある.タイムドメインでの代表的な電磁界解析法には FDTD(finite difference time domain)法がある.モーメント法と FDTD については,ほかの節で詳しく述べられるので,本節では有限要素法を中心に高周波電磁界の解析について述べ,モーメント法と FDTD 法については,有限要素法との比較のため,その基本原理のみ最後に述べる.

タイムドメインでの解法が,電磁界の過渡的な状態を解析するのに対し,周波数ドメインでの解法は,有限要素法の離散化にリッツ法(レイリー・リッツ法ともよぶ)が用いられることからもわかるように,系の安定(定常)状態を求めている.計測器でいえば,FDTD 法などのタイムドメイン法がディジタルオシロスコープなのに対し,有限要素法のような周波数ドメイン法は,スペクトラムアナライザにあたる.

ここで解くべき問題は,次式の形で書ける.

$$Lf = g \qquad (5.6.10)$$

ここで,L はオペレーターであり,f が求めるべき未知関数,g が励起源を表す未知関数である.電磁界のモーメント法では通常,求めるべき未知数に導体の表面電流,励起にあたる既知関数 g に電界を考え,オペレーター L の逆オペレーター L^{-1} は,積分関数であるグリーン関数となる.一方,有限要素法は,領域 Ω 内の,後述の式(5.6.13),(5.6.14)を,境界 Γ 上での境界条件に基づき解く方法で,通常,その磁気ベクトルポテンシャル A と電気スカラーポテンシャル ϕ を未知数に,励起電流密度 J または電荷密度 ρ を既知関数におく.

ここで,後述の式(5.6.13),(5.6.14)は,連続な関数 f に対しては,数値的に解けないので,未知関数 f を次のような有限な級数に展開する.

$$f = \sum_n \alpha_n f_n \qquad (5.6.11)$$

ここで,α_n は定数,f_n は展開係数もしくは基底関数とよばれる.このように未知関数を,式(5.6.11)のように,有限な数の展開関数で展開することで,電磁方程式は自己随伴(self-adjoint)[10] な微分方程式であることから,随伴

マトリックス L^{*t} (L^{*t}：複素共役の転置) は，$L=L^a$ が成り立つ自己随伴マトリックス，いわゆるエルミートマトリックスとなる．このことは，後に述べる定式化の基礎になる．

有限要素法はもともと静磁界解析から発達し，高周波におけるコマーシャルな解析ツールが出て，その応用が広まったのは比較的最近である．解析ツールもかなり汎用なものになってきたが，それでも実際の磁性デバイスなどの解析には，ある程度の基礎知識が必要であり，以下，ツールを使う立場から必要な基本理論，特長と欠点を解説する．

(i) **基礎方程式**　有限要素法には，あとで簡単に述べるような，要素の辺に未知数を割り付ける辺要素を用いた有限要素法もあるが，ここではより一般的な接点に未知数を割り付ける接点要素の有限要素法について述べる．接点に変数を割り付ける場合，電界，磁界を直接解こうとすると，それぞれ (x,y,z) の3変数，合計6変数となる．それに対しポテンシャルを変数とした場合には，磁気ベクトルポテンシャル A の (x,y,z) の3成分と電気スカラーポテンシャル ϕ の合計4変数で解ける．ここで，A,ϕ を，それぞれ角周波数 ω で振動する正弦的に振動するポテンシャルとすると，式(5.6.1), (5.6.3), (5.6.4)は周波数ドメインにおいて，次のように書ける．

$$E = -\mathrm{grad}\,\phi - \omega A \qquad (5.6.12)$$
$$\mathrm{rot}\,\mu^{-1}\mathrm{rot}\,A = (\sigma+i\omega\varepsilon)(i\omega A - \mathrm{grad}\,\phi) \qquad (5.6.13)$$
$$\mathrm{div}\left(\frac{\sigma}{i\omega}+\varepsilon\right)(i\omega A + \mathrm{grad}\,\phi) = 0 \qquad (5.6.14)$$

通常，有限要素法では，ゲージ条件は課さずに，A についてのベクトル波動方程式(5.6.13)と ϕ に関するスカラー波動方程式(5.6.14)を，そのまま離散化して解く．

(ii) **離散化**　有限要素法の離散化の方法としては，リッツ法とガレルキン法がある．リッツ法は，汎関数法，変分法ともよばれ，物理的にはエネルギー最小原理に対応する．磁気ベクトルポテンシャル A と電気スカラーポテンシャル ϕ を変数としたエネルギー汎関数 F の変分をゼロとする状態が，いわゆる定常状態である．そこで，式(5.6.13), (5.6.14)の中で，ポテンシャルを適当な展開関数を用いたものを代入し，その変分をゼロとする式から，求めるべきマトリックス方程式と自然境界条件が導かれる．一方，ガレルキン法は，重み付き残差法の一種で，展開関数と重み関数（試験関数）に同じ関数を用いる手法である．ポテンシャルを近似関数で展開し，式(5.6.13)の各項を左辺にまとめてゼロに等しいとおいた式と式(5.6.14)に代入する．この場合，ポテンシャル関数は近似関数であるので，残差 r が出る．この残差に重み関数 w_i（$=$展開関数 f_i）を掛けたものを全領域 Ω で積分した値をゼロとおくことで，求めるべきマトリックス方程式と，自然境界条件を導く．離散化の方法によって，出てくるマトリックス方程式は同じだが，自然境界条件は異なるので，汎用のプログラムを使う場合には，マニュアルで確認する必要がある．

(iii) **有限要素法のマトリックスの解法**　上で求められたマトリックス方程式(式(5.6.15))を解くには，マトリックス $[S]$ の逆マトリックス $[S]^{-1}$ を式(5.6.15)の左から掛けてやればよい．

$$[S]\begin{bmatrix}A\\\phi\end{bmatrix}=[b] \qquad (5.6.15)$$

ここで，このマトリックス $[S]$ は $(N\times N)$（N：未知数の数）のマトリックスであるが，スパースな対称マトリックスになる．たとえば，三次元有限要素法でよく用いられる tri-linear（式(5.6.16)のように有限要素内のポテンシャル ϕ^e を展開）な6面体8接点要素（図5.6.5(a)）を用いると，一つの接点は八つの有限要素の構成点となり，同図(b)に示すように27個の接点と相互作用する．

$$\phi^e = a_1 + a_2 x + a_3 y + a_4 z + a_5 xy + a_6 yz + a_7 zx + a_8 xyz \qquad (5.6.16)$$

いま，各接点は4自由度をもつことから，マトリックスの一つの行，列に入る非ゼロ項の数は108となり，これは N がどんなに大きくなっても変わらない．逆マトリックス $[S]^{-1}$ を求める手法としては，ガウスの消去法のような直接法と，CG（conjugate gradient）のような間接法がある．間接法は，メモリも少なくてすみ，（収束すれば）計算時間も速いが，薄膜磁気デバイスのように厚みの薄い金属面で構成されているモデルの場合，どうしても有限要素のアスペクト比が大きくなり，また，導電率 σ をもった有限要素が入ると収束がきわめて悪くなり，時に発散を起こす．最近は，ハードウェアとしてもメモリが安価で大容量化してきており，安定して確実に真の解が得られることから，直接法もよく用いられる．

(iv) **有限要素法の特長と欠点**　有限要素法の特長と

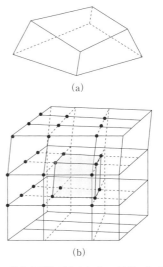

図5.6.5　8接点六面体要素 (a) と，行列の非ゼロとなる近接27ノード (b)

しては，"対象物を実際に近い形で，実際の材料定数で解ける"点にある．ユーザーは，境界条件にさえ気をつければ，その物理現象をいかにモデル化するかに集中できる．（実際には，限られたメモリの中で，いかに誤差の少ないように有限要素分割するかなど経験的ノウハウも大きいが……)，また，マトリックスがスパースな対称マトリックスで，マトリックスの各要素の計算も比較的簡単な加減乗除でき，マトリックスサイズのわりに計算時間が速いのも有限要素法の特長である．

一方，有限要素法の欠点は，逆マトリックスの計算に膨大なメモリ容量を必要とする点があげられる．たとえば，たかだか10 000 未知接点（4万変数（A_x, A_y, A_z, ϕ））の問題でも，ガウスの消去法では，マトリックスを記憶させるだけでも倍精度で，40 000×1000（対称マトリックスのバンド幅を1000として）×8 Byte×8 bits Byte^{-1}，ということで5 Gbit 程度になる．しかし，ハードウェアの進歩と低価格化のスピードは速く，大きなサイズの問題を"腕力"で解くことが可能となってきている．

もう一つ，ポテンシャルを用いた有限要素法の問題としてよくいわれるのが"スプリアス解"の問題である．スプリアス解とは，磁束密度 B の発散がゼロ，電束密度 D の発散が電荷密度 ρ にならない解をいう．有限要素法では，式(5.6.13)，(5.6.14)に真に連続なポテンシャル関数でなく，各要素内のポテンシャル分布に式(5.6.10)のように近似した関数を用いているため，たとえ多次元要素を用いても，1階微分は不連続になり，求めた解（ポテンシャル）は，いわゆる弱解となり，最終的に，磁束密度 B と電束密度 D の発散条件が満たされなくなり，非物理的な解が現れる．スプリアス解を除去する方法としては，定式化の段階で"ペナルティ項"を付加したり[11]，辺要素[12]を用いたりする方法が提案されている．

（ⅴ）モーメント法とFDTD法

（1）**モーメント法**：モーメント法では，式(5.6.10)でオペレーター L が積分関数であることから，各要素の計算には，通常，二重積分が現れる．このため，ガレルキン法での離散化により，原理的にはすべての場合に汎用なモーメント法というのも可能であるが，実際には，それぞれの問題に適した重み関数や展開関数を用いることで，計算の高速化を図っている[13]．また，磁生体の取り扱いなどでは，有限要素法と違い，通常，ソースコードレベルでの"カスタマイズ化"が必要になる．また通常，式(5.6.10)の未知関数 f には，表面電流 J（表面磁流 J_m），既知関数 g には外部ソースによる印加電界 E_i（印加磁界 H_i）を割りつける．また，オペレーター L は，系内の物質からの散乱電界（磁界）を E_s（H_s）とするとその接線成分により，次式で定義される．

$$LJ = (-E_s)_{\tan} = (j\omega A + \mathrm{grad}\,\phi)_{\tan} \quad (5.6.17)$$

ここで，A は，磁気ベクトルポテンシャル，ϕ は電気スカラーポテンシャルで，一般には以下のように定義される．

$$A(r) = \mu_0 \iiint J(r') \frac{e^{-jkR}}{4\pi R} dv' \quad (5.6.18)$$

$$\phi(r) = \frac{1}{\varepsilon_0} \iiint q(r') \frac{e^{-jkR}}{4\pi R} dv' \quad (5.6.19)$$

ここで，有限要素法と同じように，未知関数 f を式(5.6.11)のように展開する．一般に領域 Ω での関数 f と g の内積は，以下のように計算される．

$$\langle f, g \rangle = \iiint_\Omega f g^* d\Omega \quad (5.6.20)$$

ここで，g^* は g の複素共役関数を表す．L の領域内の適当な重み関数 w_m との内積をとることにより，次式となる．

$$\sum_n a_n \langle w_m, L f_n \rangle = \langle w_m, g \rangle \quad (5.6.21)$$

これは，マトリックス $[l_{mn}]$，縦ベクトル $[\alpha_n]$，$[g_m]$ を用いて以下の式で書ける．

$$[l_{mn}][\alpha_n] = [g_m] \quad (5.6.22)$$

上に述べたように，未知関数 f に電流，既知関数 g に電界を割り付けると，マトリックス $[l_{mn}]$ はインピーダンス $[Z_{mn}]$，縦ベクトル $[\alpha_n]$ は電流 $[J_n]$，右辺の縦ベクトル $[g_m]$ は，電圧 $[V_m]$ を表す．

モーメント法の場合，マトリックスの各要素の計算は複雑な積分計算となる．その計算を（精度を落とすことなく）近似的に高速にするため，モデルに対応してさまざまな展開関数，重み関数が用いられている．その代表的なものとして，ポイントマッチング（point matching）法，部分領域（subsection）法がある．ポイントマッチング法は，離散的な各点においてのみ，式(5.6.21)が成り立つとして，その重み関数としてディラックのデルタ関数を用い，内積計算における積分の次数を下げている．この方法は，有限要素法やFDTD法が苦手としている導線のような"細く長い線路"の解析などに用いられる．部分領域法は，未知関数 f の部分的な領域ごとに展開関数 f_n を用いる方法で，各部分領域ごとに三角形関数や正弦関数を用いて近似する．実際のモーメント法の定式化は，複雑でモデルごとに異なるが詳細は他節を参照されたい．

モーメント法の利点の一つは，複雑な形状の線路から構成されるデバイスに対する高周波磁界解析が，分割も簡単で，比較的高速にできることにある．モーメント法では，物質の表面だけをメッシュ分割すればよく，物質の内部，空間の分割はいらない．また，積分法であるので，有限な領域，境界条件を設定する必要がなく，無限遠方での放射パターンの解析などが比較的簡単にできる．欠点としては，逆に磁性体など物質の内部を分割しないため，磁性体の透磁率を，表面インピーダンスの形で表面要素に取り込む必要がある．磁性体の表皮深さを考慮するような問題への対応は，ほとんど不可能である．また，有限要素法やFDTD法と違って汎用化が難しく，問題に合わせてソースコードレベルの最適化が必要なことも"ツール"としては欠点となる．

（2）**FDTD法**：FDTD（finite difference time domain）法は，時間項を含めた差分法で，1966 年の"Yee

"格子"の提案[14]を起源とするが，実際にアンテナなどの解析に応用されだしたのは，Murによる吸収境界に関する論文[15]などの出た1980年代になってからである．当時は，おもに軍事用に，大型並列計算機による大規模な計算が主だった．1990年代になると，ワークステーションレベルでかなり実用的な解析が行われるようになり，磁気デバイスの分野でもいくつかの応用例が報告されている[16]．FDTD法に関する一般的な解説としてはTafloveによるテキスト[17]を参照されたい．

FDTD法の基本原理は，"電磁界といえどもその伝搬速度は，真空中での光の速さ c を超えることはない"という自然原理に基づいている．図5.6.6は，上に述べた"Yee格子"を示す．すなわち，電界と磁界の各成分を，1/2格子ずつずらしながら割り付ける．FDTD法では，マクスウェルの方程式のうち電界，磁界のローテーションの式，すなわち，ファラデー則とアンペール則のみを用いて定式化する．また，電界と磁界を対称に扱うよう，電流密度 j/A m^{-2} 以外に，磁流密度 j_m/V m^{-2} を導入する．

$$\frac{\partial \boldsymbol{B}}{\partial t} = -\mathrm{rot}\,\boldsymbol{E} - \boldsymbol{j}_\mathrm{m} \quad (5.6.23)$$

$$\frac{\partial \boldsymbol{D}}{\partial t} = \mathrm{rot}\,\boldsymbol{H} - \boldsymbol{j} \quad (5.6.24)$$

ここで，たとえば，(i,j,k) の位置の，時間 $(n+1/2)$ での磁界 $\boldsymbol{H}$ の x 成分は，式(5.6.25)から，その差分式を求め，まとめると式(5.6.26)のように表せる．

$$\frac{\partial H_x}{\partial t} = \frac{1}{\mu}\left(\frac{\partial E_y}{\partial z} - \frac{\partial E_z}{\partial y} - \rho' H_x\right) \quad (5.6.25)$$

$$H_x|_{i,j,k}^{n+1/2} = \left(\frac{1-(\rho'_{i,j,k}\Delta t/2\mu_{i,j,k})}{1+(\rho'_{i,j,k}\Delta t/2\mu_{i,j,k})}\right)H_x|_{i,j,k}^{n-1/2}$$
$$+ \left(\frac{\Delta t/\mu_{i,j,k}}{1+(\rho'_{i,j,k}\Delta t/2\mu_{i,j,k})}\right)$$
$$\times \left(\frac{E_y|_{i,j,k+1/2}^n - E_y|_{i,j,k-1/2}^n}{\Delta z} - \frac{E_z|_{i,j,k+1/2}^n - E_z|_{i,j,k-1/2}^n}{\Delta y}\right)$$
$$(5.6.26)$$

すなわち，$(n+1/2)\Delta t$ 時間の磁界 $\boldsymbol{H}$ の x 成分は，Δt 時間"過去"の同じ (i,j,k) 位置での磁界 H_x と，$(1/2)\Delta t$ 時間"過去"で，(i,j,k) のまわりの $(i,j\pm 1/2,k)$，$(i,j,k\pm 1/2)$ 位置での電界 E_y, E_z それと，(i,j,k) 位置の透磁率などの既知の材料定数で表される．ここで，ρ'/Ω m^{-1} は，等価磁気抵抗率を表す．このように，初めに任意の初期条件としての電界 $\boldsymbol{E}$，もしくは，磁界 $\boldsymbol{H}$ を与えることでリープフロッグ(leap frog)式に，Δt ごとの電界，磁界分布を求めることができる．電界と磁界とは，時間的に $(1/2)\Delta t$ ごとずれて求まる．

FDTD法の利点としては，上の原理からわかるようにマトリックスを解く必要がないということにある．そのため，100万要素程度の計算が200 MByte程度のメモリで可能である．もう一つの利点としてとしては，タイムドメインでの解析法ということでSPICEなどの回路プログラムとの融合[18〜20]が比較的簡単にできることにある．

FDTD法の欠点としては，差分法であるということから，要素のアスペクト比を大きく(1:10程度でも)とると発散するということがある．そのため，分割要素は"シュガーキューブ(sugar cube)"とよばれる立方体要素が一般的である．さらに，FDTD法は，時間項も含めた差分法であるため，時間項($c\Delta t$: c は真空中での光の速度)についてのアスペクト比(時間のキザミの細かさ)も考える必要がある．そのため，低周波の解析は計算時間が膨大となり適さない．

文　献

1) 山口正洋，高橋祐一，末沢健吉，熱海浩二，荒井賢一，菊池新喜，島田 寅，李 衛東，田邉信二，高田政宏，電気学会マグネティクス研究会，MAG-98-16 (1998).
2) 末沢健吉，高橋祐一，山口正洋，荒井賢一，菊池新喜，島田 寅，田邉信二，伊東健司，電気学会マグネティクス研究会，MAG-98-247 (1998).
3) エリ・ランダウ，イェ・リフシッツ著，井上健男，安河内昴，佐々木 健 訳，"電磁気学—連続媒質の電気力学"，東京図書 (1965).
4) Charles Kittel, "Introduction to Solid State Physics—Second Edition", John Wiley (1953).
5) 李 衛東，北上 修，島田 寛，末沢健吉，山口正洋，荒井賢一，田邉信二，電気学会マグネティクス研究会，MAG-98-14 (1998).
6) たとえば，大田恵造，"磁気工学の基礎 II" 9章，p. 354，共立出版 (1973).
7) M. Yamaguchi, K. Suezawa, K. I. Arai, *J. Appl. Phys.*, **85** (1999).
8) A. Hosono, S. Tanabe, Proceeding of the 6th International Conference on Ferrites (ICF6), pp. 532-535 (1992).
9) 文献6), 7章, pp. 312-313.
10) G. Arfken, "Mathematical Methods for Physicists", Ch. 9, Academic Press (1970).
11) N. A. Demerdash, R. Wang, *IEEE Trans. Magn.*, **26**, 1656 (1990).
12) M. Hano, *IEEE Trans. Microwave Theory Tech.*, **MTT-32**, 1275 (1984).
13) R. F. Harrington, "Field Computation by moment Methods", IEEE Press (1992).

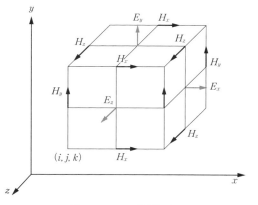

図5.6.6　Yee空間格子

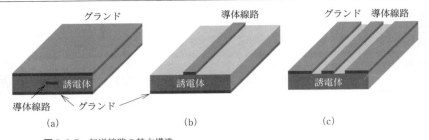

図 5.6.7 伝送線路の基本構造
(a) ストリップ線路　(b) マイクロストリップ線路　(c) コプレーナ線路

14) K. S. Yee, *IEEE Trans. Antenna Propag.*, **14**, 302 (1966).
15) G. Mur, *IEEE Trans. EMC*, **23**, 377 (1981).
16) 田邉信二, 信学技報, **MR98-24** (1998).
17) A. Taflove, "Computation Electrodynamics: The Finite-Difference Time-Domain Method", Artech House (1995).
18) V. A. Thomas, *et al.*, *IEEE Microw. Guid. Wave Lett.*, **4**, 141 (1994).
19) G. Kobidze, EMC '99 Tokyo, 19P1-5 (1999).
20) 田邉信二, 山口正洋, 三菱電機技報 4 月号 (1999).

5.6.2 伝送線路デバイス

伝送線路は高周波回路において信号配線に用いられるだけでなく, 分布定数回路の多様な動作を利用したインピーダンス変換器やフィルタなどの高周波受動デバイスとして多用されている. また, 磁性体を線路に装荷することで高周波受動デバイスの小型化や高機能化に大きく寄与する. 本項では, 伝送線路の基礎, 磁性体を装荷した高周波伝送線路デバイスの試作例について述べる.

a. 伝送線路デバイスの基礎

（ⅰ）伝送線路の基本構造　伝送線路は誘電体と導体のみで構成されるきわめて単純な構造を有し, 図 5.6.7 に示すように, 導体線路とグランドの配置によってストリップ線路, マイクロストリップ線路, コプレーナ線路に大別される. 導体線路が誘電体を介してグランド面で挟まれている場合をストリップ線路とよび, 電磁界の内部の閉じ込め効果が高い. 導体線路の片側だけにグランドがある場合をマイクロストリップ線路とよぶ. 導体線路の片側自由空間では電磁界は広がりをもつので, アンテナにも使用される. 導体線路とグランドを同一面内に配置する場合をコプレーナ線路とよぶ. 同一面内に信号配線とグランドを配置した平面回路としての特徴を生かしてマイクロ波集積回路に多用される.

（ⅱ）伝送線路の特性インピーダンス, 伝搬定数　伝送線路は, 線路の単位長さあたりのインダクタンス L_o/H m^{-1} と直列抵抗 R_o/Ω m^{-1} で表される直列インピーダンス, 線路-グランド間の単位長さあたりのキャパシタンス C_o/F m^{-1} とコンダクタンス G_o/S m^{-1} で表される並列アドミッタンスを用いて, 図 5.6.8 のような分布定数回路として表現される. 信号伝送特性の重要なパラメーターとし

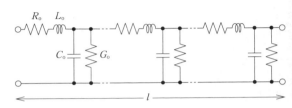

図 5.6.8 分布定数回路

て, 特性インピーダンス Z_c, 伝搬定数 γ があり, ω を角周波数として, 次式で表される.

$$Z_c = \sqrt{\frac{R_o + j\omega L_o}{G_o + j\omega C_o}} \qquad (5.6.27)$$

$$\gamma = \sqrt{(R_o + j\omega L_o)(G_o + j\omega C_o)} = \alpha + j\beta \qquad (5.6.28)$$

ここで, α を減衰定数, β を位相定数とよぶ. $R_o \ll \omega L_o$, $G_o \ll \omega C_o$ となる低損失線路では, 式(5.6.29)となり, この場合の線路を伝搬する信号波長 λ は $\beta\lambda = 2\pi$ を用いて式(5.6.30)のように表される.

$$Z_c \fallingdotseq \sqrt{\frac{L_o}{C_o}}, \quad \gamma \fallingdotseq j\omega\sqrt{L_o C_o} = j\beta \qquad (5.6.29)$$

$$\lambda = \frac{2\pi}{\beta} = \frac{1}{f\sqrt{L_o C_o}} \qquad (5.6.30)$$

インピーダンス Z_L で終端される場合の伝送線路の入力インピーダンス Z_{in} は次式で与えられる.

$$Z_{in} = Z_c \frac{Z_L + jZ_c \tan(\beta l)}{Z_c + jZ_L \tan(\beta l)} \qquad (5.6.31)$$

ここで, l は伝送線路の線路長であり, 終端されるインピーダンス Z_L が伝送線路の特性インピーダンス Z_c に等しい場合を整合終端とよび, 線路のどの点でも電圧と電流の比は特性インピーダンスに等しくなる.

（ⅲ）1/4 波長伝送線路変成器　高周波回路では信号源から負荷に最大電力で信号を供給するため, 信号源インピーダンス Z_s と負荷インピーダンス Z_L の間にインピーダンス変換器を設けてインピーダンスの整合を図る必要がある. 携帯電話や無線 LAN などの準マイクロ波帯では LC 回路によるインピーダンス整合が用いられる場合が多い.

一方, 図 5.6.9 に示すような, 線路長 l が信号波長の 1/4 になる周波数における変成作用を利用した 1/4 波長伝送線路変成器はマイクロ波帯以上の周波数で用いられる. 周波数が高いことで 1/4 波長に同調する線路長を短くで

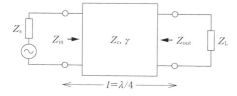

図5.6.9 1/4波長伝送線路変成器

き，1本の線路のみでインピーダンス変換できる利点がある．低損失線路を仮定し，式(5.6.31)に $l=\lambda/4$ を代入すると，信号源側から見た1/4波長線路の変成器の入力インピーダンス Z_{in} は，次式となる．

$$Z_{in} = \frac{Z_c^2}{Z_L} \tag{5.6.32}$$

$Z_{in}=Z_s$ とすれば信号源インピーダンス Z_s と整合するので，伝送線路の特性インピーダンス Z_c を次のように設定する．

$$Z_c = \sqrt{Z_s Z_L} \tag{5.6.33}$$

負荷側から見た伝送線路の出力インピーダンス Z_{out} は，式(5.6.34)となり，$Z_{out}=Z_L$ となれば負荷インピーダンス Z_L と整合する．

$$Z_{out} = \frac{Z_c^2}{Z_s} \tag{5.6.34}$$

したがって，式(5.6.33)の特性インピーダンスに設定することで信号源側も負荷側もインピーダンス整合する．

LC整合回路，1/4波長伝送線路変成器は共振条件で動作するため広帯域のインピーダンス整合は困難である．可変インダクタやキャパシタによるチューナブル整合回路，あるいは，巻線と鉄心材料を用いた電磁誘導型の広帯域変成器が実現できれば，広帯域でインピーダンス整合を実現することができる．とくに，前者については，携帯電話の無線回路のマルチバンド化に対応したチューナブルインダクタの開発が最近になって活発になっている[1,2]．

(iv) 終端短絡，開放スタブ 終端を短絡した（$Z_L=0$）伝送線路を終端短絡スタブ，終端を開放した（$Z_L=\infty$）伝送線路を終端開放スタブとよぶ．式(5.6.31)に，それぞれ $Z_L=0$，$Z_L=\infty$ を代入すると，スタブの入力インピーダンスは次式のように与えられる．

$$Z_{in,short} = jZ_c \tan(\beta l) \quad (終端短絡スタブ) \tag{5.6.35}$$

$$Z_{in,open} = \frac{Z_c}{j \tan(\beta l)} \quad (終端開放スタブ) \tag{5.6.36}$$

図5.6.10は，終端短絡および終端開放スタブの入力インピーダンス $Z_{in,short}$，$Z_{in,open}$ と βl の関係を示すものである．$\beta l = \pi/2$（$l=\lambda/4$）となる周波数以下では終端短絡スタブは誘導性であり，$\beta l = \pi/2$（$l=\lambda/4$）となる1/4波長同調周波数とその奇数倍の周波数で反共振（LC並列共振）となる．終端開放スタブは $\beta l = \pi/2$（$l=\lambda/4$）となる周波数以下では容量性となり，$\beta l = \pi/2$（$l=\lambda/4$）となる1/4波長同調周波数とその奇数倍の周波数で共振（LC直列共振）となる．

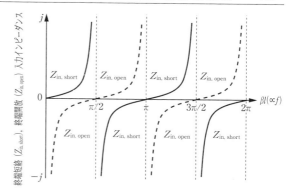

図5.6.10 終端短絡，終端開放スタブの入力インピーダンス特性

1/4波長共振器は一つのLCタンク回路とみなせるので，高周波回路における発振回路の共振器として用いられるほか，共振，反共振時の入力インピーダンスを利用して帯域阻止フィルタや帯域通過フィルタとして利用することができる．

(v) 磁性体装荷伝送線路デバイス インピーダンス変換器や共振器は高周波回路にとって重要な受動素子であり，これらを1/4波長伝送線路で構成できれば，複数のLC素子を用いることなく，1個の素子で代替できるので，回路の小型化や低コスト化が期待できる．800 MHz～数GHzの準マイクロ波帯周波数を利用する携帯電話や無線LANなどの高周波回路では，1/4波長伝送線路デバイスが用いられることはほとんどない．準マイクロ波帯周波数では1/4波長線路長が長く，デバイスを現実的なサイズに小さくすることが困難であるからである．

式(5.6.30)で示した伝送線路の信号伝搬波長から，1/4波長伝送線路の線路長 l_0 は，次式で与えられる．

$$l_0 = \frac{1}{4f\sqrt{L_0 C_0}} \tag{5.6.37}$$

1/4波長線路長 l_0 を短縮してデバイスサイズの縮小を実現するには，線路の分布インダクタンス L_0，分布キャパシタンス C_0 を大きくすればよい．ただし，L_0，C_0 は線路の特性インピーダンス Z_c にも関係するため，必要とする Z_c を満足する組合せとして L_0，C_0 を選定する必要がある．

一般的には，伝送線路内の電磁界伝搬媒質の透磁率，誘電率を高くすることで伝搬波長が短縮され，1/4波長線路長を短くすることができる．分布インダクタンス L_0 が電磁界伝搬媒質の実効透磁率 $\mu_{eff.}$ に比例し，分布キャパシタンス C_0 が実効誘電率 $\varepsilon_{eff.}$ に比例するとすれば，$\mu_{eff.} \cdot \varepsilon_{eff.}$ 積の大きな媒質を利用することで1/4波長線路長 l_0 を短くでき，1/4波長伝送線路デバイスの小型化が期待できる．$\mu_{eff.} \cdot \varepsilon_{eff.}$ 積の大きな単一材料としては磁性フェライトがあり，Ni-ZnフェライトやYIGが高周波用の共振器や移相器に利用されてきたが，温度特性が悪い，飽和磁化と磁気異方性がともに小さいため自然共鳴周波数が低く，GHz

帯以上で利用するためには直流バイアス磁界を必要とし，小型化が困難などの欠点がある．最近では，結晶磁気異方性の大きい Zn_2Y 六方晶フェライト単結晶フェライト基板を用いた数十 GHz 帯伝送線路デバイスの試作例[3]も報告されている．

同一媒質で $\mu_{eff}\cdot\varepsilon_{eff}$ 積を大きくする方法のほかに，磁性体と誘電体を積層したハイブリッド媒質[4]を用いて波長短縮を図ろうとする試みが行われており，1 μm-ポリイミド誘電体膜/1 μm-Co-Zr-Nb アモルファスソフト磁性薄膜/1 μm-ポリイミド誘電体薄膜のハイブリッド構成によるマイクロストリップ線路では，自由空間波に対するマイクロストリップ線路の伝搬波長が約 1/16 に短縮することが示されている[5]．

b．磁性体装荷高周波伝送線路デバイスの例

磁性体を伝送線路に装荷することによって信号波長の短縮をねらった伝送線路デバイスの小型化のほか，強磁性共鳴吸収を利用したフィルタ，携帯電話送信系アイソレータへの適用，高感度磁界センサへの応用例が報告されている．

（i）1/4 波長伝送線路デバイス　誘電体膜伝送線路にソフト磁性薄膜を装荷し，誘電体膜の誘電率とソフト磁性薄膜の透磁率による波長短縮効果を利用した 1/4 波長伝送線路デバイスが試作されている．

図 5.6.11 は 1/4 波長伝送線路変成器の試作例を示すものであり，スパイラル導体ラインを線路に用い，ポリイミド誘電体膜と Co-Zr-Nb ソフト磁性薄膜の積層体を媒質に採用したものである[6]．スパイラル導体ラインの隣接導体ライン間の相互インダクタンスはソフト磁性薄膜による磁気結合によって増大するので，直線導体ラインの場合よりも分布インダクタンスが増大し，より大きな波長短縮効果が期待される．同図(b)は，導体線路長を 10 mm 一定として，直線線路の場合を基準に（スパイラル巻数 N；0）スパイラル巻数 N を 4 まで変えて試作したデバイスの面積をプロットしたものであり，$N=4$ の場合には直線線路の場合の 1/4 程度にデバイス面積が小さくなる．図 5.6.12(a)は，スパイラル巻数 N をパラメーターにした場合の特性インピーダンス Z_c の周波数特性を示したものであり，スパイラル巻数の増大に伴って隣接導体ライン間の相互インダクタンスが増加するため，分布インダクタンスの増大により特性インピーダンス Z_c が大きくなる．同図(b)は 1/4 波長同調周波数 $f_{\lambda/4}$ を 750 MHz に固定した場合の 1/4 波長線路長 $l_{\lambda/4}$ と挿入損 $L_{\lambda/4}$ のスパイラル巻数依存性を示したものである．図中の点線は隣接線路間の磁気結合を考慮した結合分布定数回路法による計算値である．スパイラル巻数の増加による分布インダクタンスの増大によって，1/4 波長線路長が直線線路（N；0）の 10 mm から 4 ターンのスパイラル巻数では 8 mm 程度まで短くなる．挿入損 $L_{\lambda/4}$ のスパイラル巻数に対する依存性はほとんどない．スパイラル線路の巻数を増やすことで同じ線路長でもデバイス面積を縮小でき，加えて，磁性体の装荷に

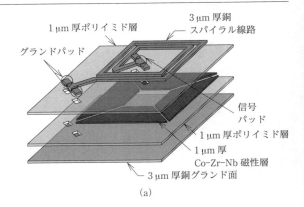

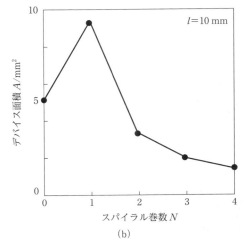

図 5.6.11　スパイラル導体ライン型 1/4 波長伝送線路変成器の試作例
　(a) 模式図と上面写真　(b) スパイラル巻数とデバイス面積の関係
［H. Suzuki, Y. Uehara, et al., IEEE Trans. Magn., **41**, 3574 (2005)］

よる隣接線路間の磁気結合の増大により 1/4 波長の線路長を短縮できるので，1/4 波長伝送線路デバイスの小型化に非常に有効であるといえる．

金属磁性薄膜を伝送線路に装荷した場合，線路の影像電流が磁性薄膜面内を流れるため挿入損が増大する．影像電流は磁性薄膜の垂直磁束成分によって発生する面内渦電流によるものであり，金属磁性薄膜では渦電流経路を短くするためのスリットパターンの導入が有効である．図 5.6.13 は 1/4 波長伝送線路変成器の挿入損低減を目的として試作されたスリットパターン化 Co-Fe-B アモルファスソフト磁性薄膜コプレーナ線路[7]の模式図を示したものである．コプレーナ線路の導体ラインの下部に，ポリイミド誘電体膜/スリットパターン化 Co-Fe-B 磁性薄膜/ポリイミド誘電体膜の積層膜を装荷したものである．図 5.6.14(a)は，0.15 μm 厚 Co-Fe-B 磁性薄膜の全幅を 200 μm 一定として，スリット分割なしの場合を基準とし，10 μm のスリッ

5.6 高周波磁気

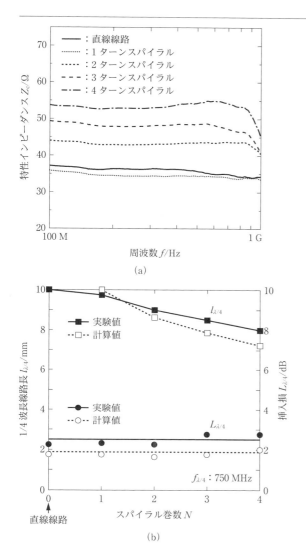

図 5.6.12 スパイラル導体ライン型 1/4 波長伝送線路変成器の諸特性
(a) 特性インピーダンス (b) 1/4 波長線路長,挿入損とスパイラル巻数の関係
[H. Suzuki, Y. Uehara, et al, IEEE Trans. Magn., **41**, 3576 (2005)]

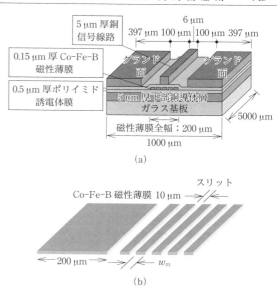

図 5.6.13 スリットパターン化 Co-Fe-B 磁性薄膜 1/4 波長伝送線路変成器の試作例
(a) 模式図 (b) Co-Fe-B 磁性薄膜のスリットパターン化
[H. Nakayama, M. Yagi, et al., J. Appl. Phys., **99**, 08P508-2 (2006)]

トで線路長手方向に分割した場合の単位長さあたりの挿入損をプロットしたものである.図中には Co-Fe-B 膜のストリップ幅 w_m として 10 μm, 20 μm, 40 μm, 200 μm(スリットなし)の4通りが示してある.分割なしのストリップ幅 200 μm の Co-Fe-B 磁性薄膜を用いた場合,1.4 GHz の周波数から挿入損が急増するのに対し,スリット分割してストリップ幅を小さくすることによって挿入損の増大を大幅に抑制できることがわかる.これは,スリット分割による面内渦電流の抑制だけでなく,スリット導入による磁化困難軸方向の反磁界効果による Co-Fe-B 磁性薄膜の強磁性共鳴周波数の高周波化が寄与しているものと考えられ

る.図(b)は,1/4 波長伝送線路デバイスの挿入損 $L_{\lambda/4}$ の周波数依存性をプロットしたものである.挿入損 $L_{\lambda/4}$ が最小となる最適周波数が存在し,最適周波数より低い周波数では導体線路の損失が支配的,最適周波数より高い周波数では磁性薄膜の損失が支配的となる.スリットの導入によって Co-Fe-B 磁性薄膜の占積率が低下するので,伝送線路の波長短縮効果が弱くなり,1/4 波長線路長が長くなると同時に,挿入損 $L_{\lambda/4}$ 最小となる最適周波数が高周波側にシフトする.金属磁性薄膜へのスリットの導入は,同じ周波数で考えた場合,1/4 波長線路の挿入損を低減することにはつながらず,むしろ,スリットの導入により高周波側の挿入損の増加が抑制されることで,1/4 波長伝送線路の高周波化の手段として有効であるといえる.

(ii) 磁界結合を利用した方向性結合器 携帯電話無線回路の送信電力制御のための方向性結合器として,高周波(RF)IC への集積化を目的とした Co-Fe-B 磁性薄膜方向性結合器が試作され,小信号伝送特性に加えて,携帯電話送信系の数 W の通過電力を模擬した大信号伝送特性が報告されている[8].図 5.6.15 は,磁性薄膜方向性結合器の外観写真とデバイス内の電磁結合を模式的に示したものである[9].Co-Fe-B 磁性膜は平行線路の下部に配置され磁気結合を強める役割を果たしている.また,上部電極と下部浮遊共通電極によるポリイミドキャパシタ(MIM キャパシタ)が四つのポートに配置され,隣接ポート間に容量結合部を発生させる.磁気結合線路部と容量結合部が分離されているため両者を独立に調整できる.磁気結合線路部の磁界結合に寄与する磁束は透磁率の高い金属磁性膜

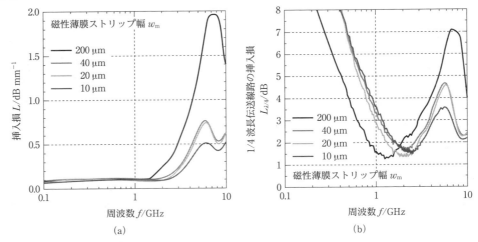

図 5.6.14 スリットパターン化 Co-Fe-B 磁性薄膜 1/4 波長伝送線路変成器の諸特性
(a) 単位長さあたりの挿入損 (b) 1/4 波長伝送線路の挿入損
[H. Nakayama, M. Yagi, *et al.*, *J. Appl. Phys.*, **99**, 08P508-3 (2006)]

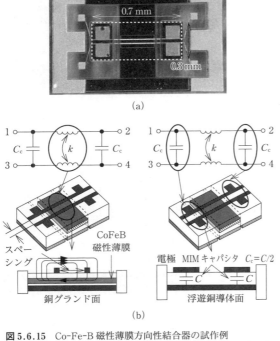

図 5.6.15 Co-Fe-B 磁性薄膜方向性結合器の試作例
(a) デバイスの上面写真 (b) 平行線路間の磁気結合と容量結合
[佐藤敏郎, 遠藤 恭, 曽根原 誠, 電学論 A, **130**, 47 (2010)]

に集中するため, 単位線路長あたりの相互インダクタンスを大きくでき, 線路長を短くしても結合度を維持できる. Co-Fe-B 磁性薄膜は宗像ら[10] が開発したもので, 比透磁率は 180, 強磁性共鳴周波数は約 3.7 GHz である. 図 5.6.15 (a)に示すように, 0.3 mm×0.7 mm のエリア内に直線状平行線路 (下部に Co-Fe-B 磁性膜を配置) と正方形 MIM キャパシタと配置した単純な構成となっている.

図 5.6.16 は磁性薄膜方向性結合器の信号伝送特性を示すもので, ポート 1-2 間の透過係数 S_{21}, ポート 1-3 間の結合度 S_{31} を 6 mW の小信号特性 (ネットワークアナライザで評価) と 1 W ならびに 2 W の大信号特性 (パワーアンプを用いた実動作試験で評価) を併記して示してある. 図中の矢印の領域は携帯電話の利用周波数帯 (0.8～2.4 GHz) と目標特性領域を示すものである. 本文では図示しないが, ポート 1 での反射係数 S_{11} は 0.8～2.4 GHz の範囲で -30 dB 以下である. S_{21} から見積もられる挿入損は 2.4 GHz でも 0.5 dB 以下であり, 結合度 S_{31} も 0.8～2.4 GHz の広帯域にわたって目標特性を満足する. 図示していないが, ポート 1-4 間のアイソレーション S_{41} も広帯域で目標特性を満足し, 周波数の異なるマルチバンド対応広帯域方向性結合器としての利用が期待される.

(iii) 直流磁界印加型チューナブル伝送線路デバイス
伝送線路に装荷した磁性体に印加する直流バイアス磁界を変化させて信号伝送特性を可変するチューナブル伝送線路デバイスが報告されている. 外部直流バイアス磁界を変えることで強磁性共鳴周波数を可変するチューナブルバンドストップフィルタやチューナブル位相シフタなどがある.

図 5.6.17 は Zn_2Y 六方晶フェライトを基板として用いたマイクロストリップ線路型チューナブル位相シフタ[3] の模式図と, 周波数 20 GHz における直流バイアス磁界 H_{dc} と相対位相シフト量の関係を示す. このチューナブル位相シフタは数十 GHz 帯のマイクロ波回路への適用を目的として検討されたもので, 結晶磁気異方性の大きな Zn_2Y 六方晶フェライト基板を用いることで数十 GHz のマイクロ波帯で動作させるのに必要な直流バイアス磁界をスピネルフェライトやガーネットを用いた場合に比べて 1/4 以下に

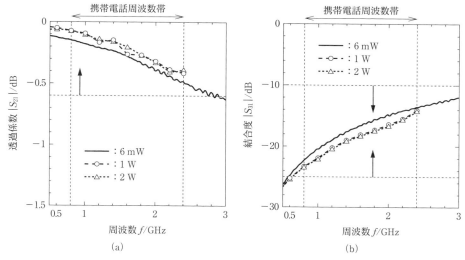

図 5.6.16 Co-Fe-B 磁性薄膜方向性結合器の信号伝送特性
(a) 透過係数 (b) 結合度
[水田 創, 八木正昭ほか, *J. Magn. Soc. Jpn.*, **32**, 380 (2008)]

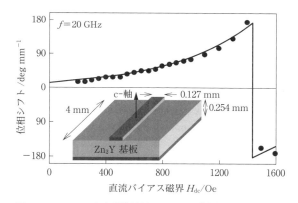

図 5.6.17 Zn$_2$Y 六方晶単結晶フェライト基板を用いたマイクロストリップ線路型チューナブル位相シフタ
[X. Zuo, C. Vittoria, *et al., IEEE Trans. Magn.*, **37**, 2396 (2001)]

低減できる．Zn$_2$Y 六方晶フェライトの異方性磁界 H_a は約 11 kOe（880 kA m^{-1}），基板面垂直方向（c 軸）の比誘電率は 18 である．幅 4 mm×長さ 6.6 mm×高さ 0.254 mm の Zn$_2$Y 六方晶フェライト単結晶基板を用い，特性インピーダンス 50 Ω として幅 0.127 mm×長さ 4 mm の直線線路を基板上面に構成している．直流バイアス磁界 H_{dc} が 1.3 kOe の場合の相対位相シフト量は 90 deg kOe^{-1} mm^{-1} となる．このときの挿入損は 0.75 dB mm^{-1} である．

高周波 IC への集積化を意図した磁性薄膜装荷型伝送線路チューナブルデバイスが試作されている[11]．直流バイアス磁界 H_{dc} によって強磁性共鳴周波数 f_r を変化させ，強磁性共鳴吸収によるストップバンド周波数や信号位相を可変するものである．磁性薄膜面内の磁化容易軸と平行に直流バイアス磁界 H_{dc} を印加したときの強磁性共鳴周波数 f_r は，次式で与えられる．

$$f_r = \frac{\gamma}{2\pi}\sqrt{(H_{dc}+H_a)\left(H_{dc}+H_a+\frac{M_s}{\mu_o}\right)} \quad (5.6.38)$$

ここで，γ はジャイロ磁気定数（$\gamma = 1.105\times10^5$ m A^{-1} s^{-1}，磁気モーメントがスピンによる場合，$g=2$），H_a は異方性磁界/A m^{-1}，M_s は飽和磁化/T である．

図 5.6.18 は，単結晶（100）GaAs 基板表面の Ag（001）シード層を下地に MBE 法でエピ成長させた 0.2 μm 厚 Fe（001）単結晶膜と 4 μm 厚 SiO$_2$ 誘電体膜からなるマイクロストリップ線路の模式図および周波数 9 GHz における位相シフト量の直流バイアス磁界依存性を示すものである[11]．単結晶 Fe 膜の結晶磁気異方性定数から見積もられる異方性磁界 H_a は約 560 Oe（44.7 kA m^{-1}）であり，直流バイアス磁界ゼロの場合の強磁性共鳴周波数は約 9.9 GHz となる．したがって，図中の 0～1 kOe（80 kA m^{-1}）の直流バイアス磁界の可変範囲では，9 GHz という測定周波数は強磁性共鳴周波数より低く，ストップバンドから外れ，挿入損は小さいとしている．図から明らかなように，1 kOe（80 kA m^{-1}）の直流バイアス磁界で 450 deg cm^{-1} に達する位相シフト量が得られている．

図 5.6.19 は，単結晶 GaAs 基板上の Ta シード層にスパッタ法で成膜した 0.25 μm 厚パーマロイ薄膜をパターンニングして作製されたコプレーナ線路の模式図とバンドストップ特性の直流バイアス磁界依存性を示すものである[11]．成膜時に磁気異方性を誘導する手段を講じていないので，異方性磁界 H_a は小さい．直流バイアス磁界を 0.31 kOe（25 kA m^{-1}）～1 kOe（80 kA m^{-1}）に変えることで，ストップバンド周波数を 5.5～9.4 GHz の範囲で可変できることを示している．バックグラウンドの挿入損が大きいのは，特性インピーダンスと測定系インピーダンスとの不整合が原因であるとしている．

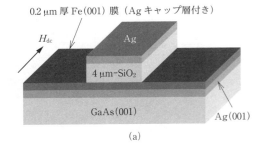

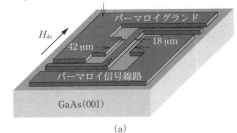

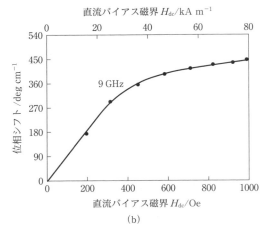

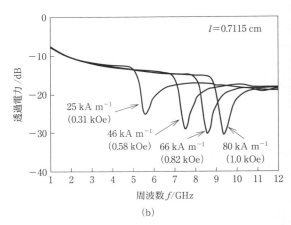

図 5.6.18 Fe(001) 単結晶膜と SiO$_2$ 誘電体膜からなるマイクロストリップ線路型チューナブル位相器
(a) 模式図　(b) 位相シフト量と直流バイアス磁界の関係
[N. Cramer, Z. Celinski, *et al.*, *IEEE Trans. Magn.*, **37**, 2394 (2001)]

図 5.6.19 単結晶 GaAs 基板上に作製された 0.25 μm 厚パーマロイ薄膜コプレーナ線路型チューナブルバンドストップフィルタ
(a) 模式図　(b) 位相シフト量と直流バイアス磁界の関係
[N. Cramer, Z. Celinski, *et al.*, *IEEE Trans. Magn.*, **37**, 2393 (2001)]

これまで報告された直流バイアス磁界印加型チューナブル伝送線路デバイスは，いずれも信号伝送特性を可変するのに要する直流バイアス磁界が数百 Oe 以上と大きいため，電流磁界を利用した場合，制御電力が大きいという欠点がある．数 GHz の帯域を利用する携帯電話端末への応用に限れば，必要とする直流バイアス磁界を小さくすることが可能であるが，バッテリーをエネルギー源とする以上，制御電力を可能な限り小さくすることが必要である．

(iv)　**伝送線路を用いた分布定数アイソレータ**　携帯電話の RF フロント・エンドの送信系には，アンテナからの反射信号が送信電力増幅器に伝搬するのを阻止する目的で，磁性ガーネット YIG アイソレータが用いられる．図 5.6.20 に示すように，YIG の強磁性共鳴点近傍の周波数における正円偏波および負円偏波に対する透磁率 (μ_+, μ_-) の違いを利用して行きと帰りの電磁界の伝搬路を変えることで非可逆信号伝送特性を得る．YIG の強磁性共鳴周波数を携帯電話の利用周波数帯に設定するため直流バイアス磁界発生用の永久磁石が必要であり，これがデバイスの小型化を妨げる最大の要因であり，集中定数アイソレータでは導体構造が三次元的に複雑になることも小型化を妨げる要因になっている．

集中定数アイソレータに対して伝送線路を組み合わせた分布定数アイソレータが提案されている[12]．現行の携帯電話で用いられている集中定数型アイソレータは，強磁性共鳴の起こる条件 H_r よりもバイアス磁界 H_b を大きく設定するアバブレゾナンス (above resonance) で動作させるのに対し，分布定数アイソレータは強磁性共鳴点よりも低いバイアス磁界に設定するビロウレゾナンス (below resonance) で動作させることで，必要とする直流バイアス磁界を小さくでき，永久磁石磁気回路を小型にできる．また，正円偏波および負円偏波に対する透磁率 (μ_+, μ_-) 差の大きい条件で動作させ，短い進行距離で平面波の波面を大きく回転させて伝送線路の線路長を短くし，デバイスの小型化を実現している．

図 5.6.21 にボトムマウント型分布定数アイソレータの模式図を示す．Y 接合線路-誘電体基板-接地面からなるマイクロストリップ線路を基本構造として，低損失セラミック誘電体基板（比誘電率 ε_r；20，厚み；0.1 mm）の接地面側に，YIG フェライト単結晶体（飽和磁化 $4\pi M_s$；850 G，磁気共鳴半値幅 ΔH；2 Oe，直径 1.2 mm-厚み 0.15 mm の円板形状），永久磁石（保磁力；11 kOe，残留磁化；1.16 T），ヨーク（比透磁率；4000，導電率；

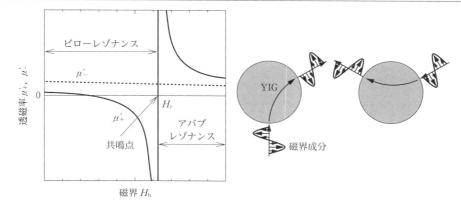

図5.6.20 アイソレータにおける YIG の正円偏波および負円偏波に対する透磁率（μ_+, μ_-）の違いによる非可逆信号伝送特性

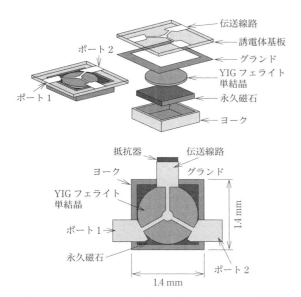

図5.6.21 ボトムマウント型分布定数アイソレータの模式図
[山本節夫, まぐね, **5**, 453 (2010)]

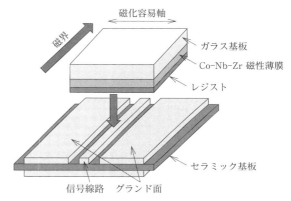

図5.6.22 伝送線路型薄膜磁界センサの構成
[小島 健, 荒井賢一ほか, *J. Magn. Soc. Jpn.*, **35**, 278 (2011)]

$1.03 \times 10^7\,\mathrm{S\,m^{-1}}$) を取り付けている．サイズは 1.4 mm×1.4 mm×0.45 mm であり，容積比で従来の分布定数アイソレータに比べて 1/4 に小型化されている．実際に試作されたデバイスでは，167 Oe のバイアス磁界印加条件で，動作周波数 2.8 GHz において挿入損 0.9 dB，アイソレーション 11 dB という明瞭な非可逆伝送特性が確認されている．

（v）伝送線路を用いた薄膜磁界センサ ソフト磁性薄膜を装荷した伝送線路において，外部磁界によるソフト磁性薄膜の透磁率の変化を信号伝送特性の変化として検出すれば磁界センサを実現できる．

図 5.6.22 は，コプレーナ線路の上部に CoNbZr アモルファスソフト磁性薄膜を装荷した高感度磁界センサ[13]の構成を示すものである．高周波キャリア信号を線路に入力し，外部磁界によるソフト磁性薄膜の磁気特性の変化を透過信号の位相変化として計測し，高感度磁界検出を可能にしている．高誘電率セラミック基板（MDS508F064Z-M, 比誘電率；115）と Co-Nb-Zr ソフト磁性薄膜を組み合わせ，大きな波長短縮効果によって磁界に対する位相変化が拡大されることを意図して構成されている．厚さ 1 mm, 銅箔厚さ 5 μm のセラミック基板に，幅 1 mm, 線間隔 2 mm, 長さ 50 mm の直線線路でコプレーナ線路を構成し，膜厚 8 μm の Co-Nb-Zr 薄膜をコプレーナ線路のキャリア通電方向と磁化容易軸が直交するように近接配置している．

図 5.6.23 は，キャリア周波数 720 MHz における位相変化率の測定結果を示すものである．720 MHz というキャリア周波数は Co-Nb-Zr 薄膜の強磁性共鳴周波数付近にあり，複素透磁率の実数部と虚数部の変化が大きく，外部磁化に対する位相変化が大きくなる領域である．一方，基板の誘電体損は磁性薄膜に比べて 2 桁以上小さく，位相変化への寄与は十分小さい．図には，高誘電率セラミック基板を用いた場合と低誘電率テフロン基板（CGK-500 XP0002, 比誘電率；5）を用いた場合を併記し，磁界を印加していないときの位相角を 0 度として基準化してある．

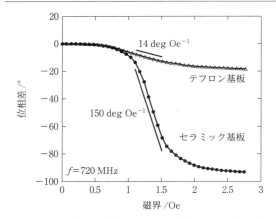

図 5.6.23 伝送線路型薄膜磁界センサの外部磁界に対する位相変化特性
[小島 健, 荒井賢一ほか, *J. Magn. Soc. Jpn.*, **35**, 279 (2011)]

Co-Nb-Zr 磁性薄膜の異方性磁界にほぼ一致する 1.2 Oe 付近の外部磁界で位相が急峻に変化することがわかる. 高誘電率セラミック基板を用いたセンサでは最大位相変化感度は 150 deg Oe^{-1}, テフロン基板を用いたセンサでは最大位相変化感度は 14 deg Oe^{-1} である. 高誘電率セラミック基板を用いた方が 10 倍以上位相変化率が高く, 位相変化率の大きい点に動作点をもっていくための直流バイアス磁界を印加することで高感度磁界センサが構成される.

このような伝送線路型高感度薄膜磁界センサを用いて室温環境での心臓磁界検出が可能であることが報告されており[14], 冷媒を必要とする SQUID 心臓磁界センサに比べて大幅なコストダウンが期待される.

(vi) その他の応用例 伝送線路は高周波回路の信号伝送に多用されるが, 高い周波数では導体ラインの表皮効果によって配線抵抗が増大し, 数十 GHz を超えるような周波数では配線損の低減が大きな課題となっている. 強磁性共鳴を超えた周波数で現れる負の透磁率を利用した新しい高周波磁気応用として, 磁性薄膜/導体膜積層構造を採用した高周波信号配線が提案されている[15,16]. 比透磁率 1 の導体層と負の比透磁率 $-\mu_r$ を有する磁性層の膜厚比を最適化することによって配線全体の比透磁率 μ_{av} を下げ, 表皮効果による配線抵抗の増大を抑制するものである.

図 5.6.24 は Ni-Fe/Al 積層配線[16] の抵抗の周波数特性であり, Ni-Fe 磁性薄膜の負の透磁率の効果により, 13 GHz 以上の周波数では配線抵抗が低下する. 負の透磁率を利用する手法はこれまで例がなく, 強磁性共鳴周波数を超える高い周波数まで磁性薄膜を利用できる新しい高周波応用として今後の進展が期待される.

文献

1) H. Sugawara, K.-I. Okada, K. Masu, *IEICE Trans. Fund. Electron.*, **E92-A**, 401 (2009).
2) M. El Bakkali, F.-C. Wai Po, E. de Foucauld, B. Viala, J.-P. Michel, *Microelectron. J.*, **42**, 233 (2011).
3) X. Zuo, H. How, P. Shi, S. A. Oliver, C. Vittoria, *IEEE Trans. Magn.*, **37**, 2395 (2001).
4) 佐藤敏郎, 池田慎治, 山沢清人, 日本応用磁気学会誌, **22**, 133 (1998).
5) S. Ikeda, T. Sato, A. Ohshiro, K. Yamasawa, T. Sakuma, *IEEE Trans. Magn.*, **37**, 2903 (2001).
6) H. Suzuki, N. Sugiyama, T. Sato, K. Yamasawa, Y. Miura, Y. Miyake, M. Akie, Y. Uehara, *IEEE Trans. Magn.*, **41**, 3574 (2005).
7) H. Nakayama, T. Yamamoto, Y. Mizoguchi, M. Nakazawa, T. Sato, K. Yamasawa, Y. Miura, Y. Miyake, M. Akie, Y. Uehara, M. Munakata, M. Yagi, *J. Appl. Phys.*, **99**, 08P508-1 (2006).
8) 水田 創, 中沢政博, 滝澤和孝, 佐藤敏郎, 山沢清人, 三浦義正, 三宅裕子, 秋江正則, 上原裕二, 宗像 誠, 八木正昭, *J. Magn. Soc. Jpn.*, **32**, 376 (2008).
9) 佐藤敏郎, 遠藤 恭, 曽根原誠, 電学論 A, **130**, 45 (2010).
10) M. Munakata, M. Namikawa, M. Motoyama, M. Yagi, Y.

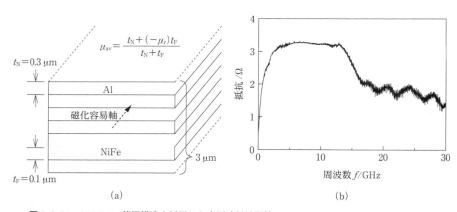

図 5.6.24 Al/Ni-Fe 積層構造を採用した高周波信号配線
　(a) Al/Ni-Fe 積層配線の構造　(b) 配線抵抗の周波数特性
[M. Yamaguchi, Y. Shimada, K. Inagaki, B. Rejaei, Microwave Workshops and Exhibition 2008, Workshop, 8-3 (2008)]

Shimada, M. Yamaguchi, K. Arai, *Trans. Magn. Soc. Jpn.*, **2**, 388 (2002).
11) N. Cramer, D. Lucic, D. K. Walker, R. E. Camley, Z. Celinski, *IEEE Trans. Magn.*, **37**, 2392 (2001).
12) 山本節夫, まぐね, **5**, 450 (2010).
13) 小島 健, 佐藤弘二, 薮上 信, 小澤哲也, 小林伸聖, 荒井賢一, *J. Magn. Soc. Jpn.*, **35**, 277 (2011).
14) S. Yabukami, K. Kato, Y. Ohtomo, T. Ozawa, K. Arai, *J. Magn. Magn. Mater.*, **321**, 675 (2009).
15) B. Rejaei, M. Vroubel, *J. Appl. Phys.*, **96**, 6863 (2004).
16) M. Yamaguchi, Y. Shimada, K. Inagaki, B. Rejaei, Microwave Workshops and Exhibition 2008, Workshop, 8-3 (2008).

5.6.3 プレーナインダクタ・トランス

電気・電子機器の小形軽量化, 機能高集積化および設計・実装所要時間短縮などを目的として, 面内寸法と厚さとの比がおよそ 2 : 1 以上の平面的な形状をもつインダクタ・トランスの利用が拡大している. 本項ではこれらをプレーナインダクタおよびプレーナトランスとよぶ. その種類は, 携帯端末において 0.1 pW の信号をスループット 95 % 以上で受信可能な微小信号用プレーナインダクタ[1]から, 自動車や電車の床下の狭隘な空間で 50 kW の電力を効率 90 % 以上で非接触電力伝送できる大電力用プレーナトランス[2]まで, 多岐にわたる. このうち本項では, 半導体集積回路との同一パッケージ化 (SiP : system in package) あるいは同一チップ化 (SoC : system on chip) により個人情報端末やウェアラブル機器などへの実装が可能な小形のプレーナインダクタおよびプレーナトランスについて述べる.

そのインダクタンスは一般に nH 〜 μH 程度であり, 使用周波数帯は MHz 〜 GHz の高周波帯である場合が多い. 製法は磁性体とコイル導体とも積層とパターン化の工程を繰返すため, 一般に磁性体が薄く磁気リラクタンスが高い. したがって漏洩磁束の低減管理が重要なこと, ならびに総インダクタンスに対する空心インダクタンスの割合が 10 % 以上に及び無視できないこと, またコイル導体も薄いため, 巻線抵抗の増大や表皮効果・近接効果の影響が大きくなることに注意が必要である.

電気的特性は, 空心分と磁性膜の寄与分との和として表すことができる.

a. 空心インダクタのインダクタンス

図 5.6.25 のように, いくつかの閉じた線状回路に準定常電流が流れているとき, 回路 C_i の自己インダクタンス L_{ii} ($i=j$) および回路 C_i, C_j 間の相互インダクタンス L_{ij} ($i \neq j$) はノイマンの公式で与えられる[3].

$$L_{ij} = \frac{\mu_0}{4\pi} \oint_{C_j} \oint_{C_i} \frac{d\boldsymbol{x}_j \cdot d\boldsymbol{x}_i}{|\boldsymbol{x}_j - \boldsymbol{x}_i|} \quad (5.6.39)$$

ただし, $\boldsymbol{x}_i$ および $\boldsymbol{x}_j$ はそれぞれ回路 C_i および C_j における微小電流密度ベクトルである. 式(5.6.39)を二つの閉路の幾何学的平均距離 R_{ij} を用いて書き換えれば, 次式と

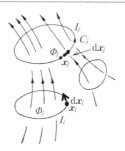

図 5.6.25 自己インダクタンスと相互インダクタンス

なる.

$$L_{ij} = \pm \frac{\mu_0 l_c}{4\pi} \left(\ln \frac{2l_c}{R_{ij}} - 1 + \frac{R_{ij}}{l_c} \right) \quad (5.6.40)$$

$$\ln R_{ij} = \frac{1}{S_i S_j} \iint \ln r_{ij} dS_i dS_j \quad (5.6.41)$$

ただし, L_{ij} の符号は, 導体中の電流が平行ならば正, 反平行ならば負となる. $r_{ij} = |\boldsymbol{x}_j - \boldsymbol{x}_i|$ は電流素片間の距離である.

自己インダクタンスと相互インダクタンスは, ともに幾何学的形状のみで定まり, 式(5.6.39)は閉路をコイルに読み替えてインダクタやトランスの計算に広く用いられている. このさい, 自己インダクタンスの計算では, 積分を収束させるために導体寸法を有限とする必要がある.

プレーナインダクタ・トランスにおける導体の断面形状は薄く幅広の長方形とみなせる場合が多く, 一般に式(5.6.39)の計算は煩雑である. このためさまざまな解析的近似式が知られている. 以下, 代表例を列挙する.

(i) リボンインダクタ (その 1) 直線状単一導体

図 5.6.26 に示すように, 幅 w_c, 高さ h_c, および長さ l_c の直線状単一導体はリボンインダクタともよばれる. 表皮効果や近接効果が無視でき電流が導体断面を均一に長さ方向に流れるとき, 自己インダクタンス L_s は次式で与えられる[4].

$$L_s = \frac{\mu_0 l_c}{4\pi} \left\{ \ln \frac{2l_c}{w_c + h_c} + \frac{w_c + h_c}{3l_c} + 0.50049 \right\} \quad [\text{H}]$$

$$(5.6.42)$$

ここで, $w_c \leq 2l_c$, かつ $h_c \leq 2l_c$ である.

ただし, リボンは有限長であるが, 電流はリボンの外の経路を含めて連続となるので, 式(5.6.42)では電流の帰路は十分遠方にあり, かつ帰路との間の相互インダクタンスは無視できると仮定していることに注意する.

電流の帰路を考慮する場合には, その構造や配置によっ

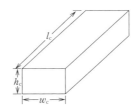

図 5.6.26 直線状単一導体

て，次項の平行2導体，ミアンダまたはスパイラルインダクタ，あるいはマイクロストリップ線路などの伝送線路としてインダクタンスを計算する．半導体チップ上のボンディングワイヤを，短いリボンインダクタの直列接続回路とみなして近似解析することも可能である．

自己インダクタンスは，式(5.6.39)中の電流素片 $d\boldsymbol{x}_i$ と $d\boldsymbol{x}_j$ が同一導体中にある場合の相互インダクタンスに等しく，式(5.6.39)および式(5.6.40)で $i=j$ とおくと，直線状単一導体のインダクタンスの積分表現式となる．

(ii) **リボンインダクタ（その2）平行2導体** 図 5.6.27 に示すように，長さの等しい二つのリボンインダクタを，端面の位置をそろえ，導体の中心間隔 s_c で並列に配置した場合の相互インダクタンス L_{ij} は断面寸法や2導体の間隔に比べて導体が長い場合は[5]，式(5.6.44)で与えられる．

$$M_{ij} = \pm \frac{\mu_0 l_c}{2\pi} \left\{ \ln\left[\frac{l_c}{s_c} + \sqrt{1+\left(\frac{l_c}{s_c}\right)^2}\right] - \sqrt{1+\left(\frac{s_c}{l_c}\right)^2} + \frac{s_c}{l_c} \right\} \quad (5.6.43)$$

ここで，$w_c \leq 2l_c$, $h_c \leq 2l_c$, かつ $+s_c \leq l_c$ である．

2導体が等長でない場合や，平行でない場合は式(5.6.39)または式(5.6.40)によってインダクタンスを計算する．

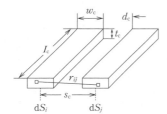

図 5.6.27 平行2線

(iii) **ミアンダ（つづら折れ）インダクタ** 図 5.6.28 に示すミアンダインダクタは，メタル1層のみで構成され微細加工が簡単なため，プレーナインダクタ・トランスではよく用いられる．その全インダクタンス L は，図 5.6.28 の場合，全11辺の自己インダクタンスをそれぞれ式(5.6.42)により求め，これに式(5.6.43)による相互インダクタンスを加えればよい．すなわち，次式となる．

$$L = 2L_s(l_a) + 2L_s(l_b) + 2NL_s(l_c) + (N+1)2L_s(s_c) + \sum_{i,j} M_{ij} \quad (5.6.44)$$

ただし，N は長さ l_c の導体の本数である．

式(5.6.39)の右辺にある内積 $d\boldsymbol{x}_j \cdot d\boldsymbol{x}_i$ から明らかなように，直交する2辺間では，相互インダクタンスは0である．粗い近似なら隣接線間（$j = i \pm 1$）のみ相互インダク

タンスを合算し，高精度を求めるなら，任意の導体間の組合せについて相互インダクタンスを求め，総和をとる．

ミアンダインダクタでは，隣接する平行2線間の相互インダクタンスの符号は負であるため，単位面積あたりのインダクタンスは次項のスパイラルインダクタに比べて小さい．このため，設計上，図 5.6.28 中のリード部 l_a, l_b に関わるインダクタンスにも注意する．集積回路への実装上，左端部と右端部で l_a と l_b の値が異なることや，0 となる場合もあり得るので誤差を生じやすい．

(iv) **スパイラル（渦巻）インダクタ** 単位面積あたりのインダクタンスが前項のミアンダインダクタに比べて高く，高周波集積回路（RFIC）で最も多く用いられる．スパイラル構造そのものは，図 5.6.29 のようにメタル1層のみで構成できる．ただし，中央の端子から外部への引出線を三次元的に設けるため少なくともメタル2層が必要である．前項のミアンダインダクタに比べて，面直方向の磁束密度が強いので，Si 基板上に集積化すると，基板内の渦電流損失によりインダクタの Q 値が制限される．

巻線の回数が1回の場合，任意形状のスパイラルインダクタについて[4]，次式が成り立つ．

$$L \simeq \mu_0 \sqrt{\pi A_c} \quad [\text{H}] \quad (5.6.45)$$

ただし，A_c はコイルの囲む面積である．

図 5.6.29 に示した巻数 N の方形スパイラルインダクタでは，インダクタンスを表すさまざまな式が知られている．Brian[5] による式を代表例としてあげると，次式となる．

$$L = 6.025 \times 10^{-7} (D+d) N^{\frac{5}{3}} \ln\left[4\left(\frac{D+d}{D-d}\right)\right] \quad [\text{H}] \quad (5.6.46)$$

Rosa[6], Wheeler[7], Grover[5], Bryan[8], Jenei[9] による式，および単項式[10] はほぼ同じ計算結果を与える．これに比べると Greenhouse[11], Cranin[12] および Terman[13] による式は，やや大きな値を与える[4]．

(v) **ソレノイドインダクタ** 図 5.6.30 のソレノイドインダクタでは，磁束の主方向はソレノイドの長さ方向となり，この方向を基板面と平行にすれば，とくに Si 基板上では渦電流損失を低減しインダクタの Q 値をより向上できる．図 5.6.30 では，基板とコイル部との間に空隙を設け，磁束の帰路も Si 基板中から離し，さらに渦電流

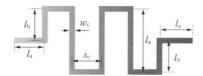

図 5.6.28 ミアンダインダクタ

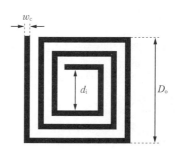

図 5.6.29 方形スパイラルインダクタ

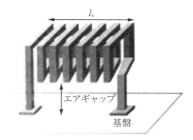

図 5.6.30　ソレノイドインダクタ

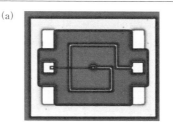

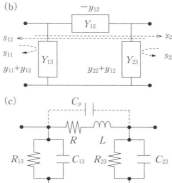

図 5.6.31　集積化インダクタの等価回路

損失の低減を図っている．ただし，製作には MEMS (micro electro mechanical systems) プロセスが必要であり，工程数はスパイラルインダクタに比べて増加する．

ソレノイドの長さ l_s がその断面寸法に対して十分大きい場合，インダクタンス L_s は，次式となる．

$$L_s = \frac{\mu_0 N^2 A_c}{l_s} \quad [\text{H}] \tag{5.6.47}$$

ただし，N は巻線の回数，A_c はコイルの囲む面積である．

ソレノイドの長さ l_s がその断面寸法に対して十分には大きくない場合，インダクタンスは式(5.6.48)に比べて低下し，その割合はソレノイドの一端面から他の端面を見た開口角の大きさによって定まる．この割合 K_n ($0 \leq K \leq 1$) を，発見者に因んで長岡係数とよぶ．

$$L_s = K_n \frac{\mu_0 N^2 A_c}{l_s} \quad [\text{H}] \tag{5.6.48}$$

長岡係数の値はソレノイドの長さとその断面寸法に対して数表化され，原著論文[14] に掲載されているほか，電磁気学の成書に多く引用されている．その解析式は以下となる．

$$K_n = \frac{4}{3\pi\sqrt{1-k^2}} \left(\frac{1-k^2}{k^2} K(k) - \frac{1-2k^2}{k^2} E(k) - k \right) \quad [\text{H}] \tag{5.6.49}$$

ただし，$K(k)$ と $E(k)$ はそれぞれ第 1 種および第 2 種の完全楕円積分である．k はソレノイドの一端面から他の端面を見た開口角に等しく，半径 a の円形ソレノイドであれば，次式で得られる．

$$k = \frac{a^2}{a^2 + \frac{1}{4}l_s^2} = \frac{1}{1+\left(\frac{\pi}{4}\frac{l_s^2}{A_c}\right)} \tag{5.6.50}$$

図 5.6.30 のような一辺 a_s の方形ソレノイドの場合，円形ソレノイドと等価的なコイル面積を $A_c = a_s^2 = \pi a^2$ と考えて，次式を得る．

$$k = \frac{a_s^2}{a_s^2 + \frac{\pi}{4}l_s^2} = \frac{1}{1+\left(\frac{\pi}{4}\frac{l_s^2}{A_c}\right)} \tag{5.6.51}$$

なお，式(5.6.50)と式(5.6.51)の最右辺は同一となる．抵抗と浮遊容量については次項の後半に記している．

b．集積化インダクタと性能指数

Si-CMOS 集積回路などの半導体集積回路では，GHz 帯の無線通信用アナログ回路などにおいて半導体基板上に実装された集積化インダクタがしばしば用いられる．その構造は図 5.6.31 のように，インダクタの外周をグランド面で囲むことが多い．その代表的な等価回路は同図(b)および(c)のように 2 端子対で表され，直列インダクタンス L と抵抗 R に加え，半導体基板への基板抵抗 R_{13}, R_{22} および浮遊容量 C_{13}, C_{22} が並列に付加される．さらに高い周波数帯ではインダクタの巻線間容量 C_p を付加することもある．これらの浮遊インピーダンスはインダクタの自己共振周波数や性能指数 Q (quality factor) を制限する主要因となる．

$$Q = 2\pi \times \frac{\text{蓄積される最大エネルギー}}{\text{1周期中のエネルギー損失}} \sim \frac{\omega L}{R} \tag{5.6.52}$$

ただし，$\omega = 2\pi f$ は角周波数である．浮遊インピーダンスを含めて Q 値を求める場合には，エネルギー計算またはこれに対応した回路計算によることが適当である．

式(5.6.52)中のインダクタンス L の求め方は，空心インダクタについては a．項で述べた．抵抗 R は以下の 3 種類の和となる．

抵抗 R ─┬─ 直流抵抗 R_{dc} ──── 主配線抵抗 R_w
　　　　└─ 交流抵抗 R_{ac} ─┬─ 表皮効果抵抗 R_{acs}
　　　　　　　　　　　　　　└─ 近接効果抵抗 R_{acp}

後述するように，磁性体の損失は交流抵抗 R_{ac} に含まれる．

直流抵抗の値は，導電率を σ として，図 5.6.26 に示した寸法を参照して次式で与えられる．

$$R = \frac{l_c}{\sigma w_c h_c} \quad (5.6.53)$$

高周波帯では，表皮効果によって電流が導体の表面に偏り，導体厚さ h_c が次式の表皮厚 δ（skin depth）の2倍の大きさに実効的に減少する．これによって導体抵抗が増大し，その増加分を表皮効果抵抗 R_{acs} で表す．

$$\delta = \sqrt{\frac{1}{\pi\sigma|\mu|f}} \quad (5.6.54)$$

透磁率 $|\mu|$ に絶対値記号が付されていることは，複素透磁率の大きさを用いることを意味している．

このほかに，接触抵抗 R_c が図5.6.26の外側に直列接続される．

浮遊容量は任意の二つの導体間に生じ，等角写像法[5]によって任意の二つの導体配置を平行平板配置に置き換えることによりその値が求められる．

$$C = \frac{\varepsilon S}{d} \quad (5.6.55)$$

ただし，ε は誘電率，S は電極面積，d は電極間距離である．二つの導体の幾何学的配置に対応して，回路上，直列接続か並列接続かが定まる．

c. 集積化インダクタへの磁性体実装（磁性薄膜インダクタ）

集積化インダクタへ高透磁率でかつ低損失な磁性体を実装すれば，単位面積あたりのインダクタンス値を増大させてインダクタを小型化できること，巻線回数を少なくできるので配線抵抗を低減できること，小型化を通して浮遊容量を低減させインダクタを広帯域化できること，および漏洩磁束を磁気シールドできることから周囲の回路やデバイスへの電磁障害を低減できることなどの利点がある．このため1999年頃からGHz帯の無線通信機器への応用を念頭に研究開発がはじまり[15]，多くの材料開発，構造開発および解析技術等が報告されている[16,17]．また高エネルギー密度・省エネ電源のワンチップ化を念頭に2008年頃からMHz帯のパワーマイクロインダクタの開発が進展している[18〜22]．

（1）磁性材料： 透磁率が高いこととともに，強磁性共鳴周波数 f_r が高いことが求められる．集積化インダクタ・トランスでは，面内に磁化容易軸をもつ一軸異方性磁性薄膜を困難軸方向に励磁して使用する場合が一般的である．式(4.2.20)から理解できるように，直流から低周波帯における比透磁率実部の値 μ_r' は次式で示される．

$$\mu_r' = \frac{4\pi M_s}{H_k} + 1 \approx \frac{4\pi M_s}{H_k} \quad (5.6.56)$$

これに対応した強磁性共鳴周波数 f_r は，次のとおりである．

$$f_r = \frac{\gamma}{2\pi}\sqrt{\frac{M_s H_k}{\mu_0}} \quad (5.6.57)$$

したがって，透磁率 μ と f_r との間には次の関係が成り立つ．

$$\mu f_r^2 = \mu_0 \mu_r' f_r^2 = \frac{\gamma^2 M_s^2}{\pi} = 定数 \quad (5.6.58)$$

これは，透磁率の高い材料では強磁性共鳴周波数は比較的低く，逆に強磁性共鳴周波数が高い材料ではその透磁率はあまり大きくないというトレードオフを示しており，磁性体の高周波応用技術全般に対して重要な関係である．また式(5.6.58)は，透磁率が大きくかつ強磁性共鳴周波数が高い材料とは，飽和磁化 M_s の大きい材料であることを示している．透磁率があまり大きくない材料とは，厚くすればプレーナインダクタ・トランス用として使える材料である．そのさい，渦電流損失が小さいことと，微細加工プロセスが可能であることが肝要である．

プレーナインダクタの構造は磁気記録用インダクティブ薄膜磁気ヘッドと共通性が高かったことから，1970年代の開発黎明期から材料も薄膜磁気ヘッドと共通性が高いパーマロイが用いられてきた[23]．高インダクタンス化のためには厚膜化が望まれたことに対して，電気めっき法によるパーマロイ厚膜の製膜とパターニングの技術開発も他の材料に比べて進んでいた．現在でもパーマロイはパワープレーナインダクタの主要材料であり，高透磁率のNi81-Fe19と高飽和磁化のNi45-Fe55が代表的組成である．

1982年以降，日本においてマイクロ磁気デバイス[24,25]の研究開発が活発化し，100 MHz超の周波数帯域でCo-Zr-Nb[26]やCo-Fe-Si-B[27]などのCo系アモルファス薄膜材料が適用されるようになった．欧米では耐蝕性のよいCo-Zr-Ta[28]が典型的材料となった．1990年代半ばに携帯電話システムが急速に普及すると，GHz帯のアナログ集積回路への適用を念頭に高周波薄膜材料の開発が加速した．議論の場として2002年にMMDM（International Workshop on Micromagnetic Devices and Materials）が創設された（現在はIEEE MAG-S ICMMに発展的に統合）．渦電流損失を低減するための高電気抵抗化と，強磁性共鳴周波数の高周波化が検討され，両者を同時に実現可能な薄膜材料として，Fe-B-N[29]，Co-Al-O[30]，Co-Zr-O[31]，(Co-Fe-B)-(SiO$_2$)[32]，Co-Fe-Si-O/SiO$_2$ 積層薄膜[33]などのグラニュラー薄膜が開発された．

これらに加えて，高飽和磁化Fe-Co合金を微量N添加で微結晶化し，かつパーマロイ下地/キャップ層を付与して軟磁性化したNi$_{0.81}$Fe$_{0.19}$/(Fe$_{0.7}$Co$_{0.3}$)$_{0.95}$N$_{0.05}$/Ni$_{0.81}$Fe$_{0.19}$ 薄膜[34]，Mn-Ir/Co-Fe交換結合積層膜[35]，Mn-Ir/Fe-Si交換結合膜[36]，スピンスプレー法によるNi-Zn-Coフェライトめっき膜[37]，およびスリットパターン化で形状異方性を付与し強磁性共鳴周波数を高周波化する手法[38]なども開発された．GHz帯でインダクタンスとQ値がともに空心より高い磁性薄膜インダクタを最初に実現した研究[39]では，Fe-Al-Oグラニュラー薄膜が使用され，後年，スリットパターン化したCo-Zr-Nbアモルファス薄膜により同等の特性が実現された[40]．

2008年にWangらは，合金磁性薄膜を実装した集積化インダクタのQ値をGHz帯で空心と比べると，その増大は強磁性共鳴損失のためにたかだか数十%にとどまることを計算と実験の両面から実証した[15]．これ以降の材料開発

は，より強磁性共鳴周波数が高く，かつ厚膜であっても絶縁性に優れ渦電流損失が小さいことが開発指針となった．この指針は微粒子コンポジット膜の開発を加速させた．

同時期に欧米でワンチップ電源へのシステム要求が高まり，10 MHz～数 100 MHz 帯のパワープレーナインダクタ・トランスが主たる開発対象として注目されるようになった．2008 年に IEEE PEL-S が主体となって PwrSoC (International Workshop on Power Supply on Chip) が創設され，現在に至っている．周波数帯は無線通信用に比べて 1 桁以上低いが，電力用途では必要な蓄積エネルギーを確保するため磁性体の厚膜化が求められ，無線通信用と同様に微粒子コンポジット膜が注目されている．

微粒子コンポジット材料として，MnZn および CuNiZn フェライト，カルボニル鉄，$Fe_{73.5}Cu_1Nb_3Si_{13.5}B_9$ などのナノ結晶材料，粒径の異なる複合微粒子材料[41]，超常磁性ナノ微粒子材料[42] などの開発が進んでいる．

プレーナインダクタ・トランス用材料全般に，文献[43]にあげた各号も参照していただきたい．

(2) **磁心構造**： 図 5.6.26～図 5.6.29 に示した各種空心の上下または周囲を磁性体で囲む構造，あるいは図 5.6.30 のソレノイドの内部に磁性体を挿入する構造のインダクタ・トランスが多数報告されている．文献[44]には，スパイラル構造，レーストラック構造，ソレノイド構造，および MEMS 微細加工技術による特異な構造のプレーナインダクタ・トランスが紹介されている．

(3) **設計指針**： 本項冒頭で述べた漏洩磁束の低減管理を行うにあたり，図 5.6.32 に示す特性長[45] を参照するとよい．図 5.6.32 は集積化インダクタ・トランスの断面を示したもので，コイルの上下に磁性体が配置されている．その透磁率と厚さをそれぞれ μ_1, t_1 および μ_2, t_2 とおく．紙面垂直方向に通電すると磁束はコイル断面を周回するように分布する．磁性膜を面内方向に流れる磁束を $\Phi(r)$ とし，コイル端部からの距離 r の関数として表すと，次式が成り立つ[45]．

$$\Phi(r) = \Phi_0 e^{-\frac{r}{\lambda}} \quad (5.6.59)$$

$$\frac{1}{\lambda} = \sqrt{\left(\frac{1}{\mu_1 t_1} + \frac{1}{\mu_2 t_2}\right)\frac{1}{g_b}} \quad (5.6.60)$$

λ は特性長とよばれ，式(5.6.59)から明らかなように，磁性膜中の磁束量が，コイル端部に比べて 33% まで減少するような距離を表す．とくにコイル上下の磁性膜の寸法と透磁率が同一であれば，$\mu_1 = \mu_2$ および $t_1 = t_2$ とおいて，

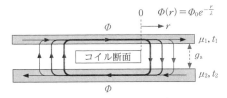

図 5.6.32 特性長
[R. E. Jones Jr., *IEEE Trans. Magn.*, **MAG-14**, 509 (1978)]

次式を得る．

$$\lambda = \sqrt{\frac{\mu t g_b}{2}} \quad (5.6.61)$$

すなわち透磁率 μ が高く，膜厚 t が厚く，また上下の磁性膜の間隔 g_b が広いと，特性長 λ は長く漏洩磁束は小さい．言い換えれば，磁性膜の幅を w として，その薄膜面内方向の磁気リラクタンス $1/\mu w t$ が上下の磁性膜間の空隙の磁気リラクタンス $g_b/\mu_0 w$ に比べて十分小さければ，漏洩磁束は小さい．

(4) **損失**： 漂遊容量の影響の現れない周波数範囲であれば，銅損と鉄損が等しくなる周波数において Q 値は最大となる．Q 値は周波数に比例して増加するため，鉄損の増大を高周波まで抑えることにより Q_{max} は向上する．磁性体から導体端部への漏洩磁束によって電流集中が起こり，銅損が増大することがある．

d. プレーナトランス

形状が小型あるいは薄型であっても，一般のトランスと同一の基本原理が成り立つ．式(5.6.39)における閉路 C_i と C_j を二つのコイルに読み替えれば，二つのコイル間の相互インダクタンス $M = L_{ij}$ が得られる．このとき結合係数 k は次式で与えられる．

$$k = \frac{M}{\sqrt{L_{ii}L_{jj}}} \quad (5.6.62)$$

周知のように $|k| \leq 1$ であり，二つのコイルを通る磁束が共通で漏洩磁束がなければ $|k| = 1$ が成り立つ．このような条件を満足するトランスは結合が密であるという．逆に $|k| \sim 0$ であれば二つのコイルを共通に通る磁束がほとんどなく，この場合は結合が疎であるという．一般に密結合であることが望まれる．プレーナトランスが回路間の絶縁機能ならびにインピーダンス変換機能等を有することは，一般のトランスと同様である．

本項冒頭で述べたとおり，マイクロトランスでは漏洩磁束の小さい巻線・磁性体設計を通して密結合を実現することが重要である．漏洩磁束は電気回路における漏れインダクタンスとして表されるため，次善の策としてこの漏れインダクタンスを包含した回路設計技術の開発も望まれる．

おもな用途は，絶縁型マイクロ電源，バラン，インピーダンス変換などである．

e. チップインダクタ・トランス

プリント配線板に表面実装可能な薄型のインダクタ・トランスが市販されている．積層型，巻線型，薄膜型に分類され，高周波回路，電源回路，およびノイズ抑制部品などとして広く用いられている．積層型は導体と磁性体の印刷積層ならびに焼成工程で製作され，Cu-NiZn フェライト材料と Ag 系導体の組合せが代表的である．巻線型は導線とフェライト材料または金属微粒子コンポジット材料で構成され，直流抵抗が小さく低消費電流を特徴としている．薄膜型は磁性体を使用せずまた微細加工法で製造されるため 0.1 nH オーダの高精度かつ狭偏差が実現でき，RF 回路の共振回路などの高 Q 回路に使用される．

f. 測定・解析法

プレーナインダクタの電気的特性の測定では，図5.6.31 に示した等価回路定数を求める．プレーナトランスでは，結合係数も必要とされる．一般に小信号に対する線形応答をネットワークアナライザまたはインピーダンスアナライザで計測する．大振幅励磁における非線形性やヒステリシスを含めた電気的特性の測定，およびワンチップ電源用の直流重畳特性の測定は，必要とされながら装置開発自体が現在の課題である．これに関連して，負荷変動に対応した磁化の動的ふるまいの変化を表現できる回路あるいは回路パラメータの創出が求められている．

測定上必要な精度は，GHz帯の無線通信用回路素子では，概ねインダクタンスLで0.1 nH，抵抗Rは100 mΩ，またMHz帯におけるワンチップ電源用では1 nH，10 mΩ程度であろう．この測定精度を確保するためには，図5.6.31 に示した集積化インダクタではR_{13}やC_{13}などの浮遊インピーダンスを適切に求めること，ならびに同回路の外部に存在する浮遊インピーダンスやケーブルなどの伝送特性（減衰，位相変化，クロストークなど）を校正する必要がある．

このうち回路外部における伝送特性の校正には，ネットワークアナライザなどの高周波計測器における一般的なフル2ポート校正法が適用できる．

浮遊インピーダンスを含むプレーナインダクタの等価回路定数は次の手順で求められる．図5.6.31(b)に示したように，ネットワークアナライザを用いて入射ポートにおける反射係数s_{11}，透過係数s_{21}とs_{12}，および透過ポートにおける反射係数s_{22}を測定する．実部と虚部，または振幅と位相のベクトル量として測定する必要がある．一般にこれらのパラメータの値は周波数によって変化するので，興味ある周波数範囲で広帯域計測するのがふつうである．

なおインダクタやトランスのような受動素子では$s_{21}=s_{12}$が成立するので，どちらか一方を測定すればよい．測定環境の構築時などには$s_{21}=s_{12}$が成立することを実験的に確認しておくとよい．

これらのsパラメータから，次のアドミタンス行列の要素が求められる．

$$y_{11} = \frac{1}{Z_0}\frac{(1+s_{22})(1-s_{11})+s_{12}s_{21}}{(1+s_{11})(1+s_{22})-s_{12}s_{21}} \quad (5.6.63)$$

$$y_{12} = \frac{1}{Z_0}\frac{-2s_{12}}{(1+s_{11})(1+s_{22})-s_{12}s_{21}} \quad (5.6.64)$$

$$y_{21} = \frac{1}{Z_0}\frac{-2s_{21}}{(1+s_{11})(1+s_{22})-s_{12}s_{21}} \quad (5.6.65)$$

$$y_{22} = \frac{1}{Z_0}\frac{(1+s_{22})(1-s_{11})+s_{12}s_{21}}{(1+s_{11})(1+s_{22})-s_{12}s_{21}} \quad (5.6.66)$$

したがって，抵抗R，インダクタンスL，およびQ値は次のように求められる．

$$\left.\begin{array}{l} R = \mathrm{Re}[-1/y_{21}], \\ L = \dfrac{\mathrm{Im}[-1/y_{21}]}{\omega} \end{array}\right\} \quad (5.6.67)$$

$$Q = -\frac{\mathrm{Im}[y_{21}]}{\mathrm{Re}[y_{21}]} = \frac{\omega L}{R} \quad (5.6.68)$$

同様に，浮遊インピーダンスも次式から求められる．

$$\frac{1}{R_{12}}+j\omega C_{12} = \mathrm{Re}[Y_{23}]+j\mathrm{Im}[Y_{23}], \quad Y_{23} \equiv y_{22}+y_{12} \quad (5.6.69)$$

$$\frac{1}{R_{13}}+j\omega C_{13} = \mathrm{Re}[Y_{13}]+j\mathrm{Im}[Y_{13}], \quad Y_{13} \equiv y_{11}+y_{12} \quad (5.6.70)$$

線間容量C_pの概略値は，上述の回路定数に周波数依存性がないと仮定すれば，Lの共振周波数から求められる．

引出線やパッドの浮遊インピーダンスを除去して，さらに高精度で回路定数を求めるためには，別途，引出線やパッドのみからなるディエンベディング（de-embedding）パターンを用いて校正を行う．その比較対象となる計算値は，磁性体の複素透磁率の周波数特性ならびに異方性などを考慮した三次元フルウェーブ電磁界解析によるのが適当である．

有限要素法に基づく三次元フルウェーブ電磁界シミュレータには，異方性のある複素透磁率の周波数特性を取り込み，透磁率の実部が負の場合も含めて適切な解を与えるものがある．反磁界による強磁性共鳴周波数のシフトも適切に算出されるため，解析・設計ツールとして有用性が高い[47]．

文　献

1) 3GPP TS36.101 V8.4.0 (Release 8) (2008)；http://www.3gpp.org/ftp/Specs/archive/36_series/36.101/36101-840.zip
2) Matt Jurjevich, IEEE Transportation Electrification Newsletter, September/October 2014；http://electricvehicle.ieee.org/september-october-2014/
3) 砂川重信，"理論電磁気学 第3版"，紀伊國屋書店 (1999).
4) M. K. Kazimierczuk, "High-Frequncy Magnetic Components", John Wiley (2009).
5) F. W. Grover, "Inductance Calculations: Working Formulas and Tables", Van Nostrand (1946).
6) E. B. Rosa, *Bull. Bur. Stand.*, **2**, 161 (1906).
7) H. A. Wheeler, *Proc. IRE*, **30**, 412 (1942).
8) H. E. Bryan, *Tele-Tech Electron. Ind.*, **13**, 68 (1955).
9) S. Jenei, B. K. J. Nauwelaers, S. Decoutere, *IEEE J. Solid-State Circuits*, **37**, 77 (2002).
10) S. S. Mohan, M. Hershenson. S. P. Boyd, T. H. Lee, *IEEE J. Solid-State Circuits*, **34**, 1419 (1999).
11) H. M. Greenhouse, *IEEE Trans. Parts, Hybrids, Packaging*, **PHP-10**, 101 (1974).
12) J. Caraninckx, M. S. J. Steyeart, *IEEE J. Solid-State Circuits*, **30**, 1474 (1995).
13) F. E. Terman, "Radio Engineers' Handbook", McGraw-Hill (1943).
14) H. Nagaoka, *J. Coll. Sci.*, **XXVII**, 1 (1909).
15) M. Yamaguchi, K. Suezawa, K. I. Arai, Y. Takahashi, S. Kikuchi, Y. Shimada, W. D. Li, S. Tanabe, K. Ito, *J. Appl. Phys.*, **85**, 7919 (1999).

16) D. W. Lee, K.-P. Hwang, S. X. Wang, *IEEE Trans. Magn.*, **44**, 4089 (2008).
17) D. S. Gardner, G. Schrom, F. Paillet, B. Jamieson, T. Karnik, S. Borkar, *IEEE Trans. Magn.*, **45**, 4760 (2009).
18) Z. Hayashi, Y. Katayama, M. Edo, H. Nishio, *IEEE Trans. Magn.*, **39**, 3068 (2003).
19) A. W. Lotfi, Q. Li, F. C. Lee, CIPS 2012, Paper 07.5 (2012).
20) C. O. Mathuna, N. Wang, S. Kulkarni, S. Roy, *Eur. Phys. J. Appl. Phys.*, **63**, 14408 (2013).
21) 高周波マイクロ磁気応用技術調査専門委員会 編, "高周波マイクロ磁気応用技術の最新動向", 電気学会 (2014).
22) K. Hagita, Y. Yazaki, Y. Kondo, M. Sonehara, T. Sato, T. Fujii, K. Kobayashi, S. Nakazawa, H. Shimizu, T. Watanabe, Y. Seino, N. Matsushita, Y. Yanagihara, T. Someya, H. Fuketa, M. Takamiya, T. Sakurai, *J. Magn. Soc. Jpn.*, **39**, 71 (2015).
23) R. F. Soohoo, *IEEE Trans. Magn.*, **16**, 1803 (1979).
24) K. Kawabe, H. Koyama, K. Shirae, *IEEE Trans. Magn.*, **MAG-20**, 1804 (1984).
25) 白江公輔, 荒井賢一, 島田 寛 編著, "マイクロ磁気デバイスのすべて" (K ブックス 90), 工業調査会 (1992).
26) A. Hosono, Y. Shimada, *J. Magn. Soc. Jpn.*, **12**, 95 (1988).
27) 白川 究, 三寺正雄, 増本 健, 日本応用磁気学会誌, **19**, 405 (1995).
28) L. Li, D. W. Lee, M. Mao, T. Schneider, R. Bubber, K.-P. Hwang, Y. Min, S. X. Wang, *J. Appl. Phys.*, **101**, 123912 (2007).
29) H. Karamon, T. Masumoto, Y. Makino, *J. Appl. Phys.*, **57**, 3527 (1985).
30) S. Ohnuma, H. Fujimori, S. Mitani, T. Masumoto, *J. Appl. Phys.*, **79**, 5130 (1996).
31) S. Ohnuma, H. J. Lee, N. Kobayashi, H. Fujimori, T. Masumoto, *IEEE Trans. Magn.*, **37**, 2251 (2001).
32) M. Munakata, M. Yagi, M. Motoyama, Y. Shimada, M. Baba, M. Yamaguchi, K. I. Arai, *IEEE Trans. Magn.*, **37**, 2258 (2001).
33) K. Ikeda, T. Suzuki, T. Sato, *IEEE Trans. Magn.*, **45**, 4290 (2009).
34) S. X. Wang, N. X. Sun, M. Yamaguchi, S. Yabukami, *Nature*, **407**, 150 (2000).
35) B. Viala, G. Visentin, P. Gaud, *IEEE Trans. Magn.*, **40**, 1996 (2004).
36) 曽根原誠, 佐藤敏郎, 山沢清人, 三浦義正, 池田慎治, 山口正洋, 日本応用磁気学会誌, **29**, 132 (2005).
37) N. Matsushita, T. Nakamura, M. Abe, *J. Appl. Phys.*, **93**, 7133 (2003).
38) S. Ikeda, T. Nagae, Y. Shimada, K. H. Kim, M. Yamaguchi, *J. Appl. Phys.*, **99**, 08P507 (2004).
39) M. Yamaguchi, K. Suezawa, K. I. Arai, Y. Takahashi, S. Kikuchi, Y. Shimada, W. D. Li, S. Tanabe, K. Ito, *J. Appl. Phys.*, **85**, 7919 (1999).
40) M. Yamaguchi, K. Suezawa, M. Baba, K. I. Arai, Y. Shimada, S. Tanabe, K. Itoh, *IEEE Trans. Magn.*, **36**, 3514 (2000).
41) 島田 寛, 遠藤 恭, 山口正洋, 岡本 聡, 北上 修, 今野陽介, 松元裕之, 吉田栄吉, *J. Magn. Soc. Jpn.*, **34**, 220 (2010).
42) D. Hasegawa, H. Yang, T. Ogawa, M. Takahashi, *J. Magn. Magn. Mater.*, **321**, 746 (2009).
43) 島田 寛, まぐね, **4** (2, 4, 6, 8, 11 各号) (2009).
44) J. D. Adam, eds., "Handbook of Thin Film Devices: Frontiers of research, Technology and Applications", Chapter 5, pp. 185-212, Academic Press (2000).
45) R. E. Jones Jr., *IEEE Trans. Magn.*, **MAG-14**, 509 (1978).
46) 山口正洋, 荒川信一郎, 荒井賢一, 日本応用磁気学会誌, **17**, 511 (1993).
47) 山口正洋, 室賀 翔, まぐね, **10**, 23 (2015).

5.6.4 スイッチング電源

電源は電子機器から産業用機器まで幅広く用いられており, 電源なくしてはわれわれの生活は成り立たないといっても過言ではない. しかしながら, 電源といっても用いられる機器によって要求される特性は異なる. 定電圧性が要求されるものや定電流性, 大小の電力が取れるものまで幅広い. さらに, 最近の家庭用機器の多くにスイッチング電源が装備されているのをご存じだろうか.

ここで, スイッチング電源の種類を表5.6.1に示す. 電源に直流あるいは交流を用い, コンバータ (インバータ) を介して直流あるいは交流を出力する安定化電源である.

表5.6.1 スイッチング電源の種類

電源の種類		入出力
直流安定化電源	DC-DC コンバータ	直流入力で直流を出力
	AC-DC コンバータ	交流入力で直流を出力
交流安定化電源	DC-AC インバータ	直流入力で交流を出力
	AC-AC インバータ	交流入力で交流を出力

このような中にあって, スイッチング電源は半導体の有するスイッチング特性を用いた安定化電源の一つと位置付けられる. スイッチング電源の構成は, ① 入力部, ② インバータ (コンバータ) 部, ③ 出力部からなっている. 入力部は直流では多彩な入力が考えられるが, 交流は商用電源が中心である. この電圧も国によって異なるので, 輸出や海外旅行にもって出る機器には配慮が必要である. インバータ (コンバータ) 部はスイッチング電源の中心部であり, コイル, コンデンサ, スイッチ素子がおもな部品である. 最後に出力部は出力トランスが主用部品で, 電源設計者が設計できる部分となっている. 電源の効率やインバータ (コンバータ) 素子や出力整流器へのストレス, 雑音端子電圧, 電源の外径・質量など電源の主要な性能に大きく影響する. また, ここでは, 通常のトランスと同様に鉄損や銅損を考慮することが磁気と関係する. このように記載するとスイッチング電源は磁気デバイスと関係ないように思われるかもしれないが, 決してそのようなことはない. 本項では回路構成例は多様であるが, スイッチング電源を構成するデバイスに関する解説にはじまり, 構成例について磁性材料面から言及していく.

a. スイッチング電源を構成するデバイス

スイッチング電源のインバータ (コンバータ) 部を構成している主要なデバイスは, コイル, コンデンサ, そして, スイッチ素子である. おのおのの特徴について簡単に紹介

する.

(1) **コイル**: 電線のように電流を流す物体に長さがあればコイルとして作用する. コイルとしての性能を高めるには, ① 導体長を長くする, ② スパイラル状にする, ③ 導体の周囲に磁性体を配置する, などのさまざまな方法がある. その結果, これにはさまざまな形態がある. 故障の原因もこのような構造に起因して起こるコイルの断線(コイルのオープンとよばれる)が大半である.

(2) **コンデンサ**: コンデンサはキャパシタともよばれ, 2枚の電極を相対峙して配置し, 両極間が真空であったり, 空気や誘電体などの物質が存在したりするデバイスである. このデバイスは蓄電能力を有する. コンデンサに電流を流すと電圧が上昇し, 緩やかに飽和する値に近づく様子がみられる. この変化はリニヤではなく, 電圧の変化は指数関数的に変化するので, 最初は大きいがやがて小さくなっていく. 故障の原因は電極間のショートがあり, 火災などの事故につながる.

(3) **スイッチ素子**: スイッチ素子はオン・オフを繰り返すもので, 素子としては半導体素子が用いられている. スイッチ機能を有する半導体素子には, ① トランジスタ, ② IGBT (insulated gate bipolar transistor), ③ MOS-FET (metal oxide semiconductor field effect transistor) などがある. この素子には, オン状態で, ① 抵抗やインダクタンスがないこと, ② オン動作に要する電力が不要であることが要求される. また, オフ状態で, ① 抵抗が無限大でスイッチ間の容量がないこと, ② オフ状態を維持する電力がないこと, ③ オフ動作時のスイッチの絶縁性が十分高いこと, などが要求される. 最後に, オン/オフのおのおのの動作時には両状態に移るときに損失がなく, 電力などを必要としないことが要求される. 最も広く用いられているのは, オン/オフの容易性, オン/オフの速度, オン時の損失の小さいことから MOS-FET が用いられる.

このほかの素子として, ダイオードや電圧源, 電流源などが必要である.

b. スイッチング電源の構成と動作原理

スイッチング電源の動作原理を図 5.6.33 により説明する. 図 5.6.33(a)で示すように, スイッチオン状態でコイルに電圧を一定時間印加することにより電流としてエネルギーを蓄積できる. 出力側にはダイオードに V_o+V_1 の逆電圧がかかっているので電力は供給されない. 次に, 図(b)で示すように, スイッチオフ状態になると, コイルは一定電流を流すように作用するのでダイオードをオンとして付加に電流を供給する. ここで, 電圧源を用いたのでエネルギーをコイルに蓄積したが, 電流源ではコンデンサにエネルギーを蓄積する.

スイッチング電源の種類には昇圧型, 降圧型, そして昇降圧型などの種類がある. また, 直流を出力する電源には直流入力 (DC-DC コンバータ) と交流入力 (AC-DC コンバータ) の2種類がある. 交流安定化電源では直流入力 (DC-AC インバータ) と交流入力 (AC-AC インバータ) の2種類がある.

c. スイッチング電源への磁性材料の寄与

(i) **ラインフィルタ** 入力部に設けるラインフィルタは電流定格とインダクタンスで選定される部品で, コアに銅線を巻いたコイルである. コア材は飽和磁束に対して余裕のある材料が用いられる. また, コイル中の磁束の分布も効率を考えるうえで重要である. 用いる周波数が 50～60 Hz の商用周波数なので銅損としての表皮効果や鉄損などの要素は無視できる. コアの飽和によりノイズが抑制できなくならないように注意が必要である.

(ii) **出力トランス** トランスのコア材は電流に比例して磁束密度が容易に変化するソフト磁性材料がおもに用いられる. 材料的には金属と金属酸化物がおもな材料である. 金属では, ① 金属粉を圧粉した後に焼結する, ② テープ状の板を巻き取る, ③ 板状に打ち抜いたものを重ねる, などの手法が用いられている. 飽和磁束密度 B が大きい特徴とフェライトよりも高周波の領域 (100 kHz 以上) で鉄損が大きくなる欠点がある. B が大きい特徴を生かすには直流電流が大きくかつ電流変化が小さな部分, たとえば出力コイルに適する.

金属酸化物を主成分とする場合は, 材料粉を金型に入れて圧紛, 焼結したものが多く用いられ, その代表が Mn-Zn フェライトや Ni-Zn フェライトである. 金属粉を用いた場合より B は小さいが, 高周波領域でも磁束密度変化が大きくても鉄損が小さいという特徴がある. 電流変化が大きな部分に適することから, 出力トランスや電流変化が大きなコイルに適している. スイッチング周波数で周期的に磁化 (エネルギーの蓄積) とリセット (エネルギーの放出) をさせて H-B 座標に軌跡を描くと, 一定の幅をもつ曲線 (ヒステリシス曲線) になる. この面積がフェライトコアの磁化により消費されるエネルギーでヒステリシス損とよばれる. また, コア内部の磁束変化によってコア内部に電流が流れることによる損失が渦電流損である. フェライトの場合は結晶粒子が絶縁性の高い粒界を介して接触しているので, 渦電流の発生は数十 GHz 以上 (グレインが数十 μm, グレイン内導電率は数十 Ω^{-1} m^{-1}, 比透磁率 =3000 として計算) となり, スイッチング電源では問

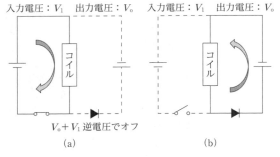

図 5.6.33 スイッチング電源の原理
(a) スイッチオン (b) スイッチオフ

題にはならない．ヒステリシス損および渦電流損以外の鉄損が残留損失であり，通常のスイッチング電源では問題にならない．逆に，この性質を利用して積極的に残留損失を大きくしたコアを用いて，高周波ノイズを吸収させるようにしたコアを用い，ノイズフィルタや電波吸収材として活用されている．コア材は上述のほかに，電磁鋼板，鉄ダスト，センダスト，ハイフラックス，MPPコア，鉄系アモルファス，Co基アモルファスやファインメットがある．また，小型化したい場合にはパーマロイ（Fe-Ni合金）が用いられる．

コアの温度変化により磁気特性の変化を考慮することは電源の設計において重要である．透磁率は温度の上昇とともに増大し，ある温度から急増した後にキュリー温度で急激にゼロとなる．そのため，透磁率が急激に変化する温度領域では電源の動作を避け，透磁率の温度変化が緩やかな領域で動作させるなどの配慮の必要がある．そのために冷却機構を考えることも必要である．このことは，飽和磁束密度も同様で，温度上昇とともに飽和磁束密度は減少（0～100℃において20％）し，設計上の留意点となる．磁性材料はコアの中に配置されるので動作とともに加温されることになる．また，コア自身の発熱の中心はヒステリシス損と渦電流損にあり，また銅損によっても熱の発生がある．また，高温で磁気飽和を改善した材料にBa-フェライトがある．損失がやや大きく，100 kHz程度では問題にはならないが，数百 kHz 以上のトランスには不向きである．この材料は透磁率が2000程度とやや低いが，ギャップを入れて実効透磁率を下げて用いるのでこのことはとくに問題にはならない．

このほかに，磁気飽和が電源の設計上で重要になる．これは飽和磁束密度を超えて動作させる場合に相当し，この場合，透磁率はゼロとなるのでインダクタンスの極端な低下で電流の制限がきかなくなるなどの危険がある．トランスであれば励磁電流の増加となって表れる．これを防ぐためにコアの途中にエアギャップを入れるなどのコアの構造的な工夫がなされている．また，チョークコイルやトランスの使用において漏れ磁束を外部に漏えいしないことも重要である．漏れ磁束への対策は電磁シールドを施すしかない．たとえば，先のスペーサギャップに対してシールドリングを設けるなどの手法がある．このように，トランスはコア材，コアの構造や形状，そして電線の巻き方などが重要な要素としてあげられる．これらは，性能はもとより薄型化や省電力化のキーとなる．たとえば，電力損失の低減に有用な低損失フェライトコアが用いられるが，材料を選ぶことがキーとなり，それのみでは十分ではない．材料を使いこなす技術と融合してはじめて大きな効果が得られる．

材料の選択にあたっては，すべての特性に優れた材料は実用上，皆無に近く，用途に応じてなんらかの特性を犠牲にしつつ最も重要な特性を生かすことを考えるのが現実である．とくに，動作周波数もスイッチング電源においても高くなる傾向にあり，その場合にも損失の少ないコア材の選択が重要となる．

文献

1) 戸川治朗, "スイッチング電源のコイル/トランス設計", CQ出版社 (2012).
2) 前坂昌春, "スイッチング電源設計基礎技術" (町野利道 監修), 誠文堂新光社 (2011).

5.6.5 シールド材

a. 電波吸収材料

（ⅰ）はじめに　電波吸収材料にはさまざまなものがあるが，使用する場面に応じて適切な材料を選定し，目的とする電波の周波数に対して高い吸収量を実現できるように設計を行う必要がある．図5.6.34に電波吸収材料として用いられる材料の例を示す．この図に示すように，大きく分類すると，① 導電性・誘電性材料，② 導電性皮膜材料，③ 磁性材料，④ パターニング構成となり，利用目的に応じて使い分けられている．利用分野としては，従来では航空機や船舶のレーダ偽像対策やテレビゴースト対策などがあげられるが，最近では，電磁両立性（EMC：electromagnetic compability）電波暗室に用いる広帯域吸収体をはじめ，各種無線通信の評価・対策に用いる狭帯域吸収体などがある．

電波吸収体の設計においては，目的の周波数帯において高い吸収性能を実現すること以外にも，広帯域特性，広角度特性，偏波特性など考慮すべき点は多い．さらに，実用上の重要な性能として，薄型化，軽量化，高強度，耐環境性および施工性などがある．具体的な実現例として，視認性を有する透明型抵抗皮膜を用いたシート型電波吸収体，視認性に加えて通気性も配慮した格子型の電波吸収体[1]，

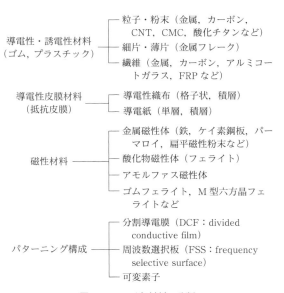

図5.6.34　吸収材料の分類

分割導電膜(DCF:divided conductive film)を用いた超薄型吸収体[2]などがあり,このように各種の付加価値を有する電波吸収体が提案されている.

以下に,電波吸収体を設計するための基礎事項として,伝送線路理論に基づく無反射条件の導出について説明し,次に磁性材料を用いた電波吸収体の具体例について述べる.

(ii) 電波吸収体の設計 電波吸収体に用いる材料は上記したようにさまざまなものがある.目的とする電波吸収性能を実現するために重要なポイントは,設計周波数に対して所望の材料定数を有する材料である点である.具体的な設計の手順としては,① 目的とする性能を実現するために必要な材料の選定,② 選定した材料の材料定数の測定,③ 伝送線路理論に基づく無反射条件の導出,そして④ 電波吸収体の製造,吸収性能の評価という流れになる.

電波吸収体の設計は伝送線路理論に基づいて考えることができる.伝送線路理論は各種の高周波の専門書に詳しく解説されているので,ここでは電波吸収体を設計するうえで重要となる無反射条件について解説する.

無反射条件とは,吸収量が最大となる条件であり,周波数や空間のインピーダンス,材料定数,材料の厚みなどによって決定される.基本的な考え方として,電波吸収体に入射する電波のエネルギーをすべて吸収させるためには,電波吸収材の表面から見込んだ入力インピーダンスを自由空間の波動(特性)インピーダンスである 376.7 Ω と等しくすればよいことになる.このことは,交流回路において負荷に最大のエネルギーを供給するための整合条件と同じように考えることができる.このような考え方から,一般に,受端に $\dot{Z}_L$ の負荷を接続された特性インピーダンス $\dot{Z}_c$ の伝送線路において,受端から距離 d の位置にある点から受端側を見込んだインピーダンス $\dot{Z}_{in}$ は,伝搬定数を $\dot{\gamma}_c$,特性インピーダンスを $\dot{Z}_c$ とすれば,次式となる.

$$\dot{Z}_{in} = \dot{Z}_c \frac{\dot{Z}_L + \dot{Z}_c \tanh \dot{\gamma}_c d}{\dot{Z}_c + \dot{Z}_L \tanh \dot{\gamma}_c d} \quad (5.6.71)$$

ここで,特性インピーダンス $\dot{Z}_c$ および伝搬定数 $\dot{\gamma}_c$ は,次式と表すことができる.

$$\dot{Z}_c = \sqrt{\frac{\dot{\mu}_r \mu_0}{\dot{\varepsilon}_r \varepsilon_0}} = \sqrt{\frac{\mu_0}{\varepsilon_0}} \sqrt{\frac{\dot{\mu}_r}{\dot{\varepsilon}_r}} = Z_0 \sqrt{\frac{\dot{\mu}_r}{\dot{\varepsilon}_r}} \quad (5.6.72)$$

$$\dot{\gamma}_c = j\omega \sqrt{\varepsilon_0 \mu_0 \dot{\varepsilon}_r \dot{\mu}_r} = j\frac{2\pi}{\lambda} \sqrt{\dot{\varepsilon}_r \dot{\mu}_r} \quad (5.6.73)$$

ここで,図 5.6.35(a)に示すように,一層構成の電波吸収体に平面波が垂直入射する場合を考える.このとき図(b)のような等価回路に置き換えて考えることができる.ここでは,特性インピーダンス $\dot{Z}_c$ を吸収材料,そして $\dot{Z}_L$ の負荷を吸収体背面に取り付ける金属板として考える.すなわち,終端は金属板により短絡されているものと考え,$\dot{Z}_L = 0$ となる.これより,式 (5.6.71) を整理すると,次式のように書き換えられる.

$$\dot{Z}_{in} = Z_0 \sqrt{\frac{\dot{\mu}_r}{\dot{\varepsilon}_r}} \tanh\left(j\frac{2\pi d}{\lambda} \sqrt{\dot{\varepsilon}_r \dot{\mu}_r}\right) \quad (5.6.74)$$

無反射条件は,先に述べたように,吸収体の表面から見込んだ入力インピーダンスを自由空間の波動(特性)インピーダンスである 376.7 Ω と等しくすればよいので,$\dot{Z}_{in} = Z_0$ として,次式が導出できる.

$$1 = \sqrt{\frac{\dot{\mu}_r}{\dot{\varepsilon}_r}} \tanh\left(j\frac{2\pi d}{\lambda} \sqrt{\dot{\varepsilon}_r \dot{\mu}_r}\right) \quad (5.6.75)$$

この無反射条件式を用いて,たとえばフェライトタイルのような磁性吸収材を利用した一層型電波吸収体を設計する場合,波長 λ で規格化した吸収体の厚み d/λ を変化させ,複素比透磁率 ($\dot{\mu}_r = \mu_r' - j\mu_r''$) の実部 μ_r' と虚部 μ_r'' の解を求め,それを μ_r'-μ_r'' 平面上に描くことにより得られる曲線を無反射曲線とよんでいる.

(iii) 電波吸収体の例 ETC(electronic toll collection)や DSRC(dedicated short range communication)をはじめ,ITS(intelligent transport system)サービスの安定した運用のためには電波環境対策が重要となる.具体的な対策として,ETC レーン間の透明パネル型電波吸収体[3]や,料金所の天井のゴムシート型電波吸収体[4]の利用などがある.今後は ITS サービス拡大に伴い,屋外のみならず地下駐車場やトンネル内での利用を想定した電波環境の検証なども進められている[5].地下やトンネルは大部分がセメントで囲まれているために,セメント自体に電波吸収性能を付加することがコストや施工性の面でも有効である.その一例として,磁性材であるフェライトをセメントに混合した ETC 用電波吸収体[6]について述べる.

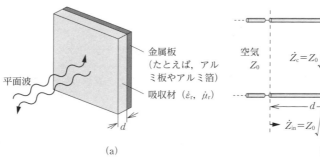
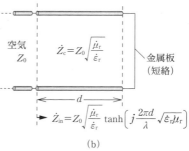

図 5.6.35 一層構成の電波吸収体および等価回路
(a) 一層構成の電波吸収体 (b) 等価回路

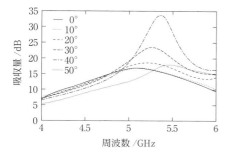

図 5.6.36 製作 1 か月後の吸収特性

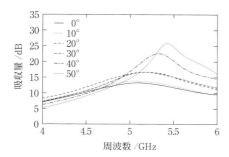

図 5.6.37 製作 3 か月後の吸収特性

電波吸収体を構成する材料は，セメント（密度 3.16 g cm^{-3}）500 g に対して水 175 g を混練し，乾燥過程で発生するクラックを低減するため，アラミド繊維を極小量（セメント重量に対して 1/1500 wt.%）添加したものである．フェライトの混合量は，14.7 vol.%（実測値）である．電波吸収体の製作 1 か月後および 3 か月後における，入射角度ごとの吸収特性を図 5.6.36 および図 5.6.37 に示している．図 5.6.36 の結果より，試料製作 1 か月後では最大 30 dB 以上の高い吸収量が得られていることがわかる．また，試料製作 1 か月後および 3 か月後の結果を比較すると，試料製作後，日時が経過するほどピークが高域側に移り，吸収量が低くなる傾向が確認できる．これは日時が経過するほど水分量が低下し，試料の材料定数が変化し，電波を効率良く吸収させる設計値から離れるためであると考えられる．

（iv）**温度変化に対する電波吸収体の特性** テレビ周波数帯やレーダ周波数帯においても電波吸収体が広く用いられている．たとえば，高層建築物や橋梁などにより電波が反射することにより，ゴースト現象とよばれる電波障害が生じることが知られており，これを防止する目的に用いられてきた．ゴースト現象は，直接到来する電波と建物から反射して到達する電波が干渉することで引き起こされるため，ビルや橋梁などの壁面に電波吸収体を付設する対策方法がとられている[7,8]．

しかし実際の使用状況では，夏場や冬場の外気の温度変化により吸収体内部の温度も変化する．その結果，磁性材料であるフェライトの物性が変化し，所望の吸収量が得られず効果的な対策を行えなくなることもある．このため，夏場や冬場における温度変化を考慮した吸収性能について検証が行われている[9]．温度変化を考慮する場合，フェライトの吸収性能に直接影響を与える大きな要因は，複素比透磁率の温度依存性であることから，複素比透磁率の温度特性をあらかじめ実測し，この実測データを基に吸収性能の劣化具合も理論的に検証することが可能である．

具体的な例として，20℃から 70℃まで温度を変化させた場合のフェライトタイルの複素比透磁率の変化を図 5.6.38 に示し，その実測値を基に吸収特性を計算した結果を図 5.6.39 に示す．なお，フェライトタイルはスピネル型 MO・Fe_2O_3（MO：二価金属酸化物）であり，約 1050℃で焼成したものである．複素比透磁率は，常温（25℃）から高温（70℃）にかけて，その実部および虚部がともに単調減少することがわかる．また，吸収特性の結果では，常温時（25℃）の条件で設計を行った場合と比べて，50℃以上の高温状態では吸収量が著しく劣化する様子が確認できる．

（v）**おわりに** 以上，電波吸収体に関する基礎的事項として，無反射条件の導出に重点を置き解説し，具体的な電波吸収体の実現例や，温度変化に対する特性変化の評価例について紹介した．

電波吸収体の設計法や，その基礎となる伝送線路理論の詳細については専門書を参照いただければ幸いである．今後も各種無線通信の利用形態に応じた新たな電波環境対策に関する需要が高まると考えられる．

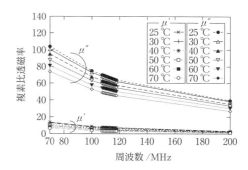

図 5.6.38 複素比透磁率の温度変化

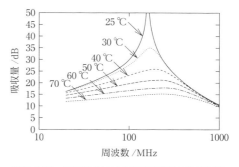

図 5.6.39 温度変化に対する吸収特性の計算結果

文　献

1) 松本好太, 滝本 真, 橋本 修, 酒井正和, 信学論 B, **J90-B**, 447 (1990).
2) 池田陽介, 松本好太, 橋本 修, 信学論 B, **J89-B**, 2057 (1989).
3) 豊田 誠, 技術総合誌, **91**, 33 (2004).
4) 松本好太, 佐藤篤樹, 水谷真輔, 岡田 治, 橋本 修, 信学技報, **MW2005-30**, 35 (2005).
5) ポカレ ラメシュ, 豊田 誠, 土井 亨, 橋本 修, 信学技報, **EMCJ2004-6**, 31 (2004).
6) 大場琴子, 滝沢幸治, 土井 亨, 橋本 修, 信学論 C, **J91-C**, 764 (1991).
7) T. Yamane, S. Numata, T. Mizumoto, Y. Naito, *IEEE Int. Symp. Electromagn. Compat.*, **2**, 799 (2002).
8) 池田陽介, 三谷浩史, 橋本 修, 信学技報, **EMCJ2004-35**, 61 (2004).
9) 渡邊慎也, 栗原 弘, 平井義人, 橋本 修, 谷 健祐, 信学論 B, **J88-B**, 998 (1988).

b. ノイズ抑制シート

(i) はじめに　　ユビキタス社会を象徴する電子機器として, 今やなくてはならない個人情報端末となったスマートフォンをはじめとする携帯電話機の内部には, そのごく限られた空間にギガヘルツ帯の無線回路, 大型のカラー液晶やメガピクセルの画像素子, これらを快適に動作させるための高速信号処理 LSI, およびこれらをつないで動作させるための各種能動素子が所狭しく実装されている. このような状態では, 部品同士が回路や空間を通して電磁的に干渉し, それに伴って自家中毒とよばれる内部での高周波電磁障害 (intra-system electro-magnetic interferences) が発生するために, すべての機能を設計どおりに動作させることが困難を極めている.

携帯電話機とともにユビキタス社会で重要な位置を占めるタブレット型の小型パーソナルコンピュータやディジタルカメラ (DSC) においても, 小型化と高性能化のための高密度実装化の進展と情報量の増加, 情報処理の高速化が, 部品や回路の間に複雑な電磁干渉をもたらし, 高周波領域での自家中毒や不要輻射 (EMI：inter-system electro-magnetic interferences) が深刻な問題となっている.

本項では, このような複雑な高周波電磁ノイズの問題を簡便・迅速に解決すべく, 携帯電話機が本格的に普及しはじめた 1995 年に開発, 上市されたノイズ抑制シート (図 5.6.40) について, その設計, 評価法, 作用・効果, 諸特性, 応用事例を示す.

(ii) 高周波電磁ノイズ対策の課題　　電子機器のノイズ対策には, 従来からグラウンディングの強化, シールド, EMI フィルタやダンピング抵抗の挿入などのさまざまな手法が用いられているが, UHF 帯のような高周波領域の電磁ノイズ対策は, これらの手法では効果が小さいのみならず, 別の回路からのノイズ輻射のような二次障害が発生することがあり厄介である.

その理由の第 1 は, UHF 帯では, 機器筐体の大きさが信号やその高調波成分の波長オーダーとなるために, 回路が分布定数線路としてふるまうことにある. ディジタル電子機器における高周波電磁障害の多くは, 準マイクロ波帯からマイクロ波帯にわたっているが, このような高周波領域では, 電子回路の線路長に対して伝送信号やその高調波成分の波長が同じオーダーとなるために, 電子部品やモジュール間をつなぐ線路が分布定数回路としてふるまうので, 電子部品と線路の接続箇所でのインピーダンスの不整合が線路の共振を誘発する. 実効周波数が 1 GHz の方形波で立ち上がり時間を考慮すると, 式 (5.6.76) で与えられる集中定数線路として扱える線路長 l_{lc} はせいぜい 1 cm 程度となり, これと同程度の大きさをもつ電子回路は分布定数線路としての扱いが必要となる[1].

$$l_{lc} \leq t \cdot v \cdot \frac{\pi}{10} \qquad (5.6.76)$$

ここで, t はパルスの立ち上がり時間で, 通常パルス幅の 10～20％程度となるので, 周波数 1 GHz では $t = 0.1$～0.2 ns となる. v は信号の伝搬速度であり磁性あるいは誘電性媒質中では $v = \dfrac{c}{\sqrt{\mu \cdot \varepsilon}}$ となる (c は光速). したがって, 配線基板サイズが l_{lc} と同程度である電気回路においては, 周波数が 1 GHz になるとその至る所に分布定数回路としてふるまう線路が存在することになり, 集中定数部品を線路のどの位置に挿入するかによってその効果が異なってくるという厄介な問題が起こる. 図 5.6.41 に示すように,

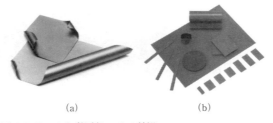

図 5.6.40　ノイズ抑制シートの外観
(a) ノイズ抑制シート　　(b) さまざまな形に成形された個片

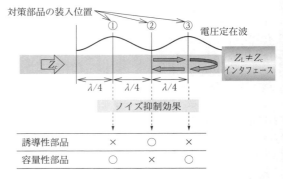

図 5.6.41　不整合線路における対策部品と電磁ノイズ抑制効果の関係

線路に電圧定在波が存在すると，図中の①や③のような電圧が最大のところに誘導性の対策部品を挿入したり，逆に図中の②のような電圧が最小のところに容量性の対策部品を挿入しても期待どおりの効果は望めない．

第2は，高周波では，電子部品同士が回路の経由のみならず，空間を介して容易に結合してしまう．この結合は電磁的なシールドを施すことで減衰できるが，今度はシールドからの反射や二次輻射によって新たに別の障害が発生しかねない．

第3は，磁性材料の問題で，誘導性の対策部品に広く用いられているスピネル型フェライトではスネークの限界則のために，UHF帯やマイクロ波帯では大きなインピーダンスが望めない．

第4は，実装上の問題で，ケーブルをフェライトコアに通してノイズ成分（高周波電流）の通過を阻止するやり方では，大きなインピーダンスを確保するためにフェライトをリングのような周回形状，すなわち閉磁路にして使わなければならず，部品が塊状になってしまうので，小型電子機器では使える場所がごく限られてしまう．

以上の四つの理由から，携帯電話機のディジタル化に伴う本格普及の時期（1990年代半ば）に，UHF帯やマイクロ波帯で簡便・効果的に電磁ノイズを抑制できる新しい対策技術への要望が高まりつつあった．

（iii）ノイズ抑制シートの要件 高周波ノイズ対策における以上述べた四つの課題のうち，第1の分布定数回路とインピーダンス不整合に起因する問題は，対策の仕方を点から面にするとともに，ノイズを反射するのではなく吸収すれば解決できる．すなわち，分布定数線路を伝搬する高周波ノイズに対して，高周波損失を有する磁性体を線路近傍に配置し，線路と誘導的に結合させることで線路に等価的な抵抗を付与する[2]．そうすることで線路に低域フィルタの機能を付与し，高周波ノイズを周波数領域で分離することができる．第2の空間結合の問題は，対策部品の挿入を回路上から空間に変更すればよい．すなわち，ノイズ対策部品をシート形状とし，これを回路の近傍に配置すれば，第四の課題である実装性の問題も，シート形状にすることで面内方向の反磁界が小さくなるため同時に解決できる．ここで，ノイズを吸収させる役割を担うのが磁性体の強磁性共鳴によって発現する磁気損失である．磁気損失を利用する利点は，これによってもたらされる等価的な抵抗成分が透磁率虚部の分散を反映した周波数特性をもつことであり，高周波のノイズ成分だけを周波数領域分離できる吸収型の低域フィルタ特性が実現できる．

以上がノイズ抑制シートによる高周波電磁ノイズ問題への対処のありかたであり，これをノイズ抑制シートの要件として整理すると，一つ目は，実装自在なこととなる．これは開磁路で使えることと，柔軟性があって凹凸や曲面に実装できるということである．しがたって，反磁界が小さく柔軟性を有する磁性体が必要となる．二つ目は，副作用が少ないことである．これはノイズ抑制シートを装着したときに，別の回路や新たな周波数領域での不要輻射の発生（反射の増加），SN比やエラーレートの劣化（信号の減衰）を引き起こさないことである．したがって，信号を鈍らせることなくノイズ成分のみを吸収することと，シートを装着したときの反射が少ないことの双方が要求されるので，おのおの透磁率虚部の分散が鋭く立ち上がること，および高周波での電気抵抗が大きいことが実現のための必要事項となる．

（iv）ノイズ抑制シートの設計 前項に示したノイズ抑制シートの要件を満たすためには，① 高周波領域でフェライトを凌駕する大きな透磁率を有する（これは（ii）項で提起した第3の課題の対応に相当する）．② 透磁率虚部の分散が鋭く立ち上がる，③ 大きな電気抵抗を有する，④ 高い柔軟性を有する，新しい磁性体が必要となる．

まず①のフェライトを凌駕する大きな透磁率の実現については，これに加えて③の大きな電気抵抗と，④の高い柔軟性を同時に実現する必要があるので，これらを併せて考えてみる．バルク磁性体の初透磁率 μ_i と共鳴周波数 f_r は，それぞれ式 (5.6.77) および式 (5.6.78) で表され，両者の間には式 (5.6.79) の関係が成り立つ．

$$\mu_i = \frac{2M_s}{3H_a\mu_0} \qquad (5.6.77)$$

$$f_r(\text{for bulk}) = \left(\frac{\gamma}{2\pi}\right)H_a \qquad (5.6.78)$$

$$f_r \cdot \mu_i = \frac{\gamma M_s}{3\pi\mu_0} \qquad (5.6.79)$$

ここで，γ は磁気回転比，μ_0 は真空の透磁率である．すなわち $\mu_i \cdot f_r$ 積は材料の飽和磁化 M_s に比例するので，M_s が同じ材料系ではその値は一定となり（スネーク則），それ以上に大きな $\mu_i \cdot f_r$ 積を得ることはできない．そこで，飽和磁化 M_s がフェライトに比べて格段に大きい金属ソフト磁性材料に目を向けることになる．代表的なものに Fe-6.5% Si 合金やセンダストのような結晶質合金，Fe基やCo基のアモルファス合金があるが，いずれも電気抵抗が小さいため，ダスト材や薄帯の形状に加工されて商用電源のような低周波領域で用いられている．ノイズ抑制シートでは透磁率分散がメガヘルツオーダーの領域で生じる必要があるので，渦電流による透磁率の低下を抑止するために，ミクロンオーダーの厚さ（ないし粒径）に加工する必要があるが，この程度の厚さでは，ノイズ電流がよほど小さくないと磁気飽和（透磁率と厚さの積パーミアンスの不足）してしまう．しかしながら，$\mu_i \cdot f_r$ 積の点ではとても魅力的である．一方，厚さがミクロンオーダーのフィルム状の磁性体では，厚さ方向の反磁界 $N_d \cdot M_s$ がスピンの歳差運動エネルギーを高める働きをするために式 (5.6.78) が式 (5.6.80) の関係に変化する．

$$f_r(\text{for film}) = \left(\frac{\gamma}{2\pi}\right)\left(\frac{H_a \cdot N_d \cdot M_s}{\mu_0}\right)^{1/2} \qquad (5.6.80)$$

ここで，$M_s/(\mu_0 \cdot H_a) \geq 1$ なので，フィルム状磁性体では同じ組成の塊状磁性体に比べて共鳴周波数 f_r が格段に高

まるので好都合である．残る課題は磁気飽和対策となるが，これは非磁性層を介して多層膜化することで実現できる．ところがこの構造では高周波になると変位電流が流れて透磁率が低下してしまうため，容量を減らす方策として，多層膜をパターン化することが提案された[3]．このパターン多層膜は，高周波透磁率特性に優れパーミアンスも大きいのでノイズ抑制シートには理想的な磁性体であるが，作製工程が複雑で工業化には適さない．しかしながら，パターン多層膜の断面構造は，パターン化によって小片となった磁性薄膜がミリメートルオーダーの幅になっており，膜厚が1μmとすると膜幅Wと厚さtの比W/t（以降アスペクト比とよぶ）は，1000以上となり面内方向の反磁界係数は，依然小さい状態に保たれている．この磁性薄膜の幅をもう少し小さくすれば（すなわち，アスペクト比を数百程度に落とせば），個々の磁性薄膜を偏平度の大きな粉末で置き換えることが十分に可能となってくる（図5.6.42）．すなわち，粉末で二次元形状の磁性体をつくり，これを非磁性マトリックス中に並べる方法で，すなわちパターン磁性膜と同様の構造を真空プロセスではない別のやり方でつくることができる．これを具現するには，粉末の厚さが1μm程度ないしそれ以下，アスペクト比が100として幅が100μm程の非常に偏平なソフト磁性粉末をつくる必要があるが，多くのソフト磁性金属は展性に富むので，アスペクト比の大きな偏平形状に加工することは難しくない．さらに，パターン多層膜の非磁性層の代わりにエラストマーのような柔軟性に富んだポリマーを用いれば，偏平形状粉末との擬似的な多層膜は柔軟性を示すことになるとともに，高い電気抵抗も併せて実現できる．

ノイズ抑制シートは，おもに配線基板の一部分などに貼り付ける形で用いることを想定しているが，これを磁気回路として眺めれば開磁路である．バルクのスピネル型フェライトのような磁気的に等方性の材料で磁気回路を構成するさいは，大きな実効透磁率を確保するために閉磁路で用いる（開磁路での磁性体の実効透磁率μ_eは，$\mu_e \fallingdotseq 1/N_d(x)$で示され，材料固有の初透磁率$\mu_i$にはほぼ関係なく磁路方向の反磁界係数$N_d(x)$によって決まる）．一方，偏平形状の磁性粉末がポリマーを介して面内方向に一様に配列された複合構造を有するノイズ抑制シートは，磁性粉末とシート外形の双方のアスペクト比がきわめて大きいために，シート面内方向の反磁界が非常に小さく（図5.6.43），開磁路で使っても実効的な透磁率μ_eの低下が少なく，切って貼るだけという簡便な作業，すなわち開磁路で用いることができる．

次にノイズ抑制シートの電磁ノイズ吸収機能を担う②の透磁率虚部の周波数分散の形について，図5.6.44を参照して説明する．前述のとおり，磁性体による電磁ノイズの吸収は，電子回路に周波数依存性をもつ等価抵抗Rが挿入されることによってなされる．したがって，Rが信号周波数領域ではゼロに近く，ノイズ周波数領域で広い周波数範囲にわたって大きな値をとるならば，信号に悪影響を与えることなく周波数領域分離による高周波伝導ノイズの抑制が可能となる．Rの大きさは，透磁率虚部μ''と周波数

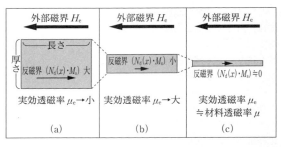

図5.6.43 磁性体の形状と反磁界$N_d(x) \cdot M_s$および実効透磁率μ_eの関係
(a) バルク（3D）磁性体　　(b) 厚膜（2.5D）磁性体
(c) 薄膜（2D）磁性体

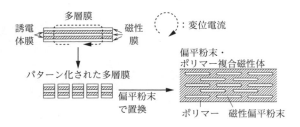

図5.6.42 磁性多層膜と磁性偏平粉末・ポリマー複合磁性体の関係

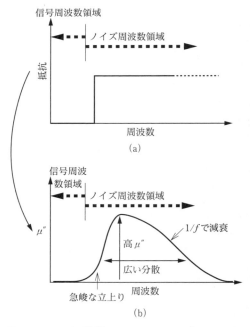

図5.6.44 ノイズ抑制シートにおけるμ''プロファイルの設計
(a) 理想的なインピーダンスの周波数特性　(b) ノイズ抑制シートにおけるμ''のあるべきプロファイル

図 5.6.45 ノイズ抑制シートの断面写真

ω の積に依存する．したがって，図 5.6.44(a)に示すようなノイズカットオフ周波数以上で一定の R を示す低域フィルタ特性を得るためには，図(b)に示すようにカットオフ周波数で鋭く立ち上がり，その後，傾き $1/f$ で減衰する透磁率虚部 μ'' プロファイルの実現が目標となる[4]．

以上述べた要件を満たしたノイズ抑制シートの断面写真を図 5.6.45 に示す．図中に白く見えるのが偏平状のソフト磁性金属粉末で，黒く見える粉末の隙間部分はエラストマーと空隙である．ノイズ抑制シートの性能を決定付ける高周波磁気損失特性や電気抵抗は，ソフト磁性金属粉末の合金組成や形状に強く依存する[5]．市販されているノイズ抑制シートには，ソフト磁性粉末や複合構造にさまざまな工夫がなされており，ノイズの周波数分布や必要な抑圧量に見合った種類や厚さの選択ができる．

（ⅴ）**ノイズ抑制シートの作用・効果と評価法** 高密度実装された電子回路，機器において生じる高周波電磁干渉は，部品や回路が空間を介して結合する場合と，伝送線路を介して結合する場合に分けて考えることができる．図 5.6.46 にノイズ抑制シートの透磁率分散特性を模式的に示した．ここで磁気共鳴が始まる前の透磁率虚部 μ'' が小さい周波数範囲を領域 A，透磁率虚部 μ'' が大きい周波数範囲を領域 B とする．磁性体単層からなる一般的なノイズ抑制シートの装着によって期待できる効果は，空間を介する誘導的な結合に対する透磁率 μ'，μ''（領域 A および領域 B）による減結合と，伝送線路を介する結合に対する透磁率虚部 μ''（領域 B）と渦電流損（電気抵抗 ρ）による伝送減衰である．そこで，ノイズ抑制シートを装着したときに期待できる効果の目安を得るための計測方法について，空間を介して電子部品間に生じる電磁干渉を内部結合，相互結合に分け，回路を伝導する高周波電流に対する伝送減結合と，遠方界での伝送減結合効果（輻射抑制率）の計測

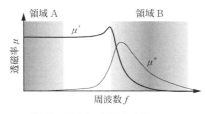

図 5.6.46 磁性体の透磁率の周波数分散
  領域 A：空間を介した結合の制御や磁気シールドに用いる領域
  領域 B：空間および伝送線路を介した結合の抑制に用いる領域

を加え，以下に示す a)～d)の四つの測定方法が提案，規定された．

計測方法の標準化作業は，国際電気標準会議（IEC：International Electro-technical Commission）の TC51 国内委員会を中心に進められ，2006 年 5 月に "Noise Suppression Sheet for Digital Devices and Equipment" と題した国際標準が刊行された．この規格は，"用語の定義"（IEC 62333-1：Terms and definitions），"電磁干渉抑圧効果の測定法"（IEC 62333-2：Measurement methods），および"電気・機械特性の測定法"（IEC 62333-3：Characterization of parameters）から構成される[6]．

a) 内部減結合率（intra-decoupling ratio）；R_{da}
  二つの伝送線路間や同じプリント配線板内に実装された二つの部品間で生じる空間的な結合に対し，ノイズ抑制シートを伝送線路に対して平行に装着することにより得られる減衰の割合である．

b) 相互減結合率（inter-decoupling ratio）；R_{de}
  二つの伝送線路，プリント配線板間，あるいは二つの部品間で生じる空間的な結合に対し，シートを両者の間隙に装着することにより得られる減衰の割合である．

c) 伝送減衰率（transmission attenuation power ratio）；R_{tp}
  伝送線路を伝搬する伝導信号／ノイズに対し，シートを伝送線路に装着して得られる単位線路長あたりの減衰量である．

d) 輻射抑制率（radiation suppression ratio）；R_{rs}
  回路基板から放射される輻射ノイズに対し，シートを装着することで得られる抑制量である．この測定は，通常の EMI 計測と同様の 10 m 法や 3 m 法による遠方界測定である．

（1）**内部減結合率 R_{da}**： 内部減結合率 R_{da} の測定には，1 組のマイクロループアンテナを用いる．これらのアンテナ間の結合率が，ノイズ抑制シートの装着によってどのように変化するかを測定する．マイクロループアンテナとノイズ抑制シートの配置を図 5.6.47 に示す．シート試料を装着する前の二つのアンテナの結合率については，6 GHz 帯まで 20 dB/decade の周波数特性が要求される．図 5.6.47 に示すように，結合率を測定するための二つのループアンテナは，測定試料ノイズ抑制シートの片側にループ面を平行にした状態で並べ置かれ，二つのアンテナ中心からの距離は 6 mm で，ノイズ抑制シートとアンテナ外導体

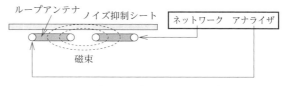

図 5.6.47 R_{da} 測定時のループアンテナとノイズ抑制シートの配置

との距離は3mmに規定されている．試料形状は50 mm×50 mmである．内部減結合率 R_{da} は，シートを配する前の透過Sパラメーターを S_{21R} とし，シートを配置した場合の透過Sパラメーターを S_{21M} としたとき，次式より求まる．

$$R_{da} = S_{21R} - S_{21M} \quad (\text{dB}) \qquad (5.6.81)$$

（2）**相互減結合率 R_{de}**：この測定は内部減結合率 R_{da} の測定で用いた1組のマイクロループアンテナの配置を図5.6.48に示す構成に代えて行う．この図に示すように，結合率を測定するための二つのループアンテナの間に，ノイズ抑制シート試料が配置される．二つのアンテナ中心からの距離は6mmであり，この値は内部減結合率測定時と変わらないが，ノイズ抑制シートとアンテナ端との距離はノイズ抑制シートの厚みによって変化することになる．試料形状は50 mm×50 mmである．相互減結合率 (inter-decoupling ratio) R_{de} の測定には，内部減結合率 R_{da} と同じスペックの微小ループアンテナを用いるが，R_{de} 測定の場合には，シート試料は二つのアンテナの間に配置される．相互減結合率 R_{de} は，シートを配する前の透過Sパラメーターを S_{21R} とし，シートを図のように入れた場合の透過Sパラメーターを S_{21M} とすると，内部減結合率と同じ形の式(5.6.82)より求まる．

$$R_{de} = S_{21R} - S_{21M} \quad (\text{dB}) \qquad (5.6.82)$$

（3）**伝送減衰率 R_{tp}**：伝送減衰率 R_{tp} の測定には，図5.6.49に示す構成のストリップライン治具を用いる．基板表面の中央に50 Ωのストリップラインが設けられ，裏面全面に地導体（ground plane）が設けられた厚さ1.6

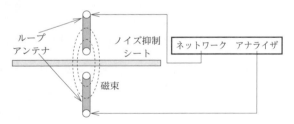

図5.6.48 R_{de} 測定時のループアンテナとノイズ抑制シートの配置

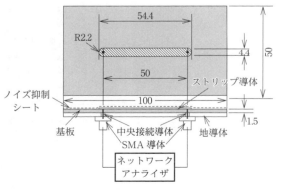

図5.6.49 伝送減衰率 R_{tp} の測定に用いるテストフィクスチャ

mmのテフロン配線板を用いる．図5.6.49に点線で示すように，ノイズ抑制シート試料をマイクロストリップ導体を覆い隠すように装着し，シート試料を装着する前後のSパラメーターの変化をネットワークアナライザで測定する．シート試料の大きさは，図5.6.49の治具基板の大きさ（100 mm×50 mm）以上であればよい．試料のストリップライン治具への装着は，ノイズ抑制シートが接着層を有しているものもあれば，接着層を介した状態で装着すればよい．ノイズ抑制シート試料が接着機能をもたない場合には，ストリップライン治具との間に必要以上の空間が生じないよう，何らかの固着手段が必要となるが，IEC規格では，一つの方法として25 μmのPETフィルムを介在させてノイズ抑制シートを配し，これに300～500 gの荷重を加える測定法を推奨しており，10 mm以上の厚みのスチレンフォーム板を介して試料を加重することとなっている．伝送減衰率 R_{tp} は式(5.6.83)で計算され，ここで S_{21M}，S_{11M} はそれぞれ，ノイズ抑制シート試料を上記治具に装着した場合のSパラメーター S_{12}，S_{11} である．

$$R_{tp} = -10 \log \left\{ \frac{10^{S_{21M}/10}}{1 - 10^{S_{11M}/10}} \right\} \quad (\text{dB}) \qquad (5.6.83)$$

ノイズ抑制シートを用いた伝導ノイズの抑制は，配線板にパターニングされた伝送線路上に粘着層を介して貼り付けるやり方が一般的であり，伝送減衰率 R_{tp} とノイズ抑制シートの電磁特性との間に次の関係が成り立つ[7]．

$$R_{tp} \propto M \cdot \mu'' \cdot f \cdot \delta \qquad (5.6.84)$$

ここで，M は伝送線路に流れる電流により生じる高周波磁束とノイズ抑制シートとの結合係数，δ は高周波電流によって磁化された深さで，磁性体の厚さに相当する．式(5.6.84)の結合係数 M には伝送線路とノイズ抑制シート間に入る粘着テープのような隙間の影響が含まれ，伝送線路に流れるノイズ電流が微弱な場合には M も δ も小さくなるのでノイズ抑制効果が低下してしまう．したがって，ノイズ抑制シートを実装するさいには，薄い粘着テープの採用や，密着しやすい形状への加工などの工夫が重要となる．また，式(5.6.84)より透磁率虚部 μ'' と磁化深さ δ の積であるパーミアンス虚部（$\mu'' \cdot \delta$）も，電流抑制能を大きく左右する重要な要素である．小型の電子機器では，ノイズ抑制シートを実装する隙間の確保が難しい．このような場合には，できるだけ大きな透磁率虚部 μ'' を有するノイズ抑制シートを選択し，薄くても所望の伝送減衰率が得られるようにする．なお，式(5.6.84)より R_{tp} がノイズ抑制シートの透磁率虚部 μ'' の周波数分散を強く反映した周波数特性をもつことが理解できるが，シートの厚さに対してそのサイズがあまり大きくない場合は，シート面内方向の反磁界により μ'' が低下するとともに μ'' の分散が高周波側にシフトするので，ノイズ抑制シートを周波数特性から選ぶさいには形状の影響を考慮する必要がある．

（4）**輻射抑制率 R_{rs}**：輻射抑制率 R_{rs} の測定には，図5.6.49に示した伝送減衰率 R_{tp} の測定に用いる治具と同じストリップライン治具を用いる．この測定では，スト

5.6 高周波磁気

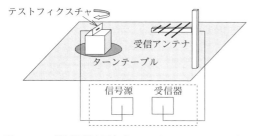

図 5.6.50 輻射抑制率測定時のテストフィクスチャの配置

リップラインとコネクタ間での伝送モード変換に伴って生じる微小な輻射を利用し，ノイズ抑制シートの装着による輻射の変化を遠方（3m法ないし10m法）で測定する．図5.6.49の R_{tp} 測定の場合との相違点は，ノイズ抑制シート試料の形状とその装着方法である．試料形状はストリップライン幅と同じ幅の短冊状とし，中央のストリップラインの真上に重ねて装着される．図5.6.50に，電波暗室で輻射抑制率 R_{tp} を測定するさいの治具のセットアップを示す．この計測は不要電波に関する国際規格であるCISPR 22に準ずるが，図5.6.50に示したように治具の基板面が電波伝搬の方向に対して垂直方向となるようにセットアップし，ストリップラインの長手方向が水平になるように配置する．受信アンテナで水平偏波を検出し，CISPR 22に従い peak-hold function を用いて測定する．輻射抑制率 R_{rs} は，試料がないときの測定電力を P_0，試料を装着したときの測定電力を P_1 としたとき，式(5.6.85)より求まる．

$$R_{rs} = -10 \log\left(\frac{P_1}{P_0}\right) \quad (5.6.85)$$

（vi）ノイズ抑制シートの種類と特徴，および使い方

本項では，ノイズ抑制シートについて，透磁率特性とシート層構造の双方から分類したうえで，各種シートの特徴と使い方を説明する．

（1）透磁率特性による分類： ノイズ抑制シートは，磁性体の磁気損失を利用して電磁干渉を抑制するものなので，損失項である透磁率虚部 μ'' の大きさや，その周波数

分散特性が抑制能を大きく左右する．図5.6.51に，代表的なノイズ抑制シートの透磁率の周波数特性を示す．透磁率虚部 μ'' の大きさと，その周波数分散領域の目安を与える磁気共鳴周波数 f_r との間には密接な関係があり，シートの飽和磁化 M_s が一定である場合には μ'' と磁気共鳴周波数 f_r との積 $\mu'' \cdot f_r$ が一定となる．ノイズ抑制シートの抑制能は式(5.6.84)で示したとおり μ'' の大きさに強く依存するが，ノイズフィルタとしての周波数特性は周波数分散した μ'' と周波数 f の積で与えられるので，ノイズ抑制シートの選択は，信号のカットオフ周波数を考慮して透磁率分散特性からの選択を優先し，所望のパーミアンス（μ'' とシート厚さ δ の積）が得られる厚さを選べばよい．

（2）シート層構造による分類： ノイズ抑制シートは，磁性体シートのみからなる単層のものと，磁性体シートに導電体シートを組み合わせた多層のものに分けられる．

① 単層シート： 現在入手できるノイズ抑制シートのほとんどが磁性体単層からなるシートである（図5.6.52(a)）．単層シートの多くは，数 MΩ cm 以上の値の電気抵抗率とシート面内方向に大きな磁気損失とを有している反面，シート厚さ方向の透磁率（μ', μ''）は，磁性層を構成する磁性粉末および二次元的なシート状の外形に由来する反磁界のために非常に小さい．したがって，シート厚さ方向に対する抑制能の指標である（v）項（2）の相互減結合率，つまりノイズ源とそれに対向する部品間での抑制能はあまり大きくない．一方，（v）項（1）の内部減結合，つまりノイズ源と同じ面にある部品間での誘導結合の制御や，（v）項（3）の伝送減衰のように，シート面内方向の透磁率を利用する使い方では高い効果が期待できる．すなわち，ノイズ抑制シートを伝送線路に装着すると，磁気損失項である透磁率虚部 μ'' の周波数分散によって，線路に周波数依存性をもつ等価的な抵抗を付与できるので，高

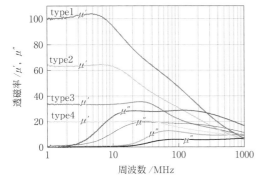

図 5.6.51 ノイズ抑制シートの透磁率特性例（図中の太線は透磁率実部 μ'，細線は透磁率虚部 μ''）

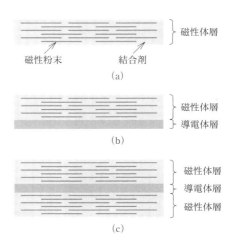

図 5.6.52 ノイズ抑制シートの断面模式図
(a) 磁性体単層シート
(b) 磁性体シートの片側が導電体シートの二層シート
(c) 導電体シートを磁性体シートで挟んだ三層シート

周波のノイズ成分を周波数領域分離，吸収（熱変換）できる．

② **多層シート**：薄い導電体シートの片側（図5.6.52(b)）あるいは両側（図5.6.52(c)）に磁性体シートを密着させた構造の多層シートは，おもに空間を介して生じる電磁干渉の抑制に使われる．導電体シートには，銅箔やアルミ箔などの金属箔や，グラファイトや導電性カーボンブラックのような導電性の微粉末をポリマー中に分散させたカーボン系複合シートなどが用いられる．これら導電体シートの電気抵抗率はおおむね $10\,\Omega\,cm$ 以下であり，多層シートの電磁干渉抑制効果は導電体シートの電気抵抗率の値に大きく左右される．金属箔の抑制効果を箔単体で測ると，(v)項 (2) の相互減結合率 R_{de} が大きな減衰を示す半面，内部減結合率 R_{da} はシートがない場合よりも悪化する．つまり，シートを挟んで対向する側の結合は弱まるが，ノイズ源と同じ側の結合が強くなってしまう[2,8]．この傾向は導電性シートの電気抵抗率が小さいほど顕著になるので，内部減結合率 R_{da} を重視する用途には，電気抵抗があまり小さくないカーボン系シートが適している．導電体シートによる内部減結合率 R_{da} の劣化を抑えつつ相互減結合率 R_{de} を確保するために，導電体シートの片側ないしは両側に磁性体シートを配したものが多層のノイズ抑制シートである．すなわち，導電体シートに磁性体シートを重ねることで，磁性体シートのもつ相互減結合率 R_{de} による反射の抑制に加えて，導電体シートに流れる高周波電流に対して (v)項 (3) の伝送減衰率 R_{tp} で導電体シートからの再輻射を抑制する．しがたって，多層のノイズ抑制シートは，内部減結合率 R_{da} を悪化させずに相互減結合率 R_{de} を必要とする近傍でのシールド用途に適している．多層シートを用いるさいに，導電体シートを接地する必要はないが（内部減結合率 R_{da}，相互減結合率 R_{de} ともに導体を接地せずに測定した値として規定されている），接地が有効なケースもある．図5.6.52(b)に示した二層シートを使う場合は，磁性体シートの側をノイズ源に向けて（内部減結合率 R_{da} を確保したい側に）配置する．

なお，多層のノイズ抑制シートを伝送線路の直上に装着すると，導体層によるスタブ効果で反射損が大きくなるなどの副次的な作用を伴う危険があるが，薄いシートで大きな透過減衰を得たい場合に有効であり，また磁気共鳴損が消失する周波数よりもさらに高い周波数領域で減衰を得たい場合には，渦電流損が働くので大きな減衰効果が期待できる．

(vii) **ノイズ抑制シートの諸特性** ノイズ抑制シートのおもな目的は高周波電磁干渉の抑制であり，その計測方法については (v)項に示したとおりIEC規格62333-2に規定されている．しかしながら，ノイズ抑制シートの選択にあたっては，(iii)項で述べた実装容易性や副次的な作用の程度，および信頼性に影響を及ぼす（透磁率特性以外の）電磁気的な特性や熱的，機械的な特性も重要となる．IEC規格62333-1および62333-3には，ノイズ抑制シートの選定に必要性が高いと想定される電磁気的および熱的，機械的特性項目が明記されているが[6]，ここでは主要な項目について，実装性や副次的な作用との関連を含めて紹介する．

（1）**電気抵抗率**：ノイズ抑制シートによる高周波ノイズの抑制は，インピーダンスの不整合によるノイズ成分の反射を利用するのではなく，磁気損失による電流，電磁波の吸収（ジュール熱への変換）によってなされる．この理由は，高周波ノイズの反射による二次障害や信号の劣化を防ぐためであり，市販されている多くのシートでリターンロス $\leq 10\sim 20\,dB$ が実現されている．これらのノイズ抑制シートは，おおむね電気抵抗率 $\geq 10^6\,\Omega\,cm$ の電気抵抗率をもつとされているが，電気抵抗率をシート厚さで除した表面抵抗値のほうが反射の程度とより密接に関連するため[9]，表面抵抗値を記載している技術資料もみられる．なお，シート磁性体内の構造によっては電気抵抗率が異方性をもつので資料を見るさいに注意する．

ノイズ抑制シートは比較的高い電気抵抗率を有するものの絶縁体ではないので，シートを大電流，あるいは高電圧の近傍に装着するさいに十分な安全距離を確保できない場合は，PETやポリイミドの薄いフィルムを介して装着する．

（2）**ヤング率**：ノイズ抑制シートは，複雑な形状の電子部品や配線への装着のように柔軟性が求められるケースや，繰り返し動作を伴うフレキシブル配線板のように繰り返し折り曲げに対する信頼性が求められるケースでの利用が少なくない．ヤング率は，シートの柔軟性の目安となり，シートの長さ方向と幅方向で値が異なる場合もあるが，その差はわずかでありシートの加工，実装時に向きを考慮しなくてもよい．

（3）**熱伝導率**：ノイズ抑制シートを発熱の大きい電子部品とヒートシンクの間に装着するような場合には，シートの耐熱性に加えて，高い熱伝導性が求められる．一般的なノイズ抑制シートは，偏平形状の金属磁性粉末をポリマー中に分散させてシート面内方向に並べそろえた構造であるため，厚さ方向の熱抵抗が大きく，熱伝導率は異方性を示す．一方，球形の金属磁性粉末を用いたノイズ抑制シートは，熱伝導率の異方性が小さいうえに，粉末の充填率を高くすることができるので，$2\,W\,m^{-1}\,K^{-1}$ 程度の比較的高い熱伝導率をもつノイズ抑制シートが実用化されている[10]．

（4）**動作温度**：ノイズ抑制シートの多くは，一般的な電子部品と同様に $-20\,℃$ から $+60\sim 85\,℃$ の温度範囲内で問題なく作用するよう設計されている．また車載用途など，より高い温度での使用に耐えられる $+125\,℃$ 以上の耐熱性が保証されたシートもある．

（5）**難燃性**：ノイズ抑制シートは，おもに電子機器の内部に装着されて用いられるので，筐体などの機構部品と同様に難燃性が付与されているものが多い．難燃性の程度は，シート厚さの範囲を規定したうえで UL 94 規格の難燃グレードで表記されている．ノイズ抑制シートに難

燃性を付与するために，ハロゲン系の難燃助剤や，三酸化アンチモン，各種水酸化物などを混合して添加される場合が多いが，最近ではハロゲン系に代えてリン系の難燃助剤を用いるなどしたハロゲンフリーな難燃シートも開発されている[11]．

(viii) 応用部品　ノイズ抑制シートは，その名のとおりシート状ゆえに複雑な形状の対策対象物やわずかな隙間への装着が実現でき，また(iv)項で述べたようにノイズ抑制効果に対しても都合の良い形状である．すなわち，シートを所望の大きさに切って，対策が必要な箇所に貼るという容易な実装性から，機器の EMC 設計段階での類推，事前対策が難しい複雑な電磁干渉の抑制に利用されることが多い．一方，ノイズ抑制シートのもつ高周波ノイズ抑制効果や副次的な作用の少なさに着目して，初期の段階からシートの利用を前提に設計を進める場合も少なくない．このように，ノイズ抑制シートを EMC 設計に初めから組み入れると，シートを特定の部品と組み合わせたさまざまなノイズ対策部品が出来上がる．その一例が，ノイズ抑制シートで覆われた同軸ケーブル（図 5.6.53）[12] や，LAN ケーブルのようなケーブル類である．図 5.6.53 の同軸ケーブルは，厚さ 50 μm で幅が 3 mm のノイズ抑制シートのリボンを同軸ケーブルのシールド外皮にバイアス巻きされたもので，シートが薄いため巻き太りはわずかで柔軟性も損なわれていない．図 5.6.54 および図 5.6.55 のおのおのに，図 5.6.53 に示した同軸ケーブルの伝送特性と輻射特性を示した．

また，ノイズ抑制シートの素材をシート以外の塊状の成形物に応用する開発も行われていて，プラスチックの機構部品に展開した事例もみられる．しかしながら，反磁界による透磁率の低下や，素材の比重が大きいことによる重量増など塊状の形態に由来する問題があるために，普及には至っていない．

(ix) 将来展望　増加の一途をたどっている複雑な電磁干渉に起因する輻射ノイズの発生や信号品質の劣化への

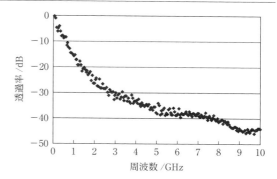

図 5.6.54　ノイズ抑制シートを巻いた同軸ケーブルの伝送特性

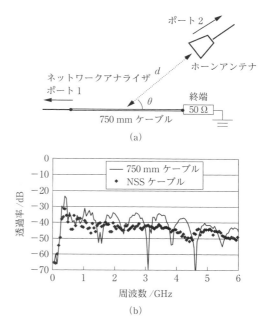

図 5.6.55　ノイズ抑制シートを巻いた同軸ケーブルの輻射特性
(a) 測定系の概略　(b) 輻射スペクトル

対応がますます重要になっており，今や高周波電磁干渉の解決なくして設計どおりの動作品質が望めない状況にある．ノイズ抑制シートは，基板レベルの有効なノイズ対策手段/材料として多くの EMC 対策技術者に認知され用いられているが，その理由は副作用の少ない安心感と，実装自在性，すなわち空間実装（space mounting device）という配線基板の改版を必要としない"貼るだけ"の簡便さが受け入れられたためであろう．一方，最近では，半導体素子や多層のプリント配線板内部のような素子内部での電磁干渉障害の発生が問題視されている．これらのノイズ抑制シートが装着できない領域で生じる電磁干渉に対応できる数ミクロン程度の厚さの磁性材料として，フェライトめっき膜（図 5.6.56）[13] や，ナノグラニュラー薄膜[14] が注目されている．フェライトめっき膜は，バインダなどの非磁性介在物を含まない新しい薄膜磁性体で，高い電気抵

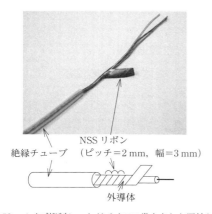

図 5.6.53　ノイズ抑制シートがバイアス巻きされた同軸ケーブル
[阿部正紀, 科学と工業, **75**, 342 (2001)]

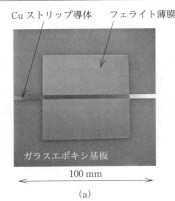
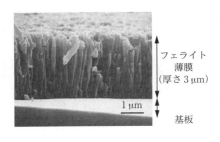

図 5.6.56 フェライトめっき膜
(a) フェライトめっき膜が直接成膜されたガラスエポキシ配線板
(b) フェライトめっき膜の断面 SEM 像
[阿部正紀，科学と工業，**75**，342（2001）]

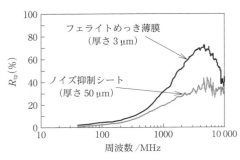

図 5.6.57 フェライトめっき膜の伝送減衰率 R_{tp} の周波数特性

抗と共鳴型の大きな磁気損失を有し，3 μm 程度の厚さで実用レベルの伝送減衰率を示す（図 5.6.57）[15]．また，プリント配線板をはじめさまざまな電子部品に直接成膜できるので，多層配線板の内層のようなノイズ抑制シートでの対策が不可能な領域に適用し，その有効性を示した例もみられる[16]．今後，EBG 膜などとともに，電子部品や多層配線板内部への応用が期待できる．

文　献

1) 池田哲夫，"EMC 基礎セミナー・テキスト 19"，不要電波問題対策協議会（2000）．
2) M. Sato, S. Yoshida, E. Sugawara, Y. Shimada, *J. Magn. Soc. Jpn.*, **20**, 4214 (1996); S. Yoshida, M. Sato, Y. Sato, Abstracts of 1997 EMC Symposium, 4-1-1 (1997); S. Yoshida, M. Sato, E. Sugawara, Y. Shimada, *J. Appl. Phys.*, **85**, 4636 (1999).
3) J. S. Feng, D. A. Thompson, *IEEE Trans. Magn.*, **MAG-13**, 1521 (1977).
4) 吉田栄吉，まぐね，**3**，134（2008）．
5) 吉田栄吉，東北大学博士論文，p.12（2002）．
6) IEC 62333-1：2006 Ed.1, 62333-2 Ed.1.0：2006, (Noise suppression sheet for digital devices and equipment).
7) 吉田栄吉，安藤慎輔，小野裕司，島田 寛，日本応用磁気学会誌，**26**，843（2002）．
8) 粟倉由夫，大沼英生，佐藤光晴，*NEC TOKIN Tech. Rev.*, **31**, 102 (2004).
9) K. Maruta, M. Sugawara, Y. Shimada, M. Yamaguchi, *IEEE Trans. Magn.*, **42**, 3377 (2006).
10) 粟倉由夫，吉田栄吉，佐藤光晴，*NEC TOKIN Tech. Rev.*, **30**, 42 (2003).
11) 粟倉由夫，吉田栄吉，西村幹夫，日本国特許 第 3641796 号（2005）．
12) 小野裕司，呉 奕鋒，吉田栄吉，橋本 修，信学技報，**EMC-J 2000-94**, 19（2000）．
13) 阿部正紀，科学と工業，**75**(8)，342（2001）．
14) S. Yoshida, H. Ono, S. Ando, F. Tsuda, T. Ito, Y. Shimada, M. Yamaguchi, K. I. Arai, S. Ohnuma, T. Masumoto, *IEEE Trans. Magn.*, **37**, 2401 (2001).
15) K. Kondo, T. Chiba, S. Ando, S. Yoshida, Y. Shimada, T. Nakamura, N. Matsushita, M. Abe, *IEEE Trans. Magn.*, **39**, 3130 (2003); K. Kondo, T. Chiba, H. Ono, S. Yoshida, Y. Shimada, N. Matsushita, M. Abe, *J. Appl. Phys.*, **93**, 7130 (2003).
16) S. Yoshida, K. Kondo, T. Kubodera, *IEEE Trans. Magn.*, **44** (11), 2982 (2008).

5.6.6　マイクロ波応用

a.　Polder テンソルと円偏波透磁率

(ⅰ) Polder テンソル　マイクロ波磁気デバイスに使用される磁性材料の基本的性質は，物質が単磁区構造と仮定した場合，次の磁化 M の運動方程式を解くことによって知ることができる．

$$dM/dt = \gamma M \times H \tag{5.6.86}$$

ここで，$\gamma/2\pi = 0.035$ MHz A^{-1} m^{-1} は gyromagnetic ratio，H は磁化 M に作用する磁界である．いま，静磁界 H_s が z 方向にあり，高周波磁界 h が xy 面内にあるときは，全体の磁界 H は次のように書ける．

$$H = h_x \boldsymbol{i} + h_y \boldsymbol{j} + H_s \boldsymbol{k} \tag{5.6.87}$$

これに応答する磁化 M は高周波磁化 m_x, m_y, 飽和磁化 M_s とすると, 次のように書ける.

$$M = m_x\mathbf{i} + m_y\mathbf{j} + M_s\mathbf{k} \tag{5.6.88}$$

ここで, $\mathbf{i}, \mathbf{j}, \mathbf{k}$ は x, y, z 方向の単位ベクトルである. 式 (5.6.87), (5.6.88) を式 (5.6.86) に代入し, $H_s \gg h_x, h_y$, $M_s \gg m_x, m_y$ と近似して, h_x, h_y, m_x, m_y の二次の項を無視すると次の関係式を得ることができる. ただし, μ_o は真空の透磁率, B_x, B_y, B_z は物質中の磁束密度である.

$$\left.\begin{array}{l} B_x = \mu_{xx}\mu_o h_x + j\mu_{xy}\mu_o h_y \\ B_y = -j\mu_{xy}\mu_o h_x + \mu_{yy}\mu_o h_y \\ B_z = M_s + \mu_o H_s \end{array}\right\} \tag{5.6.89}$$

$\mu_{xx}, \mu_{yy}, \mu_{xy}$ は Polder テンソル要素とよばれ次のように表される.

$$\left.\begin{array}{l} \mu_{xx} = 1 + \gamma^2 M_s \dfrac{H_s + (N_y - N_z)M_s/\mu_o}{\gamma^2 H_{\text{eff}}^2 - \omega^2} \\ \mu_{yy} = 1 + \gamma^2 M_s \dfrac{H_s + (N_x - N_z)M_s/\mu_o}{\gamma^2 H_{\text{eff}}^2 - \omega^2} \\ \mu_{xy} = \dfrac{\gamma \omega M_s/\mu_o}{\gamma^2 H_{\text{eff}}^2 - \omega^2} \end{array}\right\} \tag{5.6.90}$$

ただし, $N_x, N_y, N_z (N_x + N_y + N_z = 1)$ は磁性体の x, y, z 方向の反磁界係数である. また, H_{eff} は次式で定義される.

$$H_{\text{eff}}^2 = \left[H_s + \dfrac{(N_x - N_z)M_s}{\mu_o}\right]\left[H_s + \dfrac{(N_y - N_z)M_s}{\mu_o}\right] \tag{5.6.91}$$

式 (5.6.90) は, $\omega = \gamma H_{\text{eff}}$ で発散する. H_s が外部磁界 H_{ex} のときはこの点が強磁性共鳴点であり, H_s が物質中の異方性磁界 H_k のときは自然共鳴点である. このときの共鳴周波数 f_r は次式で与えられる.

$$\begin{aligned} f_r &= \left(\dfrac{\omega_r}{2\pi}\right) \\ &= \left(\dfrac{\gamma}{2\pi}\right)\left\{\left[H_s + \dfrac{(N_x - N_z)M_s}{\mu_o}\right]\left[H_s + \dfrac{(N_y - N_z)M_s}{\mu_o}\right]\right\}^{1/2} \end{aligned} \tag{5.6.92}$$

式 (5.6.90), (5.6.91) の導出は文献[1]を参照願いたい.

また, マイクロ波応用の磁性材料としては, 良好な電気的絶縁性を有する Fe の酸化物であるフェライトがもっぱら用いられる. 以後, とくに指定が必要な場合を除きフェライトとして記述する.

(ⅱ) 円偏波透磁率[2] フェライトの形状が回転楕円体 ($N_x = N_y$) であり, 回転軸の z 方向に外部から静磁界 H_{ex} を加え, これを軸として回転する正負のマイクロ波磁界 h_+, h_- を印加したとする. これに対応する正負の円偏波透磁率 μ_+, μ_- は次式で表される. ただし, 損失項は無視している.

$$\mu_+ = \mu_{xx} + \mu_{xy} = 1 + \omega_m/(\omega_o - \omega) \tag{5.6.93a}$$
$$\mu_- = \mu_{xx} + \mu_{xy} = 1 + \omega_m/(\omega_o + \omega) \tag{5.6.93b}$$
$$\omega_m = \gamma M_s/\mu_o \tag{5.6.94}$$
$$\omega_o = \gamma\{H_{\text{ex}} - (N_z - N_x)M_s/\mu_o\} \tag{5.6.95}$$
$$H_{\text{exo}} = (\omega/\gamma) + (N_z - N_x)M_s/\mu_o \tag{5.6.96}$$

ここで, H_{exo} は角周波数 $\omega = 2\pi f$ における強磁性共鳴磁界である. この二つの透磁率は非可逆素子の特性を記述するうえで非常に重要な指標である. 素子の非可逆性を効率よく実現するためには, 二つの円偏波透磁率の差 $\mu_+ - \mu_-$ の絶対値が大きいことが望ましい.

式 (5.6.93 a, b) は実数であるが, これに緩和係数 α を加えるために $\omega_o \to \omega_o + j\omega\alpha$ の置き換えを行うと, 円偏波透磁率は複素数に変化する. 図 5.6.58 は, ω を一定にして静磁界 H_{ex} を横軸に, 縦軸に μ_+, μ_- の実数部と虚数部をとった場合を示す. μ_+'' は共鳴磁界 H_{exo} で極大をとる. この半値幅が ΔH_{ex} とよばれ, 磁性材料の重要な指標であり, 緩和係数 α とは次の関係がある.

$$\alpha = (\gamma \Delta H/2)/\omega_o \tag{5.6.97}$$

H_{ex} が共鳴磁界 H_{exo} より大きいときは, μ_+' は正となる. この領域で動作させるのが above resonance 動作である. H_{ex} が H_{exo} より小さいとき μ_+' は負となる. この領域は, エバネッセント領域とよばれ, フェライト中を正の円偏波は伝搬できず, 大きな通過損失を発生させる. また, 不安定な領域なので高次の静磁波が発生しやすい.

式 (5.6.93 a) と式 (5.6.95) からわかるように, 低磁界の極限 $\omega_o = 0$, すなわち $H_{\text{ex}} = (N_z - N_x)M_s/\mu_o$ の近傍では, $\omega_m > \omega$ の場合は, μ_+' は負のままである. ところが, $N_x = 0$ 以外は $\omega_o = 0$ というのは存在しない. なぜなら, フェライトが飽和するためには, つねに $H_{\text{ex}} > N_z M_s/\mu_o$ が必要であるからである. したがって, 式 (5.6.95) より, $\omega_o = \gamma N_x M_s/\mu_o$ が ω_o の最低値である. 一方, $\omega_m < \omega$ の場合には, 次式の範囲で μ_+' は正となる.

$$\gamma N_x M_s/\mu_o < \omega_o < \omega - \omega_m \tag{5.6.98}$$

この範囲の近傍で動作させるのが below resonance 型である. なお, 負円偏波透磁率 μ_-' はつねに正である.

図 5.6.59 は H_{ex} を一定にして, 横軸を周波数 f に, 縦軸に μ_+', μ_-' と μ_+'', μ_-'' をとった場合の曲線である. 共鳴周波数 f_r は次式で表される.

$$f_r = \left(\dfrac{\gamma}{2\pi}\right)\left\{H_{\text{ex}} - \dfrac{(N_z - N_x)M_s}{\mu_o}\right\} \tag{5.6.99}$$

この周波数で μ_+'' は極大をとり, その半値幅を $2\Delta f$ とすると, 緩和係数 α は次式で与えられる.

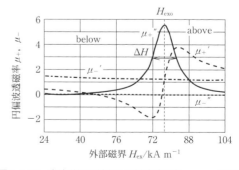

図 5.6.58 直流磁界に対する円偏波透磁率 μ_+, μ_- の変化 ($f_r = 2$ GHz, $M_s = 0.04$ T, $\alpha = 0.1$)

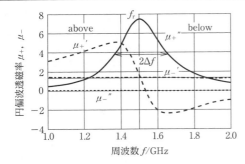

図 5.6.59 周波数に対する円偏波透磁率 μ_+, μ_- の変化 ($H_{ex}=63$ kA m^{-1}, $M_s=0.04$ T, $\alpha=0.1$)

$$\alpha = \Delta f / f_r \tag{5.6.100}$$

f_r 以下で μ_+' は正となり，この領域が above resonance 型である．f_r より上では負となる．そして，高周波側は図示していないが，次式で再び μ_+' は正となる．

$$\omega > \omega_0 + \omega_m \tag{5.6.101}$$

この近傍で動作させるのが below resonance 型である．$\Delta f \ll f_r$ ($\alpha \ll 1$) の場合には，近似的に次式が成立する．

$$\gamma \Delta H = 2\pi \cdot 2\Delta f \tag{5.6.102}$$

また，above resonance の場合，二つの円偏波透磁率の差 $\mu_+ - \mu_-$ の絶対値は共鳴磁界近くで動作させたほうが大きく，広帯域な非可逆素子を実現できる可能性が高い．しかし，飽和磁化の温度変化を考慮すると，温度変化に対して不安定な動作となりやすい．実際には共鳴周波数が約2倍になるように磁界を設定するのが一般的である．above resonance のほうが透磁率の絶対値が大きいので小型化に向いている．一方，below resonance の場合には透磁率が小さいので素子の寸法が大きくなるが，$\mu_+ - \mu_-$ の絶対値が周波数とともに減少する傾向があるので素子の広帯域化に適している．

b. 非可逆素子

フェライトの強磁性共鳴を利用したマイクロ波非可逆素子のサーキュレータは，3ポート素子の場合，ポート1→ポート2→ポート3のように一方向に循環するように電波が伝搬する素子である．矢印の逆方向には伝搬しない．一方，アイソレータは，2ポート素子であり，ポート1→ポート2の一方向にのみ電波が伝搬する．このような素子は，現在のマイクロ波通信機器の半導体素子を高精度，高信頼で動作させるためには不可欠な部品である．非可逆素子には，表5.6.1に示すように，小型であるだけでなく，低挿入損，広帯域性，線形動作などが要求される．また，伝送線路の違いにより導波管型とストリップライン型に大きく分類される．さらに，導波管型は4種類に分類され，ストリップ線路型は分布定数型と集中定数型に分かれる．次に，それぞれの現状について説明する．

(ⅰ) **導波管型**[3] 導波管型は，伝送線路の形状から低周波になるほど素子の形状も大きくなるので，高周波用や大電力用として用いられる．これには，ファラデー回転型，電界変位型，共鳴吸収型および接合型がある．ファラデー回転型は，磁化されたフェライトの進行方向に電波を伝搬させるとその偏波面が回転する現象，すなわちファラデー効果を利用している．歴史的には光領域のファラデー効果をマイクロ波に応用したものである．電界変位型は，磁化されたフェライト板を導波管の中心より片方にずれた位置に置いておくと，順方向伝搬と逆方向伝搬で導波管中の電界分布が異なることを利用している．共鳴吸収型は，フェライトを強磁性共鳴点で動作させ，円偏波共鳴吸収としてフェライト中にエネルギーを拡散させるものである．接合型は，図5.6.60に示すように，三つのポートを有する導波管の三分岐（Y）接合部の中心に磁化されたフェライトを配したものである．正負円偏波透磁率の大きさの違いにより，ポート1→ポート2→ポート3のように一方向に電波が伝搬するように設計することができる．これは，小型で広帯域な高性能サーキュレータを簡単な構成で実現できることから最も多く利用されている．詳細は文献3)を参照されたい．

(ⅱ) **ストリップライン型** ストリップライン型は，分布定数型と集中定数型に分かれる．

(1) **分布定数型**：この方式は，1 GHz 帯から 10 GHz の広い周波数帯で使用される．これには接合型，エッ

表 5.6.2 マイクロ波非可逆素子の分類

			小型化	帯域幅	線形性	挿入損	動作磁界
導波管型	ファラデー回転型			○			
	電界変位型				○	○	
	共鳴吸収型			○			共鳴点
	接合型		○	○	○	○	below
ストリップライン型	分布定数型	接合型	○	○	○	○	below/above
		エッジガイドモード型		○	○		above
		共鳴吸収型		○			共鳴点
		方向性結合器型					
	集中定数型	三巻線型	○	○	○		above
		二巻線型	○	○	○	○	above

5.6 高周波磁気

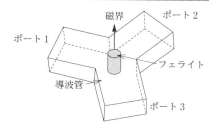

図5.6.60 導波管型Y接合サーキュレータの基本構造

ジガイドモード型，共鳴吸収型がある．最も多く使われているのは，導波管型と同様に，小型かつ低挿入損を示す接合型である．エッジガイドモード型は，ストリップライン下のフェライトを垂直に磁化した場合，電波が伝搬する方向によりストリップラインの異なる端（edge）を通過する性質を利用したものである．これは導波管型の電界変位型に相当する．この特性は広帯域が特徴であり，オクターブ以上の特性を実現することもそれほど難しくはない．接合型は，図5.6.61に示すように，Y型三分岐のストリップラインの上下にフェライトが配され，上下の磁石により磁界が印加された構造である．フェライトに作用する動作磁界が強磁性共鳴点より上か下で区別される above resonance 型と below resonance 型がある．above resonance で使用する場合には必然的に強い印加磁界が要求される．そのため高周波の素子を実現しようとすると，大きな寸法の磁石や磁気回路が必要であり，小型化に問題を生じる．

一方，below resonance 型では，強磁性共鳴の共鳴点よりかなり低い磁界で動作させるものである．この場合，最適フェライトの飽和磁化は周波数に比例し，低周波ほど低飽和磁化のものが要求される．また，above resonance 型の場合，正円偏波透磁率 μ_+ は 2～3 程度であるのに対して，below resonance 型ではつねに 0～2 となるので，デバイスを実現するためのフェライトの寸法が大きくなる．below resonance 型の一番の特徴は，左右の円偏波透磁率の差 $\mu_+-\mu_-$ が周波数に対して減少する傾向があり，広帯域化を実現できることである．このため，1オクターブ以上の帯域幅を有するものも珍しくない．かつ，同軸コネクタをもつものでは挿入損もきわめて小さく，0.1 dB以下のものも報告されている．

最近，山本ら[4] は，単結晶フェライトを強磁性共鳴近傍

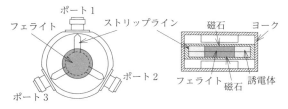

図5.6.61 ストリップラインY型接合型サーキュレータの基本構造（双磁石方式）

で動作させることにより，非常に小型の接合型ストリップライン型サーキュレータを実現できることを示した．

（2）集中定数型： 集中定数型は巻線を基本構造としているので，最も小型化に適し，数十MHz～2 GHz帯の比較的低周波領域で使用される．above resonance 型しか存在せず，三巻線型と二巻線型に分けられる．この方式は早くから小西[5] により研究され，TV放送中継局用，防災無線用，業務無線用，携帯電話機用などの広い分野で開発が進み，日本で独自の発展を遂げた非可逆素子である．

① **三巻線型**：この型は，図5.6.62に示すように磁化されたフェライト円板に120°で交差する三つの平行二線のストリップラインが巻かれ，片方が共通の地導体に接続された構造を有する．三巻線のトランス構造である．このタイプの解析は，固有値励振法を用いて小西[5] により詳細になされた．また，三浦ら[6～8] は，これを実験的に証明し，小型化や温度安定化を検討した．

この種の非可逆素子はサーキュレータであり，一つの端子にダミー抵抗を接続すれば，アイソレータとして用いられる．そのおもな用途は携帯電話端末機である．この小型化の流れにより，サーキュレータの構造は，完全に120°回転対称のものではなくなってきた．たとえば，フェライト板は，円板から方形板に，さらには多角形となった．三つの中心導体も同じ形状ではなく，挿入損と帯域幅を最大限にするためにさまざまな改良型が提案されている．このような構造では，固有値励振法を基本にした解析手法ではその特性を理論的に把握することは難しい．最近，電磁界シミュレータの発展により，非対称な構造でも，これらの寸法を入力すると実験をすることなく，アイソレータのSパラメーターを求めることができるようになった．これは，設計コストを大幅に低減し，かつ開発スピードを促進させて，斬新なアイデア創出に大きく役立っている．

武田らは，固有値励振法ではなく，直線偏波励振法に基づき，三つの中心導体が任意の角度でサーキュレータ特性がどのようになるかを検討した[9]．それによれば図5.6.63に示すように，入出力端子を片側に寄せてもサーキュレータ特性が得られ，ダミー抵抗を接続する位置を選べば，小型のアイソレータが得られることを示した．

② **二巻線型**：二巻線型は，フェライト円板に直交する2本の平行中心導体を巻いたものである．これはMotor-

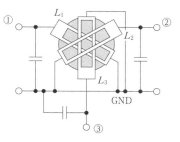

図5.6.62 三巻線を用い集中定数型サーキュレータの基本等価回路

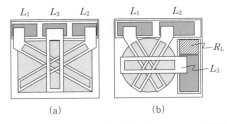

図5.6.63 三巻線を用いた変形型アイソレータの概略構造図
[S. Takeda, H. Mikami, Y. Sugiyama, *IEEE Trans. Microw. Theory Tech.*, **52**, 2697 (2004)]

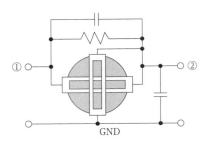

図5.6.64 長谷川式アイソレータの等価回路

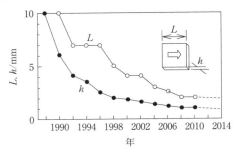

図5.6.65 携帯電話用小型アイソレータの小型化動向

ola 社の特許[10] で紹介され,岡田ら[11] により初めて実用化された.武田らは回路理論により中心導体角度依存性[12] を示し,必ずしも直交する必要がないことを示した.しかし,この構造のものは挿入損を 1 dB 以下にすることが難しく,携帯電話のフロントエンド部に用いるには問題があった.

このような状況下で,長谷川らは新しい型の二巻線アイソレータ[13,14] を発表した.これは,図 5.6.64 の等価回路に示すように,1 本の中心導体の片方が入力端子となり,他方が出力端子となるものである.2 本目の導体が 1 本目と直交し,それが出力端子と地導体の間に接続される.入出力端子の両端にダミー抵抗を接続するとアイソレータが実現できる.この構成は非可逆位相器とみなすことができる.順方向にマイクロ波が伝わるときは,位相差がゼロ,逆方向に進むときが 180° になる.このために,順方向ではダミー抵抗にエネルギーが吸収されず,逆方向の場合だけ損失となる.直交する 2 本目の中心導体がこの位相の非可逆性を発生させている.この構造のアイソレータの特長は,挿入損が 0.3 dB 以下と非常に小さいだけでなく,その帯域幅も 10% 以上と広いことである.このため最近の携帯電話端末機用アイソレータとして最も多く使われている.

(3) **小型化動向**: 図 5.6.65 に携帯電話端末用アイソレータの小型化の推移を示す.1988 年には一辺の長さ L が 20 mm(図示なし;自動車電話用)と大きかったものが,現在は約 2 mm の製品も現れている.たとえば,村田製作所が発表している 2 GHz 帯(W-CDMA)ディジタル携帯電話用アイソレータの諸元[15] は以下のようなものである.

寸法;2.0×2.0×1.2 mm(製品重量 0.013 g)
周波数帯域;1920～1980 MHz
挿入損 0.55 dB 以下(実力値 0.4 dB)
アイソレーション 12.0 dB(実力値 16.5 dB)

このように小型で優れた性能を有するアイソレータが実現できた背景には,単に新しい回路方式の発明だけではなく,誘電体やガーネットの内部に金属電極を積層内蔵して焼き固める LTCC(low temperature co-fired ceramics)技術などのプロセス技術の進歩も見逃すことができない.

また,小型化技術の一つとして,古田ら[16] は,携帯電話のマルチバンド(800 MHz 帯～2 GHz 帯)に対応する 1 個のアイソレータとして,MEMS スイッチと従来の集中定数型アイソレータの構造を組み合わせた同調型アイソレータの提案を行っている.

(iii) **磁気回路** 非可逆素子では,強磁性共鳴現象を利用しているため,永久磁石によりフェライトにつねに磁界を印加する必要がある.接合型サーキュレータの磁気回路に要求される第一条件は,"フェライト内の磁界をできるだけ均一"にすることである.素子の断面図である図 5.6.61 の右側の図では,磁石が上下に二つ配されている.これを双磁石方式とよび,均一な磁界を得るためには最も適したやり方である.しかし,素子の小型化,薄型化の要望が強く,最近は,図 5.6.66 に示すような単一磁石方式[17] が主流である.この基本的な考え方は,鉄ヨークに磁石を対向させることにより,映像としてもう一つの磁石が鉄ヨークの反対側に現れ,実質的に双磁石になることである.この原理を効率よく実現するためには,フェライトも磁石も鉄ヨークにできるだけ密着させる必要がある.このことは,素子の薄型化だけではなく,高電力動作時にフェライトの発する熱を効率よく鉄ヨークや磁石に伝える

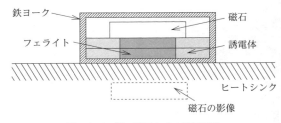

図5.6.66 単一磁石方式の磁気回路

こととともなり，サーキュレータの安定動作にも寄与する．

永久磁石材料としては，希土類磁石やフェライト磁石が必要に応じて使われる．マイクロ波フェライトの飽和磁化は温度により変化するので，広い温度範囲で使用する場合には印加する磁界もそれに応じて変化させなければならない．above resonance の場合は，マイクロ波フェライトの温度特性とほぼ同じ特性をもつフェライト磁石がよく使われる．周波数が高くなると，強い磁界が必要となるため Sm-Co, Nd-Fe-B などの希土類磁石が使用される．さらに，正確な温度特性補償を行う場合は，印加磁界の微妙な温度調整が必要となる．このために，常温近傍にキュリー温度をもつ整磁鋼が磁石の周囲に付加的に使用され，磁界の温度特性を調整する．below resonance の場合は，温度特性が良好なアルニコ磁石などが使用される．

c. マイクロ波フェライト[3]

マイクロ波帯非可逆素子に用いられる磁性材料には良好な絶縁体，小さい強磁性共鳴損失，制御された飽和磁化，優れた線形性などの特性が要求される．このため，用途に応じて次に示すような Fe の酸化物であるフェライトがもっぱら用いられる．

(1) **スピネル型フェライト**： ガーネット型に比較して飽和磁化が大きく，高周波で使用される．ただし，異方性磁界が比較的大きく，磁気的損失も大きい．

① Mg 系フェライト　$MnMg_{0.1}Al_xFe_{2-x}O_4$
　　角型性良好　移相器用
② Ni 系フェライト　$Ni_{1-x}Zn_xFe_2O_4$
　　ΔH_k 大　大電力用
③ Li 系フェライト　$(Li_{0.5}Fe_{0.5})Fe_2O_4$
　　角型性良好　損失小　移相器用

(2) **ガーネット型フェライト**（$R_3Fe_5O_{12}$, R = Y(YIG), Gd）： 異方性磁界が小さく，共鳴半値幅 ΔH が非常に小さいので，磁気的損失が小さい．置換元素を変えると飽和磁化を制御できる．ただし，スピネル型に比較して飽和磁化はあまり大きくできない．

① Al 置換ガーネット　$Y_3Al_xFe_{5-x}O_{12}$
　　飽和磁化を小さくする　低周波用
② Gd 置換ガーネット　$Y_xGd_{3-x}Al_{0.5}Fe_{4.5}O_{12}$
　　飽和磁化の温度変化改善
③ Ca 置換ガーネット　$(Y,Ca)_3Fe_{5-x}Me_xO_{12}$
　　共鳴幅 ΔH を小さくする

(3) **マグネトプランバイト型フェライト**（$MFe_{12}O_{19}$）：本来磁石用材料であるが，異方性磁界が大きいために，30 GHz 以上に自然共鳴周波数をもつ．そのため数十 GHz 帯のアイソレータを小型の磁石で実現できる．

(4) **εヘマタイト**（$\varepsilon\text{-}Fe_2O_3$）： 最近，大越ら[18] は SiO_2 マトリックス中に $\varepsilon\text{-}Fe_2O_3$ のナノ粒子を常温で安定に作成することに成功した．これは高い異方性磁界を有し，自然共鳴周波数が 100 GHz 帯以上あることから，数百 GHz 帯のサーキュレータ用として期待されている．

d. メタマテリアル

フェライトのように化学的に合成されたバルクの材料を非可逆素子用磁性体として用いるのではなく，異種の材料を組み合わせた人工的な構造体（メタマテリアル）に新しい電磁気的特性を与え，これを用いて非可逆素子を実現しようとする試みがなされている．次の二つの最近の研究例を紹介する．

（i）**ナノ構造**　Saib ら[19] は，図 5.6.67(a) に示すように，非常に細い Co 金属のナノワイヤを針状多孔質のポリマーの中に電気化学的に作成し，図 5.6.67(b) のようなストリップラインの接合型サーキュレータ作成の試みを報告した．ナノワイヤの直径が表皮厚みより十分に小さく，かつそれぞれの間隔がマイクロ波的に絶縁体と見なせる程度に離れていれば，フェライトと同じような物性が期待できる．ナノワイヤの反磁界（$N_x = N_y = 0.5$, $N_z = 0$）により，外部磁界 H_{ex} なしでも一方向の残留磁化を維持できる．また，式(5.6.92)より次式が得られ，飽和磁化 M_s が大きければ高周波で自然共鳴が得られる．

$$f_r = \frac{\omega_r}{2\pi} = \frac{\gamma}{2\pi}\frac{N_x M_s}{\mu_0} \quad (5.6.103)$$

彼らは，20 GHz 帯で自然共鳴を生じさせ，磁石レスのサーキュレータを原理的に実現できることを示した．

（ii）**左手系線路**　これまで述べた伝送線路はすべて右手系線路であり，群速度と位相速度は同じ方向に向かう．これに対して，最近，伝送線路を構成する媒体の誘電率，透磁率が同時に負となれば，位相速度が群速度と反対方向に進む，いわゆる後退波（backward wave）が伝搬するという考えが示された[20]．これが左手系線路である．これを利用した新しい素子実現の可能性が検討されている．しかし，左手系線路は自然界には存在せず，従来の右手系線路の等価回路における容量要素とインダクタンス要素を逆にして人工的に作成される．この中で，図 5.6.58，図 5.6.59 に示したように，強磁性共鳴の場合にはある磁

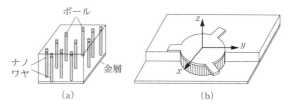

図 5.6.67 磁性ナノワイヤによる 26 GHz 帯サーキュレータ

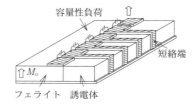

図 5.6.68 フェライトを含む左手系線路の構成

界範囲もしくはある周波数範囲で負の透磁率を実現できる．堤ら[21,22]は，図5.6.68に示すような左手系マイクロストリップ線路の基板の一部にフェライトを用いることにより，1.5〜3GHz帯のアイソレータを開発した．これは，フェライトの負の透磁率を積極的に利用する試みとして注目されている．

文　献

1) C. L. Hogan, *IRE Proc.*, **44**, 1345 (1956).
2) 小西良弘,"フェライトを用いた最近のマイクロ波回路技術", 電子通信学会 (1972).
3) 橋本忠志,"マイクロ波フェライトとその応用技術", 総合電子出版社 (1997).
4) 山本節夫, まぐね, **5**, 450 (2010).
5) Y. Konishi, *IEEE Trans. Microwave Theory Tech.*, **13**, 852 (1965).
6) 三浦太郎, 大波多秀典, 鈴木和明, 倉橋孝秀, 信学技報, **MW98-14** (1988).
7) T. Miura, M. Hasegawa, H. Oh'hata, T. Kuranishi, *IEEE MTT-S* (1999).
8) T. Miura, IMS2005 TU4D-4 (2005).
9) S. Takeda, H. Mikami, Y. Sugiyama, *IEEE Trans. Microwave Theory Tech.*, **52**, 2697 (2004).
10) Hodges III, *et al.*, US patent 4,016,510 (1977).
11) T. Okada, T. Makino, S. Shinmura, S. Hino, T. Nakada, H. Asai, IMS 2001, WE4F-4 (2001).
12) S. Takeda, H. Mikami, K. Ichikawa, 2003 IEEE MTT-S Int. Microwave Symp. Dig., Vol. 1, pp. 417-420, TU5C2 (2003).
13) T. Hasegawa, T. Makino, S. Hino, K. Ohira, T. Okada, IMS 2005 TU4D-3 (2005).
14) T. Hasegawa, T. Okada, IMS 2006 WE2B-2 (2006).
15) 村田製作所, 2009年3月12日発表 (Internet).
16) T. Furuta, A. Fukuda, H. Okazaki, S. Narahashi, IMS 2007, 2WEP1B-09 (2007).
17) 武田 茂, 信学論 B, **J67-B**, 1399 (1984).
18) S. Ohkoshi, S. Kuroki, S. Sakurai, K. Matsumoto, K. Sato, S. Sasaki, *Angew. Chem. Int. Ed.*, **46**, 8392 (2007).
19) A. Saib, M. Darques, L. Piraux, D. Vanhoenacker-Janvier, I. Huynen, Proc. Of 34th European Microwave Conference, pp. 1353-1356 (2004).
20) A. Lai, C. Caloz, T. Itoh, *IEEE Microwave Mag.*, 34 (2004).
21) M. Tsutsumi, T. Ueda, IMS 2004, TU5C-3, *Digest*, pp. 249-252 (2004).
22) K. Okubo, M. Tsutsumi, INTERMAG ASIA 2005, Digest, p. 546, EU-04 (2005).

5.7　生体磁気

5.7.1　概　　要

生体と磁気との関わり合いについての研究は，生体磁気またはバイオマグネティックスとよばれ，磁性・磁気学と医学・生物学の境界領域の分野として発展してきた．とくに，最近の生体磁気の分野の発展は目覚ましく，生体磁気計測，磁気共鳴イメージング（画像法），経頭蓋磁気刺激，電磁エネルギーによるがんの温熱療法（ハイパサーミア）や生体制御，磁場による細胞の配向と成長制御，さらには，磁気ナノ粒子と分子イメージングによるがん細胞のイメージングと治療など，磁気が医療の最先端で大きく貢献している．これには，非常に弱い磁気を検出する技術と，非常に強い磁気をつくる技術が進歩してきたこと，それに，磁気と生体磁気についての系統的な理解が深まってきたことによるところが大きいと考えられる．

一方，送電線下の超低周波磁場や超伝導磁気浮上鉄道のまわりの磁場，携帯電話の近傍の電波，電磁調理器の近くの中間周波数帯域の磁場など，身のまわりの電磁場の生体に対する影響が問われてきた．放射線などの電離放射線に比べて，電磁場や磁場は非電離放射線であり，生体内のイオンを分離して有害なラジカル種を生成することはないが，生物影響の有無について多くの研究がなされている．国際的には，国際非電離放射線防護委員会 ICNIRP（International Commission on Non-Ionizing Radiation Protection）が提唱する安全性のガイドラインに沿って各国のガイドラインが定められており，わが国においても，ICNIRPのガイドラインに沿っており，また磁場・電磁場の生物影響についての研究が継続的に進められている．

弱いエネルギーの電磁場の生物影響については，まだ十分には解明されていないが，テスラオーダーの強磁場や神経興奮に要するに十分なパルス磁場の生体への作用は明確になっている．細胞の磁場配向や神経の磁気刺激は，このような明確な原理を利用したものである．また，超伝導量子干渉素子（SQUID：superconducting quantum interference device）を用いた高感度磁気センサで心臓や脳のまわりに発生する微弱な磁気信号を検出する生体磁気計測技術も進歩した．これらの計測技術は，心磁図（MCG：magnetocardiography），および，脳磁図（MEG：magnetoencephalography）計測とよばれ，長い基礎研究の期間を経て，いよいよ臨床に応用されようとしている．核磁気共鳴現象を利用した磁気共鳴イメージング（MRI：magnetic resonance imaging）は，いまや画像診断で必須の装置として医学に大きく貢献していることは周知のとおりである．最近は，脳の機能の画像化を行う機能的磁気共鳴イメージング（fMRI：functional MRI）や神経の走行状態を画像化する拡散テンソルイメージング（DTI：diffusion tensor MR imaging）の利用により，脳研究と脳画像診断

がさらに発展している．本節では，磁場・電磁場の生物影響と医学応用について解説する．

5.7.2 MRI

磁気共鳴イメージング（MRI：magnetic resonance imaging）は，核磁気共鳴（NMR：nuclear magnetic resonance）現象を利用して，生体の断層像を得るイメージング装置である．最初のNMR信号の観測は，1946年にアメリカの二つの研究グループから報告された．Purcell[1]らは個体パラフィンのプロトンについて，Bloch[2]らは，水のプロトンについて核磁気共鳴信号を観測した．当初，NMRは物性研究の手段として用いられていたが，静磁場の均一度が向上したことによりNMR信号から多くの情報が得られるようになり，ほかの分野でも用いられるようになった．1950年にDickinson[3]，Proctor[4]らにより「同一核種でも化学結合状態により核磁気共鳴周波数が異なる」という現象が発見され，1951年にはArnord ら[5]によって，エタノール分子中の化学種の異なるプロトンの個々の共鳴線を分離したスペクトルが報告された．エタノールの3種のプロトンの信号が分離されて観測されることにより，核磁気共鳴現象の周波数を調べることで，測定対象の化学構造解析ができることが示された．これとは別に，1951年にGabillard[6]は，静磁場の不均一の状況が共鳴線の形に反映することを示した．これが，1973年のLauterbur[7]による線形磁場勾配を用いるMRIイメージング法（ズーマトグラフィ）の発明につながってくる．同じ年に，Damadian[8]および北海道大学の阿部[9]によって，磁場共焦点によるイメージング法が発表された．その後，線形磁場勾配を用いるイメージング法にはフーリエ変換法[10]などさまざまな手法が開発され，人体各部の画像化の研究が進められ，1981年には臨床治験が開始された．日本における最初の人体頭部のイメージングは亀井ら[11]によって行われた．

MRIとともに臨床現場で用いられている体内の断層像を得る画像装置としてX線CT（computed tomography）があるが，MRIはX線CTとは異なる多くの特徴を有している．とくに，解剖学的な情報とともに，代謝過程などの生体内の化学的情報をも検出できる点は注目すべき点である．また，X線CTが生体からの情報媒体として生体に障害を及ぼす危険性のある電離放射線のX線を用いているのに対し，MRIではエネルギーがずっと低い磁場を用いており，生体に対する影響を考える点で安全である．臨床診断においてMRIは疾病により画像のコントラストが大きく変わるため診断能が高く，骨によるアーチファクトがなく，脊椎，頭蓋内疾患などの診断に有用である．また，造影剤を用いずに，血液などの体内液の流れの空間分布が求まる．このように，種々の特徴を有するMRIは，その原理が提案されて以来，ハードウェア，ソフトウェアの両面において，急速な発展を遂げ，臨床診断に大きく貢献することとなった．

本項ではMRIの原理と，最近のMRIの研究動向，さらにMRIの高磁場化に伴い，その安全性も無視できなくなったため，高磁場の安全性について解説する．

a. 核磁気共鳴現象[12,13]

（i）**MRIの対象となる原子核**　MRIとは，核磁気共鳴現象を利用し，生体内に存在する原子核のNMRパラメータの分布を求め，それを二次元画像として表示する方法である（5.4.3項参照）．しかし，すべての原子核がNMRで観測されるわけではない．原子核がNMRで観測されるためには，原子核が磁気モーメントをもっていることが必要である．原子を構成する原子核や電子は，電荷をもつとともにそれ自体が自転（スピン）している．原子核は陽子と中性子で構成されているが，これらはいずれも固有の磁気モーメントをもっている．質量数と電荷がともに偶数の核，すなわち陽子（プロトン）の数と中性子の数がともに偶数の核は，陽子が2個ずつ，中性子が2個ずつそれぞれ対を形成しているので，互いの磁気モーメントを打ち消しあい，磁気モーメントをもたずNMRの測定対象とならない．質量数または中性子の数が奇数である場合のみ，磁気モーメントをもつ．

（ii）**古典的記述による核磁気共鳴**　水素原子核ではプロトンが1個だけ存在しているため磁気モーメントをもつ．この磁気モーメントを，小さな磁石と考え議論すると，古典物理学でNMR現象が説明できる．外部磁場 B_0 がなく多数の水素原子核が存在している場合，それぞれの水素原子核は，任意の方向を向いているため，磁気的性質はすべてが互いに打ち消しあう．このため，おのおのの磁気モーメントを加えた正味の磁気モーメントはゼロとなり，巨視的磁化はゼロとなる．この状態で外部磁場 B_0 が加わると，磁気モーメントが磁場の方向に整列し，巨視的磁化ベクトル M を生じる．しかし，実際には，すべての磁気モーメントが同じ方向を向いているのではなく，半分より少し多い磁気モーメントが磁場の方向を向き，半分より少ない磁気モーメントが磁場と反対方向を向く．二つの方向を向く磁気モーメントの数は100万分の1程度の違いであるが，総合的にみると磁場方向を向いている数の方が多いので B_0 方向に正味の巨視的磁化ベクトル M が生じる．この巨視的磁化ベクトル M の運動を観測するのが核磁気共鳴である．

強い磁場の中に置かれた磁気モーメントは，角周波数 ω_0 で B_0 軸のまわりを歳差運動している．その周波数 ν_0 は，次に示すラーモアの方程式で定められ，ラーモア周波数とよばれる．

$$\omega_0 = \gamma B_0 \qquad (5.7.1)$$
$$\nu_0 = \gamma B_0 / 2\pi \qquad (5.7.2)$$

ここで，γ は原子核の種類に特有の値で，磁気回転比とよばれる．水素原子のプロトンの場合 $\gamma = 42.6$ M（Hz T^{-1}）であり，外部磁場 B_0 が1 Tの場合，周波数 $\nu_0 = 42.6$ MHzで歳差運動する．

個々の磁気モーメントは，外部磁場 B_0 の方向を軸とし，

その周囲を歳差運動しているが、その位相はばらばらである。このため、B_0（z軸）に垂直方向（xy平面）成分の磁気モーメントは現れず、正味の磁化ベクトルMはz軸方向のみである。

いま、ラーモア周波数と同一の周波数の高周波磁場（RFパルス）B_1をB_0と垂直の方向に加えると、スピンはRFパルスとの相互作用で共鳴現象を起こし、B_1からのエネルギーを吸収してスピンの状態が変化する。この現象を核磁気共鳴とよび、RFパルスB_1の周波数のことを共鳴周波数ともよぶ。

RFパルスが与えられると、個々の磁気モーメントは外部磁場B_0方向（z軸方向）に角周波数ω_0で、直角方向に（x軸方向）角周波数ω_1（$\omega_1=\gamma B_1$）で同時に歳差運動する。RFパルス磁場B_1が与えられたことにより、磁化ベクトルMが歳差運動を示すようになり、B_1方向の歳差運動と合わせて、z軸からxy平面に磁化ベクトルMのらせん運動が起こる。磁化ベクトルMは歳差運動の首ふりの角度θを大きくしながらxy面にゆっくりと近づいていく。この様子を、ラーモア周波数ω_0で回転している回転座標系（図5.7.1）上で観測すると、ラーモア周波数ω_0で回転している磁化ベクトルMは単純な弧を描きながらz軸からxy面に倒れていく（図5.7.2）。この現象をフリップするといい、倒れる角度θのことをフリップ角とよび、RFパルスの持続時間、RFパルスの強さで決定されるMRIにおける重要なパラメーターである。いま、磁化ベクトルM_0をもった核スピンにRFパルスを与え、磁化ベクトルがxy面上まで90°倒されたときのRFパルスを90°パルスとよぶ。

(iii) 核磁気共鳴現象の量子力学的記述 原子核は$\hbar$で量子化された角運動量pをもち、次の式で記述される。

$$p = \hbar I \tag{5.7.3}$$

ここで、Iは原子核の種類によって決定される各スピン量子数、$\hbar$は$h/2\pi$（hはプランク定数）である。原子核はスピンIに由来する磁気モーメントμをもち、角運動量pと次のような関係式をもっている。

$$\mu = \gamma p \tag{5.7.4}$$
$$= \gamma \hbar I \tag{5.7.5}$$

磁気モーメントμに静磁場B_0を加えると、相互作用エネルギー$-\mu B_0$が加わる。磁気モーメントと磁場との相互作用エネルギーは、ハミルトニアン演算子$\hat{H}$で表される。

$$\hat{H} = -\mu B_0 \tag{5.7.6}$$
$$= \gamma \hbar B_0 \cdot I \tag{5.7.7}$$

この解として離散的なエネルギー順位が与えられる。したがって、B_0の方向をz軸にとり、その大きさをB_0、Iのz成分をIとすると、取り得るエネルギー準位は次式となる。

$$E = \gamma \hbar B_0 m \tag{5.7.8}$$

ここで、mは量子数、$m = -I, -I+1, \cdots, I-1, I$の$2I+1$個である。ここで、$I=1/2$の水素原子核を考えてみる。$I=1/2$で許される$m$の値は$1/2$と$-1/2$の2種類しかない。したがって、$I=1/2$の核を静磁場中におくと、エネルギー準位は二つに分裂し、そのエネルギー差は、次式である。

$$\Delta E = \gamma \hbar B_0 \tag{5.7.9}$$

この分裂をゼーマン分裂といい、エネルギー準位をゼーマン準位という。エネルギー差をゼーマンエネルギーという。エネルギーの吸収あるいは放射によるゼーマン準位間の遷移が核磁気共鳴である。ゼーマン準位間の遷移に伴う放射の周波数νは次式となる。

$$h\nu = \Delta E = \gamma \hbar B_0 \tag{5.7.10}$$
$$\nu = \gamma B_0 / 2\pi \tag{5.7.11}$$

熱平衡状態では、二つのゼーマン準位にあるスピンの数はボルツマン分布しており、下のエネルギー準位にあるスピンの方が上のものよりわずかに多い。周波数νの電磁波を加えると、下のゼーマン準位にあったスピンはそのエネルギーを吸収して、上のエネルギー準位に移る。このとき吸収されるエネルギーを観測するのが核磁気共鳴現象である。

(iv) 核磁気緩和 スピンにRFパルスを与え共鳴現象を起こし、その後RFパルスをきると、スピンはエネルギーを放出しながら熱平衡状態に戻る。この過程を緩和という。

スピンに磁場を加えたとき、あるいは磁場を取り除いたときなど、スピンが新しい熱平衡状態に達するまでの緩和過程をスピン-格子緩和といい、このときの時定数をT_1で表し、スピン-格子緩和時間という。また、エネルギー

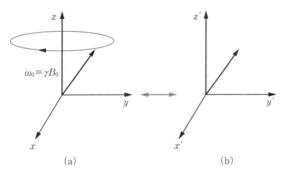

図5.7.1 実験室座標系（a）と回転座標系（b）

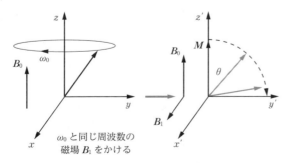

図5.7.2 回転座標系でみた核磁化Mの動き

の格子への散逸過程はなく,スピンとスピン間のエネルギーの移動で生じる緩和過程であるスピン-スピン緩和がある.スピン-スピン間のエネルギーの移動は,スピンの位相のずれによって生じる.RFパルスをきった直後のxy平面上のスピンは,すべて同位相にあるが,隣のスピンのつくる磁場のため,共鳴周波数が変化し,位相がわずかにずれて,しだいにお互いの位相が合わなくなり,最終的にはおのおののスピンがバラバラに回転するようになる.このときの時定数をT_2で表し,スピン-スピン緩和時間という.スピンの位相を乱すもう一つの原因として,外部磁場の不均一性がある.磁場の均一度に乱れがあると,異なる部位にあるプロトンはわずかながらも異なる周波数で歳差運動し,スピンの位相分散を引き起こす.この磁場の不均一性をも含めたスピン-スピン緩和の時定数をT_2^*とよぶ.

(v) **NMR信号** RFパルスをきった後,核磁化Mは緩和過程を経て,最初の状態に戻っていく.このときMは歳差運動をしており,外部に周波数ω_0のRF波を放出する.この信号を自由誘導減衰信号(FID:free induction decay)とよぶ.FIDをフーリエ変換したものがNMRスペクトルで,NMR信号の周波数成分分布が得られる.

いま,磁場が完全に均一だとすると減衰の時定数はT_2で与えられ,核磁化は次式で与えられる.

$$M_{xy}(t) = M_0 \exp(-t/T_2) \cos\omega_0 t \quad (5.7.12)$$

しかし,実際のNMR信号は磁場の不均一性のため,ずっと早いスピードT_2^*で減衰し,次のような式で表される.

$$M_{xy}(t) = M_0 \exp(-t/T_2^*) \cos\omega_0 t \quad (5.7.13)$$

ここでのFID信号には位置情報はまったく含まれていなく,RFパルスにより励起したすべてのプロトンの信号の和であるにすぎない.

b. **イメージングの原理**[13～16]

(i) **位置情報の求め方** 測定されたNMR信号を画像として再構成するには,NMR信号から位置情報を取り出さなくてはならないが,通常のNMR信号から得られるのは振幅,周波数,位相情報である.このため勾配磁場を用いてNMR信号に位置情報を付加する必要がある.このとき用いるのが式(5.7.1),(5.7.2)で示したNMRにおける基本原理,ラーモアの方程式である.ある物質の核磁気モーメントの共鳴周波数は外部磁場の強さに比例するため,磁場の大きさがその物質の存在している位置によって異なれば,それぞれの位置にあるスピンは異なった周波数のNMR信号を出すことになる.

図5.7.3に示すように,水を満たした2本の試験管A,Bを均一な磁場B_0中に置いた場合を考える.B_0に垂直な方向に90°パルスを印加し,NMR信号を観測する.この信号をフーリエ変換すると周波数スペクトルには鋭い1本の共鳴線,すなわちプロトンの磁場B_0における共鳴周波数しか現れず,2本の試験管から発生する信号を区別することはできない.しかし,A,Bを結ぶ方向に線形磁場勾配G_xを与えると,A,Bはそれぞれ異なった強さの静磁

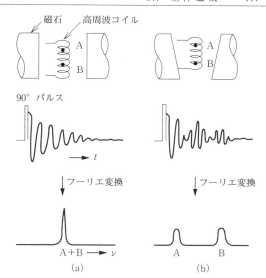

図5.7.3 MRIによる位置情報の求め方
[亀井裕孟,"核磁気共鳴技術",p.55,工業調査会(1987)]

場中に置かれる.AおよびBのx方向の位置をそれぞれx_A, x_Bとすると,A,Bにおけるプロトンの共鳴周波数は,それぞれの外部磁場の大きさによって定まり,次式となる.

$$\nu_A = \gamma(B_0 + x_A G_x)/2\pi \quad (5.7.14)$$
$$\nu_B = \gamma(B_0 + x_B G_x)/2\pi \quad (5.7.15)$$

得られたNMR信号をフーリエ変換すると,2本のスペクトルが観測され,A,Bの信号は分離されていることがわかる.磁場勾配G_xが既知であれば,共鳴周波数から位置を知ることができ,各周波数における信号強度は,対応する位置におけるプロトンの数に比例する.したがって,得られたスペクトルにはx方向のプロトン密度の分布情報が含まれる.MRIでは3軸方向x, y, z方向の線形勾配磁場を用いることにより三次元位置識別を行う.

(ii) **選択励起によるスライス選択** MRIで特定のスライス面の選択は,選択励起法によって行われる.選択したいスライス面に垂直な方向に線形勾配磁場を加え,同時に周波数帯域幅の狭いRFパルスを照射して,薄い層内のスピンのみを励起することによって,スライスを選択する.スライス選択RFパルスには一般的にsinc関数を用いたsincパルスが用いられる.sincパルスは,ある周波数帯域の成分を均等な割合で含み,フーリエ変換すると方形波になり,その周波数帯域を同じパワーで励起することができる.たとえば,10 mT m^{-1}の勾配磁場を印加したとすると,1 mmの長さは磁場強度にして0.01 mT,周波数にして426 Hzの違いに相当する.この勾配磁場を印加しながらバンド幅1000 Hzのsincパルスを照射すると2.3 mmのスライスを選択励起することができる.このとき,スライスの厚さは,周波数帯域幅に比例し,線形勾配磁場の傾きに反比例する.

(iii) **周波数エンコーディングによる位置識別** スライス選択によりある特定の断面が選択されても，断層像を得るためには，さらに二次元平面において位置識別を行わなくてはならない．先に述べたように，線形勾配磁場を印加しながらNMR信号を観測すると，位置情報を周波数情報として検出することができる．たとえば，空間の一軸方向に $10\,mT\,m^{-1}$ の勾配磁場をかけたとすると，中心から $0.1\,m$ の位置では $1\,mT$ だけ磁場が増加し，逆に $-0.1\,m$ の位置では $1\,mT$ だけ磁場が減少する．$1\,mT$ の磁場強度はラーモアの式から $42.6\,kHz$ に相当する．したがって，勾配磁場をかけながら信号を取得すると，$\pm0.1\,m$ の場所の信号は，中心から $\pm42.6\,kHz$ 異なった周波数の信号として観測され，これらの信号はフーリエ変換することによって区別することができる．

勾配磁場の大きさと観測周波数を定めることにより，撮像領域の大きさを定めることができる．上にも述べたように $10\,mT\,m^{-1}$ の勾配磁場がかかっている場合，$42.6\,KHz$ の周波数の違いが $0.1\,m$ の距離に相当するので，$10\,mT\,m^{-1}$ の勾配磁場中で，観測周波数帯域を $\pm42.6\,kHz$ とすれば，$0.2\,m$ の撮像領域（FOV：field of view）が得られる．

(iv) **位相エンコーディングによる位置識別** 残された一方向，すなわち周波数エンコーディング方向に直交する方向の位置情報は，位相エンコーディングによって得られる．

スライス選択のRFパルスがかけられてから信号を観測するまでの間に，一定時間だけ線形勾配磁場をかける．座標の原点では，勾配磁場の大きさはゼロであるから影響は受けないが，中心から離れた磁場変化の大きな部分にあるスピンは，勾配磁場がかけられている間だけ，共鳴周波数が高くなるので信号の位相が進む．勾配磁場が切られた後は，周波数はまたもとの周波数に戻るが，位相は進んだままである．一方，負の勾配の部分にあるスピンは，磁場の大きさが小さくなるので，周波数が遅くなり，逆に位相は遅れる．これらの位相のずれの大きさは原点からの距離に応じて決まるので，位置情報が位相にエンコーディングされることがわかる．しかし，1回の計測で得られる信号には，すべての位相変化が含まれることになるため，周波数エンコーディングのように，1回の計測で得られた信号をフーリエ変換すれば位置の区別ができるというものではない．位置情報を得るためには，データ収集後，同じことを勾配磁場の大きさを段階的に変えて繰り返して計測を行う．最終的には，画像として得たい画素数の分だけ，測定を繰り返しデータを収集する．このようにして得られたデータをフーリエ変換すると位相変化の大きさが周波数ごとに弁別される．

c．パルスシーケンス[13~17]

MRIでは，RFコイルと勾配磁場コイルを時間的にいろいろ変化させNMR信号を得る．RFパルスと勾配磁場のかけ方の組合せのことをパルスシーケンスとよび，パルスシーケンスを変えることにより，プロトン密度，緩和時間，化学シフトなどを反映した多様な画像を得ることができる．ここでは，パルスシーケンスの基本となっている，スピンエコー法，グラディエントエコー法，さらに高速イメージング法について述べる．

(i) **スピンエコー法**[7,18,19] スピンエコーとは，90°励起パルスに引き続き一つまたはそれ以上の180°収束パルスを使用することでつくられたエコーのことである．

図5.7.4にスピンエコー法のパルスシーケンスを示す．図の上からRFパルス，スライス選択勾配磁場 G_z，位相エンコーディング勾配磁場 G_y，周波数エンコーディング勾配磁場 G_x，最下段に信号を示す．

ある特定のスライス面内の核磁化のみを選択するため，スライス選択勾配磁場を加え，その面内の核磁化を励起するため90° RFパルスを与える．次に，y 方向に位相エンコーディング勾配磁場を加える．90°パルスから $TE/2$ 後に180°パルスを照射し，$TE/2$ 後に現れるエコー信号を x 方向の周波数エンコーディング勾配磁場を加えながら観測する．この過程を，繰り返し時間TR間隔で位相エンコーディング勾配磁場の振幅を段階的に変化させながらエコー信号を取得していく．

スピンエコー法で再構成される画像の強度 S_{SE}，90°パルスからスピンエコーまでの時間を TE，パルス系列の繰り返し時間を TR，核スピン密度 ρ，縦緩和時間 T_1，横緩和時間 T_2 とおくと，画像の強度は次式で表すことができる．

$$S_{SE} = k\rho\{1-\exp(-TR/T_1)\}\cdot\exp(-TE/T_2)$$
(5.7.16)

この式から，TR と TE を可能な範囲で変化させることにより，組織のどのパラメーターを画像に強調したいか選ぶことができる．

たとえば，スピン密度 ρ を強調したい場合には，TR および TE を $TR \gg T_1$，$T_2 \gg TE$ と設定すると $S_{SE} = k\rho$ となり，密度が強調される．T_1 を強調させたい場合には，$TR \approx T_1$，$T_2 \gg TE$ の条件とすると T_1 成分のみが画像上

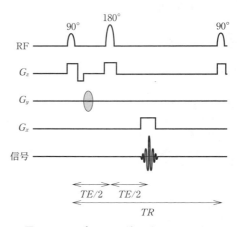

図5.7.4 スピンエコー法のパルスシーケンス

に描画され，T_2 を強調させたい場合には，$TR \gg T_1$, $TE \simeq T_2$ とすると T_2 成分のみが描画される．

スピンエコー法は高画質だが撮像時間が長いイメージング法である．TR の間に複数のエコーを取得し，撮像時間を短くしたのが，高速スピンエコー法で，RARE (rapid acquisition with relaxation enhancement)[19] が基となるシーケンスである．この手法では TE の異なった複数のエコー信号に，個々に異なる位相エンコードが行われ，画像が再構成される．

T_1 緩和を強調するパルスを追加したのが反転回復法 (IR: inversion recovery) であり，IR 法の反転時間の設定を調節することで特定の信号を抑制することができる．

(ii) **グラディエントエコー法**[20〜23]　スピンエコー法では 180° パルスを用いてスピンエコーを発生させなければならず，エコー時間 TE を短くすることができない．これに対して，グラディエントエコー法は，エコーの発生を勾配磁場の反転によって行うため，TE を短くすることができる．また，選択励起のための RF パルスも 90° パルスではなくフリップ角が短いものが用いられるため，緩和時間の長い組織に対しても，励起スピンが熱平衡状態に戻るまでの時間が短くなるため，TR を短くすることができる．結果として，スピンエコー法よりも TE や TR を短くすることができるので，撮像時間の大幅な短縮が可能である．グラディエントエコー法のパルスシーケンスを図 5.7.5 に示す．選択励起パルスをかけたあと，周波数エンコーディング傾斜磁場を反対方向に印加して，FID 信号の位相分散を促進した後に，極性を反転させることで，位相を再収束させてグラディエントエコーを生成する．グラディエントエコー法は，TR の短縮により撮像時間の高速化，TE の短縮により緩和時間の短い組織の画像化が可能である．このため，fMRI (functional MRI)，血流イメージング，化学シフトイメージングなどでは，グラディエントエコー法が用いられる．欠点としては，スピンエコーを用いないので，静磁場や勾配磁場の不均一性により信号強度が低下し，画像に影響するので，この特性をきちんと理

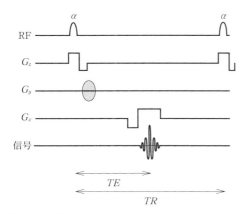

図 5.7.5　グラディエントエコー法のパルスシーケンス

解したうえで用いる必要がある．

(iii) **エコープラナーイメージング法**[23]　スピンエコー法は，繰返し時間 TR で位相エンコーディングの勾配を位相エンコードディング方向のピクセルの数だけ段階的に変化させて，信号を収集する．高速スピンエコーはいくつかの位相エンコードをまとめて行うことにより高速化を図る．これに対して，エコープラナー法 (EPI: echo-planar imaging)[24] は，1 回の励起で画像構成に必要なデータをすべて取得する手法であり撮像時間は従来法より 1000 分の 1 以上に短縮可能となった．その手法にはおもに 2 種類あり，FID 信号のあとに極性反転磁場勾配を加えるグラディエントエコー EPI 法と，180° パルスを加え k 空間の原点の信号をスピンエコーで観測するようにしたスピンエコー EPI である．EPI 法では，たとえば，128 × 128 のマトリックスの画像を 128 ms で得ようとすると，1 ms 以内に k 空間の 1 行のデータを得なければならない．このためには，1 ms ごとに波数エンコーディング勾配磁場を反転させる必要があり，勾配磁場の高度なスイッチング技術が要求される．これを軽減するために，スキャンを何回かに分割して行う multi-shot EPI[25,26] も提案されており，SNR 比の改善が図られている．このほか，EPI と RARE のハイブリッドである GRASE 法[27] もある．

高速撮像法は，fMRI や流れている血液を画像化する MR アンジオグラフィ，あるいは心拍動の影響を受ける循環器領域などには必須の技術である．

d. **MRI 装置のハードウェア**[17]

MRI 装置の基本構成は，静磁場を発生する強力な磁石，信号に位置情報を付加する勾配磁場コイル，NMR 信号の検出のための RF コイル，およびこれらを制御するための制御システム，データ処理システムから構築される．

(i) **静磁場磁石**　核スピンの量子化から NMR をつくり出す装置が静磁場磁石である．MRI では人体各部の断層像を撮る必要があるために，人がすっぽり入るような大型の磁石が必要である．NMR 信号は磁場が強いほど SN 比がよくなるため，できるだけ強い磁場の磁石が望ましい．これまで，臨床用 MRI では 1.5 T のものが多く用いられてきたが，3 T のものが徐々に広まりつつある．研究用の MRI においては，9.4 T MRI[28] がすでに実用化され，11.7 T MRI も実用化間近である．

磁場強度とともに MRI 用磁石として重要なのは，磁場の均一性と磁場強度の安定性である．磁石の磁場均一性がよくないと，画像がひずむとともに信号にさまざまなアーチファクトが混入する．

磁石には，永久磁石，常伝導磁石，超伝導磁石があるが，常伝導磁石は現在ではほとんど用いられていない．永久磁石は高磁場を発生させるのが難しく，一時期あまり使われなくなってきたが，MRI 装置の中で手術など治療を行う目的のため，開放型磁石の需要が高まり，また見直されるようになってきた．また，永久磁石と超伝導磁石を組み合わせたハイブリッド磁石で，高磁場オープン MRI システ

ムもある. 超伝導磁石は, 永久電流であるため磁場の時間的安定性が非常に高く, コイル抵抗による発熱の問題がないため強い磁場が発生できるという特徴を有しており, 現在最も広く用いられている. しかし, コイルを超伝導状態に保たないといけないため, 液体ヘリウムを貯蔵するデュワーが必要になり装置の構造が大がかりになる. 定期的に冷媒を補充しなければならないなどの維持管理に負担が生じる. さらに, 超伝導状態が破れたときのクエンチ対策を行う必要ある.

どのような磁石にしろ, それだけでは解像度のよい MR 画像が得られるほどの磁場の均一度は得られない. 磁石を設置した場所の環境が磁場を乱すことは避けられず, 設置環境下での均一度を高める必要がある. MRI 用磁石の磁場の均一度を高める操作をシミングとよび, 以下のような二つの方法がある. 一つは受動シム (passive shim) とよばれ, 鉄片を用い磁束の方向や密度を変更して, 磁場の均一度を高める方法である. もう一つは, あらかじめ磁石に付加的に設置されているコイルに電流を流して勾配磁場をつくり, 磁場の均一度を高める能動シム (active shim) である. シミングは最終的には患者ごとに行うが, いまではコンピュータが自動的に行う. MR 画像からフィールドマップまたは, フェーズドマップを得て磁場の分布を計測し, そのずれを自動的に修正する.

MRI で用いられる磁場は強力であり, 周囲に影響を及ぼす漏えい磁場が問題になってくる. そこで磁場の遮へいが必要となってくるが, 高磁場マグネットにはアクティブシールドが用いられる. これは, 磁石のすぐ外側に磁場を発生させるコイルを装着して漏えい磁場を打ち消す方法である.

(ⅱ) **勾配磁場コイル**　静磁場中の核スピンに勾配磁場を与えることによって, 空間的位置情報を得ることができ, 画像を構築できる. このために線形勾配磁場が必要となり, これを発生するために勾配磁場コイルが用いられる. 勾配磁場は, 図5.7.6 に示すように各軸方向に二つのコイルを組み合わせでつくられる. z 軸方向の勾配磁場コイルは, 2 個のソレノイド型のコイルを互いに逆方向に巻いて電流を流す. 2 個のコイルの中間の位置では両コイルの磁場が打ち消し合い, z 方向の磁場はゼロとなる. z が正の領域では, z に比例した磁場を受け, 負の領域では距離に応じてマイナスの影響を受ける.

x および y 方向の勾配磁場コイルは, 鞍形のコイルを四個並べた構成になっている. これらの鞍形コイルで, 静磁場方向である z 方向のエレメントは, z 方向磁場を生成しないため, 磁気共鳴には影響しない. 磁気共鳴に影響するのは中心近くにある四つの弧状のエレメントであり, これらが x 軸方向に大きな勾配をもった磁場を生成する. y 方向の勾配磁場コイルは, x 方向の勾配磁場コイルを y 軸のまわりに 90° 回転したものである.

勾配磁場が速く切り替わるさいには, 近くにある導電体に渦電流を誘起する. この渦電流からも磁場が発生し, 勾配磁場と重なり合い磁場のひずみを生じ, その結果, 画像のアーチファクトと信号の低下につながる. これを抑制するために, あらかじめ渦電流による発生する磁場を予測し, 勾配磁場の波形を補償することを行う. これによって勾配磁場のひずみは 1% 程度まで抑制できる. また, 勾配磁場コイルの外側に, さらに勾配磁場を発生するコイルを取り付け, 渦電流によって生じる磁場を打ち消すアクティブシールドの手法も用いられている.

(ⅲ) **RF コイル**　MR 信号検出用のコイルは, スピン励起のための RF 波の送信と, 共鳴信号受信の役割を担うものでプローブとよばれている. 送信, 受信を単一のコイルで行う場合と, それぞれ専用のコイルで受け持つ場合がある. RF コイルとして代表的なものとして, 鞍形, ソレノイド形, スロットレゾネータ形, バードケージ形がある (図 5.7.7). 対象とする部位, 使用する周波数帯域, 使用する磁石などによって最適なものを選んで使用する. 体表面近くの限局した部位には, 信号検出の領域は狭いが高感度の表面コイルが用いられる. さらに, 表面コイルがもつ高感度性を保ったまま撮像領域を広くしたフェーズドアレイコイルも用いられる. フェーズドアレイコイルは多くのコイルから構成され, 1 回の励起に対して同時にそして独立した信号を得ることができる.

e.　**MRI の各種応用**

(ⅰ) **脳機能イメージング**　　MRI 技術を用いて, ヒ

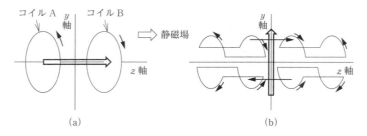

図 5.7.6　勾配磁場コイルの構造
　　(a) z 軸方向勾配磁場コイル　　(b) y 軸方向勾配磁場コイル
[日本磁気共鳴医学会教育委員会 編, "基礎から学ぶ MRI", p. 115, インナービジョン (2001)]

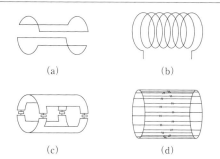

図5.7.7 RFコイルの種類
(a) 鞍形　(b) ソレノイド形　(c) スロットレゾネータ形　(d) バードケージ形
[日本磁気共鳴医学会教育委員会 編,"基礎から学ぶMRI", p.118, インナービジョン (2001)]

ト脳の機能情報を計測するfMRI (functional magnetic resonance imaging) の原理であるBOLD (blood oxygenation level dependent) が1990年に発見[29~31]されたが、MRIを用いてヒト脳機能を測定したのは、1987年電子技術総合研究所の亀井ら[32]が最初である。亀井らは差分NMRを用いて、聴覚提示による脳活動を反映するスペクトルを得ることに成功し、MRIを用いた脳機能計測の可能性を実証した。差分NMRは、脳活動部位の局所血流量の増大によるNMR信号強度の変化をとらえたもので、左右の大脳半球間の機能差を測定することができた。

1990年Ogawaらは血液中のオキシヘモグロビン (OxyHb) とデオキシヘモグロビン (DeoxyHb) がMRI画像の信号強度に影響するBOLD効果を発見した[29~31]。1991年にはTurner[33]が、EPIを用いて、ネコを用いた実験にて、脳が低酸素状態になりデオキシヘモグロビンが増加するとNMR信号が減少し、低酸素状態が解除されオキシヘモグロビンが増加するとNMR信号が増加することを示した。また、同じ年、ヒトを用いたfMRI計測が、Belliveau[34]らにより行われた。この計測は常磁性体の造影剤の磁化率効果を用いたものであったが、視覚刺激により視角野に血流量の増加が確認された。翌1992年になると、いくつかのグループから造影剤を用いない血液の磁化率の変化による効果、すなわち、BOLD効果を用いたヒトのfMRI計測の結果が報告[35~37]された。

脳神経が活動すると、神経細胞に電気的な変動が起こる。また、同時に神経伝達物質の代謝が起きる。このような電気的情報や生化学的情報をとらえることにより、脳機能情報が得られる。しかし、fMRIではこのような情報を直接とらえていない。神経細胞の興奮に伴う脳血流量の変化をとらえている。したがって、fMRIが見ているのは、脳神経活動の一次情報ではなく、間接的な二次的な情報である。fMRIには、いくつかの手法があるが、代表的なのは血液中のヘモグロビンの磁性の差を磁気共鳴信号に反映させることにより、局所脳血流の情報から脳機能の断層画像を得る手法である。オキシヘモグロビンは反磁性、デオキシヘモグロビンは常磁性としての性質を示すので、NMRで計測すると、それぞれの緩和時間が異なる[38]。常磁性を示すデオキシヘモグロビンは、その周囲に不均一な磁場をつくり、スピンの歳差運動の位相を乱し、T2*短縮効果を示す。このため、T2*が強く強調されるEPI法や、グラディエントエコー法などで測定すると、NMR信号の低下が観測される。刺激の入力や思考によって脳が賦活されると、まず、細い血管や毛細血管などの脳組織では、脳の賦活に伴う酸素の消費量が増加し、オキシヘモグロビンから酸素が供給される。オキシヘモグロビンから酸素が供給されるとオキシヘモグロビンは、デオキシヘモグロビンに還元される。すると組織内では一時的にデオキシヘモグロビンが増加し、常磁性物質の増加により磁場が乱されNMR信号が減少する。その後、局所脳血流、脳血管床容積が増加し、十分な酸素が供給される。このとき血流の増加は約30%であるが、血液中から脳組織への酸素の供給の増加は5%程度の増加にとどまるので、組織を還流する血液は相対的な酸素供給が過剰になり、オキシヘモグロビンがデオキシヘモグロビンに比べて多い状態となり、磁場の乱れが是正されNMR信号強度が増大する[39,40]。fMRIでは、課題時における信号強度が非課題時より高くなったピクセルを、差分、あるいは統計処理によって抽出することにより、その部位を活動部位としている。

(ⅱ) **血流イメージング**　血液中にも水素原子が含まれているため、血管や血液もMRIの撮像対象となり、血管系の形態と動態を非侵襲的に評価することが可能である。とくに、血液の動態をイメージングする手法をMR血管撮影 (MRA：magnetic resonance angiography) とよぶ。血液中のプロトンが空間的に移動する場合、プロトンの速度や加速度に比例してスピンの位相が変化する。この時間的な変化を解析すると速度と加速度が算出される。

現在の臨床診断においては、励起から検出までの時間を活用するTOF (TOF：time of flight) 法[41~43]と、双極傾斜磁場を用いてスピンの位相変化を検出して画像化する位相コントラスト (PC：phase contrast) 法[44~46]とが用いられる。

TOF効果とは、撮影断面に飽和していない血液の流入や飽和した血液が流出することにより、血管の信号強度が変化する効果である。TOF法は流入効果を利用して血管内が高信号に抽出される方法を用いる。流入効果を利用するために、断層面に垂直な面の流れは抽出しやすいが、断層面に平行な流れの抽出はしにくいという特徴がある。

位相コントラスト法は、定量性があるため血流速度(速さと方向)に関する情報が得られる。TOF法では描出困難な遅い血流も、流速設定を変えることで描出できる。

TOF法や位相コントラスト法から得られる血管画像は、たんなる形態的な情報でなく、動態的な情報も含んでおり、従来の超音波を用いたドップラーエコー法と、血管造影法を組み合わせたようなイメージング法で、頭部、頸部の診断に使用されている。

(iii) **拡散強調画像**[47]　組織内の水分子の微小な動きの速さと方向をパラメーターとして画像化する方法を拡散強調画像（DWI：diffusion weighted imaging）[48]という．水分子のランダムな運動は温度や周囲の環境によって，その大きさや方向を大きく変化させるので，水分子の拡散現象を扱うことによって細胞の状態などの微視的な情報がMRIによって評価可能となる．とくに，これまで画像化することが困難であった，組織の微細構造や立体構造などを反映した画像を得ることが可能となる．また，従来のMRIのパラメーターであるT1やT2値といったパラメーターでは画像化が困難であった，超急性期脳梗塞などの病変検出や鑑別を可能とすることができる．

MRIで水分子の拡散を計測する基本的な方法としては，スピンエコー法の位相収束の180°パルスの前後に，ある時間間隔をおいて大きさが同じで逆向きの傾斜磁場であるMPG（motion probing gradient）をかけるStejskal-Tanner法がある．MRIの1ボクセル内の水分子がまったく動かなければ，最初のMPGにて変化したスピンの位相は後のMPGによって元に戻され，信号は減衰しない．しかし，二つのMPGの間に傾斜磁場の方向に水分子が拡散していると位相変化が残り，信号が低下する．すなわち，移動距離が大きく分散が大きい場合には，より信号が強く低下し，移動距離が小さい場合には，信号低下が小さい．MPGの影響の強さをb値とよび以下の式で表される．

$$b = \gamma^2 G_x^2 \delta^2 (\Delta - \delta/3) \quad \text{s mm}^{-2} \tag{5.7.17}$$

ここで，γは磁気回転比，G_xはMPGの大きさ，δはMPGの印加時間，Δを一対の傾斜時間のそれぞれの始まりの時間とする．MPGの大きさ，あるいは印加時間を変えることにより，必要な大きさのb値を得る．

生体組織での水の動きは，拡散だけではなく毛細血管の中の血液の灌流や，血液や髄液の流れがある．とくに，MRIにおける撮像単位であるボクセルでは，拡散と灌流の区別がつきにくい．しかし，灌流などの動きは拡散に比べて早いので，大きなb値を用いるとキャンセルされてしまう．実用的には400 s mm^{-2}以上のb値を用いるとほぼ拡散のみの画像になる．

定量的な拡散の大きさを表すために，拡散係数（diffusion coefficient）が用いられる．しかし，拡散強調画像で拡散係数を扱う場合には，純粋な拡散減少のみを表現していないため，見かけの拡散係数（ADC：apparent diffusion coefficient）を用いる．MPGを印加していないT2強調画像と，b値を数回変えて測定した拡散強調画像の信号強度の減衰曲線から，ADCが算出することができる．

生体内では，細胞膜によって自由な拡散が妨げられたり微小な血流の影響を受けたりするため，拡散しやすい方向と拡散しにくい方向がある．たとえば，神経繊維を考えてみると，神経繊維方向に沿っては拡散しやすく，その速度は速いが，神経繊維に直行する方向には拡散しにくく，その速度は遅い．このように，方向によって拡散の様子が異なっていることを拡散の異方性とよぶ．拡散の異方性を表現するのにテンソルを用いる．拡散テンソル[49]は異方性の定量ができる以外に，方向性を解析できる．方向性を画像として表すのに，三次元のx, y, z方向を赤，緑，青に割り当てて二次元で表示するカラーマップ法[50]や，白質の特定の部位から繊維方向をたどっていくトラクトグラフィ（tractgraphy）[51]などがあり，白質路を三次元的に描出できる．これらは，白質変成症や痴呆などの神経疾患の病因解明や診断などに用いられる．

拡散強調画像が臨床で最も利用されるのは，虚血性脳梗塞の診断である．脳梗塞は，細胞の膨張や細胞性の浮腫を導き，拡散は制限され，ADCが抑制されるため，急性期脳梗塞では拡散強調画像で高信号を呈する．この変化は発症後数分で明白となり，通常のMRI撮像やCTで観測するよりも早く診断が可能である．また，拡散強調画像は，悪性病変と良性病変，腫瘍と浮腫や梗塞との鑑別を可能とする．

(iv) **MRスペクトロスコピー**　MRスペクトロスコピー（MRS：magnetic resonance spectroscopy）は，物質の構造や環境により原子核の共鳴周波数が異なることを利用して，物質の種類の同定やその濃度などの情報を得る手段である．MRSは代謝の生化学的な情報を得ることができるが，それはMRIやCTなどの画像ではまったく知ることのできないものである．

臨床で計測の対象となる原子は，ほとんどが^{1}Hまたは^{31}Pである．^{1}H, ^{31}Pは化合物での結合状態に応じて，"化学シフト"とよばれる核磁気共鳴の特性をもち，その化学シフトに基づいて化合物が識別される．^{1}H MRSの測定方法は，まずMR画像を撮影した後，その画像上で測定したい領域を決定し，その領域における磁気共鳴スペクトルを解析する．

^{31}P MRSで検出されるのはアデノシン三リン酸（ATP）やクレアチン（Cr）など生体内に存在する代謝物質であり，エネルギー代謝やリン脂質代謝を知ることができる．一方，^{1}H MRSでは脳のN-アセチルアスパラギン酸（NAA：N-acetylaspartate），コリン（Cho），Cr，乳酸（lactate）といった臓器特異性の高い代謝物質も検出できる．NAAは正常ニューロンのマーカーであり，正常脳が認知症やびまん性軸索損傷のようなびまん性病変によって弛緩されるとNAAが減少する．Choは膜の破壊再生のために悪性腫瘍で上昇する．Crはエネルギー代謝のマーカーである．乳酸は脳梗塞等の虚血で上昇する．MRSでは観察できる代謝物も限られたものであるが，これらをうまく利用すれば形態のみでは評価できない疾患や機能的な異常が評価可能である[52]．

(v) **弾性率の測定**　MRE（MR elastography）法[53]は，生体表面に与えた数十から数百Hzの微細な振動が波として深部組織へ伝搬する様子をMRIで画像化する．振動に共鳴する元素の変位量をスピンの位相変化からとらえ，振動波長が弾性率に応じて変化することを利用し弾性率を定量化する．組織弾性は腫瘍などのさまざまな疾患で変化するため組織性状を表す指標として診断に応用でき

る．腫瘍や肝硬変などの細胞は損傷を受けており，正常な細胞と比較して硬さが異なっているため従来は触診による定性的な評価がなされてきた．MRE法による弾性率の定量化は，組織のわずかな変化を鑑別できる診断法となっている．

f. MRIの安全性
（i）**安全性規格** MRIは電離放射線を用いる診断技術に比べて，安全性の高い非侵襲イメージング法であると考えられている．1990年代初頭まで，MRIの危険性は静磁場による吸引事故であるのが一般的な認識であった．しかし，測定技術が高度化するに従って，高磁場の利用，勾配磁場の高速での切り替え，大きな高周波磁場の印加などが行われるようになり，これらの物理作用が人体に有意な影響を及ぼさないのか安全性について十分に考慮する必要になってきた[54]．

臨床用MRI装置の基準に関して，1995年にIEC（International Electrotecnical Commission）国際規格 IEC 60601-2-33 が発行された．日本ではこの規格を翻訳して1990年にJIS Z 4951 が制定された．しかし，2000年以降のMRI装置の高機能化は目覚ましく，安全性の規格の見直しも行われ，2002年にIEC60601-2-33 の第2版 (Medical electrical equipment-Part2-33: particular requirements for the safety of magnetic resonance for medical diagnosis)[55] が発行され，さらに2010年に第3版 IEC 60601-2-33 (Medical electrical equipment-Part2-33: particular requirements for the safety and essential performance of magnetic resonance for medical diagnosis)[56] が発行された．第2版では"安全"のみに対する一般的要求であったが，第3版では"基礎安全"に"基本性能"が付け加えられている．ここでの基本性能とは安全に関する性能を意図している．

IEC規格では，MRIにおける安全性を，静磁界，時間変化磁界，高周波磁界が患者に与え得る可能性のある生理的ストレスのレベルに対応して，操作モードという概念に基づいて体系的に記述されている．患者に生理的ストレスを与えない範囲に各出力が制限されている通常操作モード，一部の出力が患者に生理的ストレスを与える可能性がある第一次水準管理操作モード，さらに過度な生理的ストレスが患者に加わる恐れのある第二次水準管理操作モードであり，それぞれに安全基準が設けられている．第一次水準管理モードは，患者に生理学的ストレスを与える可能性がある検査で，有資格臨床医による医療管理が必要となる．その中では，個々の検査について，そのリスク対利益に対して有益であるという評価が下されることが必要である．第二次水準管理モードでは，患者に大きなリスクを与える可能性のある操作モードであるので，各国の国内法規に従った各施設の倫理委員会などの承認を得たヒトに対する臨床研究のみに行われ，通常の臨床の場ではこの操作モードは行われていない．

MRI装置の安全性を考えるにあたって考慮すべきは，静磁界，時間変化磁界および高周波磁界である．これらの人体に対する影響に関して以下に簡単に説明する．

（ii）**静磁界の安全性** 静磁界の人体ばく露に対するガイドラインは，国際非電離放射線防護委員会（ICNIRP）により1994年に策定された[57]が，2006年に世界保健機関（WHO）が静磁界に関する環境保健クライテリア[58]を発刊したことなどにより見直され，2009年に改訂された[59]．このガイドラインでは，ばく露限度値として，職業的ばく露では，頭部および体幹で2T，四肢で8Tが示されている．ただし，このガイドラインは職業的および一般公衆の静磁界ばく露に適用され，医学的診断または治療を受けている患者のばく露には適用されない．1994年のICNIRPガイドライン以降，静磁界にばく露されたヒトについて，生理学的，神経行動学的影響を評価する研究が多数行われてきたが，静止状態では8Tまでの静磁界のばく露による特記すべき影響がないことが示された[60]．磁界の中で電荷が動くとローレンツ力が働き，それによって誘導電界と電流を生じさせる．また，時間変動する磁界は，ファラデーの誘導法則に従って生体組織に電流を誘導する．このように，静磁界の中で動くと磁気誘導現象によって何らかの影響がみられる．実際2T以上の静磁界内で，頭を急激に動かしたときには，めまい，ふらつき，吐き気，磁気閃光などが報告されている．ただし，この現象は一過性の現象であり，静磁界にさらされることによって時間とともに生じる蓄積効果はないとされている．

IEC 60601-2-33 第2版では静磁界の安全規格として，通常操作モードの上限を2Tとし，第一次水準管理操作モードでは4T以下と定めていたが，2010年に改訂された第3版では，3TMRIの臨床現場の普及に伴い，通常操作モードの上限を3Tまで広げた．それに伴い，第一次水準管理操作モードでは，3Tを超え4T未満となった．第二次水準操作モードは変更なく，4Tを超える静磁界となっている．

（iii）**磁界強度時間変化率（dB/dt）の安全性** 傾斜磁界システムが生成する低周波で時間変化する磁界は，ファラデーの法則に従って生体内に電界を誘導し，渦電流が流れる．渦電流の大きさは，時間変化する磁界 dB/dt，磁界を横切る生体の大きさなどに関係し，それらが大きいほど渦電流は大きくなる．傾斜磁界出力が通常操作モードの限界値を超える場合には，患者の心細動，抹消神経系へ刺激を与える可能性がある．体内に発生する電界を測定することは難しいので，それに対応する傾斜磁界の時間変化 dB/dt を使って限界値を与える．縦軸に傾斜磁界出力 dB/dt の対数をとり，横軸に実効持続時間の対数をとった両対数グラフで表し，各操作モードの上限値を示したものを図5.7.8に示す．

（iv）**高周波電磁界の安全性** RFコイルからのラジオ波帯域の高周波の照射によって，高周波エネルギーが生体内で熱に変わる．MRIにおける高周波電磁界の生体作用はおもにこの熱作用である．生体内の温度上昇を直接測

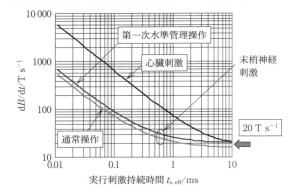

図 5.7.8 心臓刺激，末梢神経刺激に対する dB/dt の限界値 [日本磁気共鳴医学会安全性評価委員会 監修，"MRI 安全性の考え方"，p.125, 秀潤社 (2010)]

定することは難しいので，組織の吸収エネルギー量と密接に関係している温度上昇を，単位質量の組織に単位時間に吸収されるエネルギー量である比吸収率（SAR：specific absorption rate）を評価量として用いる．IEC 規格では MRI で用いられる高周波を SAR で規制している．成人に $4\,\mathrm{W\,kg^{-1}}$ の SAR 値で高周波を照射すると体幹部の体温が $1\,\mathrm{℃}$ 上昇するということが基本となっている．高周波が照射される部位によっても，体温上昇の程度は異なるので，SAR の上限値については，操作モードだけでなく全身 SAR，身体部分 SAR，頭部 SAR，局所 SAR に分けて規定される．通常操作モードについては，最大全身 SAR として $2.0\,\mathrm{W\,kg^{-1}}$ の上限値を用いる．第一次水準管理操作モードでは $4\,\mathrm{W\,kg^{-1}}$ を用いている．頭部については，通常モードも第一次水準管理モードも上限値を $3.2\,\mathrm{W\,kg^{-1}}$ とし，第二次水準管理モードでは $3.2\,\mathrm{W\,kg^{-1}}$ を超えてもよいと定めている．高周波による事故はほとんどが火傷であり，生体内の体温上昇だけでなく，局所高周波加熱を生じさせないように，RF コイル内に導線や導電性の物質を入れないようにすることが重要である．

文　献

1) E. M. Purcell, H. C. Torrey, R. V. Pound, *Phys. Rev.*, **69**, 37 (1946).
2) F. Bloch, W. W. Hansen, M. Packard, *Phys. Rev.*, **69**, 127 (1946).
3) W. C. Dickinson, *Phys. Rev.*, **77**, 736 (1950).
4) W. G. Proctor, G. C. Yu, *Phys. Rev.*, **77**, 717 (1950).
5) J. T. Arnord, S. S. Darmatti, M. E. Packard, *J. Chem. Phys.*, **19**, 507 (1951).
6) R. Gabillard, *CR acad. Sci.*, **232**, 1551 (1951).
7) P. C. Lauterbur, *Nature*, **242**, 190 (1973).
8) R. Damadian, U. S. Pat. 3, 789, 832, field17 (March 1972).
9) A. Abe, K. Tanaka, M. Hotta, M. Imai, Symposium and Workshop on Biological and Crinical Effect of Low Frequency Magnetic and Electric Fields (1973).
10) A. Kumar, D. Welti, R. R. Ernst, *J. Magn. Reson.*, **18**, 69 (1975).
11) 亀井裕孟，片山義朗，NMR 医学，**1**, 45 (1981).
12) T. C. Farrar, E. D. Becker, "パルスおよびフーリエ変換 NMR"（赤坂一之，井上 明 共訳），吉岡書店 (1976).
13) 亀井裕孟，"核磁気共鳴技術"，工業調査会 (1987).
14) 荒木 力，"MRI「再入門」，臨床から見た基本原理"，南江堂 (1999).
15) R. H. Hashemi, W. G. Bradley, "MRI The Basics, 3rd Ed.", Williams & Wilkins (1997).
16) 神谷 瞭，上野照剛，井街 宏，"医用生体工学"，培風館 (2000).
17) 日本磁気共鳴医学会教育委員会 編，"基礎から学ぶ MRI" インナービジョン (2001).
18) E. L. Hahn, *Phys. Rev.*, **80**, 580 (1950).
19) H. Y. Carr, E. M. Purcell, *Phys. Rev.*, **94**, 630 (1954).
20) J. Hennig, A. Nauerth, H. Friedburg, *Magn. Reson. Med.*, **3**, 823 (1986).
21) M. L. Winkler, D. A. Ortendahl, T. C. Mills, *et al.*, *Radiology*, **166**, 17 (1988).
22) A. Haase, J. Frahm, D. Matthaei, W. Hänicke, K.-D. Merboldt, *J. Magn. Reson.*, **67**, 258 (1986).
23) A. D. Elster, *Radiology*, **186**, 1 (1993).
24) P. Mansfield, *J. Phys. Chem.*, **10**, L55 (1977).
25) K. Butts, S. J. Riedederer, *J. Magn. Reson. Imaging*, **2**, 285 (1992).
26) G. C. McKinnon, *Magn. Reson. Imaging*, **2**, 285 (1992).
27) K. Oshio, D. A. Feinberg, *Magn. Reson. Med.*, **20**, 344 (1991).
28) T. Vaughan, L. DelaBarre, C. Snyder, J. Tian, C. Akgun, *et al.*, *Magn. Reson. Med.*, **56**, 1274 (2006).
29) S. Ogawa, T. M. Lee, *Magn. Reson. Med.*, **16**, 9 (1990).
30) S. Ogawa, T. M. Lee, A. R. Kay, D. W. Tank, *Proc. Natl. Acad. Sci. USA*, **87**, 9868 (1990)
31) S. Ogawa, T. M. Lee, A. S. Nayak, P. Glynn, *Magn. Reson. Med.*, **14**, 68 (1990).
32) H. Kamei, Y. Katayama, H. Yokoyama, in Microcirculation (M. Tsuchiya, M. Oda, M. Asano, Y. Mishima eds), Excerpta Medica, p. 417 (1987).
33) R. Turner, D. Le Bihan, C. T. Moonen, P. M. Mattews, *Magn. Reson. Med.*, **22**, 159 (1991).
34) J. W. Belliveau, D. N. Kennedy, R. C. Mckinjstry, B. R. Buchbinder, R. M. Weisskoff, M. S. Cohen, J. M. Vevea, T. J. Brady, B. R. Rosen, *Science*, **254**, 716 (1991).
35) K. K. Kwong, J. W. Belliveau, D. A. Chesler, I. E. Goldberg, R. M. Weisskoff, B. P. Poncelet, D. N. Kennedy, B. E. Hoppel, M. S. Cohen, R. Turner, H. M. Cheng, T. J. Brady, B. R. Rosen, *Proc. Natl. Acad. Sci. USA*, **89**, 5675 (1992).
36) S. Ogawa, D. W. Tank, R. Menon, J. M. Ellermann, S. G. Kim, H. Merkle, K. Ugurbil, *Proc. Natl. Acad. Sci. USA*, **89**, 5951 (1992).
37) P. A. Bandettini, E. C. Wong, R. S. Hinks, R. S. Tikofsky, J. S. Hyde, *Magn. Reson. Med.*, **25**(2), 390 (1992).
38) K. R. Thulborn, J. C. Waterton, P. M. Matthews, G. K. Radda, *Biochim. Biophys. Acta*, **714**, 265 (1982).
39) P. T. Fox, M. E. Raichle, *Proc. Natl. Acad. Sci. USA*, **83**, 1140 (1986).
40) P. T. Fox, M. E. Raichle, M. A. Mintun, C. Dence, *Science*, **241**, 462 (1988).
41) W. G. Bradley, V. Waluch, *Radiology*, **154**, 443 (1985).

42) F. W. Wehrli, *Magn. Reson. Med.*, **14**, 187 (1990).
43) C. L. Dumoulin, *Neuroimaging Clin. North Am.*, **2**, 657 (1992).
44) G. V. von Schulthess, C. B. Higgins, *Radiology*, **157**, 687 (1985).
45) S. W. Atlas, A. S. mark, E. K. Fram, R. I. Grossman, *Radiology*, **169**, 455 (1988).
46) P. J. Keller, *Neuroimaging Clin. North Am.*, **2**, 639 (1992).
47) 青木茂樹, 阿部 修, 増谷佳孝 編著, "これでわかる拡散MRI", 秀潤社 (2005).
48) D. Le Bihan, E. Breton, D. Lallemand, *et al.*, *Radiology*, **168**, 497 (1986).
49) P. J. Basser, J. Mattiello, D. Le Bihan, *Biophys. J.*, **66**, 259 (1994).
50) T. Nakada, H. Matsuzawa, *Neurosci. Res.*, **22**, 389 (1995).
51) S. Mori, B. J. Crain, V. P. Chacko, *et al.*, *Ann. Neurol.*, **45**, 265 (1999).
52) 原田雅史, 久岡園花, 竹内麻由美, 西谷 弘, *Med. Imaging Technol.*, **20**, 156 (2002).
53) R. Muthupillai, D. J. Lomas, P. J. Rossman, J. F. Greenleaf, A. Manduca, R. L. Ehman, *Science*, **269**, 1854 (1995).
54) 日本磁気共鳴医学会安全性評価委員会 監修, "MRI安全性の考え方", 秀潤社 (2010).
55) IEC606001-2-33, 2nd Ed.; 2002, http://www.iec.ch/
56) IEC606001-2-33, 3rd Ed.; 2010, http://www.iec.ch/
57) ICNIRP, *Health Phys.*, **66**, 100 (1994).
58) WHO, "Environmental Health Criteria 232 (2006): Static Fields", (2006).
59) ICNIRP, *Health Phys.*, **96**, 504 (2009).
60) W. Chakeres, A. Kangarlu, H. Boudoulas, D. C. Young, *J. Magn. Reson. Imaging*, **18**, 346 (2003).

5.7.3 生物・生体応用

a. 近年の研究開発動向

磁場の生体応用として, 近年さまざまな進歩がみられるが, 磁気材料・磁場発生材料の開発の成果であるといえる. この磁気工学と関連した分野は医学, 生物学, 物理化学, 認知科学など, 多岐にわたる融合領域である.

大きな流れとして, 20世紀後半の四半世紀における強磁場発生技術の進歩と, 1990年代からのナノテクノロジーの急展開によるナノマグネット (磁性微粒子) がある. この超伝導技術は超伝導量子干渉素子 (SQUID) の医療応用の発展にも寄与し, 心臓, 肺, 脳から発生する微弱な磁場の計測とその医療診断・認知科学応用の研究が進行した. また, 磁気共鳴イメージングMRIの驚異的な普及とさまざまなアプリケーション, 機能的MRIといった脳科学の新知見を提供できる装置の開発は, 磁気の生体応用を一般的に確立した.

過去にみられなかった生体へ応用可能な磁場の計測技術と発生技術は, 超伝導材料開発によってもたらされたものだけでなく, 発生磁場の時間特性 (パルス磁場による磁場変化の時間勾配 dB/dt の増大) やコイル形状の工夫による磁場および誘導電場の密度制御によって支えられたといえる.

そもそも生体を構成するさまざまな成分 (核酸, タンパク質, 脂質, 糖類, 水など) の電磁気的特性についての研究体系も未完成であるなかで, 積極的な電磁場の医学生物学的応用が進められてきたのは, 医療・バイオテクノロジーにおける需要が大きかったためであると思える.

b. 磁場効果メカニズムの分類

MRIや分析化学向けの磁気共鳴分析装置NMR (核磁気共鳴) やESR (電子スピン共鳴) の普及でみられるように, 強磁場の生体応用のポテンシャルは高い. しかし, まだ途上にあるといえる. とくに, T (テスラ) から数十T級の磁場下で新しい科学と応用が生まれるかどうかは未知数であり期待も大きい. 超伝導磁石で20T近い磁場を発生するだけでなく, 巨大な水冷式電磁石と組み合わせたハイブリッド磁石を用いることで, 10T〜数十Tの強磁場における生物・物理化学的現象の解明に関する研究が大きな展開をみせてきた[1].

また, 急速に研究開発が進んだ冷凍機による超伝導状態の実現法が実用化され, 強磁場のユーザーがさまざまな産業界で増えてきた. 生体や材料プロセッシングを磁場で制御する場合, 磁場の特性および作用対象の物理化学特性によってさまざまな磁場効果メカニズムに分類できる. 最初に, 直流磁場と時間変動磁場のメカニズムに分類するならば, 物質の磁性による作用あるいは移動する電荷に対する磁場作用 (ローレンツ力) と, 電磁誘導による電場作用に分類して議論することになる. さらに, 時間変動磁場メカニズムを熱的作用と非熱的作用に, 直流磁場メカニズムを物理的効果と化学的効果に分けるといった方法である

c. 磁気分離

空間勾配磁気力効果 (いわゆる磁気力の効果) は, 1970年代より高勾配磁気分離 (HGMS) の基礎研究が活発となり, 鉱物材料中から有用物質の分離, 廃液処理などに活用されてきた. 磁場空間内での磁束密度の勾配形状を設計することで, 強磁性, 常磁性粒子のみでなく反磁性物質の分離も可能となる. 超伝導磁石の普及とともに近年新たな展開がなされたようである.

磁気力によって物体の移動が生じる現象は, 反磁性物質の磁気浮上やモーゼ効果など, 地球重力が生物知覚に与える作用に慣れ親しんだわれわれにとって直感的に理解しやすいものである. しかし, 比較的単純なように思える磁気力の作用形態においても, 系に含まれる反磁性, 常磁性成分の時空間的な挙動を非平衡プロセスとしてとらえはじめると, 磁気対流として知られる現象の影響分が無視できなくなる.

d. 細胞に対する直流強磁場効果

細胞および生体系分子に及ぼす直流強磁場の効果は, 1980年代頃より報告され始めた[2]. カエルの視神節など生体組織の磁場配向が1T未満の直流磁場で観測される例もあったが, 生きた細胞の磁場配向が知られるようになったのは, 東らが血液中のさまざまな細胞の8T磁場中での配向を報告してからであった. 反磁性の磁化率異方性の

顕著な分子パーツを有することで細胞全体の磁化率異方性による磁気エネルギーが熱エネルギーに匹敵する場合に水中に浮遊した細胞が磁力線に対し配向するものであり，磁化率異方性に大きく寄与するものとして細胞膜（脂質二重膜）および血小板内の細胞骨格（微小管）の影響がある[3〜5]．

一方，付着細胞を磁場で配向させようとする再生医学を志向した細胞工学研究が1990年代半ばからみられる．コラーゲンに埋没した細胞をコラーゲンの磁場配向を用いて並ばせたことで知られている．たとえば，コラーゲン以外にもフィブリンも用い，磁場配向フィブリンを足場とした血管内皮細胞の整列を実現できる．また，血管壁を模倣した2種類の細胞（血管平滑筋細胞と血管内皮細胞）の積層構造の作成も可能となっている．細胞の足場となる分子を磁場で並ばせ溝状の立体構造を提供することで，その上に付着する細胞の配向パターンを形成するためには，その足場となる物体が配向する時間だけ磁場を印加する．コラーゲンやフィブリンの場合はおよそ数時間で磁場配向パターンは安定形成される．

さらに，細胞内部の構造が有する反磁性磁化率異方性を活用して細胞を整列させる手法も開発されている．約20数時間ごとに分裂する血管平滑筋細胞を1週間の間，14Tの直流磁場空間のフラスコ内にて37°Cで培養を続けたさいに，胞集団全体が磁力線方向に並行に配向する様子が再現性よく観察できた[6〜8]．

また，アフリカツメガエルの初期卵割パターンが最大16Tの直流磁場（磁力線が地球重力に平行）によって変化する現象がVallesらによって，また14T（磁力線方向が地球重力に垂直）な別条件で，かつボアスコープを用いた磁場中リアルタイム観察により同様の初期卵割（第3卵割）面の傾斜が岩坂らによって確認された[9,10]（5.7.5項参照）．

e. ボトムアップ型磁場配向体

細胞膜の構成成分であるリン脂質およびタンパク質（それと水）を用いた人工細胞系における磁場効果が検証されている．ベシクルの成分が磁気トルク作用を受けることによって，リン脂質＝コラーゲン複合体の新奇なパターン形成（自己組織化）がみられた[11,12]．

そのさい，磁場中顕微鏡により，コラーゲン配向やリン脂質の配向のリアルタイム観察に成功した．ところで，生体物質のようなソフトマテリアル反磁性体が磁場により配向し，磁場をオフにすることによる緩和過程はこれまで十分に観察されていないといえる．磁場中リアルタイム観察の結果，反磁性体の配向挙動は，磁場上げ時と磁場下げ時で履歴が異なる様子，すなわちヒステリシス特性を有する現象も観測された．棒状ベシクルの配向緩和過程では，0.4T程度まで磁場を下げても，熱振動・軽度の機械的振動の影響を受けない磁場配向が観察された．

f. 微結晶磁場配向

ミリテスラ級の磁場下での配向現象として，魚類のウロコ内部の光干渉板の磁場配向現象が約100mT以上で起こることが明らかとなった[13〜16]．

磁場中顕微鏡においてキンギョのウロコの一部に散在するグアニン結晶板を観察したさい，この結晶板の光反射が磁場によって著しい変化を示すことが明らかとなった．地磁気レベルではウロコ虹色素胞内のグアニン結晶反射小板の多層薄膜によって干渉・反射された照明光がロッド状の光スポットとして"きらめいて"いるのが観察された．磁場を増加させていくと，約0.26Tから光スポットの消光が起こった．この消光は磁場を地磁気レベルに戻すと解除され可逆的に観察できた．

グアニンはDNA塩基の一つであり，六員環と五員環が結合した構造をしており，ベンゼンと同様に環状分子内をπ電子が動ける構造になっている．したがって，外部磁場を排除する反磁性効果が大きく反磁性磁化率異方性も顕著である．このことが数百mTという磁場での磁場配向を可能にしていると考えられる．また，グアニンは反射率が大変高い光学特性を有していることが知られており，薄膜多層光反射干渉素子としてのグアニン反射板を磁気的に制御することは新しい表示材料の開発などにつながると考えられる[17]．

なお，グアニンやアデニン，シトシンを水溶媒から人工的に結晶化させた微結晶においても，数百mT磁場下での磁場配向が見出されている[18]．グアニンの類似物質である尿酸を再結晶化させた微結晶板においても，100mT程度の磁場で水中での回転がみられる．重力下で最初に水平に倒れていた微結晶板は，水平方向磁場によって立位へ回転するさい，最初水平面内での回転が生じ，続いて重力方向へ結晶の最大平面が平行となるように立ち上がるという二段階磁場配向を示すことが明らかとなった[19]．

尿酸結晶や尿酸ナトリウム結晶は痛風や尿路結石の原因物質である．今後，このような疾病の治療に関わる微結晶磁場配向技術も期待できる．

なお，魚類がなぜ，体表の細胞内で上記のグアニン結晶をつくるのかに関する研究も近年盛んに行われている．進化生物学的な説明は，生存淘汰と生物間コミュニケーションによるものと思われるが，実験事実として，これら魚類のグアニン結晶は太陽光の偏光スペクトル特性をうまく制御することが示されている．深海魚や身近な哺乳類（ネコ，牛など）の眼底にもグアニン結晶膜が集光のために用いられている．夜道でネコの眼が光る光景はこのグアニン結晶膜（タペータムとよばれる）の光反射機能による．グアニン結晶は細胞内でのバイオミネラリゼーション過程で生成されており，まだ未解明であるが，ほかのバイオミネラリゼーションと同様に，この結晶成長を制御する専門のタンパク質が存在するものと考えられる．

植物細胞である藻類の中にも，バイオミネラリゼーションで微結晶をつくるものが多い．円石藻 E. huxleyi がつくる炭酸カルシウム結晶を組み合わせた巧妙な構造体はココリス（円石）として，その電子顕微鏡写真は興味をもって知られている．直径2〜3μmのディスク状の構造体は数

百 nm 周期の構造が彫られたようになっているが，細胞内で遺伝的に用意されたプロセスを経てつくられる．炭酸カルシウム結晶はサブテスラの磁場下で磁場配向するのに十分な反磁性磁化異方性を有するため，この円石は500 mT程度の磁場に対し円盤面を垂直にして配向する[20]．

また，結晶のX線構造解析物理の分野において，樹脂や液体中に分散した微結晶集団を磁場配向させつつX線を照射することで，擬似的に巨大な単結晶としての構造解析を可能にした応用も報告されている[21]．

g. 骨形成に対する磁場効果

超伝導磁石の高勾配磁場において，地球重力を軽減／増加させるように磁気力を重畳させた培養空間に骨形成に関わる細胞を設置し，細胞形態および機能に与える影響を調べる研究が報告されている．破骨細胞形成に対する10 T強磁場下では細胞付着面の法線方向に磁力線が作用し，かつ地球重力を約40%減少させる効果が磁気力によって細胞内の反磁性構成成分に与えられた結果，破骨細胞の前駆細胞同士が細胞融合する速度あるいは前駆細胞の分化速度が遅くなる結果が得られた[22]．

h. 酵素触媒機能および化学反応に対する磁場効果

1976年にスピン化学の分野でのブレイクスルーによって知られるようになった化学反応への磁場効果（ラジカル対を生成する光化学反応系でミリテスラ級の磁場で化学反応収量が影響を受ける効果）は，生体内での化学反応においてもラジカル対による磁場効果の期待をもたらした．

生体内での反応として酵素触媒反応を司るタンパク質などが知られている．これらの酵素が関与する生体内の化学反応系への磁場効果は，1990年代にGrissomら[23,24]によって，ラジカル対機構による酵素反応磁場効果の存在が示された．Coを含む金属酵素やペルオキシダーゼに対するラジカル対機構による磁場効果の研究が報告された．タンパク質系における磁場効果は，ラジカル対機構が注目される以前の1960年代から強磁場（20 T・オーダー）でのタンパク分解酵素反応の研究報告があったが，いずれも顕著な磁場影響が酵素タンパク機能において見られないというものであった．筆者らは最大14 Tまでの磁場中での酵素反応の磁場中分光計測を進めてきたが，活性酸素系では均一磁場影響はみられず，タンパク分解酵素（プラスミン，トロンビン）では酵素活性の失活促進効果がみられた．活性酸素系のカタラーゼでは勾配磁場下でのみ過酸化水素分解の抑制効果が現れた[25~27]．すなわち，水溶液中での物質輸送（この場合は常磁性酸素および反磁性の過酸化水素，水）への勾配磁場影響が酵素活性に結びついた可能性が高い．

i. 直流磁場に対する生体物質応答のしきい値

磁場配向を実現できる磁束密度のしきい値はどのくらいであろうか．磁気トルク配向を受ける物体の固定状態などの最適条件に関する知見は不十分である．最近では，数百mTの磁束密度は，生体の細胞内で形成するマイクロスケールの物体が磁力線に沿って配向する現象のしきい値であることが明らかになってきた[13~20]．ただし，反磁性の場合，体積あたりの磁気異方性エネルギーが熱エネルギーに比べて十分に多くなる必要がある．理論的予測では，反磁性物質が個体であればメソスケールのサイズが必要となる．

一方，スピン化学の分野で扱われるラジカル対の一重項・三重項間での遷移を伴う化学反応に対する磁場効果のしきい値は，ラジカル分子種の電子スピンのg値などのパラメーターに依存し，mT以下のしきい値をもつ場合，窓効果とよばれる磁場効果が特異的に起こる磁場領域をもつ場合が報告されている．

j. 変動磁場の生体応用と医療応用

ほかの節でも触れられるが，時間変動磁場を積極的に生体に応用する研究も進められてきた．たとえば，生体磁気刺激は，時間変動磁場が生体中に電場を誘導することで神経の電流刺激を行うものである．そのメカニズムは，より弱い電磁場による生体影響評価のうえで非常に重要な学理となりうる[28,29]．

電磁場の生体影響の分野で培われた神経磁気刺激法は，脳機能疾患の治療，脳機能マップの作成など臨床上大変有用なツールを生み出した．

また近年，磁性材料研究分野で研究例が著しく増加している生体関連の磁場応用として，変動磁場で発生した誘導電場での磁性材料（マイクロ・ナノ微粒子）の誘導加熱がある．ハイパーサーミアとよばれる[30]がんの温熱療法の研究開発の流れに沿ったものであり，これらの新規磁性材料の展開ががん治療に大きく貢献することが期待される．

k. 磁場を用いたバイオイメージング・脳科学・バイオセンサー応用

前述のさまざまな磁場効果を鑑みると，これまですでに実用化されたバイオイメージング手法以外に，さまざまなアプリケーションの可能性が期待できる．

生体外から強磁場とラジオ波を加える磁気共鳴イメージングMRI，そして生体内部の電気的活動に付随して発生する微弱磁場を計測しビオサバール則を基に神経活動などを探る生体磁気計測（MEG（脳磁図））はよく知られるようになった．生体の電磁気特性に基づいた生体計測制御は，ほかの物理的因子（X線や光，超音波）とともに人類の医療や健康産業に今後も大きく貢献するであろう．

機能的磁気共鳴イメージング（fMRI）は，脳細胞の活性化に伴う酸素消費量増加に対応する酸素化ヘモグロビン／脱酸素化ヘモグロビンの濃度分布変化を可視化する手法として知られている．このfMRIとMEGは脳科学の分野で非常に多用される測定ツールとなった．fMRIは脳機能の局在マップを得るのに適しており，一方MEGは脳内機能局在のダイナミクスを，磁場を発生する電流双極子として観測可能である．認知科学的・心理学的な研究対象として，たとえば聴覚心理学・音楽認知科学における急速な進歩が近年なされてきた[31]．

そのほか，スピン化学分野に関連したイメージング法と

して電子スピン共鳴を利用したがん組織のイメージング，磁性微粒子を利用した MPI（magnetic particle imaging）などが報告され，研究開発のすそ野が広がってきた[32〜34]．また，細胞や微結晶の磁場配向技術は，新規バイオセンサの開発にも役立つと期待されている[15〜20]．

文　献

1) 北澤宏一 監修，尾関寿美男，谷本能文，山口益弘 編，"磁気科学"，アイピーシー（2002）．
2) J. Torbet, G. Maret, *J. Mol. Biology*, **134**(4), 843 (1979).
3) J. Torbet, M. Malbouyres, N. Builles, V. Justin, M. Roulet, O. Damour, A. Oldberg, F. Ruggiero, D. J. Hulmes, *Biomaterials*, **28**(29), 4268 (2007).
4) T. Higashi, A. Yamagishi, T. Takeuchi, N. Kawaguchi, S. Sagaea, S. Onishi, M. Date, *Blood*, **82**, 1328 (1993).
5) R. T. Tranquillo, T. S. Girton, B. A. Bromberek, T. G. Triebes, D. L. Mooradian, *Biomaterials*, **17**(3), 349 (1996).
6) H. Kotani, M. Iwasaka, S. Ueno, A. Curtis, *J. Appl. Phy.*, **87**, 6191 (2000).
7) M. Iwasaka, S. Ueno, *Int. J. Appl. Electromagn. Mechanics*, **14**(1-4), 391 (2001).
8) 岩坂正和，上野照剛，日本応用磁気学会誌，**25**(7), 1378 (2001).
9) J. M. Denegre, J. M. Jr. Valles, K. Lin, W. B. Jordan, K. L. Mowry, *Proc. Natl. Acad. Sci. USA*, **95**(25), 14729 (1998).
10) M. Iwasaka, S. Ueno, K. Shiokawa, *Int. J. Appl. Electromagn. Mechanics*, **14**(1-4), 327 (2001).
11) K. Suzuki, T. Toyota, K. Sato, M. Iwasaka, S. Ueno, T. Sugawara, *Chem. Phys. Lett.*, **440**(4-6), 286 (2007).
12) K. Suzuki, T. Tomita, T. Toyota, M. Iwasaka, T. Sugawara, *Polyhedron*, **28**(2), 253 (2009).
13) M. Iwasaka, *J. Appl. Phys.*, **107**(9), 09B314 (2010).
14) M. Iwasaka, Y. Miyashita, M. Kudo, S. Kurita, N. Owada, *J. Appl. Phys.*, **111**(7), 07B316 (2012).
15) M. Iwasaka, Y. Mizukawa, *Langmuir*, **29**(13), 4328 (2013).
16) M. Iwasaka, Y. Miyashita, Y. Mizukawa, K. Suzuki, T. Toyota, T. Sugawara, *Appl. Phys. Express*, **6**(3), 037002 (2013).
17) M. Iwasaka, Y. Mizukawa, Y. Miyashita, *Appl. Phys. Lett.*, **104**(2), 024108 (2014).
18) Y. Mizukawa, K. Suzuki, S. Yamamura, Y. Sugawara, T. Sugawara, M. Iwasaka, *IEEE Trans. Magn.*, **50** (11), 1 (2014).
19) Y. Takeuchi, Y. Miyashita, Y. Mizukawa, M. Iwasaka, *Appl. Phys. Lett.*, **104**(2), 024109 (2014).
20) M. Iwasaka, Y. Mizukawa, *J. Appl. Phys.*, **115**(17), 17B501 (2014).
21) F. Kimura, T. Kimura, K. Matsumoto, N. Metoki, *Cryst. Growth Des*, **10**(1), 48 (2010).
22) M. Iwasaka, M. Ikehata, N. Hirota, *J. Phys.: Conf. Ser.*, **156**, 012017 (2009).
23) C. B. Grissom, *Chem. Rev.*, **95**(1), 3 (1995).
24) T. T. Harkins, C. B. Grissom, *Science*, **263** (5149), 958 (1994).
25) M. Iwasaka, S. Ueno, "Enzymatic processes of oxidation-reduction systems in magnetic fields, Non-Linear Electromagnetic Systems", (V. Kose, J. Sievert, eds.), pp. 57-60 (1998).
26) M. Iwasaka, S. Ueno, H. Tsuda, *IEEE Trans. Magn.*, **30**(6), 4701 (1994).
27) S. Ueno, M. Iwasaka, *J. Appl. Phys.*, **79**(8), 4705 (1996).
28) S. Ueno, T. Tashiro, K. Harada, *J. Appl. Phys.*, **64**(10), 5862 (1988).
29) B. J. Roth, J. M. Saypola, M. Hallettb, L. G. Cohenb, *Electroen. Clin. Neurophysiol.*, *Evoked Potential. Sect.*, **81**(1), 47-56 (1991).
30) A. Jordan, R. Scholz, P. Wust, H. Fähling, R. Felix, *J. Magn. Magn. Mater.*, **201**(1-3), 413 (1999).
31) K. Hyde, R. Zatorre, I. Peretz, *Cerebral Cortex.*, **21**, 292-299 (2011).
32) O. V. Salata, *J. Nanobiotech.*, **2**, 3 (2004).
33) S. J. Son, J. Reichel, B. He, M. Schuchman, S. B. Lee, *J. Am. Chem. Soc.*, **127**(20), 7316 (2005).
34) B. Gleich, J. Weizenecker, *Nature*, **435**, 1214 (2005).

5.7.4　医　療　磁　気

a.　ワイヤレス電力伝送

医療応用の夢のひとつ，それは体内を自由に動きまわることのできる治療機械の出現である．マイクロマシニング技術の発達で，サイズ的な点ではすでに十分な小ささを実現できる技術となってきているほか，超小型の胃カメラを封じ込んだカプセルはすでに開発され，自然の蠕動運動によって内部から撮影，転送しながら消化管内を移動，排せつされていくものが臨床応用されている．

しかし，治療機械とするためには，具体的な治療目的の設定が必要なことはいうまでもないが，それ以上に，目的の場所に機械を誘導する技術，そして自走できるエネルギーの確保が何より重要である．有線では機械が身動きができなくなるため，必然的に非接触でエネルギーを送らなければならない．そして機械の位置を把握する技術も必須である．

また，わが国において臓器移植には，ドナーの問題がかならずつきまとい，需要と供給のバランスがとれない．そのため，生体適合性のある素材を用いた人工臓器の開発は必須であり，今後ますます，体内に埋め込まれる電子機器は増加の一途をたどるであろう．

生体内に埋め込み使用する電子機器の代表はペースメーカーである．現在充電を前提としない一次電池による駆動で 10 年近い動作が実現しているが，さらなる駆動時間の延長を考えると充電可能な二次電池搭載型のペースメーカーに開発の中心が移るであろう．

また，人工心臓をはじめ，機能的電気刺激装置，治療的電気刺激装置，除細動装置，尿失禁防止装置など，埋め込み人工臓器には長期的エネルギーの供給法さえ確立すればすぐにも開発の進むものが数多く存在する．

いずれの場合も，駆動エネルギーの供給には，本質的には生体組織の影響を受けない媒体の使用が望ましいことはいうまでもない．マイクロ波は有力な候補であるが，組織における熱吸収に対する配慮が必要となる．刺激効果と熱

効果の狭間にある周波数帯の交流磁界を利用すれば、先にあげた条件のいずれをも満足させることができる．

これらの機器においては、動作の確実性、安全性の点から、エネルギー供給のみならず、常時、機器の動作状態の監視および制御を必要とする．そのためには、エネルギー伝送系とは独立した信号伝送系を備えることが必要となる．

もとより信号伝送には光を使用する例が多いが、長期間の安定使用を考慮すると、皮膚の汚れや温度、位置ずれなどに対して安定性の高い電気的方式が適していると考えられる．医療機器といっても、大病院で使用されるような大型のものから個人ベースで使用するポータブル、あるいは内蔵されるような小型機器まで含まれるが、医療機器の大半は電気エネルギーによる駆動が前提となっており、とくに医療機器の普及を促進できるか否かは、省電力化がどこまで可能であるかにかかっており、機器の小型化の鍵を握っている．

消費電力が低下してくれば、次にエネルギーの供給が非接触、すなわちワイヤレスで行えるか否かがさらなる普及の鍵となる．とくに、福祉、介護機器とよばれるものについては、この点が重要であると考えられる．

体内埋め込みを想定されているものには、血液ポンプ、人工心臓、マイクロマシンなど、体内機器に送ったエネルギーを機械出力として使うもの、ペースメーカー、筋刺激装置など、電気出力として使うもの、そして熱出力として使うハイパーサーミア装置など、さまざまなものがあるが、いずれも非接触の駆動エネルギー供給のうえに本来は成り立つ技術である．

ワイヤレスの電力伝送を考えるとき、電力の送り手である電源から空間にエネルギーを蓄積し、その後、空間からエネルギーを取り出す過程が必要となる．電波においては、電界エネルギーと磁界エネルギーとを等量ずつ、互いに受け渡しながら電磁エネルギーとして空間を光速で伝搬する．電磁誘導の場合は、送り手となる電源から変動磁界を空間につくりだし、その空間内に、伝導電流を流せる回路を置くとこれが受け手となる．変位電流が無視されるのでエネルギーの伝搬は起こらず、空間にエネルギーが蓄積されるのみである．このとき、受け手の回路に伝導電流が流れ、その周囲に、送り手である電源を含む空間にまで広がる変動磁界を形成することができれば、空間に蓄積されていたエネルギーが受け手に流入し、送り手からはその空間に新たにエネルギーが供給、蓄積されることになる．

これまでに提案されているおもな伝送法を列挙すると以下のようになる．

① レーザ方式、② マイクロ波方式、③ エバネッセント波方式、④ 磁界共振方式、⑤ 電界共振方式、⑥ 電磁誘導方式

これらの方式のうち、遠方界を利用するのはレーザ、マイクロ波の各方式であり、近傍界を利用するのは磁界共振、電界共振、電磁誘導の各方式である．エバネッセント

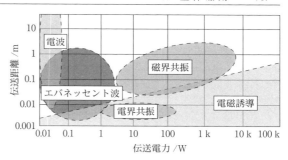

図5.7.9 各方式の伝送電力と伝送距離

波方式は、エネルギーの送り出し、受け取りのところに近傍界、エネルギー伝送に遠方界を利用している．

図5.7.9は、上記の各伝送法が対象とする伝送電力と伝送距離の関係である．図中の電波で表される領域はおもにマイクロ波方式が適用される領域を表すが、技術的限界ではなく社会的制約によって伝送電力範囲がせばめられている．すなわち、マイクロ波帯の生体ばく露に関するガイドラインから、生体が浴びる場合のポインティングベクトルの値が $10\,\mathrm{W\,m^{-2}}$ 以下に制限されてしまうことと、装置のサイズをわれわれが持ち運びし得る大きさに限定した結果である．治療機器においてはこのガイドラインの範ちゅう外となる．

近傍界を利用する方式では、電磁誘導方式が伝送電力では最も広範囲にカバーできる技術であり、磁界共鳴方式は伝送距離の点で優位性がみられる．電界共鳴方式は電界を利用するため伝送距離は限られるが、送り手、受け手などの装置がコンパクトになる可能性があると考えられる．現在、医療応用の分野で検討されているものはマイクロ波と電磁誘導方式であるが、ほかの方式も将来にわたって検討の対象となることが十分予想されるため、以下、各方式について概説する．

(i) **マイクロ波伝送方式**[1,2] 本来、遠方にまで伝搬する電磁波（遠方界）を利用する方式であり、2.45 GHzの周波数を用いるのが一般的である．伝送距離に関する技術的な制限はほとんどない．遠方までの伝送が可能であるゆえに、送受電装置間に人間が入り込むことが避けられない．そのため、電磁波の生体への安全性についての観点から特に社会的制約がかかり、地上の受電アンテナ部分では電磁界・電磁波防護ガイドラインに従い $10\,\mathrm{W\,m^{-2}}$ に抑えられている．ただし、医療応用においてはこのガイドラインの適用外となる．

(ii) **エバネッセント波伝送方式**[3] 全反射する光の背面に、波長以下の領域ながらもにじみ出て存在する光を一般にエバネッセント波などとよぶが、光固有の現象ではなく、電磁波固有の現象である．本質的には近傍界における電磁界の性質を色濃く残した"波"である．このことに着目すれば、全反射を起こす"壁"で挟まれた領域内にマイクロ波を閉じ込める一方で、"壁"の一方からにじみ出るエバネッセント波を通してエネルギーの送受を行う方式

が考えられる．マイクロ波に対する"壁"であるから金属製の網でよい．エネルギーの送受には近傍界を利用し，伝送には遠方界を利用した巧みな方式といえよう．2枚の金属網をサンドイッチ状にすれば，マイクロ波は金属網間に"閉じ込められる"ので，マイクロ波の存在する領域に人が介在することはなく，ばく露ガイドラインの制限を受けずに遠方に，エネルギーを伝送することができる．いわば二次元でのエネルギー伝送法である．マイクロ波本体が伝搬するエネルギーではなく，エバネッセント波を通してにじみ出るエネルギーを吸い出すため，大容量化は得手ではないと思われるが，高速通信を重畳させることが容易であることが特色の一つであろう．

（ⅲ）磁界共振方式[4]　2007年にMITから発表された方式である．送受電の部分はインダクタンスとしての性能を高めたLC共振であり，伝送を空間に蓄積される磁気エネルギーを通して行っている．当初，"磁界共鳴"と称されていたが，本質的にはLC共振であり，本稿では磁界共振とよぶ．送電側からの磁束を直接受電側に鎖交させれば通常の電磁誘導方式となるが，磁界共振方式では，送受電"コイル"のサイズと空間波長，空間磁界分布を巧みに制御してエネルギーを伝送する．近傍界におけるエネルギー伝送モードと遠方界におけるエネルギー伝送モードのいわば中間をいく方式である．そのため電磁誘導方式に比べて伝送距離を伸ばすことができる．しかしながら，伝送量を確保するためには波長，コイル形状，サイズ，伝送距離に一定の制約が生まれ，メートル級の伝送距離を実現する場合，数十cmのコイル径と10MHz程度の周波数を想定する必要がある．

この方式は遠方界モードを取り入れた近傍界伝送であり，サイズ，したがって伝送容量に制約があるものの伝送距離を中距離にまで伸ばせる方式であると考えられる．

（ⅳ）電界共振方式[5]　磁気エネルギーを媒介して非接触エネルギー伝送が可能であれば，電界エネルギーを媒介にした方式もまた成り立つ．回路的にはLC共振を用いる点では電磁誘導方式と同様であるが，電界を利用するには電極間に電圧を印加するだけでよいため，電流を必要とする電磁誘導方式に比べて一般に装置が小型化する特色がある．地上においては空気中の放電を避けるために電界強度に上限が存在し，その結果，蓄積し得る電界エネルギーはたかだか数$J m^{-3}$にとどまる．このため，小電力容量が対象となると予想される．反面，磁界に比べて平等電界は比較的実現しやすく，"送り手"である極板の大面積化は容易であり，伝送可能距離や位置ずれにも対応しやすい特徴があると考えられ，建物の壁面，床面などの利用には向いていると考えられる．

（ⅴ）電磁誘導方式[6]　この方式は，送受電コイル間に共通に鎖交する磁束を利用してエネルギー伝送を行う方式であり，対向させたコイル対と磁束収束用の磁性材を用いた電磁誘導の原理に基づく．効率を高めるためにはキャパシタンスとの組合せは必須である．電磁界の空間分布からすると，本方式は，近傍界の交流磁界を利用する方式であり，周波数帯は10kHzから1MHz帯，伝送距離は数mmから数十cmが想定されている．

古くから研究がなされており，伝送効率を最大にする最適負荷，最大効率値とコイル特性の関係などがすでに明らかにされてきている．図5.7.10は報告されている応用例を基に，電磁誘導方式による伝送電力と伝送距離の関係をまとめたものであり，90％を超える効率を前提とする．基本的にコイルサイズにより伝送電力量が見積もられ，コイルサイズに対応した伝送距離が得られるので，伝送電力と伝送距離との間にはほぼ比例的な関係がある．伝送電力と無関係に伝送距離が一定となる，という図は誤りである．

電力伝送系の最大効率は送電側のコイルのQ値，受電側のコイルのQ値，結合係数kからなるパラメーターαの関数として図5.7.11のように一義的に定まることが知られている．

非接触電力伝送法[7]には現在，電磁誘導方式，磁界共振方式，電界共振方式，エバネッセント波方式，マイクロ波方式などが提案されているが，体内での吸収が少なく，体内深部に効率よく電力を伝送できるのは100kHz～1MHz付近の電磁界を利用した電磁誘導方式である．この方式は，送受電コイル間に共通に鎖交する磁束を利用してエネルギー伝送を行う方式であり，効率を高めるためにはキャパシタンスとの組合せは必須である．

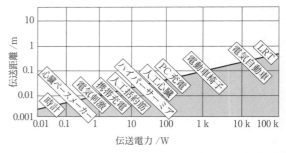

図5.7.10　電磁誘導方式による伝送電力と伝送距離の関係

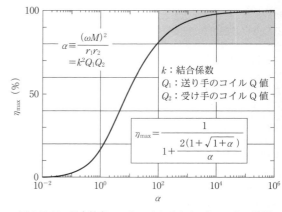

図5.7.11　最大効率η_{max}とコイルパラメーターαとの関係

非接触エネルギー伝送系に汎用電源のような特性をもたせる場合には，負荷が変動した場合の受電側の電圧変動を考慮する必要がでてくる．当然最大効率を実現する負荷とは異なる負荷に給電することとなるため最大効率条件からははずれていくが，送電側にもキャパシタンスを用いることで効率，電圧変動の両者を勘案した設計を行うことができる．非接触で電力を送ることができると，対移動機器，対密閉空間内機器への電力伝送が可能となる．いずれも電池を用いた充電システムを必要とする．具体的な対象としては，体内埋め込み機器をはじめとして，日常の電気機器，携帯電話，ロボット，自動車，深海探査船などがあげられる．

b. 人工臓器への適用例

体内埋込みを想定した医療機器に対し体内に伝送される受電電力の利用の仕方によって，① 電力として出力（ペースメーカー，電気刺激），② 機械エネルギーとして出力（人工心臓，人工括約筋，人工食道），③ 熱エネルギーとして出力（ハイパーサーミア）などに分けることができる．埋め込み機器への伝送電力としては，十 mW 程度の伝送電力で動作する人工内耳から数十 W の電力を必要とする人工心臓までが伝送電力範囲である．将来は心臓ペースメーカーも充電式が期待されるが，現状では全機種が充電を前提としない一次電池仕様である．

完全埋込み人工心臓用血液ポンプでは，最大で 40 W 近い電力を必要とするため，埋込み電池のみによる長時間駆動が難しい．そのため，埋込み電池を緊急用電源と位置づけ，常時，体外からの電力供給で人工心臓を駆動するシステムにせざるを得ない．したがって，きわめて高い伝送効率が求められるシステムとなる．

以下，それぞれの項目について例をあげる．

（i） 充電式心臓ペースメーカー　　現状では充電できない一次電池を電源とするペースメーカーが使われているが，充電使用を前提とした次世代ペースメーカーにおいて，半年に一度の検診時充電を想定したシステムが報告されている．金属ケースで覆われたペースメーカー内部の電池に充電するため，外部からの印加磁界とケース形状に工夫をこらし 1C 充電で，金属ケースの温度上昇を数度以内に抑えることも可能となっている．

（ii） 運動再建電気刺激装置[8]　　図 5.7.12 は機能的電気刺激（FES）用の多チャネル埋込み装置に適用した例である．写真は伝送電力 700 mW，13 チャネルのものでヒトへの適用を前提に設計されたものである．

図 5.7.12 は体内に埋め込んだ制御装置から 13 本の電極線を刺激部位までの伸ばす方式であったが，最近では，電極を制御回路内蔵の針状とし，針自身に当該チャネルを認識させ，刺激信号と電力の受電を行う方式を開発している．この方式によれば，多チャネルになっても体内に電極線を多数引き回す必要がなくなると考えられる．

（iii） 人工心臓[9～11]　　機械エネルギーに変換して使用する例として人工心臓があげられる．

わが国の死亡原因の 1 位はがん，2 位が心疾患であり，心臓移植が唯一の治療法となる重症の心臓疾患が少なからず存在する．しかしながら，わが国においては法整備がなされてもなお心臓移植が進む環境風土にはなっていないようである．そのような環境では人工心臓の果たす役割は大きなものがあるが，その人工心臓も欧米を中心に開発が進んでおり，日本人の体格に合った人工心臓の開発は遅れをとり，早急な開発が望まれているのが現状である．

人工心臓の構成要素は，血液ポンプ，ポンプ駆動・制御装置，駆動エネルギー源などであるが，血液ポンプを体外に設置する場合と，体内に設置する場合とに大別される．さらに，血液ポンプを体内に設置する場合は，制御装置やエネルギー源を体外におく"携帯型"と，すべてを体内に納め，体外からエネルギーを供給する"完全埋込み型"に分けることができる．エネルギー源としては空気圧駆動型と電磁駆動型があり，完全埋込み型はほぼ電磁駆動型である．

血液ポンプの働きから人工心臓を分類すると，自然心の代わりに右心，左心ともに置き換える全置換型人工心臓（TAH：total artificial heart）と，自然心を体内に残し，心臓の働きの一部を補助する補助人工心臓（VAD：ventricular assist device）とに分けられ，補助人工心臓では，左心の機能を代替する左心補助人工心臓（LVAD：left ventricular assist device）が主である．

いずれのケースにおいても人工心臓は予期せぬ停止が許されない機器であり，将来，人工心臓が臨床で使われる場合に避けて通れないのが"エネルギー問題"である．すなわち，エネルギー源の安定確保が究極の課題となる．現在開発が進められている電磁駆動血液ポンプでは，補助人工心臓では 10 W 前後，全置換型人工心臓では 30～40 W の消費電力を必要とする場合が多いようである．一方，エネルギー蓄積密度の高い高性能二次電池でさえ，そのエネルギー密度は 100 Wh kg^{-1} 程度であり，体内に埋め込めるサイズを考えるとたかだか数時間程度しか人工心臓を連続駆動させることができないことになる．したがって，エネルギー問題の解決には体内で発電するか，頻繁に体外からエネルギーを供給するかの二者択一を迫られる．体内発電であれば電力量から考えて原子力の使用以外に有力な手だてはなく，これもわが国では現実的ではないであろう．し

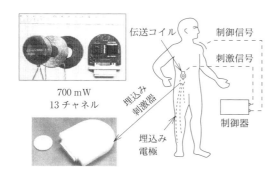

図 5.7.12　埋込み FES への適用

たがって，頻繁にエネルギー供給を可能とする非接触の電力伝送技術を確立させることが唯一の道となる．

(iv) 感温ステント[12]　図5.7.13は狭窄血管などの拡張に使用されるステントを感温磁性金属材で構成し，拡張後にやがて周囲から浸潤する腫瘍の焼なましを行える加温ステントを試作した例である．図5.7.14に示すように，周波数や磁界強度など，励磁条件を変動させてもステントの温度は一定に保たれることを実証している．この温度制御は発熱量の温度特性を利用した自動制御であり，感温磁性材自身の物性値（キュリー温度）を参照値としており，外部からの制御は一切行っていない．

c. ハイパーサーミア

生体を数百kHz以上の高周波電界や高周波磁界内に置いたり，電磁波を照射したりすると，体内に直接流れる，あるいは誘導される電流や吸収エネルギーによって，発熱を伴うことがあることはすでに述べたとおりである．この発熱を生体組織の温度を上昇させる加温技術として積極的に利用する方法がハイパーサーミア（温熱療法）とよばれる治療技術である．

これはがん組織が正常組織に比べて熱に弱い性質をもつことから，がんに対する治療法として注目された．すでに種々の装置が臨床に用いられているが，これらに共通していえることは，いかに繊細な温度制御を必要とするかという点である．必須の技術は生体内部温度分布の非接触計測技術であるが，現状ではまだ，シミュレーションに頼らざるを得ない．

また，外部から供給されるのはエネルギー，すなわち熱量であって，周囲への放熱条件によって変化する量である温度とは一対一の関係にはない．一方，治療に要求されるのは正常組織と腫瘍組織における耐熱温度の差であり，それはたかだか1℃程度にすぎないため，臨床の場ではシミュレーションとのずれ，予想に反して生じる高温部位（ホットスポットという）を避けるため，試行錯誤を余儀なくされている．温度管理さえうまくいけば，がんの種類を問わず処方可能な有効な治療法になるといわれている．

高周波電界，高周波磁界，電磁波などがエネルギー供給源として用いられており，とくに高周波電界を用いた方式はわが国で開発され，装置が小型なこともあり，もっとも普及している．

医学サイドでは医療現場における治療成績に興味の対象が移っており，新方式の開発に向かううねりはさほど感じられない．しかし，現在使用されている方法はいずれも生体表面から徐々にエネルギーが吸収され，体表面の温度が最も上がりやすい性質をもっている．

加温の点からいえば，生体内深部でのみ発熱が起こる方式が最も優れているが，完全非接触式ではいまだ開発されていないが，最も確実な加温方式は発熱体を埋め込んでしまうことである．埋め込まれた発熱体に向けて，途中の生体組織での吸収はほとんどない程度のエネルギーを外部から供給し，発熱体をいわばエネルギー吸収アンテナとして作用させ，発熱体の温度を優先的に上昇させればよい．

このとき，発熱体自体に温度計測，制御の機能をもたせ，設定温度に達したときエネルギーの吸収を停止できるようになれば，外部からは温度管理を行う必要がなく，たんに

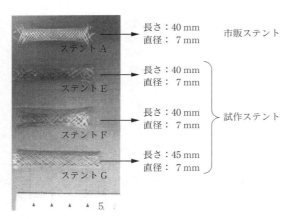

図5.7.13　ステントと温熱療法の併用

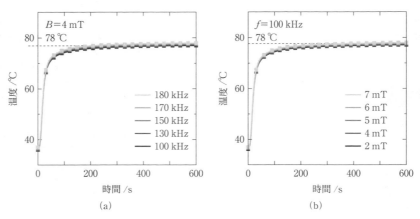

図5.7.14　感温ステントの発熱特性

加熱用のエネルギーを供給してやればよいことになる.

発熱体での温度制御には感温強磁性体が磁性を失うキュリー温度に着目し,これを温度参照値とすれば,温度差ではなく,温度そのものを参照値とすることができるため,原理的に外部からの温度管理が不要になる.

このような発熱体埋込み加温(通称インプラント加温)についてはすでに棒状試料,粉末試料など種々の形状に対する提案,表面に抗がん剤をつけ,化学療法との併用も視野に入れた構造,感温ポリマーで全体をコーティングし,試料を患部にセットした後に抗がん剤が放出される構造など,さまざまなものが提案されており,これらはもはやたんなる加温のためのインプラントとよぶより,機能性をもった素子である.

このように優れた発熱特性をもつ素子をがんに対するハイパーサーミアに応用すれば,治療のたびに温度センサを何本も刺入して温度制御を行う従来の方法に比べて,加温素子の埋込みは必要であるものの,簡便にかつ確実に患部を加温することができる.ハイパーサーミアによるがん治療は,確実に腫瘍のみの加温さえできれば,がんの種類を問わずに有効であるといわれている.図5.7.15(a)は高発熱能を有する発熱素子の一例であり,表面を金でコーティングし,高発熱特性と生体適合性を両立させている.図(b)は皮膚がん(メラノーマ)に適用した結果である[13].図の左は治療後7日後の腫瘍,図の右は,比較のために治療を行わなかった腫瘍の様子を示している.この図に示すように,一度だけのハイパーサーミアのみでもがんを消失させることが可能である.

インプラント内に通信機能を付加し,腫瘍位置における情報を医師に伝送したりさせたい.さらに,インプラントとマイクロマシン技術を組み合わせて,自走能力を与えれば,加温装置への素子の導入も容易となり,患者の負担も軽減される.

d. 医療ビーズ

近年,針状の素子に代わり,微粒子を用いることが再び注目されるようになってきた.背景には,微粒子,とくに超微粒子といわれるナノサイズ微粒子の安定合成技術の進展,微粒子を液体中に安定に分散させる技術の進展などがある.これらは医療ビーズと称され,磁性リポソーム,熱応答性ビーズ,蛍光ビーズなど,さまざまな特性を有するものが開発され,その応用範囲も,生体分子の検出・精製,核酸精製,酵素免疫測定,自動バイオスクリーニング,MRI用造影剤,バイオチップセンサ,センチネルリンパ節診断,ハイパーサーミア,ドラッグデリバリーシステムなど,治療のみならず,生体反応のセンサ,細胞操作,診断技術としても注目されるようになった.

e. 磁気マイクロマシン[14,15]

磁性体に対して,外部から回転磁界を印加することで,ワイヤレスに力やトルクを与えることが可能である.この原理を基本として液体中や生体組織中,さらには消化管中で動作するマイクロマシンが開発されており,内視鏡による胃がん手術補助や能動屈曲内視鏡,カプセル内視鏡などに臨床応用が試みられている.

f. 医用生体工学と磁気工学

近年,老齢化社会の到来とともに,家庭内における移動や入浴などの介護を行うロボットや,電動車椅子のような自立歩行を代行する移動手段,あるいは手荷物用の小型搬送車といった福祉介護機器の開発に対する要求はますます高まっている.しかしながら,現状においてはまだ,個々の機器単体の開発に主眼がおかれており,日常生活の電力使用におけるいわばQOLの向上が大事であるにもかかわらず,駆動エネルギーの安定確保については研究が大幅に立ち遅れている.

そして,長時間安定に使用可能な電力用小型電池の開発が遅れている現在,駆動エネルギーの常時安定供給方式の開発は急務である.ここで対象としている福祉,介護機器は広く一般家庭を含む日常生活の中で使用されることが多く,より安全性が求められるとともに,電磁環境障害に対する配慮が必要である.従来はメガヘルツ帯の電磁波を利用したエネルギー伝送システムが検討されているが,電磁障害を受けやすいばかりでなく,それ自身が雑音源となる可能性がある.さらには,一家庭内の限定的使用にとどまらず,コミュニティー空間,すなわち,一町内を越えて,日常生活空間内における共同利用を可能とする中規模システムの構築が求められる.

このとき,開発されるべきシステムには物理的および心

(a)

7日後の腫瘍の大きさの比較

加温による明確な治療効果が確認できた
T_c:70℃,0.6×0.6×10 mmの発熱素子を約5 mm間隔に配置することにより,10分の加温で効果が認められる

(b)

図5.7.15 がんに対するハイパーサーミア用感温加熱針(a),皮膚がん(メラノーマ)に対する治療効果(b)

理的面でバリアフリーなものが必要であり，床面あるいは屋外の路面に新たな段差や凹凸をつくらないこと，エネルギーの補充は機器の使用者の操作を伴わず自動的に行う一方，使用者の意志により自由に停止，再開が可能であること，かつ，それら動作状況を常時，適切に知らせるマンマシンインタフェースが備わっていることなどが重要である．

このような背景をふまえると二つの基本的なシステムが必要となることがわかる．一つは，短距離走行用の小型蓄電池を搭載し，その走行可能距離限界内の路面に設置された送電ステーションから，そこを通過する車体に自動的に給電，蓄電を行うシステムである．二つめは，機器の小型軽量化を図るために蓄電池は緊急時使用とし，床面から常時，給電を受けるシステムである．前者は野外使用が前提となり，後者は屋内での使用が有効となろう．とくに後者の場合には，床面からの給電は機器の存在する床面のみからに限定されるように，送電側の近傍電磁界分布形状をダイナミックに制御する必要がある．

医用生体工学はこれまでも医学の進歩や医療の高度化に重要な役割を果たしてきており，その成果なしに今日の高度医療は成り立たないといっても過言ではない．21世紀を迎え，人類の健康と福祉は，学術研究，開発の重要なテーマの一つとなることは異論がない．一方で，新技術や萌芽的研究を産業として発展させるには，時間のかかる分野であることもまた確かである．

このような中で，これまで述べてきたもののほかにも，医用生体工学として最先端で行われている研究を広く紹介することは，社会の理解と関心を高め，新しい研究者のこの分野への参入も期待できるものと思われる．

まず遠隔治療である．日常の健康管理や診断，治療を在宅のまま行えないか，遠隔地から経験豊かな医師の指示を受けながら手術ができないか，これは患者の居場所によらずそのまま医療の場に組み込める医療システムであり，当然，高精度高速画像伝送を含む双方向性ネットワーク技術の進展が鍵となる．

次に，高齢化社会の大きな問題の一つであるコミュニケーション障害，とくに聴覚に絡む技術である．これは進歩が著しく，いわゆる補聴器から，人工内耳，人工中耳，脳幹インプラントなど，想像以上に進歩の著しい分野である．これは自動音声認識にも通じる技術である．

また，近未来の人工臓器として，血管，皮膚，肝臓，腎臓，肺，心臓など，急ピッチで開発研究が進んでおり，近い将来，完全埋込み人工内耳，ヒトの細胞を埋め込んだ人工網膜，人工筋肉素子などの開発が予想されており，臓器移植を補完，あるいはそれに代わりうるものを目指した研究が進められている．

さらに，マイクロマシニング技術を用いた分野では，低侵襲医療の実現に向けて，能動カテーテル，血管内イメージャなど，医療現場に福音をもたらす技術が豊富にある．外科手術における手術支援ロボットはたんに外科医の代行ではなく，外科医の新しい手を提供するものでなければならない．

このような低侵襲医療は，患者の肉体的負担の軽減が主目的であるが，同時に携わる医療スタッフの負担もまた軽減でき，よりゆとりをもったきめの細かな医療を実現する可能性を秘めている．

文　献

1) P. E. Glaser, *Science*, **162**, 857 (1968).
2) H. Matsumoto, *IEEE Microw. Mag.*, **3**(4), 36 (2002).
3) 篠田裕之，計測と制御，**46**(2), 98 (2007).
4) A. Kurs, R. Karalis, J. D. Moffatt, P. Joannopoulos, M. Fisher, D. Soljacic, *Science*, **317**, 83 (2007).
5) 日経エレクトロニクス，2009年5月4日号，p.38.
6) 村上純一，松木英敏，菊地新喜，日本応用磁気学会誌，**17**, 485 (1993).
7) 松木英敏 監修，"非接触電力伝送技術の最前線"，シーエムシー出版 (2009).
8) 高橋幸郎，星宮 望，松木英敏，半田康延，医用電子と生体工学，**37**(1), 43 (1999).
9) H. Miura, S. Arai, F. Sato, H. Matsuki, T. Sato, *J. Appl. Phys.*, **97**(10), 10Q702-1 (2005).
10) H. Miura, S. Arai, Y. Kakubari, F. Sato, H. Matsuki, T. Sato, *IEEE Trans. Magn.*, **42**(10), 3578 (2006).
11) H. Miura, S. Arai, F. Sato, H. Matsuki, T. Sato, *IEEE Trans. Magn.*, **41**(10), 3997 (2005).
12) 庄子穂高，平成17年度 東北大学審査修士学位論文．
13) 田倉哲也ほか，*J. Magn. Soc. Jpn.*, **32**(3), 439 (2008).
14) K. Ishiyama, M. Sendoh, K. I. Arai, *J. Magn. Magn. Mater.*, **242-245**, 41 (2002).
15) K. Ishiyama, K. I. Arai, M. Sendoh, A. Yamazaki, *J. Micromechatronics*, **2**, 77 (2003).

5.7.5　電磁場影響

a.　パルス磁場等の時間変動磁場による生体影響

生体（とくに筋肉や神経）の電気的現象を起点とし，d'Arsonvalによる磁気閃光現象の発見[1]が，時間的に変動する電磁場による生体影響の理解の要であるといえるが，近年のさまざまな電磁場の生体影響に関わる関心と研究の拡大は[2,3]電磁場生体影響の理解がより複雑になりつつあることを示している．

この影響メカニズムの基本原理は，時間変動磁場が媒質中に誘導する電場による誘導電流（渦電流）の効果であるといえる．古くは磁気閃光現象から近年の磁気刺激法[4]や電磁誘導の先端医療機器における応用へと研究開発が展開してきた．時間変動磁場は熱も発生する場合があるが，電磁誘導による非熱的な効果，すなわち渦電流が神経などの生体組織に与える効果といえる．

パルス磁場の特徴である，磁場の時間変化率 dB/dt が大きいという点は，疾患のある神経組織を人体外部からの磁場でもって遠隔的に治療するという先端医療に結びついている（5.7.3項参照）．神経以外のすべての生体組織が電気感受性をもてば，誘導電流の影響を受けることになる

が，問題はその誘導電場の大きさと"影響が刺激後も残るか残らないか"である．神経の電流刺激は一過性の電気生理的応答を引き起こすが，その応答があとに残ることはない．残存する影響として着目されるのが，細胞内で遺伝子のプロセスまで誘導される場合であり，細胞内遺伝子発現という生化学的スイッチが，電磁場印加による影響残存に関与する可能性を仮説とした研究が，過去20年ほど，電磁場生体影響分野で継続してきた[5]．

その多くの研究は，人体における発がん性と電磁場との関連性の有無を念頭に研究を議論したものである[6]．極低周波電磁場（ELF, 50 Hz/60 Hz），携帯電話などで用いられる高周波電磁場，中間周波数電磁場（kHz帯），光の周波数帯に近いテラヘルツ電磁場など周波数帯別に生体電磁場影響の研究が拡大してきた．

遺伝子発現に対する電磁場影響の報告では，用いた電磁場の強度に応じて影響ありなしの双方の報告がみられるものの，多くの論文報告を調査することで，WHOの電磁場影響評価クライテリアやICNIRP勧告において直流磁場へのばく露に関する考え方の最新状況が述べられている[7,8]．

パルス磁場は単一パルスであれば熱的作用はほぼ無視できると考えられる．連続パルス刺激や高周波電磁場に生体がさらされた場合，電磁場の強度に応じた熱的作用と非熱的作用の区別が求められる．そのさいの指標としてSAR (specific absorption rate)が用いられる．

b. 直流磁場による生体影響

直流磁場の生体影響に関しては，5.7.3項にメカニズムが述べられており，時間変動磁場とは異なる影響評価が必要であるといえる．神経や細胞レベルでの直流磁場影響を有意に検出するには数T～10T以上が必要であるというのが実験事実であり，かつ遺伝的に残存する影響は現在まで確立していないといえよう．

10T前後の磁場における生物発生を調べることで，細胞レベルでの直流磁場の影響に関する定量的な知見が与えられている．アフリカツメガエルの受精卵の初期卵割（第1～第3卵割）で起こる細胞分裂の方向が，10T以上の直流磁場の影響で磁場配向し，卵の卵割パターンが磁場なしの場合とは異なるという報告である[9,10]．直径約10 mmの卵の受精後の第3卵割で卵割面は通常，重力に対し水平に形成されるが，11Tで分割面の傾斜が増加し，15Tで有意な影響となることがBrown大学のVallesらによって報告された．岩坂らによってもこの結果は再現され，細胞分裂における磁場効果が明らかとなった．

なお，卵割面の傾斜が磁場の影響を受けてもアフリカツメガエルの受精卵は正常にオタマジャクシへとふ化した．上野らによってこのアフリカツメガエルの水平磁場下（地球重力に垂直で14T）での催奇形性が調べられたが，有意な奇形はみられていない．細胞内でのRNAの分配に磁場の影響がない限り，磁場による遺伝的影響には結びつかなかったと結論されている．その一方で，谷本らの報告では，やはりアフリカツメガエルを用いた催奇形性実験で地球重力に平行な磁場（15T）で奇形の発生が報告されている[11]．

生物初期発生は，細胞分裂期の微小管（マイクロチューブルス）の磁場配向の影響を受けやすいと考えられ，また細胞内成分の再分配への磁場影響も無視できない場合が完全に否定できない．さらなる研究が必要であろう．

直流磁場の生体影響に関しては，骨形成に関わる直流磁場効果や痛風・尿路結石に関わる尿酸結晶の直流磁場応答など，さらに詳細に調べられるべき課題は残されている．

c. スピン化学による地球磁場感知（磁気感覚）の解明

"magnetic orientation"という生体磁気学での用語は，電子スピンや反磁性分子のようなミクロ領域から，マクロな生体組織（細胞や細胞器官），さらには生物個体（バクテリア），動物が磁場に対して配向する現象に用いられる．電子スピンは比較的弱い磁場でも磁場配向するが，反磁性物質のみで構成される細胞などの物体が磁力線に対し配向するためにはテスラ級の磁場が必要となる．その一方で，1970年代より，地球鉱物物理学者らが磁性バクテリアやハト，ミツバチなどが地磁気に対して配向する現象を報告している．これらの報告では，生物のバイオミネライゼーションで生成するマグネタイトが，その生物の磁気コンパスとして用いられているという仮説である．メカニズムの詳細と実証は未だなされていないが，一つのモデルとして，細胞膜に結合したマグネタイトのナノ微粒子が地磁気センサとして働くというものが提案されている．地磁気の大きさは30～40 μT程度であるので，マグネタイトのナノ微粒子が磁気センサとして機能し得るとしている．

最近，化学コンパスとよばれる新しい地磁気の感覚メカニズムが提案され注目を集めている．網膜で生成する分子内ラジカルが視覚のプロセスに関与するため，ミリテスラ級の磁場下で視覚を生じさせる反応生成物の収量が変化するという説明である．東ヨーロッパの実験動物学者らによる観察において，渡り鳥（ヨーロッパコマドリ）が渡りを開始する季節に地磁気を感知する事実を再現性の高い実験手法で明らかにしたようである[12]．

その実験結果に対し，理論磁気化学の研究者らがスピン化学の厳密な理論で裏付けを行ったことで，ここ10年で目覚ましい研究成果が得られている．

鳥の磁場配向観察，スピン化学理論に加え，有機合成化学の手法で合成反応系も用いたスピン反応種の磁場効果も構築されており，量子生物学の新しい分野が生まれつつある[13]．鳥の網膜の分子のスピン化学反応の詳細な説明は完成していないが，カギとなりそうな分子の一つとしてクリプトクロムが調べられている．クリプトクロムは概日リズムの制御に関与するタンパク質であり，多くの動物の網膜に存在している．動物の進化の過程において，磁気感受すなわち地磁気の利用と昼夜の周期（概日リズム）の利用の双方に関わるタンパク質の機能が発現したと考えてもよいのかもしれない．

文　献

1) The Bioelectromagnetics Society, History of the First 25 Year ; http://www.bioelectromagnetics.org/doc/bems-history.pdf
2) 上野照剛, 重光 司, 岩坂正和 編, "生体と電磁界", 学会出版センター (2003).
3) 電気学会生体影響問題調査特別委員会, 電磁界の生体影響に関する現状評価と今後の課題 (第Ⅱ期報告書) (2003).
4) S. Ueno, T. Tashiro, K. Harada, *J. Appl. Phys.*, **64**(10), 5862 (1988).
5) H. Berg, *Bioelectrochem. Bioenerg.*, **48**(2), 355 (1999).
6) M. Kato, T. Shigemitsu, J. Miyakoshi, "Electromagnetics in biology", Springer (2006).
7) WHO 環境保健クライテリア No. 232 静電磁界, "Environmental Health Criteria Monograph No. 232, Static Fields", WHO(世界保健機関)(2006), http://www.who.int/peh-emf/publications/reports/ehcstatic/en/index.html
8) ICNIRP ガイドライン, *Health Phys.*, **96**(4), 504 (2009).
9) J. M. Denegre, J. M. Jr. Valles, K. Lin, W. B. Jordan, K. L. Mowry, *Proc. Natl. Acad. Sci. USA*, **95**(25), 14729 (1998).
10) M. Iwasaka, S. Ueno, K. Shiokawa, *Int. J. Appl. Electromagn. Mech.*, **14**(1-4), 327 (2001).
11) S. Kawakami, K. Kashiwagi, N. Furuno, M. Yamashita, A. Kashiwagi, Y. Tanimoto, *Jpn. J. Appl. Phys.*, **45**, 6055 (2006).
12) W. Wiltschko, R. Wiltschko, *Science*, **176**(4030), 62 (1972).
13) P. Ball, *Nature*, **474**, 272 (2011).

5.8　強磁場応用

5.8.1　概　　要

　1990年頃になって極低温冷凍機用蓄冷材の性能が飛躍的に向上したことで, 4Kにおける冷凍能力が1Wを超える冷凍機が開発されるようになった. また, これと同時期に酸化物超伝導体を用いた電流リードが実用化されるに至った. 酸化物超伝導体は, 超伝導状態では電気の良導体であるにもかかわらず, 熱伝導は良くないため, これを超伝導磁石の電流リードに利用すると, コイルへの熱流入を効果的に低減することができる. これら二つの技術によって, 超伝導磁石を液体ヘリウムを使わずに冷凍機のみで運転することが可能になった. このようなタイプの超伝導磁石は, "無冷媒型", "ヘリウムフリー", "伝導冷却型" などとよばれる.

　ヘリウムの液化機を保有していない, とくに地方の大学・研究機関にとっては, 液体ヘリウムの使用は大きなコストがかかる. このため, 高磁場の利用は, 従来, ごく限られた分野に限定され, その対象は, 主として物性研究か, NMR などの分析利用であり, プロセス制御への適用例としては, ラジカル対を経由する反応に対して影響するスピン化学と, ローレンツ力に起因する MHD (magnetohydrodynamics) 効果程度に限られていた.

　しかし, 冷凍機で冷却する超伝導磁石の登場は, それまで高磁場が利用されていなかったさまざまな分野へ高磁場を普及させる契機となった. 異方性を有する物質の組織配向制御は, 早くから盛んに研究され, そのメカニズムの検討は, 初期の頃はセラミックスや高分子などの各種無機・有機材料, 合金・金属などでそれぞれ進められていたものの, それらの進展に伴い, 統一的に記述されるようになってきた. また, 印加する磁場の方向を時間・空間的に制御することで結晶の3軸配向を実現するなど, 高度化が進んでいる. これらは, 機能性の複合材料作製や, 構造解析などの分析用途への利用が検討されている. また, 磁気分離技術については, 従来, 紙を白くする用途に使われるカオリン粘土から不純物の鉄粉を電磁石で分離する用途にしか実用化されていない状況だった. しかし, 超伝導化・大口径化が進んだことや, ターゲットとなる物質に磁気的性質を付与する担磁技術が大きく進展したことで, 現在では産業・生活・畜産等排水や土壌の浄化, 有用物質の回収や各種リサイクルなど幅広い応用が検討されており, 一部では実用化も進んでいる. また, 磁気めっきに代表される MHD 効果の利用は, 高磁場化が進んだことで, マクロな流れへの影響に起因する電気化学反応の速度制御といった現象の研究から, ミクロなスケールでの流れの制御も行われるようになり, めっき時の表面組織制御などへの利用が進んできている.

　これらのほかにも, 生体自体あるいは生物学的プロセス

に対する影響の評価や，各種物理化学プロセスの制御，それらに起因する間接的な磁場の影響や，物性計測の新規手法など分析技術への応用，また，磁気力を利用した力学的環境制御下でのタンパク質結晶生成プロセスへの適用など，幅広い用途で高磁場の利用が検討されるようになっている．こうして，さまざまな形で磁場の影響・効果が知られるようになったが，その根本となるメカニズムは，磁気力，磁気トルク，熱力学的効果（これら三つは根本的には同じである），ローレンツ力，スピン化学的効果に限られている．これらはまったく目新しいものではないが，現状は，どのようなプロセス・現象を対象とし，その各要素過程の"どの部分に""どのようにして""どんな効果を"与えるのか，によってさまざまな異なる現象がみられ，プロセス設計が可能になってきているともいえる．

本節では，これら高磁場利用の進展の契機ともなった磁気冷凍技術の進展について5.8.4項で紹介するほか，代表的な研究例となった磁気分離（5.8.2項），磁場配向（5.8.3項），磁気めっき（5.8.3項）について，その詳細を紹介する．

5.8.2 磁 気 分 離

磁気分離について，基本事項（作用原理，特徴的要素，実用化の留意点，要素技術），歴史，最近の動向などについて記述する．

a. 磁気分離の基本事項

（ⅰ）**磁気分離の作用原理** 磁気分離は，磁性をもつ対象物質に磁気力を作用させ，分散媒から分離する物理的操作である．磁気力は，式（5.8.1）のとおり，対象物質の体積 V_p と分散媒に対する相対磁化 M^*，磁界 H と磁界勾配 ∇H に依存する[1]．

$$F_m = V_p \cdot M^* \cdot \mu_0 \nabla H \quad (N) \tag{5.8.1}$$

$$M^* = M_p - M_f = \chi_{eff} H \quad (A\,m^{-1}) \tag{5.8.2}$$

$$\chi_{eff} = (\chi_p - \chi_f)/\{(1+\chi_p)(1+\chi_f)\} \tag{5.8.3}$$

諸量の単位は，V_p / m^3，$M^* / A\,m^{-1}$，$\mu_0 / H\,m^{-1}$，$H / A\,m^{-1}$ である．

したがって，大きな磁気力を発生させるには，対象物質については体積と相対磁化を増やすことや，磁石装置については磁界と磁界勾配を大きくすることなどが有効である．前者を大きくするには，前処理工程として磁気シーディング法の導入が，後者を大きくするには，高磁界発生の磁石や高勾配磁界を発生する装置が，必要になる．

（ⅱ）**磁気分離技術の特徴的要素** 多様な対象物質を磁気力により分離操作できるように，対象物質に強磁性粒子を付着させる手法が磁気シーディングである．この手法により従来は（工業的に）磁気分離が不可能であると考えられていた物質も制御できるようになった．一方，磁気分離装置としては，高磁界，高勾配磁界の発生が可能な装置が必要であるが，分離対象物質の体積と相対磁化に応じて，永久磁石，電磁石，超伝導磁石を選択し，また高勾配磁界の発生には磁気フィルタを配置する．このように，対象物質に応じて柔軟なシステムの設計が可能であることも磁気分離システムの特徴である．さらに，磁気分離操作は物理的操作であり，分離後の物質の化学的変化は少なく分離物質の再利用が可能な固液分離の操作であることが最大の特徴といえる．

（ⅲ）**磁気分離技術の実用化の留意点** 磁気分離技術を実用化するためには，磁気分離技術のみならずその前後の技術と組み合わせて体系化する必要がある．たとえば，"物質循環"に利用する場合は，下流側の廃棄物処理のための低コストの技術開発が必要となる．また当然ではあるが，まず対象物質への磁気シーディング法の設計を行い，少量の対象物質への実証を行い，この結果をもとに，処理量，処理時間，処理効果，初期費用と運転費用，メンテナンスの方法などを検討する．この検討結果を従来技術との比較を行い，十分メリットのある分野へ向けて，実用装置設置後の円滑な導入を図ることが重要である．

b. 磁気分離の要素技術

（ⅰ）**磁気シーディング法** 強磁性体以外の対象物質に強磁性を付与する目的の手法で，磁気分離の適用拡大に不可欠である．磁気シーディング法には，安定性，安全性，適切な磁性，簡便性・低コスト，リサイクル性などが求められる．磁気シーディング法の種類を表5.8.1に示す．コロイド化学，無機化学，表面化学，高分子化学，微生物学，分子設計学，電気化学，有機化学，金属学などが関連する[2]．次に，各シーディング法について順に概説する．図5.8.1に各方法の概念を示す．

（1）**結合法**： この手法の中には，強磁性体と対象物質を化学結合や静電結合により結合する方法，凝集剤結合法，表面吸着法・水懸濁マグネタイト粒子添加法，化学修飾・吸着法，電気化学法がある．

① 凝集剤結合法：廃水中の汚濁物質と強磁性マグネタイト微粒子を，凝集剤や凝集性細菌を用いて強磁性凝集フロックとして一体化する方法である．無機凝集剤に水酸化鉄，水酸化アルミニウム，高分子凝集剤などが利用できる．図5.8.2に水酸化鉄が溶液中で凝集剤として形成する無機ポリマー構造と，強磁性フロックを示す．OH$^-$が架橋する鎖状構造になる．表面に正電荷をもつ水酸鉄ポリマー

表5.8.1 磁気シールディング法の種類

既存の強磁性物質と対象物質との一体化を図る方法	結合法	凝集剤結合法・磁化活性汚泥法 表面吸着法・水懸濁マグネタイト粒子添加法 化学修飾・吸着法 電気化学法
	包括法	高分子包括法 多孔質材包括法 マイクロカプセル法
新規に対象物質との一体的な強磁性物質を生成する方法	共晶法	フェライト化法 ニッケル結晶化法

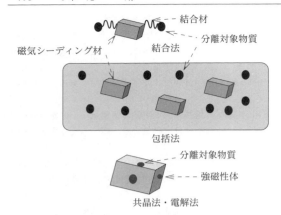

図 5.8.1 磁気シーディング法の概念図
[物質の磁気特性を活用した精密磁気制御応用技術調査専門委員会, 電気学会技術報告, **1198**, 22 (2010)]

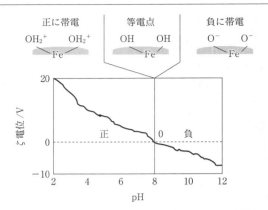

図 5.8.3 マグネタイト粒子のゼータ電位の pH 依存性
[物質の磁気特性を活用した精密磁気制御応用技術調査専門委員会, 電気学会技術報告, **1198**, 22 (2010)]

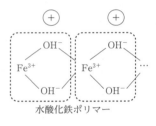

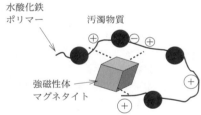

図 5.8.2 水酸化鉄ポリマーと強磁性フロック
[物質の磁気特性を活用した精密磁気制御応用技術調査専門委員会, 電気学会技術報告, **1198**, 22 (2010)]

は，廃水中の負電荷をもつ汚濁物質と静電結合し凝集体を形成するとともに，マグネタイトとも結合することで強磁性フロックを構築する．凝集性細菌を有する磁化活性汚泥法は有機物を分解する機能をもつ．この手法の具体的応用として磁化活性汚泥法[3]がある．

② 表面吸着法・水懸濁マグネタイト粒子添加法[4]：微粒子を磁気シーディングに使用することがある．強磁性を示し，化学的に安定で，低廉であることからマグネタイトが頻繁に使用される．マグネタイトは $Fe(II)O \cdot Fe(III)_2O_3$ の逆スピネル構造の結晶で，結晶粒子表面の電荷は pH により $-OH_2^+$，$-OH$，$-O^-$ と変化する（図5.8.3）．このポテンシャルをゼータ電位とよぶが，この静電的相互作用を利用して磁気シーディングを行う手法である．静電的相互作用のほかにも，水素結合，配位結合などによりさまざまな分子を吸着し磁気シーディングすることができる．

③ 化学修飾・吸着法：マグネタイト表面の酸素または水酸基を足がかりとして，各種の表面修飾が可能になる．この表面修飾を利用したシーディング法である．たとえば，市販のシランカップリング剤によりアミノ基や疎水基などが導入可能である．疎水基を導入すれば廃水中の油分や疎水性汚濁物質の分離回収につなげられる．また，オクタデシルトリクロロシランによりマグネタイト表面を疎水化し，環境ホルモンの仲間とされるビスフェノール A の分離実験が行われている．

④ 電気化学法[5]：鉄電極を用いた電解処理を行うと，溶液中に鉄イオンや水酸化物イオンが供給される．同時に生成される二価の溶解性鉄イオンは，水酸化鉄ポリマー（凝集剤）を生成して，廃水中の有機物や懸濁物質と結びついて常磁性凝集フロックを形成する．また，廃水中のリンと結合してリン酸鉄を形成する．鉄電解と同時に発生する過酸化水素の強い酸化力により，環境ホルモン（ビスフェノール A など）の官能基の側鎖を分断し無害化する．廃熱を利用でき水温を 60℃ 程度に加熱できる場合には，鉄イオンの一部が三価に変化して強磁性の酸化鉄粒子が析出する．

（2） **包括法**： マグネタイト粒子を分離対象物質とともにゲルなどに閉じ込め一体化する方法である．この範ちゅうに入る手法として，高分子包括法・磁化活性汚泥法，多孔質材包括法，マイクロカプセル法などがある．

① 高分子包括法：ゲル化剤として，ポリアクリルアミド，イソプロピルアミド，カラーギナン，アルギン酸，光硬化性樹脂，コラーゲン，キトサン，ウレタンポリマー，セルロース，ポリビニルアルコールなどの高分子材料が酵素や微生物の包括固定化を目的として使用される．この磁気シーディングの特徴は，強磁性体と分離対象物質とは物理的にゲルの網目構造に捕捉されており，磁性粒子と分離

対象物質との組合せに無関係にゲル内に閉じ込めることができることである.

② 多孔質材包括法：鉄イオンを含む溶液を活性炭に含浸させ中和後，加熱処理することにより，活性炭内部にマグネタイト粒子を成長させて，磁性活性炭が製作できる．このような手法のことをいう．簡単な方法として，マグネタイト粒子を塩酸に溶解し，この溶解液を活性炭に含浸させた後，この溶解液をアルカリ性に変えることで，多孔質の活性炭内部にマグネタイト粒子を閉じ込めた磁性多孔質吸着材を製造できる．ほかにジルコニウムフェライトの多孔質材がある．

③ マイクロカプセル法：従来からマイクロカプセル法が開発されているが，これは酵素や微生物のそれぞれの機能を発揮させた後，これらの回収・再利用を目的に開発された手法である．ここでは，酵素の代わりに分離対象物質（再利用可能な酵素や微生物）と強磁性粒子をマイクロカプセル内に閉じ込め，磁性マイクロカプセルとして利用する方法である．

（3） **共晶化法**： 本手法に分類される方法には，液中に溶込んでいる金属イオンが重金属とともにフェライト化する方法と，重金属のニッケルが析出するニッケル結晶化法がある．

① フェライト化法：廃水中の濃厚な重金属の回収浄化法である．重金属を含む廃水に硫酸第一鉄のFe(II)イオンを加えた後，アルカリ溶液を加えて中和し，水酸化鉄として沈殿後に60〜70℃で空気酸化し，重金属イオンを結晶中に取込みフェライトを生成する（図5.8.4）．

② ニッケル結晶化法[6]：無電解ニッケル廃液からニッケル回収用磁気分離法として考案された．廃液中の亜リン酸ニッケルと濃硫酸を反応させて常磁性の硫酸ニッケル結晶を析出させる．磁気分離では約3Tの強磁界の使用が必要である．

（ii） **高勾配磁気分離**（HGMS：high gradient magnetic separation） 磁気シーディングにより強磁性を付与した対象物質を溶媒から効率的に分離するため，高勾配磁界を利用した強い磁気力（式(5.8.1)参照）を作用させる．高勾配磁界をつくりだす方法は，図5.8.5のとおり，一様な磁界中に磁性細線を置くことにより，その表面周辺に高勾配磁界をつくりだすことができる．大量の汚濁物質を分離除去する廃水処理などでは，磁性線でつくられたメッシュ状や金網形状の磁気フィルタを使用する．磁性線

図5.8.5 高勾配磁界による磁気力と磁気フィルタの例
［物質の磁気特性を活用した精密磁気制御応用技術調査専門委員会，電気学会技術報告，**1198**，30（2010）］

は細いほど高い勾配磁界をつくるが，高勾配磁界がつくられる範囲が狭くなる．また，長時間使用による分離対象物質の付着や使用後の洗浄を考慮すると，実用的には線径1mm前後が使用される場合が多い．

（iii） **磁石装置** 磁石は磁気力を生み出すのに不可欠である．永久磁石，電磁石，超伝導磁石（コイル型，バルク型）から磁石選択するには次の点を考慮する．磁界の強さ，処理空間，コスト，磁界分布，磁界空間の大きさなどである．それらの関係を図5.8.6に示した[7]．永久磁石は，開放空間の周辺端部で磁界勾配が高く低コストであるが，最大磁界が0.7T程度であり，磁界空間の大きさが小さい欠点がある．電磁石は，ヨークを利用することで最大磁界は2T程度にでき，磁界空間は比較的広い．しかしながら通電時のコイル冷却水が必要であることや電力経費がかかること，および自重が重いことなどの課題がある．一方，超伝導磁石は，1994年頃から小型冷凍機で冷却する技術が開発され，無冷媒で運転することが可能となった．超伝導磁石としては，従来の（低温）超伝導線材で製作されたソレノイド，あるいは高温超伝導体でつくられたバルク磁石が利用されている．欠点は価格が高いことである（電磁石と同程度になる場合もある）．

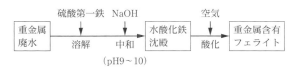

図5.8.4 フェライト化法の反応プロセス
［物質の磁気特性を活用した精密磁気制御応用技術調査専門委員会，電気学会技術報告，**1198**，22（2010）］

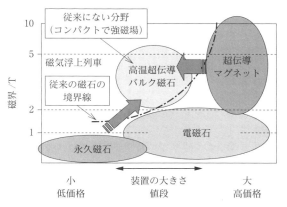

図5.8.6 磁石の最大磁界，大きさ，コストの関係
［物質の磁気特性を活用した精密磁気制御応用技術調査専門委員会，電気学会技術報告，**1198**，30（2010）］

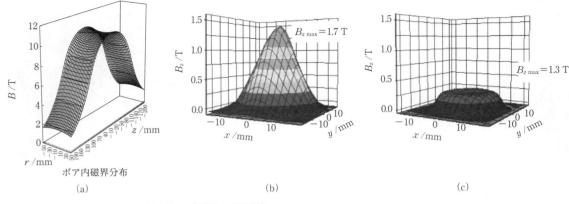

図 5.8.7　各磁石の磁界分布
　(a) 超伝導磁石　(b) 高温超伝導バルク磁石　(c) 永久磁石
[物質の磁気特性を活用した精密磁気制御応用技術調査専門委員会, 電気学会技術報告, **1198**, 32（2010）]

　実用化された超伝導磁石の最大磁界は，コイル型は 15 T 程度（磁気分離には 10 T 程度，実用化した装置では 5 T 程度），バルク型は 6 T 程度である．磁界空間はコイル型では大きなボア（管）とすれば大量の廃水処理に適用できる（日量 2000 t の廃水処理で室温ボア 400 mm である）が，価格が高くなる．バルク磁石は，着磁後は永久磁石のように取扱いが容易であるが，磁界分布は図 5.8.7 のとおり[8]，中心部で最大磁界と最大磁界勾配をもつ．

c．磁気分離の歴史
　磁気分離技術は，環境改善，資源再利用，資源回収などの持続的社会形成分野を対象として，高勾配磁界発生法，磁気シーディング法，磁石装置などの技術開発とともに発展してきた．その発展経過は分離対象粒子物質の磁性と粒径に応じて，以下のように 3 段階に分けられる[9]．
　（i）**第 1 期（～1970 年）鉱物資源の選別回収（大粒径の強磁性鉄酸化物の除去）**　対象粒子は，直径が数 mm の大粒径の鉄やマグネタイトの強磁性鉄酸化物である．これらの大粒径粒子を鉱床（Fe や Ti および Sn）採掘時に，永久磁石を用いて選別磁気分離している．例として，ブラジルの Minas Gerais 州タピラ Ti 鉱山において，第 1 工程で鉱物資源の鋭錐石（酸化チタン）に混在する強磁性鉄酸化物を磁気分離している．次に，残留弱磁性鉄酸化物を中間工程で熱処理と化学的酸化処理で強磁性に変えた後，最終工程で再び磁気分離し高純度を得る．中間工程の強磁性化が磁気シーディングに対応する．
　（ii）**第 2 期（1970～1990 年）資源回収の磁気分離技術（強磁性微小粒子の除去）**　1970 年代初期に高勾配磁気分離（HGMS）の発明により，大きさが数 μm の強磁性粒子の磁気分離除去が可能になった．これにより，以下に示すような多分野で，永久磁石や電磁石と磁気フィルタを組み合わせた磁気分離技術が発展した．
・製紙業用カオリン粘土に含まれる強磁性微小有色鉱物
・微粉炭内の硫黄分（磁化鉄）
・ガラス研磨廃棄物の強磁性鉄酸化物
・製鉄排水中の強磁性鉄酸化物
　（iii）**第 3 期（1990 年～）環境浄化・二次汚泥減容化・再生水・資源回収（弱磁性かつ小粒径粒子や水中電離物質の分離除去）**　1990 年代初めに小型冷凍機冷却による小型超伝導磁石が開発されたのを受けて，高磁界を利用した多くのプロジェクトが発足した．磁気分離プロジェクトもその中の一つと位置づけられ，さまざまな分野への応用が試みられた．その対象分野と利用された磁界発生装置を表 5.8.2 に示す．表 5.8.2 には，磁気分離技術の適用分野，分離対象物質，磁気シーディング法・使用磁石およびそれらの参考文献を示してある．
　以下に，いくつかの具体例を紹介する．
　（1）**環境浄化・二次汚泥減容化分野への応用：**
　① 湖沼水浄化（アオコ分離）：アオコによる湖沼水の汚濁を浄化するための装置が開発された（図 5.8.8）．点

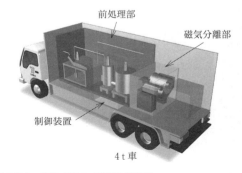

図 5.8.8　移動式アオコ磁気分離装置
[Tsukuba Magnet Laboratory ed., Proc. of Symposium on New Magneto-Science 2002, p. 106, Fig. 3 (2002)]

表5.8.2 第3期の磁気分離技術

適用分野	分離対象物質	磁気シーディング法	磁石	文献
環境浄化・二次汚泥減容化				
湖沼水アオコ浄化	アオコ	凝集剤結合法	超伝導バルク	1)
内分泌撹乱化学物質の除去濃縮		凝集剤結合法	超伝導体バルク	2)
磁化活性汚泥法による都市下水浄化	T-N, COD, SS	磁化活性汚泥法	永久磁石	3, 4)
磁化活性汚泥法による養豚廃水浄化	T-N, COD, SS	磁化活性汚泥法	永久磁石	5)
電解磁気分離法による埋立地浸出水浄化	T-N, COD, SS	電気化学法	コイル型超伝導	6)
電解磁気分離法による酪農廃水浄化	T-N, COD, SS	電気化学法	コイル型超伝導	7)
電解磁気分離法によるし尿浄化	T-N, COD, SS	電気化学法	コイル型超伝導	8)
バラスト水浄化	プランクトン, 菌類, P	凝集剤結合法	永久磁石	9, 10)
再生水創成				
製紙工場廃液の浄化・再生水創成	COD, SS	表面吸着法	コイル型超伝導	11)
地熱水からのヒ素分離・再生温水創成	As	凝集剤結合法	コイル型超伝導	12, 13)
ドラム缶洗浄水の浄化・再生水創成	COD	表面吸着法	永久磁石＋超伝導バルク	14)
資源回収				
半導体切削スラリーからシリコン粉回収		表面吸着法	コイル型超伝導	15)
鉄鋼スラグからのリン回収	P		超伝導バルク	16)
下水汚泥からのリン回収	P	表面吸着法	電磁石	17)
下水汚泥からのリン回収	P	多孔質包括法	コイル型超伝導	18)
無電解めっき廃液のニッケル回収	亜リン酸ニッケル	ニッケル結晶化法	超伝導バルク	19)

T-N:総窒素, COD:化学的酸素要求量, SS:浮遊物質.

1) D.-W. Ha, Y.-J. Lee, 低温工学, **46**, 629 (2011).
2) Z. Zian, N. Feipeng, *et al.*, 低温工学, **46**, 635 (2011).
3) 半田 宏, 阿部正紀, 野田紘憙 監修, "磁性ビーズのバイオ・環境技術への応用展開", pp. 221-222, シーエムシー出版 (2006).
4) 森田 穣, 磯上尚志, 湯本 聡, 低温工学, **46**, 641 (2011).
5) 文献 3), pp. 200-208.
6) 酒井保蔵, 杉野 瞳, 帯広畜産大学・畜産フィールド科学センターシンポジウム講演要旨集, pp. 16-19 (2007).
7) 井原一高, 渡辺恒雄ら, 帯広畜産大学・畜産フィールド科学センターシンポジウム講演要旨集, pp. 20-22 (2007).
8) 株式会社日立プラントテクノロジー；http://www.hitachi-pt.co.jp/news/2010/20100723.html
9) 武村清和, 湯本 聡ら, 日立評論, **91**, 672 (2009).
10) 物質の磁気特性を活用した精密磁気制御応用技術調査専門委員会, 電気学会技術報告, **1198**, 35 (2010).
11) 文献 3), pp. 217-218.
12) 文献 10), pp. 37-38.
13) S. Nishijima, S. Horie, *et al.*, *IEEE Trans. Appl. Supercond.*, **13**, 1596 (2003).
14) 松八重一代, 長坂徹らら, 社会技術研究論文集, **5**, 106 (2008).
15) 文献 10), pp. 46-47.
16) 横山一代, 長坂哲らら, 鉄と鋼, **92**, 683 (2006).
17) 寺島 泰, 内野和博ら, 水処理技術, **22**, 475 (1981).
18) 細見幸司, 三浦大介ら, 低温工学, **46**, 649 (2011).
19) 岡 徹雄, 横山和哉ら, 低温工学, **46**, 655 (2011).

在する湖沼水面のアオコの磁気分離装置を 4 t トラックに搭載する．前処理部の磁気シーディング装置では，分離対象のアオコを強磁性凝集フロックとするため，凝集剤とマグネタイトを供給する．磁気分離部では，処理槽に送り込まれた水中の強磁性凝集フロックを回転ドラムで引き上げ，高温バルク体磁石がつくる高勾配磁界空間でドラムから回収槽へ分離する．移動型多目的廃水処理への展開の可能性がある．

② 磁化活性汚泥法による都市下水浄化：微生物の生分解作用の活性汚泥法は，有機物汚染の生活排水や有機工業排水を低コストで水と炭酸ガスに分解するが，大量の二次汚泥と長い重力沈降時間を伴う．磁気シーディングとしてマグネタイトを加えた磁化活性汚泥法は，二次汚泥がなく短い処理時間の特長をもつ．図 5.8.9 は都市下水処理場に併設された 24 t/日の実証処理施設で 5 年間継続運転し，有機物の分解と T-N の最大 70％除去の実績を有している．0.1 T の永久磁石プレートを使用している．超伝導バルク磁石使用で，装置の小型化と処理時間短縮が期待されている．

③ 電気化学法による浸出水浄化：200 種類以上の有機物ほかの汚染物質を含む埋立地浸出水処理に，前段に鉄電解の磁気シーディング法と磁気分離（コイル型超伝導磁石，シームレスメッシュフィルタ），後段に電解酸化処理の組合せ装置で実証実験が行われた（図 5.8.10）．100 L h^{-1} の処理速度の結果，COD$_{cr}$（mg L^{-1}）は前段処理で 630 から 520，後段処理で 200 に下がった．同様に，NH$_4$-N は 335, 335, 32 に下がり，T-P（mg L^{-1}）は 0.80, 0.13, 0.10 に下がった．活性汚泥法を使用しないため二次汚泥発生はなく，処理スペースと処理時間の大幅削減の見通しが得られた．

図5.8.9 磁化活性汚泥法下水処理プラント（下水処理場に設置したパイロットプラント実験設備（40 m³/日の処理可能）例）
［物質の磁気特性を活用した精密磁気制御応用技術調査専門委員会，電気学会技術報告，1198, 42 (2010)］

図5.8.10 埋立て浸出水処理試験装置
［物質の磁気特性を活用した精密磁気制御応用技術調査専門委員会，電気学会技術報告，1198, 39 (2010)］

（2）**再生水創成**：

① 製紙工場廃水浄化・再生水創成：COD（mg L^{-1}）が2000〜3000 ppm，SS（mg L^{-1}）が最大400 ppmと高い製紙工場廃水処理に，表面吸着法によりマグネタイト粒子を対象物質（SS，染料など）に磁気シーディングし，コイル型超伝導磁石（ボア径400 mm，中心磁界2T，磁性金網フィルタ使用），処理量2000 t/日の実用処理装置が開発された．処理後の水質はCOD-Cr（mg L^{-1}）は110〜230，SS（mg L^{-1}）は20〜40になり，再生水を創成した（図5.8.11）．

② 地熱水からのヒ素分離・再生温水創成：地熱発電に使用された地熱水には規制値を超えたヒ素が含まれ，温水利用の妨げになる場合がある．ヒ素の分離にも磁気分離法が用いられた．磁気シーディングには凝集剤結合法を採用し，地熱水に含まれる亜ヒ酸イオンに過酸化水素水を加え，酸化させてヒ酸イオンをつくる．硫酸鉄（Ⅲ）を加え

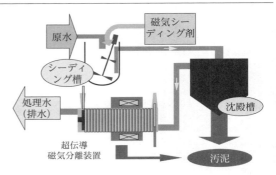

図5.8.11 製紙工場廃水の磁気分離処理システム

て水酸化鉄（Ⅲ）フロック（常磁性体の粒径1 μm以下の微粒子）をつくる．コイル型超伝導磁石ボア径100 mm，中心磁界2T，磁性金網フィルタ，処理量14.4 t/dヒ素除去率99％以上を達成した（図5.8.12）．地熱発電の普及に伴い，地熱水の利用拡大が期待される．

（3）**資源回収**：

半導体切削廃液からの砥粒の回収：シリコンウエハーは高品質のシリコンロッドから高速度ワイヤソーでスライスされ作成される．そのさいに砥粒（SiC）と粘性のオイルの混合液からなるスラリーをワイヤに注ぎながら加工が行われる（遊離砥粒を利用した加工）．砥粒はワイヤとともに動きシリコンをスライスする．このためスラリーの性能が加工精度や速度を決定する．スラリーは繰り返し使用されるが，シリコンの加工粉がスラリーの粘度を増加させるとともにワイヤからの鉄粉が砥粒に付着し加工精度や速度を低下させる．このため，ある期間の後にはスラリーの入

図5.8.12 地熱水からのヒ素磁気分離装置
［物質の磁気特性を活用した精密磁気制御応用技術調査専門委員会，電気学会技術報告，1198, 44 (2010)］

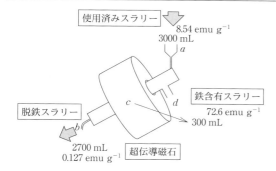

図 5.8.13 半導体切削スラリー磁気分離装置

れ替えが行われていた．ここから砥粒の再生を行うためには，鉄粉が付着した砥粒を除去する必要があった．この除去に磁気分離が利用された．その結果，再利用可能な高純度再生砥粒が得られた．処理速度 0.3 L/分，超伝導磁石磁界強度は 2 T，5 T である（図 5.8.13）．

d．磁気分離の今後の展望

磁気分離技術は，日本国内では，環境浄化のほかに，資源の再利用や回収の方向で，小型分散型磁気分離処理装置の実用化が図られる傾向にある．また，2011 年 3 月 11 日の福島第一原子力発電所事故による放射能汚染物質の分離への適用も期待されている．海外では，韓国，中国，バングラデシュなどのアジア地域で，日本の磁気分離技術の展開を参考にした環境浄化への磁気分離技術の適用が活発になってきている[10,11]．今後の磁気分離技術は，海外との経験や情報交流を通し，新しい分野開拓も含めた発展が予想される．

文　献

1) 小原健司，低温工学，**46**(11), 622 (2011).
2) 物質の磁気特性を活用した精密磁気制御応用技術調査専門委員会，電気学会技術報告，**1198**, 22 (2010).
3) 半田　宏，阿部正紀，野田紘憙 監修，"磁性ビーズのバイオ・環境技術への応用展開"，p.200, シーエムシー出版 (2006).
4) 文献 3)，p. 187.
5) 文献 3)，p. 210.
6) 岡　徹雄，木村貴史，三村大樹，深澤晴信，福井　聡，小川　純，佐藤孝雄，大泉　学，寺澤俊久，辻村盛夫，横山和哉，低温工学，**46**(11), 655 (2011).
7) 文献 2)，p. 30.
8) 文献 2)，p. 32.
9) 文献 1)，p. 617.
10) D.-W. Ha, Y.-J. Lee, 低温工学，**46**(11), 629 (2011).
11) Z. Zian, Z. Ling, H. Zhilong, W. Meifen, M. Wenbin, Y. Huan, Z. Guoqing, N. Feipeng, 低温工学，**46**(11), 635 (2011).

5.8.3　磁気配向

a．はじめに

ここで取り上げる物質は，Fe や Ni といった強磁性体ではなく，炭素繊維や結晶性高分子といった反磁性物質についてである．気体中や液体中にこれらの物質が分散している場合は，熱エネルギーによる無秩序な運動をしており，結果としてその物質の方向は無秩序となる．ここに磁場を印加すると，分散している物質が結晶や配向した繊維のように異方性を有するものであれば，磁気トルクを受けてある方向に向きをそろえる．

磁気配向は非接触で作用するのが特徴である．媒体に分散している結晶や繊維を容易に配向させることが可能であるため，成形する材料の形状によらず均一な配向を与えることができることが特徴である．また，最近の超伝導技術の進歩により大きな磁場空間が使えるようになり，材料への磁場印加方向の自由度も非常に大きくなってきている．そのため，せん断場や電場などの配向に用いられるほかの外場に比べて，この点で大きく優位になっている．

結晶や繊維のように配向している間に体積，形状および磁気的性質が変化しないものは，磁気トルクによる配向で容易に説明することができる．しかしながら，結晶化などの相転移に伴い出現する異方性構造が配向の対象である場合には，その体積や形状が変化するために，その挙動を理解することは難しい．とくに，結晶性高分子では，その秩序形成は分子量分布や添加剤の有無のみならず熱履歴も重要なパラメーターであり，より理解を困難にしている．

ここでは磁気配向の原理から各種繊維や結晶の磁気配向の応用例を紹介するとともに，結晶性高分子の磁気配向のメカニズムや結晶性高分子の磁気配向の応用について紹介する．

b．原　理[1,2]

（ⅰ）磁気エネルギー　磁気配向は，異方性物質の磁気エネルギーの角度依存により生じる磁気トルクで説明することができる．簡単のために図 5.8.14 に示すような体積 V の繊維について磁気エネルギーを考えてみる．図 5.8.14 に示すように，磁場と平行な z 軸と繊維軸のなす配向角 θ と，z に対する回転角 ϕ が定義される．さらに繊維は繊維軸のまわりに対称性があるため，磁化率テンソルの主軸は繊維軸に平行（$\chi_\parallel$）と垂直（$\chi_\perp$）の二つを考えるだけでよい．この値の差 $\Delta\chi = \chi_\parallel - \chi_\perp$ は異方性磁化率とよばれ，χ_a と表記される場合が多い．この繊維が磁束密度 B の磁場内に置かれた場合，繊維が得る磁気エネルギーは，次式のように表される．

$$E(\theta) = -\frac{V\chi_\perp B^2}{2\mu_0} - \frac{V\chi_a B^2}{2\mu_0}\cos^2\theta \qquad (5.8.4)$$

ここで，μ_0 は真空の透磁率を表している．式 (5.8.4) の右辺の第 1 項は θ に依存しないが，第 2 項は θ に依存する部分である．この第 2 項が磁気配向に関係するため，この係数 $V\chi_a B^2/2\mu_0$ は磁気異方性エネルギー E_a ともよばれ

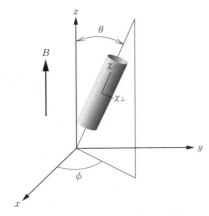

図 5.8.14 磁束密度 B の空間内に体積 V の繊維が置かれた場合の模式図
 磁場と平行な z 軸と繊維軸のなす配向角 θ と，z に対する回転角 ϕ が定義される．さらに繊維は繊維軸のまわりに対称性があるため，磁化率テンソルの主軸は繊維軸に平行（$\chi_{\parallel}$）と垂直（$\chi_{\perp}$）の二つを考える．

る．また，磁気エネルギーは式(5.8.4)からわかるように，右辺の第2項の異方性磁化率 χ_a の正負により，その角度依存性が異なってくる．

 磁気エネルギーの角度依存性の概略図を図 5.8.15 に示す．$\chi_a > 0$ の場合，磁場と繊維軸が平行な方向において磁気エネルギーが極小値となるため，繊維は磁場と平行に配向する．一方，$\chi_a < 0$ の場合は磁場と繊維軸が垂直な方向において磁気エネルギーが極小値となるため，繊維は磁場と垂直に配向する．物質の磁気異方性の正負により異なる配向構造が得られることになる．

（ⅱ） 磁気配向の配向度　磁気配向の駆動力は磁気エネルギーの極大値と極小値の差である．しかし，反磁性物

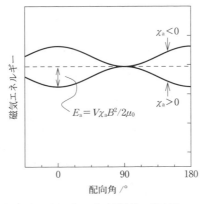

図 5.8.15 磁気エネルギーの角度依存性の概略図
 χ_a の正負により，その角度依存性が異なる．$\chi_a > 0$ の場合，磁場と繊維軸が平行な方向において磁気エネルギーが極小値となるため，繊維は磁場と平行に配向する．$\chi_a < 0$ の場合は磁場と繊維軸が垂直な方向において磁気エネルギーが極小値となるため，繊維は磁場と垂直に配向する．

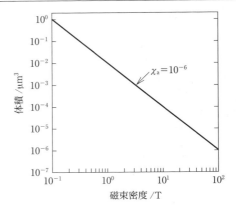

図 5.8.16 $\chi_a = 10^{-6}$，$T = 300$ K を用いて，熱エネルギー（$k_B T$）と磁気異方性エネルギーの絶対値が等しいとしたときの体積と磁場強度の関係

質のように，磁化率の絶対値がきわめて小さい物質では磁気エネルギーは熱エネルギーと同程度であり，熱擾乱によるランダム配向と競合する．式(5.8.4)からわかるように，磁気エネルギーを増大させるためには配向させる物質の体積や印加する磁場の強さを大きくする必要がある．熱エネルギー（$k_B T$）と磁気エネルギーの極大値と極小値の差，すなわち磁気異方性エネルギーの絶対値が等しいとしたときの体積と磁場強度の関係を図 5.8.16 に示す．このとき $\chi_a = 10^{-6}$，$T = 300$ K を用いて計算している．繊維の大きさが 1 μm オーダーであれば 0.1 T 程度，100 nm オーダーであれば 3 T 程度，10 nm オーダーであれば 100 T 程度の磁石を用いた場合に熱エネルギーと磁気異方性エネルギーがおおよそ等しくなる．

 熱エネルギーと競合する中で異方性磁気エネルギーを駆動力として繊維が配向するため，その配向には分布が生じる．繊維の配向は，θ（$0 \leq \theta < \pi/2$）と ϕ（$0 \leq \phi < 2\pi$）の配向分布関数 $P(\theta, \phi)$ と定義できるが，静磁場による配向は z 軸まわりの一軸配向となるので，ϕ には依存せず，$P(\theta)$ と定義される．そのため繊維軸が θ と $\theta + d\theta$ の間に配向している確率は $P(\theta)\sin\theta d\theta$ となる．熱平衡状態であれば配向はボルツマン分布に従うので θ と $\theta + d\theta$ の間に配向している確率は次式で表される．

$$P(\theta)\sin\theta d\theta = \frac{\exp(-E(\theta)/k_B T)\sin\theta \cdot d\theta}{\int_0^{\pi/2} \exp(-E(\theta)/k_B T)\sin\theta d\theta} \tag{5.8.5}$$

 図 5.8.17 に磁気異方性エネルギーと熱エネルギーの比が 1，10 および 100 としたときの $P(\theta)$ を示す．図 5.8.17 からわかるように，磁気異方性エネルギーと熱エネルギーの比が同程度の場合では顕著な配向分布は得られない．磁気異方性エネルギーと熱エネルギーの比が大きいほど配向分布は鋭くなり，高配向が達成される．

 一般に配向の程度は配向度 S を用いて表す．

$$S = (3\langle \cos^2\theta \rangle - 1)/2 \tag{5.8.6}$$

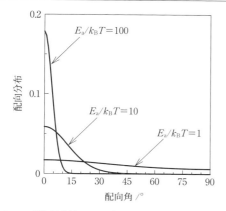

図 5.8.17 磁気異方性エネルギーと熱エネルギーの比が1, 10 および 100 としたときの配向分布関数 $P(\theta)$

$\langle \cos^2\theta \rangle$ は $\cos^2\theta$ の物理平均を意味し，ここでは次式と表すことができる．

$$\langle \cos^2\theta \rangle = \frac{\int_0^{\pi/2} \cos^2\theta P(\theta) \sin\theta d\theta}{\int_0^{\pi/2} P(\theta) \sin\theta d\theta} \tag{5.8.7}$$

繊維が磁場と平行に完全に配向した場合（$\theta = 0°$）には $S=1$ であり，垂直に配向した場合（$\theta = 90°$）には $S = -0.5$ となる．

図 5.8.18 に，$\chi_a > 0$ の場合における磁気異方性エネルギーと熱エネルギーの比 E_a/k_BT と S の関係を示す．$\chi_a < 0$ の場合は S の値を半分にして符号を逆にしてみてほしい．磁気異方性エネルギーと熱エネルギーが同程度の場合は $S=0.1$ 程度であるが，エネルギー比が大きくなるにつれて S は急激に増加し，エネルギー比が 50 程度になると $S = 0.97$ となり，ほぼ飽和に達する．

図 5.8.19 と図 5.8.20 には S の磁束密度依存性と体積依存性を示した．いずれも $\chi_a = 10^{-7}$, $T = 300$ K を用いて計算している．磁気配向を応用するさいの目安として用い

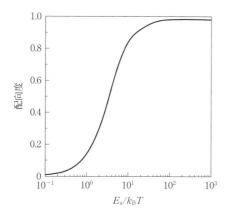

図 5.8.18 $\chi_a > 0$ の場合の磁気異方性エネルギーと熱エネルギーの比（E_a/k_BT）と配向度の関係

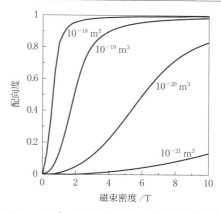

図 5.8.19 $\chi_a = 10^{-7}$, $T = 300$ K を用いて計算した配向度の磁束密度依存性
物質の体積は図中に示してある．

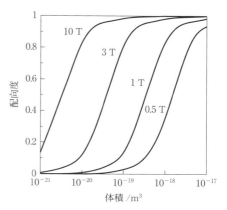

図 5.8.20 $\chi_a = 10^{-7}$, $T = 300$ K を用いて計算した配向度の体積依存性
印加磁場は図中に示してある．

てほしい．

（iii）磁気トルクと配向の時定数 磁気配向は粘性媒体中において対象となる物質が磁気トルクによって回転することによって達成される．そのため，その動的過程の理解も磁気配向を応用するさいに重要である．図 5.8.14 に示した繊維が磁束密度 B の磁場中に置かれた場合に作用するトルク N は次式と表すことができる[3]．

$$N = -\frac{dE(\theta)}{d\theta} = \frac{\chi_a V}{2\mu_0} B^2 \sin 2\theta \tag{5.8.8}$$

粘性媒体中での運動を考えるので慣性項を無視すると，繊維の運動方程式は磁気トルクと流体力学的トルクで表すことができる．

$$L\eta \frac{d\theta}{dt} + \frac{\chi_a}{2\mu_0} VB^2 \sin 2\theta = 0 \tag{5.8.9}$$

ここで，L は形状因子，η は媒体の粘度を表している．

式 (5.8.9) は容易に解くことができて次式が得られる．

$$\tan\theta = \tan\theta_0 \exp(-t/\tau) \tag{5.8.10}$$

ここで，τ は配向の時定数で，次式で表される．

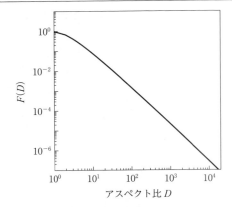

図5.8.21 理論的に求められた $F(D)$
[T. Kimura, T. Kawai, *et al., Langmuir*, **16**, 860 (2000) から改変]

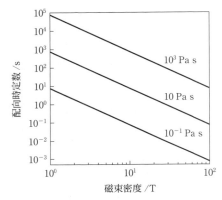

図5.8.22 球体が磁気配向するときの時定数の磁束密度依存性 計算に用いた媒体の粘度は図中に示した.

$$\tau^{-1} = \frac{V}{L} \frac{\chi_a B^2}{\eta \mu_0} \quad (5.8.11)$$

繊維をアスペクト比 D の楕円体と仮定すると, $V/L = F(D)/6$ で与えられる. 図5.8.21 は理論的に求められた $F(D)$ である. 繊維の配向挙動から τ を求め, この曲線にあてはめることで繊維の χ_a を求めることも可能である[4].

また, 磁気配向している物質が球であれば $V/L = 1/6$ となる. 球体が磁気配向するときの τ の磁束密度依存は図5.8.22に示すようになる. τ は異方性磁化率, 磁束密度および粘度に依存する. とくに磁束密度の二乗で緩和時間が短くなることから強磁場を用いることは非常に有効である.

(iv) 動的磁場の利用 $\chi_a < 0$ の場合は繊維軸が磁場と垂直に配向する. この場合, 一軸配向ではなく面配向となり繊維の異方的性質の利用が難しい. しかしながら, $\chi_a < 0$ の場合であっても動的な磁場を用いることで繊維の一軸配向が可能である[5,6].

図5.8.23はその概念図である. 図(a)は x 軸方向に十分な強さの磁場 B を印加した様子である. $\chi_a < 0$ であるた

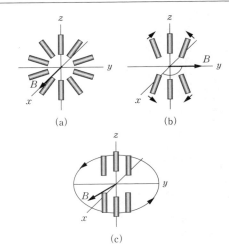

図5.8.23 回転磁場の概念図
$\chi_a < 0$ の繊維に x 軸方向から磁場 B を印加すると yz 平面内のあらゆる方位が許され, その結果として面配向が生じる. ここで z 軸まわりに y 軸まで磁場を回転させると z 軸から傾いていた繊維は磁気トルクにより z 軸方向へ配向する. その結果, 繊維軸の一軸配向が達成できる. 実際には熱エネルギーによる配向の緩和が起こるので絶えず磁場を xy 平面内で回転させる必要がある.

め繊維軸は x 軸に垂直な yz 平面内のあらゆる方位が許され, その結果として面配向が生じている. ここで, z 軸まわりに y 軸まで磁場 B を回転させると z 軸から傾いていた繊維は磁気トルクにより z 軸方向へ配向する. その結果, 繊維軸の一軸配向が達成できる. 実際には, 熱エネルギーによる配向の緩和が起こるので絶えず磁場を xy 平面内で回転させる必要がある. この回転速度もある程度の速さが必要である.

また, 動的磁場は斜方晶のような二軸性結晶の二軸配向制御も可能である[7]. 一定速度で回転させた場合は一軸配向制御となるが, 回転速度や磁場強度を変調させることで二軸配向制御が可能となる. その結果, 粉末結晶から擬単結晶作製に成功している[8,9]. 回転磁場や時間変動磁場などの動的磁場は永久磁石を回転させて達成するか[8], 超伝導磁石内で試料を回転させて達成させているため[6,9,10], 適用できる対象が限られている点が課題である. 時間変動磁場を発生できる超伝導磁石の開発が期待される.

c. 繊維・微結晶の磁気配向

上述したように, 媒体中に分散した繊維や微結晶は容易に磁気配向する. 磁気配向させるさいに重要となるのは異方性磁化率の値である. ガラス繊維のように等方的な材料は磁気トルクでは配向しない. グラファイトの異方性磁化率は 10^{-4} オーダーと大きいため磁気配向は容易である[11]. しかし, 脂肪族高分子のポリエチレン繊維では 10^{-7} オーダー[4], 芳香族高分子でも 10^{-6} のオーダーであり[4], 十分な配向を得るためには使用する繊維の体積や印加する磁場の強さが重要である.

(i) **炭素繊維の磁気配向**[12~15]　炭素繊維は耐熱性や力学特性が優れており，軽量であることから複合材料の素材として用いられ，航空・宇宙分野機などの大型輸送機器からテニスラケットなどのスポーツ用品に至るまで応用されている．ポリアクリロニトリル（PAN）系炭素繊維とピッチ系炭素繊維が代表的な炭素繊維であり，製法により構造が異なりさまざまな特性を引き出されている．また，繊維径や繊維長など異なるさまざまな製品が存在し，それぞれの特徴を生かして多くの分野で利用されている．炭素繊維の中には電気伝導性や熱伝導性に優れたものもあり，プラスチックやセラミックスへの機能性付与剤としての利用も多い．

機能性付与剤として用いられる炭素繊維には短繊維のものが用いられるが，炭素繊維の物性は大きな異方性を示すため，炭素繊維の物性を最大限利用するためには配向制御が非常に重要である．繊維という形状異方性のため通常のプロセスではせん断により容易に配向が生じる．しかしながら，その方向が必ずしも好ましい方向とは限らない．たとえば，フィルム状に成形した場合，炭素繊維はフィルム面内には容易に配向するが，フィルム面に垂直配向させることは困難である．また，厚みのある材料を作製する場合では，表面の配向は可能でも内部まで均一に配向させることは困難である．

炭素繊維の磁気配向は古くから知られており，1972年には報告されていた[12]．1Tの磁場中でPAN系炭素繊維が配向したというものであるが，その報告の中でも複合材料への応用が期待されていた．しかしながら，炭素繊維の磁場配向が利用された製品については検討されてこなかったようである．2000年以降になると特許も出始め[14,15]，今後さまざまな分野で製品化されるものと期待される．

現在のところ実用化しているものは，放熱シートとして上市されているものだけのようである．これは電子機器類の情報処理能力の上昇とともにデバイスからの発熱も増加しているため，パソコンやゲーム機などの民生機器において高い放熱性が必要とされるようになってきていることが背景にあるようである．通常の放熱シリコンゴムでは熱伝率は$2\,\mathrm{W\,m^{-1}\,K^{-1}}$程度である．炭素繊維は繊維の直径方向には$10\,\mathrm{W\,m^{-1}\,K^{-1}}$，繊維軸方向には$500\,\mathrm{W\,m^{-1}\,K^{-1}}$と熱伝導性に大きな異方性を示す（図5.8.24）．そのため，炭素繊維を接着面に対して垂直に配向させることが特性向上に必要な条件であった．磁気配向により炭素繊維を接着面に対して垂直に配向させた磁場配向放熱シートは2001年から上市され，当初の熱伝導率は$10\,\mathrm{W\,m^{-1}\,K^{-1}}$と放熱シリコンゴムの5倍の特性を示した．2010年現在では熱伝導率$50\,\mathrm{W\,m^{-1}\,K^{-1}}$を達成している．

まだ，実用化に至っていないが，カーボンナノチューブなどのほかの炭素材料の磁気配向も多く検討されている．そちらは文献[16~21]を参照されたい．

(ii) **パール顔料の磁気配向**[22~24]　パール顔料とは，雲母（マイカ），シリカ，アルミナなどに酸化鉄や酸化チタンなどの金属酸化物を被覆したうろこ片状の顔料である．真珠のような美しい光沢感やメタリック調を表現することができ，高級感や素材感の付与のために用いられる．美しい光沢は光の干渉により生じているため，見る角度によって色彩が変化するフリップフロップ特性も有している．そのため，パール顔料の配向を自在に制御することができれば通常の印刷では得られない新たな視覚効果が得られると期待され，磁気配向の検討が行われている[22]．

図5.8.25は，アルミナを基材として酸化チタンなどが被覆されているパール顔料をUV硬化樹脂に分散させ5Tの磁場中で硬化させた試料の断面の電子顕微鏡写真である．このパール顔料は，その平面が磁力線と平行になるように配向する．酸化鉄を被覆しているパール顔料は，パール顔料の平面を磁力線が貫くように磁気配向するので，用いるパール顔料の磁気異方性には注意が必要である．

図5.8.25のように配向している試料の外観はその配向

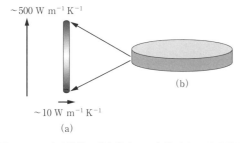

図5.8.24　炭素繊維の熱伝導率の異方性（a）と炭素繊維を接着面に対して垂直に配向させた磁場配向放熱シートの模式図（b）

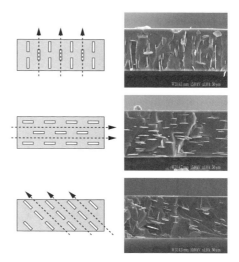

図5.8.25　パール顔料をUV硬化樹脂に分散させ5Tの磁場中で硬化させた試料の断面の模式図と電子顕微鏡写真
図中の矢印は印加した磁場の方向を示す．このパール顔料はその平面が磁力線と平行になるように配向し，磁場印加の方向によりさまざまな方向へ配向が可能である．

[髙橋 敦，木村恒久ほか，日本印刷学会誌，**43**，127 (2006) を一部改変]

方向により大きく異なる．基材に平行に磁気配向させたものは，膜全体が不透明で隠ぺい性が高く，磁場を印加しなかったものと比較すると彩度が向上する．一方，基材に垂直に配向させたものは，色調に大きな変化が現れるとともに透明感が発現する．配向による色調の変化はパール顔料のフリップフロップ特性に依存しているが，透明性の変化はパール顔料のうろこ片状という形状異方性が大きく寄与している．

さらに，磁気モジュレータを利用して磁力線を制御し，パール顔料の磁気配向を意匠性の高い印刷を目指した検討が行われている[23]．磁気モジュレータは強磁性体を加工してつくられる磁気回路であり，微粒子[25]や細胞[26]のパターン化や結晶性高分子の部分配向[27]などに用いられてきた．図5.8.26は，均一な磁場中に強磁性体が配置されたさいの磁力線の変化の概略図である．磁気モジュレータは磁力線が強磁性体に吸い込まれた結果，磁力線の方向が変化し磁力線密度に粗密が現れることを利用している．

図5.8.27は，磁気モジュレータを利用した印刷例である．用いたパール顔料はマイカに酸化チタンと酸化鉄が被覆されたもので，パール顔料の平面を磁力線が貫くように配向するものである．4ポイントの細かい文字の印刷も磁気モジュレータを用いることで達成できる．この視覚効果はパール顔料の磁気配向によるものだけではなく，磁力線の粗密から生じる磁気力によるパール顔料の濃度差によるものも含まれている．

パール顔料自体の光学特性を評価するさいにも磁気配向が有効である．パール顔料の光学特性は，光の干渉の角度依存性からパール顔料の配向に敏感である．また，塗膜中では塗膜表面からの正反射がパール顔料からの正反射と重なり正確に評価できない．磁気配向を利用し，パール顔料を塗膜面から傾斜配向させて，パール顔料の光学特性を評価する方法が提案されている[24]．

(iii) その他の磁気配向の例　繊維や微結晶に限らず磁気異方性を有するものは磁気配向が可能である．生体材料やタンパク質，ゲルも磁気配向する．ここでは代表的なものをいくつか紹介する．詳細はそれぞれ文献を参照されたい．

酸化亜鉛やアルミナに代表されるセラミックス材料は，原料を各種方法で成形したのち焼成することで作製される．セラミックスは六方晶などの異方性結晶を形成することから物性にも異方性が生じるが，通常の方法では結晶の方位はランダムでその物性は平均的なものになっている．セラミックスのもつ特性を最大限引き出すためには結晶方位のそろった単結晶が必要であるが，大きな単結晶作製は困難である．そこで磁気配向による結晶方位制御が検討されている[9,10,28〜30]．スラリーとよばれるセラミックス分散液を磁場中に放置するとセラミックスは容易に配向する．スリップキャストとよばれるスラリーから分散媒を取り除く手法との相性もよく，容易に磁気配向された材料が得られるようになっている[29,30]．得られるセラミックス配向体はプレスによる緻密化処理や，焼成というステップを踏むことでバルクの配向セラミックス体とすることができる．また，スラリーを用いる方法は動的磁場の適用も可能であるところが特徴である．スラリーの入った容器自体を磁場中で回転させることで，動的磁場を容易に実現できる．動的磁場を用いてさまざまな機能性セラミックス配向体が検討されている[9,10,31]．

粘土鉱物も磁気配向する[32,33]．粘土鉱物は微細で平らな粒子，広い比表面積をもつ二次元結晶などの特徴を有し，イオン交換性，吸着性，膨潤性，可塑性，コロイド性などの特性を示す．フィラーとして増量，物性の改善，機能性付与，加工性改善のために紙，プラスチック，塗料，ゴムなどに添加され，伸び，すべり感，密着間をもたらし，光沢感や仕上がり感の向上をもたらすために化粧品に添加されている．建築分野では基礎工事安定液や遮水システム材，緩衝材としても利用されている．さらに，最近では粘土鉱物の層状構造中に有機化合物を挿入して，ナノ空間を利用した研究例も多い．粘土鉱物の磁気配向をこれらの研究に適応した例は少ないが[34]，ナノスケールの異方的空間を有効に活用するためには粘土鉱物の巨視的配向制御も重要になってくる．今後，粘土鉱物の磁気配向を応用した研

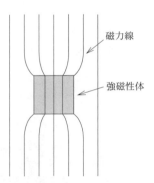

図5.8.26　均一な磁場中に強磁性体が配置されたさいの磁力線の変化の概略図
　磁力線が強磁性体に吸い込まれ，磁力線の方向が変化し磁力線密度に粗密が現れる．

図5.8.27　パール顔料の配向分布と濃度分布を磁気モジュレータで制御して得られる印刷例
　4ポイントの細かい文字の印刷も可能．
[渕田泰司，木村恒久ほか，日本印刷学会誌，**45**，31（2008）]

究が期待される.

タンパク質結晶も容易に磁気配向する.古くからミオグロビンなどのヘム(鉄)を有するタンパク質の結晶が磁気配向することが発見されていたが[35],結晶成長分野の研究者に注目を集めるには至っていなかった.1990年後半に鶏卵白リゾチームの磁気配向が相ついで報告[36,37]され,反磁性タンパク質の結晶化において磁場の利用が注目されるようになった.また,タンパク質結晶以外でも繊維状タンパク質であるフィブリン[38]や細胞[39,40]についても磁気配向が報告されている.また,動的磁場を用いてL-アラニンの二軸配向により擬単結晶を作製し,タンパク質の結晶構造解析にも磁気配向が有効であることが示されている[8].

N-イソプロピルアクリルアミド(NIPA)ゲル[41]やアガロースゲル[42]も磁気配向する.アガロースゲルのような物理ゲルは物理架橋している部分が磁気トルクを受けて配向すると理解されている.NIPAゲルなどの化学ゲルのように架橋点が共有結合の場合,磁気トルクを受けて配向する部分について不明である.また,磁場中で調整したシリカゲル中で硝酸鉛を結晶化させると異方性結晶が得られることから,シリカゲルに何らかの異方性構造が形成されていることが示唆されている[43].この現象の理解はまだ進んでいないが新しい磁気配向メカニズムの可能性もあり,今後の展開が期待される.

d. 結晶性高分子の磁気配向

媒体中に分散した繊維や微結晶の磁気配向のほかに,結晶性高分子を磁場中で溶融結晶化させることで高分子の結晶も磁気配向する.ポリエチレン-2,6-ナフタレート(PEN)を磁場中で溶融結晶化させるとPENの結晶が配向する現象[44]が見出されて以来,多くの結晶性高分子において磁場配向が確認されている[45~49].また,芳香族高分子のみならず脂肪族高分子においても磁場配向が観察される[46]ことから,結晶性高分子の溶融結晶化における磁気配向は一般的現象である.しかしながら,結晶化過程では構造,体積,粘度など磁気配向を理解するうえで重要なパラメーターが変化するため,その理解が難しくなっている.ここでは,さまざまな結晶性高分子の磁気配向を通して,結晶性高分子の磁気配向のポイントを整理する.

(i)結晶性高分子を磁気配向させるための条件[50,51]

高分子の磁気配向も繊維や微結晶の磁気配向と同様に磁気トルクにより生じていると考えることができる.そのため,磁気異方性が必要であり,熱エネルギーに負けないためにある程度の体積が必要であり,回転するために低粘度の環境が必要である(図5.8.28).高分子の状態を考えると上述した状況はなかなか容易に見つけることができない.

無定形の高分子では異方的な構造が存在しないため,磁気異方性が存在せずに磁気トルクが生じない.一方,結晶性高分子は結晶部分に磁気異方性が存在するが固体状態では粘度が高く,回転することができない.結晶性高分子の粘度を下げるため融点以上とすると結晶が存在しないた

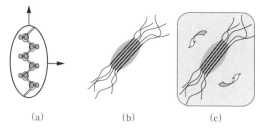

図5.8.28 高分子が磁気配向するために必要な条件
(a) 磁化率の異方性　(b) 秩序構造　(c) 低粘度環境
磁気トルクを生じる磁気異方性の存在,熱エネルギーを凌駕するのに十分な体積の秩序構造の存在,そして磁気トルクにより回転できるための低粘度環境.

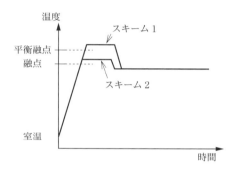

図5.8.29 結晶性高分子を磁気配向させるさいの熱履歴
溶融温度の違いによりスキーム1と2に分けられる.

め,磁気トルクが生じなくなる.そこで,結晶性高分子を一度溶融させ,結晶化させると融液中に結晶が分散している状態であり,ここに磁場を作用させれば結晶が磁気トルクで回転するはずである.しかし,熱エネルギーに打ち勝つほど結晶が大きく成長すると,試料の粘度が大幅に上昇するため回転が困難となってくる.このため,結晶性高分子を磁気配向させるためには,その対象となる高分子の結晶化を理解し,精密な温度制御が重要となる.

いままでに磁気配向に成功している結晶性高分子の熱履歴を図5.8.29に示す.スキーム1とスキーム2の違いは溶融温度である.多くの場合はスキーム2でのみ配向し,スキーム1で配向するのは現在のところPENなど限られている[44,49].

(1)溶融温度の影響: 一般に高分子の結晶は結晶サイズが小さく,欠陥も多い.そのため,理想的な結晶が示す融点(平衡融点)よりも低温で融解する.ある温度で溶融していても,熱力学的には過冷却である場合が多い.そのため,何らかの構造が残されていたり,新たに生じたりしても不思議ではない状態である[51].

スキーム2では,平衡融点以下での溶融であるため溶融状態であっても何らかの構造が存在すると考えられる.図5.8.30は,アイソタクチックポリスチレンを結晶化させた試料の偏光顕微鏡写真である[52].溶融温度265℃以上とすると形成されている球晶の数は一定であるが,より低温

図5.8.30 アイソタクチックポリスチレンを180℃で10時間結晶化させた試料の偏光顕微鏡写真
溶融温度はそれぞれ，250℃(a)，255℃(b)，260℃(c)，265℃(d)．
[M. Yamato, T. Kimura, *Sci. Tech. Adv. Mater.*, **7**, 339（2006）]

で溶融させた場合は球晶の数が劇的に増加している．これは，溶融中に存在する何らかの構造が結晶核としてふるまう結果，結晶核密度が高まり球晶形成を抑制していることを意味している．この球晶という結晶と非晶質で形成する高次構造は等方的なものであり，球晶成長は磁気配向を妨げる要因の一つである．また，溶融状態に存在する構造が磁気配向していると思われる場合もある[51,52]．この場合でも磁気配向の最終的な配向度は結晶化初期段階に依存し，溶融状態での配向度はきわめて低い．しかしながら，溶融状態に存在する構造の大きさや異方性の有無をモニターする手段として磁気配向は有用な手段となり得る可能性を秘めている．

（2）**結晶化温度の影響：** スキーム1,2で共通する部分であるが結晶化させる温度も磁気配向には重要である．上述したように球晶形成は磁気配向を妨げる要因である．球晶形成を抑制する方法として，核密度を高める方法のほかに過冷却度の小さい状態で結晶化させる方法がある．一般に，低過冷却度での結晶化では結晶表面での結晶核の生成頻度よりも結晶成長速度が大きいため，結晶表面が平坦になる．逆に，過冷却度が大きくなると核生成頻度が増加し，結晶表面が乱れ，球晶成長するようになる．過冷却度を変化させてアイソタクチックポリスチレンを磁気配向させると，過冷却度の増加に伴い，磁気配向が低下することが報告されている[53,54]．また，結晶性高分子の磁気配向は結晶化初期にて生じていることも磁場内FTIR測定から明らかにされている[51]．

（3）**結晶性高分子を磁気配向させるために：** スキーム2において多くの結晶性高分子が磁気配向することから，結晶性高分子が磁気配向するメカニズムは，次のように考えることができる．まず，重要な点は球晶の形成を抑制することである．そのためには結晶核密度を高める必要

があり，融点近傍の融解により融液中に結晶核としてふるまう何らかの構造が必要である．この構造は融液中において配向する場合があるがその配向度は小さく，最終的な配向度を高めるためには，この構造から結晶化させ熱エネルギーに打ち勝つに十分な結晶まで成長させることが必要である．また，結晶の成長様式も重要で，異方的な結晶成長のため低過冷却度で結晶化させることが必要である．また，磁気トルクで回転できるのは結晶化開始から限られた時間だけであり，結晶化初期の構造形成過程が非常に重要となってくる．

スキーム1で磁気配向する高分子は偏光顕微鏡観察から大きな球晶を確認することができない．つまり，平衡融点以上としても十分核形成頻度が大きく球晶形成を抑制できるため，磁気配向が観察されると理解される．

（4）**結晶造核剤の磁気配向の利用：** 上述の磁気配向メカニズムの理解から，高分子の結晶化を制御する方法の一つとして用いられている結晶造核剤を添加し，磁気配向させる方法が考えられる．微量の結晶造核剤の添加は，核密度を増加させ，球晶形成は抑制される．そのため，結晶造核剤の添加は磁気配向に有利である．さらに，結晶造核剤には高分子結晶とエピタキシーを示すものもあり，結晶造核剤を磁気配向させ，その表面から異方的に結晶成長させることで磁気配向を達成することができる[55,56]．

（ii）**磁気配向高分子の特徴** 一般的に高分子を配向させる手段として延伸が用いられる．しかしながら，延伸による配向ではフィルム面内の分子鎖の配向は制御できても，厚み方向に関しては非常に困難である．また，延伸では材料形状は繊維やフィルムに制限されてしまうため，厚みのある材料を内部まで均一に配向させることは困難である．一方，磁気配向の場合には，磁場の透過性の良さから厚みによらず任意の方向へ均一に配向させることが可能である．さらに磁力線方向に配向させられることから，傾斜磁場を用いることにより傾斜配向材料の作製が可能となる[57]．また，複雑な形状への配向の付与も可能である．

また，延伸では結晶のほかに非晶質部分の分子鎖も配向している．そのため，熱収縮に顕著な異方性がみられる．磁気配向では配向しているのは結晶部分だけであり，非晶質部分が配向していない[51,53]．そのため，寸法安定性などが向上すると期待できる．

（iii）**磁気配向高分子の物性**

（1）**光学特性[58]：** 従来，高分子材料は等方的な光学材料に関しては無機ガラスに代わって多くの分野で利用されているが，異方的な光学材料に関してはフィルム以外に利用されることはなかった．それは高分子の異方性の制御が困難であったためである．磁気配向は延伸などとは異なり配向の自由度が高く，バルクでも配向可能なため，高分子材料の異方性を制御可能である．光学材料として用いるためには透明性が重要であるが，結晶性高分子は一般に白濁するため光学材料として利用が難しい．ここでは，磁気配向を利用した光学材料開発を指向した結晶性高分子の磁

場配向について紹介する.

① ポリカーボネート（PC）の磁気配向：代表的な光学材料であるビスフェノールA型PCは通常非晶状態で用いられる．そのため，磁気トルクを受け磁場配向するとは考えられなかった．しかしながら，溶媒キャストや溶融結晶化を数日間行うことにより結晶化し，また有機アルカリ塩を添加することで容易に結晶化する．異方性構造である結晶が存在するのであれば，これらの結晶を利用することによりPCの磁場配向が可能であると考えられる．

結晶化速度が極端に遅いPCは溶融結晶化では結晶化時間が数日間と非常に長いため，通常結晶化は観察されない．しかしながら，o-クロロ安息香酸ナトリウム（SOCB）を加えると容易に結晶化する．このSOCB添加PCを磁場中（6T）で融点直上である300℃まで昇温し，5分間保持後，225℃で等温結晶化を1時間行うことでPCを配向させることができる．得られた広角X線回折パターンからPCはc軸が磁場と平行に配向することが確認されている．しかしながら，得られた試料はもろく，着色してしまう問題点が残されている．

有機アルカリ塩を用いた検討から，結晶化を促進することでPCも磁場配向が可能であることが示された．PCの結晶試料をあらかじめ用意することができれば磁場配向の可能性が高い．PCの結晶化試料は溶媒キャストすることで簡単に得られる．この試料を融点近傍で溶融後に結晶化させることは可能であり，磁場中で行うことにより磁気配向に成功している．しかしながら，残念なことに透明性を上げるように熱処理条件を設定すると配向度が上がらず，配向度を上げるように熱処理を行うと白濁してしまう（図5.8.31）．つまり，透明性と配向度はトレードオフの関係であり，現状ではPCを用いて透明性を維持したまま配向した試料を作製することは困難である．

② ポリ-1,2-ジフェノキシエタン-p,p'-ジカルボキシレート（PEBC）の磁場配向：結晶性高分子の白濁の原因は結晶化の進行に伴う球晶成長が大きな要因である．透明な状態は結晶化初期だけで，結晶化の進行に伴い白濁が進行する．結晶化初期で十分配向した試料が作製できれば透明性と配向の両立が可能である．PEBCはポリエチレンテレフタレート（PET）と類似の構造を有し，多くの特性はPETと似た傾向を示す．加えて，PEBCは非常に大きな固有の複屈折（0.28）を示す．このことから複屈折を利用した光学素子作製に有効な材料の一つとして期待され，磁気配向について検討が行われている．

PEBCには結晶多型が存在し，溶融温度が高い場合にはβ型が，低い場合にはα型が生じる．いずれも結晶においても磁気配向が確認されている．回折パターンの解析からα型は分子鎖が磁場と垂直に配向し，β型は分子鎖が磁場と平行に配向する．PEBCの場合もPCと同様に，透明性と配向度は基本的にはトレードオフの関係を示す．しかしながら，PEBCの融点で等温保持を行ったところ，透明性を維持したまま配向度を高めることができている．図5.8.32は，225℃で溶融等温保持したさいのクロスニコル状態での透過光変化を示す．透過光が時間とともに振動している様子がわかる．クロスニコル状態での透過光強度は$I^2 \propto \sin^2(\pi Re/\lambda)$と表されることからリタデーション（Re）に依存して振動する．つまり図5.8.32の挙動は，リタデーションが時間とともに増加したことを表している．リタデーションは複屈折Δnと膜厚の積であるから膜厚一定ではΔnが時間とともに増加することを意味している．この融点での等温保持の結果，透過率65％で$\Delta n = 2 \times 10^{-2}$の試料が得られている．

③ ポリブチレンテレフタレート（PBT）/ポリカーボネート（PC）アロイの磁場配向：高分子をアロイ化することにより高分子の高次構造は大きく変化し，結晶性高分子においては球晶形成が抑制される．とくにポリエステルでは，エステル交換反応により部分的にブロック化し，結晶化挙動など大きく変化する．そこでPBT/PCアロイの磁気配向が検討されている．

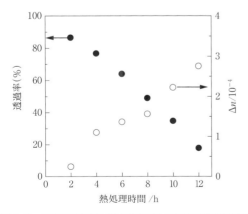

図5.8.31 磁場内熱処理試料の透過率と複屈折の熱処理時間依存性
PCの透明性と複屈折はトレードオフの関係．
[山登正文, 高分子論文集, **61**, 435 (2004) を一部改変]

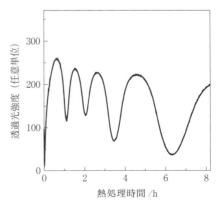

図5.8.32 PEBCを融点である225℃で等温保持したさいのクロスニコル状態での透過光変化
[山登正文, 高分子論文集, **61**, 437 (2004) を一部改変]

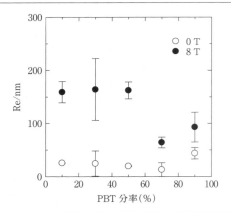

図 5.8.33 PBT 含有率の異なる試料で得られた磁場配向試料のリタデーション変化
[山登正文, 高分子論文集, **61**, 438 (2004) を一部改変]

PBT/PC アロイを磁場内で融点である 225℃で溶融後に 215℃で等温結晶化させて試料を作製すると磁場配向が確認されている．広角 X 線回折パターンから PC の非晶質によるハローパターンに PBT 結晶由来の回折ピークが観察され，配向しているのは PBT 結晶である．

図 5.8.33 に PBT 含有率の異なる試料で得られたリタデーションを示す．PBT の含有量の少ない試料でリタデーションが大きい傾向がみられる．つまり，PBT 含有量が少ないほど配向しやすいといえる．また，熱処理条件に依存するが，PBT 分率が少ないほど透明性は高い傾向にある．これは PBT 分率の高い試料では PBT 結晶からの散乱が大きいためである．結果として PBT/PC アロイでは PBT が 10 wt% のときに透過率 70〜80% で Δn が 10^{-3} オーダーの配向試料が得られている．

④ **透明配向体作製のために：** 上述してきた磁場配向を用いた透明配向体作製の熱処理条件は，高分子の種類によらず非常に似ていることに気がつく．いずれも融点または融点直上で溶融し，融点近傍の高温で結晶化させている．ここで述べた以外にも多くの高分子において同様の熱処理条件で磁気配向が確認される．融点直上での溶解はメルトメモリ効果を引き出し，その後の結晶化を不均一核形成により進行させる．この結果，結晶核密度の高い状態となり，球晶形成を抑制する．等方的な成長様式である球晶形成が抑制された結果，磁場による巨視的な配向が確認されるようになったと考えられる．球晶形成の抑制は同時に材料の透明化をもたらすものである．しかしながら，メルトメモリ効果だけでは PC のように透明化にはあまり効果がみられない場合も多い．そこで透明化と磁場配向の両立のための一つの解決策として，結晶造核剤を添加し結晶核密度を制御する方法があげられ[56]，透明配向体作製を目指した今後の研究が期待される．

（2）力学特性： 液晶性高分子は磁場により容易に配向するため，射出成形で得られる配向が不均一な材料と比較すると力学強度は優れると考えられ，1980 年代に高分子基盤技術研究組合にて磁気配向について検討された[59]．液晶紡糸で得られる細い繊維と比較するとまだ低い値を示すが，射出成形で得られる値よりかなり高い値を示す材料が得られ，均一な配向が力学強度を高めた利用であると考えられている．

また，液晶性高分子の延伸試料と磁気配向試料に関する構造と力学特性についても検討されている[60〜62]．配向度がほぼ同じ試料を比較すると弾性率は同じ値を示し，弾性率は配向方法に依存しない．一方，引張強度は延伸試料が高い値を示す．これは延伸による主鎖のコンフォメーション変化と磁場内熱処理の間にミクロな相分離が生じているためと考えられているが詳細は不明である．

一方，結晶性高分子の磁気配向材料の力学特性に関する検討はあまり多くなされていない．結晶性高分子の多くは比較的高い温度で長時間結晶化させることで磁気配向を達成しているため試料がもろくなっていることが原因の一つと考えられる．ここでは結晶造核剤添加アイソタクチックポリプロピレン（iPP）についてその配向構造と力学特性について紹介する．

① **磁気配向造核剤添加 iPP の高次構造**[56]：iPP 用造核剤は多数存在するが，ADEKA 製 NA-11® は物性向上，透明性向上などに著しい効果を発揮する．この NA-11 の造核作用は iPP の α 晶とエピタキシーがあるためと考えられている[63]．NA-11 を磁気配向させ，NA-11 の表面から iPP を成長させることで iPP を磁気配向させることができる．

広角 X 線回折パターンから iPP の b 軸は磁場と平行に，NA-11 の c 軸は磁場と平行に配向していることが確認される．NA-11 と iPP の α 晶のエピタキシーの関係は $[010]_{NA-11}$ // $[001]_{iPP}$，$(001)_{NA-11}$ // $(010)_{iPP}$ であり[63]，上述の磁場配向様式と矛盾せず，NA-11 が磁場配向したのち，NA-11 の ab 面から iPP がエピタキシャル成長した結果，iPP の配向が誘起されたものと考えられる．また，小角 X 線散乱測定結果から結晶ラメラと非晶質部分が形成する長周期構造も配向している．これらの結果から図 5.8.34 に示すような高次構造が形成されていると考えられる．

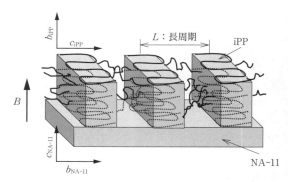

図 5.8.34 磁場配向した iPP/NA-11 が形成する高次構造の模式図
iPP の分子鎖は磁場に垂直になる．

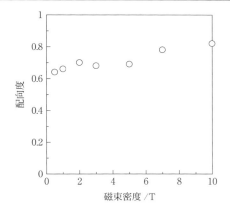

図5.8.35 iPPのb軸の配向度と印加磁場の関係
NA-11が容易に配向するため0.5 T程度の弱い磁場でも高配向試料が得られる．

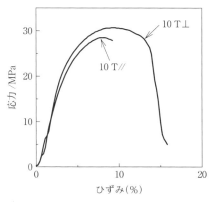

図5.8.36 iPP/NA-11を10 T中で熱処理して作製した試料の応力ひずみ曲線
初期勾配に大きな違いは見られないが，破断現象には大きな異方性が確認される．

また，力学特性と磁場配向の関係を明らかにするために，力学特性の配向依存性を調べている．配向度の制御のために磁場強度や熱処理条件を変化させることが考えられるが，力学特性は配向度のみならず熱処理条件にも大きく依存することから，熱処理条件一定で磁場強度の変化により配向度の制御を試みている．図5.8.35はiPPのb軸の配向度と印加磁場の関係である．わずか0.5 Tの磁場でもNA-11は磁場配向し，iPPの配向を誘起している．そのため，得られる配向度の範囲はきわめて狭い範囲となっている．

② 磁気配向造核剤添加iPPの力学特性：図5.8.36は10 Tで作製した試料の応力ひずみ曲線である．ひずみと応力がほぼ直線関係を示す初期勾配から弾性率は求まるが，印加磁場方向に対して平行にひずみを加えた場合と垂直に加えた場合と顕著な差は見られなかった．一般に延伸では，延伸方向とそれに垂直な方向では弾性率に異方性が現れる．延伸された試料と大きく異なる点はiPPのb軸が磁場と平行に配向している点である．a軸とb軸の弾性率はc軸の弾性率に比べて数倍小さい程度である[64]．b軸に対して一軸配向すると配向軸に対して垂直な方向の弾性率はほかの二軸の平均値となる．そのため，磁気配向しても顕著な異方性が現れなかったと考えられる．回転磁場などを使いc軸配向が達成できれば，異方性が大きな材料が作製できると期待される．

弾性率では大きな異方性は発現しなかったが，破断現象には大きな異方性が確認されている．印加磁場に平行にひずみをかけると試料は10％程度のひずみで脆性破断する．配向していないものは脆性破断することなくネッキング（necking）が生じてよく伸びるのとは対照的である．一方，印加磁場に垂直にひずみをかけた場合，降伏点を過ぎたあと応力は徐々に減少していくという非常に興味深い挙動をする．破断後の試料を観察するとひずみ方向に裂けている部分とネッキングしている部分が観察される．この観察の結果から図5.8.37に示すようなモデルを考えること

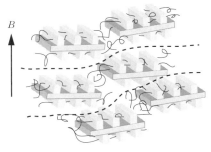

図5.8.37 磁場配向iPP/NA-11の構造とクラック成長方向の模式図
印加磁場に平行にひずみを加えると破線方向にクラックが成長する．垂直方向にひずみを加えると分子鎖の絡み合いのためクラックの成長が抑制され，ネッキングが進行する．

ができる．

高分子の破断現象は，クラックの形成とその進行で考えることができる．応力が集中した部分にクラックが形成し，それが大きく成長することで試料は巨視的に破断する．通常，高分子は非晶質部分が多く存在し，分子鎖が絡み合った部分がクラックの進行を妨げる役割を演じている．磁場外で作製された試料は結晶の配向がランダムであり分子鎖の絡み合い点もランダムに存在している．そのため，クラックの成長が著しく押さえられるため延性的なふるまいをしている．一方，磁場配向させた試料では結晶が一軸配向しているため，分子鎖の絡み合い点の分布も異方的になっている．iPP結晶のc軸は磁場に垂直方向に分布している．分子鎖の絡み合い点は結晶ラメラ間に多く存在することと併せて考えると，分子鎖の絡み合い点は磁場と垂直方向に多く分布していると考えられる．そのため，磁場と平行にひずみを加えた場合には，絡み合い点が少ないため脆性的に破断したと理解される．一方，磁場と垂直方向にひずみを加えた場合には絡み合い点が多いためクラック形成が抑制され，ネッキングと同時進行したと思われる．

e. 将来展望

　非接触で物質に力を作用させる磁場は，材料プロセスにおいて魅力的な手法である．均一に内部まで作用し，形状にも依存しないためさまざまな材料への応用が期待される．磁気配向に関していえば，多くの結晶や繊維について磁気配向が可能である．その可能性は無限大であるといえるだろう．とくに，結晶や繊維が分散された複合材料への適用のニーズは高い．さまざまな物性の異方性制御の手段として，今後は次々と実用化されていくと期待される．しかしながら，磁気配向が本格的に研究されてから20年程度経つが，研究成果が必ずしも実用化に結びついていないのが実状である．最大の問題はソレノイド型の超伝導磁石では連続プロセスに不都合な場合が多いことである．最近では，電磁石を用いた連続プロセスの検討[65]やスプリット型超伝導磁石を用いた検討[66]がなされてきている．超伝導技術のさらなる発展とともに，実用化に向けたさまざまな課題が克服されていくと期待している．

文　献

1) M. Yamaguchi, Y. Tanimoto, eds., "Magneto- Science", p. 17, Kodansha/Springer-Verlag (2006).
2) 尾関寿美男, 谷本能文, 山口益弘 編, "磁気科学", p. 66, アイピーシー (2002).
3) T. Kimura, M. Yamato, W. Koshimizu, M. Koike, T. Kawai, *Langmuir*, **16**, 858 (2000).
4) M. Yamato, H. Aoki, T. Kimura, I. Yamamoto, F. Ishikawa, M. Yamaguchi, M. Tobita, *Jpn. J. Appl. Phys.*, **40**, 2237 (2001).
5) T. Kimura, M. Yoshino, T. Yamane, M. Yamato, M. Tobita, *Langmuir*, **20**, 5669 (2004).
6) M. Yamaguchi, S. Ozawa, I. Yamamoto, *Jpn. J. Appl. Phys.*, **48**, 063001 (2009).
7) T. Kimura, M. Yoshino, *Langmuir*, **21**, 4805 (2005).
8) F. Kimura, T. Kimura, K. Matsumoto, N. Metoki, *Cryst. Growth. Des.*, **10**, 48 (2009).
9) T. Fukushima, S. Horii, H. Ogino, T. Uchikoshi, T. S. Suzuki, Y. Sakka, A. Ishihara, J. Shimoyama, K. Kishio, *Appl. Phys. Express*, **1**, 111701 (2008).
10) K. Iwai, M. Niimi, T. Kohama, *Jpn. J. Appl. Phys.*, **48**, 106503 (2009).
11) C. Uyeda, T. Tanaka, R. Takashima, *J. Phys. Soc. Jpn.*, **73**, 496 (2004).
12) V. Timbrell, *J. Appl. Phys.*, **43**, 4839 (1972).
13) Y. Schmitt, C. Paulick, F. X. Royer, J. G. Gasser, *J. Non-Cryst. Solids*, **205-207**, 139 (1996).
14) ポリマテック, 特開 2001-156227.
15) 昭和電工, 特開 2010-84316.
16) M. Fujiwara, E. Oki, M. Hamada, Y. Tanimoto, I. Mukouda, Y. Shimomura, *J. Phys. Chem. A*, **105**, 4383 (2001).
17) T. Kimura, H. Ago, M. Tobita, S. Ohshima, M. Kyotani, M. Yumura, *Adv. Mater.*, **14**, 1380 (2002).
18) M. J. Casavant, D. A. Walters, J. J. Schmidt, R. E. Smalley, *J. Appl. Phys.*, **93**, 2153 (2003).
19) T. Takahashi, K. Yonetake, "Polymer Nanocomposites Handbook" (R. K. Gupta, E. Kennel, K. Kim, eds.), p. 223, CRC Press (2010).
20) 物質・材料研究機構, 特開 2008-13415.
21) ポリマテック, 特開 2009-203127.
22) 高橋 敦, 小山 拓, 渕田泰司, 北原清志, 山登正文, 木村恒久, 日本印刷学会誌, **43**, 125 (2006).
23) 渕田泰司, 高橋 敦, 北原清志, 山登正文, 木村恒久, 日本印刷学会誌, **45**, 27 (2008).
24) 山登正文, 金丸昌司, 渕田泰司, 高橋 敦, 北原清志, 色材, **83**, 330 (2010).
25) T. Kimura, M. Yamato, A. Nara, *Langmuir*, **20**, 572 (2004).
26) T. Kimura, Y. Sato, F. Kimura, M. Iwasaka, S. Ueno, *Langmuir*, **21**, 832 (2005).
27) 山登正文, 野村伸吾, 木村恒久, 化学工業, **58**, 428 (2007).
28) Y. Doshita, K. Tsuzuku, H. Kishi, A. Makiya, S. Tanaka, K. Uematsu, T. Kimura, *Jpn. J. Appl. Phys.*, **43**, 6645 (2004).
29) T. S. Suzuki, Y. Sakka, K. Kitazawa, *J. Ceram. Soc. Jpn.*, **109**, 866 (2001).
30) Y. Sakka, T. S. Suzuki, *J. Ceram. Soc. Jpn.*, **113**, 26 (2005).
31) 物質・材料研究機構, 特開 2004-131363.
32) C. Uyeda, T. Takeuchi, A. Yamagishi, M. Date, *J. Phys. Soc. Jpn.*, **60**, 3234 (1991).
33) C. Uyeda, T. Takeuchi, A. Yamagishi, A. Tsuchiyama, T. Yamanaka, M. Date, *Phys. Chem. Minerals*, **20**, 369 (1993).
34) 協立化学産業, 特開 2007-121997.
35) T. M. Rothgeb, E. Oldfield, *J. Biol. Chem.*, **256**, 1432 (1981).
36) G. Sazaki, E. Yoshida, H. Komatsu, T. Nakada, S. Miyashita, K. Watanabe, *J. Cryst. Growth*, **173**, 231 (1997).
37) M. Ataka, E. Katoh, N. I. Wakayama, *J. Cryst. Growth*, **173**, 592 (1997).
38) J. Torbet, J.-M. Freyssinet, G. H.-Clergeon, *Nature*, **289**, 91 (1981).
39) A. Yamagishi, T. Takeuchi, T. Higashi, M. Date, *Physica B*, **177**, 523 (1992).
40) M. Murayama, *Nature*, **206**, 420 (1965).
41) I. Otsuka, H. Kawasaki, H. Maeda, S. Ozeki, Abstract of Symposium on New Magneto-Science, 13 (2002).
42) I. Yamamoto, S. Saito, T. Makino, M. Yamaguchi, T. Takamatsu, *Sci. Tech. Adv. Mater.*, **7**, 322 (2006).
43) T. Kaito, S. Yanagiya, A. Mori, M. Kurumada, C. Kaito, T. Inoue, *J. Cryst. Growth*, **289**, 275 (2006).
44) H. Sata, T. Kimura, S. Ogawa, M. Yamato, E. Ito, *Polymer*, **37**, 1879 (1996).
45) H. Ezure, T. Kimura, S. Ogawa, E. Ito, *Macromolecules*, **30**, 3600 (1997).
46) T. Kawai, T. Kimura, *Polymer*, **41**, 155 (2000).
47) T. Kimura, T. Kawai, Y. Sakamoto, *Polymer*, **41**, 809 (2000).
48) H. Aoki, M. Yamato, T. Kimura, *Chem. Lett.*, **30**, 1140 (2001).
49) M. Yamato, T. Kimura, *Trans. MRS-J.*, **27**, 117 (2002).
50) T. Kimura, *Polm. J.*, **35**, 823 (2003).
51) 山登正文, 木村恒久, 高分子論文集, **64**, 464 (2007).
52) T. Kawai, Y. Sakamoto, T. Kimura, *Mater. Trans. JIM*, **41**, 955 (2000).
53) M. Yamato, T. Kimura, *Sci. Tech. Adv. Mater.*, **7**, 337 (2006).
54) F. Ebert, T. T.-Albrecht, *Macromolecules*, **36**, 8685 (2003).
55) T. Kawai, T. Kimura, Y. Yamamoto, *Trans. MRS-J.*, **27**, 125

56) 山登正文, 高橋弘紀, 渡辺和雄, 東北大学金属材料研究所強磁場超伝導材料研究センター平成20年度年次報告, 162 (2009).
57) M. Yamato, T. Kimura, *Chem. Lett.*, **29**, 1296 (2000).
58) 山登正文, 高分子論文集, **61**, 433 (2004).
59) 織田文彦, 野沢清一, 林 昌宏, 志賀 勇, 木村昌敏, 梶村敏二, 高分子論文集, **46**, 101 (1989).
60) S. Kossikhina, T. Kimura, E. Ito, M. Kawahara, *Polym. Eng. Sci.*, **37**, 396 (1997).
61) S. Kossikhina, T. Kimura, E. Ito, M. Kawahara, *Polym. Eng. Sci.*, **38**, 914 (1998).
62) T. Shimoda, T. Kimura, E. Ito, *Macromolecules*, **30**, 5045 (1997).
63) S. Yoshimoto, T. Ueda, K. Yamanaka, A. Kawaguchi, E. Tobita, T. Haruna, *Polymer*, **42**, 9627 (2001).
64) 田代孝二, 高分子論文集, **49**, 711 (1992).
65) 庄司拓未, 田中真唯, 多田光輝, 栗野 宏, 高橋辰宏, 米竹孝一郎, 日本磁気科学会年会要旨集, **5**, 90 (2010).
66) 山登正文, 平成21年度シーズ発掘試験(発展型)研究成果報告書 (2010).

5.8.4 磁気冷凍

磁気冷凍は, 1.8.2 a.項で述べられた磁気熱量効果を利用した冷凍技術である. 1926年 Debye と Giauque は独立に断熱消磁によって冷却が可能であることを指摘した[1,2]. この方法はその後, 極低温領域での冷却手段として活用されるようになった. 現在でも1mK以下の超低温を生成する最も有効な手法はCuの核スピンを用いた核断熱消磁法である. また, 100mK程度まで冷却可能な市販品も存在する. 一方, 室温付近での磁気冷凍の研究は, 1970年代から始まったが, 近年フロンなどのオゾン層破壊物質を使わず, エネルギー効率も高いことから, 環境にやさしい冷凍技術として注目を集めるようになった. 磁気冷凍は対象とする温度領域によって用いる熱サイクルが異なるので, 本稿では極低温領域の磁気冷凍と20Kから室温までの磁気冷凍に分けて紹介する.

a. 極低温領域の磁気冷凍

極低温領域の磁気冷凍では, 磁気カルノーサイクルが用いられる. 図5.8.38(a)に, 常磁性体の低温度域におけるエントロピーの温度依存性を示す. ここで磁場は $0<H_0<H_1$ である. この図でA→B→C→Dのサイクルを運転して冷却するには, 図5.8.38(b)のような二つの熱スイッチをもつ装置を用いればよい. 最初に T_1, H_0 の状態(A)から出発し, ① 熱スイッチ1だけを閉じて, 磁場を H_0 から H_1 まで増加する(等温磁化過程). このとき磁性体は熱を高温熱浴に放出する. ② 両方の熱スイッチを開いて, 磁場を H_1 から H_0 まで減少する(断熱減磁過程). 磁性体の温度は T_1 から T_0 へ低下する. ③ 熱スイッチ2だけを閉じて, 磁場を H_0 から0まで減少する(等温消磁). 低温熱浴から磁性体に熱が流入する. ④ 再び両方の熱スイッチを開いて, 磁場を0から H_0 まで増加する(断熱磁

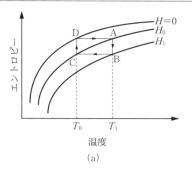

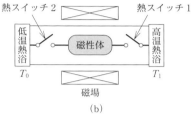

図5.8.38 極低温領域の磁気冷凍
(a) 磁気カルノーサイクル
(b) カルノー磁気冷凍機の概略

化過程). これでサイクルは1周する. これを気体の逆カルノーサイクルと比較すると, ① は等温圧縮, ② は断熱膨張, ③ は等温膨張, そして ④ が断熱圧縮に対応する.

カルノー磁気冷凍機はもともと極低温で使用されるので, 用いる磁場も超伝導磁石が使われる. 磁場の強さは使いやすさから数Tである. その応用としては極低温下での物性測定用のほかに, ヘリウム, 水素液化機, 超流動ヘリウムの生成などがあげられる. 物性測定用では1.5Kから出発すると数時間で100mK以下まで冷却できる市販品もある[3]. 市販品は磁性体の部分がシングルステージのものとダブルステージのものがあり, シングルステージではFeミョウバン ($FeNH_4(SO_4)_2 \times 12H_2O$=FAA) が使われるが, ダブルステージでは高温側にGd-Ga-ガーネット ($Gd_3Ga_5O_{12}$=GGG) を配置して効率よく冷却を行うようになっている. また, パルスチューブ冷凍機と組み合わせて, 外から液体ヘリウムの供給を必要としない無冷媒型の断熱消磁冷凍システムも現れている. 数十mKの温度領域での極低温生成法としては ^{3}He-^{4}He 希釈冷凍機のほうが一般的であるが, 最近は ^{3}He の入手が困難になっているので, 今後, カルノー磁気冷凍機が見直されることも予想される. 意外なところでの応用として, 宇宙空間におけるX線マイクロカロリメーターの冷却が考えられている[4]. X線マイクロカロリメーターはX線のエネルギーを温度上昇として測定するもので, これをX線天文衛星に搭載して宇宙空間で観測を行う計画がある. カロリメーターは100mK以下の極低温まで冷却しなければならないが, 宇宙空間は無重力であるため ^{3}He-^{4}He 希釈冷凍機は使えない. そのため断熱消磁法が有力視され, システムや磁性材料の研究が活発に行われている.

磁気カルノーサイクルを用いたヘリウムの液化機は，1980年代に当時の日本の磁気冷凍研究のリーダーであった橋本巍洲の指導のもとで，東京工業大学と東芝のグループによって初めて製作された[5,6]．その後，1990年代には三菱重工業もヘリウム液化用の磁気冷凍装置を開発している[7]．これらの装置では高温排熱部を15〜20 Kに設定し，GGGのほかにDy-Al-ガーネット（$Dy_3Al_5O_{12}$＝DAG）の単結晶を磁性材料として用いている．また，磁場は5〜6 Tであり，10秒ぐらいで最高磁場に達するパルス超伝導磁石を採用している．東芝と東京工業大学のヘリウム液化機の冷凍出力は1.5 W程度であり，液化能力は2.5 L hr^{-1}であった[6]．普通のヘリウム液化機はジュール–トムソン効果を使うので，エネルギー効率が悪い．磁気カルノーサイクルでは，ヘリウム液化温度でも数十％のカルノー効率が期待されるため，小型で高効率の液化機の開発が見込まれる．そもそもはこれがヘリウム液化機の開発の最大の動機であったと思われるが，高温排熱部を15〜20 Kにするには小型の気体冷凍機（たとえばGM冷凍機）を用いなければならない．しかし，その後，GM冷凍機の性能が著しく向上したため，GM冷凍機だけで4.2 Kまで到達することが可能になった．現在ではヘリウム再凝縮機などにもGM冷凍機が使われており，磁気カルノーサイクルを用いたヘリウム液化機は実用化されていない．三菱重工業はその後，磁気カルノーサイクルによる水素液化機も開発している．1999年に報告された水素液化機では高温排熱部は25 Kで，冷凍出力は最大0.4 W，液化量は0.05 L hr^{-1}であるが，カルノー効率は37％であった[8]．なお，磁気カルノーサイクルによる超流動ヘリウムの生成については1980年頃にグルノーブルのCENGのグループや日立製作所の先駆的な研究があるが，それについては成書を参照されたい[6]．

b. 20 Kから室温領域の磁気冷凍

磁性体のエントロピーには磁気エントロピーS_mのほか，格子振動による格子のエントロピーS_lが存在する．金属では，さらに電子系のエントロピーS_eもこれに加わるが，S_eは一般にS_lよりも十分小さいので，磁気冷凍サイクルを考える場合は無視しても差し支えない．S_lは極低温領域では無視できるほど小さいが，温度が上昇するにつれて大きくなり，室温ではS_mの数倍〜十数倍に達する．磁場によって制御できるのはS_mだけであり，S_lはまったくの熱負荷にしかならない．このため温度が20 Kを超えると，磁気カルノーサイクルで冷却することはきわめて困難になり，高温域では別の冷凍サイクルが必要になる．

高温での磁気冷凍の最初の実験は，1976年米国のNASAのBrownによって報告された[9]．気体の冷凍機では，排熱部（高温側）と冷却部（低温側）を接続する熱交換ガスの流路に蓄冷器を置く．蓄冷器は低温側で冷却されて高温側に送り出されるガスによって冷やされ，新たに高温側から低温側に送り込まれるガスを予冷却する役割を果たす．Brownは磁気冷凍サイクルに蓄冷器として液体を用い，磁性体を蓄冷液の満たされた容器の中に入れて磁場のオン，オフと同時に蓄冷容器を移動させるという方法を考案した．これは磁気エリクソンサイクルとみなすことができる．Brownの実験については橋本[6]による詳しい解説があるので，ここではそれを参考にして説明する．図5.8.39(a)に実験装置の概略図を，図(b)にその冷凍サイクルを示す．蓄冷液は水80％，エタノール20％の混合液で，断熱容器に入れられている．磁性体はGdで厚さ1 mmの板状のものを重ねて用いている．最初，(1)磁性体を蓄冷容器の上部に置いた状態でAから出発し，磁場を0から7 Tに増加する．このとき等温磁化過程で磁性体は$Q_{AB}=\Delta S T_0$の熱を蓄冷液に放出する．その結果蓄冷液の温度は少し上昇し，図(b)のBになる（A→B）．次に，(2)磁場を印加したままで蓄冷容器を静かに引き上げ，磁性体を容器の下部にもっていく（等磁場過程）．磁性体は蓄冷液に熱を与えながら移動し，下部に着くころには上部の温度と同じくらいになっている（B→C）．ここで，(3)磁場を7 Tから0に減少する．磁性体は等温消磁されるので，蓄冷液から$Q_{CD}=\Delta S T_0$の熱を奪う．このため蓄冷液は冷えるが，磁性体の温度も少し低下して，Dになる（C→D）．最後に，(4)磁場を切ったままで容器を下げると最初の状態に戻るが，このとき磁性体は先の等磁場過程と逆に蓄冷液から熱を奪いながら移動するので，上部に着くころには，Eの状態になり，最初より温度が上がる（D→E）．これで1サイクルが完結するが，これを繰り返すとしだいに上部と下部の間に温度差がついていく．Gdのキュリー温度は292 Kであるが，Brownは最初の実験でサイクルを50回繰り返して，上部の温度が319 K，下部の温度が272 Kの状況（温度差47 K）をつくりだした[9]．さらに翌年の実験では温度差は80 Kにまで拡大したが[10]，これはGdの断熱温度変化ΔT_{ad}（7 Tで約16 K）の5倍以上である．Brownの研究はエリクソンサイクルを用いることによって大きな温度スパンの冷却が可能であることを示した点で大きな意義をもつものである．

Brownの先駆的な研究以後，蓄冷器をもつ高温磁気冷

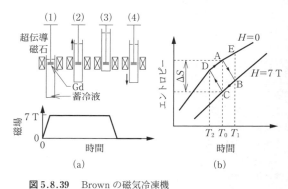

図5.8.39 Brownの磁気冷凍機
(a) 原理図　(b) 磁気エリクソンサイクル
[橋本巍洲，"磁気冷凍と磁性材料の応用"，工業調査会，pp. 212-213 (1987)]

凍サイクルがいくつか提案された．その中で現在，最も有望視されているのが，磁性体が蓄冷器の役割を兼ねた能動的蓄冷器（AMR：active magnetic regenerator）方式の磁気冷凍機である．磁性体に励磁，消磁を繰り返し，その都度，熱交換ガスと熱交換することによって低温を得るという方法を考案したのは，オランダ Philips 社の van Geuns であるといわれている[11]．これは 1968 年のことであるから，Brown の実験より古い．このような冷凍方式に AMR という名前をつけて，現在でも使われる概念に発展させたのはロスアラモス国立研究所の Steyert と Barclay である[12,13]．図 5.8.40(a) にこの冷凍機の概略を示す．AMR 型の磁気冷凍機は AMR ベッド，磁場，熱交換器，およびディスプレーサーで構成されている．AMR ベッドとは磁性体粒子を詰めたユニットのことで，この中をガスや液体などの熱交換媒体が通る仕組みになっている．この冷凍機は，(1) 熱交換媒体が冷却部にある状態で AMR を断熱磁化して温度を上げる，(2) ディスプレーサーを移動させて熱交換媒体を冷却部から排熱部に移す，熱交換媒体は AMR から熱を受け取り高温側熱交換器で排熱する，(3) AMR を断熱消磁して温度を下げる，(4) 熱交換媒体を排熱部から冷却部に移す，熱交換流体は AMR によって冷却され低温用熱交換器で吸熱する，という冷凍サイクルで運転される．(1) と (3) は断熱過程で，(2) と (4) は等磁場過程であるから，蓄冷器の中央部分にある磁性体は図 5.8.40(b) のエントロピー線図で A → B → C → D のような磁気ブレイトンサイクルを描く．AMR ベッドは温度勾配がついているので，中央の磁性体に隣接する部分は異なるサイクルを描き，ベッド全体としては大きな温度領域で作動する冷凍サイクルがつくられる．これが AMR の大きな利点

である．この AMR サイクルを用いて高温磁気冷凍を目指したのは米国 Astronautics 社のグループである．彼らは最初 AMR 型磁気冷凍機を水素の液化に応用することを目的として，AMR の実証研究を行った．1992 年に発表した最初の実証機では，磁気作業物質として $Er_xGd_{1-x}Al_2$ を，熱交換媒体としてヘリウムガスを用い，3 T の磁場のもとで初期温度 14.5 K から出発して，14 サイクル後に排熱部 18.5 K，冷却部 9 K の温度差をつくりだすことに成功した[14]．また，磁場を 5 T にした場合，定常状態で磁性体上部は 28 K，下部は 5 K になり，AMR による蓄冷効果が確認された．さらに，1995 年には $GdNi_2$ を用い，磁場も 7 T として，排熱部を 70 K に設定し，無負荷で低温側は 26 K に到達した[15]．これらの成果をもとにして，Astronautics 社は液体窒素温度を出発点とする水素液化用の 2 段式の AMR 型磁気冷凍機のデザインも行っている[16]．

しかし，彼らはその後，AMR サイクルの室温磁気冷凍への応用へと向かい，Iowa 州立大学 Ames 研究所と共同で 1997 年に最初の室温磁気冷凍機を発表した[17]．磁場は超伝導マグネットを用いており，最大磁場は 5 T である．AMR ベッドは二つのユニットがあり，それぞれ 1.5 kg の Gd（直径 0.15〜0.3 mm の球状試料）を用いている．また，排熱部と冷却部の間には AMR ベッドを介して熱交換媒体（この場合は水）が流れるようになっている．磁気冷凍はこれらの AMR ベッドを交互に磁場中に置き，その都度，水の流れる方向を切り替えることによって行われる．この方式は往復駆動型とよばれている．AMR ベッドを二つ設置するのは，冷凍サイクルを短くするためだけでなく，一方の磁性体を磁場中から引き抜く力と，他方の磁性体を磁場中に引き込む力を相殺させて，駆動力を軽減するという狙いがある．図 5.8.41 にその運転サイクルを示す[18]．この図は次に述べる中部電力が発表した室温磁気冷凍機に基づいているが，Astronautics 社の冷凍機も原理的には同じである．(1) では磁性体 1 が磁場から引き抜かれ，同時に磁性体 2 が磁場に引き込まれている．(2) で磁性体 2 が磁場中心に近くなると，ここでバルブを切り替えて，排熱部→磁性体 1 →冷却部→磁性体 2 →ポンプ→排熱部に水を流す．排熱部を出た水は消磁されている磁性体 1 で冷却されて冷却部に到達し，冷却部を出た水は磁化されている磁性体 2 で暖められて排熱部に到達する．(3) で磁

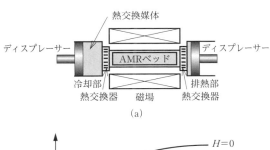

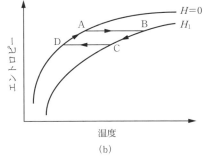

図 5.8.40 AMR の磁気冷凍機
(a) 原理図　(b) 磁気ブレイトンサイクル

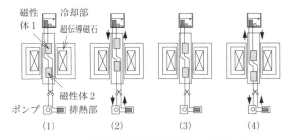

図 5.8.41 往復駆動型室温磁気冷凍機の運転サイクル
[長屋重夫，平野直樹，OHM，**88**，54（2001）]

性体の運動方向は逆になり，(4) で磁性体1のほうが磁化されるようになると，水の流れを排熱部→磁性体2→冷却部→磁性体1→ポンプ→排熱部に変更する．Astronautics社の磁気冷凍機はサイクルの周期が6sで，最大温度差は38℃であった．冷却能力は磁場5T，水の流量が5L min^{-1}としたとき，温度差10℃で600W，温度差22℃のときでも100Wに達している[17]．冷却能力を入力電力で割った成績係数COP (coefficient of performance) は最大で10であった．この装置は18カ月にわたり1500時間以上作動させたが，問題は生じなかったことも報告されている．彼らの成果は室温磁気冷凍研究のブレークスルーとなり，その後の室温磁気冷凍の研究の方向を決定づけるものとなっている．日本では2000年に中部電力が東芝と共同で超伝導磁石を用いた往復駆動型のAMR磁気冷凍機を試作している[18]．この装置の最大磁場は4T，冷凍能力は温度差24℃で100Wであり，このときのCOP=4.3であった．磁性材料は直径0.3 mmの球状のGdを2kg用いている．

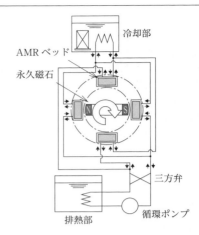

図5.8.42 回転型室温磁気冷凍機の構成
[中部電力株式会社 プレスリリース，http://www.chuden.co.jp/corpo/publicity/press2003/0303_1.html]

Astronautics社は続いて2001年に永久磁石を用いた磁気冷凍機を発表した[19]．永久磁石の磁場は1.5 Tくらいであり，超伝導磁石に比べると小さい．すなわち1サイクルでくみ出せる熱量が小さいので，冷却能力を稼ぐには周期を短くする必要がある．そのため往復駆動型ではなく，回転型の装置が用いられる．回転型の磁気冷凍機は最初，Steyertによって提案された[12]．Astronautics社のZimmらはAMRベッドを6段にして，それを逐次永久磁石のつくる磁場の中に挿入するという方法を採用した．磁気作業物質にはGdとGd$_{0.96}$Er$_{0.04}$合金の球状材料を2層にしたものを用いている．その結果，運転サイクルは4Hzで温度スパンは最大25℃とすることに成功した．また，冷凍能力は温度差0のときに50Wであった[19]．

一方，中部電力と東京工業大学は4段のAMRベッドを固定して，永久磁石を回転する方式を用い，室温磁気冷凍機を作製した[20]．この装置の概略図を図5.8.42に示す．4組のAMRベッドが回転する永久磁石のまわりに配置されており，磁石の回転によって2組の向き合ったAMRベッドが磁化されると同時に残りの2組のベッドが消磁される．このとき循環ポンプの三方弁を操作して，熱交換媒体を，排熱部→消磁されたベッド→冷却部と冷却部→磁化されたベッド→排熱部に流す．磁石が回転するとAMRベッドの消磁と増磁が逆になるが，このとき三方弁を切り替えて熱交換媒体の流れを反転する．2003年に中部電力と東京工業大学がこのシステムを開発した段階では，運転周期4 s，最大磁場0.77 Tで，10℃における最大冷凍能力は60 W（温度差0）であったが，その後，永久磁石の形状の改良や熱交換媒体の流速の向上により，2006年には運転周期2.4 s，最大磁場1.1 Tで最大冷凍能力540 W（排熱部の温度20℃，温度差0.2 K）を記録している[21]．一方，Astronautics社もその後，永久磁石を回転する方式に転換した[22]．彼らはNdFeB磁石と鋼鉄をハルバッハ型に組み合わせて18.55 mmのギャップに1.5 Tの磁場を発生させることに成功した．この永久磁石がリング状に配置された12組のAMRベッドの上下を回転して，4組がギャップの中に入り，磁化された状態となり，4組が消磁状態，そして残りの4組がギャップの外側で低い磁場中にある状態をとる．熱交換流体は図5.8.41の場合と同じような流れ方をするが，低磁場中にあるベッドが消磁されたベッドの手前に置かれている．この方式では中部電力と東京工業大学の装置のように大きなFeヨークを用いていないので，磁気冷凍機の重量はかなり軽い．一方，ギャップが小さいため，搭載できる磁気冷凍材料の量は少なくなる．彼らはこの装置の改良を重ね，2007年には温度差0で840 W，温度差10℃で400 Wの冷凍能力を達成した[23]．

このほかに永久磁石を用いた回転型の磁気冷凍機は，フランスのCooltech社とカナダのVictoria大学が開発を進めている．Cooltech社は電気自動車用のエアコンへの応用を目指しており，シミュレーションによる研究とそれに基づく試作機の開発を行っている[24]．Victoria大学は，1.47 Tの磁場を発生する永久磁石を最大4 Hzで回転するシステムを試作している[25]．この装置は最大で13.2 Kの温度スパンを達成し，彼らはこの装置を用いて圧力損失や電力消費量の運転周波数依存性を調べている．

2010年までに報告された室温磁気冷凍機のレビューがYuらによってなされている[26]．彼らの調査では，2010年までに41台のプロトタイプが報告されているとのことである．このうち大半は往復駆動型であり，回転型はここで述べたもの以外には3台ほどにすぎない．しかし，回転型は往復駆動型に比べて運転周期を早くすることができるので，今後ますます開発が進んでいくものと思われる．永久磁石による磁場の強さも磁気冷凍機の開発課題の一つである．それぞれの磁気冷凍機では，なるべく強い磁場を得るために永久磁石の配列にも工夫を凝らしている．

室温以外の温度範囲における磁気冷凍機では，液体水素の液化への応用が考えられている．Astronautics 社の水素液化の実証実験の発表以来，日本でも水素利用国際クリーンエネルギーシステム技術（WE-NET）や NEDO によって水素液化のための磁気冷凍の研究が取り上げられてきた．最近，物質材料研究機構の沼澤らは高温側で AMR 型，低温側で磁気カルノーサイクルを用いた複合冷凍システムを提案している．詳細は文献[27]を参照されたい．

c. 磁気冷凍材料

磁気冷凍材料については 1.8.2 項でも少し紹介されているが，ここでは材料開発の基本的な考え方を述べる．磁気冷凍材料はまず，磁気エントロピーの起源を希土類元素の磁気モーメントに求める場合と，遷移金属の磁気モーメントに求める場合に分かれる．希土類元素は，一般に大きな磁気モーメントをもつが Gd 以外の元素は軌道角運動量をもつので磁気異方性が大きい．そのため，磁気冷凍材料としては Gd の化合物を用いるか，Gd 以外の希土類化合物では，単結晶で用いるかまたは立方晶の化合物を用いることになる．一方，遷移金属磁性体では磁気異方性はあまり大きくないので，そのような制限はない．極低温領域の磁気冷凍は磁気カルノーサイクルであり，磁気冷凍材料には常磁性体が用いられる．そのため材料の磁気転移温度は，冷却下限よりも低温でなければならない．よく用いられる FAA は 26 mK で磁気転移を起こす．また，GGG と DAG の磁気転移温度はそれぞれ 0.8 K と 2.3 K であるといわれている．磁気カルノーサイクルで用いる材料は高い熱伝導度が要求されるので単結晶体が用いられる．FAA は硫酸溶液の中で結晶を成長させて作製する．GGG や DAG などの希土類ガーネットは，工業的に大型の単結晶を作製する方法が確立している．液体窒素温度から水素の液化を考える場合には，GdNi や GdPd，あるいは (Dy-Er)Al$_2$ のような化合物磁性体が提案されている[28,29]．なお，(Dy-Er)Al$_2$ は立方晶のラーベス相化合物である．

室温磁気冷凍機の磁気冷凍材料には，ほとんどの場合 Gd が用いられている．Gd は 292 K にキュリー温度をもち，室温付近にキュリー温度があるほかの物質に比べて磁気熱量効果が大きい．また，球状や板状に加工しやすく，ほかの希土類金属を少量加えればキュリー温度を調整できる．しかし，室温磁気冷凍機の冷凍能力をさらに高めるためには，より磁気熱量効果の大きな材料の開発が望まれている．その意味で現在注目を集めているのが 1.8.2 項でも紹介されている一次転移物質である．最近 Astronauticis 社の Russek らは，キュリー温度の異なる 5 種類の La(Fe$_{1-x}$Si$_x$)$_{13}$H$_y$ を層状に組み合わせて，磁気冷凍機に搭載し冷凍能力を調べたところ，温度差 13.5℃で 300 W の値を得た[23]．これは同条件で Gd を搭載した場合の 150 W の 2 倍の冷凍能力になり，一次転移物質が大きな冷凍能力をもつことが実証されている．La(Fe$_{1-x}$Si$_x$)$_{13}$H$_y$ と同様に室温磁気冷凍材料として注目を集めているのが Fe$_2$P 型化合物である MnFeP$_{1-x}$Ge$_x$ や MnFeP$_{1-x}$Si$_x$ である[30,31]．これらは 1.8.2 項で述べられている MnFeAs$_x$P$_{1-x}$ の派生系で，毒性元素を含まないという利点がある．しかし，温度ヒステリシスが大きいなどの問題もあり，それらを改善する取組みが盛んに行われている．酸化物では室温付近にキュリー温度をもつマンガナイト化合物がよく研究されている[32]．この物質は単位質量あたりのエントロピー変化は大きいものの，密度が小さいため単位体積あたりにすると，磁気熱量効果はそれほど大きくない．しかし，薄板状に加工できるなどの利点もあり，デンマークの Risø DTU などで材料開発が行われている[33]．

d. 磁性蓄冷材

b. 項で述べたように，気体冷凍機には蓄冷器が置かれているが，極低温用の小型冷凍機ではこの蓄冷器に磁性体が用いられている．この磁性蓄冷材は受動的蓄冷器（passive magnetic regenerator）ともよばれているので，本項で紹介する．磁性体が蓄冷器の役割を果たすには，材料の熱容量がガスの熱容量よりも十分に大きくなくてはならない．よく蓄冷材に用いられる Pb の比熱は 12 K 付近で 10 気圧のヘリウムガスの比熱よりも小さくなるので，この温度以下では蓄冷機として用いることができない．このため従来の冷凍下限は 10 K 程度であった．そこでオランダの Philips 社の Buschow らは希土類化合物の磁気比熱を用いることを提案し，Gd$_{1-x}$Er$_x$Rh の比熱を報告した[34]．この研究が発端となり，日本でも 1980 年代後半から 90 年代にかけて磁性蓄冷材の研究が活発に行われるようになった．1990 年に東京工業大学と東芝は磁性蓄冷材料 Er$_3$Ni を開発した[35]．この物質は 6 K 付近で比熱にブロードなピークを示す．この磁性蓄冷材の開発によって GM 冷凍機は初めて 4 K までの冷却が可能になった．さらに，東芝は 2000 年に Er$_3$Ni を凌駕する磁性蓄冷材料として HoCu$_2$ を見出した[36]．この物質は 7.4 K と 10.4 K に磁気転移点をもつ反強磁性体である．

図 5.8.43 に磁性蓄冷材として開発されたいくつかの物質の比熱の温度依存性を示す．図には比較のため Pb の比熱も示されている．HoCu$_2$ は低温で比熱に二つのピーク

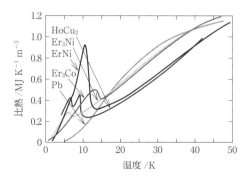

図 5.8.43 代表的な蓄冷材料の比熱の温度依存性
［東芝マテリアル株式会社 製品情報；http://www.toshiba-tmat.co.jp/list/ac_ac.htm］

が観測され、10 K 以下では Er_3Ni よりも大きな比熱を示す．$HoCu_2$ の開発によって GM 冷凍機の冷凍能力は大幅に向上し、MRI の超伝導マグネットなどの冷却に GM 冷凍機が利用されるようになった．このほかにも強磁性体 ErNi が 10 K 付近に大きな比熱のピークを示すことが報告されている[37]．このように磁性蓄冷材では Ho や Er の化合物が開発の対象になっている．これらの希土類元素では全角運動量 J が大きく（Ho の $J=8$、Er の $J=15/2$）、スピン角運動量 S が小さい（Ho の $S=2$、Er の $S=3/2$）．J が大きければ全エントロピーが大きく、S が小さければ磁気転移温度は低くなる．Gd 以外の希土類元素の 4f 電子のエネルギー準位は結晶場の影響によっていくつかのレベルに分裂している．これらのレベルは磁気転移温度以下でさらに磁気分裂を起こす．したがって、基底状態の縮重度や低エネルギーの励起状態の数が多ければ磁気転移温度で解放されるエントロピーも大きく、比熱のピークも大きくなる．Er_3Ni はキュリー温度における磁気エントロピーは 11 $J K^{-1} mol^{-1}$ であって、これは $R\log 4$ （R はガス定数） = 11.52 $J K^{-1} mol^{-1}$ に近い[37]．このことは ErNi の基底状態は四重項であるか、あるいは基底状態とエネルギー状態がいずれも二重項で、きわめて接近しているかのいずれかであることを示唆している．Er はクラマースイオンであり、結晶場分裂によるレベルは最低でも二重項になるので、低温で大きなエントロピーが得やすい．$HoCu_2$ の場合は、結晶場分裂が特異で、基底状態から第 3 励起状態までのエネルギー差が 5 K 程度しかなく、このことと二つの磁気転移が大きな比熱の原因であると考えられている[38]．

文 献

1) P. Debye, *Ann. Physik*, **81**, 1154 (1926).
2) W. F. Giauque, *J. Am. Chem. Soc.*, **49**, 1870 (1927).
3) たとえば、Janis Research Company Inc. の Model 16RD-ADR; http://www.janis.com/ 参照．
4) 沼澤健則、神谷宏治、満田和久, *Space Utiliz. Res.*, **25**, 300 (2009).
5) 中込秀樹、栗山 透、荻原宏康、藤田豊実、橋本巍洲, 低温工学, **20**, 288 (1985).
6) 橋本巍洲, "磁気冷凍と磁性材料の応用", 工業調査会 (1987).
7) 松尾 忍、大平勝秀, 特開 8-145487 (1996).
8) 大平勝秀、中道憲治、吉田裕宣, 三菱重工技報, **36**, 324 (1999).
9) G. V. Brown, *J. Appl. Phys.*, **47**, 3673 (1976).
10) G. V. Brown, *NASA Tech. Brief*, **3**, 190 (1978).
11) J. R. van Geuns, US Patent 3413814 (1966).
12) W. A. Steyert, *J. Appl. Phys.*, **49**, 1216 (1978).
13) J. A. Barclay, W. A. Steyert, US Patent 4332135 (1982).
14) A. J. DeGregoria, L. J. Fruling, J. F. Laatsch, J. R. Rowe, J. R. Trueblood, A. A. Wang, *Adv. Cryog. Eng.*, **37B**, 875 (1992).
15) C. B. Zimm, J. W. Johnson, R. W. Murphy, *Adv. Cryog. Eng.*, **41**, 1675 (1996).
16) D. Janda, T. DeGregoria, J. Johnson, S. Kral, G. Kinard, *Adv. Cryog. Eng.*, **37B**, 891 (1992).
17) C. Zimm, A. Jastrab, A. Sternberg, V. K. Pecharsky, K. A. Gschneidner Jr., *Adv. Cryog. Eng.*, **43**, 1759 (1998).
18) N. Hirano, S. Nagaya, M. Takahashi, T. Kuriyama, K. Ito, S. Nomura, *Adv. Cryog. Eng.*, **47**, 1027 (2002); 長屋重夫、平野直樹, OHM, **88**, 54 (2001).
19) C. Zimm, A. Boeder, J. Chell, A. Sternberg, A. Fujita, S. Fujieda, K. Fukamichi, K., Proc. 1st Int. Conf. on Magnetic Refrigeration at Room Temperature (P. W. Egolf, O. Sari, A. Kitanovski, F. Gendre, eds.), 367 (2005).
20) T. Okamura, K. Yamada, N. Hirano, S. Nagaya, Proc. 1st Int. Conf. on Magnetic Refrigeration at Room Temperature (P. W. Egolf, O. Sari, A. Kitanovski, F. Gendre, eds.), 319 (2005); 中部電力株式会社プレスリリース, 2003 年 3 月 3 日, http://www.chuden.co.jp/corpo/publicity/press2003/0303_1.html 参照．
21) T. Okamura, R. Rachi, N. Hirano, S. Nagaya, Proc. 2nd Int. Conf. on Magnetic Refrigeration at Room Temperature (A. Poredos, A. Sarlah, eds.), 377 (2007).
22) C. Zimm, J. Auringer, A. Boeder, J. Chells, S. Russek, A. Sternberg, Proc. 2nd Int. Conf. on Magnetic Refrigeration at Room Temperature (A. Poredoš, A. Šarlah, eds.), 341 (2007).
23) S. Russek, J. Auringer, A. Boeder, J. Chells, S. Jacobs, C. Zimm, Proc. 4th IIF-IIR Int. Conf. on Magnetic Refrigeration at Room Temperature (P. W. Egolf, O. Tegusi, D. Paudyal, A. Lebouc, T. Kawanami, A. Kitanovski, eds.), 9 (2007).
24) C. Vasile, C. Muller, *Int. J. Refrig.*, **29**, 1318 (2006).
25) A. Tura, A. Rowe, Proc. 2nd Int. Conf. on Magnetic Refrigeration at Room Temperature (A. Poredos, A. Sarlah, eds.), 363 (2007).
26) B. Yu, M. Liu, P. W. Egolf, A. Kitanovski, *Int. J. Refrig.*, **33**, 1029 (2010).
27) 沼澤健則, 日本磁気学会誌, **1**, 316 (2006).
28) C. B. Zimm, E. M. Ludeman, M. C. Severson, T. A. Henning, *Adv. Cryog. Eng.*, **37B**, 883 (1992).
29) K. A. Gschneidner, Jr., V. K. Pecharsky, S. K. Malik, *Adv. Cryog. Eng.*, **42**, 475 (1996).
30) D. T. Cam Thanh, E. Brück, O. Tegus, J. C. P. Klaasse, T. J. Gortenmulder, K. H. J. Buschow, *J. Appl. Phys.*, **99**, 08Q107 (2006).
31) D. T. Cam Thanh, E. Brück, N. T. Trung, J. C. P. Klaasse, K. H. J. Buschow, Z. Q. Ou, O. Tegus, L. Caron, *J. Appl. Phys.*, **103**, 07B318 (2008).
32) M.-H. Phan, S.-C. Yu, *J. Magn. Magn. Mater.*, **308**, 325 (2007).
33) C. A.-Torres, N. Pryds, L. Theil Kuhn, C. R. H. Bahl, S. Linderoth, *J. Appl. Phys.*, **108**, 073914 (2010).
34) K. H. J. Buschow, J. F. Olijhoek, A. R. Miedema, *Cryogenics*, **15**, 261 (1975).
35) M. Sahashi, Y. Tokai, T. Kuriyama, H. Nakagome, R. Li, M. Ogawa, T. Hashimoto, *Adv. Cryog. Eng.*, **35**, 1175 (1990).
36) 岡村正巳、大谷安見、斉藤明子, 東芝レビュー, **55**, 64 (2000); 東芝マテリアル株式会社 製品情報; http://www.toshiba-tmat.co.jp/list/ac_ac.htm
37) K. Sato, Y. Isikawa, K. Mori, T. Miyazaki, *J. Appl. Phys.*, **67**, 5300 (1990).
38) M. Andrecut, I. Pop, I. Burda, *Mater. Lett.*, **16**, 206 (1993).

5.8.5 磁気めっき

a. 磁気めっきにおける磁場効果

電気分解や電解析出（電析）など酸化還元を伴う電極反応に磁場を印加する手法は，磁気電気化学プロセスまたは磁気電析とよばれている．電析により基板表面に金属などの薄膜を形成させるめっきプロセスに磁場を印加するのが磁気めっきである．磁気電気化学や磁気めっきの研究は1970年代から始まった．当時は永久磁石や電磁石を用いて1T程度の磁場を印加して行っていたが，1990年代に入り冷凍機冷却型の超伝導磁石が普及し始めると，10T以上の強磁場を印加した実験例も報告されるようになり，強磁場科学の進展と同様に，新しい展開をみせている．

電気化学反応への磁場効果のほとんどは，ローレンツ力によって引き起こされる．図5.8.44(a)に示したように，電解におけるファラデー電流 J と磁束密度 B の相互作用 $J \times B$ により両者の垂直方向にローレンツ力が働き対流が誘発される．その流動の様子はナビエ・ストークスの式により記述される．

$$\frac{\partial \boldsymbol{u}}{\partial t} + (\boldsymbol{u} \cdot \nabla)\boldsymbol{u} = -\frac{1}{\rho}\nabla P + \nu \nabla^2 \boldsymbol{u} + \frac{1}{\rho}\boldsymbol{J} \times \boldsymbol{B}$$
(5.8.12)

ここで，u は速度，P は圧力，ρ は密度，ν は動粘度である．この磁気電気化学における磁気流体力学的（MHD：magnetohydrodynamic）効果は，青柿[1]やFahidy[2]らにより定式化され，数多くの研究例が報告されている[3,4]．ローレンツ力が最大になるのは磁場と電流が垂直になるときであるから，磁場が電極面に平行に印加される配置のとき，MHD効果が最も有効に働く．このときMHD対流により

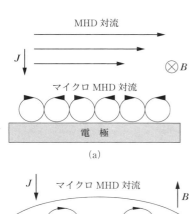

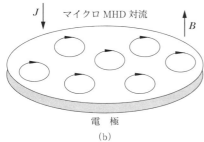

図5.8.44 MHD効果とマイクロMHD効果

電極近傍の拡散層が薄くなり，物質移動が促進されるためファラデー電流は増加する．電解条件が物質移動律速で，電解が定常状態になったとき，電流密度は磁束密度の1/3乗に比例して増加する．

電析は非平衡過程であるため，電極界面では溶質の濃度揺らぎや析出物の形状揺らぎが存在し，電流分布にも揺らぎが生じている．青柿は，このようなミクロな揺らぎと磁場の相互作用により電極近傍ではμmスケールの小さなMHD対流が生じることを提唱し，マイクロMHD効果とよんだ[5]．このマイクロMHD効果は，磁場とファラデー電流が平行な配置で電析を行う場合にとくに重要となる（図5.8.44(b)）．この配置では，電極エッジを除いて巨視的なMHD対流は生じないはずであるが，多くの実験で電析電流の増加や析出形態の変化が観察されており，マイクロMHD効果によるものと考えられている．

磁気めっきにおけるほかの効果としては，常磁性イオンに働く磁気力 F_m の効果がある．

$$F_m = \frac{1}{2\mu_0}(2\chi c \boldsymbol{B} \nabla \boldsymbol{B} + \chi \boldsymbol{B}^2 \nabla c) \quad (5.8.13)$$

ここでは，常磁性イオンの磁化率を χ，濃度を c としている．μ_0 は真空の透磁率である．第1項は磁場勾配により常磁性イオンがより磁場の強い方に泳動する効果であり，第2項は常磁性イオンの濃度勾配により生じる磁気エネルギーの差に起因するものである．磁気めっきでは多くの場合，MHD効果が支配的に働くため，磁気力の効果が顕在化する系は少ないが，無電解析出で顕著な効果が観察されている[6]．第2項に関しては，現実の系で観察できる可能性を疑問視する報告もあり[7]，あったとしても多くの場合，MHD効果に隠されてしまうものと推察される．

めっき過程で析出する物質が磁化率の異方性を有している場合には，次式で表される磁気異方性エネルギー U により，結晶の磁場配向が起こる可能性がある．

$$U = -\frac{1}{2\mu_0}(\chi_a - \chi_c)B^2 \quad (5.8.14)$$

ここで，χ_a と χ_c はそれぞれ結晶の a 軸および c 軸方向の磁化率である．ただし，電析においては，結晶配向は電流密度や電極電位にも依存するので，磁気めっきにおける結晶配向は両者の効果が重複されて現れる．一般には，電気化学的な配向効果のエネルギーのほうが大きいので，電析において磁場配向を観察することは容易ではないが，導電性ポリマーの磁気電解重合では磁場配向が観察され，組織・機能制御に応用されている[8]．

b. 磁気めっきによる形態制御

MHD効果は電析物の析出形態を著しく変化させる．はじめに金属葉の成長形態への磁場効果を紹介する．金属葉とは，薄層溶液や油-水界面などで金属を電析させると，樹枝状結晶が擬二次元的に成長する様子をいう．その形態は電析条件のわずかな違いで大きく変化することから，電析形態への磁場効果を顕在化させるための格好の実験系であり，いくつかの実験例が報告されている[9~12]．図5.8.45

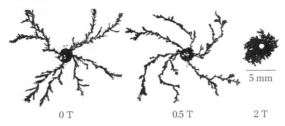

図 5.8.45 亜鉛の金属葉の磁気電析パターン

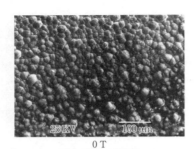

図 5.8.46 銅めっき膜の表面形態への磁場効果
[青柿良一, 表面科学, **20**, 752 (1999)]

に Zn の金属葉の成長形態が磁場印加により顕著に変化する様子を示す[10]. 電解セルは, 中心に針状の陰極を, 外側にドーナツ盤状の陽極を配し, それらを電解液とともに 2 枚のガラス板で挟んだもので, 磁場はファラデー電流に垂直に印加される. 無磁場で亜鉛は無秩序に枝分かれしたフラクタルパターンを示すが, 0.5 T の磁束密度ではスパイラルな形態になる. 磁場印加により陰極のまわりを回転するように MHD 対流が発生し, さらに成長する亜鉛の枝にもローレンツ力が働くために, 金属葉はスパイラルな形態をとる. 磁束密度が 2 T になると, MHD 対流の流れが激しくなるため, 長い枝の成長は抑制され, 短い枝が密に凝集した形態になる. 磁場により金属葉の成長端の揺らぎが抑制され, 成長端がきれいにそろう現象は, 銀の無電解析出においても観察されている[9].

磁場による成長界面の平滑化は, 磁気めっきにおいて最も多く観察される現象である. 図 5.8.46 は硫酸銅水溶液から析出させた銅めっき膜の表面形態で, 無磁場の結果と, 電極面に平行な 13 T の強磁場下での結果である[13]. 無磁場では 10〜50 μm の粒子が三次元成長している様子がみられるが, 強磁場下では三次元成長はほとんどみられ

ずきわめて平滑な表面が現れている. MHD 対流により拡散層が薄くなり, マイクロ MHD 効果により界面付近の濃度揺らぎが吹き飛ばされた結果, 結晶の核生成が抑制され, 平滑な界面ができたものと考えられている. 同様の効果は, 亜鉛やすずの磁気めっきにおいて, 樹枝状結晶の成長が抑制されることなどでも観察されている[14, 15].

他方, マイクロ MHD 効果がきわめて複雑な電析形態を発生させることもある. 図 5.8.47 は無磁場と 12 T の強磁場下で電析させた酸化第一銅 (Cu_2O) の析出形態である[16]. 無磁場では (100) 面からなる立方体の結晶が析出するが, 12 T では 100 nm 以下の微細な構造をもつ多孔質な結晶に成長する. この実験では, 磁場は電極面に平行に印加されているが, 巨視的な MHD 対流ではこのような微細な構造ができるとは考えにくいので, 電極界面でのマイクロ MHD 対流が引き起こした現象であると考えられる.

図 5.8.46 と図 5.8.47 では, 同じような電極と磁場の配置で MHD 効果やマイクロ MHD 効果が作用しているにも関わらず, 得られた電析形態はまったく異なっている. このような違いは何に由来するのであろうか. 現在のところ系統的な説明には至っていないようであるが, 一つの可能性として, どの律速過程に磁場が作用したかである. 前者のように拡散律速過程にマイクロ MHD 効果が作用した場合では, 界面での揺らぎが解消され滑らかな界面が表れる. 他方, 後者のように単結晶が成長するような条件は, 成長面での表面拡散などのプロセスが律速する反応律速過程である. そのような過程へのマイクロ MHD 効果は表面拡散や特異吸着を乱すような働きをして, 結果的に単結晶

図 5.8.47 Cu_2O の電析形態への磁場効果
[A. L. Daltin, J. P. Chopart, *Magnetohydrodynamics*, **45**, 267 (2009)]

の成長が阻害されるものと推察される．いずれにしても，磁気めっきが，このような劇的な形態の変化をもたらすことは，めっき膜の高品質化や高機能化への応用が期待できる．

電極面に垂直に磁場を印加したときの磁気めっきの実験例を紹介する．この配置では，巨視的な MHD 対流は生じないが，電析膜表面の凹凸のために界面付近の電流は磁場と平行ではなくなり，図 5.8.44(b) に示したような局所的な MHD 対流が数多く発生する．そのようなマイクロ MHD 対流の痕跡が磁気めっき膜に残された様子が図 5.8.48 である[17]．これは 5 T の磁場中で銅の磁気めっきを行ったもので，50～100 μm 程度の多くの円形のくぼみができており，このサイズのマイクロ MHD 対流が電極界面付近に多数発生していたことを示唆している．

また，図 5.8.49 は，Ni とアルミナ（酸化アルミニウム）の複合めっきを磁場中で行った結果である[18]．図中の黒い粒子がアルミナで，白い部分が Ni 層である．0.5 T の弱い磁場では，アルミナ粒子は無秩序に分布しているが，7 T の強磁場中で磁気めっきを行うと，ハニカム格子的なネットワーク構造をとるようになる．電極反応は Ni の電析であり，めっき膜の界面の凹凸により生じたマイクロ MHD 対流にアルミナの粒子が流され，渦のまわりに堆積したものと推察される．マイクロ MHD 効果を上手に利用することにより，複合めっき膜の組織制御が可能になる．

めっきの初期段階で，電極面に垂直な磁場が結晶の核発生を抑制するという報告がある[19,20]．拡散律速になるような十分に大きな過電圧のもとで磁気めっきを行うと，初期段階でのみ磁場により電流値が減少し，三次元核発生が著しく少なくなる．最初に発生した結晶核のまわりで起こるマイクロ MHD 対流が，表面吸着や表面拡散に影響を及ぼし，その後の結晶核の発生を抑制しているものと考察されている．

常磁性イオンに及ぼす磁気力が析出形態を変化させる例を紹介する．銀の無電解析出を勾配のある磁場中で行ったのが図 5.8.50 である[6]．硝酸銀水溶液に金属銅を浸すと，銀と銅の酸化還元電位の違いにより下記の反応が自然に進行し，金属銅のまわりに銀の樹枝状結晶（銀樹）が析出してくる．

$$2\,\mathrm{Ag}^+ + \mathrm{Cu} \longrightarrow 2\,\mathrm{Ag}\downarrow + \mathrm{Cu}^{2+} \quad (5.8.15)$$

この実験では，硝酸銀の薄層溶液の中に銅線を浸し，それを超伝導磁石の中に置いて銀樹の成長する様子を観察したものである．図 5.8.50 の (a) が無磁場での実験で，(b) が中心磁束密度 ($z=0$) 5 T，(c) が 8 T で行ったものである．この超伝導磁石の磁束密度分布は，中心で一番強く，中心から 100 mm 離れたところで中心の約 40% である．無磁場では銀樹は銅線のまわりにほぼ均一に成長しているが，磁場が印加されると中心付近で成長が著しく抑制されてしまう．これは，銅線から溶け出した常磁性の銅イオンに磁気力が働き，中心方向に向かう磁気対流が生じることが原因である．この実験では磁束密度は銅線に平行であるから，薄層セル内での銅イオンの擬二次元的な運動に対してローレンツ力はセルの上下方向にしか働かず，MHD 対流がほとんど発生しない．このように MHD 効果が無視でき

図 5.8.48 電析形態に及ぼすマイクロ MHD 効果
[R. Aogaki, *Magnetohydrodynamics*, **39**, 453 (2003)]

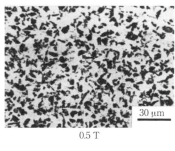

0.5 T

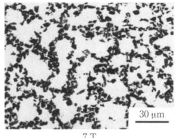

7 T

図 5.8.49 マイクロ MHD 効果により誘導された Ni-アルミナ複合めっきの組織形成
[山田隆志, 浅井滋生, 日本金属学会誌, **69**, 257 (2005)]

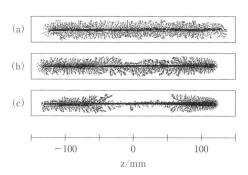

図 5.8.50 銀樹の成長に及ぼす磁気力の影響
 (a) 0 T (b) 5 T (c) 8 T
[A. Katsuki, Y. Tanimoto, *et al.*, *Chem. Lett.*, **25**, 219 (1996)]

るような系においては，磁気力の効果を有効に利用して析出形態を制御することも可能になる．

c. 磁気めっきによる配向・組成制御

めっき過程においては，電流密度や電極電位に依存して，析出する結晶の配向が変化することが知られている．磁気めっきにおいては，Ni や Fe などにおいて，磁場印加によりめっき膜の結晶配向が変化したという報告[21,22]がある．これらはいずれも強磁性物質の電析であるが，磁化容易軸に沿って磁場配向するわけではないので，磁気異方性による磁場配向の可能性は否定された．磁気めっきにおいて結晶配向が変化するのは，多くは MHD 効果による電流密度の増加に起因している．たとえば，鉄の磁気めっきにおいては，磁束密度が増加するにつれて (211) 面の配向が減少して，(222) 面は増加する．この傾向は無磁場における電流密度の増加によって現れる配向変化と同じであった[22]．

磁気異方性による結晶配向が観察された例もある．それは反磁性物質の亜鉛の磁気めっきにおいてである．亜鉛は六方晶の結晶で，c 軸に垂直方向の磁化率が c 軸方向の磁化率よりも大きい．したがって，磁気異方性エネルギー式 (5.8.14) が支配的であれば，c 軸方向に磁場配向するはずである．谷口らは亜鉛の磁気めっきを 12 T の強磁場まで行い，結晶配向と電流密度および磁束密度の関係を詳細に検討した．その結果，12 T で 700 A m^{-2} という電流密度において顕著な c 軸磁場配向が現れることを見出した[23]．このことにより，反磁性の金属であっても磁化率に異方性があれば，適当な電流密度と磁束密度を選択することにより，磁場配向が可能であることが示された．

合金めっき過程に磁場を印加すると，その組成が変化するという報告がある．大竹らは，Ni-Zn の合金の磁気めっきを行い，組成の変化を観察した[24]．無磁場でのめっき膜の組成は NiZn$_3$ 70%，Ni$_5$Zn$_{21}$ 30%であったが，12 T の磁束密度のもとでは，NiZn 90%，Ni$_5$Zn$_{21}$ 10%というまったく異なる組成の膜に変化した．この傾向は，磁場が電極面に平行でも垂直でも観察されたが，MHD 効果がより有効に働く平行な場合に顕著であった．電解液を機械的にかくはんしても，同様の結果が得られたことから，この磁場効果は MHD 対流によるかくはん効果であると結論づけられた．かくはんにより電極近傍の pH の変化が抑制されたことによるとされている．

d. 磁気めっきによる機能発現

これまで，磁気めっきにより膜の形態が劇的に変化する様子や，配向・組成が変化することを述べてきた．そのような変化を新たな機能発現につなげようと試みるのは自然なことである．図 5.8.45 において，亜鉛の金属葉が MHD 効果によりスパイラルに成長する様子をみた．谷本らはケミカルガーデンとよばれる水ガラスの中でのケイ酸塩の成長が，磁場を印加することによりらせん状に成長することを見出している[25]．これも，イオンの運動に働くローレンツ力が原因となっている．このように，MHD 効果によりマクロなスケールでキラルな構造ができることはわかった．それでは，磁気めっきにより分子レベルのミクロなスケールでキラルな界面はできないだろうか．

磁場が電極面に垂直に印加された場合，図 5.8.44(b) にあるように，界面での凹凸のために電極近傍で数多くのマイクロ MHD 対流が生じる．おのおのの対流においては，電極への物質移動の対称性が破れており，このために何らかのキラルな界面の生成が期待される．そのような発想で行われた研究例がある．銀の磁気めっきを，磁場と電極面が垂直な配置で 2 T の磁束密度を印加して行い，その表面にキラリティがあるかどうかが調べられた[26]．得られた磁気めっき膜を電極に用いて，互いに鏡像異性体の関係にあるグルコースの D-体と L-体の酸化電流を測定したところ，両者に差が認められた．これは，銀の磁気めっき膜の界面が何らかのキラルな構造を有しており，グルコースの分子キラリティを認識していることを意味している．さらに，磁場方向を反転して作製した磁気めっき膜を電極に用いると，D-体と L-体の酸化電流の大小関係が逆転することも確認された．このことから，キラリティの起源がマイクロ MHD 対流であるものと推察されるが，その発現機構の詳細はまだ確立されてはいない．しかしながら，磁気めっきによりキラル界面をデザインすることができるのであれば，不斉電解合成や，センサなどへの幅広い応用が期待できる．また，不斉化合物を用いずにキラル界面を作製できることは，グリーンケミストリーの観点からも意義深い．今後，磁気めっきを利用した機能界面の設計などの研究が進展するものと期待される．

文　献

1) R. Aogaki, K. Fueki, T. Mukaibo, *Denki Kagaku*, **43**, 504 (1975).
2) T. Z. Fahidy, *Electrochim. Acta*, **18**, 607 (1973).
3) T. Z. Fahidy, *J. Appl. Electrochem.*, **13**, 553 (1983).
4) R. A. Tacken, L. J. J. Janssen, *J. Appl. Electrochem.*, **25**, 1 (1995).
5) 青柿良一, *Electrochemistry*, **73**, 454 (2005).
6) A. Katsuki, S. Watanabe, R. Tokunaga, Y. Tanimoto, *Chem. Lett.*, **25**, 219 (1996).
7) J. M. D. Coey, F. M. F. Rhen, P. Dunne, S. McMurry, *J. Solid State Electrochem.*, **11**, 711 (2007).
8) H. Goto, *J. Appl. Phys.*, **105**, 114906 (2009).
9) I. Mogi, S. Okubo, Y. Nakagawa, *J. Phys. Soc. Jpn.*, **60**, 3200 (1991).
10) I. Mogi, M. Kamiko, *J. Cryst. Growth*, **166**, 276 (1996).
11) J. M. D. Coey, G. Hinds, M. E. G. Lyons, *Europhys. Lett.*, **47**, 267 (1999).
12) V. Heresanu, R. Ballou, P. Molho, *Magnetohydrodynamics*, **39**, 461 (2003).
13) A. Sugiyama, S. Morisaki, I. Mogi, R. Aogaki, *Electrochemistry*, **68**, 771 (2000).
14) A. Chiba, T. Niimi, H. Kitayama, T. Ogawa, *Surf. Coat. Tech.*, **29**, 347 (1986).
15) A. Chiba, A. Hosokawa, T. Goto, *Surf. Coat. Tech.*, **27**, 131

16) A. L. Daltin, J. P. Chopart, *Magnetohydrodynamics*, **45**, 267 (2009).
17) R. Aogaki, *Magnetohydrodynamics*, **39**, 453 (2003).
18) 山田隆志, 浅井滋生, 日本金属学会誌, **69**, 257 (2005).
19) H. Matsushima, A. Ispas, A. Bund, B. Bozzini, *J. Electroanal. Chem.*, **615**, 191 (2008).
20) J. A. Koza, I. Mogi, K. Tschulik, M. Uhlemann, C. Mickel, A. Gebert, L. Schultz, *Electrochimica Acta*, **55**, 6533 (2010).
21) A. Chiba, K. Kitamura, T. Ogawa, *Surf. Coat. Tech.*, **27**, 83 (1986).
22) H. Matsushima, T. Nohira, I. Mogi, Y. Ito, *Surf. Coat. Tech.*, **179**, 245 (2004).
23) T. Taniguchi, K. Sassa, T. Yamada, S. Asai, *Mater. Trans. JIM*, **41**, 981 (2000).
24) 大竹芳文, 佐々健介, 山田隆志, 浅井滋生, 日本金属学会誌, **67**, 1 (2003).
25) W. Duan, S. Kitamura, I. Uechi, A. Katsuki, Y. Tanimoto, *J. Phys. Chem. B*, **109**, 013445 (2005).
26) I. Mogi, K. Watanabe, *ISIJ Int.*, **47**, 585 (2007).

付　録

電磁界解析法

付録1　電磁界解析の基礎方程式と境界条件・・・・・・・・・・・・・・・827
付録2　境　界　要　素　法・・・・・・・・・・・・・・・・・・・・・・・837
付録3　FDTD 法・・・・・・・・・・・・・・・・・・・・・・・・・・・849
付録4　リラクタンスネットワーク法・・・・・・・・・・・・・・・・・・856

付録1　電磁界解析の基礎方程式と境界条件

1.1　マクスウェルの電磁方程式

電磁界を支配するマクスウェルの電磁方程式は次式で表される[1]．以下，ベクトル量は太字で，スカラ量は細字で表す．

$$\text{rot}\,\boldsymbol{H} = \boldsymbol{J} + \frac{\partial \boldsymbol{D}}{\partial t} \quad \left(\nabla \times \boldsymbol{H} = \boldsymbol{J} + \frac{\partial \boldsymbol{D}}{\partial t}\right) \tag{1.1}$$

$$\text{rot}\,\boldsymbol{E} = -\frac{\partial \boldsymbol{B}}{\partial t} \quad \left(\nabla \times \boldsymbol{E} = -\frac{\partial \boldsymbol{B}}{\partial t}\right) \tag{1.2}$$

$$\text{div}\,\boldsymbol{B} = 0 \quad (\nabla \cdot \boldsymbol{B} = 0) \tag{1.3}$$

$$\text{div}\,\boldsymbol{D} = \rho \quad (\nabla \cdot \boldsymbol{D} = \rho) \tag{1.4}$$

ここで，$\boldsymbol{B}$, $\boldsymbol{H}$, $\boldsymbol{D}$, $\boldsymbol{E}$, $\boldsymbol{J}$ は，それぞれ磁束密度，磁界の強さ，電束密度，電界の強さ，電流密度である．また，ρ は電荷密度である．上式の括弧内にはナブラ演算子 ∇ を用いた表記法を示した．$\nabla \times$ は回転（rotation）$\nabla \cdot$ は発散（divergence）を示す．∇ は後述する傾き（gradient）を示す．ここでは，rot, div, grad を用いることにする．

$\boldsymbol{B}$, $\boldsymbol{H}$, $\boldsymbol{D}$, $\boldsymbol{E}$, $\boldsymbol{J}$ の間には次式の関係がある．

$$\boldsymbol{B} = \mu \boldsymbol{H} \tag{1.5}$$

$$\boldsymbol{D} = \varepsilon \boldsymbol{E} \tag{1.6}$$

$$\boldsymbol{J} = \sigma \boldsymbol{E} \tag{1.7}$$

ここで，μ, ε, σ はそれぞれ透磁率，誘電率，導電率である．

式（1.1）は Ampere が実験的に見出した法則（アンペアの周回路の法則）に変位電流の項を追加したものである．付図1.1のように電流 I（強制電流とよぶ，電源から供給される電流に対応）のまわりの磁界の強さを $\boldsymbol{H}$ とすれば，アンペアの周回路の法則の式（積分形）は次式で与えられる[2]．

$$\oint_C \boldsymbol{H} \cdot \mathrm{d}\boldsymbol{s} = I \tag{1.8}$$

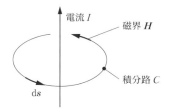

付図1.1　アンペアの周回路の法則

ここで，積分路 C は付図1.1のように電流 I が流れる回路と鎖交するようにとった閉路である．また，$\mathrm{d}\boldsymbol{s}$ は積分路 C の接線方向の微小ベクトルである．式（1.1）は磁界 $\boldsymbol{H}$ を電流が流れる回路に鎖交する閉路に沿って積分した値は，その閉路を貫く回路に流れる電流に等しいことを示している．

次に，電流が線電流ではなく，有限の断面積の導体中を流れている場合を考える．導体中に閉曲線 C を周辺とする任意の面 S を考え，S 上における電流密度を $\boldsymbol{J}$ とし，線積分と面積分を変換する式（1.9）（$\boldsymbol{a}$ はベクトルを表す）のようなストークスの定理[2]を適用すれば，式（1.10）が得られる．

$$\oint_C \boldsymbol{a} \cdot \mathrm{d}\boldsymbol{s} = \iint_S \text{rot}\,\boldsymbol{a} \cdot \mathrm{d}\boldsymbol{S} \tag{1.9}$$

$$\oint_C \boldsymbol{H} \cdot \mathrm{d}\boldsymbol{s} = \iint_S \text{rot}\,\boldsymbol{H} \cdot \mathrm{d}\boldsymbol{S} = \iint_S \boldsymbol{J} \cdot \mathrm{d}\boldsymbol{S} \tag{1.10}$$

ここで，$\mathrm{d}\boldsymbol{S}$ は曲面 S 上の微小面積 $\mathrm{d}S$ と面の法線ベクトル $\boldsymbol{n}$ を用いて，$\mathrm{d}\boldsymbol{S} = \boldsymbol{n}\mathrm{d}S$ と表される面要素ベクトルである．S の形は任意であるから，上式が成立するための条件式は次式となる．

$$\text{rot}\,\boldsymbol{H} = \boldsymbol{J} \tag{1.11}$$

これがアンペアの周回路の法則の微分形である．

ところで，Maxwell は，たとえば付図1.2のような平

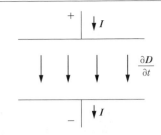

付図 1.2 コンデンサにおける強制電流 I と変位電流 $\partial D/\partial t$

行板コンデンサを充電する場合に，コンデンサ内の電束密度 D の時間的変化に対応する，いわば仮想的な電流（これを変位電流とよぶ）が電極板間を流れ，この電流と導線を流れる電流とで閉じた回路を形成すると考えた．この変位電流も導線を流れる電流と同じように磁界を発生するとすれば，式(1.1)のアンペアの周回路の法則の式は次式のように表される．

$$\mathrm{rot}\,\boldsymbol{H} = \boldsymbol{J} + \frac{\partial \boldsymbol{D}}{\partial t} \tag{1.12}$$

このマクスウェルの変位電流の考え方は，空間のある箇所に加えられた電気的衝撃がほかの場所に直接的に伝わらず，ある速度をもつ波動の形で伝搬していくという Hertz の実験結果（1888年）によって確認された．

式(1.2)はファラデーの電磁誘導の法則の式に対応しており，次のようにして導出される．渦電流は，付図1.3のように導体に鎖交する磁束 Φ が変化して起電力 e が生じることにより流れる[2]．

$$e = -\frac{\partial \Phi}{\partial t} \tag{1.13}$$

Φ は付図1.3のように閉路 C を周辺とする面 S を通り抜ける磁束であるので，磁束密度 $\boldsymbol{B}$ を面 S で積分したものに等しい．また，回路 C に発生する起電力 e は，発生する電界 $\boldsymbol{E}$ を C に沿って積分したものに等しいので，結局，式(1.13)は次式のように変形できる（ファラデーの電磁誘導の法則の積分形）．

$$e = \oint_C \boldsymbol{E} \cdot \mathrm{d}\boldsymbol{s} = -\frac{\partial \Phi}{\partial t} = -\frac{\partial}{\partial t} \iint_S \boldsymbol{B} \cdot \mathrm{d}\boldsymbol{S} \tag{1.14}$$

式(1.14)にストークスの定理を適用すると，

$$\oint_C \boldsymbol{E} \cdot \mathrm{d}\boldsymbol{s} = \iint_S \mathrm{rot}\,\boldsymbol{E}_e \cdot \mathrm{d}\boldsymbol{S} = -\iint_S \frac{\partial B}{\partial t} \cdot \mathrm{d}\boldsymbol{S} \tag{1.15}$$

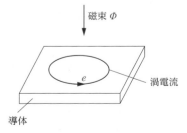

付図 1.3 ファラデーの電磁誘導の法則

S は任意にとってよいので，次式のようなファラデーの電磁誘導の法則の微分形の式が得られる．

$$\mathrm{rot}\,\boldsymbol{E} = -\frac{\partial \boldsymbol{B}}{\partial t} \tag{1.16}$$

ところで実験結果によると，電荷は生成したり消滅したりすることはないことがわかっている．すなわち，ある閉曲面 S を考えると，その面から流出する電流の総和は，その閉曲面で囲まれた体積 V 内の電荷がその時間内に失われた割合に等しく，これは次式で表される．

$$\iint_S \boldsymbol{J} \cdot \boldsymbol{n}\,\mathrm{d}s = -\iiint_V \frac{\partial \rho}{\partial t}\,\mathrm{d}V \tag{1.17}$$

これは電荷の連続式（電荷の保存則）とよばれる．式(1.17)に式(1.18)のガウスの発散定理を適用すると式(1.19)のような電荷の連続式の微分形が得られる．

$$\iint_S \boldsymbol{a} \cdot \boldsymbol{n}\,\mathrm{d}s = -\iiint_V \mathrm{div}\,\boldsymbol{a}\,\mathrm{d}V \tag{1.18}$$

$$\mathrm{div}\,\boldsymbol{J} + \frac{\partial \rho}{\partial t} = 0 \tag{1.19}$$

次に，式(1.1),(1.2)のマクスウェルの電磁方程式から式(1.3),(1.4)が得られることを示す[2]．式(1.1)の両辺の発散をとると次式となる．

$$\mathrm{div}\,\boldsymbol{J} + \frac{\partial}{\partial t}(\mathrm{div}\,\boldsymbol{D}) = \mathrm{div}\,\mathrm{rot}\,\boldsymbol{H} = 0 \tag{1.20}$$

ここでは，以下のベクトル公式を用いている．

$$\mathrm{div}\,\mathrm{rot}\,\boldsymbol{a} = 0 \tag{1.21}$$

式(1.20)の $\mathrm{div}\,\boldsymbol{J}$ に電荷の連続式を代入すると次式が得られる．

$$\frac{\partial}{\partial t}(\mathrm{div}\,\boldsymbol{D}) = \frac{\partial \rho}{\partial t} \tag{1.22}$$

したがって，ある時刻において $\mathrm{div}\,\boldsymbol{D} = \rho$ であるような状態があるとすれば，それ以降の任意の時刻に式(1.4)が成立しなければならないことになる．

式(1.4)は，"任意の閉曲面 S から外へ出ていく電気力線の総数は，その閉曲面内にある電荷の代数和の $1/\varepsilon_0$ 倍（ε_0 は真空の誘電率）になる"というガウスの定理の微分表現式に対応する．

また，式(1.2)の両辺の発散をとると次式となる．

$$\frac{\partial}{\partial t}(\mathrm{div}\,\boldsymbol{B}) = -\mathrm{div}\,\mathrm{rot}\,\boldsymbol{E} = 0 \tag{1.23}$$

現象がある時刻 $t=0$ から出発するものとすれば，真磁荷が存在しないので時刻 $t=0$ で $\mathrm{div}\,\boldsymbol{B}=0$ となるから，それ以降の任意の時刻にやはり式(1.3)が成立する．式(1.3)は磁束密度が沸き口をもたないソレノイドな量であること，換言すれば磁束は連続であることを示している．

上述のように，式(1.1),(1.2)から式(1.3),(1.4)が求められたように，マクスウェルの電磁方程式の4式のすべてが独立な方程式ではない．式(1.1),(1.2)が基本的な方程式であり，式(1.3),(1.4)は補足的な方程式，あるいは一種の初期条件（式(1.22),(1.23)のところで述べたように，ある時刻に式(1.3),(1.4)が成り立てば，これはつねに成り立っている）であるとみなせる．

1.2 直流場の方程式

1.2.1 静電界の方程式

静電界の場合，磁界は変化しないので式(1.2)は次式のようになる．

$$\text{rot}\,\boldsymbol{E} = 0 \tag{1.24}$$

ストークスの定理に式(1.24)を適用すれば，次式となる．

$$\iint_S \text{rot}\,\boldsymbol{E}\cdot\boldsymbol{n}\,\mathrm{d}x\mathrm{d}y = \oint_C \boldsymbol{E}\cdot\mathrm{d}\boldsymbol{s} = 0 \tag{1.25}$$

ここで，$\boldsymbol{n}$ は閉曲線 C を周辺とする曲面 S の外向きの単位法線ベクトルを，$\boldsymbol{s}$ は C の単位接線ベクトルを示す．積分路 C のいかんにかかわらず式(1.25)が成り立つことを電界は保存的であるという．この場合，式(1.24)より次式のような電気スカラポテンシャル（電位）ϕ が定義できる．

$$\boldsymbol{E} = -\text{grad}\,\phi \tag{1.26}$$

ここで，grad はスカラの勾配（gradient）を表す．したがって，電界の強さ $\boldsymbol{E}$ の x,y,z 方向成分 E_x, E_y, E_z は，式(1.26)より次式となる．

$$\left.\begin{array}{l} E_x = -\dfrac{\partial \phi}{\partial x} \\[4pt] E_y = -\dfrac{\partial \phi}{\partial y} \\[4pt] E_z = -\dfrac{\partial \phi}{\partial z} \end{array}\right\} \tag{1.27}$$

式(1.4), (1.6), (1.26)より，次式が得られる．

$$\text{div}(\varepsilon\,\text{grad}\,\phi) = -\rho \tag{1.28}$$

誘電率は一般にテンソルであり，テンソル誘電率の対角成分以外を 0 とおく場合は，電束密度 $\boldsymbol{D}$，電界の強さ $\boldsymbol{E}$ の x,y,z 方向成分 $D_x, D_y, D_z, E_x, E_y, E_z$ の間には次式の関係がある．

$$\begin{Bmatrix} D_x \\ D_y \\ D_z \end{Bmatrix} = \begin{bmatrix} \varepsilon_x & 0 & 0 \\ 0 & \varepsilon_y & 0 \\ 0 & 0 & \varepsilon_z \end{bmatrix} \begin{Bmatrix} E_x \\ E_y \\ E_z \end{Bmatrix} \tag{1.29}$$

式(1.4), (1.27), (1.29)より，次の三次元静電界に関するポアソンの方程式が得られる．

$$\frac{\partial}{\partial x}\left(\varepsilon_x \frac{\partial \phi}{\partial x}\right) + \frac{\partial}{\partial y}\left(\varepsilon_y \frac{\partial \phi}{\partial y}\right) + \frac{\partial}{\partial z}\left(\varepsilon_z \frac{\partial \phi}{\partial z}\right) = -\rho \tag{1.30}$$

二次元場では，式(1.30)は次式となる．

$$\frac{\partial}{\partial x}\left(\varepsilon_x \frac{\partial \phi}{\partial x}\right) + \frac{\partial}{\partial y}\left(\varepsilon_y \frac{\partial \phi}{\partial y}\right) = -\rho \tag{1.31}$$

式(1.30)または式(1.31)を解いて電位 ϕ を算出し，これを式(1.27)に代入すれば，電界の強さ $\boldsymbol{E}$ を求めることができる．

1.2.2 静磁界の方程式

a. 磁気ベクトルポテンシャルを用いた方程式

式(1.3)の $\text{div}\,\boldsymbol{B} = 0$ に対して式(1.21)の公式を用いれば，次式で表される磁気ベクトルポテンシャル $\boldsymbol{A}$ が定義できる[3]．

$$\boldsymbol{B} = \text{rot}\,\boldsymbol{A} \tag{1.32}$$

このような磁気ベクトルポテンシャル $\boldsymbol{A}$ を導入する理由については，本節の最後で述べる．

ところで，スカラ量 ϕ に対する式(1.33)の公式を考えれば，$\boldsymbol{A}$ として $\boldsymbol{A}' = \boldsymbol{A} + \text{grad}\,\phi$ を用いたとしても磁束密度 $\boldsymbol{B}$ は，式(1.34)のように ϕ の影響を受けない．

$$\text{rot}\,\text{grad}\,\phi = 0 \tag{1.33}$$

$$\begin{aligned} \boldsymbol{B} &= \text{rot}\,\boldsymbol{A}' \\ &= \text{rot}(\boldsymbol{A} + \text{grad}\,\phi) \\ &= \text{rot}\,\boldsymbol{A} \end{aligned} \tag{1.34}$$

このように $\boldsymbol{A}$ には任意性が残されていることになる．このような任意性は，ベクトル場 $\boldsymbol{A}$ に回転しか規定されていないことによる．ベクトル場は回転と発散が規定されて一意的に決まるものである．そこで，たとえば $\text{div}\,\boldsymbol{A}$ を次式のように与えて解くことがある．

$$\text{div}\,\boldsymbol{A} = 0 \tag{1.35}$$

これはクーロンゲージとよばれる．具体的には領域中のある箇所の $\boldsymbol{A}$ に値（たとえば $\boldsymbol{A} = 0$）を与えて解くことになる（付録 1.5 節参照）．

次に，磁気ベクトルポテンシャル $\boldsymbol{A}$ の物理的意味を考えてみる．導体に電流 I が流れている場合の磁気ベクトルポテンシャル $\boldsymbol{A}$ は次式で表される．

$$\boldsymbol{A} = \frac{\mu}{4\pi}\oint_C \frac{I}{r}\,\mathrm{d}\boldsymbol{s} \tag{1.36}$$

ただし，$\mathrm{d}\boldsymbol{s}$ は電流の流れている導体に沿った微小ベクトルを，C はこの導体に沿った積分路を示す．また，r は $\mathrm{d}\boldsymbol{s}$ からの距離である．上式は，ベクトル $\boldsymbol{A}$ が電流の流れる方向を向いており，その大きさは距離 r とともに小さくなることを示している[4]．

ベクトルの回転（rotation）を x,y,z 座標で表せば，次式となる．

$$\begin{aligned} \boldsymbol{B} = \text{rot}\,\boldsymbol{A} &= \begin{vmatrix} \boldsymbol{i} & \boldsymbol{j} & \boldsymbol{k} \\ \dfrac{\partial}{\partial x} & \dfrac{\partial}{\partial y} & \dfrac{\partial}{\partial z} \\ A_x & A_y & A_z \end{vmatrix} \\ &= \boldsymbol{i}\left(\frac{\partial A_z}{\partial y} - \frac{\partial A_y}{\partial z}\right) + \boldsymbol{j}\left(\frac{\partial A_x}{\partial z} - \frac{\partial A_z}{\partial x}\right) \\ &\quad + \boldsymbol{k}\left(\frac{\partial A_y}{\partial x} - \frac{\partial A_x}{\partial y}\right) \end{aligned} \tag{1.37}$$

ここで，$\boldsymbol{i}, \boldsymbol{j}, \boldsymbol{k}$ は x,y,z 方向の単位ベクトルである．式(1.37)より磁束密度 $\boldsymbol{B}$ の x,y,z 方向成分 B_x, B_y, B_z は次式となる．

$$\begin{aligned} B_x &= \frac{\partial A_z}{\partial y} - \frac{\partial A_y}{\partial z} \\ B_y &= \frac{\partial A_x}{\partial z} - \frac{\partial A_z}{\partial x} \\ B_z &= \frac{\partial A_y}{\partial x} - \frac{\partial A_x}{\partial y} \end{aligned} \tag{1.38}$$

ところで，磁束密度 $\boldsymbol{B}$ は磁界の強さ $\boldsymbol{H}$ と透磁率 μ を用いて式(1.5)で表される．磁気抵抗率 $\nu\,(=1/\mu)$ を用いて書き換えると，

$$H = \nu B \tag{1.39}$$

磁気抵抗率 ν はテンソルであり，テンソル磁気抵抗率の対角成分以外を0とおける場合には，磁束密度 B および磁界の強さ H の x, y, z 方向成分 $B_x, B_y, B_z, H_x, H_y, H_z$ の間には次式の関係がある[4]．

$$\begin{Bmatrix} H_x \\ H_y \\ H_z \end{Bmatrix} = \begin{bmatrix} \nu_x & 0 & 0 \\ 0 & \nu_y & 0 \\ 0 & 0 & \nu_z \end{bmatrix} \begin{Bmatrix} B_x \\ B_y \\ B_z \end{Bmatrix} \tag{1.40}$$

式(1.11)に式(1.32)，(1.39)を代入すれば，次式が得られる．

$$\mathrm{rot}(\nu \,\mathrm{rot}\, A) = J \tag{1.41}$$

これが磁気ベクトルポテンシャル A を用いた場合の静磁界の式である．

次に，式(1.41)の二次元場の式を考える．二次元場では電流は z 方向にしか流れないので，式(1.41) は z 方向成分のみが値を有する．したがって，式(1.41) の z 方向成分は次式となる．

$$\{\mathrm{rot}(\nu \,\mathrm{rot}\, A)\}_z = \frac{\partial}{\partial x}(\nu \,\mathrm{rot}\, A)_y - \frac{\partial}{\partial y}(\nu \,\mathrm{rot}\, A)_x = J_z \tag{1.42}$$

ここで，J_z は J の z 方向成分を示す．

ところで，$(\nu \,\mathrm{rot}\, A)_y, (\nu \,\mathrm{rot}\, A)_x$ は式(1.32)，(1.39)より H_y, H_x に等しいので，式(1.40)より $\nu_y(\mathrm{rot}\, A)_y$，$\nu_x(\mathrm{rot}\, A)_x$ に等しい．よって式(1.42)は次式となる．

$$\{\mathrm{rot}(\nu \,\mathrm{rot}\, A)\}_z = \frac{\partial}{\partial x}\left\{\nu_y\left(\frac{\partial A_x}{\partial z} - \frac{\partial A_z}{\partial x}\right)\right\}$$
$$-\frac{\partial}{\partial y}\left\{\nu_x\left(\frac{\partial A_z}{\partial y} - \frac{\partial A_y}{\partial z}\right)\right\} = J_z \tag{1.43}$$

磁気ベクトルポテンシャル A は J と同じ向きを有しており，二次元場では J は z 方向成分 J_z のみであるので A も z 方向成分 A_z のみを有する．したがって，式(1.43) は次式となる[3]．

$$\frac{\partial}{\partial x}\left(\nu_y \frac{\partial A}{\partial x}\right) + \frac{\partial}{\partial y}\left(\nu_x \frac{\partial A}{\partial y}\right) = -J \tag{1.44}$$

簡単のため，上式では A_z, J_z を A, J で表した．

b. 磁気スカラポテンシャルを用いた方程式

対象となる領域に強制電流が流れていない場合は，式(1.11)は次のようになる[3]．

$$\mathrm{rot}\, H = 0 \tag{1.45}$$

したがって，磁界は保存的になり，次式のような磁気スカラポテンシャル（磁位）Ω が定義できる．

$$H = -\mathrm{grad}\,\Omega \tag{1.46}$$

上式より，磁界 H の x, y, z 方向成分 H_x, H_y, H_z は，次式となる．

$$\left.\begin{aligned} H_x &= -\frac{\partial \Omega}{\partial x} \\ H_y &= -\frac{\partial \Omega}{\partial y} \\ H_z &= -\frac{\partial \Omega}{\partial z} \end{aligned}\right\} \tag{1.47}$$

この磁気スカラポテンシャル Ω も電気スカラポテンシャル ϕ と同様，任意の定数を加えることができる．領域が無限遠点を含む場合には，そこで Ω が0になるように定数を決定すればよい．無限遠点を含まない場合には，電位 ϕ の場合と同様に，領域中の適当な点に Ω の基準をとればよい．式(1.3)，(1.5)，(1.46)より，次式が得られる．

$$\mathrm{div}(\mu \,\mathrm{grad}\,\Omega) = 0 \tag{1.48}$$

式(1.5)の透磁率 μ もテンソルであり，式(1.40)と同様に，テンソル透磁率の対角成分以外を0とおける場合には，$B_x = \mu_x H_x$，$B_y = \mu_y H_y$，$B_z = \mu_z H_z$ となり，これを式(1.3)に代入すれば，次のような三次元静磁界に関するラプラスの方程式が得られる．

$$\frac{\partial}{\partial x}\left(\mu_x \frac{\partial \Omega}{\partial x}\right) + \frac{\partial}{\partial y}\left(\mu_y \frac{\partial \Omega}{\partial y}\right) + \frac{\partial}{\partial z}\left(\mu_z \frac{\partial \Omega}{\partial z}\right) = 0 \tag{1.49}$$

二次元場では，次式となる．

$$\frac{\partial}{\partial x}\left(\mu_x \frac{\partial \Omega}{\partial x}\right) + \frac{\partial}{\partial y}\left(\mu_y \frac{\partial \Omega}{\partial y}\right) = 0 \tag{1.50}$$

ところで，たとえば磁界解析で求めたい値は磁束密度や磁界の強さである．それなのになぜ，式(1.32)のように磁気ベクトルポテンシャル A を定義し，これを未知数として解くのかその理由について考えてみる．

付図1.4のような単相変圧器の鉄心の磁束分布を解析することを考える．通常，鉄心から磁束はほとんど漏れないので，磁力線は付図1.4のように鉄心内を通る．ところで，磁力線は等磁気ベクトルポテンシャル線に対応しているので，鉄心の境界上に等しい磁気ベクトルポテンシャル A を与えておけば，磁束が鉄心の境界に沿って流れるという条件を簡単に与えることが可能である．それに対し，境界上に磁束密度を与えることは一般にはできない．たとえば，脚の平均磁束密度を1.4Tにしたい場合，付図1.4に示す脚の中央のa点ではほぼ $B = 1.4$ T になるが，鉄心コーナー部のb点では磁束がコーナーの角部をあまり通らないので，たとえば $B = 1.2$ T となり，鉄心の境界上の磁束密度は等しくはならない．それゆえ，境界条件として磁束密度 B を与えることは一般にはできない．

また，二次元の有限要素法などでは解析領域を要素に分割し，要素の頂点（節点とよぶ）に一つの磁気ベクトルポテンシャル A を未知数として割り付けるが，各節点に磁束密度 B の x, y 方向成分 B_x, B_y を未知数として割り付けた場合には，未知数の数が A の場合よりもかなり増えてしまう．以上のようなしだいで，特殊な場合を除いて，未知数としてポテンシャル（磁気ベクトルポテンシャル A 以外に，渦電流解析で出てくる電気スカラポテンシャル

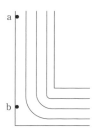

付図1.4 単相変圧器の鉄心のモデル

1.3 時間依存場の方程式

磁界が時間的に変化して，領域内の導体中に渦電流が流れる場合の磁界の方程式をここでは導出する[3]．

a. 磁気ベクトルポテンシャルと電気スカラポテンシャルを用いた方程式

式(1.32)を式(1.16)に代入すれば，次式となる．

$$\text{rot}\, \boldsymbol{E} = -\frac{\partial}{\partial t}(\text{rot}\, \boldsymbol{A}) \tag{1.51}$$

これより次式が得られる．

$$\text{rot}\left(\boldsymbol{E} + \frac{\partial \boldsymbol{A}}{\partial t}\right) = 0 \tag{1.52}$$

ところで，式(1.33)のベクトル公式より，電位（電気スカラポテンシャル）ϕ が定義でき，式(1.52)は次式のように書ける．

$$\boldsymbol{E} = -\frac{\partial \boldsymbol{A}}{\partial t} - \text{grad}\, \phi \tag{1.53}$$

渦電流密度 $\boldsymbol{J}_e$ は，導電率 σ を用いればオームの法則より次式で与えられる．

$$\boldsymbol{J}_e = \sigma \boldsymbol{E} = -\sigma\left(\frac{\partial \boldsymbol{A}}{\partial t} + \text{grad}\, \phi\right) \tag{1.54}$$

結局，領域中に強制電流 $\boldsymbol{J}$ 以外に渦電流 $\boldsymbol{J}_e$ も流れている場合の基礎方程式は，式(1.41)の右辺に式(1.54)の $\boldsymbol{J}_e$ を加えることにより得られ，次式となる．

$$\text{rot}(\nu\, \text{rot}\, \boldsymbol{A}) = \boldsymbol{J} - \sigma\frac{\partial \boldsymbol{A}}{\partial t} - \sigma\, \text{grad}\, \phi \tag{1.55}$$

ところで，上式の未知変数は $\boldsymbol{A}$ の3成分と ϕ の合計4変数であるが，式(1.55)は3成分しかなく，方程式の数が未知変数よりも少ないので，このままでは方程式が解けない．そこで次式のような電荷の連続式（渦電流が連続であるという式）を導入する．

$$\text{div}\, \boldsymbol{J}_e = \text{div}\left\{-\sigma\left(\frac{\partial \boldsymbol{A}}{\partial t} + \text{grad}\, \phi\right)\right\} = 0 \tag{1.56}$$

式(1.55), (1.56)を連立して解けば，渦電流問題の解析が可能である．このように，磁気ベクトルポテンシャル $\boldsymbol{A}$ と電気スカラポテンシャル ϕ を用いて渦電流問題を解く手法を $A\text{-}\phi$ 法とよぶ．

b. 電流ベクトルポテンシャルと磁気スカラポテンシャルを用いた方程式

磁界の強さ $\boldsymbol{H}$ は，強制磁界の強さ $\boldsymbol{H}_0$ と渦電流のつくる磁界の強さ $\boldsymbol{H}_e$ を用いて次式で表される．

$$\boldsymbol{H} = \boldsymbol{H}_0 + \boldsymbol{H}_e \tag{1.57}$$

強制電流によりつくられる磁界 $\boldsymbol{H}_0$ は，ビオ-サバールの法則より次式で与えられる．

$$\boldsymbol{H}_0 = \frac{1}{4\pi}\iiint_V \frac{\boldsymbol{J}\times \boldsymbol{r}}{r^3}\, dxdydz \tag{1.58}$$

ここで，V は解析領域，$\boldsymbol{r}$ は電流の流れている点からの距離ベクトルである．また，渦電流密度 $\boldsymbol{J}_e$ とそれによってつくられる磁界の強さ $\boldsymbol{H}_e$ の間には，次式の関係があることが式(1.11)より了解される．

$$\text{rot}\, \boldsymbol{H}_e = \boldsymbol{J}_e \tag{1.59}$$

式(1.59)より次式が成り立つ．

$$\text{div}\, \boldsymbol{J}_e = 0 \tag{1.60}$$

磁気ベクトルポテンシャルの場合の式(1.3)に対する式(1.32)と同様に，式(1.60)に対応して次のような電流ベクトルポテンシャル $\boldsymbol{T}$ が定義できる．

$$\boldsymbol{J}_e = \text{rot}\, \boldsymbol{T} \tag{1.61}$$

二次元場では，$\boldsymbol{J}_e$ の x, y 方向成分 J_{ex}, J_{ey} は，式(1.61)より，次式となる．

$$J_{ex} = \frac{\partial T}{\partial y}, \quad J_{ey} = -\frac{\partial T}{\partial x} \tag{1.62}$$

ただし，T は $\boldsymbol{T}$ の z 方向成分である．二次元場では，$\boldsymbol{T}$ は $\boldsymbol{J}_e$ に垂直である．

式(1.59), (1.61)より次式が得られる．

$$\text{rot}(\boldsymbol{H}_e - \boldsymbol{T}) = 0 \tag{1.63}$$

上式は，$\boldsymbol{H}_e - \boldsymbol{T}$ が保存場であることを意味するので，次式のように磁気スカラポテンシャル（磁位）Ω を定義することができる．

$$\boldsymbol{H}_e - \boldsymbol{T} = -\text{grad}\, \Omega \tag{1.64}$$

式(1.61)は次式のように書き直せる．

$$\boldsymbol{E}_e = \frac{1}{\sigma}\text{rot}\, \boldsymbol{T} \tag{1.65}$$

式(1.57), (1.64)より次式が得られる．

$$\boldsymbol{H} = \boldsymbol{H}_0 + \boldsymbol{T} - \text{grad}\, \Omega \tag{1.66}$$

$\boldsymbol{H}$ の z 方向成分を H_z とすれば，二次元場では次式となる．

$$H_z = H_{0z} + T - \frac{\partial \Omega}{\partial z} \tag{1.67}$$

式(1.66)を式(1.5)に代入すると次式となる．

$$\boldsymbol{B} = \mu(\boldsymbol{H}_0 + \boldsymbol{T} - \text{grad}\, \Omega) \tag{1.68}$$

式(1.2)に式(1.65), (1.68)を代入すると次式となる．

$$\text{rot}\left(\frac{1}{\sigma}\text{rot}\, \boldsymbol{T}\right) = -\frac{\partial}{\partial t}\mu(\boldsymbol{H}_0 + \boldsymbol{T} - \text{grad}\, \Omega) \tag{1.69}$$

$\text{div}\, \boldsymbol{B} = 0$ と式(1.69)を連立して解けばよい．

σ が空間的に変化しない二次元場では，式(1.69)は次式のようになる．

$$\frac{\partial^2 T}{\partial x^2} + \frac{\partial^2 T}{\partial y^2} = \sigma\frac{\partial}{\partial t}\mu\left(H_{0z} + T - \frac{\partial \Omega}{\partial z}\right) \tag{1.70}$$

ここで，H_{0z} は $\boldsymbol{H}_0$ の z 方向成分である．

電流ベクトルポテンシャルを用いた解析法を電流ベクトルポテンシャル法とよぶ．

c. 磁界の強さを未知数とした方程式

解析領域中に強制電流は流れていないものとすれば，式(1.11)と $\boldsymbol{J} = \sigma \boldsymbol{E}$ より次式が得られる．

$$\text{rot}\,\text{rot}\, \boldsymbol{H} = \text{rot}\, \sigma \boldsymbol{E} \tag{1.71}$$

次式のようなベクトル算法の公式を考える．

$$\text{grad}\,\text{div}\, \boldsymbol{H} - \nabla^2 \boldsymbol{H} = \sigma\, \text{rot}\, \boldsymbol{E} + (\text{grad}\, \sigma)\times \boldsymbol{E} \tag{1.72}$$

式(1.3), (1.5)より，線形場に限れば，$\text{div}\, \boldsymbol{H} = 0$ であるから上式左辺第1項は0となる．また，σ が定数であると

すると，grad$\sigma=0$であるので右辺第2項も0となる．したがって，式(1.72)は次式のようになる．

$$\nabla^2 \boldsymbol{H} = -\sigma \operatorname{rot} \boldsymbol{E} \tag{1.73}$$

式(1.73)に，式(1.2)，(1.5)を代入すると次式が得られる．

$$\nabla^2 \boldsymbol{H} = -\sigma \frac{\partial}{\partial t}(\mu \boldsymbol{H}) \tag{1.74}$$

これが磁界の強さを未知数とした場合の渦電流場の方程式である．

二次元場では，$\boldsymbol{H}$はz方向成分H_zのみを有し，H_zはz方向に一定であるとすれば，次式が得られる．

$$\frac{\partial^2 H_z}{\partial x^2} + \frac{\partial^2 H_z}{\partial y^2} = \sigma \frac{\partial}{\partial t}(\mu_z H_z) \tag{1.75}$$

式(1.75)は，磁界を直接求めるための式である．

1.4 電磁波の方程式

ここでは，電界と磁界の間を関係づけたマクスウェルの電磁方程式を，電界あるいは磁界だけの方程式に直すと，電界や磁界が波として空間中を伝わる（電磁波）ことを表す波動方程式が得られることを示す．式(1.2)の両辺の回転をとると次式となる．

$$\operatorname{rot} \operatorname{rot} \boldsymbol{E} = -\mu \frac{\partial}{\partial t}(\operatorname{rot} \boldsymbol{H}) \tag{1.76}$$

式(1.1)を式(1.76)に代入すると次式が得られる．

$$\operatorname{rot} \operatorname{rot} \boldsymbol{E} = -\varepsilon\mu \frac{\partial^2 \boldsymbol{E}}{\partial t^2} - \mu \frac{\partial \boldsymbol{J}}{\partial t} \tag{1.77}$$

式(1.77)に式(1.78)のベクトル公式を適用すれば式(1.79)が得られる．

$$\operatorname{rot} \operatorname{rot} \boldsymbol{a} = \operatorname{grad}(\operatorname{div} \boldsymbol{a}) - \nabla^2 \boldsymbol{a} \tag{1.78}$$

$$\nabla^2 \boldsymbol{E} - \mu\varepsilon \frac{\partial^2 \boldsymbol{E}}{\partial t^2} = \operatorname{grad}(\operatorname{div} \boldsymbol{E}) + \mu \frac{\partial \boldsymbol{J}}{\partial t} \tag{1.79}$$

まったく同様にして式(1.1)から電界$\boldsymbol{E}$を消去すると，次式が得られる．

$$\nabla^2 \boldsymbol{H} - \varepsilon\mu \frac{\partial^2 \boldsymbol{H}}{\partial t^2} = -\operatorname{rot} \boldsymbol{J} \tag{1.80}$$

式(1.79)，(1.80)より，電界および磁界はまったく同じ方程式を満足し，ただ源泉の形が異なるだけであることがわかる．磁界の源は電流の回転成分である．電磁波の源泉が遠く離れているところを考え，式(1.4)で$\rho=0$とおき，式(1.79)に代入すると式(1.81)が，また式(1.80)で$\boldsymbol{J}=0$とおくと式(1.82)が得られる．

$$\nabla^2 \boldsymbol{E} - \varepsilon\mu \frac{\partial^2 \boldsymbol{E}}{\partial t^2} = 0 \tag{1.81}$$

$$\nabla^2 \boldsymbol{H} - \varepsilon\mu \frac{\partial^2 \boldsymbol{H}}{\partial t^2} = 0 \tag{1.82}$$

これは，電界$\boldsymbol{E}$が波動として伝搬することを意味する波動方程式であり，電界も磁界も同じふるまいをすることがわかる．また，これらの式は，波動の伝搬速度が$1/\sqrt{\mu\varepsilon}$であることも示している．

式(1.79)，(1.80)をたとえば磁気ベクトルポテンシャル$\boldsymbol{A}$と電気スカラポテンシャルϕを用いて表した式を導出する．平面波のような単純な場合は，式(1.79)，(1.80)において$\boldsymbol{E},\boldsymbol{H}$を成分に分解して解くことができる．しかし，電流が導体上に分布しているアンテナから放射される電磁波の解析を行う場合は，式(1.79)，(1.80)をポテンシャルを用いて表して解くほうが容易である．式(1.32)，(1.53)を式(1.1)に代入すると次式となる．

$$\begin{aligned}\operatorname{rot}\left(\frac{1}{\mu}\operatorname{rot}\boldsymbol{A}\right) &= \boldsymbol{J} + \varepsilon\frac{\partial}{\partial t}\left(-\frac{\partial \boldsymbol{A}}{\partial t} - \operatorname{grad}\phi\right) \\ &= \boldsymbol{J} - \varepsilon\operatorname{grad}\left(\frac{\partial \phi}{\partial t}\right) - \varepsilon\frac{\partial^2 \boldsymbol{A}}{\partial t^2}\end{aligned} \tag{1.83}$$

式(1.78)の公式を用いれば，上式は次式のように変形される．

$$\nabla^2 \boldsymbol{A} - \varepsilon\mu \frac{\partial^2 \boldsymbol{A}}{\partial t^2} = -\mu \boldsymbol{J} + \varepsilon\mu \operatorname{grad}\left(\frac{\partial \phi}{\partial t}\right) + \operatorname{grad}\operatorname{div}\boldsymbol{A} \tag{1.84}$$

ところで，前述のように磁気ベクトルポテンシャル$\boldsymbol{A}$と電気スカラポテンシャルϕには任意性が残されている．ポテンシャルの任意性は，電磁界の決定には影響を与えないので，簡単な関係式を導入して任意性を取り除いてやればよい．すなわち，式(1.84)の$\operatorname{div}\boldsymbol{A}$の形を決める自由があるので，次式が成り立つものを用いることにすればきわめて都合がよい．

$$\operatorname{div}\boldsymbol{A} = -\varepsilon\mu\left(\frac{\partial \phi}{\partial t}\right) \tag{1.85}$$

これはローレンツ条件とよばれている．上式を式(1.84)に代入すると，右辺の第2項と第3項が打ち消し合って次式のような波動方程式が得られる．

$$\nabla^2 \boldsymbol{A} - \varepsilon\mu \frac{\partial^2 \boldsymbol{A}}{\partial t^2} = -\mu \boldsymbol{J} \tag{1.86}$$

次に，ϕについての式を導出する．式(1.4)に式(1.53)を代入すれば次式が得られる．

$$\operatorname{div}\left(-\frac{\partial \boldsymbol{A}}{\partial t} - \operatorname{grad}\phi\right) = -\nabla^2 \phi - \frac{\partial}{\partial t}(\operatorname{div}\boldsymbol{A}) = \frac{\rho}{\varepsilon} \tag{1.87}$$

上式に式(1.85)を代入すると，次式のようなϕについての波動方程式が得られる．

$$\nabla^2 \phi - \varepsilon\mu \frac{\partial^2 \phi}{\partial t^2} = -\frac{\rho}{\varepsilon} \tag{1.88}$$

式(1.86)と式(1.88)の波動方程式を解けばよい．具体的には，式(1.86)と式(1.88)の解$\boldsymbol{A},\phi$を式(1.53)に代入すれば，電界$\boldsymbol{E}$が求められる．

1.5 境界条件

マクスウェルの電磁方程式は偏微分方程式であるため，初期条件，境界条件を与えてはじめて解くことができる．前節までで述べたように，マクスウェルの電磁方程式を解くさいは電界，磁界そのものを未知数とはせずに，ポテンシャルを導入してそれを求めることが多い．ポテンシャルを定義するためには，領域内のどこかの点のポテンシャル

に基準値（たとえば0）を与えないとマトリックスが不定になって解けない．また，電界，磁界あるいは電磁界は一般に無限の広がりをもっているが，全体の領域を解かずに，対称性などを利用してその一部のみを解くことが多い．そのような場合に必要となるのが境界条件である．

境界条件としては，① 材料定数の異なった媒質の境界での電界や磁界の境界条件，② 電界が垂直，磁束が平行となる電気壁条件，③ 電束が平行，磁界が垂直となる磁気壁条件，④ 既知の変数の値を境界で与える固定境界条件，⑤ 電束が境界に平行あるいは磁界が境界に垂直であるという条件を境界積分項に与えてこれらの条件を自動的に満足させる自然境界条件，⑥ 電磁波が境界で反射しないようにするための吸収境界条件，⑦ 開領域を取り扱うさいの半無限境界条件，⑧ 渦電流が流れる導体をその境界面のみで代表して考える表面インピーダンス境界条件，⑨ 電界や磁界が周期的に変化する周期境界条件，⑩ 微分不可能な場所を含むなめらかでない境界を取り扱うための端部の境界条件，⑪ 無限遠点における電界や磁界のふるまいを規定する無限遠の境界条件などがある．

1.5.1 電界と磁界の境界条件

均質，等方，線形で材料定数の異なる2種類の媒質が接している場合を考える．どのような場合でもマクスウェルの電磁方程式を満足する必要がある．境界条件は，材料定数の異なる媒質の境界近傍の微小領域にマクスウェルの電磁方程式の積分形を適用することにより求められる．付図1.5のような境界面にまたがった小さい閉曲線Cを考える．この閉曲線の囲む面領域Sについて式(1.2)を積分すると，次式となる．

$$\iint_S \mathrm{rot}\,\boldsymbol{E} \cdot \mathrm{d}\boldsymbol{S} = -\frac{\partial}{\partial t}\iint_S \boldsymbol{B} \cdot \mathrm{d}\boldsymbol{S} \tag{1.89}$$

上式の左辺にストークスの定理を適用すれば次式となる．

$$\oint \boldsymbol{E} \cdot \mathrm{d}\boldsymbol{S} = -\frac{\partial}{\partial t}\iint_S \boldsymbol{B} \cdot \mathrm{d}\boldsymbol{S} \tag{1.90}$$

ここで，閉曲線の一辺hを0に近づけると右辺はゼロになる．左辺は式(1.91)に示すように境界に沿った電界$\boldsymbol{E}_1$と$\boldsymbol{E}_2$の接線方向成分E_{t_1}とE_{t_2}が残り，式(1.92)のような電界の接線方向成分の連続性についての関係式が得られる．

$$\oint \boldsymbol{E} \cdot \mathrm{d}\boldsymbol{S} = (E_{t_1} - E_{t_2})l \tag{1.91}$$

$$E_{t_1} = E_{t_2} \tag{1.92}$$

同じく付図1.5のような面領域Sで式(1.1)を積分すると次式となる．

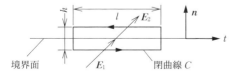

付図1.5 境界面で考えた閉路

$$\iint_S \mathrm{rot}\,\boldsymbol{H} \cdot \mathrm{d}\boldsymbol{S} = \iint_S \left(\boldsymbol{J} + \frac{\partial \boldsymbol{D}}{\partial t}\right) \cdot \mathrm{d}\boldsymbol{S} \tag{1.93}$$

式(1.90)の場合と同様に変形すれば次式となる．

$$\oint \boldsymbol{H} \cdot \mathrm{d}\boldsymbol{s} = \iint_S \left(\boldsymbol{J} + \frac{\partial \boldsymbol{D}}{\partial t}\right) \cdot \mathrm{d}\boldsymbol{S} \tag{1.94}$$

導体を完全導体として取り扱う場合には境界面に表面電流が流れる．この表面電流を式(1.95)で定義すれば，式(1.96)が得られる．

$$K = \lim_{h \to 0} hJ \tag{1.95}$$

$$H_{t_1} - H_{t_2} = K \tag{1.96}$$

境界上に表面電流が流れていない場合には，次式のような磁界の強さの接線方向成分の連続性についての関係式が得られる．

$$H_{t_1} = H_{t_2} \tag{1.97}$$

電束密度は，式(1.4)を満たす必要がある．境界面を含む薄い領域Vをとって式(1.4)を体積積分し，ガウスの発散定理を用いて変形すると次式となる．

$$\iiint_V \mathrm{div}\,\boldsymbol{D}\,\mathrm{d}V = \iint_S \boldsymbol{D} \cdot \mathrm{d}\boldsymbol{S} = \iiint_V \rho\,\mathrm{d}V \tag{1.98}$$

hを0に近づけると，$\boldsymbol{D}$の面積分は電束密度の法線方向成分D_{n_1}とD_{n_2}の差となり，電荷ρの体積分は面電荷qとなるから，式(1.98)は次式のように書ける

$$D_{n_1} - D_{n_2} = q \tag{1.99}$$

境界上に電荷qがない場合は，次式のような電束密度の法線方向成分の連続性についての関係式が得られる．

$$D_{n_1} = D_{n_2} \tag{1.100}$$

磁束密度は式(1.3)を満たす必要がある．式(1.98)の場合と同様に式(1.3)を体積積分し変形すると次式となる．

$$\iiint_V \mathrm{div}\,\boldsymbol{B}\,\mathrm{d}V = 0 \tag{1.101}$$

hを0に近づけると，次式のような磁束密度の法線方向成分の連続性についての関係式が得られる．

$$B_{n_1} = B_{n_2} \tag{1.102}$$

式(1.1)，(1.2)から式(1.3)，(1.4)が得られ，式(1.1)～(1.4)がすべて独立でなかったのと同様に，上記四つの境界条件もすべてが独立でない．すなわち，境界条件は式(1.92)，(1.97)を考えれば十分である．

1.5.2 完全導体での境界条件

a．電気壁条件

電気的完全導体は導体のσが無限大の理想の媒質であり，その内部ではオームの法則から電界が存在せず，その結果，磁界も存在し得ない．完全導体の境界は，電気壁ともよばれる．このとき電界$\boldsymbol{E}$は図1.6のように導体面に垂直になるので次式が成立する[4]．

$$\boldsymbol{n} \times \boldsymbol{E} = 0 \tag{1.103}$$

また，式(1.103)の両辺の発散をとり，式(1.2)を適用すると式(1.104)のようになり，式(1.104)の関係が得られる．

$$\mathrm{div}(\boldsymbol{n} \times \boldsymbol{E}) = \boldsymbol{E} \cdot \mathrm{rot}\,\boldsymbol{n} - \boldsymbol{n} \cdot \mathrm{rot}\,\boldsymbol{E} = \boldsymbol{n} \cdot \left(-\frac{\partial \boldsymbol{B}}{\partial t}\right) \tag{1.104}$$

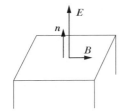

付図1.6 電気壁

$$\boldsymbol{n}\cdot\boldsymbol{B}=0 \tag{1.105}$$

式(1.105)は磁束密度 $\boldsymbol{B}$ が境界に平行であることを示している．すなわち，電気壁では電界 $\boldsymbol{E}$ が境界に垂直，磁束密度 $\boldsymbol{B}$ が境界に平行になる．

b. 磁気壁条件

磁性体が透磁率 μ が無限大の磁気的完全導体の場合は，磁界 $\boldsymbol{H}$ は磁性体面に垂直になるので次式が成り立つ[4]．

$$\boldsymbol{n}\times\boldsymbol{H}=0 \tag{1.106}$$

磁気的完全導体の境界は磁気壁ともよばれる．このとき，電気的完全導体の場合と同様に式(1.106)の両辺の発散をとり，式(1.1)で $\boldsymbol{J}=0$ とおいたものを代入すると式(1.107)となり，結局，式(1.108)の関係が得られる．

$$\mathrm{div}(\boldsymbol{n}\times\boldsymbol{H})=\boldsymbol{H}\cdot\mathrm{rot}\,\boldsymbol{n}-\boldsymbol{n}\cdot\mathrm{rot}\,\boldsymbol{H}=-\boldsymbol{n}\left(\frac{\partial \boldsymbol{D}}{\partial t}\right)=0 \tag{1.107}$$

$$\boldsymbol{n}\cdot\boldsymbol{D}=0 \tag{1.108}$$

式(1.108)は電束が境界に平行になることを示す．すなわち，磁気壁では磁束密度 $\boldsymbol{D}$ が境界に平行，磁界の強さ $\boldsymbol{H}$ が境界に垂直になる．

1.5.3 固定境界条件

固定境界条件は，境界上で変数の値がわかっている場合の境界条件である．たとえば，磁気ベクトルポテンシャル $\boldsymbol{A}$ や電気スカラポテンシャル ϕ を用いて解く場合，磁束が平行に通る境界の条件は次のようになる．式(1.105)は式(1.109)のように $\boldsymbol{A}\times\boldsymbol{n}=0$ の発散をとれば得られるので，$\boldsymbol{n}\cdot\boldsymbol{B}=0$，すなわち磁束密度 $\boldsymbol{B}$ が境界に平行ということは，式(1.110)が成り立っていることに対応する[5]．

$$\mathrm{div}(\boldsymbol{A}\times\boldsymbol{n})=\boldsymbol{n}\cdot\mathrm{rot}\,\boldsymbol{A}-\boldsymbol{A}\cdot\mathrm{rot}\,\boldsymbol{n}=\boldsymbol{n}\cdot\boldsymbol{B}=0 \tag{1.109}$$

$$\boldsymbol{A}\times\boldsymbol{n}=0 \tag{1.110}$$

付図1.7のように，解析領域中央に導体板があり(付図(a)では省略)，z 方向に一様な磁束 Φ(B_0 は磁束密度)が印加されている場合は定数ベクトル $\boldsymbol{C}$ を用いて式(1.110)は次式のように書ける．

$$\boldsymbol{A}\times\boldsymbol{n}=\boldsymbol{C} \tag{1.111}$$

式(1.110)の発散をとれば式(1.105)が得られるので，これは磁束密度が境界に平行であることを示しているといえる．この $\boldsymbol{C}$ の値は，領域が与えられている場合は，境界で囲まれた領域を通る磁束量 Φ と $\boldsymbol{A}$ を境界 C に沿って積分した値の間の関係式である式(1.112)を満足するように決めればよい．

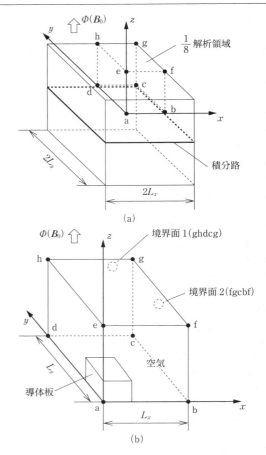

付図1.7 固定境界条件
(a) z 方向に一様な磁束 Φ が印加されている場合
(b) 1/8解析領域

$$\oint_C \boldsymbol{A}\,\mathrm{d}s=\Phi \tag{1.112}$$

付図(b)のように1/8解析領域の境界寸法を L_x, L_y とし，境界面2(fgcbf)で $A_y=B_0L_x/2$，境界面1(ghdcg)で $A_x=-B_0L_y/2$ としてほかの成分を0とすればよい．対称性を考慮して付図1.7(a)の太線に沿って積分すれば $B_0L_xL_y$ となり，これは確かに式(1.112)を満足する．これは $\boldsymbol{A}$ の値そのものを与えることになり，有限要素法などでは固定境界条件とよばれる．これはポテンシャルの値を与えるので，ディリクレ条件ともよばれる．また，付図1.8のように磁石からの磁束分布を解析する場合，遠く離れた境界上ではほぼ $\boldsymbol{B}=0$ となり，$\boldsymbol{A}\times\boldsymbol{n}=0$ つまり $\boldsymbol{A}=0$ を固定境界条件として与えて解くことが行われる．

式(1.103)の電気壁の条件 $\boldsymbol{n}\times\boldsymbol{E}=0$ は，式(1.53)のように $\boldsymbol{A}$ と ϕ を用いて $\boldsymbol{n}\times\left(\dfrac{\partial \boldsymbol{A}}{\partial t}+\mathrm{grad}\,\phi\right)=0$ と書けることがわかる．この条件と式(1.110)の $\boldsymbol{A}\times\boldsymbol{n}=0$ を用いると，式(1.113)のようになり，結局，式(1.114)の条件が得られる．

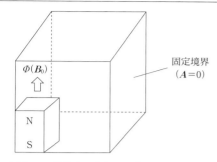

付図1.8 境界上の磁束がほぼ0とみなせる場合

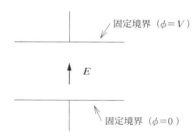

付図1.9 電界問題の場合の固定境界

$$\boldsymbol{n}\times\left(\frac{\partial \boldsymbol{A}}{\partial t}+\mathrm{grad}\,\phi\right)=\boldsymbol{n}\times\frac{\partial \boldsymbol{A}}{\partial t}+\boldsymbol{n}\times\mathrm{grad}\,\phi=0 \tag{1.113}$$

$$\phi=定数 \tag{1.114}$$

これは完全導体の境界上では電位 ϕ が一定となることを示している．

付図1.9のようなコンデンサでは，電界は電極に垂直となる．これを電気スカラポテンシャル ϕ を未知数として解く場合は，コンデンサの部分には前もって ϕ を与えて解くことになり，固定境界条件を与えたことになる．すなわち，A や ϕ を用いて解くさい，電気壁条件は固定境界条件に対応しているといえる．

1.5.4 自然境界条件

自然境界条件とは，電束密度 $\boldsymbol{D}$ が境界に平行あるいは磁界の強さ $\boldsymbol{H}$ が境界に垂直であるという条件を境界積分項に与え，これらの条件を境界上で満足させる条件である．すなわち，有限要素法のような領域型解法において，ガラーキン法を適用して弱形式を導いたさいの境界積分項の式の中に，式(1.106)が含まれている．このような領域分割型解法では通常この境界積分項を0として取り扱うが，このとき境界上で式(1.106)が成り立つ．つまり，この境界上で磁界 $\boldsymbol{H}$ が垂直になるが，これを自然境界条件とよぶ[3]．磁界 $\boldsymbol{H}$ が境界に垂直ということは，たとえば二次元場では磁気ベクトルポテンシャル $\boldsymbol{A}$ の等しい等ポテンシャル線が境界に垂直になる，つまり $\boldsymbol{A}$ の法線微分が 0 ($\partial A/\partial n=0$) となる．また，電束が境界に平行になるということは等スカラポテンシャル線が境界に垂直 ($\partial \phi/\partial n=0$) に対応しているので，ノイマン条件ともよば

れる．この境界条件は，領域分割型解法において対称性を利用して解析領域を減らすときに有用である．また，電界問題で自然境界条件を与えたときは，式(1.108)より電束が境界に平行になる．すなわち，A や ϕ を用いて解くさい，$\boldsymbol{D}$ が境界に平行あるいは $\boldsymbol{H}$ が境界に垂直になる磁気壁条件は，自然境界条件に対応しているといえる．

1.5.5 吸収境界条件

電磁波解析における問題点として，電磁波が解析領域内から解析領域外へ伝搬するさい，適切な境界面処理を行わなければ，境界面で電磁波が不要に反射することがあげられる．電磁波が境界において反射を起こすことがないようにさせるための条件が吸収境界条件であり，PML (perfectly matched layer) や Mur の吸収境界条件がある[6]（付録3.2節も参照）．

PMLとしては，たとえばPML内を異方性の材料として取り扱う方法がある．すなわち，領域境界のほかに，導電率 σ，導磁率 σ_m（磁流 ψ を考えたときに $\psi=\sigma_\mathrm{m}H$ として定義される値）をもつ層を構成し，次式の電磁波が境界で反射しないインピーダンス整合条件を課す．

$$\frac{\sigma}{\varepsilon_0}=\frac{\sigma_m}{\mu_0} \tag{1.115}$$

このような条件を満足するためには，導電率，導磁率が異方性をもつことが必要となる．

また，Mur の吸収境界条件は波を透過させない条件である．すなわち，平面波が境界に垂直に進行することを仮定して，境界面を平面波が透過するような条件を課す方法である．たとえば，z 軸方向に進む電磁波を考えると，電界は次式を満足する．

$$\frac{\partial E_i}{\partial z}-\frac{1}{c}\frac{\partial E_i}{\partial t}=0 \tag{1.116}$$

ここで，E_i は電界の x または y 方向成分，c は伝搬速度である．この条件を境界上で課せばよい．

1.5.6 半無限境界条件

電磁界は一般に無限の広がりをもっている．鉄心で磁路が閉じている場合は，磁束が大きく広がることはないが，空心コイルによる磁界分布などを解析するさいには磁束が無限遠まで広がることを考慮して解析を行わないと誤差が大きくなることがある．これを開領域問題とよぶ．

このような開領域問題を取り扱うために種々の方法が提案されているが，ここでは半無限要素を用いた方法を述べる[7]．この手法は，全体の解析領域を付図1.10に示すように，内部領域 R_in と外部領域 R_ex に分け，外部領域は無限遠方まで延びた1層の四辺形要素に分割し，内部領域と外部領域の両方でエネルギーのポテンシャルによる偏微分の式をつくり，全解析領域内の磁束分布を求めるものである．この四辺形要素を半無限要素とよぶ．半無限要素を用いた解析では，磁性体やコイルを有する内部領域は通常の有限要素法で解き，それより外の空間の外部領域でのポテ

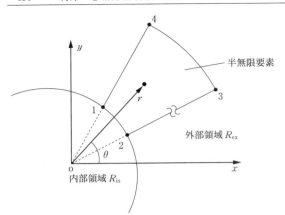

付図 1.10 半無限要素

ンシャルはラプラス方程式を満足するとして，半無限要素で表現して取り扱う．外部領域を r, θ の極座標で表し，ラプラス方程式の解 $f(r)$ として，たとえば次式を用いる．

$$f(r) = \frac{1}{r^n} \tag{1.117}$$

1.5.7 表面インピーダンス境界条件

渦電流や磁束が導体表面に集中して流れている問題を有限要素法などの領域分割型解法で解析するさいは，表面付近の要素がへん平になったり要素数が多くなりすぎるなどの問題が生じる．このような場合に，表面インピーダンス境界条件を用いて要素数の増大を回避することが行われる[7]．この方法は導体の表面を表面インピーダンスで表し，導体の残りの部分はモデルから除外する．表皮厚さよりも導体の寸法の方が大きい場合は，この方法により精度良い解が得られる．導体表面に沿った電界の強さ E_x と磁界の強さ H_y の比は表面インピーダンス Z と定義され，次式で表される．

$$Z = \frac{E_x}{H_y} = \frac{1+j}{\sigma\delta} \tag{1.118}$$

ここで，δ は表皮厚さである．

具体的には，表皮厚さに比べて導体厚さ方向の寸法が大きい場合は，付図 1.11 のように，磁界 H は導体表面の接線方向のみを向くと仮定してよい．導体表面の法線方向 n が x に等しいとすれば，導体中の磁気ベクトルポテンシャルの z 方向成分 A は次式のように書け，これを解くべき式に代入すれば簡単な式の追加で導体中の渦電流が考慮で

きる．

$$A = -A_0 \exp(-\gamma x) \tag{1.119}$$

ここで，$\gamma = \sqrt{j\omega\sigma\mu}$（$\omega$ は角周波数）であり，また A_0 は A の導体表面での値である．

1.5.8 周期境界条件

電界や磁界が空間内で周期的に変化する場合がある．この周期的に変化する電界や磁界の分布の最小限の領域を取り出し，境界条件として与えることにより解析領域を減らすことができる．これを周期境界条件とよぶ[4]．

たとえば，付図 1.12 のような多極の回転機では，同じ磁束分布が周期的に現れる．この場合，1 極ピッチ分の解析領域の両端で磁束の向きに着目して，境界上のベクトルポテンシャル間の関係式を導出すれば，全領域を解析する必要はなく，解析領域を 1 極ピッチ分に減らすことができる．a-b 面と c-b 面では，付図 1.12 のように磁束密度ベクトル B の向きが互いに逆になっているので，ベクトルポテンシャル A の向きも互いに逆になるとして取り扱えばよい．この場合の A の周期境界条件は a-b 面上ポテンシャル A_1，c-b 面上のポテンシャルを A_2 とすれば次式となる．

$$A_1 = -A_2 \tag{1.120}$$

1.5.9 端部の境界条件

くさびのように角や端のとがった場所では，電界などのふるまいが特異な状態を示すことがある．たとえば，避雷針の先端では電界が集中したり，完全導体の端部では，そこを流れる電流が無限大になることがある．このような場所では，端部の境界条件を特別に考える必要があり，具体的にはその箇所での電磁蓄積エネルギーが発散しないことなどの条件を課すことになる[8]．

1.5.10 無限遠の境界条件

電磁波がアンテナから外部空間に放射されるような開領域での電磁波問題では，無限遠の境界で無限の電磁エネルギーがその境界面から外側に流出しない，またその境界の外側から電磁エネルギーの流入がないという電磁波のエネルギー条件が満足される必要がある．この無限遠の境界で境界が満足すべき条件は，ゾンマーフェルトの放射条件と

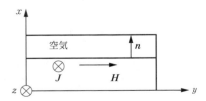

付図 1.11 表面インピーダンス境界条件

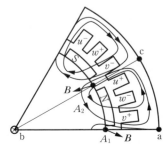

付図 1.12 周期境界条件

して知られている[8]．

スカラー ϕ が波動方程式を満足する場合，次式のようなゾンマーフェルトの放射条件が成立することが要請される．

$$\lim_{r \to \infty} r\left(\frac{\partial \phi}{\partial r} - jk_0\phi\right) = 0 \quad (1.121)$$

境界要素法でスカラー ϕ の波動方程式を解く場合，この放射条件を仮定すると，無限遠方の積分項を消去できる．また，有限要素法で電磁波問題を解く場合には，次式の形の放射条件を解析領域の境界に課すことがある[9]．

$$\lim_{r \to \infty} r(\mathrm{rot}\, \boldsymbol{E} + jk_0 \hat{\boldsymbol{r}} \times \boldsymbol{E}) = 0,$$
$$\lim_{r \to \infty} r(\mathrm{rot}\, \boldsymbol{H} + jk_0 \hat{\boldsymbol{r}} \times \boldsymbol{H}) = 0 \quad (1.122)$$

ここで，k_0 は伝搬定数（波数），$\hat{\boldsymbol{r}}$ は $\boldsymbol{r}$ の単位ベクトルである．

文　献

1) 竹山説三，"電磁気学現象理論"，丸善出版 (1944)．
2) 卯本重郎，"電磁気学"，昭晃堂 (1975)．
3) 中田高義，高橋則雄，"電気工学の有限要素法 第2版"，森北出版 (1986)．
4) 本間利久，五十嵐一，川口秀樹，"数値電磁力学―基礎と応用―"，森北出版 (2002)．
5) 高橋則雄，"三次元有限要素法―磁界解析技術の基礎―"，電気学会 (2006)．
6) 電気学会 編，"計算電磁気学"，培風館 (2003)．
7) J. K. Sykulski, "Computational Magnetics", Chapman & Hall (1995).
8) 徳丸 仁，"基礎電磁波"，森北出版 (1992)．
9) J. Jin, "The Finite Element Method in Electromagnetics", John Wiley (2002).

付録2　境界要素法

2.1　境界要素法の基本的考え方

数値解析法は，大きく分けて領域分割法と境界分割法とがある．領域分割法の代表的なものが有限要素法と差分法であり，境界分割法のそれが境界要素法である．

$$\begin{cases} 領域分割法…微分形解法 \longrightarrow \begin{cases} 有限要素法 \\ 差分法 \end{cases} \\ 境界分割法…積分方程式法 \longrightarrow 境界要素法 \end{cases}$$

付表2.1にこれらの種々の解法の原理，分割法，特徴などについて示す．差分法は原理が単純であり，簡便ということからよく使われているが，対象領域を格子状に分割し，各格子点でポテンシャルをテイラー展開するため，境界が複雑で分割格子と一致しないときには精度が悪くなる．また，一つの格子点で材料定数が変化するときにも解析が複雑となってくる．これに対し，同じ領域分割法の有限要素法は領域を任意の大きさの形状にメッシュ分割することができることから分割の伴う誤差は少なくなる．これらに対し，境界要素法は，これらの領域分割法に比べると，領域の境界上の分割だけですむため，使いやすいという利点がある．しかしながら，付表2.1に示すように，応用上の特徴を比較してみると，不均質物質や非線形問題においては有限要素法のほうが向いている．

境界要素法の概略は付図2.1に示すように，偏微分方程式で表される支配方程式にグリーンの定理を適用すること

付表2.1　各種数値解法解析手法上の特徴

分　類	領域分割法		境界分割法
原　理	領域内で支配方程式を満足するように近似方程式をつくる（境界条件は満足している）		境界上で境界条件を満足するように近似方程式をつくる（支配方程式は満足している）
離散化の方法	領域全体を分割		境界を分割
解析方法	有限要素法（FEM）	差分法（FDM）	境界要素法（BEM）
基礎となる原理・式	変分原理・ガラーキン法	テイラー展開の差分式	グリーンの定理
分割法			
未知数	節点ポテンシャル	格子点のポテンシャル	境界上の節点ポテンシャルおよびその微分値
計算時間および必要メモリ容量	節点数の関数	格子点数の関数	要素数の関数
計算精度	普　通	悪　い	良　い
プログラミング	複　雑	容　易	普　通
入力データ作成	複雑だがかなりの部分について自動化が可能	普　通	容　易
全体係数マトリックスの性質	スパースなバンドマトリックス	スパースなバンドマトリックス	非対称フルマトリックス

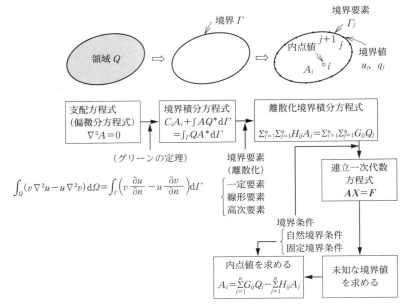

付図2.1 境界要素法の概略

によって，領域 Ω 内の積分は境界 Γ 上の積分に変換される．こうして表された式が境界積分方程式である．この積分方程式を解くため，境界要素によって境界上を要素分割すると離散化境界積分方程式を得ることができる．境界条件が与えられることによって，同量の数だけ方程式が得られ，連立一次方程式とすることができる．この方程式を解くことによって，すべての境界要素に関する量が定まる．こうしてすべての境界値が求まれば，領域内の s 任意の位置における関数値は，これらの境界値から容易に算出できる．

このような計算の流れをもつ境界要素法は，偏微分方程式をグリーンの定理を用いて積分方程式に変換するため，二次元領域の問題はその境界線上の線積分による一次元問題に変換される．また，同様に三次元領域の問題はそれを囲む表面上の面積分による二次元問題となる．このように問題とする領域による次元が一次元下がるため，一般的な傾向として，有限要素法や差分法などの領域型解法に比べて，入力データが少なくてすむ．また，付図2.1に示した境界要素解析の流れにあるように，領域全体を一度に解析するのではなく，まず境界に関して解析し，必要に応じて領域内の任意の位置における解析を行う．このような段階的な解法の流れをとることは境界要素法の特徴の一つである．以上のことから，境界要素法の特徴として次の点があげられる．

(1) 入力データの取り扱いが容易で，特別な要素分割プログラムを必要としない．また，連立一次方程式の元数が少なく，三次元解析において有力な解法である．

(2) 領域内の所望の点において解析が可能であるため，領域内をいくらでも詳細に調べることができる．また，領域内の解析は対話形式で行うことも可能で，タブレットなどの外部機器の導入が容易である．

(3) 領域内部の値を知る必要がなく境界上での値や特性値を知りたい場合は，領域内部の計算を行う必要はなく能率的である．そのため，外形上の最適化などの逆問題解法に効果的である．

したがって，むしろこのような特徴が効率よく活用できる問題あるいは適切な問題分野によって，境界要素法をほかの解析方法と使い分けるという視点が必要である．

2.2 磁場問題の境界要素積分方程式

2.2.1 二次元静磁場問題

付図2.2のような解析領域において，ベクトルポテンシャルを A とする二次元場の支配方程式は一般に次式のラプラス方程式で表すことができる．

$$\nabla^2 A = 0 \tag{2.1}$$

境界条件式は，付図2.2に示すように各境界上で，ディ

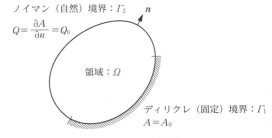

付図2.2 解析領域

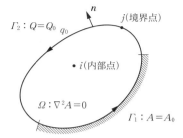

付図2.3 内部点 i に関する積分方程式を得るための説明図

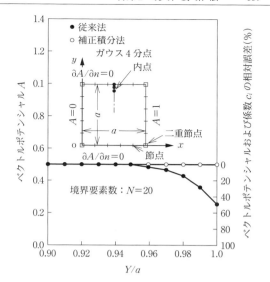

付図2.4 補正積分法によるポテンシャルの計算例

リクレ条件とノイマン条件として与えられ，次の混合境界条件式とする．

ディリクレ条件（固定境界条件）　$A = A_0$　（Γ_1 上）

ノイマン条件（自然境界条件）　$Q = \dfrac{\partial A}{\partial n}$　（Γ_2 上）

ただし，Q は A の n 方向導関数（ポテンシャル流速）とし，A_0 および Q_0 は境界上で与えられた値とする．

式(2.1)の偏微分方程式にグリーンの定理を適用して，次のような境界上の積分方程式を得ることができる．

$$C_i A_i + \int_\Gamma A Q^* d\Gamma = \int_\Gamma Q A^* d\Gamma \tag{2.2}$$

$$A^* = \frac{1}{2\pi} \ln \frac{1}{r}$$

$$A = \frac{\partial A}{\partial n}, \quad Q^* = \frac{\partial A^*}{\partial n}$$

ここで，A^* を基本解とよぶ．上式は境界上で未知なポテンシャル A とポテンシャル流速 Q を含んでいるので，境界上の座標に関するものとして与えられるならば，未知量はすべて境界上のものとなる．したがって，この場合の関係式を境界積分方程式という．こうして得られた境界積分方程式から，未知量である A, Q を求めることにより，境界上のすべての A と Q の値を知ることができれば，この A と Q および境界条件式からの A_0 と Q_0 から境界内の領域の任意の点のポテンシャルは付図2.3の関係から次式の内部境界積分方程式に代入することによって領域 Ω 内の任意の内部点のポテンシャルを求めることができる．

$$A_i = \frac{1}{C_i} \sum_{j=1}^{n} \left\{ \int_\Gamma Q A^* d\Gamma - \int_\Gamma A Q^* d\Gamma \right\} \tag{2.3}$$

C_i は一般の境界要素法では，境界積分上で，1/2 領域内の計算では 1 とするが，磁場解析ではこのまま用いることはできない．n は境界上の節点数を表す．

境界要素法では，基本解およびその微分を積分核とする補正積分が要求される．基本解はそのソース点で，関数値が無限大となるので，境界上にソース点がある場合の境界積分は二重節点法や被適合要素などの方法が用いられる．また，領域内の値を評価する場合にも，被積分関数がソース点近くの境界上で急激に変化してしまう．そこで，次式に示すような補正積分が用いられる．

$$C_i = -\int_\Gamma Q^* d\Gamma \tag{2.4}$$

この補正積分法によるポテンシャルの計算例を付図2.4 に示す．この例では補正積分の有効性を検証するために最も簡単な例題が選ばれている．すなわち，二次元静磁場をベクトルポテンシャルで定式化し，境界要素には 20 個の一次要素を用いている．ベクトルポテンシャルの厳密解は内部の考察点に関して y 方向の位置によらず $A = 0.5$ である．補正積分によらない通常の方法に比べ，補正積分法により高精度の解が得られることがわかる．

実際の磁場問題では，必要な物理量が磁気ベクトルポテンシャルの勾配である磁束密度で評価される．とくに，設定された領域の境界上あるいは境界近傍の点における磁束密度が重要な評価となる．このような磁束密度の計算でも同じように補正積分法が用いられなければならない．その場合，磁束密度は次式で表される．

$\boldsymbol{B} = \mathrm{rot}\,\boldsymbol{A}$ から二次元問題として $A_x = A_y = 0$，$A_z = A$ と表すと，次式となる．

$$B_x = \frac{\partial A}{\partial y}, \quad B_y = -\frac{\partial A}{\partial x} \tag{2.5}$$

これより，補正積分法を用いて，$x_1 = x$, $x_2 = y$ とおき，式(2.2)を x_k $(k=1,2)$ で微分すれば内点の積分方程式は次のようになる．

$$\frac{\partial A_i}{\partial x_k} = \frac{1}{C_i} \left\{ \int_\Gamma Q \frac{\partial A^*}{\partial x_k} d\Gamma - \int_\Gamma A \frac{\partial Q^*}{\partial x_k} d\Gamma - \frac{\partial C_i}{\partial x_k} A_i \right\} \tag{2.6}$$

これから，境界上を n 個に分割した境界要素節点の A ならびに Q の値を用いて計算することができる．

$$\frac{\partial A_i}{\partial x_k} = \frac{1}{C_i} \left\{ \sum_{j=1}^{n} \int_\Gamma Q \frac{\partial A^*}{\partial x_k} d\Gamma - \sum_{j=1}^{n} \int_\Gamma A \frac{\partial Q^*}{\partial x_k} d\Gamma - \frac{\partial C_i}{\partial x_k} A_i \right\} \tag{2.7}$$

この補正積分法による磁束密度の計算例を付図2.5 に示す．計算条件は付図2.4と同じで，ベクトルポテンシャル

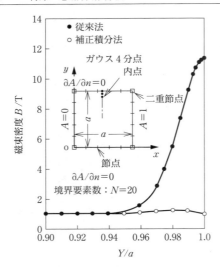

付図2.5 補正積分法による磁束密度の計算例

のx方向微分として与えられるy方向の磁束密度は厳密解では0となる．通常の方法では境界に近いところで大きな誤差が生じることがわかる．

以上の境界要素法の解析手順の概要を示すと付図2.6のようになる．ここで用いられた基本解はもとの偏微分方程式（ここではラプラス方程式）の非同次方程式の解として定義され，これは，従来偏微分方程式を解くために用いられていたグリーン関数法と関連をもつものである．したがって，ラプラス方程式のような比較的単純な方程式では，この基本解を求めることは容易であるが，一般的には難しい．しかしながら，境界要素法で問題を解決するさいには境界積分方程式を扱うので，考える問題の次元が一次元下がる利点は大きく，この点からも基本解に対する検討が望まれる．一般的な偏微分方程式の基本解については，偏微分方程式の文献などにすでに解が示してあるので，これを参考にするとよい．

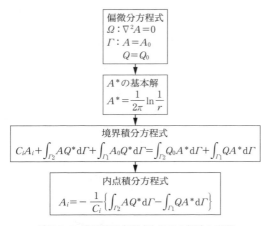

付図2.6 境界積分方程式における解法の手順

2.2.2 電流ならびに永久磁石を含む問題

磁場の問題には，磁性体を励磁するコイル部（電流領域）や永久磁石部が存在する場合が多い．境界要素法では，これらは負荷項として取り扱われる．これらの問題の支配方程式は一般に，電流密度をJとして，次のポアソン方程式として知られる．

$$\nabla^2 A = -\mu_0 J \tag{2.8}$$

このときの境界積分方程式は次式となる．

$$C_i A_i + \int_\Gamma A Q^* d\Gamma = \int_\Gamma Q A^* d\Gamma + \mu_0 \int_\Omega J_0 A^* d\Omega \tag{2.9}$$

境界要素を用いて，離散化すると境界要素方程式は次式となる．この場合，電流領域項は領域積分となるため，有限要素法と同じように領域を三角形などで要素分割し，おのおのの積分処理を施さなければならないが，有限要素法と異なり，この項は負荷項として取り扱われるため，解析のさいにマトリックスを大きくすることはない．

$$C_i A_i = \sum_{j=1}^n \int_\Gamma Q A^* d\Gamma - \sum_{j=1}^n \int_\Gamma A Q^* d\Gamma + \mu_0 \sum_{j=1}^m J_0 \int_\Omega A^* d\Omega \tag{2.10}$$

これより，磁束密度は次式で計算できる．

$$\frac{\partial A_i}{\partial x_k} = \frac{1}{C_i} \left\{ \sum_{j=1}^n \int_\Gamma Q^* \frac{\partial A}{\partial x_k} d\Gamma - \sum_{j=1}^n \int_\Gamma A^* \frac{\partial Q}{\partial x_k} d\Gamma + \mu_0 \sum_{j=1}^m J_0 \int_{\Omega_J} A^* d\Omega - \frac{\partial C_i}{\partial x_k} A_i \right\} \tag{2.11}$$

同様にして，永久磁石問題の場合は$J_m = \mathrm{rot} M$の関係から（ここで，J_mのことを等価電流密度とよぶ）境界積分方程式に負荷項として次式が付加される．

$$\int_{\Omega_M} J_m A^* d\Omega = \int_{\Omega_M} (\mathrm{rot} M) A^* d\Omega = \int_{\Omega_M} (\nabla A^* \times M) d\Omega \tag{2.12}$$

また，そのときのm個からなる領域積分は次式となる．

$$\sum_{j=1}^m \int_{\Omega_M} J_m A^* d\Omega = \sum_{j=1}^m \int_{\Omega_M} (\mathrm{rot} M) A^* d\Omega$$
$$= \sum_{j=1}^m \int_{\Omega_M} (\nabla A^* \times M) d\Omega \tag{2.13a}$$

$$\sum_{j=1}^m \int_{\Omega_M} (\nabla A^* \times M)_z d\Omega$$
$$= -\sum_{j=1}^m \left\{ M_x \int_{\Omega_M} \frac{\partial A^*}{\partial y} d\Omega - M_y \int_{\Omega_M} \frac{\partial A^*}{\partial x} d\Omega \right\} \tag{2.13b}$$

電流ならびに永久磁石を含む磁場問題の境界積分方程式ならびに境界要素方程式は，以下のようになる．

$$C_i A_i + \int_\Gamma A Q^* d\Gamma = \int_\Gamma Q A^* d\Gamma + \mu_0 \int_\Omega J_0 A^* d\Omega + \int_{\Omega_M} (\nabla A^* \times M) d\Omega \tag{2.14a}$$

$$C_i A_i + \sum_{j=1}^n \int_\Gamma A Q^* d\Gamma = \sum_{j=1}^n \int_\Gamma Q A^* d\Gamma + \mu_0 \sum_{j=1}^m J_0 \int_\Omega A^* d\Omega - \sum_{j=1}^m \left\{ M_x \int_{\Omega_M} \frac{\partial A^*}{\partial y} d\Omega - M_y \int_{\Omega_M} \frac{\partial A^*}{\partial x} d\Omega \right\} \tag{2.14b}$$

式(2.14b)の右辺第2項と第3項が領域積分項となる.

2.2.3 二次元動磁場(渦電流)問題

動磁場問題の支配方程式は次式で表される.

$$\nabla^2 A = -\mu J_0 + \mu\sigma\frac{\partial A}{\partial t} + \mu\sigma\frac{\partial \phi}{\partial z} \tag{2.15}$$

ただし,クーロンゲージを使用した.ここで,σは導電率を,ϕは電位(スカラーポテンシャル)を表す.この問題を解く方法として,次の二つの方法がある.

a. 時間依存性の基本解を用いた過渡磁場解析

$$C_i A_i(t) + \int_{t_0}^{t_n}\mu\sigma\int_{\Gamma}AQ^*d\Gamma dt$$
$$= \int_{t_0}^{t_n}\mu\sigma\int_{\Gamma}QA^*d\Gamma dt + \mu\sigma\int_{\Omega}A(t_0)A^*d\Omega$$
$$+ \int_{t_0}^{t_n}\mu\int_{\Omega}J_0A^*d\Omega dt - \int_{t_0}^{t_n}\mu\sigma\int_{\Omega}\frac{\partial\phi}{\partial z}A^*d\Omega dt \tag{2.16}$$

ただし,$A_i(t_0)$ および $A_i(t_n)$ はそれぞれ時刻 t_0, t_n での磁気ベクトルポテンシャルを表す.ここでは,時間に関して一定近似を用い,空間に対しては一次近似を採用している.磁気ベクトルポテンシャルなどの変数の時間変化を時間分割された区間内で一定とし,階段状に近似して式(2.16)中の時間積分を解析的に評価すると次のように境界積分方程式を表すことができる.

$$C_i A_i(t_0) + \mu\sigma\int_{\Gamma}AQ_t^*d\Gamma = \mu\sigma\int_{\Gamma}QA_t^*d\Gamma$$
$$+ \mu\sigma\int_{\Omega}A(t_0)A^*d\Omega + \mu\int_{\Omega}J_0A_t^*d\Omega$$
$$- \mu\sigma\int_{\Omega}\frac{\partial\phi}{\partial z}A_t^*d\Omega \tag{2.17}$$

このとき,基本解は

$$A_t^* = \int_{t_0}^{t_n}A^*dt = \frac{1}{4\pi k}E_i\left(\frac{r^2}{4k\tau}\right) \tag{2.18a}$$

$$Q_t^* = \int_{t_0}^{t_n}Q^*dt = \frac{l}{2\pi kr^2}\exp\left(-\frac{r^2}{4k\tau}\right) \tag{2.18b}$$

ただし,$\tau = t_n - t_0$,$l = \boldsymbol{r}\cdot\boldsymbol{n} = x n_x + y n_y$ で,E_i は積分指数関数である.

本手法は過渡的な問題だけでなく,正弦波的時間依存性の問題にも適用できる.ただし,次項で示す複素近似による手法と比較すると,時間分割がきわめて小さくなり,グリーン関数の特異性が増すため解析精度は劣る.

b. 複素近似による正弦波定常磁場解析

$$\nabla^2 \hat{A} = -\mu\hat{J} + j\omega\mu\sigma\hat{A} + \mu\sigma\frac{\partial\hat{\phi}}{\partial z} \tag{2.19a}$$

ただし,ω は角周波数($2\pi f, f$:周波数)であり,すべての物理量は複素数とする.

$$\hat{A} = A_m e^{j\omega t},\quad \hat{J} = J_m e^{j\omega t},\quad \hat{\phi} = \phi_m e^{j\omega t} \tag{2.19b}$$

上式に対する境界積分方程式は,広義グリーンの定理と変形ヘルムホルツ方程式のグリーン関数を用いて,一般に次式のように導出できる.

$$\hat{C}_i\hat{A}_i + \int_{\Gamma}\hat{A}\hat{Q}_e^*d\Gamma = \int_{\Gamma}\hat{Q}\hat{A}_e^*d\Gamma + \mu\int_{\Omega}\hat{J}_0\hat{A}_e^*d\Omega$$
$$- \mu\sigma\int_{\Omega}\frac{\partial\hat{\phi}}{\partial z}\hat{A}_e^*d\Omega \tag{2.20}$$

ただし,$\hat{Q}_e^* = \partial\hat{A}_e^*/\partial n$ とおいた.ここでの C_i は境界の形状により決まる定数であり,境界上の節点ごとに解析的に計算する必要がある.

変形ヘルムホルツ方程式のグリーン関数 $\hat{A}_e^*$ は次式で与えられる.

$$\hat{A}_e^* = \frac{1}{2\pi}K_0(\sqrt{j}kr),\quad k = \sqrt{\omega\mu\sigma} \tag{2.21}$$

ただし,K_m は m 次の第二種変形ベッセル関数である.したがって,A_e^* および Q_e^* はケルビン関数を用いて次式のように表示できる.

$$\hat{A}_e^* = \frac{1}{2\pi}\{\ker_0(kr) + \kei_0(kr)\} \tag{2.22a}$$

$$\hat{Q}_e^* = \frac{-\sqrt{j}kl}{2\pi}K_1(\sqrt{j}kr)$$
$$= \frac{kl}{2\sqrt{2}\pi r}[\ker_1(kr) + \kei_1(kr)$$
$$- j\{\ker_1(kr) - \kei_1(kr)\}] \tag{2.22b}$$

ただし,$\ker_m, \kei_m$ は m 次のケルビン関数とする.また,式(2.18)中の領域積分項における J_0 および $\partial\phi/\partial z$ は,二次元問題では積分の対象となる領域内で一定となることから,この領域積分項は積分定理を用いて境界積分に変換することもできる.

2.2.4 多媒質問題

付図 2.7 に示すように,磁場問題では解析領域内に磁性体やコイルなどの電流領域を含む場合が多くある.そのような場合には,境界要素領域を二つ以上とることになる.だが,付図 2.7 に示すような磁性体のまわりが空間であるような解領域問題では,境界要素法は効果を発揮する.

このような場合には,磁性体領域 Ω_1 とその外側の空気領域 Ω_2 について,おのおのの境界積分方程式を成立させ,その間の共通境界上で適合条件を付加する必要がある.

(1) 空気領域の境界積分方程式

$$C_{2i}A_{i2} + \int_{\Gamma}A_2Q^*d\Gamma = \int_{\Gamma}Q_2A^*d\Gamma + \mu_0\frac{NI}{S}\int_{\Gamma_J}A^*d\Gamma \tag{2.23}$$

$$C_{2i} = 1 - \int_{\Gamma}Q^*d\Gamma \tag{2.24}$$

(2) 磁性体領域の境界積分方程式

$$C_{1i}A_{i1} + \int_{\Gamma}A_1Q^*d\Gamma = \int_{\Gamma}Q_1A^*d\Gamma + \mu_0\int_{\Omega_1}J_mA^*d\Omega \tag{2.25}$$

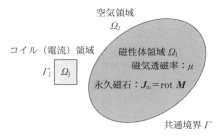

付図 2.7 磁性体を含む磁場問題

$$J_m = \mathrm{rot}\,\boldsymbol{M} = \frac{\partial M_y}{\partial B_y}\frac{\partial B_y}{\partial x} - \frac{\partial M_x}{\partial B_x}\frac{\partial B_x}{\partial y} \qquad (2.26)$$

$$C_{1t} = -\int_\Gamma Q^* \mathrm{d}\Gamma \qquad (2.27)$$

(3) 共通境界上での適合条件

$$A_1 = A_2 \qquad (2.28)$$

$$\frac{\partial A_1}{\partial n} = -\mu\frac{\partial A_2}{\partial n} \qquad (2.29)$$

以上の三つの関係式を連立して解くことにより,共通境界上の未知量を求めることができる.

2.2.5 三次元静磁場問題

一般の磁性体を含む問題の解析のためのベクトルグリーンの定理を用いて,境界積分方程式を得ることができる.三次元静磁場問題の支配方程式および磁界形のベクトルグリーンの公式は,次式で与えられる.

$$\nabla \times \boldsymbol{H} = \boldsymbol{J}_0 \qquad (2.30)$$

$$\boldsymbol{P}_i = \int_V \nabla \times \boldsymbol{P} \times \nabla G^* \mathrm{d}V + \int_V \nabla G^*(\nabla \cdot \boldsymbol{P}) \mathrm{d}V$$
$$- \int_S (\boldsymbol{n} \times \boldsymbol{P}) \times \nabla G^* \mathrm{d}S - \int_S \nabla G^*(\boldsymbol{n} \cdot \boldsymbol{P}) \mathrm{d}S$$
$$\qquad (2.31)$$

ここで,$\boldsymbol{P}$ は任意ベクトルで,G^* は三次元ラプラス方程式のグリーン関数(三次元静磁場問題の基本解),$\boldsymbol{n}$ は領域 V の表面 S 上の外向き単位法線ベクトルである.いま,磁気ベクトルポテンシャル $\boldsymbol{A}$ を未知変数とする場合を考え,クーロンゲージ($\nabla\cdot\boldsymbol{A}=0$)を仮定する.式(2.31)の $\boldsymbol{P}$ を $\boldsymbol{A}$ で置き換え整理すると次式を得ることができる.

$$A_i + \int_S (\boldsymbol{n}\cdot\boldsymbol{A})\nabla G^* \mathrm{d}S - \int_S (\boldsymbol{A}\times\boldsymbol{n})\nabla G^* \mathrm{d}S$$
$$= \int_S G^*(\nabla\times\boldsymbol{A})\times\boldsymbol{n}\mathrm{d}S + \int_{V_c} \mu_0 \boldsymbol{J}_0 G^* \mathrm{d}V \qquad (2.32)$$

ここで,ベクトル公式により導出される次の関係

$$(\boldsymbol{n}\cdot\boldsymbol{A})\nabla G^* - (\boldsymbol{A}\times\boldsymbol{n})\times\nabla G^*$$
$$= (\boldsymbol{n}\cdot\nabla G^*)\boldsymbol{A} - (\nabla G^*\times\boldsymbol{n})\times\boldsymbol{A} \qquad (2.33)$$

を式(2.32)に代入すると,次式が得られる.

$$A_i + \int_S (\nabla G^*\cdot\boldsymbol{n})A\mathrm{d}S - \int_S (\nabla G^*\times\boldsymbol{n})\times\boldsymbol{A}\mathrm{d}S$$
$$= \int_S G^*(\nabla\times\boldsymbol{A})\times\boldsymbol{n}\mathrm{d}S + \int_{V_c} \mu_0 \boldsymbol{J}_0 G^* \mathrm{d}V \qquad (2.34)$$

式(2.34)がベクトルグリーンの定理を用いて得られた境界積分方程式となる.この式では磁気ベクトルポテンシャルならびに磁束密度の接線方向成分が未知境界値である.また,右辺の領域積分項は境界積分に変換することもできる.

以上のように,三次元静磁界問題は解析領域の境界のみの離散化で取り扱うことができ,磁性体を含む問題では境界上の未知変数である磁気ベクトルポテンシャル $\boldsymbol{A}$ と磁束密度の接線方向 $\boldsymbol{Q}$ を用いて領域結合が容易に行えることがわかる.また,クーロンゲージ下では,ベクトル公式より,次の関係が成立する.

$$\int_S G^*(\boldsymbol{n}\cdot\nabla)A\mathrm{d}S = \int_S (\nabla G^*\times\boldsymbol{n})\times\boldsymbol{A}$$
$$+ \int_S G^*(\nabla\times\boldsymbol{A})\times\boldsymbol{n}\mathrm{d}S \qquad (2.35)$$

磁性体を含む問題を解析するには,磁気ベクトルポテンシャルの連続性を考慮し,磁界強度の接線方向成分の連続性を満足させなければならず,未知境界値であるポテンシャル流速値のみでは表現できないので,磁気ベクトルポテンシャルの各成分の勾配を用いた結合条件との連成が必要となり,プログラミングは繁雑となる.式(2.34)の場合には,前述のように磁束密度の接線方向成分 $\boldsymbol{Q}$ を用いて領域結合を容易に行うことができる.

次に,式(2.34)から,解析領域境界を n 個の境界要素で離散化し,同様に電流領域の境界分割数を n_c 個とすると,次の境界要素方程式を得ることができる.

$$C_i A_i + \sum_{j=1}^n \int_S (\nabla G^*\cdot\boldsymbol{n})A\mathrm{d}S - \sum_{j=1}^n \int_S (\nabla G^*\times\boldsymbol{n})\times\boldsymbol{A}\mathrm{d}S$$
$$= \sum_{j=1}^n \int_S G^*(\nabla\times\boldsymbol{A})\times\boldsymbol{n}\mathrm{d}S + \sum_{j=1}^{n_c} \int_{V_c} \mu_0 \boldsymbol{J}_0 G^* \mathrm{d}V$$
$$\qquad (2.36)$$

$$C_i = -\sum_{j=1}^n \int_S (\nabla G^*\cdot\boldsymbol{n})\mathrm{d}S \qquad (2.37)$$

2.2.6 軸対称三次元静磁場問題

電磁機器の多くは対称性をもつので,その対称性を考慮することにより未知量を大幅に節減できる.とくに軸対称場では,付図2.8に見るように磁気ベクトルポテンシャルなどは θ 方向成分のみを有するので,二次元場と同様に r-z 断面内の境界の積分方程式と離散化による境界要素方程式で解析が実行できる.三次元静磁場問題に対する境界積分方程式は直交座標系で式(2.35)で与えられているので,これを軸対称場に変換すればよい.軸対称場では磁気ベクトルポテンシャルは θ 方向成分 A_θ のみでかつ θ 方向には変化しないので,磁束密度は r および z 方向成分しか存在せず,磁界強度の接線方向成分は二次元場と同様にポテンシャル流速値で表すことができる.式(2.35)に式(2.36)を代入して次式を得ることができる.

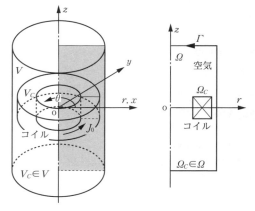

付図2.8 軸対称性磁場問題

$$C_i\boldsymbol{A}_i+\int_S \boldsymbol{A}Q^*\mathrm{d}S=\int_S \boldsymbol{Q}G^*\mathrm{d}S+\int_{V_c}\mu_0\boldsymbol{J}_0G^*\mathrm{d}V \tag{2.38a}$$

ただし，$\boldsymbol{Q}=(\boldsymbol{n}\cdot\nabla)\boldsymbol{A}$, $Q^*=\partial G^*/\partial n$ とおいた．

円柱座標系の A_r, A_θ, A_z と直交座標系の A_x, A_y, A_z の関係は付図 2.8 から，軸対称場では A_θ のみが存在するので，下式となる．

$$A_x=-A_\theta\sin\theta, \quad A_y=A_\theta\cos\theta, \quad A_z=0 \tag{2.38b}$$

Q, J_0 に関しても同様であるから，式(2.38a) の x および y 方向成分の方程式の未知量を θ 方向成分に変更することができ，これらが独立でないことがわかる．したがって，付図 2.8 に示す $r-z$ 断面における y 方向成分に対する次の境界積分方程式をつくることができる．

$$C_iA_{\theta i}+\int_S A_\theta\cos\theta Q^*\mathrm{d}S=\int_S Q_\theta\cos\theta G^*\mathrm{d}S$$
$$+\int_{V_c}\mu_0J_{0\theta}\cos\theta G^*\mathrm{d}V \tag{2.39}$$

ただし，添え字 θ は θ 方向成分を表す．上式の $A_\theta, Q_\theta, J_{0\theta}$ は θ 方向に一定であるから，θ 方向に積分すると次式を得る．

$$C_iA_{\theta i}+\int_\Gamma A_\theta Q_0^* r_j\mathrm{d}\Gamma=\int_\Gamma Q_\theta G_0^* r_j\mathrm{d}\Gamma$$
$$+\int_{V_c}\mu_0J_{0\theta}G_0^* r_j\mathrm{d}\Omega \tag{2.40}$$

ただし，r_j は観測点 j の r 座標で

$$G_0^*=\int_0^{2\pi}G^*\cos\theta\mathrm{d}\theta, \quad Q_0^*=\int_0^{2\pi}Q^*\cos\theta\mathrm{d}\theta \tag{2.41}$$

とおき，上式の積分は解析的に実行できる．すると，

$$r=\sqrt{r_j^2+r_i^2-2r_ir_j+(z_j-z_i)^2}$$
$$=\sqrt{r_j^2+r_i^2-2r_ir_j+(z_j-z_i)^2}\sqrt{1-k^2\cos^2\left(\frac{\theta}{2}\right)} \tag{2.42}$$

$$k^2=\frac{4r_ir_j}{(r_i+r_j)^2+(z_j-z_i)^2} \tag{2.43}$$

で表される．ただし，

$$G_\theta^*=\frac{1}{\pi k\sqrt{r_ir_j}}\left\{\left(1-\frac{k^2}{2}\right)K(k)-E(k)\right\}$$

$$Q_\theta^*=\frac{1}{4\pi}\{(r_i\alpha_1-r_j\alpha_2)n_r-\sqrt{r_ir_j}n_z\}$$

$$\alpha_1=\beta_1\left\{\left(\beta_2\beta_3^2+\frac{4}{k^4}\right)E(k)-\frac{4\beta_2K(k)}{k^2}\right\}$$

$$\beta_1=\frac{1}{2}\left(\frac{k}{\sqrt{r_ir_j}}\right)^2, \quad \beta_2=\frac{(r_j+r_i)^2+(z_j-z_i)^2}{(r_j-r_i)^2+(z_j-z_i)^2},$$

$$\beta_3=\frac{r_j^2+r_i^2+(z_j-z_i)^2}{2r_ir_j}$$

とおいた．また，$K(k), E(k)$ は，それぞれ第一種および第二種の完全楕円積分である．

式(2.40) を境界要素で離散化して境界要素方程式を得ることができる．

$$C_iA_{\theta i}+\sum_{j=1}^n\int_S A_\theta Q_0^* r_j\mathrm{d}S=\sum_{j=1}^n\int_S Q_\theta G_0^* r_j\mathrm{d}S$$
$$+\sum_{j=1}^{n_c}\int_{V_c}\mu_0J_{0\theta}G_0^* r_j\mathrm{d}\Omega \tag{2.44}$$

ただし，C_i は補正積分を適用して次式で求められる．

$$C_i=-\sum_{j=1}^n\int_{\Gamma_j}Q_\theta^* r_j\mathrm{d}\Gamma \tag{2.45}$$

ここで，

$$Q_\theta^*=\int_0^{2\pi}Q^*\mathrm{d}\theta$$
$$=-\frac{k}{2\pi\sqrt{r_ir_j}}\left[\frac{n_r}{2r_j}K(k)+\gamma_1E(k)+n_z\gamma_2E(k)\right]$$

$$\gamma_1=\frac{r_j^2-r_i^2-(z_j-z_i)^2}{(r_j-r_i)^2+(z_j-z_i)^2},$$

$$\gamma_2=\frac{z_j-z_i}{(r_j-r_i)^2+(z_j-z_i)^2}$$

とおいた．軸対称問題の境界分割は式(2.44) から，境界の輪郭部（対称軸は不要）のみとなる．また，式(2.44) の右辺第 2 項の電流項は $r-z$ 断面上の電流領域での面積積分となる．

2.2.7 三次元動磁場（渦電流）問題

(i) 時間依存性の基本解を用いた過渡解析

磁気ベクトルポテンシャル $\boldsymbol{A}$ を変数とする動磁場の支配方程式は次式で表される．

$$k\nabla^2\boldsymbol{A}=-\frac{1}{\sigma}\boldsymbol{J}_0+\frac{\partial\boldsymbol{A}}{\partial t} \tag{2.46}$$

$$k\nabla^2\phi=\frac{\partial\phi}{\partial t}, \quad k=\frac{1}{\mu\sigma} \tag{2.47}$$

$$\boldsymbol{B}=\nabla\times\boldsymbol{A}, \quad \boldsymbol{J}_e=-\sigma\frac{\partial\boldsymbol{A}}{\partial t}-\sigma\nabla\phi, \quad \nabla\cdot\boldsymbol{A}=-\mu\sigma\phi \tag{2.48}$$

境界積分方程式は次のベクトルグリーンの公式

$$C_i\boldsymbol{A}_i(t_n)+k\int_S(G_n^*\boldsymbol{A}-\boldsymbol{G}_c^*\times\boldsymbol{A})\mathrm{d}S$$
$$=k\int_S(\nabla\times\boldsymbol{A}\times\boldsymbol{n})G_t^*\mathrm{d}S+k\int_S(\nabla\cdot\boldsymbol{A})\boldsymbol{n}G_t^*\mathrm{d}S$$
$$+\int_V\boldsymbol{A}(t_0)\boldsymbol{n}G^*\mathrm{d}V-\frac{1}{\sigma}\int_V\boldsymbol{J}G_t^*\mathrm{d}V \tag{2.49}$$

$$G^*=\frac{1}{(4\pi k\tau)^{3/2}}\exp\left(-\frac{r^2}{4k\tau}\right)H(\tau), \quad \tau=t_0-t \tag{2.50}$$

$$G_t^*=\int_{t_0}^{t_n}G^*\mathrm{d}t=\frac{1}{4\pi^{3/2}kr}\Gamma\left(\frac{1}{2},\lambda\right)$$

$$G_n^*=\int_{t_0}^{t_n}(\nabla G^*\cdot\boldsymbol{n})dt=\frac{-(\boldsymbol{r}\cdot\boldsymbol{n})}{2\pi^{3/2}kr^3}\Gamma\left(\frac{3}{2},\lambda\right)$$

$$\boldsymbol{G}_c^*=\int_{t_0}^{t_n}(\nabla G^*\times\boldsymbol{n})dt=\frac{-(\boldsymbol{r}\times\boldsymbol{n})}{2\pi^{3/2}kr^3}\Gamma\left(\frac{3}{2},\lambda\right) \tag{2.51a}$$

ただし，

$$\lambda=\frac{r^2}{4k\tau} \tag{2.51b}$$

また，$\Gamma(\nu,\lambda)$ は不完全 Γ 関数である．式(2.49) をさらに，空間に関して離散化することにより，境界上の未知ベクトルポテンシャル $\boldsymbol{A}$ と $(\nabla\times\boldsymbol{A})\times\boldsymbol{n}$ に関する連立方程式が形成できる．二次元場の場合と同様に補正積分法を適用する．

$$C_i = -k\int_S G_n^* \mathrm{d}S + \int_V G^* \mathrm{d}V \qquad (2.52)$$

同様にしてスカラー関数の場合にはスカラーグリーンの定理を適用して，境界積分方程式が得られる．

$$C_i\phi_i(t_n) + k\int_S \phi G_n^* \mathrm{d}S = k\int_S (\boldsymbol{n}\cdot\nabla)\phi G_t^* \mathrm{d}S$$
$$+ \int_V \phi(t_0) G^* \mathrm{d}V \qquad (2.53)$$

渦電流密度の法線方向成分はゼロとなるので，磁気ベクトルポテンシャル $\boldsymbol{A}$ と電位 ϕ を未知数とした場合には，次の関係式が成立する．

$$\frac{\partial \boldsymbol{A}}{\partial t}\cdot\boldsymbol{n} = -\boldsymbol{n}\cdot\nabla\phi \qquad (2.54)$$

式(2.54)の時間微分を後退差分近似すると次式が得られる．

$$\frac{\partial \boldsymbol{A}}{\partial t}\cdot\boldsymbol{n} = \frac{\boldsymbol{A}(t_n)\cdot\boldsymbol{n} - \boldsymbol{A}(t_0)\cdot\boldsymbol{n}}{\tau} = -\boldsymbol{n}\cdot\nabla\phi \qquad (2.55)$$

以上を考慮すると，次に境界積分方程式を得る．

$$C_i\boldsymbol{A}_i(t_n) + k\int_S (G_n^*\boldsymbol{A} - \boldsymbol{G}_c^*\times\boldsymbol{A})\mathrm{d}S$$
$$= k\int_S (\nabla\times\boldsymbol{A}\times\boldsymbol{n})G_t^* \mathrm{d}S + k\int_S (\nabla\cdot\boldsymbol{A})\boldsymbol{n}G_t^* \mathrm{d}S$$
$$+ \int_V \boldsymbol{A}(t_0)\boldsymbol{n}G^* \mathrm{d}V - \frac{1}{\sigma}\int_V \boldsymbol{J}G_t^* \mathrm{d}V \qquad (2.56)$$

（ii）**複素近似による正弦波定常場の解析** 取り扱う物理量が二次元問題と同様にすべて複素量とし，ほかの場合のマクスウェルの電磁方程式は次式となる．

$$\nabla^2 \boldsymbol{A} + m^2 \boldsymbol{A} = 0 \qquad (2.57)$$
$$\nabla^2 \phi + m^2 \phi = 0 \qquad (2.58)$$

ただし，$m^2 = -jk^2$，$k^2 = \omega\mu\sigma$ とおいた．また，ゲージ条件には次のローレンツゲージを用いる．

$$\nabla\cdot\boldsymbol{A} = -\mu\sigma\phi \qquad (2.59)$$

以上のように，渦電流問題の支配方程式はヘルムホルツ方程式となり，これはクーロンゲージを用いても同様であるが，この場合には $\nabla\phi$ に関する領域積分項が残り，三次元場の場合には $\nabla\phi$ は導体内で一定ではないので，定式化は繁雑となる．これらの式に一般的なベクトルグリーンの公式を変形し，ヘルムホルツ作用素に対するベクトル公式から境界積分方程式が得られる．

$$\boldsymbol{A}_i + \int_S (\nabla G^*\cdot\boldsymbol{n})\boldsymbol{A}\mathrm{d}S = \int_S (\nabla G^*\times\boldsymbol{n})\times\boldsymbol{A}\mathrm{d}S$$
$$+ \int_S G^*(\nabla\times\boldsymbol{A})\times\boldsymbol{n}\mathrm{d}S - \mu\sigma\int_S \phi G^*\boldsymbol{n}\mathrm{d}S$$
$$(2.60)$$

電位に関する境界積分方程式は，広義のグリーンの定理を用いて得られる．

$$\phi_i + \int_S \phi G_n^* \mathrm{d}S = \int_S \frac{\partial\phi}{\partial n}G^* \mathrm{d}S \qquad (2.61)$$

この場合の基本解は次式である．

$$G^* = \frac{\exp(-jmr)}{4\pi r} = \frac{\exp(\sqrt{j}kr)}{4\pi r} \qquad (2.62)$$

ただし，

$$G_n^* = \frac{\partial G^*}{\partial n} = \frac{(\sqrt{j}kr-1)\exp(-\sqrt{j}kr)}{4\pi r^3} \qquad (2.63)$$

ここで，渦電流密度 $\boldsymbol{J}_e$ は次式で与えられる．

$$\boldsymbol{J}_e = -i\omega r\boldsymbol{A} - \sigma\nabla\phi \qquad (2.64)$$

導体表面では渦電流密度の法線方向成分がゼロ（$\boldsymbol{J}_e\cdot\boldsymbol{n}=0$）であるから，次の関係が得られる．

$$\frac{\partial\phi}{\partial n} = \boldsymbol{n}\cdot\nabla\phi = -j\omega\boldsymbol{A}\cdot\boldsymbol{n} \qquad (2.65)$$

式(2.65)より式(2.61)は次式で表される．

$$\phi_i + \int_S \phi G_n^* \mathrm{d}S = -j\omega\int_S (\boldsymbol{A}\cdot\boldsymbol{n})G^* \mathrm{d}S \qquad (2.66)$$

したがって，境界節点数を n として，式(2.60)および式(2.66)の境界要素方程式は，次式で与えられる．

$$C_i\boldsymbol{A}_i + \sum_{j=1}^n \int_S \{(\nabla G^*\cdot\boldsymbol{n})\boldsymbol{A} - (\nabla G^*\times\boldsymbol{n})\times\boldsymbol{A}\}\mathrm{d}S$$
$$= \sum_{j=1}^n \int_S G^*(\nabla\times\boldsymbol{A})\times\boldsymbol{n}\mathrm{d}S - \mu\sigma\sum_{j=1}^n \int_S \phi G^*\boldsymbol{n}\mathrm{d}S$$
$$(2.67)$$

$$C_i\phi_i + \sum_{j=1}^n \int_S \phi G_n^* \mathrm{d}S = -j\omega\sum_{j=1}^n \int_S (\boldsymbol{A}\cdot\boldsymbol{n})G^* \mathrm{d}S \qquad (2.68)$$

2.3 境界要素方程式から代数方程式へ

任意形状を有する解析領域に対して，積分方程式を解析的に解くことは一般に不可能であるから，これを近似的にかつ数値的に解くことが必要となってくる．そこで，積分方程式を近似的に解析するための離散化手法について考える（付図 2.9）．積分方程式の離散化は，解析対象領域の境界を有限個の境界に分割した境界要素上における未知量の有限次元近似，定積分の数値積分公式による近似化という二つの基本的な手法から成り立っている．

2.3.1 境界の要素分割による関数近似

解析対象領域 Ω の境界値問題はその領域の境界 Γ 上の問題に変換され，境界積分方程式として表された．この境界積分方程式を数値解法に取り入れるため，解析対象領域における境界を有限個の部分境界の和に分割する必要がある．付図 2.10 に示すように，領域 Ω における境界 Γ を線

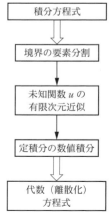

付図 2.9 積分方程式の離散化手法

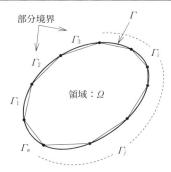

付図 2.10 部分境界（線形近似）

2.3.2 境界要素への形状関数の導入

種々の境界要素に対して，任意の座標値から任意の座標値までの積分で数値積分公式が適用できるように，付図 2.12 に示すような要素座標 ξ を導入して，要素端において $\xi = \pm 1$ となるように無次元化する．

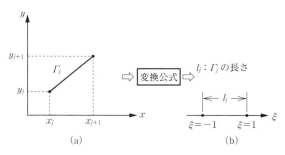

付図 2.12 境界に対する座標変換
(a) x-y 座標　(b) 要素 (ξ-) 座標

形に n 個の部分境界に分割し，それぞれの部分境界の和として次のように表す．

$$\Gamma = \sum_{j=1}^{n} \Gamma_j \qquad (2.69)$$

したがって，領域の形状，すなわち境界 Γ を表そうとすれば，部分境界への分割数を細かくし多くとればよい．

積分方程式は，その積分項に未知関数である A および Q を含んでいるので，これらの関数は境界 Γ 上で複雑に変化しているが，細かく要素に分割することによって単純な関数に近似できる．付図 2.11 に示すように，種々の関数近似による境界要素がある．

(1) 一定要素（0 次要素）：A と Q の値は要素内で一定で，中央節点の値で表す．
(2) 線形要素（1 次要素）：A と Q の要素内の値は端節点の値で線形近似する．
(3) 二次要素：A と Q の要素内の値は端節点の値と中央節点の値を用いて二次曲線で近似する．

このように，x-y 座標系について書き直すことにより，積分中の微小領域 $d\Gamma$ に対しても変換する必要があり，境界要素 Γ 上の微小要素 $d\Gamma$ は，式 (2.70) を用いて式 (2.71a) となる．

$$dx = \frac{dx}{d\xi}d\xi, \quad dy = \frac{dy}{d\xi}d\xi \qquad (2.70)$$

$$d\Gamma = \{(dx)^2 + (dy)^2\}^{1/2} = \left\{\left(\frac{dx}{d\xi}\right)^2 + \left(\frac{dy}{d\xi}\right)^2\right\}^{1/2} d\xi \qquad (2.71a)$$

したがって，二次元問題に対するヤコビアンは次式と与えられる．

$$d\Gamma = |J|d\xi, \quad |J| = \left\{\left(\frac{dx}{d\xi}\right)^2 + \left(\frac{dy}{d\xi}\right)^2\right\}^{1/2} \qquad (2.71b)$$

(i) 線形近似の場合　境界要素 Γ_j の座標を $\{x_1^{(j)}, y_1^{(j)}\}$, $\{x_2^{(j)}, y_2^{(j)}\}$ として形状関数を式 (2.72) で表すと，ヤコビアンは式 (2.73) となる．

$$\phi_1(\xi) = \frac{1}{2}(1-\xi), \quad \phi_2(\xi) = \frac{1}{2}(1+\xi) \qquad (2.72)$$

$$d\Gamma = |J|d\xi, \quad |J| = \left\{\left(\frac{x_2^{(j)} - x_1^{(j)}}{2}\right)^2 + \left(\frac{y_2^{(j)} - y_1^{(j)}}{2}\right)^2\right\}^{1/2}$$

$$= \frac{l_j}{2} \quad (l_j: \text{要素の長さ}) \qquad (2.73)$$

(ii) 二次曲線近似　境界要素 Γ_j の座標を $\{x_1^{(j)}, y_1^{(j)}\}$, $\{x_2^{(j)}, y_2^{(j)}\}$, $\{x_3^{(j)}, y_3^{(j)}\}$ として形状関数を式 (2.74) で表すと，ヤコビアンは式 (2.75) となる．

$$\phi_1(\xi) = \frac{1}{2}\xi(\xi-1)$$

$$\phi_2(\xi) = \frac{1}{2}\xi(\xi+1) \qquad (2.74)$$

$$\phi_3(\xi) = (1-\xi)(1+\xi)$$

$$|J| = \left[\left\{(x_1^{(j)} + x_2^{(j)} - 2x_3^{(j)})\xi + \frac{1}{2}(x_2^{(j)} - x_1^{(j)})\right\}^2\right.$$

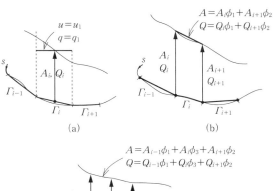

付図 2.11 種々の境界要素
(a) 一定要素　(b) 線形要素　(c) 二次要素

$$+\left\{(y_1^{(j)}+y_2^{(j)}-2y_3^{(j)})\xi+\frac{1}{2}(y_2^{(j)}-y_1^{(j)})2\right\}^2\right]^{1/2} \quad (2.75)$$

以上による近似によって，境界積分方程式(2.2)はヤコビアン$|J|$を使って要素座標に変換され，次のように表される．

$$C_iA_i+\int_{-1}^1 AQ^*|J|\,d\xi=\int_{-1}^1 QA^*|J|\,d\xi \quad (2.76)$$

2.3.3 境界要素関数の導入

境界上のベクトルポテンシャル A とポテンシャル流束 Q がある分布関数で存在しているとき，この境界上の領域内で複雑な変化をしていても，領域を細分化してミクロ的にみると，これを単純化しても差し支えない．その近似分布関数としての要素関数が一定要素，線形要素，高次要素として表現される．

a. 一定要素の場合

要素内で付図2.13に示すように，ベクトルポテンシャル A とポテンシャル流束 Q が境界上の位置によらず一定値であるため，境界積分方程式中の積分項において，A と Q は積分に無関係に一定となる．

$$A(r)=A_j,\quad Q(r)=Q_j \quad (2.77)$$

したがって，この一定要素を使って境界積分方程式を書き直すと次式となる．

$$C_iA_i+\sum_{j=1}^n A_j\int_\Gamma Q^*d\Gamma=\sum_{j=1}^n Q_j\int_\Gamma A^*d\Gamma \quad (2.78)$$

さらに，前述の要素座標系に変換すると，次式となる．

$$C_iA_i+\sum_{j=1}^n A_j\int_{-1}^1 Q^*|J|\,d\xi=\sum_{j=1}^n Q_j\int_{-1}^1 A^*|J|\,d\xi \quad (2.79)$$

b. 線形要素の場合

付図2.14に示すような境界要素内で，A と Q が線形に変化するとして，近似すると図に示すように両端の2要素の端節点上の A と Q が与えられれば，要素内の任意の点において A と Q は A_j, Q_j および A_{j+1}, Q_{j+1} に次の一次式で表される．

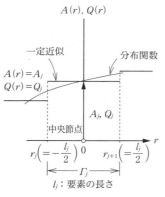

付図2.13 一定要素の要素関数

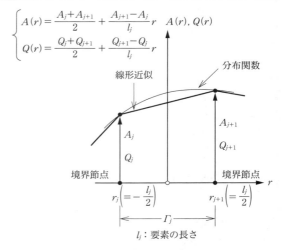

付図2.14 線形要素の要素関数

$$A(r)=\frac{A_j+A_{j+1}}{2}+\frac{A_{j+1}-A_j}{l_j}r,$$
$$Q(r)=\frac{Q_j+Q_{j+1}}{2}+\frac{Q_{j+1}-Q_j}{l_j}r \quad (2.80)$$

次に，この線形近似を前述の要素座標系上で，この一次式を特徴づける形状関数に書き換えるため，要素座標系 ξ を使う．

$$\xi=\frac{r}{l_j/2}\quad\text{したがって}\quad\frac{r}{l_j}=\frac{\xi}{2} \quad (2.81)$$

これより，

$$A(\xi)=\frac{A_j+A_{j+1}}{2}+\frac{A_{j+1}-A_j}{2}\xi$$
$$=\frac{1-\xi}{2}A_j+\frac{1+\xi}{2}A_{j+1}$$
$$Q(\xi)=\frac{Q_j+Q_{j+1}}{2}+\frac{Q_{j+1}-Q_j}{2}\xi$$
$$=\frac{1-\xi}{2}Q_j+\frac{1+\xi}{2}Q_{j+1} \quad (2.82)$$

そこで，これより一次関数で表される形状関数を次式でおくことができる．

$$\phi_{j1}(\xi)=\frac{1}{2}(1-\xi),\quad \phi_{j2}(\xi)=\frac{1}{2}(1+\xi) \quad (2.83)$$

この場合の境界積分方程式は次のようになる．

$$C_iA_i+\sum_{j=1}^n\left\{A_j\left(\int_{\Gamma_{j-1}}\phi_{j-1,2}(\xi)Q^*d\Gamma+\int_{\Gamma_j}\phi_{j,1}(\xi)Q^*d\Gamma\right)\right\}$$
$$=\sum_{j=1}^n\left\{Q_j\left(\int_{\Gamma_{j-1}}\phi_{j-1,2}(\xi)A^*d\Gamma+\int_{\Gamma_j}\phi_{j,1}(\xi)A^*d\Gamma\right)\right\} \quad (2.84)$$

そして，要素座標系に変換して次式となる．

$$C_iA_i+\sum_{j=1}^n\left\{A_j\left(\int_{-1}^1\phi_{j-1,2}(\xi)Q^*|J|\,d\xi+\int_{-1}^1\phi_{j,1}(\xi)Q^*|J|\,d\xi\right)\right\}$$
$$=\sum_{j=1}^n\left\{Q_j\left(\int_{-1}^1\phi_{j-1,2}(\xi)A^*|J|\,d\xi+\int_{-1}^1\phi_{j,1}(\xi)A^*|J|\,d\xi\right)\right\} \quad (2.85)$$

c. 高次要素（二次要素）の場合

高次要素の例として二次要素をとって考える．二次要素の場合，付図 2.15 に示すように細分化された境界要素内で，A と Q が二次曲線で近似される．細分化された要素の数を n とし，図に示したように 3 点で A と Q が与えられる．上述の線形要素と同様に考えて，二次曲線近似は次式のように表される．

$$\begin{cases} A(r) = A_{j+2} - \dfrac{A_j - A_{j+1}}{l_j} r + \dfrac{2(A_j + A_{j+1} - 2A_{j+2})}{l_j^2} r^2 \\ Q(r) = Q_{j+2} - \dfrac{Q_j - Q_{j+1}}{l_j} r + \dfrac{2(Q_j + Q_{j+1} - 2Q_{j+2})}{l_j^2} r^2 \end{cases} \tag{2.86}$$

これを，$\xi = r/(l_j/2)$，すなわち $r/l_j = \xi/2$ で置き換えて，次式を得る．

$$\begin{cases} A(\xi) = \dfrac{1}{2}\xi(\xi-1) A_j + \dfrac{1}{2}\xi(\xi+1) A_{j+1} \\ \qquad + (1-\xi)(1+\xi) A_{j+2} \\ Q(\xi) = \dfrac{1}{2}\xi(\xi-1) Q_j + \dfrac{1}{2}\xi(\xi+1) Q_{j+1} \\ \qquad + (1-\xi)(1+\xi) Q_{j+2} \end{cases} \tag{2.87}$$

そこで，形状関数として次のように表される．

$$\phi_{j1}(\xi) = \frac{1}{2}\xi(\xi-1), \quad \phi_{j2}(\xi) \frac{1}{2}\xi(\xi+1),$$
$$\phi_{j3}(\xi) = (1-\xi)(1+\xi) \tag{2.88}$$

これより，境界積分方程式は次のようになる．

$$C_i A_i + \sum_{j=1}^{n}\Big\{ A_{2j-1}\Big(\int_{\Gamma_{j-1}} \phi_{j-1,3}(\xi) Q^* d\Gamma \\ + \int_{\Gamma_j} \phi_{j,1}(\xi) Q^* d\Gamma \Big) + A_{2j} \int_{\Gamma_j} \phi_{j,2}(\xi) Q^* d\Gamma \Big\} \\ = \sum_{j=1}^{n}\Big\{ Q_{2j-1}\Big(\int_{\Gamma_{j-1}} \phi_{j-1,3}(\xi) A^* d\Gamma \\ + \int_{\Gamma_j} \phi_{j,1}(\xi) A^* d\Gamma \Big) + Q_{2j} \int_{\Gamma_j} \phi_{j,2}(\xi) A^* d\Gamma \Big\} \tag{2.89}$$

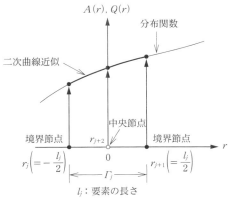

付図 2.15 二次要素の要素関数

そして，要素座標に変換して次式となる．

$$C_i A_i + \sum_{j=1}^{n}\Big\{ A_{2j-1}\Big(\int_{-1}^{1} \phi_{j-1,3}(\xi) Q^* |J| d\xi \\ + \int_{-1}^{1} \phi_{j,1}(\xi) Q^* |J| d\xi \Big) + A_{2j} \int_{-1}^{1} \phi_{j,2}(\xi) Q^* |J| d\xi \Big\} \\ = \sum_{j=1}^{n}\Big\{ Q_{2j-1}\Big(\int_{-1}^{1} \phi_{j-1,3}(\xi) A^* |J| d\xi \\ + \int_{-1}^{1} \phi_{j,1}(\xi) A^* |J| d\xi \Big) + Q_{2j} \int_{-1}^{1} \phi_{j,2}(\xi) A^* |J| d\xi \Big\} \tag{2.90}$$

2.4 積分離散化代数方程式

各種の問題に境界要素を用いて境界要素方程式が得られると，それを各要素のポテンシャル A およびポテンシャル流束 Q に関する部分の係数に相当する積分項を数値積分することにより，最終的に次式のような離散化代数方程式に表される．

$$C_i A_i + \sum_{j=1}^{n}\sum_{\beta=1}^{e} h_{ij}^{\beta} A_j = \sum_{j=1}^{n}\sum_{\beta=1}^{e} g_{ij}^{\beta} Q_j \tag{2.91}$$

ただし，β は要素の次数を表し，一定要素（$e=1$），線形要素（$e=2$），二次要素（$e=3$）である．各要素上の積分は，数値積分公式より，積分点と重み係数 $w(\xi)$ より近似的に求められるもので，ここでは簡単に次式で与えられるものとする．

$$\int_{\Gamma_j} \phi_{\beta}(\xi) Q^* d\Gamma \approx \sum_{\xi} w(\xi) \phi_{\beta}(\xi) Q^*(\xi) \equiv h_{ij}^{\beta} \\ \int_{\Gamma_j} \phi_{\beta}(\xi) A^* d\Gamma \approx \sum_{\xi} w(\xi) \phi_{\beta}(\xi) A^*(\xi) \equiv g_{ij}^{\beta} \tag{2.92}$$

式 (2.91) はある 1 節点 i に関する式であるから，$i = 1 \sim n$ の各節点に関する式を列記していくことにより，n 個の式が得られる．そこで，式 (2.91) をすべての節点に対して構成し，節点値に関して表現すると式 (2.93) となり，式 (2.94) とおくと式 (2.95) と書くことができる．

$$\sum_{i=1}^{n} C_i A_i + \sum_{i=1}^{n}\sum_{j=1}^{n} \widehat{H}_{ij} A_j = \sum_{i=1}^{n}\sum_{j=1}^{n} G_{ij} Q_j \tag{2.93}$$

$$\widehat{H}_{ij} = \sum_{j=1}^{n} h_{ij}^{\beta}, \quad G_{ij} = \sum_{j=1}^{n} g_{ij}^{\beta}$$

$$H_{ij} = \begin{cases} \widehat{H}_{ij} & (i \neq j) \\ \widehat{H}_{ij} + C_{ij} & (i = j) \end{cases} \tag{2.94}$$

$$\sum_{i=1}^{n}\sum_{j=1}^{n} H_{ij} A_j = \sum_{i=1}^{n}\sum_{j=1}^{n} G_{ij} Q_j \tag{2.95}$$

これをマトリックス形式で表現すると，節点ベクトル A，Q に関して式 (2.96) となり，与えられた節点ベクトルに対して未知節点量を決定することができる．

$$HA = GQ \tag{2.96}$$

式 (2.96) において，A のうちの n_1 個の A_j と Q のうちの n_2 個の Q_j が境界条件から既知だとすると，全節点 $n = n_1 + n_2$ のうち，行境界 Γ_1 に属する要素が n_1，自然境界 Γ_2 に属する要素が n_2 ということになる．

そこで，与えられた節点ベクトルを A_0，Q_0 とし，それに対応する係数を H_0，G_0 とおき，決定すべき未知節点量

を A_n, Q_n とし，同様に対応する係数を H_n, G_n とすれば次式となる．

$$H_n A_n + H_0 A_0 = G_n Q_n + G_0 Q_0$$
$$[H_n - G_n]\begin{bmatrix} A_n \\ Q_n \end{bmatrix} = [H_0 - G_0]\begin{bmatrix} A_0 \\ Q_0 \end{bmatrix} \quad (2.97)$$

このとき，上式の右辺は既知量となるので，これをまとめると，境界要素法によるマトリックスが得られる．

$$[K][X] = [F] \quad (2.98)$$

この式は，未知数が n 個の n 次連立一次元方程式となり，これをガウスの消去法やLDU分解法などのマトリックス計算法によって解析すればよい．

この連立方程式を解くと，境界上のすべてのポテンシャル A およびポテンシャル流束 Q が求まることになる．そこで，領域内部の内点のポテンシャル A の計算は全境界上の A と Q を使って次式で逐次計算をしていくことになる．

$$A_i = \sum_{j=1}^{n} Q_j \int_\Gamma A^* d\Gamma - \sum_{j=1}^{n} A_j \int_\Gamma Q^* d\Gamma$$
$$= \sum_{j=1}^{n} G_{ij} Q_j - \sum_{j=1}^{n} H_{ij} A_j \quad (2.99)$$

これらのポテンシャルから，$B = \text{rot} A$ の式を使って，所望の磁束密度を次式から求めることができる．

$$B_x = \frac{\partial A}{\partial y}$$
$$= \frac{1}{C_i}\left\{\int_\Gamma Q \frac{\partial A^*}{\partial y} d\Gamma - \int_\Gamma A \frac{\partial Q^*}{\partial y} d\Gamma - \frac{\partial C_i}{\partial y} A_i\right\}$$
$$B_y = -\frac{\partial A}{\partial x}$$
$$= -\frac{1}{C_i}\left\{\int_\Gamma Q \frac{\partial A^*}{\partial x} d\Gamma - \int_\Gamma A \frac{\partial Q^*}{\partial x} d\Gamma - \frac{\partial C_i}{\partial x} A_i\right\}$$
$$(2.100)$$

2.5 係数マトリックスのつくり方

式 (2.95) で表される係数マトリックス H_{ij} および G_{ij} は，三次元問題なら境界面に，また二次元問題なら境界線に沿った線積分で表される．この積分は，問題によっては解析的に行うことも可能であるが，一般的には数値積分法が用いられる．ここでは詳細は省くが，以下の数値積分法が用いられる．

$$f(x) = \sum_{i=1}^{n} w_i(x) f(x_i) \quad (2.101)$$

ここで，w_i をとくに重みとよぶ．

(1) 補間公式を用いた数値積分：補間公式による方法は，積分する関数 $f(x)$ を次のようにラグランジュ補間多項式で近似した後，その関数を積分する．この形の数値積分公式は次式の二つの手法が境界要素法で取り扱われている．

① 積分点を等間隔にとった場合：これはニュートン-コーツの公式とよばれ，とくに次のものがよく用いられる．

    A) 台形公式（$n=1$ の場合）
    B) シンプソン1/3則公式（$n=2$ の場合）
    C) シンプソン3/8則公式（$n=3$ の場合）

② 積分点を等間隔に取らない場合：これは一般にガウスの公式とよばれ，その中でガウス-ルジャンドル公式がよく用いられる．この公式は，積分点も重みも一定にせず，与えられた n に対してできる限り正確な積分値が得られるように積分点や重みを選ぶ．

(2) 補外法を用いた数値積分法：ロンバーグ積分法
(3) システム関数を利用する方法：二重指数型積分法
詳細は，それぞれの数値積分法を参照するとよい．

文　献

1) 田中正隆，田中道彦，"境界要素解析の基礎"，培風館 (1984).
2) 榎園正人，"境界要素解析"，培風館 (1986).
3) 加川幸雄，榎園正人，武田毅，"電気・電子境界要素法"，森北出版 (2001).

付録3 FDTD 法

FDTD (finite difference time domain) 法とは，時間領域のマクスウェル方程式の差分近似解法であり，特別な工夫をすることなく実用的なレベルの精度が容易に得られることとモデリングの容易さから，数多くの電磁界関連分野に応用されてきた．ここでは，磁性体に適用することを念頭におきながら FDTD 法の標準的な計算手法を紹介する．

3.1 基本概念とアルゴリズム

FDTD 法では，ロバスト性と計算精度の観点から一次の中心差分が用いられ，時間および空間に対してマクスウェルの方程式が差分近似される．空間の差分間隔をそれぞれ $\Delta x, \Delta y, \Delta z$ とすると，これらを辺の長さとする微小直方体が形作られる．これを FDTD セル (cell)，あるいは単にセル，辺をセルエッジ (cell edge) といい，解析空間全体が FDTD セルで満たされる．時間に関する差分間隔を Δt とすると，電磁界の一つの成分 $F(r,t)$ はこれらの時空間グリッド上でのみ値をもち，$F(i\Delta x, j\Delta y, k\Delta z, n\Delta t) = F^n(i,j,k)$ と表記される．

3.1.1 Yee アルゴリズム

電磁界解析の分野では，電流源 $J_e(r,t)$ のほかに，仮想的な磁流源 $J_m(r,t)$ を考えることが多い．ここでは，簡単のために線形媒質を考え，誘電率，透磁率を $\varepsilon(r), \mu(r)$，電気伝導率，磁気伝導率を $\sigma_e(r), \sigma_m(r)$ としたときのマクスウェルの方程式 (式 (3.1)，(3.2)) を差分近似する Yee アルゴリズム[1〜4]を説明する．

$$\frac{\partial E(r,t)}{\partial t} = -\frac{\sigma_e(r)}{\varepsilon(r)} E(r,t) + \frac{1}{\varepsilon(r)} \nabla \times H(r,t) - \frac{1}{\varepsilon(r)} J_e(r,t) \quad (3.1)$$

$$\frac{\partial H(r,t)}{\partial t} = -\frac{\sigma_m(r)}{\mu(r)} H(r,t) - \frac{1}{\mu(r)} \nabla \times E(r,t) - \frac{1}{\mu(r)} J_m(r,t) \quad (3.2)$$

まず，$\partial E/\partial t$ に関しては時刻 $t=(n-1/2)\Delta t$ で，$\partial H/\partial t$ に関しては時刻 $t=n\Delta t$ で中心差分近似し，次に $\sigma_e E^{n-1/2} \cong \sigma_e(E^n + E^{n-1})/2, \sigma_m H^n \cong \sigma_m(H^{n+1/2} + H^{n-1/2})/2$ と近似すると式 (3.3)，(3.4) を得る．

$$E^n(r) = \frac{1 - \frac{\sigma_e(r)\Delta t}{2\varepsilon(r)}}{1 + \frac{\sigma_e(r)\Delta t}{2\varepsilon(r)}} E^{n-1}(r) + \frac{\Delta t/\varepsilon(r)}{1 + \frac{\sigma_e(r)\Delta t}{2\varepsilon(r)}} \nabla \times H^{n-1/2}(r) - \frac{\Delta t/\varepsilon(r)}{1 + \frac{\sigma_e(r)\Delta t}{2\varepsilon(r)}} J_e^{n-1/2}(r) \quad (3.3)$$

$$H^{n+1/2}(r) = \frac{1 - \frac{\sigma_m(r)\Delta t}{2\mu(r)}}{1 + \frac{\sigma_m(r)\Delta t}{2\mu(r)}} H^{n-1/2}(r) - \frac{\Delta t/\mu(r)}{1 + \frac{\sigma_m(r)\Delta t}{2\mu(r)}} \nabla \times E^n(r) - \frac{\Delta t/\mu(r)}{1 + \frac{\sigma_m(r)\Delta t}{2\mu(r)}} J_m^n(r) \quad (3.4)$$

このように，FDTD 法では整数次の時刻 $t=(n-1)\Delta t$ における電界 E^{n-1} と半奇数次の時刻 $t=(n-1/2)\Delta t$ における磁界 $H^{n-1/2}$ とから $\Delta t/2$ 時間後の電界 E^n が計算され，さらにこの電界と磁界 $H^{n-1/2}$ から磁界 $H^{n+1/2}$ が計算される．$J_e^{n-1/2}, J_m^n$ は外部電流密度であるから既知の量として扱う．なお，電磁界解析の分野では電界について議論することが多いため，電界のほうが磁界より前の時刻で計算するようにしているが，磁性体を扱う場合には逆にした方が便利なこともある．また，文献 2) では $\sigma_e E^{n-1} \cong \sigma_e E^n$ と近似して式 (3.1)，(3.2) とは少し異なる表現式を与えているが，精度は劣る[3]．

式 (3.1)，(3.2) の空間微分の項 $\nabla \times H^{n-1/2}(r)$，$\nabla \times E^n(r)$ に関しても中心差分近似を行うと，たとえば付図 3.1 の点 $P_1 = (i, j, k+1/2)$ には電界の z 成分だけが割り当てられ，次式となる．

$$E_z^n(P_1) = \frac{1 - \frac{\sigma_e(P_1)\Delta t}{2\varepsilon(P_1)}}{1 + \frac{\sigma_e(P_1)\Delta t}{2\varepsilon(P_1)}} E_z^{n-1}(P_1) + \frac{\Delta t/\varepsilon(P_1)}{1 + \frac{\sigma_e(P_1)\Delta t}{2\varepsilon(P_1)}} \left[\frac{H_y^{n-1/2}(Q_4) - H_y^{n-1/2}(Q_2)}{\Delta x} - \frac{H_x^{n-1/2}(Q_1) - H_x^{n-1/2}(Q_3)}{\Delta y} \right] - \frac{\Delta t/\varepsilon(P_1)}{1 + \frac{\sigma_e(P_1)\Delta t}{2\varepsilon(P_1)}} J_{ez}^{n-1/2}(P_1) \quad (3.5)$$

点 $Q_1 = (i, j+1/2, k+1/2)$ の磁界 $H_x^{n+1/2}(Q_1)$ についても同様である．このように電界と磁界とが空間的に半セルだけずれて交互に配置されることから，電磁界の空間配置は付図 3.2 のようになる．ここで電界のつくるセルを電界

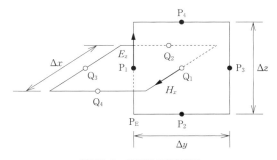

付図 3.1 電磁界の空間配置

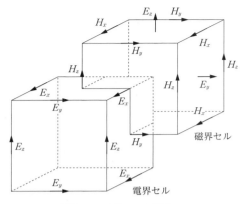

付図 3.2 電界セルと磁界セル

セルあるいはたんにセル,磁界のそれを磁界セルという.ほかの電磁界成分も含めて具体的な表現式は文献[1～4]を参照されたい.

具体的に電磁界を計算するためには,式(3.5)のように,すべての電界セルエッジに ε と σ_e および初期値 E_{ez}^0 と電流源 $J_{ez}^{n-1/2}$ を,同様に磁界セルエッジには μ と σ_m および $H_x^{-1/2}$ と磁流源 J_{mx}^n を与えておいて,時間を $\Delta t/2$ だけ進めながら電界と磁界とを交互に計算していけばよい.一方,すべての時空間にわたって電磁界を記憶しておくためには膨大な計算機メモリを必要とするため,時間ごとに空間内の電磁界を上書きするようなプログラムをつくると効率的である.具体的なプログラム例については,たとえば文献[2,3]などを参照されたい.

3.1.2 物体のモデル化

物体をモデル化するには,すべてのセルエッジに媒質定数を与えれば原理的にはそれでよい.計算機によってはこのようにしたほうが効率的であるが,解析領域全体にわたって媒質定数が変化するような問題を扱うことはきわめてまれで,多くの場合,解析対象となるのは数種類の媒質から構成された有限の大きさをもつ物体であり,そのまわりは一様な空間である.このような場合には,物体に整数の ID をつけておけばメモリを大幅に節約することができる[2,3].導体は完全導体として扱う場合が多い.その場合には,電界セル上の電界の値を強制的に 0 にすればよい.一方,銅のような大きな電気伝導率をもつ物体中の電磁界を計算するときには,丸め誤差のために精度よく計算できないことがある.このような場合には特別な扱いが必要である[5].また,媒質の境界では誤差が大きくなる.このような場合には,セルサイズに応じた平均値を用いるとよい[3].

3.1.3 外部波源

3.1.1 項では外部波源として電磁流源を考えたが,アンテナの給電のように電圧源を考えることも多い.電圧源

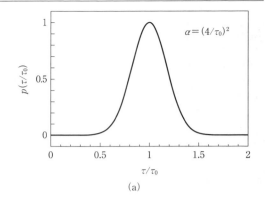

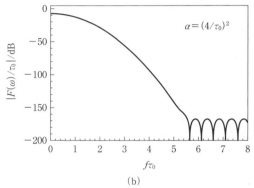

付図 3.3 ガウスパルス
(a) 時間波形 (b) 周波数スペクトル

は,電界を給電間隔で割った値を給電部に強制的に与えることで実現される.いずれの場合も時間波形をどのように選ぶかが重要な問題であり,必要に応じて適切に選ばなければならない.たとえば,広い帯域にわたる周波数特性を知りたい場合には付図 3.3 のようなガウス型の波形 $p(\tau)=e^{-\alpha(\tau-\tau_0)^2}$ を与えることが多い.しかし,ループアンテナのように閉じた動体の場合には,放射に寄与しない電流がいつまでも流れ続けるため,数値的にフーリエ変換できず,周波数特性が求められない.このような場合には,付図 3.4 のような直流成分をもたないパルス $p(\tau)=\sin^3\omega\tau$ を与えなければならない.ただし,この場合には,周波数スペクトルが周期的に 0 になることに注意しなければならない.一方,電磁波の散乱問題では,平面波に対する散乱電磁界を扱う場合が多い.一方向に伝搬する平面波を入射させるには,平面波の電界と磁界とを初期値として全解析空間に与えればよいが,斜め入射する平面波を与えるには,全電磁界と散乱電磁界を計算する領域を分けるなどの工夫が必要である[4].

3.1.4 セルサイズと時間ステップ

FDTD 法は差分近似法であるから,セルサイズは小さければ小さいほど精度の高い結果を得ることができるが,これは計算機に多大な負荷を与えることになる.波長の

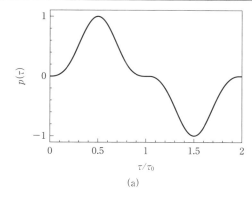

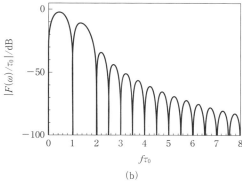

付図 3.4 $\sin^3$ パルス
(a) 時間波形 (b) 周波数スペクトル

1/10 程度にすれば実用上は十分といわれているが，多くの計算例によると，それでは不十分でさらに細かくする必要がある場合が多い．また，誘電体内部では波長が短くなるから，それに合わせてセルサイズも細かくしなければならない．その一例を付図 3.5 に示す．これは原点に正弦波で励振された無限長さの磁流源があったときの円筒波磁界の空間分布を等高線で描いたもので，波長 λ に対するセルサイズ $\sqrt{\Delta x^2 + \Delta y^2}/\lambda$ をパラメーターとしている．ただし，$\Delta x = \Delta y$，$\Delta t = \Delta x/\sqrt{2}$ とした．付図 3.5(a) は $\sqrt{\Delta x^2 + \Delta y^2} = \lambda/10$ の場合で，ほぼ円筒状に伝搬しているが，伝搬方向によって数値分散誤差が異なるため，細かく観察すると完全には円筒波にはなっていない．さらに，セルサイズを大きくとり，$\sqrt{\Delta x^2 + \Delta y^2} = \lambda/4$ とすると計算誤差がかなり大きくなり円筒波とはいえない．

時間ステップ Δt は Courant の安定条件（式(3.6)）を満たさなければならない．

$$\Delta t \leq \frac{1}{v\sqrt{\left(\frac{1}{\Delta x}\right)^2 + \left(\frac{1}{\Delta y}\right)^2 + \left(\frac{1}{\Delta z}\right)^2}} \quad (3.6)$$

ここで，$v = 1/\sqrt{\mu\varepsilon}$ である．この条件はきわめて厳しく，少しでも満足しなければ不安定となる．その具体例を付図 3.6 に示す．この例は時間ステップ Δt を Courant 基準（式(3.6)で等号とした値）よりもわずかに 5% だけ大き

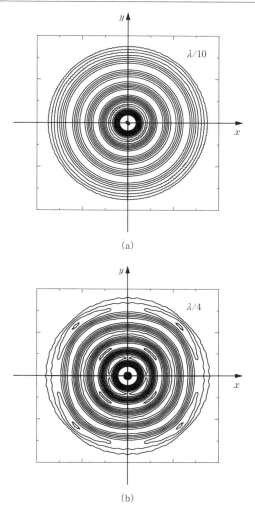

付図 3.5 円筒波の伝搬
(a) $\sqrt{\Delta x^2 + \Delta y^2} = \lambda/10$ (b) $\sqrt{\Delta x^2 + \Delta y^2} = \lambda/4$

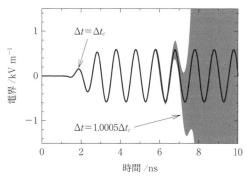

付図 3.6 時間ステップ

な値とした場合にもかかわらず，不安定振動が発生している．一方，式(3.6)の等号のときに数値分散誤差が最小になることが知られている．すなわち，セルサイズが決まれば最少誤差の時間ステップは一意的に決まってしまい，Δtを小さくすれば小さくするほどよいというわけではない．混乱しがちなので注意されたい[3]．

3.1.5　計算機資源

単精度計算を前提として，どれくらいの計算機資源が必要であるかを試算する．まず，1セルあたり電磁界6成分の4バイト配列が必要である．誘電率などの媒質定数を解析空間全体に与えるなら，さらに四つの4バイト配列が必要であるが，3.1.2項で述べたように，1バイトの配列でも可能である．したがって，セルの総数をNとすると，FDTD法の計算には少なくとも

$$N \times \left(\frac{6 成分}{セル} \times \frac{4B}{成分} + 6 \times 1B\right) = 30N\,B \quad (3.7)$$

のメモリを必要とする．次に，時間ステップの総数をNTとする．式(3.5)からわかるように，電磁界1成分あたり10回程度の四則演算をすればよいから，FDTD法の総演算回数は次式となる．

$$N \times \frac{6 成分}{セル} \times \frac{10 演算}{成分} \times NT = 60N \times NT \quad (3.8)$$

多くの経験によると$NT \cong 10\sqrt{3}\,N^{1/3}$程度でよいから，総演算回数はだいたい$1000N^{4/3}$回とセル総数の4/3乗に比例する．このようにして計算機の速度がわかれば，おおよその計算時間を見積もることができる．ただし，これはあくまでも理論的な数値であり，実際の大規模計算では，プロセッサ間のデータ転送時間などが計算時間の大部分を占める場合もある．なお，計算時間を短くするには使用する計算機に合わせてプログラムをいかに最適化できるかにも大きく依存する．

3.2　吸収境界条件

電磁波の散乱あるいはアンテナの解析などのいわゆる解析領域の問題を扱う場合には，解析領域を仮想的な境界で閉じておく必要がある．これまでに数多くの吸収境界条件が提案されてきたが，結局，現在までに残ったのは以下に述べるMurの吸収境界条件[6]とBerengerのPML (perfectly matched layer)[7]である．ここでは，それらの基本的な考え方とその特徴を紹介する（付録1.5.5項も参照）．

3.2.1　Murの吸収境界条件

$x=0$が解析領域の外壁，すなわち吸収境界とする．吸収境界に$+x$方向から電界E_z成分をもつ平面波が入射するものとすると，入射電界は$E_z(y+vt)$と表され，次の微分方程式を満足する．

$$\frac{\partial E_z}{\partial x} - \frac{1}{v}\frac{\partial E_z}{\partial t} = 0 \quad (3.9)$$

吸収境界で反射がないなら，電界は式(3.9)の形を保ったまま伝搬するはずである．すなわち，$x=0$の吸収境界でも式(3.9)が満たされる．式(3.9)を時間・空間に対して差分近似し，境界上の電界を解析領域内の電界で近似したものがMurの一次吸収境界条件である．平面波が斜めに入射する場合に拡張したものが二次の吸収境界条件である．Murの吸収境界の利点は，計算機メモリをさほど必要としないことである．しかし，差分近似のために，精度はセルサイズが波長/10で$-40\,\mathrm{dB}$程度，波長/20で$-50\,\mathrm{dB}$程度である[3]．また，式(3.9)に速さvが現れるため，周波数分散性媒質などには適用できない．

3.2.2　PML吸収境界条件

付図3.7のように，誘電率ε，透磁率μの解析領域から同じ誘電率，透磁率をもち，かつ電気伝導率σ_e^{PML}，磁気伝導率σ_m^{PML}の一様媒質に平面波が垂直に入射するものとする．両媒質の波動インピーダンスをZ, Z^{PML}とすると，反射係数Rは次式で与えられる．

$$R = \frac{Z^{\mathrm{PML}} - Z}{Z^{\mathrm{PML}} + Z} \quad (3.10)$$

ただし，

$$Z = \sqrt{\frac{\mu}{\varepsilon}}, \quad Z^{\mathrm{PML}} = \sqrt{\frac{\mu + \frac{\sigma_m^{\mathrm{PML}}}{j\omega}}{\varepsilon + \frac{\sigma_e^{\mathrm{PML}}}{j\omega}}} \quad (3.11)$$

したがって，式(3.12)を満たすようにσ_e^{PML}とσ_m^{PML}を選べば，周波数に無関係に反射係数は0となる．

$$\frac{\sigma_e^{\mathrm{PML}}}{\varepsilon} = \frac{\sigma_m^{\mathrm{PML}}}{\mu} \quad (3.12)$$

PML層は適当な厚さで打ち切って完全導体あるいは完全磁気導体で囲む必要があるが，σ_e^{PML}を大きくすれば電磁波はすぐに減衰するから，どちらで覆ってもそれらからの反射成分はきわめて小さくなる．これがPMLの基本的な考え方である．

斜め入射の場合，反射係数が0になるためには式(3.12)の整合条件を満足し，かつ入射角と屈折角が等しくならなければならない．このようなことは物理的にあり得ない．しかし，結局は解析領域に反射波が戻らないようにすれば

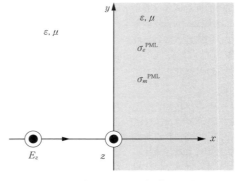

付図3.7 PML媒質

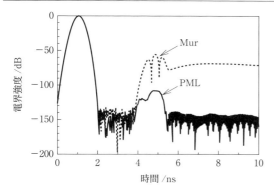

付図3.8 PMLとMurの反射特性

よいのであるから，どのような媒質を考えてもよいのである．斜め入射に対するPMLをつくるには，付図3.7においてx方向とy方向に独立に伝搬する平面波を考えて整合条件を決めればよい．このとき補助的な電磁界成分を考えなければならないため，このPMLをスプリットフィールドPMLということもある．また，数値分散のためにPMLの表面でもわずかに反射が起こる．これを防ぐには，電気伝導率をx方向に徐々に大きくしていくようにすればよい．

Murの吸収境界とPML吸収境界の特性を比較するために，それぞれの吸収境界にガウスパルスを垂直に入射させた場合の電界強度を付図3.8に示す．最初の大きなパルスは入射波そのものであり，4 ns付近以降に現れるのが吸収境界からの反射波である．PMLはMurに比べて格段に精度が良いことがわかる．また，Murは反射後も誤差が尾を引くのに対して，PMLは丸め誤差程度まで小さくなっている．

これまでは解析領域が無損失媒質であったが，周波数分散媒質[3,8]や異方性媒質[9]に対するPMLも提案されている．これらは基本的には式(3.10)の反射係数を0にするようなインピーダンス整合条件から求められる．

3.3 周波数分散性媒質

誘電率が$\varepsilon = \varepsilon_\infty + \chi_e(\omega)$のように周波数の関数となると，時間領域の電束密度$\boldsymbol{D}(\boldsymbol{r},t)$は次式のように電界$\boldsymbol{E}(\boldsymbol{r},t)$との畳み込み積分となる．

$$\boldsymbol{D}(\boldsymbol{r},t) = \varepsilon_0\varepsilon_\infty \boldsymbol{E}(\boldsymbol{r},t) + \mu_0 \int_0^t \chi_e(\boldsymbol{r},\tau)\boldsymbol{E}(\boldsymbol{r},t-\tau)d\tau \quad (3.13)$$

このため，$\boldsymbol{D}(\boldsymbol{r},t)$を評価するためには過去の電界をすべて記憶しておく必要があり，膨大なメモリが必要となる．しかし，デバイ分散やローレンツ分散のように$\chi_e(\boldsymbol{r},t)$が指数関数となる場合には，式(3.13)の畳み込み積分を再帰的(recursive)に評価することができる．Δt内の電界を一定と近似する手法をRC（recursive convolution）法[2]

といい，式(3.14)のように，一次関数で近似する方法をPLRC（piecewise linear RC）法[10]という．

$$\boldsymbol{E}(\boldsymbol{r},t) = \boldsymbol{E}^m(\boldsymbol{r}) + \frac{\boldsymbol{E}^{m+1}(\boldsymbol{r}) - \boldsymbol{E}^m(\boldsymbol{r})}{\Delta t}(t-m\Delta t) \quad (3.14)$$

式(3.14)を式(3.13)に代入して$\boldsymbol{D}$を求め，$\partial\boldsymbol{D}/\partial t = \nabla \times \boldsymbol{H}$を5.1節と同様に差分近似すると$\boldsymbol{E}^n$に対する更新式を求めることができる．この方法はもともと$\varepsilon(s)$が1位の極をもつような分散性媒質に対して提案されたが，2位以上の極をもつ一般の有理関数にも拡張されている[11]．

分散関係式を微分方程式に変換する方法や運動方程式と組み合わせる方法もある．これらの詳細については文献[3,4]などで補っていただきたい．

3.4 異方性媒質

誘電率テンソル$\bar{\varepsilon}$，透磁率テンソル$\bar{\mu}$が対角成分だけをもつ場合には，電束密度と電界，磁束密度と磁界とはそれぞれ同じ方向を向くから，FDTD法の定式化は3.1節と同様にできる．また，それらが周波数分散性をもつ場合には3.3節で述べた方法を組み合わせればよい[12]．ところがプラズマのように非対角成分をもつ場合には，電束密度と電界とは同じ方向を向かないため，異なったセルエッジ上の電界を平均するなどの操作が必要である．このため，電磁界の変化が激しい場所では不安定になりやすい．

3.5 非線形媒質

FDTD法は，強磁性体などの非線形媒質中の電磁界や電気回路素子を含む解析にも有効であるが，時間ステップごとにニュートン法などを用いて非線形方程式を解かなければならない．非線形方程式の解法には，回路シミュレータを利用することも可能ではあるが，データ通信に多くの時間がかかる場合が多い．

3.6 セル形状

解析対象の一部が微細構造を有しており，それが重要な働きをすると予想される場合や，電磁界の変化が激しいと予想される場合には，局所的に小さな構造を扱える手法があるとよい．その一つが付図3.9のように解析空間全体を不均一なメッシュで分割する不均一メッシュFDTD法（non-uniform mesh FDTD method）で[13,14]，もう一つは付図3.10のような主セル内部を微小セルで再分割するサブグリッドFDTD法(local subgridding FDTD method)である[15]．両者とも精度は上るものの不安定になりやすいので，隣り合うメッシュ間で適切な電磁界の補間が必要になる．

これらの方法は，ともに直方体のセルを基本としているため，導体がセルの一部を斜めに横切るような場合には，導体表面は階段近似されることになる．一方，セル形状は

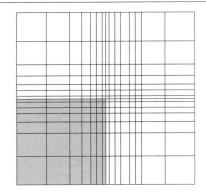

付図 3.9 不均一メッシュ FDTD 法

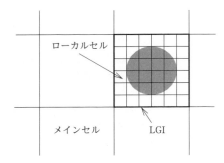

付図 3.10 サブグリッド FDTD 法

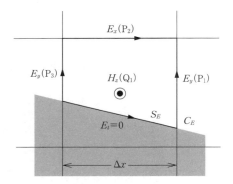

付図 3.11 CP-FDTD 法

必ずしも直方体である必要はないから，付図 3.11 のようにこの部分だけ特別な形のセルを用いてモデル化してもよい．この方法を contour-path FDTD 法，あるいは単に CP-FDTD 法という[16]．これらの方法に対して，導体のごく近傍では準静電界が主要な成分になることに注目して，準静電界の空間分布を FDTD 法に組み入れて精度を向上させる方法もある[17]．特別な場合に対してはきわめて有効であるが，一般性がないのが欠点である．

3.7 周期構造

付図 3.12 のように，x 軸方法に周期 L で無限に並んだ

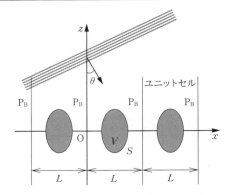

付図 3.12 周期構造体による平面波の散乱

周期構造体に z 軸方向から角度 θ で平面波が入射する場合を考える．周波数領域における電界，磁界を，まとめて $\boldsymbol{F}(\boldsymbol{r})$ と表すと，Floquet の定理（あるいはブロッホの定理）より次式を満足しなければならない．

$$\boldsymbol{F}(\boldsymbol{r}+\boldsymbol{a}) = \boldsymbol{F}(\boldsymbol{r})e^{-j\boldsymbol{k}\cdot\boldsymbol{a}} \tag{3.15}$$

ただし $\boldsymbol{k}$ は波数ベクトルで，付図 3.5 の場合は $\boldsymbol{k}\cdot\boldsymbol{a} = k_x L = k_0 L \sin\theta$ である．また，P_B を周期境界という．

式 (3.15) を時間領域に変換すると，$\boldsymbol{F}(x=0,t) = \boldsymbol{F}(x=L, t+L\sin\theta/c)$ となって，$x=L$ の周期境界上の電磁界には未来の時刻 $t+L\sin\theta/c$ が含まれる．このため，従来の FDTD 法では垂直入射（$\theta=0$）の場合しか取り扱うことができない．これを解決するための方法がいくつも提案されたが，上述の制約があるためにパルス入射に対してはほとんどうまくいかなかった．そこで導波管などのモード解析にならって，ある定められた波数 $\boldsymbol{k}$ に対して式 (3.15) を満足する電磁界を求めるという問題に置き換えることによって，この困難が解決された[18,19]．このとき，時間領域の電磁界であっても複素数になることに注意されたい．

FDTD 法を用いて周期構造の散乱問題を解析するためには，付図 3.13 のような単位セルを考え，周期境界 P_B に割り当てられたセルエッジ上の電界あるいは磁界に Floquet の条件 $\boldsymbol{F}(x=0, t) = \boldsymbol{F}(x=L, t)e^{jk_x L}$ を適用して 3.1 節の Yee アルゴリズムによって電磁界を計算すればよい．このとき，散乱体からの反射波が解析領域（単位セル）内に反射して戻ってこないように，単位セルの上部と下部に 3.2 節のような吸収境界（AB）を置く．

入射平面波を実現する方法には，散乱電磁界の FDTD 表現を使って単位セル内全体に波源として与える方法，単位セルを全電磁界と散乱電磁界の領域に分ける方法，および付図 3.13 のように，適当な位置 S_E に $\boldsymbol{F}^{inc}(x,t) = P(t)e^{-jk_x x}\boldsymbol{F}_0$ のような励振源を置く方法がある．基本的にはどれを使ってもよい．ここで $P(t)$ は励振パルスである．また，反射係数は適当な位置 S_0 で観測された電界のフーリエ変換から計算できる．本手法を用いて付図 3.14 のような誘電体スラブ表面に導体ストリップ導体が周期 L

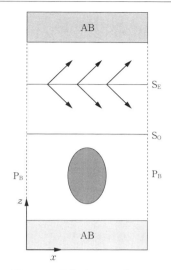

付図 3.13 単位（ユニット）セル

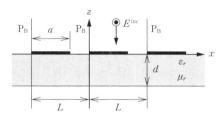

付図 3.14 誘電体スラブと導体ストリップ

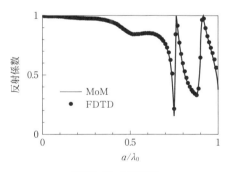

付図 3.15 反射係数

で並んでいる場合の反射係数を計算した例を付図 3.15 に示す．ただし，λ_0 は真空中の波長である．$a/\lambda_0 \cong 0.7$ 付近からはスラブ内を伝搬するモードの影響を強く受けるが，この領域も含めてモーメント法[20]と FDTD 法の結果はきわめてよく一致している．

無限周期構造に対する分散ダイアグラムも基本的には上で述べた方法と同様に計算することができる．詳細は文献に譲るが，単位セルの相対する周期境界 P_B に対して，式 (3.15) を適用し，与えられた波数に対してこれが満足されるような周波数を求めればよい[18]．

3.8 FDTD 関連手法

3.8.1 FDTD (n, m) 法

FDTD 法は中心差分を用いているため，その精度は時間空間ともに二次である．このことを示すために FDTD $(2, 2)$ と書くことがある．精度を上げるために，空間に関する四次の差分を用いる FDTD 法を FDTD $(2, 4)$ 法という[4]．精度は上がるが，2 点以上の差分点が必要となるため導体と誘電体が混在するような場所には適用が困難である．このため，もっぱら滑らかな空間内の電波伝搬の問題に適用されている．

3.8.2 NS-FDTD 法

non-standard FDTD 法の略で，分散誤差を小さくするような差分オペレーターを用いる方法である．狭帯域の大規模電波伝搬問題に適している．当初は単一周波数の計算法として提案されたが，最近は広帯域解析が行えるように修正された[21]．ただし，吸収境界条件の取り扱いがまだ解決されていない．

3.8.3 陰解法

FDTD 法では空間差分間隔 $\Delta x, \Delta y, \Delta z$ と時間間隔 Δt とが式 (3.6) で規定されるため Δt をこの条件より大きくとることができない．これに対して，ADI-FDTD (alternating direction implicit FDTD) 法[4,22] や LOD-FDTD (locally one-dimensional FDTD) 法[23] に代表される陰解法では，式 (3.6) にしばられることなく安定な計算ができる．しかしながら，陰解法はもともと流体方程式に代表される放物線形の偏微分方程式に適した方法であり，波動方程式のような双曲線形には基本的に不向きで，Δt が大きいと精度が悪くなる．FDTD 法と同程度の精度を得るには，式 (3.6) 程度にしなければならない．

3.8.4 CIP 法

CIP 法は，cubic-interpolated pseudo-particle 法の略で，波動方程式に代表される双曲線形偏微分方程式の数値解法のために開発された方法である[24]．その名のとおり未知関数を三次関数で近似するため，一様な空間ではもちろん FDTD 法よりも精度がよい．しかし，完全導体や媒質境界では，本質的に不連続な電磁界の成分があり，これを三次関数で表すことはできない．このため媒質境界では特別な工夫が必要であるが完全には解決していない．

3.8.5 FIT 法

積分形のマクスウェルの方程式から出発したため有限積分法（finite integration techniques）と名づけられたが[25]，3.6 節で述べた CP-FDTD 法と同じだと考えてよい．

文　献

1) K. S. Yee, *IEEE Trans. Antennas Propagat.*, **14**, 302 (1966).
2) K. S. Kunz, R. J. Luebbers, "The Finite Difference Time Domain Method for Electromagnetics", CRC Press (1993).
3) 宇野 亨, "FDTD 法による電磁界およびアンテナ解析, コロナ社 (1998).
4) A. Taflove, ed. "Computational Electrodynamics : The Finite-Difference Time-Domain Method, 3rd. Ed.", Artech House (2005).
5) 浅見賢太郎, 宇野 亨, 有馬卓司, 信学論 B, **J88-B**, 1825 (2005).
6) G. Mur, *IEEE Trans. Electromagn. Compat.*, **EMC-23**, 377 (1981).
7) J.-P. Berenger, *J. Comput. Phys.*, **114**, 185 (1994).
8) T. Uno, Y. He, S. Adachi, *IEEE Microwave Guided Wave Lett.*, **7**, 264 (1997).
9) Y. He, T. Kojima, T. Uno, S. Adachi, *IEICE Trans. Electron.*, **E81-C**, 1881 (1998).
10) D. F. Kelly, R. J. Luebbers, *IEEE Trans. Antennas Propagat.*, **44**, 792 (1996).
11) T. Arima, T. Uno, *IEICE Trans. Electron.*, **E81-C**, 1898 (1998).
12) R. Luebbers, K. Kumagai, S. Adachi, T. Uno *IEEE Trans. Electromagn. Compat.*, **35**, 90 (1993).
13) J. Svigelj, R. Mittra, *Microwave Opt. Tech. Lett.*, **10**, 199 (1995).
14) H. Jiang, H. Arai, *IEICE Trans. Commun.*, **E83-B**, 1544 (2000).
15) M. W. Chevalier, R. J. Luebbers, *IEEE Trans. Antennas Propagat.*, **45**, 411 (1997).
16) T. G. Jurgens, A. Taflove, *IEEE Trans. Antennas Propagat.*, **40**, 357 (1992).
17) 有馬卓司, 宇野 亨, 信学論 B, **J85-B**, 200 (2002).
18) Y. Hao. R. Mittra, "FDTD Modeling of Metamaterials : Theory and Application", Artech House (2009).
19) F. Yang, Y. R-Samii, "Electromagnetic Band Gap Structures in Antennas Engineering", Cambridge University Press (2009).
20) A. F. Peterson, S. L. Ray, R. Mittra, "Computational Methods for Electromagnetics", IEEE Press (1998).
21) T. Ohtani, K. Taguchi, T. Kashiwa, Y. Kanai, *IEEE Trans. Antennas Propagat.*, **57**, 2386 (2009).
22) F. Zheng, Z. Chen, J. Zhang, *IEEE Microwave Guided Wave Lett.*, **9**, 441 (1999).
23) J. Shibayama, M. Muraki, J. Yamauchi, *Electron Lett.*, **41**, 1046 (2005).
24) 矢部 孝, 内海隆行, 尾形陽一, "CIP 法", 森北出版 (2003).
25) 本間利久, 五十嵐一, 川口秀樹, "数値電磁力学", 森北出版 (2002).

付録 4　リラクタンスネットワーク法

　起磁力と磁束の間には，電気回路における電圧・電流と同様な関係が成立することが知られている．磁気回路法は，この起磁力と磁束の関係を集中定数回路で扱うことにより，電気機器内部の磁気現象を巨視的に解析する手法である．本手法は，有限要素法などの数値計算手法が登場する以前，電磁機器の一般的な解析設計手法であった．その歴史は古く，1900 年代前半には，回転機磁極間の漏れ磁束やプランジャ型電磁石の磁束分布を磁気回路で計算する方法が紹介されている[1〜5]．また，1950 年代以降は，変圧器やアクチュエータなどの解析にも磁気回路法が適用された例があり[6〜10]，今日でも比較的簡便な解析設計手法として利用されている．

　一方，モータに代表されるように，最近の電磁機器はインバータなどのパワーエレクトロニクス機器と組み合わせて使用されることが多く，モータ，インバータ，およびその制御系も含めたシステムとして設計を行う必要性が高まっている．このような場合，電磁機器内部の電磁界分布とパワーエレクトロニクス機器の回路動作，およびモータ回転子の回転運動などを連成解析する必要がある．

　この問題に対し，解析対象をいくつかの要素に分割してそれぞれを簡単な磁気回路で表現し，全体を磁気抵抗回路網でモデル化する，いわゆるリラクタンスネットワークによる電磁機器の解析（reluctance network analysis，以下 RNA と略記）手法が一ノ倉らにより提案されている[11,12]．本手法は取り扱いが容易で計算が簡単，かつ比較的計算精度が高いという特長を有し，電気回路や運動系との連成解析も容易である．本付録では，まず RNA の基礎となる磁気回路法，および磁気回路と外部電気回路との連成解析手法の基本について述べ，ついで RNA の詳細の説明，さらに RNA を種々の電磁機器の動作解析に適用した事例を紹介するものとする．

4.1　磁気回路と電気回路の連成解析

　トロイダル磁心（コア）に巻数 N の巻線を施した回路を付図 4.1(a)に示す．この磁心の磁気回路は付図(b)のように表され，透磁率を μ，平均磁路長を l，断面積を S とすれば，巻線電流 i と磁心磁束 ϕ との関係は次式で与えられる．式中の R_m は磁気抵抗である．

$$Ni = R_m\phi \quad \left(ここで, R_m = \frac{l}{\mu S}\right) \quad (4.1)$$

このとき，巻線の励磁電圧 e' は次式で与えられる．

$$e' = N\frac{d\phi}{dt} \quad (4.2)$$

　また，付図 4.2 に示すように，巻線抵抗が r であるとき，電源電圧 e を与えたときの回路動作は次の回路方程式に従う．

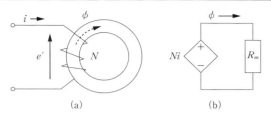

付図 4.1 トロイダルコアに巻線を施した回路とその磁気回路
(a) トロイダルコアに巻線を施した回路　(b) 磁気回路

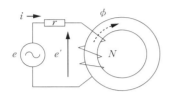

付図 4.2 電圧 e を印加した付図 4.1 の回路

$$e = e' + ri \tag{4.3}$$

以上より，式(4.3)に式(4.1)および式(4.2)を代入すれば次の微分方程式が得られる．これを解くことにより磁心磁束 ϕ が求められ，磁心磁束より巻線電流 i が導かれる．

$$e = N\frac{\mathrm{d}\phi}{\mathrm{d}t} + r\frac{R_m}{N}\phi \tag{4.4}$$

ここで，式(4.4)を解くことは，式(4.3)に対応する付図4.3(a)の電気回路と，式(4.1)に対応する付図(b)の磁気回路を，式(4.2)を用いて回路的に結合して回路解析することと等価であり，付図4.3を用いれば励磁回路の動作と磁心動作を連成させて解析する，いわゆる電気-磁気連成解析が可能となる．このことは，電気回路あるいは磁気回路が複雑化した場合でも変わることはない．

したがって，付図4.3における電気回路ならびに磁気回路として，解析対象に応じて適切な回路によりモデリングできれば，いかなる電磁機器においても電気-磁気連成解析を行うことが可能となる．また，電気系，磁気系だけでなく，ほかの物理系との間でも付図4.3と同様な結合回路により解析モデルを構築することができれば，ほかの物理系も加えた連成解析が可能である．

しかし，一般に適用される磁路回路法では，磁路を適宜簡便に設定して解析モデルを構築することが多く，磁心構成が立体的かつ複雑となる場合，あるいは磁心の磁気飽和などを考慮する場合には解析精度に問題がある．これに対し，一ノ倉らは磁心形状や磁心材質の磁気特性をより厳密にモデリングに反映できる磁気抵抗回路網解析（RNA）の適用を提案した[11,12]．次節において，RNAにおける解析モデルの導出法を説明する．

4.2　RNA における解析モデル

付図4.4に示す鉄心リアクトルを対象に，RNAにおける解析モデルの導出法を示す．磁心寸法と巻線の巻数は図中に示すとおりである．

まず，磁心形状を勘案し，湾曲部を無視して磁心を窓空間も含めて3×4の直方体要素に分割する[11〜17]．ただし，付図4.5(a)に示すように，漏れ磁束も考慮できるように磁心外空間を x 方向および y 方向に要素一層分を解析領域に加え，全体の要素数は30とする．分割した直方体要素おのおのを，同図(b)に示すような，4個の磁気抵抗を xy 方向に配置した簡単な単位磁気回路で置き換える．各磁気抵抗は要素寸法より求めた磁路長 l と磁路断面積 S と

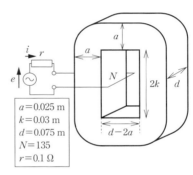

付図 4.4 解析対象としたリアクトル

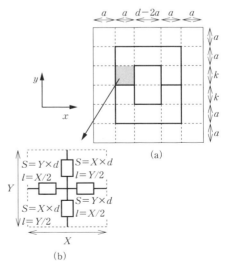

付図 4.5 磁心の分割と単位磁気回路

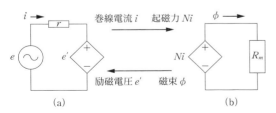

付図 4.3 電気-磁気連成解析回路
(a) 電気回路　(b) 磁気回路

材質の透磁率 μ より決定される．これより，リアクトルの解析モデルとして，付図4.6に示す磁気抵抗回路網モデルを導出できる．巻線電流による起磁力源は，巻線が磁心脚部に施されていることから，磁心脚部を2分割し，その間に集中的に配置するものとする．以上より解析対象の磁束分布を考慮した動作解析が可能となる．

ただし，磁心材質に強磁性材料を用いた場合，解析精度を向上させるにはその非線形特性を考慮しなければならない場合がある．そこで，磁心内部の要素については，材質の磁気特性を次式で表現した非線形磁気抵抗を用いるものとする[13,14]．

$$H = \alpha_1 B + \alpha_m B^m + \beta \frac{dB}{dt} \quad (4.5)$$

式(4.5)において右辺第1項と第2項は磁気飽和特性を表す項であり，次数 m は3以上の奇数で，非線形性が強いほど大きな値になる．α_1, α_m は係数であり，材質の B-H 特性（カタログデータ）を近似して与えられる．また，右辺第3項はヒステリシス特性を表す項であり，これより鉄損を考慮することができる．係数 β は磁心材質の鉄損特性（カタログデータ）を近似することにより得られる．ただし，係数 β は励磁周波数により変化するため，その適用には注意が必要である．

このように磁気特性の非線形性が強い場合や磁心形状が複雑となる場合，あるいは外部回路がインバータのような非線形回路の場合，その解析には高次の非線形多元連立微分方程式を解く必要があり，一般に計算が困難になる．このような場合，市販の回路シミュレーションプログラムの利用が有効である．

ここでは市販の汎用回路シミュレーションプログラムOrCAD PSpice 16.0（Cadence Design System社）により計算を行った．付図4.7にシミュレーションにより得られた巻線電流波形の計算例を示す．ここで材質の磁気特性のパラメーターは $\alpha_1 = 3.32 \times 10^2$ A m Wb^{-1}，$\alpha_{17} = 7.64 \times 10^{-2}$ A m^{33} Wb^{-17}，$\beta = 0.31$ A ms Wb^{-1} とし，印加正弦波電圧の実効値は100 V，周波数は50 Hzとした．同図より，磁心の磁気飽和特性に基づく電流波形ひずみとヒステ

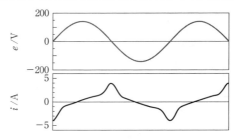

付図4.7 巻線電流波形の計算例

リシスによる位相遅れが生じていることなどがよく模擬されていることがわかる．

以上のようにRNAは，解析対象とする電磁機器における磁心をいくつかの要素に分割し，それぞれを簡単な磁気回路に置き換えることにより，機器全体を一つの磁気抵抗回路網としてモデル化し，解析する手法である．次節以降において，いくつかの解析事例について紹介する．

4.3　直交磁心型可変インダクタの特性算定例

直交磁心は，非線形磁気特性を積極的に利用した可変インダクタの一種であり，共振型dc-dcコンバータの制御素子[18]や，高圧配電系統の電圧調整器などへの応用例がある[19,20]．付図4.8に直交磁心型可変インダクタの基本構成を示す．直交磁心は巻線を施した2個のU形磁心を空間的に90°転移接続して構成される．二次側に交流電源を接続し，一次側から直流励磁を加えれば，磁心が磁気飽和して二次巻線の実効的なインダクタンスが減少し，可変インダクタンス素子として利用できる[18~20]．

本インダクタの動作解析にRNAを適用する．直交磁心の磁束分布は立体的であるため，付図4.9(a)に示すように，窓空間および磁心外空間を含め200個の直方体要素に分割する．分割した直方体要素は，同図(b)に示すような三次元単位磁気回路で置き換える．磁心部分の磁気抵抗の特性は，前節の方法を用いて非線形特性を与えている．巻線電流による起磁力源については，巻線が磁心脚部に施されていることから，付図4.10に示すように磁心脚部を二分割し，その間に集中的に配置した．

付図4.11にフェライト直交磁心の制御時の二次巻線電流の変化を示す[21]．同図より，計算値と実測値はおおよそ

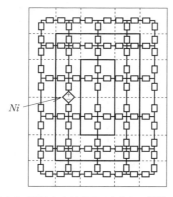

付図4.6　RNAにおけるリアクトルの解析モデル

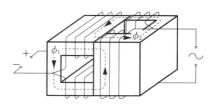

付図4.8　直交磁心型可変インダクタの基本構成
[中村健二，一ノ倉理，日本応用磁気学会誌，**28**, 1091（2004）]

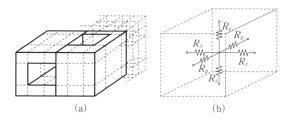

付図 4.9 直交磁心の三次元 RNA モデル
　(a) 磁心分割図　(b) 単位磁気回路
[中村健二, 一ノ倉理, 日本応用磁気学会誌, **28**, 1091 (2004)]

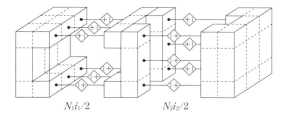

付図 4.10 巻線電流による起磁力の配置
[中村健二, 一ノ倉理, 日本応用磁気学会誌, **28**, 1091 (2004)]

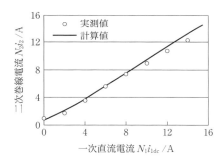

付図 4.11 直交磁心形可変インダクタの制御特性 ($f=200$ kHz)
[中村健二, 一ノ倉理, 日本応用磁気学会誌, **28**, 1091 (2004) を一部改変]

一致しており，本手法の妥当性が了解される．

以上より種々の電力用磁気デバイス[22, 23]の動作解析にRNA が適用されているほか，熱抵抗回路網との連成解析の試みも行われている[24, 25]．

4.4　モータの動特性解析への応用

一ノ倉らは，回転子の運動が磁気抵抗あるいは起磁力の変化で表現できることに着目し，モータの動特性解析へのRNA の適用を検討してきた．ここではスイッチトリラクタンスモータ，永久磁石モータおよび誘導モータへの適用例について紹介する．

4.4.1　スイッチトリラクタンスモータ

スイッチトリラクタンスモータ（以下，SR モータと略記）は，構成が簡単で堅ろう，高速回転可能，耐熱性に優れるなどの特長を有するため，安価な可変速モータとして期待されている．しかし，SR モータは磁心の飽和領域まで使用するため，その動特性解析にはモータ内部の非線形磁界解析，外部電気回路解析，ならびに回転子運動解析を連成して解析する必要がある[26〜28]．

付図 4.12 に SR モータの基本構成を示す．SR モータは回転子，固定子ともに突極構造を有し，巻線は固定子極にのみ集中巻きされている．駆動回路は，非対称ハーフブリッジコンバータとよばれ，回転子位置角に応じてトランジスタのスイッチングを適切に切り換えることで，回転子を連続回転させることができる．

SR モータは固定子，回転子ともに突極構造を有することから，回転子位置角によって，磁極近傍の磁気回路が変化する．付図 4.13(a) に，固定子極と回転子極の一部が対向した位置関係にあるときの磁極近傍の磁束の流れを示す．同図より，磁束は極同士が重なった部分に集中的に流れることがわかる．したがって，極先端部では強い磁気飽和が生じることから，解析時に考慮可能であるようモデリングした[26]．付図 4.13(b) に，磁極近傍の磁気回路モデルを示す．上述の磁気飽和を考慮するために，極先端部の磁気回路は二つに分割されている．なお，同図中の破線で囲まれた 9 個の磁気抵抗は回転子位置角によって変化するため，その抵抗値は回転子位置角の関数で与えられるものとし，これより回転子の回転を表現するものとした．

付図 4.14 に，SR モータの電気-磁気-運動連成解析モデルを示す．このモデルにおいて，回転子位置角 θ が与えられると，SR モータの駆動回路のゲート信号が決まり，

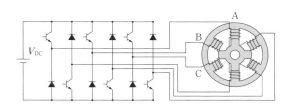

付図 4.12　SR モータ（6/4 極）の基本構成
[中村健二, 木村幸四郎, 一ノ倉理, 日本応用磁気学会誌, **28**, 603 (2004)]

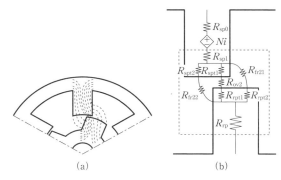

付図 4.13　固定子および回転子極付近の磁束の流れと磁気回路
　(a) 磁束の流れ　(b) 磁気回路
[中村健二, 一ノ倉理, 日本応用磁気学会誌, **28**, 1092 (2004)]

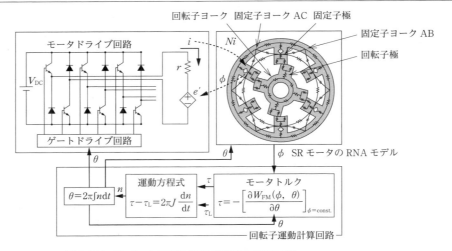

付図 4.14 SR モータの電気-磁気-運動連成解析モデル
［中村健二, 一ノ倉理, 日本応用磁気学会誌, **28**, 1092（2004）を一部改変］

モータの励磁電流 i が計算される．励磁電流より起磁力 Ni が定まるため，図中の SR モータの RNA モデルより磁束 ϕ が計算される．

図中の SR モータの RNA モデルにおいて，モータ鉄心部は極とヨークに分けられ，その特性は非線形磁気抵抗により表現されている．さらに，固定子極からヨークや隣接する極への漏れ磁束も存在するため，極間および極ヨーク間に漏れ磁気抵抗を配置している．このとき SR モータのトルクは，磁気エネルギー $W(\phi, \theta)$ を用いて，次式で与えられる．

$$\tau = -\left[\frac{\partial W(\phi, \theta)}{\partial \theta}\right]_{\phi=\text{const.}} \tag{4.6}$$

これより，本 RNA モデルを用いて，種々の回転子位置角における SR モータの磁化曲線を算出し，これを適当な数式で表現すれば，SR モータのトルク τ が求められる[27]．ここで，負荷トルク τ_L が与えられれば，運動方程式から SR モータの回転数 n が求められ，回転数を積分すれば，回転子位置角 θ が求められる．付図 4.14 の解析モデルは，電子回路シュミレータである SPICE 上で一つの回路として表現することができるため，電気系，磁気系ならびに運動系の同時連成解析が可能である[28]．

付図 4.15 にトルク-速度特性の計算値と実測値を示す．計算値と実測値は良好に一致しており，本解析手法の妥当性が了解される．付図 4.16 は，SR モータ各部の磁束密度波形の計算結果である．比較のため，三次元有限要素法により求められた結果についても同図に示した．これを見ると，両者はおおよそ一致しており，本解析手法でモータ各部の磁束密度分布もある程度算定可能であることが了解される[28]．

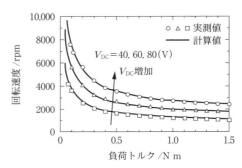

付図 4.15 SR モータのトルク-速度特性
［中村健二, 木村幸四郎, 一ノ倉理, 電気学会回転機研究会資料, **RM-04-47**（2004）を一部改変］

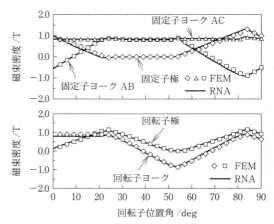

付図 4.16 種々の回転子位置における SR モータの各部の磁束密度波形
［中村健二, 木村幸四郎, 一ノ倉理, 電気学会回転機研究会資料, **RM-04-07**（2004）を一部改変］

4.4.2 埋込磁石型モータ

永久磁石モータは，界磁電源が不要であるため効率がよく，OA 機器，家電機器，電気自動車など幅広い分野で利用されている．永久磁石モータには，永久磁石の配置方法により，表面磁石型（SPM）と埋込磁石型（IPM）があるが，ここでは IPM モータに RNA を適用した結果を紹介する．

付図 4.17 に，解析対象とした IPM モータの構造と諸元を示す．付図 4.18 は，この IPM モータに対応する RNA モデルである[29〜31]．図中の Ni_u, Ni_v, Ni_w は巻線電流による起磁力源，ϕ_{mu}, ϕ_{mv}, ϕ_{mw} は永久磁石を表す磁束源である．R_{sp} は，固定子極の非線形磁気抵抗であり，R_{uv}, R_{vw}, R_{wu} は固定子極間の非線形可変磁気抵抗である．また，R_l は漏れ磁気抵抗である．

付図 4.19 に IPM モータの電気-磁気-運動連成解析モデルを示す．モデルの基本的な構成は，付図 4.14 の SR モータの連成モデルと同様であるが，IPM モータでは，発生トルクがマグネットトルクとリラクタンストルクの和

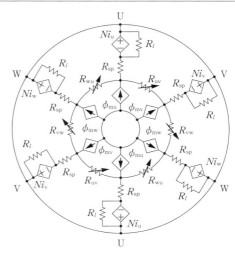

付図 4.18 IPM モータの RNA モデル
[中村健二，一ノ倉理，日本応用磁気学会誌，**28**, 1094（2004）]

となる点が異なる．付図 4.20(a) は負荷トルクが 1.0 N m の場合の線間電圧波形と相電流波形の計算値，同図(b) は同条件における実測波形である．これらの図を見ると，計算値と実測値は良好に一致していることがわかる[29]．

以上の成果に基づき，近年では RNA を永久磁石リラクタンスジェネレータを用いた風力発電システムの動特性解析[32]やアキシャルギャップモータの動特性解析[33]へ適用することが検討されている．

4.4.3 誘導モータ

解析対象とした平面磁路型パラメトリックモータは，付図 4.21 に示すように外側環状磁心 B_1 と内側環状磁心 B_2

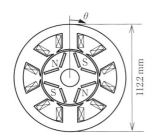

付図 4.17 3 相 4 極 IPM モータの諸元
[中村健二，一ノ倉理，日本応用磁気学会誌，**28**, 1094（2004）を一部改変]

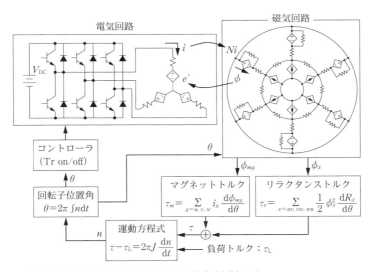

付図 4.19 IPM モータの電気-磁気-運動連成解析モデル
[中村健二，一ノ倉理，日本応用磁気学会誌，**28**, 1094（2004）を一部改変]

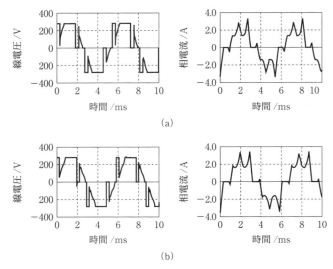

付図 4.20 シミュレーションおよび観測波形
　　(a) シミュレーション波形　　(b) 観測波形
[齋藤憲一, 石原正浩, 中村健二, 一ノ倉理, 電気学会マグネティックス研究会資料, MAG-04-60（2004）を一部改変]

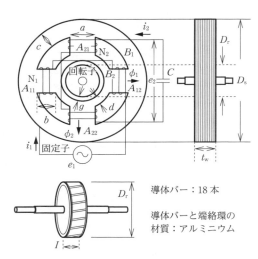

付図 4.21 平面磁路型パラメトリックモータの基本構成
[電気学会磁気応用におけるシミュレーションツール活用技術調査専門委員会 編, 電学技報, **1201**, 48（2010）を一部改変]

が励磁側磁路 A_{11}, A_{12} および共振側磁路 A_{21}, A_{22} を挟み込む平面型の固定子構造を有する．回転子は内側環状磁心内に配置される[34,35]．

$A_{11} \sim A_{22}$ の断面積に比較し，内側環状磁心 B_2 の円周方向断面積が小となる構成のため，励磁側巻線 N_1 に交番電圧 e_1 を印加すれば，励磁側と共振側の共通磁路である B_2 が周期的に磁気飽和し，共振側巻線 N_2 のインダクタンスも周期的に変化する．この共振側巻線に同調用コンデンサ C を接続すれば，適切な回路条件でパラメトリック発振が生じ，電源周波数と同周波数で位相差がほぼ90度の交流

電圧 e_2 が誘起される．本モータは，パラメトリック発振により確立する共振側電圧と電源電圧による，いわゆる二相誘導モータとして動作する．回転子には通常のかご形回転子が使用可能である．i_1, i_2 は励磁側および共振側電流を示す．図中に本モータの寸法を，付表 4.1 に諸元を示す．

付図 4.22 に解析領域と本モータの固定子の分割図を示す．解析領域には厚み c の磁心外空間一層分を含み，巻線電流による起磁力は磁心脚部を二等分し，その間に集中して配置する．各分割要素は付図 4.5(b) と同様な単位磁気回路で置き換え，これより本モータの固定子のRNAモデルが得られる．以上のようにRNAでは解析対象を，材質の磁気特性を表現するための磁気抵抗と，巻線電流および永久磁石による起磁力源によりモデリングしている．これらに加え，誘導モータでは回転子に生じる誘導電流による起磁力源も考慮する必要がある．

いま，付図 4.23 に示すように，かご形回転子においてスキューおよび横流を無視し，導体バーと端絡環にのみ電流が流れるものする[36,37]．ここで簡単のため，導体バーを

付表 4.1 平面磁路型パラメトリックモータの諸元

寸法/mm	$a=20.0, b=12.5, c=11.5, d=5.0, t_w=20.5$ $g=0.3, D_s=100.0, D_r=41.4, I=19.0$
磁心材質	50 H 600 （新日本製鐵製無方向性ケイ素鋼板）
巻数 巻線抵抗/Ω	$N_1=700, N_2=700$ 励磁側巻線：5.165，共振側巻線：5.185

[電気学会磁気応用におけるシミュレーションツール活用技術調査専門委員会 編, 電学技報, **1201**, 48（2010）を一部改変]

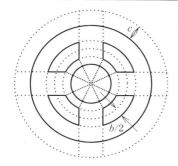

付図 4.22 固定子の分割
［電気学会磁気応用におけるシミュレーションツール活用技術調査専門委員会 編, 電学技報, **1201**, 48 (2010)］

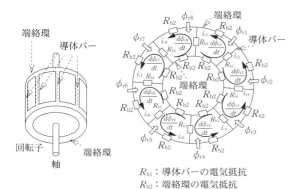

R_{b1}：導体バーの電気抵抗
R_{b2}：端絡環の電気抵抗

付図 4.23 かご形回転子の電気回路モデル

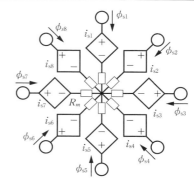

付図 4.24 かご形回転子の磁気回路モデル

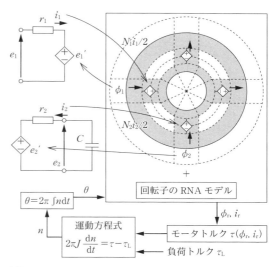

付図 4.25 パラメトリックモータの電気-磁気-運動連成解析モデル

8本とすると，隣り合う導体バーと端絡環で1ターンのコイルが8個形成され，導体バーの電気抵抗と端絡環部分の電気抵抗で構成される鎖状の電気回路が構成されることになる．この回路では，コイル流入磁束 $\phi_{r1} \sim \phi_{r8}$ による誘導起電力により誘導電流 $i_{r1} \sim i_{r8}$ を計算できる．図中の R_{b1}, R_{b2} はおのおの導体バーおよび端絡環に対応する電気抵抗である．

これらの誘導電流はレンツの法則より，流入する磁束の変化を妨げるように働く．したがって，かご形回転子の磁気回路モデルは付図4.24に示すように，回転子中心から固定子の内側環状磁心に向かう8本の磁路に誘導電流による起磁力源を配置したものとなる．ただし，回転子の回転を考慮するため，磁気回路モデルに固定子から流入する磁束 $\phi_{s1} \sim \phi_{s8}$ と回転子位置角 θ の関数としてコイル流入磁束 $\phi_{r1} \sim \phi_{r8}$ が与えられるものとし，起磁力源 $i_{s1} \sim i_{s8}$ についても誘導電流 $i_{r1} \sim i_{r8}$ と回転子位置角 θ の関数として起磁力が与えられるものとしている．図中の R_m は回転子磁心の磁気抵抗である．

以上より得られた回転子の磁気回路モデルを固定子のRNAモデルと接続し，回転子の電気回路モデルと結合して同時に解析すれば誘導モータの解析が可能となる．付図4.25に平面磁路型パラメトリックモータの電気-磁気-運動連成解析モデルを示す[36,37]．

計算に用いた電気回路モデルの抵抗は，導体バーと端絡環には75℃のアルミニウムの抵抗率を用いて $R_{b1} = 3.0 \times 10^{-5}\ \Omega$, $R_{b2} = 2.0 \times 10^{-5}\ \Omega$ とした．付図4.26に回転速度を種々変えたときのパラメトリックモータのトルクの変化を示す[36,37]．これより，低速時を除いて本法による解析精度は高く，RNAがパラメトリック誘導モータの解析においても有効であることが了解される．

以上の成果に基づき，誘導モータの一種であるコンデンサモータの損失推定へのRNAの適用が検討されている[38]．

4.5 おわりに

以上，リラクタンスネットワーク法（RNA）に基づく非線形リアクタンス，直交磁心，SRモータ，IPMモータならびに誘導モータの動特性解析について述べた．RNAは，解析モデルの作成が簡便で計算に市販の回路シミュレーションプログラムを使用できるなど取り扱いが簡単で

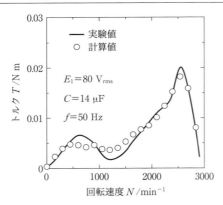

付図 4.26　パラメトリックモータのトルク-速度特性
[電気学会磁気応用におけるシミュレーションツール活用技術調査専門委員会 編, 電学技報, **1201**, 48 (2010) を一部改変]

あり，電気系や運動系および熱系などとの連成解析も容易であるほか，有限要素法などと比較して計算時間が短いなどの特長を有し，算定精度も比較的高い．したがって，電磁機器内部の磁気現象から，回路の挙動，さらには運動系や熱系まで含めたシステム全体の解析が可能であり，有限要素法などの適用が困難な領域における分野での発展が期待される．

文　献

1) V. Karapetoff, "The Magnetic Circuit", McGraw-Hill (1911).
2) F. W. Cater, *Elect. World Eng.*, **38**, 884 (1901).
3) R. Pohl, *J. Inst. Elect. Eng.*, **52**, 170 (1914).
4) F. W. Carter, *J. Inst. Elect. Eng.*, **64**, 1115 (1926).
5) H. C. Roters, "Electromagnetic Devices", John Wiley (1941).
6) E. C. Cherry, *Proc. Phys. Soc. B*, **62**, 101 (1949).
7) G. R. Slemon, *Proc. Inst. Elect. Eng.*, **100**, 129 (1953).
8) R. W. Kulterman, L. F. Mattson, *IEEE Trans. Magn.*, **5**, 519 (1969).
9) R. M. Hunt, J. W. Nippert, *Bell Syst. Tech. J.*, **57**, 179 (1978).
10) J. A. Wagner, W. J. Cornwell, *Elect. Machines Electromecha.*, **7**, 143 (1982).
11) 田島克文, 一ノ倉理, 穴澤義久, 加賀昭夫, 電気学会マグネティックス研究会資料, **MAG-90-96** (1990).
12) K. Tajima, A. Kaga, Y. Anazawa, O. Ichinokura, *IEEE Trans. Magn.*, **29-6**, 3219 (1993).
13) 田島克文, 一ノ倉理, 加賀昭夫, 穴澤義久, 日本応用磁気学会誌, **19**, 553 (1995).
14) 木村幸四郎, 中村健二, 一ノ倉理, 日本応用磁気学会誌, **28**, 611 (2004).
15) 坂本禎智, 田島克文, 電気学会マグネティックス研究会資料, **MAG-03-56** (2003).
16) 中村健二, 一ノ倉理, 日本応用磁気学会誌, **28**, 1089 (2004).
17) 電気学会磁気応用におけるシミュレーションツール活用技術調査専門委員会 編, 電学技報, **1201** (2010).
18) 安川昌之, 電学論, **117-D**, 204 (1997).
19) O. Ichinokura, T. Jinzenji, K. Tajima, *IEEE Trans. Magn.*, **29-6**, 3225 (1993).
20) 前田 満, 坂本雅昭, 三田村紘一, 一ノ倉 理, 日本応用磁気学会誌, **22**, 733 (1998).
21) 一ノ倉理, 吉田 洋, 田島克文, 電学論 A, **120**, 865 (2000).
22) 中村健二, 赤塚重昭, 大日向敬, 葵木智之, 前田 満, 佐藤博道, 一ノ倉理, 日本応用磁気学会誌, **26**, 572 (2002).
23) 早川秀一, 中村健二, 赤塚重昭, 葵木智之, 川上峰夫, 大日向敬, 皆澤和男, 一ノ倉理, 日本応用磁気学会誌, **28**, 425 (2004).
24) 吉田寛和, 中村健二, 一ノ倉理, 日本応用磁気学会誌, **27**, 561 (2003).
25) K. Nakamura, H. Yoshida, O. Ichinokura, *IEEE Trans. Magn.*, **40**, 2050 (2004).
26) 中村健二, 木村幸四郎, 一ノ倉理, 日本応用磁気学会誌, **28**, 602 (2004).
27) 月井智之, 中村健二, 一ノ倉理, 電学論 D, **122**, 16 (2002).
28) 中村健二, 木村幸四郎, 一ノ倉理, 電気学会回転機研究会資料, **RM-04-47** (2004).
29) 齋藤憲一, 石原正浩, 中村健二, 一ノ倉理, 電気学会マグネティックス研究会資料, **MAG-04-60** (2004).
30) 齋藤憲一, 石原正浩, 中村健二, 一ノ倉理, 日本応用磁気学会誌, **28**, 615 (2004).
31) 松下悟史, 長尾寛己, 中村健二, 一ノ倉理, 日本応用磁気学会誌, **27**, 538 (2003).
32) 一ノ倉理, 久保田雅之, 後藤博樹, 中村健二, 日本磁気学会誌, **32**, 392 (2008).
33) 小野知己, 中村健二, 一ノ倉理, 日本磁気学会誌, **34**, 362 (2010).
34) 村上孝一, "パラメトリックモータ", オーム社 (1989).
35) 坂本禎智, 夏坂光男, 村上孝一, 日本応用磁気学会誌, **20**, 641 (1996).
36) 田島克文, 服部正俊, 宮路 剛, 佐藤 忠, 坂本禎智, 日本応用磁気学会誌, **29**, 680 (2005).
37) K. Tajima, T. Sato, Y. Sakamoto, *IEEJ Trans. FM*, **128**, 527 (2008).
38) 田島克文, 佐藤 忠, 日本磁気学会誌, **34**, 367 (2010).

索　　引

あ

アイソタクチックポリプロピレン	812
アイソマーシフト	512
アイソレータ	770
アインシュタイン（Einstein）の関係式	66, 437
アクチュエータ	303, 567
アクティブシールド	780
アクティブターゲティング	448
アーク放電	324
アジリティ	657
アスペクト比	762
圧延誘導磁気異方性	36
圧縮成形	297
圧縮率	93
圧粉（磁気）コア → 圧粉磁心	
圧粉磁心	243, 433
圧粉成形	245
圧力-温度相図（Ceの）	119
圧力係数	89, 93
圧力熱量効果	90
圧力誘起超伝導	126
アテンプト周波数	524
アトマイズ法	244
アトムプローブ	465
アトムプローブ電界イオン顕微鏡	465
アニオンラジカル	166
アバッテッドジャンクション	585
アビジン-ビオチン結合	450
アフィニティクロマトグラフィー	452
アモルファス	247
アモルファス希土類・遷移金属合金	371
アモルファス金属	176
アモルファス形成能	226
アモルファス系トンネルバリア	587
アモルファス合金	176, 303
アモルファス磁性ワイヤ	416
アモルファスソフト磁性材料の磁気特性	229
アモルファス薄帯	200
アモルファス薄膜	202, 421, 424
アモルファスリボン	558
アモルファスワイヤ	415, 417
誤り訂正技術	611
誤り伝搬	612
誤りパターン	611
アルコール還元法	333
アルニコ磁石	261, 274
アルミナ・チタンカーバイト・セラミックス	601
アロットプロット	153
暗視野法	464
安全性のガイドライン	774
アンダーコート	359
アンダーソン（Anderson）模型	54, 62
アンチフェロ磁性	27
アンチフェロ磁性体	31
アンテナ	527, 850
鞍点	656
アンペール（Ampère）の周回路の法則	827
アンペール（Ampère）の法則	2

い

イオン液体	173
イオンプランテーション	415
イオンマイクロアナライザ	674
イオンミリング法	465
イオンラジカル	166
生き残りパス	606
異常光線	81
異常磁気抵抗効果	387, 522
異常速度	74
異常ネルンスト（Nernst）効果	91
異常ホール（Hall）効果	70, 195, 489, 530
位相	81
──のずれ	130
位相エンコーディング	778
位相コントラスト	550
位相シフト	54
位相制御	698
位相ロッキング	658
位相ロック	658
一次換算等価回路	712
一軸異方性	35
一次転移物質	819
一次銅損	698
一次変換部	667
一重項束縛状態	120
位置センサ	412, 664
1ターンコイル法	493
一方向磁気異方性	133, 500
一方向性異方性定数	501
一体成形	293
一定要素	845
イットリウム鉄ガーネット（YIG）	256
一方向異方性	391
異方性	289
異方性エネルギー	300, 557
異方性磁界	44, 188, 275, 278, 285, 498, 525, 657
異方性磁化率	803
異方性磁気抵抗	477
異方性磁気抵抗効果	60, 387, 402, 522, 585
異方性磁石	262, 288
異方性磁場	262
異方性定数	275
異方性ナノコンポジット磁石	290
異方性媒質	853
異方性ラジアルリング	287
異方的配列	238
医用磁性ビーズ	444
医用生体工学	793
医療ビーズ	793
イルメナイト型	146
インコヒーレントモード	276
インスタントオン動作	648
陰性造影剤	453
インダクションコイル	660
インダクタ	716
インダクタンス	756
インダクタンス透磁率	216
インダクティブヘッド	576

インダクトシン	664
インターリーブドパリティ検査符号	611
インバー効果	151, 177
インバー合金	93, 108
インバースMTJ効果	396
インバータ	695, 709, 718, 755, 856
インピーダンス	416, 533, 761
インピーダンスアナライザ	534
インヒビター	210
インフォーカス法	555
インプラント加温	793

う

ウィグナー–ザイツ（Wigner–Seitz）半径	93
ウィーデマン（Wiedemann）効果	95
ウインドウ期	451
ウォーカーブレイクダウン	651
渦電流	484, 756, 761, 794
渦電流損	200, 245, 253, 299, 492, 696, 714, 766
渦電流密度	831
埋込磁石	696
——型モータ	861
運動交換	16

え

エアロゾル・デポジション法	435
永久磁石	693, 818
永久磁石内蔵型（IPM型回転子）	719
永久磁石モータ	718, 722, 859
永久磁石問題	840
エイジング	133
エイズウイルス	451
液相エピタキシー法	679
液相合成	331
液体急冷法	224
液体超急冷	274
液体超急冷凝固法	289
エコープラナーイメージング法	779
枝メトリック	606, 609
X線円二色性	525
X線回折	459
X線回折法	459, 472
X線小角散乱法	459, 461, 471
X線反射率法	459, 461
X線法	545
エッジ状態	77

エネルギーアシスト磁気記録	575, 592
エネルギーバリア	653
エネルギーフィルタ法	467
エネルギー分散	50
——型X線分光法	466
——型分光器	466
エネルギー分散関係	51
エネルギー密度	688
エバネッセント場	84
エバネッセント波	789
エピタキシャル成長	102, 337, 812
エピタキシャル柱状ナノ構造	101
エプスタイン試験器	485
エラーフロア現象	611
エラーレート	761
エルミートマトリックス	737
遠隔治療	794
遠隔力	688
円錐構造	117
円筒状（リニアモータ）	722
円筒状可動コイル型LSM	724
エントロピー輸送	90
円偏光応答特性	563
円偏光ルビーレーザー光	84
円偏波透磁率	768

お

応力ひずみ曲線	813
応力誘起異方性	300
押出成形	298
オシロスコープ	527, 534
汚染ガス	599
オーバーライト	612
オーバーライト特性	367
オーバラップ長	134
重い電子系	120
オリエントコアハイビー	206
オリエントコアハイビー・パーマネント	206
オレンジピールカップリング	524
温度特性（ホール素子）	413
温度変化に対する電波吸収体の特性	759
温度補償型磁石	281
温度誘起型局在モーメント系	156
温熱療法	732

か

外因性機構	70
開口数	84
界磁巻線型同期機	718

界磁弱め運転	721
開磁路	762
回折限界	84
外鉄型鉄心	714
回転角	537
回転角センサ	412
回転検光子法	537
回転子	696, 718, 719, 862
回転子位置角	860
回転磁化	262
回転磁界	696
回転磁化共鳴	252
回転磁化モード	571
回転磁場	806
回転数	693, 695
回転速度	695
回転ヒステリシス損	496
ガイドライン（マイクロ波の生体ばく露に関する）	789
外符号	611
界面	181
界面粗さ	462
界面活性剤	331, 441
界面磁気異方性	185
ガウス（Gauss）の発散定理	828
カウマグ	272
化学イオン化型（試料のイオン化）	674
化学コンパス	795
化学修飾・吸着法	797
化学的方法（磁性粒子の作製）	330
化学反応	787
化学めっき	326
角運動量ベクトル	5
角形性	261
核共鳴散乱	513
核酸	450
拡散強調画像	782
拡散係数	657
核酸増幅検査	451
拡散テンソルイメージング	774
拡散方程式	65
核散乱	514
拡散律速過程	822
核磁気緩和	776
核磁気共鳴	508, 775
核磁気共鳴装置	670
核磁気共鳴法	508
核磁気モーメント	8
核磁子	508
角周波数	672
核生成磁界	573
核発生	823

核発生コントロール型	280	緩和時間	46, 52	吸収（熱変換）	766
核発生磁界	285			吸収型（誘電率の対角成分）	82
カー（Kerr）効果	489, 537, 547	**き**		吸収境界条件	835, 852
カー（Kerr）効果顕微鏡	547			Mur の——	835
かご形回転子	862	幾何学的位相因子	73	吸収端	517
かご形巻線	717	規格化線密度	605	急冷凝固	284
ガスアトマイズ粉	244	キシリレン	167	急冷材	416
価数揺動	116	キセノンランプ	540	キュリー（Curie）温度	13, 21, 29,
価数揺動（混合原子価）現象	122	規則構造	217	35, 229, 252, 261, 274, 278, 482, 592	
価数揺動物質	122	気体軸受	594	キュリー（Curie）温度記録	85
ガス中蒸発法	329	基底状態	82	キュリー（Curie）定数	116
ガスフロースパッタ法	317, 323	軌道運動	26	キュリー-ワイス（Curie-Weiss）	
仮想束縛状態	53, 54	軌道角運動量	6, 10, 82, 277	の式	31
加速度センサ	731	——の消失	11	キュリー-ワイス（Curie-Weiss）	
片持ち梁型磁歪アクチュエータ	692	——の凍結	8	の法則	13, 116, 152
カチオンラジカル	166	軌道磁気	542	境界条件	832～834
活性化エネルギー	422	軌道整列	139	境界分割法	837
カットオフ周波数	765	軌道放射光	528	境界要素法	837
カットコア	714	希土類	274, 289	強結合ハミルトニアン	50
活用測定技術	487	希土類オルソフェライト	85	強磁界磁化過程	41
可動永久磁石型 LOA	726	希土類金属	151	強磁性	27, 151
可動コイル型 LOA	726	希土類金属イオン	11, 275	強磁性アモルファス金属	176
可動潤滑剤	598	希土類系窒化物磁石	288	強磁性液体状態	439
可動鉄心型 LOA	726	希土類元素	8, 114	強磁性共鳴	49, 252, 525, 761, 769
過渡特性	551	希土類酸化物置換	271	強磁性共鳴磁界	769
ガードバンドレス記録	612	希土類磁石	261, 274, 288, 696	強磁性共鳴周波数	492, 536, 752
金森-Goodenough 則	16	——の機械強度	290	強磁性材料	858
ガーネット型酸化物	144, 145	——の電気抵抗率	291	強磁性体	80
ガーネット型フェライト		希土類磁石材料	275	強磁性的相互作用	168
	255, 430, 773	希土類遷移金属合金磁性体	85	強磁性/反強磁性積層膜	501
ガーネット膜	547, 548	機能的磁気共鳴イメージング		強磁性半導体	162, 398, 652
カプサイシン	452		774, 787	強磁性微粒子	186, 731
可変インダクタ	705, 858	機能的電気刺激装置	788	強磁性フロック	797
可変周波数可変電圧電源	718	希薄合金の磁性	130	凝集	438
カーボン系複合シート	766	希薄磁性半導体		凝集エネルギー	92
ガラス転移温度	225, 226		84, 162, 398, 407, 685	凝集剤結合法	797
カーリング	263	基板抵抗	751	凝集性細菌	797
カルベン	167	基本解	839	共晶化法	799
カルボニル鉄	753	逆ウィーデマン（Wiedemann）効果		共振型 dc-dc コンバータ	858
ガレルキン（Galerkin）法	737		96	強相関電子系	399
ガロア体	611	逆磁区	285	鏡像効果	488
瓦記録	604	——の核生成	262	共沈法	331, 442
簡易等価回路	712	逆スピネル	141	共通境界上での適合条件	842
岩塩型酸化物	135	逆スピネルフェライト	249	強度輸送方程式	555
還元剤	326, 327, 331, 332	逆スピンホール（Hall）効果	76, 532	業務用光磁気ディスク	370
還元反応	332	逆ファラデー（Faraday）効果		共鳴	671
がん細胞	454		79, 84, 530	共鳴 X 線磁気散乱	517
カンチレバー	458, 459, 505	逆ミセル法	331	共鳴交換散乱	517
がんの温熱療法	774	ギャップ長	576	共鳴散乱	517
ガンマ線	511, 512	キャップ媒体	590	共鳴周波数	252, 253, 672
還流型磁区構造	561	キャパシタンス法	505	共鳴法	536
緩和係数	769	キャビティ法	497	鏡面対象性	70
緩和現象	453	キャント型の弱強磁性	85	共有結合	165

索引

極カー (Kerr) 効果 80, 489, 539, 547
極限状態 119
局在磁気モーメント 10, 130
局在モーメント模型 9
局所高周波加熱 784
局所密度近似 24, 92
極数 717
極性基 598
巨視的磁化ベクトル 775
巨視的量子トンネル効果 190
巨大磁気抵抗 170, 195, 684
巨大磁気抵抗効果 60, 161, 183, 360, 381, 387, 402, 453, 522, 569, 585
巨大磁気抵抗素子 477, 522
巨大磁気モーメント系 112
巨大磁歪合金 102
巨大磁歪材料 300
キラリティ 824
記録磁界 550
記録装置 567
記録ビット消失 612
記録符号 604
記録ヘッド 366, 576
記録補償 607
近接場 84, 546
近接場記録 378
近接場光 549
近接場磁気光学 84
近接場磁気光学効果 79
金属-絶縁体転移 90
金属ガラス 176, 177, 226, 247
金属系ビーズ 446
金属錯体 171
金属磁性粉末（偏平形状の） 766
金属磁性流体 442
金属薄膜 200
金属葉 821
近傍界 789

く

グアニン 786
空間実装 767
空間光変調器 79, 680
空間分解能 467, 545
空気浮上力 595
空気巻込み 225
空洞共振器 525
くし形モータ 719
駆動電源 693
駆動力 693
久保効果 190
久保公式 52, 71
くま取り 694
クラウジウス-クラペイロン
　（Clausius-Clapeyron）の関係 87
鞍形 RF コイル 780
クラック形成 813
グラディエントエコー法 778
グラニュラー構造 162, 192, 590
グラニュラー薄膜 200, 202, 421, 426, 752
グラニュラー膜 617
グラフェン 410
クラマース-クローニッヒ
　（Kramers-Kroning）解析 541
クラマース (Kramers) イオン 820
クラマース (Kramers) 縮退 11
グラントムソンプリズム 540
繰返し復号 604, 611
クリプトクロム 795
クリープ誘導磁気異方性 239
グリーン (Green) の定理 837, 843
クロスオーバー 126, 157
クロストーク 612
クロストークキャンセラ 612
クロスニコル法 537
クーロンゲージ 829, 841
クーロン (Coulomb) 積分 15
クーロン (Coulomb) の法則 3
クーロンブロッケード 195
クーロンブロッケード AMR 400
クーロン閉塞 → クーロンブロッケード
クーロン閉塞現象 59
群速度 527

け

軽希土類 278, 279
計器用変圧器 715
計器用変成器 715
計器用変流器 715
蛍光磁性ビーズ 449
形状異方性 262
形状磁気異方性 181, 188, 201
係数マトリックス 848
ケイ素鋼板 205, 717
6.5%ケイ素鋼板 721
形態制御 821
携帯電話機 760, 774
経頭蓋磁気刺激 774
ゲージ場 73
ゲージフラックス 73
ゲージ率 504
血液ポンプ 789
結合係数 753
結合材 358
結合法 797
結晶化温度 229, 810
結晶磁気異方性 23, 35, 36, 178, 217, 262, 275, 280, 285, 288, 289, 483, 495
結晶磁気異方性定数 251, 300, 422
結晶子サイズ（結晶子径） 459, 460, 472
結晶性 459
結晶性 MgO バリア 587
結晶性高分子 809
結晶造核剤 810
結晶場 11, 126, 275, 820
結晶場係数 36
結晶場パラメータ 275
結晶粒径 37, 237, 246
ゲッタリング作用 324
血流イメージング 781
ゲル 808
ケルビン (Kelvin) 関数 841
献血血液スクリーニング 450
献血検査 451
減結合 763
原子核 26, 511〜513
原子核スピン 8
原子間力顕微鏡 457, 458
原子吸光分析 675
減磁曲線 261
原子磁気モーメント 5
原子磁石 27
原子濃度密度波 111
検出プローブ 545
検出モード 84
元素マッピング観察 467

こ

コア損失 253
コイル 693, 755
広域 X 線吸収微細構造 372
硬 X 線 543
硬 X 線 MCD 543
高 OR 媒体 339
高温超伝導体 159
光学素子の配置 539
光学遅延 538, 541
光学遅延変調法 538
光学的遅延 81
光学特性 810

交換エネルギー	235	高張力電磁鋼板	210	近藤格子	121
交換結合磁界	390, 501	高電気抵抗ソフト磁性	194	近藤ピーク	59
交換結合長	187, 235	光電子顕微鏡	545	近藤模型	57
抗がん剤	732	光電子増倍管	540	コンバータ	755
交換磁気異方性	37, 500	高透磁率	176	コンピュータトモグラフィー	550
交換スティフネス定数	186, 289	高濃度近藤効果	120, 121		
交換積分	15, 22	勾配磁場コイル	780	さ	
交換増強	157	交番力磁力計	484		
交換相互作用	14, 20, 57, 182, 564	高分解能電子顕微鏡法	464	催奇性	452
交換相互作用力顕微鏡	562, 564	高分子凝集剤	797	サイクロイド収束型	674
高感度磁気センサ	774	高分子バインダ	293	サイクロトロン運動	17
交換バイアス	37, 500	高分子包括法	798	サイクロトロン角周波数	82
交換バイアス磁界	101, 501	効率	713	サイクロトロン振動数	18
交換バイアス磁場	390	効率規制	717	再構成	550
交換バイアス膜	501	交流ソレノイド	727	歳差運動	525, 627, 654, 776
交換分裂	82	交流法	535	再生医学	454
合金系磁石	261	小型モータ	693	再生医療	454
合金めっき	824	国際電気標準会議	763	再生ヘッド	360, 584
高 K_u 媒体	348	国際非電離放射線防護委員会		細線材	176
高勾配磁界	797		774, 783	最大エネルギー積	45, 261, 274, 289
工作機械	727	固着潤滑剤	598	最大エントロピー法	516
格子	31	固着率	598	最大磁化率	42
格子エントロピー	88	骨形成	787	最大透磁率	42
高磁気異方性膜	203	コットン-ムートン（Cotton-Mouton）		サイドジャンプ機構	70, 74, 75
格子ひずみ波	105	効果	79, 80, 439, 541	サイドシールド	581
格子比熱	88	固定境界条件	834	サイドトラックイレージャ	581
高周波-直流結合型スパッタ装置	321	固定子	696	サイドフリンジ	578
高周波応用デバイス	432	固定層	390, 585	再配列相転移	85
高周波材料	420	古典的運動方程式	82	再輻射	766
高周波磁界	550, 551	コバルト添加酸化鉄	614	細胞	785
高周波磁界アシスト磁気記録	658	コヒーレントトンネル効果	397, 587	——の磁場配向	774
高周波磁気損失特性	763	コヒーレントポテンシャル近似	67	細胞指向性	448
高周波スパッタ法	321	コヒーレントモード	276, 289	細胞操作	454
高周波素子	654	コプレーナ線路		細胞分離	454
高周波電磁界	734, 783		494, 498, 525, 526, 740	最ゆうパス	606, 608
高周波電磁障害	760	ゴム磁石	293	最ゆう復号法	604
高周波電磁ノイズ	760	コラーゲン	786	材料特性の評価	457
高周波プローバー	525	コランダム型酸化物	136	サーキュレータ	770
高周波用フェライト膜	430	孤立再生波形	605, 607	錯化剤	328
高スピン状態	41	孤立磁化転移	570	錯体	331
高スピン分子	166	孤立電子系	673	鎖交磁束変化型	664
校正法	540	コロイド	331, 730	雑音予測型 PRML 方式	608
酵素	787	コロイド SEM 法	547	差動変圧器	664
構造緩和	372	コーン-シャム（Kohn-Sham）方程式		サブグリッド法	853
高速イメージング法	778		24	サーボ信号	567
高速磁化歳差運動観察	79	コーン構造	117	サーボモータ	694, 699
高速磁化反転	377	コンダクタンス	53	サーマルアスペリティ	612
高速スピンエコー法	779	コンタクト・スタート/ストップ	600	サリドマイド	452
鋼損	753	コンタクト記録方式	602	酸化還元電位	331
抗体	450	コンデンサ	755	三角格子	150
抗体付磁性ビーズ	454	近藤温度	58, 120, 131	酸化クロム	614
光弾性変調器	538	近藤共鳴	59	酸化剤	331, 332
高調波損失	698	近藤効果	56, 118, 120, 131	三価の希土類イオン	275

酸化物磁性流体	441	磁化活性汚泥法	798	磁気カード	547
三脚鉄心	714	磁化過程	178, 736	磁気カルノーサイクル	815
産業用機器	755	磁化過程影響因子	230	磁気感覚	795
三軸ひずみゲージ	504	磁化曲線	179, 188, 489, 499	磁気共鳴	497, 656
三次元加速度計	597	磁化現象	545	磁気共鳴画像法（イメージング）	445, 774, 775
三次元原子配列構造	466	磁化困難方向（軸）	35		
三次元静磁場問題	842	磁化状態観察	546	磁気共鳴現象	626
三次元組織構築	454	磁化スイッチング	489	磁気共鳴周波数	200
三次元動磁場（渦電流）問題	843	磁化測定	482	磁気記録	360
参照波	559	自家中毒	760	磁気駆動方式	688
参照膜	552	磁化転移	569	磁気駆動ポンプ	732
酸素	284, 285	磁化転移傾度	569	磁気結晶族	97
三相結線	714	磁化転移幅	569	磁気光学	144
三相変圧器	715	磁化特性	731	磁気光学空間光変調器	680
三相誘導	694	磁化反転	289	磁気光学現象	537
サンドイッチ法	450	磁化方向	555	磁気光学効果	79, 163, 662, 678
サンプリングオシロスコープ	491	磁化容易方向(軸) 35, 188, 261, 275, 495		——の起源の古典電子論的起源	82
三巻線型	771				
散乱体	84	磁化率	4, 27	——の量子論的起源	82
残留アモルファスマトリックス	236	磁化リング	670	磁気光学法	545
残留磁化曲線	490	時間依存性	841	磁気格子読取型	665
残留磁化促進効果	37	時間依存場	831	磁気構造解析	514
残留磁気分極	42	時間ステップ	851	磁気散乱	516
残留磁束密度	42, 261, 285, 289	時間反転操作	100	磁気式周波数変換器	704
残留損失	254	時間反転対象性	70	磁気刺激	774
残留抵抗	53	時間分解蛍光	450	磁気時効	232
三量体	329	時間変動磁場	794, 806	自記磁束計	483
		時間領域測定	491	磁気シーディング法	797
し		時間を含む摂動計算	82	磁気ジャイロ定数	525, 657
		磁気-構造相転移	87	磁気随伴エネルギー	703
ジアリールエテンビラジカル	172	磁気-半導体結合回路	705	磁気スカラポテンシャル	830
ジェネレータ	717	磁気異方性 33, 35, 37, 181, 235, 274, 281, 482, 495, 497, 672		磁気スケール	665
シェブロンパターン	669			磁気閃光	794
磁化	2, 26, 480			磁気双極子	2, 3
——の歳差運動	627	磁気異方性エネルギー 35, 495, 803, 821		磁気双極子モーメント	480, 671
——のランダウ（Landau）展開	155			磁気増幅器	705
		磁気異方性定数 35, 289, 437, 496		磁気損失	761
磁界	2, 26, 550	磁気イメージング	545	磁気損失係数	423
——の可視化	550	磁気インピーダンス効果測定法	533	磁気弾性エネルギー	264
磁界書込み	637	磁気インピーダンス効果素子	476	磁気弾性結合係数	93
磁界共振	789, 790	磁気インピーダンス素子	415	磁気弾性効果	424
磁界強度時間変化率	783	磁気インピーダンス素子材料	415	磁気弾性波遅延型	665
磁界勾配	797	磁気渦	655	磁気超解像	375
磁界創生層	627	磁気渦コア	548, 549	磁気抵抗	702, 860
磁界中熱処理	201, 238, 241	磁気エネルギー	803	磁気抵抗回路網解析	857
磁界中焼なまし	230	磁気エリクソンサイクル	816	磁気抵抗効果 59, 163, 360, 387, 399, 489, 522, 569, 653	
磁界電界中冷却	98	磁気エンコーダ	666		
磁界分布	550, 551	磁気エントロピー	816	——型センサ	660
磁界ベクトル	550	磁気円二色性	79, 541	磁気抵抗(効果)素子	476, 477, 546
磁界変調オーバライト記録方式	375	磁気回収	448	磁気抵抗比	522
磁界誘起強誘電相転移	99	磁気回路	699, 701, 808, 856, 859	磁気抵抗変化率	61
磁界誘導磁気異方性	36	——の磁気エネルギー	703	磁気抵抗ランダムアクセスメモリ	161
磁化回転	42, 199, 251	磁気回路法	856		
		磁気カー（Kerr）効果	79, 80, 529		

索　引　871

磁気ディスクカーボン保護膜	597	磁気力	797, 821	磁性粒子	
磁気ディスク潤滑膜	597	磁気力顕微鏡	545, 553, 561, 563	――の作製	330
磁気的スペーシング	596	磁気力勾配	561	――の分散	439
磁気的ノイズ	366	磁気冷凍	85, 815	磁性流体	173, 436, 730
磁気テープ	356, 359, 552, 614	磁気冷凍材料	819	磁性流体シール	732
――用支持体	357	磁区	39, 649	自然境界条件	835
磁気電解重合	821	軸受	731	自然共振	49
磁気電気効果	96, 409, 678, 682	磁区拡大再生	375	自然共鳴	735, 769
磁気電気効果測定法	535	磁区観察	79, 545	自然酸化法	393
磁気電気効果素子	682	磁区観察法	555	自然旋光性	80
磁気電析	821	磁区構造	180, 181, 186, 545, 561	磁束	2, 319, 545, 693, 696
磁気天秤磁力計	482, 484	磁区細分化	233	磁束分布	545
磁気特性	436	磁区反転	101	磁束密度	2, 26
磁気トルク	496, 803	磁区分布	95	磁束密度-磁界曲線	42
磁気トルク計	496, 702	刺激応答磁性	172	磁束量	700
磁気トンネル接合	393	刺激応答性	171	下地層	312
磁気ナノ粒子	774	刺激効果	788	室温磁気冷凍機	818
磁気熱量効果	85, 519, 815	自己陰影効果	315, 336	実効交換相互作用	22
磁気配向	803	自己インダクタンス	749	実効磁場	485
磁気ハイパーサーミア	445, 455	自己エネルギー	54	実効的な磁気異方性	235
磁気ビーズ	436	自己触媒型	327	実効透磁率	762
磁気ヒステリシス曲線	261	自己組織	102	湿式プロセス	328
磁気ひずみ → 磁歪		自己組織化	453	実装自在(性)	761, 767
磁気標識	453	自己撞着	21	実装性	767
磁気標識化	445	支持体	357, 359	ジッタ性媒体雑音	607～610
磁気標識ビーズ	453	磁石	280	質量分析計	674
磁気表面弾性波デバイス	686	磁石界磁	698	自転運動	26
磁気フィルタ	797	四重極分裂	512	自動化スクリーニング装置	452
磁気複屈折	541	四重極マスフィルタ	674	シート形状	761
磁気複屈折効果	439	磁心	217	シード層	312
磁気ブレイトンサイクル	817	磁心損失	240	シート層構造	765
磁気分極	2, 289, 483	磁心熱処理	245	磁場	
磁気分離	445, 785, 796	システム関数	848	――の生物影響	774, 775
磁気壁条件	834	磁性-導電性共存系	169	――の効果	25
磁気ベクトルポテンシャル	734, 829	磁性イオン液体	173	磁場 SEM	550
磁気ヘッド	550	磁性材料	356, 359	磁場効果メカニズム	785
磁気飽和	757	磁性体間微小空間	688	磁場勾配	688
磁気飽和特性	858	磁性体装荷伝送線路デバイス	741	磁場収束型	670
磁気マイクロマシン	692, 793	磁性探針	545	磁場中熱処理	262
磁気めっき	821	磁性蓄冷材	819	磁場中プレス	262
磁気モジュレータ	808	磁性ドット	592	自発磁化	13, 20, 27, 34
磁気モーメント	2, 5, 26, 278, 674	磁性薄膜	326, 488, 491	――の温度依存性	34
磁気薬剤輸送	456	磁性薄膜インダクタ	752	自発磁化モーメント	155, 285
磁気誘起 SHG	83	磁性半導体	161, 407	自発体積磁歪	93, 299
磁気輸送	445	磁性/非磁性人工格子	83	磁場配向	797, 821
磁極	2, 3, 5, 26, 577	磁性ビーズ	446, 450, 452, 454	磁場密度汎関数理論	25
磁極トリミング	578	――による診断・実験技術	450	磁場誘起超伝導	170
磁極分布	562	磁性微粒子	329, 436, 454, 488	磁場誘起マルテンサイト変態	303
磁極用鋼板	205	磁性フォトニック結晶	679	時比率	709
磁気余効	46	磁性不純物	53	紙幣識別	79
磁気ラベリング	445	磁性粉	545	磁壁	39, 180, 545, 649
磁気流体力学的効果	821	磁界中焼なまし	229	――のエネルギー	557
磁気量子数	6, 674	磁性粒子画像法	445	――のピンニング	263

磁壁移動	42, 199, 251, 262, 548	常磁性共鳴	525
——による磁化過程	44	常磁性帯磁率	13
磁壁エネルギー	40, 263	照射モード	84
磁壁共鳴	252	状態推移表	605
磁壁抗磁力	199	状態密度	52
磁壁幅	40, 285	蒸着テープ	616
磁壁ピニング型	281, 287	蒸着法	319
ジャイレータ	683	焦電電流	535
弱強磁性（キャント型の）	85	晶癖	330
弱磁性体	27	情報機器	728
弱フェロ磁性	27	初期成長層	312
射出成形	297	初期微結晶	242
蛇腹状表面	231	除細動装置	788
斜方蒸着磁気テープ	560	初磁化曲線	42
上海マグレブ	729	初磁化率	42
自由エネルギーのランダウ展開		除塵フィルタ	599
	155, 157	初透磁率	42, 246, 250
周期境界	854	ショートリング	664
周期境界条件	836	シランカップリング剤	798
周期構造	176, 854	磁力計	481, 483, 484
周期的接触（タッピング）方式	458	試料のイオン化	674
周期的せん断波	107	試料共振型磁力計	484
重希土類	278, 279	シールド材	757
十字型ダブルHコイル法	487	磁歪	38, 96, 180, 217, 221, 252, 505
集積化インダクタ	751	磁歪アクチュエータ	692
自由層	390, 585	磁歪感受率	301
重層タイプ	356	磁歪材料	178, 692
集束イオンビーム	465	磁歪振動	299
集束イオンビーム法	464	磁歪線	665
終端開放スタブ	741	磁歪測定	507
終端短絡スタブ	741	磁歪測定装置	508
集中定数型	771	磁歪定数	38, 39, 422, 504, 557
自由電子のプラズマ角周波数	82	磁歪誘導磁気異方性	36
自由電子模型	19	塵埃	599
しゅう動面	550	真空	
周波数エンコーディング	778	——の透磁率	2
周波数特性	551	——の誘電率	81
周波数分散	491	真空蒸着法	359, 434
周波数分散性媒質	853	真空シール	731
周波数領域分離	761	シングル記録	604
主応力	669	シングル垂直磁気記録ヘッド	583
縮約	657	シンクロトロン放射光	542
受信機	673	シンクロナスモータ	699
ジュール（Joule）効果	95	シンクロナスリラクタンスモータ	
潤滑剤の修復挙動	598		719
純鉄粉	247	新KS鋼	264
純有機磁性-導電性共存系	170	神経磁気刺激	787
焼結	274, 280, 283	人工格子	181, 183
焼結磁石	274, 280, 281, 283, 285, 696	信号処理回路	568
消光係数	81	信号処理方式	604
常光線	81	人工心臓	788, 791
詳細つり合いの関係	66	人工臓器	791
常磁性	27, 171	心磁図	774

迅速高感度診断	450		
振動型コイル磁力計	481		
振動型試料磁力計	481, 483		
振動偏光子法	537		
振動リード法	467		
振幅反射率	526		
シンプソン（Simpson）1/3則公式			
	848		
シンプソン（Simpson）3/8則公式			
	848		

す

水酸化アルミニウム	797
水酸化鉄	797
水素	287
水素吸収	305
水素粉砕	283, 284
垂直記録媒体	341, 557
垂直記録ヘッド	368
垂直磁化方式	635
垂直磁化膜	547, 548, 650
垂直磁気異方性	185, 404, 496
垂直磁気記録	571
垂直磁気記録再生系	607
垂直磁気記録ヘッド	579
スイッチ素子	756
スイッチトリラクタンスモータ	
	719, 720, 859
スイッチング電源	755
スカーミオン	157
スキュー散乱	70, 75
スキュー散乱機構	74
スクラッチ試験	470
スケーリング	189, 654
スティクション	600
スティッチドポール型ヘッド	579
スティーブンス因子	275, 277, 278
ステッピングモータ（ステップモータ）	
	694, 699
ステント	792
ストカスティックフィールド	657
ストークス（Stokes）の抵抗則	439
ストーナー（Stoner）条件	
	55, 155, 191
ストーナー（Stoner）理論	19
ストーナー（Stoner）励起	21
ストライプ磁区	557
ストリップ線路	526, 740
ストリップライン → ストリップ線路	
ストリップライン型	770
ストロボ	550, 551
ストロボ効果	548

索　　引　873

ストロボ電子線	551	
ストロボ電子線トモグラフィー	551	
ストロボ法	490	
スネーク（Snoek）の限界	49, 203, 253	
スネーク（Snoek）の限界則	55, 431, 761	
スパイクノイズ	591	
スパイラルインダクタ	750	
スパイラル型磁気マイクロマシン	692	
スーパーセンダスト	424	
スパッタ装置	321	
スパッタテープ	617	
スパッタ法（スパッタリング法）	319, 322, 323, 388, 433, 434	
スーパーマロイ	213	
スピネル化合物	151, 158	
スピネル型	141, 143, 773	
スピネル型フェライト	249, 430	
スピノーダル分解	263	
スピン	30, 161	
——-格子緩和	776	
——-格子緩和時間	776	
——-スピン緩和	777	
——-スピン緩和時間	777	
——の蓄積	523	
——の揺らぎ	94	
スピンアイス	144, 158	
スピン依存散乱	183	
スピン一重項	15	
スピン運動量	10	
スピンエコー法	509, 778	
スピン FET	685	
スピン SEM	545, 546, 555	
スピン演算子の交換関係	57	
スピンカイラリティ	70, 72	
スピン化学	795	
スピン角運動量	6, 556, 649	
スピン拡散長	65, 390, 523	
スピン間相互作用	166	
スピン緩和時間	64, 65, 194, 195, 524	
スピン軌道相互作用	60, 70, 71, 76, 77, 82, 90, 300, 305, 387, 532	
スピン軌道トルク	405	
スピングラス	108, 109, 112, 113, 132	
スピンクロスオーバー	171	
スピン検出	163	
スピン検出器	555	
スピン三重項	15	
スピン磁気モーメント	542, 556	
スピン・シングレット	91	
スピンスパイラル	106	
スピン・スプレー法	431
スピンゼーベック（Seebeck）効果	85, 90
スピンダイナミクス	525
スピン蓄積	64, 195
スピン注入	163, 523
スピン注入書込み	632
スピン注入磁化反転	524
スピン注入層	627
スピン抵抗	524
スピントランジスタ	65, 77
スピントランスファートルク	650, 657
スピントランスファー発振	654
スピントルク	627
スピントルクオシレータ	626, 628
スピントルク強磁性共鳴	532
スピントルクダイオード	658, 684
スピントルクダイオード効果	527
スピントルク発振	527, 654
スピントルク発振器	654
スピントロニクス	85, 161, 380, 402, 684
スピン波	658, 682
スピンパイエルス	149
スピン配列	565
スピン波スピン流	91
スピン波理論	19
スピンバルブ	183, 361
スピンバルブ構造	390
スピンバルブ GMR 効果	569
スピンバルブ GMR ヘッド	585
スピン波励起	385
スピンフィルタ	408
スピン不規則抵抗	118
スピン・フラストレーション	150, 158
スピンフロップ	41
スピン分解光電子分光法	393
スピン分極	408
スピン分極率	69, 395, 402, 406
スピン偏極	424, 650
スピン偏極走査電子顕微鏡	545, 555
スピン偏極走査トンネル顕微鏡	545, 546, 562
スピン偏極走査プローブ顕微鏡	545, 562
スピン偏極低エネルギー電子顕微鏡	546
スピン偏極量子井戸モデル	184
スピンホール（Hall）角	406, 531
スピンホール（Hall）効果	76, 90, 406, 531
スピンホール（Hall）磁気抵抗効果	532
スピン密度波	105, 109, 112, 159
スピン揺らぎ	19, 86, 151, 153, 157
——の SCR 理論	158
——のエネルギー幅	153
——のパラメーター	153
スピン揺らぎ理論	151
スピン流	76, 161, 658
スピン量子数	671
スプリアス解	738
スペキュラー散乱	392
スペクトルアナライザー	527
スペクトルの測定	539
スペーシング	573, 594
すべり	717
滑り誘導方向性規則配列	36
ズーマトグラフィ	775
スマートフォン	760
スレーター（Slater）行列式	15
スレーター–ポーリング（Slater-Pauling）曲線	8, 29, 176, 403
ずれ弾性率	95
スローダイナミクス	133
スロットライン	526
スロットレゾネータ形 RF コイル	780
スロートハイト	576

せ

静圧空気軸受	599
正係数 PRML 方式	607
制限視野電子回折法	464
正弦波定常磁場解析	841
静磁エネルギー	5, 40, 557
静磁化特性測定	488
静磁気相互作用	14
静磁後退体積波	682
静磁前進体積波	682
静磁波	682
静磁表面波	682
清浄化技術	599
正常磁気抵抗効果	59, 387
正常ホール（Hall）効果	530
正スピネル	141
正スピネルフェライト	249
脆性破断	813
製造プロセス	577
生体影響（直流磁場の）	795
生体応用（変動磁場の）	785, 787
生体磁気	774
生体磁気計測技術	774

静電界	735
静電的相互作用	798
性能指数	686, 751
生物影響	774
生物初期発生	795
整流回路	707
整流板	599
積層型複合材料	102
積層ケイ素鋼板	696
積層構造薄膜	428
積層構造膜	203
積層フェリ	391
積分離散化代数方程式	847
セクタフォーマット	611
ゼータ電位	473
絶縁処理	244
接触方式	458
摂動計算	82
セパラトリクス	656
ゼーベック (Seebeck) 効果	90
ゼーマン (Zeeman) エネルギー	41
ゼーマン (Zeeman) 効果	6, 670
ゼーマン (Zeeman) 分裂	
	51, 511, 512, 671, 675
セラミックス材料	808
セル	281, 282
セルエッジ	849
セルサイズ	850
セレブロン	452
遷移金属イオン	11
遷移金属化合物	150
遷移金属・合金	104
全角運動量	6, 275, 277
線間容量	754
線形磁気電気結合係数	96, 535
線形磁気電気効果	96
線形重畳	570
線形要素	845
旋光角	79
センサ	658
線磁歪	299
選択則	82
選択励起法	777
センダスト	217, 246, 621, 761
センダスト薄膜	424
センチネルリンパ節診断	454
全電子収量法	542
潜熱	87
線熱膨張係数	119
線幅	655
全反射光学系	84

そ

掃引発信機	673
造影剤	733
層間渦電流	232
層間渦電流損	232
層間交換結合	184
双極子・双極子相互作用	438
双極子相互作用	440
相互インダクタンス	749
相互結合	763
相互減結合率	763
相互作用	117
走査近接場顕微鏡	84
走査電子顕微鏡	472, 550
走査トンネル顕微鏡	546
走査プローブ顕微鏡	546, 563
走査ホール素子顕微鏡	545
走査ローレンツ (Lorentz)	
電子顕微鏡法	555
双磁石方式	772
層状反強磁性	556
相対磁化	797
相反性	80
増幅反応	450
相分離	101
相補的関係	574
総和則	542
測定法	537
組成制御	824
ソフトアモルファスリボンの製造法	
	229
ソフト磁性	46, 217
ソフト磁性裏打ち層	571
ソフト磁性下地層	591
ソフト磁性金属ガラス	177
ソフト磁性材料	45, 199, 244
ソフト磁性薄膜	182
ソフト磁性粉末	762
ソフト磁性マトリックス	235
ソレノイドインダクタ	750
ソレノイド形 RF コイル	780
ゾンマーフェルト (Sommerfeld)	
——の比熱	20
——の放射条件	836

た

第一原理計算	23
第一ブリユアン (Brillouin) 帯域	16
対角成分	80, 81
台形公式	848

対向ターゲット式スパッタ法	
	319, 434
対称性	12
対称マトリックス	738
対塵埃性試験	600
代数的再構成法	551
対数発散	57
対数ゆう度比	611
体積磁歪	299
体積弾性率	92, 119
体内埋め込み機器	791
第二高調波	83
第二種変形ベッセル (Bessel) 関数	
	841
対物絞り	464
ダイポールカップリング	524
タイミングリカバリー	612
ダイヤモンドアンビルセル	543
ダイヤモンドライクカーボン	617
ダイヤモンドライクカーボン層	359
ダイレクトドライブ	722
楕円偏光	80, 81, 537
楕円面鏡	540
楕円率	80, 81
——の評価法	538
楕円率角	80, 537
高橋プロット	153
高橋理論	158
多孔質材包括法	798
多磁区構造	186
多重項	10, 167
多層平面シールディドループコイル	
	493
多層膜媒体	346
多体効果	120
縦カー (Kerr) 効果	
	80, 489, 539, 547
縦波第一種反強磁性構造	106
多媒質問題	841
ターフェノール-D	301
ターボ符号	611
単一磁区	100
単一磁石方式	772
単一パリティ検査符号	609
単巻変圧器	715
単結晶	266
単磁極型ヘッド	580, 581
単磁極垂直記録ヘッド	571
単磁区構造	186, 436
単磁区粒子	40, 270
——の磁化過程	43
単磁区粒子臨界径	276
単収束磁場偏向型	674

| 索引 |

探針	457〜459
探針法	457
弾性エネルギー	96
弾性波	665
弾性率の測定	782
短節集中巻き	721
単層タイプ	356
炭素繊維	807
断熱温度変化	86, 519
断熱磁化曲線	521
断熱消磁	12, 815
断熱消磁冷却	87
タンパク質結晶	809
ダンパ巻線	718
単板磁気試験器	486
ダンピング定数	525, 592, 657
ダンピングパラメーター	49
単分子磁石	171, 172

ち

チェーン形成	438
遅延グリーン（Geen）関数	52
置換型	327
逐次相変態	301
蓄熱構造	372
蓄冷材	796
窒化鉄磁性流体	442
窒素	288
チップインダクタ・トランス	753
チップ内/間通信	658
着磁	696
チャネルモデル	606
柱状晶	266
中心開口	376
中心対称性	83
中性子回折	514
中性子吸収断面積	514
中性子散乱径	514
中性子散乱法	514
超急冷	286
超急冷磁石	287
超巨大磁気抵抗効果	399
超計量性	134
超交換相互作用	15, 249
超高真空スパッタリング	398
超常磁性	188, 193, 195, 332, 436, 730
超常磁性ナノ微粒子材料	753
超常磁性粒子	453
超清浄プロセス	310
超短パルス円偏光の照射	85
超低周波磁場	774
超伝導磁気浮上鉄道	774

超電導磁石 → 超伝導磁石	
超伝導磁石	796
超伝導磁石型	722
超伝導体	150
超伝導リニアモータカー・マグレブ	729
超伝導量子干渉素子	476, 478, 774
超微細磁場	511
超微細相互作用	509, 511
張力下熱処理	239
チョークコイル	248
直接交換相互作用	15
直流強磁場効果	785
直流磁界印加型チューナブル伝送線路デバイス	744
直流磁界校正法	495
直流磁場の生体影響	795
直流スパッタ法	320
直流ソレノイド	727
直流重畳特性	246
直流法	535, 542
直流モータ	693
直交磁心	858, 863
チョッパ回路	708

つ

| つづら折れコイル | 665 |

て

低エネルギー電子線顕微鏡	546
ディエンベディング	754
低温スパッタリング法	356
抵抗極小	120
抵抗面積	363
低侵襲医療	794
ディスクリートトラック記録	574
低スピン状態	41
ディスプロジウム	718
低ダメージスパッタ法	322
低保磁力	176
低密度パリティ検査符号	604
ディリクレ（Dirichlet）条件	834, 839
デオキシリボ核酸	450
テクスチャリング	600
出口-高橋プロット	153
鉄-コバルト合金磁性流体	443
鉄共振回路	704
鉄系超伝導体	159
鉄心	693, 714
——の残留ひずみ	231

——の動特性	712
鉄（II）スピンクロスオーバー錯体	172
鉄損	178, 245, 698, 712, 753, 755
デバイ（Debye）温度	94
デバイス	457
デバイス特性	457
——の安定化	457
テーパードライトギャップシールド	582
デフォーカス法	552, 553
テープドライブ	619
デュアルスピンバルブ構造	586
デラフォサイト型	144, 146
電圧書込み	637
電圧変動率	713
転移点ジッタ	573
電界イオン顕微鏡	465
電界共振	789, 790
電界磁界中冷却	536
電界と磁界の境界条件	833
電界めっき膜	368
電荷整列	139
電荷密度波	105
電気化学	326
電気化学法	797
電気化学ポテンシャル	66, 523
電気機械結合共振周波数	536
電気機械結合係数	299
電気磁気効果	136, 682
電気四重極相互作用	509
電気スカラーポテンシャル	734, 831
電気双極子遷移の振動子強度	82
電気抵抗	522, 761, 763
電気抵抗率	244, 766
電気伝導度	52
電気熱量効果	90
電気壁条件	833
電気めっき	326
電源周波数	697
電子移動度	413
電子エネルギー損失分光法	466
電磁界解析	698
電子回折パターン	463
電磁型マイクロアクチュエータ	688
電子機器	755
電磁結合変化型	664
電磁鋼板	204〜206
電磁石	538, 696
電磁石型	722
電子衝撃型	674
電子スピン	6
電子スピン共鳴	166

電子スピン共鳴装置	670	銅鋳型鋳造法	177	ドラッグデリバリーシステム	733
電子線	550	投影データ	550, 552	トランスバーサルフィルタ	609
電子線トモグラフィー	546, 550	等エネルギー曲線	656	トリレンマ問題	339, 626
電子線ホログラフィー	545, 558	等温磁気エントロピー変化	86, 519	トルク	657, 693
電子線ホログラフィー顕微鏡法	545	等価回路定数	754	トルク密度	720
電子線ホログラム	559	等化器	605	トルクモータ	699
電磁調理器	774	透過係数	754	ドルーデ（Drude）の式	52
電磁軟鉄	205	等価的な抵抗	765	ドレイン電流法	542
電磁ノイズ抑制シート	432	透過電子顕微鏡	463, 472, 550	トレーニング効果	501
電磁ノイズ抑制体	430, 432, 433	等価電流密度	840	トレランス因子	137, 138
電磁場	774	透過能	515	トレリス線図	605, 608
——の生物影響	774, 775	同期機	717	トレーリングシールド	579
電子配置	11	同期速度	717	——型ヘッド	580
電磁波吸収体	259	同期モータ	694	トロイダル磁心	856
電磁波の固有解	82	銅酸化物高温超伝導体	139, 150	ドロップレット描像	134
電子ビーム蒸着	398	銅酸化物超伝導体	159	トンネル異方性磁気抵抗効果膜	399
電子ビーム偏向	545	同軸ケーブル	767	トンネル効果型磁気抵抗効果	570
電子密度分布	12	同軸線路法	494	トンネルコンダクタンス	53
電磁誘導	491, 697, 789, 790	投射電子線トモグラフィー	552	トンネル磁気抵抗	161, 195, 360, 477
——の法則	828	透磁率	4, 26, 27, 224, 491, 761	トンネル磁気抵抗効果	
電子レンズ	463	真空の——	2		381, 402, 522, 586
点接触アンドレーフ反射法	393	透磁率虚部	763	トンネル磁気抵抗素子	522
伝送減衰率	763	透磁率分散	761, 763	トンネル接合	195
伝送効率	790	銅損	713, 755	トンネル透過率	69
伝送線路	740, 763	動的観察	545, 546	トンネルバリア	364, 393, 586, 653
——型薄膜磁界センサ	747	動的磁場	806		
伝送線路デバイス	740, 741, 743, 744	動的光散乱法	471	**な**	
伝送線路法	493	動的誘電率	82		
伝送線路理論	758	動電型（永久磁石型）	722	内因性機構	70
テンソル	829	導電率テンソル	540	内鉄型鉄心	714
電動機	717	導波管型（非可逆素子）	770	ナイトレン	167
伝導電子	649	等方性	287, 289	内部圧力	92
電波吸収材料	757	等方性磁石	262	内部応力	230, 469
電波吸収体	758	等方性媒質	81	内部結合	763
——の特性（温度変化に対する）		動力学的回折効果	465	内部減結合率	763
	759	特性インピーダンス	526, 740, 758	内符号	611
伝搬定数	740	特性長	753	内部磁場	509, 511〜513
電離放射線	774	ドジェンヌ（de Genns）因子	118, 151	長岡係数	751
電流狭窄効果	588	トーションバー	669	長手磁気記録再生系	604
電流狭窄層	392	トップスロープ磁極	582	斜め入射堆積法	316
電流センサ	412	トップランナー方式	718	ナノカプセル	448
電流ベクトルポテンシャル	831	ドニアック（Doniach）の相図	123	ナノグラニュラー薄膜	767
電流密度	51, 720	ドハース-ファンアルフェン		ナノ結晶	234, 289
電流密度汎関数理論	25	（de Hass-van Alphen）効果	18	ナノ結晶（クリスタル）薄膜	
電流誘起磁壁移動	649	塗布型磁気テープ	356, 614		202, 426
電流連続モード	721	塗布媒体	336	ナノ結晶材料	753
電力配電用トランス鉄心	227	トポロジカル絶縁体	77, 410	ナノ結晶ソフト磁性材料	234
電力用リアクトル	716	トポロジー的縮退	167	ナノ結晶薄帯	200
電歪	96	トーマス-フェルミ（Thomas-Fermi）		ナノコンポジット	192
		模型	24	——型 Nd-Fe-B 等方性粉末	295
と		ドライプロセス	328	ナノコンポジット磁石	
		トライボロジー	594		37, 192, 194, 274, 288, 289, 560
動圧浮上方式	600	トラクトグラフィ	782	——の組成	290

——の電気特性	290
ナノスケール	176
ナノビーム電子回折法	464
ナノピラー	101
ナノ粒子	192, 193, 289, 331
軟X線MCD実験	542
軟X線領域	542
難燃性	766
軟判定器	611

に

2階のテンソル	81
ニコルプリズム	540
二材成形	297, 298
二次イオン質量分析計	674
二次元磁気記録	604
二次元磁気測定	487
二次元磁性体	157
二次元ディラック（Dirac）模型	71
二次元電子ガス	453
二次元動磁場	841
二次元ベクトル磁気特性測定装置	487
二次元遍歴電子系	153
二次再結晶	210
二次磁気電気効果	96
二次電子	555
二次銅損	698
二次変換部	668
二重交換相互作用	21, 306
二重収束型	674
二次要素	845
二色性偏光子	540
二層シート	766
2相分離変態	264
2層膜垂直メディア	571
2体遅延グリーン（Geen）関数	52
二段熱処理	215
ニッケル結晶化法	799
2T1Rセル	653
二電流モデル	388
二方向性電磁鋼板	206
二巻線型	771
入力インピーダンス	758
2流体模型	60
二量体	329

ね

ネオジム	718
ねじれ角	669
熱アシスト記録	348, 575, 623
熱アシスト記録方式	602
熱アシスト磁気記録	378, 592, 604
熱応答性高分子	448
熱可塑性エラストマー	293
熱可塑性樹脂	293
熱間成形磁石	286
熱間塑性加工	274, 276, 287
熱硬化性樹脂	293
熱残留磁化	133
熱磁気効果	79, 84
熱処理	180
熱弾性型のマルテンサイト変態	304
熱的浮上高制御技術	597
熱伝導特性	90
熱伝導率	90, 766
ネットワークアナライザー	526
熱膨張曲線	93
熱膨張係数	290
熱誘起スピン再配列	85
熱揺らぎ	339, 571, 573, 590
ネール（Néel）温度	14, 30, 556
ネール（Néel）緩和	456
ネール（Néel）磁壁	39, 181
粘弾性	732
粘土鉱物	808

の

ノイズ電流	764
ノイズ抑制シート	760
ノイズ抑制体	432
ノイマン（Neumann）条件	835, 839
脳科学	787
脳画像診断	774
脳磁図	774
能動的蓄冷器	817
ノーマリーオフ	648

は

バイアス磁化率	418
配位子	171
バイオイメージング	787
バイオマグネティックス	774
バイクリスタル構造	340
配向	280, 281, 283, 285, 290
——の時定数	805
配向度	804
配向分布	804
配向分布関数	804
ハイスループットスクリーニング	452
媒体欠陥	612
ハイトラー-ロンドン（Heitler-London）の方法	15
廃熱	732
ハイパーサーミア	455, 732, 774, 792
ハイパーサーミア装置	789
バイプリズム	559
パイロクロア	150, 158
パイロクロア型	143, 145, 151
パイロクロア格子	150, 151
パウリ（Pauli）常磁性	17
パウリ（Pauli）常磁性体	151
パウリ（Pauli）の排他原理	7, 10
薄帯	176
薄板	717
薄膜	181, 457
——の作製手法	457
薄膜X線回折法	470
薄膜MI素子	418
薄膜材料特性	457
薄膜磁界センサ	747
薄膜磁気記録媒体	182, 466
薄膜磁気ヘッド	217, 548, 619
薄膜媒体	336
薄膜ヘッド	366, 576
パーコレーション	193
パーシャルイレージャ	578, 607
パーシャルレスポンス方式	604
パスカル（Pascal）の加成則	165
バースト誤り	609, 611
バースト誤り検出方式	612
パスメモリ	608
パターニング	454
パターン画像	552
パターンドディスク方式	602
8の字コイル法	492
波長多重磁区拡大再生技術	377
バックアイアン	725
バックコート	358, 359
バックリング	263
発電機	717
バーテックス補正項	71
波動方程式	832
バードケージ形RFコイル	780
ハード磁気ディスク	547
ハード磁性	45
ハード磁性化合物	274, 275
ハード磁性材料	45
ハードディスク	335
ハードディスクコントローラ	611
ハードディスクドライブ	567
ハートリー-フォック（Hartree-Fock）近似	15, 54
ハートリー-フォック	

878　索引

（Hartree-Fock）法　23
ハバード（Hubbard）模型　21, 55
バビネソレイユ板　538
ハーフホイスラー合金　396
ハーフメタル　395, 586
ハーフメタル強磁性体　403
ハーフメタルホイスラー合金　383
パーマロイ　213, 247, 360, 689, 752
パーマロイ PB　213
パーマロイ PC　213
パーマロイ PD　214
パーマロイ PE　214
パーマロイ PF　214
36 パーマロイ　214
78 パーマロイ　213
パーマロイ薄膜　422, 499
パーマロイ膜　549
パーミアンス　761
パーミアンス係数　45
パラメーター T_A　153
パラメトリック変圧器　704
パラメトリックモータ　861, 863
バリアブルレラクタンス型　722
バリアント　303
バリウムフェライト　614
針状の標準試料　459
パリティ検査符号　604, 609, 611
パール顔料　807
バルクアモルファスソフト磁性材料　224
バルク材　176
バルク磁石　799
バルクセンダスト　220
バルクハウゼンノイズ　361
パルス　527
パルスシーケンス　778
パルス磁束計　483
パルス磁場　794, 795
パルススパッタ法　320
ハルバッハ型　818
ハロゲンランプ　539
パワーエレクトロニクス　707
パワーデバイス　707
パワーデバイダー　527
パワーマグネティックス　704
反強磁性　83, 151
反強磁性-強磁性一次相転移　87
反強磁性-常磁性一次相転移　90
反強磁性結合　390
反強磁性交換相互作用　387
反強磁性材料　390
反強磁性層　363, 585
反強磁性体　14, 85

反強磁性的相互作用　168
反磁界　4, 42, 85, 186, 285, 493, 500, 754, 761
反磁界係数　4, 27, 42, 500, 769
反磁界補正　43
反磁性（有機物質の）　165
反磁性効果　672
反磁性磁化率　32, 165
反磁性物質　824
反射係数　754
反射電子線　550, 551
反射電子線トモグラフィー　551
搬送・仕分け装置　727
反対称交換相互作用　136, 137
半導体・画像パネル加工装置　728
半導体スペーサ　588
半導体露光装置　728
バンドギャップ　413
バンド構造　18
反応律速過程　822
半無限境界条件　835
ハンル（Hanle）効果　524

ひ

ビアントロン　172
ピエゾ光学変調器　538
ピエゾ磁気　96
ピエゾ電気　96
非可逆素子　770
光アイソレータ　79, 678, 685
光アシスト磁気記録　79, 85
光強度変調記録方式　375
光磁気記録　85, 370
光磁気記録材料　255
光磁気効果　79, 84
光磁気ディスク　79
光スキャナ　691
光弾性変調器　541
光てこ法　507
光電子顕微鏡　543, 546
光の伝搬　81
光パルス磁界変調記録　375
光変調オーバライト技術　375
光ポンピング　479
光ポンピング磁力計　476
光ポンピング法　660
光モータ　85
光誘起高速磁化反転　79
光誘起磁化　84
光誘起磁化反転　79
光誘起初透磁率変化　84
光誘起スピン再配列　85

光励起状態　166
非局在化　166
非局所磁気抵抗効果　523
非局所スピンバルブ　406
非局所抵抗　524
微結晶　227, 231
微結晶磁場配向　786
飛行時間型　674
微細構造評価　463
比磁化率　4, 27
非磁性　171
非磁性下層用材料　358
比重差選別　731
非晶質　176
非晶質ソフト磁性体　559
微小な磁気構造　84
比初透磁率　238, 241
ヒステリシス　186, 188, 306
ヒステリシス曲線　42
ヒステリシス損(失)　245, 253, 713
ヒステリシス特性　417
ひずみゲージ法　504
ひずみテンソル　505
非接触エネルギー伝送系　791
非接触原子間力顕微鏡　561, 564
非接触電力伝送　790
非接触方式　458, 459
非線形カー（Kerr）回転角　83
非線形磁化遷移点シフト　607
非線形磁化転移シフト　568
非線形磁気応用機器　704
非線形磁気カー（Kerr）効果　83
非線形磁気光学効果　79, 83
非線形磁気抵抗　858, 860
非線形磁気電気結合　96
非線形磁気特性　702
非線形振動回路　704
非線形性　657
非線形等化　607
非線形特性　858
非線形媒質　853
非線形ひずみ　607
非相反性　80
非対角成分　80〜82, 540
ビタビ復号器　605, 606, 608
ビタビ復号法　604, 608
左円偏光　81
左手系線路　773
非調和項　95
ビッカース硬さ　468
ビッター（Bitter）法　545
ビット長　557
ビットパターン記録　575

ビットパターン媒体	592, 604
非電離放射線	774
比透磁率	4, 27
非特異吸着	446
非ニュートン流体	731
ピニング	283
ピニングサイト	44
ピニング力	45
比熱	20
比表面積	688
非フェルミ（Fermi）液体的ふるまい	124
微分コンダクタンス	523
百分率インピーダンス降下	713
百分率抵抗降下	713
百分率リアクタンス降下	713
比誘電率	81
非有理化3元単位系	1
評価測定技術	486
標準化	763
標準試料	459, 492
標準測定技術	485
表皮厚	492, 752
表皮効果	494, 533
表面	83
表面インピーダンス境界条件	836
表面吸着法	797
表面強磁性	409
表面形態評価	457, 459
表面磁気異方性定数	191
表面磁気光学カー（Kerr）効果	539
表面磁石	696
表面実装型	248
表面修飾	448
表面スピンの偏極度	563
表面性状	231
表面絶縁コーティング	232
表面弾性波	686
表面張力	600
表面被覆	446
表面プラズモン	624
表面プラズモンアンテナ	625
漂遊負荷損	713
ピラー型	655
ビラリ（Villari）効果	95
微粒子	457
——の作製手法	457
微粒子コンポジット膜	753
微粒子材料	200
ピンド層	362, 585
ピン止め	186
ピンホール	365, 587

ふ

ファイバプローブ	84
ファインマン（Feynmann）図形	75
負圧ヘッド	596
ファニング	263
ファラデー（Faraday）回転角	79〜81, 679
ファラデー（Faraday）回転型アイソレータ	256
ファラデー（Faraday）効果	79, 81, 256, 489, 529, 537, 538, 547
ファラデー（Faraday）効果顕微鏡	547
ファラデー（Faraday）セル法	537
ファラデー（Faraday）の電磁誘導の法則	828
ファラデー（Faraday）配置	79
ファンデルワールス（vav der Waals）相互作用	440
フィールドイオン化型	674
フィールドライクトルク	657
フェーズドアレイコイル	780
フェムト秒レーザー	529
フェライト	31, 431
——系磁石材料	295
——系ビーズ	446
——系フレキシブルボンド磁石	294
——系リジッドボンド磁石	294
——の結晶構造	268
フェロックスプレーナー型——	257, 431
マグネプランバイト型——	258, 431
フェライト化法	799
フェライト基板	414
フェライトAD膜	435
フェライトCVD膜	434
フェライトMBE膜	434
フェライトPLD膜	434
フェライト材料	249
フェライト磁石	261, 267, 274, 483, 696
——の応用	273
——の製造	270
フェライト真空蒸着膜	434
フェライトスパッタ膜	433
フェライトタイル	759
フェライトプラズマ溶射膜	435
フェライト膜	430, 434
フェライトめっき膜	430〜432, 767

フェライトヨーク法	492
フェリ磁性	27, 88, 144, 151, 249, 278
フェリ磁性共鳴	252
フェルミ（Fermi）液体	121, 125
フェルミ（Fermi）エネルギー	52
フェルミ（Fermi）孔	18
フェルミ（Fermi）準位	20
フェルミ（Fermi）接触相互作用	512
フェルミ（Fermi）分布関数	51
フェルミ（Fermi）面	111
フェルミレベル → フェルミ準位	
フェロ磁性	27
フォークト（Voigt）配置	79, 80
フォトダイオード	540
フォトニック結晶	679
フォトニックバンドギャップ	679
負	
——の磁気抵抗	170
——の垂直磁気異方性	628
——の透磁率	748
——の熱膨張	151
負荷（モータの）	695
負荷損	713
不均一核生成サイト	234
不均一メッシュFDTD法	853
不均化反応	327
複屈折	81
復号誤り	609
複合構造	763
複合材料	536
複合フェライト	250
複合めっき	823
福祉介護機器	793
輻射抑制率	763
複素カー（Kerr）回転角	80
複素近似	841
複素旋光角	81
複素透磁率	492, 752
複素比透磁率	758
符合間干渉	604
浮上スペーシング	596
フッ素系液体潤滑剤	597
物体波	558
物理的方法	329
浮遊容量	751
不要ビット記録	612
不要輻射	760
ブラウン（Brown）緩和	455
ブラウン（Brown）緩和機構	436
ブラシレスDCモータ	718
プラスチック磁石	293
フラストレーション	90, 132, 150, 158
プラズマ溶射法	435

フラックスゲート	477	
フラックスゲート磁力計	476	
フラックスゲートセンサ	660	
プランジャ型 LES	727	
フーリエ変換	551	
プリコーダ	604	
フリー層	362, 585	
フリーデル（Friedel）		
——の振動	132	
——の総和則	130	
——の理論	54	
ブリユアン（Brillouin）関数	13, 190	
ブリユアン（Brillouin）帯域	16, 18	
フリーラジカル	165	
プリント配線板	767	
プルシアンブルー	171, 172	
フルホイスラー合金	384, 395, 510	
フルレスポンス方式	605	
プレーナーホール（Hall）効果	531	
プレナーヨーク型ヘッド	579	
フレミング（Fleming）左手の法則	693	
不連続 MI 素子	418	
ブロッキング温度	190, 391, 501	
ブロッキング状態	190	
ブロッホ（Bloch）関数	16, 18	
ブロッホ（Bloch）磁壁	39, 181, 276	
ブロッホ（Bloch）の運動方程式	509	
プロトン	671	
フロンティア軌道理論	166	
分極演算子	52	
分極電流	535	
分光エリプソメトリー	541	
分光学	11	
分光器	540	
分散型	82	
分散型複合材料	101	
分散剤	331	
分散媒	797	
分子イメージング	774	
分子回転半径	598	
分子磁界	30	
分子磁界係数	29	
分子磁性体	165	
分子性物質	164	
分子線エピタキシー	162	
分子線エピタキシャル成長法	388	
分子場	34	
——の近似	20	
分子場モデル	13	
フント（Hund）の規則	7, 10, 22, 116, 166	
分布定数アイソレータ	746	
分布定数型	770	
分布定数線路	760	
分布巻き	721	
粉末	176	
粉末粒径	246	

へ

ベアリングレスモータ	719	
平均自由行程	390, 596	
平衡点	656	
平行平板	494	
平坦流鋳造	225	
平板状	722	
平板状 LSM	724	
平板状可動コイル型 LSM	724	
平面磁路型パラメトリックモータ	861, 863	
ベクトル磁気特性	487	
ベクトルネットワークアナライザー	526	
ペースメーカー	789	
ベッセル（Bessel）関数	841	
ヘッド-ディスクインタフェース	594	
ヘッドクラッシュ	600	
ヘッド構造	576	
ヘテロアモルファス合金膜	421	
ヘテロアモルファス構造	426	
ヘテロエピタキシャル成長	313, 413	
ヘテロ原子	166	
ヘテロ接合	399	
ヘリカルアンジュレータ	542	
ベリー（Berry）曲率	71, 73	
ベリー（Berry）接続	73	
ペルチエ（Peltier）効果	90	
ベルデ定数	80	
ペロブスカイト型	137, 140, 151, 306	
ペロブスカイト型酸化物	68, 395	
ペロブスカイト構造	137	
変圧器の高周波等価回路	716	
変位センサ	664	
変位電流	734	
偏極ベクトル	555, 556	
偏向	550	
偏光解析	541	
偏光子	540	
偏光特性	675	
偏析	590	
ベンゼン	786	
変調法	542	
変動磁場の生体応用	787	
偏微分方程式	832	

偏平形状の金属磁性粉末	766	
遍歴強磁性	158	
遍歴系	150	
遍歴電子強磁性	157	
遍歴電子強磁性体	150, 151	
遍歴電子反強磁性	159	
遍歴電子反強磁性体	159	
遍歴電子メタ磁性転移	87, 155, 157, 158	
遍歴電子メタ磁性理論	157	

ほ

ボーア-ファンリューエン（Bohr-van Leeuwen）の定理	9	
ボーア（Bohr）磁気モーメント	543	
ボーア（Bohr）磁子	6, 674	
ポアソン（Poisson）の方程式	829	
ボーア（Bohr）の原子模型	5	
ボイスコイルモータ	567, 722	
ホイスラー合金	395, 403, 588	
ホイートストンブリッジ	504	
ポイント・オブ・ケア診断	454	
ポイントコンタクト型	655	
ポイントマッチング法	738	
方位量子数	6	
包括法	798	
方向性結合器	743	
方向性電磁鋼板	205, 210	
放射光	511, 513, 514	
放射条件（ゾンマーフェルトの）	836	
放射性同位体	511〜513	
放射電磁界	735	
放電加工機	728	
放熱構造	372	
放熱シート	807	
飽和磁化	34, 229, 278, 279, 752	
飽和磁化測定	488	
飽和磁気分極	34, 42, 261, 484	
飽和磁気モーメント	29	
飽和磁場	388	
飽和磁歪	38, 229, 508	
飽和磁歪定数	237	
飽和漸近	45	
補外法	848	
星形四面体格子	157, 158	
補償温度	35, 255, 371	
補償温度記録	85	
保磁力	42, 179, 188, 229, 261, 275, 280〜283, 285, 289, 482	
Nd-Fe-B 系焼結磁石の——	285, 286	
ポストコーダ	605	

ポストプロセッサ	606, 609, 611	マイクロ波発振	628	| め |		
補正積分法	839	マイクロ波フェライト	773			
補正定数	165	マイクロループアンテナ	763	明視野法	464	
ホットプレス磁石	276, 287	膜厚	462	メスバウアー (Mössbauer) スペクトル		
ポテンシャル交換	16	マクスウェル (Maxwell)			511〜513	
ポテンシャル流速	839	——の関係式	86, 520	メスバウアー (Mössbauer) 分光法		
ホプキンソン効果	252	——の方程式	533, 734, 827		511〜514	
ホモエピタキシャル成長	415	マグネタイト	441, 446, 454, 733	メタ磁性	27, 32, 41	
ホモポーラモータ	719	マグネタイト磁性粉	547	メタ磁性体	304	
ポリアミド	357	マグネトプラズマ共鳴	82	メタ磁性転移	41, 94, 304	
ポリイミド	357	マグネトプランバイト型フェライト		メタマテリアル	773	
ポリエチレンテレフタレート	357		258, 431	メタル磁性膜	328	
ポリエチレンナフタレート	357	マグネトプランバイト構造	267	メトリック	606, 608	
ポリオール法	333	マグネトロンスパッタ法	319, 434	メモリー効果	134	
ポリカーボネート	811	マグノイズ	656	メラノーマ	793	
ポリフェニレンスルフィド	357	マグノニック結晶	682	免疫反応	450	
ポリブチレンテレフタレート	811	マグノニックバンドギャップ	682	面積抵抗積	395	
ポリマー	358	マグヘマイト	446	面内異方性	35	
ポリメラーゼ連鎖反応法	451	枕木磁壁	181	面内記録媒体	336	
ポールイレージャー	580	マクロスピン近似	657	面内磁化回転型スピントルク		
ホール (Hall) 角	530	マルチトラック型薄膜磁気ヘッド		オシレータ	628	
ホール (Hall) 効果	412, 530, 531		619	面内磁化方式	634	
ホール (Hall) センサ	453	マルチフェロイック材料		面内磁化膜	650	
ホール (Hall) 素子			96, 679, 682	面内磁気記録	568	
	412, 476, 546, 660	マルチフェロイックス	90, 306, 409	面内磁気記録ヘッド	576	
ボルツマン (Boltzmann) 方程式		マルチメモリー効果	134			
	51, 596	マルテンサイト変態	304	| も |		
ボルテクス	655					
ホローカソードスパッタリング源		| み |		モータ	274, 283, 717, 856, 859	
	330			モータヨーク	247	
ボロンリッチ相	283	ミアンダインダクタ	750	モット (Mott) 絶縁体	22	
ボンド磁石	286, 288, 293, 696	右円偏光	81	モーメント法	736	
ポンプ・プローブ法	491, 525, 529	水アトマイズ粉	244	モルフォトロピック相境界	301	
		水懸濁マグネタイト粒子添加法	797	漏れ磁界	552	
| ま |		密着性	327, 470	漏れ磁束	711	
		密度	462	モンテカルロシミュレーション	439	
マイクロMHD効果	821	密度汎関数理論	23			
マイクロエリプソメーター	601	ミニディスク	370	| や |		
マイクロカプセル法	798	身のまわりの電磁場	774			
マイクロ磁気アクチュエータ	688			ヤーン-テラー (Jahn-Teller) 活性		
マイクロ磁気デバイス	752	| む |			138	
マイクロストリップ線路	494, 740			ヤング (Young) 率		
マイクロストリップ導体	764	無機ポリマー	797		95, 299, 357, 766	
マイクロストリッププローブ法	494	無次元周波数シフト	657			
マイクロ電磁バルブ	689	無秩序合金	201	| ゆ |		
マイクロ電磁リレー	689	無電解析出	823			
マイクロトライボロジー	595	無電解めっき	326, 332	有機EL	173	
マイクロ熱アクチュエータ	597	無反射曲線	758	有機強磁性体	168	
マイクロ波	674, 789	無反射条件	758	有機磁気抵抗効果	173	
マイクロ波アシスト磁化反転	627	無負荷損	713	誘起電気分極	536	
マイクロ波アシスト磁気記録		無方向性電磁鋼板	205, 206	有機物質	164	
	348, 575, 592, 604, 626			——の反磁性	165	
マイクロ波帯	789					

有機溶媒	332
有機ラジカル	165
有限要素法	
	736, 754, 830, 856, 860, 864
有効磁界	42
有効質量	52
有効磁場	485
有効ボーア（Bohr）磁子	18
有効ボーア（Bohr）磁子数	13, 116
有効モーメント	152
誘電異常	99
誘電率テンソル	81, 82, 540
──の非対角成分	540
誘導一軸磁気異方性	181
誘導機	717
誘導子型（永久磁石型）	722
誘導子型 LSM	725
誘導磁気異方性	36, 201, 238, 420
誘導磁気異方性定数	239, 241
誘導性結合プラズマスパッタリング	
	397
誘導電磁界	735
誘導モータ	
	693, 694, 699, 859, 861〜863
有理化 4 元単位系	1
ゆがみ画像	552
ユニタリー極限	58
ユーロピウム錯体	450

よ

陽性造影剤	453
溶体化	281
溶融温度	809
ヨーク長	578
横カー（Kerr）効果	80, 547
弱い強磁性体	93
弱い遍歴電子強磁性体	150, 151
四端子測定法	522
1/4 波長伝送線路デバイス	742
1/4 波長板（λ/4 板）	538

ら

ライブラリー	452
ラジオ波帯	672
ラジオ波発信機	673
ラジカルイオン	393
ラジカル種	774
──の発生	166
らせん構造	117
らせん磁性	32, 135, 137, 138, 156
ラッセル-ソンダーズ（Russell-	
Saunders）相互作用	7
ラップアラウンドシールド型ヘッド	
	581
ラドン変換	551
ラーベス（Laves）相	151
ラーベス（Laves）相化合物	151
ラーモア（Larmor）歳差運動	671
ラーモア（Larmor）周波数	776
ラーモア（Larmor）の方程式	775
ラーモア（Larmor）反磁性	9
ランジュバン（Langevin）関数	
	13, 189, 436, 731
ランダウ（Landau）展開	
（自由エネルギーの）	155, 157
ランダウ（Landau）反磁性	17
ランダウ-リフシッツ-ギルバート	
（Landau-Lifshitz-Gilbert）	
方程式	48, 650, 657, 735
ランタノイド	114
ランタノイド収縮	115, 119
ランダム異方性モデル	235, 426
ランダム磁気異方性	303
ランダムネス	132

り

リアクションプレート	729
リアクトル	247
リアルタイムオシロスコープ	491
リエントラントスピングラス	108
リガンド結合タンパク質	452
力学特性	812
離散化	737
理想変圧器	710
リゾビスト	446
リターデーション	538, 811
立体障害	448
立体反発力	440
立体保護	166
リッツ法	737
リードオーバーレイ構造	586
リニアアクチュエータ	723
リニア振動アクチュエータ	723, 725
リニアステッピングモータ	722, 725
リニア直流モータ	722, 723
リニア電磁ソレノイド	723, 727
リニア電磁ポンプ	723
リニア同期モータ	722, 724
リニア方式	619
リニアモータ	694, 722
リニアモータ駆動地下鉄	729
リニア誘導モータ	722, 725
リニモ	729
リバーシブルモータ	699
リボ核酸	450
リポソーム	449
リボンインダクタ	749
粒子径	471
流動特性	437
流量特性	689
領域分割法	837
量子井戸構造	415
量子コンダクタンス	53
量子サイズ効果	184, 190
量子準位	190
量子スピンホール効果	78
量子伝導型磁気抵抗効果	399
量子ドット	56
量子臨界点	123, 157, 158
両側式	722
リラクタンス	719
リラクタンスネットワーク	856
リラクタンスネットワーク法	
	856, 863
リレーアレー	690
臨界温度	88
臨界核	330
臨界膜厚	391, 501
臨界冷却速度	225
隣接トラックイレージャ	581

る

ルチル型	136, 137

れ

レアアース問題	718
励起三重項状態	166
励起状態	82
励磁インダクタンス	711
励磁音響効果	454
励磁音響検出	445
励磁電流	551, 757
励磁電流法	485
冷凍機	796
レイリー（Rayleigh）曲線	736
レーザー回折・散乱法	471
レーザーゾーンテクスチャリング	
	600
レーストラックメモリ	653
レゾルバ	666
レプリカ法	134
連成解析	856, 860, 864
レンツ（Lenz）の法則	863

ろ

ロイヤー回路	705
ロションプリズム	540
六方晶フェライト	100, 147, 256, 269, 431
ロード/アンロード	595
ロール成形	298
ローレンツ (Lorentz) 型曲線	54
ローレンツ (Lorentz) 型の分散曲線	82
ローレンツ (Lorentz) ゲージ	844
ローレンツ (Lorentz) 条件	832
ローレンツ (Lorentz) 電子顕微鏡	545
ローレンツ (Lorentz) 電子顕微鏡法	545, 553
ローレンツ (Lorentz) 力	59, 546, 550, 691, 821
ローレンツ (Lorentz) レンズ	553
ロングセクタフォーマット	611

わ

ワイス理論	250
ワイドギャップ半導体	407
ワイヤメモリ用	328
ワイヤレス電力伝送	788
若返り効果	134
ワニエ (Wannier) 関数	16
ワンステップ	452

A

A-ϕ 法	831
above resonance	769
ABS 面	578
abutted junction	585
AC サーボ誘導型	694
ADI-FDTD 法	855
AFC 媒体	339
AFM	457～459
Ag-Mn	113
air pocket	225
Al-O TMR 膜	363
AlGaAsSb	415
α-Fe	289
α-Mn	106
AMR	584, 621, 630, 817
AMR 型磁気冷凍機	817
AMR 効果	60
AMR ヘッド	360, 585
anisotropic magnetoresistive	584, 621, 630, 817
anisotropic magnetoresistive effect	60, 360
AP	465
APFIM	465
APP	611
AR	606
ART	551
AR チャネルモデル	608
ASMO	376
ATC	601
ATE	580
atom probe	465
atom probe field ion microscope	465
Au-Cr	113
Au-Fe	113
Au-Mn	113

B

B 型肝炎ウイルス	451
B_r	290
B-H ループトレーサ	483, 492
Ba-Fe	356, 357
Ba フェライト膜	434
BaFe$_{12}$O$_{19}$	276
back hopping	645
bcc Fe-Si	236
bcc-FeSi 結晶粒	240
BEDT-TSF	169
BEDT-TTF	169
below resonance	769
β-Mn	106
$(BH)_{max}$	274, 289, 290
Nd-Fe-B 系焼結磁石の——	284
Bi 置換型イットリウム鉄ガーネット	679
bicrystal 構造	340
BiFeO$_3$	99
blood oxygenation level dependent	781
BOLD	781
BPM	604
Bruno 磁壁	399

C

C 型肝炎ウイルス	451
Ca-La-Co 系フェライト	272
CaCu$_5$ 型	277
CAD	376
cavity 法	497
CB-AMR	400
CCP 型 CPP-GMR 素子	381
CCP-NOL	588
Cd$_{1-x}$Mn$_x$Te	685
CDW	105
Ce の圧力-温度相図	119
CeCo$_5$	279
Ce$_2$Fe$_{14}$B	279
Cereblon	452
CGC 媒体	590
CGS ガウス単位系	1
CIP	389, 522
CIP 構造	587
CIP 法	855
CIP-GMR	61
CIPT	523
CMP プロセス	579
CMR	67
Co	276
——系アモルファス	225
——系アモルファス磁性材料	228
Co 真空蒸着テープ	356
Co-Al-O	752
Co-Cr 垂直異方性メディア	571
(Co-Fe-B)-(SiO$_2$)	752
Co-Fe-Si-B	752
Co-Fe-Si-O/SiO$_2$	752
Co-Mn	108
Co-Ni-O 薄膜型磁気テープ	359
Co/Ni 積層膜	652
(Co-Ni)MnSi	305
Co-Pt-Cr 系垂直記録層	572

索引					
Co-Si-B アモルファスワイヤ	416	DRAD	376	FDTD 法	736, 849, 855
Co-Zr-Nb	425, 752	Dresselhaus 効果	399	Fe	276
Co-Zr-O	752	DSI 試験法	468	——基アモルファス合金	303
Co-Zr-Ta	425, 752	DTI	774	——系アモルファス	225
Co$_2$FeAl	381	DUT	526	——系アモルファス磁性材料	226
Co$_2$FeAl$_{0.5}$Si$_{0.5}$	381	DVC	616	——の非線形カー（Kerr）回転角	
coplaner waveguide	498	DWDD	376		83
CoPt	110	Dy-Al-ガーネット	816	Fe ミョウバン	815
Courant の安定条件	851	DyCo$_2$	301	Fe-Al-O	752
CoZrTa	621	DyCo$_5$	279	Fe-B-N	752
CP-FDTD 法	854	DyFe$_2$	300	Fe-Co	367
CPP	363, 389, 522	Dy$_2$Fe$_{14}$B	275, 279	Fe-Co 合金	752
CPP 構造	587	DyFeO$_3$	99	Fe-Co-Al-O	366
CPP-GMR	64, 381	Dzyaloshinskii-Moriya 相互作用		Fe-Cr	108
CPP-GMR ヘッド	588		136, 405, 529	Fe-Cr-Co 系磁石	261
Cr	105			Fe-Cu-Nb-Si-B	234
——の偏析	310	**E**		Fe-Cu-Si-B	242
CRBN	452	E-B 対応 MKSA 単位系	1	Fe-Ga 系合金	299
Cr$_2$O$_3$	97	E-H 対応 MKSA 単位系	1, 2	Fe-Ni	108
CT	550, 715	ECC 構造	627	Fe-Ni 合金	422
Cu クラスタ	234, 242	ECC 媒体	592	Fe-Pt 系微粒子	436
Cu-Mn	109	ECR スパッタ	322	Fe-Si	247
CuNiZn フェライト	753	ECR スパッタ法	434	Fe-Si-Al 系合金	217
current in plane	389, 522	EDX	466	Fe-Si-B アモルファスワイヤ	416
current in-plane tunneling	523	EELS	466	Fe-Zr-B	234, 242
current perpendicular to plane		EGF	448	Fe-(Zr, Nb)-B	242
	363, 389, 522	EGF 受容体	448	FeAlSi	621
CVD 法	434	electro static discharge	363	Fe$_2$B	236
CZT	621	electron energy-loss spectroscopy		Fe$_3$B	289
			466	FeCo	108
D		electron paramagnetic resonance	525	(Fe, Co)-Cu-Zr-B	242
$D0_3$ 規則相	238	EMI	760	Fe$_3$Pt	110
d 電子数	104	energy dispersive spectrometer	466	FePt	110
3d 遷移金属元素	105	energy dispersive X-ray		FeRh	304
3d 遷移金属錯体	84	spectroscopy	466	ferromagnetic resonance	525
3d 電子	26	EPR	525	FGL	627
4d-3d 合金	109	EPR 効果	446	FG ビーズ	452
5d-3d 合金	109	ErCo$_5$	279	FIB	465
dc-dc コンバータ	858	Er$_2$Fe$_{14}$B	278, 279	field generation layer	627
DC スパッタリング法	396	ESBN	170	field ion microscope	465
DC 不平衡 PRML 方式	607	(ESBN)$_2$ClO$_4$	170	FIM	465
DC フリー PRML 方式	607	ESD	363	FIT 法	855
DDS	733	ESR	670	Floquet の定理	854
ΔE 効果	95	EXAFS	372	FMR	525
ΔG 効果	95			fMRI	774, 781
deoxyribonucleic acid	450	**F**		focused ion beam	465
device under test	526	4f 電子	26, 275	FR 方式	605
diffusion tensor MR imaging	774	4f 波動関数	116	Frank-van der Merwe 型	314
diluted magnetic semiconductor	398	FAD	376	functional magnetic resonance	
DLC	617	far-field	545	imaging (MRI)	774, 781
DNA	450	FDTD セル	849		
DPC	550				

索　　引　　885

G

G 制約	604
g 値	525
GaAs	415
GaAs/AlGaAs	453
$Ga_{2-x}Fe_xO_3$	98
(Ga, Mn)As	163
γ-Fe	106
γ-Fe-Co	107
γ-Mn	106
2γ モデル	108
Gd-Ga-ガーネット	815
$GdCo_5$	279
$Gd_2Fe_{14}B$	279
$Gd_5(Si-Ge)_4$	305
generator	717
GGA	92
giant magnetoresistance	387
giant magnetoresistive	360
GMR	161, 170, 195, 387, 630, 684
GMR 効果	60, 360, 381, 569
GMR 素子	453
GMR ヘッド	361, 585, 621
GO	210
Goodenough-金森則	155
GPR	606
GPRML 方式	608

H

H コイル法	485～487
H_{cJ}	290
HAMR	604
HBV	451
HCV	451
HDDR	274, 287, 288
HDDR 粉末	296
Hi-8	616
Hi-MD	377
HIV	451
$HoCo_5$	279
$Ho_2Fe_{14}B$	279
Hohenberg-Kohn 定理	24
$HoMnO_3$	99
HS	375
Huth モデル	372

I

I 制約	604
I-NRZI 記録	605

ICNIRP	774
ICNIRP ガイドライン	783
iD	376
IEC	485
IEC 規格 62333-1	766
IEC 規格 62333-2	766
IEC 規格 62333-3	766
IEC 国際規格	783
IMA	674
In-plane 測定	461
information storage industry consortium	619
InSb	413
INSIC	619
International Commission on Non-Ionizing Radiation Protection	774
inter-system electro-magnetic interferences	760
intra-system electro-magnetic interferences	760
IPM	696
IPM 型回転子	719
IPM モータ	861, 863
IrMn	363
ISHE	532
ITI	612

J

Jilliere の式	586
JIS	485

K

K_u	238
Kadowaki-Woods プロット	123
Keldysh の方法	53
Kittle モード	49
K_2NiF_4 型	139
Kohn-Sham 方程式	23
KS 磁石	261
Kubo-Greenwood の式	52

L

$L1_0$-型	110
$L1_0$-Fe-Pt 垂直磁気記録媒体	313
$L1_1$-型	110
$L1_2$-型	110
$L1_2$ 規則相	366
$La_2Fe_{14}B$	279
$La(Fe-Si)_{13}H$	304

Landauer の公式	53
Landou-Lifshitz の式	202
LDM	722, 723
LDPC 符号	611
LEEM	546
LES	723, 727
Levy の制限付き探索	24
LIGA プロセス	689
LIM 搬送装置	727
Linimo	729
LLG 方程式	48, 657
LLR	611
LOA	723, 726
LOD-FDTD 法	855
Longuet-Higgins	167
LSM	722～725
LSM 搬送装置	727
LTCC	772
LTO システム	618
LTO ドライブ	619
LTO Ultrium ドライブ	619
LTO4	619
$Lu_2Fe_{14}B$	279
Luttinger 型のスピン軌道相互作用	77

M

M 型フェライト	268, 269
M^4 vs H/M プロット	153
magnetic-activated cell sorting	454
magnetic resonance angiography	781
magnetic resonance imaging	774, 775
magnetic surface acoustic wave	686
magneto-optical effect	678
magneto-optical recording	370
magneto-optical spatial light modulator	680
magneto static wave	682
magnetocardiography	774
magnetoelectric effect	678, 682
magnetoencephalography	774
magnetophotonic crystal	679
magnetoresistive	360
magnetostatic back volume wave	682
magnetostatic forward volume wave	682
magnetostatic surface wave	682
magnetostructural transition	87
MAMMOS	376
MAMR	604, 658
MBE	162, 388
MBE 法	434

MCG	774	7T-MRI	448	**O**		
MD	370	MRI 装置	779			
ME 効果	678, 682	MSAW	686	OLED	173	
MEG	774	MSBVW	682	optical surface analyzer	601	
MExFM	562, 564	MSFVW	682	OP 磁石	267	
MFM	563	MSN 符号	606	orange peel coupling	315	
$MgAl_2O_4$ バリア	382	MSR	375	OSA	601	
MgO	161	MSSW	682	out of plane 測定	461	
MgO-TMR 膜	364	MSW	682			
MHD 効果	796, 821	MTJ	630, 653	**P**		
MHD 対流	821	MTR 符号	606			
MI 効果応用素子	675	Mur の吸収境界条件	835, 852	PA	357	
MI 素子	417, 418			π-d 系	169	
MKSA 単位系	1	**N**		PBG	679	
MK 鋼	264			Pd-Co	112	
ML 方式	606	nano-contact MR	588	Pd-Cr	112	
Mn 酸化物	306	nano-oxide-layer	588	Pd-Fe	112	
Mn-Ir/Co-Fe 交換結合積層膜	752	NAT	451	Pd-Mn	112	
Mn-Ir/Fe-Si 交換結合膜	752	NC-AFM	564	Pd-Ti	111	
Mn-Zn フェライト	756	Nd-Fe-B 異方性磁石粉末	296	Pd-V	111	
Mn-Zn フェライト薄膜	434	Nd-Fe-B 系磁石	261, 274	Pd_3Mn	111	
MnIr	110, 365	Nd-Fe-B 系焼結磁石	283〜286, 483	PdPtMn	363	
Mn_3Ir	110	——の表面処理	291	PEEM	528, 545, 546	
MnPd	110	Nd-Fe-B 磁石	277	PEM	538, 541	
Mn_3Pt	110	Nd-Fe-B 等方性磁石粉末	295	PEN	357	
MnPt	110	$NdCo_5$	279	perfectly matched layer	835	
Mn_3Rh	110	$Nd_{1+\varepsilon}Fe_4B_4$	283	permalloy problem	215	
MnRh	110	$Nd_2Fe_{14}B$		PET	357	
MnZn	753	274〜277, 279, 283, 284, 287, 288		PFC 法	225	
MO	370	$Nd_2Fe_{14}B$	278, 280	PFM	483	
MO 効果	678	$NdFe_{12-x}M_x$	274	PFPE	598	
3.5 インチ MO	370	$NdFe_{12-x}M_xN_y$	288	photonic band gap	679	
5.25 インチ MO	370	$NdFe_{11}TiN$	275	PLD 法	434	
MO-CVD 法	434	near-field	545	PLRC 法	853	
MOSLM	680	Néel の理論	249	PM	722	
motion probing gradient	782	Ni	276	PML	835	
motor	717	——系アモルファス磁性材料	228	PML 吸収境界条件	852	
MP	356, 357	Ni-Mn	108	PMT	540	
MPC	679	Ni-Zn フェライト	756	Polder テンソル	768	
MPG	782	Ni-Zn-Co フェライトめっき膜	752	PPS	357	
MPI	445	$Ni_{45}Fe_{55}$	366	PR チャネル	605	
MQ1	295	$Ni_3B_7O_{13}I$	98	PR 方式	604	
MR	360	NiO(001) 表面	564	$PrCo_5$	279	
MR 血管撮影	781	NLTS	607	$Pr_2Fe_{14}B$	275, 279	
MR スペクトロスコピー	782	NMR	508, 670	PRML	568	
MR 比	585	NOL	588	PRML 方式	604, 605, 607, 608	
MR-インダクティブ複合型ヘッド		non-binary LDPC 符号	612	PRML-AR 方式	606, 608	
	578, 585	NP	606	Pry-Bean の計算式	200	
MR elastography	782	NPML 方式	608	PT	715	
MRA	781	p-NPNN	168	Pt-Co	112	
MRAM	161, 629, 653	NRZ 記録	604	Pt-Cr	112	
MRE 法	782	NS-FDTD 法	855	Pt-Fe	112	
MRI	445, 453, 774, 775	nucleic acid amplification test	451			

Pt-Mn	112	scanning tunneling microscopy	546	ST-FMR	532
Pt-Ti	111	SCR 理論	152	Stevens 因子	36
Pt-V	111	スピン揺らぎの——	158	STM	546
Pt_3Fe	111	SDI	610	STO	626, 654
PtMn	363	SDW	105	Stoner-Wohlfarth 理論	152
PWM インバータ	709	SEM	472, 550	Stoner-Wohlfarth モデル	187
PwrSoc	753	separatrix	656	Stoney の式	469
pyrochlore	150	SF 媒体	339	STP 書き込みヘッド	621
		SI 単位系（国際単位系）	1	Stranski-Krastanov 型	314

Q

		3% Si-Fe	244	Sucksmith-Thompson 法	482
Q 値	655	SIL	378	SUL	344
		SIMS	674	superconducting quantum interference device	660, 774
		SiP	749		
		Slater-Pauling 曲線	108	surface acoustic wave	686

R

		SLM	680		
		Sm-Co 系磁石	261, 274, 276, 281, 282, 289	T	
R ブロック	268	2-17 系——	274, 281, 282	T 型等価回路	712
R/D 変換回路	667	Sm-Fe-N 異方性磁石粉末	296	T 行列	57
R-F 発信機	673	Sm-Fe-N 系磁石	274	T_0	153
RAMAC	335	Sm-Fe-N 等方性磁石粉末	296	T-AMR	399
random anisotropy model	176	SmCo	293	TA	601
Rashba 型スピン軌道相互作用	77	$Sm(Co-Fe-Cu-Zr)_z$	281, 283	tape bearing surface	619
Rashba 効果	399	$SmCo_5$	274~276, 278, 279, 289	$TbCo_2$	301
RC 法	853	$SmCo_5$ 系磁石	274, 280	$TbCo_5$	279
RCo_2 系化合物	301	Sm_2Co_{17}	274, 275, 277	$TbCu_7$	282
RCo_5 の飽和磁化	279	$Sm_2Fe_{14}B$	279	$TbCu_7$ 型	276, 277
remanence enhancement	37	$Sm_2Fe_{17}N_3$	275, 276, 289	TbDy	302
RF コイル	780	$Sm_2Fe_{17}N_x$	274, 288	$TbFe_2$	300
RF スパッタリング法	397	RFe_2 型	300	$Tb_2Fe_{14}B$	279
rf-dc 結合型スパッタ装置	321	SMOKE	539	TbFeCo	372
RFe_2 型	300	SMR	604	$TbMnO_3$	99
Rhodes-Wohlfarth プロット	152, 153	Sneddon の式	469	TBS	619
ribonucleic acid	450	SNOM	84	TCPR 方式	606
Rietveld 解析	516	SN 比	761	TDMR	604
RKKY	117	SoC	749	TE-TM モードの変換	685
RKKY 相互作用	22, 109, 131, 151	soft adjacent layer	361	TEM	472, 550
RKKY 相互作用モデル	184	SOVA	611	TEM セル	493
RLL 符号	604	sp-d 相互作用	398	TEM-EDX	466
RNA	450, 856~858, 861~863	sp-f 相互作用	398	TEM-EELS	466, 467
RS 符号	611	SP-STM	562	Terfenol-D	683
RSM	484	spatial light modulator	680	TFC	597
$R_{m-n}T_{5m+2n}$	276, 277	specular 伝導	69	thermal asperity	601
RZn	302	spin-polarised STM	546	$Th_2Fe_{14}B$	279
		spin torque oscillator	626	Th_2Ni_{17} 型	277
S		SPLEEM	546	Th_2Zn_{17} 型	277
s パラメータ	754	SPM	563, 696	time of flight	781
S ブロック	268	SPM 型回転子	718	$Tm_2Fe_{14}B$	278, 279
s-d 交換相互作用	120	SP 復号法	604	TMR	68, 161, 195, 360, 381, 393, 630
s-d 模型	57	SQUID	476, 660, 774	TMR ヘッド	363, 586, 622
s-f 交換相互作用	117	SQUID 顕微鏡	545	TOF 法	781
SAL	361	SQUID 素子	546	tractgraphy	782
SAL バイアス方式	585	SR モータ	859, 861, 863	TTTA	172
SAW	686	Sr-La-Co 系フェライト	272		

Type-I 機構	168	W/U	153	$Y(Co_{1-x}Al_x)_2$	151
Type-II 機構	168	WATE	580	YCo_2	151
		Weiss	30	YCo_5	275, 279

U

U/W	153

X

XMCD	525, 528, 545
XMCD-PEEM	546

Yee アルゴリズム 849
Yee 格子 738
$Y_2Fe_{14}B$ 275, 278, 279
YMn_2 151
$YMnO_3$ 99

V

van der Pauw 法	531
Volmer-Weber 型	314
VSM	483

Y

Y 型フェライト	258
Y 型六方晶フェライト	100
$Yb_2Fe_{14}B$	279

Z

Z 型フェライト	257

W

W 型フェライト	268, 269

磁 気 便 覧

平成 28 年 1 月 30 日　発　行

編　者　公益社団法人
　　　　日 本 磁 気 学 会

発行者　池　田　和　博

発行所　丸善出版株式会社
〒101-0051　東京都千代田区神田神保町二丁目17番
編集：電話 (03)3512-3262／FAX (03)3512-3272
営業：電話 (03)3512-3256／FAX (03)3512-3270
http://pub.maruzen.co.jp/

Ⓒ The Magnetics Society of Japan, 2016

組版印刷・中央印刷株式会社／製本・株式会社 星共社

ISBN 978-4-621-30014-5　C 3050　　　　Printed in Japan

本書の無断複写は著作権法上での例外を除き禁じられています．